中国林业五十年

1949~1999

国家林业局　编

中 国 林 业 出 版 社

图书在版编目(CIP)数据

中国林业五十年：1949～1999／国家林业局编.－北京：中国林业出版社，1999.9
ISBN 7-5038-2374-7

Ⅰ.中… Ⅱ.国… Ⅲ.林业经济－经济建设－概况－中国－1949～1999 Ⅳ.F326.2

中国版本图书馆CIP数据核字(1999)第37852号

ISBN 7-5038-2374-7

责任编辑 闻 捷 周军见 责任校对 沈惠英 杨 静
整体设计 黄华强 沈 江
出版发行 中国林业出版社(北京西城区刘海胡同7号) 邮编 100009
正文印刷 中国科学印刷厂
彩色印刷 北京慕来印刷有限公司
版　　次 1999年9月第1版 1999年9月第1次印刷
开　　本 889mm×1194mm 1/16 印张 55 彩插 6.5印张
字　　数 1620千字
印　　数 1~5000册

书　　号 ISBN7-5038-2374-7/S·1331
定　　价 120.00元

1955年，毛泽东同志在杭州的树林中

绿化祖国，造福万代。

邓小平 一九九一年三月

1985年3月12日，邓小平同志在北京天坛公园植树后同外孙女羊羊一起为小树浇水

全党動員
全民動手
植樹造林
绿化祖國

江澤民
一九九一年三月七日

1991年4月7日，江泽民同志在北京丰台区花乡森林公园参加义务植树劳动

《中国林业五十年 1949~1999》编纂委员会

名誉主任：徐有芳　陈耀邦

主　　任：王志宝

副 主 任：周生贤　祝光耀　刘于鹤　李育才　李昌鉴　江泽慧
杨继平　马　福

委　　员（以姓氏笔画为序）：

丁　珂　王　文　王汉忠　王成祖　王宏祥　王英忱　王　南
王家祥　王银娥　王　棋　王福兴　韦兴南　戈　成　公丕兴
白玛才旺　朱玉桥　许青龙　江行勇　刘双来　刘永寿
刘效章　庄义国　师伟杰　关松林　曲桂林　李世学　李近如
李兴源　李志荣　李祖明　李葆珍　李满盈　李赞成　吴兰芬
吴先金　吴炳清　陈家东　陈根长　陈继海　陈新华　陈耀仁
沈兰全　张守印　张守攻　张观礼　张志达　张建龙　张佩昌
张宝恕　张柏涛　张彦斌　张　蕾　汤升享　邵立山　宋文和
陆乃勇　陆文正　辛云岩　周克勤　周建铭　郑焕如　杨　铁
杨跃先　杨德宏　林万春　林　进　卓榕生　赵光寿　赵秉正
赵洪银　姚昌恬　祝列克　封加平　郭　涛　徐　洪　曹振声
梁星权　寇文正　蒋厚镇　蒋祖辉　韩　永　韩剑准　谢大发
葛汉栋　舒兴第　董启昌　程渭山　雷加富　甄仁德　慈龙骏
蔡秋芳　管炳六　潘祉贤　黎祖交　魏殿生

主　　编：李昌鉴　杨继平

副 主 编：董启昌　张柏涛　汤升享

编辑部

主　　任：汤升享

副 主 任：吴兰芬　张观礼

编　　辑：庄义国　任景阳　刘　杰　章　维　李中选　曹　靖
熊惊峰　杨玉芳

前　　言

新中国的林业建设已走过了50个春秋。为全面总结50年来林业战线两个文明建设取得的巨大成就和基本经验，探索有中国特色的林业发展道路，1997年林业部决定，在中华人民共和国成立50周年之际，编纂出版《中国林业五十年1949～1999》一书，以此献给为新中国林业事业付出艰辛劳动的老一代创业者，献给正在为实现林业跨世纪宏伟目标而拼搏的新一代建设者，献给所有关心支持林业和生态环境建设事业的仁人志士。

在我们居住的这个生机勃勃的星球上，人与森林之间具有一种天然的亲密情感。从某种意义上说，中华民族五千年的文明史，也是一部人与森林的关系史。千百年来，人们不断地开发利用森林，从而获取支撑人类经济社会发展的基本生产生活资料和重要能源。与此同时，森林也默默地、无所保留地向人类奉献着一切。然而，当人类因过度砍伐森林超过了自然界的承受能力时，大自然对人类的报复也是无情的、残酷的。大自然的恩赐与惩罚，使人们逐步认识到，作为陆地生态系统主体的森林，对改善环境、保持水土、涵养水源、调节气候、净化空气、防风固沙、保护生物多样性等具有不可替代的作用。地球不能缺少绿色，人类不能离开森林。

中华民族具有五千年的文明发展史，我们的先人在创造了方块文字之后就留下了造林护林的记载。但是，由于种种原因，当历史推进到20世纪40年代末期时，我国已成为世界上的少林国家之一。新中国成立后，我们党和国家一直十分重视林业工作，采取了一系列措施保护和发展森林资源，加快国土绿化。毫无疑问，新中国成立以来的50年，是我们国家对植树造林、重建绿色植被投入最大、成就最为辉煌的时期。五、六十年代大力开发建设国有林区，为国民经济建设提供了大量急需的木材和林产品，并形成“艰苦奋斗、无私奉献”的林业行业精神；80年代实行全社会办林业、全民搞绿化，开展轰轰烈烈的全民义务植树运动，“三北”防护林体系、长江中上游防护林体系等十大重点林业生态工程建设相继启动；90年代实施林业分类经营改革和天然林保护工程，等等。林业建设取得的每一项成就，无不凝结着全国人民特别是200多万林业职工的辛勤劳动。作为亲身经历过这段岁月的一代林业工作者，我们有义务、有责任客观、真实地回顾和总结这段历史。因此，《中国林业五十年1949～1999》不仅是一部建国50周年的献礼书，更是一部集新中国林业建设50年之鉴的史料书。

编纂出版该书的目的有两个：一是对50年来林业建设的成就与经验进行客观的、历史的总结。尽管50年来我们走过了许多弯路，但取得的成就是巨大的，特别是改革开放后的20年更是如此。目前，全国人工造林保存面积已达3425万公顷，居世界第一位；在向国家累计提供木材21亿立方米的情况下，全国森林面积仍提高到13 370万公顷，实现了森林资源总生长量大于总消耗量，森林面积和蓄积量双增长；我国生态环境恶化的趋势在一定程度上得到遏制，部分地区有了明显改善。把这些成就总结好、宣传好，对鼓舞广大林业工作者立足本职、献身林业的斗志，进而激发全国人民关心林业、支持林业、积极投身国土绿化事业的积极性，必将起到重要作用。二是希望对开创未来林业有所启示。建国以来这50年，林业同其他行业一样，也经历了曲折的发展历程。党和国家历来重视林业，制定了一系列保护森林、发展林业的方针政策。早在建国初期国家就确定了“普遍护林，重点造林，合理采伐和合理利用”的林业建设总方针，并采取了一系列有力措施，这对我国林业的发展产生了积极而深远的影响。但是，从1958年的“大跃进”到“文化大革命”时期，森林资源和林业生产力遭到严重破坏也是不可否认的。以史鉴今，在面向新世纪的历史进程中，在发展社会主义市场经济的新形势下，中国林业的发展道路到底应该怎么走？近20年来，我们在邓小平理论指引下，总结了正反两方面的经验和教训，对有中国特色的林业发展道路进行了积极探索，并取得了一定成果。

《中国林业五十年 1949～1999》一书的编纂出版工作，是在原林业部、国家林业局党组直接领导下，组织部机关、有关直属单位和各省、自治区、直辖市林业(农林)厅(局)的400多位同志，经过两年多时间共同完成的。该书编纂以邓小平理论为指导，坚持党的基本路线，遵循实事求是的科学态度，运用可持续发展和现代林业思想，依据大量的历史资料，如实地记载了新中国50年的林业建设史，客观地揭示了我国林业发展中带有普遍性、规律性的东西。

当前，我国林业正处在由传统林业向现代林业转变的历史时期，林业建设面临的主要任务和外部环境正在经历着前所未有的重大变化。保护森林、发展林业、改善生态环境已逐步成为全社会的共识。但是必须看到，我国的林业建设现状与国民经济和社会可持续发展的要求还很不相适应，林业建设的任务还十分艰巨，林业改革和发展面临的深层次矛盾也更加突出。面对新的形势和任务，我们必须在总结过去经验的基础上，提高认识，统一思想，明确发展思路，也就是要遵循现代林业的思想，按照建立比较完备的林业生态体系和比较发达的林业产业体系的目标，大力推进和深化林业分类经营改革，以此为突破口，促进整个林业的改革和发展。我们作为跨世纪林业事业的建设者，一定要不负使命，以高度的主人翁责任感，抓住机遇、扎实工作、开拓进取、知难而进，以科学的创新精神，努力开创21世纪我国林业建设的新纪元。

《中国林业五十年 1949～1999》编纂委员会

1999年7月

凡　例

(一)本书采用专题论述的形式，分为综述、分述、各地林业、典型经验、林业大事记、林业人物、林业统计图表和林业撷英等。

(二)书中全国性的统计数据以国家林业局发展计划与资金管理司提供的1998年林业统计资料与森林资源管理司提供的第四次全国森林资源清查成果为依据，除另有说明外，均未含台湾省。

(三)书中数字的使用，遵循1995年国家技术监督局发布的《出版物上数字用法的规定》，除各种名称、成语、历史纪年以及有特定含义的数字用汉字外，其余一律用阿拉伯数字。

(四)书中使用的计量单位，采用1984年国务院颁布的《中华人民共和国法定计量单位》及1993年国家技术监督局重新修订的《国际单位制及其应用》中的有关规定。森林及林地面积单位一般用“公顷”，特殊情况仍沿用“亩”。计量单位一般用中文名称表示。

(五)书中所用科学技术术语、名词、名称，以有关部门审定的为准，未经审定和统一的，从习惯。

(六)书中提到的“建国前”“建国后”指中华人民共和国建立前和建立后；“××年代”指20世纪××年代。

(七)书中各级林业部门的名称，均以当时的名称称谓。

(八)本书编印的中国森林资源分布图、中国主要珍稀野生动物分布图等使用的底图，均经国家测绘局审定。

目　录

各地林业

典型经验

人　物

大 事 记

林业统计图表

林 业 撷 英

综　述

中国林业五十年

林业兼具生态、经济、社会三大效益，肩负着优化生态环境和促进发展的双重使命。森林是陆地生态系统的主体，林业既是生态环境建设的主体，又是国民经济的重要基础产业，更是重要的社会公益事业。保护和发展森林资源，对于维护国土生态安全，促进国民经济和社会可持续发展具有十分重要的意义。发达的林业是国家富足、民族繁荣、社会文明的重要标志之一。

一、林业在国民经济和社会发展中的地位和作用

森林是陆地生态系统的主体。在人类发展史上，森林与人类的关系十分密切。森林孕育了人类，人类从原始利用森林到主观能动地保护、培育和科学利用森林，是在长期社会实践中逐步发展的。人类与森林的关系，大致经历了四个阶段：古代依赖森林，纯自然地利用森林，到农业分工阶段；资本积累和工业化时期采伐森林，掠夺森林阶段；近代以培育木材为主，环境效益为辅的森林利用和发展阶段；现今正进入将森林作为人类社会可持续发展基础的新阶段。人类对森林的客观自然规律，对森林在人类经济和社会发展中的地位和作用的认识，是随着社会的发展和文明水平的不断提高而不断深化的：从生存的物质基础之一到人类生存环境的主体，直至当今被认为发达的林业是一个国家乃至全世界可持续发展的支撑条件。人类的这一认识在历史实践的过程中付出了沉痛的代价！在我国50年的建设和发展中，对森林和林业的地位和作用，同样经历了这样一个认识发展过程。

建国以来，特别是改革开放以后，党和政府十分重视林业，林业建设取得了巨大成就。林业在不同时期为国家作出了应有的贡献。在建国后的相当长一段时间里，我国林业主要是以木材生产为中心的经济产业，林业部门的主要任务就是植树造林、生产木材等林产品，向国家交纳税收，为社队集体增加收入，林业为国民经济的恢复和发展作出了重要贡献。但是，由于对我国的森林资源状况认识不足，工作局限于经济建设对木材需求的压力，没有能够及时地把林业工作的重点转移到以资源培育为主的方面来，转移到以生态环境建设为首要目标上来。长时期实行“以木材生产为中心”的工作思路，高强度地采伐利用森林，加之以粮为纲、人口增加、大面积毁林开垦和国家对林业的扶持政策落实不到位等等，使我国本来就很少的天然林还在继续减少。尽管大规模人工造林取得了巨大的成绩，造林面积和保存面积都居世界第一，可是，人工造林的成就难以弥补天然林大面积被砍伐所造成的损失，更难以有效地遏制我国生态环境恶化的趋势。目前，我国生态环境虽然局部有明显改善，但总体上还在继续恶化，风沙、干旱和洪涝等自然灾害非常严重，已成为制约我国国民经济和社会可持续发展的关键性问题。

随着人口、资源、环境问题的日益突出，可持续发展越来越受到国际社会的普遍关注和高度重视。1992年联合国环境与发展大会以后，努力寻求一条

既满足当代人需要，又不对后代人需要构成危害的可持续发展道路，已成为世界各国面向21世纪的必然选择。森林是实现环境与发展相统一的关键和纽带，是人类社会可持续发展的重要支撑条件，无论是从历史还是从现实的角度看，森林在保护环境和促进可持续发展中的战略地位比以往任何时候都显得重要。保护森林就是保护生产力，发展林业就是发展生产力。我们对林业在国民经济和社会发展中的地位和作用，必须重新加以审视和进一步提高认识。

(一)林业是生态环境建设的主体

森林是陆地生态系统的主体，是自然生态系统平衡的主要调节器，在生物世界和非生物世界之间的能量和物质转换中扮演着重要的角色，对保持生态系统的整体功能起着中枢和杠杆作用。但是，由于历史的局限，人们对此并不是早有认识。回顾历史，由于人类大面积毁坏森林，造成生态环境恶化，导致文化衰退、文明重心转移与贫困加剧的历史事件屡见不鲜。人类为此付出了惨重的代价。恩格斯在《自然辩证法》中曾经指出："美索不达米亚、希腊、小亚细亚以及其他各地的居民，为了想得到耕地，把森林都砍完了，但是他们梦想不到，这些地方今天竟因此成为荒芜不毛之地。"我国的黄土高原，3000年前也是林木蔽天、水草茂盛的地方，西周时，森林覆盖率在50%以上，是中华民族的发祥地和农业发源地。以后经历代破坏，黄土高原的森林覆盖率只剩下6.1%，成为我国生态环境脆弱、生产力水平低下、人民生活贫困的重点地区之一。当今世界普遍关注的全球十大环境问题，包括温室效应、臭氧威胁、生物多样化危机、水土流失、荒漠化、土地退化、水资源短缺、大气污染和酸沉降、噪声污染以及热带林危机等，都与森林资源锐减有直接或间接的关系。随着科学技术的发展和社会的进步，人们越来越深刻地认识到生态环境问题已成为影响人类可持续发展的关键性问题，解决好森林问题，对改善生态环境具有决定性的作用。

森林是自然界功能最完善、最强大的资源库、基因库、蓄水库和能源库。科学和实践告诉我们，森林既有涵养水源、保持水土、防风固沙、调节气候、蕴育物种等多种生态功能，又有贮碳释氧、吸纳粉尘、降解有害气体、阻消噪声、美化环境等防治环境污染功能。一般来讲，一个国家特别是幅员辽阔的国家，如果国土有1/3以上的、分布较均匀的茂密森林覆盖，这个国家就能有一个较为良好的生态环境，风沙、水旱等自然灾害相对也少。反之则相反。我国不少地方，尤其是西北部广大地区，之所以生态环境恶化，自然灾害肆虐，除了大气候原因外，主要是森林植被太少所致。一些工业发达、人口稠密地区特别是大中城市的大气污染严重，也与森林植被覆盖率低有关。植树造林、保护森林，是解决生态环境问题的治本之策。

(二)林业是国民经济发展的重要物质基础

森林是人类祖先居住、取食、劳动、御敌的主要场所，可以说人类是从森林里走出来的，森林始终是国计民生不可缺少的物质基础。中华民族的祖先在很早以前就意识到，光靠大自然的恩赐是不够的，必须通过人工造林弥补森林的不足。据古籍记载，早在夏、商、周时代，中国就开始了人工植树。《汉书·栗山使》记载，秦始皇在全国大修驰道，"道广五十步，三丈而树，厚筑其外，隐以金椎，树以青松"，开展了广泛植行道树的先例。《宋史·太祖东纪》记载：宋太祖"课民种树"，夹河两岸广植榆、柳护堤。《明史·食货志》载：洪武二十四年(1391)，明太祖号令南京臣民在钟山种植桐、棕、漆树。中国种植经营杉木历史悠久，远在周代就有记载。中国重点产杉县湖南江华600多年前就能开始大面积种植人工杉木林，以满足人们对木材等林产品的物质需要。

森林是提供木材、竹材、林化产品、多种果品、木本粮油、食用菌、花卉、药材等林产品的资源宝库。据统计，森林可向社会提供1100余种林产品。自新中国成立50年来，林业已为国家提供了22亿立方米的木材、73亿多根竹材，每年可提供各种林副产品5400多万吨；每年提供农村薪炭柴1亿立方米以上。以木材及林产品为原料的林产工业，为国民经济发展和人民生活提供了大量的锯材、人造板、家具和木竹制品、林化产品、纸及纸制品。我国的经济林产品每年的出口创汇都在12亿美元以上。我国是松香出口大国，出口量占世界总贸易量的50%以上。近几年，每年松香出口20万吨以上，年创汇均在1亿美元以上。林业是国民经济中的一项重要产业。

(三)林业是社会发展的重要推动力量

林业在经济发展和社会进步中发挥着不可替代的巨大作用。如扩大就业和促进农村贫困人口脱贫致富奔小康；促进地方经济发展，缩小地区差距，实现全社会共同富裕；加快少数民族地区经济发展，维护民族团结与稳定，维护边防安全；促进社会主义精神文明建设，满足人民文化生活需要；为我国树立良好的国际形象，争取经济发展的有利外部环境等等。

发展林业可吸纳大量劳动力就业。全国有250万职工在林业行业就业，其中国有林区、国有林场和苗圃就提供了60多万个就业机会。乡村林场可以吸纳6000多万个劳动力。

林业稳定并拓宽了人们的生存空间。一些地方通过在风沙前沿建设大型骨干防风固沙林带，阻止了风沙侵袭，变沙进人退为人进沙退，稳定并拓宽了当地人民的生存空间。如陕西省榆林地区造林保存面积133万公顷，林草覆盖率达到34.5%，新增农田近9万公顷，新建灌丛草场67万公顷，有15万多公顷草场得到了恢复，9万多公顷农田得到了林网保护，40万公顷流沙得到了治理。有10万农户通过植树造林摆脱了贫困，走上了富裕之路。

发展林业对于调整和优化农村产业结构，解决我国的吃饭问题，具有重要意义。我国人多耕地少，解决吃饭问题始终是我国的基本问题。我国有2亿亩林地适宜发展栗、枣、柿等木本粮食，具备开发利用条件的沙荒地有10亿亩，尚有8.2亿亩农田没有林网保护；我国每年有数千万亩新造林地可用于间种粮食。仅上述四个方面，林业就可直接或间接地增产粮食90多亿公斤，潜力相当之大。

发展林业，对发展山区经济、促进农村脱贫致富具有十分重要的作用。我国是一个多山的国家，山区占国土面积约69%，山区人口占全国总人口的一半以上。我国的贫困人口主要集中在山区。全国592个贫困县，山区县占496个。贫困山区脱贫致富问题，成为我国国民经济发展实现第三步战略目标的关键问题。林业是发展山区经济、富山富民的重要支柱产业，它可以通过生产木材、经济林产品及其他林、副、特产品，有效地提高农民收入，增加财政税收，支撑山区经济和扶贫开发。在许多重点林区，以木竹、林果、食用菌、花卉、药材、森林食品、森林旅游为主的林业收入，在当地经济收入中所占的份额已经达到50%以上。如1986年开始实施的“三北”防护林二期工程，10年期间共营造经济林230万公顷，年产果品38亿公斤，产值达60多亿元，并涌现了一批年产果品超亿公斤的大县和年果品收入达数万元的致富大户。同时，发展经济林也为地方财政提供了税源，一些县仅果品一项的农业特产税就高达2000万～3000万元。

森林的作用是巨大的，在许多方面是不可替代的。我国正在全面推进社会主义现代化建设，不仅需要大量木材和其他林产品。而且更加需要一个良好的生态环境。穷山恶水决不是现代化的社会主义。建国以来，党和国家领导人对林业非常重视。毛主席早在1958年就提出“要发展林业，林业是个很了不起的事业”，要求“在一切宅旁、村旁、路旁、水旁，以及荒地上荒山上，即在一切可能的地方，均要按规格种起树来，实行绿化。”刘少奇同志在60年代初提出“后继有林”，“给后代留下一片片青山”。周总理在60年代也提出“青山常在，永续作业”的林业建设思想。在1981年四川省遭受严重水灾后，邓小平同志敏锐地看到了发展林业与国家建设全局的关系，提出要少砍树，保护森林资源，并提出了“开展全民义务植树”的倡议。江泽民总书记也时刻关注着生态环境建设，在1991年淮河、太湖流域大洪灾之后明确指出：“大灾之后，兴修水利要实行综合治理，注意搞好林业建设。”1997年，江泽民总书记就西北生态环境建设问题作了长篇重要批示，提出要建设秀美山川。近几年，党中央、国务院作出了一系列决策，“封山植树，退耕还林”，实施天然林保护工程，大力推进林业生态工程建设，等等。这些措施对加快我国林业发展，改善生态环境具有决定性的重大意义。

在推进我国现代化建设的进程中，我们必须全面认识林业的多种功能和作用，科学确立林业在国民经济和社会可持续发展中的战略地位，强化全民族的绿化意识和环境意识，更好地把全社会办林业、全民搞绿化的具有中国特色的社会主义林业建设事业全面推向21世纪。

二、我国林业建设50年的发展历程

我国幅员辽阔，历史上森林面积广大。但是由于过去长期的开垦、战乱、火灾破坏和乱砍滥伐，到中华人民共和国成立之前，中国已成为一个贫林国家。全国森林面积仅有8280万公顷，宜林荒山28 959万公顷，按国土面积9.6亿公顷计算，森林覆盖率仅为8.6%。新中国的成立，开创了中国历史新纪元，林业作为新中国国民经济建设的重要组成部分，也步入了恢复、建设、发展的历史新阶段。回顾新中国林业建设所走过的半个世纪历程，虽然几经曲折，但发展是主流，虽然也有失误，但成就是主要的。总之，中国林业建设的50年，是探索的50年，是发展的50年。

（一）**奠定中国林业建设基础**（1949～1956年）

新中国成立之初，百废待兴，恢复生产、发展经济成为国家在当时的首要任务。一方面，国民经济的恢复和建设急需大量木材，而旧中国遗留下来的森林资源很少，木材生产能力也不足，年产量不到1000万立方米，供需矛盾十分突出；另一方面，林业行政管理基础薄弱，再加上许多地方毁林开垦种粮，一些地方政府靠砍伐木材增加收入，经常发生森林火灾，致使已经很少的一点森林还在继续减少。针对这一情况，党和国家及时制定了一系列林业工作的方针和政策，采取各种措施，保护和发展森林资源。

1. 确定林业建设方针，强化林业行政管理

1949年《中国人民政治协商会议共同纲领》作出了“保护森林，并有计划地发展林业”的规定。1950年2月召开的第一次全国林业业务会议确定了“普遍护林，重点造林，合理采伐和合理利用”的林业建设总方针，指导全国的林业建设。在“一五”期间，随着形势的变化和林业发展的实际，国家及时把林业工作方针调整为“普遍护林护山，大力造林育林，合理采伐利用木材”。建国初期确定的林业工作方针，对当时加强林业工作，保护和发展森林资源，发挥了重要的指导作用，并对以后各个时期林业建设事业产生了深远的影响。

中华人民共和国一成立，中央人民政府就设立了林垦部，主管全国的林业工作。1950年第一次全国林业业务会议对建立林业组织机构和管理体制提出明确要求：在林业占重要地位的大行政区，设立林业总局；省人民政府农业厅应按照中央规定改为农林厅，业务上有必要时，在农林厅下设立林业局；专署及市县级人民政府视业务需要确定人员专管林业；区所农业助理员改为农林助理员，兼管林业；对伐木公司、森林铁道、木材加工等森林企业机构，由中央人民政府委托大行政区或者省林业机关直接统一经营管理。到1951年，全国已经建立林业专业机构550多处。各级林业机构建立以后，切实贯彻执行林业建设方针和政策，使各项林业生产建设事业有序进行。

2. 界定山林权属，推进林业合作化

土地问题自古以来就是农民最关心的问题。建国后，我国新民主主义革命的一项重要任务就是变革旧的生产关系，消灭封建的土地所有制，搞土地改革。早在1947年中国共产党全国土地会议通过的《中国土地法大纲》，就规定了林地的改革办法。新中国成立后，1950年通过了《中华人民共和国土地改革法》，进一步明确规定“没收和征收的山林、鱼塘、茶山、桐山、桑田、竹林、果园、芦苇地、荒地及其他可分土地，应按适当比例，折合普通土地统一分配之”，“大森林、大水利工程、大荒地、大荒山、大盐田和矿山及湖、沼、河、港等均归国家所有，由人民政府管理经营之”。根据这些规定，各大行政区相应地制定了实施办法，很快在全国范围内确立了国有林和农民个体所有林两种林业所有制。由于调整了生产关系，保护了农民的利益，促进了林业事业的发展，仅1949年至1952年，全国造林面积达171万公顷，木材生产达3229万立方米。

从1953年起，国家开始进入有计划的经济建设时期，制定了国民经济发展第一个五年计划。为克服个体经济同国家有计划的经济建设不相适应的矛盾，林业开始走合作化的道路。1955年10月，中共中央《关于农业合作化问题的决议》指出：“社员的小量树木（包括果树、竹子和其他属于技术作物的树木），一般仍归社员自己经营。社员如果有成片的林木，……经过原主自愿，可以入社统一经营，但是保留原主的私有权”。在河北的行唐县、新乐县、灵寿县，浙江的龙泉县、诸暨县等地很快建立起农林牧生产合作社。

3. 普遍护林

新中国一成立，党和政府就把森林资源的保护放到十分重要的位置。一是防止发生森林火灾；二是禁止滥伐滥垦森林。

火灾是森林的大敌。建国初期，由于管理措施没有跟上，1950年秋，在不到一个月的时间里，辽东、吉林、松江等省14个县陆续发生森林火灾94次。为了加强护林防火工作，1952年3月，中央人民政府政务院发出《关于严防森林火灾的指示》，明确要求：一是在每年容易发生山火的季节，山区及附近的各级人民政府应把护林防火列为中心工作之一，由领导负责亲自布置、检查和督促。二是在山区和山林附近地区严禁烧垦、烧荒，积极说服农民用割草代替烧荒。在防火期间，要严防通过林区的火车机车喷火和锅炉抛火。对放火烧山或以其他方式破坏山林者依法惩处。三是林区的机关、部队、工矿企业、农场等，除应负责做好所属范围内的护林防火工作外，还应协助各级人民政府，防止附近地区发生森林火灾。四是发生森林火灾后，当地人民政府应把救火作为最紧急的任务。1952年，除东北行政区外，有14个省、自治区相继成立了护林防火指挥机构。在东北、内蒙古林区，还开展航空护林，出动飞机巡护。由于加强了护林防火工作，全国因森林火灾受害的森林面积，1952年比1951年减少了74.1%。1956年，在全国各大林区开展了“无森林火灾运动”，进一步加强了有关措施，森林火灾显著减少。到1957年，已涌现出不少无森林火灾的县和乡。

新中国成立初期，由于历史和经济的原因，破坏森林资源的问题依然非常突出。政治上翻了身的农民在经济上还未摆脱贫困，有些农民为了开垦农田而砍林、烧林；有些地方政府以砍伐木材增加收入；有些木商和不法分子也乘机乱砍滥伐森林等。针对这种情况，中央人民政府林垦部把普遍护林作为首要任务。1950年2月，第一次全国林业业务会议决定:发动群众，组织群众，普遍护林，防止发生森林火灾，禁止滥伐滥垦森林，实行“护林者奖，毁林者罚”。各地政府也积极组织群众成立护林组织，订立护林公约，制止乱砍滥伐，有效地保护了森林资源。

4. 从重点造林到普遍造林

1950年，政务院及时发布了《关于全国林业工作的指示》，要求在风沙水旱灾害严重的地区，发动群众，有计划地造林，并大量采种育苗以备来年造林之用。1950年到1952年，全国造林的重点是风沙水旱灾害十分严重的冀中、冀西、陕北、豫东、东北西部和苏北沿海一带。在各级政府和林业部门的组织下，全国由北而南相继开始营造固沙林、农田防护林、沿海防护林、水土保持林等各种防护林。1952年1月，东北人民政府作出《关于营造东北区西部防护林带的决定》。按规划，林带南起辽东半岛和山海关，北至兴安岭以南富裕、甘南，长1100公里，宽300公里，建设范围包括60个县(旗)，规划造林面积300万公顷。“一五”期间，仅豫东地区就营造沙荒防护林近5万公顷，保护了15万公顷农田；黄河、淮河等河流中上游配合水利工程造林，控制水土流失面积达69.2万平方公里；在长江以南大力营造用材林，计划每年造林100万公顷，建立木材生产基地。“一五”计划第一年，即1953年，全国造林111万公顷，为国民党政府统治时期22年造林总面积的两倍。

封山育林是我国的传统习惯，也是恢复和发展森林的一个省工省钱、简便易行的有效方法。1949年12月，林垦部向全国各地布置了封山育林74万多公顷的任务。山东省各级人民政府把封山育林同山区群众的切身利益相结合，在山区适当划自留山地，让农民轮流放牧、打柴；建立定期开山制度，把山地封禁起来；劝导群众打柴只割茅草，不伤幼树；在山区兴修梯田，在山沟种杞柳、白蜡条和芦苇，使山上林草生长茂盛，水土流失减轻。莒沂县1950年到1952年修拦水坝10 539座，封山4900公顷，并在封山后长出了35万株小树。有些地方封山后，还种植了山杏、板栗、核桃和马尾松。

山东省的封山育林经验在全国推广后，河北、福建、安徽、四川等省的封山育林工作也取得了成绩，还创造了许多新经验。如河北省实行封而不死、有封有开、分区轮流封禁和封成材树、不封柴草等办法；四川省实行合理规划、轮封轮开、封造结合、封抚结合等办法；西北各省因地制宜地推广封沙育草、封滩育林等办法。由于各级人民政府的高度重视和山区群众的共同努力，从1950年到1952年，全国共完成封山育林414万公顷，收到较好效果。1954年，林业部确定以水土流失严重的河流、水库上游山地和灌丛、疏林地为封山育林重点，黄河、淮河、永定河、辽河等大中河流上游山区都逐渐封禁起来。

5. 合理采伐利用森林资源

(1)党和国家制定了合理采伐利用森林的政策规定。1950年5月，政务院发布《关于全国林业工作的指示》，指出:公有林(包括国有林)应由中央人民政府林垦部或中央委托的各级林业机构经营采伐，统筹供应公私用材。其他任何机关、部队、学校或企业不得借口任何理由自行采伐。个别地区驻军确因自用燃料无法购得而需樵采时，必须经当地专署以上人民政府或林业主管机关核准，在公有林指定区域作合理的修枝疏伐，并照缴山价。政务院还给全国各大林区布置了采伐任务。

(2)重视节约利用木材。建国初期，由于木材生产未走上正轨，作业方式落后，伐根高达80～100厘米以上，仅此一项每年就浪费木材40万立方米。树木的梢头废弃不用，仅1949年即废弃20万立方米。优材劣用的现象也很普遍。针对上述情况，林垦部和东北林务总局采取了一系列措施:伐木时要掌握树倒方向;伐根降到 30 厘米以下;缩小原木的后备长度,短材只留 5 厘米,长材只留 10 厘米;直径 6 厘米以上的梢头全部运出林外进行利用;制止优材劣用,合理利用木材。1950 年,东北林区从降低伐根、利用梢头木、合理造材等方面节约木材 50 万立方米。

(3)改变森林采运生产方式,提高林业生产力。建国初期的森林采伐业主要依靠人力、畜力,而且只能冬季采伐、春季运输,生产的季节性很强。1955 年林业部门作出决定,改季节性作业为常年流水作业,并把林业机械化列为林业建设的重点。很快,油锯、电锯、绞盘机、履带式集材拖拉机等专业机械陆续从国外引进,使森林采运机械化水平提高了一步,至 1957 年,森林采运机械化水平达到 42%。

(4)有计划地开发新林区。1952 年 11 月召开的全国林业会议提出有计划地开发新林区。从 1954 年开始,对准备开发的东北、内蒙古、西南和西北国有天然林进行了航空测量、地面调查、森林资源清查和森林经理调查,并在此基础上编制出林区施业方案,进行开发新林区的总体规划和勘察设计。1954 年 11 月,林业部向政务院财政经济委员会提出,在小兴安岭、长白山和大兴安岭南坡林区兴建汤林、长林、牙林和嫩林 4 条线路,总长 1300 公里,在第一个五年计划期内完成 700 公里。通过改进森林采伐企业经营管理,提高生产技术水平,开发新林区,1957 年完成国家计划的木材产量已由 1950 年的 764 万立方米上升到 2787 万立方米,其中国有林区的木材产量为 1500 万立方米,占 54%。

(5)规范木材流通。1949 年到 1952 年,木材流通主要通过市场交易。由于国营林业企业、合作社、个体木商、用材部门多家经营,管理混乱,国家无法控制森林资源的消耗。1953 年起,政务院决定由林业部对木材产销实行统一经营管理。为此,林业部成立了木材调运总局和木材公司,统一组织全国木材的生产、分配、调运和销售,统一管理木材价格,以及木材的合理利用和节约代用。1953 年到 1956 年,国家对木材的交易,实行"中间全面管理,两头适当控制"的木材流通政策。这一政策的实行,在稳定木材价格、保证国家用材等方面起到了积极作用。

(6)以林养林,促进森林更新。1950 年制定了以林养林的政策,为发展林业积累资金。当时东北人民政府规定:采伐国有林木时要征收育林费,即原木、枕木、电杆、坑木、制材(板方材)、小杆、薪柴、木炭、树根、树皮和加工品都要征收育林费。育林费由各级林政机关征收和保管,由东北人民政府农林部林政局统一支拨,专用于林业建设。森林工业系统采伐林木的征收率为 10%,工矿企业和地方用材的征收率为 20%。林内居民经林政机关许可,采伐自用木材可免征育林费。

1949~1956 年,由于打破了旧的、落后的生产关系,党和政府采取了一系列有利于林业发展的方针政策,社会生产力得到极大解放,农民植树造林的积极性高涨。但是,由于新中国刚刚成立,没有建设经验,从营林、采伐方式直至林业行政管理生硬地搬用苏联模式,一度全面推行皆伐,人工更新跟不上;高度集中的木材生产和统购统销政策在发挥积极作用的同时,一定程度上抑制了市场经济的萌生和木材价格的合理构成;投入短缺,致使林区和企业的基础设施建设"先天不足"。

(二)全面建设社会主义时期的林业发展与挫折(1957~1966 年)

1957~1966 年是一个波澜起伏的历史时期,中国先后经历了"大跃进"、三年自然灾害和国民经济调整三个阶段。这一时期,第一个五年计划和全国社会主义改造顺利完成,中国进入了国民经济发展的第二个五年计划。"二五"期间林业工作的基本任务是:大力开展群众性的造林运动,发展国营造林和乡村造林,试点飞机播种造林,迅速绿化一切可能绿化的荒山荒地;加强森林经营管理,提高森林生长率,更好地发挥森林在国民经济中的防护作用和经济效益;大力开发利用现有森林资源,大量增产木材:积极发展木材机械加工和化学加工业,提高木材利用率。1958 年 4 月,中共中央、国务院发布了《关于在全国大规模造林的指示》,同年 5 月,中共八大二次会议通过了《1956 年到 1967 年全国农业发展纲要(修订草案)》,林业建设开始步入新的历史发展时期。但是,后来由于"大跃进"的原因,第二个五年计划没有很好地贯彻执行,林业建设一度偏离正常的轨道。所以,这一时期,林业建设一方面有很大发展,但森林资源也遭到了一定程度的破坏。

1. 林业建设有了新的发展

国营林场和社队林场蓬勃兴起。为了鼓励和规范国营林场、社队林场的发展,1957 年 1 月,林业部颁发了《国营林场经营管理办法》,第二年,中共中央、国务院在《关于在全国大规模造林的指示》中明确提出:“在着重依靠群众造林的同时,必须积极发展国营造林。除原有国营林场应该加强以外,还应该利用国有的和合作社经营的荒地荒山,组织下放人力,有计划地增建新的林场”。各地林业部门根据党中央、国务院指示精神和林业部的部署要求,一方面将原有的森林经营所、伐木场改为国营林场,另一方面接纳大批下放干部,选择场址建立了一批新的国营林场。1959年国营林场发展到3959处,是1957年418处的近10倍。到1965年,全国国营林场的经营面积已达到6800万公顷,其中森林面积2930多万公顷,林场职工28.1万人。1958年到1966年造林276万公顷。

与此同时,农村农业合作社以林业专业组为基础,仿照国营林场的经营管理办法办起了社队林场。1957年春,湖北省黄梅县永安乡办起了中国第一个社队林场。1958年初,林业部开始推广社队办林场的经验,到1960年9月,全国建立社队林场8万多个,拥有劳动力100万人,具备了相当的生产规模,成为造林绿化事业的一支生力军。

为解决木材供应不足的状况,国家加快了新林区的开发步伐。1964年1月27日,林业部和铁道部向中共中央书记处和国家经济委员会呈送了《关于开发大兴安岭林区的报告》,经中共中央、国务院批准后于同年2月开始实施,8月10日又批准成立了大兴安岭特区。该特区规划建设15个林业局,计划年木材产量820万立方米。1965年首先修筑通往林区的铁路干线,拉开了该林区开发的序幕。与此同时,金沙江林区的会战也于1964年开始筹备,并于1965年成立了会战总指挥部。但由于后来受到“文化大革命”的冲击,会战中途夭折。当年的规划设计材料和保存的设计施工力量在以后西南国有林区的开发中起到了积极作用。

为了加快已开发林区的营林生产,1963年根据刘少奇同志的指示,国有林区开始试办营林村。到1965年末,仅黑龙江省就建立了营林村156个,入村户数4100户,人口19 000人,为国有林区发展营林业探索了路子。

发展林区交通是开发建设新林区的先决条件。“二五”时期规划,东北地区在大小兴安岭、完达山和长白山林区修筑公路干线17条,支线28条,总长9000公里。从1958年到1965年的8年间,共修筑林区铁路5587公里,为新中国新建森林铁路里程的51%;修筑公路25 172公里,为1957年以前林区修建公路里程的18倍。林区道路的增加,改变了林区原有的以水运为主的木材运输方式,加快了林区开发速度,林区的木材生产能力也有所增加,东北、内蒙古林区1965年的木材产量比1957年增加了780万立方米。

林业机械化迅速发展,木材综合利用工作开始起步。1958年以后,中央加大了对林业机械的投入,各级林业部门从上到下建立了机械设备管理机构,并对设备的使用管理、保养、维修等方面制定了一系列规章制度,机械作业范围也逐步扩大。到1961年木材生产中集材工序的机械化半机械化比重已达75%;东北林区1965年的森林采运机械化水平已从1957年的42%提高到81%。南方林区的木材生产从手工作业改变为部分机械化作业,运材机械化达到30%~41%;应用于平原地区的植树机、幼林除草机、喷粉喷雾机等已研制成功,飞机等现代化交通工具已经用于播种造林和护林。50年代末期,林业部开始组织研究飞播造林技术,1959年四川省凉山自治州首次飞播云南松取得初步成功,1961年起,在广东、浙江、福建、江西、安徽等省(区)继续进行试播,1965年南方各省开始进入扩大试验和推广阶段。

木材综合利用在这一时期也开始提到林业部门的议事日程。1958年8月林业部召开了全国提高木材利用率现场会,明确提出特别要发展人造板业。同年11月的全国林业会议指出,我国森林工业的发展方向就是大搞人造板业。1958年初,我国从瑞典引进一套先进的纤维板生产设备,1961年在上海木材一厂组织科研、设计单位和工程人员建设了第一个年产2000立方米的小型湿法硬质纤维板车间,以这个车间为基础作出定型设计,安排制造成套设备,推向全国。

随着林业建设事业的发展,林业科研工作得到了进一步加强。1958年10月,经国务院科学规划委员会批准,中央林业研究所改为中国林业科学研究院,从1960年到1965年,中国林业科学研究院陆续设立了林业经济研究所、木材工业研究所、林业机械研究所、林业情报研究所、林产化学工业研究所、紫胶研究所,逐步发展成为综合性科学研究机构。同时,自1958年始,除天津、上海和西藏外,各省、市、自治区也陆续成立了林业科学研究机构，科研力量不断扩大，林业科技在生产建设中的作用不断增强。

2.“大跃进”和人民公社化对林业建设的冲击

1958年“大跃进”和人民公社化在全国推开之后，新中国林业事业遭受第一次大的挫折。由于各地大炼钢铁，大办公共食堂，大量的天然林甚至原始林遭到掠夺性砍伐。加之木材生产中的高指标，造成集中过量采伐和三年困难时期的毁林开荒。短短的几年间，森林资源遭到了严重破坏。广西壮族自治区1958年因烧炭、炼钢砍伐木材1750万立方米，相当于当年国家计划在该区收购木材的10倍以上。对林业造成负面影响更为深远的是人民公社化。由于搞“一平二调”和“共产风”，一些地方将初级、高级农业生产合作社时期尚未偿还的折价山林，全部低价甚至无偿划归公社集体所有，造成林木、林地权属混乱，严重挫伤了广大农民植树造林的积极性，有的地方乱砍滥伐森林，也为以后的林权纠纷带来了隐患。

3. 林业建设方针和政策的重大调整

“大跃进”和“人民公社化”对森林资源造成严重破坏后，党和国家领导人十分重视，刘少奇、周恩来、邓小平等中央领导同志对林业建设提出了许多方向性的意见。针对林业存在的问题，中央及时调整林业政策，加大对林业的经济扶持。一是确定以营林为基础的林业建设方针。国家于1964年提出了“以营林为基础，采育结合，造管并举，综合利用，多种经营”的林业建设指导思想。二是调整农村林业政策。1961年6月，中共中央及时发布了《关于确定林权、保护山林和发展林业的若干政策规定(试行草案)》(简称《林业十八条》)，核心是确定和保证山林的所有权，社员在村前村后、房前屋后、路旁水旁、自留地上和坟地上种植树木，都归社员个人所有，造林坚持“谁种谁有”的原则，同时规定山林归谁所有，林木的产品和收入就归谁支配。三是扩大对林业的扶持力度。1961年，东北、内蒙古国有林区实施育林基金制度，从每立方米原木销售成本中提取10元作为育林基金，实行专款专用。南方集体林区也于1964年实行该制度。对重要经济作物的收购如桐籽、茶籽、松脂、毛竹等林产品，于1961年起采取奖励粮食的办法，有力地促进了经济林的发展。

纵观这一时期林业发展的过程，尽管受到了很大挫折，但由于党中央对林业的高度重视，林业建设的方针政策得到了及时调整，对促进各地林业建设起到了积极的作用。这一时期，全国完成造林面积达到2620万公顷，木材产量达到34 802万立方米，人造板制造业有了突破性发展，由过去单一的胶合板、发展为胶合板、纤维板、刨花板齐全的产业，三大板年产量由1957年的近7万立方米增长到1965年的22万立方米。

(三)“文化大革命”十年间林业建设遭受严重挫折(1966～1976年)

1966年5月至1976年10月的“文化大革命”期间，林业工作受到严重冲击，机构一度陷入瘫痪状态，制度被废弃，生产被停顿，森林资源遭到比“大跃进”、“人民公社化”时期程度更重、持续时间更长的大破坏。

1.“文化大革命”对林业的严重破坏

在新中国50年的历程中，“文化大革命”给我国林业建设事业造成的灾难是最为深重的，突出表现在以下四个方面：

第一，林业管理机构被撤销，专业干部和技术人员大量流失。1966年“文革”开始后，林业部就于1967年10月实行了军事管制，原有的行政管理机构和生产指挥系统被打乱，工作基本停滞。各省、自治区、直辖市大都撤销了林业厅(局)，林业干部和技术人员也下到农村基层和“五七”干校劳动锻炼，新中国成立以来打下的基础被严重摧残。直至1970年5月，林业部和农业部合并成立了农林部，林业行政管理工作才开始有了转机。

第二，偏离林业方针政策，废弃规章制度。“文革”中，林业建设严重偏离了中共中央在1964年提出的“以营林为基础”“采育结合”的林业建设方针。国有林区和集体林区集中过伐的现象十分普遍，导致采育严重失调。据1979年的森林更新普查：在国有林区122个林业局中，有55个林业局更新跟不上采伐，更新欠帐86万公顷；在集体林区356个林业采育场中，更新跟不上采伐的有111个，更新欠帐7万公顷，而且人工更新成活率普遍较低。林业企业单位经营管理混乱，计划、财务、劳动、生产制度被认为是“管、卡、压”而遭废除，不少单位无法正常生产，甚至停工停产。

第三，森林资源遭受巨大损失。由于林业行政机构动荡，管理混乱，造成森林资源损失严重。1966年至1977年，全国共发生森林火灾11万多次，平均每年受害森林面积达67万公顷。因火灾、乱砍滥伐等造成全国有林地面积减少660多万公顷(1981年资源清查数);用材林蓄积减少8.5亿立方米;森林覆盖率由12.7%下降为12%。东北、内蒙古和西南国有林区131个国有林业局,有25个可采资源枯竭,资源危机和经济危困开始出现。在广大农村,由于执行"以粮为纲"的方针,大面积开荒种粮,大批林木被毁。同时搞"穷过渡"和"割资本主义尾巴",平调森林资源,搞乱了林权,引起了乱砍滥伐,严重挫伤了广大群众发展林业的积极性。

第四,林业教育和科研事业遭受严重摧残。1966年后,所有高、中等林业院校、干部学校、职工学校停止上课、招生。随后,各类林业学校相继由城市迁往农村或边远山区,有的被撤销。1968年末,东北林学院大部分教师和干部下放到农村插队落户。1969年,北京林学院迁往云南,大批师生员工被下放到云南各地林业局,到1973年才集中到昆明远郊建校,改名云南林学院。在此前后,内蒙古、天目(浙江)、四川、福建、中南5所林学院和黄村、南京等21所中等林业学校也被搬迁下放。由于林业院校的搬迁和撤销,教职员工被遣散改行,校舍被改作他用,教学用的仪器、设备、图书、资料、标本、模型损失殆尽。

"文化大革命"期间,林业科学研究事业也遭到极大破坏。1970年,中国林业科学研究院与中国农业科学院合并为中国农林科学院。合并后大部分林业科技人员被下放到各省、县,许多专业研究所被撤销或下放。各省、市、自治区的绝大多数林业科学研究所也被撤销、下放或搬迁。由于林业科研机构撤迁,使不少科技人员离散或改行转业,大部分仪器设备、多年的调查研究记录与技术档案、大量图书资料和标本等损失殆尽。长期观测的标准地、试验地、树木园因无人管理而荒芜衰败;长期连续进行的科研项目几乎全部被迫中断,各种林业科技图书、报刊也被迫停止出版。

2. 两次调整给林业的发展带来了转机

"文革"期间,尤其是在1971年至1973年和1975年,邓小平同志主持国务院工作期间,进行了两次整顿和调整,一批老干部和管理、技术人员陆续恢复工作,给林业建设带来了转机,林业建设事业也开始向前推进。

用材林基地化建设得到恢复。1971年9月,全国林业会议通过了《全国林业发展规划(草案)》,提出"南方9省、自治区(湖北、湖南、广东、广西、贵州、安徽、浙江、江西、福建)自然条件好,林木生长快,是扩大我国森林资源的重要战略基地,要充分利用有利条件,大造速生丰产林,加强用材林基地建设"。1972年,农林部提出从1973年至1980年,南方9省(区)要营造以杉木为主的用材林533万公顷。1974年又提出,南方9省(区)300个适于杉木生长的县,力争在1985年以前建立以杉木为主的速生丰产林1亿亩,增加林木蓄积10亿立方米。按照这一部署,南方各省(区)兴建了一批用材林基地,为国家储备了后备资源。与此同时,各地按照"造上一片林,留下一批人,办好一个场","基地办林场,林场管基地"的思路,大力发展社队集体林场。到1975年底,全国社队林场发展到26万个,拥有劳动力252万个。

平原绿化有了新的进展。1971年和1973年全国造林工作会议提出,人均"四旁"植树100株的县为上《纲要》县。这个标准的制定大大推动了全国各地的平原绿化工作,并由此使平原绿化也逐步从"四旁"发展到建设方田林网。如河南省博爱县从1972年开始,用三、四年时间将全县92%的耕地用林网隔成方田,初步形成了以农田林网为主体,网、带、片相结合的平原防护林体系。

另外,在70年代初期,北方飞播造林开始恢复,播区范围逐步扩大。据统计,1967~1978年,全国飞播面积达1000万公顷,平均每年83万多公顷,一年的飞播面积比1967年以前9年飞播总面积还大,逐步形成了一片片飞播林基地。

(四)在改革开放新形势下林业建设事业进入了新的历史发展阶段(1977~1992年)

1976年10月粉碎"四人帮"以后,特别是1978年12月召开党的十一届三中全会以来,党中央、全国人大和国务院十分重视和关心林业,针对林业建设的拨乱反正和恢复发展,作出了一系列重大决策,使林业建设事业进入了一个历史发展的新阶段。各级党委和政府大力推进灭荒造林,造林绿化步伐加快。1991年3月12日,为了表彰广东省在全国第一个实现消灭宜林荒山目标,中共中央、国务院决定授予广东省"全国荒山造林绿化第一省"称号。从1993年起,我国的森林资源总生长量开始大于总消耗量,消灭了森林资源"赤字",扭转了长期以来森林蓄积量持续下降的局面。

1. 党和政府高度重视林业建设,恢复、重建林

业机构

建国以来我国森林资源几次遭到大破坏的严重后果，引起中央和社会各界的关注，许多有识之士呼吁要痛下决心，迅速扭转森林资源急剧减少的局面。1978年4月24日，国务院批准成立国家林业总局。1979年2月16日，中共中央、国务院决定撤销农林部，分别成立农业部、林业部。各省、自治区、直辖市的林业、农林厅(局)也相继恢复或者重建。从中央到地方，林业行政管理体系逐渐形成，各级林业主管部门担负起了组织实施造林绿化规划、保护管理森林和野生动植物资源的重任。1980年3月5日，中共中央、国务院发出《关于大力开展植树造林的指示》，明确指出，林业是国民经济中的一个极为薄弱的环节，必须动员全党、全军和全国各族人民大搞植树造林运动，要把保护和发展林业作为实现四个现代化历史进程中一项重大的战略任务来抓。林业建设的重点，开始转移到大规模开展植树造林、加快国土绿化的轨道上来。

2. 加强林业法制，为林业发展提供保障

为了保护森林，制止乱砍滥伐，国家强化了林业法制建设。1979年2月，第五届全国人大常委会第六次会议通过《中华人民共和国森林法(试行)》，经过5年的实施，1984年9月第六届全国人大常委会第七次会议正式通过《中华人民共和国森林法》，自1985年1月1日起施行。1988年11月，第七届全国人大常委会第四次会议通过《中华人民共和国野生动物保护法》。根据《森林法》和《野生动物保护法》的规定，国务院制定发布了《森林法实施细则》和《陆生野生动物保护实施条例》等一批行政法规，林业部发布了一系列部门规章，地方人大和政府制定发布了相应的地方性林业法规、规章，初步形成了我国林业法规体系的基本框架。与此同时，抓紧建立健全林业公、检、法机构。1980年12月，林业部、司法部、公安部、最高人民检察院联合发出《关于在重点林区建立健全林业公安、检察、法院组织机构的通知》后，全国各省、自治区设立林业公、检、法机构的工作逐渐铺开。林业法制建设的加强，有力地保护了森林资源。

3. 制定和调整林业政策，推动林业生产力的发展

林业建设的过程，也是林业政策不断调整完善的过程。1981年3月，中共中央、国务院召开了全国林业工作会议，3月8日，中共中央、国务院发布了《关于保护森林发展林业若干问题的决定》(以下简称"林业二十五条")，推行以"稳定山权林权，划定自留山，确定林业生产责任制"为主要内容的林业"三定"工作，放宽农村经济政策。各地通过林业"三定"，基本上稳定了山林权属，普遍颁发了山林权证书，改变了过去山林权属不稳、界限不清、责任不明的混乱状况，调动了农民经营山林的积极性。

1985年1月，中共中央、国务院又下发了《关于进一步活跃农村经济的十项改革》，决定取消集体林区木材统购统销，放开木材市场。但是，由于山林承包责任到户以后，林政管理工作跟不上，木材市场一放开，我国南方集体林区一度出现了乱砍滥伐森林的严重局面。针对这种情况，1987年6月30日，中共中央、国务院下发了《关于加强南方集体林区森林资源管理坚决制止乱砍滥伐的指示》，根据《指示》，及时调整和明确了有关政策措施：强化执行年森林采伐限额制度；坚决依法保护国有山林权属不受侵犯；集体所有集中成片的用材林不得再分户经营；逐步充实基层林业管理机构；大力推进各级政府领导干部保护、发展森林资源任期目标责任制。这些措施，对保护和发展森林资源发挥了重要作用。

4. 大力推进植树造林，加快造林绿化步伐

(1)开展全民义务植树运动。1979年2月23日，第五届全国人民代表大会常委会第六次会议决定，每年3月12日为全国植树节。在邓小平同志的倡导下，根据国务院的提案，1981年12月13日第五届全国人大第四次会议审议通过了《关于开展全民义务植树运动的决议》，1982年2月27日国务院常务会议又通过了《关于开展全民义务植树运动的实施办法》，具体规定了全民义务植树运动的组织管理机构、履行义务的人员范围和方式、奖惩措施等。随着《决议》的深入实施，全民义务植树蓬勃开展起来。1982年以来，每年参加义务植树人员不断增加，植树规模不断扩大。

(2)启动林业重点生态建设工程，改善生态环境。1978年11月，党中央、国务院高瞻远瞩，决定在东北、华北、西北地区实施"三北"防护林体系建设工程。这项工程横跨13个省(区、市)，涉及551个县(市、旗)，总面积406.9万平方公里，堪称世界之最。之后，国家又相继启动了长江中上游防护林、沿海防护林、防沙治沙、太行山绿化、平原绿化等林业重点生态工程。

(3)编制实施造林绿化规划。1990年9月1日，国务院批复下发了《关于1989～2000年全国造林绿化规划纲要》，进一步明确了我国造林绿化工作的指导思想和奋斗目标、总体布局、具体任务及建设重点，提出了实现规划的主要措施。《纲要》的颁布实施，大大推进了全国各地的造林灭荒工作。1991年，广东成为全国“荒山造林绿化第一省”。

(4)建设用材林基地。为了加快后备森林资源培育，1978年以后，国家每年拨款3000万元补助用材林基地建设。按照10年造林1亿亩的要求，在湖南、湖北、广东等省(区、市)初步建立起一批用材林基地。1989年利用世界银行贷款，开始大规模建设用材林基地。

(5)扩大飞播造林面积。1978年以后，随着党的工作重点转移和林业建设的振兴，我国的飞机播种造林事业开始进入全面发展阶段，每年完成面积都在66万公顷以上。

5. 实行承包经营责任制，推进森工企业改革

党的十一届三中全会以后，森工企业加快了改革步伐。自1982年起，森工企业开始实行承包经营责任制。1988年后，结合贯彻《全民所有制工业企业承包经营责任制暂行条例》，森工系统普遍推行了以“六包三挂钩”为主要内容的承包办法，转换企业经营机制，对控制森林资源过度消耗，促进更新跟上采伐和提高企业经济效益，起到了重要作用。发展多种经营，是调整林区产业结构一条有效途径。1986年，林业部明确提出森工企业要实行“以林为主，综合利用，多种经营，立体开发，全面发展”的方针，积极发展多种经营。到1991年，全国森工企业多种经营实现产值及收入36.87亿元。

由于多年开发利用、过度采伐等诸多原因，国有林区森工企业森林资源危机、经济危困局面从80年代中期开始日益显露出来。党中央、国务院对此非常重视，经国务院同意，1986年10月6日国务院办公厅印发了《国务院办公厅转发关于研究解决国有林区森林工业问题会议纪要的通知》，提出了实行调减木材产量、逐年减少木材上调量、调整木材价格、增加育林基金提取比例、增加森工多种经营贴息贷款、减免部分产品税、增加林业投入等扶持政策。这些政策为扭转森工“两危”局面创造了条件。但是，由于改革未触及森工企业经营管理体制等深层次问题，森工企业“两危”没有从根本上得到解决。

6. 发展林业科技教育事业

1978年3月，国家恢复了中国林业科学研究院；在恢复原有的北京、南京、东北、中南林学院后，新建了西北、西南林学院，这6所部属林学院分别设在6个大行政区域，并调整了专业学科。随着全国性和地方各级林业科研机构、大中专院校的恢复和发展，林业科技和教育事业开始走向繁荣。

各地在深化林业科技体制改革、增加科技投入、加强科研开发的同时，全面推行了科研、生产、计划、财务部门“四位一体”改革，促进科技成果转化的运行机制，把科技力量推向林业建设主战场。1978～1991年，全国取得重要林业科研成果2684项，为改革前28年的2.85倍。

(五)在社会主义市场经济条件下，林业建设步入以发展现代林业为标志的新时期(1993～1998年)

1993年党的十四届三中全会作出了《关于建立社会主义市场经济体制若干问题的决定》，以此为纲领，我国加快了市场化进程。根据《决定》的精神，林业系统积极探索建立与社会主义市场经济体制相适应的林业经济体制和发展模式，明确了在市场经济条件下发展林业的方针政策，确立了林业在生态环境建设中的主体地位，提出了建立林业两大体系的奋斗目标，实施分类经营改革措施。林业建设进入新的发展时期。

1. 以“增资源、增活力、增效益”为基础，确立建立林业两大体系目标

在1993年召开的全国林业厅局长会议上，林业部提出：“走有中国特色的林业建设道路，更多地增资源、增活力、增效益，更快地绿起来、活起来、富起来”。根据林业具有三大效益和多功能利用的特点，1994年底，林业部进一步提出，要以建立比较完备的林业生态体系和比较发达的林业产业体系为目标组织发展林业。在1999年1月召开的全国林业厅局长会议上，国家林业局在总结我国林业建设发展50年正反两方面经验教训的基础上，提出了在新形势下发展林业的新思路，这就是：要遵循现代林业的思想，按照建立比较完备的林业生态体系和比较发达的林业产业体系的目标，大力推进和深化林业分类经营改革，以此为突破口，来促进整个林业的改革和发展。

为了加快生态环境建设步伐，1993年以后，又相继启动了黄河中游、珠江、淮河太湖、辽河等重点生态工程，林业十大重点工程整体推进，规划设计区覆盖了我国主要的水土流失、风沙和盐碱等生态环境最为脆弱的地区。与此同时，全民义务植树、用材林基地建设、经济果木林造林蓬勃开展，成效显著，森林资源得到快速发展。继广东省造林灭荒后，截至1996年，已有广东、福建、湖南等12个省（区）完成宜林荒山造林任务。

2. 党中央、国务院采取一系列措施，大力推进全国生态环境建设

党的十五大明确提出，要把“植树造林，搞好水土保持，防治荒漠化，改善生态环境”作为跨世纪发展战略的重要内容。党的十五届三中全会再次强调“改善生态环境是关系中华民族生存和发展的长远大计，也是防御旱涝等自然灾害的根本措施”。1997年，江泽民总书记就西北生态环境建设问题作了长篇重要批示，提出要建设秀美山川。1998年三江大水灾之后，中共中央、国务院《关于灾后重建、整治江河、兴修水利的若干意见》中，把“封山植树，退耕还林”放到了首位。根据中共中央、国务院的要求和我国生态环境建设的实际，1998年，国务院制定下发了《全国生态环境建设规划》，明确了我国生态环境建设的总体目标，提出用大约50年左右的时间，动员和组织全国人民，依靠科学技术，加强对现有天然林及野生动植物资源的保护，大力开展植树种草，治理水土流失，防治沙漠化，建设生态环境，改善生产和生活条件，完成一批对改善全国生态环境有重要影响的工程，扭转生态环境恶化的势头。力争到下个世纪中叶使全国适宜治理的水土流失地区基本得到治理，适宜绿化的土地植树种草，“三化”草地基本得到恢复，大部分地区生态环境明显改善，基本实现中华大地山川秀美。

3.《林业经济体制改革总体纲要》颁布实施，林业改革进入新阶段

1995年8月，由林业部制定，国家体改委和林业部联合颁发了《林业经济体制改革总体纲要》（以下简称《纲要》），加快了林业综合配套改革的步伐。根据《纲要》提出的林业经济体制改革目标和任务，全国各地逐步深入地开展以分类经营改革为重点，在调整林业产业结构，完善林业产业政策，建立森林资源林政管理和森林资产监管、运营并重的管理体制，建立现代林业企业制度，建立布局合理、规则健全、管理有序的林业市场体系，建立经济、法律、行政手段相结合的林业宏观调控体系等各个方面，进行了全方位的改革探索。

4. 健全法律法规，强化依法治林

社会主义市场经济是法治经济。伴随改革的深入，以《森林法》和《野生动物保护法》为核心的林业法律、法规建设进入了健全、配套阶段，初步形成了林业法规的主体框架，基本做到林业各个方面的工作有法可依，有章可循。1994年开始组织调研，1998年4月29日第九届全国人大常委会第二次会议审议通过了《关于修改〈中华人民共和国森林法〉的决定》。修改后的森林法，突出了林业在生态环境建设中的主体作用，进一步明确了国家扶持林业发展的经济政策，强化了保护森林资源的法律措施和维护森林资源所有者和使用者合法权益的法律制度。《森林法（修正案）》的颁布实施，是实施依法治国方略的重要举措，也是实施可持续发展战略和加快林业发展的有力保障。

5. 实施天然林保护工程

由于长期以来国家大规模地开发林区，采伐木材，加之人口不断增长，群众毁林开荒、乱砍滥伐以及国家建设、开矿修路等原因，致使天然林资源过度消耗，植被破坏严重，加剧了我国生态环境恶化。为了遏制我国生态环境恶化的趋势，党中央、国务院下决心在我国实施天然林保护工程。要求全面停止长江、黄河流域天然林的采伐，大部分地停止东北、内蒙古地区、西南地区国有天然林采伐，保护好天然林资源，搞好生态环境建设。天然林保护工程是我国跨世纪的林业重点工程，也是实施可持续发展战略的重点林业生态建设工程。

《重点地区天然林资源保护工程实施方案》规划范围包括云南、四川、重庆、贵州、湖南、湖北、江西、河南、陕西、山西、甘肃、青海、宁夏、新疆（含生产建设兵团）、内蒙古、吉林、黑龙江（含大兴安岭）、海南等18个省（区、市）的重点国有森工企业，以及长江、黄河中上游等地区生态地位重要的地方森工企业、采育场和以采伐天然林为经济支柱的国有林场等。其主要任务：一是调减木材产量1600万立方米；二是加速工程区生态公益林和后备资源的培育，规划建设生态公益林782万公顷，发展199万公顷以用材林为主的商品林；三是做好120多万富余职工的转产分流及下岗安置工作，安排48万离退休职工的养老保险工作。

6. 实施山区林业综合开发

为了促进山区经济发展和群众脱贫致富，从1996年开始，在国家财政信贷的支持下，各地积极推进以林业为龙头的山区综合开发，鼓励和吸引社会各方面力量，以多种形式参加山区开发和兴办绿色产业，改善山区生态环境，带动群众脱贫致富。目前，我国已经建立了114个山区综合开发示范县，山区林业综合开发取得了明显的成效。

7. 林业科技教育事业采取了新的举措

为了加强林业科技教育工作，1995年10月，林业部召开了全国林业科技大会，制定下发了《关于贯彻〈中共中央国务院关于加速科学技术进步的决定〉的意见》、《林业科技发展“九五”计划和2010年长期规划》等文件。根据中央关于“坚持科学技术是第一生产力的思想，经济建设必须依靠科学技术，科学技术工作必须面向经济建设，努力攀登科学技术高峰”的科技工作的基本方针，提出实施科教兴林战略的指导思想，确立了今后一个时期科教兴林工作的主要任务。大会以后，各地大力强化林业科技推广工作，促进科技成果转化，抓住重大项目，特别是应用项目重点攻关，建立一批以科技为先导的支柱产业和林业科技产业，加快林业科技教育体制改革，促进林业科教与生产建设紧密结合，取得了明显的成效。

在这一时期，由于改革还没有完全解决林业管理体制和经济政策上深层次的问题，森工企业“两危”未能根本解决；国有林场经济普遍困难；乱砍滥伐森林、乱占林地、乱捕滥猎野生动物等破坏森林资源的问题仍很突出。

发达的林业是国家繁荣、民族昌盛的象征。世纪之交，中国林业已进入了一个由传统林业向现代林业转变的全新发展时期，我国林业正以新的姿态跨入21世纪。

三、中国林业50年建设成就

旧中国遗留下来的森林很少，祖国的大好河山满目疮痍，林业基础极为薄弱。中华人民共和国成立后，在党和政府的领导下，经过全国人民50年的努力奋斗，林业建设取得了辉煌成就，有力地支援了国家经济建设，为满足人们对林业的多方面需求，提高人民生活水平，改善生态环境，促进国民经济发展，作出了巨大贡献。

(一)造林绿化成效显著，林业生态体系建设初具规模

建国50年来，党中央、国务院高度重视造林绿化工作，组织动员全国人民广泛开展植树造林运动，以保护和改善生态环境为中心的林业生态建设取得了巨大成就。

早在50年代初期，为保护农田、改善生态环境和建立新的木材生产基地，我国就开展了大规模的植树造林活动。党的十一届三中全会以后，我国的造林绿化事业进入了一个快速发展的新阶段，取得了举世瞩目的伟大成就。全国森林覆盖率由建国初的8.6%提高到13.92%。近年来人工造林、飞播造林、封山育林分别以年均420万公顷、60万公顷、400万公顷的速度推进，人工林的扩展速度和规模均居世界第一。先后有广东、福建、湖南、安徽、湖北、江西、浙江、山东、广西、吉林、海南、江苏12个省(区)实现了基本消灭宜林荒山。4200多个国有林场大都处在江河两侧、沿海、关键的生态地段，几十年来不懈的植树造林，大面积改变了荒沙、荒滩、荒山的面貌，在全国的造林绿化中发挥了不可磨灭的作用。截至1998年，全国人工造林保存面积为3425万公顷，居世界第一位；飞播造林成效面积868万公顷；封山育林面积3356万公顷。全国立木总蓄积已经达到117.85亿立方米。扭转了长期以来森林蓄积量持续下降的被动局面，进入了森林面积和蓄积量双增长的新阶段。

全民义务植树运动深入发展。1981年，《关于开展全民义务植树运动的决议》颁布实施以来，我国全民义务植树以其特有的公益性、义务性、法定性在全国城乡开展起来。据统计，18年来全国累计义务植树300亿株，参加人数达60亿人次；全国乡镇级以上领导干部办绿化点23.5万个，造林410万公顷；全国建立义务植树基地14.3万个，造林352万公顷，全国成立青少年志愿者植绿护绿队22.6万支，人数达1340万人；全国每年有1.2亿妇女参加义务植树，建立了“三八绿色工程”基地17.6万个；人民解放军在营区内外共植树1.7亿株，造林13.8万公顷；农垦、煤炭、轻工等部门共造林180.5万公顷；铁路系统深入开展“万里铁路万里林”活动，造林达2.7万公里；交通部门开展“千里公路一线牵”活动，全国已有51.2万公里公路达到绿化标准。目前，一个各级领导率先垂范的“全党动员，全民动手，植树造林，绿化祖国”的大好局面已经形成。正如一位关注世界森林的当代著名林学家所说，中国的义务植树，为全世界树立了光辉的榜样。

为了加快我国生态环境建设步伐，我国先后实施了以改善生态环境、扩大森林资源为主要目标的重点林业生态工程建设。1978年，国家首先决定在生态环境脆弱的“三北”地区规划建设防护林体系，拉开了中国重点林业生态工程建设的序幕。随后，国家相继上马了沿海防护林体系工程、平原绿化工程、长江中上游防护林体系工程、太行山绿化工程、防沙治沙工程、淮河太湖流域综合治理防护林体系工程、珠江流域综合治理防护林体系工程、辽河流域综合治理防护林体系工程和黄河中游防护林体系工程。这十大林业生态工程规划区总面积705.6万平方公里，占国土面积的73%，构成了我国林业生态环境建设的基本骨架。近5年来，工程区平均每年完成造林面积290万公顷，占每年全国造林面积的60%以上。截至1998年，全国十大林业生态工程共完成营造林3771万公顷。其中，启动较早的“三北”防护林体系建设工程和长江中上游防护林体系建设工程成效尤为显著。

到1998年底，“三北”地区已有50多个县基本建成了区域性防护林体系，森林覆盖率提高到9%，初步改善了原本恶劣的生态环境，许多荒山秃岭变成了绿色的海洋。在绿色屏障的保护下，部分地区昔日干涸的小溪恢复了常年流水，多年不见的野生动物开始在森林中繁衍生息。在华北平原、东北平原、黄河河套、甘肃河西走廊、新疆绿洲等地，过去受风沙侵袭的2153万公顷农田得到了林网保护，形成了许多数县连片、乃至跨省成片连网的大型农田防护林体系，年净增粮食1000多万吨。在京津地区，新增森林177.8万公顷，森林覆盖率达到29.1%，8级以上大风日数和扬沙日数分别由70年代的37天和21天减少到现在的17天和8天，北京周围的生态环境明显改善。长江中上游防护林体系建设一期工程自1989年启动以来，已累计造林456万公顷，200多个县基本消灭了宜林荒山，工程建设区森林覆盖率由19.9%提高到25%，已有100多个县的水土流失得到初步控制，地处三峡库区的宜昌地区，水土流失面积比治理前减少了28%。

种树种草种花，绿化美化城市，改善城市生态环境，是我国国土绿化的重要组成部分。几十年来，全国各城市把建设良好的生态环境摆到重要位置，采取有力措施加大绿化的投入，设立城市绿化专项资金，坚持城市基础建设与城市绿化同步进行。目前，我国城市绿化覆盖面积已达49.4万公顷，绿化覆盖率已上升到24.4%，城市人均公共绿地面积达5.3平方米。

（二）林业为我国国民经济的恢复、发展和振兴作出了巨大贡献

林业是国民经济中的基础产业之一。木材和林副产品在轻工、化工、军工、建筑、矿业、铁道、交通、农业、食品、医药等诸多领域都发挥着极为重要的作用。

新中国成立后，为满足国民经济恢复和发展对木材的大量需求，国家相继开发建设了东北大兴安岭、小兴安岭、长白山林区，西北天山、阿尔泰山、秦岭、白龙江林区，西南高山林区和南方集体林区，陆续建立了135个国有大中型森工企业，年木材生产能力达到3000万立方米，修建了13.9万公里林区公路和4516公里森林铁路。特别是建国初期，百废待兴，木材是急需的重要物资之一，国有林区的开发建设，为国家和社会提供了大量的木材和林产品，林业产值曾经位列国民经济各部门前5名之内，林业成为我国50年代国民经济恢复和发展的重要经济支柱产业。到1998年，全国木材年产量已由建国之初的500万立方米提高到6000万立方米，累计向社会提供木材22亿立方米，竹材近73亿根，以及大量的茶油、桐油、生漆、核桃、板栗、笋干、香菇、木耳、中药材等林副产品。到1998年全国林业产业总产值达到2729亿元。国有林场也已发展壮大到4296个，成为我国森林资源的重要后备基地。

改革开放以来，林业面向市场，改变传统的产业结构单一局面，营林、木材生产、林产化工、林机制造不断进行调整，并进入新的快速发展时期。到1998年，各种人造板产量达到1056万立方米；松香、栲胶、紫胶等林产化工产品产量大幅度增加，质量也有很大提高，其中松脂产量达54万多吨，居世界第一位。林业机械制造近几年更是快速发展，产值和利税以每年30%的速度增长，产品已达500多种。

森林旅游、花卉、木片、森林食品、森林药材、经济林、竹产业等一大批新兴产业异军突起，蓬勃发展。到1998年，全国经济林面积达到2330万公顷，各类经济林产品产量达到5000多万吨，比1978年的700万吨增加6倍多，居世界第一，全国共建立森林公园810处，1997年森林公园旅游人数超过5000万人次，直接经济收入达7.8亿元，全国共营造薪炭林428.9万公顷，年产薪材2000万吨，大大缓解了农村燃料短缺的问题；1997年花卉种植面积达4.3万公顷，居世界首位。

林业在促进山区、沙区和贫困地区经济发展中发挥了重要作用。1996年国务院决定开展山区综合开发示范工作以来，在全国先后建立了114个山区综合开发示范县，全方位开发山区的多种资源，使山区的资源优势尽快转化为经济优势，促进山区经济的全面发展。在示范县的带动下，各地林业部门也积极采取措施，引导林农和企业充分利用林区多种资源，搞综合开发，使林业在促进山区和贫困地区经济发展中发挥越来越重要的作用。据统计，1998年全部山区县茶、桑、果产值达306亿元。

(三)森林和野生动植物资源保护的力度不断加大

新中国一成立，党和政府就把保护森林资源放到重要位置上。1950年制定了“普遍护林，重点造林”的方针，并采取一系列措施，不断加大保护森林资源力度。特别是《中华人民共和国森林法》(简称《森林法)、《中华人民共和国野生动物保护法》(简称《野生动物保护法》)颁布实施以来，森林和野生动植物资源保护工作成效显著。

森林防火基础工作不断加强，手段逐步现代化。现已基本建成自上而下的森林防火组织指挥体系和管理网络，全国重点林区已经形成卫星监测、飞机巡护、地面瞭望的立体观测网。从中央到省、地、县无线电通信网初具规模，已建设防火瞭望台7000多座，开设防火隔离带34万多公里。由于对森林防火工作采取切实有效的措施，我国森林火灾的预防和扑救能力明显提高，森林火灾的次数和发生率、受害面积和受害率以及伤亡人数均大幅度下降，创造了历史最好水平。自1987年以来，全国森林火灾受害率连续十几年控制在千分之零点五以下，低于世界千分之一的平均水平。

对森林资源实行有计划的控制利用，是我国林业建设的一项基本制度。1987年，国家开始对森林资源实行限额采伐制度，逐步建立和完善了木材运输、加工经营检查监督和使用林地许可证制度，严格控制资源消耗和林地减少。通过采取有效的措施，近几年森林资源消耗量平均每年下降1000多万立方米，有25个省(区)做到森林资源生长量大于消耗量。

野生动植物保护工作进入国际先进行列。从1956年至今逐步开展了自然保护区的建设工作。到1997年各级林业部门建立和管理的自然保护区达633处，总面积6150多万公顷，占国土面积的6.37%，其中，94处被确定为国家级自然保护区，卧龙、长白山等14处自然保护区加入了联合国“人与生物圈”自然保护区网；黑龙江扎龙、吉林向海、江西鄱阳湖、湖南东洞庭湖、青海鸟岛、海南东寨港、香港米埔7个自然保护区列入国际重要湿地名录。自然保护区的建设，使我国生物多样性最丰富、科学和历史价值最高、生态效益最好的森林精华部分及珍贵野生动植物得到有效保护。进入80年代，国家还实施了包括大熊猫保护工程、朱鹮拯救工程、扬子鳄保护和发展工程、海南坡鹿拯救工程、野马拯救工程、麋鹿拯救工程、高鼻羚羊拯救工程的“七大拯救工程”，并已取得明显成效。与此同时，相继建设了一批具有现代化管理水平、用超低温技术保存野生动物细胞的精子库、配子库、胚胎库，建立了400余处珍稀植物迁地保护繁育基地和种质资源库、100多处植物园和树木园以及1.3万公顷种子园。对濒危动植物种逐步展开全面拯救繁育工作，60多种珍稀野生动物人工繁殖成功，国家第一批重点保护的珍稀濒危植物有80%被迁地保护。

森林病虫害防治是森林资源保护的重要工作。我国的森林病虫害防治与管理工作，经历了一个逐步提高的过程，防治面积已由50年代约30万公顷扩大到90年代达400多万公顷，初步探索出以生态防治为基础，生物防治、仿生防治、化学防治相结合的多元化新路子，完善了森林病虫害防治体系，加强了森林病虫害的预测预报工作，完成了全国森林病虫害普查。到1998年森林病虫害防治率和监测覆盖率都提高到60%以上，南方的松毛虫、“三北”地区的天牛等一批危害森林的主要病虫害已得到了有效的控制。

(四)林业法制建设不断加强和完善

林业法制建设对保护、发展和合理利用森林资源，维护林业生产经营的合法权益，调动全社会各方面造林绿化的积极性，促进林业持续、稳定、健康发展，具有重要的引导、规范和保障作用。

林业立法是林业法制建设的基础。新中国成立后的一段时期内，党和国家制定了一系列林业政策和法规性文件，对保护森林资源、促进林业发展起到了重要作用。党的十一届三中全会后，林业立法步伐加快。截至1998年底，全国人大先后发布了《森林法》、《野生动物保护法》；国务院颁布实施了《森林防火条例》、《森林病虫害防治条例》、《植物检疫条例》、《森林采伐更新管理办法》、《森林和野生动物类型自然保护区管理办法》、《种子管理条例》、《野生植物保护条例》等11部林业行政法规；林业部及国家林业局先后制定或者与国务院有关部门联合制定部门规章60多件。各省、自治区、直辖市也分别制定了配套的地方法规和规章200多件。目前，我国已基本建立了包括林地林权管理、造林育林迹地更新、限额凭证采伐林木、木材运输监督检查、经营加工木材监督管理和野生动植物进出口管理、林木种苗、森林植物检疫等多项保护和发展森林资源的法律制度，形成了我国依法治林的法律体系。

林业执法是林业法制建设的关键。随着林业建设和改革事业的发展和法制建设步伐加快，林业执法体系建设不断加强。截至1998年底，除个别省(区)外，全国已有30个省(区、市)林业主管部门建立了林业公安机构，全国县级林业公安分局、科(股)有1181个，各类林业公安派出所4543个，拥有林业公安民警4.9万人。根据国家有关法律规定，黑龙江、吉林、甘肃、湖南、福建、四川、广西、江西、贵州等省(区)相继在重点林区县和大面积国有林区建立起了林业检法机构。各级林业公检法机关认真执行《刑法》、《森林法》等各项法律、法规，紧紧围绕保护森林资源、维护林区社会稳定这个中心任务，积极开展严打斗争和专项整治。据统计，1986～1998年，全国林业公安机关共查处各类森林和野生动物案件127.99万起，惩处各类违法犯罪人员211.4万人次，挽回直接经济损失13.58亿元。从1985年到1998年，林业检察机关受理公安机关批准逮捕案37 702起、44 659人，依法提起上诉案件26 141起、37 141人，挽回经济损失1.6亿元。建立健全森林资源保护和林政执法体系，对于保护森林资源，控制资源消耗，有效地促进森林资源增长和依法治林发挥了极其重要的作用。目前，全国从事资源林政管理和林政执法人员已达12.5万多人，建立木材检查站4000多个、检查人员3.5万人。林业行政执法管理工作不断加强，每年查处的林业行政处罚案件40万起以上。

(五)林业科技教育有长足发展

实施“科技兴林”战略，是林业事业快速发展的内在要求。建国以来，我国林业科技教育事业同样走过了曲折发展的历程，党的十一届三中全会以后，林业科技教育事业才进入了健康、稳定发展的新时期。1989年，林业部根据“科教兴国”战略，确立了“科教兴林”、优先发展科教事业的林业发展战略，林业科学研究和教育事业发展迅速，取得了显著成效。

科学技术是第一生产力。林业科技工作按照“经济建设要依靠科学技术，科学技术工作要面向经济建设”的基本方针，紧紧围绕林业建设的中心工作，大力开展科技攻关，积极推进科技成果转化，深化科技体制改革，着力于提高与发展林业生产力，为振兴我国林业事业作出了重大贡献。经过50年的建设发展，已基本形成了学科齐全、队伍稳定、设施完备、布局合理的林业科研与推广体系。目前，全国共有地区以上林业科研机构247个，拥有科研人员1.9万多人，造就了一支学科门类配套、老中青相结合的林业科技队伍。据统计，建国以来已取得重大科技成果5100项，其中获国家级科技奖励的成果有306项，获林业部、国家林业局科技进步奖励成果1769项。“包兰线沙坡头地段铁路治沙防护林体系的建设”和“ABT生根粉系列的推广”荣获国家科技进步特等奖，充分体现了我国林业科技水平。林业科技推广体系从无到有、从小到大。截至1998年底，全国已建立林业科技推广机构近2400个，拥有专职推广人员3万多人，初步形成了上下相通、左右相连的林业科技推广示范网络。科技推广成果显著。通过实施国家星火计划、重点推广计划和每年编制“推荐100项林业科技成果”以及实施“富山计划”和开展“农业科技推广年”等活动，林业科技推广工作的整体效益和规模效益日益显著，全国林业科技贡献率已提高到27.3%。

林业要发展，人才是关键，教育是基础。新中国成立以来，各级林业主管部门一直把发展林业教育作为林业建设事业的基础工程来抓，目前已形成具有基础教育、职业教育、高等教育和成人教育的多层次、多类型、多形式的林业教育体系。到1998年，全国已建立北京、南京、东北、中南、西北、西南等10所普通高等林业院校，林业中等专业学校60所。林业院校在校研究生达到1457人，比1978年增加18倍；在校本专科生2.6万人，比1978年增加2.9倍。高等林业函授、夜大学办学规模已达万人，林业成人中等专业学校和林业广播电视教育办学规模达到1.5万人。到1998年底，陆续办起了10多所林业干部教育院校，广泛开展了职工再教育和培训工作，全国林业系统接受过行业培训的人员已占职工总数的80%。国家对林业教育的投入逐年增加，办学条件明显改善；林业教育面向生产，不断深化教学改革，围绕林业生产建设中的关键问题，组织攻关，建立科教基地。总之，我国林业教育事业的发展，为林业建设的发展提供了源源不断的智力和人才支持。

(六)林业国际合作与交流有力地促进了林业的发展

新中国林业国际合作与交流是从50年代学习苏联林业建设经验开始的。当时根据国际国内的大环境和我国林业建设的实际，重点是引进苏联、民主德国等国的林业经营经验、技术和设备，也聘请了一些苏联专家来我国工作。不可否认，这些措施为奠定我国林业建设基础，促进林业生产和科研教育事业的发展，发挥了重要作用，但真正的、全方位的开展林业国际合作与交流，是在党的十一届三中全会以后。改革开放以来，我国林业不断加快对外交流与合作步伐，从过去单纯的科技交流、援助第三世界国家，发展到技术与设备引进、开展经济贸易、利用外资、对外承包和海外开发森林；从与原苏联、东欧几个国家联系，发展到与世界不同地区、不同国家的广泛交往，基本形成了集科技交流与经济合作于一体，多层次多渠道多形式全方位的林业对外开放新格局。目前，我国林业部门已同世界上1/3的国家和地区以及几十个国际组织建立了工作联系和合作关系，加入了11个国际组织，同22个国家签订了部门间林业合作协议。通过合作与交流，争取到一些优惠贷款和无偿援助项目。据不完全统计，近年来我国林业共利用外资约23亿美元，其中外国政府贷款近2亿美元，世界银行贷款8亿多美元，外商投资8亿多美元，无偿援助约5亿美元。

林业部门通过各种合作渠道和方式引进了包括林木育种、造林绿化、速生丰产林建设、森林病虫害防治、野生动植物保护、木材加工、松香、林机设备、木材防腐和荒漠化防治等一大批国外先进技术，解决了我国林业生产和科研教学中的一些难题；通过对外交流途径从国外引进了一些优良动植物品种和品系，极大地丰富了我国动植物资源；通过各种渠道向美国、加拿大、德国、日本等十几个国家派出留学和进修人员1800多人次，对我国林业改革和林业科技进步、林业经济发展起到了十分重要的作用。

林业出口贸易快速增长。近3年，林产品出口创汇额突破40亿美元。松香年均出口在26万吨以上。中国林科院开发研制的ABT植物生长调节剂系列产品，已经推广到30多个国家，并建立了以亚太地区为中心的国际合作网络。我国木工机械产品也已打入东南亚市场，销售连年增加。

(七)林业自身建设不断加强

林业既是生态环境建设的主体，又是国民经济发展的重要物质基础。随着国民经济的发展，我国林业已经建设成为包括造林绿化、森林资源管护、生物多样性保护、防治荒漠化、林产工业、多种经营、林产品经销、林业科技教育等多门类的生态环境建设部门和以林产品为主的综合性产业部门，林业自身建设不断加强。

1. 林业行政管理机构逐步健全，职能不断强化

林业集生态、经济、社会效益于一身的特点，决定了林业建设任务的复杂性和艰巨性。因此，党中央和国务院历来十分重视林业管理机构的建设。新中国成立初，国家就设立了中央人民政府林垦部，管理全国林业经营和林政工作。虽然在以后不同时期，林业行政管理机构有很大变化，但从中央到省、地(市)、县及绝大部分乡镇设立了林业主管部门，从上到下形成了比较完善的林业行政管理体系。在1998年国务院机构改革时，原林业部改组为国家林业局后，其工作职能不仅没有削弱而且加强了，工作任务不仅没有减少而且加重了。

2. 林业生产经营和服务体系建设不断加强

到1998年底，全国已建立了135个国有森工企业，4296个国有林场，15万多个乡村林场，2358个国有苗圃，926个自然保护区，800多个森林公园，27 000多个林业工作站。全国现有县以上林业技术推广站(中心)2428处，有3万科技人员在从事林业技术推广；制定了林业国家标准和行业标准822项，形成了以技术标准的制定和依法执行为主体，计量监督、质量监督和工业生产许可证发放为手段的林业技术监督体系。

3. 国家森林资源调查规划和连续清查体系初步完善

1989年,林业部在全国建立森林资源监测体系,还要求省(区、市)建立地方森林资源监测体系。全国共有局属林业调查规划院4家,分别负责全国各大区域的森林资源调查与监测的技术工作。全国林业调查规划设计队伍职工3.7万人。新中国成立以来,我国完成了一次全国森林资源统计汇总和五次全国森林资源清查。共设置固定样地22万个,调查面积578万平方公里,占国土面积的61.2%,建成了初级的森林资源监测中心25个。18个森林生态系统定位研究站遍布全国,初步形成网络;114个监测点分别在"三北"防护林、长江中上游防护林、沿海防护林、太行山绿化等林业重点生态工程区内。全国还建立了荒漠生态监测站35个。

四、对有中国特色林业建设道路的初步探索

中国林业走过了50年曲折发展的历程。中国林业的50年,是艰苦奋斗、创业进取的50年,也是历尽坎坷、探索开拓的50年。可以说,我国林业经过50年的兴衰曲折和建设发展,已经初步寻找到适合中国特色的社会主义林业建设和发展的道路。这条道路的主要特征是:

(一)在林业建设方针和指导思想上,必须坚持以现代林业思想为指导,以绿化祖国、改善生态环境、维护国土生态安全为核心,确立林业在生态环境建设中的主体地位

森林是陆地生态系统的主体,这就决定了林业的首要职责和根本任务是生态环境建设。但是,在过去的很长时间里,人们往往把林业看作是一般的产业经济部门,单纯重视林业的短期经济效益,对林业实行了重采伐、轻培育的"重取轻予"政策,因而过度采伐森林,使我国本来就不多的宝贵的天然林越来越少,后备森林资源的培育又难以为继。这些做法对我国的生态环境产生了严重的影响,加剧了生态环境的恶化。生态环境的恶化,严重制约着我国国民经济和社会的发展。在几十年正反两个方面的经验教训面前,人们逐渐认识到,保护生态环境就是保护生产力,改善生态环境就是发展生产力。森林是人类赖以生存的重要基础,它在维护生态环境中具有不可替代的作用。当前全世界普遍关注的生态环境恶化、气候变暖、生物多样性保护等事关人类生存和发展的重大问题,都与森林休戚相关。森林是人类社会持续发展的基础和保证,没有林业的持续发展,就没有国民经济乃至整个社会文明的持续发展。要搞好生态环境建设,首先要搞好林业建设,林业建设是生态环境建设的首要任务和核心内容。

面对21世纪世界经济飞速发展以及全球环境日益恶化的严峻挑战,为了适应我国经济建设和社会可持续发展的需要,我们必须进一步提高对林业地位和作用的认识,明确林业在国民经济和社会可持续发展中的重要作用,确立林业在生态环境建设中的主体地位,加快林业发展步伐。江泽民总书记在1991年就提出:"全党动员,全民动手,植树造林,绿化祖国";1997年,他又向全党和全国人民发出了建设"山川秀美"的祖国河山的号召。我们一定要以江总书记的号召为指针,坚持走有中国特色的林业建设道路,坚持全民动员、绿化国土、保护资源、改善环境、永续利用的基本方针,在指导思想上,高举邓小平理论伟大旗帜,坚持党的基本路线,坚持保护环境的基本国策,以现代林业思想为指导,以发展和保护森林资源为中心,以建设"两大体系"为目标,以分类经营改革为突破口,实施科教兴林和可持续发展战略,全面加快造林绿化步伐,尽快提高我国的森林覆盖率,促进国民经济和社会全面发展,到下个世纪中叶基本改变生态环境恶化的状况,为我国生态环境的不断改善作出应有的贡献。

(二)在发展目标上,必须坚持"三个效益"相统一,建立林业"两大体系"

林业兼有经济效益、生态效益和社会效益,是区别于其他行业的最大特点。森林的三大效益是相互联系和相互渗透的。

建国50年来,虽然我国林业建设取得了很大成绩,但总体上与国民经济发展和改善生态环境的要求还有很大差距。从环境建设方面看,我国的森林覆盖率、人均占有森林资源量不仅大大低于发达国家水平,而且明显低于世界平均水平,水土流失、土地沙化等生态环境问题还很突出,改善生态环境的任务相当艰巨。从产业建设方面看,林业的经济结构还比较单一,经济效益还比较低,资源利用还很不够充

分，经济实力还不强，林业所蕴藏的巨大经济潜力还没有充分挖掘出来，还不能适应农村群众脱贫致富奔小康和国民经济发展的需要。为此，我们必须按照林业三大效益兼顾的原则，把建立比较完备的林业生态体系和比较发达的林业产业体系，作为今后一个较长时期林业发展的总体战略目标，并采取相应的措施实现这一发展目标。

建设比较完备的林业生态体系，就是要突破目前我国林业生态环境建设局部、分散、整体效益不高的状况，实现我国林业生态体系的系统化、配套化。一是抓重点生态工程建设，构筑林业生态体系骨架；二是抓面上的造林绿化，丰富林业生态体系的内容；三是抓森林资源保护管理，巩固生态体系建设的成果，特别要抓好天然林保护，保持丰富多样的物种资源和稳定的生态体系结构。具体讲，就是要以长江、黄河为主的大江大河源头和两岸、生态环境十分脆弱的山区、荒漠化地区的重点生态工程建设为基本骨架，与自然保护区、森林公园、城市园林、绿化工程、城镇村庄、小规模的生态工程相联结，形成良性循环的生态环境格局。

建设比较发达的林业产业体系，就是要把林业的资源优势真正转化为经济优势，形成产业门类和产品数量与森林资源的多样性和丰富程度相适应的产业化发展体系。一是要坚持立足第一产业，着力强化第二产业，积极发展第三产业；二是要坚持质量和效益第一，产业规模和产业素质并重；三是要坚持林业一、二、三产业一体化、贸工林一体化经营；四是要坚持以市场需求为导向，以科技进步为手段，不断提高科技含量以获取最佳经济效益，五是要坚持多种所有制经济共同发展；六是要坚持择优扶强原则，大力扶持林业主导支柱产业、优势产业和新兴产业的发展。

林业生态体系和林业产业体系既有区别，又有联系，互为依托，互相促进。建设好林业生态体系，使林业发挥最佳的生态效益和社会效益，是推动林业产业体系建设的基础和前提；建设好林业产业体系，发挥林业最佳的经济效益，为推动林业生态体系建设创造重要的物质条件。总之，在今后相当一段历史时期内，我们要以建设林业两大体系为发展目标，推动造林绿化和森林资源保护工作，加快林业发展。

（三）在战略布局上，必须坚持以林业生态工程建设为重点，全面推进国土绿化进程

面向21世纪，我国林业面临的任务十分艰巨。当前，我国林业面临的最急迫问题是生态环境不断恶化，一是水土流失严重，全国目前需治理的水土流失面积为367万平方公里，占整个国土面积的38%，年流失水土约50亿吨；二是荒漠化土地扩大，面积达262万平方公里。沙漠化扩展速度由50～70年代的每年1560平方公里增至80年代的2460平方公里；三是水、旱等自然灾害频繁。这些问题都与森林资源太少以及森林遭到破坏密切相关。党的十五届三中全会指出："改善生态环境是关系中华民族生存和发展的长远大计，也是防御旱涝等自然灾害的根本措施。"这就要求我们在林业战略布局上，必须从国民经济和社会可持续发展的大局和急需出发，把林业生态工程建设作为林业建设的重中之重，同时加快速生丰产用材林、工业原材料林、经济林、薪炭林以及花卉、药材等建设步伐，全面推进国土绿化的进程，在整个国土上形成带、网、片结合、布局合理、功能完备的森林植被体系。据此，我国从1978年开始规划并分批实施大规模的林业生态工程建设，截至目前，正在实施的十大林业生态工程，有的已经取得阶段性的成效，为改善我国的生态环境、促进经济发展，发挥出比较明显的效益。

在抓好现有十大林业生态工程建设的同时，我们还要以长江、黄河两大流域和主要荒漠化地区为重点，继续规划和组织实施新的大型林业重点生态工程，使我国的林业生态体系逐步完备，森林资源大幅度增加，生态环境得以根本改善，以适应国民经济和社会可持续发展的需要。

（四）在工作方针上，必须坚持全党动员、全民动手，全社会办林业、全民搞绿化的方针，坚持各级政府保护发展森林资源任期目标责任制

保护和发展森林资源是一项社会公益性很强的事业。在社会主义市场经济条件下，必须依靠强有力的行政手段，组织全社会的力量发展和保护林业。建国50年来，特别是党的十一届三中全会以来林业建设的经验一再证明，中国的林业发展，必须全党动员，全民动手，走全社会办林业、全民搞绿化的道路。在市场经济条件下发展林业，尤其具有决定性的意义。要做到这一点，必须坚持两条：

一是要按照中共中央、国务院1984年在《关于深入扎实地开展绿化祖国运动的指示》中明确指出的"要把植树种草、绿化祖国的责任放在各级党委政府和所有单位领导干部的肩上。这要作为一项制度，成为考核干部的一个重要内容”，牢牢抓住实行领导干部任期造林绿化目标责任制不放，经常取得各级党政领导的重视和支持。多年来，各级领导干部认真贯彻中央的指示精神，始终坚持把造林绿化作为一件大事来抓，亲自动员部署和带头实干，层层签订造林绿化责任状，大力推行领导干部办绿化点，把一般号召与具体指导相结合，一级带着一级干，一级办给一级看，以点带面，以干带群，有力地推动了群众造林绿化运动的开展。这是推进我国国土绿化十分有力、行之有效的措施，一定要毫不动摇地长期坚持下去。

二是要对全社会办林业、全民搞绿化的内涵和外延不断加以扩大，丰富新内容，拓展新领域，增加新形式，以适应形势发展的需要。广泛发动和依靠广大人民群众进行社会主义建设，是我们党的政治优势和社会主义制度优越性的生动体现，也是搞好林业建设的必由之路。经过多年的探索，我们在全社会办林业、全民搞绿化方面积累了丰富的经验，如：各地在工作中着重抓了“五个结合”，即把全民义务植树、面上造林、部门造林与林业重点工程建设结合起来，各方面造林绿化一起抓；把农村造林与城镇绿化结合起来，城乡一起抓；把林业部门抓林业与各部门办林业结合起来，各行各业一起抓；把造林绿化与林草植被保护管理结合起来，造管育并重，发展与巩固一起抓；把造林绿化和精神文明建设结合起来，两个文明建设一起抓。这些好的做法，应长期坚持下去。特别是要注意把造林绿化、发展林业与当地经济发展、农民群众脱贫致富、发展农村经济紧密结合起来，只有这样，才能从根本上引起各级领导重视，促进全社会办林业、全民搞绿化。

（五）在经济政策上，必须建立长期稳定的有利于林业发展的投人机制和政策体系，为林业持续、快速发展创造宽松的环境

建国以后，国家为了保护和发展林业，制定了一系列经济政策。主要有：逐年增加对林业的投入，给予信贷支持，建立林业基金制度，实行“谁造谁有”政策，保护森林所有者和使用者的合法权益等。但是，长期以来，注重单纯取材，追求短期经济利益，总体上对林业实行的依然是“重取轻予”的政策，在很大程度上制约着我国林业事业的健康发展。

在推进社会主义现代化建设、建立社会主义市场经济的过程中，林业问题已成为制约我国国民经济和社会可持续发展的关键问题之一。因此，必须下大力气保护和发展森林资源，加快林业建设步伐。林业社会生态效益高，而自身经济效益低，在市场经济条件下，无论在产品市场还是在经济资源的竞争中，都处于不利的地位。林业在国家宏观调控中是特别需要保护和扶持的行业。因此，要加快林业建设步伐，就必须下决心调整有关林业经济政策，按照既符合林业经营特点，又符合市场经济发展的要求，坚持国家、集体、个人一起上，多渠道、多层次、多方位筹集林业建设资金，建立起长期稳定的投入机制和扶持保护的政策体系，不断增强林业建设的动力和活力。一是要增加和稳定各级政府的投入。在加大造林育林投入的同时，要把森林防火、森林病虫害防治、林业执法、自然保护区建设等森林资源保护管理也纳入国家经常性预算，保障森林培育真正做到三分造、七分管。二是对林业建设实行政策性信贷投资，给予长期低息、贴息贷款，延长贷款年限。三是减免林业税费，体现国家对林业保护的低税赋政策。大幅度减免林业生产者承担的农业特产税、增值税、所得税和土地使用税等。四是不断完善育林基金征收、使用和管理制度，保证育林基金专款用于林业建设，不被挪用。五是坚持和完善全民义务植树制度和义务工、积累工发展林业的政策。六是要征收森林生态效益价值补偿基金，解决生态林建设和经营管理的资金由全社会共同承担的问题。七是进一步完善权属管理政策。依法维护林权证的法律效力；延长山林承包使用期限，保障森林、林木和林地所有者和经营者的合法权益。八是促进林业要素市场的发展。依法推进森林、林木和林地所有权和使用权的流转，鼓励“四荒”拍卖，保障转让、买卖双方的合法权益，促进资金、劳力、土地等要素市场发育；大力推广股份制、股份合作制等形式造林育林，广泛吸收社会资金发展林业。九是鼓励木材综合利用，提高木材利用率。十是积极引进外资，加强国际交流与合作，争取国际社会对中国林业建设的支持和帮助。

（六）在经营机制上，必须坚持分类经营、分类指导的原则，实行多种经营方式、多种经济成分共同发展林业

建国以来，积极保护、培育和扩大森林资源，取得了显著的成就。但是，林业仍然是国家建设中的一个十分突出的薄弱环节，面临许多突出的矛盾，主要是：生态环境建设的任务繁重与投入严重不足的矛盾；市场经济发展的要求与林业产业竞争力弱的矛盾；转换林业经济增长方式，实行集约经营的要求与投资、土地分散，经营管理粗放的矛盾；森林资源培育与森林资源利用脱节的矛盾等。造成这些矛盾的原因是多方面的，传统的林业经营体制和发展模式，已不适应社会主义市场经济和现代林业发展的要求，严重影响林业生产力的发展，是极为重要的根源。传统的林业经营体制和发展模式的主要弊端是：森林经营的目的不够明确，采取的政策措施缺乏针对性，经营形式单一，资源配置难以优化，森林的多种功能和作用没有充分发挥出来。

总结50年来林业建设的经验教训，根据林业建设的目标任务，必须适应“经济体制从传统的计划经济体制向社会主义市场经济体制转变，经济增长方式从粗放型向集约型转变”的要求，对林业实行分类经营改革。

实行分类经营，就是要适应社会主义市场经济发展的需要，建立新的林业发展模式。市场经济区别于计划经济的一个显著特征，就是依靠市场的基础作用优化资源配置。国家的经济制度由计划经济形态向社会主义市场经济形态转变，所有制结构由单一所有制经济向以公有制经济为主体、多种所有制经济为重要组成部分的方向发展，投资主体和利益主体向多元化方向发展，在这种条件下，对森林必须根据不同的利用需求和多种功能的发挥，实行不同的投资、管理和经营措施，形成不同的发展模式。以生态利用为主的生态公益林建设，只能依靠政府的宏观调控手段，作为社会公益性项目，组织动员全社会积极参与，广泛吸收社会各界资金，根据中央和地方事权划分，以各级政府财政统筹安排投入为主，动员全社会投入，保障发展。而以经济利用为主的一部分森林，则应按市场经济运作规律，搞活林业各种要素市场，鼓励多种所有制经济的资金、劳力、技术等要素投入，实行高投入、高产出、高效益的集约经营，促进发展。要采取有限责任公司、股份制、股份合作制等新的经营组织形式，寻找符合林业特点的公有制实现形式；要采取承包、租赁、兼并、收购、出售等多种经营方式，搞活林业经营机制。

实行分类经营，是我国寻求林业发展道路的积极探索，也是林业改革和发展的龙头性工作。根据分类经营原则，带动林业经营方式、管理制度、评价体系、组织体系等一系列相应的改革，形成适应21世纪现代社会发展要求的现代林业发展模式。

（七）在保障机制上，必须坚持依法治林和科教兴林，切实保护好森林资源，提高林业科技含量，确保林业健康、持续发展

森林资源具有生长周期长、破坏容易、恢复难的特点。建国以来，国家采取了一系列措施保护和发展森林资源。但是，一般的政策措施有其局限性：一是不具有强制力，对一些人为破坏行为不足以惩戒；二是难以保证政策实施的稳定性、连续性；三是难以形成稳定的监督、执行、制约机制；四是难以形成各级政府和群众的行为规范，无法克服“人治”的弊端。因此，长期以来，乱砍滥伐森林、毁林开垦、乱捕滥猎野生动植物的现象屡禁不止，森林火灾、森林病虫害不断发生，使我国本来就不多的森林资源不断遭到人为的、自然的破坏。为了从制度上解决森林资源保护问题，50年代初期，我国就开始借鉴发达国家的经验和做法，致力于依法治林的探索。60年代中期，国家发布了一系列带有法令性的管理办法。改革开放以后，随着我国法治建设步伐的加快，我国林业依法管理进入了新的阶段。

国内外的实践表明，发展林业，法制是十分重要的保障。在市场条件下要适应国民经济和社会可持续发展，林业必须坚持依法治林。一是以《森林法》、《野生动物保护法》为核心，以行政法规和地方法规、部门规章和地方政府规章相互配套，建立健全涵盖保护、发展和合理利用森林资源以及林业行政管理的法律体系，使各项林业工作做到有法可依。二是必须建立健全队伍精干、权力集中、效率高、有权威的林业执法体系。形成以森林公安和林政管理人员为主体，以基层林业工作站执法人员和乡村护林员为辅助的林业执法队伍，强化执法工作，做到执法必严。三是必须建立健全林业执法监督机制，完善林业执法程序和制度，加强和完善林业司法和行政执法监督，以保障林业执法工作高效准确顺利进行。四是广泛普及宣传林业法律法规，促进全社会依法参与和支持林业建设。

当今世界的竞争，说到底是综合国力的竞争，而综合国力又取决于科技发展的水平。每个国家、每个民族的科技水平如何，不仅决定它在世界格局中的地位和作用，而且将决定它在下个世纪的前途和命运。没有现代科学技术，就不可能建设现代农业、现代工业、现代国防。同样，没有现代科学技术，也不可能建设现代林业。建国50年来，特别是改革开放以来，我国林业科技事业有了很大发展，科技实力明显增强，科技对林业发展的贡献率有了很大提高。同时，初步建立了一个包括科学研究、技术推广和技术监督在内的林业科技体系，有力地促进了我国林业建设。但是，我们也不能不清醒地看到，林业科技同自己所肩负的使命相比，还有很大差距。我国的林业建设仍然处于面积大产出少、用工多效率低、资源浪费严重、产业不发达、技术水平低、经营管理粗放的状态。因此，坚定不移地实施科教兴林战略，推进新的林业科技革命，大力提高林业发展的质量和效益，适应国民经济和社会发展的需要，跟上社会历史前进的脚步，是林业发展的必然选择。

根据中央关于坚持科学技术是第一生产力的思想，“经济建设必须依靠科学技术，科学技术工作必须面向经济建设，努力攀登科学技术高峰”的科技工作基本方针，实施科教兴林，要以深化林业科技体制改革为动力，以转变林业发展模式为目标，在促进科教与林业生产建设相结合上做文章，建立新的林业科技体制，努力推动我国林业尽快实现由粗放经营向集约经营转变，由传统林业向现代林业转变，为实现建立林业两大体系的战略目标提供强有力的科技支撑。一是实施林业新科技革命规划，抓住重大的关键的项目，加快林业科研开发步伐，推进林业科技超常规发展。搞好科技成果的推广、示范和转化工作，突出抓好重点、难点地区造林绿化技术和推广普及工作。二是搞好林业科技的整体布局，尤其要注意加快科技经济一体化的进程。在发展科技产业上取得大的突破。三是建立国家林业科技创新体系，加大林业科技基础建设力度。四是加速培养跨世纪的科技人材，全面提高林业劳动者素质。五是深化科技教育体制改革，结合林业自身特点，按照“稳住一头、放开一片”的科技教育体制改革方向，建立新的林业科技教育体制。实现林业科技资源的优化配置与合理布局，提高林业经济增长和林业生态建设的科技含量。

(八)在精神动力上，必须加强林业行业精神文明建设，大力弘扬“艰苦创业、无私奉献”的林业行业精神，培养有理想、有道德、有文化、有纪律的林业职工队伍

建立与社会主义市场经济体制相适应的林业行政管理体制和林业运行机制，是一场深刻的变革，必须依靠党和政府的坚强领导，必须以建设“四有”职工队伍为目标，加强行业精神文明建设，大力弘扬“艰苦创业、无私奉献”的林业行业精神。

就我国林业建设来说，需要“艰苦奋斗、无私奉献”精神的鼓舞和支持，是由林业行业的特点所决定的，是由当前林业所面临的任务所决定的，也是由我们所处的特定历史时期所决定的。从林业行业的特点来看，林业既是一项光荣的事业，也是一项艰苦的事业。一是林业大多地处老少边穷山区，许多作业区域人迹罕至、风沙肆虐、严重缺水，冬寒暑热、气候严酷，交通运输不便，通讯信息不灵，生活供应难以保障，文化生活贫乏单调。林业工作者常年在这些地方工作生活，条件相当艰苦。二是林业生产总的看都是危险系数高、劳动强度大的体力劳动，而且多为野外作业和分散作业，加之生产力水平低下，生产手段相对落后，工作十分辛苦。三是林业生产周期长，前人栽树，后人乘凉。虽然也有经济效益，但比较效益很低，职工收入和福利待遇大大低于其他许多行业，生活比较清苦。这就充分说明，干林业本身就意味着艰苦创业、无私奉献。

从当前林业所面临的任务来看，一是我国仍然是一个少林国家，植树造林、改善生态环境的任务非常艰巨。二是我国69%的国土是山区，15.9%的国土是沙区，而这些地区大多是贫困地区或经济不发达地区，由于林业在这些地区的经济发展中处在主导地位，所以，发展林业促进群众脱贫致富奔小康的任务也非常繁重。三是我们要切实加快现代林业建设步伐，在一个不太长的时间内改变林业发展相对滞后的面貌，赶上其他行业的发展水平，更好地为经济、社会的可持续发展服务，任务十分艰巨。面对这种形势，如果我们没有一种艰苦创业、无私奉献的精神，任务是难以完成的。

回顾过去，新中国的林业能够从建国初期一穷二白的基础上发展到今天，从很大意义上来说，靠的正是这种创业精神的支撑。可以说“艰苦创业，无私奉献”是我们林业行业的优良传统和精神优势。特别是在当前，我们要克服重重困难，谋求更大发展，更要始终坚持和弘扬这种精神。一是在广大林业干部职工中大力开展艰苦创业、无私奉献精神的教育，尤其要注意充分挖掘林业行业蕴藏的巨大精神资源，运用林业行业“土生土长”的、易于大家学习的英雄模范人物的感人事迹，宣传和教育干部职工，引导大家树立正确的人生观、价值观，焕发广大林业干部职工投身于林业建设的积极性和创造性，形成推进林业改革发展的强大精神动力。二是坚持不懈地抓好党风廉政建设，纠正行业不正之风，坚决反对拜金主义、享乐主义和极端个人主义，密切党群、干群关系，上下一心，团结奋斗。三是切实加强各方面的管理工作，提倡勤俭节约，反对铺张浪费，把有限的财力、物力用在刀刃上，向管理要效益，从勤俭出效益。四是坚持从领导机关、领导干部做起，带头发扬“艰苦创业，无私奉献”的行业精神。总之，要通过加强精神文明建设，为林业改革和建设提供强有力的思想保证和智力支持。

五、未来林业发展展望

面向21世纪，环境与发展，已成为国际社会普遍关注的重大问题。保护生态环境，实现可持续发展，直接关系到人类的前途和命运。1992年，联合国环境与发展大会提出，在人类社会的发展中，要“赋予林业以首要地位”。从全球范围看，保护森林、发展林业越来越受到人们的重视，这已成为现代人类社会一个大的发展趋势。

（一）未来林业发展面临的问题

我国仍然是一个贫林国家，森林覆盖率只有世界平均水平的一半多，人均森林面积和蓄积量分别相当于世界人均水平的1/6和1/8；森林分布不均，西北、华北广大地区和许多大江大河源头森林植被稀少。尤其可虑的是，破坏森林资源的问题还依然非常突出。现在全国每年超限额采伐3400万立方米，从有林地逆转为非林业用地44万多公顷，这就使得我国本来就十分脆弱的生态环境形势变得更加严峻。

目前，全国水土流失面积已达367万平方公里，占国土面积约38%，每年流失土壤50多亿吨；由于泥沙淤积，黄河的一些地段已成为地上悬河，直接威胁到25万平方公里面积、1亿多人口的生命财产安全。我国是荒漠化危害非常严重的国家，近4亿人口生活在受荒漠化影响的区域内。尽管我国在治理荒漠化方面取得了举世瞩目的成就，但远没有从根本上扭转荒漠化加剧的趋势，沙漠化土地仍以每年2460平方公里的速度在扩大，造成1500万公顷农田和1亿公顷的草场严重退化。建国以来，由于水土流失而毁掉的耕地达266.7多万公顷。水资源危机已使全国200多个城市进入缺水行列，全国日平均缺水量高达200多万吨。野生动植物物种急剧减少，15%～20%的动植物物种正濒临灭绝。自然灾害频繁发生，每年因灾害倒塌房屋300多万间，受灾害影响的人口超过2亿，农作物年受灾面积达2000万～4000万公顷，因此减少粮食100多亿公斤，全国每年因各种自然灾害造成的直接经济损失在2000亿元以上。

21世纪是我国经济快速发展的重要时期。随着经济的快速发展、人口的持续增长，在一个相当长的时期内，我国将面临人口、资源、环境与经济发展的巨大压力和尖锐矛盾，不仅如此，还将面临来自全球环境问题的威胁。森林是人类赖以生存的基础资源。保护森林资源，改善生态环境，走持续发展的道路，已成为我国21世纪紧迫而艰巨的任务。

（二）未来林业发展的奋斗目标和指导思想

在即将进入21世纪的重要发展时期，党和国家对林业建设提出了更高的要求。党的十五大报告指出：“我国是人口众多，资源相对不足的国家，在现代化建设中必须实施可持续发展战略，坚持计划生育和保护环境的基本国策，正确处理经济发展同人口、资源、环境的关系”。党的十五届三中全会进一步强调“改善生态环境是关系中华民族生存和发展的长远大计，也是防御旱涝灾害的根本措施”。同时作出了一系列重大战略部署，“封山植树，退耕还林”，“大力提高森林覆盖率，使适宜治理的水土流失地区基本得到整治”；“全面停止长江黄河流域上中游的天然林，森工企业转向营林管护”，等等。新时期林业肩负着改善生态环境、促进经济社会协调发展的重大使命。展望未来，林业建设任重而道远。林业必须以保障和实现国民经济和社会可持续发展为宗旨，以建设现代林业，形成比较完备的林业生态体系和比较发达的林业产业体系为目标，大力推进和深化林业分类经营改革，科教兴林，依法治林，坚持全社会办林业，全民搞绿化，加快造林绿化，加强森林和野生动植物资源保护，最大限度地满足国民经济和社会发展对林业的需求，把有中国特色社会主义林业建设事业全面推向21世纪。

从21世纪初到2010年，新增森林面积3900万公顷，治理荒漠化土地面积2200万公顷，森林覆盖率达到19.4%。水土流失和荒漠化扩展基本得到控制,全国现有天然林和野生动植物资源得到有效保护和恢复。以利用人工林和林区多种资源为基础,加强基础建设,初步形成依托多种资源、布局合理、结构优化的林业产业体系基本框架。不断增加林产品的有效供给,基本满足国内经济建设对林产品的需求,并使林业在繁荣农村经济特别是促进山区经济发展中发挥重要作用。

到2030年,林业建设进入持续攻坚、加快发展阶段。新增森林面积4600万公顷,治理荒漠化土地面积4000万公顷,森林覆盖率达到24.2%,各类自然保护区面积占国土面积的12%,典型湿地生态系统和各种野生动植物物种得到有效保护,初步建立起全国生态环境系统良性循环的格局。林业产业稳定发展,林产品供给与国民经济发展需要基本适应,林业在国民经济中的作用得到有效发挥。

到2050年,即21世纪中叶,林业建设步入巩固、提高和稳定发展阶段。宜林地全部绿化,新增森林面积1921万公顷,生物措施治理水土流失面积2497万公顷,治理荒漠化土地面积1118万公顷,森林覆盖率达到并稳定在26%以上,各类自然保护区的布局和面积达到合理水平,水土流失和荒漠化造成的生态环境问题基本得到解决,建立起与国民经济和社会可持续发展相适应的良性生态环境系统。林业充分发挥资源多样性和可再生性的优势,建立起适应市场经济发展、产业产品结构合理、技术及设备先进、林产品有效供给充分、主要产品具有国际竞争力的林业产业体系,使林业综合实力达到世界林业中等发达国家水平。

当前,我国林业建设事业的基础依然还很薄弱,改革面临的一些深层次矛盾将会更加突出,实现林业建设跨世纪的宏伟目标存在许多困难和不利因素。但是,我们更应该看到,林业发展面临着很好的机遇和许多有利条件。一是党中央、国务院对林业高度重视,这是新时期林业发展最有利的条件;二是搞好环境建设和实现可持续发展已成为人们共识;三是50年林业建设取得了巨大成绩,为21世纪林业发展奠定了基础;四是深化林业改革的总体思路更加明确,林业科教和法制建设更加健全,为21世纪林业发展提供了有力的保证;五是林业具有资源丰富、地域广阔、涵盖面宽的特点,为21世纪林业发展拓宽了空间。

在新的历史条件下,全面推向21世纪的林业,就必须遵循建设有中国特色社会主义理论,按照建立社会主义市场经济体制的要求,以改革为动力,着眼于可持续发展,与我国国民经济和现代化建设第二步、第三步战略目标紧密结合,协调资源、环境与经济发展的关系,充分发挥林业在改善人类生存环境,提高农业综合生产力,促进农村经济全面发展中的作用,最大限度地增加社会有效供给,保障国民经济和社会可持续发展。在具体工作思路上,要按照现代林业的思想和实施分类经营的做法,以荒山荒地绿化为重点,以建设林业"两大体系"为目标,以发展森林和野生动植物资源为基础,以市场和社会需求为导向,以提高效益为中心,坚持造林绿化与资源管护并重。大幅度提高森林覆盖率,一、二、三产业协调发展,加快经济增长方式和经济体制两个根本转变,走内涵式、节约型、科技含量高的林业发展道路,全面推进林业现代化建设。

(三)加快林业生态体系和产业体系建设

林业生态体系建设,要根据我国的地形、气候、植被、土壤等自然特征,生态环境脆弱程度及灾害的类型,生态环境建设的主导需求及不同地区的经济特征,在全国生态环境建设的总体布局下,以保护、恢复和发展森林植被为中心,以封山育林(草)为主要方式,"保、退、治、补"四管齐下,加快发展步伐。一是采取有力措施,切实保护和恢复好现有天然林资源、野生动植物资源。突出抓好重点地区天然林资源保护工程、全国野生动植物及其栖息地保护与森林公园建设工程、中国热带林保护工程的实施。二是抓紧实施退耕还林,在坚决制止毁林开垦的前提下,分步骤地实施坡耕地退耕还林还草及进行坡改梯工作。25度以上水土流失严重的耕地,要在逐步实行"坡改梯"的基础上,坚决还林还草。三是加大水土流失生物治理及防治荒漠化建设力度,分区域全面推进重点林业生态工程建设。重点抓好"三北"地区防护林体系建设工程、长江中上游防护林体系建设工程(简称"长防林工程")、沿海防护林体系建设工程、平原绿化工程、全国防治荒漠化工程、珠江流域防护林体系建设工程、淮河太湖及长江下游防护林体系建设工程、黄河下游及海河流域防护林体系建设工程、松花江嫩江流域及辽河流域防护林体系建设工程、太行山绿化工程、京津周围绿化工程等重点林业生态治理工程建设。四是加快薪炭林基地建设。采取人工造林、封山育林、残次林改造等措施,推进生态环境重点治理地区农村生物能源发展。同时辅以改灶、发展沼气和水电、以煤代柴等多种措施,解决农民生活用能源问题,为改善生态环境创造条件。五是加快城市绿化步伐。21世纪的城市绿化,要向园林化、城乡绿化一体化方向发展。在搞好街道、广场、公园等公共场所和庭院、厂区、居民区绿化的同时,注重城市大环境的绿化,努力建设大型环城林带,发展"森林城"、"园林城"。六是大力推进绿色通道工程和农村居民居住区环境绿化工程。形成公路、铁路、江河水路两边、农村居民区绿荫环抱、环境优美、点线交错的绿化体系。

林业产业体系建设,一是重点搞好商品林基地建设工程,包括速生丰产用材林基地建设工程、竹林基地建设工程、名特优新经济林基地建设工程、山区综合开发示范工程、林业花卉基地建设工程及中幼龄林抚育工程。选择地势平缓、条件适宜、不易产生水土流失的地域,通过高强度集约经营、定向培育、基地化布局、规模化生产,加快速生丰产用材林、工业原料林与木本油料、调料、香料、木本药材和干果水果、花卉等名特优新经济林基地建设步伐,努力增加国内木材及林产品的有效供给,推进林业工业化和产业化进程。同时,加大对拟发展为速生丰产用材林的现有中幼林的抚育力度,提高林分质量和林地的生产力。二是根据现有大中型木浆造纸项目的布局和区域条件,积极做好木浆造纸原料林基地建设,大力发展木浆造纸原料林;调整人造板工业产品结构和区域布局,重点抓好现有企业的改造与挖潜,改进工艺技术,提高产品的质量与性能,着重开发具有广阔市场的新产品;加大松香、松节油生产企业技术改造力度,提高产品档次,有重点地发展工业香料加工业;加快发展森林旅游业、森林食品、药材、花卉等新兴产业,按市场需求开发建设一批重点森林旅游景区、景点,完善旅游基础设施,基本形成中国森林旅游体系,同时带动有关商业、服务业的发展。

(四)强化林业支撑体系建设

为了保障林业生态体系和产业体系建设,一方面要加强林业的主要基础设施建设,形成有力的支撑。一是搞好林业"三防"体系建设,包括森林防火、森林病虫害防治及森林公安、林政设施建设;二是实施科教兴林战略,包括林业科技成果推广及重点工程科技支撑体系建设、林业教育设施等;三是加强基层林业工作站设施建设;四是突出抓好林木种苗基地建设;五是抓好森林、野生动植物资源、生态环境监测体系建设。另一方面,要加大经济体制改革力度,要积极推进国有森林资源管理体制改革;加大所有制结构调整力度,调动社会各方面投入林业的积极性;按照分类经营的要求,改革森林经营体制和发展模式,调整林业政策,形成低税赋、机制活的经济政策体系,建立起既适应社会主义市场经济体制,又符合林业特点的林业经济体制和科学规范的运行机制,更好地优化资源配置,实现林业可持续发展。

面向21世纪,在人口、资源、环境三者之间矛盾日益突出的情况下,必须调整经济发展模式,寻求人与自然的和谐。植树造林是协调人与自然关系的重要环节。在党和政府的领导下,大力植树造林,发展林业,给子孙后代留下山青水秀的美丽环境,为中华民族开辟生存和发展的广阔空间,将成为中华儿女在认识和改造自然的过程中创造现代文明成果的共同意志和行动。

(执笔:局办公室　政策法规司　宣传办公室
经济发展研究中心　法律事务中心)

专题分述

林业生态体系建设

植树造林，绿化祖国，改善生态环境，是我国林业建设的根本任务。

我国历史上曾经是一个森林茂盛、山川秀丽的国家。由于历史的变迁，特别是长期的掠夺和破坏，森林资源日趋减少，到1949年新中国成立前夕，全国森林覆盖率仅有8.6%，许多地区的生态环境严重恶化。

新中国成立后，党和政府十分重视林业建设。1949年中国人民政治协商会议第一次全体会议通过的《中国人民政治协商会议共同纲领》规定："保护森林，并有计划地发展林业"。1950年《中华人民共和国土地改革法》第十八条规定："大森林、大水利工程、大荒地、大荒山、大盐田和矿山及湖、沼、河、港等，均归国家所有，由人民政府管理经营之。"1953年9月，政务院发布《关于发动群众开展造林、育林、护林工作的指示》，确定开展造林、育林、护林工作应成为各级人民政府，特别是山区人民政府的主要任务之一，应成为各级人民代表大会的重要议题之一。1956年3月，毛泽东主席向全国人民发出了"绿化祖国"的伟大号召。1957年全国人大常委会通过的《1956年到1967年全国农业发展纲要(修正草案)》第十八条规定：从1956年起，在12年内，在自然条件许可和人力可能经营的范围内，绿化荒山荒地。在一切宅旁、村旁、路旁、水旁，只要有可能，都要有计划地种起树来。之后，平原绿化、沿海防护林建设相继开展起来，群众性的植树造林和国营林场、社队林场造林蓬勃发展。为了加快造林绿化进度，50年代后期，我国开始进行飞播试验，并取得成功，开辟了边远、深山区大面积造林绿化的有效途径。同时，还在全国范围内开展了封山育林和速生丰产林、薪炭林建设。

但由于新中国成立初期，百业待兴，急需大量木材，加上"大跃进"、"文化大革命"期间造成的破坏，消耗了大量的森林资源。特别是在"以粮为纲"的指导思想影响下，毁林开荒长时间在全国蔓延，森林资源日趋减少，水土流失和风沙危害明显加剧，生态环境日趋恶化。

党的十一届三中全会后，党和国家更加重视植树造林，保护生态环境。1980年3月，中共中央、国务院发布了《关于大力开展植树造林的指示》。1981年3月，《中共中央、国务院关于保护森林发展林业若干问题的决定》明确规定了保护森林、发展林业的方针政策。1981年12月，第五届全国人民代表大会第四次会议通过了《关于开展全民义务植树运动的决议》，用法定形式确定了全民义务植树制度。这些重大措施，有力地调动了亿万人民造林绿化的积极性，形成了全社会办林业、全民搞绿化的林业建设新局面。我国林业建设以增资源、增效益、增活力为中心，不断深化改革，破除长期束缚林业生产力发展的传统观念，逐步明确了建立比较完备的林业生态体系和比较发达的林业产业体系的林业建设目标。90年代以来，各地认真贯彻国务院批准的《1989～2000年全国造林绿化规划纲要》，开展了大规模以改善生态环境为目的的造林灭荒活动。目前，已有12个省(区)实现了基本灭荒。我国组织实施的"三北"防护林体系建设工程等十大林业重点生态工程取得长足进展，1998年又启动了天然林保护工程，林业生态体系建设驶入了快车道，进入了一个新的里程。

一、林业重点生态工程建设

为改变我国生态环境恶化的状况，充分发挥森林在陆地生态系统中的主体作用，从1978年起，我国先后实施了以改善生态环境、扩大森林资源为主要目标的十大林业生态工程，基本覆盖了我国主要的水土流失、风沙和台风等危害严重的地区，初步形成了我国林业生态体系建设的基本骨架。

（一）"三北"防护林体系建设工程

我国西北、华北北部和东北西部（简称"三北"）地区正在实施着一项宏伟的生态工程——"三北"防护林体系建设工程。"三北"防护林体系建设是我国林业发展史上的一大壮举，它开创了我国林业生态工程建设的先河。其建设范围东起黑龙江省的宾县，西至新疆的乌孜别里山口，东西长4480公里，南北宽560～1460公里，横跨新疆、青海、甘肃、宁夏、陕西、内蒙古、山西、河北、北京、天津、辽宁、吉林、黑龙江13个省（区、市）的551个县（旗、市、区），总面积406.9万平方公里，占国土总面积的42.4%。

"三北"地区历史上曾是森林茂密、水草肥美的富庶之地，由于植被遭到破坏，土地沙漠化、水土流失十分严重，区域内分布着八大沙漠、四大沙地，沙漠、戈壁和沙漠化土地总面积达149万平方公里，从新疆一直延伸到黑龙江，形成了一条万里风沙线，年风沙日数30～100天，经常出现沙暴以及流沙埋没城镇、乡村、农田、牧场的现象，严重威胁着铁路、公路、水利设施的安全。在本世纪60年代初到70年代末期，约有666.7万公顷土地沙漠化；有1334万公顷农田遭受风沙危害，粮食产量低而不稳；约有8660万公顷草场沙化、盐渍化，牧草严重蜕化。在黄土高原，水土流失面积占这一地区总面积的90%，每年每平方公里流失土壤1000～10 000吨，造成洪水泛滥、河库淤积，黄河下游河床上的泥沙平均每年以10厘米的速度上升，河床高出堤外地面一般3～5米，成为地上"悬河"，给黄河下游人民的生命财产安全造成严重威胁。大部分地区年均降水在400毫米以下，形成了"十年九旱，不旱则涝"的气候特点。风沙危害、水土流失和干旱带来的恶劣生态环境，使各族人民长期处于贫穷落后的境地，严重制约了这一地区的经济和社会发展。

新中国成立以来，在党和政府的领导下，"三北"地区开展了大规模的植树造林群众运动，不少地方取得了较好的效果，积累了丰富的经验。但是，由于体系建设的思想没有形成，缺少总体规划，战略目标和战略布局不明确，也没有实行统一领导，所以从总体上看造林效果不大，直到1977年人工造林保存面积只有490万公顷，森林覆盖率仅为4%。贫穷仍然紧紧地困扰着"三北"地区。虽然政府每年有几十亿元的救济扶贫等款项流向"三北"，但因生态环境恶化，只能救命而不能治穷。

总结历史经验，党中央、国务院对于改变这一地区的自然面貌和经济条件十分关怀、极为重视。1978年11月3日，国家计委批准了"三北"防护林体系建设任务书，11月25日国务院批转国家林业总局《关于在"三北"（东北、华北、西北）风沙危害、水土流失的重点地区建设大型防护林的规划》，《规划》强调指出：我国西北、华北及东北西部，风沙危害和水土流失十分严重，木料、燃料、肥料、饲料俱缺，农业生产低而不稳。大力种树种草，特别是有计划地营造带、片、网结合的防护林体系，是改变这一地区农牧生产条件的一项重大战略措施。有关省、市、自治区要把这项建设工程列入农田基本建设规划，统筹安排，采取有力措施，按期完成防护林建设规划规定的各项任务，为实现新时期的总任务做出贡献。这一英明决策符合"三北"地区的实际情况和各族人民的强烈愿望，得到了广大干部群众和当地驻军的积极拥护和热烈响应，在国际国内引起了强烈反响，英国《泰晤士报》称赞这一规划构想宏伟，将成为人类历史上征服自然的壮举！

1. 工程规划及建设成就

按照工程建设总体规划，从1978年开始，到

2050年结束，分三个阶段、八期工程，共需造林3560万公顷。其中人工造林2688万公顷，封沙封山育林760万公顷，飞机播种造林112万公顷，届时“三北”地区建设区内的森林覆盖率将由5.05%提高到14.95%，将从根本上改善“三北”地区的生态环境和生产、生活条件。

“三北”防护林体系工程本着“因地制宜、因害设防”的原则规划；按照“由近及远、先易后难、突出重点、分期分批”的方针施工；采取“民办国助、群众投劳、多方集资、协同共建”的方式筹资；在保护和管理好现有森林植被的基础上，采取人工造林、封山封沙育林和飞机播种造林等多种方法，不断恢复、扩大森林植被，建立起一个符合“三北”地区自然和经济规律的以木本植物为主体的生物群落；科学利用各种自然资源，力求农、林、牧等各个产业布局合理，协调发展。其立足点是从根本上改善“三北”地区的生态环境，重点治理土地沙漠化和水土流失，减免各种自然灾害对工农业生产造成的危害和损失，促进“三北”地区社会经济的发展和繁荣。

“三北”防护林体系建设的第一个阶段分为三期工程进行实施，计划至2000年完成，重点建设一批区域性防护林体系。1978～1985年为第一期工程，1986～1995年为第二期工程，这两期工程已超额完成规划任务，总计造林1800万公顷，占“三北”防护林体系工程总体规划任务的50.5%，建设区内的森林覆盖率已提高到9%。目前正在进行第三期工程（1996～2000年）。迄今为止，在“三北”防护林工程建设的重点地区，已基本形成了区域性防护林体系，初步改善了恶劣的生态环境，过去大风刨地毁种、流沙淤渠阻路的现象基本杜绝。

“三北”防护林体系建设使这一地区生态环境有了明显改善。在沙区有20%的沙漠化土地得到了治理，生产力水平明显提高；黄土高原40%的水土流失面积得到初步治理，土壤侵蚀模数下降了30%～50%，流入黄河的泥沙量减少了10%以上；重点治理的毛乌素、科尔沁两大沙地森林覆盖率分别达到29.1%和20.4%，结束了沙进人退的历史，已进入全面改造利用沙漠、发展绿洲农业的新阶段；京津地区到1997年累计造林种草187万公顷，森林覆盖率由20%提高到30%，显著地改善了首都周围的生态环境，8级以上大风日数和扬沙日数分别由70年代的37天和21天减少到17天和8天，市区空气中的悬浮颗粒和降尘量分别比80年代初下降了18%和43%；“三北”地区的2153万公顷农田得到了林网保护，65%的农田实现了林网化，年净增粮食1000多万吨，如甘肃省的河西走廊不仅全面实现了农田林网化，而且恢复耕地5万公顷，粮食产量由1978年的17.2亿公斤提高到22.2亿公斤，以不足全省20%的耕地提供了全省70%的商品粮；“三北”地区已有50多个县（旗）基本建成了带片网、多林种、多树种、乔灌草相结合的县级防护林体系，初步展现了山河秀美、林茂粮丰、花果飘香、人民安居乐业的繁荣景象。

稳定并拓宽了人们的生存空间。一些地方通过在风沙前沿建设大型骨干防风固沙林带，阻止了风沙侵袭，变沙进人退为人进沙退，稳定并拓宽了当地人民的生存空间。甘肃省武威地区在北部风沙线上营造了一条长380公里、面积8万多公顷的防风固沙林带，堵住了240个风沙口，控制流沙13.3万多公顷，保护并扩大了绿洲。张掖地区的临泽县通过防护林体系建设，减轻了风沙危害，复垦沙压沙埋农田十多万亩，新垦农田数万亩。陕西省榆林地区治沙造林保存面积达98.3万公顷，森林覆盖率达到38.9%，新增农田8.7万公顷，新建灌丛草场66.7万公顷，有15.3万公顷草场得到了恢复；9.3万公顷农田得到了林网保护，40万公顷流沙得到了治理；有10万户农民通过植树造林摆脱了贫困，走上了富裕之路。目前，“三北”地区在沙漠中已恢复和新辟农田67万公顷，保护牧场893万公顷，建起了一片片绿洲，有许多农牧民在沙漠中安家落户。

林业的发展不仅改善了生态环境，同时也促进了农村经济的发展。二期工程期间，各地把防护林建设同富民富县结合起来，实现了由单一生态型防护林向生态经济型防护林的转变，加大了经济林的比重，建设了一批名特优新商品林基地，不仅改善了生态环境，而且带动了群众脱贫致富和地方经济发展，增强了工程建设自我发展的能力。截至1997年底，“三北”地区经济林面积净增288万公顷，经济林的比重由过去的3%提高到20%以上，干鲜果品年产量增加1110万吨，产值200多亿元，并涌现了一批年产果品超亿公斤的大县和年果品收入达几万元、十几万元甚至几十万元的致富大户。同时，也为地方财政提供了税源，一些县仅果品一项的农业特产税就高达2000万～3000万元。辽宁省朝阳市，近年来通过大力发展以“两杏一枣”为主的经济林，使农民收入大幅度增加，人均林业收入达400元；河北省张家口市大力发展经济林，林业产值由9000万元增加到3亿元，有240个村、15万户农民靠林果业实现了脱贫致富。

“三北”防护林体系建设工程是一项利在当代、功在千秋的宏伟工程，不仅是中国生态环境建设的宏伟工程，也是全球生态环境建设的重要组成部分。其建设规模之大、速度之快、效益之高均超过美国的“罗斯福大草原林业工程”、前苏联的“斯大林改善大自然计划”和北非五国的“绿色坝工程”，在国际上被誉为“中国的绿色长城”、“生态工程世界之最”。近年来，先后有50多个国家的政府官员和专家、学者、新闻记者来我国考察“三北”防护林体系工程，都给予了很高评价。林业部“三北”防护林建设局作为这项生态工程的主管单位于1987年被联合国环境规划署授予“全球500佳”奖章。邓小平同志在1989年为“三北”防护林体系工程亲笔书写了“绿色长城”的光辉题词。1992年，国务院总理李鹏代表我国政府在联合国环境发展大会上向世界庄严宣告：我国“三北”防护林体系长达4480公里，已成为阻止风沙南侵的绿色长城。

2. 基本经验

“三北”防护林体系工程作为一项跨世纪的宏伟生态工程，在较短的20年里取得如此令人瞩目的成就，关键在于一切从我国的国情和“三北”地区实际情况出发，不断强化工程管理，增强工程建设的动力和活力，在改革中发展，在探索中前进，积累了丰富的经验。

（1）确立建设生态经济型防护林体系的指导思想。由于国家的投资有限，“三北”防护林工程实际上是国家的重点工程交给地方和农民去办。为了保证地方和农民有持续不断的积极性和承受能力，在工程建设中，注重环境治理与经济建设的协调统一，使生态建设同地方经济发展、农民利益紧密结合，以增强工程建设的自我积累、自我发展的能力。具体讲是搞好七个结合，即农林牧结合、土水林结合、多林种结合、多树种结合、乔灌草结合、带片网结合、林工商结合。在指导工程建设中突出强调：一是调整林种树种结构，在有条件的地方积极发展用材林和经济林；二是营造多功能复合林种。选用抗逆性强的经济树种营造山地农防林、水土保持林，不仅防止了水土流失，而且增加了农民收入。选用饲用价值高的灌木树种营造防风固沙林，既治理沙漠化土地，又促进了畜牧业发展；三是大力发展复合经营，引农入林，实行林粮、林药、林草间作，不仅优化了环境，而且提高了土地利用率。四是利用“三北”地区日益增多的森林资源、野生动植物资源和自然景观资源，积极开展养殖业、加工业和森林旅游业，增强工程建设的后劲，促进绿化事业的发展。

（2）根据“三北”防护林建设战线长、地域辽阔、类型多样、自然条件恶劣的特点，制定了切实可行的工程建设技术路线和建设原则。“三北”防护林工程是在占国土面积42%的广大地区进行的一项生态经济工程。虽然被称为“绿色长城”，但决不是建一条或几条大型林带，而是按照“因地制宜、因害设防”的原则，在农田牧场建林网，在风沙前沿和沟、渠、道路两侧建林带，在山地、丘陵和沙荒地造片林，形成一个带、片、网相结合，符合自然规律和经济规律，以木本植物为主体的防护林体系。在林种和树种安排上，从解决风沙危害和水土流失的目标出发，从群众脱贫致富的需要出发，根据不同地形气候条件，实行乔、灌、草相结合，防护林、用材林、经济林和薪炭林相结合；在营造方式上，注意保护现有植被，利用一切技术手段，实行人工造林、封山封沙育林、飞播造林相结合；在建设方法和步骤上，实行先易后难、由近及远、先急后缓、突出重点，优先治理人民生产活动最频繁、风沙危害和水土流失最严重的地区。

（3）在工程建设的实施步骤上，采取重点突破，分类指导，抓好示范，整体推进。工程建设一开始，就围绕保护耕地、建设生态农业这一目标，把农田防护林作为工程建设的突破口，放在优先发展的位置，经过20年的艰苦奋斗，东北平原基本实现农田林网化，确保了农牧业生产稳定增收。为了加速治理水土流失和风沙危害，多次召开现场经验交流会和技术研讨会，提出了治理方针、目标和技术措施，明确了任务，抓了196个重点县，以点带面，使“三北”防护林在水土流失区、风沙危害区全面铺开。在黄土高原水土流失区以黄河中上游防护林建设为重点，根据“多林种、多树种综合治理”的原则，抓好不同类型区的试验示范样板，总结经验，全面推广，取得了显著成绩，建立起了一批像山西昕水河流域、陕西延安治理水土流失、兴林致富的示范样板。蒙新风沙区是包括内蒙古西部、陕西北部、宁夏、甘肃、青海、新疆的风沙地区，该区以固沙造林、阻挡沙漠扩展、治理土地沙漠化为重点，在保护好现有林草植被的基础上，采取封育、飞播和人工造林种草等多种方式增加植被以治理风沙，目前已完成治沙造林700多万公顷，有效地治理了风沙危害，并涌现出了陕西榆林、甘肃河西、新疆和田等许多人进沙退的好典型，通过这些典型辐射和带动工程建设整体推进，高速高效发展。

(4)强化管理，深化改革，增强工程建设的动力和活力。为强化"三北"防护林体系建设工程管理，分别制定了计划、资金、技术等十多个管理办法，使工程建设的管理逐步走上科学化、规范化轨道。推行按工程管理程序组织实施防护林体系建设，实行工程造林。即按规划设计、按设计施工、按标准检查验收、按建设成效落实国家补助，兑现奖惩。对重点工程实行资金报帐制、项目招标制，把竞争机制引入生态工程建设。建设项目公开招标，专家评议，民主决策，择优扶持，根据竞标县(市)的工程建设规模、组织技术措施、配套资金落实情况、造林专业队伍和领导重视程度等方面公开评议，择优安排。同时，大力总结推广股份合作制、"四荒"拍卖等多种经济成分和多种经营方式的防护林建设机制，极大地调动了广大人民群众的积极性，使工程建设充满活力。

(5)增加科技含量，提高工程建设质量。针对"三北"地区严酷的自然条件和薄弱的经济基础，"三北"防护林体系建设以大力推广适用技术为重点，注重依靠科学技术、提高工程建设质量和效益。一是增加投入，在工程建设计划中拿出10%的资金用于技术推广，坚持计划单下，项目单批，专款专用，层层签定合同，做到推广人员、面积、地块、技术、资金、奖惩六落实。二是抓重点，以抗旱造林技术研究为突破口，以推广适用技术为重点，努力提高工程建设的质量和效益，通过推广以径流林业为中心的抗旱造林系列技术，使飞播成效提高了20个百分点，突破了降雨量200毫米以下地区不能飞播的禁区。三是抓机制，要求科技推广必须与工程建设紧密结合，没有技术推广内容的工程项目不予立项，将科技含量作为检查验收工程质量的主要指标，促进了技术推广工作。还专门设立"三北"防护林体系建设技术推广奖，对成绩突出的单位和个人进行表彰奖励，调动了广大科技人员开展技术推广的积极性，克服了重科研轻推广的倾向，使科学技术及时转化为生产力。

(6)充分依靠各级党委和政府的重视和强有力的领导。实行领导干部任期目标责任制，把工程建设任务落实到各级政府、各级领导肩上，层层分解，将工程建设任务完成的好坏，作为干部政绩考核的主要内容，充分调动各级干部对工程建设的事业心和责任感。在工程建设中涌现出许多重视林业、热爱林业的乡长、县长、专员及地、县委书记，先后有200多名县长、县委书记因在"三北"防护林建设中成绩突出，被国家授予林业劳动模范。由于领导重视，"三北"地区还建立了许多由省长到乡长亲自办起的示范工程，极大地激发了各行各业和社会各界参与支持"三北"防护林建设的热情。同时，充分依靠政策调动广大人民群众的积极性。工程建设实施初期，大力推行国家、集体、个人一齐上，谁造谁有、长期不变、允许转让、允许继承的政策，解决了"三北"防护林建设任务量大、投入不足的问题。在国家补助的基础上，多方集资，群众投劳，使"三北"防护林建设取得了巨大成就，广大人民群众也从防护林建设中获利受益，得到实惠。随着工程建设的不断深入和社会主义市场经济的发展，又不断探索，总结推广了承包造林、合作造林、股份联营、"四荒"拍卖等多种造林的新形式、新政策、新机制，更好地调动了社会各界和广大人民群众投资投劳的积极性，吸引技术、资金、劳力等生产要素向防护林建设流动和优化组合，推动工程建设顺利实施。

3. 工程展望

随着本世纪末第三期工程的完成，"三北"地区将累计造林2200万公顷，森林覆盖率可提高到10%以上，并将初步建成"三北"防护林体系的基本骨架，使30%的沙漠化土地得到治理，40%的县建成区域性防护林体系，50%的水土流失面积得到有效控制，80%以上的农田基本实现林网化，"三北"地区的环境质量将得到进一步改善，为下世纪加快中西部地区经济发展奠定坚实基础。到2050年，在我国"三北"地区将建成农林牧、土水林、多林种、多树种、带片网、乔灌草相结合的防护林建设体系，使这一地区的水土流失基本得到控制，沙漠停止前进，沙地得到治理，自然环境质量得到很大提高，我国北方半壁河山的面貌将大有改观。同时，这一地区的林木总蓄积量将达到42.7亿立方米，使缺林少树的"三北"地区建成一个巨大的后备森林资源区。通过对林、副、特产品的综合加工利用，将大大加速"三北"地区的经济发展。"三北"防护林体系建设是一项跨世纪、跨流域、跨省区的宏伟工程。过去20年的建设取得了巨大成就，但未来的任务更加艰巨、更加繁重。“三北”防护林体系工程的建设者们深感肩负使命之重大，他们正在以更加饱满的热情和坚韧不拔的毅力，为实现江泽民总书记建设山川秀美的新西北的要求，为建设全国完备的生态体系，为实现国家经济建设重点向中西部转移，为本世纪末增产500亿公斤粮食，为“三北”地区广大人民群众脱贫致富做出更大的贡献。 (执笔人：李静)

(二)长江中上游防护林体系建设工程

为改善长江流域日趋恶化的生态环境，1986年4月，六届全国人大四次会议通过的《国民经济和社会发展第七个五年计划》中，明确提出要“积极营造长江中上游水源涵养林和水土保持林”。林业部根据这一要求，在组织专家进行可行性研究的基础上，提出了长江中上游防护林体系建设工程(以下简称“长防林建设工程”)的总体目标。初步设想，用30～40年时间，在长江中上游地区植树造林，增加森林面积2000万公顷，建设起布局科学，结构合理，网、带、片、点有机结合，三个效益相统一的防护林体系。整个工程分两期进行。1989年6月，国家计委批准了《长江中上游防护林体系建设一期工程总体规划》。规划确定，1989～2000年，在长江中上游地区的安徽、江西、湖北、湖南、贵州、重庆、四川、云南、陕西、甘肃、青海、河南12省(市)271个县(1991年和1995年进行过两次调整)，采取多种形式，新增森林面积666.7万公顷。截至1998年底，一期工程累计完成营造林700万公顷，其中重点工程606万公顷，并取得了明显的生态、经济和社会效益。

1. 工程区基本情况

长江全长6300公里，从西到东横跨我国18个省(区、市)，流域面积约180万平方公里，占国土面积的18.8%。流域内大部分属亚热带气候，平均气温14～18℃，年降水量800～1800毫米，无霜期200～350天，适宜多种植物生长。长江流域水资源十分丰富，流域面积在1万平方公里以上的支流有49条，8万平方公里以上的支流有8条，其中雅砻江、岷江、嘉陵江、汉水的流域面积都超过10万平方公里，全流域年平均河川径流总量为9513亿立方米，占全国径流总量的35.9%。流域内已建成大、中、小型水库48 522座，塘埝473万余处，供水总量占流域水资源总量14.2%。流域现有耕地2460万公顷，占全国耕地总面积的24.8%。流域地下资源十分丰富，据勘探，金沙江流域铁矿石储量居全国第二位，钒、钛储量居全国第一位，其他有色金属也有较大的储量。主要分布在中上游地区。

全流域人口3.5亿人，约占全国的1/3。工业产值约占全国的40%。农业产值约占全国的34%。长江是我国内河航运的主动脉，是沟通西南、华中与华北沿海的主要通道。长江流域素有“鱼米之乡”的美称，粮食产量占全国总产量的37%，其中水稻占全国的55.7%；棉花占57%；茶叶占70%；渔业占27%，淡水鱼产量占60%左右，长江流域在我国国民经济建设中，处于十分重要的战略地位。

长江流域有林业用地7713万公顷，占流域总面积的43.4%，森林面积3600万公顷，占全国30.7%；活立木蓄积25.85亿立方米，占全国的25%。长江流域每年为国家提供商品材1500万～1800万立方米，占全国木材产量的25%，生产竹材近1亿根，为全国总产量的85%；茶油、桐油和生漆的产量也分别为全国总产量的80%、95%和98%，林业产值占全国总产值的33.4%。

2. 工程建设的必要性和紧迫性

由于长期以来不合理的耕作方式和人为破坏，特别是对森林的过度樵采，使长江中上游地区森林植被大量减少，保持水土能力削弱，导致了生态环境的急剧恶化。全流域的水土流失面积，已由50年代的36万平方公里增加到了80年代的56万平方公里(占全国水土流失面积的36%)，年土壤侵蚀量22.4亿吨。陕、湘、鄂、黔等省山区水土流失后形成的岩石裸露面积，正以每年3%～7%的速度扩展。水土流失造成了水利工程和江河湖泊的严重淤积，全流域每年损失的水库库容量达12亿立方米，相当于报废12座大型水库。50～80年代，流域内的湖泊面积由2.2万平方公里锐减为1.2万平方公里，损失调蓄能力100亿立方米。由于泥沙淤积，部分河段的河床已高出地面几米、十几米，出现了地上“悬河”。生态环境的恶化，使洪水、旱灾、泥石流成为长江流域的三大灾害，并且发生频率不断增加，灾害强度加重，成灾范围扩大。严峻的生态形势已危及到长江流域的国土保安，阻碍和制约着流域经济建设的发展。

3. 工程建设总体布局和建设规模

长防林工程建设总的指导思想是:以恢复和扩大森林植被为中心,以遏制水土流失为重点,以改善农业生态环境、增强农业发展后劲、促进工农业发展和山区脱贫致富为目标。实行以生物措施为主、生物措施和工程措施相结合,全面规划,因地制宜,因害设防,先急后缓,分期实施,讲求实效。尽快建立起多林种、多树种相结合,生态效益、经济效益和社会效益相统一的防护林体系。

总体布局是以长江为主线,以流域水系为单元,以恢复和增加森林植被为中心,以遏制水土流失为重点,首先在森林覆盖率低、水土流失严重、土壤侵蚀量大的地段全面展开。整个工程共分为6大重点治理区,即:湘赣丘陵"两湖"水系;川鄂山地长江上干流区;秦巴山地汉水流域;四川盆地嘉陵江流域;黔西高原乌江流域和云贵高原金沙江流域。

建设规模是在保护好现有森林植被的基础上,1989～2000年,采取多种方式新增森林面积666.7万公顷,其中,人工造林414.6万公顷,直播造林92.6万公顷,飞播造林14.5万公顷,封山育林126.7万公顷,低效林改造18.3万公顷。

为尽快发挥体系建设的功能,一期工程重点是建设好十大骨干工程:即金沙江两岸云贵高原、川中盆地、嘉陵江上游、三峡库区、丹江库区汉水上游、湘鄂西地区、湘南地区、赣东北地区、赣中南地区、皖西南地区。

4. 工程建设取得的成效

长防林建设工程一期工程,自1989年试点、启动以来,在党中央、国务院的高度重视下,在有关部委办的大力支持下,经过工程区各级干部和群众的艰苦努力,工程建设取得了令人瞩目的成绩。1989～1998年,累计完成营造林456万公顷。人工造林面积核实率从1990年的85%提高到1997年的100%,造林合格率由1990年的76%提高到1997年的97.8%,分别增加了15个和21.8个百分点。与此同时,通过开展工程建设,一期工程区内已有200多个县基本消灭了宜林荒山,其中有140个县达到了工程建设标准。

通过九年的建设,长防林建设工程取得了初步的成效,具体表现在以下五个方面:

(1)减少了水土流失面积,改善了生态环境。据初步调查,仅上游6省工程区1989～1994年共新增森林面积14万公顷,森林覆盖率由治理前的28.2%提高到35%,水土流失、侵蚀模数、土壤侵蚀量分别由治理前的25.5万平方公里、4874.5吨/年·平方公里、28 558.4吨减少到现在的21万平方公里、3983.3吨/年·平方公里、20 932.4吨,分别减少18%、18%和27%。随着工程区森林植被的恢复和增加,水土流失严重的状况已初步得到了有效的遏制,一些昔日被泥沙淤积的河床开始刷深,干枯多年的小溪又恢复了溪流,一些地方多年不见的野生动物重新出现在新林中,生态环境有了明显的改善。

(2)改善了农业生产条件,促进了粮食稳产增收。长防林建设工程的实施,一方面改善了农业区域性小气候,为农业生产筑起了一道绿色屏障,增强了农作物防灾、减灾、抗御自然灾害的能力。另一方面,通过实施长防林建设工程,基本解决了群众的薪柴,使农作物秸秆能够还田,从而提高了土壤肥力,促进农业增产。据四川省中部农区调查,年降雨量由工程实施前的996毫米提高到目前的1082毫米;年平均气温由17.6℃降到17.4℃;八月平均气温由28.3℃降为27.9℃。一月平均气温由6.2℃提高到6.5℃。无霜期由270天增加到275天。如按国内外一般认为的森林的屏障作用可促进粮食增产10%计算,本项目的增产效益是十分可观的。

(3)推动了地方经济的发展,加快了山区群众脱贫致富奔小康的步伐。各地按照多林种、多树种相结合的原则,在工程建设中,因地制宜地发展了一批经济林、薪炭林、用材林,既解决了群众烧柴、用材的困难,又提高了林果业收入。整个工程区农民人均年林果业收入已从治理前的47.3元增加到1994年的89.5元,提高了89%。林果业占农民年纯收入的比重也由8.6%提高到10%。据测算,9年来长防林建设工程营造的薪炭林、经济林效益可达50亿元。

(4)加快了造林绿化进程,提高了整体绿化水平。

长防林建设工程是我国林业建设的重点工程,对促进长江流域造林绿化的发展起到了举足轻重的作用。实施长防林建设工程几年来,上游6省工程区林业产值、活立木蓄积分别由治理前的143 764.0万元、54 601.1万立方米增加到1994年的306 778.5万元和64 327.9万立方米,分别提高了113%和

18%。同时，长防林建设工程还带动了面上造林，加速了长江流域的绿化步伐。目前，在长防林工程建设的带动下，长江中上游地区还有140多个县，不等不靠，自我启动，实施长防林建设工程。

(5)取得了明显的社会效益。通过实施长防林建设工程，工程区内良好的生产、生活环境已开始形成，取得了显著的社会效益。提高了全社会的环境意识，唤起了人们对造林绿化工作的关注；改善了投资环境，促进了地方经济的发展；促进了地方旅游业的发展，为人们提供了保健游憩的场所；吸收了部分农村劳动力，缓解了民工潮的压力；为长江中下游地区工农业生产的发展、人民生命财产的安全，以及三峡工程的长治久安提供了保障。

5. 工程建设的主要经验

(1)领导重视，真抓实干，是搞好长防林建设工程的关键。工程区各级党委、政府从战略的高度出发，把长防林建设工程作为带动当地造林绿化事业的龙头工程，作为改善生态环境、增强农业发展后劲的基础工程，作为促进农村经济发展、帮助农民群众脱贫致富奔小康的骨干工程，摆上了重要议事日程，切实加强了组织领导。1990年长防林建设工程全面展开后，工程区省、市(地)、县各级政府相继成立了由政府主管领导牵头，不少地方还是由党政一把手牵头的长防林建设工程领导小组或指挥部，并在林业部门设立办公室，自上而下形成了一个比较完整的指挥管理系统。目前，工程区共有专职管理人员1100多人，承担了规划设计、技术指导和检查督促等任务，发挥了骨干作用。为切实加强对工程建设的领导，江西、湖南、湖北、云南、贵州、四川、陕西、甘肃省委、省政府主要领导，多次主持会议、发表电视讲话，研究部署长防林建设工程。湖南、甘肃等省政府，以及许多工程地、县党委、政府、人大，相继作出了关于加快长防林建设工程的决定或决议。四川省人大还颁布实施了《四川省长江防护林体系建设管理条例》，使工程建设纳入了法制化管理的轨道。为使工程建设任务真正落实到各级领导的肩上，工程区各级政府层层签订了工程建设责任状，各级领导还带头办造林绿化示范点。由于各级领导高度重视，率先垂范，极大地激发了工程区广大干部、群众进行长防林建设工程的积极性，使工程建设取得了突破性进展。

(2)实行全社会办林业，全民搞绿化，是推动工程建设顺利进行的根本保证。发扬自力更生、艰苦奋斗精神，实行全民事业全民办，是加快长防林建设工程的一个显著特点。通过建立农村劳动积累工和义务工制度，广泛动员农民群众投工投劳。1989～1997年，整个工程累计投工8亿多个，成为长防林建设工程投入的主体；为加快长防林建设工程进展，各地普遍采取了国家投、财政挤、部门凑、银行贷、群众筹等形式，多渠道筹措工程建设资金。截至1997年，共筹集长防林建设工程资金12.5亿多元，其中地方和群众筹资9.3亿元，约占总投资的74%；广泛动员全社会参与工程建设。工程区各行各业、各部门、社会团体和当地驻军，按照"统一规划、分工负责、各尽其责、各受其益、限期完成"的原则，团结协作，共筑"绿色长城"，为长防林建设工程做出了积极贡献。

(3)多树种、多林种相结合，规模治理，总体推进，是实现工程三大效益相统一的有效形式。各地在实施长防林建设工程中，针对林业生产周期长，特别是防护林建设经济效益低的特点，坚持多林种、多树种相结合，乔、灌、草一起上，较好地实现了防护林建设三大效益的统一。江西省赣州地区围绕体系建设，提出"乡有万亩林千亩果、村有千亩林百亩果、组有百亩林十亩果、户有十亩林一亩果"的目标，几年来，全区9个工程县共发展经济林果5.2万公顷，进入盛果期后，仅此一项，年可新增产值10.5亿元，相当于这9个县1991年农业总产值的42%。为尽快"绿起来"，各地在积极推进人工造林、飞播造林的同时，充分发挥封山育林投资省、见效快、效益好的优势，大力开展工程封山育林，大大加快了长防林建设工程进度。同时，为实行规模治理，总体推进，各地坚持以山脉、水系和交通干道为主线，以县、乡为单位，实行造、封、飞、节、改、抚"六管齐下"，一条条水系、一座座山梁、一个个坡面，大规模集中连片治理。9年间，共营造千亩以上的工程林3500多处，其中万亩以上的200多处，打破了过去一些地方造林绿化各自为战、零敲碎打的旧格局，开创了大规模、集中连片治理的新局面。

(4)依靠科技进步，实行科技兴林，是实现长防林工程规划目标的必由之路。几年来，各地在加快科学技术向现实生产力转化的过程中，进行了卓有成效的工作，取得了明显成效。在适用科技成果推广上，经过几年的努力，目前，一大批科技新成果和适用技术已在长防林建设工程中得到广泛应用。江西、湖南、湖北、安徽等省的重点建设工程中基本做到了使用容器苗造林；目前已有一半以上的长防林建设工程县推广应用了全光照扦插喷雾育苗技术。在技术培训上，1990年以来，林业部发挥部属大专院校的优势，先后举办了九期长防林建设工程县级领导研讨班和林业局长培训班。省、地、县各级林业部门，也根据工程建设的需要，开展了各种形式的技术培训、现场练兵活动，坚持"先培训，后上岗；不培训，不上岗"。近几年来，工程区每年培训林业技术员、农民施工员都在10万人次以上，大大提高了工程管理人员和农民群众的技术素质，不少地方已达到"县有一批业务能手、乡有一班技术骨干、村有一支施工队伍、户有一个明白人"的要求。

(5)强化工程管理，严格检查监督，是提高工程建设质量的重要措施。为使工程建设规范化、制度化、科学化，各地在认真执行林业部颁发的长防林建设《工程管理办法》、《工程检查验收办法》和《体系建设标准》的同时，结合本地实际，相应地制定了实施细则或补充办法，进一步细化了工程管理。各地普遍坚持提前作业设计，坚持"没有作业设计不准施工、不是适生良种不准使用、苗木不合格不准出圃、整地不合格不准栽植、造林不合格不准验收"的"五不准"制度，全面推行了"统一规划、群众整地、专业队栽植、统一管护"的施工原则。建立了行政、技术双线承包责任制，把责任与技术一级一级落实到人头、山头和地块。同时严格检查验收制度，普遍坚持了"县自查、地区复查、省抽查、部核查"的"四查"制度，并在此基础上，建立了评比通报制度。几年来，先后有10多个县因造林质量差受到"黄牌"警告，其中有8个工程县被核减或中止资金补助。通过这些措施，有效地提高了工程质量，使整个工程造林面积核实率、合格率自1993年以来一直稳定在98%以上。

21世纪，是长防林建设工程的关键时期。在新形势下，长防林建设工程总的指导思想是：以三峡工程建设为契机，以山区林业综合开发为动力，以增加森林植被、遏制水土流失为重点，以富山富县富民为目标，坚持以质量效益为中心，在保持一定发展速度的前提下，进一步调整布局，优化结构，强化管理，全面推进，总体提高，促进长防林建设工程持续、快速、健康地发展，为在长江中上游地区逐步建立比较完备的林业生态体系和比较发达的林业产业体系而奋斗。根据这一指导思想，到2010年，长防林建设工程的奋斗目标是：全面完成二期工程建设任务；到2050年，全面完成工程建设任务。可以预见，随着长防林建设工程的不断推进，长江流域的生态环境将大大改善，山青水秀、林茂粮丰、五业兴旺的美好前景将在长江流域变为现实。　　（执笔人：李冰）

（三）沿海防护林体系建设工程

沿海防护林体系建设工程（以下简称海防林建设工程）区位于我国东部和东南部，北起辽宁的鸭绿江口，南至广西的北仑河口，大陆海岸线长1.8万余公里，包括辽宁、山东、河北、天津、江苏、上海、浙江、福建、广东、广西、海南11个省（区、市）的195个县（市、区），总面积2510万公顷（其中岛屿县12个，面积35.5万公顷）。

沿岸入海河流除长江、黄河、珠江三大河流外，还有鸭绿江、辽河、淮河、钱塘江、闽江、韩江、南流江等大小河流约5000余条。河流输送泥沙经第三纪漫长的堆积，形成了目前的辽河三角洲平原、黄河三角洲平原、黄淮海平原、长江三角洲平原和珠江三角洲平原等。这一地区虽然仅占全国土地面积的2.6%，农耕地却占全国的9.2%，年生产粮食占全国粮食总产量的10%。该区海洋渔业、海水养殖业、盐业在我国经济发展中占有十分重要的地位。尤其重要的是沿海地区是我国改革开放的超前试验区，港口城市集中，交通发达，科技文化先进，工业门类齐全，基础雄厚，商品经济发达，经济发展水平居全国前列。

这一地区人口稠密，由于人为经济活动频繁，原始森林几乎破坏殆尽，次生林也在周而复始的重采滥樵之下残缺不全，到处是光秃的荒山和没有屏障的荒滩，生态环境恶劣，据测算，由于自然灾害严重，严重阻碍着当地工农业及社会经济的发展。自然灾害造成的直接经济损失年均达29.45亿元。1987年全区林业用地912.3万公顷，占全区总面积的36.35%，森林覆盖率24.9%。有宜林荒山211.7万公顷，建设沿海绿色屏障势在必行。

1. 工程建设的必要性

改革开放以来，国家尤为重视沿海地区在经济建设中的带动作用，制订了一系列优惠政策，促进了这一地区经济的快速发展。经济建设需要良好的生态环境保障。因此，在我国沿海地区建设防护林体系是促进和保障我国沿海经济发展、加速“四化”建设的一项重要措施。

我国沿海各省(区、市)每年都要接待大批的国际友人、侨胞、港、澳同胞来洽谈生意,开展文化交流活动,观光、旅游、探亲。良好的生态环境,是社会文明进步的标志。实施海防林建设工程不仅可以开发和丰富沿海旅游资源,促进沿海旅游业的发展,而且通过拓展地面植被覆盖,对于我国国防建设也有十分重大的意义。

2. 建设规模和目标

海防林建设工程规划总体规划为355.8万公顷,其中一期工程为249.1万公顷,占70%。规划人工造林162.4万公顷,飞播造林26.7万公顷,封山育林60万公顷。一期工程从1988～2000年,二期工程从2001～2010年。整个工程任务完成后,我国沿海地区森林覆盖率将由规划时的24.9%提高到39.1%。这一目标实现后,沿海地区台风、风沙、洪涝、干旱等自然灾害将得到有效缓解。396.97万公顷水土流失面积将得到基本控制,777.4万公顷农耕地得到防护林的保护。海岸、河流、道路、渠道和城市、港口、厂矿、油田、部队等绿化美化水平显著提高,全区生态环境将进入良性循环,为这一地区社会经济持续稳定快速发展提供良好的生态环境。

3. 工程进展情况

新中国成立后,为了改善沿海地区的生态环境,党和政府领导沿海人民开展了轰轰烈烈的植树造林运动。一些省(区、市)先后成立了海防林建设和技术指导机构,组织科技人员对海防林建设进行调查、规划、设计,开展造林、引种试验。1955年后,北方黑松、南方木麻黄引种成功后,沿海地区的防护林建设有了较大进展。

1983年,邓小平同志在视察大连时多次指示:要加快沿海绿化速度。1987年2月,万里同志在与林业部领导商谈召开第六次中央绿化委员会会议的准备工作时指出:“沿海防护林很重要,要用建设‘三北’防护林的办法,营造起沿海绿色万里长城,这要当成一件大事去抓”。同年,林业部在广东省湛江市召开了首次“全国沿海防护林建设现场经验交流会”,总结交流了30多年来沿海防护林建设的经验,制定了建设规划。

1988年7月,国家计委批复了《全国沿海防护林体系建设工程总体规划》。1991年5月,林业部在福州召开了“全国沿海防护林体系建设工作会议”,会议要求:沿海地区各级人民政府要把这项任务列入议事日程,加强领导,真抓实干,要动员和组织广大人民群众积极投入沿海防护林体系建设,层层建立责任制,及时研究和解决海防林建设中出现的困难和问题,高质量、高水平的完成这项功在当代、造福子孙的伟大事业,为尽快建成整个体系做出自己的贡献。这次会议明确提出了海防林建设工程的任务、目标、原则和今后加快工程建设的措施。从此,我国海防林建设工程进入了按总体规划全面实施的新阶段。

海防林建设工程从1991年开始全面建设以来,取得了显著成绩。到1996年底,工程共完成造林213.1万公顷,是同期计划的127.8%。平均每年造林35.5万公顷,营造海岸基干林带1600公里。除个别沙荒风口和台风毁坏地段外,大陆海岸基干林带基本建成。广东、福建、广西、浙江、江苏、山东6省(区)沿海地区基本消灭了宜林荒山。辽宁、山东、江苏、浙江、福建、广西、广东7省(区)的83个县(市、区)达到了林业部颁发的《沿海防护林体系县级建设标准》,占工程总县数的42.6%。

根据林业部对1994、1995、1996年三个年度人工造林实绩核查结果,海防林建设工程人工造林合格率在94%以上,造林质量显著提高。沿海地区的生态环境逐渐改善,许多地方初步建成美丽富饶的鱼米之乡和滩绿水秀的海滨公园。海防林建设对发展旅游资源,改善投资环境,推动沿海经济的快速发展发挥了重要作用。 (执笔人:王福祥)

(四)平原绿化工程

平原绿化工程是我国十大防护林工程之一,是以平原农区农田林网为主体,结合“四旁”(宅旁、村旁、路旁、水旁)植树,农林间作,成片造林形成的网、带、片、点相结合的农田综合防护林体系。它既能发挥综合防护作用,维护农区生态平衡,又能改造单一农业经济,取得多种效益。其建设范围,包括除台湾、西藏、云南、贵州、青海、重庆等省(区、市)外的26个省(区、市)的918个平原、半平原、部分平原县(市、旗、区)。总面积、人口和耕地面积分别占全国总量的15%、45%和50%。

平原地区，水肥条件好，劳力充足，交通便利，经济文化较为发达，是我国粮、棉、油重要生产基地。但是由于长期过度垦殖，乱砍滥伐，植被破坏严重，旱涝、风沙、盐碱等自然灾害频繁，粮食产量低而不稳，人民生活十分困难，经济发展受到严重阻碍。

新中国成立后，党和政府十分重视改善平原农区的生态环境。

中共中央在《1956～1967年全国农业发展纲要草案》中提出："在一切宅旁、村旁、路旁、水旁，只要是可能的，都要有计划地种起树来。"林业部为贯彻中共中央的指示，派出工作组深入到山西省夏县、山东省鄄城县、河南省鄢陵县，调查研究"四旁"植树问题，相继在全国有步骤地组织开展"四旁"植树和平原绿化运动，建立农田林网和网、片、带、点相结合的农田综合防护林体系。1978年党的十一届三中全会以来，林业部先后召开了八次全国平原绿化会议，研究平原绿化建设工作。1987、1988年，林业部先后颁发了《华北中原平原县绿化标准》、《南方平原县绿化标准》和《北方平原县绿化标准》。编制了《全国平原绿化"五、七、九"达标规划》，并纳入《1989～2000年全国造林绿化规划纲要》，实行整体推进。《规划》要求"七五"期间，我国有500个县（市、旗、区）达到林业部颁发的平原绿化标准；"八五"期末有700个县达到标准；到2000年，918个平原、半平原、部分平原县要求全部达到平原绿化标准。从此，在全国进一步掀起了轰轰烈烈的平原绿化达标活动，平原绿化建设开始进入一个蓬勃发展的新阶段。进入90年代，为适应发展社会主义市场经济的新形势，林业部又先后在全国37个县（市）开展高标准平原绿化试点。通过几年试点，已带动部分地区在实现绿化达标基础上，进一步开展了美化、香化、净化及产、加、销一体化平原林业产业建设，积极推进平原绿化再上新台阶。

50年来，在党和政府的高度重视下，通过平原地区广大干部群众的艰苦努力，我国平原绿化建设已取得了令人瞩目的成就。在我国辽阔的平原大地上，网、带、片、点相结合的区域性综合防护林体系相继建成，大面积的片状人工林到处可见。豫东、徐淮、皖北、鲁西南、渭汾平原地区已建成几个到几十个县相连的综合农田防护林体系；珠江三角洲、长江中下游平原、东北松辽平原等地，农田林网也具有相当规模。全国918个平原、半平原和部分平原县（市、旗、区）中，已有850个达到林业部颁布的平原绿化标准，为如期完成《全国平原绿化"五、七、九"达标规划》奠定了坚实的基础。北京、山西、吉林、河南、山东、湖南、湖北、广东、江苏、浙江、福建、四川、广西、甘肃等省（区、市）已实现全省（区、市）平原绿化达标。全国现已实现林网化的农田面积达3419多万公顷，占宜建林网农田面积的85%，道路、河渠绿化率为85%，村庄绿化率达30%以上。平原农区林木覆盖率已由新中国成立初期的不到2%提高到13.2%。平原绿化建设的发展，给平原农区带来显著的生态、经济和社会效益。

1. 农区生态环境大为改善，农牧业稳产、高产

平原绿化明显改善了农区生态环境。据观测，有林网保护的农田，一般地表风速降低20%～30%，相对湿度提高10%～20%，农田蒸发减少8%～20%，土壤有效含水量增加20%左右，粮食增产10%～20%，在灾害性天气情况下，防护效益更为显著。因此，平原绿化建设使大部分平原出现林茂粮丰、六畜兴旺、经济繁荣景况。昔日十里不见树、百里不见林的河南省平原林区，如今全省94个平原县（市、区）已全部实现平原绿化达标，农田林网面积已达538万公顷，村庄绿化率达65%左右，农区林木覆盖率达14.4%以上。林网如织、片林成荫的防护林体系已完全制服了沙尘暴，有效地遏制了干热风危害，保障了粮食生产的稳产高产，从根本上改善了河南省平原农区多灾贫困的落后面貌。该省息县粮食产量80年代初还不到2.5亿公斤，现已突破4亿公斤；单产水稻由不到250公斤提高到500公斤以上，小麦由不足100公斤增加到300公斤以上。农民群众高兴的说："沙区没有林，有地不养人，沙区有了林，遍地生金银。"吉林省中西部平原区，风沙、干旱危害严重，极大地限制了农牧业的发展，随着平原绿化建设的发展，现已建成农田防护林51.1万公顷，庇护农田280万公顷，固定沙丘1000多处，堵住风口2300个，使风沙危害面积由原来的730万公顷减少到31万公顷以下，杜绝了沙埋、风剥、风倒现象。村庄、道路、牧场被沙埋现象已成过去，农民不再担心种子、化肥被风吹跑。在农业经营强度和经营水平大幅度提高的情况下，实现了粮食稳产高产。据观测，全省平原农田防护林体系每年可增产粮食40亿公斤。

2. 木材生产布局得到调整

过去农区用材全靠国家大量调入，这不仅加大了老林区的压力，也给运输、用材单位和农户带来极大负担。现在全国平原农区林木蓄积量已达5.1亿立方米，年林木生长量达4000万立方米，有20个省(区、市)已累计向社会提供木材8000多万立方米，年生产木材900万立方米，许多县已实现木材自给。从而改变了我国平原地区长期以来靠老林区提供木材的局面，为调整我国木材生产布局作出了贡献。安徽省淮北平原，随着平原绿化的发展，林木蓄积量已达2450万立方米，年生产木材170万立方米，形成了新的木材生产基地，改变了过去长期全靠皖南调入木材的历史，实现了"从南木北运到北木南运"的历史转折。吉林省平原区，通过平原绿化，活立木蓄积达700万立方米，年木材产量40万立方米，这不但改变了过去缺林少材的状况，实现了木材自给有余，每年还调出部分木材支援外地。

3. 促进农区产业结构调整，活跃了农区经济

平原农田防护林体系建设上水平、上档次，带动了平原多林种、多树种协调发展，同时也促进了以林副产品为主的加工业、养殖业的发展，拓宽了当地群众脱贫致富的渠道，加快了脱贫致富的步伐。1994年，河南省调整绿化树种，新发展各种经济林7万多公顷，给当地群众增加不少收入。西华县田口乡新发展农枣间作700多公顷，目前年产干枣300多万公斤，收入近2000万元，人均800元以上，有20多户年收入万元以上。群众形象地说："上有摇钱树，下有聚宝盆"。商水县在建高标准林网4.3万多公顷、发展果树4667公顷的同时，建生态林业示范村20个。一些示范村半数以上的农户庭院种植果木、花卉，养鸡、羊、猪、牛，形成了种、养、加、农林牧副各业同步发展的生态格局。一些地方利用沟渠绿化，带动废坑塘发展生态林业，形成坑塘四周植树，水面养鱼，林下养鸡、鸭、猪，树叶鸡粪喂猪，猪粪养鱼，肥水还田，实现了良性生态循环。江苏省扬中、丹徒、江都、高邮、滨海、赣榆等市(县)，结合平原绿化，生产的大量杞柳条、白蜡条、紫穗槐条编织品，已畅销欧美各地，年创汇600万美元。山西省夏县搞平原绿化，带动了家具、木制装璜等各类木材工业的快速兴起，1991年有百余厂，到1996年已发展到360家，且规模大，设备先进，年盈利由1991年的100万元增加到现在的700万元以上。山东省成武县利用平原林木搞木材加工，组织开展桐藤、桐柳、全桐家具及桐木拼板四大类桐木制品出口，全县林业加工产值达2500万元，年出口创汇60多万美元。西安市坝桥区在平原绿化中大力组织农户在房前屋后栽花种果发展庭院林业，每年为农户增加收入人均840元左右，占人均农业收入的60%。目前庭院林业已形成规模，仅猕猴桃已建成投产667公顷，年产果3200吨。计划今后猕猴桃、葡萄面积，要分别发展到2300多公顷、2000公顷，还有260多公顷的酥梨、桃等。随着果业生产的发展带动了冷贮及运输、销售业的相应发展。目前已建成家庭冷库26座，贮果2700多吨，成立了由几十户组成的果业协会，专门负责指导果业生产、组织运输、贮藏、销售等，其中14家种植户在北京市大钟寺农贸市场建了一个冷库鲜贮联合体，专门负责葡萄、猕猴桃销售业务。庭院林果业建设已有了产、加、销一体化发展的雏形。（执笔人：李清玉）

（五）太行山绿化工程

1. 工程区基本情况

太行山南起黄河，北接恒、燕山脉，西邻汾河，东接华北平原，涉及北京、河北、河南、山西4省(市)的110个县(市、区)，总面积1200多万公顷。历史上，这里曾是群峰叠翠、河水清澈、物产丰富的地方。由于战乱等历史原因，以及长期的掠夺式经营，致使这里的植被遭到严重破坏。到新中国成立初期，已经是童山濯濯、岩石裸露，森林砍伐殆尽，水土流失严重，自然灾害频繁，人民生产、生活十分困难。"六五"期间，这里有47%的县依靠省财政补贴，即使没有补贴的县，地方财政也相当拮据。据1984年统计，全区域仍有62个县人均年收入低于303元，太行山人民盼望迅速改变山区面貌，摆脱贫困落后局面。党中央、国务院对太行山绿化工作十分重视。1983年，中央领导同志明确提出要加快太行山的绿化。根据这一指示精神，1984年林业部组织编制了《太行山绿化总体规划》，同年12月，国家计委批准了这一规划。规划要求，1986～2000年，在太行山区造林育林329.9万公顷，森林面积由181万公顷增加到531万公顷，森林覆盖率由15.3%增加到43.6%。规划实现后，这里的生态环境将得到根本改善，水土流失得到有效控制，自然灾害明显减少，人民生活不断提

高。

1987～1993 年，林业部先后在 40 个县(市)进行太行山绿化工程的建设试点工作，共完成试点造林 17.1 万公顷，经过试点探索，摸索了一套行之有效的管理办法，积累了丰富的经验，树立了先进典型，1994 年工程启动后，四年共完成绿化造林 208 万公顷，年均 51.3 万公顷，其中完成国家重点示范造林 54.3 万公顷，为计划任务的 120%，人工造林合格率达 91.5%，比启动前的 1993 年提高了 16 个百分点。

2. 实施工程建设的意义

(1)加速太行山绿化，是改善太行山区生态环境、推进华北及京津地区现代化建设的需要。太行山区由于森林植被遭到严重破坏，导致了生态环境急剧恶化。仅山西、河北两省每年向海河输入的泥沙就达 1.6 亿吨，水土流失使 40%的山区岩石裸露，土层瘠薄，丧失了涵养水源的功能，致使自然灾害频繁发生。经常洪水肆虐，十年九旱。1982 年 7、8 月间发生在河北省武安、涉县等县的大暴雨，倒塌房屋 63 200 间，冲毁耕地 1.9 万公顷，冲垮水库、塘坝、水窖、水井等设施 8000 多座(口)，毁坏桥涵 1000 多座、公路 900 多公里，损失十分惨重。近几年，华北地区干旱严重，地下水位下降，水源枯竭，严重影响了工农业生产和群众生活，不少地方饮水困难。因此，加快太行山绿化，提高森林覆盖率，是从根本上改善太行山区的生态环境、抵御自然灾害、实现长治久安的需要。

(2)加速太行山绿化，是改善革命老区人民生产生活条件、加快群众脱贫致富奔小康的需要。恶劣的生态环境，阻碍了太行山区经济的进一步发展，部分地方的温饱问题至今还未解决。在太行山区 110 个县、市中，目前还有 39 个贫困县。太行山区要真正摆脱贫困落后，实现繁荣富裕，只能充分利用太行山区资源丰富、劳动力充裕的优势，搞好绿化工程建设。

(3)加速太行山绿化，是实现我国林业总体规划、推进林业建设平衡发展的需要。太行山绿化工程是国务院批复的《1989～2000 年全国造林绿化规划纲要》的重要组成部分。因此，太行山绿化工程建设进展的快慢、质量的好坏，不仅关系到这一地区林业建设的成效，而且也直接影响到全国造林绿化规划目标的实现，事关全局，影响极大。同时，太行山绿化工程还被列为全球生态建设的重点，纳入《中国 21 世纪议程》，作为我国政府 1992 年在联合国环境与发展大会签署的决议内容。因此，这项工程实施的好坏，将影响到我国在国际上的声誉。

(4)加速太行山绿化，是改善首都生态环境、树立祖国良好形象的需要。太行山与燕山山脉构成华北平原的屋脊，成为京津及华北平原的天然屏障，整个太行山约有 2/3 的面积汇水于海河流域，成为华北平原和京津地区重要的水源区。因此，搞好太行山绿化，对改善首都生态环境，确保华北特别是京津地区的安全，具有深远的政治意义。

3. 工程建设的主要经验

(1)领导带头，真抓实干。太行山绿化工程从试点到全面启动，实现了持续快速发展的关键，在于该项工作得到了太行山区各级党委、政府的高度重视和老区干部群众的大力支持。他们把绿化太行山作为改善生态环境、振兴地方经济的头等大事来抓，工程区内 4 省(市)政府先后成立了太行山绿化工程建设领导小组或绿化会战指挥部，并在林业厅(局)内设立专门的办事机构，配备专职管理人员。北京市领导在市太行山绿化工作会议上提出，要把太行山建成花果山、风景山。河南省省委书记在致全省林业工作会议的一封信中，号召各级党政领导、机关干部要发扬自力更生、艰苦创业的红旗渠精神，打好绿化荒山攻坚战。河北省明确提出，要把绿化太行山作为富民、富县的战略措施来抓，每年省委、省政府主要领导都要召集有关部门领导专门研究太行山绿化问题，制定绿化实施方案，落实扶持政策，在省委、省政府的统一组织下，河北省连续三年春节期间万炮齐轰太行山，开展了大规模的炸山造林整地运动，推动了工程建设全面开展。山西省林业厅专门成立了太行山绿化技术指导小组，依靠科学技术加快绿化步伐。由于各级领导以身作则，身先士卒，有力地推动了太行山绿化工程的顺利进行。

(2)广泛宣传，发动群众。太行山绿化工程是一项改善环境、造福子孙的重大生态工程，需要全社会动员，全民广泛参与。工程启动三年，林业部分别在河北、山西、河南连续召开了三次太行山绿化工作会议，两次组织全国政协委员和专家学者考察太行山绿化工程，并组织首都新闻记者采访绿化工程现场，交流工程建设经验，介绍先进典型，推广科技成果。太行山区 4 省(市)彼此相互参观学习，交流经验，还普遍开展了形式多样、内容丰富的多种宣传活动，使太行山绿化工程深入人心。山西省在太行山区刷写绿化标语3165条，制作大型宣传牌61个。河北省不但多次组织新闻记者实地采访绿化建设现场，他们还在电视、广播和报刊上开辟太行山绿化宣传专栏，通过开展广泛的宣传活动，进一步增强了干部群众投入工程建设的自觉性，形成了“全社会办林业，千军万马战太行”的热潮。

(3)政策调动，广泛参与。在建立社会主义市场经济体制的新形势下，各地解放思想，转变观念，积极探索林业发展的新办法、新措施，从本地实际出发，相继出台了不少政策措施，调动了群众造林绿化的积极性，增强了发展山区经济的活力。一是股份制林业蓬勃发展。许多地方按照“因地制宜，讲求实效，自愿互利，规模经营”的原则，引导农民、社会团体以劳力、资金、技术和土地入股，共同开发太行山。山西省太行山区已建立林业股份制合作实体1765个。二是拍卖宜林“四荒地”使用权。据统计，目前太行山共拍卖各类“四荒地”使用权21.4万公顷，其中已治理面积达9.1万公顷。三是依靠农民投工投劳，管好用好农村积累工、义务工。太行山区人口相对集中，富裕劳力较多，各地坚持“谁开发、谁投入、谁受益”的原则，调动了农民自觉开发太行山的积极性，使群众投工投劳成为开发太行山的主体，三年来，绿化工程总计投入劳力2500万人次，累计投工2.4亿个。

(4)依靠科技，提高质量。太行山区立地条件差，造林难度大，各地注重实用技术的推广、科技培训和技术服务体系的建设，注重科技进山，人才上山，努力把现有科技成果转化为现实生产力，提高了工程建设质量。目前，容器育苗、根宝和生根粉蘸根造林、王五全干旱阳坡造林、多效复合剂拌种飞播造林、经济林高接换优等技术已在工程建设中广泛应用。各地还普遍实行了“按规划设计，按设计施工，按项目投资，按标准验收”的工程管理制度，保证了造林质量稳步提高，使人工造林的成活率达85%以上。河北省建立健全工程建设监管机制，每年进行严格检查验收，按实绩排列名次，表彰先进，鞭策后进，并通过投资进行调控，形成了你追我赶的喜人局面。

(5)市场拉动，调整结构。随着农村商品经济的发展和市场对林产品需求的驱动，各地在市场导向下，因地制宜、适地适树发展适合本地特点的经济林新品种，建立了一批名特优新高产优质高效林业基地。北京市在太行山区规划了8个万亩经济林基地，已建成万亩猕猴桃工程、百里果树带工程、红富士苹果基地和优质樱桃工程。河北省邯郸市规划了10个万亩经济林示范样板工程，已建成核桃、花椒、苹果3个万亩工程。石家庄市坚持成片治理，规模开发，已建成13个万亩林果基地。目前太行山区已有84个县市通过开展“争一创百”活动，建立“两高一优”示范基地115片，面积10.3万公顷。为适应市场经济发展的需要，许多地方按照“山上建基地，山下搞加工，山外抓市场，科技创高效”的要求，实行贸工农一体化、产供销一条龙，繁荣了地方经济，满足了市场需求，大大调动了群众治理太行山的积极性，目前山西省太行山区林果加工企业已发展到136个。河北省满城、顺平县建成规范化果品市场44个，临时市场80个，年营销果品1亿公斤。

进入21世纪，太行山绿化工程的主攻方向为：在太行山石质山地，营造以涵养水源、保持水土为主的防护林，在人为活动频繁、劳动力充裕地区，营造既有防护效益又有经济收益的生态经济林。通过恢复和扩大森林植被，提高太行山区的保持水土和涵养水源能力，同时还能够获得较高的经济收益，实现太行山地区经济的持续快速发展。到2010年，新增森林196万公顷，森林覆盖率提高16.4个百分点，太行山地区全面绿化，广大山区农民实现脱贫致富，为我国华北和京津地区的经济腾飞，创造一个良好的生态环境。（执笔人：吕绍古）

(六)防沙治沙工程

我国是一个沙漠、沙地面积大，沙漠化(即沙质荒漠化，以下简称沙化)危害极为严重的国家。在我国西北、华北北部及东北西部干旱、半干旱地区分布着许多大大小小的沙漠及沙地，其中较大的有塔克拉玛干沙漠、库姆塔格沙漠、库尔班通古特沙漠、巴丹吉林沙漠、腾格里沙漠、柴达木盆地沙漠、乌兰布和沙漠、库布齐沙漠及毛乌素沙地、科尔沁沙地、浑善达克沙地、呼伦贝尔沙地。在干旱少雨的气候条件下，受强风的作用，沙漠、沙地不断扩张，对农田、牧场、交通、水利设施及人民群众的生存环境造成巨大危害。此外，由于这一地区的生态环境极为脆弱，在不合理土地利用活动作用下，造成大面积农田、草场的沙化，产量降低，土地质量不断下降直至最终弃耕、弃牧,形成不毛之地。

党中央、国务院对防沙治沙十分重视。1958年国务院在呼和浩特召开西北六省区治沙会议,1959年成立了中国科学院治沙队(中科院沙漠所前身),掀起了群众性治沙热潮。但是,在全国范围有计划地大规模开展防沙、治沙工作,则始于90年代初。1991、1993年国务院先后在兰州和赤峰两次召开全国防沙治沙大会,江泽民总书记和李鹏总理先后致信大会。兰州会议以后,国务院批复了《1991～2000年全国治沙工程规划要点》。随后,林业部根据"规划要点"编制了《1990～2000年全国治沙工程规划》。1991年,国务院决定林业部为全国防沙治沙的归口管理部门,加强了防沙治沙的组织机构。从此,我国防沙治沙工作步入了有组织、有计划、多部门共同合作、协力奋战的新时期。防沙治沙工程是指国家在防沙治沙方面确定并予正式实施的总体工程,在现阶段,是指《1991～2000年全国治沙工程规划》所确定、且目前正在实施的建设工程。

1. 全国防沙治沙工程建设的指导思想及方针

防沙治沙工程建设的指导思想和方针是:根据国民经济和社会发展总体规划的要求,按照国务院关于治沙工作的总体部署,紧紧围绕实现现代化建设第二步战略目标,开展防沙治沙工作。坚持"统一规划、分工负责,因地制宜、综合治理,防治并重、治用结合,突出重点、讲求实效"的治理方针,实现环境治理与经济发展相协调,推动我国治沙事业的全面发展,走有中国特色的治沙道路。

2. 工程建设的范围及建设内容

全国治沙工程建设范围,包括有沙化土地集中分布的新疆、青海、甘肃、陕西、宁夏、内蒙古、山西、河北、北京、辽宁、吉林、黑龙江、西藏和有风沙化土地分布的山东、河南、安徽、江苏、江西、浙江、福建、广东、广西、海南、云南、四川、天津、湖北27个省(区、市)的598个县(旗、市)、6217个乡、镇(苏木),其中完整沙区县90个,部分沙区县508个。

根据《十年规划》,共治理、开发沙漠、沙地718万公顷,整个工程分为防护、治理、开发三部分。其中防护工程:封沙育林育草283.09万公顷;飞播造林种草67.34万公顷,人工种草及改良草场131.15万公顷;治理工程:营造防护林126.2万公顷,营造用材林19.6万公顷;营造经济林28.3万公顷;开发工程:治沙造田及改造低产田37.67万公顷;种植药材及其他经济作物15.22万公顷,开发水面9.74万公顷。防护、治理及开发工程任务各占总任务量的67.0%、24.2%、8.8%。

《十年规划》总体分为"八·五"和"九·五"两个建设阶段,其中"八五"期间规划任务375.9万公顷,"九五"期间规划任务342.7万公顷,分别占总规划任务的52.3%、47.7%。

3. 工程建设的重点及布局

除了面上治理以外,本着"因害设防,突出重点,规模治理,集中力量打歼灭战"的思想,在沙尘暴多发区和风沙危害严重威胁工农业生产及国民经济建设大局的重要经济地理区域设立重点工程。通过采取倾斜政策,强化措施,集中治理,尽快建成绿色屏障,形成区域性生态经济型防护林体系和各具特色的综合生产基地。据此,在不同类型区共规划了20个重点工程项目区及9个试验示范区,在不同重点项目区及试验区内分别设立了21个重点县和24个试验示范基地予以重点建设。

4. 工程建设的执行情况及今后的建设思路

在各级领导、沙区群众及科学技术人员的共同努力下,"八五"以来,全国防沙治沙工程建设取得了重大进展。在沙漠化严重的地区,创造了生物固定流沙、铁路固沙、引水拉沙造田、沙地飞播造林种草等许多成功的实用技术;在干旱、半干旱和半湿润区,分别创造了新疆和田、陕西榆林、内蒙古赤峰等大范围治理开发的成功模式,在沙区边缘出现了人进沙退的可喜局面。在资金缺乏的情况下,到1998年底全国防沙治沙工程完成治理面积768.8万公顷。其中人工造林231.5万公顷,封沙育林育草254万公顷,飞播造林种草55.9万公顷,人工种草及改良草场106万公顷,治沙造田及改造低产田70.8万公顷,开发利用水面8.7万公顷,其他治理措施6.4万公顷。

防沙治沙工程建设虽然取得了巨大的成就,但由于毁林开荒、毁草开荒、乱樵滥采等人为破坏,我国沙化土地仍以每年2460平方公里的速度扩展,防沙治沙形势不容乐观,任务会更加艰巨。

今后,我国防沙治沙要继续坚持"以防为主"的方针,把重点放在那些尚未沙化但极有可能沙化土地的预防上,减少破坏速度。对于已经沙化的土地,在治理上采取"全面推进、重点突破"的方针,即在全面防治的同时,一方面对于那些沙化扩展活跃的地区,采取综合措施,使扩展停止下来;另一方面,选择部分自然条件相对较好的地区,作为重点工程进行重点建设,集中突破,提高治理速度。对于那些扩展严重但又偏远或目前治理难度太大的地区,暂时采用封禁或封育的办法,促进植被的恢复,防止其继续加剧。此外,要改变以往在防治荒漠化工程建设中忽视经济效益的倾向,加大沙区资源开发利用力度,提高开发效益,把防沙、治沙同消除贫困结合起来,力争到2010年使荒漠化扩展的趋势得到遏制。

(执笔人:杨维西)

(七)淮河太湖流域综合治理防护林体系建设工程

淮河流域西起河南省桐柏山和伏牛山,东至黄海,北与黄河、南与长江流域分界;太湖流域西起浙江省茅山、天目山,东至长江中下游的尾闾和杭州湾北岸。两流域总面积30.8万平方公里,范围包括河南、安徽、江苏、山东、浙江、湖北、上海7省(市)的252个县(市、区),其中列入淮河太湖流域防护林工程的县208个,占流域总面积的52%。两流域均处在我国南北过渡地带,四季分明,降水丰沛,湖泊众多,物产丰富,是我国主要粮棉产区。历史上这里曾经是林茂粮丰、地肥水美的地方,但由于该区域开发早,经济活跃,交通发达,人口密度大,在长期的生产生活中,人们缺乏对保护和建设良好生态环境重要性的认识,使该区域的土地资源和森林植被遭到严重破坏,旱、涝、泥石流、台风等自然灾害频繁,水土流失严重。特别是近几年发生的洪涝灾害,给国家财产和人们的生产生活造成了极大的损失,成为当地经济发展的重要障碍。治水必治源,治源必治山,治山必兴林。因此,组织实施淮河、太湖流域防护林工程迫在眉睫,意义重大。

1. 实施淮河太湖流域防护林工程,是构筑生态屏障、确保农业稳产高产的重要措施

淮河太湖流域是我国重要的粮棉生产基地,在国民经济中占有重要地位。淮河流域面积约占全国总面积的2.8%,耕地却占了全国的13.3%,养育着全国1/8的人口,该流域的粮食产量为全国的1/6,棉花、油料分别占全国的1/4;太湖流域地处我国长江三角洲核心部位,素有"金三角"之称。该流域面积不到全国的0.4%,人口占3%,据1990年统计,流域内工农业总产值3429亿元,占全国的1/8,上交国家利税占全国的1/6。但由于该地区严重的自然灾害,给农业生产造成巨大损失。如1987年7、8月,淮河先后降了5次大暴雨,多数地区发生了数十年及百年不遇的大洪水,使信阳地区农作物受灾面积达24.4万公顷,经济损失达4亿元以上。1988年又发生严重干旱,造成夏粮比1987年减产6.5%,秋粮比1987年减产13.3%。因此加快这一地区防护林体系建设的步伐,提高减灾防灾的能力,是农业稳产高产和保障国民经济持续、快速、健康发展的需要。

2. 实施淮河太湖防护林工程,是防洪、减淤、保障水利设施充分发挥效能的迫切需要

据调查推算,淮河流域每年淤积在大中型水库的泥沙多达4800多万立方米,使国家花费巨资修建的水利设施不能发挥应有的作用。严重的水土流失造成水坝、塘坝的蓄水量减少,影响水库的正常发电量,削弱了水库、塘坝对洪水的综合调蓄效能。水土流失还使河床淤高、拓宽,洪枯比增大,影响了河床的泄洪能力。一些河段已成为"悬河",造成中游滞水严重,洪水倒流,成为根治淮河的顽疾之一。因此,搞好这一地区的造林绿化,根治水土流失,是减免水旱灾害、保障水利设施充分发挥效能的迫切需要。

3. 实施淮河太湖防护林工程,是帮助山区群众脱贫致富的重要途径

淮河流域的山区面积占总面积13.9%,山区群众的各项生产生活祖祖辈辈都是以林为主,每年都可以向国家提供大量的木材和林副产品。但是,由于长期以来不合理的开发利用林业资源,导致生态环境严重恶化,使山区经济发展严重滞后。如河南省的桐柏县历史上曾是森林茂密、河水清秀的鱼米之乡,由于森林遭受到严重的破坏,现在全县每年要调进木材1000多立方米,林副产品产量严重下降,群众生产生活困难。目前,淮河流域有国家和省定贫困县25个,占规划工程县的12%,主要集中在山区。因此,尽快恢复森林植被,发展山区经济,是淮河流域山区群众脱贫致富的迫切需要。

根据国家计委批准的《淮河太湖流域综合治理防护林体系建设工程总体规划》,1995年底淮太防护林工程试点启动,目前共启动试点县36个,下达试点造林任务5.7万公顷。截至1997年底,共完成试点造林任务7万公顷，为计划的122.8%。试点建设主要抓了以下几项工作：

(1)调整省级总体规划，编制县级总体设计。各省的淮河太湖流域综合治理防护林体系建设工程总体规划均是1992年制定的，1995年试点启动时，工程区的很多情况已经发生了变化，完全按照总体规划实施已不符合现实情况。因此1996年各省普遍按照“全面规划，统筹安排，合理布局，综合治理、因地制宜，因害设防、突出重点、兼顾一般，先急后缓，分步实施，分类指导，讲求实效”的原则，对省级总体规划进行调整。各试点县依据调整后的省级总体规划编制出了县级总体设计和实施方案，将工程建设任务落实到年度，落实到山头地块。

(2)成立工程建设领导小组，切实加强对工程建设的领导。工程区各级领导十分重视淮太防护林工程，将工程建设作为改善生态环境和农业生产条件、加快农村经济发展的一项战略任务来抓。各工程建设省和各试点县都成立了工程建设领导小组，层层签订了绿化责任状。将工程任务逐项分解，落实责任，稳扎稳打，保证按期完成。

(3)规范工程管理。主要包括三个方面的内容：第一是资金管理，淮太防护林工程建设资金必须设专户储存，专人管理，专款专用。第二是工程管理，工程建设必须按规划设计，按设计施工，按标准验收，建立检查验收制度，分别在造林当年、第二年和第三年，由县、地、省、部检查造林合格率、核实率和任务完成率，并按照任务完成情况，兑现奖惩制度。第三是档案管理，凡是有关淮太防护林工程资料，如总体设计、年度作业设计、检查验收报告、资金账目、审计报告及上下级批文等，都必须分类造册、妥善保存，保证档案管理规范化、制度化。

(4)因地制宜，科学实施，注重治理效果。淮太防护林工程地域比较复杂，有山区、丘陵、平原，又有分布密集的湖、渠、河。因此，在工程实施中，必须按照因地制宜的治理原则才能达到预期的效果。具体要求是：山区、丘陵区山的上部以营造水土保持林、水源涵养林为主，山的中下部在条件允许的地方大力发展高效经济林和用材林；平原区要与平原绿化相结合，以发展农田林网、“四旁”绿化为主；湖、渠、河分布密集区要结合农田林网，以营造湖、渠、河旁的水土保持林为主。总之，通过工程建设，要形成布局合理、功能齐全的综合性防护林体系。

随着经济的发展和国家对生态环境建设的不断加强，21世纪，国家将进一步加大对淮太防护林工程的投入，全面启动工程建设。通过大力营造水源涵养林、水土保持林和农田防护林，工程区内的山区、丘陵将大大的提高蓄洪能力和水土保持能力，平原区的农田逐步实现稳产高产。到2010年，淮河太湖流域实现全面绿化，有林地面积达到380万公顷，森林覆盖率由现在的13.9%提高到17.3%，林木蓄积量增加6991.2万立方米。届时淮河太湖流域的林业不仅能为当地国民经济发展作出重要贡献，而且将为整个华东地区的经济腾飞创造良好的生态环境。

（执笔人：王晓华）

（八）珠江流域防护林体系建设工程

珠江防护林体系建设工程是我国十大重点林业生态工程之一，是我国林业生态体系建设的重要组成部分。

珠江流域地跨云南、贵州、广西、广东、湖南、江西等省（区），总面积44.21万平方公里，占国土面积的4.6%。珠江平均年径流量3260亿立方米，为长江的35%，是黄河的5倍，在全国主要江河中居第二位。珠江包括西江、北江和东江三条主要河流，其源头分别深入到广东、广西、云南、贵州、江西、湖南等省（区），是沟通我国西南地区至广东沿海地区的主要内河运输线，其入海口也是我国大西南的门户，对我国大西南地区改革开放后的物资运输、内外贸易、招商引资等事业发挥着重要作用。

珠江流域人口占全国的7%，工农业总产值占全国的11.6%，是我国主要经济区之一。特别是其下游珠江三角洲，不仅有国际金融中心——香港，而且近年来又崛起了我国改革开放的试验区——深圳，涌现出一批极具市场经济活力的新兴工业城市——东莞、中山、江门、番禺、佛山、惠州、肇庆等。这一带是我国外资企业、合资企业、私营企业最活跃的地区，对我国社会主义市场经济建设起着示范、引导作用，在我国国民经济发展中具有十分重要的地位。特别值得一提的是，珠江还是香港淡水的主要来源，其支流东江每年为香港提供约8亿吨淡水，占香港每年生产、生活用水的80%。

但长期以来，由于森林植被大量减少，珠江流域水土流失面积逐年增加，由50年代的4.11万平方公里增加到90年代的7.67万平方公里，土壤侵蚀量达4.6亿吨，岩石裸露面积以每年3%～6%的速度递增，洪灾、旱灾、泥石流频繁发生，强度不断加大，严重威胁着当地工农业生产和人民生命财产的安全，引起了党和国家的高度重视。1994年华南特大水灾及其引起的特大灾害，令全国震惊，海外舆论认为"华南水灾是天灾，但决非没有人为的因素"，多年来重水利工程、轻生物措施，珠江流域的水土保持、水源涵养能力已日益减退，生态环境已相当脆弱，珠江流域特别是珠江三角洲的社会经济可持续发展受到了严重挑战。

根据中央领导同志关于"大灾之后，在兴修水利时要实行综合治理"的指示精神，1991年10月林业部主持召开了由广东、广西、云南、贵州4省(区)林业厅负责同志参加的珠江规划座谈会，专题研究珠江综合治理问题。1993年林业部主持编制了《珠江流域综合治理防护林体系建设工程总体规划(1993～2000年)》。1995年11月，国家计委批复了林业部编制的《总体规划》。

按照总体规划设计，工程建设范围包括广东、广西、云南、贵州4省(区)的32个地(州、市)的177个县(市)，建设总规模为120万公顷，工程总投资10.8亿元，其中国家投资1.31亿元，占总投资的12.13%，地方投资3.16亿元，占29.26%，群众自筹和投劳折资共6.33亿元，占58.61%。整个工程建成后，将新增森林面积120万公顷，森林覆盖率将由35.01%提高到37.94%，林种结构将得到调整，防护林比重由11%上升到38.16%，用材林比重由72.55%降到43.38%，工程区水土流失将基本得到控制，生态环境明显改善。

1996年初，国务院有关领导在全国绿化委员会第15次全体(扩大)会议上和全国林业厅局长会议上，都明确要求1996年正式启动珠江防护林体系等4大生态工程。1996年5月，林业部造林司和计划司联合在北京主持召开了珠江防护林工程建设座谈会，明确了工程建设的基本指导思想和基本内容。"九五"期间，建设规模57.8万公顷，初定将177个县分三批组织实施，第一批启动50个重点县，其中有广东省9个县(市)，广西自治区21个县(市)，贵州省10个县(市)，云南省10个县(市)。

1996年珠江防护林工程正式启动，林业部下达首批13个试点县试点任务7600公顷。1997年林业部加大了对这13个县的投资力度，试点任务加大到1.4万公顷。这13个首批重点县(市)分别是：广东的高要，广西的灵川、金秀、藤县、岑溪、容县，云南的弥勒、建水、宜良、富宁和贵州的盘县、望谟、罗甸。

在4省(区)各级地方党委、政府的高度重视下，工程进展顺利，1996年共完成造林10.3万公顷，首批启动的13个重点县珠防工程共完成造林面积3.8万公顷，其中重点工程造林1.2万公顷，超过计划任务的56.5%。1997年，珠防工程共完成造林18万公顷，首批启动的13个重点县珠防工程共完成造林面积5.1万公顷，其中重点工程造林3.3万公顷，超过计划任务的236.7%，为确保如期完成总体规划的建设任务打下了良好的基础。

(执笔人：陈应发)

(九)黄河中游防护林体系建设工程

黄河发源于青藏高原的巴颜喀拉山脉，是我国第二条万里巨川，全长5464公里，流经青海、甘肃、宁夏、内蒙古、陕西、山西、河南、山东等省(区)，流域面积75.24万平方公里，是中华民族的摇篮和华夏文化的发祥地。

历史上，黄河中下游地区一直是我国政治、经济和文化中心，是我国主要的农业产区和重要的能源基地。这里光照充足，日温差大，雨热同季，有利于生物量的积累。小麦产量位于全国各大麦区之首，玉米的种植面积占全国的40%以上，产量占全国的50%，棉花的种植面积和产量占全国的50%以上。这里还是我国北方落叶果树的主要栽培区，已成为重要的干鲜果品生产基地。但由于客观条件和经济基础的制约以及人为因素的影响，致使黄河中游水土流失极为严重，流失面积达24.5万平方公里，占黄河中游流域面积的78%，年平均侵蚀模数5509吨/平方公里，为我国水土流失重灾区。年均输入黄河的泥沙达16亿吨，占整个黄河输沙量的90%。黄土高原在不到100年的时间内，塬面面积减少30%，许多侵蚀沟的沟头每年前进3～5米，流失土壤中的氮、磷、钾约4000多万吨，导致当地环境恶化，土地干旱贫瘠，农业生产广种薄收，粮食产量一般亩产25～50公斤，灾害年只有10～15公斤，甚至颗粒无收。流域内燃料、饲料、肥料俱缺，人畜饮水困难，人民生活贫困。每年约有5亿吨粗沙淤积于下游河道，使河床日益提高，成为有名的“地上悬河”，严重威胁着下游地区的工农业生产和人民生命财产安全。黄河下游近2000年来决口1500多次，较大改道26次。黄河中游130多座大中型水库以及3万多座淤地坝中，水库已淤积库容的1/3以上，很多淤地坝已经淤满。目前国家正在建设的重点工程小浪底水利枢纽，按现在泥沙量计算，使用寿命可能仅有20年左右。因此，在该地区建设水土保持防护林，有效地控制水土流失，对延长水利设施的寿命，保障黄河的安全，加快农民脱贫致富以及保持中下游地区的长治久安，具有十分重要的意义。

为贯彻国务院领导关于在小浪底水利枢纽工程以上流域的水土流失地区进行生物治理的批示精神，国家计委于1995年批复了《黄河中游防护林工程总体规划》，工程区确定为呼和浩特市托克托至小浪底水利枢纽。建设范围包括山西、陕西、甘肃、宁夏、内蒙古、河南6省(区)的177个县，总面积3200万公顷，包括黄河干流及主要的一级支流26条。工程建设期限为15年，即1996～2010年，计划13年完成造林任务，延长两年进行幼林抚育。通过人工造林、飞播造林和封山育林共营造315万公顷防护林。届时，工程区的森林覆盖率将由现在的14.9%增加到24.9%，使现有水土流失面积得到有效治理，大大减少对黄河的输沙量，改善黄河中游地区的生态环境。

工程以调整土地利用结构和建设基本农田为前提，以小流域为治理单元，实行保塬、护坡、固沟措施，塬、坡、沟综合治理，以生物治理措施为主，生物治理措施与工程措施相结合。通过封山育林、飞播造林和人工造林建立起多林种、多树种、多层次的防护林工程体系，达到恢复和扩大森林植被，控制水土流失，减少输入黄河的泥沙量，保障黄河小浪底水利枢纽工程发挥长期效能。同时，本着“综合治理与开发利用相结合，生态、经济、社会三个效益相统一”的原则，建立生态经济型的多功能防护林，增加林果、木材、薪材等林产品产量，扩大就业机会，发展农村经济，促进当地农民尽快脱贫致富。

工程预算总投资60.3亿元，建设资金采取“地方配套和建设单位自筹为主，国家投入为辅”的原则筹集。在总投资中，国家投资20亿元，占33.1%；地方配套20.3亿元，占33.7%；生产单位自筹20亿元，占33.2%。

“九五”期间，重点在黄河各支流的上游营造水源涵养林，在干流和支流两岸及陡峭的沟坡上营造护岸固坡林，在较缓的丘陵坡上营造农田、牧场防护林和水土保持林，在水肥条件优越的河川两岸大力发展用材林和经济林。工程于1995年正式启动，截至1997年底，已完成造林63.5万公顷，占规划造林任务的20.2%。

工程建成后，区内的森林覆盖率将增加10%，能有效地控制水土流失。同时，由于涵养和调节水量能力的增加，将一定程度地降低黄河流量的丰枯比，不仅能够减少黄河下游和中游水利枢纽工程的泥沙淤积，而且可以维持水利灌溉系统正常运营，减缓黄河洪涝和断流，从根本上保障人民生产、生活安全，特别是对正在建设的小浪底水利枢纽工程的顺利施工、延长其使用寿命和充分发挥效能将起到重要作用。通过森林调节气候，庇护农田，可促进粮食增产约10%。这里是我国贫困人口集中分布的区域之一，工程范围内有94个贫困县。随着工程的实施，一方面当地生产生活环境不断改善，促进农业生产稳产高产，林木果品和其他林副产品的产量逐年增加，农民的实际收入也将不断提高，加快当地农民脱贫致富的步伐，推动本地区的经济发展。另一方面，工程建设期间需大量人员从事造林、抚育、森保、采运等活动，相当于每年安排131万个农村劳动力就业，将扩大群众就业门路，使流域内的经济步入良性循环轨道。 (执笔人：李静)

(十)辽河流域防护林体系建设工程

辽河流域地处我国东北地区的西南部，流域总面积23.57万平方公里，包括河北、内蒙古、吉林、辽宁4省(区)的77个县(市、旗)。本区开发历史悠久，是我国重要的工业、能源和农牧业生产基地，在国家经济建设中具有重要的地位。但长期以来，由于人口不断增加，掠夺式采伐森林，盲目垦殖，致使再生资源和生态环境遭到严重破坏，水土流失、风沙、干旱、洪涝、霜、雹等自然灾害频繁发生，土地沙化加剧，水资源短缺，生态环境日趋恶化，严重制约着该流域的经济发展和人民生活水平的提高。

辽河流域是我国七大江河中水土流失较严重的流域之一，目前的水土流失面积为611.5万公顷，占流域面积的25.9%，全年表土流失总量1.662亿吨。随之而来的是土壤贫瘠、砂砾化、山地破碎、沟壑纵横、岩石裸露、草木难生，大量泥沙淤积水库、塘坝、泄洪闸，降低了水利工程的蓄水、调洪能力，致使辽河流域洪涝灾害频繁，平均每二三年就有一次。1985年辽河干流特大洪水，农田被淹84.6万公顷，近300眼油井、300多座输油站被迫停产。柳河是辽河流域内水土流失最为严重的一条支流，水土流失面积占该流域面积的79.1%。由于河道淤积，河床抬高，柳河百余公里的河道成为"悬河"，被称为"小黄河"。

与此同时，西辽河流域几乎每年都有不同程度的旱灾。在素有"八百里瀚海"之称的科尔沁沙地，流动沙丘由新中国成立之初的20万公顷扩展到现在的66.7万多公顷，平均每年增加1.1万公顷，沙化面积占草场面积的1/3，目前正在以每年30～50米的速度向东南推移，严重地威胁着以沈阳为中心的工业城市群和辽河中下游的平原农业区。由于地表水源不足，导致大量超采地下水，沈阳市、辽阳市已形成了面积为250平方公里、深度达25～27米的地下水漏斗区。

为改善辽河流域的生态环境和农业生产条件，贯彻落实中央关于"大灾之后，在兴修水利时要实行综合治理，要注意搞好林业建设"的指示精神，国家计委于1995年批复了《辽河流域综合治理防护林体系建设工程总体规划》，工程计划到2005年结束，规划造林120万公顷。

根据辽河流域的自然和社会经济条件，工程建设坚持把防治以水土流失和风沙灾害为重点的各种自然灾害放在首位，力求从根本上解决自然灾害的危害；坚持防护林体系建设与农田和水利基本建设配套实施，实行综合治理，把林业建设成为有效保护农业和水利设施的生态屏障。坚持林业建设在环境综合治理中的基础地位，在生态、经济和社会三大效益统一的基础上，为振兴流域经济、改变农村贫困面貌创造良好的自然环境。

在工程建设中，重点营造以保持水土、涵养水源和防风固沙为主要目的的防护林，同时发展经济林和薪炭林，适当发展用材林。为有效发挥防护林的功能，工程依据辽河流域的实际情况，确定"以人工造林为主、封山育林和飞播造林为辅"的营造林方式。经济林、用材林、特用林等林种一般都采用植苗造林方式，而对部分防护林和薪炭林采用封育和飞播等营造林方式。在生态环境脆弱、自然灾害危害严重的地区设置了8个重点骨干工程，规模为41.3万公顷，占总任务的34.4%。

工程划分为四个分区：

西辽河上游低山丘陵水土保持水源涵养林区，包括三省六市的21个县。这里是西辽河的发源地，又是粮食生产基地的主要灌溉供水区。因本区山高坡陡，植被稀少，再加上有部分黄土丘陵区，极易引起山洪造成水土流失，严重危及人民生命财产安全及下游工农牧业生产。因此，营造水源涵养林和水土保持林，是该区防护林建设的主要任务。

西辽河科尔沁沙地防风固沙、农牧防护林区。该区是松辽平原的组成部分，是内蒙古和吉林商品粮基地、油料基地和畜牧业基地。因此，本区的重点是营造防风固沙林、农田防护林和牧场防护林体系。在林种结构和树种结构上，采取多林种、多树种、乔灌草相结合的混交型立体林分结构的防护林体系，以达到生态效益和经济效益的统一。

辽河平原农田防护林、城市环保林区。这一区域是辽河流域重要的粮食生产基地之一，是人口最稠密、城市群最集中的地区，也是环境污染最严重的地区。该区的防护林建设以保护农业的稳产高产和保障水利设施安全为主要目的，主要是完善农田防护林、护岸林和防风固沙林。同时，加强城市绿化，提高城市的植被覆盖率。

辽河东部水源涵养林用材经济林区。该区域是辽河许多支流的发源地，降水量大且集中，下游是工业集中地区，保障工业用水是十分重要的任务，本区防护林建设的首要任务是营造水源涵养林和水土保持林。工程于1996年正式启动，现已完成造林近20万公顷，占规划任务的1/6。

工程实现后，森林覆盖率将由18.6%提高到27.9%，流域内611.5万公顷的水土流失面积将得到控制，近133.3万公顷的流动和半流动沙地将被固定，使318.7万公顷的土地免受风沙危害。科尔沁沙地将得到有效治理，工业城市群和农田、平原地区的风沙威胁将得到解除，洪涝灾害将大大减轻。防护林可增加蓄水6.6亿吨，可缓解流域内水资源短缺。防护林每年可保土5634万立方米，其保肥效益可达

1亿元。流域内的空气湿度将提高2.8%～4.0%，大风天数将由现在的年均40天减少到23天，风力平均减少1～2.5级。霜冻、雹灾将明显减少，使农作物增产8%～15%。288.7万公顷的牧草地将得到牧防林的保护，每亩草地产草量将增加30公斤。2870公里的堤防将得到有效保护，每年可节省堤防维修费用804万元，使堤防的抗洪能力明显提高。防护林可有效地保护水利设施，每年可减少5800万吨泥沙流入水库，使水库的使用寿命普遍提高10～15年，每年节约的水库清淤费用达3690万元。据测算，仅通过经济林的发展，每年可获产值10多万元，与此同时，每年木材产量达104.31万立方米，产值达27 825万元；每年薪材产量达165 755万公斤，产值可达24 861万元；其他林副产品产量可达35 073万公斤，产值达26 199万元。总之，实施建设辽河流域防护林工程，对改善这一地区生态环境，为山区脱贫致富，提高农民生活水平，繁荣流域经济起到十分重要的作用。

（执笔人：李静）

二、造林灭荒

造林灭荒就是通过大力植树造林，基本消灭一定范围内的宜林荒山荒地，也就是在适宜植树造林的荒山荒地上基本上都造上林。我国是一个多山的国家，山区面积占国土总面积的69%。新中国成立以来，全国大力开展荒山荒地造林绿化，目前已有广东、福建、湖南、江西、浙江、山东、安徽、湖北、广西、吉林、江苏、海南12个省（区）基本消灭了宜林荒山荒地，全国森林覆盖率由8.6%提高到13.92%，取得了显著成绩。

我国从50年代起就开始了荒山荒地的造林绿化工作。根据毛泽东同志的指示，《全国农业发展纲要》（1956～1967年）第18条要求："从一九五六年起，在十二年内，在自然条件许可和人力可能经营的范围内绿化荒地荒山。在一切宅旁、村旁、路旁、水旁，只要是可能的，都要有计划地种起树来。"1958年毛泽东同志在北戴河会议上指出："要使我们祖国的河山全部绿化起来，要达到园林化，到处都很美丽，自然面貌要改变过来。"由于历史原因，第一代领导人的心愿未能按期实现。

改革开放以来，特别是90年代以来，全国各地认真贯彻落实国务院批复的《1989～2000年全国造林绿化规划纲要》，先后有25个省（区、市）作出了实现造林绿化规划和限期消灭宜林荒山的决定，在全国掀起了宜林荒山荒地造林绿化高潮。

为正确引导和规范管理全国造林灭荒工作，1993年林业部在征求各省（区、市）意见的基础上，印发了《各省、自治区、直辖市消灭宜林荒山时间表》和《各省、自治区、直辖市完成〈1989～2000年全国造林绿化规划纲要〉任务时间表》。1994年全国绿化委员会、林业部发出了《关于进一步推进荒山荒地造林绿化工作的通知》。随后林业部制定了基本消灭宜林荒山荒地主要指标及其要求：根据降雨量、立地条件、造林难度等，将全国各省（区、市）划分为三种类型，第一类包括上海、江苏、浙江、安徽、福建、江西、湖北、湖南、广东、广西、海南11个省（区、市），第二类包括北京、天津、河北、辽宁、吉林、黑龙江、山东、河南、四川、贵州、云南11个省（市），第三类包括山西、内蒙古、西藏、陕西、甘肃、青海、宁夏、新疆8个省（区）。基本灭荒的主要指标是：宜林荒山荒地剩余率均为10%以下；剩余宜林荒山荒地起算面积分别为3亩、10亩、20亩；剩余宜林荒山荒地面积中，10亩、20亩、30亩以上集中连片的宜林荒山荒地面积之和分别不超过宜林荒山荒地总面积的1%、3%、5%。考核各省（区、市）是否实现造林灭荒，以1988年底实有宜林地（荒山、荒沙、荒地）为基数。

为确保造林灭荒质量，促进各地进一步提高宜林荒山荒地造林绿化成效，林业部还制定了《全国消灭宜林荒山荒地检查验收技术规定（暂行）》，根据这一规定对申报消灭宜林荒山荒地的省（区、市），由部直属林业调查规划设计院进行核查验收。全国绿化委员会和林业部还联合颁发了《各省、自治区、直辖市消灭宜林荒山荒地申报、审批、表彰办法》（以下简称《办法》），《办法》规定：申报实现消灭宜林荒山荒地的省（区、市），须按部颁指标要求经县自查、省复查、部核查，审核合格后，由全国绿化委员会和林业部报请中共中央、国务院对2000年前按规划完成消灭宜林荒山荒地的省(区、市)进行表彰，授予“荒山荒地造林绿化先进省、自治区、直辖市”光荣称号，颁发奖牌和证书；对已消灭宜林荒山荒地的省(区、市)，国家实行保持和稳定原有资金渠道，促进其后续林业发展的政策。

经过各省(区、市)坚持不懈地努力，1991年广东省率先实现基本消灭宜林荒山，中共中央、国务院授予广东省“全国荒山造林绿化第一省”光荣称号，1992、1993年分别授予福建、湖南省“全国荒山造林绿化先进省”，1995、1996年分别授予安徽、湖北、江西、浙江、广西、山东6省(区)和吉林、江苏、海南3省“全国完成荒山造林绿化规划省”光荣称号。上述12省(区)规划期内累计完成造林面积2318万公顷，新增有林地面积1570万公顷，新增活立木蓄积量1.68亿立方米，新增森林覆盖率8个百分点，在180多万平方公里的国土上实现了基本消灭宜林荒山，对于加快国土绿化进程、改善生态环境、增强农业发展后劲、加快山区群众脱贫致富步伐、促进城乡“两个文明”建设产生了巨大的推动作用。

经过多年来的实践，全国造林灭荒工作主要积累了以下几方面的经验：一是党政领导率先垂范，真抓实干。1989年2月，在广州召开了全国绿化委员会第八次全体(扩大)会议，总结推广了广东省的经验：主要领导高度重视，真抓实干；领导任期造林绿化目标责任制，层层签订责任状，领导办绿化点，定期检查验收评比、奖惩；多层次、多渠道筹集造林绿化资金等，对全国造林绿化起到了很大的推动作用。特别是国务院批复了《1989～2000年全国造林绿化规划纲要》后，各级党政领导以实现造林绿化为己任，立下“军令状”，亲自部署，组织落实。1985年冬，广东省委、省政府作出“五年消灭荒山，十年绿化广东大地”的决定，省委书记林若亲自挂帅，每年组织一次检查落实，兑现奖惩。1988年，山东省委与各地市签订了五年造林绿化目标责任状。1989年9月，安徽省委、省政府作出了《关于动员全省人民实现五年消灭荒山、八年绿化安徽目标的决定》。省委书记明确宣布：“如不能实现五年消灭荒山就引咎辞职”，向全省人民立下了军令状。省长与各行署专员、各市市长签订了《安徽省造林绿化目标责任书》，明确了党委保证、政府实施、人大监督的责任。

二是加大宣传，形成全民造林绿化的舆论氛围。近年来，各地始终把舆论宣传作为造林绿化工作的第一道工序，各级党政领导亲自过问，从省、地、县到乡、村、组，通过多途径、多形式，进行广泛宣传发动，使广大人民群众和社会各界充分认识造林绿化的重要意义。各地每年都组织大规模植树造林突击战、大会战，掀起全党动员、全民动手、大力植树造林的热潮。

三是运用政策引导和利益驱动，注入造林绿化新的活力。福建省充分发挥国有林场、采育场、林业工作站等国有林业企事业单位的示范作用，鼓励他们发挥资金、技术和经营管理优势，与乡村、用材单位联合造林，承包“三荒”地造林，共建造林基地；大力推广林业股东会、股份合作造林等多种形式。

四是广筹资金，增加造林灭荒投入。各地采取多渠道筹集资金用于造林灭荒，同时坚持全民义务植树，组织动员广大人民群众投工投劳。广东省实行的“几个一点”筹资办法得到普遍推广，拓宽了林业资金渠道。安徽省政府1989年制订了《安徽省绿化资金管理办法》，规定各级财政每年都要安排一定数量的资金用于造林绿化，煤炭、水利、电力、冶金、农垦、城建等部门及以木材为原料的生产企业都安排专项经费用于造林绿化，1990年省财政拨出造林补助费1620万元，1991年起“八五”期间每年补助2350万元。

五是建立规章制度，严格验收考核。为正确引导和规范管理全国造林灭荒工作，全国绿化委员会和林业部先后制订了造林灭荒时间表、灭荒标准、验收办法和表彰办法等规章制度。各地也普遍建立了任期造林绿化目标责任制、层层签订造林绿化责任状、规划执行情况通报和评比奖惩等制度，使造林灭荒工作真正落到实处。安徽等省为确保灭荒造林质量，还对一些县新造林地和剩余荒山组织抽查、跟踪检查，制订了举报宜林荒山的办法，推动了全省造林灭荒工作的扎实开展。

六是依靠科学技术，提高造林灭荒效益。在造林灭荒中各地坚持从实际出发，因地制宜选择树种，确定林种和造林方式，坚持以质量效益为中心，以林业重点工程为龙头，以国有林场和乡村林场为示范，造林实施的每道工序都严格验收和质量检查，改变了长期以来造林就造用材林的状况。

造林灭荒工作取得了显著成绩，但也存在一些问题。有些地方造林带有一定的突击性，稳定性差，仍有“返荒”的可能。一些地方存在着投资滞后、资金缺口过大的问题，不少地方采取借贷和赊账的办法筹措资金。有些地方本应用容器苗造林，也改用成本较低的裸根苗造林，在一定程度上影响了灭荒质量。灭荒省大多数还有近10%的立地条件很差的“硬骨头”有待造林绿化，包括边远小块荒山、土层瘠薄裸岩山地、盐碱荒地等。有的地方林种树种结构不合理，主要是针叶林过多、阔叶林过少，纯林多、混交林少，影响了森林三大效益的发挥，加大了森林火灾和森林病虫害的潜在危险。

按照全国造林灭荒的统一规划，到2000年全国将有21个省(区、市)实现基本消灭宜林荒山荒地。全国造林灭荒任重而道远，需要切实加大工作力度。一是要实施造林灭荒工程，投放灭荒专项资金；二是推广“宜林荒山荒地有奖举报制度”，保质保量完成灭荒；三是深化“各级领导干部任期造林绿化目标责任制”的内涵，推行“各级领导干部任期绿化目标管理责任制”；四是调整林业结构，合理配置资源，发展高产优质高效持续林业；五是进一步稳定和完善林业政策，积极探索和推进管理体制改革；六是加强林业自身产业建设，稳定基层林业机构和队伍；七是组装配套现有科技成果，加大推广力度，以保证规划任务的完成，保证全国造林绿化乃至整个林业建设的健康持续发展。 (执笔人：李世东)

三、城市绿化

城市绿化是国土绿化的重要组成部分，是城市建设和发展的重要标志，是城市对外开放的重要条件，也是建设社会主义精神文明的重要内容。城市绿化对于维护城市生态环境和风貌特点，向城市输入自然因素，为居民提供舒适的休息、游览和科学文化活动场所，治理城市污染起着重要作用。

(一)城市绿化发展历程

我国的城市绿化事业是新中国成立后才发展起来的。1958年2月，国家城市建设部在北京召开了全国第一次城市绿化会议，提出必须放手发动群众，开展一个广泛的群众性的植树运动，掀起城市绿化高潮，争取在一定的时间内达到城市普遍绿化的目标。1959年12月，国家建筑工程部召开了第二次全国城市绿化和园林工作会议，强调要继续深入发动群众，争取基本实现城市普遍绿化的目标。1963年国家建筑工程部发布了《关于城市园林绿化工作的若干规定》，这是建国后第一个有关城市绿化的部门规章，对城市园林绿地的范围、建设和管理、园林植物的培育和养护提出了要求。到60年代中期，全国已经形成了比较完整的城市园林绿化管理体系，并有了一支相当数量的绿化专业队伍。“文革”时期，城市绿化也受到了严重的破坏，基本上处于停滞状态。

党的十一届三中全会以后，我国的城市绿化进入了一个新的发展时期。1978年中共中央发出了《关于加强城市建设工作的意见》，明确提出了要切实加强城市绿化工作，以适应四个现代化建设的需要；指出新建城镇要有计划地搞好绿化，旧城区要适当扩大绿地面积，对现有的园林绿地、名胜古迹和风景区，要加强管理。1978年12月，国家建委召开了第三次城市绿化和园林工作会议，通过了《关于加强城市园林绿化工作的意见》。进一步明确了城市园林绿化工作方针和基本任务、园林绿化工作的职责和范围。强调普遍绿化是城市园林绿化的基础，每个城市都要结合当地的特点和条件，充分发动群众，有规划地种树，迅速扩大绿地面积，提高绿化覆盖率，城市中一切能够植树的地方和荒山荒地都要尽快绿起来。城市绿化又获得了生机，特别是1981年12月第五届全国人民代表大会第四次会议作出了《关于开展全民义务植树运动的决议》和1982年国务院颁发了《国务院关于开展全民义务植树运动的实施办法》以后，城市绿化得到了蓬勃发展。为贯彻全国人大的决议和国务院的实施办法，1982年国家城建总局召开了第四次全国城市绿化工作会议，强调把普遍绿化作为城市园林部门的工作重点，要求认真搞好城市园林规划，加强城市园林绿化苗圃建设，加强城市园林绿化成果保护。这次会议提出：凡是有条件的城市绿化覆盖率近期应达到30%，本世纪末达到50%；人均公共绿地面积，近期应达到3～5平方米，本世纪末达到7～11平方米。全国绿化委员会于1989年8月在长春市召开了全国重点城市绿化工作会议，会议对城市绿化规划、绿地保护，进一步开展城市义务植树运动提出了明确要求。

为把城市绿化事业进一步推向高潮，全面推动城市绿化工作进一步深入发展，1992年国务院颁布了《城市绿化条例》，标志着我国城市绿化走上了规范化、法制化管理与发展的轨道。1994年4月，建设部召开了第五次全国城市园林绿化工作会议，总结了改革开放以来，我国城市园林绿化建设所取得的经验，研究在加快发展社会主义市场经济的形势下，如何进一步促进城市园林绿化建设的发展。1997年10月建设部召开了第六次创建园林城市暨全国城市绿化工作会议，总结了创建园林城市的经验，提出了新形势下城市绿化任务和目标。

目前，我国城市建成区绿化覆盖面积已达49.4万公顷，绿化覆盖率已上升到24.4%，公共绿地达到10万多公顷，城市人均公共绿地面积达5.3平方米。

（二）城市绿化主要特点

几十年来，特别是开展全民义务植树运动以来，我国城市绿化有了很大发展。主要有以下几个特点：

1. 以全民义务植树运动为动力，全面加快城市绿化步伐

开展全民义务植树运动以来，城市绿化事业得到了空前发展，全国城市每年义务植树1亿株左右，城市居民绿化意识进一步加强。在全民义务植树运动推动下，城市绿化的外延和内涵发生了历史性的变革。

一是城市绿化由过去只重视省会城市和大中城市绿化向大、中、小城市和城镇绿化全面发展的转变。这种转变随着经济水平的提高表现愈加突出。江苏、广东等省经济发达地区的县级市和城镇绿化水平都达到相当规模和档次，已明显超过一些经济落后地区的大中城市绿化水平。

二是城市绿化由过去城建园林一家搞向全社会办的转变。城市绿化出现了统一规划，各单位分片负责，多部门多层次筹资，全社会共同承担的新特点。许多城市除将单位院内门前绿化交给该单位承包外，还把街头公共绿地、游园和景区的绿化也划定给有关单位负责。近年来，还出现了单位、个人认养公共绿地等好形式，形成了绿化事业社会办的态势。

三是城市绿化一方面向庭院、居民小区等多层次深度发展，另一方面向城乡结合部、城市大环境全面绿化广度发展。通过全民义务植树运动，城市普遍开展了争创“花园式单位”、“绿化红旗单位”、“文明小区”等多种形式的庭院绿化达标竞赛活动。推进了城市庭院、居民区绿化工作不断发展，不断上新水平。在搞好市区绿化的同时，城乡结合部，城郊的荒山、荒沟、荒滩绿化成了城市绿化的主战场，成为城市开展全民义务植树运动的主要基地，进一步拓宽了城市绿化的领域和内涵，加快了城市绿化的发展。北京市采取在郊区建立义务植树基地的形式，十几年来绿化了北京周围过去一直难以绿化的荒山3万多公顷。甘肃省兰州市多年未能绿化的南北两山，通过建立义务植树基地的办法实现了绿化，对改善兰州生态环境起到了重要的作用。

2. 以城市绿化规划为目标，努力提高城市绿化覆盖率

城市绿化规划，是城市总体规划的重要组成部分，是发展城市绿化事业的重要依据。绿化是一项长期的事业，必须要有一个全面的、科学的城市绿化规划。80年代以来，不少城市根据发展需要，开始制定或修订城市绿化规划。通过编制城市绿化规划，提出了城市绿化发展标准和发展目标，并按照规划组织实施，取得了良好的成效。江苏的无锡、广东的珠海等城市，在城市绿化规划中，把“花园式”城市作为城市建设目标，明确了开发新区和旧区改建的绿地预留比例，并制订了分期分批实施的计划。城市绿化覆盖率是反映城市绿化水平的一个基本指标，为了提高城市绿化覆盖率，一些城市加大了隔离片林的绿化建设，认真抓好城市周围的大环境绿化，积极建设城郊和远郊区森林公园。北京市现已发展城市隔离绿化片林2000多公顷，对提高城市绿化覆盖率起到了举足轻重的作用。南京市自1985年以来就在城郊结合部、沿江地带、主要卫星城镇和出城主干道两侧，规划建设了10多个共2万多公顷的绿化工程，对从整体上提高城市的绿化覆盖率和改善生态环境质量发挥了重要作用。

许多城市通过制定绿化规划，加快城市道路绿化和改善居住区、庭院绿化，进一步提高城市绿化覆盖率，如大连市对新建道路尽量扩大绿地面积，对原有道路通过改造增加绿地，使城区绿化覆盖率达到39%。厦门市坚持小区建设与绿化同步进行、同步验收的原则，使近年来新建小区平均绿地率达30.8%。北京市总体规划中将城市绿化放在突出的位置，提出2010年全市绿化覆盖率达到40%的目标。以建设大环境绿化为指导思想，把城区与郊区绿化紧密结合起来，使绿化形成大气候，促进城乡绿化工作走向规范化轨道。

3. 以争创“十佳”造林绿化城市和园林城市为目标，进一步提高城市绿化水平

1993年全国绿化委员会提出争创“十佳”造林绿化城市，建设部提出创“园林城市”以来，1994年第一批评出珠海、合肥、大连、张家港等“十佳”造林绿化城市11个，到1997年三批共评出“十佳”造林绿化城市31个。这些“十佳”造林绿化城市和园林城市，创造了一套适应自己城市特点的绿化经验。他们结合城市绿化，保护和利用自然山川地貌，改善生态环境质量，促进绿化美化水平进一步上档次，具有自己独特的风貌特点，在国内外产生了良好的影响。很多城市为了争创造林绿化“十佳”城市和园林城市，结合各自特点开展城市绿化工作，提高城市的绿化水平。一些老城市针对老城区人口密集而绿地又少的实际情况，结合旧城改造，“见缝插绿”，“推房造绿”。建立诸如“环城公园”、“滨海公园”等带状公共绿地，进一步加快了城市绿化步伐。如天津海河公园，沈阳、合肥、西安、济南的环城公园等，都对改善城市生态环境、提高城市绿化水平起到了重要作用。

4. 以贯彻《城市绿化条例》为契机，推进城市绿化向规范化、法制化方向发展

各地根据国务院《城市绿化条例》精神，结合实际情况，制定相应的城市绿化管理办法或实施细则，修订或制定城市绿化规划，建立领导干部任期绿化责任制，把城市绿化纳入法制化、规范化的轨道，保障城市绿化持续、快速地发展。

我国城市绿化尽管已取得了很大成就，然而与社会经济可持续发展要求，与发达国家的城市相比，还有很大差距。从全国范围看，城市绿化的发展也很不平衡，全国还有半数以上的城市人均公共绿地面积达不到3平方米，绿化覆盖率不到20%。一些城市在城市绿化规划中没有预留足够的绿地，有的城市虽然有了绿化规划，但绿化资金得不到保证，致使规划难以实施。还有部分人不愿履行自己应尽的义务植树任务。一些单位既没有绿化好自己负责的范围，也没有参加统一组织的义务植树运动。在一些地方，非法侵占城市绿地，破坏城市绿化成果的事件还时有发生。

今后，城市绿化要在继续抓好城市绿化规划的基础上，大力开展争创全国造林绿化“十佳”城市和园林城市活动，要加强法制建设，加大执法力度，搞好宣传，努力扩大城市绿地量，使城市绿化与城市建设以及社会经济协调发展。进一步提高城市绿化水平，并向香化、美化、净化方向发展。努力实现到2000年全国城市绿化覆盖率达到27%，到2010年上升到35%的目标。（执笔人：钱能志）

四、部门绿化

部门绿化，是全社会办林业、全民搞绿化的重要内容之一，对加快我国造林绿化步伐、推进国土绿化进程具有重要作用。多年来，部门造林绿化为改善生态环境和社会主义精神文明建设做出了重要贡献。

部门绿化任务可分为两大类：一类是各部门的共性任务，主要有三个方面：一是按照《关于开展全民义务植树运动的决议》和《国务院关于开展全民义务植树运动的实施办法》的要求，组织领导好本部门所属单位的义务植树工作；二是抓好所属企事业单位的厂区、矿区、场区、营区、庭院的环境绿化；三是完成所属单位的荒山、荒地、荒滩、荒沙的绿化。另一类是根据各部门不同特点形成的特定绿化任务：一是煤炭、轻工造纸部门，有专用林基地建设任务，并按规定提取专用林基地建设资金；二是冶金、有色金属、煤炭等部门，有矿山复垦绿化任务；三是铁道、交通、水利部门的铁路、公路、江河湖堤岸、渠道两旁及水库库区的绿化；四是农垦、解放军、石油等有较多农田面积的部门，要切实搞好农田防护林建设任务；五是教育、共青团、妇联要大力配合有关部门搞好造林绿化宣传工作，组织青少年、妇联、学生参加绿化活动。

我国部门开展造林绿化工作历程大致分为两个阶段。80年代以前主要是铁路、煤炭、公路、轻工造纸等木材需求量大的部门相继开展了一定规模的专业造林工作，但由于没有稳定的资金渠道，不仅造林规模小，而且发展也很缓慢。这一时期可称为部门绿化发展的初期阶段。进入80年代后，随着全民义务植树运动的兴起，我国部门绿化也有了空前发展。

1980年3月5日，《中共中央、国务院关于大力开展植树造林的指示》中强调："各行各业都要积极造林。工厂、矿山、机关、学校等单位住地和部队营区，以及农场、牧场经营的地区，由各主管单位植树种草，自造自有。"1981年《中共中央、国务院关于保护森林发展林业若干问题的决定》，又进一步对部门绿化的任务和要求作出了明确规定："农垦、水利、铁路、交通等部门，都应当把造林绿化作为本部门的一项生产建设任务。煤炭、造纸和其他以木材为原料的大型企业，都应提取一定数量的育林费，建立原料林基地。"根据党中央、国务院的指示精神，各有关部门把造林绿化作为本部门、本单位的一项基本任务，采取积极措施，成立了专门的工作机构，配备了专职工作人员，建立了各自的绿化基地。特别是1981年全国人民代表大会通过了《关于开展全民义务植树运动的决议》、1982年《国务院关于开展全民义务植树运动的实施办法》颁布以后，部门绿化工作步入了法制轨道，成为推进我国造林绿化事业的一支重要力量，并发展为国土绿化的一个单独门类。到1986年，中央各部门已有中共中央直属机关、中央国家机关、解放军、铁道、民航、石油、冶金、煤炭、武警、水利、有色金属、石化、交通共13个部门成立了系统的绿化委员会，设立了办公室，对本部门、本系统的绿化工作进行规划部署，组织协调，检查监督，评比表彰，使本部门、本系统绿化工作做到了系统化、规范化、制度化。此外，教育、农垦、轻工、机械、电子、化工、共青团、妇联等也有兼职管理人员负责组织本系统的绿化工作。1985年中央绿化委员会第四次全体会议通过了《关于各部门绿化任务分工负责制的建议》，对部门造林绿化提出了具体要求，并明确了部门绿化的范围、性质。1992年全国绿化委员会第十一次全体(扩大)会议通过了《关于进一步加强部门绿化工作的意见》，对部门的绿化工作进一步提出了明确要求，使部门绿化工作更加规范化和系统化。1993年全国绿化委员会表彰了全国部门绿化"300"佳单位，并邀请全国政协委员对部门绿化进行了视察，有力地促进了部门绿化工作的开展。1995年结合全国造林绿化"四佳"活动，全国绿化委员会办公室开展了争创全国部门造林绿化"400"佳活动，使全国部门绿化评比表彰走上了规范化轨道。

我国部门绿化最早始于50年代，但真正形成规模、取得实效，是在进入80年代以后。这一时期的部门绿化无论从规模和范围上，还是组织管理上，应该说形成了比较独立的完整体系，并取得了一定的成绩。特别是煤炭、轻工、铁道、交通、石油、石化、冶金、有色金属、民航、农垦、部队等部门(系统)对特定的造林绿化任务完成的较好，为国土绿化事业做出了重要贡献。

煤炭部门50年代初期就开展了植树造林，一些大型煤矿成立了相应的坑木林基地建设组织机构，不久因停止投资，大部分煤矿亦停止了造林，只有少部分自力更生坚持营造坑木林。1964年，煤炭工业部、财政部联合颁发了《煤矿企业造林费用和育林基金暂行管理办法》，实行吨煤提取0.10元的造林费用和采伐林场实行"育林基金"提取制度，使煤炭造林资金有了一定的保证，促进了煤炭造林的发展。1986年，财政部、煤炭工业部对原办法进行了修订，规定煤矿造林费用可按吨煤0.10～0.15元提取，育林基金按实际调出或销售原木计算，每立方米提取15元，进一步推动了煤矿企业造林事业的发展。1989年林业部、全国绿化委员会、能源部、财政部联合下发了《关于进一步加强煤炭行业造林绿化工作意见》的通知，对加快煤炭行业造林步伐，原料林培育、管理、生产、使用提出了明确要求。目前，煤炭系统已有94个矿务局开展造林绿化工作，建立林场160多个，有林业职工近3万人。建立了从采种、育苗、管护、资源、调查、采运、加工、护林防火以及多种经营等比较完整的生产体系；经营面积约53万多公顷,其中有林地面积40多万公顷,林木总蓄积量1400多万立方米。

1964年轻工部门开始进行造纸林基地建设,每年造林约1000多公顷。1981年轻工业部、财政部、林业部颁发的《关于造纸厂建立造纸林基地和提取育林费试行办法》中规定:每生产1吨纸浆提取10～15元,或每立方米木材提取2～3元的育林费,为造纸林基地建设明确了资金渠道,加快了造纸林基地建设的发展。随着造纸工业的发展,造林育林费由原来的每年300万元增加到每年1000万元以上。不少造纸企业为了把造纸林基地建成造纸厂的第一车间,下功夫抓好造纸林基地建设,纷纷成立了营林公司、林业科、基地科等相应的营造林机构。目前,轻工造纸系统建有造纸林基地面积30.5万公顷,有林业职工2万多人。

铁路是我国较早开展绿化工作的部门之一。开展全民义务植树运动以来,铁路的绿化得到了较快发展,1982年2月铁道部和铁道政治部联合发出了《关于在全路开展植树造林活动的通知》,同年3月铁道部又发出了《关于贯彻国务院关于开展全民义务植树运动的实施办法的通知》,掀起了绿化高潮。1984年铁道部、铁道政治部联合发出了《关于在全铁路大力开展"万里铁路万里林"的绿化活动》的通知,进一步推动了铁路绿化工作向前发展。目前全国营运铁路5.7万多公里,其中宜林路段3.2万公里,已基本绿化2.7万多公里,全路现有林场109个,林务工区557个,有绿化职工6000多人。

交通公路部门的广大职工长期坚持公路绿化工作,全民义务植树运动开展以来,公路绿化工作得到了进一步发展。目前,全国现有公路里程116万多公里,其中可绿化里程80多万公里,已绿化51万公里,栽植乔灌木达42亿株,绿篱554万多延长米,草坪5300多万平方米。

农垦系统造林绿化在我国部门绿化中占有相当大的比重,多年来,农垦系统一直把造林绿化作为保障农业生产条件的一项重要工作来抓,特别是开展全民义务植树运动以来,农垦的造林绿化得到了长足发展。全系统有林地面积267万多公顷,其中人工林面积109万公顷,林木覆盖率达14.2%。

开展全民义务植树运动以来,冶金系统的绿化工作蓬勃发展,全系统绿化覆盖率和绿化率分别达到24.5%和89.7%,现有绿化职工2万多人,所属的大型企业宝钢、首钢、鞍钢、武钢、攀钢等先后获全国绿化先进单位、全国绿化300佳、400佳单位等光荣称号,冶金工业部获得了全国绿化先进部门的荣誉。

1982年以来,石油系统的绿化有了很大发展,全系统已绿化面积达21 477公顷,占可绿化面积的88%,绿化覆盖率达到14%。人均绿化面积已达80平方米。长期以来,石油系统坚持把绿化油田、改善环境作为油田矿区建设的重要组成部分和长期任务来抓,不仅建立健全了石油系统各级绿化委员会,而且重点油田均成立了绿化处或绿化队。全系统已建立了一支由700多名专业技术人员和1000多名管护人员组成的绿化专业队伍,有力地保证了石油绿化工作健康发展。

有色金属系统绿化工作是从全民义务植树运动开展以后才发展起来的。近几年,有色金属系统在绿化和矿山复垦等方面有了很大的发展。全系统现有可绿化面积为13 570公顷,已绿化11 594公顷,绿化覆盖率20.8%,专业绿化队伍职工人数2819人。

多年来,石化系统的广大职工,积极参加全民义务植树运动,认真搞好本行业的环境绿化,使全系统绿化面貌有了很大的改观。目前,全系统可绿化面积6888.28公顷,已绿化面积6295.89公顷,绿化率91.4%,绿化覆盖率达33.44%。

民航系统一直很重视绿化工作,把绿化工作当作体现民航形象的主要"窗口"之一。在全民义务植树运动的推动下,民航系统克服人手少、面积大、绿化难度高等困难,积极抓好全系统绿化工作。全系统已种植乔木200多万株,花、灌木130多万株,绿篱50多万延长米,草坪85万平方米。

解放军在全民义务植树运动中起着排头兵作用,一直走在造林绿化的前列。多年来,广大官兵响应党中央、国务院号召,不仅认真搞好营区环境绿化建设,还积极支援地方造林绿化工作。全军拥有森林面积18.1万公顷,草地面积68万公顷,现有绿化科技人员2000多名,营区应绿化面积75%得到了绿化,200公顷以上的林场167个,植树1.7亿株,支援地方植树2.29亿株,飞播造林470万公顷,成片造林13.8万公顷。 (执笔人:钱能志)

五、自然保护区

自然资源和自然环境是人类赖以生存和促进社会发展重要的物质条件。自然保护区是保护、研究野生动植物资源的重要场所，是人类认识自然、利用自然和改造自然的科学基地。它对于研究自然变化规律，监测人为活动对自然界的影响，探索合理利用自然资源的途径和方法，对维护生态平衡，保护生物多样性，都具有十分重要的意义。

（一）我国自然保护区建设的发展沿革

新中国成立后，特别是党的十一届三中全会以来，在党中央、国务院的重视和关怀下，我国自然保护区事业从无到有，蓬勃发展。在1956年9月第一届全国人大第三次会议上，科学家提出请政府在全国各省（区）划定天然林禁伐区，保护自然植被以供科学研究需要的92号提案。这个提案由国务院交林业部会同中国科学院办理。同年10月，林业部制定了《关于天然森林禁伐区（自然保护区）划定草案》，提出了自然保护区的划定对象、划定办法和划定地区，在全国15个省（区）划定40余处禁伐区方案，并在全国科技规划中，把自然保护区建设及研究工作，列为理论研究工作之一。此后不久，先后在广东鼎湖山，海南尖峰岭，福建辛口，广西花坪，云南西双版纳，吉林长白山，黑龙江丰林等地，陆续建立了20多处自然保护区，填补了我国自然科学史中的空白。在此期间，中国科学院及林业部组织了一批专家及调查队伍，对一些边远山区进行了综合考察和森林调查，为掌握我国的生物资源积累了丰富资料。1962年国务院发出《关于积极保护和合理利用野生动物资源的指示》，提出在珍稀鸟兽的主要栖息地区建立自然保护区；野生动物资源破坏严重的林区建立禁伐区；对大熊猫等19种珍稀野生动物严禁捕猎，加以保护。1963年，全国人民代表大会代表提出开展自然保护区工作的建议，介绍在我国开展自然保护区工作的重要性及世界各国自然保护区工作开展情况。

“文革”期间，我国方兴未艾的自然保护区事业受到严重摧残，野生动植物资源也遭到很大破坏，一些已经建立的自然保护区被迫下放或撤销。据1973年农林部召开的全国重点省（区、市）珍稀动物资源调查座谈会统计，全国自然保护区仅存十几处。1975年，国务院转发了农林部、四川省革命委员会关于四川省珍贵动物保护管理情况的调查报告，明确指出：在珍稀动物主要栖息繁殖地区，要划为自然保护区，加强保护区的建设。自然保护区建设工作逐步恢复开展起来。

党的十一届三中全会以后，我国自然保护区事业，进入了一个新的发展时期，各省（区、市）相继建立了一大批自然保护区。1979年全国已恢复和建立自然保护区48处，面积达150万公顷。为保护生物多样性，使自然保护区布局合理，全国农业区划委员会成立了由林业部牵头、有关部委参加的自然保护区专业组，开展全国自然保护区区划、建设工作。同年10月，林业部、中国科学院等8个部、委、局、院联合发出了《关于加强自然保护区管理、区划和科学考察的通知》。1980年9月专业组在成都召开了全国自然保护区区划工作会议，研究和部署了全国开展自然保护区区划工作的原则和步骤，这时，全国已有20个省（区）建立了自然保护区72处，总面积约200万公顷。

1983年8月，林业部在乌鲁木齐市召开了首次全国林业系统自然保护区工作会议，原则通过了森林和野生动物类型自然保护区区划方案，并提出对全国有典型意义、科研上有特殊价值、国际上有一定影响的56个自然保护区，报请国务院批准划为国家级自然保护区。此时，全国已建立自然保护区133处，总面积803万公顷。

随着我国改革开放的深入，在“七五”、“八五”期间我国的自然保护区事业得到很大的发展。全国已建立的各种类型的自然保护区达574个，总面积为6112万公顷。在“九五”期间，通过贯彻党的十五大和江总书记关于“再造一个山川秀美的西北地区”的指示精神，进一步促进了自然保护区事业的发展。全国林业系统主管的森林生态系统、濒危物种、重要湿地、自然历史遗迹的自然保护区总数达 633 个，其中国家级自然保护区 94 个，特别是森林生态系统类型的自然保护区，卓有成效地保护了全国 2000 万公顷生物多样性最丰富、科学和历史价值最高、生态效益最好的精华部分。这些自然保护区的建立，已经收到了较好的生态效益、社会效益和经济效益，日益显示出它在保护和改善我国生态环境中的重要地位和作用。

（二）建设自然保护区是保护生态环境的重要举措

1. 自然保护区建设是我国重要的生态工程

全国自然保护区的面积已达 6100 多万公顷，其中 80%以上的保护区较好地保护了森林植被和原始森林，已经成为我国保护面积最大、森林植被完整和生态效益最好的生态工程。甘肃省将祁连山265.3万公顷水源涵养林划建为自然保护区后，有效地防治了水土流失，农业连年丰收，使河西走廊经济不断发展。四川省卧龙自然保护区有面积 20 万公顷，其中原始森林 8 万公顷，不仅对长江中上游的水土保持和成都平原的农业生产起着重要作用，而且水电部门利用保护区的水资源，建立水电站两座，装机容量 32 万多千瓦，年利税数亿元，这充分反映了保护区的生态效益和经济效益。

2. 自然保护区保护了各类典型的生态系统

我国现有的森林、湿地和野生动植物类型自然保护区，主要是在有代表性的典型生态系统和物种资源较为丰富的地区建立的，其保护对象基本涵盖了现存的各类生态系统、主要的湿地生态系统、珍贵濒危野生动物、候鸟和有主要经济与科研价值的野生动物及其栖息地、典型植被及有价值的植物原生地以及少数珍贵自然历史遗迹地等。我国著名的林区，如大小兴安岭、长白山、秦岭、天山、祁连山、贺兰山、神农架、武夷山、井岗山、西双版纳、滇西北、川西北、梵净山、尖峰岭等，都建立有森林生态系统和野生动植物类型的自然保护区。我国的主要湖泊、沼泽和滩涂，如洞庭湖、鄱阳湖、青海湖、兴凯湖、微山湖、镜泊湖以及山东的长岛和黄河三角洲、吉林的向海、贵州的草海、黑龙江的扎龙、海南的东寨港等，都建立有以保护湿地生态、水禽（候鸟）、红树林等为主的自然保护区。据有关资料统计，我国陆地（含湿地）生态系统共有 27 个大类、460 个类型，其中得到自然保护区保护的占 1/3 以上。特别是森林生态系统的 16 个大类、185 个类型几乎都建有自然保护区。这充分证明，森林、湿地和野生动植物类型自然保护区，在保护整个生态系统方面起着重要作用。

3. 自然保护区保护和恢复了生物物种

我国生物多样性十分丰富。全国有记录的哺乳类、鸟类、爬行类、两栖类野生动物有 2340 种，高等植物约有 3 万种，分别占世界总种数的 10%和 12%。据初步调查，现有保护区保护的野生动物和高等植物种类分别占全国的 80%和 60%以上。国家重点保护的 300 余种珍贵濒危野生动物、132 种珍贵树木和其他多种珍贵濒危植物及其生境，都得到保护区的有效保护，使我国一些濒临灭绝的珍稀野生动物，如大熊猫、大象、金丝猴、羚牛、马鹿、野驴、熊、朱鹮、丹顶鹤等，以及 50 多种珍贵树种，如水杉、银杉、金钱松、水松、油松、台湾杉、银杏、珙桐、水青树、香果树等，都程度不同地得到了恢复和发展。自然保护区已成为天然的物种基因库。

（三）积极加强资源保护，发挥自然保护区的多种功能

为使自然保护区在保护自然资源、生态系统和生物多样性方面发挥更大的作用，林业部门和地方各级政府，做了大量工作，取得了显著成绩，主要表现在：

1. 加强自然保护区的保护管理

1980 年以后，一些省（区、市）人民政府把自然保护区建设和管理摆到重要的议事日程，主要领导亲自过问这项工作。江西、新疆、黑龙江、四川等省（区）人民政府设立了专门的自然保护区办公室或自然保护区管理处，加强了自然保护区的管理。进入 90 年代，在党中央、国务院和各级政府的重视和关心下，林业部、省（区、市）林业（农林）厅（局）、地区（市）林业局、县林业局和自然保护区管理机构，形成了自然保护区管理体系。各自然保护区设有管理机

构，设立了公安局或派出所和基层保护站，基本实现了管理科学化、制度化，管理水平不断提高。各自然保护区、特别是国家级保护区普遍建立了保护管理工作岗位责任制，制定岗位规范、奖惩标准等，使保护区管理人员责权利结合。到目前为止，全国从事自然保护区的人员达 1.5 万多人，其中大中专毕业生约占 10%，为保护国家主要的野生动植物资源及其栖息环境作出了重要贡献。

为了加强自然保护区的法规体系建设，我国先后颁布了《中华人民共和国野生动物保护法》、《森林和野生动物类型自然保护区管理办法》、《自然保护区条例》及《国家级自然保护区建设工程标准》、《国家级自然保护区申报评审办法和标准》等有关自然保护区管理的法规和行业标准。各省（区、市）对自然保护区管理也作出了相关规定，颁布了地方自然保护区的管理法规。许多自然保护区还据此制订了本保护区的管理办法，自然保护区建设与管理做到有法可依，有章可循，促进了自然保护区的建设和发展。

自然保护区在加强区内保护管理的同时，十分重视对保护区周围地区进行有效的管理，严格保护。各地普遍在保护区入口处设立管理站，严格控制非法入区人员；一些国家级保护区还建立了跨省、地区、县之间的联防保护组织，实施"无乱砍滥伐、无乱捕滥猎、无毁林开荒、无森林火灾"的承包责任制；有条件开展旅游的保护区，还划定了旅游线路和旅游点、控制旅游人数，有计划、有限制地开展旅游，有效地防止森林火灾、防止对资源的破坏和对环境的污染。

2. 积极保护国宝大熊猫

大熊猫是我国的国宝，深受世界人民喜爱，曾多次作为我国的友好使者展出，被我国政府作为国礼赠送给美国、日本、德国、法国等 9 个国家，增进了同各国人民的友谊，对宣传我国的自然保护事业起到了积极作用。我国大熊猫仅分布于四川、陕西、甘肃三省的岷山、凉山、邛崃山、大小相岭和秦岭等部分地区，濒临灭绝的危险，被世界自然保护联盟列入《世界濒危物种红皮书》。

新中国成立以来，我国政府对保护大熊猫十分重视。早在 1950 年 5 月，中央人民政府政务院颁布的《关于稀有生物保护办法》中明文规定，禁止任意捕猎松潘等地的大熊猫。1962 年，我国首批公布的保护动物名单中，大熊猫被列为国家一级保护动物，禁止捕猎。1963～1992 年，我国先后在四川、甘肃、陕西省大熊猫主要分布地区，建立了 14 处大熊猫自然保护区，面积达 8234 平方公里。1974 年，岷山东部几种大熊猫主食竹同时开花枯死，面积达 5250 平方公里，局部地区大熊猫死亡率很高。1983 年，邛崃山地区又有 2000 平方公里的竹子开花枯死，严重威胁到大熊猫的生存，引起了我国政府的高度重视，也受到了国际社会的普遍关注。党中央、国务院责成林业部和产区省共同组织抢救，并拨出专款用于抢救工作。林业部和受灾的省地县及保护区层层建立抢救大熊猫领导小组，在灾区第一线成立了 57 个专业巡护、救护队、监测站及 26 个医疗小组，积极开展抢救工作。为了及时发现和抢救病饿大熊猫，在灾区普遍建立了保护大熊猫责任制，承包面积达 80%以上。大规模抢救工作结束后，国际每年还继续拨出专款，用于野生种群的保护工作。1983～1996 年，全国共抢救病饿伤大熊猫 186 只，成活 134 只，其中 60 只放归野外。

为了更好的保护大熊猫，1974～1977 年我国组织了约有 3000 人参加的大熊猫数量和栖息地调查，当时估算其数量在 1000～1100 只。1985～1988 年，在世界自然基金会的协助下，又组织四川、陕西、甘肃三省各级林业部门和保护区，开展了第二次全国性大熊猫资源调查，结果表明，大熊猫栖息地面积为 13 900 平方公里，数量稳定在 1000 只左右，同时出版了《中国大熊猫及其栖息地综合考察报告》，制定了《中国大熊猫及其栖息地保护管理计划》。通过两次调查认识到，保护大熊猫的根本措施就是要保护其赖以生存的栖息环境，建立自然保护区对有效的保护大熊猫起到了至关重要的作用。经国务院批准，林业部中国保护大熊猫及其栖息地工程于 1992 年正式开始实施。该工程在完善已有的 14 处大熊猫保护区的基础上，新建 14 处大熊猫保护区，建立 13 条种群间走廊带，32 处栖息地管理站，搬迁一批森工企业，扶持当地群众的生产生活，减轻对大熊猫的生存压力，从而可使 50%的大熊猫生活的保护区内，95%的大熊猫得到有效保护。到 1997 年底，已新建保护区 11 处，使大熊猫保护区总数达 25 个，面积为 10 726 平方公里。为加强工程的领导，林业部会同国家计委、科委、财政部、建设部、环保局和四川、陕西、甘肃三省人民政府负责同志组成了大熊猫工程领导小组，林业部在保护司设立了工程办公室。通过在全国 32 个大熊猫产区县建立保护站，加上现有 25 个保护区的 1200 名工作人员，全国上下形成了机构完整、功能较为齐全的保护管理体系。在新建大熊猫保护区过程中，国家投入 6000 万元，用于一个林场和一个森工企业转产，安置转产职工 2200 人。全国现有 25 个大熊猫保护区都制定了总体规划和管理计划，下达了基本建设投资计划，多数保护区的建设已初具规模，从而使大熊猫分布区形成了保护区群，野外大熊猫及其栖息地得到了有效保护，其种群数量趋于稳定。

3. 建立湿地自然保护区，保护湿地生物多样性

湿地是地球上具有多功能的独特的生态系统，是自然界最富生物多样性的生态景观和人类社会赖以生存和发展的环境之一。我国由于复杂的地理环境和多样的气候条件，其湿地是亚洲湿地类型最齐全、数量最多的国家之一，全国湿地面积达 6300 万公顷，占世界湿地面积的 10%以上，为世界第四位，占亚洲湿地 20%以上，其中沼泽 1100 万公顷、湖泊 1200 万公顷、滩涂和盐沼地 210 万公顷等。根据气候区域差异、地貌组合不同、生物区系的相似性及生物多样性的丰产程度，将我国湿地分为东北湿地、华北平原与山地湿地、长江中下游湿地、杭州湾以北滨海湿地、杭州湾以南沿海湿地、云贵高原湿地、蒙新干旱湿地和青藏高原高寒湿地等。中国湿地是中国生物多样性的重要标志之一，内陆湿地有高等植物 1500 多种，其中濒危植物有 100 种以上，高等动物约有 1500 种。在这些湿地中，有水禽约 300 种，约占中国鸟类的 1/4。中国部分湿地还是南北半球候鸟迁徙的重要中转站或唯一的越冬地。在亚洲 57 种濒危鸟类中，我国湿地占有 31 种。许多湿地不仅具有净化水源的作用，而且还为人们提供休养、文化娱乐、观光旅游及教育科研的场所，其生态效益和社会效益是多样和巨大的，为此，中国在保护湿地生态系统及其多样性方面，作了大量而卓有成效的工作。

建立各种湿地类型自然保护区，是保护湿地生态系统和湿地资源最有效的措施之一。林业部门于 1979 年在黑龙江扎龙建立以保护水禽为主的湿地保护区以来，经过近 20 年的努力，到 1997 年底，已建立了不同湿地类型的自然保护区 75 处，其中国家级湿地保护区 13 处，有效地保护了我国多类型的湿地生态环境和一大批珍稀、濒危物种。如湖南东洞庭湖保护区，面积 19 万公顷，有各种鸟类 153 种，每年冬季有候鸟达 1000 多万只，是亚洲最大的鸟类栖息地之一。江西鄱阳湖保护区，每年记录在此越冬的白鹤有 2000 多只，占全世界总数的 95%以上。保护区内保护的一些水禽，有许多为我国所特有，如黑颈鹤、中华秋沙鸭等，有些为世界性的珍稀濒危物种，如全世界 15 种鹤中，中国就有 9 种，中国还有世界 5 种天鹅中的 3 种。保护区的建立，为生态环境建设和保护生物多样性作出了贡献。

为发展湿地保护事业，我国积极参加国际湿地保护组织，编制了湿地保护行动计划。1992 年 7 月 31 日，中国正式加入《关于特别是作为水禽栖息地的国际重要湿地公约》（简称湿地公约或拉姆萨公约），使我国的湿地保护步入了新的发展阶段。在加入《湿地公约》的同时，我国将黑龙江扎龙、吉林向海、江西鄱阳湖、青海鸟岛、湖南东洞庭湖和海南东寨港 6 个自然保护区列入了《国际重要湿地名录》，并根据缔约国大会建议案，编写了扎龙、东洞庭湖和鄱阳湖 3 个自然保护区的管理规划。1994 年，我国的湿地保护纳入了《中国 21 世纪议程》第一批优先项目。1996 年，在《湿地公约》第六届缔约国大会上，我国又将山东黄河三角洲、辽宁双台河口自然保护区和上海崇明岛纳入了亚洲—澳大利亚涉禽保护区网络，这对我国湿地保护和维护全球候鸟迁徙路的完整，具有十分重要的作用。在我国政府决定加入《湿地公约》时，国务院就明确由林业部负责组织、协调有关工作。1994 年 9 月，由林业部牵头，成立了有外交部、农业部、建设部、国家环保局、国家海洋局等 17 个部门组成的编制《中国湿地保护行动计划》工作领导小组，并由各部委组织人员进行编写工作。在有关部委、科研院校和国际组织的支持下，林业部多次召开会议，并于 1998 年完成了《中国湿地保护行动计划》，提交国务院审批。为了弄清我国湿地的类型、分布、面积、特征和利用方式等状况，1996～1998 年，我国全面开展了湿地资源的调查工作，为保护湿地生态系统及其物种和遗传多样性，合理利用湿地资源，提供了依据。

为争取国际援助，加强我国湿地保护工作力度，开展了全球环境基金中国湿地生物多样性和可持续发展项目（简称 GEF 湿地项目）的申请工作。整个项目将通过培训、能力建设、区域划分、管理计划的制定和实施、改变当地社区经济活动等，达到加强湿地管理和合理利用的目的。1996年5月，林业部与湿地国际、世界自然基金会、联合国计划开发署合作召开了“申请湿地生物多样性前期准备项目的研讨会”，1996年12月，全球环境基金会为GEF湿地项目B项提供前期工作费33.7万美元，使中国GEF湿地项目于1997年7月正式启动。按照项目要求，林业部安排了黑龙江三江平原、江苏盐城、湖南洞庭湖、四川和甘肃若尔盖等四块湿地作为备选示范区，吉林向海、辽宁双台河口、山东黄河三角洲为项目的后备示范区，经过两年的努力，该项目建议已于1998年提交全球环境总部审批，可望获得1000多万美元的捐赠。通过该项目的实施，将为中国乃至整个亚洲的湿地保护和合理利用提供成功的示范经验。

4. 利用全球环境基金建设具有示范意义的自然保护区

为了引进国外的先进技术和先进经验，我国利用全球环境基金提供的赠款，实施了中国自然保护管理项目。该项目着重于提高自然保护区的管理技能、人员素质、野外保护水平以及管理的有效性。主要目标是：尝试在组织、规划制定、技术开发、信息管理以及把当地社区结合到自然保护区管理方面，采用先进的具有创新性的方法，建设一批具有示范性的、重要意义的自然保护区，促进全国自然保护区管理水平的提高，加强生物多样性的保护。

该项目从1990年开始准备，于1991年提出项目建议书，经过我国多方争取和中外专家的评估，1995年5月获得GEF理事会的批准，并由世界银行代管理。1995年6月世界银行执行董事会批准了该项目。项目总预算为2360万美元，其中GEF赠款1790万美元，是我国生物多样性保护方面所获得的国际赠款资助的一个较大项目。

根据项目要求，林业部选择了不同类型并在全国具有代表性的自然保护区参加项目管理，主要有：云南西双版纳，江西鄱阳湖，福建武夷山，湖北神农架，陕西的佛坪、周至、牛背梁、太白山国家级自然保护区及陕西长青林业局等。为实施项目取得经验，1995年10月、11月，首先在神农架、佛坪国家级自然保护区进行了项目试点工作，整个项目于1996年全面展开。经过几年来项目的实施，取得了明显成效。

通过制定和实施新的保护区管理规划，资助保护区的设施、野外巡护装备，提高了管理规范性和野外保护的有效性，扩大了自然保护区内和邻近地区的社区在自然保护的规划制定和管理方面的参与性。在社区结合进行保护的过程中，使社区不仅参与保护活动，同时也参与保护管理的决策，大大提高了社区群众的保护意识，使各项目保护区的保护工作得到加强，使多数保护区实现了森林资源和物种数量的双增长。

为保护好秦岭的大熊猫，停止了陕西长青林业局的森林采伐，将其管理的林地划建为一个国家级自然保护区，纳入项目管理，核心区面积为1.1万公顷，实验区为2.9万公顷，并由项目投资，采用新建企业等方式，安置了转产职工。该项目通过编制管理计划，开展本底调查，配备必要设备，培训保护人员，对核心区实行优先保护，使大熊猫种群趋于稳定。在实验区内，通过制定和实施新的经营方案，开展迹地更新造林，恢复植被，促进天然林的永续利用。

在实施项目过程中，建立了培训机构，对中央、省和自然保护区各级人员提供900人/月的培训，提高了生物多样性的管理技能，特别是通过编制全国自然保护区系统的保护计划，进行生物多样性保护政策的研究，从而促进了保护区的组织建设，提高了保护机构的能力。

各项目自然保护区，利用项目提供的仪器设备、数据库结构、数据分析和信息管理方面的技术援助，建立信息系统，开展科学研究、实施综合性的监测和评价，使各项目保护区提高了科技管理水平，为加强全国自然保护区的管理起到了示范作用。

5. 开展科学研究，抢救濒危物种

新中国成立以来，特别是党的十一届三中全会以来，随着自然保护区的迅速发展，有关省（区、市）林业厅（局）邀请大专院校、科研机构及外国专家，利用保护区得天独厚的条件，采取多方集资、广泛协作的办法，对全国几十个重点自然保护区进行了综合考察，基本查清了自然资源本底，出版了考察报告专集。同时，有200多个自然保护区进行了专业考察，对保护区的生态系统、生物物种的分布、数量、种群结构、自然演变规律以及人为活动所造成的直接和潜在的影响等进行科学考察，为自然保护区的建设积累了宝贵资料，为制定保护管理工作方针、政策、管理计划等提供了科学依据。

各地保护区，在资源考察的基础上，普遍开展了科学研究，特别是在繁育珍稀野生动植物方面取得了重大进展。四川卧龙自然保护区的大熊猫研究中心，通过人工饲养繁育攻关，1991～1997年，共繁殖大熊猫16胎24仔，成活14仔，建立了世界最大的人工种群，受到国内外的高度评价。安徽的扬子鳄保护区人工饲养扬子鳄的研究达到了国际水平，其种群由原来的200多头增至4000多头。海南的坡鹿、江苏的麋鹿也分别由建立保护区初期的26头、39头增加到500多头和300多头。黑龙江扎龙、贵州梵净山等保护区在丹顶鹤等濒危物种繁育和生态系统自然演替方面的研究，取得了令人瞩目的成绩。辽宁双台河口自然保护区在1990年发现大面积黑嘴鸥繁殖种群后，开展了科学研究，解开了世界上100多年未解开的黑嘴鸥繁殖之谜。浙江百山祖冷杉林自然保护区，开展了冷杉的专题科研，取得重要成果，受到了国际组织的关注。

吉林长白山、福建武夷山、广东鼎湖山等自然保护区设立了科学定位研究站，开展了长期定位科学研究。湖北神农架、四川卧龙、吉林向海等自然保护区设立了气象观测站、水文观测点、植物群落定位标(样)地、动物数量与分布情况统计路线等，对保护区的资源与环境进行监测研究，积累了生物多样性变化资料，为科学管理自然保护区提供了可靠依据。

6. 积极开展国际合作与交流

中国实行改革开放政策以来，林业部代表中国政府积极参加了有关野生动植物、自然保护的国际组织和国际公约，相继加入了《濒危野生动植物种国际贸易公约》、《关于特别是作为水禽栖息地的国际重要湿地公约》。《国际自然与自然资源保护联盟》、《人与生物圈计划国际协调理事会》，参加了《保护生物多样性公约》的起草；还分别同日本和澳大利亚签订了《中日候鸟保护协定》和《中澳候鸟保护协定》；同美国内政部签署了《中美自然保护区议定书》；与世界自然基金会(WWF)和湿地国际(WI)分别签署了谅解合作备忘录等。1992年，林业部同世界自然基金会在北京召开的中国自然保护区优先领域研讨会，确定40处具有国际意义和100处具有国家意义的自然保护区为优先领域。到1997年止，我国有10处国家级保护区参加了“国际人与生物圈保护区网络”，有7处湿地保护区纳入了《国际重要湿地名录》，有7处保护区分别加入了“东北亚鹤类保护网络”和“东亚—澳大利亚涉禽保护网络”。中国自然保护工作者先后对美国、加拿大、澳大利亚、日本、新西兰、英国、德国等十几个国家的自然保护区(或森林公园)进行考察，也邀请一些国际的同行代表世界自然基金会来中国考察访问。

通过上述活动，我国不仅承担了国际义务，了解了世界自然保护区的管理现状和科技成果，而且还引进了外资，扶持中国自然保护区的建设。如林业部和世界自然基金会合作在四川卧龙建立的“保护大熊猫研究中心”，由该基金会提供基建投资和科研设备150万美元；由全球环境基金赠款1790万美元，在中国开展“自然保护区管理项目”，由德国政府无偿援助1000万德国马克，支持中国大熊猫保护区的建设，仅1992年以来，就获得国内外的捐款达2080万美元和191万人民币，这些合作项目将对今后自然保护区建设起着十分重要的作用。

7. 开展多种经营活动，促进社区的经济发展

在党的改革开放政策指导下，许多自然保护区为了增强自身活力，在保护资源和环境的前提下，积极进行资源的合理开发利用，兴办旅游业，发展小水电，开展种植业、养殖业等多种经营活动，以提高保护区的自给自养和发展活力。吉林的长白山、四川的九寨沟、浙江的天目山保护区通过开展旅游，年收入均在1000万元和几百万元以上；四川卧龙保护区，利用区内的水资源，通过贷款兴建了一座装机容量为2.4万千瓦的水电站，待归还贷款后年收入可达1000万元以上。广东车八岭、广西大明山、湖北神农架、山东长岛等许多自然保护区在开展多种经营活动、增强自我发展活力方面，都取得了成功经验。

我国大多数保护区内有群众居住，山林资源是他们世世代代生产生活的主要来源，这是我国自然保护区不同于其他国家的主要特点。因此，许多地方的保护区在开展自然保护活动中，十分重视安排好区内外群众的生产生活，不断提高他们的生活水平。福建武夷山自然保护区，建区18年来，主动帮助区内外群众解决毛竹发展和利用问题，村民的人均收入由建区前的204元提高到1996年的3500元；龙栖山、梅花山保护区内的村民收入，也都有所提高，1996年的人均收入，分别达到2800元和2000元。四川的九寨沟保护区，通过开展旅游，当地群众的收入从80年代初期的几百元提高到3000多元。湖南的桃源洞自然保护区指导和扶持当地群众种植珍贵药材，群众收入显著增加。“中国自然保护区项目管理”的几个保护区，通过开展社区共管活动，当地群众不仅提高了生活水平，而且大大增强了保护意识，自觉地参与保护工作。

（四）中国自然保护区面临的形势和任务

新中国成立后，特别是改革开放以来，中国的自然保护区事业有了长足发展，已经在保护自然资源、保护生物多样性、保护濒危物种和改善生态环境方面显示出重要作用和广阔前景。但由于这是一项新兴事业，处于初期阶段，在前进的道路上还存在不少矛盾和困难，主要表现在：一些地方的领导对建设自然保护区重要性认识不足，对一些已划建的保护区所需的投资和事业费没有纳入国民经济和社会发展计划，加之资源有偿使用机制难以实现和国家对自然保护区缺少必要的优惠政策，严重制约了自然保护区事业的发展；随着国民经济的快速发展，人口不断增加，自然资源和生态环境的保护同开发利用的矛盾日趋突出；不少自然保护区现行管理体制与机构设置不合理，影响保护区管理工作的正常开展；对一些有重要保护价值的地区，尚未划建自然保护区进行保护，在我国未能形成类型齐全、分布合理、覆盖完整的自然保护区网络。

为了加快中国自然保护区事业的发展，针对上述存在的矛盾和困难，今后一个时期我国自然保护区建设的主要任务是：

1. 纳入计划，强化管理

这是我国自然保护区事业能否得到巩固和发展的关键所在。各级政府要根据国务院颁布的《自然保护区条例》的规定及《中国21世纪议程》、《中国生物多样性保护行动计划》等的要求，进一步解决认识问题，将自然保护区建设作为国家的主要生态工程，纳入国民经济和社会发展计划，建立正常的投资渠道，在巩固和提高现有自然保护区的同时，有计划的划建新的自然保护区，争取用10年左右的时间，在全国基本建成类型齐全、布局合理、等级完善、面积适宜的保护区网络，使我国自然保护区总数达到1000个，总面积占国土面积的10%以上。

2. 建全法制，严格管理

各级政府要根据国务院《自然保护区条例》和我国颁布的有关法律法规，制定地方的保护区建设管理的具体规定和措施，建立健全公安机构，做到有法可依、有人执法、有效管理。对非法侵占、破坏保护区的违法犯罪行为，要严格依法查处。要进一步明确保护区的山林权属，解决好自然保护与发展农业、牧业的矛盾。对已经建立的保护区不得划为风景名胜区，使自然保护区能较好的发挥三大效益，为改善我国生态环境、实现可持续发展服务。

3. 完善体制，实行分级管理

各地要根据自然保护区的规模、任务、等级和特点，建立与之相适应的管理体制与管理机构。根据我国的国情，自然保护区拟实行以省（区、市）为主，中央、省、地、县分级管理的体制。对少数特别重要、具有国际影响并能在全国起示范作用的自然保护区，建立县一级机构，由中央林业部门主管；一般省级保护区和地、县级保护区由所在地（市）、县（市）林业主管部门管理。

4. 调整政策，发展产业

我国是发展中国家，经济实力不强，完全靠国家拿钱发展自然保护区事业是困难的，也是不现实的。对今后保护区的建设，要调整政策，改变过去封闭式的管理办法，应实施“以保护为根本，以发展促保护，保护与发展并重”的方针，走中国式发展自然保护区的道路。由国家建立有偿使用资源的机制和优惠政策，帮助自然保护区兴办各种产业，以增强自我积累、自我发展的活力，开创我国自然保护区建设的新局面。

（执笔人：赖炳辉）

六、森林公园

党的十一届三中全会以来，各级林业部门解放思想、转变观念，改变林业单一生产模式的束缚，调整林业产业结构，拓宽林业生产门路，积极发展林业多种经营，兴办林业第三产业，众多的国有林场充分利用其范围内丰富的森林旅游资源，建设森林公园，发展森林旅游。森林公园作为国家生态环境建设的组成部分，已被列入中国环境保护白皮书。森林公园作为人们了解、鉴赏和享受自然的地方，已引起广大人民群众的普遍关注。森林旅游业作为一项新兴产业，已成为林业行业新的经济增长点。

（一）发展历程

1982年9月，国家计委批复同意建立湖南张家界国家森林公园，揭开了中国森林公园事业的序幕。回顾历史，中国森林公园事业大致可分为以下几个阶段：

1980～1991年为酝酿、起步、探索阶段。林业部于1980年发出《林业部关于风景名胜区国营林场保护山林和开展旅游事业的通知》，要求风景名胜区的国营林场和有条件的自然保护区，要根据具体情况，报请本省林业（农林）厅（局）批准，采取不同形式积极开展旅游事业。之后，林业部在调查全国国营林场风景资源情况的基础上，于1981年在山东泰安召开部分国营林场座谈会，研究如何利用风景资源开展旅游的情况；在北京邀请有关单位，座谈讨论了兴办森林旅游的重要意义、兴办方式等，提出了森林旅游坚持积极试办、量力而行的原则，初步选定北京云蒙山、松山，广东流溪河、南昆山、大岭山，山东泰山，湖南张家界、南岳8个国营林场进行首批试点，采取部、省、林场联办的方式，将森林旅游作为国营林场的一个多种经营项目，单立账目，独立核算。经过积极工作，1982年6月湖南省人民政府向国务院提交《关于请求批准将国营大庸张家界林场建成国家森林公园的报告》，1982年9月国家计委批复同意建立张家界国家森林公园，我国第一个国家森林公园正式成立。不久以后，林业部投资与有关省市联营共同兴建了张家界、天童、楼观台、千岛湖、嵩山、琅琊山、泰山、流溪河、黄山等森林公园。1987年林业部在广东召开了国营林场森林旅游汇报会，进一步明确了兴办森林公园、开展森林旅游的指导思想，提出了加强经营管理，提高森林旅游经济效益和运用国家的法规、政策，维护国营林场合法权益的总要求。

1992～1995年是大发展时期。1992年邓小平视察南方讲话以后，各地旅游事业发展迅速。林业部及时抓住这一有利时机，把建设森林公园、发展森林旅游作为林业改革开放的重要内容来抓。1992年6月，林业部在北京召开了部分省、市林业厅局长参加的森林旅游座谈会，成立了林业部森林公园管理办公室。会后，又发出《关于进一步加快森林公园建设的通知》，同年8月还在大连召开了全国森林公园暨森林旅游工作会议，全面分析了森林公园与森林旅游业在新形势下面临的新任务，会上明确提出"凡是森林环境优美，生物资源丰富，自然景观和人文景观比较集中，具有观赏、文化、科研价值和一定规模，经过保护管理、合理经营和适度开发后可供人们游览、观光、休息、疗养或进行科研、教育的国营林场，都要首先建立森林公园"。在各级党政领导的高度重视、支持下，各地建设森林公园、发展森林旅游的热情高涨，仅1992、1993两年林业部就批准建立森林公园250处。

1996年以后是规范管理阶段。在前几年的大发展过程中，主要立足于发展经济，许多地方为了取得短期的经济效益，出现了破坏自然景观和自然环境的现象。为了及时遏制这种现象的蔓延，林业部及时提出了森林公园建设上档次、管理上水平的总体思路，要求注重规划、强化管理、优化服务、争创高效，在全国范围内开展创建"文明森林公园"的活动，树立典型，1997年评选出全国森林公园十大标兵。

(二)主 要 成 绩

森林公园已形成体系,初具规模。截至1998年底,经林业部批准建立国家森林公园295处,经营面积500多万公顷,全国共建立森林公园810处,经营面积700多万公顷。这些森林公园包括了高山、峡谷、火山、草原、沙漠、温泉、海岛、城郊等多种类型,从全国范围看,已基本形成了以国家森林公园为骨干,国家、省级和县市级森林公园相结合的全国森林公园体系。许多省的森林公园体系构筑完善,浙江省以浙西、浙东、浙北、浙南四条旅游线为主,以千岛湖、天童、雁荡山等9处森林公园为重点,形成"四线九重点";甘肃省以兰州为中心,辐射状发展森林公园,已经初见成效,吐鲁沟、兴隆国家森林公园已经成为兰州市区重要的旅游景区;广西壮族自治区以桂林、柳州、南宁三大城市为中心,11个重点森林旅游县为亚中心,依托铁路干线、国道和高等级公路,已经基本形成全区森林公园发展格局。

森林公园行业管理已基本走上法制化、规范化的轨道。1994年初,林业部颁布实施了《森林公园管理办法》,明确规定:森林公园管理机构对依法确定其管理的森林、林木、林地、野生动植物、水域、景点景物、各类设施等,享有经营管理权,其合法权益受法律保护,任何单位和个人不得侵犯;禁止在森林公园毁林开垦和毁林采石、采砂、采土以及其他毁林行为;任何部门、任何单位都不得改变森林公园管理机构的隶属关系。森林公园建设与管理做到了有法可依。为了进一步规范森林公园的建设与旅游开发,林业部明确提出:在景观资源利用上,要突出生态旅游的特点,以保护为主,保护与合理开发相结合;在建设重点上,要以旅游热线为主,老区与新区建设相结合;在景点开发上,要注重地方特色,以自然景观为主,自然景观与人文景观相结合;在客源市场上,要以国内游客为主,国内旅游与国际旅游相结合;在旅游内容安排上,以宣传科普知识为主,把知识性、趣味性与参与性有机结合起来。

森林公园的人才培养、对外交流已经展开。为了尽快解决森林公园建设过程中的人才短缺问题,各地采取培训与培养相结合,大胆地走出去、请进来。林业部举办的森林公园管理干部岗位培训班已培训近500人次,许多省(区、市)森林公园主管部门也组织了导游培训班、服务人员培训班等。众多的森林公园,为了招募人才、培训人才,不惜财力、物力。广东流溪河国家森林公园建园15年来,已经投入100多万元,累计培训职工500多人次,引进一批专业人才,为公园的建设作出了很大贡献。中国林学会成立了森林公园与森林旅游分会,组织了学术交流和专题讨论,为行业管理工作提供了决策参考。部属六所林业院校设立了森林旅游专业,中南林学院培养的森林旅游专业硕士生已经走上工作岗位,森林公园与森林旅游高级人才正在发挥作用。

以森林公园为基础的森林旅游业已呈现出林业支柱产业的光辉前景。实践证明,建设森林公园,发展森林旅游业,不仅可以保护和发展森林资源,而且具有可观的经济效益和社会效益。1992~1997年,我国森林公园接待游人的年增长率在15%以上,年旅游收入增长率达30%以上。1997年,森林旅游接待人数和森林旅游直接经济收入分别达到5211万人次和7.8亿元。北京市森林旅游业收入已占全市国有林场经营收入的1/3以上,森林旅游业已逐步成为我国林业新的经济增长点。

(三)主 要 经 验

十多年来,各地在森林公园建设过程中,创造性地开展工作,取得了很大成绩,积累了不少成功经验:

领导重视是森林公园发展的关键。森林公园是林业的一项新兴事业,各级党政领导是否重视,关系森林公园事业的成败,林业系统内部是否重视,关系森林公园工作成效的大小。福建、湖南等省党政主要领导亲自到森林公园视察、现场办公,解决森林公园发展过程中的实际困难,有力地促进了森林公园的发展。广西壮族自治区林业厅把建设森林公园、发展森林旅游作为振兴林业的重要措施,狠抓落实,他们在抓好森林风景资源清查的基础上,编制了全国第一个省级森林公园与森林旅游发展规划,并积极工作,将11个县的旅游局并入林业局,实行两块牌子、一套人马的管理体制,保证了林区县的森林公园建设与森林旅游业的健康发展。山东省蒙阴县委提出"人民公园人民建",各有关部门大力支持蒙山国家森林公园的建设，电力部门把高压电送到了景区、景点，交通部门修通了县城至公园的柏油公路，邮电部门解决了程控电话通讯，文化、宣传部门拍摄了蒙山电视风光片，编发了专题新闻报道，使蒙山的知名度大为提高。

自力更生，多渠道筹集资金是建设森林公园的有效途径。森林公园大多地处山区，是在过去生态性国有林场的基础上建立起来的，底子薄，资金缺口大。十几年来，广大公园职工本着"穷熬没有盼头，苦干才有希望"的信念，以拼搏求发展，探索出了一条自力更生、艰苦奋斗的公园建设之路。山东腊山国家森林公园，在工人没有工资发放、银行没有贷款的情况下，硬凭广大干部职工的肩扛背驮，铺设了两条上山游道，修复了 12 处景点和 500 余级盘山道，使森林公园很快具备接待条件，仅 1998 年森林公园收入达到 300 万元以上，创造出了被林业部推广的"腊山模式"。许多森林公园充分利用本身的资源优势，走开放办公园之路，以开放促开发，森林公园建设步伐明显加快。

突出特色、拓宽市场、以个性吸引游人是森林公园生存的前提。森林公园有特色才有优势，森林公园有个性才有生命力。森林公园的自然性、野趣性、真实性、科普性是我们的特色。近几年来，各级林业部门十分重视就地取材，因地设景，依托大环境，开展特色旅游，取得了良好效果。河南省南湾国家森林公园，利用修建南湾水库后形成的岛屿和候鸟来此越冬的条件建设鸟岛，开展观鸟活动，深得广大游客的喜爱。北京小龙门森林公园，利用自身资源优势和地处大城市边缘的优势，开展科普旅游，吸引大中专学生前去参观实习，经济效益和社会效益显著提高。

正确处理保护与开发的关系，是保证森林公园发展的基石。森林公园既不是森林和公园的简单叠加，也不同于一般的城市公园，既带有很强的自然保护性质，又不等同于一般的自然保护区。国有林场建为森林公园以后，停止或限制木材采伐，保护了现有资源，控制了污染，治理了环境，实现了生态、社会、经济效益的有机结合。江西婺源县自 1988 年建立灵岩洞森林公园以后，县政府以布告形式公布，在全县划出禁伐区百万亩，相继建立自然保护小区 188 处，使全县生态环境得到明显改善，森林旅游人数不断增加。广东肇庆市政府为了建设龟顶山森林公园，搬迁了规划范围内的工业企业，使森林公园真正成了一片供人休憩的"净土"。另一方面，由于森林公园开发森林旅游，取得了一定的经济效益，弥补了因停止营林生产造成的资金不足，消除了破坏森林资源的客观因素。十几年来的实践证明，森林公园内丰富的森林风景资源、优美的森林环境，是森林公园生存的基础，反过来，开发森林旅游又是森林资源保护的一种积极有效方式。

森林公园是我国林业改革、发展的新事物，目前正处在蓬勃发展的阶段。根据我国森林公园发展的实际情况，依照我国林业"九五"计划和 2010 年远景目标纲要，规划到 2000 年，全国森林公园要达到 1000 处，经营面积达到 900 万公顷；到 2010 年，全国森林公园总数达到 2000 处，经营面积 1900 万公顷。为实现上述目标，今后要进一步强化管理，加强法制建设，理顺管理体制，确保森林公园快速、健康、持续发展。（执笔人：胡春姿）

七、防治荒漠化

荒漠化是发生在干旱、半干旱及亚湿润干旱地区的一种土地退化现象。前些年，在中国广泛使用的"沙漠化"实际上是荒漠化中的一种，是在沙质土壤条件下经风力侵蚀形成的一种土地退化现象，即沙质荒漠化。实际上，荒漠化的内涵要比沙漠化广泛得多，在我国，荒漠化的主要类型有以风力侵蚀为主形成的风蚀荒漠化，以水力侵蚀为主形成的水蚀荒漠化，以冻融等物理作用为主形成的冻融荒漠化和以化学作用为主形成的土壤盐渍化等。

（一）我国荒漠化的基本概况

我国是一个自然条件较差的国家，有近 2/3 的陆地面积被山地和丘陵所覆盖，特别是在西北大部、华北北部和东北西部，分布着大面积的干旱半干旱地区，这里深居大陆腹地，远离海洋，加上层层山脉的阻隔以及青藏高原的屏障作用，使得这一地区成为地球上同纬度最为干旱、生态环境最为脆弱的地区。降水稀少、大气干燥、强风劲吹，形成了大面积的沙漠、戈壁、盐渍化及风蚀残丘等。1994～1996年，由林业部组织在全国范围进行了有史以来首次沙漠、戈壁及沙化土地普查，查清了我国沙漠、戈壁及沙化土地的基本状况。据普查，我国沙漠、戈壁及沙化土地总面积为168.9万平方公里，其中沙漠47.65万平方公里，戈壁69.59万平方公里，其他沙化土地51.66万平方公里。在此基础上，按照国际上对荒漠化公认的定义及指标，经过对普查成果及有关政府部门进行的相关专业的调查、清查及详查成果进行分析转化，编制了百万分之一中国荒漠化土地分布图，提出了客观反映我国荒漠化概况的基本数据。1997年5月8日，林业部通过中外记者新闻发布会的形式将我国荒漠化的基本状况公开发布。

根据《联合国防治荒漠化公约》规定的有关指标，我国荒漠化土地面积为262.2万平方公里，占我国国土面积的27.3%。其中：风蚀荒漠化土地160.7万平方公里，水蚀荒漠化土地20.5万平方公里，冻融荒漠化土地36.3万平方公里，盐渍化土地23.3万平方公里，其他原因引起的荒漠化土地21.4万平方公里，分别占荒漠化土地总面积的61.3%、7.8%、13.9%、8.9%和8.1%。

我国荒漠化土地主要分布在新疆、内蒙古、甘肃、青海、陕西、宁夏、河北、山西、西藏9省(区)(占全国荒漠化土地总面积的99.3%)。此外，在山东、辽宁、四川、云南、吉林、海南、河南、天津、北京等省(市)也有连片或零散分布。

在荒漠化土地中，荒漠化覆盖的主要土地利用类型有，退化草地为105.2万平方公里，退化耕地7.7万平方公里。此外，还有1000多平方公里的退化林地。

(二)荒漠化对我国社会经济的危害

荒漠化对国民经济建设及人民群众的生存环境造成了极为严重的危害，成为这一地区生态环境及经济发展的毒瘤。

1. 给人们的生活与生存带来直接危害

据调查，全国有5万多个村庄和城镇经常受到荒漠化的危害。如内蒙古鄂托克旗30年间流沙压埋房屋2200多间，迫使700多户村民迁移他乡；内蒙古乌兰察布盟后山地区因草场严重退化，丧失生存条件，170多户农牧民被迫迁往别处；甘肃民勤县中渠乡由于沙化和盐碱化，全乡6660多公顷耕地有5300多公顷撂荒，全乡1.4万人，最近5年间，就迁走了3000多人。地处塔克拉玛干沙漠南缘的皮山、民丰两县因风沙危害，县城先后两次搬家，策勒县城则搬了三次。

1993年5月初发生在西北地区的一次特大沙尘暴，危害范围波及4个省(区)40万平方公里，造成85人死亡，31人失踪，264人受伤，损失牲畜12万头(只)，农作物受灾面积33.7万公顷，直接经济损失5.4亿元。据甘肃环保部门测定，最近10年间，沙尘暴在甘肃省的降尘量达3750多万吨，其中1993年5月初一次沙尘暴就在甘肃境内降下了1240万吨沙尘。据统计，50年代以来，西北地区造成重大损失的沙尘暴有70余次，近年来又呈现愈加频繁的趋势。

2. 造成土地质量下降，可利用土地资源锐减

据全国普查，荒漠化地区的退化草地已达1.05亿公顷，占草地总面积的56.6%；退化耕地770多万公顷，占耕地面积的45.5%，超过江苏、广东两省耕地面积的总和。新中国成立以来，有67万公顷耕地、235万公顷草地完全变成流沙。据测算，因草地退化造成的损失相当于每年少养绵羊5000万只，荒漠化造成粮食每年减产30多亿公斤。

3. 对大中城市、工矿及国防设施造成严重威胁

据调查，西安、兰州、乌鲁木齐、呼和浩特、银川等数十座大中城市长期受到风沙危害，沙尘成为这些城市大气环境的重要污染源。1979年4月，一场沙尘暴使南疆铁路沙埋67处，中断行车20天，西藏拉萨机场每年因风沙天气，飞机返航、停飞造成的直接经济损失达72万元。此外，有数千座水库，5万多公里灌渠被泥沙淤积或沙埋，黄河16亿吨泥沙中有相当一部分来自荒漠化地区。

“风沙紧逼北京城”的局势仍未从根本上改变。卫星相片显示，在内蒙古浑善达克沙地，由于过牧造成沙丘活化，7年间流沙面积几乎增加了1倍，由

18.55 万公顷增加到 35.86 万公顷。在河北坝上与内蒙古南部交界处,在卫星相片显示的 92.13 万公顷范围内,流沙面积扩大了 6.62 万公顷,比 7 年前几乎扩大了一倍,流沙随着森林的砍伐在向北京方向推进。值得警惕的是,这些地区处于北京的上风向,地势高出北京 1000 多米,具有丰富的沙源。因此,在冬春季节的强劲西北气流作用下,对北京乃至整个京津唐地区构成严重威胁。

(三)防治荒漠化的主要措施与成效

我国人民具有与荒漠化抗争的久远历史。特别是新中国成立以来,党中央、国务院对防治荒漠化十分重视。从 50 年代起中国科学院就组织了沙漠考察,1958 年国务院主持召开了西北及内蒙古六省(区)治沙会议,1959 年成立了中国科学院治沙队,掀起了群众性治沙热潮。但是,有计划、有组织地大规模开展全国性防治荒漠化工作则始于 90 年代。1991 年和 1993 年国务院先后在兰州和赤峰两次主持召开全国防沙治沙大会,江泽民总书记和李鹏总理先后致信大会。兰州会议以后,国务院批复了《1991～2000 年全国治沙工程规划要点》,从而把防治荒漠化纳入国民经济和社会发展计划。随后,林业部根据规划要点编制了《1991～2000 年全国治沙工程规划》(以下简称《十年规划》)对 2000 年以前全国防沙治沙工作做了具体安排。1994 年,国务院领导决定林业部为全国防治荒漠化工作的归口管理部门,使我国防治荒漠化工作从各部门单独作战阶段进入到多部门、多行业相互协作,联合作战的阶段。

《十年规划》从防、治、用三个方面对全国防沙、治沙工程进行了全面部署。防,就是对具有潜在荒漠化危险、但尚未荒漠化的土地通过采取各种预防措施,使其不发展成荒漠化土地;治,就是对已经荒漠化的土地扭转其退化过程,使其恢复生产力;用,就是合理适度利用土地资源及其他各种资源,使其发挥巨大的经济效益。在以防为主的原则下,在不同气候类型区设立重点治理县(以下简称重点县)和试验示范基地(以下简称示范基地)作为重点工程进行建设。

围绕上述三个方面,经过几十年的不断探索和艰苦努力,我国广大科技工作者和人民群众,创造并总结出许多符合国情、各具特色的荒漠化防治技术,并结合各地的具体条件,对这些技术进行集成、组装、配套,创建了许多治理与开发的成功典型,取得了丰硕的成果,积累了丰富的经验。

1. 成熟实用的技术

目前,围绕荒漠化防治三大目标即"防、治、用"的各项技术措施已日臻成熟,形成了荒漠化防治的技术体系。

(1)植物固沙技术。植物固沙是控制和固定流沙最根本且经济有效的措施。经过几十年的不懈探索,我国在植物防沙治沙方面已经取得了长足的进展。如干旱、半干旱地区人工造林技术,从树种选择、配置及营造、营林等方面的问题都已基本解决。再如,适合于半干旱地区的径流造林技术、适合于半湿润—半干旱地区的两行一带式林分配置技术、适合于干旱—极端干旱区的窄林带、小网格绿洲防护林网技术等都是应用广泛、效果明显的植物治理技术措施。飞播造林种草技术是广泛应用于半湿润—干旱地区的一种重要的人工造林种草技术。目前我国在飞播造林种草方面已积累了丰富的经验,初步形成了一个比较完整的技术体系。"八五"期间,我国沙区飞播造林种草面积达 31.3 万公顷,取得了良好的效益。封沙育林育草技术是我国广泛应用的在人工辅助下恢复天然植被的一项主要技术措施,"八五"期间全国防沙治沙工程完成封沙育林育草面积 121.6 万公顷,取得了非常好的效果。甘肃省敦煌县的荒漠植被经过封育,植被恢复很快,生态环境明显好转,原先由于生态环境恶化,被迫迁往他乡的群众又重新迁回原址。

(2)工程固沙技术。是指利用柴草、粘土、树枝、板条、卵石及其他材料,在沙面上设置沙障或覆盖沙面,或采用各种阻沙、导风措施,将上风向来沙阻挡在远离防护区的地段,或将风沙流导向防护区的下风向的技术措施。工程防沙措施具有收效快的特点,因此通常适用于流沙危害严重的交通线、重要工矿基地等地区,并常与植物治沙措施相配合。

工程防沙措施主要有三种:一是采用各种材料将流沙表面全部覆盖,使沙质地面与风的作用完全隔绝,广泛使用的材料有作物秸秆、砂砾石、粘土等。二是在流沙上设置机械沙障,以降低地表风速,削弱风沙活动,目前多采用半隐蔽式草方格沙障及砾石沙障、粘土沙障等。其中,草方格沙障在我国北方各沙区应用最广，是固定流沙、稳定沙面经济有效的工程固沙措施。草方格沙障不仅能起到固沙作用，而且可以保护随后栽植播种的固沙植物免受风蚀和沙埋，同时还可改善沙地水分状况，有利于植物的成活和生长。三是采用各种阻沙、导风措施，将上风向来沙阻挡在远离防护区的地段，或将风沙流疏导至保护区的下风向，以防止积沙。通常采用阻沙栅栏、阻沙网等设施。阻沙措施一般用于沙源丰富地区和风沙流盛行的地区，作为保护机械固沙带和植物固沙带的外围屏障。

40年来，包兰铁路中卫段畅通无阻的事实及塔里木盆地沙漠公路的安全运营，表明我国的工程固沙技术已经相当成熟。

(3)化学固沙技术。是在流动沙地上通过喷洒化学胶结物质，使其在沙地表面形成一层有一定强度的防护壳，隔开气流对沙面的直接作用，减低沙面的摩擦、提高沙面抗风蚀能力，达到固定流沙的目的。化学固沙收效快，一般多用于风沙危害造成重大经济损失的地区，如机场、铁路、公路等。化学固沙常与植物固沙相配合，作为植物固沙的辅助性和过渡性措施。常用的材料有沥清乳液和一些高分子聚合物，其中以沥清乳液应用最广。化学固沙技术在塔里木沙漠公路防沙中使用面积达2万平方米，发挥了巨大的效益。

(4)小流域综合治理技术。是以小流域为基本单元，进行农、林、水、牧总体规划。采用生物措施与工程措施相结合，实行综合治理。这项技术80年代初我国采用后，发展较快，成为目前我国水土保持领域采用的主要治理方式(技术)。

2. 成功的治理典型

通过对成功的治理技术进行集成、组装、配套，在不同类型区创建了一批生态环境明显好转、社会经济协调发展、人民群众生活水平大幅度提高的成功典型。这些成功的治理典型分别成为不同类型区荒漠化治理中借鉴和推广的模式，对于我国荒漠化防治将起到积极的推动作用。按半湿润干旱区、半干旱区和干旱区划分，目前各类型区的治理典型有：

(1)半湿润干旱区的治理典型——赤峰市。赤峰市位于毛乌素和浑善达克两大沙地的结合部。新中国成立前，生态环境极为恶劣，有87万公顷农田和467万公顷草牧场受到风沙严重侵袭，群众生活极为困苦。新中国成立以来，历届领导，带领各族群众，坚持不懈地治理沙害，使全市生态环境明显改善，群众生活水平大幅度提高。到1995年末，全市森林覆盖率从新中国成立初期的不足5%提高到21.2%(其中沙区达17.8%)，人均收入达1156元；1996年粮食总产量及牲畜存栏总数均为新中国成立初期的10倍。创造、总结了许多防沙治沙及生态建设的成功技术和经验。

(2)半干旱地区的治理典型——榆林地区。榆林地区地处毛乌素沙地南缘，土地沙化极为严重。100多年来，流沙吞没农田14万公顷，沙区6个城镇及421个村庄受到风沙侵袭或埋压，每年输入黄河泥沙1.9亿吨。

新中国成立以来，榆林人民向沙漠进军，固定流沙40万公顷。已有10万多户，60多万人在沙漠腹地开辟绿洲重建家园。沙区总治理面积达68.4%，全区粮食总产较50年代初期增长6倍，其中沙区人均占有粮高出全区100公斤，呈现出农林牧协调发展、人进沙退、林茂粮丰的喜人景象。

(3)干旱地区的治理典型——和田县。和田县位于塔克拉玛干沙漠南缘，受到流沙的严重侵袭。早在七八十年代和田县就创造了窄林带小网格的绿洲农田林网模式，到1983年全县实现了农田林网化，建起绿洲生态农业。和田县的治沙成就引起了国内外的高度关注，1989年被联合国环境规划署评为“全球环境500佳”，1991年又被评为“全国治沙先进单位”。进入90年代以来，和田县加快了巩固老绿洲、开发新绿洲的步伐，进一步完善绿洲防护体系。到目前，全县共建起农田防护林带近9000条，总长2400公里，用经济树种改造副林带1500条，建起了753公里的葡萄绿色长廊；搬掉沙丘(包)7800个，扩大绿洲耕地5733.3公顷。与1978年相比，粮、棉、畜产(数)量分别增长了103%、88%和124%，人均产鲜果238公斤，为沙漠绿洲建设提供了宝贵的经验。

(4)交通干线防沙典型。我国在以工程(机械)治沙措施为主，工程措施与生物措施相结合，保护穿越流动沙漠的铁路、公路等交通干线不受流沙危害，保证交通干线畅通方面积累了丰富的经验，取得了巨大的成绩。在这方面最成功的例证是包兰铁路的防沙体系及塔克拉玛干沙漠公路的防沙体系。

在包兰铁路银川—兰州段，有六处穿越腾格里沙漠，总长达40公里，部分地段沙丘起伏很大，流沙危害极为严重。经过不断探索，通过在铁路两侧合理布设不同规格的人工沙障、高立式栅栏和植物聚沙堤、在沙障间栽种固沙植物等一系列综合防护措施，从50年代末包兰铁路建成通车至今，保证了铁路畅通无阻，安全运营，创造经济效益近百亿元。

塔克拉玛干沙漠是我国最大的沙漠，也是世界第二大流动沙漠，面积达33万多平方公里，素有“死亡之海”之称。近年来，随着沙漠石油勘探的进展，塔里木盆地(含塔克拉玛干沙漠)探明的石油储量不断增加，有可能成为我国下个世纪油气资源的接替区，修建横穿塔克拉玛干沙漠的沙漠公路在90年代初已经成为一件刻不容缓的事情。但是面对最大起伏达70～200米高的流动沙丘，修建一条长约数百公里、横穿沙漠腹地的等级公路，是一件史无前例的艰巨工程，而公路防沙体系则成为修建防沙公路的先决条件。科技人员充分总结包兰铁路防沙工程的经验，经过多次试验，制定出符合塔克拉玛干沙漠环境条件的沙漠公路防沙体系。从1993年沙漠公路动工到1995年全线贯通，在以芦苇为主构成的草方格沙障，并配以高立式栅栏共同形成的防沙体系的保护下，几年来，全长522公里(其中穿越沙漠446公里)的沙漠公路畅通无阻。

从国内外防治荒漠化的传统技术水平来看，我国总体上处于国际先进水平，在局部领域甚至达到国际领先水平。如植物固定流沙技术、干旱绿洲防护林营造技术、半干旱地区径流造林技术、流动沙地飞播造林种草技术、铁路及公路防沙技术均达到国际领先或国际先进水平。特别是在赤峰、榆林、和田这些面积都在上万平方公里的大范围，经过对一系列技术的集成、组装、配套，成功地创造了荒漠化防治的现实模式，表明我国在荒漠化防治技术及整体水平方面的水平与实力。

当然，荒漠化防治是一项巨大的社会生态系统工程，受到社会经济发展水平和自然环境条件的严重制约。所以，目前我国荒漠化的防治技术，尤其在高新技术方面，与国外先进水平尚有一定的差距。如以色列等国的节水灌溉技术，俄罗斯和美国等国的化学固沙技术以及美国、加拿大和西欧一些国家先进的防侵蚀耕作技术等，虽在我国已开始应用，但还处于初期阶段，尚不广泛。通过这些先进技术的广泛应用，必将提高我国荒漠化防治技术的整体水平。

几十年来我国在荒漠化防治实践中取得了一系列成功的经验和技术模式，对我国防沙治沙工程建设起到了巨大的推动作用，在国内外产生了积极的影响，引起了广泛的关注，为荒漠化防治奠定了坚实的基础。

正是在这些成熟而实用的技术的支持及成功治理典型的带动下，进入90年代以来，我国防治荒漠化工作取得了重大进展。在干旱、半干旱区创造了一个又一个人工绿洲。如今，在一些沙漠的边缘地区已经出现了人进沙退的可喜局面。在资金缺乏的情况下，90年代初至1998年底，仅林业部门完成的荒漠化治理、开发面积768.8万公顷，其中人工造林231.5万公顷、封沙育林育草254万公顷、飞播造林种草55.9万公顷、人工种草及改良草场106万公顷、治沙造田和改造中低产田70.8万公顷、种植药材及其他经济作物35.5万公顷、开发利用水面8.7万公顷、其他治理措施6.4万公顷，较好地完成了《十年规划》确定的任务。此外，农业、水利等部门在草原建设、水土保持方面都取得了长足的进展，使大面积的荒漠化土地得到治理。通过造林种草、飞播、封育等措施，使一些地区初步形成了比较完备的生态体系，农牧业生产条件明显改善，粮食产量持续大幅度增产，群众生活水平大幅度提高。

(四)防治荒漠化目前存在的主要问题

新中国成立以来，我们虽然在防治荒漠化方面做了大量的工作，取得了举世瞩目的成绩，但我国荒漠化在总体上仍呈扩展趋势，70年代以来沙化土地每年在以2460平方公里的速度扩展。造成荒漠化持续扩展的原因很多，主要包括人为因素和自然因素。自然因素的作用主要有气候的干旱化以及这些地区自然环境极为脆弱，一旦破坏又极难恢复。人为因素是造成荒漠化扩大的主要原因，也是荒漠化防治工作中遇到的主要问题：

1. 过度放牧

据全国普查结果分析，在导致我国沙化土地继续扩展的诸多原因中，过度放牧引起土地沙化的比例最大，成为导致土地沙化的最主要因素。例如，内蒙古自治区80年代中期全区草地的理论载畜量为4215万个羊单位，而实际载畜量为5600万个羊单位，超载率为33%。再以内蒙古锡林郭勒盟镶黄旗为例，1987～1989年，全旗平均理论载畜量为54万个羊单位，而实际载畜量为67.3万个羊单位，平均超载率近25%，特别是在干旱年分，草场生产力急剧下降，而牲畜数量却得不到及时调整。由于牲畜数量严重失控，草场超载过牧，导致了大面积的土地沙化。藏北高原之所以成为土地沙化的重点扩展区之一，其原因也是随着人口增长和经济的发展，草原过牧及鼠害等因素造成的。在内蒙古乌兰察布盟后山地区，过度放牧导致13.3万公顷的草地严重沙化，一些群众被迫迁往他乡。

2. 毁草毁林垦荒

据卫星遥感调查结果，黑龙江、甘肃、新疆、内蒙古4省(区)1986～1996年毁草垦荒117.2万公顷，而其中一半在开垦几年后撂荒，成为新的荒漠化土地。再如河北坝上地区，50年代后期至70年代末，共进行了三次大规模的垦草种粮浪潮，草场面积由原来的73.3万公顷下降到22.6万公顷，耕地则由原来的42.5万公顷增加到87.1万公顷。由于违背自然规律的滥垦，使原本就十分脆弱的生态环境失去植被的保护，在干旱、大风等恶劣自然条件的影响下，土地因风蚀严重沙化。仅张家口坝上4县就有66.7万公顷的草场和农田变成沙化土地，占坝上总面积的57.2%。

目前，在我国北方的许多地区，受短期利益的驱使，毁草毁林垦荒愈演愈烈。一些地方盲目垦荒种田，甚至在一些生态条件极为脆弱的地带，仍毁林开荒、毁草垦荒。由于生态环境的限制，以及被垦土地得不到必要的保护，几年以后，这些被垦土地即沦为新的沙化土地。

3. 乱采滥伐

荒漠化地区的植被多是重要的薪柴和药材资源。据有关资料，柴达木盆地原有固沙植被200多万公顷，到80年代中期，因樵采已毁掉1/3以上。新疆荒漠化地区每年需薪柴350万～700万吨，几乎全部采自沙区植被，从而造成大面积土地沙化。近年来在西北干旱区的无节制地乱挖甘草、滥搂发菜，已成为导致沙化扩展的重要因素。据有关资料，宁夏盐池县由于乱挖甘草破坏的草原就达20多万公顷，直接经济损失达3487万元。每年到内蒙古苏尼特旗和四子王旗搂发菜的不下10万人次，最多每天可达数千人，造成大面积草地沙化。

4. 水资源的不合理利用

新中国成立以来，特别是近年来，一些地区水资源的不合理利用导致了大面积的土地荒漠化，如塔里木河下游地区因农业过度用水，使输往下游的水量急剧减少以至断流，造成了下游地区植被的衰退、死亡及大片土地的沙化。英苏以下2万公顷草场被毁，天然胡杨林由5.4万公顷减少到1.6万公顷，长达180公里的“绿色长廊”濒临毁灭。

5. 投入力度不够

在工程建设上，目前存在的主要问题是投入力度不够，荒漠化土地治理速度过慢。防治荒漠化是公益性很强的活动，经济效益很低，甚至根本没有经济效益，加上荒漠化多发生在老、少、边、穷地区，地区经济比较落后，地方政府和当地群众很难拿出资金投入荒漠化防治。

(五)防治荒漠化对策

面对我国荒漠化总体上还在持续扩展的严峻形势，在思想上要有危机感和紧迫感，通过宣传教育提高人民群众的防治荒漠化意识，加强法制教育，完善法律法规，做到有法必依，执法必严，使防治荒漠化走上法制轨道。在工程建设上，必须用“大动作”、“新思路”，尽快遏制荒漠化持续扩展的趋势。

1. 积极防护

依据我国防治荒漠化破坏大于治理的实际情况，为防止产生新的荒漠化土地，必须从预防入手。把遏制荒漠化扩展的重点放在生态脆弱带的潜在沙化土地的防护上，恢复、增加和保护林草植被。由于这些地区的自然条件比较恶劣，一旦表土结构和地表植被遭到破坏，土地将会急剧沙化，并迅速蔓延。因此，对这类地区，必须发挥各级地方政府的行政职能，普及、推广合理利用土地、适度利用沙区资源的成功技术与措施，采取切实有效的预防措施，尽量避免新的沙化土地的产生。

2. 综合治理

主要是通过发动群众，动员各行各业，使全社会都来参与沙化土地治理，造林种草，恢复植被；对于因过牧导致的沙化草场以及盲目垦荒等造成的沙化土地，主要通过合理、适度利用土地，使退化草场得以恢复；对于偏远或近期难以治理的地段，主要通过封禁、封育等措施，使植被得到保护。治理的主要内容包括防护林建设、封沙育林育草、飞播造林种草等。

3. 适度利用

遏制荒漠化的扩展必须与沙区经济发展和人民群众的脱贫致富相结合。沙区有着丰富的矿产资源、旅游资源、动植物资源、风能和光能资源，随着经济的发展，要逐步加以开发利用。依靠科技进步开发利用沙区资源，这不仅关系到经济的发展，同时也是防治荒漠化的积极手段。开发利用的主要内容包括营造用材林、经济林、治沙造田、改造低产田、种植药材等经济作物、开发利用水面和加工工业等方面，逐渐建立起一批经济植(作)物培育基地和加工企业，开发出一批以沙区资源利用为基础的拳头产品，同时，逐渐开发利用沙区替代能源——风能、太阳能资源，以减轻由于过度采薪而造成的植被破坏，使沙区植被得到保护和恢复。

党中央、国务院对荒漠化防治工作极为重视。1997 年 8 月 5 日，江泽民总书记做出长篇批示：植树造林，绿化荒漠，再造一个山川秀美的西北地区。在党的十五次代表大会上，防治荒漠化又被写进十五大报告。有党中央和国务院的高度重视，有沙区群众迫切治理荒漠化的愿望和积极性，在技术上有广大科技人员多年来探索出的一整套成熟的防治技术做支撑，又有一批不同类型区的成功治理开发典型做示范，进一步做好荒漠化防治工作，再造秀美新山河的美好蓝图就一定能实现。（执笔人：杨维西）

八、国有林区森林经营

我国的国有林区，主要分布在东北的大兴安岭、小兴安岭、长白山、张广才岭、完达山脉和黑龙江、松花江、图们江、鸭绿江流域，西南西北的青藏高原、天山、秦岭、岷山和澜沧江、金沙江、怒江、雅砻江、大渡河、岷江、白龙江流域。国有林区天然林资源既是我国大江大河重要的水源涵养林，又是农牧业生产的重要生态屏障，还是国家最大的木材、林产品生产基地。

森林资源是再生性资源，森林更新是林木采伐后恢复重建再生产的基础，也是林区实现青山常在、永续利用和林业可持续发展的根本措施。国有林区森林更新、营林工作伴随着原始天然林区开发利用而进行，主要有人工更新、人工促进天然更新和天然更新三种方式。

（一）国有林区森林经营现状

截至 1998 年末，国有林区已建 138 个国有林业局，下属林场 1103 个，森林经营所 328 个，经营总面积 4440 万公顷，活立木总蓄积 28.22 亿立方米，有林地面积 2670 多万公顷，森林覆盖率 60.2%，年人工更新造林 26.67 万公顷，森林抚育 80 万公顷；经营苗圃 782 个，面积 6600 多公顷，年可供上山苗木 16 亿株，其中容器苗 2074 万株，苗木自给有余，至 1998 年末，已有 83 个国有林区标准化苗圃；经营母树林 14.2 万公顷，种子园 533 公顷；林区道路密度 2.2 米/公顷，建成“营林三站”（林木种子站、森林病虫防治检疫站、物候气象站）67 个。国有林区有 136 个林业局设营林处(科)，其中有 65 个为计、财、物管理相对独立的半全能营林公司(局、处)。营林系统固定职工 12.7 万人，占森工职工总数的 6%，其中中专 以上营林技术干部 6897 人，占营林职工 6%。新中国成立以来，国有林区累计采伐森林面积 1000 万公顷，完成迹地更新面积 980 万公顷。在 138 个国有林业局中有 94%实现了更新跟上采伐。其中甘肃省洮河林业局、吉林森工集团汪清林业局、龙江森工集团穆棱林业局经过 40 年科学经营，坚持实行采育结合，使森林资源蓄积量超过建局时的水平，实现永续利用。到 1998 年，已涌现出 29 个森林抚育百万亩国有林业局，17 个百万亩人工林国有林业局。

（二）国有林区森林经营的发展历程

1. 50 年代照搬苏联模式，重采轻育，营林摆不

上位置

1952 年,林业部发布了《关于加强和扩大森林更新和抚育工作的指示》。1955 年 3 月,林业部召开国有林区森林工业局长会议,明确森林工业部门的基本任务是,既要保证木材供应,又要为森林更新、扩大再生产创造良好条件,并制定了育林费征收办法,促进采伐迹地更新造林。但在实际工作中基本照搬苏联模式,森林经营粗放,森林采伐不分类型,一律采用大面积皆伐作业,主要依靠天然更新恢复森林资源,使采伐迹地难以及时更新。特别是 1958 年,片面追求木材产量,重采轻育表现得尤为突出,森工企业过量采伐,一些林场当年产量竟高达几十万立方米,迹地更新欠账严重。

2. 60 年代建立采育约束机制,营林工作开始起步并取得重大进展

进入 60 年代,党和国家领导人十分重视林区生产建设,亲自到林区视察、指导工作。1961 年七八月间,国家主席刘少奇同志视察大、小兴安岭林区,作了一系列重要指示。刘少奇同志 1961 年在东北、内蒙古林业工作会议上指出:森林采伐要实行轮伐的方针。按轮伐期生产很必要,不然只顾砍树,不顾更新,将来怎么办?同年,在内蒙古林区视察时又指出:山上的树砍了后要让它长起来,而且比原来的要长的更好。你们的任务,一个是生产,一个是更新。林业局、林场要有森工和营林两套机构,营林生产要有专业队伍……建营林村的办法很好,既利于国家又利于个人,林区的人就可以安下心来了。周恩来同志也于 1962 年指出:林业的经营一定要越采越多,越采越好,青山常在,永续利用。又说"用剃光头的办法采伐森林,采光了就走,修一条林区铁路废一条,这怎么得了!营林是建设社会主义,我们不能吃光了就算,当败家子。"

根据刘少奇同志指示精神,1961 年 12 月,由财政部、林业部联合发出通知,在东北、内蒙古国有林区的森工企业正式建立育林基金制度。这项制度明确规定每销售 1 立方米原木提取 10 元作为育林基金,实行专款专用。育林基金制度的实施,使国家后备森林资源的培育开始有了稳定的资金渠道。此后,国家相继发布了《东北、内蒙古林区国营森林更新工作试行条例》和《更新跟上采伐的标准》,要求各级林业部门全面加强森林更新工作。1964 年,林业部提出"以营林为基础,采育结合,造管并举,综合利用,多种经营"的林业建设方针。由于上述方针和规定的贯彻执行,有力地促进了国有林区的营林工作,采种基地、苗圃等营林基础设施开始建立起来,采伐迹地上出现了较大面积的人工更新,并开始大规模荒山荒地造林。以此为起点,国有林区开始扭转采育失调的局面。目前,国有森工企业的近熟林大部分为 60 年代营造的人工林,不少落叶松人工林已可接续采伐利用。

3. "文革"期间,森工管理权下放,营林生产严重滑坡

1967 年 10 月,林业部革委会将部属东北林业总局所辖吉林、内蒙古林业管理局分别下放给吉林省和内蒙古自治区管理。1968 年,又将部属东北林业总局下放。"文革"期间,整个国有林区营林生产遭到空前破坏,以营林为基础的林业建设方针遭批判,营林局(处)、森林经营所和营林村被解散。国有林区重现重采轻育的情况,更新跟不上采伐,采育失调的现象越来越严重。根据 1979 年森林更新普查,在国有林区 122 个林业局中,有 55 个林业局更新跟不上采伐,更新欠账 86 万公顷,而且人工更新成活率普遍较低。

4. 党的十一届三中全会以后,逐步恢复并建立营林管理体制,国有林区营林步人健康发展时期

1979 年国家恢复林业部后,直接领导和管理大兴安岭林管局,恢复对内蒙古、吉林、黑龙江、四川、云南、新疆等国有林区的基本建设投资、物资供应、木材生产和森林资源管理。大部分国有林业局恢复了营林机构,营林职能逐步加强,营林生产得到恢复和发展。为配合林价制度的建立,从根本上加强营林工作,林业部在吉林三岔子林业局试点,改革现行企业经营体制,实行以培育森林资源为目标的局(场)长任期责任制,把原来以原木生产为主体的统一核算体制,改变为分别核算森林资源培育、木材采运、木材加工三个阶段成本和盈亏的体制,简称"三段式"改革。1987 年,为了进一步加强国有林区营林工作,林业部出台了关于加强企业营林工作的 22 条规定,关于加快营林体制改革的 4 项规定,明确了营林计、财、物相对独立的营林管理体制,并强调营林部门要组建营林调查设计与检查验收队伍,将营林生产纳入企业经营指标内容之一进行管理。这一时期,采伐迹地人工更新比重明显提高,基本上做到了更新跟上采伐,荒山荒地造林步伐加快,人工造林的成活率、合格率、保存率大幅度提高，种苗等营林基础设施建设得到加强，抚育、改造受到重视，营林工作进入建国以来的第二个发展阶段。

特别是1998年开始，以天然林保护工程启动为标志，国有林区营林工作进入一个新的发展时期。进入90年代后，国有森工企业由于出现资源和经济危困，一些企业以“工资田（林）”、“就业田（林）”等形式，把大片林地分给职工经营，林区一些部门和群众也不断毁林开荒，国有森林资源遭到破坏。1996年，朱镕基同志考察四川森工企业时指出：要少砍树，多栽树，把“森老虎”请下山。1997年12月24日又强调：“马上停止采伐，变砍树为种树，变森工队伍为造林队伍。”1998年，《中共中央关于农业和农村工作若干重大问题的决定》中提出：依法保护森林，从现在起就要调整森工企业的主营方向，变伐木为营林，有计划地停止天然林采伐，切实保护大江大河上游的森林植被。这些都给我们加快森林更新、迅速恢复森林植被，提供了有力保证。

（三）国有林区营林工作主要做法与经验

1. 建立半全能营林管理机构，实行营林计、财、物相对独立管理

半全能的营林机构使营林生产有了组织保障，特别是在国有森工企业陷入“两危”困境期间，这种相对独立的半全能机构对减少育林基金被挤占挪用，保证营林生产正常进行发挥了重要作用。党的十一届三中全会以后，各国有森工企业相继恢复和完善了营林计、财、物相统一半全能营林公司（局、处），为营造林工作全面完成提供了组织保障。在1994、1995年召开的国有林区营林工作座谈会上，林业部进一步强调要建立健全半全能营林管理体制，加强营林公司体制改革试点工作。随后，云南省出台了强化营林工作的10条措施；黑龙江省森工总局巩固了所属4个林管局、40个林业局的半全能营林处，并在森工集团挂牌之时，成立森林经营公司；大兴安岭林业公司于1995年以地委、行署、管局名义联合召开所属10个林业局党政一把手、主管局长参加的会议，出台了加强企业营林工作的决定，推广了松岭、新林林业局森林经营公司的经验。

2. 建立育林基金制度，基本保证了森林恢复更新投入

国有林区维持营林生产的资金主要来源于育林基金。1961年开始执行育林基金制度，规定每立方米原木收入提取10元作育林基金。1987年林业部、财政部规定育林基金从木材销售收入的15%增加到21%，并开展林价试点工作。1993年育林基金增到26%，并在东北、内蒙古国有林区推行内部林价制度（折算为伐区森林资源计征林价款，并以森林培育费计列采运成本）。配合林价制度的建立与实施，东北、内蒙古国有林区推行了“上卖青山，下买青苗”的营林商品化改革制度，实行按质论价购买营林成果，营林部门依据营林生产任务从企业内部银行贷取营林经费，并按期以合格营林产品偿还营林经费。在资金使用上，改变了育林基金投入拨款制为内部贷款制，强化了资金有偿使用观念，提高了资金使用效益。

3. 实施《森林采伐更新管理办法》及与之相配套的森林经营规程，使营林管理步入法制化、规范化轨道

1987年，经国务院批准发布实施了《森林采伐更新管理办法》，规定了森林采伐（方式、年龄、采伐许可证）、森林更新（方式、质量）和罚则，要求人工更新当年成活率应当不低于85%，三年后保存率应当不低于80%。1989年，林业部又先后制订了《国有林区更新造林质量检查验收办法》和《东北内蒙古国有林区森林抚育、低产林改造检查验收办法》，1996年颁发了《国有林区标准化苗圃》（LY/T1185－96）。各林区和森工企业也相继制订和出台营林生产技术标准、规程和操作细则，四川、云南、甘肃等省总结完善了一套高山森林更新技术，黑龙江、内蒙古解决了大兴安岭高寒地区育苗和人工更新造林技术问题，提高了人工造林更新成活率和保存率。

4. 建立营林质量检查验收体系，保证更新造林成效

从1987年开始，国有林区自下而上成立了林场（森林经营所）、林业局、林管局三级营林质量检验队伍，形成了较完整的营林质量监督体系。同时，完善了检验制度和奖惩措施，实行营造林全面质量管理，并把营林质量检查结果作为支付营林费用的唯一依据和考核局（场）长政绩的重要内容，从制度上保证了营造林质量的稳步提高。

5. 建立营林生产局长负责制，将营林生产纳入企业综合指标进行考核

从1987年起，森工企业实行“六包三挂钩”承包经营责任制和企业进档升级考核制度，实行营林“一票否决”权。把完成营林生产数量、质量作为考核林业企业承包指标的主要内容，层层签订责任状，并严格检查考核和兑现奖惩。四川等南方重点林区把森工企业迹地更新及主要营造林指标，纳入省、地、县领导干部造林绿化目标责任制进行考核，并加强政府行为与行业管理。一些省(区)凭更新验收证签发采伐许可证或运输证，部分企业实行采、抚、造一条龙管理，按质量验收支付费用等管理办法，提高了森工企业营林工作的自觉性，促进了森工企业营林工作的发展。 (执笔人：胡培兴　周力军)

九、义务植树

全民义务植树运动是在邓小平同志亲自倡导下，由全国人民代表大会作出决议以后开展起来的。1981年四川发生了罕见的水灾，国民经济和人民生命财产遭受重大损失。水灾刚过，邓小平同志对当时任国务院副总理的万里同志讲：最近的水灾问题涉及到林业，涉及到木材的过量采伐。看来宁可进口一点，也要少砍一点。报上对采伐方式有争议，这些地方是否可只搞间伐，不搞皆伐，特别是大面积的皆伐。看来中国的林业要上去，不采取一些有力措施不行。他同时提出，是否可以建议全国人民代表大会通过一项议案，规定凡是有劳动能力的中华人民共和国公民，每人每年都要种几棵树，比如种三棵或五棵树，要包种包活，多种者受奖，无故不履行此项义务者受罚。国家在苗木方面给予支持，可否提出个文件，由人民代表大会通过施行或者人大常委会通过成为法律，及时施行。总之要有进一步的办法。根据邓小平同志的倡议，1981年12月，第五届全国人民代表大会第四次会议，通过了《关于开展全民义务植树运动的决议》(以下简称《决议》)。《决议》指出：“植树造林，绿化祖国，是建设社会主义，造福子孙后代的伟大事业，是治理山河，维护和改善生态环境的一项重大战略措施。为了加速实现绿化祖国的宏伟目标，发扬中华民族植树爱林的优良传统，进一步树立集体主义、共产主义的道德风尚，会议决定开展全民性的义务植树运动。凡是条件具备的地方，年满十一岁的中华人民共和国公民，除老弱病残者外，因地制宜，每人每年义务植树三至五棵，或者完成相应劳动量的育苗、管护和其他绿化任务。会议责成国务院根据决议精神制订关于开展全民义务植树运动的实施办法，并公布施行。”根据《决议》精神，1982年2月，国务院颁布了《国务院关于开展全民义务植树运动的实施办法》(以下简称《实施办法》)，进一步具体规定：“凡是中华人民共和国公民，男十一岁至六十岁，女十一岁至五十五岁，除丧失劳动能力者外，均应承担义务植树任务，各单位要将人数据实统计上报当地绿化委员会，作为分配具体任务的依据”，“此项义务劳动，限于用在本县、本市所辖范围，营造国有林和集体林”。要求各省(区、市)人民政府可以结合实际情况，制定实施细则。从此，全民义务植树运动以其特有的公益性、义务性、法定性在全国异常迅猛地开展起来。

为加强对全民义务植树运动的领导，1982年2月，国务院决定成立中央绿化委员会，1988年改称全国绿化委员会。由国务院领导同志、国务院有关部门和解放军三总部的领导同志组成。全国绿化委员会办公室设在林业部，下设3个组，即城市组、农村组、部队组。全国县级以上政府，部队军级以上单位，按照要求相继成立了绿化委员会。许多县团级以上单位和大型厂矿等，也都成立了绿化委员会或绿化领导小组，由主要领导人担任主任委员。各省(区、市)相继制定了开展全民义务植树运动的实施细则或条件。

我国的全民义务植树运动，不仅在国内得到广泛的响应，而且在国外也引起了强烈反响，得到有关国家有关人士的称赞。1982年，93岁高龄的世界著名林学家英国人理查德·岁克尔，给长期住在我国的路易·艾黎写信说：“新年之际，从中国传来了佳音，全国人民代表大会通过决议，号召十一岁以上的中国公民每年植树三至五棵。这对‘十年植树造林’的第一年(他曾向联合国倡议把1982年作为“十年植树造林”的第一年),对全世界,是何等光辉的榜样!”。澳大利亚植树协会,1982年专门开会介绍我国人民开展义务植树的情况,并号召人们向中国学习。这表明,全民义务植树在世界上产生了十分深远的影响。

《决议》及《实施办法》的颁布实行,在全国掀起了空前的植树造林活动,人们以极大的热情投身到绿化祖国、改善生态环境的运动中。邓小平同志对此项运动尤为关注,1983年3月12日植树节,小平同志在北京十三陵水库参加植树时指出:“植树造林,绿化祖国,是建设社会主义、造福子孙后代的伟大事业,要坚持二十年,坚持一百年,坚持一千年,要一代一代永远干下去。”在党中央、国务院的坚强领导和邓小平同志的关怀下,全民义务植树运动持续不断地向前发展。

(一)全民义务植树运动取得的成就

1. 加快了国土绿化进程

全民义务植树运动开展18年来,参加全民义务植树人数之多、行动之快、效果之显著,都是新中国成立以来绿化工作上所罕见的。全国累计义务植树300亿株,参加人数达60亿人次。近些年来,全国每年参加义务植树人数5亿多人次,年植树24亿多株。在全民义务植树运动的推动下,全国已有12个省(区)基本消灭了宜林荒山,我国造林绿化事业取得了令人瞩目的成就。

以义务植树为龙头,促进了城市绿化的快速发展。以大连市为例,1993年开始,通过全民义务植树运动,大力开展城乡绿化,共投资4.4亿元,绿化荒山5.8万公顷,建园林式村庄201个,花园式单位1041个;建成10个大公园,5个大广场和13条交通主干线的绿化改造任务;新增绿地313万平方米,铺草坪280万平方米。由于生态环境的改善,吸引了外商的投资兴趣,增强了投资者的信心。到1996年,大连外商投资企业猛增至5865家,协议外资103亿元,全市地方财政收入达56.7亿元。

2. 推动了部门造林绿化的建设

中共中央直属机关、中央国家机关和铁道部、冶金部、煤炭部、机械部、电子工业部、化工部、交通部、水利部、民航总局,石油、石化、有色金属总公司,中国人民解放军、中国人民武装警察部队等24个部门,相继建立了绿化委员会。各部门认真按照部门造林绿化任务分工负责制的要求,制定规划,增加投入,加强对绿化工作的领导,各部门已成为全民义务植树的一支生力军,造林绿化有了突破性进展。农垦、煤炭、轻工等部门共营造人工林180.5万公顷;铁路系统深入开展“万里铁路万里林”活动,绿化里程达2.37万公里;人民解放军在营区内外共植树1.7亿株,造林13.8万公顷,为地方义务植树2.29亿株。许多部队为地方的绿化工程建设,做出了突出贡献,受到了地方的赞扬。通过大量植树、种草,环境有了明显改善,多数单位做到了春有花、夏有荫、秋有果、冬有青,实现了三季有花四季常青的要求。

3. 促进了社会主义精神文明建设

开展全民义务植树运动,不仅是绿化祖国的社会大动员,同时也是极其生动的精神文明教育。每人每年栽3～5棵树,绿化劳动成果看得见,摸得着,寓教于形。各地把动员群众参加绿化美化家乡环境与绿化祖国联系起来,激发起全国人民的爱国热情。通过参加绿化祖国劳动、履行植树义务对培养有理想、有道德、有文化、有纪律的公民,起到很好的促进作用。1985年,中央绿化委员会第四次全体(扩大)会议,通过了《关于植纪念树造纪念林的倡议》,中央绿化委员会办公室、五讲四美三热爱活动委员会办公室联合发出了《关于宣传组织栽三棵纪念树活动的通知》。十多年来,许多地方的群众在生日、入学、毕业、入团、入党、参军、退伍、成年、结婚等有纪念意义的日子,种植各种纪念树和营造各种纪念林。1996年4月,有40多个国家和国际组织、地区组织的驻京大使、使节夫人、女外交官共150多人,在北京通县八里桥“三八”国际友谊林植树,把一份象征和平、友谊、发展的绿色礼物献给第四次世界妇女大会。1997年各地还纷纷栽植和营造香港“回归纪念林”和“回归纪念树”等,把物质文明建设同新时期精神文明建设结合起来,不仅增强了公民的绿化意识和环境意识,而且提高了环境质量。各种有意义的植树活动深受广大群众的欢迎,参加者十分踊跃,收到很好的社会效果,有力地促进了精神文明建设。

（二）全民义务植树运动取得的经验

1. 领导带头，以点带面

每年的3月12日是我国的植树节，从中央到地方各级党政军领导同志，带头执行全国人大决议，亲自参加和组织领导义务植树活动，特别是邓小平、江泽民等党和国家领导人，把每年春季参加植树活动作为固定的日程，不管工作多忙，都以普通公民的身份带头履行植树义务。据首都绿化委员会统计，1982年以来，中央各部委及市属机关有6120个单位，在北京郊区重点风景区和风沙危害区建立义务植树责任区，年年坚持义务植树，累计参加植树人数达149万人次，其中有3321名部级、4.3万多名司局级干部，带头参加春季、雨季、秋季植树绿化劳动。各级主要领导亲自组织动员，深入造林绿化现场，身体力行，发挥表率作用，有力地推动了全民义务植树运动深入持久地向前发展。1984年，中共中央、国务院在《关于深入扎实地开展绿化祖国运动的指示》中强调指出："要把植树种草、绿化祖国的责任放在各级党委、政府和所有单位领导干部的肩上。……这要作为一项制度，成为考核干部的一个重要内容。"各级党委、政府根据这一要求普遍实行了领导干部任期造林绿化目标责任制，层层分解指标，层层签订造林绿化责任状。通过领导办点，示范带动，指导面上工作。各级党政领导深入基层，包村包乡包县，包栽植，包成活，包管理，发动带领广大 群众实现造林绿化任务，真正做到"为官一任，绿化一方，造福一方"。截至1998年底，全国乡镇级以上领导干部共办绿化点23.5万个，造林410万公顷。通过办点，把一般号召与具体指导相结合，一级带着一级干，一级干给一级看，以点带面，有力地推动了造林绿化运动的开展。

2. 广泛宣传，深入发动

多年来各级绿化委员会都高度重视宣传工作，运用多种形式，与新闻、报纸、电视、电影、广播、文化艺术等宣传教育单位一起，大张旗鼓地宣传绿化祖国的重要意义。宣传开展义务植树、部门造林绿化和城乡造林绿化的大好形势。宣传全国各地造 林绿化中涌现出来的绿化先进人物、劳动模范和先进单位的模范事迹，弘扬他们艰苦创业、无私奉献的崇高精神。与此同时，还大力宣传党和国家有关保护森林、发展林业、绿化国土的政策和法律法规。宣传造林绿化的任务和本世纪的奋斗目标。宣传有关科学知识，树立爱护林木绿地光荣、破坏林木绿地可耻的公德意识。全国绿化委员会办公室，创办了《国土绿化》杂志和《绿化简报》，与中央电视台联合开办了《绿化天地》固定电视栏目。通过宣传教育，使全国各地形成领导亲自抓，广大群众自觉植树种花种草、爱护树木花草的良好社会风尚。

3. 建立基地，保证成效

各地在实践中不断总结经验。从建立义务植树基地入手，逐步形成义务植树"基地化、规范化、制度化、科学化"一套完整的组织管理体系。各地根据本地区自然社会条件，建立了不同类型的义务植树基地。一是建立较长期相对固定的基地。这种类型是在有较大面积荒山或荒滩的大中城市郊区，以部门或系统为单位，由当地绿化委员会办公室，按各部门、系统应尽义务植树人数，分别划定义务植树基地。如北京市根据城市人口多、机关单位多、城镇绿化标准高、郊区绿化任务重、难度大的特点，以提高北京城市居民义务植树尽责率为中心，将驻城区的中央、市属单位（包括大专院校），除留20%的人员负责本单位庭院绿化外，其余80%的人员安排到郊区参加重点风景区和风沙危害区绿化。按每人每年3～5株的任务，实行"三核一定"，即核实单位、核实人数、核实任务，划定一包到底的义务植树责任区，长期相对固定，包栽包活包管护。二是在小城市、小集镇周边荒山荒地上，由当地绿化办公室统一建立义务植树基地。组织有关单位、城镇适龄公民到基地植树，按各单位应尽义务植树的人数，划分地段，包栽包活，成活后交地权所有单位管护。三是结合各级领导办绿化点建立义务植树基地。这种形式不管是对造林绿化质量的提高和对造林绿化成果的巩固都有较好效果。如山东省枣庄市，从1989年起，市委、市政府、市人大、市政协、市纪委及军分区、矿务局的25个领导干部，在10个荒山大户乡镇办绿化点，并分别带领市直88个部门及所属的275个企事业单位，在绿化点建立了175个义务植树基地，面积近0.7万公顷，一定5年不变。四是办各类纪念林基地。如"三八"林、民兵林、入团、入党、参军、退伍、结婚、婴儿出生、骨灰安放等纪念林基地。至1998年，全国有义务植树基地14.3万个，造林352万公顷。

4. 采取多种形式履行植树义务

使用义务工。全国各地广大农村基本上都采用这种形式，即从每年农民应出的义务工中，拿出一定的工日，用于植树造林，履行义务。在各地消灭荒山、生态工程体系建设中起了重大作用。

交纳绿化费，以钱代劳。城镇部分单位由于直接参加植树有一定困难，按规定，可提出要求通过交纳绿化费，履行植树义务。1989年，中央绿化委员会、财政部、林业部联合颁发了《全民义务植树和国营企业、事业单位造林绿化资金的使用管理办法》，对交纳绿化费的有关问题做出了明确规定。许多省（区、市）依据这一管理办法制定了具体规定。据不完全统计，近几年全国每年收缴以钱代劳费1亿多元，这部分钱均实行专户存储和严格管理，主要用于造林绿化、苗木基地建设、绿化成果管护和表彰奖励等方面。宁波市1995年制定了绿化费征管办法，主要在城区范围收缴，按各单位年末在册人数，按每人每年10元的标准收取。收缴方式有三种：一是委托主管部门代收；二是直接上门收缴；三是由银行托收，1996年该市共收缴绿化费283万元。

以出运输工具、物资折算植树义务。城市绿化工程需要较多的运力和物料，一部分单位有运输力量和绿化工程所需材料、物资，经批准可以运力和物资顶替义务植树任务。如天津市1996年各单位出动车辆7000多台次，出各种物料价值22万元。

组织各类绿化活动。如共青团组织广大团员青年开展的"万里铁路万里林"、"绿化万里长征路"、"青年黄河防护林建设工程"等大型绿化活动。妇联组织广大妇女开展的"三八绿色工程"建设活动。上海市总工会号召开展的"十万班组十万树"活动，得到各工厂企业积极响应，用自己的工会会费，认种或认养一棵树、一条路、一块绿地、一片林等。

组织适龄中小学生，就近参加力所能及的植树、护绿、绿化宣传活动。如辽宁省组织广大青少年，在全省开展的"创建绿色经济实体"活动等。

此外，许多单位在已完成义务植树任务的情况下，还积极支持当地绿化工作。有些企业、宾馆、饭店把用于搞庆典活动的经费节省下来，认种、认养公共绿地，为绿化事业作贡献。如上海市华亭宾馆出资10万元，认种该市长宁区江苏路的行道树，以纪念其馆庆十周年。碧纯蒸馏水公司出资认养南京西路的行道树。春天百货公司选在3月12日植树节开业，并出资认养四川路的行道树等。

5. 建立义务植树登记卡制度

建立单位义务植树登记卡制度，是深入开展全民义务植树运动的一项重要管理制度。实行这项制度，有利于督促检查，加强科学管理，建立义务植树档案和提高义务植树尽责率，推动全民义务植树运动向纵深发展，成为考核各地、各系统、各单位完成义务植树任务的重要依据。1990年3月，田纪云副总理在全国绿化委员会第九次全体（扩大）会议上强调指出："在城市要全面实行义务植树登记卡制度"。全国绿化委员会根据这一要求，于1990年3月22日颁发《关于在城市实行义务植树登记卡制度的通知》。各省（区、市）绿化委员会按通知要求，结合本地实际情况，作出了安排部署。目前这一制度在县以上城市已初步建立起来。截至1996年底，全国已建立全民义务植树登记卡的县（市）有1642个，占全国县市总数的82.6%。

6. 表彰先进，树立典型

根据《实施办法》中"绿化委员会应当定期组织评比，成绩优异的，要给予表扬和奖励"的要求，经国务院同意，全国绿化委员会于1987年首次评选了全国绿化先进单位和全国绿化劳动模范。从1989年开始，每年评选一次全国绿化奖章获得者。并从1987年起，义务植树逢5周年、10周年评选一次全国造林绿化先进单位和劳动模范，并由全国绿化委员会、人事部、林业部联合表彰。从1994年开始，在全国开展了争创全国造林绿化"千佳村、百佳乡、百佳县、十佳城市"活动，16年来，共表彰了全国绿化先进单位1780个，全国绿化劳动模范和先进工作者993名。有3482人荣获"全国绿化奖章"。表彰了全国造林绿化十佳城市21个、百佳县212个、百佳乡（镇）220个、千佳村1977个。表彰全国部门造林绿化"300佳"和"400佳"单位646个。各级绿化委员会还相继开展了评选本地区、本部门的先进个人和先进单位的活动。

7. 充分发挥各级绿化委员会办公室的职能作用

全民义务植树运动是一项庞大的社会系统工程，涉及人员多、部门广、影响面宽，需要有健全的办事机构做组织领导、检查督促、宣传发动、表彰奖励和协调工作。多年来各级绿化委员会办公室，在本地区绿化委员会的领导下，开展了大量行之有效的工作，促使全民义务植树运动持续、健康的发展。实践表明，各级绿化委员会办公室在推进造林绿化事业中做出了不可磨灭的功绩。

开展全民义务植树运动，是邓小平理论在我国国土绿化建设事业上的具体体现，是针对国土绿化建设的艰巨性和长期性以及我国幅员辽阔、人口众多、经济文化比较落后的情况作出的英明决策。各级党委、政府和绿化委员会要遵循邓小平这一指导思想，进一步做好宣传发动工作，继续推进全民义务植树运动。巩固和扩大义务植树成果，提高义务植树的实效。同时，要进一步完善全民义务植树运动的有关法律、法规，增强执法手段和力度，减少或避免义务植树工作中的随意性和盲目性，使全民义务植树运动健康开展下去，为加速国土绿化进程作出更大的贡献。（执笔人：伍赛珠）

十、飞播造林

我国飞机播种造林（以下简称飞播）已走过了40多个春秋。1956年，在毛泽东同志“绿化祖国”的号召下，当时任广东省委书记、省长的陶铸同志，提出了用飞机播撒树木种子造林、加快荒山造林绿化的设想。广东省林业厅与广州军区空军合作，在吴川县覃巴乡和对面坡乡率先进行飞播造林试验，拉开了我国飞播造林的序幕。继而四川省林业厅与中国民航成都管理局，于1959年在凉山彝族自治州飞播云南松0.7万公顷首次获得成功，建成了我国第一片飞播林。为大规模开展飞播造林创造了经验，到1965年，飞播完成87 300公顷，飞播面积扩大近10倍。1966年又在贵州省独山县进行3300公顷科研性飞播。1974年，河北省隆化县飞播油松成功，为北方地区飞播造林积累了经验。截至1998年底，全国有26个省（区、市）的931个县（旗、市）进行飞播造林2000多万公顷，其中成林面积868万公顷，占新中国成立以来人工林保存面积的1/4，使全国森林覆盖率提高0.9个百分点。飞播造林为加快我国国土绿化步伐，改善生态环境，促进农村特别是山区、沙区经济发展作出了巨大贡献。

实践证明，飞播造林比人工造林有以下优势。一是速度快、省劳力。一架飞机一个飞行日可播种2667～3333公顷，相当于5000个劳动日的造林面积。二是投入少、成本低。40多年来，全国飞播造林的直接投入平均每公顷125元，加上后期管护费每公顷150～300元，约为人工林投入的1/5。三是能深入交通不便的偏远高海拔山区、沙区或人力难及的地方进行播种作业。四是采用多树种混播，可一次形成混交林，有利于改善当地的生态环境。

（一）飞播造林的作用

由于飞播造林有以上优势，我国虽然起步较晚，但是发展迅速，已成为加快我国造林绿化进程的重要措施，并取得了显著成就。

1. 加快了国土绿化进程

先期实现基本造林灭荒的广东、福建、湖南等12省（区），大面积的宜林荒山正是通过飞播造林实现绿化的。广东省为实施“五年种上树，十年绿化广东”的目标，加大飞播造林力度，累计飞播造林172万公顷，占同期人工造林面积的42%。广西壮族自治区在8年造林灭荒进程中，完成飞播造林393万公顷，占宜林荒山面积的61%，使全区森林覆盖率提高16.5个百分点。四川省凉山彝族自治州东西河地区，过去水土流失严重，洪涝频繁，1958年开始飞播后，到60年代末成林面积4万公顷，出现山青水碧、林茂粮丰景象。

2. 拓宽了造林绿化的地类

60年代以来，云南、贵州两省在高海拔地区飞播造林成功，共计飞播造林120万公顷。70年代以来，河北省在华北石质山区飞播25万多公顷。80年代初，陕西省在宝鸡等9个县（市）的黄土高原区，飞播造林成林面积5万公顷。内蒙古自治区在年降雨量仅200毫米的腾格里沙漠南沿，飞播造林也获得成功，飞播造林面积7万公顷。

3. 改善了生态环境，促进了群众脱贫致富

飞播林区在涵养水源、保持水土、防风固沙、改良土壤等方面，发挥了显著的生态效益，飞播林的综合利用为山区群众脱贫致富开辟了新的门路。内蒙古自治区伊克昭盟飞播18年，完成飞播治沙13.5万公顷，播区植被由原来的不足12%增加到现在的30%以上，形成大面积集中连片的混生群落，使347万公顷流沙得到治理。广西壮族自治区梧州地区以24万多公顷飞播林为主要原料，建起亚洲最大的松香厂和年产5万立方米的刨花板厂等加工企业，为山区群众脱贫、发展地方经济作出了贡献。

（二）飞播造林的经验

回顾40年来，我国飞播造林从失败走向成功，积累了较为丰富的经验。

1. 各级领导重视是飞播造林持续发展的根本

我国飞播造林，从一开始，就得到党中央、国务院的高度重视和关心，很多中央领导同志，先后对飞播造林作过许多重要批示，有力地保证了飞播造林事业的健康发展。特别是1982年，邓小平同志指示：空军要参加支援农业、林业建设的专业飞行任务，要搞20年，为加速农牧业建设、绿化祖国山河作贡献。并在林业部《关于飞机播种造林情况和设想的报告》上批示：每年4000万元，为数不大，完全纳入国家计划，地方做好规划和地面工作，保证质量。这个方针坚持20年，可能得到较大实效。从此，飞播造林列入国家计划，安排专项资金，进入有计划地快速发展的新阶段。

地方各级政府成立了由党政领导挂帅，民航、空军、气象、交通、公安等部门参加的飞播造林指挥部，加强领导，统一指挥。河南省委、省政府领导亲自深入飞播区视察后，决定每年省财政安排飞播造林投资300万元，大大加快了飞播造林的步伐。

2. 各有关部门密切配合是飞播造林不断发展壮大的关键

1982年前，我国飞播造林所需经费主要依靠地方财政自行安排，有钱多播，无钱少播或停播。为探讨飞播造林和飞播林抚育管理的经验，1981年和1982年财政部拨专款764万元，扶持14个省（区）开展扩大试验。1983年后，国家计委、财政部每年分别安排国家基本建设投资和中央财政事业费各1000万元。据统计，中央财政事业费共投入飞播造林资金1.5亿多元，国家林业基本建设资金投入1.3亿元。飞播造林由于中央专项资金的建立，吸引了7.9亿元的地方资金，云南、广西、河南等许多省（区）地方配套资金的比例超过中央资金的二三倍，极大地推动了飞播造林的全面发展。

中国民航是我国飞播造林事业的主力军。40多年来，中国民航先后组建了13个飞行队，装备近200架飞机，累计飞行11.3万多小时，作业面积2000多万公顷，占全国飞播造林作业面积的80%以上。其中，南方航空公司从60年代以来，累计飞播37 864架次，51 250小时，飞播作业面积1276万公顷，占同期全国飞播总面积的50%以上，为广东、广西、湖南、湖北、海南5省（区）造林灭荒作出了突出贡献。

中国人民解放军空军部队支援地方飞播造林，建立了不朽的功勋。40年来，空军共出动10万人次，飞行3万架次，2.7万小时，飞播造林种草373万多公顷，为我国飞播造林事业作出了重要贡献。

3. 科技进步是飞播造林的技术保证

飞播造林是本世纪新发展起来的一项造林技术。30年代初，美国、苏联和加拿大首先将飞机应用于播种造林。我国飞播造林是自力更生、经过反复试验、不断研究总结，才得以成功并发展壮大起来的。从60年代起，林业、民航、空军及中国科学院等单位紧密协作，组织了一大批专家和飞行技术人员，联合攻克技术难关，在航高和航幅选择、导航和通信技术、播种季节、播种量、树种选择、针阔混播、地面植被处理、飞机播种器改进、种子处理、防止飞播治沙种子落地位移等技术方面取得了重大突破。特别是鸟鼠驱避剂、全球卫星定位导航技术应用于飞播造林，有效地降低了播种量，提高了飞行作业的安全性、准确性和播撒效率。

混播造林、多种种子处理、播区植被处理技术等的应用，使飞播成效大幅度提高。飞播植物种类从初期南方以马尾松、云南松，北方以油松等针叶树为主，发展到针叶、阔叶、灌木及草本20多个树（草）种，并进行针阔、乔灌混播造林。1987～1991年，民航总局第二科研所、江西省林业厅和赣州地区林业局共同承担，进行马尾松、木荷、枫香、山乌桕等10多个树种的混播造林试验，除选用木荷、漆树与马尾松混播外，首次筛选出枫香、山乌桕，为我国飞播造林增添两个阔叶树种，并找到了混播最佳树种组合和混交用种量，平均有苗率达 89.6%，示范推广 3.26 万公顷。陕西省试验漆树与华山松、马尾松混播均获成功。内蒙古自治区喀喇沁旗以油松、锦鸡儿、沙打旺和草苜蓿等乔灌草混播，一次实现立体绿化，当年即有效地制止或减轻了水土流失。

多年来，困扰飞播造林的难题之一是鸟鼠取食种子。根据种子落地发芽时间长短，平均损失 30%，有时高达 70%，严重影响飞播造林出苗率，甚至造成飞播失败。1984 年，广东省林科所首先研制出 R-8 鸟鼠驱避剂，随后，云南、辽宁、河北、陕西也获成功，其中辽宁省北票市林科所研制的多效复合剂实用性最强。多效复合剂的应用，不仅解决了鸟鼠危害，而且能促进生根，保持种子水分，增强苗木抗性。截至 1996 年，已推广到 13 个省(区、市)，处理种子约 375 万公斤，飞播造林 100 万公顷，种子损失减少 38.4%，有苗面积提高 25.5%，每公顷有苗株数提高 141.7%。为防止种子位移，陕西省治沙研究所从 1989 年开始，在大粒化基础上对飞播所用花棒种子进行粘胶化处理，使沙丘迎风坡上的成苗率由 17.6%提高到 57.6%，节省飞行架次一半，飞播投入大大降低。

飞播机型由单一固定翼飞机发展为直升机、气力喷播机等多种机型。我国自开展飞播造林以来，一直采用固定翼飞机作业。随着造林绿化事业的不断发展，部分省(区)大面积宜林荒山逐步减少，相对分散的零星播区、小面积补播等作业，迫切需要新机型进行飞播造林。1988 年，四川省将直升机引入飞播造林，试验结果：落种密度、均匀度和接种率均达到或超过固定翼飞机的播种质量，前景广阔。内蒙古自治区研究应用气力喷播机作业，解决了沙区小面积飞播作业及灌草种子易漂移的问题。

飞播导航技术从人工导航、固定地标导航发展到 GPS 全球卫星定位导航。1993 年，四川省林业勘察设计院与中国人民解放军有关部队合作，将航空高科技成果 GPS 全球卫星导航系统应用于飞播导航，不仅减少了人工导航需要的大量劳力，节约了航时，而且提高了飞行作业的安全性和准确性，落种准确率达 89.5%，节省地勤费 70%。贵州省营林总站与黔南州林科所又进一步发展，将 GPS 与笔记本电脑连接，研制出 GPS 图示导航飞播系统，使飞行员直接在显示屏上看到飞机所处位置、机场、播区位置、航行及播种轨迹的图像，进一步提高了播种质量，并可节约播区设计和航标的大量测量工作，在诸多方面具有更大的优越性。

40 多年来，我国飞播造林共取得 60 多项科研成果，其中，国家级 7 项，省部级 33 项。由于科研与生产紧密结合，推广应用了这些科技新成果，加上严密的施工管理体系，我国飞播造林平均保存率由 1980 年以前的 29%提高到 52%，飞播治沙保存率由 1958 年的 3%～5%提高到 50%～70%。

4. 强化综合管护是巩固飞播造林成效的基础

强化管理，播管并重，实行飞、封、补、管相结合，是飞播造林取得成效的基础。陕西省实行“分区划段、责任包干、联防护林”，坚持飞播造林和封护责任挂钩，凡是播前未落实封护措施的，不予安排飞播造林。福建省通过建立飞播林场、聘用护林员、完善乡规民约等，落实管护措施，省拨出专款，安排管护经费，有效地巩固了飞播造林的成果。河南省对飞播林区及时进行补播、补植，播后采取全封、半封、轮封等措施，设立专职护林员 974 人、兼职护林员 1000 余人，建立乡村林场 144 个，使飞播林的经营管理落到实处，确保飞播造林成果的巩固。

我国飞播造林虽然取得了很大成绩，但由于我国宜林荒山荒地面积大，飞播造林任务仍很艰巨，飞播造林仍然是今后一段时期造林的重要手段之一，必须继续抓紧抓好。目前，全国尚有宜林荒山荒沙 6667 万公顷，其中适宜飞播造林治沙的 1333 万公顷，已飞播尚未成林需补播的 1667 万公顷，急需抚育间伐的 467 万公顷。根据林业发展规划，“九五”期间新增飞播造林 467 万公顷，补播 667 万公顷，抚育间伐 400 万公顷；2001～2010 年新增飞播造林 867 万公顷，补播 1000 万公顷，对飞播林进行全面抚育管理。到 2010 年，飞播造林规划任务完成后，全国飞播林面积将由现在的 868 万公顷增加到 3333 万公顷，使全国森林覆盖率提高 2.5 个百分点，为建设山川秀美的伟大祖国作出重要贡献。

(执笔人：刘道平)

十一、封山育林

封山育林(包括封沙、封滩、育林、育草)是指利用植物天然下种和萌芽、萌蘖等更新能力,有计划、有步骤地把疏林、散生林木、灌丛以及其他有可能恢复植被的荒山、荒滩、荒沙,经过封禁和管理培育成森林或灌草植被的一种造林方法。它具有用工少、成本低、效益高、见效快的优点,是中国增加森林植被的重要方式之一。

封山育林在中国具有悠久的历史。1949年新中国成立后,封山育林工作得到了进一步发展,经过广大群众的实践,逐步形成了一套我国现行的"以封为主,封育结合"为特点的、因地制宜采取全封、半封、轮封等多种方式的封山育林技术体系。

(一)封山育林的优势

许多林业发达国家提出发展"接近自然的林业",认为这是林业工作的正确目标。自然状态的森林应该是健康、稳定、多样和异龄混交林。这样的森林能保障未来的生态环境,并且适应市场的变化,能满足人们对改善生活质量的希望。实践证明,封山育林而成的林分无疑是一种最接近自然的森林,它具有人工纯林所不具备的优势。

1. 具有最佳的林分结构,良好的涵养水源、保持水土的功能

通过封育起来的林分,多为天然乔灌混交林和复层异龄林。多树种自然混交,深根性和浅根性俱全,几十种甚至上百种植物种类,形成合理的搭配和良好的林分结构,森林群落稳定,具有较好的涵养水源、保持水土功能。据测定,每公顷天然林蓄水量为1018吨,次生林为1209吨,马尾松林为792吨,杉木林为721吨,荒草坡为512吨。可见,次生林的涵养水源、保持水土作用最明显。许多地方经过封山育林,干枯的山泉又涌出清流。如贵州省凯里县的炉山镇,1986年开始封山育林,到1991年封育成林2954万公顷,全镇几十条溪沟终年流水不断,清澈见底。

2. 方法简便易行,投入少,绿化速度快

中国农民素有封山育林习惯,只要具有封育成林条件的荒山、荒滩、荒沙,一经封育,南方3~5年,北方5~7年就会初见成效;在内蒙古科尔沁沙地,干旱少雨,多年人工造林难以成活,保存率仅为31.7%,而封山育林效果却很好。在这个地区,封山育林比人工造林快12.2倍。封育成林面积占有林地面积的43.9%,平均每人每年可管护封山育林面积120公顷,而人工植苗造林每人两季只能造4公顷,以人工造林3年、封山育林6年可成林比较,封山育林比人工造林在成林速度上快16倍,而封山育林的投资只是人工造林的1/5。

3. 可逐步恢复森林的原始状态

一经封山育林,杂草迅速繁衍,随着杂草的"一岁一枯荣",林地残落物增多,并分解成腐殖质。封育时间越长,腐殖质层越厚,有利于林地土壤肥力的提高,促进林分健康发育。此外,封育起来的林木,都是通过天然落种和根蘖萌生、自然繁殖成林的,都是乡土树种,具有极强的适应性和抗逆性,能减少森林病虫害的发生。这样的林分,生长密集,乔灌草竞争,较好地发挥了各自的生长潜力,表现了良好的生长优势,能充分发挥森林的多种效益。

4. 经济效益显著

封山育林的结果是树多、条多、草多、叶多。不仅能提供大量用材和燃料,还为山区发展多种经营、开辟群众致富门路、增加经济收入创造了条件。如打柴、编织、采蘑菇、采山野菜、打山草、养蜂、养鹿等,辽宁省大抓封山育林,每年采集野生淀粉、野生纤维、油料、中草药以及各种树籽、编织用条等,年收入达2000多万元,不少穷山窝,因封育变成了富村。同时,封山育林还有利于保护野生珍贵动植物资源,贵州省的封育林内,不仅召来了画眉和其他山雀,还发现了野猪、山羊和苏门羚等。

（二）封山育林的主要成就

1. 加速了森林植被的恢复

新中国成立以来，封山育林发展迅速。到1996年底，在全国的有林地中，封山育林面积达3018.8万公顷，约占22%。近几年，每年新封面积都在330万～470万公顷，已成为各地实现造林灭荒的重要手段。率先消灭荒山荒地的广东、福建和湖南省，每年封育面积都在6万公顷以上。他们在造林、封育、管护、改灶、节能多管齐下的原则下，宜封则封、宜造则造，为全国树立了快速灭荒的榜样。江西省在开展灭荒期间，重点抓了封山育林。1989～1994年，全省累计封育成林面积为106.7万公顷，占同期营造林任务的32%，为顺利实现灭荒作出了重大贡献。全国石化面积较大的贵州省，石山多，造林难度大，主要靠封山育林增加森林植被。截至1997年底，已封育成林面积265.74万公顷，占现有林地的58%。

内蒙古红花尔基林业局通过封山育林，保护和恢复了野生樟子松林。1956～1994年，通过以封为主、移苗补植的一系列封育保护措施，使樟子松林面积由8.87万公顷增加到127.65万公顷，蓄积量由25万立方米增为778万立方米，覆盖率由3%提高到44%。现在，樟子松林正以每年天然更新3300多公顷及年生长量近30万立方米的速度递增。

2. 减少水土流失，改善生态环境

森林植被的增加，有效地改善了生态环境。山东省文登县，封育前，荒山秃岭植被少，土壤干燥瘠薄，全县水土流失面积达6660多万公顷，年淤没小型塘、坝、库二三十座。1978年夏，由于一场洪水，造成了严重的经济损失，从此，全面实行封山育林，使全县的植被迅速增加，荒山荒地逐渐减少，蓄水保土能力大大加强，到1995年，全县水土流失严重的7000公顷荒山荒坡已有60%得到了控制，其他地区也减轻了流失程度。

内蒙古自1986年大力开展封山（沙）育林以来，全区通过封育固定了流动和半流动沙丘33.3万公顷，控制水土流失面积22.7万公顷，同时，保护荒漠天然植被10.7万公顷，取得了较好的生态和社会效益。

3. 促进多种经营发展，增加群众经济收入

由于封山育林的特殊优势，封育成林的林分质量好，除增加蓄积量、提供商品用材外，还为山区群众脱贫致富创造了良好的条件。贵州省遵义县苟坎村，由于封山育林增加了森林植被、涵养了水源、控制了水土流失，粮食产量从1983年的49万公斤，增加到1989年的87万公斤，增加了77%。山东省文登县封育5年来，全县饲料每年平均增加2000万公斤，烧柴增加4000万公斤，小材小料增加3000立方米，群众烧柴自给有余。全县奶山羊发展到3.5万只，长毛兔50万只，新建乳品加工厂4个，年产各种奶制品1600多吨。以草、条、木为原料的各种加工业和养殖业迅速发展起来，山区人民的收入显著增加，人均年收入达500多元。

（三）封山育林的经验

1. 政府组织实施，是封山育林成功的关键

我国政府历来重视封山育林这一传统的育林方法，多年来在政策上一贯鼓励和支持开展封山育林工作。

1949年12月，在新中国成立后召开的林业座谈会上，有些代表即提出过“养山造林”即封山育林的设想。1950年第一次全国林业厅（局）长会议，把封山育林和植树造林、森林更新，同时列为绿化祖国山河、扩大森林资源的重要措施。1953年9月，政务院在《关于发动群众开展造林、育林、护林工作的指示》中，肯定了封山育林是使荒山自然成林和保持水土的最有效办法。1954和1955年林业部又提出“巩固成果，改进封育工作”和“继续开展封山育林工作意见”，为推进封山育林提出了明确要求，提供了政策上的保证。1984年颁布的《森林法》中规定，“必须封山育林的地方，由当地人民政府组织封山育林”，从而将封山育林作为国家法规固定下来，使封山育林有了法律上的保障。1990年开始，政府每年拨1000万元用于补助封山育林，到1996年底，国家已投入封山育林资金6499万元，充分体现了我国政府对封山育林的重视和支持。

2. 群众性的自觉行动与正确引导，是封山育林持续发展的基础

我国的封山育林是在国家、集体、个人一起上，以封为主、造封结合的原则指导下开展的群众性的改善生态环境、增加森林植被的活动。近几年在国家宏观政策指导下，进一步落实了封山育林政策，通过政府管理和民间的自我约束，使封山育林蓬勃发展起来。

我国的封山育林分为几个层次。国家山场，以国有林场为单位，划定封山责任区，配备专职人员，建立管护制度，有计划地进行封育；集体山场、社队林场、联合林场则由乡村组织专业队或联户承包等进行封育；个人的自留山，适合封育的就封起来，山权不变，谁封谁有。总之，封山育林是把群众出于对恢复森林的要求和按传统方法实行封山育林的良好愿望，转变为有组织、有领导、有计划、有成效的社会活动。

3. 科学化、规范化、制度化的管理，是封山育林取得成效的保证

封山育林长期以来多被视为一种简单、粗放的造林育林方式。但经多年的实践表明，封山育林也要讲究科学，要进行规划设计和必要的辅助技术措施，否则只能得到“远看一片林，近看无用材”的经济效益低下林分。

1985年，林业部召开了全国封山育林经验交流会，要求各地把封山育林作为加快造林绿化的一项战略措施，摆在与人工造林、飞播造林同等重要的位置，下大力气抓紧抓好抓出成效。1994年，林业部又审定了作为国家标准的《封山(沙)育林技术规程》，使封山育林走上了科学化的轨道。

近几年，林业部在总结各地经验的基础上，把封山育林纳入项目管理，组织开展工程封山，要求凡国家扶持的项目和当地重点封育工程，必须有一定的规模、有稳定的资金渠道、有规划设计文件、有项目技术负责人和明确的规划目标，并实行按规划立项、按设计施工、按工程管理、按成效考核的管理办法。各地相继制定了有关封育管理、规划设计、技术档案和检查验收办法、规定和标准，进一步加强了封山育林的科学化、规范化管理，多数省(区)已基本实现管理有办法、施工有依据，资料建档案、检查验收有制度，为大幅度提高封山育林成效奠定了基础。

4. 建立健全管护队伍和管护制度，落实封育措施，是成功地进行封山育林的条件

封山育林区域内外及周围地区，分布着无数村、屯和分散的农户。实行封山育林必然涉及千家万户。只有发动群众、依靠群众，才能封得住、封得好。因此，各地首先从抓宣传教育入手，利用各种宣传手段，宣传林业改革政策和封山育林的重要意义，在群众充分认识到封山育林的重要性以及与自身和子孙后代的利害关系的基础上，建立护林组织，确定护林人员，逐级签定管护合同，做到责、权、利明确，并制订“乡规民约”，确保封一片，成一片，贵州省仅麻江县的护林人员就有1530人。同时，各地还在封山育林区边缘、交通要道等主要路口，设置封山育林碑(牌)。面积较大的封育区，设置了瞭望台和开设防火线。贵州省1987～1994年以来，共设护林碑(牌)5030块，建瞭望台139个，对加强封山育林管护起到了重要作用。为巩固管护队伍，河南省西峡县要求每个护林员在封山区有0.06公顷山地育苗地，0.06公顷野生果木嫁接林地和6.6公顷幼林抚育，这样一来既合理解决了护林员报酬，又使封育区形成多林种、多层次、高效益的生态经济林。

5. 封山育林与群众需求紧密结合，是巩固封育成果的有利措施

封山育林是一项地域广阔、地类复杂、政策性很强的群众性工作，只有与群众的利益结合起来，因地制宜地解决好林农、林牧、林副、林柴等方面的矛盾，才能发展封育事业，巩固封育成果。因此，对农村能源紧缺的地区，在制定封山育林规划时，要充分考虑群众的烧柴需求，划出一片，实行轮封，每隔3～5年再开放，既不影响林业生产，又解决群众的生活用柴。同时，大力开展改灶节柴工作。广东省在造林灭荒的活动中，全省作出了砖火窑、土灰窑改燃柴为燃煤的决定，改广大农村“老虎灶”为节柴灶。此外，为满足群众要求，在有条件的封山育林区，补植经济林树种，如贵州省在林中空地补种泡桐、漆树等并大力发展林粮间作，既增加了群众的收入，又较好地保护了封山育林成果。 (执笔人：李怒云)

十二、国有林场

新中国成立以来，国有林场(1994年以前称国营林场)由少到多，由弱到强，逐步发展壮大，在培育森林资源、改善生态环境、兴办绿色产业、发展林业经济、加强自身建设方面取得了巨大的成就，充分发挥了骨干、示范和辐射作用。特别是党的十一届三中全会以来，改革开放为国有林场的发展增添了新的生机和活力。国有林场森林资源快速增长，经济实力明显增强。经过50年的建设，国有林场已成为我国主要的后备森林资源基地和重要的生态屏障，为加快荒山造林绿化，缓解木材供需矛盾，推进林业科技进步，带动山区经济发展做出了积极的贡献。

(一)发展历程

新中国成立以后，作为加快林业发展的一项重要战略措施，国家在边远偏僻、人烟稀少、交通不便、经济相对落后的山区、沙区、黄土沟壑区陆续兴办了大批国有林场。到1998年底，全国已建立国有林场4296处，在职职工达56万人。其中省级所属的占7.1%，地级所属的占8.9%，县级所属的占84.0%。经营总面积5333万公顷，占国土面积的5.55%，其中林业用地面积4267万公顷，占全国林业用地面积的16%。现有森林面积2627万公顷，森林蓄积量18亿立方米，分别占全国森林总面积和森林总蓄积量的1/5。

国有林场是经营国有森林资源的基层生产单位，以造林、育林、护林，培育和扩大森林资源，改善生态环境为主要任务。50年来，国有林场几经调整变化，经历了艰难曲折的发展过程，大体上可划分为四个阶段：

1. 初建试办时期

1949年，各级人民政府接管了旧中国遗留的林场(公司、农林牧试验场、苗圃)50多处，改为国有林场。为加快新中国林业的发展，提高国有林业的比重，国家在国有宜林荒山面积较大的无林少林地区陆续试办以造林为主的国有林场，在天然次生林区建立护林站、森林抚育站、森林经营所。50年代中期前后，在试办的基础上，新建了第一批国有林场。到1957年底，全国建立以造林为主的国有林场418处，森林经营所969处。

1955年召开的全国林业会议上，提出国有林场实行“以林为主，多种经营”的办场方针，要求国有林场以营造用材林为主，适当发展经济林，开展多种经营，以求逐步实现自给有余。但在实际执行中，由于受当时条件所限，出现了过分强调用材林、忽视经济林和多种经营问题。国家的投入主要用于营造用材林，而培育经济林和发展多种经营的投入很少。1949～1957年，全国国有林场共完成人工造林近36万公顷，开创了大面积荒山治理的先例，初步显示了国有林场在林业建设中的示范作用。

2. 快速发展时期

1958年4月，中共中央、国务院在《关于在全国大规模造林的指示》中要求：在着重依靠群众造林的同时，必须积极发展国营造林。除原有国营林场应加强外，还应该利用国有的和合作社无力经营的荒山荒地，组织下放人力，有计划地增建新的林场。国营林场应该以造林营林为主，同时适当结合多种经营。根据这一指示精神，各地掀起了大办国有林场的高潮。随后两年内，在集中连片的国有林地和集体无力经营的大面积荒山荒地上，新建了大批国有林场，原有的大部分森林经营所也都改为国有林场，林场数量和职工人数猛增。到1959年底，全国国有林场发展到3959处。但由于受“大跃进”的影响，国有林场在短时间内发展过多，一些林场的基础很不稳定，再加上连续3年的自然灾害，国民经济进入困难时期，国家对国有林场的投入减少，生产生活资料短缺，物资供应紧张，许多国有林场生存面临重重困难。虽然采取了一些保人保场的措施，但仍有不少林场被撤销、合并，职工被下放还乡，经营面积减少，森林资源遭到破坏。

为了扭转这一局面，根据国家“调整、巩固、充实、提高”的八字方针，对国有林场采取了调整、巩固措施。1963 年，林业部召开了全国国营林场工作会议，明确提出了国营林场实行“以林为主，林副结合，综合经营，永续作业”的经营方针。确定国有林场的主要任务是培育用材林，除经济林林场、防护林林场外，其他林场培育用材林的比重必须占 70%以上；林业生产用工应占全年用工总量的 70%以上，副业生产应在有利于发展主业、合理利用资源和补助职工生活需要的前提下加以适当安排。同年，林业部成立了国有林场管理总局，各省(区、市)普遍建立起国有林场管理机构。各级林业部门对国有林场计划、财务、人事、劳动、物资等方面的管理出台了一系列的措施和办法，制定了国有林场育苗、造林、抚育等方面的技术规程。为了摸索经验，树立样板，推动全面，各地将一批大型、重点国有林场收归省(区、市)直接领导，林业部也将 37 处国有林场改为实验林场，其中 32 处由部、省双重领导，5 处机械造林林场由林业部直接管辖。到 1965 年底，全国国有林场达到 3564 处，经营总面积 6807 万公顷，其中森林面积 2913 万公顷，森林蓄积量 18.61 亿立方米，职工 28.1 万人。1958～1965 年，国有林场累计完成人工造林 216 万公顷。这一时期，通过加强管理，改进技术，国有林场的造林速度快、质量高、投资效益好。

3. 挫折动荡时期

“文革”期间，整个国家处于灾难深重之中，地处偏僻地区的国有林场也未能逃脱这场厄运。林业部国有林场管理总局被撤销，除山西省外，其他各省(区、市)的国有林场管理机构也均被撤并，国有林场管理出现了前所未有的混乱局面。随意改变国有林场管理体制问题十分突出，83%的国有林场被下放到县、公社或大队。许多国有林场原有的规划、设计方案、管理制度、技术规程等都被废除，出现了作业无设计、生产无计划、经济无核算、劳动无定额、职工无考核等现象。由于管理机构不稳，管理体制多变，管理秩序混乱，随意侵占国有林地，偷砍滥伐国有林木之风盛行，致使国有林场经营面积缩小，有林地面积和森林蓄积量锐减，山林权属纠纷剧增。到 1976 年，国有林场经营总面积只有 4267 万公顷，其中森林面积 2300 万公顷、森林蓄积量 10.46 亿立方米。湖南省 165 处国有林场，83%出现了山林权属纠纷，争议面积达 6.7 万公顷，留下了长期难以消除的影响。

4. 恢复和稳定发展时期

党的十一届三中全会以后，通过拨乱反正，实行改革开放，国有林场很快扭转了长达十年的动荡混乱局面，逐步恢复并进入了稳定发展的新时期。各级林业部门普遍加强了对国有林场的领导，重新组建了管理机构，按照新形势要求制定了各项管理制度，明确了国有林场应由县级以上林业主管部门管理，形成了省、地、县三级管理的格局，强调国有林场管理体制要保持相对稳定。进一步明确了办场方针，1983 年全国林业厅(局)长会议上，提出国有林场实行“以林为主，多种经营，综合利用，以短养长”的方针，并根据形势的变化，于 1996 年将这一方针修改为“以林为本，合理开发，综合经营，全面发展”，使之更符合于国有林场发展的实际情况。林业部分别在 1986 年、1990 年、1997 年先后三次召开全国国有林场工作会议，提出了不同阶段国有林场工作的指导思想、奋斗目标、重点任务、主要措施和具体要求，对国有林场的发展起到了重要的推动作用。

在国有林场内部，全面推行了场长负责制，确立了场长在生产、经营、管理中的中心地位，实现了责任和权力的统一。建立了多种形式的承包经营责任制，使责、权、利有机结合起来，调动了广大职工的积极性。开展了人事、劳动、分配制度改革，经营机制得到明显改善。从加强管理入手，建立健全了各项规章制度，使管理工作更加规范有序。国有林场在年均造林 33 万公顷的同时，加大了中幼龄林抚育和低产林改造的力度，进行了林种、树种、林龄结构的调整，减少了用材林的比重，加快了经济林的发展。通过部、省联营形式，在国有林场建设了一批速生丰产林基地、商品材基地，一些省(区)也集中财力、物力，选择条件较好的林场发展商品用材林。进入 80 年代中期以后，国有林场加快了产业结构调整步伐。许多国有林场充分利用自身各种资源优势，广开生产门路，兴办多种产业，改变了长期以来主要是单一营林生产的格局，使林场的发展路子越走越宽。到 1998 年底，经营总面积、森林面积和森林蓄积量分别比 1976 年增长 15.27%、14.20%和 72.08%，森林资源的数量和质量都有了较大的提高。

（二）建设成就

建国50年来，我国国有林场虽然几经曲折，但总体趋势是在不断前进、发展、壮大，在培育利用森林资源、发展林业产业方面取得了令人瞩目的成就，为推进我国林业建设事业、加快国土绿化、改善生态环境作出了重大贡献。

1. 大规模开展人工造林，培育森林资源成效显著

50年来，国有林场始终致力于造林育林，把绿化荒山、发展森林资源作为首要任务。建场初期，广大职工在十分艰苦的条件下，白手起家，搭工棚，住草房，风餐露宿，靠一双手，一把镐头，开始了大规模的荒山造林。经过几代林场职工的共同努力，昔日大面积的荒山变成了林海，生长衰败的残次林恢复了生机。截至1998年，全国国有林场累计人工造林保存面积800万公顷，约占同期全国人工造林保存面积的1/4；抚育改造天然疏残林1330多万公顷，有林地总面积中用材林面积约占75%。目前，国有林场有林地面积以每年26.7万公顷的速度递增。8个省（区）国有林场有林地面积超过66.7万公顷，其中内蒙古自治区466.7万公顷，黑龙江省400多万公顷。有林地面积达到3.3万公顷以上的场（局）上百个，最高的场达到38.7万公顷。已有2800个林场消灭了荒山，基本实现绿化。国有林场森林蓄积量达到18亿立方米，每亩平均蓄积量4.57立方米，其中成过熟林9.2立方米，中龄林6.3立方米，幼龄林2.3立方米。目前，扣除每年生产木材1100万立方米的消耗外，每年蓄积量净增4000万立方米以上。7个省（区）国有林场森林蓄积量超过5000万立方米，其中黑龙江省2.86亿立方米，吉林省2.69亿立方米。蓄积量达到250万立方米以上的场（局）有100多个，最高的3570多万立方米。

国有林场坚持集约经营，定向培育，在商品林基地建设中发挥了主导作用。全国国有林场已形成山岭相连、面积在百万亩以上的商品用材林基地120多处，培育速生丰产林240多万公顷。随着国有林场森林资源的增加，木材生产能力不断提高。年均木材产量从70年代的400万立方米上升到90年代的1000万立方米以上，累计生产木材1.8亿立方米。为调整木材生产布局，缓解木材供需矛盾，减少老林区的资源消耗，支援国民经济建设，作出了重要贡献。

国有林场在林业生态体系建设中发挥了骨干作用。大多数国有林场分布在江河源头、水库周围、风沙前沿、黄土丘陵和石质山区，营造和保护了大面积的森林资源，与国家重点防护林工程融为一体，构筑了我国林业生态体系的骨架，为绿化国土、美化环境、涵养水源、保持水土、防风固沙、改善农牧业生产条件和人类生存环境、保障当地经济发展，发挥着不可替代的作用。地处科尔沁沙地南缘的辽宁省彰武县章古台林场，从50年代初开始，治沙造林2.4万公顷，形成了一道坚固的绿色屏障，使该地区大风日从69天减少到20天。粮食亩产从不足50公斤提高到500公斤，农民人均收入达到了千元以上，因风沙危害被迫逃离家园的3000多户农民又迁了回来。甘肃省子午岭林区的26个国有林场，精心经营着黄土高原上称之为“生命林”的50万公顷水源涵养林，使这块严重干旱缺水的地区年增加降水量100～150毫米。广西高峰林场经营的2.2万多公顷森林，发挥着明显的保水蓄水作用，使境内15座水库库容长期稳定在1.6亿立方米，保证了周围1.4万多公顷农田的灌溉用水。

国有林场开展大面积荒山造林的成功经验和示范作用，带动了周围乡村群众造林，推动了集体林业的发展。不少国有林场出资金、出技术、出苗木，乡村出山场、出劳力，开展联营合作造林，既为林场提供了“用武”之地，又加快了乡村荒山的造林绿化步伐。江西省国有林场与乡村联营合作造林面积已发展到32.9万公顷，为林场国有森林面积的66.4%，增强了发展后劲。

2. 推进林业科技进步，发挥示范带头作用

国有林场始终重视科研工作，并把它作为推动林业生产力发展的动力，坚持常抓不懈，成为我国林业科研、生产试验、教学实习、良种繁育和新技术推广的重要阵地，许多林业先进技术，特别是森林培育技术的研究和推广应用多是从国有林场开始的。国有林场结合生产实践，在良种繁育、育苗、整地方法、造林密度、幼林抚育、人工林间伐、低产林改造、防火林带营造、树种引进等方面，进行了大量试验研究，摸索出一批切合实际、适用性强的先进技术，以多种形式向社会推广，取得了较好的效益。广西东门林场从澳大利亚等8个国家引进了桉树树种174个，营造了1400公顷示范林，开展了60项试验研究，初步筛选出7个适宜的优质、速生、高产桉树品种，摸索了一套桉树速生丰产栽培技术和无性繁殖技术。

不少国有林场与科研、教学单位建立了密切的联系，承担了大量国家林业重点科研课题，林场的技术人员与专家、教授紧密配合，奋力攻关，解决技术难题，取得了不少突破性的成果。福建省有十几个国有林场，长期与南京林业大学、中国林科院、福建省林科所、福建林学院等单位合作，开展了多方面试验研究。全省国有林场科学试验研究项目260多个，其中已通过鉴定、获得国家和部、省级成果奖、推广奖的有50项。该省洋口林场自50年代以来，开展了杉木良种繁育等多项科学试验研究，1964年建成了全国第一个杉木试验性种子园和采穗圃；1982年又建成了第一代杉木改良种子园和无性系杂交种子园。由于该场科研试验获得丰硕成果，多次受到国家和部、省的表彰。其中"杉木第一代种子园研究成果的推广应用"获国家科技进步一等奖。

3. 开发利用资源，发展多种产业，提高经济活力

国有林场辽阔的土地资源、丰富的矿产资源、多种多样的林副特产资源、独具特色的森林旅游资源，为自身发展提供了广阔的空间。党的十一届三中全会以来，通过大力调整产业结构，充分利用自身资源优势，广开生产门路，发展多种经营、综合利用，推动了国有林场由封闭式的生产型向开放式的生产经营型转变，由单一林业生产结构向以林为主、综合经营转变，由单纯依靠国家投资的"输血型"单位向不断增强自我发展能力的"造血型"单位转变，走上了一条"以短养长、以副养林"的发展道路。国有林场兴办的产业项目近万个，涉及种植、养殖、加工、采掘、建材、机械、电子、纺织、医药、旅游、商业、服务业等多种经营门类，年产品销售收入40亿元，约占林场销售总收入的45%，已成为林场经济的重要支柱。大部分林场依靠土地资源优势，发展了种类繁多的种、养业项目，有的已形成相当规模。许多林场开展了木材加工、小材小料的综合利用和林化产品生产。有些林场依靠特有的资源优势和地缘优势，发展了工业项目，并取得较好效益。一些项目和产品已具有相当的规模和较高的档次，如江苏省虞山林场通过多种形式兴办了纺织、服装、建材、机械等十多个项目，其中年产品销售收入千万元以上的项目就有4个，全场年销售总额2.5亿元，成为全国收入最高的林场。江西枫树山林场电子元件厂，被电子工业部确定为定点厂，生产的产品用于火箭、卫星、导航工程、正负电子对撞机等高科技领域。

国有林场的森林风景资源十分丰富，在发展森林旅游中具有极其特殊的位置。据统计，在国有林场范围内已建森林公园700多处，占全国森林公园总数的90%以上。1995年接待中外游客5000多万人次，直接收入6亿多元。如湖南张家界、浙江千岛湖、广东流溪河、陕西太白、四川瓦屋山等一批森林公园，已经成为我国新兴的旅游胜地。

多种产业的发展，不但加快了国有林场各种资源的开发利用，推动了资源优势向经济优势的转变，为培育森林资源、改善生产生活条件积累了资金，同时也增加了就业门路，稳定了职工队伍，对国有林场的健康发展起到了十分重要的作用。据统计，从事多种产业的职工已占林场职工总数的1/3以上，并解决了大批农村劳力的就业。多种产业已成为国有林场加快经济发展的重要途径。

4. 加强基础设施建设，生产生活条件明显改善

长期以来，国有林场按照"先生产、后生活"的原则，基础设施建设严重滞后，生产生活条件十分简陋，制约了国有林场的发展。近20年来，随着国有林场经济的发展，增加了基础设施建设的投入，生产生活条件得到明显改善。

据统计，国有林场已修建林区公路5.7万公里、林道11万公里、防火线12万公里、通讯线路5.3万公里、输电线路2.5万公里、瞭望台3000多座；购置各种汽车1.1万辆、拖拉机5300多台；各类房屋面积达3000万平方米，使林场公路不通、通讯不畅、缺水缺电、住房简陋的状况有了很大改善。

自80年代中期以来，不少经济条件较好的林场新建了办公楼，购置了微机等现代化办公设备，修建了草坪、花园，场容场貌焕然一新；办起了图书馆、歌舞厅、文体活动中心，安装了卫星电视接收装置，丰富了职工文化生活；职工住宅已从草房、工棚搬进了砖瓦结构的新房，还有的新建了职工住宅楼；一些林场在城镇办起了现代化的饭店、酒店，提高了知名度，呈现出林场繁荣兴旺、职工安居乐业的新面貌。

(三)主要经验

国有林场在50年的建设和发展中,积累了不少成功的经验,主要有:

1. 政府重视,群众支持,是国有林场发展的首要前提

早在50年代,党中央、国务院就提出了依靠国营和群众"两条腿"发展林业的方针,把兴办国有林场作为加快林业发展的一项重要战略措施来抓。各级政府对此非常重视,制定发展规划和具体措施,使国有林场在短期内得到快速发展。山区广大群众以极大的热情,出山出地,为国有林场发展提供了物质基础。在计划经济时期,国家每年都安排一定的资金、物资专门用于国有林场建设;广大群众也以投工投劳的方式支援国有林场建设。

80年代以来,国家和各级政府制定了不少优惠政策,为国有林场的发展创造了比较宽松的外部环境。1981年,中共中央、国务院在《关于保护森林发展林业若干问题的决定》中规定:"国营林场在抚育期间,收入不上交,以林养林"。1986年,林业部、国家计委、财政部、国家物价局在联合下发的《关于搞活和改善国营林场经营问题的通知》中,强调"国营林场在抚育间伐期间的收入,不上交地方财政,用于以林养林",并规定"事业性质的国营林场,其林业生产项目和林场举办的各种多种经营、综合利用项目所得利润,暂不征所得税"。1994年、1997年,国家在两次税制改革中,基本保留了国有林场暂免征所得税的政策。很多地方政府,结合当地实际,制定了不少扶持国有林场发展的具体政策。这些优惠政策的实施,为国有林场增加资金积累、增强自我发展能力起到了十分重要的作用。

国有林场由于分布面广,地域交叉,森林管护难度大,与各方面的矛盾比较突出。各级政府在稳定国有林场管理体制、解决山林权属纠纷、搞好护林防火和森林管护、维护林区社会治安等方面做了大量的工作,为国有林场的健康发展创造了条件。

2. 深化改革,强化管理,是国有林场发展的根本措施

改革开放20年来,各级政府和林业部门在推进国有林场改革和管理方面,通过建立场长任期目标管理和考核制度,进一步明确了责、权、利关系;下放经营自主权,提高了国有林场经营活力和自我发展的能力;进行组织结构调整,发挥群体优势,实行规模经营,增强了国有林场的整体实力。许多国有林场针对内部管理机构重叠、人浮于事、环节多、效率低的状况,进行大刀阔斧的改革,精简不必要的机构,压缩非生产人员,明确职责,建立精简、协调、高效的运营机制;建立和完善了各种岗位责任制、生产责任制和经济责任制,推行干部聘任制、全员劳动合同制和多种形式的分配制度,调动广大职工的积极性。从生产经营的各个环节入手,规范内部管理,形成了有效的竞争机制、激励机制和约束机制,管理水平得到明显提高。这些改革和管理措施,为国有林场的健康发展提供了根本保障。

3. 以林为本,多种经营,是国有林场发展的有效途径

调整产业结构,兴办绿色产业,是根据我国国情和国有林场的特点提出来的,是一项必须坚持的带有方向性的任务。国有林场在相当长的时期内,把资金和劳力主要投入了大面积荒山造林,培育森林资源成效显著,但是,由于对多种经营重视的不够,很多资源没有得到开发利用,直到80年代初期,国有林场仍是以单一营林生产为主,经济实力十分脆弱。随着经济体制改革的不断深入,投资体制和投入方式都发生了很大的变化,要求国有林场在更好地发挥生态、社会效益的同时,必须注重经济效益,增强自我积累、自我发展能力,不然,国有林场将难以在新的形势下巩固和生存。近20年来,国有林场在抓好森林资源培育的同时,大力进行产业结构调整,加快了多种资源的开发利用,不仅为社会提供了丰富的产品,而且增加了自身收入,提高了经济实力和活力。目前,大部分省(区)国有林场的多种经营收入已占销售总收入的一半以上,山东、江苏等沿海少林省(区)国有林场的多种经营收入已占销售总收入的90%,成为国有林场经济的主要来源。

国有林场多种经营的发展,不仅拓宽了生产门路和发展空间,增强了经济实力,更重要的是对林场转变思想观念,增强科技意识,提高职工生产技能,改进内部管理,起到了引导和推动作用,为国有林场各项事业的发展增添了新的活力。

50年来,国有林场建设取得了巨大的成就,但是,在改革和发展中仍面临着不少困难和问题:一是国有林场分布面广，自然条件差异大，经济发展极不平衡，特别是生态型林场发展步履艰难。二是一些林场观念陈旧，意识落后，“等、靠、要”思想严重，改革步伐缓慢，难以适应新形势发展的需要。三是营林生产任务繁重，投入严重不足。四是产业项目小而分散，起点低，技术落后，经济效益不高，缺乏市场竞争能力和应变能力。五是基础设施建设滞后，生产生活条件艰苦，人才流失严重。六是随着改革的深入和利益格局的变化，随意改变国有林场隶属关系，侵占合法权益的现象日益突出。经过50年的建设，国有林场具备了良好的基础。展望未来，前途光明，任重道远。我们相信，在发展社会主义市场经济的新形势下，我国国有林场通过深化改革，必将会更快、更好地发展，一定能以崭新的面貌迈入21世纪。

（执笔人：张耀恒）

十三、乡村林场

乡村林场是在农业合作化以后，随着农村林业生产力的发展而发展，又随着我国政治经济的发展变化而波动起伏，几十年走过了一条艰难而曲折的道路。

（一）历史回顾

回顾总结乡村林场的发展历程，大致可分为四个阶段：

1. 创办阶段

早在新中国成立前，河北省解放区的晋县、行唐、新乐一带就出现了“造林合作社”、“联村造林合作社”等林业专业生产组织。新中国成立后，随着农业生产的恢复和合作运动的开展，全国不少地方的林业生产组织也由互助组发展到合作社。至1955年，河北省已有各类林业合作社3820个，山东省有3072个，湖南省有239个。1956年以后，随着合作化运动的深入，许多地方将林业从合作社中分离出来，组成了林业专业队（组），如福建省的“耕山队”、广东省的“造林远征队”、广西壮族自治区的“山庄”等，担负着合作社的造林、营林、护林任务。1957年春，湖北省黄梅县永安乡的永安社以国营林场为榜样，在对林业专业组进行整顿、扩充和改革的基础上，率先兴办了全国第一个社办林场，其办场经验在当地广泛采用。至1957年底，黄梅县共办起186个集体林场，经营面积1.16万公顷，初步显示出社办林场的巨大优越性和生命力。

2. 曲折发展阶段

1958～1981年是乡村林场曲折发展时期，经历了普及、停滞、发展的较大起伏。1958年初，为普及社办林场，林业部在湖北省黄梅县召开了全国集体林场经验交流会，总结推广黄梅县的经验，全国社办林场发展到1455个。随着农村公社化，原社办林场分别改为公社、大队、生产队林场和多种形式的联办林场或专业队。1959年各种林场发展到5.5万个。1960年1月，在全国林业工作会议上提出的林业生产“基地化、林场化、丰产化”的推动下，全国社队林场达到8万个，拥有劳动力100多万人，社队林场作为林业专业化生产组织普及全国。1961年国民经济遇到暂时困难，许多林场因经济基础薄弱，缺粮缺钱，不少林场先后解体。60年代中期，随着国民经济的好转，社队林场开始恢复。1964年，湖南省的“基地办林场，林场管基地”的经验和会同县“造上一片林，留下一班人，办好一个场，管好一片林”的经验，受到全国多数省（区）的重视，社队林场又恢复发展起来。“文革”期间，社会秩序紊乱，林业机构瘫痪，社队林场生产建设受到严重挫折。1971年后，随着用材林、经济林基地建设的开展，社队林场作为基地建设的主要组织形式再度在全国兴起。到1981年，全国社队林场已达到19万个，经营总面积1800万公顷，从业人员163.7万人。其中，1975年林场数量最多，达到26万个；1977年从业人员达到255.1万人。社队林场年造林能力达到86～133万公顷，生产木材150万～200万立方米，分别占同期全国农村年造林面积和木材生产总量的20%和10%左右，经营管理水平有了一定提高，并为我国社队林场奠定了较雄厚的资源基础。

3. 改革调整阶段

1982～1989年，随着我国农村实行农业联产承包责任制，原集体经济体制基本解体，劳动在场、回队分配的社队林场生产机制开始显露出弊端。一方面，林场管理上粗放，分配上“大锅饭”，经营上长期封闭式单一营林，多数林场自立能力差。另一方面，由于建场时工作粗糙，一些林场山林权属不明确或投山、投劳、投资、收益分配不落实，场员、群众意见很大，有的甚至出现新的山林纠纷，加上在指导思想和认识上的偏颇等等，导致一些地方拆场分林，使社队林场再次受到严峻的考验。到1988年乡村林场仅剩下10.9万个，经营面积1133万公顷，场员78万人。与1981年相比，林场减少8万个，人员减少85.7万人，经营面积减少600万公顷，分别下降42%、52%和37%。

为适应农村改革的新形势，各地相继采取措施，在林场管理体制、内部经营管理、分配关系及产业结构等方面进行了改革和调整，并取得了积极成果。

(1)改革经营方式。1982年以后，随着林业改革的深化，各地因地制宜地根据不同条件和要求将一部分社队林场改造为股份制林场、合作林场，多数仍是原集体经济组织经营的集体林场，改称为乡村林场。

(2)建立多种形式的责任制。经过改革，乡村林场都建立起经营责任制，其形式：第一种是统一经营，林场向所有者、场员向场长双层承包或实行场长任期目标管理责任制，场长对场员实行分段分项包工，联产计酬或定额管理。这类林场约占林场总数的50%左右。第二种是专业(一户、联户)承包，林权归集体，实行“几定几奖”。这类林场占30%～40%。第三种是大包干到户、到人，山权不变，林权归承包者，现有林木收益大头归场，新造林大头归承包者。这类林场约占林场总数的5%～10%。

(3)改革分配机制，实行“在场劳动，在场分配”。林场一般实行基本工资加奖励、计件工资和定额工资或大包干等计酬办法，把林场经营好坏同经营者、生产者的利益直接挂钩，使林场人员关心生产、以场为家。收入来源，主要靠林场自身多种经营和综合利用收入，国家、集体给予一定的资金扶持。部分林场还实行以划给少量耕地自种，其收入免交税费、提留代酬。

(4)调整产业结构，实行综合经营。林场利用自然资源优势，因地制宜地发展种植、养殖、运输、加工和服务业，增加林场收入。1987年总收入比1983年增加42%，其中多种经营、综合利用收入成倍增长，在很大程度上缓解了林场的经济困难局面。

4. 稳定发展阶段

1989年以后，随着国家造林绿化步伐的加快，林业部把乡村林场建设列为林业建设工作重点，在造林司设立乡村林场处，加强对乡村林场的宏观管理和指导。这个时期重点做了以下工作：

(1)1989年林业部在湖南长沙召开全国乡村林场工作会议，总结乡村林场建设的经验教训，提出今后一个时期乡村林场工作的重点，表彰了89个全国先进乡村林场和63名全国乡村林场先进工作者，为乡村林场树立了榜样。

(2)1990年林业部发出了《关于加强乡村林场建设若干问题的通知》，做出稳定山林权属，积极推进乡村林场发展等九个方面的政策性规定，为乡村林场发展创造良好的环境。同时，林业部在全国乡村林场开展了全面质量管理评比竞赛活动，印发了《乡村林场全面质量管理评比竞赛办法》、《乡村林场全面质量管理评比竞赛标准》、《乡村林场全面质量管理评比竞赛活动先进县评选条件》，确定每两年在乡村林场中组织一次评比竞赛活动，并设立全面质量管理奖。1991年和1994年在全国乡村林场组织两次评比活动，共有43个县、297个场荣获林业部颁发的“全国乡村林场全面质量管理先进县”和“全国乡村林场全面质量管理奖”称号。

(3)1992年林业部在全国14个省26个县建立乡村林场管理试点。1994年又在全国建立的100个森林经营示范点中，建立了19个乡村林场示范点，探索乡村林场改革和乡村林场规范化、制度化、科学化管理的经验和模式。

由于采取了以上措施，进一步提高了各级政府和林业部门对乡村林场的认识，推动了乡村林场不断深化改革，进一步完善经营责任制、调整产业结构、加强经营管理，从而使乡村林场迅速恢复，进入一个稳定发展的新阶段。其标志：

一是林场数量稳定增加，经营规模不断扩大。1996年全国乡村林场数量比1988年增加41%，经营面积增加65%，有林地面积增加84%，森林蓄积量增加 69%，毛竹根数增加 1 倍。

二是经营形式多种多样，联营合作得到较大发展。随着农村集体林业体制改革的不断深入，林业政策的稳定和落实，大大调动了农民群众和社会各方面发展林业、兴办乡村林场的积极性，并形成一个多形式、多层次、多结构的林场群体。在全国乡村林场中，乡办林场 2.06 万个，占 13.38%；村办林场 10.7 万个，占 69.48%；联办林场 2.56 万个，占 16.62%；其他林场占 0.52%。另外还有户办林场 13.2 万个，经营面积 7167 公顷。其中，联营、合作林场比 1988 年增加近 2 倍。联办形式也由集体、农户之间向国家企事业单位、集体、个人等多种经济成分渗透融合，跨行业、跨地域、跨部门、形式多样、规模不等的联合。

三是林业生产稳步发展。1996 年全国乡村林场林业生产能力与 1989 年相比，造林面积增加 8%，育苗面积增加 37%，中幼林抚育面积增加 67%，木材采伐量增加 1.36 倍，毛竹产量增加 40%。

四是经营水平明显提高。由于各地加强对乡村林场的技术培训、人才培养，技术人员逐年增加。1996 年全国乡村林场技术人员达到 6.6 万人，比 1989 年增加 1.36 倍，促进了乡村林场经营水平的不断提高。

五是生产结构日趋合理。随着内部生产结构的调整，单一经营的局面有了较大的改观。经济林在有林地面积中所占比重，已由 1989 年的 8%提高到 12.7%。多种经营等产业收入达到 13 亿元，比 1988 年增长 3 倍，在总收入中所占比重由 1993 年的 23%提高到 33%。

六是经济效益成倍增长。1996 年乡村林场总收入比 1988 年增长 3.4 倍，总收入超过亿元的省(区、市)由 1989 年的 5 个增加到 11 个，总收入超过 500 万元的县达到 92 个，超过 100 万元的林场 76 个。

(二)主 要 成 绩

经过几十年的建设，乡村林场已具有一定规模和经济实力。截至 1996 年，全国有乡村林场 15.4 万个，从业人员 85 万人，经营面积 1866 万公顷，森林蓄积量 5.6 亿立方米，年总收入 38 亿元，为发展我国林业、繁荣农村经济和农民致富等方面做出了重要贡献。

1. 为国家培育了大批后备森林资源

乡村林场经营管理着 1533 万公顷的森林，占全国有林地面积的 12%，其中，用材林约 1000 万公顷，占全国用材林的 11.5%。国家和地方在集体林区建立的用材林基地及各项防护林工程建设形成的森林，主要由乡村林场经营管理。

2. 为国民经济建设和人民生活提供了大量木材和林副产品

乡村林场 90 年代陆续进入主伐期以来，累计生产木材 9776 万立方米，其中 1989～1996 年生产木材 5319 万立方米，超过前 30 年总量的 22%。同时还为社会提供价值 94 亿元的果品、林副产品及其他产品，不仅增强了林场自身的活力，而且缓解了社会供需矛盾。

3. 成为农村经济的重要支柱

乡村林场是农民依靠自己的力量兴办的绿色企业。经过 40 多年的艰苦创业，乡村林场培育的森林资源，已积累了成千上万的财富，并逐步开发利用，发挥出经济效应。1996 年全国乡村林场销售收入 38 亿元，不仅增加了国家税收，为发展集体经济兴办乡镇企业积累了资金，而且带动了林农致富和农村剩余劳力的转移。许多村组用林场提供的资金为村民架电线，建学校，修道路，办多种公益事业，解决军烈属补助和民办教师工资、村干部补贴、民兵训练等村里的各项支出，对减轻农民负担，改善农村的生产、生活条件，密切干群关系，推动农村两个文明建设起到了积极作用。

4. 在集体林业生产中起着骨干、示范作用

全国乡村林场经营 12.4%的集体林，森林蓄积量占 24%，是发展集体林业的一支重要力量。1996 年全国乡村林场育苗 3.24 万公顷，占全国育苗面积的 15.7%；造林 70 多万公顷，占全国造林面积的 15.6%；抚育 195 万公顷，占全国中幼林抚育面积的 25.7%；采伐量 876 万立方米，占全国村以下木材采伐量的 22.6%。竹材采伐量 5932 万根，占村以下采伐量的 6.1%。由于林场实行适度规模经营，能进行比较科学合理的规划布局，施工作业、培育管护，与一般农户造林、营林比，造林保存率高 50%，生产量高 30%～50%，成为农村林业生产的样板。同时，乡村林场在搞好营造林生产的同时，还承担着林业技术推广、咨询以及林业科学试验、示范等任务，为农村造林绿化提供多种多样的服务，有力地带动了集体林业的发展。

(三)基本经验

1. 加强领导是办好乡村林场的关键

在不同的历史时期，由于各级政府和领导的重视，充分认识乡村林场在发展我国林业、壮大农村集体经济中的重要作用，并采取有效措施加强管理，乡村林场得以巩固发展。十一届三中全会以后，为适应新形势，1983年中共中央一号文件和几次全国林业厅(局)长会议都提出要办好社队林场。特别是1989年林业部召开的全国乡村林场工作会议，1990年下发的《关于乡村林场建设若干问题的通知》，进一步提高了各地对乡村林场的认识。江西省把乡村林场建设列为加强农村基层政权建设的重要内容，要求乡乡村村办林场。湖北省政府历来重视乡村林场建设，要求各级领导亲自抓乡村林场建设，帮助基层协调和解决乡村林场建设中的问题。安徽省还把乡村林场建设作为领导任期目标责任制的重要考核内容，纳入造林绿化目标责任状。河南、江西、贵州、甘肃、辽宁、四川等省结合造林绿化规划，制订乡村林场发展规划、目标和实施措施，有计划的发展乡村林场。安徽、辽宁等许多省制定了《乡村林场管理办法》，在加强乡村林场的规范化、科学化、制度化管理的基础上，对乡村林场进行整顿、登记、发证、建档工作。湖北省"八五"期间，全省有2970名县市级领导相继兴办乡村林场1000多个。由于领导重视，指导思想明确，措施得力，有力地促进了乡村林场的进一步巩固和发展。

2. 坚持"基地办林场，林场管基地"，是培育和保护森林资源的重要措施

乡村林场是经营森林的专业组织，有劳力、懂技术、能经营、会管理。采取"基地办林场、林场管基地"的办法，就把基地、村组、农户有机地结合起来，实行规模经营，集约经营，不仅提高了集体林业的经营管理水平，保证基地和工程的建设，而且加快了乡村林场建设和发展。60年代和80年代以基地建林场形式营造的林分，现在已成为我国新的林业生产基地。湖南省株州市乡村林场营造的杉木林，蓄积量占全市总蓄积量的89%，每年生产木材2万立方米，彻底改变了群众用材困难、生产建设用材靠国家调拨的局面。目前，国家和地方建立的速生丰产用材林、经济林基地及各大防护林工程建设项目，都把乡村林场做为工程实施的重要基地，建设以乡村场为主体的经营管理体系。长江中上游防护林工程有乡村林场8000多个，"三北"防护林工程有乡村林场3089个，为巩固造林成果，保证工程质量，起着重要作用。

3. 坚持"以林为主，多种经营，以短养长，长短结合"的方针，是提高经济效益、搞活林场的可靠保证

乡村林场的巩固和发展，关键是经济效益。林业是一项长期效益事业，虽然有前期投资大，培育周期长，近期收入与长远利益矛盾突出的一面，但也有资源丰富，可以利用其各种资源的特性，合理进行综合开发，立体配置，长中短结合，缩短生产周期，提高经济效益。坚持"以林为主，多种经营，以短养长，长短结合"的方针是提高经济效益的有效途径。许多林场认真贯彻这个方针。调整林种、树种结构，发展速生丰产用材林，短周期工业原料林等和名特优新经济林，保持林种、树种一定的比例；大力开展林粮、林药、林果、林牧等森林复合经营，提高林地生产率；充分利用林场资源，发展加工、森林旅游、商业、运输、服务等业，走林工商一体化道路，收到了良好效果。湖北省咸宁县因地制宜指导乡村林场兴办小材小料加工厂、小果园、小茶园、小药园和养殖场，增加了林场自我造血功能。全县乡村林场总收入达到985万元，其中木材收入占36%，多种经营收入占46%，林副产品收入占18%。安徽省浩川林业开发公司，实行林工商综合开发，兴办造纸厂、商业、服务业，林场收入由1989年的238万元，增加到1070万元，路子越走越宽。

4. 实行扶持和奖励政策，是乡村林场发展的必要条件

乡村林场是农村集体经济组织和农民自力更生兴办的绿色企业，由于林业生产的长期性特点，只有各级政府给予一定的扶持和鼓励政策，才能巩固和发展。近几年来，各地根据当地实际，制定了许多政策，多方扶持，为巩固和发展乡村林场创造了良好的外部环境。一是在资金上给予扶持。湖北、浙江等省每年财政拨专款用于扶持乡村林场造林营林和基地生产建设。安徽省黄山市乡村林场出售木材预留的森林资源更新费、林区建设费,征收更改资金中提15%～20%等作为乡村林场发展专项资金。二是从政策上给予支持。河南省提出给乡村林场固定适量的苗圃地和多种经营用地,税收同国有林场一样,暂不交纳所得税。有的地方规定允许林场间伐材自销,与林业部门联购、联销,其收入部分主要用于林场扩大再生产,有条件的上交部分不能超过纯利的20%。宁夏回族自治区对乡村林场在未收益前,免交各种税费;新建乡村林场15年内免征农业税、农林特产税,不负担粮食定购任务,园艺场优惠期不低于10年。林场、园艺场经当地税务部门批准,可在10年内免征产品税、营业税和所得税,享受与农业一样的生产用水和各项优惠政策与补贴。三是建立激励机制。广西昭平县政府每年拨款30万元设立兴办乡村林场奖,专门奖励在造林、育苗,发展林果,管理好、经济效益高的乡村林场。江西永丰县对村级干部和林场场长实行造林规模与退休金挂钩制度。规定凡造林3333公顷以上的乡(镇)林场场长、200公顷以上的村林场场长、书记、主任、会计发给荣誉证书。村办林场三年造林33公顷以上的干部,每月额外补贴8～12元;13～33公顷的,减半补贴,有力地推动了乡村林场的发展。

5. 坚持改革是巩固和发展乡村林场的推动力

历史经验证明,乡村林场是在不断改革、整顿、调整、完善过程中发展起来的。乡村林场是农村林业合作经济组织,是一个利益共同体,切实维护其合法权益是办好乡村林场的前提。乡村林场在改革中,必须坚持稳定现有山林权属和"谁造谁有"等基本林业政策,认真落实乡村林场经营管理范围内的山林权属,明确界线,颁发山林权证,任何单位和个人不得随意变动。发展联营、合作林场,必须坚持从实际出发,因势利导,多种形式的原则。40多年来,乡村林场走过的多形式、多层次办林场的成功道路就是证明。

40年来,乡村林场在我国林业建设中发挥了重要作用。目前,虽然仍存在着基础差、素质低、生产结构单一、经营落后、管理薄弱、经济效益不高等问题,但只要各级政府和林业部门把乡村林场建设做为发展农村林业的一项重要工作来抓,加强管理,采取措施,从政策、资金等方面扶持,不断深化改革,乡村林场必然成为21世纪发展农村林业的主力军,在我国林业建设中做出更大的贡献。(执笔人:苏永荔)

十四、森林抚育和低产林改造

森林抚育和低产林改造是培育森林资源不可缺少的重要措施,对保证森林正常生长,提高森林质量,充分发挥森林多种效益,有着不可替代的作用。新中国成立后,党和政府十分重视林业,在大力开展植树造林的同时,森林抚育和低产林改造也逐步恢复和开展起来。

(一)发展历程

50年代,我国森林抚育改造的主要对象是原始林遭砍伐破坏后没有恢复起来的大量次生中幼龄林,面积约有2660万公顷,约占当时全国森林面积1/3以上。这些次生林大多数分布在黑龙江、辽宁、吉林、内蒙古、山西、河北、北京、河南、山东、陕西、甘肃、青海、宁夏和新疆14个省(区)交通方便的浅山丘陵地带,林相残破,树种组成复杂,生长量低。为及时抚育这些林木,1953年9月,政务院在发布的《关于发动群众开展造林、育林、护林工作的指示》中,确定造林、育林、护林工作应成为各级人民政府特别是山区各级人民政府的主要任务之一。强调对各地已成之林,则应根据林相和生长情况分别加以修枝和间伐,并进行必要的抚育工作,以促进其正常生长和迅速成材。1957年,林业部颁发《关于积极做好国有林抚育间伐工作的通知》。1958年许多省(区)根据"二五"期间林业计划的安排,建立了森林经营机构,负责森林抚育和次生林改造工作的业务管理,北方14个次生林较多的省(区)还成立了1000多个国营林场和森林经营所,把国有的天然次生林全部经营管理起来。

60 年代，天然次生林抚育改造有了较大进展。1962 年，林业部先后颁发《关于次生林改造若干问题的决定》、《关于开展次生林抚育利用工作的通知》和《国有林抚育改造技术规程》，要求各地抓紧查清天然次生林资源，按照“由近及远、先易后难、分期分批”的原则，作出全面规划，编制森林经营方案，逐年实施。为搞好天然次生林抚育改造，经国家计委、经委批准，在天然次生林区建立由林业部和有关省双重领导的实验林场 32 个。1963 年，林业部制定了《国有林抚育改造作业设计办法》，同时将天然次生林经营正式列入生产计划，投资 8400 万元，安排各省国营林场改造次生林 9.06 万公顷，生产木材 50 万立方米。1964 年，林业部召开了东北、内蒙古次生林抚育改造工作会议。1962～1964 年，东北、内蒙古的国营林场共修建林区公路 1144 公里，林道 3500 公里，完成天然次生林抚育改造 26 万公顷，生产规格材 322 万立方米。

“文革”期间，森林抚育改造工作基本处于停滞状态，并有大量原有次生林遭到破坏，加上采伐作业的不合理，又不断形成新的次生林。但也有不少地区的林业部门，努力排除“左”的干扰，克服资金不足等方面的困难，依靠群众坚持开展森林抚育，山西、辽宁、陕西和甘肃等省国有林场、林业局都继续进行着这项工作。

70 年代末至 80 年代，新中国成立初期营造的大量人工林陆续进入中幼龄林阶段，抚育改造重点也转到人工林，但仍限于国营林场范围内。1978 年，国家林业总局颁布了《国有林抚育间伐、低产林改造技术试行规程》。同年，国家计委、国家物资总局、国家林业总局联合发出《关于下达 1979 年人工、天然中幼龄林抚育间伐计划的通知》，计划间伐面积 16 万公顷，生产规格材 75 万立方米，并随文下达 1 亿元的基本建设投资与设备。1981 年，中共中央、国务院《关于保护森林发展林业若干问题的决定》中指出：“森林抚育要纳入各级林业计划，逐年增加投资，加快抚育进度。”1979～1983 年，国家共投资 1.7 亿元，主要用于改善抚育改造林区范围的交通条件，推动森林抚育工作的开展。各地也相应对中幼龄人工林抚育给予了一定的扶持。如有的省（区）每年从育林基金中拨出一定数额作为森林抚育资金，有的则从地方财政或有关专项基金中拨出一定资金用于森林抚育。1982 年 1 月，林业部下发了《关于进一步提高国有林抚育间伐作业质量的通知》，重申抚育间伐须以培育为主的原则，作业前要设计并履行审批手续，作业中要加强管理，要把作业质量作为生产责任制和岗位责任制的内容，各级林业部门要加强对这项工作的领导。据 20 个省（区）统计，1983 年完成了人工林抚育改造 49.8 万公顷，其中，低产林改造 9.3 万公顷，占到总数的 15%左右，出产木材 507 万立方米。为了提高人工林抚育改造水平，探求最佳抚育改造方式方法，1981～1984 年，林业部先后在湖北、河北两省的远安县、丰宁县及隆化县开展中幼龄林抚育试点，林业部投放周转金 230 万元，试验面积 1.6 万公顷，修建林道 290 公里，试验期 13 年，设置永久性固定标准地，坚持常年记载有关数据，建立档案。据湖北省远安县试点的连续观测和综合分析，间伐 7 年的马尾松，抚育与不抚育林木年平均净增长量比对照区多 66%，蓄积比对照区多 112%。

90 年代，随着市场经济的建立和林业改革的不断深化，森林抚育和低产林改造在调整林种、树种结构，建设高效林业，提高经济效益中受到普遍重视。为了加强森林抚育、低产林改造工作，林业部与各省（区、市）多方采取措施，推动这项工作。

（二）主要成绩

1. 森林抚育、低产林改造速度逐步加快

1977～1980 年，全国成林抚育平均每年 166 万公顷。1981～1989 年，成林抚育平均每年 278 万公顷，比 70 年代增加 67%；低产林改造平均每年 40.6 万公顷。1990～1996 年，平均每年成林抚育 400.6 万公顷，低产林改造 64.1 万公顷，分别比 80 年代增加 71%和 58%。

2. 促进林木生长，提高林分质量

经过抚育，调整林分密度，改善卫生状况，增加营养空间及通风、透光度，提高了林分质量，促进了林木生长，挽救了部分飞播林、封育林及部分有生长前途但密度过大、生长衰退的幼林，为培育大径材创造了良好的环境。广西壮族自治区全州县 1978 年营造的杉木一类林，1988 年抚育，1992 年进行测定，胸径生产量年平均达到 0.86 厘米，是对照区的 4.3 倍；蓄积生长量年平均达到 0.92 立方米，是对照区的 1.8 倍。藤县飞播马尾松林，抚育间伐比不抚育间伐林分，平均胸径、树高、单位蓄积量分别增加31.7%、18.1%和15.1%。1986～1993年，湖南省完成幼林抚育253万公顷，抚育间伐28.6万公顷，使营造的速生丰产林80%以上达到部颁标准。许多低产林通过更新、改造、抚育、补植等方式，变成了高产、优质、高效林。甘肃省小陇山林业试验局，32年来坚持实行抚育、改造、更新、采伐利用、封禁等综合措施，取得了显著成效。经测定，抚育间伐的林分比对照区年蓄积生长率，栎类提高6.6%～24.3%，混交林提高46.7%～56.7%；低产林变成一代新林，郁闭度一般提高0.2～0.6；材积生长量提高70%～140%。目前，全局林木净生长率由1.9%提高到2.3%，森林蓄积量由2500万立方米增加到2846万立方米，增加13.84%，覆盖率由44.8%提高到51.4%。湖南省1990～1993年改造低产毛竹林3.8万公顷，垦复4万公顷。改造后的笋用林每亩产鲜笋1250公斤，比改造前增长10.4倍；用材毛竹林每亩平均立竹达到204根，比改造前提高2.1倍；竹纸原料林由50公斤增加到150公斤。改造后的毛竹林，每亩收入增加600～2000元。

3. 生产一定数量的小径材、薪材，为社会提供部分用材

1988年和1989年森林抚育和低产林改造累计生产木材2300万立方米；1990～1995年生产木材10 006万立方米。其中，成林抚育间伐6055万立方米，平均每年生产木材1429万立方米，解决了群众生产、生活用材，为乡镇木材加工企业提供了原料。

4. 收到了一定的经济效益和社会效益

广西壮族自治区1992年以来，全区抚育间伐33.4万公顷，获得间伐材250万立方米，总收入4.5亿元，不仅增加了林业收入，为林业生产提供部分资金，起到了以林养林的作用，还为地方财政增加税收1亿多元，林农增加纯收入1.2亿元。1996年，全区投入169万元，修改道路296.8公里，为提高林业经营水平，发展地方交通，促进农村经济发展创造了条件。许多地方用间伐收入提取的公益金为农村群众修路、架桥、办企业、通电、搞农田基本建设等。内蒙古大兴安岭克一河林业局"八五"期间抚育间伐3.6万公顷，生产间伐材3.3万立方米，销售收入905万元，利润14万元，用于以林养林，不仅促进了林木生长，还安置1800人就业。

（三）主要做法和经验

1. 提高认识，加强领导

1990年国务院批复的《1989～2000年全国造林绿化规划纲要》中，将中幼林抚育纳入规划。1992年林业部颁发《关于加强中幼龄林抚育工作的决定》，要求各省（区、市）把中幼林抚育放在与造林同等重要位置，列入议事日程，切实加强领导。在林业部的推动下，各地进一步提高认识。广西、福建、广东、湖南、辽宁、北京、甘肃、宁夏等省（区、市）都把中幼林抚育纳入造林绿化目标责任制，作为对县市政府和林业部门领导政绩考核的一项重要内容。辽宁省丹东、抚顺等地，采取采伐与抚育挂钩，用50%的主伐限额与抚育数量挂钩，规定每立方米主伐限额指标挂0.33公顷抚育任务，完不成任务的停止一切采伐。辽阳市实行抚育与采伐指标、分配资金、局站长政绩挂钩等措施，促进中幼林抚育工作。全国中幼林抚育"八五"期间比"九五"期间增长36.9%。

2. 实行优惠政策

1992年林业部提出，国家发放的林业贴息贷款向中幼林抚育倾斜；中幼林抚育间伐计划实行单列，间伐与主伐限额指标分开，互不挤占；生产的抚育间伐材允许自产自销。一些省（区）积极争取省委、省政府的支持，制定相应的政策。福建省从1996年开始减征间伐材农业特产税50%，减征育林费30%，用于开展中幼林抚育。浙江省规定，从1995年开始，每年安排800万元抚育周转金，扶持中幼林抚育示范基地建设。广东省每年安排200万元育林基金用于森林抚育。北京市规定除集体林间伐指标和主伐指标分开、互不挤占外，间伐材只收12%的育林基金，收费不上交，用于当地的森林抚育间伐。广西壮族自治区采取与外省签订投资合同，引资修路，以木换路；从抚育间伐收入中提取20%资金用于修建林区道路；利用以工代赈、扶贫资金，动员组织群众投工投劳修路等办法，抚育了大面积人工林和飞播林。

3. 加强管理

森林抚育、低产林改造是一项技术性、政策性很强的工作。为保证其健康有序的开展，各地抓住作业设计、项目审批、现场施工、检查验收四个环节，加强对森林抚育、低产林改造的管理。广西壮族自治区把抚育间伐作为营林事业的重要工作归口营林部门统一管理，营林、林政、计划共同检查监督；抚育间伐限额指标在年森林采伐限额中单列，在资源部门的宏观监督和总量控制下，由营林部门严格审批作业设计，专项下达，用于抚育间伐；实行项目管理，做到抚育、采伐限额、调查设计、技术指导、检查验收相统一；建立健全组织管理机构或成立营林服务公司，负责对抚育间伐产前、产中、产后的一条龙服务，收到了较好的效果。

4. 建立示范点

许多省建立起不同类型的中幼林抚育间伐试验区和示范点，通过点上突破，带动面上提高。安徽省选择祁门等5县进行抚育间伐采伐限额单列和自产自销试点，经过3年试验，成功地总结出一套中幼林抚育管理的经验和政策措施，并在全省推广。甘肃省1992年批准建立了7个试验区，面积2660公顷。林业部1994年批准在全国重点省(区)建设100个森林经营示范点，投资275万元，重点安排用于森林抚育和实施森林培育标准化建设。通过示范、试验，为研究森林抚育规律和合理的抚育方式、方法，制定相应的政策、措施提供了依据，为指导中幼林抚育工作树立了样板。

几十年来，森林抚育、改造工作虽然取得了一定成绩，但与造林工作相比，进展缓慢，工作滞后，在林业建设事业中一直处于薄弱环节。据1989～1993年森林资源统计，我国现有中幼龄林7733万公顷，占全国森林面积的58%。其中，应抚育用材林中幼林面积2660万公顷，急待抚育面积1900万公顷(其中：幼龄林800万公顷，占42%；中龄林1100万公顷，占58%)。目前，全国每年新造林493万公顷，森林抚育滞后造林160万公顷，森林抚育欠帐仍在不断增加。由于森林抚育工作滞后，致使大面积速生丰产林、飞播林、封育林等中幼林得不到及时抚育、改造，林分质量下降，林木分化严重，长势衰退，单位面积生长量、蓄积量低，效益差。对此，必须从战略高度认识森林抚育、改造在培育后备森林资源、实现林业的“两个根本性转变”的重要意义，把森林抚育、改造纳入林业发展规划和长远计划，增加投入，按照分类经营的原则，对不同类型的中幼林、低产林，进行不同方式的抚育、改造；改革森林培育制度，实行定向培育，集约经营，减轻抚育、改造任务；制定相应的经济政策，鼓励抚育收入以林养林；鼓励联营、合作开发，调动社会各方面力量，开展森林抚育改造；建立森林抚育责任制，实行项目管理，理顺流通机制，搞好产前产中产后服务；大力发展木材加工和综合利用，把抚育改造的小径材充分利用起来，满足社会对林产品的需求。 (执笔人：傅秀文　苏永荔)

十五、林木种苗

林木种苗是植树造林的物质基础，是林业生产最基本的生产资料；良种壮苗是保证造林绿化和生态环境建设的首要物质条件，是提高营林质量、加速资源增长、建设林业两大体系、实现林业可持续发展战略目标的重要保证。

50年来，随着营林事业的发展，我国林木种苗生产从无到有、从简单生产到全面建设，林木种苗事业稳步发展，形成了由各级种苗管理机构组成的种苗生产管理和质量监督检验体系，建成了以种苗生产基地为依托，以良种繁育中心和示范苗圃为龙头，以良种基地和国有苗圃为骨干的种苗生产、良种繁育、示范、推广体系。

(一)发展历程

1. 发动群众采种育苗阶段

新中国成立初期，面对全国2.6亿公顷荒山，各地开展了较大规模的群众性植树造林运动。为保证植树造林需用的种苗，1950年5月16日，政务院发布的《关于全国林业工作指示》中要求：各县应保留一定数量的土地，准备经营苗圃。各地相继确认了旧有苗圃，新建了一批国营苗圃。1952年，林业部推广了山东省的经验，提出“发动群众自己采种，自己育苗，自己造林”的方针；1953 年 9 月，政务院发布《关于发动群众开展造林、育林、护林工作的指示》要求：群众造林所需苗木，主要依靠发动各村、各户、各互助组、合作社自己采种、育苗来解决。1955 年 9 月，林业部召开了全国种苗工作座谈会，提出：当前育苗工作要以提高单位育苗面积产量、保证质量为中心，加强国营苗圃的经营管理，依靠农业生产合作社，积极开展合作社的自育、自造。为了鼓励群众育苗，1956 年 4 月，林业部、财政部规定，农业生产合作社培育苗木的收入免纳农业税，对种苗特别困难的地区由国家适当资助；对苗木供不应求的树种，实行贷种、贷苗、奖励、调剂供应，互通有无。各地采取了“造什么林，育什么苗，采什么种”，“哪里造林，哪里育苗”等办法，减少育苗的盲目性。对国营苗圃推行定额管理和责任制度，组织技术培训和经验交流，对群众育苗加强技术指导。这些政策和措施有力地促进了育苗的开展，1957 年，全国育苗面积达 7.04 万公顷，其中群众育苗 4.8 万公顷，占 68.3%。

2. 逐步注重林木种苗质量阶段

1959 年底，全国林业厅(局)长会议提出：林业建设要基地化、林场化、丰产化，为扭转“有种就采，有苗就栽”的局面，开始摸索科学用种、育苗。

在种子采收上，开始注意种子来源与产地对造林的影响，提倡选择优良母树采种，改变落后生产方式，提高造林质量。60 年代初，各地相继开展了种源调查、采种基地规划、种子检验等工作，采取合理解决采种报酬、议购议销、奖售等经济政策，发展种子生产，国家有计划地收购种子，调剂余缺。1964 年起，科研部门与生产单位协作，开始进行松、杉等树种的优树选择，在福建、广东、黑龙江等省建立了试验性的初级种子园。为了加强对林木种子经营的协调和指导，1965 年，林业部成立了林木种子公司，直属部国营林场总局领导。大部分省(区)也相继成立了种子专业机构，并开始制定保护种源、种子检验、调拨等制度，逐步开展了种子经营事业。从此，全国林木种子产量大幅度增加，质量有所提高，基本满足了造林需要。

在育苗方面，随着社队林场的迅速发展，许多地方由互助组、合作社育苗过渡到生产队和社队林场育苗，并逐步发展成为县(旗)、公社、大队、生产队四级育苗，开始走向就地造林，就地育苗。1963 年 5 月，林业部在《13 年来造林工作总结》中提出：根据造林计划，预先准备种苗，国营林场都要自建苗圃，每个县(市)应继续办好一二处示范苗圃。这段时期，国营苗圃坚持以巩固提高为主、适当发展的方向，主要任务是供应国营造林、城镇“四旁”绿化和部分群众造林用苗，并示范指导群众育苗。各地国营苗圃采取措施加强经营管理，制定各项作业计划和劳动定额，建立经济核算制度，合理组织人力、物力和财力从事育苗。与此同时，贯彻执行育苗技术规程或操作细则，开展育苗试验和技术革新，总结交流经验，不断提高苗木质量和产量。为了发挥国营苗圃积极性，各地实行由县级林业主管部门对苗圃定规模、定人员、定投资(或补贴)、定生产设备，苗圃对林业主管部门包生产任务、包苗木产值(苗木种类、数量、质量)的管理办法，逐步试行国营苗圃企业化管理。

“文革”期间，种子管理机构被撤，多数地区的种苗工作处于停滞状态，国营苗圃约 1/3 被撤销或转向，成为机关、部队的果园或副食生产基地；苗圃内部规章制度形同虚设，生产管理混乱，经营亏损的苗圃占 50%以上；社队育苗流于形式，一般育苗保存面积不到 60%，出圃的合格苗木只有额定产量的 50%左右。

3. 种苗事业大发展阶段

此阶段的特点是大力建设种苗生产基地，开始科学管理种苗，林木种苗事业迅速恢复和发展。1978 年 11 月，国家林业总局召开了林木种子工作会议。会议在认真总结经验和分析林木种子发展趋势的基础上，强调要恢复、健全各级林木种苗管理机构，加强经营管理，大力繁育推广良种。1979 年，国务院批准林业部恢复组建中国林木种子公司为行政、技术、经营三位一体的事业单位，与种苗局合署办公(1982 年撤消种苗局)，加强了对全国林木种子经营的组织和业务指导。同年，国家将林木种苗生产建设纳入基本建设计划，实行专项投资。大规模的林木种苗基地建设自此开始。1980～1982 年，中共中央、国务院在文件中，提出了“建立合理的种子生产基地，努力实现种子生产专业化，质量标准化，造林良种化”的目标和“建设林木种子公司和种子管理制度，抓紧良种基地和苗圃建设，培育良种壮苗”的要求，明确指出并强调一定要按照造林计划选育良种、培育壮苗。国营苗圃要繁殖、推广优良树种、指导社队育苗，为确保全民义务植树所需苗木，各地应努力办好现有的国营苗圃和集体苗圃，安排必要数量的土地和专业人员，凡是有条件的单位都要自办苗圃。之后，各地林木种苗机构相继恢复、充实，种苗生产管理得到加强。1980年11月，林业部在湖北省咸宁地区召开全国林业育苗经验交流会，提出了“采用良种、培育壮苗、因地制宜建立苗木生产基地，为植树造林提供足够的苗木”和“以社队育苗为主，积极搞好国营苗圃，鼓励各行各业和社队个人育苗”的方针和要求。1981年3月14日，林业部、财政部联合颁发《国营苗圃经营管理试行办法》，对国营苗圃的性质、任务、经营方向、管理制度等做了明确规定，要求国营苗圃贯彻执行“以育苗为主、开展多种经营把苗圃经济搞活”的方针。为了鼓励群众育苗，各地推行了合理的经济扶持政策，形成了骨干苗圃带动一般社队苗圃的生产格局。随着农村经济体制的改革和林业生产责任制的建立，普遍推广了以家庭育苗为主的承包责任制，不少地方实行苗木产销合同制，育苗专业户、重点户迅速发展，出现了群众育苗积极性空前高涨的好形势。从1981年起，国家与地方共同投资联合建设种苗生产基地。此后，制定了《全国林木种子生产基地建设规划》和《依靠技术进步发展林木种子生产的意见》，提出了到本世纪末林木种子事业的发展方向、奋斗目标、技术指标、技术政策和措施，并开始调整种苗生产基地布局和生产任务，有计划地建立种苗生产基地，全面发展种苗生产事业。1984年，林业部与地方联营建立141处重点林木良种基地、12处采种基地。1986年3月12日，林业部发出了《关于抓好部分地区苗木生产中产需脱节问题的通知》，强调“就地造林、就地育苗”的原则，要求以计划指导为主、市场调节为辅，积极推行合同育苗，使苗木生产与造林绿化相衔接，并根据造林规划设计提前安排苗木生产，实行定向培育，使苗木质量有所提高，品种规格基本对路，经营开始趋于合理，产销脱节大为改善。在速生丰产林苗木供应上，各地普遍加强了骨干苗圃和基地苗圃的建设和管理，调整、恢复乡(镇)苗圃，使苗木生产向基地化发展。根据需要调整了苗木品种结构，推广应用化学除草、无土栽培、组织培养、地膜覆盖、根外施肥、ABT生根粉、杉木优良无性系繁殖和日本落叶嫩枝扦插等技术。容器育苗和工厂化育苗发展迅速，到1990年容器育苗达16亿株，建成大型工厂化育苗生产线10条，并投入批量生产。在法规建设上，林业部颁发了《林木选择育种技术要领》，又制定了种子区、种子检验方法、林木种子、主要造林树种苗木、育苗技术规程等标准，以及速生丰产林种苗暂行管理办法，部省联营林木良种基地检查验收办法等。1989年3月，国务院颁布了《中华人民共和国种子管理条例》，为依法治理种苗奠定了基础。1982年，成立了林业部南方和北方林木种子检验中心，作为国家级林木种子检验机构，负责进出口林木种子检验和国内检验及技术咨询、质量监督、仲裁等工作。

4. 全面强化种苗管理阶段

90年代以来，为了进一步加强种苗行业管理，1990年2月，按照企事分开的原则，林业部成立了林木种苗管理总站，负责林木种苗行业管理。中国林木种子公司成为独立经营、自负盈亏、直属林业部管理的全民所有制企业。1994年机构改革林木种苗管理总站更名为林业部国有林场和林木种苗工作总站。这个时期，种苗工作更加注重按科学规律办事，种苗事业逐步走上了规范化、法制化的轨道。此后，国营林场和国营苗圃也改称为国有林场和国有苗圃。国务院批准实施的《1989～2000年全国造林绿化规划纲要》，提出了到本世纪末，全国每年要为造林绿化提供2500万公斤合格种子和150万公斤良种、200亿株合格苗的具体指标。为实现《纲要》目标，林业部组织制定了“八五”和到2000年的全国种苗生产规划、“九五”和到2010年的全国种苗生产规划，重点强调了种苗生产与造林计划的衔接，超前安排种苗生产的指导性计划，提倡合同采种、合同育苗，减少了种苗生产的盲目性；推行定向供种、定点育苗、定向造林，保证了种苗质量，有力地促进、保证了林木种苗生产的发展。1990年林业部召开了全国国营林场、苗圃工作会议，提出林业部门各级领导抓一个国营苗圃办示范点的要求。各地认真贯彻了会议精神，到1992年，全国有644位地方党政领导和林业主管部门领导办苗圃示范点，占国营苗圃总数的1/4。1991年5月，林业部发出《关于进一步加强种苗工作的决定》，要求各级林业主管部门和生产单位，真正下大力气抓种苗、超前抓种苗，一把手抓种苗。此后，各地紧紧围绕林业两个体系的建设、实现“两高一优”林业和山区、沙区综合开发对林木种苗的要求，调整树种结构，加强了工业原料林、经济林、生态林、城镇绿化树种和花卉等林业生产中急需树种的选育、引种和繁殖；本着“巩固、提高、发展”的原则，调整了种苗生产基地，改变以往点多分散、树种单一、基地小而全的模式；突出重点，在抓好良种繁育中心和示范苗圃的基础上，分层负责，全面推进种苗生产基地建设。同时，随着计划经济向市场经济的转变，种苗基地内部管理得到进一步加强。转变观念，打破"铁饭碗"，实行人事、劳动和分配三项制度改革。根据自身优势、特点进行内部管理改革，本着"灵活多样、责权利相统一"的原则，优化劳动组合，责任到人，任务到人；在利益分配上，实行"按劳分配为主体，多种分配形式并存"的原则，岗位工资和效益工资结合，有效地调动了干部职工的积极性和创造性，基地和职工收入有了不同程度的提高。

为适应林业发展的需要，积极推广使用良种和种苗新技术，推行技术标准，强化技术监测，提高苗木生产的科技含量。1992年，林业部林木种苗管理总站发出的《关于大力推广林木种苗新品种、新技术的通知》中指出：林木种苗生产和建设是技术密集型的工作，更要讲科学、靠科学，要特别注意推广应用新技术和优良的繁殖材料，不断提高种苗建设的科技含量，为造林绿化提供数量足够、品种对路、优质、高效的种苗，选择了容器育苗技术、塑料大棚育苗技术等10项较先进的应用技术和科研成果作为重点推广项目，结合各地实际，实行育苗新技术组装配套，提高苗木质量和单位面积合格苗数量。《通知》发后，仅容器育苗生产全国共筹集资金1亿元，并在化肥、农药等物资上优先照顾；举办培训班2000多期，培训人员13万人次，保证了容器育苗的稳定发展。在此期间，为规范种苗生产建设和管理工作，除了认真执行已有的法规和技术标准外，又根据生产建设的需求，先后制定颁发了《林木种子检验管理办法》、《林木良种审定规范》(国家标准)、《中华人民共和国种子管理条例》、《林木种子管理实施细则》、《林木良种繁育中心建设要点》和《林木良种推广使用管理办法》。

(二)主 要 成 就

新中国成立以来，种苗生产为植树造林、绿化祖国、发展林业作出了重要贡献。同时，自身也有了很大的发展，取得了显著成就。

1. 建立起全面执行种苗行政、技术、生产管理的行业管理体系

随着人们对种苗在造林绿化中重要地位认识的加深和林业生产建设发展的实际需要，种苗管理机构逐步健全。全国已有31个省(区、市)、282个地(市)、1460个县(市)建立了林木种苗管理机构，管理人员达5760多人，形成了比较完善、运作有效的种苗管理网络。这一网络通过组织制定和实施贯彻有关法规，开展种苗行业的管理监督工作，出现了一个种苗行政法规日趋完善、技术标准初成体系、依法有序治理种苗的局面。目前，已颁布实施了以《中华人民共和国种子管理条例》为主的，包括种苗生产、经营管理、基地建设、质量监测、良种审定与推广等一系列相配套的法规，以及覆盖种苗基因资源收集、引种、选育、繁殖、产品质量、储藏和流通等环节的30项国家和行业标准，各省(区、市)还制定和实施了相应的地方行业标准。随着种苗生产科技含量的不断增加，种苗管理部门还组织有关专家，按照林木种苗标准体系表的内容和要求，着手制定新增加的标准，充实和完善种苗标准化体系，为全面实现种苗生产、管理的科学化、标准化、规范化奠定坚实的基础。

质量管理是种苗行业管理的一个重要方面，通过建立种苗质量监测网，保证了质量管理的有效运行。全国已有15个省(区)建立了林木种苗质量监测站，有200多个种子检验室。一个由林业部南、北方林木种子检验中心和林木种苗质量监督检验站、检验室以及地县林木种苗检验室组成的质量监督检验体系基本形成；经考试合格持证上岗的检验人员800多人，形成了一支开展种苗质量监测、规范管理种苗市场、保证种苗质量、保护林农合法权益的骨干队伍。为了提高管理工作的效率创造了必要的条件。1992年起，各级林业部门加强了种苗生产调度、基地建设、种质资源管理等方面的信息化建设，建立起数据库，通过对大量信息的收集、储存和分析，大大提高了种苗管理工作的水平。

2. 建立起林木种子采收、储存、调拨、供应体系

为了保证全国各个时期开展植树造林用种的数量和质量，各级林业主管部门抓住了林木种子采收、储存、检测、调剂等主要环节，加强建设，逐步充实设施，强化流通领域的质量监测，合理调拨种子，使林木种子生产的数量趋于稳定，质量逐步提高。当前，每年生产使用的林木种子约2000万公斤。在种子生产基地建设中，重点保证了每处基地的晒场、遮雨棚、烘干机、清选机和常温库等加工设施、设备的建设,加工条件有了较大改善,加工能力不断提高,基本扭转了以往靠分散、落后的种子处理方法,从而提高了出种率和种子质量,种子合格率达到80%。目前,全国已建立18座低温种子库,库容面积达6830平方米,储种能力228万公斤。为实现丰年多采、以丰补歉和余缺调剂创造了条件,缓解了林木结实大小年与供种的矛盾。种子质量监督检测形成制度,种苗市场管理进一步强化。1990年开始,林业部委托南方、北方林木种子检验中心分别对全国南方、北方飞播、植苗造林用种(苗)质量进行抽查,各(区)林木种苗质量监督检测站和种子检验室对本省(区)造林用种、用苗进行抽查,地(县)种子检验室或检验人员对本地的种苗进行自查,实行一年一查,现已形成了抽查和通报制度。初步形成了一个常年运转的国家、省(区)、地(县)三级种苗质量监督、检验网。抽检覆盖面达80%。1997年起,林木种苗被纳入国家技术监督局国家产品质量监督抽查项目,对保证我国进出口种子和生产用种子的质量起到了积极的作用。调剂林木种子实行分级负责,科学调拨。部、省两级每年定期召开种苗余缺调剂会,根据种子、苗木供求状况,按照林木种子区划做好种子采收、调剂、调拨、储备计划。做到了产前调剂,合同定购,预付定金,违约索赔。实行全国主要造林树种的种苗由林业部统一组织调剂、其他种苗自由调剂相结合的方式,做到严格把好种子采收、调拨、使用三个关口,实行种子生产许可证、经营许可证、检验证和检疫制度。并以国家标准《中国林木种子区》作为省际间种子调拨和使用的依据,保证了种子质量,避免了乱调乱用种子。

3. 建立起以国有苗圃为龙头,乡村集体、群众育苗多种经济成分相结合的苗木生产供应体系

全国每年完成育苗面积约19.8万公顷,其中:国有育苗4万公顷,集体和个体育苗15.8万公顷,每年供应造林绿化和经济林苗木200多亿株,其中容器苗约30亿株。形成了一个国有、集体、个体三级育苗的比较稳定的苗木供应格局,满足了每年营造速生丰产林、多功能防护林、城镇和乡村绿化等多方面对苗木的需求。国有苗圃是全民所有制生产性事业单位。新中国成立以来,我国国有苗圃从不足100个发展到2358处,经营面积12.4万公顷,可育苗面积2.3万公顷,每年平均生产苗木35亿株。在苗木生产供应、育苗技术方面起着带头、示范作用。苗圃生产向多树种、多品种发展,产品结构由单一的用材林苗木向乔、灌、草、花、果一齐上,苗木质量不断提高;良种使用率达到30%,苗圃苗木合格率达到95%以上。同时,根据市场需求大力调整产业结构,开辟新的生产领域,实现一业为主,多种经营,依托和发挥苗圃土地、人员、技术的优势,开办二、三产业,搞活苗圃经济,给苗圃带来了发展的新面貌,经济收入逐年提高,全国基本自给或有盈余的苗圃已占70%。在深化内部改革方面,国有苗圃取得了很大的进展。大多数苗圃通过人事制度改革,选拔配备懂业务、善管理、有开拓精神的干部,积极改革"大包干"和平均主义的管理机制,建立健全岗位责任制和生产责任制,强化管理;用人制度上,打破旧的用工方法,引入竞争机制,做到能者上、庸者下,废除"大锅饭"、"铁饭碗",改变干好干坏一个样的局面。通过改革,涌现出一批"两个文明一起抓,生产经营双丰收"的先进单位,先后有84个先进苗圃受到林业部的表彰,105个苗圃被命名为先进标兵单位。在国有苗圃带动下,乡村集体育苗、专业户育苗逐步走上正轨,在苗木生产中发挥了重要作用。全国现有集体骨干苗圃约5.9万个,育苗面积6.5万公顷,生产苗木约70亿株。近年来,"两户一体"(育苗专业户、重点户、育苗联合体)育苗迅速发展。1996年全国个体育苗户约29.8万户,育苗面积约9.3万公顷,产苗量100多亿株,改变了一些地区长期苗木短缺的局面。

4. 建立起林木良种繁育、审定、示范、推广体系

林木良种是提高林业生产力的重要因素,造林良种化是科技兴林的主要内容。我国在发展林木种苗事业中特别注意了加强林木良种选育的基础工作。从林木种质资源的保护和利用入手,通过开展以选择、育种为主,实行选择、引种、育种、繁殖相结合的方针,积极选育优良品种,大力建设繁殖基地,努力推广使用林木良种。我国树种繁多,具有丰富的种质资源,为有效地开展选择育种,提供了可靠的物质基础。保护林木种质资源的工作已日益受到重视。目前,除了在各类自然保护区等特定条件下得到了保护的大量林木种质资源外,我国已建立了70多个树种的林木种子基因库,176个进行异地保存,面积约9.5万公顷,主要造林树种的种质资源得到了保护和利用,一批珍稀树种扩大了繁殖和利用,濒危树种开始复苏,对保护生物多样性和林业可持续发展起到了重要作用。同时，实行了边收集保存，边开发利用，在选择收集种质资源过程中，利用优良的材料建设了一批林木良种繁殖基地，且已初具规模，良种产量稳步提高。我国共建立50个主要造林树种的林木良种基地649处（其中部省联营232处），总面积15.7万公顷，其中：种子园1.6万公顷，母树林12.6万公顷，采穗圃及无性系繁殖圃1万公顷，试验、示范林0.5万公顷；年产良种100万公斤，生产优良无性系穗条8亿根。为了解决近期大量用种的需要，并从总体上提高种子质量，全国建立了采种基地271处（其中部省联营53处），年产种子约500万公斤。至此，我国种子基地供种率占全国林木种子产量的30%。林木良种基地供应的良种，除播种品质确有保证外，更主要的是遗传品质较普通种子有较大的提高。良种造林后的木材增益分别是：母树林5%，第一代种子园10%～15%，第二代种子园20%～30%，优良无性系30%以上。良种基地的示范试验林又为推广良种作出了最好的样板。良种造林面积逐年增加，全国造林良种使用率达到20%。通过良种的推广使用，大大提高了造林的质量，人工造林逐步走向速生优质、定向培育的轨道。从1996年起林业部正式开始启动22处林木良种繁育中心，建设我国具有高度科学技术水平的层次最高的林木良种繁育基地。一个以良种繁育中心为龙头，带动全国良种繁育基地繁殖生产良种的格局已初步形成。

为了保证推广的林木良种的质量，规范良种的审定示范、推广程序，1994年10月林业部成立全国林木良种审定委员会，全国也有21个省（区）成立了林木良种审定委员会。各地已审定（认定）包括20多个树种的优良品种（家系）741个，优良无性系207个、种子园种子105个和优良树种14个，为良种的推广使用提供了科学依据。

5. 林木引种硕果累累，智力引进成绩斐然

目前，我国已引种成功具有推广价值的外来树种200多种，推广造林面积占我国现有人工林保存面积的1/5，为丰富我国树种资源，加快国土绿化、城乡绿化和美化、改善生态环境，增加森林资源做出了巨大的贡献。十多种桉树大规模应用于生产，栽培区域分布在我国北纬33°以南广大地区，人工林面积达150万公顷，“四旁”植树15亿株以上；湿地松、火炬松已遍布我国亚热带地区，面积150万公顷；加勒比松和热带相思作为优良的纸浆材树种正在我国热带、南亚热带地区迅速推广；日本落叶松正在从东北地区迅速推广到南方山区；刺槐、紫穗槐种植遍布大江南北；美洲黑杨和欧美杨引进了一批无性系，一些已成为平原地区“四旁”绿化、农田防护林和速生丰产林的当家树种，栽植40万公顷；木麻黄、黑松是我国漫长海岸线沿海防护林的两大主栽树种，构筑的绿色长城面积在40万公顷以上；热带珍贵树种如柚木、石梓，经济林树种如黑荆树、银荆树都成为适生区内的造林树种；一大批观赏绿化树种如悬铃木、雪松、南洋杉、日本樱花等在城镇屡见不鲜。90年代以来，又加大了经济价值高的树种如黑核桃、薄壳山核桃、澳洲坚果等树种和观赏花卉的引进。在积极引进外来树种的同时，加强国内乡土树种驯化，开发利用丰富的树种资源，如水杉、樟子松分别走出狭小的分布范围，成为长江流域平原湖区、“三北”地区防护林的主要绿化树种。

为了尽快赶上世界先进水平，我国十分重视种苗国际交流与合作。大力加强了对国外智力的引进、吸收和消化，先后组团、选派研修人员出国培训和进修，请进外国专家讲课，采取走出去、请进来的形式积极引进种子园营建与管理、种子采集加工储藏、组培与遗传工程、良种繁育中心建设等方面的先进技术和设备，大大增加了我国种苗的科技含量，促进了我国种苗事业的发展。90年代以来，加大了对外交流合作，积极争取国际援助。1992年，林业部种苗管理总站两次组织各省（区）种苗站站长参加赴美国、日本种苗技术、管理培训团，学习了先进的管理经验，引进了先进技术；1993年，联合国援助的广东省湿地松、火炬松改良代种子园是我国建国以来第一个种苗建设的国际援助项目，引进、学习了一整套湿地松、火炬松的建园和管理技术、建园材料，种质资源和仪器设备；1995年，日本援助的湖北省林木育种中心项目正在顺利实施，一批落叶松、杨树的种质资源和先进的仪器设备已经引进，中日合作技术研究项目正在进行。这些合作项目促进了我国良种繁育技术和管理水平又上了一个新的台阶。

6. 积极开展林木种苗进出口贸易

林木种苗进口业务在80年代以前均由农业部门或土畜产部门代为办理，仅限于进口少量试验用种子，1980年经国家进出口委员会批准，授予中国林木种子公司林木种苗进出口权，统一经营管理全国的林木种苗进出口工作。自此，林业系统内有了熟悉林木种苗特点并据此组织进出口的经营单位和服务部门，开拓了林木种苗进出口的新领域，中国林木种子公司坚持为林业生产服务的宗旨，为加速国土绿化、城乡美化，进口了大量生产急需的林木种苗、草坪种子和花卉种苗。十多年来，先后从美洲、大洋洲、欧洲、亚洲等十多个国家进口了60多个优良树种种子35万公斤、草籽40万公斤，花卉种球数百万头，在大量引进优良花草树木种苗的同时，还积极开创出口业务，向30多个国家出口了300多种树木、花卉种苗，总计70万公斤、330万株，出口20多种农林产品120万公斤。通过开展林木种苗进出口业务，还促进了中国林木种子公司自身的发展，逐步扩大了经营范围，现已发展成为一个开展种子、苗木、花卉、盆景、草籽、园林机械、植物种苗检测仪器和设备、农林副产品等进出口贸易，具有一定规模和较强实力的全国性专业进出口公司。

(三)发展种苗事业的基本经验

1. 不断提高对种苗基础地位与作用的认识，把种苗事业作为公益事业来抓

林业具有生产周期长的特点，种苗的优劣直接关系到造林的成败与效益的高低，对营林生产的影响不只是一年、几年，而是几十年、上百年。对林业事业而言，抓种苗能用最少的投资，获得最大的经济效益，抓住了种苗就是抓住了营林的根本。因此，种苗工作是林业生产中一项带有全局性、超前性、战略性的基础工作，在林业生产中树立种苗意识和公益观念是推动种苗事业发展的动力。通过反复的宣传和实践，各级领导逐步认识了种苗工作的重要地位和作用，把种苗同发展本地区经济、增加林农收入、促进山区脱贫致富奔小康，以及同生态环境治理、增加林业发展后劲联系起来，做到了“一把手抓种苗，超前抓种苗，下大力气抓种苗”，有力地推动了种苗工作的稳定发展。

2. 在政策和资金投入上扶持种苗事业的发展

新中国成立以来，国家根据林木种苗生产具有基地建设周期长、投入大、直接经济效益低、服务对象单纯的特点，从我国林木种苗生产建设底子薄、基础差、生产方式落后、种苗数量不足、质量差等现实出发，在政策和资金投入上予以倾斜，使种苗生产逐步走上良性循环的轨道。国家用于扶持群众造林的补助费主要用作种苗补贴，各项重点造林经费都划定了种苗费。从70年代后期起，我国正式把林木种苗生产建设列入林业基本建设计划，并在国家基本建设投资增加很少的情况下，不断加大种苗生产建设的投入。“八五”期间又提出了种苗工程，其投入达到“六五”期间的近4倍。另外，还安排有一部分林木种子周转金、林木引种经费和种苗抽检经费，用于林木种子采收、储备、引种驯化优良树种和品种以及种苗质量监督抽查。多数省(区)的种苗基本建设配套资金成倍地增加，保证了种苗生产基地建设的连续性和正常进行，有的省(区)还实行了使用良种补贴、育苗补贴、培育容器苗补贴，安排林木引种经费、种子资源清查费等，有的地方在资金短缺的情况下，仍多方集资，采用奖励资金、化肥、粮食、柴油等与种苗生产任务挂钩，推动种苗生产。扶持林木种苗生产的优惠政策相继出台，如进口种苗免征进口增值税、苗木销售征收农林特产税仅限于经济林苗木，“九五”期间农口企事业单位上缴所得税实行财政返还等政策。各省(区)结合本地实际情况相应采取减免农林特产税、物质奖励、包销合格苗木、制定最低保护价、保证育苗收入高于种植农作物收入等，为种苗事业的发展提供了经济保障。

3. 依靠科技进步，发展种苗生产

林木种苗生产和建设是技术密集型的工作，实践证明，依靠科技进步是种苗发展的客观要求。50年来，我国十分重视种苗科研和新科技成果的推广应用，把它作为科技兴林的主要内容来抓。各地在加强科技兴林宣传的同时，不断开拓推广种苗科技成果发展种苗生产的视野，在管理上由单纯抓种苗到依靠、使用科技成果，不断提高种苗生产的科技含量，坚持“生产、科研、管理”三结合和“试验、示范、推广”三结合。充分利用“六五”、“七五”科技攻关成果，在良种繁育基地建设中，重点基地都要求有一个技术依托单位，按照高标准要求应用建设母树林、种子园方面的新技术，使用最新选育出的优良品种、无性系进行基地建设，保证了基地建设的质量和生产良种的增益水平。在育苗基地建设中广泛推广组织培养育苗、容器育苗、细根段育苗、化学除草、芽苗切根移栽、全光喷雾扦插、塑料大棚育苗、ABT生根粉、PT菌根及无菌栽培技术，使育苗水平和苗木质量都有显著提高，新技术推广使用开始从单项成果的应用逐步发展到多项技术组装配套，把生产上各个相关环节的科技成果和在实践中摸索出来的行之有效的办法组装起来配套应用。林业部1996年为杉木制定了推广使用良种、培育壮苗的配套技术措施，在广西、福建、贵州、河南4个省(区)进行试点，从选种、种子分级、种子处理、催芽、播种、苗木田间管理等各个环节都应用先进技术，取得明显效果。在发芽、生根、苗高、地径等方面均比对照高出10%以上，苗木生长均匀，合格苗率达90%以上。工厂化育苗是种苗先进科技组合的又一体现，目前我国已建立10条大型工厂化育苗生产线，在提高苗木产量、保证纯度、保存基因资源等方面发挥了重要作用。

4. 坚持种苗生产为营林提供良好服务，在为造林绿化和建设山区做贡献中发展种苗事业

林木种苗事业的发展有赖于造林绿化事业的发展，同时也促进和制约着造林绿化事业的发展。大规模的植树造林为种苗生产的发展提供了良好的机遇，蓬勃开展城乡绿化、美化的需要为种苗销售提供了广阔的市场。我国的种苗生产建设紧紧地围绕各个时期的营林生产任务，搞好服务，实行种苗生产重点工程、重点项目挂钩，按照林业发展和林业重点工程、项目需求，安排种苗生产，保证为造林绿化提供品种对路、数量足够、质量优良的种苗，在满足造林绿化种苗需要中不断地发展和壮大自身。首先是主动与造林任务衔接，适应不同时期、不同任务的要求，及时组织种苗生产，保证供应。当大规模的“国土绿化”、造林“灭荒”、治理沙区一开始，种苗部门加大了采种基地建设的力度，大力组织采收、调拨，发动群众采种、育苗，及时提供乔、灌木种苗；为保证山区综合开发的全面开展，加强了经济林树种名特优新品种原种圃的建设，加快了繁殖速度，加强了种苗流通领域的管理，有效地净化了种苗市场。其次是有超前意识，做到了超前抓种苗。70年代末，吸收了过去营建的部分速生丰产林基地因种苗使用不当而形成“小老树”的教训，学习和应用了国外通过树种改良生产林木良种的先进经验，逐步开展了大规模的良种繁育基地建设，为以后开展的速生丰产林基地建设、世界银行贷款的国家造林工程项目、贫困地区林业发展项目和其他各项重点林业建设工程，及时提供了合乎质量要求的良种。在项目实施过程中，加强了种苗管理，狠抓了定点供种、定点育苗、定向造林，保证了项目的顺利实施。

(执笔人：游应天　陈英歌　周景莉)

林业产业体系建设

林业产业是国民经济体系中的基础产业之一，与国民经济的发展和人民生活水平的提高息息相关。木材和林产品在轻工、化工、军工、建筑、矿业、铁道、交通、农业、食品、医药等诸多领域都发挥着重要作用。

新中国的林业建设，经历了由小到大逐步发展的历程。林业产业伴随着林业建设事业的发展，也逐步发展起来，取得了显著成就。

新中国成立后，为了满足国民经济恢复和发展对木材的迫切需要，国家有计划地开发国有林区和南方集体林区。在国有林区先后建立了135个国有林业局，在南方集体林区重点建设了158个产材县。全国木材年产量从1952年的1200万立方米增加到1997年的6400万立方米。木材加工和林产化工也有了一定的发展。从1958年开始，木材综合利用的发展提到了林业产业建设的议事日程，确定了以发展人造板为主，特别是以发展纤维板为重点的木材综合利用方针，使人造板工业有了长足的发展，1998年全国人造板产量达1056万立方米。

改革开放以来，根据国民经济发展的要求和我国林业现状，林业部于80年代初提出了“一下一稳三上”的调整战略，即过伐林区的木材产量要下，把木材产量稳定在一定的水平上，新林区开发和后继林场建设要上，更新造林要上，木材综合利用和多种经营要上。按照这一方针，森林工业系统加快了产业结构调整步伐。1986年林业部又进一步提出了“以林为主，综合利用，多种经营，立体开发，全面发展”的经营方针，改变了传统的结构单一的局面。木材生产、林产化工、林机制造不断进行调整，经济林、竹产业、森林旅游、花卉产业、森林食品和药材等新兴产业蓬勃发展，为国民经济发展和人民生活水平的提高作出了应有的贡献。同时，林区经济实力也大为增加。特别是党的十四大后，林业部根据党中央的战略部署及国民经济和社会发展的要求，积极采取措施，大力发展林业产业。1994年12月，林业部明确提出了“建立比较完备的林业生态体系和比较发达的林业产业体系”的跨世纪战略目标。以此为标志，我国林业产业体系建设进入了一个新的发展时期。

一、木材生产

木材是开发和利用森林资源的主要产品，也是国家经济建设和人民生产、生活的重要物资。我国的原始森林大都分布于边疆和山区，交通不便，开发困难。我国最大的东北、内蒙古原始林区解放前曾先后受到沙皇俄国和日本帝国主义侵略者的掠夺式采伐，森林资源遭到严重破坏。1945年抗日战争胜利后，在东北解放区就着手开发林区，积极支援解放战争。新中国成立后，党和政府极为重视木材生产，采取一系列重大措施，使森林采运工业得到迅速发展。50年来，全国累计生产木材22亿立方米，生产竹材73亿多根，为国民经济建设作出了重大贡献。

（一）大力开发新林区，满足国民经济恢复与发展对木材的急需

新中国成立伊始，百业待兴，林业部门当务之急是如何多生产木材满足国家经济建设的需要。党和政府为发展林业、尽快把木材生产搞上去，曾作过多次重要指示。1950年5月，政务院发布的《关于全国林业工作指示》中提出：为发展交通，需要枕木、电杆，为恢复建设，需要大批木材，应制定各林区合理的采伐计划，并推动节约木材的社会行动。公有林（包括国有林）应由中央人民政府林垦部或中央委托之各级林业机构经营采伐，统筹供应公私用材，其他任何机关、部队、学校或企业，不得借任何理由，自行采伐。周恩来总理对林业建设关怀备至，十分重视林业的发展。1954年周总理在《把我国建设成为强大的社会主义现代化的工业国家》的报告中指出，“林业对供应建设事业所需木材和防止水旱风沙灾害都有重大的意义。”1962年在讨论中共中央、国务院关于成立东北林业、农垦两个总局决定（草稿）时，周总理明确指出：“先解决林业问题，这个问题和大家关系很大。”又指出：“木材问题关系生产、基建和长期计划甚大。”

为适应国家经济建设恢复和发展的新形势，林业部和东北、内蒙古等重点国有林区的林业部门，于50年代和60年代期间，在党中央、国务院的领导和有关部门及省（区）的支持下，下大力抓了开发新林区工作。广大林业职工肩扛斧锯，风餐露宿，战严寒，斗冰雪，克服种种困难，在东北茫茫原始林区，开始了艰苦创业的光辉里程。

开发新林区道路要先行，中国人民解放军铁道兵为林区道路建设作出了突出的贡献，使铁路不断向林区腹地延伸。

建国以来，在大小兴安岭和长白山林区，先后建设了通往林区的铁路干线14条，总长3000公里，成为连接林区内外的交通大动脉。截至1998年末，全国森工企业实有公路13.9万公里，森林铁路4516公里。

与此同时，全国各大国有林区和南方集体林区，都相继大力进行开发建设。50年来，我国先后开发了东北的大小兴安岭、长白山、完达山，西南的金沙江、大渡河、雅砻江、岷江，西北的秦岭、白龙江、天山、阿尔泰山等国有林区，并在浙江、安徽、福建、江西、湖北、湖南、广东、广西、海南、贵州10省（区）的集体林区建设了158个林业重点县，建成森工林场（采育场）1000多个。截至1998年，国有林区已建有森林采运企业1169个，其中国有林业局135个，职工人数达109.8万人，占林业系统职工总数的34%，承担着全国50%左右的木材供应量，建国以来累计为国家提供商品材10多亿立方米。

南方集体林区的采运企业主要为小型国营伐木场（采育场），在木材集散地设立木材采购站、转运站和木材水、陆运输企业，以及贮木加工、木材经销等场站。50年的开发建设，在全国形成了东北内蒙古国有林区、西南西北国有林区和南方集体林区三大木材生产基地，木材年生产能力达6000多万立方米。

（二）建立规章制度，进行有序生产

建国初期木材生产秩序较乱，无章可循，不仅生产效率低，安全事故多，而且造成严重的资源浪费。为了保证国家木材生产计划的完成，在国有林区采运企业建立了严格的木材生产调度制度，包括日报、旬报、月报、季报、年终小结等生产汇报制度，要求每日逐级上报木材产量及生产中存在的问题，使上至国务院、林业部，下至森林采运企业，对木材生产情况了如指掌，出现问题及时解决。东北、内蒙古林区借鉴国外先进管理经验，最早建立了作业计划管理制度，把每月的生产活动分解为旬、日计划，甚至每日的上下午，各项生产活动都有具体安排。不仅使生产主管部门能及时掌握木材产量和质量情况，而且对职工在生产活动中的出勤、安全等情况也能有所了解。这对保证生产安全和各个生产工序衔接，提高劳动生产率，按计划完成生产任务，都具有十分重要的意义。

随着木材生产规模的逐年扩大，木材生产的经

营管理水平不断提高，许多产业标准、规章制度逐步完善。建国初期，我国计算木材材积方法，普遍采用的是“龙泉法码”。这种方法在我国有上千年的历史，特别是长江以南多年沿用。“龙泉法码”计算木材材积，既复杂，又不准确，极易引起产销纠纷，也不能与国际计量单位接轨。自1953年开始，由林业部组织有关专家，吸取国外经验，经过调查研究，广泛征求意见，制定了适用于我国各主要树种的木材材积表，1953年经国家科委批准，作为国家标准在全国颁布实施，使我国材积计量工作走上了新阶段。不仅使木材计量工作简化精确，而且能与国际木材计量单位接轨。为加强木材检验工作，提高产品质量和企业管理水平，全面完成国家材种计划，1978年国家林业总局颁发了《木材检验条例》。

为使木材生产从伐区的采伐、集材、运材，到贮木场的造材、归楞，以至整个生产作业过程，从无序作业转变为有序作业，林业部从50年代初就着手制定森林采伐、造材、运输等各个方面的规程、规范和办法。

在伐区生产方面，为了确保合理采伐，促进森林更新，扩大森林再生产，林业部先后4次发布森林采伐更新规程，1956年1月经国务院批准的第一个《国有林主伐试行规程》发布执行，对实现合理采伐、合理利用森林资源起到了重要作用。但由于中国幅员广阔，各地情况不尽相同，《试行规程》尚不完全符合各林区的具体情况，于是在1958年进行了修订，对采伐量、主伐方式、伐区管理等作了更加切合实际的规定，并于1961年发布实行。1973年、1987年又对规程作了进一步的修订。1987年8月经国务院批准，林业部第四次发布实施，并将其更名为《森林采伐更新管理办法》，从而使森林采伐和森林更新管理纳入了依法治林的轨道。为了合理利用木材资源，提高产品质量，做到材尽其用，国家林业总局在修订《东北、内蒙古地区合理造材试行技术规程》的基础上，于1978年颁布了适用于全国南北方林区的《造材技术规程》。为加强木材生产管理，控制资源消耗，林业部、国家计委于1987年联合颁发了《东北、内蒙古国有林区森工企业木材生产总产量计划管理暂行办法》。从“七五”期间开始，逐年调减了木材产量。

在木材运输方面，为加强木材运输管理，充分发挥运输潜力，降低运输成本，提高劳动生产率，优质、低耗、安全地完成木材运输任务，农林部于1978年颁发了《森林铁路技术管理规程》，同年，国家林业总局制定了《南方木材生产汽车运输管理规程(试行)》和《南方木材水运管理办法》。林业部1979年制定了《东北林区汽车运材技术管理规程(试行)》。

在贮木场管理方面，为了加强贮木场(站)经营管理，提高木材产品质量，做好木材验收、支拨和综合利用，国家林业总局1978年颁布了《贮木场管理办法》，1982年，林业部颁发了《林业部关于加强贮木场经营管理的规定》，以指导全国的贮木场经营管理工作。

(三)引进新技术，不断提高森林采运机械化作业水平

50年代初期，我国森林采运生产技术和装备十分落后，伐木用的是斧头和弯把锯；造材使用双人锯；集材用人力、畜力和滑道；运材仅有东北、内蒙古林区的部分森工采运企业局采用森林铁路运输，其余大部分林区靠汽运、水运；贮木场的装卸、归楞主要靠人抬肩扛。

为了改变木材生产的落后状态，国家先后采取了增加林业机械化投资，建立机械设备制造厂、科研和管理机构，加强林业机械化的组织领导，引进国外先进设备，培养专门科技人才等一系列措施。1955年林业部将木材生产机械化和技术改革列为林区建设重点。50年代中后期，按计划开发的国有林区的木材生产作业，在劳动组织、采伐方式、采伐技术、伐区清理、更新造林等方面，都有了很大的改进。1956年，林业部在黑龙江省带岭林业实验局召开全国木材生产机械化现场会，对全面引进国外采、集、运、贮作业方式和技术设备，改革我国国有林区伐区作业方式和生产手段，起了很大的推动作用。东北、内蒙古林区由山上造材的原木生产方式改为原条生产方式。原条常年流水作业发展很快，到1959年已全面推广，其比重占东北、内蒙古林区森工企业年生产任务的90%左右。东北、内蒙古林区森林采运机械化水平从1957年的42%提高到1965年的81%；南方林区的木材生产也由手工作业改变为部分机械化作业，伐区机械化达10%，运材机械化达到30%～40%。60年代中期到70年代前期，我国森林采运机械化程度达到了较高的水平，实现了半机械化和机

械化。1978年拥有集材拖拉机达6500多台，运材汽车1.3万多辆，综合机械化程度达到86.5%。90年代后，随着采运机械装备和木材生产技术的进一步改进，各大国有林区的林业局和南方集体林区的重点产材县，木材生产综合机械化程度达到了88.1%，除木材水运外，其他主要生产工序机械化程度都在80%以上，大大提高了木材生产效率。

（执笔人：黄一川）

二、林产工业

林产工业是林业产业的重要组成部分。发展林产工业，对于充分合理利用森林资源，增强林业自我发展能力，满足社会对林产品的多样需求，都具有重要意义。林产工业包括木材加工业、林产化学加工业和林业造纸业三部分。

（一）木材加工业

木材加工业是林产工业的主导产业，在林业产业的发展中处于举足轻重的地位，对国民经济的发展和人民生活水平的提高起着重要作用。

新中国成立前，我国的木材加工业十分落后，产品只有锯材和胶合板两个品种。制材一部分设在沿海大中城市，大部分设在东北林区。且许多是由侵占我国的帝国主义国家资本家所建，旨在大肆掠夺森林资源为其侵略服务。这些企业规模小，工艺设备落后，生产效率低，工人劳动强度大，产品质量差。全国木材加工业仅有年制材能力400万立方米，胶合板生产能力约2万立方米，产品品种和数量远不能满足社会需要。

新中国成立以后，为适应国民经济建设和人民生活的需要，木材加工业得到不断发展。经过50年的建设，我国的木材加工业发生了历史性的变化，现已基本形成了比较完整的木材加工工业体系。回顾我国木材加工工业发展过程，大体经历了以下三个阶段：

第一阶段，即国民经济恢复到第一个五年计划期末（1950～1957年）。这一阶段重点是发展制材工业，首先对从旧中国接受过来的制材厂进行清理、调整、合并和体制改革，实施计划、技术、经济制度化管理，开展了提高生产效率、产品质量和经济效益以及职工素质等项工作。同时，新建了一些机械化程度较高的制材厂，加上原有的私营和合营企业，制材生产能力达到了900万立方米。这一时期，除了重点发展制材工业外，也注重发展胶合板工业，在北京和哈尔滨等城市新建了一批胶合板厂。1957年全国胶合板产量已达到了6.98万立方米。此外，利用制材剩余物发展木材综合利用问题已经开始受到重视，并对发展纤维板和刨花板生产进行了国外考察、研究试验等工作。

第二阶段，从第二个五年计划开始到改革开放前（1958～1977年）。这一阶段由过去发展制材工业转向发展木材综合利用。1958年8月，林业部在北京召开了全国提高木材综合利用率现场会议，明确提出要普遍地积极发展木材加工工业，把木材综合利用起来。特别要大量发展人造板工业。同年11月林业部召开全国林业厅、局长会议，提出大搞人造板工业不仅可以解决木材供应不足问题，而且可以充分合理地利用森林资源，这是我国森林工业发展的正确方向。以后林业部又根据国情进一步明确指出：发展木材综合利用以发展人造板为主，特别以发展纤维板为重点。为了发展纤维板工业，1958年初从瑞典引进一套先进的纤维板生产设备。1961年中央提出调整国民经济的“八字”方针后，纠正了“大跃进”时期全国盲目大搞小土群、小洋群建设纤维板厂，造成人、财、物大量浪费的“左”倾做法，开始抓纤维板样板厂的建设，组织国内科研、设计和生产单位联合攻关，对引进设备和工艺进行消化吸收，完成了定型设计，安排制造成套设备，并在全国普遍推广，从而奠定了我国纤维板工业发展的基础。纤维板产量由1960年的5.96万立方米上升到1975年的15.49万立方米。这一阶段，除重点发展纤维板外，胶合板工业也有了一定的发展，胶合板产量由1957

年的6.98万立方米提高到1975年的19.21万立方米。制材工业仍继续发展，“大跃进”期间，仅东北林区就新增制材生产能力100万立方米。60年代初期我国开始进行木片生产的准备工作，1970年在北方林区进行了木片生产试验，并逐步发展，初步形成了林区枝丫木片生产工业体制。

这一阶段的后10年，由于受“文革”的影响，在开展木材综合利用方面发展不快，成就不大。

第三阶段，从改革开放至今（1978～1999年）。这一阶段木材加工业得到了前所未有的大发展。党的十一届三中全会以后，林业部提出“一下一稳三上”的林业调整方针。根据综合利用要大上的原则，制定了发展规划，除了继续发展纤维板以外，还要扩大生产木片、刨花板、厚纸板等多种产品。林业部对发展木片生产十分重视，成立了专门机构，负责全国木片生产规划和生产、运输、销售、出口的组织协调等服务工作。木材综合利用的发展重点也从城市转向原料产地。1980年起，国家确定在森林工业建设投资中列出木材综合利用投资专项，拨出经费用于人造板企业的技术改造。1981年3月8日中共中央、国务院发布《关于保护森林发展林业若干问题的决定》，明确规定了木材综合利用的发展方向和任务。在党的改革开放政策指引下，随着由计划经济向市场经济的逐步过渡，各种形式的合资、独资、集体及个体木材加工企业迅速发展，与此同时，从国外引进了多种先进的木材加工成套生产设备和生产技术，并加快了引进技术的消化吸收和引进设备的国产化进程，使我国木材加工生产规模不断扩大，在产品品种和质量方面都上了一个新的台阶。“六五”、“七五”计划期间，仅东北、内蒙古林区和南方产材省（区）就新建大中型人造板企业26个，新增生产能力约100万立方米。目前，我国木材加工产品品种和产品产量基本上能满足国内市场需要，并有部分产品少量出口。

50年来，木材加工业的发展成就主要表现在以下方面：

1. 生产能力和产品产量有大幅度增长

1950年的锯材产量为344万立方米，1998年产量为1787.57万立方米。1951年胶合板产量为1.69万立方米，1998年达到446.52万立方米。1958年开始生产纤维板和刨花板，1960年纤维板产量为5.96万立方米，1998年产量达到219.51万立方米；1965年刨花板产量为3.14万立方米，1998年产量达到266.30万立方米。“六五”期间共生产人造板648.5万立方米，比“五五”期间增长105.7%；“七五”期间共生产人造板1242.1万立方米，比“六五”期间又增长91.5%。1998年，全国人造板产量达到1056.33万立方米。1970～1981年共生产木片75万立方米。而1993～1997年就生产木片2300多万立方米。木材加工业的不断发展，建国50年已累计生产锯材6亿立方米，人造板9223万立方米，大大提高了森林资源利用率，对缓和木材供需矛盾起到了明显作用。

2. 产品品种增多，质量提高

随着科学技术的进步，木材加工产品新品种不断出现。目前，除了可以生产各种木材加工传统产品如锯材、普通胶合板、刨花板和湿法硬质纤维板外，还可以生产多种特殊用途的人造板产品，如建筑上使用的木材、竹材或竹木复合水泥模板，木材石膏刨花板、木材水泥刨花板以及定向结构刨花板；交通运输工具使用的车厢板、集装箱底板；家具中使用的各种密度纤维板、模压制品、细木工板；各种层积材，复合地板以及室内装饰使用的各种薄木贴面、浸渍纸贴面、塑料薄膜贴面、人造板表面装饰产品等等；利用林区造材、加工剩余物、次小薪材生产木片、胶合木、地板块、牙签、卫生筷等制品。这些产品不仅品种多、规格多，而且质量也在不断提高，多种产品出口国外，如木片产品自1988年开始出口创汇以来，生产势头较好，到1994年共出口1000多万立方米，创汇近2亿美元。目前已形成了南方以广东、广西、海南3省（区）为主和东北、内蒙古林区的两大木片生产出口基地及木片产供销、内外贸一条龙的经营网络，并已成为国家的大宗出口创汇产品。

3. 生产技术水平有很大提高，装备状况得到明显改善

新中国成立以来，为大力发展木材加工业，满足国民经济发展和人民生活多方面的需求，木材加工行业坚持以自力更生为主，积极学习和采用国外的先进技术，不断提高生产技术水平。50年代重点对制材工业进行了改造，大大改善了制材作业条件，提高了机械化程度，使制材生产能力有较大幅度的增长，产品质量有明显的提高。六七十年代，采用科研、设计和工厂三结合攻关方式完成了纤维板66型及76型定型设计，并广泛推广；进一步改造了老胶合板厂。80年代开始，又有计划、有步骤、有重点地对现有木材加工企业，尤其是人造板企业进行了现代化改造，通过引进一大批先进的人造板生产线和生产技术，更重要的是通过消化吸收使我国的生产工艺水平、产品质量有了很大的提高，缩短了与国外先进水平的差距。现在木材加工中的许多产品生产工序基本实现了机械化、自动化、连续化；部分企业通过技术改造或引进国外先进生产技术和设备，已成为具有现代技术装备与管理水平的木材加工骨干企业，在行业发展中起着示范和带头作用。

4. 木材综合利用总体水平有所提高

木材加工的原料来源已从主要依靠天然林逐步向人工速生丰产林过渡，利用各种加工剩余物、采伐剩余物及枝丫材生产的木材综合利用产品增长较快，精加工和深加工产品增多。

50年来，我国木材加工工业不断发展壮大，对促进国民经济发展和提高人民生活水平发挥了重要作用。今后，木材加工行业要进一步调整产业、产品结构，加强企业技术改造，加快开发新产品，增加花色品种，提高产品质量和档次，使我国木材加工工业不断向纵深发展，以适应我国经济建设迅猛发展和人民生活水平不断提高的需要。

（执笔人：韩桐恩　李青文）

（二）林产化学工业

林产化学工业是以林产品为原料进行化学加工和利用的工业，也是我国一项新兴工业。

新中国成立前，尽管我国的林产化工生产有悠久的历史，如生漆、桐油、樟脑、五倍子早已闻名于世，松香、紫胶等在历史上也早有记载，但由于历史原因，一直发展缓慢。林产化学工业品种少，基本上是初级产品，生产规模不大，技术十分落后，国内所需产品，特别是高级产品完全依靠进口。

新中国成立后，林产化学工业得到迅速发展。50年来，主要产品的产值增长了数十倍，可比产品的产量十倍百倍地增长。其中松香产量增加了40倍，1998年达到42万吨，跃居世界第一位。50年共生产松香1200万吨。利用锯末等生产酒精、糠醛、酵母的水解工业的建立，紫胶、五倍子单宁酸、活性炭、胶料和软木制品等生产的发展，大大丰富了林产化学工业的内容。过去只有松香、栲胶、樟脑、木材干馏（包括烧炭、制松烟）4项生产，现在已发展到11项。产品由过去的21种增加到100多种。技术水平也显著提高，由原始的简单加工发展为综合性加工，由手工操作到基本实现机械化、连续化生产。林产化学工业产品由进口变为出口，自1995年以后，年出口总额在2.5亿美元以上。林产化学工业的科研和教育也得到迅速发展。现在林产化学工业从科研、教育、设计、设备制造到生产已初步形成了较为完整的体系。

1. 松香

新中国成立后，松香工业得到迅速发展。由于当时采脂技术和松香生产工艺落后，影响松香产量和质量。1951年开始总结推广下降式采脂方法，并把广西梧州松脂厂的直接火法改造为机械化蒸汽法加工，为改造直接火法生产厂树立了样板，为提高松香质量和增加松香产量创造了条件。1952年松香产量达到4.2万吨，是新中国成立前的2.6倍。1953年以后松香生产发展较快，新建了江门、邵阳、湛江、桂林4个蒸汽法生产厂和近70个滴水法生产厂，新增生产能力10万吨，1957年松香产量达到15万吨。1958年产量开始下降，1962年产量下降到3.4万吨。1963年以后，松香生产从整顿入手，逐步提高，采取了如下措施：

(1)加强采脂生产管理。为了提高采脂技术，保护资源，调动采脂积极性，林业部于1963年颁发了《松脂采集规程》。在生产管理上推行定人、定树、定产量、定质量、超产奖励的“四定一奖”办法，并合理提高松脂、松香、松节油的价格；国务院于1963年确定了“固定松林、固定劳动力，建立松脂林场，逐步实现原料基地化”的方针，着手进行松香基地建设。

(2)改进生产技术，提高产品质量。随着松香生产的发展，原地区性产品标准已不适应需要，林业部于1963年制订了《松香和松节油试行标准》，统一了等级、质量标准和检验方法。1964年林业部组织有关生产部门和科研单位，开展松脂加工试验，确定直接火法、滴水法松香生产的合理工艺，提高软化点和降低能耗。1965年又组织科研、设计单位在广西梧州松脂厂进行蒸汽法松香生产连续化的试验研究，并取得初步成果。1974年后又把广东蕉岭松香厂改造成为我国第一座连续化松香生产厂，大大降低了工人的劳动强度，提高了劳动生产率。由于采取上述措施，对提高松香生产的技术水平起到了较好的作用。1978年松香产量达到了29.7万吨。改革开放以来，松香及其再加工工业得到了迅速的发展，由于改革开放政策极大地调动了各方面的积极性，1981年松香产量达到了41万吨。进入90年代，一般都在40万吨以上，1998年产量42万吨，松香出口呈现阶段性增长，1990年以后年均出口在26万吨以上。

(3)强化生产经营管理，实行生产许可证和产品出省、出口运输证等办法。1987年向283个松香企业发放了松香生产许可证；1990年国务院办公厅发了《关于保护森林资源加强松香运输管理的复函》，从1991年5月1日起，对出省、出口松香运输实行凭证放行的办法；部分省、区实行凭采脂证采脂的管理办法；1991年7月1日起，将松香等5种林产化学加工产品的生产和经营改为由林业部统一经营。由于采取上述措施，对于保护资源，制止盲目建厂，控制松香生产宏观总量以及产品有序流通都起到了重要作用。

(4)调整生产布局，加强松脂基地建设。由于主产区广东、广西可采脂成熟林减少，自1981年加大了调整力度，国家投资1000万元加强了云南省思茅地区松脂公路的建设，使该地区的松香产量由原来的几千吨增加到3万吨。福建、江西等省(区)加大了对松脂基地的投入，1997年福建省龙岩地区利用银行贷款和自筹资金规划建基地4万多公顷，基地已开始建设，使基地建设进入了新的阶段。

(5)加强科研，积极开展松香、松节油的深度加工。科研单位研制了氢化松香、高度氢化松香、马来松香、松香胺、松香酯等新产品，并改进和研制了聚合松香、松油、松油醇、萜烯树脂、芳樟醇等产品，使松香、松节油产品由40种增加到近百种。目前，松香再加工产品产量每年达5万多吨，出口近万吨，松节油再加工利用达到总产量的60%以上。同时，对化学采脂、高产脂树种及基础理论的研究也取得了较好的成果。

2. 活性炭

旧中国活性炭年产量只有30多吨。我国活性炭工业是从新中国成立后发展起来的。70年代全国活性炭产量近1万吨，80年代末期活性炭以每年14%～15%的速度增长，到1997年产量达到8万吨。活性炭的出口也有较快的增长，近两年每年出口在5万吨以上。我国活性炭以木质炭为主，其次为煤质活性炭。50年来，活性炭生产工艺技术水平逐步提高，由土法生产转向斯利普炉、转炉和流态化炉生产，由化学法、物理法向化学物理相结合的方法发展。

50年来，我国活性炭无论从生产、应用，还是科学研究都有了较大的发展，活性炭生产已逐步趋向稳定发展时期，企业生产规模向大型发展，生产工艺日臻完善，产品质量不断提高，产品品种不断增加，已由几种增加到80多种100多个牌号。

3. 栲胶

旧中国只有陕西省石泉县一个栲胶厂，最高年产量48吨，以树皮等原料直接浸泡生产栲胶。

新中国成立以来，栲胶生产有了较大的发展，累计生产栲胶93万吨。产品由50年代初期的84吨，到1987年产量达到4.7万吨，产品品种由1种增加到近10种，生产企业由1个增到30多个。50年来，栲胶生产经历了恢复、发展、巩固和不断提高的过程。栲胶生产技术已具有较高的水平。

50年代初期，恢复了陕西省石泉县栲胶厂，同时试验各种原料工艺，为发展生产创造了条件，1952年开始筹建内蒙古牙克石栲胶厂，1958年设计能力5000吨的内蒙古牙克石栲胶厂建成投产。并先后建成了宜昌、新昌、武鸣等栲胶厂，至1966年，全国有栲胶厂14个，生产能力1.68万吨，到1987年，栲胶产量达到历史最高产量，生产企业近40家。1987年在合肥市召开的全国栲胶会上提出栲胶生产以销定产的原则，到1997年栲胶年产量达2万吨。现有栲胶生产企业10多家，主要是皮革工业发生了变化，栲胶市场需求量下降。

党的十一届三中全会以来，栲胶生产在改革、整顿、提高的方针指导下，进入了新的发展阶段。一是发展凝缩类栲胶，积极利用新资源，增产柚柑、杨梅等栲胶。凝缩类栲胶的比重达到70%以上。二是提高产品质量，浅化栲胶颜色和减少沉淀，对栲胶进行改性等工作都取得了良好效果。三是扩大水解类栲胶的用途，积极开展扩大栲胶用途的研究。现栲胶除用于制革外，还用于选矿、石油钻井、单宁除垢和软化锅炉水等。四是加大对栲胶企业的改造力度。经过改造，原用木桶浸提现全部用金属浸提器，栲胶企业全部实现了机械化和连续化生产。五是建立栲胶原料基地。随着生产的发展，栲胶优质原料减少。为解决优质栲胶原料不足，提高凝缩类栲胶的比重，从国外引进的黑荆树在四川、浙江、福建、云南等地都有种植，并受到了这些地区的重视。已建起了栲胶原料基地,栲胶工业原料短缺问题可逐步缓解。

4. 紫胶

紫胶是紫胶虫在寄主树上的分泌物。我国古代即生产紫胶。《本草纲目》中有关于紫胶的记载。但紫胶作为一种工业产品则始于本世纪50年代,昆明市1956年建立了第一个紫胶厂,用土法生产,产量低,质量差。当时我国紫胶主要靠进口。

为了提高紫胶生产技术,在云南省设立了紫胶研究所,在中国林业科学研究院南京林产化学工业研究所设立了紫胶研究室,在产区设立了紫胶工作站,开展了对紫胶加工工艺和紫胶生产技术的研究。1965年即开始了溶剂法生产,至1998年,我国已能生产颗粒胶、片胶、漂白胶、改性紫胶等近10个品种。脱色胶的研制成功,其色泽可与国外优质紫胶媲美。紫胶副产物可生产紫胶色素等产品。另外我国引种的紫胶虫,引种保种也取得了成功。

经过几十年的发展,1985年全国紫胶年产量达到2102吨,比1978年的1384吨增长51.8%。由于寄主树跟不上,1986年生产下降,年产紫胶片1661吨;紫胶产品质量有所提高,质量指标中的热乙醇不溶物少于1%,这项指标达到了国际先进水平。1989年以后,因市场原因紫胶年产量一直维持在1000吨左右。50年累计生产紫胶4万吨。

(执笔人:刘玉田)

(三)林业造纸业

我国的林业造纸业是从60年代初期开始逐渐发展起来的。60年代,为配合我国人造纤维工业的发展,解决全国人民的穿衣问题,根据国务院的指示,在牡丹江、成都等地先后建设了一批日产7~10吨的小型浆粕厂(车间),向人造纤维工业提供原料。70年代初期,根据国务院领导关于利用林区的木材剩余物建设一批纸浆厂,以减少进口的指示精神,在我国林区兴建了多个日产5吨的小型木浆厂。其间,为适应出口商品包装的需要,还新建了柴河纸板厂,所采用的"冷碱法制浆技术",获得了第一次全国科技大会三等奖。这些小型木浆厂及小型浆粕厂,由于污染和效益等问题,目前还在继续生产的不多,但都是我国林业造纸业发展的基础。党的十一届三中全会以来,随着改革开放的进一步深入,社会主义市场经济体制的建立,我国林业造纸业有了迅速的发展。在国家林业投资公司、国家开发银行及林业主管部门的支持下,利用多种渠道,广泛筹集资金,先后新建、改扩建了一批以广西国发林业造纸厂、黑龙江省金山屯林业局造纸厂为代表的林业造纸企业。这些林业造纸企业的建设、生产,加快了我国林业造纸事业的发展,对调整当地林区产业结构,起到了重要的推动作用。

截至1998年,我国林业造纸工业已经初具规模,在生产、科研、设计、人才培养等方面形成了比较完善的体系。我国现有林业造纸企业近40个,年总产量30万吨左右,产品品种有牛皮箱板纸、高档文化用纸等多个品种,有些品种可以替代同类进口产品;有三所高等林业院校可以培养制浆造纸专业的学士、硕士,南京林业大学可以培养造纸专业的博士生;中国林业科学研究院南京林产化学工业研究所、南京林业大学化工学院等单位制浆造纸研究的部分成果,已达到国际先进水平;有多个林业设计院可以从事造纸厂的咨询、设计工作。

1987年1月,由中国林学会和中国造纸学会共同组织召开了"全国林纸结合论证会",提出了林纸结合是发展我国林业和造纸工业的必由之路,把林纸结合推进到一个新阶段。"林纸结合,林浆(纸)一体化"的观点已得到社会各界的广泛共识。1988年,为贯彻落实国务院《关于研究林纸结合问题会议纪要》的精神,由国家计划委员会牵头,确定了吉林省延边自治州与石砚和开山屯造纸厂、大兴安岭林区与十八站造纸厂、广东雷州林业局、福建南平造纸厂与附近林区为林纸结合的试点单位,并在林业部、轻工业部的指导下,分别制订了方案,上报国务院。90年代初,在多次调查研究的基础上,国家计委向国务院提交了《治危兴林,兴林保纸的必由之路——林纸一体化》的报告,并编制了《林纸结合在林区发展百万吨木浆规划》;1996年国务院领导明确指出:造纸工业必须走有供应工厂需要的原料基地,作为第一生产车间,要把木浆造纸建成一个大产业。"林纸结合,林浆结合"真正进入了一个新的发展时期。

我国林业造纸,经过50年的发展,从无到有,取得了很大成绩,积累了一些经验,这些经验主要有:

一是领导重视。林业造纸自发展以来,一直得到国务院及各级林业主管部门领导的关心和支持,这是发展我国林业造纸事业的关键。

二是加快技术改造，加强管理，加速技术进步。改革开放以来，我国林业造纸企业，根据市场变化，不断进行技术改造，增加企业生产规模，同时，狠抓企业内部管理，使企业经济效益逐年稳步上升，为振兴林区经济作出了贡献。

三是面向市场，多渠道筹集资金。“八五”期间，我国林业造纸企业充分利用国内外纸、浆市场需求旺盛的有利时机，生产出符合市场需求的各类纸产品，以满足市场需要，提高经济效益；同时，有些林业造纸企业，通过银行贷款、招工带资进厂、职工集资入股等多种渠道筹集生产和建设资金，发展林业造纸，使我国林业造纸业成为振兴林业的新的经济增长点。

根据我国造纸工业的发展规划及林业的发展规划，今后我国林业造纸业的发展以木浆生产为重点，争取到 2010 年，我国造纸工业的木浆产量达到 1400 万吨，木浆比重达到 33%的水平，以改变我国木浆长期依赖进口的局面。（执笔人：杭俊）

三、木材流通和市场建设

木材流通作为林业再生产过程中的重要环节，在很大程度上影响和制约着林业的生产和木材的消费。50 年来，我国木材流通体制几经变化，管理手段逐步完善，流通渠道日益多样化，为满足国民经济建设和人民生活需要发挥了积极作用。

（一）我国木材流通管理体制和经营方式的历史沿革

新中国成立以来，我国木材流通与国家经济发展相适应，其流通体制和经营方式发生了重大变化，主要经历了三个重要阶段。

1. 统一调配与自由购销结合阶段（1949～1952 年）

新中国成立初期，东北、西北、西南大面积的天然林都收归国有，形成了以国有林为主的国有林区；南方森林多数分给了农村集体经济组织和农民，形成了以集体林为主的集体林区。为达到既满足用材需要，又保证森林的目的，中央人民政府政务院在 1950 年 5 月发布的《关于全国林业工作的指示》规定：公有林（包括国有林）应由中央人民政府林垦部或中央委托之各级林业机构经营采伐，统筹供应公私用材，其他任何机关、部队、学校或企业，不得借口任何理由，自行采伐。对南方集体林区的森林，主要由林区农民自采、自售，林业部门的任务是组织领导农民有计划地采伐和收购，并负责木材的运输和贮木场的管理，收购、运输到贮木场后，供国家分配和调拨。由于当时南方森林工业机构不健全，参与木材流通的既有国营森工企业，又有贸易部门和需材部门，也有合作社和私营木商。

1950 年 11 月，林垦部召开的全国木材会议决定，在全国范围内实行木材统一调配，加强木商管理，使木材的生产和流通都逐步纳入计划轨道。当时，由政务院财政经济委员会负责全国木材生产计划和分配计划，国营企业需材计划由主管部门报财政经济委员会审核批准；地方企业和私营较大企业的需材计划由地方主管部门报当地财政经济委员会审核后转报政务院财政经济委员会批准；地方较小公私营企业、机关和民用材计划由地方贸易部门报贸易部审核后转报政务院财政经济委员会批准。林垦部根据政务院财政经济委员会的计划，负责统一组织木材生产和调配，各大区、省根据林垦部的安排，由需材部门与林业生产部门签订合同，并按计划完成本地区的生产和拨付任务。对于林业部门不能完成生产和调配任务的地区，允许贸易部门和其他需材单位设立收购站收购木材。在某些地区，专区以上林业部门认为需要私商收购木材时，可允许私商在林业部门管理和指导下，进行收购和零售。当时，全国木材自由购销的比重约占 8%。

这个时期的木材价格，国有林区由各大区或省根据当地经济情况自定，南方林区的价格可自由浮动。1952 年全国木材平均价格是每立方米 55.7 元。

2. 统购统销阶段（1953～1980 年）

针对木材流通中存在的产销分工不明确、结合不紧密，有些地区产销脱节等问题，1953 年 5 月 18 日，经政务院财政经济委员会批准，林业部、商业部联合发出《关于全国木材产销业务全部划归林业部门统一经营管理的决定》。《决定》明确指出：全国木材产销业务全部划归林业部门统一经营管理，商业部所属中国煤业建筑器材公司自本年 7 月 1 日起把全部木材业务移交给林业部门，责成中央林业部木材调配总局，掌握全国木材销售业务，并在各有关省市设省市木材公司。由此，形成了由林业主管部门对木材产销业务进行统一管理的体制。

1954 年，国家对全国木材市场流通实行“中间全面管理，两头适当控制”的政策。各级政府也相继颁发了木材市场管理的办法，限制了私人资本主义工商企业长途贩运木材，制定了全面改造私人资本主义木商的措施，把私人资本主义木材工商业的全部经营活动纳入了国营木材商业的渠道。随后几年，林业部对木材资源管理、供应调拨、运输计划编制、木材合理流向、木材贮存检验、市场管理方面做了大量有成效的工作。在全国重要木材生产地和集散地建立起由中国木材总公司直接领导管理的大型国营贮木场和木材中转站，对保证当时国家建设急需的大量用材和调节市场发挥了积极作用，为中国木材流通的管理和经营奠定了基础。此后，木材流通的主管部门虽然在国家物资管理部门和林业部门之间几次出现反复，但是，已基本形成了由国家木材经营部门统一组织全国木材的收购、分配、订货和调运，统一管理全国木材市场和木材价格，统一规划木材流向，统一组织送货和定点供应的全国范围内较完整的木材供应、调配和管理体制。这种统购统销的木材管理体制一直持续到 1980 年。这个时期的木材价格一直由中央统一管理，中间经历了 1956 年、1965 年和 1979～1980 年的三次调价。1980 年，全国平均木材出厂价格为每立方米 76.48 元。

这种管理体制完全体现了当时我国计划经济下高度集中管理的特征。从客观的角度看，统购统销这种高度集中的计划分配体制，在这一历史时期起到了积极作用。但是，随着国民经济的发展，这种统购统销、高度集中的计划管理体制的弊端也逐渐显露出来。

3.“双轨制”阶段(1981～1997 年)

随着国家经济体制的不断调整，在总结以往木材流通管理体制经验的基础上，国家逐步放宽了木材流通领域的限制。从 1981 年开始，木材和林产品流通由统购统销阶段进入议购议销与统购统销并存、市场调节与计划分配并存、市场价格与国家定价并存的统分结合的“双轨制”管理阶段。

一是逐步减少直至全部取消了对南方集体林区的木材统购任务。1981 年前，国家对南方集体林区生产的规格材全部统购统销。1981 年 3 月，中共中央、国务院发布《关于保护森林发展林业若干问题的决定》，规定对林区社队集体生产的规格材，国家收购 70%～90%；林区的非规格材和社员的木材，国家不实行统购。1985 年 1 月 1 日，中共中央、国务院发出《关于进一步活跃农村经济的十项政策》，进一步规定：集体林区取消木材统购，开放木材市场，允许林农和集体的木材自由上市，实行议购议销。至此，南方集体林区全部取消了国家统配木材。

二是逐步减少了国有林区的木材上调任务。1983 年，国家计委、经委、林业部、国家物资局、国家统计局联合发出《关于执行全国木材生产计划“一本账”的通知》，明确从 1984 年开始，国家计划中列“木材”和“木材上调量”两个指标。这样，在计划中第一次正式体现了统配木材和非统配木材。1984 年木材总产量计划 6457 万立方米，上调量 2956 万立方米，占木材总产量的 45.8%，其中，国有林区生产的木材 90%以上上调由国家统一分配。之后，国家逐年减少国有林区的木材上调任务。1993 年，国有林区木材生产量近 2800 万立方米，木材上调任务 468 万立方米，不足全部产量的 17%。

三是木材流通渠道日益多样化。在国家计划指导下和保护森林资源的前提下，允许林业企业通过补偿贸易、联合经营、委托代销、按需加工、定点供应、技术协作等多种方式与需材单位之间进行横向经济联系，开展经济合作，发挥资源优势。

(二)木材流通和市场建设的主要成就

50 年来，特别是改革开放以来，我国木材流通适应经济体制改革的需要，木材流通的管理体制、流通渠道、企业经营方式发生了重大变化，取得了重要成就。

1. 适应社会主义市场经济要求的木材流通体

制初步形成，市场机制在木材流通中的作用日益明显

1992年，党的十四大明确提出要建立社会主义市场经济体制，逐步使市场在国家宏观调控下对资源配置起基础性作用。在这一重大决策的指导下，我国对几十年形成的高度集中的木材流通计划管理体制实行了重大改革。在过去逐步减少统配木材的基础上，1993年，统配木材进一步减少为468万立方米，仅占当年全国木材计划产量的7%，其余93%的木材供需量由市场调节。同时，除统配木材以外，国家对其他木材及林产品的价格全部放开，由市场调节。1998年，国家根据改革和发展的需要，决定全部取消统配木材，对国家重点用材实行产销衔接计划。至此，以市场机制调节供需和价格的木材流通体制初步形成。

2. 木材和林产品市场建设蓬勃发展，市场体系逐步形成

党的十四大以来，随着各类生产资料市场和要素市场的逐步兴起，木材和林产品市场建设的步伐逐步加快。1993年，林业部和北京市政府联合组建了装备现代化、管理规范化的北京国家木材交易市场。之后，大连、哈尔滨、长春、福州、武汉、郑州、成都、南宁等地有政府部门组织，相继成立了旨在辐射全省及大区的木材林产品交易市场；洛阳、三明、漳州、徐州等地的区域性木材及林产品市场也初具规模，同时在全国各地还自发形成了数以万计的集贸型的木材及林产品现货市场。一个以北京国家木材交易市场为龙头，省级区域性市场为骨干，县以下集贸市场为基础的覆盖全国的木材及林产品市场体系逐步形成网络。这些市场的建立为搞好产销衔接，沟通产销信息，把企业推向市场发挥了积极作用。

3. 林业企业市场意识、竞争意识和服务意识不断加强，流通渠道日益广泛

建立社会主义市场经济以来，林业企业充分认识到面临的形势，逐步走向市场，开拓经营，相继在全国各地建立了销售机构和网点4100多个，进一步完善了销售网络，健全了有关制度，配备了精干人员。4000多个国有林场生产的木材也基本上实行了产销一体化经营。木材的直接用户大多已从木材公司购货转为从林区直接订货。同时，林业部门还积极探索、努力拓宽流通渠道。1982年，林业部组织召开了由18个重点产材省(区)和全国的销区、用户参加的第一届全国非统配木材交易会，其交易品种为小材小料、木制加工成品及半成品，价格按省定价和协商价格成交。这届交易会共成交非统配木材98.8万立方米，小杆44万立方米，木制成品半成品折合木材49万立方米，共成交金额3.5亿元。此后，林业部每年组织全国性的木材交易订货会，到1997年已连续举办了18届。交易品种由单一的木材扩大到林产工业、林副特产品、林木花卉等多种产品，年交易金额达三四十亿元左右。全国木材交易订货会已成为国内交易量最大、范围最广、参会人员最多、在国内最具影响力的大型商品交易会之一。为保证国家重点建设需要，从1989年开始，林业部门对坑木、枕木和造纸材等国家重点用材的供应实行导向销售，积极探索木材流通改革的新路。实践证明，在市场经济条件下，对国家重点用材实行指导性销售的办法，对保证和稳定国家重点用材需要发挥了重要作用。

总的来看，木材流通改革迈出了实质性的步伐，为林业的改革与发展作出了积极贡献。但由于我国木材受森林资源的约束较大，木材流通又涉及社会的方方面面，木材流通还存在不少问题。一是由于我国是一个森林资源相对贫乏的国家，从长远来讲，木材供需矛盾突出，特别是随着天然林保护工程的实施，木材供应将出现较大缺口；二是对当前木材流通的宏观调控乏力，缺乏必要的调控手段和措施；三是木材和林产品市场发育还很不成熟，规范化、组织化程度低，市场规则不完善。

为满足国民经济建设和人民生活对木材产品的需要，要进一步加大改革力度，加快建立既适应社会主义市场经济要求、又充分体现林业特点的高效、畅通、可调控的木材和林产品流通体系。一要强化和完善对木材及林产品流通的监督管理。木材流通不同于其他商品流通，必须严格控制流通总量，保证不突破森林的采伐限额。因此，要进一步建立和完善对木材流通的监督管理制度，强化宏观调控。二要加快建立和完善统一开放、平等竞争、规则健全、运转有序的木材和林产品市场体系。要在目前我国木材和林产品市场建设的基础上，进一步完善和发展，除了继续建立一部分旨在辐射一定区域的木材和林产品市场外，要重点对全国的市场进行统筹规划，合理布局，拓展功能和交易品种，逐步促使木材和林产品市场建设与其他生产资料市场建设同步发展，并逐步同国际市场接轨。三要发挥国有企业的主渠道作用，同时形成多种经济成分平等竞争、协调发展的流通格局。一方面，要促进国有森工及木材流通企业资产重组，壮大国有企业实力，增强市场竞争能力；另一方面，要积极探索实行木材经销代理制、总经销和建立物资配送中心的试点，发挥国有企业在木材流通中的主渠道作用。

深化木材流通改革，建立适应社会主义市场经济要求的木材和林产品流通体系，是一项艰巨复杂的任务。需要我们在理论上研究，实践中摸索，走出一条适合我国国情、林情的路子来。

（执笔人：贯骞　刘树人）

四、林区多种经营

林区多种经营是从1958年首先在东北、内蒙古国有林区开始发展起来的。当时，随着林区的开发，职工家属进入林区的人数逐年增多，为了解决职工生活物资供应，安置家属就业，各林业局组织家属以集体生产的形式在林区开荒种粮、种菜、养猪。60年代后，在种养业的基础上，又开展了以废料加工为主的林副业生产。70年代，随着林区知识青年人数的增加，林业多种经营的队伍不断壮大，从自给型生产走向商品型生产，实行独立核算，自负盈亏。党的十一届三中全会以后，改革开放的浪潮席卷中国大地，给林业多种经营的发展注入了生机和活力。从80年代起，为了扭转我国林业可采森林资源减少、企业经济危困日益加剧的严峻局面，1986年林业部提出了“以林为主，综合利用，多种经营，立体开发，全面发展”的林业多种经营发展方针，并从政策和资金上扶持林业多种经营的发展，使林业多种经营步入了持续、快速、健康发展的轨道。

进入90年代，随着林业产业结构和产品结构的调整，各级领导和林区广大职工开始认识到：发展多种经营是林区“治危兴林”、森工转产和实施再就业工程的一条重要出路，既是当务之急，又是长远之计。各级林业部门解放思想，转变观念，把发展多种经营作为林业调整产业结构和产品结构的突破口，采取一系列措施，加速发展多种经营，使之进入规模生产、立体开发、全面发展的新阶段，成为森工企业新兴的产业群体，异军突起，并为林业发展作出了很大的贡献。经过林业多种经营战线广大干部、职工的共同努力，林区多种经营基本实现了四个转变：一是多种经营由简单的种养业向种养业、加工业、采掘业、建材、轻化、商饮服务、森林旅游业多门类方向转变；二是多种经营由原来的企业福利型向社会化服务型转变；三是多种经营由小型分散的安置型向适度规模效益型转变；四是多种经营资金筹集方式由单靠国家筹集资金向国家、集体、个人筹集资金转变。

（一）林区多种经营成效显著

1. 促进了林区产业结构和产品结构的调整，有效地缓解了森工企业的危困局面

多年来，林区多种经营在林业建设的总体发展方针指导下，以市场为导向，以经济效益为中心，立足林区丰富的地上、地下资源，能发展什么就发展什么，市场需要什么就生产什么，什么经济效益高就发展什么，基本上形成了种植、养殖、采集、加工、建筑、运输、商饮服务、旅游等十大行业，森林食品、饮料、药材、建筑材料、木竹制品、矿产品等为拳头产品的几大产品系列，林区多种经营正向着基地化、规模化、集团化的方向发展。1996年林区多种经营实现产值285.5亿元，实现利税13.9亿元。固定资产净值93.7亿元，截至1996年底，林区多种经营战线有独立核算的厂点近2万个，从业人数98.8万人，产品品种5000多种。多种经营已迅速发展成为林区的四大支柱之一，改变了林区单一木材生产的经营格局，促进了林区产业结构和产品结构的调整，有效地缓解了森工企业的危困局面。

2. 安置了林区富余劳动力，促进了林区社会的稳定

“八五”以来，随着林区木材产量的进一步调减，林区每年有近10万的剩余劳动力和待业青年需要安排。多种经营的发展，拓宽了林区就业门路，为林区职工和青年转岗就业提供了一条新的途径。仅“八五”期间，林区多种经营共安排林区富余职工和待业青年13万多人，从事多种经营工作的专业技术人员达2.5万人。近年来，林区职工家庭自营经济作为林区国有经济和集体经济的补充，异军突起，发展迅速。1996年职工自营经济实现产值20.8亿元，占多种经营产值及收入的7.3%，从事自营经济的职工户数达21.1万户，减轻了企业就业压力，为林区社会的稳定作出了积极的贡献。

3. 促进了林区资源的综合利用，为林区社会提供了大量的农副产品和林产品，丰富了林区职工生活

多年来，林区多种经营依托林区丰富的土地、草场、水域、矿产和林特产品资源优势，依靠科技进步，不断扩大种植业、养殖业基地，重点发展加工业，使原料生产与加工相配套，开发骨干项目和大宗产品与短平快项目相结合，不断推进产品的系列化。目前，已形成粮豆、蔬菜、水果等农产品，牛、猪、羊、鸡等家畜家禽产品，木耳、蘑菇等食用菌产品，山野菜、山野果等采集产品，人参、杜仲等森林药材以及上述产品的加工产品，砖、瓦、水泥等建筑材料，黄金、原煤、石材等矿产品及利用林区“三剩”和小材小料加工生产的木竹制品等几大产品系列，为社会提供了大量的优质林特产品。1996年林业多种经营生产粮豆74.8吨，肉类43.2吨，蛋9874吨，奶6104吨，水果230万吨，中药材643万公斤，山野菜93 025吨，食用菌2.4万吨，其中木耳、蘑菇分别为4397吨和3981吨，水产品9370吨，原煤14.4万吨，砖74 773万块，小水电28 241万度。这些产品的开发，为林区社会提供了大量的农副产品和林产品，极大地丰富了林区市场，方便了职工的生活。

4. 进一步完善了林区社会化服务体系

“八五”以来，国家对国有企业安置富余职工发展第三产业给予了一系列优惠政策，林业部在安排资金时也相应地加以倾斜，扶持企业富余职工发展第三产业，使第三产业的发展跨上了一个新的台阶。1996年林区第三产业实现产值及收入35.5亿元，占多种经营总产值及收入的14%。目前林区第三产业涉及商业、饮食、服务业、仓储、房地产、信息服务、运输业、旅游业八大行业，林区第三产业的发展，进一步完善了林区社会化服务体系，方便了职工生活。

（二）林区多种经营取得成效的根本原因和基本经验

1. 领导重视，是多种经营顺利发展的根本保证

多种经营取得成绩的根本原因是中央领导的关怀。1986年，田纪云副总理在考察黑龙江、内蒙古林区时就指出：今后林区要实行综合开发，多种经营。1994年，当时任国务院副总理的朱镕基同志视察黑龙江省，在听取林业部门的汇报后指出：国有森工企业要克服眼前困难，就要“发扬自力更生，艰苦奋斗的精神，要自己来创造救命的门路，搞多种经营，广开生产门路”。1995年，江泽民总书记视察东北三省时对林业建设也作出了重要指示：今后要继续积极保护发展森林资源，大力发展木材综合利用，加快调整产业、产品结构，充分利用林区资源优势，大搞多种经营，发展替代产业，变林区资源优势为经济优势。林业部也反复强调：发展多种经营是“治危兴林”的根本出路，既是当务之急，又是长远之计，当前困难多资源少要抓，将来情况好了也要抓，抓多种经营是林区长期的战略任务。由于党中央、国务院的高度重视，林区各级领导特别是企业领导，开展多种经营的紧迫感和责任感大为增强，各省（区）相继成立了多种经营管理机构，主管领导亲自抓，各项措施得力，政策到位。

2. 国家从政策上、资金上给予扶持

为了扶持森工企业发展多种经营，1988年，林业部下发了《关于加速发展森工企业多种经营若干问题的暂行规定》，对发展多种经营的指导思想、经营方针、领导机构和各方面的政策都做了明确规定，为多种经营发展指明了方向；1990年林业部下发了《关于允许森工企业多种经营加工利用“三剩物”和小材小料的通知》，进一步拓宽了多种经营的经营领域；为了鼓励企业富余职工发展家庭自营经济，实现再就业，1994年林业部和中国农林工会联合下发了《关于发展林区职工家庭经济的通知》，指导林区职工自营经济的发展。党中央、国务院对森工问题一直非常重视，从1987年开始，每年向森工企业发放多种经营专项贴息贷款2亿元，从1990年开始每年增加到3亿元，1994年和1995年每年又分别增加1

亿元，达到5亿元，从资金上保证了多种经营的发展。1991年，国家税务局下发了《关于东北、内蒙古国有林区森工企业综合利用产品免征产品税、增值税的通知》，对以"三剩物"为原料生产加工的综合利用产品和部分原木免征产品税、增值税3年。这些政策的实施，有效地推动了多种经营的发展。

3. 立足林区资源优势，集中资金，发展区域独具特色的适度规模经济，形成龙头企业和拳头产品

为了更好地把多种经营搞上去，各级林业部门都以自身的资源优势为依托，以市场为导向，积极培育新的经济增长点。东北、内蒙古国有林区有肥沃的土地资源，适合农作物生长，在以林为主的总方针指导下，统筹规划，正确引导，加强管理，积极发展农林复合经营，发展粮食业、饲料业、畜牧业、养殖业和农产品加工业，广开生产门路，增加经济收入。1996年东北、内蒙古林区新开垦荒地66万公顷，农作物播种面积达32万公顷，饲养家禽1010万只、家畜123万头。广西、贵州、湖南、福建、广东、四川和湖北省(区)把发展多种经营与扶贫开发、改革实验区、山区综合开发及库区移民结合起来，努力做到山上建基地，山下搞加工，山外找市场，科技创高效，带动当地群众脱贫致富奔小康。此外，适应市场需求，各地把名特优经济林产品加工业、木本药材及山野菜加工、花卉业及森林旅游业等新兴的产业作为发展重点，充分发挥多种经营贷款的投资导向作用，集中资金重点投入，取得了迅猛的发展。

4. 深化多种经营企业改革，强化企业管理

林业多种经营单位多，规模小，经济成分复杂。为适应生产发展需要，进一步强化企业内部管理，绝大部分省(区)改变了全民模式的管理方式，进行了领导制度、人事制度和分配制度等方面的改革。按"抓大放小"的原则，实行了招标承包、租赁经营、股份制、风险抵押承包等多种形式的责任制，鼓励职工采取承包、租赁、股份及股份合作多种形式开展多种经营，打破了"大锅饭"，改善了企业经营机制，调动了职工的积极性，提高了生产效率和经济效益。同时针对林业多种经营企业起点低，管理薄弱等情况，各省林业主管部门从上到下都制定了一套必要的管理制度和统计报表制度，使多种经营工作有章可循。近年来，又在全行业推广学习"邯钢"经验，苦练内功，眼睛向内找差距。依靠科技进步，努力降低成本，走内涵型经济发展道路，不断提高经济效益，使多种经营企业管理工作逐步提高到科学化、规范化、现代化的轨道上来。

5. 管好用好森工多种经营专项贴息贷款，促进林区经济发展

自1987年发放森工多种经营贷款以来，各省(区)充分发挥贷款的投资导向作用，重点安排科技含量高、附加值高、辐射能力强、带动面广的项目，使之成为林业的拳头产品、龙头企业和优势产业。1987～1995年，工商银行共发放森工多种经营专项贴息贷款29亿元，实际落实26.3亿元，完成计划的90.7%，建设项目3662个，项目涉及种植、养殖、采集、采掘、建材、轻工、商业饮食、服务、旅游等行业，产品品种达4000多种。项目总投资达60亿元，形成固定资产31.8亿元，累计实现产值92亿元，实现利润9.2亿元，为国家上缴税金4.6亿元，产品出口创汇5000多万美元，安置企业富余职工19.2万人。

实践证明，发展多种经营，对充分利用林区资源，合理调整林区产业结构和产品结构，缓解林区可采森林资源危机、企业经济危困的严峻局面，广开就业门路，妥善安置企业富余职工和待业青年，减轻林区就业压力，保持林区社会稳定，促进林区经济发展起到了积极作用，是林业经营的一项长远方针。林区资源丰富，目前还有大量资源没有开发利用，已经开发的还可以在深加工方面做文章，开发系列产品，发展多种经营的潜力很大。因此，只要合理开发，有效保护，林区巨大的资源优势就会转为经济优势，推动林区多种经营工作再上新台阶，为林业的可持续发展作出更大的贡献。　(执笔人：耿淑芬)

五、林业物资供应与管理

林业物资供应与管理是林业企业经营管理的重要组成部分，林业物资供应机构也是林业建设事业的重要后勤部门。50年来，林业物资供应管理工作在林业各级主管部门及有关部门的大力支持以及广大林业物资工作者的积极努力下，认真贯彻了各个历史时期党和国家的林业产业和物资供应政策，在林业物资供应管理中做了大量卓有成效的工作，保证了林业生产建设任务的完成。50年的物资供应管理实践为即将跨入21世纪的林业物资工作积累了宝贵的经验，奠定了坚实的基础。

（一）林业物资供应

50年来，林业物资供应经历了计划经济、计划经济与市场调节、市场经济3个历史阶段。在各个不同的历史时期，各级林业物资部门坚持为林业生产建设服务的宗旨，按照国家规定统配、部管物资的品种及时编制物资申请计划，上报国家主管物资分配部门，并根据国家各主管物资部门核准下达的物资分配计划不失时机地搞好平衡分配和组织订货、催运工作。尤其是在计划经济时期，相当一批物资需大于供，某些物资存在较大的供需缺口，广大林业物资工作人员发扬“千方百计、千辛万苦、千山万水、千言万语”的林业物资工作精神，基本做到统配部管物资分到、订到、拿到，有力地保证了林业生产建设任务的完成。特别是在东北国有林区和南方集体林区及其他国有林区的开发建设中，林业物资工作者都作出了不可磨灭的贡献。以黑龙江大兴安岭林区开发为例，60年代初，为满足我国社会主义建设急需大批木材的需要，开始建设大兴安岭新林区，一大批来自长白山、伊春、牡丹江、松花江林区从事林业物资工作骨干人员，响应党和国家的号召开赴大兴安岭林区，成立了大兴安岭林管局物资局，并在各个森工开发点和作业点配备了物资供应机构。在极端困难和艰苦的条件下，林业物资工作者与广大林业工人一道，在8万多平方公里的原始林海中，逢山开路，遇水搭桥，发扬有条件要上，没有条件创造条件也要上的大庆精神，边生产，边建设，在全国物资供应极为紧张的情况下，想方设法满足林区生产建设所需的生产和生活物资。全国各级林业物资部门也纷纷动员起来，重点支持大兴安岭林区的开发建设，各类物资和机械设备源源不断地发往大兴安岭林区。在大兴安岭林区的开发建设中，林业物资工作者经受了考验，向党和国家提交了一份合格的答卷。

各级林业物资部门在50年中始终围绕林业生产建设的重点，开展物资供应工作，在保障木材生产、林产工业、林业机械制造、基本建设所需物资的同时，还对营林所需物资给予了重点的安排。例如，60年代初期，“林业部物资局”设立了营林物资处，除了对全国营林所需物资开展供应外，重点抓了全国32个重点国有机械化示范林场所需物资的供应。80年代以来，林业物资部门经国家批准，专项开展了速生丰产林、经济林和林木种子、苗木所需的化肥供应；并根据国家林业产业政策的变化，为森林资源保护、森林防火、林业执法等部门装备了大量专用车辆和各类器材及工具。

为促进林业的技术进步，从50年代初期起，林业物资部门便积极开展进出口业务，引进了大量的包括运材汽车、集材拖拉机、营林机械、木材综合利用设备、仪器仪表等国外先进的林业技术装备，极大地促进了林业现代化建设。

林业物资工作在林业的抢险救灾方面也作出了突出的贡献。在1986年的大兴安岭特大森林火灾和各种自然灾害面前，为帮助灾区救灾和恢复生产、重建家园，各级林业物资部门除对灾区急需的救灾物资及时安排和组织调运外，还派专人深入灾区，帮助解决救灾和复建的物资供应问题，使救灾物资发挥了最大效用，有力地保证了救灾和复建任务的完成。

大力开展物资协作。开展物资协作是计划物资体制的重要补充。以1988年为例，东北、内蒙古重点林区共发出协作木材28万立方米，购进钢材3800

吨,水泥17.4万吨,成品油2600吨。物资协作的开展极大地弥补了计划物资体制的不足。

50年来,仅通过林业部物资主管部门组织的统配部管主要物资供应额就达280亿元以上。

(二)林业物资管理

林业物资管理是国家赋予林业物资部门的重要职能。林业企业多地处边远,有生产战线长、网点多、季节性强、交通不便等特点,不实行严格的物资管理就必然使物资库存量加大,占用流动资金过高,给企业的主体经营带来被动。特别是"十年动乱"期间,由于放松了物资管理工作,加之盲目采购,使物资库存量超过定额标准,造成大量的积压。截至1980年底,全国重点林业企业超储积压的物资达3.3亿元,超过正常物资库存的75%以上。为了使林业物资管理工作尽快走出低谷,根据1977年国务院在兰州市召开的大力开展清仓利库会议精神和国务院领导关于开展增产节约工作的指示,国家林业总局于1978年5月在北京召开了全国重点林区物资管理和节约工作会议,要求全国林业各级物资部门全面开展以清仓利库为先导的物资节约管理工作。经过各级林业物资部门积极努力,截至1982年底就累计利用和处理超储积压物资2.96亿元,占超储积压物资的90%,大大减轻了林业企业的负担。

林业物资部门始终坚持一手抓供应,一手抓管理。林业的特点决定林业物资管理工作的高难度和高复杂性,林业物资部门通过实践总结出一整套的物资管理办法:一是在物资管理工作中全面实行"五统一",即统一计划、统一分配、统一采购、统一调度、统一管理,对减少物资积压、促进物资的节约和合理使用起到了重要作用;二是开展物资消耗定额管理,物资消耗定额每年进行补充和修订,其成果为90年代林业企业改革和实行经营承包责任制提供了重要核算依据;三是加强仓库管理,通过立章建制,林业物资储备仓库的库容库貌、安全生产、机械化装卸能力得到改善和提高;四是加强了现代科学物资管理办法和手段在林业物资管理工作中的应用。到80年代,林业物资行业已普遍推行目标管理、图表管理和全面质量管理。林业物资管理工作的加强促进了林业物资管理水平的不断提高。

为了加强对林业物资工作的组织和领导,从1978年开始,林业部每年召开全国林业物资工作会议,传达国家关于林业物资工作的方针、政策,总结交流经验,部署工作,对林业物资供应和管理工作起到了重要的推动作用。

(三)林业物资管理体制的历史沿革

林业物资供应和管理机构是随着新中国林业事业的发展从无到有、从小到大发展起来的,历经50年的发展,已形成遍布全国的林业物资供应管理体系。

1. 计划经济阶段(1953~1978年)

在此期间,林业物资管理体制和机构,由于受国家经济体制变化和极"左"思想影响等原因,变动频繁,总的来说,经历了两次精简下放和上收。1958年林业部物资局(供销局)改为物资处,物资供应管理权下放到地方;1959年又上收,相应恢复林业部物资局(1964年林业部物资局、机械局、动力司合并设立器材局);1969年"文革"中,物资供应体制再次下放,"林业部物资局"随之撤销,物资管理人员下放;1973年物资供应体制再次上收,当时的林业物资主管部门为农林部机械物资局;1978年农林部分家,成立了国家林业总局物资局;1979年,成立林业部物资局。两次下放和上收都是在国家实行的计划经济体制不变的情况下进行的,也就是国家统配林业物资一直实行集中统一管理。因此,林业企事业所需国家统配物资一直是按照国家确定的林业生产建设任务,由林业物资主管部门统一编制申请计划,报请国家有关主管部门进行审核、平衡分配和组织订货。25年中,随着林业生产建设事业的迅速发展,林业物资供应的品种和数量逐年上升和转变,从新中国成立初期供应的谷草、马料、板斧、弯把锯、刀锉等简单的生产资料逐步发展到供应电锯、油锯、绞盘机、专用拖拉机、大型进口运材汽车、林业机械、木材加工设备等现代化林业装备及多品种、多门类生产生活资料。林业物资供应范围基本覆盖重点国有林区和有木材上调任务的集体林区。

2. 计划经济与市场调节阶段(1979~1993年)

党的十一届三中全会以后,随着国家工作的重点转移到经济建设方面来,林业物资工作迎来了大发展时期，林业物资供应管理体系得到全面发展和完善。林业物资部门的广大干部和职工大胆解放思想，转变观念，冲破了生产资料不是商品的禁区，在物资供应和管理上认真贯彻党的“调整、改革、整顿、提高”八字方针，坚持在全面为林业生产建设服务的指导思想下，逐步注重经济效益的提高。在此基础上，林业物资供应体制进行了初步改革。1979年，经国家农委批准报请国务院同意，林业部物资局改建为中国林业物资供应公司，在开展企业化经营试点的同时，兼行物资供应和管理两项职能，经营上实行“收支平衡，略有盈余”的原则。与此同时，恢复和建立了上海、天津、北京、沈阳、哈尔滨5个物资管理处（后改为公司），作为林业物资主管部门的分支机构负责林业物资的采购、储运等项工作。1988年，中国林业物资供应公司更名为中国林业物资供销总公司并办理了工商登记。此间，各级地方林业物资部门相应进行了企业化改革，适应了林业事业的发展。

此阶段的突出特点是国家指令性物资供应计划不断减少，林业物资部门的企业化改革不断深入。林业物资企业面对新的形势，紧紧围绕为林业生产建设服务这个宗旨，加快企业由单纯的计划供应调拨型向经营服务型转变的步伐。林业物资企业一方面完成好国家指令性物资计划的调拨和供应工作；一方面积极开拓市场，与全国各地的物资生产企业、物资供销企业建立了广泛的联合，组织了大量的计划外物资。以1988年为例，林业部统一组织的计划外汽车达2000余辆，占当年汽车供应量的60%；部直属林机企业所需钢材的20%是通过市场采购解决的。在广大林业物资职工的共同努力下，林业物资供应的品种和数量进一步扩大，经销额快速增长，不仅最大限度地满足了林业生产建设的需要，而且林业物资部门自身也取得了很好的经济效益。

3. 市场经济阶段

从1993年开始，随着国家改革开放的不断深入和市场经济体制的形成，物资流通格局发生了深刻的变革，以市场为导向的新的林业物资供应体制初步形成。全国林业物资企业逐步改革成为立足林业、面向社会、自主经营、独立核算、自负盈亏的经济实体，走上了在激烈的市场竞争中求生存、求发展的道路。在新的形势下，广大林业物资工作者转变观念、发奋图强，在企业内部引进市场机制，普遍实行以工效挂钩为重点、经营承包为手段的经营目标管理责任制。在为林业生产建设服好务的同时，林业物资企业以改革的精神不断克服和解决前进道路上遇到的困难和问题，积极开拓社会市场，扩大经营规模，在短短的几年里实现了较大的发展，企业实力普遍增强。林业物资供应管理工作迎来了以林业物资企业为基础，以市场手段配置资源的新的发展时期。

（执笔人：温雅成　李鹏）

六、林业机械制造与设备管理

新中国成立后，特别是改革开放以来，我国林业机械制造业得到很大发展，林业机械制造产品已由过去只能为林业生产建设提供单机发展到能够提供成套技术装备，为林业现代化建设作出了贡献。不断提高林业机械制造生产能力与设备管理水平，对林业经济发展起着重要作用。

（一）林业机械制造

1. 概况

林业机械制造是为林业生产建设服务，用合格的林机产品和周到的技术服务装备林业，改善林业生产条件，提高林业机械化水平，促进林业产业的发展，以获得尽可能高的经济效益、社会效益和良好的生态环境效果。

林业机械包括营林机械和木材工业机械两大类。其产品按专业类别又可细分为营林机械、木材生产机械、木材加工机械、人造板设备、林产化工设备、林业工具刃具、狩猎机具、林特产品加工设备八种类型。

林业机械制造的特点是所生产经营的产品种类

众多，范围广阔，其用户横跨农、轻、重三大经济部门。从种子采集加工到幼林抚育管理所使用的营林机械属于农业机械的范畴；从森林采伐运输到贮木场加工调运所使用的木材生产机械属于重工业设备范畴；从木材加工到木制品生产所使用的机械属于轻工业设备范畴。因此，林业机械企业拥有广阔的国内外市场和发展前途。但是，也正是由于上述特点和历史的原因，行业内的生产企业分散，条块分割，多头管理，经营水平参差不齐，产品远不能满足国民经济发展的需要，与国外同类行业比较，还存在很大差距。

新中国成立前，我国几乎没有什么林业机械制造工业。新中国的林业机械工业首先是在东北地区发展起来的。新中国成立初期，林业部门将地方上两个简陋的铁工厂和通用机械厂改建成哈尔滨与牡丹江两个林业机械厂，主要生产森铁车辆和木材采伐机械。50年代末，随着林业生产的发展和建设规模的扩大，各地陆续增建了一些林业机械生产厂点，从事植树机、除草机等营林机械和少量制材及纤维板、胶合板设备的生产。60年代初期，林业部接收了江苏省和上海市几个小型通用机械厂并进行了合并改建，成为林业部直属的林业机械厂，生产营林机械和绞盘机、架空索道、森铁车辆等木材生产机械。与此同时，各省(区)、市、县以及林管局、林业局也陆续新建和改建了一些兼产或生产林业机械、木工机械和林业辅机的工厂与修配厂。60年代末和70年代初期由林业部投资，先后在西北、西南、中南等地建立3个林业机械厂，2个人造板机器厂，1个木工机械厂和1个林业工具厂，并对部直属的17个工厂按专业化生产的原则进行初步的分工。正式划分为林业机械厂、木工机械厂、人造板机器厂和林业工具厂。到了80年代初，又正式把狩猎机具的生产由材料直接供给到归口管理。至此，林业机械行业经过40来年的发展已经初步形成了拥有8个大类，产品品种比较齐全、布局比较合理的林业机械制造体系。

自党的十一届三中全会以来，林机行业不断加快改革的步伐，按国务院要求将林业部所属林业机械、林药等18个厂和2个林业机械研究所及省属林业机械厂，于1987年相继下放地方，部属厂只保留了江苏的泰州、常州、苏州、镇江4个林业机械厂和天津林业工具厂。1982年林业部机械局改为林业部林业机械公司，同时成立林业部林业机械行业管理办公室，1987年4月1日中国林机协会成立。1993年林业部林业机械公司更名为中国林业机械总公司，1994年林业机械行业办公室划归林业部林业产业司，并于1994年被国务院确定为百户现代企业制度试点企业之一。1996年以中国林业机械总公司为核心的企业，成立了中国林业机械福马集团，常州、泰州林业机械厂先后完成了股份制改制，股票上市。

发展规模和水平：截至1986年底，90个主要林机企业固定资产原值约13亿多元。按固定资产原值分：1000万元以上企业29个，500万～1000万元企业17个，500万元以下企业44个。职工人数：9万多人。按职工人数分：1000人以上企业24个，500～1000人企业19个，500人以下企业17个。占地面积共约1694公顷。投资1949～1985年为3.5亿多元，其中更改资金8747.7万元，1985年历史最好水平投资最多达3718万元；1985～1995年技术改造项目53个，投资6.3亿多元，其中贷款额度5.2亿多元。通过技术改造，林业机械制造在产品开发、设计、生产工艺、系列产品检测等方面都进入了新的发展水平，产品已逐渐由单机向成套和系列发展，其中木材加工和人造板等机械向成套设备发展。国产的林业机械产品基本上能满足国内的需要，同时林业机械产品的出口量也在逐年增加，1995年出口额达1280万美元。

随着林业机械化的发展，为适应林业机械制造工业的需要，国内相继成立了林业机械研究设计机构。50年代中期林业部建立了第一个部属林业机械化研究所，林业高等院校从50年代起开设林业机械专业，培养林业机械专门人才。最早设立林机系的是东北林业大学(当时为东北林学院)。林业院校或分校也设有林业机械教研室。这些院校以教学培养人才为主，也兼搞林业机械科研工作。

80年代初正式建立了林业机械标准化和产品质量监督检验机构。1982年和1983年相继成立了林业部人造板机械标准技术委员会和林业部林业机械标准技术委员会，并经国家标准局批准，上述两机构于1985年升级为全国林业机械标准化技术委员会和全国人造板机械标准化技术委员会。根据标准对产品质量监督检验的要求，经林业部批准，到1986年底为止，已相继成立了林业部便携式林业机械、营林机械、森林采运机械和木工机械4个部级产品质量监督检验站，以及猎枪弹具产品质量监督检验站等。

2. 成就

随着社会主义市场经济的确立，林业机械制造在指导思想上，坚持立足林业，面向社会，紧紧围绕产品上水平、上档次，企业上规模、上效益，加快发展，增强企业实力为中心，既保证了林业生产建设的需要，又发展了国民经济建设所需要的社会产品，在企业技术开发等方面都取得了比较大的成绩。

(1)门类齐全，自成体系。全国有林业机械制造企业专业或兼业厂102个，专职林业机械研究所7个，设有研究室(组)15个，林业机械制造厂内研究所10个，林业院校也设立了系或学科，国家级检测中心2个。产品门类比较齐全，营林机械至加工机械等8大类型，产品品种近1700种。经过40多年的发展，已形成了一个科研、生产、教育等比较完整的林业机 械制造体系。

(2)效益提高，成绩显著。据全国主要林业机械27个厂家统计，1995年完成工业生产总值18亿多元，销售收入19亿多元，利税总额1.8亿多元，分别比1994年增长22.5%、19.36%和31.38%；1995年产品47.25万台。其中：营林机械17.39万台，木材生产机械24 263台，木材加工机械251 471台，人造板机械2847台/套，其他机械2万台；为林业工业生产建设作出了贡献。部属5个林机厂比较突出，1990年销售收入1.9亿多元，1995年完成10.8亿多元，增长467%；实现利税1990年3044.2万元，1995年12 250万元，增长302%；其中利润1990年2244万元，1995年7271万元，增长224%。

(3)设施完备，能力较强。林业机械制造企业总体底子薄，基础差，“六五”、“七五”时期重点是增添厂房以及更新设备，同时引进一些必要的制造技术。到“七五”期末，各厂已具备了一定的加工能力和生产条件，但生产方式仍停留在传统的粗放型，效率低、消耗大、形成生产的产品缺乏竞争能力，企业的经济效益在低水平上徘徊。

“八五”期间，主要企业为了提高市场竞争能力和抗风险能力，高起点、高水平、引进高新技术，重点购置加工中心，焊接机器人，以及数控切割机，数控落地镗铣床等大型设备约40多台。从而提高了产品的制造能力和加工自动化水平以及新产品开发能力，为“九五”期间的进一步发展打下了良好的基础。

(4)技贸结合，提高水平。通过引进技术、合作制造、技贸结合等方式，使林机制造企业在产品开发、设计、生产、检测等方面都提高到新水平。如：常州林业机械厂引进日本小松技术，使木材装载机上了新水平；泰州林业机械厂和日本雅马哈集团合资生产摩托车和小动力设备，带动了营林机械所匹配的小动力设备技术水平大大提高；苏州林业机械厂引进砂光机、干燥机等生产技术；镇江林业机械厂引进削片机及刨花板设备技术；牡丹江、信阳木工机械厂等厂家也都引进了国外的一些先进技术。截至1998年，上海人造板机器厂、昆明人造板机器厂、镇江林业机械厂、信阳木工机械厂、东华机械厂等生产的人造板生产线相继问世。年产1万立方米胶合板生产设备，年产3万立方米以下刨花板生产线，年产3万立方米以下中密度纤维板生产线以及各种二次加工、制材、细木工、家具等生产设备，都已能部分或大部分实现国产化，为加速林业发展奠定了坚实的基础。

3. 经验

一是加快林机行业发展必须走“立足林业、面向社会、走向世界”的发展路子，才能拓宽林机企业生存空间和发展道路；二是选好主导产品，并不断根据市场需求开发新产品，是企业发展的关键，决定企业的兴衰；三是靠技术改造推进技术进步，走内涵式发展道路，是企业发展壮大的捷经；四是要有一个强有力的领导班子和过硬的科技队伍。

4. 问题

总的来看，经过40来年的努力，虽然林业机械制造技术水平有了提高，有了一定的基础，取得了很大成绩，但仍存在着突出的问题：一是林机产品基础差，多数产品的技术和性能比先进国家同类产品还有相当大的差距。二是企业技术开发能力不强。企业中技术人员的绝对数较少，高层次的技术开发人员比例普遍偏低；技术开发投入不够。三是林机制造部分企业，在计划经济向市场经济转换的关键时期面临困境，承受着沉重的社会负担，企业办社会的问题长期得不到解决。

5. 展望

针对存在的问题，林业机械制造行业建设应紧紧围绕实现两个根本性转变和林业两大体系的建设，以加快森林资源培育，提高木材综合利用水平，增加林业经济效益、生态效益和社会效益为宗旨。发展目标：林业机械产品由单机生产向成套设备生产发展,从低技术含量产品向高技术含量、数控、数显和自动控制方向发展。重点发展品种是:中幼龄林抚育配套机械,工艺木片生产设备,人造板设备,木材装载机系列产品,园林机械系列产品,竹材加工设备和木材精加工设备。“九五”期间要围绕林产工业的发展,开发刨花板系列化产品设备,并在完善3万立方米中密度纤维板设备基础上,突出抓好5万立方米以上中密度纤维板设备的国产化,同时,做好人造板在建筑行业的开发利用等工作。到2010年,产品品种、质量等方面上档次,增强自我开发能力和成套水平;形成引进、消化、国产和自我开发的良性循环;为广泛采用先进技术装备的林业产业提供坚实的基础。积极推进林业机械制造企业生产要求的优化组合,实现经营规模化、产品系列化、管理科学化。集中优势,满足林业生产发展需要,提高国际竞争力,开拓国际市场,促进林业机械高速度、高水平发展,走专业化集团道路。 (执笔人:王亚军)

(二)林业设备管理

设备是生产力的三大要素之一,是企业发展的重要物质基础。新中国成立后,林业生产建设得到了快速发展,林业机械化从无到有,由小到大,形成了相当的规模,由国有林区的木材生产作业逐步发展到集体林区和各条战线,并逐步建立了较强大的技术后方,兴办了林业机械制造厂、修理厂和遍布林区的保修网点,对林业生产建设与发展起到了重要保证作用。与此同时,逐步形成了“群管成网、专管成线”的设备管理体系,设备管理工作日益受到重视。特别是改革开放以来,林业企业设备管理工作得到了进一步加强,设备管理工作的整体水平逐步提高,已初步实现了四个转变,即:由单纯的技术管理转向技术、经济管理并重;由分散管理转向由设备管理部门统一管理;由只注重设备的使用、维护管理转向对设备的综合管理;由只靠行政指挥转向监督服务和行政管理相结合。为促进林业企业加强设备管理,调动设备管理人员工作积极性,保持设备状态完好,推动企业设备管理水平不断提高,1986年林业部根据《全国设备管理优秀单位评选办法》制定了《林业企业设备管理优秀单位评选细则》,从此每年组织一次设备管理评优活动,表彰或奖励设备管理工作成绩显著的企业。至1991年,先后有27个企业获部级设备管理优秀单位称号,有24个企业获部级设备管理先进单位称号,有7个企业获国家级设备管理优秀单位称号,其中林业部泰州林业机械厂、大兴安岭林业公司呼中林业局都是三次荣获国优的设备管理先进单位。1995年度又有6个林业企业荣获全国设备管理优秀单位称号。通过评优活动,促进先进企业更上一层楼,也带动了一批设备管理落后的企业赶超先进,林业企业的设备管理整体水平有了较大提高,设备的技术状况得到明显改善,设备管理工作向规范化、制度化、标准化、科学化方向迈进。

1. 林业设备管理发展历程

(1)林业设备管理体制的变革。长期以来,林业系统内部按木材生产、营林、林产工业、基本建设和多种经营五条战线,各自形成自上而下的设备管理机构,在林业部没有设置专门管理林业机电设备的综合管理部门,缺乏对全国林业设备统筹规划,形成“小而全”、“中而全”的封闭格局,管理粗放。

1982年林业部机构改革时,在林业工业局设立了机电设备管理处,此后的几次机构改革也都保留了这个机构。1987年7月国务院发布了《全民所有制工业交通企业设备管理条例》(简称《设备管理条例》),使我国设备管理工作进入了一个新的发展时期,走向了法制化的管理轨道。根据《设备管理条例》,1988年林业部制定并下发了符合林业实际的《林业企业设备管理办法》(简称《设备管理办法》),其中规定:各级林业设备管理部门负责林业系统内营林、木材生产、林产工业、基本建设、多种经营等林机修造和电力设备的综合管理,明确了设备管理部门的综合管理职能。经过几年来的不懈努力,逐步理顺了关系,坚持了“以集中管理为主,集中与分散管理相结合”的原则,做到统而不死,分而不乱,有效地加强了林业设备管理工作。现在,在大多数企业内部建立了能适应企业生产发展需要的设备管理职能,在全系统形成了“群管成网、专管成线”的设备管理体系。面对市场经济新形势及设备管理现代化的要求,林业设备管理体制还需不断改革和完善,逐步建立新的运行机制。

(2)林业设备管理规章制度的建立与实施。早在1956年,森林工业部就已颁布了《森林工业机械统一管理暂行办法》,在以后的历史变迁中,为适应林业机械化发展的需要,也陆续颁发了各类管理与操作维修规程、标准，建立了一系列规章制度。然而在“文革”期间，一些行之有效的规章制度遭到废除，给林业机械管理带来一场大灾难，机械设备技术状态严重恶化。粉碎“四人帮”特别是改革开放以来，林业企业逐步建立和恢复了一些合理的规章制度，并制定颁发了一些新的规章制度，建立了林业设备管理考核指标，统一了林业企业设备管理统计报表制度。同年7月又将《设备管理条例》和《设备管理办法》等有关法规文件汇编成册。各有关省(区)林业主管部门和林业企业对设备管理工作进行了重点整顿，有计划有步骤地制定、补充、完善了各项规章制度。东北、内蒙古国有林区主管部门还根据实际情况制定了相应的实施细则。不少基层企业制定了具体措施和一些专项管理规定，企业的设备管理工作基本做到了有章可循、有法可依，保证了生产的正常进行。

2. 林业设备管理水平不断提高

(1)林业设备管理与维修操作人员的配备与培训。多年来，基层企业的设备管理人员主要是靠自身培养提拔，只有少量工程技术人员由大、中专学校毕业生分配而来。近几年来，由于大批有技术的老工人离职退休，加上技术人员外流较多使原本整体素质不太高的管理及维修队伍技术力量呈削弱趋势。据1986年统计，森工系统机电设备管理及维修人员共计12万多人，其中大专以上文化程度只有1%，而初中以下文化程度却占94%。1990年，东北、内蒙古国有林区共有设备管理及维修人员达6万人，文化程度虽然较前几年有一定提高，但就技术水平而言有所下降。为不断提高设备管理与维修人员的理论与业务水平，历年来林业部十分重视教育培训工作，1985年在国有林区机电工作座谈会上提出“分期分批对各省(区)林管局的机电处长、企业的机电科长进行培训，争取在二三年内轮训一遍”。1986年和1987年林业部分别举办第一期和第二期设备综合管理培训班，培训期为3个月，培训共计83人，主要学习了现代化管理理论和方法，使学员更新观念，由传统管理方式转向现代化设备综合管理。1988年结合贯彻国务院颁发的《设备管理条例》和林业部颁发的《设备管理办法》，连续举办了两期培训班，培训人员达100多人，提高了学员的管理能力和政策水平。同时，各级林业主管部门及林业企业也都根据实际需要，举办了各类学习班和培训班。

(2)现代化管理方法及其应用。1986年，林业部组织研制开发了“林业设备微机管理软件”，并于1989年通过部里鉴定，此项成果获林业部科技成果三等奖。林业部还先后组织了三期培训班，培训微机操作人员。现在，吉林、内蒙古和大兴安岭林业公司都建成了林业设备微机管理网络，西南、西北国有林区和南方集体林区很多林业企业也实现了计算机辅助设备管理。管理软件的应用，不仅使设备管理人员从繁重的设备统计、汇总、分析查询和建档等工作中解脱出来，大大提高了工效，而且能迅速、准确查询信息，及时为领导决策提供了依据。

1992年，针对当时林产工业发展较快，林产工业设备应加强管理的实际情况，林业部在南京林业大学成立了“林业部林产工业设备状态监测与故障诊断技术中心”，积极推广应用设备故障诊断和状态监测技术，采用以状态为基础的预防维修方式，进一步加快了林业设备管理现代化的建设步伐。该“中心”自成立以来，对一些人造板生产线进行了诊断，赢得了企业的认可和赞许，并取得了良好的效果。为加快推广这一技术，1993年林业部重点培训了一批操作人员。此后一些大中型人造板企业开始重视监测与诊断技术的应用，1996年和1997年“中心”先后为企业专门举办培训班8期，培训人员达230多人。这些先进的现代化管理方法及其应用，提高了林业设备管理的水平，为林业的发展发挥了积极作用。

(3)积极开展闲置设备调剂工作。为使闲置设备得到充分利用，盘活企业资产，林业部一直把闲置设备调剂利用当作重点工作来抓，及时转发了1991年9月国务院生产办公室、国家计委等7部委制定的《闲置设备调剂利用管理办法》，积极申请并经国家经贸委批准，1993年成立了“中林林业设备调剂咨询服务中心”，开展了林业闲置设备调剂利用工作。1993～1995年，进行了两次全国性林业设备资源普查、登记，建立了林业设备资源信息数据库，掌握了除西藏外全国29个省(区、市)所属林业局、企事业单位有关林机设备的资源状况，“中心”利用可掌握的资源进行咨询服务，并通过每年召开交流交易会和发行通报的形式进行设备调剂，到1996年末，已调剂设备100余台(套)，充分发挥了闲置设备的作用。有关省(区)林业主管部门也开展了闲置设备调剂工作，并取得了一定效果，为振兴林业经济作出了积极的贡献。

(4)制定林业技术装备政策，引导资源有效配置。为进一步指导我国林业技术装备的发展，加快具有中国特色的林业技术装备体系建设步伐，积极推进林业行业技术进步，林业部于1993年组成了“林业技术装备政策”课题组，对我国营林、木材生产、木材加工、人造板及二次加工、林产化工、林业多种经营、林业能源及电力、设备检修与保养、设备状态监测与故障诊断、现代化管理等进行了深入调查，对国外林业发达国家技术装备进行了分析研究，提出了28万字的调研报告，全面客观地反映了林业技术发展现状、水平和存在问题，提出了今后技术发展方向。在此基础上，林业部于1996年制定了林业技术装备政策，详细阐述了林业技术装备发展应遵循的方针和准则，提出了林业技术装备的发展方向，为林业科技攻关、技术改造、技术引进、重点项目建设和产业结构调整提供了科学依据。林业技术装备政策颁布在我国尚属首次，1997年林业部下发了林业技术装备政策要点，指导并加快了林业技术装备现代化建设步伐。

新中国成立以来，林业为国家经济建设和改善人民生活作出了重要贡献。林业的发展，离不开先进的科学技术。生产设备是物化了的科学技术，是林业发展的重要物质技术基础。林业设备现代化是林业现代化的重要组成部分，而林业设备管理现代化是实现林业设备现代化的基础和保证。

《设备管理条例》和《林业设备管理办法》的发布实施，对林业企业设备管理的法制化和规范化，对企业在设备管理中采用现代化管理方法，对国有设备资产的保值增值，对“七五”、“八五”乃至“九五”期间技术装备水平的提高，起到不可低估的保障和推动作用。

现在，我国经过将近20年的对外开放和经济体制改革，在经济结构和经济运行方式等方面已经发生了深刻的变化，设备管理体制也随之发生了很大的变化，但是市场经济条件下的设备管理工作仍然需要法律的约束，企业技术进步是摆在林业企业面前的一个紧迫任务，而设备更新和技术改造是企业技术进步的重要方面，因此应加强设备资产管理，加速设备折旧，促使企业加快技术进步。设备维修社会化、闲置设备调剂、设备租赁等形式在市场经济条件下也应进一步加强。 （执笔人：袁卫国）

七、森林旅游

森林旅游是指在林区内依托森林风景资源发生的多种形式的野游活动。改革开放以来，我国林业部门为了满足人民群众“走向大森林，回归大自然”的需求，及时调整林业产业结构，兴办林业第三产业，发展森林旅游业。

10多年来，森林旅游业随着我国森林公园的建设而迅猛发展，已一跃成为我国旅游事业的重要组成部分，成为林业行业的新兴产业，显示出了无比的生命力和广阔的发展前景。张家界、千岛湖、流溪河、太白、琅琊山等森林旅游基地已经成为中国著名旅游胜地，吸引了越来越多的旅游者。1992年以来，全国森林旅游接待人数与森林旅游直接收入每年以15%以上的速度递增，1997年全国森林旅游人数达5211万人次，森林旅游直接经济收入7.8亿元。森林旅游活动的开展，不仅增强了林业部门的经济实力，而且还极大地带动了地方经济的发展，提高了人民群众护林爱林的环保意识。北京市林业局1997年森林旅游收入高达5032万元。云蒙山国有林场在建立国家森林公园开发森林旅游以后，一改过去十几个职工守着几万亩森林没饭吃，靠上级拨款过日子的被动局面，年收入每年以25%的速度递增，1997年总收入达150万元。张家界国家森林公园所在地张家界市，过去交通闭塞，经济十分贫困，如今不仅通了铁路，建了机场，森林公园附近的张家界村和袁家界村，农民人均收入由建园前的122元增加到1997年的2014元，增长了16.5倍，以森林公园为主导的张家界市旅游产值已占全市国民生产总值的48.5%，全市有20.4万农民依托旅游摆脱了贫困。

中国森林旅游之所以在很短的时间内发展如此迅速，其主要原因有以下几点：

一是林业部门高度重视。1992年，林业部明确提出：兴办森林旅游业是调整林业产业结构、发展林业第三产业、振兴林业的重大措施，是增强林业经济活力、实现以短养长、长短结合的重要内容，是扩大就业门路、安置和消化林业部门富余劳力的重要渠道，是沟通人们与森林的联系、增强人们爱林育林及护林意识的重要途径，是使森林资源的培育、保护和开发利用有机结合并最大限度地发挥森林整体效益的重要形式，是扩大林业对外开放、改善投资环境的迫切需要。为了有计划、有组织地接待森林旅游者，1993年林业部就开始筹办森林旅行社，1994年经国家旅游局正式批准，林业部成立了中央一类社——森林国际旅行社。之后在全国范围内有25个省(区、市)林业部门相继成立了森林旅行社或森林旅游公司。不仅如此，林业部门每年还投入大量资金用于森林旅游景区景点及森林旅游服务接待设施的建设。

二是我国森林旅游资源丰富，森林旅游基地众多。在我国广阔的林区范围内，分布着高等植物3.2万种，其中特有珍稀野生植物就达1万余种。不仅如此，森林中还有千姿百态的自然景观，历史悠久的人文景观，博大精深的民族文化，丰富多彩的民俗民风，加上流泉飞瀑、珍禽异兽，辅之以沙漠、草原、江河、湖泊，都是森林旅游的绝好去处。截至1998年，已经建立的810个森林公园、633个森林类型的自然保护区、24处国际狩猎场为开展森林旅游提供了良好的基础条件，以全国旅游热线及重点森林公园为依托的森林生态旅游专线深受广大游客的欢迎。比如云南省的高原奇观生态游、热带雨林生态游已作为1999年中国生态环境游的主要线路向国内外游客推出。

三是森林旅游功能多样，顺应当今世界旅游潮流。随着旅游业的不断发展和人民生活水平的不断提高，越来越多的旅游者不再只满足于“走马观花”式的观光游览，他们要求旅行生活能有文化的吸引、运动的内容乃至冒险的趣味，要求在目的地参与其中而不是从旁观赏。森林旅游具有避暑、休闲、保健、探险、科考、教育等多种功能，能同时满足旅游者多方面的需求。据测定，夏天林区温度普遍比周围地区温度低3～4℃，炎炎夏日，林区成为人们首选的避暑胜地。林区内环境幽静，空气中负离子含量高，对人体有非常有益的作用。大森林内更有无数未知的奇谜，吸引人们去探索、去研究。1997年上半年，在全国国内旅游成绩平平的情况下，森林旅游仍呈现出良好势头。据对12省35个森林公园的统计，1997年上半年森林公园平均接待游客12.7万人次，有的公园在节假日游客量高达1.3万人次，森林旅游异常火爆。

四是森林旅游市场广阔，宣传促销效果明显。据专家预测，到2000年，世界旅游总人数可望达到30亿人次，其中有一半以上要到大森林里去。根据中国旅游业十年发展规划，到2000年全国国内旅游人数将达到9.5亿～10.3亿人次，若按50%的比例计算，森林旅游人数将达4.75亿～5.15亿人次，森林旅游客源市场充足。另外，中国森林旅游业抓住一切机会加强宣传促销，森林国际旅行社等旅游企业积极参加国内旅游交易会或国际旅游交易会(博览会)，并与许多旅行企业建立了合作关系，拓宽了客源市场。比如北京市森林国际旅行社通过宣传，获得了承担所有韩国赴长白山自然保护区旅游的旅行团组。

为了适应形势需要，中国森林旅游业将作为我国林业产业的支柱产业继续加速发展，下一阶段发展森林旅游的指导思想是：以森林公园、自然保护区为依托，以森林旅游企业(旅行社)为核心，积极开拓森林旅游客源市场，充分发挥森林旅游业的经济、生态和社会效益。规划到2000年，森林旅游接待人数达到1亿人次，森林旅游直接收入10亿元，到2010年，森林旅游接待人次和森林旅游直接经济收入分别达到2亿人次和30亿元。（执笔人：胡春姿）

八、花卉产业

我国花卉植物资源丰富，是许多名贵植物的分布中心，素有“花园之母”、“世界花卉宝库”的美誉。现今欧洲重要观赏植物杜鹃花，全世界共有800余种，而我国就有600余种；山茶花全世界常见栽培的只有几种，我国有100余种，最稀有的金花茶也发现了10余种；报春花属全世界约有450种，我国有

390 种，占世界的 87%；木兰科我国有 73 种，占世界的 81%；龙胆花属我国有 230 种，占世界的 50%以上；百合花我国有 60 余种，占世界的 60%；世界 15 种金栗兰和 6 种腊梅都原产我国。

我国是世界三大植物栽培中心之一，是许多名贵花卉的故乡，栽培历史渊源流长。据史料记载，我国花卉栽培历史可追溯到周秦时代(公元前 770～206)，《周礼·天宫·大宰》中就有"园圃毓草木"记载。《诗经》中记载了上百种植物的特征与风彩，其中不少是花卉，如"山有佳卉"、"花如桃李"、"唐棣之花"、"芄兰之友"等等。

我国花卉资源丰富，栽培历史悠久，许多世界著名花卉都原产中国。但由于历史的、社会的诸多原因，我国花卉生产长期处于自发、分散状况下，起伏徘徊，发展缓慢，一直没有进入社会商品生产阶段。新中国成立时，花卉生产基础很薄弱，以后又由于计划经济的制约，农村长期受"左"的思想影响，不重视多种经营，花卉生产长期局限在一些传统产区，发展缓慢。党的十一届三中全会以后，随着改革开放的不断深化，社会经济快速发展，人民生活日益提高，花卉生产成为国计民生众多新兴产业之一，悄然兴起，快速发展起来。特别是由于花卉在社会主义两个文明建设中的作用和经济效益的显著受到社会各界的普遍关注。

据全国花协统计，截至 1996 年，全国花卉种植面积达到 7.5 万公顷，产值 48 亿元人民币，出口创汇 1.3 亿美元，全国有 12 个省(区、市)的花卉种植面积达到 666 公顷以上，产值达亿元以上。

经过十几年产品结构的调整，全国初步形成绿化苗木、切花、盆花、盆景、观叶植物协调发展的格局，原来几乎是空白的鲜切花已达到近 10 亿枝。

在生产上，规模化、专业化、产业化程度不断提高，兴建了一批具有一定规模和有较强实力的花卉生产基地和花卉企业。1994 年中国花卉协会评选出 70 家先进花卉企业，生产规模都在 3.3 公顷以上，有的企业年销售额达到 3000 万～5000 万元左右。

全国初步形成了专业化的流通网络：一些花卉主要产区和大城市相继建立了一些大型花卉批发市场和集散地。全国已有花卉市场 620 多个，花店 6200 多个，基本解决了产销脱节买难卖难的问题。

在对外开放方面，采用请进来、派出去的办法，学到了国外不少先进技术和经验。同时还引进了一批先进设备、种球、种苗和外资，建立了一批"三资"企业。

为了保障我国花卉业健康有序发展，几年来，国家在行业管理、建章立制、资金投入、机构设置、科研教育等诸方面都采取了许多措施，做了大量工作。

(一)建立健全组织机构

1984 年 11 月成立全国花卉协会，主要任务是研究花卉(包括花、鸟、鱼、虫、园林艺术)生产的方针、政策，统一规划，协调全国花卉生产、销售、科研和出口，互通信息，交流信息。国务委员陈慕华担任名誉会长，农牧渔业部部长何康任会长，全国绿化委员会、国家计委、农牧渔业部、林业部、城乡建设部、经贸部、化工部、财政部、民航局、中国银行、经济日报社、中国科学院植物研究所、北京市各指定一名同志，以及全国各地知名花卉专家和有影响的花卉爱好者为花协理事或会员。协会的办事机构设在当时的农牧渔业部。

为适应发展的需要，便于协会开展工作，1996 年 10 月 10 日，经民政部批准，中国花卉协会挂靠单位由农业部改为林业部。目前，中国花卉协会下属有荷花、杜鹃花、兰花、茶花、月季花、桂花、牡丹芍药、梅花腊梅、蕨类植物、君子兰 10 个分会和花木企业家协会、盆景艺术家协会、插花花艺协会。林业、水利、铁道、农垦 4 个部门成立了部门花卉协会，各省(除西藏外)都成立了地方花卉协会。

为了发展我国花卉产业，提高花卉的产量和质量，1987 年 11 月经林业部批准，北京林业大学在园林学院成立花卉研究所。之后，农业大学也设立了花卉研究所，中国林业科学研究院设立了花卉研究中心。

(二)强化行业管理

为了推动我国花卉业健康有序地发展，几年来在加强花卉行业管理、建章立制、生产规划等方面进行了大量工作。

1996 年 10 月 3 日，全国绿化委员会办公室和林业部在北京市召开了首届全国花卉工作会议。全国人大常委会副委员长、中国花协名誉会长陈慕华，全国绿化委员会和林业部领导到会并讲了话。会议全面分析了国内外花卉业的发展形势，总结回顾了“八五”以来我国花卉业所取得的成绩和经验，指出了当前存在的主要差距，明确了我国发展花卉业的指导思想、工作目标以及应遵循的原则，全面部署了“九五”期间花卉业发展的主要任务。

我国花卉方面的名词术语很多。但是由于我国地域辽阔，南北方、东西方名词术语含义各异，很不统一，影响花卉业的发展。为了保障花卉教学、生产、科研以及园林管理的规范化，使之有所遵循，林业部组织北京林业大学、中国科学院植物所、南京林业大学等单位专家教授对花卉 4864 个名词，1204 个术语进行收集整理，并进行规范化注释，撰写了《花卉名词术语》标准。组织北京林业大学等有关专家编制《主要花卉产品质量等级标准》，包括花卉种子、种球、种苗、鲜切花、盆栽（盆花、观叶植物）、草坪等产品等级标准。

编制了全国花卉生产“七五”、“八五”、“九五”发展规划。同时，中国林业花卉管理办公室根据全国花卉生产发展规划的方针、指导思想和要求，结合林业实际，制订了《林业花卉基地建设“九五”发展规划》和实施方案。

（三）开展花卉科学研究

近几年来，随着社会经济的快速发展，人民物质文化生活的不断提高，花卉作为新兴产业已成为国民经济新的增长点。但是从总体上看，我国的花卉种植面积大，经济效益低；花卉产品多，商品化程度低，尤其名贵花卉远没有形成商品化生产，而且品种老化、产量低、质量差；相关产业滞后，如鲜切花保鲜、包装、运输、贮藏、实用机械、花肥、花药、花具等研究开发跟不上；市场发育不健全，经常出现卖难买难现象；人才缺少，经营管理粗放等。为解决这些问题，除搞好规划，理顺机制，增加投入外，强化了花卉生产技术的研究，特别是新技术的开发和应用，走以科技兴花之路。主要是制订了全国花卉“七五”科研规划方案，着力研究野生花卉资源的引种驯化与利用、新品种培育的途径和方法、优良花卉品种的现代栽培技术。包括适生栽培地区的选择、品种选择、土壤、基质、肥料、灌溉、病虫害防治、催延花期等技术。经过十几年的研究，使我国的花卉生产上了一个新台阶，如干燥花、日光温室切花、月季无土栽培、名花引种、花卉多媒体、花卉微型化、野生花卉引种开发等课题的研究均已取得了阶段性成果。

（四）广泛宣传、积极参与国内外花事活动

自 1987 年起，于 1987、1990、1993、1997 年中国花协成功地在北京、上海举办了四届全国花卉博览会暨花卉交易会。

1988～1998 年，中国花卉协会每年组织各省（区、市）赴香港参加一年一度的春季花卉博览会。1992 年林业花协赴香港参加了在维多利亚公园举办的第六届春季花卉博览会，主题是“奇花异卉汇香江”，主题花是“大花萱草”。参展的园艺团体多达 76 个，历时 10 天，参观人数多达 35 万人次。

1986 年以来，中国花卉协会还组织赴意大利、荷兰、捷克斯洛伐克、日本等国参加了国际花卉博览会、世界园艺博览会和世界盆栽友好联盟成立大会，都取得圆满成功。

1994 年 9 月 29 日至 10 月 9 日，林业花协组织北京林业大学、北京市林业局赴法属海外省留尼旺岛圣旦尼市，首次参加了七年一次的印度洋地区第四届花卉博览会，我国送展的金花茶、六月雪、银杏、南天竹等盆景作品获海外组荣誉一等奖。

1995 年 4 月 28 日至 5 月 9 日，应日本大阪市建设局的邀请，由林业部花卉协会组织中国林木种子公司和北京、上海、江苏、河南、甘肃、福建等省（市）参加了在大阪鹤见绿地举办的 1995 年国际花烂漫节。

1994 年 10 月 3～8 日，在以色列兹利亚举行的国际园艺生产者协会（AIPH）第 46 届理事会上讨论接纳了中国为协会的成员，同时讨论同意于 1998 年在中国举办“世界园艺博览会”。

AIPH 是一个代表国家园艺行业各门类的联合会组织，共有 27 个成员国（含中国），按地区分欧洲、南北美、中东和非洲、远东和大洋洲 4 个组。总部设在瑞士，秘书处设在荷兰。

1994 年 11 月 18～25 日在新西兰基督城召开

的第十次世界月季联合会上，根据中国月季协会的申请，经世界月季联合会讨论通过正式接纳为会员。

通过各种花事活动，不仅展示宣传了我国的花卉事业，学到了世界各国花卉的先进技术和管理经验，同时也为我国的花卉产品寻找了市场。

（五）重视教育和人才培养

我国被誉为“园林之母”，又有悠久的花卉栽培历史，为了弘扬我国的花文化，1956 年 3 月，高等教育部决定，将北京农业大学造园专业调整至北京林学院并改名为城市与居民区绿化专业。1957 年在城市与居民区绿化专业的基础上建立城市居民区绿化系。1964 年 1 月将城市居民区绿化系改为园林系。后因十年动乱及“左”的思潮干扰，被批判为“封、资、修”而取消。中等园林专业始建于 1959 年，名称为“城市及居民区绿化专业”，1962 年后又增设园林专业，十年动乱期间也停办。

党的十一届三中全会以后，随着改革开放，国民经济的发展，人民生活水平的提高，不少院校又恢复了园林专业，为国家培养高级园林人才。为了尽快解决花卉生产第一线的人才不足，又采用短期培训，派往花卉发达国家学习等方式培养了不少人才，为基层解决了不少实际问题。

目前在 6 所高等林业院校、12 所农业和其他院校和 16 所中等林业学校、3 所园林学校设有园林专业，至 1997 年，共为国家培养园林专业研究生 134 人，本科生 6086 人，专科生 10 591 人。

自 1986 年以来在国内举办了花卉生产技术、园林规划设计、野生花卉引种驯化、花卉经营管理等短期培训班，培训人才近 400 名，弥补了花卉生产第一线人才之不足。

1997 年 10 月 31 日至 11 月 28 日，经国家外国专家局智力引进办公室批准，由林业部组织上海、河北、河南、山东、浙江、福建、江西、湖南、广东 9 省（市）从事花卉生产和经营管理有关人员一行 16 人，赴荷兰进行花卉育种、栽培及经营管理培训。培训期间，先后邀请了荷兰花卉委员会、登波斯农业大学园艺系、荷兰国际球根中心、荷兰花卉生产环境工程公司、荷兰园艺产品协会、农产品研究会等教授和重点花卉企业家进行了专题讲座和理论教学。经过一个月的培训，使学员们收获很大，在学习荷兰花卉产业发展的内涵中进一步拓宽了工作思路，明确了发展我国花卉业的工作目标，为缩小我国与世界花卉生产经营先进国家的差距打下良好基础。

随着我国社会经济快速发展，科技和教育事业的不断进步，全民文化和经济生活日益提高，中国花卉产业将在 21 世纪高速发展，成为全球重要的花卉生产国、消费国和出口国。把握机遇就能赢得发展。在我国花卉生产快速发展形势的推动下，林业花卉业虽然起步较晚，但发展很快。目前，在全国已建立 100 多处花卉生产基地，其中 6.67 公顷以上规模已达一半以上，并在生产管理、市场营销和科技开发等方面取得了成绩，积累了经验。（执笔人：罗兆兰）

九、速生丰产用材林基地建设

《中华人民共和国森林法》规定，用材林是“以生产木材为主要目的的森林和林木，包括以生产竹材为主要目的的竹林。”速生丰产用材林是利用部分立地条件较好的林业用地资源，采取先进的林业科学技术，加强集约化营林措施，以缩短生产周期，解决社会对木材不断增长的需要，追求单位面积产量和质量为目的，并达到规定标准的人工用材林。发展速生丰产林，对于保护森林资源和生态环境，缓解对天然林资源的压力，解决我国木材供需矛盾，保持国民经济可持续发展有着十分重要的意义。

（一）速生丰产用材林基地建设的提起及发展沿革

新中国成立后，全国广泛进行造林育林。在营造防护林等其他林种的同时，各地大力营造用材林。1960年，林业部提出造林要实行“基地化、林场化、丰产化”的建设方针。1964年国家建立了集体林育林基金制度，并在1964～1965年间制定了全国用材林基地规划，规划基地240片。但由于“文化大革命”等历史原因，用材林基地建设规划未能全面实施。

70年代初，农林部又提出在南方发展以杉木为主的用材林和建立用材林基地，制定了建立大片用材林基地规划，得到了国家计委、财政部等有关部门的重视和支持。从1976年起，由国家每年拨出2000万元专款，扶持南方9省(区)建立以杉木为主的用材林基地，自1980年起扶持款增加到每年4000万元，建设范围扩大到12省(区)的212个县，加上地方财政和育林基金补助建设，共约500个县。采取“造上一片林，留下一批人，办好一个场”，“基地办林场，林场管基地”的做法，建立了湖南株洲、湖北崇阳等一大批新的用材林基地。1976年11月，农林部在湖南株洲召开了南方13省(区)用材林基地造林现场会。1978年和1979年又在河南信阳和湖南衡东召开了用材林基地工作会议，研究用材林基地建设标准和提高造林质量问题。截至1982年，约营造基地林320万公顷，其中重点县约200万公顷。但由于投入不足、与群众近期利益结合不紧，经营管理强度不高，其造林成效为“三三制”，即好、中、差各占1/3。

1978年党的十一届三中全会以后，中央十分重视林业建设。1980年3月5日，中共中央、国务院发出《关于大力开展植树造林的指示》，指出“为了加速我国林业建设，尽快解决木材和经济林产品供应不足问题，各地应选择条件较好的地方和适宜的树种，大力营造速生丰产林，在资金和物资上给予重点保证，进行集约经营。”林业部根据中央的指示精神，认真总结过去30年林业建设的经验教训，加强国外林业考察学习与技术交流，吸取林业发达国家发展速生丰产林的成功经验与先进营林生产技术，在全国开展了速生丰产林基地建设。

从1980年起，在国家计委建议与支持下，林业部开展了部省联营营造速生丰产用材林试点工作。到1990年先后与22个省(区)共签订实施了34个速生丰产林建设项目，林业部利用林业基本建设投资14 577.6万元拨款改贷款，完成项目造林18.85万公顷。部省联营速生丰产林基地建设项目的实施，对全国速生丰产林建设起到了导向、示范作用，推动了全国速生丰产林建设的发展。

在这期间，我国还利用外援资金发展速生丰产林。1982～1986年联合国粮食计划署对我国援助的速生丰产林建设项目工程(2606项目)在山东省冠县、莘县和四川省珙县营造速生丰产林1.15万公顷。1985年9月，经国务院批准，中国政府正式与世界银行签订贷款协议，世界银行向我国提供4780万个特别提款权(称SDR，按当时汇率折合4730万美元)，在黑龙江、四川、广东3省的27个县92个国有林场建设8.24万公顷速生丰产林基地。

1987年12月，林业部正式向国务院上报了《关于抓紧建设一亿亩商品材基地的报告》，提出大体用30年时间建设速生丰产用材林基地2000万公顷，到本世纪末先建设1亿亩(666万公顷)。1988年又向国务院报送了《关于报请审批一亿亩速生丰产用材林基地建设规划的请示》，1988年4月国务院批转国家计委原则同意了这一规划设想。同年，按国家计委批复要求，林业部向国家计委报送了《关于呈报建设一亿亩商品用材林基地项目建议书》的函，到本世纪末，在全国规划20大片，5小片国有林场群，包括297个基地县、905个国有林场、82个森工企业局，规划总面积798万公顷，号称一亿亩速生丰产林建设规划。为扩大林业资金渠道，加速速生丰产用材林基地建设，林业部又向国务院上报了《关于林业部利用世界银行贷款发展速生丰产用材林问题的请示》，向国家计委报送了《利用世界银行贷款建设速生丰产用材林基地项目实施方案》和《利用世界银行贷款建设一亿亩速生丰产用材林基地第一期工程项目建议书》的函，均得到原则同意。

1990年，经国务院批复的《1989～2000年全国造林绿化规划纲要》(以下简称《纲要》)，把《一亿亩速生丰产商品用材林基地建设规划》列入重要内容，并将速生丰产用材林基地建设规模扩大到988.1万公顷。其中新造511.7万公顷，幼林培育247万公顷，更新造林229.4万公顷。从此，我国速生丰产用材林基地建设进入了大规模、高质量、规范化发展的新阶段。

(二)建设成就

建国以来,为培育国家森林后备资源,逐步解决木材供需矛盾,在加强老林区建设的同时,全国开展了大规模营造用材林和丰产林基地建设,取得了较好成效。1949～1997年,全国共营造用材林面积11 315万公顷,其中速生丰产用材林面积819.9万公顷,占7.2%;1980～1997年营造用材林面积5180万公顷,占建国以后发展用材林面积的45.8%,其中营造速生丰产用材林面积773万公顷,占这一时期发展用材林面积的15%;1988～1997年营造用材林面积2753万公顷,占建国以后发展用材林面积的24.3%,其中营造速生丰产用材林面积417万公顷,占这一时期发展用材林面积的15.1%。基本上分布在年降水量400毫米等水线以东省(区),重点在一亿亩速生丰产商品用材林基地建设规划范围。鲁西南、湖北嘉鱼、阳新杨树丰产林基地,海南桉树基地,粤中湿地松、黔东南和皖浙赣杉木林基地都已形成了一定规模,发挥了显著的经济效益和生态效益。

速生丰产林基地建设,加快了后备用材资源培育,促进了全国造林技术水平的提高和林业科技成果投入机制的转化,提高了林业生产管理水平,调整了农村产业结构,提高了森林综合效益。

(三)基本经验

1. 深刻认识,立足国内,紧紧抓住速生丰产用材林建设不放松

我国是个少林国家,林木生长量比林业发达国家低;人口众多,国计民生对木材需要量大。80年代全国年消耗森林蓄积量曾达到近4亿立方米,大大超过林木年生长量,造成许多森工企业无成熟林可采,天然林资源枯竭,生态环境恶化。为满足需要,我国每年不得不花费大量外汇进口木材。从中国国情、林情出发,解决木材供需矛盾,必须立足国内,加快培育速生丰产林基地,才能缓解木材危机,减少难以弥补的损失,甚至恶性循环。

2. 制定全国速生丰产用材林基地建设规划和分阶段实施目标,指导全国速生丰产林基地建设

80年代末,国家制定了《全国速生丰产林基地建设规划》,作为指导全国速生丰产林基地建设的基本依据。各地也根据《规划》的建设重点、目标和任务制定了相应规划,明确了任务,落实措施,组织实施。特别是实施《纲要》的九年,全国速生丰产林建设,以年均造林46.3万公顷的规模持续发展。

3. 国家安排专项经费与地方多渠道筹措资金相结合发展速生丰产林

速生丰产林基地建设需要高科技、高投入。从国情出发,政策引导,多渠道筹措资金,加速发展。从70年代后期,特别是80年代以来,林业部利用林业基本建设投资开展部省联营速生丰产林建设试点,从1986年起国家安排政策性林业项目贴息贷款,40%以上用于速生丰产林建设,每年3亿元,1990年增加到5亿元,有力地支持了速生丰产林基地建设的发展。1990年开始,国家利用世界银行贷款支持速生丰产林建设,一期工程3亿美元,1996年开始实施的二期工程2亿美元。同时,各地采取多渠道筹措资金支持速生丰产林基地建设。

4. 实行速生丰产林基地化建设,项目化管理

速生丰产林建设对宜林地立地条件要求较高,全国规划建设的速生丰产用材林布局20大片、5小片国有林场群都是相对集中连片,造林后形成一定规模的木材生产基地,如海南省、广东省湛江地区片规模已达15万～20万公顷,年生产木材已达50万～60万立方米。

速生丰产林建设,按项目管理,按基本建设程序立项。从速生丰产用材林基地建设试点起,就建立了编制项目建议书、可行性研究、审批立项、总体设计、作业设计、施工管理、检查验收、建立档案等一整套管理体系。1985～1989年,林业部先后颁布了《速生丰产用材林基地造林总体设计工作方法》、《关于速生丰产用材林基地建设若干问题的暂行规定》、《速生丰产用材林基地种苗管理暂行办法》。1987年召开全国工程造林会议,进一步规范了全国工程造林技术措施。造林者首先提出可行性报告,经过评估、立项,制定造林施工设计,按设计施工,按造林标准进行检查验收,按完成任务安排经费。世界银行贷款造林项目,实行报账式拨款,按造林支出凭据报销,保证了造林质量和计划的完成。其造林质量达标率达到85%以上。

5. 以市场为导向，定向培育，多树种、多材种基地

国计民生对木材的需要是多种多样的，不仅需要建筑材、造纸材、“三板”工业原料，而且随着我国经济快速发展和群众生活水平的提高，对家具、房屋装修木材要求也越来越高，珍贵木材需求量不断增加。十几年来速生丰产林造林树种逐渐多样化，有桉树类、国外松、马尾松、杉木、水杉、泡桐、杨树、红松、落叶松、刺槐，还有珍贵树种楸树、柚木、红椿、水曲柳、黄波罗、胡桃楸等，改变了过去南杉北杨的树种单一状况，做到培育树种多样化；同时实行定向培育，如海南、广东培育桉树造纸材；长江中下游两岸平原湖区南方型杨树培育胶合板材、造纸材；杉木、马尾松还培育大径级材。使速生丰产林培育贴近市场，贴近国计民生的需要，提高了经济效益。

6. 科技兴林，提高了速生丰产用材林的质量和效益

科技是第一生产力。我国林业生产与国外林业发达国家相比，最突出的差距是科技含量较低。改革开放以来，在提高我国林业生产科技水平方面，首先注重了良种。据有关规定营造速生丰产林必须使用种子园、母树林、优良种源基地生产的种子和优良无性系、组培苗木；对苗木的要求，要用一级苗造林。国家标准局颁布了杉木、长白落叶松、兴安落叶松、红松、柠檬桉、杨树、马尾松、湿地松、水杉、泡桐等主要树种的速生丰产林国家专业标准。各地也加强了良种基地建设。如湖北省建设种子园 13 个，母树林 6 个、采穗圃 9 个；贵州省黔南、黔东南自治州建立杉木、马尾松种子园 267 公顷，其遗传增益可达 15％～25％。湖南省会同、江华县是杉木优良种源产地，该省规定，全省杉木造林必须使用会同或江华县的杉木种源。二是确保作业质量。各地强调，在造林调查设计的基础上必须搞好造林施工设计，做到适地适树，保证整地质量，经过培训有素的专业队、责任人挂牌造林，保障造林质量和成效。三是大力推广先进实用技术。PT 菌根、ABT 生根粉、稀土用于速生丰产林造林，取得了明显的效果。世行贷款国家造林项目，普遍实行施 肥，加强经营，林分基本达到阶段速生丰产林生长指标。

（四）今后发展思路、目标与重点

1. 发展速生丰产林的必要性和紧迫性

目前世界人均年消费木材量为 0.68 立方米，而我国人均年消费木材仅为 0.12 立方米。随着我国经济和社会的发展，国计民生对木材的需要量将会不断增加。据有关部门研究预测，全国 2000 年木材需求总量为 24 209 万立方米，2010 年木材需求总量为 25 770 万立方米，届时木材供求缺口分别为 4500 万立方米和 5500 万立方米。我国森林资源天然林仍占主导地位，木材生产也多来自天然林。天然林多分布于深山江河的源头，它既是生态的屏障，又是生物物种基因库。由于长期对森林特别是天然林过度砍伐，引发了严重的生态问题和物种的不断泯灭。1998 年夏季长江、松花江流域特大洪水灾害爆发，引起了中共中央、国务院领导的高度重视，作出了少砍树、多种树、切实保护好天然林资源、加大生态环境建设的重大决策。国家林业局编制了《重点地区天然林资源保护工程实施方案》，明确提出了大幅度减少国有天然林采伐。因此，今后木材供应将更加趋紧，加大速生丰产林基地建设力度成为紧迫而长期的任务。

2. 发展思路和目标

根据《中共中央关于制定国民经济和社会发展“九五”计划和 2010 年远景目标的建议》提出的“积极培育森林资源，重点抓好速生丰产用材林基地建设和山区林业综合开发”的要求，遵循现代林业思想，按照建立比较完备的林业生态体系和比较发达的林业产业体系目标，实行分类经营，实现生态公益林业和商品林业的协调发展，生态效益、社会效益和经济效益共同提高。充分利用林业资源，坚持人工造林与现有林分培育相结合，采用高科技、高投入、高产出的经营模式，以较少的林地、较短的周期，大力发展速生丰产林、短周期工业原料林基地，以增加国民经济建设和人民生活所需木材的有效供给，并保障天然林保护工程的实施。要以市场为导向，通过定向培育，集约经营，调整和优化树种、材种结构，缓解木材供需缺口和木材结构的矛盾，推进用材林“高产、优质、高效、持续”发展，促进林业产业的进程。实施中，坚持保护生物多样性，防止营造大面积纯林，特别是防止营造针叶树纯林和毁林造林。

按照1987年12月提出的长远规划，以用30年时间建设2000万公顷速生丰产林基地为总目标，继续推进速生丰产林基地建设。1999～2003年营造速生丰产用材林586万公顷。

3. 建设重点

1999年国家林业局提出的《关于推进商品林业建设的指导意见》指出，速生丰产用材林的建设重点是：建设范围限制在400毫米等雨量线以东的省（区、市）。必须体现规模经营，每县（市）或林业局（企业）累计可造速生丰产用材林基地面积不少于3000公顷。地块相对集中连片，南方集体林区每个地块面积至少20公顷（含20公顷），东北、内蒙古林区每个地块面积至少40公顷。重点建设区包括大小兴安岭、长白山、白龙江、川西等林区的国有林业局；东南地区亚热带湿润区和省（区、市）丘陵山地的集体林区。（执笔人：刘红　郭怀让　陈应发）

十、经济林建设

经济林是以生产果品，食用油料、饮料、调料，工业原料和药材等为主要目的的林木。它是我国五大林种之一，也是林业生态效益、经济效益和社会效益有机结合最好的林种之一。我国栽培经济林历史悠久，在国计民生中占有重要地位。

（一）经济林发展概况

新中国成立以来，党和国家领导十分重视经济林的生产。1958年，毛泽东主席将陕西省商洛地区发展核桃一事写进《工作方法60条》，并号召开展“一升核桃”运动。国家主席刘少奇在1962年曾指示林业部试验研究利用橡实养猪、造酒精，以节约粮食。1964年3月，周恩来总理在昆明市郊国营海口林场，亲自栽种从阿尔巴尼亚引进的油橄榄树，并嘱咐林场技术人员一定要把油橄榄树种好、管好。1979年，胡耀邦同志在给中共河北省易县县委的信中和阅批迁西县关于板栗生产情况的报告中，一再鼓励要大力发展核桃、枣、柿子等经济林，以增加农民收入，致富于民。党的十一届三中全会以来，中央和地方各级政府采取了一系列优惠政策，大力倡导和扶持发展经济林。1984年，中共中央、国务院下发《关于深入扎实地开展绿化祖国运动的指示》中指出，积极支持林业专业户“大胆承包荒山荒滩，兴办家庭或合作的林场、苗圃、果园、茶园等”，并把“经济林”专门写进《中华人民共和国森林法》。经过广大群众多年的培育和开发，我国经济林生产有了较快发展，并进入一个新的发展阶段。

从新中国成立到现在，我国经济林生产由于客观形势的变化，大致经历了以下几个发展阶段：

1949～1957年，国家先后采取了休养生息、发放贷款等一系列政策和措施，特别是1956年国务院发布《关于新辟和移植桑园、茶园、果园和其他经济林木减免农业税的规定》以后，为经济林发展注入活力。在此阶段，全国营造经济林310多万公顷，占同期人工造林总面积的22.1%。

1958～1962年，由于受农村经济政策变革的冲击，经济林发展受到严重挫折，到1962年，全国果园面积比1958年减少100万公顷，水果产量减少118.8万吨；油茶面积比1957年减少10%，油桐林减少20%。

1962～1965年，随着国民经济的调整，全国经济林建设出现新的转机，1964年全国共营造经济林80多万公顷，比1960年翻了一番。

1966～1976年，经济林被视为“资本主义尾巴”，又一次遭到更加严重的破坏。

1978年改革开放以来，随着国民经济的全面发展，特别是随着果品等经济林产品市场价格的全面放开，为经济林的快速发展创造了良好条件，极大地推动了全国经济林的发展进程。

1980年以来，全国平均每年营造经济林70万公顷以上，1994年高达200万公顷，创历史最好成绩。

随着经济林面积的扩大，经济林产品产量、产值成倍增长，经济效益有了显著的提高。1979年全国经济林产品总产量仅920万吨，到1998年达5400万吨，是1979年的5.87倍。从1993年开始，我国果品总产量跃居世界第一位。1998年，全国经济林产值达1000亿多元。生漆、桐油系我国传统出口产品，板栗、核桃、红枣、杏仁、枸杞等保持着特有的出口优势。在我国的广大土地上，涌现出许多依靠发展经济林而实现脱贫致富的典型县(市)，经济林已成为促进我国山区农村经济发展的一项新型主导产业。

实践证明，搞好经济林建设，不仅在开发山区资源，繁荣农村经济，实现脱贫致富，改善我国人民的食物结构，增强出口创汇能力等方面发挥了重要作用，而且对于加快全国山区综合治理步伐，改善我国生态环境，发展和壮大农村社会生产力等方面都具有十分重要的意义。

(二)经济林发展基本经验

经过多年的实践和探索，我国在经济林建设中积累了许多宝贵的经验：

1. 领导重视，把经济林建设作为发展地方经济，促进农民脱贫致富奔小康的支柱产业来抓

我国经济林的快速发展，主要得益于各级政府的高度重视。早在1961年，国家发布了《关于收购重要经济作物实行粮食奖励的指示》，对收购油茶籽、核桃等主要经济林产品的粮食标准作了规定，随后又提高了标准，并采取奖售化肥、奖给布票等经济扶持政策和措施，鼓励发展经济林，繁荣山区经济。党的十一届三中全会以来，随着我国农村经济体制改革的推进和农村产业结构的调整以及经济林产品价格的全面放开，经济林因具有周期短、见效快、效益高等特点，得到各级党政领导和农民群众的高度重视，特别是90年代初，在全国涌现出以发展苹果、柑橘、板栗、银杏等经济林树种的热潮。1994年，林业部在河北省唐山市召开全国山区林业综合开发和经济林建设现场会议，授予100个县(市)“全国经济林建设先进县”光荣称号，提出把经济林建设与山区开发结合起来的新思路，得到国务院领导的高度重视。1995年经国务院批准，成立了由林业部牵头，国家计委、国家科委、财政部、农业部、水利部、农发行等部委参加的全国山区综合开发协调小组，坚持“改土、治水、植树、修路、通电”的十字方针，因地制宜发展经济林，加快山区综合开发的步伐，进一步推动了全国经济林建设蓬勃发展。从1995年以来，全国每年营造经济林面积都超过150万公顷，占人工造林总面积的30%以上，有的省(区)高达70%。山东省省委、省政府大力倡导因地制宜发展经济林，帮助群众脱贫致富，经济林已发展成为促进地区经济发展的主导产业，并为全国经济林建设作出示范样板。河南省从全省农村实际出发，把发展经济林作为全省林业建设的突破口和兴农富民的重要措施，自1992年开始，连续三年每年召开有关经济林工作会议，明确目标，落实责任，从行政、技术和资金等方面给予了大力支持。

2. 明确指导思想，制订经济林建设规划

经济林建设必须从实际出发，合理规划，通过实行规模经营，培育拳头产品，才能变资源优势为商品优势，形成稳定持久的经济效益。1988年，林业部下发了《1988～2000年全国经济林名特优商品生产基地建设规划》，明确了全国经济林建设的指导思想、原则和建设重点。1992年林业部根据全国经济林发展、市场需求和发展潜力等因素，又对《规划》进行了适当调整。规划从1991～2000年在全国建设500个名特优经济林基地，总面积167.5万公顷。1995年，针对全国经济的发展形势和特点，为切实加强对经济林的行业管理和行业指导，林业部下发了《关于“九五”期间经济林开发建设有关问题的通知》，提出要立足资源优势，突出名特优品质，以市场为导向，以效益为中心，以科技为保证，综合开发，规模经营，走高产、优质和高效发展道路，稳定推进全国经济林建设沿着持续、稳定和健康方向发展。河北省采取“统一规划、集中治理、连片开发、分户经营”等措施，把经济林建设列入全省林业工作的重要内容，促进了全省经济林产品区域优势的形成。目前，全省已建成太行山地区以木本粮食基地为主，黑龙港地区以发展小枣、冬枣为主，燕山山区以发展板栗为主，平原沙区以发展沙地梨为主，张家口地区以发展仁用杏为主，城镇周围以发展小杂果(杏、李、甜樱桃)为主的经济林建设区域化发展格局。四川省从全省林业发展的实际出发，积极优化和调整林种结构，加大经济林建设力度，规划到2000年全省农户平均占有经济林0.05公顷，山区人均达到0.15公顷，重点县(市)人均0.18公顷，力争到本世纪末，使全省经济林总面积达到135万公顷的奋斗目标。山东、江西、湖南、湖北、云南、浙江等省结合实际，把经济林建设作为“山上再造工程”、“绿色致富工程”等工作的重点，为推进我国经济林建设向规模化、产业化方向发展，进一步提高经营管理水平发挥了重要作用。

3. 加强管理，依靠科技，提高对经济林的集约经营水平

为了提高经济林管理水平，各级林业部门通过各种渠道，采取切实有效措施，增加科技含量，积极推进经济林管理由粗放经营向集约经营转变，达到优质、高产和高效的目的。

首先，加强对技术人员的培训。从80年代以来，林业部采取多种措施，先后对我国经济林重点产区主管林业工作的县长、林业局长进行技术培训，传授新技术、新经验。1990～1998年，全国每年培训管理和技术干部1500万人次。北京市从1992年以来，在全市开展了以“绿色证书”为主的果农技术培训工程，共培训果树技术人员10多万人，有1.2万人通过考试并获得“绿色证书”。山西省自1993年以来，每年通过各种渠道开办经济林培训班800多期，参加培训的人员达10多万人，使各种经济林综合管理技术的覆盖面积达26万公顷、1.5亿多株，分别占全省果树挂果面积的70%和83.3%，全省经济林的产量每年以15%以上的速度递增。

其次，建立健全各级林业推广服务体系，加强新技术推广步伐。经过多年的建设，我国现已初步建立了省、地、县三级林业推广体系，形成比较完备的林业技术推广网络。1993年，林业部在河北、山西等省实施经济林喷施稀土新技术，使实验区板栗产量由每公顷1050公斤增加到1875公斤，取得显著社会和经济效益。

第三，加强良种苗木的培育。在坚持国营育苗主渠道不变的前提下，实行国家、集体和个人一齐上的方针，狠抓容器育苗，特别是积极推广无病毒苗木繁育新技术，大大提高了种苗生产的质量，为经济林实现高产、优质和高效提供了保障。湖南省仅“八五”期间建立良种采穗圃80多公顷，建立良种苗木繁育基地100多个，推广名特优新品种50多个，优良无性系190多个，推广面积达15万公顷。河北省专门成立了省果树无病毒苗木领导小组，制定并建立了无病毒苗木申报、公告、监理制度和办法，在全省基本实现采穗圃、繁育圃和示范园的配套发展，防止劣假苗木出现。目前已培育出葡萄、苹果等脱毒品种30多个，建采穗圃20多处20公顷，繁育圃70公顷，累计生产无病毒苗木500万株，建立无病毒示范园3300公顷，建立良种苗木繁育基地2500公顷，年出圃优壮苗木1亿株以上，基本实现自给并有部分外调。

第四，加快名特优经济林基地建设。“八五”以来，林业部通过各种渠道，重点扶持建设了200多个名特优高效经济林基地，如“迁西板栗”、“长泰芦柑”、“砀山酥梨”、“汾阳核桃”、“沧州金丝小枣”等，已形成各具特色的优势和经济活力，为县(市)增财源、乡村增积累、农民增收入作出了贡献，并且在全国发挥了重要的示范和辐射作用。

第五，积极吸收和引进国外先进经验和技术。林业部先后组织有关专家赴美国、日本等国家进行考察交流，学习国外经济林管理的新技术和新经验。同时，加快名特优新优良品种的引进工作。河南省近几年先后从日本、美国、荷兰等国家引进苹果、梨、葡萄等优良新品种80多个，在生产中推广引用，取得显著的经济效益。

4. 制定优惠政策，多方吸引资金，努力增加对经济林建设的投人

为鼓励国家、集体和个人发展经济林，1981年中共中央、国务院颁发了《关于保护森林发展林业若干问题的决定》，要求稳定山权林权，因地制宜地大力发展经济林。1994年，国务院又出台了《关于对农林特产收入征收农业税的规定》，进一步明确“对在新开发的荒山、荒地、滩涂、水面上生产农业特产品的，自有收入起，一至三年内准予免税”。各级地方政府部门也先后制订了一系列优惠政策，为经济林的发展创造了一个比较宽松的外部环境。各地的经验主要有：一是在稳定家庭联产承包责任制的基础上，建立山地流转机制，即实行所有权与经营权分离，鼓励各部门、各行业以入股、租赁、拍卖等多种形式，承包荒山，创办以发展经济林为主的经济实体，承包期一般在30～50年；二是对建立经济林基地及产品开发，从建设到投产3年内免征特产税，有的达5～7年，按规定征收的经济林特产税返回一定比例用于林果业的发展；三是制定有关法律规章，保护经济林经营者合法权益，维护正常的经济林生产秩序。同时，各级政府还通过各种渠道，筹集经济林建设资金。湖北省从1987年开始，每年省财政安排300万元，省农行贷款1000万元用于发展经济林，1993年仅以工代赈就安排资金4061万元。仅1991～1993年,全省通过各种渠道筹措经济林发展资金8450万元。福建、广东等省还积极吸引外资以及台湾、侨胞的投资,加快经济林开发建设力度。

5. 搞好经济林产品的加工转化,实现经济林产品多层次增值

随着经济林面积的不断扩大和产品产量的迅速提高,各级林业部门逐步改变了过去在经济林生产中只重视栽培、忽视加工利用的传统思想,坚持走生产、加工、销售协调发展道路,大大增强了经济林发展后劲。近几年,河北省重点加强对经济林产品的贮藏、加工等工作的力度,目前全省贮藏能力达150万吨,加工能力35万吨,分别占全省果品总产量的30%和6.8%。其中"露露牌"杏仁露、长城干白葡萄酒深受消费者欢迎,并取得较好社会和经济效益。湖南省溆浦县先后建成县办、乡办林果加工厂60多个,经济林加工种类达89个,年加工产值9000多万元,创利税1100万元。江苏省泰兴市充分利用银杏资源,大搞银杏果、叶的开发利用,现已建成银杏果叶加工企业11家,开发出医药、饮料等4大类40多个品种,1995年该市银杏综合加工产值达3亿元,占全市林业总产值的90%,占农业总产值的40%。

目前,随着我国林业产业体系建设的逐步完善和不断发展,全国经济林建设的前景非常广阔。按照"九五"期间我国经济林建设规划目标,到2000年将在全国建设十大经济林开发区、100个经济林示范点、500个名特优经济林基地县,使全国经济林总面积达到2330万公顷,并建设一批深加工龙头企业和外向型创汇基地,争取使全国果品加工和贮藏能力分别占同期产量的11.2%和15%。为了实现上述目标,要按照"优化结构、稳定发展、提高质量、增加效益"的指导思想,进一步加强对经济林的宏观管理和行业指导,统筹规划,合理布局,根据不同区域的优势,确定不同经济林发展方向;要积极调整经济林产品和产业结构,增加名特优新品种比重;要大力推广实用科学技术,提高产品的档次和质量,增强市场竞争能力,实现经济增长方式的根本性转变;要加强科技队伍和社会化服务体系建设,并给予必要的扶持,确保全国经济林建设沿着持续、快速和健康方向发展。

(执笔人:樊喜斌)

十一、薪 炭 林 建 设

《中华人民共和国森林法》规定,薪炭林是我国森林的五大林种之一,是"以生产燃料为主要目的的林木",具有森林的多种效益。发展薪炭林,建设森林能源基地,是从根本上解决农村燃料不足、林木过度樵采、保护森林和林草植被的重要措施;薪炭林适应性强,可充分利用各种宜林地,加快造林灭荒和国土绿化;发展薪炭林,改善森林林种和树种结构,提高森林适应农村人口众多的需求和其抗御自然灾害的能力;薪炭林就地取柴,改变群众乱樵滥采的传统习惯,解除群众打柴奔波之苦,解放大批打柴工;薪炭林综合开发利用,提供多种产品,供应社会需要,并增加社会就业机会和经济收益;薪炭林以萌芽力强的阔叶树种为主,一次造林,多次采薪,一般为丛状生长,郁闭度高,地被物厚,具有优良的生态效益;薪炭林是再生生物能源资源,是国际社会公认的洁净能源,是国内外倡导发展的能源资源。

(一)薪炭林建设发展概况

我国经营薪炭林有悠久的历史,新中国成立前,我国各地特别是南方丘陵山区农村生活、生产用燃料主要是依靠薪炭林。广西壮族自治区梧州市100多年前就经营薪炭林,除群众自用外,在当地还形成了柴炭市场,并由西江航运销往香港等地。新中国成立后,人口增加较快,农村燃料趋于紧张。1958年9月,全国第三次水土保持会议上就提出:"在大规模营造用材林、水土保持林、经济林的同时,对缺乏薪柴的地区,应提倡封山育林和营造速生薪炭林。"然而,薪炭林并未列入全国造林计划。在人民公社化时期,粮柴都由集体掌管,从生产队分配,农民的燃料越来越短缺,丘陵山区有的社队开始营造薪炭林,解决群众的生活急需。北京市的密云县，河北省的承德县等就是六七十年代发展薪炭林的代表。这一时期的特点是：农村燃料不足，社队自谋出路，自发发展，自力更生，规模较小，但取得了实效，找到了解决燃料问题的路子。

到70年代末，农村燃料更加匮乏，全国农村生活燃料缺20%以上，有些地方一年缺柴三四个月，甚至半年，一天只烧1或2顿饭；北方地区农民缺柴取暖，墙上一层霜，缸里一层冰。农民到处搜集一切可燃之物，乱樵滥采，挖草根，刨树兜，全国薪材消耗量超过合理提供量的1倍以上，林木破坏，生态恶化，水土流失和沙化土地面积扩大，到了非解决不可的地步。中央十分关心和重视农村能源问题。中央对农村能源工作作了很多指示。1980年3月5日，中共中央、国务院发布的《关于大力开展植树造林的指示》指出，在烧柴困难的地方，积极发展薪炭林。1981年3月8日，中共中央、国务院发布的《关于保护森林发展林业若干问题的决定》又指出，“在烧柴困难的地方，要把发展薪炭林作为植树造林的首要任务，划定地段，组织社队、社员，以及机关、部队、厂矿、学校、农牧场等单位，积极营造，谁造归谁所有。”

林业部认真贯彻上述中央的指示和决定，制定了全国发展薪炭林规划，从1981年起把发展薪炭林列入全国造林计划和造林统计项目，而后又被国家计委列入国家农村能源发展项目。

（二）薪炭林建设发展成就

据1973～1976年第一次全国森林资源清查，全国薪炭林面积367万公顷；1977～1981年第二次全国森林资源清查，全国薪炭林面积369万公顷，比上次清查仅多了2万公顷。1980年以前的薪炭林基本上都是天然次生林和人工残次林，人工营造的薪炭林较少。

1981年以来，全国累计营造薪炭林536万公顷，其中“六五”时期205万公顷、“七五”时期186万公顷、“八五”时期103.5万公顷。1996～1998年41.5万公顷。1984～1988年第三次全国森林资源清查结果，薪炭林面积为444万公顷。比上次清查结果猛增75万公顷。

现在，全国森林资源清查对薪炭林的评价标准仍以森林定义和林木检尺来确定。因此现在的薪炭林资源都是乔木型的，灌木树种和乔木树种灌木型经营的薪炭林未进入全国薪炭林资源。1981年以来发展的薪炭林大部分属于这类薪炭林。短轮伐期矮林经营是当今国际上薪炭林的主要经营模式。

1981年以来发展薪炭林，以建立基地为目标，有组织、有计划地发展，规模较大，相对集中连片，形成了薪炭林基地。根据薪炭林有关标准测算，1981年以来全国发展的薪炭林，年薪材生长量2500万～3000万吨，对缓解当地农村燃料困难起了重要的作用，减轻了对森林的压力，全国农村能源性消耗森林蓄积量1993年比1988年减少了1841万立方米。全国涌现出一大批发展薪炭林的先进典型县，同时推动了薪炭林营造林技术进步。

（三）发展薪炭林主要做法

1. 加强宣传，提高认识，积极引导，促进薪炭林持续发展

新中国成立前30年，薪炭林是造林中被遗忘的角落。思想上没认识，工作上没位置，计划上没盘子；发展薪炭林在林业主管部门认识上、营造林技术上都缺乏基础。人们头脑中“有林就有柴”的传统观念是全国发展薪炭林的最大障碍。

发展薪炭林，首要的是解决思想认识问题。1981年林业部把发展薪炭林列入全国造林计划和造林统计项目，从而在工作上、计划上确定了薪炭林发展的位置。

1985年，林业部造林司组织各省（区、市）进行全国农村消耗薪材量调查，全国农村年耗薪材量28 730万吨，为当时年合理提供量的2倍多。这次调查结果，使各省（区、市）清楚地认识到本省农村消耗薪材情况与林木过量樵采情况，引起了解决薪材短缺的思考。

1986年9月，林业部造林司在北京市密云县召开了第一次全国薪炭林工作座谈会，交流了发展薪炭林的认识与情况，并参观了密云县薪炭林现场，研究了发展薪炭林的措施。这次会议，与会代表感到耳目一新，明确认识到我国加快发展薪炭林的重要性、紧迫性。对全国薪炭林的发展产生了重大影响。1989年9月在河南省泌阳县召开了全国营造薪炭林试点座谈会，参观了泌阳县薪炭林试点造林现场。1990年在内蒙古呼和浩特市召开了“三北”地区薪炭林现场经验交流会，参观了和林格尔县薪炭林现场。“八五”时期我国建立社会主义市场经济体制，在新形势下，由于措施没有跟上去，全国薪炭林造林出现滑坡。1995年9月，林业部造林司在河南省泌阳县召开全国薪炭林现场经验交流会议，总结新经验，研究新情况，提出新措施。通过会议和其他形式有效地进行宣传，交流经验，提高认识，推动了全国薪炭林营造地持续发展。

2. 开展营造薪炭林试点，推动全国薪炭林建设工作

抓点带面是我们的基本工作方法。从1985年起，在财政部和国家计委专项资金支持下，在全国开展营造薪炭林试点。到“七五”期末试点县达到50个，取得了很好的成效。为在全国增加试点县密度，发挥辐射带动作用，“八五”期间，林业部每年安排50万元林业基本建设资金，新增加50个试点县，全国薪炭林试点县达到100个，除上海市外，全国29个省(区、市)都有薪炭林试点县。

开展营造薪炭林试点，省、地(市)和试点县林业主管部门的领导、有关工作人员都参与营造薪炭林试点工作，试点乡镇、村干部、广大群众投入到试点造林，一大批各级领导和群众投入到营造薪炭林工作，增加了对薪炭林的了解和发展薪炭林的认识以及组织发展薪炭林的经验，成为营造薪炭林工作的推动者。在各级林业主管部门的指导下，薪炭林试点造林与营林生产采用了先进生产技术，增加了科技含量，形成了一大批规范营林的薪炭林先进典型。如北京市密云县，河北省行唐县，内蒙古和林格尔县，辽宁省喀左县、兴城市，吉林省集安市，黑龙江省拜泉、明水县，浙江省富阳县，福建省霞浦县，河南省泌阳、桐柏县，湖北省广水市、秭归县，湖南省衡南县，广东省阳江市，广西武宣县，四川省阆中、蓬溪县，云南省大姚县、玉溪市，陕西省商南县、定边县，甘肃省泾川县，青海省乐都县，宁夏彭阳县等，还有较早发展起来的河北省承德县、辽宁省建平县、广西梧州市郊等。典型最有说服力。各省(区、市)利用自己的典型召开现场会，组织参观学习，推动了薪炭林工作的开展与薪炭林发展。

3. 各级政府重视，把发展薪炭林当作关心群众生活的大事来抓

各地对中央“在烧柴困难的地方，要把发展薪炭林作为植树造林的首要任务”的指示非常重视，认真贯彻。1980年黑龙江省政府发出《关于切实抓好营造薪炭林工作的通知》，要求坚决划一部分荒地给社员营造薪炭林，一般每户0.2公顷左右，土地多的地方还可以多划一些。1981年省委、省政府又提出“山区、半山区社队，从划给社队的宜林荒山荒地中，划给每户三至五亩自留山营造经济林或薪炭林；平原地区社队，每户划给三亩左右的土地营造薪炭林。各县政府积极贯彻，像土改时分土地那样，丈量土地，立牌标名，分到农户，登记造册，建立档案。”全省给227万农户划30.5万多公顷土地，“七五”计划中期就造上了林。甘肃、内蒙古等省(区)政府也先后作出发展薪炭林的决定和部署。各薪炭林试点县都成立了由县政府领导挂帅有关部门负责人参加组成的领导小组，领导组织薪炭林造林工作。

4. 依托防护林体系工程发展薪炭林

农村燃料短缺，群众到处乱樵滥采是造成林草植被破坏、水土流失和荒漠化土地面积扩大、生态环境恶化的主要原因。各防护林体系工程建设在规划中都把发展薪炭林作为重要的造林内容，以解决群众的燃料问题，巩固工程建设成果。“三北”防护林体系建设工程规划薪炭林占6.5%(限于当时对农村用能与植被生态关系的认识，这个比例偏低)，后启动实施的长江中上游防护林体系建设工程规划薪炭林8.4%，沿海防护林体系建设工程规划薪炭林占13.7%。各地在工程建设实施中，根据农村能源状况，在造林施工设计时薪炭林的比例又有增减。1991年，“三北”防护林体系建设工程、长江中上游防护林体系建设工程和沿海防护林体系建设工程营造薪炭林分别占当年工程完成造林面积的9.5%、8.5%和11.7%，三大工程合计营造薪炭林20万公顷，占当年全国完成薪炭林造林的2/3。

5. 科技兴林，规范经营

薪炭林以生产燃料为主要目的，以高产生物量(能源)为主要目标。为此，从我国有计划发展薪炭林以来，全国上下林业主管部门、科研单位和关心薪炭林事业的各方面都在积极研究、总结经验、引进薪炭林先进生产技术，不断探索我国薪炭林营林生产技术规范。中国林业科学研究院林业研究所成立了薪炭林研究组，联系13个部、省、地级科研院所组成科研协作组，承担了“六五”、“七五”国家科技攻关薪炭林课题，在全国按气候带和地貌类型区建立了科研网。另外还有众多省地级科研单位与大专院校也开展了薪炭林的研究，到80年代末，全国薪炭林科研取得丰硕成果，为各地区筛选出上百个较好的薪炭林树种。生产上总结出薪炭林丰产技术要点，即优良薪炭林树种、合理密植、高标准整地、良种壮苗、保证造林质量；科学确定采薪周期、时间、伐根高度和采伐质量；短轮伐期平茬采薪；采薪后封禁更新，严禁牲畜进入及有碍更新的人为活动。从根本上改变了传统砍柴不分季节、砍大留小、砍好留次、只利用不经营、生产能力不断下降的旧模式。

经过长期的调查研究，总结出不同地域、不同树种的薪炭林五种经营类型，即短轮伐期平茬采薪经营型、材薪经营型、薪草经营型、薪经(济)经营型、头木育薪经营型。改变了过去单一的模式，拓宽了发展领域，提高了效益。

6. 造、封、改、转多途径发展，综合开发利用，提高效益

"八五"时期以来，全国发展薪炭林，大部分地区由过去主要是荒山荒地人工造林，逐步走向造、封、改、转多途径发展。"三北"、中西部地区宜林荒山荒地较多的地方，主要还是荒山人工造林为主；基本实现造林灭荒省，他们是多途径发展并举。浙江省疏林地封山育林，砍柴留树，乔矮林结合，材薪型经营；江西省玉山县，松树疏林，补植麻栎、小叶栎等；湖北省通城县马尾松残次林补植刺槐，改造为薪炭林；安徽省实行封育发展薪炭林；辽宁省兴城、喀左，河北省行唐县将立地条件差、生长衰败的刺槐用材林、防护林平茬或挖兜更新，转为薪炭林经营。多途径加快了薪炭林发展，提高了林地生产效益。

薪炭林的多种效益得到开发，如桉叶提取桉叶油，刺槐、沙棘、山杏等薪炭林的发展，扩大了优良蜜源，果核种子得到利用，群众增收；黑龙江省利用灌木柳薪炭林细条建条编厂百余个，产品出口创汇几百万美元；河北省承德县利用刺槐薪炭林小料建柄把加工厂170个，年产值2000多万元，还提供近2000人的就业机会。

为了尽快改变全国薪材供不应求的严重局面，改善薪炭林在森林结构中偏低的状况，提高我国森林适应社会需求和抗御自然灾害的能力，1995年全国薪炭林现场经验交流会议上提出了"森林能源工程"建设的新思路。经部领导研究决定，1996年林业部制定了《全国森林能源工程"九五"实施计划》。

"森林能源工程"建设的指导思想是：根据"因地制宜、多能互补、综合利用、讲求效益"和"开发与节约并重"的国家农村能源建设方针及全国薪材，供不应求的状况，在加快植树造林和发展森林资源步伐的同时，增加薪炭林的造林比例，扩大薪材资源，实现全国薪材供求基本平衡，保护森林资源，改善生态环境，促进农村经济发展和社会全面进步。

"森林能源工程"建设任务与奋斗目标是："根据我国国民经济发展和农村能源需求状况，用20年左右时间，在我国严重缺柴的地方植树造林，增加薪炭林面积1200万公顷，建立起布局科学、结构合理的森林结构。"根据《中国21世纪议程林业行动计划》和《全国林业"九五"计划和2010年远景目标》，整个工程分三期进行：1996～2000年为一期工程；2000～2010年为二期工程；2010年以后为三期工程。一期工程，即《全国森林能源工程"九五"实施计划》，发展薪炭林300万公顷，每年60万公顷，林业部在全国选择100个县作为一期工程的重点工程，以示范带动工程建设全面实施。其建设任务33.3万公顷，由部里安排一定的造林补助费扶持。

(执笔人：郭怀让)

十二、竹林培育与竹产业

竹子是森林资源的重要组成部分。世界上竹子大约有70多属1200多种，广泛分布在亚太、非洲、南美洲等地区。我国共有40多属400多种，是世界上竹类资源最丰富的国家，竹子种类、竹林面积和蓄积量均居世界之冠，素有"竹子王国"之称。新中国成立以后，党和政府就把大力发展竹林生产，开发竹子综合加工利用，兴建丰产笋园，作为加速山区经济繁荣、丰富人民物质生活的大事来抓。经过50年的努力，竹产业已成为发展林业产业的重要组成部分，对促进山区经济的发展起了积极作用。

(一)我国竹业发展的历程与现状

1. 我国竹业发展的历程

1950年3月，林垦部向全国发布的第一个《春季造林指示》中，就将竹子列为主要造林树种，鼓励大量培植。1956年6月，国务院还专门发出《关于保护和发展竹林的通知》，要求各级政府采取有效措施，保护、发展竹林，扩大竹林资源。1962年在江苏省召开全国竹子生产会议，研究生产问题，部署基地建设，探讨丰产模式；同时抓紧与财经部门商洽争取国家投资。1963年7月，经国务院批准，由财政部、林业部和中国人民银行发出通知，决定“垦复竹子所必需的生产资金，可以从长期农业贷款中适当解决”。

进入90年代以来，林业部把竹业工作作为一项重要工作来抓，1990年6月，林业部召开部办公会议，专门研究竹子问题，并确定将竹林资源开发利用作为林业建设的一项重要内容，列为林业部业务工作的重点之一。11月，在广西南宁市召开了竹子工作座谈会，提出了加强竹林经营管理和开发利用的对策性意见。1991年在杭州市召开全国竹业工作会议，会议提出了竹业发展的指导方针：“统一规划、合理布局，强化管理、发展资源，广开门路、加工利用，开拓市场、提高效益，依靠科技、振兴竹业”。自1991年全国竹业工作会议以来，各地全面贯彻落实会议精神，丰产竹林基地面积不断扩大，竹加工及综合利用程度进一步加深，销售渠道逐步拓宽。竹子已突破传统的利用领域，在建筑、造纸、轻工、食品、家具、包装、运输等行业中广泛应用。1997年林业部在浙江省安吉县又召开全国竹业工作现场经验交流会，提出了今后一个时期内竹业发展的总目标及方针，并着手制定《全国竹业“九五”计划和2010年发展规划》，以指导和规范全国竹业工作的发展。

2. 我国竹业发展的现状

根据全国第四次森林资源清查的结果，现有竹林面积379.08万公顷(其中毛竹面积达260.23万公顷，近50亿株；杂竹面积118.85万公顷，近38亿株)。竹林面积第四次资源清查与第三次资源清查相比增加25.7万公顷，每年以5.1万公顷的速度递增，其中，毛竹5年增加7.6万公顷。

在我国，竹子主要分布在江苏、浙江、安徽、福建、江西、河南、湖北、湖南、广东、广西、海南、四川、重庆、贵州、云南、陕西等省(区、市)，是我国南方林业中的一个优势，竹林面积超过30万公顷的省有福建、江西、浙江、湖南、广东、四川，其中福建达68万公顷，是我国竹林第一大省。

我国目前年产竹材近4亿根，竹笋产量达160多万吨，竹业总产值达到120亿元，其中加工产值已达64亿元，加工产值所占的比重已由“七五”期间的37.5%增长到53.3%，竹子的附加值进一步提高。产品已广泛出口到东南亚、日本及美国等地，年创汇达4亿美元。

(二)我国竹业发展的主要特点

1. 加大开发力度，竹业发展已成为高效林业建设的重要内容

不少地方把竹业定为当地农村经济发展的优势产业、支柱产业，竹业开发被列入竹产区各级领导的重要议事日程。发展竹业成为调整林种、树种结构，发展“两高一优”林业的突破口。福建省委、省政府把竹业列为全省五大支柱产业之一，规划到2000年，全省竹林面积发展到86.7万公顷，目前全省已完成40万公顷低产竹林改造，建成20万公顷丰产竹林基地，竹业年总产值达30亿元，其中出口创汇1亿美元。

2. 建立丰产竹林示范县，推动竹林经营水平的集约化

我国虽然有丰富的竹林资源，但总体质量不高，一般经营和粗放经营的竹林占60%以上。为充分发挥我国丰富的竹林资源优势，探索一条规范管理丰产竹林培育的路子，1995年以来，林业部先后选择江苏省宜兴县、浙江省安吉县、福建省建瓯市和三明市三元区、江西省奉新县、湖北省崇阳和通山县、湖南省会同县、广西壮族自治区兴安县、广东省南雄县为全国丰产竹林培育示范基地县；1996年3月林业部又命名福建省建瓯和顺昌市、浙江省安吉和临安县、江西省宜丰和崇义县、广东省广宁县、湖南省桃江县、安徽省广德县、贵州省赤水市为“中国竹子之

乡”。竹林培育示范基地建立和“中国竹子之乡”的命名，为优化林种树种和产业结构，全面提高竹林经营管理水平和综合效益，将起到巨大的推动作用。

3. 增加科技含量，实现科技兴竹

为提高竹林的生产经营水平，各地把现有的科研成果应用于生产实践，使其迅速转化成生产力；另一方面制定管理办法、技术指标严格管理，使竹业的发展走上了规范化、制度化的轨道。湖南省1995年正式颁布了《湖南省竹林改造和新造工程建设管理办法》、《湖南省低产竹林改造和新造竹林检查验收管理办法》(以下简称《办法》)，1996年开始全面实施并组织各低产竹林改造基地办班学习，严格按两个《办法》管理，按设计施工，按规程验收，使低产竹林改造效果成倍提高。福建省近两年省、地、县三级举办培训班达300多期，培训人员3600多人次；为选育优良的无性系竹种，省林业厅还与加拿大国际发展研究中心合作开展优良丛生竹无性系选育试验，筛选最佳竹种。同时，南京林业大学的竹胶合板技术及中南林学院竹片层积材生产技术处于国内领先水平，这些技术的广泛应用，产生了良好的经济效益。

4. 重视产品开发，竹子加工利用的产业链已初步形成

近年来，各地把竹子资源优势转变为商品优势、经济优势，形成了“山上建基地、山下搞加工、山外抓市场、科技创高效”的产供销一条龙、贸工竹一体化、林科教相结合的竹产业发展新格局。浙江省大力发展竹品加工业，全省竹加工企业已达2000家，有20个系列2000个品种的竹产品畅销全国，有的已打入国际市场，竹业年产值达30多亿元，出口创汇8000多万美元。浙江省安吉县实施贸工林和外向型发展战略，不断开拓国内外市场，通过产品开发带动全县竹业发展。江西省宜丰县瞄准国际市场开发创汇产品，抓住国内市场开发对路产品，综合加工利用开发系列产品，提高竹产品附加值，春笋加工成罐头后每吨增值1100～5000元，竹子综合加工利用后每根竹增值70元左右，竹材加工利用率达95%左右。

5. 以竹文化为依托的旅游业成为竹产区的新兴产业

竹子四季长青，姿态优雅，具有很高的观赏价值，在绿化环境中有独特的作用，是中国传统的园林植物。岁寒三友松、竹、梅，园林四贤梅、兰、竹、菊，都有竹子。宋代大文学家苏东坡曾说：“宁可食无肉，不可居无竹”。由此可见，竹子具有很高的观赏价值。开发以竹文化为依托的旅游业，对于陶冶情操、丰富人们的文化生活具有十分重要的意义。湖南省桃江县利用丰富的竹子资源，大力拓展以竹文化为主题的森林旅游业，已建成了一个省级森林公园和一个县级森林公园，已经投入以竹为主题的建设项目资金5000多万元，近几年年接待游客达23万人次，收入达820万元。

竹业的发展虽然取得了巨大的成就，但也存在着一些问题，一是资金短缺，制约竹业的发展。二是缺乏对加工企业的宏观指导，很难形成具有明显市场优势的拳头产品。三是地区之间差异较大，经营水平有待提高，竹子的潜力还没有充分发挥。四是有些地方管理体制没有理顺，培育、生产、销售相脱节。

(三)我国竹业发展的目标及趋势

1. 我国竹业发展的方针和目标

竹业发展的指导方针是，按照建立社会主义市场经济体制的要求，以竹林资源培育为基础，以低产竹林改造为重点，以先进科技为先导，以市场需求为导向，以竹产品开发利用为龙头，以提高综合效益为目标，努力开拓国内外市场，逐步建成适应国民经济和社会发展需求的竹工贸一体化、产供销一条龙的现代化竹产业体系。

我国竹业的发展要在切实保护好现有资源的基础上，着力抓好新竹资源的培育，努力加快竹加工业的发展，在综合开发利用上要有新的突破。到2000年，在126个县的范围内重点建设定向培育的竹林基地14大片，新造、改造193万公顷。到2010年，毛竹年产量由现在的4亿根增加到8亿根，杂竹年产量由现在的1200万吨增加到2400万吨；鲜笋年产量由现在的160万吨增加到320万吨；竹业年产值由120亿元增加到240亿元，年出口创汇力争由4亿美元增加到8亿美元，分别在现在的基础上翻一番。

2. 我国竹业发展的趋势

一是低产竹林改造是竹林培育的重点。各地都把低产竹林的改造，作为竹林培育的重点，走挖潜内涵的路子，不断提高竹林经营水平，发挥竹林潜力。

湖南省“七五”期间，全省55.3万公顷中三类林占70%，胸径8厘米以下的占了70%，平均每亩立竹不足105根。根据这个现状，湖南省加大低产竹林改造力度，5年改造低产林8.6万多公顷，全省立竹平均每亩上升到133根，蓄积由原来8亿多根增加到现在的13亿多根，胸径增大1厘米，竹林质量有了较大的提高。

二是竹产业国际化是今后发展的走向。我国竹林面积和蓄积及年产竹材量均占世界1/3左右，但竹产品贸易额仅占世界竹产品总贸易额的3%，和我国竹子大国的地位极不相称。因此加强国际合作势在必行，认真研究国际市场，及时掌握信息，做到有的放矢，挖掘潜力，不断扩大我国在世界贸易中所占的份额。1997年10月，国际竹藤组织成立，并把总部设在中国。这给我国竹业的发展带来了契机，我们应当充分利用这个有利条件，发挥我国竹资源优势和技术优势，在竹业的研究与发展方面，加强同世界各国、国际组织的交流合作，大力发展我国竹产业，全面提高我国竹业生产的集约化、规模化、国际化水平。加强我国竹产业与国外财团和企业的高层次合作，使产品全面打入国际市场，实现从“资源大国向贸易强国”的转变。

三是集团化经营是竹产业发展的必由之路。“九五”期间是我国竹产业大发展，并与国际接轨的关键时期。我国竹产业的发展应摆脱小型、分散、粗放经营、效益低下的局面，走集约化、规模化、国际化发展的道路。这是我国竹产业在激烈的市场竞争中立于不败之地的需要，也是政府通过市场机制进一步推进竹产业发展的需要。因此，我国竹产业从适应大市场的需要出发，择优扶强，率先组织一批单位实现集团化的企业联合。将分散的部门、区域经营转变为跨行业、跨地区、跨部门，科工贸一体化的企业集团。实现小企业与大市场、小区域与大经济的对接，集小为大，集弱为强，扶持和培育我国竹产业发展的规模效益，将是我国竹业发展的必由之路。

四是多竹种并举是竹业发展的必然。我国竹子种类有400多种，但真正开发利用、具有经济效益的仅有10种左右，大部分还处在自生自灭的状态，因此竹种开发潜力巨大。在竹种开发利用过程中，各地积极开发具有区域特色的乡土经济竹种，形成多竹种并举、各有特色的产业优势。

五是高附加值产品将成为市场的主导。竹材利用逐渐由原来单一卖原竹、粗加工向深加工方向发展，产品从单一性向多系列性、从低附加值向高附加值、从简单商品到优质出口创汇商品发展，形成具有一定规模和经济效益的竹材加工工业。

（执笔人：许传德）

十三、林业现代企业制度建设

（一）林业企业发展概况

我国的林业企业是在森林工业建设的基础上发展起来的。1952年12月31日，政务院财经委决定由林业部统一领导全国国营木材生产和木材管理工作。1952年森林工业总产值占全国工业总产值比重的6.5%，占全国重工业比重的18.3%，为当时的利润上缴行业大户。至1962年，共建立林业工业企业（全民所有制）967户，其中森林采运企业774户、木材加工企业74户、林产化工企业78户、林业机械制造及修理企业33户、其他企业8户；职工总数从1950年2.07万人增加到1962年的66.59万人；至1978年，林业工业企业户数达2106户，其中森林采运企业1641户，木材加工企业231户，林产化工企业119户，林业机械制造及修理企业85户，其他企业30户，职工总数118.73万人。

自1978年党的十一届三中全会以来，林业企业得到了极大的发展。根据1996年第三次全国工业普查资料，一是企业数量迅速增加，林业工业企业户数从1978年2106户增加到1995年的5642户；二是森林工业以外的多种经营得到大力发展。1995年非林非木采掘企业达100户、制造企业872户、社会服务企业583户、建筑业134户；三是经济效益显著提高，工业产值由1978年的77.4亿元增加到1995年的341.4亿元(没有扣除物价因素)。林业系统所属工业企业中的从业人员共164万人。

林业系统所属企业主要分布在我国东北、东南、中南和西南等地区。企业数较多的省为：黑龙江省730个，江西省574个，福建省527个，四川省477个，浙江省330个，湖南省325个，广西壮族自治区312个，广东省298个。从业职工主要集中在黑龙江省78万人、吉林省29万人、内蒙古自治区20.6万人。

国有林业企业主要集中在国有林区，包括东北、内蒙古国有林区，西南(云南、四川、西藏)国有林区，西北(甘肃、陕西、新疆)国有林区。国有林区森工企业经营面积、林木蓄积分别占全国林业用地面积和林木蓄积的16%和27%，森林覆盖率达60.2%。现国有林区森工企业职工人数137万人，占林区总人口365万人的38%。

截至1996年底，国有林区建成包括森林采伐、木材加工、林产化工、林业机械、建材、电力、建筑施工、运输和多种经营等不同类型的森工企业608户(其中国有森工局135户)。其中东北、内蒙古国有林区森工企业184户，国家预算内投资108.6亿元，形成固定资产原值220亿元，净值161.5亿元，累计为国家提供商品材8.8亿立方米，上缴利税168.5亿元。

党的十一届三中全会以来，党中央、国务院高度重视国有林区的建设，采取了实行年森林采伐限额制度、减少木材上调量、调整木材价格、增加育林基金提取比例、增加森工多种经营贴息贷款、减免部分产品税收、增加林业投入等一系列扶持政策，促进国有森工企业的发展。有关省(区)各级党委和政府也从各个方面支持森工企业的建设和发展，将森工企业的建设同发展地方经济、增加职工群众收入、改善生态环境相结合，在深化森工企业改革、扩大对外开放、加快森林培育、加强资源保护、强化企业管理和发展林业产业等方面取得了显著成效。

但是，由于对森工企业长期实行过度的重取轻予政策，忍痛过量集中采伐，致使我国近代本来就稀少的可采森林资源越采越少，从80年代中期就出现了国有林区“资源危机、经济危困”的“两危”局面。在当前国民经济和社会快速发展及经济体制转轨的新形势下，问题变得更加突出。

(二)1978年前林业企业经济管理体制

改革开放前，我国对森工企业等林业企业基本上采取集权型管理体制。1949年以后，国家对过去的森林工业经济体制进行了根本性的改造，逐步建立了以全民所有制和劳动群众集体所有制为主要形式的社会主义经济制度。国家利用行政手段实行高度集中统一的计划经济的管理体制，即实行集中统一的指令性计划，财务上统收统支，劳动工资上统包统配，产品管理上统购统销。这种体制对建立比较完整的森林工业体系起到了积极作用，为当时处境极为困难的新中国的原始积累、工业化建设作出了巨大贡献。这种企业管理体制是在当时的政治、经济条件下的明智选择，但由于“大跃进”、“文革”等政治运动的影响，这种企业管理体制曾一度受到扭曲，给森工企业发展带来了一定的影响。同时，随着企业外部环境的历史性变化，这种管理体制集权过多、统得过死、缺乏活力。

(三)1978～1992年林业企业经济管理体制和企业改革

党的十一届三中全会以来的经济体制改革，使我国森工企业及其他林业企业的经济管理体制发生了重大变化。在国家进行所有权和经营权适当分离的情况下，森工企业自主权有所扩大，逐步向商品生产者和经营者转变。政府对森工企业等林业企业的管理逐步转向以经济手段为主的间接控制方式。

在计划管理体制方面，指令性计划范围逐步缩小，只保留原木上调量和人工造林面积两项指标，其余均采用指导性计划或市场调节；在企业内部财务管理方面，森工资金按企业财务管理，实行经济核算制，营林资金按事业财务管理。企业的利润分配先后实行了企业基金制度、利润留成制度、利改税制度；在劳动工资体制方面，由“统包统配”逐步向择优录用、自谋职业的就业制度转变。由固定工为主体逐步向合同工、临时工、固定工等多种形式的用工制度转变；在产品管理体制方面，市场机制得到一定的发挥，统购统销产品范围逐渐缩小，议购议销产品范围逐步扩大。

这段时期的企业改革是在所有权与经营权适当分离的前提下，围绕着放权让利的思路进行的。这种企业改革使企业有了一定的活力，但却存在着一统就死、一放就乱的问题，国有资产得不到保值增值。

在这一阶段，南方集体林区对林业股份制也进行了不断的探索和试验，如福建省的三明市和湖南省的怀化地区。林业股份制产生的雏形有二：一是本着保持森林资源的完整性的宗旨，同时又照顾到农民追求利益的要求，将山林以价值形态折成股份，分到农民手中，每年年终农民可按照股份分到红利。二是荒山承包引发的林业股份制，将集体的山地折成股份，分给所有的村民，包括承包者在内；将承包者造的林也折价成股份，归承包者所有；全体村民共同经营这片林子，并按照每个人投入的劳力、资金和其他物资的多少，再折成股份归属投资投劳者。

结合对林业企业的改革，加强林业企业行业管理的工作也同步进行，"六五"期间，为建立企业规章制度，恢复企业正常生产秩序，主要对林业企业进行了企业整顿工作；"八五"期间，林业企业根据国务院《关于加强工业企业管理若干问题的决定》，围绕着提高产品质量、降低物资消耗、增加经济效益、实现安全生产，以赶超国内、国际先进水平为目标，广泛开展了"抓管理、上等级、全面提高素质"的活动。经过5年的努力，林业企业先后有1家企业达到国家一级企业标准，64家企业达到国家二级企业标准。并带动全行业企业的经营管理水平的提高。

（四）十四大以来林业企业现代企业制度建设

1992年，党的十四大提出我国要建立社会主义市场经济体制。在此之前，企业改革先后采取了利润提成、两步利改税、承包制等放权让利的改革思路。但是，这些改革并没有触及到企业制度本身，所有权与经营权一直未能分开，致使政企不分、权责不明。党的十四届三中全会通过的《关于建立社会主义市场经济体制若干问题的决定》提出了要建立"产权明晰、权责明确、政企分开、管理科学"的现代企业制度，党的十五大又明确提出到20世纪末使大多数国有大中型企业建立现代企业制度，这为林业企业改革确立了目标。为使传统计划经济体制下的国有企业适应社会主义市场经济，建立现代企业制度，中央提出了"抓大放小"、"改革、改组、改造和加强管理"、"鼓励兼并、规范破产、下岗分流、减员增效和再就业工程"的实施措施。

近年来，在中央的指导下、在有关部门的支持和配合下，林业企业改革取得了很大进展，为在本世纪末实现大多数国有大中型林业企业建立现代企业制度奠定了基础。

一是按照国家"抓大放小"的方针，在东北、内蒙古组建了四户森林工业企业集团，即中国龙江森林工业（集团）总公司、中国吉林森林工业（集团）总公司、大兴安岭林业集团公司、中国内蒙古森林工业集团有限责任公司。这四户森林工业企业集团是国家试点企业集团（全国共有120家）。几年来，按国家关于试点企业集团的有关要求进行了集团规范运作试点，并取得了一定的成绩。在放小方面，各地采取"精干主线、剥离辅线"的策略，加强了林场的森林资源经营工作，用改组、联合、兼并、租赁、承包经营和股份合作制等形式放开搞活木材加工厂等林场"辅线"小企业和其他小企业。

二是进行了现代企业制度试点。1996年，中国福马林业机械集团有限公司被列为国家首批100家现代企业制度试点单位。至1997年底，中国福马林业机械集团已完成了母公司由行政公司向经济实体的转变，进一步理顺母子公司职责，规范母子公司运作，确保法人治理结构的正常运转。对子公司的股份制改革也比较顺利，1996年常州林业机械厂完成股份制改造，于1996年5月30日上市，募集资金1.8亿元；1997年8月，常林股份进行了配股，募集资金1.15亿元。1997年7月，泰州林业机械厂完成股份制改造，林海股份在上交所正式上市，募集资金2.36亿元。截至1998年，苏州林业机械厂正在加紧进行股份制改造，积极进行上市准备工作。全国有8个省（区）15户林业企业参加各省（市）的地方现代企业制度试点。

三是在"三改一加强"方面树立了先进典型。吉林省湾沟林业局1958年建局，属于人多、地少、包袱重的"小老穷"森工局。1990年开始亏损，到1993年累计亏损5480万元，各种债务7000万元，拖欠职工5个月的工资。1994年吉林省湾沟林业局果断地通过“三改一加强”的办法，当年就扼制经济下滑的势头，1995 年扭转了连续 5 年亏损的局面，1996 年实现利润 19.5 万元，已有 10 个基层单位实现职工人均年工资达 6000 元的目标，职工安置率达 91.5%。

四是在“下岗分流、减员增效、实施再就业工程”方面有了突破性进展。林业企业近年来涌现了以黑龙江省铁力林业局为代表的“下岗分流、减员增效、实施再就业工程”的典型。黑龙江省铁力林业局 1947 年建局，从 80 年代中期开始出现“两危”局面，截至 1996 年，企业累计亏损 1 亿元，负债 3 亿元，其中拖欠职工工资 5000 万元，是全国森工系统出名的“大老穷”企业。1995 年起开始实施“一改二管三分”战略，即坚持改革，管住资源、管住资金，分流人员、搞活分配、分散突围。经过近两年的努力，企业亏损逐年下降，1995 年、1996 年分别比上年减亏 189.5 万元和 364 万元，1997 年所有职工实现月月开满支。

五是南方集体林区林业企业制度创新成绩斐然。南方集体林区林业股份制和股份合作制已有基本成形的做法，为集体林区林业企业化经营、产业化发展打下了基础。福建省永安林业(集团)股份有限公司于 1993 年完成改制工作，是全国林业系统首家综合性规范化股份有限公司。该公司于 1996 年上市发行 A 种股票，是我国首家以森林资源性资产上市的林业企业，公司上市场两年来，业绩良好。

50 年来，林业企业在党和政府的领导下，自立更生，艰苦创业，为国家建设和林业事业的发展作出了巨大贡献。党的十五大为林业企业的改革和发展带来了新的契机，只要林业企业按照党的十五大精神，深化企业改革，加强企业管理，努力适应社会主义市场经济发展的要求，就能在市场中求得生存和发展，大多数林业大中型国有企业就有可能在 2000 年前建立现代企业制度，实现扭亏为盈。

(执笔人：宋劲松)

十四、林业大型企业集团

(一)中国内蒙古森林工业集团有限责任公司

在内蒙古，素有“东林西铁，南农北牧，遍地是煤”之誉。东林，就是指内蒙古大兴安岭林区。

1. 崛起的内蒙古森林工业集团有限责任公司

内蒙古森林工业(集团)有限责任公司是国务院确定的首批 57 户大型试点企业集团之一，其前身为内蒙古大兴安岭林业管理局，1995 年 12 月 19 日正式挂牌成立中国内蒙古森林工业集团有限责任公司(简称“内蒙古森工集团”)。内蒙古森工集团经济实力雄厚，被列入国有企业 500 强，多年来为推进边疆民族地区经济和社会发展作出了很大贡献，是一个崛起的特大型国有森工企业集团。

内蒙古森工集团所辖范围地跨呼伦贝尔和兴安盟境内的 9 个旗(市)。大兴安岭山脉纵贯全林区，呈东北—西南走向，海拔 400～1500 米，年降水量 300～500 毫米，属大陆性季风气候区，年平均气温 −3.5℃，无霜期 76～120 天。与俄罗斯、蒙古接壤的边境线长 440 公里。经营面积 10.6 万平方公里，约占整个大兴安岭面积的 47%，其中有林地面积 8 万平方公里，占全国国有林区森林面积的 10.2%；以兴安落叶松和白桦为主的林木蓄积量达 6.92 亿立方米，占全国国有林区林木蓄积的 9.2%。林区的山川河泊，地上地下，到处是宝藏，素有“绿色立体宝库”的美称，开发前景十分广阔。迄今尚有占总面积 35%的原始森林没有开发，有 1290 多种经济价值较高的野生药用植物、食用植物以及珍稀鸟兽等遍布林间河谷；已发现的黑色金属、有色金属和非金属等矿产 40 余处，煤、铁、铜、金、铅、大理石、石灰石的储量相当可观；大小河流 1800 条，可开发的水力资源 86.9 万千瓦；260 万公顷的无林地、非林业用地为种植业、养殖业提供了广阔的天地；巍巍兴安风光秀丽，旅游资源也十分丰富。内蒙古大兴安岭林区交通便利，通讯畅通。有 2 万多公里公路，铁路纵横交错，横跨林区的滨洲铁路，西接中俄边境口岸城市满洲里，南通海上门户大连港，拥有电话3.2万门，实现了区内、国内、国际直拨；电力充足，自备电厂，自成电网，发电能力达15万千瓦。巨大的资源潜力和较好的工业基础条件为林区提供了十分广阔的开发前景。

内蒙古大兴安岭林区经过近50年的开发建设，几代森林工人的艰苦奋斗，走出了一条创业之路，留下了创业者的足迹。

1945年“八·一五”日本投降后，内蒙古大兴安岭林区结束了日本侵略者的统治。1946年3月，在东蒙自治政府的领导下成立了东蒙林业公司。1947年5月1日，内蒙古自治区人民政府宣告成立，10月内蒙古自治区政府将原东蒙林业公司改为内蒙古林矿总局，负责林业和矿业工作。同年，一批蒙古族、汉族干部到林区开辟工作。当时林区条件极为艰苦，没有铁路、没有公路、没有住房、也没有地方政权建设，他们艰苦创业，在这冰封雪飘的高寒地区扎下了根。1948年林矿分家，成立了内蒙古林务总局，从此建立了采伐基地，开始了正规采伐。为了支援全国解放战争，林区一面整治一面采伐木材，1949年木材产量17.1万立方米，当年为国家上缴利润73.7万元。1950～1952年，在阿尔山、博克图、牙克石、巴彦等地开辟了新的木材生产基地。为支援全国的经济建设和抗美援朝，林区职工不畏艰苦，人扛、水运和马拉木材，木材产量和财政上缴逐年增加。1952年10月，内蒙古森林工业管理局在扎兰屯成立。从此，林区开始了有计划、大规模开发建设的历程。

1953年8月，内蒙古森林工业管理局由扎兰屯迁至牙克石，由林业部(后改为森林工业部)领导。1958年，内蒙古森林工业管理局下放内蒙古自治区，营林、森工机构合一，改称内蒙古大兴安岭林业管理局。1959年3月，经内蒙古党委批准，内蒙古大兴安岭林业管理局划归内蒙古自治区呼伦贝尔盟领导。1963年1月，林业部在哈尔滨成立东北林业总局。内蒙古大兴安岭林业管理局划归东北林业总局领导，改名为内蒙古林业管理局。1969年8月，随着内蒙古行政区划的变动，又改称黑龙江省牙克石林业管理局。1979年7月，恢复内蒙古自治区原行政区划，黑龙江省牙克石林业管理局又隶属林业部，称林业部牙克石林业管理局，1980年11月，经国务院批准，林业部牙克石林业管理局下放内蒙古自治区领导，称内蒙古牙克石林业管理局。1987年1月，经内蒙古自治区人民政府批准，恢复内蒙古大兴安岭林业管理局的名称，1995年12月成立中国内蒙古森林工业集团有限责任公司。

从1952年开始有计划、大规模地开发建设内蒙古大兴安岭林区以来，党和国家对内蒙古大兴安岭林区的发展建设极为重视，在党的民族政策的光辉照耀下，在内蒙古自治区党委和政府的正确领导下，经过林区各族干部和职工群众的不懈努力，用辛勤的汗水换来了大兴安岭的巨大变化。尽管走过“单一木材生产”、“重采轻造”、“重取轻予”和“先生产、后生活”的曲折道路，并经历了“文化大革命”的十年内乱，但是林区各族干部、职工群众发扬“艰苦奋斗、无私奉献”的企业精神，努力工作，为内蒙古自治区和国家作出了重大贡献。特别是在党的十一届三中全会以来，以邓小平建设有中国特色社会主义理论为指导，高举“团结建设，改革开放”的旗帜，使内蒙古大兴安岭林区的生产建设进入了振兴发展的新时期。

林区已初步形成了社会设施完善、门类齐全、成龙配套的森林工业体系。内蒙古森工集团下属企事业单位42户，其中林业局19个，有17个林业局为国家大型企业；有林产工业、机械、电力、建筑、建材企业11个，以及森调规划、勘察设计、科研教育、报纸电视、卫生防疫、商业物资、公安森警等部门。形成固定资产原值41亿元。资产总值达74亿元。年创产值30多亿元。有全民职工15.1万人，集体职工3.4万人，其中专业技术人员近2万人。林业总人口54万人。

内蒙古大兴安岭林区现已形成的年生产能力为：木材400万立方米，锯材40万立方米，栲胶1万吨，各种人造板10万立方米，以及电力、建材、机械制造加工、林产品加工、多种经营产品、制药及天然绿色食品采集加工等。林区林木产品市场基本覆盖长江以北的大部分地区。

自1952年林区开发建设以来，林区生产经营面向“三大效益”取得了明显的成效。在经济效益方面，共为国家提供1.3亿多立方米的商品材和大量的林产品，累计完成各项上缴32亿多元，是国家同期投资的1.3倍，为国家和内蒙古自治区建设作出了应有的贡献。在生态效益方面，累计人工更新造林93万多公顷，幼中龄林抚育140万公顷，1995年林木生长量为1500多万立方米，总消耗量为1000万立方米左右，森林资源实现了长大于消。森林覆盖率由建局初的56.4%增加到75.3%，提高了18.9个百分点，持续发挥着巨大的生态效益。其中，阿尔山、库都尔两个林业局人工更新造林有效面积均突破百万亩。在社会效益方面，通过安排就业、提供原料、技术服务等多方面的支持，带动了林区内地方经济和少数民族经济的发展。随着林区的开发建设陆续建成25个城镇，推动了社会进步和民族地区各项事业的发展。

特别是党的十一届三中全会以来，林区的经济建设进入了快速发展阶段。其中"八五"期间虽然"两危"已见端倪，但是乘着改革开放的大潮，在国家和内蒙古自治区一系列优惠政策的扶持下，林区的各项事业还是有了一定的进展。木材生产布局趋于合理。利用国家森工贷款6.9亿元，续建扩建9个林业局，形成木材生产更替能力74万立方米。木材总产量仍保持在年400万立方米以上。1992年后林区各局按经营方案实行限额采伐，走上了森林资源生长量大于消耗量良性循环轨道。林产工业取得了一定成绩。仅"八五"期间生产锯材126.04万立方米，人造板35.14万立方米，木片38.9万立方米。形成了一定规模的地板块、卫生筷子、雪糕棒等木材深加工产品，林产加工产品的质量有了进一步提高。多种经营有了长足发展，产值及收入由1990年2.36亿元提高到了1998年的9亿元；与此同时"八五"期间营林生产建设取得了显著成果。按照《1989～2000年全国造林绿化规划纲要》的要求和"八五"计划的安排，五年来共完成人工造林14.64万公顷(其中丰产林7.27万公顷，人工更新6.44万公顷)。规划建设工程造林基地15处，已建成4个；幼中龄林抚育49.29万公顷。迹地更新率达100%。利用世行贷款加强了森林防火体系建设，用于森林防火设施设备的投资年均3000万元左右，使林区森林防火能力进一步提高。

2. 认真总结经验，积极开展第二次创业

近50年来，内蒙古大兴安岭林区各项事业虽有了较快发展，但由于长期以来"单一的计划经济、单一的木材生产、单一的全民所有制"模式的影响，从80年代起，出现了"可采资源危机、企业经济危困"的局面。尤其是1994年以来，由于国家实行紧缩的经济政策，使主要靠基本建设拉动的森工企业受到了严重的冲击，陷于艰难运行的境地。林区经济运行中存在的主要问题：

一是企业负债沉重，潜亏挂账数额较大。至1998年末，全林区负债总额高达47.2亿元，资产负债率65.5%，其中，流动资金贷款6.7亿元，基建长期借债12.8亿元；而且又进入还贷高峰，每年还本付息近1.6亿元，压力非常大。另外，历史上的一些不良资产形成了巨大的潜亏、挂账，严重危及着生产经营。

二是社会负担沉重，公益性支出太大。林区各类学校、医院和卫生自成体系，公安干警、森警官兵近3200多人，离退休职工5.86万人，既养老又养小还养兵，年社会及福利性支出高达4亿多元，吃掉了绝大部分利润。

三是产业产品结构不合理，缺少新的经济增长点，调整结构的任务非常艰巨。近50年来林区仅靠单一的大木头支撑着经济，深加工、高附加值的产品非常少，工业化水平很低。"九五"初期林产工业产值只占工业总产值的15.1%，产业产品结构极不合理。80年代中期木材最高年产量是540万立方米。1998年已降至294.9万立方米，按需要开工资的人数计算，人均只占有8立方米木材。由于资金紧张，拖欠工资，部分职工生活困难。

四是可采资源锐减、森林质量下降。林区森林蓄积虽然比建局初有较大增加，但成过熟林蓄积却在逐年下降，已从建局初的71.9%降至38.3%，针、阔叶树比由4∶1变为1.86∶1.17个主伐局中相当一部分可采资源已经或面临枯竭。

五是改革力度不大，机制不活，管理粗放。由于长期受"三个单一"的影响，加之林业生产又要受生态效益的制约，产品不能完全按市场经济的供求关系生产，集团化改制、企业内部三项制度等项改革都存在较大的差距。企业管理粗放，效益流失比较严重，向管理要效益的工作差距也很大。

以上是造成林区目前困难的主要原因，也基本上是全国林业企业所面临的共性问题。

面对"两危"的现实，从1990年起，就开始探索治危兴林的路子。1994年林管局党政领导班子调整后，新班子面对挑战，在原来工作的基础上，认真总结经验，制定并实施了符合林区特点的发展战略，即"狠抓促销、清欠、增收节支三项紧急措施；推进林产工业和多种经营两项基础工程；强化一个核心狠抓领导班子建设”。我们称之为“321”工程，开始了第二次创业，进而把企业改革和治危兴林推向了一个新阶段。

实施“321”工程，把重点放在四个方面：

(1)促销、清欠、抓市场。一抓市场。加强对销售工作的领导，建立了销售例会制度，提出了“西进南下”的营销战略，积极改变过去“坐门待客”的传统方式，主动走出去，请进来。组织数十个促销小组，由领导带队，分别深入到十几个省(区)去开辟市场，联系客户，并在沈阳、上海市设立了木材直销中心，在北京、呼和浩特市等地开展代理和联营业务，同时整顿了设在各省(区)的200多处经销网点，较好地实现了产销直接见面。召开产销联谊会，巩固老客户、结识新朋友，基本形成覆盖长江以北的销售网络，销售工作已摆到了龙头地位。二抓运输。为解决铁路运输紧张的矛盾，经过多方努力，已被列入国家重点运输企业，为扩大销售创造了条件。三抓价格。为发挥集团优势，强化了木材价格管理，根据市场需求实行了统一的价格政策，提高集团的整体效益。通过一系列工作，在木材市场疲软的情况下，保证了销售数量不减的势头。在清欠难度大的形势下，坚持促销和清欠相结合，采取专业清欠、责任清欠、全员清欠、社会清欠、法律清欠等多种手段，组成了大规模的专业讨债队伍，对30多名处级干部实行离职清欠。1994～1998年，累计清回10多亿元，在一定程度上缓解了资金紧张的局面。

(2)抓改革、抓管理、增收节支度难关。围绕“转机制、抓管理、练内功、增效益”，重点抓了四项改革。一是走集团化经营的路子，内蒙古森工集团的母子公司法人治理结构已经建立并开始运行。二是以分配制度为突破口，加快了企业三项制度改革的步伐。工资改革实行分类指导，体现按劳分配，增强激励作用，企业完善以岗位技能工资为主的内部分配制度改革，有条件的企业要实行弹性工资或工效挂钩的工资方式；事业单位工资改革在搞活工资分配上取得明显突破。干部人事制度改革，实行层层聘用，职称评聘分开。三是按乡镇企业模式加快了集体企业的改革，即以产权制度改革为重点，逐步推行承包、租赁、合伙、内部股份等各种经营方式。四是加大了亏损企业改革的力度，按照中央“三改一加强”的要求，对几家亏损严重的围墙企业进行优化组合，分块搞活，活化生产要素，把有效益、有市场部分重新调整，实行兼并或联合，划小核算单位，分灶吃饭，分头突围；把以营林为主的经营局推向市场，逐步向林业局自立、林场自立、职工家庭自立迈进。在抓重点改革的同时，加快推进了各项配套制度改革。

我们以深化改革为动力，加大了企业管理的力度，实行禁止计划外项目和控购商品购买、控制非生产性项目和向林区外投资的“两禁两控”，下决心堵住木材销售管理、物资管理、基本建设管理“三大出血口”，普遍开展增收节支活动。近年来，企业每年的新增因素上亿元，就是靠强化管理和增收节支消化的。强化了资金管理，以保工资、保上缴、保有效益生产为顺序，科学安排资金支出，使林区整体上遏制住了拖欠工资和效益滑坡的势头，基本保证了职工工资的正常发放和有效益生产的正常进行。

(3)推进林产工业、多种经营求发展。为了尽快改变林区产业结构不合理的现状，大力发展林产工业和多种经营。在林产工业方面，除狠抓现有林产工业企业技术改造和达产达标外，重点强化了新建项目的前期工作。通过认真论证，确定了包括牙克石纸浆厂在内的10个重点项目，增加了项目贮备，成立了重点建设项目领导小组和招商局，加强领导，明确责任，突出重点，分级负责，项目到人；积极利用自治区和呼伦贝尔盟试验区优惠政策，多渠道筹集资金，加快项目建设。在多种经营方面，全面开展了“千百万工程”达标活动，以混农林业为重点，大力进行多种经营，力争农、林、牧协调发展；以人分流、户自立为重点，大力发展家庭经济，发展种植、养殖、加工业；以资源开发为重点，大力发展龙型经济，充分开发利用林区内丰富的资源，带动产业的发展，通过抓种养业、采掘业、绿色食品加工、桦木系列产品加工，变资源优势为经济优势。

(4)狠抓班子建设做保证。1994年7月林管局领导班子重新组建以来，紧紧抓住领导班子建设这个核心，结合干部任期和年终总结全面考察了各企事业单位和林管局机关各部委处室的领导干部。主要采取个人述职、民主评议、综合评价等方式了解掌握了领导班子及成员政治思想、创新精神、工作业绩、廉政建设、团结协调、群众威信、党的建设、精神文明建设等方面的情况，侧重考察党政一把手及其后备人选和优秀青年干部。在全面考察和保证干部队伍稳定的基础上，分期分批的进行了较大幅度的干部调整，使调整后的领导班子在短期内发生了明显的变化，领导班子的凝聚力、战斗力明显增强，群众的拥护和信任程度明显提高，为林区的创业、振兴提供了坚强的组织保证。坚定和鼓起了林区广大干部和职工群众深化改革、强化管理，积极开展第二次创业的信心和勇气。

3. 在探索有中国特色林业发展的道路上前进

党的十五大后，广大干部职工以邓小平理论和十五大精神为指导，按照中央提出的可持续发展战略的构想，经过社会主义市场经济理论的学习和讨论，眼界更宽广了，思路也更清晰了。

尽管受历史和现实诸多因素的影响，林区目前仍存在一些困难，但优势和潜力也很大。按照国家林业局和内蒙古自治区的要求，结合林区的实际，内蒙古森工集团提出了跨世纪的发展目标、思路和任务，即要努力实现“两个根本性转变”，坚持以提高经济效益为中心，以加强资源培育为基础，以大力调整产业产品结构为重点，以开发科技为先导，逐步建立起比较完善的生态体系和比较发达的产业体系，争取达到森林覆盖率、企业经济效益、职工群众生活水平和产业产品结构“三个提高”、“一个合理”。即：提高森林覆盖率，增加森林资源蓄积。到 2000 年，活立木总蓄积要从现在的 6.92 亿立方米提高到 7.26 亿立方米，基本上消灭宜林荒山荒地。提高企业经济效益，增加财政收入。到 2000 年，林区社会总产值要从现在的 30.5 亿元增加到 40.4 亿元，努力提高利润水平。企业自我积累能力有较大增强。提高职工群众生活水平，基本实现小康目标。到 2000 年，职工人均年工资收入从 1996 年的 3862 元增加到 6000 元；住房面积从 5.04 平方米增加到 6.82 平方米；医疗、教育等水平有较大提高，大部分林业职工家庭基本实现小康。产业结构基本合理。到 2000 年，木材生产、林产工业、多种经营产值在林区经济结构中所占比例达到 4∶3∶3。

为了实现上述目标，加快实现“两个根本性转变”的步伐，内蒙古森工集团在“九五”期间采取的主要措施是：

在党的十五大精神指引下，继续加大改革开放的力度。按照中央建立现代企业制度和“三改一加强”的要求，以搞好集团化转制运行、企业三项制度改革、亏损改革和集体企业改革为重点，以国家实施天然林保护工程为契机，一是要精干主体、减员增效、剥离辅助、分离分流，大力压缩管理费，降低成本，提高效益。二是在小企业产权制度改革和搞活上做出大文章，对全林区 800 多家国有、集体经济网点、二级独立核算单位和森工集团所在地牙克石地区连年亏损的围墙企业都要走剥离、改制、重组之路，扭亏为盈。要么消灭企业亏损，要么消灭亏损企业。三是公司制改造和建设现代企业制度要有突破性进展。严格按《公司法》的要求建立起规范的母子公司法人治理结构和科学合理的经营目标测定评价体系，搞好资产重组、联合，组建起行业集团和专业公司。各子公司能够转让的生产资料都要转让给个人。四是母子公司的大部分中层以下干部全面推行竞争上岗；放开搞活的小企业经营管理者，全部实行选举制。同时抓好各项配套改革，在实践中不断探索和深化，闯出国有林区改革的路子。

坚持以经济建设为中心，切实强化企业管理。以资金和成本管理为中心，继续完善企业管理的各项措施，要从生产到销售各环节的管理中抓出效益，改变管理粗放状态。要下大力量，把减少流动资金贷款利息和应收账款作为主要的减支增利措施。还要在融通资金上下功夫。强化管理练内功，向管理要效益。

根据党的十五届三中全会通过的《中共中央关于农业和农村工作若干重大的决定》要求的“从现在起就要调整森工企业的主营方向，变伐木为营林，有计划地停止天然林采伐，切实保护大江大河上游的森林植被”的精神，以及江泽民总书记关于建设生态环境、建设秀美山川的重要批示。加强森林更新培育，加大森林保护力度。认真执行木材生产“三总量”规定。实行营林定向培育，采取集约经营的方式，大力营造速生丰产林，使之成为原料基地。增加幼中林抚育面积，加大抚育力度，加快资源第二梯队的培育速度。同时，大力调整产业产品结构，提高工业化水平。以加快林产工业骨干项目的建设为重点。实现外延和内涵发展相结合，新建与改造相结合，大中小项目相结合，培育更多的经济增长点。积极推进多种经营发展。按照内蒙古自治区和国家林业局的指示精神，继续充分利用林下资源。采取多种形式，调动各方面积极因素，大力开发绿色食品，发展黄金和其他矿产开发，扩大药材的采集和生产。在实施天然林保护工程、退耕还林的基础上，着力推进多种经营，在林区宜农、宜牧地区适度发展农牧业，实现林网化经营和在防火隔离带上发展农业，力争在 1998

年末发展到8万公顷。以起到分流人员、以短养长、以农养林的作用，提高林区粮肉禽蛋菜自给比重。

（执笔人：李喜恩）

（二）中国吉林森林工业（集团）总公司

美丽、富饶的长白山林区，位于吉林省东部，素有“长白林海”的美誉。中国吉林森林工业集团就是这万顷林海中一颗熠熠生辉的明珠。

1. 艰苦创业的吉林森林工业

中国吉林森林工业集团（简称“吉林森工集团”）是国务院确定的首批57户大型试点企业集团之一。集团核心企业是中国吉林森林工业（集团）总公司，1994年3月2日正式启动运行。现有成员单位52个，其中，有8个森工林业局和5个加工厂、8个专业公司、2个海外公司、26个合资企业、3个事业单位。集团是以营林业、采伐运输业、林产工业、多种经营业四大支柱产业为骨干，集科、林、工、贸于一体，实行产供销一条龙、全面开发的生产经营体系，是我国大型的以经营开发国有森林为主要对象的森林工业企业集团之一。集团总资产37.9亿元，职工12.7万人，总经营面积139.5万公顷，有林地面积116万公顷，森林总蓄积量1.57亿立方米，其中，可采蓄积量6670万立方米。经过4年多的发展，集团功能不断增强，已成为以森林采运、木材加工为主，集森林资源培育、投资开发、融资、生产制造、销售、技术开发、咨询、服务、外经外贸为一体的综合性多元性的大型企业集团，是国家重点扶持的企业之一，1995年被列入全国国有企业500强，连续三年被吉林省政府评为“规模大、效益好、后劲足最强企业”。吉林森工集团是第一家在同行业中取得国家赋予的木材进口权的森工企业，也是第一家在境外森林采伐取得成功的森工企业，吉林森林工业股份有限公司是中国森林工业企业第一家上市公司。

吉林森林工业的发展，是与几代人艰苦创业、努力拼搏分不开的。长白山林区由于其浓厚的神秘色彩，被满清统治者尊崇为“龙兴之地”，而被长期封山成为禁地，在较长的一段时间里，森林资源也相应地得到了一些保护。但是，从19世纪末到1949年间，吉林林区的各种资源却遭到了空前的掠夺和破坏。据史料记载，远在清同治年间，为抵御沙俄势力南下及增加政府财赋收入，便有河北、山东灾民进入林区采伐。日俄战争后，鸭绿江流域森林采伐权为日本帝国主义所垄断。民国初年日本资本蜂涌至吉林，对松花江流域森林又大肆掠夺，致使吉林省的森林采伐均被日本资本所控制。“九·一八”东北沦陷后，伪满政权更加强了对森林采伐的统治，设立“满州林业股份有限公司”等垄断机构，强化对森林采伐生产作业的控制及直接垄断。为了侵略战争的需要，除长白山腹地外均进行了掠夺式采伐，致使吉林林区满目疮痍。

新中国成立后，吉林省森林工业开始发展起来。为加强对森林资源的管护，吉林省遂于1950年成立了吉林森林工业管理局，并于1958年经国家批准，吉林省在长白山腹地林区及其边缘地带开始了大规模的开发。老一代工人发扬艰苦奋斗的创业精神，依山餐、伴山眠，为共和国的建设提供了大量的木材及林副产品，直至80年代森林工业成为吉林省的优势产业之一。截至1998年末，仅集团所属8个林业局50年间共为国家上缴商品材8510万立方米，为国家的发展建设作出了巨大的贡献。1958年吉林省森林工业管理局与吉林省林业厅合并，称吉林省林业厅，统管全省森工企业和林业生产建设事业。此后，1958～1993年，吉林林业又经历了5次合并与分离的变迁，但基本上都是围绕便于森工企业与地方林业的管理而设置变动的。

1994年吉林森工集团从吉林省林业厅分离出来，以企业法人身份进入市场独立运行，开始了艰难的再创业历程。创业之初，吉林森工集团便遇到了重重困难。一是资源危机。所属8个林业局中有3个可采资源濒临枯竭，木材产量比历史最高年分下降32.3%。二是经济危困。13个成员企业中有6个亏损，累计亏损额达8623万元，2个较大型加工企业处于停产半停产状态。三是社会负担沉重。企业既办社会又办政府，公检法、教育卫生、离退休人员经费支出每年高达2.4亿元，占销售收入的17%。四是就业压力。企业富余人员达1万多人，还有1.18万多名待业青年需要安置。更为严重的是，随着改革的深入和市场经济体制的建立，吉林森工集团受计划经济体制的影响，隐藏在身上多年的积弊便都显露出来。观念滞后、机制不活等一系列因素，导致企业效益低下，运转困难，创业者们又将经受一场新的洗礼。面对如此严峻的形势，吉林森工人不等不靠，迎难而上。于是，一个以改革为核心，重塑吉林森工形象的跨世纪工程全面运作起来。

2. 改革发展的吉林森林工业

中国吉林森工集团刚刚开始成立就面临着“两危”的挑战。产生“两危”的主要原因：一是对森林的集中过量采伐。二是营林生产跟不上，森林资源得不到补偿。三是产业结构不合理，综合开发差距大。四是对森工企业的经济扶持不够，重取轻予。加上在管理体制上，条块分割，多头领导，产供销脱节，经营管理不善等，这些都是导致出现困境的重要因素。通过认真分析研究面临的形势和任务，结合吉林森工实际情况，集团确立工作的指导方针是：遵循建设有中国特色社会主义的理论和党的基本路线，按照建立社会主义市场经济体制的要求，以“三个有利于”和“两个根本性转变”为标准，以建立现代企业制度为目标，以转换企业经营机制为重点，坚定不移地走改革发展之路，搞好综合配套改革，促进吉林森工企业经济持续、稳定、协调发展。重点采取了搞活经营机制、盘活存量资产、转换发展格局、转变经济增长方式的“两活两转”缓危解困办法。

(1)以人为本，搞活经营机制。企业要搞好搞活，必须打破在计划体制下形成的僵化的内部机制，建立适应市场经济要求的经营机制，调动人的积极性。吉林森工集团组建伊始，就制定了《吉林森工集团深化改革方案》，由此拉开了转换经营机制的序幕。他们果断决定在集团本部建立适应市场经济的运行体制，对成员企业实行资产经营责任制，在成员企业内部构造市场主体，实行三项制度改革，精简机构，压缩非生产人员。改革动作一个比一个大。

改革的第一个特点是自上而下，把改革集团总部经营管理体制作为突破口。首先，努力把集团本部构造成精干、高效、适应市场经济体制的运营中枢。在原有林业进出口、物贸公司等4个公司的基础上，又重新组建了多种经营、建筑公司等5个专业公司。同时把从集团本部分流出来的20名干部充实到专业公司去。集团还聘请了德国罗兰·贝格公司与集团共同完成了集团公司化改制的总体框架设计。松江河林业局已改制为公司制，还有4个林业局在试点中。这标志着集团在建立母子公司体制向现代企业制度方向迈出了一大步。

动真的、来实的，真正把三项制度改革、精简机构的措施落到实处。干部实行聘任制，职工实行全员合同制，推行岗位技能工资制。目前，8个林业局中已有80个基层单位，1.8万人实行了岗位技能工资制，真正形成了“能者上、平者让、庸者下”的局面。通过改革，成员企业中机构总数由243个减少至168个，局机关人员由平均326人减少到144人，各类管理人员总数由2595人减少到1157人。

改革的第二个特点是从转换机制的源头抓起，实行资产经营责任制，调动经营者的积极性。吉林森工集团在实践中体会到，一个企业的兴衰成败关键取决于领导班子，取决于经营者。为此，吉林森工集团组建后，先后对企业领导班子成员进行了3次大的调整，使领导班子的年龄结构、知识层次、专业结构不断趋于合理。目前，成员企业领导班子正职成员平均年龄46岁，最小的39岁，领导班子成员整体平均年龄为43岁，正职成员学历均在大专以上，还有2人取得硕士学位。

为了使经营者的责任和贡献得到相应的物质回报，吉林森工集团对成员企业法人代表实行了年薪制，规定完成经营责任指标，如完不成规定指标，按比例扣减年薪工资及风险抵押金，从而调动了企业经营者的积极性。

改革的第三个特点是以点带面。推广了湾沟林业局改革经验，构造市场主体，实行集中决策，多级管理，自主经营，将宾馆、商店、文化娱乐场所等全部推向市场，自负盈亏。目前，剥离经营权的单位已达131个，有20家基层单位实行了股份制或股份合作制，14家实行了委托经营或租赁经营，39家实行了分立经营。

(2)以物为重，盘活存量资产。资产只有在流动中才能保值和增值，企业要提高效益，适应市场，必须学会资本运营，按照效益最大化的原则对经营性资本和生产要素进行调整和优化配置，实现由生产经营型向资产经营型的转轨。吉林森工集团采取了嫁接改造、竞价承包、抵押承包、“并租转卖”和委托经营等形式，恢复资产的资本本性，使其活化起来，创造效益。

实行机电设备抵押承包是吉林森工集团盘活资产存量的一种操作方式。森工企业木材产量减少后，采伐运输设备大量闲置，耗费大量维修保养费用。由于管理不善等原因，汽车、拖拉机等行走设备油料过量消耗和修理费不正常流失数额巨大。针对这一现实问题，集团推广了机电设备抵押承包的改革方式，把汽车、拖拉机等机电设备按其价值抵押给职工，现在共承包了1708台套，活化资金2693.3万元，提高了设备运用率。

把一方面积极性变为多方面积极性，对中小企业和闲置资产实行“并租转卖”，这是吉林森工集团盘活存量资产的重要举措。吉林森工集团的8个林业局，共有大小企业160多个，其中一半以上是微利或亏损单位，每年吞噬了大量利润。为解决这个问题，一是对中型企业实行模拟股份制改革。二是对微利和产品市场前景较好的中小企业进行重组。三是把亏损小企业和闲置设备卖给个人，把处于黄金地段的门市房出租或作价出卖转为商业用房。截至1997年8月，共出售小企业34个，出售闲置设备663台套，出售房屋13 885平方米，共收回资金2422.5万元。

通过招商引资、委托经营盘活资产存量，搞活企业。这是吉林森工集团在资本运营方面迈出的重要一步。长春胶合板厂、辽源胶合板厂都是建厂几十年的老企业，进入市场后，由于机制僵化、设备陈旧、产品单一，经营一直不景气，共欠银行贷款1.27亿元。为把这两个困难的老企业搞活，集团决定对外招商引资，将两个企业委托给外商经营，在引进资金、技术的同时，也引进了先进的管理方法。

为拓宽新的资金来源渠道，吉林森工集团对所属红石林业局和露水河林业局刨花板厂、吉林省林业进出口公司、吉林省林业技术开发公司进行资产重组和包装改造，筹建了吉林森林工业股份有限公司，并于1998年9月28日召开了吉林森工股份有限公司创立大会。这标志着国内林业行业中上市公司最大股份有限公司已正式成立运行。该公司是由中国吉林森林工业(集团)总公司独家发行，以社会募集方式设立的股份有限公司。该公司总股本2.85亿股，其中国有法人股2亿股，占70.2%，社会公众股8500万股，占29.8%。6800万股A股已于1998年9月3日在上海证券交易所上网发行，10月7日在上海证券交易所开盘交易，现已融资近4亿元，前景十分广阔。同时，吉林森工集团财务公司申报工作已基本完成。新的资金融入给吉林森工集团的发展注入了活力，储备了后劲。

(3)以转求新，拓展生存空间。在计划经济体制下，吉林森工企业存在着产业基础薄弱、结构失调，发展空间狭小的问题。随着可采资源的枯竭，企业生存和发展的困难越来越大。面对这种情况，他们从调整产业格局、产品格局和所有制结构入手，拓展了发展空间，呈现了多元化、多领域发展的良好势头。

随着可采森林资源的锐减，发展林产工业、延长木材的产业链条、提高产品附加值，是森工企业发展的必然选择。吉林森工集团首先在木材精深加工、提高产品附加值上做文章。集团组建以来，共投资2.9亿元，新建和改造了白石山1.5万立方米中密度纤维板、露水河后成型防火板等14个木材精深加工项目。到1997年底，全集团林产工业产值已占工业总产值的36%。从而改变以出卖原木为主的经营格局，由采伐企业转向加工企业。

从大资源的观点来看待森工企业的发展潜力，拓展发展空间，这是吉林森工集团产业发展思路上的一大转变。他们根据林区矿产、土地、水面资源等优势，积极开展了多种经营。投资6066万元扩建了湾沟水泥厂，改造了3万吨泉阳矿泉水啤酒厂。这两个项目年创总产值5000万元，创利税1200多万元。他们还根据林区生产生活的需要，积极发展商业、饮食服务业、运输业和旅游业。目前，吉林森工集团多种经营产值已达到4.7亿元，占社会总产值的18.7%。集团职工家庭经济户已达3.8万户，占职工总数的54.9%，家庭经济收入1.8亿元，容纳下岗人员2.9万人，占企业富余人员总数的49%，林区繁荣稳定。

他们针对木材产量下调、富余人员增多、采伐设备闲置的问题，把目光转向国外，充分利用国外的资源和市场，与十几个国家和地区商社建立了联系。在日本、德国等国和香港地区相继设立了办事机构。同时积极扩大出口，确定了大批量、多品种的发展外经贸基本思路，现在出口品种已达21种，年创汇3200万美元。他们还抓住国家援外方式调整的契机，积极参与国际竞争。1997年成功地实现了赤道几内亚森林采伐项目的进行，当年实现纯利润110万美元，在跨国经营上迈出了可喜的一步。同时还搞成了巴布亚新几内亚森林采伐及木材加工项目，962万美元贷款已经到位，现已全面启动。老挝、缅甸的森林采伐项目亦在进行中。

(4)以转应变，追求效益最大化。国有森工企业由于长期受计划经济体制的影响，经营粗放的问题一直没有得到很好解决。吉林森工集团组建后，强化了企业管理，积极推行了集约经营的生产方式。

吉林森工集团敏锐察觉到，国家和社会对林业发展的要求已经发生了根本性变化，已由单纯取材转向生态、社会和经济效益兼顾。为适应这种变化，他们实施了营林集约经营总体规划，制定了《天然林保护规划》。从林业的经济、社会、生态三大效益出发，着眼可持续发展的需求，按照划区经营、分类指导的原则，把集团施业区划分为集约经营区、常规经营区和公益林经营区。对公益林经营区主要发挥其生态功能，逐步加强管理，加大投入，使其更好地发挥生态和社会效益。这样的区域占有林地总面积的25%。集团一年投入1600多万元，3年来共投入近5000万元。通过选育良种、合理定植、调整采伐方式等措施，缩短了林木生长周期，提高了林木生长量。

市场是企业经营的出发点和落脚点。要使产品卖上好价钱，就必须适应市场需求，实行木材生产全过程效益化管理，这是吉林森工集团在管理上的一个重大变化。为了使木材生产更适应市场需求，同时又能保证生态环境、植被以及长白山生物群落不被破坏，大胆谨慎地对采伐规程进行了一些改革。基本停止了皆伐这种传统的生产方式，采取了低强度采育择伐办法，并坚持天然更新，人工促进天然更新和人工更新相结合的方针。调整更新树种，真正做到适地适树，大力发展混交林，降低更新造林密度，调整抚育方式，提高森林抚育间伐质量，提高森林质量，不仅保护了生态，而且使经济效益大幅度提高。

以资金管理为核心，降低经营成本，这是吉林森工集团实行集约化管理的一个重要方面。在企业内部管理上，吉林森工集团实行了资金集中统一管理，坚持一支笔花钱，一个口进钱，杜绝资金的浪费。对基层单位实行成本否决制度，精打细算。1997年通过降低成本、提高售价，共增效7000多万元。他们还对差旅费、办公费、电话费、招待费实行“四费合一”的管理办法。年初把“四费”一次性核定到机关各处室与工资挂钩，超支不补，结余留用。

减人增效、降耗增效，引进“三资”企业的管理办法，这是吉林森工集团抓企业管理的一个鲜明特点。他们在较大型加工企业中实行封闭管理，强化现场管理，严格劳动纪律，减人增效、降耗增效。通过引进“三资”企业管理办法，涌现出了临江人造板公司、露水河刨花板厂、白石山人造板公司和泉阳啤酒厂等一批初具科学管理特征和市场竞争力较强的大型企业。

3. 充满希望的吉林森林工业

我们正处在世纪交替的风云变幻之中，挑战和机遇同在，困难和希望并存。把一个什么样的森工企业带入21世纪，始终是魂牵梦绕在吉林森工集团全体员工心中的重大课题。他们以超前的敏锐目光，分析形势，研究问题，着眼未来，明确了吉林森工集团跨世纪的战略构想，那就是全面实施七大发展战略。

实施营林战略。林木是森工企业生态和发展的依托，保持森林资源的持续发展是企业发展的要求。对此，集团将推行集约经营的生产方式，从林业的经济、社会、生态三大效益出发，着眼于持续发展的需要，按照划区经营、分类指导的原则，把集约施业区划为集约经营区、常规经营区和公益林经营区。集团计划到2010年集约经营面积达到21.5万公顷，占林地面积21.6%，经营区每公顷林木生长量由2.8立方米提高到5立方米，珍贵树种造林比例从60%提高到80%，实现青山常在，变资源优势为经济优势。

实施产品战略。1997年，集团注册了“吉森”牌商标，统一了集团标志和产品品牌。实施精品名牌战略，逐步加大对林产工业的管理和投入，提高产品的整体档次，增加了高附加值产品。集团主要产品要定位在装饰装修材料上。要建成4个装饰装修材料龙头产品生产基地，发展大型人造板群体，配套发展一个胶料基地，突出以人造板为主导的系列产品的生产和开发。形成集团产业间关联发展，企业间优势互补，专业化分工，协同发展的产业格局。争取到2010年，使集团成为全国最大的木制品生产、加工、销售集团。

实施综合开发战略。坚持多业并举，把发展多种经营、家庭经济、沟系开发作为发展集团经济和实施再就业工程的一个重要方面来抓，并制定了《加快资源开发的若干意见》和《资源综合开发规划》。集团鼓励职工承包沟系，开展养殖业、种植业、服务业、采集业、小型加工业、运输业等，主要是通过家庭和联产的形式办。争取到本世纪末，家庭经济产值在社会总产值中占1/4，职工家庭经济收入在职工收入中占1/3。

实施开放战略。吉林森工集团抓住国家援外方式调整的契机，走出国门开展了跨国经营。在成功地实现了赤道几内亚森林采伐项目的基础上，吉林森工集团还与苏里南、喀麦隆、扎伊尔等国家进行了森林采伐项目的洽谈，力争下世纪初8个林业局每个局都拉出一支队伍，到国外搞森林采伐与木材加工。

实施营销战略。集团设立经营销售部，筹划集团营销规划，协调子公司主要产品销售，建立健全统一的林产品销售体系。搞好市场研究，扩大和充实销售队伍，提高市场份额占有率，全面提高经济效益。现在，集团不仅在国内主要地区建立了产品销售、信息反馈网络，而且在日本、德国等地设立了办事处，为尽快与国际惯例接轨打下了基础。

实施人才战略。坚持以人为本，提高人的素质，大力开展职工岗位培训，大兴学技术、学管理之风；加大人事改革力度，以聘任制为重点，打破干部工人界限，大胆启用能人，形成良好的用人机制；建立人才档案库，培养适应企业发展需要的跨世纪技术和管理人才。集团已同清华大学协商，培养自己的高级科技人才。

实施形象战略。为使吉林森工集团“两个文明”建设协调发展，更好地对外展示吉林森工的良好形象，建设稳定、繁荣、文明、富裕的社会主义新林区，集团按照精神文明建设五年规划，制定了《精神文明“四大工程”建设实施方案》。围绕再创业工程、思想教育工程、环境建设工程、文化体育建设工程，广泛开展了系列思想教育，进一步转变职工思想观念，牢固树立再创业思想和市场竞争意识，拓宽了职工视野，振奋了职工精神，凝聚了广大职工克服困难、再展雄风的意志。由于集团卓有成效的精神文明建设，集团的形象战略得以顺利实施，集团的整体形象得到了大的改观，促进了经济的稳步发展。集团先后被评为“全国边疆文化长廊建设先进单位”、“吉林省思想政治工作优秀企业”和“树形象标兵企业”。

吉林林区经过50年的开发和建设，已经走上了一条希望之路，沐浴着新世纪的曙光。吉林森工集团将满怀信心地在建立现代林业企业的道路上阔步前进。（执笔人：王泽良　李卫东　王立方）

（三）中国龙江森林工业（集团）总公司

在形似鸡冠状的黑龙江省版图上，从冠中部小兴安岭向喙端完达山延至颌颈老爷岭、项下张广才岭，绵亘着植被丰厚的寒温带大森林。凭借对黑龙江这片森林的开发利用、培育保护和经营管理，建立和发展起来的黑龙江森林工业，成为全国最大的森林工业国有林区。

1. 建设成就

经国务院批准，于1996年1月在黑龙江省森林工业总局的基础上组建为中国龙江森林工业集团。集团紧密层包括40个林业局在内的69户森林工业企业。经营总面积1006万公顷，有林地为745.22万公顷，活立木总蓄积量为6.36亿立方米，森林覆盖率为75.2%。

新中国成立50年来，黑龙江省森林工业国有林区经过全体职工和各族人民的艰苦奋斗，使森林工业沿着经济繁荣、社会发展、科技进步的道路越走越宽，各项建设取得了显著的成就。

比较完整的森林工业产业体系已经形成。中国龙江森林工业（集团）总公司是集团的核心企业。69户紧密层企业中有51户为国家大中型企业，总部直属科技、教育、卫生等事业单位80个，半紧密层由77户企业组成，松散层由100余家联营厂（公司）组成。中国龙江森林工业（集团）总公司拥有雄厚的资源、资本、资产和现代森工技术装备，集林、工、贸、科为一体，依托11万平方公里的施业区，保护培育、开发利用森林，积极发展森林工业产业。现有固定资产原值120.76亿元，各类机械设备3.3万套，工业厂房面积600多万平方米，林区公路、铁路2.9万公里。林区人口170万人。已成为具有较强辐射力的森林工业产业体系。

木材采运生产颇具规模。新中国成立后，国家大力开发黑龙江原始林区，组织群众生产木材，由初期手工作业、畜力或流送运材，发展到油锯采伐、拖拉机集材、汽车和森林铁路运材、贮木场龙门吊卸车、电锯造材、绞盘机分选和装大火车。现已形成40个林业大中型采运企业，约计有360个林场进行森林采运作业，还有200个森林经营所也承担部分木材生产任务。按较高年产木材量匡算，黑龙江省森林工业（集团）总公司形成木材年生产能力1300万立方米，50年来共为国家生产商品木材4.5亿立方米。由于国家实行依法限产，现在年生产木材600万立方米，仍为全国最大的木材生产基地。

森林经营成为基础产业。森林资源十分丰富的黑龙江省森林工业国有林区，一直坚持以营林为基础的方针，保护、培育和发展森林。林木种子采集、收购、贮藏、运输、检验已形成较完备的产业链，除天然种子林外，还建设繁育良种的基地20处，母树林10万公顷，标准化苗圃450处，面积达2500公顷，林木种子园9万公顷。人工更新造林保存面积120万公顷。林口、南岔、朗乡、绥棱等林业局人工更新保存面积均达到6.67万公顷以上。现已形成人工更新年生产能力20万公顷，以提高林木生长量为目标的森林抚育达年13.33万公顷。自1979年以来，基本实现了森林防火观察瞭望网、通讯联络网、气象预报网和扑火机械化、队伍专业化，实现30年无森林特大火灾，有效地保护了森林资源。

以人造板生产为主的木材加工业技术装备初步达到现代化。由新中国成立初期的主要生产锯材的落后状况，发展到以人造板生产为主的木材精深加工、综合利用木材的新阶段。50年代只生产小量胶合板，1978年以后，纤维板、刨花板很快增长。1985年松江胶合板厂双象牌椴木脲醛胶合板首获国家质量金牌。齐齐哈尔新工木材综合加工厂板式活动房等五种产品获林业部优质奖。

林区多种经营成为木材限产后的替续产业。黑龙江省森林工业国有林区自然资源呈立体化复合型状态。随着森林采伐实行限额管理木材产量减少，林业局对林下水草土石资源的利用走上了经营之道，采集、种植、养殖、加工等多种经营生产长足发展。1997年，多种经营生产产值达31亿元。在40个林业局中，多种经营产值超1000万元的有35个，达到或超过总产值1/3的林业局有24个。建有人参园400公顷，木耳5000万段，养牛2万头，养猪30万头，养羊5万只，养禽300万只，养鱼水面1500多公顷。

林区基本建设成绩斐然。1950年东北人民政府农林部组成林业调查队，1953年完成了伊春林区的森林经理调查任务，编制出黑龙江省第一部完整的森林经理施业案。60年代先后完成了张广才岭、老爷岭、完达山等林区林业区划。林业勘察设计和施工队伍逐年壮大，技术装备不断完善，在林区开发建设中发挥了先头部队的作用。黑龙江森林工业企业、林场的建设，实行路电先行的原则。国家投资为林区建设4条标准轨距铁路：汤林线南岔到乌伊岭257公里，伊春到翠峦21公里，密林线虎林到东方红60公里，鹤北线鹤岗到鹤北42公里，还有相当数量的国铁专用线。林区窄轨铁路和公路达2.6万公里，道路密度达每公顷1.4米。森林工业自备电厂建设从伊春林区开始。1963年朗乡林业局建起第一座装机容量3000千瓦的电厂。现有自备电厂17座，年发电量3亿度。随着森工产业发展，兴建起46个林区市镇，林业局、加工厂所在地建筑规模、公用设施相当于本省县城。工业与民用建筑面积达2000万平方米。

林业科研、文教卫生事业与林区经济同步发展。黑龙江省森林工业企业(集团)总公司所辖的黑龙江省林业科学院，是一所综合性的林业科学技术研究中心，设有林业研究所、采运研究所、林产工业研究所、森林保护研究所、野生动物研究所、林副特产研究所。伊春林业管理局和牡丹江、合江分公司都设有林业科研机构。从事科研的工程技术人员和职工2500人。速生优良品种小黑杨栽培、贮木场机械化、移动式喷灌机械、704型森林化学灭火剂、模拟样地森林抽样调查全距法、落叶松人工林经营管理密度、带锯锯齿强化等多项成果获取国家科技奖，农田防护林营造技术、采育兼顾伐等数十项科技成果获省内不同奖项。由林业部投资，在张子良同志出任首任校长的创建于1953年的黑龙江省带岭森工实验学校，为培养林业干部起到先导作用，到1986年经国家教育部批准的黑龙江省森林工业管理干部学院，承担全省森林工业干部大专程度培训和职工教育任务。截至1998年，共培训大专生2600人。在林业部的支持下，创建于1983年的黑龙江省林业教育学院，开设中文、数学、物理、化学、生物、英语6个专业，累计培训中小学教师和教育行政干部5000名，为提高林区教师水平和教学质量作出了贡献。牡丹江林业学校、伊春林业学校、黑龙江省林业卫生学校、牡丹江林业师范学校，为培养林业各类专业人才发挥了阵地作用。林区开发初期的普通教育，随着林区经济发展与社会进步，现已形成了从小学到中学完全的普通教育网络。

林区经济的发展，促进了社会文化事业的进步。林区开发初期职工生活单调，有人形容林场工人生活为“放下镐头，啃馒头，奔炕头”。随着林区社会进步，文化生活也丰富多样了。俱乐部、图书馆、游艺室、文化馆相继发展起来，电影放映队、群众文艺演出活动出现于林海深处。企业文化的兴起，不断满足林业职工求知、求乐、求美的精神需求。创建于50年代的黑龙江林业文工团，以其反映林区现实生活和歌颂林业英模人物的歌舞、话剧演出赢得了众多观众的喜爱，享誉省内外文苑。林区广播电视网建设发展很快，80%林业局建立了电视差转台，电视覆盖率达98%，视听文化的发展从根本上改变了林区信息闭塞的局面，林场职工通过电视看到了精彩的外部世界。林场及林区居民获取信息的80%靠广播电视媒体。1982年和1984年举办全省林区"松涛杯"篮球赛，对新时期林区体育活动的发展起到了星火燎原的作用。林区医疗卫生条件逐步改善，相继创办林业职工医院、专科医院、疗养院72所，遍布林场及林区居民点的医疗保健网点1200处，住院床位8700张，医护卫生人员1.5万人。

以大森林自然景观为基础发展起来的旅游业方兴未艾。位于东京城林业局施业区内的镜泊湖，水面90多平方公里，是全国最大的高山堰塞湖。吊水楼瀑布落差约20米，湖水沿熔岩断处倾泻，相传是红罗女织羽锦的化身。东京城林业局在湖山掩映之中建有鹿苑岛度假村，深受旅游者青睐。1998年，东京城林业局来自旅游业的收益达100万元以上。丰林自然保护区是以红松为主的面积1.84万公顷的原始森林。始建于1984年的桃山野生动物饲养狩猎场面积6.2万公顷，每年都接待众多国内外旅游者，1998年旅游收益80万元左右。坐落在亚布力林业局的青云高山滑雪场，1996年第三届亚洲冬季运动会高山滑雪比赛曾在这里成功举办。

2. 发展历程

黑龙江省森林工业采伐利用可上溯到19世纪末。沙皇俄国和日本帝国主义侵略中国，曾对黑龙江原始森林实行掠夺式采伐。据史志记载，在新中国成立前的50年间，俄日毁掉森林面积达1300万公顷，耗费森林蓄积22亿立方米。

自1945年日本投降到1949年新中国成立，在人民政府领导下林区进行了土地改革，清除残余土匪，清算林区把头，组织教育林区工人与居民保护森林，拣运日伪遗留下来的困山材。成立于1947年的合江省林务局，管辖并开发汤旺河流域及小兴安岭东段的林区。自1948年开始在哈尔滨组建东北林务总局，组织森林采伐和运输生产。

新中国成立后50年来，黑龙江几代大森林的主人们历经草创初期的艰辛、产业发展的甘苦、动乱挫折的磨砺、治危兴林的探索和第二次创业的渴望，走过了一段段并非平坦的里程。

新中国成立后，林区进入了恢复生产、创业奠基时期。1949年首先组织广大林业职工学习贯彻《中国人民政治协商会议共同纲领》中关于"保护森林，并有计划地发展林业"的决策，遵照第一次全国林业会议确定的"普遍护林，重点造林，合理采伐和合理利用"的林业建设方针，大力加强森林防火、封山育林、植树造林工作。同时，在"一切为了支援战争和建设"的口号下，拉开了采伐运输的战幕。由林缘地带农民和闯关东的山东汉组成的伐木者队伍开进树木苍苍的小兴安岭，在向阳山坡挖掘筑起一栋栋地窨子，就地砍下杨桦木搭起颤悠悠的长床。伐木工人在这工棚内垒起锅灶，吃玉米窝头和大豆汤，开始过着独特的山林生活，进行着繁重的木材生产作业。正是在那个艰苦年代，全国林业劳动模范马永顺创造出用弯把锯70秒钟伐倒直径70厘米的参天大树，日产木材达22.5立方米的奇迹，工友称马永顺为"小火锯"。马永顺创造的"安全伐木法"、"四季锉锯法"，为全国林区安全生产和提高劳动效率作出了贡献。与马永顺一样值得称赞的就是当时东北林务总局副总局长张子良同志，在与伐木者一起战天斗地的同时，发挥林业工人的智慧和力量，摸索出"0伐根采伐法"，改变了原来伐根高1米的粗放采伐工艺，节约了大量林木资源。开发初期，主要是利用河水流送木材。1952年开始推行夏采夏运常年流水作业。1954年选择黑龙江省带岭林业实验局进行机械化常年流水作业试点，把采伐、集材、运材、造材、装车等生产环节改为机械化作业，改运输原木为元条运输。到1956年，伊春林区率先实现林业木材生产机械化常年流水作业。

1956年1月，经国务院批准公布了《国有林区主伐试行规程》，规定带宽为100米的连续带状皆伐，并对保留母树、保护幼树、及时更新采伐迹地等作出了相应的规定。但由于木材生产任务过重，过量采伐并未得到抑制。

1958年1月，根据国务院工业体制下放的决定，森工与营林合并。随着"大跃进"的步伐，木材生产任务更加繁重。不顾林业自然规律的"创高产、放卫星"在各林业局竞相出现，木材生产水平由1958年的962万立方米跃进为1959年的1292万立方米，成为黑龙江省森工采伐年产量的至高点。1959年1月8日，黑龙江省委提出，要加速实现林业生产机械化、更新造林丰产化、木材利用综合化(即简称为"三化")和钢铁、机械部分自给，蔬菜、肉食基本自给(即简称为"四自给")。同年7月，省委在带岭召开全省林业技术革命誓师与生产跃进大会，会上确定以“三化四自给”为林业发展的方向。从此，林业机械化有很大发展。1960年从苏联引进一批集材拖拉机，1961年集材工序机械化比重达75%。林业机械管理、使用、保养、维修走上制度化。各林业局相继建立一批林业机械修造厂，林管局建设相应的林业机械厂。木材加工业也走出了单一锯材的天地，胶合板、纤维板、木材热解与水解、造纸与纸浆生产陆续发展起来。绥化木材综合加工厂、南岔木材水解厂、铁力木材干馏厂、友好硬质纤维板厂建设投产，成为技术装备比较先进的木材加工企业。以“四自给”为方针发展起来的林区多种经营生产，为战胜当时自然灾害带来的暂时困难，保障林区生产生活起到了重要作用。

1961年七八月间，刘少奇主席视察黑龙江省林区，提出采伐方式要服从于更新，充分利用森林资源，建立营林村，发展集体经济等重要指示，对林区经济调整与发展产生很大影响。当时东北林业总局制订了试办营林村规划，截至1965年末创办营林村156个，入村达4100户，对依靠群众发展林业开辟了新的途径。

全省各级森林工业部门、企业的干部和职工，按照周恩来总理于1962年提出的“林业的经营一定要越采越多，越采越好，青山常在，永续利用”的指示，将整个林业建设转移到以营林为基础、采育结合的发展轨道上来。1963年1月经中共中央、国务院批准，东北林业总局成立，其管辖范围包括黑龙江、吉林、辽宁和内蒙古自治区国有与地方林业，森林工业工作趋于统一与加强之势。1963年东风林业局广大干部和职工创造了“采育兼顾伐、采育双包”的好经验，在伊春林区乃至全省推广。1964年邓小平视察伊春林区时，称赞“采育双包好”。相继在全省森工企业里都强化了经营管理，注重科学性与实效性，劳动生产率普遍提高，科技进步与社会发展都取得了不小的成果。1964年和1965年造林面积大，保存率高。伊春、牡丹江林区现存30年生的郁闭并已成材的人工林，经过间伐抚育，已获取了经济效益。木材生产成本低、劳动生产率高，也是历史上的最好水平。“文革”前3年被称为森林工业黄金时代，是不过分的。

从1966年6月爆发的“文革”动乱，给黑龙江森林工业带来严重的破坏。1967年10月东北林业总局解体，森工企业分别归属各省与自治区管理。林业经营管理制度全部被废弃，乱砍滥伐迭起，森林火灾频发，林木资源遭到破坏。1970年和1971年黑龙江省林区(含地方林区)共发生森林火灾931次，受害森林面积80万公顷。1972年森林火灾804次，受害森林面积126万公顷。

1976年十年动乱结束后，党和国家对森工林区拨乱反正、恢复森林、发展林业作出许多重要决策。黑龙江省林业总局健全了机构，发挥了职能作用，加强依法治林，恢复林业生产力，稳定采伐量，大力发展综合利用与多种经营，森林工业获得一定程度的休养生息。

1978年党的十一届三中全会以后，黑龙江森林工业走上改革开放之路。清除“左”的和陈旧习惯的影响，在森工企业探求改革创新、搞活振兴的途径。到1985年，在改革单一计划经济、单一木材生产、单一全民所有制和平均主义“大锅饭”的体制方面做了很大努力。推广了桃山林业局木材生产、营林、多种经营三位一体联合承包经营责任制，打破闭山锁林局面，发展横向经济联合，实行多层次对外开放。1997年更新造林能力达到16.67万公顷。森林防火网络化、扑火机械化、队伍专业化建设初具规模。人造板生产能力达到57万立方米，比1978年增长4倍。建设多种经营生产基地1300处，山野菜、石材、药材等项目248种，多种经营商品率达60%，走出了为自给而生产的天地。

3. 治危兴林

黑龙江省森林工业在为国家作出重要贡献的过程中，也积累了许多严重问题。集中表现为可采森林资源危机、企业经济危困，通称为“两危”。“两危”的由来可追溯到开发初期。1950年黑龙江省木材产量达到294万立方米，相当于新中国成立初期的2倍。以木材需求为尺度的计划任务，迫使木材采伐量加大，1953年比1952年木材产量增长52%，皆伐比重达31%。黑龙江省森林工业国有林区学习苏联林业科学技术，在开展林业调查设计，提高采伐、制材、林产化工生产技术和经营管理水平等方面发挥了积极作用。但也犯了机械照搬的毛病，做了一些脱离国情、林情的事情，推行大面积皆伐，对伊春林区危害很大。1958年以后由于“左”的指导思想影响，追求高指标，过量采伐，使各森工企业超负荷艰难运作。1958～1989年持续过伐了32年，除消耗掉生长量约7.5亿立方米以外，还吃掉老本3.3亿立方米。由于严重违背自然规律的重采轻育、违背经济规律的重取轻予的错误做法，导致森林采的多、造的少，森林资源衰减。加之，木材价格扭曲、社会负担过重等原因，森林工业企业经济危困大面积发生了。1989年企业拖欠职工工资问题给林区职工生活带来极大困难。

治理“两危”，作为一项重大而迫切的任务，提到黑龙江省人民政府的工作日程。1989年黑龙江省人民政府印发《治理森林工业“两危”实现“两个良性循环”方案》，明确了治危兴林的目标和主要对策。按方案确定的目标，到2000年完成结束下滑、开始回升的阶段性任务。

调减木材产量到合理年伐量，实行合理采伐。由1978年改革前的1154万立方米，1991年木材产量调减到743万立方米，森林蓄积总量开始回升。改变采伐方式，推行大面积低强度经营择伐，将皆伐比重控制在30%以下，采用轻型集材机械和畜力集材，保护母幼树，保持水土，以利更新造林。推广合理造材效益工作法，提高造材质量和出材率，原条出材率达到92%以上。

改革森林经营方式，发展速生丰产林。1990年开始，将黑龙江森工国有森林划分为速生丰产经营区、常规经营区和保护经营区。对不同类型区采取不同的经营措施，保护、培育、利用和发展森林资源。速生丰产林区，主要培育以杨树、落叶松为主的人造板、造纸原料林。常规经营区以培育大径级针阔叶材为主。保护经营区主要进行卫生伐抚育。实行封山育林、天然更新，减少人工更新量，重点投向集约经营、定向培育、短期轮伐的速生丰产林，提高林地生产力，达到后续有林。到1999年速生丰产林累计达到40万公顷，成为森工固本求荣的资源基础。

调整产业结构，综合开发林下、地上、地下各类资源，发展精深加工，培育新的经济增长点。1989年森工企业销售利润中木材产品占70%。改变这种初级产品结构，向林下、地上、地下各类资源开发要效益，成为林区振兴经济的共同目标。利用林区灌草、水面、土地资源发展多种经营生产和农牧业，达到以地养人、以农保林的目的，形成以林场自立的局面，成为森林工业企业走出困境的突破口。到1999年多种经营产品销售利润占30%以上。林纸结合，发展具有规模效益的造纸、纸浆工业。加速人造板厂技术改造，产量质量达标，发挥经济效益。发展精深加工生产。1999年人造板年产量达45万立方米，生产以家具为重点的系列木制成品50万套，以现代科技水平占领国内市场，进入国际市场。扩大商品木片生产，发展煤炭、黄金、石材生产，形成系列产品，成为解困致富的新经济增长点。利用林区自然景观资源，发展森林旅游业，创造经济效益。

调整企业规模和生产布局，使经营面积、加工企业规模达到经济合理、布局合理、技术先进、效益比较好的状况。林场和森林经营所总数由原规划的672个，调整到500个。对小人造板厂实行兼并、放开、破产的办法，促使提高经济效益。

建立三项发展基金，解决森工投入产出之间的矛盾。建立多种经营发展基金，国家扶持集体企业的知青材，多种经营贴息贷款，以贷款形式建立多种经营发展基金，用于发展林区农牧业及多种经营。将人工林间伐材和31年生以上落叶松人工林采伐的一部分销售收入用于育林基金。实行住房制度改革，出售公房，终止福利分房制度，将房产活化为资金，改变林区消费结构，繁荣林区经济。

积极扩大开放，发展经济联合，推进国际与国内贸易与经济、技术、劳务合作。从80年代后期开始，先后引进德国、日本、法国、加拿大等国的具有现代科技与管理水平的人造板生产技术装备，并注意吸收、消化，推动林产工业现代化步伐。利用地缘优势，发展同俄罗斯经贸、边贸经济，输出劳务与技术，起到吸纳资金、开拓市场、增加企业经济效益的作用。同时，发挥黑龙江省国有林区木材及木制品的优势，与河北、河南、山东、山西、江苏等省发展互惠互利的经济联合，扩大了森林工业的辐射面。

以产权制度改革为突破口，推进企业转换机制。按照抓大放小的原则，首先对9户大中型企业实行改制，并通过改组、联合、兼并、租赁、承包、拍卖等形式放开搞活中小企业。自集团建立开始，就实施用公司制改造森工企业，建立以清晰的产权关系为基础，以完善企业法人制度为核心，以有限责任制度为主要特征的现代企业制度，在森林工业发展中发挥集团化优势。

坚持科教兴林的发展战略，将森林工业的发展转向依靠科技进步和提高劳动者素质的轨道上来。森林工业的发展核心是人才，关键在科技，基础在教育。自90年代以来，森林工业部门与企业加大科教兴林的力度，普及推广了百项先进实用的科学技术，提高了森林工业经济发展的科技含量。在发展林区普通教育的基础上，加强了对经营者与劳动者的科技培训，从领导决策、经营管理、工艺技术、开拓市场等方面逐步进入科学化轨道。

改善企业经营管理，建设质量效益型企业。森林工业企业在改革与发展中，始终贯穿着改变粗放落后的经营管理模式束缚的艰巨任务。成本高、质量次、效益差的状况虽有改变，但与其他产业相比距离是明显的。在治危兴林中，森林工业涌现出一批质量效益型企业，如兴隆林业局、鹤北林业局、清河林业局等，成为森林工业改善经营管理的典型。借助向先进企业学习的力量，全省强化了全方位、全过程、全员参与的企业管理工作。同时，从1997年初开始，学习邯钢“模拟市场核算，实行成本否决”的经验，使每个经营者都承担了降低成本、提高效益的责任，使不少企业缓解或摆脱了困境。

认真贯彻《森林法》，依法加强森林资源的培育、保护和监督管理。在治危兴林工程中，依法治林，依法规范森林工业企业生产经营活动，起到了保护森林、发展林业的保证作用。《森林法》于1998年7月1日实施后，中国龙江森林工业（集团）总公司采取果断措施，开展清查超坡开荒、毁林开荒及其他违法使用林地问题，依法收回外部侵权开垦的林地，对超坡开荒限期退耕还林。强化了使用林地许可证制度，进一步落实了森林保护责任制，为实现黑龙江省国有林区森林生态效益、社会效益和经济效益的协同发展，发挥了依法管理的威力。

4. 再创绿色辉煌

党的十五大提出“在现代化建设中必须实施可持续发展战略”，这为森林工业再创绿色辉煌，搞好二次创业，富民强企提供了良好的发展机遇。中国龙江森林工业（集团）总公司大力宣传贯彻可持续发展战略思想与决策，进一步拓宽治危兴林的思路，提出了森林工业“搞好二次创业，实现富民强企”的目标和任务，积极推进天然林保护工程的实施。

首先，以思想进一步解放为先导，增强森林保护意识，将林区的开发建设、改革开放的出发点和落脚点放在森林的保护、培育与发展的基础上，在全林区乃至黑龙江省形成呼唤绿色意识、再创绿色辉煌、拯救大森林的合唱氛围。

其次，面对实施天然林保护工程给森林工业企业带来的实际困难，确立以发展林业生产力为目的，推进经营集约化、经济运行市场化、组织形式专业化、管理调控法规化、林区经济与科技社会发展一体化的目标。在这个目标下，实施各种经济成分共同发展，顺应林区立体化复合型资源的配置，变一业为多业，变林业局为多业联合体，走出一条低投入、多产出的途径。通过出租、转让、拍卖，使近10亿资产从闲置转为活化资产，发挥了巨大的经济效益。

其三，随着木材产量的大幅度调减，由1998年592万立方米木材产量到1999年再减251万立方米，带来经济短收13亿元，有30万职工下岗。为解决这一重大难题，总公司立足自身，立体开发林区资源，优化产品结构，向非林产业、非公有制经济开拓市场，获取更好的经济效益，借以养林养人，发展森林工业。

其四，迎接知识经济对森林工业的挑战，加强科技普及、推广与开发创新，企业向科技、教育敞开大门，寻求工、科、贸结合的新途径，将治危兴林、富民强企的出路转向依靠科技进步和提高劳动者素质的轨道上来。

1998年8月31日，到黑龙江省视察防洪工作的国务院总理朱镕基看望全国林业劳动模范马永顺，称赞马永顺“50年前你是劳模，那是砍树劳模；现在你依然是劳模，是种树的劳模。”“我们希望用马老这面旗帜把全国人民都带动起来，植树造林，中国就大有希望。”黑龙江省委和省政府十分重视林业的改革与发展，正在大力宣传马永顺精神，努力实施可持续发展战略，实施天然林保护工程。展望未来，黑龙江省国有林区的森工企业前景广阔，一派生机。

（执笔人：于明吾）

（四）大兴安岭林业集团公司

在我国北部边疆极地，有一片广袤而神奇、富饶而美丽的天然林区。夏日万山披翠，林海碧波万顷，万物峥嵘，百川竞流；冬季冰封雪国，苍松劲拔，霜刀雪剑，严寒逼人。这就是大兴安岭林业集团公司管理的大兴安岭东部林区。

大兴安岭林业集团公司现与黑龙江省大兴安岭行政公署合署办公，政区下辖呼玛县、塔河县、漠河县、加格达奇区、松岭区、新林区、呼中区。大兴安岭林业集团公司辖松岭、新林、呼中、塔河、十八站、图强、阿木尔、西林吉、韩家园、加格达奇10个林业局，68个林场和森林经营所，面积8.46万平方公里。林区人口54.4万人，其中林业人口46.2万人，林业职工19.3万人。

大兴安岭东部林区，属寒温带大陆性季风气候。冬季受西伯利亚高压控制，多西北风，干燥寒冷而漫长。无霜期短，80～120天。平均气温在摄氏零下2度，极端最低气温摄氏零下52度，素称高寒禁区。

大兴安岭东部林区是祖国最大的天然林区，享有绿色宝库的美誉。1997年，有林地面积761.3万公顷，森林总面积618.41万公顷，林木总蓄积5.39亿立方米，森林覆盖率75.18%。主要优势树种有兴安落叶松，占总蓄积的70.03%；樟子松占总蓄积的3.5%；白桦占总蓄积的21.78%。有野生植物92科，371属，966种。具有经济价值的600余种，占植物种数的60%。有陆栖脊椎动物330种，其中兽类56种，鸟类250种。大兴安岭东部林区物华天宝，已发现矿产36种。水能资源丰富，境内有地面水资源120亿立方米。如诗如画的大兴安岭东部林区，具有独具特色的旅游资源，北极村、古驿站遗址、黄金之路、鄂乡风情等景观吸引着中外游客，使人魂牵梦绕。

大兴安岭东部林区，林木再生的空间广阔，天然更新的能力极强，现有河谷和水湿地带的未利用宜农土地94.6万公顷，草原载畜量可观，林区发展种植业的潜力很大。未来将是林茂粮丰畜旺鱼肥的最富庶、最文明的林区。

在半个世纪的发展历程中，20万热爱林业事业的森林工业产业大军，同大兴安岭的主人鄂伦春民族兄弟、特别能战斗的铁道兵官兵携手并肩，风雪兼程，以“战严寒，破禁区，艰苦创业”的精神，在生产和生活环境极其恶劣的条件下，用大山的情怀、松树的风格、无私的奉献，树起了座座开发建设和改革的历史丰碑。用经济、生态和社会效益同步发展的辉煌业绩，写下了共和国的绿韵之离骚。走出一条“保护、开发、培育、改革、二次创业、保护”的可持续发展道路。

1.“人舟”闯绿海，雪国闹春潮

新中国成立时，大兴安岭是一块尚未开发的处女林。在党和国家制定第一个五年计划时，由于种种原因，这个林区的开发未能列入计划，大兴安岭林区仍由地方政府管理，依靠鄂伦春猎民进行以防火为主的保护。

进入50年代中期，大兴安岭东部林区森林火灾不断上升。特别是1955年5月12日和17日，岭北的依陵古鲁河和岭南的南瓮河两岸，分别发生了新中国成立以来特大森林火灾。两个火场的过火森林面积达73.2万公顷，烧毁活立木885万立方米，幼树数亿株。大火持续了一个多月，森林资源蒙受巨大损失，引起了国家和林业部门的高度重视。

1955年7月12日，黑龙江省成立了“大兴安岭建设委员会”，依靠本省的力量对大兴安岭林区进行森林经营性开发建设。省委、省政府从省、地两级林业机关和老林区调集林业干部、工人和技术人员，从农村招募民工，迅速组建一支包括房建、筑路、通讯、物资、采伐、营林、机械等主要工种的6000余人的建设大军，逆黑龙江而上，扇形开进大兴安岭东北坡。

1955年末，建设大军克服了常人难以想象的困难，沿黑龙江边、古驿道（与黑龙江平行距几十公里）和呼玛河畔（与黑龙江垂直成丁字型），按山川河流的沟系水系建成了隶属于黑河森林经营局的呼玛、开库康、额木尔、漠河4个林管区，43个森林经营所。共建办公室、宿舍、职工食堂、仓库、学校等房舍8万余平方米，打饮用水井54眼，修筑公路251公里，架设电话线路2658杆程公里，建立了11个物资供应和转运站。在高寒禁区开始了大兴安岭东部林区有史以来的森林经营。

从1956年春起，在继续基建施工的同时，启动营林工作。各森林经营所在通过抚育伐、清理火烧迹地，生产民需材和自用材的同时，普遍开展了封山育林和森林更新。采集树种，建立苗圃，进行了野生苗移植、人工直播和人工育苗等更新的科学试验，大面积开展了人工更新和天然更新。在4个林管区内加强了森林防火工作，建立了26座防火瞭望塔；配备了757名专职护林员和290名森林警察；建立了10处科学灭火站，3处防火气象站和近百个护林防火检查站。森林火灾大幅度减少，1958年春实现无森林火灾。

大兴安岭东部林区建立森林经营机构以后，加大了保护力度，取得了森林防火的显著成效。但是，这次开发的延伸半径过小，未能深入林区腹部，使林区中心地带的保护仍然失控，森林火灾仍不断发生。由于这次开发所需的1800万元的投资计划落空，不仅使开发建设遇到了极大的困难，也失去了应有的森林经营基础设施和技术手段建设。

1958 年 5 月，为完成木材生产任务，黑龙江省向中共中央提出《尽快建设大兴安岭林区的报告》。6 月 5 日，中共中央电复黑龙江省委，批准开发建设大兴安岭林区，在林区修建嫩林铁路（1010 公里），建设资金由国家计委列入第二个五年计划。9 月，黑龙江省在建设资金和统配物资尚未列入年度计划的情况下，成立了“大兴安岭建局筹备处”，第二次仓促开发。从省内老林业局调集大批有经验的林业干部和工人为骨干，招募大批新工人和民工，采取“母鸡下蛋，老局包建新局”的办法和“边设计、边施工、边生产、边建局”的方针，计划先建立 11 个森林工业局，再以塔河为中心建 32 个森林工业局和 13 个中型制材厂，以体现林业“大跃进”的决心和干劲。

开发大军从全省四面八方汇集到黑龙江边，向“在森林腹地开花”的预定局址艰难进发。广大开发建设者们以艰苦创业的优良传统和“战严寒，破禁区”的大兴安岭精神，决心一举打开祖国的绿色宝库。近 2 万名开发者身背口粮和物资，恰似万只“人舟”穿林泅水，忘我远征。立足之后，抬头树遮林罩，望眼荒草没人，住着四壁见天的窝棚，喝盐汤，吃粗粮。在经常无粮断炊的情况下，劈山开路，拓林建营。再次打响了威武雄壮、令人回肠荡气的林区开发战役。

1959 年，在全面“大跃进”和“反右倾机会主义”的“左”倾路线误导下，开发建设产生了更大的狂热性。在拉长了战线、铺大了摊子、投资不到位、嫩林铁路缓建、难以站住脚的情况下，把刚刚组建的根本不具备生产能力的各个“建局筹备处”和原有沿江 4 个经营性的林管区，全部改制为森林工业局。盲目地将职工队伍扩大到 3.5 万余人，在没有运输条件下开始生产木材。

自 1958 年 9 月至 1962 年 3 月，在大兴安岭北坡新建了功能不齐全、设施不配套，仅能进行简单生产的 12 个森林工业局（最多时布设 19 个局），64 个林场和 110 个职工家属居民点。森林经营和木材生产的活动半径，延伸到了森林腹地。建筑了 24 万余平方米永久性和简易房舍，修筑了嫩江—漠河、三合—塔河两条“T”型林区公路 736 公里；修筑局际、场际简易公路 300 余公里；新架设通讯线路 348 杆程公里；生产木材 33 万余立方米。

1959 年 6 月，中央通知黑龙江省“嫩林铁路缓建”。1961 年 9 月，黑龙江省压缩基本建设战线，精简城镇职工，收缩大兴安岭东部林区布局，将新建的十几个局合并成 6 个局，将职工队伍精简到万人左右。1962 年 2 月，由于开发建设关键性工程“嫩林铁路”无望列入国家计划，决定开发建设下马，所有新建局全部撤销，只保留富饶林业局（989 名职工）留守开发区。下马撤转工作从 1962 年 3 月开始，持续到 1963 年 3 月全部结束。

这次开发建设的教训，比寒冰还要严酷。盲目追求高速度发展，违背经济规律办事，在所需开发资金、大宗物资、林区铁路和人员编制没有正式列入国家计划的情况下盲目上马，使开发建设陷入难以摆脱的困境。在“嫩林铁路缓建”，全国普遍压缩基本建设战线的形势下，仍然不甘心收缩，还企图以林区干线公路代替林区铁路，继续扩局建场和大批招录新工人，使经济困难加剧，损失越来越大。铁路建设是林区开发的重中之重。这次开发却未汲取第一次无路开发的严重教训，冒险进军开发，使开发建设大军无法站住脚，盲目生产的 30 余万立方米优质材无法运出。

2. 进军莽林腹地，占领高寒禁区

1964 年，国民经济经过“调整、巩固、充实、提高”，收到明显成效，木材又成为经济建设的“短线”重要物资。中共中央和国务院决定开发大兴安岭东部林区。一方面增加木材产量，解决“短线”问题，一方面调减老林区木材产量，使之休养生息，更好地贯彻“以营林为基础”的林业发展方针。

1964 年 2 月 10 日，中共中央、国务院批准了由林业部和铁道兵呈报的《关于开发大兴安岭林区的报告》，同意在大兴安岭东部林区建设 18 个林业局（后调整为 11 个林业公司），修建 1000 余公里的“嫩林铁路”干线和 4 条支线，开发所需投资（含铁路建设）和设备、材料，由国家计委纳入长期计划和年度计划。中央要求各有关地方和部门对这次开发予以大力协助和支持，并责成国家经委负责督促检查并组织好各方面的工作。中央还批准建立开发大兴安岭会战指挥部，由林业部直接领导，同时接受黑龙江省委、内蒙古自治区党委和铁道兵党委的领导。中央反复要求这次开发建设，“一定要站住脚，一定要取得全胜”。

1964 年 7 月末，设在加格达奇的会战指挥部召开动员大会，宣布大兴安岭会战开始，开发会战拉开序幕。秋季铁道兵3、6、9师7万官兵开始嫩林铁路全线施工。1964年10月,会战区成立了隶属于国务院的大兴安岭特区人民政府,管理会战区的社会事业,保障开发建设顺利进行。1965年从吉林、黑龙江省和内蒙古自治区等15个省(区)调集的5万林业干部、工人(含新招工人),国家统一分配来大兴安岭的数千名大中专毕业生,由林业部、铁道部、黑龙江、内蒙古派遣的3000余名勘察设计人员,云集在会战区,掀起了大兴安岭开发会战的高潮。

至1967年末,会战军民胜利地完成了会战一期工程。嫩林铁路南线的嫩江至塔河段通车,松岭林业局建成投产,形成年产40万立方米的木材生产能力,当年向国家提供17万立方米的商品材。是时,新林、塔河、呼中林业局(公司)的生产布局和林业区划已确定,基本建设进展顺利。1972年,嫩林铁路全线通车,全区年木材生产能力提高到175万立方米。至1978年,大兴安岭开发建设初具规模。松岭、新林、呼中、塔河、阿木尔、西林吉林业局相继建成投产,图强林业局和十八站林业局边建局边投产。加格达奇电厂和塔河电厂完成一期工程建设。建成林场57个,贮木场30个,机械修配厂10个,汽车队37个,森林经营所5个,苗圃16个,木材加工厂2个,大铁专用线74.52公里;林区公路4908公里,房舍281万平方米(其中住宅141万平方米)。年木材生产能力已达399.7万立方米。年更新造林、成林抚育、次生林抚育的能力,分别达到1万公顷以上。林区建立了公、检、法等机构和商、粮、文、体、卫、教等社会服务体系。全林区人口达到37万人,林业职工发展到7.5万人。完成固定资产投资11.6亿元;形成固定资产10.7亿元(原值)。累计生产木材2075.2万立方米,有力地支援了国家建设需要。

上至中央下至全国人民对这次开发建设都非常关注。周恩来总理,李富春、李先念、谭震林和薄一波副总理,亲自部署开发会战工作,并将这次开发做为重点建设项目列入国民经济计划,使开发建设有了根本保证,并在"文化大革命"期间取得了胜利。

党中央、国务院采取军民联合,中央和地方结合,各省大力支持,中央有关部门密切配合,老林区包建新局,集中力量"打歼灭战"的开发方式,是取得大兴安岭林区开发胜利的英明决策。

嫩林铁路为大兴安岭林区开辟了生命线、幸福线、兴业线。英勇的铁道兵率先进入莽林深山,逢山劈路,遇水架桥,冬战高寒,夏斗盛暑,披荆斩棘,成为开发进军的出色先锋,建树了头功。

会战期间,来自四面八方的老林业干部、专业技术人员和工人成为开发建设的骨干力量;满怀开发激情从沪、浙、京、津、哈等地而来的5万名知识青年和大中专毕业生,成为开发建设的新生力量;近万名复员军人及时补充了开发建设力量的不足。这支建设大军,发扬"大兴安岭精神",住帐篷,睡"波浪床"(用木杆搭成的发颤的架子床),喝"三省汤"(无油、无菜、无佐料),将大兴安岭建设成国家重要的商品材基地。在建设资金紧张的情况下,广大职工和家属从国家经济发展的大局出发,本着"先生产后生活"的原则,克服种种困难,加快林区建设。如果没有大兴安岭人这种不畏艰难、艰苦创业、顾全大局、甘愿奉献的大兴安岭精神,是无法在高寒禁区建设成一个新林区的。

这次开发建设起点高,采、集、运、装等生产环节实行机械化作业,初步建起了一个劳动生产率高的现代化大型森工企业,走了一条可持续发展的道路,既立足了现实,又考虑了长远。对新林区的方向、命运、前途具有责任感的领导者、科技人员和广大林业工人,始终在极其困难的环境下,坚持择伐生产方式,从根本上保障资源的永续利用。1974年,新林林业局塔源林场创造了"采育用统筹作业法",使采伐生产最大限度地保护幼树,创造天然更新条件;在完成采伐区生产任务后,作业组及时清理伐区,进行迹地更新。为改变传统采伐与更新脱节的生产方式,避免老林区更新欠帐而产生资源危机积累了经验。我国著名数学家华罗庚发现后,用"统筹法"进行了总结和推广。开发之始就建立了防火设施、营林机构和队伍,建设了木材综合利用项目,发展了多种经营事业,广大干部职工牢记周总理的指示,努力做到"青山常在,永续利用"。

全林区广泛开展了"学大庆"运动,涌现出全国林业学大庆先进单位——新林林业局,在兴安岭上树起一面红旗,带动全林区以只争朝夕的精神建设新林区,也有效地抵制了极"左"思潮的干扰。

3. 改革开放,转换机制

党的十一届三中全会后,改革开放的大潮涌进大兴安岭,林区出现了勃勃生机。全区自上而下地纠正"文化大革命"的错误,全面总结了林区开发建设的历史经验和教训。广大干部和职工认识到大兴安岭林区必须改变“三单二大”(单一的所有制,单一的计划经济,单一的木材生产;企业吃国家的大锅饭,职工吃企业的大锅饭)的积弊,继承和不断探索国有林区可持续发展的道路。

70年代末,林区开始借鉴农村联产承包生产责任制的改革经验,尝试林业生产责任制。1979年冬,呼中林业局首先推行“五定一包”(定产量、定质量、定人员、定设备、定费用、包成本)的林业生产责任制。1982年十八站林业局探索森工企业生产工艺改革,实行采、集、运、育一条龙综合生产作业单元组织结构;优化全局经济组织,精简机关和附属人员充实生产一线。阿木尔林业局长山林场,实行作业组承包;改革分配制度和用工制;废除场级干部的终身制,实行聘任制,能者上庸者下。从此,大兴安岭林区经济拉开了改革的序幕。

1982年3月至1983年9月,为了提高企业素质和经济效益,在林业部和黑龙江省的指导下,以新林林业局为典型,以落实经济责任制为重点,普遍整顿林业企业。在落实经济责任制中,明确了企业和国家、职工和企业的经济关系与责任,企业的经济秩序、管理秩序、生产秩序明显好转,管理水平和经济效益明显提高。整顿工作有力地促进了改革,使旧经济体制受到冲击,搞活企业的新机制迅速萌生。

1984年6月,林管局召开了第一次经济体制改革会议,总结和推广呼中林业局和十八站林业局改革经验。之后,全林区从林区特点和森工企业特点出发,从企业内部经营承包、扩大企业自主权、改善企业外部环境等方面入手,对旧体制实施大手术。1984年,在营林生产上出台了允许国营、集体、个体一起上的《十项规定》。1985年,开始全面落实厂长(经理)负责制和《企业法》。与此同时,计划管理、财务管理、物资管理、用工制度、分配制度、人事制度进行配套改革。1987年,推行三个层次、三种形式的承包经营责任制,即林管局对林业部承包,各林业局和直属企业对林管局承包;各林场对林业局承包。对采运企业实行包死基数,超收分成;对缴利企业实行利润包干,超收分成;对亏损企业实行亏损包干,减亏分成。使改革向纵深和全方位发展,由企业改革逐步深化到区域经济的改革,由生产要素和经济组织的组合改革,发展到深层次的所有制结构的改革,林区经济开始由单纯的计划经济向市场经济转换。打开山门,实行外引内联,发展横向经济联合,积极采用优惠政策,吸引资金、技术、人才、设备,开发林区各种资源,培育新经济增长点。到1986年,已与8个省的11个市和6所大专院校、7个科研机构中的73个单位进行经济技术协作。积极发展外向型经济和边境贸易。1985~1988年,出口额达1600万元人民币。改革搞活了企业,搞活了区域经济。企业增强了自我生存、自我发展的能力。区域经济出现了多种所有制并存,多元经济结构的新格局,破除了“三单二大”的历史积弊。在改革中,遵循“以林为主,采育结合,多种经营,全面发展”的方针,积极发展替代产业,从战略上保护森林资源,从实践上努力追求森林资源的永续利用。

经过10年改革的发展,经济总量发生显著变化。到1988年,已建成松岭、新林、呼中、塔河、十八站、图强、阿木尔、西林吉8个林业局,共44个林场,11个森林经营所,36个汽车队,32个贮木场。拥有铁路专用线88公里,运材公路1万公里,主要生产设备7134台,各类房舍437万平方米。累计完成固定资产投资30.2亿元。年木材生产能力达到500万立方米。累计生产木材6215万立方米。1988年实现工业总产值7.9亿元,比1978年提高2.4倍。

所有制结构发生了很大变化,全民所有制工业总产值由1978年91.3%下降到84.2%;集体所有制工业总产值由1978年的8.7%上升到14.6%。其他所有制工业总产值由1980年的0.1%上升到1.2%。

产业结构发生重大变化,“七五”计划期间,第一产业比重持续上升,第二产业比重下降,林产工业和非林非木产业比重上升到68.9%,第三产业比重大幅度上升至26.9%。

1980年4月,林管局成立林产工业局,颁布了《关于发展林产工业的若干规定》,并不断倾斜林产工业企业计划、资金、技术、人才投入,使林产工业迅速崛起。1980~1988年,投资林产工业1.5亿元,建成遍布全林区的木材加工和木材综合利用厂点63个,拥有各种设备2000余台件;从业人员1.27万人。初步建成以锯材、纤维板、胶合板等中型加工企业为龙头的林产工业体系。1988年实现产值1.33亿元。林产工业成为林区产业结构调整的先锋产业。

全林区把多种经营作为主要替代产业发展。1987年,林管局颁布《关于加快发展多种经营生产的决定》后,多种经营发展加快,形成五大产业的布局。

在改革开放中，林管局始终把资源保护作为森林工业可持续发展的根本任务，不断加大森林资源培育力度。1979年，林管局颁布了《关于加强森林资源保护工作的几项规定》。1983年，自上而下地建立了资源管理机构并形成了监督机制，结束了森林资源管理无序状态。通过持久的《森林法》宣传，显著提高了林区全民的森林资源保护意识。根据林区火灾多发的特点，不断强化防火机构、队伍、设施和技术的建设。1966～1986年，累计防火投入6845.3万元，其中1979～1986年占50%。1986年已建筑防火专用房舍2.6万余平方米，修筑防火专用公路750公里，建立瞭望塔38座，购置汽车55辆，摩托车163辆，电台203部。

在"六五"和"七五"计划期间，普查和清查了森林资源和更新造林成果，为科学管理森林资源，实施分类经营奠定了基础。与此同时，不断巩固、健全和改革育林基金制度，加大营林事业的投入，加快森林资源培育步伐，保障森林资源永续利用。在森林经营管理上，不断建立与完善生产技术规程和检查验收监督机制，巩固更新、造林、抚育成果。制订了科学经营的规划与计划，确立了全林区"以天然更新为主，人工更新与促进更新相结合"和"岭南以人工更新为主，岭北以天然更新为主"的经营方针。1982年，于岭南建立古里机械化造林林场，开始探索培育速生丰产林的路子。

1966～1988年，累计实施迹地更新87万公顷，其中1979～1988年完成61万公顷，占70%，迹地更新率由1979年的69.4%，提高到1989年193.0%；10年补还更新历史欠帐10.98万公顷，使更新超过采伐面积。1966～1988年累计抚育天然中幼林，其中1979～1988年抚育6.84万公顷。

1987年5月6日，大兴安岭林区发生了特大森林火灾。全区人民全力投入扑火救灾，经过5.8万军民28个昼夜的奋力扑救，6月2日终于将大火扑灭。灾后，全区人民以大兴安岭精神胜利地完成了"恢复生产、重建家园"、"抢采抢运烧死木"、"恢复森林资源"的历史任务。

4. 治危兴林，二次创业

"5·6"大火后，大兴安岭人民进行了连续3年的综合治理，使林区经济、社会步入正常发展的轨道。但是，到"八五"计划末期，林区经济发展出现了前所未有的重重困难。一是可采资源锐减。活立木蓄积由1964年的7.3亿立方米，减少到1990年的5.7亿立方米，成过熟林蓄积由1964年的5.22亿立方米，减少到2.14亿立方米。已建成的55个林场中，有30%落实伐区困难。二是企业经济面临危困。由于社会事业负担过重，加之弥补计划经济时期生活设施历史欠帐，至1990年已负债30亿元。三是主体产业实行依法限产，国投资金严重不足，新局不能按计划建设，产业结构调整无法形成规模。面对问题与机遇同在、困难与优势并存的局面，大兴安岭地委、行署、林管局于1994年提出，以深化改革为突破口，以保护和培育森林资源为重点，巩固主导产业，强化基础产业，大力发展替代产业和第三产业，优化资源、生产要素配置的"第二次创业"。

广大干部和职工，以改革总览全局，在自然资源的开发上，实现由单纯开发利用森林资源为主，向综合开发利用多种资源为主转变；在产业产品结构上，实现以资源型、低附加值为主，向以深加工、高附加值型为主转变；在项目建设上，实现由小型分散为主向集中力量建设具有拉动作用的重点项目为主转变；在经营管理上，实现由粗放型为主向集约经营型为主转变。建立林区经济的新格局和社会主义市场经济的新体制，努力走出困境和低谷。

"八五"计划的开局，进一步巩固森工企业承包经营责任制，经过总结经验，制定实施方案、考核细则，使之进一步完善，调动了企业发展的积极性。深化企业外部环境改革，逐步将企业推向市场，除了对"三总量"实行控制外，使企业成为自主经营、自我发展、自我生存的生产经营主体。

全面推进了企业内部改革，重组企业内部的经济关系。一是精简机关和非生产性人员，转岗分流；二是剥离企业的附体，自谋生路和发展；三是深化干部制度和用工制度改革，改善企业内部环境。

制定优惠政策招商引资，突出区情特点，利用书、报、影视、新闻发布会、洽谈会、展销会等媒体，大力对外宣传区情，吸引资金、人才、技术。调动企业、集体、职工的投资积极性，多渠道筹措资金，对应市场不断开发新产业和新产品。

全力推进产权制度改革，对小企业进行兼并、租赁、拍卖、股份制、委托经营和破产等改造和重组。

1992年探索，1994年推行。森林经营进行了投入产出改革，变育林基金无偿使用为有偿使用。将育林基金拨款投放，改为贷款制度，以森林经营成果的价值偿还贷款。既解放了森林经营生产力，又保障了森林经营的质量。

在改革的推动下，胜利地完成了“八五”计划的经济、社会发展主要任务。“八五”期间，平均年木材产量由“七五”期间534.78万立方米，调减到386.14万立方米。在拉动全区国民生产总值的森林采运产值减少22.84亿元急剧下降的情势下，实现国民总产值115.9亿元，比“七五”期间增长21.9%，年均增长6.2%。第一产业增加值比“七五”期间增长52.3%；第二产业产值比“七五”期间减少11.5%；第三产业比重大幅度上升，比“七五”期间增长102.3%，第一、二、三产业的调整，一定程度地遏制了资源危机和经济危困，使林区经济平稳地向综合立体开发方向发展。

进入“九五”期间，大兴安岭林区经济的资源危机和经济危困仍十分突出。活立木蓄积由1990年的5.7亿立方米减少到1995年的5.2亿立方米；成过熟林蓄积由1990年的2.14亿立方米减少到1995年的1.75亿立方米；已建成的8个主伐林业局，已有4个无法安排正常生产，已建成的67个林场，有35%无法落实伐区。1995年，全林管局负债40亿元；木材滞销，1995年库存比正常积压80万立方米，价值3亿多元，木材平均售价每立方米下降94.64元，而生产成本每立方米上升22.7元。

在困难与希望并存、机遇与挑战一起出现的形势下，大兴安岭地委、行署、林管局进一步调整再次创业的发展思路，把千方百计地保护好森林资源作为改革和发展的主题。针对观念陈旧、体制僵化、结构单一的困境深层原因，组织广大干部职工开展了“改善经济环境”和“企业进入市场”的大讨论。进一步更新观念，排除阻碍改革的主观因素，创造宽松的发展市场经济政策环境。引导全区人民重新认识区情，抓住改革机遇，充分利用地缘优势，以调整结构为切入点，积极推进经济管理体制和经济增长方式的根本转变，使市场机制逐步取代计划机制，以市场拉动产业和经济结构的调整，使林产工业在达产增效基础上，上规模、上档次；坚持“林农、林矿、林副结合”方针，使多种经营向专业化、规模化、产业化发展；进一步深化营林生产商品化改革，使森林覆盖率由1995年的73.7%，上升到1998年的75.18%，森林总蓄积量由1995年的4.99亿立方米，上升到1998年的5.39亿立方米，在结构调整中，从基础入手，将生产、经济收入和社区服务三位一体，经济和社会最基本单元的林场，作为结构调整的基础。模拟法人，积极搞活林场，形成林业生产、场办企业和职工自营经济三足鼎立的微观林业经济新格局，充分调动林场和职工的积极性，激活林区经济细胞。从宏观到微观，由计划经济向市场经济转变，向市场找出路求发展。由单纯依赖林木向综合开发资源转变，把资源优势变为产品和经济优势。由单纯依赖国有企业和全民所有制向多种所有制和多种经营方式转变，走出经济低谷和困境。

在深化企业改革中，坚持“三个有利于”标准，“抓大放小，分层启动，整体推进，重点突破”。1996年1月，国务院批准大兴安岭林管局成立森工企业集团，为大兴安岭林区提供了集约化发展的契机。同年3月集团挂牌后，进一步加大国有大中型企业改革力度。遵循现代企业制度，对应市场经济，按企业集团模式改造重组。1997年，针对制约林业经济和林业企业发展的主要因素，启动了以“森林资源、国有资产”联结纽带为特征的计划管理与财务管理体制改革，建立了林业集团内部新型产权关系和分配关系，使资源和资金有偿使用。1998年，深化小企业改革，对500家资产总额25亿元、1997年净亏损8800余万元的小企业，通过产权处置、产权分解、产权重组三个途径，因地制宜地向社会出售，向内部职工出售；委托经营，租赁经营；兼并、联合、合资合作、破产等形式的改造，在产权明晰的原则下，激励所有者和经营者的积极性。

1997年，在林业部的领导下，开始实施天然林保护工程的准备工作，制定了规划，选择两个林业局先行试点。1998年拟定了全面规划，制定了实施方案，划定并封育了部分生态林予以保护。

在深化改革和第二次创业中，地委于1996年将大兴安岭精神总结概括为“战严寒，破禁区，开拓进取的拼搏精神；树雄心，立壮志，艰苦奋斗的创业精神；顾大局，爱集体，立足本职的务实精神”。大兴安岭人在艰难的第二次创业中，赋予大兴安岭精神新内涵，以建设具有中国特色的社会主义新观念、新思想、新思维、新创造，再现大兴安岭人的风采，重塑大兴安岭经济形象。为建设多种所有制并存，多种产业结构组合，多样经济组织集合，可持续发展的新型林区奋斗着。

到1998年，全林区共建成13个国有大型森工企业，66个主伐林场，37个贮木场，39个运材汽车队，45个营林大队，13个苗圃，13个森林经营所，37个木材加工厂，21个木材综合利用加工厂，3个砖瓦厂，4个火力发电厂；4个制酒厂，12个筑路队，18个建筑工程队。多种经营产品达九大类，160个品种。实有各类机械设备10 206台(件、套)，铁路专用线91.2公里，公路(含运材公路)14 785.8公里。拥有各类学校161所，年末在校生55 535人。拥有卫生机构137个，共有1779张床位。年末林业职工179 166人，其中各类专业技术人员21 989人。年木材生产能力达544.4万立方米，锯材生产能力和木材综合利用能力达90万立方米，造纸4.3万吨，胶合板1.5万立方米，纤维板1.6万立方米，卫生筷子30万箱，煤炭100万吨，红砖8000万块，水泥10万吨，活性炭3000吨，浆果加工4300吨。年末林业企业总值实现21.8亿元(1990年不变值)，形成固定资产原值51.56亿元。实现自“5·6”大火后，连续10年无重大森林火灾。

自1964年第三次开发到1998年，累计采伐森林230万公顷，为国家生产商品材9922万立方米(其中统配材7293立方米)。累计森林更新214.9万公顷，累计抚育天然中幼林119.5万公顷。累计完成固定资产投资64.05亿元。建设各类房舍649.6万平方米，其中住宅364.9万平方米。累计实现森工总产值383.13亿元，累计为国家上缴税金和能源基金23.41亿元。形成了比较完整的生产经营体系和社会体系。

由于主客观原因，全林区的经济社会发展还存在着一些突出的矛盾和问题，束缚着林区的可持续发展。

大兴安岭人决心充分利用地缘优势、存量资产优势、劳动力资源优势，继续深化改革，进一步调整所有制结构、产业结构、产品结构、投资结构、人才结构和企业组织结构，培育森林资源、培育非林支柱产业、培育多种方式的经济增长点，实现经济体制和经济增长方式的两个根本转变。把大兴安岭建设成最繁荣、最文明，经济结构合理，多业并举，青山常在，生态效益、经济效益、社会效益同步协调发展的新型林区。

(执笔人：刘庚正)

十五、林业部直属公司

新中国成立以来，特别是党的十一届三中全会以来，为了适应我国国民经济发展的需要，促进全国林业事业特别是林业产业的发展，满足社会对木材和林产品的需求，根据国家经济体制改革的要求和林业自身发展的需要，林业部陆续组建了10个直属公司。

1966年经国务院批准成立了林业部林木种子公司，为直属林业部国营林场总局领导的事业单位，于1969年被撤销。1979年，经国务院批准重新设立了中国林木种子公司，与林业部种苗局合署办公，为行政、技术、经营三位一体的事业单位。1982年国务院机构改革时，撤销林业部种苗局，保留中国林木种子公司，仍为事业单位。1990年，根据国务院清理整顿公司、实行政企分开的要求，林业部将中国林木种子公司分为企业性质的中国林木种子公司和事业性质的林业部林木种苗管理总站。

1979年，经国家经委批准，林业部将机械局及所属18个工厂和2个林业研究所改组为林业部林业机械公司。1986年更名为中国林业机械公司。1987年，按国务院要求，将原公司所属13个工厂下放到地方，只保留了常州、泰州、苏州、镇江4个林业机械厂和天津林业工具厂。1993年更名为中国林业机械总公司。1996年，经国家经贸委批准，更名为中国福马林业机械集团有限公司。

1979年，经国家农委批准，组建了林业部物资供应公司，与林业部物资局合署办公。1988年，根据国务院《关于深化物资体制改革方案的通知》要求，取消林业部物资局，林业部物资供应公司更名为中国林业物资供销总公司，成为独立的经济实体。

1979年，经国家农委批准，组建了中国林业进出口总公司。1983年，经国务院领导同志批准，成立中国林业对外工程公司，与中国林业进出口总公司合署办公，并于1984年在国家工商行政管理局登记注册。1985年，经对外经济贸易部批准，中国林业对外工程公司更名为中国林业国际合作公司。1997年，经国家经贸委和对外经济贸易部批准，更名为中国林业国际合作集团公司。

1979年，经国家农委批准，林业部组建中国林产品经销公司。1979～1982年为行政编制，并于1981年与新成立的集体林生产局合署办公。1982～1984年公司改为事业单位，实行企业化管理，并于1982年撤销集体林生产局。从1984年开始，公司成为独立的经济实体。

1981年，经国家农委批准，组建了林业部林产工业公司，与林业部林产工业局合署办公。1988年，经国家农委批准，公司更名为中国林产工业公司，并成为独立的经济实体。

1988年，经国家经委批准，林业部组建了中国国营林场开发公司。1993年，公司更名为中国国营林场开发总公司。

1993年，经国家经贸委批准，林业部将松香经营业务从中国林产工业公司中独立出来，并组建了中国金龙松香集团公司。

1994年，经国家旅游局批准，林业部组建了森林国际旅行社。同年，组建了中林食品药材开发公司。

国家林业部10个直属公司成立以来，在发展林业产业并带动全国林业产业体系建设、促进全国林业事业发展、满足社会对木材和林产品的需求等方面作出了重要贡献。

（一）经济效益显著，总体实力增强

各公司成立后，面对激烈的市场竞争，开拓进取，克服困难，努力扩大业务，积极开拓市场，取得了显著的经济效益，总体实力明显增强，并为今后的发展奠定了基础。截至1997年，资产总额37.7亿元，所有者权益18.4亿元，累计实现利税15亿元，并形成了7000多人的生产经营队伍。其中，中国福马林业机械集团有限公司，1997年与1980年相比，资产总额为22.8亿元，增长32.3倍，年均增长20.1%；净资产12.9亿元，增长35.8倍，年均增长20.7%；销售收入19.4亿元，增长48.8倍，年均增长22.7%；利税总额1.97亿元，增长23倍，年均增长18%；全员劳动生产率为30.7万元/年·人，增长37.4倍，年均增长21%；人均利税3.3万元，增长17.8倍，年均增长16.4%。森林国际旅行社，自1994年开业以来，营业收入由32.6万元增长到1997年的2430万元，增长73.5倍；实现利税由79万元增加到1997年的320万元，增长3.1倍。

（二）发挥了龙头企业作用，带动了全国林业产业发展

各公司成立以来，随着经济实力的逐步增强，积极发挥各自的优势，在全国各地兴办经济实体，投资建设林业产业项目，成为发展林业产业的龙头企业，带动和促进了全国林业产业的发展，提高了林业产业的经济地位。

中国林产工业公司成立以来，共投资4.6亿元，先后在全国各地建立了19家合营企业，成为带动我国林产工业发展的龙头企业。这19家合营企业中，独资企业1家，控股企业6家，参股企业12家，其主要产品的年生产能力已经达到一定规模：中密度纤维板达18万立方米，刨花板16万立方米，胶合板6万立方米，纤维板4000立方米，各类饰面板720万平方米，竹胶合板1.9万立方米，水泥模板37万平方米，竹制集装箱底板3.5万立方米，以及各种木制品、家具、模压门、涂布纸等。中国林产工业公司的合营企业年销售额达10亿元以上，形成设备先进、品种齐全、初具规模的综合性林产工业企业群。其中在福州、长沙、昆明等地的合营企业，都是从国外引进八九十年代的国际先进技术，具有生产规模大、技术先进、管理水平高、经济效益好等特点，成为我国林产工业行业中的优秀骨干企业。

中国国营林场开发总公司成立后，承担了林业部从1981年开始与部分省（区）联营建设的全国速生丰产林基地、商品材基地、中幼林抚育基地三大用材林基地的建设任务，加快了我国后备森林资源的培育步伐，提高了全国国有林场的经营管理水平，提高了国有林场的辐射能力和社会地位，增强了国有林场的发展后劲和综合经济实力。同时，中国国营林场开发总公司先后与有关省（区）联合建设了20多个综合性开发项目，涉及种植业、养殖业、采掘业、加

工业、旅游业等。这些项目的建设，带动了全国国有林场经济的发展，推动了全国国有林场产业化进程。

中国林产品经销公司成立20年来，逐步实现了由行政管理到企业经营、由单一品种经营到多品种、多渠道的规模经营。特别是从1991年公司开辟了木片出口业务后，已形成了以中国林产品经销公司为核心，以东北、华北木片生产企业为生产基地，以营口、丹东、锦州、秦皇岛、晖春分公司为出口基地，以北京、天津、江苏、辽宁、安徽、湖南等18家合资、合营、联营股份制企业为经营主体的木片生产经营网络，促进了全国木片产业的发展。现中国林产品经销公司木片年出口能力达30万干吨，截至1997年末，已累计出口木片125万干吨，为国家创汇1.4亿美元。

（三）积极开拓国外市场，扩大林业对外开放

各公司在积极搞好国内经营活动的同时，根据国家有关政策，充分利用各自的有利条件，开发和利用国外资源发展林业产业，并开拓国外市场，发展进出口贸易，促进了我国林业的对外开放。

中国林业国际合作集团公司经过15年的努力，已经成为基础实业化、组织集团化、经营国际化的跨行业、跨地区、跨国的综合性集团公司。截至1997年底，共签订林业技术引进和设备进口合同400多项，进口成交总额3.6亿元；向日本、新加坡、德国、韩国等国家出口大量木材及林产品，共计出口创汇4600万美元；向俄罗斯、日本、韩国、美国等国家派遣劳务人员4000多人；成功地举办了六届大型的国际木工机械展览会和五届北京国际林纸展览会。特别是在利用国外森林资源发展产业方面，走出了重要的一步，并取得了成功的经验，如在巴西建设的森林资源开发项目，得到了党和国家领导人的充分肯定。

自80年代以来，中国福马林业机械集团有限公司在对外开放过程中迈出了四大步：引进国外样机，进行测绘仿制；引进图样资料，与国外厂商合作生产；引进国外资金，兴办中外合资企业；在国外设立代理商、维修点，把产品推向国际市场。1985年以来，先后引进装载机、盘式削片机、宽带砂光机、单板干燥机等先进技术15项；与世界著名企业日本小松制作所、韩国现代重工业株式会社、日本雅马哈发动机株式会社等合资建立了小松常林工程机械有限公司、常州现代工程机械有限公司、小松常林铸造有限公司、江苏林海雅马哈摩托有限公司等6家中外合资企业，利用国外资金4500万美元；各种型号的装载机、削片机、干燥机、汽油机、摩托车、人造板成套设备等40多种产品，出口到美国、加拿大、日本、德国、澳大利亚、俄罗斯、尼日利亚、毛里求斯及中东、东南亚等30个国家和地区，创汇4300多万美元。

中国林木种子公司成立以来，由小变大，由弱变强，由进口带动了出口，逐渐发展成为一个具有相当规模和较强实力的全国性的专业进出口公司。中国林木种子公司先后从美、欧、澳、亚等洲的10多个国家引进60多种优良树种的种子35万公斤，草籽40万公斤，花卉种球数百万个，其中湿地松、火炬松等已经逐步成为我国南方速生丰产林和城市绿化的主要树种。中国林木种子公司在大量引进优良树种的同时，还向欧、亚、美、澳等洲的30多个国家出口了种苗和花卉300多种。

中国林木种子公司在取得较好经济效益的同时，为促进我国野生资源的开发利用、加强国际林木种苗的交流、出口创汇作出了重要贡献。

我国是世界松香生产和出口大国，松香年产量占世界总产量的1/3，松香出口量占世界松香年贸易总量的60%以上。中国金龙松香集团公司成立后，通过对中国松香生产企业进行组织创新，使我国的松香生产由小型、分散向联合、规模化发展，从而逐步提高我国松香生产的整体水平，使其能真正在国际上具有强大的竞争能力。在经营上，金龙集团坚持国内外两个市场并重的方针，积极占领国内市场，大力促进国外销售，以其优良的产品质量和良好的服务，在国内外赢得了良好的商业信誉。特别是在国际市场上，金龙牌松香已经有了较好的声誉，市场占有率逐年增加。在国家经贸委公布的自营进出口企业创汇成绩优秀的全国300多个企业中，中国金龙松香集团公司1995年列第97名，1996年列第89名。

(四)企业改革逐步深化，公司运行逐步规范

各直属公司在改革开放新时期诞生，在改革开放中发展壮大。各公司按照国家经济体制改革的总体部署，在理顺管理体制、转换经营机制、建立现代企业制度等方面，进行了积极探索，取得了良好成效，促进了公司的发展。

新中国成立以来，我国物资供应体制随着经济体制的改革几经变化。1979 年林业部物资供应公司的成立，标志着林业物资管理向政企分开迈出重要一步。1988 年，中国林业物资供销总公司的成立，使林业物资供应主管部门从林业部的一个职能司局转变成为一个独立核算、自负盈亏的经济实体，并在深化内部改革、转换经营机制、扩大经营规模、提高经营管理水平等方面付出了艰苦的努力，取得了明显的成效。经过 20 年的经营发展，物资公司已由过去单纯负责林业物资供应管理的政府职能部门，转变为面向国内外市场的企业法人实体和市场竞争主体，并在经营实践中逐步形成了一整套符合现代企业管理和发展需要的激励和约束相结合的经营管理机制。

中国福马林业机械集团有限公司坚持以改革求发展，在发展中不断深化改革：认真贯彻《中华人民共和国企业法》，实行厂长负责制；通过清理整顿公司，把行业管理职能交给政府；实行承包经营责任制，循序渐进地推进三项制度改革；扩大对外开放，进行自营产品进出口，等等。1994 年 11 月，国务院确定中国福马林业机械集团有限公司为国家百户现代企业制度试点单位之一，其改革取得突破性进展，为加快发展提供良好的机遇。集团公司根据《中华人民共和国公司法》规范改建为国有独资公司，初步建立了国有出资人制度，企业法人财产制度开始形成，完善了新的法人治理结构，形成了母子公司体制，组建了以中国福马林业机械集团有限公司为核心企业的福马集团。同时，集团公司的子公司的改制工作也逐步展开。1996 年原常州林业机械厂完成改制工作，组建了常林股份有限公司；1997 年原泰州林业机械厂完成改制工作，组建了林海股份有限公司。改革的突破为中国福马林业机械集团有限公司进行资产重组、结构调整、资本运作，实现跳跃式、大跨度发展，拓展了空间，创造了条件，奠定了基础。

中国金龙松香集团公司在成立之初，与集团其他成员之间几乎全部是松散联合，缺乏纽带，容易导致成员单位只顾眼前和局部利益，而不是用长远观点、全局观点来处理相互间的关系，严重影响到集团的生存和发展。为保证集团的规范运作，中国金龙松香集团公司根据国家有关政策，结合自身特点，加大改革力度，逐步建立了母子公司体制。一是根据集团发展需要，共同投资进行扩大再生产，逐步加大集团公司在所投资企业的资产比例，形成母子公司关系；二是着手对一些因某种原因陷入困境但有发展前景的企业，实施兼并或收购，建立母子公司关系；三是借企业改制之机，选择一些有原料资源优势、企业资产状况良好、当地投资环境好的企业，进行投资控股，实现资产联结和资本的有效扩张；四是建立子公司和参股公司的法人治理结构，合理划分母子公司之间的责、权、利关系，同时，在子公司和参股公司建立健全权力机构、决策机构、经营机构、监督机构的相互独立、相互制衡的公司运行机制。

森林国际旅行社自成立之日起，就根据市场竞争法则，深化改革，加强内部管理，建立健全了内部监督、管理、激励和约束机制，成效显著；在国家旅游局一年一度的年检活动中，分别于 1995 年被评为中央 121 家旅游企业财务管理第 11 名，70 家中央一类旅行社第 6 名，受到通报表扬；1996 年被评为中央 121 家旅游企业财务管理“十大优良单位”之一(第 8 位)，70 家中央一类旅行社第 3 名，受到国家旅游局的嘉奖。

(五)依靠科学技术进步，提高产品科技含量

科学技术是第一生产力，推进科技进步是提高企业产品质量和经济效益的根本途径。各公司成立后，都能够认真抓好科技队伍建设，坚持生产科研相结合，积极引进先进技术和先进设备，提高经济效益，增强了公司发展的后劲。

中国福马林业机械集团有限公司狠抓技术改造工作，资金投入力度大，改造起点高，并注重提高产品实验、质量控制和技术开发手段。自 1980 年以来，

先后完成了双面定厚宽带砂光机，便携式林业机械与摩托车发动机，WA470 装载机、硬质合金圆锯片等技术改造项目 29 项，总投资 8.33 亿多元。通过技术改造，取得了很大成绩。一是提高了技术装备水平。拥有各种设备 3039 台，设备原值 4.45 亿多元，设备净值 3.42 亿多元，设备新度系数为 0.73；拥有实验、计量、检验设备 354 台，高精尖关键设备 257 台，柴油机缸体生产线、发动机装配生产线、柔性加工生产线、焊接机器人生产线、钢板预处理生产线、树脂生产线等各种生产线 10 条，设备原值 1.29 亿元。二是更新了产品开发手段。各下属企业和科研单位，普遍建立了 CAD/CAPP 网络系统，从根本上改变了传统的产品设计工艺编制手段，实现了基本上甩掉图板的目标，加快了产品开发的进度，缩短了新产品开发周期。三是促进了产品开发。自 1980 年以来，先后完成林业机械、工程机械、动力机械、摩托车等产品开发项目 219 项。其中，获得国家级科技进步奖 11 项，省部级科技进步奖 42 项。1997 年，新产品销售收入达 3.74 亿多元，创利税 5331 万元，出口创汇 1400 万美元。四是形成了经济规模。中国福马林业机械集团有限公司各主导产品的生产能力已逐步达到规模效益：年产装载机 2500 台，小动力 40 万台，柴油机 1 万台，长材刨片机及各类人造板设备 100 台套，木工刀具 1 万件，各种刀片 870 吨。产品已开始从多品种、小批量向有利于形成规模经济、取得规模效益的主导产品集中，经济增长方式逐步从粗放型向集约型转变。五是提高了经济效益。中国福马林业机械集团有限公司高起点的技术改造工作，投入产出效果显著。以“八五”期间为例，1995 年与 1990 年相比，销售收入净增 8.95 亿多元，增长 467%，实现利税净增 9205.8 万元，增长 302%，实现利润净增 5027 万元，增长 224%。“八五”期间累计净增销售收入 21.9 亿多元，利税 2.66 亿多元，利润 1.46 亿多元。

中林食品药材开发公司起步较晚，但发展较快。公司通过市场调查研究，选择了高附加值、高效益的高新技术开发项目。通过与科研单位合作，开发和引进新技术，以资金和技术为纽带实行合作经营，建立了种植、加工、销售一条龙，科工贸、产供销一体化的网络体系，并逐步加快改制、改组、改造的步伐。中林食品药材开发公司控股的中林（惠州）高科技有限公司，是植物提取生产企业，主要利用红豆杉树皮、树根提取抗癌紫杉醇原料，技术已达到国际领先水平，可生产出含量达 98%的紫杉醇精品，其产品在国内市场占主导地位，畅销美国等国家。中林食品药材开发公司目前正着手开发其他植物提取系列产品，以更好地服务于社会，创造更好的经济效益。

（六）坚持“两手抓”，精神文明建设成绩显著

各公司在抓改革开放、搞好生产经营活动的同时，始终坚持“两手抓，两手都要硬”，促进了精神文明建设与物质文明建设同步发展。

中国福马林业机械集团有限公司在精神文明建设方面，重点抓了四项工作。一是加强了基层党组织建设。在改革开放过程中，他们始终坚持从严治党，不断加强和改善党的领导，发挥党委的政治核心作用，党支部的战斗堡垒作用，党员的先锋模范作用。二是加强领导班子建设。中国福马林业机械集团有限公司始终把加强领导班子建设放在突出的位置上，坚持党管干部的原则，坚持德才兼备的标准，严格按照“四化”标准配备干部，各级领导班子求真务实，开拓进取，团结稳定。三是加强企业文化建设。中国福马林业机械集团有限公司提出“立足林业，面向社会，走向世界”的经营宗旨和“创文明单位，做文明职工”的建设目标。其各直属单位结合自身实际都有所创造：常林股份有限公司提出“公司有名气，队伍有士气，职工有志气”的企业精神；镇江林业机械厂提出“创一流企业，造一流产品，做一流员工”，以此激励和凝聚全厂干部、职工；林海股份有限公司把建设企业文化与回报社会结合起来，独家赞助中央电视台举办元旦相声小品晚会，并组织劳模进京参观游览。四是加强职工队伍建设。中国福马林业机械集团有限公司一直致力于建设一支“爱岗敬业、乐于奉献、勤勤恳恳、任劳任怨、以厂为家、能打硬仗”的职工队伍，这也是中国福马林业机械集团有限公司之所以能保持高速发展的关键所在。1980 年以来，中国福马林业机械集团有限公司先后获省部级以上各种表彰、荣誉称号 364 项，如“全国用户满意企业”、“全国质量效益型企业”、“全国职工教育先进单位”、“全国‘五一’劳动奖状企业”、“全国质量管理奖”、“全国模范职工之家”等等。公司所属常林、林

海、苏林等3个子公司的党委书记都是江苏省先进党务工作者。

中国金龙松香集团公司一直将企业文化建设作为市场经济条件下公司参与市场竞争的重要内在素质来抓，着力确立具有本公司特色的基本信念、价值观念、道德规范、规章制度、工作环境，以及与此相适应的思维方式和行为方式，并从中提炼出中国金龙松香集团公司的公司精神“团结、奋进、务实、诚信”。通过加强企业文化建设，创造了公司内部的良好工作氛围，塑造了职工群体的良好精神风貌和公司整体的良好企业形象。

（执笔人：谭光明　马启升　赵新远　刘百胜　林宝石　李鹏　董冶　陈斯忠　陆江　王学勤　张樟德）

森林和野生动植物资源的保护与管理

森林和野生动植物是大自然的宝贵财富和自然生态系统的重要组成部分。保护和管理好这项资源，对维护生态平衡、改善自然环境、保护生物多样性和促进国民经济发展，都具有十分重要的意义。

新中国成立后，党和国家十分重视森林和野生动植物资源的保护与管理，先后颁布了一系列法律法规。1949 年 9 月 29 日中国人民政治协商会议第一届全体会议通过的《中国人民政治协商会议共同纲领》就作出了"保护森林，并有计划地发展林业"的规定。1952 年 3 月 4 日，中共中央发布《关于防止森林火灾给各级党委的指示》；政务院发布《关于严防森林火灾的指示》，要求各地实行按级负责制，发动群众，结合农业生产，搞好护林防火。1961 年 6 月 26 日，中共中央颁布《关于确定林权、保护山林和发展林业的若干政策规定(试行草案)》，对山林所有权、山林的经营管理和收益分配等有关政策作出了明确规定。1963 年 5 月 27 日，国务院颁发《森林保护条例》，对护林组织、森林管理、预防和扑救森林火灾、防治森林病虫害等，作出了具体规定。1967 年 9 月 23 日，中共中央、国务院等发出《关于加强山林保护管理，制止破坏山林、树木的通知》，要求认真执行国务院发布的《森林保护条例》，积极做好护林宣传教育，加强山林管理，同一切破坏森林的行为作斗争。

改革开放以来，党和国家进一步加强了森林资源的保护管理，1979 年 2 月 23 日第五届全国人民代表大会常务委员会第六次会议原则通过《中华人民共和国森林法(试行)》，这是新中国第一部林业大法，也是党的十一届三中全会后我国制定的第一部单行经济法律。1984 年 9 月 20 日第六届全国人民代表大会常务委员会第七次会议正式通过《中华人民共和国森林法》，并于 1985 年 1 月施行。1988 年 11 月 8 日第七届全国人民代表大会常务委员会第四次会议颁布了《中华人民共和国野生动物保护法》，同年，国务院发布了《森林防火条例》，1996 年国务院发布了《中华人民共和国野生植物保护条例》。这些法律法规的颁布和实施对保护森林和野生动植物资源起到了重要作用。

为了摸清我国森林资源情况，给保护、经营和合理开发利用提供科学依据，我国从 50 年代就对集中成片的林区进行森林资源调查。1973 年，在全国有组织地开展了以县为调查单位的森林资源清查工作，到 1976 年完成了第一次全国森林资源清查。自 1977 年开始，在全国逐步建立起森林资源连续清查体系。从 1989 年在全国建立连续清查体系的基础上，进一步建立了森林资源监测体系，实现了对全国森林资源消长情况的监测。到 1998 年，已先后进行了 5 次全国森林资源清查，为国家及时掌握森林资源现状和消长变化情况，预测森林资源发展趋势，正确调整林业方针政策提供了科学依据。连续清查结果显示，我国所采取的一系列护林、育林和减少资源消耗的政策措施，取得了显著成效。1989～1993 年全国森林资源清查结果表明，与第三次全国森林资源清查相比较，全国森林面积已由 1.25 亿公顷增加到 1.34 亿公顷；全国森林覆盖率由 12.98%上升到 13.92%；全国活立木蓄积量达到 117.85 亿立方米，按可比口径，增加 4.1 亿立方米，已经实现了全国总生长量和总消耗量持平，消灭了森林资源"赤字"，扭转了长期以来森林蓄积持续下降的被动局面，开始走向森林面积和蓄积量双增长。

森林资源和林政管理在机构、队伍、法规、制度等建设方面不断完善。在森林资源管理方面，进行了林业区划、规划设计及编制森林经营方案等工作。在林政管理方面，根据1981年中共中央、国务院发布的《关于保护森林发展林业若干问题的决定》，在全国开展了稳定山权、林权，划定自留山，确定林业生产责任制的工作，从1988年起，开展了对国有林颁发林权证的工作。从1987年起，在全国实行森林采伐限额制度，凭证采伐林木、凭证运输和经营加工木材等制度逐步健全。1988年，林业部与国家土地管理局联合下发了《关于加强林地保护和管理的通知》，建立了征用、占用林地审批管理制度，保护了林业经营单位合法经营权，有效地控制了林地面积的减少。

在森林防火方面，党中央、国务院和地方各级党委、政府一直非常重视，特别是1987年大兴安岭地区特大森林火灾以后，进一步加强了森林防火工作，在财力、物力上给予很大支持，使组织建设、队伍建设、法制建设、设施建设、科学防火等方面得到了很大改善和加强，从而使预防和扑救森林火灾的综合能力有了很大提高。

森林病虫害防治技术手段不断进步，防治经费投入逐步增加，在全国建立起森林病虫害防治体系，实行森林病虫害防治的目标管理和工程管理，使我国整体森林病虫害防治能力得到增强。

野生动植物资源保护管理近几十年来不断加强，逐步建立健全保护管理体系，完善法律法规，开展珍稀动物资源调查和科学研究，大力进行宣传教育，积极拯救濒危动植物，发展野生动植物养殖培植和开发利用，加速自然保护区建设，积极开展国际合作与交流。

林业公检法在队伍建设和各项业务建设方面不断取得新进展。各级林业公检法机关认真贯彻执行《森林法》、《野生动物保护法》等各项法律法规。根据国家公安工作的总体部署，开展"严打"和专项整治，全面提高了林业公安的预防、发现、控制和打击能力，有效地保护了森林资源的安全，维护了林区的社会稳定。

一、森林资源监测与管理

森林资源具有生态、社会、经济等方面的多种效益。森林是陆地生态系统的主体，对维护和改善生态环境具有十分重要的作用，也是保证国民经济持续、快速、健康发展，满足广大人民群众生活生产所必须的重要资源与资产。加强对森林资源的保护与管理，科学合理地管理和利用森林资源，是我国林业建设一项长期的、主要的任务。

（一）森林资源监测

为了加强森林资源管理和监督工作，及时掌握森林资源现状和消长变化情况，预测森林资源的发展趋势，1989年林业部在全国建立森林资源监测体系，还要求省（区、市）建立地方森林资源监测体系。全国森林资源监测体系是由国家森林资源监测、地方森林资源监测和资源信息通讯与管理系统组成。其中国家森林资源监测是以各省（区、市）为单位的森林资源连续清查、年度资源监测组成，地方森林资源监测是以县（林业局、自然保护区、林场）为单位的资源监测。资源信息通讯与管理系统是利用现代计算机技术、信息技术及通讯技术为主要手段，把自上而下的和自下而上的森林资源监测有机地连成一体，达到及时和迅速监测全国森林资源变化和辅助经营管理决策的目的。当前，我国的森林资源监测，是以固定样地为主进行定期调查，定期提供全国和各省（区、市）森林资源（主要是森林面积和蓄积）现状和消长变化情况；在此基础上，还应用数学模型与年度的有关资源变化信息，对森林资源进行年度数据更新与预测，用以提供年度森林资源的消长变化。

全国森林资源监测为制订和调整林业建设方针政策，制定林业发展规划、计划；为领导干部实行森林资源消长任期目标责任制进行监督检查;为监督和调整年森林采伐限额,提供了科学的依据。

1. 森林资源监测体系的建设与发展

从新中国成立到1998年,我国完成了一次全国森林资源统计汇总和五次全国森林资源清查,第五次全国森林资源清查在1998年底前完成。

(1)全国森林资源统计汇总。从建国初到60年代,为满足国民经济建设对木材的需要,在我国主要林区和重点林业县先后开展森林资源调查,1962年林业部组织全国各省(区、市)进行了全国森林资源调查成果整理统计,最后进行了全国汇总。由于受当时条件限制,在此基础上进行的全国森林资源统计汇总成果,虽还不能全面反映当时全国森林资源状况,但毕竟是中国有史以来首次通过森林资源调查成果进行的统计汇总,可以基本反映已经调查的300万平方公里范围内的森林资源概况。

(2)第一次全国森林资源清查(1973～1976年)。1973年农林部部署全国各省(区、市)开展按行政区县(局)为单位的森林资源清查工作,农林部组织全国汇总。主要是查清全国森林资源现状,这是建国以来第一次在全国范围,在比较统一的时间内进行的较全面的森林资源清查。由于时值国民经济建设第四个五年计划期,因此称这次清查为"四五"清查。

(3)第二次全国森林资源清查(1977～1981年)。由于以往的森林资源清查侧重于清查资源现状,不能客观估测资源消长变化动态,不能适应森林资源管理工作需要。1977年农林部为进行森林资源清查方法的改革,在江西省组织了全国森林资源连续清查的试点工作。在1978～1981年,完成了全国森林资源连续清查体系的建立工作。这是我国森林资源清查工作发展的重要里程碑。它为此后开展全国森林资源的动态监测奠定了基础。1982年林业部对全国各省(区、市)调查成果进行了统计汇总和资源分析。

(4)第三次全国森林资源清查(1984～1988年)。从1984年开始,全国各省(区、市)先后开展森林资源连续清查第一次复查工作(个别省为第二次),全国复查工作于1988年结束。通过这次复查,进一步证明了连续清查是当前最为有效的森林资源动态监测方法,具有较好的同一时态性,较高的可比性,对加强资源宏观管理工作起到很大作用。这次清查结果表明其方法科学,数据可靠,信息量大,提供了迄今为止最为科学完整的森林资源数量、质量及动态数据,为宏观指导我国林业工作、制定和调整林业方针政策,制订林业发展规划、计划提供科学依据。

(5)第四次全国森林资源清查(1989～1993年)和全国森林资源监测体系的建立。1989年开始,各省(区、市)相继开展了森林资源连续清查第二次复查工作。这次复查是在总结以往工作基础上的完善与提高。清查的覆盖面更趋全面,技术标准、调查方法更为一致和规范,在质量要求上更加严格,使调查成果更为客观,提供信息更为丰富。

通过1988～1991年森林资源清查、全国森林资源监测,与全国第三次森林资源清查相比,全国森林面积已由18.7亿亩增加到19.3亿亩;森林覆盖率由12.98%上升到13.4%;活立木蓄积量上升到108.68亿立方米,按可比口径增加1.7亿立方米,已经实现了全国森林总生长量和总消耗量持平,消灭了森林资源"赤字",扭转了长期以来森林蓄积持续下降的被动局面,开始走向森林面积和蓄积量双增长。

(6)第五次全国森林资源清查(1994～1998年)。根据连续清查复查计划,1994～1998年开展了第三次复查工作。这期间进一步进行了技术方案的优化与完善工作,复查工作更加制度化、规范化,调查成果的统计、分析更加全面、深入。

2. 调查规划设计队伍的发展壮大

随着森林调查规划设计工作的广泛开展,建设了一支遍及全国的林业调查设计队伍。

(1)林业部直属森林资源调查队伍。在50年代,林业部组建了13个林业部直属森林调查队,分别驻在北京、西安、哈尔滨、成都、昆明及牡丹江等地,职工人数达3490人。各直属调查队伍完成了大小兴安岭、长白山、完达山、西南、西北等国有林区的森林经理工作,并相应编制了森林经营方案(施业案),同时也完成了主要国有林区的航空摄影测量(比例尺主要为1∶25 000)和森林航空调查工作,为建国以来第一次全国森林资源统计提供了基础数据。1958～1962年,部分林业部直属调查队伍下放到省,林业部直属调查队伍职工人数为2680人。在这个时期,各个调查大队除了继续从事国有林的调查设计工作外,还开始了集体林区的调查设计工作。60年代后期，林业部收回原先已下放但尚未解散的几个森林调查大队，并增加人员编制。共成立了9个部属森林经理调查大队及森林综合调查大队。

1982年林业部为了加强森林资源的宏观管理工作，组建了资源管理司(后改为资源和林政管理司)，负责全国森林资源的清查与管理，全国森林资源调查工作逐渐纳入制度化、规范化，形成一个定期(5年)的森林资源监测体系。同时，把原有部直属四个森林资源调查大队组建为四个林业调查规划设计院与森林资源监测中心，分别负责全国各大区域的森林资源调查与监测的技术工作。林业部调查规划设计院，即林业部东北区域森林资源监测中心(驻北京)，负责黑龙江、吉林、辽宁、内蒙古、河北、北京及天津7省(区、市)的森林资源监测工作；林业部中南调查规划设计院，即林业部中南区域的森林资源监测中心(驻长沙)，负责湖北、湖南、贵州、广东、广西、云南、海南及西藏8省(区)的森林资源监测工作；林业部西北调查规划设计院，即林业部西北森林资源监测中心(驻西安)，负责陕西、山西、甘肃、新疆、重庆、四川、青海及宁夏8省(区、市)的森林资源监测工作；林业部华东调查规划设计院，即林业部华东区域的森林资源监测中心(驻金华)，负责福建、浙江、江西、江苏、安徽、山东、上海及河南8省(区、市)的森林资源监测工作。1987年统计，林业部直属四个调查规划设计院总人数为888人，其中技术干部占84%以上。

(2)省(区、市)级的林业调查规划设计队伍。建国初期，一些省(区)即开始培训林业调查技术干部，组建林业调查队伍。到1956年，全国绝大多数省(区、市)都建立了一支政治素质较好、专业齐全、业务比较熟练的林业调查队伍，职工人数达9027人。1978年以后，全国各省(区、市)林业调查规划设计队伍又重新扩建，在原基础上建成林业调查规划(勘察)设计院。一些重点林业省(区)如内蒙古、黑龙江、吉林、云南、四川等分别建立2～3个林业调查规划与勘察设计院。他们除完成本省(区)的林业调查规划工作外，还承担了森林经营设计和工程勘察设计工作，业务有了很大扩展。同时，各省(区)还组建以市(地)、县一级林业调查队，承担本地区的二类调查及作业设计工作。到1994年底，全国林业调查规划设计队伍职工达3.7万人，其中省级调查规划设计队伍近8700人，地级近3000人，县局级2万多人。

3. 森林资源调查技术的发展

森林资源调查与监测工作中新技术的运用、引进与发展，大大提高了森林资源清查技术水平。

(1)航空摄影及调查技术的应用。50年代初，在森林资源调查中主要沿用标准地调查法及每木实测法。在面积及成图方面主要采用经纬仪导线测量方法编制调查地区基本图，在林、小班细部测量方面主要采用罗盘仪导线测量的方法。到50年代中期，从苏联引进了航空摄影测量与航空调查技术，大大提高了野外调查与测绘工作效率。

(2)抽样调查和森林资源连续清查技术的应用。60年代在森林资源调查中引进了以数理统计为基本原理的抽样调查技术，不仅提高了工作效率，也为森林资源调查现代化打下了基础。70年代在全国开展森林资源抽样调查的基础上，引进了以固定样地为主的森林资源连续清查技术。在全国范围内建立固定样地，定期复查，并首次查清了森林资源的消长变化趋势。我国森林资源清查的技术水平从此步入先进国家的行列。

(3)航天遥感技术的应用。全国自70年代后期，开始在森林资源调查工作中引进航天遥感技术，并在1977年利用美国陆地资源卫星的MMS图像在西藏自治区进行了第一次森林资源调查工作。随后，林业科技、教学及生产等部门都逐渐研究航天遥感技术在林业调查工作中的应用，到目前已建立了卫星像片计算机处理、影像增强、彩色合成及计算机分类的成套技术，并逐步在全国的森林资源调查中开发应用。

(4)电子计算机的引进与应用。自1984年起在森林资源调查的统计与分析工作中引进了微机技术，应用不同的计算机语言与软件建立全国森林资源清查数据库代替了原有的手工计算与统计，大大提高了工作效率与精度。

(5)建立全国森林资源信息管理系统。这项技术是在联合国开发计划署援助林业部“建立全国森林资源监测体系”研究项目基础上进行开发应用的。研究项目于1993年开始实施，1997年底完成。项目中引进了国际上先进的地理信息系统技术、遥感技术、数据库技术、数学模型预测技术以及先进的抽样技术方法。项目研究成果应用于现行体系后，将使全国的森林资源清查系统形成采用先进的遥感技术，既有资源清查数据，又有森林资源空间分布；既有资源现状，又有资源预测与更新功能，使资源监测工作逐步形成一个先进的森林资源信息管理系统，更好地为林业建设决策服务。

4. 地方资源监测体系建设

地方森林资源监测是全国森林资源监测的重要组成部分。一般分为三个层次，即省（区、市）、地（市）和县（局）森林资源监测。监测的主要内容为：森林资源现状，包括各类森林面积、蓄积及其生长量；森林资源消耗量及其结构；造林保存率及新成林面积；森林资源变化发展趋势等。1991年，林业部资源和林政管理司印发了《关于建立地方森林资源监测体系有关问题的原则规定（试行）》，到1992年，成立省级监测中心有24个，并制定了地方森林资源监测方案和工作计划，开展了试点。地方森林资源监测成果为各级地方政府和林业经营单位制定规划，实现科学经营，提高林地生产力，加强森林资源保护管理，发挥了重要作用。

森林资源规划设计调查（又称二类调查）是地方森林资源监测的基础工作，其成果为满足编制森林经营方案、总体设计和县级林业区划、规划，以及基地造林规划等需要。建国初期主要在重点林区或县、局、场进行二类调查（当时称森林经理调查），到80年代以后这项工作逐步做到制度化、规范化，各项规章制度日趋完善。在1982年7月召开的“全国森林资源清查与管理工作会议”上，林业部对135个国营林业局、1800个进入抚育间伐和主伐的国营林场、500个速生丰产林重点林场，以及158个南方集体林区重点林业县，部署了总面积为1.1亿公顷的二类调查工作。

森林资源档案是地方森林资源监测的重要工作，是森林资源管理的重要手段。其目的是为了及时掌握林业经营单位资源现状与变化，评定森林经营利用效果，为编制利用规划、设计、计划，确定森林经营措施和安排各项经营活动，提高可靠依据。自60年代开始，我国先后在一些林区进行了森林资源建档工作，但由于经济条件、历史因素的影响，森林资源档案建立与管理工作发展缓慢。为推动森林资源档案工作，林业部于1985年颁发了《森林资源档案管理办法》，规定了森林资源档案的主要任务，建档、续档的原则和森林资源统计年报要求。该办法颁布后，全国各省（区、市）根据具体情况制定了实施细则，举办培训班，有力地推动了资源档案管理工作的进展。1992年林业部制定了《森林资源档案工作检查办法（试行）》，并派检查组到林业生产经营单位进行抽查，通过自查与抽查，进一步提高建档质量，强化质量意识。

（二）资源和林政管理

资源和林政管理是保护和发展森林资源的重要保证。新中国成立以来，资源和林政管理在机构设置、法规建设等方面不断健全和完善，工作不断深化和提高，为了保护和发展我国的森林资源起到了重要作用。随着林业改革的深入发展，资源和林政管理工作更加繁重，发挥着愈来愈重要的作用。

1. 森林资源管理

林业部为加强森林资源宏观管理工作，1982年组建了森林资源管理司，后改为资源和林政管理司。林业部根据国家总体规划，先后组织了全国林业区划工作，划定了林业“地区”，并为江河流域的林业发展大型生态工程的建设，编制了规划设计，同时为国有和集体森林编制了森林经营方案。

（1）林业区划。林业区划是林业战略决策科学化的基础。我国林业区划工作始于1954年，林业部成立了林业区划研究组，起草了《全国林业区划草案》，但此项工作后来未能继续进行。1979年3月，国家农委和国家科委召开了全国农业区划工作会议，决定在全国范围内开展农业自然资源调查和农业区划工作。林业部于同年6月在河南新乡市召开了全国林业自然资源调查和林业区划工作会议，部署了林业区划工作，专门成立了林业区划办公室。

1979年以来，我国林业区划工作由点到面，由浅入深，逐步发展，并取得显著成就。完成了《中国林业区划》的编制工作。以30多年来各省（区、市）大量的调查和国内有关学科研究资料为基础，在全国划分50个林区，以地带性气候、地貌、森林植被类型等因素相似和地域连接作为条件，进一步划分林业“地区”，加上青藏高原非宜林地区，全国共分为8个地区：东北用材、防护林地区（包括7个林区），蒙新防护林地区（包括11个林区和1个西北荒漠、半荒漠待补水区），黄土高原防护林区（包括3个林区），华北防护、用材林地区（包括4个林区），青藏高原寒漠非宜林地区，西南高山峡谷防护、用材林地区（包括

2个林区)，南方用材、经济林地区(包括18个林区)，华南热带林保护地区(包括5个林区)。

1979年新乡会议后，各省(区、市)按照林业部区划办公室印发的《林业区划原则规定》，全面开展了省级林业区划工作。到1981年上半年，绝大部分省(区、市)完成了林业区划初稿。依据"林业"划分原则，在全国范围内划分作为全国分区基础的省级林区，共为178个。与此同时，县级林业区划工作也全面展开，其主要任务是查明本县境内与林业有关的自然资源、社会经济状况和社会经济发展对林业的要求，提出本县范围内不同区域林业的发展方向、生产布局和关键措施。到目前为止，绝大部分县(市、区)完成了县级林业区划。

(2)规划设计。按照1984年国务院批准的《黄河治理开发规划修订任务书》的分工，林业区划办公室组织黄河流域9省(区)林业厅对近80万平方公里的流域面积进行了调查研究。于1986年10月完成了《黄河流域林业发展规划》。按照国家计委关于转发水电部《长江流域综合利用规划要求报告修订补充工作协调会议纪要》的通知要求，林业区划办公室组织全流域的16个省(区、市)林业部门，于1986年8月完成了《长江流域林业发展规划》的编制工作。1978年，"三北"防护林工程经国务院批准纳入国家建设计划，林业部当即组织各有关省(区)专业技术力量，编制了一期工程造林规划设计文件。此外，在1985～1986年完成太行山110个县绿化工程规划设计，编制了沿海防护林与长江中上游防护林体系建设总体规划，以及相应的县级规划设计等。这些规划设计文件及研究成果，为国家制定林业发展战略，指导生产建设，提供了科学依据，对提高各项林业工程建设的质量与效益，起了重要的保证作用。

(3)编制森林经营方案。森林经营方案是林业经营单位科学经营和合理利用森林资源的基础和依据。林业部1954～1960年先后颁发《森林经理规程试行方案》、《国有林森林经理规程》和《国有林调查设计规程》等，指导全国开展了森林经理和调查设计工作。1986、1988年林业部分别颁发了《国营林业局、国营林场编制森林经营方案原则规定(试行)》和《加快森林经营方案编制进度的通知》。1991年，林业部资源和林政管理司印发了《编制集体林森林经营方案的原则规定(试行)》。到1991年底，全国136个国营森工企业，已有115个完成了森林经营方案的编制工作，占84.6%，其中东北内蒙古林区森工企业局全部完成编案工作。国营林场(采育场)完成3155个，经营面积3.6亿亩，占总个数的72.2%，占经营总面积的60.6%。同时，已完成集体林森林经营方案编制的县(市)达740个。

2. 林政管理

林政管理，在健全资源林政管理机构、实行年森林采伐限额管理制度、加强林权管理、强化林地管理、林政执法管理，以及木材流通监督管理等方面做了大量的工作，取得了显著成绩。

(1)健全资源林政管理机构。1950年，中央人民政府林垦部成立时，便设立了林政司，管理全国护林防火、封山育林、清理林权和制定法规等工作。1951年，林垦部改为林业部，内设机构也做了相应的调整，将林政司改为森林经营局，下设林政处。在此期间，各省(区、市)林业主管部门相继成立了林政机构。"文化大革命"期间，各级林政管理机构都被撤销，致使山林大面积遭受破坏。

党的十一届三中全会后，随着全国政治经济的好转，林政管理工作也开始纳入各级政府工作的日程，林政管理机构相应恢复和建立。林业部于1982年设立了林政司，在该司中设有林政处。为进一步加强森林资源林政管理工作，在1988年的机构改革中，林业部成立了资源和林政管理司。1998年国务院机构改革时又改为国家林业局森林资源管理司。总之，建国以来，林政管理机构虽几经变迁，但从总体上说还是不断得到了加强。到1998年，全国从中央到省、地、县及乡(镇)都建立了林政管理机构，负责林政管理工作。迄今我国林政管理和行政执法体系已基本形成，这对依法保护和合理利用森林资源，打击乱砍滥伐林木、乱侵滥占林地、乱捕滥猎野生动物等违法行为，维护林区的社会稳定和正常的生产经营秩序，已经和正在起着十分重要的作用。

(2)实行年森林采伐限额管理制度。

①建立和完善年森林采伐限额制度。1985年以前，我国实行木材生产计划管理制度，其管理的主要目标是木材生产。由于实行以需定产，重采轻育，造成森林资源长期过伐，特别是东北内蒙古国有林区，可采资源面临枯竭。

1985年1月1日实施的《森林法》明确规定："国家根据用材林的消耗量低于生长量的原则，严格控制森林年采伐量"。为贯彻执行《森林法》，林业部于1985年6月颁发了《制定年森林采伐限额暂行规定》,并组织开展全国各省(区、市)"七五"期间年森林采伐限额的编制工作。1987年4月国务院下发了《国务院批转林业部关于各省、自治区、直辖市年森林采伐限额审核意见的通知》,明确规定了各省(区、市)"七五"期间的年森林采伐限额。从此,我国的森林采伐管理由木材生产计划管理制度转入森林采伐限额管理制度。

"七五"期间虽然建立了年森林采伐限额制度,但在采伐限额的编制和管理工作中,多数省(区、市)仍未摆脱木材生产计划管理思想的束缚,在工作中严重存在着"管一块,漏一块"的问题。为对整个森林资源消耗实行全额管理,林业部在指导各省(区、市)编制"八五"期间年森林采伐限额时明确提出,按照全额管理分项控制的原则,将所有的森林资源消耗纳入采伐限额的编制和管理。根据森林资源消耗的去向和管理的特点,将森林资源消耗分为商品材、农民自用材、培植业用材、烧材和其他用材,并将这五项指标作为分项限额进行编制和管理。这样,我国的森林资源采伐消耗管理由管一块、漏一块进入了全额管理,既控制消耗总量,又控制消耗结构分项指标,进一步完善了年森林采伐限额制度。在"八五"期间年森林采伐限额编制和管理的基础上,为加强采伐源头管理,使年采伐限额管理落到山头地块,在"九五"期间采伐限额编制和管理上增加了采伐类型分项指标,从而使我国采伐限额管理由消耗结构分项管理向采伐类型分项管理过渡。

②严格执行年森林采伐限额制度。自1987年实行年采伐限额制度以来,全国各省(区、市)在执行年森林采伐限额工作中做了大量工作。

一是加强领导,提高认识。在党中央、国务院的重视和领导下,森林采伐限额管理受到地方各级人民政府和林业主管部门的高度重视,多数省(区、市)建立了领导干部保护发展森林资源任期目标责任制,把执行采伐限额工作作为考核各级政府领导干部政绩的主要内容。

二是实行年森林采伐限额计划管理制度,使采伐限额管理与计划管理统一。为使采伐限额管理落到实处,国务院决定,从1991年起,在全国实施森林总采伐量计划管理制度,做到采伐管理与计划管理的统一。

三是严格执行凭证采伐制度,切实加强林木采伐管理。为严格执行森林采伐限额,林业部于1989年颁发了《关于加强林木采伐许可证管理的通知》。规定从1989年10月1日起,全国各省(区、市)开始实行全国统一的林木采伐许可证制度,改变了过去林木采伐许可证样式不统一,管理混乱,要求不严的状况。

四是各省(区、市)制定和完善了相应的管理办法和措施。"八五"期间,全国多数省(区、市)制定了森林采伐限额管理暂行规定或办法,有些地方还分别制定了商品材、农民自用材、培植业用材、薪炭材等专项管理办法。为降低薪材消耗,不少省(区)结合农村能源开发,加速了农村改燃、改灶节柴工作进程,有效地降低了森林资源消耗。

五是初步建立了森林采伐限额执行情况监督检查制度。1991年6月林业部《关于加强森林采伐限额执行情况监督检查若干问题的通知》明确规定,建立国家、省、地(林管局)、县(林业局)四级监督检查制度,要求省、地、县各级对采伐限额执行情况和森林资源消长情况建立检查、考核通报制度和监督机制。根据林业部的规定,各省(区、市)先后建立了森林采伐限额执行情况监督检查制度。林业部每年对各省(区、市)的采伐限额执行情况进行调查,并将调查结果通报全国,有力地促进了森林采伐限额管理的加强。

③实行年森林采伐限额制度初见成效。自1987年实行年森林采伐限额制度以来,森林资源过量消耗的局面得到了有效地控制。在人口增长,经济高速发展的前提下,全国森林资源消耗呈现下降的趋势。根据全国森林资源连续清查,1984~1988年年均消耗量3.44亿立方米。1989~1993年年均消耗量3.2亿立方米。全国年森林采伐限额情况见下页表。

全国年森林采伐限额情况

单位:万立方米、万根、万公顷

期间	文号	标题	年森林采伐限额	按采伐类型分项限额			按消耗结构分项限额					毛竹年采伐限额	备注
				主伐	抚育采伐	其他采伐	商品材		农民自用材	培植业用材	烧材		
							采伐量	出材量					
1987～1990年(“七五”期间)	国发[1987]35号	国务院批转林业部关于各省、自治区、直辖市年森林采伐限额审核意见的报告	12633.8										除天津市、上海市和台湾省外
1991～1995年(“八五”期间)	国发[1990]66号	国务院批转林业部关于各省、自治区、直辖市“八五”期间年森林采伐限额审核意见报告的通知	24359.5				9989.2	6062.3	4529.6	642.6	9198.1	36340.0	除西藏自治区、上海市、台湾省外
1996～2000年(“九五”期间)	国函[1995]120号	国务院关于各省、自治区、直辖市“九五”期间年森林采伐限额问题的批复	26651.9	11152.1	4633.8	10866.0	13485.4	8002.9	4590.8	980.9	7594.8	56228.5	除上海市、西藏自治区、台湾省外

(3)加强林权管理。

①我国林权管理的历史沿革:

土地改革时期。建国初期在进行土地改革时,我国对处理山林权属问题就十分重视。在1950年6月28日中央人民政府委员会第8次会议通过的《土地改革法》中,将山林、鱼塘、茶山、桐山、桑田、竹林、果园、芦苇地、荒地及其他可分土地,应按适当比例,折合普通土地统一分配之;1951年政务院在《关于适当地处理林权,明确管理保护责任的指示》中规定:“尚未明确划定林权的森林,其较大者应明令公布为国有财产,由当地人民政府和林业专管机构切实负责管理保护。零星分散的山林,由当地人民政府根据实际情况,按《土地改革法》第十六条之规定,分别进行清理和确定林权,由县人民政府发给林权证明”。这一时期结合土地改革清理林权的工作到1955年基本结束。

“四固定”时期。在贯彻中共中央关于农村人民公社当前政策问题的紧急指示的同时,1961年中共中央作出了《关于确定林权、保护山林和发展林业的若干政策规定(试行草案)》,即林业十八条,进一步明确了确定和保障山林的所有权的有关政策,认真贯彻了“三级所有,队为基础”的原则。全国各地结合“四固定”(劳力、土地、耕畜、农具)工作,进一步确认林地和林木权属,并填写“四固定”清册和林权证或山林权证。如中南局当时就规定:“根据林业十八条和农村人民公社工作条例修正草案的有关规定,结合自己的具体情况认真处理林权,并在确定林权的同时由县人委发给山林所有证”。

林业“三定”时期。为坚决制止滥砍乱伐,切实保护现有森林,充分调动各方面的积极性,大力开展植树造林,1981年中共中央、国务院作出《关于保护森林发展林业若干问题的决定》。决定中规定:“国家所有、集体所有的山林树木,或个人所有的林木和使用的林地,以及其他部门、单位的林木,凡是权属清楚的,都应予以承认,由县或者县以上人民政府颁发林权证,保障所有权不变。”各省(区、市)都成立了领导机构,花费了大量的人力、物力和财力,利用3年多的时间,在全国范围内开展了稳定山林权、划定自留山、确定林业生产责任制(简称“林业三定”),同时调处了128万起山林争议。截至1983年统计,全国有

77%的县、82%的村屯完成了山林权发证工作。这项工作的完成对稳定约占我国森林资源60%的集体林的林权和发展农村的林业事业起到了重要作用。

核发国有林权证时期。1989年国务院办公厅依据《森林法》和《土地管理法》的规定,转发了林业部《关于国有林权证颁发情况及限期完成发证工作意见的报告》,在全国开展了国有林权证的核发工作。同年国务院办公厅批复:国务院同意由林业部核发黑龙江省森工总局、大兴安岭林业公司、吉林省林业厅、内蒙古大兴安岭林业管理局等四个单位所属各国营林业局的林权证。全国国有企事业单位核发国有林权证的工作经历3年多的时间,于1992年基本完成。东北、内蒙古国有林区林业局核发林权证的工作到1998年基本完成。国有林权证的核发对保护国有森林资源和维护国有林业企事业单位的合法权益,起到了重要作用。

②调处林木和林地权属争议工作。根据《森林法》第十四条中的规定,"全民所有制单位之间、集体所有制单位之间以及全民所有制单位与集体所有制单位之间发生的林木、林地所有权和使用权争议,由县级以上人民政府处理。"1984年,国务院批转林业部、民政部等部门《关于调处省际山林权纠纷问题的报告》规定,省际山林权纠纷"经各级调解均解决不了的,由省、区人民政府各自将纠纷的情况及解决的具体意见、方案,提请国务院主管部门协调,确实协调不了的,由主管部门提出意见报国务院决定"。根据上述的规定,全国的林木、林地权属争议的调处工作,都是在国务院和各级地方人民政府的领导下,由各级林业行政主管部门承担。在福建、浙江、广东、湖南等山林争议比较多的省份,先后制定了林木林地权属争议处理办法,调处机构均设在省林业主管部门。林业部一直承担着办理省际山林权属争议的调处工作,并于1996年以林业部部长第10号令发布了《林木林地权属争议处理办法》。

(4)强化林地管理。

①征占用林地的审批、审核、补偿制度。林地是森林资源的重要内容,也是林业生产的基础条件,加强林地管理,健全征占用林地的审批、审核、补偿制度,是资源林政管理工作的重要任务。根据有关规定,国家因勘察设计、修筑工程设施、开采矿藏的需要,依照法律规定,使用集体所有的林地为征用林地,而使用全民所有的林地为占用林地。新中国成立后的相当一段时期,我国征占用林地制度很不完善。1953年11月5日,政务院第192次政务会议通过了《国家建设征用土地办法》,后经中央人民政府主席批准,于1953年12月5日由政务院公布施行。但对征用林地需要砍伐林木却没有明确的补偿。1965年3月23日,林业部批复陕西省林业厅,在国有林区因开矿、修建厂房、修筑铁路、公路,架设电话或输电线路以及国防工程等,必须占用国有林地的,应由各该单位按照主管机关批准的施工方案,将需要占用林地的地点、面积,报请省林业行政部门审查批准。国家建设工程需要占用集体林时,应当根据国家建设征用土地等有关规定办理。同时,作出了对伐除林木给予经济补偿的规定。

1982年5月4日第五届全国人民代表大会常务委员会第23次会议原则批准,1982年5月14日国务院颁发的《国家建设征用土地条例》,规定了征用土地的程序、审批权限、补偿标准和安置补助标准等,同时还规定已征用二年还不使用的土地,除经原批准征地的机关同意延期使用的土地外,当地县、市人民政府有权收回。

随着《土地管理法》的贯彻实施和耕地占用税的开征,各地加强了对耕地的管理,但是由于对林地的保护管理工作没有跟上,造成林地被占用的情况日益严重,不办手续擅自占用林地的问题非常突出。为保护和发展森林资源,加强对林地的保护管理,1988年林业部和国家土地管理局下发的《关于加强林地保护和管理的通知》中规定:国家建设、乡(镇)村建设占用国有和征用集体所有林的,土地管理部门接到建设单位用地申请后,须征得林业主管部门的书面意见,经依法审查后,按法定审批权限报人民政府批准。

为严格征占用林地的审批管理,认真执行征用、占用林地的补偿制度,1992年5月26日林业部、国家计委、国家土地管理局和国家物价局向国务院上报了《关于进一步加强林地保护管理工作的请示》,国务院办公厅于6月8日正式批复转发。《请示》明确规定,"凡征用、占用林地的,用地单位应当按规定支付林地、林木补偿费、森林植被恢复费和安置补助费。凡临时使用林地的,要按《土地复垦规定》,支付林地损失补偿费。"

1992年1月3日,《林业部关于征用、占用林地审核程序有关问题的通知》中规定:凡国家建设、乡

(镇)村建设需征用集体和占用国有林地的,必须经林业主管部门审核同意。县级以上地方林业主管部门在办理审核征用、占用林地手续时,应要求建设单位必须提供按国家基本建设程序批准的设计任务书或批准文件,用地单位的申请报告,所征、占林地的权属凭证,征、占林地项目设计书及交纳林地、林木补偿费、森林植被恢复费协议书。征用、占用十亩以下林地的,县级林业主管部门在现场调查后,须以正式书面文件提出审核意见,并将该文件抄送省级林业主管部门备案。征、占用十亩以上二千亩以下林地的,由县级林业主管部门对所征、占林地进行现场调查后,提出书面意见,按本省、自治区、直辖市规定的批地权限报地(市)或省级林业主管部门。征用、占用林地二千亩以上的,由县级林业主管部门审核提出意见,经地(市)级林业主管部门签署意见后,报省级林业主管部门,省级林业主管部门须在现场复核后以书面文件报林业部。

②使用林地许可证制度。为明确国家建设征占用林地和国有林业企业事业单位内部改变林地用途的审核、审批程序,规范审核审批手续,从1995年起,林业部决定在全国实行使用林地许可证制度。《林业部关于实行使用林地许可证制度的通知》中规定,《使用林地许可证》适用于国家建设占用国有林地和征用集体林地;国有林业企事业单位内部使用林地,从事为林业生产服务的基本建设(房屋、道路)、挖沙、取土、开矿以及多种经营用地,依法出租、转让林地用于非林业生产等。《使用林地许可证》由县级以上林业行政主管部门按权限审批发放。林业企事业单位内部使用林地,30亩以下的由县级林业主管部门审批发放;2000亩以下的由省级林业主管部门审批发放。短期使用林地的,应两年换发一次《使用林地许可证》。林地经营单位凭《使用林地许可证》办理林地拨交使用手续,同时办理森林资源档案更新或林权证变更事宜。

根据林业部对1995、1996两个年度的全国征占用林地情况的调查结果,1995年度被调查的工程项目办证率为34.3%,1996年度的办证率为59.4%。

(5)林政执法管理。党和国家对林业工作,尤其是对林政管理工作一直十分重视。建国以来,国务院多次发出加强森林资源保护管理的通知,要求加强林政执法工作力度,保护好森林资源。随着我国法制工作的加强,林政执法工作走上了正轨,并逐步得到加强和完善。

①林政执法管理体系建设。多年来,各级人民政府和各有关部门十分重视林政执法工作和林政执法队伍的建设。全国从中央到省、地、县及乡(镇)都建立了专门的林政执法管理机构,负责林政执法工作。截至1998年,全国有县级以上林业行政执法机构3000多个,从事林业行政执法及其管理工作的人员3万多人;经省级人民政府批准设立的木材检查站4000多个,检查人员3.5万人;乡镇林业工作站3.7万个,配设林政管理人员约6万人。另外,全国还聘有各种专职、兼职护林员120多万人。可以说,我国的林业行政管理和行政执法体系已基本形成。

②林政案件的查处情况。新中国成立以来,全国资源林政管理机构,在各级林业主管部门的领导和有关部门的配合下,认真履行职责,严格依法管理、严格执法,及时有力地打击了各种破坏森林资源的违法行为,为我国林业建设事业的发展、实现森林资源"双增长"发挥了重要的保驾护航作用。据不完全统计,1990～1997年的8年间,共发现林业行政案件378万起,查处了360万起,查处率为95%,共收缴木材646万立方米,为国家挽回经济损失17.77亿元。其中包括补征林业经费3.53亿元,罚款3.27亿元,没收违法所得1.55亿元,赔偿损失1.28亿元。

③林政稽查工作。为适应新时期林政执法工作的需要,1995年在《国务院关于各省、自治区、直辖市"九五"期间年森林采伐限额问题的批复》下发后,各级政府及其林业主管部门加强了林政稽查队伍建设,进一步加大了林政执法力度。辽宁、广东、福建、河南、湖北、甘肃、陕西、山西、四川、山东、江西11个省和黑龙江森工总局,率先成立了林政稽查队,开展了林政稽查工作。有的地方由省政府确定林政稽查机构和人员编制,有的省还制定了有关林政稽查工作的管理办法,明确了林政稽查队的主要职责。林政稽查队伍的建立和完善,进一步加强了林政执法工作,加大了林政案件的查处力度,有力地打击了破坏森林资源的违法行为。

(6)木材流通监督管理。木材流通管理直接关系到森林采伐限额制度的执行,同时对保护国家和集体的利益,促进林业经济的健康发展,具有重要作用。为切实加强木材流通领域的监督管理,维护木材运输、销售、经营(加工)的正常秩序,国家和各级地方人民政府出台了一系列有关加强木材流通监督管理的法规和政策文件，各级林业主管部门也采取了一系列行之有效的管理措施，不断加大管理力度，为有效地保护森林资源做出了贡献。

①加强木材运输证管理，实行木材凭证运输制度。自50年代起，国家及各级林业主管部门就认识到加强木材运输管理的重要性。1953年6月林业部向政务院财政经济委员会提交的关于木材经营管理的方针政策的报告中就明确提出，“除森林工业部门所生产及调拨之木材持有原木运验证外，所有木材出省应持有木材出口证，此出口证由省人民政府颁发”。1984年9月20日六届全国人大常委会第七次会议通过的《中华人民共和国森林法》第三十三条规定：“从林区运出木材，必须持有林业主管部门发给的运输证件”；1990年林业部颁布的《木材运输检查监督办法》规定：“从林区运出木材必须持有按《中华人民共和国森林法》第三十三条规定发给的木材运输证件”；1991年林业部、铁道部、交通部《关于实行木材凭证运输制度有关问题的通知》规定：“凡需要通过铁路、水路、公路运输木材出县、出省的，必须凭有效的木材运输证件到铁路、交通部门办理运输手续。否则，铁路、交通部门不予承运”；1994年，国务院办公厅《关于加强森林资源保护管理工作的通知》规定：“铁路、交通等部门要坚持木材凭证运输制度，积极协助林业主管部门依法查处违章运输木材的行为，凡没有国家统配木材调拨通知书或者县级以上人民政府林业主管部门签发木材运输证的木材，不得承运。”依据上述法规和政策规定，林业部在总结各地对木材实行凭证运输管理的基础上，从强化管理、便于监督检查出发，从1989年起统一印制了《出省木材运输证》，并下发了一系列文件，明确规定了《出省木材运输证》的发放和管理办法。各省（区、市）林业主管部门按照林业部的要求，结合本地实际，进一步制定和完善《省内木材运输证》管理的规章制度，明确了相应的木材运输证发放管理机构，从而使《出省木材运输证》和《省内木材运输证》做到了有机的结合和衔接，形成了全国统一的木材凭证运输制度。通过多年的实践证明，严格实行凭证运输木材制度，是加强森林资源林政管理的重要措施和手段，对保护森林资源具有十分重要的作用。

②加强木材检查站建设管理，建立木材运输监督检查体系。为加强木材运输监督检查，自50年代起，在我国东北、西南林区和广西、福建等省（区）经省级人民政府批准设立了木材检查站，负责木材运输检查和森林防火检查。《森林法》、《木材运输监督检查办法》等有关法律、规章颁布实施后，进一步明确了木材检查站的法律地位、性质和职责权限：木材检查站是林业基层行政执法部门，依法对木材、竹材、松香、野生动植物的运输实施监督检查。截至1998年，全国经省级人民政府批准设立的木材检查站共有4230个，其中公路站4036个，水路站114个，铁路站43个，木材市场站37个，在岗木材检查人员2.7万人。

木材检查站建立以来，认真履行职责，严格执行木材凭证运输制度，平均每年完成7000多万立方米木材运输检查任务，为打击乱砍滥伐、乱捕滥猎、走私偷运木材和野生珍稀动植物等违法行为，保护森林资源，发挥着极其重要的作用。目前，木材检查站已成为各级林业主管部门依法对森林资源保护利用实施监督管理的一支重要力量。

③加强木材经营（加工）的监督管理，规范木材经营（加工）行为。把木材经营（加工）单位依法纳入林业行政管理轨道，加强监督管理，是控制森林资源消耗、发展林业的一项重要措施。近年来，党中央、国务院下发的有关保护森林资源、制止乱砍滥伐的文件中，都把整顿木材流通秩序，加强木材经营（加工）单位的监督管理，列为一项重要内容，作出了明确的政策规定。1990年国务院批转林业部《关于各省、自治区、直辖市“八五”期间年森林采伐限额审核意见的报告》提出，要坚持木材经营（加工）单位的清理整顿工作，切实加强对木材市场的监督管理。1994年国务院办公厅《关于加强森林资源保护管理工作的通知》规定：“林区和重点产材县的木材经营、加工单位必须先经林业主管部门审核同意后，再向工商行政管理机关申请登记，领取营业执照并严格持照经营、加工。”各级林业主管部门按照以上政策要求，进一步加强了对木材经营（加工）单位的监督管理，依据森林资源数量、采伐限额管理要求和木材来源渠道等条件，严格审核木材经营（加工）单位的经营资格。据统计，全国已有25个省（区、市）实行了由林业部门核发木材经营加工许可证制度，并做到结合工商部门年检换照，对许可证进行监督管理。特别是广东、贵州、四川、湖南、湖北等省分别通过地方立法，出台了有关木材经营（加工）的法规和规章，实行依

法管理，取得了良好效果。

(7)森林资源监督管理。根据我国林业发展和森林资源林政管理的需要，借鉴国外林业先进经验，我国从1989年开始，在部分重点林业省(区)和重点森工企业建立了森林资源监督制度。按照1988年3月林业部、劳动人事部《关于加强森林资源管理工作的通知》和1991年国家机构编制委员会《关于森林资源监督员有关问题的通知》精神，林业部向内蒙古、吉林、黑龙江、福建、云南省(区)和大兴安岭林业集团公司派驻了森林资源监督专员办事处(正司级)。截至1997年底，林业部向6省(区、公司)派驻监督专员及工作人员125人，整个监督系统共有职工约3000人，在东北、内蒙古国有林区森工企业和部分南方重点林区初步形成了森林资源监督管理网络。

林业部驻内蒙古、吉林、黑龙江、福建、云南省(区)和大兴安岭林业集团公司的森林资源监督专员办事处，为林业部派驻机构，直接对林业部负责，对驻在单位的森林资源管理业务进行指导和监督，对驻在单位下派的森林资源监督机构的森林资源监督业务实行垂直管理。林业部驻各省(区、公司)专员办的主要职责是：监督年森林采伐限额的编制与执行；参与对年度森林总采伐量计划、木材销售总量计划和木材运输控制总量计划(简称“三总量”)的编报成果进行审查，并对其执行情况进行监督检查；监督林木采伐许可证、木材运输证制度的实施；监督伐区调查设计、审批、拨交、验收制度的执行；监督林地林权管理；监督森林资源消长目标责任制的落实情况；全面监督有关森林资源和林政管理的政策、法规的执行情况；协助部里对乱砍滥伐、毁林开荒等重大案件进行查处等。森林资源监督专员办事处自设置以来，认真履行职责，加大监督力度，在控制资源消耗，严格执行采伐限额制度等方面做了大量工作，取得了显著的成效。

(执笔人：陆静娴　陈振杰　陈雪峰　吴云飞　蒋云安)

(三)森林防火

森林防火是森林资源保护工作的重要组成部分。森林火灾不仅对宝贵的森林资源造成严重破坏，使生态环境恶化，还直接威胁到林区国家财产和人民生命的安全，做好森林防火工作的意义十分重大。建国以后，党和政府对森林防火工作一直非常重视，特别是1987年大兴安岭特大森林火灾以后，采取了一系列有力措施加强森林防火工作。经过建国后50年特别是近10多年来的建设，我国森林防火工作按照“预防为主，积极消灭”的方针，在组织建设、队伍建设、法制建设、设施建设、科学防火上逐步得到改善和加强，预防和扑救森林火灾的综合能力有了很大提高，森林火灾的危害得到了有效控制，初步形成了具有中国特色的森林防火体系的基本框架。

新中国成立以前，我国森林防火工作基本处于无人过问、森林火灾任其自燃自灭的状态。建国后，党和政府为加强森林防火工作，提出了“普遍护林，重点造林”和森林防火工作实行“预防为主，积极消灭”的方针，并在不同时期有针对性地制定了一系列有关森林防火的政策、法规和指示，加强了森林防火的机构与队伍建设。1950年秋季，松江、吉林、辽东省连续发生森林火灾，损失严重，铁路机车喷火、漏火是发生火灾的一个主要原因。为此政务院财经委员会于1951年发布了《东北及内蒙古铁路沿线林区防火办法》。但由于50年代初期各地对护林防火大多重视不够，抓得不力，林区居民又缺乏防火知识，经常发生火灾，仅1951年全国发生森林火灾达5100多次，受害森林面积达225万公顷。针对当时森林火灾多，损失严重的局面，1952年3月，中共中央和中央人民政府政务院分别发出了《关于防止森林火灾问题给各级党委的指示》和《关于严防森林火灾的指示》。至1952年底，全国共有18个省、自治区成立了森林防火指挥机构，建立了群众性的森林防火组织，制定了森林防火工作的有关规定，森林防火工作初步得到了加强。1952年，林业部在东北、内蒙古林区建立嫩江、博克图和呼玛3处航空护林基地，担任部分林区的空中巡护报警和侦察火情任务，航空护林事业从此开始起步。1954年，作为武装森林警察部队前身的东北、内蒙古林区的武装护林队正式改称为森林警察，全面执行护林防火任务。1952年以后，各地护林防火工作虽然有所加强，但由于护林队伍和地面防火设施仍然规模较小，数量有限，对偏远的大面积林区的森林火灾缺乏控制能力。1955和1956两年森林火灾再度严重。1955年5月内蒙古小孤山、黑龙江额穆尔河与鹤岗发生的3次特大森林火灾的受害面积占全国森林受害面积的

35.4%。1956年四五月大、小兴安岭林区特大森林火灾的受害森林面积占全国受害森林面积的73.2%。上述情况反映出偏远的大面积林区森林火灾次数虽少，但受害森林面积相当大。关键问题在于偏远林区尚未建立森林管理机构，交通不便，人烟稀少，通讯和防火设施不足，一旦起火，难于及时发现和扑救，以致酿成特大火灾。针对这种情况，中共中央、国务院于1956年4月发出了《关于加强护林防火工作的紧急指示》，要求各地积极建立森林经营所，特别是黑龙江、吉林、内蒙古、四川、云南、陕西、甘肃、青海、新疆等省（区）的重点林区更要抓紧建立。1957年1月，林业部成立了护林防火办公室，专门负责全国的森林防火工作。1959年9月，公安部、林业部发布《关于加强护林防火工作的联合指示》。林业部积极总结推广各地森林防火工作的成功经验，制定了一些具体的管理办法。1960年，林业部在黑龙江省嫩江县设立航空护林总站（1964年改为东北航空护林局），1961年，林业部在云南省昆明市设立西南航空护林站，统管东北和西南林区的航空护林工作。1963年5月国务院颁布了《森林保护条例》，对护林防火工作作出了明确规定，作为全国森林防火工作的准则。

“文革”期间，由于无政府主义泛滥，为防止对森林的破坏，1967年9月，中共中央、国务院发出《关于加强山林保护管理，制止破坏山林、树木的通知》。1975年，邓小平同志主持中央工作期间，国务院针对当时森林火灾的严重情况，于当年7月在哈尔滨市召开了全国护林防火工作现场会议，研究了制止森林火灾的具体措施。但由于极左思想的干扰破坏，会议精神未能贯彻落实。

党的十一届三中全会后，森林防火工作恢复了生机。1981年2月，国务院发出了《关于加强护林防火工作的通知》，同年3月，中共中央、国务院联合发出了《关于保护森林发展林业若干问题的决定》。林业部根据党中央、国务院的要求，结合森林防火工作的实际，多次召开森林防火工作会议，研究部署工作，加强森林防火的组织、队伍和设施建设。1986年3月，针对南方一些省区连续发生森林火灾的局面，国务院发出了《关于加强护林防火工作的紧急通知》，要求各级政府切实加强对护林防火工作的领导。同年3月下旬，云南省安宁县和玉溪市先后发生了两起大的森林火灾，造成扑火职工、群众和解放军被烧死80人的特大恶性事故。为此，国务院3月发出了《关于云南省森林火灾严重情况的通报》。1986年，林业部在江西省九江市召开全国森林防火工作会议，研究加强森林防火工作的具体措施。从总体上看，建国以后，由于党中央、国务院的重视，全国森林防火工作从无到有，逐步得到加强。但是由于基础薄弱，投入严重不足，预防和控制森林火灾的手段极度匮乏，森林火灾次数和损失始终没能得到有效遏制，损失严重的特大森林火灾时有发生。

1987年5月6日，黑龙江省大兴安岭北部林区发生特大森林火灾（简称“5·6”大火），受害森林面积87万公顷，造成213人死亡，226人受伤，受灾群众达1.1万户、5.6万多人。除此之外，还烧毁了大量的房屋建筑、机械设施和各种物资，当地的铁路运输、输变电线路及通信设施破坏严重。为扑救这场火灾，共出动军、警、民5.8万人，调动飞机96架，各种车辆1000多台。火灾直接经济损失（不含被烧毁的森林蓄积）高达5亿多元。这场火灾对生态环境造成的严重破坏更是无法估量。惨重的损失，沉痛的教训，使人们进一步认清了森林防火工作的重要性，增强了做好森林防火工作的责任感和紧迫感。

为切实加强森林防火工作，党中央、国务院采取了一系列有力措施：1987年11月，国务院和中央军委批准成立了中央森林防火总指挥部（1988年改称为国家森林防火总指挥部），负责组织协调全国的森林防火工作。1988年后，每年春季都要召开全国森林防火工作会议，对全国森林防火工作进行部署；1988年1月，国务院颁布《森林防火条例》，把多年来森林防火工作的成功经验和行之有效的办法用法规形式固定下来，对森林防火工作的方针、组织机构、火灾预防和扑救、火灾的调查和统计、奖励和处罚等森林防火的管理工作做出了具体的规定，明确提出“森林防火工作实行各级人民政府行政领导负责制”；同年4月，国务院、中央军委批准森警部队列入武警序列，全部实行现役制，促进了部队的建设和发展；投入专项资金用于加强森林防火基础设施建设；为支持森林防火工作，国家有关部委制定了不少优惠政策，森林防火工作受到了前所未有的重视和支持。

地方各级党委和人民政府全面贯彻党中央、国务院的部署，按照《森林防火条例》的规定，认真落实森林防火行政领导负责制，切实加强对森林防火工作的领导，层层落实森林防火责任。各地还制定了森林防火一系列地方性的法规和制度，建立健全了各级森林防火组织指挥和办事机构，以野外火源管理和专业扑火队建设为重点，不断强化预防和扑救措施。同时，努力加强对森林防火的资金投入，按照“四网两化”(即预测预报网、瞭望网、通讯网、隔离带网及扑火队伍专业化、扑火机具化)的要求加强森林防火基础设施建设。

总结回顾历史，我国森林防火工作从建国后开始起步，逐步发展。特别是在1987年“5·6”大火以后，森林防火工作加快了发展步伐，进入了一个新的历史阶段，由此掀开了森林防火工作的历史新篇章。

经过建国以来50年的建设与发展，我国森林防火工作有了长足的进步，取得了显著成绩，森林火灾大幅度下降，基本保持了稳定的态势。我国曾是个森林火灾多发国家，据统计，建国后到1987年，全国年均发生森林火灾1.58万多次，受害森林面积94.1万公顷，森林火灾发生率(每10万公顷林地发生森林火灾次数)为13.9次，森林火灾受害率为千分之八点五。特别是从1950～1987年，年均发生森林火灾为2.18多万次，年均森林火灾受害面积达152万公顷。1987年以前，平均每隔11年都会发生一次损失严重的特别重大森林火灾。1988年以后，全国森林火灾大幅度下降，基本处在比较稳定的状态。1988～1997年，全国年均发生森林火灾6992次，受害森林面积5.2万公顷，森林火灾发生率为5.7次，森林火灾受害率为千分之零点四。与1987年以前的年均数相比，森林火灾次数下降了56%，受害森林面积下降了94%，森林火灾发生率下降了8.2次，森林火灾受害率下降了8.1个千分点，人员伤亡数也有大幅度的下降。森林火灾受害率始终保持在千分之一以下这一世界比较先进的水平。

取得上述成绩的原因，主要是采取了以下措施：

1. 不断健全森林防火的组织机构，增强全社会森林防火意识和责任感

1987年以前，森林防火工作基本上是由林业部门一家负责，机构不够健全，工作人员严重不足。经过长期的实践总结，森林防火工作由林业部门一家抓逐步向在各级人民政府统一领导下，社会各部门共同负责、齐抓共管转变。1988年后，各地认真贯彻《森林防火条例》，全面落实森林防火工作各级人民政府行政领导负责制，全国31个省(区、市)、350个地(市、州)管局、2600多个县(市、区、旗)局成立了森林防火指挥部，下设专门办事机构，配备专职工作人员1.6万多人。各级人民政府对森林防火工作统一安排，周密部署，科学管理，狠抓落实。各地普遍层层签订森林防火责任状，把责任分解落实。东北、内蒙古和西南重点林区都是党政主要领导对森林防火工作亲自抓，分管领导具体抓，党委、政府、人大、政协几大班子共同抓。吉林省提出全社会抓保护，全民搞防火，政府负全责，广泛发动全社会的力量深入细致地开展森林防火工作，取得了连续19年无重大以上森林火灾的好成绩，受到了江泽民总书记的高度赞扬。社会各有关部门把森林防火工作视为己任，在森林防火的资金投入、队伍建设、基础设施建设等方面切实帮助解决实际问题。

2. 不断完善森林防火法规制度，坚持依法治火

国务院发布《森林防火条例》后，各省(区、市)普遍制定了具体实施办法，不少地、县还制定了地方性的森林防火法规、制度，特别是在以野外火源管理为主要内容的预防工作上作出了严格规定。通过多年的实践总结，各地在入山人员管理、野外用火管理等方面都形成了一整套行之有效的办法。如东北、内蒙古重点林区提出了“四个一律”，即：防火期内在野外吸烟的工作人员一律开除公职；非公职人员一律给予经济重罚；领导在场不加制止的一律撤职；因野外弄火造成严重损失的一律依法严惩，在实际工作中收到了很好的效果。各地还依法加强火案查处，严惩火灾案件肇事者。

3. 不断壮大森林防火专业队伍，充分发挥专业队伍防扑火作用

武装森林警察部队是从事森林防火、灭火的专业武装力量，从1948年建队开始，虽然在队伍的建设中历尽曲折，但这支队伍始终把保护森林资源、做好森林防火工作作为己任，长年战斗在东北、内蒙古偏远林区。在扑火战斗中，特别是在扑救1987年大兴安岭特大森林火灾中发挥了重要作用，受到了党中央、国务院和林区各级党委、政府及广大人民群众的高度赞扬。1988年，经国务院、中央军委批准，森警部队全部列入武警序列，在黑龙江、吉林、内蒙古三个森警总队的基础上，又组建了云南省森警总队，形成了四个总队的规模。经过多年的建设，森警部队的革命化、军事化、正规化水平不断提高，在东北、内蒙古重点国有林区和云南省的森林防火、灭火，特别是在扑救较大的森林火灾中，发挥了主力军和突击队的作用。

航空护林是我国东北、内蒙古和西南地区又一支专门从事森林防火、灭火的队伍。目前，已建航空护林站 18 个，基本覆盖了全国重点国有林区，每年租用 80 多架巡护和灭火飞机，为及时发现火情和在偏远地区的火灾扑救上发挥了不可替代的重要作用。各地还积极组建专业、半专业扑火队伍。广西壮族自治区采取“以县建队、队办基地、劳武结合，以劳养武”的办法建设扑火专业队，这个经验在全国广泛推开。到 1997 年底，全国已建专业森林消防队 1 万多支，30 多万人，在各地的扑火中发挥了重要作用。

4. 不断加大森林防火投入，加强森林防火基础设施建设，提高预防和扑救森林火灾的综合能力

加强基础设施建设是防扑火的重要物质保证，也是多年来各地森林防火工作中的一条成功经验。但是，由于过去资金投入不足，全国绝大多数地区森林防火基础设施建设进展缓慢，不少地方近乎空白。近 10 多年来，根据以地方投入为主，国家适当补助，多方筹集森林防火建设资金的原则，从 1988 年开始，国家计委每年拨出 4500 万元专款，各地也多方筹集配套资金用于森林防火基础设施建设。截至 1998 年，全国已建成防火瞭望台 7600 多座，修建防火公路 25 万多公里，架设专用通讯线路 6.5 万多公里，建立火险天气预测预报站 112 处，开辟防火隔离带 34 万多公里，营造防火林带 32 万多公里，配备无线通讯器材 9.1 万部，风力灭火机 7.6 万多部，指挥、运输车 1.9 万多辆，以及各种灭火机具、装备。通过多年来特别是近 10 多年来森林防火基础设施建设，初步改变了“眼瞎、耳聋、腿瘸、手短”的落后状况，大多数地区基本可以做到有火及时发现，及早扑救。

5. 不断提高森林防火科技含量，加强防扑火的科学研究和技术推广工作

1987 年以后，森林防火的科学研究工作开始得到加强，当时的国家计委(后转国家科委)、林业部与黑龙江省人民政府各投资 2000 万元，建立森林防火科研开发基金，制定了《森林防火灭火研究开发基金科技发展五年计划》，吸引全国科研单位和人员参加。同时，积极组织开展大兴安岭森林防火预防与扑救系统的研究，经过对 82 个专题进行研究，取得了一批科研成果，部分项目达到了国际或国内的先进水平，填补了国内空白。“九五”期间，在国家重点科技项目“农业气候灾害防御技术研究”中，列入了“森林火灾防御和扑救技术研究”项目。对林内可燃物在适宜时机进行计划烧除是一项降低火险等级的有效手段，经过科研单位的多年研究和生产实践，这项技术已经在很多林区的森林防火工作中发挥了重要作用。建设生物防火林带工程起始于我国南方部分林区的 50 年代，主要是利用植物个体或群体燃烧性、抗火性和耐火性的差异及其他因素，将抗火、耐火性能较好的树种搭配组合成林带，起到阻隔林火蔓延的作用。目前，这项技术已经在森林防火实际工作中广泛应用，在国际上具有领先地位。经过多年的科学研究与实践，还在森林火险区划和火险天气划分、卫星林火监测、林火扑救微机辅助决策指挥系统等方面形成了一批科研成果，在森林防火实践中发挥了应有的作用。

我国森林防火工作之所以能够取得这样大的成就，总结起来，主要有两条基本经验：一是坚持实行了森林防火各级人民政府行政领导负责制。各级政府切实加强对森林防火工作的领导，真抓实管，全面落实森林防火责任制，把森林防火的各项措施真正落到实处。二是坚持实行“预防为主，积极消灭”的方针，在预防工作上实行群专结合，以群为主，全社会抓保护，全民搞防火，群策群力，群防群治；在扑救上，专群结合，以专为主，大力加强森林防火专业队伍和基础设施建设，不断提高扑火能力。

尽管我国森林防火工作取得了很大成绩，但也存在一些不容忽视的困难和问题，特别是近十多年来随着林业的迅速发展以及社会主义市场经济体制的初步建立，森林防火工作面临着很多新的情况和问题。党的十五大把加强生态环境建设，大力加强森林资源保护，提高抗御自然灾害的能力作为新时期的一项重要任务，这就给森林防火工作提出了越来越高的要求。今后一段时期我国森林防火工作总的要求是：全面贯彻“预防为主，积极消灭”的方针，坚持执行森林防火行政领导负责制，继续加强和完善森林防火的法制建设，加强和巩固森林防火组织和专业队伍建设，继续加强森林防火基础设施建设，努力提高森林防火工作的科技含量，不断提高森林防火工作规范化、制度化、现代化水平。

(执笔人：崔洪浩)

(四)森林病虫害防治及其管理

1. 森林病虫的危害及其防治工作的重要性、紧迫性和长期性

我国地域辽阔,自然环境多样,树木种类丰富,危害树木的病虫害种类也十分繁多。据初步调查,全国约有森林病虫8000余种。在全国范围内大量发生的森林病虫害有200多种,在林业生产经常造成灾害损失的有100多种。由于这些病、虫对林木的长年严重危害,给林业生产造成了巨大损失。

森林病虫害是一种生物自然灾害,它的发生与危害除受其"种群"的"发生、积累、猖獗"的自然规律外,自然生态环境的脆弱恶劣,也是促成森林病虫害大面积发生的一个重要原因。

建国初期的50年代,我国的森林多处于半原始的次生林状态,森林生态环境良好,林中各种制约关系趋于相对平衡,因此各种病虫对林木的危害不甚严重,两者之间的矛盾不太突出,全国的森林病虫害年均发生危害面积比较小,危害的种类少,危害的程度也比较轻。60年代以后,随着人类对大面积原始次生林的大力开发和严重的过量超砍滥伐,以及大面积人工纯林的出现,全国森林生态环境的大劣变,不仅增多了严重危害的病虫种类,还加速了森林病虫害大发生的频率和迅速扩大蔓延的趋势,使我国森林病虫害的发生面积大致每10年呈成倍增长的态势。如50年代年均发生为85.76万公顷,60年代为144.26万公顷,70年代为365.26万公顷,80年代为847.29万公顷,90年代为666.67万公顷以上,最高年发生面积曾达1066.67万公顷。在森林病虫害防治方面,由于各级政府的重视、支持,防治经费投入的增加,以及防治技术手段不断进步,整体防治能力不断增强,全国森林病虫害的防治面积也以每10年10%的比率增长。据统计,全国森林病虫害防治面积50年代约30万公顷,约占发生面积的10%,60年代为53万公顷,约占发生面积的20%,70年代为200万公顷,约占发生面积的30%,80年代约为266万公顷,约占发生面积的40%,到90年代增达400万公顷,占发生面积的60%左右。

但是,我国当前森林病虫害的发生问题仍很突出,病虫害防治的形势依然十分严峻。突出表现在:

(1)全国森林病虫害发生面积居高不下,经济损失巨大。如80年代,全国森林病虫害年均发生面积800万公顷以上,年均减少林木生长材积1500万立方米,相当于全国每年森林资源消耗量的4%左右。因受害严重年均枯死的森林面积约33.33万公顷,约占每年造林保存面积的12.5%,造成的经济损失约20亿元,相当于当时国家对林业基本建设投资的两倍。"八五"期间,全国森林病虫害年均发生面积800万公顷,年均减少林木生长材积1700多万立方米,经济损失高达50亿元。

(2)历史上就发生严重的害虫,未能得到有效控制。如我国的松毛虫发生地域广泛,从南到北遍布26个省(区、市)。近几年来,每年松毛虫发生面积都高达266.67万公顷以上。据粗略测定,受松毛虫危害的松林,每公顷松林每年要减少林木生长材积24.67万立方米。同时,松林受松毛虫危害后,还会影响到松脂的产量。群众说,"一年松毛虫、三年松脂空",很形象地说明了松毛虫对松林危害后对林业生产带来的巨大负面影响。

(3)过去零星发生危害的病虫,现在大面积发生。如杨树蛀干害虫,以往是零星部分发生,危害并不严重。但是随着我国杨树造林纯林面积的扩大和普遍粗放经营,使蛀干害虫和食叶害虫的发生与危害十分严重。现全国有杨树林资源666.67万公顷,每年遭受病虫害的面积都达333.3万公顷以上,年均减少林木生长材积600多万立方米。特别是杨树天牛蛀干害虫在"三北"地区危害成灾,宁夏回族自治区栽植的第一代杨树防护林,就因受天牛的严重危害而几乎砍伐殆尽。泡桐大袋蛾过去也仅在局部地区零星发生危害,随着泡桐片林和农桐间作林面积的急剧增加,大袋蛾的发生已遍及河南、山东、安徽、陕西、山西、江苏等泡桐栽植区,最高年发生面积达133.33万公顷以上。

(4)从国外传进来的病虫害,如松材线虫病、美国白蛾、松突圆蚧、湿地松粉蚧等,有进一步扩大蔓延危害的趋势。松材线虫病的发生面积已由1997年的3.33余万公顷扩展到1998年的5.33多万公顷,累计枯死松树1000多万株。美国白蛾除在老发生区的辽宁、河北、山东等省内继续发生扩大蔓延外,近又在上海、天津2市发现疫情。特别是天津疫情扩散势头的迅猛,已对首都北京的森林资源构成直接威胁。

(5)过去基本控制的病虫，如竹蝗、松干蚧壳虫的危害，现上升趋势明显。竹蝗和松干蚧经过多年的大力治理，其灾情基本得到控制，但因放松了监护工作，目前又呈上升发展趋势。

(6)突发性害虫暴发成灾。多种叶蜂、舟蛾、毒蛾、银杏大蚕蛾、樗蚕、草履蚧等，在不同地域不断暴发成灾，造成防治工作的措手不及，损失惨重。这种暴发事态各地仍在继续发展。

(7)大面积人工林容易诱发灾难性的病虫害发生。随着我国造林事业的迅速发展，人工造林的比例逐年增加，而且大多数是单一树种的纯林，对病虫害的自控能力又很低，极易遭到病虫害的危害。同时，大部分人工林处于中、幼林阶段，在林龄结构上属于易遭病虫侵害的高发时期，在客观上给森林病虫害的大发生提供了条件。

可以预测，今后全国森林病虫害大发生趋势已不可避免，所以全国的森林病虫害防治仍然是最紧迫、最艰巨和长期性的难点工作。因此，必须进一步增强对森林病虫害防治的责任感和紧迫感，正确处理好资源培育和资源保护的关系，像抓森林防火和造林绿化那样，认真抓好全国的森林病虫害防治工作。

2. 森林病虫害防治工作的主要成就

建国后党和政府十分关注森林病虫害防治工作，特别是改革开放以来，防治工作受到了前所未有的重视。随着时代的发展和科学技术的进步，我国的森林病虫害防治与管理工作，经历了由初级到高级，由简易到深层次的逐步发展阶段。在开展全国森林病虫害防治与管理工作中，我国开发和引进了一系列的有影响、促发展的技术措施，对推动全国森林病虫害防治与管理工作的开展，发挥了巨大的作用。

(1)建立了森林病虫害防治体系。森林病虫害防治、检疫是一项技术性比较强的社会服务工作，必须建立专门的服务组织机构，配备专门的技术人员。建国以来，各地陆续组建了一批森林病虫害防治、检疫机构。特别是90年代初，林业部制定了《1991～2000年全国森林病虫害防治体系规划纲要》，提出了《关于加强森林病虫害防治体系建设的意见》后，各地都狠抓了“一站三网”(即森防站、预测预报网、植物检疫网、防治服务网)的组织机构、装备设施及规章制度建设。经过多年努力使各地的森防机构、专业技术人员、防治设施等都有较大的发展。到90年代中期，全国已建立森林病虫害防治检疫站2637个，拥有各类专业技术专职人员1.36万多人，兼职的测报和检疫人员2.13万多人，初步形成了较为完整的森林病虫害防治检疫管理体系，基本上组成了上下一体、层层负责的统一组织指挥系统，在组织、指导各地开展森林病虫害防治、测报、检疫等项社会服务工作中发挥了重要作用。

(2)加强法制和规章制度建设。为了加强森林病虫害防治、检疫和测报工作，实施“依法防治”，推动全国森防工作的大力开展，1963年国务院颁布了《森林保护条例》，1983年国务院颁布了《植物检疫条例》。林业部相继制定了《〈植物检疫条例〉实施细则(林业部分)》，同时还公布了20种国内森林植物检疫对象和应施检疫的森林植物、林产品名单，制定了《国内森林植物检疫技术规程》和《关于引进林木种子、苗木履行检疫审批手续的通知》，还与有关部门联合制定发布了《关于国内邮寄、托运植物和植物产品实施检疫的联合通知》、《国内森林植物检疫收费办法》等一系列配套规章。各省(区、市)也根据《植物检疫条例》和《〈植物检疫条例〉实施细则(林业部分)》的精神，分别制定了《森林植物检疫实施办法》，并确定了各自的森林植物检疫对象补充名单等。这些《条例》和规章制度的建立，基本确立了森林病虫害防治、检疫工作应遵循的原则，理顺了我国森林植物检疫工作的程序，为我国开展林木检疫技术研究，依法进行国内苗木产地检疫、木材调运检疫，口岸进出口木材、林木种苗检疫等工作，提供了法制依据，对推动我国森林植物检疫事业的深入发展起到了主导作用。

1989年，国务院颁布了《森林病虫害防治条例》，它既是《森林法》的配套法规，也是一项较为全面、具体的森林病虫害防治行政法规，把建国以来我国防治工作的成功经验用法规的形式固定下来。《条例》对各级政府要加强对森林病虫害防治工作的组织领导与实施，森林病虫害预防与防治，经费的筹集，奖励和惩罚等都作出明确规定，确定了“谁经营、谁防治”的原则。《森林病虫害防治条例》在全国的贯彻实施，对推动我国森林病虫害防治工作的大力开展，逐步扭转我国森林病虫害发生与危害的严重局面，保护森林资源，促进林业生产发展，发挥了重大作用。

(3)加强了森林病虫害的预测预报工作。森林病虫害的预测预报是通过对各种病虫害的系统调查与观察，并结合相关资料，运用科学的手段，准确及时地预报出病虫害的发生期、发生量、发生范围和危害程度的一种技术方法。做好了病虫害的预测预报工作，在病虫害的预防和防治中就可以做到"治早、治小、治少"，把病虫害控制在初发阶段，收到事半功倍的作用。因此，预测预报在森林病虫害防治中具有积极的意义和效用。为了使全国的测报工作达到规范化、制度化，1987 年林业部制定了全国《森林病虫害预测预报管理办法》，要求各级林业主管部门要加强对测报工作的组织领导，安排必要的测报经费，健全测报组织系统，严格管理制度，保证测报工作的正常进行。一些省(区、市)还结合各自的实际情况，制定出本地的测报管理办法、技术规程和方案等，从行政上建立起一套比较科学的测报管理体系。林业部在沈阳设立了"全国森林病虫害预测预报中心"，加强了对测报工作的组织和技术管理。随着计算机技术的发展，改进了测报技术，多元回归、逐步回归、判别分析等方法已渗入到预测预报中，利用电脑模拟害虫的发展动态、确定预报模型、建立测报数据库、贮存测报资料、全国测报联网等逐步得到应用。测报技术方法的改进，使我国的测报工作从定性预报走向定量预报，从短期预报过度到中、长期预报。在预测预报技术发展中，林业部先后发布了松毛虫、落叶松枯梢病等 15 种主要病虫种类的预测预报方法，推动了预报工作的规范化、制度化，提高了测报工作质量，为各地的病虫害防治工作提供了可靠依据。到 80 年代末，全国已建有预测预报站、点 4900 多个，有专职测报人员 2900 多人，还有一大批兼职测报员参加森林病虫害的预测预报工作。

(4)完成全国森林病虫普查。森林病虫害发生危害种类的调查，是防治森林病虫害工作的基础。80 年代初，在全国首次开展了森林病虫的普查，外业调查面积 4400 万公顷，设立线路调查点 43.9 万个，调查标准地 16.3 万块、固定观察点 0.87 万个，调查主要树种 190 多种，采集病虫标本 167.3 万号次，昆虫天敌标本 9.1 万号次。通过内业资料汇总后，编写了《全国森林病虫普查工作总结》、《全国森林病虫普查技术报告》、《全国森林昆虫普查名录》(5086 种)、《全国主要树种主要害虫名录》、《全国森林昆虫天敌名录》(1391 种)、《全国森林病害普查名录》(1500 种)、《全国森林主要虫害分布图》、《全国森林主要病害分布图》、《全国森林植物检疫对象及疫区、保护区分布图》和《全国主要树种主要病害、虫害、鼠害发生面积统计资料》等与林业生产密切相关的重要工作成果。这项工作的完成填补了我国有史以来从未进行过全面系统调查的空白，是我国森林病虫害防治工作的一项重大基础建设，为今后各地有重点、有计划地开展防治工作提供了科学依据。

(5)大力开展综合防治。80 年代初，根据国际上"综合防治"的理论和观点，林业部会同有关省林业厅，在安徽省滁县地区、浙江省衢州市、辽宁省建平县进行了大面积松毛虫综合防治试点。又在山西省朔县、山东省兖州县进行了杨树蛀干害虫(天牛)综合防治试点。经过近 5 年的综防工作，试点地区基本上控制了松毛虫、杨树天牛的严重危害，取得了明显的经济效益和社会效益。主要做法是：划分被害类型、实行分类施策；搞好虫情调查、确定防治指标；根据虫情发生情况，采取不同防治措施；实行封山育林，营造混交林，补种阔叶树种，促进生态平衡，在增强森林自控能力的基础上，逐步把林区控制在有虫不成灾的水平。

综合防治是病虫害防治的发展方向。为了推广这一防治技术经验，在财政部支持下，在全国 21 个省(区)、156 个县(市)开展了以松、杨林木为主的近 20 个病虫种类 453.33 多万公顷的综合防治示范推广工作。经过 3 年的综合防治阶段工作，各地的综合防治都取得显著成效，使每株 5 条以上的松毛虫发生面积，一般都被控制在有虫株率 5%以下，杨树天牛等蛀干害虫的有虫株率也被控制在 5%左右，使大面积发生虫害的林区维持在低虫口状态，获得了明显的经济、生态和社会效益。

(6)普遍实行目标管理。90 年代初，林业部在全国实施了森林病虫害防治以"四率"(森林病虫害的发生率、防治率、监测覆盖率和种苗产地检疫率)为基本内容的目标管理工作，印发了《森林病虫害防治实行目标管理的通知》和《森林病虫害防治目标管理考核办法(试行)》等文件。"八五"期间的每年初，分别向各地下达实施目标管理中的"四率"指标及主要森林病虫害的控制指标。各省(区、市)林业主管部门通过层层分解指标，签订领导干部责任状的办法，落实到基层实施。森林病虫害防治实行目标管理是森防工作的重大改革。通过建立以"四率"为基本内容的目标管理责任制，把目标管理的责任落实到各级领导的肩上，调动了各个方面的积极性，强化了调控手段和约束机制，推动了我国森防工作的大力开展。“八五”期末森林病虫害的防治率由“七五”期末的40%提高到60%以上，监测覆盖率由30%提高到60%以上，林木种苗产地检疫率由60%提高到80%以上，发生率由9%下降到6%以下，实现了森防目标管理中“点上工作有突破、面上工作有提高”的总体要求。“九五”期间(含到2005年)在全国继续实行森防目标管理责任制，提出了较高的管理目标要求。主要目的是，通过“九五”期间实施森防目标管理和工程治理，从根本上扭转我国森林病虫害严重发生的局面，为保护森林资源做出新的成绩。

(7)坚持实行工程治理。森林病虫害的工程治理，是通过划定工程治理区，采取系统的御灾减灾措施，在一定时期内有计划、有目标、有步骤、有重点地对病虫害建立有效控制的可持续防治机制，也是一种与营林生产、经济科学、环境科学高度结合的系统性、综合性生产防治管理模式。这种模式是从营林生产入手，强调防治效益，特别是治理的持续性，以取得整体上和长期性的控灾效果。实施工程治理是森防工作又一次深化改革，是带动整个森防事业深入发展的重大举措。工程治理分为国家级和省级两种形式。国家级的是选择那些跨省(区、市)地域的、发生普遍、危害严重、具有危险性、种群状态相对稳定，并保持上升势头的病、虫、鼠种类为治理对象。在省(区、市)内也可以跨越地区连片治理。1998年在国家财政、地方财政资金的支持下，国家级的松毛虫、杨树天牛、松材线虫病3项工程治理项目已在辽宁、内蒙古、广东等地启动实施。省(区、市)级的工程治理项目也在逐步开展。在全国实施工程治理后，将会遏制我国森林病虫害高发的严重势头，对保护森林资源的安全，保障林业可持续发展将发挥重大作用。

(8)森防技术国际交流与合作取得进展。森林病虫害的发生与危害是世界性的，国际间防治技术的交流与合作，有助于相互之间的了解和引用，对彼此双方都是有益的。改革开放以后，我国曾组织众多团(组)，参加国际森林病虫害防治会议，前往一些发达国家进行专业技术学习考察，组派专业技术人员到国外培训进修，也接待了一些国家来华的专业技术考察。“洋为中用”，收获颇丰。

80年代初，广东省沿海地区从海外传进了危害松树针叶的松突圆蚧，扩散蔓延势猛，形势严峻。由于蚧虫躲藏在针叶叶鞘基部危害，我们使用多种化学药剂防治均无太大的效果，引进了日本当地蚧虫的天敌——花角蚜小蜂后，并通过我国科技人员的深入研究，解决了室内繁蜂、野外放蜂、种群在林间定居等一系列技术问题，实施了“以蜂治蚧”的防治措施，为控制松突圆蚧的大发生与危害立了大功。

80年代中期到90年代中期，德国的GTZ公司援建了我国“中国北方综合生物防治试验中心”，提供了1000多万马克资金，支援了包括透射式电子显微镜等大批量的多种先进设备和仪器，开展了8项生物防治技术合作研究项目，为推动我国生防事业的发展作出很大努力。联合国开发计划署援建我国安徽省的“加强森林病虫害探查、监测和预报能力(CPR/91/154)项目”，从美国引进了航空勾绘、航空录像、彩红外照像、GPS等先进技术，均在我国演示成功，为提高我国森林病虫害的监测和预报能力开辟了新路。日本援建宁夏回族自治区“杨树病虫害防治研究中心”项目，支持了资金、设备、车辆，合作研究项目也有大的进展。总之，通过国际间的考察、培训、进修、交流、引进、援建等活动，提高了我国森林病虫害防治技术水平，推动了森防事业的发展。

展望未来，任重道远。随着我国造林绿化步伐的加快，有林地面积的急剧增加和到21世纪后早期营造的大面积人工纯林森林病虫害高发期的到来，我国森林病虫害的发生发展趋势和防治形势将更加严峻。我国森防系统将按照“九五”到21世纪的近期规划目标，在全国森林面积不断增加的情况下，要把全国森林病虫害的发生率控制到6%以下，防治率达到65%以上，监测覆盖率达到75%以上，林木种苗产地检疫率达到85%以上的总体要求。在全国的森林病虫害治理工作中，要加强管理工作，切实落实森林病虫害防治目标管理责任制；紧紧围绕提高森林病虫害减灾控灾能力为中心，突出重点，对主要森林病虫害实施工程治理；抓好源头，建立森林病虫害协同御灾机制，处理好优先防治和一般防治，中央防治和地方防治，防治和预防的关系；完善法制建设，坚持依法防治；加大科技攻关力度，尽快解决防治技术难题；广筹资金，增大对森林病虫害防治的投入，提高整体综合防治能力。总之，21世纪我国的森林病虫害防治工作要着眼基层，求真务实，为我国林业生产的发展、保护好森林资源作出更大贡献。

(执笔人：刘克敏)

二、野生动植物资源保护与管理

我国野生动植物资源极为丰富，是世界上动植物种类最多的国家之一。仅脊椎动物就有4400多种，占世界总种类的10%以上。其中，两栖类210种，爬行类320种，鸟类1244种，兽类500种，鱼类2200种。大熊猫、金丝猴、台湾猴、扭角羚、白唇鹿、华南虎、褐马鸡、黑颈鹤、绿尾虹雉、扬子鳄、白鳍豚、中华鲟等100多种珍贵稀有动物，是中国特有或主要分布在中国的动物种类。我国有高等植物(苔藓、蕨类、种子植物)共约3万余种，约占世界总种数的10.5%，仅次于巴西和马来西亚，居世界第三位。特有属、种繁多，约有270个特有属，15 000～18 000种特有种，而且还保存了许多在北半球其他地区早已灭绝的古老孑遗植物，如银杏、水杉、银杉、水松、珙桐、香果树等。

野生动植物资源是人类社会发展不可缺少的重要物质基础。人类的吃穿用的多数产品，都与野生动植物有着密切的关系。许多行业就是通过利用野生动植物资源发展起来的。如皮毛、皮革业，餐饮业和野禽、野味加工业，保健品、化妆品及中成药制造业，标本、工艺品生产业和狩猎业等。野生动植物是自然环境的重要组成部分，保护、发展和合理利用野生动植物资源，对于维护生态平衡，改善自然环境，减轻自然灾害，保持生物多样性，对国民经济持续、稳定的发展有着重要意义。

(一)野生动植物保护

建国以来，国家在野生动植物保护方面做了大量的工作，取得了很大成绩。但由于这项工作起步晚，基础差，管理机构不健全，保护野生动植物还没有受到人们的普遍重视。1992年在联合国环境与发展大会上，160多个国家共同签署了《生物多样性公约》。我国政府作为缔约国之一，对生物多样性及野生动植物保护做了庄严承诺。野生动植物的保护，已引起国际社会的广泛关注，与国际政治、外交、经贸等联系越来越密切。一个国家野生动植物保护的状况，已成为许多国际合作的前提和国际制裁的动因。此外，野生动植物保护也是衡量一个国家和民族精神文明建设的重要标志。当今世界，国际社会普遍认识到，野生动植物应该成为人类的朋友。因此，对广大公众进行野生动植物保护的宣传教育，提高公众的保护意识，切实做好野生动植物的保护工作，是全世界共同关注的问题。

新中国成立50年来，我国在野生动植物保护方面主要成绩有以下几点：

1. 加强法制建设，依法保护野生动植物资源

新中国建立后，我国政府十分重视野生动植物保护管理工作。1958年2月国务院责成林业部把全国狩猎事业统一管理起来。1959年2月，林业部发布《关于积极开展狩猎事业的指示》，提出保护大熊猫、金丝猴、长臂猿、东北虎、梅花鹿等珍稀野生动物。1962年9月，国务院发布《关于积极保护和合理利用野生动物资源的指示》，制定了“加强资源保护，积极驯养繁殖，合理猎取利用”的方针，明确规定保护83种珍稀动物。其中大熊猫、金丝猴、野象、野骆驼、扭角羚、丹顶鹤、褐马鸡等30种为一类保护动物，小熊猫、青羊、盘羊、水獭、雪兔、金鸡、天鹅、各种猴类等53种为二类保护动物。“文化大革命”时期，乱捕滥猎、乱砍滥伐严重，野生动植物资源遭到严重破坏。为了保护野生动植物资源，1975年12月，农林部发布了《关于保护、发展和合理利用珍贵树种的通知》，列出保护树种24种；1983年4月，国务院发布《关于严格保护珍贵稀有野生动物的通令》；1987年8月，国务院发布《关于坚决制止乱捕滥猎和倒卖走私珍稀野生动物的紧急通知》。

1988年11月，第七届全国人民代表大会常务委员会第四次会议通过《中华人民共和国野生动物保护法》，于1989年3月1日起施行。这是新中国成立以来有关保护野生动物的一部根本法，对野生动物保护的方针、政策、管理体制、保护措施以及处罚责任等都作了明确规定。1988年12月国务院批准公布《国家重点保护野生动物名录》,使国家重点保护的野生动物从1962年的83种增加到312种。1992年2月,国务院批准公布《陆生野生动物保护实施条例》,对保护野生动物的有关条款作了更具体的规定。1992和1994年,林业部分别发出了《关于保护珍贵树种的通知》和《关于切实保护国家珍贵濒危树种的紧急通知》。1996年9月30日国务院批准公布了《中华人民共和国野生植物保护条例》(以下简称《条例》),1997年1月1日起实施。《条例》规定:对我国的野生植物实行"加强保护,积极发展,合理利用"的方针,并明确对野生植物实行重点保护,分为一级和二级国家重点保护植物,并对一级、二级保护野生植物的采集作出了明确规定。《野生动物保护法》及《条例》的公布实施,使我国的野生动植物保护工作纳入了法制管理的轨道。1998年经国务院批准,国家林业局农业部联合公布了《国家重点保护野生植物名录》。

根据《中华人民共和国野生动物保护法》及《中华人民共和国野生植物保护条例》,很多地方结合本地区情况,制定了地方性的法律、法规和行政规章。全国已有26个省(区、市)颁布了地方法规。吉林、湖南等省颁布了各省的《野生动植物资源保护条例》;青海、江西、黑龙江、河北等省颁布了《野生动物资源保护管理条例》;北京、宁夏、西藏、四川、甘肃、辽宁、安徽、内蒙古、海南等省(区、市)颁布了《野生动物保护法实施办法》,公布了地方重点保护野生动物名录。云南省公布了《云南省珍贵树种保护条例》和《云南省珍贵树种名录》,江西省公布了《野生植物资源保护管理暂行办法》,山西省公布了《山西省古老稀有珍贵树木管理办法》,贵州省公布了《贵州省重点保护珍贵树种名录》。

为了确保各项法律、法规的贯彻实施,全国人大、国务院从1992年至1995年连续四年,联合进行《中华人民共和国环境保护法》、《中华人民共和国野生动物保护法》等执法检查,推动全国野生动植物保护管理工作的顺利开展。各省(区、市)政府还根据国务院的统一部署,组织林业、公安、工商等有关部门,开展保护野生动植物执法大检查,取得了很好的效果。各省(区、市)在执法检查中,查处了一批大要案。1992年黑龙江省,由林业、公安、工商等部门组成的联合检查组,检查没收虎骨90余公斤,并召开销毁虎骨现场会;1993年广东省查处吴川市药业集团公司非法倒卖犀牛角案,收缴犀牛角824公斤;1993年广州市查处了走私大熊猫皮案,对当事人以投机倒把罪判处死刑;1993～1997年,北京海关先后截获29起399只猎隼,查获后送新疆、宁夏、北京等地放飞,1997年查获了黄猩猩走私案,30只黄猩猩全部没收,经林业部批准,由秦皇岛野生动物救护中心喂养。由于各级党委、人大及政府的高度重视,有关保护野生动植物的法律法规得到了有效地贯彻执行,有力地打击了乱捕偷猎、乱砍滥伐野生动植物的违法犯罪分子。

2. 强化资源管理,建立健全野生动植物保护管理机构

1958年国务院决定全国狩猎事业交由林业部管理后,林业部经营利用司设立了狩猎事业管理处。黑龙江、青海省林业(农林)厅设立狩猎事业管理处或狩猎事业管理委员会。新疆、甘肃、内蒙古、山西、陕西、广东、湖南、湖北、四川省(区)等野生动植物资源比较丰富的地区,配备了专兼职人员管理此项工作。

党的十一届三中全会以后,我国野生动植物保护管理工作发展迅速。1979年,中共中央、国务院决定撤销农林部,成立林业部,在林业部设立了森林保护司,负责野生动植物的保护管理和自然保护区建设。经国务院批准,1980年在林业部设立了中华人民共和国濒危物种进出口管理办公室,负责野生动植物进出口管理,在中国科学院设立了濒危物种科学委员会。

1981年,辽宁、吉林、黑龙江三省组织成立东北保护野生动物联合委员会。1983年在北京成立了中国野生动物保护协会,挂靠林业部,开展保护野生动植物的宣传教育、科学研究、学术交流和筹募保护野生动物资金等工作。地方的野生动物保护组织也陆续建立。1983年,林业部批准成立全国鹤类联合保护委员会,参加这个委员会的有黑龙江、吉林、山东、江苏、安徽、江西、青海、新疆、贵州等17个省(区、市),常务工作由黑龙江省林业厅主持。1983年,陕西、甘肃、青海、宁夏、新疆5省(区)组织成立西北保护野生动物联合委员会。这些组织的建立,促进了重点省、自治区野生动物保护管理工作的协调发展。1987年国家机构改革时,为了加强野生动植物保护管理工作,将林业部的森林保护司改为野生动物和森林植物保护司。1998年国务院机构改革时改为国家林业局野生动植物保护司，确保了工作的连续性。目前，全国已有25个省(区、市)设立了野生动植物专门管理机构，配备专职管理人员近百人；大部分州、地、市、县设有相应的管理机构，配备专人总数约1000人。1994年，林业部发出《关于强化林业工作站野生动物保护管理职能的通知》，要求各地林业工作站增挂野生动物保护管理工作站的牌子，行使野生动物保护管理职能，使野生动植物保护管理工作在基层得到落实。据统计，目前全国从事野生动植物保护管理的工作人员达1.3万人。

3. 开展野生动植物科学研究，搞好野生动植物资源调查工作

中国科学院设有植物和动物研究所，中国林业科学研究院设有森林植物研究室。经过多年的科学研究和野外实地考察，出版了《中国鸟类志》、《中国兽类志》、《中国珍稀鸟类图谱》、《中国植物志》、《中国高等植物图鉴》、《中国树木志》、《中国植物红皮书》等专著，同时还完成了“野马、野驴航空调查研究”、“河狸生态习性研究”等专题研究。1981年国务院在林业部设立“全国鸟类环志办公室”(后撤销)，1982年在中国林科院设立“全国鸟类环志中心”，1983年首次开始野外环志工作。同年，在青海鸟岛环志2种1015只。1983～1985年间，全国开展鸟类环志工作的地点有35处，共环志184种，12 168只。截至到1997年底，我国(不包括香港、台湾地区)共环志鸟类310种，115 267只。共回收到境内环志鸟65种385只。还回收到澳大利亚、新西兰、日本、俄罗斯、芬兰等国家和地区的环志鸟48种346只以上。我国环志的鸟类在印度、孟家拉国、日本、俄罗斯、澳大利亚也有发现。通过这些环志和回收信息，对我国鸟类的迁徙活动有了初步了解。

东北、西北、华南濒危野生动物研究所在研究华南虎、东北虎、海南坡鹿、麋鹿、野驴、野马、羚牛等濒危野生动物方面取得了突破性的进展，为濒危动物的引种驯化及保护拯救，提出了科学依据。

为了摸清资源底数，从50年代开始，陆续开展了野生动植物资源调查工作。其中比较重要的有：

1958～1960年，中国科学院青海甘肃综合考察队，在青海和甘肃省，对兽类进行了调查；1974～1976年，由农林部组织安排，在黑龙江、吉林、青海、甘肃、新疆、云南、四川等十多个省(区)，开展了对大熊猫、金丝猴、长臂猿、亚洲象、野骆驼、野马、丹顶鹤、白鹤、黄腹角雉等珍贵动物的调查；1978年，中国科学院动物研究所组成考察组，对陕西省朱鹮进行调查，经过3年时间，终于在洋县发现了失踪近20年的朱鹮；1980年，由林业部组织，在黑龙江、吉林、江西等省对丹顶鹤、黑颈鹤、白枕鹤、白鹤等珍禽进行了调查；1985年10月至1988年11月，林业部和世界野生生物基金会双方签订了《大熊猫资源综合调查步骤的协议方案》，并根据《方案》对四川、陕西、甘肃3省49个县(市)的大熊猫进行了调查；1987～1991年，由林业部组织对西藏自治区的野生动物进行了调查；1991～1993年，林业部委托中国野生动物保护协会组织有关省(区)开展了黑熊、棕熊、豹猫、猞猁、蛇类等珍贵动物资源的调查。

1995年、1996年林业部根据《野生动物保护法》及《野生植物保护条例》的规定，组织全国各省(区、市)开展野生动植物资源调查工作，到2000年结束。为搞好调查工作，林业部制定了《野生动植物资源调查工作大纲》和《野生动植物资源调查技术规程》，同时成立了部、省级野生动植物资源调查领导小组，下设办公室，使调查工作有领导、有组织、有计划地进行。通过调查将逐步建立我国野生动植物资源档案和动植物资源监测体系。

4. 开展宣传教育，提高全社会保护意识

保护野生动物涉及面广，专业性、社会性、政策性强，要必须依靠全社会的关心和支持。各级林业部门以《野生动物保护法》为主要内容，充分利用报刊、杂志、电台、电视台、广播等多种宣传媒体，开展广泛的宣传教育活动。

1982年以来，全国各省(区、市)普遍开展了“爱鸟周”活动，每年举行一次，效果较好。林业部配合有关部门还组织举办了“虎年虎展”、“马年展马”、“大熊猫展览”、“爱鸟音乐会”和评选“我最喜欢的十种动物”等活动。吉林、黑龙江、甘肃、陕西等省(区)推选了省鸟，分别是丹顶鹤、天鹅、红腹锦鸡、褐马鸡等；广东、云南、北京、吉林、辽宁等省(区)还开展了营造“爱鸟林”、挂置人工鸟巢等活动，为鸟类创造良好的栖息条件；黑龙江、江西、内蒙古等省(区)还进行了鸟类放飞活动；云南、山西、贵州等省(区)还组织青少年举办“走向大自然科技夏令营”、“绿色天地野营”活动；云南省林业厅、云南省野生动物保护协会与省少先队队报《蜜蜂报》联合举办了《人与自然》小记者培训班，160多名小记者深入林区，观察鸟类，增加了青少年对鸟类的认识；北京、上海科技电影制片厂、长春电影制片厂拍摄了《啄木鸟》、《燕子》、《灰喜鹊》、《鸟岛》、《丹顶鹤的一家》等科普片，有效地普及了野生动物知识，提高了人们热爱野生动物的自觉性。

1989年《野生动物保护法》颁布实施后，全国各省(区、市)普遍开展了广泛的宣传教育活动。司法部、中宣部、林业部把宣传贯彻《森林法》、《野生动物保护法》列入“二五”普法重要内容。中央电视台邀请林业部有关领导多次进行《野生动物保护法》讲座。各地以不同方式宣传、贯彻、落实《野生动物保护法》，如举办《野生动物保护法》培训班，召开贯彻执行《野生动物保护法》经验交流会，编印野生动物保护法宣传手册、宣传单，开展《野生动物保护法》知识问答和“百题爱护野生动物知识竞赛”等活动。通过广泛开展宣传教育活动，提高了人们的法制观念，增强了保护野生动物的自觉性。

5. 扩大对外交流，积极开展野生动植物保护管理国际合作

1980年以来，我国政府相继加入了“濒危野生动植物种国际贸易公约”、“关于特别是作为水禽栖息地的国际重要湿地公约”、“国际自然与自然资源保护联盟”、“人与生物圈计划国际协调理事会”和“生物多样性公约”。分别同日本和澳大利亚签定了《中日保护候鸟及其栖息环境协定》、《中澳候鸟保护协定》，同美国内政部签署了《中美自然保护协定书》，同日本环境厅签署了《中日共同保护朱鹮议定书》，同世界自然基金会(WWF)签署了有关保护、研究大熊猫的议定书和行动计划等，还同俄罗斯签署了《中俄政府关于保护虎的议定书》，同印度签署了《中印(度)保护虎的议定书》。

林业部门与许多国际组织和国家政府、民间团体、友好人士建立了广泛的联系，积极参加国际会议，参与国际性的活动。野生动物保护管理工作者，多次出国考察并邀请了一些国家的同行来中国考察访问。1986年10月，世界野生生物基金会会长菲利普亲王来我国参观考察了福田、卧龙、鄱阳湖、西双版纳自然保护区，丹麦亲王也到我国的自然保护区参观考察。

为扩大我国在野生动物保护方面的影响，我国先后举办了国际野生动物保护会议、国际鹤类学术研讨会、国际雪豹学术研讨会、东亚熊类学术研讨会、湿地与水禽保护(东北亚)国际研讨会等一系列国际会议，几十个国家和地区的专家学者参加。

新中国建立以来，大熊猫、金丝猴等我国特产珍稀动物，作为友好使者先后到美国、日本、加拿大、西班牙、瑞典、爱尔兰、澳大利亚、新西兰等国家展出，特别是世界著名的珍贵孑遗动物、我国动物界的国宝大熊猫，作为国家礼品先后向前苏联、朝鲜、日本、墨西哥、美国、英国、法国、德国和西班牙9个国家赠送了23只，为增进我国与世界各国人民的友谊作出了贡献。

6. 兴办狩猎场，积极开展国际狩猎活动

为增进我国野生动植物对外交流，满足国际友人来华进行狩猎旅游的需要，1979年林业部下发了《关于选择外宾狩猎场的通知》。通知明确规定了建立外宾狩猎场的目的、条件和具体要求。1984年2月，经国务院批准，在黑龙江省建立了我国第一个对外开放的桃山狩猎场。截至1997年，经林业部批准，全国已有黑龙江、吉林、北京、青海、甘肃、新疆、四川等12个省(区、市)建立狩猎场24处，猎场总面积548.87万公顷。几年来，共接待来自美国、法国、德国、意大利、墨西哥、西班牙、奥地利、丹麦、瑞士等10多个国家的猎人1000余人次，为国家创汇530万美元。

开展国际狩猎，既能增进国际交往，又能为国家创汇，同时还能提高当地人民保护野生动物的自觉性。青海省从1985年到1997年，共接待外国猎人63批224人次，创汇110万美元。甘肃省创汇90万美元，黑龙江省创汇30万美元。通过对外狩猎，新建了机构，配备了专人，当地群众得到了实惠，提高了保护野生动物的自觉性，基本杜绝了乱捕滥猎，促进了野生动物种群数量的增长。

严格猎枪管理是保护野生动物资源的重要环节。1972年2月国家计委给农林部《关于猎枪生产管理的复函》、1980年12月国家计委、国家经委发出的《关于猎枪等民用枪支生产、销售的通知》，都规定猎枪生产由林业部归口管理，为加强猎枪弹具生产、销售管理，1984年6月，林业部发出《关于猎枪弹具定点生产和经营管理办法的通知》，在哈尔滨市成立了林业部猎枪弹具经销中心，确定黑龙江省齐齐哈尔猎枪厂、辽宁省宽甸鸟枪厂、河南省西峡县农林机械厂、吉林省辉南猎枪厂、哈尔滨市猎具厂为生产猎枪弹具的定点厂，使猎枪弹具的生产、销售、分配走上了有序发展的轨道。

(二)濒危野生动植物的拯救与繁育

野生动植物是国家的宝贵自然资源。拯救和驯养繁殖、种植野生动植物,是保护野生动植物资源的重要措施。通过人工养殖培植,可以扩大野生动植物种群,既满足社会需求,又有利于保护野外种群。

国家对野生动植物的拯救工作,十分重视,采取了许多重大措施。明确规定了濒危珍稀野生动植物的保护等级,发布了一系列的法规文件,建立了许多类型的野生动植物自然保护区、野生动植物研究中心、驯化繁育中心和树木园。实施了多项拯救和保护工程,取得了明显的成效。

50年来,全国各地在养殖珍稀动物和种植珍贵树种方面做了大量工作。养殖的动物主要有麝、熊、水獭、大灵猫、小灵猫、水貂、紫貂、海狸鼠、东北虎、华南虎、大熊猫、金丝猴、小熊猫、猕猴、环颈雉、孔雀、鸸鹋、鸵鸟、朱鹮、锦鸡、红腹角雉、虹雉、大绯胸鹦鹉、扬子鳄等;植物主要有水杉、紫杉、银杉、秃杉、福建柏、银杏、杜仲、金花茶、兰科植物、木兰科植物、黄连、天麻、当归、贝母、苏铁、桫椤等。

1. 濒危野生动物的拯救与养殖

全世界已经灭绝和濒于灭绝的野生动物达1000多种。我国的麋鹿、野马、高鼻羚羊、犀牛、豚鹿、白臂叶猴、新疆虎、冠麻鸭、帝雉等20多种珍稀动物已经或基本灭绝;大熊猫、长臂猿、老虎、野象、海南坡鹿、黑金丝猴、灰金丝猴、儒艮、白暨豚、朱鹮、黄腹角雉等100多种濒于灭绝。《濒危野生动植物种国际贸易公约》规定限制贸易予以保护的濒危动物有640多个种和种类,我国被列入的有156个种和种类。国家确定重点保护的濒临绝灭和有绝灭危险的珍贵动物已达312个种和种类。因此,拯救濒危珍稀动物是当今国际社会十分关注的问题,也是我国野生动植物资源保护事业中一项紧迫的任务。

(1)濒危野生动物的拯救。从六七十年代开始,我国就对大熊猫、金丝猴、坡鹿、梅花鹿、羚牛等少数珍稀濒危动物进行了保护。进入80年代后,随着国民经济的发展和对自然保护工作的重视,我国野生动物的拯救工作得到进一步加强,建立了濒危动物拯救繁育基地,同时对原产我国的濒危动物进行再引进。被拯救的濒危动物增加到几十种,特别是在保护和拯救大熊猫、朱鹮、扬子鳄、麋鹿、野马等濒危动物工作上,取得了举世瞩目的成果。

大熊猫是我国的国宝,当今世界的活化石,受到各国人民的钟爱。1980年我国政府与世界野生生物基金会合作,在四川林业部卧龙自然保护区建立了世界上第一个“保护大熊猫研究中心”。经过十几年的精心研究,现已基本掌握了大熊猫的生理生态习性。“研究中心”从1986年开始繁殖大熊猫,至今已繁殖17胎、26仔,成活17仔。大熊猫的疾病防治也取得很多经验。我国政府非常重视大熊猫保护工作,1992年国务院批准了“保护大熊猫工程”,国家计委随之立项,计划在10年内投资1.98亿元,建设好大熊猫自然保护区和连接其栖息地的走廊带。为保护好大熊猫野生资源,林业部先后在四川、陕西、甘肃3省建立大熊猫自然保护区25处,保护面积107万公顷,有效地保护着大熊猫等珍稀动物及其生存环境。

本世纪的30年代,朱鹮在我国14个省尚有生存分布。到1958年时只能在甘肃、江苏、陕西采到标本,此后便销声匿迹。1981年5月在陕西洋县又重新发现,数量只有7只。林业部当即拨出专款,在洋县建立了陕西朱鹮观察站、繁殖中心和2个固定观察站,增设了朱鹮管理监测站和人工驯养繁殖场,并在朱鹮重点活动区设保护观察员。1987年在北京动物园建立了“北京朱鹮驯养繁殖中心”,开展人工驯养繁殖研究。这两个“中心”分别于1989年和1990年孵出朱鹮幼鸟,并逐步掌握了人工孵化、饲养、繁殖的规律。截至1997年底,人工饲养的朱鹮总数已繁殖到60多只,野外种群尚有40只左右,拯救朱鹮取得了初步成效。

扬子鳄是国家一级保护野生动物,经1976年3月～1979年5月调查,扬子鳄已在江苏、浙江绝迹,安徽残存的已不足500条。1983年3月在安徽宣城夏家渡林区合资兴建了“安徽省扬子鳄繁育中心”。“中心”由繁殖区和放养区两大部分组成,占地100公顷。1987年孵出扬子鳄891条,孵化率达92%,扬子鳄的总数达2000条,使研究项目获林业部科学技术进步二等奖。1989年,人工繁殖的仔一代幼鳄参加繁殖。1991年快速饲养法获得成功。1992年3月2日至13日濒危野生动植物种国际贸易公约第八届成员国大会上,我国“人工繁殖扬子鳄贸易注册提案”获得通过。“中心”已有扬子鳄8000条，每年可增加数千条。

1840年后，麋鹿在我国绝迹，但在欧美繁殖了起来。1984年开始，林业部与国际自然和自然资源保护联盟、世界自然基金会合作，经专家考察，决定在江苏省大丰县林场建立麋鹿保护区。1986年7月，林业部与世界自然基金会签署了《关于中国重新引进麋鹿的决定书》。1986年8月13日，39头麋鹿在2位伦敦动物学会专家的护送下，从英国运抵上海，连夜运往大丰放养。大丰麋鹿保护区占地1000公顷，四周有围墙，水草丰茂。1987年产仔13胎，成活6只。现在麋鹿已发展到600只，再驯化非常成功。

赛加羚羊原产于新疆准噶尔盆地。“羚羊角”是清热解毒的名贵动物药材。过去由于乱捕滥猎，赛加羚羊60年代后已经绝迹。1987年林业部与甘肃省林业厅共同建立了“甘肃濒危动物驯养繁殖中心”。1988年又先后从美国、民主德国引进6只。1989年繁殖3只，存栏数共9只，现在已发展到29只。

野马原产新疆的荒漠、草原，50年代已绝迹。1985年开始引进24匹，分别放养在新疆的吉木萨尔野马饲养繁殖中心和林业部甘肃濒危动物研究中心。1990年发展到34匹，现存栏100多匹。经过再引种驯化，以期达到发展种群数量和野化试验，恢复野外种群的目的。

(2)珍稀野生动物的养殖利用。我国野生动物养殖业始于60年代，主要饲养国产鹿、麝、狐狸、貉、水貂等，但受条件限制，养殖工作只是在个别单位进行，规模很小。80年代后，国家实行鼓励养殖野生动物的政策，1991年林业部制定了《国家重点保护野生动物驯养繁殖许可证管理办法》，加强了野生动物驯养事业的管理，养殖、加工、利用等方面技术日臻成熟，使珍稀野生动物的饲养繁殖事业迅速发展。

熊是我国重要的药用动物。80年代饲养的熊，都来自野外。到1996年，有60%的熊场有了繁殖种群，43%的熊场已成功繁殖仔熊。这些熊场从1989～1996年的8年中，共产仔熊760只，成活585只(包括仔二代个体)。1992～1996年的5年中，年平均繁殖仔熊617只，繁殖数量远远大于死亡数，今后养熊的种源已不再需要从野外补充。

水貂是珍贵的毛皮动物。1956年我国从苏联引进水貂种源，在全国陆续建立了5个饲养场。到1978年全国饲养场点发展到2000多个，种貂数达30多万只。1987年，全国水貂存栏数达600多万只，年产毛皮550多万张，年创外汇1亿多美元。其后由于世界毛皮贸易走向低谷，80年代末，全国种貂存栏数仅10多万只，水貂皮也停止出口。90年代初，国际裘皮市场复苏，貂皮价格上涨，养貂业又逐渐回升，1997年全国养貂数已接近1987年的水平。

麝的饲养，早在1956年就已开始，由于麝的性情急躁，疾病又多，很难饲养，影响了养殖业的发展。经过40年的饲养实践和研究探索，在麝的饲养、繁殖、取食、疾病防治等方面，取得了突破性的进展，积累了极为丰富的经验，目前，四川、甘肃、陕西、安徽、北京、上海等地饲养的麝约有600只。

为开展野生动物繁育的研究工作，80年代以来，林业部已在四川、湖南、广东、广西、贵州、陕西、云南、海南、安徽、河南、北京、黑龙江、甘肃、新疆等省(区、市)建立了14个救护、繁育、研究中心，救护、引进、繁育了一大批珍贵稀有野生动物，其中主要有大熊猫、金丝猴、扭角羚、东北虎、华南虎、金钱豹、云豹、雪豹、野马、麋鹿、高鼻羚羊、绿尾虹雉、丹顶鹤、黑颈鹤、蓑羽鹤等，为生物多样性保护，作出了积极的贡献。

随着经济建设的发展，人们保护野生动物的意识大大提高，对过去将动物关在铁笼里供人们参观的动物园的作法已情趣淡然。90年代以来，已在上海、深圳、秦皇岛、海口、番禺、北京、武汉建立起了7个野生动物园。野生动物生活在人造生态环境中，游人乘汽车在园内参观，置身于大自然怀抱，享受大自然的恩赐，惬意之感油然而生。野生动物园有适合野生动物的生存环境，又有较强的科技管理措施，因而成为繁衍、救护珍稀野生动物的科研场所。

2. 濒危野生植物的拯救与种植

在全世界已知的25万种高等植物中，约有10%处于濒危状态。我国高等植物中的濒危植物高达4000～5000种，有1000种被列入《中国植物红皮书》，其中有200多种已在近几十年里基本绝迹了。

我国从五六十年代就开展濒危野生植物的保护和拯救工作。1975年，农林部下发了《关于保护发展和合理利用珍贵树种的通知》，确定14种一级保护珍贵树种和11种二级保护珍贵树种。改革开放促进了这项工作的进一步发展。1979年后，相继在四川、湖南、湖北、四川、贵州、云南、广西、浙江、西藏等省

(区)建立了60多处专门保护银杉、水杉、珙桐、攀枝花苏铁、秃杉、桫椤、龙血树、望天树、金花茶、百山祖冷杉、巨柏等濒危珍稀植物的自然保护区。与此同时,还建立了500多处珍稀植物易地保护繁育基地、种质资源库、树木园和植物园,近1000种珍稀植物得到保护和繁殖。目前,我国特有的金花茶、银杉、水杉、珙桐、普陀鹅耳枥等,人工繁殖都已获得成功。其中金花茶属国家一级珍稀濒危植物。80年代在广西建立了金花茶保护区和2个基因库,经多年研究,已培育出10多个新品种。广西林业厅所属南宁树木园,收集了迄今为止发现的20多种金花茶,成为园中珍宝。

银杉被誉为"植物活化石"、"植物大熊猫",仅在广西、四川、湖南和贵州有少量分布,总数还不到3000株。为保护这一物种,已在其主要生长地区建立了5处自然保护区,并开展了繁殖研究,仅在湖南就繁殖成活3万多株。

水杉是国家一级保护植物,70年代以来,已广为种植,成为森林更新的主要树种之一。银杏也是珍贵树种,近年来发现银杏酮是治疗心血管病的特效药物,正在大量发展,其种植面积已达2万多公顷。红豆杉因其提炼物紫杉醇有极高的治癌疗效,人工种植有较大发展,湖南、湖北种植的万亩珙桐林,生长良好。(执笔人:胡铁卿　李春源)

三、林业公检法建设

林业公检法建设是林业"三防"体系建设(即森林防火、防治森林病虫害、制止乱砍滥伐森林和乱捕滥猎野生动物)的重要方面。林业公检法机关是国家公检法机关的组成部分。林业公检法这支队伍自建立以来,在党的领导和广大人民群众的有力支持下,在防范和打击破坏森林资源违法犯罪,保护森林资源,维护林区社会治安方面,发挥了重要作用,为保证林业改革和建设事业的顺利进行作出了重大贡献。

(一)林业公安建设

我国的林业公安机关是在长期的社会实践中逐步建立和发展起来的。它的建立和发展顺应了社会政治、经济发展的潮流,适应了保护森林和野生动物资源安全的需要,为我国林业建设事业的顺利发展起到了保驾护航的作用。多年的实践证明:林业公安机关已经成为保护森林和野生动物资源安全,保护生态环境和林区治安秩序,保障林业改革和林业生产建设的生力军,成为国家公安机关中的一支重要的和其他部门不可替代的专门执法力量。

1. 林业公安机构的建立和发展

建国初期,党和国家决定开发东北原始林区。为维护林区的社会治安,清匪反霸、镇压反革命、保障林业生产的顺利进行,1951年1月,东北人民政府发出了《关于建立森林公安机关的决定》,决定在林区建立林业公安机关,各林业管理局、林业局设立林业公安处(局)和公安分局。此后,内蒙古人民政府也相应做出这样的决定。50年代后期,特别是"大跃进"期间,我国森林资源遭到严重破坏,为此,国家相继采取了一系列保护森林资源的措施,进一步加强了林业公安建设。继东北内蒙古林区之后,在华北、西北、华东和西南等林区也相继建立了一些林业派出所或森林警察队。这些政策的出台和机构的建立对森林资源的保护起到了很好的作用。"文革"期间,林业公安机关和其他地方政法部门一样被削弱撤消,从而使国家有限的森林资源再一次遭到破坏。党的十一届三中全会后,国家高度重视森林资源的保护工作,在东北、内蒙古和西南等重点国有林区相继恢复了林业公安机关。为实现依法治林的目的,1979年1月,《国务院关于保护森林制止乱砍滥伐的布告》中指出:"设立林区公安派出所,整顿林区社会治安"。1979年2月,第五届全国人大常委会通过的《中华人民共和国森林法》(试行)中明确规定:"在重点林区设立公安局、派出所,配备森林警察,加强治安,保护森林。"1984年5月,劳动人事部发出的《关于林业公安体制问题的通知》中指出:同意林业部设立林业公安局，列入公安部序列，实行双重领导；地方林业公安机关也同时列入国家公安机关序列，实行双重领导，以地方为主的管理体制。1985 年 10 月，林业部、公安部联合召开全国林业公安工作会议，联合发出了《关于印发〈全国林业公安工作会议纪要〉的通知》，该《通知》进一步明确了林业公安机关是国家公安机关的组成部分，是国家公安机关派驻林区的一支武装性质的治安行政力量。1998 年初，全国人大常委会通过的《森林法》(修正案)中又规定："在林区设立的森林公安机关，负责维护辖区社会治安秩序，保护辖区内的森林资源"，从而以法律的形式确定了林业公安机关的法律地位。

2. 林业公安机构的性质、任务和管理体制

根据《森林法》和有关部门文件及林业部、公安部联合发出的《全国林业公安工作会议纪要》的规定，林业公安机关作为国家公安机关的组成部分，是国家派驻林区的一支保护森林资源安全，维护林区政治稳定和社会治安稳定，保障林业生产建设顺利进行的武装性质的治安行政力量。这样的性质是由我们国家的性质和执法体制所决定的。在林业公安机关建立和完善的过程中，始终把保护森林和野生动物资源安全、维护林区社会治安秩序稳定、预防和打击危害森林和野生动物资源安全的违法犯罪活动作为自己神圣职责。国家法律授予林业公安机关的任务主要有三项：一是保护森林和野生动物资源安全，维护生态环境；二是维护林区社会的政治稳定和社会治安秩序的稳定；三是保障林业改革和生产建设的顺利进行。东北、内蒙古重点国有林区林业公安机关除承担森林和野生动物资源保护的任务外，还承担着所辖区内社会刑事、治安等各项工作，其任务是相当繁重和艰巨的。

林业公安机关实行林业和公安两个部门双重领导的管理体制。林业部公安局作为全国林业公安机关最高管理机构，同时又列入公安部的业务局序列，接受国家林业主管部门和公安部的领导，行使国务院确定的各项职能。省级林业厅(局)内设立的林业公安处(局)及省级以下林业公安机构也实行以林业系统领导为主，地方公安机关和上级林业公安机关进行业务指导的双重管理体制。

3. 林业公安工作取得的成就

林业公安机关自建立以来，特别是 1984 年林业部组建林业公安局(1998 年改为森林公安局)之后，各级林业公安机关始终把加强林业公安队伍的革命化、正规化建设放在工作首位，把确保林区治安稳定和"一方平安"作为工作的重中之重，强化对各种破坏森林和野生动物资源违法犯罪活动的打击力度，为林业建设事业做出了重要贡献。

(1)机构逐步健全，警力不断增加，林业公安队伍建设取得显著成绩。几十年来特别是改革开放以来，林业公安的机构和队伍建设始终得到了各级党委、政府及有关部门的重视和支持。从 1990 年至 1996 年全国新增设林业公安机构 1273 个，增加警力近万人。截至 1998 年底，除上海市等个别省区外，全国的 30 个省(区、市)都设有林业公安机构，而且基本都已列入地方公安序列，从而使林业公安机关的专政职能作用得到充分发挥。到 1998 年底，全国县级林业公安分局、科(股)就有 1181 个，各类林业公安派出所 4543 个，拥有林业公安民警 4.9 万多人。随着林业事业的发展，林业公安机关的管理体制也正在逐步理顺。随着"双重领导"的管理体制的实施，基层建设得到大大加强。根据领导干部"下管一级"的要求，各地在选拔、调整领导干部时，在充分征求有关部门意见后报上级林业公安机关审核，从而有效地保证了领导干部的政治、文化、业务素质，使得一批德才兼备、年富力强的同志充实到领导岗位上。通过强化领导班子成员的思想建设，更加促使班子成员团结一致，互相配合，形成坚强的凝聚力和战斗力。

全国林业公安机关始终坚持抓班子，带队伍，努力造就一支政治强、作风硬、警风正、业务精、能战斗的林业公安队伍。多年来，为建设一支高素质的林业公安队伍，各级林业公安机关按照"抓班子、带队伍、促工作、保平安"的总体工作思路，制定措施，加强内部管理，狠抓落实。坚持"从严治警，依法治警"的方针，内强素质，外树形象，在加强队伍的组织建设、思想建设和作风建设等方面，做了大量的工作，使这支队伍的政治素质和业务素质取得明显提高，涌现出了一大批先进模范单位和英雄模范人物。自 1990 年以来，全国共有 2 人被公安部授予一级英模，8 人为二级英模，4 人被评为"全国特级优秀人民警察"，105 人次获"全国优秀人民警察"称号，66 人次被评为"全国林业系统优秀人民警察"；荣立集体一等功的有 1 个，二等功的有 82 个，三等功的有 721 个；荣立个人一等功 40 人，二等功 186 人，三等功 2187

人。

规章制度逐步建立健全，队伍管理更加严格。多年来，各地认真坚持“从严治警，依法治警”的方针，制定和完善了各项规章制度，强化了队伍管理的各项措施。首先，各地都认真执行由省级林业公安机关统一管理警籍的制度，对每个新调入的民警都严格执行招收人民警察的有关规定，坚决把住进人关，确保民警队伍的素质。其次是制定和完善各项管理措施，规范民警的行为。全国各级林业公安机关普遍建立了岗位责任制、廉政建设等各项规章制度，实现了“以制管警”。三是落实了林业公安队伍建设责任制，坚持从领导干部抓起，从领导干部做起，形成了一级抓一级，一级带一级，一级做给一级看的良好格局。四是充分发挥党组织的战斗堡垒作用和党员的先锋模范作用，积极开展理想和宗旨教育，进一步增强了全体林业公安民警的责任感和使命感。五是积极开展立功创模活动，大大激发民警创先争优、敬岗爱业、勇于奉献、奋发进取的工作热情。六是组织开展教育培训工作，使广大民警的文化水平和业务素质明显提高。到1998年底，在林业公安民警中，大专以上文化程度的占总数的24.4%；高中以上文化的占64.1%。随着评授警衔工作的开展，加强了队伍正规化建设，增强了广大民警的荣誉感和责任感。七是大力加强勤政廉政建设，警民关系进一步密切。各地通过开展职业道德、遵纪守法和为人民服务的宗旨教育、人生观教育和价值观教育，以“济南交警”和“漳洲110”为榜样，大力开展警民共建精神文明警区的活动，密切了同群众的关系，到1998年底已建成“警民共建单位6066个。为实现让群众满意的目标，各地还建立了各种监督机制，公开办事制度，挂牌上岗，聘请执法和廉政建设监督员等制度，把警风廉政建设置于群众的监督之下。

(2)打防结合，标本兼治，林业公安各项业务工作得到了加强。在长期的斗争实践中，各级林业公安机关认真执行《刑法》、《森林法》等各项法律、法规，紧紧围绕保护生态环境和维护林区社会秩序稳定这个中心工作，以加强基层业务建设为着眼点，以严打和专项整治为手段，全面提高了林业公安机关预防、发现、控制和打击能力，取得了良好的社会效果。随着改革开放的深入和由计划经济向市场经济转轨的重要时期，我们面临着经济大发展和人口增加对森林资源依赖性增大的严峻局势，为有效地保护国家宝贵的森林和野生动物资源，自1990年以来各级林业公安机关接连不断地开展了多次严厉打击毁林犯罪的严打斗争和专项整治。在历次严打斗争中，各地林业公安始终把哄抢、盗伐、滥伐林木，破坏珍稀动植物资源，盗窃、抢夺木材，非法猎杀、倒卖和走私国家重点保护的野生动物及其产品等对资源破坏大、严重影响林区治安秩序稳定的违法犯罪活动作为重点，予以狠狠的打击，从根本上确保了林区的稳定。据统计，1986～1998年，全国林业公安机关共查处各类森林和野生动物案件127.99万起，其中重、特大案件17 852起，打击处理各类人员211.4万人次，挽回直接经济损失13.58亿元，收缴木材310多万立方米、野生动物215万多头(只)。

在认真抓好严打斗争的同时，各级林业公安机关坚持专门工作与群众路线相结合的方针，始终把“发案少、秩序好、群众满意”作为业务建设的主要目标，下大力气加强了基础业务建设，全面提高林业公安机关预防、发现、控制和打击毁林犯罪活动的能力，取得显著成效。首先，认真抓好山情、林情、社情的“三情”调查，全面掌握了辖区内的基本情况，为防范和打击毁林犯罪活动奠定了坚实的基础。特别是自1991年在江西召开的基层基础业务工作经验交流会以后，各地普遍开展了以基层基础建设为核心的规范化建设。各单位对自己辖区内哪些是重点地区、热点域区、难点部位了如指掌，做到了保有重点，防有目标，为防范和控制毁林案件的发生创造了条件。同时，按照“严打”、“严防”、“严管”、“严治”的要求，建立健全群防群治、边界联防、案件协查、情报信息网络体系(简称“四网”)，构筑林区安全防范新格局。

林业点多面广线长，又地处偏远地区，交通、通讯不便，给林区的治安管理和防范控制工作带来很大难度。针对这些实际问题，各地林业公安坚持将警力向林区延伸，工作向群众延伸，管理向基层延伸，控制向外围延伸，变被动为主动，开创了打击毁林犯罪与群众路线相结合的新局面。一是建立群众性护林组织，形成群防群治网络。许多单位在乡、村、组建立了护林队和治保组，把做好群众工作作为治警之本，广泛发动、组织、依靠群众来做好林区治安防范工作。一些还没有设派出所的国营林场和较大的乡、村、集体林场，基本都建立了具有专业性质的经济民警队和护林治安队或林业公安执勤点，划定了警务区,设立了森林案件举报箱,加大了防范的力度。截至1998年底,全国已建有护林治安队3.15万个,群众性护林组织11万多个。二是确定联防区域,形成边界联防网络。在许多治安情况比较复杂的乡、镇,特别是县、地(市)、省际之间毁林问题多发地区开展护林联防,有效地防止了这些热点地区容易出现的治安混乱状况。边界联防网的建立,对控制和制止因山林权属纠纷引发的群体性毁林和械斗事件起到了重要作用,目前全国已建有边界联防区5851个。三是建立案件协查网络。针对部分林区特别是边界林区不法分子跨行政区域作案情况突出和地方保护主义严重、案件查处的难度加大的特点,各地林业公安普遍建立了案件协查制度和协查区。截至1998年底,全国已建有案件协查区5519个,从而使边界地区的各类案件有较大幅度下降。四是坚持公开和秘密相结合的原则,建立情报信息网络。各地林业公安在建立情报信息网络时,下大力气加强了隐蔽力量建设,广泛收集林区情报信息,掌握治安动态,收到了良好的效果。

总之,经过数十年的努力,一个以林业公安为主体,以林业治安执勤点、治安队、经济民警队为骨干,以各种群众组织、治保会为纽带,以护林员、信息员、治安耳目为基础,纵横交错、信息灵敏、反应迅速的多层次、全方位的防范与控制网络已基本形成。

加强各项治安管理措施,强化林区治安监控工作。全国各级林业公安机关按照公安部的规定和森林公安局的要求,对居住在林区的重点人口实行严格审批,逐个建档,落实专人负责监控和帮教责任制的管理制度。对到林区从事采伐、种殖业、养殖业、采矿、采脂、开矿、采石等外来从业人员都作为暂住人口实行严格管理,签订责任书,落实林区治安和护林防火责任制。把木材和野生动物的收购、生产、加工、销售场点作为特殊行业或治安管理重点,强化管理和监督,使木材和野生动物流通领域的违法犯罪得到有效控制。各地通过转变观念,改革勤务机制,实行奖惩机制,变静态管理为动态管理,实行以动为主,动静结合的管理方式,将有限警力向基层延伸。民警下到各林区场点、责任区,实行责任包干,并把信息灵、防范紧、发案少、秩序好、群众满意作为每个民警的岗位目标责任考核的内容,从而调动和激发了民警做好工作的积极性。

坚持高标准、严要求,实现内务管理规范化。各级林业公安机关根据《人民警察内务条例》的有关规定进行管理,严格工作纪律,做到局容局貌、所容所貌整洁庄严,环境优美,使林业公安机关的管理水平得到大大提高。

(3)强化法制建设,逐步完善林业公安执法体系。林业公安机关自成立以来,始终把法制建设工作作为主要工作之一摆在重要位置,为完善林业公安机关的法律体系建设,提高林业公安民警的法律意识和执法水平做了大量工作。1984年以来,林业部公安局针对过去保护森林和野生动物资源的法律法规不明确、操作性不强的状况,下大力气抓了配套和完善法律法规工作。多年来,已配合有关部门起草了《森林法》及实施细则和《野生动物保护法》(草案)等法律法规的有关条款;与公安法制部门制定和颁布了《关于森林案件管辖范围及森林刑事案件立案标准的暂行规定》、《关于陆生野生动物刑事案件的管辖范围及其立案标准的规定》;与最高人民法院、最高人民检察院配合起草和颁布了《关于办理盗伐、滥伐林木案件应用法律的几个问题的解释》、《关于盗伐、滥伐林木案件几个问题的解答》等。各省级林业公安机关还结合本省、区、市的实际情况,积极向地方人大和政府法制部门提出立法建议,制定了许多更具操作性的地方法规,在一定程度上弥补和解决了部分林业案件无法查处的状况。

(4)装备和基础设施建设得到了加强,机动作战和快速反应能力大大提高。1984年林业部公安局成立以后,针对林业公安机关装备建设无标准、无规划、无统一管理等问题,下大力气狠抓了各项装备建设工作。1988年,在对林业公安系统装备现状调查研究的基础上,以林业部、公安部两部名义颁发了《全国林业公安机关业务用车、通讯网、刑事鉴定技术三项装备标准》,开发研制了《森林刑事案件现场勘查箱》,编制了《1991至2000年全国林业公安体系装备建设规划》,在通过了林业部、公安部组织的专家论证后,被纳入了《中国21世纪议程》林业行动计划之中,成为林业公安机关装备和基础设施建设的依据和指导性文件。

各地还根据林业部提出的"关于基本建设投资要突出重点项目,加强基层"的要求,狠抓了基层林业公安机关的装备建设。1992年,在全国范围内组织开展了林业公安派出所装备和基础设施建设达标以及装备管理年活动,1994年又提出从1994~1996

年用3年时间完成100个重点林业县林业公安机关装备建设的“百县行动”计划，并顺利完成，使林业公安机关装备建设从弱到强，产生了质的飞跃。十几年来，各级林业公安机关按照林业部和公安部制定的装备标准、规划的要求，根据突出重点、强化基层、分步完善的原则，充分发挥主观能动性，不断加大硬件建设的力度，使林业公安机关的技术装备和基础设施建设有了明显改善。到1997年底，全国林业公安机关的业务用汽车总数已达到6000多辆，比1984年增加十倍，配备摩托车3700多辆，配备电话6600多部，各种电台18 000多部，建立刑勘箱3253个，枪支配备数量已超过现有民警人数的三分之二。此外，微机、复印机、传真机、移动电话、摄录相机、BP机等现代化的办公通讯设备的配备数量也在迅速增加。办公、生活用房状况明显改善，有3760个基层单位已经达到标准，占基层单位总数的64%。许多基层单位还因地制宜，建立了小食堂、小健身房、小浴室、小娱乐室、小阅览室（五小工程），解决了基层民警的生活困难和后顾之忧，丰富了民警的业余生活，促进了两个文明建设。

林业公安工作在各级领导和有关部门的重视和支持下，在各级林业公安机关和广大民警的共同努力下取得了很大成绩，积累了许多宝贵的经验，但林业公安所面临的任务是长期的、艰巨的、繁重的。展望未来，任重道远，只有继续开拓进取，勇于创新，埋头苦干，求真务实，才能把林业公安工作不断推向新阶段。（执笔人：陈介平）

（二）林业检法建设

林业检法机关是国家检察机关和审判机关设在林区的检察和审判机关。实践证明，建立林业检法机构，加强林业检法建设，对保护和发展森林资源，维护林区生产秩序和社会秩序，保障林业改革开放和生产建设的顺利进行，保护公民、法人和其他组织的合法权益，具有十分重要的作用。

1. 林业检法机关的建立和发展

新中国成立以后，党和政府就根据林区的特点和查处林业案件的特殊要求，在部分重点林区派驻了人民法庭。1979年2月23日第五届全国人大常委会第六次会议通过的《中华人民共和国森林法（试行）》第九条规定：“国家检察机关在林区县的林业部门、国营林业局和重点国营林场，各委任一至三名不脱产的林业检察员，负责检察国家林业政策法令的贯彻执行。林业检察员的职责范围由国家检察机关统一规定。”1980年1月1日起施行的《中华人民共和国人民法院组织法》第二条规定，专门人民法院包括森林法院；《中华人民共和国人民检察院组织法》第二条规定，省一级人民检察院和县一级人民检察院，根据工作需要，提请本级人民代表大会常务委员会批准，可以在林区设置人民检察院，作为派出机构。1980年12月1日，林业部、司法部、公安部、最高人民检察院联合发出了《关于在重点林区建立与健全林业公安、检察、法院组织机构的通知》；1981年3月8日，中共中央、国务院在《关于保护森林发展林业若干问题的决定》中明确指出：“林区要抓紧建立和健全林业公、检、法机构”。根据这些法律和政策规定，各有关省（区）相继在重点林区县和大面积国有林区建立了林业检法机构，主要是在黑龙江、吉林、甘肃、湖南、福建、四川、广西、江西、贵州等11个省（区）建立了林业检法机构。截至目前，仅黑龙江（不包括政企合一的伊春林区）、吉林、甘肃、湖南、福建、四川6省就建有林业检察机构216个。其中省人民检察院林业检察处5个、地级检察分院8个、地级检察院林检科19个、林区基层检察院53个、基层县人民检察院林检科（股）131个，人员2151人；建有林业审判机构236个，其中省高级人民法院林业审判庭5个、中级人民法院林区分院8个、中级人民法院林业审判庭20个、基层林区法院53个、县人民法院林业审判庭129个、派出林业法庭21个，人员2557人。

2. 林业检法机关的主要任务

建立林业检法机关的根本目的是为了保护森林和野生动植物资源安全，打击毁林和乱捕濒危珍稀野生动物的犯罪行为，维护林区社会秩序，保障林业企事业单位和林农的合法权益不受侵犯。林业检察机关是国家法律监督机关的重要组成部分，林业审判机关是国家审判机关的重要组成部分。由于林业行业的特殊性和林业管理体制的复杂性，使得我国的林业检法机关带有浓厚的中国特色。

林业检法机关分林区和林业两类，他们的工作任务既有区别，也有共同之处。林区检法机关是经省人民代表大会常务委员会批准或授权批准，在林区设置的行使同级检察机关和审判机关职权的林区检察院和林区法院。如在东北、内蒙古、甘肃等大面积国有林区建立的林区检法机关，在林业部门的施业区内行使同级检法机关的职责。林区一检察机关的任务是通过刑事、民事、经济、行政、监所检察工作，代表国家对法律的实施进行监督，对各种刑事犯罪提起公诉，打击犯罪行为，保障国家、集体、公民个人的财产不受侵犯，依法追究渎职、贪污、侵犯公民民主权利者的刑事责任，维护林区社会秩序稳定。林区法院机关的任务是通过审理刑事、民事、经济、行政等案件，打击犯罪，维护国家、集体、公民个人的合法权益。另一类林业检法机关是在重点林区的省、地、县人民检察院和人民法院内部设置的林业检察处、科(股)和林业审判庭，主要任务是办理林业或与林业有关的案件。如在南方一些重点集体林区建立的林业检法机构，就是作为地方检察院和法院内部的一个职能部门所设立的。其主要任务就是打击毁坏和猎杀、走私国家重点保护野生动物及其制品的犯罪行为，保护林业企事业单位和林农的合法权益，保障林业建设事业的顺利进行。

3. 林业检法工作的主要成绩

林业检法机关自建立以来，在各级党委的领导下，在各级人大的监督下，在政府和林业部门的关心支持下，克服了种种困难，在人员少、任务重、经费紧张等艰苦环境和条件下，发扬无私奉献精神，兢兢业业、勤勤恳恳、任劳任怨，边组建、边学习、边工作，秉公执法、廉洁奉公，恪尽职守，严格依法办事，为打击毁林犯罪，保护森林资源安全，维护林区社会秩序稳定，保障林业企事业单位和林农的合法权益不受侵犯，促进林业建设事业的顺利发展作出了巨大贡献。

1985 年 7 月 1 日以前，盗伐、滥伐森林案件是归检察机关直接受理、立案侦查的。在建有林业检察机关的重点林区，则由林业检察机关直接受理。根据公安部、最高人民检察院、最高人民法院于 1985 年 5 月 13 日联合发出的《关于盗伐滥伐森林案件改由公安机关管辖的通知》，从 1985 年 7 月 1 日起，盗伐滥伐森林案改由公安机关直接受理、立案侦查。虽然如此，林业检察机关作为国家的法律监督机关的组成部分，依法履行职责，严把案件审查关，与公安机关密切配合，有力地打击了各种毁林犯罪行为，遏制了犯罪分子的嚣张气焰。据不完全统计，截至 1998 年，林业检察机关受理公安机关批准逮捕案 37 702 起、44 659 人；依法提起公诉案 26 141 起、37 141 人；挽回经济损失 1.6 亿多元。仅四川、湖南两省的林业检察机关就收缴木材 11 万立方米。东北国有林区的两级林业检察机关(即省检察院林区分院和林区基层检察院)，为企业深化改革、治危兴林和打击以木谋私、贪污贿赂等经济犯罪行为做了大量工作。东北国有林区是我国经济建设用材的主要供应基地。由于多种原因，在木材上搞犯罪活动十分严重，不仅影响了森工企业的发展，也挫伤了广大林业职工的生产积极性。为治理打击森工企业的木材犯罪活动，稳定和发展林区经济，两级林业检察机关工作人员，深入森工企业的重点部位查办木材等经济犯罪案件。他们紧紧依靠广大群众，设立举报箱、举报站，对群众举报的犯罪案件坚决查处。同时组织工作组深入到基层了解和发现线索，分析斗争形势，明确主攻方向，在打击利用木材进行贪污、贿赂等经济犯罪的斗争中，取得了显著成绩。据统计，黑龙江、吉林国有林区两级林业检察机关自建立以来至 1998 年共查办经济犯罪案件 4919 件，为国家挽回经济损失 6671 万元。

在南方集体林区的林业检察机关积极配合有关部门，对林区实行综合治理，为保护森林资源做了大量工作。随着南方集体林区林业经营方式和木材流通体制的改革，林政管理工作一时跟不上，林区群众法制观念不强，使一些人产生了“要想富，多砍树”的错误想法，一些不法分子乘虚而入，大肆盗伐、滥伐林木。为了制止毁林行为，林业检察机关在总结以往经验的基础上，采取打防并举，标本兼治的方法，对林区实行综合治理。一是对毁林者依法查办，使其在经济上得不到好处，并做到有案必办，有风即刹，违法必究，不使其蔓延；二是协助林业部门完善护林规章制度和管理措施；三是向林区的广大群众宣传党的方针政策和国家有关法律，提高广大群众知法、守法的自觉性和主动性；四是对影响大、涉及面广的典型毁林案件，与林业审判机关配合，召开公审大会，达到处理一案教育一大片的社会效果；五是建立林业检察室，作为县检察院的林业检察部门设在林区的“窗口”，随时掌握林区动态，使许多毁林行为被及时制止；六是与林业、公安、工商等部门配合，清理、整顿木材市场和以木材为原料的加工厂等单位。经过上述综合治理工作，南方集体林区的生产秩序逐步向稳定健康方向发展，从而保障了南方林区林业生产建设的稳步发展。

林业审判机关在依法维护国有森工企业的合法权益，保障林业生产建设不断发展方面，做出了突出成绩。东北国有林区的两级林业审判机关（即中级人民法院林区分院和林区基层人民法院）积极发挥审判机关的职能作用，认真审理和调处拖欠木材货款的经济合同纠纷。他们坚持巩固公有制经济，牢固树立为林业经济建设和搞活大中型林业企业服务的宗旨，全面开展了为林业企业清理、回收木材拖欠款的审理工作。对此，两级林业审判机关依据国务院清理“三角债”的指示精神，积极参与森工企业清理“三角债”工作。他们通过调查研究，基本摸清了拖欠木材货款的底数和原因，向企业领导宣传有关法律和法院的职能作用，增强森工企业领导人依法维护企业自身合法权益的意识，主动到法院起诉，运用法律手段，回收拖欠款。两级林业审判机关对已起诉到法院的拖欠木材货款案件，在当事人举证的基础上，分别情况，按法律程序抓紧审理，尽快结案。为保护森工企业的合法权益，维护法律的尊严，对有履行能力而不履行已发生法律效力的判决、调解书的，坚决依法予以强制执行。据统计，截至1998年，黑龙江、吉林两省林业审判机关在有关部门的配合下，就为森工企业追回木材拖欠款达10.17亿元，从而有力地支持了林业建设事业的发展。坚持严厉打击破坏森林和野生动物资源犯罪行为，适时开展专项斗争，召开公判大会，依法从重从快惩处了一批毁林犯罪分子，有力地遏制了毁林歪风的滋长和蔓延。仅湖南省的各级林业审判机关在1996年的“严打”斗争中，就审结林业刑事案件174起，处理犯罪嫌疑人278人，召开公审公判大会217场次，公开审判犯罪嫌疑人375人，参加旁听的群众达数十万人次，起到了较好的社会效果。随着《行政处罚法》的实施和公民法律意识的逐步提高，林业行政案件不断增加，如福建省各级林业审判庭1996年就受理了284起林业行政案件。通过办理这些林业行政案件，使群众看到了法律的威严，不仅有效地维护了各级政府和林业行政主管部门依法行政的权威，也对少数不依法行政的部门进行了有效的法律监督，使广大林农受到了法制教育，群众和行政管理部门都比较满意。

（执笔人：段庆浩）

山区综合开发

一、山区综合开发的重要意义

我国是一个多山的国家，全国有1500多个山区县，山区面积占国土面积的比重超过2/3，山区人口占全国人口的一半以上，而且84%的国定贫困县集中在山区。山区的发展，关系到我国的民族团结和政治稳定，关系到我国区域间经济的协调发展和整个国民经济发展的全局。从我国目前山区的整体发展来看，我国山区贫困落后的面貌和生态环境不断恶化的局面并没有从根本上得到改变，山区生产力水平仍然较低，基础建设仍然比较落后，经济发展相对落后，农民收入增长仍然较慢。

开展以"改土、治水、植树、修路、办电"为主要内容的山区综合开发，是一项庞大的系统工程，既是国土整治、江河治理的重大举措，又是合理利用资源，振兴山区经济，促进山区人民脱贫致富的根本大计，具有多方面的重要意义。

(一)山区综合开发是有效解决我国人多地少矛盾，保障和改善农产品有效供给的重要途径

我国耕地资源有限，人口增长对耕地的压力越来越大，而山区地域广阔，资源丰富，开发潜力巨大。优化配置农业生产要素，合理开发山区资源，可以有效地增加农产品供给，改善国民膳食结构，提高人们的生活质量，满足社会对农产品不断增长的需求。同时，逐步富裕起来的山区还将是一个潜力巨大的工业原料供应基地和工业品消费市场，必将有力地促进二、三产业发展，从而推动整个国民经济的繁荣和社会的进步。

(二)山区综合开发是有效改善我国生态环境，实现经济和社会可持续发展的重大战略措施

山区是森林、野生动植物等生物资源分布最集中的地区，是大江、大河的源头。由于长期以来山区生态环境遭受破坏，造成我国水、旱等自然灾害越来越频繁，损失越来越严重，这已成为中华民族的心腹之患。要减轻或避免各种自然灾害的威胁，必须首先下大力气把山区治理好、建设好。只有通过山区综合开发，实现有序治理和合理开发的有机结合，使生产者在开发中得到切实的利益，走开发式治理的道路，才能调动好、发挥好和保护好各方面的积极性，从根本上改变生态环境面貌，实现我国经济和社会的可

持续发展。

(三)山区综合开发是保持社会稳定，增进民族团结的重要保证

山区是我国少数民族相对集中的地区。加强民族团结，维护祖国统一，促进共同繁荣，是中华民族的最高利益，也是全国各族人民的共同心愿。实施山区综合开发，加快民族地区经济和社会发展，可以减轻民族之间、边疆与内地之间、社会贫富之间经济发展不平衡造成的矛盾，有利于保持社会稳定，增强民族团结，实现各民族的共同繁荣和共同进步。

(四)山区综合开发是缩小地区差距，保持区域之间经济和社会协调发展的根本出路

我国的地区差距在很大程度上表现为山区与平原经济发展的差距。山区是贫困面广、贫困程度深，扶贫攻坚难度大的地区，山区的经济状况如何，直接关系到整个国民经济发展的全局。只有加快山区综合开发，加速山区经济发展，才能逐步缩小地区差别，实现全社会共同繁荣，保障我国的政治和社会的长治久安。

二、山区综合开发的巨大潜力、主要任务和基本方针

(一)山区综合开发有着巨大的潜力

改革开放以来，党中央、国务院非常重视山区建设。从1996年开始设立专项贷款扶持山区示范县治理与开发，并不断扩大示范范围和增加贷款额度，得到了全社会的大力支持，山区的发展面临着一个难得的机遇；随着人们生活水平的不断提高和消费结构的改善，山区各种名、特、优、新绿色食品和林副土特产品的国内外市场广阔，山区也逐步成为我国对外开放和投资的热点。这些都为山区综合开发事业的开展提供了良好的外部条件。

我国广大山区人民生在山区，长在山区，积累了靠山吃山的丰富经验。在市场经济条件下，许多山区又进一步创造了靠山、治山、养山、吃山的新经验和新做法，涌现出一大批依靠山区综合开发脱贫致富的典型；山区人民具有艰苦奋斗、自力更生的实干精神和治理山区、开发山区的强烈愿望，山区综合开发正逐步成为我国广大山区人民的自觉行动。这些都为山区综合开发的实施奠定了坚实的内在基础。

更为重要的是，全国山区蕴藏着丰富的土地、生物、水力、旅游、矿产等资源，有着巨大的开发价值和开发潜力：第一，我国山区地大面广，土地资源极其丰富，人均占有土地1公顷以上。山区现有森林面积1.08亿公顷，拥有我国现已开发利用的300多种木本粮油和林果资源；山区耕地面积占全国54%，其中旱涝保收地占山区耕地总面积的比重不到30%，中低产田比重大，粮食增产潜力大；山区草场面积达到151.6平方公里，占全国可利用草场的一半左右，是我国重要的畜牧业生产基地；我国尚有大约0.8亿公顷的后备土地资源，也大多分布在山区，其中可开垦的耕地不足15%，其余85%以上的后备土地资源，适于发展林果业和畜牧业。第二，山区气候等自然条件复杂，呈立体结构特点，生物资源种类多，市场开发潜力大。我国有32 000多种高等植物和2100多种脊椎动物，其中可食用植物有3300余种，药用植物有5700余种，工业用植物共有3300余种，有可用毛皮动物80余种，药用动物400余种，羽绒用动物和肉用动物数百种，许多种类为我国山区所特有和稀有，极具开发潜力。第三，山区水能资源丰富，水电开发成为解决山区农村生活和农业生产用电的重要途径。全国山区河川径流量达24 000多亿立方米，占全国河川径流量的90%以上。全国将近7亿千瓦的水能蕴藏量，几乎都在山区，既有集中在大江大河的大中型水电资源，又有遍布山涧河溪的小水

电资源。第四，我国是一个山水秀丽、历史文化悠久、名胜古迹众多的世界旅游大国，山区是现代旅游的主要场所。我国山区拥有众多的名山大川和人文古迹，风景秀丽，景观奇特，奇峰古刹，异彩纷呈，旅游资源十分丰富，已为世人瞩目。如已开发的黄山、五台山、峨眉山、庐山和新开发的张家界、九寨沟、石林等，在世界上都享有盛誉。随着山区旅游基础设施的开发建设和交通运输的进一步改善，山区丰富的旅游资源将成为山区富民、富县的重要条件。第五，我国山区矿产资源十分丰富。世界上现已发现的 140 多种矿物，在我国山区多已找到，其中矿物燃料、黑色和有色金属、稀有金属、建筑陶瓷和化工原料等在我国和世界上占有重要的地位。

（二）山区综合开发的主要任务和基本方针

山区综合开发的主要任务是：以邓小平理论为指导，坚持党在社会主义初级阶段的基本路线，认真贯彻党的十五大精神，调动各级领导和广大群众的积极性，改善生态环境，加强改土、治水、植树、修路、办电等基础设施建设，合理开发利用山区各种资源，推动山区经济持续、健康、快速发展。

山区综合开发的目标是：从我国山区实际出发，对山区进行合理区划和分类，以山系和流域为单元，以县为实施单位，分期分批，滚动开发，力争用 30 年左右的时间，从总体上遏制住生态环境恶化的趋势，增加农民收入，缩小山区与平原地区的差距，促进农村经济结构的调整和区域经济的协调发展。

搞好山区综合开发，必须遵循以下基本方针：坚持统一规划，合理布局，实现开发与治理的有机结合，努力做到以治理保开发，以开发促治理；坚持从实际出发，因地制宜，突出重点，着力改善山区生产和生活条件，在调整和优化山区经济结构，提高山区综合开发效益上下功夫；坚持以市场为导向，不断拓展开发领域，形成新的产业群体，走山区经济的产业化路子；坚持科技兴山，努力提高投入产出率、劳动生产率、资源利用率，提高山区综合开发水平；坚持以开放促开发，打开山门，全方位扩大对外交流与合作；坚持以自力更生为主，充分发扬山区广大干部群众自强不息、苦干实干的优良传统和作风，依靠自己的双手改变山区的落后面貌。

三、山区综合开发的战略布局和实施步骤

（一）分区开发的方向和重点

为合理开发我国山区资源，指导山区综合开发向高产、优质、高效、持续的轨道发展，以便选择有效的综合开发方式和措施，以及因地制宜地制定相关政策等，根据我国各山区所具有的自然地理特征、开发方向和开发重点、目前生产水平和存在问题，结合全国六大经济区划、自然综合区划以及其他区划结果，将我国山区划为十大综合开发区和 18 个二级开发区，在此基础上，采用综合经济指标，将各山区进一步归并为三大类型区。

1. 东部山地类型区

东部山地类型区包括辽东、鲁中南、长江上游、武夷山和东部沿海五个山区，主要分布在我国东部和东南沿海。其主要特点是人口密度大，人均耕地少，经济发展水平相对较高，农村商品率高，县级财政收入平均在 8000 万元以上，农民人均纯收入达 1600 元。这一类型区的主要任务：一是稳定耕地面积，建设基本农田，并进一步提高粮食单产水平；二是在现有基础上，本着优质、高效的原则，建设各类名、特、优新产品生产基地和出口外向型创汇基地，推动产品上档次、上水平；三是大力培植和扶持具有区域资源特点的主导产业和骨干龙头企业，在抓好富民的同时，努力增强山区经济的自我发展能力，并使其经济在我国山区中率先发达起来。

（1）辽东山区：积极建设林果业与养殖业基地，

发展优质林果与家畜家禽，并相应建设具有规模效益和优质产品的果品和食品加工业。

(2)南岭山区：发挥资源优势，积极建设木本粮油、木竹、林副特产、林果、畜牧基地和相关的加工业是这一地区的首要任务。同时大力加强公路、电力等基础设施建设，在有条件的地方积极兴建小水电和旅游景区。

(3)鲁中南山区：积极造林、种草，改善生态环境，同时，充分发挥本区现有果品资源优势，相应发展具有规模效益和优质产品的农产品加工业，努力使林果和果品加工业发展成为本区的主导产业。

(4)武夷山区：大力提高农作物的单产水平，同时，努力发展各种名、特、优经济林果和竹产业以及木竹加工业；积极发展一批小水电。把林业(含森林旅游)建设成本区的主导产业和我国南方重要的林业生产基地。

(5)长江下游山区：开发方向和重点是充分发挥自然和经济条件好的优势，以及依托大中城市的条件，积极兴建农、林、副业规模化、专业化基地，努力发展多种经营项目，生产名、特、优产品。

(6)东南沿海山区：充分发挥本区的区位优势和经济优势，大力建设林特产、林果、热带水果和饲草等基地，努力发展外向型经济，并使之成为我国山区对外开放的窗口和龙头。

2. 中部山地类型区

该类型区包括冀北辽西、南岭、兴安岭、太行山、长白山、长江中游、井冈山和秦巴山区共8个山区。主要分布于我国中部地区，经济发展水平居于中等。本区资源较丰富，随着国家加大对中西部交通、能源等基础设施的投入，山区综合开发的潜力巨大。这一类型区的共同任务：一是建设高标准的基本农田，大幅度提高旱涝保收面积的比重，努力增加粮食生产；二是着力发展各种林果业(含竹产业)、其他种植业的专业化、规模化基地，建立稳定强大的资源基础，同时，着眼于优势资源的开发，培养和发展主导产业和骨干龙头企业。在开发中，应着重处理好富民与富县的关系，首先使广大山区农民富裕起来。

(1)冀北辽西山区：本区为京、津和华北平原的北部屏障，大力造林，种灌植草，改善生态环境，是本区长期的战略性任务和重点，同时应大力改造中低产田，加强农田水利工程建设；积极发展畜牧业，有条件的地方兴建农产品，特别是牧产品加工业。

(2)兴安岭山区：大力加强排涝等农田水利建设，建设基本农田，提高作物产量，是本区综合开发的首要任务。同时，大力发展畜牧业、养殖业和林副业，发展森林绿色食品，加快发展农副产品加工业。

(3)太行山区：大力植树造林，种灌种草，进行小流域综合治理与开发，改善生态环境，是本区长期的、也是首要的战略性任务。同时，努力建设木本粮油、干鲜林果与牧草基地，相应发展加工业。

(4)长白山区：大力加强排涝等农田水利建设，努力提高农作物单产。同时，建设林副产品、土特产品、畜牧和养殖基地，以及相关的加工业，把本区建成我国重要的森林绿色食品、药材和林副土特产品生产基地。

(5)长江中游山区：开发方向和开发重点是稳定耕地面积，加强改造中低产田，同时，造林种草，加强植被建设。重点发展木本粮油、优质林果产品和各种名贵中药材。

(6)井冈山区：大力加强各种经济林基地建设，相应兴办加工业，提高商品率，是山区综合开发的首要任务。同时，建设基本农田，提高农作物产量，在有条件的地方积极兴办小水电并发展旅游业。

(7)秦巴山区：大力加强农田基本建设，改造中低产田，努力提高农作物产量，基本解决粮食自给问题；同时，积极造林种草，保护生态环境，建立粮油、林果、饲草和土特产品基地，提高商品率；兴办农、林、牧、副、特产品加工业、小水电，充分利用已有名胜古迹和特殊景观，建设旅游景区，发展旅游事业。

3. 西部山地类型区

该类型区包括黄土高原、云贵高原、川西高原、西北高原和青藏高原。其共同特点是地广人稀，自然条件差，生态环境脆弱，基础设施落后，经济发展水平低，农民商品意识比较薄弱，生活比较贫困。这一类型区的主要任务，一是在加强我国大江大河源头生态环境治理，努力增加森林植被的同时，适度发展各种经济林果，并开发各类高原特有中药材等特色资源，增加农民收入；二是大力发展各种家庭养殖业、家庭副业和畜牧业，促进山区农民早日摆脱贫困面貌；三是在农业上要着力改变广种薄收等耕作制度和传统习惯，增加水浇地面积，加快坡改梯步伐，增加粮食生产总量，提高粮食自给能力，实现区域粮食基本自给。

(1)黄土高原区：大力造林种草，保水蓄水，加强生物措施与工程措施相结合的小流域综合治理与开发,改善生态环境是本区开发的长期而具有根本性的战略任务。这一区域旱涝保收田仅占耕地总面积的8.8%。必须彻底改变广种薄收的耕作制度和传统习惯,大力建设基本农田,改造中低产田。同时,积极发展适合市场要求的名、特、优林果业和畜牧业及农副产品加工业,提高商品率,提高群众收入。

(2)云贵高原区:加强以各种自然保护区建设为主的生物多样性保护,积极造林种草以改善生态环境;陡坡地严格退耕还林还牧,加快缓坡地的坡改梯步伐,大力加强基本农田建设,提高农作物产量;建立林竹、木本粮油、林果、林特、林药产品基地,兴办各种加工业。

(3)西北高原区:本区地广人稀,低温干旱是发展种植业的主要制约因素,历史上是我国以畜牧业为主的地区。开发方向和重点是:加强农田基本建设,大力进行草场建设,兴建牧业基地和肉、蛋、草加工业,造林种草,以改善区域生态环境。

(4)青藏高原区:以畜牧业为发展主体,大力加强牛羊产品的选种育种和饲养管理;在横断山区进行麝香、川贝、天麻、虫草等珍贵药材的生产和开发;在西藏一江两河流域和三江流域努力发展粮食生产,提高粮食单产,力争解决西藏粮食的自给问题。

(5)川西高原区:本区林业生产基础好,是四川梨、核桃的重点产区,畜牧业生产潜力巨大。发展方向是:大力营造以云南松为主的用材林及核桃、苹果、梨和木本油料等经济林木,积极开展以养殖绵羊、山羊和黄牛为主的畜牧业。

(二)实 施 步 骤

山区综合开发是一项庞大的系统工程。根据我国山区地大面广、资源条件和经济发展水平各不相同的特点,依据各山区县目前的经济发展水平,将我国1654个山区县划分为小康型、发展型和贫困型三种类型。本着先易后难,分类指导,边示范边推广,实行分区域滚动开发的实施原则,采取“广泛发动,示范带动,中间突破,整体推进”的实施战略,分以下三个层次实施:一是面上发动。采取各种山区开发的典型样板、经验和政策等,广泛发动山区县主要依靠自力更生,开展山区综合开发。二是示范带动。在全国区分不同的自然经济类型、不同开发阶段和经济发展水平,选择200个左右的山区县作为全国山区综合开发示范县,开展示范工作,国家给予必要的扶持,以示范县带动全国山区综合开发。三是中间突破。选择经济水平中等,具有一定资源开发基础和潜力的山区县作为山区综合开发重点县先期启动实施。

四、山区综合开发示范县建设

山区可供开发的资源很多,但由于受资金、技术、人才等方面因素的制约,不能全面铺开,只能把有限的资金、技术、人才优先用在潜力大、见效快、效益高的地方,先易后难,有计划地一座山一座山、一条流域一条流域地开发。为此,1996年初,中央农村工作领导小组第18次会议决定,在全国开展山区综合开发示范县工作,并成立了协调小组。该协调小组由林业部牵头,国家计委、国家科委、财政部、农业部、水利部、交通部、人民银行、农业发展银行以及国务院扶贫办公室、国家农业综合开发办公室11个部门共同组成。协调小组依据全国山系、水系分布、区域特点、资源条件和经济发展状况,先后在18个省(区、市)选定24个县开展山区综合开发示范工作,安排专项贴息贷款3亿元用于山区综合开发示范县建设。从此,有计划、有步骤、有组织的山区综合开发示范工作拉开了序幕。两年多来,在党中央、国务院的正确领导下,在各示范县所在省、地(市)、县党委和政府的共同努力下,山区综合开发示范工作进展顺利,示范县由1996年的24个增加到1997年的59个,专项贴息贷款也由1996年的3亿元增加到1997年的7亿元,示范项目有序进行。1998年,示范县增加到114个,专项贴息贷款也增加到10亿元。

整个示范工作呈现出良好的发展态势，为全国山区综合开发探索出了各式各样、丰富多彩的开发路子，总结出了能够指导全国不同类型山区进行综合开发的新鲜经验。

（一）山区综合开发示范县的任务和目标

1. 山区综合开发示范县的任务

山区综合开发示范县的主要任务是，在搞好自身开发的同时，重点是探索创造出形式各异、目标和效果一致的路子和经验来。为决战山区、决胜山区提供示范，推动面上的工作。具体来说：一是在综合开发上，如何坚持"改土、治水、植树、修路、办电"十字方针，搞好基础建设，造就高效能的生态经济系统；二是在基地建设上，如何坚持产业开发的指导思想，建立特色型的区域产业；三是在基础设施建设上，如何坚持生态与经济协调发展的原则，全方位优化经济发展环境；四是在宏观政策指导上，如何不断完善政策，充分调动广大农民和全社会开发山区、建设山区的积极性。

（1）以改土为重点，大搞农田基本建设，实施以山补田战略，提高山区粮食自给能力：①加快山区坡改梯步伐，加强中低产田的改造，大力建设高标准基本农田。到2000年，山区旱涝保收田达到人均0.6亩（较1995年人均增加40%），有条件的山区要力争达到人均1亩；到2010年，山区旱涝保收田达到人均1亩。②实施以山补田战略，开辟森林食品生产的新途径，改善山区群众食品结构。到2000年，新建木本粮食基地200万公顷，改造现有低产木本粮食林200万公顷，改造现有低产木本油料林200万公顷；实施森林食品"双百"工程，建设好100个木本粮油示范县和100个高标准的林粮油、林果桑、林牧禽、林药菌、林水渔等林农副复合经营示范区，为国家增产粮食（折合数）50.35亿公斤。到2010年，进一步抓好500个名、特、优、新经济林基地县建设。

（2）以林果业为重点，大力发展种植业、养殖业，不断增加山区群众的经济收入：①重点发展投资少、见效快、覆盖广、效益高、群众能直接得益的林果业、经济作物等种植业。到2000年，有条件的山区，达到人均1亩经济林果，到2010年，进一步达到人均1.5亩优质经济林果。有条件的南方山区，要加快竹产业的发展步伐，到2010年实现人均1～2亩笋用林和笋竹两用林。要按照专业化、规模化的要求，积极建设优质林果经济作物等名、特、优商品化基地，培育优势资源，实行连片开发。②以草食性节粮高效型为重点，大力发展养殖业、畜牧业，努力增加牛羊肉的产量。到2000年，实现户均一项养殖业或其它家庭副业；属牧区的山区县，达到户均一个围栏草场。

（3）以治水、修路、办电为重点，加强山区基础设施建设，改善山区生产条件，保障山区农业和农村经济的持续稳定发展：①坚持标本兼治、治本为主的治水方针，按照上游搞水土保持、中游建工程、下游疏河道的系统工程办法，大力加强植被建设，修筑小水塘、小水库，实行生物措施与工程措施综合治理，提高山区防灾抗灾能力。到2000年，基本解决部分山区人畜饮水困难；到2010年基本解决基本农田所需的灌溉问题。②坚持以乡村公路为主，干线公路和县乡公路一起上的方针、大力改善山区交通条件。到2010年，实现乡乡通公路，村村通机动车，做到山上基地修在哪里，路就通到哪里。③积极开发山区丰富的水能资源，重点加强小水电和区域电网、联县电网建设。到2000年，基本消灭无电乡、无电村；到2010年，有条件的，乡村小水电建设要基本解决山区农村生活用电和农业生产用电。

（4）积极发展能够充分发挥山区资源优势，又能大量安排剩余劳动力就业的资源开发型和劳动密集型加工业，加速山区产业化进程：①发展着眼于群众参与面大、群众受益面宽，重点发展与林果业和其他种植养殖业相关的加工企业。②开发着眼于资源支撑面广的特色优势资源，积极培育县级和区域骨干龙头企业和主导产业，实行贸工农一体化，产供销一条龙。到2010年，使培育的主导产业和骨干龙头企业其产值和收入达到县工业产值和财政收入的三分之一以上，增强山区经济的自我发展能力；同时，户均向各种加工企业转移一个劳动力。

（5）持久深入地开展山区开发示范工作，继续探索山区开发路子，不断完善山区开发政策，推动全国山区综合开发的健康发展：①按照分类指导的原则，根据各县所属的自然经济类型以及不同的开发阶段和所处的经济发展水平在全国选择200个左右的山区县，继续深入地开展山区综合开发示范工作，探索适宜各区特点的山区开发模式、机制，树立山区开发样板，不断总结经验，指导全国不同类型山区的综合开发。②以山区示范县为重点，建立一批市场潜力大，科技含量高，打破现有行政界线的区域性的名牌精品示范工程，建立规模化基地和骨干龙头企业，带动周边地区和区域的经济发展。

2. 山区综合开发示范工作的开发目标

我国山区综合开发的战略目标是：用50年左右的时间，到2050年，即下个世纪中叶，把我国山区建设成山清水秀、经济繁荣、富裕文明的社会主义新山区，促进我国经济发展水平，进入世界中等发达国家的行列。山区综合开发示范工作的阶段目标是：

(1)到2000年，为示范推广阶段：分区域和类型开展山区综合开发示范工作，探索山区开发经验、成功模式、机制和相关政策等；边示范，边推广，结合国家第二步战略目标和“八七”扶贫攻坚计划，以贫困地区(含贫困农场和林场)群众致富奔小康为重点，选择一批有一定资源基础和开发条件的山区县，先期启动，形成我国各区域山区综合开发的初步格局。具体目标是：山区农民人均纯收入达到900元(1990年不变价)以上，山区农民增收年递增5%以上，其中山区综合开发的贡献率达50%以上；解决山区农村剩余劳动力3000万人，占农村剩余劳动力总数的15%～20%左右，山区工农业总产值达7109亿元，山区经济发展速度达到11%～12%。

(2)2001～2010年，为全面实施阶段：全面加快山区综合开发步伐，在全国不同区域分期分批以县为单位，实施山区综合开发工程，向山区开发的广度和深度进军，初步实现地区经济发展的相对平衡。主要目标有：山区农民人均纯收入达到1800元(1990年不变价)，赶上全国农村的平均水平，山区农民收入年递增7%以上，山区经济发展速度达12%以上，带动山区经济高效、稳定、协调发展，山区工农业总产值达22 079亿元；解决山区农村剩余劳动力8000万人左右，占全国农村剩余劳动力的40%左右。

(3)2011～2050年，为提高深化阶段：把我国山区建设成富裕文明的社会主义新山区，促进我国经济发展水平进入世界中等发达国家的行列。

3. 衡量山区综合开发示范县开发成效的标准

衡量示范县开发治理成效的标准是山区各种资源的潜力是不是充分挖潜出来了，支柱产业、多种经营是不是发展起来了，生态环境是不是改善了，山区的群众是不是解决了温饱问题。

(1)综合指标：县国民生产总值和财政收入高于同类地区20%～30%；县农民人均纯收入高于同类地区30%～40%，年增长速度高于同类地区2%。

(2)单项指标：森林覆盖率逐年增加；人均0.5～1.0亩高标准基本农田；人均1.0亩经济林果和经济作物；户均一项养殖业或一个围栏草场；乡乡通公路，村村用上电；骨干龙头企业或支柱产业的产值和收入占县工业产值和财政收入的1/3以上，通过基地建设带动当地农户30%～50%左右；户均向各类加工企业转移一个劳动力。

(二)山区综合开发示范工作的开展情况

1. 加强组织领导，深入宣传发动，掀起山区综合开发热潮

为加强对山区综合开发工作的领导，根据中央农村工作领导小组决定，成立了由林业部牵头，11个部委办和金融单位参加的全国山区综合开发协调小组。同时，还成立了由包括工程院院士在内、著名专家学者组成的专家咨询组，指导山区综合开发工作。协调小组先后于1996年6月和8月、1997年4月，在四川万县市、山东临朐县及贵州贵阳市召开了三次全国山区综合开发示范县工作会议。会议研究了在社会主义市场经济条件下进一步加快山区综合开发工作的思路和措施，部署了示范工作。围绕三次会议，各有关省(区、市)及示范县迅速行动起来，积极开展工作：一是传达贯彻会议精神，各示范县都先后成立了以县委书记或县长为组长的山区综合开发领导小组，负责山区综合开发的规划、组织、协调、指挥和检查监督，下设办公室具体负责日常工作，由主管副县长或林业局局长任办公室主任；二是建立山区综合开发领导责任制，逐级签订目标管理责任书或责任状，做到责任明确，分工具体，措施到位；三是领导干部亲自办点抓示范；四是做好宣传发动。各示范县充分利用各种会议、广播、电视、报纸和印发宣传材料等形式，把山区综合开发的意义宣传到千家万户。通过宣传，统一了思想认识，找准了致富路子，激发了群众投身山区综合开发的热情。

2. 理清了思路，明确了目标，制定了规划

各示范县立足县情，根据山区综合开发示范工作的具体要求和部署，结合区域经济和县域经济发展规划，提出了山区综合开发的指导思想，理清了思路。概括讲：一是因地制宜，根据资源条件和市场需求，调整产业结构，发展特色产业；二是坚持综合开发，以“改土、治水、植树、修路、办电”为基本内容，实行山、水、林、田、路、电统筹规划，综合治理，农、林、牧、副、渔协调发展，走种、养、加，贸、工、农一体化的路子；三是把综合开发和扶贫开发结合起来，把治山、治穷、治愚结合起来，重点选择那些以种植、养殖为主，千家万户都能办，能够加快脱贫步伐的项目优先进行开发。四是注重科技开发，推广实用技术，增加科技含量，健全科技服务体系，努力搞好产前、产中、产后的全过程科技服务。到1998年为止，先期59个示范县都已编制完成了山区综合开发规划，明确了开发任务和目标，落实了责任，制定了措施。

3. 不等不靠，广筹资金，落实开发项目

各示范县本着自力更生的原则，不等不靠，多方筹集资金，落实开发项目，保证了山区综合开发项目计划的顺利实施。据统计，1996年24个示范县共投入配套资金2.8亿元，累计投工1亿多个。完成坡改梯和低产田改造4.53万公顷，建设水利工程22万处，造林种果9.13万公顷，修建县乡级公路5120公里，24个示范县农民人均收入较1995年增长14%，高于全国平均增长水平；1997年59个示范县共投入配套资金6.7亿元，完成坡改梯和中低产田改造10.6万公顷；建设水利工程7万多处；造林种果20.4万公顷，其中新造经济林8.2万公顷；修建乡村公路7000公里；续建和新建小水电站43个，新增装机容量13万千瓦；举办各类培训班1万多个，培训人员达98万，推广实用技术670项；59个示范县农民人均收入较1996年增长14.2%。

4. 建立新的开发机制，增强开发活力

各示范县根据自己的实际情况，加大改革力度，把市场机制不断引入山区综合开发之中，形成了以户包为基础，以土地使用权合理流转为主体，以股份合作为方向的多层次、多形式的开发机制。这些机制，在某种程度上实现了山区资源的优化配置；股份合作把集体与个体经济的优越性集于一体，有利于形成新的经济增长点。一些地方还把群众大会战、两工(义务工、积累工)建基地、专业队统一开发与上述新形式有机地结合起来，综合效益十分显著。

5. 制定开发政策，充分调动了群众开发治理山区的积极性

各示范县在用好用活中央及各级政府有关政策的同时，制定了一些适合本地特点，保护、调动群众开发山区积极性的新政策。归纳起来主要有以下几点：一是允许土地的使用权依法有偿转让，允许农户以土地使用权入股；二是允许农民以资、以劳入股，组建股份制开发企业；三是加大拍卖“五荒”(荒山、荒地、荒坡、荒滩、荒水)力度，实行谁开发、谁治理、谁经营、谁受益；四是鼓励土地复垦，增加有效耕地面积，并在一定年限内减免农业特产税和土地使用费。这些政策有效地调动了广大干部群众开发山区的积极性。

6. 依靠科学技术，提高开发档次

各示范县采取得力措施，加大科技投入和开发力度，引进技术，培训人才。如山西省平陆县在技术推广方面重点抓地膜覆盖、山地微灌、水保植物篱等实用技术的推广，在人才培训上重点抓了体系建设和技术培训。通过技术承包和现场指导等措施，提高了农民的生产经营素质和对新技术的接受能力，也提高了综合开发中的科学技术含量，变单纯依靠资源为重点，向依靠科技来促进山区经济向高度集约型、产业化发展，为农民提高自己的产品档次、质量及有效进入市场提供了技术支撑，增强了农民进入市场的适应性和农产品的市场竞争性。

五、山区综合开发重点示范工程

山区综合开发重点示范工程是在全国59个山区示范县示范项目评估的基础上，为使山区综合开发工作能尽快再上一个台阶，将山区综合开发与区域开发密切结合，立足于山区综合开发在加强生态环境建设的同时，进一步完善基地，培植龙头企业，促产业化进程，创名牌精品，本着早出产品，早见效益，早显成果的精神，选择有一定基础条件，市场潜力大并有发展前途，具规模效益，突出特色经济，能带动区域发展的八个县的山区综合开发项目作为首批重点示范工程的建设项目。

1. 河北省平山县“西柏坡甜柿”系列产业化开发

河北省平山县狠抓基地建设，与河北省林业科学研究院和河北农业大学长期合作，从国外引进并开发出“西柏坡甜柿”。经过几年的建设，已具一定规模，最高年产1000万公斤鲜柿。

“西柏坡甜柿”系列产业化开发项目建设期1998～2002年，需总投资8500万元，其中自筹2700万元(占总投资的31.8%)。项目主管单位为平山县人民政府，项目承办单位是平山县林果资源开发有限公司，科技依托单位为河北省林业科学研究院和河北农业大学。主要建设内容为：①建设甜柿生产基地6667公顷，栽培甜柿和嫁接改造共400万株，使正常年产量达15亿公斤；②建或租赁冷库1万平方米，使冷藏能力达1200吨，恒温储存能力1200吨；③建果品加工企业3座，年处理果品7万～10万吨。

2. 安徽省休宁县精品茶开发

安徽省休宁县产茶历史悠久，现已汇集全国优良品种25个。休宁县是“屯绿”的主产区，以茶质优异闻名国内外，茶业经济是县内支柱产业。1997年全县产茶5000吨，年产值6500万元，其中名优茶的产量仅650吨，占总产量的13%，产值达2618万元，占总产值的40%。

休宁县精品茶开发项目实施时间为1998～2002年，需总投入资金12000万元，自筹资金5000万元，占总投资的41.6%。项目由休宁县人民政府主管，项目承办单位是黄山林昌集团公司，项目科技依托单位为安徽农业大学。主要建设内容有：①建设优质高产茶园10万亩；②精品茶示范基地的无性系早芽良种茶园5000亩；③良种繁殖基地1000亩；④建茶叶保鲜库1座；⑤包装加工厂1个；⑥茶叶市场1个和20个县外销售窗口；⑦与安徽农业大学合作共同研制新产品。

3. 河南省卢氏县核桃开发

河南省卢氏县1995年被国家命名为“中国核桃之乡”。经过多年的核桃基地建设，现有核桃面积1万多公顷，核桃树280万株，年产干果500万公斤。并在核桃产品的系列开发加工上，先后开发出“琥珀核桃仁”、“五香核桃”、“催化核桃壳”、“钻井添加剂”等，年加工量2000多吨，1995年核桃产值4000万元。

核桃开发项目建设期为1998～2000年，项目需总投资1.2亿元，其中自筹1500万元，占总投资的12.5%。项目主管单位是卢氏县人民政府，项目承办单位是卢氏县核桃集团有限公司，项目的科技依托单位是中国林业科学研究院和河南农业大学。主要建设内容为：①新建优质核桃基地25万亩，使核桃总株数到达1280万株，到2000年使全县核桃干果产量到达3000万公斤；②新建全国核桃基因库，收集国内外核桃品种400余个；③新建全国核桃优质苗木繁育中心，包括60亩母本采穗园、60亩苗圃、360平方米组培室；④完成县罐头厂、果菜公司的核桃加工技改项目，使年加工能力达21000吨；⑤建成年加工核桃壳5000吨的颗粒活性炭和钻井剂生产线；⑥建成核桃系列产品包装厂一座，年产高中低档包装产品1000万件。

4. 江西省铜鼓县毛竹产业开发

毛竹是林业生产上以“短、平、快”为特点增加山区农民收入的林木。铜鼓县现已形成初具规模的毛竹产业，建立了高产笋竹两用林基地3万公顷，高标准毛竹丰产林基地10万亩，新栽毛竹林2500亩。6

个专业性加工企业的60%的产品进入国际市场。开发出的产品有竹木拼花地板、竹木复合车厢底板等。

毛竹产业工程实施时间为1997～2000年，需总投资10300万元，其中自筹3300万元(占总投资的32%)。项目主管单位为铜鼓县人民政府，项目承办单位是江欧企业集团，项目科技依托单位是亚林所。主要建设内容有：①建立高标准笋竹两用林基地20万亩；②建立一条年产200万平方米竹木拼花地板生产线；③完善部分综合利用竹制产品生产线。

5. 河北省迁西县果牧渔综合开发

河北省迁西县立足燕山山脉，经过近十年的“围山转”工程建设，初步形成了果、牧、渔、菌四大产业。迁西县的京东板栗已远销海外。1996年全县农村经济纯收入4070万元，农民人均生活水平达2796元。

迁西县果牧渔综合开发工程实施时间为1997～2000年，需总投资8808万元，自筹4068万元(占总投资的46.2%)。项目主管单位为迁西县人民政府，项目承办单位是迁西县山区综合开发办公室，项目科技依托单位是中国农业科学院。主要建设内容有：①万亩“围山转”开发，建成高标准果园1万亩；②万亩“围山转”管理，加强1万亩果园管理，总装农业技术配套；③万亩生态林建设，主要在高山远山、坡度大，土层薄的地段；5000亩中低产园改造，改造板栗中低产园；④万吨安梨汁生产建设，完成整个生产流程建设；⑤50亩网箱养鱼，并为渔民提高产后服务；⑥万只小尾寒羊养殖；⑦肉羊屠宰加工厂建设；⑧项目区道路建设，修路10公里。

6. 内蒙古赤峰市松山区龙潭林果牧综合开发示范区项目

赤峰市松山区地处七老图山支脉，科尔沁沙地南缘，是一个以农业为主的经济类型区。多年来，松山区人民，以资源为依托，从强化生态建设、改善生态环境入手，坚持综合治理、多业并举、全面发展的生产建设方针，开展了大规模的治沙治山、综合开发的群众性活动，走出了一条“兴田足食、兴林富民、兴工强区”的可持续发展之路。到1996年，全区形成了山杏、木材、粮食、养殖、蔬菜五大主导产业和甜菜、烤烟、药材、食用菌四大支柱产业。区财政收入达7842万元，农民人均纯收入1403元(项目区内农民人均纯收入达到1850元)。

松山区龙潭林果牧综合开发示范区项目实施时间为1997～2000年，需总投资21759.2万元，自筹9759.2万元(占总投资的45.2%)。项目主管单位为赤峰市松山区人民政府，项目承办单位是赤峰市松山区林业局，项目科技依托单位是中国农业科学院。主要建设内容有：①林果基地建设；②3万吨杏仁饮料厂扩建；③千吨果蔬脆片厂建设；④10万头迪卡猪生产基地建设；⑤5万头育肥牛生产基地建设。

7. 吉林省临江市生态林业综合开发示范区项目

临江市位于吉林省东南部，鸭绿江上游，长白山西麓。党的十一届三中全会以来，市委、市政府立足市情特点，全面实施了“开源、开路、开边”的三开战略，农村经济冲破了传统农业的束缚，开始向产业化、集约化方向发展，形成了水电、林业、矿业、特产四大支柱产业，尤其在生态林业建设方面，狠抓了基地建设，并相应建立了一批农副产品加工企业，初步构成了市场牵龙头、龙头带基地、基地连农户，产供销、贸工农一体化的产业框架。1996年，全市财政收入5320万元，农民人均纯收入2326元。

临江市生态林业综合开发示范区项目实施时间为1997～2000年，需总投资13506万元，自筹6111万元(占总投资的46.2%)。项目主管单位为临江市人民政府，项目承办单位是临江市山区综合开发办公室，项目科技依托单位是吉林农业大学和吉林省林业勘察设计研究院。主要建设内容有：①速生丰产林建设项目；②封沟养殖林蛙建设项目；③人工模拟野山参项目；④高山红景天项目；⑤长白山经济林项目；⑥6000平方米指接拼板项目；⑦长白山林蛙深加工项目；⑧“景天王”滋补保健饮料项目；⑨长白山山珍果仁生产加工项目。

8. 吉林省靖宇县长白山西洋参产业发展示范工程

靖宇县地处吉林省东南部，位于松花江上游，长白山腹地，幅员面积3094.4平方公里，全县总人口14.2万人，其中农业人口8.1万人，1996年县财政收入3107万元。

早在1993年靖宇县委、县政府根据西洋参产业化发展趋势，就制定了《靖宇县西洋参产业系列产品开发实施方案》，以吉林省西洋参集团公司为核心企业，实施了长白山西洋参产业开发与建设，取得了较好的经济效益和社会效益，为靖宇县兴县富民奠定了基础。

靖宇县山区综合开发长白山西洋参产业发展示

范工程实施时间为1997～2000年，需总投资11565万元，自筹5039万元(占总投资的44.7%)。项目主管单位为靖宇县特产局，项目承办单位是吉林省西洋参集团公司，项目科技依托单位是中国农业科学院左家特产研究所。项目主要建设内容有：①40万平方米优质西洋参栽培基地建设；②年产5吨西洋参皂苷生产线建设；③年产20万盒洋参活心素胶囊生产线建设；④年产西洋参系列产品50万盒生产线建设；⑤20万平方米中小型药材种植基地建设；⑥开发"洋参蛤什蚂油冲剂"；⑦开发洋参绿色保健品"保康西洋参和洋参果珍口服液；⑧洋参系列饮料生产线建设；⑨开发"洋参心脉通针剂"。

总之，通过近几年的努力，山区综合开发示范县工作进展顺利，发展态势良好。广大山区人民对山区综合开发的认识不断深化，开发山区、建设山区、发展山区的热情不断高涨，不少地方经过多年的山区开发与治理实践，积累了许多宝贵的经验。主要是：因地制宜，发挥优势；实行开发与治理相结合；坚持产供销一条龙、贸工农一体化发展；坚持政策引导，活化山区开发机制；注重科技，实行科技兴山；发扬自力更生、艰苦奋斗的创业精神。山区广大干部群众不畏困难，奋发努力，开拓进取，为山区经济和社会发展作出了重大贡献。

(执笔人：杨万利　孙小兵　陆诗雷　汪飞跃)

林业经济体制改革

我国的林业经济体制是在实行社会主义经济制度下，组织林业经济运行的具体方式、方法和规则，包括计划投资体制、财务体制、流通体制、管理体制等。

50 年来，林业经济作为国民经济的一个重要组成部分，和国家的整个经济制度和经济体制调整步骤紧密联系在一起。为了更好地适应不同历史时期林业生产力发展的要求，林业经济体制通过多方面改革，改变同生产力发展不相适应的生产关系和上层建筑，改变不适应的管理体制、经济机制、组织形式、经营方式和思想方法，以探索出一条适合中国林业发展的道路。

我国的经济体制从 50 年代初开始逐步建立起一套高度集中统一的计划经济管理模式，生产计划靠行政指令，生产资料靠统购配给，企业产品靠调拨统销，这种经营机制运行发展了 30 年。虽然这一期间也经过了几次局部改革调整，但始终没有走出收权与放权的思路，一放就乱，一收就死，成为一种普遍现象。到改革开放以前，以计划经济体制为核心，单一所有制形式、单一的组织经营形式、单一的产业产品结构，以行政管理为主，配合计划、财务、价格、统配统购统销、劳动工资等手段，形成了一种高度集中、高度统一的僵硬管理体制。

改革开放后，在建设有中国特色社会主义理论指导下，我国林业经济管理体制在许多方面发生了重大变化：所有制结构正由单一的国家所有和集体所有的公有制结构，向以公有制为主体，多种经济成分并存、共同发展的所有制结构转变；政府经济管理，由实物的直接管理，转为以价格为主的间接的行业性管理；由政企不分、政府主管部门直接干预企业经营，转为向政企分开、实行行业指导、企业自主经营、优胜劣汰的方向转变；经济运行方式由计划配置资源划分市场，向发挥市场配置资源作用、以产品开拓市场转变；由以政府为主体向企业和个人为主体的法人治理结构转变；企业经营决策风险，由政府和社会承担，向企业和个人承担方向转变；企业的经营战略由依赖政府计划，向自我发展型转变；国有资产管理由实物转向价值化、产权化管理；劳动用工制度由国家包就业、包劳保福利，向企业择优录用，职工自主择业，实行劳动合同制，完善社会福利统筹保障制度转变；竞争机制由不同所有制企业采取不同的标准，向各类企业统一竞争规则转变；国家调控手段由单纯的行政手段向更多地运用经济、法律手段转变。

1995 年国家体改委、林业部颁布的《林业经济体制改革总体纲要》明确提出，要建立既适应社会主义市场经济体制发展，又反映林业特点及客观要求的林业经济体制改革目标，切实转变林业经济增长方式，发展林业生产力，实现由传统林业向现代林业的转变。

一、林业生产关系的演变

（一）土地改革后的林业生产关系

改变旧的生产关系，促进生产力的发展，是中华人民共和国成立以后面临的重大问题之一。新中国成立初期，对作为整个生产关系一个组成部分的林业生产关系，着重从下列两个方面进行了调整。

1. 建立国家所有的森林经营体制

1950年6月，《中华人民共和国土地改革法》正式颁布实施，按照第十八条规定："大森林、大水利工程、大荒地、大荒山……，均归国家所有，由人民政府管理经营之。"国家在东北大面积的天然林地区，逐步建立新的全民所有的国营林业企业，即国有林业局直接经营管理森林。其主要任务是开发利用森林资源，生产木材和木材加工产品，同时进行采伐迹地造林更新和保护森林资源。在南方大面积荒山荒地和天然次生林地区，开始设立国营林场经营管理，主要任务是进行造林、育林和经营培育森林，以营造大面积的用材林为主，有计划地营造水土保持林、防风林、防沙林和海防林，从而达到提高林地生产率的目的。

2. 建立了农民个人所有的土地和山林所有制

对广大农村地区的山林，按照《土地改革法》第十六条规定："没收和征收的山林、鱼塘、茶山、桐山、桑田、竹林、果园、芦苇地、荒地及其他可分土地，应按适当比例，折合普通土地统一分配之。"进行土地改革，以确定土地和山林所有制。在1951年4月，政务院在《关于适当地处理林权，明确管理保护责任的指示》中指出：现在正在进行土地改革的地区，应结合土地改革工作，将地主的森林和一般的大森林，按照土地改革法第十六、十八两条分别处理之。同时确定大森林的面积标准和不同的管理办法，在确定林权归属的基础上，由县级人民政府发给林权证书。对西北、西南、中南等少数民族地区的森林所有权、采伐权、出卖权、继承权等处理办法也作了具体规定。

通过上述土地改革，我国有步骤地把封建半封建的土地所有制改变为农民所有的土地所有制。除国有林区外，凡没收地主的山林尚未分配或土改后尚未确定而又依法应分配给农民的，都在照顾原有历史习惯和现实情况下分配给农民个人所有、伙有或乡村共有。到1952年，除一部分少数民族地区和台湾省外，全国基本上完成了土地改革，约有3亿无地少地的农民分到了约4667万公顷土地。农民由此开始拥有了自己的土地和山林，并具有自主经营、自由采伐、买卖和出租的权利。这一时期国家实行严格管理下的木材交易政策：在山区和初级市场允许农民与农民、农民与国家、合作社及商人之间买卖木材；在城市中允许有木材零售的自由市场；在产区重要的集散地则实行由森工部门全部收购。

由于上述政策的落实，广大农民保护山林、经营山林、发展林业生产的积极性大大提高。1949年，全国木材产量仅为764万立方米，1952年达到1233万立方米，提高了61%；1953年全国造林面积达到106.7万公顷，为国民党政府22年造林总面积的两倍。

（二）互助合作时期林业生产关系的调整

1952年，中共中央提出了过渡时期的总路线，1953年全国进入了有计划的经济建设时期，林业和农业一样，开始走上合作化的发展道路。在山区、林区开始建立起农林牧生产初级合作社。1955年11月《农业生产合作社示范章程草案》规定：成片的林木……一般地应该逐步由合作社统一经营。社员私有的林木，应该根据以下的原则，按照不同的情况分别处理：一是零星树木归社员自己所有自己经营；二是需要经常投入劳动的，如果园、茶山、桐山、竹林等由合作社统一经营，由合作社付给合理的报酬；三是对松林、杉木等成材林经本主同意，可以由合作社统一经营。合作社所得收益扣除护林、采伐、运送成本和应得利益以外，其余部分都归本主；四是新栽的幼林交给合作社统一经营，本主应得报酬可以到有收益时再付，也可以由合作社按照所费工本收买，转为全社共有。到1955年底，各地新建起一大批农林、农林牧生产合作社。据山东、陕西等5省的不完全统计，建立农林或农林牧生产合作社约5000个，林业生产合作社4500个。这些初级社承认山林私有权，保留土地报酬。农民除保留自留山、自留林、自留树以外，其余山林同耕牛、农具一样作价入股，确定入股成员与合作社的分成收益比例。

1956年全国农业合作化运动进入了高潮，根据《高级农业生产合作社示范章程》规定，除少量零星树木仍属于原社员私有外，幼林、苗圃、大片的经济林和用材林都要根据收益大小及当时的材积分等作价，转为合作社集体所有，折价入社的山林由合作社每年年终分红逐步偿还。

这一时期的互助合作运动致使农村生产关系发生了初步的变化，原来土地和山林绝大多数归农民私人所有改变为私人和集体所有，农村出现了集体所有制与公私合营、私营和个体手工业等多种所有制并存的局面。到1957年有96.2%的农户加入了高级社，从而使农民个体所有制转变为劳动群众社会主义集体所有制，农村林业逐步由分散经营转变到集中统一经营的轨道。一方面互助合作使广大农民产生起一股联合起来的热情，推动了农村生产力的发展。木材产量和林业产值大幅度提高；育苗面积由1953年的1.4万公顷提高到1957年的4.4万公顷；幼林抚育面积由1953年的12.3万公顷提高到1957年的221.5万公顷；封山育林面积成倍增加，各种林产品产量也是成倍地增长。另一方面由于合作社发展太快，特别是涉及农村山林权属确定的工作比较粗糙，导致许多山林所有权和使用权出现争议和纠纷，对个人入股折价政策也没有认真贯彻执行。一些地方，特别是山区、林区从初级社跨到高级社才用了几个月的时间，山林权属及利益调整变动幅度比较大，部分林农从客观条件和思想认识上都跟不上形势的发展，影响了农民发展林业生产的积极性。

国营林业在这一时期更是不断地发展壮大。随着社会主义“三大”改造快速进行，国家集中有限的财力、物力投入林业建设，国营林业企业迅速发展。到1957年，国营企业生产的木材已经占到全国木材产量的一半以上，造林面积达到19万公顷，育苗面积占到当年总数的31%。全民所有制职工达到54.71万人。

（三）公社化运动中林业生产关系的变动

1958年，中共中央正式通过《关于在农村建立人民公社问题的决议》，各地根据这个决议，陆续将小社合并成大社，农村人民公社化运动在全国迅速展开。在不长的时间内，全国农民99%都转入了人民公社，70万个高级社合并成2600个人民公社。按照“一大二公”的要求，将原合作社的土地、山林、耕牛、农具、粮食、物资、资金等全部收归公社所有。一些地方初级、高级农业生产合作社时期尚未偿还的折价山林，全部低价甚至无偿归公社集体所有，私有林完全取消。在公社内实行统一分配，搞供给制、工资制，吃公共食堂。急风暴雨般的合作化运动和随后的人民公社化运动，使农村原有的农民所有制完全变成了集体所有制，这种运动不是在群众自愿互利的基础上进行的，而是采用简单的行政手段，“一刀切”形成的，所以其后果是严重的。这些做法，在客观生产力发展不到位的情况下，打乱了原有的林业所有制结构，严重损害了广大农民的利益，造成群众心理上极大的混乱。加上大炼钢铁和连续三年的自然灾害，全国各地毁林烧炭和毁林种粮，乱砍滥伐森林的现象大量出现，森林资源遭到了一次极大地破坏。据中共中央办公厅1962年派出调查组对5省区进行调查的结果显示，在短短几年时间内，有的县森林资源减少了60%，毛竹资源减少了80%以上，同时山林纠纷的数量和面积都在不断地增加。

1960年12月，中共中央发布《关于农村人民公社当前政策问题的紧急指示信》（即12条），解散了公社食堂，取消了供给制和工资制。1961年《中共中央关于确定林权保护山林和发展林业的若干政策规定（试行草案）》（即林业18条），其核心是确定和保护山林权属，解决公社化过程中发生的“一平二调”和“以大吃小”等问题。《规定》明确指出：“高级合作社时期，划归合作社、生产队集体所有的山林和社员个人所有的山林，应该仍然归生产大队、生产队集体所有和社员个人所有。”“高级社时期确定归社员个人所有的零星树木，社员在村前村后、屋前屋后、路旁水边、自留地上和坟地上种植的树木，都归社员个人所有。”“人民公社化以来和今后新造的各种林木，都必须坚持“谁种谁有”的原则，国造国有，社造社有，队造队有，社员个人种植的零星树木，归社员个人所有。”《规定》还强调指出，不论是公社、县以上单位，还是生产大队、生产队，凡是无偿砍伐社队和社员个人的树木，都“必须认真清查，坚决、彻底、全部赔偿”。

1962 年，全国贯彻中共中央《关于改变农村人民公社基本核算单位的指示》和《农村人民公社工作条例修正草案》(即 60 条)后，实行“三级所有，队为基础”，将劳力、土地、耕牛、农具固定到生产队，山林也进行了重新划分。山林划分的基本形式有两种：一是山林面积大、分布比较均匀的，划分到生产队，由生产队集体经营。二是山林分布不均、难以划片的，由大队集体经营；对丘陵平原地区基本采用全部或者大部分划片到队，同时分给社员每户一定数量的自留山，标准为当地山林面积的 5%～20%不等，由社员自己经营。有些地区还通过清理林权，颁发了林权证。在南方许多大队和生产队都建立了乡村林场，或建立山林管理小组经营管理。到 1960 年 9 月，全国乡村林场发展到 8 万多个，这种集体所有、集体经营的专业化林场在国家实行造林补助政策的支持下，成为很多地方发展合作林业的重要力量。1963 年 5 月，国务院发布了《森林保护条例》，明确规定要保障国家、集体的森林和个人的林木所有权。森林和林木归谁所有，其产品和收入就归谁支配，任何单位和个人不得侵犯。由于贯彻执行了党和国家一系列有关林业的决定、指示和条例，“左”倾错误得到部分纠正。

1966 年开始的“文化大革命”，造成政府机构瘫痪，管理人员流失，无政府主义泛滥。由于大搞“穷过渡”和“割资本主义尾巴”，原来农民的自留山、零星果树等都被取消，全部收归集体。许多地方轻易改变所有制，乱搞“升级”，将原来的生产队核算变成大队核算，小集体变成大集体，集体变全民，山林权属再次混乱。应付给社员的林木入社折价款多未兑现，经营林业的收入分配甚少，平均主义现象十分普遍，严重伤害了广大农民经营林业的生产积极性。“文化大革命”十年，又一次使森林资源遭到破坏，全国林业生产发展陷入了停滞状态。

全民所有制林业企业，由于集中过多，统的过死，企业没有生产自主权，生产积极性无法发挥。

(四)改革开放以来林业生产关系的重新确定

党的十一届三中全会以后，逐步澄清了“左”的错误思想造成的混乱。1979 年 2 月，第五届全国人大常委会通过了《中华人民共和国森林法(试行)》，其中规定：“保障国家、集体和个人的林木所有权不受侵犯”。1981 年 3 月，中共中央、国务院发布《关于保护森林发展林业若干问题的决定》，明确提出要稳定山林权属，给社员划定自留山，并落实林业生产责任制。1982 年，全国各地组织了 370 万人的工作队，经过两年的工作，完成了 1781 个县的林业“三定”工作，占全国应完成工作量的 77.5%。1984 年 3 月，中共中央、国务院发出《关于深入扎实地开展绿化祖国运动的指示》，提出要扩大自留山的面积，承包集体的荒山荒滩面积可以不限，承包期限可以延长到 30～50 年，承包权可以继承转让。按照上述指示精神，全国县级以上人民政府给 9700 万公顷山林重新颁发了林权证，给 5600 多万户农民划定 3000 多万公顷自留山。自留山由农民自主经营，农民拥有使用权和收益权；给 5000 多万公顷山林建立了各种形式的林业责任制，山林所有权归集体，由农民承包经营管理，收益比例分成。在这一时期，各级政府解决调处山林纠纷 128 万多起，占当时山林纠纷总数的 91.3%。

农村山林权属的重新确定，使得国家、集体和个人对林木的所有权得到进一步确认，经营权也随着得到落实，广大农民可以根据自己的具体情况决定林业经营方式。在统分结合、双重经营的体制下，林业新的经营方式不断出现，有分林到户、股份经营、合办林场、专业户造林或管理、国家与乡村、国家与个体联营等等，这些都极大调动了广大农民植树造林、保护森林、发展林业的积极性。

(执笔人：祁宏)

二、林业机构改革

我国的林业管理机构是随着我国林业生产关系的变动而发生改变的，它取决于森林资源、林业经济或环境状况等具体国情和林情的客观要求，对林业建设事业的发展具有特别重大的影响。

1949年10月新中国成立后，根据中央人民政府组织法，设立了中央人民政府林垦部，管理全国林业经营和林政工作。当时林垦部内设林政司、造林司、森林经营司、森林利用司和办公厅。林垦部于1950年2月召开全国第一次林业会议，确定了以"普遍护林、重点造林、合理采伐和合理利用"作为林业发展的三大方针，研究筹备开发大兴安岭林区、整顿木材工业和进行森林资源清查，同时讨论了建立基层林业机构问题，在东北大区设立林业部，其他大区设立农林部，省区设立林业厅或农林厅等，以适应迅速开展林业恢复和建设活动的需要。

1951年11月5日，中央人民政府决定将林垦部改为林业部。1954年11月30日中央人民政府林业部改为中华人民共和国林业部。

从新中国成立到成立林业部这一时期，林业管理权主要集中在几个大行政区的林业主管部门。1954年撤消大行政区后，东北、内蒙古、西南、西北等国有林区和南方集体林区的森林工业局、木材加工厂、林产化工厂和木材公司分别由林业部和各省、自治区林业厅、局领导。林区基本建设项目由国家统一安排，林业生产所需的投资和设备、器材由国家统一分配，林业企业和各地的生产任务由国家统一下达，木材和主要林产品由国家统一调拨，林业资金和利润由国家统收统支。

为适应国家经济建设迅速发展对木材的需要，1956年5月12日经全国人大常委会决定，成立中华人民共和国森林工业部，主管全国的森林工业。内设10个司局。与此同时保留林业部，主管全国造林营林和林产品生产，林业部内设7个司局。这一时期我国森林工业得到迅速发展，木材产量由1950年的55万立方米增加到1957年的2800万立方米，森林工业职工达36万人，木材采运机械化水平达到42%，为国家上缴利润列全国各行业的第二、三位。这种管理机构的设立深受前苏联管理体制的影响，但却没有和国内的实际情况相结合，因而实践效果并不理想，特别是造成采伐森林和培育森林之间的许多矛盾。1958年2月11日第一届全国人大常委会第五次会议决定，撤消森林工业部，与林业部合并。尽管管理机构合在了一起，但由于没有很好地研究解决森林采育之间的问题，没有建立起一套正常合理的采育经济关系，所以森林资源保护和利用这对根本性的矛盾仍然没有很好解决，给以后不断加重的森林资源采育失调问题留下了隐患。

1957年，按照中央发布的《关于企业下放的几项规定》，除一些重要的、特殊的和试验性质的企业仍旧归中央继续管理以外，其余企业一律下放给地方管理。12月3日，森林工业部将哈尔滨森林工业管理局及其所属14个森工局、伊春森林工业管理局及其所属11个森工局、吉林森林工业管理局及其所属6个森工局、内蒙古森林工业管理局及其所属7个森工局、四川森林工业管理局及其所属7个森工局、甘肃省两个森工局，全部下放给各省、自治区领导，原分设各地的木材公司也一起全部下放。这次下放扩大了企业管理权限，但在"左"的错误思想指导下，企业自主权并没有真正得到落实和体现，企业生产出现停滞状态。森林工业总产值连续数年徘徊在30多亿元，其产值占全国工业总产值的比重也停滞在3.6%左右；木材产量最低年份只有2193万立方米，相当于1956年的生产水平，企业采育矛盾更加突出。

1958年至1960年为"大跃进"时期，全国经济陷入严重困境。1961年，中央提出"调整、巩固、充实、提高"八字方针。1962年11月18日，中共中央、国务院作出《关于成立东北林业总局的决定》，由林业部通过东北林业总局直接管理东北、内蒙古森工企业。

1963年3月7日，国家经济委员会、林业部、商业部发出《关于成立木材公司的通知》，成立了木材公司，对全国木材实行统一经营管理。以后又将木材公司和林业部木材销售局一并划归国家物资管理总局领导，但南方集体林区各省、自治区的木材公司仍然由林业部领导。

1964年1月17日，中共中央、国务院批准成立大兴安岭林业特区，由林业部领导，同时接受黑龙江省和内蒙古自治区的领导。同年6月23日，中共中央、国务院决定撤消伊春市，成立伊春特区，其林业企业工作以林业部领导为主，地方工作以黑龙江省领导为主。

这一时期在重新调整领导管理机构的基础上，提出了“林业建设以营林为基础”和“采育结合”的工作方针，同时采取实际步骤加强企业生产、基建、计划、财务、物资供应等管理工作，做到人财物、产供销统一归中央和省主管部门管理，基本实现中央集中领导下的“条块结合，以条条为主”的管理体制。由于采取和制定了许多林业法规和规章制度，特别是实行采伐与更新相联系制度，使森林更新面积大大增加，采育失调状况大为好转。

1967年2月，中共中央、国务院作出关于黑龙江省林业领导问题的批复，决定将林业部在黑龙江的伊春、哈尔滨、牡丹江、完达山林业局、带岭林业试验局下放交由黑龙江省革命委员会领导。此后，又经国务院同意，中国人民解放军林业部军事管制委员会于1969年1月9日发出通知，将林业部部属的吉林林业管理局、内蒙古林业管理局下放给地方统一领导，对木材等产品实行“地区平衡，差额调拨”的办法管理。

与此同时，全国的国营林场除山西省外，都被层层下放，83%的国营林场下放到县或公社管理，管理机构全部撤消，人员也被陆续下放。林业的行政手段被削弱，经济手段被否定，林业经济生活既乱又死。

在这动乱的十年中，是我国森林资源发生赤字最严重的十年，也是森工企业两危严重爆发的十年。仅1976～1981年，全国森林覆盖率就由12.7%下降到12%，森工企业集中的八省区每年出现4394万立方米的森林资源赤字，三分之二的森工局出现可采森林资源危机，森林火灾也十分严重。

1978年5月，国家林业总局成立，1979年5月中共中央、国务院决定撤消农林部，成立农业部和林业部，林业部主管全国营林和森林工业工作。从80年代初开始，森林工业进行了一系列局部调整，由于种种原因森林工业企业逐步形成了目前的状况，即中央管投资、计划、物资和森林资源，省、自治区管人事、财务的共管体制。这种管理体制是造成森工企业目前存在诸多问题无法解决的主要原因之一，正如1986年国务院办公厅下发的《国务院办公厅关于研究解决国有林区森林工业问题会议纪要的通知》所指出的那样：“现行的林业管理体制有许多不适应的地方。条块关系，条条关系，政企关系没有理顺，多方面积极性受到限制”。随着全国经济改革的不断深入，这种共管体制必将得到调整和完善。

林业部在经过1986年、1988年和1993年三次国家机构改革，都作为单独的行政部门存在，这对林业的改革和发展起到了非常积极的作用。根据国家整个机构改革的统一安排部署，1998年5月，林业部改为国家林业局，列入国务院直属机构序列。

（执笔人：祁宏）

三、林业计划体制改革

林业计划体制是我国对林业发展进行有计划管理制度的总称，主要内容包括计划决策制度、计划调节制度和计划组织制度。它既反映各种林业生产要素、林业资源的配置，又规定中央和地方、国家和企业在计划管理方面的权限、职责和相互关系，确定计划和市场、各种调节手段之间的关系，处理国家、集体、个人利益之间的关系，使经济发展速度、比例关系和经济效益相统一，保证林业持续、稳定、健康发展。

（一）林业计划的种类及主要内容

林业计划由各环节、各层次、各种期限的计划组成。按层次划分有全国林业计划，省、地区、县林业计划和林业企业、事业计划。

长期计划亦称“长远规划”、“远景规划”。一般指为期十年以上的林业发展计划，在计划体系中居于重要地位。长期计划决定着中期计划的方向、任务和基本内容，是制定中期计划的依据。其主要内容有：一是国内外林业发展形势，科学技术、经济和社会发展趋势，林产品和环境供需特点及趋势预测等；二是确定未来十年或更长时间林业发展的战略目标、战略重点、战略步骤，发展速度和主要比例关系，科学技术发展方向，重大基本建设和技术改造项目生产力布局，重大经济技术政策等。长期计划是纲领性、轮廓性的计划，是比较粗略的远景设想，要靠中期计划和年度计划加以具体化，分阶段组织实施。长期计划可以是综合性的，也可以是单项的。

五年计划是在长远计划的基础上编制的，也是长远计划的具体体现，计划期为五年。五年计划的内容主要包括：林业发展的基本任务，经济增长速度和主要比例关系，主要产品产量，固定资产投资规模、方向，生产力布局，重大科学技术攻关项目，科技成果推广应用和先进技术引进，重大经济技术政策，完成计划的重大措施等。目前林业中期计划正在执行第九个“五年计划”。

林业年度计划是发展林业的行动计划，是林业五年计划的具体体现。年度计划的主要任务是根据中长期计划规定的目标、对策和各种专项规划的要求，结合年度实际情况，确定计划年度的目标、对策，搞好综合平衡，保证林业有序发展。年度计划由年度计划报告、年度计划指标以及必要的经济信息等三部分组成。

（二）林业计划体制历史沿革

我国林业计划工作创始于50年代初。国有林业企业年度计划，始于1950年东北林务总局组织编制的1951年度（当时为作业年度）“生产财务计划”。全国林业中长期计划始于1954年，林业部组织编制我国林业第一个五年计划。在近50年的发展历程中，随着国家经济体制的变革，林业计划体制改革大致经历了两个大的发展阶段。

第一阶段：从建国到1978年，计划经济体制下高度集中的指令性计划阶段。

新中国成立初期，在自身没有任何经验，外部又受帝国主义包围封锁的情况下，我国经济工作基本照搬苏联计划经济的模式。在林业建设中，从规划设计方案、基本建设到生产、组织管理，全部采用苏联高度集权的计划经济管理手段，强调计划就是法律。在经济运行中，执行国家的指令性计划，通过行政命令下达指令性计划指标。林业部门按计划实施荒山造林，组织开发建设新林区，开采原始森林，建立新的政企合一的森林工业企业。为国家大规模进行社会主义建设，提供了大量的木材，满足了当时国家建设的需要。

在全民所有制经济占主体，我国林业经济发展水平低，经济结构简单、建设规模小、发展目标单一的特定历史时期，高度集权的计划，在推动社会经济的发展方面发挥了积极作用。依靠这种体制，集中大量财力、物力、人力，进行大规模的林业建设，建立了比较完整的林业和森林工业体系。

随着经济发展，这种体制与生产力的发展越来越不相适应，存在主要弊端是：集中过多，管得过死，指令性计划比重过大；忽视价值规律和市场调节的基础性作用，不善于利用商品货币关系调节经济；计划管理中投入产出不挂钩，普遍存在吃“大锅饭”的现象，没有建立严格的责任制。

第二阶段：从1979年到1998年，建立适应社会主义市场经济要求的计划体制的改革阶段。

党的十一届三中全会以来，计划体制进行了一系列重大改革。1984年10月，国务院批转了国家计委《关于改进计划体制的若干暂行规定》，改革的主要内容是，根据“大的方面管住管好，小的方面放开放活”的精神，适当缩小指令性计划的范围，适当扩大指导性计划和市场调节的范围；下放基本建设和技术改造项目的审批权限；扩大地方、部门和企业在计划管理方面的自主权，调动基层单位和劳动者的积极性，把经济搞活。同时，又保持对国民经济的适当集中领导，保证国家重点生产建设和满足人民物质文化生活的基本需要，促进国民经济有计划按比例发展，使社会主义制度优越性得到充分发挥。党的十二大报告指出：社会主义有计划商品经济的体制，应该是计划与市场内在统一的体制，必须把计划工作建立在商品交换和价值规律的基础上，计划和市场的作用范围都是覆盖全社会的。1984年10月20

日，党的十二届三中全会通过的《关于经济体制改革的决定》进一步明确提出：社会主义计划体制应当是统一性同灵活性相结合的体制。我国计划体制的基本特点是：①就总体来就，我国实行的是计划经济，即有计划的商品经济，而不是那种完全由市场调节的市场经济；②完全由市场调节的生产和交换，主要是农副产品、日用小商品、服务修理行业的劳务活动；③实行计划经济不等于指令性计划为主，指令性计划和指导性计划都是计划经济的具体形式；④指导性计划主要是依靠运用经济杠杆的作用来实现，指令性计划是必须执行的，但也必须运用价值规律。

这一阶段林业计划体制进行了若干改革。

一是改革单一指令性计划内容，增加了指导性计划，形成了指令性计划、指导性计划和市场调节的板块式结合，并结合简政放权，减少了上级控制的指标；二是木材产量计划同过去按国家需要确定指标，改革为依据《中华人民共和国森林法》规定，按批准的采伐限额确定，开始走上依法采伐轨道，有效地推进了森林合理经营；三是改革集体林区的计划管理体制，对南方重点集体林区，第一步减少木材上调量，放开木材市场，允许议购议销，同时实行"基本建设投资与木材上调量挂钩"的办法；第二步取消木材上调，木材市场全部放开，同时森工基建投资改由地方安排。在理顺不同所有制森林开发的收益与投入关系方面迈出了一步；四是扩大了专业规范范围，特别是开创了主要江河流域防护林体系建设规划；五是基本建设投资计划按照拨款改贷款的规定进行了改革，继而又根据国家建立基本建设基金制度，对基建项目划分了经营性项目与非经营性项目，实行分别管理。在项目决策与审批事权方面，适当下放了权限，调动了省（区、市）的积极性；六是开始运用经济手段进行计划调节，国家预算内投资分配、贴息贷款以及补贴性投资额度的确定，已开始发挥国家投资的导向与宏观调控作用，对指导性计划的调控作了有益的探索。

通过一系列的改革，初步建立了适应社会主义市场经济要求的林业计划体制的基本框架。计划管理职能逐步转变，计划方法、制度也有所改进，行政性手段逐步削弱，经济手段，经济政策和经济法规的作用越来越重要。这些改革取得了显著的成绩，但还不能完全适应建立社会主义市场经济体制的要求。主要表现为：一是林业计划管理还没有完全从偏重于微观经济活动转移到宏观调控、微观放开的轨道上来，应该由市场发挥作用和企业自主决策的经济活动，还没有放下去，适应市场经济要求的宏观调控手段还没有完全建立起来。林业重点工程建设，森工大中型项目建设调控手段的运用难以协调配套，宏观调控仍然偏重于行政手段直接干预，方法和手段比较单一。二是林业计划偏重于控制型计划管理，协调服务型宏观管理不够。林业计划制定过程的社会参与程度较低，微观经济活动与国家计划的目标和要求不能很好的吻合。作为指导性计划重要内容的信息服务系统尚待健全，宏观调控的力度不够，协同动作机制尚待构造。三是林业计划管理工作落后于客观形势的发展，其覆盖面在很大程度上仍停留在改革前的范围，如木材产量仍停留在原"计划内产量"，合资、外资的林业产业企业未进入计划调控范围，使一部分经济主体的活动，既脱离国家计划的指导，也没有形成正常渠道向行业主管部门反馈信息，影响计划指导作用的充分发挥，不利于行业主管部门对全行业的统筹。四是林业长期计划的制定过程尚未制度化、法律化，长期计划的形成机制还不完善。实施中的《1989～2000年全国造林绿化规划纲要》，事实上在发挥着林业长期计划的作用，但缺乏林业产业的必要内容。五是国家林业行业计划与省以下地方政府经济社会发展计划难以很好地结合。六是计划工作民主化、科学化、法制化建设薄弱，重要的计划决策缺乏责任约束和行为规范，计划的制订和组织实施，缺乏社会基础，工作透明度不高，计划工作在一定程度仍停留在关门、封闭、部门孤军作战状态，不适应开放式市场经济体制的要求。

（三）深化林业计划体制改革的基本思路和目标

1. 林业计划体制改革的指导思想

坚持以邓小平理论为指导，贯彻党的十五大提出的各项方针政策，正确处理计划与市场的关系，面向市场，转变计划观念和计划工作职能，着重加大宏观调控力度，突出待业管理和服务功能，综合运用经济、法律、政策和行政手段，加速比较完备的林业生态体系和比较发达的林业产业体系建设，满足经济社会可持续发展的需要。

为适应市场经济体制建设的要求，林业计划改革必须坚持：①由直接调控为主，向综合运用经济的、法律的、行政的手段等间接调控转变；②由高度集中决策，向分级管理、分级决策转变；③由片面强调林业自身特点及困难，向充分利用自身优势，抓住机遇，主动适应市场经济要求转变；④由主要依靠国家预算内投资为主，向广辟资金渠道、多方筹集林业发展资金转变；⑤由利用国内市场、资源和资金为主，向充分利用国内、国际两个市场，两种资源和两个资金来源转变。

2. 市场经济条件下林业计划的主要任务

在市场经济条件下，林业计划的基本任务是：按照社会主义市场经济的要求，通过综合经济部门和主管林业职能部门，运用经济手段、法制手段和必要的行政手段，采取统筹规划、制订政策、信息引导、组织协调、健全法制、提供服务、监督检查等基本措施，指导林业生态体系和林业产业体系沿着既定目标发展，重点是林业生态环境建设、林业行政执法、林业产业行业管理和森林资源（含野生动植物）管理，从林业的社会总需求和总供给两个方面，对林业市场经济运行的流向、流量、流速以及效益，进行必要的控制和指导，以保证林业供需总量平衡和基本结构合理，促进林业资源的合理配置和高效利用，实现林业经济效益、生态效益、社会效益同步增长和相互协调，保持林业持续、稳定、健康发展；加强林业经济的计划指导，根据国家总的发展战略制定林业综合发展战略和中长期发展规划，以指导林业的实践活动；制定科学的林业产业政策，引导林业经济主体活动和市场运行，防止市场调节的盲目性、滞后性给林业造成不利影响。计划工作必须突出宏观性、战略性、政策性，加强预测功能；依靠产业政策，发展规划，投资计划间接指导林业产业结构、产品结构的优化和经济增长方式的转变及林业生态环境建设朝着既定目标发展。

3. 林业计划体制改革的方向

（1）年度计划改革的主要内容

①调整生态环境战略布局，实施长江、黄河流域生态环境林业重点治理工程，实现重点突破。实现林业生态环境建设布局上的重大调整，除继续抓好面上造林绿化工作和建设十大林业生态防护林工程外，林业生态环境建设的重点向长江、黄河流域及风沙区等易引发严重恶果地区转移。

②调整国有林区木材产量，实施天然林保护工程，实现国有林区可持续发展。到本世纪末，实现生态公益林区内的天然林完全停止采伐，兼融林控制采伐量，逐步加大抚育伐，停止主伐，国有林区林业职工分别向营林、林产工业等方向转移。

③调整林业产业经济结构，通过减产分流，改组改造，推动林业经济增长方式的转变。林产工业项目调整，按照提高工艺水平，提高木材综合利用能力，减少木材消耗的要求，重点解决资源短缺和利用率较低的矛盾，逐步实现向布局合理，适度规模和讲究效益方面调整。重点培植一批经济实力较强的大中型骨干企业；发展新产品和深度加工项目；林业产品结构调整实现由制造销售初级产品向中级产品过渡，由单一品种向系列产品过渡，提高综合利用率和生产高附加值的产品，重点发展新型人造板及其综合利用；提高松香、松节油的加工深度；发展经济林果的深加工。

④以增量激活存量，带动和推进存量结构调整。调整已"灭荒"省（区、市）投资结构，允许各省（区、市）按投资总量的20%调整投资投向，加大森林经营、森林保护、林业科技、林业社会化服务体系等项目投资力度；调整生态工程投资投向，重点保证实施六个重点生态治理区建设和实施重点国有林区天然林保护工程，国家承担投资主体，实行严格的项目管理，工程投资向工程范围的国有林场倾斜；工程投资向工程重点县、示范县以及重点项目倾斜，重点项目的投资不低于工程总投资的75%；科教投资重点向部直属单位、中试及星火计划项目、部级科技示范区、山区综合试点县倾斜。

（2）林业基本建设投资计划改革的重点

①强化投资风险约束机制。实行项目法人责任制。建设项目首先必须明确投资责任主体，项目法人对建设项目筹划、资金筹措、项目设计、建设施工、生产经营、归还贷款以及资产的增值等，实施全过程负责；实行项目资本金制度。林业项目建设，都要按总投资的一定比例用企业自有资金作为项目资本金。凡未达到资本金规定比例的，不得对外进行项目建设；建立严格的投资决策责任制度。投资项目要实行谁决策、谁负责的原则，项目决策者要承担投资项目决策责任，造成损失要追究经济责任。

②积极改进和完善林业项目管理。建立重大项目评议制度。关系国计民生和长远发展的林业重大

项目，在立项决策时，必须有工程技术、经济管理、社会发展等各方面专家进行评议，广泛听取意见，避免决策失误；实行项目招投标制度。林业项目从工程设计方案、包工到监理单位的确定，都要通过招投标，择优确定。

③加强林业投资市场服务体系和林业咨询服务机构的建设。由咨询机构代表或帮助项目法人具体负责项目建设全过程或阶段性的组织管理，包括宏观决策服务、项目建议书、可行性研究报告以及设计文件等咨询服务；加强设计服务机构建设。林业设计部门要与行政主管部门脱钩，实行企业化管理，全面推向市场，面向全国参与竞争；加强林业项目的审计工作。林业建设项目在开工前，要进行开工前审计。项目竣工后，要进行竣工审计；实行工程建设监理制度。监理机构接受项目法人委托，对工程建设进度、质量、费用等进行有效控制，处理工程合同纠纷及有关工程索赔等。

(3)林业统计方面改革的内容

①推进林业统计指标体系和调查方法的改革，推广和使用科学、先进的调查方法；进一步落实《统计法》，将统计依靠行政管理为主转变为依靠科学的制度及法律、法规为主。

②统计要适应市场经济体制建立的要求，系统管理向行业管理转变；转变统计人员的观念，增强统计对经济建设的服务功能。

③借鉴国际林业统计工作的经验，建设和完善适应我国国情、林情的统计制度和方法。

（执笔人：阎振　杨旭东　王焕良等）

四、林业财务体制改革

林业财务体制是指国家对林业的资金投入、资金的使用管理、核算及国家与林业企事业单位之间资金分配关系的政策及制度规范，包括林业财政投入政策、信贷扶持政策、税收政策、育林基金(林价)、林业保护建设费制度、国有资产及森林资源资产化管理政策、财务会计制度等。林业财务体制改革对规范和监督林业资金运行、提高林业资金使用效益、引导林业产业结构调整、稳定和促进林业事业发展起到了非常重要的作用。

(一)林业财政资金投入政策沿革

财政预算内安排林业投入，是国家支持林业发展的一项重要政策。党的十一届三中全会以后，国家逐渐加大对林业的扶持力度，并设立多种专项资金，有力地支持了林业发展。

1. 林业事业费

包括林业事业单位机构经费和林业事业专项投入。其中机构经费是指各级财政部门和林业部门用于国有林场、苗圃、林业工作站、林业种苗站、林业技术推广站、林业勘察规划设计院(所)、中等林业专业学校、自然保护区、森林病虫害防治站等纳入预算管理的林业事业单位的人员经费、公用经费、业务经费等；林业事业专项投入，包括重点林业生态工程建设补助费、造林补助及贷款、资源管理与保护经费等。“八五”期间至1997年末，各级财政共投入林业事业费约330亿元，其中中央财政投入约11亿元，保证了林业事业单位的正常运行和各项林业事业的健康发展。

2. 科学事业费

科学事业费是林业科研经费的主要来源。“七五”期间，林业科学事业费投入为7053万元，“八五”期间为17172万元，比“七五”增长143%，年均增长29%，1997年科学事业费达到6276万元。科学事业费的管理方式和分配办法沿革，经历了四个发展阶段。

1949～1978年为第一阶段，科学事业费实行统一领导、分级管理、高度集中、统收统支的管理体制，国家核定预算，年终结余收回。

1979～1986年为第二阶段，国家对科研单位推行“预算包干、结余留用”的管理办法，将单位的全部年度预算或其中确定的几个项目经费包干给单位，超支不补，结余留用。此项改革措施调动了单位职工当家理财、开展创收的积极性，提高了资金使用效益。

1986～1996年为第三阶段，这10年是科技体制改革深入开展的10年，科技拨款制度改革成为科技体制改革的切入点。科技拨款制度改革后，各种类型科研单位的科学事业费和其他各类资金，实行统一核算、区别管理。属于技术开发类型的科研单位，实行差额预算管理，国家只定项补助其离退休人员经费；属于基础研究类型的科研单位，实行全额预算管理，国家只拨给必要的经常费用和公共设施费用，其研究经费主要从自然科学基金申请；属于公益事业等社会服务性质的科研单位，科学事业费仍由国家拨给，并按经费与任务挂钩的原则，实行全额管理，经费包干；属于多种类型的科研单位，分别按开发型、基础型单位办法进行管理。

1997年以后为第四阶段。为了建立适应市场经济和科技自身发展规律的科技运行机制，作为“九五”科技体制改革配套措施的科研财会制度改革，取消了原来的预算管理形式，统一实行“核定收支，定额或定项补助，超支不补，结余留用”的新型财务管理体制，对鼓励科研单位进一步解放思想，加强创收，走向市场将起到重要作用。

林业部根据林业科研事业发展的需要，结合行业特点和科研单位的实际情况，先后制定了《林业部关于加强科研单位财务管理的几项规定》和《林业科技专项经费管理办法》等财务制度，为规范资金使用范围，提高资金效益，促进科技兴林起到了积极作用。

3. 教育事业费

教育事业费是林业部直属高等学校经费来源的主渠道。“六五”期间教育事业费投入9159万元；“七五”期间投入17300万元，比“六五”期间增长90%，平均年增长18%；“八五”期间投入34614万元，比“七五”期间增长100%，平均年增长20%，到1997年教育事业费已达11877万元。教育事业费的管理方式和分配办法，与科学事业费一样，经历了四个发展阶段。

1952～1978年为第一阶段。教育事业费在资金供应上，采取高度集中、统收统支的管理体制，国家核定预算，年终结余收回。

1978～1986年为第二阶段。高等学校预算实行“预算包干、结余留用”的管理体制。各学校的经费根据本年财力，结合上年执行情况，由财政部和林业部核定基数，经费分配方式是基数加一次性。

1986～1996年为第三阶段，实行“经费包干、结余留用，超支不补，自求平衡”的预算管理方式，分配办法为综合定额加专项补助。“综合定额”以各类学校学生每年的经常性教学、行政费用为基础，随各校在校生数的多少而浮动。

1997年后为第四阶段。新的《高等学校财务制度》出台，明确学校法人代表是经济运行的总责任人，规定高等学校实行“统一领导、集中管理”的财务管理体制，取消预算内外资金的界限，从预算管理方式上把整个高等学校的财务收支列为预算管理对象，重新调整收入和支出分类，并引入了“资产”与“负债”概念。这对强化学校的财务管理工作，促进高等教育事业的改革和发展将产生深远影响。

4. 森工事业费

1985年以前，林业部直属森林工业企业的财务关系隶属于财政部工交司。在财政预算工业交通部门事业类中有“森林工业事业费”科目，但没有安排中央级森工事业费资金。1985年林业部直属森林工业企业财务由工交司划到农业司管理，但森林工业事业费没有基数。为支持森工事业发展，从1989年开始，财政部从农林水事业费中给予少量补助。森林工业事业费没有正常的预算渠道，资金来源也不稳定。1989～1993年财政补助林业部农林水事业费2142万元，森工多种经营贴息贷款财政贴息2906万元。1994年，财政部将国家预算“森林工业事业费”科目由工交部门事业费类调整到农林水利气象事业费类，并将森工多种经营贴息贷款财政贴息和森林警察部队经费补助也纳入森林工业事业费管理，核定林业部中央森林工业事业费预算基数250万元，1995年增至450万元，年度执行中视具体情况适当追加。1994～1997年，财政累计拨付林业部森工事业费10194万元，其中中央森工事业费2350万元，森工多种经营贴息贷款财政贴息4644万元，森林警察部队经费3200万元。年均2548.5万元，比1994年以前有较大幅度增长。

在森林工业事业费资金的支持下，林业部森工事业有了较大发展，在业务培训、技术推广应用、经济结构调整及多种经营等方面都得到显著的成绩。同时，帮助解决了部直属企业社会性负担和抢险救灾的一些困难。

5. 支援不发达地区发展资金

该项资金是中央财政在国家预算中设置的专门用于帮助边远地区、少数民族自治地区、革命老根据地和经济基础比较差的地区发展生产、改善群众生活的专项资金。1980 年，国务院根据国家财力的可能，决定在国家预算中设立支援经济不发达地区发展资金(以下简称发展资金)，其中用于林业"三北"防护林体系建设 1000 万元，由中央财政拨付林业部，林业部批准预算后，拨付"三北"局。1983 年，财政部制定《支援经济不发达地区发展资金管理暂行办法》，鉴于当时"老、少、边、穷"地区经济基础薄弱，人民群众尚未解决温饱问题的实际情况，规定发展资金实行无偿使用；1986 年，财政部针对发展资金使用管理中存在的问题，对管理办法进行了修改，规定发展资金的使用实行无偿与有偿相结合，以有偿为主。1991 年，林业部根据"三北"防护林体系建设的实际情况，制定《"三北"防护林体系建设资金管理暂行办法》，规定发展资金根据国家和林业部批准的"三北"防护林体系建设工程规划和年度计划实行项目管理，预算经林业部批准后，由"三北"局将资金下达到有关省级林业主管部门，并且规定营林生产的资金必须占 85%以上；1997 年，根据国务院扶贫领导小组负责同志关于"发展资金按现行规定执行，新增部分按新办法执行"的指示精神，财政部再次修订管理办法，规定"资金到项目，管理到项目，核算到项目，按项目核拨资金"，"逐步扩大有偿使用比例"，由此开始，该项资金执行项目管理的有关程序。

1980～1997 年，各级财政用于"三北"防护林建设资金近 5 亿元，其中中央财政安排 2.4 亿元，并随着工程建设的进展和国家财力的增加，逐步增加了发展资金基数。1980 年安排发展资金 1000 万元，1986 年增加到 1500 万元，1994 年再次增加到 2000 万元，有力地促进了"三北"防护林体系建设。截至 1996 年底，共完成造林面积 1900 多万公顷，"三北"地区森林覆盖率已由 1977 年的 5.05%提高到 9%，生态、经济和社会面貌发生了显著变化。

6. 支援农业生产支出

由中央财政设立的对林业投入的林木病虫害防治补助费。该资金属于救灾性质的资金，主要用于扶持农村合作生产组织开展森林病虫害防治，以减少林木损失 ，发展林业生产。为了加强森林病虫害防治工作，1979 年财政部设立林木病虫害补助费，当年 300 万元，1980 年增加到 1000 万元，1992 年根据当时病虫害暴发的严重局面，中央财政加大了投入力量，将林木病虫害防治补助费基数由 1000 万元增加到 1300 万元，1997 年又增加到 2300 万元。截至 1997 年，中央财政共投入资金 2.5 亿元。1983 年财政部、林业部联合发出《关于加强对森林病虫害补助费使用管理的通知》，规定病虫害防治补助费的安排贯彻"重点防治"的原则，由各省(区、市)集中掌握，进行综合防治。在中央财政的大力支持下，林木病虫害防治工作全面完成了目标管理的指标，平均每年防治面积扩大到 330 多万公顷，占发生面积的 50%以上，特别是对危害性大的病虫，如松材线虫、松突圆蚧、日本松干蚧等进行了有效的控制，抑制了森林病虫害的发生蔓延。

7. 国家开发银行基建硬贷款财政贴息资金

除林业项目、治沙、山区综合开发贴息贷款由财政发放贴息资金外，林业使用国家开发银行基建硬贷款，财政发放贴息资金也是国家财政支持林业发展的一项重要资金来源。该项财政贴息资金的发放一律实行"先付后贴"的办法，即借款单位必须支付当期硬贷款的利息后，财政才予以贴息。林业项目的贴息率为 3%。1994 年以来，林业项目的贴息金额随着基建硬贷款余额的不断增加和贴息范围的不断扩大(1994 年只对大兴安岭林业公司所属的建设项目给予贴息，1995 年后逐步扩大到中央直供项目)，贴息资金也有了稳步增长，1994～1997 年的财政贴息金额分别为 22 万元、1113 万元、3736.64 万元、5545.15 万元。1994 年的财政贴息由国家开发银行直接抵扣利息，1995 年以后由行业主管部门下拨给项目建设单位，并在年度基建财务决算中予以反映。基建硬贷款财政贴息有力地扶持了建设项目的发展，减轻了建设单位的债务负担。

8. 林业多种经营周转金

林业多种经营周转金是财政支农周转金的一种，是财政分配的一种特殊形式。该资金建立于 1979 年，当年由财政部负责发放和管理，从 1980 年开始转由林业部负责。1980～1984 年，财政部累计拨给林业部该项资金 6600 万元，1985～1987 年财政部累计有偿借给林业部 3300 万元(现已归还 850 万元)。包括占用费转作本金的 1500 万元在内，目前，该周转金的本金总量已达 10550 万元。据统计，由林业多种经营周转金扶持的项目已有 4000 多个。

该项资金的投放，改变了过去财政单一拨款的形式，增强了资金使用者的责任，对促进林业产业结构调整也起到了一定的作用。

（二）林业税收政策沿革

林业作为一项具有重大生态、社会效益的公益事业，在税收政策方面一直受到国家的扶持和保护。到1978年初，林业涉及的主要是农业税和工商税两个税种。党的十一届三中全会以后，党和国家对税收制度进行了一系列的改革。可以分为三个阶段。

第一阶段是从1983～1987年，国家对林业开征农林特产税、所得税和产品税。农林特产税从1983年开始征收，林木收入税率为5%～10%；所得税在国家实行第一步利改税时开征，国有大中型企业实行全国55%的统一税率，小型企业按八级超额累进税率缴纳所得税；1984年国家实行第二步利改税时，开始对木材征收产品税，税率为10%。由于当时森林资源危机的问题还未出现，森工企业的效益普遍较好，因此重税赋对林业生产的影响也不明显。

从1987～1994年国家税收体制改革为第二阶段。这期间，国家对企业普遍实行财务包干办法，森工企业退出利改税，转为上交包干利润，同时对木材加工产品（如锯材），开始按加工增值额的14%开征增值税；将原木的农林特产税税率统一为8%。这一时期，森工企业“两危”的问题逐渐暴露出来，并日益引起党和国家的高度重视。为了保护森林资源，扶持林业发展，党和国家先后出台了一系列税收优惠政策，在林业税收政策上给予扶持。一是对国有林区143个森工企业暂缓征收农林特产税，1993年又将原木农林特产税率普遍降低为7%；二是对东北、内蒙古国有林区森工企业原木的产品税由10%减到5%，对次、小、薪材免征产品税，同时对四川省的凉山、甘孜、阿坝三个林区的森工企业免征产品税；三是为了鼓励和支持林业部门充分利用森林资源发展综合利用，变废为宝，安置富余劳动力，国家对东北、内蒙古国有林区森工企业以“三剩物”和次、小、薪材为原料生产的综合利用产品免征增值税。同时，为了鼓励国有林场、苗圃实行企业化管理，对国有场圃的多种经营、综合利用项目所得利润免征所得税。

从1994年至现在为第三阶段。为了适应建立社会主义市场经济的需要，国家对税收制度进行了重大改革，建立了以增值税为主体的流转税体系，并将农林特产税与产品税合并，改为农业特产税，规定在生产和销售两个环节各征收8%的农业特产税，并重新开征所得税。这一阶段，林业的经济危困进一步加剧，森工企业开始出现全行业亏损的局面。为了扶持林业发展，国家继续对林业实行税收优惠政策：一是对国有林区重点森工企业生产销售的原木，生产环节和销售环节合并，按10%的税率征收农业特产税，其中对东北、内蒙古按5%的税率执行，小径材免征农业特产税；同时，对东北、内蒙古国有林区森工企业生产销售薪材、次加工材发生亏损的，报经省、自治区农业税收征收机关核准后，可免征农业特产税；二是继续对东北、内蒙古国有林区森工企业利用林区“三剩物”和次、小、薪材为原料生产加工的综合利用产品实行增值税即征即退政策，并将此项政策扩大到全国国有森工企业。对进口种子（苗）和非盈利性种用野生动植物免征进口环节的增值税；三是第一次将森工、场圃纳入种养业范畴，在所得税政策上给予优惠扶持，这也是林业税收政策的重大突破，即对林业从事种植业、养殖业、农林产品初加工业的所得给予免税，对国家确定的边境贫困林业局、场圃的所得给予免税，对林业从事工业、商业、交通、建筑等非林生产经营活动所得缴纳的所得税超过原包干基数的部分按一定比例返还。1996、1997、1998、1999、2000年返还的比例分别是80%、60%、40%、20%、10%。同时，对大兴安岭林业（集团）公司一户集中缴纳所得税，对林机公司、大兴安岭林业（集团）公司的有关费用实行税前扣除的优惠政策。

（三）林业信贷扶持政策

国家分别从1986、1992、1996年起开始发放林业项目贴息贷款、治沙贴息贷款和山区综合开发贴息贷款，在信贷方面对林业发展予以扶持。至1997年末，三项贴息贷款累计规模达113.2亿元，成为林业发展的重要资金来源。

1. 林业项目贴息贷款

自1986年起由中国农业银行发放林业项目贷款，主要用于营造速生丰产林、经济林、中幼林抚育和林业多种经营项目。该项贷款由中国人民银行匹配部分信贷资金，执行农业贷款基准利率，由中央和地方两级财政予以部分贴息。1995年，随着国家金融体制改革，为确保国家扶持林业发展政策的连续性，中国人民银行决定，将林业项目贴息贷款增量部分纳入中国农业发展银行实行政策性贷款管理，并由其全额匹配信贷资金，其1994年以前贷款存量部分则仍由中国农业银行管理。中央和地方财政仍予以该项贷款部分贴息，贴息率为2.64%，贴息期限为：营造速生丰产林项目5年，经济林和中幼林抚育项目3年，多种经营项目2年。截至1997年末，国家共安排该项贷款计划87.2亿元，中央和地方各级财政累计贴息15.03亿元。

林业项目贴息贷款的发放与使用，不仅加快了我国森林资源培育和生态环境建设，而且调整了林业产业及产品结构，增强了林业部门的经济实力。据统计，1986～1996年，林业部门利用该项贴息贷款营造速生丰产林近200万公顷，新造、改造经济林110多万公顷，抚育中幼林350万公顷次，扶持发展林业多种经营项目近万个，创产值101亿元，实现利税近16亿元，安排就业人数达11万多人，为林业两大体系建设发挥了积极的推动作用。

2. 治沙贴息贷款

自1992年起由中国农业银行组织发放治沙贴息贷款。该项贷款由中国人民银行匹配70%以上的信贷资金，执行农业贷款基准利率，由中央和地方两级财政予以部分贴息，主要用于营造速生丰产林、经济林、治沙造田及改造低产田、种植药材及经济植物、人工种草及改良草场、开发利用水面、沙区资源开发利用。1995年，随着国家金融体制改革，为确保全国防沙治沙工程规划顺利实施，中国人民银行决定，将治沙贴息贷款增量部分纳入中国农业发展银行实行政策性贷款管理，并由其全额匹配信贷资金，中央和地方两级财政仍予该项贷款部分贴息，贴息率各为3.17%，贴息期限为：营造速生丰产林项目5年，经济林项目3年，其余项目均为2年。截至1997年末，国家共安排该项贷款计划16亿元，中央和地方各级财政累计贴息1.1亿元。

治沙贴息贷款的发放与使用，不仅治理了我国大面积沙化和荒漠化土地，改善了生态环境，而且促进了沙产业发展，繁荣了沙区经济，为帮助沙区群众脱贫致富发挥了重要作用。据统计，1992～1996年，各地治沙单位利用该项贴息贷款完成沙区治理开发作业面积180多万公顷，占同期治沙工程规划总工作量的42%以上，扶持沙区资源综合利用建设项目近千个，创产值7.4亿元，实现利税1.4亿元，安置就业人员1.4万多人。

3. 山区综合开发贴息贷款

1996年国务院决定设立山区综合开发贴息贷款，该项贷款由中国农业发展银行发放和管理，财政部予以贴息。贷款利率按中国人民银行统一制定的法定利率执行，贴息比例为中央财政、地方财政各3%。1996年贷款规模为3亿元，用于全国24个示范县发展项目92个，财政贴息294万元。1997年贷款规模为7亿元，用于全国59个示范县发展项目162个，财政贴息3782万元。据统计，1996年3亿元山区综合开发贴息贷款引导各级配套资金2.8亿元，投工1亿个，共完成坡改梯和低产田改造4.5万公顷，水利工程建设22万处，造林种果9.1万公顷，修建县乡级公路5120公里，仅当年就使农民人均收入较1995年增长14%，高于全国平均增长水平。有力地推进了山区经济建设。

（四）育林基金（林价）和维简费制度改革

1. 育林基金

育林基金是为了弥补国家营林资金投入不足，本着“以林养林”的原则而建立的林业生产性专项资金。主要由林业部门从木竹销售收入中按规定比例提取或征收。育林基金是我国最早建立的林业专项资金。在新中国成立初期，我国林业就已实行征收育林费的办法，建立了育林基金。40多年来，全国仅森工企业累计提取育林基金就达200多亿元，近几年，全国每年育林基金收入都超过40亿元。育林基金制度的实行，对弥补国家财政对营林投入的不足，促进营林生产的发展，起到了非常积极的作用。育林基金制度的演变，大体上分为四个阶段：第一阶段是从1950～1964年，起初，全国统一了育林基金管理办法，后来对国有林提取办法又经历了一个不提取、不上缴育林基金，改交利润到恢复计提育林基金的转变。1954年《育林基金管理办法》规定，育林基金区分私有林和国有林，按销售收入的一定比例从价计征，各大区的国有林征收比例也不相同。同时规定育林基金实行专款专用，列国家预算外资金，由林业部统一管理，其预算执行受财政部门的监督。第二阶段是从1964～1972年，区别国有林区和集体林区，分别制定了不同的育林基金管理办法。并在集体林区规定建立甲种育林基金和乙种育林基金。第三阶段是从1972～1986年，统一了国有林区和集体林区育林基金制度，育林基金的标准也有所提高，育林基金完全下放给省（区、市）管理。各省（区、市）也制定了相应的实施细则。第四阶段是从1986年至今，育林基金由从量计征改为从价计征，在东北、内蒙古实行林价制度，逐渐变育林基金预算外管理为纳入企业财务计划，报财政部门审批。按照文件规定，现行育林基金的提取、征收标准和使用范围分别是：

（1）国有林区。提取标准：东北、内蒙古国有林区森工采运企业实行林价制度，按木材销售收入26%的标准提取林价（育林基金）；其他国有林区按木材销售收入的21%提取，有困难的可适当降低，但不得低于15%；现行标准高于21%的可保留。使用范围：育林基金可用于采伐迹地人工更新、人工促进更新、树冠下更新、荒山荒地造林、沼泽地造林和营造速生丰产林支出；人工幼林、成林抚育，天然幼壮林抚育以及低价林改造支出；病虫害防治，护林防火等森林保护支出；种子园、母树林经营支出；营林道路修建费支出；林场、苗圃营林生产设施费用支出；营林设备购置费支出；营林林场（经营所）管理费，营林生产应负担的车间经费及企业管理费；营林调查设计和二类森林资源调查补助费支出等共9个方面。同时规定，育林基金的使用要重点保证营林生产，用于营林道路、设施、设备的“三项费用”总支出最高不超过育林基金实际支出数的20%。并规定育林基金不得用于森工主管部门和企业未经上级主管部门批准增加机构、扩大机构和增加非生产人员的开支，以及在建林业局、林场的道路及生产设施支出等不符合育林基金使用范围的开支。管理：育林基金收支应纳入省（区、市）森工企业主管部门和采伐企业的财务计划和会计决算统一管理。

（2）集体林区。木材、竹材的育林基金与更改资金一并征收，对产区木竹经营单位按其收购后第一次销售价的20%计征（育林基金12%，更改资金8%）。个别省（区、市）执行有困难的，可适当降低标准，但最低不得低于15%。

2. 维简费（更改资金）

维简费（更改资金）是维持木材简单再生产发展和发展林区生产建设事业的资金。国有林区称“维简费”，集体林区称“更新改造资金”（简称“更改资金”）。

维简费最早出现于国有林区，由于木材采运生产的伐区是由近及远的，每年都需要修建一定数量的道路来维持简单再生产。这项资金需要每年列入基本建设计划。1952年，为了简化手续并稳定资金来源，在东北、西南等国有林区试行“维持再生产基金”办法，按木材产量每立方米5元从生产成本中提取。1967年又将维持再生产基金、三项费用（包括技术组织措施费、零星固定资产购置费、劳动保护费，不同于育林基金使用中的“三项费用”）、固定资产更新复置和基本建设中属于简单再生产性质的投资合并为一个渠道，统称“固定资产更新和技术改造资金”（简称“更改资金”），按产量每立方米提取6.50元。由于当时南方等省尚未实行“维持再生产基金”办法，每年所需维持再生产的资金，仍由国家投资解决。为此，1972年财政部、农林部规定湖南、湖北、广东、广西、浙江、安徽、福建、江西、贵州、青海、新疆等11省（区）采伐国有林或收购集体林的木材，均按每立方米木材5元，直接从木材生产成本中提取“更改资金”，作为运材道路延伸、河道整治和有关的工程设施、小型设备购置、更新改造等维持再生产的投资。1975年，东北、西南国有林区的维简费提取标准由6.50元提到8元。1981年又进一步提到13元，同时南方、西北提高到10元。

1986年1月，更改资金的征收标准改为按集体或林农出售价的10%征收。1988年3月，又将更改资金的征收标准由按集体或林农出售价的10%征收改为按收购后第一次销售价的8%征收，并一直延续到现在。对国有林区，1987年国有林区森工企业财务制度改革，取消了提取更改资金的办法，恢复伐区道路延伸费制度，规定每立方米木材控制在8元以内，直接列入木材生产成本，不单独提取。

1993年，实行新财会制度，将国有林区伐区道路延伸费和集体林区更新改造资金统一改称维简费。对国有林区森工企业的维简费，平均每立方米木材控制在10元以内，计入木材生产成本；集体林区森工企业按国家规定的标准提取维简费，计入木材进货成本。

(五)森林资源资产化改革

对森林资源实行资产化管理,是在社会主义市场经济的新形势下,对森林资源实行有偿使用的一种新的管理方式,它将森林资源的合理利用和保护由传统的事业型运作机制转变为经营型运作机制,通过经济手段实现森林资源的良性循环。在传统的森林资源管理体制下,由于国家对森林资源所有权的虚置,森林资源没能作为企业的法人财产由企业自主经营并承担保值增值责任,致使森林资源开发利用水平低、消耗快、浪费严重。随着改革开放和社会主义市场经济体制的逐步建立,森林资源资产有偿转让等经济行为日益活跃起来。特别是南方集体林区,森林资源资产转让、股份经营等活动蓬勃发展,但由于缺乏科学的规范化管理,在森林资源资产的产权变动中,森林资源资产的真实价格难以实现,出现有意低估森林资源资产价格、欺行霸市或进行钱权交易等问题,严重侵犯了林农及国家所有者的权益。因此,深化国有资源性资产管理体制的改革,对森林资源实行资产化管理,正是抑制森林资源资产的流失和过快消耗,保护自然资源,改善生态环境的一项重要工作。1993 年以来,国家国有资产管理局和林业部在森林资源资产化管理方面进行了有益的探索,相继制定了有关森林资源资产产权管理和资产评估管理的一系列文件,初步构成了森林资源及资产化管理的法规体系,为进一步推进森林资源资产化管理奠定了基础。

(六)林业财务管理体制与会计制度改革

1. 森工企业财务管理体制与会计制度改革

(1)财务管理体制改革方面。森工企业财务管理体制改革,大体经历了四个阶段:

第一阶段是从新中国成立初期到 1983 年。这一阶段,又先后经历了四次改革,一是从 1952~1957 年,实行企业奖励基金和超计划利润分成制度;二是 1958~1961 年,废除企业奖励基金制度,实行利润留成制度;三是 1962~1968 年,取消利润留成制度,恢复企业奖励基金制度;四是 1969~1983 年,取消企业奖金制度,设立职工福利基金。总的来看,这个期间的财务管理体制是“统收统支”体制,森工企业实现的利润全部上交国家,亏损由财政拨补。在这种情况下,森工企业缺乏激励机制和约束机制,责权利相互脱节,不利于发挥企业经营管理的主动性和广大职工的积极性。同时,由于森工企业的建设是照搬前苏联的办法,实行森工、营林分治的管理模式,因此,森工企业内部的财务管理也是工业和事业相对独立,自成体系。

第二阶段是从 1983~1987 年,森工企业开始执行利改税政策,税后利润留归企业自行支配,使企业有了稳定的收入来源,同时把企业经营的好坏与企业及职工的物质利益更加紧密地联系起来,这种责、权、利的密切结合,使企业有了内在的发展动力。

第三阶段是从 1987~1993 年。国家财政对国有林区森工企业实行“收入不上交(或定额上交),支出不拨补,结余全留用”的财务包干办法,主管部门对企业盈亏(包括林区商、粮亏损等)进行调剂,以盈补亏,自求平衡。主管部门对企业原则上也实行财务包干。对南方集体林区森工企业则实行所得税包干办法,超基数返还林业部门用于造林营林。对中央直属森工企业实行“盈利不上交,亏损不拨补,结余全留用”的盈亏包干办法,企业之间的盈亏由林业部自行调剂,自求平衡。包干结余资金主要用于补充造林资金和弥补本级事业费不足。实践证明,实行财务包干的办法,对于增加企业留利,调剂企业盈亏,发展营造林事业起到了非常重要的作用。

第四阶段是从 1994 年到现在。森工企业全面实行所得税政策,国家作为投资人享有所有者权益,参与企业利润分配。考虑到与原财务承包办法的连续性,1994~1995 年,国家规定森工企业原则上以原承包单位为纳税人,林业部直属企业按总公司为纳税人,实行一年汇缴一次的办法,并规定对所缴税款超过原承包利润基数的部分,由财政部门结算退库。1996 年,为了支持农口企事业单位发展,国家决定对林业单位从事种植业、养殖业和农林产品初加工业取得的所得暂免征收所得税,同时规定对林业企事业单位从事的工、商、交、建业取得的收入,超原包干基数部分“九五”期间按比例返还,返还资金主要用于解决企业的政策性社会性支出。

(2)会计制度改革方面。森工企业的会计核算,

1982年以前，各省(区、市)执行各自的会计核算办法，1982年林业部颁发《国营森工企业会计核算办法》及《国营森工企业成本核算办法》，对全国森工企业的会计核算进行了统一。1993年国有企业财务会计制度改革，为了贯彻《企业财务通则》和《企业会计准则》，财政部颁发《关于森工企业贯彻执行新的财务会计制度有关问题的通知》，规定森工企业除执行《农业企业财务制度》和《农业企业会计制度》外，根据业务需要，还可参照《工业企业财务制度》和《工业企业会计制度》增设有关科目和报表，同时增设"人工林资产"和"营林费用"两个一级科目。这也是现行各地森工企业普遍执行的核算办法。

2. 国有林场苗圃财务管理体制与会计制度改革

(1)财务管理体制改革方面。作为生产性事业单位，国有林场、苗圃的财务管理体制经历了从供给性管理向企业化管理的转变。改革开放前，国家对国有林场、苗圃实行供给性的财务管理办法，在财务管理形式上主要有两种，一是对基本没有收入或者有少量非经常性收入的事业单位实行全额预算管理，二是对有一定收入而且收入比较经常、稳定的事业单位实行差额预算管理。这种供给性的财务管理方式虽然在一定程度上满足了国有林场、苗圃事业发展需要，便也养成了一些单位长期不讲经济核算，吃国家"大锅饭"，职工吃单位"大锅饭"，人浮于事，管理松散的弊端，同时由于国家财政提供的事业经费有限，致使单位人才、技术、设备和资源得不到充分利用，业务难以开展，事业发展缓慢。鉴于这种情况，党的十一届三中全会以后，国家财政决定对国有林场、苗圃推行企业化经营管理，即事业单位的性质不变，而事业单位按企业经营管理的方式，从事事业经营和发展，充分利用自己的资源、设备、人才，"以林为主，多种经营，综合利用，以短养长"，在完成主业的基础上，广开生产门路，积极组织创收，并按企业管理的要求，加强经济核算。为了鼓励国有场圃按企业经营管理方式组织生产，国家还对国有场圃的多种经营、综合利用项目所得利润实行暂不征收所得税的优惠政策。实践证明，这是生产性事业单位走向自我积累、自我发展的好路子，因此，1994年，财政部在修订国有场圃财务会计制度时，在充分考虑国有场圃生态效益和社会效益的同时，对国有场圃的生产性事业单位性质予以了进一步明确。

(2)会计制度改革方面。新中国成立以来，国有林场、苗圃财务会计制度经历了三次大的改革，一是1986年，国家统一了全国场圃会计核算办法，财政部、林业部联合制定《国营林场苗圃会计制度》；二是1990年，为了加强场圃财务管理，搞好经济核算，财政部、林业部联合制定了《国营林场与苗圃财务会计制度》；三是1994年，参照企业"两则"、"两制"，对1990年场圃财会制度进行了修订，新的《国有林场与苗圃财务会计制度》从1995年1月1日起开始执行。新修订的财务会计制度从六个方面进行了重大改革，一是建立了资本金制度；二是改革林木资产的管理和核算；三是改革固定资产折旧制度，取消大修理基金办法；四是实行制造成本法；五是采用了"资产＝负债＋所有者权益"的会计平衡公式；六是实行财务报告制度，建立新的财务评价指标体系。这些改革措施，对促进国有场圃适应社会主义市场经济发展的需要，积累资金发展场圃事业将起到重要的作用。

总之，新中国成立以来，尤其是党的十一届三中全会以来，党和国家逐步加大林业投入力度，实行一系列优惠政策，对林业事业发展起到了非常重要的推动作用。但总体来说，林业作为国民经济的一个基础产业，具有弱质性的特点，比较效益低。鉴于我国林业资源馈乏，生态环境日趋恶化，不适应国民经济和社会可持续发展的现状，国家必须下决心调整对林业的经济政策，扶持林业发展。已经出台的对林业扶持的财政、信贷、税收等方面的优惠政策要继续实行，一些临时性的扶持政策要随着社会主义市场经济体制的建立和林业建设、改革的发展，逐步以法规的形式稳定下来。特别是要尽快建立林业基金和森林生态效益补偿制度，保障生态公益林建设和管理的资金，为建立林业两大体系提供强有力的经济政策扶持和资金支持，促进林业持续、快速、健康发展。

(执笔人：吕红频)

五、林业劳动工资

林业劳动工资是林业行业管理的一项重要工作。它关系到合理组织劳动生产、保障职工生产安全，关系到正确执行按劳付酬原则，调动职工生产的积极性，从而提高劳动生产率，促进林业生产建设的发展。

新中国成立后，中央人民政府林垦部(1951 年改为林业部)人事司设工资科，主要管理部内职工和各大行政区森工局局级人员的工资工作。为适应林业经济发展对林业劳动工资工作提出的新要求，1954 年林业部成立劳动工资司，设工资、定额、劳保、卫生等业务科处，进一步加强劳动工资工作。1957 年，机关精简，干部下放，劳动工资司随之撤销，只在计划司设劳动工资科。1961 年末，根据工作需要，林业部又恢复了劳动工资司，设劳动组织、劳动工资、安全卫生等处，以适应森工生产和行业生产管理发展需要。“文革”期间，劳动工资司随机构调整又被撤销。1978 年成立国家林业总局，1979 年恢复林业部，先是在计财局、后在计划司内设劳动工资处，主管部直属单位和林业行业劳动工资和安全卫生工作。1985 年，为加强林业劳动工资和劳动保护工作，在计划司分设劳动工资处和安全卫生处。1989 年以后，为便于和林业生产密切结合，安全卫生工作移交给森工司(后改产业司)，人事劳动司(后改人事教育司)内设劳动工资处。1998 年机构改革时，林业部改为国家林业局，在人事教育司内设人才劳资管理处，综合管理林业专业技术人员和劳动工资工作。

(一)林业劳动工作

新中国成立后，林业工人成为林业的主人。旧中国的林业资本家和封建把头剥削林业工人的制度被彻底废除。林业部门组建了固定的专业工人队伍，并根据生产需要招收一些临时工。随着林业生产的发展，林业职工队伍不断壮大，1952 年林业系统职工为 31.54 万人，到 1997 年已发展到 282.05 万人。

为了提高林业企业劳动工资干部的业务水平，做好基层劳动工资工作，林业部从 1953 年开始举办行业劳动工资干部培训班，以后根据各个发展时期的不同需要举办多层次培训班，先后共培训 900 余名劳动工资干部。

为了充分调动林业职工的积极性，减少非生产人员，提高劳动生产率，林业部于 1979 年颁布了《林业生产劳动定额管理办法》，1981 年颁布了《林业生产劳动定额设计技术规程》，1984 年制订并颁发了《东北、内蒙古林业生产统一劳动定额》，其他部分省区林业主管部门也制定了本省的森工企业或国营林场的劳动定额，从而使劳动定额工作纳入了制度化的轨道。通过劳动定额和定员标准的实施，并使之与工资挂钩，调动了职工生产积极性，劳动生产率有了明显的提高。据统计，林业工业企业全员价值劳动生产率，1971 年人均为 3491 元，1997 年达到 17963 元，提高 515%，平均每年提高 18.9%。

党的十一届三中全会以来，在国家统一的劳动制度改革政策指导下，林业企业普遍实行公开招收、择优录用的用工制度，对新招收的工人实行劳动合同制。随着《中华人民共和国劳动法》和全员劳动合同制的实施，林业企业用工制度逐渐由过去的固定工制向合同制转变。截至 1997 年，林业企业合同制职工 75.39 万人，国家林业局直属企业劳动合同签订率达 95%。

为不断提高林业工人的技术水平，贯彻按劳分配原则，适应企业考工定级的需要，林业部于 1979 年颁发了《林业工人技术等级标准(试行)》。1993 年为适应变化了的生产方式，在劳动部统一部署下，林业部修订和颁发了新的林业工人技术等级标准，其中包括森林工业的木材采运工人、木材加工工人、林产化工工人，以及国营林场和苗圃等工人。至此，林业部门已在全体工人中实行了按技术等级标准考工定级工作，并以此作为评价工人技术水平和确定工作岗位的依据。

为鼓励工人钻研业务，不断提高素质，发挥高级技术工人的作用，适应林业经济建设的需要，1987年林业部、劳动人事部联合下发了《关于林业系统实行技师聘任制的实施意见》。1993年，林业部、劳动部又制定了林业行业高级技师试行办法，对林业工人队伍整体素质的提高，起到了积极的促进作用。

为适应社会主义市场经济发展需要，深化劳动人事制度改革，1996年林业部成立职业技能鉴定指导中心，并于1997年在12个省(区)首批建立21个林业行业特有工种职业技能鉴定站，编制了部分林业特有工种技术培训教材，颁发林木种苗工等五个工种的国家职业技能鉴定规范，印发了《林业行业特有工种职业技能鉴定实施办法》，使林业行业职业技能鉴定工作纳入了制度化、规范化轨道。

(二)林业工资工作

1956年全国进行工资制度改革，林业企业也开始实行等级工资制，企业工人实行8级工资制，国营林场工人实行7级工资制。工资等级的多少，是根据工种的技术复杂程度确定的，8级或7级为最高，1级为最低。等级工资制度是由工资等级表、工资标准和技术等级标准三部分组成。不仅规定了工人工资的主要部分，而且也是计算计件工资和奖励工资的基础，这反映了不同等级工人的劳动差别和工资差别。

林区企业行政人员和工程技术人员实行职务等级工资制。1963年林业部门结合当年调整工资，简化了工资标准，实行了类似国家机关工作人员的职务等级工资制，即一职数级，上下交叉。1978年改革开放后，国务院发出《关于实行奖励和计件工资制度的通知》，结合林业部门情况，多数林业企业恢复了计件工资制(部分企业实行奖励工资制)，使工资与产品产量、质量挂钩。1985年根据国务院发布的《关于国营企业工资改革问题的通知》和《国家机关和事业单位工作人员工资改革问题的通知》的要求，林业部门的林业企业和事业单位也相应进行了工资改革。林业企业主要是逐步实行企业职工工资同本企业的经济效益按比例浮动的办法，林业事业单位主要实行以职务工资为主要内容的结构工资制(即把工资分为基础工资、职务工资、工龄津贴和奖励工资四部分)。从恢复计件和奖励工资制度起到1985年，计件面和奖励范围逐年扩大，劳动生产率、奖金和计件超额工资迅速增长，林业职工平均工资由1978年的729元增加到1997年的4070元。

林业企业的津贴、保险和福利制度，是等级工资制度的一种补充形式。1959年，黑龙江省林业厅为了激励林区职工安心林业生产，建立了不同标准的林区津贴。1963年林业部和劳动部批准四川、云南等南方11个重点林区也建立了林区津贴。1964年，对我国林区野外调查勘测人员开始实行野外调查津贴的办法。

全国林业企业和部分国营林场实行劳动保险制度，职工在因工伤残、非因工伤残或疾病期间，可以得到占基本工资一定比例的劳动保险工资，职工因工或非因工死亡时，给予一定数额的抚恤金和丧葬费。林业企业从工资总额中提取11%作为职工福利基金，其中2.5%用于职工集体福利事业。1983年实行利改税以后，林业企业建立了新产品试制、生产发展、后备、职工福利、职工奖励等5项基金。各地林业企业利用福利基金修建职工食堂、职工宿舍、托儿所、幼儿园、浴室、理发室、文化馆、图书馆、俱乐部、职工医院、养老院、中小学校等，使林业职工物质、文化生活得到了较大的改善。

(三)林业劳动保护工作

保护林业职工在生产过程中的安全和健康，是国家的一项重要政策，也是林业企业在组织生产过程中必须遵守的基本原则。林业部为贯彻“生产必须安全，安全促进生产”的方针，先后颁布了《林业安全生产责任制》、《林业安全生产管理办法》和《林业生产教育的几项规定》等文件，各地区林业主管部门和林业企业也相应颁发了地区性的《林业安全技术操作规程》等。林业部和各地区林业主管部门建立了安全管理机构，各林业企业配备了专职或兼职的安全人员，并拨出一定数额的款项用于改善安全防护措施。

各级林业部门每年多次组织安全生产大检查，开展“安全月”活动。对林业职工实行三级安全教育，即新工人进厂教育、车间(林场)教育、岗位教育。对伐木油锯手、集材拖拉机司机、司炉等工作险情大的人员进行专门培训，经过考试合格后才允许上岗操作。有的林业企业还摄制了林业保护电影、幻灯片等,采取多种形式对林业职工进行生动的安全生产教育。为确保职工生产安全和身体健康,给林业职工发放必要的劳动保护用品,对接触有毒有害物质的林业职工发给保健品或保健津贴,对女职工安排从事适合其生理特点的生产劳动。由于各级领导的重视,林业工人素质和技术熟练程度的提高,林业企业工人的生产伤亡人数逐年下降,据不完全统计,1997年全国林业职工生产死亡人数比1978年减少90%,重伤人数减少89%。

林区职业病的防治取得了显著的效果。油锯伐木时产生强烈的震动,伐木工容易患摆手病,林业部对此非常重视,采取积极有效的措施,使摆手病的患病率由1979年的7.75%降到1985年的4.12%。木材加工企业锉锯车间的金属粉末、制材车间的木质粉尘均有害工人的健康,经过几年的努力已基本得到治理。特别是林区的森林脑炎,严重危害林区职工的健康和生命安全,早在60年代就采取预防措施并注射森林脑炎疫苗,现在森林脑炎已基本消灭。

(执笔人:马安全　李明)

六、林业改革试验区

党的十一届三中全会以来,改革之风席卷全国。农村改革走在全国改革的前面,成为当时全国改革的重点。农村打破人民公社"三级所有,队为基础"的管理体制,实行以家庭联产承包为主的责任制,逐步建立和完善分散经营和统一经营相结合的双层经营体制,赋予广大农民比较充分的经营自主权,极大地促进了农村经济的全面发展。农村改革取得的巨大成功,促进了整体改革的进行。1984年10月,党的十二届三中全会作出了《中共中央关于经济体制改革的决定》,标志着我国的改革进入了一个新的阶段。与此同时,创建改革试验区的工作也被列入日程。

(一)林业改革试验区的建立

为了适应改革的阶段性变化,推动农村改革更深入的开展,中央做出了"在农村有计划地建立改革试验区"的决定。"在改革的深入阶段,可以在一个市(地区)、一个县(市)的范围内,按照改革方案进行实际试验。"改革试验区的建立,对于分散农村改革的困难和风险,通过局部的超前改革探索来因势利导地推进全局改革具有重大意义。它是中央根据深化农村改革的实际需要而提出的具有战略意义的部署。

我国农村经济是一个涉及面广而复杂的整体,林业是这一整体的重要组成部分。在改革之初,乘着农村改革的强大东风,农村林业经营体制的改革也取得了巨大进展,各种形式的林业生产责任制、股份合作制等林业经营形式如雨后春笋不断涌现,农村林业经济出现了前所未有的活跃局面,广大农民的林业生产积极性空前高涨。但是,林业有其自身的自然规律和经济规律,它既不能等同于农业,也不等同于畜牧业。在改革之初,林业的改革随着农业的改革而改革,对解决浅层次的林业经营体制问题,确实起了很大的作用。但随着改革的深入,林业深层次问题的不断被触及,林业的特点也日益显露,仍套用农业的办法已不能完全解决林业改革中遇到的种种问题。对这种情况,中央注意到了,基层干部群众也注意到了。如何适应林业的特点,推进农村林业的全面发展,已成为农村林业改革急需解决的问题。因此,随着国家宏观改革形势的发展,有必要建立林业改革试验区,对林业改革的战略部署和林业改革与发展的重大问题,有组织、有领导、有规划、有步骤地进行改革试验,将新的改革思路付诸实践,为林业改革提供决策依据,推进林业整体改革。

中央在建立农村改革试验区中,充分考虑了这一问题。在经国务院批准建立的21个农村改革试验区中,就包括了三个以林业经营体制改革为主的试验区,这就是1987年9月批准的黑龙江省苇河林业局试验区,1988年4月批准的福建省三明市集体林区改革试验区和1988年8月建立、1990年11月经国务院批准列入全国农村改革试验区的湖南省怀化山区开发和改革试验区。另外，林业部根据林业改革的发展变化，又陆续批准建立了四川宜宾大林业开发试验区、广东韶关综合改革试验区、湖北武汉城市林业建设试验区、河南郑州林产品流通体制改革试验区、内蒙古赤峰防治沙漠化改革试验区、广西梧州外向型林业改革试验区、贵州黔东南州少数民族改革试验区和河北承德森林综合效益改革试验区等林业改革试验区。迄今为止，列入全国农村改革试验区（后更名为林业部承德生态环境建设试验示范区）系列的和经林业部批准建立的林业改革试验区已达11个，加上省级试验区、林业部各业务司局专项试验点，林业改革试验区、点已经遍布全国15个省（区、市）的80多个县（市）。林业改革试验区经历了从初始创办、稳步推进、充实调整三个阶段，已经形成了一个比较完整的改革试验体系。实践证明，林业改革试验区的建立，对深化林业改革，促进农村经济发展发挥了重要作用，并为加快地方经济发展做出了积极贡献。

（二）林业改革试验区指导思想、试验类型、课题布局

1. 林业改革试验区的指导思想

各林业改革试验区以邓小平理论为指导，遵循中央确定的改革总体目标，按照中央关于建立农村改革试验区的有关指示精神，结合林业的实际，解放思想，实事求是，改革试验逐步由单项改革走向综合配套改革；试验内容与林业生产建设实际紧密结合，促进林区生产力的解放和林业经济的不断发展，为建立既符合市场经济规律、又体现林业特点的林业管理体制和经济运行机制探路子、出经验、做示范；紧紧围绕改革和发展这两大主题，引导林业适应社会主义市场经济体制，不断深化改革。

2. 试验类型和课题布局

林业改革试验区依据深化林业改革的总目标，紧紧围绕林业经济运行过程中亟待解决的主要问题，注意选择与林业发展密切相关的项目展开改革试验。一是林业改革试验区作为领导力量强、专业队伍素质高、实践经验丰富的示范基地，注意选择那些改革层次深、推广意义大的课题，抓住重点开展改革试验。例如农村林业基本经营制度问题，重点探索林地有偿流转的程序和方式、组织制度建设与适度规模经营方式；林业合作经济组织建设问题，重点探索林业股份合作组织制度建设、利益分配及资产监管、运营等；市场体系发育与市场中介组织建设问题，重点探索产供销一条龙、林工商一体化组织形式创新，建立森林市场、森林资产评估、转让服务中介组织以及木材和林产品流通体制改革、发育市场主体等问题；林业综合开发与扶贫工作相结合问题，重点探索新的生产方式的选择、资源优化配置与扶贫资金有效使用、贫困地区林业资源的转让与外来资本的结合等问题；发展高产、优质、高效、持续林业的问题，重点探索资源高效开发利用模式，资源优化配置动力和方式，产供销一条龙的组织形式与社会化服务体系建设，引导林业资源和产品进入市场，促进资源向资本转换等问题。二是林业改革试验区选择那些与国家宏观经济体制改革接轨，同国家方针、政策相配套的课题。当前，国家宏观经济体制改革已从财税、金融、投资、计划等体制改革方面进入实质性配套改革阶段，林业改革试验区的试验课题也紧紧跟上，与之衔接。例如，现代林业企业制度改革，重点试验林业企业产权重组的多种形式、多种经济成分之间的财产关系、分配关系、组织制度、经营机制转换等课题；林业部门事权划分问题，重点弄清哪些事应由企业来办，哪些事应作为事业来办，哪些事应由政府来办。当然，在呼应林业外部改革角度选题的同时，还应从林业特点和实际出发，选择一批具有独立性质的改革试验课题，进行对比试验。三是重视关注热点问题，进行超前探索。四是与国家立法相结合进行选题。我国进入建立社会主义市场经济体制新阶段的一个显著特点，就是注重体制和政策的规范化，用法律来引导、推进和保障改革的顺利进行。林业改革试验的选题必须适应这个特点，发挥试验区的政策储备功能，与立法工作紧密结合，同步安排。既要把实践证明是正确的做法用法律形式确定下来，又要使改革决策与立法决策紧密挂钩。林业改革试验区要为各种林业配套法规的出台，提供前期的政策储备和后期的实施经验。

另外，在课题选择、项目设置、思路设计上，林业改革试验尽可能与面上的改革加以区别，体现突破性和关键性。着眼于理顺管理体制和运行机制，开展组织创新。对旧体制下形成的深层次矛盾，以及在向

市场经济过渡中出现的突出问题，进行重点试验。同时注意把改革和发展结合起来，把改革试验的着眼点放在加快发展上。

（三）林业改革试验区在林业改革与发展中所起的作用

林业改革试验区自1987年创建至今，已有12年时间。随着形势的发展，试验区的范围不断扩大，试验的领域不断拓展，改革的内容不断深化。林业改革由突破旧体制转向建立新体制；由单项改革转向综合配套改革；由重点突破转向整体推进；由政策调整转向规范和健全法制，取得了很大成效。林业改革试验区作为林业改革的试验基地，由原来的一两家进行单项试验，逐步发展到现在已基本上覆盖林业改革和发展各个方面的试验体系。几年来，在管理体制、经营方式、市场建设、投资体制、山区开发和林业产业开发的配套政策措施、林政管理制度等方面，为林业改革探路子、做示范，对于推动林业改革和建设事业已发挥了十分重要的作用。

1. 理顺林业领导和管理体制，落实领导责任制

宜宾地区率先提出大林业的概念，创造了有代表性的山区、深丘区、浅丘区合理的林业模式。他们把理顺林业的领导体制和管理体制放在首位，从地区到县、乡（镇）都分别建立了大林业开发试验区领导小组，党政主要领导任组长、副组长，有关部门负责人任小组成员，形成了全地区各级领导亲自抓林业、各部门关心支持林业、动员全社会办林业的局面，使大林业开发规划的任务目标真正压在了各级党政一把手和有关部门主要负责人的肩上。三明、韶关、赤峰、怀化试验区都有类似经验。

2. 适应农村以家庭经营为基础的双层经营体制，创造出多种符合林业特点的经营形式

三明改革试验区首先选择了林业股份合作制，他们的成功经验吸引了全国成千上万人的参观学习。林业股份合作制现在已发展到全国，较普遍地推行。韶关股份合作制发展到用股份合作制明晰产权，采用股份林场式经营，实现了规模化。宜宾更进一步创造出公司加林场带农户的林业产、供、销一条龙经营的“龙”型林业经济。

3. 按照现代企业制度要求，进行林业企事业制度改革

三明永安、韶关南雄以林场、林业企业为基础进行改组、改制，建立了规范的股份有限公司，组建了企业集团，打破了原来按行政区域设置的林业股份合作经营体制；明晰了山林产权，实现了政企分开，探索了林木资产评估办法，明确了劳动者、经营者、所有者之间，积累与分配之间，林木股与林地股之间的经济关系。

4. 适应市场经济投资主体多元化、投资渠道多层次的变化，扩大了林业资金渠道

除引导和组织广大农民积极投资投劳和争取国家扶持外，鼓励支持企业自己投资建立原料基地，组织发动党政机关、企事业单位投资、投物、投技术参与林业开发。而且，把多种资金捆在一起，比如把财政、扶贫、以工（粮）代赈、水保、农业综合开发、土地垦复、世行贷款捆起来，按照“渠道不乱，用途不变，各尽其责，各尽其力”的原则，统筹安排，匹配使用，参与大林业开发。仅宜宾地区四年多来，各方面投入林、果、桑、茶开发的资金近2亿元。近两年，仅用于大林业开发的扶贫资金近5000万元。

5. 创造出了山区开发的可行路子

怀化山区开发试验区按照“山上建基地，山下搞加工，山外找市场，科技见高效”的路子，取得了很大成绩，已得到党中央、国务院的肯定。近年来，他们又把创建市场与推动森林经营微观组织、促进林业股份合作经营结合起来，符合条件的乡、村集体林场和股份合作林场，发给竹木自产自销经营许可证，在林产品市场上产销见面。怀化地区的改革试验为全国山区综合开发提供了经验，使山区林业综合开发出现了四个新的转变：一是由一般品种向名特优新产品开发转变；二是由第一产业开发向一二三产业全方位开发转变；三是由分散开发向基地开发进而向集团化开发转变；四是由科技含量低的开发向科技含量高的方面转变。

6. 改革了木材和林产品流通体制，向“龙”型经济发展

特别是宜宾的珙县建立了由县林产公司与乡、村林场 通过经济纽带直接联营的流通新体制，增加了生产者的收入，密切了生产者和经营者的关系，为在集体林区实行公司加林场带农户的产、供、销一体化的“龙”型经济创造了经验。

7. 开始了林业产业结构和布局的调整

通过多种开发模式的试验，加深了森林资源的利用深度，在继续营建用材林的同时，大力发展经济林和竹林，使木、竹、果、茶、桑、樟、药协调发展。同时合理利用林地空间，进行综合开发，实行林烟、林粮、林牧、林药等结合，提高了林地经济效益；在林产加工上，着重抓了造纸、竹类、制材、丝绸、林化、茶叶、果品等优势骨干项目和拳头产品的开发，在系列开发、深度加工和扩大规模、提高效益等方面做了大量工作，收到了明显成效。

8. 进行了统计制度的改革

宜宾率先把林业产值由原来的木材加造林和林业部门的多种经营扩大到全社会的一、二、三产业综合统计，使大林业产值相当于小林业产值的 8～10 倍，比较真实地反映了林业在国民经济中的地位。

苇河作为国有森工企业中唯一的一个试验区，在森林分类经营、调整产业产品结构、内部运行机制等方面也进行了有益的试验。赤峰、郑州、黔东南州、梧州、承德等是起步不久的试验区，在当地党政领导的重视下，按照各自的总体规划实施改革和建设，试验项目逐步铺开，分别在大林业综合开发、城市林业建设、林业产业综合开发、农村股份合作经济组织制度建设、木材及林产品流通体制改革和市场建设、沙产业综合开发、贫困地区扶贫开发、外向型林业改革与发展以及建立森林生态效益补偿制度等方面，都取得了进展。

从第一个林业改革试验区创建至今，几年来各试验区先后出台了一批试验项目，制定了几百个示范章程和管理办法，积累了上百万字的原始资料和数据，取得了较为丰富的经验和成果，为领导决策提供了依据，为面上改革提供了示范。同时，在改革和探索实践中，各试验区通过多层次、多内容的培训、研讨、交流，试验区培养和锻炼了一支既有一定的政策理论水平，又有实际操作能力的干部队伍。几年来，各地已经有一批骨干走上了各级领导岗位。

（四）林业改革试验区今后的主要任务

改革是为了发展，试验区要为林业发展做出成绩。要促进试验区林业的发展，最重要的就是要根据国民经济和社会发展“九五”计划和 2010 年远景规划目标，以及林业发展的总体目标，从各地实际情况出发，修改完善各试验区林业发展的“九五”计划和 2010 年规划，在规划的基础上搞好项目研究和储备工作，同时进一步增加对林业改革试验区支持的力度，进一步加强对试验区工作的领导。

当前，国家宏观经济管理体制改革已进入攻坚阶段，农村经济也开始全面向市场经济转变。要探索、解决的棘手问题很多。而要从根本上解决这些影响林业发展的深层次问题，就必须在管理体制、企业制度、经营机制、经营形式等方面迈出根本性改革步伐。在这些方面，各林业改革试验区已经积累了丰富的实践经验。下一步改革试验区的目标任务归结到一点，就是要通过体制创新、制度创新、组织创新、机制创新，率先走出一条在社会主义市场经济体制下，使林业能够增资源、增活力、增效益的发展道路。

林业改革试验区要注意选择与当地经济发展、生态环境建设、脱贫致富密切相关的支柱性的产业项目，开展一些带动性强、效益高的项目，加快林业改革的进程。对短、平、快的项目，除了根据市场需求选择项目外，还要在项目实施过程中完善流通环节的建设，加快资金周转速度。对林产品加工项目，要选择有利于优化林业产业结构、附加值高、能产生规模效益的项目。同时，打破地方保护主义，建立起一套合理的利益分配制度，以保证不同地区之间的原料供给与加工利用的协调发展，促进林业产业建设。对第三产业项目，一方面要加强林产品市场建设，搞活流通，促进资金的周转，另一方面，要充分发挥林业在生态方面的优势，以明确产权为出发点，以多种方式开发森林旅游资源。根据各试验区的特点，对现有的林业企事业单位进行改革、改组、改造，加强企业管理。实施扶优战略，支持优势企业通过兼并、联合、收买、租赁等形式，打破区域和所有制界限，合并劣势企事业单位，进行资产重组；通过在取得采伐许可证的情况下，买卖青山，经济林标花、标果，实现森林采伐（采收）权有偿使用；允许通过林地、林木有偿转让和联营、合作开发等形式实现森林旅游资源的有偿开发利用；采取多种灵活措施引进技术人才和适用技术，提高优势产品和技术档次。

到本世纪末，林业改革的目标是：初步建立起既适应社会主义市场经济，又反映林业特点的林业经济体制。主要任务是：要建立分类经营、科学管理的营林体制；建立森林资源林政管理和森林资产监管、运营的管理体制；建立现代林业企业制度；完善林业产业政策，调整林业产业结构；建立布局合理、规则健全、管理有序的林业市场体系；建立以林业基金为保证，经济、法律、行政手段相结合的林业宏观调控体系。林业改革要进一步发扬邓小平同志一贯倡导的解放思想、实事求是的精神，“看准了就大胆地试”。要在继续办好试验区，完善成功经验的基础上，以新的思维方法，拓展改革试验的新领域，改进工作方法，提高试验质量，坚持改革与发展相结合，加强对试验项目的管理，适当调整试验布局。试验的重点放在体制改革、机制转换和组织建设、制度建设上，选择改革层次深，推广意义大的课题；选择与国家宏观改革接轨，同国家政策、法规配套的课题；重视和关注热点问题的调查研究。改革课题与发展项目配套，理论要具有探索性，政策要具有超前性，典型要具有示范性，操作要具有指导性，为林业经济体制改革创造丰富的经验，为林业政策和法规的制定提供依据，充分发挥试验区的典型性和代表性，做好政策储备、操作经验储备、人才储备和理论储备，为建立起一个比较完备的林业生态体系和比较发达的林业产业体系提供可资借鉴的经验和发展模式。

（执笔人：周全锋）

七、林业分类经营

林业分类经营是在社会主义市场经济条件下，根据社会对林业生态和经济的两大需求，按照森林多种功能主导利用的不同，相应地将森林划分为公益林和商品林，分别按照各自的特点和规律运营的一种新型林业经营管理体制和发展模式。其目的是：根据环境建设的要求，把以生态利用为主要目的的森林划为公益林，按照事权划分的原则，由各级政府或社区负责建设，实行事业化管理，科学经营，追求最大的生态效益和社会效益；根据市场经济的原则，把以直接经济利用为主要目的的森林划为商品林，实行企业化管理、集约化经营，努力提高林业生产力，追求最大的经济效益。

（一）林业分类经营改革的提出及其重要意义

1995 年 8 月 30 日，国家体改委和林业部联合颁发了《林业经济体制改革总体纲要》，明确提出了要建立科学的营林体制，森林资源培育要按照森林的用途和生产经营目的划定公益林和商品林，实行分类经营、分类管理；将国有场圃划为商品经营型、生态公益型和混合经营型场圃；森林和野生动植物类型自然保护区，按照事权划分，分别列为中央事业单位和地方事业单位等。1995 年 12 月 22 日，在全国林业厅局长会议上林业部明确提出了“以实行分类经营改革为重点，把林业发展推向以建立两大体系为目标的新阶段”，同时对林业分类经营改革进行了部署，总的设想是，“九五”期间，为建立分类经营体制奠定基础；到 2010 年，初步建立起分类经营体制。

1996 年，林业部制定了《林业部关于开展分类经营工作的原则要求》，下发了《林业部关于开展林业分类经营改革试点工作的通知》，对全国林业分类经营改革试点工作的开展，提出了原则性意见。要求试点地区必须坚持林业分类经营改革与本地区经济和社会发展相结合；坚持和完善林业生产经营承包责任制；坚持统一规划，分步实施，自下而上，上下结合；坚持积极稳妥、重点突破、分步推进。

森林分类区划界定，是林业分类经营工作的首要基础工作，各试点地区林业分类经营改革首先要从制定规划开始到现场界定，进行森林分类区划。森林分类区划界定的范围包括防护林、用材林、经济林、薪炭林、特种用途林资源和采伐迹地、火烧迹地、灌木林地、疏林地、花木林地和政府规划的宜林地。

公益林分类区划界定重点包括：列入重点天然林保护工程规划中的公益林和国家重点防护林体系建设规划的各类森林；水库周围、江河湖泊源头的水源涵养林、护堤林、护岸林；石质山区，风沙干旱区的水土保持林；风沙沿线、荒漠化地区的防风固沙林；

各类自然保护区、濒危珍稀野生动物栖息地、繁衍地的森林；各类森林公园和风景名胜区的森林；特用林、农牧业防护林；村镇及周围自然保护小区的森林；其它生态脆弱地区不宜开发利用的森林。

商品林分类区划界定重点包括：定向培育工业原料林、速生丰产用材林、珍贵大径级用材林、部分常规用材林、脂材两用林、经济林、商品竹林（竹笋、竹林）、木本花卉。

总之，实行林业分类经营改革，涉及林业经营管理体制、经营机制、经济政策、组织形式、经营方式以及产业结构调整等各个方面，是一项事关林业建设全局性的综合性的长期性的改革任务，是林业行业实现两个根本性转变的基础性工作，也是建立林业两大体系的客观要求。它对于深化林业改革，合理调整林业产业和产品结构，科学配置林业生产要素，促进现代科学技术的运用，提高林业生产力和管理水平，提高林业综合效益，推进我国林业持续、快速、健康发展，具有十分重要的意义。

（二）林业分类经营工作进展情况

1995年以来，各省（区、市）林业分类经营工作陆续启动。经过近几年的努力，取得了重大进展。各省（区、市）和各试点单位按照林业部的总体部署，结合自己的实际情况，研究制订了有关林业分类经营改革的实施方案，并逐步组织实施。林业部各司局结合自己的业务分工，开始研究制定各项办法、制度和标准。试点工作陆续展开，先后在10个省（区）选择了11个试点单位，开展分类经营改革试点工作，全国有21个省（区、市）在49个县进行了分类经营改革试点。

黑龙江苇河林业改革试验区，将分类经营的规划重点放在商品林基地建设上，实行集约经营，高投入、高产出、高效益，缩短经营周期，用尽可能少的林地，提供可能多的木材。对商品林的划分实行相对集中、适当分散、交通方便、利于经营的原则，具体标准是：林业用地中Ⅰ、Ⅱ地位级的有林地、疏林地、各类宜林地，土壤A+B层厚度为35厘米以上的棕色森林土，坡度小于5度，排水良好的地段。公益林划分标准是坡度在31度以上的陡、险坡，岩石裸露、易发生水土流失的禁伐林以及具有特殊功能，有利于保持生态平衡的，如军事用地、母树林、风景林、护岩林、护路林、水土保持、水源涵养林等特用林地。此外在林业用地中扣除商品林、公益林，即为多功能林。多功能林以成熟期较长的中、慢生树种为对象，以培育大径、优质、高价的用材林为目的，实行常规经营的培育类型。

韶关林业改革试验区针对长期存在的森林经营者的经济利益和生态效益的矛盾、森林的主体效益和一般管理的矛盾、现代产权制度与传统林业经营管理的矛盾等，更新观念，转变模式，根据社会对林业生态和经济的两大需求，按照对森林多种功能主导利用的不同，相应地将森林划分为生态林和商品林。以始兴县为代表，国家级、省级自然保护区，以及全县各自然村旁的1327个自然保护小区，用于水土保持和水源涵养的2.1万公顷林地等都划为公益生态林。另一方面，又根据全县的林业发展布局，以及交通条件、林地立地条件，按照相对集中、方便管理的原则，区划出4万公顷速生丰产林基地、4.6万公顷短轮伐期工业专用林基地、1.8万公顷毛竹基地、1.3万公顷松脂林基地和0.7万公顷果品经济林基地等五大商品林基地。试验区在实施林业分类经营过程中，采取先易后难、分步实施的步骤和方法，提倡在实践过程中发现问题、解决问题。他们在对全区林地分类的基础上，进一步探索生态公益林和商品林的经营策略，探索公益林生态效益补偿制度。在商品林体系建设中，试验区积极推行规模经营、集约经营和林木、林地有偿使用，实行基地化开发、林场化管理、商品化经营，把商品林与林场紧密结合，形成林场专业化、企业化、一体化经营模式。

怀化林业改革试验区在开展本地区林业分类经营基础性调查的基础上，根据林业分类经营循序渐进的原则，全区共划分商品林100万公顷，公益林17万公顷，多功能林48万公顷。按五大林种划分，用材林107万公顷，经济林33万公顷，防护林20万公顷，薪炭林4.7万公顷，特种林6000公顷。确定了条件相对适宜的怀化市、沅陵县作为林业分类经营的试点县。选择了分类经营组织管理形式和林场加基地加农户的发展模式。推广股份合作制，重构林业微观经营主体，走规模经营之路。

武汉城市林业改革试验区，结合城市林业发展战略和武汉扼长江、汉江等大江大河交汇处的独特地理位置，根据林种结构的具体情况，将速生丰产用材林、经济林、竹林、花卉等划为商品林，实行集约化经营。将长江和汉江防护林、河堤防护林、农田防护林、道路防护林及市郊森林公园中的风景林等划为公益林，列入社会公益事业，由人民政府筹集资金，组织社会力量共同建设和管理。为更好地做好试验区的林业分类经营的改革试点工作，试验区通过试点，研究并提出划分大城市生态公益林和商品林的各种技术标准、经营生态公益林的补偿政策、商品林的发展及经营政策、保障"两类林"健康发展的法律措施和行政规章制度。

内蒙古赤峰市林业改革试验区，从本地区存在较为严重的荒漠化灾害和本地区是一个以牧业经济为主体，农、牧、林综合经营的农牧交错经济类型区的情况出发，确定喀喇沁旗为试点，将现有林种中的防护林、特种用途林划入公益林，用材林达到标准规定生产量指标和达到工艺成熟的定向指标的部分划为商品林，其余部分划为兼用林。其中，商品林18%，兼用林62%，公益林20%。

承德林业改革试验区，按照森林多种功能主导利用的原则，结合当地的自然和经济条件，一方面以微机管理资源档案为基础，用林种树种等有限制作用的四个主导因子组合72个立地类型，把五大林种具体区分为16个二级林种；另一方面按照不同区域和经营目的，实际区分商品林和公益林，构筑两大体系的框架，对二级林种的兼用性做了界定，实际区分公益林、经济型公益林和集约经营商品林以及原料林，并为进一步探索不同的经营模式，实现林业分类经营的过渡奠定基础。

（三）林业分类经营实践中的一些好的做法

1. 以法治林

通过制定政策、立法等确立林业分类经营改革的法律地位。湖南省林业厅和省体改委1997年2月联合下发了《湖南省林业经济体制改革方案》，明确规定林业实施分类经营。广东省人大颁布的《广东省森林保护管理条例》，则根据公益林和商品林的不同功能、作用，规定了不同的经营手段、资金投入和采伐管理，使林业分类经营有了法律依据和保障，湖南、广东两省的林业分类经营改革工作已开始进入制度化、规范化和科学化的轨道。

2. 加强领导

云南等省以省政府名义下发了关于开展林业分类经营试点工作的专门文件。1994年1月，广东省委、省政府1号文提出全省建设333万公顷生态公益林。广东省林业厅根据省委要求，制定了《广东省生态公益林体系建设规划纲要》，并报省政府批准实施。四川宜宾市成立了林业分类经营改革领导小组，市委、市政府领导任组长，农业局、水利局、税务局、财政局、计委等综合部门的领导为成员，领导小组下设办公室。湖南资兴市成立了市委副书记任组长，主管副市长、林业局长为副组长，有关委、局为成员的领导小组，下设办公室。办公室做到有机构、有人员、有经费。这样，使林业分类经营改革真正变成了政府行为。

3. 科学管理

广东省的各县(市)结合实际情况，层层制定林业分类经营实施方案，公益林落实到山头地块，落实到固定小班，实行固定小班地籍管理。全省划定24.5万个固定小班，对小班的资源情况进行计算机管理，逐级落实管护机构和队伍，签订公益林管护合同，1996年落实公益林管护合同277万公顷，占全省公益林的80%多。

改革采伐限额制度和采伐管理制度。广东省对商品林实行限额采伐，在采伐限额总量内，可根据市场需求进行采伐和经营；允许在年度间，分项限额之间进行一定幅度的调剂；利用外资，多渠道筹集资金营造的速生丰产林、工业专用林、薪炭林，其采伐限额经省林业行政主管部门核准，实行专项管理。采伐证分四种：生态公益林采伐证由省发或省委托地(市)发；一般用材林，按现行办法实行常规管理；短周期速丰林、工业专用林实行专项管理；竹林按根发证。在采伐措施上，实行公益林进行卫生和更新性质的采伐；一般用材林按小班采伐；短周期的速生丰产林、工业专用林实行皆伐；竹林实行号树采伐。通过这些措施，广东省1996年，公益林采伐占总采伐量的4.2%，占采伐面积的33.6%；短周期速丰林、工业专用林采伐占总采伐量的17.6%，占采伐面积的5.6%。一般用材林采伐占总采伐量的77.2%，占采伐面积的60.8%。公益林得到了有效的保护。

4. 科学分类

湖南省资兴市根据本市的特点明确了公益林划

分的标准。值得借鉴的是：林业局根据资兴市经济发展和全市林农的生产和生活对森林的依赖性的状况，对所区划的公益林分为三级，实行分级经营管理。一级管理以保护为主，对公益林区实行全封，未经林业主管部门批准，任何单位和个人不得进入公益林区进行采伐等活动；二级管理以保护为主，利用为辅，根据林分现状和当地群众长期生产生活的需要，通过作业设计，经林业行政主管部门审批，可因地制宜地适当开展抚育、间伐和小面积皆伐，但不允许全垦；三级管理保护和利用并举，通过封山育林、林分改造，经林业行政主管部门批准，对明显老化的林分及残次林进行规模经营，适度更新换代。三级是一个动态的过程，随着经济的发展和林农生产生活条件的改善，二级可成为一级、三级可成为二级，到最后可能只有一级。广东省还对公益林、商品林林种做了具体规定，并根据不同地区确定不同的划分比例。平原地区公益林面积占林业用地面积不少于40%，山区公益林占林业用地的25%，丘陵地区公益林占林业用地的30%，全省平均30%左右。这些具体规定，为林业分类经营的基础工作——森林分类提供了科学的依据。

5. 重在建设

湖南省的靖州、资兴市在森林分类的基础上，制定了公益林和商品林的发展规划，按规划建设，使分类经营落到实处。尤其是广东省，在森林分类的基础上，大力抓好公益林和商品林的建设，取得了明显效果。广东省的公益林建设主要抓以下三个工程：一是抓生态公益林的主体工程。珠江防护林工程覆盖42个县，面积330多万公顷，现已实施10个县，完成造林近4万公顷。沿海防护林工程，海岸线3033公里，已建基干防护林带2976公里，造林面积6.1万公顷；二是抓骨干工程。自然保护区规划6.6万公顷，占国土面积5.6%。自然保护小区由原来的800个，规划发展到38500个，面积为41万公顷。规划建森林公园33处，面积15万公顷；三是抓门面工程。主要抓城市林业和平原经济发达地区公益林。商品林建设主要抓了以下三个方面：首先是一般用材林。其次是短周期速生丰产用材林。全省规划发展工业专用林基地100万公顷，现已建设3.7万公顷，争取用10%～20%的林地解决全省的用材问题。三是发展经济林。规划发展经济林基地100万公顷。公益林和商品林建设基本做到了有规划，抓落实。

6. 政策扶持

广东省对公益林和商品林的政策扶持在全国处于领先地位。有关公益林的规定主要有：①生态公益林业既是基础设施建设，又是社会公益建设项目，由各级政府统一规划，分级负责，分期实施，科学经营，严加管护；②生态公益林业的规划、抚育、管理经费纳入地方财政预算。各级财政投入不少于财政支出的1%，全省育林基金的30%用于生态公益林业建设，并广泛吸纳社会资金；③严禁采伐公益林。确因国家重点建设项目，林木更新改造或卫生间伐需要采伐的，需经省林业行政主管部门或其授权单位批准；④经批准占用公益林的单位，应异地营造同等面积、数量的公益林。对商品林的规定主要有：①各级政府对商品林基地实行宏观调控，搞好基地建设，创造良好的发展环境，培育市场体系，监督市场运作和维护平等竞争；②商品林以市场以导向，按照市场经济要求，依据经营方案放活经营，企业化管理；③对商品林的林地、林木实行有偿使用制度，依照国家的法律规定，可以出租、转让、抵押；④鼓励利用外资、企业投资、多渠道筹资营造商品林基地，并逐步拓宽投资领域，吸纳多部门、多成分、多产业组建林工贸经济实体。

7. 投入保证

努力解决公益林的建设资金和补偿制度。广东省每年落实1200万元生态林管护经费，各(市)县把生态公益林抚育管护经费纳入财政预算，投入林业的不少于财政支出的1%。1998年10月26日广东省人民政府常务会议审议通过了《广东省生态公益林建设管理和效益补偿办法》，自1999年1月1日起施行。

(四)进一步加大改革力度，努力实现预期目标

根据各地林业分类经营改革的进展情况、存在问题和要求，今后林业分类经营改革工作的指导思想是：全面动员、点面结合、重点突破、深入试点和积极推进。一是开展更加广泛、深入的宣传发动工作。通过多种形式的宣传活动，使全社会各行各业，尤其是各级政府认识到林业分类经营改革的重要性和必要性，从而把其列入政府的议事日程，纳入规划，付

诸实施，使林业分类经营改革由部门行为转变为政府行为。二是抓好面上的森林分类，把自然保护区、生态公益型林场、国有森工企业重点保护的天然林、大型生态工程的骨干林带(网)、农村自然保护小区、森林公园中的森林等重点生态公益林划出来，定性标界，建立档案，落实管护措施和责任。要在总结试点经验的基础上，制定全国生态公益林和商品林的总体规划。三是要继续深化分类经营改革试点工作。各林业改革试验区要根据《林业改革试验区近期改革与发展规划纲要》和《林业分类经营试点工作实施要点》的要求，在管理体制、经营机制、投入和补偿制度、监测、流转、核算、政策体系、林政资源管理、森林培育等各项制度建设方面进行深入试验，重点突破。同时，要率先进行森林分类和经营管理，为全国面上的林业分类经营改革作出示范。要继续扩大试点范围，逐步达到以点带面的目的。四是要把林业分类经营改革作为各级林业行政主管部门今后较长时期内的重要工作，由主要领导亲自抓。林业分类经营改革试点工作要有专门的机构，做到有编制、有人员、有经费，保障试点工作的顺利进行，充分发挥试点的试验示范作用。五是努力争取《森林生态效益补偿基金征收管理暂行办法》早日出台。

当前，林业分类经营改革的战略思想在林业系统已形成共识，也得到了党中央、国务院的高度重视。随着这项工作向纵深开展，要以"三个有利于"为标准，解放思想，实事求是，因地制宜地按照公益林和商品林的不同特点和规律，建立新型的林业管理体制和经营模式。在分类经营情况下，要积极探索培育方法、经营方式、林政资源管理制度、采伐限额制度、林业投资体制和产业发展政策、补偿制度和运行机制、资源性资产评估流转、核算办法等，并进行总结完善，使其有所创新，有所突破，努力实现到2000年为林业分类经营改革打下较坚实的基础，到2010年初步建立起林业分类经营体制的预期目标。

（执笔人：周金锋）

林业法制建设

林业法制建设包括林业立法、林业行政执法和执法监督、林业普法宣传教育等内容，它是整个社会主义法制建设的组成部分，也是林业建设的重要方面。林业法制建设对保护、培育和合理利用森林资源，鼓励和调动全社会各方面力量参与造林绿化，促进林业持续、稳定、健康发展，起着重要的引导、规范和保障作用。新中国成立以来，林业法制建设取得了明显的进步，以《森林法》为核心和基础的林业法规体系基本框架已经形成，林业主管部门和行政执法人员依法行政、严格执法的水平不断提高，林业执法监督机制逐渐完善，全社会保护森林资源的法制意识普遍增强，为依法治林打下了坚实的基础。

一、林业立法

林业立法是林业法制工作的基础。新中国成立后，党和国家制定了一系列林业政策和法规性文件，对保护森林资源、促进林业发展起到了重要的作用。

建国以后的一段时间内，国家虽然没有制定单行的森林法，但就林业工作制定了许多法规性文件，涉及森林资源的权属、保护管理、植树造林等各个方面。如1950年通过的《中华人民共和国土地改革法》中规定“大森林、大水利工程、大荒地、大荒山……均收归国有，由人民政府管理之”，同年，还公布了《关于禁止砍伐铁路沿线树木的通令》、《各部队不得自行采伐森林的通令》，这就为国有森林经营管理提供了法律保证。1958年，中共中央、国务院发布了《关于在全国大规模地开展植树造林的指示》；1961年中共中央制定了《关于确定林权、保护山林和发展林业的若干政策规定(试行草案)》。1963年，国务院发布了《森林保护条例》，这是新中国成立以来，我国第一部关于森林保护工作的法规。总之，在党的十一届三中全会以前，党中央、国务院制定的这些法规性文件，在当时的历史条件下，事实上起到了林业立法的作用。

党的十一届三中全会以来，随着我国社会主义法制建设的不断加强和完善，林业立法工作进入了新的阶段，林业立法步伐加快。1979年2月23日，第五届全国人民代表大会常务委员会第六次会议原则通过的《中华人民共和国森林法(试行)》，是新中国的第一部林业大法，也是党的十一届三中全会以来我国制定的第一部单行经济法律。该法的颁布和实施，对促进森林资源管理、保护工作，发展林业起到了重大的作用。但由于受当时历史条件的限制，该法存在着明显的缺陷，试行几年后，经过反复修改，1984年9月20日第六届全国人民代表大会常务委员会第七次会议正式通过了《中华人民共和国森林法》(以下简称《森林法》)，并于1985年1月1日起施行。《森林法》的颁布实施，是我国林业法制建设中的一件大事，有力地促进了林业事业的发展。为了大力开展植树造林运动，加速实现绿化祖国的宏伟目标，1981 年 12 月 13 日第五届全国人民代表大会第四次会议通过了《关于开展全民义务植树运动的决议》。为保护、拯救珍贵、濒危野生动物，保护、发展和合理利用野生动物资源，1988 年 11 月 8 日第七届全国人民代表大会常务委员会第四次会议通过了《中华人民共和国野生动物保护法》，于 1989 年 3 月 1 日起施行。《森林法》和《野生动物保护法》的颁布与实施，为依法保护管理、合理利用森林和野生动物资源、实现依法治林奠定了法律基础。

为建立和完善林业法规体系，林业部狠抓了以《森林法》、《野生动物保护法》为核心的配套林业行政法规和规章的制定工作。到 1997 年底，经国务院批准发布或者国务院批准由林业部发布并实施的行政法规主要有：《森林法实施细则》、《国务院关于开展全民义务植树运动的实施办法》、《中华人民共和国陆生野生动物保护实施条例》、《森林防火条例》、《森林病虫害防治条例》、《植物检疫条例》、《森林采伐更新管理办法》、《森林和野生动物类型自然保护区管理办法》、《中华人民共和国种子管理条例》、《中华人民共和国野生植物保护条例》等 11 件法规。与此同时，根据法律和行政法规的规定，林业部制定或者与国务院其他部门联合制定的部门规章有 60 多件，涉及造林绿化、森林资源保护管理、野生动植物保护等各个方面的工作。造林绿化方面的主要有《关于速生丰产用材林基地建设若干问题的暂行规定》、《封山育林管理暂行办法》等；森林资源管理方面的主要有《森林资源档案管理办法》等；林业计划和财务方面的主要有《育林基金预决算暂行规定》；植物检疫方面的主要有《植物检疫条例实施细则(林业部分)》；野生动植物保护管理方面的主要有《国家重点保护野生动物驯养繁殖许可证管理办法》等；林木种子管理方面的主要有《中华人民共和国种子管理条例林木种子管理实施细则》、《林木良种推广使用管理办法》等；森林公园管理方面的主要有《森林公园管理办法》等；林业行政执法方面的主要有《林业行政处罚程序规定》、《林业行政执法监督检查办法》、《林业行政执法证件管理办法》等；林权纠纷处理方面的主要有《林木林地权属争议处理办法》等；其它有《沿海国家特殊保护林带管理规定》等。除上述规章之外，还有一些与林业发展有着密切关系的法律、行政法规，主要有 1993 年 7 月 2 日第八届全国人民代表大会常务委员会第二次会议通过的《中华人民共和国农业法》和《中华人民共和国农业技术推广法》，国务院发布的《中华人民共和国自然保护区条例》、《中华人民共和国植物新品种保护条例》等。

地方林业立法已经成为保护森林资源和野生动植物资源的重要保障。《森林法》和《野生动物保护法》颁布以后，地方林业立法工作也取得了重大进展。据不完全统计，各省、自治区、直辖市人大及其常委会和人民政府根据《森林法》、《野生动物保护法》等法律、行政法规和地方实际情况，制定了林业方面的地方性法规和规章达 200 多件，这些地方性法规和规章已成为林业法制建设的重要组成部分，有力地保障和促进了林业的发展。

总之，以《中华人民共和国森林法》为核心，由法律、行政法规、部门规章以及地方性法规和地方政府规章相互配套的林业法规体系已经初步形成，使森林和野生动物资源保护管理工作基本上做到了有法可依、有章可循，为林业生态体系和林业产业体系建设，为保证林业可持续发展提供了强有力的法律保障。

随着社会经济的不断发展，生态环境保护已经越来越被人们所重视。森林是陆地生态系统的主体，发展林业是生态环境建设的重要任务。《森林法》自 1985 年 1 月 1 日实施以来，对保护、管理、培育森林资源，鼓励造林、营林等方面起到了重要的作用。但是，《森林法》原有的一些规定已经不能适应社会主义市场经济体制条件下出现的一些新情况、新问题，为此，需要根据当前生态环境建设和经济持续发展的要求进行必要的修改。经过几年的调查研究，反复修改，1998 年 4 月 29 日第九届全国人民代表大会常务委员会第二次会议通过了《关于修改〈中华人民共和国森林法〉的决定》(以下简称《决定》)。同日，中华人民共和国国家主席江泽民签署第三号主席令予以公布，自 1998 年 7 月 1 日起施行。

新的《森林法》更加适应了社会主义市场经济条件下保护森林资源、加强生态环境建设的要求。《决定》按照“立法体现改革精神，推进和保障改革顺利进行”的要求，对原《森林法》的有关方面作了重大修改，用法律的形式肯定了被改革实践证明是行之有效的做法，确立了一系列法律制度，进一步适应了社会主义市场经济条件下林业发展的要求。新《森林法》扩大了适用范围，明确规定将林地管理纳入适用范围；明确了国有重点林区的森林、林木、林地的登记发证，强化了林业主管部门林地管理职能；明确规定了森林生态效益补偿基金和森林植被恢复费，扩大了植树造林、绿化国土的资金来源；明确了国家保护林农和造林承包者的合法权益，规定了减轻林农负担的法律原则，有利于调动全社会办林业、全民搞绿化的积极性；突出了林业科技的重要地位，为科技兴林提供了法律支持；确定了森林、林木、林地使用权流转的法律制度，规范了商品林入股、合资、合作的流转行为；确立了珍贵树木及其制品、衍生物进出口制度和建立保护区、保护天然林的法律制度，加强了国家对珍贵森林资源和生物多样性保护的力度；确立了森林公安机关和森林警察部队的法律地位、职责，界定了其与林业主管部门的关系；明确了各级林业主管部门的行政处罚权，加大了对各种林业违法行为的处罚力度。这些都将有利于促进林业持续发展，加强生态环境的建设，有利于实现依法治林。

新《森林法》是适应社会主义市场经济条件下保护森林资源、发展林业的一部重要法律，是实现依法治国的重要措施之一。它的颁布与实施，对在社会主义市场经济条件下进一步完善林业立法提出新的要求。新《森林法》规定的一些法律制度还需要制定相关的行政法规、规章来加以补充和配套。对过去制定的行政法规、规章、地方性法规和地方政府规章，与新《森林法》的规定不一致的，要根据新《森林法》的规定予以清理，该修改的加快修改，该废止的立即废止。林业立法要以新《森林法》为基础，基本形成以新《森林法》为核心的林业法规体系，使林业各项工作都做到有法可依，从而达到依法治林的目的，保证林业有序地发展。（执笔人：巴连柱）

二、林业行政执法

林业行政执法是林业行政主管部门的重要职责。新中国成立以来，我国的林业行政执法工作在“以事实为依据，以法律为准绳”和“有法可依，有法必依，执法必严，违法必究”的原则指导下，伴随着林业立法工作的发展，取得了长足的进步，有力地保护了森林和野生动植物资源，维护了林区秩序，促进了林业建设和改革各项事业的发展，成为我国行政执法方面的一支重要力量。

（一）历史回顾

综观我国的林业行政执法工作，大致可划分为三个时期，经历了两次飞跃。新中国成立后至1979年2月《森林法（试行）》的出台，为第一个时期。这期间，由于没有真正意义上的林业法律可依，林业行政执法工作比较薄弱。林业行政管理主要采取行政手段而不是法律手段，计划手段而不是经济手段。尽管党中央、国务院十分关心林业，制定了一系列发展林业的政策，发布了许多规定，如1949年在《中国人民政治协商会议共同纲领》中作出了“保护森林，并有计划地发展林业”的政策规定；1950年第一次全国林业会议确定了“普遍护林，重点造林，合理采伐和合理利用”的林业建设方针；1952年3月中央人民政府政务院发出的《关于严防森林火灾的指示》；1964年中央提出“林业建设要以营林为基础，采育必须结合”；1971年1月国务院颁发的《关于保护森林制止乱砍滥伐的布告》等，对林业的建设和发展都起到了积极作用，维护了林区秩序，在一定程度上保障了森林资源的合理利用和开发，推动了林业的发展。但由于历史原因，缺乏法律手段，林业行政执法力度不够，加上人们对林业作用和森林资源保护重要性的认识不足，“大跃进”和“文化大革命”的挫折和影响，致使森林资源遭受严重破坏。实践证明，迫切需要加强和改进林业行政执法工作。

1979年2月《中华人民共和国森林法（试行）》的颁布试行至1996年5月《中华人民共和国行政处罚法》的颁布实施，是林业行政执法发展史上的第二个时期。这时期的林业行政执法主要是随着林业法规体系的建立与完善而得到不断发展的。党的十一届三中全会以来，通过拨乱反正，党中央、全国人大和国务院十分重视和关怀林业，《中华人民共和国森林法(试行)》是党的十一届三中全会以后全国人大常委会通过的第一部单行经济法，成为我国林业立法史上的里程碑。随后，我国的林业立法工作取得可喜的成绩。林业法律体系的建立，使森林和野生动植物资源保护管理的主要方面基本上做到了有法可依、有章可循，为林业行政执法提供了法律依据。同时，林业行政执法在机构队伍建设、提高执法人员素质、执法程序规定和执法管理制度建设等方面取得了重要进展。1980 年 12 月林业部、公安部、司法部和最高人民检察院联合发出《关于在重点林区建立林业公安、检察、法院机构的通知》后，全国各省(区、市)逐步建立和健全林业公检法机构；1985 年底，各级林业行政主管部门开始成立林政保护执法机构，随后，野生动植物保护、森林防火、森林病虫害防治、自然保护区保护等林业行政执法机构相继确立。为规范林业行政执法，1990 年林业部制定并颁布了《林业行政处罚程序规定》，成为最先制订行政执法程序规定的部委之一。

1996 年 5 月全国人大常委会通过了《中华人民共和国行政处罚法》，并于同年 10 月 1 日起实施，这是我国林业行政执法发展史上第二次飞跃，标志着林业行政执法步入第三个发展时期。这期间主要以规范林业行政执法，提高执法水平，建立精简效能、适应社会主义市场经济条件的执法队伍；维护行政执法权威和保护当事人合法权益；通过理顺关系，清理法规，加强执法管理和监督，促进依法治林兴林，切实保护森林和野生动植物资源，保障林业的改革和发展，维护生态环境为特征。

1996 年 5 月国务院《关于贯彻实施〈中华人民共和国行政处罚法〉的通知》下发以来，林业部组织开展了一系列的贯彻落实活动：一是下发了《林业部关于认真贯彻实施〈中华人民共和国行政处罚法〉有关问题的通知》，结合林业行业的实际情况，从林业规章的修订、林业行政执法机构和队伍的清理、配套制度的建设落实、林业行政处罚的监督等方面，做出了规定。《通知》要求全行业认真学习行政处罚法，充分认识行政处罚法的实施对促进林业法制建设的重要性，并以此为契机，提高林业行政执法的整体水平。各省(区、市)林业行政主管部门以及国有林区森工集团也都制定了具体的实施意见。二是发布了与行政处罚法相配套的《林业行政处罚程序规定》、《林业行政执法监督办法》和《林业行政执法证件管理办法》三个规章，分别从执法人员管理、执法程序和执法监督方面做出了具体规定，同时专门下发了《林业部关于贯彻实施〈林业行政处罚程序规定〉和〈林业行政执法监督办法〉有关问题的通知》。三是各级林业主管部门举办了多期行政处罚法研讨班和培训班。据不完全统计，各级林业行政主管部门通过举办研讨培训班，直接培训人员达 3 万人次。四是开展了大规模的清理执法主体，培训执法人员，实施持证执法工作。为落实持证执法，林业部统一组织开展了《林业行政执法证》的申领发放工作，凡执法人员必须通过林业行政执法资格考试，以提高执法人员的执法水平。这些措施，为规范林业行政处罚，促进依法治林兴林，实施依法行政和依法管理打下了坚实的基础。

（二）成就和问题

经过 50 年的发展，我国林业行政执法工作取得了可喜的成绩。目前，林业行政执法机构逐步健全，执法队伍日益壮大，执法人员素质和执法水平不断提高，林业行政执法成为我国行政执法的一支重要力量。主要表现在：

1. 各级林业行政主管部门增强了对执法工作重要性的认识，执法工作的地位有所提高

依法治国是党中央、全国人大、国务院确立的市场经济条件下的治国方略，依法治林是依法治国方略的重要组成部分，林业部已将依法治林作为发展林业、保护生态环境、保护森林和野生动植物资源的根本保障。随着林业经济体制改革的深入进行，林业两大体系的建立与完善、现有森林资源的保护与发展以及林业行政管理的规范等等都需要通过加强林业行政执法来保障。尤其是市场经济条件下，公民法律意识的增强，林业行政应诉案件的增加，林业自身合法权益遭受侵犯的加剧以及林业经济损失的逐年增大，使得各级林业行政主管部门深刻认识到新形势下加强林业行政执法及执法监督工作的重要性，并在实际工作中得到了体现。

2. 执法机构和队伍逐步完善

我国已经建立起了包括林政管理、林业公检法、野生动植物保护、森林防火、植物检疫、森林病虫害防治等在内的较为完整的林业执法队伍，有力地保障了各项林业法规的全面贯彻实施。到目前为止，全国有林业公安分局(科、股)1181个，各类林业公安派出所4543个，公安民警达4.9万人；省级政府批准建立的木材检查站近4000个；基层林业工作站3.7万多个。全国各类林业行政执法人员近20万人，每年查处林业行政案件近百万起，刑事案件近万起，森林治安案件2万多起，为国家挽回了大量的经济损失。据不完全统计，1991～1996年，仅林业公安查处各类森林案件、野生动物案件、森林火灾案件约78万起，为国家挽回直接经济损失9.19亿元。近几年，我国林业行政执法查处的案件在全国仅次于工商、交通、环保等行业之后，国务院批准可以上路设立检查站的三家之中，木材检查站就居其中。

3. 执法培训和执法实践提高了执法人员的素质和执法水平

几十年来，尤其是90年代以来，各级林业行政主管部门开展了多种形式的林业行政执法培训工作，包括岗位培训、资格培训和执法知识、技能培训等等，据初步统计，全国约有近80%的执法人员参加过各类执法知识培训。林业部有关司局每年都要举办行政执法岗位培训班1～2期，到1996年底，经直接培训的执法人员约1800人次，各省、地级林业主管部门每年也要举办1～2期的岗位培训班，每班约120人。到目前为止，全国各省级资源林政管理人员执法岗位培训工作已基本完成一轮，地、县级林政执法人员岗位培训工作完成近80%。通过培训，执法人员的政治和业务素质普遍提高，执法中基本能做到依法行政，秉公执法，涌现了一大批执法先进单位和英雄模范人物，如一级英模鲁运新、全国林业公安楷模胡俊生等等，为保护森林和野生动物资源作出了重大贡献。

4. 行政执法工作制度逐渐健全

为了规范行政执法行为，加强对林业行政执法的监督管理，提高执法人员的素质，1996年林业部重新修订发布了《林业行政处罚程序规定》，对林业行政处罚的程序作出了明确的规定，统一了林业行政处罚文书，如《林业行政处罚案件登记表》、《林业行政处罚当场处罚决定书》、《林业行政处罚决定书》、《林业行政处罚文书送达回证》等。围绕林业部的规章制度，一些省(区、市)也制定了相应的规章和制度，如福建省林业厅根据本省的实际情况，1997年制定了《林业行政处罚案件听证办法》等。

5. 加强了林业行政执法监督工作

自1990年《行政诉讼法》和《行政复议条例》的相继出台，林业行政执法监督工作开始步入正轨。目前，各级林业行政主管部门已经建立或确定了执法监督机构，指定或配备了工作人员，东北、内蒙古、云南国有林区及福建集体林区均设有林业部派驻的森林资源监督专员机构；为规范行政执法行为，加强对林业行政执法的监督管理，1996年林业部制定发布了《林业行政执法监督检查办法》和《林业行政执法证件管理办法》，形成了包括执法人员管理、执法程序和监督在内的各项制度，根据各类执法工作的特点，各有关司局以及有关省(区、市)也制定了一些配套的制度和措施；结合贯彻实施《行政处罚法》、新《刑法》和新《森林法》，林业部采取了一系列的措施加强林业行政执法监督管理，如清理执法主体、发放林业行政执法证件、案件逐级备案等等；结合全国人大常委会、国务院法制局等部门的执法检查安排，配合开展并参与了多项林业法律法规的执法检查工作，为监督林业法律法规的正确实施，解决执法中存在的问题发挥了重要作用；《行政诉讼法》和《行政复议条例》颁布实施以后，各级林业行政主管部门通过确立机构、建立健全工作制度、明确工作程序等措施卓有成效地开展了林业行政复议与诉讼工作，目前，全国各省(区、市)县级以上林业行政主管部门基本上设有行政复议与诉讼机构，配备了专门或兼职工作人员。据统计，仅1992年各级林业行政主管部门共受理林业行政复议案件246件，其中经过复议，决定维持的160件，占复议案件总数的65%；变更的28件，占复议总数的11.4%；撤销的33件，占复议案件总数的13.4%；其他25件，占复议案件总数的10.2%。各级人民法院受理1861件林业行政诉讼案件，在已审结的1459件案件中，法院判决维持的514件，全部或部分撤销471件，驳回起诉82件，原告撤诉358件。经过复议和诉讼，加强了层级监督和司法机关的监督，使得林业行政执法单位认真总结经验教训，加强法律知识学习，从整体上促进了林业行政执法水平的提高，避免和减少违法或不当的行政行为。

林业行政执法工作在取得显著成绩的同时，也还存在着一些问题：一是各级林业行政主管部门对执法工作重要性的认识还不够。二是林业的法律地位不高，在实际执法中，林业执法往往显得弱势，增加了林业执法的难度。尤其是执法中的行政干预、地方保护，常常使得林业执法力不从心。值得欣慰的是，新《森林法》适应了时代的要求，对原有许多条文进行了重要修改，增加了许多新的规定，加大了打击破坏森林和野生动植物资源违法行为的力度；三是林业内部执法机构过于分散，不便于管理与监督，常常造成相互之间的推诿和扯皮，不利于案件的及时处理，也不利于执法工作的监督；四是林业行政执法主体有待进一步清理；五是执法人员素质有待提高，执法水平高低不平衡，地区差异也比较大。六是行政执法监管工作有待加强，随着我国法制建设的不断发展，尤其是新《刑法》和新《森林法》的颁布实施，林业行政执法监督工作任务越来越重，肩负的责任越来越大。从过去的实践来看，主管部门内的执法机构在执法时，往往与执法监督机构的工作配合不好，使得执法监督机构缺乏更有效的手段开展工作，部门内的上下级林业行政主管部门之间是指导关系，使得层级监督更难以发挥有效的作用。

（三）开展有中国特色的林业行政执法，促进依法兴林

按照党中央、全国人大和国务院提出的“依法治国”和“严格执法，加强执法监督”的战略部署，今后一段时间内，林业行政执法及执法监督工作的指导思想是，通过加强执法和执法监督队伍建设，加大执法力度，加强执法监督检查，建立林业行政违法大案、要案和恶性案件的督查通报制度，促进严肃执法，文明执法，实现依法行政、依法治林和依法兴林的目标。

1. 要组织林业行政执法人员学习和认真贯彻实施有关法律法规和规章

通过学习，提高执法人员的法律知识水平，确保执法人员熟练掌握行政执法程序，避免再犯执法程序错误；通过认真贯彻实施《林业行政执法监督办法》，建立严格的执法监督机制，提高执法监督力度。真正发挥执法监督作用。

2. 严格清理执法主体，加强执法和执法监督队伍建设

在稳定各级林业行政主管部门、木材检查、资源监督、林业公检法、林业工作站、野生动物保护及自然保护区管理机构的基础上，依法赋予其完成各自职责的执法权，其中重点要解决国有林区森工企业的执法主体和森林资源监督专员办的执法主体问题，认真解决这些机构的人员编制，业务经费纳入各级财政预算。增加森林资源保护管理基础设施建设的投入，加强执法队伍的装备建设。在执法监督队伍建设上，要健全执法监督机构，赋予其相应的执法监督特殊权力。

3. 加强执法人员素质培养，提高执法水平

通过证件的发放和管理，实行执法资格认定和持证执法制度，促进执法人员不断加强学习和自身素质培养；采取多种形式开展执法人员的培训，增加法律知识和丰富执法技能；同时，定期采取抽查考试、证件每两年审查注册等制度不断淘汰不适合行政执法工作的人员，停止合同工、临时工从事执法工作。

4. 建立健全执法监督机制，加大执法监督力度

按照《林业行政执法监督办法》的规定，切实建立内部监督的五项制度和层级监督的八项制度；充分行使执法监督的督查权力，参与大案、要案和恶性案件的督查、处理，并及时进行通报；与新闻媒介和公检法机关密切协作，发挥新闻监督、司法监督、社会舆论监督等的作用；定期开展林业法律法规和规章的执行情况跟踪调查和执法检查，对执法中的问题及时曝光和限期整改。

5. 深入探讨和逐步推行林业行政主管部门内部各类执法机构的集中归并，形成立法、执法和执法监督三块分设的格局

执法机构的集中归并可以精简机构，减少不必要的开支；可以集中力量，强化执法，有利于执法的统一，避免掌握不一造成冲突；可以克服相互推诿、互相排斥的不良工作作风；可以将有关业务、一般行政管理事务与执法分离，理顺工作的思路，集中力量搞管理或执法。

总之，随着我国社会主义市场经济体制的建立和林业改革的深入，林业在生态环境建设和保护自然资源中的职能作用越来越突出，围绕中央“依法治国”的方略，林业必将通过加强法制建设工作，促进依法治林，林业行政执法也将朝着集中、统一、权威、高效的方向稳步迈进。（执笔人：王迪生）

三、林业普法

林业普法是林业法制建设的重要组成部分。林业法制宣传教育的目的就是把林业法律交给人民，促使广大人民掌握基本的林业法律常识，以高度的热情参与林业建设事业。实施林业法制宣传教育，是我国林业法制建设的一项基础性工作，是建立健全社会主义市场经济条件下林业经济体制的需要，也是我们依法治林的有效手段。自1985年开展全民普法以来，林业法制宣传教育逐步广泛深入地向前推进，增强了广大干部群众依法从事森林资源保护和林业生产经营的意识，保障了林业改革建设的顺利进行。

(一)林业普法发展过程

从1985年起，伴随着全国“一五”、“二五”、“三五”普法活动的开展，林业普法也经历了三个阶段。目前林业“三五”普法正在进行中。

1.“一五”普法阶段

1985年，中共中央、国务院批转了《中宣部、司法部关于在全体公民中基本普及法律常识的五年规划》，第六届全国人大常委会第十三次会议作出了《关于在公民中基本普及法律常识的决议》，号召在全体公民中开展法制宣传教育，普及法律常识。据此，林业部根据党中央和全国人大的部署，在林业系统组织开展了“一五”(1985～1990年)普法活动。

根据中央的有关精神，向全民普及法律常识，重点是干部，特别是各级领导干部。因此，林业部机关及在京直属单位从部领导到工作人员都参加了法律常识学习，统一安排学习计划，按司局为单位分期分批举办培训班。学习内容为中央批准的在公民中普及的十个法律和一个条例，即《宪法》、《刑法》、《民法通则》、《民事诉讼法(试行)》、《刑事诉讼法》、《民族区域自治法》、《婚姻法》、《继承法》、《经济合同法》、《兵役法》、《治安管理处罚条例》，简称“十法一条例”。林业部还把《森林法》列入学习范围。各单位在学习“十法一条例”后都进行了考核。为了提高林业行政执法队伍的素质，林业部先后举办了多期林政干部培训班。还编辑出版了《森林法讲座》一书，以适应各地培训学习需要。

领导干部的学习带动了广大群众的学习热情，在林区从林业工人到领导干部，都对“十法一条例”进行了认真学习，各级林业主管部门也采取了许多喜闻乐见的方式对上述法律进行了广泛的宣传。1985年《森林法》实施后，各地广泛开展了学习贯彻《森林法》宣传活动。南方各省结合贯彻中共中央、国务院于1987年发出的《关于加强南方集体林区森林资源管理坚决制止乱砍滥伐的指示》，又一次掀起了学习《森林法》的高潮。

第一个五年林业普法，作为我国林业发展史上一项宏大的社会教育工程，取得了明显的效果。概括起来主要有两个方面：第一，通过林业普法，从林业工人到领导干部都不同程度地学习了“十法一条例”的基本知识，初步填补了法律知识特别是林业法律知识的空白；第二，通过学法用法，广大干部群众都不同程度地树立了法制观念，学会用法律手段管理林业。林业普法教育唤醒了广大人民群众依法从事林业生产经营的意识，为我国依法治林奠定了基础。

2.“二五”普法阶段

在“一五”普法的基础上，中共中央、国务院及时地决定开展“二五”(1991～1995年)普法工作，下发了《中共中央、国务院关于批转〈中宣部、司法部关于在公民中开展法制宣传教育的第二个五年规划〉的通知》。1991年林业部下发了《林业系统法制宣传教育第二个五年规划》，并成立了林业部普法领导小组。各地林业主管部门和林业企事业单位，根据林业部的规划要求，也先后制定了本地区、本单位的“二五”普法规划和年度计划，并且突出了地域性、行业性、岗位性的特点。林业“二五”普法以宪法为核心，以森林法、野生动物保护法等林业专业法为重点内容，以领导干部、执法人员和在校学生为重点对象，以促进各项事业依法管理为基本要求，围绕林业经济建设这个中心环节全面开展。

1992年，中宣部、司法部作出了在专业法学习中突出学习宣传市场经济法律法规的安排和部署。为落实这一要求，林业部制定了《林业系统法制宣传教育实施意见》，把专业法和市场经济法律法规摆在普法教育的重要位置上，依据林业改革的进程，保证普法宣传跟上林业改革发展的步伐。林业部还制定下发了《林业行政管理单位普法考核标准》、《国有森工企业、国有林场普法考核验收标准》，使普法工作有了量化标准。为了抓好典型和示范，林业部确定湖南省、黑龙江省大兴安岭林业公司为部里的“二五”普法试点单位。各省(区、市)林业主管部门也都确定了自己的试点单位。各普法试点单位先行一步，积累了不少好的做法和经验，为各地开展“二五”普法工作提供了示范。

(1)充分利用各种宣传手段，采取多种形式开展宣传。为了抓好林业专业法的学习宣传和教育，1991年，林业部组织编写了《森林法讲话》、《野生动物保护法讲话》等林业专业法学习教材，联合中央电视台制作播放林业专业法讲座，录制了林业专业法大型普法电教片——《绿色·物种·盾牌》。1993年，林业部又与中央电视台合作，拍摄了《森林法》、《野生动物保护法》电视普法系列片。《中国林业报》开办了“二五”普法专栏。地方各级林业主管部门和林业企事业单位利用广播、电视等舆论宣传工具大张旗鼓地进行宣传活动。

(2)提高认识，领导带头学习宣传。1993年林业部直属机关党委举办了四期部机关及在京直属单位司局级以上领导干部社会主义市场经济及法制研讨班。1995年，林业部党组组织林业部108名司局级以上领导干部集中进行了林业专业法考试，这在中央国家机关还是首次，引起了很大的反响，增强了宣传效果。四川、河南、河北等省层层举办林业主管部门的领导干部法制研讨班。各地区、各单位领导干部在普法中走在前面，做出了表率。

(3)结合岗位培训，抓执法人员的普法教育工作。林业部先后举办了60期执法人员法制培训班，各省(区、市)林业主管部门把执法人员培训放在重要位置，下大力量抓好。据1993年统计，湖南省、地、县三级共培训行政执法人员21 600余人次，每个在岗人员培训均在2次以上。山东省林业厅对全省5500名林政执法人员进行考核，有5360名考核及格，对考核不合格者不准上岗，使执法人员素质和水平进一步得到提高。“二五”普法期间，林业系统有95%以上的干部群众参加普法宣传活动，90%以上的普法对象参加了普法考试，其中95%以上达到了合格。

(4)坚持学法与用法相结合，注重实效，提高行政管理和行政执法水平。如辽宁、陕西、云南、湖北、安徽、湖南等省，结合普法，在本省范围内开展执法大检查，推动了林业行政执法工作。山西省林业厅在全省范围内开展打击破坏森林资源犯罪活动的专项斗争，据统计，仅1993年共查处毁林案件1822起，打击处理各种违法犯罪分子3276人，为国家挽回经济损失达152万元。

经过五年的“二五”普法，进一步推进了林业法制建设，提高了全民的法律意识，林业系统法制宣传教育工作取得了显著的成绩。1996年，林业部直属机关党委、林业部普法办和湖南省林业厅被中共中央宣传部、司法部评为1991～1995年全国法制宣传教育先进单位，同时林业部对本系统211名普法先进个人和107个先进单位也分别进行了表彰。

通过“二五”普法，广大人民群众特别是领导干部的法制观念和依法从事林业生产经营活动的意识进一步增强，各级领导干部依法决策、依法行政的观念逐步树立。林业执法队伍建设步伐加快，林业执法队伍的素质和执法水平有了一定的提高。森林和野生动植物资源林政管理进一步加强，林区秩序稳定。林地管理制度、森林限额采伐制度、木材运输管理制度等林业法律制度逐渐得到实施，林业事业的管理开始步入法制化、规范化轨道。

3.“三五”普法阶段

根据《中央宣传部、司法部关于在公民中开展法制宣传教育的第三个五年计划》的精神和全国普法办公室的要求，在总结“二五”普法经验的基础上，林业部对林业“三五”(1996～2000年)普法工作做了具体布置，制定了完善的林业“三五”普法规划，明确了“三五”普法工作的指导思想、工作目标、普法对象、主要内容、工作步骤、组织领导和保障措施等。

林业“三五”普法工作以紧紧围绕党和国家的中心，坚持法制宣传教育与法制实践相结合，与经济建设和社会发展的实际相结合，密切结合建立林业生态体系、产业体系的实际工作，通过在全林业系统继续深入地学习邓小平同志关于社会主义民主和社会主义法制建设的理论，广泛开展宪法、社会主义市场经济法律和林业专业法律知识的宣传教育，进一步增强林业系统广大干部群众的法律意识和法制观念，提高依法管理、依法行政和依法经营的水平，形成全系统学法、用法、守法的良好风气。实施林业"三五"普法的对象包括林业系统内以及其他一切有接受能力的公民，主要是林业系统的领导干部、执法人员、在校学生，还有林业系统各类企事业单位的经营管理人员，学习的重点是森林法、野生动物保护法等专业法律、法规。

根据林业部的要求，各省(区、市)林业主管部门和森工(林业)企业均结合本地区、本单位的实际情况，研究制定了"三五"普法规划，保证了"三五"法制宣传教育在高起点上发展。

(1)建立强有力的普法领导机构和办事机构，提供普法工作必需的保障手段。为了加强对"三五"普法工作的领导，林业部成立了领导小组，下设两个普法办公室：一个设在政法司，具体负责全国林业系统的"三五"普法工作；一个设在部直属机关党委，负责部机关及在京直属单位的普法工作。各省(区、市)林业行政主管部门和森工(林业)集团公司都成立了"三五"普法领导小组及普法办公室，由主管领导担任领导小组组长。各级普法领导小组及其办事机构认真总结经验，制定了具体的年度工作计划，按照年度确定的目标任务，分层次、按步骤开展普法工作。

(2)重点宣传，加强交流，采取多种形式广泛地开展林业法制宣传教育。1997年，全国人大常委会执法检查组对江西、福建、云南三省进行了《森林法》执法大检查。林业部抓住这次有利时机，组织开展了《森林法》宣传活动，并在执法检查后组织森林执法检查大型图片展，收到了良好的宣传效果。组织编辑发行林业《普法简报》，广泛地宣传林业法律法规和各地普法宣传动态，指导全林业系统的法制宣传教育工作。结合《林业行政执法证件》的发放，宣传《行政处罚法》，推进依法治林。

(3)以点带面，全面推进林业普法工作。根据林业普法面广、量大、线长的特点，林业部重点抓好试点单位的普法工作，发挥试点单位"试验田"、"排头兵"的示范作用。经林业部普法领导小组决定，把山西省林业厅、福建省林业厅、北京林业大学作为部"三五"普法的试点单位。同时各省(区、市)林业(农林)厅(局)和森工集团也选择1～2个单位进行普法试点，全面推动"三五"普法工作的开展。试点单位积极工作，积累了不少好的经验，为各地开展普法工作，提供了有益的借鉴。如福建省林业厅在"三五"普法中，一是在普法对象上突出抓好机关干部学法用法。1997年，结合当时国有企业改制、改组和迎香港回归等热点问题，举办了有厅机关各级领导干部参加的普法讲座，请专家讲授《公司法》、《香港特别行政区基本法》等，收到了很好的普法效果。二是在学习内容上，以贯彻《行政处罚法》为契机，在全省系统中掀起学习《行政处罚法》的高潮。省厅政策法规处编写了《行政处罚法培训讲义》，分发给全省每一个林业执法人员，并举办《行政处罚法》培训班，培训骨干110多人。三是与省人大联合编写了《福建省林业法规释义》一书，为该省林业行政法人员正确理解和执行地方性法规提供了重要的参考依据，也为广大干部群众学习林业法规提供了一本好的普法教材。又如山西省林业厅，在普法中建立普法责任制，厅普法办同省直和市地林业部门签定普法责任状，厅党组书记、厅长也同普法办签定了关于普及林业法律法规责任状，以此来推动全省林业普法工作。

(4)以新森林法颁布实施为契机，向全社会广泛宣传林业法律法规。新森林法颁布以后，林业部即下发了《林业部关于学习、宣传、贯彻实施新森林法的通知》，各地也先后采取了多种多样的形式，广泛、深入地开展了新森林法的学习宣传活动，声势大、范围广、效果好，为新森林法的实施创造了有利条件。

"三五"普法以来，林业系统各地区、各单位采取了各种行之有效的措施，切实贯彻实施"三五"林业普法规划，广泛深入地发动和组织全体职工，特别是领导干部和林业执法人员，积极参加普法学习，逐步实现林业法制宣传教育工作的规范化、制度化，依法治林的观念逐步深入人心。"三五"普法取得了阶段性成果，为坚持依法治林，走依法兴林之路打下了坚实的基础。

(二)林业普法工作任重道远

十余年林业普法工作，对林业改革和建设起到了积极的推动作用。通过林业法制宣传教育，增强了广大林业职工特别是领导干部的法制观念和依法从事林业生产、经营活动的意识，极大地提高了林业系统的法律意识和依法治林的自觉性。通过宣传贯彻《森林法》、《野生动物保护法》等林业法律法规，切实改变了各级党政领导和群众对林业的认识，“护林光荣、毁林可耻”的社会风尚基本形成，“野生无主，谁猎谁有”的传统观念得到改变。

但是，普法又是一项长期艰巨的任务。林业普法中还存在一些问题，在少数地方普法工作不注重实效，形式主义现象比较严重，有的停留在照本照抄的考试上；有法不依，执法不严，以言代法，徇私枉法的现象还时有发生，抵消了普法的效果，挫伤了干部群众学法用法的积极性；林业法律法规被社会接受的程度还远远不够，有的地方领导干部依法保护森林资源的观念极为淡薄。社会主义市场经济体制的建立和发展，对林业法制宣传教育提出了更新、更高的要求，进一步加强林业普法工作，继续在全体公民中普及林业法律基本知识势在必行，任重道远。各级林业主管部门的领导干部和普法工作人员，要坚决克服以往普法中存在的问题，以改革的精神，抓好林业普法工作。

1. 加强领导，带头学习，强化职能

要充分认识加强林业法制建设、推进依法治林的必要性和重要性，改变过去那种忽视法制建设的作法。发展林业，如果缺乏法制规范，造成的损失将是长期的，不可估量的。要加强学习，特别是林业系统的领导干部，要带头学习林业法律知识，熟悉掌握各项林业法律规定，提高依法管理、依法决策、依法行政的水平。要建立健全林业普法机构，加强对林业法制宣传教育工作的领导。

2. 加大林业法制宣传教育的广度和深度

要结合林业工作中的热点问题，向有关领导和有关部门宣传相关的林业法律法规，争取得到各方面的支持，为林业发展创造更好的法制环境。

3. 林业法制宣传要注重实效

要把林地管理制度、限额采伐制度作为林业法制宣传教育的重点，结合具体案例，采取以案讲法的方式，取得更好的宣传效果。对破坏森林和野生动植物资源的重大案件要予以曝光，在全社会形成威慑效应，增强宣传效果。

4. 改进林业普法方法和方式

在普法对象上要有针对性，对领导干部、林业执法人员和林业生产经营者要提出不同的要求，对林业执法人员要普及有关依法行政、适用处罚等方面的法律法规，对林业生产经营者则向其宣传普及有关保护合法利益，依法履行义务等方面的法律法规。同时根据林业生产的特点，普法工作要具有灵活性，采取多种多样的形式，更多地利用生动的事例和用正反两方面的事例来开展宣传活动。

党的十五大以邓小平理论为指导，明确提出“依法治国”是党领导人民治理国家的基本方略。依法治林是依法治国在林业上的具体体现，是建设有中国特色社会主义林业不可缺少的重要内容。面向21世纪，林业法制建设任重道远。要加快林业立法，抓紧制定与《森林法》配套的法规和规章，尽快出台林业改革和发展中需要的法律制度，形成比较完整的林业法规体系。要加大林业执法，健全执法监督机制，提高林业执法人员的执法水平。通过严格执法，强化执法监管职能，严厉打击各种破坏森林资源的违法犯罪活动，树立林业主管部门的权威，为林业发展提供法制保障。要加强林业法制宣传教育，运用各种有效的宣传形式，广泛地深入持久地组织开展森林法宣传教育，继续增强全社会依法保护森林资源的自觉性，形成全社会爱林护林的良好社会风尚。

（执笔人：门军　高静芳）

林业科技进步

新中国成立前，我国林业科技事业非常薄弱，仅有重庆林业试验站、华北农业试验场的造林研究科、上海木材工业研究室等几处机构，科研人员不到200人。新中国成立后，我国林业科技事业发展较快，大致经历了初创、发展、停顿、恢复与振兴等几个阶段。1951年11月，将林垦部改为林业部，林业部统管林业科技工作。1952年，中央林业科学研究所正式成立，部分省区也开始建立林业科研机构。1954年11月30日，中央人民政府林业部改名为中华人民共和国林业部，下设20个司。其中科学技术司负责林业科研管理和科技发展工作，并归口管理林业方面的标准、计量和质量工作。1958年，中央林业科学研究所扩建为中国林业科学研究院。到1962年，全国已有25个省、自治区建有林业科研机构。“文革”期间，林业科研工作受到较大冲击，绝大多数林业科研机构被撤销，人员被下放或转业。1970年林业部与农业部合并成立农林部，林业科技管理工作由农林部科学技术司负责。1978年4月，国家林业总局成立，1979年恢复林业部，科学、教育合并为科技教育司。中国林业科学研究院和各省区林业科研机构也逐步得到恢复和重建。1980年，国家科委提出《关于科学技术计划管理制度的改革意见》后，林业部科学技术司恢复。1998年国务院再次进行大规模机构改革，林业部重组为国家林业局，列入国务院直属机构序列，科学技术司得以继续保留。

回顾新中国成立50年来的光辉历程，我国林业科技事业基本上从无到有、从弱到强、稳步发展。特别是党的十一届三中全会以来，在党中央、国务院的正确领导下，广大林业科技工作者认真贯彻党的科技工作基本方针，自觉投身于林业经济建设主战场，围绕各个时期的林业中心工作，积极开展科技攻关，狠抓科技成果推广转化，大力促进科技与经济的紧密结合，为我国林业建设事业及国民经济和社会的可持续发展做出了巨大贡献。

一、林业科技体制改革不断向纵深发展

科技体制是有关科学技术活动的机构设置及其管理权限划分的制度。新中国成立后，我国林业科技事业虽然取得了巨大成就，但随着社会主义计划经济体制逐步向市场经济体制转变、改革开放不断走向深入，也逐渐暴露出了科研与生产脱节、管理层次重叠与部门所有制、责权利分离，过多采用行政手段的管理方式等弱点，抑制了广大林业科技人员积极性的发挥，迫切需要进行科技改革来适应不断发展的新形势。根据1985年《中共中央关于科学技术体制改革的决定》精神，各级林业科技部门进行了积极

探索和实践，通过调整科研机构的方向和任务、改革领导体制、改革拨款制度、实施科教兴林战略、加速科技产业化、调整结构和分流人才等一系列措施，初步打破了原来单一、封闭的计划管理体制，增强了林业科研机构的活力，市场机制在林业科技运行和管理中开始发挥日益重要的作用。从总体看，林业科技体制改革不断向纵深方向发展，呈现一种良好的势头。

（一）明确科研机构的方向任务，把科技力量推向林业建设主战场

1985年，林业部经过反复调研和论证，确定林业科技体制改革的方向是：部属研究机构以应用研究为主，相应地开展应用基础研究，加强技术开发，发展软科学研究；省属科研机构以应用研究和开发研究为主，适当地开展应用基础研究；地属科研机构以技术开发和推广为主。高等林业院校以应用研究和应用基础研究为主，积极开展技术开发工作。其他林业企业和事业单位，积极开展本单位的技术革新、技术改造、技术培训、技术标准、产品质量等技术开发和技术基础工作。同时明确提出，整个林业科学研究工作必须紧紧围绕国家重大林业生态工程、国家林业项目、农业区域综合开发和重点林区建设等重要课题进行，使科研工作坚持服从和服务于林业生产建设的需要。根据确定的方向和任务，各科研单位对承担的科研课题进行清理和调整，对国家和部、省级重点课题加强领导，充实力量，提供条件，为克服分散和重复、确保科研重点迈出了重要的一步。自1985年以后，全国65%以上的林业科技人员开始投身到林业生产服务的主战场。

（二）改革领导体制，实行院所长负责制

1986～1987年，在进行试点的基础上，林业系统科研单位普遍进行了领导体制改革，实行院所长负责制。1988年7月，林业部下发了《关于中国林业科学研究院实行院长负责制的暂行规定》等文件，扩大了中国林科院的自主权。各省、自治区、直辖市林业厅（局）对省属林业科研单位也实行了院所长负责制。截至1998年，全国林业科研机构基本都实行了院所长负责制。这一新的领导体制对实行党政分开、促进民主和规范化管理、提高林业科研机构的科研实力和水平等均起到了重要作用。

（三）改革拨款制度，形成多层次、多渠道筹集科技资金的新格局

改革拨款制度是科技体制改革的重要内容，其目的是在科技运行机制方面运用经济杠杆的效能，增强科学研究机构自我发展的能力和主动为经济建设服务的活力。林业科研机构多属社会公益性质，国家规定：这一类型科研单位实行事业费和基本工资总额包干，增人不增钱，减人不减钱，节余归单位自主使用，鼓励具备条件的单位加速科技成果商品化，逐步实行经费自主。林业部根据上述精神，把林业系统的科研单位划为三种类型：即事业费包干单位、多种类型单位和技术开发型单位，对后两种类型的单位实行减拨部分事业费（这两种类型的单位约占林业科研单位的20%左右）。后两种类型单位减拨部分事业费已在1990年全部到位。为了推进拨款制度改革，1984年，林业部批准中国林科院林化所作为试点单位。林化所采取了大力加强科技开发、推进科技成果商品化和加强研究所内部管理等改革措施，取得了显著成效。该所从建所以来的成果中筛选出100多项组织开发推广，开展成果转让、技术服务的范围遍及全国20多个省（区），每年创纯收入300多万元，增强了该所的活力。

在改革拨款制度中，各科研单位主动面向林业生产，承担多方面的科技任务，并通过多种形式，筹措科研经费。一是林业主管部门从自己掌握和各类资金中提取科技经费。林业部决定：各级林业主管部门掌握的育林基金中，用于森林资源培育的技术开发和成果推广项目的启动费用不低于2%；有技术开发和成果推广任务的森工企业和国营林场，在生产发展基金中用于上述支出不低于5%；从林业企业销售总额中提取1%用于新产品开发或成果推广；从林业重点工程项目总经费中安排适当比例用于本项目的科技成果推广；现有的林业低息和贴息贷款优先支持效益显著的林业科技成果推广项目。

同时，对已安排的各种林业科技经费保持稳定并逐步增加。二是积极开展国际合作项目争取援助。中国林业科学研究院1981～1987年开展国际合作项目68项，吸引的外资累计达2100多万美元，“八五”期间，每年争取的国际合作经费相当于承担国家攻关项目所获经费总和。三是科研单位的横向收入。全国独立林业科研与开发机构的横向技术收入由1986年的400万元增加到1996年的2600万元。四是科技贷款投资渠道逐步疏通和拓宽。从1986年起，国家和地方开辟了各种金融渠道，支持研究和开发项目，使科技投入有较大增长。五是组织其他来源科技经费，如申请国家自然科学基金等。此外，不少省（区）建立了科技发展基金，增加了地方的自筹资金。总之，林业科研单位的经费已由单纯依靠国家拨款转向多渠道筹集，逐步适应了新的运行机制。

（四）实施科教兴林战略，建立“四位一体”促进科技成果转化的运行机制

为了加快依靠科技、振兴林业的步伐，1989年林业部正式提出科技兴林的战略决策。1991年，在全国林业科技工作会议上又提出了实行“四位一体”促科技成果转化的新运行机制。要求各级林业主管部门要统筹协调科技、生产、计划、财务四个方面的关系，应用行政和经济手段，使科技面向生产，生产依靠科技，并以计划为导向，以资金为保障，使上述四个方面有机配合，共同促进科技与生产的紧密结合。其主要要求：一是计划要真正起到导向作用。提高生产建设计划中的科技含量，使科技进步融汇在生产建设计划之中，特别是林业重大工程项目的建设，必须同时制订采用科技成果的计划。能采用而不采用先进科技成果的项目不准立项；计划中已反映了科技的内容，而在实际工作中生产部门没有执行的，主管部门要终止项目的执行。二是计划部门在立项时，要会同科技、生产部门共同审查，共同把关，确保科技与生产的结合。三是财务部门要解决科技投入的渠道，建立起多元化的科技投入体系，较大幅度地增加科技投入，并重点向科技成果转化倾斜。四是生产部门要树立主动依靠科技的自觉性。积极采用先进适用的科技成果，将科技要素贯穿和融汇在生产过程的各个环节之中。五是林业科技部门要面向林业生产建设，树立为林业生产服务的观念，在确立课题时，要与计划、财务和生产部门共同研究决定；在成果鉴定时要有计划、财务和生产部门参加，并研究确定该项成果的推广应用。六是科技部门要保证提供先进适用的科技成果，搞好技术服务和技术咨询。林业部为在全国范围内推行“四位一体”促成果转化的运行机制，采取了一系列重大措施，并取得显著成效。全国林业科技进步贡献率由1990年的不足20%提高到1996年底的27.2%。1995年，全国林业科技大会在北京召开，会议通过了《林业部关于贯彻“中共中央、国务院关于加速科学技术进步的决定”的意见》等重要文件，进一步明确了实施科教兴林战略的目标与任务，提出要坚定不移地把依靠科技进步摆在林业发展的优先地位，促进了科技工作的深入发展。

（五）组建部级重点实验室和国家级工程技术（研究）中心

1. 部级重点实验室建设

为了配合科技体制改革，加强林业应用基础研究和林业高技术研究，林业部于1995年按照“稳住一头、放开一片”的方针和“依靠专家，发扬民主，实事求是，公正合理”的原则，评审命名了29个部级重点开放性实验室。部级重点开放性实验室实行“联合、开放、流动”的运行机制，其命名与国家重点科研任务的承担逐步挂钩，实行动态管理，每5年进行一次评审，合格者继续保留部级重点实验室的资格。

重点开放性实验室运行3年多来，取得了很大成绩。共承担国家攻关课题115项、国家及省基金项目126项、省部级课题182项、国际合作项目60项、其他课题171项，共获得林业部科技进步奖一等奖27项、二等奖39项、三等奖86项，出版学术专著47部，在各类学术期刊上发表论文或研究报告1920篇，共有879人到各重点实验室进行合作研究或客座研究，有25人被选为省部级以上的跨世纪学术带头人，共培养博士后10人、博士生80人、硕士生172人、在读博士135人、在读硕士187人。林业部已向部级重点实验室投入资金600万元，各地方政府及部级重点实验室依托单位配套资金1000多万元，共购置各种科研仪器设备70多套（件）。各重点

实验室陆续建立了开放研究基金和开放研究课题,以中国林科院为依托单位的5个部级重点实验室(京内)为例,1997年共筹集研究基金58万元,设立开放研究课题25项,其中50%的课题由外单位人员承担,有力地促进了重点实验室的开放程度。1998年,国家林业局科技司还组织了“林业重点实验室管理”赴美培训团,考察、学习和了解了国外相关研究、应用领域的最新发展水平和国外林业科研机构状况。1998年2月出版发行了《林业部重点开放性实验室概览》一书。

2. 国家级工程中心建设

为了配合科技体制改革,促进科技与生产相结合,提高科技在林业生产中的贡献率,林业部在自己筹备的基础上,经国家科委、国家计委批准,启动建设了国家林产化学工程技术中心和国家木材工业工程研究中心。

国家林产化学工程技术中心是林业系统第一个国家级工程中心,于1993年由国家科委批准立项,建设期为3年,总投资1715万元。1996年通过国家科委验收,正式命名为国家林产化学工程技术中心。该中心现有3500平方米的综合实验大楼,有固定研究人员60多名,并已成立一家科技开发总公司。1996、1997两年间,生产产品销售收入1400万元,利税168万元。两年共签订技术转让、技术服务合同45项,技术创收300万元。同时该中心利用自己的人才优势和技术,采用技术入股的方式参与企业经营,取得了很好的效果。

国家木材工业工程研究中心是目前全国最大的林业科技基础工程建设,于1995年由国家计委正式批准成立,建设期3年,总投资5549万元,其中国家计委安排科技经费2300万元。该中心中试基地占地近3公顷,总建筑面积1.2万平方米。该中心建设的重点是中试基地,包括人造板工程材料车间、胶粘剂和木材添加剂车间、木材加工和改性3个中试车间及配套设备。

(六)调整结构、分流人才,发挥科技整体优势

1996年,国务院《关于“九五”期间深化科学技术体制改革的决定》的颁布,标志着我国科技体制改革进入了一个新的阶段。这个阶段改革的重点是:调整结构、分流人才、转变机制和制度创新。为了落实国务院《决定》精神,林业部制订了《深化科技体制改革总体规划》,提出了深化林业科技体制改革的主要目标、任务、措施和保障条件。即到本世纪末,全国林业科研人员整体稳放的比例达到3∶7;面向主战场、高新技术研究和基础性研究三个层次科技力量的比例逐步调整到75%、10%和15%;建设30个左右国家和部级重点学科;具有较强实力和特色的省属林业科研机构以及在地方的中央级研究所(中心)要按自然和经济区划,自我发展逐步形成6~10个区域性林业研究开发中心;林业科技进步贡献率达到40%左右,先进地区和试验示范区达到50%以上。最终实现市场经济体制下林业科技力量的合理布局和科技资源的优化配置,初步建立起既适应社会主义市场经济体制,又符合林业科技自身发展规律的科技新体制和科研、开发、生产、市场紧密结合的新机制。在林业部的统一部署下,全国各省(区、市)林业科技主管部门和林业科研院所积极制定和实施深化改革的方案,在调整结构、分流人才、转变机制和制度创新方面取得了新进展。有些省(区)科研院所放开一片的人员已达80%以上。

1996年7月,中国林业科学研究院被国家科委确定为公益性大院大所科技体制改革的试点单位。该院于1996年底出台了《改革与发展总体方案》与有关配套文件,1997年进入全面实施阶段。现已完成院部机构改革,19个行政和党群职能机构精减为11个,行政编制由193人精减为93人,实现了管理、经营、服务的分离,正在逐步建立精干、高效、有序的“三大体系”,并着手组建跨所(中心)、跨学科的三个中心,即营林研究中心、推广示范中心和林产工业研究开发中心。其改革思路和经验在林业系统和公益性科研机构中将产生积极影响。

(七)成立科学技术委员会,推进林业决策科学化、民主化

林业部科学技术委员会(以下简称科技委)是改革开放的产物,是为部领导实行决策民主化、科学化而设置的审议咨询机构。按当时部领导的要求,凡林业建设带全局性、综合性的重大问题由科技委审议

后提交部领导决策。部科技委主任由部长(或副部长)兼任,委员由林业系统高知识结构、高层次的知名林业专家、学者和富有开创精神并有所建树的中青年科技工作者、有成就的领导和科技管理干部组成,并由部长聘任。

第一届科技委任期自1980年1月至1983年7月,雍文涛任主任委员,梁昌武、杨天放、杨延森、郑万钧任副主任委员,委员65人。第二届科技委任期自1983年7月至1986年12月。董智勇任主任委员,黄枢、刘永良、杨迈之任副主任委员,刘永良兼任秘书长,委员104人。第三届科技委任期自1986年12月至1993年5月,董智勇任主任委员,吴博、黄枢、吕军任副主任委员,吕军兼任秘书长,共有委员109人。第四届科技委任期自1993年5月至1998年10月,徐有芳任主任委员,蔡延松、董智勇、刘于鹤、吴博、顾锦章任副主任委员,刘效章、马驹如任正副秘书长,委员49人。第五届科技委于1998年10月4日成立,由国家林业局王志宝局长任主任,江泽慧、蔡延松、徐冠华任副主任,刘效章、祝列克任正副秘书长,委员45人。

科技委自成立以来做了大量的审议论证工作,承办了部科技成果奖和部科技进步奖的评审工作。主要审议了《林业科学技术长远发展规划的初步设想》《林业发展战略论证提纲》《发展速生丰产林技术政策》《发展木材综合利用的技术政策》《林业技术政策要点》《2000年林业科技、经济和社会发展规划纲要》《林业发展十年规划和"八五"计划草案》《全国沿海防护林体系建设可行性研究报告》《长江中上游防护林体系建设一期工程可行性报告》《全国1996～2000年森林采伐限额编制成果报告》《林业"九五"计划和2010年远景目标草案》。还审议了《中华人民共和国森林法》修正案(草案)等法规、文件及有关材料,为领导决策提供了科学依据。其次,围绕林业发展中的重大疑难问题,开展调研和专题研讨,为领导及有关部门提供了宝贵的参考资料。

二、林业科学研究硕果累累

1958年,中国林业科学研究院成立,下设林业、森林工业研究所。1960年,增加了林业经济、林业机械、林产化学工业研究所。到1965年,全院已有14个研究所、站,近2000名职工。1962年,全国有25个省、自治区建有林业科研机构。"文化大革命"期间,林业科技人员被下放或转业,绝大多数林业科研机构被撤销,科研项目几乎全部被迫中断,已初步建立、健全并运行良好的全国林业科研体系受到了冲击和损害,各省区林业科研机构也未能幸免。"文化大革命"以后,中国林科院和各省区林业科研机构逐步得到恢复和重建。1977年,农林部决定收回下放的科研所。国务院于1978年5月批准恢复中国林业科学研究院。至1979年9月,中国林业科学研究院下属各研究所全部恢复。同时,在江西分宜、广西凭祥、内蒙古磴口分别成立了大青山、大岗山、磴口3个林业实验局(后改为实验中心),并在河南郑州、广东湛江、浙江杭州建立了泡桐研究开发中心、桉树研究开发中心和竹子研究开发中心。截至1998年底,中国林业科学研究院已有16个研究所、7个中心,共有职工3657人,其中科技人员1713人。经过50年来的调整、巩固、提高和发展,全国基本形成了上下相通、左右相连、学科齐全、设施完备、布局趋于合理的林业科研体系。其中包括部属的科研机构3个、部直属林业院校的研究所(室)81个、省级直属林业科学研究所62个、地市级林科所172个、县级林业部门所属科研机构320余个。全国共计拥有各类科技人员65500多人,其中具有高、中级技术职称的人员达到50%左右。

(一)编制林业科技规划(纲要),对林业科技发展进行宏观指导

科学技术发展规划,是对一个历史时期社会经济及科学技术发展需求和前景的预测,是对科技发展的方向、目标、重点以及实施措施的远景设想或总

蓝图。近50年来，我国曾组织过6次大规模的全国性科技发展规划的编制工作。林业作为国民经济的一个重要部门，参与并相应地组织了林业科技发展规划的编制。

1. 1956～1967 年林业科学技术发展远景规划

本规划是由周恩来总理提出、国务院科学规划委员会组织编制的《1956～1967 年科学技术发展远景规划纲要(草案)》，即 12 年科技发展规划中的第 47 项任务。其名称为：扩大森林资源，森林合理经营和合理利用。包括营林和森林工业的 12 个重点科技项目。旨在解决全国造林绿化事业中的主要技术问题，解决森林工业生产工艺过程中的技术问题，使我国林业和森林工业学科的落后面貌迅速得到改善。

2. 1963～1972 年林业科学技术发展规划

本规划是中央科学小组和国家科委编制的《1963～1972 年科学技术发展规划(草案)》，即十年科技发展规划中的第四项任务。其名称为《1963～1972 年科学技术发展规划(草案)·林业》。由当时的国家科委林业组和林业部组织编制。主要内容包括营林、木材采伐运输、木材加工、林产化学、林副特产利用以及林业经济 6 个方面，共 16 个重点研究项目。着重解决用材林及经济林的速生丰产、森林的合理经营、四旁植树、各种防护林的营造技术以及提高木材产量和利用率等科技问题。

3. 1978～1985 年全国林业科技发展规划

本规划是国家科委为召开全国科学技术规划会议编制的《1978～1985 年全国科学技术发展规划纲要(草案)》，即八年科学技术发展规划中的第七项和第八项任务 。其名称为：林业速生丰产技术研究和木材综合利用技术研究。上述规划，在 1978 年 3 月中共中央召开的全国科学大会上获得通过。在这个规划纲要的基础上，1982 年制订了《第六个五年计划科学技术攻关项目计划》，即 38 项国家科技攻关项目。其中第四项“速生树种良种选育及木材综合利用研究”为林业项目。旨在通过研究，解决我国森林资源少、生长量低和木材浪费大、综合利用率低、劳动生产率低以及重采伐、轻造抚等问题。

4. 1986～2000 年林业科学技术发展规划

1983～1984 年，在国务院科技领导小组领导下，由国家计委、国家经委和国家科委组成科技规划办公室，从各行各业抽调 200 多名专家，编制了《1986～2000 年全国科学技术发展规划轮廓设想纲要(草案)》，即 15 年科技发展规划。提出了各传统产业及新兴技术领域共 500 多个重点科技项目。在农业部分，提出了 8 个林业科技项目。根据规划办公室的统一部署，林业部还编制了《1986～2000 年林业科学技术发展规划轮廓设想》，提出了包括森林生态系统、现有林经营和保护、扩大森林资源、林木速生丰产和木材综合利用六个方面 18 个科技发展项目。明确了今后 15 年林业科技的发展方向、目标、任务、攻关项目、开发新产品项目和技术政策等。

5. 中长期林业科技发展纲要(1990～2000～2020 年)

1988 年 6 月 30 日，国家科委召开国务院各部门负责人会议，部署编制《中长期科学技术发展纲要》(1990～2000～2020)工作，会议决定林业作为全国重点行业之一，独立编制《中长期林业科技发展纲要》，《纲要》围绕“林业是国民经济的重要组成部分，既是一项产业，又是公益事业”的战略目标，提出了“短周期工业用材林定向培育和高效利用技术”、“生态林业工程技术”、“现有森林资源经营管理和保护技术”等 7 项科技战略目标。为将林业生产转移到以现代科学技术为基础的轨道上来奠定了基础。

6. 林业科技发展“九五”计划和到 2010 年长期规划

本计划和长远规划，是为全面贯彻《中共中央关于制定国民经济和社会发展“九五”计划和 2010 年远景目标的建议》，于 1995 年由林业部组织制订的。计划和规划在全面分析林业和林业科技发展现状的基础上，提出林业科技要为建立比较完备的生态体系、比较发达的产业体系和发展优质高产高效持续林业的总体目标提供强大的技术支撑。提出了包括新技术示范推广、实施林业两大体系建设中的六大关键技术等六个方面内容在内的 42 个科技项目。

7. 林业技术政策

林业技术政策是以林业生产建设为研究对象，在综合考虑科学技术因素和自然的经济的社会的各种因素的基础上，制定的促进林业技术进步的政策。它是国家对林业经济和技术发展进行宏观指导的政策性规定。在国家科委、国家计委、国家经委的指导下，林业部从 1983 年开始组织有关专家 70 多人，起草了森林能源、发展速生丰产用材林和木材综合利用 3 项技术政策的要点和背景材料，并进行了论证。这 3 项技术政策，已被国家科委摘要编入《中国科学技术政策指南》中能源技术政策的第13条、农业技术政策的第4条和第5条。鉴于林业的业务范围比较广,已完成的3个单项技术政策不能覆盖整个林业行业。因此,为加强对林业科技工作的宏观管理,促进林业技术与林业生产建设的紧密结合,林业部科技司组织有关专家继续起草了林业机械、天然林经营利用、林业领域应用生物技术、林产化学工业、经济林、竹林、林业节能7项技术政策。同时,为与《2000年林业科技、经济和社会发展规划纲要》配套,又在上述10个单项林业技术政策的基础上,综合了一个覆盖林业全行业的《技术政策要点》(讨论稿)。讨论稿经1986年8月全国林业厅局长会议和1986年12月林业部科学技术委员会第三次会议讨论。1987年制订并颁发了一套指导林业全行业的技术政策。1997年林业部又根据国家计委和国家科委的布置,分别编制了《林业产业技术政策目录》和《林业科技政策》。

(二)规范林业科学研究计划管理

林业科研计划,是指导林业科学研究进行有序运作,保证科研成果能有效地为林业生产建设服务的部署与安排,对林业科技工作的发展起到组织、推动和促进作用。新中国成立之初,为适应林业生产发展的需要,林业部门逐步开展了林业科学技术研究工作。60年代,随着林业生产需要研究的课题的增多,在中央和地方的科研单位之间,以及科研、设计和生产单位之间,开始有了协作研究、合作制造,但在全国范围内,尚无统一的科研计划。1972年,国家设立了三项费用,作为新产品试制、中间试验和重要科学研究项目的补助经费。从此开始有了全国性的科学研究项目计划,当年林业项目计划有3项。以后,林业项目逐年有所增加,至1980年试行"专项管理、分级负责、同行评议、签订合同"的管理后,计有林业项目15项,共154个课题。自1976年起,按照中国科学院有关规定,所有项目和课题一律实行预决算制度,主持单位必须编制项目(课题)计划任务书,并经主管部门审核、批准后,由财政部按项目拨款。

1. 国家科技攻关林业项目管理

根据1979年11月全国科技工作会议精神,国家科委对科研计划管理制度提出了两项改革措施:一是从1980年起试行"专项管理、分级负责、同行评议、签订合同"的管理办法,并要求结束课题后提交全套技术鉴定文件,专项立档。二是对科技3项费用的使用,部分地改无偿拨款为有偿。根据不同项目,分别规定不偿还、部分偿还或全部偿还。1982年,国家计委组织编制了《第六个五年计划科学技术攻关项目计划》,即38项国家科技攻关项目。从此,国家科技攻关项目计划开始启动,替代了原全国性科学研究项目计划。国家科技攻关林业项目计划的确定,是由林业部科学技术司根据未来5年林业生产的急需,提出林业科技攻关项目,并会同国家科委农村司或国家计委科技司组织专家论证,将项目分解为课题、专题,然后由科技司与承担单位签定合同,报国家批准后实施。"六五"期间(1983~1985),林业部主持了"主要造林树种良种选育和木材综合利用的研究"、"黄淮海平原中低产地区综合防护林体系配套技术"、"遥感技术在森林资源动态监测中应用的研究"等国家攻关项目,共49个研究专题。同时组织了"干旱半干旱地区治沙造林技术"等部攻关项目21个专题。"七五"(1986~1990)期间,林业部主持了"主要用材树种速生丰产技术"、"林业工程技术和设备研究"、"人工林集约栽培技术"、"主要林木病虫害综合防治技术"、"三北防护林营造技术"、"长江上游水源林水保林营造技术"和"太行山造林绿化技术"7个国家科技攻关课题,分解为142个专题。"八五"期间,林业部主持了"短周期工业用材林定向培育技术研究"和"生态林业工程技术体系研究"两个国家科技攻关项目。两个项目设置8个课题,93个专题。"九五"期间,由林业部任项目第一组织部门的国家攻关林业项目有"优质工业用材林培育和高效利用技术研究"、"生态林业工程技术研究与开发"、"荒漠化治理技术研究与示范",设置7个课题,分解为63个专题;由林业部参与作为组织部门的项目有"动植物重大病虫害防治技术研究"、"主要农作物优良种质资源评价与利用技术"、"农业气象灾害防御技术研究",其中,林业部主持了"重大森林病虫害防治技术研究"、"主要树种种质资源评价与利用研究"2个课题,分解为6个专题,另有8个其他方面的攻关专题。4个五年计划,共安排攻关经费约2.5亿元,为林业科研提供了可靠的资金保障。

为了保证科技攻关达到预期目标,林业部科技司采取了以下改革措施：一是把好选题关，进一步把准研究方向。自"七五"以来攻关课题都进行了充分的可行性论证，使攻关目标、攻关内容更加集中、明确；技术路线、试验方法更加合理；同时使研究内容的配套和试验形成规模，并在具体安排上，与国家的良种基地、丰产林基地、防护林工程项目在目标、范围、基点等各方面衔接配合，使研究成果直接用于生产建设。二是打破部门、行业界线，组织多部门、多学科的协作攻关。根据当前科学技术迅猛发展，不仅规模越来越大，而且各学科之间相互渗透，整体性、综合性越来越强。结合林业周期长、区域性强的特点，组织了多部门、多学科的协作攻关，既有中央和地方的林业科研部门，也有教学、设计、生产部门；还打破部门、行业界线，吸收了农业系统的科研、教学单位及中国科学院的研究力量，组成了一支高水平的科技队伍，形成群体优势，提高了研究整体水平。在下达科研任务时，为鼓励平等竞争，选择最优的研究力量，对部分专题进行了公开招标。三是实行责、权、利相结合的科研责任制。所有攻关课题全部执行了合同管理，采取了课题承包等各种科研责任制。给课题组以明确的职责及在人员使用、任务分解、经费安排等方面的自主权。并打破了任务完成好坏一个样的平均主义，根据完成任务的数量和质量考核科研人员的业绩，形成了以责为核心，责、权、利相结合的良好的内部运行机制，减少了推诿、扯皮等现象造成的内耗。同时，加强了科研人员的责任心，激发了他们的创造性，提高了工作效率。

2. 部级重点科研课题管理

1982年，国家计委给林业部一定数额的切块经费，加上部里安排了一部分科研经费，从此开始设置林业部重点科研课题计划。部重点课题科研经费投入较少，每年600万元左右，安排课题30～50个不等。部重点课题的确定，开始是由科研单位提出"课题计划任务书"，经科研计划处筛选、科技司司务会讨论、报主管部长审批后，签定科研合同，下达科研计划。为了适应改革开放以来林业科研工作的新发展和新形势，根据国家有关方针政策和科技体制改革的精神，结合林业科技管理的实践和特点，1988年，林业部下发了《林业部科学技术研究计划管理办法》，对科技发展规划、国家重点(攻关)林业科技计划、林业部重点科技计划的制定做了较全面的阐述；规定了在科技计划的实践过程中，各级管理部门和科研单位各自的责、权、利，以及科研经费的管理办法和计划完成后申请鉴定的具体要求。同时，为在科研课题立项中引进竞争机制，于1988年第一次发布了《1988年度林业科学技术研究计划课题指南》，1990年，又发布了第二次《林业科学技术研究计划课题指南》。此后，每年发布一次。《指南》的发布实施，避免了各科研单位不了解当前研究重点，盲目申报，实际无法参与平等竞争的状况，避免和减少了研究课题重复，资金浪费和力量分散，使有限的科研经费真正用到林业生产建设最急需解决的科技问题上。

(三)林业科研成就辉煌

新中国成立以来，林业科研工作本着为林业生产建设服务，解决林业生产建设中带有全局性、基础性和关键的技术性问题进行科研攻关，取得了显著成效。截至1998年底，全国共取得比较重大的林业科技成果5100项，其中获得国家级奖励及林业部科技奖励的成果2075项，占重大成果数的39%。获奖成果中，获得国家级科技奖励的成果有306项，包括获全国科学大会奖86项，国家自然科学奖3项，国家发明奖34项，国家科技进步奖183项。获得林业部、国家林业局科技进步奖成果1769项。获奖成果基本上覆盖了林业行业各个领域，提高了林业生产建设水平。

1. 良种选育方面

培育出了30多个树种，2000多个优良种源、优良家系和优良无性系，平均材积增长10%～50%。引进了300多种树种、变种及优良无性系，试种后表现良好。在全国5个气候带建立林木种质资源保存库8个。解决了长期以来林业生产上良种短缺、良莠不分的状况。

2. 造林技术研究方面

提出了我国用材林基地立地分类、评价系统和适地适树方案，初步建立了主要用材树种速生丰产栽培技术体系。运用多因子分类、定量化评价、数学模型预测、树种转换评价等方法提出了覆盖全国14个重点用材林区的林地分类、评价系统和适地适树方案，对于我国造林树种的宏观布局和用材林基地的大面积选地及生产力预测具有重要指导作用。初步解决了主要用材树种中幼林、中龄林及近熟林施肥技术，提出了合理施肥方案，在国家造林项目中推广46万公顷，节省化肥2.2万吨。育苗工厂化技术，林木菌根应用技术，计算机经营模型，农林复合林业系统的研究、径流林业、自然条件困难地区造林等在改变传统的造林技术研究方面也有突破性进展。

3. 森林保护方面

已基本掌握主要森林病虫害的分布区系、分类、生态与生物学特性 、发生规律，并提出了一些行之有效的防治方法。创建了马尾松毛虫种群动态测报模型、综合管理优化决策模型和防治决策专家系统以及松毛虫综合管理系统，建立了杨树病虫害综合防治措施。丛枝病脱毒技术为泡桐丛枝病早期诊断提供了新手段。通过引进花角蚜小蜂并解决该蜂定居、繁殖和放蜂 技术，有效地控制了松突圆蚧的危害，使每束松针蚧虫数稳定在0.2头左右。森林防护监测体系，森林防火技术、设备等方面研究水平不断提高，森林火灾得到遏制。1987年大兴安岭林区发生特大森林火灾以后，国家建立了森林防火科研基金，加强了联合攻关。建立了森林火灾预测预报、监测管理系统，并为扑救森林大火研制了多种航空灭火设备、森林消防车辆、系列风力灭火机械以及化学防火灭火药剂，为我国森林防火灭火工作的现代化打下良好的基础。

4. 林产工业方面

在木材工业研究领域，自1978年以来，先后对定向刨花板、竹材胶合板、复合人造板等20多个板种进行了不同程度的研究，研究成功了杨树、泡桐等短周期树种制造人造板的工艺和技术及各种快速、节能的木材干燥技术，提高了木材资源利用效率。对我国主要木材的物理力学性质和化学性质作了系统试验，为木材加工利用提供了依据。此外研究推广了有关制材、木材干燥、胶合板、纤维板和刨花板生产的新技术、新工艺和新设备。“八五”攻关，又克服了短周期工业材加工过程中存在的开裂、变形等缺陷，拓宽了次、小径材和人工林木材利用的界面。在林业机械研究领域，研制了一批适合我国林业生产特点的林业机具和林业成套设备。履带式营林整地机、割灌机、GJ－40集材机、GJ－85油锯、伐区移动式削片机等一批新型林业机械已投入林区使用。研制成功的主要育苗生产工序机械设备31种，使育苗工厂主要生产工序的机械设备基本成龙配套。在林产化工研究领域，松香、松节油、栲胶等主要林化产品的加工技术和新产品的开发利用研究有了新的进展，松香再加工产品已占年松香总产量的7%以上，栲胶的连续浸提工艺技术已用于生产。“浅色松香、松节油增粘树脂系列产品的开发研究”项目，已成功地解决了浅色松香的工艺难题，生产出几十种浅色松香、松节油系列产品。

5. 森林生态系统研究方面

1982年以来，在全国不同气候带恢复和建立了11个森林生态定位研究站，对各种森林生态系统包括人工林生态系统进行了连续观测，开展了森林生态系统的结构、功能、生产力及综合效益的研究，已撰写出各类论文报告500多篇。森林与环境研究取得初步研究成果，选出优良防护林树种30～40个，试验区内水土流失减少50%，增产粮食5%～10%。

6. 新技术在林业科技中的应用方面

生物技术在林木抗性育种中得到应用，前景良好。如欧洲黑杨转Btu基因植株已通过抗虫鉴定，已在新疆、山西等地进行生产性扩大试验；杨树原生质体培养已诱导出愈伤组织；桦木纸浆生物漂白取得了突破。高新技术研究虽然起步较晚，但发展较快，特别是细胞工程和基因工程研究、林业遥感研究等，经过十多年的发展，已初具规模。在航天遥感技术方面，遥感图象计算机处理、光学处理和计算机——光学处理的研究以及遥感基础理论研究等方面都取得了一系列重要研究成果。运用计算机技术建立林木育种软件包以及丰产栽培模型和病虫害预测模型等软件研究方面获得新的进展。运用软X射线测定木材密度，采用电子自施共振谱仪(ESR)测定木质素含量，应用差热分析(DTA)和核磁成象(NUR)研究无性系抗寒性等均取得显著成效。

7. 生态工程建设方面

自1978年我国启动三北防护林体系建设工程以来，我国先后开展了十大林业生态建设工程。科技为这些建设工程的顺利进行和工程质量的提高提供了强有力的支撑和保证。三北防护林营造技术研究，提出了黄土高原干旱区径流林业模式，可显著提高林木生长量和造林成活率。川江、乌江流域水源林、水土保持林营造技术的研究，为长江上游防护林建设工程提供了宏观决策依据和规划设计方案。总结和提出了太行山不同类型区的抗旱造林技术系列，为绿化太行山作了技术储备，使该区域一次造林成活率达80%，造林成本降低50%。“八五”期间开展的生态林业工程技术体系研究，取得了22个不同类型区生态经济型防护林体系建设技术。治沙造林研究自50年代开始，现已基本摸清我国沙漠的分布、面积和自然条件，积累了有关沙漠形成、发展和风沙运动规律的大量资料，摸索出大面积沙区和铁路沿线沙地的治理方法，提出了因地制宜，因害设防；改造与利用结合，除害与兴利结合；生物措施与工程措施结合，造林种草与保护现有植被结合；草类、灌木、乔木结合等一整套行之有效的治沙技术措施。

8. 软科学研究方面

随着改革开放的深入，也极大地促进了林业软科学研究的发展。“中国林业发展道路的研究”课题，对我国林业发展的历史和现状进行了全面而深刻地系统分析，提出了林业分工论、木材培育论和林业产业结构合理化的观点及按照“两论一化”思想设计的中国林业发展道路与实施规划方案。另外，在林业科技发展战略、森林资源核算及纳入国民经济核算体系研究、林业税费研究等方面也都取得了一批重要成果，在林业领导决策和现代化管理中发挥了作用。

9. 林业科技情报研究方面

自50年代开始，中国林业科学研究院和各省、自治区、直辖市的林业主管部门、科研单位先后成立林业科技情报研究所、室，搜集、整理林业科技资料，出版林业科技情报刊物，广泛传播林业科技成果和先进技术。1960年以后，林业科技情报部门加强了国外林业科技情报业务，注意研究国外林业、森林工业的水平和发展趋势。中国林业科学研究院科技情报室1962年编写了《国外林业和森林工业发展趋势》。1963年以后，随着国民经济的调整、恢复和发展，林业科技情报业务迅速发展，健全了机构，扩大了队伍，初步形成比较完整的检索、译报、研究三大类情报刊物体系。1972年林业科技情报部门组织30多位林业专家和科技工作者编写出120万字的《国外林业概况》一书。80年代以来，中国林业科学研究院科技情况研究所和图书馆，各省、自治区林业科技情报中心，全国各林业专业科技情报中心与林业院校科技情报中心共同组成了林业部科技情报中心，搜集整理林业信息，编译出版科技检索等刊物，开展了国内林业科技情报的分析研究和预测，积累了大量林业科技图书、资料。截至1998年底，全国林业系统共创办了近300种科技期刊，其中部属科技期刊达46种；建立了16个专业情报中心（站）；部分地区建立了林业科技情报室；林业高等院校及一些林业规划、设计、生产部门也建立了林业科技情报机构，并开展了一系列卓有成效的工作。

三、林业科技推广取得显著成效

我国林业科技推广体系建设起步较晚，1978年以前，从中央到地方基本上没有专门的林业科技推广机构和专职推广人员。五六十年代，部分省（区）设立了林业技术推广服务机构和基层林业科技队伍，但在“文革”期间丧失殆尽。1978年以后，林业科技推广和开发工作逐步发展壮大。1982年，林业部提出“科研与推广并重，科研与推广两手抓”的指导思想。1983年，国务院批转劳动人事部、农牧渔业部、林业部、财政部《关于加强农林第一线科技队伍的报告》，提出在全国建立林业科技推广体系，并建立专项推广体系建设经费。1985年《中共中央关于科学技术体制改革的决定》确立了科技成果商品化的地位，按照价值规律有偿转让科技成果，给推广工作注入了新的活力。1986年林业部科技司主持召开了全国林业科技推广工作会议。会议讨论、修改了《关于加强林业科技开发、推广工作的通知》（初稿），并于1986年11月改为《关于加强林业科学技术开发、推广工作的意见》下发。1990年在林业部下达的科技兴林方案（1991～1995）中，把科技成果推广作为首要任务，强调大力促进科技成果转化。1992年，林业部提出了在林业系统全面推行计划、财务、生产、科技部门“四位一体”促成果转化的运行机制，并制定了《实施“四位一体”促科技成果转化运行机制的暂行规定》，开辟了专门的投资渠道，每年投入450万元用于成果转化项目的实际运作。并进一步明确了各有关部门在成果转化中的职责，形成了多部门促科技成果转化的大合唱。针对我国山区面积大、山区贫困人口多的特点，1994年，林业部提出以林业技术的推广应用促进山区林业和地方经济发展的“林业技术开发计划”的初步构想，经过2年多的运作，于1996年正式下发了林业部“富山计划”，受到了各地的广泛重视和支持。多年以来，在林业科技推广机构建设上，采取中央和地方匹配投资、外资和国内投资配套等办法，加快了建设步伐。截至1998年底，全国已建林业科技推广机构2428个，其中省级30个，地级328个，县级2070个。拥有专职技术推广人员3万人左右，其中科技人员21 500人。

（一）编制林业科技推广计划，认真组织实施

改革开放以来，林业科技推广计划编制逐步走上轨道。主要有林业部重点成果推广计划，林业新产品、新技术中试计划以及国家级星火计划中的林业项目。

1. 林业部重点成果推广计划

1978年，全国科学技术大会召开，科技工作引起广泛重视，并对科技推广工作给予高度关注。在国家经委、计委、农委等部门的资金扶持下，林业部设立了重点成果推广计划。其目的是通过组织实施先进、成熟的林业科技成果，促进科技与生产的结合，提高林业生产水平。各省区林业主管部门、部有关直属单位的科技推广管理部门归口管理本地区、本单位的科技推广计划，并在林业部组织实施的项目中作为项目保证单位参与项目管理。1990年，林业部提出“科技兴林”战略。以推广100项科技成果为突破口，林业重点成果推广计划得到进一步加强。实施的项目数由原来的每年约十来项增加到数十项，项目经费增加了近一倍，推广方式采取了宣传、培训、建示范点等多种形式。据统计，自1990年以来，已编制发送《项目指南》8万余册，举办专项技术培训班100多期，组织实施示范项目300余项。《实施“四位一体”促科技成果转化运行机制的暂行规定》下发以后，科技司在编制科技成果推广计划时，广泛吸收了计划、财务、生产部门的意见，进一步提高了项目的针对性和应用效果。为加强对重点项目的管理，林业部还对项目的选定条件、申报程序、申报时间、申报材料内容、签订合同、经费管理、进展情况反馈及完成项目后的总结、验收、鉴定等事宜，作了具体规定。

2. 林业新技术、新产品中试计划

1992年开始实施这项指令性计划。1992年，林业部提出“四位一体”促成果转化的运行机制后，为了进一步加强林业科技推广工作，林业部从基本建设投资中划出专款，组织实施了“重点林业科技推广示范点项目”。1993年，“重点林业科技推广示范点项目”调整为“林业新技术、新产品中试计划”。其目的是通过将实验室和小范围内试验成功并具有市场开发潜力和生产应用前景的成果，经中试之后，使成果进一步完善、配套，有利于生产上大面积推广应用。

3. 国家星火计划(林业项目)

国家星火计划是1986年经中共中央、国务院批准，由国家科委组织实施的一项科技计划。其中，由林业部组织申报的项目，经国家科委立项后，再由我部安排一定的配套资金组织实施。该计划的林业项目主要是结合林业的热点、难点问题，通过短、平、快的科技项目的多点辐射，在县一级的经济层次上推动林业现代化。项目重点是见效快的名、特、优经济林、林副产品加工和森林资源利用的技术成果。1996年，国家科委提出星火计划“九五”的新战略为“西部拓展、中部燎原、东部升华”。以龙头企业、区域性支柱产业、星火技术密集区为突破口，从广度、深度、高度、集成度、开放度五个方面，抓好政策、技术、投入、人才、管理五个支撑条件，推动星火计划登上新台阶。根据这一战略部署，林业部相应调整了林业星火项目，抓好林业支柱性产业的技术开发，促进区域林业经济发展。

（二）林业科技推广工作成绩显著

改革开放以来，广大林业科技工作者按照“经济建设必须依靠科学技术，科学技术工作必须面向经济建设”的科技工作方针，深入山区、深入农村，艰苦奋斗、无私奉献，使林业科技推广工作迅速发展，为林业经济发展作出了不可磨灭的贡献。

1. 组织推广了一大批先进、适用的科技成果

特别是一批重大科技开发推广项目的实施，发挥了重要的示范骨干作用，产生了明显的经济效益、

生态效益和社会效益。自1990年以来，列入林业部项目指南800余项，其中由林业部组织实施的400多项，开发新产品100多个，推广新品种近1000个，推广面积13.3万多公顷，推广点获经济效益24亿元。杉木优良种源选择及推广项目，历时17年，采用该种源种子营造的丰产样板林2000公顷，面上推广造林53.3万公顷。“竹林资源培育与加工利用技术”推广，已在南方10个省(区)推广达100万公顷，竹林年增产量30%。1990～1996年间，该项目已累计新增产值56.5亿元。在1997年，“农业科技推广年”活动中，全国下乡林业科技人员达6.2万人次，共发放林业技术资料115万份，推广科技成果近百项。

2. 林业技术开发试验示范区建设蓬勃发展

为了解决科技成果在一点一地推广应用规模效益较差的状况，深入探讨林业科技成果推广新的运行机制，为大规模、大范围开发推广科技成果探路子、出经验、搞示范。从1992年起，林业部在全国开始建立全国林业技术试验示范区。示范区建设分三个层次进行：一是地区级林业技术开发推广试验示范区；二是科技兴林示范县；三是科技兴林示范林场。通过几年来的发展，示范区在依靠科技进步、促进产学研结合、加速成果转化、开发当地资源、兴办支柱产业、推动当地经济发展等方面，积累了不少很好的经验，取得了十分显著的成绩。如福建南平示范区建设几年来，共推广应用项目100多个，吸引了1000余名科技人员参加建设，全区投入林业科研、推广、新产品开发资金5000多万元，建立示范点近100处，取得经济效益10亿元；徐州示范区的高标准农田林网比老林网平均每公顷增值7500元，农民人均年收入中来自林业的部分约为350元。截至1998年底，经林业部或国家林业局正式命名挂牌的试验示范区共有51个，其中地级6个，县级35个，林场级10个。从示范区分布上看，已覆盖全国24个省(市、区)，初步在全国形成了林业科技开发推广示范网络。

3. 林业科技产业化日渐兴起

科技体制改革十多年来，林业科研所紧紧围绕林业改革和发展，大胆探索和实践林业科技产业发展的途径和模式，闯出了一条“依托科研办产业，发展产业促科研”的新路子。通过兴办科技先导型企业、联营、入股、合作开发、产学研结合、企业＋基地＋农户等各种形式，促进了科技成果向更高层次、更大范围和更富有经济实效的现实生产力转化。如中国林科院与无锡县喷雾干燥设备厂共建“林洲”干燥设备股份公司，以技术、资金入股实现“产学研＋股份制”的合作形式，开发了喷雾干燥设备系列产品，1996年产值突破3000万元大关，实现利润350多万元。广东林科院通过为越南造林公司培育工厂化苗木和筹建组培苗工厂，年创收达440万元，纯利润逾200万元。ABT生根粉事业由中国林科院王涛院士研制开发的一个小成果起步逐渐发展成为一个在国内外都有巨大影响的大产业，其成果应用已覆盖全国80%以上的县市，直接经济效益上百亿元。

4. 实施星火计划，林业技术开发取得明显成效

由国家科委组织实施的星火计划是改革开放后增强全国农村综合实力的重要措施。近年来，林业部组织实施了一批显示度较高的国家级(林业)星火计划项目，重点开发了五大类技术。即在木材加工方面，开发了马尾松改性和利用技术、模压木制品加工技术、木质拼花地板加工等技术；在林产化学加工方面，开发了果核壳一步法制颗粒活性炭技术，肚倍生产单宁酸、苯甲醛和没食子酸技术，松香和松节油系列产品加工等技术；在竹子生产方面，开发了笋竹两用林丰产栽培技术、竹胶合板加工技术、软包装保鲜方便竹笋加工等技术；在林副特产方面，开发了小白桦树汁饮料加工技术、柳编制品加工技术、花卉盆景生产技术等；在营林方面，推广了桉树组培苗生产技术、油茶低产林改造技术、核桃丰产栽培技术等。南京林业大学利用我国南方丰富的毛竹资源，成功的研制开发了竹材胶合板技术，不但提高了我国毛竹利用水平，而且也为汽车工业提供了高质量的车厢底板。到1991年底全国就已采用这项技术兴建竹材胶合板厂17家，累计生产竹材胶合板2.5万立方米，新增产值6500万元，新增利税975万元。

5. 林业技术市场建设逐步发展

林业技术市场主要是在林业科研和生产单位之间通过多种形式的技术贸易活动，实现有偿转让和有偿服务。1985年1月，国务院作出了《关于技术转让的暂行规定》。近年来，林业部门遵照中央关于开拓技术市场的精神和政策，主要开展了以下工作：组建技术市场机构；参加首届全国技术成果交易会；举办首届全国人造板设备和木材加工机械技术交流交易会；参加各省市举办的技术市场活动。把技术市场作为林业科技体制改革的重要内容。

四、林业科技成果管理工作逐步加强

林业科学技术成果是国家的宝贵财富，加强林业科技成果管理，奖励优秀林业科技成果，对于我国林业现代化建设，具有重要的意义。新中国成立以来，国家颁布了一系列有关科技成果管理的规定和条例，对林业科技成果的管理和奖励工作有着重要的指导作用。五六十年代，林业部技术司为贯彻执行国家的有关成果管理及奖励文件精神，逐渐形成了对林业科技成果的管理工作。“文革”期间，由于受极左路线的破坏、干扰，林业科技成果管理工作几近停顿。党的十一届三中全会以后，林业科技工作面貌发生了很大变化，科技成果管理制度得以重新确立。当时的国家林业总局科技教育局设专人分管林业科技成果的管理工作。从1979年开始，林业部恢复了对林业科技成果鉴定的管理与登记工作。从1980年起，设立了林业部科技成果奖，每两年颁奖一次，截至1994年共颁奖3次，奖励成果221项。1984年11月，林业部科学技术司设立了成果推广处，负责林业科技成果的管理、奖励与推广等工作。1986年，林业部科技成果奖改为林业部科学技术进步奖，每年颁奖一次。1989年，将科技奖励日常工作转到林业部科学技术委员会办公室管理，到1994年，林业部机关体制改革，林业部科学技术司设科技成果管理处（林业部科技奖励工作办公室、林业部科学技术委员会办公室），科技奖励工作由科技成果管理处负责管理。同时，科技成果管理处还负责林业科技成果的鉴定与科技保密等工作。

（一）编制林业科技成果管理法规、办法，促进成果管理逐步走向程序化、规范化、制度化

根据国务院1982年3月16日发布的新的《合理化建议和技术改进奖励条例》等文件精神，林业部科学技术司制订了《中华人民共和国林业部科学技术成果管理办法》，内容包括林业科技成果的鉴定、登记、上报、评审、奖励、推广等，于1982年12月发布施行。

根据国务院1984年9月12日发布的《中华人民共和国科学技术进步奖励条例》以及有关文件精神，林业部科学技术司制订了《林业部科学技术进步奖奖励办法》(试行)，内容包括总则、申报条件与程序、评审程序、奖励标准、主要完成单位和主要完成人、异议处理、授奖、附则等，共61条，于1988年11月22日发布施行。

林业部科学技术司1986年12月为国家科学技术进步奖评审委员会制订了“林业专业评审范围”，1990年又进行了修订；1990年还制订了《国家发明奖林业专业申报、评审办法》，内容包括申报国家发明奖林业项目的申报条件、范围 、奖励等级和评定标准等6条。

为加强林业科技成果的管理工作，1995年林业部科技司建立了“鉴定评审专家库”与“林业科技成果数据库”，并进行了林业部科技成果检测机构的认定工作，实现林业科技成果由“静态”管理向“动态”管理转变，促进林业科技成果管理和奖励等工作逐步走向程序化、规范化、制度化。

（二）强化林业科学技术保密工作

科学技术保密工作是党和国家保密工作的重要组成部分，也是管理科学技术的一项重要内容。为了做好林业科学技术保密工作，林业部科技司一直设有专人分管此项工作，主要是依据国家有关法规和林业部保密委员会制订的有关规定，进行了林业科技保密审查工作，其主要职责是：负责审批出境的树种、花卉种质资源；审查在境内外参加国际会议发表的林业科技论文与资料；审查参加外展的林业科技项目及带出的有关资料；编制林业技术出口控制目

录。近几年来，林业部科技司严格按照上述职责，大力加强对出国人员的审查，经过努力，林业系统未发生一起科技失密、泄密事件，获得了有关部门的好评。

五、林业技术监督得到长足发展

技术监督工作由标准化、质量和计量三部分内容构成，其中标准化是基础，计量是手段，质量是目的。林业标准化工作始于1952年。1958年之后，参照苏联50年代的木材标准，陆续进行了我国木材标准的制订和修订工作。到1965年，木材标准已增加到24个。"文革"期间，林业标准化工作机构被撤销、人员被解散、标准化工作处于停滞状态。1979年，根据《中华人民共和国标准化管理条例》，林业部科学技术司恢复了标准处，负责综合管理林业标准化工作和林业产品质量评优工作。1982年4月，全国第一次林业标准化工作会议召开。同年12月，又会同国家标准局召开了全国林木种子标准化学术交流会。1985年6月，《林业部产品质量监督检验工作暂行条例》发布实施，同时，把拥有检测手段和技术力量的林业科研、教学单位组织起来，建成产品质量监督检验站。1994年机构改革，国务院批准的三定方案，明确林业部科学技术司设立技术监督处，统一归口负责林业行业的标准化、质量和计量工作。

（一）建设林业标准、质量监督体系

搞好标准化工作对于促进科技成果转化、加快林业发展、提高产品质量和劳动生产率具有重要作用。自1952年开始，林业标准化工作虽不断加强却未成体系。1982年11月，根据国家标准局统一组建专业性标准化技术委员会的要求，林业部成立了林业部人造板机械标准化技术委员会。1983年9月成立了林业部林业机械标准化技术委员会。1984年7月成立了中国木材标准化技术委员会。1985年经国家标准局批准，成立了全国林业机械标准化技术委员会和全国人造板机械标准化技术委员会，1987年11月成立了全国林木种子标准化技术委员会，1993年初成立了全国人造板标准化技术委员会，负责相应专业标准制订、修订工作的组织协调、技术归口和国际标准化工作。

为了通过有效的质量监督手段促进林业产品质量的提高，林业部相继建立了12个产品质量监督检验测试中心（站），它们分别是：国家人造板质量监督检验测试中心、国家便携式林业机械质量监督检验中心、国家木工机械质量监督检验中心、林业部北方林木种子检验中心、林业部南方林木种子检验中心、林业部南京人造板质量监督检验站、林业部林化产品质量监督检验站、林业部原木锯材产品质量监督检验站、林业部猎枪弹具质量监督检验测试中心、林业部采运机械质量监督检验站、林业部营林机械质量监督检验站和林业部工程质量监督总站测试中心。此外，27个省市建立了林木种苗质量检验机构，17个省市建立了林业工业产品质量检验机构。这些产品质量监督检验机构均获得了相应技术监督部门的计量认证和授权认可，负责相应产品的质量监督检测工作。

经过多年的努力，一个由管理部门、专业标准化技术委员会和质量监督检验机构三方组成的林业技术监督体系框架基本构成。管理部门、标准化技术委员会、质量检验测试机构三方相互支持、配合工作，较好地发挥了应有的作用。

（二）完善规章制度，强化林业技术监督管理职能

随着我国改革开放的深入和社会主义市场经济体制的建立，技术监督工作愈来愈受到重视，国家有关部门先后颁布了《中华人民共和国标准化法》、《行业标准管理办法》、《中华人民共和国产品质量法》等法律法规，成为林业技术监督工作的重要依据。林业技术监督工作在贯彻执行国家有关法律法规的同

时，相继于1982年4月、1982年12月、1997年1月召开了全国林业标准化工作会议、全国林木种子标准化学术交流会和全国林业技术监督工作研讨会，并于1997年颁布了《林业部部级产品质量监督检验机构管理办法（试行）》、下发了《林业部关于进一步加强林业行业技术监督工作的通知》。这一系列的工作和部门规章的建立，有力地推动了林业技术监督各方面的工作。

经过几十年的努力，林业技术监督的职能也得以不断完善和强化。目前，林业技术监督部门的主要职责是：统一归口管理林业行业标准化工作、计量工作和林业产品的质量监督工作；制定林业行业的标准化工作规划、计划；组织制定、审查、上报林业国家标准，组织制定、审批、发布林业行业标准；管理林业行业的国际标准化工作，组织参加有关国际标准化活动和参与国际标准的制订、修订工作；组织国家级林业产品质量监督检验机构的计量认证申请和资格审核；负责林业产品质量监督检验机构的管理、考核等。

（三）林业技术监督工作成绩突出

1. 林业标准化工作从无到有，标准的数量逐步增加，基本上满足了林业生产的需要

1952年，在统一全国木材计量和检验方法的基础上，制定了《木材规格》，于1954年正式发布实施。这是我国林业方面的首批标准。标准中采用了国际通用的米制，从此结束了旧中国长期流行的“龙泉码价”、“滩规”、“板英尺”和“日本才”等计量方法。此后，林业标准化紧紧围绕各时期林业中心工作和市场特点开展工作，制定了一大批满足林业生产和市场需要的标准。截至1998年底，已制订或修订的林业国家标准共401项，行业标准443项。基本形成林业标准化体系。这些标准的实施，为提高林业生态工程和产品的质量提供了有力的保障。

2. 林业标准的专业领域不断拓宽

最初的林业标准主要是木材标准，以后又有部分林产工业的产品标准，如胶合板、纤维板、松节油、松香等。随着改革开放的不断深入和社会主义市场经济的逐步建立，林业标准化工作在基本适应林业生产需要的同时，不断开拓新的领域。1978年以后陆续制定和发布实施了一系列国家标准和行业标准，为保证林业种苗的质量，提高营造林工作的质量，起到了积极的作用。现行的国家标准和行业标准已经涉及到种苗、森林经营、资源保护、木材加工、人造板、林产化工、林特产品、林业机械和人造板机械等林业生产的各个领域。这些标准连同大量的地方标准和企业标准，初步构成了一个以造林绿化为核心，以主要林业产品为重点，由国家标准、行业标准、地方标准和企业标准相配套，基本涵盖林业生产全过程的林业标准体系，成为各项林业生产所应当遵循的技术规范，为我国林业生产的可持续发展提供了重要的技术基础。

3. 林业标准的水平不断提高，为提高林业产品的质量做出了重大贡献

我国的工业糠醛1980年以前没有国家标准，产品质量很不稳定，出口受到很大阻力，国家标准《工业糠醛》制定后，将产品质量指标定在国际先进水平之上，有效地克服了产品质量不稳定、出口薄弱的状况，促进了新的糠醛精馏技术的推广，出口额跃居世界第一位，获国家技术监督局优秀国家标准三等奖。国家标准《GB/T15162－94 飞机播种造林技术规程》和《GB/T15163 封山（沙）育林技术规程》为灭荒造林、封山育林、快速增加森林面积，建立森林生态环境作出了积极贡献，分别获国家技术监督局标准化科技进步二等奖和三等奖。据不完全统计，截至1997年，获得国家技术监督局和林业部科技进步奖的标准共有60余项。

4. 林业标准化示范县建设开始启动

1992年，福建省率先在永安、彰平、邵武开展了林业标准化示范县的试点工作，取得很好的效果和经验。1998年，国家技术监督局和林业部联合开展林业标准化示范县试点工作，福建省永安市等16个县（市）被列为全国第二批高产优质高效农业标准化示范区（林业标准化示范县）。

5. 林业生产许可证工作稳步发展

1984年，国务院发布了《工业产品生产许可证试行条例》。林业部根据此精神和国家经委《工业产品生产许可证管理办法》，于1987年5月成立了林业工业产品生产许可证临时办公室，由科技司标准处归口产品生产许可证的颁发管理和监督工作。1993年起由设在林业部森林工业司的工业产品生产许可证办公室负责有关许可证的申报、审查、复查、发证及获证企业的管理工作。1998年机构改革后，生产许可证工作明确由科技司负责。目前国家林业局归口管理颁发工业产品生产许可证的产品主要有人造板、油锯和松香等。

6. 林业产品的质量稳固提高

社会主义市场经济的逐步建立，对企业的标准化和产品质量提出了更高的要求，企业自身的标准化意识和质量意识普遍提高，能够积极采用各级各类标准进行生产，通过狠抓产品质量，提高企业自身的竞争力和经济效益。截至1993年，林业企业共有78项产品获得国家优质产品称号，314项产品获林业部优质产品称号。

7. 林业产品质量监督工作日益加强

相继建立的3个国家级和9个部级产品质量监督检验机构，承担着原木锯材、人造板、木工机械、猎枪弹具、林化产品和林业种苗等重要林产品的国家监督抽查、部级产品质量监督统一检查任务以及委托检验工作，为促进林业产品质量的提高，打击假冒伪劣，净化市场、提高林业产品的竞争力作出了积极的贡献。为进一步提高林木种苗质量，杜绝假冒伪劣种苗危害国家利益，根据《中华人民共和国标准化法》《中华人民共和国产品质量法》《中华人民共和国种子管理条例》等有关法律、法规的规定，林业部和国家技术监督局于1997年4月共同印发了《林业部、国家技术监督局关于进一步加强林木种苗质量监督工作有关问题的通知》，对各级林业主管部门和技术监督部门就进一步加强林木种苗质量监督工作提出了具体的要求。

六、林业专利及知识产权保护工作逐步开展

专利制度是保护发明创造，维护工业产权，保障科技人员合法权益，促进技术进步的一种管理制度。林业专利工作有其行业的特点，自1985年《中华人民共和国专利法》颁布实施以来，在各级林业主管部门的高度重视和积极配合下，林业专利工作稳步发展，取得了较为显著的成绩。知识产权制度是保护科学技术和文化艺术成果的基本法制。是我国改革开放政策的组成部分，是促进科学技术和文化事业繁荣发展，保障社会主义市场经济正常运行的重要制度 。林业知识产权保护工作是在原有专利工作的基础上发展起来的，近年来有了进一步加强。

（一）林业专利工作

林业专利工作取得以下主要成绩：

1. 初步建成了林业专利工作体系

按照国家经委、国家科委、劳动人事部和中国专利局联合通知的要求，林业部于1985年9月在科技司设立了专利管理处。该机构具有执法和管理双重职能。部有关直属单位，省、自治区、直辖市的林业主管部门也设人专管或兼管此项工作。1985年10月还建立了北京林业大学专利事务所。地方的林业专利代理人一般挂靠在地方的专利事务所。

2. 加强了对林业专利工作的宣传及干部培训

为提高从事林业专利工作干部的业务知识水平，林业部先后选派了数十名科技人员参加中国专利局举办的专利代理人培训班。委托北京林业大学举办了两期专利培训班。为加强林业直属企、事业单位的专利工作，还曾举办了一期“企业专利工作者培训班”，约50余人参加，系统地学习了中国专利法及基本专利知识，经考核，受训人员全部获得中国专利局颁发的《企业专利工作者证书》，多数人都成了原单位的专利工作骨干。林业企业也很重视专利知识的宣传培训工作。据不完全统计林业企业先后举办培训班二三十次，培训有关人员近千人，还利用广播、电视 、报刊等各种形式宣传普及专利知识，为搞好林业专利工作，打下了基础。

3. 积极开展了有关林业专利工作的研讨、展览与交流

1987年5月，林业部科技司应邀参加了中国国际贸易促进会和中国许可证贸易工作者协会在京召开的中国国际许可证贸易研讨会。1988年11月，由中国专利技术开发公司、中国技术进出口总公司、香

港中行在广州的对外贸易中心举办了《首届国际专利及新技术设备展览会》，林业部共组织了15项林业专利技术及新技术设备项目。其中沙棘油及其提炼技术获金牌奖。1991年5月，林业部科技司与中国林业机械总公司共同主持召开的自动调心轴承结构等项专利技术的推广现场会，当场即与十多个厂家签定了使用合同书。1992年12月，科技司组织中国林科院、北京林业大学、中南林学院等单位的20多项专利技术参加了中国专利局等单位在深圳联合举办的专利新技术、新产品展览会。通过不断开展交流、研讨，促进了林业专利事业的发展，增强了全行业的专利意识。

4. 重视专利的申请与实施

据不完全统计，自1985年4月施行《中国专利法》已来，林业系统累计申请专利为1400多项，其中：840多项已获专利权。许多林业专利技术都是水平较高，经济效益好的实用技术。林业部门及时将重大实用专利技术列入有关推广计划，大力促进专利技术的实施。近年来数十项专利技术被列入林业部每年推广的100项科技成果中，并根据不同情况分别列入国家、部的星火计划中试计划或重点推广计划组织实施。据对有关单位的90项专利技术的调查统计，已实施42项，平均实施率为46.6%。个别单位的实施率达80%。

(二)林业知识产权保护工作

林业知识产权保护工作有了较大进展：

1. 初步明确了林业知识产权保护工作管理机构

1995年，林业部在学习贯彻国务院办公厅“关于进一步做好知识产权保护工作的通知”时，部领导作出了由科技司为主负责这项工作的批示。科技司即在本司技术推广处负责林业专利工作管理的基础上，承担开展了此项工作。据对有关部直属企事业单位的了解，一般在本单位的技术部门或总工办设员兼管，并有本单位的一位领导分管知识产权保护工作。

2. 开展了知识产权保护宣传和培训工作

林业部在开展专利管理工作的基础上，对有关知识产权保护的学习培训工作较为重视。从1993年开始，就陆续派员或组织直属单位的有关人员约20多人参加国家专利局、国家科委等单位举办的知识产权保护培训班。1993年在林业部科技司及部内其他科技人员中开展了“专利知识智力竞赛”。各有关单位还利用出小册子、报刊、广播、电视等各种形式来宣传、普及知识产权保护知识。如北京林业大学从1995年起，每年9月为新分配到校的教师和科技人员举办“知识产权保护知识”讲座，作为上岗前的专业培训内容之一。

3. 积极配合搞好知识产权保护试点单位工作

根据国家科委《关于开展企事业单位知识产权保护试点工作的通知》要求，1995年，林业部研究推荐北京林业大学、中国林科院等为全国首批45家知识产权保护试点工作单位。1997年4月，林业部知识产权管理部门和北京林业大学都派员出席了国家知识产权保护办公室召开的全国企事业单位知识产权保护试点工作会议。1997年5月底，按时向国家知识产权保护办公室上报了北京林业大学知识产权保护工作实施方案，并经修改正式发布了北京林业大学知识产权保护工作暂行规定。该实施方案已由国家科委和林业部共同正式批复，正在组织实施。

4. 加强知识产权保护管理

林业部按照全国企事业单位知识产权保护试点工作的要求，结合林业的实际情况于1997年5月向部有关直属单位发布了林业部科技司《关于加强林业知识产权保护工作的通知》，明确提出了加强林业知识产权保护工作的要求，并对林业部门知识产权保护现状作了调查，这对进一步加强林业知识产权保护工作起到了一定的推动作用。

(三)林业植物新品种保护

植物新品种保护，是授予植物新品种培育者利用其品种排他的独占权利，它是知识产权的一种形式，是科技进步的产物。早在1993年，国务院领导就提出要研究农作物品种知识产权保护问题，随后成立了由中国专利局、农业部、林业部和国家科委参加的立法领导小组和工作小组。经过几年的调研、论证工作，国务院于1997年3月20日发布了《中华人民共和国植物新品种保护条例》(以下简称《条例》)。《条例》规定国务院农业、林业行政部门为审批机关，按照职责分工共同负责植物新品种权申请的受理和审查并对符合本条例规定的植物新品种授予植物新品种权。

为切实履行《条例》赋予林业行政部门的职责，林业部于1997年成立了植物新品种保护领导小组，由主管部领导任组长，科技司、场圃总站主要领导任副组长，法规司、造林司、财务司、保护司、濒危物种进出口管理中心、中国林科院领导任成员。领导小组的主要职责是研究林业植物新品种保护工作的重大问题，向部长或部长办公会议提出建议，协调林业植物新品种保护工作。同时成立林业部植物新品种保护办公室。该办公室7个（后来增加到10个）事业编制，业务由科技司管理，主要承担林业植物新品种权申请的受理、审查，组织测试，参与有关国际公约的事务等林业植物新品种保护的具体工作。自办公室成立以来，积极开展实施《条例》的前期工作，包括起草《中华人民共和国植物新品种保护条例实施细则（林业部分）》，提出第一批保护名录，制订收费项目和标准报财政部、国家计委审批等。

七、林业学术团体和科学普及工作蓬勃开展

林业学术团体及科普工作在新中国成立前就已陆续开始，随着中国林业事业的逐步发展而不断壮大。早在1917年春天，由林业教育界的先辈凌道场、陈嵘等人发起倡导，本着"集合同志，共谋中国森林学术及事业之发达"的宗旨，成立了中华森林会，这就是现今中国林学会的最早前身，当时会员只有50人。后来又更名为中华林学会，但当时的活动随着国内外局势的动荡变化，总是停停办办、时起时伏。

新中国成立后，党和政府十分重视科技社团工作，这深深地鼓舞了广大林业科技工作者。以陈嵘、沈鹏飞等为代表的老一辈林业专家，积极倡导恢复林学会活动，于1951年2月发起成立了中国林学会，并推举第一任林业部长、德高望众的梁希教授为重新组建的中国林学会第一任理事长，由此掀开了中国林业科技社团新的一页。党的十一届三中全会，给中国的科技事业带来了又一个春天，改革开放的政策，给林学会工作注入了活力，中国林学会的各项工作出现了前所未有的蓬勃发展好势头。同时，各省区的林业学术团体工作也逐步开展并活跃起来。全国林业学会工作开始逐步走上正常化、规范化的发展轨道。

截至1998年底，中国林学会已拥有会员近8万名，30个二级专业组织，在全国31个省、自治区、直辖市建有二级林学会，许多地、县也建有地方林学会组织，这样一个纵横交错的网络，覆盖了中国林业的各个方面，逐步形成了从上到下的林学会组织系统，成为中国林业建设、科教兴林的一支十分重要的力量。在1997年初由中国科协举办的建国以来首次对165个全国性学会的评比表彰中，中国林学会同其他14个学会一起被授予"先进学会"称号。特别是1997年中国林学会成立80周年之际，江泽民总书记为中国林学会题词："发挥纽带桥梁作用，促进林业科技进步"，李鹏总理题词："林业科技工作者之家"，还有其他的党和国家领导人题词勉励。姜春云副总理亲自到会并讲话，极大地鼓舞和激励了全国林业科技工作者。

回顾50年来的林业学会工作，在很多方面都取得了十分突出的成绩，为促进林业科学技术进步和林业科技人才成长作出了积极贡献。

1. 学术交流频繁

据不完全统计，从1953～1997年中国林学会共组织各种活动为392项，交流论文17 331篇，参加交流人数为27 044人次。与前苏联、日本、加拿大、美国、英国、澳大利亚、越南等国的林学会及林业非政府组织建立了广泛的联系，进行了形式多样的合作交流。建国以来共接待外国来访团组17个，计161人次；派出团组16个，计106人次；举办了15次国际学术研讨会，参会外宾达290人。此外，中国林学会还注重发挥了学会知识密集，人才荟萃的优势，加强横向联合，多次组织多学科、多部门的学术与综合考察。

2. 人才培养活跃

中国林学会共设立了梁希奖、陈嵘奖,中国林业青年科技奖等奖项,在表彰先进、培养人才等方面发挥了积极作用。目前,梁希奖共举办了3届,评出获奖项目9项。陈嵘奖也举办了3届,共评出学术奖12项、科普奖9项、建议奖9项、学会工作奖61项。劲松奖目前已有约47 500名会员获奖。这些奖项极大地鼓励了广大林业工作者学习先辈,扎根基层,为林业建设无私奉献的精神,影响深远。为促进青年科技人才成长的中国林业青年科技奖,目前已有共48人获奖,从中推荐上报中国科协获中国青年科技奖者8人,在林业系统产生了良好的带动效果。

3. 科普成绩显著

1963年,中国林学会科普工作委员会成立,并逐步建立起全国林业科普网络。现已有25个省、自治区、直辖市的林学会和专业委员会加入了科普网,形成了林业科普工作的基本队伍。据初步统计,截至1998年底,林业系统已在中央电视台播出专题录相片5部,录相片14部;在中央人民广播电台设立专题报道6次;编写科普丛书60多本,出版发行科普挂图180多万套,举办大型科普展览5次,办科普画廊20多期;举办全国性的征文、知识竞赛10次,8万人次参加;举办全国青少年林学夏令营19期,参加人数3万。组织"林学辅导员培训班"等5次,生物教师培训班6期,达500人次。共举办"ABT"生根粉、化学除草等培训班20多期,召开现场会10多次。《森林与人类》作为全国唯一的林业科普期刊,创刊19年来,共出版103期,刊登科普作品累计达100多万字。中国林学会也由于自己的突出成绩于1985年获中国科协农村科普工作先进集体奖,1991年获北京市关心青少年科技教育先进单位,1993年获全国青少年生物百项活动优秀指导奖,1996年获国家科委、中国科协联合颁发的全国科普先进集体。

目前,知识经济正在世界范围内兴起。以知识为基础的经济正在逐步取代过去那种以资源、资本及劳动力为基础的工业经济。世界经济竞争愈来愈表现为科学技术的竞争。江泽民总书记在党的十五大报告中指出:"要充分估量未来科学技术特别是高技术发展对综合国力、社会经济结构和人民生活的巨大影响,把加速科技进步放在经济社会发展的关键地位,使经济建设真正转移到依靠科技进步和提高劳动者素质的轨道上来。"我国林业目前科技进步水平还相对较低,科技成果转化率只有35%左右,科技进步贡献率也只有27.2%,远低于世界发达国家的水平,也低于我国农业发展水平,还远远不能满足林业持续、快速发展的需要。林业发展正比以往任何时候都更加有赖于科技进步。我们只有站在21世纪的高度,进一步增强依靠科技、振兴林业的意识,坚定不移地实施"科教兴林"战略,才能实现林业经济增长方式的根本性转变,有效地保护和扩大森林资源,缓解社会对生态环境及林产品的需求矛盾,最终实现林业的可持续发展。

(执笔人:金旻　李二波　李兴　秦兰梅
傅朝阳　黄鹤羽　李岩泉等)

林 业 教 育

我国林业教育起步较晚,基础薄弱。本世纪初才开始有高、中等林业教育的雏形,一些地方开始设立农林学堂,以后陆续在一些大学农学院中设立森林系,在农业学校中开办了林科。到中华人民共和国成立前夕,全国仍然没有独立设置的高等林业院校,只是在全国 21 所大学、农学院中设立了森林系,在校学生仅 541 人;在 39 所高、初级农业学校中设有林科,在校生也仅有 1300 多人。新中国成立后,林业事业得到党和国家的高度重视,林业事业的振兴促进了林业教育事业的发展。改革开放给教育带来新生,林业教育事业得到了迅速发展和提高。目前已形成具有林区基础教育、职业教育、高等教育和成人教育的多层次、多类型、多形式的林业教育体系。

一、林业教育的发展历程

(一)建立高中等林业院校

1950 年,林垦部(后改为林业部)与教育部联合召开林业教育会议,决定在 14 所大学、农学院招收林业专科学生 1078 人,在全国各大学、农学院的森林系招收本科生 884 人,使高等林业教育的在校生达到 2187 人。与此同时,在一些中等农业学校中也增设了林科,当年各地农业学校林科招生 1677 人。1952 年国家进行高等学校院系调整,成立了北京、东北、南京三所林学院,并在 13 所农学院中保留或增设了林学系。同时通过调整,改建和新建了一批中等林业学校。到 1953 年,全国有中等林业学校 22 所,在校生达到 8303 人,还创办了一批林业技工学校和林业干部学校。从 1957 年开始,北京、南京、东北林学院先后开展了函授教育。50 年代初期,我国林业院校学习苏联林业教育经验,对旧教育制度进行改革,聘请苏联专家来华讲学,也先后派遣留学生去苏联学习。1954 年 8 月林业部成立教育司,加强了对全国林业教育的领导和管理,这一时期高中等林业院校教学秩序比较稳定,林业教育事业发展顺利。到 1957 年,全国独立设置的 3 所林学院和 13 个农学院的森林系,在校生已达 6065 人;独立设置的 24 所中等林校,在校生达 14 759 人,为 1949 年全国中等学校林科学生数的 11 倍。

(二)调整巩固林业教育

1958 年进行教育革命,贯彻“教育为无产阶级政治服务,教育与劳动生产相结合”的方针,师生普遍下放劳动锻炼，把生产劳动正式列入教学计划。同时，全国掀起了“大跃进”的高潮，在这种形势下，很多农学院中的林学系分离出来建成独立的林学院，一些林业专科学校或中专学校也纷纷升格为大学，使高等林业院校由1957年的16所增加到1960年的40多所，中等林业学校的数量也迅速增加到200多所，在校生达4.8万人。甚至一些县、公社(乡)和林场也举办了大量半工半读的林业学校，这类学校竟达到1100多所，在校生达9万人。林业院校数量的激增造成战线过长，力量分散，严重脱离了当时的经济基础，基本建设和师资力量都跟不上实际需要，严重影响了林业教育事业的正常发展。为了及时纠正“左”的错误，减少损失，中共中央提出了“调整、巩固、充实、提高”的方针，林业部结合林业院校的实际情况，从1961年开始对高、中等林业院校进行了调整，到1965年，全国保留了北京、东北、南京、福建、内蒙古、吉林、四川和天目山林学院，还成立了中南林学院，全国高等林业院校调整为9所。同时，对中等林业学校进行了大幅度撤并，只保留了25所办学条件比较好的学校。对于半工半读的学校也进行了清理整顿。1962年林业部提出，学校以教学为中心，正确处理教学与生产劳动的关系，全面安排教学，通过三年调整，林业教育得到了巩固、充实和提高。

50年代末和60年代初，林区中小学蓬勃发展。到1964年底，东北、内蒙古林区已设立普通中学67所，小学699所，在校学生达到17万人，基本上做到了每个林业局都有一所初级中学，每个林场、储木场、大的工段有一所小学。

(三)“文化大革命”对林业教育的伤害

十年动乱，林业教育遭到严重破坏。全国的林业院校停课闹“革命”，停止招生，部属高中等林业院校先后下放省里管理，地方林业院校也相继合并撤销或停办，9所高等林业院校中被强行搬迁或撤并的有8所，25所中等林业学校中有19所被撤销停办，有63%(25万平方米)校舍被占用，林业干部学校几乎全部解散。高、中等林业院校积累多年的教育仪器设备、标本、图书资料损失殆尽，校舍、土地、物资、实习基地被占用，大批教师外流，使林业教育一度出现了空白。1970年部分学校恢复招生，由于学校推行“朝农经验”，新生实行推荐入学，以干代学，忽视理论教学，严重违背了教育规律。

(四)林业教育的恢复和发展

党的十一届三中全会以后，澄清了教育上的大是大非问题，清除“左”的错误指导思想影响。到1977年各林业院校相继恢复招生，在逐步恢复原有几所高等林业院校的同时，根据林业建设的需要，1978年以后又组建了西南林学院新建了西北林学院。1985年北京林学院、东北林学院和南京林学院，分别改名为北京林业大学、东北林业大学和南京林业大学。到1985年，全国有普通高等林业院校11所，其中部属高等林业院校6所；在18所农业大学、农学院中设有林学(园林)系。在校生达到20 665人，形成了布局比较合理的高等林业教育体系。

在“文革”中被撤销和停办的中等林校也基本得到了恢复或重建，一些省、自治区还新建了一批中等林校。到1985年，全国有林业中等专业学校48所，其中中等林校41所，师范学校4所，卫生学校3所，在校生21 041人。林业技工学校发展到87所(包括技工分校)，在校生21 150人。林区职业中学、职业班也发展到近300所(个)，在校生2.4万人。

林业成人教育恢复发展较快。从1978年起在部属高等林业院校中设立了干训部，1994年以后逐步更名为成人教育学院。1979年北京林业干部学校恢复，1983年改为北京林业管理干部学院。其后大部分省、自治区相继成立干训班和林业干部学校，林业系统初步建立起职工教育体系。到1986年底，由全国高、中等林业院校、科研、企事业单位，举办的各种培训班，共培训专业技术人员和管理干部3万多人次。1980年以来，部属和一些省属林学院、农学院先后复办林业函授教育，部属院校还开办了夜大、干部专修科，到1986年共招生5000多人。

全国各级各类林业教育办学规模稳步发展，办学效益逐步提高。到1998年，全国普通高等林业院校(系)共有在校生41 394人(其中研究生1457人)；林业中等专业学校(含林业学校、园林学校、卫生学校、师范学校和警察学校)60所，在校生76 044人。林业成人教育开展了林业全行业职工培训，实施了关键岗位持证上岗教育。成人学历教育规模由小到大，形式日趋多样化，以函授和夜大学为主的林业成人高等学历教育规模，已达近万人(其中部属高校8000人，占84%)。另外，经国家自学考试委员会批准，从1998年起，林业部正式开办了林业生态环境管理专业(专科)自学考试。林业广播电视教育经过十余年的运作，已有近4万名学员毕业并取得中专文凭。

伴随着林区建设的发展和林业职工人数的增加，林区中小学教育事业也有了很大发展。1985年全国林业企事业单位办的中小学有2700多所，在校生79万人，仅东北、内蒙古林区就有中小学1600多所，在校生67万人。到1997年，林业系统办的中小学1069所，在校生27万人。

二、林业教育成就

建国50年来，林业教育虽然经历过一些曲折，但无论是数量和质量都取得了前所未有的发展。改革开放为教育事业注入了新的生机和活力，为教育发展提供了强有力的物质支持和经济基础。林业教育事业的迅速发展也为我国林业现代化建设提供了人才和智力资源。

(一)学校规模稳步发展，办学效益不断提高，培养了大批专门人才和合格劳动者

党的十一届三中全会以来，通过调整中等教育结构，有计划地实行小学后、初中后和高中后三级分流，使林业职业教育得到迅速发展。1978年全国有25所林业中等专业学校恢复招生，在校生8156人，到1997年，全国有各类职业学校132所(其中林业中等专业学校60所，技工学校和职业中学72所)。林业中等专业学校的校均规模也由1978年的326人增加到1998年1465人。师生比由1978年的1∶7.8提高到1∶19.4。建国以来，林业中等专业学校为林业基层培养22.74万人才。其中近20年共毕业15.97万人。

高等林业院校努力提高教学质量和办学水平，优化专业和层次结构，拓宽学科领域，形成了多层次、多学科、多形式的办学能力。高等林业院校(系)本、专科在校生由1978年9922人增加到1998年的39 937人，增加了3.3倍；高等林业院校的在校研究生也由1978年的60人增加到1998年的1457人，增加了18倍，年招生规模由50人增加到439人，增加7.8倍；高等林业院校全日制校均规模由1978年743人增加到1998年2815人。建国以来全国高等林业院校共为国家培养本专科和研究生11.64万人。其中本专科生11.29万人，研究生3543人。近20年毕业本科生8.52万人，研究生3185人。

以岗位培训和继续教育为重点的成人教育成绩显著，全国林业成人教育培训网络基本形成，1978年以来，林业全行业培训达2000万人次，1991～1995年林业职工年均全员培训率为24.1%。

函授、夜大、自考、广播电视等林业成人学历教育也蓬勃开展。1998年，高等林业院校现有函授夜大在校生10 036人，比1981年565人增加16.8倍。建国以来，函授、夜大学共毕业本专科生1.67万人，其中改革开放后至1998年毕业1.56万人。

全国林业院校历年培养的各类专门人才，遍布全国各地，他们已成为我国林业职工队伍的中坚和骨干，为我国林业建设事业作出的贡献铭记史册。

(二)林业教育投入加大，教学设施和办学条件明显改善

建国以来，林业院校不仅数量增加，办学规模扩大，办学条件也逐步得到改善。各级各类学校校舍得到较大规模的更新扩建，到1998年全国10所高等林业院校有校舍150.8万平方米，比1990年104.8万平方米增加44%。1998年全国中等林校有校舍186.3万平方米，比1985年65.5万平方米增加1.8

倍，平均每校校舍由17 237平方米提高到31 570平方米，增加83%。“八五”期间，为解决教职工住房，采取投资倾斜政策，使教职工住房紧张状况得到了明显改善，目前教职工人均住房面积已基本达到所在地区人均居住面积的平均水平。实习实验条件有了较大改善。1996年全国10所普通高等林业院校的设备资产值已达18 275万元，有12个教学实验林场初具规模，总面积88 354公顷。大部分中等林校均有实习基地，实验设备得到进一步改善，到1996年全国48所中等林校仪器设备总值达7000万元。各院校的图书馆建设有了新的发展，现代化馆舍相继落成，藏书量逐年增加，管理水平全面提高。到1996年底全国高等林业院校藏书达480余万册，中等林校藏书达354万余册。

（三）林业教育层次结构日趋合理，学科专业建设不断加强

随着教育改革的深入发展，各院校不断更新教育观念，主动适应林业经济和社会发展的需要，坚持立足林业，面向国家经济建设，不断拓宽服务方向，路子越走越宽。

高等林业院校的专业由单科向多科性发展，由产前向产中和产后延伸，先后设置了涵盖森林培育、森林环境治理、森林资源管理、森林和野生动植物保护、森林利用工程和林业经济管理各大类诸多学科专业。同时还设有经济、理学、法学、文学、教育学等专业。其中林科和林业工程专业占专业点总数66.4%。

10所高等林业院校在稳定发展本科的同时，还注意发展专科教育。为适应当地经济发展和林区建设的需要，加大了专科生招生的比重。研究生教育有了较大发展，到1998年有硕士学位授予单位8个，博士学位授予单位4个，硕士学位授权点62个，博士学位授权点31个。使研究生、本科生、专科生的在校生比由1990年的0.03∶1∶0.27调整到1996年的0.05∶1∶0.40。

全国中等林校设有59个专业，比1985年15个专业增加2.9倍，专业布点中林科类专业占71.2%。逐步形成以林科为主，多学科结合的专业体系，大大增强了学校办学活力。

（四）林业教育改革有了重要进展，教育管理取得成效

改革开放以来，在邓小平理论的指导下，加快了林业教育改革的步伐，学校在各级党和政府的正确领导下，为全面贯彻党的教育方针，进一步加强了学校党的建设工作，思想政治工作和德育工作，始终坚持社会主义办学方向，贯彻落实《中共中央关于加强学校党的建设的决定》，努力培养“四有”的合格人才。90年代，随着社会主义市场经济体制的逐步建立，林业部和有关省（区、市）人民政府积极鼓励和支持高等林业院校的办学和管理体制改革，从内部管理体制改革入手，积极推进学校综合改革试验，逐步扩大学校办学自主权，加强学校与社会各界的联系，学校通过与地方人民政府，有关高等学校、科研院所、林业企业集团实行不同形式的联合办学，进一步促进了学校整体建设水平的提高。

中等林业学校发挥各自特色，以林为主，面向社会，服务地方，取得可喜成绩，学校积极进行校内管理体制改革，进一步激发办学活力和教职工的积极性。

80年代初为缓解林业生产第一线技术人才匮乏的状况，开始了招生与毕业生分配制度改革的探索与实践，如在艰苦林区实行定向招生、定向就业，在基层单位招收有实践经验的人员入学。随着招生与毕业生就业制度改革的逐步深化，高等林业院校自1995年开始进行并轨招生试点，到1998年高中等林业院校全部实行招生并轨改革，毕业生实行“供需见面”、“双向选择”和在一定范围内自主择业的就业制度，逐步走向自主择业的新体制。

教学改革全面推进，90年代高等林业院校对教学计划进行全面修订，建立了新的人才培养模式，林业部制订和修订了全国中等林校和林业行业岗位培训教学计划和教学大纲。教学内容改革初见成效，学校相继开展了学分制和教考分离的改革，林业院校面向21世纪教学改革正在向纵深发展。

“八五”以来林业部组织制定高等林业院校教学评价方案和中等林校专业教育质量评估指标体系，组织开展了高等林业院校的教学评价工作，高等林业院校函授、夜大学和中等林校的教育质量评估工

作，使林业教育逐步走上规范化、制度化轨道。

（五）师资队伍不断壮大，教师整体素质明显提高

师资队伍建设是提高教学质量和学术水平的重要保证。林业部和各级林业教育主管部门一向重视各级各类林业学校教师队伍建设，尽量为教师的工作、生活创造必要的条件，通过选派教师进修、攻读学位、开展合作研究、进行学术交流，开办各种教师进修班、培训班，组织教师参加社会实践等多种途径，使教师队伍不断发展壮大，整体水平有了明显提高。到1998年全国高中等林业院校共有专任教师8286人，比1978年1042人，增长了7倍。高学历教师比例也逐年提高，1985年高等林业院校具有研究生学历的教师仅占教师总数6.2%，中等林校具有大学本科学历的专任教师占教师总数62.5%，到1997年，高等林业院校具有研究生学历教师增加到23.7%，中等林校具有大学本科以上学历教师达到71.8%。

林业院校教师考核评审制度逐步完善，职称结构日趋合理。1985年高等林业院校副教授以上教师只占教师总数9%，到1998年已达40%，教授、副教授、讲师和助教比例为0.11∶0.30∶0.36∶0.23。中等林校高讲以上的教师已占到教师总数19.5%，而1985年只占0.7%。林业院校还制定了跨世纪人才培养计划和措施，使一大批有造诣的中青年教师脱颖而出，对缓解教师队伍老化，加强学科梯队建设，起到了积极的作用。

（六）林业院校科学研究成果显著，为林业科技进步做出了贡献

林业院校在提高教学质量的同时，充分发挥自身优势，走产学研、林科教结合道路，大力开展科学研究和科技推广工作，在科教兴林中取得可喜成绩。林业院校建立了相应的科研机构，如研究所、设计院、开发中心等。拥有一支专兼结合多科性的科技队伍。历年来，承担了国家和省部级的大量研究课题，取得不少重大科技成果，从1978～1996年10所高等林业院校，共取得科研成果1500项，有750余项获得省部级以上奖励，其中国家级奖励90余项。在遗传育种、良种繁育、造林技术、森林资源管理、木材和林产品加工、林业机械设计制造、森林病虫害防治、野生动植物保护、经济管理、发展战略决策等领域，都有建树。不少成果已在生产建设中应用，取得了显著的经济效益、社会效益和生态效益。

“八五”期间，全国高等林业院校推广科技成果194项，先后派出6610人次参加扶贫项目513个；选派科技副县长42人；举办技术推广、科技扶贫培训班1586个。

（七）对外交流日益扩大，建立了稳定的国际合作关系

50年代林业院校就开始了对外的合作交流工作，改革开放以来，林业院校的国际合作交流日益广泛。20年来，我国高等林业院校已与20多个国家和地区的一百多所大学或科研单位建立起长期、稳定的交流和合作关系。通过各种渠道向40多个国家或地区派出各类留学人员1500人，其中60%学成回国，多数人已成为教学、科研骨干。与此同时，还聘请了来自50多个国家或地区的专家3000余人次进行学术交流、合作研究，联合培养研究生。近年来，中等林校国际交往也日趋频繁，通过各种渠道，派遣教学和管理人员出国考察，开展学术交流。同时，也先后接待数十批国外来访代表团。

三、林业高等教育

中国普通高等林业教育起始于20世纪初叶。1949年以前,全国没有独立设置的高等林业院校,只在21所大学、农学院设立森林系。新中国成立后,随着林业事业的发展,高等林业教育也得到了相应的发展。党的十一届三中全会以来,尤其是“八五”期间,高等林业院校有了较大发展,教育投入逐年增加,教育改革不断深化,办学规模、办学效益及人才培养质量也有较大提高。

目前,林业高等教育已基本建成了一个布局合理,学科专业齐全,层次结构完整,师资队伍结构日渐完善,设备条件比较良好的高等林业教育体系。

(一)高等林业院校管理体制的改革

我国高等林业院校管理体制形成于1952年。40多年来,部属院校几经下放又收回,直至1978年,才形成了比较稳定的管理体制。

随着我国社会经济的发展和社会主义市场经济体制的逐步建立,“条块分割”的体制显现出与社会发展的不相适应,高等学校属地化管理已经成为发展趋势。几年来,林业高等学校体制改革主要是按照“共建、调整、合作、合并”方针进行的。为了适应经济、科技和社会发展的需要,充分挖掘高等林业院校的办学潜力,提高整体办学水平和效益,发挥高等学校在不同学科领域中的优势,更好地为林业生产建设和经济发展服务,林业部和有关省(区、市)政府管理,正在向宏观转移,积极鼓励和支持高等林业院校逐步扩大学校办学自主权,加强学校与社会的联系与合作,实行多种形式的联合办学。林业院校强化内部管理体制改革,积极开展综合改革试验,努力探索办学新思路。

1. 扩大学校办学自主权

1984年,林业部印发了《关于改革部属林学院管理体制的几点意见》(试行),着重提出扩大学校办学自主权、人事管理权、教学改革权和经费使用权。1993年,林业部又提出了《关于进一步扩大部属高等学校办学自主权的意见》,允许学校在现行学科范围和核定的本科专业总数内,自主调整本科专业和专业方向;根据社会需要和自身办学条件,在年度招生计划总量基础上适当增加调节性计划;按照国家有关规定,在核定的编制总数、工资总额内,自主选择用人制度、管理体制和设置处级非教学机构,确定校内分配办法和津贴标准。

2. 深入进行学校内部管理体制改革

1992年以来,林业部相继批准了6所部属高等林业院校的校内管理体制改革方案或学校综合改革方案。各院校为实施改革方案制订了与之相应的实施方案、试行办法和具体规定。学校内部管理体制改革从人事制度改革入手,强化编制管理,定编制、定岗位、定职责,实行全员聘任制、合同制,健全考核评估制度,教职工队伍实行合理分流,择优上岗,平等竞争,从而推进了学校分配制度改革和教学、科研、校办产业、后勤服务体制以及医疗、住房制度等综合配套改革。

3. 成立学校董事会

为了探索以国家财政拨款为主,多渠道筹集办学资金的投资体制,主动谋求企事业单位各种形式的支持和援助,更好地为企事业单位、为社会培养所需的人才,建立学校与社会各界联合办学的新机制,推动高等林业院校面向社会自主办学。经林业部批准,北京林业大学、东北林业大学分别于1994年5月和9月成立了学校董事会。

4. 实行各种形式的联合办学

为贯彻落实《中国教育改革和发展纲要》和《关于深化高等教育体制改革的若干意见》的精神,继续深入探索和推动高等林业院校管理体制改革,林业部提出了对部属院校实行分类指导、分层次办学及深化管理体制改革的思路和措施,积极推进与地方政府实行共建。同时,高等林业院校之间,林业院校与地方政府、林业科研院所、林业企业集团也进行了不同形式的联合办学。合作各方通过友好协商,平等协作，实现资源共享，优势互补，寻求共同发展，进一步促进了学校整体建设水平的提高。

5. 进行院校调整

进入90年代以来，地方高等教育体制改革力度逐步加大。为适应国家经济体制改革和教育管理体制改革的需要，各省(区、市)人民政府结合本地区的实际情况，开始进行高等教育结构和布局调整。1994年，河北省根据省内高等教育结构和布局调整的需要，决定将河北林学院与河北农业大学合并，成立了新的河北农业大学。1997年，广西壮族自治区人民政府将广西农业大学林学分院并入广西大学，设为广西大学林学院；1998年，内蒙古自治区人民政府决定内蒙古林学院与内蒙古农牧学院合并，成立内蒙古农业大学。

(二)招生与毕业生就业制度的改革

1949年以后，我国主要实行统招统分的招生和毕业生就业制度。"文化大革命"期间，教学秩序被打乱，一度停止招生，造成后来林业人才短缺，青黄不接的恶果。1970年，部分林业院校恢复招生，1971年普通高等学校取消招生考试，实行推荐入学，学生社来社去。1977年，高等学校招生恢复了全国统一招生考试制度，教学秩序恢复正常。但是，长期以来，林区学生"招不来"，大学毕业生"分不去，留不住"的矛盾一直存在。为缓解林业生产第一线人才匮乏，在国家有关政策指导下，林业部对高等林业院校在招生与毕业生就业制度方面进行了一系列改革与实践。

1982年，林业部与教育部联合发出通知，开始面向艰苦林区试行定向招生、定向就业的政策。1994年，为解决贫困地区、三峡库区定向生源，国家教委高校学生司和林业部人事教育司联合制定了《林业部直属普通高等学校在贫困地区定向招生暂行办法》，实行定向招生，计划单列，参加统考，单独录取，单独编班组织教学。

为解决中等林校师资紧缺状况，1987年林业部根据国家教委的有关规定，决定部属普通高等学校开始在中等林业学校应届毕业生中择优录取保送生。保送生免试推荐入学，定向就业。学生毕业后，主要回推荐学校担任教学工作。

1991年，国家教委、林业部联合印发了《林业部直属普通高等学校招收有实践经验人员的暂行办法》，面向边远地区、基层林业企事业单位招收实践生，毕业后回到当地就业。

定向生、保送生、实践生实行定向招生、定向就业的政策，对稳定边远地区林业基层科技队伍，提高林业生产技术水平，促进山区经济发展，发挥了重要作用。十几年来，普通高等林业院校定向招生范围和定向招生比例逐步扩大，全国普通高等林业院校累计定向招生1万余人。据调查，其中90%以上回到定向地区的林业系统工作。

1997年，高等林业院校在试点的基础上全面实行招生"并轨"改革。学校为主动适应市场经济发展对人才的需求，积极培育林业系统内的毕业生就业市场，逐步建立国家、系统、地方、学校等多层次，多类型，以学校为主体的毕业生就业市场，促进毕业生与用人单位供需见面、双向选择，使毕业生就业市场成为毕业生就业的主渠道。为鼓励毕业生在林业系统内自主择业，到林业建设急需岗位就业。林业部和地方人民政府、高等林业院校对自愿到边远地区和重点林区就业的毕业生予以表彰和奖励。

(三)高等林业院校的教育改革

改革开放以来，各院校不断更新教育思想观念，主动适应国家经济建设、林业和林区社会发展的需要，坚持立足林业，面向国家经济建设主战场，不断深化教育改革，探索教育发展的新路子。

1. 优化高等林业教育结构，调整层次比例，充分利用教育资源，提高办学效益

各普通高等林业院校，从实际出发，实事求是，找准自己的位置、办学方向、任务和目标，核定发展规模、层次比例、逐步形成3所林业大学适当发展研究生教育，稳步发展本科教育，相应压缩专科规模，努力建成教学、科研两个中心的格局，为普通高等林业院校起示范带头作用；各林学院以教学为中心，稳定本科教育，适当发展为当地经济建设和林区生产服务的专科教育，量力而行地发展研究生教育，积极探索应用型人才培养模式，努力把学校办成优势学科专业明显，区域特色显著的林业院校。

为充分利用教育资源，各高等林业院校树立以全日制学历教育为主，多层次、多规格、多形式为林区培养人才，在保证全日制学历教育的基础上，充分挖掘办学潜力，发挥学科专业、师资、设备等办学条件优势，积极发展函授、夜大学、自学考试等林业成人学历教育，同时开展多种形式的短期培训和继续教育，既满足林区对不同层次、不同规格人才的需要，又扩大学校的社会功能，提高办学效益。

2. 调整专业设置，全面修订教学计划，建立新的人才培养模式

随着我国林业经济的发展，林业产业体系不断发展壮大，林业产业结构和产品结构的调整，对专门人才的需求发生了较大变化。林业院校扭转对林区、对林业行业的传统认识，及时调整院校专业结构，对传统老专业，注重特色，以优势学科为依托，增设专业方向，按系招生，增设面向林区、为生产第一线服务的应用型专业。专业调整由单科性向多科性发展，由产前向产中、产后延伸，到1996年底，10所普通林业高校设置本科专业136个，其中农学类专业59个（含林科专业58个），工学类专业57个（含林业工程类专业33个），经济学类专业9个，理学专业6个，法学专业2个，文学专业2个，教育学专业1个。其中林科专业占专业总数66.9%。逐步形成了以林科为主，多学科结合的学科专业体系，大大增强了高等林业教育的适应性。

1990年以来，各林业院校在保证专业培养目标和基本规格前提下，坚持"加强基础，拓宽专业面，增强适应性"的原则，对本专科专业教学计划进行了较大幅度的修订和完善，使教学计划在体现科学性、先进性的同时，更具有灵活性。按"宽专业、多方向"和"拓宽基础、加强复合、提高素质"的思路，优化课程体系，采用基础加模块的方式进行组合式教学。学校按专业群或系招生，打通基础，分流培养，逐步形成教学科研型 、复合应用型、技术推广型人才培养模式，既较好地适应了林业建设和林区经济发展对林科及相关科类人才的需求，又增强了学校办学活力和竞争力，既稳定生源数量、质量，又增强毕业生就业竞争力。

3. 加强实践性教学，改善教学条件，提高教学质量

基础设施建设是高校办学条件的基本保证。截至1996年，10所普通高等林业院校固定资产63 538万元，其中设备资产总值18 275万元，有教学实践林场12个，总面积88 354公顷。此外，还通过世界银行贷款等种多渠道引进一批先进仪器设备，建立了一批重点实验室和中心实验室，很大程度上改善了林业院校实验条件和测试手段。林业院校的图书馆建设也得到了进一步加强，藏书量逐年增加，到1996年底，已达到408万册。林业院校的办学条件得到了进一步改善，为教学科研提供了良好的条件。

各林业院校一贯重视和加强实践性教学环节，积极发挥校内外实验实习基地的作用，实行教学、科研、生产三结合，纳入教学计划的实践性教学环节每年达28周，贯穿于培养学生的全过程。

为了加快林科专业的教材建设，1978年以来，林业部共组织实施了四轮全国普通高等林业院校教材建设规划，1980年林业部组织成立了教材编审领导小组，下设若干个专业教材编审委员会（后改名为教学指导委员会），根据高等林业院校所设各类专业的培养目标，组织实施统编教材的编写工作。经过近20年的努力，基本完成了林业学科各专业通用教材的统编工作，并对主要专业的教材进行了修订。到1996年底，已出版通用教材246种和一批教学参考书。新编教材的出版对建设新兴和边缘学科，提高教学质量起到了积极作用。

4. 加强和完善教学管理制度

为加强对学校教学质量的宏观管理和指导，根据国家教委制定"普通高等农林本科学校教学工作评价方案"，组织专家组，对普通高等林业院校进行教育工作评价，各院校也建立了由教学经验丰富的老教师组成教学督导组，由学生组成教学信息员队伍。成立考试中心，建立试题库，实行考教分离。将竞争机制引入学籍管理，实行合理的淘汰制、降级制，完善学分制，主辅修制、双学位制、专科升本科制、推荐优秀应届本科毕业生免试为硕士生制度等，这些改革实践，为完善教学管理制度，建立新型教学管理体系打下了良好基础。

（四）研究生教育和重点学科建设

我国林科研究生教育自50年代初开始起步，1952年南京林学院（现南京林业大学）首先开始招收研究生，到1965年，北京、东北、南京林学院共培养研究生186人。"文化大革命"期间，研究生教育一度中断。党的十一届三中全会以后，研究生教育逐步得到恢复和发展。

1. 建立林科研究生培养基地

1981年，根据《中华人民共和国学位条例》，经国务院学位委员会批准，高等林业院校大多开始实施学位制度，经过十几年的努力，已基本形成林科学位授予体系，逐步健全了研究生培养的管理制度，为国家培养了一大批高层次人才，缓解了"文革"造成的人才断层问题。到1998年，国务院学位委员会先后批准林业系统7批博士、硕士学位授予单位及其学科专业点和博士生指导教师。到1998年，我国林科研究生教育已有硕士学位授权单位28个，林科硕士学位授权点92个，博士学位授予单位5个，林科博士学位授权点19个，博士指导教师127人。高等林业院校的研究生教育包括理学、工学、农学、管理学四大学科门类20多个学科专业。我国林科研究生的培养基本立足国内，高等林业院校已成为林科研究生培养的主要基地。

2. 加强对研究生教育的管理

1981年以后，各林科研究生培养单位相继建立了研究生教育管理机构。根据国务院学位委员会的部署，林业部学位委员会组织制订了林科研究生教学文件，开展了学位授予质量和研究生教育质量的检查评估；进行了高等学校与科研单位联合培养研究生的改革尝试。1983年以来，林业部根据国务院学位委员会的要求，组织制订、修订了林科硕士研究生培养方案、对林科研究生的培养目标、学习年限、课程设置、论文要求等做出基本规定。1992年，按照国务院学位委员会的统一部署，国务院学位委员会办公室和林业部学位委员会联合组织开展了林科硕士研究生教育和学位授予质量评估工作，对全国20个林业、农业高校及科研单位进行了检查评估，涉及林学、林业工程两个一级学位的20个二级学科专业，共96个学科、专业点。评估结果表明，林科硕士研究生教育和学位授予质量基本达到了我国学位条例和培养方案的要求。

3. 加强学科建设和实验室建设

各高等林业院校根据学校自身的条件、地域特点，学科优势和技术特长，确定了学校的重点建设学科及其重点发展的研究领域，逐步建设起一批国家级或省部级重点学科和重点实验室。1987年，北京林业大学、东北林业大学、南京林业大学有7个学科被评为国家级重点学科。1992年以来，各高等林业院校中有22个学科点被评为省部级重点学科点。1994年，经人事部批准，北京林业大学、东北林业大学分别设立了林科类博士后科研流动站。1994年以来，北京林业大学和东北林业大学"211工程"建设项目，相继通过林业部组织的部门预审；1997年北京林业大学"211工程"建设项目，已向国家计委提出正式立项申请，东北林业大学"211工程"自筹资金建设项目也通过了林业部组织的专家审定。

1993年，经国家教委批准东北林业大学森林植物生态学开放性研究实验室，成为高等林业院校中第一个国家级开放研究实验室。1995年，经林业部批准，高等林业院校有15个实验室列入林业部重点开放性实验室。1997年，经国家教委批准，北京林业大学设立"国家理科基础科学研究和教学人才培养基地"生物学专业点，东北林业大学试办"国家理科基础科学研究和教学人才培养基地"生物学专业点。

（五）教师队伍建设和青年教师的成长

教师队伍是高等学校办学的主体，是提高教学质量和学术水平的重要保证。自1952年高等林业院校建立以来，师资队伍建设普遍受到各院校领导的重视，"文化大革命"结束后，高等林业院校在恢复教学秩序的同时，特别重视和加强了教师队伍的建设，及时制订了师资队伍培养计划，有步骤、有重点、有针对性地选拔、培训各类教师，尤其是注重加强了青年教师的培养。通过选派教师到全国重点高等学校或赴国外进修深造、攻读学位或合作研究，举办各种培训班、讲习班、研讨班，聘请外国专家讲学，开展各种形式的学术交流活动等多种途径，加强教师队伍的建设，取得显著效果。经过40余年的努力，高等林业院校的教师队伍稳步发展，教师队伍的整体结构有了改善，高学历教师比例逐年提高，教师的年龄结构逐步趋于合理，高级专业技术职务的教师开始年轻化，一批批优秀年轻教师成长为新的学科带头人和学科业务骨干。到1998年全国10所高等林业院校有专职教师3746人，其中教授396人，副教授1106人，讲师1337人，教员和助教907人，其中副教授以上教师占专任教师40%，比1978年提高了34%，有研究生学历的教师1998年为1073人，占到专任教师总数的29%，其中博士192人，占5%。

各林业院校逐步完善了教师考核评审制度。国家从1986年起将教授、副教授任职资格评审分期下放给部分高等学校，目前北京林业大学、东北林业大学、南京林业大学已具有教授、副教授任职资格评审权，中南林学院、福建林学院已具有副教授任职资格评审权。考核评审制度走上了正轨，部分院校全面实行了教师聘任制，大大激发了教师积极向上的竞争意识。

“九五”期间是高等学校教师队伍新老交替的关键时期，林业部制订了选拔和培养跨世纪学术和技术带头人培养规划，各高等林业院校也制订了本校实施跨世纪人才选拔和培养的措施、计划和具体实施办法。到1998年底，高等林业院校已有45岁以下的教授65人，35岁以下的副教授221人，有47人被国家和林业部列入跨世纪学术和技术带头人重点培养对象。

1978年以来，高等林业院校教师队伍中先后有数百人获得国家、省部委的表彰和奖励。其中获得国家、有关部委在全国范围内政府级表彰的有90余人次。

四、林业职业教育

林业职业教育是我国林业教育体系的重要组成部分。建国初期，随着林业生产的发展，林业职业教育开始起步，1952年创办了一批中等林业学校和林业技工学校。党 的十一届三中全会以后，林业职业教育取得了较大发展，形成了以普通林业中等专业学校、技工学校、职业中学等中等林业职业学校为主体，林业初等和高等职业教育作补充的林业职业教育体系。

在我国林业职业教育中，普通林业中等学校发挥着骨干和示范作用。多年来，各地林业教育部门始终把中等林业职业教育特别是普通林业中等专业学校作为重点来发展。

(一)林业职业教育的改革和发展

1. 指导和推动林校的改革和发展

50年代，林业部制定了《中等林业教育发展纲要40条》和《中等林业教育工作20条》，提出要加强党的领导，树立与劳动人民同甘共苦的思想，明确“面向本省、面向生产、面向生产合作社”的“三面向”的办学方针。1959年，林业部提出了整顿、巩固、提高中等林业学校的意见。党的十一届三中全会后，林业部进一步加强了对林业职业教育的领导。1979年和1982年，林业部先后两次召开全国中等林业教育工作会议，为林业中等学校的稳步发展打下了良好的基础。1982年，林业部颁发了《关于加强中等林业教育工作的意见》，要求各省、自治区加强对中等林业教育的领导，优先办好老林校和重点林校，按“四化”标准配备好领导班子，确定了中等林校的学制，明确了林业部对中等林校的领导职责。1983年，根据国家关于中等教育结构改革的有关文件精神，林业部针对林区教育结构单一的状况，颁发了《关于改革北方林区中等教育结构，发展职业技术教育的意见》，要求改革林区中等教育结构，发展职业技术教育。为贯彻落实《中共中央关于教育体制改革的决定》，1986年，林业部制定了《关于发展林业中等专业学校的实施意见》和《关于大力发展林业职业中学的几点意见》，进一步推动林业职业教育改革的深入发展。

近年来，国家教委就普通中等专业学校的改革和发展问题出台了一系列政策措施，从宏观上进行指导。林业部于1996年发出了《关于加强普通林业中等专业教育改革与发展工作的通知》，强调要提高认识，加强领导，加大体制改革力度，增强办学活力，深化教育改革，培养高质量人才，加强师资队伍建设，增加投入，改善办学条件。

为了切实抓好重点林校的建设，1997年，林业部专门召开了全国重点普通林业中等专业学校工作座谈会，研究提出了进一步加强重点普通林业中等专业学校建设的意见。

2. 加快招生和毕业生分配制度改革

1983年，林业部印发了《全日制普通中等林业学校协作代培办法》，林业中专在全国首创了对等协作代培的招生形式。既能发挥省属学校的专业优势，又可避免小而全。1992年，林业部与国家教委联合下发了《关于在部分省区普通中等林业学校招收有实践经验人员入学的通知》，开始在林业中专招收有实践经验的人员入学。部分中等林校还开办了不包分配班。各地学校根据国家教委和林业部有关招生政策，依靠当地政府和主管部门，先后实行了林业系统单独招生录取，扩大委培生、自费生、实践生招生比例等方式，初步缓解了林业基层单位“招不来、分不去、留不住”的矛盾。

在毕业生分配方面，中等林校不断拓宽就业渠道，不少学校已尝试参与人才洽谈交流，推行供需见面，双向选择，并坚持优生优分的原则，做到人尽其才，才尽其用。

3. 开展多形式、多层次办学

我国林业职业教育存在着学校规模过小、办学形式单一、布局结构不尽合理等问题，严重影响和制约着林业职业教育的发展。根据《中国教育改革和发展纲要》，一些省林业主管部门将林校、技校和其他形式的学校统筹规划，实行集中统一领导，联合办学。为适应林业生产、社会发展及劳动就业的需要，各校还普遍开展各种培训、函授教育、技工教育、自学考试等多种形式办学，变单一办学为多形式、多规格办学。教学资源得以充分利用，增强了学校活力，规模效益有了提高。

国家《职业教育法》颁发后，林业部提出要因地制宜地实行多种形式的联合办学，林业系统内各种职业学校应积极联合，有条件的学校应与地方政府、企业联合，做到全日制与业余教育、学历教育与非学历教育、职前教育与职与教育相结合，充分挖掘办学潜力，拓宽服务面，提高办学效益。

经过多年努力，学校招生人数增加，办学规模不断扩大，办学效益明显提高，如1998年60所林业中等专业学校在校生达7.6万人，每校平均在校生1267人，比1988年增加1.7倍，师生比也由1988年的1∶7.6提高到1988年的1∶19.4。

4. 深化学校内部管理体制改革

以人事分配制度改革为主的学校内部管理体制改革是中等林校改革的重点之一。80年代，四川林校开创了目标管理模式，并在全国中等林校中推广。许多中等林校也建立了岗位责任制和全员聘任制，严格定编定岗，完善工作业绩考核，人事管理工作更加规范。

学校后勤工作的改革也迈出了很大的步伐。许多林校对后勤工作实行半企业化管理，独立核算，自负盈亏，经济承包责任到人，把经济效益与个人利益挂钩，调动了后勤人员的积极性，提高了服务质量。

（二）规范教学管理，提高教学质量

1. 调整和完善中等林校的培养目标

中等林校从50年代就重视德、智、体的全面发展，并规定培养目标为林业技术员。1986年，根据国家教委的规定和中等林校的实际，中等林校的培养目标明确为德、智、体全面发展的中等林业技术和管理人才。在建立社会主义市场经济体制的新形势下，中等林校的培养目标也相应地赋予了新的内涵。1996年，林业部在新的教学计划中明确规定，中等林校主要为林业行业培养德、智、体等方面全面发展，牢固掌握必需的文化科学基础知识和专业知识，有较强实践能力的中等技术或管理人才。新的培养目标突出素质教育和专业实践技能及动手能力的培养，为造就“复合型”、“适用型”人才打下坚实基础。

2. 加强教学文件建设

学校的教学计划、教学大纲等教学文件的建设是完成培养目标，造就合格的中等专业技术人才和管理人的基本保证。中等林校的教学计划，根据国家教育方针政策和林业生产的发展，历经多次修改和补充。1954年第一次制定并颁发了全国中等林校造林、森林经理2个专业三年制的教学计划。1961年，林业部颁发了《关于修订中等林校教学计划的意见》，强调加强基础理论和专业知识的学习，合理安排理论教学与实践教学，并指出恢复各个教学环节的重要作用。党的十一届三中全会之后，林业部根据国家教委的要求，先后四次组织编写和修订教学计划。1979～1982年，林业部颁发了林业、森保、采运三个专业三年制和四年制教学计划，1988年林业部根据国家教委《关于制定和修订全日制普通中等专业学校（四年制）教学计划的意见》的要求，及林业行业实际情况，组织制定13个专业四年制教学计划。1996年，又根据建立社会主义市场经济体制和中等林校的发展需要，本着突出职业特点和能力培养，加大实践教学比重的原则，组织制定了32个专业四年制的教学计划。

教学大纲和教材建设始终伴随着教学计划的编写修订而进行。1954年，组织制订了林业专业9门课程教学大纲，1980年以来，先后组织编写修订了三次，1998年，颁发了16个专业、162门课的教学大纲。在教材编写中贯彻"编选结合，以选为主"的方针，统编、自编、借用教材及交流讲义等相互补充，合理搭配。1978年以来，共编写修订了112种教材和讲义，1997年，林业部首次组织评选出10门优秀教材。

为加强对林业技工学校宏观管理，90年代初林业部组织编制了18个专业(工种)目录，拟订了6个专业(工种)教学计划。南方技工学校还组织协编了10本教材。1983年，林业部在《关于改革北方林区中等教育结构发展职业技术教育的意见》中，明确规定林区职业中学的任务是培养技术工人和劳动后备力量。1984年，林业部和国家教委组织拟订了2个专业教学计划和20门课程教材。

3. 加强和改进德育工作

学校的中心工作是培养人。90年代，林业部先后召开两次中等林校思想政治工作研讨会，在部颁教学计划中提出要对学生进行学林、爱林、务林和艰苦奋斗，无私奉献的行业精神教育，在课程设置上增加了政策法规和美育教育。近年来，各中等林校在给学生传授知识的同时，加强了德育工作，在实践中总结和创造了许多经验。

4. 加强教师队伍建设

加强中等林校教师队伍是办好中等林校的一项战略性措施。多年来，林业部及各中等林校在教师队伍建设方面进行了不懈的努力，取得了显著成绩。目前中等林校教师人数是建国初期的　　倍，中等林校教师的数量、年龄、学历、职称、教龄及素质结构均发生了明显的可喜的变化。为了建立一支能适应林业建设需要、结构合理、素质优良、数量充足、相对稳定的教师队伍，林业部于1992年印发了《关于加强中等林校教师队伍建设几点意见的通知》，从努力提高教师的政治素质、有计划地开展在职教师的培训和提高、制定和完善各项规章制度、加强教师队伍管理、努力改善教师的工作生活条件、稳定和发展教师队伍等方面，提出了一系列措施和办法。到1998年全国中等林校共有教职工9055人，其中专任教师4201人，具有中高级职称的81 7人，占教师总数19.5%。中等林校广大教师在教学、科研和技术服务方面做出了重要的贡献。

5. 加强专业设置规范化建设

党的十一届三中全会以后，随着林业建设和社会经济的不断发展，中等林校根据国家的方针政策，从调整服务面向入手，对专业设置进行了较大的改革。学校本着"以林为主，面向社会，服务地方"的原则，为适应市场经济发展对人才的需求，调整了专业结构，增加了经济管理类、加工类、政法类、资源环境类专业。据统计，1991年到1996年，全国中等林校的专业由24个增加到76个，平均每校由3.4个增加到6.7个，学校专业最多的16个。为了加强专业建设的管理，促进专业设置的规范化，提高教学质量和办学效益，林业部曾多次组织制定中等林校专业目录，1998年印发了《普通林业中等专业学校专业设置管理办法》，对专业设置原则、条件和审批办法、程序作了具体规定。既强调中等林校在专业设置方面有相应的自主权，又规定必须充分考虑人才需求、学校条件及办学能力等，进行合理论证；不能贪多求大，一哄而起，要遵循一定的程序；要达到既有数量，更要有质量。

6. 加强实验实习基地建设

多年来，学校和主管部门普遍重视实验开出率和实习基地建设，注重实践手段的更新。中等林校普遍充实了微机实验室、美育室、语言室和电化教学设备等现代化教学手段，各校也注重实验实习制度和技能的考核。有些学校还进行了各种教学模式的实验。

实践性教学是培养学生动手能力的重要环节。加强实验实习基地建设又是达到这一目的的重要手段。50年代以来，林业部在历次颁发的中等林校、技工学校和职业中学的教学计划时，都对教学实习和生产实习做了具体规定。林业部于80年代专门组织制订了《实验实习室仪器设备标准》，对保证实验实习设备完备、完好率及实验实习的开出率和指导实践教学发挥了重要作用。1992年，林业部又印发了《全日制普通中等林业专业学校苗圃、树木园、实习林场用地定额》标准，为各校实习基地建设提供了依据。

(三)开展教育评估、促进学校发展

教育评估是现代教育管理的科学有效的手段，是达到教育目的的必要形式。为了进一步端正普通中等专业学校的办学方向，提高办学水平和教育质量，充分发挥行业对学校建设的管理和指导作用，促进学校主动适应建立社会主义市场经济体制的需要，推动学校不断自我调整、自我完善，国家教委和林业部分别组织开展了教育评估和专业教育质量评估。1991年，国家教委在全国普通中等专业学校中组织开展了合格评估(办学条件)、办学水平评估和选优评估。经过严格评选，21所中等林校被评为省部级重点学校，其中辽宁、牡丹江、山东、福建、湖南、广西、四川、甘肃林校获得国家级重点学校称号。在国家教委教育评估的基础上，从1992年5月到1994年4月，林业部在全国中等林校中首次组织开展了专业教育质量评估工作。

历时二年多的首次全国中等林校专业教育质量评估结果表明，首批参评的27所中等林校，有22所学校各专业类的评估结果均为A级。根据部颁优秀中等林校条件，辽宁、白城、牡丹江、南京、福建、山东、洛阳、湖南、广西、四川、陕西、甘肃林校12所学校，被林业部批准为全国优秀中等林业学校。

全国中等林校专业教育质量评估工作对学校及其主管部门均产生了积极的作用，其影响是广泛而深刻的。通过评估，各地主管部门进一步重视学校的建设和发展，普遍加强了对所属学校的领导，加大经费投入，改善办学条件，还促进了学校内部管理的科学化、规范化进程。学校综合办学潜力进一步挖掘出来，专业服务面更加拓宽，办学规模不断扩大，各校在保持林业特色的前提下，主动调整传统专业，增设社会急需的专业，适应社会主义市场经济的需要。

“八五”期间的这次全国中等林校专业教育质量评估，是我国中等林校建设中的一件大事，它规模大、时间长、地域广、材料多，为今后的评估工作积累了丰富的经验，打下了坚实的基础，也为加强宏观管理和指导，推动专业建设，促进学校改革和发展发挥了重要作用。为了使评估工作能经常化、制度化，1998年，林业部又印发了《林业部专业教育质量评估体系》，就开展督导评估工作的有关问题做了具体规定和部署。

五、林业成人教育

建国初期，为尽快解决林业人才缺乏问题，1951年林业部在北京建立了林业干部学校。随后大部分省、自治区和许多企业相继成立了林业干部训练班或林业干部学校、职工业余学校。1957年林业院校开展了函授教育，60年代初，许多单位成立了职工教育专门机构，配备了专职人员，加速了林业职工教育的进度。党的十一届三中全会以后，林业职工教育得到了迅速的恢复和发展，根据国家有关加强干部教育的一系列指示精神，林业部于1979年召开全国林业干部培训工作会议，恢复和建立了部和省、地区干部培训基地和企业职工教育基地，林业教育培训网络逐步形成，开展了大规模的林业企业厂长经理统考培训和工人文化技术补课，以函授教育和干部专修科为主的林业成人教育有了较快发展。1988年，林业部召开了全国林业成人教育工作会议，组织编写了林业行业干部岗位规范，成立了林业部成人教育研究中心，林业成人教育进入以岗位培训和继续教育为重点的全面发展阶段。

(一)林业成人教育培训蓬勃开展，成人教育网络基本形成

1. 短期业务技术培训

建国初期，为适应林业建设迅速发展的需要，林业部和各地林业部门举办了大量培训班，对在职干部和新参加工作的青年进行轮训，培养了一大批技术骨干和管理干部。1957年以后，林业部又在各林

学院举办了领导干部培训班，培训了一大批林业厅(局)长、森工局长、厂长和林业基层干部，各林区还办了大量的职工文化、技术补习学校，职工业余教育有了较快发展，对扫除文盲、提高林业干部、职工政治文化技术水平做出了贡献。

党的十一届三中全会以后，在"文化大革命"期间中断的林业培训工作得到恢复和迅速发展。1979年，林业部召开全国林业干部培训工作会议，明确了各级林业部门的培训任务，并要求在调查研究的基础上制定培训规划。林业部、地方各级林业部门举办了各级管理干部、专业技术干部、技术工人、林农和国家机关公务员等各种短期培训和成人中、高等专业证书教育，取得可喜成绩。1978年以来，林业全行业培训达2000万人次，其中，林业职工(干部和工人)岗位培训、继续教育等各种短期培训796万人次；县长、乡长等地方党政领导干部林业专题培训4万人次，林农实用技术培训1200多万人次。

2. 成人学历教育

1957年开始由北京、东北、南京等林学院举办的函授教育，标志着林业成人学历教育开始向高层次发展。当时设有林业、森林经理、木材水解工艺、森林采伐、园林、森林保护、水土保持、城市及居民区绿化等单科、专科和本科班。到1969年，普通高等林业院校共招收本、专科函授生4014人，共毕业1107人。"文革"期间函授教育被中断，1980年以后，普通高等林业院校(系)的函授教育得到恢复和发展。到1986年设置本科专业13个，专科专业14个。

从1981年起，东北、南京、中南等林学院陆续开设了夜大学，到1998年，共招生4258人，毕业2842人；同年，根据国家有关规定，各林业院校先后举办了干部专修科，开设林业经济、林业经营管理、林区道路桥梁、木材机械加工、林业、林化、林机运用与修理、森林采伐运输、党政干部和文秘等专业，主要招收林业系统45岁以下的副科级以上在职干部，学制两年，学员毕业取得国家承认的大学专科学历。到1997年底，林业部所属林业高等院校举办的函授、夜大学、成人脱产班的本、专科专业，发展到森林资源、环境保护、林业工程、林业管理、经济等各大类的84个专业，在校生规模近万人。

我国从1983年开始实施自学考试制度。1988年，云南省林业厅开设林业经济管理高等自学考试专业，随后广东、广西、四川、陕西、湖北等省(区)也开考了林业经济管理、林业财会、社会林业、林学等专业。1997年12月，全国高等教育自学考试指导委员会和林业部决定，从1998年起，在全国开考高等教育自学考试林业生态环境管理(专科)专业。

林业成人中等学历教育除了中专函授和职工中专外，林业部与中央农业广播电视学校自1987年起联合开设了林业专业。目前，已建立了黑龙江森工、黑龙江林业两所省级分校，陕西、广东等省建立了省农广校林业分校或开设了林业班，1987年以来共招生7万多人，有近4万学员毕业并取得中专文凭。

3. 成人教育网络建设

新中国成立以后，林业部各和地林业部门先后设立了林业干部学校，许多林业企业设立了职工业余学校。"文化大革命"期间，这些成人教育基地均处于瘫痪状态。自1979年起，林业部林业干部学校等一批独立设置的成人教育院校复办或新建。到1986年底，全国林业行业共有独立设置的成人高校(管理干部学院、职工大学、广播电视大学和教育学院)15所，成人中专(干部学校、职工中专学校)43所，同时还依托普通高中等林业院校成立相应机构，开展成人学历教育和短期业务技术培训，初步形成了林业行业成人教育实施网络。近几年，随着林业教育体制改革的逐步深入，为进一步扩大林业院校的规模和效益，通过合并、调整、联合等多种形式，到1996年全国独立设置的成人高中等院校缩减为28所，其中成人高校3所。但林业行业成人教育实施能力并未削弱。

自1979年全国林业干部培训工作会议之后，林业部、省林业厅、地区(市)林业局、县林业局(国有林业企业)四级培训管理网络逐步形成，并延续至今。为加强对林业成人教育工作的领导和管理，1980年林业部成立了职工教育领导小组(后改为成人教育领导小组)，各省也因地制宜的成立相应领导机构。

(二)林业成人教育基础工作取得显著成绩

1. 编写干部岗位规范、工人技术等级标准以及成人教育培训教学计划、教学大纲和教材

干部岗位规范是劳动人事管理工作的重要基础，又是培养提高各级林业干部的基本依据。根据

1986年底全国成人教育工作会议精神，1987年2月的林业部决定组织制定林业行业岗位(职务)规范，在试点的基础上，1991年林业部组织林业系统100多个单位、近700名专家研究制定岗位规范，经过两年的努力，《林业行业干部岗位规范》于1993年由林业部颁布并出版试行。该规范共确定干部岗位486个，其内容包括岗位职责、政治素质和职业道德、知识要求、工作能力、资历要求和其他要求等6个方面20项指标。

《林业行业干部岗位规范》颁布后，林业部人事教育司于1994年底开始组织编写《林业行业干部岗位培训指导性教学计划》和《林业行业干部岗位培训指导性教学大纲》，分别于1996年12月、1997年10月正式出版发行。

早在60年代，为提高培训质量，林业部组织编写了干部培训的教学计划和教材。“文化大革命”后，为适应干部岗位培训工作的需要，各地林业部门相继新编了许多分教材，其中以国有林场场长(林业经营所所长)、乡镇林业工作站站长岗位培训教材居多。1997年以来根据印发的岗位培训教学计划、教学大纲，正在组织编写《林业资源管理与资产化评估》、《林业政策与法规》、《林业经济管理》和《木竹识别与检验》等四本急需教材。

《中华人民共和国工人技术等级标准·林业》于1979年由劳动部、林业部联合颁发。为贯彻实施该《标准》，组织开展青壮年职工文化、技术补课，林业部教育司于1982～1983年组织编写了营造林、木材加工两个系列的《林业工人初级技术理论教学计划、教学大纲》，1987年又组织编写了木材采运系列的《林业工人中级技术理论教学计划、教学大纲》。1988年，林业部教育司组织编写出版了木材加工、木材采运工人技术理论培训教材共18种。

1993年，经修订后的《标准》，再次由劳动部、林业部联合颁发。1995年，根据修订后的《标准》，林业部人事教育司组织编写了营造林、木材加工、木材采运和林产化工4个专业的25种工人考核培训教材。

在林业成人学历教育方面，“六五”期间林业部组织编写了林业经济管理干部专修科教学计划、教学大纲。函授教育的教材主要采用日校教材，并由授课教师编写自学指导书和参考资料。近年来，一些林业院校也着手编写体现函授教育特点的教材，如北京林业大学编写了《数理统计》、《森林生态学》和《有机化学》等教材。

林业部教育司(教育宣传司)还和中央农业广播电视学校联合组织编写了农广校林业专业《树木学》、《林业实用技术》、《森林测算技术》、《森林病虫害防治学》等文字教材，摄制了造林学、森林病虫害防治、森林调查规划三门课程实习实验辅导录像片。

2. 编写继续教育科目指南

根据人事部部署，1995年林业部人教司组织编写林业行业继续教育科目指南。继续教育科目指南是从宏观角度规范、指导、协调林业行业不同岗位、层次专业技术人员继续教育活动的教学科目储存库，是编写专业技术人员继续教育教学计划、教学大纲和教材的重要依据，《林业行业继续教育科目指南》由通用基础类、应用(技术)基础类和职业学科(群)三部分组成，其主要内容包括本学科国外现状与发展趋势、本学科国内发展动态与趋势、现有专业技术人员素质状况分析及人才需求预测、继续教育科目(课程)目录与要点及实施建议五部分。目前，《林业行业专业技术人员继续教育科目指南》已通过专家论证，将印发实施。

(三)林业成人教育管理制度逐步健全

1979年以来，林业部先后印发了《关于举办林业干部专修科的意见》、《关于加强林业成人教育工作的意见》、《关于开展林业全行业培训的通知》、《关于进一步加强林业全行业培训工作的通知》以及《林业部关于加强干部培训管理暂行办法》等文件。

1996年，林业部正式实行《林业行业关键岗位持证上岗管理暂行办法》，规定“关系到培育、保护、管理、利用森林资源，保证林产品质量，提高经济和生态、社会效益，保障林业生产安全的重要岗位”人员，在限定时间内须“持职业资格证上岗”；随后又公布了首批林业行业关键岗位和第一批林业行业关键岗位培训单位，印发了《林业行政执法证件管理办法》，初步建立了林业行业职业资格证书制度。

根据国家教委部署，林业部制定了《林业院校函授夜大教育评估指标体系》，从1994～1996年对部属普通高校函授、夜大学教育工作进行了评估。举办成人学历教育的高校也相应制订了一些规章制度，加强对成人教学、学籍管理和函授站的管理。

（四）林业成人教育对外合作交流逐步开展

由中国农业、林业、水利三部和中国农业银行组成的、以开展对外合作培训为主要任务的中国农林水部门合作培训协调委员会自1988年成立以来，先后与世界银行经济发展学院、亚洲开发银行等国际机构开展合作培训，成功地执行了“黄淮海平原地区农业综合开发管理培训”、“农林水部门合作培训网络院校建设”、“长江中上游水土保持及环境保护”等项目。多次举办高级研讨班，还组织教育管理干部和网络院校教师到日本、美国、加拿大、荷兰等国考察，现场培训、培养了一大批高层次管理干部和教师、科技骨干，并为网络院校增添了教学设备。

1997年12月，由林业部人事教育司组织的中国林业成人教育考察团对加拿大成功地进行了考察。

六、林区基础教育

我国林区基础教育的办学历史，可以追溯到1955年。当时，根据国务院和教育部的指示精神，林业部门开始自办自管一部分林区中小学。随着林区建设的发展和林区职工人数的不断增加，我国林区基础教育事业有了很大的发展。到1964年，东北、内蒙古林区基本上每个林业局都有一所初级中学，每个林场、贮木场、大的工段均有一所小学，在校生达17万人。十年动乱期间，林区基础教育事业遭到了严重破坏。党的十一届三中全会以后，随着工作重点的转移，林业企事业单位逐步把教育工作摆上了重要的位置，林区基础教育进入了健康发展的新阶段。到1986年，全国有林区中小学校3000多所，在校生达80多万人，成为我国基础教育中行业办学的一支重要力量。

为使林区基础教育事业得以健康发展，1981年以来，林业部先后颁发了《关于加强林业企业职工子弟中小学教育工作的意见》、《关于加强南方林区中小学教育工作的意见》等文件。从建立教育机构、健全管理队伍、调整林区教育结构、加强师资力量、改善办学条件、争取教育部门支持等方面，对发展林区基础教育制定了一系列政策措施。到1985年，林区学龄儿童入学率和巩固率均已达到98%，小学升初中的升学率达到92%，林区的普教体系基本形成。

1986年，为贯彻《中华人民共和国义务教育法》，林业部在《关于改革和发展林业教育的决定》中指出，在国有林区普及九年制义务教育，是发展林业教育事业，提高林区职工文化水平，从根本上改变林区教育面貌的基础。各有关林区教育主管部门，根据《义务教育法》和地方政府有关规定，结合本林区的具体情况，拟定了基础教育发展规划，提出了普及九年制义务教育的实施意见。到1990年，林业经济发展较快、基础教育较好的国有林区，基本普及了九年制义务教育。

由于国有林区出现“两危”局面，林区基础教育面临许多新的困难和问题，为此林业部及各级林业教育部门采取了若干新的措施，加强林区基础教育工作，使林区基础教育在困难中有了新的发展。林区教育经费逐年递增，办学条件逐步改善，一批示范性、规范化、标准化学校应运而生。针对教师职称、工资偏低及代课教师转正难等问题，在政策上给予倾斜，解决了教师的后顾之忧。1987～1990年，林业部先后4次组织有关教师、教学管理人员等参加国家教委举办的督导人员培训班，提高了督导人员的理论水平和督导能力。经过几年努力，东北国有林区已基本建立了督导网络，促进了依法办学，依法治教。

为倡导尊师重教的社会风尚，提高林区教师的社会地位，林业部先后两次表彰奖励了199名林区中小学优秀教师和教育工作者，颁发了证书和奖金。

近年来，随着国有林业企事业体制改革的加快，林区基础教育的办学体制、管理体制，如何适应社会主义市场经济体制和教育发展的需要，成为一个新的课题。根据《中共中央关于教育体制改革的决定》

和《中国教育改革和发展纲要》的规定，基础教育责任在地方，实行分级办学、分级管理的办学体制。虽然当前林区基础教育还不能从企业中完全分离出来，但是，各地已在逐步摸索和实践新的办学思路和形式。当前，南方集体林区有的已将企事业办中小学移交地方，并且在管理体制、经费投入等方面做了相应改革，形成了新的办学模式。

七、林科教结合

林科教结合是农科教结合的重要组成部分，是林业行业干部群众和科教人员在林业实践中摸索和总结出来的一条成功经验。实行林科教结合，即在政府统筹协调下，使林、科、教等各有关方面形成合力，以促进林业和林区、山区经济发展为目标，以推广先进林业科学技术为动力，加速林区、山区经济的全面振兴。在各地经验的基础上，为了倡导和推动农(林)科教结合，1989年，农业部、国家科委、国家教委、林业部、中国农业银行印发了《关于农科教结合共同促进农村、林区人才开发与技术进步的意见》，对开展农科教结合的涵义、目的、意义、形式、任务及要求等做了明确规定。1992年，《国务院关于积极实行农科教结合，推动农村经济发展的通知》，进一步阐明了农科教结合工作的重大意义，号召并动员全国各地积极开展农科教结合，加速实现科教兴农。

为了把农科教结合工作不断引向深入，国务院专门成立了全国农科教结合协调领导小组，由包括林业部在内的9个部委行组成，并定期召开了农科教结合工作座谈会、经验交流会等，总结推广农科教结合的经验和做法。

在实行林科教结合中，各地创造了许多宝贵经验，涌现了一大批先进典型。福建省三明市以三明林校为依托，成立林业技术管理培训中心，为本市乡镇林场、家庭林场培训了大批林业技术骨干，将科研成果运用于林业生产，使三明林业建设进入全国先进行列。山东省五莲县常年坚持面向农村发展教育，培训农民技术人员，形成县、乡、镇三级办学体制。县林校教师既传授理论知识，又进行技术辅导、技术咨询，培训了大批技术骨干，使五莲县的林业得到迅速发展。林地面积逐步增加，林业收入不断增加，林业生产已成为五莲的一大经济支柱。陕西林校在办学上坚持为当地服务，利用智力优势，组织了农业综合技术开发承包集团，深入秦岭山区凤县，试办林科教结合基地，取得了明显的成效，既锻炼了教师、培养了学生，又促进了当地农业、林业建设的发展。同时，还为当地培养了一大批有一技之长的农民技术人才。

中南林学院与湖南省双牌、资兴、炎陵等县(市)实行“县校联姻”，开展全方位经济技术合作，形成强大合力，收到了“兴校富县”的良好效果。通过县(市)校合作，架起了学校通向社会的桥梁，学校有了长期稳定的实习基地，教师找到了施展才华的场所，学生在实践中受到了锻炼和提高，走出了一条林科教相结合协调发展的新路，显示了强大的生命力。

林业部为总结推广林科教结合的成功经验，先后分别在陕西林校、福建三明和山东五莲召开了全国林科教结合经验交流会，极大地推动了林科教结合的开展。

实践证明，林科教结合有利于克服教育、科技脱离林业生产建设和生产部门不重视教育、科技的弊端，使“服务”和“依靠”找到了结合点，落到了实处，是实施“科教兴林”和林业可持续发展的一项重大战略决策，是推动山区综合开发、实现农民脱贫致富的有效措施。同时，对于加强林区、山区精神文明建设，也具有现实和深远的意义。

八、林业教育研究与社团建设

随着林业教育的不断发展，各级林业部门、高中等林业院校越来越重视和加强了林业教育的研究工作。1983年10月成立了林业部中等专业教育研究中心(1993年改为林业部职业教育研究中心)。1987年4月成立林业部成人教育研究中心。1993年，成立林业部高等教育研究中心。主要任务是开展各级各类教育研究、信息交流和咨询服务。高中等林业院校还相继设立了教学研究室，基本形成了林业系统教育研究网络。林业教育的社团组织也相继成立。1980年，中国林学会成立了林业教育研究会，下设有高等教育、中等教育、成人教育学组。1983年成立了林业高等教育研究会，1985年成立了林业职工教育研究会(1989年更名为中国林业成人教育学会)，1986年成立全国林业职业技术教育研究会。这些林业教育学术组织的成立，有力地促进了林业教育研究工作的广泛开展，活跃了林业教育研究的学术交流，推动了高中等林业院校教学改革的进行 。为了适应林业教育发展的需要，理顺林业系统各林业教育研究社团之间的关系，更好地发挥全国性群众学术团体在林业教育研究工作方面的组织、指导和协调作用，进一步推动林业教育研究的开展，促进我国林业教育事业的发展，林业部在广泛听取各方面意见基础上，1996年将“中国林业成人教育学会”更名为“中国林业教育学会”，其业务范围相应扩大为林业系统高等教育、职业教育、成人教育和林区基础教育各类教育。1996年12月，中国林业教育学会在北京召开成立大会，讨论通过了《中国林业教育学会章程》，选举产生了中国林业教育学会第一届理事会、常务理事会，刘于鹤任理事长，邝国斌、朱堃元、贺庆棠任副理事长，贺庆棠兼任秘书长。中国林业教育学会挂靠在林业部，办事机构设在北京林业大学。1997年、1998年职业教育和成人教育分会的筹备委员会相继组成。其他分会的筹备工作都在积极进行之中。

林业部人教司同高等教育、职业教育和成人教育研究中心和社会团体，先后联合创办了《中国林业教育》、《中等林业教育》和《中国林业成人教育》杂志，高中等林业院校也相继创办了许多教育研究类期刊。这些教育研究类期刊的创办，为大力宣传林业教育工作的成绩和经验，交流和推广林业教育研究成果，传播林业教育信息，促进林业教育研究工作的发展，开辟了宽阔的园地。为提高教师和教育工作者参与教育研究的积极性，各社会团体先后举办了多次论文评奖活动。

随着林业教育研究的深入，高等院校教师和林业教育工作者在教育管理体制改革、教学内容和课程体系改革、林业教育发展规划、国内外林业教育比较、多层次人才培养规格等方面的研究和探讨，取得了显著成绩。1989年以来，高等林业院校获得国家级优秀教学成果奖5项、省部级优秀教学成果奖90多项。《中国林业教育发展规划研究》、《高等林业院校投资效益的研究》分获1990年、1996年林业部科学技术进步三等奖，为林业教育行政管理部门指导林业教育发展，提供了决策依据。林业职业教育和成人教育也承担了国家教委和林业部的教育研究课题任务。在1995年全国首届中专教育科学研究优秀论文评选中，林业职业教育有两篇论文获三等奖，三篇论文获鼓励奖。林业成人教育工作者参加了《林业行业干部岗位分类目录》和《林业行业干部岗位规范》的研究和编写工作，编入林业部发布的《林业行业干部岗位规范》(试行)，由中国林业出版社出版发行。林业成人教育还参与了国家教委组织的全国哲学社会科学“八五”规划国家重点研究课题《中国岗位培训制度研究》的研究，作为总课题的第二子课题“中国林业行业岗位培训制度研究”如期完成，编写成《中国岗位培训制度研究》第二辑《中国林业行业岗位培训制度研究专辑》，已由中国人事出版社正式出版。

此外，1988年以来，还组织研究并编写出版了《中国普通高等林业院校概览》、《中等林业教育史》、《全国林业中等专业教育概览》、《职业技术教育改革咨询手册》、《全国普通高中等林业教育统计资料(1949～1988)》和《中国普通高等林业学校现状与展望》等专集。

(执笔人：黄小文　王尚慧　陈建
吴友苗　王福东)

林业社会化服务体系建设

社会化服务是市场经济的重要特征之一。按生产过程分为产前、产中和产后服务；按提供的服务内容分为物质供应、加工服务、销售服务、科技信息服务和信贷服务；按组织机构性质分为社会公共服务系统、行业服务系统、经济合作服务系统和个体服务系统。林业社会化服务既具有社会公共服务系统的特征，又具有林业行业的特殊性。

由于林业生产周期长，具有较强的专业性，培育一代森林，需要长期不断地投入劳动、资金和技术，需要提供社会化服务。随着林业生产力的发展和林产品商品化程度的提高，特别是社会主义市场经济体系的建立，更加迫切地需要提供多层次、多学科、全方位、系列化的服务。加强林业社会化服务体系建设，是促进我国乡村林业生产和产业化发展的重要措施，是搞好各项林业工作的基础和保证。

林业社会化服务贯穿于林业生产的全过程，服务体系建设的内容和机构包括多层次、多种形式。主要包括：基层林业工作站（以下简称基层林业站）、林业科技推广站（中心）、林业物资供销服务组织、林产品购销服务组织、森林病虫害防治检疫站（所）、林木种苗站、乡村林场、乡村林果技术协会、乡村林果技术服务队、乡村护林队伍等林业专业组织。

新中国成立以后，我国就开始了林业社会化服务体系建设。从50年代开始，全国各地陆续建立了一批基层林业站、森林病虫害防治站、木材购销站等林业社会化服务组织。1963年6月，林业部颁发了《林业工作站工作条例（试行草案）》，对林业工作站的性质、任务、设置原则以及工作制度和工作方法等做了规定。但由于受计划经济的束缚，林业社会化服务体系建设进展缓慢，各种林业社会化服务组织大多数也只是起上传下达的作用或单纯从事管理工作，很少真正开展林业社会化服务。

党的十一届三中全会以来，我国林业建设蓬勃发展，出现了国家、集体、个人一起上，全社会办林业、全民搞绿化，林业商品经济不断发展的新局面。生产者对林业社会化服务的要求更加迫切，林业社会化服务体系建设全面展开。林业社会化服务体系已成为加速农村林业发展的一支重要力量。到1998年底，全国已建省级种苗站31个，地（市）级种苗站183个，县级种苗站787个。同时，建立国有苗圃2300多个、良种基地649处、采种基地271处，基本形成林木种苗生产供销服务网络，保证了大面积造林绿化，以及各类用材林、经济林基地建设、重点林业工程建设对种苗的需要。1995年底全国共建立县级森林病虫害防治检疫站2258个，职工人数达3.28万人，并配备专、兼职测报员4.56万人，初步形成了森林病虫害的测报、检疫和防治服务网络。全国已建立县级以上林业科技推广站（中心）2380多个，建立基层林业站37518个，占全国乡镇总数的85%，职工人数达16.8万多人。

为适应林业商品经济发展和市场经济的需要，地（市）、县林业主管部门在林区建立了木材经销机构和收购网点2500多个，在木材销售区设立林产品自销、联销网点1600多个。这些木材销售组织正逐步由过去的计划生产、统购统销方式转变为按市场需求组织生产和收购，采取薄利多销，让利于民的经营策略，得到了乡村集体和林农的信任和支持。许多木材购销组织还与乡村集体、林农联营或采取股份合作形式建立林业基地，结成利益共同体，逐步成为集经营、管理、服务、生产于一体的经济实体性服务组织。

近年来，随着农村双层经济体制的建立，林业生产经营方式出现多样化，乡村集体或股份合作经济组织、联办和自办服务组织大量涌现。到1998年，全国有乡村林场15.27万个，经营面积1818万公顷，它既是林业生产经营实体，又具有为广大农户植树造林提供价廉质优苗木、进行技术指导和培训林农的服务作用，还可以起到科技推广示范辐射作用。各地还普遍成立了乡村林业技术协会，组建了乡村林业技术服务队。建立了乡村护林队伍，全国共有乡村护林员120.79万人，其中专职护林员51万多人，兼职护林员69.7万人，解决了农户经营自留山林木管护难的问题，促进了乡村林业发展。

此外，在一些地方还出现了林业资金服务组织，有的县、乡成立了国有或联营的林业投资公司、林业基金会或林业开发公司、营林公司。实行有偿投资、统贷统还、联营分利、股份合作等形式，多渠道引资投入，有力地推动了农村林业的发展，同时也壮大了资金服务组织的经济实力。

一、林业科技推广服务

（一）实施“科教兴林”战略，促进林业科技推广机构建设快速发展

50年代以来，部分省（区、市）成立了一些林业技术推广服务机构，有了一支为基层生产单位提供技术服务的林业科技推广队伍。但由于历史原因，随着国家林业行政管理体制的变化，特别是十年动乱的干扰破坏，林业技术推广服务机构几乎丧失殆尽，人员流失。1982年，林业部提出“科研与推广并重，科研与推广两手抓”的指导思想，林业技术推广服务机构建设列入了部里的重要议事日程。1983年国务院批转的劳动人事部、农牧渔业部、林业部、财政部《关于加强农林第一线科技队伍的报告》，提出在全国建立林业科技推广服务体系，并建立专项推广体系建设经费。从此，林业科技推广服务机构得到了较快的恢复和发展。1984～1989年，林业部每年安排100万～200万元基建投资用于各地林业科技推广服务机构的建设。同时，林业部还利用世界银行贷款加上国内配套投资，建立10处设备先进、功能齐全的地（市）、县级林业科技推广站（中心）。这些高标准的推广站（中心）在加快林业科技推广服务机构建设中起到了很好的示范作用。截至1989年，全国已成立县级林业科技推广服务机构近1000个，其中部、省、地、县共同投资联合建设了34个推广站。

1990年，林业部提出实施“科技兴林”战略，促进了林业科技推广服务机构建设步伐。实施“科技兴林”战略，其首要任务是抓好科技成果的推广应用。这就需要建立健全林业科技推广服务机构，尽快在全国建成上下相通、左右相连高质量的林业科技推广服务网络。为此林业部于1990年8月3日发出了《关于部省合建林业科技推广站的通知》，并在1991年作出的《关于进一步加强林业科技成果推广工作的决定》和1992年下发的《实施“四位一体”促科技成果转化运行机制的暂行规定》中提出了部省合建和地方自建“两条腿走路”的建站原则，强调各级林业部门要把加快林业科技推广服务体系建设列为重点任务，纳入年度计划安排，重点加强县级推广站（中心）建设。为鼓励各地加快推广站建设步伐，林业部从1990年开始，大幅度增加投资，每年从国家预算内基本建设投资中安排1000多万元专项资金，用于与地方合建林业科技推广服务机构。另外，还从“三北防护林体系建设工程”、“长江防护林体系建设工程”等林业重点工程项目投资中安排一定经费用于建设林业科技推广服务机构。每年列入部省合建计划的林业科技推广服务机构（包括原有推广机构改建），从以前每年10～20个增加到150～200个，而且大部分为县级林业科技推广服务机构。为加快建站步伐，各级林业主管部门还采取了许多切实可

行的激励措施，如提出未建立推广服务机构的县，一般不安排其承担推广项目；上级下拨的建站补助经费，以建站为前提条件等。加上林业生产不断发展的客观需要，各地林业科技推广服务机构建设速度大大加快。如河北省各县都建立了各种形式的林业科技推广服务机构，广西壮族自治区建站率1996年达到98%以上。实行部省合建，每个推广站林业部一般补助基本建设经费15万元，加上地方配套，可建房屋面积1500平方米，主要有办公室、试验室、培训教室、资料档案室、学员宿舍等，并配备基本的仪器设备，显著改善了科技人员的工作和生活条件，提高了从事技术服务的能力。

（二）县级林业科技推广站（中心）已成为林业科技指导中心、培训中心、推广中心、服务中心，是提供林业技术服务的重要力量

1. 筛选组装科技成果，建立推广试验示范基地

选择先进适用的林业科技成果纳入推广计划，建设推广试验示范基地，是《中华人民共和国农业技术推广法》赋予推广站（中心）的职责。推广站（中心）充分发挥技术力量强和具有承担林业技术推广职能的优势，积极引进、筛选适合本地区的林业科技成果组装配套，列入各级、各类成果转化计划，进行推广示范。科技推广人员深入现场考察，确定实施地点，制订实施方案，组织实施。通过示范基地的建设，为本地林业生产提供成熟的配套技术，树立看得见摸得着的先进样板，极大地提高了林业生产水平。

2. 组织和指导基层技术服务组织开展技术服务活动

随着农村家庭联产承包责任制的实行，广大农民的生产积极性空前高涨，但在生产中遇到“一家一户办不了、办不好，办了不合算”的事情，县级林业技术推广站充分发挥了技术服务中心的作用，组织和指导乡镇林业站及民间服务组织积极开展为基层林业生产单位和广大林农提供技术、农用物资、市场信息等全方位、一条龙的优质服务，促进林业生产水平的提高和产业化发展。通过开展技术服务活动，自身也取得了一定的经济效益，增强了自我发展能力。如湖南省石门县林业科技推广站自1987年成立以来，把科技推广服务网络和技术信息服务网络建设作为一项重要工作来抓，建立了以县推广站为中心、以乡镇林业员和农民技术员为纽带、以科技示范户为基础的科技推广队伍网络，把技术、信息送到千家万户。为了解、掌握科技动态和市场信息，县推广站与13个省320个县市林业部门建立了联系，交流信息。推广站利用信息灵、市场明的优势，每年组织内外销林木良种达1万公斤，果木苗400多万株，创产值600多万元，已成为一个具有较强经济实力的科技推广服务机构。

3. 开展技术培训和科技宣传普及工作

林业生产的发展，特别是林业重点生态工程和“名、特、优”基地的建设，都需要科学技术的支撑，需要提高包括基层林业职工和广大林农、果农在内的林业从业人员的整体技术素质。县级林业科技推广站（中心）始终把培训基层林业队伍，提高基层林业人员的文化科技素质和管理水平作为一项基础工作来抓。通过开展农民绿色证书培训，科技人员讲课、现场示范、技术咨询、印发技术资料等形式，大力普及实用技术和有关法律、政策。有的地方还制定了一些吸引林农接受培训的激励措施，如河北省各县市对取得绿色证书的人员优先提供技术资料、良种、优质化肥、柴油、农药等，并让这些人员优先参选村科技副主任，优先招聘为乡级林业站合同制工作人员，优先承包果园和工程项目等，有力地调动了基层林业人员和广大林农学习林业科学技术的积极性，为林业科技推广工作者创造了良好的条件。

（执笔人：龙三群）

二、森林病虫害防治检疫服务

保护森林和林木资源，制约森林病虫鼠害的发生与危害，是各级森林病虫害防治检疫站(以下简称森防站)的主要社会职责。多年来，各级森防站在森林病虫害预测预报服务、森林植物检疫服务、森林病虫害防治的组织指导、技术咨询和药剂、药械供应及维修等项服务中取得了显著成绩，受到广大林农的欢迎。

(一)建立健全县级森林病虫害防治检疫服务组织

森林病虫害防治检疫是一项技术性比较强的社会服务工作，必须建立服务组织机构和配备专业技术人员，才能及时地掌握森林病虫鼠害的发生情况，不失时机地作好防治、检疫服务工作。随着林业事业的发展，森林病虫害防治(简称“森防”)工作的地位和重要性日趋显著，各地陆续建立健全了县级森林病虫害防治检疫服务机构。到1995年底，全国已建有县级森防站2258个，防治检疫专职人员1.09万人，兼职检疫人员2.13万人，监测预报人员4.56万人，基本形成了全国森林病虫害防治检疫服务体系。

(二)为基层林业组织和广大林农提供病虫害防治检疫服务

1. 森林病虫害检疫服务

森林病虫害的检疫是一项政策性、社会性、技术性较强的行政执法工作，也是控制危险性病虫害传播蔓延的重要预防措施。执法检疫服务分三个方面：①产地检疫服务：各地国有和林农培育的苗木，在出圃或调运前都要由森防站的检疫员进行苗木产地检疫。苗木生长健壮，无病虫害发生，检疫合格，并由专职检疫人员开具产地检疫证书，方准调进和调出使用。如部分苗木潜伏有病虫害时，就必须要在检疫人员的指导下作逐株清除或药剂处理。如大面积的苗木发生严重病虫害，要在检疫人员的监督下全部销毁，不许使用。②调运检疫服务：木材、竹材、水果、花卉、林产品等，在调往各地时都要根据对方提出的检疫要求，由当地森防站专职检疫人员进行调运前的检疫服务工作，如检疫合格开具调运检疫证书。运输部门凭调运检疫证书办理托运手续。货物到达托运地点后，当地森防站的检疫人员还需凭到货通知单和检疫证书到现场进行复检，如发现疫情仍需就地查封并进行除害处理和处罚。③隔离试种服务，为了保护国内森林资源的安全，凡从国外引进的苗木、种子、插条、接穗、花卉等都要预先填报引进审批单，品种引进后应在隔离试种苗圃或指定地点进行隔离试种3年以上，森检人员要在生长季节进行全面调查，一旦发现疫情，当即全部销毁，并封闭苗圃地域和进行土壤消毒处理。这项检疫服务在我国还处于起步阶段，随着各地引种事业的发展，隔离试种检疫将会成为检疫服务的重要内容。1995年各地通过开展检疫服务工作，产地苗木检疫112亿多株，调运木材检疫5239万多立方米，林木种子检疫16210多吨，竹材检疫10亿多根，果品检疫160多万吨，花卉检疫2.6亿多株，收取检疫服务费4380多万元。为持续发展森林植物检疫事业起到了很好的作用。

2. 森林病虫害监测预报服务

在自然界里，各种森林病虫害的发生发展都有一定的规律，如果能够准确地掌握各种病虫的发生规律及其发生状况，作出早期虫情监测预报，对于做到早期预防和早期除治，防止病虫害扩散蔓延危害将起到重要作用。森林病虫害的监控和预测预报服务，通过设立测报标准地或测报点，固定测报技术人员，进行观测研究，基本上就能较准确地掌握住当地森林病虫害的发生发展动态和最佳的防治时机。通过测报人员的服务，为各地提前做好防治前的各项物资准备，做到治早、治小、防止虫情扩散，提高防治效果等发挥了重要的指导作用。如1995年全国各地共设森林病虫害监测预报点20582个，有专职测报人员近 5800 人，兼职测报人员 3.99 万人，监测面积 7170 多万公顷，对森林病虫害防治工作起到很好的推动作用。

3. 森林病虫害的咨询及药剂、药械的供应服务

防治森林病虫害需要多种对路的药剂、药械和防治技术。随着各地林业生产的发展，各地农户承包的集体山林、果园和个人种植的多种经济林木，在发生病虫危害时必须及时进行药物防治，这对保护林木资源，保护林果，提高好果率，防止减产造成经济损失有特殊经济效益和社会意义。因此，每当林农承包的山林和经济林木发生病虫害时，都要拿着被害标本到各地森防部门进行病虫害的诊断及防治技术咨询，并购置森防部门配备的小包装农药和租赁药械，进行实地防治。有的森防部门的技术人员在果树的生长季节，带着药剂、药械下乡巡回，发现病虫害时，及时诊断并指导农户进行防治。

4. 做好森林病虫害防治组织工作

基层森防工作的开展，是通过各地森防部门为基层防治服务来进行的。森防部门要通过病虫情监测和实地调查，准确地掌握病虫的发生发展情况，从各方调配化学药剂、生物药剂、仿生药剂和药械，并组织指导群众进行现场防治。1995 年经各地森防部门的组织指导服务，为基层防治森林病虫害面积 447 万多公顷。由于各地森防部门的病虫情监测、药剂、药械配备及组织指导等服务工作做得好，各地都完成了森防目标管理任务，为各地的森防工作达标作出了成绩。

（三）积极开展森林病虫害防治承包服务

在改革开放、发展市场经济的形势下，山区的森林和经济林的病虫害防治出现了由森防部门承包防治的服务形式。这种新的防治做法解决了农户不懂防治技术、不会防治的困难，而且在保护森林和经济林木资源上双方都能获得一定的效益。经过近些年工作实践，在承包防治项目的内容上有了新的发展。

1. 经济林的承包防治

山区群众在不熟悉防治技术的情况下，愿意委托当地森防部门承包代为防治。承包防治一般都签订有“责、权、利”十分明确的承包合同，既解决了山区林农的实际困难，又保证了经济林木病虫害的有效防治，使双方都获得很好的收益。因此，这一承包防治服务工作在一些经济比较发达的地区更为盛行。如山西省离石市是红枣产区，由于枣树病虫害的严重发生，使红枣大量减产，经济损失很大。为了解决枣树病虫害的防治问题，市森防部门与重点乡镇联合成立了枣树病虫害防治技术服务队。仅 1997 年上半年市森防站即与 500 户枣农签订了治虫承包合同，除治枣树病虫害 2 万余株。通过开展承包防治服务，提高了枣树病虫害防治效果，确保了红枣的丰产丰收。又如山西省盂县有花椒林面积 1730 多公顷，是山西省花椒的重要产区，也是脱贫致富的一项支柱产业。由于花椒绵粉蚧严重危害，使花椒产量由 1993 年的 22.5 万公斤下降到 1995 年的 13.7 万公斤，受害严重的树木已濒临死亡，直接经济损失达 140 多万元。为了尽快控制花椒绵粉蚧的发生危害，县森防站承包了防治技术的研究与组织推广服务工作。经过两年连续的防治，杀虫率达 95%以上，效果明显。两年增产花椒 20 万公斤，挽回经济损失 300 万元。使花椒绵粉蚧得到有效控制，为农民脱贫致富做出了贡献。

2. 用材林的承包防治

由林农集体与当地森防部门订立《承包防治合同》，由森防站代为组织进行防治服务。各地的承包防治服务办法和形式是多样化的，有的是只承包病虫监测服务；有的是承包防治服务；还有的是承包病虫发生防治的全过程服务。不论是哪种承包服务方式，对森林病虫害的防治都起到了很好的作用。山东省牟平县葛家镇有松林 2900 多公顷，均属农户个体经营的自留山，历年来受松毛虫严重危害，致使松针被吃光和松树枯死，经济上造成很大损失。为保护好松林资源，他们和县森保服务公司签订了《承包治虫合同》，县森保服务公司承包了从病虫害预测预报到具体实施防治的全过程。经过几年的承包防治服务，葛家镇山林遭受松毛虫严重危害的状况得到根治，保持了青山常绿的壮丽景色。（执笔人：刘克敏）

三、基层林业工作站在开展林业社会化服务中的作用

基层林业工作站是林业主管部门指导和组织农村集体、个人发展林业生产的基层事业单位，是开展林业社会化服务的主体。基层林业站的主要职责和任务是：宣传贯彻《森林法》等法规和林业方针政策；协助当地政府制订林业发展规划和年度计划，组织和指导农村集体、个人开展林业生产经营活动；负责造林检查验收、林业统计和森林资源档案管理；核定并落实农村集体和个人的年度采伐指标，经县级林业主管部门授权发放林木采伐许可证；依照有关规定检查、监督辖区内的林木采伐、木材运输和销售；协助有关部门调处山林纠纷，查处破坏森林资源的案件；推广林业科学技术、开展林业技术培训、技术咨询服务；管理乡村林业技术服务组织和乡村护林队伍；开展林业社会化服务。基层林业站是林业行政管理和事业管理的最基层单位，农村各项林业工作都必须通过基层林业站去贯彻落实。

(一)适应改革需要，加快建站步伐

新中国成立初期就开始了基层林业站的建设工作，但发展缓慢，到1987年底，全国6.17万个乡(镇)仅建基层林业站1.73万个，职工不足8万人，基层林业管理服务工作十分薄弱，成为影响和阻碍乡村林业发展的重要因素之一。

党的十一届三中全会以后，随着党的工作重点的转移和林业改革的深入，各级林业主管部门越来越认识到加快基层林业站建设的重要性。1988年，林业部把加强基层林业站建设作为六项改革之一摆上了重要议事日程，林业部的这一决策得到了各级地方党委、政府和林业主管部门的大力支持，采取了一系列行之有效的措施，加快了基层林业站建设步伐。

1. 切实加强领导

在1987、1988年两次全国林业厅局长会议上，林业部都强调，要把建设基层林业站作为林业发展的基础抓紧抓好。林业部领导指出，全国林业要发展，基层没有机构不行，我们抓一切工作都要先抓基层，先打基础，不抓林业站建设这个基础，整个林业工作就没有依托。1988年林业部机构改革时，在精简机构、压缩编制的情况下，成立了林业部林业工作站管理总站(以下简称部工作总站)，专门从事基层林业站的建设与管理。地方各级党委、政府和各级林业主管部门都加强了对这项工作的领导。各省(区、市)林业(农林)厅(局)在明确一名副厅(局)长主管基层林业站工作的同时，或成立基层林业站专管机构，或明确管理处(室)并配备管理人员，地(市)、县林业主管部门也加强了对基层林业站工作的领导和管理，一级抓一级，保证各项措施落到实处。广西、福建、辽宁、吉林、山西、湖南、河南等省(区)每年都要召开有关基层林业站工作会议，省厅领导亲自主持研究部署基层林业站的工作。

2. 制定规划、明确任务、狠抓落实

1988年，林业部编制印发了《1988～1992年全国基层林业工作站建设规划》，规划到1992年底全国建站32754个。根据林业改革和发展需要，1989年4月，林业部提出：5年规划3年完成，要求到1990年底完成第一期建站规划。围绕这一目标，林业部督促各省(区、市)及时调整基层林业站建设规划并狠抓落实。林业部工作总站多次召开基层林业站建设经验交流会，并于1990、1991年组织了两次全国基层林业站建设检查，将检查结果进行通报，激发和调动了各地的积极性。这一阶段于1991年4月结束，全国基层林业站达35537个，提前两年超额完成了5年建站规划。1991年7月，林业部在对前3年基层林业站建设工作总结的基础上，提出把基层林业站建设的重点转移到抓好已建站的巩固、完善和提高上来。1994年决定在全国以县为单位开展基层林业站建设合格县活动，以提高基层林业站的整体水平。

3. 积极解决基层林业工作站编制，稳定管理体制和职工队伍

为解决基层林业工作站人员编制问题，在国务院的关怀和有关部委的支持下，人事部、林业部1990年3月联合颁发了《农村基层林业工作站人员编制标准(试行)》。1992年9月，林业部、人事部又联合下发了《关于进一步做好基层林业工作站人员补充工作的通知》。两部文件颁发后，各省(区、市)林业(农林)厅(局)积极工作，争取各方支持。除西藏以外的各省(区、市)都先后转发了两部文件，广西、辽宁、山西、北京、云南等大多数省(区、市)都按两部文件的精神，较好地解决了基层林业站定编和招干招工工作。1993年湖南省省编委一次为林业站定编11 706名，并由省计委、公安、劳动、人事、粮食和林业六个委、厅、局联合发文，解决林业站“农转非”和招干招工指标6000名，到1995年底已全部落实到站。

1992年以来，少数地方在机构改革中，出现了下放基层林业站管理体制的现象，为此，林业部要求各省(区、市)认真贯彻《中华人民共和国农业技术推广法》和国家计委、财政部等六部委《关于稳定农业技术推广体系的通知》精神，切实抓好稳定基层林业站管理体制工作。福建省省委、省政府、省人大多次通过发文件、颁发法规明确基层林业站属县级林业主管部门派出机构，保持了基层林业站管理体制的稳定。浙江、河北两省通过贯彻《中华人民共和国农业技术推广法》和《关于稳定农业技术推广体系的通知》精神，1994年，将基层林业站由原来的集体事业单位重新定为国家在基层的事业单位。至1998年底，全国基层林业站中，属林业部门派出机构和以林业主管部门管理为主的双重领导的为29100多个，占78%；属乡(镇)管理的为8300多个，占22%，与我国林业发展的实际情况基本适应。

4. 增加基层林业工作站建设投资，不断改善基层林业工作站的工作条件

从1988年开始，林业部在林业建投资金十分紧张的情况下，每年安排部分预算内基建投资扶持基层林业站建设，地方各级政府和林业主管部门也积极筹措资金，加强基层林业站的基础设施建设。1988～1998年，全国共完成基层林业站建设投资17.2亿元，其中部投资2.2亿元，省、地、县、乡配套投资13.7亿元(不包括部分土地和房屋转让折价)。

在各级林业主管部门积极努力下，在各级地方政府大力支持和有关部门密切配合下，1988年以来，全国基层林业站建设进展迅速。据各省林业工作站上报汇总，到1998年，全国共建基层林业站3.73万个，占全国4.5万个乡(镇)的85%，其中1988～1998年新建林业站2.02万多个，是1987年前30多年建站总和的1.2倍。同时，有效地改善了基层林业站的工作和生活条件。全国已有三分之二的站有独立的办公用房，有60%以上的站配备了通讯设备，有一半以上的站购置了机动交通工具。全国已核定基层林业站人员编制14.2万人，职工总数17.1万人。未建站的乡镇都设立了专职或兼职林业员，基本建立健全了农村基层林业管理服务网络。

(二)强化基层林业站的职能作用，促进乡村林业发展

1988年以来，林业部和各级林业主管部门在大力抓建站的同时，充分注意发挥基层林业站的职能作用。1988年7月，林业部颁发了《区、乡(镇)林业工作站管理办法》，规定了基层林业站的职责，随后又将基层林业站的职能概括为“管理、组织、指导、服务”，1990年11月，林业部工作总站又印发了《林业工作站开门十件事》。各地根据《中华人民共和国农业技术推广法》及国务院和有关部委的文件精神，制定了本省(区、市)基层林业站管理办法或实施细则，更加具体地规定了基层林业站的职能和任务，切实强化了基层林业站职能作用。

1998年，全国基层林业站普遍设立了林政资源、营林、技术服务等组(员)，全面履行基层林业站的各项职责，县级林业主管部门为切实强化林业站的职能，普遍与基层林业站签订了年度林业生产责任书，建立了以森林资源管理；组织群众育苗、造林、育林；森林病虫害防治、森林防火；林业科技推广、咨询和培训；开展林业社会化服务；建立站办基地和开展多种经营等为主要内容的年度目标考核管理制度，实行年终考核，奖惩兑现。切实督促和保证了基层林业站职能的发挥。据统计，基层林业站组织指导完成集体林采种任务的95%、育苗任务的90%、造林任务的85%、经营任务的84%和森林保护任务的90%。广东、福建、湖南、广西、湖北、安徽、江西、浙江、山东、吉林、江苏、海南12个省(区)的基层林业站在全省(区)的造林灭荒工作中发挥了重要的基础

保证作用。

(三)坚持多渠道、多层次培训职工，全面提高职工队伍整体素质

基层林业站担负着基层林业管理、组织、指导、服务的职能，必须有一支思想政治素质高、业务技术管理水平高的职工队伍。据1988年统计，全国基层林业站正式职工中，具有大专以上文化程度的仅占6.0%，中专、高中文化程度占46.5%，初中以下文化程度的多达47.5%。基层林业站人员素质偏低，不能适应工作需要。

针对基层林业站职工整体素质偏低这一现实情况，各级林业主管部门始终把抓好职工培训、提高职工队伍整体素质作为基层林业站工作的重要任务之一。首先，林业部工作总站认真贯彻国家教委关于岗位培训和林业部关于开展全行业培训通知精神，结合基层林业站职工的现实情况，强化对职工培训的管理指导，督促各地开展了多层次、多渠道、多形式的培训。林业部工作总站先后印发了《关于区、乡(镇)林业工作站人员培训若干问题的意见》、《全国区、乡(镇)林业工作站职工岗位"八五"期间人员培训规划》、基层林业站站长和主要岗位人员岗位规范，并在五所林业院校举办了基层林业站站长岗位培训试点班。各地根据林业部工作总站的要求，积极开展岗位培训，同时，大部分省(区、市)还开展了多层次的专业知识培训和学历教育。辽宁、福建、江苏、湖南、陕西、广西等省(区)在林业院校开办了基层林业站职工代培大专、中专班，相当一部分学员已经毕业。为进一步加快培训步伐，1995年3月林业部人事教育司、林业部工作总站和中央农业广播电视学校联合下发了《关于在基层林业站职工中试行学历和岗位培训教育的通知》。有的省1995年已在农业广播电视学校(以下简称农广校)开办林业专业中专班。为推动这项工作的顺利开展，1996年4月三单位联合在宁波召开了基层林业站职工"双证"教育工作会议，对"九五"期间开展"双证"教育作了安排部署，提出了具体要求。各省(区、市)林业主管部门根据会议要求，积极与省(区、市)教委、省农广校协商，在省(区、市)农广校开办了基层林业站职工"双证"教育班。黑龙江省林业广播电视学校在1991年以前共招收学员1万人，已经毕业5000多人，来自林业站的学员占很大比重。到1998年9月，基层林业站职工中年龄45岁以下，高中以下文化程度的已基本入学。其次，在落实1990年国家人事部、林业部联合颁发的《农村基层林业工作站人员编制标准(试行)》过程中，各省(区、市)林业主管部门为改善基层林业站人员专业知识结构，在招聘补充基层林业站人员时，注意尽量从当地林业系统内部调剂一批业务骨干，并接收一部分林业院校大中专毕业生，充实基层林业站，到1998年，基层林业站职工中，大专以上文化的占8.57%，中专、高中文化的占52.4%，80%的职工已通过岗位培训并获岗位培训证书，有技术职称的人员达5.7万多人。有效地提高了基层林业站队伍的素质。

(四)积极开展林业社会化服务，发展多种经营，增强自我发展能力

1991年10月《国务院关于加强农业社会化服务体系建设的通知》中规定："要允许农业、林业、水利等部门所属事业单位根据有关规定，兴办农业服务实体，国家原有的事业费保持不变。开展有偿服务增加的收入，主要用于改善工作条件，进一步发展农业社会化服务。"国务院的《通知》为林业社会化服务单位充分发挥职能作用，搞好社会化服务指明了方向。几年来，基层林业站贯彻国务院《通知》精神，拓宽服务领域，兴办经济实体，开展多种经营，增强自我发展实力，更好地发挥了职能作用，收到了明显成效。

1. 建立健全服务网络

开展林业社会化服务涉及千家万户，单纯地依靠基层林业站的力量远不能满足需要。全国绝大多数基层林业站把建立健全服务网络作为开展林业社会化服务的组织保证。基层林业站把各种有专长的人员组织起来，组建各种形式的林业技术协会和服务专业队。内蒙古自治区巴盟杭锦后旗召庙乡林业站。1992年组建了果树技术协会，到1996年协会会员由最初的15人发展到63人，林业站把协会会员分为10组，每组承包一个村的林业技术服务。1992～1996年，协会共为果农修剪果树10万株、嫁接8万株，并对果树病虫害防治采取统一资金、统一

购药、统一药械、统一喷药的“四统一”措施，促进了全乡林果业的发展，至1996年底，全乡果树面积发展到770多公顷，有400公顷已挂果，实现了人均一亩果的目标，总收入达360万元，人均收入300元，加快了农民致富奔小康的步伐。同时，基层林业站还把经过技术培训，有一定技术的农民技术员组建成季节性的林果服务队，开展自我服务。

2. 积极为林(果)农提供产前、产中、产后系列化服务

90年代以来，基层林业站坚持围绕林业搞服务，搞好服务促管理，寓管理于服务之中，积极为广大林农提供造林调查设计、优质种苗、营造林技术、果树修剪、病虫害防治、帮助推销林果产品等系列化服务。山东、河北、河南等省基层林业站还开展技物结合的技术承包服务，收取少量服务费。部分林业站还建立了植物医院和农资供应服务部，实行既看病开方，又提供农药、化肥的配套服务，不仅方便了群众，也为基层林业站增加了收入。基层林业站还利用信息、地理优势，为林农提供产品销售信息或代销林产品。北京市平谷县大华山镇林业站为使本镇果品打开销路，积极同天津进出口公司、北冰洋集团公司等单位合作，组织干鲜果品出口，使该镇的果品远销到新加坡、俄罗斯、日本等国家以及香港地区，使群众的果树增产又增收，深受群众欢迎；辽宁、吉林、福建的部分基层林业站还组织采伐专业队，统一为林农提供采伐、销售一条龙服务，既管住了采伐限额、降低了采伐成本，又方便了群众、增加了群众的收入。许多基层林业站还开展了以包果品产量、质量指标的技术承包制，超产提成、减产包赔损失，保证果农收入的稳定增长，被群众誉为“财神爷”。

3. 推广林业新技术，引导群众走科技兴林之路

基层林业站在开展林业社会化服务时，特别注重开展科技服务。通过推广优良品种，包括引进、选育国内外优良品种，发展高效林业。甘肃省兰州市林业局1995年9月与日本花甲协会会员原长野县果树专家古幡芳明先生在兰州市七里河区崔家崖乡联合建立了“中国兰州芳明果树实验园”，七里河区林业站利用这一有利条件，积极引进、培育长野6号、千曲白凤桃等日本原种7个；引进、筛选出24种果树优良品种在全乡推广、栽培，每年提供优质果树苗及花卉5万余株，取得了明显的效益。全乡每年增收150万元，人均果品收入800多元，占人均总收入的31%，区林业站仅此一项每年创收10万元。同时，基层林业站还积极开展技术咨询和技术培训。河北、甘肃、山东等省的基层林业站每年开办林果技术学校，培训林农技术员或专业户，提高林业生产管理水平。

4. 大力创办基地，增强发展后劲

1988～1998年10年来，各地基层林业站始终把创办生产基地当做增强林业站发展活力的重要举措，下大力气抓生产基地建设。全国绝大多数省(区、市)的乡、村林场均由基层林业站管理。基层林业站一方面把乡村林场作为生产基地，另一方面大力发展速生丰产林基地、名特优新产品基地。广东省林业厅1992年要求，全省每个基层林业站要建十亩果、百亩林的站有基地，1996年7月，《林业部关于加强基层林业工作站基地建设的通知》下发后，基层林业站再次掀起了办基地、创办林业产业的高潮。广东省林业厅再次明确提出“九五”期间，每个基层林业站要实现“百亩果、千亩林”的目标，到1997年，全省基层林业站基地面积已超过国有林场经营面积。江西省林业厅规定，标准化基层林业站要有自办基地13公顷以上或联办基地33公顷以上，并把基层林业站基地建设纳入县级林业主管部门林业产业建设范畴。江西省德兴市17个基层林业站在市林业局的统一部署下，利用世界银行贷款和育林基金，建站办林场，竹、果基地15300公顷，每站平均900公顷。到1997年底，江西省基层林业站共建有基地63500公顷(不包括股份合作林场)每站平均55公顷。福建、广西、湖南、山西、安徽、新疆、辽宁等省(区)及新疆生产建设兵团的基层林业站的基地面积也超过了2万公顷。基层林业站还通过建立科技示范基地，联系科技示范村、组、户，辐射、引导林农兴林致富。为发展林业产业作出了重要贡献。

5. 积极引导林农走股份合作、规模经营的林业发展道路

1995年，林业部工作总站在北京举办林业股份合作制研讨班后，全国基层林业站积极引导林农走股份合作、规模经营的路子，进展十分迅速。江西省林业厅1995年在全省基层林业工作站会议上提出：基层林业站要积极配合地方政府和上级林业主管部门加强集体林区股份制建设，以技术、集资参股，采取联营或合股经营等方式，参与生产过程的直接管理，加快乡村股份林场的建设。截至1997年底，江西省组建由林业站参股的股份制林场300多个，经营面积达65万多公顷，集体林业逐步走上规模经营的发展道路。广西北海市南康林业站，从1985年开始利用世界银行贷款10万元建起第一个27公顷股份制速生丰产林桉树基地，到1989年先后吸收了11个村的25个村民小组，4个企事业单位参股，共集资160多万元，营造股份速生丰产桉树林1000公顷。1992年开始采伐，到1996年，已累计采伐利用740公顷，获利润460多万元，林农每人每年增加收入470元。同时林业站获创收30多万元，效益十分显著。广东、广西、福建、湖北、湖南等省(区)基层林业站在创办股份合作林场，探索建立集体林经营新机制等方面迈出了较快的步伐。林业站以信贷方式承接林业项目资金，以股份形式投入集体或联营林业生产组织，并负责按期收回资金，形成资金运行的新机制；以经济关系为纽带，带动了集体或个体林业生产者对林业的投入，增强了林业站的综合功能。林业站已成为对集体林实施管理、组织和开展社会化服务的基层组织，有效地促进了集体林业改革，完善了集体林业经营机制，调整了生产关系，使林业站的社会化服务功能得到充分发挥。

6. 拓宽服务领域，兴办服务实体，发展多种经营，增强自身发展活力

基层林业站在做好林业社会化服务工作的同时，不断拓宽服务领域，大力发展多种经营。首先是立足资源优势，积极发展种植业、养殖业、采掘业和加工业，实行种、养、加，林、工、贸一体化经营，提高林业经济效益。其次是发展旅游业，兴建饭店、旅馆、商品门市部。山西省多年来坚持“立足服务搞经营，创办实体促服务”的指导思想，从实际出发大胆探索，走自力更生、艰苦创业、自我完善、自我发展的路子。辽宁、吉林、广西、江西、河南等省(区)开展了林业站建设综合实力一百强、五十强、三十强等争先创优活动，加强了基层林业站服务作用，促进了基层林业站多种经营的发展。北京、天津、山西、辽宁等省(市)90%以上的基层林业站开展了多种经营；吉林、福建、广东、广西、湖北、浙江、上海、黑龙江、内蒙古、新疆等省(区)和新疆生产建设兵团开展多种经营的站也已超过60%。

据统计，到1998年，全国已有2.01万个基层林业站开展了不同形式的服务和多种经营，1997年创产值40.4亿元，利润4.4亿元。江苏省1140个林业站全部开展了社会化服务和多种经营，1997年创产值15.9亿元(站均140万元)，利润8850万元(站均7.7万元)。多种经营的发展，既增强了基层林业站的自身经济实力，又为乡村林业发展增加了投入。江苏省扬中市新坝林业站，根据“立足林业办产业，发展产业促林业”的指导思想，不断创办新的经济实体。到1995年底，林业站已办起了16个经济实体，产品有电缆、桥架、开关柜、硅橡胶、四氯制品等远销国内外。1997年实现产值1.6亿元，利税1800万元。固定资产达7000多万元。该站先后从多种经营收入中拿出100多万元用于全镇的绿化和修桥筑路、发展教育等社会公益事业，促进了全乡林业的发展。

(五)开展基层林业站建设合格县活动，促进基层林业站整体水平不断提高

林业部决定从1994年起在全国以县为单位开展基层林业站建设合格县活动。1996年在全国林业站工作会议上提出：到2000年，全国80%的县建成基层林业站建设合格县。所谓合格：就是全县所辖基层林业站都有正式编制，经费列入地方财政预算，有办公场所，有交通、通讯工具，制度健全、资源档案齐备，有基地和多种经营项目，职能作用发挥好，工作人员无违法违纪行为。1994年以来，林业站每年都要组织对各省(区、市)申报的合格县进行检查验收，并在全国林业厅局长会上进行通报。各省(区、市)每年都及时将合格县建设任务落实到县，各省(区、市)林业厅(局)与承担合格县建设任务的县签订合同，限期达标并认真检查验收。到1997年底，全国建成合格县近1300个。北京市已完成合格县建设任务，辽宁省完成合格县任务的90%以上。山西、吉林合格县比率达80%以上。林业站建设合格县活动促进了基层林业站向标准化、规范化、制度化方向发展，全国基层林业站的整体水平有了较大提高。

(六)坚持两个文明一起抓，切实加强基层林业站的精神文明建设

各级林业主管部门在抓基层林业站工作时，始终坚持两个文明一起抓。在组织的历次基层林业站

检查验收中，都把精神文明建设和廉政建设作为一项重要的考评指标，实行一票否决制。根据党中央、国务院以及林业部关于加强廉政建设的有关规定精神，林业部工作总站制订印发了《关于加强基层林业站廉政建设的若干规定》。各级林业主管部门狠抓了基层林业站廉政建设和精神文明建设制度的落实，绝大部分基层林业站都建立了公开办事制度和廉政建设制度并切实执行，涌现出了一大批"双文明"建设先进站和先进工作者。1992、1996年林业部先后两次表彰了400个先进基层林业站和353个先进工作者。近十年来，各省、地、县都表彰了一大批基层林业站和先进工作者。

经过十多年的建设与发展，基层林业站已初步成为林业法规、方针政策的宣传站；组织指导林业生产、推广林业科学技术的推广站；发展当地经济、引导林农兴林致富的服务站；农村"双文明"建设的示范站。

随着我国社会主义市场经济的建立，更加需要全方位的社会化服务。基层林业站、林业科技推广站(中心)、病虫害防治(检疫)站等林业社会化服务组织将朝着多功能、全方位的方向发展，基层林业站的林业社会化服务主体地位愈发突出。近十几年来，基层林业站在强化职能作用，开展林业社会化服务、发展多种经营等方面虽然取得了很大成绩，但仍存在着薄弱的环节和不足。部分基层林业站开展服务的内容还仅局限于造林、营林、护林。到1998年，全国还有46%的站没有多种经营项目，没有全方位的开展社会化服务，部分省(区、市)开展多种经营的站不到三分之一，有的省(区)不足五分之一；各级林业主管部门需要进一步加强领导，切实强化基层林业站的服务职能，充分发挥基层林业站在林业社会化服务体系建设中的主体作用，引导基层林业站向"建设标准化、管理规范化、服务体系化、经营产业化"的方向发展，把基层林业站建设成管理有序、经营有方、功能齐全、具有自我发展活力的基层林业管理服务机构。

(执笔人：伍步生)

林业信息化建设

人类已进入信息化社会。社会各领域开发利用信息资源的能力，已经成为一个国家、一个部门现代化水平和综合实力的重要标志。在农业经济时代，土地是资本；在工业经济时代，自然资源、货币是资本；从工业经济到信息经济、从工业社会到信息社会，现在知识经济时代的端倪已经显露，智慧、脑力是生产要素中最重要的组成部分，信息化已是新兴的社会生产力，信息化逐步上升成为推动世界经济和社会全面发展的关键因素，成为人类进步的新标志。一个国家的信息化程度，代表着社会生产力的发展水平，也决定着这个国家生存与发展的实力和地位。90年代以来，继美国总统克林顿提出"信息基础结构行动计划"后，英国、法国、德国、俄罗斯、日本、新加坡等许多国家都 相继制订并实施了"信息高速公路"计划。信息化已经成为世界各国政府普遍关注的焦点，他们的目的就是推动本国的经济增长和产业结构转型，谋求下一个世纪抢占国家生存的制高点和发展的主动权。美国抓住知识经济崛起的机遇，率先走向知识经济时代，现在职工中60%属于知识型，每10个新创造的就业机会就有8个与信息产业有关。

一、信息化工作的地位和作用

我国领导人高瞻远瞩，十分重视信息化工作。邓小平同志早在80年代指出，开发信息资源，服务四化建设；江泽民同志明确指出，没有信息化就没有四个现代化。1998年初他又进一步指出：在世纪之交，全球信息化进程明显加快，我们要迎接21世纪的挑战就必须重视发展信息产业，各级领导干部应当认真学习和掌握有关信息产业知识，以适应社会主义现代化建设新形势的需要。我国传统工业只有节约能源和原材料，才能使经济长期保持高速增长。而面对知识经济时代的到来，加速调整科技发展战略，才能使我国在21世纪跻身于世界民族之林。

对我国来说，信息化首先是国家信息化，重点是国民经济信息化。我国于1997年制订了国家信息化规划。国家信息化就是在国家统一规划和组织下，在农业、工业、科学技术、国防和社会生活各个方面用现代化信息技术，深入开发、广泛利用信息资源，加速实现国家信息化的进程。它包括了四层含义：一是实现四个现代化离不开信息化，信息化要服务于四个现代化；二是国家要统一规划，统一组织信息化建设；三是各个领域要广泛应用现代信息技术，深入开发利用信息资源；四是信息化是一个不断发展的过程。国家信息化体系有六个要素：信息资源、国家信息网络、信息技术应用、信息技术和产业、信息化人才、信息化政策法规和标准。六个要素互为依存，不可分割，每个要素在信息化中都有其特定的地位和作用。换言之，信息化就是利用现代信息技术（主要是现代计算机软硬件、微电子技术以及通信网络）在各个领域、各个层次上促进社会生产力的发展。林业信息化就是要用现代信息技术促进林业生产力的发展。林业信息化主要表现在以下几个方面：

（一）林业生态体系建设

林业的第一产业是植树造林、森林保护和森林经营管理。森林资源是林业可持续发展的物质基础，林业生产主要是以林业资源信息为基础的。采集完整、准确、动态的林业资源信息并对其进行快速分析处理，直接关系到对造林、森林经营管理的正确决策，关系到林业生产的社会、经济和生态效益。例如，林业建设的重点是保护生态环境，林业部批准了十大防护林建设体系，现在又根据国务院指示，组织实施天然林保护工程，这些重点生态建设工程需要进行现状调查，进而制定规划和落实到地块上，得到有关图件。这项工作要在较短的时间内尽快完成，那就必须依靠包括对地观察资源卫星和建立地理信息系统（GIS）等空间信息，结合地面调查才行。“三北”防护林体系建设区域遥感综合 调查就是这方面的一个范例。再如，对全国森林资源的数量和质量以及分布情况的了解，我国在“五五”期间就建立了以地面样地为基础的连续清查体系。早期的森林资源信息都是用手工方式计算处理，而现在则广泛地应用了计算机，建立了全国森林资源数据库系统，对需要了解的森林资源情况可以极方便地检索和查询。联合国 UNDP 援助林业部“加强林业项目”建立国家森林资源监测体系更开始了多种信息技术的应用，这些高新技术在我国荒漠化监测、湿地监测等方面都有广泛的应用前景，为各级林业部门在多方面的宏观决策提供了依据。

（二）林业产业体系建设

林业的第二产业是木材生产、木材加工、林产品加工和林机制造等等。信息化主要反映在伐区设计、索道、道路的选线和设计、木材采运、木材加工、分选和干燥、人造板生产线的监控、数控机床、可编程控制器（PLC）、机器人柔性生产线（FMC）、计算机辅助设计（CAD）、计算机辅助制造（CAM）、计算机集成制造系统（CIMS）等方面。中南林学院的索道理论研究和设计为国家节约了大量资金，挽回了巨大的经济损失，仅间接经济效益就达 1.6 亿元。常州林机厂的产品设计甩掉了图板，完全采用了 CAD，用 PLC 改造了国内外机加工设备 20 多台，提高了设备性能，减少了故障率，采用了大型加工中心提高了机械零部件的加工精度和劳动生产率，向机电一体化迈进了一大步。福建人造板厂采用信息技术为基础的自动控制技术，减少了人造板的施胶用量，每年可节约人民币 250 万元。镇江林机厂把 PLC 应用在无卡轴旋切机上，在激烈的国内外市场竞争中取得了明显的优势，1992～1996 年在东南亚市场上创汇 450 万美元，在国内也销售了 300 多台。在林机行业，将 PLC 控制技术应用于生产线控制、专机的开发、机加工的技术改造、热加工的技术改造、工程机械的开发等方面，都取得了提高劳动生产率、减少原材料消耗、节省能源的良好效果。

（三）林业信息服务体系建设

林业第三产业中的信息化工作主要是信息服务，包括各类管理信息系统（MIS）、办公自动化（OA）、辅助决策系统（DSS）、知识库和专家系统的建设，林产品价格及科技情报的信息服务，森林旅游咨询，林业报刊，林业教育，科技成果管理和推广，政策法规和标准化以及围绕着这些内容的计算机软件开发、信息网络、数据库、计算机硬件和网络的管理、运行和服务等等。

一个国家工业化后，体力劳动减少了，大部分劳动者将从事与信息有关的工作，更多地使用计算机来处理信息。信息处理将成为进一步提高社会劳动生产力的关键。森林火灾是危害森林的大敌，我国年均发生森林火灾 1.45 万次，每年森林受害面积 84 万多公顷，尽早发现森林火灾，对及早组织扑救减少损失有极为重要的意义。1987 年大兴安岭特大森林火灾就是由气象卫星最早发现的，在卫星的监测下，及时提供火情信息，为扑火决策起了重要作用。

林业系统的科技信息、查询、检索已经开始，林科网络（LKNET）信息服务系统是由微机局域网络系统、CD-ROM 光盘信息服务系统、广域网远程信息查询系统、无线网络系统四大部分组成，目前已具有公众信息查询80余种国内外数据库和光盘的联机访问、Internet访问、阅读电子刊物、用户信息发布、信息公告板(BBS)、电子邮件、网上培训、电子论坛等多种服务功能，可以满足不同用户的需求。林业计算机软件开发且进入市场较早的是新疆林业厅电子计算中心研制的MISADT，它是一种微机管理信息系统的开发工具，80年代末已进入市场。吉林林业电子计算中心研制并获国家财政部认可的财务管理软件，已在全国各行业推广应用，几年来收入达数百万元。

信息服务业中一个很重要的内容是电信的应用。从林业部机关来看，电话得到快速的发展，1965年以前是从磁式到供电式的人工电话交换机，1965年以后，总机应用了300门步进制半自动电话交换机，到1983年又扩充了200门，500门电话一直使用到1991年，换上了程控交换机。1998年部科技办公大楼建成，机关的电话总机升为1200门的全自动电话支局，大大提高了通讯功能。

二、林业信息化建设情况及取得的主要成绩

林业信息化建设是伴随着计算机及其通信网络、各种卫星应用研究等高新科技在林业上的应用而开始的。50年代末期，开始利用中国科学院的计算机进行测树制表工作，60年代进口捷克斯洛伐克ARITOMA电磁式统计计算机系统，做过统计计算，但因“文化大革命”而被中断。到了70年代，应用引进英国的CAB文献磁带开始定题检索服务，林业系统开始购进国产晶体管计算机DJS-121，稍后美国发射地球资源卫星，航天遥感的数字图像处理进一步推动了林业计算机应用。80年代以来，林业陆续引进了Felix C-512、C-4500、VAX11/750、VAX8250、VAX4000、富士通、DELL等计算机系统和S575、S600图像处理软件、Adra建筑设计CAD系统等等，并于80年代初林业部建成全国第一个森林资源数据库和自行开发研制了用于森林资源调查的卫星遥感数字图像处理系统。应用这些新工具、新设备，林业部完成了多项国家重点科技攻关项目。这一时期，微机在我国兴起，计算机及其网络应用普及和推广加速，在短期内全国林业系统科技人员研制了数十个森林资源管理信息系统，培养出一批计算机应用的科技人才。

90年代，林业系统以部信息中心为代表，信息化建设基础设施有了较快的发展，信息中心拥有林业系统最强，目前世界上也比较先进的计算机及其网络系统，还管理着多种输入输出外围设备、遥感图像处理系统、气象卫星地面接收站及处理系统等等。现有SGI公司的64位机ORIGIN2000等共10个服务器、工作站、图形终端等计算机系统，所有异型机构已联网。应用软件有ORACLE、SAS系统分析软件包、ERMAPPER和ERDAS图像处理软件、Genamap和ARC/INFO地理信息系统，还有很多自行开发的数据库应用软件。还有较强的硬件管理维护和软件开发队伍。这些都是林业信息化发展的主要条件。

我国林业系统有组织、有领导的信息化工作起始于1987年，林业部成立林业部经济信息系统建设领导小组，同时成立林业部经济信息中心筹建办公室，1988年初完成林业部经济信息系统总体规划方案要点。1991年，林业部进而成立经济信息中心，挂靠在林业部调查规划设计院，与遥感计算中心合署办公，不久即改名为林业部信息中心。1995年4月11日中央机构编制委员会办公室批复同意成立林业部信息中心，核批事业编制35人。信息中心仍挂靠在林业部调查规划设计院。同年，林业部召开专门会议，专题研究加强信息工作的有关问题，会议认为：现代信息是改善人类生存环境、发展经济、促进人类可持续发展的重要基础。进一步加强林业信息工作是适应加快林业两大体系建设，支持林业宏观决策科学化、促进林业管理现代化的具有全局性、战略性的基础工作。会议形成了《关于加强林业信息工作》的纪要，将原领导小组改名为林业部信息工作领导小组，王志宝任组长。

1997 年 4 月国务院召开全国信息化工作会议，提出了《全国信息化规划》。同年 7 月林业部将领导小组更名为林业部信息化工作领导小组。林业部办公会议明确了林业部信息化工作领导小组是林业部负责全国林业系统信息化工作的议事协调机构，其主要职责是：贯彻执行国家有关信息化工作的方针、政策、组织制订全国林业系统信息化工作的发展战略、总体规划、分阶段实施方案及年度计划并监督和检查实施。领导林业部机关及直属单位的信息化工作。指导、协调全国林业系统信息化工作、全国林业系统信息资源管理工作和重大信息化工程项目的建设。协调解决全国林业系统大型计算机信息网络及有关国际联网等工作中的重大问题。

近年来，林业部不断加强林业信息化建设，在硬件建设、软件开发和人才培养等方面作了大量工作，取得了显著成绩。

(一)信息系统开发

林业部 80 年代为计算机信息系统开发作了大量的技术和人才培养的准备工作，在全国开发 了几十个森林资源管理系统和中国林科院的外事事务管理、林业科研管理、三北防护林遥感综合调查的资源与环境等信息系统，以及林业常用软件包、IBM-PC 系列程序集等等。90 年代以来，特别是 1993 年以来，林业部各司局结合业务工作需要，先后开发了森林防火、森林病虫害、林业公安、人事、财务、国家造林项目、部机关房屋、野生动植物、国家自然保护区等管理的应用软件，还有林业政策法规、森林资源连续清查和调查规划设计成果、林业统计年报、办公自动化等一批应用软件；目前正在开发的软件有林业计划、森林资源预测模型等管理信息系统的软件。这些信息系统的开发为林业部提高管理水平创造了有利条件，在实际应用中也得到了明显的社会效益和经济效益。上述工作大部分是部信息中心承担的。北京林业大学也研制了很多信息系统，其中如森林资源管理信息系统和流域管理信息系统曾分别获得林业部科技进步一、二等奖，其它还有水土保持方面的专家系统已通过技术鉴定，正在进行的还有中国林业科技信息和林业发展关系研究的五个数据库等等，这些工作为教学、科研、生产提供了方便。大兴安岭满归林业局研制了一套用于生产管理的信息系统已投入使用。

(二)业务运行系统建设

根据我国林业自身的特点，包括航空和航天遥感在内的多种空间信息在生产、科研和管理工作中有较多的应用。如以遥感技术(RS)、地理信息系统(GIS)、全球定位系统(GPS)统称“3S”技术已广泛用于《中国荒漠化监测系统》、《卫星林火监测系统》、森林资源监测新体系、“七五”和“九五”国家科技攻关项目中的“三北防护林地区遥感综合调查”和“生态林业工程建设信息管理系统”等等。现在正在研制“以森林资源监测体系为基础、以各级林业调查规划设计队伍为基本监测技术力量、由国家林业局统一领导和协调，建立国家资源和生态环境监测体系和评价体系”，它的基础地理信息系统是自行研制的 Power MAP。业务运行系统还有北京国家木材市场木材信息系统和计算机交易厅(目前正在进行 2 期工程)、联合国 UNDP 援助的“加强林业”项目“建立国家森林资源监测体系”、流域管理信息系统和森林资源管理信息系统等等。

(三)数据处理工作

电子数据处理(EDP)是信息化的初始工作。国家林业局每年要向国家统计部门上报林业的统计数据，包括季报、半年报、年报、快报，1995 年开始的第三次全国工业普查中森林工业部门的数据采集、录入和处理，国家计委和国家信息中心要求各部委上报的国外贷款项目信息系统中林业行业的数据采集、汇总和上报(至 1997 年已有 14 次)、邮电部(现为信息产业部)要求林业系统报送专用电信网的数据，等等。以上工作都是运用电子数据处理技术完成的。

(四)计算机网络建设和维护

在开展信息化工作中，各级林业部门把政府推动作为突破口，从而有力地促进了全行业信息化工作的深入开展。为了实现机关办公自动化，精心管理和维护好现有小型机、服务器等网络设备是必要条件。1994 年建成的部机关局域网，运行的是 ALL-IN-ONE 二次开发的办公自动化软件，网上还有林业政策法规、森林资源一类清查成果、林业统计年报等公用数据库网络版，以便查询、服务。1996 年建设全国卫星林火监测信息网，1997 年改造卫星林火监测中心局域网，增设了西南地区（昆明）、西北地区（乌鲁木齐）两个林火监测分中心，在全国各省（区）和重点森林火险区相继建立了 140 个远程工作站。1997 年中国林科院先后完成科研网（CAFNET）和科技情报服务系统（LKNET）的建设并投入使用。在京很多直属单位也完成了与 INTERNET 的连接，都可向国内外查询和发布信息。基层单位如红石林业局也研制了一套用于防火的局级网络系统，并已投入使用。

（五）信息化科研成果与产品

林业部历来非常重视应用高新技术的工作，其中信息技术的研究任务不少。除前面已提到的国家重点攻关项目外，1997 年国防科工委的《沙尘暴的卫星遥感与灾情评估系统》、《卫星遥感森林火险预警、火灾监测和灾情评估系统》等项目也已经开始。WINGIS 和 POWERMAP 是林业系统近几年来开发比较成功的两个地理信息系统软件，前者曾获国家科委 1996 年组织的全国部分地理信息系统（GIS）评比的第一名，现已由北京资信电子信息技术公司销售推广和技术服务。后者在 1998 年第三届国际航天技术及遥感地理信息系统、全球定位系统应用展览会上展出时，很多专业人士对此进行深入详细的咨询，受到国内外许多观众的赞誉。计算机软硬件系统集成已有成果：林业部信息中心研究开发的北京国家木材交易市场的木材信息系统和竞价交易系统的计算机软硬件，其中竞价交易系统由计算机按“价格优先、时间优先”的原则自动撮合成交，市场另有电子大屏幕公布国内外市场行情交易信息；北京林业大学研制的 WJK-2 微型机木材监控系统；东北林业大学研制的苗圃生态因子测量与信息管理系统、南京林业大学研制的基于 GIS 的索道集材分析设计、上海人造板厂和西北人造板厂的 1.5 万立方米和 1.0 万立方米中密度纤维板生产线、苏州林机厂研制的 HB 213B－C1 分布式计算机控制系统等等，都是在林业系统信息化工作中涌现出来具有一定代表性的软硬件相结合的成果。

1993～1997 年的信息产品还有《林业信息》以及它的副刊林业统计分析和专供经济信息，从 1998 年起逐步向信息的电子网络化过渡。多年来林业部宣传部门和中央电视台、中央人民广播电台保持联系，经常提供林业各方面的视听信息。此外，为林业信息系统建设还制订了有关的国家标准、部标准共 7 个信息代码标准。

（六）人 才 培 养

我国一些高等林业院校已具备了培养博士、硕士、学士不同水平的信息化复合型人才的能力。据初步统计，自 1995 年以来，仅林业部举办的计算机操作、办公自动化、计算机远程网知识及应用、计算机专业应用软件操作、图像处理、遥感技术应用等各种类型的培训班达 20 期，累计培训人员 500 多人次。林业部信息中心为加速信息化知识普及，1998 年举办了多种形式和不同内容的培训班，以提高各级干部，尤其是领导干部对林业信息化工作的认识和林业信息化知识，逐步提高各级干部的计算机应用能力和水平。80 年代以来，北京林业大学、林业部干部管理学院、中国林科院等单位，也先后多次举办了多种类型的计算机、通信网络、遥感应用、专业应用软件等短期培训班，为林业系统培养了大批计算机应用人才。

三、林业信息化发展前景

林业信息化建设虽然取得很大成绩，但也还存在一些不容忽视的问题，主要表现在：信息网络建设与国家机关工作及林业发展的需要不相适应；电子信息服务还处在起步阶段，信息资源开发利用有待深化；复合型人才不足和人才外流的问题还比较突出，各级干部信息化意识有待进一步加强；林业信息化管理体制和调控手段有待完善，各领域信息化应用水平不平衡；信息化政策、法规和标准规范还有很多工作要做；信息渠道不够通畅，信息市场发育还不成熟；信息化建设资金投入不足、管理分散，等等。随着这些问题的妥善解决，林业信息化工作将会逐步走向成熟和完善。

当今世界，以现代电子信息技术和现代通信技术为核心的信息业迅猛发展，势不可挡。信息技术本身是一项高新技术，它为传统产业的改造和升级带来巨大的效益，它又是各项新技术的粘结剂和催化剂，已经和正在带动一场全球范围内新技术革命。全球范围内科学技术的迅猛发展，以及林业改革和建设事业的日新月异，给发展林业信息化工作提出了更高的要求，带来了新的机遇。展望林业信息化前景，至 2010 年将在以下几方面有突破性发展：①林业信息系统基本建成。②建成与林业密切有关的资源与环境重点信息工程项目，特别是空间信息应用工程。③发展信息产业，为林业和社会服务。如信息咨询服务、软件开发、计算机集成系统、工业领域改造传统产业等等。④加快改革开放步伐，引进先进信息技术和外资项目。林业信息化工作要继续坚持为林业改革与发展服务的宗旨，加大电子信息技术和资源开发与利用的力度，加强发展信息专业，逐步缩小与发达国家的差距。林业信息化工作将以崭新的姿态，迎接 21 世纪的挑战。　（执笔人：张智鹏）

林业对外开放

新中国成立伊始，党和国家就十分重视林业国际交流与合作，在林业部设立了技术合作科和外国专家工作室，1957 年成立外事处，1961 年成立对外联络司。“文革”期间，林业部被撤消，林业外事工作由农林部外事局承担。1979 年恢复林业部后，设立外事局，1982 年和 1994 年机构改革时先后更名为外事司和国际合作司。1998 年国务院机构改革时改为国家林业局国际合作司。

50 年来，随着我国政治、经济形势和林业建设的发展，本着服从于国家整体外交，服务于林业建设的基本原则，林业部积极开展林业对外交流与合作，扩大开放，取得了显著成绩，为我国各时期的林业建设作出了积极贡献。

建国初期，根据我国经济建设和林业发展的需要，林业对外开放工作重点是引进苏联、民主德国和波兰的林业经营经验、技术和设备，加快了我国林业规划的制定，促进了林业生产、科研和教学的发展。1952～1968 年，共聘请苏联专家 296 人到我国工作，为我国的东北林区开发、热带橡胶林生产基地建设、重点地区造林、林业经济政策和管理体制的确立提供技术咨询和指导。这一期间，我国先后从苏联和东欧部分国家引进了我国林业生产急需的成套技术 11 项和一些设备。同时，我国还派遣了大批留学生到苏联学习林业。林业的外事工作，引进了我国当时急需的技术、经验、营林规程、设备，促进了林业科研和教学的发展，为顺利实施林业发展第一个五年计划作出了贡献，有力地支援了国家建设，为我国林业管理体制、林业政策、林业勘察设计与规划、林产工业和林业教育等领域的后来发展奠定了基础。

60～70 年代，根据我国外交和对外援助的需要，林业对外开放工作的重点转移到执行国家对外经济技术援助项目上来。此一时期，根据中国同越南、柬埔寨、阿尔巴尼亚、坦桑尼亚、朝鲜等国的双边政府科技合作协定，林业部先后派林业专家组赴上述国家工作，从事林业工程援建、提供林业经营管理技术咨询和林业生产的技术指导。林业外事工作为顺利执行我国同有关国家的政府协定做了大量工作，为发展我国同有关国家的友好关系作出了积极的贡献。

党的十一届三中全会以后，林业对外开放工作本着有利配合我国的总体外交和服务于林业建设的基本原则，以引进技术、引进资金、引进先进管理经验、引进资源，培养人才，输出林业实用技术、产品和人才，积极参与国际活动，提高国际地位作为重点，积极开展双边和多边的科技交流、经济合作和多边合作，逐步形成了全方位对外开放的格局。到 1997 年底，林业部已经同 22 个国家的林业主管部门建立了稳定的交流与合作关系；林业部所属企业、事业单位已经同 30 多个国家的对口单位建立了交流与合作关系；利用各种国外资金 23 亿多美元；代表国家或有关机构加入了 11 个国际组织或国际公约；对外贸易不断发展，先后引进了一些我国林业生产急需的人造板生产成套设备、种子处理成套设备、大型苗圃育苗温室等设备，输出了装载机、旋切机等林业机械设备等。

20 年来的林业对外开放，引进了技术、经验、设备和资金，培养了人才，解决了我国林业生产和科研教学中的一些难题，为我国林业建设特别是各阶段的林业重点工作和重点建设工程的顺利实施发挥了重要作用。多边和双边合作的不断扩大，不仅增进了我国林业工作者同世界各国的林业工作者之间的友谊和相互了解，而且提高了我国林业的国际影响力，极大地提高了我国林业的国际地位，为我国林业的发展创造了一个很好的外部环境。

一、林业对外开放的良好开端

改革开放以前的30年，全国林业系统积极开展林业对外开放工作，工作主要分两个阶段：一是引进苏联、东欧国家林业建设经验和部分友好的西方国家的先进技术；二是向部分发展中国家提供经济技术援助。这一时期引进的国外林业先进技术和管理经验，为加快林业的发展创造了条件，有力地支援了国家经济建设和配合了国家总体外交需要。

(一)第一阶段

1. 聘请外国专家为建立华南橡胶垦植基地提供技术指导

从1952年开始，为了在广东省雷州半岛和海南岛、广西壮族自治区和云南省的热带地区建设橡胶生产基地，聘请了50多名苏联专家提供技术指导。专家们在建立国营橡胶垦殖场、拖拉机站、驾驶学校、橡胶研究机构等方面承担了技术咨询和人员培训的任务。

2. 聘请外国专家为开展森林调查提供技术指导

1954年后，先后聘请了200多名苏联专家对东北、西南、西北等国有林区开展森林航空测量和调查进行技术指导，同时培训了一支森林航测、航调队伍，为后来全面开展森林航空调查奠定了初步基础。

3. 聘请外国专家为开展造林设计提供技术咨询

为了提高造林设计的技术水平，1957～1958年聘请了10多名苏联专家，重点对北方干旱、半干旱山地和黄土高原造林、铁路沿线造林以及南方营造用材林的设计业务提供技术指导。同时，为22个省(区)编制了造林典型设计。专家们为各省(区)培训了200多名从事造林设计的技术人员。

4. 聘请外国专家为开展大片林区开发总体规划和新建森林工业局的总体设计提供技术咨询

50年代，为了满足国民经济建设对木材的需求，国家决定有计划地开发建设国有新林区。为此，我国于1957年后，聘请了19名苏联专家指导编制大兴安岭林区开发总体规划和新建森林工业局的总体设计。同时一些专家还对热带林和特种林的森林经理进行了技术指导。

5. 聘请外国教师在重点林学院任教

为了引进苏联林业教学经验，1951～1957年聘请了7名苏联教师在东北林学院、北京林学院和南京林学院担任森林学、森林经理、林业经济、造林学、森林采伐和木材运输机械化、木材加工、林产化工等课程的教学任务。

6. 聘请外国专家提供林业经济管理方面的技术咨询

50年代先后聘请了10名苏联专家在林业部机关和直属单位任技术顾问、技术专家，对林业技术经济政策、管理体制、经济计划、生产技术等方面有关业务问题提供技术咨询。

7. 引进林产工业成套技术设备

50年代从苏联、东欧国家引进11项成套技术和设备，从民主德国引进了栲胶厂成套设备，从波兰引进了硬质纤维板厂和松根浸提技术设备；从瑞典引进了纤维板厂成套设备。林产工业成套技术设备的引进为我国林产工业的技术进步创造了良好条件。

这一时期，我国政府派出了林业经济、技术、管理方面的考察团(组)赴苏联及东欧部分国家考察，并派出了留学生学习国外林业经验。从总体上说，这一时期的林业对外交流与合作还处于起步阶段，由于当时国际环境的影响和历史的局限，对外交流不多，合作领域较窄，但对顺利实现我国林业发展的第一个五年计划，为后来林业技术进步、经济管理水平的不断提高奠定了基础。

（二）第 二 阶 段

1. 援助越南发展林业建设

根据中越两国政府科技合作协定，中国林业专家组 42 人从 1962 年 10 月起陆续到达越南执行技术援助任务。1965 年 2 月，专家组圆满完成任务回国。中国林业专家组在越南工作期间，积极协助越南林业总局进行林业建设，在森林资源清查、森林经理调查、林区开发规划、林业局总体设计、木材生产、经营管理，以及机构建设、人才培训等方面对越南进行了全面的技术指导。中国专家组具体协助越南林业总局完成了越南重点大片林区——孝江林区的森林资源调查和开发建设规划，完成了葵州林业局的森林经理调查和建局总体设计，对宜坛林场的森林采伐、运材进行了技术指导。通过森林调查、开发规划和总体设计的实践，为越南培训了数百名技术人员。中国林业专家组还协助越南林业总局创建了森林调查总队和规划设计院，为越南的林业建设奠定了技术基础和组织基础。

2. 援助柬埔寨和缅甸创建胶合板工业

60 年代初，根据中柬两国政府协议，林业部援助柬埔寨建设了第一个胶合板厂——金边胶合板厂。1965 年又协助柬方对该厂进行了技术改造。根据中缅两国政府协议，林业部援助缅甸建设了第一个胶合板厂——斯瓦胶合板厂，该厂于 60 年代初建成投产。1966 年根据缅方要求，林业部派出专家组进行了技术指导。中柬、中缅专家密切合作创建了柬埔寨胶合板厂和缅甸胶合板厂，为柬、缅两国填补了胶合板工业的空白，为两国发展人造板工业奠定了基础。

3. 援助阿尔巴尼亚创建人造板工业

为了援助阿尔巴尼亚经济建设，增强自力更生能力，根据中阿两国政府协议，林业部从 60 年代初起，通过提供成套设备、派遣专家等方式，先后援助阿尔巴尼亚建成了阿尔巴桑纤维板厂、斯库台纤维板厂、斯库台纤维板厂油漆车间和地拉那刨花板厂。这 4 个工厂（车间）的建成为阿尔巴尼亚奠定了人造板工业体系，开展了木材综合利用，为家具业、建筑业开辟了新的原料来源，适应了工农业生产和城乡建设的需要。中阿合作建设的人造板厂生产出的产品早在 60 年代就打入了国际市场。

4. 援助坦桑尼亚开展森林采伐、建设木材加工厂

根据中坦两国政府协议，70 年代，林业部派专家援助坦桑尼亚在桑给巴尔岛开展森林采伐，并提供成套设备建成了木材加工厂。

5. 援助朝鲜建设栲胶工业

为了帮助朝鲜充分利用树皮加工林产品，开发鞣质原料来源，根据中朝两国政府协议，林业部于 60 年代向朝鲜提供成套设备，援助朝鲜建成了渭渊栲胶厂。

60 年代，林业部对外提供经济技术援助的同时，同一些社会主义国家和为数不多的资本主义国家继续开展林业科技交流。

“文化大革命”时期，林业对外交流与合作基本上处于停顿、维持状态，但也做了一些力所能及的工作。1972 年后，我国政府开始恢复参加世界林业大会，并加强与联合国粮食与农业组织等国际组织的联系。

二、林业对外开放的全面发展

党的十一届三中全会以来，各级林业部门认真贯彻执行对外开放的方针、政策，根据国家外交政策和国家林业建设的需要，积极推进国际交流，广泛开展国际经济技术合作，积极利用外资，扩大林业进出口贸易。林业对外开放呈现了多形式、多渠道、多层次、多领域、集科经贸一体化的全方位对外开放格局。

到 1998 年底，林业部、国家林业局共派出各类出国人员20000多人次，其中出国留学和进修人员1800多人次，专业考察和培训团组200多批，1500多人次；接待来访外宾3000多人次，其中专业考察团组200多批，1500多人次；同22个国家签定了部门间林业合作协议；代表中国政府同4个国家签定了6个政府间协定；利用国外资金约23亿多美元。同时还积极参与多边国际活动，已代表国家加入了11个国际公约或国际组织。此外，还开展了海外森林开发，输出林业科技成果和林业机械设备等业务。20年的林业对外开放取得了可喜的成果，为我国林业建设作出了积极贡献。

（一）科技交流与合作成果显著

1. 引进了先进的森林经营管理经验，提高了我国林业管理水平

1985年以来，为加快引进国外先进森林经营管理经验的步伐，积极开展引进国外智力工作，围绕国家林业发展重点，共派出培训团组25个，聘请外国专家80多人，引进了多项林业经营管理经验。在林业政策方面，林业发达国家发展林业的政策、观念和管理经验，对我国建立林价制度、林业基金制度、造林贷款制度、森林生态补偿制度，对制定和颁布《森林资源管理条例》和非保护物种进出口制度、政策起了重要的借鉴作用。在森林保护方面，借鉴美国和加拿大等国家的经验，加强了我国森林防火中心的建设，扩大了航空灭火队伍，加强了火情监测系统；借鉴德国等国家的经验，加强了我国森林病虫害生物防治工作。在造林方面，学习了德国、巴西、新西兰、芬兰和瑞典等国的经验，引进了定向培育森林的做法，为我国速生丰产林和防护林建设提供了借鉴。在学习国外多种经营经验的基础上，完善了森林多种经营思想，为我国森林多种经营工作开辟了新思路。

2. 引进了先进技术，解决了我国林业生产和科研教学中的一些难题

改革开放20年来，各级林业部门通过多种合作渠道和方式引进了一大批国外先进技术。引进的先进技术涉及林木育种、造林绿化、速生丰产林建设、森林病虫害防治、木材加工、木材防腐和荒漠化防治等领域，如桉树丰产技术、桉树组培技术、流域治理技术、鸟类环志和跟踪技术、林业机械生产技术等。引进的技术解决了我国林业发展中的一些难题。如引进加拿大利用杨树生产华夫板技术，建立华夫板厂，解决了我国长期存在的杨木利用问题；引进种苗培育技术，解决了我国兴安落叶松繁殖过程中长期存在的种子芽伸长的难题；引进杨树深栽技术在我国北部地区得到推广，为我国干旱地区造林绿化起到了重要作用；借鉴泰国的经验，我国人工繁殖扬子鳄获得成功，幼鳄保存率由原来的30%提高到90%，这项工作得到了有关国际组织的好评；借鉴国外的经验，常州林业机械厂在装载机生产技术上取得突破，产品贸易在国内外保持旺销势头；信阳木工机械厂引进生产跑车大带锯的关键技术，解决了我国该领域的一大难题。

3. 引进了优良动植物品种，丰富了我国动植物资源

通过对外交流途径，我国从国外引进了一些动植物优良品种、品系等，丰富了我国动植物资源。例如，从意大利引进的杨树，从澳大利亚和巴西引进的桉树，从美国引进的湿地松和火炬松等优良品种已得到广泛推广，并成为我国建设速生丰产用材林基地的重要树种。在我国已灭绝的野马、麋鹿等动物又被重新引回我国，进行繁殖发展。在防治森林病虫害方面，也引进了防治技术。1982年在广东与香港、澳门相毗邻的沿海地带首先发现松突圆蚧虫害，并不断向内地扩展，造成大面积马尾松枯死。为迅速解决防治技术，控制灾情，我国先后通过政府间和民间交流渠道，派员出国考察和邀请国外专家来华交流，引进了松突圆蚧天敌——花角蚜小蜂，对松突圆蚧进行生物防治取得了重大突破，成为我国从害虫原生地引入寄生天敌，控制侵入性害虫取得成功的首例。

为配合经济林引种工作及新技术引进工作的开展，通过科技交流渠道，1983～1988年的6年时间，就引进了核桃属树种8个，品种38个，杂交种1个。经过2～5年的观察，大部分能正常生长、结实和安全越冬。

通过科技交流，还获得了大量数据和资料，包括用于森林资源清查的航空照片、卫星照片，用于鸟类环志的计算机软件，饲养鳄鱼的饲料配方，林产品加工的优良胶粘剂配方等，在科研、生产和管理中发挥了积极的作用。

4. 培养了大批林业科教和管理人才

改革开放以来，林业部通过各种渠道向美国、加拿大、德国、日本、泰国、瑞典、芬兰、意大利、英国、法国、奥地利、荷兰、新西兰、韩国、澳大利亚等国家派出留学和进修人员1800多人次，涉及的领域包括林业经济、森林资源监测、林木育种、森林保护、水土保持、森林生态、森林采伐、林区道路设计、木材加工、林产化工、林业机械、人体工程和计算机应用等。绝大多数留学人员在国外留学、研究期间，勤奋刻苦，成绩优秀，学有所成，了解了大量世界科技信息，学到了世界先进的林业科学技术。留学回国后，他们勤奋、扎实地工作，开拓了新的学科和研究领域，使一些科研项目赶上或达到了世界水平，涌现出了一大批优秀人才。他们中间，有的已经成为国家政府部门的领导干部，有的成为中国科学院或中国工程院的院士，大多数人成为学科带头人或学术、技术骨干，为推动林业科学技术进步，促进林业改革和建设事业发展发挥了重要作用。

5. 引进了人才，促进了林业科技教育的发展

20年来，林业系统的教学、科研机构，积极开展引进人才的工作。据不完全统计，高等林业院校共聘请了来自50个国家或地区的外国专家4000余人次，近10年来，每年聘请人数300人左右。通过聘请外国文教专家讲学、学术交流、合作研究、合作开发、合作培养研究生、指导实验室工作，担任客座教授和顾问等，加强了高等林业院校重点学科建设，拓宽了国际交流范围，增进了国际技术与科研合作，提高了教学质量和科学研究水平，从而促进了林业教育事业的发展。特别是近几年来，高等林业院校聘请外国专家的层次水平和实际效益不断提高，聘请的外国文教专家90%以上具有高级技术职称或博士学位。有的专家是国际上著名的专家和学者，有的在国际性学术组织里担任重要职务，为我国高等林业院校的建设和发展，提出了许多建设性的意见，并帮助做了许多成效显著的工作。其中有4人获得国家外国专家局颁发的“友谊奖”，1人获得林业部颁发的“中国林业国际合作奖”，还有多人被授予名誉教授、名誉博士。通过聘请外国专家，促成开展的国际合作项目有200多项，加强学校重点实验室29个，建立新的实验室13个，加强重点学科34个，建立新的学科12个，合作培养各类人才1800多人次，建立国际性培训中心2个。同时，引入外资建设了一些教学、科研基础设施。截至1998年底，通过“智力引进”渠道，聘请外国专家项目达100多个，聘请外国专家120多人，聘请外国专家项目主要由林业科研单位及林业部直属院校承担，具有直接与国内科技攻关课题相结合的特点，重点解决科研课题内存在的关键性实际问题。很多外国专家在指导科研工作中毫无保留地传授他们所掌握的先进技术和方法，介绍国际发展动向和趋势，并根据实际情况，对我们的研究方案和技术路线提出合理化建议，对解决我们科研中的关键问题起到了重要作用。因此，外国专家项目的开展有利地推动了国内科研重点课题的开展和国际合作项目的顺利完成。

6. 输出了林业科技成果和科技人才

进入90年代以来，随着我国林业科研的快速发展，林业对外科技交流的日益活跃，我国一批林业科技人才脱颖而出，我国林业科研和教育在国际学术界和科技界占有了一定位置，部分科研成果和科研产品在国际市场上的竞争力明显增加。为了输出人才、技术和产品，林业部在抓好技术引进的同时，利用各种渠道，加强和扩大对外宣传，创造有利的外部环境，积极推动我国林业科技人才、技术和产品走出国门。如我国的农用林业和泡桐专家已经多次应邀到美国、澳大利亚等发达国家进行讲学和技术指导；ABT植物生长调节剂系列产品已经推广到30多个国家，并已经建立了以亚太地区为中心的国际合作网络；我国木工机械已经打入东南亚市场，销售额连年增加。

(二)国际技术经济合作不断加强

截至1998年，林业系统共利用外资23多亿美元，其中：外国政府贷款近2亿美元，世界银行(简称“世行”)贷款8亿美元，外商投资8亿美元，争取无偿援助近5亿美元。利用外资的58%主要用于第一产业的营造林、花卉等，35%用于第二产业的人造板、家具、木制品等，其他7%用于第三产业的发展。

1. 双边技术经济合作

随着80年代林业改革和对外开放，林业双边经济合作也进入了一个飞速发展的新阶段。在有关部门和单位的大力协助和支持下，林业部努力拓宽渠道，积极争取外国政府对华的双边无偿援助。到1998年底，林业部与德国、日本、加拿大、澳大利亚、芬兰、荷兰、亚洲开发银行等国家和组织共签订双边无偿援助项目75个，获无偿援助总金额3.45亿多美元。其中技术援助项目56个，财政援助项目16个；大兴安岭火灾紧急援助项目3个。这些项目分布于从东北国有林区到海南热带林，从林业科研院校的实验室到造林最前线的全国各个地区，涉及种苗培育、植树造林、抚育管理、信息交流等领域，为我国林业引进了大量的资金和先进的科学技术。

(1)改善生态环境，缓解建设资金不足。为配合林业重点工程建设，林业部争取到德国政府的援助，在"三北"防护林体系建设工程及长江中上游防护林体系建设工程两大工程区范围内营造大面积的生态保护林。生态造林项目提供的无偿资金不仅提高了当地的森林植被覆盖率，从而改善了生态环境，而且提高了当地人民的生活水平，同时也缓解了林业建设资金不足的矛盾，有力地促进了我国林业重点工程的建设。

(2)更新思想观念，提高经营管理水平。通过项目的合作，将国外林业经营管理的新原则、新思路以及科学管理项目的新方法引入我国。例如当今国际所强调的可持续发展、林业集约化经营等思想，以及参与式造林规划设计、竞争性招标、开放式管理等项目运营方式，这些思想观念和管理技术的实施，推动和加快了我国林业摆脱传统经营管理方式、进入国际化先进行列的步伐。

(3)推动山区扶贫工作，促进经济发展。为配合山区开发，针对贫困地区开展了一些合作项目。例如新西兰政府援助的福建寿宁社会林项目，援助金额虽然不多，但根据贫困山区的实际情况，在项目设计中安排了低产林改造和木材加工厂贷款等内容，深受当地群众的欢迎。这些项目的实施使农民掌握了实用技术、技能，增加了就业机会，拓宽了致富门路，促进了贫困地区和山区林业经济的发展。

(4)引进先进技术设备，提高人员业务素质。林业双边经济技术合作的主要内容之一是引进发达国家的先进林业技术、设备和优质的林业资源，培训中高级林业技术和管理人才，为我国林业建设服务。中德技术合作山西杨树育种项目自1984年开始执行迄今10多年来，共收集国内外杨树品系近1000个，在山西省内建立了3个杨树基因库，选育出了速生、耐寒、抗虫、抗旱、适应性强的35个品种、品系，并在全国12个省(区)进行了试验推广。该项目区位于"三北"地区的中部，其研究技术成果对整个"三北"地区起到了良好的辐射作用。此外，通过项目培训的一大批技术人员已经成为科研和生产的技术骨干，而参与项目的一批管理人员也逐渐成长起来。

林业世行项目始终是按照科学、高效的管理来组织实施。通过多年的实践，逐步建立了八大支持管理体系和与之相配套的严谨的管理办法，把项目实施和管理导入了正规化和科学化的轨道。对于一个覆盖16个省，300多个县的大型林业工程项目进行如此系统化的管理是过去所没有的。完善的管理体系不仅为项目的顺利实施提供了可靠的保证，显示了它的优越性，而且对面上林业发展产生了很大的示范和辐射作用，正被越来越多的地方和大型林业工程项目所仿效。特别是林业世行项目和德国援助造林项目实行的资金拨付"报帐制"的管理方法，充分利用了经济杠杆作用，在确保资金使用效率和安全性的同时，极大地强化了对造林质量的管理，使资金拨付与造林效果真正挂起了钩，实现了营林和财务这两个林业管理主环节的结合。这是对我国林业过去无偿拨款造林和质量不理想的传统管理方法的重大改革。

德国援助生态造林项目坚持遵循国际造林项目新原则和管理方式，通过不断地摸索实践，积累了丰富的管理经验，制定了一系列行之有效的行政、财务和技术管理办法，同时也为各地防护林建设提供了良好的样板。在资金管理上，严格执行"一支笔"制度，运用经济杠杆规范约束项目行为；通过签订诸如造林、封山、苗木供应等各类合同，明确合约双方的责任、权利、义务，依法保护参与各方的权益；参与式造林规划是德国援助造林项目的一项创新，技术人员在造林设计、树种选择时不单纯从林业角度考虑土壤、气候等立地条件，还充分尊重项目参与群众的意愿，既反映了当地群众的利益，又实现了恢复植被改善生态环境的目标；在项目监测上采用管理部门与监测部门分开的方式，确保监督管理的公正、合理；工程项目和物资采购采用国际标准的竞争性招标和采购程序，货比三家，坚决杜绝了采购中的种种不正当行为，从而为项目的顺利正常实施提供了有力保障。

2. 多边经济合作

多年来，在国家上级部门的重视和支持下，林业部与有关国际组织先后签订多边无偿援助项目73个，总金额1.55亿多美元。这些项目分布在全国22

个省(区),项目内容涉及从培育苗木到木材加工的整个林业生产全过程。

(1)林业部与联合国世界粮食计划署的合作。世界粮食计划署是联合国系统内最大的援助机构之一。它是以食品(主要是粮食)为手段,按照以工代赈的方式帮助发展中国家低收入者达到脱贫致富的目的。1980年以来,林业部根据国家的林业重点工程规划,先后在"三北"防护林、长江中上游防护林、太行山绿化、速生丰产林、油茶低产林改造等重点造林工程建设领域,与世界粮食计划署进行了富有成效的合作。十几年来,双方共签订合作项目8个,总金额为1.19亿多美元。通过这些项目的实施,做到了造一片,活一片,成材一片,为我国重点造林工程建设起到了样板和示范作用。河北省平山县的造林项目和湖南省油茶改造项目的成功实施,为国家确立太行山绿化和油茶低产林改造工程的立项,提供了充分的依据。目前,我国利用世界银行贷款实施的国家造林项目以及国内开展的众多造林工程,都借鉴了粮食援助项目的成功经验。

(2)林业部与联合国系统内国际组织的合作。联合国系统内其他国际组织包括开发计划署、粮农组织、工业发展组织、环境规划署等国际机构。这些国际组织主要是以资金为手段,按照发展中国家的技术需求,提供专家、培训等支持。多年来,我国与这些国际组织先后在木材综合利用、森林监测体系、速生树种(杨树、泡桐等)研究推广等领域,以及干旱半干旱地区(以"三北"地区为主)造林技术等方面,进行了卓有成效的合作,共计合作项目65个,累计金额为3600多万美元。例如联合国开发计划署援助的中国林业科学研究院木材工业研究所项目,前后执行了三期,累计派出考察组11个,派进修生23人,聘请国际专家22人。通过这些活动,大大提高了该所科研人员的业务素质和研究开发能力,由该所承担的40多项重点科研课题取得了突出成绩。截至1998年,木材工业研究所已经在人造板、木材材性、低游离醛胶粘剂、电子计算机在木材工业中的应用等领域,均处于国内先进水平,国家已在该所的基础上成立了"国家木材工业工程研究中心"。

(3)林业部与其他国际组织的合作。除了上述合作之外,林业部还与国际上其他多边机构建立了良好的合作关系,其中包括世界自然基金会、湿地国际等机构。在这些国际机构的帮助下,我国先后在大熊猫保护工程、湿地生物多样性保护、热带野生动物和植物保护等方面开展了合作,并取得了可喜的成效。20年的实践证明,积极参与多边外交,加强与国际组织的合作,争取并实施好国际无偿援助项目,是贯彻执行党的对外开放政策,加速我国林业现代化建设的一个重要途径。

3. 积极利用海外贷款

(1)利用世界银行贷款。1985年9月,中国政府和世界银行集团签署的《林业发展项目信贷协定》正式生效。10多年来,中国政府与世行进行了卓有成效的合作,取得了丰硕的成果。截至1998年,已上马和实施了5个项目,累计贷款7亿多美元,对我国林业的发展起到了积极的推动作用。

①林业发展项目。该项目集商品材基地建设和科研推广于一体。主要利用世行信贷(签约时合4730万美元),在黑龙江、四川、广东3省的92个国有林场建设12片商品材基地,同时加强广东、广西、四川、山西4省(区)的林业科学研究所和福建、甘肃等10省(区)林业科技推广中心的建设。到1990年项目结束时,实际完成投资5.6亿元,其中世行信贷5568万美元。整个项目共营造人工林11.84万公顷,完成幼林抚育43.6万公顷,新增林区道路、输电和通讯线路、林业机械和设备等一批生产和生活设施;每个科学研究所均建起了中试车间和测试中心,增添了一批具有80年代水平的科研仪器、设备,并培养了一批科研骨干。

②大兴安岭森林火灾恢复项目。该项目从1988年开始,到1994年结束,世行提供信贷5620万美元。其主要目标为:制定紧急计划,抢采抢运火烧木;加速火烧迹地森林更新;建设现代化防火体系。

项目实施6年,共清理和运输火烧木1174万立方米,购置取材、运材机械设备900多台(套),完成火烧迹地更新面积72.2万公顷,改造扩建受灾区苗圃186.2公顷。在建立森林综合防火体系方面,修建微波和特高频通讯站86处,自动气象站77处,雷电定位站9处,计算机火情信息处理系统3套,防火公路771.7公里,瞭望塔64座,采购防火用直升飞机10架和车辆121台,以及一批无线通讯和专业扑火设备。这个项目不仅为大兴安岭抢采抢运火烧木以及火烧迹地的及时更新作出了卓越的贡献,而且建立起了一整套完善的森林防火体系,为国有林区的森林防火提供了借鉴。

③国家造林项目。它是世行迄今为止在全球最大规模的造林项目之一。项目投资总额5亿美元，其中世行信贷3亿美元。设计目标是用6年的时间，在北起辽宁南至海南的东南半壁的16个省(区)营造高标准人工林98.5万公顷。同时，通过项目实施加强机构能力建设，提高种植材料开发和科研推广水平。

该项目从1990年开始实施，1997年结束时，实际完成总投资5.57亿美元，其中世行信贷3.28亿。营造集约经营人工林138.5万公顷，大大地提高了项目区域的种苗开发与生产水平，以及科研推广能力，同时取得了良好的经济、环境和社会效益。10～20年后，项目营造的人工林可增加森林蓄积3.02亿立方米，生产木材2.11亿立方米，实现产值1001.5亿元。更重要的是，由于这些人工林的兴起，项目地区可增加森林覆盖率2～3个百分点，并逐步实现木材生产从主要依靠天然林到主要依靠人工林的真正转变，对保护天然林和生物多样性将发挥重要作用。

由于该项目的高质量、高效益和良好的经营管理，而被世行评为示范工程、模范工程。1994年，世行对所有在建的中国100多个项目进行检查时，“国家造林项目”被评为第一名。

④森林资源发展和保护项目。它是“国家造林项目”的深化和延续。信贷额为2亿美元，加上国内配套资金，总投资达3.34亿美元。项目的目标为：一是建设集约经营人工林62万公顷，20年后可新增林木蓄积量1.13亿立方米；二是要建设多功能长江防护林28万公顷，将使项目地区森林覆盖率增加3～5个百分点。实施期为1995～2000年。截至1997年底，项目完成造林面积70万公顷。

⑤贫困地区林业发展项目。该项目总投资3.64亿美元，其中世行贷款2亿美元。其目标是在我国中西部地区的12省(区)的180多个经济欠发达的县，发展森林资源，减轻贫困和改善环境。项目将在1998～2004年内，建设商品人工林29万公顷，经济林11.5万公顷，竹林11万公顷，以及兴建一批乡(镇)加工企业和多种经营项目。项目建成后，能增加林木蓄积量4786万立方米，产材3873万立方米，竹子998万吨，经济林产品499万吨，总收入433亿元，可使项目区域内的200万农民脱离贫困。

此外还有一个捆绑于“森林资源发展和保护项目”的全球环境基金的赠款项目，总赠款额1790万美元，用于我国5个具有全球意义的自然保护区的生物多样保护。这5个自然保护区分别是西双版纳、鄱阳湖、武夷山、神农架、秦岭。目前，项目正在有条不紊地进行。

(2)利用双边政府贷款。利用德国政府贷款5000万马克、科威特政府贷款2000万美元以及瑞典、芬兰等政府贷款，兴建了东方红等人造板厂；国家为支持林业发展，批准使用国外商业贷款额为3000万美元。

(3)吸引外资，兴建独资和合资企业。外商直接投资总额为8亿美元，其中外商投资工业企业和生产单位209家，从业人员2.8万人。其中，1991年前后，近1亿美元投资于20余家中外合资胶合板厂；约3亿美元投资于安庆、兴隆、乐山、石首、长春等中密度纤维板厂和木材加工项目；同时印度尼西亚、美国、加拿大、芬兰和韩国等国家的一些国际知名公司，纷纷与我国签订木浆造纸和营造林投资协议，部分外资企业已开始投资于广东、福建等地的营造林项目，如广东省8个造林项目利用外资达2.8亿美元，造林21.74万公顷。其他如地板块、工艺品、山野菜等林产品加工领域，也获得了较多的外商投资。

(4)海外森林资源开发

①海外森林资源开发取得重大进展。1989年以来，林业系统开发海外项目30多个，已投入和已批准的海外投资金额达1亿美元，主要涉及林木采伐及加工、花卉培育、林机修配、承包劳务等领域。海外投资项目主要分布在巴西、俄罗斯、赤道几内亚、巴布亚新几内亚、斐济、加蓬、喀麦隆等国；对外开展承包劳务项目50余个，年出口劳务人员达2000人，主要是到俄罗斯、韩国、坦桑尼亚等国从事森林采伐以及种植、养殖业等。

②重点开发项目——巴西华西木材工商股份有限公司。林业部于1984年投资400万美元在巴西收购一胶合板厂，经改造后，更名华西公司胶合板厂。这是我国在巴西建立的第一家生产企业，在当地影响较大。为充分利用巴西丰富的森林资源，贯彻落实中央领导同志关于利用国外资源，扩大同南美各国经贸技术合作和“发展巴西华西公司胶合板生产，满足国内市场需要”的指示，林业部领导率中国林业代表团分别于1996、1997年对巴西进行了友好访问和经贸技术考察，并对巴西华西公司胶合板扩建项目

进行了可行性调研论证，为项目发展奠定了良好基础。

1998年华西木材工商股份有限公司二期改扩建工程可行性研究报告已经国家计委批复，项目建设规模由年产5万立方米胶合板扩大为年深加工综合能力12万立方米林产品，包括旋切单板8万、胶合板2.5万、锯材1.5万立方米，同时，将项目投资总额由1000万美元调增为2480万美元。

通过积极利用外资、发展对外经济合作，在一定程度上弥补了国内建设资金的不足，促进了森林资源的加速培育，引进了一批先进技术和管理经验，推动了老企业的改造，扩大了出口。同时，在一定程度上解决了林区富余劳动力的出路问题，换回了林业生产建设急需的物资，培养了人才，积累了经验。林业系统取得上述成绩，充分证明党中央、国务院制定的改革开放和利用外资的方针政策是完全正确和成功的，也证明了林业只有加强对外开放才能更大程度地加速林业自身发展。

(5)对外贸易。对外贸易额稳步上升。近三年，林产品年出口创汇额突破40亿美元，其中1997年创汇额达44.3亿美元。主要出口创汇产品是木材及其制品、松香、竹藤柳制品、林副特产品、干鲜果品等经济林产品。90年代以来，木材及其制品进口量呈快速增长趋势。年进口量(折合原木量)已从1990年的1331万立方米上升为1997年的4529万立方米。

为了支持林业行业对外开放工作，近两年来，国家共批准林业系统30多家企事业单位具备对外经营权，其中生产企业29家，物资流通企业1家，科研设计单位4家。

(三)多边国际合作与交流逐步扩大

多边国际合作与交流是相对双边合作与交流而言的一种外交活动。工作对象是政府间或非政府间的国际组织和机构，其特点是以国际会议或国际磋商为主要工作方式。林业部参与多边国际合作与交流起始于70年代，在党的十一届三中全会之后有了实质性进展。20年来，林业部代表中国政府先后加入了濒危野生动植物物种国际贸易公约等三个国际公约和联合国粮农组织林业委员会等八个国际机构，并同世界上几十个政府间或非政府间的国际组织建立了工作联系和合作关系。

1. 积极参与国际重大活动

1992年联合国环境与发展大会之后，林业不再被视为一个狭窄、封闭的产业，而被视为在全球环境与发展格局中具有举足轻重地位和广泛影响的事业。人们正在赋予林业更加深刻的内涵和更加重要的地位。为此，联合国牵头在全球范围内举办了一系列的国际活动，促进世界林业事业的发展。中国是世界林业大国之一，全球的林业发展与我国有着十分密切的关系。多年来，我国派代表团参加了“联合国环境与发展大会”、“世界林业大会”、“粮农组织林业部长会议”等重要会议。在这些会议上，本着维护国家权益，宣传改革开放大好形势的精神，阐明了我国在森林问题上的一系列原则、立场和我国林业取得的可喜成就，受到了国际社会的关注和好评。特别是1995年以来，联合国经社理事会通过决议，决定在联合国可持续发展委员会下设政府间森林问题工作组，专题讨论全球森林问题。经过两年多的谈判，工作组最终通过了包括150条活动的行动建议提交联合国可持续发展委员会审批。鉴于政府间森林问题工作组的工作已经结束，联合国经社理事会再次通过决议，成立政府间森林论坛，以继续森林问题的国际对话。我国7次派出代表团参加了上述历次会议，并在会议中与发展中国家密切合作，为解决世界森林问题的进展作出了应有的贡献。联合国将根据政府间森林论坛的进程来确定是否在2000年开始国际森林公约的谈判。

2. 促进中国林业与世界林业的接轨

林业部在积极参与国际林业活动的同时，也掌握了世界林业的发展趋势和动向，为我国林业与世界林业接轨提供了参考。为此，我国率先制定了《森林问题原则声明实施纲要》、《中国21世纪议程林业行动计划》等指导性文件，系统地提出了我国林业发展的总体战略目标和对策，勾画了中国林业走向新世纪的宏伟蓝图，成为制定我国林业中长期发展计划的指导性文件之一。特别是《中国21世纪议程林业行动计划》，在林业生态体系建设、林业产业体系建设和林业综合能力建设三方面确定了68个合作项目，其领域包括了林业可持续发展的战略与对策、森林资源培育、保护和管理、防治荒漠化、野生动植物和生物多样性保护、山区林业综合开发和消除贫困、林业体制改革与法规建设、科技与教育发展、国际林业合作等。与此同时,林业部牵头筹建的国际组织——国际竹藤组织已经在北京正式成立。这是第一个将总部设在中国的国际组织,它的建立标志着中国对外开放的局面有了新的突破。由林业部归口管理的国际组织——世界自然基金会、湿地国际等机构,也在中国设立了办事机构。

3. 认真归口管理有关国际公约业务,维护国家权益

中国是《濒危野生动植物国际贸易公约》、《国际湿地公约》和《联合国防治荒漠化公约》的缔约国,其业务涉及多个部委。多年来,在国务院的指导下,林业部认真负责地承担起归口管理职责。在保护濒危野生动植物方面,林业部不仅严格进出口的发证验证工作,而且会同海关、公安等部门一起加大立法和执法力度,打击野生动植物走私。同时,林业部还会同外交部积极参加"公约"的各种会议,宣传中国保护野生动植物的决心和所采取的措施,以及取得的成就。特别是我国成功地抵制了西方国家利用象牙、虎骨等物种对我国施加压力的逆流,维护了国家的权益。在湿地和防治荒漠化方面,林业部适时成立了中国实施"公约"的领导机构和秘书处,负责协调全国的有关工作。特别是在中国成功地举办了"防治荒漠化公约亚洲部长级会议"等重大国际会议之后,进一步扩大了中国与有关国际组织的合作。

(执笔人:吴斌　鲁德　苏明　许庆
陈建　夏军　程红　李青)

林业行业精神文明建设

加强林业行业的社会主义精神文明建设，是全面提高林业职工队伍素质、促进林业建设和改革开放顺利进行的重要保证。加强精神文明建设和思想政治工作，不仅是林业行业特点的内在要求，也是形势不断发展的客观需要。实践证明，越是改革开放，越是发展社会主义市场经济，越需要加强精神文明建设和思想政治工作。因此林业行业始终把精神文明建设作为一项战略任务，在抓林业建设的同时，坚持不懈地抓精神文明建设。50年来，林业开发建设和改革开放每前进一步和所取得的每一项成绩，都与精神文明建设和思想政治工作作用的有效发挥密不可分。

新中国成立以来，林业系统各单位、各部门，在党和国家关于林业开发建设方针、政策的指导下，在林业部的直接领导下，始终坚持物质文明和精神文明建设一起抓的方针，组织广大干部职工认真学习党的基本理论和基本路线，加强党风党纪和廉政建设，在全行业开展爱国主义、社会主义、集体主义教育，开展政治思想教育、职业道德教育、法律法规教育和文化教育，采取多种形式，开展丰富多彩、具有教育意义的文化体育活动，认真培养和大力弘扬“艰苦创业、无私奉献”的行业精神，使广大干部职工树立正确的世界观、人生观和价值观，提高思想道德和文化素质修养，成为一支开拓进取的“四有”职工队伍。全行业精神文明建设的发展，为林业建设和改革开放提供了思想保证、智力支持和精神动力，为建设社会主义新林区发挥了重要作用。

一、林业职工队伍现状

建国以来，随着林业建设事业的不断发展，林业职工队伍逐步发展壮大。1950年，全国林业职工只有2.07万人，到1998年已发展到207.08万人，相当于1950年的100倍。林业职工队伍的行业分布也由50年代单一的造林营林、木材生产逐步发展到一、二、三产业中的十四个行业，其中营林职工78.4万人，占林业职工总数的37.8%；木竹采运职工84.5万人，占林业职工总数的40.8%；制造业职工13.4万人，占林业职工总数的6.5%；建筑、电力、地质、水利、交通、邮电、商贸、餐饮、房地产、体育卫生、教育、文化艺术、科学技术和机关团体等30.78万人，占林业职工总数的14.9%。全国林业从业人员中，除了249.5万国有林业职工，还有集体经济单位职工20.9万人，15万多个乡村林场场员近100万人，以及大量的林业专业户、重点户。

经过几十年各级林业部门的共同培养，林业职工队伍的文化知识和专业技术水平有了明显的提高。据1979年抽样调查，林业职工队伍中，初中及其以下文化程度的约占 80%，大专及其以上文化程度的仅占 2.7%。到 1997 年，林业职工中具有大专以上文化程度的占到职工总数的 9%，中专文化程度的占 11.5%，技工文化程度的占 7.3%，高中文化程度的占 25.2%，初中以下文化程度的下降到 47%。据 1983 年林业系统专门人才调查，全国林业系统具有中专以上学历或具有技术员以上相应职称的专门人才 15 万人，占林业从业人员的 3.6%。

为了建立一支政治、文化、业务素质较高，专业结构、年龄结构合理的职工队伍，建立一支具有一定文化、技术水平，以农民技术员为骨干的林农队伍，以适应林业建设迅速发展的需要，林业部和各级林业部门先后兴办了 10 所高等林业院校，55 所林业中专学校，50 多所技工学校和一批林业职业中学，开展多层次多形式教学，为林业建设输送了大批学有专长的技术人才。同时建立了一批成人学校和培训基地，逐步形成部、省、地、县(企业)四级培训管理网络，广泛开展了成人学历教育以及以岗位培训和继续教育为主的全行业培训工作。1978 年以来，共培训 2000 万人次，其中培训林业职工 796 万人次，林农实用技术培训 1200 万人次。“八五”期间，林业职工年均全员培训率达 24.1%。

改革开放以来，林业职工队伍的结构有了较大变化，整体实力不断增强。逐步形成一支组织较为健全，专业结构、年龄结构和职称结构趋于合理的职工队伍。

1997 年，林业职工队伍有专业技术人员 56.4 万人，占职工总数的 22.75%，其中高级技术人员占 1.22%，中级技术人员占 5.84%，初级技术人员占 15.69%。高、中、初级技术人员的比例为 0.2：1：2.7。林业专业技术人员在各行业分布为：机关 3.3 万人，企事业单位 53.1 万人。在林业职工队伍中，机关职工中的专业技术人员占其职工人数的 36.2%，林业事业单位的专业技术人员占职工人数的 27.7%，林业企业的专业技术人员占职工人数的 19.1%。1997 年林业企事业单位中，平均万名职工中有专业技术人员 2224 人。

林业职工队伍经过近几十年的充实调整，年龄结构发生了很大变化，分布趋向合理，到 1997 年，林业职工队伍中，20 岁以下职工占职工总数 3.2%，21～35 岁的职工占 47.4%，36～50 岁的职工占 40.9%，51 岁以上的职工只占 8.5%。女职工占到职工总数的 30.1%，并成为林业建设的一支重要力量。

改革开放以来，国有林场内部实施了一系列改革措施，加大了对职工的教育和培训力度，普遍开展了岗位培训和继续教育，林场职工队伍的文化技术素质提高较快。据 1991 年国有林场普查，在固定职工中，大专以上文化程度职工占 2.3%，高中和中专文化程度占 21.6%，初中及小学文化程度占 70.8%，文盲占 5.3%。1997 年，大专以上文化程度职工占 4.1%，高中和中专文化程度占 37.7%，初中文化程度占 44.7%，小学及以下占 13.5%。1997 年高中以上文化程度职工比 1991 年增加 17.9%，而初中及以下文化程度职工比 1991 年减少 17.9%。林场职工素质的提高，使林场经济效益有了明显提高，1997 年全国国有林场 4296 个，比 1991 年增加 106 个，职工人数比 1997 年减少 7%，而林场总收入由 1991 年的 39.8 亿元增加到 84.9 亿元，增加了 45.1 亿元。

为了加强森林资源的保护与管理，强化了森林资源和林政管理、林业执法机构和队伍建设。目前，从事森林资源和林政管理、林业执法人员达到 11.7 万余人，基层林业工作站人员也由 1990 年的 8.9 万人增加到 1998 年的 13.3 万人，增加了 49.4%。随着国家全面实施环境生态建设规划，加强天然林保护，推进重点林业生态工程建设，将进一步调整林业产业结构，调减木材产量，木材采运行业的职工还将逐年减少，从事林业生态环境建设及林业二、三产业的职工将逐渐增加。

(执笔人：黄小文)

二、林业行业思想道德和文化建设

我国林业是在新中国成立后发展起来的新兴产业。新中国成立初期，我国的林业建设，是从开发利用东北地区的原始森林开始的。从60年代开始，相继开发了大兴安岭和云南、四川、陕西、甘肃、新疆的原始森林，以及南方九省(区)的集体林区。通过开发建设，林业已经成为综合性的产业部门。我国林业50年走过的道路，既是一部艰苦奋斗的创业史，也是林业系统两个文明建设同时起步并协调发展的历史。

60年代初期，为适应在大兴安岭林区和云南、四川原始林区进行开发建设的需要，林业部成立了政治部，负责全国林业战线的思想政治建设，各地也建立了相应的组织机构。1966年3月，林业部在哈尔滨召开了政治工作会议，交流政治工作经验，座谈讨论如何向大庆、向解放军学习抓政治工作的经验和作法，安排部署政治工作。

"文化大革命"后，特别是党的十一届三中全会后，林业部门进一步加强了精神文明建设和思想政治工作。1982年中国职工思想政治工作研究会成立，部分国有森工企业也相继成立政研会，加强思想政治工作的研究。根据中央关于加强思想政治工作的要求，1990年成立了"林业部思想政治工作办公室"，负责行业思想政治工作的组织指导和综合协调工作。各省(区、市)林业厅局也都明确了负责行业思想政治工作的机构，国有林区的森工企业和比较大的林业企事业单位，在原有思想政治工作机构和人员比较健全的基础上又有所加强。1991年9月、10月，林业部在北京举办了全国林业行业思想政治工作研讨班，学习中央有关方针政策，对行业思想工作的指导思想、目标、任务以及方式方法进行了座谈讨论，在此基础上，1992年1月4日召开了全国林业行业思想政治工作会议，总结交流工作经验，部署行业思想政治工作，同时成立了中国林业职工思想政治工作研究会，随后大部分省(区、市)林业厅局和基层林业单位也相继成立政研会，并成为林业部政研会的团体会员，从上到下形成了研究体系和网络。各级林业政研会成为各级领导同志指导和组织开展行业思想政治工作的参谋和助手。

为加强党的领导，提高执政党的党员素质和实际工作能力，1992年，林业部成立了党校，对部机关和直属单位副处级以上党员领导干部进行轮训，提高他们的政治理论水平和实际工作能力。

为了认真贯彻执行中央关于两手抓的方针，加强对行业精神文明建设和思想政治工作的指导，1989年林业部提出，林业工作必须坚持一手抓林业改革和建设，一手抓思想政治工作，大力加强职工队伍建设；强调抓好思想政治工作是抓好林业改革和建设的前提和保证，要放到十分重要的位置上。

1996年，党的十四届六中全会作出了《中共中央关于加强社会主义精神文明建设若干重要问题决议》后，林业部要求各级林业部门和企业事业单位，要进一步坚持和完善"一岗双责"、"三同时"的领导责任制，"一把手"要对行政业务工作与党建工作、精神文明建设工作负总责，其它领导成员按照分工，把管人、管事、管思想结合起来，把两个文明建设作为统一的目标，同时部署、同时落实、同时检查。具有行业管理职能的业务部门，要担负起指导本系统业务工作和精神文明建设两个任务。

1997年，中央精神文明建设指导委员会成立后，林业部立即成立了精神文明建设指导小组，指导小组下设办公室，负责日常工作。精神文明建设指导小组的主要职责是，指导林业行业精神文明建设工作，督促检查林业行业各部门、各单位贯彻落实党的十四届六中全会精神和林业部关于精神文明建设的一系列方针、政策、规章和措施的情况，协调解决行业精神文明建设中的有关问题，特别是思想道德和文化建设方面的问题，总结交流各地的先进经验，推动全行业精神文明建设的深入开展。

(一)林业行业思想道德建设的必要性

加强精神文明建设和思想政治工作，对我国林业改革和建设尤其重要，它是林业生产规律和行业特点的内在要求。林业既是一个产业、又是一项公益事业，具有经济、生态、社会三大效益；林业生产周期长，见效慢，特别是林业生态、社会两大效益往往不被人们理解和认同，这就要求林业职工必须具有不为名利的思想觉悟和无私奉献精神。同时要积极向全社会宣传林业在国民经济和国家建设中的地位和作用，特别要宣传森林在陆地生态系统中的主体地位，使人们认识到森林与社会发展和人类生存的密切关系，自觉的参加祖国的绿化事业，并珍惜、爱护、保护森林。林业工作大都在野外露天作业，人员分散，流动性大，这就要求广大林业职工具有高度的组织纪律性和良好的职业道德。林业生产多在深山老林和贫困边远地区，交流不便，信息不灵，生产生活条件艰苦，劳动强度大，这就要求林业职工具有吃苦耐劳、艰苦奋斗的精神。林业行业中有不少面向社会、面向群众的窗口单位，具有行政执法职责，并执行行业管理职权，这就要求这些单位的干部职工必须有很强的法制观念和勤政廉政意识，牢固树立全心全意为人民服务的崇高思想。造林绿化事业是一项艰巨的系统工程，又是一项全民都受益的公益事业，必须全党动员，全民动手，各行各业各部门都关心、重视、支持、参与这项事业，实行全社会办林业，全民搞绿化。这就要求林业工作必须充分依靠党的领导和社会主义制度的优势性，发扬团结协作的精神，组织各方面的力量进行祖国的绿化事业。森林具有砍伐、破坏容易，恢复建设难的特点，这就要求各级林业主管部门和各行各业加强法律法规建设，并进行宣传教育，增强法制观念，依法管护森林，防止和杜绝超限额计划采伐和乱砍盗伐森林，使全社会都承担起保护森林的责任。总之，林业生产的长期性、分散性、艰苦性、社会性和效益的多样性，决定了各级林业部门必须坚持“两手抓，两手都要硬”的方针，实行两个文明建设一起抓，充分发挥思想政治工作在解疑释惑、协调关系、化解矛盾的功能和作用，广泛调动干部职工和广大林农群众的积极性、创造性，真正做到以林为荣，以林为业，以林为家，增强他们建设林业、献身林业的使命感和责任感。

（二）林业职工思想政治教育

对广大林业职工进行爱国主义、集体主义、社会主义教育，是思想政治教育的重要任务和内容。林业系统各级党组织和政工部门在林业干部职工中积极开展“三个主义”教育，增强了他们的民族自尊心和自信心，增强了在大是大非面前的分辨能力，保持了正确的政治方向。在1989年春夏之交那场政治风波中，各级党组织通过抓爱国主义、集体主义和社会主义教育，广大党员和职工群众坚守岗位，遵守纪律，维护安定团结的局面，在政治上同党中央保持高度一致，在斗争中经受了考验。1997年，各级党组织抓住香港回归祖国的时机，采用多种形式对职工进行爱国主义、社会主义教育，并与热爱林业、献身林业教育结合起来，赋予了思想政治教育新的内容。多年来，不少森工企业和国有林场处于经济危困和资源危机，林业生产和职工生活有不少困难，天然林保护工程实施后，国有森工企业和国有林场要进行停采转产，实行再就业工程，针对这些情况，各级党组织和政工部门在职工中广泛开展世界观、人生观、价值观教育，树立正确的价值观、择业观，增强了林业职工的主人翁责任感和接受市场经济竞争挑战的承受能力。

在我国林业开发建设中广大干部职工表现出来的战天斗地的奋斗精神，不为名利地奉献精神，是我们林业行业的传家法宝。为进一步发扬光大这种精神，1992年，林业部提出了“开拓创新、真抓实干、艰苦奋斗、无私奉献”的行业精神，1997年，林业行业精神简化为“艰苦创业、无私奉献”，通过大力宣传、弘扬、提倡行业精神，增强了广大干部职工的艰苦创业精神和主人翁责任感，激励他们为实现林业建设的宏伟目标而努力奋斗。

在50～60年代，林业行业涌现出很多艰苦奋斗的模范英雄人物，他们在林业的开发建设中做出了重要贡献，成为人们尊重、爱戴、学习的榜样和楷模。林业部原部长助理、带岭林业实验局党委书记、局长，在延安被毛泽东主席称赞为模范共产党员的张子良同志，虽身居高职，却保持普通一兵的本色，他倡导并带头参加造林工作，为带岭实现“青山常在、永续利用”营造了一片又一片，一岭又一岭的人工林。张子良同志心里装着带岭几千名林业职工和上万人的林区群众，为他们衣食住行操劳，他把自己工资收入的大部分用于救济困难职工。在开发利用大兴安岭森林会战中，参加会战的同志在林业部副部长、党组书记罗玉川的率领下，在人烟稀少、地处高寒山地的茫茫林海中，按照林区开发设计方案的要求，开山修路，伐木造房，冬战冰雪严寒，夏战蚊蠓叮咬，在艰苦的环境中，建设起林业的城镇、新村和生产场所、设施，按期投入生产。

1997年，林业部首次组织了林业行业先进模范人物事迹报告团到国有林区进行巡回讲演，收到了很好的教育效果。中国林业科学研究院研究员、中国工程院院士王涛同志讲述了她坚持科研为生产建设服务，发明了生根粉，实行科学研究与推广应用一条龙服务的经验和做法；吉林省湾沟林业局党委书记、局长于永河讲述该局党政一班人，坚持两手抓，深化改革，艰苦奋斗，自力更生的方针，带领广大干部职工发展生产、振兴经济，实现扭亏为盈的经验和做法；黑龙江省尚志国有林场党委书记、场长李耀民讲述该场坚持深化改革，狠抓企业管理，强化思想政治工作，使林场获得超常规、跨越式发展的经验和做法；北京市延庆县井家庄乡60岁农民卫桂英，讲述她一个普通农村妇女承包荒山造林，为造林她把全家老小都动员上山，花掉家中所有积蓄，整整苦干12年，绿化荒山333.3公顷，为绿化家乡、绿化首都做贡献的事迹；陕西省定边县海子梁乡党委副书记石光银讲述了他在治沙造林工作中是怎样以不信邪、不怕苦的坚强毅力和改造自然、为民造福的崇高思想，帮助、带领农牧民发展生产、治穷致富的模范事迹。这次巡回讲演，受到基层单位的欢迎，听讲演的很多同志认为，讲演的事迹生动感人，可信可敬，给我们上了一堂生动的思想政治教育课。通过形式多样，生动活泼的思想政治工作，极大地提高了广大林业干部职工的思想政治素质。

（三）林业行业职业道德建设

职业道德建设，是精神文明建设的重要内容，也是深化林业改革，促进林业发展的内在要求。因此林业行业各单位、各部门都非常重视职业道德建设。在职业道德建设中，大力倡导爱岗敬业、诚实守信、办事公道、服务群众、奉献社会的职业道德。

制定职业道德规范是加强职业道德建设的一项基础性工作，职业道德教育、修养和考评都以职业道德规范为基础。林业系统各单位，按照“道德建设的层次性，工作的渐进性”的要求，在林业行业制定了资源和林政管理人员的职业道德规范，森林病虫害和检疫人员的职业道德规范，林业公安人员的职业道德规范，林业企业销售人员的职业道德规范，基层林业工作站和森林资源调查设计单位的职业道德规范等，通过这些规范来约束和规范职工的言行，提高职工的职业道德素质。

职业道德教育，是职业道德建设的中心工作。通过职业道德教育，对林业干部职工施加影响，把林业职业道德建设的基本原则和规范转化为广大林业干部职工的职业道德品质，使他们在职业活动中，能够自觉地、认真地履行职业责任和义务。林业行业采取了三种行之有效的方法，对职工进行职业道德教育。一是系统教育。即从职业道德的认识、情感、意志、信念、习惯等方面全面进行教育。系统教育虽然费时费力，但效果好，持续时间长。二是将本地区、本单位制定的职业道德规范印发给每个林业职工，或贴挂在生产作业现场，便于职业道德规范的宣传、掌握和落实，也便于对照执行和检查监督。三是典型示范和引导。通过宣传和弘扬先进单位和个人的模范事迹把职业道德教育的内容体现出来。这种方法比较生动、具体，使大家看得见、摸得着，更具有感染力、号召力和说服力，作用和效果更明显。

随着市场经济的发展，竞争的日益激烈，企业和职工的形象越来越重要。特别是具有行业管理职能、面向社会、面向群众的“窗口”单位，都把提高职工道德素质作为树立企业和职工形象的突破口和重点工作来抓。他们通过开展创建“文明窗口单位”的活动，推动本行业、本部门职业道德建设的深入开展，取得了很好的效果。林业部资源和林政管司开展了创建“木材运输检查执法文明窗口示范单位”活动，1997年评选出50个示范单位，在林业行业通报表扬，并挂了牌。林业部场圃总站开展了创建“文明森林公园”活动。林业部公安局根据本局制定的《关于加强林业公安精神文明建设的决定》的要求，在林业系统开展了评选文明执法单位和个人的活动，1997年有21个基层单位被评选为林业公安系统文明窗口单位，吉林省红石第一派出所等3个基层单位被评为全国青年文明号。通过开展创建活动，把本行业本部门的职业道德建设推向了一个新的发展阶段，提高了“窗口”单位的知名度，树立了良好形象。

（四）林业行业树典型、学先进活动

树典型、学先进活动一直是林业行业精神文明建设的重要方法。在50年的林业开发建设中，林业行业树立、表彰了一批又一批先进模范人物和典型单位，成为广大干部职工学习的榜样，其中最具影响和教育作用的，除了在上面介绍的单位和个人外，还有造林模范张侯拉，治沙英雄牛玉琴，采伐能手和造林模范马永顺，护林英雄任长生等等，通过拍电影、电视剧，编辑出版书籍和事迹材料，召开报告会和讲演会等多种形式和途径，广泛宣传他们艰苦创业精神和英雄业绩，成为人们学习的榜样、赶超的对象。

党的十一届三中全会以后，特别是近些年来，这方面工作得到进一步加强，规模和声势在扩大，成效更明显。黑龙江省林业厅在“八五”期间，在全省林业行业开展创文明林业局、文明林场、文明户的“三文明”创建活动，共评选出文明局(场圃)196个，其中文明标兵单位8个，文明户1086个，文明职工456人。现在他们又制定了“九五”时期“三文明”创建规划，量化了各项指标，提出了“九五”期间厅机关各处室都达到文明单位的目标，使创建活动更加规范化，推动了全行业精神文明建设的开展。黑龙江省森林工业总局在“八五”期间开展“说文明话，办文明事，当文明职工，建文明环境”的“四文明兴林杯”大赛，3年全林区共评选出金牌奖430人，银牌奖1571人。福建省林业厅实施“万千百十”人才工程，到2000年培养出较高水平的林业技术骨干1万名，林业专家1千名，学术、技术带头人1百名，能进入国内领先领域的学术技术带头人10名，为林业现代化建设准备和培养建设人才。吉林省森工集团公司在全省森工系统树立和表彰了精神文明建设10大标兵，5个先进单位，27个先进集体，43名先进个人，10佳经营者。湖北省林业厅和人事厅联合对林业系统44个先进单位和88名先进个人进行表彰奖励。贵州省林业厅按照“电台上有音、电视上有影、报刊上有字、光荣榜上有名”的要求进行大力宣传，使先进人物树起来、活起来、香起来，让全体职工学起来。林业部从1995年开始第一次在全行业评选思想政治工作优秀单位和优秀工作者，并且作出每两年进行一次评选表彰的决定，1997年进行第二次评选，两次共评选出林业行业思想政治工作优秀单位113个，优秀工作者179名，在全国林业行业进行表彰奖励。同时，林业部还向中共中央宣传部和中国职工思想政治工作研究会以及文化部推荐了一批林业系统的先进单位和个人，都分别受到了表彰奖励。由于各地领导重视，党政工团齐抓共管，树典型、学先进活动开展得既轰轰烈烈，又有实际成效。

(五)林区文化体育活动

党的十五大报告指出，社会主义现代化应该有繁荣的经济，也应该有繁荣的文化。加强文化建设在我国林区更具有特殊重要的意义。我国重点国有林区的森工企业，大都分布在边远地区，远离城市和文化中心，生活工作条件艰苦，文化生活贫乏，因此，在我国林业开发建设的方案中，就包含着文化(包括体育)设施建设的内容，随着林区开发建设的进行，一批文化设施和活动场所就陆续建设起来，为林区文化、体育事业的快速健康发展创造了条件，打下了基础。

80年代初，企业群众性的文化活动在广大林区迅速开展起来，据统计，黑龙江、吉林省、内蒙古自治区国有林区85个林业局中，有76个开展了企业文化建设，把文化作为企业思想政治工作的有效载体，其中31个林业局取得较好成效。吉林省白河、三岔子林业局于1988年成立了企业文化研究会，并成为全国企业文化研究会的会员。企业文化的蓬勃发展，推动了我国林区的文化事业的进一步开展。

为进一步推动企业文化建设的开展，提高其档次和品位，1994年，林业部参加了文化部倡导的“全国万里边疆文化长廊建设工程”的共建工作，按照《全国万里边疆文化长廊建设总体规划》和文化部的要求，林业部成立了国有森工企业文化长廊建设领导小组，并确定吉林省临江林业局、云南省卫国林业局和大兴安岭林管局西林吉林业局为“全国万里边疆文化长廊建设”联系点，林业部连续几年拨出专项资金支持文化长廊建设。经林业部国有森工企业文化长廊建设领导小组研究确定，林业系统的文化长廊建设重点在吉林、黑龙江、内蒙古、新疆、云南省的24个国有森工企业进行，集中力量把这24个林业局建设成为林业行业文化建设的样板。为总结3年来文化长廊建设的经验，推动全行业文化建设的蓬勃发展，1996年，在吉林省的临江、松江河林业局召开了国有森工企业文化长廊建设现场会，讨论通过了《全国边疆地区国有森工企业文化长廊建设规划》。该《规划》提出了国有森工企业文化长廊建设的总体目标、实施步骤，具体措施和办法，成为林业部指导全行业文化建设的重要文件。

在50年的林业建设中，文化建设得到长足发展。首先，文化设施建设基本形成规模，改善了林区的文化生活条件。全国林业系统的基层单位，特别是国有森工企业和大型的国有林场，一般都建有图书馆、阅览室、电影院、文化宫或俱乐部，电视差转台、卫星地面接受站和广播站，体育活动场馆，卡拉OK厅和露天舞厅。同时，积极发展职工参与率高的广场文化。文化活动开展比较好的国有森工企业的林场、经营所和苗圃，一般都做到了五有，即有图书阅览室，有文化活动室或多功能厅，有体育活动场所场地，有电视卫星接受站，有有线广播站等。

文化组织机构和队伍建设有了新的发展，职工文化生活丰富多彩。多数林业管理局都有专业文工团和体育骨干队伍，国有林业局普遍成立专业或业余文工团或演出队，经常深入生产一线为职工演出。被誉为“林区乌兰牧骑”的黑龙江林业文工团，建团43年中深入林区演出1.1万场次，创造演出文艺剧(节)目880多个，为活跃林区文化生活做出了重要的贡献。

为进一步推动林业行业的文化建设和文艺演出创作活动的开展，颂扬为祖国的林业建设和绿化事业付出辛勤劳动和汗水的林业建设者，林业部与中国音乐家协会分别于1980年和1983年在北京联合举办了《绿云里的歌》音乐会，1984年又联合举办了以林业为题材的《绿叶奖》征歌活动，应征作品2600多首，66首歌曲获奖，并编成了《绿叶奖》歌曲专集。吉林省林业厅举办了《大森林音乐会》、《森林之歌》赛歌会，《美的升华》现代舞大赛等多种活动，展示了林区文化活动的成果，推动了林业行业文化建设。

为推动林业行业职工体育活动的开展，1986年，林业部成立了“中国林业体育协会”。从此，林业的体育工作开始走向正规化，林业体育事业得到蓬勃发展。十几年来，中国林业体协组织举办了全国林业系统各类各项体育比赛50余次，各种体育培训学习班27次，培养了国家级裁判员17名。1995年《体育法》和《全民健身计划纲要》颁布后，中国林业体协按照《体育法》的要求，加强了对本行业体育工作的管理与指导，积极按国家体委的部署在林业行业开展《全民健身计划纲要》的实施工作。中国林业体协的全民健身工作多次得到国家体委的肯定和奖励。

50年来，在竞技体育方面，林业行业也在不断提高各项运动的竞技水平。中国林业体协坚持普及与提高相结合，以普及为主，在普及的基础上提高的原则，积极组队参加了全国第六届、第七届、第八届运动会；全国第六届、第七届、第八届冬季运动会；全国第二届青少年运动会等大型综合性运动会。中国林业体协的运动队还参加了全国的冰雪、球类和棋牌类等项目的竞赛活动，林业轮滑球队曾5次获全国冠军，3次获得亚洲第一名。在这些竞赛活动中，锻炼了队伍、提高了竞技水平，增进了交流和友谊，向全国人民展示了林业职工坚韧不拔、吃苦耐劳的精神风貌。

(六)思想政治工作研究

在林业行业有组织、有计划、有针对性、系统地开展思想政治工作研究，是从1991年林业部举办林业行业思想政治工作研讨班开始的。这次研讨班为1992年林业部召开林业行业思想政治工作会做了很好的准备，为指导全国林业行业思想政治工作健康有序的开展发挥了重要作用。

1992年，林业部职工思想政治工作研究会(简称政研会)成立后，在全国行业组织了《如何制定林业行业职业道德规范》和《如何搞好国有大中型企业思想政治工作》两个课题的研究。经过一年多的调研，各地写出了一批来自基层、来自实践的研究报告和论文，在此基础上，根据各地提供的关于职业道德建设的研究成果，林业部政工办、政研会组织编辑出版了《林业行业职业道德建设》一书，成为各地开展职业道德建设的教材。为了把这两个课题研究引向深入，林业部政工办与中国林业报社于1995年联合举办了“全国林业行业思想政治工作百篇优秀论文评选活动”，共收到论文300余篇，从中评选出100篇优秀论文。

为进一步加强思想政治工作研究，提高研究成果质量，发挥其应有的作用，林业部政研会于1995年初在全国林业行业广大干部职工中聘请了15名林业行业思想政治工作特约研究员，对全行业重大的、事关全局的热点、难点问题进行专题研究。第一个研究课题是“如何将思想政治工作的管理体制和运行机制纳入社会主义市场经济体制和现代企业制度之中”，经过近一年的调查研究，1995年12月在江苏召开了特约研究员会议，根据座谈讨论的情况和意见，形成了会议纪要，印发全国各省(区、市)林业厅(局)和国有森工企业等单位。

1996年，林业部在全国林业系统组织开展了《如何帮助林业干部职工解放思想、转变观念的课题研究》。经过近两年的研究，已经有了阶段性的研究成果，找出了影响思想解放、观念更新的根源，议定了建立市场经济体制和现代企业制度需要树立的思想观念，并且提出了树立这些新观念一靠思想教育，二靠舆论引导，三靠环境影响，四靠机制推动的工作方法。其实质是对林业广大干部职工进行社会主义的思想道德和文化教育，帮助广大干部职工从旧的、传统的思想观念的束缚下解放出来，树立适应市场经济要求的新观念。为进一步推动这项研究工作的深入开展，1997 年底在全国林业系统组织开展了以“解放思想、转变观念”研究成果为主的思想政治工作优秀论文评选。共评选出一、二、三等奖优秀论文 28 篇，从中选出部分指导性强、应用价值高的成果编辑出版论文集，供全国各地林业部门阅读参考，以进一步推动研究工作的开展。

(七)领导机关精神文明建设和作风建设

根据中央关于加强精神文明建设要从领导抓起，从领导机关抓起的要求，林业部和大部分省(区、市)林业厅(局)、集团公司都把加强领导干部自身建设和机关建设作为加强精神文明建设的重点和突破口来抓，收到了很好的效果，发挥了领导干部和机关的示范和表率作用。林业部为加强机关建设，成立了部机关精神文明建设领导小组和办公室，每年初都召开党的建设和机关建设工作会议，由部党组书记、部长主持会议，总结工作，表彰先进，对机关的精神文明建设作全面的部署安排，开展了以创建优美环境，树立优良作风，提供优质服务，做人民满意的公务员的“三优一满意”活动，提高了机关文明办公水平和办事效率。林业部办公厅等一些司局制定了开展“三优一满意”活动的规则和实施的措施、办法，并将规则要求张贴在办公室的墙上，要求全体工作人员严格执行，门难进、脸难看、事难办的不良机关作风有了明显改变。江西省林业厅在开展“三优一满意”活动中，按照“抓机关，带基层，促系统”的原则，要求各处室都要建立联系点，一级带着一级干，一级做给一级看。其它省(区、市)林业厅(局)、林业(森工)企业集团也都制定了机关精神文明建设办法和要求，切实加强领导机关精神文明建设，为行业精神文明建设作出了表率。

加强精神文明建设和做思想政治工作是我们党和国家的政治优势、传家宝，搞革命离不开它，搞建设也离不开它；在社会主义时期，搞计划经济离不开它，发展市场经济也离不开它。《中共中央关于加强社会主义精神文明建设若干重要问题的决议》中指出：“我们进行的精神文明建设，是以经济建设为中心、坚持四项基本原则和坚持改革开放的精神文明建设，是继承发扬优良传统而又充分体现时代精神、立足本国而又面向世界的精神文明建设。在发展社会主义市场经济和对外开放条件下建设社会主义精神文明，是中国共产党人和中国人民一项艰巨的历史使命。因此，林业行业广大干部职工要充分认识建设社会主义精神文明的重要性、艰巨性、紧迫性、长期性、复杂性，要像邓小平同志强调的那样，要坚持不懈的抓，一天也不放松地抓，才能建成。

(执笔人：林万春)

三、林业行业反腐倡廉

党风廉政建设和反腐败斗争历来是关系党和国家生死存亡的重大问题。新中国成立以来，林业纪检、监察机构虽然多次撤并，但在中纪委、监察部和林业部党组的领导下，始终坚持以党的基本路线为指导，认真贯彻执行党中央、国务院关于加强党风廉政建设和深入开展反腐败斗争的指示精神，紧密联系林业部门的实际，不断总结经验，加大力度，做了大量工作，取得了一定成效，为维护党的纪律，保证政令畅通，促进林业行业物质文明建设和精神文明建设，保证林业改革和林业建设事业的顺利进行，起到了积极的促进作用。

(一)林业纪检监察机构的历史沿革

林业纪检监察机构最早成立于 1952 年，当时中央人民政府林业部根据第二次全国监察工作会议要求，为了继续与国家机关及其工作人员中的违法失职行为进行斗争，特别是与官僚主义、命令主义和违法乱纪的现象进行斗争，加强人民监察工作，成立了林业部监察室，并于1953年3月21日以“中央人民政府林业部指示”形式下文，要求全国林业系统和森林工业系统以及各直属单位认真执行1952年12月27日政务院政字147号命令，立即配备干部建立监察室开展监察工作。到1953年8月，全国林业系统和森林工业系统共有25个单位建立了监察机构，有专职监察干部和人民监察通讯员共45人。

1952年～1955年12月，林业部监察室(1954年改名为林业部监察司)均为林业部内设机构，人员从最初的6人增至25人。到1955年8月，林业部120个直属企事业单位有90个设立了监察室，包括林业部监察司在内，共有监察干部377人。林业部监察室(司)的主要职责是：监督检查本部所属单位及其工作人员对国家政策、法令、法律、方针、计划、决议、命令是否贯彻执行；对消极怠工、阳奉阴违、贪污浪费、官僚主义等违法失职的单位及人员进行纠正、检举与惩戒；对合理化建议有显著成效的人员，给予支持并提请或建议给予奖励；受理职工、人民和人民团体对本部门所属单位及其工作人员的违法失职行为的检举控告，并调查了解，会同或督促有关部门分别处理；领导所属各级监察室及本部各单位人民监察通讯员的工作；接受并执行上级监察机关及本部首长交办的监察任务。

根据国务院1955年10月10日国监116号文件精神，1956年1月，对林业监察机构进行调整，将林业部监察司改组为“林业国家监察局”，林业国家监察局受监察部和林业部双重领导，林业部门国家监察机关编制为320人(不在林业部编制数内)，其中林业国家监察局为40人，其余280人分别派驻林业部12个直属单位，受林业国家监察局垂直领导。1956年7月，由于国家机构变化，林业国家监察局改为森林工业国家监察局。1957年6月，森林工业国家监察局对12个直属单位监察机构的领导进行调整，实行上级监察部门与所在单位双重领导。森林工业国家监察机关编制共计220人，其中森林工业国家监察局30人。1958年，随着监察部撤销，林业监察机构也相继撤销。

1964年2月11日，成立中共中央监察委员会驻林业部监察组，编制3人。其主要任务是：向中央和中监委报告情况，检查重大案件，受理控诉、申诉。

1970年，林业部、农业部等合并为农林部，1979年2月16日恢复林业部。党的十一届三中全会以后，成立中共林业部党组纪律检查委员会，编制12人，在林业部党组和中纪委的领导下进行工作，其主要职责和任务是：维护党规党法，切实搞好党风，保证党的路线方针、政策的贯彻执行，经常对党员进行遵守纪律的教育工作。1983年4月，林业部党组纪律检查委员会改组为中纪委驻林业部纪检组。1988年6月，中纪委驻林业部纪检组撤销，1988年7月，成立中华人民共和国监察部驻林业部监察局，编制13人。1993年中共中央纪律检查委员会与监察部合署办公后，当年12月，驻林业部监察局改为中纪委、监察部驻林业部纪检组、监察局，实行两块牌子，一套工作机构，履行纪检监察两种职能，编制15人。1998年3月，林业部改为国家林业局，驻林业部纪检组、监察局改为驻国家林业局纪检组、监察局，由中纪委、监察部和国家林业局双重领导。

(二)50年来的主要工作成绩

50年来，林业部纪检监察部门，在中纪委、监察部和林业部党组直接领导下，按照党章要求和党中央、国务院各阶段的统一部署，紧紧围绕各历史阶段党的中心工作任务，紧密联系林业改革和林业建设的实际，积极发挥纪检监察职能作用，不断加大党风廉政教育、查办案件、纠正林业行业不正之风和执法监察工作力度，为推动林业行业党风廉政建设和反腐败斗争深入开展，促进林业改革和林业建设事业的顺利进行，做了大量工作，取得了一定成效。

1. 领导干部廉政建设不断加强

林业纪检监察机构成立以来，始终把廉政建设作为重点工作来抓，特别是1993年，中纪委二次全会以来，坚持按照党中央、国务院的指示精神，把领导干部廉政建设作为加强党风廉政建设和反腐败斗争的首要任务。为不断促使领导干部增强廉政意识，做到以身作则，严守规定，忠于职守，廉政勤政，根据中纪委、监察部的总体部署要求，结合林业部门的实际，采取了以下具体措施：一是1993年以来，每年都有针对性地组织开展党风廉政教育方面的活动；二是每年都组织处级以上领导干部召开两次专题民主生活会进行廉洁自律对照检查。在组织开展这项工作中,坚持在会前征求意见,会中派人进行监督和会后督促整改等方面下功夫,使民主生活会的质量不断得到提高和改进;三是每年都派出检查组对党风廉政建设及贯彻落实廉政规定情况进行一至两次专项检查。

通过狠抓廉政建设,使各级领导干部普遍受到了教育,提高了遵纪守法观念,增强了廉洁自律意识,有力地促进了各项廉政规章制度的贯彻落实。据近五年的统计,部机关有3人辞去在企业单位兼任的职务,两个单位清退占用企业的3台车辆和一台复印机,8个单位45人次清退和上交礼金、有价证券和中介费33687元,上交绿宝石、羊毛大衣、皮鞋等贵重礼品25件;领导干部收入申报率达100%;部属的12个企业基本上都坚持了向职代会报告业务招待费的使用情况,企业业务招待费从总体上呈下降趋势。崇尚廉洁的风气不断得到发扬光大。

2. 严肃查处了一批违法违纪案件

查处违法违纪案件是反腐败斗争的一项重要任务,也是遏制腐败的重要手段。几十年来,特别是近五年来,驻林业部、纪检组、监察局始终把查处案件作为反腐败的一项重要工作来抓,在查办案件中,坚持实行重大案件领导负责制,有关部门密切配合,对发现的违法违纪案件坚决按照有关程序和规定严肃进行了查处。1993~1997年,驻林业部纪检组、监察局共收到举报信件(包括电话举报)822件,其中转办689件,自办133件。对转办信件,认真进行了督办。对自办案件,件件都严肃认真对待,及时进行查核和处理。在自办案件中,已结案的111件,其中立案4件,受到批评教育的处级以上领导干部12人,给予行政处分和组织处理的5人,党纪处分的7人,受到刑事处理的3人。同时为90名同志澄清了事实。目前正在查办的21件,拟立案查处的有3件。

3. 纠风工作取得比较明显的成效

驻林业部纪检组、监察局根据党中央、国务院的指示精神和中纪委、监察部的部署要求,以及各时期的工作重点,结合林业行业的实际,采取积极有效措施,纠正林业行业不正之风。特别是1993年中纪委二次全会以来,突出清理向林农乱收费、乱摊派,狠刹用公款出国(境)旅游之风,清理党政机关无偿占用企业财物,清理"小金库",对以木谋私、以票证谋私以及林业系统公路"三乱"等方面的不正之风,认真进行了清理整顿,并具体采取了以下措施:一是坚持与有关业务部门密切配合进行专项清理整顿。每年都派出十几个检查组进行明察暗访和专项检查督促;二是每年都召开全国林业系统纠风工作会议进行总结交流和专题部署;三是对林业系统不正之风进行调查研究,根据林业行业不正之风表现的特点,有针对性地采取措施。特别是在减轻林农负担和治理林业系统公路"三乱"方面取得了比较明显成效。据统计,经国务院批准取消的4项林业收费项目,每年可减轻林农负担1.5亿多元。有关林区共取消不合理收费项目494项,每年可减轻林农负担8000多万元。1995~1996年,驻林业部纪检组、监察局与有关业务部门共派出30多个检查组,对全国23个省(区)的治理公路"三乱"情况进行了专项检查,先后召开两次全国林业系统治理公路"三乱"会议。到1996年底,全国有220个木材检查站从国道、省道撤到县乡林区公路上,原经省级人民政府批准设立的4685个木材检查站已减少到4303个,其中林区内部公路上的站2481个。经过清理整顿,不仅达到了治理目标,而且有力地促进了木材检查站的规范化建设,木材检查人员依法行政的水平也有了明显提高。有108个木材检查站和212个木材检查员受到林业部的表彰。为巩固治理成果,进一步推进木材检查站的规范化建设,提高执法人员的素质和进一步做好减轻林农负担工作,林业部1997年再次召开全国资源林政管理工作会议进行了总结,并提出了新的要求。

4. 进一步建立健全了党风和廉政建设的规章制度

建立健全党风和廉政建设规章制度,完善监督约束机制,不仅是加强党风和廉政建设的一项重要措施,也是把党风、廉政建设和反腐败工作纳入法制化轨道的必然趋势。党中央、国务院以及中纪委、监察部先后颁发了一系列关于加强党风和廉政建设方面的法律法规及规章。据此,驻林业部纪检组、监察局结合实际建立了相应的规章制度,每年都进行督促检查。1993年以来,先后制定了14项规章制度,主要有:《林业部党组廉洁自律的规定》、《林业部机关工作人员廉洁自律的规定》、《关于加强党政监督工作的若干暂行规定》、《关于案件查办工作的暂行规定》、《林业部关于不准接受可能对公正执行公务有影响的宴请的具体规定》、《林业部关于不准参加用公款支付的营业性娱乐场所活动的具体规定》、《关于机关工作人员收受礼品实行登记和领导干部收入申报制度的实施办法》、《关于建立和重申党内监督五项制度的实施办法》、《关于领导干部报告个人重大事项的实施意见》、《关于制止奢侈浪费行为规定的实施办法》、《关于部机关住宅公务电话管理办法》、《关于移动电话的管理办法》、《关于公务接待工作的暂行规定》和《关于特殊岗位工作人员住宅公务电话费补助管理办法》等等。

通过狠抓廉政制度和制约机制建设，明确了领导干部廉洁从政的行为规范，为各级管理部门加强监督管理和执纪机关严肃执纪提供了依据。林业部领导和机关绝大多数干部都能自觉地执行各项廉政制度，特别是在贯彻落实制止奢侈浪费行为规定方面取得了较为明显的成效。如有两个单位停止装修办公楼和办公室，节约资金 34 万元；1997 年 1～8 月，部机关和直属单位共精减各种会议 17 个，节约会议费 53 万元；压缩各类庆典活动 2 个，节约资金 30 万元，用公款安装的 235 部住宅公务电话都符合有关规定，给部领导和有关各司局主要领导同志配备的 24 部移动电话，电话费支出控制在了指标之内。根据国管局通知，从 1997 年 11 月份起，林业部已对公务住宅电话实行过户到人，按级别补贴电话费和超额自负制度。据此测算，每年可节约电话费 10～16 万元；1997 年上半年，各单位共压缩公费出国(境)团组 5 个 35 人，节约资金 125 万元；在更换和配备小汽车以及检查评比方面，没有违反规定和搞不必要的检查评比达标活动。

5. 执法监察工作力度不断加大

根据监察部每个时期的部署要求，结合实际，紧密围绕林业改革和林业建设中心任务，每年都有选择、有重点地开展了一些执法检查工作。近几年所开展的工作主要有：一是对在京各单位贯彻落实党风廉政方面的各项规章制度情况进行了执法检查；二是对林业系统贯彻执行《森林法》情况，特别是对森林采伐限额执行情况进行了检查。如 1996 年，驻林业部纪检组、监察局会同黑龙江、吉林、内蒙古大兴安岭和黑龙江大兴安岭等 4 个森林资源监督专员办公室，对东北、内蒙古国有林区 1995 年执行国务院批准的木材采伐限额情况进行了检查。检查组先后深入到 9 个国有森工企业局及其所属的 103 个林场、222 个木材加工厂、121 个其他有关单位进行调查，发现 9 个森工企业普遍超计划采伐，最多的超过计划的 11.08%，最少的也超计划的 0.36%。在采伐方式、采伐强度及其运输管理等方面都存在一些问题。对此，检查组及时向林业部及其有关部门提出建议，各有关部门对超采单位都作了处理；三是对减轻林农负担情况进行了执法检查；四是配合林业部有关部门对预算外资金及其财务、税收和物价情况进行了执法检查；五是对林业系统治理公路“三乱”情况进行了专项检查；六是根据监察部的部署要求，对林业建设工程项目情况进行了检查。到 1997 年 10 月，驻部纪检组、监察局会同林业部有关部门先后对北京、天津、江苏、上海、云南等地和部直属的 19 个单位 39 个重点工程项目进行了重点抽查。通过检查，一些违反基建程序和违法违纪等方面的问题，得到了及时纠正。（执笔人：刘双来　张秀斌）

四、林业宣传

林业宣传，是在党的宣传思想方针指引下，为推进我国林业现代化建设，通过报刊、广播、电视、电影、出版、文学、艺术等形式，面向社会持续开展的宣传教育活动。林业宣传的基本内容包括：党和国家关于林业改革和建设的方针政策、法律法规；森林资源在国民经济发展和生态环境建设中的重要地位；林业建设的新成就、新经验和重要动态；林业建设中的困难、矛盾和社会关注的热点问题；林业科普知识以及国外林业信息等等。

林业宣传工作是党的宣传工作的一个组成部分，宣传战线是我们党的一条十分重要的战线。我们党的历史表明，革命和建设要取得伟大胜利，就离不开宣传工作的有力支持；革命和建设越深入，就越要重视宣传工作。林业宣传承担着在林业行业开展党的宣传工作的重要任务。作为一项社会性、公益性、群众性很强的事业，林业建设必须通过坚持不懈的宣传工作，动员和依靠全社会的大力支持和全民的共同参与。林业建设的基本特性，决定了林业宣传工作的特殊重要性。这是我国林业建设50年生动实践的历史总结和基本认识之一。

(一)林业宣传的历史沿革

党和政府一贯重视和支持林业宣传事业，新中国成立以来的50年间，林业宣传事业不断发展，组织机构日臻完善，宣传队伍日益壮大，宣传阵地日趋扩大和巩固。

1. 组织机构

1949年10月，林垦部成立后，在林政司设置宣传组，主管林业宣传工作。林垦部改为林业部后，于1954年在办公厅设宣传处。1958年又成立了宣传局，设文字宣传处、形象宣传处、中国林业出版社和林业电影社。1957年1月和1959年1月，林业部在北京召开了两次全国林业宣传工作座谈会，研究部署林业宣传的方针和任务，总结交流各地开展林业宣传工作的经验。1960年末，根据国务院农林办公室的指示，林业部政治部设宣传处。

“文化大革命”以后，林业宣传机构得到恢复和加强。1979年2月，恢复林业部后设置了宣传局。同年6月和9月，林业部先后召开两次林业宣传工作座谈会。会议提出深入宣传贯彻党的十一届三中全会精神，恢复和建立各级林业宣传机构，组织和发展林业宣传队伍，开辟和扩大林业宣传阵地，把林业宣传工作的着重点转到林业生产建设上来。根据这两次会议精神，一些省(区、市)和地、市也陆续恢复或建立了林业宣传机构，创办林业刊物，加强林业宣传工作。1982年，林业部改宣传局为宣传司。1988年宣传司与教育司合并为教育宣传司。

1991年，林业部成立宣传办公室。1995年6月经中央编制委员会批准成立了林业部宣传中心，设综合处、宣传管理处、宣传报道处、音像宣传处、文艺宣传处、林史宣传处，后又增设政治思想工作处。为进一步加强新形势下的林业宣传工作，林业部又成立了林业宣传工作领导小组。同年7月，在北京召开了全国林业宣传工作会议，对新时期林业宣传工作的方针、任务作了全面部署。会后，林业部发出了《关于加强林业宣传工作的若干意见》，要求各级林业部门要充分认识新形势下加强林业宣传工作的重要意义，进一步加强对林业宣传的领导和管理。这一时期，林业宣传的组织管理体系建设大大加强。截至目前，各省、自治区、直辖市几乎都设置了专门的林业宣传机构。

2. 宣传阵地

早在1948年，东北解放区成立东北林务总局后，就创办了《林业通讯》月刊，成为最早开辟的林业宣传阵地。1950年5月创办了部机关刊物《中国林业》。1953年3月成立中国林业出版社。随后，黑龙江、内蒙古、新疆、湖北等省也相继创办了林业刊物。1960年末，根据国务院农林办公室的指示，中国林业出版社并入农业出版社，林业电影社并入农业电影社。1980年1月成立了中国林业杂志社，《中国林业》复刊，1981年创办《林业画报》。同年4月恢复中国林业出版社。1987年，林业部机关报《中国林业报》正式出版发行，1998年更名为《中国绿色时报》。目前，《中国林业》和《中国绿色时报》发行量分别达到3万份和10万份，成为林业行业自身十分重要的宣传舆论阵地。

3. 群众性宣传组织

随着林业宣传工作的深入开展，在行业内部逐步形成了林业新闻、林业摄影、林业影视、林业文学、林业美术五支宣传力量。在此基础上，一批群众性的宣传组织也应运而生。从70年代末到90年代初，林业部相继成立了全国林业新闻工作者协会、林业文学工作者协会和林业美术工作者协会等社团组织。这些社团组织多次举办各类学习班、培训班，组织开展专业培训、实地创作、技术交流等活动，有力地促进了林业宣传人员业务素质的提高。1996年10月，在原林业文协和林业美协的基础上，正式成立了中国林业文学艺术工作者联合会(简称“林业文联”)。目前已有9个省区组建了林业文联组织。

(二)林业宣传工作的主要成绩

50年来，广大林业宣传工作者与社会新闻宣传单位密切合作，围绕各个历史时期林业建设的中心任务，组织开展了大量卓有成效的宣传活动，创作了一大批优秀的林业宣传作品，为林业改革和建设营造了积极有利的社会舆论环境。

在各个历史时期，林业宣传工作呈现出不同的发展特色：

五六十年代，林业宣传部门经常为中央和地方的报刊、电台组织撰写林业稿件，在北京举办了数次大型林业展览活动，全面展示了当时我国森林工业和造林事业的发展情况，提高了广大群众对林业在社会主义经济建设中重要地位的认识。比如1957年新中国成立后举办的第一次全国农业展览会林业馆，邀请了全国山区、半山区2000多位县委书记前来参观，并得到了毛泽东等中央领导同志的亲切接见。

70年代末到90年代初，林业新闻宣传空前活跃，报刊、广播、电视、电影、美术、摄影、展览等宣传形式越来越被广泛采用，宣传内容也拓展到林业建设各个领域。1979年，新华社发表的《风沙紧逼北京城》，成为当时推动植树造林事业发展的警世之作；光明日报的《长江有变成"第二条黄河"的危险吗?》发表后，在全国范围内掀起了一场持久的关注长江流域生态环境问题的大讨论。1988年1月，人民日报连续发表《林业的警报》四篇林业建设新形势述评，进一步唤起了全社会对林业改革和建设事业的密切关注。此外，《邓小平十年树木》、《我看林业这十年》等都是这一时期林业新闻的代表作。

90年代中后期，电视新闻的飞速发展，为林业新闻宣传注入了新的活力，中央电视台《新闻联播》、《焦点访谈》、《东方时空》等栏目经常推出一些有较大影响力的林业新闻、专题节目。1997年5月，新华社、人民日报、光明日报等中央各大新闻单位联合发表《世纪之交看林业》长篇述评，使林业建设再次成为全社会关注的焦点。

1998年，长江、嫩江、松花江流域发生特大洪水灾害后，各新闻单位纷纷发表报道，通过洪灾原因的分析，对林业的地位与作用进行深入探讨，形成了强大的社会舆论，保护森林、发展林业成为全社会的热点话题。

据不完全统计，50年来，仅中央各大新闻单位共发表林业新闻、专题5万多篇，在首都举办大型林业展览近百次，制作各类林业题材的电影、电视专题片200多部。

林业宣传50年来的成效，可以概括为五个方面。

1. 提高了各级领导对发展林业重大意义的认识，形成了各地党政主要领导亲自抓林业的基本格局

经过多年的宣传，各级领导对林业的认识不断深化，不仅认识到林业是促进农牧业稳产高产的保证，而且是整个生态环境建设的主体，许多地方的书记、省长、市长、县长把林业摆上了重要位置，更加重视林业，支持林业，并亲自抓林业。

2. 增强了人们的绿化意识和保护森林意识，带来了全社会关心、支持和投身林业建设的喜人局面

通过生动活泼的林业宣传特别是林业科普宣传，社会上普遍对森林的功能和作用、森林与人类生存环境的关系有了新的了解。在许多城市，绿化美化、爱护树木花草已成为新的社会道德风尚；在广大农村，植树造林、保护森林日益成为广大干部群众的自觉行动。

3. 传播了林业建设的成功经验和林业科技知识，提高了林业经营管理水平

通过新闻宣传和各种出版物，为林业生产第一线和广大林农群众，提供了大量有益的信息和实用科学技术知识，充分发挥林业宣传在舆论引导、信息传播、指导服务中的重要作用。

4. 扩大了我国在国际上的影响，维护了我国良好的国际形象

通过开展多种形式的对外宣传工作，使国际社会对中国政府和人民为改善地球环境和人类生存条件而做出的不懈努力，以及取得的重大成就有了更多的了解。同时，针对国际上极少数人利用我国个别违法犯罪分子破坏森林和野生动物资源大做文章、煽动反华情绪、蓄意制裁中国的情况，有针对性地做了大量宣传报道，有力地驳斥了不实言论，为维护我国良好的国际形象作出了积极贡献。

5. 弘扬了林业行业艰苦创业、无私奉献的精神，推动了林业行业社会主义精神文明建设

通过对林业行业精神、先进集体和先进人物的宣传，不断增强广大林业职工从事林业建设的使命感、责任感，激发了各行各业人们投身植树造林、绿化祖国的热情。

同林业建设的其它方面一样，林业宣传50年的发展历程也并非一帆风顺。除了"文革"时期林业宣传工作遭到破坏以外，1957年后一段时期，因受

“左”的思想影响，林业宣传工作也发生了一些偏差，宣传森林的经济效益多，宣传森林的生态效益、社会效益少，宣传农林牧相结合和以营林为基础的方针不力。“大跃进”年代发表的一些林业新闻作品，举办的展览以及出版的林业图书中，反映了不少脱离实际的东西，在一定程度上助长了浮夸风的蔓延。但从总体上看，林业宣传工作基本保持了健康稳定的发展态势，为推动林业改革和建设事业作出了重要贡献。

（三）林业宣传工作的基本经验

在取得成绩的同时，经过50年发展建设，林业宣传自身也在实践中不断成熟、完善，初步形成了一套符合宣传工作规律、具有鲜明特色的经验和做法。具体表现在：

1. 领导重视，建立和稳定林业宣传的组织体系，是做好林业宣传工作的前提条件

经过多年的工作实践和认识积累，各级领导对宣传工作在林业建设中的重要作用逐步取得共识。从中央领导到地方各级党委、政府的领导，都非常重视林业宣传工作。每年的植树节活动，党和国家领导人不仅带头植树，而且年年发表谈话，亲自宣传林业。从国家林业主管部门到各省级林业主管部门，包括部分地、市、县级林业主管部门，都把加强宣传作为推动林业各项工作顺利开展的重要手段，在宣传的机构、人员和投入上不断加强。凡是林业宣传工作搞得好的地方，都普遍建立了专门的林业宣传组织管理机构，配备了专职的林业宣传干部，并且有比较稳定的经费来源，这是保证林业宣传工作健康开展的首要前提。

2. 广泛发动，形成上下协调、宣传部门与业务部门密切配合的工作局面，是做好林业宣传工作的关键

林业宣传工作之所以能取得较大成绩，很重要的一条经验就是注重发挥宣传部门和业务部门两个积极性。从纵向看，各级林业宣传部门紧密配合，协调行动。近几年，林业部宣传工作领导小组每年初都要提出和下发全年林业宣传工作要点，各地林业宣传部门根据要点制定具体的宣传计划，使每开展一项大型林业宣传活动都能做到上下贯通，发挥整体优势，形成宣传合力。从横向看，各级宣传部门与业务主管部门密切配合，从宣传策划到组织实施各个环节都共同参与。如开展植树节、防治荒漠化与干旱日、林业生态工程、森林资源保护、山区综合开发、科技兴林等方面的宣传，业务主管部门都主动与宣传部门联系，积极提供宣传素材，共同参与策划，提供宣传条件。此外，各级林业主管部门还普遍建立了考核激励机制，确保各项宣传任务落到实处、取得实效。

3. 日常宣传与大型宣传工程相结合，数量与质量相统一，是搞好林业宣传工作的基本思路

组织策划，是林业宣传一项非常重要的工作。近些年来，随着形势的发展对林业宣传要求的提高，各级林业宣传部门在宣传策划上投入了更多的精力，并取得了很好的效果。每年的“3·12”植树节和“6·17”世界防治荒漠化与干旱日，是林业宣传所特有的“黄金季节”。这期间，各级林业宣传部门在社会新闻宣传单位配合下，选准主题，集中优势兵力，组织丰富多采的宣传活动，形成林业宣传高潮，带来了宣传的轰动效应；此外，各级林业宣传部门围绕各个时期林业建设的重点工作，适时组织各类林业宣传活动，使林业宣传一年到头不间断，保持了宣传的连续性。在确保完成一定的宣传任务量，保持适度的宣传密度的同时，各级林业宣传部门还从提高宣传作品的质量，增强宣传的社会影响力出发，不断推出林业宣传“精品”，使林业宣传始终保持较高水准。

4. 形式多样，形成以新闻宣传为主线、多种宣传手段相配套的工作格局，是搞好林业宣传工作的重要手段

新闻宣传贴近生活、时效性强，随着报刊、广播、电视等现代传媒的迅速发展，新闻宣传日益显示出不可比拟的巨大优势。各级林业宣传部门始终把新闻宣传放在突出位置，使新闻宣传成为林业宣传的主力军。据近年统计，中央新闻单位每年发表林业新闻包括电视新闻均在1000篇以上，全国每年在省级以上报刊、电台、电视台发表的林业新闻达2万多篇。此外，根据林业战线点多线长面广的特色和宣传对象的不同，各地因地制宜地动用电影、展览、美术、书画、文学、板报、演出以及标语口号、知识竞赛、知识讲座、报告会等多种形式进行林业宣传。有的地方还利用各种民间节日、纪念日、集会、集市等开展宣传活动。一些有条件的地方还运用电视、电影等现代化传播手段，拍摄播放了大批林业电视片、专题片、风光片、科教片，都取得了很好的宣传效果。

5. 巩固阵地，形成充分利用社会宣传渠道与保持行业自身宣传工具优势相结合的工作态势，是搞好林业宣传工作的重要支撑

长期以来，各级林业宣传部门十分注重保持与报社、电台、电视台等社会新闻宣传单位的联系，把社会新闻宣传阵地作为宣传林业的主要力量，与新闻界的记者、编辑以及众多关心、支持林业事业的社会知名人士建立密切的工作关系，调动一切有利于林业宣传事业开展的社会力量。与此同时，各级林业部门始终把加强林业系统自身宣传舆论阵地建设，作为抓好林业宣传工作的一项基础性工程，从《中国绿色时报》、《中国林业》到各省出版发行的各类林业报、林业杂志，都注重在提高报刊质量，增强系统内影响力上下功夫，使各级林业报刊杂志成为广大林业干部群众了解林业方针政策、获取林业信息的重要窗口。

6. 提高素质，建立起一支政治强、业务精、作风过硬的林业宣传队伍，是搞好林业宣传工作的基本保证

经过多年的努力，林业系统已形成了一支具有较高素质、吃苦耐劳、勇于拼搏、能打硬仗的林业宣传队伍。这支队伍人数不多，但很精干，每年都承担了大量的宣传任务，发挥了很大作用。据统计，全国林业宣传的专职、兼职人员包括社会新闻单位从事林业报道的记者、编辑和通讯等已达近万人，这支队伍，已成为搞好林业宣传工作的中坚力量。

（执笔人：肖勇）

五、林业图书出版

（一）艰难曲折的创业与发展之路

林业图书出版，伴随着我国林业建设与发展的历程，走过了艰难曲折的创业与发展之路。50年来，林业出版机构的建与撤、分与合大致分为三个阶段：

1. 1952～1960年为中国林业图书出版事业的创建与初步发展时期

1953年以前尚未有专门从事林业图书出版工作的机构，林业图书更是比较少。1952年，在林业部办公厅编译宣传科内部翻译了一些苏联林业科技图书，供有关方面使用。1953年3月，中国林业出版社成立后，才有了按计划、系统出版林业图书的专门机构。这一时期林业部曾分为林业部和森林工业部两部，中国林业出版社随即分为林业出版社和森林工业出版社（1957年1月～1958年2月），后又合二为一。这一时期，林业图书出版配合国家实施第一个五年计划和“绿化祖国”的热潮，适应林业科技教育事业的发展，重点出版大量林业实用技术类图书、自编林业教材和引进翻译出版苏联林业院校教科书。至1960年，已形成有65人从事林业图书出版的专门队伍，年出书品种达到191种。

2. 1961～1978年为中国林业图书出版遭受挫折和进行调整的时期

1960年末，按照“调整、巩固、充实、提高”的方针，根据国务院农业办公室的指示，农口四社（农业出版社、中国林业出版社、农垦出版社、中国农报杂志社）合并为农业出版社，承担农、林、牧、副、渔书刊的出版业务。从事林业出版工作的人员被缩减，林业图书的生产能力受到限制，图书出版的品种和数量显著下降。“文化大革命”期间，全国图书出版事业遭受灭顶之灾，合并后的农业出版社一度被撤消，那一段是林业图书出版的困难时期。1978年党的十一届三中全会后，出版行业拨乱反正，农林出版事业又获得了新生。

3. 1979年以后的20年，是中国林业图书出版事业恢复、改革和蓬勃发展时期

党的十一届三中全会以来，沐浴改革开放的春风，出版事业得到了迅速恢复和发展。1980年3月，经国家农业委员会和国家出版事业管理局批准，恢复了中国林业出版社，同时科学出版社、农业出版社、科学普及出版社等中央科技出版社，以及一些地方科技出版社，也开展了林业图书的出版工作。1985年，东北林业大学出版社成立。林业图书出版，形成了以中国林业出版社和东北林业大学出版社为主，其他中央级科技出版社和各地方科技出版社为辅的格局。为加强林业出版工作，林业部于1984年召开了全国林业出版工作会议，聘请近百位资深学者为中国林业出版社特约编审和顾问，1989年，设立了林业图书出版基金，每年拿出50万元资助林业图书的出版，并逐步开展了国际合作出版交流活动。由此，全国林业图书的出版能力迅速提高，一大批优秀林业图书的出版发行，在林业建设和发展中发挥了巨大的作用。1998年4月，中国林业出版社被新闻出版署授予"全国良好出版社"称号。

（二）求实奉献的累累硕果

50年来，中国林业图书出版工作的脉搏，一直伴随着林业建设与发展的脉搏跳动。广大林业出版工作者，坚持为人民服务、为社会主义服务的方向，以辛勤耕耘、求实奉献的精神，出版了大量的林业优秀科技图书。截至1998年，中国林业出版社累计出版林业图书近4700多种，重印书1500余种，近9000万册。东北林业大学出版社累计出版林业图书819种，435万多册。出版的林业图书涵盖了林业行业建设与发展的各个领域，归纳为林业政策与法规、林业科学技术、林业院校的教材及教学参考书、国外林业图书译著等四大方面。图书类型涉及理论专著、应用技术类图书、普及读物、工具书，以及图册和画册等。这些图书的出版，对我国林业建设与改革、科技进步以及林业教育的健康发展，起到了积极推动作用。

1. 林业政策与法规图书的出版

为宣传贯彻党中央、国务院和全国人大常委会关于林业建设的方针、政策、法律和法令，以及林业部颁发的各项法规和技术规程，及时出版了一批林业政策和法规及其辅导读物。如《森林保护条例》(1963年)、《中华人民共和国森林法》(1984年颁发，1988年修改后重新颁发)、《中华人民共和国野生动物保护法》(1988年)及《中国林业法全书》等。与此同时，还出版了大量的林业行政规程。这类读物的出版，适应了依法治林和在干部群众中进行普法教育的需要。

2. 林业科学技术图书的出版

林业科技图书主要由林业科技专著和林业科技普及读物两个层次组成。

(1)林业科学技术专著的出版，反映了我国林业科研与生产整体能力，代表了中国林业科学技术的发展水平。50年代，由于当时我国林业科研和生产的水平不高，因而此类图书的品种和数量极少，不过10多种，如徐纬英等编著的《杨树》等。60年代至70年代，中国的林业科研与生产能力和水平有了很大的提高，这类图书出版的品种和数量也有了较大的增加，但是由于"文化大革命"的干扰，品种和数量仍然十分有限。《海南主要经济树木》、《红松人工林研究》、《中国森林植物地理学》、《中国主要树种造林技术》等，从各个方面反映了这个时期的林业科技成果。其中《中国主要树种造林技术》的出版受到了国内外林学界的一致好评，被誉为"中国林业科学技术的结晶"，并获得了"全国优秀科技图书奖"和"林业部科学技术进步一等奖"。

以《中国主要树种造林技术》的出版为标志，林业科学技术专著的出版，从80年代起，进入了一个飞速发展的阶段，并取得了累累硕果。到1998年，先后出版了一大批学术专著。在林学方面，有郑万钧主编的《中国树木志》(共4卷，已出版3卷)；吴中伦主编的《中国森林》(共4卷，已出版2卷)以及由中国林业出版社与全国各省区科技出版社联合编辑出版的，全国近2000名林学家参加编写的各省森林(已出版21卷)；萧刚柔主编的《中国森林昆虫》等。还有林业部林业区划办公室主编的《中国林业区划》，黄枢、沈国舫主编的《中国造林技术》，徐冠华主编的《"三北"防护林地区再生资源遥感理论与技术》，王斌瑞等主编的《黄土高原径流林业》，邵国凡等著的《森林动态模拟——兼论红松林的优化经营》，辽宁省林学会等主编的《东北的林业》、《森林生态系统研究》等等，都有较高的学术价值和实用价值。

在森林工业方面，有梁希著的《林产制造化学》、成俊卿主编的《木材学》、《中国木材志》，王凯主编的《木材工业实用大全》(共13卷，已出版6卷)，以及周鉴等著《中国裸子植物材的木材解剖学及超微构造》，鲍甫成、江泽慧等著的《中国主要人工林树种木材性质》等。在园林、园艺方面，有陈俊愉主编的《中国梅花品种图志》，沈隽、蒲富慎主编的《中国果树志》（共13卷，已出版7卷），还有陈植主编的《观赏树木学》（增订本），冯国楣主编的《中国珍稀野生花卉》（中、英文版），王莲英主编的《中国牡丹品种图志》（中、英文版）等。在野生动植物与自然环境保护方面，有张荣祖主编的《中国哺乳动物分布》，印象初等著的《世界蝗虫及其近缘种类分布目录》以及张词祖等著《中国的鸟》（中、英文版）等。在水土保持、荒漠化治理方面，有朱俊凤主编的《"三北"防护林地区自然资源与农业区划》，以及《中国沙漠化防治》、《长江中上游水土保持及环境保护》等。在林业史料方面，有陈嵘著的《中国森林史料》，干铎等著的《中国林业技术史料初步研究》、王长富著的《中国林业经济史》、熊大桐等编著的《中国近代林业史》，以及林业部组织编写的《当代中国的林业》、《中国林业在改革开放中前进》、《中国林业五十年》（1949～1999）、《中国林业年鉴》和李范五著的《我对林业建设的回忆》等。在林业经济与管理学科方面，有林业部主持编写的《中国21世纪·林业行动计划》，雍文涛主编的《林业分工论》，张建国等著的《现代林业论》，李育才主编的《面向21世纪的林业发展战略》等。

此外，50年来还出版了一批工具类辞书、手册、画册、图谱等，在林业生产、教学和科研实践中发挥了很好的作用。如《俄华林业辞典》、《新英汉林业词汇》、《德汉林业词汇》、《汉英日林业分类词汇》、《实用林业词典》；《日汉环境科学词典》、《中国竹类植物图志》、《中国珍贵野生动物》、《中国竹工艺》、《海南岛蝴蝶》等。其中有11种选题列入"八五"、"九五"国家重点图书出版规划，在国家新闻出版署组织的七届全国优秀科技图书评选中，先后有12种林业版科技图书荣获一、二等奖，《中国林业年鉴》获中央级优秀年鉴一等奖。这充分反映林业科技专著在科技出版事业中的地位及其学术影响。

（2）林业科学技术普及读物。50年代中期到"文化大革命"前，中国林业出版社为配合全国逐步掀起的植树造林、绿化祖国的高潮，出版了大量的林业技术科普图书。这些图书针对性强，本子薄，文字简明，文图并茂，较好地适应了当时我国广大农村和林区群众文化程度不高、科技知识水平较低的实际情况。

党的十一届三中全会以来，林业科普读物的出版工作得到进一步重视。许多专家，不辞辛劳，把自己多年研究获得的科研成果，撰写成科普读物，形成科普读物竞相出版发行的新局面。仅中国林业出版社从1980～1998年，就出版林业科普读物约1500余种，占同期出书品种的60%。以"植树造林小丛书"为代表的一系列科普读物相继问世，如"林业技术知识丛书"、"森林工业技术知识丛书"、"林业经济管理丛书"、"自然保护区丛书"、"城镇绿化丛书"，"果农必读丛书"、"果树整形修剪技术丛书"等。为了配合ABT生根粉技术的推广，中国林业出版社邀请中国工程院院士王涛编写了《ABT生根粉运用技术》等一系列技术推广读物。一批优秀的林业科普读物，如《怎样植树造林》、《全国青少年绿化知识普及教育300问》等50多种分别获得了"全国优秀农村读物奖"、"全国星火计划丛书优秀图书奖"、"全国优秀林业科普作品奖"，以及被评为团中央和新闻出版署共同组织评选的"农村青年最喜爱的科普图书"。东北林业大学出版社出版的"人与自然丛书"获得了国家"五个一工程奖"。中国林业出版社和外文出版社分别以中、英、法、德、日等12种文字出版了少儿彩色画册《大熊猫来我家》，受到国内外小读者的欢迎。

3. 国外林业图书译著的出版

为了拓宽林业工作的视野，了解国外林业科技发展动态，借鉴国外林业的先进科学技术和管理经验，50年来，翻译或编译出版图书近500种。50年代大量翻译出版的国外林业科技图书和教材，共计290种，占50年来翻译出版总数的60%。从60年代到70年代，由于受"左"的思想影响，引进翻译国外林业科技图书仅有20种。80年代以来，在改革开放方针指引下，林业翻译图书的品种一改过去五六十年代只从苏联引进的局面，面向了所有世界林业发达的国家，如加拿大、美国、德国、日本等十几个国家。20年间共翻译出版国外林业图书120多种。

50年来，引进翻译出版林业图书比较有代表性的，有苏联的《林学概论》（聂斯切洛夫著），美国的《森林生态学》（斯波尔等著）、《森林资源经济学》（鲁宾逊·格雷戈里著），德国的《木材学与木材工艺学原理》（科尔曼等著）和日本的《森林经理学》（井上由扶著）等等。

4. 教材和教学参考书的出版

为适应各类林业建设人才培养的需要，50年来出版了大量的各类教材。从1953年起至1986年，中国林业出版社承担着全国林业院校教材的出版任务；1986年东北林业大学出版社成立后，也随即承担了林业院校教材的部分出版任务。1953～1955年，主要是翻译出版苏联林业院校的大量教科书和教学参考书。从1956年开始，组织出版我国自编的中等林校教材和干训班教材，1959年出版了“华东、华中区高等林学院(校)教学用书”。1961年，贯彻中央提出的教材出版要“从无到有，课前到手，人手一册，印刷清楚”的指示，在有关院校的大力支持和配合下，教材出版工作取得了重大进展。1977年，根据邓小平同志对教材工作的多项指示精神，在林业部教材工作领导小组的领导下，教材出版成为出版社的一项重要任务，取得了显著成绩。到1998年，中国林业出版社共出版教材及教学参考书近600种，东北林业大学出版社共出版教材及教学参考书410种。高、中等林业院校的专业教材已基本出齐。其中《造林学》、《水土保持学》、《森林采伐学》等教材被推荐为国际交流教材，有60多种教材获得了全国和省部级优秀教材奖。这些教材的出版，不仅对提高林业院校教育水平与教学质量起到了积极的促进作用，同时也为林业在职人员的自学和社会上普及林业科技知识提供了参考读物。

(三)面向未来的启迪与思索

走向21世纪的中国出版业正处在一个重要的历史发展时期。林业出版工作要贯彻党的十五大提出的“对新闻出版业要加强管理、优化结构、提高质量”的指导方针，进一步解放思想，转变观念，树立以发展图书生产力为中心的思想，“一手抓繁荣、一手抓管理”，增强综合实力，使林业出版工作上一个新台阶。在科技出版业改革与发展的大态势中找准自己的位置，寻求和占据其生存和发展的应有空间。

1. 解放思想、转变观念是林业出版改革与发展的前提和基础

提高林业图书出版的生产力水平，必须从长期计划经济体制下事业单位办出版的思想惯性下解放出来，树立出版产业化的观念；立足林业，面向经济建设、面向社会、面向大科技、面向市场，尽快完成图书生产经营的阶段性转移。

必须牢固树立精品意识、市场意识和质量意识，逐步解决经营管理上的低水平，投入大、产出低，消耗多、成本高的突出矛盾，增强整体策划和运作的意识，明确管理责任，规范管理行为，形成工作合力，力求两个效益的较佳结合。

2. 世纪之交，要以新的姿态，在出版体制改革、经济增长方式转变和市场竞争中站稳脚跟，求得生存和发展

在发展目标上分两步走：第一步(1997～2000年)，转换经营机制，提高图书生产能力，实现图书生产码洋翻一番，图书生产收支有盈余。第二步再用5年时间，即到2005年，努力实现图书生产码洋再翻番，图书生产有较好的经济效益。

3. 坚持走以内涵为主的发展路子，努力提高林业图书出版的经营管理水平

具体做法为“抓管理、抓选题、抓质量、抓队伍”。抓管理，就是要依法经营，规范管理。自觉遵守党和国家关于出版工作的方针政策和法律法规，不出违法违纪的书，不做违法违纪的事。强化制度建设，健全和完善各项规章制度，形成一套反映出版工作规律的、运行协调的操作规范。抓选题，就是要调整结构、优化选题。坚决压缩内容过于一般、重复平庸、效益低下的选题，保持林业版图书的学科特色。抓质量，就是要提高质量、增进效益。要树立精品意识、质量意识，敢于大投入、大产出；完善对编校、印制的全过程监督，向质量要效益。组织审读室，建立健全图书质量检查标准体系和操作程序，坚持三审三校制度。做好各级优秀图书的评奖工作。抓队伍，就是要培养人才，提高素质。出版社的长远发展要以人才为本，努力造就一支政治强、业务精、作风过硬的跨世纪林业出版队伍。调整人员结构，引进高层次人才，充实编辑队伍，改善发行、出版人员的学历结构，加强美编、校对队伍的建设。加强调查研究，广泛联系并团结、依靠林业战线各学科新老专家，不断充实、调整、扩大林业图书著作译者队伍，充实选题储备。抓好干部和专业技术人员的学习培训，提高现有人员的学术业务水平、能力和职业道德素质，培养爱岗敬业、求实奉献、艰苦奋斗的企业作风，造就团结协作的人际环境。(执笔人：张柏涛　陈利)

21 世纪中国林业展望

一、21 世纪国家社会和经济发展对林业的客观要求

环境与发展，已成为国际社会普遍关注的重大问题。保护生态环境、实现可持续发展，直接关系到人类的前途和命运。当今人类面临的一系列生态环境问题，如温室效应、空气污染、土地荒漠化、水土流失、水资源短缺、自然灾害频繁、物种减少等，无不与森林的变化紧密相关。一些生态环境比较脆弱的地区植被破坏、林木稀少、环境恶化、缺少基本生产生活条件，成为这些地方贫困的主要根源。从全球范围看，保护森林、发展林业越来越受到人们的重视，这是现代人类的一个大的发展趋势。1992 年联合国环境与发展大会提出，要“赋予林业以首要地位”，强调“在世界最高级会议要解决的问题中，没有任何问题比林业更重要了。”

这些年来，我国林业虽然有了很大发展，实现了森林面积和森林蓄积量双增长，但是，我国少林面貌没有根本改观。我国森林覆盖率只有世界平均水平的一半多，人均森林面积和蓄积量分别相当于世界人均水平的 1/6 和 1/8；森林分布不均，西北、华北广大地区和许多大江大河源头森林植被稀少。尤其可虑的是，森林损失破坏严重。现在全国每年超限额采伐 3400 万立方米，致使每年有近 50 万公顷的林地变成非林地，有 210 万公顷的有林地退变为无林地、疏林地和灌木林地。这就使得我国本来就十分脆弱的生态环境形势变得更加严峻，成为制约我国经济和社会可持续发展的最突出问题之一。

森林锐减使土地失去了阻挡沙漠吞噬的绿色屏障，导致严重的土地荒漠化。我国荒漠化面积已达 262 万平方公里，占国土面积的 27.3%，这些地方失去了人类生存的基本条件。目前，我国沙漠化土地面积仍然以每年 2460 平方公里的速度扩展。土地退化造成 1500 万公顷农田和 1 亿公顷草场严重减产。

森林锐减使土地失去了有效的保护层，水土流失日趋严重。以长江流域为例，由于上游森林破坏，造成泥沙俱下，下游江湖淤积，调节洪水能力大大削弱。目前，长江流域水土流失仍在加剧，上游水土流失面积由 50 年代的 30 万平方公里扩展到 39 万平方公里，如不加紧治理，将严重影响三峡水利枢纽工程建成后的使用效率。

森林锐减使自然灾害频繁发生，给人民生活和国民经济造成巨大损失。全国每年因各种自然灾害造成的直接损失在 2000 亿元以上，因洪涝灾害减产粮食 100 多亿公斤。当前人类所面临的一系列全球性的环境问题都与森林的锐减或不足密切相关。

21 世纪是我国进入经济快速发展的历史阶段。随着经济的快速发展、人口的持续增长，在一个相当长的时期内，我国将面临人口、资源、环境与经济发

展的巨大压力和尖锐矛盾，不仅如此，还将面临来自全球环境问题的威胁。森林是人类赖以生存的基础资源。保护森林资源，改善生态环境，走持续发展的道路，已成为我国紧迫而艰巨的任务。

林业的持续发展，必将对改善中国生态环境、促进国民经济发展发挥重要作用，为21世纪国家社会经济发展作出重要贡献。

二、面向21世纪林业发展存在的问题及有利条件

（一）制约林业发展的主要因素

由于历史和社会的原因，我国林业发展比较缓慢，远不适应国民经济和社会发展的需要。随着我国社会主义市场经济体制的建立和对外开放的扩大，林业建设面临着一些深层次的突出矛盾，严重制约我国林业的发展和建设目标的实现。主要表现为：

1. 生态环境建设的繁重任务与投入严重不足的矛盾

林业在治理水土流失、涵养水源、防沙治沙、野生动植物保护和防灾减灾等方面承担着繁重的任务，需要较大的投入。随着我国经济体制的逐步转轨，原有的投入机制正在改变，新的投入机制尚未形成。如不能及时建立新的稳定的投入机制，必将严重制约林业生态体系建设的进程。

2. 市场经济发展的要求与林业特别是林业产业竞争力弱的矛盾

市场经济运行规律要求对包括森林资源在内的各种生产要素进行优化配置。林业担负着保护环境与促进发展的双重使命，比较效益低，吸引商业性投资的能力不强，加上过去底子薄，自身建设和自我积累水平低下，在市场经济发展中处于劣势，属于国民经济中的弱质产业。

3. 转换林业经济增长方式，实行集约经营的要求与林业经营管理粗放、整体素质较低的矛盾

要实现高产、优质、高效的发展目标，林业必须走以质量效益型为主的内涵扩大再生产的经济增长道路。但林业生产周期长，地处偏远，信息不灵，行业科技进步缓慢，职工素质不高，经营管理粗放，改革开放和市场经济观念不强，与经济增长方式转换的要求有相当大的差距。

4. 森林资源培育与森林资源利用脱节的矛盾

一方面，商品性森林资源培育未能做到以市场需求为导向，针对性不强，非商品性森林资源培育目标过于单一，经济价值不高；另一方面，林产工业布局和结构未能适应森林资源结构的变化，资源利用与培育脱节，资源供给总量不足与结构性失衡并存，不能使有限的资源发挥最大的综合效益。

5. 国有林区、国有场圃持续发展的需要与其生存危机尚未解决的矛盾

随着林区可采资源的锐减，主产品生产萎缩，新的支柱产业尚未形成，加上受到资金、技术、交通运输、能源等条件的制约，企业发展严重受阻，未能从根本上解决生存问题，难以实现可持续发展，与其作为林业产业发展的基础和龙头地位极不适应。

（二）加快林业发展的有利条件

1. 党中央、国务院对林业的高度重视，是新时期林业发展最有利的条件

植树造林、绿化祖国已成为我国的一项基本国策，党的十五大特别强调要“把加强农业放在发展国民经济的首位”，同时提出要“加强对环境污染的治理，植树种草，搞好水土保持，防治荒漠化，改善生态环境”。确定农业发展的首要地位，必然要求林业有更快的发展，以确保农业发展建立在良好的环境支持下；同时，林业作为大农业的主要组成部分，也必将成为今后十五年国家重点扶持的领域。全党动员、全民动手、全民搞绿化、全社会办林业已成为各级党政部门和广大群众的实际行动。

2. 搞好环境建设和实现可持续发展已形成国际

共识

这是促进我国林业发展的不可多得的大好机遇。《中国 21 世纪议程》明确指出“森林是陆地生态系统的主体，是维护生态平衡的主要因素”。因此，搞好生态环境建设，林业是关键；实现可持续发展，林业是基础。没有林业的可持续发展，不可能有良好的生态环境，也就没有农业乃至整个国民经济的持续、健康发展。

3. 50 年林业建设取得了巨大成绩，为 21 世纪林业发展奠定了基础

造林绿化发展势头良好，每年人工造林面积达 500 万公顷，森林面积和蓄积稳步增长；十大重点林业生态工程建设正在积极推进，天然林保护工程全面启动；森林资源保护与管理已基本进入法制化、制度化、规范化轨道；林业产业发展基础比较雄厚，木材资源利用和林产品开发正在向精、新方向发展；各级政府和广大人民群众发展林业的积极性空前高涨。所有这些，都为 21 世纪林业更快、更好地发展奠定了牢固的基础。

4. 深化林业改革的总体思路更加明确，法制建设更加健全，为 21 世纪林业发展提供了有力的保证

在全面回顾和总结几十年林业建设经验的基础上，逐步摸索和形成了一套符合林业发展规律、适应社会主义市场经济的林业发展思路。林业建设以改善生态环境为核心，以实现两大体系为目标，实行分类经营，把发展林业与国民经济持续发展、山区群众脱贫致富有机地结合起来，极大地调动各级政府和广大人民群众发展林业的积极性。坚持依法治林，建立和完善有利于林业发展的法律法规体系，加大执法力度，切实保护好森林资源。

5. 林业具有资源丰富、地域广阔、涵盖面宽的特点，为 21 世纪林业发展拓宽了空间

林业建设涉及面广，从经济领域到环境建设，从城市到农村，从平原到山区，从农业到工业，从第一产业到第二、第三产业，林业都具有广阔的发展空间和丰富的建设内容，存在广泛的社会基础和发展潜能。特别是近年兴起的山区林业综合开发，为林业发展注入了新的活力。以山区林业综合开发为龙头，带动整个山区经济的发展，消除群众贫困，提高人民生活水平，缩小地区差距，走向共同富裕，这已成为各级领导和广大群众的共识与实际行动。这是我国林业发展的强大动力。

6. 林业自身建设不断加强，这是保证 21 世纪林业建设顺利进行的关键因素

到目前，林业已发展成为一个门类比较齐全，系统比较完整，队伍稳定，力量较为雄厚的行业，全国共有林业企事业单位 5.3 万个，现有各类职工 170 多万人。林业基层服务体系更加健全，全国已建立科技推广站 2428 个，乡镇林业工作站 3.73 万个。国有场圃发展很快，拥有 4296 个国有林场，2358 个国有苗圃，15 万多个乡村林场。目前，我国林业系统已建设成为包括造林绿化、生物多样性保护、防治荒漠化、林产工业、多种经营、科技教育等多门类的生态环境建设部门和综合性产业部门。

三、面向 21 世纪林业发展的措施和手段

(一)发展的指导思想

遵循建设有中国特色社会主义理论，按照建立社会主义市场经济体制的要求，以改革为动力，着眼于可持续发展，与我国国民经济和现代化建设第二步、第三步战略目标紧密结合，协调资源、环境与经济发展的关系，充分发挥林业在改善人类生存环境，提高农业综合生产力，促进林区经济振兴、山区脱贫致富和农村经济全面发展中的作用，最大限度地增加社会有效供给，保障国民经济健康发展。

实施分类经营战略，加快林业“两大体系”建设步伐；以提高效益为中心，转变经济增长方式，走内涵式、节约型、科技含量高的林业发展道路；以资源为基础，以市场和社会需求为导向，以林产工业为龙头，以科技教育为保证，以国有林业企业、林场和苗圃为依托，一、二、三产业协调发展；不断优化产业结

构，强化企业技术进步，形成规模经济，壮大林业综合实力，逐步推进林业现代化建设持续、快速、健康发展。

(二)发展的主要方针

1. 加速林业经济体制和经济增长方式转换进程

认真处理好林业改革与发展的关系，处理好发展林业市场经济与加强林业宏观调控的关系，积极推动林业经济体制从传统的计划经济体制向社会主义市场经济体制转变和经济增长方式从粗放经营型向集约经营型转变。

2. 增强林业对国民经济的贡献

立足于国民经济发展的大局，将林业的发展充分融合到国民经济及大农业发展中去，强化林业在山区综合开发中的主体地位，发挥林业在地方经济发展中的重要作用，为农村脱贫致富、增产木本粮油、实现国民经济分步发展战略作出应有贡献。

3. 坚持依靠全社会推进林业建设

继续实行全党动员、全民动手、全民搞绿化、全社会办林业，走有中国特色的社会主义林业发展道路。

4. 实行分类经营的战略

加快林业生态体系和林业产业体系的建设步伐，坚持生态效益、社会效益、经济效益的有机统一，提高经营管理水平，处理好森林资源发展速度与提高质量和效益的关系、开发利用与保护的关系，实现林业的可持续发展。

5. 实施科教兴林

努力促进科技教育与林业生产建设紧密结合，切实把林业的发展转移到依靠科技进步和提高劳动者素质的轨道上来，不断提高科技进步对林业经济增长的贡献率在林业生态建设中的作用。

6. 坚持发展优质、高产、高效林业

合理配置资源，优化产业产品结构，促进林业适度规模经营及贸工林一体化的形成。

7. 发挥国有林业企业的主力军作用

深化国有林业企业改革，建立现代企业制度，增加必要的投入，增强国有林业企业特别是国有林区大中型企业的实力。

8. 坚持合理发展林业生产力

处理好总体布局与发挥区域优势的关系、重点工程与面上工程的关系，逐步形成有区域、有重点、整体协调的林业建设格局。

9. 坚持走以内涵为主的发展道路

强化林业企业技术进步，突出重点，加快企业技术改造步伐。

10. 实行林业宏观调控和市场机制相结合

按照林业“两大体系”建设的具体内容，因地制宜，分类指导。林业生态体系建设突出宏观调控的作用；林业产业体系建设以资源为基础，以市场为导向，遵循价值规律，适应供求变化，体现竞争原则。

11. 主动参与国际经济合作和竞争

充分利用国内、国际两个市场、两种资源，形成多层次的对外开放格局；实施进口替代和出口导向相结合的开放战略；将我国林业纳入国际经贸体系，处理好对外经济贸易与国内林业建设和林产品供需之间的关系；充分发挥我国林业资源的比较优势，大力发展外向型经济，扩大林业的发展空间。

(三)发展目标

1. 林业两大体系建设目标

到 2050 年，宜林地全部绿化，森林覆盖率达到并稳定在 26%，通过大力推进以封山植树、防治荒漠化、治理水土流失等为主要内容的林业生态体系建设，带动和促进全国的生态环境保护与治理，建立起与国民经济和社会可持续发展相适应的良性生态环境系统。以商品林基地建设为主的产业体系建设与国民经济发展相适应，林业综合实力达到世界林业中等发达国家水平。其中：①到 2010 年，森林覆盖率达到 19.4%，林业产业总产值达到 10 000 亿元。全国现有天然林及野生动植物资源得到有效保护和恢复，25 度以上的坡耕地全部还林；以人工林为基础的木材和林产品基本上满足国内需要。初步建立起林业两大体系的框架。②到 2030 年，森林覆盖率达到 24.2%，建立起维系全国生态环境系统良性循环的初步格局。林业产业体系建设得到长足的发展，以人工林为基础的林业产业体系全面形成；林业在农业及农村经济中的应有作用得到有效的发挥。

2. 林业经济体制改革目标

到 2010 年，建立比较完善的林业经济体制，进一步实现林业经济管理体制和运行机制的规范化和法制化，更好地优化资源配置，实现林业可持续发展。

（四）保障措施

1. 提高认识，增强全社会办林业的历史责任感

（1）加大对现代林业的宣传力度，提高全社会的责任感、使命感。植树造林，绿化国土，防治荒漠化，改善生态环境，保护生物多样性，为社会提供丰富的林产品，是新时期林业的发展方向。必须进一步加大宣传力度，进一步提高全社会，特别是各级领导和决策部门对现代林业在国民经济及社会可持续发展中战略地位的认识，增强全民族生态环境保护与治理的责任感和使命感。通过全社会和行业的共同努力，建立面向21世纪的全社会办林业的机制。

（2）加强领导，明确各级政府的责任。要充分发挥我国的制度优势，切实落实好领导任期林业建设目标责任制，层层签订责任状，把林业工程建设的好坏作为考核领导干部政绩的重要内容，制定出量化的具体目标，定期进行考核，奖优罚劣。鉴于林业建设是涉及社会各个方面的综合性工程，各级政府有责任在建设中发挥组织、协调功能，使职能部门更有效地推进建设进程。

2. 稳定机构，加强基层组织建设

林业机构的稳定、健全和基层组织的完善是林业建设事业顺利进行的基本保证。要从对林业事业负责的大局出发，保持各级林业机构的稳定性和工作职能的完整性。避免以各种理由任意撤并林业机构，削弱其职能。林业基层组织是林业建设的骨干，发挥着贯彻林业方针政策、组织各项工程实施、推广科学技术和建设管理的重要作用，必须进一步稳定、完善基层组织，特别是林业工作站的建设，要定编、定员、定职能，并确实保证经费来源。

3. 深化改革，强化工程管理，规范建设行为

为使各项工程建设得以顺利实施，必须制定适应市场经济体制，强化建设管理，规范建设行为的各项规章制度及管理办法，使各项林业工程建设制度化，规范化。同时，在工程建设实施上，要不断吸收国外及行业外先进经验及做法，如工程建设招投标制，生态建设工程的追溯报帐制度等。

（1）强化建设管理。所有林业建设工程要按照总体规划编制专项规划或实施方案。各省（区、市）要在林业总体规划和分工程规划的指导下，结合本地实际情况，编制省级总体规划，明确本省的分工程建设任务。需立项、按项目管理的，要按规划立项，按设计施工，按效益考核。在布局上要严格遵守一张图纸、统筹规划，避免重复建设、重复投资（包括各渠道的资金）。国家重点林业生态工程必须按已制定和颁布的规程、规范和标准组织实施，严格检查监督，确保工程建设质量。

（2）强化工程投资管理。严格投资决策责任制，实行谁决策谁负责，建立有效的投资评估制度和专家参议制度，广泛听取多方意见，避免决策失误。

（3）强化资金管理。严格执行《国家林业局基本建设财务管理实施办法》，加强资金使用的追踪检查和审计监督工作，强化资金管理，严格财务制度。

（4）强化信息管理。对工程施工进度、质量、林木生长情况、资金使用情况等进行动态监测并及时对各类信息进行汇总、上报、分析和反馈。

4. 落实扶持政策和资金投入

推进以森林分类经营为基础的各项林业重点建设以及基础支撑体系建设，需要国家及地方较大幅度的增加建设投入予以保障。

在充分履行投资主体责任的前提下，国家、地方、集体、单位、个人相结合，广泛动员全社会共同参与，多渠道、多层次、多形式筹集建设资金，建立符合中国国情并与社会主义初级阶段发展相适应的投入机制。一是要明确林业生态环境建设社会公益事业的基本属性，确立国家和各级政府在林业生态环境建设中投资主体的地位，要大幅度增加对生态建设的投入，达到与建设速度相适应。二是争取国家加大林业贴息贷款规模及其他政策性贷款额度，并适当延长商品林基地建设的贷款年限，提高贷款贴息率。三是中央要加大对种苗、基层林业工作站等林业基础设施建设的扶持力度。四是要鼓励多种所有制形式并存，制定优惠政策，大力发展个体、股份制和股份合作制林业。五是对林业继续实行税收优惠政策，借鉴国外的经验，对林业实行低税率的税收政策。六是积极争取国外资金支持。

在建设生态经济型防护林工程中，对与当地群众脱贫致富奔小康相结合的开发性造林、开发性治沙，应给予优惠贷款扶持；对在生态建设中依靠调整林种、树种结构取得的部分经济效益，国家和地方应在上缴税费上给予优惠，以增强内部活力，壮大行业实力。

根据现行的《森林法》，尽快制定出台《生态效益补偿办法》，把生态效益推入市场，使建设者受益，享用者尽责；国家建设用地造成植被破坏，风蚀沙化、水土流失的要依法给予补偿，并将补偿资金回笼到林业管理部门，由林业部门恢复和建设植被。

5. 加强法制建设，健全林业建设的保障体系

依法保护与治理生态环境是保障国民经济和社会可持续发展的基本要求，因此，要从实际需要出发，逐步建立健全以《环境保护法》、《森林法》、《土地管理法》、《水法》、《水土保持法》、《草原法》、《野生动物保护法》、《防治荒漠化法》(修改稿)、《湿地保护法》等为基础，由法律、行政法规、部门规章、地方性法规组成的涵盖整个生态建设的法律法规体系；同时，加强执法机构和队伍建设，强化林业执法和执法监督，使生态环境建设得到强有力的法律保障。

四、近期(1999～2010年)林业发展的重点及主要任务

(一)合理进行森林分类区划，实施分类经营

根据我国生态环境的现状及现有森林植被的分布特点，参考国外林业发展建设中的成功经验，以林业生态效益为主体，兼顾经济、社会效益，实施分类经营战略，对我国现有林业用地进行合理分类区划，并在合理分类的基础上，规划林业生态体系和产业体系建设。从总体上将林业用地划分为生态保护区和商品林经营区两类。其中生态保护区又进一步划分为重点生态保护区(即禁伐区)和一般生态保护区，并采取针对性的措施：

1. 重点生态保护区

强化现有林的保护和恢复，对地域内所有森林，全部停止商业性采伐，依法严加保护；对所有的荒山荒地及新造林未成林地、灌木林地，采取封山育林的办法(或飞播、人工补植后封育)全面恢复林草植被，坚决禁止毁林开垦，并对已经发生的毁林开垦，限期还林还草，对陡坡地退耕还林，大力营造水土保持林和水源涵养林；大力营造薪炭林，解决该地域内的农村能源问题，减轻植被樵采的压力。

2. 一般生态保护区

通过人工造林、飞播造林、封山育林等方式，大力营造生态公益林。同时在立地条件好、不产生水土流失的前提条件下，有步骤地营造经济林及其他林种，并允许对现有林实行抚育间伐，加以合理利用。

3. 商品林经营区

主要选择自然条件优越、立地条件好、地势较平缓、不易造成水土流失和对生态环境构成影响的地区，采取高强度集约经营的方式，大力发展速生丰产用材林、短周期工业原料林和各种经济林等，增加木材和林产品的有效供给，满足经济建设和人民生活的需求，以期求得最大的经济效益。

(二)林业生态体系建设

林业生态体系建设，一是采取有力措施，切实保护和恢复好现有天然林资源及野生动植物资源。重点抓好重点地区天然林资源保护工程、全国野生动植物及其栖息地保护与森林公园建设工程及中国热带林保护工程等三个工程的实施。二是抓紧实施退耕还林战略，在坚决制止毁林开垦现象发生的前提下，分步骤、有措施地实施坡耕地退耕还林、还草及进行坡改梯工作。凡1994年以后发生的毁林开荒，必须在2000年前全部退耕还林。1994年以前发生的，25度以上的要坚决还林。1994年以前发生的，25度以下，但水土流失严重的，要全部还林还草；水土流失不太严重的，根据实际情况，确定还经济林、薪炭林或逐步实行“坡改梯”，做到保水、保土、保肥。三是加大水土流失生物治理及防治荒漠化建设力度，分区域全面推进重点林业生态治理工程建设。重点

抓好“三北”地区防护林体系建设工程、长江中上游防护林体系建设工程、沿海防护林体系建设工程、全国防治荒漠化工程、珠江流域防护林体系建设工程、淮河太湖及长江下游防护林体系建设工程、黄河下游及海河流域防护林体系建设工程、松花江嫩江流域及辽河流域防护林体系建设工程、太行山绿化工程、京津周围绿化工程等十大林业生态治理工程建设。四是加快薪炭林基地建设，做好生态环境重点治理地区农村能源的补充工作。在全国森林能源工程“九五”实施计划的基础上，在林业生态环境重点治理区等严重缺柴地区实施薪炭林基地建设工程，以薪柴供求缺口较大的省(区)为重点，采取人工造林、封山育林、残次林改造等措施，增加薪炭林的比重，缓解薪材的供需矛盾，同时辅以改灶、沼气、水电、以煤代柴等多种措施，解决农民生活用能源问题。

(三)林业产业体系建设

一是重点搞好商品林基地建设工程，包括速生丰产用材林基地建设工程、竹林基地建设工程、名特优新经济林基地建设工程、山区综合开发示范工程、林业花卉基地建设工程及中幼龄林抚育工程。要选择地势平缓、条件适宜、不易产生水土流失的地域，通过高强度集约经营、定向培育、基地化布局、规模化生产，加快速生丰产用材林、工业原料林与木本油料、调料香料、木本药材和干果水果等名特优新经济林基地的建设步伐，努力增加国内木材及林产品的有效供给，推进林业工业化和产业化进程。同时，要加大对拟发展为速生丰产用材林的现有中幼林的抚育力度，促其尽快生长，提高林分质量和林地的生产力，缓解停止采伐天然林后木材的供需矛盾。

二是根据现有大中型木浆造纸项目的布局和区域具体条件，积极做好木浆造纸原料林基地建设；调整人造板工业产品结构和区域布局，重点抓好现有企业的改造与挖潜，改进工艺技术、增加加工深度，提高产品的质量与性能，着重开发有市场的新品种；大力发展以松香、松节油为主导的出口创汇系列产品。着力进行松香、松节油生产企业的改造，提高产品档次和加工深度，有重点地发展工业香料加工业；加快发展以森林旅游业为主的第三产业，加强景观林业建设，按市场需求开发建设一批重点森林旅游景区、景点，完善旅游基础设施，基本形成中国森林旅游体系，同时带动有关商业、服务业的发展。

(四)林业支撑体系建设

林业支撑体系建设，即林业的主要基础设施建设，是林业生态体系和产业体系建设的重要保障。重点抓好：一是林业三防体系建设，包括森林防火、森林病虫害防治及森林公安设施建设；二是林业科教兴林建设，包括林业科技成果推广及重点工程科技支撑体系建设，林业教育设施建设等；三是基层林业工作站设施建设；四是林木种苗基地建设；五是森林、野生动植物资源、生态环境监测体系建设。

(执笔人：王维亚　刘韶辉)

各地林业

改善生态环境　建设首都林业

——北京市林业建设50年

北京市林业局

北京市位于华北大平原西北端，“北倚山险、南控江淮、右拥太行、左环沧海”，总面积1.68万平方公里，山区面积1.04万平方公里，占全市总面积的62%，大清河、永定河、温榆河、潮白河、泃错河等五大水系网络分布其中。北京地处中纬度暖温带，属于大陆性季风气候，年平均降水量640毫米，平均气温11.2℃。

北京山区历史上“重峦叠嶂，葱郁苍翠”。从辽、金开始，特别是元、明两代山区森林被大量砍伐，及至清初，甚至连明十三陵在内的广大地区大面积森林几乎翦伐殆尽。中华民国时期，军阀混战，日伪掠夺，长期垦种放牧，林木资源所剩无几。新中国成立前，北京的林业基础已经相当薄弱了，所剩人工林不足300公顷，残存次生林2万多公顷，森林覆盖率仅为1.3%。站在八达岭长城放眼望去，童山濯濯，满目荒凉。由于没有森林植被的保护，水、旱、风、沙等自然灾害频繁发生，水土流失严重，特别是山洪暴发，河流下游决口，造成大片风沙危害地区，沙荒面积达16万公顷，历史上曾有“黄沙蔽日”、“人埋于沙”的记载，“无风一片沙，有风地搬家，春播两三遍，秋收几小斗”。这就是3000多年的建城史，800多年的建都史留给我们的生态环境。

一、五十年发展历程

新中国成立后，北京市的林业建设就是在这样的基础上艰难起步并开拓前进的，经历了恢复创业、发展调整、破坏停滞和再创辉煌几个历史阶段，走过了曲折的发展历程。

50年代的恢复创业阶段大致经历了八年。根据政务院“以普遍护林为主、严格禁止一切破坏森林的行为”及“有计划地进行造林”的方针，北京市山区建立护林组织，贯彻执行护林护山政策，停止开荒烧山毁林，大力倡导封山育林。同时，发动群众在风沙危害严重的潮白河、永定河两岸营造防护林，山区以播种为主，平原以插条为主，国家出种条，群众出劳力，1950～1952年共造林1.3万公顷。其中，在小西山营造风景林近300公顷，为干旱瘠薄的石质山地造林摸索了经验，培养了人才。《全国农业发展纲要》关于“发展林业，绿化一切可能绿化的荒地荒山”的要求，极大地推动首都掀起了合作造林、义务造林的高潮。在朱德总司令亲自带动下，以部队为主，机关、厂矿、学校参加的义务造林大军开赴小西山安营扎寨，3年时间用工60万个，造林4000公顷，基本完成了小西山绿化。1953～1957年共造林6.2万公顷。

1958年中共中央、国务院发出在全国大规模植树造林的指示，京郊大地广大农民立即响应号召，再次掀起植树造林高潮，北京市林业建设进入了发展调整阶段。农村集中成片的“万亩林”、“花果山”、“核桃川”喜报频传，11个系统248个单位27万人献出424万个劳动日，分片包干绿化荒山1.86万公顷。与此同时，市、县组建了23个国营林场，6000余名初高中毕业生成为北京第一代有文化的林场工人。“调整、巩固、充实、提高”八字方针在京郊林业建设中发挥了重要指导作用，林业基础工作得到加强，人才培训、技术推广开始起步，造林数量逐年增加，造林质量有所提高，山区油松林营造由直播改为植苗，落叶松林在京郊开始安家落户。1958～1965年八年共造林7.2万公顷。

两个八年之后，北京林业刚刚有了一点基础，有林面积达16.7万公顷。但“文化大革命”开始后十年间，北京林业生产处于停滞状态，并遭到破坏。市、县林业机构和人员大大缩减，院校停课，院所停工，国营场圃被占，盗伐滥伐林木严重。片面强调“以粮为纲”，毁林毁果造田，使林业元气大伤。造林投资虽然没减少，造林面积也不小，达9.6万公顷，但面积不实，效果不好，造而不管，保存甚微。

综观包括“大跃进”、“文革”在内的近30年的北京林业建设，有曲折有坎坷，有发展有进步，林渐多，树渐长。据“五五”期末资源清查，有林面积近29.33万公顷，林木覆盖率提高到16.6%，30年增加林地26.67万公顷，应该说成绩斐然。但丝毫不容乐观，北京的生态环境并没有根本性转变，从直观上看，春秋两季男人戴风镜、女人围纱巾成为一道京城风景线。1977年8月，在肯尼亚首都内罗毕召开的世界防治荒漠化会议上，北京被列为受沙漠化威胁的城市之一。这个消息于1979年3月被新闻界以“风沙紧逼北京城”为题披露出来，引起社会的广泛关注和强烈反响。发展林业，治理风沙，尽快改善生态环境逐渐成为人们的共识。这时，我国已进入了改革开放的新时期，北京林业也开始了再创辉煌的新阶段，又一个春天到来了。

改革开放20年来，是北京林业建设形势最好、发展最快、成绩最显著的时期。1980年，中共中央书记处在首都建设方针中提出：“要把北京变成全国环境最清洁、最卫生、最优美的第一流城市”，这对首都的造林绿化提出了高标准要求。全国人大关于开展全民义务植树运动的决议和《森林法》及其配套法规的颁布实施，推动了全国林业走上社会化、法制化轨道。北京市人民政府在1986年编制的《京津周围地区北京市造林绿化规划》的基础上，于1989年编制出《北京市1989～2000年造林绿化规划》，提出了完成宜林荒山绿化和平原沙荒治理的要求。市委、市政府制定的《北京城市总体规划(1991～2010年)》明确提出了到本世纪末，全市林木覆盖率达到40%，城市和村镇绿化覆盖率达到35%的奋斗目标。首都经济发展、社会进步和生态环境建设相辅相成，相得益彰。强劲的领导力度、组织力度、投资力度、法制力度和工程力度，促使北京林业迅速发展，从“七五”期间“锁五龙、建五廊、景点绿化水涵养、十个环城一个网”的重点突破，进而扩展到“八五”期间“一治荒山二治滩，三造片林四建环，五抓林网六建园”的全面推进。1990年第十一届亚运会在京举行时，新闻界已称“绿色环抱北京城”。据“八五”期末资源清查，全市有林面积达68.33万公顷，林木覆盖率达36.26%，其中，山区为48.8%，平原为20.9%。与1980年相比，15年增加林地近40万公顷，是前30年的1.5倍；林木覆盖率平均每年增加1.3个百分点。今天，无论是北京人，还是外地人、外国人，都亲身感受到北京的山绿了，风小了。一组客观的指标有力地说明了北京生态环境大为改善，与80年代初相比，市区降尘量由每月每平方公里31.4吨下降到18.5吨，降低41.1%；空气中的总悬浮颗粒由每立方米494微克下降到384微克，降低22.3%；冬春季风速降低了40%，扬沙日数平均减少了39%；密云水库入库河水含沙量减少60%以上。到本世纪末全市林木覆盖率达到40%的目标，已于1998年提前两年变为了现实。

二、生态林业　绿美净京城

在50年的林业发展实践中，人们的认识不断提高和深化，从而比较准确地把握了林业的定性和定位，推动了林业事业的协调快速发展。

北京是世界名城和古都之一，是中国的首都，全国的政治中心、文化中心和国际交往中心。但北京不是像莫斯科那样在森林中建造的，而是一座贫水、多风、少林、生态环境亟需改善的城市。北京的生态环境质量直接关系首都社会经济发展和人民生活的改善，关系中国在世界上的形象和声誉，并最终将成为首都文明的重要标志。北京林业具有首都城市生态型林业的显著特点，担负着“绿化京华、美化城乡、净化环境、保护生态、促进经济、发展社会”的特殊使命。

首都城市生态型林业的主要特点，一是强调生态效益，针对北京生态环境的薄弱环节，充分发挥森林的涵养水源、保持水土、防风固沙、消纳污染、净化空气的生态功能。二是注重社会效益，逐步实现森林进城、园林下乡，充分发挥森林的美化城乡环境的社会功能，为经济发展、社会进步和人们休憩创造条件。三是兼顾经济效益，结合北京地理、气候条件，发展果品、花卉产业和森林旅游，促进京郊致富。四是作为城市基础设施重要内容，纳入城市建设总体规划，与公路、铁路、河道、社区建设同时规划、同步实施。五是充分体现公益性和社会性，广泛组织全民义务植树和部门造林，发挥首都经济和科技优势，创造国内领先、与国际接轨的一流生态环境。

经过近50年的艰苦奋斗，北京林业建设特别是几项重点工程取得了很大成就。

（一）保护首都生命水源，打好荒山造林总体战——水源保护林工程

密云水库是1960年建成的，是首都城市生活用水的主要水源基地。水库上游潮、白两河水系流域涉及密云、怀柔、延庆、昌平四县51个乡镇，总面积44.97万公顷。1959年周恩来总理视察水库建设时就提出了水库周围退耕还林、建设果园的指示，打响了绿化水库的第一炮。为保护好密云水库这盆清水，这项工程1982年被列入国家“三北”防护林体系，1986年被列入“京津周围地区绿化工程”，1987年市人大常委会审议通过了关于营造密云水库水源涵养林的议案，市政府要求用6～8年时间全面完成建设任务，加速了水源涵养林建设进程。到1998年，有林面积由1990年的12.37万公顷增加到27.87万公顷，林木覆盖率由1990年的27.5%提高到61.9%，8年内增加了34个百分点。水源涵养林充分发挥了蓄水保土、减洪错峰的作用，干涸多年的泉水恢复涌流，入库河水由浊变清，水库水体质量连续保持国家地面水体环境质量二级标准。

在水源涵养林以及水土保持林等荒山造林中，飞播造林和封山育林发挥了积极作用，功不可没。北京市的荒山属于典型的干旱石质山区。经过充分准备，克服重重困难，从1981年开始在劳力稀少、交通不便的高山、深山区进行了5年的飞播造林试验，取得成效，1986年转入生产阶段，纳入年度造林计划，每年安排作业面积3.33万公顷。从1981年到1998年，在分布于7个山区县87个乡镇的232个播区10.42万公顷的宜播范围内，飞播成效面积5.33万公顷，占31.9%，达到林业部规定的优级标准。重点播区延庆县柏木井，海拔700～1240米，坡度20～25度，平均土层厚25厘米，宜播面积973.33公顷，飞播并经过补植补造以后，调查结果，成林面积873.33公顷，成效率达89.7%。到1998年，已先后在深山区建立了5个飞播集体林场。北京市从1980年开始再次进行封山育林试验，1984年开始将封山育林纳入年度造林计划，每年安排1.33万公顷，坚持以封为主、封育结合，专业队护林与群众护林结合。1984～1998年15年间，在7个山区县的边远山区累计封山育林育灌28.01万公顷，达到规定标准的成林成灌面积22.41万公顷，成林成灌率达80%。

（二）治理风沙危害，打好平原绿化综合战——治沙防护林工程

北京市的平原面积约63.33万公顷，占全市总面积的38%。在这个范围内，历史上形成了康庄地区、南口地区和永定河、潮白河、大沙河沿岸五大风沙危害区，危害面积16万公顷，占到全市平原面积的四分之一，涉及9个区县54个乡镇。可风起沙扬，危害的范围就不只这么大了，是人们感受的影响首都生态环境最直接的祸根。新中国成立后，沙区人民在党中央、国务院的关怀下，在市委、市政府的领导下，与风沙灾害进行了顽强的斗争。从50年代开始，就在主要风口营造防风固沙林，并建立了永定河、潮白河等国营林场。70年代后期，把防沙治沙纳入农田基本建设规划，建设骨干防风林带和农田林网，实现带、网、片相结合，形成绿色屏障。1981年治沙工程被列入“三北”防护林体系，全面规划治理方案并加快实施。到1990年，10年间沙区林地面积由2万公顷增加到3.73万公顷，林木覆盖率由12.5%提高到23.3%。

1991年全国治沙工作会议以后，按照国务院和林业部的统一规划和部署，进入了由防沙压沙型的被动治理向综合治理、科学开发型的主动治理转变的新阶段。农、林、牧、水、机、电各部门齐抓，田、林、果、路、渠、井齐上，统一规划，综合治理，逐步把治沙治害治穷与致绿致美致富结合起来。到1998年，沙区林地面积已达4.32万公顷，林木覆盖率达27.8%，沙区面貌发生了根本性变化。沙区的基本色由黄色的沙、白色的碱，变成绿色的树、各色的果，田成方、树成行，绿林成荫、花果成园，一派生机勃勃的景象。沙害重灾区大兴县先后平整了3000多个沙丘，植树栽果2.13万公顷，营造66.67公顷以上固沙片林12处，建设了农田林网，有效地减少了干热风，改善了小气候，全县粮食产量提高了55%，成为首都粮、果、菜、蛋主要生产基地。

在平原绿化中，有几项相关的绿化工程值得记述。一是公路绿化。“七五”期间在京开、京石、京张、京承、京津五条干线公路两侧，总长500公里、宽30～50米范围内，建设了乔灌结合、针阔混交、错落有致的绿色长廊。公路建筑与绿化同步实施已经成为北京市政建设的一条基本规矩，机场、京昌、京通等高速或快速路都做到公路通车时，绿化带基本成型。二是公园建设。随着京郊发展，“公园下乡”已成为现实，区县和乡镇开始建设各具特色的大众公园。目前郊区县已建县级公园44个，乡村级公园近百个，与森林有关的旅游景区逾百处。三是片林建设。片林是城市的“肺叶”，专司“吐新纳故”，同时起到通过绿化保城市规划、建设分散集团式城市的作用。目前，已建省市和城郊隔离片林0.61万公顷，县城环城片林0.48万公顷，环村片林0.27万公顷。

（三）改善环山景象，打好爆破造林攻坚战——前山风景林工程

从京西太行山南端的张坊镇，向北经太行山与军都山交汇处的居庸关，折向东、向南到金海湖，是北京平原向山区过渡的浅山丘陵地带，绵延近250公里，方圆近20万公顷，呈半月形拱卫着京畿重镇。雄伟的八达岭、居庸关、慕田峪、司马台长城，神秘的十三陵宫殿，古刹云居寺、潭柘寺、戒台寺、香山寺、碧云寺、卧佛寺、红螺寺以及八大处等名胜古迹，云水洞、石花洞、银狐洞，还有官厅水库、密云水库等，像一串璀璨的明珠，镶嵌在这条壮丽的风景练带上，是中外驰名的旅游资源宝库，山水相映，唯独缺少森林。因此，前山风景林建设一直是北京造林绿化的重点，涉及范围5.8万公顷，重点工程1.53万公顷。这一带多是岩石裸露、坡陡土薄的林业“除地”，其中有0.27万公顷是立地条件极差的“硬骨头”地段。在这里人工造林是前无古人，但后有来者。主力是义务植树大军和国营林场，采取飞、封、造并举，乔、灌、草结合的办法，并在1990年进行爆破整地造林试验。按照“因地制宜、凿爆结合、改土适树、抗旱保墒”的原则强化管理，保证大坑大苗大水，保栽保活，终于取得成功。1991年开始在10个区县全面展开，每年以266.67公顷的速度向前推进。到1998年，已累计造林近0.24万公顷，植树374余万株，平均成活率在92%以上。如今，北京的前山和深山区重披绿装，百花山、松山、雾灵山建成了自然保护区；上方山、西山、蟒山、云蒙山建成了森林公园，成为首都的绿色屏障和旅游景区。

（四）发展果品生产，打好京郊致富开发战——果树经济林工程

北京栽培果树历史悠久，但建国前在旧的土地制度束缚下，生产发展缓慢，到1949年全市果树面积仅有2万公顷，产量不过0.2亿公斤。新中国成立后，在党和政府领导下，在更新改造散杂果园的同时，在荒丘、荒滩、荒地上，大面积兴建规模果园。到1985年，全市果树面积发展到10万公顷，产量达1.9亿公斤，与新中国成立初期相比，面积增加了4倍，产量增加了近9倍。“七五”期间，市政府提出按照“统一规划、连片开发、扩大规模、提高水平”的发展原则，建设果品生产基地，引进繁育了秋富、长富、宫藤富士苹果，燕红、秋香中晚熟桃，巨峰、先锋葡萄，燕昌、燕丰板栗等优良品种，建设了设计规范化、品种优良化、管理专业化的果品基地2.67万公顷。“八五”期间，北京市制定了边远山区致富工程纲要，提出了山区小流域综合治理，特别是经济沟开发工程，要求在7个山区县77个乡镇治理开发经济沟193条的任务，并进一步提出了果品生产“双五十万”工程，即：利用山前坡地、山上荒地、山间沟地、平原沙地新发展果树50万亩，改造老散杂劣果园50万亩，实行“规划设计、建园标准、基础设施、苗木调配、栽植管理”五个统一的原则。在果树发展和果园改造中，大力推广系列配套技术和综合治理技术，包括矮化密植、高接换优、节水灌溉、覆草盖膜、配方施肥、整形修剪、人工授粉、疏花疏果、果实套袋和爆破松土、引水灌溉、抗旱剂调节剂应用等；经绿色证书培训获“绿卡”果农已达2.3万人；农民自发成立的果树协会发展到281个，深受欢迎。

全市现有果树面积已达14万公顷，其中666.67公顷以上果品生产基地30个，面积5.33万公顷。1998年全市果品产量达到5.45亿公斤，产值达9.6亿元，出口果品及加工品3.37万吨，创汇4512万美元。为提高市场竞争能力，已有新风牌苹果、玉皇牌李子、燕香牌板栗等21个注册商标，14个产地生产的果品获得绿色食品标志。全市人均果品收入超千元的乡镇19个，超千元的村198个，超千元的户8.9万户，超万元的户1.1万户。平谷县大华山镇后北宫村1100户3800口人，种桃333.3公顷，人均收入3500元。1997年以来，平谷、延庆分别被列入全国山区综合开发示范县，再次调动了山区农民积极性，一个林果富民的新高潮正在掀起。果树上山、畜牧上山、科技上山的计划正在京郊山区逐步变为现实。

三、林业建设的经验和体会

在回顾半个世纪以来北京林业建设所走过的道路和取得的成就的同时，简要总结几点做法或体会，是大有裨益的。

(一)城市生态林业的公益性，决定了必须坚持强有力的领导

市委、市政府把造林绿化作为北京城市基础设施建设纳入总体规划，提出了到本世纪末全市林木覆盖率达到40%的奋斗目标，并分解到各个区县。市长与县长、县长与乡长层层签订任期目标责任书，形成一级抓一级的工作格局。近年来，又将造林绿化列入"为群众办实事"项目和政府工作"折子工程"，每年确定100余项重点工程项目。从1984年开始，全市每年进行春秋两次绿化拉练检查，每年在人民大会堂召开一次绿化总结大会，大力宣传表彰先进，公开点名批评后进，增强全市人民的首都意识、生态意识和绿化意识。对飞播造林、爆破造林、环村片林和果树"双五十万"工程、山区综合开发等重点项目都制定了扶持或补助政策，有效地促进了首都林业的发展。

(二)首都城市生态林业的社会性，决定了必须依托于全民义务植树运动

义务植树在北京开展得比较早，50年代的西山国营造林和机关分片造林中，累计义务植树2.27万公顷。特别是1982年开展全民义务植树运动后，邓小平、江泽民等党和国家领导同志率先垂范，每年都集体到十三陵、潮白河、永定河等荒山荒滩绿化工程参加义务植树，极大地鼓舞了首都军民。市委市政府和首都绿化委员会为把各行各业上百万人的义务植树大军组织好，采取分片包干划定义务植树责任区，实行责、权、利相结合的办法，在核实单位、核实人数、核实任务、一定5年不变的"三核一定"的基础上，在前山风景区、水源保护区和风沙危害区等20个重点、艰难地段划分责任区250多片，由中央和市属440多个单位承担绿化任务。16年来，累计投资2.5亿元，绿化面积达4万公顷，植树1.04亿株，保存率达88.6%。为巩固绿化成果，在责任区内建设绿化基地93个，近千人常年驻扎基地，从事组织植树、抚育管理工作，其中有42个已发展成为造林绿化、副食生产和休养培训三结合的基地。1998年，首都城市单位义务植树大军已发展到200万人。

(三)强化森林资源管理，坚持依法治林，是巩固首都造林绿化成果的基础

自国家《森林法》颁布实施以来，北京市先后制定了《农村林木资源保护管理条例》、《郊区植树造林条例》等5部地方法规和7项政府规章，建立了比较完善的法规体系。城市发展和市场经济体制建立过程中，市政工程和开发园区占用林地、采伐林木增多，利益驱动造成的乱批乱占林地、乱砍滥伐林木、乱捕滥猎野生动物的违法现象时有发生。在加强森林公安、林政管理执法队伍建设、从严执法的同时，不断完善林地使用许可、采伐限额控制、野生动物驯养经营许可的审批程序和管理办法，加强古树名木的保护管理，采用张贴布告、咨询宣传、公开宣判等多种形式，加强教育、监督和执法力度。首都之中心地位、名胜古迹之宝贵价值、社会活动之频繁，都使得北京的护林防火工作时刻不敢掉以轻心。护林防火工作，一直是经常性的中心工作，"四网两化"(预测预报网、瞭望监测网、通讯指挥网、林火阻隔网和扑火队伍专业化、扑火器具机械化)建设不断完善，目前已建立专业扑火队21支，半专业扑火队62支，基本形成了专群结合的扑火网络。森林病虫害是无烟的森林火灾。北京的林木防治同样是经常性的重点工作，测报、检疫、防治体系建设在不断完善，并结合城市特点，研究加强生物防治，尽量减少空气污染。强有力的森林资源管理，有效地保护了首都来之不易的绿化成果。

(四)发挥首都人才优势，实行科技兴林，是提高首都林业发展水平的保证

发挥首都人才优势，实行科技兴林，一是紧密结合实际，制定应用研究和科技推广规划与计划。二是借助科研院所、高等院校的科技力量，组织重点科研课题的研究、科研成果的论证与鉴定。三是充分利用林业系统的科技力量，进行应用研究和科技示范与推广。四是组织科技教育和培训工作。1995年以来，市林业局共组织"北京平原生态经济型防护林优化模式研究”、“北京山区荒溪分类及危险区泥石流图绘制技术”等科研项目74项；推广林果种苗繁育、果树栽培、生物防治等6类79项科技成果，应用面积26.67万公顷；建立沙荒地综合治理、经济沟综合治理、水源保护林建设、中幼林抚育间伐等10个市级试验示范区，总面积1.14万公顷。全市林业系统在“七五”、“八五”期间，获奖科技成果45项，其中部、市级以上获奖项目26项。中国林业科学研究院、北京林业大学等科研教学单位一大批专家教授，在北京市林业科研项目的主持或调研、交流、培训工作中发挥了重大作用。在治沙的科研和工程建设中，从结构配置、树种选择、造林技术、综合利用等方面提出了定量分析的科学依据，为平原林业提供了空间上有层次、时间上有序列、林农草相结合的复合生态系统结构，林业部组织鉴定认为具有90年代国内领先水平。

四、首都林业建设任重道远

世纪之交，首都的生态环境，虽然发生了翻天覆地的变化，但距党中央、国务院的期望和人民的意愿还有相当差距，首都林业建设任重道远。

北京造林绿化的长远目标是实现荒山绿化、城镇美化、平原大地园林化，形成多层次、多功能的生态保护圈，建成生态健全、环境优美的现代化、园林化国际大都市。

北京计划到2000年，宜林荒山基本实现绿化，平原实现高标准农田林网化，全市林木覆盖率达到40%，城市绿化覆盖率达到35%，建成比较完善的绿化系统。到2010年，在山区基本完成“三北”防护林北京段造林，形成首都防风御沙的绿色屏障；建设好深山远山地带百花山、松山、灵山、云蒙山、雾灵山五个自然保护区；建设好浅山前山地带十渡镇、上方山——周口店，戒台寺、潭柘寺——碧云寺、卧佛寺，十三陵——居庸关、八达岭，康庄镇——龙庆峡，慕田峪——黑龙潭，司马台、古北口——金海湖六段前山风景区，包括上方山、西山、蟒山等森林公园；继续搞好密云水库、官厅水库水源保护林和太行山水土保持林建设。在平原，基本完成康庄、南口、大沙河、潮白河、永定河五个风沙危害区的绿化和治理；建设好公路、河道、铁路两侧绿化带；农田林网完好率达到90%；建设好市郊卫星城、中心镇、建制镇的环城林环镇林。在市区，规划公共绿地总面积达到65平方公里，人均10平方米；建设好市区中心地区100米宽的绿化环带和市区外缘绿化系统，包括绿化环带和城市森林公园。

为了实现这样的奋斗目标，市政府提出要做到“六到位六保障”，即：领导到位，组织保障；认识到位，宣传保障；规划到位，法律保障；计划到位，资金保障；责任到位，制度保障；服务到位，政策保障。继续实现“四个转变”，即：从重造轻管向造管并重转变，从增长数量向提高质量转变，从治荒治害向综合开发转变，从普遍绿化向集中重点转变，把绿化美化建设作为实现首都经济、社会可持续发展战略的基础工作和重要措施。

展望下个世纪中叶，北京定会成为一座山川秀美、翠绿翳野的园林古都和森林新城。

（执笔人：郭忠信）

绿染津门

——天津市林业建设50年

天津市林业局

一、林业发展历程

1949年新中国成立时，天津市森林资源极为贫乏，山区童山濯濯，平原赤地千里，仅在庙宇寺院、村庄有零星树木。蓟北山区八仙桌子一带尚有小片落叶天然次生林，山区亦有小片果林。平原西青区张窝乡一带有200公顷连片枣园。海河、蓟运河沿岸有零星果树。全市林地面积仅有2020公顷，四旁树木约50万株，年果品产量1.1万多吨，森林覆盖率不足1%。

1949～1952年　这个时期林业没有纳入国民经济计划，主要开展"四旁"植树和零星造林。1952年底，全市林地面积达到4153公顷，果品产量与1949年持平。

1953～1962年　本时期含第一、二个五年计划。从1953年"一五"计划起，林业开始列入国民经济计划，植树造林有了显著发展。到1957年底，全市林地达1.1万公顷，"一五"年均果品产量1.2万吨。到1962年底，林地面积达1.4万公顷，"二五"年均果品产量1.8万多吨。造林目标由四旁植树转向重点营造防护林。天津第一条防护林带于1954年在北辰区双口乡建成。随后连续四年在市郊西北部营造堤岸防护林和农田防护林71条，总长200公里。"一五"期间在北辰青光、河头、双口乡兴建的果园成为当时天津市水果生产基地之一，1959年又在北辰区小淀乡兴建了中保葡萄园。

1963～1965年　由于60年代初期发生自然灾害，林业进入调整阶段。此期林业生产呈停滞或下降状态。1965年底全市林地降至1万多公顷，比1962年减少3847公顷。主要是过量采伐和毁林开荒所致。三年年均果品产量1.78万吨，比"二五"期间有所下降。

1966～1975年　本期间的林业建设虽受到"文革"的影响，但林果生产还是有所发展。1970年底林地面积1.43万公顷，"三五"期间年均果品产量达2.4万多吨。1975年底，林地达2.3万多公顷，相当于1965年的2.3倍。"四五"期间年均果品产量2.45万吨，是"二五"的1.3倍。本期主要开展村庄绿化，并提倡营造窄林带小网格为主的农田林网，同时推广枣粮间作。在山、水、林、田、路综合治理的方针下，做到垦成一块田，修起一条路，开出一道渠，造活一片林，加速了天津绿化进程。蓟北山区实行封山育林，加快了荒山绿化速度。平原地区也营造了少量片林。

粉碎"四人帮"后，继续开展四旁植树和农田林网化建设。党的十一届三中全会以后，天津林业开始进入新的发展时期。"六五"初期确定山林权属和推行林业生产责任制后，使造林绿化工作更加扎实。随之，平原地区农田林网规模不断扩大，并进一步利用沙荒、河滩营造速生丰产林和连片果园。1980年底林地面积达2.68万公顷，"五五"期间年均果品产量2.7万吨。1985年底林地面积达到3.8万公顷，是1975年的1.6倍。"六五"期间年均果品产量达到4.83万吨，是"四五"的近2倍。

1986～1998 年　本时期含第七、第八、第九个五年计划。1986 年以来是天津林业发展最快最好的时期。此期间,天津市被列入国家"三北"防护林、沿海防护林和京津周围地区绿化工程建设总体规划之中。1986 年制定出《天津市"京津周围地区"造林绿化总体规划(到 2000)》,1987 年开始全面实施。围绕着规划中十三项市级重点工程,开展了大规模工程造林。1989～1997 年全市市级工程造林 1938 万株,成活率在 85%以上,高于一般造林 10～20 个百分点。"七五"年均果品产量近 9 万吨,"八五"年均果品产量达 16 万吨。1986～1998 年全市累计人工造林达 7.3 万公顷。在平原地区,静海、武清、蓟县、宝坻、西青、北辰 6 个区县基本达到部颁平原绿化县标准。山区 1995 年达到国家灭荒标准。宁河、西青、武清、静海、北辰、蓟县、津南县区被林业部确认为乡镇林业工作站建设合格县。全市 80 个乡全面实现林网化,1100 个村实现绿化达标,50 个村已建成高标准花园式绿化示范村。

二、林业建设现状

经 1998 年天津市林业资源二类调查,天津市现有森林面积 12.4 万公顷,其中:防护林 6.5 万公顷,特用林达 0.6 万公顷,用材林达 0.3 万公顷。经济林 5 万公顷;灌木林 1 万公顷;四旁植树折合面积 1.5 万公顷;林木覆盖率 13.7%。活立木总蓄积量 524.9 万立方米,其中森林蓄积量 386.3 万立方米。森林面积中,天然林 4759 公顷。经济林中干果林达 1 万公顷,鲜果林达 4 万公顷。1998 年干鲜果品总产 25.14 万吨,其中鲜果产量 25.07 万吨。

天津市北部 706 平方公里的山区属华北石质山地。新中国成立时大都光山秃岭,经蓟县山区人民半个世纪的生态治理,山区自然面貌发生根本改观。1998 年底,山区有森林 3.86 万公顷,森林覆盖率 67.31%。蓟县列入山区综合开发示范县后,治理小流域 23.8 平方公里,植树造林 4916 公顷,其中开发经济林 2600 公顷。基础设施建设:修建县级公路 159 公里,修建乡村公路 87 公里,修环山路 189 公里,电力增容 60900 千伏安,增加电话装机 4.1 万门。

平原地区已基本建成了以网、带、片、点相互交融的生态经济型林业体系。以农田林网为主体的防护林占全市森林的 52.7%。林木全部为人工栽植。由河流、渠道、铁路、公路两侧绿化带及周边放射线构成了平原绿化的骨架。全市农田林网化程度达 70%,保护耕地近 30 万公顷。农田防护林中有少量的六七十年代营造的小林网,也有八九十年代营造的大林网。风沙肆虐多年的津西北沙荒地区生态环境和生产条件得到改善,2 万多公顷的沙荒已成为林茂粮丰的农作区。津西北除大面积的农田林网外,还栽有成片林木,如港北地区营造了 800 公顷治沙林。宝坻县在蓟运河、青龙湾河、潮白河、武河、鲍邱河和西青区在东淀围堤营造的成片林木均已成为中龄以上林分。东丽区由解放初期几千株树,发展到 1998 年有森林 2800 多公顷。沿海防护林基干林带经多年建设基本合拢。天津经济技术开发区在建成区盐滩上建成了绿地 220 公顷,成为我国盐滩造林和开发区绿化美化典范。在天津市林果资源中,干鲜果木构成的经济林占有森林面积的 40.4%,已成为天津林业的支柱产业之一。天津市果树名牌产品"茶淀牌玫瑰香葡萄"、"盘山磨盘柿"、"天津板栗"共栽植 9085 公顷,当年果品产量 4.08 万吨。花卉产业近年来得到了长足发展。1998 年天津市花卉种植达到 283.8 公顷,其中:露地花卉 254.1 公顷,保护地花卉 29.7 公顷;年产盆花、地栽花木 434.4 万盆(株)、鲜切花 1241 万枝;花卉业年产值 4620 万元。

三、改革开放以来林业建设主要成就

党的十一届三中全会以后,天津林业建设得到了显著发展,主要的成就有以下几方面:

(一)天津市外环线筑起大型绿色环境保护圈

天津外环线绿化带是天津城郊结合部的环形绿化带。绿带全长 73 公里,平均宽 500 米,占地 3533 公顷,是一条以林为主,乔、灌、果结合,防护林与经济林结合,绿化美化结合的大型绿色环境保护工程。自 1987 年春开始建设,至 1989 年底基本完成。绿化带建有主副林带 185 公里,建有果园 1113 公顷,栽植片林 35 公顷,绿化村厂 32 个。全线共有林木和果木 176 万株,其中果木 120 万株。全线建成了高标准的水利配套工程。改造低洼盐碱地 666 公顷,其中完成 400 公顷暗管排碱工程。开挖和改造了 666 公顷鱼池，并由此建成大小台田台面133公顷。1993年果品产量5000吨，鲜鱼产量2000吨。多层次多树种营建的各具特色的林带和果园以及不拘一格的万亩鱼池，构成一幅幅五彩缤纷的水乡风光，成为天津地区赫赫有名的绿色风景带。

（二）三大果树基地干鲜果品逐年丰盛

三大果树基地是按照1986年制定的《总体规划》建成的。基地共涉及9个县、区的76个乡镇。经过12年建设，到1998年底，各类果树面积由规划前的8638公顷发展到2.86万公顷，占全市果树面积的57%；当年干鲜果品总产近11万吨，占全市果品总产的43%。

1. 津西水果基地

该基地位于市区西部近郊，包括北辰、西青、武清3个区、县的10个乡镇。规划前有水果树2375公顷，年产鲜果8789吨。到1998年底，水果树达4426公顷，年产果品6.1万吨。主要栽植苹果、桃、梨、枣、葡萄等。

杨柳青镇大柳滩村建有533.3公顷果园，主要栽有红富士、短枝红星苹果和梨树。年果品产量3000吨。园内早酥梨每年销往新加坡、马来西亚和我国香港地区150吨。园内四通八达的水泥路面、排灌自如的防渗渠道、稳固完善的防护林屏障及机械化管道喷药设施，成为天津市规模大、品种新、技术强、集约化经营的现代化大果园。多树种多品种形成的园林型果园，是天津市观花果赏风景的观光型与产业型林业典范。

2. 蓟宝果品基地

基地包括蓟县山区及半山区和宝坻县西北部沙土地带，涉及23个乡镇。到1998年基地仅留有蓟县，共有果树15 673公顷，当年果品产量36 549吨。其中：红果基地果树达到2821公顷，当年果品产量5664吨；核桃基地果树达2978公顷，当年果品产量4950吨；板栗基地果树7438公顷，当年果品产量9754吨；柿子基地果树7455公顷，当年果品产量20 363吨；葡萄基地果树944公顷，当年果品产量6401吨；苹果基地果树2428公顷，当年果品产量2624吨。

3. 天津金丝小枣基地

基地地处平原盐碱地区，以枣粮间作和枣树林网方式发展小枣生产。共涉及7个区县的43个乡镇。到1998年仅保存静海、大港、津南、武清4个区县。基地果树共达8518公顷，当年果品产量11 286吨。主产区静海县1998年枣粮间作和枣树林网及纯枣园达到7050公顷（包括粮田面积），鲜枣产量5383吨。

（三）天津市“后花园”森林秀美，果林丰盈

天津市后花园是指蓟县大绿工程实现后的蓟县全县。1987年始，全面实施《蓟县大绿工程总体规划》和《蓟县五年造林绿化重点工程规划》。市、县政府都将此纳入国民经济计划议程，指定专职绿化副县长，加强县绿化委员会办公室力量，连续5年每年由市政府拨出200万元专项绿化资金，真抓实干，使蓟县大绿工程具有一定规模和效益，实现了山区、平原绿化双“达标”；并逐步建成了我国华北地区独具特色的森林旅游环境，成为天津市名副其实的后花园。到1998年底，全县森林面积43 216公顷，活立木总蓄积量128.18万立方米，森林覆盖率达到36.99%。森林面积中经济林19 794公顷。当年干鲜果品总产46198吨。

在山区，实行飞、封、造结合，针阔、林果、多林种结合，全面绿化荒山。林果产业已明显成为山区人民脱贫致富的主导产业。飞播造林1986～1993年8年飞播7次，飞行177小时，完成7个播区，涉及10个乡镇，飞播成林面积578公顷，飞播疏林面积10公顷。通过“立即封禁，死封五年，活封五年，直至郁闭成林”，生长起来的灌木林达到8402公顷，并且郁闭度均在50%以上。按照《山区人工造林工程化管理办法》，1986年以来，完成人工造林13434公顷。以盘山、长城、翠屏湖为主体的大绿工程完成造林7600公顷。以“围山转”和缓坡开发为主的山区经济林建设发展成效显著，山区经济林已达到17963公顷，占全县经济林的九成多，山区人均年果品收入达1130元。以国家重点风景名胜区盘山、九龙山国家森林公园、八仙山国家级自然保护区为主体的山区森林旅游业得到了蓬勃发展。仅这三处森林景观达17 411公顷，森林覆盖率85%以上，近两年全县旅游和森林旅游接待游客186万人次，旅游收入5750万元。

在平原，1986年以来完成造林3036公顷。其中铁路绿化76.8公里；公路绿化323.3公里；河流渠道绿化420公里。平原森林面积达到4582公顷。

（四）沙荒综合治理成效显著

天津市西北部因青龙湾河、北运河、永定河等河流多次决口冲积风积形成风沙危害区。新中国成立以来，西青、北辰、武清、宝坻、蓟县发扬愚公移山精神，坚持不懈地植树造林、改造沙荒，取得显著成绩。武清县沙荒治理最为出色。

党的十一届三中全会以来，武清县已绿化宜林沙荒2533公顷，占应绿化面积的92.7%。其中营造用材林1600公顷，现有树木88.8万株；营造经济林933公顷，其中成果533公顷，果品年总产1.2万吨，价值1500～2000万元。往昔风沙蔽日，今日绿树成荫，果实累累，林茂粮丰。武清县北部沙荒治理成就更加卓著。下伍旗、双树、大良、北蔡四乡800公顷人工治沙林已成为津门壮丽秀美的风景名胜。高村乡2729公顷耕地全部建成高标准农田林网。大王古庄乡213公顷沙改林、666公顷红富士苹果园和6.5公里长的京塘高速公路绿化带享誉津门。大孟庄乡以完整的农田防护林网、丰富的树木资源和现代化果园实现了森林资源的永续利用，1996年林业总产值1070万元，占农业总产值的14.5%。

（五）绿色通道工程构成津沽大地条条锦带

1998年底，全市列养公路4334公里，可绿化里程4136公里，已绿化里程3628公里。其中国家和市级干线1881公里，绿化率100%；县级公路可绿化1108公里，已绿化1078公里，绿化率97%。全市县级以上公路共有行道树乔木197.8万株，花灌木72.81万株，绿篱470万延长米，绿地117.4万平方米，部分干线公路实现了三季有花、四季常青。1998年底，天津市境内有干线铁路243.5公里，支线铁路239.6公里，沿线两侧宜林地250公里，已绿化175公里，绿化率70.3%。1998年底，天津市主要河道共有树木460.2万株。其中主要行洪河道有19条，堤防长度1908公里，宜绿化1554公里，已绿化1362公里，绿化率88%。全市通道绿化工程成绩突出的有两条线路：

一是津围公路宝坻县绿化。津围公路宝坻县路段长35公里，可绿化长度30公里，绿化宽度为两侧边沟外各50米。到1998年，绿化带共有林地320公顷，其中经济林80公顷，风景林240公顷。城区段选用毛白杨大规格雄性壮苗，实行乔灌花草一齐上，常绿与夏绿相结合，采用具有东方文化底蕴和西方现代流派相融的精美园林艺术形式，配以高雅雕塑和大型瓷砖彩墙的时代风貌画面，建成了长1.5公里、面积为8公顷的带状迎宾公园。在公园内建造景点28处，建瓷砖彩墙750平方米，塑造园林景观5处，植草坪17万平方米。该路段绿化带是目前天津市通道工程中绿化美化园林化标准最高的工程。

二是京津塘高速公路武清段绿化。京津塘高速公路绿化天津段涉及武清县、北辰区、东丽区、塘沽区，其中武清段涉及9个乡镇41个村庄，全段长44公里，其中可绿化长度41公里，绿化带占地92公顷，规划植树35.3万株。公路沿线两侧地势复杂，三分之二的地段为低洼盐碱地。自1995年开始建设至1998年春，武清段共计植树28.49万株，主栽树种为毛白杨、沙兰杨 、苏柳、垂柳、千头椿等。绿色景致颇为壮观，成为天津市高速公路绿化带工程造林的样板。

（六）自然保护区和森林公园得到有效保护和进一步开发

经过天津人民坚韧不拔的努力，“植树造林，绿化津门”在很多区域已成连片规模。为将资源优势转换成经济优势，“七五”以来，从规划设计入手，“营林、护林、基本建设、开放利用”同步进行，使自然保护区和森林公园得到有效保护和进一步开发。

1. 九龙山国家森林公园

该公园位于蓟县穿芳峪乡，新中国成立初期，尚存33.3公顷天然侧柏林，建立了国有林场。几十年来，坚持大面积人工造林，渐成优美森林。1995年7月九龙山被蓟县政府批准为九龙山森林公园，1996年6月被天津市农林局批准为市级森林公园，1997年12月被林业部批准为国家森林公园。公园总面积1451公顷，辖九龙山、梨木台山、黄花山三大风景区。公园集古洞、幽林、奇峰、秀水于一体，人工林与天然林相互交融，是一座以森林景观为主体的风景区。园内植被为暖温带针叶阔叶林，有高等植物89科362种，有动物136科429种，是一座天然植物博物馆和天然野生动物园。仅1998年一年旅游收入27万元。

2. 国家级重点风景名胜区——盘山

盘山位于蓟县县城西北12公里，总面积106平方公里，旅游核心保护区900公顷。盘山被誉为“京东第一山”。半个世纪里，为恢复扩大森林植被和保护名木古树做出不懈努力，并新辟多处景观景点。区内峰峦石崖错落，森林秀丽清幽。盘山现有植物115科307属643种，主要树种是油松、橡树、槲树及杂木类。百龄以上古树有1300株，其中300年以上的有300株；森林覆盖率90%，郁闭度0.7。

3．港北森林公园——津门伊甸园

武清县港北原是上游河流多次决口冲积形成的大面积沙滩。经过当地4个乡16个村群众40多年坚持不懈地科学造林，锁住了风沙，逐步建成了以杨树为主体的天津市平原地区面积最大、景色最美的人工森林。园内树种繁多，森林茂盛。栽植的沙兰杨林相整齐，疏密不等。错落有致的人工混交林呈现幽雅迷人的森林风光。公园总面积800公顷，有果林167公顷，风景林573公顷，其中针叶林30公顷，混交林43公顷，速生丰产林500公顷，其余为零星分布的小片林。主要树种是沙兰杨、毛白杨、小美杨、柳树及一些园林观赏树种。林龄20～40年。活立木总蓄积量40万立方米。

4．杨柳青森林公园

杨柳青森林公园也是长期人工造林的杰作。公园总面积200公顷，有森林141.3公顷，森林覆盖率70.7%。园内有风景林60多公顷，主要树种是刺槐、毛白杨、白榆、紫穗槐；有果园53.3公顷，主要是桃、苹果、梨、红果、海棠、柿子；有防护林带28公顷。由于距市区仅15公里，区位极具优势，森林景观良好，对此，进行森林旅游全面开发建设。公园开业后，旅游年均收入150万～200万元。

5．官港森林公园

官港森林公园位于大港区境内的津南区与塘沽区之间的三角地带。1988年市政府批准建立森林公园。1989年市政府组建公园指挥部。1990年1月市政府决定将官港作为市直机关义务植树基地。从1988年到1998年每年春季在此进行义务植树，使这个盐碱荒滩的沼泽区变成了津门著名景区。公园总面积2138公顷，其中天然芦苇荡234公顷，人工官港湖556公顷，人工林733公顷，并有一条8.8公里的蜿蜒风景河。园内木本草本植物达45科123种，森林覆盖率达46%。整个官港地带盐生、旱生、陆生形成的海陆交融的繁茂植被，苍翠森林和碧水蓝天，配以现代化游乐设施，成为津门旅游业新景区。

6．八仙山国家级森林生态自然保护区

保护区位于天津市北陲，总面积5360公顷，区内属于国务院批准的核心保护区有1049公顷，森林覆盖率85%。1984年12月市政府批准为县级森林生态自然保护区。1985～1988年市农林局主持对本区进行了综合调查。1990年市政府批准为市级森林生态自然保护区，1995年国务院批准为国家级自然保护区，后成立天津八仙山国家级自然保护区管理局。市、县先后对保护区森林生境、珍稀物种、生物多样性进行了严格管理，并同时对外开放旅游。保护区是暖温带落叶阔叶林植被类型的典型代表，动植物资源丰富，有植物362种，有动物429种。属于世界濒危植物和国家级重点保护的植物有7种，属于世界濒危的动物有11种，属于国家重点保护的动物有56种。主要植被类型是落叶阔叶杂木林、蒙古栎落叶阔叶林、山杨林、北鹅耳枥萌生林和人工油松林。

7．团泊市级鸟类自然保护区

保护区位于静海县境内。1985年市农林局进行了详细考察。1995年6月市政府批复建立市级鸟类自然保护区。保护区范围以团泊水库为主，总面积60平方公里，其中水面51平方公里。为保护管理好现存珍禽和水域生态环境，1989年开始保护区陆续在湖岸营造林带。区内有鸟类共38科181种，其中：留鸟23种，夏候鸟60种，旅鸟98种。有国家重点保护鸟类25种，其中属于国家一级保护的有大鸨、白尾海雕、白鹳、黑鹳4种。

四、林业建设的基本经验

天津市现有森林树木资源与1949年相比发生了很大变化。森林面积为1949年的61倍之多，森林覆盖率平均每年递增0.274个百分点；果品年产量增长21倍，1998年林业总产值(90年价)达44 335万元，现价为58 290万元。

主要经验有三个方面：

(一)地方林业立法不断完善，依法治林成绩卓著

1954～1997年天津市政府及林业主管部门发布了一系列发展林业、保护森林资源的政策、法规及规章。据不完全统计，天津市历年发布的主要林业政策法规有22件。其中1981年以来发布的有16件；1992年后发布的有9件。这9件中最主要的有：《天津市育林基金征收使用管理办法》、《天津市森林防火条例实施办法》、《天津市林地管理办法》、《天津市森林采伐限额管理办法》、《天津市征占用林地收费管理办法》、《天津市实施〈中华人民共和国森林法〉

办法》。这些法律法规的出台，使天津市林木资源得到了有效保护和持续增长。“七五”以来林业行政执法机构逐步建立，执法力度不断加大。如林地管理，1994～1996年全市共办理征占用林地104.5公顷，林业主管部门初审率和发证率均达100%。1996年仅一年收缴森林植被恢复费140万元。自实行采伐限额管理以来，天津市每年林木采伐量始终控制在限额以内。1993年起连续三年开展野生动物保护执法大检查，执法成果显著。认真贯彻《天津市森林防火条例实施办法》，使天津市1990年后连续八年无森林火灾。森林植物检疫执法面向全市铁路、邮政、货运、仓储部门和木材市场，对遏制危险性病虫的传播和发生起到了积极作用。

（二）历届各级政府实实在在地关心和支持林业是发展林业的根本保障

从1982年起，天津市政府每年将改善城乡生态环境列入改善城乡人民生活的20项实事，列支专项绿化资金，县、乡政府给予配套资金。“七五”期间，全市林业投资596.37万元，其中县、乡、村投资占85%。“八五”期间，中央与市级林业投资7000万元。连续多年实行领导绿化责任制，各县、区主要领导签定绿化责任状，市、县两级主要领导率先垂范承包重点工程，对当年造林任务的完成起到了良好的促进作用。为更好地建设国际大都市绿色生态环境，1996年5月在天津市农林局林业处的基础上组建天津市林业局，从组织机构和资金划拨上保障了林业生态工程建设的顺利进行。

（三）广泛持久开展科学造林育林，造林质量与效益显著提高

天津市科学造林起步于70年代，1975～1985年科学造林的步伐仍很缓慢，“七五”以后，天津市加快了科技兴林的步伐。仅“八五”期间，天津市林果科技推广项目获奖的有56项，其中获部、市级奖的有31项。1985年以来天津市科技兴林主要坚持了工程造林、良种化造林、标准化造林，坚持采用新技术造林。同时，将科技管理、行政管理与法制管理相结合，扩大和保护了林木资源。先后引进、繁育、推广了毛白杨、中林杨、苏柳、无刺洋槐、千头椿等优良树种、品种、品系，改善和丰富了天津市树种、品种结构，使全市1990年以来林木良种化程度达70%左右。通过发布和实施天津市《造林技术规程》、《主要造林树种育苗造林技术规程》、《红富士苹果丰产栽培技术规范》、《短枝红星苹果丰产栽培技术规范》，使天津市林果生产逐步纳入标准化管理。通过推广暗管排碱改良盐碱地造林、石质山区干旱阳坡造林技术、保水剂、容器育苗、ABT生根粉等林业先进技术，使造林质量、成活率、保存率显著提高。推广了果树数十项先进丰产新技术，使果树科技覆盖面达90%以上，果品质量与商品价格显著提高。全市果木良种化程度达85%。90年代推广项目中，6666.7公顷低质低产果园采用综合丰产改造技术，使每公顷产量达11 250～15 000公斤。采用管道化管理技术后，平均每公顷增产2490公斤，三年累计增产2.1万多吨，共获纯利1.13亿元。“九五”初期，进一步加大科技兴林力度，出版发行了天津市《红富士苹果栽培》等5套果树生产农业新技术丛书，使实用科技普及到全市农村。

五、未来林业展望

按照“五县增资源，新四区上档次，滨海地区有突破”的总体思路，本世纪末和新世纪初林业建设总体目标是建设复合型城市生态林业。复合型城市生态林业主要包括城市林业、平原林业、山区林业和沿海林业四大体系。

城市林业是指天津城近郊区建设的“城郊景观型”生态林业。在抓好常规平原绿化的基础上，重点绿化美化铁路、公路、河道、村庄、单位，在天津市区及周边地区创造富有现代化气息的园林风景区。

平原林业是指以五县为主体的农业保护型生态林业。以大幅度增加林木资源为目标，继续营造农田林网、经济林和生态经济型片林，同时建设平原农田保护区，力争到2010年，五县的森林覆盖率达到25%。

山区林业和沿海林业将继续抓好营建水土保持林、特种用途林（即风景林）、经济林和山区综合开发及沿海防护林建设。（执笔人：张步峰）

燕赵播绿五十秋

——河北省林业建设50年

河北省林业厅

河北省地处京津周围，背倚内蒙古高原，东临渤海，西为太行，中南部平原广布。全省地势西北高、东南低，主要分为坝上高原、冀北山地、冀西北山间盆地、冀西山地、河北平原五个地貌类型区。全省总面积18.77万平方公里，其中山地丘陵占42.23%，平原占30.49%，高原占12.97%，其余是湖泊、洼地、盆地。

河北在历史上曾是森林繁茂、气候宜人、景色秀丽的富庶之地。据考证，在距今约8千年前的全新世，平原、山区、坝上高原到处遍布原始森林。在夏商时期，森林覆盖率约为68%。但是随着人类的繁衍，大规模的垦殖和工业的兴起，特别是频繁的战乱及大规模掠夺式的采伐，原始森林群落逐渐消亡，森林资源迅速减少。特别是明朝中期以后，经清朝、民国时期的战乱，特别是日本帝国主义的入侵，森林破坏愈演愈烈。1949年新中国成立时，全省森林覆盖率仅为2.8%，含灌木约3.40%，平原地区为0.78%，是全国森林资源最贫乏的省份之一。森林资源遭受严重破坏，导致太行山、燕山等山脉的许多地方岩石裸露、寸草不生，伴之而来的是干旱、洪涝灾害时有发生；平原地区则是沙荒遍地、环境恶劣，直接影响到京津地区人民群众的生产和生活环境。

一、绿色在曲折中拓展

新中国成立后，经过近半个世纪的艰苦努力，河北林业在曲折中开拓前进，大体经历了恢复调整、在困难中发展、全面振兴几个历史阶段。

1949年到1966年，是河北林业恢复和调整的17年。

建国初期，随着土地改革的完成，林地进行了调整，明确了林地权属，贯彻了“普遍护林、重点造林”、“积极保护抚育现有森林，推行封山育林”的方针。50年代后期，提出了“造、育、护、封并举”，林业发展收到了较大实效。1956年后，在重点山区和平原重点沙荒区成立造林局，组织群众合作造林，开展荒山和平原沙荒的治理工作，特别是冀西沙荒造林，走在了全国前列。同时造林机构逐步加强，林业政策不断完善，林业生产得到较快发展，全省有林地面积发展到59.76万公顷，森林覆盖率达到3.19%。然而1958年“大跃进”时期，受“左”的思想影响，林业工作的指导思想出现偏差，盲目追求高指标、高速度，提出木材自给，单纯追求木材生产，下放木材审批权，造成森林资源过度采伐、毁果种粮和乱砍滥伐林果树木。到1962年底，全省果树面积由1957年的13.77万公顷，减少到10.17万公顷。

从1963年开始，遵照中央“调整、巩固、充实、提高”的方针，总结吸取“大跃进”的经验教训，在指导思想上纠正单纯追求木材生产的做法，贯彻“为农业服务”的方针，增加了防护林、经济林、薪炭林的比重。调整国营林场管理体制，恢复林业管理机构，收回森林采伐审批权，加强了林业的管理。对国营林场进行调整合并。形成了几片较大的国有林区。塞罕坝机械林场1962年由林业部建场后，广大干部职工在荒无人烟的高寒坝上，建成了我国北方最大的人工林林场和河北省最大的用材林基地，成为河北省的一颗绿色明珠。黄土梁林场的国合造林成为全国的先进典型。在林业政策上，重申了“国造国有，社造社有，队造队有，社员在房前屋后和自留山上种植的树木归社员个人所有”，对刮“共产风”时期平调集体和个人的土地、林木、果树进行了“退赔”，颁发了林木所有证，解决了林木所有权问题。一系列政策调整和整顿，使河北省的林业建设发生了明显的变化，出现了新的转机，基本控制住了林果资源的破坏，造林数量逐年增加，质量明显提高。

1949～1966年17年间，全省有林地面积增加67.85万公顷，年均增加3.99万公顷；森林覆盖率增加3.58个百分点，年均增加0.21个百分点。

1967～1978年10年间，河北林业生产遭到很大程度的破坏。这期间，先后撤销了省、地、县林业局，原有的林业管理制度被废弃，森林采伐审批权和国营林场再次下放，林业建设投资逐年削减，社员的自留山、自留树又被收归集体所有，国有林和集体林乱砍滥伐现象逐年增多。在“以粮为纲”、“向荒山要粮”、“向荒滩要粮”等思想指导下，毁林、毁果、毁桑种粮的现象不断发生。由于受形势的影响，自上而下推行极“左”政策，严重挫伤了群众造林育林的积极性，林业建设损失很大。

改革开放的20年是河北省林业全面振兴时期。1978年党的十一届三中全会后，林业战线拨乱反正，清除“左”的影响，落实了林业政策，进行了林业“三定”(即稳定山林权、划定自留山、确定林业生产责任制)工作，对无偿划拨的集体、个人林地予以清退。恢复建立了16个国营林场管理局，全部收归省里管理，并于1983年将省林业局改为林业厅。1989年省委、省政府批发了《河北省林业厅关于国有林地定权发证工作情况和意见的报告》，有效地整顿了林业生产秩序。1990年省委、省政府做出了《关于动员全社会力量加快林业发展的决定》，提出了用15年时间实现河北大地基本绿化的总体目标。河北省人大常委会作出了《关于加快植树造林绿化河北大地的决议》。省委、省政府又提出了以小康建设总揽农村工作全局，把林业发展与农村小康建设紧密结合，更加促进了林业建设的快速发展。1992年重新修定了“八五”林业发展计划，制定了“九五”规划。明确了发展林业必须以经济建设为中心，与地方经济发展、与农民脱贫致富奔小康、与林果基地建设相结合的方针，实施造林、治理、开发三位一体，综合治理、立体开发，从而使河北林业建设驶入速度、质量、效益协调发展的快车道。到1998年，河北省林业建设取得了令人瞩目的成就。

(1)森林资源持续快速增长。全省有林地面积由新中国成立初的51.8万公顷增加到356.6万公顷，林木总蓄积由1615万立方米增加到8116万立方米，森林覆盖率由3.4%增加到近19%，有林地面积、林木蓄积、森林覆盖率三项指标增长幅度均超过全国平均水平。人工造林、更新合格面积在全国排第四位，资源增长速度在全国排第八位。

(2)生态体系建设成绩显著。自80年代以来，先后实施了首都周围绿化、太行山绿化、平原绿化、沿海防护林、治沙和省会周围绿化六大骨干工程，已完成造林273.4万公顷，初步建成了覆盖全省的生态体系框架，发挥了显著的生态、经济、社会效益。

(3)建成了全国果树大省。全省建设六大果品基地，果树总面积由新中国成立初的6.1万公顷增加到120万公顷，果品产量由0.335亿公斤增加到63.5亿公斤，果树面积和果品产量均居全国第二位。其中梨、柿子、板栗、杏扁产量居全国第一位。桑园面积发展到1.3万公顷，蚕茧产量由建国初的125.6吨增加到827吨。

(4)林业产业发展迅速。二、三产业从无到有，初步形成木材、果品、森林旅游、花卉、多种经营五大主导产业。全省系统内林业工业企业发展到372家，年产值达6.2亿元。建成省级以上森林公园46处，总经营面积24.8万公顷，年接待中外游客275万人次。建成了秦皇岛野生动物园、塞罕坝、雾灵山较大规模的国家级森林公园。花卉栽培面积发展到0.33公顷，年产值4.6亿元。人造板企业发展到2000多家，年产人造板170万立方米，居全国第二位。全省林果总产值由建国初的2259万元增加到92亿元。

(5)对外开放喜结硕果。改革开放以来，共利用外资5240.5万美元，先后实施了平山2811、利用世行一、二、三期项目、中德合作河北造林等中外合资、合作项目。引进外国林果花新品种80多个。建成林产品出口创汇基地6.4万公顷，所产板栗、鸭梨等产品远销30多个国家和地区，年出口创汇3.7亿美元。

(6)资源管理不断加强。先后制定实施了《河北省林木采伐管理办法》、《河北省森林病虫害防治实施办法》、《河北省野生动物保护条例》等规章。建立健全了森林公安武警执法体系、森林病虫害防治管理体系、森林资源清查、监测体系，全省林业行政执法人员达3100人，有效地保护了森林资源，森林火灾、林木病虫害及乱砍滥伐等案件的发生率大大降低。

(7)科教兴林成效显著。全省拥有林业科研机构19个，林业技术推广机构1856个，民办林业科技组织1560个，形成了比较健全的科研和技术推广服务体系，从事科技推广工作的林业技术人员5700多人。改革开放以来，共获国家科技进步奖4项，获省部级奖励56项，累计技术推广面积达400多万公顷，利用各种形式培训林业技术干部3.8万人次，培训林果农570多万人次。目前，全省林业科技进步贡献率达35%，科技成果转化率达51%。

二、大展绿色宏图

从新中国成立至今，经过近半个世纪的奋斗，河北省的林业建设在薄弱的基础上艰难起步，走出了一条具有河北特色的林业发展道路，创造了首都周围绿化、太行山绿化、燕山绿化、平原绿化的成功模式。

(一)畿辅重地"腾绿龙"

河北省地处京津周围，地理位置特殊，是京津两市的水源区和生态屏障。但是由于历史的原因，这一地区植被稀疏，风沙危害和水土流失严重。70年代末，不少有识之士连续发出"风沙紧逼北京城"的警讯。1984年11月胡耀邦同志在看了宋任穷同志关于榆林地区考察报告后批示："北京地区还没有解决好风沙和环境绿化问题。要决心把两市(北京、天津)三地(张家口、承德、唐山)统一规划一下，继续实行大力种树、种草、实行乔、灌、草结合播种方针，力争本世纪末彻底改善首都周围环境，希望林业部和农牧渔业部作为一个问题直接抓一下"。1986年，经国务院批准，京津周围绿化工程全面启动，京、津、冀三省(市)进行统一规划，范围涉及京、津、冀三省(市)的76个县。河北省涉及张家口、承德、秦皇岛、唐山、廊坊和保定六个市的50个县(市)，工程区总面积10.61万平方公里，规划任务324.3万公顷，期限20年，到2005年完成。规划总投资为30.72亿元，其中国家补助10亿元，国家补助部分采取河北省和国家有关部委按照4∶3∶1∶1∶1的比例筹集，即河北省承担40%，国家计委承担30%，林业部、农业部、水利部各承担10%。河北省首都周围绿化工程是京津周围地区绿化工程建设的主体，占总绿化任务的87%。

自1986年2月工程正式实施以来，京津周围地区广大干部群众，以彻底改善首都周围生态环境为己任，按照"因地制宜，因害设防、合理布局，突出重点"的原则，坚持治理与利用相结合；农、林、牧、水相结合；近期利益与长远利益相结合；生态、经济和社会效益兼顾和"群众投劳，多方集资，国家补助"的方针，在国家有关部委的大力支持下，工程建设取得了可喜的成绩。到1996年底，10年间完成造林种草161万公顷，占总体规划任务的50%，合格保存面积为152万公顷，其中防护林55.5万公顷，用材林11万公顷，经济林85.5万公顷，项目区森林覆盖率提高到25%。一个环卫京津的以防护林为主，多林种结合、乔灌草结合、带片网结合的区域性生态防护林体系框架基本形成。

河北省的京津周围绿化工程建设已发挥了生态、经济和社会三大效益。

1. 取得了显著的生态效益

(1)发挥了屏障作用。据有关观测资料表明，北京市每年冬季风速降低了40%，扬沙日减少34%；市区降尘量由80年代初期日均每平方公里31.4吨下降到1993年的18.5吨，降低41.1%。空气中悬浮颗粒物由每立方米495微克下降到384微克，下降22.3%，使"风沙紧逼北京城"的状况得到一定程度的缓解。天津市区近3年来，扬沙、浮尘、大风日数明显减少，分别由70年代的年均21.7天、12.5天、38.6天，减少为2天、1.8天、1.3天。

(2)河北工程区通过植树造林，有70万公顷农田和20万公顷牧场实现了林网保护，为农、牧业的高产稳产提供了保证。据廊坊市观测，林网保护下的农耕地平均风速降低21%～25%，空气相对湿度提高10%～17%，气温降低0.5～2.3℃，蒸发量减少32.5%；据张北县调查，全县大风日数降低26.1%～42.4%，地表温度提高1～6.5℃。过去的张北风沙危害严重，"坝上一场风，年始到年终，春天刮出山药籽，冬天刮出犁底层"，全县每年春播毁种农田达3万多公顷。现在由于林木保驾的作用，实现了一次播种保全苗。

(3)水土流失得到进一步控制。工程区新增控制和减轻水土流失面积1.2万平方公里。"围山转"生态林业工程和以林为主的水土保持治理区,土壤侵蚀模数降低88%,地表径流减少92%,一般年份地表径流能全部拦蓄利用,做到了"中雨小雨不下山,大雨暴雨缓出川"。1996年,河北省遭受50年一遇的洪灾,局部一次降雨达690毫米,"围山转"生态林业工程区安然无恙,发挥了良好的水土保持作用。张家口市2800多平方公里以林为主的综合治理区,土壤侵蚀模数由过去的每平方公里每年5900吨下降到1540吨。官厅水库入库泥沙量已由工程建设初期的899万吨减少到235万吨。潘家口和密云两大水库上游河流的泥沙入库量已分别比工程建设初期减少20%和60%。有效地保持了水土,保护了下游水库和农田水利设施。

2. 经济效益明显,促进了林业产业化的发展和农民群众脱贫致富

项目区共营造防护林、防护用材林65.5万公顷,其中有42.2万公顷为人工造林。现有林成林后,森林蓄积将达到2532万立方米,立木价值可达11.39亿元。新发展名、优、特干鲜果品基地24万公顷,累计生产干鲜果品44亿公斤,产值88亿元。林果资源的增加,促进了区域性市场和龙头企业的形成,涌现了承德市露露杏仁露厂、唐山市乐亭的果品市场、易县的柿子批发市场等一批以林果资源为依托的企业和市场。以张家口长城葡萄酿造公司为龙头、葡萄榨汁厂为龙身、葡萄基地为龙尾的葡萄产业化已成为张家口市农业产业龙型经济之首,为全省十大龙型经济之一。市场和龙头企业的形成又带动了林果基地的发展,振兴了地方经济,促进了当地群众脱贫致富。据统计,张家口市有15万多户农民靠林果业人均年收入达到500~1000元,有5万多户靠林果生产人均年收入超千元。怀来、涿鹿两县林果业产值已占农业总产值的50%以上。唐山市有306个村依靠林果收入奔上小康。再如承德市,仅滦平县就有30%的乡镇企业是靠林果资源发展起来的。

3. 取得了显著的社会效益

一是促进了山区农村产业结构的改善和生产方式的转变。山区以林为主,林农牧水协调发展,振兴了农村经济;二是实施工程造林,为广大山区农民创造了就业机会,增加了群众收入,稳定了农村社会环境;三是实现了由粗放经营向集约经营的转变。通过实施规模开发和科学管理,实现了森林面积和林木蓄积的双增长,使林果生产逐步走向规模化、基地化、产业化,带动了二、三产业的发展;四是通过项目的实施和科技推广,提高了项目区群众的科技、文化素质,培养和造就了一大批懂技术、会管理的人才。

(二)开发治理太行山的金钥匙——"生态经济沟"

1987年,当邢台县将生态经济沟建设这朵艳丽的鲜花呈现在人们面前时,人们禁不住赞誉它是"开发治理太行山的一把金钥匙"。如今,10年过去了,生态经济沟建设以燎原之势,迅速扩展到河北省太行山区30个县(市)的群山沟壑。每年正月,万炮齐轰太行山,生态经济沟建设呈现出"百花齐放,各领风骚"的喜人景象。

生态经济沟使太行山生态环境发生了巨大变化,增强了抵御自然灾害的能力;生态经济沟使无数贫困的山民步入小康之路;经济沟作为拉动山区腾飞的一条纽带,正以它独有的风姿,展示着太行山的明天。

河北太行山北起拒马河,南及漳河,总面积27 498.60平方公里,其中水土流失面积165 570.70平方公里,占总面积的60%。由于两代统治阶级的长期掠夺和战火摧残,原本林木繁茂的太行山少见绿色多见石,旱涝灾害频繁,农村产业单一,人民生活维艰。

太行山是京津和华北平原的屏障和水源基地。太行不绿,河北不富。河北省自新中国成立以来,一直把太行山绿化作为硬仗来打。特别是1993年,林业部对太行山绿化工程单独立项,并在河北召开了全国太行山绿化工程建设会议后,河北省把太行山绿化作为全省五大重点绿化工程的重中之重,提出了"战太行、绿太行、富太行"的目标,加大了治理开发力度。自1981年至今,治理小流域100条,其中58条实现了治理目标,达到部验收标准,共完成水土流失治理面积3400平方公里,有林地发展到73.7万公顷,森林覆盖率达到18.2%。特别值得一书的是,太行山人民,经过几十年的摸索、实践,创造了"生态经济沟"这一开发治理太行山的成功模式。

生态经济沟建设是邢台山区农民几十年治山斗争取得的宝贵经验。早在50年代,邢台县从发展经济出发,在山区开发上,重点治理沟谷,发展粮食生

产，而忽视了山顶和山坡的生态绿化，结果 60 年代几次大水，把辛辛苦苦治理的山场全部冲毁了。在吸取了不重视山区生态建设的教训后，70 年代，他们重点发展山坡绿化，大量种植水源涵养林，结果山绿了，人却依然穷。实践使他们认识到，要使山区开发取得好的效益，必须兼顾生态、经济、社会三大效益。

1982 年，邢台县在总结 30 多年治山造林经验时，从浆水镇等小流域治理中得到启示，最先把那种经济林比重大、建设速度快、经济效益高、生态效益显著的小流域称之为生态经济沟，并于 1983 年确立了"邢台县经济沟建设研究"的课题。该项研究在短期内取得的成果，在国内同类研究中处于领先地位。1986 年 11 月，省委书记邢崇智肯定了邢台县生态经济沟建设的经验，指出"邢台县搞经济沟是加快山区建设的好办法，可以提倡"，并对各县如何加强领导，搞好规划和建设不同类型的生态经济沟提出了具体意见。

1987 年，省林业厅根据省领导意见，决定以生态经济沟建设的形式搞太行山绿化，将邢台、赞皇、易县、阜平、涉县、临城、行唐 7 县列为全省第一批生态经济沟建设的试点县，并将生态经济沟建设分 4 个类型：①以工副业收入进行补助；②兴种植、办加工，开始时由国家扶持和群众自筹少量资金垫底，在林中搞间作，一二年内收回投资；③投劳集资，人工造林改善生态环境，保大枣、花椒的产量、质量；④农林结合，实行工程造林，科学管林，提高林地、山场生产力，以此保农业稳产高产。生态经济沟的管理分为 5 个类型：①统一规划，分户管理，分户经营；②统一规划，联户治理，组合承包；③统一规划，统一治理，专业队经营；④统一规划，统一治理，股份经营，股份构成是：劳力(劳动积累)股、资金股、土地(村集体经济组织)股。⑤为生态经济沟网络提供综合服务，即对产、供、销各环节，栽植、管理、病虫害防治各方面的综合服务。

"生态经济沟"很快为太行山区人民所接受，并不断创新、丰富，使其更加完善。

太行山区各县市的经济沟建设向着规模开发、区域化种植的方向挺进。有的县以大枣为主，有的县以苹果为主，有的县以扁杏为主。同时，在一个县内，也不千篇一律。如邢台县划分出两大经济带，山区以板栗、苹果为主，浅山丘陵区以花椒、大枣为主，从而形成了各具特色的两大果品基地。目前，两个经济带的果品商品率都达 90%以上。

经济沟开发的规模化、区域化，使深山区内形成了大大小小的市场。据统计，以经济沟为支点形成的太行山果品市场，已有 1100 多个，其中日成交额在 50 万元以上的有 42 个，10 万元以上的有 100 多个。

市场连基地，使山民们无形中按照价值规律搞起了生产，市场需要什么产品，需要多少，他们都能通过市场这个"瞭望台"进行"望、闻、问、切"，尔后再去经营。同时，人们离市场越近，脑子就变得越精明。随着经济沟的发展，一大批"山中能人"脱颖而出。他们走出大山涌进市场，堂堂正正当起了"老板"。满城县南峪村每逢果品收获时节，全村就有 250 多人在市场上"穿针引线"，当起了"经纪人"。他们在哈尔滨、广州、珠海、深圳等十几个大中城市建起了稳定的供货关系。每年经他们手调运出的果品达 3000 吨，获纯利 50 万元。

加工业的发展，带动了赞皇县大青枣价格的上扬。1997 年，赞皇县委、县政府采取优惠政策，支持国有、集体、个人兴办大青枣加工厂，不到一年，全县大枣加工厂(点)就发展到 246 个。

目前，"山上有果桑，山下建工厂，山外找市场"，正成为太行山经济沟建设的一大特色。围绕果品基地，各地兴起了大大小小的加工厂(点)。外商独资、合资、集体、个体，八仙过海，各显其能。随着加工业的发展，太行山区的许多县都已开拓成为国内大宗果品生产地、加工地、集散地，并初步形成了市场＋企业＋农户的产供销一条龙、贸工农一体化的产业化格局，使深山区的果业经营渐渐步入大市场、大流通。

市场的形成，加工业的带动，使太行山人的市场竞争意识大大增强。邢台县垴上村村民一改昔日论筐卖苹果的习惯，按照市场需求，将苹果"名角"请入礼品箱，并在箱子外面标上品名、产地。内丘县侯家庄的柿农们也自己动手，把柿子捏成桃形，并取名为"柿桃"。"柿桃"者，寿桃也，这美好的名字招惹得日本商人把产品全部代销到了海外……

"建一个工厂，带动一种产业，致富一方山民"，这是太行山开发中跨越的更高层次，也是太行山的希望之光！它激励着更多的山民向脚下的这方土地投以更深的热情！

经济沟，不仅为山区农民铺就了绿色小康路，而且显示了巨大的抗灾减灾功能。

1996年，河北省发生了一次特大洪灾，太行山区首当其冲。8月3～4日，日降水量高达600毫米，其中最强暴雨20分钟。赞皇、井陉等县房倒屋塌，地坝冲垮，路断电停，山区人民30年苦心营造的农田水利设施毁于一旦。然而，凡是建设了高标准生态经济沟的山区却任凭暴雨摧残，绿水青山依旧，粮食丰收，果品丰产。经济沟发源地邢台县更是绿树成荫，塘水清清，果实累累，大灾之年大丰收。

事实证明：生态经济沟对于绿化太行山、防灾减灾、促进经济发展、保持社会稳定有着巨大的作用。洪灾过后不久，国务委员、国家科委主任宋健对前南峪生态经济沟作了重要批示："大自然是公道的，总对掌握其规律的人们以厚报。邢台县前南峪今年的遭遇和1963年相比形成鲜明的对照。植树造林能保持水土，抵御灾害（水、旱、风），这是颠扑不破的科学真理"。

目前，生态经济沟之花已在河北太行山区盛开。自1987年河北省政府正式立项在河北太行山区推广邢台县生态经济沟建设的经验，到1997年8年间，推广面积18.4万公顷，建设经济沟2505条，新造林11.2万公顷。8年新增产值7亿元，纯经济效益5.04亿元，林木覆盖率由21.94%，增至82.5%，植被率达90.8%，土壤侵蚀模数由821.1吨/年·平方公里，下降到279吨/年·平方公里。8年间，所建生态经济沟内无一发生严重水土流失和洪涝灾害，抗洪成效平均达80%以上。

经济沟建设的逐年扩大，逐步形成了上百个以经济沟为依托的林贸市场，使3万多户农户脱贫。有4个省市1800多人次到河北太行山区学习生态经济沟建设的经验，在全国产生了较大的影响。

（三）"围山转"——小康之路通云天

1989年，一项融科研、示范和推广为一体的"围山转"生态林业工程综合配套技术（以下简称"围山转"技术），以"三北"防护林工程建设为契机，在河北省北部山区及华北地区得到了大面积推广应用。6年来，河北省在首都周围地区5个市的25个县（市、区）推广面积达11万多公顷。"围山转"技术不仅为山区群众"转"走了贫穷，"转"来了富裕，而且必将转出一个光辉灿烂的未来。

"围山转"是河北省山区群众总结的治山造林经验。它是指在坡度25度以下的山区，沿等高线挖宽深各1米的水平沟，沟距2～5米，表土回填，生土、石砾筑埂而形成的水平畦田。由于条条畦田依山而起，层叠环山而绕，群众形象地称之为"围山转"。"围山转"技术是以"围山转"科学造林整地技术为基础，运用系统工程与生物环境科学理论相结合的方法，在同一荒山上，把农、林、牧、水、副等各业生产结合起来，按照空间位置、时间顺序及物能流动特点，建成以林为主、长短结合、循环利用、多级生产、稳定高效的可持续发展的生态经济系统。

"围山转"的主要特点：一是进行系统设计。林农牧水多项组合、复合经营。在发挥生态效益的同时，促进各业协调发展。二是在施工中，通过深挖水平沟、表土回填和石砾筑埂等措施，使活土层潜于地下。与普通整地形式相比能充分利用水土资源，稳定坡体，增加蓄水、缓洪和抗旱能力。三是采用长中短结合，立体配置的"储备置换"栽植技术。即在畦面中间栽植经济价值高，结果较晚的干、鲜果树，外侧配置结果早的杂果，树下间作矮杆经济作物，两条畦田中间坡面种植牧草和经济灌木。实现了当年投资，当年受益，三年还本，连年丰产的良性循环。四是工程措施与生物措施结合，水电路配套。宏观上使山区开发向基地化、规模化发展；微观上在一个流域内建成"山顶松槐戴帽，山坡板栗缠腰，坡底苹果、梨、桃，农田裹脚"的生态经济系统。

几年来，党和国家领导人多次视察"围山转"工程区，给予了充分肯定和高度评价，进一步激发了群众的推广热情。1991年全国生态农业现场会和1994年全国山区林业综合开发及经济林现场会在河北省唐山市召开，使"围山转"在全省乃至全国得到迅速推广。

"围山转"技术的大面积推广应用，使河北省北部山区开发实现了社会、生态和经济三大效益的高度统一和同步提高。据统计，1989～1992年"围山转"技术推广面积8.3万公顷，新增产值2.5亿元，其中粮油间作产值1.14亿元，干鲜果品产值0.79亿元，灌、草、药、烟间作产值0.57亿元。年均投资收益率154%。唐山市通过推广"围山转"技术使257个村达到小康，承德市有1601户农民靠林果收入超过万元。遵化市达志沟村靠"围山转"走上富裕路，1994年全村仅板栗一项人均收入就达6000多元。生态效益日益显著，有效地保持了水土，蓄水效率达92%，做到了"小雨中雨不下山，大雨清流缓山川"，对保护下游的农田和水利设施发挥了重要作用。

1994年7月13日和8月7日迁西县遭受了两次百年不遇的暴雨袭击，降雨量高达577毫米，而该县2.28万公顷"围山转"工程安然无恙，并使11.3万公顷流域面积免受水灾。天然降水得以合理再分配，干旱季节的土壤含水量增加27.2%～55%。改善了土壤理化性质，有机质含量对照增加2～3倍。社会效益显著，绿化美化了国土，建成了复层植被、种群多异、景观镶嵌的生态经济性防护林体系。增强了山区群众的绿化意识，改善了山区产业结构，振兴了农村经济。提高了农民的技术文化素质，培训人员82万人次。

"围山转"技术推广项目1993年获得林业部科技进步二等奖。到1994年底全省推广面积达到11万多公顷，并辐射推广到30多个省市或地区，仅辽、京、鲁、晋四省市推广面积就达16万多公顷。河北人民不仅按时完成推广任务，而且给"围山转"注入了新的内容。

由单纯围着绿化工程转，走向"围着市场转，围着科技转，围着效益转，围着小康转"的新路子。

围着市场转。"围山转"开发初期，河北省燕山山区挖"围山转"9750万米，造田4.3万多公顷，长中短效益结合林果粮草间作，打开了致富之门。但近年来一些产品却成滞销货，无人问津。山民的目光开始瞄准市场建设"围山转"。他们调整林果品种，加大优质果品比重，栽植优种适销果树。迁安县三岭万亩苹果基地全部栽植了红富士等优种苹果。目前，这个工程区已累计产果9万吨，实现产值1500万元。燕山人还发现，越是形成规模，就越有市场。迁安、迁西、遵化三县(市)集中连片发展板栗，已形成千里板栗带。迁西县烈马山峪村，去年与中国粮油食品进出口公司联营，成立了中粮迁西金栗公司，专门从事板栗出口业务，当年出口板栗3700吨，使栗农收入比过去提高了60%～70%。尤为可喜的是，当出现卖果难时，农民们不再怨天尤人，而是主动寻找市场。近两年红果价格猛跌，遵化市了解到外商需求大量浓缩红果原汁，1993年引进一套德国加工设备，不但使本市红果有了出路，还解决了周围县的卖红果难的问题。

围着科技转。参与市场竞争，农民认识到产品的竞争力关键在科技。在"围山转"的发源地迁西县杨家峪村有这样一件事：群众千辛万苦搞了"围山转"，栽上了板栗树，可由于品种老化，15年才能结果。村里请来了果树专家，把板栗树头砍掉，进行优种换头嫁接。不少村民说什么也不让砍下果树头。果树专家只好在几棵树上搞试验，结果，嫁接后的板栗树第二年抽出新枝挂了果，第三年就有了产量。村民看到后纷纷请果树专家来嫁接。这年，全村板栗优种率达100%，产量增加了50%，好果率达100%。在1993年的板栗大战中，杨家峪的板栗大出风头，一位台商包销该村的板栗也发了财。1996年这个台商与杨家峪合作成立了华景板栗开发公司，板栗直接出口日本。

围着效益转。面临市场经济的挑战，燕山人对"围山转"的经济效益也更为重视。迁西县红石崖村自1985年开始搞"围山转"，建高标准果园40公顷，栽桃6100株。前5年亩投入产出比为2∶48，普通果园只有0.94。以板栗为主的"围山转"果园，前5年亩投入产出比为1∶29，普通板栗园为0.41。"围山转"也产生了重要的社会效益：一是树木成活率由40%提高到91%，加快了绿化速度；二是围山转综合技术立体种植，一地多用，增加了粮食产量；三是实施山上栽树，山下搞加工，山外找市场，向二、三产业延伸。

围着小康转。实现小康是山区农民多年的梦想，燕山大批山村因建设高标准"围山转"工程而实现了他们的梦想。遵化市的达志沟村，仅靠山上的8万株板栗成树，人均年收入在5313元以上。据统计，唐山市围着小康搞"围山转"，大上经济林，近几年来每年创收5.8亿多元，其中每年出口板栗一项可创汇3000万美元，264个村靠"围山"转实现了小康。

"围山转"工程区"四转"源于"一变"，即各级领导思想观念的转变，把"为官一任，绿化一方，致富一片"的口号付诸实际行动。各县坚持谁投资，谁开发，谁受益的原则，允许转让、继承。各级领导现场办公，协调农、林、水、电、交通、金融等部门的关系，实行哪儿搞"围山转"就在哪里上水、办电、修路、建市场。各级干部还深入现场，承包山头，亲自带领群众干。许多村干部常年不拿工资补贴，吃住在山上。干部、科技人员和群众同心"围山转"，形成了"围山转"不断创新的原动力。

(四)重笔浓墨平原铺绿

河北是平原大省，共有94个平原县(市、区)，面积685.5万多公顷，其中耕地434.1万公顷，是全国平原最多的省，平原县占全国的十分之一强。

河北省50年代在全国率先开发了沙荒绿化，60年代大力开展四旁植树、方田林网化，80年代后期开展了平原绿化达标和以农田林网为主体的综合防护林体系建设。进入90年代，在全国平原绿化普遍滑坡的形势下，适时开展了以"大框架"绿化、"窗口"地带绿化、甲级绿化县建设为重点的平原绿化工作，并总结出建骨架、配网格、改品种、调结构的成功经验，推动平原绿化不断向深层次发展。

(一)摸清底数，制定规划，分类指导

从1992年开始，对已实现平原绿化的88个县市的农田林网体系有计划地进行复查。经过复查摸底，全省有27个县在原来达标的基础上，又有了一定提高；有49个县基本维持原有水平；有12个县农田林网的标准和质量下降，缺株、断带、少行现象比较严重。在复查、摸底、调查的过程中发现平原绿化的投入主体发生了变化，靠征收农村绿化费对平原林业的投入行不通了。在摸清底数，查清原因的基础上，重新编制了平原绿化规划，并具体化为"9981"，即推广99项林果适用科技成果，完成100个林果基地建设、100个高标准甲级绿化县建设、100个城镇周围绿化工程、10条"绿龙"、123个国营林场发展工程、1000个靠林果收入致富的村，林产工业和多种经营产值10亿元，林果总产值100亿元。直接涉及到平原绿化建设的有四项：城镇周围绿化、高标准甲级绿化县、林果基地、"绿龙"建设。

在统一规划的前提下，实行了因地制宜、突出特点、分类指导、有机结合。在黑龙港地区把大骨架绿化和枣粮间作结合起来，完善枣粮间作大骨架绿化模式；在沙地把治沙工程和立体开发、平原绿化结合起来，建立林果基地；在农区把农田林网建设同大骨架绿化结合起来，完善农田防护林体系；在开发区，黄淮海工程与平原林业建设相结合，使农业开发和农田林网建设同步进行。

(二)明确责任，加强领导

为了把平原绿化任务和目标真正落实到各级领导和部门领导的肩上，省主管副省长代表省政府与各市(地)主管市长(专员)、省直有关厅局长签订了造林绿化目标责任状。对各地市的水利、公路、铁路等部门下达了任务指标，明确了责任。公路、铁路两侧林带分别由交通、铁路部门负责，河渠绿化由水利部门负责，林网建设由各级政府负责，林业部门负责规划设计、苗木调剂和质量验收。各市(地)、县、乡、村也都层层签订了造林绿化目标责任状。制定小康县、乡、村绿化标准，把绿化指标作为小康县达标十项内容之一，实行一票否决制，即林业指标上不去，小康县就不能达标。制定了《河北省农村小康建设林业指标实施计划》，分别对小康县、乡、村的绿化标准提出了具体要求，并按照省委、省政府对各县市实现小康时间的要求，下达了绿化任务。各地市都把林业建设作为实现小康的一项硬指标来抓，做到了小康县建设和林业建设同步进行。

(三)突出重点，抓好大框架绿化建设

所谓大框架绿化，是指以公路、铁路、河流为主体栽植林带，形成平原绿化的核心骨架。

为抓好大框架绿化，重点推广了深州市的造林模式。

1991年，深州被林业部授予平原绿化先进县。几年来，经过广大干部群众的共同努力，基本建成了大跨度、宽林带、经济生态复合型综合防护林体系，四旁植树达2083万株。林网控制面积为7.5万多公顷，占耕地面积的89%，宜林荒地已全部绿化；主要公路、河渠全长1150公里，已绿化1130公里；全市果树面积1.7万多公顷，其中结果面积0.6万多公顷，果品产量7500万公斤，年林果产值1.07亿元，人均226元。林木覆盖率达18.3%。

"公路河渠林带化、农田林网化的生态复合型绿化模式"立即在全省平原地区得到认同，很快推广。仅衡水地区就有8个县(市)，按照深州模式实施了大框架绿化工程。河北省在深州召开了平原绿化现场会，林业部在衡水市召开了全国平原绿化工作会议，肯定和推广深州的经验。

在框架建设中，坚持把林业发展与地方经济建设相结合，造林与农民脱贫致富相结合，调动农民个人造林的积极性。坚持立体开发，变生态型林业为生态经济型林业。创造的枣粮间作、宽林带林粮间作、沙地综合开发等经验，都是平原绿化的成功模式。沧州市的枣粮间作，实现了"树下千斤粮，树上千斤枣"；大名县的宽林带林粮间作，实现了林茂粮丰。他们的共同特点是治理、开发、造林三位一体，长中短效益结合，综合治理，立体开发，改变了平原林业功能单一、效益单一的状况。平原绿化涉及铁路、交通、水利、农业等各个部门，规定谁的责任地段由谁负责，投资主体以受益者为主。同时用足用好农业开发资金、世行项目、国内贴息贷款，适当向大框架绿化倾斜，以营造速生丰产林的形式，来推动大框架建设；省补助资金和重点工程挂钩，实行以奖代补，先干后补。几年来全省用于平原绿化的资金达25亿多元。

(四)放宽政策，建立激励机制，强化管护

从平原林业的实际出发，以有利于建设完整的生态体系和发达的林业产业体系，有利于调动各个方面的积极性为目标，稳定完善改革开放以来林业生产的基本政策，逐步建立与社会主义市场经济体制相适应的林业政策体系和管理体制。实行"谁造谁有、合造共有、允许继承"的政策，承包期一般30～50年不变；允许在承包的荒滩上兴办林场、果园，承包者拥有经营自主权、折价转让权和后代继承权；制定鼓励林业投入的政策实行国家、集体、个人一起上，坚持"谁投资谁开发、谁经营谁受益"的原则，鼓励大户承包或合资开发，提倡机关投资，联合开发经营或股份制经营。邯郸、保定两市最近推行了路渠和荒废地拍卖使用权的政策，加速路渠和荒废地绿化，使国家造林管护，变为全民造林、全民管护，加快了造林绿化步伐，提高了管护水平。

造林容易，护林难。建设一支强有力的护林体系和护林队伍是保护造林成果的关键。河北平原地区共有护林队伍1880个，护林员7.5万多人。故城县采用招标的办法，成立林木管护队23个，护林员1100多人，对护林员实行聘任制，先交纳一定数量的林木保险金，定期考核，把管护效果和工资挂钩。平原林木更新逐步制度化和规范化。加强了平原农区的林政管理，严格林木采伐的审批制度，坚持凭证采伐，凭证运输。严厉打击毁林案件，实行公开处理。高碑店市由市法院和林业部门联合成立了"高碑店人民法院林政合议庭"。

1996年省委书记程维高就平原绿化工作专门给有关市的书记、市长(专员)写了信，要求主要领导亲自抓；主管领导具体抓、扎实抓，提出了平原绿化要一年初见成效，三年大见成效，到1998年实现平原绿化先进省的奋斗目标。之后，省政府召开了全省平原绿化工作现场会，进一步明确了平原绿化发展的思路、目标和任务。同时平原绿化工作被省委督查室列入督查内容。

平原绿化工程实施以来，全省累计有91个县(市、区)达到部颁平原绿化标准，荣获"全国平原绿化先进单位"称号，保定市、唐山市、邢台市、衡水市和秦皇岛市实现平原绿化。据资源监测提供的数据，目前平原区有林地65万多公顷，加上四旁树折合，森林覆盖率为10.5%；林木总蓄积1871.9万立方米，占全省的22.1%。农田林网控制面积(包括农林间作)344.6万多公顷，占总面积的82.3%；绿化宜林"三荒"地53万多公顷，占87.9%；村庄林木覆盖面积21.6万多公顷，林木覆盖率38.5%；果树58万公顷，速生丰产林7.6万多公顷，在全省平原形成了网、带、片相结合的农田防护林体系，对防风固沙，保证农业稳产高产发挥了重要作用，同时也促进了当地经济的发展。

三、面向新世纪，再造绿色辉煌

今日的河北，已有了许多绿色。但按照建设良好生态环境的要求，全省有林地面积较少，森林覆盖率还比较低，水土流失严重，自然灾害频繁，尚有200多万公顷宜林荒山、荒滩、荒地尚待造林绿化，林业建设任重而道远。

河北人民面对现实，决心用心血和汗水建设更加秀美的山川。到2010年林业发展总体思路是：深化林业改革，扩大对外开放，以科技为先导，以提高效益为中心，以建立林业生态体系框架和林业产业体系基础为目标，狠抓两个转变；坚持三个结合，突出三个重点，实现三个增长，使全省林业的总体水平跨上一个大台阶，为建设经济强省作出应有的贡献。

两个转变即：依靠提高林业科技含量和提高劳动者素质，推进林业经济增长方式从粗放型向集约型转变；由传统的林业计划经济体制向社会主义市场经济体制转变。三个结合即：坚持发展林业同发挥区域优势、发展地方经济、致富奔小康相结合；坚持生态体系建设与林果基地建设相结合；坚持一、二、三产业协调快速发展与提高现有资源管理利用水平、提高林业综合生产力相结合。三个重点即：突出重点生态工程建设，突出名特优新林果基地建设，突出发展林产工业和多种经营。三个增长即：实现森林资源(包括有林地面积、林木蓄积、森林覆盖率)的增长，实现林产工业和多种经营产值的增长，实现全省林业总产值的增长。

到2010年，宜林荒山基本实现绿化，到2010年，全面完成首都周围绿化工程，形成京津绿色生态屏障;在太行山进一步推广生态经济沟的经验,在燕山进一步推广“围山转”的经验,搞好山区综合开发,建设良好生态环境,促进山区农民脱贫致富;按照“建骨架、配网格、改品种、调结构”的建设思想,建设农田林网,使平原地区森林覆盖率达到12%以上,完成22.8万多公顷的沙荒治理任务,大力发展各类林果基地,形成结构、布局较为合理的森林资源体系;林产工业和多种经营产值分别保持12%和15%以上的年递增速度,实现总产值25亿元;充分利用森林景观资源,建成塞罕坝、磬槌峰、清东陵、金银滩、黄金海岸、海滨、山海关、老岭、狼牙山、白石山等一批森林公园,并以此为依托,建立起京津——清东陵——金银滩——秦皇岛,京津——雾灵山——承德——塞罕坝两条森林旅游热线;实施生物防火工程,有计划地营造生物防火林带,森林火点控制在0.3/1000以下;基本建立起省、市、县三级森林病虫害监测、分析、预测、信息网络系统,形成较严密的检疫执法网和技术服务体系,将病虫害发生率控制在9.5%以下,防治率达75%以上。

为实现以上目标和任务,河北省将采取7项有力措施:一是建立和完善各级领导任期绿化目标责任制;二是继续深化林业改革、加快林业发展、提高整体效益;三是全面加强资源和林政管理,保护和利用好现有资源;四是坚持全社会办林业、全民搞绿化;五是依靠科技进步,提高林业建设水平;六是多渠道筹集资金,增加对林业的投入;七是稳定完善林业政策,建立健全林业生产责任制。

经过十几年的努力,到那时,河北省将基本实现消灭宜林荒山,建成山区、平原、沿海、坝上互为依托、各有特色的比较完善的林业生态框架,使京津和河北都有较为良好的生态环境。到那时,河北山区群众将达到人均1亩经济林,年人均林果收入在800元以上,山区人民将有望永远告别贫困,走上以林致富的康庄大道。

(执笔人:王兴芬)

"绿龙"在三晋大地崛起

——山西省林业建设50年

山西省林业厅

山西是我国重要的能源重化工基地,是著名的煤铁之乡、能源之乡。但山西却是个穷省。因为这里的生态环境恶劣,自然条件较差。山西地处黄土高原,水土流失严重,自然灾害频繁,水资源十分贫乏,三者交织在一起,严重地制约了农业和整个国民经济的发展。人们把山西比喻为"地下富,地上穷",恰好说明了山西的自然特点。

山西是个山区省份,东依太行山,西傍吕梁山,山区丘陵占总面积的80%。境内地形复杂,沟壑纵横,土地贫瘠,十年九旱。由于历代战乱和无休止的毁林开垦,全省森林植被十分稀少,新中国成立初期,森林覆盖率仅为2.4%。一个面积为15.6万平方公里的省份,仅有零落稀疏的36.76万公顷次生林,遍野一片赤黄。森林植被的稀少,造成了严重的水土流失,全省水土流失面积高达94 960平方公里,占到全省土地总面积的60%以上。要从根本上改变山西的自然条件,最根本、最经济、最有效的办法就是增加植被、植树造林。造林就是造水,造林就是造粮,造林就能控制水土流失,造林就能带来富裕和希望。新中国成立以来,历届山西省委、省政府十分重视林业建设,把它作为整治国土的根本大计来抓,坚持不懈地发动群众、植树造林、改造山河。由于"左"的错误的干扰,山西的林业建设也有过曲折,有过徘徊,但从总体上讲,发展还是比较快的。特别是改革开放以来,各级领导解放思想,放宽政策,大胆改革,开拓进取,下大力气实施林业两大体系建设,努力把林业建成农村致富达小康的支柱产业,使林业建设迈入了振兴发展的崭新阶段。不仅显著改善了全省的生态条件,而且作为一项新兴的致富产业展示在人们的面前。

一、艰苦创业　成就辉煌

回顾山西50年林业建设历程,大体经历了四个时期:

1949～1955年,为林业建设的奠基时期。这个时期,首先是确定林权,保护好现有林木,通过政府发布一系列政策法令,经过艰苦细致的工作,把地主和封建家族霸占的35.5万公顷森林收归国有,分别由省属8个林业分局管理;另有1.26万公顷私有林确定为农民个人所有。其次是发布训令,严肃执法,坚决刹住乱砍滥伐歪风。1952～1955年,随着农村合作化运动的开展,林业生产也得到相应的发展。

1956～1965年,为"马鞍形"发展时期。1956年,毛泽东主席发出"绿化祖国"的号召以后,山西林业建设转入了重点造林和封山育林。中条林区、安泽、陵川、雁北等地造林形成规模;以金沙滩、黄花梁为中心的防风固沙林形成体系。全省从上到下建立了林业生产经营组织,建起了196个国营林场、104个国营苗圃、44个林业工作站、534个社队林场。1958年的"大跃进"和"人民公社"化运动,打乱了所有制界限,践踏了林业政策,林业生产走向低潮。1961年,中央纠正"三风",重申"谁种谁有"的林权政策,林业得以发展。

1966～1976年,为徘徊时期。10年"文化大革命”搞“穷过渡”，割“资本主义尾巴”，使经过调整整顿后出现的林业持续发展的形势和正常秩序再一次遭到严重破坏，山西林业建设在极其困难的情况下缓慢发展。

1976 年粉碎“四人帮”后，特别是党的十一届三中全会以来，省委、省政府坚决贯彻党中央、国务院一系列林业方针政策，恢复各级林业主管部门；认真搞好稳权发证；推行联产承包，划分林业“两山”（造林责任山和自留山），发展林业“两户”（林业专业户和重点户），兴办家庭林场和合作林场；建立林业“两工”制度（林业义务工和劳动积累工）；开展多种经营，搞活林区经济，使山西林业建设步入了前所未有的大好时期。年造林速度达到 20 万公顷以上，到 1998 年，全省林地面积达到 313 万多公顷（含四旁树折合面积），活立木蓄积量 8009 万立方米，森林覆盖率 20.1%，年林业总产值突破 50 亿元。林业的发展，显著改善了生态环境，风沙肆虐、穷山恶水的自然面貌大为改观，水土流失控制面积占到流失总面积的一半以上。生态环境的改善，促进了粮食的大幅度增产，粮食总产达到 105 亿公斤，比建国初期增长 4 倍以上。

（一）通过开展全民义务植树，促进绿化美化和兴晋富民步伐

长期以来，山西就有义务植树的传统，各级机关干部每年都要带头参加义务植树。1981 年全国人大作出开展全民义务植树运动的决议以来，全省义务植树由一般号召逐步走向有组织、有领导的法制化阶段，并有其自身的特点：一是建立义务植树基地。全省共建 3.7 万个，规划面积 59.4 万公顷，避免了以往一年一换地方的做法，做到义务植树经常化、制度化。二是同工程造林相结合。把国家投向造林工程的资助费，拿出一部分用于购苗，动员适龄公民在造林工地上造林，把义务植树同工程造林融为一体。三是同治理小流域相结合，组织适龄公民在小流域地段植树。四是同机关庭院、厂矿区、校区、营区绿化相结合，使机关、厂矿、学校、军营实现了绿化美化。五是同市区绿化工程相结合。六是同栽植纪念树，营造纪念林相结合。

截至 1998 年，全省累计义务植树 12.9 亿株，义务造林 10 万多公顷，育苗 0.6 万公顷。由共青团、林业部门共同组织的青年黄河防护林建设工程，是全省规模最大的一项义务植树工程，范围涉及 4 个地区 19 个县，累计造林 15.92 万公顷，使黄河沿岸 58 万公顷土地的生态环境得到改善。

（二）工程造林成效显著

改革开放以来，由于一系列林业政策的贯彻落实，保证了全省林业重点工程的如期实现。

1.“三北”防护林体系建设一、二期工程超额完成计划

山西的西山地区（吕梁山地区）系黄土丘陵区，水土流失严重，地形支离破碎，沟壑纵横，是山西自然条件最差的地区。1977 年山西省开始有计划地进行防护林建设。1978 年纳入国家“三北”防护林建设体系，涉及 43 个县（市）区，建设任务 201 万公顷。

按照规划，从 1978 年开始，实施第一期工程，造林任务 75.93 万公顷。到 1985 年，超计划 1.24%完成任务。

第二期工程从 1986 年开始，到 1995 年，完成造林 58.25 万公顷，提前 1 年完成任务。从 1996 年开始，以更快速度建设第三期工程，计划到本世纪末，造林面积达到 158.7 万公顷。

2. 太行山绿化全面启动

绿化太行山，不仅关系到山西境内 57 个县（市）区的生态环境改善和国民经济的发展，而且将为北京、河北、河南建起天然的绿色屏障。

太行山系干石山区，植被条件差，水土流失严重。1983 年，省政府制订绿化规划，1986 年正式实施。计划到 2000 年，林地面积达到 200 万公顷。自 1993 年全面启动以来，年均造林 11.33 万公顷，是启动前的 1.9 倍。到本世纪末，完全可以完成规划任务。

3. 平原绿化第一批实现达标

新中国成立初期，山西的平原地区树木很少，可谓赤地千里，“人行十里难乘凉”。大同、朔州一带，每到春季，沙暴肆虐，天昏地暗，“白天播下种，一夜把籽丢”，“禾苗沙埋”现象屡见不鲜。

从 50 年代中期开始，推广夏县经验，大搞“四旁”绿化、农田林网。经过几十年的努力，到 1990 年，全省 40 个平原县，面积 31300 平方公里（约占全省面积的 1/5），全部实现绿化达标，成为全国第一批在一省范围内平原县全部达标的省。生态环境的显著改善，保证了全省农业生产基地的大幅度增产。

（三）国有林业成为全省林业支柱

经过近 50 年建设，全省现有 9 个森林经营（实

验)局(林区)和219个国有林场,其中省直林场103个,地(市)县属林场116个,经营面积203万公顷,有林地面积106万公顷,活立木蓄积量4908万立方米,林业职工15 700人,是全省林业建设的支柱。

改革开放以来,国有林区解放思想、打开山门、面向市场、搞活林区,大力调整产业结构,切实加强林业产业体系建设,使林产工业逐步形成;商业、服务业、森林旅游业也显示出较好的经济效益,扭转了林区长期以来单靠木头吃饭的"一穷二死"局面。今日的国有林区,已拥有纤维板、刨花板为主的森工企业8个,其中引进德国先进技术设备的山西森磊建业有限公司引进意大利资金与设备的新普生保健品有限公司是山西林产工业的"龙头"企业。近几年来,山西林区充分利用自身优势,大力发展多种经营,共开发木材加工、冶金、建材、运输、种植、养殖、食品加工等多种经营280多个项目,年收入1.3亿多元,占林区总收入的1/2。中条林区、太岳林区生产的木炭、活性炭,是重要的化工原料和出口创汇产品;中条软木厂是北方独家软木生产企业。

山西是中华民族的发祥地之一。悠久的历史、丰富的动植物资源为森林旅游提供了契机。全省现已建立起18个国家级森林公园和12个省级森林公园。1993年,山西成立了森林旅行社,开通了10条省内外森林旅游热线。被誉为"华北第一洞"的禹王洞森林公园,年门票收入200万元以上。五台山、恒山、管涔山、天龙山、关帝山、云岗等森林公园的森林旅游业,也蓬勃发展起来。管涔山森林公园被评为全国"十佳"森林公园之一。

1980年以来,山西先后建立了庞泉沟、历山、芦芽山、蟒河4个国家级自然保护区,还有7个省级自然保护区,使区内褐马鸡、黑鹳、金雕、金钱豹、猕猴、大鲵、连香树、青檀树等珍稀野生动植物资源受到保护。

(四)经济林生产和加工形成体系

山西山多,优势在山、希望在林。大搞以林为主的综合开发,是农村经济向纵深发展的必然选择,是山区脱贫致富的重要途径。为此,省委、省政府于1992年作出了实施林果战略的决策,计划到2005年,山区农村人口人均达到1亩,平川人均半亩,人均林果收入1000元。与此同时,大搞以林为主的综合开发,带动各相关产业的迅速发展。到2000年,以林为主的综合开发产值要占到农村总收入的50%以上。在省委、省政府的号召下,全省农村掀起了大力发展经济林的热潮。到1998年,全省经济林总面积达到117.8万公顷,产量29亿公斤,初步形成了黄河、汾河中下游和滹沱河沿岸地区以红枣为主,吕梁、太岳、太行山低山丘陵区以核桃为主,晋北、晋西北以仁用杏为主,晋南、晋中盆地以苹果为主,上党盆地、忻定盆地以酥梨为主的五大区域性经济林基地。

经济林建设的基地化、规模化,促进了林果加工为主的产业发展。运城地区依托26万多公顷果品生产基地和10多亿公斤果品产量,建成年产值在100万元以上的果品加工企业12个。吕梁地区充分发挥红枣、核桃品种优、产量高的资源优势,积极开展果品加工,变产品优势为商品优势,兴办集体、个体企业300多个,年加工红枣、核桃3000万公斤,增值1.5亿元。此外,一批开发林果资源的新企业相继崛起,如隰县的金梨汁、高平的黄梨汁、陵川的果茶、沁县的核桃露、河曲的海红蜜、阳高的杏脯等,在市场上都很走俏,基本实现了基地建设连农户、加工产销一条龙的农村林业产业化格局。

二、大胆改革 快速发展

十一届三中全会以来,山西林业建设逐步进入快车道,最根本的原因在于解放思想、大胆改革,给林业注入了活力。一切有利于发展林业生产力,有利于调动广大群众发展林业的积极性,有利于促进群众致富,有利于提高林业生产率的政策和办法,都可以大胆地试、大胆地改。紧紧围绕增资源、增活力、增效益的总目标,多方位进行改革,逐步建立起新的经营机制、投入机制、营林机制和管理机制,因而促进了林业的迅速发展。

(一)推进农村林业经营组织的多元化

1.在集体经营、个体经营、承包经营的基础上,进一步放宽政策,采取股份合作经营、联产合作经营、委托经营、合同经营等多种经营组织形式,促进林业发展

由于股份合作制激发和顺应了农民发展经济、脱贫致富的愿望,股份制林场发展很快。据不完全统计,全省现已建起以股份制为特征的林业经济实体4000多个,入股农户35万户,开发经营面积20多万公顷,吸纳股金40亿元。

2. 大力推行拍卖宜林“四荒”地(荒山、荒沟、荒坡、荒滩)使用权改革,促进社会资金、人力、物力、技术、信息等生产要素向林业流动

拍卖期限50～100年不变,购买者有治理权、受益权、转让权。极大地调动了广大群众购荒、治荒的积极性。据统计,全省已有23.9万农户、600多个机关团体购买“四荒”93万公顷,拍卖资金1亿多元。初步治理面积占到拍卖面积的40%。通过对“四荒”面积的开发治理,购荒户有1/4走上了致富道路。吕梁地区拍卖“四荒”是全国首创,得到江泽民总书记的高度重视。到1998年底,全区已拍卖面积23万公顷,占“四荒”总面积的74%,已初步治理9万多公顷,占购荒总面积的40%。

3. 推动乡村集体林场经营机制转变

乡村集体林场是以国家资助和集体投入与农民投入“两工”相结合建立起来的林业生产基地。在清产核资的基础上,以现资产总值折股,留足集体股后,按投资、投劳配股,也可向社会增扩新股。计划到本世纪末大部分乡村集体林场实现股份制经营。

(二)建立多元化林业投入机制

发展林业,要有必要的资金作保证。长期以来,资金短缺成了困扰林业发展的一大难题。为了适应林业发展的需要,山西在投入机制上进行了一系列改革,建立起多元化的投入机制,千方百计拓宽资金渠道。概括起来是争取政府的、贷出银行的、引进外部的、聚集民间的、征集社会的。

一是争取政府的。主要有三种做法:①管好用好现有投资,争取政府更大支持。1986年全省实行工程造林以来,增加了国家投入,每年省财政投资1000万元以上,1998年达到4000万元。②省林业厅与省计委、省财政厅共同立项,争取计划、财政部门多投入。1996年林业厅与财政厅共同立项,建立了“山西省林业生态示范县工程”,一定5年,总投资1000万元,财政厅不少于500万元。同年又邀请省计委共同考察晋北“小老树”改造情况,求得他们的支持,共同立项,建立了“晋北樟子松营林工程”,工期4年,省计委投资1000万元。③对重点工程实行招标,中标的当地政府必须保证配套资金的投入。1996年,省林业厅对“晋北樟子松营林工程”实行招标,12个县中标;次年对黄河中游防护林工程实行招标,30个县中标,把竞争机制引入营林生产。中标的主要条件:一是建设方案是否可行;二是当地政府配套资金是否有保证;三是林业专业队伍力量如何。在公平竞争的原则下择优中标。实行公开招标,既是管理机制的一项改革,有利于集中利用资金,保证重点工程,提高投资效益;又有利于增强各级领导的紧迫感、责任感,敦促地方政府对林业的投入。

二是贷出银行的。为了扶持山西发展林业,国家每年都要安排一定数量的政策性贷款。为使银行资金及时到位,省林业厅成立了专门机构(基金站)管理这项工作,并建立了项目库,对经过考察可行的项目及时入库。每年申报项目前和项目执行中都要召开协调会,与银行共同研究、共同协商、共同筛选项目,共同解决存在的问题。几年来,国家安排山西2.8亿元林业贷款和9900万元综合开发贷款,基本上按期贷出,及时发挥了效益。

三是引进外部的。在原林业部等有关部门的支持下,从1984年开始,山西先后与德国在杨树育种方面开展技术合作,进行三期共12年,德方无偿援助1060万马克,收到显著效果。1995年,争取到德国政府无偿援助1200万马克用于恢复山西北部风沙区生态环境建设项目;利用世行贷款668万美元开展森林资源保护和发展项目;从1998年开始利用1600万美元世行贷款用于贫困地区林业发展项目已经启动。从1984年以来,全省林业行业共引进3300万元美元,合人民币2.6亿元,用于发展林业,给全省林业发展注入了活力。

四是聚集民间的。全省拍卖“四荒”收回资金1亿多元用于林业建设。推行股份制吸纳股金40亿元投入林业。

五是征集社会的。从1993年开始,全省对煤炭、铁矿等开采业征收林业建设基金,每年4000余万元用于林业。

由于建立起多元化的投入机制,全省林业建设融资总量“九五”比“八五”增长了近一倍,年投入近3亿元,有力地促进了林业的发展。

从1996年开始,全省对林业实行分类经营。凡属公益林,采用国家投入为主,地方配套与群众投工投劳相结合的办法进行投入。凡是商品林,除必要的基础设施建设给予适当的投资外,大部分以建设单位自筹和有偿投入为主。此外,从造林投资中切出20%的资金专门用于育苗,直接用于当地造林。通过实行有偿和无偿相结合、投苗投资相结合,进一步用

活了林业资金，促进了林业生产由粗放经营向集约经营转变。

(三)深化营林改革，实行工程造林

1986年，山西对国家资助的集体造林，本着突出重点、择优扶持的原则，大力推行工程造林，即“按项目投资，按工程管理，按规划设计，按设计施工”。这是营林体制上的一项重大改革，是群众造林逐步走向系列化、科学化、集约化的一项重大措施，是集计划、投资、技术管理于一体的综合管理体制的成功实践。

工程造林有三个主要特点：一是造林有计划性。用这种办法把群众性的造林活动统一组织起来，纳入国家林业发展规划和年度计划之内。二是造林资助费按项目资助，没有列入项目和项目未经批准的，国家不予资助。三是对造林项目必须进行全面规划，按规划设计，按设计施工，做到区划、规划、设计、施工、验收、建档一条龙。不按规划设计或不按设计施工，林业部门可以不予验收、不予拨款。

实施工程造林，使农村集体造林逐步走上科学化、规范化，基本解决了长期存在的面积不实、地块分散、成活率低的问题。据抽样调查，实行工程造林前，全省农村集体造林成活率在40%以上的面积仅达47.8%；实施工程造林后，面积核实率为86.6%，当年造林成活率达85%以上的面积占到66.8%。1989年全省上报完成工程造林17.6万公顷，经林业部现场抽样核查，面积核产率达到100%，合格率达94.9%，居全国第一。

山西实行工程造林，始终坚持突出质量、突出效益的原则，逐步向基地化、规模化发展。全省以林业区划为基础，打破行政界限，按山系、按流域统一规划、综合治理，充分发挥林业的整体效益。“八五”期间，围绕建设三大体系(西山防护林体系，太行山用材防护林体系，平川农田林网体系)，重点抓了五个100万亩林业建设工程，即雁、朔、同地区100万亩以樟子松为主的“三松”基地工程；吕梁山沿黄河100万亩以红枣为主的经济林建设工程；昕水河流域100万亩生态经济防护林示范工程；晋南平川100万亩泡桐基地工程；太行山100万亩样板工程，全部如期完成，形成林业区域经济。

实行规模经营和基地建设，是工程造林内涵发展的突破，显示了强大的生命力。它既有利于促进林业由粗放经营向集约经营转变，又有利于林业由生态型向生态经济型发展。

(四)强化管理机制，加快林区发展

省直林区和国有林场，是全省林业的骨干。转换经营机制，强化内部管理，提高经营水平，建立适应市场经济的管理机制，是林区和林场改革的重点。为此，1996年全省林区和林场全面推行人事、用工、分配三项制度改革。林区和林场实行任免和聘用双轨制、持证上岗制、工人劳动合同制、岗位技能工资制。各林区管理人员在原有基础上压缩30%充实生产第一线。林区和林场本着“精简、高效”的原则，定岗、定编，公开竞争、择优上岗。林区、林场干部实行任期目标责任制，签订年度责任书，实行年度考核，期满不再继续任用者，其工资待遇按新岗位对待。工人与所在单位签订劳动合同。在工资分配上，全面推行以岗定薪、岗变薪变、多劳多得的分配制度。原有的工资级别，全部入档，形成档案工资，适用于离退休和工作调动使用。生产岗位的工资，实行岗位技能工资、计件工资和定额工资，上不封顶、下不保底，以工作量多少计发。非生产岗位的工资，依据职务工资计发。鼓励科技人员进入经济建设主战场，实行生产、科研及技术推广项目责任制，也可搞技术承包，同工同酬。鼓励林场职工承包荒山，自费造林，收益归己，百年不变。允许林场将宜林荒山使用权分给职工，林场提供苗木、技术，收益按比例分成。允许林场以股份制形式吸引集体林合股经营、按股分红。

发展多种经营和林产工业，是林区实现第二次飞跃的希望所在。林区和林场采取不同的经营策略。林场以小取胜，滚动发展；林区实行横向联合，规模经营，实现内部产业和产品的合理布局，走“山上建基地，山下搞加工，山外建市场，科技创高效”的新路，形成产、供、销一条龙，变资源优势为经济优势。对现有的林产工业企业，普遍开展“转机制，抓管理，练内功，增效益”活动，推行“模拟市场核算，实行成本否决”为核心的企业内部经营管理。

三、总结经验　继往开来

在50年的林业建设中，不断实践、不断总结、不断创新，摸索出一些适合山西林业特点的有益经验，主要有以下几点：

(一)稳定山林权属，保持国有林分级管理体制

的稳定性和连续性

山西林业建设走过了一条曲折的道路，皆因林权不稳，生产关系变革过激所致。1958年的“共产风”，“文化大革命”中的“穷过渡”，破坏了“谁种谁有”的林权政策，严重地挫伤了群众的积极性，导致林业建设遭受挫折。党的十一届三中全会以来，坚持“谁种谁有”的林权政策，保持长期稳定，从而使林业蓬勃发展。历史经验表明，林权政策是党的林业政策的基石，不能轻易变动。

山西的国有林始终保持了林权的长期稳定，“任尔东西南北风，咬定青山不放松”，林场坚持不倒。国有林是山西森林资源的主体，如果任意折腾，想收就收，想放就放，必然造成严重损失。因此，国有林场始终保持林权稳定、体制稳定，使国有林面积和蓄积逐步增加。在管理体制上，由省林业厅直接领导9个森林经营局（林区），各森林经营局管辖103个国营林场，地（市）、县管辖116个国营林场，不能随意变动。几十年来，全省依靠这个阵地培育了大量森林后备资源，生产了大量木材和其他林产品。还从技术、物质上有效地支援了乡村群众造林，为全省科学营林做出了榜样。事实证明，坚持维护国有林权和分级管理体制的稳定性，是保证国有林不断壮大发展的一个重要因素，也是山西国有林管理的一个显著特点。

（二）发展林业要既抓生态效益，又抓经济效益，用经济效益促进生态效益

从山西的省情、林情出发，林业建设必须坚持以造林、营林为主的方针，努力增加森林植被，建设强有力的生态体系，从根本上改变山西的自然生态条件。这是山西林业发展的前提。为此，省委、省政府要求到本世纪末，全省80%的县实现基本绿化，森林覆盖率达到25%。再经过10年的努力，把森林覆盖率提高到35%以上。但是，发展林业不能只讲生态效益，不讲经济效益，而是要与群众脱贫致富挂起钩来，用经济效益调动群众的造林积极性，用经济效益促进生态效益。为此，在抓生态效益的同时，要面向市场、统筹规划，把林业办成高产、优质、高效的致富产业。以往山西林业建设重视生态效益，忽视经济效益，没有把林业当成一项致富产业来抓，不仅使林业经济长期处于薄弱状态，而且挫伤了群众的造林积极性。“八五”以来，全省加大改革力度、调整产业结构，以发展经济林为突破口，大力建设五大经济林基地，力争到本世纪末把山西建成经济林大省；并根据本省资源特点，大搞石膏刨花板、沙棘开发、林纸开发、森林旅游、花卉开发、果品市场开发等六大龙头产业，力争到本世纪末，林业总产值迈上一个新的台阶。

（三）抓好典型，以点带面，表彰先进，激励广大干部群众的造林积极性

山西从50年代树立夏县郭道村“四旁”绿化典型以来，一直重视培养和奖励各种类型的林业先进集体和模范个人。随着典型经验的推广，先进面不断扩大，出现了夏县、右玉、吉县、临汾、怀仁、壶关、平陆、偏关、和顺、左云、大同等一大批林业先进县（市）。省里及时总结推广他们的先进经验，用以指导全省林业工作。推广夏县的经验，促进了全省平原绿化的发展；推广壶关的经验，推动了全省的工程造林；推广平陆的经验，促进了山区的综合开发；推广和顺的经验，加快了荒山造林步伐。每树立一个典型，都有其指导意义，做到点面结合，以点带面。

为了鼓励全省人民积极造林护林，1980年省政府决定每三年进行一次评选奖励，并颁发了《山西省林业奖惩试行办法》。在表彰奖励的人物中，既有群众中涌现出来的造林英雄，又有地县级领导干部。1980年以来，先后6次授予130余名地县级领导干部为林业劳模或林业先进工作者，在群众中反响很大，出现了“评选一人，推动一片”，“上届评上，下届效仿”的新局面。

（四）加强领导，真抓实干，建立健全各级领导干部造林绿化任期目标责任制

林业要发展，关键在领导。只要各级领导具有强烈的绿化意识，具有高度事业心和责任感，林业就一定能搞好。许多林业先进县之所以搞得好，最根本的一条，就是那里的领导十分重视林业，真正把林业当成经济发展的基础来抓，当成农民脱贫致富的支柱产业来抓。为此，省里一方面制定激励机制，奖励林业工作搞得好的各级领导；同时制定监督机制，敦促各级领导抓好林业。1989年，省委、省政府召开了全省林业工作会议，决定建立健全领导干部造林绿化任期目标责任制，层层签订责任状，一任接一任地认真实施造林绿化规划，把造林绿化成果作为考核领导干部政绩的重要内容之一，做到“领导人更换，规划不改变”。还决定省、地、县三级党政主要领导和分管林业的领导都要办林业点，亲自实践，以点带面，使各级领导带头抓林业规范化、制度化。据统计，各级领导共办林业点6552个，规划造林面积18万公顷，已造林5万多公顷。在办点中，他们带头实干，有的还在林业点上竖了监督碑，挂了监督牌。全省上下出现了各级领导抓林业、干林业，一级做给一级看，一级带着一级干的大好局面。

（五）抓好"第一道工序"，大力开展多种形式的林业宣传

林业建设是一项社会性、群众性很强的工作，需要大力宣传群众，发动群众，才有可能搞好。为此，必须重视林业宣传，把它作为林业生产的"第一道工序"来抓。

为了搞好林业宣传，山西省林业厅要求各级林业部门做到"三落实"（宣传队伍落实，宣传经费落实，宣传项目落实）、"三同时"（研究部署林业生产的同时要研究部署林业宣传工作，检查验收林业生产的同时要检查验收林业宣传工作，总结表彰林业先进单位和模范个人的同时要总结表彰林业宣传工作搞得好的单位和个人）要项项落实，条条兑现。在此基础上，把宣传的重点放在基层，依靠各级党委，紧紧围绕工作中心，开展多种形式的林业宣传。林业宣传不能林业部门唱"独脚戏"，要依靠各级党委，组织社会各方面的力量，都来开展林业宣传。特别要发挥电视台、报纸、电台、广播等新闻单位的作用，采取群众喜闻乐见的多种宣传形式。宣传要紧密配合中心工作，抓时机、抓重点，一年集中大搞1～2次，形成规模、形成声势，力求取得最佳宣传效果。

50年的艰苦创业、50年的辉煌成就，为山西的林业发展打下了坚实的基础，它像一条绿色巨龙正在黄土高原上崛起。再过30年，富有光荣革命传统的3100万山西人民，必将用自己的双手，从根本上改变山西的自然面貌，把黄土高原改造成富裕的绿洲，让绿色巨龙腾越在三晋大地上！

（执笔人：刘先成　尹福建）

携手并肩奋斗　铸就绿色长城

——内蒙古自治区林业建设50年

内蒙古自治区林业厅

内蒙古自治区位于祖国北疆，东西直线距离2400公里，南北跨距1700公里。相邻8个省区，并与俄罗斯、蒙古交界，国界线长4221公里。总土地面积118.3万平方公里，占全国总面积的12.3%。

内蒙古地处蒙古高原南部，有一半以上的地区海拔在1000米以上。主要山脉有大兴安岭、阴山和贺兰山三大山系。主要平原有河套、土默川和辽嫩平原，是自治区商品粮和经济作物主要的产区。

内蒙古境内大小河流千余条，其中流域在1000平方公里以上的就有70多条。主要河流有黄河、额尔古纳河、嫩江和西辽河四大水系。

内蒙古地处北半球中纬度内陆地区，全区大部分地区属温带大陆性季风气候。冬季严寒漫长，多寒潮天气；春季干旱，多大风天气；夏季短促温热，降水集中；秋季气温剧降，霜冻早临。年降水量自西向东由50毫米到500毫米递增；年蒸发量900～4000毫米。大部分地区无霜期在80～150天。全区年日照时数普遍在2500小时以上，是我国日照时数最长的地区之一，对农牧业生产十分有利。

内蒙古自治区资源丰富，森林面积、人均耕地面积、草原面积居全国之冠，大牲畜和羊存栏头数居全国前列，稀土储量居全国之首，煤炭保有储量居全国第二位，其他矿产资源在全国也占有重要地位。因此，素有"东林西铁、南粮北牧，遍地矿藏"的美称。

内蒙古自治区是全国荒漠化最严重的省区之一。全区沙漠化和潜在沙漠化土地3627万公顷，占总面积的30.5%；水土流失面积1860万公顷，占总面积的15.7%。黄河、辽河重点水土流失区土壤侵蚀模数每平方公里每年达1万吨左右，最高达2.2万吨，每年向辽河输入泥沙近1亿吨，向黄河输送泥沙2亿吨，仅黄甫川一线每年就向黄河输送泥沙近0.53亿吨。沙化退化草原面积3860万公顷，占总面积的32.8%。

内蒙古横跨祖国东北、华北、西北，邻近京津唐地区，特殊的地理位置和恶劣的自然条件，决定了内蒙古的林业工作必须围绕生态建设这一中心任务而进行。改善内蒙古的生态环境，不仅对本地区的经济社会发展具有重要意义，而且还是北京、天津两大直辖市及松嫩平原的重要生态屏障，对保护东北、华北、西北、中原乃至全国的生态环境都具有举足轻重的作用。内蒙古林业在全国生态建设总格局中占有重要地位，1978～1997年国家上马的全国十大林业生态工程，有五大工程把内蒙古列为重点建设地区。其中："三北"防护林体系工程，内蒙古承担总任务的1/3；防沙治沙工程，内蒙古承担总任务的40%；辽河流域防护林工程，内蒙古承担总任务的52.6%；平原绿化工程、黄河中游防护林工程以及1998年启动的天然林保护工程、国家生态建设重点县工程，内蒙古都承担了较大比重的任务。

历史的沧桑

内蒙古自治区在历史上曾是森林茂密、水草丰美的地方。据地质工作者考证，远在1.6亿年以前，从大兴安岭到阿拉善高原，到处都有茂密森林。现今查明，全区遍布的大煤田，正是古代森林存在的遗迹。

古代的大兴安岭，是松桦遮天的原始大森林。直到清嘉庆年间，大兴安岭还处于原始“处女林”状态。1803年后，关内很多地方灾荒不断，民不聊生，开始有人进入林区，垦荒造田，砍木为薪，但从整体看，大兴安岭仍是处于自然再生的原始循环中。

位于赤峰市、哲里木盟、兴安盟境内的科尔沁沙地，在公元10世纪，曾是“山深闻鸣鹿、林里有生风”。直到公元18世纪，清帝康熙还射虎于巴林右旗的大板北山，当时那里还是“落叶松万株成林，望之仅如一线”。

阴山山脉在公元3世纪曾是“东西千余里，草木茂盛，多禽兽”的林区，“天苍苍，野茫茫，风吹草低见牛羊”，就是当时阴山脚下土默川秀美景色的真实写照。

内蒙古西部河套地区以至乌兰布和沙漠，古代也是森林分布地带。据考证，距今1.8万年前，内蒙古河套“森林密布，鸟兽繁多”。

但由于古代地理和气候的变化，以及社会的发展，人为活动频繁，特别是历代封建王朝统治者乱砍滥伐、大兴土木和滥垦滥牧毁林，再加上战争的破坏，内蒙古的森林资源日渐稀少。

鸦片战争后，我国沦为半封建半殖民地社会，随之内蒙古的森林资源遭到了帝国主义的大肆掠夺和军阀混战的严重破坏，加剧了森林资源的锐减。

新中国成立时，全区有林地面积仅913.9万公顷，其中原始林629.5万公顷，天然次生林280万公顷，人工林4.5万公顷，零星树木1103万株，森林覆盖率7.7%；全区年产木材仅17万立方米。森林分布很不均匀，83%的森林面积和94%的活立木蓄积集中于呼伦贝尔盟和兴安盟林区，全区大部分地区植被稀疏，自然条件恶劣，生态环境脆弱，风沙、干旱、水土流失成为内蒙古的主要自然特征。

曲折的历程

新中国成立后半个世纪以来，内蒙古各族人民在党和政府的领导下，积极响应毛泽东同志提出的“绿化祖国”的伟大号召，齐心协力、艰苦奋斗、造林不止，使全区的森林面积增加到1866万公顷，森林覆盖率达到14.82%，彻底改变了“雁门关外野人家，不植桑榆不种麻”的历史，大大改善了中西部地区的农牧业生产条件，促进了农村牧区经济的发展，开始走上了富民、富行业的新型林业发展之路。总结内蒙古50年林业发展史，可以分为恢复、发展、挫折和振兴四个时期。

1950年起，全区认真贯彻国家“普遍造林、重点护林”的林业建设方针，开始在风沙严重、急需治理而又基础好、易于治理的地区，发动、组织群众造林，林业建设开始了恢复时期。到“一五”后期，随着农业合作化运动的不断深入发展，全区群众造林逐步走向合作造林，并由重点造林转向普遍造林。特别是1956年团中央、林业部、黄河水利委员会在延安召开的五省区青年造林大会上，向全国青年发出开展植树造林大竞赛的倡议，进一步把植树造林的群众运动引向高潮。1950～1957年，全区造林39万公顷，其中“一五”期间年均造林比“一五”前提高了3倍多。与此同时，全区普遍开展了封山育林，恢复并建设了森工企业，确定了“以林为主、多种经营、综合利用、全面发展”的林区生产建设方针。到1957年，木材生产能力提高到200万立方米左右。

1958年，以中共中央、国务院发布《关于在全国大规模造林的指示》为标志，全区各地迅速贯彻落实，掀起了治沙造林的群众运动，从而推动全区林业进入了发展时期。广大农村普遍办起了社队林场，一些基础较好的牧区，也开始搞试验性的造林。三年困难时期，植树造林曾一度陷入低潮。为了战胜困难，全区认真贯彻党中央提出的“调整、巩固、充实、提高”的八字方针，把营造农田防护林、加强用材林基地建设作为植树造林的两项主要任务，把国营林场的办场方针调整为“以林为主、林副结合、综合经营、永续作业”，整顿了社队林场，确定了山林所有权，保护了林木所有者的合法权益，全区植树造林随之又进入了一个新的高潮。1958～1965年，全区造林161万公顷，年均造林超过恢复时期的3倍。

“文化大革命”开始后，全区各级林业机构随即撤消，国营林场、治沙站也多被关停并转，致使全区林业工作一度形成“面上无人抓、下面无人管”的局面，林业建设随之进入挫折时期。党和国家的林业方针政策不能贯彻，造林绿化摆不到应有的位置，不少地方借“割尾巴”，搞“穷过渡”，加之在“以粮为纲”的口号下，大面积毁林开荒，不仅严重挫伤了群众造林的积极性,而且助长了毁林歪风,土地沙化达到了惊人的程度。1966～1970 年,全区仅造林 64.28 万公顷,年均造林比发展时期下降了 35%。

1971 年全国林业工作会议后,内蒙古林业事业出现了新的转机。自治区制定了《林业发展规划》,发布了《关于林业政策的若干规定》,重申了"依靠社队集体造林为主、同时积极发展国营造林"和"国造国有、社造社有、队造队有、社员在房前屋后院内以及生产队指定的其它地方植树长期归社员个人所有"的政策,林业事业开始出现了回升的趋势。1971～1978 年,全区造林 186 万公顷,比"文革"头五年提高了 60%,年均造林已达到"文革"前的水平。据"四五"清查,到 1977 年,全区有林地面积发展到 1173 万公顷,人工造林保存面积累计 90.2 万公顷,森林覆盖率上升到 9.9%,活立木蓄积达到 8.19 亿立方米。

党的十一届三中全会后,内蒙古自治区确立了"林牧为主、多种经营"的经济建设方针,全区各地再度掀起造林绿化高潮,林业建设进入持续、稳定、快速发展的振兴时期。全区各级党委、政府不断清除经济工作指导思想上"左"的影响,坚持从实际出发,把生态建设摆到重要位置,充分发动群众,大力植树种草、治山治沙,逐步把工作着重点转移到林牧为主的轨道上来。自治区党委、政府认真贯彻党和国家关于发展林业的方针政策,先后发布了《关于动员广大群众积极参加"三北"防护林建设的决定》、《关于大力种树种草的决定》、《关于大力开展全民义务植树运动的通知》、《关于深化改革加快造林绿化步伐的决定》、《关于加快沙区山区生态建设步伐的决定》等一系列发展林业的政策规定,极大地调动了各族人民群众的造林积极性,使全区林业出现了持续稳定大发展的新局面。1979～1998 年,全区完成人工造林面积 775.2 万公顷,其中保存面积 443.1 万公顷,是改革前 30 年的 5 倍。

辉煌的成就

经过 50 年的建设,内蒙古林业取得了显著的成绩,呈现出许多喜人的变化,在以下几个方面表现得尤为突出:

(一)造林绿化持续、稳定发展

全区坚持发动群众,实行全社会办林业、全民搞绿化,造林绿化事业蓬勃发展,造林数量稳步增加,质量不断提高。50 年来,全区累计完成人工造林 1156 万公顷,飞机播种造林 35.4 万公顷,封山封沙育林 204 万公顷。

特别是改革开放后,随着"三北"防护林等国家重点林业生态工程相继上马,全区各族人民紧紧抓住这一契机,加快了生态建设步伐,造林绿化进入持续、快速、健康发展的时期。林业建设的速度、质量和效益都大大超过以往任何年代。1978～1985 年的"三北"防护林体系一期工程,全区造林保存面积 181.7 万公顷,是工程建设前全区人工林总和的 2 倍,超额 2.4%完成计划。1986～1990 年的"三北"防护林体系二期工程,全区完成人工造林 202.4 万公顷,飞机播种造林 9.0 万公顷,封山(沙)育林 63.9 万公顷,分别超过任务的 22.5%、126.2%和 59.4%;零星植树 3.4 亿株,造林质量位居"三北"地区 13 个省区前列。为此,原林业部授予内蒙古自治区"三北防护林建设先进自治区"荣誉称号。目前,第三期工程已按进度超额完成任务。1986 年国家启动平原绿化工程,内蒙古的 20 个旗县被列入建设范围;1996 年国家又把内蒙古列为黄河中游防护林和辽河防护林重点建设地区。自治区还启动了京包、包兰铁路及 110 国道两侧绿色通道建设工程和大青林业生态建设工程。进入 90 年代以来,全区每年以人工造林 35 万公顷,飞播造林、封山(沙)育林各 4 万公顷以上,义务植树 5000 多万株、"四旁"植树 4000 万株的速度发展,造林绿化步伐位居全国前列,造林保存率比"七五"期间提高近 20 个百分点。

经过 50 年的造林绿化,全区新增森林面积 952.8 万公顷,相当于建国初期全区的有林地面积。其中人工造林保存面积 533 万公顷,排在了全国第二位。全区活立木蓄积量达到 11.7 亿立方米,位居全国第五,人均占有量居全国第二。

造林绿化的发展,对改变自治区自然面貌和经济环境,改善人民群众的生产、生活条件,促进国民经济发展和社会进步、民族团结,发挥了重要作用。目前,平原农区已有近 70%的农田初步实现了林网化,近 200 万公顷农田得到绿荫庇护。在牧区,改变了"草原不长树、牧民不造林"的传统观念,结合草牧场建设营造牧防林,200 多万公顷基本草牧场有了林木保护,抗灾能力大大提高。在山地、丘陵水土流失区，营造了330多万公顷的水土保持林和水源涵养林，生物措施和工程措施相结合，治理水土流失面积580多万公顷，占水土流失总面积的26.8%。伴随着造林绿化的快速发展，全区农牧业生产捷报频传。1978～1985年，全区粮食产量提高了10亿公斤；1986～1990年，粮食产量由60亿公斤猛增到100亿公斤；1991～1996年，全区粮食产量又提高了50亿公斤；大灾之年的1998年，全区粮食总产量达到155亿公斤，粮食单产由1949年的578公斤/公顷提高到3470公斤/公顷，增长了5倍。人均占有粮食由全国倒数第四位跃居全国前三位。畜牧业生产也有了长足的发展，1998年牧业年度牲畜总头数达到7380万头（只），是1949年的7倍。

（二）森林资源保护管理得到加强

新中国成立以来，全区各级党委、政府把森林资源保护和管理工作放在重要地位。特别是党的十一届三中全会以来，全区全面推行了使用林地许可证制度，加强了林地管理，先后完成了集体林区和国有林区的定权发证工作，实行了征占用林地补偿和审批制度，减少了林地流失。六七十年代，全区毁林面积有的年份多达20多万公顷，现在全区每年毁林面积不足50公顷，而且多是一些灌木林和残次林。森林采伐根据消耗量低于生长量的原则，实行了限额采伐制度，改变了过去盲目消耗森林资源的状况，1987年以来森林采伐量始终保持在限额以内，且每年均有节余。全区森林资源监测体系已基本形成，森林资源清查、消耗量调查、造林实绩检查已形成制度，做到了家底清楚。通过实行采伐限额制度和对木材实行凭证采伐、运输、经营、加工，降低了资源消耗，实现了林木生长量大于消耗量，全区总体上步入了森林面积和蓄积双增长的良性循环状态。森林公安队伍自1990年组建以来，不断发展壮大。目前已建立起基本覆盖全区的森林公安保卫体系，有力地打击了破坏森林资源的违法行为，保护了森林资源的安全，维护了林区社会治安的稳定。以自然保护区建设为重点的野生动植物保护工作也取得了可喜的成就。截至1997年底，全区已建立国家级自然保护区3处，面积21万公顷；自治区级自然保护区3处，面积3.6万公顷。

森林防火工作始终是内蒙古林业工作的一项重要任务。50年来，内蒙古森林防火事业获得较大的发展。特别是党的十一届三中全会后，随着法制建设、组织建设和设施建设的进一步加强，受害森林面积显著下降。1949～1980年，全区年平均森林受灾率为17.48‰，1981～1995年年均森林受灾率为0.54‰。近几年来，森林防火成绩更为显著，1996年森林受灾率为0.48‰，1997年为0.1‰。森林警察部队的正规化、现代化建设不断加强，在护林防火特别是扑救森林火灾中发挥了不可替代的作用。

森林病虫鼠害是森林的大敌，素有“不冒烟的森林火灾”之称。为了加强森林病虫鼠害防治工作，建立了检疫、防治和测报机构，基本上形成了从自治区到旗县、国有林业场圃的森林病虫鼠害防治体系。特别是进入80年代以来，全区森防系统以“四率”为中心，以主要害虫防治为重点，狠抓基础设施建设，全面推行目标化管理，取得了较为显著的成绩。60年代，全区年均防治面积为2.37万公顷。70年代年均防治面积为5.53万公顷，80年代以来，由于人工林大面积增加，森林病虫害大面积发生，年均防治面积达到30万公顷以上。防治范围由初期只搞苗圃，逐步发展到大面积乔、灌木病虫害的防治。防治技术从以人工防治和化学防治为主，逐步向以营林技术措施为基础、以生物防治为主的综合防治方向发展。

（三）防沙治沙成效显著

内蒙古自治区境内有巴丹吉林、腾格里、乌兰布和、库布齐、巴音温都尔五大沙漠和毛乌素、科尔沁、浑善达克、乌珠穆沁、呼伦贝尔五大沙地。全区89个农牧业旗县，有76个分布在沙区或半沙区。新中国成立初期，广大沙区仅有数十万公顷天然灌木和残次林，人工林仅1万公顷。新中国成立后，沙区人民在党和政府的领导下，与风沙进行了顽强的斗争。50年代初，处于乌兰布和沙漠东部边缘的内蒙古河套地区各族人民，就开始有计划、有组织地向沙漠宣战，改造沙漠的宏伟工程也从此在祖国北方揭开了序幕。此后，自治区党委、政府组织发动群众，在全区范围内开展了年复一年的治沙造林活动。

50年代末60年代初，受“左”的思想干扰，后又受“文化大革命”破坏，治沙事业一度受到挫折，甚至有些地方绿化速度远远落后于沙化速度，不仅山河依旧，面貌未改，而且生态灾难日趋严重，陷入“沙进人退”的困境。50年代末到70年代中期，全区沙化面积扩大23%，年均增加沙化土地26万公顷。赤峰市和伊克昭盟沙化面积分别扩大67%和38%，阴山以北的覆沙带地区以及固定沙地为主的浑善达克沙地也形成强度沙化。

1974 年，沙化最严重的伊克昭盟各级领导班子，认真总结经验教训，统一了认识，决心变“沙进人退”为“人进沙退”，提出了以治沙为主的农林牧水综合治理规划。相继，巴彦淖尔盟、乌兰察布盟、昭乌达盟（现赤峰市）、哲里木盟等地也纷纷提出治沙造林规划，并付诸实施。

1978 年，国务院下达了“三北”防护林建设一期工程规划，明确提出把风沙危害地区的防护林建设作为重点任务，内蒙古的治沙工作也从此又步入一个持续发展的时期。到 1990 年，沙区通过封沙育林恢复次生林（包括灌木林）144.8 万公顷，营造以防风固沙林为主、多林种组成的人工林 91.2 万公顷。同时，在半干旱地区的呼伦贝尔沙地、科尔沁沙地、毛乌素沙地，乃至干旱地区的腾格里沙漠，飞机播种治沙取得成功，有效面积达到 36.4%，为自然条件相同的沙漠、沙地改造利用提供了经验。

1991 年全国防沙治沙工程启动后，内蒙古的治沙工作由单纯被动防沙治沙进入了以防为主、防治用相结合的新的发展阶段。全区在统一规划的基础上，坚持沙水林田路综合治理、农林牧副渔全面开发，逐步把防沙治沙与发展沙区经济、促进沙区人民脱贫致富结合起来。据统计，1991～1998 年，全区完成沙区综合治理开发面积 246.5 万公顷，其中人工造林 70.4 万公顷，封沙育林育草 37.1 万公顷，飞播造林种草 32.6 万公顷，治沙造田及改造中低产田 25.5 万公顷，人工种草及改良草场 56.0 万公顷，种植药材及其他经济作物 20.8 万公顷，开发沙区水面 3.3 万公顷，其他 0.9 万公顷。加上 1991 年以前的治理成果，沙区林地面积达 300 多万公顷，全区已有 20%的风沙危害面积得到初步治理，不少地方已初步形成了乔灌草、带网片相结合的区域性防护林体系，基本上遏止了沙化的扩展。重点治理的科尔沁沙地和毛乌素沙地，林木覆盖率分别达到 20%和 15%以上。一些昔日“沙进人退”的地方，如今已呈现出林茂、粮丰、草多、畜旺的喜人景象。

（四）林业经济不断发展壮大

新中国成立以来，特别是改革开放以来，全区各地一手抓森林资源的培育保护，一手抓森林资源的合理开发利用，着力调整林业的产业、产品结构，使林业生产逐步由单一生态型向生态经济型转变。

在营林生产上，通过优化林种树种结构和调整种植方式、建设布局，增加了经济林、速生丰产用材林、防护用材兼用林的比重，大力推行林农牧结合的立体种植模式。近几年来，全区每年营造经济林 8 万多公顷，占当年造林总面积的 20%以上。全区经济林总面积达到 70 多万公顷，年产干鲜果 3 亿多公斤，创产值 3 亿多元。每年发展林农、林草等间作林业 24 万多公顷，生产粮油近 3 亿公斤。

在林产工业方面，打破了只有大兴安岭林区才有林产工业的局面，在昔日的不毛之地伊克昭盟已建成好几条沙柳人造板生产线，一条沙柳产业龙已活生生地展现在人们面前。赤峰市依托丰富的山杏资源，共建成 13 处杏仁产品加工厂，山杏产业链已经形成。其中赤波集团等厂家的杏仁乳、杏仁宝饮料已获中国“绿色食品”标志，畅销全国。目前，全区以森林资源为依托，以市场为导向，已建成和投产制材、家具、削片、地板砖、人造板、细木加工、饮料、食品等生产厂（点）60 多家，有效地促进了资源转化增值。

在多种经营方面，全区各级林业部门充分利用土地、劳力、人才、地缘等优势，积极发展种植业、养殖业、采矿业、森林旅游业及饮食服务业等项目，努力为林业经济培植新的增长点。特别是种植业、养殖业，已成为国有林业场圃摆脱经济危困、走向富裕的突破口。全区依托山林资源已建成 10 处国家森林公园。赤峰市鹿业协会养马鹿 3000 多头，已在国际鹿产品市场上占有重要席位。以真正纯天然无污染的山野菜、中草药、矿泉水等为主的采集、加工业在林区也越来越被人们看好。1998 年全区林业多种经营产值已占到林业总产值的 35%。其中国有局、场、圃多种经营产值已占总产值的半壁江山，高的达到 70%。

在林区开发建设方面，坚持“以林为主、多种经营、综合利用、全面发展”的经营方针，在国家的大力支持下，开发了 600 多万公顷原始林区，先后建立了内蒙古大兴安岭林业管理局和 17 个主伐林业局，2 个经营林业局，11 个林产工业、机械、电力、建筑、建材企业，现已形成了较为完整的森林工业体系。目前年生产能力达到：生产木材 400 万立方米，锯材 40 万立方米，栲胶 1 万吨，人造板 10 万立方米。近 50 年来，累计为国家提供 1.3 亿立方米商品材和大量的林副产品，上缴利税 32 亿元，为支援国家经济建设作出了贡献。在开发原始林区的同时，先后在次生林区建立了8个林业局和111个国有林场，每年通过抚育采伐生产木材50多万立方米，成为国家重要的后备森林资源基地。

宝贵的经验

造林治沙的伟大实践，不仅取得了巨大的成绩，同时也积累了丰富的经验：

（一）加强组织领导，强化政府行为，是内蒙古林业发展的关键

内蒙古的区情和林情决定发展林业必须强化政府行为。内蒙古沙漠沙地多，水土流失面积大，风沙干旱等自然灾害频繁，造林绿化任务十分繁重。这就决定了内蒙古林业建设和发展必须以生态建设为主，也就是说内蒙古的林业建设在很大程度上是一项社会公益事业。因此，发展内蒙古林业，必须依靠强有力的政府领导。

新中国成立以来，自治区党委、政府将搞好生态建设，保护生态环境，作为国土整治、山河治理的重大举措，作为山区沙区人民尽快脱贫致富、实现内蒙古经济社会可持续发展的根本大计。自治区主要领导多次强调，林业是农牧业的生命线，生态建设是内蒙古农村牧区经济发展的根本。全区各级党委、政府把生态建设纳入国民经济和社会发展总体规划，列入重要议事日程，并坚持一级带着一级干，一级干给一级看，一届接着一届干，一张蓝图绘到底。全区自上而下建立健全了各级党政领导任期造林绿化目标责任制，层层签订责任状，并以此作为考核各届政府和领导班子政绩的一项重要内容，实行一票否决制，把造林治沙任务真正落实到各级领导干部的肩上。各级党政领导不仅建立绿化联系点，而且承包苏木（乡镇）、嘎查（村）绿化工程，不绿不富不脱钩。全区各级领导办造林治沙点1860个，面积7万多公顷。

各地层层制定科学的造林治沙规划，把造林治沙任务落实到山头地块，加强督促检查。对造林治沙任务完成情况，每年由盟市旗县严格进行检查验收，自治区进行抽查，不合格的不列入当年统计，好的给予表彰奖励，差的给予批评，严重的给予黄牌警告，并扣减下一年的治沙造林经费。这一系列行政措施，有力地推动了造林绿化事业的发展。

（二）广泛发动群众，开展联村会战，是内蒙古林业发展的有效途径

内蒙古地域辽阔，环境恶劣，林业建设任务重，难度大，需要各部门密切配合、全社会通力协作、广大农牧民群众积极参与。多年来，全区坚持在统一规划的基础上，在党和政府的统一领导下，各有关部门各司其职、各投其资、各受其益、各记其功。农业、水利、畜牧、铁路、公路、部队等部门都按着分工完成各自承担的造林绿化任务。各级妇联和团组织也组织发动广大妇女和青少年积极投身于绿化内蒙古的活动。

特别是进入80年代以来，各地每年都发动、组织群众，开展大规模的造林治沙大会战，在统一规划的基础上，联村联户，集中人力、财力、物力和时间，对重点治理地区集中连片治理。每到造林季节，各地都利用各种宣传工具，大张旗鼓地宣传植树造林、治山治沙的重要意义，宣传林业方针政策，使广大干部群众深刻认识到，造林治沙不仅是改善生态环境的需要，更是改善生存条件的需要，也是脱贫致富的需要，从而增强紧迫感和使命感，自觉投身于造林治沙的热潮。目前，已初步形成了全社会广泛发动、部门分工协作、广大群众积极投工投劳，全社会办林业、全民搞绿化的良好局面。近几年来，全区农牧民群众每年为造林治沙投工达5000多万个，农村劳动力年人均用在林业建设上的工日在10个以上。赤峰市的造林治沙大会战，日出动人数最多达到100多万，其规模之宏大、气势之磅礴，令人叹为观止。敖汉旗把每年4月定为植树造林月。每到这个月，植树造林就成了全旗的头等大事，开动全旗所有宣传工具，为造林治沙大造舆论；旗党委、人大、政府、政协、纪检、武装部六大班子全部出动，带头参加治沙造林大会战；旗直各单位有钱出钱、有车出车、有物出物，有人出人；为造林治沙运送苗条的车辆免交养路费。在这一系列措施的保证下，全旗每年治沙造林近2万公顷。群众性的大会战，推动了大规模造林治沙活动的开展，加快了林业的发展步伐。

（三）深化林业改革，完善林业政策，是内蒙古林业发展的动力源泉

内蒙古地处边疆，经济发展相对落后，地方财政困难，国家投入有限，生态建设资金明显不足。要完成改造山川、治理荒漠的宏大工程，必须依靠灵活有效的机制和优惠的政策，充分调动和保护广大群众，特别是农牧民自觉参与的积极性。长期以来，全区坚持了“国家、集体、个人一起上”的方针和“谁造谁有，合造共有”以及“谁治理、谁投资、谁开发、谁受益”的政策，在农村牧区稳定和完善了以家庭承包为基础、统分结合的双层经营机制，实行了承包、联合、股份合作、租赁、拍卖、转让等多种经营方式、多种所有制形式并存的林业经营体制。1994 年自治区人民政府做出了《关于深化改革加快造林绿化步伐的决定》，1997 年 9 月自治区党委、政府又出台了《关于加快沙区山区生态建设步伐的决定》，进一步强化了生态建设的政策措施和激励机制，明确规定：各级财政每年安排生态建设的资金不得低于财政支出的 1%，其中新增收农牧业税中用于生态建设部分不得低于农牧业基础建设投入的 15%；对综合治理开发沙区山区的项目免征或减征农牧业税、所得税等 11 项税收；凡农牧民自愿用于生态建设的积累工，不视为增加农民负担；对煤炭、石油、矿石开采以及在允许采集的山区沙区采集药材等野生植物，征收生态建设补偿费等。不少地方还结合当地实际，相应制定出台了一些具体政策，充实和完善了有关林业生态建设的政策体系。赤峰市坚持干部不干让位、技术人员不干让职称、农牧民不干让承包宜林“三荒”地的“三让”政策，把建设成效与职务、职称、奖金、土地挂起钩来，明确职责，兑现奖惩。哲里木盟制定了旗县党政领导班子和党政一把手 5 年任期绿化目标责任制，实行离任审计制度，完不成任务不调转、不提拔，严重的就地免职。

与此同时，全区各地坚持以改革总揽林业工作全局，不断调整林业经营机制，以调动和保护广大群众投入林业建设的积极性。根据多年的改革实践，结合全区林业工作的实际和林业发展的新形势，从 1994 年开始对林业工作实行了八个方面的调整，即调整利益机制、完善林业经济政策，调整资金投放重点、改进资金使用办法，调整林业产业结构、大力发展多种经营，调整林种结构、加大经济林比重，调整树种结构、丰富树种资源，调整建设布局、实现林业基地化、规模化、区域化，调整种植结构、发展林粮林草林经林药间作，调整技术政策、依靠科技兴林。在此基础上，1995 年开始又在全区推行了四项林业改革：一是以发展股份合作制造林为重点，进一步改革农村牧区林业经营体制；二是以调动社会各界特别是农牧民群众治山治沙的积极性为中心，积极稳妥地推进拍卖宜林“三荒”使用权工作，加快“三荒”造林绿化步伐；三是以提高林业的整体效益为目的，改革林业种植方式，发展林农间作、复合经营；四是以完善经营机制为突破口，进一步深化国有林场、苗圃改革。这四项改革经自治区人民政府批转全区各地贯彻执行。这些改革措施的出台，极大地调动了广大群众治理宜林“三荒”的积极性。到 1997 年底，全区发展股份合作制造林 6.4 万公顷；拍卖宜林“三荒”使用权 68.22 万公顷，收回的拍卖资金 3500 多万元，全部用于造林绿化。

1998 年，自治区林业厅在总结 20 年林业改革经验的基础上，结合贯彻党的十五届三中全会精神，提出了进一步深化林业改革的若干意见，明确了今后一个时期林业改革的基本思路。

（四）依靠科技进步，增加科技含量，是内蒙古林业发展的内在活力

内蒙古地处干旱、半干旱地区，很多地方年降水量仅 300 毫米左右，一些地区甚至不足 200 毫米。在这样的条件下，要提高林业建设的质量和效益，必须依靠科学技术，立足于抗旱 造林，大力推广林业科研成果和适用技术。

新中国成立以来，全区加强了对技术推广工作的组织领导，强化了林业生产、科研、教学部门对科技成果的推广职能。特别是进入 90 年代以来，全区逐步推行了林业科研、生产、计划、财务四位一体促科研成果转化的运行机制，重点推广了 50 项林业科研成果和适用技术，并以滚动发展的形式，每年从中选出 9 项以上对林业生产影响较大的科研成果和适用技术作为指令性计划重点推广，年推广面达 20 多万公顷，占同期造林面积的 60%以上。现在，全区林业科技贡献率达到 31%，科技成果转化率达到 40%。仅抗旱造林系列技术年推广面积就在 15 万公顷以上，该项技术的广泛推广应用，在地处干旱地区的内蒙古提高造林成活率 20%以上。由于增加了造林绿化、“四防”工作和资源管理的科技含量，造林保存率逐年提高。1949～1977 年，全区人工造林保存率年均仅有 28.4%，1978～1985 年提高到 48.1%，1986～1995 年达到 78.5%。

为了提高林业科研成果的转化率和林业建设的科技贡献率，全区普遍建立了以苏木（乡镇）林业站为基础的林业科技服务组织，完善了林业科技推广体系。为进一步加强基层科技推广服务体系建设，1996 年自治区党委办公厅、政府办公厅发出了《关于切实抓好苏木（乡镇）农业技术推广机构“三定”（定机构、定职能、定编制）工作的通知》，全区各地认真贯彻落实，狠抓基层社会化服务体系建设，使“三定”工作取得了较好的成绩。到1998年底，全区林业工作站达到1298个，其中苏木（乡镇）林业站1202个，比“三定”前增加209个。这些基层林业站，通过不断深化内部改革，健全和完善管理体制，加强内部管理、强化服务职能，在林业行业管理、科技推广、科技知识普及、技术指导和技术服务等方面，发挥了积极的作用。

与此同时，内蒙古林业坚持以科技为先导，走治理与开发相结合的综合治理之路，在沙区和山区建设中都取得了显著成绩。在沙区重点推广了生物经济圈模式，即在地下水资源较好的沙区，以一家一户为单元，选择5公顷左右大小的沙地，四周营造防风固沙林，圈内打井建畦田，种粮食和牧草，做到水、草、林、机、粮（料）五配套，实现人有粮、畜有草、户均收入超万元的目标；在山区则重点推广了生态经济沟模式，即采用生物措施和工程措施相结合的方式，实行“山顶松树戴帽，山坡杏树缠腰，山脚瓜果梨桃，林间牧草经药”，实现林农牧比重合理、相互促进、协调发展的目标。这两种治理模式都具备较高的科技含量，都能较好地发挥生态、社会、经济效益。

广阔的前景

半个世纪以来，内蒙古林业建设虽然取得很大的成绩，但与自治区国民经济发展和社会进步的要求还很不相适应；生态环境恶化的趋势远未得到根本性改变；风蚀沙化、水土流失仍然是内蒙古经济特别是农村牧区经济发展最大的制约因素。据不完全统计，全区风蚀沙化、盐渍化、草原退化、水土流失面积占全区总土地面积的60%以上。全国荒漠化土地2.62亿公顷，内蒙古就占到1/3左右；全国荒漠化涉及471个县，其中内蒙古就有76个旗（县）；全国荒漠化扩展速度在4%以上的地区有7处，其中内蒙古就有3处；全国每年因荒漠化造成的直接经济损失，内蒙古占1/3。目前，内蒙古荒漠化土地仍以每年20万公顷左右的速度扩展。土地荒漠化给内蒙古人民特别是广大农牧民群众带来深重的灾难。全区有2/3的农田、60%的草牧场都不同程度地遭受过风沙侵袭，致使农牧业生产发展缓慢，人民群众生活困难。风沙还危害交通铁路、水利设施和城镇村庄的安全，污染环境，影响人民群众的身心健康。1993年以来，内蒙古阿拉善盟每年都遭受沙尘暴的袭击，给当地人民生产生活造成巨大损失。

此外，全区宜林“三荒”面积还有1100多万公顷，随着各地退耕还林规划的实施，宜林地面积将继续扩大。而且随着造林治沙的发展，越来越向远山大沙转移，治理难度越来越大。同时林业建设的质量和效益还不高，仍存在着布局分散、结构单一、经营粗放、效益低下等问题。由此可见，内蒙古的生态建设任重而道远。

根据党的十五大精神和自治区党委、政府的总体部署，按照《内蒙古自治区林业“九五”计划和到2010年规划》，内蒙古林业生产建设的战略目标是：到2010年，全区森林面积达到2200万公顷，森林覆盖率达到18.5%；生态环境有一个明显的改善；活立木蓄积达到13亿立方米；林业总产值达到90亿元。

为全面完成上述任务，今后一个时期，全区每年要完成人工造林合格面积40万公顷，防沙治沙33.3万公顷，飞机播种造林和封山（沙）育林各8万～10万公顷。

展望21世纪的内蒙古林业，2000多万内蒙古各族儿女一定会在祖国北疆构筑起一道绿色的万里长城，内蒙古大地一定会山川秀美，绿野茫茫。

（执笔人：郝永富）

增加森林资源　改善生态环境

——辽宁省林业建设50年

辽宁省林业厅

辽宁是一个少林缺材省份。发展林业，增加森林资源，对改善辽宁生态环境、解决水资源危困、保障农牧业稳产高产、促进农村经济和辽宁国民经济持续发展，都具有十分重要的战略意义。

一、辽宁林业建设的主要成就

历史上，辽宁森林资源十分丰富。19世纪末，东部山区基本上是以阔叶红松林和阔叶杂木林为主的原始林区；西部丘陵山区在18世纪初是以落叶松、云杉为主的原始林区。历经沙皇俄国、日本帝国主义的多次掠夺、砍林垦殖、烧山围猎，森林资源遭到毁灭性的破坏。新中国成立初期，辽宁东部山区的原始林已不存在，林相残破不堪；西部的森林砍伐殆尽，满目荒山秃岭。由于森林资源遭到严重破坏，自然生态环境恶化，风、雹、水、旱灾害频繁发生，水土流失加剧，直接影响辽宁省农牧业生产和国民经济的发展。

新中国成立以后，辽宁林业的恢复和发展，大体经历四个阶段：

第一阶段(1949～1957年)。在土地改革中确定林木所有权；在农村互助合作运动中组织农民林木入社；在西部地区开展了以防护林带建设为重点的植树造林和以治沙为重点的科学试验；在全省基层普遍建立了护林防火组织，开展护林防火工作。

第二阶段(1958～1965年)。在社会主义建设过程中，以林业实现基地化、林场化、丰产化、机械化为目标，除继续开展西部防护林和沿海防护林建设外，东部山区开始建立用材林基地，开展了次生林抚育改造。建立了一批国营林场和社队林场，国营林场的机械化有了一定发展。建立了林业科研机构，开展林业科学研究。开始兴办人造板、林产化工等加工业和林业多种经营。全省进行了林业生产规划、森林资源调查和造林调查设计，但由于受“大跃进”的影响，森林资源遭到破坏。后期按照国家“调整、巩固、充实、提高”的方针，把林业工作重点转移到营林上来，林业生产有了新的发展。

第三阶段(1966～1976年)。“文化大革命”中，各级林业机构被撤并，干部下放，造成林业生产秩序混乱，森林资源又一次遭到破坏。后期，随着林业机构的恢复，开始农田林网建设，造林绿化有较大发展，森林资源管理加强，森林火灾，乱砍滥伐林木案件逐步减少，林业建设开始向好的趋势发展。

第四阶段，从1976年粉碎“四人帮”后，特别是党的十一届三中全会以来，林业进入新的发展时期。各地认真贯彻森林法、全民义务植树决议和有关林业的法律、法规，开展了稳定山权林权、划定自留山、确定各种形式林业生产责任制的林业“三定”工作。国有林场和乡村集体林场进行了营林体制改革，以绿起来、活起来、富起来，增资源、增效益、增活力为目标，开始了水源涵养林、防风固沙林、海防林、农田防护林四大防护林体系和用材林、速生丰产林、经济林、薪炭林四大基地建设的多项工程项目造林，并引进外资营造速生丰产林。在大力发展林业多种经营的同时，兴办林产工业，吸引外资创办“三资”企业。

按照发展社会主义市场经济的要求，进一步解放思想、转变观念，实施优化结构、外向牵动、科技兴林的三大战略，实行两个根本转变，正在为建立比较完善的林业生态体系和比较发达的林业产业体系而努力奋斗。

新中国成立以来，特别是党的十一届三中全会以来，辽宁林业建设成绩显著。

(一)森林资源增长，生态环境改善

新中国成立以来，各级党委、政府重视造林绿化工作，发动各行各业和广大群众，大力植树造林，取得很大成绩。据统计，1950～1996年，全省造林面积814.84万公顷，四旁植树38.4亿株，全省造林保存率33.8%。党的十一届三中全会前，全省造林年均14.77万公顷，十一届三中全会后，年均21.47万公顷，增长45.4%。由于加快造林营林速度，辽宁有林地面积由建国初期188.34万公顷，增加到451.05万公顷，增长139.5%；蓄积量由0.66亿立方米增加到1.73亿立方米，增长160.3%；覆盖率由12.9%增加到30.95%，增长18个百分点。这三项指标均实现了翻番。

辽宁由于森林面积增加，四大防护林体系和四大基地建设已初具规模。东部山区水源涵养林、西北部“三北”防护林体系的建设，在辽宁东、西两厢形成了巨大的防护屏障，也为建立林业两大体系奠定了基础。东部山区200多万公顷森林，充分发挥了涵养水源作用，年蓄水量达120亿立方米，为中部城市和辽河平原地区工农业生产和城市人民生活提供用水70亿立方米，对解决辽宁省水资源短缺发挥着重要的作用。新中国成立以来，全省生产木材2000多万立方米，绝大部分产自这一地区。西北部“三北”防护林150多万公顷，充分发挥了防风固沙、保持水土作用，控制水土流失面积200多万公顷，改善了农业生产条件，各种自然灾害有所减轻，为辽宁粮食大幅度增产起到了不可替代的作用。十年九旱的朝阳地区，粮食产量由过去的5亿公斤，突破为15亿公斤。辽宁林业四大基地建设，为合理开发、综合利用，发展多种经营和林产工业，变资源优势为经济优势，提供了重要的物质条件。森林资源的增加，城乡绿化水平的提高，也为扩大对外开放和交流，提供了良好的生态环境。

(二)林业产业发展，经济效益稳步提高

党的十一届三中全会以来，在大力植树造林的同时，围绕林业产业体系建设，不断深化改革，优化产业结构，充分发挥木材、林地、森林环境的优势，发展多种经营，兴办林产工业，初步形成了以经济林、人造板、制材、木片、山野菜加工、采矿、森林旅游为主体的跨行业、多门类、一二三产业比较协调的产业框架，使林业产业在规模上和效益上都有新的突破。全省林业系统有木材加工企业240家，其中具有一定规模的人造板6家、木片加工54家、木地板40家、集成材4家和一些高档家具加工企业。省实验林场的集成材、本溪县三合铁矿、桓仁县木业有限公司、葫芦岛市虹螺山林场水泥厂，以及中外合资的本溪大正木业有限公司、宽甸意华木业有限公司、锦州木片厂等20多家较大型企业，已成为辽宁林业的龙头骨干企业。这些企业，带动了一业、一场甚至一县林业产业的发展。

经济林和速生丰产林有了长足的发展。新植经济林逐年增加，1953～1996年全省新植经济林97.03万公顷。特别是党的十一届三中全会后，各地发展经济林的热情日益高涨，面积大幅度增长，新植经济林占同期造林总面积的12.9%，“八五”期间上升为24.4%。截至1995年末，全省经济林面积已达到136.77万公顷，占有林地面积的30.32%。辽宁于1981年开始营造速生丰产林，到1996年已达到27.83万公顷，占同期新植用材林面积的21%。利用世界银行贷款和国外援建资金营造落叶松、杨树速生丰产林近10万公顷。

山区林业综合开发向广度深度发展。种植、养殖、加工、旅游业向上规模、上档次和精深加工方向发展，出现一些新兴产业。全省板栗、大枣、大扁杏、山杏及水果生产基地已经形成，并兴办一批具有一定规模的山楂、板栗、大扁杏、沙棘等果品和饮料精深加工企业，形成系列产品。利用森林环境开展森林旅游，是一项新发展的项目，已有森林公园31处，自然保护区7处，建成和在建景区81个、景点500多个，每年接待旅游者在百万人次以上。利用山林资源栽植人参等中药材，饲养鹿、牛、羊，封沟养林蛙，山野菜采集以及黑木耳、香菇、滑菇接种等种养加工业也都形成了一定的规模。

总之，通过调整产业结构，一、二、三产业逐步协调发展，林业总产值逐年增加。“八五”期间林业总产值为130.74亿元，比“七五”期间增长289.9%，到1998年末，林业总产值达92亿元，比“八五”末期增长70.8%。

(三)依靠科技进步,科技兴林取得新进展

辽宁林业科研和技术推广是从无到有逐步发展起来的。从1952年建立第一个林业试验站(即省固沙造林研究所的前身)起,先后建立一批试验研究机构,后经1962年的调整,"文化大革命"期间的撤并,几上几下,变动很大。党的十一届三中全会后,林业科研机构得到恢复和发展。省设林业科学研究院,把设在本溪、建平、彰武、大连、盖州的森林经营、干旱地区造林、固沙造林、经济林、杨树五个试验站改为省属研究所。一些市、县也建立了林业科学研究所。全省林业科研院所已有22个,林业科技推广机构53个,专业科技人员800多人,已形成以省林科院和推广站为中心,专业研究所相配套,市、县研究所和推广站相配合的林业科研和技术推广体系。

林业科研和技术推广取得显著效果。近些年来,林业科研紧紧围绕社会主义市场经济对林业的要求,产业结构调整、良种选育、森林保护、木材综合利用、绿色食品、食用菌、林蛙养殖等项目的技术攻关,有了很大进展,取得一批重要研究成果。据统计,新中国成立以来,共取得科研成果502项,其中,党的十一届三中全会后有408项,占成果总数的81%。1977年以来,有17项成果获得国家级科技进步奖,173项成果获得省部级科技进步奖。党的十一届三中全会以来,推广科技项目251项,占同期科研成果的40%以上,其中有林业部重大科研成果19项,建立示范点145个,面积1.73万公顷,创经济效益4亿元,辐射推广面积66.7万公顷,创社会效益30亿元。有12个推广项目获得省部级科技进步奖。辽宁科研成果中最为突出的是章古台固沙造林成果。从1952年开始固沙造林技术研究,经过10年的试验,取得固沙造林的成功经验,并在省内外推广。40多年取得固沙造林科研成果30多项,并多次受奖。他们的艰苦创业精神,在国内一些主要报刊作了多次介绍,并被拍成电影、电视剧。先后接待外国政府高级官员和专家来访140多人次。辽宁省林业教育也有很大发展,省林业学校已成为全国林业重点中专学校之一,共培养了林业中专毕业生7000多人。

(四)坚持依法治林,资源消耗得到控制

坚持依法治林,加强森林资源的保护管理,是促进资源稳步增长的重要保证。早在70年代,就坚持少砍严管、森林采伐审批权不下放的原则,对东部10个重点产材县(区)的森林采伐实行控制木材生产量制度。每年由省计委下达指标,控制在50万立方米之内。"七五"期间开始实行森林采伐限额管理后,在森林采伐量不超过用材林生长量的原则下,核定"七五"期间采伐限额为147.9万立方米,只占用材林生长量的31.9%。"八五"期间限额为289万立方米,只占用材林生长量的42.4%,连续多年未超过国家核定的限额。为了加强林业用地管理,辽宁省早在1985年开始实行征、占用林地严格审批和有偿使用制度,并已逐步走向规范化、制度化。据统计,1985～1996年全省批准征、占用林地0.83万公顷,收取各项补偿费5000多万元。从80年代开始,辽宁省对资源消耗量较大而又易造成水土流失的参场、蚕场、牧场、柴场和采石采矿场"五场"加强管理,制定了严重沙化蚕场还林育柞、蚕场更新,限量定点打柴、柴场轮封轮开,划定区域栽参、林区放牧以及采石采矿等保护环境的谁"吃山"、谁"养山",谁受益、谁建设的政策,取得较好的效果。木材流通管理进一步加强,从抓源头入手,坚持山上管严、山下搞活,实行凭证经营加工,对一度出现的木材流通混乱状况进行了整顿治理。为加强保护野生动物资源管理,省政府于1987年和1991年两次作出禁猎3年的决定,对保护野生动物资源起到了重要作用。

二、主要做法和经验

(一)正确认识林情,明确林业发展思路

正确认识省情林情,是确定林业发展思路,推动林业改革和发展的基础。新中国成立初期,辽宁东部一片残次的天然林,西部满目荒山秃岭,风沙灾害连年发生,水土流失严重,直接危及农业生产和人民生活。面对这种状况,各级政府把恢复森林资源、改善生态环境作为林业建设的首要任务,贯彻大力造林,普遍护林的方针,实行谁造谁有的政策,采取多种形式和措施,鼓励各行各业植树造林。经过多年的奋斗,森林资源得以恢复和发展,生态环境有了一定改善。

党的十一届三中全会以来,辽宁开始重新认识省情和林情。辽宁是个老工业基地,工矿企业多、城市多,木材和水的需用量都很大。工农业生产发展、扩大对外开放,都需要有个好的生态环境,而辽宁林业的现状，远不能满足这些需要。木材短缺、水资源短缺的矛盾仍很突出，生态环境在一些地区仍有恶化的趋势。针对这种状况，省委、省政府提出要贯彻国家的“以营林为基础，普遍护林、大力造林，采育结合，永续利用”的林业建设方针。1986年，省委、省政府在调查研究的基础上，进一步明确提出：东部山区实行“以林为主，多种经营，全面发展，林兴民富”的方针；西部荒山较多的朝阳等地区实行“以水土保持为中心，以造林种草为重点，实行工程措施与生物措施相结合，山水田综合治理”的方针。特别是1992年，邓小平同志视察南方重要谈话以后，在发展社会主义市场经济形势下，解放思想，转变观念，进一步明确了辽宁省林业发展的基本思路：以邓小平理论为指针，以改革和发展为主题，坚持发展林业与发展农村经济、农民脱贫致富奔小康相结合；坚持生态、经济、社会三个效益相统一，以增资源、改善生态环境，增效益、增强林业活力为目的，以深化改革、扩大开放为动力，以科学技术为先导，加快造林绿化和林业产业发展步伐；逐步建成以五大防护林体系为主体的林业生态体系，以四大基地和林产工业、多种经营为主体的林业产业体系，使辽宁林业逐步发展成为高产优质高效的生态经济型林业。

（二）狠抓造林绿化，加快资源增长速度

各级党委、政府一直把造林绿化作为改善生态环境的根本，列为农村工作的重要任务之一。党的十一届三中全会以来，把植树造林，绿化辽宁与国土整治、改善生态环境、保障农牧业稳产高产和两个文明建设有机结合，推动了造林绿化事业的发展。造林绿化体制、造林方式、造林规模和质量，都有新的发展和突破。由只靠集体造林转向以集体造林为主，国家、集体、个人一起上的方向发展；由只靠一般造林转向以工程项目为主的规模造林，从而加快了造林绿化步伐。在造林绿化中，坚持因地制宜、科学规划，重点抓了三个“结合”：

1. 工程项目造林与社会一般造林相结合

实践证明，工程项目造林是加快造林绿化速度，提高造林绿化质量的最佳方式，是造林绿化方式的重大改革。早在1952年，辽宁西部地区就开展了营造防护林带和海防林工程，取得较好成绩。党的十一届三中全会以来，辽宁省以“三北”防护林工程建设为龙头，造林工程项目逐年增加，规模逐年扩大，已成为全省造林绿化的主体。省里先后抓了“三北”防护林、沿海防护林、防沙治沙、平原绿化、薪炭林试点等国家造林项目，沈大高速公路两翼绿化、辽河平原农业综合开发林业项目；东部山区水源涵养林等省级造林项目，“2772”、“009”、世界银行贷款造林等利用外资造林项目，“一〇绿火炬”、三八绿色、军民共建绿色屏障等义务植树工程。各市、县也根据本地实际，建设了一批造林绿化工程。抚顺市的大伙房水库上游防护林、环城林带，铁岭市的西北边界防护林，丹东市的鸭绿江迎江面造林，朝阳市的一〇一国道两翼绿化，辽阳市的环城林带，阜新、本溪市的森林城等项目，都取得了明显效果。据统计，1987～1996年全省工程项目造林85.23万公顷，占同期造林总面积的49.4%。辽宁省“三北”防护林工程，第一期完成42.3万公顷，使工程地区的森林覆盖率由11%提高到19%；第二期完成51.8万公顷，森林覆盖率提高到23.5%。从1982年起开展全民义务植树运动以来，全省义务植树逐步走向基地化、制度化，到1998年，全省参加义务植树2亿多人次，植树20.4亿株。社会和部门造林也多采用工程造林方式，提高了造林合格率。

2. 人工造林与飞播造林、封山育林相结合

坚持宜造则造、宜封则封的原则，在以人工造林为主的前提下，对不适合人工造林的高山远山地区，实行飞播造林或封山育林，是节省造林绿化投入，加快造林绿化速度的有效方法。辽宁省从1981年开始飞播造林试验，到1996年末全省飞播作业面积37.62万公顷。据对1981～1988年飞播21.2万公顷作业面积的调查，有苗面积为8.54万公顷，占作业面积的40.3%，达到了国家标准。飞播造林与人工造林比较，节省资金1664万元，节省劳动工日250万个，使飞播地区的土壤侵蚀模数由1980年前的每平方公里2316吨降到500吨。截至1998年，辽宁省封山育林累计达到118万公顷，经调查有40万公顷已经成林，并涌现出凤城市新农村、阜新县毛岭沟村、朝阳县刘炮手沟村以及建昌县国有大黑山林场等一批依靠封山成林的先进典型。党的十一届三中全会后，辽宁省把部分封山育林列入项目工程，在“三北”防护林一、二期工程中，完成封山育林19.7万公顷，已成林17.1万公顷。在东部水源涵养林体系建设中，列入封山育林13.5万公顷，已连封数年，取得较好效果。

3. 造林与管护相结合

党的十一届三中全会前，全省农村普遍建立了护林防火组织，村、组两级设立专、兼职护林员，分区划片负责护林防火工作。党的十一届三中全会后，进一步完善了护林防火组织，把护林防火、制止乱砍滥伐纳入各级领导干部任期目标责任制，签订责任状。近些年来，在荒山较多而又集中连片的地区普遍采取统造统管或统造分管的方法，在落实造林责任的同时，落实管护责任，把两者统一起来。连片造林，统一规划设计、统一标准整地、统一供苗、统一栽植、统一检查验收。造林后，有的建立联合林场统一管护经营，有的按权属分户管护经营。既加快了造林速度，又提高了造林质量，有利于巩固造林绿化成果。

(三)优化产业结构，加速兴林富民步伐

党的十一届三中全会以来，特别是“八五”期间，经济体制改革的深化和辽宁第二次创业的发展，促进了林业产业化的发展。按照建立比较发达的林业产业体系和实现林业两个根本转变的要求，提出了林业产业发展的基本思路，就是以经济效益为中心，以市场为导向，深化改革、扩大开放，科技兴林、集约经营，走具有辽宁特点的林业产业化路子，把发展林业产业作为林业的一个薄弱环节，实行突破。为此，重点抓了三个“转变”：

1. 由偏重抓造林营林向林业综合发展转变

从本地森林和林地资源优势出发，在搞好造林营林的同时，搞好木材生产、林产工业和多种经营，抓好多产业、多产品、林工贸一体化的系列开发。从辽宁的实际出发，突出抓了制材、人造板、木片、山野菜、采矿、森林旅游等七个龙头项目的产业发展，重点抓了速生丰产林、经济林的基地建设，在精深加工、综合利用上增值，初步扭转了卖原料和初级产品的局面，变资源优势为经济优势，增加了经济效益。

2. 由小规模低档次向大规模高档次转变

近几年来，辽宁把林业产业发展重点放在抓一批规模大、技术水平高、经济效益好的企业的新扩建和技术改造上，集中力量，加大投入，支持这些企业上马。到1996年，大多数已建成投产，成为林业产业的骨干龙头企业，为发展林业产业化奠定了基础。据统计，全省林业系统投资50万元以上的企业有90家。其中投资1亿元以上的2家，1000万元以上的8家，500万～1000万元的4家，50万～500万元的76家。葫芦岛市虹螺山国有林场水泥厂，投资1040万元进行技术改造，已形成年产水泥6.8万吨的生产能力，生产运行全部自动化，微机配料，年产值达到1600多万元。1996年又新上了年产1万立方米拼板的桓林木业有限公司和年产5000立方米集成材的东港市林海木业有限公司等5个投资在1000万元以上的项目。

3. 由内向型向外向型转变

在发展社会主义市场经济形势下，面向国内外两个市场，扩大对外开放，吸引项目、吸引技术、吸引资金，扩大林产品出口创汇，推动了林业产业的发展。1986年以来，全省林业系统利用外资折合人民币3.15亿元，其中世界银行贷款折合人民币1.57亿元，营造速生丰产林9万公顷；折合人民币8360万元的“2772”项目，造林种草7万公顷；联合国粮农组织和比利时政府无偿援助的外资1061万元，营造速生丰产林0.2万公顷。同时，引进了木片、木制家具、四面刨光板、森林食品加工等先进的生产设备，提高了林产工业企业的科技含量。吸引外资2000多万美元，创办“三资”企业20家。本溪大正木业有限公司引进国外先进设备，年产木制椅11万把，产品全部出口，年产值1500万元。1996年，在大连进出口商品交易会和北京农业利用外资招商引资洽谈会上，辽宁林业系统与外商签订合资、合作、对外贸易和订购设备共5个项目，协议总金额为2756万美元。其中，新民市林业局与日商合资建立年产3万立方米高粱合板有限公司已投产；葫芦岛市虹螺山国有林场水泥厂通过技术改造后又与外商签约引资1687万美元，建设年产3万立方米水泥刨花板项目。同时，积极发展创汇产品，组织木片、木制品、山杏仁、板栗、山野菜、人参、鹿茸及其制品、生物工艺品等出口，出口量逐年增加。全省木片出口量由1992年的7900绝干吨，增加到1996年7.9万绝干吨，1998年保持在1.8万绝干吨。宽甸、凤城速冻栗肉出口量增加30%，辽中县林业工艺品厂的工艺品全部出口到欧洲等27个国家和地区。宽甸县毛甸子林业站以及部分国有林场、乡村林场生产的马桶盖、高级地板、工具把、纺织器材等产品远销日本、美国、加拿大等国家。

(四)深化林业改革，调动发展林业积极性

党的十一届三中全会后，通过林业“三定”工作和国有、集体林场的深化改革，在辽宁基本形成了以国有林场为骨干、乡村林场和集体林业为主体、自留山、责任山和林业专业户的农民个人经营为补充，以及部门、行业和各种形式的合作营林等多种所有制形式的营林体制，调动了各方面发展林业的积极性。

1. 深化国有林场苗圃改革

全省国有林场 167 个，苗圃 53 个，经营面积 73.92 万公顷，有林地面积 58.89 万公顷，普遍进入营林阶段。党的十一届三中全会以来，国有场圃的改革不断深化，1978～1986 年期间，主要推行定指标，利润分成，百分计奖；专业生产联产计酬，超产提成；综合承包、专业承包等多种形式的生产经营责任制。1987～1991 年间，普遍推行承包经营和目标管理责任制，实行全面、全过程、系列承包；改革内部管理体制，划小核算单位，实行两级管理、两级核算的营林体制。1992 年以后，主要是转换内部经营机制，完善场长（主任）任期目标责任制，对人事、用工、分配三项制度进行改革，实行干部聘任制、劳动合同制、分配弹性制。本溪县国有林场进行管理体制改革，撤销县林业局国有林场管理机构，下放管理权，将 10 个国有林场组建成国有林场总场，自主经营。国有场圃的改革，推动了国有林业的发展。国有场圃多种经营开始向产业化方向发展，已有 173 个产业项目。其中以木材精深加工为重点的中外合资企业 10 多家，地板块（条）厂 20 多家，人参、养鹿、林蛙、药材、建材、采矿等产业已形成规模，以国家级森林公园为主体的森林旅游业也有很大发展。国有场圃产值 1986 年为 8810 万元，1997 年增加到 8.7 亿元，增加了 9 倍。年产值超过 500 万元的林场有 45 个，其中超 1000 万元的 14 个。

2. 建立和完善集体林业生产责任制

党的十一届三中全会前，全省社队林场 7429 个（含林业专业队），经过调整，到 1982 年为 3624 个，经营面积 131.13 万公顷，蓄积量 4183 万立方米，分别占集体林总面积的 46.6%，总蓄积量的 59.8%。十一届三中全会后，随着农村实行联产承包责任制，有些地方出现解散林场分林到户的倾向，到 1987 年乡村集体林场只有 1351 个。为了巩固和发展集体林场，先后于 1988、1991、1993 年进行了三次整顿，充实了场领导班子，普遍实行定额上缴、超收按比例分成的办法，由场领导班子或林场员工集体承包经营。同时进行股份制改革，新建一批股份合作林场和恢复一些林场，到 1996 年增加到 1556 个，其中折股联营股份制林场 370 个，林场有林面积和蓄积量分别占集体林的 35%和 56.2%。通过调整产业结构，因场制宜发展多种经营，经济效益逐年提高，1996 年林场收入突破 2 亿元大关，出现了新农等 8 个年产值超过 100 万元的林场，涌现出臭李头、王家堡、岭前、右卫等一批依靠发展多种经营致富的典型。全省已有 839 个林场自给有余，458 个达到基本自给，分别占乡村林场总数的 53.4%和 29.1%。

3. 落实和完善自留山、责任山政策

根据中共中央、国务院《关于保护森林发展林业若干问题的决定》的要求，辽宁省于 1982 年开展了林业“三定”工作，到 1985 年基本结束。全省给 180 多万农户划分自留山 114.33 万公顷，占集体林业用地面积的 22.4%，户均 9.4 亩；有 58.6 万农户承包责任山 104.27 万公顷，占集体林业用地面积的 20.4%，出现林业专业户、重点户 17.2 万户。“三定”结束后，针对部分地区在自留山、责任山分配和承包中，出现的平均、分散、不落实和“分而不治、包而不管”的状况，在坚持稳定完善、大稳定小调整、强调政策的稳定性和连续性的前提下进行清理，对那些超过规定限期没有治理而确无能力治理的，或违反承包合同规定，使山林遭到严重破坏的，由集体收回，统一安排治理。到 1987 年，清理工作基本结束，全省收回自留山 8.86 万公顷，责任山 9.54 万公顷。“两山”政策的进一步落实，极大地调动了农民发展林业的积极性。据统计，1982～1993 年全省农民个人造林 65.32 万公顷，其中 1983～1986 年是农民个人造林面积最多的年份，年平均达到 12 万公顷。

（五）落实领导责任，推动林业全面发展

切实加强对林业工作的领导，是推动林业事业持续健康发展的根本保证。在实践中，辽宁省注重三个“抓好”：

1. 抓好建立各级领导干部任期目标责任制

建立领导干部任期绿化目标责任制，是把造林绿化、发展林业的责任落到各级领导干部肩上的一项重要措施。1987 年辽宁省政府发出《关于建立各级领导干部任期绿化目标责任制的决定》，要求市、县、乡级领导干部都要落实责任制，省长与市长、市长与县长、县长与乡长签订责任状。把造林面积及成活率、育苗、森林防火等作为责任状的主要指标，一年一检查验收，每年一小奖、五年一大奖，奖罚兑现，既增强了领导干部的责任感，又调动了各级领导干部的积极性。1989 年以来，省、市、县、乡党政主要领导干部都亲自办了绿化点。据统计，到1996年全省四级领导干部3540人，办造林绿化点2826处，累计完成造林面积14万多公顷。

2. 抓好完善法规和政策

1986年以来，省人大常委会先后颁布了《辽宁省实施〈森林法〉办法》、《辽宁省实施〈野生动物保护法〉办法》、《关于加强东部山区生态环境建设的决议》、《关于绿化辽宁兴林富民的决议》等。省政府先后发出《关于到2000年基本绿化辽宁的通知》、《关于进一步加强森林资源管理的通知》、《关于加强森林资源保护管理工作的通知》以及《辽宁省森林防火实施办法》、《辽宁省森林病虫害防治办法》、《辽宁省森林和野生动植物类型自然保护区管理实施细则》、《辽宁省森林植物检疫办法》、《辽宁省征收林业开发建设基金暂行办法》、《辽宁省水资源费征收管理暂行办法》等。所有这些法规、规章和政策的出台，使辽宁省林业发展有法可依，有政策作保证。

3. 抓好典型，开展竞赛评比

引入竞争机制，开展竞赛评比，是调动干部群众加快造林绿化的有效方法。1987年丹东市开展了以提高生态效益为目的，以封(山)、管(护)、造(林)、改(灶)、节(柴)、限(采)为重点的"兴林杯"竞赛，把治山与治水、治上与治下、生物措施与工程措施相结合，两者并重，同步进行，取得较好效果。省政府总结推广了他们的经验，先后有铁岭、辽阳、阜新、朝阳等市也开展了"兴林杯"、"绿化杯"、"五好杯"等竞赛活动，效果显著。抓典型引路，以点带面，同样是推动林业产业发展的好方法。先后分层次抓了本溪县、东港市国有林场，王家堡、岭前、右卫等乡村林场，宽甸县八河川乡、桓仁县臭李头村、毛甸子、田师付等乡镇林业站等一批发展林业产业、大幅度增加经济效益的典型，树立样板，进行推广，为全省各地发展林业产业提供了切实可行的经验。

三、辽宁林业发展的奋斗目标和思路

改革开放，发展社会主义市场经济，给林业发展带来了许多新问题。要重新认识林业在国民经济发展和改善生态环境中的地位和作用，正确处理发展经济与改善生态环境的关系，林业生态、经济、社会三大效益的关系，绿起来、活起来、富起来的关系，兴林与富民的关系，从而把握市场经济条件下林业发展的规律，为林业走向市场创造有利条件。辽宁林业还远不适应社会主义市场经济发展和改善生态环境的需要，面临很多困难和问题。全省尚有60多万公顷规划的宜林荒山荒地没有绿化，又多集中在少数县(市)，全面实现绿化难度很大；森林经营任务繁重，全省尚有中幼龄林90多万公顷，天然低质林80多万公顷急需抚育改造；林业产业结构、林种树种结构亟待调整；发展林业产业起步晚，步伐不快，发展不够平衡；森林资源保护管理有待加强，乱砍滥伐林木，乱捕滥猎野生动物案件有上升趋势；随意侵占林地现象也有发生；林业改革，市场经济体系建设等深层次问题有待研究；林业税费负担过重，一些扶持优惠政策没有完全落实，林业建设资金严重不足，这些实际问题和困难，都要在今后认真加以研究和解决。

省委、省政府确定到本世纪末，全省实现基本绿化，有林地面积达到486.7万公顷，蓄积量达到2亿立方米，森林覆盖率达到33%。规划到2010年，有林地面积达到540万公顷，蓄积量达到2.5亿立方米，森林覆盖率达到37%。充分利用森林资源优势，发展林业产业，到本世纪末，全省林业年总产值达到100亿元，到2010年年总产值达到200亿元。进一步完善以五大防护林为主体的林业生态体系，初步建成以造林营林、木材生产、林产工业、多种经营为主体的较发达的林业产业体系。

为了实现这个目标，辽宁省林业发展的思路是：以邓小平理论为指导，以党的十五大精神为指针，以改革和发展为主题，坚持发展林业与发展农村经济农民脱贫致富奔小康相结合，坚持三个效益统一，以建立林业生态和产业两大体系，改善生态环境，增加经济效益为目标，实施优化结构、外向牵动、科技兴林三大战略，走符合辽宁实际的高产优质高效的生态经济型林业的路子。

(执笔人：谭吉昌)

发展中的吉林林业

——吉林省林业建设50年

吉林省林业厅

吉林省位于我国东北部。全省地势从东南向西北倾斜,分东部山区、中部丘陵区、中西部台地平原区和西部低平原区四大部分,地处温带大陆性季风气候区内。绵亘起伏的长白山脉横贯东南,主峰是闻名中外的白头山,山顶有国内海拔最高、最深的火山湖——天池。除发源于天池的松花江流经本省中部外,还有发源于长白山区的图们江、鸭绿江、东辽河、绥芬河,发源于大兴安岭的嫩江、洮儿河、霍林河等共987条河流。吉林省土壤类型多样,东部为暗棕壤,中部为黑土和黑钙土,西部为盐碱土、风沙土和栗钙土。

吉林省的森林资源非常丰富,全省林业用地面积达983.05万公顷,占全省土地面积的51.94%,其中有林地面积789.65万公顷,占林业用地面积的80.32%。全省活立木总蓄积量达8.2亿立方米,森林覆盖率为42.3%。随着地形、气候、土壤条件的不同,植被也表现出多种类型。从水平分布上看:东部为以温带红松阔叶林为代表的森林,西部为以禾本科、豆科植物为主的草原,中部为森林与草原交错分布的森林草原,还有部分干旱草原以及沼泽湿地。垂直分布自下而上依次为次生落叶阔叶林带、红松阔叶林带、针叶林带、亚高山岳桦林带和高山苔原带,展示出从温带到北极的多种景观。主要树种有红松、落叶松、水曲柳、胡桃楸、黄波罗等。全省现有陆生野生动物437种,森林昆虫1200余种,野生植物3890余种。

早在1653年(清顺治十年),清政府在吉林实行长达300余年的封禁政策,使吉林中东部林区至清朝中期仍保持着原始的生态环境。1840年鸦片战争以后,沙俄和日本帝国主义乘机强行在吉林林区采伐,吉林省森林资源遭到有史以来最严重的破坏,致使吉林省的森林蓄积量由鸦片战争前的10亿立方米减至6亿立方米。

一、发展历程

1948年10月,吉林省全境解放。为医治战争创伤,迅速恢复林业生产,吉林省设立林务局,组织全省林业生产。1949年新中国成立时,林业企业的木材产量为136万立方米。50年代初,东北人民政府对吉林林区进行了森林经理调查,1953年林业部提出了《长白山森林经理施业案》,1954年经中央正式批准,作为对长白山林区开发经营利用进行规划设计的依据。到50年代中期,吉林省已有临江、三岔子、黄泥河、大石头、汪清、八家子6家森工企业。进入60年代,吉林省年木材产量已达400多万立方米。进入70年代初,全省已建成15个森工企业,91个林场,18个贮木场,20个制材厂,4个纤维板厂(车间)。木材设计生产能力471万立方米,实际达到407万立方米。到80年代,吉林省的林区开发建设已全面铺开,1985年木材产量达到685万立方米,锯材年加工能力136万立方米,已建成年产万米以上胶合板厂3处,年产0.5万立方米以上纤维板厂7处,年产3万立方米刨花板厂4处,林业工业的主体框架基本形成。

经过近50年的建设，森工企业已由新中国成立初期的6个发展到现在的26个（省属13个，延边州属13个）；固定资产总值达40.4亿元。50年来共为国家提供商品材2.4亿立方米和大量的其他林产品，有力地支援了国家建设。

吉林省十分重视生态环境建设工作。50年代，在中西部开展了以治理风沙水旱灾害，增加粮食生产为主的“西满”防护林工程建设。首先在彰武、双辽、洮南、前郭、泰赉营造大型防护林带。根据东北西部防护林带总体规划，吉林省共有13个县划为防护林带建设范围，总面积5万多平方公里，之后向东扩大增加到17个县。1978年国务院批准了《关于在西北、华北、东北风沙危害和水土流失重点地区建设大型防护林的规划》。一期工程启动后，吉林省把营造农田防护林作为建设重点，对“西满”防护林进行加带加网建设，对风沙危害严重、无林木庇护的13个区县进行了连片连网规划。到1995年末，基本实现了网、带、片，林、路、渠相结合的区域性防护林体系，全省27个平原县全部实现绿化达标。自1988年起，吉林省开展了10年绿化吉林大地的群众性生态工程建设，到1995年末，该工程所确定的造林绿化指标提前全部超额完成，吉林省基本消灭宜林荒山荒地。目前，一个布局较为合理、防护效益较高、经济效益较大的生态防护林体系的主体框架基本形成，吉林省的生态环境发生了根本性变化。森林覆盖率由1949年的27.9%提高到42.3%。全省的活立木总蓄积由新中国成立时的6亿立方米增加到8.2亿立方米。

新中国成立以来，吉林省把森林和野生动植物保护工作当成一项重要任务来抓。1948年，吉林省成立了护林武装部队，1953年正式定名为“吉林省护林警察队”，1963年改为“吉林省森林警察支队”，1982年正式确定为“吉林省武装森林警察总队”。这支部队在林区搜山巡护、护林防火、维护林区治安，做出了突出贡献。50年代初，吉林省认真贯彻“普遍护林”的方针，全省各地、市、州、县政府和国营林业局都设立了护林防火指挥部和办事机构，形成了一个强有力的防火、灭火指挥系统。1954年，建立了敦化航空护林站。1980年，在各林业局、森林经营局的272个林场设专职护林员1679人。1983年，各级政府实行了森林防火包保责任制。从1981年至今，全省实现连续18年无重大森林火灾。

吉林省建立了森林和野生动物类型自然保护区8处，总面积162万公顷。其中长白山国家级自然保护区是1960年建立的，它是欧亚大陆森林生态系统的主要代表，1980年被列入“人与生物圈”保护网，成为世界上200多个自然保留地之一。1981年以来，吉林省相继建立了向海自然保护区、莫莫格自然保护区、松花江三湖自然保护区三个国家级自然保护区，有力地保护了具有代表性的自然景观、珍稀动植物资源及其生存环境。

吉林省积极贯彻“预防为主，综合治理”的森林病虫害防治方针，实行了森林病虫害防治和检疫目标管理考评制度。全省森林病虫害发生率为0.78%，森林病虫害防治率达到94.2%，林业行政案件查处率达到92.9%。从1982年开始，吉林省的爱鸟周活动已开展了17年。全社会爱鸟护鸟、保护野生动物的风气正在形成。1996年，吉林省人大颁布了《关于吉林省五年禁止猎捕陆生野生动物的决定》。禁猎决定实施两年来，无论是山上猎捕野生动物还是山下市场出售野生动物的现象都明显减少。全社会保护野生动物的氛围正在形成。

50年来，吉林省科技兴林取得了丰硕成果，一大批优秀科技成果在吉林省林业建设中起到科技先导作用，增加了林业生产中的科技含量。1956年，吉林省林业厅在长春组建林业试验研究所，深入开展长白山林区采伐迹地更新、西部平原树种引进、林木种子检验与催芽等项应用技术的试验研究。1961年改为吉林省林业科学研究所，由单一营林技术研究，扩大为林产工业、林业机械、木材材性等综合学科的研究。1991年改为吉林省林业科学研究院，承担林业育种、森林生态、森林病理、森林昆虫、野生动物、林业机械、木材加工、林产化工、林业自动化和林副产品等方面的科学研究与技术开发。目前，吉林省林业科学研究、技术推广、技术监督三大体系和科学信息网络已基本形成。全省现有省级林科院1个，市州林科所6个，科技推广站340个，林业科技人员49 348人。“八五”期间，通过省、部级鉴定的科研成果193项，获省部级科技进步奖80项，组织实施推广科技成果143项，开发省级以上新产品30项，科技贡献率为21.6%。

二、建设成就

(一)长白山林区开发

1945年12月和1946年4月,吉林省人民政府先后在吉林、通化建立了两个省级林业管理机构——吉林林务局和通化利华林木总公司进行采伐,并兼营木材加工。直至1952年正式成立吉林省林业厅,全面管理全省的林业生产。首先对主要生产设施,如森林铁路及机车车辆进行维修,尽快恢复生产,并在汪清林务局修建了吉林省第一条运材公路。到1957年末,建立起临江、三岔子、黄泥河、大石头、汪清、八家子6个森工企业,恢复建设了敦化林业局、天桥岭林业局。当时全省的木材产量达230万立方米。为加快林区的开发步伐,满足国家对木材的急需,吉林省成立了"长白山规划设计室",后又扩充为设计公司,着手进行长白山腹地林区的开发勘察设计。1958年,在长白山腹地林区及其边缘地带开始大规模开发。

长白山林区,特别是浑江(现白山市)片,基本上是随着铁路的向东延伸而向林区深处开发的。开发之初,吉林省首先开始建设长林线铁路,1961年通车至松江河,1965年通车至露水河,1971年通车至白河。随着铁路的延伸,先后新建了松江河、泉阳、露水河、湾沟、和龙、白石山、大兴沟、白河、红石、珲春10个森工局。这样,吉林省已拥有18个木材生产的森工企业,木材产量从1949年的136万立方米提高到1985年的685万立方米。从1988年开始,吉林省木材生产企业逐渐显现资源危机,于是开始逐年调减木材产量。特别是1998年,国家实施天然林保护工程之后,吉林省木材产量调减到314.6万立方米。

森工企业的森林采伐方式随着林业经营指导思想和方针政策的变化而进行不断调整。从新中国成立初期的连续带状皆伐,到60年代提出长期经营、永续利用的方针,采伐方式调整为等带间隔皆伐、连续带状皆伐、单株择伐和块状择伐。70年代侧重森林培育,坚持合理采伐,采伐方式调整为采育择伐、经营择伐、二次间伐和小面积皆伐。80年代把培育森林资源、发挥森林的生态效益提到了重要位置,采伐方式调整为择伐、皆伐、间伐三种方式。采运工艺流程从50年代的牛马套子集材,发展到60年代的油锯伐木、拖拉机集材、森林铁路运材,70年代内燃机车开始用于森林铁路运材,80年代汽车运材逐步取代了森林铁路运材。

在大量生产木材、支援国家建设的进程中,吉林省涌现出许多先进典型人物:临江林业局的马骥广,是吉林省第一个使用电锯的机械化伐木工。他兢兢业业地奋战在深山老林中,创下了木材高产纪录,当选为全国劳动模范;大石头林业局机修厂的技工刘升田,凭着一双巧手,将丢弃不用的废旧工具、设备修理好再利用,为国家节约了几十万元的资金。

(二)绿化吉林大地

近年来,在吉林省,人们明显地感觉到了绿色所创造的奇迹。在山区,过去的荒山秃岭变成绿色的海洋;平原上出现了大面积的人工林海;在沙漠化地区,"风起黄沙滚,沙撵人搬家"的景象已成为过去。一条条流动沙丘被绿色覆盖,一片片沙海变成了绿洲。一个布局较为合理、防护效益较高、经济效益较好的林业生态体系主体框架已经形成,吉林大地上屹立起绿色长城。

1. 全民义务植树活动蓬勃开展

1981年,吉林省根据五届全国人大四次会议通过的《关于开展全民义务植树运动的决议》和国务院颁布的《关于开展全民义务植树运动的实施办法》,制定了《吉林省人民政府关于开展全民义务植树运动实施细则》。从此,吉林大地上掀起了有千百万人民参加的群众性植树造林高潮。1982年3月2日,吉林省绿化委员会成立,确定在每年3月12日"中国植树节"期间广泛开展纪念和宣传活动,4月12～18日开展义务植树活动。1986年3月6日,省人大常委会决定将4月12～18日定为吉林省植树周。十几年来,吉林省全民义务植树活动范围广、人员多,分层次、有重点。在具体安排上,城市首先搞好风景游览区、名胜古迹区、街道居民区等公共场所的绿化美化;农村重点搞好"四旁"绿化和农田防护林建设;山区重点营造水土保持林;边疆地区则突出搞好国界边疆绿化。机关、团体、企业、学校、部队等主要搞好驻地环境的绿化、美化。同时还营造了一大批"红领巾林"、"青年林"、"共青团林"、"三八林"、"民兵林"及各种纪念林、纪念树等。目前,全省累计义务植树12.8亿株。

2. 十年绿化吉林大地活动硕果累累

新中国成立以来,经过全省广大干部群众的积极努力，截至1988年底，全省人工造林保存面积120万公顷，森林覆盖率达到36%，全省生态环境有了一定改善。但是，中西部地区风沙灾害仍然比较严重，农牧业生产低而不稳；东部地区长期过量采伐，林分质量逐年下降，全省生态环境还很脆弱。为了改变这种状况，1988年4月，省委、省政府作出了《关于十年绿化吉林大地的决定》，号召全省军民发扬愚公移山精神，用十年时间造林72万公顷，封山育林30万公顷，森林覆盖率由36%提高到42%。1990年3月，省人大审议并通过了十年绿化吉林大地规划纲要，把这项宏伟的目标纳入了法制轨道。

十年绿化吉林大地期间，各级党委和政府把绿化吉林大地当作造福子孙后代的大事来抓，加大领导力度，动员全社会力量大打人民战争。全省各级党委、政府每年都把绿化工作纳入议事日程，层层落实任务，层层签订责任状，把十年绿化吉林大地的责任分别落到各级领导干部的肩上。1989年以来，吉林省五大班子领导坚持在造林难度大、任务重的地区办造林绿化点，为群众造林起到了表率作用。到1995年末，十年绿化吉林大地规划任务提前两年完成。8年中，全省参加义务植树人数累计达到8000万人次，义务植树7.87亿株，种花1663万平方米，植草坪1019万平方米，完成荒山荒地造林保存面积78.8万公顷，封山育林40.3万公顷，绿化村屯31 495个，森林覆盖率由36%提高到42%。全省基本实现了农田林网化，道路林荫化，村屯林围化，连片荒山荒地全绿化。全省27个平原县有23个达到国家平原绿化标准。一个布局较为合理、防护效益较高、经济效益较大的生态防护林体系主体框架基本形成。据环保部门测定，近两年，长春市的城市悬浮颗粒物、降尘量、氮氧化物等较1988年前分别降低了43.6%、4.2%和43.7%。

3. 三北防护林体系工程建设成效显著

吉林省的“三北”防护林体系建设区主要在吉林省的中西部，总土地面积816.8万公顷，占全省总土地面积的43.2%，包括4个地区的21个县(市、区)。1978年，吉林省开始实施“三北”防护林体系工程建设。深受风沙危害的广大群众积极投入到这场改造自然、改善生态环境的建设中来。造林速度之快、质量之高，效果之好都是前所未有的。一期工程启动后，吉林省把营造农田防护林列为重点，对50年代营造的“西满”防护林进行加带加网建设；对风沙危害严重的13个农业区县进行连片连网规划。经过8年奋战，共完成造林保存面积42.2万公顷，森林覆盖率由1977年的5.5%增加到9.9%，超额3.2%完成了一期工程造林规划任务。

1986年进入二期工程建设阶段，吉林省把防沙治沙作为主攻方向，除加强科尔沁沙地治理这一国家重点治沙工程外，还规划建设了白城西部和南部、扶余松花江右岸的沙区治理和大黑山水土保持等4个省级重点工程。针对沙区的自然特征，采取大兵团作战的方式，运用先进的治沙方法，突出重点、主攻难点、集中连片、个个击破，经过10年努力共完成造林保存面积48.6万公顷，森林覆盖率达到14.5%，超额14.6%完成了二期工程造林规划任务。

自1996年“三北”防护林三期工程启动以来，吉林省从落实任务、筹措资金到发动群众、组织实施都加大了力度、强化了措施、加快了工程建设的步伐。到1998年末三期工程共造林27.5万公顷，完成规划任务的82.6%。目前，吉林省“三北”地区有林地面积达130.69万公顷，森林覆盖率达16%。

吉林省“三北”地区现有防护林68.6万公顷，其中，农田防护林24.5万公顷，防风固沙林30.7万公顷，形成林网网眼11.9万个，庇护农田266.7万公顷，基本实现了网、带、片，林、路、渠相结合的区域性防护林体系，使吉林省的生态环境得到明显改善，为农牧业生产提供了可靠的保障。近几年，全省粮食产量一直稳定在200亿公斤，农民人均收入由1988年的400元增加到现在的2183元。这其中，防护林起到了极为重要的作用。据科研部门测算：由于防护林的作用，全省每年增产粮食26.5亿公斤、牧草1亿公斤。

4. 防治荒漠化工程稳步推进

吉林省沙区地处松嫩平原的西南部，属科尔沁沙地东部和松嫩沙地南部，总幅员面积400.6万公顷，占全省土地面积的22.2%。这里的地表形成大面积沙地、沙丘、沙带，自然生态系统极其脆弱。沙区每年八级以上大风30～40天，给农牧业生产和群众的生活造成极大的危害。

1991年，吉林省开始实施防治荒漠化工程。工程紧紧围绕着开发利用和大力发展沙产业，确定了以农林牧综合经营为主的发展模式。根据吉林沙区的特点，把全省沙区划为两大类型区，即西部农林牧综合经营开发区，中部农田防护林开发区。

西部农林牧综合经营开发区包括通榆、洮南、洮北、大安、镇赉、乾安、前郭、双辽8个县(市、区)。这里沙地面积较大,沙丘、沙垄与草原相间分布。防治沙漠化工程开展以来,把工程重点放在营造防风固沙片林、林带、林网、牧防林及生物围栏上,同时紧密结合治沙造田、改造低产田和种草及改良草场,对1公顷左右的小沙丘全部造林,对3～5公顷中沙丘营造50米宽林带,对6公顷以上大沙丘营造宽林带网,有效地保护了农田和草原。中部农田防护林开发区包括农安、扶余、长岭、公主岭、梨树等县(市、区)。治理重点放在农田防护林的进一步完善上,对原有林带进行更新、改造和调整完善,进一步提高农防林的防护功能和产出效益。多年来,吉林省坚持"谁治理,谁受益"的原则,采取承包造林、合作造林、股份经营、拍卖沙丘造林等多种方式,实行林权长期不变,并允许继承和有偿转让。这些政策的实施极大地调动了群众治沙造林的积极性。仅白城市就有治沙造林承包户7500多户,其中承包治沙面积在100公顷以上的大户有7户。

目前,吉林沙区生态环境进入良性循环,沙产业经济雏形初步形成。全省沙区有林地面积达53万公顷,森林覆盖率达12.6%,使130万公顷农田、40万公顷牧场得到庇护。沙区大风次数与10年前相比下降了67%,平均风速下降了55%,年降水量增加13%,年蒸发量减少15%,极大地改善了农、林、牧、副、渔各业的生产条件和人民生存环境。风沙灾害面积由733万公顷减少到目前的31万公顷,过去沙埋耕地、草原,风剥种子、肥料的现象得到根本改变。沙区出现大面积高产稳产农田,农安、长岭、公主岭、梨树4县市粮食产量均排在全国产粮大县前10位,西部一些县成为吉林省多种经济作物的生产区。近几年来,在绿色屏障的保护下,沙区每年增产粮食20亿公斤,牧草产量每年增加1亿多公斤,大牲畜存栏数增加5万头。

(三)连续18年无重大森林火灾

在吉林省长春市净月潭森林公园内,有一座塔楼,塔上高悬着一口大钟,那是森林防火纪念警钟。人们登临塔楼,撞响警钟,钟声在林木葱郁的青山间久久回荡……

吉林森防的警钟长鸣!

截至1998年末,吉林人民经过不懈的努力,实现了连续18年无重大森林火灾。全省年均森林火灾受害率为0.043‰,远远低于全国平均水平。对吉林省森林资源每年以0.7%的速度增长,实现长大于消的良性循环起到了决定性的作用。

数字是枯燥的。但在这些枯燥的数字中却蕴含着吉林人民18年的心血和汗水,18年的森林防火之路艰辛而漫长……

吉林省有着大面积的林海,林业用地面积占全省总面积的51.94%,这样大区域的森林防火管理工作非常困难。近年由于受厄尔尼诺现象影响,春季干旱少雨,易于发生火灾;由于改革开放,近年来入山搞副业和旅游人员增多,难免有人用火;林内杂草、灌木、树叶等可燃物越积越多,一旦起火很难控制。

18年来,吉林省的各级领导清醒地面对森林防火的严峻形势,一直把森林防火作为一件大事常抓不懈,坚持政府负全责,不断强化各级领导森林防火责任。全省自上而下建立了统一的组织指挥机构,各级政府均设有森林防火指挥部,由政府主要领导担任总指挥,具体负责本行政区域森林防火工作的组织指挥工作。气象、旅游、新闻、部队等有关部门都是森林防火指挥部的成员单位,实行分工负责、齐抓共管。目前,全省县级以上森林防火指挥部已达90个,形成了比较健全的森林防火组织指挥体系。全省实行了森林防火行政领导负责制,从省长、市(州)长、县(市、区)长、乡(镇)长到村主任和林业局长、场长都落实了森林防火责任。在重点林区普遍实行了"一票否决制",将森防工作作为考察领导政绩的一项重要内容。全省各级主要领导干部分别划定森林防火责任区,设立醒目的标志牌,明确包保区域、面积和责任,把领导同志的森林防火行为置于广大人民群众的监督之下,既增强了领导干部的责任感,又宣传教育了广大群众。

吉林省坚持长期开展森林防火宣传教育,不断强化全社会的森林防火意识。全省每年在各级新闻单位发表的森林防火报道达1000余篇。各地都开展大规模的宣传周、宣传月、宣传一条街活动。平均每年张贴省政府布告50多万份,散发宣传单300多万份,出动宣传车2000多台次,举办专题文艺宣传节目2000多场。在全省重点林区公路两侧,写有"野外不吸烟,上山不带火"等宣传口号的防火宣传旗随处可见。在一些重点地区,建有20余座大型永久性森林防火宣传门和1000余处森林防火宣传墙。

实践中，吉林省森林防火部门认识到：光靠被动地扑火是不行的，必须要发动全社会力量，才能做好预防工作。在吉林省汪清县，一种被称为“十户联防”的群众性森林防火联防组织开展得红红火火。“十户联防”以林区村屯中的每十家农户为一组。在防火期中，每组中的十户人家轮流值班。值班的农户家中飘扬起红色的防火旗，这一家人就成了防火检查员，负责监督检查这十户的房舍、村缘林地、田缘林地中的生活用火和生产用火。这种群众联防形式迅速推广开来，已在全省林区普遍实行，形成了一支强大的火源管理队伍，使违章用火的现象明显减少。这一有效的联防制度，得到国家森林防火指挥部的充分肯定，并在全国推广。

为严控野外火源，吉林省在中俄中朝边境、长白山保护区、红石五道河等重点火险区实行封山防火。全省严格执行凭证入山、火源检查、野外用火审批制度，认真检查火灾隐患，严肃查处野外用火行为。据近7年的统计，全省处理违反防火规定人数达21.8万人。每到清明节，各地领导就带队在交通要道、坟头进行死看死守，确保万无一失。同时，为引导群众改变烧纸的传统习惯，清明期间，林业部门提供树苗，让人们用栽植纪念树的形式纪念故人，使上坟烧纸的现象大为减少，削减了一大火灾隐患。

吉林省不断加强森林防火设备设施建设，努力提高林火的发现和扑救能力。全省451座瞭望塔分布在983.05万公顷林地上，观测瞭望面达95%以上。森防部门配备了无线电台和对讲机6005部，森林防火用车1558台，风力灭火机4011台。全省9个市(州)有6个建立了卫星地面定位仪，以微机决策系统为中心的通讯网和预报预测网已基本形成。在敦化市，建有一处航空护林站。全省现有森防设备总值达1.8亿元，为火情的发现和扑救提供了重要的物资保证。

全省共有专业、半专业森林消防队240支，有义务森林消防队261支，形成近40万人的扑火大军，森林火灾扑救的整体能力明显增强。被称为“森林灭火神”的吉林省森警总队在扑灭林火的实践中发挥了森林消防排头兵的作用，现在一线执勤兵力已达87%以上，在全省林区筑起一道又一道巡防线。

(四)野生动物保护工作步入法制化、规范化轨道

吉林省的野生动物资源非常丰富，全省有陆生脊椎动物437种，其中国家重点保护动物60种。吉林省十分重视野生动物保护工作，全社会积极保护野生动物的氛围正在形成。

自然保护区管理步入了法制化轨道，区域性动植物保护的格局初步形成。目前，全省有森林和野生动物类型自然保护区7处，总面积155万公顷，占全省面积的8%。其中，长白山、向海、莫莫格3个为国家级自然保护区。长白山自然保护区还被联合国教科文组织确定为世界自然保留地，被世界野生生物基金会评审为具有国际意义的“A”级保护区；向海保护区被国际组织列入“国际重要湿地名册”。全省共划定野生动物禁猎区28处，总面积达41.8万公顷。这些综合性和单项性自然保护区域，对于保护和养息野生动植物种群起到了很大的作用。吉林省采取了很多措施完善自然保护区建设、省人大常委会审议通过了除龙井市天佛指山松茸保护区外的6个自然保护区的《自然保护管理条例》，以法的形式明确了保护区管理局的职责，强化了打击乱捕滥猎、破坏自然保护区违法活动的力度。

野生动物保护工作步入了规范化管理轨道。1982年，吉林省规定每年4月22～28日为吉林省爱鸟周。17年来，爱鸟周宣传教育活动持续深入地开展起来。省领导亲自参加各种形式的展览会、广播电视新闻发布会、挂置人工鸟巢等活动。全省挂置人工鸟巢20余万个，营造爱鸟林1200多公顷，自发救护野生动物4300余只。1985年，吉林省人大结合本省实际出台了《吉林省野生动植物保护管理暂行条例》。1988年，《中华人民共和国野生动物保护法》公布后，吉林省又建立了狩猎检查制度，在全省范围内开展搜山，打击非法狩猎活动。同时，全省的野生动物饲养业初具规模。目前，全省各类野生动物养殖场已达887处，养殖野生动物存栏数逐年增加，为开发利用野生动物创造了有利条件。

1996年1月26日，吉林省人大常委会通过《五年禁猎陆生野生动物的决定》，各市(州)迅速成立了由分管副市(州)长负责，林业、工商、公安等部门负责人参加的领导小组，建立野生动物保护责任制，层层签订了责任状。自禁猎以来，全省共查处违法狩猎案件870起，处理教育违章人员1200多人，没收大型猎物1860头，放生鸟类4500只，没收狩猎工具1690件。

(五)林产工业全面发展

新中国成立初期，吉林省的林产工业以制材生产为主，即山上搞半成品、山下搞成品，靠山制材、就地加工。1959年，全省建起了生产胶合板、纤维板、纸浆等产品的林产工业企业128处，产品有50多种，木材综合利用产值达1亿多元。1960年，在15个森工企业及19个林业县中普遍建立了林产工业企业53个，同时明确以发展人造板为中心。1980年，开始从日本、德国等引进项目，到1983年投产10项，总投资为9845万元。这些项目主要是胶合板、刨花板成套生产设备和纤维板污水处理设备。到1985年，全省森工系统建起8个纤维板、刨花板、细木工厂，1年可利用14.7万立方米剩余物。

1994年，吉林森工集团成立，由原省林业厅部分直属企业、事业单位组成，主要为8个森工局、5个加工企业和部分事业单位。集团组建后，开始逐步实行公司化改造，推广湾沟林业局综合配套改革经验，对中小企业和闲置资产实行“并租转卖”等方式活化存量资产，通过招商引资、委托经营搞活企业。目前，集团拥有53个成员单位，总资产37.9亿元，职工总人数12.7万人，总经营面积139.5万公顷，有林地面积116万公顷，森林蓄积量1.57亿立方米。林产工业加工企业76个，人造板生产能力达到36.6万立方米，二次加工能力达到410万立方米。到1997年底，全集团林产工业产值已占工业总产值的36%，新建和改造了14个精深加工项目。

延边朝鲜族自治州的10个森工企业通过新建、技改和引进嫁接、合资、合作、补偿贸易等方式，使林产工业得到了较大发展，现已形成锯材、刨光材、集成拼接材、胶合板、纤维板、刨花板、刨切单板、实木地板、复合地板、高档家具、纸板等共12个系列、130多个品种。其中，敦化林业局的“丹峰”牌硬质纤维板、“长松”牌纤维板复合门，汪清林业局的“汪林”牌胶合板、牛皮箱板纸，黄泥河林业局的实木门等5种产品先后获部优产品称号。延边森工企业大力发展外经外贸工作，到1997年末，全州已办三资企业25家，总投资3.58亿元，实际利用外资2312.59万美元。延边朝鲜族自治州已有7个森工局获得进出口权，出口的产品有原木、板材、人造板、土特产、木制品、装饰家具、工艺品、林产化工产品等9大系列50多个品种，年自营出口额600万美元。

三、基本经验

50年来，吉林省林业取得了辉煌的成绩，在林业建设中积累了一些体会和经验，主要有六点：

第一，坚持全党动员、全民动手、全社会办林业的工作方针。紧紧依靠各级领导的真抓实干，各族人民群众的积极参与和各行各业的密切配合，建设造林绿化公益事业，发展群众性、社会性林业。十年绿化吉林大地活动充分展现了这一宏伟场面。全省水利、交通、煤炭、冶金等十几个部门都设立了绿化委员会，真正把造林绿化落到了实处。吉林省每年都有500多万人次参加造林绿化活动。

第二，坚持全社会抓保护、全民搞防火，各级政府负全责的工作原则。把预防扑救森林火灾、防治森林病虫害，控制非正当性森林资源消耗纳入各级政府工作日程，作为全民、全社会的共同责任，齐抓共管、群防群治，维护森林资源安全，保证林业持续健康发展。特别在森林防火工作中，吉林省坚持实行森林防火行政领导负责制，各级政府的主要领导担任森林防火指挥部的总指挥，具体负责本行政区域森林防火工作的组织指挥。全省各级主要领导干部分别划定森林防火责任区，明确包保区域、面积和责任，既增强了领导干部的责任感，又宣传教育了广大群众。林区普遍实行以“十户联防”为主要形式的联防组织，真正把护林防火变为广大群众的自觉行动。

第三，坚持生态、经济、社会三大效益相统一的生态经济林业建设思想。50年来，吉林省通过大力发展森林营造业带动林业多种经营和综合利用的发展；通过立体开发利用森林资源带动山区、沙区百业兴，进而推动林区经济发展，走兴林致富奔小康之路。立足林业资源优势，对多种资源进行立体综合开发，将单一的木材生产发展为木材生产、林产工业、多种经营三足鼎立的林业产业体系结构，将资源优势转化为经济优势。这种三足鼎立的林业产业体系，促进了吉林林业经济的全面发展。

第四，坚持以科技振兴林业的发展战略。多年来，吉林省林业系统坚持一把手抓第一生产力，把科技贯穿于林业生产经营的全过程，加快了经济增长方式由粗放型向集约型的转变。同时,进一步拓展供需见面、科研生产衔接的层次和范围,大大提高了林业科技成果的转化率。“八五”期间,重点推广了林木生产商品化管理模式改革的科研成果。通过实施内部林价制度、育林基金拨改买制度和建立森林资源监督机制,改变了过去森林资源无偿使用、育林基金使用较差、森林资源所有权与使用权不分的弊端,每年可节约森林资源 17.1 万立方米;增加造林直接投入 2000 多万元,降低造林成本 1000 多万元,较大幅度地提高了林业的整体效益。

第五,坚持依法治林、依法兴林的管理思想。《中华人民共和国森林法》颁布以来,吉林省人大先后通过了《吉林省森林管理条例》等 11 部配套法规,对全省林业持续、健康、稳定发展起到了重要作用。多年来,吉林省坚持对森林资源管护工作进行综合评价,凡有一项达不到综合评价指标的不能评先进,并与年度采伐计划和相应的投资项目挂钩,效果明显。

第六,坚持“两手抓,两手都要硬”的方针。“一把手抓两手,领导干部先带头,机关作表率”,这是吉林林业行业精神文明建设的一条原则。多年来,吉林省始终坚持在林业行业实施理论教育、思想教育、道德教育、法制教育,以企业文化建设为载体,抓改革、抓典型、抓特色、抓落实,让群众唱主角、当裁判,使全行业精神文明建设活动蓬勃开展起来,为林业解放思想、更新观念营造了良好的舆论环境和文化氛围,形成了具有吉林林业特色的企业文化、厂(场)区文化、社区文化、校园文化、班组文化。目前,全行业有 19 户企事业单位被省委、省政府命名为精神文明先进单位,有 4 个单位被评为全国林业行业思想政治工作先进单位。

四、远景展望

从现在起到 2010 年,是吉林省林业发展具有跨世纪意义的重要历史时期。这一时期林业发展的总体目标是:集中力量建设和完善“两大体系”和“一个网络”。即经过艰苦努力,在吉林省基本建立起适应国民经济与社会发展需要的完备的林业生态体系、比较发达的林业产业体系和服务于这两大体系的健全的森林资源保护管理网络。

实现这一目标,前两年是基础、是关键。其主要任务是:造林绿化事业上质量,初步建立起比较完备的林业生态体系;林业经济发展上效益,形成比较发达的林业产业体系的基本框架;森林资源管理上水平,形成比较健全的森林资源保护管理网络。

林业生态体系建设的重点是:抓好城乡绿化美化、义务植树基地、经济林、防护林体系、森林资源培育改造、森林公园和自然保护区生态工程建设。

林业产业体系建设的重点是:抓好以提高林地生产力为主要目标的营林生产业,以降产降耗、提质提效为主要目标的森林采运业,以开发生产高科技含量、高附加值、高效益产品为主要目标的林产加工业,以转产分流、综合开发森林资源为主要目标的多种经营业。

森林资源保护管理网络建设的重点是:抓好森林资源监督管理、森林防火、森林病虫害防治检疫、森林资源非正常消耗控制、森林生物多样性和野生动植物保护等五大管理体系建设。

(执笔人:刘伟　魏静)

黑土地的绿韵

——黑龙江省林业建设50年

黑龙江省林业厅

一、绿色的呼唤

黑龙江省是祖国位置最北、纬度最高的省份，土地总面积45.4万平方公里。肥沃的黑土地、优越的自然条件，孕育了丰富的森林资源，培育了多种森林类型。主要木本植物有红松、云冷杉、落叶松、樟子松、水曲柳、黄波罗、胡桃楸、柞、椴、榆、桦、杨等百余种，是国家重点林区之一。森林覆盖率和蓄积量均居全国首位。

然而，50年前，这片黑土地上的不少地方森林已惨遭近代统治阶级的乱垦滥伐和沙俄、日本帝国主义的疯狂掠夺和肆意破坏。东部浅山区、南部丘陵区和西部平原地带的林相破败不堪，千疮百孔，满目苍凉。东部荒山面积竟达267多万公顷；西部平原上的森林已荡然无存，在1040万公顷的土地上，森林覆盖率仅有0.8%。每当西北风肆无忌惮地刮起，沙雾弥漫，吞没农田。光秃秃的原野、寂寞的村庄，十几里内见不到几棵树，老百姓缺粮少柴。光杆路、光腚屯和光板田随处可见。

"人类给我们造成的任何一个深重的灾难，都莫过于对森林的砍伐。"这绝不是危言耸听。曾几何时，松嫩两江左岸的肇源县有个穷神庙村（现裕民村），全村仅有5棵树；地处小兴安岭与松嫩平原过渡地带的克山县古北乡东风村，由于毁林开荒，植被遭到破坏，黑土层变成了黄土层，地力由肥变瘦，粮食产量陡减；民族英雄赵尚志战斗过的尚志市一面坡镇，森林也未幸免，绿山变成秃岭，每到雨季洪水泛滥，民不聊生。

在黑土地上上演的这一幕幕生态恶化的悲剧，从一个侧面诉说着黑土地无林的忧伤、无绿的迷茫。

难道黑土地也要成为中国大地上的第二个"黄土高坡"？

中华人民共和国诞生的礼炮震惊了世界，震醒了黑土地。龙江人民托起绿色的希望，从内心深处呼唤绿色。

二、绿色的崛起

新中国成立后，党和人民政府制订了一系列方针政策，大力发展地方林业，封山育林、开办国营林场，植树造林、经营和保护森林。特别是党的十一届三中全会以来，清除"左"的影响，黑龙江省地方林业走上了健康发展的道路，取得了令人瞩目的成就。

黑龙江省林业分别由三个系统管理：一是黑龙江省林业厅，下属13个地市、71个县（市），林业经营面积占全省林业经营总面积的37.1%；二是黑龙江省森林工业总局，林业经营面积占全省林业经营总面积的39.4%；三是大兴安岭林业管理局，林业经营面积占全省林业经营总面积的23.5%。其中，省林业厅是全省林业行政主管部门。

全系统下辖360处国有林场、79处国有苗圃、1160个乡镇林业工作站，有职工10万人。森林蓄积3.79亿立方米，年生产木材150～180万立方米，年总产值19亿元。在绵延的东部山区,营造了新的用材林基地,在缺林少树、灾害严重的西部平原地区,建设起了规模宏大的防护林体系。

回顾创业的艰辛,人们不会忘记山角下的“马架”、“地阴子”,那是封山育林初期的抚育站。寒来暑往,多少日夜,护林人员就在“站”里离群索居。这里交通不便,粮食、油盐全靠人背,常年吃不到蔬菜。夏天还能采些蘑菇、木耳改善生活,其它季节一日三餐就饭的只是盐水煮黄豆或咸菜。

他们人消瘦了,但是他们背后的大山绿了。仅1950年至1955年几年的时间,黑龙江省封山育林就达57万余公顷。

1956年春节刚过,北方的天气依旧很冷,皑皑白雪覆盖着冬眠的完达山。黑龙江省林业厅造林处负责人领着孟家岗建场人员,来到山脚下,马爬犁辗雪的声音回荡在荒山之间。

黑龙江省第一批国营林场——桦南县孟家岗林场、勃利县通天一林场等六个林场相继建立了。没有场舍,没有机械,这些像红松一样的北方汉子,硬是在“一间房子半铺炕”的艰苦条件下,奏响了人工造林的前奏曲,为日后300多个国营林场的建立开创了先河。他们坐着爬犁护林、啃着冻馒头抚育、趟着泥水造林,默默地建设着地方林业的骨架。

但是,由于历史及自然等多种原因,黑龙江省地方造林营林事业一度徘徊不前。重采轻育、过量采伐、体制不顺,再加上长期以来森工育林基金缴纳不到位,栽树拿不出树苗钱,森林资源消大于长的矛盾日趋加剧。

面对黯然失色的黑土地,面对资源危困、经济危机的窘境,林业职工忧虑了,地方林业的出路何在?

1978年后,改革的春风吹遍了神州大地,也给黑土地吹来了绿色的生机。

1980年,黑龙江省委、省政府决定,黑龙江省林业战略要实现“四个转移”:①在造林上,由过去重国营、轻集体、忽视个人,转移到国家、集体、个人一起上;②在管护上,由林业部门专业经营,转移到林业部门和山区乡村联营;③在国营林场管理上,由单一用行政办法管理,转移到用经济和行政办法结合管理;④在次生林经营上,由单一的抚育生产,转移到以林为主,多种经营。

1984年,地方林业又从三条线进行了改革:一是改革林业机构;二是改革国营林业经营方式;三是调整造林政策,并形成了“改革体制,下放权力,内包外联,综合经营”的指导方针。

一个多方位发展林业的计划开始实施。

包字进山、包字进林、包字进户;划自留山、责任山、义务植树山,建国营林场、社队林场、家庭林场。到1985年,已给150多万农户划自留山和薪炭林地36.2万公顷;国营林场全部实行了内包外联,打碎了“铁饭碗”,出现了林业专业户和重点户50万户,承包林地办家庭林场1.1万个;林农、林副等各种联合体经营面积达66.66万公顷。

地处松嫩平原南部的肇源县,有三个国有林场和三个国有苗圃,都是50年代建立的,总经营面积4633公顷。长期以来一直是“投资靠国家,生产靠计划,花钱靠集体”。职工出工“大帮轰”,分配“大锅饭”,林业经济处于“半死不活”的状态。面对这样的局面,县林业局领导深入基层调查研究,搞清了林业经济危困的根本原因是经营机制问题。针对症结,1994年,这个县又对三个国有苗圃大胆地实行了租赁经营,使所有权和经营权剥离,为林业改革闯出了路子。三个苗圃当年扭亏为盈,盈利20.5万元;租赁后的1995年盈利105万元。

黑龙江日报1995年1月5日头版头条发表了题为《新机制救活了三个苗圃》的报道,省委书记、省长都做了重要批示。

成功的经验成为这个县继续改革的动力。他们又对三个国有林场进行了体制改革,使经济危困已陷绝境的6个场圃起死回生,充满新的生机与活力。改革后仅3年时间,6个场圃的总收入就达450万元。扣除上交的租金、生产费和提取的各项基金以及其它各项支出340万元,6个场圃的租赁人纯收入110万元。租赁2年的收入就相当于租赁人前30年工资总和的4倍。

现在,全省群众造林完成面积中,通过拍卖、租赁、承包、联合联营、股份合作等形式完成的造林面积占80%。

全国林业系统十大标兵单位之一的黑龙江省尚志国有林场公司,是1992年全省林业体制改革时成立的。这个公司解放思想,大胆进行现代化企业制度改革,强化管理、深挖内潜、调整产业结构,在短短5年多的时间里,走出了困境、走向了繁荣。到1998年,森林覆盖率已达69.8%,累计创产值7.3亿元,实现利润5747万元,为国家和企业积累资金

13 451万元。所属8个国营林场全部跨入“全国500强”行列。

黑土地蕴含的深沉的热望，绽出了新绿。

然而，大自然对这片黑土地远不是慷慨的。由于这里是全国纬度最高的地方，无霜期只有120余天。每当到了寒冷的冬季，土壤结冻深达2米，春季风沙肆虐，大面积水土流失，造成了几十万条纵横原野的水打沟。如今，被誉为“世界生态工程之最”的“三北”防护林工程建设，改变了这里的一切。

黑龙江省是“绿色长城”的起点。

这里地处松嫩平原，建设范围涉及30个市、县581个乡(镇)，从1952年，这里就开始营造从西部到内蒙古西满的防护林。当时，人们以极大的热情植树造林，但由于造林技术不过硬，责任心差和疏于保护管理，树栽了不少，可成活、成林的却很少。群众说：“一年青，二年黄，三年见阎王。”造林成绩不大。

1978年，“三北”防护林建设开始。当时，资金不足、技术不足、经验不足，缺的东西实在太多了，而最缺的还是一个理解和支持林业的环境。

为了这个“环境”，林业工作者首先从自身做起。1983年，黑龙江省率先实行了“绿化责任状”制度，省长同市长、市长同县长、县长同乡长层层签订绿化责任状。第一次把造林成活率、保存率和成林率等硬指标具体落到各级领导肩上，并将这一制度作为考核领导政绩的重要标准，一年一年地坚持下去。同年6月，省林业厅又以造林质量为内容，与防护林建设市、县签订了“合同任务书”。

黑土地的领导者们不单是搞农业的市长、县长，还是大抓林业的排头兵。

王树清这个名字，知道的人并不多。但提起全省西部平原地区唯一拥有百万亩人工林、全国生态农业建设的典型、曾获世界生态工程奖和省长特别奖的拜泉县，在黑龙江却无人不晓。其实，拜泉县取得的业绩、获得的殊荣无不凝聚着王树清的心血。他在拜泉县工作了10多年，先后任副县长、县委副书记、县长，一直致力于抓造林绿化。1996年10月，王树清又调到甘南县任书记。上任伊始，他花了几天时间跑遍了甘南的山山水水；他拿出准备买房子的2.5万元带头集资造林；他制定严格的造林绿化标准，发现不合格的地方，亲自示范；他为了调运苗木，亲自去拜泉、海伦等地，一个春天就磨破了两双鞋。他走到哪里，就把绿带到哪里，他心中始终装着林业。

像王树清这样的领导，在这片黑土地上成百上千。他们用火一样的热情，钢铁般的意志，克服常人难以想象的困难，率领龙江人民拓展绿色的天地。那傲然挺立的行行白杨，那婀娜多姿的片片绿柳，就是他们业绩的历史见证。

素有“北大仓”粮仓“囤尖”的绥化市，这里的土地黑得冒油，哪一亩不能收几百斤粮食！用这样的耕地造林，舍得吗？绥化人的回答是：舍得。

绥化市人民舍出5%的耕地，得到90%耕地的稳产增产；舍出百万个植树工日，得到几千万树木卫士的保护；舍出几百万元造林费，得到存款几十亿元的一座“绿色银行”。

多少年流传下来的只知道砍树种粮，不顾惜生存环境的传统思想，终于在农民的头脑中得到改变。这一改变来得很迟，但它终于来了，而且，正在不断地升华。

历史上具有“拉不败的拜泉”美称的拜泉县，长期掠夺式经营，成了有名的跑水跑土跑肥“三跑”之地。80年代初，黑土层由1米减少到20～30厘米，2.7万条侵蚀沟将完整的耕地分割得支离破碎，油汪汪的黑土地变成了砂石裸露的穷山恶水。拜泉县成了全省和全国重点扶持的贫困县。

生态的灾难只有用改善生态的办法来解决。他们抓住“三北”防护林建设的机遇，创造了绿色的奇迹。

拜泉县全面开展了以植树造林、治沟治坡为主旋律的生态农业建设。把全县划分为平原区的林果畜粮综合经营型模式、漫岗低丘陵区的粮牧企经庭立体式开发型模式、丘陵区的坡水田林路综合开发型模式和沼泽低洼区的畜禽渔稻良性循环型模式四种类型的生态农业建设模式。按照“治理一坡，成功一片，效益一方”的构想，优化林业模式，治理水土流失。

到1998年底，全县造林保存面积已达7.59万公顷，林地面积占幅员面积的21%。营造农防林主带4388条、副带6655条，构成了10 629个500米×500米的网格，使金色的粮食丰收在绿色的格子里。实现了“屯穿裙子路镶边，农田大界林成圈”的营林模式。全县粮食总产量连续6年突破亿公斤大关。

全县32个小流域和150个生态小区，都以林业建设为重点，林粮花果一齐上、畜禽渔稻共发展，呈现出生态农业建设“十子登科”的新格局，即：山顶栽松戴帽子，梯田埂种笤条扎带子，退耕种草铺毯子，沟里养鱼修池子，坝内养鸭子，坝外种稻子，坡地栽树结果子，平原林网织格子，立体开发办场子，综合开发抓票子。更为可喜的是，1998年夏季百年不遇的洪涝灾害，拜泉县连续40多天降雨达1200mm，比常年降雨量多近2倍，但除 少数尚未完成治理的乡村外都安然无恙，使这场灾害减少损失15.2亿元，农业生产获得了历史上第二个丰收年，粮、豆、薯总产近8亿公斤。

“三北”防护林体系建设使一片片空旷的原野披上了绿装，使一个个贫困地区走上了富裕之路。更可贵的是一个环境因子、生物因子和人工调控辩证统一的生态经济学理论为这里的人民群众所接受，这是多么伟大的思想飞跃。

风风雨雨，20个春秋过去了。

在绿色长城的起点，已形成了一个以乔木树种为主体，以农田防护林为基本框架，多林种多树种并举，网带片、乔灌草相结合，农林牧彼此镶嵌，互相补充，县县毗连，互为一体，规模宏大的综合防护林体系，其发挥的作用也不断地延伸。

纳入“三北”防护林建设的29个市、县，一、二期工程造林140.06万公顷，森林覆盖率由建设初期的4.3%提高到16.6%。现林网庇护农田423万公顷，庇护率达90%；庇护草原77万公顷，庇护率32%。仅二期工程造林，新形成立木蓄积1038万立方米，年抚育间伐约33万立方米，薪炭林年产薪材328万层积立方米，经济林年产鲜果5.8万吨，年产食用菌40万吨。20年间，总效益达287.34亿元，为总投入17.63亿元的16.3倍。

光阴似箭，50年弹指一挥间。黑龙江地方林业在这片广袤的黑土地上，走过了难忘的岁月，人们惊喜地看到：

(1)利用首批世界银行林业发展项目，初步建成了尚志等6个商品林基地县，累计营造商品林6.53万公顷，速生丰产林2.1万公顷。利用世界银行森林发展和保护项目，在全省19个县市、141处国有林场，建设19片商品材基地，已造林5.6万公顷。

(2)人工造林每年以27万公顷速度递增，累计造林保存面积260万公顷，抚育天然次生林167万公顷。全省森林覆盖率由新中国成立初期的36.8%提高到42.4%。

(3)林产工业已形成了年加工利用原木及次小薪材50万立方米、“三剩”物(采伐、加工、造材剩余物)10万立方米，年产“三板”(胶合板、纤维板和刨花板)8000立方米，地板块8000立方米，牙签1200万吨，木片1万吨，锯材30万立方米，卫生筷子25万箱，各类木制品30万件的生产能力。

(4)多种经营发展为养、种、采、加、掘、工、商、运、建、服等十几个行业、100多项、300多处商品基地。食用菌、山野菜、大豆、杂粮、柳编等都是出口创汇产品，西洋参等系列产品获国内名牌产品称号。

(5)森林旅游业方兴未艾。全省46处国家级和省级森林公园以及哈尔滨至牡丹江山体天然林、哈尔滨至同江江河风景林、哈尔滨至齐齐哈尔防护林等三条旅游热线，以其独特、优美的自然景观，吸引着众多国内外游客。

(6)林业法规逐步完善。仅1996～1998年，相继出台了《黑龙江省森林管理条例》、《黑龙江省野生动物保护条例》、《黑龙江省森林植物检疫实施办法》、《黑龙江省林木种子管理条例》、《黑龙江省森林病虫害防治实施办法》、《黑龙江省野生动物及其产品经营许可证管理办法》等一系列与国家林业法律法规相配套的林业法规。

(7)在79处国有苗圃推行了租赁经营和承包经营，全省1160个乡镇林业站已有895个兴办了经济实体，年产值3539.5万元。

(8)全系统已有570个单位晋升为县级以上文明单位，占基层独立核算单位总数的75.3%。其中，省级文明单位标兵3个，省级文明单位已达到了23个。

(9)森林防火成绩显著。到1998年，全省建立森林防火瞭望塔807座；瞭望覆盖率达85%，配备通讯电台748部，对讲机7458部，灭火机具1.5万台，森林防火专用车115辆。设立航空护林站7处，飞机加油站6处，化学灭火库4座，并建立了森林警察部队。黑龙江地方林业随共和国的建立而起步，伴改革开放的步伐而崛起。

三、绿色的延伸

“树外腾腾青峰起，林峦苍翠接天低”。黑土地绿了。

黑龙江省地方林业在曲折中发展，在探索中前进。每一步、每一项成绩无不靠党的方针政策的指引,靠各级党委和政府的领导,靠科学技术的推广应用,靠人民群众的辛勤劳动,靠各行各业的积极支持。

黑龙江是林业大省,又是农业大省。50年的实践证明,林业作为可持续发展和生态环境建设的主体,造林绿化不仅仅是为了多产木材,更重要的是为了改善生态环境、促进经济和社会发展。林业生产周期长、资金周转慢,破坏容易恢复难,绝不能以牺牲森林资源为代价换取暂时的经济增长。只有从自身"林情"出发,按照自然规律和经济规律办事,林业生产才能发展前进,否则,就停滞不前。

马克思曾指出,社会再生产的正常进行,要求社会总产值的各个部分都能实现补偿和替换,不仅是价值补偿,而且是物质补偿。黑龙江省地方林业虽然一直执行以营林为基础的林业方针,但是,由于长期实行计划经济的经营模式、纯而又纯的所有制和分配方式,使地方林业和森工一样,一定意义上成为"大木头"行业。无论市场需求与否,无论木材的价格高低,每年都以150～180万立方米的计划进行生产,累计为国家提供木材4000万立方米。采、育比例失调,营林生产得不到应有的价值补偿和物质补偿,破坏了森林再生产的基础和条件。据初步测算,黑龙江省平均每公顷造林成本为1800元,实际投入135元,按每年20万公顷造林任务匡算,仅年造林资金缺口就是3.3亿元。不但违背了经济规律,造成经济损失,而且违背了自然规律,造成可采资源锐减。至今资源危机、经济危困困扰着林业。

一个"全社会办林业,全民搞绿化,统筹规划,全面推进,重点突破,分类指导,分步实施"的发展战略,以势不可挡之势在这片黑土地上实施。因此,发展林业,必须站在改善生态环境,实现可持续发展的战略高度和人类生存的长远角度,把培育、保护和合理利用森林资源作为林业建设的出发点和落脚点,处理好经济发展与环境保护的关系。

1998年11月,黑龙江省委、省政府作出了《关于积极培育、严格保护和合理利用森林资源,大力发展林业若干问题的决定》,制定了《黑龙江省林业生态工程建设规划纲要》,决心从现在起,利用50年左右的时间,在全省实施天然林保护、松花江嫩江防护林体系建设等十项林业重点工程,彻底改善全省生态环境。

龙江大地再添新绿指日可待,又一绿色的旋律奏响在黑土地上。

到2010年,全省森林覆盖率将达到47%以上,两大体系基本形成。到下世纪中叶,建立起与全省国民经济和社会发展相适应的、比较完备的生态体系和比较发达的产业体系。

愿绿色的旋律在黑土地上永恒。

(执笔人:吴梅芳)

绿化美化香化　建设都市林业

——上海市林业建设50年

上海市农林局

上海是我国的一个国际化大都市。地处长江三角洲的前缘，东濒东海，南临杭州湾，气候温和湿润，四季分明，属亚热带季风气候。年平均气温15℃左右，年平均降雨量在1200毫米左右，全年无霜期约230天。

上海郊区土地总面积为6060.42平方公里，占全市土地总面积的95.6%，比新中国成立之初，扩大了10倍之多，其中耕地面积为28.72万公顷。上海是长江三角洲冲积平原的一部分，地势地貌变化较小，全境除西南部有少数低丘外，全为坦荡低平的平原，平均海拔为4米左右，境内水网稠密，水资源丰富，是著名的江南水乡。

新中国成立以来，经过广大林业工作者的艰苦努力，上海的林业建设取得了较好的成效。据1994年上海市第四次森林资源清查结果，郊区有林地面积21 793.3公顷，“四旁”树保存数4179.9万株，森林覆盖率7.22%，农田林网控制率42%。同1984年相比，10年来有林地面积和“四旁”树保存数分别增长1.4倍和30.4%，森林覆盖率上升3.26个百分点，林网化耕地面积扩大了4.1倍。随着上海“一个龙头，三个中心”地位的进一步确立和社会、经济可持续发展战略的实施，上海的林业建设将面临着新的挑战和发展机遇。

一、上海林业的发展历程

新中国成立之初，上海农村绿化是以农户在宅基、沟浜四周栽种的竹园以及乡土杂树为主体，多数用来制作小农具、编篱，搭建牲畜棚舍等。50年代末、60年代初，郊区面积的扩大（原属江苏省的10个县先后划归上海市管辖）和一批国营林场、苗圃的先后建立，为上海郊区大规模造林绿化的开展奠定了基础。

70年代至80年代初，郊区林业建设步入发展阶段。郊区结合以改土治水、兴修水利为中心的农田基本建设营造农田林网，改善了农田小气候，确保农业稳产高产。先后出现了青浦县练塘乡林家草、宝山县彭浦乡白遗桥等一批农田林网建设的好典型，在1977年，获得农林部授予的“全国平原绿化先进单位”称号；1981年青浦县还获得“平原绿化先进县”荣誉。党的十一届三中全会以来，每年3月12日植树节前后，郊区都有近百万人参加全民义务植树活动。至1984年，郊区“四旁”树保存数达到3204万株，有林地面积8913公顷，森林覆盖率3.96%。

自80年代中期起，上海林业建设进入结构调整阶段。1985年以后，按照市委、市政府提出的“稳粮、调棉、保菜、发展市场需要的经济作物”的种植业结构调整要求，市林业主管部门抓住契机，大力调整和优化郊区平原绿化树种、林种结构，坚持“多树种、多林种，林、果、花一起上，综合推进；生态、经济、社会三项效益一起抓，综合发挥”的林业发展思路，积极引导，主动提供科技信息、栽培技术和良种壮苗服务，发展果、桑经济林和花卉生产。先后建立起一批具有特色和规模的果品、蚕桑和鲜切花生产基地。1989年，为加速郊区平原绿化步伐，编制了《上海市

1989～2000年造林绿化规划》,制定了《上海市郊区平原绿化标准》,提出了至2000年郊区森林覆盖率达到9%、农田林网化率达到70%、骨干河道和道路宜林段绿化率达到85%、村庄宜绿面积绿化率达到90%以上的总目标。

90年代,郊区林业建设进入综合提高阶段。"八五"期间,围绕郊区2000年平原绿化达标的要求,进一步调整绿化布局,强化造林绿化质量监督,对沿海防护林和农田防护林建设实施工程管理,坚持按规划设计、按设计施工、按图核查的质量管理办法,并在全郊区范围内开展以争达标为主要内容的绿化竞赛活动。1992年崇明县率先实现了平原绿化达标,被市政府授予"上海市平原绿化达标第一县"的称号。1996年3月12日,在市政府办公厅批转《关于加快实现上海郊区平原绿化步伐的意见》的基础上,受市政府委托,市农委与各县(区)政府签订了"九五"平原绿化责任状,绿化任务和指标层层分解落实,并制定了《上海市"九五"平原绿化检查、验收、考核、奖惩办法》,严格目标管理,真正把平原绿化责任落到各级领导的肩上。林业产业建设充分发挥系统自身的技术、资源和行业优势,大力发展以花卉为重点的林业产业,以市场为导向,以提高经济效益为中心,实行区域化布局、专业化生产、一体化经营、企业化管理、社会化服务,实现自我积累、自我调节、自我发展的良性循环。

二、特点和成就

(一)狠抓四大生态工程,生态环境得到改善

为改善城市生态环境,充分发挥森林在陆地生态系统中的作用,自1987年起,上海市先后启动沿海防护林体系工程、平原绿化工程、淮河太湖流域综合治理上海片防护林建设工程(简称"淮太工程")和市级林业生态示范工程,构成了林业生态体系的基本框架和造林绿化精品。

沿海防护林体系工程启动于1988年,按照《上海市沿海防护林体系建设规划》,在沿海6个县(区)建设以生态效益、防护功能为主体,网带片相结合,纵深40公里的综合防护林体系。近10年来,林带以每年133.3公顷的速度增长,至1998年总面积已达到2600公顷,大陆海岸线防护林已基本合拢,在东海前沿形成了一道壮观的绿色屏障,同纵横交错的农田林网组合成一张能有效抗御灾害性天气、改善沿海地区生态条件的保护网。

1987年,在林业部制定的《南方平原县绿化标准》的基础上,制定了《上海市郊区平原绿化标准》,并在全郊区开展以争达标为重点的乡(镇)际绿化竞赛活动,骨干道路、河道绿化和村庄绿化在郊区全面展开。进入90年代中期,为加快郊区平原绿化步伐,一手抓农田林网建设工程化管理,一手抓以"四个一"(河、路、镇区、农业示范区)"通道"、"窗口"形象工程为重点的大框架绿化。至1998年,郊区农田林网控制率达到63%,同1994年相比,提高20.1个百分点。

上海是淮河太湖流域综合治理防护林建设工程的重要组成部分。按全流域总体规划要求,上海市编制了《淮河太湖流域综合治理防护林体系建设工程上海片规划》,实施范围包括嘉定、青浦、松江、南汇、闵行5个县(区)。工程区总面积27.28万公顷,以营造水系骨干河道防护林为重点。1992年初,配合太湖洪水东排黄浦江的重要通道——太浦河的开挖和整治,动工营造护堤岸林,长15.24公里,面积30公顷,共植树16万株;1993和1994年营造黄浦江上游水源涵养林23.3公顷;1996年营造油墩港和西大盈港防护林20公顷;1997年营造淀浦河和黄浦江两大水系护堤岸林长177.6公里、面积173.3公顷。

为进一步把郊区植树造林绿化工作引向深入,加速推进2000年郊区平原绿化达标步伐,实现市委提出的"尽快使上海形成点上绿化成景、线上绿化成荫、面上绿化成林、环上绿化成带的新格局"要求,1998年在抓好面上造林绿化的同时,确定在市郊10个县(区)建设15个具有不同特色的市级林业生态示范工程。其中有生态型、生态经济型、生态观赏型等多种功能的沿海防护林、农田防护林,"两高一优"农业示范区绿化配套工程,以及骨干道路和河道绿化带等,从而为实施高标准平原绿化,探索都市型林业建设路子迈出了第一步。

(二)发挥特色产品优势,加快林业产业发展

上海郊区花卉生产历史悠久。新中国成立后,特别是改革开放20年来,经济的快速发展和人民生活水平的提高,对花卉需求急速增长,促进了花卉生产的发展和花卉市场的繁荣。1996年全市花卉种植面

积达到466.7公顷，是1980年的25倍；鲜切花销量3亿支，占全国年销量的1/3，其中以香石竹、唐菖蒲、玫瑰、菊花为代表的申城“四大花旦”切花的产量和质量，在全国占有举足轻重的地位。鲜切花、盆花和盆景出口业务逐年增长。1998年全市花卉出口创汇额已超过700万美元。上海由于市场、信息、科技、交通四个方面的优势，已成为我国花卉生产、消费和交易中心。上海花卉业的迅速崛起，将成为本市林业的主导产业。回顾近10年来上海花卉业的发展，主要抓了以下几方面的工作：

一是抓市级育种基地建设。1994年，在原有上海市花卉良种试验场基础上，建立种球、种苗繁育基地，专门从事鲜切花新品种筛选、繁育示范及优质高产配套栽培技术的开发。并同荷兰、日本等国建立花卉种球、种苗繁育和生产的合作关系。1997年繁育和生产了优质香石竹种苗近390万株，并分别获得“全国第四届花卉博览会”金奖和“1997年全国农业博览会”名牌产品称号。种苗销往除西藏、内蒙古以外的其他各省(区、市)的香石竹生产单位。其“香石竹优质高产栽培技术”、“满天星优质种苗繁育及周年供应栽培技术”和“百合种球、鲜花高产优质栽培技术”等三项技术，分别在1994、1996和1997年被国家科委批准为技术依托单位。目前，该基地经市编委批准为“上海市花卉育种中心”，并正在着手二期工程的规划和建设，实现由花卉种苗繁育向育种、制种方面拓展，由组培快繁向组培工厂化生产转移，由种球简单冷藏向种球预处理、变温处理延伸。

二是抓多种经济成分的花卉生产基地发展。目前已形成了闵行梅陇香石竹、宝山杨行菊花、嘉定江桥玫瑰、松江银柳和崇明合兴唐菖蒲等具有一定生产规模和特色的区域化生产基地。先后建立虹华园艺有限公司、洛神园艺公司、佳美园艺公司、教大农业科技有限公司等一批有相当实力的花卉独资或合资企业，以及松江玉湖花卉园艺公司、梅陇乡花卉园艺场、浦东花木乡园艺场等一批集体投资经营的企业和一大批有专业特色的个体花农自营的花圃。建立多种经济成分、多部门参与和多元化投资的生产、经营格局，发挥各自在资金、土地、科技、信息以及经销手段等方面具有的优势并实现互补，推动上海花卉业的发展和提高。

三是抓市场培育。市场是发展花卉业的龙头。抓好市场的培育和完善是实现龙头带基地、基地联农户，贸工林、林科教一体化，产供销一条龙产业链的重要一环。近5年来先后建设起一批如位于市中心的“精文”、城乡交接处的“曹安”以及江阴路、东方路、五角场花卉批发交易市场，与遍布全市的1200多家花店以及无数的流动花摊，组成了一个庞大的销售网络。上海的花卉除供应本地市场外，平均每天有30万株鲜花销往北京、辽宁、陕西、广东等20多个省市，并出口到东南亚、日本和欧洲等国家和地区。

果树生产是上海市林业产业的又一大项。新中国成立以来，上海的果树生产经历了三次迅速发展阶段。到1994年总面积达到历史最高点1.32万公顷，同1984年相比，10年增长了2.44倍。目前，已形成了以宝山柑橘、嘉定葡萄、南汇水蜜桃、松江蜜梨四大果类区域性栽培大格局。1996年，郊区水果产量21万吨，产值4.1亿元，长兴的柑橘、闵行的蜜梨还出口销往加拿大、新加坡及港澳等国家和地区以及国内江苏、浙江和广州、深圳等地。上海果树业发展的特点：

一是抓庭院发展，形成地方特色。改革开放20年来，在大力发展集体成片果园的同时，以提供产前、产中、产后和信息技术销售系列化服务为基础，引导农户在家前屋后庭院、自留地上种植果树，发展庭院经济。并大力推行“一乡一品”、“一村一品”规模种植，既绿化了村庄、美化了庭院，又活跃了市场、富裕了农民。1994年，郊区农户庭院种植的果树共947.5万株，占农村“四旁”树总数的26.4%、户均7.1株。

二是抓名特果品，形成品牌产品。锦绣黄桃以果大、味香甜、色泽诱人、营养丰富、耐储藏等特点成为沪上金秋时节的水果珍品。奉贤县光明镇自1979年开始引种，以其优良的性状和显著的效益深受农户欢迎，栽培面积逐年成倍扩大，至1998年全镇黄桃种植面积已达到533.3公顷，总产量达到7105吨，产值3696.8万元。锦绣黄桃已成为光明镇的支柱产业，该镇正实施新一轮的发展计划——建设千亩黄桃旅游观光园区，实现万亩果园乡的目标。

“大团蜜露桃”是南汇县大团镇果园村的乡土品种。该村广大果农在栽培管理上下功夫，使之形成特色，推向市场，参与竞争。1995年以来全村24公顷桃园年产蜜露桃400余吨，每公斤售价6～7元，亩产值6000～7000元，成为市场“抢手货”。“大团蜜露”以其独特的风味，给市民留下深刻的印象。1994年，蜜露桃送京参加首届林业名特产品博览会，获得博览会银奖。“大团蜜露桃”已成为该村的拳头产品和“摇钱树”。

三是抓加工开发，形成产业链。在抓果品生产、满足市场鲜食需求的同时，“八五”期间，果品深加工扩大开发利用被提到日程上来。嘉定区马陆镇与法国酒商合作，利用本地的葡萄资源和引进的设备、技术，合资生产“皇轩”葡萄酒获得成功，其产品在1994年全国林业首届名特产品博览会上获得金奖，企业经济效益显著。

（三）拓宽视野、更新观念，国有场圃建设迈出新步

郊区自五六十年代起，先后建立起6个国营林场、7个国营苗圃，经营面积967.5公顷。但由于受传统单一经营思维模式的约束，产业发展缓慢，经济效益低下。80年代，国营场圃实施全面改革，更新观念、拓展思路，充分发挥自身优势，“一业为主，多种经营”。通过自我积累、自我发展，不断壮大自身，场圃活力逐年增强，1987年，场圃经济实现全面扭亏。1988年，进一步完善各种形式的经济责任制，生产经济指标层层分解落实，取得显著效果。当年林业总产值2675万元，利润228.8万元，分别比1987年增长70%和60%，其中多种经营创收占80%。按照林业部提出的“建好绿色屏障，办好绿色产业，更好地增资源、增活力，更快地绿起来、富起来、活起来”的要求，国营场圃进一步解放思想、更新观念，以提高经济效益为中心，转换经营机制，依托城市大市场，拓展自身优势、拓宽多种经营路子，发展加工业、仓储业、房地产业、旅游业、水产养殖业和承接绿化工程等发展新的经济增长点，效益逐年提高，生产稳步发展。1990年，多种经营门类达20多个，产值超2000万元，创利200万元；1995年实现产值1.5亿元，其中多种经营收入1.3亿元，占86.7%，创利1000万元。1998年总产值9423万元，其中多种经营收入9179万元，创利5000万元。

崇明县东平林场座落于长江口处的我国第三大岛——崇明岛，经营面积358公顷，有林地280公顷。落叶针叶树——水杉，约占总面积的47%，其余为柳杉、欧美杨、香樟等，活立木蓄积2.03万立方米。80年代末，利用独特的“海岛绿色明珠”资源优势，在“绿”字上做文章，以发展森林旅游业为林场的主导产业，着手实施森林公园五年建设规划。先后建成人工湖、沙滩浴场、假山、民族特色的蒙古包、帐篷村、西班牙式多功能会议厅、宾馆、青少年野营基地、职工康复中心等设施，集吃、住、玩于一体，为旅游、度假、健身、疗养提供全方位服务。1993年5月，林业部批准崇明县东平林场为国家森林公园。1995年接待游客23万人次，收入144万元，创利10万元；1997年同市旅游部门合作，在市中心开辟周末海岛一日游专线，当年接待游客达35万人次，森林公园总产值515.12万元，其中门票收入达百万元，占19.4%，创利69.35万元，是1995年的6.9倍。与此同时，还组建绿化工程公司，参与城市绿化建设，并通过联营，发展第二产业，实行多种经营，不断提高自身效益。1991年该场被评为全国林业先进单位，江泽民等党和国家领导人曾登岛视察该场并题词。1998年实现产值560万元，利税100万元。

松江县林场是一个有45年历史的老场，也是本市唯一的“山地”林场。355.2公顷林地分布在逶迤13.2公里的东、西佘山、天马山、小昆山等12座高程不超过百米、大小不等的独立山丘上。山上有各种林木约133万株，基本上为新中国成立后营造的人工林。树种以赤栎、黑松、香樟、刺槐等常绿和落叶乔木为主，活立木蓄积量3.24万立方米，以毛竹为主的竹林面积87.5公顷，有立竹44.5万支，全场森林覆盖率达87%。1985年以来，坚持以林为主，多种经营，充分利用优越的地理位置、山地森林风光、悠久的历史人文景观发展森林旅游业，并通过独资、合资共同参与形式先后建设起联结东、西佘山的长544米车厢式客运索道和百鸟园、别墅式森林宾馆等游乐设施。1993年7月，经林业部批准为国家森林公园，1995年5月，国务院批准佘山地区列为国家级旅游度假区。1998年接待游客40万人次，林场总产值679万元，创利润30万元。

浦东新区川沙林场是一个有林地面积仅24.15公顷，地处沿海一线的小林场，主要树种水杉，另外有少量果树，副业有水产养殖业和奶牛饲养。1978年，林场总收入只有6.6万元，67名职工平均年收入436元，单一的经济模式使林场的经济走进了死胡同。改革开放给林场带来了发展的机遇，依照“以林为主、多种经营、全面发展”的方针，转换经营机制，拓宽经营思路。自1985年以来积极兴办二、三产业。1992年全场产值6000万元，利润450万元；

1993年产值超2亿，同年被林业部评为全国国有林场百佳单位之一。

（四）坚持依法行政管理，加强森林资源保护

一是林业地方立法工作稳步推进。早在70年代初，上海就先后出台了《上海市树木绿化保护管理办法》和《上海市郊区林木管理暂行办法》等林业政策法规。80年代初，上海市绿化委员会成立后，即着手制定《上海市植树造林绿化管理暂行办法》，1983年2月经市人民政府批准实行。《中华人民共和国森林法》公布施行后，市人大于1987年1月通过并公布实施《上海市植树造林绿化管理条例》，1991、1995年又二次进行了修改完善。1993年市人大审议通过了《上海市实施〈野生动物保护法〉办法》；1994年，市政府批准颁布《上海市重点保护野生动物名录》；1996年2月，市政府批转了市园林局、市农业局《关于收缴绿化建设保证金实施办法》。为保护本市郊区植树造林绿化成果，加强对征用、占用林地的管理，按照《上海市植树造林绿化管理条例》有关规定，1998年1月4日市政府批转了由市农业局、市财政局、市物价局制定的《上海市征占用林地补偿费管理实施办法》。

二是林业行政执法规范化建设取得进展。自1995年起，在全市范围实施"使用林地许可证"和"采伐林木许可证"制度，并严肃查处一批毁林案件。

三是森林资源管理工作稳步开展。上海市森林资源连续清查工作始于1979年，每五年清查一次，至今已进行了四次。90年代，随着市、县（区）、乡（镇）三级森林资源档案和上海市森林资源数据库的建立和完善，森林资源管理工作得到加强，手段更为完备。自1996年起在全市范围开展年度森林资源动态监测。通过"清查"和"监测"掌握森林资源现状、消长动态和发展趋势，为制订林业规划、发展生产提供科学依据。

1997年依照林业部发布施行的《沿海国家特殊保护林带管理规定》，对上海市基干林带国家特殊保护范围进行了划定。上海沿海岸区属泥岸区，经市农林局审核批准将分布在一、二、三线海塘及外沿围圩上的1266.67公顷基干林带、67.33公顷宜林塘坡划入国家特殊保护范围，并设立了263块永久性的保护标志，强化沿海基干林带的管理和保护工作。

四是野生动物保护工作得到加强。新中国成立50年来，上海野生动物保护工作经历了由无到有，由不重视到重视，由被动到主动不断完善提高的过程。特别是改革开放以来，野生动物保护工作得到各级政府的重视，先后建立了"国家濒危物种进出口管理办公室上海办事处"、"上海市野生动物保护管理站"、"市农林局野生动植物保护处"等管理机构。1989年以来，先后查处了一批非法捕杀、贩卖、走私国家保护珍稀野生动物重大案件，野生动物保护工作取得十分显著的成绩。

三、目标和思路

经过50年的建设，上海都市型林业生态体系框架初步形成，与社会主义市场经济相适应的都市型特色林业产业稳步发展，林业的社会地位日益提高，自我积累、自我发展的活力不断增强，城乡大环境质量和面貌得到改善，林业在城市环境建设中的主体作用和不可替代作用得到各级政府的高度重视。但是，与尽快把上海建成国际经济、金融、贸易中心城市的目标，同国内外绿化先进城市相比还存在着显著差距，具体表现在：资源基础薄弱，森林覆盖率、农田林网控制率、骨干河道绿化率偏低；大环境绿化质量、整体绿化水平尚不尽如人意；林业产业基础差、规模小，贸工林、林科教一体化经营、龙头企业和市场培育刚起步，总体效益尚不尽如人意；对以生态效益为主的林业生态工程建设的投入偏少，同实际需要不相适应，影响平原绿化高标准建设进程和综合效益的发挥；科技及信息服务网络建设有所削弱等。

当前，我们正处于跨世纪的关键时期，环境保护和经济发展对林业提出的要求越来越高。这对上海林业来说既是挑战，更是机遇。一定要增强搞好郊区林业工作的使命感和紧迫感，把握时机，努力工作，争取上海市林业建设有一个较大的发展。在指导思想上，要认真贯彻党的十五大精神，以邓小平理论为指导，立足郊区，服务城市；大力培育和保护森林资源，发展林业生产力，实施科教兴林战略；加速实现林业的两个根本性转变，全面推进林业生态和林业产业两大体系建设，充分发挥林业的生态、社会和经济三大效益，促进经济和社会可持续发展。在工作思路上，要从城乡一体化建设实际需要出发，实施以林为主，林果花草一齐抓的战略；生态建设要把改善城乡生态环境质量、大环境绿化面貌作为重点，要由局限郊区转向渗透市区；产业建设要由小打小闹的经营模式转向上下联合、左右联动的规模化、集团化的经营模式，使整个郊区林业的发展实现新的飞跃。在发展目标上，建好结构合理、功能健全的生态屏障，发展充满生机和活力的绿色产业。至 2010 年，在上海郊区将形成一个由环城绿带、滨河(江)绿地、干道绿色长廊、沿海绿色屏障为主框架与特色果品基地、森林公园、自然保护区等绿色团块，以及农田林网交织组合而成，林果花、乔灌草合理搭配，层次分明、布局合理，三大效益综合发挥，集防护、休闲、保健、运动、观光、游览多功能于一体的都市型林业生态体系。上海林业产业地位将进一步提高，依托大城市、大市场，充分发挥科技、人才、信息优势，使主导产业规模优势鲜明，龙头企业地位巩固，产业各个环节相联成链，向集约化经营方式转化。上海林业作为大农业的一个重要组成部分，其产业产值在农业总产值中占有的比重将稳步上升。　（执笔人：张胜杰）

祖国东海岸边的绿色明珠

——江苏省林业建设50年

江苏省林业厅

1996年3月4日，江苏省政府负责同志代表7000万江苏人民，接受了党中央、国务院负责同志授予的“实现造林绿化规划省”的匾牌。这是具有历史意义的庄严一刻。这是党中央、国务院对江苏省造林绿化所取得伟大成就的肯定，也是对江苏近50年来造林绿化面积达千万亩人间伟绩的褒奖。

古代的江苏，“草木畅茂，禽兽蕃殖”，原始森林资源丰富。三千年前的周代，开始火烧山泽，焚烧森林，刀耕火种；西汉时，“荆扬伐木而树谷”，在发展农耕经济中，开始了森林资源的破坏。在秦以后的二千多年，历代封建帝王、地主官僚，大兴土木，战火兵焚，以及政权交叠动乱之时，数度弛山泽之禁，大面积破坏了森林植被。尽管魏晋以来开始人工造林，但由于历史的局限、社会制度的制约，森林资源的恢复，几度兴废，成效不大。旧中国的江苏大地，少林缺柴，山区荒山秃岭，平原风沙肆虐。

中华人民共和国成立，一唱雄鸡天下白，历史掀开了崭新的一页。江苏大地开始了人工恢复森林植被的奋斗历程。

建国伊始，百废待兴，党和人民政府就把保护残存的森林资源，大力恢复森林植被摆上了重要位置。一方面严厉打击煽动群众哄抢滥伐森林资源的不法之徒，另一方面大力贯彻国家制订的“普遍护林，重点造林”的方针，并在重点林区开始兴办国营场圃。老山、句容、东善桥、汤山等我国第一批国有场圃开始发挥试验、示范、推广的骨干作用，辐射推动山区群众积极开展声势浩大的“合作造林”，使沉睡了多少世纪的荒山秃岭，披上了绿装。

1952年10月29日，毛泽东主席登上彭城徐州云龙山，面对饱受战火蹂躏、素有“穷山恶水”之称的淮海大地，指出，绿化荒山，变穷山为富山，恶水为好水。1960年当时任共青团中央书记的胡耀邦同志在徐州召开“全国青少年绿化祖国动员誓师大会”，亲自带领青少年在石山秃岭、沙荒河滩植树造林，从而掀起了声势浩大的植树造林绿化祖国的群众运动。50年代末至60年代初在全省范围内出现历史上空前规模的群众性植树造林高潮，“千亩茶园”、“万亩果园”、“万亩竹海”、“千里林带”如雨后春笋在江苏大地出现。尽管千军万马的群众运动带有一定的盲目性，干了一些不讲科学的事，但在全省范围内，建成了一批有相当规模的林业基地和场圃。如徐淮连地区历次黄河、沂河、沭河泛滥造成的大片沙荒披上了绿装，一座座果园果香飘逸，建成了苏北林果基地；徐州四围2.7万多公顷山石裸露的童山秃岭，经过一任又一任党政领导锲而不舍、以身作则带领英雄的徐州人民，炸山客土、叠鱼鳞坑，见缝插绿，硬是创造了名扬中外石山造林的奇迹，使“穷山恶水”变成了山青水秀；已有1700多年人工造林绿化历史的宜溧山区、宁镇扬山区通过大力人工造林、封山育林，大面积“濯濯童山”，终于栽种上郁郁葱葱的人工林，并建成一批翠如绿毯铺地的新式茶园；宜溧竹海，也由建国初的0.73万公顷拓展到1.6万公顷；在广袤无际的沿海滩涂上，建成了东台、大丰、射阳等滩涂林场，引进了大批用材和经济树种，形成了江苏新兴的林业基地，成为遏制沿海风害的绿色屏障，建成了以大面积人工造林、农田林网、防风林带为主体的良性生态体系；在里下河湖沼滩地，通过引种水杉、池杉、柳树杂交种新品系等耐水湿树种，大搞立体开发，创造了复合经营模式，引起了国内外专家的广泛注意和赞誉，促进了湿地生态环境的良性发展。

经过群众运动的洗礼，人们认识到林业生产是一项长周期的生产项目，“绿化一片山，留下一批人，办好一个场”，成为人们理智的选择。全省范围内，办起了2000多个乡村林场，使占全省林业用地大头的集体林地，找到了一条“绿起来，活起来，富起来”的前进大道。乡村林场成为培育森林资源、支持集体经济、消化剩余劳力、发展林业生产的主力军。尤其是村级经济中，集体林场发挥了重要支撑作用。

江苏省是一个林竹资源奇缺的地方，在实行计划经济管理体制时，每年建设用材、民用材严重不足。全国各大林区都有江苏派出的木材采购人员，每年有两三千名江苏人在林区活动，采购木材，成为当时林区一道令人惊咤的风景线，客观地反映了江苏木竹资源严重短缺的尖锐矛盾。力争在短期内迅速增加森林资源，缓解用材紧张的局面，成为一段历史时期内各级领导和广大林业职工梦寐以求的迫切愿望。一代林人，远离繁华的城市，在荒野山林里和群众一起披荆斩棘，胼手胝足，绿了荒山白了头，用汗水和智慧为绿化江苏大地，贡献了自己的青春年华。

50年岁月弹指一挥间，50年辛劳结出了丰硕果。全省林木覆盖率由新中国成立初的0.8%增长到目前的11.7%；成片有林地面积由8.5万公顷残次林，增长至50多万公顷；全省有林地面积达到60多万公顷；风沙肆虐、灾害频繁的446万多公顷农田有352多万公顷实现了林网化；全省活立木蓄积量达到3600多万立方米，并以每年8.9%增长率继续增长；农村用材基本自给，全省每年约有300万立方米商品材上市，徐淮连三市尚有优质泡桐木材出口换汇，实现了历史性的跨跃。现在，鱼米之乡的锦绣江苏，初步形成了以树木森林为主体的生态体系建设框架，在总体布局上形成了以海、湖、江、河堤岸防护林为骨干，丘陵平原成片林为基地，农田综合防护林为网络，乡村和四旁绿化相配套的平原农区林业体系。锦绣江苏已成为祖国东海岸边一块绿色的翡翠。

一、新时期、新发展

1978年，党的十一届三中全会总结了建国以来的历史经验和教训，向全党全国人民提出了以经济建设为中心，坚持四项基本原则，坚持改革开放的基本路线。从此，祖国各项建设事业充满了勃勃生机。江苏林业建设进入了一个崭新的发展时期。林业建设的规模和内涵，发生了深刻的变化。

首先，林业的重要性，日益为全社会所认识。林业建设摆上了各级政府的议事日程，形成了全社会办林业的社会氛围。人们认识到森林是人类赖以生存的绿色基础，是建设良好环境的主体屏障。各级领导每年签订绿化责任状，作为考核政绩的依据之一，坚持抓自己的示范工程，树立样板，以点促面。政府抓林业，有力地推动了社会办林业，标志着江苏林业在国民经济中的社会地位，有了显著提高。

第二，在发展农村商品生产中，大力调整了林业产业结构。树种结构、林种结构、场圃经济结构、林业产业社会结构，发生根本性的变化。在全省造林绿化中，50年代至60年代初，推行“有什么种育什么苗，有什么苗造什么林”，以至造成了林分树种单纯，生长性状退化，经济回报差的状况。70年代至80年代，生产中推广树木良种，如湿地松、火炬松、水杉、泡桐、意大利杨树新品系等，一大批生长快、材质好、经济价值高的速生用材树种在全省各地大面积推广，大大丰富了全省树种资源。1980～1986年，全省经济林比重大幅度增加，在林种结构中，用材林与经济林面积比例，由4：1变化为2：1；到1997年，全省经济林比重已占林种结构57%，建立了泰兴、宜兴、溧阳、邳州、新沂、东海等六处银杏、板栗干果林基地；在用材林中，果材两用林与速生丰产林的比例也有大幅度增加。生态效益、社会效益、经济效益的统一，已经成为林业工作追求的目标。

从70年代起，为了巩固绿化成果，江苏的100多个国有场圃和2000多个集体乡村林场，大力贯彻了“以林为主、多种经营、以短养长、综合发展”的方针，力求搞活、壮大场圃经济，全面掀起了兴办实体热，一、二、三产业蓬勃发展。国有、集体场圃被誉为山沟里的“绿色工厂”，出现了林兴百业旺的可喜局面。老山林场、东善桥林场、宜兴林场、曹王园林场、吴县林场、句容林场、东台林场、射阳林场、虞山林场、李埝林场等以及一大批集体乡村场圃经济结构发生了重大变化，职工思想有了深刻的转变。走出山沟、面向市场、发展商品生产，成为场圃职工的共同追求。尤其突出的是，作为林业战线生力军的国有场圃和资源比重大的乡村林场，充分发挥自身资源优势，大力开拓二、三产业，全省森林公园建设异军突起。到 1998 年全省已被批准建立国家森林公园 13 处，省级森林公园 12 处，其中虞山、要塞、上方山、宝华山、茅山、西山、东吴、徐州环城、老山、嶂山等森林公园已经成为旅游热点。第三产业作为场圃经济新的增长点，有效地保护了山林资源，巩固了林业阵地，推动了场圃一、二产业的发展。

第三，资源的增加，为发展林产工业提供了物质基础。在旧中国，江苏林产工业由于缺少资源，几乎为零，人造板、松香、栲胶、单宁、桐油等林产品完全靠调进。新中国成立后，林产工业仍然是江苏工业体系中的一条短腿，一定程度上制约了地方经济的发展。随着林业生产的迅速发展，林业不仅成为江苏广大农村家庭脱贫致富的绿色银行，也推动了地方经济结构的良性发展。成陆历史并不久远的滨海平原，木竹资源可谓奇缺。随着滩涂林业的开发，社会资源结构发生深刻变化。沿海地区的盐城市，1998 年底全市林木蓄积量已达 533 万多立方米，农村用材自给程度大大提高，地方生产的商品材开始应市。林产工业应运而生，填补了地方工业体系中的空白，促进了地方经济的均衡发展，增加了国家财政收入。在徐淮平原，由于 70 年代至 80 年代大面积推广意大利杨树新品系，林木资源迅速增长，发展了人造板工业，杨木良材自给有余，还销往外地，农民致富，带动了周边地区发展林业的积极性。在传统的银杏产区——三泰地区和邳州市，银杏的深度开发，已成为地方经济的支柱产业，东台、如皋、江都、新沂等一批新基地迅速形成，以采叶为目的叶用林栽培经营，使银杏树身价百倍。板栗林、笋用林、青梅、石榴、枣等果用林在山区综合开发中崭露头角，形成规模，建成基地，食品加工业纷纷兴起，林业成为山区综合开发中的主角。

目前，江苏省银杏果产量已达 6500 吨，随着新植幼树陆续结果，总产大幅度增长，0.67 万多公顷叶用林年叶产量已达 1.2 万吨，居全国前列；板栗面积从零星种植发展到 4.27 万多公顷，大面积幼林果产量已达 9450 吨。结果期长又较为稳产的板栗林，已成为山区群众脱贫致富新的经济增长点；迅猛发展的人造板工业，产量已居全国前五位；有悠久传统的盆景花卉业，出口量占全国的 1/10；蛇类养殖及加工产业产值占全国同类的 50%。林业产业及相关产业的产值已达到 164 亿元。虞山林场 0.16 万多公顷山场，4000 名职工，1997 年创造了年销售收入近 3 亿的记录，被誉为“华夏第一场”。

第四，改革开放以来，全省林业行政管理体系和技术保障体系逐步形成，初步建立了覆盖全省的技术推广、林政执法、林业公安、森林病虫防治检疫、森林防火等五支队伍。科研机构、大专院校、林业技术推广中心以及 1400 多个乡林业工作站构成了全省推广林业新成果、新技术、新方法的科技网络。场站合一，自办经济实体、增强经济实力，实行形式多样的承包责任制，使林业技术的推广和普及有了可靠的保证。

二、经验与启迪

（一）百年夙愿，先绿后好

20 世纪初，以伟大的民主革命先行者孙中山先生为首的一大批仁人志士，便身体力行在江苏大地倡导、实行人工营造森林。1915 年我国最早最大的人工林，在江浦营造；1916 年我国第一个教育林场老山林场诞生。20 世纪之初，江苏曾经是我国最早开展人工造林的地方。新中国建立后的 50 年，江苏造林绿化事业成绩卓著，创造了一项世纪杰作，50 年完成了森林演变史第三阶段的跨越。江苏人工恢复森林植被的一条重要经验是：先绿后好。

荒山荒地披绿装，首先要绿起来。只有绿起来，才能形成森林生态环境。先绿才能后好。例如，在苏北平原的滩涂林业开发中，人们用“先绿后好”概括了海滨森林形成规律。人们选用刺槐、紫穗槐、柽柳等耐盐碱、抗瘠薄的速生树种，绿化盐碱滩和海堤。造林初期，树木在板结的盐碱地艰难地扎根，暴发性的虫害接踵而至。但随着树木成林，自然生态发生变化，形成森林环境。树冠的生物排水作用、枯枝落叶的肥田作用、根瘤菌的固氮作用，使生境条件迅速改善，生物种群大量增加，许多原先在海滨难以扎根生长的材质好、生长快、价值高的优良树种，迅速更新为先锋树种。“先绿”为“后好”创造了条件,“先绿后好”反映了沿海造林的客观规律。经过造林以后,沿海的瘦瘠的盐碱土,理化性质改善,变成良田沃土,形成了良性的生态循环。宁镇扬山区、徐连山区、宜溧山区,通过人工造林以后,森林树种不断动态演变,森林环境质量不断提高。先绿后好局面的形成,凝聚了一个世纪以来江苏儿女的汗水和智慧。

(二)工程管理,重在实效

林业建设是一项社会系统工程,林业工作的推进必须立足于社会效益、生态效益、经济效益的统一。实施工程管理,精心组织施工,重在追求实效,是江苏林业建设的一条经验。在充分发动群众、广泛开展造林绿化的基础上,70年代全省把丰产林建设纳入了工程管理,按工程项目立项、按工程要求设计、按设计图纸施工、按设计要求验收、按工程项目重点投资、按合同分配收益,保证了造一片林、成一片林,有效地扭转了投资分散,年年造林难成林的积弊,调动了群众植树造林的积极性,保证了投资效果。改革开放以来,先后启动了干果林基地工程、沿海防护林工程、淮太流域综合治理造林绿化工程、防沙治沙工程,使林业建设纳入了有序运作的轨道。

(三)深度开发,自增活力

江苏的林业开发,历史悠久。宜溧山区的竹海,是我国毛竹天然分布的北界,自古以来,由人工施业。新中国成立以来通过留笋养竹、樵园扩鞭、竹母移栽,由原来的7300多公顷扩大到1.6万多公顷;通过引种,毛竹栽培过长江,全省竹林已拓展到近4万公顷。资源的增加缓解了竹材不足的尖锐供需矛盾,竹材加工业也从传统的梯、床、桌、柜、凳、筐、箩、罩、匾、篮、笆、柄、篙等生产、生活用品发展到食品、工艺品、竹胶板、竹凉席等加工,市场从国内拓展到国外,为繁荣山区经济作出了重要贡献。

银杏是世界上仅存我国古老的孑遗树种。六七百年前江苏的太湖东西山,以及苏中的泰兴、淮北的邳州,就已经把银杏作为经济树种来开发,创造了独具特色的果材两用林经营方式,培育了一批优良的农家栽培品种,白果成为江苏传统的创汇林特产品。建国后,通过人工授粉技术的推广,选育繁殖优良品系,推广绿皮嫁接、密植园等速生丰产技术,大幅度提高了结果量,农民收入增加。

苏州的香花(茉莉、玳玳、白兰花、桂花),铜山、张家港、锡山市的玫瑰,靖江、盱眙的竹编,扬中、高邮、新沂、滨海的柳编,都是有悠久历史的地方产业项目,在林业开发史上都曾经有过辉煌的一页。有些品种,至今尚保存有旺盛的生命力。苏州、扬州、如皋盆景花卉的造型艺术流派,享誉海内外。新中国成立后,其造型手法、树种选择、艺术品位都有新发展,成为雅俗共赏的林业奇葩。新兴的野生动物养殖业正在全省蓬勃发展。由于林业的深度开发,使林业资源身价倍增;经济效益的驱动,使群众发展林业的情绪高涨,进而又推动了造林绿化事业的发展。资源—开发—造林,形成良性循环。

(四)发挥优势,科技兴林

江苏造林绿化成绩的取得,得益于林业科学技术的普及推广。一是全省已经形成省、市、县、乡比较完备的普及推广林业科学技术的保障体系,使新技术、新方法、新成果能够迅速地转化为生产力。林业科技普及率、转化率、贡献率较高。1972年林业部领导访问意大利,带回了六根意大利杨树新品系穗条,经过4年繁殖,在淮阴市迅速推广,很快覆盖全省。继而又辐射全国南方各省区。现在全省意大利杨成片林约4.6万公顷,仅徐州、淮阴两市,四旁杨树株数就达3亿多株,为发展人造板工业提供了丰富的优质资源。二是一大批高等院校科研院所,如南京林业大学、中国医药科技大学、南京农业大学、扬州大学、南京大学、江苏植物研究所、江苏省林业科学研究所等、中国林科院林产化工研究所等,成为广大生产部门的技术依托单位,为林业产业的深度开发提供了可靠的技术支撑。一批高科技的项目已实施运转,较好地贯彻了科研结合生产、科研为生产服务的方针。三是启动了科技兴林工程,全省在不同类型地区确定了大丰、新沂、高邮、张家港、宜兴等5个林业高标准示范县;原林业部批准建立了东台、泰兴林业科技示范县(市)和溧阳龙潭林场科技示范场;国家级项目苏锡地区城乡一体现代林业示范区和徐州市六县一区林业技术开发试验示范区投入运转。科学技术是第一生产力,是产业发展的动力源,已经成了人们的共识。

三、建设高效生态林业

1996年江苏省在全国率先提出了城乡一体,建设现代林业的新目标。实现了造林绿化规划目标后,江苏省在经济发达、人口稠密的苏、锡地区，启动跨世纪工程现代林业的试点。在造林绿化显著成效中的徐州市，继 1986 年被国家命名为“平原绿化先进市”后，在全市范围内提出了建设高标准农田林网、高效生态林业的新目标。随着交通、水利等基础设施的完善，全省绿色通道工程建设也将全面展开。

面向 21 世纪，人类作出了社会可持续发展的战略抉择。运用现代林学理论和现代科技手段，掌握生态环境良性发展的主动权，如何使江苏大面积的人工林结构合理、功能健全，是 21 世纪江苏林业的重大课题，也是综合运用现代科技手段，提高全省绿色屏障生态质量的跨世纪工程。

江苏林业战线的全体职工正以饱满的精神面貌，迎接21 世纪的到来。振兴江苏林业的曙光，已经从祖国东海岸边升起。

（执笔人：王春麟、方寅、李荣锦、崔晓、戴怀宝）

前进中的浙江林业

——浙江省林业建设50年

浙江省林业厅

浙江地处东南沿海、长江三角洲南翼。全省陆域面积10.18万平方公里，其中山地面积7.17万平方公里，占70.4%，是一个“七山一水两分田”的省份，素有“鱼米之乡、丝茶之府、文物之邦、旅游胜地”的美誉。浙江在植被分布上属于中亚热带常绿阔叶林地带，气候温和、雨量充沛，森林植被茂盛、物种资源丰富，是我国东南的植物宝库。由于历史的变迁，尤其是长期的人为掠夺和破坏，森林资源不断减少，林业生产力低下，林业经济落后。新中国成立前，浙江省林业建设的基础非常薄弱。新中国成立后，党和政府重视林业建设，从省到县都建立了林业机构，制订了发展林业的一系列方针政策。经过浙江人民的共同努力，全省林业面貌发生了巨大的变化。发展过程中虽有过曲折和失误，但成绩是前所未有的。特别是党的十一届三中全会以来，林业进行了一系列改革，加快了发展。森林资源实现林木蓄积和有林地面积的持续稳定“双增长”，林业经济长足进步，林业在国家经济和社会发展全局中的地位和作用日益明显。浙江林业已由传统林业逐步向现代林业转变。

一、发展历程

新中国成立之后，浙江林业发展大致经历了五个时期。

(一)起步发展时期(1949～1957年)

土地改革后，山林所有制稳定，群众造林护林积极性高涨。特别是1956年毛主席发出“绿化祖国”的伟大号召，城乡掀起绿化造林高潮。除较大规模的防护林、水源涵养林和用材林等由国家统筹营造外，群众造林实行“自采种、自育苗、自造林”的方针，明确“谁种谁有，伙种伙有”的营林政策，提倡互助合作造林，重视发挥农民个体造林的积极性。同时，开展护林防火，发展森林工业，发展科研教育。这一时期，浙江林业迅速起步和发展，为以后林业建设奠定了基础。

(二)发生波折时期(1958～1971年)

这一时期，林业发展遭受了3次大的挫折：一是1958年的“共产风”，全省各地大炼钢铁，大办公共食堂，许多成林、好林被乱砍滥伐；二是3年暂时困难时期(1960～1962)，毁林开荒、烧山种粮，大片森林被毁；三是“文化大革命”期间，社会动乱，浙江林业的组织机构被削弱，林业方针政策和规章制度被摒弃，无论国有林区还是集体林区，重采轻育、集中过伐、乱砍滥伐的情况严重，森林病虫害没有及时防治，森林火灾连续发生，森林资源遭到严重破坏。但也有发展的一面。1961年中共中央《关于确定林权、保护山林和发展林业的若干政策规定(试行草案)》(简称《林业十八条》)颁发后，纠正了“共产风”，调动了农民造林、护林的积极性，林业得到一定的恢复和发展。这一时期，国有林场建设较快，1958～1971年共新建了国有林场76个，是现有国有林场总数的69.7%。国有林场13年共造林18万公顷，并逐步在全省造林绿化中起先锋和示范作用。

(三)调整发展时期(1972～1978年)

从1972年开始学习湖南经验，大规模地开展建设以杉木为主的用材林基地，实现基地办林场、林场管基地，创办了一大批集体林场。通过用材林基地建设，浙江营林生产水平实现了一次飞跃，7 年内全省完成基地造林 17.3 万公顷。加快了平原绿化步伐，把农田林网化建设正式列入造林工程项目，7 年间完成四旁植树 19.61 亿株。海盐、桐乡、余杭等县大搞方田林网，初步形成了网、带、片相结合的平原防护林建设体系。同时，明确提出了重点林区"以林为主"的方针。这一时期，造林绿化发展较快。

（四）恢复振兴时期（1979～1989 年）

党的十一届三中全会以后，浙江林业进入了恢复振兴的新时期。恢复和加强了林业组织机构，同时采取了一系列振兴林业的措施。通过确定山权林权、划定自留山、建立林业生产责任制的"三定"工作，形成了以家庭经营为基础 的双层经营责任制；放开了木材和其他林产品的价格，取消统派购计划，放开经营，并疏通了木材流通渠道；加强了森林资源保护管理，大大促进了林业的发展，扭转了森林资源下降的趋势，实现了有林地面积和林木蓄积量的双增长。据 1989 年森林资源清查，与 1979 年相比，森林覆盖率由 36.4%增加到 45.7%，有林地由 342.9 万公顷增加到 437.6 万公顷，活立木蓄积由 9874 万立方米增加到 11 245.65 万立方米。

（五）全面发展时期（1989 年以来）

自 1989 年浙江省委、省政府作出了"二年准备，五年消灭宜林荒山，十年绿化浙江"的规划之后，全省以"灭荒"为重点，同时狠抓林种树种结构和产业调整，提高林业经济效益。"灭荒"后，又及时把林业工作重点转移到巩固和扩大绿化成果、全面绿化浙江、改善生态环境、大力发展高效林业的轨道上来。主要抓好林业生态工程、山区综合开发、资源保护管理。1989 年以来，随着各方面改革的深入，绿化造林蓬勃兴起，森林资源持续增长，山区综合开发成效明显，林政管理、森林防火、科研教育等都取得积极的进展，林业建设进入了一个持续快速发展的新时期。

二、发展成就

50 年来，特别是党的十一届三中全会以后，浙江林业建设取得了巨大成就，主要表现在：

（一）造林绿化不断发展，森林资源不断扩大

全省从农村到城市、从山区到平原，广泛开展造林绿化活动。到 1998 年末全省已累计造林更新 585.82 万公顷，其中用材林 338.18 万公顷、经济林 150.48 万公顷、防护林 5.71 万公顷。四旁植树 87 560.5 万株。始于 60 年代的飞播造林，累计完成有效作业面积 24 万公顷，其中成林面积 15.51 万公顷，占 64%，质量名列全国前茅。封山育林 232.2 万公顷。绝大多数在边远荒山秃岭上兴建的 109 个国有林场，在造林绿化中起到先锋和示范作用，经过几十年的努力，森林覆盖率已达到 81%以上。60 年代后，陆续建立了 3176 个乡村林场，经营面积 33.7 万公顷。国有林场和乡村林场，遍及全省山区、丘陵和平原，已成为浙江省重要森林资源基地。1989 年，浙江省提出了"二年准备，五年消灭宜林荒山，十年绿化浙江"的宏伟目标后，全省掀起了绿化造林高潮，展开了"灭荒"攻坚战。经过全省人民的艰苦努力，终于在 1994 年提前一年完成了"灭荒"任务，受到了党中央、国务院的表彰。林业重点生态工程建设取得显著进展，有些已开始发挥巨大的生态防护效能。始于 60 年代初的平原绿化，至 1998 年全省 42 个平原、半平原和部分平原县已全部完成规划任务，都跨入了"全国平原绿化先进县"行列，并向高标准平原绿化方向发展。全省 1840 公里海岸基干林带已基本合拢，有 6 个沿海县的沿海防护林体系建设达到国家标准。太湖流域防护林工程于 1995 年正式启动后，浙江区域内一条宽 10 米、长 64.6 公里的环太湖基干林带全面建成，安吉、嘉善两个首批启动县的骨干工程建设进展顺利。1981 年始，全省开展义务植树运动，累计有 2.2 亿人次参加了全民义务植树，种植各类树木 3.3 亿株。城镇、铁路、民航、交通等部门绿化步伐加快。开展争创全国造林绿化"四佳"、"400 佳"活动以来，浙江省已有 1 个城市获得"十佳"城市、12 个县（市）获得"百佳"县、15 个乡镇获得"百佳乡"、110 个村获得"千佳村"的称号，19 个单位获得造林绿化"400 佳"的称号。1994 年，全省开展了创建"绿色小城镇"活动，至 1998 年已有 132 个小城镇荣获"省级绿色小城镇"称号。现在无论是农村，还是城市、乡镇；无论是山区，还是平原、沿海，都在不断地绿起来，全省城乡绿化面貌有了很大的改观。全省森林资源稳步增长。据 1994 年森林资源清查资料显示，全省有林地面积已达到 517.2 万公顷，比新中国成立初增长了 34.5%；森林覆盖率 54.6%，名列全国前茅;林木蓄积达到12 660.4万立方米,毛竹立竹量达到8.58亿株。

(二)林业产业长足发展,对国民经济建设作出了重要贡献。

全省林业产业已逐步由主要抓用材林、生产原木的单一结构型,发展成为以森林资源为依托、全方位利用,一、二、三产业并举的综合结构型产业。1998年全省林业产业总产值达290多亿元。新中国成立前,林区交通闭塞,木材生产能力很低。新中国成立后,积极发展林区交通,组织群众生产木材、竹材,产量迅速增长。到1998年,全省已累计生产木材3048万立方米,毛竹18.04亿株。随着木材、竹材生产的发展,林产工业也相应得到发展,特别是党的十一届三中全会后发展迅猛,现已发展成为包括木材加工、竹制品加工、人造板生产、林产化工、制浆造纸、干水果加工、森林蔬菜和药材加工等门类众多的产业体系。据1995年全省工业普查资料,全省直接以森林资源产品为主要原材料的乡及乡以上企业(包括产值100万元以上的村办、私营、“三资”、个体等独立核算企业)达到6437家,固定资产981510万元,占全省工业企业固定资产总值的4.4%。1995年实现工业产值达178.3亿元,占全省工业总产值的3.4%。人造板工业是浙江林产工业的支柱产业,起步于50年代末期,目前已形成以胶合板工业为龙头、竹材人造板为特色、纤维板和刨花板稳定发展的新格局,人造板年生产能力达到83.2万立方米。木材加工业,也开始从过去的初制品、半成品跳出来,向高档、精细产品发展。竹产业是浙江林业的特色产业,近年来发展非常快,产品已有8大类、20多个系列、2000多个品种,年产值超过55亿元。竹子经营利用水平也得到进一步提高,年产值及出口创汇值在全国领先。林产品市场从无到有、从小到大,已建成上规模的木竹及其制品市场8家,有力地促进了林产品的流通。浙江省素有“花木仓库”的美称,近年来,全省花卉业正成为一项新兴的产业迅速发展。全省现有花卉种植面积近1万公顷,花卉经营企业3200多家,从业人员16万人,花卉年产值达12亿元以上,出口额超过200万美元。浙江省林业厅新建的浙江花卉市场,占地3万平方米,是目前华东地区最大的室内花卉市场。森林旅游业逐步兴起,前景广阔,带动了全省林业第三产业的发展。全省森林公园达到52家(其中国家森林公园12家),经营面积达到24万多公顷,年接待国内外游客已达900多万人次,年旅游收入达到90 000多万元。50年来,全省还生产了大量的林特产品,有力地促进了国民经济建设,也给城乡人民提供了多种生活资料。特别是近10年来,以经济林、竹林开发为主的浙江山区林业综合开发全面推进。全省主要林特产品如板栗、食用笋、山核桃等产量大幅度增加,林业产业经济效益显著提高,已成为不少山区财政增税、农民增收的主要渠道。临安市已建成木、竹、茶、桑、果等10大林特商品基地16.7万公顷,其中名特优经济林基地7.4万公顷,占有林地面积的30%。农村人均占有经济林0.14公顷,年产山核桃、白果、板栗、山茱萸、竹笋等五大林特产品产量17万公斤,为10年前的35倍。竹林、经济林产值达3亿多元(竹笋和山核桃两项收入就占95%以上),占全市农业总产值的40%,占林业总产值的近80%。该市农民林业综合开发收入人均达到1000余元,占全年收入的三分之一,而竹笋、山核桃收入就有800元。近10多年来,浙江省林业系统利用股份合作、租赁、联营等多种形式,兴办了林业商品基地6万多公顷,既为全省林业综合开发作出了示范,又提高了林业部门的经济实力。

(三)森林资源保护管理工作取得了积极进展

全省已先后建成森林和野生动植物类型自然保护区11个,其中国家级3个、省级4个、县级4个,总面积近6万公顷,使一批具有代表性、典型性和重要科学研究价值的自然生态系统、珍稀濒危动植物得到有效保护。浙江省独有的百山祖冷杉、普陀鹅耳枥、天目铁木等珍稀濒危植物人工繁育成功,泰顺的黄腹角雉种群、临安的野生梅花鹿种群已成为我国目前最大的种群之一。森林采伐实行按计划消耗,根据消耗量低于生长量的原则,实行限额采伐制度,改变了盲目消耗森林资源的状况。全省森林资源动态监测体系已基本建成,森林资源清查、消耗量调查、造林实绩核查已形成制度,做到资源家底清楚,并能及时反映森林资源消长变化情况。历来重视森林防火工作,特别是1987年大兴安岭地区特大森林火灾之后,通过深化改革,采取一系列有效措施,森林火灾受害面积和发生次数大幅度减少,取得了突破性进展。最近10年,森林火灾全省平均每年受害面积为3100余公顷,平均受害率为0.6/1000,并总体上呈逐年下降趋势。森林病虫害防治出现“一下降三提高”的好势头,即森林病虫害发生率下降,森林病虫害防治率、监测覆盖率及种苗产地检疫率三提高。林地管理得到了强化，征占用林地的初审率逐年提高。山林纠纷调处和毁林案件查处工作，也取得明显进展。

(四)林业科技教育事业硕果累累

经过50年的发展，已初步建立了包括林业科研、技术推广、技术监督三方面内容的全省林业科技体系。全省现有各级林科所17所，林业技术推广机构79个，科技人员916人，其中具有中、高级职称的377人。全省先后获得国家、部、省奖励的林业科技成果293项，获得省林业科技进步奖的有292项，还有一大批林业科研成果获得市、县级奖励。林业科技推广力度加大，取得显著的成效。荣获省科技进步一等奖、国家发明三等奖的“杉木无性系选育和繁殖技术研究”，迅速在全国杉木产区推广应用，推广面积近7万公顷，增产木材200万立方米。龙游县通过实施国家级“星火”计划项目——“竹林丰产及综合利用技术开发”，使全县笋、竹产量大幅度提高。据1990～1993年统计，累计新增产值1.45亿元，新增税金1345万元，新增利润5362.8万元，新增创汇635.2万美元。广大林农从项目实施中得益致富，涌现出一大批百万元村和万元户，使9000多农户平均增收约4000元。全省已建成了集科研、生产、管理、推广于一体的林木良种繁育体系，林木良种水平不断提高，目前居国内先进水平。全省林业科技贡献率达到32%，科技成果转化率达到34%。全省有大、中专林业院校各一所，累计毕业人数1万多名，为国家培养了大批林业建设人才。

(五)林业对外开放成效显著

改革开放以来，浙江省积极发挥地缘优势和侨乡优势，林业对外开放步伐不断加快，全省已累计引进林业外资项目227个，利用外资1.2亿多美元。除世行贷款造林项目外，有“三资”企业227家。利用世行贷款发展速生丰产林是浙江省林业利用外资最多的项目，已完成了第一期世行贷款国家造林项目任务，第二期项目于1995年实施后进展顺利，已累计利用世行贷款2442万美元，造林112 400余公顷。通过实施世行贷款造林项目，不仅加快了森林资源培育步伐，而且由于世行项目造林实行工程管理，严格规程设计、施工管理、经费核算等，从而带动了浙江营林生产水平上了一大台阶。林业的对外开放，不仅利用了外资，同时也引进了先进的技术、生产工艺和管理手段，促进了林业技术水平的提高。如70年代末从日本引进的清汁笋生产加工技术，经过多年的发展，清汁笋罐头已成为浙江省林业出口贸易的拳头产品。随着开放型林业经济的发展，全省林产品、林副产品和以森林资源为原料的加工制品出口贸易持续增长，年出口贸易总额已超过5亿美元。浙江新兴的木制玩具产品90%出口，畅销10多个国家和地区。浙江销往日本的水煮笋约占全国出口总量的二分之一。

三、经验和启示

50年来浙江林业建设的发展历程和成就，特别是党的十一届三中全会以来的巨大变化，给我们许多宝贵的经验和启示。

(一)森林资源的保护和发展，是林业工作的根本

森林资源是发挥林业三大效益的基础，增加森林资源是林业工作的出发点和落脚点。50年的历史一再证明：什么时候重视森林资源的保护和发展，森林资源就会增长，林业就会发展；什么时候放松和忽视了森林资源的保护和发展，森林资源就会出现破坏，林业发展就会受到挫折。为了不断增加森林资源，50年来特别是党的十一届三中全会以后，浙江省采取一系列措施，推进森林资源的保护和发展。

在营林上，坚持多林种、多树种、多形式、多层次造林，推行全社会办林业、全民搞绿化。坚持因地制宜、适地适树的原则，宜经济林则经济林，宜用材林则用材林。采取人工造林、封山育林、飞播造林相结合，在有条件的地方，下大力量抓好封山育林、飞播造林，并重视营造各类针阔混交林。严把造林质量关，严格造林检查验收制度，提高造林成活率。加强种苗工作，不断提高良种壮苗水平。同时还大力加强抚育间伐，实行科学经营，努力提高林分质量和林木生长量。

在森林资源保护管理上，一是建立健全了森林采伐管理制度。从1983年以来，相继实行了森林采伐限额、凭证采伐、凭证运输、林木采伐作业设计以及执行消耗量检查制度，同时，把限额采伐列入政府《保护和发展森林资源责任状》的重要内容，从而有效地控制了森林资源的消耗。二是加强森林防火、森林病虫害防治和制止乱砍滥伐、乱捕滥猎的“三防”体系建设。森林防火实行行政首长负责制，着重在预防上下功夫，坚持野外用火许可证制度，同时狠抓消防队伍建设。近年来，对森林防火实施综合治理，探索建立立足基层、立足基础，乡自为战、村自为战，群防群治、自防自救的森林防火新机制，使森林防火工作成绩显著。贯彻“预防为主、综合治理”的方针，全面推行目标管理责任制，坚持人工、生物、药物防治相结合，最大限度地减少病虫害的发生和蔓延，降低了损失。坚持以查处大、要案为重点，狠刹毁林歪风，并根据情况及时开展专项打击行动，维护林区治安秩序，保护森林资源。三是强化林地管理，建立健全征占用林地审核和补偿制度。

（二）坚持林业生态、社会和经济效益并举，充分发挥林业三大效益，是国民经济和社会持续发展的基础

森林是陆地生态系统的主体，是地球生命系统的支撑，是人类赖以生存和发展的重要资源。在漫长的林业发展过程中，林业的三大效益是几经波折才逐步得到人们理解的。纵观浙江林业50年的发展史，林业长期以来一直被当作生产木材及林副产品的行业，重视从中取得经济效益，而忽视不断增强其生态和社会功能。而在强调经济效益时，仅仅是主要抓用材林、利用木材，忽视了经济林建设、多种经营、综合利用，从而造成林种、树种结构失调，低龄化、针叶化、纯林化趋势突出，山区生态环境脆弱，局部地区资源下降、水土流失、自然灾害加剧，林业经济增长也很缓慢。党的十一届三中全会以后，浙江从省情、林情出发，遵循发展林业的客观规律和林业特点，坚持林业生态、社会效益和经济效益并举。一是通过加大林业结构调整，加快名特优新经济林和具有浙江特色的竹林的发展、加快二三产业发展，使林业经济效益明显提高。林业已成为不少山区经济发展和农民收入的主要途径，使人们认识到搞好林业大有可为。二是加快生态林业建设。动员全省人民展开“灭荒”攻坚，加快平原绿化、沿海防护林建设，加强部门绿化和城市绿化，推进浙江全面绿化，使全省城乡不断地绿起来。森林资源快速增长，生态环境不断改善，人民生活进一步美化。特别是平原绿化和海防林不少已发挥了巨大的防护效能，减轻了灾害造成的损失，促进了农业稳产高产，促进了水利设施发挥效能，促进了当地的经济建设。总结历史和现实的经验和教训，得出一个结论：我们发展林业，必须坚持林业生态、社会和经济效益并举，充分发挥其三大效益。

（三）发展浙江林业必须走全社会办林业、全民搞绿化的路子

林业是一项社会性很强、涉及面广、难度大的工作，仅靠林业部门一家是很难办好的。同时国家财政还不富裕，不可能拿出很多的钱用于林业，这与加快林业发展的资金需求来比，是远远不足的。所以更需要全社会支持林业、参与绿化。党的十一届三中全会以来，浙江省广泛深入宣传植树造林、绿化祖国，是建设社会主义、造福子孙后代的伟大事业，是治理山河、维护和改善生态环境的重大战略措施，提高了全民绿化意识和参与意识。除宣传发动外，还要做好以下几方面工作：一是落实部门造林分工负责制，搞好部门绿化；二是明确各级绿化委员会成员单位的职责，增强各自的责任感，形成合力；三是实行义务植树登记卡制度，建立义务植树基地，广泛开展营造“三八绿色工程林”、“军民共建林”、“共青林”、“同心林”等富有教育意义的活动；四是坚持国家、集体、个人一起上，按照“谁造谁有、合造共有”的原则，大力推进多种形式的股份合作造林；五是采取了国家扶持、财政投资、部门集资、农民投资投劳的方法，多渠道筹集资金，增加对林业的投入。全社会办林业、全民搞绿化，大大促进了林业的发展。

（四）依法治林，是发展林业的根本保障

林业是一项社会公益性事业，林木生长周期长，破坏容易、恢复难，需要把林业建设纳入法制轨道，实行依法治林、依法兴林。为做到有法可依、有章可循，浙江省从80年代初开始，根据《森林法》的基本原则，结合浙江实际，相继颁布施行了《浙江省自然保护区条例》、《浙江省森林管理条例》、《浙江省森林防火实施办法》、《浙江省重点保护野生动物、野生植物名录》、《浙江省林地管理办法》、《浙江省森林病虫害防治实施办法》等一批地方性法规、规章。1998年6月浙江省九届人大常委会第五次会议又审议通过了《浙江省陆生野生动物保护管理条例》。一个以森林法、野生动物保护法为核心，地方性法规、规章相配套的林业法律法规体系基本形成，为有效地保护、发展和合理开发利用森林资源，加快生态环境建设，提供了法律保障。依法治林、依法兴林，关键是做到执法必严、违法必究。10多年来，浙江省不断加快林业执法体系建设，全面加强森林公安、林政管理队伍建设，不断提高林业行政执法水平，同时建立健全林业执法制度、规范执法行为、强化执法监督，使浙江省依法治林工作逐步走上规范化的轨道。

（五）深化改革，是发展林业的强大动力

改革开放20年，是浙江省林业发展最好、最快的时期。20年来，浙江林业改革主要有以下几个方面：

（1）林业经营体制改革。80年代实行了"三定"，将全省70%集体山林划定为自留山和承包到户的责任山，形成了以家庭经营为主的生产格局，调动了农民的积极性，促进了林业的发展。随着社会经济的发展，一家一户经营"两山"的方式，制约着林业的规模经营，不利于生产力水平的进一步提高。对此，浙江省在稳定家庭承包责任制的基础上，按照国家、集体、个人一起上的原则，积极鼓励多形式经营，探索林地使用权和林木所有权拍卖、转让、租赁抵押或承包、股份合作的经营机制，搞活山地使用权和林木所有权流转，从而解决了山地分得过小、过散、不利于规模经营的弊端。截至1998年，山林经营形式主要有承包、租赁、拍卖、股份合作制、股份制等类型。近几年浙江省林业经营开发尤其是名特优经济林和竹林开发，大多数采用股份合作制的形式。随着山地使用权和林木所有权流转的推进，全社会参与林业开发的积极性显著提高。特别是工商业者投资办林业的力度很大，推动了林业规模经营，促进了林业经营水平的提高，成为浙江林业综合开发的一个显著特点。义乌市大办"老板林业"，全市45个工商大户高标准开发造林310多公顷，投资2800万元。苍南县太岳工贸公司老板投资480万元，营造了杜仲林近70公顷。

（2）木竹经营流通管理体制改革。全省80年代取消了木材、毛竹的统派购计划，除8个重点林区县由林业部门统一进山收购木材外，其它县市都放开经营，鼓励多渠道经营。为了强化管理，根据木竹统派购计划取消后的实际情况，相继建立健全了凭证运输、木竹经营加工许可证、出省出县木竹总量控制制度，从而既活跃了农村市场，促进了木材和林产品流通，增加了农民收入，又控制了资源消耗。

（3）国有林场、林业企业改革。推进人事、劳动、分配制度改革，使职工的收入与其经营的收益挂钩，打破"大锅饭"。对国有林场实行分类经营、分类管理。凡非生态型林场，全面推向市场，实行企业化运行，并参照企业进行改革；部分林场确定以生态效益为主，不具备发展商品林的，划定为生态型林场，按事业性质管理。林业企业围绕"三改一加强"、"抓大活小"的原则，努力探索改制模式，推进股份制、承包、租赁、兼并、转让、委托经营等经营形式。

（4）林业分类经营体制改革。这是一项长期的系统工程，必须分步骤逐步稳妥推进。浙江省确定将全省主要公路和铁路两侧、江河两旁、水库四周、村庄房前屋前、25度以上正面的一面山林，以及自然保护区、森林公园、平原农田林网、沿海防护林等，全部划为生态公益林，全省大约3000万亩。目前，已完成了分类经营的试点工作，并积极探索生态公益林补偿机制。

（5）完善林业投资机制。全省普遍建立了林业基金制度，制定了资金筹措和使用的管理办法。对部分林业投资从无偿使用逐步转为有偿使用、滚动使用，提高了资金的使用效益。另外，浙江还对科技教育、资源林政管理等进行积极的改革和有益的探索。

总之，改革给浙江林业带来了生机和活力，林业经营管理体制逐步沿着适应社会主义市场经济的轨道向前发展。

（六）切实依靠科技进步，是林业发展的关键

50年来，浙江的广大林农和林业科技工作者，充分利用本省优越的自然条件，将林业生产的丰富经验和现代的科学技术紧密地结合起来，使林业生产水平不断提高。特别是1978年全国科学技术大会以来，浙江林业科技工作得到了进一步的重视。全省林业科技机构面向林业建设主战场，大力加强科技开发，突出科技的推广和应用，增加对科技的投入。全省无论是科学研究，还是科技成果推广都取得显著成效，全省林业生产中的科技含量明显增加，林业科技贡献率达到32%。改革开放20年，林业发展很快、经济实力大大增强，其中科学技术起到了关键性的作用。目前，浙江林业经营还比较粗放，林业科技贡献率不高，依靠科技发展林业的潜力还很大。因此，必须进一步重视林业科研、推广工作，使科学技术尽快转化为生产力，促进林业持续、快速发展。

（七）坚持两个文明一起抓，是提高林业干部职工队伍素质的保证

物质文明建设与精神文明建设是相辅相成、互为作用的。50年的林业实践证明，在抓林业生产的同时，必须注意抓好精神文明建设。50年来，浙江林业部门重视加强思想政治工作，教育林业职工树立“林兴我荣、林衰我耻”，“艰苦奋斗、无私奉献”的行业精神；加强林业系统党员队伍建设，充分发挥党员先锋模范作用和基层党组织的战斗堡垒作用；加强廉政建设，防止腐败现象的产生，极大地促进了林业生产的发展。

四、前景与展望

新中国成立50年，浙江林业建设成就巨大。展望21世纪，前景更加壮美。党的十五大提出了跨世纪的战略目标、战略重点和战略步骤。浙江林业跨世纪的奋斗目标是：到2010年初步建成比较完备的林业生态体系和比较发达的林业产业体系；到2020年基本建成两大体系，基本实现林业现代化。全省森林覆盖率达到60%以上；建成267万公顷左右商品林(速生用材林66.7万公顷、高产竹林包括笋竹两用林66.7万公顷、高产高效优质经济林133.3万公顷)、200万公顷左右生态公益林、133.3万公顷左右兼用林。全省木材和各类林产品的加工业、林业社会化服务体系和市场流通体系、森林旅游业等第三产业比较发达。全省自然生态环境得到明显改善。林业经济增长方式由粗放经营转向集约经营，林业综合经济实力和自我发展能力显著增强。

实现上述目标，任务艰巨而繁重。浙江省自然条件比较优越，气候温和，雨量充沛，植物生长期长。全省640万公顷林业用地中，绝大部分为低山丘陵，适宜于各种林木生长，便于集约经营。植物种类繁多，有许多具有重要经济价值的树种，一些产品如毛竹、笋用杂竹、山核桃、香榧、胡柚、柑桔等在全国乃至在国际市场上享有盛誉。50年的林业建设，特别是20年的改革开放，使林业长足发展，各方面都有了一定的基础，保持着良好的发展势头。随着对林业投入的增加，山区农民经济来源逐步趋于多元化，对木材的依赖性将有所减少，有利于森林资源的保护。各级党委、政府对林业日益重视，广大干部群众绿化意识逐年增强，这更是林业建设持续发展的根本保证。今后一段时期，浙江林业工作将以大力培育和保护森林资源、发展林业生产力为中心，围绕林业“两大体系”建设，进一步解放思想，转变观念，推动全社会办林业、全民搞绿化；把保护好现有森林资源作为一项战略措施来抓，制止乱砍滥伐木材、乱捕滥猎野生动物、乱批滥占林业用地，把森林火灾和病虫害损失降到最低限度；加大林业生态工程建设力度，更好地发挥林业在生态环境建设中的主体作用；进一步把林业建设与山区经济建设、林农致富结合起来，推动林业综合开发不断向深度和广度发展；更加广泛深入开展林业宣传，进一步提高全社会对保护和发展森林资源、发展林业重要性的认识；加强科教兴林，不断提高林业科技贡献率和科技含量；坚持依法治林、依法兴林，进一步把林业建设纳入法制轨道，建设现代化的浙江林业。 (执笔人：张钢　吴三民)

谱写响彻江淮的绿色乐章

——安徽省林业建设50年

安徽省林业厅

安徽省位于华东地区,属全国南方集体林区之一,全省辖5个地区、11个地级市、105个县(市、区),总面积13.9万平方公里,林业用地占总面积的30.2%。由于地跨暖温带与亚热带,气候适宜、雨量充沛、森林资源丰富,拥有木本植物资源1300余种和众多经济价值较高的林特产品资源。闻名遐迩的黄山、九华山座落其境,也是物种资源的宝库。6000万安徽人民用勤劳的双手,推动着安徽物质文明和精神文明的进步,并以消灭宜林荒山为标志,根本改造了全省自然生态面貌。新中国成立50年来,安徽林业和共和国一起成长,特别是在改革开放的新时期,林业建设生机勃勃,步入持续、稳定、健康发展的轨道,林业成就日新月异,展示了前所未有的辉煌。

一、林业发展历程和主要成就

新中国建立以后,党和政府十分重视林业。建国初期,全省着手医治战乱给林业造成的创伤,开展造林、护林、封山育林和四旁植树,营林生产由开始每年不足十万亩。拓展到几十万亩。新中国成立后的10年间全省人工造林达37.6万公顷,是新中国成立前30多年人工造林的5倍。随着营林生产的推进,林业生产的组织者——林业合作社应运而生,个体林业也向集体林业过渡,并逐步组建起国营林场和国营苗圃。第二个五年建设计划时期,出现了建立林场的热潮,全省国营林场由建国前仅有的3个猛增到120个,在生产队互助合作造林基础上发展起来的社队林场也增加到929个,同时,林业调查、科研教育和行政指挥等机构也逐步建立。

在各级党委和政府的领导下,蓬勃兴起的群众性植树造林运动使新中国成立初期极为薄弱的林业一度得到恢复和发展。但是“大跃进”和“文化大革命”等“左”的错误引导,使林业再遭荼毒。因“大办钢铁”,全省10万余人进山大量砍伐森林,造成一个时期内,全省有林地面积减少近40万公顷,疏林地增加17.2万公顷,森林蓄积量税减到4028万立方米,森林覆盖率下降2.3%;“文革”中,林业教学科研单位下迁,林业干部下放,林业机构撤销,“以粮为纲”又导致山区大面积毁林种粮,全省不同程度被破坏的山林近33.3万公顷,林木过伐1000万立方米,加剧了水土流失,恶化了生态环境。其间,因先后贯彻“调整、巩固、充实、提高”的“八字方针”和在“文革”后期对林业实行两次整顿,有效地减轻了对森林资源的掠夺性破坏,采育失调明显好转,平原地区植树造林加强,社队林场发展迅速,到1974年,全省社队林场达到1.1万个。淮北平原结合兴修水利建设农田林网,开展四旁植树,到1975年,有林地扩大到6.4万公顷,是建国前的8倍,森林覆盖率由0.1%上升到8.1%。

党的十一届三中全会以后,各项工作拨乱反正。省委、省政府制订了一系列林业扶持政策,坚持走有安徽特色的林业发展道路。特别是从80年代后期,先后实施“五年消灭荒山、八年绿化安徽”和“开展林业建设第二次创业”的可持续发展战略,形成了全党动员、全民动手、全社会办林业的极好氛围,取得了荒山秃岭换新装、生态环境大改善的丰硕成果,安徽林业进入了最快最好的发展时期。

安徽林业建设成就主要集中反映在6个方面:

(一)全省实现全面绿化

到1997年,安徽林业用地绿化面积达397.47万公顷,绿化率96%;公路绿化总长度18 066公里,绿化覆盖率91.4%;江河渠道绿化总长度10 112公里,绿化覆盖率91.2%;城镇绿化面积3亿平方米,绿化覆盖率24%;村庄绿化面积41.13万公顷,绿化覆盖率49.9%;建设农田林网226.87万公顷,建网率85%。坚持不懈地造林绿化,不仅使安徽成为继广东、福建、湖南之后、全国第四个消灭宜林荒山和全面绿化的省份,被党中央、国务院授予"实现荒山造林绿化规划省"称号,并荣获"全国造林绿化先进省"、"部门绿化先进省"殊荣;而且生态环境得到彻底改善,被评为全国6个生态环境质量最优的省份之一。

(二)森林资源大幅增长

到1997年,全省有林地已扩大到323.3万公顷,与建国初期的168万公顷相比,增长92.4%;活立木蓄积量上升到1.04亿立方米,比建国初期增加2871万立方米,是50年代末期森林资源遭到大破坏时蓄积量的2.6倍;森林覆盖率提高到28.9%;比建国初期12.5%增长16.4%,翻一番。形成了以国有林场、乡村林场和淮北平原为中心的三大后备森林资源基地。三大基地有林地124.2万公顷,森林蓄积量4607.8万立方米,分别占全省的38.4%和44.3%,为适应国计民生的需求奠定了厚实的基础。森林资源在实现面积、蓄积"双增长"同时,质量也相应提高,全省活立木年均生长量1189万立方米,平均消耗量922.5万立方米,年均综合生长率12.2%,消耗率9.49%,长大于消2.73%,森林资源已步入良性循环轨道。

(三)平原林业异军突起

平原林业由淮北农区起步,逐步推向江淮丘陵和沿江平原。到1997年,有平原绿化任务的65个平原县、半平原县全部实现部颁平原绿化标准,跨入全国平原绿化先进行列。全省平原农区建成农田林网226.87万公顷,建网率达85%;农林间作3.29万公顷,占应间作面积的83.8%;村庄林木覆盖面积40.9万公顷,占63.7%。过去缺材少林的淮北平原,建成了以农田林网为主体、以沟渠河路林带为骨干,包括"四旁"植树、林粮间种,多林种、多树种的网、带、片、点相结合的综合农田防护林体系,形成了"田成方、树成行、林成网"的新型农区。新中国成立初期的不毛村落均为片林、环村林覆盖,全部绿化。近7万处的片林、环村林首尾相接,绵延成茂密的森林。

平原林业成为农业生产的生态屏障。淮北平原农区林网形成后,风害由过去的年均6次以上减少到2次;沙暴由14.5次下降到3次。林网内风速降低30%,空气湿度提高4%~6%,农田水分蒸发量减少11%~14%,农业增产效益达10%以上。一些砂姜黑土防护林综合治理区,粮食总产量增长113%。至1998年末淮北平原有林地已超过60万公顷,是新中国成立时733.3公顷所无法比拟的;活立木蓄积超过2000万立方米,比1949年增加100多倍;森林覆盖率达16.1%,比1949年增加16个百分点,不仅彻底扭转了省内"南木北调"的局面,而且每年木材除自用外,还向外输送优质桐木15万立方米。

(四)重点工程大步跨越

到1998年,林业重点工程建设除平原绿化工程已全部实现绿化达标外,其他工程也迅速推进。省级速生丰产林、治沙造林、灭螺兴林、工业原料林完成高标准造林16.1万公顷。长江中上游防护林工程在沿江5县实施,完成造林20.2万公顷。在此基础上,引进外资,实施中德合作长防林工程,扩展到6个县,完成混农造林2万多公顷,成为中外合作造林典范。世界银行贷款国家造林项目一期工程在皖南山区17个县完成造林9.7万公顷;二期工程由皖南扩展到皖西,已完成高质量造林2.6万公顷。经济林工程造林比重逐年提高,由过去年造林面积不足20%,上升到50%以上,局部地区达到70%。全省经济林(含竹林)面积已扩展到88万公顷,板栗、银杏、苹果、梨、桃等干果、水果年产量突破50万吨,成为全国果品生产大省之一。

(五)产业经济长足进步

林业突破单一营林体制,出现造林营林、木材生产、林产工业、多种经营四大支柱并举,一、二、三产业并进的格局。森林工业从无到有,全省已突破1000家。改革开放以来的20年间,生产锯材412.24万立方米,胶合板100.25万立方米,纤维板46.01万立方米,刨花板80.6万立方米,松香3.52万吨,栲胶6165吨,活性炭481吨。目前全省人造板生产能力达到18万立方米，松香生产能力达到6000吨，木浆造纸也开始起步，森林工业年总产值已接近3亿元。对外开放及吸引外资拓宽了林业产业发展的门路，林业系统跳出林业办产业，开展多种经营，兴办实体300多个，经营项目涉及种植、养殖、建筑、商贸、运输、旅游、采矿、轻工、化工、纺织、食品、机械、电子等20多个门类。到1997年，全省林业系统实现产值已超过10亿元。林业的发展还为社会和群众提供了丰富的林特产品。党的十一届三中全会以来，全省林业为国家建设和人民群众生产生活提供木材3595.52万立方米，毛竹4.43亿根，油茶籽97 335.9吨，油桐籽60 375.5吨，乌桕籽42 428.8吨，松脂82 635.2吨，板栗179 475.5吨，以及栓皮、棕片、香菇、木耳、竹笋干、山核桃、生漆、香榧等林特产品。林业的发展还为群众脱贫致富、增加收入开辟了门路，因林果业致富的小康户、小康村比比皆是。林业总产值也逐年上升，到1997年底已达到56.28亿元，是1978年林业总产值2.2亿元的25倍。

(六)管理体系形成规模

经过50年建设安徽林业队伍素质不断增强，基础建设和经营管理机构已具备一定规模。到1997年底，全省拥有国有林场119个，国有苗圃80个，林业工作站1260个，林业科研所(站)63个，木竹检查站104个，林业公安派出所219个，森林植物检疫站115个，病虫害防治站121个，森林防火检查站172个，自然保护区管理站16个，森林公园35个，从省到地、县三级设立林业厅、局130个，森林防火指挥部93个，还有林业勘察设计院及中等林校、扬子鳄繁殖研究中心等厅直企事业单位9个。全省林业系统拥有职工4.35万人，已经形成了较为完善的营林生产管理、科技推广、病虫害监测防治、林木种苗、资源林政管理和森林防火等六大林业工作体系，建成了一支艰苦奋斗、无私奉献的林业专业队伍。

二、林业发展主要做法和经验

安徽林业的发展依靠的是改革推进、政策稳定，更是领导真抓、群众实干，认准方向、持之以恒的结果。在各级党委和政府的领导下，林业部门积极进取，推出了一系列符合安徽实际，成效显著的措施和做法。

(一)逐步端正林业建设方针，增加林业投入

安徽省在不同时期，先后确定了“普遍护林，重点造林”、“以营林为基础，采育结合”、“因地制宜，合理布局，多种经营，有所侧重，综合利用，以短养长”和“以林为主，多种经营，全面发展”等不同的林业生产建设方针，逐步纠正了新中国成立初期以木材生产为主、造林护林为辅，乃至以后造成大面积森林资源遭到毁灭性破坏的现象。生产建设方针逐步调整、端正，为林业发展带来了导向性的生机，更符合全省的实际。以后，全省又连续划定祁门、休宁、黟县、歙县、绩溪、旌德、太平(现黄山市黄山区)、石台、东至、岳西、宁国、泾县、霍山、金寨、广德、潜山、太湖、青阳、贵池、徽州、屯溪等21个县为以林为主的山区(林区)县。平原、丘陵也确定了“宜农则农、宜林则林、宜牧则牧或农林牧并举”的建设方针，一定程度上纠正了山区毁林开垦种粮问题。仅“六五”期间，山区退耕还林5.4万公顷。改革开放以后，全省又确定了“五年消灭荒山、八年绿化安徽”和“开展林业建设第二次创业”的林业建设总体目标，林业生产出现了“以林为主、以短养长、以工补林、以副养林、多种产业并举”的生动局面，林业成为全省实施可持续发展战略的一个重要方面，成为人民群众脱贫致富奔小康的一个希望基地，成为全省国民经济发展的一个新兴产业。

在不断端正林业生产建设方针的同时，也不断重视对林业的投入。

首先是领导精力上投入。安徽党政领导对发展林业认识早、抓得实。在粉碎“四人帮”、拨乱反正之初，刚走马上任省委第一书记的张劲夫同志，就自愿报名，当林业“志愿兵”。他的心愿就是“把安徽绿化起来，只要我在这里工作一天，就要抓一天”。他和领导们有一个“政治协议”：集中精力搞林业，搞不好唯负责人是问！省委及时作出了《关于加速发展林业的决定》，省、地、县三级都有一大批领导纷纷争当林业“志愿兵”。自此和以后的几届省委、省政府领导王光宇、王郁昭、卢荣景、孟富林、汪涉云、方兆祥、王昭耀等都拿出很大的精力抓林业，亲自参加林业重大决策、亲自参加林业调查研究、亲自参加林业生产劳动、亲自解决林业发展遇到的问题，为全省高、中级干部抓林业作出了表率，也在指导方针和领导责任上，奠定了林业发展的基础。

其次是经济上的投入。计划经济时期，省政府每年对乡村造林实行奖励办法，规定成片造林每亩补助资金10元、贸易粮10公斤，每抚育一亩林木，补助贸易粮5公斤。为便于林区经济发展，提高山区群众口粮供应标准，核定每人每年口粮标准260公斤稻谷，解除群众发展林茶生产的后顾之忧。80年代省财政每年用于乡村成片造林的补助经费达1220万元；"六五"期间，省划拨造林补助费1.64亿元，解决山区口粮16.1亿公斤；80年代中期起，每年还增加封山育林经费120万元；90年代起，造林补助费每年又提高到2350万元。自1981年以来，省政府用于造林的资金超过3亿元，各地、市、县级财政也相应地投入发展林业的资金，仅实施"五八"造林绿化规划的8年间(1990～1997)，各级财政用于林业的投入就达10亿元之多。这些经费的投入，大大地加快了安徽绿化进程。"五八"绿化规划期间，累计完成造林12.5万公顷，不仅超额完成规划的任务，经国家派员核查确认全省基本消灭宜林荒山，而且主要绿化指标均达到或超过《安徽省绿化标准》，实现了全省绿化，终于圆了安徽人的绿化梦。

（二）不断完善林业生产责任制，改革经营体制

随着农村改革的进行，安徽以贯彻党中央、国务院《关于保护森林发展林业若干问题的决定》为契机，把林业生产的"权、责、利"相结合，组织4万名干部深入乡村、山区，持续三年开展了一场全省范围内的稳定山权林权、划定自留山、确定林业生产责任制的林业"三定"工作。"三定"期间，调查处理了4万余起山林纠纷，划定到户经营承包自留荒山61.23万公顷，80％以上的山林确定了不同形式的林业生产责任制。群众称赞"三定"是"山定权、人定心、责有利"。嗣后，省里又作出《关于完善林业承包责任制若干问题的规定》，允许并鼓励农民和国家干部职工承包荒山造林。在这些政策引导下，群众承包荒山造林积极性空前高涨，全省出现承包荒山造林热潮，林业专业户、重点户和联合体迅速发展，成为造林绿化主体。80年代中期林业"两户一体"发展到5.32万个，承包荒山24.1万公顷；育苗户26.7万个，育苗1.41万公顷，涌现出一批在全省产生重大影响的承包荒山造林开拓者，不仅加快了全省荒山绿化步伐，也使林业生产责任制出现新的变革。但是，此时个别地方不顾林业有别于农业的特点，刮起"分林到户"之风，并逐步波及全省，使已经建立起来的林业生产责任制分崩离析，造成山林分割过碎、责任不实、纠纷增多和乱砍滥伐的恶果。自1987年起，安徽各地总结山林分户经营弊端，进一步摸索和引导林农走联合之路，进一步完善林业生产责任制，逐步改分散造林为集中造林，改零星造林为连片造林，改分户造林为联合造林。一些林业承包大户也转向联合经营。许多地方坚持权属不变，投山投资投劳折股，推广股份合作办场造林，全省形成了国有林场、乡村林场、联营林场、联户林场、股份林场、专业户林场等多种形式并存的林业生产责任制格局。除国有林场外，全省不同责任形式的乡村集体林场发展到9400多个。

在努力完善乡村林业生产责任制同时，国有林场、苗圃也深化改革，在实行三个转变的基础上(即由造林为主向经营管护转变，由单一营林向多种经营转变，由国家投资向自我积累转变)，推行"人事、用工、工资"三项制度改革，实行竞争上岗，建立场圃内部的任期目标责任制和联产承包、"连环"承包、风险承包等责任制，绝大部分场圃面貌欣欣向荣，经济实力不断增强。

（三）认真推广科学技术，努力提高营林水平

安徽从80年代起，对造林绿化实行工程管理，制定了一系列主要树种的造林、育苗技术标准和规程。按照不同区域特点，因地制宜地在丘陵地区推广国外松引种栽培技术；在沿江地区推广"两杉一杨(池杉、水杉、杨树)"栽培技术；在皖南和大别山区推广板栗、竹笋等栽培技术；在淮北平原地区推广泡桐、刺槐等良种栽培技术；在全省范围推广运用容器育苗造林技术，还推广引进国外松、杉木、黑杨优良无性系繁育以及芽苗移栽、化学除草剂、ABT生根粉等技术，都取得了成功。在科学技术与林业生产的结合上，突出地实施了"1463"林业开发工程和林业7亿元示范工程。用3年时间完成14万亩荒山造林、6万亩低产林改造和3个县平原绿化的"1463"开发工程，引用科学整地、良种壮苗、地膜覆盖等61项科技成果和先进技术，建立了科技示范点189个，示范村25个，培训林农和技术骨干10万余人，工程内造林成活率、保存率、幼林生长比同类造林提高5％以上。用5年时间实施的林业7亿元示范工程在10万公顷经济林中提高科技含量使其年增产6亿元。在20万公顷林地中综合防治重大森林病虫害，年挽回损失1亿元。科学技术的推广应用，彻底扭转了过去粗放经营的局面，造林质量提高到一个新水平，全省人工造林平均成活率超过90％，面积合格率达95%,造林绿化保存率达90%。

(四)大力实施"五八"绿化规划,领导承担起发展林业重任

1989年,省委、省政府作出《关于动员全省人民实现五年消灭荒山,八年绿化安徽目标的决定》,实施"五八"造林绿化规划,揭开了安徽林业发展史上最崭新的篇章。省林业主管部门首先将经过领导调研、专家论证、全民讨论过的"五八"规划,按任务分年度下达到16个地市,地市细化分解到县,县再落实到乡村组和山头地块,逐级明确任务、目标、责任和时限。为了保证规划目标的实现。省、地、县三级都利用广播、电视、报刊大力宣传"五八"规划"功在社会、利在人民、造福子孙"。实施规划8年来,仅省一级就召开10次电视电话会、11次新闻发布会、13次林业工作会、8次林业表彰会、5次林业现场会,使"五八"规划家喻户晓,人人明白。8年来,各级政府年年发动,广大群众和各行各业统一行动。每逢营林时节,千百万群众组成一支支队伍在城镇、在乡村,主攻荒山、义务植树,大打林业整地穿插战、植树造林突击战、县乡镇村大会战,营造了各具特色的民兵林、"三八"林、青年林、国防林等一个个闪光的绿色工程以及一大批林业重点示范工程。江淮大地空前规模的造林绿化运动此起彼伏,即使在1991年遭受特大洪涝灾害、1994年发生罕见旱灾时,也不间断。造林绿化始终保持着以每年17万公顷的速度向前推进。为了保证规划目标的实现,省里坚持检查监督,兑现奖罚的措施。一是年年在秋季组织技术力量对造林实绩全面检查验收;二是年年按验收实绩排出名次,发出检查通报,表彰先进,警告后进;三是年年对地市造林绿化先进发给奖金、奖状,兑现承诺;四是公布《举报宜林荒山办法》和《绿化举报办法》,鼓励群众举报,举报实在的,有奖,把造林绿化置于全省人民监督之下。

"五八"规划成功实施的根本经验在于领导勇挑发展林业的重担。各级领导以身作则,率先垂范,一级带着一级干,一级做给一级看,为官一任,绿化一处,造福一方。省委书记卢荣景首先向全省人民立下"军令状":"三五年改变不了荒山面貌,就引咎辞职",成为全国第一个拎着"乌纱帽"干绿化的省委书记。省长则和各地市专员(市长)签订责任书,明确造林绿化由政府实施、党委保证、人大监督,政协参与,领导者们向全省人民作了政治承诺。省主要领导身教重于言教,用办造林绿化点指导推动工作、影响全省、县以上领导大办绿化点760个,完成造林绿化7万多公顷。"五八"绿化期间,全省县以上领导干部有117名荣获"安徽省绿化奖章",有46名荣获"全国绿化奖章",有2名荣获"全国绿化劳动模范"称号。各级领导还坚持在植树节期间和干部群众一起参加义务植树,年复一年,蔚然成风。领导和群众共同履行植树造林义务,有助于形成全社会办林业的大气候,形成建设有中国特色社会主义林业的发展模式。

(五)加强林政资源管理,依法保护森林安全

一手抓造林、一手抓管理,始终是安徽林业赖以发展的主要措施之一。在强化管理、保护森林资源安全上,重点抓好五个环节。①抓专项打击:对乱砍滥伐、哄抢盗伐、违法经营运输木材、暴力威胁伤害林政管理人员的犯罪分子从严、从快、从重打击,每年开展1~2次专项打击活动,形成了制度。近8年来专项打击查处的林业案件达3万余起,作案者分别受到逮捕、判刑及各种行政处罚,打击了犯罪,教育了群众,保护了森林资源,维护了林区安定。②抓流通秩序管理:坚持重点产材县生产的木材由林业部门统一管理和进山收购,不准私买私卖和倒买倒卖无证木材。加强对森林采伐、销售、运输管理,实行"森林采伐、销售、运输"三证制度。整顿木材经营加工单位,全省压缩了一大批耗费森林资源严重的木材加工厂家。③抓限额采伐管理:严格执行国务院下达的采伐限额,建立健全林木限额采伐管理制度,实行森林采伐全额管理,把直径5厘米以上的林木消耗全部纳入限额管理范围,并以执行全额管理为中心,加强基层林业站和林业公安派出所建设,保留增设一批木竹检查站,强化了流通管理职能。④抓林地保护管理:一方面对林地变更清查登记,按规定办理变更批准手续,并对征占用林地收取补偿经费,一方面大力加强行政保护,积极主动开展森林防火和森林病虫害防治,森林火灾受害率已降到0.078/1000,大大低于国家规定的1/1000的指标,森林病虫害发生率逐年减少,防治率逐年提高。⑤抓领导责任制:建立领导干部保护和发展森林资源目标责任制,省、地、县三级行政领导都与林业厅局长签订森林资源保护管理目标责任书,把林政管理各项结构层层分解,年年考核记录在案,作为干部政绩优劣、职务升降的重要依据,实行一票否决。

在强化资源林政管理同时,又不断加强地方林业法制建设，走依法治林的道路。改革开放以来，先后出台了包括《安徽省实施〈森林法〉办法》、《安徽省森林和野生动物类型自然保护区管理办法》、《安徽省森林植物检疫实施办法》、《安徽省森林防火办法》、《安徽省山林纠纷调处办法》、《安徽省实施〈野生动物保护法〉办法》、《安徽省开展全民义务植树运动实施细则》、《安徽省造林绿化奖惩办法》、《安徽省乡村林场管理办法》、《安徽省林业基金管理办法》、《安徽省征占用林地管理办法》、《安徽省全民义务植树条例》等林业法规、规章、规定近40件。这些林业法规和规章制度的实施，使安徽林业各个方面的工作基本做到有法可依、有章可循。省人大也根据林业发展的新形势、新情况、新问题，不断组织开展林业执法检查，通过检查深入宣传林业法规，严格林业执法，提高全民的林业法制意识，为保护森林资源安全创造了极好的社会环境，也为林业的深入发展奠定了基础。

三、安徽林业展望

“五八”造林绿化规划的顺利实施，把安徽林业推向了一个蓬勃发展的新阶段。但是，实现“灭荒”和基本绿化只是阶段性成果。要实现安徽由农业大省向经济强省跨越，扭转自然灾害频繁的局面，林业建设未有穷期，任重道远，必须按照省委、省政府《关于开展林业建设第二次创业的决定》，向更高、更快、更新、更强的阶段发展。

林业二次创业跨世纪的总体目标是：初步建成比较完备的林业生态体系和比较发达的林业产业体系。到2000年，全省有林地扩大到340万公顷；森林蓄积量达到1.2亿立方米；森林覆盖率上升到30%；山区林业综合开发收入占山区农民人均纯收入的50%以上；丘陵、平原区农民人均纯收入中林业收入比重有较大提高。

当前，开展林业二次创业要围绕贯彻党中央第三代领导集体关于建设生态农业的重要批示和党的十五大关于加强“植树种草，搞好水土保持，防治荒漠化，改善生态环境”的重要精神抓落实，正确处理“两个关系”，努力实现“四个突破”。

正确处理“两个关系”即：一是处理好林业生态体系与产业体系建设的关系。坚持把生态建设作为林业工作的主旋律；突出生态建设，但不放松产业建设，两者协调发展，全面推进。二是处理好保护和发展的关系 。坚持森林资源保护和发展并重，通过科学培育，发展森林资源；通过有效的保护，增加森林资源，为林业健康、持续发展提供物质基础；通过快速发展，一方面为保护好资源创造条件，另一方面减轻对森林资源消耗的压力。

“四个突破”即：首先要在构造林业生态体系的基本框架上突破。重点抓住长防林、淮防林、巢湖流域防护林、平原农田林网、自然保护区及森林公园工程，实现林业生态体系的快速形成，使之系统化、规模化、配套化。其次要在推进林业产业化进程上实现突破。按照山上建基地、山下搞加工、山外抓市场、科技创高效、贸工农一体化的思路，加快建成100万公顷经济林基地和100万公顷商品用材林基地。三是要在产业结构上实现突破。大力发展林业二、三产业，在提高林产品附加值上下功夫，重点搞好森林旅游、花卉、名优特经济林、动植物资源等六大系列开发，发挥林业独特优势。四是要在对林业的扶持上实现突破。主要是政策扶持、科技扶持、资金扶持。加大投入力度，尽快建立完善发展林业的保障机制。继续坚持行之有效的各项林业规章制度，把林业二次创业向纵深推进，保证林业建设稳中求进、进中求好、好中求快，实现林业建设跨世纪战略目标。

（执笔人：薛胜平）

实现八闽绿化　建设林业强省

——福建省林业建设50年

福建省林业厅

福建省位于祖国东南沿海，地处亚热带。良好的自然地理环境，为发展林业提供了得天独厚的有利条件。古代的福建覆盖着茂密的森林，境内“处溪谷之间，篁竹之中”，“林中多腹蛇猛兽”。汉代末期，中原居民避乱南迁，进入福建“开山伐木”，森林的开发与毁林开垦日益增多。明清时期，省内外木商纷纷涌入林区伐木、烧炭、制香菰、炼樟脑，加上兵匪烧山毁林，森林日遭破坏。民国后期，全省遗留下荒山迹地近400万公顷，沿海地区少林缺材、风沙肆虐、水土流失，严重威胁着群众的生产、生活。

新中国成立后，福建省委、省政府按照中央各个时期对林业工作的指示，联系实际、贯彻落实，不断推进林业生产建设。党的十一届三中全会以来，林业开始走上振兴之路。1992年，全省基本完成宜林荒山造林任务。1995年，八闽大地实现绿化达标。从1949年到1998年，全省有林地从335.5万公顷增加到735.3万公顷、森林覆盖率从29.1%提高到60.5%，分别增长119.2%和31.4%个百分点。从1949年到1998年，全省累计生产商品木材17552万立方米、竹材16.2亿根、松香207.9万吨、人造板687.6万立方米以及大宗林副产品，为国家经济建设和人民生活需求作出很大贡献。1998年，全省林业总产值达405亿元。在闽西北林区，林业真正成为地方支柱产业。

福建林业改革和建设取得的成就，多次受到表彰。1993年，党中央、国务院授予福建省“全国荒山造林绿化先进省”光荣称号。全国绿化委员会、原林业部也先后授予福建省“林业建设先进省”、“平原绿化先进省”、“造林成绩优秀省”、“造林质量优异省”、“全国容器育苗先进单位”和“1987～1996年度全国十年人工造林成效突出省”等光荣称号。

一、发展历程

50年来，福建林业经历了恢复—发展—振兴的过程，林业建设走过了一段不平凡的历程。新中国成立初期，面对近400万公顷的荒山迹地，福建省从抓重点入手，一手抓植树造林，一手抓封山育林。发动群众自采种、自育苗、自造林，推行合作造林，实行群众造林与专业管理相结合。合作化期间，山区农业合作社普遍建立耕山队，公社化后发展为社队办林场、采育场，成为发展集体林业的基本队伍。60年代初，开始有计划、有重点地建设林业基地。首先在35个林区县(市)中规划建设用材林基地面积达76.3万公顷，70年代扩大基地范围，规划面积达173.3万公顷，从一般性造林转向建设林业基地。进入80年代，落实林业“三定”，放宽林业政策，全省人民大念“山海经”，极大地激发起造林育林积极性。省委、省政府把林业基地列为全省八大基地之首，全面部署“五江一溪”(闽江、晋江、汀江、九龙江、赛江和木兰溪)造林绿化工作。1989年，又开始实施“三五七”造林绿化工程，1992年，全省基本完成宜林荒山造林任务。

据1950～1998年统计，全省人工造林更新面积累计达953.93万公顷，飞播造林有效面积92.66万公顷，封山育林 560.6 万公顷，四旁植树 13.5 亿株。如今林区实现采育结合、青山常在；丘陵山区林果满山、枝繁叶茂；沿海地区沙荒变绿洲，构筑起一道道绿色屏障。

种子是林业生产的物质基础。60 年代以前，林木种子依靠群众从一般林分及散生树木上采集，遗传品质低劣。60 年代中期，开始良种选育工作，组织种源调查，建立母树林基地，开展种子质量检验，种子购销优质优价。1964 年，国有洋口林场与南京林学院开展合作研究，建设第一代试验性杉木无性系嫁接种子园和杉木优良品系采穗圃，林木良种繁育工作从此起步。从 70 年代起，全面开展林木良种基地建设，对主要造林树种杉木、柳杉、福建柏、马尾松、湿地松、火炬松、木麻黄、油茶等开展优树选择，建立种子园、母树林。截至 1998 年，在全省范围内营建良种基地 100 处，面积达 3932.48 公顷。其中种子园 1141.26 公顷、母树林 1646.49 公顷、试验林 555.93 公顷、种子资源库 67.42 公顷、良种示范林 521.38 公顷。良种基地的树种达 31 种，年均生产良种 1.5 万～2 万公斤，基本满足主要造林树种的用种需要，实现了种子生产专业化、造林良种化。同时，通过杂交选育良种。洋口林场从 70 年代中期开展杉木杂交育种，从中选出 40 个速生抗逆性强的优良家系，目前第三代遗传改良正在进行。近 20 年来，全省相继对杉木、马尾松、柳杉等 10 多个树种进行优树（单亲）子代和杂交组合（双亲）子代测验 135 批次，建立子代测定林 415.27 公顷，选出速生抗逆性强的优良家系（精英树）481 株，选出优良杂交组合 151 个，这些成果已在生产中推广应用。经测定，杉木第一代种子园生产的种子平均遗传增益 15%～25%，第二代杂交育种遗传增益在 40%以上。

在实施“三五七”造林绿化工程中，用苗量成倍增加，全省培育容器苗成苗量达 14 亿多株，用于造林 15 万公顷、补植 70 万公顷，为绿化立了大功。70 年代以来，开展林木引种驯化多点试验，陆续引进外来树种有 67 科、218 属、400 余种；引种成功并在生产中推广的有 100 余种。桉树、泡桐等新树种引种取得新突破，国有岩溪林场引进巨尾桉，采用组培苗造林，4 年生片林每公顷蓄积量达 120.5 立方米，成为高产优质品种。木麻黄大面积引种成功，为沿海营建了“绿色长城”。

保护森林是林业工作难点之一，要做好，重在“三防”（防山林火灾、防乱砍滥伐、防治森林病虫害）。长期以来，森林防火工作坚持贯彻“预防为主”方针。早期针对农村耕作技术落后、生产用火频繁而引发山林火灾的状况，省政府多次严令禁止烧山开垦、烧山肥田、烧山驱兽等违法行为，制订护林防火法规，建立组织、加强领导、统一指挥、严肃处理烧山重案。进入 80 年代，森林防火工作得到进一步加强，各级森林防火机构、扑火队伍和防火设施日趋健全、完善。大力开展“四网二化”（瞭望、通讯、隔离、预测预报网及扑火队伍专业化、灭火机具现代化）建设。至 1998 年，全省已建立防火瞭望台 175 座，拥有电台、传真机 5896 部，省、地、县（林区至乡）的通讯网络已经形成。林区县（市）普遍开展森林火险天气短、中期预测预报。同时修建防火路 3.48 万公里，营造防火林带 9.4 万公里，平均每公顷隔离带达 17.4 米，居全国领先水平。1997 年，全省森林火灾过火发生率、过火率、受害率分别为 2.0 次/10 万公顷、0.16/1000、0.13/1000，有 34 个县（市）实现全年无森林火灾。

在“大跃进”、“文化大革命”期间和 70 年代末期，出现过三次乱砍滥伐森林歪风，波及全省。其主要原因是一些地方领导对乱砍滥伐严重性认识不足、法制不严、打击不力，从局部乱砍引发成风。为防止乱砍滥伐，进入 80 年代，进一步加强法制建设，深入宣传贯彻《森林法》，建立山林管护责任制，组建林业公、检、法执法队伍，开展林区综合治理，对局部引发的乱砍滥伐组织专项斗争，依法查处；加强森林采伐管理，严格实行限额采伐、凭证采伐；加强木材购销和运输管理，治理、整顿木材经营、加工单位，在重点地区由省政府批准设立木竹检查站，负责查处违章运输木材及其制品。对农民自用材和培殖业用材实行统一申请、统一设计、统一审批、统一采伐、统一供应的管理制度，控制森林采伐消耗。1998 年，伐区设计率 100%，发证合格率 97.5%，凭证采伐率 98.5%，超限额采伐消耗量已下降至 176 万立方米。

随着天然林面积减少，杉、松纯林增加，森林病虫害发生呈上升趋势。全省松毛虫发生面积累计达 200 万公顷以上，杉木病害发生面积达 20 万公顷以上。从 60 年代开始，采用白僵菌生物防治取得较好效果。80 年代大规模使用杀虫烟剂、白僵菌，开展引鸟治虫，提高混交林比重，实行综合治理，增强了对逐年北移的松毛虫防治能力，基本做到有虫不成灾。

1998年，森林病虫有效防治率为94.7%，监测率为83.5%，产地检疫率为99%，木、竹调运检疫率达99.5%。

保护、发展珍稀野生动植物资源，是森保工作的又一重点。50年代，曾对建瓯县“万木林”、三明市“格氏栲片林”和南靖县“热带雨林”等具有典型森林生态、特殊保护价值的森林群落，采取永久性封禁措施加以保护。改革开放以来，建立自然保护区工作有了较快发展。目前，全省已建立武夷山、梅花山、龙栖山3个国家级自然保护区和16个省级、28个市县级自然保护区，还建立起37.2处保护小区，森林生态保护总面积达61.4万公顷，占全省土地总面积的4.95%。截至1998年，全省已完成名木古树登记造册和挂牌保护13798株。在占全省土地总面积11%的天然林中，限制采伐珍稀树种，并做好野生动植物基因的异地保护工作。

福建作为南方的重点林区，在计划经济时期，担负着繁重的木材生产调供任务。为了开发利用森林资源，支援国家经济建设，逐步建立起集木材产、运、贮、销、加工为一体的森林工业体系。全省森工企业职工一度多达10万多人，居全省各产业之首。从1950～1998年，林业部门调供省外木材6865.6万立方米，占木材总产量的48.1%。

福建木材加工工业，在新中国成立后着力于改革单一的手工操作和传统的作坊经营。1958年，首先在福州兴建木材综合加工厂，设有制材、箱板、纤维板、刨花板、细木工、木材水解和干燥等设备。在“大跃进”中还创办一批“大土洋”加工厂，不久全部停产下马。70年代，永安、大洲等地先后建成7家硬质纤维板厂。进入80年代，“三板”工业才得到较大发展。1981年，林业部、福建省合资兴建福州人造板厂，从美国引进年产5万立方米中密度纤维板全套设备，这是当时全国较大规模的中密度纤维板厂，于1986年建成投产，1989年达产达标后，企业已连续9年经济效益名列全国同行业第一。1995年荣获全国十家优秀企业(金马奖)殊荣。1996年该厂二期技改工程竣工投产，扩大生产能力5万立方米，当年达产达标。通过抓重点项目、抓骨干企业，加快了技改步伐。80年代初期规划建设的福州、南平、三明、龙岩四大林产工业中心，现已初具规模。1998年，国有和年销售收入500万元以上的非国有林业企业的林产工业产量分别达到：锯材48万立方米、人造板65万立方米、纸72万吨、松香4.55万吨。

新中国成立后，福建林业教育、科技事业有很大发展。50年代创办福建林业中专学校、省林业干部学校和福建林学院；70年代创建省林业技工学校、三明林业学校以及林区地、县创办了一批林业职业大中专班，为福建培养了大批林业专业人材。福建林学院及福建、三明林校培养出本科毕业生6901名、大专毕业生1944名、中专毕业生7890名。目前福建林学院在校生2535名，福建、三明林校在校生2750名，全省已初步形成具有培养高、中级林业技术人材的教育体系，林业职业技术教育渐具规模。

福建林业科技不断取得新进展。从总结推广群众造林育林、森林采运等技术经验开始，进而有计划、有重点地开展林业科研和技术推广工作。1958年福建省林业科学研究所成立。60年代初，省国有洋口林场与南京林学院、省林科所与莱舟林业试验场合作开展林木良种研究试验取得成功。1978年全省林业科技有48项成果获国家、省科学大会奖。

党的十一届三中全会后，依靠科技进步，振兴林业经济，被摆上重要日程。各级林业科技队伍得到充实。目前，基本形成省、地(市)、县、乡四级林业科技推广网络，初步建立林业技术监督体系。近20年来，全省又有310多项科研成果获得国家和部(省)科技进步奖、推广奖，林木良种选育等一批科研成果居国内领先水平。全省科技进步对林业经济增长的贡献率达26.9%，标志着林业科技已发展到一个新的阶段。

1992年，林业部正式批准在南平地区建立全国第一个林业技术开发试验区。南平市政府与中国林科院签订了共建科技兴林试验区的长期合作协议。试验区承担科研项目52项，推广应用项目180个，吸引了1480名科技人员参加试验区建设。几年来，先后建立科技兴林示范点78处，推广面积6.45万公顷，取得一批科研成果，对推动林业发展起到积极作用。

50年来，在省委、省政府的正确领导下，依靠全省人民的共同努力，福建林业生产建设取得长足发展，林业的改革开放获得阶段性成果。但林业的发展还存在不少问题：森林资源总体质量不高，林种树种结构不合理；人工林的集约经营水平不高；森林保护形势仍然严峻；国有森工企业存在战线长、摊子大、负担重的问题，不少企业生产经营仍未走出困境；林业产权制度改革滞后，集体林产权关系不明晰，木材税赋高、收费重、销价低，林业股份分红逐年减少，严重影响林农从事生产经营的积极性。

二、建设重点

(一)实施"三五七"造林绿化工程，造就山川秀美的八闽大地

1989年，福建省委、省政府作出《关于加快造林绿化，大力发展林业的决定》，要求南平、三明、龙岩、厦门四个地(市)在三年内，福州、宁德、莆田、泉州、漳州五地(市)在五年内，基本完成宜林荒山造林任务；七年内实现全省绿化目标(故称"三五七"工程)。为了实现这一宏伟目标，全省掀起"全党动员，全民动手，狠抓七年，绿化八闽"的热潮。经过全省人民的努力，1989～1992年，全省完成人工造林更新124.8万公顷，提前完成宜林荒山造林任务。人工造林更新当年面积核实率、成活合格率和合格面积3年后保存率均在99%以上，连年位居全国第一、二名。据1995年检查验收，当年全省有林地面积达到697.33万公顷，森林覆盖率达57.3%，绿化程度达78.0%。1989～1995年的7年间，每年平均有林地增加28.06万公顷，森林覆盖率提高2.1个百分点，绿化程度提高5.4个百分点。"三五七"造林绿化工程的胜利完成，是福建林业建设史上的一个重大里程碑，为实现全省林业工作重心转移、发展绿色产业、建设林业强省奠定了坚实的基础。

在实施"三五七"造林绿化工程中，各级党政领导思想重视，责任明确。主要领导亲自指挥，逐级签定造林绿化任期目标责任状，一级抓一级、一级促一级，做到领导换届、目标不变，一任接着一任干。各级党政领导挂钩办点、真抓实干、率先垂范，办示范点4046个、造林15.88万公顷。同时，始终重视发动群众、依靠群众，利用各种宣传媒体，动员全社会的力量办林业。鼓励群众投工投劳，对贫困乡、村实行资金倾斜扶持，或免费供应种苗，或发放贴息贷款。增加地方财政对林业的投入。各级林业部门充分发挥职能作用，在规划设计、种苗供应、技术指导、质量把关、检查验收等方面做好工作，先后派出造林绿化工作队达4000多人次。省林业厅派驻各地常驻一年以上的绿化工作组达5批140多人次。7年来，每年都组织造林绿化检查验收、层层把关，发现问题、及时补救，每年检验结果在《福建日报》上公布，为考核各级领导造林绿化责任目标提供依据。实施"三五七"工程，还十分重视和依靠科技，搞好造林。积极推行容器育苗技术，打破春夏季造林常规，实行常年性整地挖穴、常年育苗，多季节造林、补植，重在提高造林成活率和造林质量。同时，坚持"造、封、管、护"并举，巩固发展造林成果。

(二)构筑带、网、片相结合的绿色屏障，促进森林生态的良性发展

福建东南部海岸线长达3300多公里，历史上风沙灾害频繁。东山、平潭等岛屿曾有"一夕风沙涌，田庐尽墟"、"一夜沙埋十八村"的记载。新中国成立后，从治理危害最为严重的流动沙丘入手，从围竿(墙)设障、种草固沙，发展到乔、灌、草并举，营造以木麻黄为主体的沿海基干林带。1958年，东山县委书记谷文昌带领全县人民"上战秃头山，下战飞沙滩"，掀起气势磅礴的治沙造林运动，3年就种下木麻黄沙荒防护林783公顷，营建植树百行的基干林带10公里，公路两旁植满行道树，使岛内初步形成基干林带、农田林网、沙荒片林相配套的"东海绿洲"，有效地制服了风沙危害。

80年代以来，福建沿海防护林建设进入新的发展时期。从单一的树种、林种，向多树种、多林种方向发展；从粗放经营向集约经营方向发展；从单纯行政管理向多种形式责任制方向发展；从一般化的指导向任期目标管理的方向发展。在"绿化八闽"进程中，按照国家统一部署，1988年全面启动沿海防护林体系建设工程。经过10年努力，目前沿海基干林带已基本连接起来，农田林网和山地、沙荒片林也初具规模。临海28个县(市)有林地面积达到150万公顷，森林覆盖率从1989年的8%提高到35%，全面实现绿化达标，构筑起一道抗灾、减灾、防灾的生物防御体系，减灾综合效果达20%以上。沿海防护林体系的建成，使4.85万公顷沙丘披上绿装，扩大耕地2万余公顷，昔日寸草不长的沙荒，如今变成吨粮田、花果园。绿化改善了环境，对吸引外商投资、旅游观光，进一步密切与海外交往合作，推进建设海峡西岸繁荣带，起到了重要作用。

建设沿海防护林体系工程，坚持遵循几项原则：一是坚持以生态效益为主，生态、经济、社会三大效益协调发展；二是坚持"因地制宜，因害设防，合理布局,讲求实效”;三是坚持宜林则林,宜果则果,林果竹一起上,优化林种、树种结构;四是坚持“乔、灌、草”结合,“带、网、片”结合和“造、封、管”结合;五是坚持绿化美化自然景观,改善投资环境,服务改革开放。

(三)推行森林资产化管理,促进森林资源实现良性循环

据森林资源连续清查,1978～1988年间,平均每年森林资源“赤字”量为516.8万立方米,而1988～1998年,森林资源净增量年均为387.5万立方米,生长量大于消耗量,使森林资源消长步入良性循环轨道。森林资源“扭亏为盈”,是全面加强森林“三防”工作、实行森林资产化管理的结果。在实行森林资产化管理方面,主要是做好三项工作:

1. 资源调查

查清森林资源是森林资产化管理的基础。新中国成立后,全省除按国家统一部署开展森林资源一类调(清)查外,还开展了由省统一组织、以县(市)为单位的森林调查3次:即1972年山林普查、1984年和1996年森林资源二类调查。这几次森林调查,都是省里制订实施方案,统一技术要求,组织培训队伍,采用抽样调查与小班调查同时进行,以系统抽样调查控制小班总蓄积量办法,摸清县、乡森林资源状况,为制订林业发展规划和森林经营方案提供依据。1996年开展的第三次调查,其目的任务是:①查清各县(市)各类森林资源面积、蓄积(含国有林场、采育场、经营所和自然保护区)的现状和动态,监测森林资源结构和质量,掌握森林资源消长变化动态规律;②核实人工林保存现状和林业基地建设成效;③优化林种、树种结构,合理划分森林经营类型,落实商品林及生态公益林的范围和经营状况,并确定各类森林经营措施;④确定林业总体发展规划及战略布局,调整各经营单位的年合理采伐量。本着“一查多用”的原则要求,把森林资源调查与商品林、公益林分类经营,与林地、林木管理,与森林资产评估,与林业五大工程布局规划,以及与修订森林经营方案相结合。本次调查于1998年全面完成。

2. 资源建档

为及时掌握森林资源动态,更新森林资源数据,了解林业生产情况,评价森林经营效果,从1978年开始,开展森林资源建档工作。全省110个国有林场和115个国有林业采育场相继于1978年和1984年建立森林资源档案制度,配备专职档案人员,每年对采伐、更新造林、灾害等原因引起变化小班进行调查记载及数据更新。1985年,省林业厅在沙县进行县级森林资源建档试点,1986年全面推广沙县经验,以县(市)为单位,每年进行森林资源变化统计和档案管理工作。1989年以来,坚持每年在12月份进行全省森林资源变化统计和检查档案管理工作,形成了较完整的森林资源档案管理系统,做到资源有档案、每年有数据,为各级领导制定林业生产计划、调整森林经营措施、修订森林采伐限额、考核领导干部提供依据,使之真正起到加强森林资源管理的目的。

3. 资产化管理

森林资产化管理是森林资产管理的一个飞跃,是从计划管理到经济管理、从产品经济到商品经济发展的必由之路。开展森林资产评估是森林资产化管理的一项重要工作。通过资产评估,将促进森林资产的合理流动,正确体现森林资产化的价值量,保障森林资产的保值和增值,维护森林资产所有者的合法权益。随着社会主义市场经济的逐步建立,森林资产的折股联营、出让、转让、抵押、担保、拍卖、林木保险等社会经济活动日趋频繁。为规范森林资产管理,从1990年开始,南平市及所属各县(市)相继成立了森林资产评估中心,负责对林地资源资产、林木资产、林区野生动物、野生植物、微生物和森林环境的资源资产进行评估,分别不同林种、树种、林龄、林地质量、林分生长状况、交通条件,采用不同的计算方法进行资产化估算。同时进行了各种森林资产的占有权、使用权、受益权和处分权的界定工作。为了建立森林资源转让机制,规范森林资源转让行为,福建省人大常委会于1997年7月30日审议通过了《福建省森林资源转让条例》,对森林资产的转让范围、条件、程序、管理权限、资产评估等作了明确规定。建立健全森林资产评估机构,实行森林资产化管理,对加强森林资源管理促进很大。

(四)深化集体林经营体制改革,建立以林业股份合作为主要内容的山林经营新体制

福建省通过林业“三定”,完成山林定权发证工作。在山林总面积中,占90%的山地和80%的林木,确定为村民集体所有,并把其中9.4%的山地划给农民作自留山。林业“三定”后,集体林区山林经营体制改革,进行过多种尝试。当时三明林区通过大量调查,尊重群众意愿,根据林业特点,选择走“分股不分山，分利不分林”、“折股联营，经营承包”的林业股份合作经营模式。全市组建林业股东会（股份公司、股份合作林场）1304个，占全市行政村84%，林地面积达122.33万公顷，占全市山林总面积85.7%。这种林业股份合作制在集体林产权制度上实现了创新，在经营组织形式上有了突破。它将原来集体拥有的森林资产的价值形态折价作股，用股票形式分给应得利益享有者，以拥有股份实现对森林资产的占有权；作为森林整体仍保持生态环境的完整性，采取承包的办法实现规模经营。这样，通过生产承包和劳动投入获取报酬，通过股份分红使股东分享剩条价值，取代公社化后形成的“大集体”分配形式。集体林业由过去传统经营模式演变成林业股份合作制的新型合作经济组织，有力促进林业生产力的发展。1990年三明市率先完成宜林荒山绿化，并建立起商品林基地74.5万公顷。

1988年4月，国务院批准三明市集体林区列入全国农村改革试验区。试验区以山林资源、资产、资金、体制为重点，先后开展区域性、综合性23个项目的改革，取得一批成果。近年来，三明改革试验区针对林业股份合作存在的森林资产权属界定不够明确，林地所有权的股份没有体现，林木资产量化没有完全到位，股东会与行政村体制没有脱开，林木股份分红逐年下降或没有分红，导致林农经营林业积极性不高等弊端，作了深入的试验研究，进一步深化林业股份合作改革。目前已逐步建立起林木管护押金承包，木材收益比例分成，家庭承包经营、利润核定上交，中幼林规范化转让和营林成本阶段收回，林地使用逐年交费等多种改革措施，建立起集体林新经营体制。其基本特征是：稳定林地所有权，放活林木所有权和经营权，实行社会办林业。

为了深化集体林经营体制改革，90年代以来，南平林区不断深化改革措施，全面推行“集体所有，长期承包，明确职责，合理分配”的竹林生产责任制，把大部分竹林承包管理到户，承包期限一般30年不变，极大地调动林农经营积极性。全市27万公顷毛竹基本落实生产责任制后，开始从粗放经营转向集约经营，使竹、笋产量和产值得到较大增长。1998年全市竹业总产值达18亿元，竹林亩均营林产值245元。竹林产值超5000万元的乡（镇）有8个，500万元以上的行政村有68个，竹山收入超万元的农户有8871户。建瓯市1998年竹业总产值8.5亿元，实现税金8034万元，农民人均收入1455元。在深化竹林改革的同时，南平市从1995年以来对集体用材林的体制也进行重大改革。以明晰林木产权为重点，探索了产权重组、“一村多场”、划小经营单位到自然村或村民小组，组建家庭联营林场，实行林木管护押金承包，荒山迹地采用租赁、招标、拍卖等形式，建立起新型林业合作经济组织。截至1998年，全市参与林木产权明晰化改革试点村达130个，面积9.6万公顷，涉及2.7万户，11.6万人口。这项改革得到基层干部、群众认可，他们说：“有了林木产权，才会有经营自主权和产品支配权”，从而激发了育林护林的积极性。

（五）推进国有企业股份制改革，加快林业产业经济的发展步伐

改革开放以来，福建林业工业有了长足发展，初步形成了布局基本合理、综合实力较强的产业体系。“八五”以来，国有林业企业技术改造取得较大进展，引进了一批较先进的设备，有一批企业在技术改造和经营管理方面，上了水平，上了档次。但从总体上看，作为福建发展经济五大支柱之一的林业产业，其工业基础还相当脆弱，还有相当部分国有企业生产经营困难、债务沉重，经营体制不顺、政企权责不清，必须深化改革才能求生存、求发展。

十几年来，林业部门积极探索适应社会主义市场经济体制的企业发展之路，通过抓试点、抓示范，逐步探索和积累改革经验，取得一定成绩。如福州人造板厂投产13年来，坚持走“三改一加强”不断壮大国有资产的路子，抓管理与抓技术并重，促进企业的生产经营，在激烈的市场竞争中经受了考验、站稳了脚跟，实现了规模生产、集约经营，取得了显著的经济效益。创利税3.92亿元，为建厂总投资的4倍，连年取得全国同行业最佳经济效益。又如永安林业（集团）总公司是1992年10月组建的国有林业企业，是永安市实行林业政企分离的试点单位，并作为股份制改革的试点。林业总公司积极探索改革途径，仅用一年时间，于1993年10月就组建成永安林业（集团）股份有限公司，成为福建省首家林业综合性股份制企业。永林公司是以森林资源为主要资产组建起来的，公司拥有固定林业经营区域面积5.4万公顷，活立木蓄积量574.8万立方米，分别占全市的21.3%和26.7%。公司改制成功后，特别是1996年12月永林股票上市，1998年国有资产达到9.06亿元，比成立初期扩增212.4%。公司把定向募集的股金3040万元和企业内部融资1300万元，全部投入到年产3万立方米的薄型中纤板的工程建设。1998年公司实现利税10807万元。1997年，永林集团公司实施大集团、大公司的发展战略，成功地兼并了国家大型国有木材加工企业——三明人造板有限公司，收购永安旅游公司合作兴建的永安大酒店，实现了资本扩张。兼并后永林集团公司注入资金和技改，迅速扩大胶合板、刨花板、塑贴板、甲醛、胶粘剂等产品的生产规模，加上中纤板等产品，成为三明林业产业的龙头企业。

通过学习贯彻党的十五大精神，福建林业企业改革步伐加快。目前在继续抓好永安林业集团、福州人造板厂等一批龙头企业的同时，将积极筹备组建国有林场集团和以松香类产品为主的林化集团。同时，对大批中小型林业企业，将采取股份合作制，或实行承包、租赁拍卖、破产等形式，进行改组、改造，实现减员增效，建立政企分离，减轻负担，企业自主经营、自负盈亏的新机制。

三、发展前景

1995年，福建省实现绿化八闽大地的宏伟目标后，在当年10月召开的中共福建省第六次代表大会上，决定把林业产业列为全省重点培育的五大支柱产业之一。同年11月，福建省委、省政府召开全省林业工作会议，对绿化达标后福建林业发展新的目标、基本思路和政策措施作了全面部署。12月又作出《巩固绿化成果，发展绿色产业，建设林业强省》的决定。这些决策被列入《福建省国民经济和社会发展"九五"计划和2010年远景目标纲要》，推动林业迈向一个新的台阶。

"九五"期间至2010年，福建林业发展的基本思路是：围绕实现可持续发展战略，以林业分类经营为突破口，加快建立比较完备的林业生态和比较发达的林业产业两大体系，大力实施沿海防护林体系、生物多样性、速生丰产用材林、竹业和名特优经济林、林产工业等五大工程，进一步提高造林绿化和林业产业化水平，努力把福建建设成为生态环境优美、资源永续利用、科教兴林先进、绿色产业发达、林业实力雄厚的林业强省。

全面实施"林业强省"发展战略，着力建设集社会效益、经济效益、生态效益于一体的现代林业生产体系。到2010年的规划指标是：全省有林地面积达到730万公顷以上；森林覆盖率提高到61%，继续保持全国首位；活立木蓄积量达到4.3亿立方米；木材年产量达到1100万立方米，人造板150万立方米，松香20万吨，木浆造纸140万吨；木材、竹材综合利用率分别达到70%、80%，全省林业产值达1200亿元，林产业支柱地位得到巩固和加强。

实现林业产业"九五"计划和2010年发展规划必须做到：大力提高对林业在生态环境建设和国民经济发展中的重要地位的认识，继续动员全社会力量办林业；深化集体林经营体制改革和加快国有林业企业改革，建立现代企业制度；实行林业扶持政策，增加林业投入；加强林业法制建设，实行依法治林；制定林业产业政策，不断优化产业结构；转变经济增长方式，提高林业综合经济实力；扩大对外开放，加速外向型林业经济发展；实施科教兴林，不断增强林业发展支撑力度。（执笔人：陈成农）

改革奋进中的江西林业

——江西省林业建设50年

江西省林业厅

江西地处长江中下游南岸，东南西三面环山，北濒长江，中部散布着几个盆地，形成南高北低，周高中低，朝北开口的地形地势。境内赣江、抚河、信江、饶河、修水五条河流分别从南、东、西三面汇入我国最大的淡水湖——鄱阳湖，湖口注入长江，形成一个完整的鄱阳湖水系。全省属中亚热带季风性气候，温暖湿润，年平均气温16.3～19.7℃，平均日照时数1489～2086时，平均降水量1341～1934毫米。

优越的自然条件，孕育着极为丰富的生物资源。全省植被大致可分为常绿阔叶林、常绿落叶混交林、夏绿阔叶林、竹林、暖性针阔混交林、暖性针叶林、山顶矮林7个基本类型。有木本植物2000余种，全国特有木本属中，江西有19属。主要树种为樟、楠、檫、栎、槠、栲、木荷、枫香、拟赤杨、杉木、马尾松、毛竹、油茶、油桐等。据1996年森林资源清查统计，全省有林业用地1045.32万公顷，占全省土地总面积的62.6%。其中有林地889.78万公顷，疏林地44.17万公顷，灌木林地21.76万公顷，未成林造林地21.12万公顷，无林地68.49万公顷。在有林地中，用材林590.2万公顷，占66.3%；防护林35.2万公顷，占4.0%；薪炭林60.81万公顷，占6.8%；经济林136.35万公顷，占15.3%；竹林62.73万公顷，占7.1%；特用林4.48万公顷，占0.5%。全省活立木总蓄积量27695.69万立方米，毛竹10.85亿株，森林覆盖率达53.3%。

（一）

50年沧桑，50年巨变。新中国成立后，特别是改革开放以来，江西省委、省政府始终把发展林业置于全省社会经济发展的大局来部署，先后提出了"画好山水画"、"山江湖综合治理"、"在山上再造一个江西"等林业发展的重大战略决策。经过全省人民群众和林业职工的艰苦努力，基本消灭宜林荒山，从根本上扭转了长期以来森林资源持续下降的局面，实现了森林面积和蓄积量的双增长，一举跨入了全国造林绿化的先进行列。

——造林绿化取得了历史性的重大成果。截至1997年，全省累计人工造林保存面积达300多万公顷，其中1989～1994年"灭荒"造林大会战期间完成201.1万公顷。1991年扭转了长期以来森林资源持续下降的局面，实现了森林面积和蓄积量的双增长。1994年完成了《全国造林绿化规划纲要》规定的任务，被党中央、国务院授予"实现荒山造林绿化规划省"的光荣称号。1995年又提出了"在山上再造一个江西"的林业发展战略，开始实施"山上再造"工程，使造林绿化事业继续保持了良好的发展势头。根据1996年森林资源清查统计，全省平均每年净增有林地面积23.2万公顷、活立木蓄积量650多万立方米、森林覆盖率提高1.39个百分点。

——森林资源保护管理体系初步建立。新中国成立以来，江西省先后制定了《江西省森林防火条例》、《江西省森林病虫害防治办法》等16个地方性法规和规章，与《森林法》、《野生动物保护法》等国家林业法律、法规相配套，基本形成了比较完整的林业法律法规体系。与此同时，林业执法队伍逐步健全。省地县乡均设有林政管理执法队伍，现有林业公安机构411个，干警2700余人；木材检查站261个，检查人员2390人；自然保护区55处，保护小区3000多个，森林公园51个，保护总面积达46.7万公顷；森林防火办事机构125个，专职工作人员570人，各类扑火队4440个，队员14.2万人；基层乡(镇)林业工作站1160个，工作人员6056人；森林病虫害防治检疫机构108个，人员1700余人。

——生态林业工程建设成绩斐然。自80年代末以来，江西省先后实施了长江中上游防护林体系建设工程(简称“长防林”工程)、平原绿化工程、防沙治沙工程、兴林抑螺工程、京九绿色长廊工程、中德合作江西造林项目等一批国家生态林业工程，并取得了良好的生态效益、社会效益和经济效益。到目前为止，“长防林”工程完成营造林130.25万公顷，为国家下达计划的3倍，已有瑞金、广丰等6个县通过了国家达标验收，1998年又有于都等9个县(市)申报国家达标验收；进贤县的林业部综合防治血吸虫病试点工作已通过国家验收；21个平原县(市)已有11个通过了国家平原绿化达标验收，其余10个也将在今后两年内全面完成工程建设任务；防沙治沙工程已完成沙化土壤治理面积3.10万公顷；京九绿色长廊完成建设任务10.41万公顷，中德合作江西造林项目已于1998年正式启动实施。

——商品林业基地建设成效显著。从1990年以来，江西先后启动实施了世行贷款“国家造林项目”等8个集约经营的商品林业项目。目前，世行贷款“国家造林项目”已经竣工，建成高标准速生丰产林基地12.59万公顷；世行贷款“森林资源发展和保护项目”已完成造林5.33万公顷；部省联营速生丰产林基地建设项目完成造林3.33万公顷；油茶低改项目完成3.83万公顷，辐射面积达27万多公顷。以这些重点商品林业项目为依托，全省已建成各类商品林业基地342.94万公顷，其中人工用材林和工业原料林基地181.2万公顷，封、造、改结合丰产林基地60万公顷，毛竹丰产林基地37.73万公顷，油茶丰产林基地26.07万公顷，果木林基地28.67万公顷，其它经济林基地9.27万公顷。

——林业产业稳步发展。经过数十年的努力，江西省林业已由新中国成立初落后、封闭、单一的小农经济，逐步发展成为一个集资源培育、基地建设、采伐运输、林产加工和第三产业于一体的综合性大产业。全省现有林产工业企业3000余家，其中人造板企业221家，年生产能力85.45万立方米；松香加工企业138家，年生产能力13.38万吨；活性炭企业35家，年生产能力2.42万吨。1998年全省实现林业总产值113.76亿元，其中第一产业67.56亿元，第二产业40.23亿元，第三产业3.96亿元。

——科教兴林成果丰硕。林业科研推广体系逐步完善。全省已建立地市级以上林业科研机构9个，县级以上林业科研推广机构102个，专门从事推广工作的林业科技人员1500多人。有林学院1所，中等林业学校2所，林业技校1所，在校学生4500余人。新中国成立后，累计培养林业建设人才近2万人；取得林业科研成果400多项，其中国家和省部级科技进步奖159项。建立科研试验示范基地46.67万公顷，容器育苗技术、ABT生根粉应用技术和杉木、毛竹、油茶丰产技术等一批重点科研成果得到广泛推广，创造了显著的效益。

（二）

50年来，江西省把党的路线、方针、政策同江西的省情林情相结合，创造了林业建设史上一个又一个奇迹。尤为重要的是，通过长期实践，探索和总结了一套既适应社会主义市场经济发展要求又符合江西实际的林业工作思路和工作措施。

江西林业工作的思路可以简要地概括为四句话：一是在工作定位上，从江西是一个山区省、老区省、林业省的实际出发，把林业建设置于经济和社会发展的全局来研究，并与发展地方经济、增加群众收入紧密结合，充分调动各方面的积极性，形成强大的动力机制。二是在指导思想上，从林业既是一项重要的基础产业又是社会公益事业的特点出发，根据可持续发展的要求，用大林业思想指导林业建设，努力谋求三大效益的统一，实现经济建设与环境建设的同步发展。三是在发展战略上，按照统一规划、分步实施、稳中求进的原则，根据林业发展各阶段的不同特点，制定相应的建设目标，“一年一个重点，一仗一仗地打”。四是在工作方针上，坚持“全社会办林业，全民搞绿化”的方针，实行“谁开发，谁受益”的政策，引导和组织社会各方面力量参与林业建设。在林业生产具体实践中，江西的林业建设者创造了许多宝贵的经验：

——把林业建设摆上党委和政府的重要议事日程。江西是一个山区省份，山地面积占土地总面积的62.9%，山地是江西最具优势的自然资源。江西农村经济发展的潜力在山，农民群众脱贫致富的希望在山。但是，由于自然条件限制和历史原因，山区经济仍然是全省经济发展中一个突出的薄弱环节。本世纪末实现小康目标，重点在山区，难点也在山区。正是基于这一认识，江西省委、省政府对林业工作一直十分重视，始终把林业建设置于全省经济和社会发展的大局来研究，摆上重要工作位置。“一五”期间，江西省委提出了“从1956年开始，10年内营造森林5000万亩，达到全省范围内消灭荒山，全面绿化”的奋斗目标，掀起了全省大规模的造林绿化热潮。这一规划后来由于“左”的干扰未能如期实现。1962年省委、省政府又发出了《关于加强领导，发动群众，植树造林，绿化全省的指示》，要求“全党动员，全民动手，在全省范围内开展一个既轰轰烈烈，又扎扎实实的植树造林运动，争取在10～15年的时间内，把全省一切宜林荒山、荒地都栽起树来，实现绿化全省的光荣任务。”改革开放后，江西林业建设进入了一个崭新的发展阶段。1981年开始开展林业“三定”工作，落实林业生产责任制。1982年2月，省五届人大常委会第十次会议通过了《关于开展全民义务植树运动的若干规定》，成立了江西省绿化委员会。特别是80年代中期以来，省委、省政府多次组织调查论证，召开专门工作会议，研究林业发展问题，提出了一系列林业发展战略。此后，省委、省政府虽然主要领导几经换届，但抓林业工作的决心和信心没有改变。根据江西经济和林业发展的状况，省委、省政府先后于1985年提出“画好山水画”的造林绿化要求，并于1989年启动实施了“山江湖综合治理”工程，作出了《关于动员全省人民搞好造林绿化工作的决定》，从而打响了6年造林201.1万公顷的“灭荒”大战。消灭宜林荒山后，又于1995年作出了“在山上再造一个江西”的战略决策，把林业建设推向以提高生态效益为中心的新阶段。与此同时，省委、省政府每年都召开一次全省林业工作会议，专门研究解决林业发展中遇到的重大问题。用江西决策者的话来说，江西林业已经“从台下请到了台上，从偏座请进了雅座。”

——把林业发展的目标任务落实到各级领导干部的肩上。江西省委于1986年发出号召，要求“一任书记绿化一座山头”，省委、省政府主要领导身先士卒，以身作则，在新建县创办了一个1000公顷的绿化点，从此领导干部创办造林绿化示范点就形成了制度。到1995年止，全省共建立领导干部绿化点6583个，绿化荒山37.5万公顷、公路777.1公里，其中县级以上领导办点682个，面积9.2万公顷。1989年8月，省政府又与各地市行署和政府签订了领导干部造林绿化和保护森林目标责任状。各地、市、县、乡也纷纷效仿，一级对一级签订责任状，把林业建设纳入政府年度工作目标进行考核，使林业建设的责任落实到了各级政府领导的肩上，成为考察各级领导干部特别是县乡两级领导干部领导水平和工作政绩的一项重要内容。1992年，省委、省政府又在调整目标的基础上，给各地下达了林业建设责任目标。1996年，再次给各地市下达了“在山上再造一个江西”任务书(1996～2000年)并制定了严格的考核和奖罚办法，每年一考核，严格兑现奖惩。凡领导有方、工作扎实、成绩显著的，给予表彰和重奖；凡工作进展缓慢、任务欠帐太多的，视情节轻重给予通报批评。1998年，根据党中央、国务院关于灾后重建、根治水患“32字方针”要求，省委、省政府作出了实施“跨世纪绿色工程”的重大决策，提出用10～15年时间在全省初步建立比较完备的林业生态体系和比较发达的林业产业体系，并将建设任务分解下达各地(市)县。这一系列重大举措，抓住了领导干部这个关键，保证了各项政策措施的贯彻落实和各项任务的完成，取得了十分显著的效果。

——动员和组织全社会力量参与林业建设。在集体林区，农民群众是林业建设的主力军。根据这一实际，江西始终把宣传工作作为林业建设的第一道工序来抓，充分利用各种宣传工具，采取多种宣传方式，大造宣传声势，形成全社会谈林业、议林业、关心林业、支持和参与林业建设的大气候。一是广泛宣传林业建设的重大意义，增强各级领导和人民群众的责任感、使命感和紧迫感，使支持和参与林业建设真正成为他们的自觉行动。二是广泛宣传林业建设中涌现出来的先进典型和成功经验，充分调动各方面的积极性，引导和促进生产要素向林业流转。在每年秋冬整地季节到次年的植树节前，新闻媒介都要突出条目、突出版面，集中时间宣传林业，开展林业整地突击月、植树造林宣传月等专题活动。在强大的宣传推动下，社会各方面造林绿化活动蓬勃开展，公路、铁路、水利、城建等部门各负其责，部队、共青团、工会、妇联积极参与，营建起一片片水保林、民兵林、青年林、"三八"林，全社会办林业的氛围逐步形成。尤其值得一提的是，个体林业专业户异军突起，已经成为新时期林业建设的一支重要力量。据调查，仅上饶地区就有个体林业专业户3000余家，经营面积1.7万公顷。

——大办国有林场。新中国成立后，江西积极发展国有林业。至1957年8月，全省国营林场发展到32个、森林经营所10个，经营山林面积34.2万公顷。1957年12月，省政府发出《关于建立社会主义林业基地——国营林、牧、农综合垦殖场的指示》，全省5万名干部响应号召，上山下乡建立150多个首批国营综合垦殖场。从此所有国营林场并入垦殖场。从60年代起，开始创办采育林场，转变森工企业只采伐不造林的经营模式，同时开始恢复和新建国营营林林场。到60年代末，全省林业"三场"发展到500多个。进入80年代，国有林业更加蓬勃发展。到目前为止，全省已建成国营营林林场221个，采育林场219个，综合垦殖场141个；经营山林180多万公顷，活立木蓄积近7000万立方米，毛竹3亿多株；国有林场经营总面积和蓄积总量分别占全省林业用地面积的六分之一和活立木蓄积量的四分之一。以国有林场为依托，全省已建立森林公园51个，经营面积20多万公顷，其中国家级森林公园9个，省级森林公园42个。目前，国有林业已经成为江西林业的骨干和龙头。大多数国有林场已经成为重要的商品林业基地，相当一批国有林场已经成为所在地方财政收入的大户，为国民经济和社会发展作出了重要贡献。在国有林场的示范和带动下，全省还建立了13 000个乡村集体林场。

联营造林是江西国有林场发展壮大的一条重要途径。这种经营形式始于60年代。1965年，宜春地区利用集体的大片荒山，由国家投资创办了金化、安新两个合作林场，实行"国社合营，收益分成"。林业"三定"以后，"集体出山，国家出钱，林场造林，山权不变，林权归场，收益分成，立约公证"的国乡联营经营，有效地实现了山地所有权和经营权的分离，推进了山地、劳力、资金、技术等生产要素的优化配置，解决了林业生产中"国有林场有资金和技术却没有山场，集体农户有山场却没有资金和技术"等问题，在实践中得到迅速推广。至1990年，全省以国有林场（包括国营营林林场、采育林场和综合垦殖场）为依托的联营造林达37.6万公顷。1984～1995年，全省仅国营营林林场就由97个发展到218个，经营面积由38.5万公顷扩大到82.9万公顷，林场数和经营面积都增加了一倍，其中联营面积达32.9万公顷，占林场总面积的39.7%。

——探索发展林业与群众脱贫致富相结合的新路子，调动广大群众发展林业的积极性。90年代初，安远县一大批有见识的林农逐步从单纯的种养业和传统的林木资源培育，转向林、果、牧、渔相结合，走立体开发、规模经营的路子，取得了很好的经济效益。他们的实践，在当地群众中引起了很大的反响。经过深入调查和认真总结，安远的决策者们把这种经营模式定名为"林业庄园"，并作出了大力发展林业庄园的决定，规范和统一了林业庄园模式的基本标准：山上有林子，面积6.7公顷以上；山中有园子（果园、竹园、药园、茶园、花园），面积1.33公顷以上；山下有水面（养鱼、鸭、鹅），面积0.33公顷以上；园内有养殖场（饲养野生动物、家畜、家禽），规模100平方米以上；年产值达到2万元；且必须办理工商执照，有牌子和管理场房。与此同时，还成立了专门的指导服务机构，制定了一系列"兴园富民"措施，在资金投入、科技指导、项目安排等方面给予政策倾斜。到1996年底，该县已兴办了以山为主、一山多用、种养结合、立体开发的林业庄园5659个，经营山林13万公顷、果园1万公顷、养殖水面1000多公顷。安远县林业庄园适应了市场经济的客观要求，符合林业自身发展规律，使林业生产由单一的"木头型"转化为综合开发、多种经营；由分散经营、粗放管理转化为规模开发、集约经营，提高了山地开发的整体效益，代表了林业发展的方向，表现出强大的生命力，在江西全省得以广泛推广。

实施"猪沼果"工程，是江西省发展林业的又一个新创举，它包括三个基本要素：猪圈、沼气池和果园。经营者通过养猪，既解决了燃气和照明，又解决了果园基肥，可谓一举多得。然而，更为重要的是，沼气池的建立，降低了燃柴消耗，减轻了森林资源的压力，促进了森林资源的持续发展。"猪沼果"工程这一生态农业模式，70年代起源于赣南，经过从探索到成熟、从试点到规模、从徘徊到快速、从单一到综合的发展历程，90年代得以推广和发展。赣州地区“八五”期间建设沼气池4.15万个，是“七五”期间的3.6倍；“九五”前三年基本保持每年10万个的发展速度，全区现有沼气池40多万个。

从江西的实践看，“猪沼果”工程功不可没。第一，带动了农村能源革命。沼气用户照明不用电，做饭不烧柴，缓解了农村能源供需矛盾，减轻了森林资源的压力。第二，推进了农业产业化进程。兴建一个沼气池，带动一圈猪（禽）、一园果、一垅田、一塘鱼，形成生物、能量循环链，优化了产业结构，实现了传统农业向现代农业的转变。第三，创造了显著的经济效益。据调查，一户“121”示范户（户建一个沼气池，人平出栏二头猪，人均种好一亩果）每年可以增加养殖业和果业等直接经济收入4000多元，节约饲料、用电、化肥、农药等费用3000多元。第四，促进了农村的精神文明建设。发展民用沼气，使农民告别了传统的生产生活方式，提高了农民的科技意识，彻底改善了农村的环境卫生状况，大大改变了人民群众的精神面貌。兴国县幽雅村小组56户农户，达到“户均六个一”（即每户一个池、一园果、一栏猪、一塘鱼、一口卫生井、一间卫生间），1995年人均纯收入达到3500元，成为远近闻名的卫生村、富裕村、文明村。

——建立自然保护小区，探索公益林经营管理新模式。80年代末，在中国科学院有关专家的启发下，婺源县以村庄周围的水口林、风景林、水库周围的水土保持林、河流源头和两岸的水源涵养林以及其他天然阔叶林为主要对象，着手研究和建立符合南方集体林区特点的自然保护小区，并作为国家和省级自然保护区的延伸和补充，实行保护性经营。这实际上是公益林经营的雏形。目前，在林业部门的统一规划下，采取自建、自管、自受益的原则，该县已建立自然保护小区188处，面积达2.4万公顷，约占全县总面积的8%。这些经过科学规划、布局合理、功能明确、管理规范、星罗棋布的自然保护小区，与灵岩洞国家级森林公园一起，构成了婺源县生态公益林体系的基本框架，有效地维护着该县的自然生态环境，对该县经济发展起到了十分重要的促进作用。由于这一成就，婺源县于1993年荣获世界发明协会颁发的“维也纳发明奖”和联合国颁发的“国际科学与和平贡献奖”。这种自然保护小区因地制宜，在南方集体林区具有十分重要的现实意义和推广价值。江西抓住婺源的这一突破，在总结完善的基础上，把它作为当前经济条件下公益林经营的一种主要形式大力推广。目前已建立自然保护小区3000多个，并在婺源、安远等县建立了公益林保护和发展基金。安远县规定的基金来源渠道主要有：县财政收入的1%；水土保持投资的50%；森林公园门票收入的10%；矿产销售收入的1%；每度电提取0.01元；每吨水提取0.01元。

（三）

展望未来，江西人民信心百倍。

基本消灭宜林荒山之后，为把林业工作的重点转移到提高效益上来，按照分类经营的工作思路，江西省委、省政府于1995年3月作出了“在山上再造一个江西”的战略决策，提出了21世纪前十年江西林业发展的奋斗目标。根据党中央、国务院关于生态环境建设的一系列战略部署和江西林业的实际，在“山上再造”工程的基础上，江西省委、省政府于1998年11月作出了实施“跨世纪绿色工程”的决策，规划用10～15年在全省初步建立起比较完备的林业生态体系和比较发达的林业产业体系。这是当前和今后一个时期江西林业工作的中心任务。

“跨世纪绿色工程”是经济建设与环境建设相结合的一项社会系统工程，既是一项经济工程，又是一项生态工程。其核心内容是，以森林资源培育为基础，以生态环境建设为重点，按照林业经济体制和经济增长方式转变的要求，大力推进和深化林业分类经营，着力提高森林资源的质量和综合效益，加快“林业两大体系”建设，实现生态效益、社会效益和经济效益的同步发展。

整个工程分阶段实施。第一阶段的总体目标是：到2003年，全省森林覆盖率达到56%，活立木蓄积量达到3亿立方米，城镇绿化率提高到30%，控制水土流失190万公顷，初步形成比较完备的林业生态体系和比较发达的林业产业体系的基本框架。第一阶段的基本任务包括以下三个方面：

(1)建设鄱阳湖水系生态防护林体系工程。在赣、抚、信、饶、修五大河流及其主要支流的源头和两岸、主要交通干线两侧、大中型水库、鄱阳湖和城镇周围以及其他生态需求突出地区，采取封山植树等措施，恢复林草植被，初步建成结构比较合理、功能比较完备的生态防护林体系框架，使鄱阳湖水系的生态环境有一个较大改观，从根本上提高防灾减灾能力，为江西省及长江中下游地区的经济和社会发展提供良好的生态保障。主要内容包括：封山育林133.3万公顷，退耕还林14万公顷，保护天然林246.7万公顷，改造人工针叶林66.7万公顷。

(2)建设商品林业基地。在立地条件较好、对生态环境不构成显著影响的地区，以改造现有低产林为重点，大力发展速生丰产林、工业原料林、名特优新经济林等商品林业。根据市场和产业发展需求组织生产，实行定向培育、集约经营，建设高效益的商品林业基地67.3万公顷，提高林业生产的经济效益。其中速生丰产用材林和工业原料林基地16.7万公顷，竹林基地26.7万公顷，薪炭林基地4万公顷，名特优新经济林基地20万公顷。

(3)综合开发森林资源。依托山区的土地、林木、野生动物、矿藏、水文、气候和自然景观等森林资源优势，因地制宜，拓宽产业发展领域，大力发展森林旅游、森林食品、花卉、水电、木本粮油、森林药材和森林蔬菜等新兴产业和前沿产业。根据国家的产业政策和当地的产业基础，大力调整产业结构，发展林产品精深加工，延长产业链，开发创汇产品，实现森林资源的多次加工增值，提高林业经营的规模化、集约化和组织化程度，提高产业整体素质和经济效益。总的要求是，以森林资源的综合开发利用为突破口，推动林业产业快速发展，把林业培育成全省农村经济的主要增长点和山区群众的重要增收点。

为切实抓好这一工程的实施，江西提出了在实施过程中应遵循的五条原则：一是效益优先的原则。在兼顾中长期利益合理安排、谋求三大效益最佳结合的同时，特别突出经济效益这个中心。二是与农民群众脱贫致富相结合的原则。把“跨世纪绿色工程”与扶贫开发紧密地结合起来，使之成为山区、老区、贫困地区农民群众的温饱攻坚工程和小康工程。三是可持续发展的原则。坚持“保护和开发并重”的工作方针，正确处理当前利益与长远发展的关系，努力探索一条既培育资源和保护环境，又促进林业产业高速发展的路子，确保林业可持续发展。四是分类经营的原则。把林业分类经营作为实施“跨世纪绿色工程”的基础和前提，贯穿于工程建设的始终。五是科技兴林的原则。将“跨世纪绿色工程”的着力点放在依靠科技进步和提高劳动者素质上，努力推进山区开发向集约型和效益型转变。

今后，江西林业将进一步完善各项政策措施，努力推进“跨世纪绿色工程”的实施。一是以“长防林”为龙头，努力加快以平原绿化、京九绿色长廊、治沙工程等国家和省林业生态工程为主体，以庐山、井冈山、梅岭等国家级、省级自然保护区和森林公园为核心的鄱阳湖水系生态防护林体系工程建设。二是按照“巩固提高第一产业，加快发展和优化第二产业，积极拓宽第三产业”的工作思路，大力调整林种、树种结构和产业结构，综合开发山区资源，发展特色林业；实行择优扶强战略，培育龙头企业，扶持主导产业，着力发展林业产业。三是按照“两个根本性转变”的要求，大力推进以林业分类经营、国有场圃和林业企业经营机制转换以及山地经营权有偿流转为重点的林业改革，活化林业经营机制，充分调动林业经营者的积极性。（执笔人：钟世富）

向林业现代化迈进

——山东省林业建设50年

山东省林业厅

山东,地处祖国东部沿海,黄河下游,古为齐鲁之邦,孔孟之乡,是中华民族古老文明的发祥地之一。山东现有人口8700多万,总面积15.67万平方公里,境内地形复杂,地貌多样,其中山区面积53 397平方公里,平原97 920平方公里,河流湖泊1683平方公里,大陆海岸线3024公里。山东为暖温带季风气候,降水集中,气候温和,光照充足。复杂多样的自然环境,孕育了丰富的动植物资源,形成了暖温带阔叶林区的自然风貌。

前进的历程 卓越的成就

在人们的印象里,昔日的山东是个无林可言的省份。新中国成立初期,全省仅有残次林30万公顷,山区童山荒芜,平原一望无树,森林覆盖率不足2%。如今再到山东,谁也难以相信面前这块绿意盎然、殷实富足、风光秀丽的土地,在过去却是旱、涝、风、沙、碱灾害频繁,人民生活流离失所的灾难之地。

山东林业虽历经挫折,但经过几次大的发展,逐步走上了增资源、增活力、增效益,绿起来、活起来、富起来的发展道路。新中国成立初期,各级人民政府即发动群众以山区为重点进行封山育林、造林,采取了国营、集体和个人造林并举的多种造林形式。由于权属明确,形式多样,调动了多方面的积极性,林业生产恢复很快,到1952年,全省林地面积已增加到40.3万公顷。50年代,开始了大规模的沿海防风固沙林建设和鲁西黄泛平原的治沙造林,基本构筑起了沿海防护林带框架,鲁西地区的流动沙丘也开始得到治理。同时,山区植树造林、封山育林也开始有了一定的发展。70年代,山东平原林业开始崛起,有计划、大规模的网、带、片、点相结合的平原绿化体系建设在全省展开。80年代,通过深化改革、调整结构,山东林业走出了“两个基地、四个体系”的建设道路,即建设速生丰产林和经济林两个生产基地,建设山区绿化、平原绿化、沿海绿化、城镇绿化四个体系。特别是1988年省长与各市(地)市长、专员签订了为期5年的绿化目标责任状,全面吹响了向宜林荒山荒滩进军的号角,各级领导纷纷兴办造林绿化点,带领群众开展造林绿化活动。1991年省委、省政府作出了《关于学习广东奋战十年绿化山东的决定》,提出:“八五”栽上树,“九五”完善提高,10年绿化山东,到本世纪末森林覆盖率达到25%的奋斗目标。全省先后实施了沂蒙山区综合防护林、济南保泉绿化、造林治沙、平原绿化、沿海防护林体系建设等大规模的造林绿化工程。山东人民决战“八五”,全党动手、全民动员,大打植树造林攻坚战。1989～1994年,全省成片造林140多万公顷,于1994年通过了林业部的验收,平原绿化全面达到部颁标准,沿海防护林基干林带基本合拢。1995年以来,山东全面推进林业的两个根本性转变,实施林业产业化,发展林业经济又迈出新步伐。

当前,全省林业正按照省委、省政府和国家林业局的总体部署,以建立比较完备的林业生态体系和比较发达的林业产业体系为目标,大力组织实施“二四八八十”工程,即建设优质经济林、速生丰产林两大基地，完善山区、平原、沿海、城镇四大绿化体系，实施沂蒙山区综合防护林、济南保泉绿化等八大生态防护林建设工程，建立杨树、泡桐、苹果、枣、板栗、银杏、花卉八大林产品开发示范区，重点扶持发展山东金鑫集团、莱芜林工商公司等十大龙头企业，实现林业的持续快速健康发展。

经过几十年的努力，一是森林资源显著增加。据全省第五次森林资源清查，有林地面积达到 191.4 万公顷，林木蓄积量达到 6022 万立方米，森林覆盖率达到 17.26%。二是林业经济显著提高。高产优质高效林业的发展和林业产业化的实施，搞活了林业经济，增强了林业的发展后劲。1996 年全省林业社会总产值达到 400 多亿元，其中林业部门社会总产值达到 221 亿元。

培育林果基地　建设高效林业

把林业的发展与群众脱贫致富奔小康结合起来，为群众建立一个稳定的经济收入来源基地，是山东林业发展的重要特点之一。

山东人民自古以来重农桑、善林果、好园艺，经济林生产有着传统的栽培优势。烟台苹果、莱阳茌梨、肥城佛桃、泰安板栗等许多名特优果品驰名中外。党的十一届三中全会以后，山东省的改革开放步伐进一步加快，商品经济迅速发展，国内外市场随之扩大。市场扩大，一方面给各类果品的销售打开了门路，另一方面又向果品生产提出了更高的要求。为了加速全省经济林的发展，早在 80 年代初期，山东各级党委和政府从农村改革迈出第一步起，就把经济林的生产建设摆到了优先放开、优先扶持、优先发展的地位，先后采取了一系列重大措施。

——1982 年，省委在五莲县召开了山区建设工作会议，推广了五莲县开发荒山，发展林果生产的经验，要求山区各级党委和政府实行工作重点的转移，把林果生产列入重要议事日程。随之，在山区兴起了经济林热。

——1988 年，省长姜春云与各市(地)的市长、专员签订为期五年的绿化责任状，其中规定到 1992 年新建果园 14 万公顷，年产果品 26 亿公斤。这次责任状的签订，不仅为经济林的发展提供了领导保证，而且明确了目标和责任。

——1991 年 4 月，山东省委、省政府作出《关于学习广东奋战十年绿化山东的决定》，确定建设名特优经济林基地 20 万公顷，同时决定把征收的木材、果品育林费全部用于培育林果资源上，为林果业的发展增强了后劲。

有了这样的好形势、好政策，山东经济林建设便有了突飞猛进的发展。从 1978 年以来，"葡萄热"、"山楂热"、"板栗热"、"苹果热"、"银杏热"等一次次的经济林发展热潮席卷齐鲁大地，全省经济林栽培面积每年平均以 5 万公顷的速度递增，果品总产量以每年 1.3 亿公斤的速度增长，1991 年达到 32 亿公斤，比十几年前高出一倍多。

为使经济林生产步入健康、高效、持续发展之路，山东把经济林作为振兴农村经济的支柱产业，强化了领导示范、宏观调控、结构调整、科技服务、集约经营等各种措施。

1996 年初，省主管领导倡导建立领导干部经济林示范园，并率先在全省创建了 6 处高标准示范园，随之全省县级以上政府主要负责人和分管负责人都建立了自己的经济林示范园。全省共建领导示范园 295 处，面积 2240 多公顷，示范园科技进步因素在生产中的比重达 50%以上，成为名优品种的繁育园、先进科技的推广园、规范管理的辐射园、培训果农的样板园。

根据专业化、基地化、规模化的要求，在经济林发展中力求突出地方特色，打好优势仗，大搞规模开发，培育经济林基地。地处沂蒙山区的莒南县以生态经济学理论为指导，坚持山区综合治理、规模开发，大力建设以板栗为主的山上第二粮油基地，收到明显的成效。全县已发展板栗 25 万株，成为全国干果高产优质示范基地县。地处鲁西北平原的德州市大力实施"红枣工程"，已栽植枣树 3000 万株，年产干枣 7 亿公斤，成为全国重要的红枣生产基地。全省已基本形成了胶东丘陵地区以苹果、梨、大樱桃为主的生产基地；泰沂山区以板栗、核桃、花椒、桑蚕为主的生产基地；鲁东南以银杏为主的生产基地；鲁西北以小枣、鸭梨为主的生产基地。

针对经济林发展的盲目性倾向，及时搞好宏观调控，进行结构调整。本着经济林生产要稳定面积、调整结构、实施名牌战略的发展方针，全省近几年适当控制了水果的发展，重点加强了荒山荒地和梯田地堰等非耕地资源的开发利用，大力发展木本干杂果；平原地区结合平原绿化体系的建设，发展枣粮间作、银(杏)粮间作、银杏林网化等，建设平原地区经济林生产基地。全省在稳定100多万公顷水果的基础上，干杂果面积发展到现在的50.6万公顷，枣粮间作、银粮间作等达24.6万公顷。

在树种结构调整上，发挥自身优势，突出发展名特优新稀良种。胶东半岛是驰名中外的苹果生产区，昔日的青香蕉、小国光、红星等产量低、质量差的传统栽培品种几乎不见了，新引种的红富士、乔纳金、新红星等优良品种成了花果之乡的“第二代主人”。有“红富士苹果之乡”美誉的招远市，借其知名度高的优势大做文章，以优取胜，使人均果品年收入达到1200元，占到农民人均收入的一半以上。“八五”期间，全省通过各种渠道先后从国外引进苹果、梨、桃等新品种100多个，引进无病毒砧木良种40余个，并建成了几处具有较高水平的果树良种无病毒苗木繁育基地，累计为省内外提供良种无病毒苗木1000多万株。

一些具有地方特色的历史名优果品，如阳信鸭梨、烟台苹果、肥城佛桃、乐陵小枣等，也不断开发选育出了一些优良类型，多次在全国果品评选中获奖，生产规模进一步扩大。全省几种主要果树的良种化率达到60%以上。各地积极保护名牌、引进名牌、发展名牌，近几年新涌现出惠民富士、莱西寿桃、泗水硕栗、沾化冬枣等一大批高档名牌果品，展示了山东经济林生产进一步发展的巨大潜力。

依靠科技进步，推广先进技术，提高管理水平，使山东经济林发展逐步走上高产、优质、高效之路。山东充分发挥林业技术推广体系健全、技术力量雄厚的优势，以县林业局、乡林业站为技术推广的依托，搞好技术培训，大力引进、试验、示范、推广实用技术，经济林生产的科技含量明显提高。

银杏热的升温，是科技进步立了首功。首先是解决了结果晚的问题，使银杏三年见果五年投产，结束了“无儿不栽银杏树”的历史；其次是苗木繁育、良种选育、工厂化育苗技术的突破，使银杏幼苗产量提高，育苗密度由常规的每亩2万株增加到10万株，为大力发展银杏奠定了基础。郯城县新村乡靠发展银杏，30%的农户存款在20万元以上。

全省现在80%以上的经济林全面实行了整型修剪、综合防治病虫、疏花、疏果、人工授粉等常规技术，矮化密植栽培面积达到26万公顷，无病毒苹果栽培1.3万公顷，果园覆膜、覆草面积30万公顷，配方施肥、果实套袋面积26万公顷，应用摘叶转果、铺反光膜等高档果品生产技术的果园达6万多公顷，实施以微喷、滴灌为主的节水灌溉面积达4万多公顷，保护地栽培面积0.8万公顷。

优质化生产使山东成为名副其实的经济林生产大省。截至1996年，全省经济林总面积已达153万多公顷，果品总产量达到95亿公斤，总收入达150亿元，苹果、板栗、枣、梨、桃、山楂、柿子、银杏等面积产量均居全国前列。

与经济林相伴而起的是用材林资源的迅速发展，特别是速生丰产林基地的建设，取得了显著成绩。早在70年代，临沂市、日照市等地利用沂、沭两岸荒芜的沙地资源，引进杨树良种，实行大穴、大苗、大水、大肥等管理措施，像种庄稼一样种树，培育杨树速生丰产林，取得了一年成林、三年成檩、五年成梁的效果。仅莒县就营造杨树速生丰产林0.67万公顷，创造了奇迹，国内外的杨树专家纷至沓来。鲁西南地区积极发展农田林网和桐粮间作，建设网、带、片、点、间相结合的平原绿化体系，使生态效益和经济效益相得益彰，既锁住了风沙，改善了环境，又建成了全省最大的桐木生产基地。

如今，速生丰产林基地和平原绿化体系建设已有了相当规模，形成了鲁中南杂交杨、鲁西南泡桐、鲁西北毛白杨、渤海湾刺槐等不同类型的用材林基地。全省农田林网化面积已达513万多公顷，占宜林网面积的95%；农林间作面积达80万公顷；速生丰产林面积达10余万公顷，林木蓄积量达到6022万立方米。

山东花卉生产在短期内取得了显著的发展。全省花卉生产面积达6000余公顷，栽培花卉600余种，菏泽牡丹、莱州月季、平阴玫瑰、平邑金银花等传统栽培花卉，从“小而散”的传统生产方式中解放出来，实现了规模化、基地化、专业化生产，形成拳头产品，已逐步显示出区域优势和品种优势。

依托资源优势　发展林业产业

林果资源不断增加和优化，为山东省实施林业产业化、发展林业经济，奠定了坚实的基础。

为实现林果产品的多次增值，让林农在林木产品深加工中受益，进一步增加林农收入，振兴林业经济，山东省在贸工林一体化基础上逐步探索出实施林业产业化的发展思路，形成“市场牵龙头，龙头带基地，基地联农户”的发展格局。特别是1994年全省基本消灭宜林荒山以后，省委、省政府把实施林业产业化作为林业第二次创业，再上新台阶的关键来抓，在全省迅速推开。经过几年的发展，山东林业产业化已成为发展林业经济的主要形式。现在全省共有林产品加工企业1万余家，1996年实现产值84亿元，利税7.9亿元，带动林产品基地120万公顷，联接500万户，可概括为“一个基本、两个二分之一、一个70”，即速生丰产林基本实现了产业化经营，林业产业化联接的林农占林农总户的二分之一，二分之一以上的经济林基地县实现了产业化经营，农民每年林果增收70元，极大地丰富了城乡居民的“米袋子、菜篮子、油瓶子、果盘子、药罐子”。

抓住关键环节，全面推进林业产业化是山东省的成功经验之一。一方面大力培植龙头企业。全省通过改造、扩建、联合等办法，打破所有制、地域和行业界限，谁有能力谁当龙头，谁有能力就扶持谁，重点扶持发展了30家林业龙头企业。这些龙头企业外联市场、内联基地和农户，发挥了很好的龙头带动作用。省林业厅重点扶持的成武县金森集团、五莲县板栗加工厂等十大龙头企业，生产规模、质量和效益都有了很大提高。另一方面努力培育林产品市场。各地利用举办经贸洽谈会、产品促销会、观光旅游节等多种形式，提高产品知名度，开拓市场。利用在林产品主产区、销区以及自然形成的集散地，建成了5000多个初级林产品市场和100多个林产品专业批发市场。如临沂市兰山区投资1000多万元，建成了华东胶合板专业批发市场，年交易各类板材45万立方米，交易额10多亿元。同时，积极培育发展了乡村林产品流通中介组织，引导、支持农民进入流通。五莲县各类林果流通组织已达1500个，营销队伍1万多人，形成了连接城乡、辐射外地的林副产品大流通格局。

随着林业产业化的深入发展，全省已基本形成了多样化的林业产业化发展模式：一是资源依托型。即以现有资源为依托，发展产品加工和商贸服务。如乐陵市以当地盛产的金丝小枣为依托，组建了乐陵市枣制品集团。全市小枣加工企业发展到150多家，产品达120多个品种，年加工能力100万公斤。二是龙头企业牵动型。如成武县金森集团是鲁西南地区木材加工龙头企业，固定资产6000多万元，在其带动下，该地区一度下滑的杨树丰产林和桐粮间作得以恢复和发展。三是市场带动型。滨州地区建设金丝小枣、鸭梨和红富士等林果批发市场20多处，使该区的林果产品畅销全国20多个省(区、市)，避免了产品积压，调动了果农的积极性。四是科技带动型。如潍坊市全面推进林业高科技示范园建设，全市共兴建高科技园20多个，面积260多公顷，年产良种苗木300多万株，优质果品40多万公斤，销售收入3000多万元。从种植、养殖到加工、流通都对当地的林业产业发展起到重要示范和龙头带动作用。五是名牌带动型。如烟台市近几年相继开发出“皇家”、“鲁冠”、“润瓢”等名牌苹果，由此带动建起了10万公顷苹果基地。

山东林业产业化迅速崛起，方兴未艾。其主要表现：一是产业化组织形式不断创新。一些地方已经形成以跨省、跨地区联合经营，生产要素和林业资源大跨度优化组合为目标的龙头企业横向联合组织。曹县普连集工艺厂最为典型。它跨山东、江苏、安徽、河南4省40多个县，4000多个专业村，42个条编分厂，从业人员6万多人；生产4000多个花色品种，每年生产5000多万成品，以桐木加工、条编出口为主；年产值近5亿元，出口创汇4000多万美元。二是产业化连接程度日趋紧密。有的企业和林农签订产销合同，使产销行为紧密对接；有的进行股份合作，林农不仅是企业的股东，其所营造的基地林成为企业“车间型”生产经营单位，成为一种“股套股、利联利、心贴心”的合作方式；有的实行租赁经营，龙头企业通过付给农民一定报酬租赁农民的土地，农民按企业计划进行原料生产。三是产业化辐射领域逐步拓宽。由于产业化使林业生产的风险减小，回报率提高，一些工商企业也逐步进入林业生产领域。如郯城县成立了由郯城县投资公司、北京神康医药经营发展公司、临沂康发实业公司与法国科研及运用资讯总公司、德国史瓦特国际有限公司合资兴建郯城绿源有限公司，该公司注册资金75万美元，年加工出口银杏干叶2000吨，创汇达500万美元，创利税75万美元。四是产业化实施内容更丰富。林业产业化实施之初，主要集中在木材果品加工。近年来，全省各地积极拓展产业化实施内容，培植和膨胀主导产业或产品规模，尤其对新兴产业和产品一开始即实行一体化经营。花卉、野生动植物、森林旅游等新兴产业，由弱到强，形成了新的经济增长点，开辟了产业化的新领域。

目前，山东已形成了五大主导产业体系：一是木材加工体系。全省木材加工企业达到9081家，年加工木材1100万立方米，年产人造板340多万立方米；产品有胶合板、刨花板、中密度纤维板、木地板、家具等10余类600多个品种；人造板产量占全国总产量的1/5，出现了一批具有一定影响的木材加工群体和龙头企业。二是果品生产加工销售体系。全省果品产量105亿公斤，果品加工企业发展到600多家，年加工果品30多亿公斤，出口24亿公斤。三是药材生产加工体系。主要是银杏、杜仲、金银花等系列产品加工。全省定植银杏7000万株，建成银杏加工企业11家，年加工银杏叶3000多吨，产品有黄酮甙、苦内脂、口服液等。四是花卉产业体系。花卉种植面积达6000多公顷，花卉生产经营企业1100多家，花卉业产值达16亿元。五是珍禽饲养业体系。饲养驼鸟、鹦鹉等30多种，仅狐狸、水貂的存养量就达20万只，有的已出口中东、东南亚等国家和地区。

建设现代化林业　实现新的跨越

50年风雨历程，山东林业建设取得了令人瞩目的成就。面向新的世纪，社会经济的持续快速发展对山东林业提出了更高的要求。

尽管人们身边的新绿在不断增加，但与林业发达国家和地区相比，山东仍是一个少林省份，产业化水平处于初级阶段，仍是国民经济发展中的短腿。

山东审时度势，确定今后一个时期林业建设的指导思想是：以邓小平理论和党的十五大精神为指导，以改革为动力，以建设现代化林业为目标，以提高林业经济、生态和社会效益为中心，以培育和保护森林资源为基础，大力实施科教兴林和可持续发展战略，努力推进林业两个根本性转变，加快建设林业生态和产业两个体系，为建设山川秀美的新山东，促进全省经济和社会发展作出新的更大贡献。

总体规划目标是：用10～20年的时间，把应该绿化的地方全部种上树、育满草，使山区森林覆盖率达到49%以上，平原地区达到20%以上，全省森林覆盖率达到30%以上。形成以区域绿化为主体、路域、水系绿化为框架、城乡绿化美化相配套，片、线、面相结合，比较完备的林业生态体系，同时建成比较发达的林业产业体系，实现建设现代化林业的目标。

工作重点：一是加快生态林业建设。搞好城乡一体化绿化、绿色长廊建设等形象工程和水土保持林、水源涵养林、防风固沙林、农田防护林等综合防护林体系生态工程建设。突出抓好沂蒙山区防护林、沿海防护林、淮太流域防护林、沿黄河防护林及治沙造林、平原绿化、济南保泉绿化、铁路公路河流绿色长廊建设和自然保护区建设九大林业生态工程，构筑全省生态环境建设的基本框架。二是大力推进林业产业化。立足国内外两个市场，高标准、高起点引进先进技术和设备，培植一批林业龙头企业，带动产业化发展。围绕木材、果品、花卉等林业主导产业，大力推进贸工林、产加销一体化经营，培植新的林业经济增长点。组织实施集团化发展战略，通过参股、控股等多种形式，组建几个大型企业集团，提高产业化的进程，并逐步向高层次、宽领域、纵深化方向发展。

有了绿荫苍茫的森林覆盖大地，山东才会山川秀美；有了林业经济的全面振兴，林业才会走向现代化。

人们有理由相信，新世纪的山东林业将会奏响更强更美的新乐章。

（执笔人：刘得　田红　纪旭华）

插青播翠绿中原

——河南省林业建设50年

河南省林业厅

一、基本情况

河南省位于黄河中下游，总面积16.7万平方公里，人口9200万，辖18个市(地)。地势西高东低，北、西、南三面有太行山、伏牛山、桐柏山和大别山四大山脉环绕，中东部为冲积平原，山区、丘陵与平原面积各占一半。境内有黄河、淮河、海河和长江四大水系，地处暖温带和北亚热带地区，气候具有明显的过渡性特征，适宜多种林木生长。

远古时期的河南，多为天然林所覆盖，茂林修竹，鸟兽群集。公元前2700年左右，森林面积约有1500多万公顷，覆盖率达60%以上。随着人口数量的增加、生产的发展以及战乱的破坏，大片的森林逐渐变为农地或荒山。至新中国成立时，河南省平原地区仅保存林木约2.5亿株，林木覆盖率为1.5%。其中山区保存有林地面积130万公顷，林木蓄积量1278万立方米，森林覆盖率为7.81%，成为一个缺林少绿的省份。

1949年5月，河南省人民政府成立。同年7月省政府发布实施了《河南省林木保护暂行办法》，明确了公有林和私有林的管理权限，严格禁止滥伐林木和烧垦林地开荒，扭转了森林资源逐年减少的局面。1950年成立河南省林业局，按照中央制定的“普遍护林，重点造林，合理采伐和合理利用”的林业建设方针，各地县建立了林业机构，有计划地开展了育苗、造林、封山育林、护林防火、森林资源勘察等工作。1951年土地改革时，把集中连片且面积较大的山林收归国有，建立国营林场；把不适宜国家经营的山林划归农民所有，实行“谁造林，谁管护，归谁所有”的政策，推动了全省造林绿化工作的开展。至1956年，河南林业用地基本上实现了公有化，国家所有占11%，集体所有占81.4%，个体所有只占7.6%。1956年至1957年，河南把林业建设列为改善自然环境，活跃山区经济的重要内容，对山区的荒山荒地进行了规划，在全省开展了“绿化祖国、绿化河南、绿化家乡”活动，营造了大批“青年林”、“少年林”、“三八妇女林”、“幸福林”、“社会主义建设林”等，两年造林17万公顷。

1958年“大跃进”开始后，在“实现大地园林化”的号召下，河南加大了造林绿化力度，开展了林业科学研究、农村林业职业教育和林产工业生产，增设了一批国营林场和社队林场，动员各行各业开展植树造林活动。此间，因无偿地把群众林木收归集体，把队办林场收归社有、国有，挫伤了群众造林、营林的积极性。同时，又由于缺乏经验，急于求成，不少地方造林成活率、保存率较低。特别是大炼钢铁中，大规模地砍伐林木，山区和平原的森林资源遭到了较大破坏。山区砍伐的林木因运输不畅，不少成为“困山材”；平原地区成材树木砍伐殆尽，导致水土流失面积急剧增加，风沙危害加剧。

进入60年代以后，河南认真贯彻“调整、巩固、充实、提高”的方针，及时纠正了“左”倾错误的影响，对各级无偿平调的林木，一律退还并赔偿经济损失，重申“谁造谁有”的林业政策，颁发林权证，对林木所有权给予法律保护。1962年，中共河南省委要求沙区各级党委把林业生产作为一项重要工作来抓，以营造防护林为主，积极发展用材林，适当发展经济林和薪炭林，做到以林保农，以农养林，农林密切配合。河南造林工作重点转向了平原地区。兰考县县委书记焦裕禄同志总结了群众造林治沙的经验，大力推广农桐间作科研成果，组织全县人民采取"扎针、贴膏药"的办法，综合治理风沙盐碱灾害。兰考县农桐间作和农田林网防沙治沙的经验在《人民日报》上向全国作了介绍，并开始在豫东、豫北平原地区大面积推广，同时也带动了平原沙区国营林场的治沙造林工作。

"文化大革命"的十年，河南林业建设进入低谷，不少国营林场的林地被侵占，林木遭到乱砍滥伐，国有森林资源明显减少。与此同时，其它林业工作也受到影响，只有集体造林有较大发展。1979年，全国推行农业生产责任制，河南一些地方没有充分考虑林业的特点，一味套用农业责任制形式，对集体林木实行分户经营管理，但责权利不明确，一度出现了乱砍滥伐，又一次造成森林资源的大破坏，全省森林覆盖率由1976年的16.11%下降到12.97%。

80年代初，河南省从林业的自身特点和省情出发，实行与农业生产责任制相适应、符合河南实际的林业政策，把"统"和"分"有机地结合起来，较好地解决了农民群众最为关注的林木所有权与收益分配权的问题，调动了农民群众植树造林的积极性，大力造林，普遍护林，国家、集体、个人一齐上，造、育、管、护密切配合，生产、加工、流通一起抓，造林绿化事业走上了稳步发展的轨道。特别是平原绿化进展较快。省政府制定了一手抓平原绿化达标，一手抓完善提高的林业发展政策，对全省94个平原、半平原县进行摸底排队，制订了分期分批达标计划，实行目标管理，单独考核，集中力量打攻坚战。至1990年，全省已有67个县(市、区)达到了部颁平原绿化标准，在全省广大平原地区初步形成了点、片、网、带相结合的综合农田防护林体系。

90年代之后，河南省林业建设紧紧围绕"增资源、增效益、增活力"的目标，完善平原、主攻山区，加快造林绿化步伐，强化森林资源保护和管理，大力发展林业产业，呈现出快速发展的好形势。1990年3月，省委、省政府批准实施《河南省十年造林绿化规划(1990～1999年)》，到1999年全省完成大面积造林133万多公顷。平原地区广泛开展了农田林网化建设，到1991年底，全省94个平原、半平原县全部实现了绿化达标，被全国绿化委员会、林业部授予"全国平原绿化先进省"称号。1994年，省委、省政府又提出了用两年时间完善提高全省平原绿化的目标。各地以完善林网为重点，大力调整林种、树种结构，在全省开展了平原绿化"第二次创业"活动，不少地方的平原绿化水平有了进一步提高。山区以实施《规划》为重点，组织群众开展了造林绿化大会战，造林面积逐步加大。特别是1996年，省委、省政府确定为造林绿化决战年，山区造林取得突破性进展，一年完成人工造林合格面积26.7万公顷，创历史最高纪录。到1998年底，全省林业用地面积达到379万公顷，其中有林地209万公顷，活立木蓄积量1.32亿立方米，森林覆盖率19.83%。目前，全省共有87个国有林场和88个国有苗圃，总经营面积37.3万公顷；有22个森林生态、湿地系统和野生动物类型自然保护区，总面积14.7万公顷；有国家级森林公园16个，省级森林公园15个，总面积7万公顷；有省、市(地)、县三级林业科研机构64个，县级以上林业科技推广机构147个，乡级林业工作站2101个；有木材检查站100个，林政资源管理人员4200多人；组建森林专业消防队63个，义务扑火队5126个，扑火队员达14万多人；建立各级森林病虫害防治检疫站120个，有专兼职检疫员2000多名；建立各级林业公安机关185个，公安干警800多名。全省林业系统干部职工总数达29 000多人，初步形成了林业行政管理、森林资源保护、林业执法和林业科技推广体系。林业产业化蓬勃发展。人造板、林产化工、家具及装饰材料、森林食品等林产品加工系列初步形成，森林旅游和林产品市场体系建设有了良好的开端。

二、主要建设成就

据1998年河南省第四次森林资源清查和实施《河南省十年造林绿化规划》普查，河南省在每年消耗800万立方米森林资源的情况下，不仅消灭了森林资源赤字，而且实现了有林地面积、活立木蓄积量和森林覆盖率三增长。

(一)平原地区初步建立起农田综合防护林体系

河南人民经过几十年坚持不懈的努力，94个平原县和半平原县全部实现了绿化达标。全省10多万公里的铁路、干线公路和骨干河道两旁绿树成荫;豫东5条骨干防风林带巍巍壮观;两条总长424公里的青年防护林带,使古老的黄河披上了绿装。全省平原地区片林面积达到23.2万公顷,农田林网和农林间作面积约300多万公顷,四旁植树16.6亿株。从黄河南北到淮河两岸,千里沃野林网如织、林带纵横,不论走到哪里,展现在眼前的皆是村舍农田绕翠树、道路河渠绵绵绿的迷人景观,在9.3万平方公里的中原大地上,形成点、片、网、带相结合的综合农田防护林体系,成为平原地区一项永久性的生物工程。

平原绿化的迅速崛起,明显改善了农业生产条件,促进了农牧业的发展。许多过去林木稀少、风沙旱涝等自然灾害频繁的地方,绿化后出现了林茂粮丰、五业兴旺、经济繁荣的新景象。全省有66万多公顷沙荒变成了绿洲,100万多公顷沙碱薄地变成了稳产、高产田。据测定,在防护林体系的范围内,地表风速降低30%～40%,相对湿度提高10%～20%,蒸发量平均减少29%,土壤含水量平均增加20%～30%,有效地控制了风、沙、旱、涝灾害对农作物的威胁,粮食平均增产20%以上。

(二)山区基本完成了规划的造林绿化任务

全省有山区造林任务的12个市(地)、66个县(市、区)全部完成了规划的造林任务。不少山区县(市、区)靠发展林业走上了富县富民之路。地处大别山区的新县,是个集老、山、边、穷于一体的国家重点贫困县,该县在山上做文章,按照"山上建基地、山下办工厂、山外拓市场"的模式,走依山脱贫、兴林致富的开发路子,全县已发展杉木林2万公顷,各类经济林7.6万公顷,建成各类林场1800个,森林覆盖率达58.2%,人均一亩经济林、一亩用材林。1997年,全县人均林果业收入800元,林业及林产品加工总产值4亿元,来自林业的税收2000万元,分别占全县农民人均纯收入的44.4%、工农业总产值的38.5%和财政收入的47.1%。

(三)重点林业生态工程建设进展顺利

河南省相继启动了豫北黄河故道防护林、长江中上游防护林、淮太防护林、黄河中游防护林、太行山绿化、平原绿化高级试点县、防沙治沙、山区林业综合开发和世行贷款造林等全国和省级重点林业生态工程和项目,覆盖全省总土地面积的60%,共营造各类防护林近50万公顷。全省有6个县列为全国山区综合开发示范县,累计投资9900万元;外资项目投资额近3亿元,营造速生丰产林6.7万公顷,经济林4万公顷。由于这些重点林业生态工程的全面推进,不少地方的土壤沙漠化和水土流失得到了治理,局部地区生态环境得到了比较明显的改善。如长江中上游防护林工程实施三年来,6个项目县新增有林地面积3.2万公顷,森林覆盖率由治理前的31.6%提高到37.3%,水土流失面积、土壤侵蚀模数和土壤侵蚀量分别比治理前的3700平方公里、1820吨/年·平方公里、2022万吨分别减少16.2%、22.5%和31.5%,农民人均年林果业收入由103元增加到226元。项目区中的内乡县三年来累计治理水土流失面积600平方公里,森林覆盖率达到65%;农业生产条件显著改善,农田土壤有机质含量由1.5%提高到1.8%;全县粮食总产量由3900万公斤增加到4800万公斤,农业总产值增加5900万元,农民人均年收入由800元提高到1700元。

(四)全民义务植树和部门造林绿化取得了较好的成绩

全省参加义务植树人数由1988年前的每年2000万人次增加到现在的每年3700万人次,年义务植树数量由5000万株增加到1亿株。全省普遍推行了义务植树登记卡制度,建卡率达到85%;建立义务植树基地740处,累计义务植树达14亿株,全民义务植树运动向科学化、规范化、基地化、制度化方向发展,为绿化中州大地添上了浓墨重彩的一笔;1993年被全国绿化委员会授予"全国部门造林先进省"称号。全省城市园林绿化面积达到1.6万公顷,人均公共绿化面积3.36平方米,城市覆盖率达到21.38%,一部分城市环境质量有了明显提高,并涌现出了郑州、濮阳、南阳、漯河等城市绿化、美化先进典型。

(五)经济林生产快速发展

截至1998年底,全省建成油桐、核桃、板栗、大枣、银杏、柑桔、苹果、木本药材、竹材和优质小杂果等十大经济林基地60多万公顷,经济林总面积达到80万公顷,年产经济林产品31.7亿公斤,年产值50亿元,年出口创汇4000多万美元。辛夷、山萸肉、柿子、大枣、苹果产量在全国占有重要位置。经济林的发展促进了小康村建设。灵宝市过去是河南比较贫困的边远山区市,经过几十年的努力,以苹果为主的经济林面积发展到3.8万公顷，果品年产量达到3.6亿公斤，果品总产值占农业总产值的58%，市财政每年从经济林产品销售收入中增加收入1000多万元，农民人均来自果品的收入600多元。经济林的发展为山区广大群众拓宽了致富门路，带动了相关产业的发展。

（六）林产工业和多种经营发展迅速，林业经济活力不断增强

木材加工业迅猛发展。全省木材加工企业达200多家，年产板方材30余万立方米，木材综合利用率达到50%。以信阳木工机械厂为主的人造板机械和木工机械制造水平显著提高，十多个产品居国内领先水平，成为我国三板生产成套设备和木工机械的主要生产企业之一。绿色食品工业生机勃勃。全省年产板栗、山楂、苹果加工品3万多吨。干鲜山野菜等都有较大发展。森林旅游业效益显著。全省开发森林旅游景点316处，年接待游客200万人次，年收入达6700多万元。林产品市场体系建设初见成效。全省已建立各类林产品市场、木材市场200多家，年交易额达8亿元以上，基本形成了以郑州林产品市场为中心，以豫东周口、商丘、开封的桐木市场、豫西灵宝等地的苹果市场、豫南信阳的板栗市场和豫中新郑的大枣市场等大中型林产品市场为骨干的林产品流通市场体系。全省林业系统林产工业和多种经营年销售收入由1991年的1.3亿元增加到16亿元，利税由1400万元增加到1.7亿元。

三、采取的主要措施

（一）各级党委、政府切实加强了对造林绿化工作的领导

新中国成立后，河南省委、省政府就采取多种措施，组织广大干部群众，植树造林，绿化国土。特别是90年代后，河南省委、省政府把发展林业作为改善生态环境，调整农村产业结构，促进经济和社会发展的重要措施，给予了高度重视，使河南省林业快速发展。省委、省政府于1990年3月作出了《关于实施〈河南省十年造林绿化规划〉的决定》，省人大常委会1990年6月作出了《关于全民动员，奋斗十年，基本绿化中州大地的决议》，省政府批转了《河南省林业厅关于在全省开展造林绿化达标晋级活动的通知》和《河南省经济林十年发展规划的通知》，对造林绿化的目标任务、实施《规划》措施等作出了明确规定。各级政府对造林绿化工作实行目标管理，把造林绿化任务压在了各级政府主要领导的肩上。全省还实行党政领导干部办绿化点制度和机关单位包山头绿化制度，使各级党政干部在实践中提高对造林绿化工作的认识，为广大群众做出了表率。1990年以来，全省乡以上党政领导干部创办造林绿化点6500多个，有2000多个机关单位包山头绿化面积20多万公顷。各级政府普遍增加了对造林绿化的投入。省财政在比较困难的情况下，保证了造林经费逐年增加。据不完全统计，1990年至1998年，全省共投入国家预算内资金3.8亿元，引进外资近3亿元，以工代赈1亿多元，银行贷款4.7亿元，各市(地)县投资和群众投劳折合人民币近10亿元，累计投入造林资金达20多亿元。保证了造林绿化工作的顺利开展。

（二）切实加强森林资源保护管理，巩固造林绿化成果

为促进林业的快速发展，河南省先后出台了《河南省森林植物检疫条例实施办法》、《河南省实施〈野生动物保护法〉办法》等12个法规、规章，使林业工作基本做到了有法可依。全省各地坚持依法治林，认真抓好林政管理、森林防火和林木病虫害防治工作。1981年以来，共依法调处林权纠纷68 500多起，依法查处毁林案件2.6万多起，打掉犯罪团伙400多个，追缴木材3万多立方米，查获野生动物8万多头(只)，挽回经济损失2400多万元。1988～1997年的10年间，与1987年前的35年相比，年平均发生森林火灾次数由200次减少到30次，受灾森林面积由10 100公顷减少到237公顷，森林受害率由8.2‰下降到0.2‰。全省森林病虫害发生率下降到19.67%，防治率、监测覆盖率和种苗产地检疫率分别达到71.48%、72.33%和65%，实现了“一降三提高”的总体要求。

特别是1998年，省政府发出了《关于加强森林资源保护管理工作的通知》和《关于加强国有林场管理和建设工作的通知》，组织开展了制止毁林开垦和乱占林地清理清查工作，省高级人民法院、高级人民检察院，林业厅、公安厅、监察厅联合开展了严厉打击破坏森林资源违法犯罪活动专项斗争，共查出乱占林业地面积200多万亩，查处林业案件4000多起，打击处理违法犯罪分子6000多人，追缴木材1

万多立方米，查获野生动物8万多只(头)。

(三)加强督促检查，狠抓各项措施的落实

为了保证各项造林绿化措施的坚决落实，从1990年起，全省层层实行了人工造林实绩核查制度和造林绿化工作奖惩制度。对各市(地)、县上报的造林面积，每年都由省林业部门组织技术力量到现场进行核查验收，对人工造林面积核实率、合格率、完成任务率进行统一排序，对完成任务好的市(地)，由省委、省政府给予表彰；对完成任务好的县由省政府给予通报表扬和资金奖励；对完不成任务的县，分别给予通报批评、黄牌警告；同时，还对平原绿化情况每年进行抽查，对绿化水平滑坡严重的县给予通报批评或黄牌警告，对滑坡特别严重的县收回奖牌。所有受到表彰或批评的单位，都在报纸、电台、电视台公开曝光，对干部群众震动很大，在社会上引起强烈反响。1995年以来，全省表彰奖励了95个县(市、区)，奖励资金1000多万元；通报批评了79个县(市、区)，黄牌警告了25个县(市、区)，收回了5个县的“造林绿化先进单位”奖牌。多数地方还制订了过硬的政策措施。洛宁县把能否搞好造林灭荒工作作为对县乡党政一把手组织领导能力的重大考验，作为整顿全县领导干部作风的一次实战演习，实施“一把手工程”，县、乡党政一把手亲自挂帅，把造林灭荒指挥部建在山上，完不成造林任务不下山。还有一些县(市、区)实行了党政领导造林绿化风险抵押金制度，有力地促进了全省造林绿化工作。

(四)树立样板，整体推进，造林绿化工作健康发展

为加快全省造林绿化步伐，根据各地不同情况，树立了一批不同类型的先进典型，并大力推广他们的经验，带动全省造林绿化工作。一是抓林业大区示范带动。信阳地区是河南省林业用地面积最多的地区之一，全区林业用地面积47万公顷。该区历任党政领导高度重视造林绿化工作，一张蓝图绘到底，一任接着一任干，坚持不懈地抓好造林绿化。1990年以来，每年完成造林合格面积2万公顷，已全部绿化了宜林荒山，全区森林覆盖率达到27.6%，成为全省第一个完成造林绿化规划任务的地区，被省委、省政府授予“全省造林灭荒第一区”光荣称号。省林业部门组织工作组，总结他们的经验，通过多种形式，在全省山区宣传推广，加快了全省的造林绿化进程。二是抓自然条件差的山区后进县。河南省太行山区、伏牛山区干旱少雨，土壤贫瘠，造林难度大，不少县(市、区)完不成年度造林任务。淇县因未完成年度造林绿化任务，1995年受到省政府的黄牌警告。省林业厅负责同志亲自带领工作组，到淇县调查研究，查找问题，分析原因，帮助制定措施，并督促他们抓好落实。1996年，该县进行广泛动员，城镇支援农村，平原支援山区，机关干部支援群众，城乡联动，全社会总动员，开展造林绿化大会战。该县当年造林8000多公顷，年度造林任务完成率居全省前列，一举扭转了落后局面，被省政府授予“全省造林绿化先进单位”称号。原林业部在淇县召开了全国太行山绿化现场会，全国绿化委员会第十五次全体(扩大)会议代表参观了该县的造林现场，并推广了他们的经验。三是抓平原绿化完善提高。1991年全省平原绿化达标后，如何完善提高，省政府责成省林业厅组织人员到平原面积最大的周口地区进行认真细致的调查研究，制定了完善林网上水平，调整结构增效益的平原绿化发展方针，在周口地区组织开展平原绿化“第二次创业”活动。该区经过近二年的努力，新植树1亿多株，平原绿化水平显著提高。省委、省政府及时在周口地区召开现场会，总结推广他们的经验，全省出现了学习周口经验，完善提高平原绿化的好形势。通过这些先进典型的示范带动，有力地促进了全省山区造林和平原绿化的均衡发展。

(五)认真组织实施科教兴林战略，不断提高科学造林、营林水平

全省林业系统坚持深化科教体制改革，强化科技攻关和科技推广工作，狠抓“211”(省抓2个科教兴林示范县，县抓1个乡，乡抓1个村)科教兴林示范工程建设，促进了林业科技进步和林业建设的迅速发展。全省累计取得科技成果500多项，繁育林木优良新品种、无性系100多个，引进新品种200多个。全省共建立各类科教兴林示范林(点)2518处，推广林业新技术、新成果150多项，示范区造林成活率和保存率达90%以上。林业教育事业有了较大发展，三所林校累计向社会输送林业专业人才1万余人。

为不断提高造林绿化水平，更好地发挥其综合效益，省林业部门组织科研、教学、生产部门的广大科技工作者，联合攻关，解决了造林绿化工作的一些关键技术难题。特别是农田林网和农林间作的最佳结构和效益、平原林业的永续利用、林木良种繁育、病虫害防治、林木速生丰产技术、育苗技术等重大课题取得了成果。在防护效益研究上,取得了《农田林网化的防护效益与增产效益》、《农桐间作与作物产量》、《枣农间作群体光照及效益》等重大科研成果,为平原林业的发展提供了科学依据。在农田林网和农林间作的方式上,由单一模式逐步向多种模式发展,更加符合自然规律和经济规律。农林间作由兰考农村的农田散生树发展到因地制宜、统一规划,农桐间作、农柿间作、农楸间作、农枣间作、农楝间作、稻杉(池杉)间作全面发展,实现了林粮双丰收;农田林网由路林结合向田、林、路、沟、渠综合治理,建设高标准农田防护林体系发展。在规划方面,以林业区划成果为依据,坚持有利于农业发展、有利于水利建设、有利于机械耕作的原则,合理安排林种、树种布局。在林木良种繁育和推广方面,先后培育出泡桐良种"豫杂一号"和"豫选一号";珍贵乡土树种毛白杨、楸树、槐树、楝树、杜仲、银杏在造林绿化中的比例逐步增加;三倍体毛白杨、美国黑核桃、火炬松、湿地松、日本落叶松等优良品种和池杉、落羽杉、白榆等优良树种逐步推广。同时,培训和锻炼了一支专业和农村的林业科技队伍,为全省林业的快速发展打下了基础。

(六)认真落实林业政策,充分调动广大农民群众造林绿化的积极性

农村实行联产承包责任制之后,土地以家庭为承包单位经营。为解决农民最关心的林木所有权和收益分配问题,调动农民植树造林的积极性,河南针对农民"小怕丢、大怕收"的思想,广泛宣传《森林法》关于稳定、维护国家、集体、个人对林木林地的所有权、使用权和中央关于延长土地承包期的有关法律、政策规定。对新栽农桐间作和农田林网,采取"统一规划,树随地走,苗木自筹,谁栽谁有"的政策。对农田林网原有树木则实行"大树作价保本,增值比例分成"的规定,极大地调动了农民发展林业的积极性。

党的十一届三中全会以后,全省各地认真落实党在农村的基本政策,积极探索新形势下发展林业的新路子。通过承租、租赁、拍卖"四荒"和平原"四旁"闲地,兴办股份制合作林场和引进外资造林,加大了林业改革力度,促进了全省林业的发展。不少地方按照平等竞争的原则,对山区的"四荒"和平原地区的河、路、渠林采取竞标的办法,公开拍卖、承包或租赁,调动了广大群众造林绿化的积极性。在大力兴办乡村林场的基础上,鼓励农民和社会各界投资兴办股份制合作林场,全省已发展股份制合作林场3000多个。

四、今后河南林业发展的指导思想和奋斗目标

今后一个时期河南林业建设的指导思想是:高举邓小平理论伟大旗帜,以党的十五届三中全会精神为指导,围绕"再造山川秀美的中州大地"这一宏伟目标,遵循自然规律和经济规律,以培育和保护森林资源,改善全省生态环境为重点,以科技为先导,优化林业结构,建立比较完备的林业生态体系和比较发达的林业产业体系。要坚持林业生态环境建设与国土整治、产业开发和区域经济发展相结合;坚持培育与保护并重,山区与平原并举,城乡一体,全面推进。加快工程建设,实施分类经营,突出质量效益,提高整体水平。奋斗目标是:到2010年全省有林地面积达到260多万公顷,活立木蓄积量达到1.7亿立方米,森林覆盖率达到25%,城市绿化率达到35%,铁路和干线公路绿化率达到85%。再奋斗20年,全省宜林荒山荒地和通道全部造林绿化,有林地面积增加到330多万公顷;水土流失得到有效控制,流动、半流动沙丘全部被固定,荒漠化土地得到有效治理;平原农区建成多功能高效益的综合防护林体系,旱、涝、风、沙等自然灾害的发生明显减少;全省生态环境显著改善,人民生活质量有较大提高,在全省建立起适应国民经济和社会可持续发展的良性生态环境,基本做到山川秀美、江河清澈、环境绿化美化。全省林业总产值达到800亿元,建立起比较完备的林业产业体系,使林业成为农村经济的支柱产业和农民收入的主要来源之一。工作重点:一是抓好林业生态体系建设。重点抓好黄河中游防护林、淮河防护林、太行山绿化、防沙治沙、平原防护林、长江中上游防护林、"通道"绿化、天然林保护、野生动植物保护、城郊大环境绿化等国家和省级林业生态工程建设。二是抓好林业产业体系建设。加强商品林基地建设,切实抓好以苹果、杉木、板栗、银杏等为主的名特优经济林、速生丰产林、森林能源和花卉基地建设,为林业产业化提供充足优良的原材料。培育主导产业,抓好木材加工、经济林产品加工、花卉和森林

旅游等林业产业系列开发，按照专业经营、行业经营和区域经营三种模式，组建各种形式的经营体系，促进林业生产要素优化组合和产业结构的调整，合理配置林业资源。抓好龙头企业，重点培育银杏、杜仲等中药材加工、桐木加工、人造板、森林食品和花卉等骨干企业。抓好林产品市场建设，大力培育以郑州林产品市场为中心，专业市场为骨干的林产品流通体系，力争在几个主要产业和产品上形成覆盖面大、具有较高科技水平的林产品加工和销售龙头企业。抓好林业产业化示范县建设，按照贸、工、林一体化和公司＋农户模式，抓好山区综合开发和林业产业化示范县建设，发展区域经济，使林业在全省经济和社会发展中占据越来越重要的位置。三是加强林业执法体系建设。切实搞好林业立法工作，加强林业公安、护林防火、林木病虫害防治检疫、森林生物多样性保护、资源监测、林政管理、林木种苗等执法体系建设，尽快建立起适应现代林业发展的保障体系。四是实施科技兴林战略。抓好“良种快繁”、“产业增效”、“生态建设”和“提高林地生产力”等方面科学研究、技术普及和培训工作，提高林业科技成果的转化率、贡献率和在适宜地区的覆盖率。五是加大林业投入和改革力度。坚持国家、地方、集体和个人一起上，多渠道、多层次、多方面筹集建设资金；建立健全林业基金制度，逐步形成全方位林业投资机制；鼓励各行各业和广大人民群众承包、租赁、购买“四荒”植树造林，兴办林果场。六是切实加强领导。继续实行党政领导干部和部门造林绿化目标责任制，建设健全森林资源保护和森林防火目标管理责任制，加强林业职工队伍建设，促进全省林业建设持续、快速、健康发展。

（执笔人：徐忠）

江汉添锦绣　荆楚绘丹青

——湖北省林业建设50年

湖北省林业厅

（一）

湖北省位于长江中游，总面积18.59万平方公里，俗称“七山一水二分田”，发展林业的自然条件优越。全省地形大致为三面高、中间低、略呈向南敞开的不完整的盆地。境内西、北、东三面隆起，武陵山、巫山、大巴山、桐柏山、大别山、幕阜山群山环绕，丘陵连绵；海拔500米以上的山地占土地总面积的56%，其中最高的神农顶海拔3105米，素称“华中第一峰”。南部平坦开阔，与洞庭湖相连，构成了河网交织、湖泊密布的江汉平原，一般海拔在100米以下。气候属中、北亚热带，受太平洋东南季风的影响较大。年平均气温15～17℃，年降雨量800～1600毫米。山地土壤基本为中亚热带红壤、黄壤和北亚热带黄棕壤地带。由于全省地势高低悬殊，树木垂直分布层次分明。优越的自然地理条件，形成了森林植被的普遍性与多样性的特点，群山荟萃，森林景观绚丽多彩，植物动物种类繁多。誉为“活化石”的水杉、珙桐，名冠全球的毛坝漆等，均为湖北所特有。鄂西山地素有“天然植物园”之称。全省已发现有木本植物105科、370属、1300多种，其中乔木425种、灌木760种、木质藤本115种。不仅种类多，而且起源古老，迄今仍保存有不少珍贵、稀有的孑遗植物。在这些木本植物中，除了有水杉、珙桐、秃杉等国家一级保护的树种以外，还有香果树、水青树、连香树、伯乐树、银杏、杜仲、金钱松、鹅掌楸等20种二级保护树种和秦岭冷杉、红豆树、厚朴等21种三级保护树种。湖北的藤本植物种类多而分布广，价值较高的有爬藤榕、中华猕猴桃等10多种。湖北还有草本植物2500种以上，其中已被人们作药材的达500种以上，尤以天麻、当归、党参、黄连等数量较多，价值较大，是湖北省具有代表性的药用植物。湖北森林中的野生动物资源也十分丰富，常见的有豹、狐狸、野猪、锦鸡等500余种，其中属于国家一级保护动物的有金丝猴、华南虎、金钱豹、云豹、金猫等；属于国家二级保护动物的有猕猴、短尾猴、穿山甲、水獭等；还有毛冠鹿、白化熊、灰斑角雉、白冠长尾雉等十分珍贵的动物。神农架林区还有罕见的獐、鹿、羚等动物。

湖北发展林业不仅具有优越的自然条件，而且有着明显的区位优势。湖北地处中原、交通发达，地扼京广铁路线和长江两大交通动脉的会合点，是国内水陆空交通的重要枢纽。长江、汉水流贯全境，联接1193条河流，通航里程达9000公里。贯穿南北的铁路线与遍布全省的公路线纵横交错，通向全国各地。民用航空不仅在国内四通八达，而且开通了部分国际航班。湖北素称“千湖之省”，星罗棋布的湖泊大部分集中于盛产粮棉油的江汉平原。湖北的水电资源丰富，有举世瞩目的长江三峡大坝、葛洲大坝、汉江南水北调水利枢纽等国家重点工程；水利工程设施更是遍及全省，仅大、中型水库就有6200多座。湖北的旅游资源也十分丰富，已开发的有蜚声中外的神农架、武当山等数十处规模较大的森林生态和文化旅游景点。湖北的这种区位优势和经济环境，既为林业发展提供了有利条件，又为发展林业加重了任务。山区发展经济的希望在山、后劲在山，富县富民主要靠治山兴林；而改善库区农区景区林区的生态环境，维护国家重点工程的长治久安，发挥水陆交通的经济效益，也有赖于发达的林业。可见，湖北林业在本省经济和社会发展中具有举足轻重的作用。

（二）

中华人民共和国的成立，标志着湖北林业建设揭开了新的历史篇章。新中国诞生后的头八年，随着经济恢复和“一五”计划的实施，湖北林业在历代统治者留下的破烂不堪的基础上开始了艰难的开创性的奠基工作。经过土地改革，劳动人民成了山林的真正主人，护林、育林、造林的积极性空前高涨。1950～1952年，全省造林4.5万公顷，“四旁”植树1910万株，建立起乡村护林组织7000多个，封山育林16.7万公顷。“一五”期间，贯彻执行“普遍护山护林，大力造林育林，合理采伐利用木材”的方针和“谁造谁有，伙栽伙有，村栽村有”的政策，开展“向荒山进军”和互助合作造林，掀起了造林育林热潮。1953～1957年全省成片造林近70万公顷，“四旁”植树8570万株，封山育林31万公顷。特别是1956年，全省上下积极响应毛泽东主席关于“绿化祖国”的号召，根据周恩来同志的指示，全省青少年发出绿化长江两岸的倡议，迅速掀起了群众性植树造林的高潮。全省以年造林25万公顷、育苗530多公顷的速度发展，这是旧中国无可比拟的。开展绿化长江两岸活动的第一年，全省有35万青少年参加植树活动，营造长江防护林400多万株。特别值得一提的是，这一期间集体林业迅速兴起。1957年的春天，黄梅县永安农业生产合作社创办了全省第一个社队林场，这也是全国创办最早的一个社队林场。林业部在黄梅召开现场会，推广了集体办林场的经验。这年年底，全省社队林场发展到2600多个，经营山林23.4万公顷。此后，这种集体经营林业的形式，在全省不断得到发展。

这一期间，从省到地、县普遍建立了林业行政管理机构，还建立了一批国营林场、国营苗圃、森工企业、林业工作站、病虫防治站、林木种子站，林业干部发展到2000人，职工总人数达到8000多人。全省从上到下初步形成了一个林业行政管理和生产经营的体系。

1958～1966年的九年，是我省林业建设全面发展的九年。尽管1958年“大跃进”给森林带来严重破坏，但林业建设仍然有了很大发展。1960年底，中共湖北省委就植树造林问题给全体农村干部、林业工作人员和人民公社社员发出了一封公开信；1961年，省委又制定了《关于贯彻中共中央关于确定林权、保护山林和发展林业的若干政策规定（试行草案）的补充规定（草案）》；接着，省委又发出了保护山林树木的八项规定。这些举措，对于调动群众造林育林的积极性，起到了极其重要的作用。1962年春，省委成立了林业领导小组，各地、县委和一些基层区、社党委也先后相应成立了林业领导小组。由于各级领导对林业工作的重视，认真贯彻执行中央关于“调整、巩固、充实、提高”的方针，坚持“以营林为基础”的指导思想，湖北林业得到迅速恢复和发展。植树造林以平均每年22万公顷的速度向前发展，而且平原、丘陵、山区都出现了一批如潜江、罗田等很有说服力的先进典型。1964年，湖北省长江、汉江防浪护堤林带基本形成，主要干线公路基本实现绿化。同时，造林质量和林木育苗技术水平都有迅速提高，特别是水杉扦插育苗技术在湖北首创成功，为水杉的推广和解决水网湖区种苗不足的困难开辟了途径。这个期间，森林工业有了重大发展，在开展森林资源调查的基础上，先后对沮漳河、利成、清江、大洪山、幕阜山、大别山、神农架七个林区进行开发建设，支援工农业生产，繁荣了山区经济，改善了山区人民生活。各级林业机构得到进一步充实、健全和加强，全省林业系统职工总人数发展到3.3万多人。

正当全省林业建设全面发展、阔步前进的时候，“文化大革命”铺天盖地而来。1966～1976年的十年动乱极大地挫伤了广大人民群众的积极性，林业建设受到严重干扰。但是，广大干部和群众坚持同“左”倾错误作斗争，全省植树造林、林业科研仍有一些新的突破。大多数地、县都建起了林业科研机构，特别是杉木、油橄榄发展较快。1972年，全省林业会议明确提出，要把“四旁”植树的重点放在平原湖区，结合农田基本建设，发展农田林网。潜江县积极行动，带头大搞农田林网建设，在全省率先建成“水乡园林”。在老典型有了新发展的同时，又涌现了一批新的先进典型。广济县在黄土岗地上营造杉木林，他们总结的“种杉如种田，管杉如管棉”的经验，对全省科学造林育林起到了极大的推动作用。

党的十一届三中全会以后，湖北林业建设进入了一个崛起振兴的新时期。党中央、国务院对保护森林、发展林业作出了一系列重大决策。中共湖北省委、湖北省人大常委会、湖北省人民政府对贯彻落实中央的决策，采取了相应的具体措施，并取得了重大成就。1981年至1983年，全省开展了稳定山林权、划定自留山、确定生产责任制的林业“三定”工作；从1982年起坚持不懈地开展了全民义务植树运动；在一批重点县进行了用材林、油料林的基地建设；在广大平原丘陵农区大力发展速生丰产林。与此同时，省、地、县三级林政管理机构相继建立起来，新建和充实了一大批林业公安机构，使毁林案件及时得到查处，乱砍滥伐森林的歪风基本刹住。国有林场和社队林场通过整顿，得到进一步巩固和发展，经济效益明显得到提高。改革林业经济体制、发展林工商综合经营的工作，也卓有成效地开展起来了。林产工业迅速发展，产品结构有所改善，产品质量不断提高。大力实施科教兴林战略，林业战线知识分子政策基本落实。特别是1989年，湖北省委、省政府作出10年绿化湖北的决定后，全党动员、全民动手、再次掀起了植树造林、绿化荆楚的高潮。1994年经林业部验收，湖北省基本消灭宜林荒山。1995年3月，中共中央、国务院授予湖北省“实现造林灭荒规划省”的光荣称号。同时，湖北省还荣获全国绿化委员会、林业部颁发的“造林绿化先进省”、“平原绿化先进省”、“部门绿化先进省”等荣誉称号。1997年，全省有49个山区丘陵县、市实现了全面绿化。1998年，剩下的16个山区丘陵县、市已全部通过全面绿化达标检查验收，十年绿化湖北的目标已如期实现。

纵观湖北林业50年，尽管有过严重的挫折和失误，但总的来说，成就是显著的。湖北林业的面貌发生了根本变化：

——森林资源发展较快。森林面积、活立木蓄积、森林覆盖率同步增长。全省森林面积由1950年的181.4万公顷扩大到482.8万公顷，活立木蓄积达1.4亿立方米，森林覆盖率由1950年的9.76%上升到25.97%。

——林种结构得到调整。进入80年代，随着社会主义市场经济体制的确立和林业产业化建设的推动，在70年代建设一大批油茶、核桃等经济林基地的基础上，全省经济林又有新的发展。到1998年全省有经济林面积115.3万公顷，产品产量和质量大幅度提高。其中，乌桕产量居全国第一位，板栗、白果产量居全国第三位，五倍子、生漆产量居全国第四位。

——林业产业稳步发展。新中国成立以来，全省累计生产木材2500万立方米，创产值100亿元。全省林业工业企业已发展到741家，1998年年产值达到21亿元，是1949年全省林业系统年产值0.8亿元的26倍以上。全省林业系统第三产业年产值达到7.86亿元。一个以林为主、多种经营、效益显著、前景广阔的多元化林业产业新格局基本形成。

——生态林业建设成效显著。农田防护林体系基本建成。全省21个平原县市全部实现绿化，农田防护林保存面积达32.7万公顷，林木覆盖率由50年代的5.2%提高到15.43%，已林网化农田面积73.8万公顷，占应林网化农田面积的91.2%；绿化河堤道路6.31万公里，占应绿化里程的95.2%，全省平原地区基本实现“林随渠路走，网绕田边行”。二是生态防护林体系初具规模。全省营建防护林面积达190.1万公顷，覆盖了全省68个县市，基本形成“平原丘陵以农田林网为主，山区依水系流域建防护林带，高山远山地带建设水源涵养林区，荒漠、干旱风谷等地因害设防建立绿色屏障”的格局。生态林业的发展，使生态环境明显得到改善。全省29个长江防护林工程项目县水土流失侵蚀模数由1989年的4053吨/年·平方公里下降到1998年的2974吨/年·平方公里。大范围的生态林业工程建设正在日益发挥森林巨大的生态效益。

（三）

回顾湖北林业50年来的发展历程，主要有以下一些做法和基本经验：

党政领导重视林业建设，常抓不懈。董必武同志的家乡在湖北，董老非常重视林业，常吟诗歌颂林业，演讲宣传林业，对湖北省的林业情有独钟。省里召开林业会议，他常在会议上大谈林业的重要性，并谆谆告诫全省人民要发扬愚公移山精神，把荆楚大地尽快绿化起来，这给全省人民以极大的鞭策和鼓舞。湖北省省长张体学，在革命战争年代，率部辗转于湖北深山老林，利用茂密森林的掩护，取得了一个又一个战斗的胜利；从中也看到战争对森林的破坏，给人民带来的灾难。因此，他出任湖北省省长后，怀着“植树造林，造福人民”的宏大抱负，以主要精力坚持不懈地抓林业。从1957年到1973年，在长达17年的岁月里，他对林业进行了大量的调查研究，为湖北林业建设提出了一整套切实可行的指导方针、目标设想、政策措施和领导方法。1963年，在他的倡导下，湖北省委成立了以第一书记王任重任组长、省长张体学任副组长的林业领导小组，亲自抓林业。各地、市、县、公社由党政一、二把手主管或分管林业工作。即使在“文化大革命”的动乱期间，他还是坚持克服重重阻力，始终没有放松对林业的关注。张体学抓林业是凡林业会议逢会必到、到会必讲，先后在全省林业会议上讲话达20多次。他为湖北的历届省委、省政府领导树立了一个身体力行、重视林业的典范。在他的影响下，以后历届省委、省政府的主要负责同志都十分关心林业，高度重视林业。1989年，省委、省政府作出了十年绿化湖北的决定，省、地(市、州)、县(市、区)党政主要负责人层层签订了责任状，明确了限期消灭荒山、实现全省绿化的目标，并把任务落实到山头地块。1991年至1993年，省委先后三次在咸宁、郧阳、黄冈召开全省地市州委书记参加的林业会议，组织与会同志到现场进行调研、参观和督办。为从组织上加强对林业的领导，还为37个重点林业县(市、区)增派了林业副县(市、区)长。同时，全省有574名副县级以上干部办林业点364处、面积11.2万公顷，各级党政领导的率先垂范，极大地推动了全省林业事业的发展。

发展林场，推动林业建设。集体林场和国有林场的建设与发展，在湖北林业50年的历程中始终起着示范与带头作用，有力地推动着全省林业建设。50年代中期，推广黄梅县创办社队林场的经验，全省社队集体林场迅速发展。随后，推行“造好一片林，固定一班人，办好一个场，管好一片林”的作法，各种形式的集体林场进一步发展。现在全省实行乡办、村办、联办、股份合作等形式经营的集体林场已发展到22155个，经营面积117.07万公顷，其中有林地面积96.5万公顷。与此同时，在“向荒山进军”的号角声中，国有林场相继在各地建立，并且不断发展。现在全省国有林场由1949年的两个发展到170个，经营面积37.3万公顷，活立木蓄积达到1400万立方米。如今，乡村集体林场已成为经营集体林业的主要骨干力量，对保护集体山林、促进全省林业发展和壮大集体经济都起到了重要作用，尤其是国有林场的示范与带头作用更为突出。特别是在党的十一届三中全会以后，国有林场建设的指导思想逐步走上以生产为中心、以经营管理为重点、以提高经济效益为目的的轨道。恢复和健全了各项规章制度，推行了多形式、多层次的生产承包责任制，加强了商品林基地建设，开展了以林工商综合经营和森林旅游为主体的多种经营，同时还加强了科研工作。因此，林场集约经营水平不断提高，后备森林资源迅速发展，多种经营效益显著。1998年，全省国有林场活立木蓄积量达到每亩平均4.23立方米，为集体林每亩平均1.3立方米的3.25倍；多种经营收入达到1.7亿元，职工人均5000元。国有林场经营成效在社会上影响深远，不仅带动了集体林场加强经营管理，而且推动了社会各行各业办林场、建基地的积极性。

实施工程造林，提高营林水平。从60年代开始，湖北重点在江汉平原地区建设了农田防护林体系。进入80年代，湖北的生态林业工程重点又从平原发展到山区。1984年，湖北省自筹资金开始建设鄂北岗地防护林工程，1987年已完成了第一期工程并进入第二期工程。1989年，随着国家长江防护林工程的启动，湖北林业工程建设进入了一个新的阶段，先后启动了长江防护林工程、世界银行贷款国家造林项目工程、世界银行贷款森林保护和发展项目工程、德援长江防护林工程、淮河防护林工程，工程范围涉及52个县(市)。通过这些工程的建设，在湖北掀起了一个全省范围内的林业工程建设的热潮。如以共青团为主的“青字号”绿色工程建设，仅基层团组织就建绿色基地5600多处，共完成造林31.2万公顷。广大妇女建设的“三八”绿色工程基地达4200多处，共完成工程造林41.3万公顷。还有各级领导办的示范基地和多层次的经济林、丰产林、工业原料林基地等等。为加强林业基地工程建设，各级财政投入专项资金达5674万元，各部门集资投入7604万元，利用外资3.7亿元。其中，由各部门投入为主兴办的林业工程基地达2400多处，组建股份制林场860多个。在工程造林实施中，始终坚持先设计后施工、高标准整地、苗木分级上山，实行工程管理，因此，营林效益明显高于社会造林。

建立科技服务体系，推广运用新的科技成果。湖北从50年代的“一锄法”造林发展到当今的工程造林，并从林业的粗放经营转变到现代林业的集约经营的过程，也就是全省林业科技不断发展、林业科研成果在生产上不断运用的过程。旧中国，湖北没有专门的林业科研、推广机构，林业专业人才不足10人。新中国建立以后，各级党委、政府十分重视林业科技工作，相继成立了林业科研和技术推广机构。目前，有县以上林业科研院(所)78个、林业科技推广中心(站)61个，职工3669人；有乡镇林业技术推广站1502个，职工6000余人。初步形成了省、地、县、乡层层贯通，与生产紧密结合的林业科研、推广网络。这些林业科研和推广机构，先后在良种繁育、苗木培养、引种栽培、营林技术、丰产措施、病虫防治、木材加工、综合利用、技术更新、设备改造和森林资源管护等各个方面开展了100多个项目，400多个课题的试验研究，取得了一大批科技成果。仅据恢复科技奖励制度以来的统计，全省共有247项成果获得各级科技奖励。其中，国家级4项，部、省级112项，省厅级131项，部分成果居国内领先水平，全省林业科技成果的推广覆盖率达到50%以上。正是林业科学技术的不断进步，才有力地推动了湖北林业的健康快速发展。如日本落叶松引种成功，在高山地区得到大面积推广，已成为速生丰产林的主要树种；水杉扦插育苗技术在全省70多个县市广泛运用；板栗丰产技术使幼林提早1～2年挂果，成年栗树单产由82公斤提高到150公斤以上；应用白僵菌防治松毛虫技术，使松毛虫危害基本得到控制。事实说明，正是由于林业科技的不断进步、技术的广泛应用及服务网络体系的形成，才有今天迅速发展的湖北林业。

开发利用，加工增值，提高林业经济效益。50年来，湖北在林业自身发展上，把重点放在发挥自然资源优势，走立体开发、综合利用、林工商一体化路子，建设林业产业。一个以木材生产、林产工业、多种经营、森林旅游为主的多元化林业产业格局基本形成。新中国成立以来，湖北先后开发了7个大片林区和14个小片林区，总面积达488.8万公顷，为社会提供商品木材2500多万立方米，楠竹2.5亿根。神农架是湖北省重点国有林区，为扭转曾经一度森林过伐局面，压缩了森林采伐限额，实行保护资源、发展营林、多种经营的经营方针，建设了自然保护区，面积达7.467万公顷。与此同时，建成了以日本落叶松为主的速生丰产林基地1.2万公顷和以杜仲、板栗为主的经济林基地0.95万公顷。发展了森林旅游和加工、运输等多种产业。现已形成了营林、森林采伐运输、木材加工、机修、种植、旅游等多种经营为一体的综合性森工企业。全省现有规模较大的林产加工企业117家；有年产5万立方米的胶合板、8万立方米的纤维板、10万立方米的细木工板等40条人造板生产线；有年产5000吨松香、1000吨五倍子单宁酸、7000吨栲胶、1.8万立方米软木制品、16吨银杏黄酮甙等30余条林产化工生产线。林产工业产值由50年代的230万元增长到1998年的12.55亿元。全省有40余家林业企业从美国、加拿大、日本、德国、芬兰等国家和地区引进资金、技术、设备和管理，形成了湖北福汉木业有限公司等3个年产值亿元以上的外向型“小巨人”企业。通过企业改制、改组、改造，形成了当阳扬帆木业有限公司等10余家年产值千万元以上的股份制企业。依靠科技进步，不断提高产品质量，有30多种林化产品获国优、部优、省优称号，60多种产品获省以上科技进步奖。全省还建起了五倍子、银杏、意杨等工业原料林基地26.7万公顷，增加了森林后备资源，保证了林产工业的稳步发展。1986年，新洲县林业科学研究所大胆创新，经过近十年的努力，成功地探索出了“林鱼鸭型”、“林粮型”、“林菌型”、“林药型”等立体栽培模式，生态效益、社会效益和经济效益十分明显。据测定，池杉林灌水养鱼养鸭后，每亩年蓄积生长2.1742立方米，生产优质种子50公斤，亩产鲜鱼225公斤，生产食品鸭22只，每亩平均实现产值3029.68元。立体林业在空间上的多层次、在时间上的多组合，可充分地吸收和利用太阳能、土壤和水肥，形成通过饲料喂鸭，鸟粪、鸭粪喂鱼，鱼粪肥水肥树，树叶肥水喂鱼等食物链的关系和开放型的物质与能量的良性循环。1988年该成果荣获林业部科技进步三等奖，已在湖北平原湖区得到大力推广运用。与此同时，全省突破性地发展了多种经营，跳出林业办产业，大大促进了林业经济的稳步增长。

新中国成立以来，湖北保护和培育了丰富的风景资源，在全省170个国有林场和8个自然保护区内，不仅物种资源丰富，而且自然风景和人文景观优美奇特。著名的长江三峡和神秘的神农架在众多风景名胜中独树一帜，以壮丽雄奇的自然风光而享誉海内外。当阳的玉泉寺是三国古战场；武当山是享誉中外的道教圣地，中外朝圣者络绎不绝；还有通山的九宫山、襄阳的鹿门寺以李自成、孟浩然的英名吸引着八方游客。一个以国有林场为依托建设森林公园的热潮正在湖北蓬勃兴起。经林业部和省林业厅批准，全省已建立国家级森林公园13处、省级森林公园48处，经营面积42.9万公顷。1996年经省旅游主管部门批准，成立了“湖北省森林旅行社”，并开通了多条旅游线路。森林旅游业正成为湖北林业的支柱产业。

坚持依法治林，保护森林资源。湖北林业建设50年的实践反复证明，加强林业法制建设、坚持依法治林，是保护森林、发展林业的一个重要环节和有效手段，必须加强、不能削弱。新中国成立以来，湖北在这方面做了大量卓有成效的工作。新中国成立后，省人民政府为保护森林发布了一系列命令和指示，部署全省开展了“争创无森林火灾县”活动，涌现了一批护林防火先进单位。党的十一届三中全会后，贯彻国务院关于制止乱砍滥伐、保护森林资源的紧急指示，在全省范围内坚持开展严厉打击破坏森林犯罪的活动，做到了破坏森林的歪风随起随刹。《中华人民共和国森林法》颁布后，加强了林业法制建设，先后由省人大常委会发布了《湖北林业管理办法》、《湖北省实施〈中华人民共和国野生动物保护法〉办法》、《湖北省森林采伐管理办法》、《湖北省林地管理条例》等地方性林业法规。与此同时，省人民政府先后就森林防火、森林病虫害防治、林木种苗管理等发布了行政规章。与此同时，省、地、县和基层林政管理、林业公安、森林防火、森林病虫害防治、野生动物保护等执法机构相继建立和健全起来，共有执法人员8000多人。保护管理的设备和设施不断完善，执法手段和制度逐步规范，从而形成了一个保护森林资源反应灵敏的行政执法体系，林业建设随之步入法制化轨道，且效果十分显著。每年查处各类林业案件2万余起，综合查处率达到90%以上；森林火灾受害率逐年下降，近10年来一直控制在0.2/1000以下，大大低于国家的控制要求；森林病虫害年发生面积由60年代的50万公顷下降到90年代的20万公顷，发生率由10%以上下降到6%以下。

（四）

在跨世纪的历史新时期，湖北林业根据党中央、国务院和省委、省政府关于面向21世纪国民经济和社会发展的规划和要求，确立了加快湖北林业发展的基本思路、建设布局、工作重点、主要举措和奋斗目标。

基本思路是：以邓小平理论和党的十五大精神为指针，以发挥林业的生态、经济、社会效益为中心，大力开展植树造林、科技兴林和依法治林，实现“212工程”（即200个国有林场、1亿亩林地、2000万亩高效经济林）建设目标，努力恢复、扩大森林植被和改善生态环境，初步建成比较完备的林业生态体系和比较发达的林业产业体系，促进全省经济和社会的可持续发展，建设一个山川秀美的湖北省。

建设布局：一是抓好以山区丘陵为主的全面绿化，即以国家和省林业项目为龙头，以长江、汉江、清江流域和大别山区、大洪山区为重点，实行植树造林、封山育林和退耕还林，建设保持水土、涵养水源，同时兼顾经济效益的林业生态屏障；二是抓好以平原农区为主的路渠农田林网，以长江和湖区滩涂为主的工业原料林，以京九、汉十（堰）、汉宜（昌）等交通干线为主，并与绿色通道林相结合的农田防护效益与经济效益相结合的林业生态网络；三是以城镇乡村为主大力开展义务植树和园林绿化建设，建设山川秀丽、风景优美的生态环境。

工作重点：一是切实搞好封山育林，1998年冬季至1999年春季一次性封禁233.33万公顷；二是坚决抓好退耕还林，全省40.8万公顷25度以上的坡耕地在3～5年内全部退耕还林还草；三是狠抓生态防护林项目工程建设，努力提高全省10个在建的防护林和“三跨”防护林工程建设的质量与速度。四是努力做好天然林保护工作，立即停止国有林区天然林的采伐和森工转产工作。

主要举措：一是高举生态环境建设大旗，在发展林业的认识上有新的突破；二是全面实施林业“绿色致富工程”，在促进林业产业化建设方面有新的突破；三是全面贯彻《森林法》及其配套法规，在森林资源保护管理上有新的突破；四是积极争取林业项目，在多方位筹集林业资金上有新的突破；五是认真研究林业管理体制和经营机制，在探索林业的经营方式和组织形式上有新的突破；六是大力强化科技兴林，在促进林业实现两个根本性转变上有新的突破；七是进一步深化林业企业改革，在森工系统扭亏增盈上有新的突破；八是大力加强舆论宣传，在争取党政领导和社会各界对林业的重视与支持上有新的突破。

奋斗目标是：经过3～5年努力，完成封山育林233.33万公顷，退耕还林还草40.8万公顷，植树造林99.6万公顷，建设高标准经济林133.33万公顷，全省林业用地面积达到666.67万公顷，使全省森林覆盖率达到30%以上，力争水土流失严重的局面得到有效控制，中度以下水土流失得到基本治理，生态环境质量明显改善，林业生态、经济、社会三大效益显著提高。实现这一目标，湖北林业面貌将有一个更大的改观，将为湖北经济和社会可持续发展作出更大的贡献。我们坚信，有邓小平理论的正确指导，有50年的丰富经验，只要全党动员、全民动手、团结一致、努力奋斗，这一目标就一定能够实现！

（执笔人：邱振环、陈芳顺、戴俊堂、闵凤鸣）

三湘四水绿潮涌

——湖南省林业建设50年

湖南省林业厅

湖南为我国南方主要林区之一。然而新中国成立前的景况是：天然林多、人工林少，粗放经营多、合理栽培之森林少。

1949年10月，中华大地一声惊雷，标志着旧的生产关系的崩溃，新的社会制度的建立。林业建设事业伴随新时代的步伐前进。

党的十一届三中全会前的30年，湖南林业发展可分为三个时期：

第一个时期是初创时期。土地改革和合作化的到来，使农民渴求的山林分到了手，第一次有了自己可以经营的山林，农民异常兴奋。政府提倡合作造林，农民在自愿互利的原则下组织起来，积极发展林业，生产规模扩大，开始了荒山造林，显示了新中国生产要素重新组合的活力。1957年前的5年间，全省年均造林15.33万公顷，为前两年的3.8倍。森林工业作为这一时期国民经济的重要组成部分，开始建立了自己的采伐工业体系。全省年平均木材生产上升到183万立方米，竹材18 500万根。竹木等林产品的经营，经过对资本主义工商业的社会主义改造，由私营为主转为以国营为主，到1956年，全部由国家经营。

第二个时期，林业生产建设严重受挫。在人民公社化运动中，除国有山林外，私有山林全部收归集体所有，林业生产建设不讲所有制、不计报酬、不讲科学技术、不计成本效益，以县或数县组织“大兵团作战”，造林事业在“大造林、造大林”的四季造林口号下，声势大、效果差。1958～1960年的3年间，全省共上报造林100.77万公顷，而实际面积只有12.6万公顷，保存率仅12.6%。更为严重的是，在“共产风”的影响下，山林所有权被打乱，造成国有与集体之间、集体与集体之间，以及国有、集体与个人之间的争山争林纠纷，给后来林业生产建设留下了后遗症。

为了大炼钢铁、大办食堂和毁林种粮而恣意砍伐森林。全省18个重点产材县，县委书记专抓木材生产，木材生产被抬上了“元帅”地位。然而，伐木的场面十分壮观，伐而弃之的情景却令人痛心。会同县年采伐50万立方米，而实际运出的木材只有24.38万立方米，大量的木材烂在山里。仅三五年时间，全省森林蓄积量就减少了上亿立方米，下降35%。

第三个时期，造林以基地为主。60年代中期，局部地区从多年徘徊中吸取了教训，开始试办基地、集中连片造林，全省造林质量和数量都有很大的提高。至1978年末，全省共营造以杉木为主的用材林基地106.4万公顷，保存面积85.15万公顷，保存率达90%以上。株洲、桃源等一批先进县的造林成绩引起国内外的关注，国内先后有20多万人前来参观学习，遍布五大洲的40多个国家的专家学者来湖南考察，大加赞赏“基地办林场，林场管基地”、“造好一片林，留下一班人，办好一个场”这些作法，集存了30年来造林的部分成果，培育了一部分后备森林资源，对恢复全省森林资源起到了很大作用。70年代末，湖南森林蓄积量达1.87亿立方米。湖南人至今还有这样的说法：“凡是有成片人工林的地方，必定有林场；有林场就必定有成片人工林。”从湘北到湘中，直至湘西、湘南、湘东，都可见到这个时期的森林，而且已是今天的主要采伐对象。不仅用材林培育注重基地化,对那些主要的经济林,如楠竹、油茶、油桐等,也热衷于搞基地。政府采取经济扶植、粮食补贴、奖售化肥等一系列措施,促进经济林基地建设。

在计划经济体制下,作为紧俏物资的"三材"之一的木材,统购统销、独家经营,收购价格低、群众用材困难,供需矛盾十分尖锐,木材采伐年年超计划,而上交国家的木材却年年完不成任务。在这一时期的15年间,全省年均生产木材170万立方米,其中有12年没有完成上交国家计划的任务。

尽管这30年湖南林业经历的是条坎坷的道路,但林业的生产管理体系已逐步形成,林业不仅为国民经济建设作出了巨大贡献,而且在社会主义经济建设中进行了许多有益的探索和尝试,从而为以后林业的快速发展打下了一定的基础。

党的十一届三中全会后的20年来,在改革开放春风的吹拂下,神州大地发生了日新月异的变化,三湘林业也毫不例外地焕发出勃勃生机。继1993年全省消灭宜林荒山后,1997年又实现了全面绿化。如今,全省有林地面积900万公顷,居全国第五位;森林覆盖率51.73%,居全国第三位;森林蓄积量2.749亿立方米,居全国第十一位。衡量林业优劣的这些主要指标的全面增长,标志着改革开放后的20年是湖南林业发展的最好时期。

一、变革和完善林业经营体制,释放发展林业的原动力

湖南是农业大省,也是我国南方重点林区省份之一。在这21万多平方公里的土地上,山地面积就占了70%。由于土壤、气候适宜树木生长,历来森林茂盛。杉木、油茶、楠竹、油桐等树种资源在全国名列前茅。广木、辰杉、茶松、桐油、茶油等林产品驰名全国。在计划经济时期,为国家提供了大量廉价的木材、竹材、松脂等林产品。同时,在人工造林、创办杉木林基地等方面创造了好的经验。

然而,过去只注重国家、集体营林的作用,忽视千家万户造林的潜力,形成了林业生产单一的经营格局。特别是林业经营成果与经营者的利益脱节,国家无偿投资造林,集体造林得补助款,你出钱、我造林,不讲效益。而且木材和林产品全是统购,价格低、管得死,结果是林农不能从经营林业中获得实惠,造林、育林、护林的积极性无疑大打折扣。

党的十一届三中全会后,农村实行经济体制改革,使人们在思想上获得很大的解放。稳定山林权属、划定自留山、确定林业生产责任制,取消木材统购等改革措施的实行,打破了僵化的林业经济体制,从而结束了搞林业"坐单船"的局面,一个国家、集体、个人一齐经营林业的新格局诞生了。

新格局经过20年的磨合臻至完善。

湖南从1981年开始进行稳定山林权属、划定自留山、确定林业生产责任制的林业"三定"试点,到1985年,全省41%的山林划为自留山,30%为责任山,由集体实行承包到户经营。

获得了山林经营自主权的农民一下子活跃起来。他们在山林里筹划着、遐想着,积极行动起来,栽树、种果,用勤劳的汗水换取山林的奉献。全省从发证到此项工作基本结束的几年间,广大农民群众就在自留山上栽树51.4万公顷,占自留山面积的10%。

1982年,宁乡县发自留山证的当年,农民就在房前屋后、自留山上造林4654公顷,是发证前的2倍。

自留山主要是在房前屋后或近山,看得见、摸得着、易看管,这里群众发展林业的能量最易释放。就是那些偏远、成片的荒山,由于政策点化之功和人们思想观念的改变,同样也充满了磁力。

1983年,靖州县排牙山林场的两名职工留职停薪,率先承包林场外围乡村的荒山造林。5年后,摆在人们眼前的现实,已经远远超过了当时的期望,他们各自造林竟达3067公顷以上,保存率达98%。

1987年,新晃侗族自治县兴隆乡禾排村一农民,在本县承包造林667公顷获得成功。随后,他又与沅陵县凉水井区和国有齐眉界林场签订了承包荒山造林1527公顷的合同,只一个冬春就全部造上了林。

这仅仅是众多承包者的一两个代表。湖南个人承包造林,有大致几千公顷的阶段性工程承包造林,有造管到底上十公顷、成百公顷的专业户承包造林,也有承包经营几公顷的兼业户、重点户造林。据1985年统计,全省个人承包造林户达8.4万户,其中700公顷以上5户、70公顷以上144户、7公顷以上9643户,承包面积51.7万公顷。仅1985年造林

8.3 万公顷，占当年全省造林总面积的 25%，全省 98 个县(市)就有 26 个县是以个人承包造林为主。

为了加快林业发展的步伐，省里从育林基金中拿出一部分经费重点扶持承包造林，有些地方还搞起"荒山特区"，采取优惠政策，鼓励人们承包造林，对承包造林面积大的专业户，当地政府免征农业税。专业户承包荒山所造林木在未收益前，按国家牌价供应造林承包者基本口粮。这些具有一定诱惑力的政策，吸引着农村能人走向荒山、经营林业。

个人造林，固然是加快湖南绿化步伐的一个方面，而振兴林业的希望之光，在于实行各种新的联合，发展规模经营。

80 年代末，在湖南不少地方可以见到这样的事情：分到户的自留山、包到户的责任山，农民又自觉地凑拢来联合造林育林；一些集体林场的林子，则折股重新组成新的股份合作林场，纷纷走上联合经营的道路。

联合体的出现不是偶然的，是新的历史条件下林业发展的必然产物。它完全不同于过去的社队林场那种"指山为界建场，行政干预造林，名为集体个人无利"的经营方式。联合体的产生首先得益于两个政策：一是木材理顺价格，造林有利可图，调动了造林积极性；二是自留山、责任山有经营自主权。这种联合，就是实行荒山使用权不变，自愿互利，统分结合的联合，是在改革中逐渐形成的一种较为完善的经营方式。实行这种联合，既保持了山权的稳定，使个人的积极性得到充分发挥，又具有集体管护、服务的优越性。联合体一出现，就显示出强大的生命力。

地处洞庭湖滨的汨罗市，1987 年来连续 3 年共造林 2 万公顷，成为湖南消灭荒山第一市。他们的高招就是搞自愿互利的联合，规划设计、种苗、造林时间、管护都是统一的，分户造林、培育，农民受益、各得其所，一家一户造林管护难的问题也就迎刃而解。

合作林场及联合体的形式是多种多样的，有原来集体林场的重新组合，有乡与村联合，村与村联合，也有乡、村、户联合，村与户联合，户与户联合，还有造林、护林阶段性的联合和国有与集体、企业与农村的联合。据统计，到 1991 年，全省合作林场和各种联合体已达到 2.03 万个，经营面积 134 万多公顷，联合体的造林面积占当年全省造林面积的 20%。

随着市场经济体制的完善和发展，如今，林业生产经营上的合作意识，正在向现代企业制度靠拢，一种更为科学而积极的林业生产经营方式——股份合作制林场，在湖南已成为越来越多林农的新选择。

湘西重点林区怀化，从林业生产的特点和完善林业生产责任制出发，推出了股份合作制林场这一新形式，依据山林资产形成过程和生产前景的投入进行产权界定、资产评估、折价入股。股份合作林场对林地实行"统一规划、统一砍伐、统一加工、统一销售"的一条龙经营服务，提高了林农在市场竞争中抗御市场风险的能力。1994 年，这种形式仅出现在全区的个别地方，现在全区已有股份合作林场 380 多个，入股农户 53 949 户，入股山林 16 万公顷。

有关人士认为，林场实行股份合作制，是山区、农村经济向市场经济转变，转向专业化、商品化和现代化的必然趋势。

人们之所以勇于改革、勇于实践，还有一个很重要的原因就是他们的经营成果得到必要的保护。早在林业"三定"时，湖南在进一步放宽林业政策上作了具体规定：大力发展和扶持林业专业户、重点户和联合体，普遍延长承包期 30 年、50 年。这一方面肯定了多种经营方式的发展方向，另一方面说明国家林业政策的连续性和稳定性，让经营者专心造林和培育森林。特别是各地在发展承包经营和联合经营中，都遵守"自愿互利"这一基本原则，双方签订合同，公证机关认可，使经营者权益受到法律保护。

20 年一春又一春，湖南林业经营体制改革经历了分户—联合—股份合作之路，在探索中完善，在完善中提高，为湖南林业发展铺设了一条宽阔的坦途。

二、向荒山宣战震撼三湘四水，5 年奋斗终如愿

在湖南林业史上，将永远记下这两个辉煌的时期：

1989～1993 年，向宜林荒山宣战，5 年艰苦奋斗，芙蓉国里辽阔的丘陵山区披翠挂绿，浩渺的洞庭湖畔杉柳成行，历史上遗留下来的 200 万公顷荒山已从湖南版图上消失。

1994～1997 年，全面绿化号角响彻三湘大地，历时三年半，山岗林地见缝插绿，江河公路沿岸绿了，城镇街道宅旁美了。

灭荒、全面绿化，这两个前所未有的壮举，它决

策的本身就是一种高瞻远瞩和非凡的勇气，更是人与自然对话达成的共识。

由于历史的种种原因，在那特定时期，湖南林业同样也劫难难逃。到1988年，全省荒山面积已达200多万公顷。植被破坏导致水土流失，一旦下雨，大小河流泥浊不堪，湘、资、沅、澧四水挟带大量泥沙涌入洞庭湖，使湖床逐年抬高。1949～1988年的40年间，湖区有30多年发生了不同程度的洪涝灾害。而广大丘陵山区如果十天半月不下雨，就有数千条溪河断流、数以万计的塘库干涸。一座座荒山秃岭揪着湖南人民的心。

人类总是在忧患中反思、在反思中醒悟。恩格斯在《自然辩证法》一书中的一段话曾告诫说："我们不要过分陶醉于我们对自然界的胜利。对于每一次这样的胜利，自然界都报复了我们。每一次胜利，在第一步都确实取得了我们预期的结果，但是在第二步和第三步却有了完全不同的、出乎预料的影响，常常把第一个结果又取消了。"①以丧失生态为代价的经济繁荣，往往造成生产条件的恶化，成为长期不能摆脱困境的孽根。

省委、省政府认识到，在巩固农业大省地位、挖掘农业潜力上，采取的战略必须是：寻求生态学上完善的、经济学上可行的政策和手段。1989年1月，省委、省政府作出了《五年消灭宜林荒山，十年绿化湖南》的决定。

《决定》颁布后，为了把它变为群众性的行为，省委、省政府先后3次召开大型工作会议，通过细致的工作和有力的措施，灭荒运动迅速在全省展开。

1989年3月，全省灭荒动员会在汨罗市召开。会址选在汨罗市，是为了树立典型，鼓舞信心，借此来个全省大动员。汨罗市从1984年起开展"三年消灭荒山"的活动。市委书记一头扎在灭荒中，查山头、作规划、订措施、蹲点示范，殚精竭虑。全市领导披挂上阵，层层立下责任状，乡乡办起样板山，干群同心奋战，2万公顷荒山3年全部被消灭。会上，省里在该市政府院内建了一座"全省灭荒第一市(县)"的纪念碑。

榜样有很大的激励作用。就此，省政府与各地、州、市行政负责人签订了限期完成灭荒任务的责任状。会后，省委书记、省长们分别蹲点一个县创样板。这一年，省、地、县三级1200多名领导干部在全省办起灭荒造林点1000多处，总面积13万多公顷。经过两年的艰苦奋斗，到1990年底，全省已有20多个丘陵县(市)完成了灭荒任务，9个湖区县达到了平原绿化标准。

能不能如期灭荒，关键在那些荒山大户县。这时，全省还有28个荒山重点县。这28个县荒山面积占全省荒山面积的67%。多的13万多公顷，少的也有3万公顷以上。省政府又一次召开会议，给他们以当头捧喝，促使他们奋起直追。攸县在会议结束后立即组织10万大军上山造林，苦战一个冬春，拿下了荒山造林任务，成为大户中的灭荒排头兵。

灭荒期限一天天逼近，1992年1月，12个荒山大户县的领导被请到省会长沙开"特餐"。当时，这12个县尚有近40万公顷荒山，不但面积集中，而且多为紫色页岩、钙质页岩、石灰岩地带，是全省最难啃的"硬骨头"。会上，省委书记熊清泉郑重地提醒与会者："1993年是全省消灭荒山的最后期限，又是毛主席100周年诞辰，如果不能如期灭荒，你们就对不起毛主席，对不起党中央、国务院的厚望，更对不起6000万湖南人民！"这"三个对不起"，就如"最后通牒"。县委书记们异口同声地表示：背水一战，绝不拖全省的后腿！沅陵县委书记一散会连夜驱车400公里赶回县城，立即召开县委常委会议研究部署。第三天，全县15万劳力走上山头，掀起春季造林灭荒高潮。造林、封育、飞播三管齐下，一年内全部消灭了剩余的5.2万公顷荒山。桑植县则响亮地喊出："把'乌纱帽'挂在树梢上"，谁分管的荒山不见林，就摘掉谁的'乌纱帽'。一时间乡政府停炊，干部和劳力都走上了造林第一线，终于如期完成了任务。

灭荒战斗打响后，各地纷纷为资金短缺而发愁。这时候，中央正在实施长江中上游防护林体系建设、世界银行贷款国家造林、油茶低产林改造三个工程项目。这三项工程涉及我省49个县(市、区)，共投资2.6亿元，其中中央投入占一半。这笔资金恰如雪中送炭，大大缓解了燃眉之急。借此东风，省地县各级财政狠抓了配套资金的落实。省财政在十分紧张的情况下，每年拿出1200万元用于造林种苗补贴，省农行每年都较好地落实了林业贴息贷款。中央和省里的投资又带动了地、县、乡、村及其它各部门对造林的投入。

---

① 恩格斯．自然辩证法，北京：人民出版社，1957年，第一版，158～159页

三项工程不仅为我们缓解了资金矛盾，而且引进了营林工作新的运作模式。三项工程实行“签约造林——检查验收——按质投资”的管理程序，把质量摆到了第一位，使全省的造林质量实现了飞跃。据原林业部对湖南1989～1993年连续5年的抽查，平均面积核实率为99.5%，平均合格率为91.7%，名列全国前茅，连续荣获全国“造林质量优秀奖”和“造林成绩优异奖”。1992年，全国绿委授予湖南“造林绿化先进省”称号。

封山育林在灭荒中有着不可低估的作用。曾有日本林业专家参观湖南的封山育林现场后说：“中国模式造林，要在日本推广”。

1989年时，全省原有荒山加采伐迹地，总数不下267万公顷。面对这庞大的荒山数字，仅仅采用全垦式的人工造林，不说5年，就是10年也难以办到。同时，人工造林也容易破坏原有植被，不是每个地方都适宜。要如期灭荒，必须走出一条新路。正当各级领导在苦苦思考答案时，一些好的封山育林典型引起了人们的注意。省委、省政府及时总结了他们的经验，在《决定》中明确提出以营林为基础、以封为主、封造结合的方针。在山丘区，特别是对立地条件差但又有一定母树的大山区，推广这种办法后，三五年均郁闭成林。

就是那些高山远山的荒山也没有放过，省民航局和空军部队在这场灭荒中表现出极大的热情和关注，与当地政府密切合作，飞播造林57.7万公顷。

在灭荒征途上，一道道障碍、一个个困难横亘在面前，湖南人民凭着坚韧不拔的毅力和聪明才智，将其一一化解排除，登上了胜利的高峰，实现了人们多年来的夙愿。

当省委、省政府领导接过中共中央、国务院授予的“全国荒山造林绿化先进省”的奖牌时，顿时掂出了这是新中国成立以来湖南所受到的最有份量的奖励。

三、全面绿化齐动手，让芙蓉国里铺满锦绣

灭荒战的硝烟还未消散，征战的人们还没来得及洗尘，嘹亮的号角又催促着人们迎接新的挑战。

1994年，省委、省政府又作出了《加速全面绿化，建设高效林业》的决定，明确提出：提高森林覆盖率和城镇绿化率，是整治国土的基础工程，是环境建设的首要任务和核心内容。绿化，提高到了一个非常的高度，拓展了广阔的视野和空间。

绿色，自古至今凡有识之士都深切地意识到，那郁郁葱葱之色，散发着芬芬芳芳之气，恰恰是祖国祥瑞、民族富强的征兆。长沙市委的领导曾说：“长沙要面向21世纪，首先就要学会面向绿色、面向自然。”诚然，假若城镇、公路见不到绿地树木，房子建得再漂亮，路修得再好，能与“文明”二字匹配吗？

因此，全面绿化与消灭荒山不仅起点不同、侧重点有异，而且扩大到全社会办林业、全民搞绿化。

衡阳县的全面绿化是全省的一个缩影。林业用地绿化、未成林造林地绿化、疏残林改造、村庄和居民点绿化由林业部门牵头，乡镇负责；国、省、县道绿化由交通公路部门负责；乡村公路绿化由乡村负责；城镇街道、公共绿地、居民小区、建制镇的绿化由城建部门和建制镇负责；江河堤岸、水岸库区和渠道绿化由水利部门负责；学校、厂矿、机关团体、部队的绿化由主管部门和单位负责。县财政按不少于1%的比例留用绿化费，其余经费由各部门解决。按照“统筹规划，各负其责，各负其费，各受其益，限期完成”的原则运作。通过全面绿化活动，一个全社会办林业、全民搞绿化的氛围正在形成。

在湖南，不管你走到哪儿，放眼眺望原野，青山满目，毫不夸张。实施全面绿化战略，人们以挑剔的眼光寻求质与量的结合。

森林旅游大市张家界提出：“春夏看一片绿荫，秋冬看满山密林”的绿化目标，加大对造林难度大、绿化质量不高的张家界——慈利、张家界——桑植、张家界——国家森林公园三条公路和公路沿线山头的绿化改造。市委书记亲临现场督战，终于使通往旅游区的公路沿途的绿化美化与景区相映生辉。

开展全面绿化仅是一种手段，将造林绿化与提高全民的素质、体质、环境意识联系起来，将眼前利益与长远利益结合起来，才是目的之所在。因此，全面绿化过程也是对绿化的全面宣传过程。把宣传看成全面绿化工程的组合，进行辨证的入情入理的宣传，使人们认识到绿化的作用、绿色的好处。绿色需要创造，只要大家都拿出实际行动，绿色完全能够创造。而只享用绿色，是欠债；挥霍绿色，是造孽；破坏绿色，更是犯罪。有了认识上的提高，各项绿化就能

建立在自觉的基础上。

在湘乡市，团委有“青年林”，妇联有“三八林”，铁合金厂、铝厂等单位有植树基地，城区60个独立庭院单位有22个达到了省、地、县级园林式单位。群众绿化美化蔚然成风。

娄底市把森林引入城市，实现人与自然、人与森林、人与环境的高度和谐统一。三年在城区移植胸径15厘米以上的大树4200株，当年栽下当年成荫。

城市绿化不光在娄底市引人注目，在全省其它城镇同样也有很大的改观。全省城镇绿化覆盖率已达到了36.9%，人均拥有公共绿地5.73平方米。

当然，人们的认识是有差别的，行为规范只有法律制度才具有约束力。为了发展和保护绿化成果，以《森林法》、《野生动物保护法》和国务院颁布的《城市绿化条例》为依据，结合湖南实际，省人大发布了5个地方性林业法规，省政府制定了7个林业规章，逐步建立了以《森林法》为龙头，地方性法规相配套的具有湖南特色的湖南林业法规体系，造林绿化成果保护步入了法制化的轨道。还相继在全省范围内组建林业公检法机构490个，拥有一支3651人的执法专业队伍，使造林绿化既有法可依，又有一支护卫其成果的主力军。前两年，株洲市某单位受社会上破墙开店风潮的影响，拟将市内公园500米临街的围墙拆除建店铺，信息传出，市民和新闻媒体以有关法规条款群起而斥之，立即得到了制止。

尽管全面绿化没有灭荒那么惊心动魄，但可歌可泣的场面也不少。

沅江市本是首批“全国平原绿化达标县”、“全国高标准平原绿化示范县”。1996年7月，一场特大洪灾使沅江市十垸九溃，沅江林业几乎要从零开始。面对百废待兴的灾后工作，市委、市政府没有局限于迫在眉睫的灾民的衣食住行，而是高瞻远瞩地提出“苦战两年，再现高标准平原绿化市风采”的口号。在这场“灭顶之灾”中，他们又一次体会到了树木给予的太多的恩泽。东平村20多名没有来得及疏散的群众就是靠一棵棵大树，才得以生存下来。洪水过后，这个村要是没有灾前那6000立方米的活立木蓄积，小学建校舍、农民盖房子，谈何容易。当灾后第一春到来时，全市就组织了6万多劳力投入植树造林行列，两年时间造林4000多公顷，全市又一次恢复到了全面绿化。

1997年6月，湖南省绿化委员会召开新闻发布会，郑重宣布：十年绿化湖南的目标比原计划提前一年半实现了，谨此献给香港回归祖国和党的十五大召开。

四、大举山地开发林业创高效，建农业强省林业挑重担

树木是人类最亲密的植物，当产业化的热浪渗透全省农村经济的肥沃土壤时，审视周边这一熟悉的植物群落，原先生动的风景恍然间是那样的单调。

湖南林业，仅就绿化而言，确实令人骄傲。但是，实现绿化，还只是林业发展迈出的第一步。如果去深层地审视林业，林业产业严重滞后的问题迫切地摆在面前，突出表现在林分质量低、加工利用低、经济效益低三个方面。全省用材林平均每亩仅2.41立方米，还不及全国平均水平；树种结构单一，松、杉树占林地的61%；16.9%的林业用地还处在疏残林状态，仅是低水平绿化；占农业总产值7.1%的林业产值，与占全省国土总面积55.1%的林业用地极不相称。而在林业产业中，林产工业更加落后，近两年来加工工业产值在全省林业系统总产值中都只有14%左右。

植树造林，决不仅仅是为了“绿化”二字。传统林业要增添几分现代色彩——走上自我持续发展的良性循环，产业化是大趋势。

应该说，湖南林业产业化建设还是有基础的，由营林业、森林采运业、林产品加工业、多种经营业和森林旅游业等组成的林业产业在湖南不乏可圈可点之处。作为林业产业化基础的营林业，“八五”期间营造了22.5万公顷速生丰产林，178个国营林场，在不到全省5%的山地上培育了占全省13%的森林；森林采运业，这几年每年全省保持生产商品材280万立方米；林产品加工业，每年仅生产的各种人造板就达48.5万立方米；森林旅游业正在崛起，国家第一个森林公园张家界国家森林公园早已声名远扬，随后全省相继建起39个森林公园、33个自然保护区，每年约1000万游客徜徉在这青山绿水间；而全省几乎所有的国有林场、森工企业都有多种经营的星星之“火”。

从整个农村经济看，湖南人多地少，丘岗山地面积大。虽是农业大省，但人均耕地充其量只能解决吃

饭问题。

再不能只在几分耕地里“刨食”了。土地生万物，农民真正要富起来，潜力在山、希望在林。人类在森林的怀抱中长大，漫长的岁月里，森林是人类的衣食之源。在一些山区县，林业至今还是支撑财政收入的一大柱石。

绥宁、靖州、江华等山区县，是青山绿水养育了一方人民，又是这一方人民培育了绿水青山，念“山”字经、作林业“文”、走致富路，林业收入占了财政收入的60%以上。

省委、省政府的领导十分尊重这一客观事实，提出：“湖南丘岗山地面积1334万多公顷，占全省面积的三分之二还多。湖南农村奔小康，必须做好山地开发这篇大文章。”1994年，省委、省政府把加速全面绿化和建设高效林业同题挥章、作出决定、发布号召；1995年又作出《关于建设农业强省的决定》。一场声势浩大的丘岗山地开发，建设优质、高产、高效林业在三湘大地迅速展开。

为了做到分类指导，领导们率先垂范、下乡上山、办示范点。

湘南边陲江永县的农民，一年里几次看到省委书记王茂林走在这里的弯弯山道上。省委书记抓落实，干部群众劲头足。江永县一年新扩柚园2000公顷、改造低产柚园200公顷，驰名海内外的江永特产——香柚，一年等于10年的发展速度。

溆浦，这个有名的枣乡，杨正午省长的点设在这里。“十乡百里十万亩”，人们为此绘声绘色地描述溆浦枣子的特色和气势。四年里，全县新开枣园4000公顷。挂满树的枣子，是进袋的票子，枣乡的农民好不喜悦。

省委副书记胡彪、副省长庞道沐也分别在吉首、桃江办起了椪柑和楠竹低改丘岗山地开发点。省林业厅出手不凡，一下子搞了9个高效林业示范县和3个示范片。这些点和片都有各自的林业特色，以基地建设为重点，四年开发山地19万公顷。开发内容包括了速生丰产用材林、名特优新经济林和低产林改造等。

一级做给一级看，一级带着一级干。全省各级领导办各种不同类型的开发示范片或点420多处，示范面积25万多公顷。

高效林业建设的一个显著特点，就是加大了科技含量。省林业厅广纳科技英才，聘请中南林业规划院教授级高工王永安担任技术顾问。一支支汇聚着三湘林业院校和科研院所精英的专家教授队伍活跃在湖南林业建设的大舞台上。一批批科研成果，如封山育林控制松毛虫，杉木优良家系、无性系，疏残林更新复壮等，在生产中得到广泛的应用和推广。

经科技点缀的风景是迷人的。板栗良种及其早熟技术在全省推广面积达4万公顷、产量大大超过常规品种，四年生板栗林每公顷产量高的达到了2000多公斤。

油茶优良无性系栽培，深受群众欢迎。全省32个油茶生产县，新造无性系油茶林1万公顷，高接换冠1400公顷。经过低改后的油茶林，三年后每公顷产油270多公斤，是原来的5倍；8年生的无性系油茶每公顷产量达476公斤。

高效林业的兴起，加速了林业产业化的进程。以基地建设为基础、以经济效益为中心、以经济契约为纽带、以龙头企业为载体，通过向市场、向基地、向林农延伸，自愿互利将分散经营纳入社会化生产轨道。像公司＋农户、公司＋农户＋基地、加工利用方面的企业＋原料基地，这样一些林业产业化体制雏型日益成熟。

龙头企业的建立，提高了资源的商品转化率，实现了多层增值的良性循环，带动了基地开发和林农致富。全省已兴起干鲜水果加工、人造板、木浆造纸、林化、林机、竹制品及其工艺品等一批龙头企业。就拿洪江市竹胶板来说，它一头连接市场，不断开发新产品，一头把初级产品扩散到乡村和农户，带动了30多个乡镇和3800余户林农从事楠竹加工。

说起林产品开发，在1997年10月举办的湖南首届林业名特优新产品博览会上展示的13大类1800多种产品，令人惊叹不已。除那些以木竹为原料加工精美、品种多样的产品外，许许多多是长在深山、养在深闺，第一次在城里人面前揭开面纱、一展芳容，倍受关注和青睐。短短的6天展销时间，就与省内外客商签订引资和购销合同4.3亿元。从这里，全省林业战线职工进一步看到了林业产业发展的广阔前景。

将山地开发纳入扶贫的内容，建设优质高产高效的林业，可以说是最具活力和实际意义的扶贫。由于历史的原因和自然环境的背景，贫困人口大多在边远僻壤的山区。全省扶持的21个贫困县中，重点林区占13个，其贫困落后由此可见。帮助山区人民从传统林业中走出来，因地制宜、发展特色产品，从资金上重点扶持、技术上精心指导、市场上全力引导，已是脱贫致富的切入点。

在开发中，各地都十分注重抓投入机制，坚持投入多元化方针，四年全省共投入高效林业建设的资金15.2亿元。这些资金分别来自财政、信贷、农村合作基金、社会集资、群众自筹和投劳折资等。结合长江中上游防护林建设工程、“世行”贷款林业项目等一些重点工程筹集资金搞开发、建基地、创高效，也收到了满意的效果。

今天，当市场经济的浪潮汹涌澎湃、惊涛拍岸之时，当我们将要迎接新世纪太阳升起的时候，湖南不失时机地把林业放在全省经济的大舞台，放在中国乃至世界的大市场上，瞄准高效、突出特色，创一业富一地、抓一品活一片，短短四年时间，就开发丘岗山地61万公顷。其中林果、林药、油茶、油桐、楠竹、速生丰产用材林等林业成份的开发就占了40多万公顷。

省委、省政府的领导一再提出：建设农业强省，林业要唱主角、挑重担。

一些在全省有数一数二位置、在全国有一定影响的产业，如油茶、楠竹、江永香柚、溆浦枣子、慈利杜仲、石门板栗等，农民从来没有像今天这样看重它，把它当庄稼种、当“财神”敬。

黔阳县农民钦万友，认定山地是块刮金板，有付出就有回报，承包267公顷荒山办橘园，实行集约经营，山上山下，自动化喷灌果园，年收入在500万元以上。

怀化“八亩山地作文章，综合开发奔小康”的农村发展战略实施后，让山区人民看到了希望，昔日年收入每公顷只几十元、百余元的丘岗山地，如今一公顷收入上千元，甚至几千元，上万元。

湖南开发丘岗山地，建设高效林业，行动迅速、规模宏大、效果显著，引起了中央领导的重视。

1994年3月24日，春寒料俏，江泽民总书记一行冒雨来到桃源县龙虎乡，登上了金盘山顶，放眼望去，连绵起伏的山峦，堆彩流翠，新垦的梯土层层叠叠，果木含苞迎春，如诗如画，连连赞叹：有气魄，丘岗山地开发大有文章可做，这条路子走得对。

中共中央政治局常委、全国政协主席李瑞环，1995年来到湖南考察工作，兴致勃勃地在怀化地区踏看了多处山地开发基地后认为：如何使丘岗山地这部分土地从潜在的资源成为现实的财富，是农业开发的一个重要课题，湖南的做法具有重要的启示作用。

抖擞精神，放开视野，去眺望三湘大地一系列气势恢宏的林业工程吧！

长江中上游防护林、世界银行贷款国家造林项目、以工代赈、封山育林、兴林灭螺、飞播造林六项工程，涵盖公益和产业两大林业体系；林材、林果、林药、林化、种苗五大基地建设，高起点、成规模；油茶、楠竹、松杉三大低产林改造，显示了巨大的效益潜力；以人造板、松香、林纸为龙头的一批林产工业企业，扩规模、增效益，精加工、深开发；森林旅游、小水电、花卉盆景、矿产资源等四大开发，给人一种走出“木屋”天地宽的感觉；庭院林业给农家院舍饰上了美的色彩，同时也创造了巨大的财富。

这就是我们建设高效林业正在重点实施的“六五三一四一工程”。

到本世纪末，33.3万公顷“千元山”、133.3万公顷林材基地、33.3万公顷林果基地、66.7万公顷庭园林业，如耀眼群星，在中国林业“银河”里放射出闪闪光芒。

森林，铭刻三湘人们心目中的，既是“绿色保姆”，也是“绿色银行”。

五、再创未来辉煌，把握“发展、提高”执著追求

在希望中、在成功中、在人民群众的创造之中，湖南林业“九五”发展计划和2010年规划同时付诸实施。

“九五”期末，森林面积将扩大到1000万公顷，林地利用率提高到90%，森林覆盖率提高到53%；林业系统产业总值达到130亿元，每年以13%的速度增长；农民从林业生产上获得的收入，山区达到50%，丘陵区30%，湖区20%。

到2010年，全省森林面积达到1067万公顷，林地利用率达到95%，森林覆盖率上升到55%，森林蓄积量增加到3亿立方米，木材综合利用率达到60%以上，林业系统产业总产值达到480亿元，年递增率14%以上。

围绕这些指标，在今后相当长的时期内的主要

任务是建好三大体系，办好九件实事，即：

建好比较完备的生态体系。搞好重点工程建设，构筑起林业生态体系的主体骨架；抓好全民义务植树，丰富生态体系建设的内涵；保护管理好森林资源，巩固生态体系建设成果。

建立比较发达的林业产业体系。着力开发一批主导产品，办好一批龙头企业，建好一批商品林基地。

建立比较健全的林产品市场体系。把林产品市场、营销网络、推销队伍的建设纳入林业发展的总体规划。

粗线条的勾绘素描，可以看出湖南林业结构将发生重大调整。林业的三大体系建设，都将随着这些计划的实施而构筑起新的框架。

延伸的林业，生态、经济、社会三大效益有机结合，齐头并举，以森林为主体的生态环境不仅有量的跃进，而且有质的提升；多年来比重弱小的林业产值也将随之强大起来；人们在享受森林恩泽中其认识必将达到一个新的境界。

湖南林业，不仅蕴含着造就经济和文化发展的无限活力，而且也忠诚不渝地维系着千百万人赖以生存的生态环境。

湖南林业发展之前景，须牢牢把握二者执著追求。

（执笔人：戴开钧）

荒山绿化第一省　持续发展着先鞭

——广东省林业建设50年

广东省林业厅

新中国成立后，广东林业经过了半个世纪的发展历程，发生了翻天覆地的变化，从建国初有林地面积只有386.7万公顷、覆盖率19.4%，发展到1998年有林面积919.48万公顷、覆盖率56.6%。特别是党的十一届三中全会后，改革开放为林业注入了新的活力，谱写了广东林业新的篇章。

一、十年绿化广东，成为全国荒山造林绿化第一省

新中国成立初期，广东林业的基础十分薄弱。全省有林面积372万公顷、森林覆盖率17.6%，宜林荒山荒地806万公顷，占林业用地面积的66.6%。

从新中国建立起，广东就开展了恢复森林、发展林业的工作。从1962年开始，以北江、西江、东江、韩江流域为轴线，在56个山区县逐步建设200万公顷用材林生产基地，至80年代已初具规模。广东海岸线长，其中宜林海岸线2800公里。从1952年起，沿海人民便开始营造沿海防护林带和农田林网，至1985年，全省已营造沿海防护林带8万公顷，林带长2100多公里，占宜林海岸线总长的75%，营造农田防护林网20万公顷，沿海地区的森林覆盖率从1949年的3%增加到22%。林带蜿蜒千里、林网纵横交织，筑起一道抗风沙、御海潮、保农田的绿色屏障。从1950年至1985年，全省造林栽植面积达1203万公顷。

这点成绩来之不易。由于长期以来"左"的影响加上指导工作失误，脆弱的广东林业遭受极大破坏，造成"年年造林少见林"，林业发展缓慢。到1985年，全省仅有森林面积535万公顷，森林覆盖率27.7%，而荒山荒坡却还有498.13万公顷，占林地面积的41.75%。林业仍然是国民经济中的一个薄弱环节。森林覆盖率低，森林资源消耗量大于生长量，荒山面积增加，生态环境恶化，自然灾害增加，农业生产极不稳定，社会经济和人民生命财产受到较大的威胁。

党的十一届三中全会后，中共广东省委、省政府坚定不移地落实林业"三定"政策（稳定山权、划定自留山、确定林业生产责任制），使人民群众发展林业生产的积极性空前高涨。省委、省政府因势利导，于1985年作出《五年消灭荒山，十年绿化广东》的决定，全省党政军民共同努力，至1990年如期消灭了333.3多万公顷宜林荒山，1991年被中共中央、国务院授予"全国荒山造林绿化第一省"的光荣称号。1993年，梦寐以求的愿望——"十年绿化广东"的宏伟目标提前两年基本实现。1994年，省委、省政府及时做出《关于巩固绿化成果，加快林业现代化建设的决定》，根据全省林业发展的形势，提出了森林分类经营的改革，着力培育森林资源，优化生态环境，发展林业产业，取得了令人瞩目的成就。

（一）造林绿化取得显著成就，生态环境得到根本改善

1986～1990年"消灭荒山"期间，全省每年造林以66.67万公顷的速度推进。荒山消灭后，不断调整林种、树种结构，使造林质量和效益稳步提高，人工

造林面积核实率和保存率均保持在90%以上。全省森林覆盖率由1985年的27.7%提高到1998年的56.6%。

广东沿海、平原地区已初步建成多林种、多功能、多效益的防护林体系。全省沿海海岸线长6000余公里,约占全国海岸线总长的三分之一,其中大陆宜林海岸线长2700公里,防护林带已经合拢,像绿色长城屹立在祖国南海之滨。沿海地区的186.6万公顷宜林丘陵山地和6万公顷宜林沙滩已基本植树绿化,森林覆盖率从新中国建立初期的3%上升到30.8%。防护林带保卫着沿海39个市(县、区)23.3万公顷农田的丰收和2000万人口生命财产的安全。珠江三角洲的13个平原县(市)是广东农业生产的重要基地。这一地区适宜营造林网的农田面积23万公顷,适宜林网长度15952.5公里,已完成营造林网长度14575.8公里,绿化率91.7%。沿海、平原防护林体系的建成,为这一地区建设生态农业、社会经济可持续发展提供了可靠的绿色屏障。

湛江市位于我国三大半岛之一的雷州半岛,历史上曾经是"人莫能居"的苦旱之地,为历代封建皇朝贬官流放之地,人民饱受风、沙、旱、潮肆虐之苦,新中国建立初期,森林覆盖率仅8%。经过50年艰苦曲折的奋斗,整个雷州半岛建成了一个片、带、网、点相结合的完整的防护林体系。昔日的"赤地千里",如今是"绿色的海洋",人民安居乐业。到1997年,全市有林面积已达28.2万公顷,绿化率89.4%,森林覆盖率27.1%,建成了全国最大的桉树、橡胶、红树林生产基地。植树造林改善了生态环境,协调了各业的发展。全市耕地面积,1949年为27.4万公顷,水稻平均每公顷产量375公斤,到1997年,耕地面积增加到34.7万公顷,水稻平均每公顷产量4777公斤。全市农业总产值从1978年的23.6亿元提高到1997年的176.55亿元,其中林业总产值从0.85亿元提高到13亿元,农村人均年纯收入从1978年的120元提高到1997年的2794元。

1985年前,全省水土流失面积1.2万平方公里。1986年以来,省政府决定用10年时间对"三江"(韩江、北江上游及东江中上游)流域包括5个市23个县(区)的5191平方公里水土流失最严重的地区,采取植树、种果、种草、修筑谷坊、拦沙坝、开水平沟等措施进行综合治理。至1995年10年中,共投入资金2.27亿元,治理水土流失面积达5444平方公里,占计划的105%。经过治理,区域内的植被覆盖率从治理前的35.6%提高到71.5%,各项水保设施拦截泥沙总量达7948万吨,年均拦截泥沙795万吨;区域内的生态环境和土壤的水、肥、热条件得到了明显改善,有4.73万公顷农田免受黄泥水危害,0.32万公顷被泥沙埋没的耕地得到复耕,还保护了10万公顷良田,有效地改造了低产田,使区域内粮食产量平均每年增加5041万公斤,新栽的19万公顷水保林和5.27万公顷果树以及开挖鱼塘养鱼、养畜,年均增加收入1.43亿元,纯利6864万元;区域内原有贫困户9.5万户,已脱贫7.79万户。为彻底治理"三江"流域的水土流失,从1996年开始实施第二期治理工程,计划用5年时间再治理897平方公里的水土流失面积。"三江"流域水土流失的治理,较好地改变了下游地区的水质资源和防洪条件,对珠江三角洲的经济发展具有重要的战略意义。

(二)城市林业建设开始起步,改善城市环境已初见成效

随着城市环境污染的日益严重,环境与发展的矛盾已使许多专家教授呼吁必须加快城市林业建设步伐,维持城市可持续发展。1996年广东省政府批转了省林业厅《关于加快城市林业规划建设的意见》,在全国率先提出了建设珠江三角洲城市林业,并在中山市开展了城市林业规划建设的试点。

珠江三角洲是广东经济高速发展的地区,林业用地182.4万公顷,占区域总面积的43.9%,森林覆盖率40.2%,但由于绿化标准不高,生态环境仍然滞后于区域内经济的发展。没有发达的城市群林业体系,就没有城市的优良生态环境,也就谈不上珠江三角洲的现代化。把珠江三角洲建成一个以生态环境建设为核心的与区域内社会经济同步规划、协调发展的城市群林业体系,实现大地园林化,是珠江三角洲林业建设迈上新台阶的标志,是一项跨世纪的宏伟工程。

中山市在实现绿化达标后,投入1.37亿元资金,先后建成了紫马岭公园、孙文纪念公园等9个公园和32个小区园林景点。如今,一个功能齐全、布局合理、生态稳定、景观优美的花园式海滨城市已具雏形。1995年被全国绿化委员会、人事部、林业部评为"全国绿化先进单位"。1996年成为全国8个"园林城市"之一,成为全国精神文明建设的先进市。

深圳市制定了建设现代化花园式城市的战略目

标，目前全市已建成了14个各具特色的公园和5个园林式风景旅游区，园林绿地面积达2568公顷，建成区绿化覆盖率从建市前的10%提高到37.21%，人均占有绿地从2.5平方米增加到33.21平方米。

珠海市规划建成绿化水平一流、生态环境质量高的现代化花园式海滨城市。目前全市5.1万公顷山地，绿化率87.13%，森林覆盖率31.9%。城市建成区绿化覆盖率43.05%，人均公共绿地20.83平方米。1995年被全国绿化委员会授予“全国造林绿化十佳城市”。

此外，广州、佛山、东莞等城市林业建设均已取得显著成效，展示出了岭南城市林业的风采，开拓了一条具有广东特色的城市林业发展道路。

(三)高效益的绿色产业崛起，加快了山区脱贫致富步伐

绿化达标后，全省不断调整林种结构，经济林得到空前发展，总面积达86.7万公顷。全省形成了粤中珠江大三角地区以荔枝、龙眼、芒果、笋竹为主，粤东以沙田柚、油甘子、青梅、青榄、茶叶为主，粤北以板栗、白果、毛竹、奈李为主，粤西以荔枝、龙眼、肉桂、芒果为主的各具特色的经济林基地。高效益的绿色产业已成为山区脱贫致富的一条有效途径。梅县仅沙田柚一项1995年产值就达7.48亿元，全县农村水果收入人均达1142元。高要市于1995年已建成了南药、肉桂、石槁、水果等基地11万公顷。该市水南镇的农民种石槁致富后，有250多户纷纷到肇庆市郊置地建楼房，形成富裕农民新村。高州市种植荔枝、龙眼、香蕉达6.67万公顷，全市人均0.06公顷水果。1995年，全市山地水果投产尚不足50%，而产值已达115亿元，人均1100元。农民建起的“荔枝楼”、“龙眼楼”、“香蕉楼”鳞次栉比。

(四)林产工业发展迅速，已成为山区县经济的重要支柱

十年造林，增加了森林资源，有力地推动了广东林产工业的发展。1997年，全省木材总产量达266万立方米。全省人造板厂由“八五”期间初期的43家增加到144家，产量108.63万立方米。

随着林业产业的发展，林业经济在山区县如平远、连州、封开、始兴、信宜、怀集、德庆等市县的财政中居于举足轻重的地位。近年封开县立足于培育森林资源，办起林化、中密度纤维板、定向刨花板厂、造纸、牙签、家具、桂油等产品加工厂20多家，全县7项支柱产业中，属林产加工的占了4项。1996年，以林业资源为原料的工业产值达14亿元，占全县工业总产值的80.2%。

(五)森林资源保护管理工作进一步加强，资源消长保持良性循环

以森林采伐限额管理为核心的森林资源和林政管理已初步形成管理制度和管理体系。森林防火工作成效显著，1994年至1997年森林火灾受害率平均每年为0.336/1000，低于全国的平均水平。森林病虫害防治水平有较大提高，平均每年防治率达到88.2%。由于对森林资源实行有效的管理，森林资源消耗也得到较好控制。全省森林面积和活立木蓄积量已分别由1985年的463.8万公顷和1.7亿立方米提高到1998年的919.48万公顷和2.99亿立方米，林木年生长量达到1706万立方米，森林年消耗量为760万立方米，做到了森林资源生长量大于消耗量，并且使森林面积和蓄积量连年呈现“双增长”的良性循环。

“十年绿化广东”，这是社会发动面最广泛、实际效果最显著、影响最深远的宏伟工程，是广东林业发展史上的一座丰碑，是中国造林绿化史上的壮举。

二、努力实践，探索有中国特色的社会主义林业发展道路

(一)坚持全社会办林业，全民搞绿化

1. 党政领导率先垂范，言传身教

在“绿化广东”的实践中，全省各县县委书记、县长、农委主任、林业局长，各自选择一个困难大、荒山多的村作为造林点，扎扎实实开展造林绿化工作，一年内把“点”上的所有荒山种上树，从“点”上取得突破，摸索经验，指导全县，推动全省。省委、省政府领导和省农委、省林业厅的主要负责同志身先士卒，都各自办起了造林点。当时的省委书记林若在从化县选择了荒山多、造林难度大的水南镇，办起了造林绿化点，点上荒山面积1万多亩。全省各级机关、团体，各行各业，也纷纷下乡挂钩兴办造林点。从1986年到1993年，全省共办造林绿化点1.25万个，点上造林种果面积73.3万公顷。在点的强力辐射下，造林绿化很快便由点及面迅速推进。

2. 多方集资，依靠社会

造林绿化是一项社会公益事业，必须紧紧依靠社会参与、社会的投入。80年代后期，广东经济虽有长足进展，但财力有限，造林绿化资金严重短缺，特别是21个百万亩荒山大户县，大多是最贫困的山区县，更是难上加难。造林绿化需要大笔资金，据匡算，全省除劳动投入外，需要25亿元。各级领导在实践中，经过不断的摸索，找到了一条多渠道、多层次的社会集资的好办法。这就是：用国家支持一点、银行贷一点、省财政拨一点、市县财政安排一点、乡镇投入一点、部门扶持一点、群众自筹一点的“七个一点”的办法，广泛筹集社会资金，加大社会对林业的投入，调动全社会各方面的积极因素。1986～1993年，广东就用这“七个一点”的办法筹集了25亿元的造林绿化资金。同时，通过落实山林政策，吸引更多的劳力投入造林。据不完全统计，全省共投入10亿多个工日。巨大的劳动积累，不但减轻了国家负担，也使广大群众体会到造林绿化成果来之不易，更加自觉地护林爱林。

3. 明确责任，真奖真罚

如何确保“十年绿化广东”如期实现？省委、省政府在层层办点的基础上，于1986年秋建立了县一级领导造林绿化任期目标责任制，各县县委书记向省委立下了如期实现绿化的军令状。接着，省委、省政府又制定了检查和奖惩办法，每年进行一次造林绿化大检查，对绿化有功者，表扬嘉奖，对绿化不力者，“提醒注意”，出示“黄牌”警告，检查结果公开通报全省。交通部门负责地方公路的绿化，公路部门负责国道、省道的绿化，城建部门负责城镇建成区的绿化，机关、学校、厂矿等负责搞好庭院绿化，块块条条的责任制结合起来，互相促进，依期完成。

领导任期目标责任制的落实，有力地促进了造林绿化工作。在此基础上，对实践中一些行之有效的林业政策，又以法规的形式予以固定，使林业工作有法可依，逐步走向制度化、规范化，以法治林。

（二）坚持改革开放，发展林业产业经济

广东林业通过改革开放，理顺了林业管理体制，吸收、利用了大量的外来资金，引进了先进技术和管理经验，推动了林业产业结构的调整，有力地促进了林业的迅速发展。

1. 突破传统林业格局，实行森林分类经营

实现绿化达标后，如何使林业从传统的计划经济体制向市场经济体制转变，从粗放型向集约型转变，实行森林的分类经营是重要基础，是林业实现现代化的客观要求。1994年，省委、省政府作出了《关于巩固绿化成果，加快林业现代化建设的决定》，提出要建设生态公益林333.3万公顷、短轮伐期商品用材林和工业专用林166.7万公顷、经济林133.3万公顷，并明确要求实行森林分类经营。

至1997年，全省生态公益林已落实封育管护合同面积278.7万公顷，占规划面积的82%，其中包括自然保护区24个。森林公园38个、自然保护小区3.88万个，共93.2万公顷。已建成商品林生产基地116万公顷，其中发展短轮伐期桉树速生丰产林35万公顷，采取集约经营措施，造林成活率达98%以上，此常规造林提高13个百分点，每公顷年生长量达到15立方米以上，为常规造林的5倍，而林木工艺成熟期比常规造林缩短3～4年时间。全省已建成经济林生产基地86.7万公顷，年产值达100多亿元。

2. 积极推进林业股份合作制，实行集约经营

80年代初期，全省实行了稳定山林权、划定自留山、确定林业生产责任制的林业“三定”，从根本上改变了过去“一大二公”的经营模式，形成了多种经济成份并存的新的经营格局。“三定”稳定了人心，提高了林农的积极性，但分散经营不利于林业的规模化和集约化经营，不利于林业的发展。针对这个问题，全省通过折股联营、推广联办林场、林业股份合作制等形式进行了积极试验和探索。

1990年，始兴县开始在全县推广了以“折股联营、统一管理、按股分红、自愿互利”为基本内容的林业股份合作制。这种做法是在山权、林权不变的基础上，将林木所有权和经营权适当分离，采取多种形式的股份合作方式进行了经营，建立以“股东会”为核心的山林股份经营管理体制，同时，给股东们颁发了“股权证”，健全了财务管理制度。折股联营的做法，使山权经营的好坏，与各股东利益直接挂钩，使每个入股者能自觉地关心林业发展，同时，这种做法对进一步壮大集体经济，提高林业管理水平起到了一定的推动作用。

乡村林业股份合作制为山林的集约经营奠定了基础，也为山林保护与经营逐步向林场化过渡创造了条件，开辟了一条新路。近年来，各部门、乡镇、管理区、专业户等，纷纷组建股份合作林场。到目前，始兴县已办起各种形式林场51个，经营面积4.8万公

顷，占全县商品林面积的38.7%。兴办股份合作林场，不但加强了林业产业的经营管理，而且优化了资金、技术、劳力、土地各种要素，有力地促进了林业的发展。

3. 推行商品林地和活立木的出租、出让、转让，实行森林资源有偿使用制度

1994年，省委、省政府发出《关于巩固绿化成果，加快林业现代化建设的决定》，《决定》指出，在保证发展森林资源的前提下，允许集体林地使用权出租、活立木转让、跨行业联营。几年来，全省各地按照省委、省政府的要求，进行了积极的探索，主要的形式有：活立木作为森林资源资产的主体，直接进入市场；伐区采伐招标，转让林地使用权；外商租地造林等。通过实行森林资源有偿使用，促进了林业经营体制从计划经济向市场经济体制转变，林业增长方式从粗放型向集约型转变。

4. 深化林业企业改革，转换经营机制

按照中央和省对企业改革"抓大放小"的方针，对广东林业产业有较大影响的企业，培养成为大型企业集团，建立现代企业制度；对小型企业，采取多种形式，放开搞活。鱼珠木材厂是广东省最大的木材加工企业，近年来，按照"三改一加强"的原则和"实现两个根本"的要求，开展了建立现代企业制度和优化资本结构的试点工作，取得了实质性进展，1996年省政府批准成立广东省鱼珠林产集团有限公司，并以资本联结为纽带，依法组建广东省鱼珠企业集团。到1996年底止，该集团资产总额达13.4亿元、工业总产值5.9亿元、销售收入10.2亿元、利税5763万元。鱼珠木材厂的改制给该企业的经济增长带来了活力，同时，对于发展全省林业产业，增强林业经济实力起到重要作用。

5. 积极发展外向型林业经济，鼓励外商投资造林

自改革开放以来，广东省林业积极发展外向型林业经济，1995年，林业系统与外商签约投资300万美元，至1998年底，全省林业系统利用外资项目96项，合同外资金额9.27亿美元，实际利用外资1.44亿美元。松香、木片、小木制品和家具成为林业产品出口的龙头。1997年，全省林产品出口创汇达8.54亿美元，其中，木片出口50万绝干吨，创汇5000多万美元；松香出口6万吨，创汇2800万美元。对外经济合作领域不断扩大，逐步向山地开发转移。泰国顺和成(集团)公司、新加坡亚洲浆纸业有限公司等6家外商直接投资造林，他们分别在惠州、江门、汕尾、河源、阳江、茂名、肇庆、清远、韶关等地发展林业生产。到1998年底，全省外商投资造林4.03万公顷、种果树0.53万公顷。随着外商投资广东林业热情的高涨，林业利用外资已成为广东林业建设新的经济增长点。

(三)坚持科教兴林，促进林业生产力发展

科技是第一生产力，发展林业的关键是依靠科技进步，而科技兴林的核心是把林业科研成果推广应用到生产中去。改革开放以来，广东省抓住科技推广这个中心环节，在工作、人力安排和资金投放上加以倾斜。建立了计划、财务、科技、生产相结合的"四位一体"的科技推广新机制，集中力量，抓生产上急需、覆盖面广、容易形成规模效益的推广项目的组织实施，并且重点抓了桉树优良无性系、林木良种、南洋楹工业专用林的培育技术和主要病虫害防治技术的推广应用。与此同时，注重开展新产品的科研攻关。如流溪河流域森林生态效益评价研究，珠江三角洲农田林网防护林体系营造技术研究，东江流域综合治理研究等，为广东省生态公益林体系建设决策的形成和体系建设发挥了科技引导作用和推动作用。在石龙、高州和始兴等造纸厂进行了桉树、南洋楹和黎蒴三个树种的制浆造纸试验，其中桉树制浆造纸在高州小型造纸厂的中试已获得成功，为桉树的开发利用找到了门路。

大力发展林业教育事业，提高全省林业职工素质，为广东林业建设培养后备人才。振兴科技和壮大林业经济，关键是要有高素质的人才。在林业建设事业中，始终把教育作为关系林业全局的问题来抓，提高广大干部职工的专业水平。"八五"期间，广州林校的办学规模由原来的600人增加到1500人，共培养中专毕业生1628人。省林业技工学校共培养毕业生1289人。林业成人教育也开创了新的局面，共组织了8958名职业就读各类大中专院校。林业教育事业的发展，为林业改革和发展奠定了坚实的人才基础。

(四)坚持依法治林，为广东林业发展提供法制保障

1. 认真贯彻国家林业法令，加强地方性林业法规的立法，使林业建设有法可依

广东省提前两年实现"十年绿化广东"宏伟目标的取得，除了运用行政手段、经济手段外，运用法律

手段是一项不可忽视的因素。广东省一方面严格执行国家有关法律，另一方面及时地把实践中行之有效地而且比较成熟的林业政策，加以总结，制定了《广东省森林管理实施办法》、《广东省野生动物保护管理规定》等13个地方性法规，为广东林业现代化建设提供了有力的法律保障。

2. 建立健全林业执法体系，加大林业行政执法力度

到目前为止，全省从省到县已建立形成了以林政、林业公安、森林植物检疫、木材检查站、森林防火、林业站为主的林政保护管理执法体系，执法人员达8500多人，为森林管理提供执法保障。各地林业执法机构还积极配合有关部门，适时开展专项斗争，有效地遏制了群众性乱砍滥伐林木歪风的蔓延，整治了木材市场，处理了一批违法经营受国家保护的野生动物的单位。据统计，从1993～1997年，全省林业公安机关共办理各类森林案件39 074起，处理了各类违法犯罪人员38 163人；收缴木材12.3万立方米，收缴受国家保护的野生动物8954只，为国家挽回直接经济损失6934万元。

3. 建立监督机制，强化了林业行政执法监督

全省各级林业主管部门除了自觉接受党委、人大、法律监督机关和群众的监督外，还建立了林业行政执法的内部监督机制，保证了行政执法的客观、公正和公开。一是制定了监督制度。1995年初，省林业厅制定了《关于林业行政执法监督工作的通知》，规范了执法单位在执行木材流通管理、野生动物保护方面执法行为。二是建立了执法检查制度。从1991年开始，省林业厅每年组织一次林业行政执法检查，总结经验，发现问题，不断改进执法的方法方式，充分发挥了上级部门对下级部门的监督职能。

三、组织林业第二次创业，促进社会经济可持续发展

改革开放以来，广东林业虽然取得了巨大成绩，实现了绿化，然而，实现绿化仅仅是林业建设的一个阶段性目标。广东森林的群体功能仍不能适应优化环境的需要，林业产业的发展还不能满足经济高速发展和农村群众脱贫致富的需要。为了更好地解决这些问题，使林业成为生态环境建设和山区群众脱贫致富的主体，省委、省政府提出了要组织林业的第二次创业，促进社会经济可持续发展。

到2005年，全省基本建成生态公益林体系、适应社会主义市场经济体制的林业产业体系和林业社会化服务体系，规划建设生态公益林333.3万公顷，建成商品用材林和工业专用林166.7万公顷，经济林133.3万公顷。森林覆盖率保持在55%以上，林木蓄积量由现在的2.8亿立方米增加到3.6亿立方米。在加强森林资源培育的基础上，综合开发、合理利用各类森林资源，加快发展林产工业和第三产业，建立林工贸相结合的林业产业结构，全行业林业总产值由现在的193亿元提高到500亿元。

在迎接建国50周年、即将跨进21世纪之际，绿色文明在呼唤。广东省沿着党的十五大指引的道路，认真组织林业第二次创业，优化生态环境，创办林业大产业，为社会经济可持续发展提供可靠保障。

（执笔人：黄智饶　谢池石）

绿化八桂大地　发展地方经济

——广西壮族自治区林业建设50年

广西壮族自治区林业厅

一、广西林业发展概况

广西地处祖国南疆，位于北纬20°54′～26°23′、东经104°28′～112°04′。东与广东、海南两省为邻，东北与湖南省接壤，北与贵州省、西北与云南省相连，西南与越南交界，南濒北部湾，是全国沿海省(自治区、直辖市)之一，又是5个少数民族自治区中唯一沿海的少数民族自治区。

在广西236 661平方公里土地中，山地占总面积的74.8%，素有"八山一水一分田"之称。林业用地占土地总面积59.98%，人均有林业用地达0.35公顷。广西已发现植物280多科、1670多属、近8000种，种植业品种系列达700多个，是我国植物种类最多的省、自治区之一。其中用材林树种600多种，盛产杉、松、桉、栎及优质珍贵木材；是八角、桂皮、桐油、茶油、虫胶等经济林产品的主要产地，总产量占全国三分之二。广西的野生动物资源很丰富，总共达944种，其中两栖类74种、爬行类157种、鸟类526种、兽类163种，属国家一级重点保护的26种、二级重点保护的123种，属广西重点保护的146种。

新中国成立以来，尤其是改革开放以来，广西林业始终坚持以营林为基础，"造、封、管、节、用"结合的五字方针，实施大规模、高标准的人工、飞播造林和工程封山育林，使现有林地从1950年的379万公顷增至1997年的1066万公顷，森林活立木蓄积量由1.66亿立方米增至3.1亿立方米，森林覆盖率由16.04%提高到39.26%。林业产业发展迅速，从粗放经营逐步走向规模化、集约化经营，已初步形成了木竹加工、林产化工、林业造纸、林副产品加工等四大支柱的林业产业体系，1997年林业行业总产值达109.1亿元。林业已成为广西国民经济的重要基础产业之一，产生了明显的生态效益、经济效益和社会效益。

新中国成立以来的50年中，广西林业经历了五个阶段。

(一)初步发展阶段

从1950年至1957年，广西各级政府和各族人民认真贯彻"普遍护林，重点造林"的方针，落实"谁造归谁"、"民造公助"政策，积极开展互助合作造林和国营林场造林，加强山林、木材管理和林业部门的组织建设，推动了林业生产的初步发展。据统计，1954年全省已有180个林业生产合作社；1957年有62个国营林场和16个森林经营所。这8年时间共完成人工造林74.84万公顷，其中国营造林4.98万公顷；生产原木553.99万立方米、松香9.97万吨、茶油9.65万吨、桐油6.0万吨、八角2.03万吨、桂皮2.48万吨、白果6700吨。其中松香、桐油、八角、桂皮等为出口外销产品，在国内外享有盛誉。

(二)"大跃进"与经济调整阶段

1958年至1965年，广西林业生产经历了由高潮—低谷—调整的曲折过程。1958年至1960年，广西各地响应中央关于"绿化祖国"、"实行大地园林化"的号召，开展植树造林，林业发展很快，但由于受"大跃进"的影响，曾一度出现国营林场、社队林场和林化工业一轰而上的现象。据不完全统计，全自治区国营林场由1957年的62个增加到1958年的195个，几乎社社队队都兴办集体林场，县社还办了小林化厂132个。1958年，由于受“大炼钢铁”影响，出现千军万马砍树烧炭、破坏天然林的现象，当年广西被砍的树木达1750万立方米，相当于当年商品材收购量的13.36倍，造成了极大的破坏和浪费。1960年至1962年，遇到经济困难，社队集体林场纷纷下马，国营林场大量减员，营林生产一度出现低潮，造林面积不及1958年至1960年的10%。1962年后的三年，各地认真贯彻中央“调整、巩固、充实、提高”的“八字方针”，落实队为基础的山林权属，给社员划自留山，实行造林、木材及部分林产品生产的粮棉（布）奖励政策，稳定充实了国营林场、社队集体林场和森工、林化企业，使林业生产再度恢复与发展。

（三）“文化大革命”阶段

1966年至1976年的“文化大革命”10年动乱，广西林业生产受到冲击，但广大林业职工和群众坚守生产岗位，努力排除各种干扰和破坏，使林业生产的损失大大减少，并且逐步得到发展。主要表现在：一是造林面积增幅较大。1966年至1976年，全自治区共完成人工造林和飞播造林面积445.45万公顷，其中国营造林58万公顷。飞机播种造林在贺县大桂山、扶绥县光西林场等地试播成功后，进一步扩大到全自治区重点大片荒山区，10年共完成飞播造林213.3万公顷，保存51.3万公顷。二是恢复基地造林，实行杉木、油茶等基地造林补助。1973年至1976年共完成杉木基地造林20.67万公顷，油茶基地造林6.67万公顷，建立了一批大面积的连片造林基地。三是兴办社队林场，在飞播区和基地造林社队，推行基地、飞播区办林场，林场管基地、播区，加强基地和飞播区的管护，促进了社队林场的发展。四是兴建部分国营林场和林产工业企业，至1976年共有国营林场149个，经营面积106.67万公顷，其中有林面积80多万公顷，1969年至1976年先后有宜山、武鸣栲胶厂、玉林松脂厂、桂林林业机械厂和雒容纸厂等建成投产。

（四）振兴阶段

1977年至1988年，广西各级党委、政府和林业部门认真贯彻改革开放政策，促进了广西林业的振兴和发展。首先在农村和国营林场开展林业“三定”，稳定山林权属，划定自留山，建立生产承包责任制，进一步激发和调动了群众造林护林的积极性。接着于1987年自治区党委、政府作出《关于保护森林，发展林业，力争15年基本绿化广西》的决定，积极开展植树造林、推广工程造林、加强林木良种繁育、实行科学造林育林，有效地提高了造林绿化成效和科学营林水平。同时，采取贷款和多渠道集资造林，增加林业投入，加强防火、防病虫害、制止乱砍滥伐的“三防”管理和“三防”体系建设；引进新技术、新工艺，开展综合利用，改革企业经营机制，使林业生产得到了新发展。据统计，1988年全自治区有国营苗圃135个，建立初级种子园633公顷，划定良种母树林1046.7公顷。1977年至1988年，全自治区完成人工造林248.25万公顷、飞播造林151.46万公顷，造林面积的综合保存率由70年代前期的40%左右提高到70%以上。

（五）大发展阶段

1989年后，随着改革的深化，广西林业生产全面贯彻“造、封、管、节、用”五字方针，及时制定和完善有利于发展林业的有关具体政策；认真组织落实各级领导干部造林绿化任期目标责任制，加强对林业工作的领导；大力开展人工造林、飞播造林、封山育林和全民义务植树，加速造林灭荒、造林绿化步伐；进一步健全林业“三防”管理体系，实行限额计划采伐，推广改燃节柴，保护现有森林资源；推广应用科研成果，引进先进技术，实行科技兴林；实行一业为主、多种经营，扩大企业经营范围，提高森林资源综合利用水平，加快企业经营机制转变，初步建立起“以营林为基础，科技为先导，工业为龙头，市场为导向，效益为中心”的林业生产体系，推动了广西林业的全面发展。1991年，全自治区消灭了森林资源“赤字”，使森林面积和森林蓄积量步入了“双增长”的良性循环轨道；1994年，全区提前一年实现了消灭宜林荒山，被党中央、国务院授予“实现荒山造林绿化规划自治区”称号，成为全国第二批“灭荒”省（区）；1997年，全区有造林绿化达标任务的93个县（市、区）又实现县县绿化达标，比自治区党委、政府提出的在本世纪末实现全区绿化达标的目标提前了三年。1997年后，继续加大造林营林这项生态环境建设的基础工作，在全区实施绿色工程，并将它作为农业和农村工作六大基础工程之首来抓，即要在今后3至5年内实现沿江河两岸各宽2公里，公路、铁路两旁各宽1公里以及房前屋后100米宜林荒山荒地的造林绿化，并把植树造林与种果、种竹、种草等结合起来，改造残次林，大种水果、竹子和其他经济林，建成长期稳定、层次分明的绿色保护涵养林带和经济林带。同时，还要抓好以下几项主要工作：一是七大生态林建设，即珠江流域防护林体系建设，沿海防护林体系建设，防治荒漠化造林，平原绿化造林，石山地区封山育林，城市大环境绿化造林，生物防火林带造林；二是十大商品林基地建设，即短轮伐期速生工业原料用材林基地，珍贵树种和大径级用材林基地，竹业基地，木本粮食和绿色食品基地，花卉绿化苗木基地，亚热带新水果基地，木本干果调香料基地，木本油料基地，林下药材基地，速丰脂材两用林基地；三是"152"农村能源生态示范建设，即抓好100个能源生态村、50个能源生态乡、20个能源生态县的建设，使能源建设成为生态环境保护与减少森林资源消耗有机结合的典范；四是林业产业五大支柱建设，即木竹生产加工，林产化工，木浆造纸，林副产品加工及多种经营，森林旅游，把林业建设推向一个新的水平。

二、狠抓造林绿化　增加森林资源

(一)稳定山林权属

新中国成立以来，广西山林所有制的变化可分为五个阶段：一是土改前山林私人占有；二是山林土改；三是林木入社；四是公社权属变更；五是林业"三定"。广西的林业在这五个阶段中，走过了一条曲折的道路。从党的十一届三中全会后的1980年开始，广西林业实行稳定山权林权、划定自留山、确定林业生产责任制的林业"三定"工作，为以后的林业快速发展打下了坚实的基础。截至1988年，乡村所有的山林，包括乡村集体林场、个人承包的责任山、分给个人的自留山，完成了山林权属发证工作。自治区人民政府加强对这一工作的领导，制定了六条定权发证政策，认真落实国务院办公厅转发林业部《关于国有林权证颁发情况及限期完成发证工作意见报告的通知》精神，到1990年8月止，全自治区国有林发证面积达146.21万公顷，占国有林面积的96.4%。

(二)开展全民造林绿化活动

1982年3月，自治区人民政府制定了《广西壮族自治区全民义务植树运动实施细则》，全民义务植树造林运动在全自治区如火如荼开展起来，城镇绿化、荒山造林绿化工作取得了显著成果。仅1983年，全自治区完成义务植树6860多万株、铺草皮20.6万平方米、种绿篱8.5万米，涌现出大批绿化先进单位和先进个人。1987年元月，自治区党委、政府作出《关于保护森林，发展林业，力争十五年基本绿化广西的决定》，把保护森林、发展林业放到战略位置上，实行全党动员、全民动手、全社会办林业。1989年，自治区党委、政府又作出《关于建立县级领导干部造林绿化任期目标责任制的决定》，与各县(市)党政主要领导签订造林绿化目标责任状，把造林绿化的任务落实到县委、县政府领导的肩上，要求"为官一任，绿化一方"。地、市、县、乡也都制定了责任状，把造林绿化任务层层分解，落实到乡、村、山头、地块，掀起了造林绿化高潮。

(三)大力发展国有林场和乡村集体林场

新中国成立以来，广西把发展国有林场和乡村集体林场作为林业发展的重要阵地来抓，经过几十年的发展，国有林场和乡村集体林场成了广西林业发展的重要支柱。

广西151个国有林场，实行区、地(市)、县三级管理体制，其中隶属自治区14个，隶属地、市9个，隶属县(市)128个。至1998年底，全自治区国有林场经营面积112万公顷、有林地73.7万公顷。

自治区党委、政府为了把国有林场办好，在政策上给予了扶持：一是建立适合国有林场生产的财务制度，对林场每年的生产资金实行财政拨款办法，把国有林场定为事业单位实行企业管理；二是根据1981年中共中央、国务院《关于保护森林发展林业若干问题的决定》及1986年林业部、国家计委、财政部、国家物价局的联合规定，国有林场在抚育间伐期间的收入，不上交地方财政，用于以林养林；三是对国有林场不征所得税；四是国有林场生产的木材，实行自产自销，不通过中间环节；五是从1985年开始，国有林场木材价格部分放开，1987年后全部放开，议价议销；六是国有林场育林基金全部留场自用，以加快林场更新改造。

全区各级党委、政府为了加快国有林场经济发展的步伐，对国有林场实行了全面改革，林场生产由封闭式向开放式转变，从单纯的以荒山造林为主向采育结合、多种经营、综合利用方面转变。党的十四大提出建立社会主义市场经济体制后，全区国有林场进一步深化改革、转换内部经营机制、在培育森林资源、调整产业结构和林种结构、发展商品经济，提高经济 效益等方面都有了新的进展。森林活立木总蓄积量由1979年的3198万立方米，发展到1995年的5332万立方米；森林蓄积量17年增加了2134万立方米；总产值由0.81亿元，增加到11.78亿元，17年翻了三番。1991年全区有70个国有林场被评为全国500强林场；1993年全国100佳国有林场中，广西6个林场榜上有名；1994年在林业部评选的全国100强国有林场中，广西占了9个。位于广西南宁市北郊的国有高峰林场，1997年被评为“全国十大标兵”之一。

80年代初以前，广西的乡村集体林场发展较慢。1986年，自治区在全州县召开了乡村集体林场现场经验交流会议，总结推广全州、昭平、三江、贺县、融安等县巩固和发展乡村林场的经验。根据林业生产周期长，不便零星分散经营的特点，广西乡村林场没有照搬农业生产责任制的做法，实行乡村林场统一管理，分利不分林、分股不分山的办法，较好地解决了乡村林场扩大再生产与近期利益分配的关系，合理照顾了乡、村、农户的利益，使乡村林场迅速发展壮大。到1997年，全区乡村集体林场发展到5966多个、经营面积达88万公顷，其中有林面积77万多公顷、森林蓄积量2131万立方米。

（四）坚持因地制宜、质量第一的原则

广西在实施造林绿化进程中，坚持高标准、大规模、严要求，提高造林质量，把人工造林、飞播造林、封山育林都作为系统工程来抓，以县为单位进行规划设计，要求图、文、表齐全，并执行审批制度，使造林有一定规模、按图纸施工、按项目管理。适合人工造林的，对整地、苗木质量、定植作出明确规定和要求，做到造一片、活一片、成林一片。交通不便的边远山区、山高坡陡的宜林荒山，则开展飞机播种造林。1979年以来，全自治区飞机播种造林总面积265万公顷、飞播林活立木总蓄积量近6000万立方米。针对石山面积大、人工造林困难的现实，开展了工程封山育林。至1995年，累计完成封山育林面积达233万多公顷，郁闭成林达91万多公顷。

（五）加强森林资源管理和保护工作

首先是围绕贯彻实施国家《森林法》和《野生动物保护法》，先后制定和组织实施了《广西壮族自治区森林管理办法》、《广西壮族自治区实施森林病虫害防治条例若干规定》、《广西壮族自治区林地管理办法》等一系列法规制度，并从自治区到地市县完善了林政资源管理机构，加强了林业执法队伍建设。恢复和健全了经自治区人民政府批准的木材检查站，建立了一支拥有1754人的林政管理队伍。其次是狠抓森林防火管理工作，从自治区到地市县层层建立健全了森林防火指挥机构和专职办公室，还分别建立了专业、半专业、业余森林消防队伍，作为扑救森林火灾的骨干力量。1989年，自治区人民政府颁布了《广西壮族自治区森林防火条例实施办法》，同年，自治区护林防火指挥部制定了《广西森林火灾处理预案》，修改完善了《全区地市森林防火目标管理暂行办法》，制定了《自治区森林防火指挥部成员岗位责任制》。自治区还与重点火险县签订了森林防火基础建设达标责任状，实施森林防火目标管理，建立以地方行政首长负责的包干责任制。由于狠抓了森林防火的各项工作，森林火灾明显减少。1988年至1995年的8年内，全自治区年均发生森林火灾599次，比1979年至1987年年均减少64.8%，受害面积减少89.7%。特别是1992年以来，每年森林火灾次数减少至271次，受害面积减少至933.3公顷，森林火灾受害率下降到0.14/1000，低于全国平均水平，连续4年走在全国前列。再次是推行森林病虫害防治工作目标管理。广西的森林病虫害具有种类复杂（全区森林病虫害有2700多种，重要的有200多种）、年发生代数多、危害时间长、发生面积大等特点，1979年以来，全区森林病虫害防治工作坚持“预防为主，综合治理”的方针，认真执行国务院颁布的《植物检疫条例》、《森林病虫害防治条例》及其配套法规，强化防治管理体系建设，建立健全了地（市）、县级的防治检疫机构，“一站三网”（即森林病虫害防治检疫站、预测预报网络、森林植物检疫网络、防治服务网络）防治管理体系建设有了较快的发展。在防治过程中，广西全面实行了目标管理，由自治区林业厅与地、市林业局将各项控制指标分解到县、层层落实，使防治管理工作走上了规范化、制度化和科学化轨道。

广西林业坚持发展与保护并重，全面抓好森林的培育、保护和管理，使森林资源在80年代末期之后迅速增加，森林面积和蓄积量都得到快速增长，林种结构也形成了用材林、经济林、水源林和防护林并存的林种格局。

三、坚持科技兴林，提高林业生产建设中的科技含量

（一）加快林业科技体制改革，加强林业科研和技术推广体系建设

多年以来，广西林业根据中央的科技体制改革决定精神，按照“经济建设必须依靠科学技术，科学技术工作必须面向经济建设”的基本方针，实施了科技合同制度、开拓技术市场、加速成果转化、优化科技组织结构、强化科技与经济结合、变革科技管理运行机制等方面的改革工作。科技合同管理周期为5年，即自治区林业厅林业科技项目每5年签订一批，成为林业科技5年计划。实施林业科技合同制度，明确了合同各方的责任，明确了科研或推广项目的技术起点、技术关键、技术内容、主要经济技术指标，落实了项目的实施条件，使林业科技项目按质按时完成。从1991年开始，广西制定并实施《广西科技兴林方案》，应用技术研究的中间试验和新产品、新工艺、新技术开发到生产中进行，一取得成果，就扩大规模、形成生产力。同时，把多项成果、多项技术组装配套起来，结合林业生产上的需要，进行规模开发和转化工作。

广西林业科研体系建设速度较快。广西林业科学研究院自1994年由所改院之后，在组织结构和学科结构上进行了较大的调整，设立了林木改良、用材林、经济林果、园林花卉、森林保护、林业机械、林产化工等7个研究所；设立了土壤和植物分析测试、林业科技信息、林业科技培训等3个中心；建设了以林化产品开发为重点的林产化工中试基地和树木内含物中心；建成了用材林和经济林基因库。桂林地区林科所建立了广西银杏良种繁殖中心；国有东门林场建成了中国最大的桉树基因库。以广西林科院和广西林学院为依托单位的林业部重点实验室“中南速生材繁育实验室”，已经开展林木良种研究攻关课题。广西林业技术推广体系建设也适应了市场经济体制和林业生产发展的需要。到1998年底，已建立自治区、地市、县三级林业技术推广站116个，建站率达98%。1994年以来，经林业部先后批准柳州地区为“林业部林业技术开发试验示范区”，苍梧县和博白县为“林业部科技兴林示范县”，派阳山林场为“林业部科技兴林示范场”。林业科技示范区（县、场）的建设，与我区林业技术推广体系相结合，构成了一个规模宏大、技术综合、推广能力强盛的林业技术推广示范网络，为加快实施科技兴林战略、加快实施“富山计划”和科技扶贫计划，为加速科技成果转化、提高科技对发展生产的贡献率，提供了组织和技术保障。

（二）林业科研和技术推广成绩显著

多年来，广西在科技兴林工作中取得了显著成绩。仅“八五”期间，广西共获得林业科技成果133项，获国家、林业部、自治区和林业厅的科技进步奖共185项次。其中获国家发明四等奖2项，获林业部科技进步二等奖3项、三等奖11项，获广西自治区科技进步二等奖9项、三等奖46项，获广西林业科技进步一等奖31项、二等奖47项、三等奖36项。在这些林业科技成果中，有20%的成果达到国际先进水平或居国内领先水平，有70%的成果达到国内先进水平，有60%的成果在林业生产中得到普遍推广应用。

“良种桉综合技术开发”是国家科委下达的“八五”重大星火计划项目。该项目从1991年开始实施，1996年6月检查验收，结果表明，全面超额完成任务。完成试验示范林5706公顷，为计划的190.2%；每年每公顷生长量达23.295立方米，为计划的129.45%；完成辐射造林8.06万公顷，为计划的100.75%；年公顷生长量达18.923立方米，为计划的126.15%。实现了一年成林、四年成材的高效林业。在项目林中出现了面积较大的年公顷生长量30～45立方米的高产林分。该项目同时完成了良种桉良种基地建设，建成基地3个、中心苗圃14个，扩建兴建苗木组培工厂4个，形成了年产良种桉种子200公斤、年产无性系组培苗2000万株的生产能力，可供年造林2.66万公顷的用苗量。该项目在实施期间，开发应用推广良种桉科技成果和先进技术共30项，同时完成了10项新的试验研究，其中筛选出的10个最佳无性系，3年生年公顷生长量最高达50.1立方米。共完成无性系造林1万公顷，开创了桉树无性系大面积造林的先例。

“ABT生根粉技术推广”，采用科研、推广与管理相结合的措施，在全区迅速形成推广网络、13个地市的73个县得到广泛应用，推广普及率达到97%，应用树种达61个之多。经ABT生根粉处理的

苗木6.8亿株，各树种扦插成活率提高7%～20%，造林面积为15万公顷，取得了明显的经济、社会效益。

“巨尾杂交桉芽器官离体培养快速繁殖的研究”选择了当前中国引进的最优桉树品种——巨×尾杂交桉的优株作为繁殖对象，用组培方法生产无性苗，达到保持原株优良特性的目的，成功地提供了一整套巨×尾杂交桉芽器官培养快速繁殖技术。该成果在1992～1996年推广应用的4年中，推广面积达1.09万公顷，最高一年相对增产量达103.3%、年新增产值达1568.7万元。

(三)林业教育体系不断完善

目前全自治区有林区中小学校78所、林业中专及干校5所，其中广西林业学校被评为全国重点中专学校。“八五”期间，广西林业中专共招生5900多人、毕业3500多人，培训林业职工96825人次、林农38万人次，编写干部职工培训教材22门。林业科教为林业的蓬勃发展提供了智力支持和人才保证。

四、大力发展经济林，加快山区群众脱贫致富步伐

1980年，自治区人民政府在《关于发展山区生产若干经济政策的规定》中，对搞好山区经济林基地生产作了明确规定，1987年又进一步把发展经济林生产列为一项重要内容，要求各级政府采取有力措施，把发展经济林作为振兴山区经济、帮助群众脱贫致富奔小康、加快造林绿化步伐的重要战略措施来抓。各级党政领导对发展经济林很重视，全自治区共办区、地、县、乡四级领导的经济林示范点1200多个，5.5万公顷。在大力发展经济果木林中，坚持以科技为先导，把先进的科学技术推广应用到经济果木林生产中去。首先是抓良种繁育推广，组织生产、供销、科研单位的科技人员，在全自治区开展了八角、玉桂、油茶、油桐、白果等品种资源调查，评选出一批生长迅速、单产高、抗性强、品质优的品种推广应用于生产中。其次是狠抓丰产技术栽培，做到早产丰产。再次是推广成林增产新技术。通过调整林相、合理修枝整形、林地三清、清挖垦复结合施肥等综合改造措施，使一批低产林恢复了生机，产量成倍增加。“八五”期间，全自治区第一期油茶低产林改造的6个县，通过采取低产林改造的技术措施，增产效果显著，增产幅度在121%至386.7%，新增产值达949.74万元。

伴随着广西林业的发展步伐，广西经济林得到迅速发展。至1998年，全自治区名特优经济林达180多万公顷，经济林总面积比1980年增加1.8倍，初步形成了11个年产油茶籽1000吨以上的油茶商品生产基地县，7个年产桂皮500吨以上的玉桂商品生产基地县，12个年产八角500吨以上的八角商品生产基地县。八角产量占全国的85%以上；茴油占全国的90%以上；玉桂占全国的50%以上；白果占全国的30%左右；桐油占全国的20%。1995年，全自治区主要经济果木林产品产量达120多万吨，总产值达45亿元。与1980年相比，经济林产品产量增加5倍，其中油茶籽增加1.33倍，油桐籽增加2.59倍，八角增加2.46倍，桂皮增加1.35倍，荔枝增加8.87倍，龙眼增加9.78倍，沙田柚增加7.59倍。全国闻名的沙田柚、柑橙、月柿、荔枝、龙眼、芒果等名特优水果在全区经济中占有举足轻重的地位，经济果木林生产已成为不少县的经济支柱产业和群众脱贫致富的主要门路。1995年，恭城县仅水果一项，农业人口人均纯收入超过800元。兴安县农业人口年人均纯收入1680元，其中经济果木林收入占50%以上。北流市发展以龙眼、荔枝、八角为主的经济果木林2.75万公顷，全市农户仅此项年收入超5000元的就有815户、超万元的337户、超2万元的52户。宁明县那陶村依靠八角一项，全村人均年收入1640元，年收入达2万元以上的就有173户、超3万元的23户。

五、发展林化工业，促进地方经济发展

新中国成立后，经过几十年的建设，广西林化工业已形成一定规模，成为我国松香、松节油的主要产区。几十年来，广西的林化工业大体经历了三个发展阶段：一是60年代前的原料生产阶段；二是60年代中期至80年代初再加工产品开始研制与生产阶段；三是80年代中期开始发展深加工产品阶段。经过这三个阶段的发展，广西的松脂化工产业打破了只卖初级原料的传统局面，松香、松节油深加工产品发展

到24个，歧化松香、歧化松香钾皂、纳皂、聚合松香、马来松香、马来松香固体强化造纸施胶剂、口香糖基胶、松香胺等一些产品已填补了广西乃至全国的空白。其中歧化松香、聚合松香、歧化松香钾皂，除满足国内需要外，近几年陆续开拓了国际市场，销往日本、韩国、西欧等国家和地区，改变了几十年来广西只出口脂松香、松节油初级产品的局面。

广西地处亚热带，非常适宜马尾松生长。据统计，目前广西松林面积已达500多万公顷、蓄积量近亿立方米，其中能供采松脂蓄积量约占三分之一，每年能采割松脂24～25万吨。起步于50年代初期的广西松脂产业，经过几十年的建设，林区林农已熟练地掌握了采脂技术，由原始作业转变到科学采脂。采脂工具不断改进，化学采脂的应用处于全国领先水平。目前，已有56家松脂厂获得国家颁发的松脂加工生产许可证，90%工厂都采用了现代化蒸气法生产，产品质量优良。深加工产品从无到有，目前已发展到35种。广西林化科技人员队伍逐渐成长壮大，目前林化战线的科技人员已达600多人，具有中高级技术职称人员160多人。

经过多年的摸索与建设，广西松脂工业形成了从造林营林—采集—加工—再加工—销售—开发利用信息网络的完整管理体系。1992年在国家科委、林业部的直接组织下，完成了《广西松脂产业开发总体方案》和《广西松脂产业开发近期方案》，并通过了国家科委组织的专家评审，使广西的松脂产业发展有了明确的方向和目标。各级领导对广西林化产业的发展很重视。1991年自治区党委书记赵富林对广西发展林化产业作了批示：开发松脂产业是我区的一大优势，要把广西的松脂生产发展成为支柱产业。自治区成克杰主席也批示：大力发展这个优势产业，让其具有更高的科技含量和高附加产值。1990年，原林业部领导考察广西林化工业时也提出，广西应该成为全国林化产品大省。1997年11月，国家科委在《专用化学品专项——松脂深加工领域工作总结》中提出："将我国松脂最大产地——广西梧州市和贺州地区作为试验点予以重点集中支持，联合林业部和广西，共同组织开展本地区松脂产业发展战略研究，制订总体规划，选定一批高新技术产品，组织全国有优势的科研所与本地区企业联合攻关，最终在这一地市实现产业化，形成我国松脂产业发展的样板基地。"广西自治区党委在《关于全面实施科技兴桂战略，加速科学技术进步的决定》中把松脂加工业列为重点发展之一。这些为广西建成林化工业大省区创造了条件。

近年来，广西每年生产松脂22万～24万吨，加工生产脂松香16万～18万吨、松节油2万～2.5万吨，创造工业产值12亿元，缴纳税金1.1亿元。脂松香、松节油及其深加工产品成了广西出口创汇的"拳头"产品，每年提供出口脂松香12万～13万吨、松节油1万～1.5万吨，占全国松香、松节油出口总量的50%多，每年创汇1.5亿多美元。中国松香占国际市场贸易量的50%，广西又占全国松香对外贸易量的一半，因此，广西松香生产直接影响到国际市场。

林化产业已成了广西一项重要的支柱产业。全国松脂产量最大的乡——广西宁明县桐棉乡，近年每年生产松脂1.2万吨，为林农增加收入2700万～2800万元，年人均从松脂中得到收入700多元。岑溪、昭平等松脂大县，县财政收入的30%来自松脂和林产品加工业。原梧州地区的财政收入中松脂产业占第二位。

六、走林纸结合的路子，发展林业造纸业

1981年前，广西林业造纸厂只有一家、一个品种，年产量962吨、产值280万元、利税52万元。1981年以后，广西利用丰富的森林资源，逐步走林纸结合的路子，稳步发展林业造纸业，到1995年，广西林业造纸厂发展到6家，生产9个品种，年产量12.5万吨、产值3.36亿元、利税达5846万元。其中，广西国发林业造纸有限责任公司经过扩建和技术改造，与1984年相比，1998年，生产纸品年产量从1500吨提高到9万吨，增长了59倍；年产值由230万元增至2亿元，增长了86倍，利税由23万元增至1600万元，增长了69倍；从1994年至1998年连续5年保持年产值1.5亿元以上，年人均创产值20万元，年人均创利税1.5万元。1995年11月被广西国有资产管理局评为"广西的脊梁"50强优秀企业。

经过几十年的建设，广西林业取得了很大的发

展，成绩显著。今后，广西林业的发展，将高举邓小平理论伟大旗帜，全面贯彻党的十五大精神，按照国家林业局的工作部署，以实施绿色工程为重点，优化生态环境，以保护和培育森林资源为基础，实施分类经营战略，商品林和公益林建设协调同步、持续发展，大力推进林业经济体制改革和林业增长方式的根本转变，建立起比较完备的林业生态体系和比较发达的林业产业体系。到2010年，全区林业用地绿化率达93%，森林面积达1200万公顷，其中公益林383万公顷，商品林354万公顷，兼用林472万公顷；活立木蓄积量达5.0亿立方米，森林覆盖率达50%以上。

（执笔人：黄一司）

发挥特区优势　建设海岛林业

——海南省林业建设巡礼

海南省林业局

一、概　　述

海南，旧称琼崖，因地处天南，孤悬海中，故称之为海南岛。南北长 286 公里，土地总面积 33920 平方公里，环岛海岸线长 1584.8 公里，为中国第二大岛。

海南岛是我国重要的热带林区，因地处北回归线附近，形成了独特的热带山地雨林和热带季雨林生态系统，植被类型复杂，野生动植物资源十分丰富。据调查，海南岛有野生动植物 4200 余种。其中针、阔叶树种 1400 种，乔木 800 多种，已开发商品用材树种 458 种，特有珍稀名贵树种 45 种，另有药用植物 2500 多种。海南岛还有昆虫 4000 多种，有陆生脊椎动物 561 种，其中两栖类 37 种、爬行类 104 种、鸟类 344 种、兽类 77 种，在兽类中，21 种为海南所特有。

新中国成立初期，全岛天然林面积为 120 万公顷，覆盖率 35%。至 1956 年，天然林面积下降到 86.3 万公顷，覆盖率下降至 25.7%。自 1958 年起，为满足国家建设对木材的需求，海南相继建立尖峰岭、坝王岭、吊罗山、黎母山 16 个以森林采伐为主的森工采伐企业，为国家建设输送了大批的优质木材。但由于重采轻造，至 1979 年，天然林面积锐减至 30.1 万公顷、覆盖率下降至 18.5%，结果导致水土流失加剧、生态平衡失调。

海南热带天然林面积的锐减，引起了党和国家的高度重视。1980 年，国务院在批转《海南岛问题座谈会纪要》中强调指出：必须采取坚决措施，大抓林业的管理和建设，否则，海南不但不能发挥优势，还有变为沙岛的危险，并具体要求：建设海南岛的林业，必须采取保护、恢复和发展并重的方针，在山区恢复和建设热带森林体系，在环岛海岸线上建立防护林体系，在平原丘陵的宜林荒山荒地建设速生丰产用材林基地。

为贯彻落实国务院文件精神，海南林业迅速修正了重采轻造的单一经营思想，调整了林业产业结构，加快了植树造林步伐。

海南的人工造林始于 1952 年，历经三个发展时期，即：新中国成立后至 1957 年的农业合作化时期，1958 年至 1979 年的以社队集体与国营造林相结合的时期以及 1980 年后的联产承包责任制时期。造林方法从用海棠、苦楝、油茶、马尾松等种子的简易直播，发展到利用实生苗、无性系育苗造林。1952 年到 1957 年共计造林近 2 万公顷，为初步发展时期。1958 年至 1979 年是海南造林的大发展时期，共造林 29.48 万公顷。其中最主要的一项成果是成功地营造了近 7 万公顷的沿海防护林，有效地减缓了风沙的危害，为沿海地区的人民创造了良好的生产和生活环境。1980 年以来是海南林业发展的最重要的时期。随着改革开放和经济体制改革的不断深入，海南出现了前所未有的植树造林、大办林业的新局面。特别是 1988 年海南建省办大特区以来，各级政府、各有关部门在人力、物力、财力方面给予大力支持，林业部门采取了一系列有效措施，义务植树与工程造林一起抓，人工造林、封山育林、飞机播种造林一起上,多渠道筹集资金、多种经济成分并存。“八五”初期,海南省政府向国务院上报《1989～2000年造林绿化规划》并获得批准。1992年,海南省委、省政府作出了《关于提前在“八五”期间绿化全省的决定》,提出要把规划到2000年完成的造林任务提前到“八五”期末完成。为落实好这个决定,省政府与各市县政府签订了两期造林绿化责任状,从省到乡镇的各级领导都大办造林绿化示范点,以点带面,有力地推动了造林绿化工作的开展。到1995年底,共完成荒山造林45.2万公顷(其中封山育林20.5万公顷,人工造林22.6万公顷,飞播造林2.1万公顷)。森林面积增至166万公顷,森林覆盖率提高到50.5%,顺利通过国家造林灭荒检查团验收,荣获党中央、国务院颁发的“实现造林绿化规划省”称号。

在实现消灭荒山奋斗目标的同时,还成功地建设10多万公顷的速生丰产林基地,并从1989年开始,组织人工林木出口日本、韩国等地。人工林木的出口不仅成为海南自产产品的出口创汇大户,而且已成为海南林业的重要支柱。至1997年底全省共出口木片122.4万绝干吨,创汇1.2亿多美元。取得了较好的生态效益、经济效益和社会效益。

为扭转海南热带天然林面积逐年减少的局面,自1983年开始,广东省政府决定将尖峰岭林业局等16个森林采伐企业转为以营林为主,并下放给海南管理。天然林木材年生产量从1979年的20万立方米降到1984年的6万立方米,直至1993年尖峰岭率先停止天然林采伐。1994年,海南省人大决定在全省范围内全面停止天然林采伐,森工采伐企业实行森工转向,海南热带天然林遂得以休养生息,并不断得到恢复和发展。

50年来。海南林业事业得到长足发展。截至1996年,全省有林面积166万公顷、森林蓄积量达8606.8万立方米,森林年生长量从1978年的209万立方米增加到491.1万立方米,年消耗量则从365万立方米减少到212.7万立方米,扭转了森林资源长期赤字的局面,实现了森林面积与森林蓄积量的双增长。同时,全省8个平原市县,全部实现平原绿化达标,荣获“实现平原绿化先进省”称号;沿海地区已营造沿海防护林1206.2公里,占全省宜林海岸线的95.2%,基本实现合拢,成为保护海南生态环境的“绿色长城”;封山育林367万公顷,使热带天然林得以恢复和发展,天然林面积增加到61.6万公顷;速生丰产林基地已达10多万公顷;各类经济林发展迅速,种植面积高达47.7万公顷。到目前为止,海南林业初步形成了“两个体系,两个基地”(沿海防护林体系、热带天然林体系、速生丰产林基地、热带经济林基地)的林业发展新格局。林业职工队伍也同时发展壮大。截至1997年底,全省林业系统拥有职工15000多人,建立了88个林业公安局(分局或派出所)、11个省属森工企业、15个省属国有林场和12个地方国有林场、26个自然保护区(经营所)、15个国有苗圃和800多个专业苗圃、14个林业科研单位、248个乡镇林业工作站、117个木材检查站、10个林业专业公司(厂)。此外,全省还有乡镇林场175个,场员3500人,造林联合体、林业专业户1.2万个,3.5万人。

二、海南林业建设的伟大成就

海南林业从1949年至今,历经50年的发展,取得了令人瞩目的伟大成就,林业产业从无到有,林业机构不断壮大,林业管理体制日臻完善。

(一)造林绿化

1. 荒山造林成绩显著

1949～1997年,海南累计荒山造林95.12万公顷,其中从1952～1957年共计造林近2万公顷,为初步发展时期;1958～1997年为荒山、造林事业的发展时期,共计造林93.12万公顷,基本实现消灭宜林荒山荒地目标,受到党中央、国务院的表彰。主要经验和做法是:

(1)省委、省政府对造林绿化工作非常重视,省领导带头大办造林绿化点,把造林绿化工作列入各级领导任期目标责任制。特别是海南建省办经济特区以来,海南省政府于1992年6月作出了《关于提前在“八五”期间绿化全省的决定》,提出了荒山造林的目标和具体措施。

(2)层层签订领导任期造林目标责任状。从1990年开始,省委、省政府连续6年与各市县签订造林绿化责任状,各市县党政领导又与乡镇签订了造林责任状,明确规定在“八五”期间要完成消灭宜林荒山任务。

(3)全社会办林业,全民搞绿化。为了实现消灭宜林荒山目标,各地非常注重利用广播、电视、报刊、张贴标语等形式进行广泛宣传，发动群众大力开展植树造林活动，1989～1995年，全省共完成义务植树4358万株。

(4)多渠道、多形式增加对造林绿化的投入，积极争取各种造林项目。如世行林、中央丰产林、农综林、2719工程林、沿海防护林等项目，加快了荒山造林的步伐，特别是近10年来，通过各种渠道安排落实造林资金超1亿元。

2. 沿海防护林建设不断完善

海南沿海共有13个市县、88个乡镇、443个村庄、105万人。由于长期以来对天然林的破坏，加之台风频繁，导致土地沙化。1950年的调查表明，当时全岛共有风沙化土地7.27万公顷，其中有4.2万公顷是寸草不生的流动沙地。沿海地区大量房舍、农田被风毁沙埋，沙眼病、红眼病肆虐，当地群众饱受风沙危害之苦。据记载，文昌市冯坡镇于1750年至1950年间，因森林逐步砍伐殆尽，沙丘内侵1600多米，湮埋耕地180公顷，13个村庄被迫三易其址。

面对这种现状，从1950年开始，海南掀起了植树造林、防风固沙的高潮。1954年，先后在岛东、岛西建立两个治沙试验站，引种木麻黄获得成功后，1956年，又先后在沿海地区建立了11个国营林场，共有2000多名职工长期从事治沙造林事业。经过几十年的艰苦努力，至1997年底，已推广种植木麻黄6.67万公顷，营造沿海防护林带1206.2公里，有效地遏制了风沙化的蔓延势头，不少地方的群众重返家园，出现了人进沙退的可喜局面。

近年来，由于一些地方的不合理开发利用，沙化问题又有扩大之势。目前，全省仍有2000多公顷的流动沙地难以治理，主要分布在昌江、东方、陵水等地。这些沙地气候干燥，干热风大、沙粒粗、流动频繁，历经多次常规造林失败，成为全省海防林建设的重点和难点。对此，从1996年开始，海南省林业局组织科技人员进行攻关，并总结出："造林季节适当提前，先植露兜挡风固沙，大苗泡水深栽抗旱"的沙地造林新技术。1997年以此法造林466.7公顷，成活率88%以上。

沿海防护林的保护管理是沿海防护林建设的关键环节。海南省严格按照国务院关于划定和保护沿海国家特殊保护林带的规定要求，自1995年开始开展沿海基干林带的划定和立碑工作，并按照提高经济效益、突出海南景观特色的原则，加紧对沿海防护林工程的更新改造，主要是在沿海基干林带内逐步套种椰子、酸豆等经济果树。文昌市的东郊椰林就是成功的典型。还有三亚市正在实施的24公里长的"椰梦长廊"规划以及陵水县即将实施的"万亩椰林基地"等规划，必将给海南的沿海防护林体系建设工程赋予更加丰富的内涵。在不远的将来，海南的千里海岸线上，展现给世人的将是一道更加亮丽的风景线。

3. 速生丰产林基地建设初具规模

为了减轻对天然林的依赖，保护热带天然林资源，林业部根据国务院批转的《海南岛问题座谈会纪要》的精神，决定投资与海南联合营造速生丰产林，从而带动了海南速丰产林基地的建设。

1980年，林业部派员到海南进行考察，确认了在海南营造速生丰产林的可行性。1982年，在琼海、临高两县开展中央丰产林试点工程，共营造丰产林529.8公顷，取得成功。1983年，林业部同意扩大试点，增加万宁、澄迈两县，试点工作开展较顺利，共营造丰产林2896公顷，林木长势良好。1984年初，林业部同意海南营造中央丰产林，造林单位扩大至琼山、文昌、定安、屯昌、儋县、陵水、乐东、东方、昌江10个县，包括原4个试点县，共14个县。同年，海南行政区林业局编制出《海南岛营造200万亩速生丰产用材林计划任务书》和《广东省海南岛200万亩速生丰产用材林总体设计》上报林业部，1984年12月获林业部批准，1985年便在全岛全面实施。迄今已完成中央丰产林造林49202.4公顷，地方丰产林近5万公顷。

4. 海南热带经济林独具特色

海南经济林建设始于50年代中期，以海南农垦建设橡胶基地为主要标志。之后，发展极为缓慢。近年来，各地又加快了经济林建设步伐，一大批具有热带特色的优质高效的经济林基地应运而生，如椰子、荔枝、龙眼、红毛丹、芒果基地等。截至1997年底，全省经济林面积已达47.2万公顷(其中橡胶42万公顷)，占土地总面积的14%，是全省森林面积的27.8%，是海南林业建设重要的组成部分。经验和做法主要是：

(1)领导重视，措施得力。全省各级政府高度重视经济林的发展，把它作为发展高效农业、加速农村经济发展、实现农民致富奔小康的一项重要工作列入议事日程。同时，抓住海南独特的区位优势和热带资源优势，因地制宜，制定了切实可行的发展规划、目标，并采取了一系列的优惠政策和措施，使经济林的建设步入了经济发展的快车道。

（2）抓点促面，示范引路。抓点是指各市县主要领导亲自创办经济林示范点，坚持高标准、高起点，极大地调动了广大干部群众建设经济林的积极性，很多地方因此出现多方资金争相投入，建设经济林基地的高潮。

（3）政策扶持，市场导向。各级政府非常注重对发展具有海南特色的经济林的扶持，除了给投资者相当优惠的土地承包经营、税收政策外，还从资金的投入给予倾斜。如农业综合开发、世行贷款、扶贫、林业贴息贷款等方面的资金，均有较大的比例安排、投入经济林基地的建设。同时，政府部门还积极为企业提供市场信息，引导企业进入市场，避免盲目生产而导致企业亏损，使海南的经济林建设健康有序地进行。

5. 封山育林投入少，见效快

海南地处热带，雨量充沛，光热资源丰富，非常适宜开展封山育林工作。为保护和恢复热带天然林，自1984年起，海南各地林业部门开始对过量采伐和破坏较严重的天然林区实行封山育林。

为使封山育林工作落到实处，各地普遍采取承包的形式，并在具体实施的过程中做到“三落实”：一是规划图纸落实；二是承包人员、承包单位落实；三是承包合同落实。承包人员一般是挑选当地有威望、具有一定号召力的农村干部或共产党员；承包合同和规划的封山育林区必须经各市县政府批准盖章；市县林业主管部门负责对这项工作进行指导、检查。省财政每年还拨出专款用于封山育林工作，各市县根据省下达的封山育林经费，按每亩0.3元的标准，在每月定期召开的封山育林承包人员会上发给各承包户。经过10多年的努力，海南各地的封山育林成效喜人，热带天然林因此得到极好的恢复发展。据统计，至1997年底，全省封山育林面积24.6万公顷，封山护林面积12.1万公顷，已恢复成林的有27.7万公顷。封育较早的澄迈县加笼坪林区，自1984年实行封山育林以来，成功地将一块水土流失严重的残次林地封育成一个具有典型热带雨林特征的天然林区，使多年干涸的小溪恢复流水，160多种野生动物重返林区栖息，活立木蓄积每公顷高达90～135立方米，成为远近闻名的封山育林的先进典型。该地区的水土流失因此得到根本治理，降雨量较封山前增加了15%，周边地区的农作物产量增加两成以上。

6. 平原绿化全面达标

经过50年的艰苦奋斗，特别是近几年的努力工作，海南的琼海、琼山、临高、海口、儋州、文昌、澄迈、定安等8个平原市县全部实现平原绿化达标；平原区森林覆盖面积53.5万公顷，森林覆盖率38%；林业用地造林绿化51.9万公顷，绿化率达95.3%；农田（坡地）已林网控制面积28.6万公顷，控制率78.0%；绿化宜林公路1839.7公里，绿化率91.9%；绿化宜林河流313.2公里，绿化率91.5%；绿化宜林渠道751.7公里，绿化率90.7%；绿化宜林海岸线570.8公里，绿化率96.2%；绿化村庄3.66万公顷，绿化率48.8%；绿化城镇0.56万公顷，绿化率36.8%。1997年，通过林业部检查验收，实现了全省平原绿化达标。

平原绿化主要做了以下几项工作：

（1）抓住工程造林的有利时机。1982年以来，海南平原区共投资和引进国内外资金6203.3万元（不包括市县配套部分），先后开展地区（省）丰产林、中央丰产林、世行林、2719工程林、农综林等项目建设，共营造速生丰产林7.73万公顷、各类防护林3.37万公顷，从而大大加快了平原绿化步伐。

（2）“千里椰林”映海岸。早在1956年，海南平原区沿海人民就掀起了治理风沙、保卫家园的植树造林活动，大力营造海防林。经过40多年的艰苦整治，共造海防林2.92公顷，绿化宜林海岸线570.8公里，绿化率达96.2%，实现了合拢。其中，东海岸线上的文昌、琼海人民对椰子树情有独钟，在当地林业部门的指导下，在木麻黄林中套种椰子，不仅提高了海防林的经济效益，而且把东海岸线打扮得分外秀丽迷人。如著名椰乡文昌市东郊镇，以椰林作为护村、护路、护田以及保护海岸的主要树种，出现了建华山万亩滨海椰林风景区，并且带动了清澜、会文、白延、重兴和琼海的长坡等地的沿海人民大种椰树，出现了海南东海岸的万亩椰林和万泉河两岸的椰林风光，成为我国平原绿化建设最具热带浓情的自然景观，令众多的中外游客流连忘返。

（3）“小流域分布式”的农田防护林建设。海南平原区大田洋较少，水田分布形式主要是“小流域式”，即两面坡之间的山脚下是水田。这种地理特点决定了农田防护林只能沿着农田两边的山坡营造。这种模式虽然不比大陆的标准林网整齐划一，但实践证明其防护效益比标准林网强，即使在台风和干旱之年，也能保证水稻的高产稳产，因为水田两边坡的宽度要比水田宽度大得多，这大面积的森林肯定比林网防护林效能大。

(4)森林覆盖率和村庄绿化是海南平原绿化的强项。海南平原区森林覆盖率为38%，比国家标准高出28个百分点，比全国高标准平原绿化试点县还要高。农村绿化覆盖率为48.8%，最高的市县为琼海市和文昌市，分别是64.0%和61.3%，这在全国也是名列前茅的。

(5)速生丰产林、橡胶和椰子基地建设是提高海南平原绿化经济效益的主要措施。至1997年底，海南平原区共建速生丰产林基地7.73万公顷，树种主要是隆缘桉，木材主要出口日本等国。从1989年以来，海南林业系统共出口桉木片(条)122万多绝干吨，创汇1.2亿多美元，成为海南省出口创汇大户，不仅带动了广大林农脱贫致富，而且有力地促进林业事业的发展。

橡胶是海南平原绿化的主要树种。目前，平原区建成橡胶基地15.5万公顷，为国家提供干胶累计达76万吨，直接经济效益76亿元，占农业产值的46%。

椰子是海南平原绿化的乡土树种，主要分布于平原东北部。目前，平原区共有椰子林1.03万公顷，是当地农民家庭经济的主要来源之一，椰果年收入户达383万元，通过深加工后，年产值可达1117万元。

(二)林区的开发建设

1. 海南国有林区的发展概况

海南的国有林区始创于1954年，在琼中县百花岭和东方县玉龙岭建立采伐场。1954年至1958年，先后建立了坝王岭、尖峰岭、吊罗山三个林业局，且为广东省直属企业；同时建立黎母山、猕猴岭、毛瑞采伐场，分别由当时的海南行政区林业处和海南黎族苗族自治州森工分局管理。1962～1972年，又相继成立了保梅、白马岭、卡法岭、抱龙和南高岭五个采伐场，并委托所在市县代管。

据统计，海南森工采伐企业自创建到停止天然林采伐的1994年，共采伐森林面积2.26万公顷，其中皆伐0.45万公顷；迹地更新保存面积2.16万公顷，其中天然更新1.55万公顷，人工促进天然更新0.57万公顷，迹地更新率98.16%；生产木材309万立方米，胶合板2.7万立方米；松香1041万公斤、松节油313万公斤、完成森工基建投资7243万元，其中国家投资4400万元。仅尖峰岭、坝王岭、吊罗山、黎母山四个林区工业总产值2.68亿元，上缴利税0.57亿元，为国家经济建设作出了应有的贡献。

海南森工企业在采伐更新方式方面经历了三个阶段。即：1958年至1963年采取块状皆伐或连续小面积皆伐，天然更新和人工更新方式；1964年至1974年采取径级择伐、人工促进天然更新方式；1975年至1993年采取采育择伐、天然更新和人工促进天然更新方式。采集工具从刀劈斧砍改用油锯，集材从人抬肩扛、畜力拖集及顺坡推山，向索道及拖拉机集材方式改变。至1992年全省国有山林权属定权发证时统计，海南11个国有森工企业经营面积19.8万公顷、天然林面积13.86万公顷、活立木蓄积量2800万立方米。

2. 海南国有林场的发展概况

从1956年至1997年，海南省共建国有林场28个，其中省属国有林场15个、地方国有林场13个。省属国有林场又分为省直属国有林场和省属委托所在市县管理的国有林场。省直属的共7个，包括：岛东林场、上甬林场、六连林场、金鸡岭林场、澄迈林场、儋州林场、枫木鹿场；省属委托市县管理的共8个，包括：新海林场、三亚林场、通什林场、岛西林场、佛罗林场、松涛林场、英州林场、昌化林场。

海南的国有林场都是在条件艰苦的地方建立起来的，既不与农争地，也不与热作农垦争地。因此，多处于土地贫瘠的偏远山区或沿海沙荒地带，造林难度大、经济效益较差。但各国有林场发扬战天斗地的大无畏精神，以绿化荒山荒地荒滩，改善生态环境为己任，在一片片荒山、荒滩上建成了一个又一个绿洲。至1994年止，海南省属国有林场经营面积达4.3万公顷，有林面积2.2万公顷、森林蓄积量157万立方米、生产木材71.2万立方米、历年造林面积5.3万公顷，其中，荒山造林保存面积1.56万公顷，生产松香70.5万公斤。

(三)森林资源保护

海南的森林资源保护工作起步较晚。1982年前，海南没有资源林政管理机构，资源林政管理工作一直处于较低的管理水平，仅在森林采伐、木材运输和调处山林权纠纷等方面做了一些工作。1982年设立资源林政管理机构后,海南的资源林政管理工作才真正落到实处,特别是1988年海南建省办特区后,加大了资源林政管理力度,资源林政管理工作发展很快,逐步迈入科学化、规范化、法制化轨道。1990～1994年,开展了全省资源二类调查,第一次摸清了森林资源家底,为科学管理和合理利用森林资源打下了基础。1996年,实现了全省各市县和重点林业单位利用电脑管理森林资源档案,森林资源监测做到每年出数。从1994年起,全省实现了森林资源的面积、蓄积双增长;1996年开始,全省的森林资源消耗量低于生长量;1989～1993年,全省完成国有林权发证工作,稳定了国有林区正常的生产生活秩序。到1991年底,全省共建乡镇林业工作站248个,占应建站乡镇的77.5%;在岗人员831人,其中有3个市县27个乡镇林业工作站达到林业部规定的标准化建设要求。为海南的木材流通管理不断加强,全省共设木材检查站117个、在岗人员672人,20个木材检查站建设达到部颁标准。由于管理规范、严格执法,海南被国务院第一批确认为国道、省道基本无“三乱”的省份。

为保护森林资源,海南注重林业立法工作,先后出台了《海南省森林保护管理条例》、《海南省木材市场管理暂行办法》、《海南省森林防火管理条例》、《海南省实施〈中华人民共和国野生动物保护法〉办法》、《海南省自然保护区管理条例》以及《海南省森林采伐限额暂行办法》等一系列法规、规章,为全省森林资源保护提供了法律保障。

在森林资源保护中,海南在热带天然林保护和森林防火方面采取了一些行之有效的措施并取得了较好的成绩。

1. 热带天然林恢复发展迅速

海南是我国热带雨林和热带季雨林的原生地,热带天然林十分丰富。根据1956年调查结果,当时全岛热带天然林面积达86.3万公顷,后因发展橡胶和建立森工采伐企业,热带天然林遭到严重破坏,面积锐减,至1979年,仅存30.1万公顷。这一现象引起了中共中央、国务院的高度重视,1980年国务院批转《海南岛问题座谈会纪要》指出:建设海南岛的林业,必须采取保护、恢复和发展并重的方针。根据这一精神,海南采取了切实有效的措施,开展热带天然林保护工作,使天然林得到恢复和发展。1987年热带天然林面积增加到38万公顷;至1996年,面积猛增到61.5万公顷。海南省保护热带天然林采取的措施主要是:

(1)加强建立森林和野生动物类型自然保护区。目前,海南省共有森林和野生动物类型自然保护区22个,其中,国家级3个、省级16个、市县级3个,总面积近10万公顷,占全省国土总面积的2.9%。

(2)实行封山育林和封山护林。海南自1984年起开展封山育林和封山护林工作,至1997年,完成封山育林22.3万公顷、封山护林12.1万公顷,已有27.7万公顷恢复成林,成效十分显著。

(3)逐步调减企业的天然林采伐量。海南省从1979年开始,逐步将森工企业原定的每年20万立方米的天然林采伐量降至6万立方米。至1994年《海南省森林保护管理条例》出台后,全省全面停止天然林采伐,这种以法律形式禁止采伐天然林的举措在全国尚属首例。

2. 森林防火成绩突出

海南是黎、苗等少数民族聚居的地方,历史上长期存在刀耕火种和烧山围猎的传统陋习,大量森林因此被毁。海南建省后,各级政府对森林防火工作极为重视,成立了相应机构、出台了相关法规,使森林火灾得到根本性控制和治理,森林火灾受害率逐年下降,1997年仅为0.02/1000为历史最低点,并连续四年低于全国平均值。主要措施是:

(1)行政措施与工程措施双管齐下,不断提高森林防火综合能力。全民搞防火、政府负全责,在全省已形成一种风气。全省各市县与乡镇,重点林区的乡镇与村委会,层层签订森林防火责任状,有些地方还实行一票否决制,极大地激发了各级领导搞好森林防火的责任感,使这项工作成了各级领导的日常工作。

(2)严格管理,加强宣传。各级森林防火工作部门非常注重向广大干部群众宣传《海南省森林防火管理条例》和《海南省野外用火管理规定》,严格执行野外用火的申请、审批、领证、安全操作以及戒严期严禁各种野外用火等制度,有效地把住了火源关,取得了显著效果。

(3)加强建设,完善设施。建省后,全省共筹集1500余万元进行森林防火基础设施建设,初步形成瞭望台、通信网、扑火机具化的“两网一化”格局,为森林防火工作的开展奠定了坚实的基础。

(四)海南外向型林业发展前景广阔

海南建省办特区,使海南宝岛走向了世界,世界也因此认识了海南。海南林业伴随着海南改革开放的不断深入,也加强了对外合作与交流,初步形成了海南外向型林业发展的雏形。

1. 世界银行贷款国家造林项目

1990年,海南省政府与林业部签订了利用世界银行贷款国家造林项目协议书,协议贷款额为4352.63万元,项目实施期为6年。至1997年底,全省利用世行贷款实际造林面积2.87万公顷,树种主要是桉树、松树和相思树。

2. 国际热带木材组织(ITTO)无偿援助海南永续经营利用热带天然林项目

1992年,国际热带木材组织决定无偿援助300万美元在海南实施永续利用热带天然林项目,项目分3期完成。目前,该项目已完成前两期,第三期项目计划也已经ITTO批准。项目主要由中国林科院和海南省林业局共同承担,旨在探索一条热带天然林保护与利用的最合理的途径和方法。从前两期的执行情况看,海南的这一项目得到了国际热带木材组织的肯定和好评。

3. 德国政府无偿援助海南恢复和发展热带天然林项目

为恢复和发展海南的热带天然林资源,德国政府于1997年与中国政府签署无偿援助海南恢复与发展热带天然林合作协定。按协定,德国政府主要采取技术援助的办法,无偿援助金额达538万马克。目前,项目执行情况良好。

4. 林业出口稳中有升

海南林业的出口始于1989年,出口的主要产品是桉木条、桉木片和松香。至1997年,全省共出口桉木片122万绝干吨,创汇1.2亿多美元,成为海南省出口创汇大户。

5. 与新加坡亚洲浆纸集团合作营造浆纸林基地23.3万公顷项目

新加坡亚洲浆纸集团在海南独资兴建60万吨浆纸厂项目,于1997年12月经国务院批准,为配合该项目而必须建立的23.3万公顷浆纸林基地已于1997年开始启动。为此,新加坡亚洲浆纸集团与海南省林业总公司共同成立了海南金华造林公司,决定从1997年起利用6年时间完成23.3万公顷浆纸林基地的营造工作,项目总投资1.75亿美元。该项目的建成将不仅有利于海南林业生产水平和效益的提高,而且必将有力推动整个海南经济的发展。

三、海南林业展望

跨世纪的海南林业将坚持环境建设与产业建设协调发展的原则,逐步完善"两个体系,两个基地"建设,充分发挥热带资源优势,为海南的经济发展和社会进步做出更大贡献。

(一)全面实行林业分类经营改革

海南林业在"九五"期间把林业分类经营改革作为重点工作来抓,并可望在2000年前,在全省初步建立起符合海南特点的科学的林业分类经营新体制。

(二)21世纪海南林业的发展目标和建设重点

在实施林业分类经营的基础上,把森林分为生态公益林和商品林两大类,完善生态林建设的法规和补偿机制,尽快恢复和发展热带天然林,切实保护和发展沿海防护林及其它生态公益林。以市场为导向,发展商品林业,大力发展以工业原料林、热带经济林为主的第一产业;建立和发展有一定规模的木浆造纸业、松香等林化工业,竹制品业以及果品贮藏、保鲜、加工为中心的林产品加工业等第二产业;积极发展以森林旅游及其它各种服务业为主的第三产业。到2010年的具体目标是:

(1)森林总面积达到180万公顷,覆盖率达53%。其中,生态公益林90万公顷,商品林90万公顷。

(2)活立木蓄积量新增400万立方米,蓄积总量达9000万立方米。

(3)人造板新增15万立方米,木浆生产能力达年产60万吨,建设浆纸林基地23.3万公顷。松香年产量达8000吨。

(4)林业发展年增长率12%～15%,林业总产值达35～40亿元。

(三)加快森工转产步伐,建立森工企业新的产业体系

森工企业要深化体制改革,做好精简机构和人员分流工作,积极引导分流人员发展自营经济。要集中力量和资金,开展优势项目。如:尖峰岭的花岗岩板材生产、森林旅游开发等;坝王岭林区小水电、松香加工及经济林基地建设;吊罗山的小水电、竹板材加工及森林旅游开发等均是切合实际的好项目。同时,海南省已批准森工企业利用林区15%的土地发展高效林业的方案。预计在20世纪末,海南的森工企业会走出困境,逐步建立起新的产业体系。

(四)继续加强国际交流与合作

海南是中国的一个特区,拥有举世瞩目的、珍贵的热带雨林资源和丰富的生物物种资源,具有良好的开展国际交流与合作的条件,因此,海南除了继续执行好现有的国际合作项目外,还将积极争取更多的国际援助来促进海南林业的发展。

海南林业建设既有成功的经验,也有失误的教训,但总的来说,成就是巨大的。作为我国唯一的热带岛屿省,海南林业的发展和建设,无疑具有十分特殊而又重要的意义与价值。目前,海南正在总结历史的经验与教训,进一步挖掘和利用其良好的自然条件和特殊的地理优势,以建设两大体系为中心,大力发展具有热带特色的海岛林业。可以相信,再过15年,一个山川秀美的新海南一定会在祖国的南疆崛起。

(执笔人:吴银华)

三峡生态世瞩目　巴渝绿化迈大步

——重庆市林业建设巡礼

重庆市林业局

一、概　　况

重庆市地处长江上游，东邻湖北、湖南，南靠贵州，西连四川，北接陕西。新中国成立初期，重庆是西南区领导机关所在地；大区撤消后，重庆改为四川省省辖市，又为计划单列市；其辖区几经改划，至1997年改为直辖市时，共辖40个区县(市)，面积8.24万平方公里，总人口3059.69多万人。

重庆是一个内陆山地市。境内最高海拔2796.8米，最低海拔73.1米，山地、丘陵面积占90%以上。境内江河纵横，水系发达。有集雨面积100平方公里以上的河流228条。其中长江干流709公里，涪江、渠江、嘉陵江、乌江等支流与长江汇合，形成重庆境内的长江水系。

重庆位于中亚热带，属湿润季风气候类型，水热丰富、多云雾，无霜期长、日照偏少，冬暖春旱，年平均气温18.1℃，常年降雨量在1000毫米左右。充沛的水热、肥沃的土壤、多样的地类，孕育了丰富的物产、繁多的野生动植物种群。境内分布有阔叶林、针叶林、竹林、灌丛、稀树草丛等植被类型。据不完全统计，仅陆生脊椎动物就有400多种，属国家Ⅰ、Ⅱ级保护动物的有40余种；有维管束植物5500多种。

位于三峡工程库区的重庆，是长江经济带尾部，长江上游的经济中心。水陆空交通发达、工业门类齐全、科技力量雄厚，为林业的发展提供了较好的经济社会条件。

重庆还是全国林业比重最高、森林面积最大的直辖市。全市现有林业用地301.1万公顷(国有林地36.9万公顷)，占幅员面积的36.5%，排列全国各省(区、市)第22位；现有森林(有林地)172.8万公顷，排列全国第20位；现有活立木总蓄积7183万立方米，排列全国第21位；现有森林覆盖率达20.98%，排列全国第16位。

重庆市建立有林业科研、林业规划、林业开发、林产工业、资源监测、工程造林、森林保护、植物检疫、种苗管理、野生动物保护等林业职能机构，初步形成了多学科、综合性、较完备的林业管理体系。全市建立有国有林场99个、乡村集体林场1629个、国有苗圃34个、森林公园43个、乡镇林业工作站1069个、木材检查站89个、市地两级局属林业科研所3个、森林调查设计队4个、县级林业技术推广站36个、森林病虫防治检疫站35个、林业公安处、科、派出所60个、县级以上森林防火指挥部及其办事机构45个、县级以上(包括市、地两级)林业局39个。全市现有在职林业职工16 100余人。

二、成　绩

重庆市根据自身的特点，在狠抓经济发展的同时，十分注重林业建设。建国后，特别是十一届三中全会以来在各级党委、政府的领导和重视下，认真贯彻执行党和国家的林业方针政策，切实把植树造林列为国民经济和社会发展的重要内容，立足生态建屏障、着眼效益办产业，采取一系列行之有效的措施，发展林业事业取得显著成绩。

（一）森林资源大幅度增加

以全民义务植树为动力、以调整结构为突破口、以林业重点工程为龙头，先后通过完成林业栽植任务、大打荒山造林攻坚战、实现基本绿化、开展全面绿化，广泛发动干部群众植树造林，促进了林业持续、快速、健康发展。1989年以来，全市累计造林达76万公顷、“四旁”植树9.2亿株。在80年代初的基础上，全市森林面积增长了15.6%；活立木总蓄积增长12.9%；森林覆盖率上升了一倍多，呈现出三增长的可喜局面，并且基本扭转了森林生长量小于消耗量的状况，全市林业迈上了良性循环的发展轨道。1997年林业部组织专家对全国人工造林实绩进行核查，重庆名列28个受检省（区、市）之首。

（二）林业生态体系建设初具规模

人们对生态环境资源不合理的开发利用，导致重庆的生态环境较为恶劣，生态环境问题成为重庆一大难题。

早在50年代，遵照毛主席视察长江时的指示，在云阳县长江边营造了大面积的防护林带，并为此成立了专门的防护林场。三峡工程上马后，为切实加快库区林业生态体系建设步伐，市委、市政府郑重承诺重庆林地面积只增不减，并作出决定，从1998年9月1日起全面停止了占全市森林面积67%的116万公顷天然林的一切采伐，坚决搞好天然林保护工程。近些年，重庆市一方面大力营造防护林，增加植被覆盖，另一方面切实搞好森林管护，注重巩固造林成果，林业生态建设卓有成效。目前，境内江河两岸、道路沿线、库堰周围“绿色走廊”基本形成。全市逐步构筑起林业生态体系骨架，并开始发挥出较好的生态效益。

（三）林业产业开发开始起步

为了适应市场经济发展的客观要求，近些年，重庆各地积极实施山区综合开发战略，坚持“山外找市场，山上建基地，山下搞加工，科技创高效”的方针，以市场为导向、资源为基础、效益为中心，实行区域化布局，专业化生产、一体化经营。选择见效快、用途广、效益好的树（竹）种，营造各类用材林、果木林、药用林、香料林、油料林、工业原料林、商品薪炭林等基地，通过发展用材林和经济林，推行林粮、林果、林菜、林药间作，取得了良好的经济效益和社会效益，涌现出一大批兴林致富典型。与此同时，还利用林区各种资源，广泛开展多种经营，综合利用，发展森林旅游业、种植业、养殖业、采掘业、加工业、服务业等，以副养林、以工补林。增强了林业行业活力，提高了林业经济效益。国有林场经济收入每年以20%以上的速度增长。万州开发区，到1996年底就已上多种经营项目40多个，林业综合开发产值实现10.08亿元。其中第一产业为7.5亿元，第二产业为2.34亿元，第三产业为0.24亿元。

（四）林业基层基础进一步巩固和加强

区县（市）级林业科技服务体系、森林防火体系、森林病虫害防治体系、木材流通管理体系基本建立和完善；基层林业工作站点在改革、整顿和行政区划调整中得到巩固和充实，乡镇一级全部建立林业工作站；森林资源保护管理基本走上了法制化、规范化、制度化轨道；国有林场经济实力明显增强，集体林场进一步完善、发展。整个林业基层基础工作有了新的突破。

三、措　施

（一）深化林业改革，推进林业向纵深发展

重庆市在林业建设中，根据当地条件，充分尊重林农意愿，因势利导，积极稳妥地发展林业股份合作制，推行招标承包、租赁、入股联营等多种经营方式，鼓励社会单位和个人投资，发展林业。在条件具备的地方实行批租荒山的办法，鼓励和发展适度规模经营的林业专业大户。对国有场圃，实行所有权和经营权分离的原则，将分散、不便管理的林地租赁或卖给职工经营，兴办家庭林场；允许职工合理利用林场、苗圃资源搞种、养业开发；积极落实山区“四荒”拍卖的有关政策，打破行政区划界限，允许不同经济成分的主体购买“四荒”，使用权一定50年不变，并允许治理开发成果转让、继承；积极发展林场之间的联合，促进集团经营，注重发挥群体优势。

（二）加强宣传，强化绿化意识

针对市场经济体制下林业工作的特点，重庆市加大造林绿化宣传教育力度。着重宣传林业是生态环境建设的主体和造林绿化的重要作用及深远意义，使其国策地位、基础产业地位和在环境建设中的主体地位真正成为各级领导和社会各界的共识；同时，还强化林业法规政策和科技知识宣传，不断提高人们的法制意识和造林绿化技能。利用电影、电视、广播、报刊、文艺等，多层次、多角度、多渠道地进行了生动活泼的造林绿化宣传，动员全市人民为建设秀美的重庆做出应有的贡献。

（三）全民动手，大力开展义务植树活动

重庆市把全民义务植树作为全面推进国土绿化的重大举措。按照规范化、基地化、科学化、制度化的要求，大力开展义务植树基地建设，办好领导义务植树示范点，动员工会、妇联、共青团等群众组织广泛开展营造“青年林”、“民兵林”、“三八林”等各类纪念林和纪念树的活动；坚持搞好每年3月5～12日的“重庆义务植树周”活动”；坚持检查验收制度，加强义务植树绿化费的收缴工作，促使社会各界参与植树造林，推进全市林业建设。

（四）突出重点，狠抓薄弱环节

为加快林业建设步伐，切实提高林业建设成效，重庆市结合农业综合开发、山区综合开发、生态农业建设和林业产业结构调整，大力实施了长江中上游防护林、长江及嘉陵江流域生态林、天然林保护、国家水土保持林、世行贷款多功能防护林、德国援助造林、长江干流造林、名特优新经济林、速生丰产林、飞播造林等林业重点工程建设。在抓好重点工程造林的同时，狠抓了公路、铁路、溪河、库区及场镇的造林绿化和封育，推进面上造林与工程造林同步发展。

（五）综合开发，促进林业产业发展

重庆市山地面积占幅员面积的64%以上，贫困人口绝大部分集中在山区。这些地方既是林业发展的重点，又是脱贫致富奔小康的难点。抓好山区综合开发至关重要。在山区综合开发中重庆按照“改土、兴林、植树、修路、办电、建园”的方针，采取发展区域规模经济，实行产业化的办法，在抓好奉节、云阳、巫山、潼南、武隆、酉阳6个山区综合开发示范县的基础上，总结经验，逐步推动了其他山区县的开发。

（六）依靠科技，提高绿化水平

在造林绿化工作中，重庆十分注重高新科技成果的应用推广，大力引进名、特、优、新品种，建立良种基地，采用容器育苗和无性系繁育技术，确保造林绿化使用良种壮苗。重庆先后筛选出一批生物工程技术、难利用地营造林技术、植物激素在林木及花卉培育中的应用技术等适用的科研成果，运用于造林树种、林分结构的调整、低效林改造等林业生产，推广先进适用技术，提高林业生产水平。

（七）强化保护，巩固绿化成果

加强保护管理，是搞好造林绿化的关键环节。重庆市坚持造林管护两手抓。一是注重抓好林业法制建设，先后制定了《重庆市林地保护管理办法》、《重庆市林业行政处罚条例》、《重庆市实施全民义务植树条例》、《重庆市绿化条例》、《重庆市野生动植物保护条例》等林业法规，为有效地保护森林资源提供了法律保障。二是加强林政、林业公安、木材检查站、林业工作站和国有林场（所）、乡村林场等管理机构和执法队伍建设，充分发挥他们的职能作用，切实管好森林资源。三是强化森林防火和林木病虫害防治检疫工作，确保森林资源稳定生长。四是坚决抓好森林资源管理，严格林地绿地的征占用和林木采伐的审批制度。对侵占林地绿地和破坏森林资源的违法犯罪行为，坚决查处，严厉打击，有效地保护了造林绿化成果。

四、经　　验

在长期的林业生产建设实践中，重庆市的经验概括起来主要有以下几点。

（一）加强领导，落实责任，是确保林业持续稳定发展的关键

随着人们对林业认识的不断提高，各级党政领导自觉地把林业纳入重要议事日程，将保护森林资源、大力发展林业的责任落实到各级领导肩上，层层建立任期目标责任制，签订责任书，并制定林业发展的具体规划，带头组织实施。各级领导还以身作则，率先垂范，办起了造林绿化示范点，较好地发挥了示范作用。

（二）稳定权属，落实政策，是调动各方面兴办林业积极性的重要前提

党的十一届三中全会以后，重庆市全面落实了林木、林地权属，给农民划了自留山，颁发了林权证，明确了房前屋后及自留地、自留山的林木归个人所有。多年来，不断纠正那些随意变动林木林地权属的错误作法和调处林木林地权属纠纷，始终保持了林木林地权属的稳定，并在稳定中不断建立和完善多种经济成分并存的林业所有制结构，基本适应了林业生产力的发展水平。坚持了“谁造谁有，合造共有”，允许继承、允许转让的政策长期不变，从而充分调动了各方面植树造林、绿化国土的积极性。

（三）依靠科技，强化管理，是提高林业成效的根本措施

多年来，重庆把科技兴林放在突出的位置来抓。首先是针对林业建设中亟需解决的技术难题，组织技术攻关，使科研和生产紧密结合起来，并充分利用科研成果，指导生产实践。积极推广林业适用技术，促进了科技成果向生产力转化。其次，按照分级培训的原则，长期坚持由市和各区县（市）分别举办中短技术培训班，培训乡镇村社的管理人员和技术骨干，培养了一大批会管理懂技术的林业专业骨干队伍，确保了林业生产建设各项管理办法和技术规程的贯彻实施和落实。再者，实行科学管理。近十年来，在林业生产建设中，严格按规划立项、按设计施工、按工程管理、按实绩考核。坚持无作业设计不施工、不是良种不使用、造林不合格不验收的“三不”制度，严格检查验收，较好地解决了造林数量不实、质量不高的问题，基本保证了造一片成林一片，改变了“造林不见林”的状况。

（四）深化改革，调整结构，是增强林业自身活力的有效途径

林业发展取决于思想的不断解放、观念的不断更新、改革的不断深化。党的十一届三中全会以来，重庆把林业置于国家经济体制改革的大环境中，根据自身的特点，进行了卓有成效地改革。一是改林业部门独自抓造林为全社会各界一起抓、全民动手搞绿化的营造林方式；二是改单一所有制形式为多种经济成分并存、共同发展的林业经济体制；三是改“林家铺子”独家经营为多种经营形式、多种经营方式的林业市场体系；四是改只注重第一产业发展为一、二、三产业同步发展，贸工林一体化经营的林业产业结构；五是改“静态保护”为依法保护、合理利用、有序开发的森林资源管理模式；六是改单纯依赖国家投入为多形式、多渠道筹集资金发展林业的投入机制。与此同时，重庆在大力调整林业产业结构上下功夫，坚持立足第一产业、强化第二产业、发展第三产业的基本思路，加大了林业结构调整力度。近十余年来，通过不断深化改革、大力调整结构，提高了林业的经济效益、社会效益和生态效益，增强了林业的自我发展能力。

（五）广筹资金，增加投人，是促进林业发展的有力保证

由于林业生产周期长、社会效益和生态效益显著、直接经济效益不明显、参与市场竞争能力较弱等特点，重庆市采取国家投一点、财政拨一点、部门挤一点、银行贷一点、乡镇筹一点的办法，多方筹集资金，增加对林业的投入。认真执行国家和当地政府已出台的对林业扶持的优惠政策，从有关建设经费中落实一定数额的林业发展资金，用于植树造林和资源保护；不断建立和完善各种林业规费和林业基金的征收管理工作，为林业生产建设积累资金；随着各级财政收入的不断增长，对林业的投入也不断增加；与此同时，利用农村劳动积累工制度，动员农民群众投工投劳，大搞植树造林活动，从而解决了林业投入不足的问题。

五、展　　望

当前，重庆市林业建设面临着极好的发展机遇：一是中央加快中西部地区经济发展的战略决策、长江经济带开发战略的实施，三峡工程建设和库区经济开发，给全市林业建设创造了前所未有的大环境；二是重庆林业在重庆市三峡库区百万移民、366 万贫困人口脱贫、改善生态环境中的地位和作用，已日益受到各级党委和政府的重视；三是重庆市有丰富的山地、林地、林木、竹类和动植物资源，是林业发展的潜力和优势所在；四是重庆有一支艰苦奋斗、无私奉献的林业职工队伍。只要抓住历史机遇，进一步深化林业改革，认真解决好前进中的困难和问题，促进重庆林业建设持续、快速、健康发展，实现绿山富民活行业是大有希望的。

在新的形势下，重庆市已确定了林业建设总的指导思想是：遵循建立社会主义市场经济体制的要求，坚持以绿山富民活行业为目标，抓住历史机遇，深化林业改革、保护森林资源、建好生态工程、办好林业产业、服务库区建设，逐步建立起比较完备的林业生态体系和比较发达的林业产业体系，促进经济和社会的可持续发展。

在“九五”和 2010 年期间，全市以绿山富民活行业为目标，实现基本绿化和全面绿化，不断增加森林资源，协调发展林业一、二、三产业，提高林业综合效益，建立起比较完备的林业生态体系和比较发达的林业产业体系。一是坚持以营林为基础，总体推进造林绿化。到2010年，规划营造林125万公顷，“四旁”植树8亿株，各区县(市)实现基本绿化。二是推进一、二、三产业协调发展，壮大林业经济实力，瞄准市场需要，发挥林地和森林资源优势，努力建设起环三峡库区的林业产业群，为全市300万贫困人口脱贫致富和三峡工程的百万移民安置做贡献。重点是搞好速生丰产用材林基地建设，建立名、特、优、新经济林木基地，大力发展林产工业和发展第三产业，增强林业活力。三是加强林业保障体系建设，实现林业持续稳定发展，建立和健全森林资源保护体系、林业服务体系和市场体系等支撑体系，以适应重庆林业发展的需要。

总之，重庆市的特殊地位决定了林业在重庆市经济和社会可持续发展中的重要作用。展望21世纪，重庆林业发展具有得天独厚的有利条件和难得的历史机遇，任务艰巨而光荣。只要我们坚持邓小平理论和党的基本路线，高举生态环境建设大旗，深化改革、真抓实干，重庆市林业发展的宏伟目标就一定能实现，为建设山川秀美的新重庆，加快中西部地区经济发展、促进三峡工程建设、库区经济开发和农民脱贫致富奔小康做出应有的贡献。

（执笔人：周尚前　陈思明　王太奇）

建设秀美山川　繁荣巴蜀经济

——四川省林业建设50年

四川省林业厅

四川地域辽阔，物产丰富，史称“天府之国”。林业自古以来就是巴蜀沃野的绿色屏障、天府兴旺的重要标志。新中国成立50年来，林业的发展为促进四川经济社会稳步发展、维护长江上游生态平衡做出了重要贡献。

一、林业在全省经济与社会可持续发展中的地位和作用

四川地处我国西南腹地、长江上游。全省面积48.5万平方公里，约占长江上游流域面积的50%；按地势类型划分，可分为西部高原、盆缘山地和盆中地区三大类型。气候属北亚热带类型。

四川是以山区为主的农业大省。在全省面积中，山地和高原分别占50%和30%以上，平原仅占2.97%，其余为深丘和浅丘区。1998年，全省总人口8493万，其中农业人口占80%以上。农业是安邦治蜀、富民兴川的基础。林业既是农业的屏障，又是山区的支柱产业。

四川是全国重点林区及林业发展的重点省份之一。现有林业用地2323.16万公顷，有林地1172.35万公顷，森林覆盖率为24.23%，活立木总蓄积14.65亿立方米，森林面积和蓄积都位居全国前列。四川既有莽莽苍苍的天然林，又有郁郁葱葱的人工林。天然林包括天然原始林和天然次生林，主要分布在西部高原及西南山地，面积约占全省有林地的76%，属于国有林区；人工林主要分布在贫困山区及盆地中部，面积约占24%，属于集体林区。

在西部茫茫林海中，珍藏着丰富的物种资源。全省1万余种高等植物分属230余科、1600余属。木本植物有118科、515属、3190多种。在木本植物中，有乔木1240多种，相当于全国同类种数的三分之一，其中有460多种为四川特有。在全国339种国家重点保护野生植物中，四川有银杉、珙桐、桫椤等101种，占29.8%。四川动物区系成份复杂，仅陆生野生动物就有1031种，占全国的40%，居各省区第二位。在陆生野生动物中，鸟类625种、兽类217种、爬行类92种、两栖类97种。鸟类中特产鸟59种，占全国特产鸟类的60.2%。四川是大熊猫的主产区，大熊猫数量和栖息地面积均占全国80%以上。

从四川的基本情况看，林业的地位和作用尤为重要，这是因为：

四川是重要的水源涵养区。全省河流年径流总量达3182亿立方米，约占长江入海水量的三分之一。尤其是西部，既是天然原始林区，又是长江干流和主要支流的源头区域，特殊的地理位置，决定了森林资源对涵养水源、保持水土有特别重要的作用。

四川是典型的生态脆弱区。西部雪山冰川高耸、岩体松散破碎、山体滑坡频繁，干热干旱河谷气候恶劣。东部山丘环绕，坡地土壤瘠薄、抗蚀能力差、水土流失严重，这就决定了林业在治理环境、维护生态平衡中具有不可替代的作用。

四川是主要的农业产区。全省的粮食、油料、蚕丝、生猪和多种经济作物等在国内占有很大比重，但严重的生态性灾害和脆弱的农业基础使林业成为控

灾减害、确保农业稳产高产不可缺少的条件。

四川是重点扶贫区。全省63个贫困县(其中国定31个),560多万贫困人口,经济文化相对落后。保护森林、发展林业,既是改变贫困地区"穷山恶水"的客观要求,又是群众脱贫致富的重要途径,关系到民族地区稳定和山区经济的振兴。

四川是生物多样性保护区。全省有高等植物上万种,约占全国三分之一;脊椎动物1180余种,占全国的40%以上,是我国乃至世界极其珍贵的生物基因库。

综上所述,大力植树造林、保护森林资源、搞好林业建设,对改善全省自然生态环境和农业生产条件繁荣农村特别是山区经济、维护三峡库区和长江流域安全,促进经济社会可持续发展,都具有极其重大的意义。

二、50年的发展历程

新中国成立后,为适应国民经济恢复和发展的需求,中央调查勘察、科研机构和省属科研、勘察机构,对四川省森林资源开展了大规模的综合性考察研究,对主要森林类型进行了林型、更新、土壤、病虫害等的专业调查和数表编制,积累了丰富的资料。1958～1959年,在东部地区进行了全省性立地条件及造林典型设计工作,在西部高山地区开展了采伐方式与更新技术的中苏联合考察。这些调查研究为制订全省森林经营利用方案提供了科学依据。

为建立和完善森林经营管理机构,1950年,西南军政委员会农林部先后在川东、川西、川南、川北行政公署成立了农林厅林业局,1954年成立四川省人民委员会林业厅。1950年10月西南军政委员会农林部还在重庆组建了西南伐木总公司,并在川东、川南、川西、川北建立了4个伐木公司,几经更名,于1956年成立了四川森林工业管理局。1958年,四川森林工业管理局与省林业厅合并为四川省林业厅,统一组织领导和管理全省森林经营建设、森林采伐、木材调拨供应等各项事宜。

国民经济第一个五年计划开始后,对木材的需求不断增加,为了支援成渝、宝成、成昆铁路及大"三线"建设,四川对成片的原始森林进行了开发利用,相继在岷江、大渡河、青衣江、雅砻江、金沙江流域建立了国有重点采伐企业22个和一批地方小型采伐企业,并相应建立了筑路、木材运输、木材加工、勘察设计、物资供应等配套机构,形成了比较完整的森林工业体系,独立核算企业拥有固定资产32亿元;共为国家生产商品木材1.2亿立方米,修筑林区公路7700多公里,上缴税利20多亿元,为支援国家建设、繁荣民族地区经济做出了重要贡献。

在大规模开发利用西部原始森林的同时,以普遍护林大力造林的方针为指导,封山育林、迹地更新、农村植树造林、森林资源保护等方面取得了很大成绩。1953～1957年,为扶持群众造林,国营苗圃和造林机构积极指导和推广造林技术,有计划地发展造林育林事业,推动了群众性植树造林活动的开展。1958年以后,在荒山荒地比较集中的地方,建立了190个国有林场,培育经营森林90万公顷,在用材林栽培、经营管理、抚育间伐和多种经营方面,都取得了一定成效。1955年以来,特别是1962年以后,在重点采伐企业中建立了独立的营林机构——营林处,普遍开展了高山原始林区采伐迹地人工更新造林。在荒山面积大、人烟稀少的偏远山区,重点开展飞机播种造林。继1959年西昌飞播造林成功后,60年代由凉山州向内地发展,逐步扩展到川东、川西、川南、川北的86个县,从而加快了荒山绿化进度。在盆中地区,由于用材、烧柴短缺,自然灾害频繁,从1964年开始,广泛组织群众积极营造薪炭林、水土保持林、用材林和经济林,根据立地条件,采用乔灌结合,树草结合,达到了一林多用的目的。一些县山水林田路综合治理的经验,引起了盆中丘陵地区的普遍重视,并积极进行推广。在盆周山区则采取经济扶持的方式,积极开展乡村用材林基地建设。70年代以来,随着基地建设经验的逐步积累,围绕林木速生丰产,在培育技术、经营措施上都有新的提高,大大激发了广大乡村用材林基地造林的积极性,基地范围从盆地边缘的邛崃山脉、青衣江流域和川南地区延伸到了乌江流域的41个县。70年代中期,广大平原农村结合平整条田、改造渠系、整治河道,开展"四旁"绿化,逐步形成了以农田林网为主体的平原植树绿化体系。

随着森林资源的开发利用和造林绿化的开展,森林资源保护也纳入了议事日程。全省森林防火工作在"预防为主,积极消灭"的方针指导下,经过多年努力,在建立健全各级护林防火组织的基础上,摸索出一套适合四川林区特点的防火管理办法。在林木病虫害防治工作上，基本上掌握了主要用材树种、经济林木等病虫害种类及其发生发展规律与防治措施。为了保护珍稀动植物资源，特别是保护大熊猫等野生动物，从60年代开始，在全省范围内分别不同森林类型、不同保护对象，建立了自然保护区，其中以卧龙大熊猫自然保护区面积最大，达20万公顷。

1979年以后，四川林业进入了一个稳定发展的新时期。四川省委、省政府以党的十一届三中全会精神为指针，根据党中央、国务院关于保护森林、发展林业的重要决定，采取了一系列重大举措：

一是调整全省林业建设布局。坚持一手抓西部原始林区经营方针的调整，一手抓东部人工林区建设，加快培育后续森林资源基地，逐步实现由采伐利用西部天然原始林向培育利用东部人工林转移。为了实现这个转移，从80年代开始，在西部原始林区通过实施压缩采伐量、强化营林、转产减人等措施，着手调整经营方针。1995年，实现了更新跟上采伐的目标，更新造林成效面积达47万公顷。在东部，通过有计划地开展以工程造林为重点的大规模植树造林，20年来，累计保存人工林323万公顷，形成了新的后续森林资源基地。

二是制定了“绿化全川”的战略。1989年，省委、省政府作出了《关于加快植树造林绿化全川的决定》，确立了绿化全川的总目标，明确了“分类指导，分步实施，分阶段检查验收”的要求。“八五”期间”盆中地区90个县实现了基本绿化，有13个县实现全面绿化；盆周山区34个县完成了绿化栽植任务，有8个县达到基本绿化；西部地区林草覆盖面积不断增加，整个面上造林绿化保持了良好的发展势头。

三是鼓励大办“绿色企业”，发展“林园经济”。“七五”以来，全省就提出了加快山区林业综合开发，从四川实际出发，大办“绿色企业”，发展“林园经济”。进入“八五”后，为适应市场经济的需要，进一步从开发路子上、政策措施上进行了调整，引导山区林业开发向基地化、规模化、产业化方向发展，逐步形成了以增加经济林为重点的开发热潮。“八五”期新造经济林42.95万公顷，比“七五”增长一倍，建立起了一批新的木本粮油、木本药材、干鲜果类、工业原料林及竹资源基地。各地以“绿色企业”为依托，在加快资源培育的同时，还因地制宜地发展加工业和森林旅游、商贸服务等第三产业，繁荣了山区经济、增加了群众收入。

90年代后期以来，以实施天然林保护工程为契机，全省林业逐步进入以建立比较完备的林业生态体系和比较发达的林业产业体系为主要内容的新阶段。

根据“九五”计划和2010年远景目标建议，抓住实现“两个根本性转变”这个关键，结合四川森林资源分布与结构不合理、林业产业化水平低和经营管理较粗放等问题，省政府批转了省林业厅《关于加快全面绿化发展林业产业的报告》，明确提出“绿山富民奔小康”的林业发展指导思想和到本世纪末的奋斗目标。

在林业产业开发中，各地立足自身优势，大力调整结构，出现了不同特色的开发热潮。为了克服分散建设、盲目发展的问题，将有限的财力物力集中起来，省上确定重点培育和优先发展人造板、木质装饰材料、林纸和松香、工业原料林、名特优干鲜果类及木本药材、银杏业、花卉业、森林旅游等产业，同时，以“绿山富民奔小康”为目标，结合培育支柱产业，实施了“双百工程”计划，即选择100个发展项目，使每个项目年产值达到100万元，推动了科技开发、引进和转化。

为了如期实现“绿化全川”目标，针对西部干热干旱河谷和沙质荒漠化地区治理难度大的突出矛盾，1997年，省政府发出《关于在我省西部开展造林绿化攻坚的通知》，对西部各地绿化问题进行了全面规划，并实行分类指导。为了打好西部造林绿化攻坚战，省里在飞机播种造林、治沙工程、长防林工程、世界银行贷款造林等项目向西部倾斜，并安排一定资金投入示范工程。

为了维护长江流域的生态平衡，促进国民经济和社会可持续发展，根据全国生态环境建设规划纲要，从建立比较完备的林业生态体系出发，按照国家总体部署，1998年9月1日，我省在全国率先启动了天然林资源保护工程，10月1日，省政府决定在全省范围内全面停止天然林采伐。根据国家批复的工程规划，对四川西部甘孜、阿坝、凉山三州，攀枝花、乐山两市及雅安地区的463万公顷天然林实行常年管护；从1998～2010年，完成人工造林183万公顷，封山育林897万公顷，森林抚育364万公顷。这项跨世纪生态工程的实施，使我省向建设山川秀美的四川迈出了一大步。以此为标志，四川林业进入了新一轮大发展的关键时期。

三、林业建设功在千秋

50年来，四川省坚持贯彻植树造林、绿化国土的基本国策，始终把保护和改善生态环境作为一项战略性任务来抓。特别是改革开放以来，造林绿化步伐不断加快，森林资源稳步增长，不仅促进了全省经济社会的发展，而且对整个长江流域生态环境的改善都产生了深远的影响。

(一)实现了森林面积和蓄积的“双增长”

经过新中国成立初期大规模森林采伐后，全省把保护资源、迹地更新和造林绿化工作结合起来，使森林资源的恢复和发展出现了新的转机。特别是党的十一届三中全会以后，植树造林步伐不断加快，在全民义务植树的推动下，林业生态建设逐步进入了以工程造林为重点、乔灌草有机结合，用材林、防护林、经济林和其他林种协调发展，荒山绿化、城镇绿化总体推进的新时期，造林面积稳步增长。西部林区通过逐步调减采伐量，强化营林，使更新逐步跟上采伐。同时，在林政资源管理中，坚持采伐、运输、市场三个环节一起抓，林地、林木、野生动物三类资源一起管，法律、行政、经济三种手段一起用，开源节流、减灾降耗，有效地保护了森林资源。据1992年森林资源清查结果，全省消灭了森林资源“赤字”，实现了森林面积和蓄积的“双增长”，达到了用材林生长量大于消耗量的目标。1997年森林资源清查结果表明：全省有林地面积达到1172.35万公顷，活立木蓄积14.65亿立方米，分别比1992年提高4.0%和4.4%。按可比口径，森林覆盖率由1992年的23.30%上升到24.23%，使森林面积和蓄积占全国各省区第二位和第二位。

(二)国土绿化取得突破性进展

50年来，四川始终把植树造林作为造福人民的工作宗旨，造林绿化成效逐年提高。特别是近20年来，年均成片造林27万公顷，为党的十一届三中全会以前年均造林的2.7倍。根据全国1989～2000年造林绿化规划纲要确定的任务，到1997年，已实际完成成片造林234.03万公顷，为规划的114.4%；封山育林完成140.3万公顷，为规划的468.3%；森林覆盖率达到24.23%，几项指标都提前超额完成规划任务。按照1989年四川省委、省政府确定的“绿化全川”分地域、分阶段达标要求，盆中地区92个县，有69个实现全面绿化；盆周山区36个县，有22个实现基本绿化；西部地区53个县，有12个达到林草覆盖的标准。不少地方初步形成点、带、网、片相结合的防护林体系，生态环境明显改善。

在整个造林绿化中，长江防护林工程是天然林保护工程实施以前四川历史上最大的一项生态建设工程，也是全省造林绿化的龙头工程。长江防护林工程于1989年启动实施，规划到2000年完成。四川的工程规模为168.13万公顷，占全国总任务量的25.2%。工程范围基本覆盖了川中丘陵区的腹心地带，涉及嘉陵江、沱江、涪江等流域76个县。长江防护林每年的造林任务占全省年度造林总任务的30%以上。据统计，到1998年，全省累计完成长江防护林工程营造林157万公顷，其中重点工程76万公顷，为国家下达计划的117%。盆中丘陵区的县区，通过开展长江防护林工程建设，带动了群众性造林，共营造林150多万公顷，其中水土流失较为严重，造林难度大的20多万公顷石骨子“馒头山”，如今也披上了绿装，昔日的荒山秃岭到处林荫覆地、花果飘香。

(三)初步建立起了以强化森林资源保护管理为目标的“三防”体系

森林防火、森林病虫害防治和加强林政资源管理，防止乱砍滥伐是确保森林资源安全的极其重要的环节。新中国成立以来，经过各个发展阶段的努力，全省在“三防”工作中取得了很大成绩。

从50年代中期开始，森林防火从制度建设、队伍建设和设施建设入手，逐步推行以森林防火预报网、瞭望网、通讯网、隔离网和队伍专业化、扑火机具化为主要内容的“四网两化”建设。到1997年，全省初步建立起了一套领导落实、责任落实、任务落实、群防群治、专兼结合、手段多样的森林防火责任制度和工作制度，大大提高了预防、控制和扑救森林火灾的能力。1951～1979年，全省年均发生森林火灾1351次，火灾损失率为3.2%。1980～1989年，森林火灾损失率连续10年控制在1‰以下，提前达到了林业部2000年将重点林区森林火灾控制在1‰以下的要求。1989年以后，又将森林火灾损失率降低到0.1‰以下。

森林病虫害防治工作坚持贯彻“预防为主，综合治理”的方针，森林病虫害防治率由80年代初的12%逐步提高到80年代末的60%，90年代以后一直保持在65%以上，在森林病虫害发生面积最大的1997年和1998年，防治率仍然达到85%。通过近几年的努力，森林病虫检疫率达到80%以上，监测覆盖率达到65%以上，病虫害成灾率控制在4.5%以下。森林病虫害防治工作要求达到的“四率”指标都超过了部颁标准。

在对森林资源实行全方位管理中，通过实施采伐限额的全额管理和监督检查制度，制定林木采伐和运输管理办法，坚持凭证采伐、运输和经营，加大了林业行政执法力度，管好了“源头”、规范了流通，防止了乱砍滥伐歪风的再度抬头。

（四）自然保护事业步人快速发展的轨道

四川是野生动植物的天然王国。保护野生动植物是保护森林资源的一个重要组成部分，也是各级政府的重要职责。早在60年代，省和地区及一些重点野生动物产区县就设立了专职或兼职人员开展保护管理工作。到80年代末，已建立森林、野生动物等类型的自然保护区17个以及相应的管理机构。近10年来，全省自然保护区又从17个增加到45个，增加了147%，保护区面积从50多万公顷扩大到280多万公顷，拓展了5倍多。自然保护区面积占全省国土面积的5.7%，在全省的自然保护区中，国家级保护区数量占全国国家级保护区总数的七分之一。其中，卧龙自然保护区被联合国教科文组织列入“世界与生物圈保护区网”；九寨沟、黄龙寺被列入《世界自然遗产目录》。自然保护区数量的增加、保护面积的扩大，已使国家和省重点保护的大熊猫、金丝猴、牛羚、黑颈鹤和桫椤、珙桐、攀枝花、苏铁等野生动植物全部纳入保护范围，得到有效的保护。

1988年，《中华人民共和国野生动物保护法》颁布后，省人大和省政府相继制定了四川省的实施办法和《四川省重点保护野生动物名录》，先后出台了与此配套的25个规章和规范性文件，并加强了执法体系建设。各级林业行政主管部门在完善管理机构和充实执法人员的基础上，与公安、海关、工商等部门紧密配合、协调行动，根据有关法律、法规，对非法猎捕、采集、繁养、贩运、经营野生动物及其制品的行为及时进行了查禁，严厉打击了破坏野生动物资源的违法犯罪活动。同时，加大了宣传教育的力度，增强了群众的保护意识，保护野生动物人人有责的可喜局面已逐步形成。

为加强大熊猫等珍稀野生动物的保护管理，在积极开展野生动物资源普查工作的同时，重点加强了大熊猫资源调查、科研、保护规划和工程建设。从1968年开始，对大熊猫的生活习性、栖息地环境和数量进行了调查研究；1974～1978年，在开展资源调查的基础上，建立了大熊猫野外生态观察站，定点对大熊猫的生态开展系统的观察；1980年，我国与世界自然基金会合作，在卧龙自然保护区建立了中国保护大熊猫研究中心，研究、发表了许多有学术价值的专著与论文；1984～1989年，通过对大熊猫的综合调查，与世界自然基金会共同制定了《中国大熊猫及其栖息地保护管理计划》。至此，大熊猫的保护管理和自然保护区建设有了可遵循的准则。根据“中国保护大熊猫工程”确定的规划，四川的工程量占80%以上，全省规划的22个大熊猫保护区已有18个正式组建，并完成了总体规划，开始实施工程建设。按照规划要求，在完成22个大熊猫保护区建设的同时，还将相应建立13处大熊猫“走廊带”，使全省的大熊猫栖息地相互连接起来，逐步形成总面积达5036平方公里的大熊猫保护区网。这对有效地保护大熊猫，拯救濒危动物，乃至对整个自然保护事业都将产生积极而深远的影响。

随着保护大熊猫科研工作的开展，卧龙中国大熊猫研究中心在大熊猫人工受精和生态育幼研究方面也取得了重大突破。1991～1998年，人工繁殖大熊猫20胎，产29只、成活28只。其中，1998年繁殖大熊猫4胎5只、成活4只，创造了最好的年纪录。大熊猫人工繁育的研究以及取得的这些成就，作为一个重要的里程碑，将载入人类文明的史册，把自然保护事业的发展不断推进。

（五）山区林业综合开发和林业产业化进程不断加快

利用山区资源优势，实施林业综合开发、推进林业产业化，发展农村经济、壮大林业实力，历来是林业的一项重要使命。四川是一个多山的省份，在山区林业综合开发和产业发展中有着巨大的潜力。为了规范、指导林业产业建设，鼓励广大山区农村进行林业综合开发，80年代中期，省政府作出了加快林业产业开发的战略决策。省林业主管部门将山区林业综合开发与林业产业建设、农民脱贫致富结合起来，又提出了今后一个时期的八大重点开发项目，在区域布局、龙头企业的培育和政策扶持等方面制定了发展规划，为全省山区林业综合开发和林业产业化建设创造了良好的条件。林业产业化进程不断加快，山区林业综合开发方兴未艾。

在第一产业的开发中，坚持以林为主，先后在宜宾、乐山、广元、泸州等地建立了造纸、人造板工业原料林基地；在成都市的龙泉区、苍溪县、旺苍县、攀枝花市等地建立了干鲜水果、三木、药材基地；在西昌、成都、通江、宜宾等地建立了花卉、竹荪、食用菌类和香料基地。油桐、油樟、生漆、白蜡、五倍子、银杏、板栗、猕猴桃、核桃、柑橘、花椒、杜仲等干鲜果品已发展到40多个门类、150多个品种，产量居全国领先地位。第二产业由50年代的原木、制材、胶合板逐步发展到制浆造纸、纤维板、贴面板、刨花板、强化木地板、家具等10多个品类。林化产品由50年代初期的松香、栲胶逐步发展到单宁酸、聚合松香、紫胶、樟油、萜烯树脂等7个系列18个品种。建立了乐山吉象10万立方米中密度纤维板厂、四川森达强化复合地板厂、广元5万立方米刨花板厂、纳溪巨森纸业公司、叙永蜀南银杏生物制品有限公司以及沐川五指山造纸厂等一批规模大、带动能力强的龙头企业。第三产业涉及水电、冶金、化工、矿业、建筑、水陆运输、商贸服务、森林旅游等近10个部类。其中，森林旅游作为一大优势，虽然起步晚，但发展十分迅猛，已形成一定规模和接待能力。先后建起的瓦屋山、龙池、剑门关、海螺沟等65个森林公园，森林旅游的发展，已不同程度地获得了直接的经济收益。

林业第一、二、三产业的开发与协调发展，不但壮大了林业经济，而且加快了农民脱贫致富的步伐，不少地方的林业已成为当地经济发展的支柱产业。

（六）林业的综合效益进一步发挥

50年的林业建设已使林业的生态、社会效益和经济效益日益显示出来。全省现有的森林资源，每年涵养水源能力达到659亿立方米，固土能力达3.8亿吨，制造氧气736.3万吨，固定二氧化碳1012.5万吨。据37个长防林工程达标县统计，森林覆盖率由治理前的14.4%提高到27.6%；水土流失面积由38187.84平方公里减少到23600.44平方公里，减少38.2%；土壤侵蚀量由每年1.94亿吨下降到每年0.97亿吨，下降50%。几十年的植树造林，不但绿化了荒山，而且从根本上解决了全省6000多万农村人口的烧柴、用材问题。特别是盆中农区基本上跳出了因燃料、木料、肥料、饲料奇缺形成的“越垦越穷，越穷越垦”的怪圈，有效地保护了林草植被。同时，通过实施大林业综合开发，消化转移了大量农村剩余劳动力，促进了社会稳定。各地紧密结合各项工程造林及开发项目，组织农民兴林建园，创办“绿色企业”，发展多种经营，增加了经济收入。一些起步较快的地方，人均从林果业上获得纯收入达到600多元。不少山区和重点林区，林业在当地经济中所占的份额，已“三分天下有其一”，有的甚至占到“半壁河山”。

林业综合效益的进一步发挥，不仅改善了全省自然生态环境，而且为整个长江流域的长治久安、社会经济发展作出了重要贡献。

历史的教训告诉我们，保护好森林资源，不断改善生态环境，是林业工作乃至全社会的首要任务。

四川林业经过50年的奋斗，取得了显著成绩。但就全省而言，国土绿化水平还比较低，尤其是西部地区及江河上游治理难度大，保护任务还十分艰巨；一些地方水土流失、土地荒漠化仍很严重，环境恶化的趋势尚未完全控制住；林业的综合效益不高，总体实力不强，与国民经济和社会发展的需要还不相适应。根据国家对林业建设的总体部署，结合四川的实际情况，全省林业工作已经有了一个基本思路，这就是：围绕绿化全川的目标，突出抓好天然林资源保护、长防生态环境治理、退耕还林三个重点工程；加大依法治林、科技兴林和分类经营改革的力度；提高林业的综合效益。初步设想：到2010年，通过封山植树、退耕还林，四川盆地将实现全面绿化，西部地区达到基本绿化，全省森林覆盖率达到30%以上。同时，将建成以资源培育为基础、高效利用为先导，林特产品、林产工业、多种经营协调发展的新型林业产业体系，使农民从林果业上获得的人均年纯收入力争在2000年的基础上翻一番。到2030年，通过实施营造林工程，加大生态治理力度，使全省森林覆盖率上升到40%以上，基本遏制住生态恶化的趋势，生态环境将实现良性循环。

（执笔人：周宝中　杜万全）

走出历史低谷　迈向全面振兴

——贵州省林业建设50年

贵州省林业厅

一、历史上贵州林业概况

历史上的贵州，是一个绿色王国。远山闻虎啸、近山百鸟鸣，江河流碧水、到处是绿荫。

黔东南，据《贵州通志》记载：“牛皮大在丹江（今雷山县）东南雷公山，分向北、南东（伸延至乌东山、台雄山、八宝山、雾龙山、瑶光山、宝圹山、右方山、天马山、天甫山等大山）纵横绵亘于古州、八寨、都江等府境（今雷山、台江、剑河、黎平、榕江、从江、锦屏、天柱、丹寨、三都等县）地周数百余里，皆深林大箐，林木葱茏，其木多松杉。其中有的地方森林十分茂密，长达百余里，亘百数十里，丛林密布，阴绝人间”。

黔西南，据《兴义府志》记述：“府亲辖境兴义、兴仁、普安、贞丰、安南（今晴隆县）等县境的马乃屯、断山、独秀山、春岩山、九盘山、长贡山、轿子山、笼纳山、凤凰山、把兰山等大山，相互接连、山箐多，万里重叠，古木参天”。

黔西北，据《水城厅志》记载：水城厅有三处大森林，一处在水城西北名波罗箐连威宁州界，林木茂密。另一处叫裸箐，在城北。再一处名叫个箐，在小城东北，纵横百余里，蓊荟深翳。

黔东北，据《贵州府志》记述：“梵净山屹立于松桃、江口、印江之间，分向东、南、西迤起众支脉，有棉絮岭、桂榜山、凤凰山、五云山、观音山、桂山、玉屏山等大山，跨思南、镇远、铜仁等府属县，地周六百余方里，森林茂密，古木荫森”。

黔北，据《遵义府志》记述：“锦屏山，茂林修竹，状如锦屏。湘山，古木千樟，清荫夹径，幽风徐引，绿尘细霏，炎天坐卧其间，日影碎金，时闻鸟语，人境双寂。聚秀山，林壑隐秀，望之蔚然。水牛山，阳田梭绕麓，林竹幽阴，阴行悬崖峻绝，冠柏钓萝，迥非人境。三台山，古柏千樟，蔚入霄汉。禹门山，巨峦翠，林壑翼然，古木修苍”。

黔中，据《贵阳府志》记载，宋初开宝七年（974年），贵阳的黑羊箐（今贵阳市境内）及水西（贵阳北）等处，均有森林分布。青岩司（今青岩乡）的飞云山，两山对峙，森林葱青。

据史料考证，明清时期，王朝大兴宫殿，广建庙宇，不断派遣官员到贵州采办“皇木”。现在北京城驰名中外的宫殿、古庙、皇陵，很多都是特遣“木官”从贵州采运去的珍贵巨树。但由于军阀混战、毁林开荒、山林火灾等原因，至民国时期贵州森林资源受到严重破坏。

二、曲折发展的前30年

1949年中华人民共和国成立后，党中央和中央人民政府对保护和发展森林资源非常关怀和重视。贵州省人民政府也迅速从国民党的机构中，把管理林业的旧建设厅农业改进所以及贵州省国民政府直属的国营林场和苗圃接管过来，建立了贵州省林业局、贵州省伐木公司。继后又在贵阳、遵义、黔东南、安顺、黔南、毕节、铜仁等地、州、市、县建立林业机构。至第一个五年计划末期，一批国营林场、苗圃、林业工作站、木材收购站、伐木场、木材水运局、贮木场、木材汽车运输公司、木材加工厂、林化厂、林业机械厂、林业调查队、林科所、技术推广站、林业学校、职业学校等基本建立起来，初步形成一个从培育保护到开发利用、从生产到经营、从教育到科研，结构基本合理、功能基本齐全、运作基本有序的林业体系，为全省林业事业后来的发展奠定了基础。

经过土地改革，几千年封建主义的山林所有制废除了，政府把地主的山林80多万公顷分配给农民。1953～1956年，广大农民从互助组走向合作化的道路，历史上长期有着“靠山吃山，吃山养山”传统习惯的贵州农民，在“谁种谁有，伙种伙有，村种村有”造林政策的激励之下，从乌江到苗岭、从黔中到各地，出现了百万人上山造林的高潮。共青团在这次造林高潮中是一支最出色的先锋队，组织百万共青团员和青年，沿着乌江流域，摆开战场，宣誓“学习愚公不畏难，定叫乌江披绿装”。立志继承长征革命传统的遵义市青年，志愿组织两万多人的18支造林远征队，南战乌江、北上娄山，冒风踏雪、艰苦奋战，九天完成造林0.2万多公顷，还把遵义县的共青湖打扮成绿色明珠。1958年绿化造林运动达到史无前例的高潮。大年初一，全省就有百万人上山绿化国土。在初春的造林大好季节，平均每天有两百多万人投入在“绿色淮海战役”。造林野战队、远征军有一万多个，他们在荒山野岭安营扎寨，窝棚食宿。到处听见“绿化荒山不怕苦，雪堆成山不罢休，雪见太阳要溶化，困难见我要低头”的豪迈歌声。随着造林高潮的掀起，合作林场、乡村林场以一种崭新的形式出现在贵州高原。这种组织形式一开始就显示它具有无穷的活力与生机，显示它披荆斩棘、艰苦创业的精神。锦屏县“杉木王”王佑求领办的魁胆社办林场、平坝县志愿军王顺珍领办的凤凰社办林场，像两盏明灯，照亮了整个高原。各种所有制林场最多时期达到6000多个。这确实是一支浩大的、特别能战斗的队伍，是贵州造林绿化史上的辉煌。

贵州是南方集体林区的重点之一，历史上就存在“外向型”林业经济。造船材、棺木材、电杆材、模型材、桐油、生漆、楠竹、松香等等都销往国内各地和南洋诸国。新中国成立后，贵州的森林工业在国家重点支持下也作出过不可磨灭的贡献。主要有四个方面：①生产大量的木材和林产品，支援了国家社会主义建设。1951～1979年，共生产木材2472万立方米、毛竹2931万根、松香2.4万吨、桐油籽230万吨、生漆1.54万吨、五倍子5.18万吨等，保证了国家社会主义建设的需要。②修建林区公路2966公里，疏通整治河道1114公里。川黔、滇黔、湘黔、黔桂四条铁路干线及其支线铁路的枕木，都是由贵州省按时保证供应，使历史上交通闭塞的贵州，变成西南的运输枢纽。③完成了全部采伐迹地的更新。十一届三中全会前采伐迹地40万公顷，按照中央“采一更三”的要求，将所有“伐木场”一律改为“采育场”，变砍树为栽树，变“剃头队”为“绿化队”，完成了全部迹地的更新任务，实现了周恩来同志生前“越采越多，越采越好，青山常在，永续利用”的遗愿。④为国家建设积累了资金。前30年贵州森林工业上缴国家利润1.44亿元，上交税金4.34亿元。特别五六十年代，在经济发展滞后的贵州，森林工业还是财政创收的大户之一，各级党政领导高度重视，历史上有过辉煌的篇章。

正当林业蓬勃发展的时候，社会主义建设出现了曲折，偏离了实事求是的思想路线，违背了经济规律和自然规律，给林业事业造成了很大的损失。主要是：第一，大跃进时期，由于提出脱离国情的“超英赶美”、“大放钢铁卫星”的口号，全省上下，土炉林立，结果凡是村寨周围、公路两旁、土炉附近以及交通方便地方的千百年巨树古木全部倒在刀斧之下。据统计仅大炼钢铁、大办交通、大办养猪场等毁坏森林4000多万立方米，群众说：“这是一次大伤元气的毁灭性的破坏”。第二，三年自然灾害时期，毁林开荒。1960～1962年，贵州出现历史少有的饥荒，群众为了“救命”，农村到处毁林、村村开荒，三年毁林40多万公顷，损失蓄积2000万立方米。第三，“文革”时期乱砍滥伐。“文革”是一场大浩劫、大灾难，无政府主义到处泛滥。改革开放初期，一部分群众担心政策多变，有的地方提出“要想富，去砍树”，“要想富得快、乘机砍树卖”。在这种思潮的影响下，农村刮起乱砍滥伐的歪风。据不完全统计，全省损失森林资源2000万立方米，广大干部群众批评说“林业损失算大帐，三次损失八千万”。由于贵州森林遭受破坏，面积下降到222万公顷，蓄积降到1.2亿立方米，覆盖率降到12.6%，出现历史的最“低谷”。随之而来的是水土流失严重，裸露石山逐年扩大，自然灾害频繁。在经受大自然惩罚后的贵州人民，已经或正在觉醒，人们深刻认识到破坏生态环境的严重性、治理生态环境的重要性、恢复良性循环生态环境的紧迫性。这种认识上的飞跃，是付出沉重代价得来的。

三、走出低谷，全面腾飞的后 20 年

党的十一届三中全会，提出了“一个中心，两个基本点”的路线，党的十二大又确立了邓小平建设有中国特色社会主义的伟大理论，从而拨正了中国社会主义建设巨轮的航向，整个神州大地迎来了又一个发展腾飞的春天，贵州林业也步入一个走出低谷、全面振兴的黄金时代。

(一)解放思想，更新观念，清除极“左”思想的影响

由于长时期实行计划经济，极“左”思想不仅在林业系统有影响，而且林业是一个重灾行业之一。党的十一届三中全会后，贵州根据中央拨乱反正的方针，采取各种形式连续若干年认真肃清极“左”思想在林业的影响。锦屏是全国有名的重点林区县，土沃、人勤、气候好，经营林业有几百年的历史，素有“杉木之乡”美称。但是像这样一个发展林业条件十分优越的林区，人民生活一直比较困难，温饱长期未能解决。“过了年关，就闹粮荒，千方百计，四出找粮”，这就是党的十一届三中全会以前锦屏群众生活的真实写照。问题的根源在哪里？县委领导一针见血地指出：“这是由于我们党较长时间以来，在经济建设上‘左’的错误和影响造成的”。“左”究竟有哪些表现？锦屏林区受到哪些危害？县委班子列举了十个方面。

一是在所有制问题上，越大越好，越公越好，搞“穷过渡”，拔苗助长。土改以后，林归育主。那个时候林业生产关系的变革是完全符合生产力发展实际水平的，清江两岸，茫茫林海，出现一派蓬蓬勃勃的景象。但是，很快就搞“公社化”，全县所有山林全部化为“公有”。林木所有制一股劲向“大”字攀、往“公”字拨。结果形成“林无主，主无权，权无利”。

二是在处理国家、集体、个体三种经济成份的关系上，实行“保全民，扶集体、限个体”的政策，不仅把农民自栽的山林收归集体，而且把房前屋后的林木、马郎坡、嫁妆树、老寿木、坟山林等等全部收归集体，挂上“公”字金牌。

三是在开发利用集体森林资源问题上，违背自愿互利、等价交换的原则，强行建场、强行开发。锦屏是一个典型的集体林占 98%的林区，1958～1960 年曾在小江、三板溪、同坡、裕河、五爪山强行兴建五个国营伐木场。这些伐木场，建在集体林内，砍的是集体树木，集体反对也要砍，想砍多少砍多少，严重侵占了集体的权益。

四是在木材价格政策上，收购价严重偏低，违背了价值规律。群众造林、育林、护林，不仅不得其利，而且倒亏其本。群众气愤地说：“种树不如种草，卖木材不如卖烧材”，“农民种树，国家赚钱”。

五是在木材的经营上，国家集中过多，统得过死、管得过严，林区没有自主权没有积极性。就连“风倒木”、“困山树”、“枯立木”、等外材，“烂掉可以，烧掉合法，卖掉违法”，集体林区，成了一盘死棋。

六是在林产品经营利润的分配上，实行“统一核算，统收统支，统交国家”，没有从集体林区的情况出发，兼顾各方利益。

七是在造林问题上，追求形式主义，搞“大呼隆”、“大指标”、“大计划”、“大规模”。50 年代就提出“苦战几个春秋，誓把锦屏变成林海油湖”。30 年过去了，林没有成“海”，油更没有成“湖”。

八是在国营林场的经营上，实行大包大揽，管严统死的办法，谁想利用资源优势，开展多种经营、搞活经济，广开财源，滚动发展，谁就被扣上“离轨”、“偏向”、“不务正业”等等帽子，结果“守着金银山，过着穷日子”。

九是在林区经营方针上，没有执行实事求是、扬长避短的方针，片面强调“以粮为纲”。锦屏的寨早公社，人均三分田土，却有十多亩山林，像这样的地方不实行以林为主，硬要粮食自给。公社书记杨万才，亲自组织精壮劳力数百人，驻扎山上，夜以继日，劈山造田，结果自己积劳成疾、战死工地，工程吹了，田没造成，真是劳了民、伤了财、死了人。

十是在整个林业生产的指导上，长期存在“林业就是木材”、“就是造林砍树”狭隘片面的观点。在较长的时期内，林业没有当成国民经济重要的产业体系，没有很好认识森林是陆地生态系统的主体，在社会可持续发展战略中发挥着独特的不可替代的作用。“左”对锦屏县林业的影响，也是贵州林业“受灾”的缩影。清除“左”的影响之后，广大群众植树造

林、绿化家园，保护建设生态环境，造福子孙的积极性空前高涨，全省人民，跃马扬鞭，喜迎振兴林业的又一个黄金时代的来临。

（二）制订政策法规，为林业发展保驾护航

坚冰已经消溶、航道已经疏通、障碍已经排除，贵州迅速抓住改革开放的机遇，从省情林情出发，制订一系列政策法规，确保林业持续、快速、健康发展。在全省开展“林业三定”（稳定山林权，划定自留山，确定林业生产责任制），调整了不适应生产力发展的林业生产关系，调解处理了上万起山林权纠纷。如我省赤水与四川合江的山林纠纷，从咸丰皇帝起，几朝几代，均未解决，这次开展林业“三定”，通过同四川省、地、县、乡四级双方同堂会谈，本着“平等协商，互利互让”的原则，得到了圆满解决。经过三年的努力，全省基本完成林业“三定”工作，实现了“林有主，主有权，权有责，责有利”。广大群众吃了“定心丸”后，从过去的“要我造林”变成“我要造林”。省委、省政府及时召开“三户两场”（造林专业户、以林为主多种经营户、林科户，国营林场、乡村林场）大会，对成绩显著的进行隆重表彰。自此，兴办以股份制为主要形式的乡村林场、合作林场、家庭林场又掀起一个新的高潮。改革“三部曲”，搞活了林区经济。第一步，允许县政府有权处理困山材、火烧材、风倒木、病死树、梢头、枝丫、伐区剩余物、树根树皮，收入全部归林主所有。第二步，在国家计划的商品材中，允许留30%由县自主处理，可以“以木换粮，以木换物，以木换钱”。第三步，取消统购统销，开放市场，实行议购议销。改革“三部曲”不仅结束了“缺粮逃荒”的历史，而且增加了群众的收入，林区经济活跃起来了。林农说“放宽政策好处多，群众迎来好生活，不愁吃穿不愁用，党也乐来民也乐”。国营林场，我们提出要砸烂大锅饭，铁饭碗换磁饭碗，解除捆在林场身上妨碍生产力发展的种种绳索，把该是林场的权力还给林场，让林场活起来，使森林面积、蓄积、覆盖率、多种经营都有较大的发展，即“砸锅、换碗、松绑、放权、搞活、发展”的口号和自力更生，自我发展，自我积累，自我循环的“四自”方针。很多林场，抓住机遇，乘势而上，形势大好。贵州省制定的《林业十八条》是贯彻执行改革开放政策的具体体现。《林业十八条》规定调动千家万户的积极性，开发宜林荒山。可以单户承包，联户承包，专业队承包，能人组阁承包；荒山多的地方，提倡鼓励城镇居民、待业青年进山承包，经营收益，比例分成，可以一九、可以二八，具体比例，双方协商；至少50年不变，允许转让、允许继承。积极引进经济发达省区资金联合造林，林权共有，收益分成。鼓励林区以木房换砖瓦房等等。党的十一届三中全会以来，中共贵州省委、省人大常委会、省人民政府从省情林情出发，先后制定了各种林业政策法规30多个。很多规定被誉为“有识有胆”，“敢冲禁区敢越雷池的壮举”，得乎民心、顺乎民意，为林业的振兴，提供了法律保障。

（三）转让绿色资产，拍卖荒山荒地

开放绿色市场，允许绿色资产折价转让，是省委省政府制定的一项兴林富民政策。转让形式，多种多样，私人转让给集体，集体转让给国家，私人转让私人，个体转给任何所有制。可以转让中幼林，也可以转让近成过熟林。可以转让用材林，也可以转让经济林（茶、桑、药、果等）。可以转让给林业部门，也可以转让给其他部门。可以就地转让，也可以向外地、外省、境外转让。可以只转让绿色产权，管护仍承包给原主负责，转让年限和报酬，双方协商议定。为把开放绿色市场推向全省，省政府在龙里县召开了现场会，省领导亲自到会祝贺并发表重要讲话，报纸、电台、电视台大张旗鼓进行宣传。随后又在黔东南的都柳江召开兑现大会，由六十多岁的老林农潘昌仁将自己栽的一片杉木林转让给粮食部门，当场兑现三万六千多元。潘老汉心情激动，满面喜泪，他说：“我家祖祖辈辈都没有见过这么多钱，党的富民政策真正好”。转让一片，震动一方，大家奔走相告“上山努力多栽树，很快就成万元户”。在富民政策的感召之下，造林热潮一浪高过一浪。事物在发展，绿色资产转让又延伸到宜林荒山荒地拍卖，遵义地区搞的红红火火。几年之间，拍卖面积达数百万亩。道真仡佬族自治县，面向全国宣布拍卖6.67万公顷。拍卖荒山最大的特点是：当年拍卖，当年开发，很快栽上科技含量高、见效速度快、经济效益好的“摇钱树”。既克服了发展林业资金短缺的问题，又使沉睡的荒山荒地很快变成致富的绿色银行，形成全社会兴办绿色产业的态势。

（四）建设高效林业，把兴林与致富奔小康结合起来

中央强调指出，没有农村的小康，就不可能实现全社会的小康。林业是国民经济的重要组成部分，发展林业如何同实现小康结合起来，这是摆在我们面前亟待解决的大问题。贵州先在黔东南榕江县平桥办了一个示范林场。该场的指导思想是：充分利用自然条件，实行全方位、多层次、复合经营、立体开发，让有限的土地为人类社会提供最大的生物量和创造最高的经济效益。在操作上，主要是搞好两个科学合理布局：一个是纵向布局，坚持长、中、短结合，以短促中、以中保长、立体开发，梯型结构、年年受益。一个是横向布局，坚持以林为主、多种经营。在林种上，因地制宜，用材林、经济林都造。在产业上，农、林、牧、副、渔、工、贸共兴共荣。场员用这样一首山歌来表达他们对高效林业的憧憬，“一至三年烟油瓜，四至十年果药杂，十至十五搞间伐，最后主伐抱金娃”。雍文涛同志生前听了平桥高效林业的汇报并看了录像之后指出：“林业建设走什么路，现在世界都回过头来研究这个大问题。中国的林业建设，过去我们吃过亏、走过弯路，只单一造用材林，没大注意林种结构，多种经营，长中短结合。平桥林场的经营方式，解决了这个难题。解决了长、中、短结合从理论变成现实的问题；解决了以林为主、多种经营、富山富民的问题；解决了山区人民如何兴林、脱贫、致富、奔小康的路子问题。我们林业要在社会真正形成一项支柱产业，就必须走这条路”。榜样的作用是强大的，现在全省利用世行贷款 2.1 亿元，建设高效林业 8.5 万公顷，利用国内林业贴息贷款 1.5 亿元建设高效林业 22.7 万公顷，国营林场乡、村林场采取多渠道集资 4 亿多元，建设高效林业 56.7 万公顷。特别是 90 年代“拍卖四荒”的兴起，所有购买的荒山，都是走“高投入、高质量、高科技含量、高产出、高效益”的路子。预计到 2010 年，贵州仅高效林业拥有的绿色资产将达 160 多亿元，投入产出的比例是 1∶20。这将为山区实现小康奠定雄厚的物质基础。

（五）营建森林生态体系，抓好“长防林”和“珠防林”工程

贵州地处云贵高原的东坡，在 17.6 万平方公里当中，山地占 61.7%、丘陵占 30.8%、山间平坝占 7.5%，碳酸岩类岩石分布很广，是全国喀斯特地貌最发育的地区之一，岩溶地貌占全省面积的 61.9%，现在石漠化面积 2020 万亩（134.7 万公顷）。水土流失严重，土地质量严重退化，石漠化愈演愈烈，水利水电库塘淤塞，自然灾害频繁，江河河床抬高，一些地方人类已经无法继续生存下去。面对这种严峻形势，省委省政府 1988 年提出“粮食、人口、生态综合治理”方针，同年 6 月国务院批准毕节地区为“开发扶贫生态建设试验区”。自此，全省开始实施生态工程。首先在水土流失严重的乌江流域，营造“长防林”工程。从 1989 年工程启动以来，累计完成 1188 万亩（79.2 万公顷）。在长防林“龙头工程”的带动下，实现了“一个推动，三个促进，一个减少”。“一个推动”，就是推动了我省造林绿化工作的广泛开展，为提前两年绿化贵州发挥了积极的作用；“三个促进”，一是促进了有林地面积的增加，20 个工程县林地面积从治理前的 596 万亩（39.7 万公顷），增加到了 1999 年的 1367 万亩（91.1 万公顷），覆盖率由 14.4%上升到 27.4%，蓄积量由 618 万立方米，上升到 961 万立方米；二是促进了林业生产管理水平的提高；三是增大了科技含量，促进了造林质量的提高。“一个减少”，就是减少了水土流失，20 个工程县中水土流失面积从 1989 年的 1.75 万平方公里，减少到 1999 年的 1.6 万平方公里。土壤侵蚀模数由每年的 3431.68 吨/平方公里，下降到 2364.3 吨/平方公里，土壤侵蚀量从 5017 万吨减少到 3535 万吨。显著地改善了生态环境和农业生产条件。在生态建设中，贵州从世界粮食计划署得到无偿援建的“3356”工程，项目实际完成投资 28 456 518 美元，营造防护林 24 399 公顷、用材林 6916 公顷、经济林 3993 公顷，建苗圃 372 公顷、坡改梯 2040 公顷，草场改良 2015 公顷、修通乡村道路 102 公里。外国专家在项目竣工时进行了验收，对此项工程作了充分肯定和高度评价，认为“通过造林和其他途径防止水土流失，其经济效益是很好的。取得的成就是实实在在的和有意义的”。在实施生态工程中，珠江防护林也相继启动，全面展开。“长防林”工程和“珠防林”工程比翼齐飞，再经过若干年的努力，贵州一定会变成秀美的山川。

（六）开展林业扶贫工作，促进山区人民脱贫致富

扶贫是全党的大事，早在 1986 年省林业厅就成立了以厅长为组长、副厅长为副组长、有关处室为成员的贵州林业扶贫开发领导小组。制定了“长抓林、中抓果、近期抓好农牧副”的目标。并提出坚持一个中心（项目建设以经济效益为中心），确定两个转变（从计划经济向市场经济转变，从粗放型经营向集约型经营转变），抓好三个发展（森林资源、经济林、林产工业），实现四个提高（产品质量、产品市场覆盖面、企业后劲、林农收入)的原则。特别是林业部1987年将我省九万大山的黔东南州、黔南州的从江、榕江、雷山、剑河、台江、黄平、丹寨、独山、荔波、三都10县作为对口扶贫单位以来,贵州林业扶贫工作走向了一个新的台阶。主要抓了以下工作:调整林种树种结构,把经济林果业放在优先发展的地位,至目前为止,全省建成经济林果面积898万亩(59.9万公顷),年产值4.8亿元,仅此一项全省农村人均收入达15.8元以上;把项目开发作为贫困地区新的经济增长点,1991年以来,共投入近10亿元,新办了一批富民富县骨干项目,增强了林业发展的后劲;把广筹资金作为重大举措,重点投放覆盖面大、市场形势好、具有区位优势的项目,较好发挥综合效益,提高了投资效果和项目成功率;把落实政策作为关键,为林业扶贫创造宽松的环境。为鼓励率先脱贫,我们宣布对脱贫县采取的优惠政策不变、扶贫对象不变、帮扶单位不变、早脱贫给予奖励的“三不变一奖励”政策;把科教扶贫,贯穿整个工作的始终,林业部来扶贫的第一年,确定以林业部投资为主在黔东南恢复建立一所民族林业中等学校,1990年林业部投资120万元又在丹寨县建一所“希望小学”,投资10万元支持天柱乐寨小学进行危房重建。十多年来林业部多次选派专家、学者来贵州考察、讲学、编写开发项目材料、推广实用技术,并定期组织乡(镇)长及有关部门负责人到部属院校学习,定向培养人才。经过十多年的努力,林业扶贫取得了丰硕成果,人均工农业总产值达1649元,国民生产总值达26.56亿元;很多县特别是林区县,林业已经形成名符其实的支柱产业;林业基础设施得到完善和加强;林业科技体系形成网络;培养了一批有胆有识有志,懂科学、善管理的带头人;人的思想观念发生了深刻的变化,从“等靠要”彻底解放出来,生态意识深入人心,已经和正在转化为脱贫奔小康的强大动力。

(七)大力开展封山育林,积极进行飞播造林

贵州具有得天独厚的自然条件,雨量充沛,气候温和,适宜各种植物的生长。新中国成立以来,贵州就利用这一优势,把封山育林和飞播造林,作为加速绿化国土的重要措施来抓。50年来累计封山育林10251万亩(683.4万公顷),成林面积3637万亩(242.5万公顷)。封山育林取得如此显著成就,主要做法就是实行“六有”即有规划设计、有群众经过充分讨论的乡规民约、有定界碑牌、有护林组织、有固定的巡山护林人员、有检查验收奖惩制度;“三不准”即不准进山砍柴、不准放牧进山、不准烧灰积肥和其他用火;“四个一百”即如有违犯,必须严惩,罚100斤大米、100斤肉、100斤酒,100元钱。群众自订自守,不许特殊例外。普遍反映“简明易懂,针对性强,方便执行,是民订钢性法律”。麻江县等很多地方凡是坚持这样办的,封山就成功,死封几年,即便是土少石多的岩山,也会变成绿色覆盖的秀峰。

飞播造林,贵州始于50年代。实践证明,在荒山面积大、人烟稀少的地方,采取飞机撒播可以增加绿色植被。而且具有投资少、速度快、管护好、定成林的特点。独山、惠水、平塘、从江等播区,原来都是大片秃岭荒山,如今都变成了森林海洋。

(八)建立健全资源管理机构,依法保护森林资源

发展资源,保护资源相辅相成,不可偏废。新中国成立以来,特别是党的十一届三中全会以后,省政府把保护森林资源列入重要日程,常抓不懈。一是建立比较完备的森林资源和林政管理机构,全省已建乡镇林业站1408个,木材检查站181个,林业行政执法人员5703人;森林公安队伍有964人;省地、县均建立森林防火指挥部;森林病虫害防治检疫队伍共2225人;建立41个自然保护区。这三个体系的建立,使森林资源和林政管理、森林防火、林区治安、防治森林病虫害取得了显著效果,有效地保护了森林资源。二是加强立法,不断完善林业法规,依法治林;三是建立以全额控制、分类管理为核心的采伐限额管理制度,稳定林权政策,实行林地保护管理,严格实行凭证采伐凭证运输和执行木材经营加工许可证制度,规范木材流通秩序,强化森林资源监督检查使森林资源保护逐步步入制度化、规范化、法制化轨道。

(九)党政齐动手,全民搞绿化

1990年中共贵州省委、省人民政府作出了《10年基本绿化贵州》的决定。接着又提出“10年绿化8年完成”的要求。根据“决定”,省长同各地、州、市的专员、州长、市长签订了“造林绿化责任状”。地州市也同各县签订了“责任状”。从省直到县、乡(镇)各级领导,身先士卒,办了示范点,做到了“上级给下级作示范,领导给群众做榜样”,一个扎扎实实的造林绿化运动在全省城乡年复一年、一浪高过一浪地开展。为了确保质量,每年都专门组织林业工程技术人员进行严格检查验收。对成绩显著的进行表彰奖励，主要领导晋升一级工资，对没有完成任务的，发黄牌警告，撤销主要领导职务。为鼓励先进，鞭策后进，对先绿化的县，省委、省政府决定给予重奖，1995年省政府对提前绿化达标县各奖励一辆北京2020吉普车，1996年提前绿化达标县各奖励4万元，1997年各奖励3万元。同时，义务植树和行业造林也一年比一年好，一年比一年扎实。森工企业在发展自有绿色资源方面，取得了令人欣喜的成绩，现在共有绿色资源4.8万公顷，人均6.7公顷，再过10年，贵州森工企业可以做到“稳坐无忧，旱涝保收”。由于领导亲自带头，充分发动群众，严格检查验收，年年兑现奖惩，工作注重实效，因而形成了党政齐动手、全民搞绿化的态势。在新中国成立50周年的时候，贵州森林面积可达451.86万公顷，灌木林地91万公顷，森林蓄积量上升到2.0亿立方米，覆盖率将达到30.83%。彻底走出“低谷”，实现历史性的根本转变，走向全面振兴的新阶段。

四、21世纪贵州林业发展的思路

21世纪是科学技术高速发展、各项建设突飞猛进的世纪，我们面临新的机遇和严峻的挑战。根据党的十五大精神和邓小平建设有中国特色社会主义的伟大理论，贵州林业从省情林情出发，实行“123456”发展战略。一就是高举一面生态建设的大旗；二是建立以“长防林”、“珠防林”等为重点的完备的陆地生态体系和发达的林业大产业体系；三是实现从计划经济向市场经济的根本转变，从粗放经营向集约经营的根本转变，从绿化达标向提高林分质量、国土绿化质量的根本转变；四是实现四大目标，森林面积、覆盖率、蓄积量、林木总产值都有大幅度增长；五是建立科技含量高、市场有竞争力、经济效益好的以人造板和纸浆为龙头的林产工业体系，以松香和油桐为龙头的林化工业体系，以杜仲、银杏为龙头的药材工业体系，以绿色食品为龙头的生态食品工业体系，以森林旅游为龙头（含花卉、盆景、观赏奇石、树雕根雕）的绿色游乐体系，使林业在全社会形成具有雄厚实力的基础产业；六是对六大片天然森林资源（主要是梵净山、雷公山、月亮山、瑶人山、柏箐山、大小平山以及江河源头和各种护库林）实行封山禁伐，严加保护。通过实行“高举一面旗帜，建立两大体系，实施三个转变，达到四个目标，形成五大产业，禁伐六大片天然森林资源”林业发展战略，到中华人民共和国成立100周年的时候，贵州就能够实现大地园林化。明朝刘伯温曾经预言“江南千条水，云贵万重山，五百年后见，云贵胜江南”。我们一定能够在邓小平理论的指引下，经过若干代人的艰苦努力，把贵州建设成绿色的乐土、富庶的家园。（执笔人：彭百登）

高山大川资源丰　生态保护责任重

——云南省林业建设50年

云南省林业厅

在新中国成立50周年和新世纪来临之际，’99昆明世界园艺博览会的空前盛况，展示了五大洲斑斓多彩的奇花异木，也撩开了我国云南山青水秀、民族众多、气候宜人、景色天成的动人面纱。博览会的举办，也将促进云南林业的进一步发展。

(一)

云南省地处我国西南边陲，北回归线横贯南部。全省土地总面积39.4万平方公里，与邻国的边界线总长4060公里。行政区内共设16个地(州、市)、128个县(市、区)。1998年末总人口为4143.8万人，有26个民族。1998年，国民生产总值1793亿元，是一个多民族的边疆、山区省份。

云南高原地势西北高而东南低。西北部海拔多在3000米以上，梅里雪山的卡格博峰，高达6740米；东南部河口县的南溪河与红河汇合处海拔只有76.4米。在云南分布有三大山脉，即高黎贡山、怒山、云岭；在三大山脉中分布有六大水系，即怒江、澜沧江、金沙江、红河、珠江、伊洛瓦底江。云南各大水系的干流都是入海河流的上游河段，比降大、滩礁多、水流急，洪枯水量变化大，暴涨暴落。云南受断层作用形成的多断层陷落湖，主要有滇池、洱海等大小湖泊近30个。

云南的地貌可划分为山地、高原、盆地三种类型。全省总面积中，山地和高原占93.5%；盆地占6%；坡度大于25°的陡坡面积占39.4%；水土流失面积达14.6万平方公里，占全省总面积的38%。100多个县(市)不同程度地存在荒漠化现象，其中较为集中的31个县(市)荒漠化土地面积达8万多公顷。云南还是全国四大泥石流发生地区之一，地震、滑坡、泥石流等地质灾害频繁。1990～1996年，全省因森林植被稀少引起的各种自然灾害损失就达230多亿元。

云南森林为六大水系涵养水源、保持水土、调节水量发挥着无可替代的作用，对维护和改善云南及六大江河中下游省区乃至周边国家的生态环境及对保障三峡水库等重点工程的安危发挥着重要作用。因而，云南森林又有“亚洲水库”之称。云南林业在全省乃至全国的生态体系建设中具有重要的地位。

(二)

云南是全国四大林区之一。全省林业用地面积2380.79万公顷，占全省土地总面积的62.2%，占全国林业用地总面积的9.6%，居第三位；有林地面积1287.3万公顷，占全国有林地面积的8.1%，居第四位；活立木蓄积量14.2亿立方米，占全国的14.2%，居第三位；有林地覆盖率达到33.6%，含灌木林的森林覆盖率达到44.3%；珍稀物种占全国的一半以上，居第一位。

全省从北至南分布着从高山针叶林至热带阔叶林的105个主要森林类型。森林类型的分布，既有水平带、又有垂直带，其特色显明为全国所少见。各种森林类型又各有其特有的动、植物资源。全省拥有高等植物1.7万多种，占全国高等植物总数的

62.9%，其中，乔木树种资源多达800余种，主要树种有200余种。云南特有的及珍贵的树种之多，在全国名列前茅。在1.36万种种子植物中，被列为国家保护的一、二、三级珍稀濒危树种共151种，占全国354种的42.6%。主要用材树种有云南松、思茅松、华山松、云杉、冷杉、油杉和栎类等；另有楠木、黑黄檀、铁力木、柚木、红椿、红豆杉、榧木、榉木、秃杉等多种珍贵用材树种；还有团花、山桂花、西南桦 、云南石梓等优质速生用材树种。云南还是我国竹类资源最丰富的省份之一，有28属、215种，面积达30万公顷。

全省分布着300多种经济林木，现有经济林经营面积100多万公顷，年生产各种林产品84.5万吨。主要品种有核桃、板栗、紫胶、油茶、油桐、生漆、乌桕、棕片、杜仲、厚朴、肉桂等。其中，核桃、棕片产量居全国第一位。树脂、树胶、竹笋、野生菌类、森林蔬菜、森林花卉等资源也十分丰富。

全省森林生态系统中有脊椎动物1737种，占全国总数的54.9%。其中，兽类300多种、鸟类793种，分别占全国的51.9%和63.7%。在国家公布的335种重点保护野生动物中，云南有199种，占59.4%。其中亚洲象、野牛、豚鹿、白眉长臂猿、绿孔雀、赤颈鹤、双角犀鸟、红腹角雉等23种仅分布在云南。云南是全国野生动物最丰富的省区之一。

复杂的地形地貌和丰富的气候类型，孕育了得天独厚的森林资源，使云南享有“植物王国”、“动物王国”、“香料之乡”、“天然花园”、“药材宝库”、“野生动植物物种基因库”等盛誉。云南丰富的森林资源，不但可以提供丰富的经济资源，而且是宝贵的物种基因库，为多种学科提供了大量研究课题，具有重要的科研价值，为中外学术界人士所瞩目。

丰富的森林资源为造就云南林业大产业提供了坚实的物质基础。林业是云南最有发展潜力的产业，是最能体现云南特色的产业，也是可以实现永续利用、持续发展的产业。云南林业在调整优化农村产业结构、壮大农村经济和扶贫攻坚中有着独特的作用，对全省相关产业的发展具有推动作用；在全省着力培育的两烟产业、生物资源开发产业、旅游业等支柱产业中，林业可以大有作为。

（三）

新中国成立后，云南林业发展走过了曲折的历程。

新中国成立初期，林业建设面临许多困难，艰苦创业、逐步发展。1958年的“大跃进”、“大办公共食堂”、“大炼钢铁”，几路“大军”向森林进攻，造成了建国以来的第一次森林大破坏。1961年进入调整时期，根据国家建设“大三线”的部署，加快了金沙江林区的开发，出现了全省国营林场、林业科学研究与技术推广迅速发展的第一个高峰期。但不久，“文化大革命”十年动乱，给云南林业带来森林资源的第二次大破坏。1975年森林资源消耗量为2690万立方米，消耗量超过生长量1224.2万立方米。

党的十一届三中全会以来，云南省把深化林业改革、大力造林绿化、发展产业经济，作为林业发展的总体目标，林业生产开始从封闭、单一的模式，朝着以林为主、多种经营、以短养长、长短结合、综合利用的方向发展。从1979年9月始，全省开展林业“三定”（即稳定林权、划定自留山、确定林业生产责任制）工作，使17.9万个生产队9万多件山林权属问题基本得到解决；1983年，全省又大规模地开展自留山、责任山、草山、轮耕地（简称“三山一地”）到户的工作，给1.77万个生产队的409万多农户划分和承包了“三山一地”，共1316.67万公顷，占全省土地总面积的36.5%。到1984年，全省林业专业户、重点户和各种联合体发展到6.57万户，林业生产跨入了一个新的发展时期。随着林业“三定”的落实和“四荒”转让政策的实施，全省林业工作不断向前推进和发展，特别是“八五”以来，云南林业进入了快速发展时期。

（四）

森林资源是林业建设的物质基础。50年来，云南省把加快造林绿化、发展森林资源作为林业建设的头等重要大事来抓。通过实行各级行政首长保护和发展森林资源目标责任制、层层签订造林绿化目标责任状、启动实施多项工程造林项目并严格执行规范化管理、多渠道筹集造林资金等措施，全省造林绿化取得了巨大成绩。据1992、1997年两次连续清查复查，全省有林地覆盖率由24.6%上升到33.6%，活立木蓄积量由13.7亿立方米上升到14.2亿立方米，实现了森林面积和蓄积量的双增长。

人工造林中，经济林发展迅速。云南省委、省政府确定1995～2000年在全省分两期建设55个干果基地县；在113个县的506个扶贫攻坚乡实施绿色扶贫工程；加快山区综合开发，实现山区人均1亩经济林果等重大举措，使云南省1994～1998年经济林在人工造林中的比重已从31.6%上升到51.5%。全省各地已形成多个经济林产品生产大县，涌现出一大批靠经济林脱贫致富的大户。

防护林体系建设进展顺利。长江中上游防护林工程涉及云南48个县，1989年开始启动。至1998年底，共启动26个县，完成造林42万公顷，封山育林30.3万公顷，改造低产林和幼林抚育8.9万公顷。珠江防护林工程涉及云南28个县，规划造林33.7万公顷。到1998年已启动10个县，完成造林任务1.7万公顷，封山育林2.3万公顷。澜沧江防护林工程涉及云南7个地州32个县，规划建设任务63.3万公顷，已于1998年开始启动15个县，当年完成人工造林1.4万公顷，封山育林2.2万公顷。

防治荒漠化工程初见成效。据1995年普查，荒漠化土地分布全省100多个县(市)，其中分布较集中的有31个县(市)，沙化土地面积达8万多公顷。从1992年云南被国家列为治沙工程省区开始治理，到1998年底，全省共完成人工治沙造林8.1万多公顷。

用材林基地建设取得好成绩。以工代赈林业建设项目，“八五”期间共完成造林26.7万公顷、封山育林6.5万公顷、抚育中幼林4.6万公顷。世界银行贷款第一期“国家造林项目”从1990年启动至1995年止，完成造林6.4万公顷；第二期“森林资源发展和保护项目”于1995年启动至1998年完成造林3.8万公顷。中德合作造林项目、农业综合开发中的造林项目等也取得较好成绩。云南新一轮34个县的用材林基地建设项目规划造林23.3万公顷，已于1996年启动，到1998年共完成造林任务9.9万公顷。

与此同时，飞播造林、全民义务植树、城市绿化等方面也取得可喜成绩。

(五)

为了加强资源林政管理，1950年5月，云南省人民政府颁布《云南省护林造林暂行办法》，规定以行政村或乡为单位组织护林委员会，订立护林公约，严格保护森林。1962年12月，云南省人民委员会颁发《云南省山林管理保护暂行办法》，要求国有林设立林管所或林场，负责经营管理，并充分依靠群众，实行专业管理与群众管理相结合以保护森林资源。1982年10月，中共云南省委、省人民政府发出《关于坚决贯彻执行〈中共中央、国务院关于制止乱砍滥伐森林的紧急指示〉的通知》，全省抽调8800多名干部，组成1014个工作组，清理了1980年以来的毁林案件36 760起，处理25 250起。1988年3月，省人民政府发出《云南省人民政府关于加强保护、发展森林资源，实行各级行政首长任期目标责任制的通知》，把森林资源的消长作为考核各级行政领导政绩的主要内容之一。1991年6月，省政府发出了《云南省人民政府关于在“八五”期间实现森林资源消长平衡的通知》，提出在“八五”期间减少森林资源低价值消耗，每年省政府拿出500万元用于节柴改灶，减少600多万立方米的森林资源消耗。1997年3月，省人民政府发布了《云南省林地管理办法》，全省林地管理走上了法制化轨道。

截至1998年，云南共有县级以上林政管理人员684人，设立374个木材检查站，共有检查人员1522人；在1544个乡(镇)建立了林业工作站，有正式职工9020人；现有护林员共3.6万人，其中在职在编996人；云南省森林警察总队现有兵力1400人；全省拥有5420人的林政执法队伍。自1987年以来，实行森林采伐限额管理及全额管理制度、木材凭证运输制度和木材经营加工许可证制度，规范了对森林采伐、木材运输和经营加工的管理。由于采取切实有效的措施，全省森林“赤字”从“七五”期间的每年1000万立方米，降到1995年的251万立方米；到1997年，已消灭森林“赤字”，实现森林面积和蓄积量双增长。

森林防火工作步入全国先进行列。由于历史和自然的原因，云南历史上曾经是一个森林火灾多发区、重灾区。据资料记载,1951～1986年,全省共发生森林火灾12.4万次,烧毁森林562万公顷;年均发生森林火灾3540次,烧毁森林16万公顷,年均受害率17/1000;625人献出生命,1639人流血、负伤、致残,直接经济损失35亿元。1986年,安宁青龙寺、玉溪刺桐关两起重大火灾,加上中央严肃查处大兴安岭"五·六"特大森林火灾案件,引起了各级党委、政府的高度重视,切实加强了领导。采取了建立健全各种形式的森林防火责任制,强化组织机构和森林防火队伍建设,建立森林防火专项基金制度,加强森林防火设施建设与森林防火宣传,强化法规制度建设,严格查处森林火灾案件,加强计划烧除和卫星林火监测及人工降雨增湿等林火科技等一系列有效措施,扭转了森林防火的被动局面。此后十年中,全省共发生森林火灾6249次,受害森林面积51 415公顷,年均发生625次,年均受害5141公顷,年均受害率0.5/1000,比十年前下降16.5个千分点。1996年全省仅发生森林火灾155次,受害森林面积442公顷,受害率0.04/1000,各项指标均创历史最好水平,步入全国森林防火先进行列。

森林公安队伍不断壮大。云南森林公安组建于1980年,至1998年底,全省已组建各级森林公安机构396个,干警达2420人。1985～1998年,全省森林公安共查处各类森林和野生动物案件18.1万件,依法处理各类违法犯罪人员17.8万多人;收缴违法所得木材23.4万立方米,为国家挽回经济损失8827万元。

森林病虫害防治检疫工作逐年取得新进展。全省共建立省、地、县三级森防检疫站140个,中心测报站(点)87个,一般测报站(点)957个;有专兼职测报(调查)人员1291人;测报覆盖率达87%。同时,层层签订森林病虫害防治目标管理责任制,对森林病虫害测报、检疫、防治实行目标管理,各地狠抓森林病虫害监测与防治、森林植物检疫、防治检疫机构建设等工作,森林病虫害发生面积由"七五"末期的28万多公顷控制下降到"八五"末期的17.3万公顷,种苗产地检疫率达84.5%,商品材调运检疫率达92.7%。

农村能源建设成效显著。省、地、县各级均设有农村能源站,有职工380人。到1998年,全省推广沼气池26.5万户,年产沼气1.33亿立方米;完成农村节柴改灶719.8万户;在农村推广太阳能热水器34.3万平方米,微型水力发电机1.3万台,年发电量1435万度,使2.3万农户用上了电。

(六)

云南总面积仅为全国的4%,却容纳了占全国半数以上的动植物种类和丰富的森林植被类型,是世界生物多样性最为复杂和丰富的地区之一,野生动植物保护在国内外都有重大影响。云南省在生物多样性保护方面承担着重要责任并发挥了积极作用。

《森林法》、《野生动物保护法》颁布以后,全省把有关法律、法规列入普法教育的重要内容,还结合"爱鸟周"、"野生动物宣传月"开展宣传活动,使全社会保护意识普遍增强。云南省还颁布实施了《云南省珍贵树种保护条例》、《云南省陆生野生动物保护条例》、《云南省珍稀濒危保护动物名录》、《云南省重点保护植物名录》和《云南省森林和野生动物类型自然保护区管理实施细则》及《云南省重点保护陆生野生动物造成人身财产损失补偿办法》,初步建立了云南省野生动植物保护管理的法规体系与林业其他地方性法规配套,实行以法治林。

自然保护区建设和管理工作取得重大进展。云南自然保护区建设始于1958年。云南省人委1958年同意并采纳云南植物研究所吴征镒先生和云南动物研究所寿振黄先生的建议,在全省建立24个自然保护区并提出了相应的保护措施。党的十一届三中全会以后,党中央、国务院对云南自然保护区事业给予极大的关怀和支持,并对西双版纳自然保护区提出了调整扩大方案。1981年全省建立西双版纳等35个自然保护区,1983～1986年又建立高黎贡山等30个森林和野生动物类型的自然保护区。目前,全省已建森林湿地和野生动物类型自然保护区105个,总面积194.5万公顷,占全省现有自然保护区总面积的97.6%,初步形成了云南省自然保护区网络。西双版纳国家级自然保护区还加入了联合国教科文组织人与生物圈保护区网络,成为我国第十个、云南第一个联合国人与生物圈自然保护区。国家和省将云南自然保护区的基础设施建设纳入国民经济建设计划。建立自然保护区,落实管理责任制,逐步提高管理水平,使野生动植物资源得到了保护、恢复和发展。如景东无量山保护区的黑长臂猿已增加到

300～400 头；白马雪山的滇金丝猴发展到 600 余只；西双版纳的亚洲象种群数量发展到 250 头左右；高黎贡山的羚牛增加到 300 头左右。与此同时，积极开展自然保护区的综合考察、野生动植物资源调查、科学研究和野生动物的救护工作。

全省现有各级林业科研、技术推广机构 80 个，专职人员 1912 人，专门人才 15 075 人。科研工作围绕林业生产、森林生态与环境保护等学科领域开展。从 1983 年以来，先后开展了西双版纳、哀牢山、高黎贡山、无量山、怒江、白马雪山、铜壁关、南滚河、黄连山、分水岭等国家级和省级自然保护区多学科的综合考察或资源调查，为保护和合理开发利用提供了科学依据。云南省还根据边境线长、口岸和边贸集市较多，境外边民常将野生动物带入我国市场交易的实际，加强边境野生动植物进出口管理，先后在瑞丽、畹町、陇川、河口、西双版纳、思茅、昆明等地成立了 10 个野生动物拯救保护站，对境外边民带入省内的珍稀动物主动收容拯救保护，并按规定，有放生条件的放生、有利用价值的调配给动物园或有驯养繁殖条件的单位，建立繁殖种群，将这一部分资源利用起来；同时还接受在执法检查中没收来的或收容受伤、受困、迷途的野生动物。建立了 100 余家野生动物驯养繁殖场和 10 多个以保护珍稀濒危植物为主的树木园、植物园，开展野生动物的驯养繁殖和实施珍稀濒危植物的迁地保护。

以生物多样性保护为主的国际交流与合作进展顺利。云南丰富的生物资源和在生物多样性保护方面的地位，受到国际自然保护组织的重视和关注。从 80 年代开始，世界自然保护基金会、世界自然和自然保护同盟、联合国教科文组织、粮食计划署、美国国际鹤类基金会、麦克阿瑟基金会、全球环境基金组织等先后派出专家到云南自然保护区考察。自然保护区成为云南对外交流与合作的窗口。自 1988 年始，西双版纳自然保护区与世界自然保护基金会建立合作关系——热带雨林保护项目以来，美国国际自然综合研究会、美国麦克阿瑟基金会等也和云南的一些自然保护区进行了合作。经过大量准备和基础工作，由全球环境基金投资 1287 万元人民币的“中国自然保护区管理项目”于 1995 年底在云南省启动实施；“中荷合作云南省森林保护及社区发展项目”和“中德合作中国云南西双版纳热带雨林恢复与保护项目”于 1997 年底相继启动。再加上其他国际交流与合作项目，现已初步奠定了云南省国际合作生物多样性保护项目的新格局。

（七）

云南林业注重第一、二、三产业结构的调整，已初步形成了营林造林、木材生产与加工、林产化工、森林旅游等产业体系。据云南省统计局调查分析，1996 年全省林业第一产业总产值为 70 亿元，林产品加工企业总产值达 69.4 亿元，林业社会总产值达 139.4 亿元，其中全省林业系统生产产值 75.5 亿元。云南林业已成为一些地方的支柱产业，而且是全省今后发展潜力最大的产业之一。

1996 年，全省有木材加工单位 4721 户，总产量 85.5 万立方米；乡及乡以上林纸工业生产企业 179 户，产值 16.8 亿元；林产化学产品制造企业 44 户，产值 2.7 亿元；以林产品为原料的食品工业企业 244 户，产值 6.1 亿元；以林产品为原料的其他轻工企业 25 户，产值 1.6 亿元。1996 年松香产量 3 万吨，松节油产量 6544 吨，栲胶产量 4211 吨，虫胶产量 2005 吨。

云南省自 1987 年在畹町市建立第一个国家级森林公园后，至 1998 年，全省已建森林公园 39 个，其中，国家级 19 个、省级 7 个、地县级 12 个。接待游客 409.4 万人，森林旅游收入 3723.5 万元。1996 年 3 月成立了云南省森林生态旅游协会，1998 年 6 月成立了云南省森林旅行社。

松系列产品松脂、松花粉、松针、松籽加工及森林食品开发在我省颇具潜力。思茅地区的松香加工业已成为该地区的优势产业。以红豆杉为代表的高科技药物资源开发、以花卉为代表的森林生物资源开发、森林生态旅游资源开发及人工驯养繁殖野生动物等等，已纳入全省林业发展规划，并正在逐步组织实施。

（八）

新中国成立以来，云南省的林业工作取得了显著的成绩，并积累了很多经验。云南林业在全省国土保安和优化生态环境、实现可持续发展中具有不可替代的基础作用，在保护江河下游生态和三峡工程安全中具有重要作用，在确保水利设施长久发挥效能、促进农业稳产高产中具有屏障作用,在调整优化农村产业结构、壮大农村经济和扶贫攻坚中有着独特的作用,在培育全省生物资源开发产业、旅游产业等新的支柱产业中可以大有作为,对全省相关产业的发展具有推动作用。因此,必须从可持续发展的高度认识造就林业大产业在全省国民经济和社会发展中的重要地位,抓住党的十五大为云南林业发展创造的良好机遇,确立面向21世纪的云南林业发展的指导思想。这就是:以邓小平理论为指导、以实现两个根本性转变为前提、以保护和发展森林资源为基础、以提高综合效益为中心、以结构调整为重点、以市场为导向、以科技为依托,改革林业管理体制和经营机制,实施森林分类经营管理,加强宏观调控,发动全社会办林业,建立比较完备的林业生态体系和比较发达的林业产业体系,确保林业产业的可持续发展,实现富民、富县、富行业,为改善云南乃至全国生态环境,促进经济和社会可持续发展,作出更大的贡献。

(执笔人:张伏全)

雪域高原的绿色生机

——西藏自治区林业建设50年

西藏自治区林业厅

西藏位于祖国的西南边疆，地处北纬26°50′～36°53′，东经78°25′～99°06′之间。南与缅甸、印度、不丹、锡金、尼泊尔等国毗邻，西与克什米尔地区接壤，北界新疆维吾尔自治区和青海省，东与四川、云南两省相连。全区总面积122.8万平方公里，占全国国土总面积的1/8，边境线长达3842公里。有3条边防公路分别由亚东、樟木和普兰通往国外。区内有川（四川）藏、青（青海）藏、滇（云南）藏3条公路通往邻近省区，为发展西藏经济提供了有利条件。

西藏是全国以藏族为主体的少数民族自治区。全区总人口240万，其中，藏族占96.4%，其余为门巴、珞巴族、汉、回等民族。

一、西藏林业发展概况

西藏是青藏高原的主体，平均海拔4000米以上，素有"世界屋脊"之称，相对高差达7000多米，最低海拔还不到500米。境内海拔7000米以上的高峰有50多座，其中，全世界8000米以上的高峰在这里就有11座。举世瞩目的世界第一高峰——珠穆朗玛峰，海拔8848.13米，雄踞地球之巅，被誉为地球的"第三极"。由于地处高原、峰峦叠嶂、地形复杂、气候多样，得天独厚的自然条件，造就了绚丽多姿的生物多样性。植被类型十分丰富，森林垂直带谱非常明显和完整。西藏森林资源十分丰富，森林覆盖率9.84%，是全国最大的天然林区之一。有林地面积717万公顷，占全国有林地面积的5.84%；人均占有林地面积3.5公顷，是全国人均森林面积的29倍，是世界人均森林面积的3.4倍。有活立木蓄积20.84亿立方米，居全国第一位；人均占有活立木蓄积量1023立方米，是全国人均蓄积量的122倍，是世界人均蓄积量的15倍。全区有林地平均每公顷蓄积量286立方米，是全国每公顷蓄积量的2.3倍。

据统计，西藏有高等植物6400多种，居全国第五位，分属于208余科、1258属。其中，木本植物约110多科、300余属、1700多种，几乎汇集了北半球各气候带的针、阔叶树种，是我国木本植物最丰富的省区之一。20种被列入国家重点保护的珍稀植物名录中，有7种为西藏所特有。主要树种有喜马拉雅云杉、丽江云杉、川西云杉、喜马拉雅冷杉、高山松、云南松、华山松、西藏落叶松、喜马拉雅落叶松和圆柏属的若干种，以及西藏柏木、巨柏、桫椤、千果榄仁、小果紫薇、长蕊木兰、长叶云杉、长叶松、红豆杉等珍稀树种，其中，属国家保护的珍稀植物达40多种。药用植物1000多种，占全国药用植物的1/3。在众多的药用植物中，常用的中草药有400多种，真菌资源653种，主要的有高山雪莲、砂仁、红景天、海南粗榧、冬虫夏草、天麻、黄莲、松茸、金茸等。全区有脊椎动物798种，其中，鸟类488种，占全国已知鸟类种数的40%；兽类142种，占全国已知兽类种数的39%，爬行类55种，两栖类45种，鱼类68种。其中，被列为国家一级重点保护野生动物41种、二级重点保护野生动物84种、属全区重点保护的野生动物141种。主要的珍稀野生动物有西藏野牦牛、藏羚羊、藏野驴、滇金丝猴、黑颈鹤、藏马鸡、藏雪鸡、虎、豹、西藏马鹿、赤斑羚、羚牛、长尾叶猴、小熊猫和喜马拉雅塔尔羊等。

此外，宜林地资源也很丰富。据调查，全区有宜林荒山荒地面积 1300 万公顷、荒漠化面积 2047 万公顷，植树造林的潜力很大。

1951 年西藏和平解放以来，特别是改革开放和中央第三次西藏工作座谈会以来，西藏林业不断发展。森林保护逐步得到了加强，植树造林成绩显著，林产工业从无到有，逐步形成规模，现在，已初步建立起一个包括森林培育、保护管理到开发利用的林业体系。

近 50 年来，西藏林业的发展大体经历了五个阶段：

一是 1951～1959 年，西藏社会经历了一个大的变革。解放前，西藏属于半封建、半农奴制社会，经济非常落后，全区没有一条公路。高寒缺氧、交通闭塞、信息不灵，使西藏成为人们了解甚少的“神秘”地方，而西藏林业就更鲜为人知。为了探索和了解西藏的林业，促进全区社会经济的发展，50 年代，林业部曾先后组织过多次对西藏森林资源的踏察，初步了解了西藏林业的大概情况 。

二是 1960～1975 年，随着民主改革的进行，结束了几千年的封建农奴制统治，百万农奴站起来，西藏社会一跃跨入了社会主义新时期。林业机构从无到有、逐步建立，各项林业工作开始起步。从 1960 年起，响应“绿化祖国”的号召，首先在拉萨市开展了群众性的义务植树造林活动。后受“文化大革命”的干扰，整个林业工作基本上处于瘫痪状态。

三是 1976～1986 年，西藏自治区林业厅全面管理西藏的林业工作。清理和整顿了林区多头经营、多点采伐的混乱局面，实行归口管理。首次制订了《西藏森林保护条例》，加强了森林资源保护，严格按计划控制采伐量。与此同时，加强了苗圃建设，大力开展植树造林和良种引进工作，各项林业工作逐步走上了正轨。

四是 1986～1995 年，是西藏林业机构全面降格时期。1986 年随着自治区机构改革，原林业厅被撤销了，在农牧林业委员会下设林业局(县级)。于是，全区林业机构也相应降格、撤销或合并，致使本来就很落后的西藏林业受到了很大的挫折。在这样困难的条件下，林业局在自治区和农委的领导下，从实际出发，稳住阵脚、理顺关系，从林业基础工作做起，加强了森林资源的保护管理；开展了工程造林，加快了植树造林的步伐；在野生动物考察、建立自然保护区、开展森林资源清查、全区土地沙漠化普查、制订植树造林总体规划、全区经济林木普查、全区林业发展总体规划等方面做了大量的基础工作，为全区林业发展起了重要作用，为林业厅的恢复奠定了基础。

五是振兴林业阶段。1995 年底，在自治区党委和人民政府的重视下，恢复组建了西藏自治区林业厅。林业被列为自治区五大支柱产业之一。林业生态体系建设得到了加强；林业产业体系建设以前所未有的速度得到了较大发展。植树造林和森林防火工作也有了新的突破。

二、植树造林成绩显著

1960 年民主改革后，西藏开始了群众性的植树造林活动，到 1998 年，全区造林保存面积 4.7 万公顷，四旁和义务植树 8000 多万株，封山(滩)育林 13.3 万公顷，迹地更新 10 万公顷。海拔 4200 米以下的河谷地区，森林覆盖率由原来的 0.8%提高到现在的 1.08%，在一定程度上改善了“一江两河”(雅鲁藏布江及其支流拉萨河和年楚河，下同)地区的农牧业生态环境，涌现出了一批以山南地区雅鲁藏布江防护林为代表的造林绿化先进集体和个人。其中，1986 年 5 个单位被中央绿化委员会、林业部授予“全国造林绿化先进单位”；1990 年以来，受全国绿化委员会表彰的“全国绿化劳动模范”6 名、“全国绿化奖章获得者”30 名、“全国青年突击手”2 名、造林绿化先进集体 10 个。

西藏的造林绿化大体经历了三个时期：一是 1959～1968 年，主要是开展群众性造林绿化活动。这一时期，由于苗圃刚刚筹建，所以造林主要是利用当地树种藏川杨、柳树进行插干造林。二是 1969～1986 年期间，以引进内地树种——北京杨为主，建立苗圃，逐步采用带根苗造林。1977 年提出了“谁造谁有”，以集体造林为主，国家、集体、个人一起上的方针，从而调动了群众造林的积极性，使植树造林从“四旁”植树发展到“两滩”(河滩和荒滩)植树。三是 1987 年以后，推行工程造林，实行了以城市绿化为先导、以工程造林为重点、农村与城市全面发展的造林指导方针。1989 年编制了《“一江两河”中部流域地区资源开发和经济发展规划》，明确了林业的发展方向和重点。1991年，又制订了《西藏“一江两河”中部流域林业发展总体规划》(1991～2000年)，从而极大地加速了西藏造林绿化的步伐。

(一)努力发展防护林、薪炭林和用材林

地处雅鲁藏布江、年楚河、拉萨河流域的广大农区，植被稀少，森林覆盖率不足1%，有大量的宜林荒滩荒地，是西藏造林绿化的重点地区。西藏民主改革后，为了改善自然条件、发展生产，尽快解决农牧民群众生产生活用材(柴)的困难，开始了防护林、薪炭林的建设，广大军民在拉萨近郊几个风口营造了防风固沙林，又分别在贡嘎、江孜、乃东等县营造了部分农田防护林、护岸林和薪炭林。至1976年共营造各类防护林4133公顷。在农区，对连片集中大面积宜林荒滩荒地，国家实行重点投资，让群众开展造林；对于分散的宜林荒地，由群众自愿合作，联村、联户或各户承包造林。于是，出现了育苗、造林专业户、重点户。为了严把造林质量关，还制订了一整套造林补助发放制度和检查验收办法。1980～1987年，在“一江两河”的河滩营造防护林2087公顷、薪炭林4220公顷；在曲水、达孜、堆龙德庆以及江孜、白朗等县建立了一批千亩、万亩林基地，营造用材林4133公顷；并在全区范围内普遍开展了“四旁”植树和全民义务植树。造林绿化取得了较好成绩。

(二)大力开展工程造林

1987年以来，在学习内地工程造林的基础上，结合西藏实际提出了“西藏工程造林模式”，把植树造林当作工程项目来对待，即按规划进行设计、按设计进行施工、按预算进行投资。改变过去长期在造林资金上撒“胡椒面”的做法，把有限的造林资金用于重点工程项目，先后在日喀则康萨、山南泽当、尼木果塘、江孜达热等地开展工程造林，初见成效。从此揭开了西藏造林史上的新篇章。1991年国务院正式将“一江两河”综合开发列为国家“八五”计划和十年发展规划的重点建设项目，给林业的发展带来契机。从此，植树造林全面实行以工程造林为主、工程造林与一般造林相结合，造林速度逐年加快，由过去每年成片造林2000公顷增加到5333.3多公顷，造林技术也有明显提高。近几年来，在春季造林的基础上，又增加了雨季、秋季造林，使造林面积翻了一番多。与此同时，把高干、高密度造林改为矮干、合理密度，并逐步实现规范化、科学化造林。在造林树种方面，由原来仅有的少数乡土树种发展到多树种造林。造林成活率由原来的30%提高到70%以上。目前已营造各类工程林近3.33万公顷，为农牧业提供了良好的生态屏障。

(三)加强苗圃建设

60年代，西藏的植树造林是以乡土树种为主，实行插干造林。由于苗木质量差，加之管理不善，造林成活率低。为了尽快改变缺乏种苗的被动局面，加快造林步伐，1969年首次从北京引进了北京杨，经拉萨市东郊苗圃试种，生长良好。1971年在拉萨、山南、日喀则等地、县、市推广试种获得成功。1978年后，自治区试验林场和自治区林业科学研究所又相继从北京和陕西引进了220个杨树无性系，经选育后，筛选出了适于西藏生长的北京杨0567及0260、优胜杨、沙兰杨、日本白杨、大关杨、欧美杨、意大利214以及新疆杨等进行推广，深受各地欢迎，现已遍布全区，种植海拔高度达到了4100米，成为了西藏造林的主要树种。1994年又引进了杨树中林系号120余个品种试种，效果良好。在此期间，除了积极引进杨树进行试验栽培外，又引进了一批抗旱树种和常绿树种，如臭椿、刺槐、沙枣、沙柳、油松、紫穗槐、大叶黄杨等几十个树种。随着内地树种的引进和推广，加上乡土树种的不断繁育，从1978年起先后在一些地(市)县建立了一批中心苗圃，从而带动了全区苗圃建设的发展。截至1998年，全区已建苗圃25个，苗圃面积660多公顷，其中育苗面积400公顷，年出圃苗木2000多万株。苗圃建设的发展不仅为引进优良树种提供了试验场所，而且还提高了造林苗木质量，缓解了苗木紧缺的问题，加快了造林绿化的步伐。

(四)城市绿化面貌一新

古城拉萨，具有1300多年的历史，是西藏自治区的首府，也是全区政治、经济、文化、宗教的中心。西藏和平解放后，城市绿化事业和城市建设协调发展，取得了令人瞩目的成就，城市面貌有了彻底的改变。夏日的拉萨浸沉在一片翠绿葱笼之中，给城市旅游和市民生活创造了一个良好的环境。目前，城市建设面积已达50平方公里，城市绿地总面积1360公顷，城市绿化覆盖率为27.2%。其中，公共绿地面积169.67公顷，人均8.44平方米；苗圃生产面积17公顷，苗木、花草品种已达150多种，初步形成了绿地系统。在拉萨市的带动下，日喀则市、昌都、泽当、林芝八一镇的城市绿化面貌也都有了很大的变化。

1986年中央绿化委员会授予拉萨市"绿化先进单位"称号;1992年拉萨绿化工程获建设部、国家环保局"环境综合整治优秀项目"奖;1994年,建设部再次授予拉萨"绿化先进单位"称号;1996年被林业部和全国绿化委员会授予"全国十佳绿化城市"称号。

(五)发展经济林木初见成效

各族人民在大搞植树造林的过程中,也同时种植了水果、茶树及木本油料等经济林木,栽培面积不断扩大,产量逐年增多。1956年中央赴西藏代表团团长陈毅元帅带来了一批苹果苗,并在拉萨西郊亲手栽下了一株红元帅苹果苗。这批苗木在拉萨七一农场试种成功后,推动了西藏果树生产的发展。进入60年代开始大量引进果树栽植,到1998年已建立各类果园405个(面积大于0.5亩以上),种植以苹果为主的经济林木150万株,每年给市场提供水果750万公斤。

核桃是西藏发展经济林木的重点,除发展本地优良品种外,1962年引进了新疆核桃。目前核桃的栽培范围已由东南部扩展到中南部地区,栽培数量发展到了8万株、年生产干果约100万公斤。在发展核桃的同时,又种植了花椒树18万株、油桐树12万株,年产花椒1万余公斤、桐籽15万公斤。

过去西藏被认为是茶树种植的禁区,1956年自治区林业科技工作者在察隅试种获得成功,1964年开始采摘。1971年后茶树种植面积不断扩大,目前已达166.7公顷,年产粗细茶叶12.5万公斤。规模最大的易贡茶场,1995年被国家列为西藏62项重点工程之一加以扩建。该厂生产的"珠峰圣茶"品质优良、享誉区内,正走向区外市场,是无污染的天然饮料。

三、加强森林资源的保护管理

60年代至70年代中期,由于"文革"影响,森林多头经营,加之林业机构不健全,致使森林资源的管理处于自流状态。1976年后,加强了对森林资源的保护管理,使林政工作取得了较好成绩。

(一)实行采伐归口,由林业部门统一管理

1971年,鉴于当时森林管理的多头经营等混乱局面及林业机构不健全的情况,西藏自治区林业主管部门提出了"采伐单位统一归口,按口划定范围,定点采伐"的过渡办法,为以后的"只有由林业部门采伐,国家统一分配的规定"创造了条件。1979年,根据国家有关规定在各级党委和政府的大力支持下,西藏自治区一切非林业部门经营的采伐单位全部撤销,人员全部撤出林区,从而有效地保护了森林资源。目前,全区8个国营森工企业,20余个县办集体森工林场,全部由林业部门统一管理,严格执行限额采伐。

(二)建立健全林政法规,加强木材流通管理

自1979年至1992年,先后通过自治区人大、政府颁布实施了《西藏自治区木材运输检查办法》、《西藏自治区木材检查站管理暂行办法》、《西藏自治区森林保护条例》、《西藏自治区木材市场管理和购销暂行办法》、《西藏自治区木材运输证管理暂行办法》、《西藏自治区小口径步枪、猎枪及弹药管理条例》、《西藏自治区育林费征收及使用暂行办法》、《西藏自治区灌木林管理规定》等法规。1996年又颁布了《西藏自治区人民政府关于深化林业经济体制改革加快林业发展的决定》,严格实行森林采伐限额管理,从自治区到地(市)、县逐步建立健全了林政资源管理机构,加强了林业公安和林政执法队伍的建设。经自治区人民政府批准,在全区主要交通干线上建立了木材检查站22个。现有林政管理人员和专(兼)职护林员856人,有力地保护了西藏的森林资源。

1988年,建立西藏林业公安处,现有干警176人,并在地、县组建了27个林业公安派出所、7个林业公安分局(科)、2个野生动物管理执勤站。十年来,共办理野生动物和林业案件3500多起,收缴各种枪械2300支、野生动物产品5320件、木材2万立方米,为国家挽回经济损失3600万元。

(三)森林防火,连创佳绩

1972年以来,各级人民政府加强了对森林防火的宣传教育和组织领导,逐级建立了森林防火组织和军民联防组织,制订了《西藏自治区护林防火八项规定》、《西藏自治区林区野外用火管理办法》,配备了森林防火设施。目前,全区已建立森林防火组织270多个,有专兼职防火人员1000余人。

1985年后,自治区人民政府又先后颁布了《西藏自治区森林防火实施办法》、《关于加强森林防火和安全生产的紧急通知》,1992年,自治区森林防火指挥部制定了《西藏自治区森林火灾处理预案》,1996年和1997年,自治区人民政府连续两年发布了关于加强森林防火的1号和2号通令。由于认真贯彻落实了中央和自治区一系列法规,狠抓森林防火的基本建设,依靠林区广大干部和军民的共同努力,西藏的森林防火工作取得了较好成绩。1997年,全区仅发生一般森林火灾3起,受害森林面积58.4公顷,与上一年同期相比,受害森林面积又下降了36%,创历史较好水平。

四、自然保护工作成绩斐然

40多年来,西藏自治区各级党委、政府认真贯彻国家关于自然保护区建设和野生动物保护的法规,采取了一系列措施,在西藏高原上建立了一批森林和野生动物类型的自然保护区。

(一)建立自然保护区

为了保护各种有代表性的自然景观、植被类型、珍稀野生动植物生存繁衍的栖息地和生物多样性,从1982年起,西藏林业主管部门组织了科技人员对全区的珍稀野生动、植物聚集分布区和具有特殊意义的地域进行了考察,首批建立了墨脱、察隅、岗乡、吉隆、樟木等5个自然保护区。1987～1990年,首次进行了西藏珍稀野生动物考察,并在此基础上又划定了一批以保护森林植被和珍稀野生动物为主的自然保护区。到目前,共建立了13个以森林和野生动物为主的自然保护区,总面积达32.53万平方公里,占西藏总面积的26.54%,约占中国林业系统自然保护区总面积的60%,囊括了西藏地区国家重点保护野生动植物种类的90%以上。从而,在全区形成了一个森林和野生动物类型的自然保护区网络。其中,墨脱和珠穆朗玛峰自然保护区已被国务院批准为国家级自然保护区。1998年完成了《中国西藏羌塘国家级自然保护区总体规划》上报国家审批。

(二)加大野生动物保护的力度

根据西藏幅员辽阔、地广线长、交通不便、管理难度很大的特点,从七八十年代以来就十分重视对野生动物的宣传和保护工作。1972年,西藏自治区认真贯彻了国务院"加强资源保护、积极繁殖饲养,合理猎取利用的"护、养并举的保护利用方针,在全区范围内积极宣传保护野生动物资源的重要性。1983年西藏自治区林业厅设林政保护处,负责全区野生动物的保护管理工作。昌都、那曲两地区还先后下发了加强野生动物资源保护管理的布告、通告等。据不完全统计,自1987年以来,西藏有关部门及各地、县在财政十分困难的情况下,每年仅用于宣传保护野生动物的经费就达数十万元。各级人民政府还把保护野生动物的工作列入重要议事日程,各级领导以身作则,真抓实管,取得了可喜成绩。1991年,自治区人民政府主席江村罗布亲手放飞了一只因伤病被林业部门救活的黑颈鹤,为西藏保护野生动物做出了榜样。1992年经自治区五届人大常委会第18次会议通过了《西藏自治区〈中华人民共和国野生动物保护法〉实施办法》,1997年经自治区六届人大常委会第25次会议通过,对该《实施办法》作了第一次修正。保护法的颁布实施,使全区的野生动物保护做到了有法可依、依法治理,有力地促进了全区野生动物的保护工作。

为了扩大西藏的自然保护区和野生动物保护的国际影响,1987年以来,珠峰自然保护区相继与美国高山研究所、美国新一代基金会、联合国开发计划署(UNDP)、世界自然基金会等国际组织,开展了卓有成效的国际合作,引进外资达100多万美元。在此期间,自治区林业主管部门和自治区野生动物保护协会与美国高山研究所和纽约动物协会合作考察了珠峰及羌塘自然保护区的野生动物;与日本高清晰度电影公司的国际环境保护中心合作,拍摄了羌塘高原特有珍稀异兽纪录影片;与中央电视台合拍了9集电视片《走入大自然——西藏行》。出版了《西藏珍稀野生动物及保护》和《西藏的自然保护区》以及保护野生动物的宣传画,从而提高了广大群众的保护意识和西藏自然保护区的知名度。1998年9月,在拉萨成功地举办了与世界自然基金会合作召开的"西藏生物多样性保护与管理国际研讨会",总结了西藏生物多样性保护工作经验,探讨研究了面临的问题与对策,扩大了西藏野生动物保护和自然保护区建设的国际影响。

经过多年卓有成效的保护,全区的野生动物数量有所增加,如原来十分罕见的老虎,现已增加到10多只。国际鹤类基金会的一位鸟类学家在考察西藏的黑颈鹤后惊叹:"万没想到以前世界上公认为数不足1000只的黑颈鹤,竟在中国西藏保存有3000

多只”。据调查,黑颈鹤在“一江两河”地区越冬数量每年增长达5%左右,现已有3700只以上。

五、林业考察成果丰硕

西藏和平解放后,国家和自治区对西藏林业非常重视。1951~1952年,中央文化教育委员会组织西藏工作队随军进藏,其中的农业科学组曾对雅鲁藏布江流域、昌都和亚东等地区的林业进行过概括调查,并对西藏高原的自然环境与农村牧业的关系发表过一些看法。1953年林业部在西南、西北森林航空视察时,曾涉及到昌都附近,以及澜沧江和怒江河谷间的森林。1956年林业部调查设计处和西藏自治区筹备委员会农牧处,共同对波密、工布江达、林芝、亚东一带的森林资源进行过踏察,1959年西藏自治区筹委会农牧处又派人踏勘了更张林场的森林资源。

60年代初期,中国科学院西藏综合科学考察队对西藏中部和南部一些地区进行了考察,在此基础上发表了《西藏南部考察报告》和《西藏中部的植被》等论著。1966~1969年期间,中国科学院组织了西藏综合科学考察队,对珠穆朗玛峰地区的自然分带和植被垂直分布进行了报道,肯定了喜马拉雅山南翼属于热带山地性质。1973~1976年,中国科学院再次组织规模庞大的青藏高原综合科学考察队,下设林业组与西藏及内地有关单位合作,对森林植被组成、森林的分布规律、森林的群落结构及其更新演替、森林病虫害,以及宜林地立地条件类型等方面进行了综合考察研究,同期,野生动物考察组,也对西藏的野生动物区系进行过考察研究,并出版了《西藏哺乳类》专著。1980~1982年,西藏林业主管部门组织了全区林业区划考察,将西藏划为6个1级区、15个2级亚区,为全区林业发展的合理布局提供了科学依据。

1977年,在国家农林部的支持下,在全区范围内,以30个有林县为重点,采用国内首次应用的卫片遥感技术,对西藏的森林资源进行了有史以来的一类清查,填补了我国林业调查的空白区域;1991年,又组织了第二次森林资源一类调查,并建立了连续资源清查体系;1998年又进行了资源复查。两次清查,为西藏的社会主义建设和林业发展提供了宏观决策和科学依据。1990~1991年,在西南林学院的合作下,首次对西藏的古树名木进行了系统考察,查清了具有历史文化意义的古树名木的数量、分布及保护价值。1998年11月,中国科学院组织有关专家,在西藏有关部门的配合下,实现了人类首次徒步全程穿越雅鲁藏布江大峡谷的考察,取得了重大成果。

所有这些考察,为揭开西藏神秘的面纱,为人们认识西藏林业,进而保护和合理利用森林资源,加快西藏林业两大体系的建设,提供了极为重要的基础资料和科学依据。

六、林业科研成果显著

从50年代起,国家和兄弟省区有关部门就对西藏的林业进行过一些专项考察。西藏从1969年的林木引种试验开始,林业科技工作逐渐起步。1978年,在拉萨西郊建立了西藏第一个林木试验基地——西藏自治区试验林场;1981年在此基础上成立了第一个林业科研机构——西藏自治区林业研究所;1989年,该所与西藏自治区林业调查队合并,组建了西藏自治区林业勘察研究所。1985年,由我国著名森林生态学家徐凤翔教授主持,在林芝地区创建了西藏高原生态研究所。全区现有专职科技人员40余人,其中,具有高级技术职称的6人、中职技术人员10余人。

近50年来,我区在森林和野生动物考察研究、森林生态、树木引种试验研究等方面取得了显著成绩,共获得国家和自治区科技进步奖33项。其中,国家科技进步二等奖2项、自治区科技进步一等奖5项、二等奖6项、三等奖9项、四等奖10项,获1978年全国科学大会表彰项目奖1项。在这些成果中,有10%的成果达到国际先进或国内领先水平,有40%的成果达到国内先进水平,有50%的成果在林业生产中得到推广应用。

“西藏珍稀野生动物考察研究”是西藏首次对全区珍稀野生动物进行大型系统考察研究的重要课题,1987~1990年在西藏自治区林业勘察研究所的主持下,由西北和东北濒危动物研究所、西藏大学,原西藏自治区林业研究所协作,以及地、县林业干部共104人参加,共同组队对西藏的珍稀野生动物进行了全面系统的考察。外业行程15.5万公里，覆盖面积109万平方公里，占西藏全区总面积的88%。布设调查线路507条，样方186个，根据野生动物的生境条件及其生态习性，采用截线抽样法、样方轰赶法和直接记数法，查清了西藏47种珍稀及经济鸟兽动物在西藏的新分布(落实到县级)区域和数量(20种)或数量级(15种)。发现了滇金丝猴、水鹿在西藏的新分布；黑颈鹤的新繁殖区和马来熊，以及金色野牦牛的待定新纪录；绘制了西藏珍稀鸟兽分布图，拍摄了长达460分钟的野生动物电视素材片和大量照片；制作了幻灯片近3000张；采集制作了34种110号珍稀野生动物标本；提出了西藏重点保护野生动物130种，区划并经批准建立了西藏第一批以保护环境和野生动物为主的羌塘、申扎、芒康盐井、类乌齐长毛岭、林芝东久自然保护区，面积28.98万平方公里。还初步区划了墨竹工卡、尼木等8个狩猎旅游场，面积约2750平方公里。该项目成果获1991年西藏自治区科技进步一等奖，1992年国家科技进步二等奖。

1991年，以西藏自治区林业局为主持单位，聘请林业部中南林业调查规划设计院、湖南省农林工业设计院和西藏自治区林业勘察研究所，以及各地、县的林业技术干部共180人，组成联合调查队，采用遥感和地面实测调查相结合的方法，在全区30个有林县内系统布设了17 276个样地，进行了卫星图像目视解释判读，测设固定样群717个，获得了比内地省区一类清查更为丰富的成果资料，成功地建立了西藏自治区森林资源连续清查体系，达到了国际先进水平，使西藏步入了全国森林资源动态监测的同步行列，填补了西藏在全国范围内连续清查体系建立的空白，为西藏的森林保护和合理利用，提供了科学依据。该项成果获1994年西藏自治区科技进步一等奖。

七、林业产业建设初具规模

西藏和平解放后，为了满足全区经济建设和人民生活对木材、薪材的需要，1955年在西藏建立了第一个国营森工企业——更张林场。1965年，随着“西藏森林公司”的成立，又相继建立了鲁朗、岗嘎、扎木、亚东、昌都、雪卡等林场，国家从东北、西南抽调了熟练工人支援西藏，培养了第一代藏族林业工人。至1998年，全区共有国营森工企业8个，拥有以藏族为主的职工队伍3000余人，另有县办集体森工企业20多家。全区年生产原木20多万立方米、锯材10多万立方米，有固定资产约5000万元，采伐、运输、加工机械化程度达85%以上。

40多年来，累计生产原木560多万立方米、锯材250多万立方米，累计上交利税2亿元，缴纳育林基金近3000万元。森林工业的发展，为我区的经济建设作出了重要贡献，同时，还培养了一大批藏族林业管理干部和技术工人。

中央第三次西藏工作座谈会议后，西藏的林业改革不断深化，林业两大体系建设开始步入一个新时期。特别是1995年林业厅恢复组建以来，自治区人民政府把西藏林业列为西藏五大支柱产业之一，加快了产业体系建设的步伐。根据西藏森林资源丰富，但成过熟林多、地处高原、交通不便和长期以来森工生产停留在简易加工的初级生产阶段的实际情况，决定在保护好天然林的前提下，合理利用森林资源，以木材综合加工、精深加工、系列加工为重点，以新产品项目为龙头，培植新的经济增长点，优化林业产业结构，加快基地建设，走规模化、集团化发展道路。按照这个发展思路，自治区林业厅1996年成立了自治区森工集团筹备组，本着与内地进行横向联系、优势互补、联合办厂、共同发展的思路，现已登记注册了西藏优富木业公司、西藏林盛助邦无节木厂等6家公司。一个以拉萨——林芝八一镇为中心的林业产业加工体系正在形成。此外，林下资源利用、林木花卉引种试验基地、森林公园和森林旅游业也正在兴起。林业作为支柱产业正在显示出它应有的重要地位和作用。

随着一批具有高起点、高附加值的深加工项目的实施，必将改变西藏长期以来以销售原木、锯材为主的粗放经营的林产品生产格局，把藏东南的林芝、昌都地区主要林区县带动起来脱贫致富，为自治区培植新的经济增长点，并以此为突破口，使西藏的林产品尽快走出国门。

经过几十年的艰苦奋斗，西藏林业建设取得了很大成就，展望未来，任重道远。今后西藏林业发展的总体思路是：高举邓小平理论的伟大旗帜，遵循现代林业的思想，按照建立比较完备的林业生态体系和比较发达的林业产业体系的目标，实现生态公益林业和商品林业的协调发展，生态效益、社会效益和经济效益共同提高，以林业分类经营改革为突破口，促进整个林业的改革和发展。要重点抓好天然林保护和森林资源发展这两个关键，加强野生动、植物保护，加大封山育林和迹地更新的力度，强化林政管理和林业执法，严禁乱砍滥伐、乱捕滥猎。加快长江上游的金沙江、澜沧江、怒江和“一江两河”的防护林工程建设，大力开展植树造林和土地沙漠化治理，不断提高宜林地区的森林覆盖率，改善生态环境，实现西藏林业的可持续发展，为祖国、为人类保护好西藏高原这块净土。

（执笔人：尹秉高）

绿化三秦大地　再造山川秀美

——陕西省林业建设50年

陕西省林业厅

陕西省位于中国大陆腹部，地处北纬31°42′～39°35′、东经105°29′～111°15′，土地面积20.58万平方公里，东距海岸线最近处500多公里，恰处东部湿润气候区向西部干旱气候区的过渡地带。南北狭长，约870公里，秦岭山脉横贯其中，北归黄河流域，南属长江流域。陕西从南到北依次分属亚热带、暖温带、中温带三个热量带和湿润、半湿润、半干旱三个水分区。地貌复杂，既有崎岖的山岳和巨大的高原，又有绵延不断的丘陵和广阔的平原。从北向南依次分为陕北风沙区、黄土高原丘陵沟壑区、渭北黄土高原、关中平原、陕南秦巴山地五个区。

陕西因具东西过渡、南北兼具的气候条件，动、植物种类繁多，加上占全省面积75%的山地、丘陵，为发展林业提供了有利条件。古代的陕西曾经是草木畅茂，森林遍布，被称道"山林川谷美，天材之利多"的繁荣富庶之地，是中华民族文化重要的发祥地。110万年前，蓝田猿人就生息繁衍在这里；距今6000年以前，生活在西安附近的半坡人在这里建造并留下了一个完整的母系氏族原始村落；5000年前中华民族的始祖轩辕黄帝的陵墓也在这里。从公元前11世纪起，中国先后有14个王朝曾在陕西建都，共有79个帝王在这里执政，历时1100多年。随着帝王建都，陕西长期成为中国政治、经济、文化的中心。人为活动也随之增多："刀耕火种"式原始农业的发展，皇帝大造宫室园林砍伐林木，供军需屯垦焚林辟地，兵燹战火焚毁森林，人口密集伐林耕垦等等，致使陕西森林植被屡遭破坏。到1949年前，全省森林面积减少到199万公顷，森林覆盖率只有9.6%，且分布不均，地处陕北的榆林地区森林覆盖率仅为1.8%。据调查，在新中国成立前100多年里，仅榆林地区流沙吞没农田牧场就达13万多公顷，6个城镇412个村庄受到风沙侵袭、压埋，沙进人退，给当地人民生产生活带来严重威胁。

一、发展历程及成就

中华人民共和国成立后，陕西林业建设揭开了新的篇章。50年来陕西省林业发展经历了不同的发展时期：

1949～1957年为恢复时期。1951年秋，陕西土地改革完成，地主、富农和宗教、寺庙的山林被没收和征收，面积在20公顷以上的森林和33公顷以上的荒山收归国有，其余分给农民，林业生产力得到解放。这一时期，遵循"普遍护林，重点造林，合理采伐和合理利用"的林业建设方针，禁止乱砍滥伐，同时在陕北榆林风沙区、大荔沙苑和水土流失严重的无定河、泾河流域，重点营造防沙林和水保林。造林中，贯彻"谁种谁有，伙种伙有"的政策，提倡合作造林，发动农民造林，这一时期全省每年平均造林1.3万多公顷。1956年毛泽东主席发出了"绿化祖国"的号召，共青团中央、林业部、黄河水利委员会在延安召开陕西、甘肃、内蒙古、山西、河南5省（区）青年造林大会，陕西省掀起了大规模植树造林活动。1957年，商洛地区开展"每户种一升核桃"运动，大力发展经济林，毛泽东主席在《工作方法六十条（草案）》中予以肯定，要求将这个经验推广到种植果木、桑、柞、茶、漆、油料等方面去，有力地推动了陕西植树造林的发展。第一个五年计划期间，陕西省共造林28万公顷，同时建立了一批国营林场。森林工业也得到恢复，到1957年，森林工业总产值达到3921万元，是1949年的3.73倍。

1958～1965年，陕西林业建设经历了“大跃进”、三年严重困难和国民经济调整的曲折道路。“大跃进”中的“一大二公”、“共产风”打乱了山林所有制，加之“大炼钢铁”、“大办食堂”和毁林开荒，使森林资源遭到严重破坏。1961年后，陕西省委、省政府及时调整和确定山林权属，解决“大跃进”中存在的问题。三年严重困难时期，国营林场由于贯彻“以林为主，林粮结合，综合利用，多种经营”的方针，不仅保住了摊子，而且有了发展，到1964年全省国营林场增加到148个，经营面积391万公顷。这一时期还先后在陕北风沙区、黄土高原沟壑区和秦岭北坡等开展了飞机播种试验，在国营林场开展了次生林抚育改造等工作。森工生产和管理体系初步形成，管理水平和经济效益明显提高，木材产量和工业总值，分别比1961年增加1.3倍和1.67倍。

“文革”10年，陕西林业再次遭到严重破坏。经过国民经济的调整，当陕西林业刚刚出现转机时，又来了“文化大革命”。林业管理机构被撤并，林业方针政策被废弃，推行“以粮为纲”、“割资本主义尾巴”等“左”的政策，严重地挫伤了群众造林、护林、育林的积极性；毁林开荒、乱砍滥伐愈演愈烈，森林资源遭到了严重破坏；人工造林速度缓慢，森工生产下降，更新欠帐；林业教育和科研事业也受到摧残。

党的十一届三中全会以后，陕西林业进入了振兴时期。1978年以来，陕西全民义务植树运动在全省城乡广泛开展。国家一些重点防护林工程项目，几乎涵盖了陕西所有的县、市、区。随着对外开放，引进了“德国援助陕西西部造林工程项目”、“全球环境基金援助中国自然保护区建设项目”等。在继太白山自然保护区建立之后，又相继建起了以保护大熊猫、金丝猴、羚牛及其它珍稀动植物为主的保护区10个。1995年陕西省委、省政府作出了《奋战四年消灭全省宜林荒山的决定》，在西北干旱地区率先提出了“灭荒”的口号，全省又一次掀起了植树造林、绿化灭荒的高潮。同时，加强森林“三防”（防火、防虫、防乱砍滥伐）工作，进一步贯彻“预防为主、积极消灭”的方针，加强森林资源保护。

1981年6月陕西省委、省政府把秦岭、巴山、关山、桥山、黄龙山五大林区的森林划为水源涵养林，实行以抚育采伐为主，封、护、育、造、用相结合的综合经营。陕西森林工业抓住机遇，为尽快走出因长期单一注重采伐造成的“两危”（森林资源危机、企业经济危困）困境，实施了端正经营方向的第一次战略转移。提出了“以营林为基础，以培育森林资源为中心，以发展多种经营和综合利用为重点，发挥森林的生态、经济效益为目标的经营指导思想”，采取了“一下”（调减木材产量）“三上”（上营林、上综合利用、上多种经营）的调整措施，使森工生产出现转机。同时，1981年秋到1984年底，全省开展以稳定山权林权、划定自留山、确定林业生产责任制为内容的林业“三定”工作。之后又进一步加强森林资源和林政管理工作，到1988年，森林资源消耗量大于生长量的情况开始得到扭转。

回顾新中国成立以来的50年，三秦儿女一如继往，发扬延安精神，在林业建设中，尤其是在治理荒漠化、减少黄河和长江水土流失、保护全球生物多样性、帮助老区群众脱贫等方面，作出了非凡的贡献，取得了可喜的成就。

陕西省位于我国长江、黄河两大河流中上游地区。其中，地处黄河流域的陕北渭北地区（包括长城沿线风沙区、陕北丘陵沟壑区和渭北高原区三大区），是全国水土流失最严重的地区，水土流失面积13.75万平方公里，占全省土地总面积的三分之二，年均输泥沙量9.2亿吨，占全国水土流失总量的五分之一。而秦岭以南的秦巴山区有汉江、嘉陵江、丹江等长江的一、二级支流，是长江流域的重要水土保持区。从自然状况和地理位置可以看出，陕西的生态环境体系建设任务非常繁重。新中国成立以来，陕西在植树造林、生态体系建设方面取得了巨大的成就。尤其是改革开放以来，全省以重点防护林工程为龙头的生态体系建设已初具规模。

（一）治沙工程建设功不可没

陕西省沙地主要分布在北部、属毛乌素沙漠南缘的榆林地区，另外还有关中东部渭河、洛河下游三角洲地带的大荔县沙苑地区。

在新中国成立前的100年间，榆林沙区已有14万公顷农田、牧场被流沙吞没，剩下的9.7万公顷农田也被沙丘包围；26万公顷牧场沙化、盐渍化；6个县城、412个村镇被风沙压埋。1949年榆林解放时，森林覆盖率仅有1.8%，榆林县东城墙被沙湮没，形同沙海“孤岛”，流沙蔓延到城南50公里的鱼河峁。榆林至包头的公路全部被埋沙底，榆溪河床因流沙填充高出地面1米，时有决口的危险。沙区所有河流终年浑浊，每年向黄河输沙量高达1.9亿吨。整个长城沿线形成“沙进人退”的悲戚局面。

新中国成立以来，沙区人民不畏艰难、造林不止，使林木保存面积达到97.3万公顷，林木覆盖率达到38.9%，人均年收入达到650元，人均粮食达500公斤，沙区的面貌发生了根本性变化。建设的陕蒙边境、长城沿线、灵榆公路、白于山麓四条防沙林带，总长1500公里。沙漠腹地营造万亩以上固沙林160多块，建立农田防护林网9.3万公顷，新开辟农田8.7万公顷，恢复和发展天然草场15.3万公顷，40多万公顷流沙得到固定和半固定。沙丘高度平均降低30%～50%，沙丘年移速从5～7米降为0～1.68米，年沙暴日由66天减为24天，表土持水量增加20%以上，10厘米表层养分增加5～20倍，年输入黄河的泥沙比50年代减少了76%。在全国沙漠化土地以年增长率为1.39%的情况下，而毛乌素沙地沙漠化明显减缓，尤其是陕北榆林地区出现了地区性沙漠化逆转，逆转率为1.62%，这是非常了不起的，这是陕北经济、社会可持续发展的前提。榆林治沙已经受到世界环境组织的关注。

(二)“三北”防护林工程建设成绩斐然

陕西“三北”防护林体系建设区包括榆林、延安、铜川、咸阳四地(市)的全部，渭南、宝鸡、西安三市的一部分，总面积1162万公顷，占全省总面积的56.5%，该区沟壑纵横、地形支离破碎、水土流失严重，年输入黄河泥沙量达8亿吨，约占黄河总输沙量的一半。春冬两季多风少雨，夏季多暴雨。北部的大风、沙暴和影响广泛的干旱、霜冻、暴雨、冰雹等常常给广大群众的生活、生产带来灾害性的威胁。一期工程(1978～1985年)，陕西省49个重点工程县共完成造林105.6万公顷，其中包括长城沿线和毛乌素沙漠南缘固沙林带，黄土高原水保林、防护林带，黄河护岸林带及渭北高原核桃林，黄河沿岸红枣林等。二期工程50个县(市、区)(1986～1995年)，共完成造林133.9万公顷，其中人工造林103.7万公顷，飞播造林11.2万公顷，封山育林19.01万公顷，均超额完成规划任务。“三北”防护林一、二期工程建设以治沙、治黄和小流域综合治理为重点、以经济林基地建设为突破口，坚持国家、集体、个人一齐上的方针，因地制宜、因害设防、先易后难，已初步建成“两片两带一网”的大型防护林建设格局。即：北部治沙一大片；南部黄桥林区保护和发展天然次生林一大片；东部建成黄河沿岸防护林一条带；西部沿陕甘边境建成水保水源涵养林一条带；整个渭北形成以泡桐、杨树为主的大面积农田林网，并建成了红枣、花椒、苹果、山杏等八大经济林基地。“三北”防护林工程的推进，使“三北”地区生态环境初步改善，水土流失和风沙危害不同程度 地减轻，群众生活水平明显提高，人均收入由1985年的193元上升到1994年的720元。“三北”防护林三期工程(1996～2000年)，从1996年开始，陕西省每年以造林10～20万公顷的速度推进。目标是结合山、沙区综合开发，不断调整林种树种结构，加大经济林造林比重，尽量使生态防护效益与社会、经济效益结合，为把“三北”地区建成乔灌草相结合，农林牧协调发展的山川秀美的典型而奋斗。随着“三北”防护林工程的实施，占陕西总面积56.5%的陕北、渭北地区，生态环境、社会、经济面貌已经开始发生根本性的变化。

新中国成立以来，经过陕西人民坚持不懈的艰苦奋斗，大力开展植树造林，尤其是改革开放以来，在国家实施的重点防护林工程的带动下，全省有林地面积由274.21万公顷增加到592.03万公顷；林分蓄积由1.65亿立方米增加到3.03亿立方米；森林覆盖率由13.3%增加到28.7%。为改善黄河、长江中上游的生态环境作出了贡献，减少了输入黄河、长江的泥沙量。

(三)自然保护区工作有了长足发展

横跨陕西的秦岭是我国南北分界线，动植物资源丰富，仅树木就有101科、321属、1224种，列为国家保护的珍贵树木30多种，分布在秦岭的太白红杉是中国仅有的一种。森林鸟兽种类繁多而珍贵，列入国家重点保护的有79种。其中大熊猫、金丝猴、羚牛和朱鹮闻名遐迩，尤其是1985年在佛坪县发现的棕色大熊猫，引起动物界极大关注；栖息于洋县的朱鹮是世界上唯一有生育能力的朱鹮群体，被誉为“东方瑰宝”。秦岭主峰太白山海拔3767米，为中国大陆东经105°以东的最高山峰，动植物种类繁多、区系复杂、起源古老、森林景观形态多样，有“天然植物园”之美誉。在海拔3000米以上的高山区，古冰川遗迹保存完整，地貌独特，极具科研价值，有“天然地质博物馆”之称。秦岭生物多样性，已受到世界关注。

自1965年以来，陕西省陆续建立了以保护珍稀野生动植物和生物多样性为主的太白山、佛坪等10个自然保护区(站)，总面积25.6万公顷，占全省土地总面积的1.25%。陕西成为拥有国家级自然保护区最多的省份之一。

新中国成立以来，陕西在拯救濒危物种方面成效显著。大熊猫、朱鹮是我国特有的珍稀野生动物。自80年代初共抢救大熊猫28只；朱鹮由1981年发现时的7只，增加到1997年100多只，提前3年实现了原定的奋斗目标。

随着对外开放，秦岭优越的自然环境和丰富的野生动植物资源已引起了国际社会广泛关注。“全球环境基金”资助中国自然保护区管理项目将陕西长青、太白山、佛坪、周至、牛背梁自然保护区和洋县朱鹮保护观察站(即秦岭自然保护区群)列入5个自然保护区示范点之一，计划为陕西提供赠款682万美元，占项目总投资的38.1%。同时自1987年起，陕西珍稀动物大熊猫、金丝猴、朱鹮等先后到美国、比利时、新加坡、德国、日本等展出并开展合作研究，接受赠款和创收达100多万美元。改革开放，进一步宣传了陕西、宣传了中国，也促进了自然保护事业的发展。

山区、沙区开发如火如荼。陕西省山、沙区面积1660万公顷，占总土地面积的81%。林业建设还肩负着帮助山、沙区群众脱贫致富的重要使命。改革开放以来，全省林、特、果栽植面积迅速扩大，总面积从1979年的46.7万公顷，猛增到100多万公顷。“八五”期间，名优林特商品基地又出现新的突破。苹果、板栗、红枣、仁用杏、花椒、生漆等产品成倍增长，果品产量由1993年全国第七位上升到1997年的全国第二位。“八五”末“九五”以来伴随着全省迅速掀起的山地综合开发、林特果品生产和销售市场的不断扩大，带动和促进了相关产业不断衍生、壮大，产前产后配套服务产业亦应运而生，林特产品逐步形成产、供、销一条龙，贸、工、林一体化的系列开发格局。

结合全省灭荒、工程造林、山区综合开发，林业产业结构得到逐步调整，产业实力明显增强。第一产业得到加强，林种、树种结构得到调整，防护林、用材林和经济林的比例趋于合理，特别是名特优经济林树种在造林中的比重加大，到目前已达到100多万公顷。尤其是“八五”以来营造经济林占到同期造林面积的40%。第二产业结构得到优化，在稳定木材生产的同时，积极发展木材加工、综合利用和多种经营，原木加工利用率由60%提高到70%，森林资源利用率由30%提高到40%以上，逐步走上了由粗放经营向集约经营转变的轨道。第三产业异军突起，年产值增幅达到30%以上。尤其是森林旅游业出现了超常规发展的势头，全省已建和在建森林公园已达42个，经营总面积15.37万公顷。投入营运的17家森林公园，1997年接待游客200余万人次，旅游直接收入2000多万元。随着产业结构的调整和优化，产业实力有了增强。从“八五”以来林业社会总产值年均递增20%，增长幅度高于全省生产总值的增长幅度，1998年达34.2亿元。林业产业已成为部分地(市)县财政收入和群众脱贫致富的主要来源。

二、措施和经验

陕西林业建设走过了50年的历程，有成功的经验，也有失败的教训。

1. 认识全面、方针正确是前提

50年实践证明陕西林业发展必须坚决贯彻以营林为基础的方针。陕西地理位置居于长江上游和黄河中游，陕西的秦岭、巴山、关山、桥山、黄龙山五大林区的森林，均属于水源涵养林。加强陕西植树造林、保护好森林资源、治理好水土流失，对于保证长江、黄河中下游地区人民的生产生活安全尤为重要，对全国的稳定、发展的作用亦不可小视。强化陕西林业的生态功能比注重经济效益意义更深远。陕西林业建设的立足点，首先应从全国以至全球的环境保护利益出发，以营林为基础，加强林业生态工程建设，实现山川秀美。

陕西最大水资源在秦岭。陕南三江流域的森林植被水源涵养功能与举世闻名的长江三峡工程系在一起。国家南水北调工程的宏伟蓝图，还勾划着从秦岭腹地向河北大平原调水的粗线条。由于历史的原因，新中国成立初期，在相当一段时间里，人们对林业认识不全面，以取材为主，重采轻育，森工企业一直被当作采掘工业对待，认为采掘“多多益善”，再加上“以粮为纲”带来的毁林开荒，“文革”期间森林资源再遭破坏，造成陕西森林资源危机、生态环境恶化。大自然忍耐是有限的，事实上秦岭已经向人们发出了警告。据气象部门资料，秦岭南坡从1970年以后年平均降雨量比以前减少92.9毫米。1981年8月，秦岭、巴山西部地区发生了历史上罕见的洪水灾害。据有关资料表明，80年代时，秦巴山区的水土流失程度已不亚于渭北黄土高原沟壑区。

陕北的黄土高原沟壑区和长城沿线风沙区是黄河中上游水土流失最严重的地区，每年输入黄河的泥沙量达8亿多吨，占每年输入黄河泥沙量的一半，这主要是陕北地区森林生态防护效益屡遭破坏的结果。

2. 延安精神是根本

陕西地处我国干旱贫瘠的西北地区，自然条件艰苦，无论是在长城沿线风沙区，还是黄土高原丘陵沟壑区，几乎所有的治理都不是一次成功的。50年来，陕北各级领导班子任期内所抓的第一件大事就是防沙治沙、治理水土流失。榆林地区从新中国成立至今，地委书记一共换了13任、专员易了16位，就沙漠治理这一点看，每一位领导都是一位合格的接力者。用他们的话说，这叫同唱一台戏、同念一本经，一届一届往下传、一任接着一任干。陕北人民在中国革命最困难的时候，没有后退、没有低头，面对肆虐的风沙和穷山恶水，同样没有因为治理难度大而停止和后退。上至七八十岁的老人，下至七八岁的儿童，不管严寒酷暑，顶风披沙，几十年如一日，奋战在千里风沙线上，凭着艰苦奋斗的延安精神屡败屡战、屡战屡勇。终于锁住了沙龙，实现了人进沙退。

榆林县委书记石海源、县长赵秉正等一班人，总结经验，决定用“三个三年”的时间完成20万公顷荒沙的治理任务，实行领导包任务、技术干部包质量的双向承包责任制，并立下军令状，对圆满完成任务的予以重奖，没完成的追究责任、就地免职。他们和群众同吃同住同劳动，足迹踏遍了每个沙丘，结果用了“两个三年”就提前完成了任务。

1974年，由54名平均年龄只有18岁的姑娘组成补浪河乡长城姑娘治沙连，来到“风刮黄沙沙遮天，种上庄稼长不全，黄沙滚地又埋房，见了熟人哭恓惶”的沙漠腹地的大水湾。她们硬是靠肩扛手推从二三公里外运来5000多立方米泥土，垫出了4公顷多苗圃。育的树苗一次次被沙埋了，她们用手指一次次刨开，手指被磨破了，但是几公顷树苗却得救了。春天植树季节，正是风沙最狂虐的时候，风卷黄沙打在脸上像针刺一般，为了抢农时，姑娘们顶风冒沙，天不亮下地，摸黑才收工，每人每天挖出的沙土至少超过30立方米。栽下树，需要浇水，她们决定在沙漠中打井，机井开钻后沉重的绞盘全靠姑娘们绳拉手推，一班接一班，24小时连轴转，一口井就要不歇不停地干上10多天。就是凭着这种不畏困难、顽强拼搏的精神，先后打成9眼机井，开挖了30多公里长的水渠，保证了造林育苗用水。冬去春来20载，姑娘治沙连在茫茫的沙滩中，营造了33条共25公里长的防护林带，营造环滩林260多公顷，累计植树17.2万株，开辟农耕地、牧业用地66.6多公顷，创造出了沙漠绿洲的业绩。

作为地处毛乌素沙漠南缘的榆林沙区，自然条件相当恶劣，属陕西最贫困的地区。新中国成立以来，榆林人民与风沙作斗争主要靠的是艰苦奋斗的延安精神。靖边县的牛玉琴在丈夫劳累病逝后，一人带领全家老小，十几年如一日苦战在沙窝里。现在，她已承包荒沙造林1000多公顷，建起以她和丈夫名字命名的“加玉林场”，并为当地办了一所以她与丈夫名字命名的“琴旺小学”，解决了周围孩子上学难问题。定边县的石光银三战狼窝沙，吃了不少苦，经常是十天半月守在沙漠里不回家。带的干粮被风吹得又干又硬、咬都咬不动；渴了，就在沙窝里刨一个坑，用芦草管吸一点水解渴。凭着这种艰苦奋斗的精神，一干就是十几年。现在他已带领168户农民成立了治沙公司，治理流沙4100多公顷，使治理区植被覆盖率达到91.3%。治沙公司人均年收入达到1800多元，远远超过全县人均收入水平。

延安市年过七旬的老八路郭志治，不愿在家享清福，响应市委、市政府动员千家万户治理小流域的号召，于1984年主动承包了距村3公里的100公顷荒沟。十多年来，他独自一人吃住在荒沟，雨天一身泥、晴天一身汗，战严寒斗酷暑，用伤残的身体和勤劳的双手，一镢一镢地挖、一块一块地治，十多年共栽植用材林、经济林树木6万余株。现在果树已陆续进入盛果期，农田每年产粮2600余公斤。

地处陕南山区的商洛、安康地区是全国有名的贫困区。新中国成立以来，尤其是改革开放以来，他们根据当地实际，大抓植树造林、山区综合开发，每年造林都采取大会战的形式，突击会战，一个山头一个山头搞。每到造林季节，动员全县的男女老幼，背着干粮灶具，在山上搭起帐篷，吃住在山上，一干就是半月、一个月，硬是啃下了一个又一个硬骨头。商南县茶叶站的张淑珍，1961年大学毕业，和爱人一起来到秦岭深处的商南县，一干就是37年，改写了商南无茶的历史。现在，商南茶叶已逐步成为富县富民的三大支柱产业之一。

三秦儿女凭着艰苦奋斗的延安精神谱写了一首首植树造林、改造穷山恶水的壮丽诗篇。艰苦奋斗的延安精神是陕西林业建设之本。

3. 生态、经济、社会效益结合是关键

对于干旱缺水、水土流失严重、生态环境脆弱的陕西来说，林业建设主要任务是加强防护林建设、提高森林覆盖率、改善生态环境、发挥森林的生态效益和社会效益。但是由于陕西经济还不够发达，尤其是西北地区广大农村还比较贫困，加之目前农村发展市场经济，在造林工作中，只强调生态效益、社会效益，必然会影响广大群众植树造林的积极性。

回顾新中国成立以来陕西林业发展的历程，尤其是改革开放以来，全省各地普遍重视林业生态效益、社会效益与经济效益结合，有力地推动了林业的发展。陕西山、沙区面积大，综合经营开发潜力大。特别是“七五”以来，结合各大防护林工程造林、“灭荒”、山区沙区综合开发等，全省林特果栽植面积迅速扩大，总面积由1979年的46.7万公顷，猛增到100多万公顷，既大大提高了森林覆盖率，又加快了群众脱贫致富的步伐。

地处黄土高原腹部的延安庙沟村，全村分布在沟壑密布的“三山八峁五面坡上”，1984年以来，退耕还林380公顷，在重视治理水土流失，改善生态环境的同时，大力发展经济林、用材林，既改变了全村的生态环境面貌，又增加了农民收入。1989年，江泽民总书记亲临该村视察，对庙沟村发展林业的方向给予了充分肯定。庙沟村也先后被陕西省命名为“全省农村十面红旗”之一和“省级先进村标兵”。

榆林、延安地区结合治理荒漠化、营造防护林，在黄河沿岸大力发展红枣，在白于山区发展仁用杏，在条件好一点的地方发展苹果等。近年来，陕北黄土高原已成为全省，乃至全国优质果品生产基地，同时也使陕北森林覆盖率大幅度提高。

在平原绿化工程中，平原区结合营造农田防护林网，台原区结合营造农田林网和荒沟荒坡治理，加大经济林树种比例，同时在经济基础较好的地方，注意追求美化香化。在调整树种结构方面，改过去的树种单一为多样化，在适度发展杨树、泡桐的基础上，增加了香椿、杜仲、苦楝、苹果、梨、柿子和其它小杂果树种。在形成林网骨架的主干渠、路旁栽植毛白杨、新疆杨、泡桐、香椿、杜仲等乔木树种，在生产路、斗支渠旁栽植乔化苹果、梨等；渭北旱原农田地埂配置花椒、柿子林带。由于抓了平原绿化生态、社会、经济效益的结合，有力地调动了各方面的积极性，使平原区经济林面积在1987年10万公顷的基础上翻了一番多。苹果、梨已成为平原区一些县乡财政收入的主要来源，如韩城市地埂花椒每年产椒300多万公斤，产值达6000多万元。

在长江中上游防护林工程（简称“长防林工程”）建设中，陕南3地（市）把长防林工程作为带动当地造林绿化的龙头工程，作为改善生态环境，增强农业发展后劲的基础工程，作为促进地方经济发展、帮助群众脱贫致富奔小康的骨干工程。他们注重把抓工程建设与山区综合开发、发展区域经济、帮助群众脱贫致富相结合，实施“富山富民富县”计划，累计营造杜仲、蚕桑、油桐、茶叶、核桃、板栗、生漆等经济林24万公顷，使林特基地逐步走上了基地化、规范化、集约化经营的轨道，经济效益显著增加。这一地区在实施长防林工程建设以后，1万多平方公里的水土流失面积得到有效控制，汉江、嘉陵江、丹江流域绿色屏障骨架已经初步形成。全流域输沙量由过去的7513万吨/年下降到5100万吨/年，治理区生态环境开始得到改善，并在带动秦巴山区经济发展方面表现出了明显的效益。

注重林业生态、社会、经济效益结合，使其相互促进、协调发展，已成为自然条件较恶劣、经济基础较差的欠发达地区林业发展的一个关键因素。尤其是改革开放以来，陕西省把山、沙区综合开发，发展经济林，同各项生态工程及全省灭荒紧密结合起来，有力地推动了林业和地方经济的发展。如陕南结合长防林建设把发展核桃、板栗、茶叶、蚕桑、柑橘、杜仲等作为山区开发的优势产业；陕北、渭北结合三北防护林等工程建设把发展红枣、仁用杏、苹果作为主导产业，广大农民群众通过植树造林已脱贫致富，极大地调动了他们发展林业的积极性，大大地推动了全省林业建设。实践证明，注重林业生态、社会、经济效益结合，无疑是适合陕西林业发展的理想选择。

4. 科技是先导

科学技术是第一生产力，科技在兴陕兴林中起了重要的作用。陕西林业技术研究与应用从60年代初就开始在生产中发挥了先导作用。60年代的“生物工程护岸技术”为黄河水系土质河岸治理闯出了一条新路。这项成果在渭河中游的地(市)、县及山东、山西等省部分地区推广应用,取得了良好的效果。1978年,该项成果获全国科学大会和陕西省科学大会奖励。

70年代的“黄土高原不同整地方法造林技术”,为黄土高原保持水土、抗旱造林提供了一系列配套的先进技术。这项成果的推广应用,使陕西黄土高原地区整地造林10万余公顷获得成功,因而于1978年获全国科学大会奖。

飞播技术的推广应用,为推动陕西造林事业做出了巨大的贡献。“榆林流动沙地飞播造林技术”和“黄土高原飞播造林种草技术”的推广应用,为山、沙区林业发展开辟了一条成功之路。在沙区、黄土高原飞播花棒、踏郎、沙打旺、油松等获得成功,而且比人工造林投资少,见效快。截至目前,全省共完成飞播造林134.7万公顷。其中长江主要支流的嘉陵江、汉江和丹江源头地区飞播造林成林达34.7万公顷,在涵养水源和控制水土流失方面发挥了巨大的作用;地处毛乌素沙漠南缘的榆林风沙区,飞播造林使13万公顷的流动沙地初步得到固定;在黄土高原区飞播造林使8.7万公顷的荒山秃岭披上了绿装,昔日严重的水土流失区得到有效控制。全省以油松、马尾松为主的乔木类飞播林活立木蓄积已达1200多万立方米,价值20多亿元,仅此一项相当于全省历年飞播造林总投资的40多倍。随着飞播造林技术的推广应用,大面积飞播林的形成,给山、沙区经济可持续发展打下了基础,为群众脱贫致富找到了又一条出路。

“八五”以来,陕西省各级林业部门更加注重科学技术转化为生产力。“八五”期间,陕西组织实施了科技兴林“281”工程,即组织2000名科技人员下乡,重点推广8大项技术,完成100万亩推广示范面积,已经取得了较为显著的生态和经济效益。“九五”期间陕西又提出了科技兴林“4151工程”,即在山区、沙区推广10项组装配套技术,开发10项科技产业,建立10个生态林业工程建设示范县、林场(苗圃),每年完成各类示范林100万亩,以上被称为“41”;所谓“51”是指“九五”期间完成各类示范面积500万亩,使“两区”人均收入翻一番。随着科技兴林工程的实施,全省形成了林业建设迅猛发展的大好势头。科技推动了陕西林业建设,林业建设的发展又给科技进步创造了新的活力,提出了新的更高的要求。

5. 改革开放是动力

党的十一届三中全会以来,陕西省林业建设以改革为动力,采取了多项改革措施,真正步入了长期、稳定、快速发展的轨道。

一是实行“两权”分离,改革旧的经营机制,调动广大群众积极性,加快荒山治理步伐。地处毛乌素沙漠南缘靖边县的牛玉琴,承包治沙1100多公顷,成了“治沙模范”,获得联合国环境组织颁发的“拉奥博士奖”。1998年又跨行业与西北电力集团公司联合成立了“绿源治沙”有限公司。另一个治沙模范是定边县的石光银,起初带领127户农民成立了“治沙公司”,已经治理了4000多公顷流沙。公司还在不断扩大,现在已发展到168户,1997年又承包国有长城林场3300余公顷沙地,正在实施治理。“两权”分离的改革还在全省不断深入。

二是改革管理、投资机制,创造林业发展的宽松环境。林业既是一个产业,又是公益事业,决定了林业的发展必须依靠全社会的力量。改革开放以来,陕西通过改革林业基金制度、林价制度,制定优惠政策等调动社会各方力量,投入林业建设。仅安康地区就利用多项改革措施吸引地区500多个党政机关、企事业单位及职工参与购买、租赁、联营开发荒山。

三是大力发展市场经济,加快林业产业化建设。林业生产多是在交通不便、信息不灵,且经济发展相对滞后的贫困山区,一家一户的分散经营越来越不适应市场经济的发展,这些矛盾在经济发展较为落后的陕西省表现尤为突出。进入90年代以来,陕西林业加快了产业化发展的进程,实现规模经营,制定并正在实施全省林业产业化发展规划,已经取得了初步成效。如商洛地区组织核桃、板栗、蚕桑等集团公司,实行种、养、加一条龙,贸、工、林一体化,全面带动了山区综合开发。

党的十一届三中全会以来,陕西同许多国家开展了广泛的林业科技交流与合作,同时引进了不少外援项目。

一是通过对外开放,陕西引进了大量的国外资金。目前正在实施的有“全球环境基金援助中国自然保护区建设项目(简称GEF)”陕西自然保护区群建设,引进资金681万美元;中德合作陕西西部造林项目引进资金1200万马克。正在协商引进的还有“德国援助延安生态造林项目(引进资金1200万马克)”、“比利时王国援助陕西贫困地区社会经济综合发展项目”、“德国援助陕西生物防火工程项目”等。

二是通过这些项目的引进,学习引进了大量先进的科技实用技术和管理经验。在实施德国援助陕西西部生态造林项目中,陕西得到了多名国外专家的指导帮助,项目资金管理中的报帐制很值得借鉴。

三是随着对外开放,陕西林业建设在国际社会影响不断扩大。陕西独特的生物多样性资源环境及众多的珍稀野生动植物资源,愈来愈受到国际社会的关注,每年仅珍稀野生动物方面与国外的交流合作就相当频繁,从而提高了陕西在国际社会的知名度。

三、前景展望

1997年8月,江泽民总书记、李鹏总理在姜春云副总理关于陕北治理水土流失,建设生态农业调查报告上作出重要批示,明确提出要“大抓植树造林,绿化荒漠”,“再造一个山川秀美的西北地区”。随后,国务院又在延安召开专题会议,部署加快我国特别是西北地区生态环境建设工作。这无疑给西北地区尤其是陕西林业建设带来了一次历史性的机遇。陕西省从上到下已经全面行动起来,明确了指导思想,制定了目标任务。

在今后一段时期,陕西林业建设的指导思想是:以党的十五大精神和江泽民、李鹏同志的重要批示为指针,与国家大环境治理相衔接,以市场为导向、以科技为依据、以重点区域治理为突破口、以建设三秦大地山川秀美为目标,建立具有陕西特色的区域林业生态体系和林业产业体系,为国民经济持续发展和社会全面进步服务。

实现三秦大地山川秀美,不单纯是森林覆盖率的提高,还要包括水土流失的减少,整个生态环境的和谐平衡及林业经济的繁荣,以至推动陕西社会、经济步入可持续发展的良性循环。陕西省已根据原林业部的《长江、黄河流域生态环境林业重点治理工程实施规划》,提出全省林业建设的近期、中期和远期目标。

近期目标:从现在起到2010年,基本遏制生态环境恶化的趋势,控制住人为造成的水土流失,新增森林面积265.8万公顷,森林覆盖率提高到41.6%。林木总蓄积达到3.9亿立方米,林业产业结构趋于合理,各种林产品供需基本平衡。林业社会总产值达到171亿元。初步建立比较完备的林业生态体系和比较发达的林业产业体系,充分发挥林业在山区、沙区经济发展中的保障作用,力争使陕西林业综合实力达到国内中等发达省份的水平。

中期目标:从2011年到2030年,在遏制住生态环境恶化趋势的基础上,查漏补缺,进一步扩大森林植被覆盖面积,森林覆盖率达到42.7%,使生态环境开始走上良性循环的轨道,林业产业体系建设进一步发展。

远期目标:从2031年到2050年,通过林地的改造,建立起适应国民经济可持续发展的稳定的良性生态循环系统,实现青山常在、永续利用,建立比较完备的林业生态体系和比较发达的林业产业体系,充分发挥林业对国民经济可持续发展的支撑作用,使陕西林业综合实力达到国内发达省份的水平,更好地为实现我国国民经济第三步战略目标服务。

展望辉煌的21世纪,陕西人民面对干涸贫瘠的土地,会更深刻地认识,“治水之本在治山,治山之道在兴林”的规律,定会继续发扬延安精神,依靠深厚的文化底蕴和雄厚的科技实力,加快陕西绿化事业的进程,实现三秦大地山川秀美。

(执笔人:周灵国)

在营造陇原森林防护系统的伟业中阔步前进

——甘肃省林业建设50年

甘肃省林业厅

甘肃是个由西北向东南斜置在我国中西部的内陆省份，东接陕西，西连新疆、青海，南与四川毗邻，北和内蒙古、宁夏接壤，并与蒙古人民共和国有70公里左右的国界，东西长1350公里，土地总面积45.5万平方公里，占国土面积的4.7%。因古代曾设甘州(今张掖市)与肃州(今酒泉市)，甘肃由此而得名；又因省境大部位于陇山(主峰为六盘山)山系两侧，故简称为"陇"。在古代，系西出长安，通往中亚、欧洲的丝绸之路。

甘肃的自然条件，以严酷和多样性著称于华夏。在地形、地势上，因处在黄土、蒙新、青藏三大高原的交汇地带，整体地貌由西北向东南倾斜，高低十分悬殊。海拔从祁连山最高峰5808米到陇南白龙江河谷最低处的550米，高低差10倍；海拔3000米以上的面积占省国土面积的20.2%，其中4000米以上为冰川；海拔2000～3000米的面积占省国土面积的20.6%；海拔2000米以下的面积约占59.4%，是个典型的山地型高原省，兼有山岳、黄土原、丘陵、冰川、冻土、沙漠、戈壁、河谷、盆地、平川等多种地貌类型。在河流水系上，既是黄河中上游流域区，又是长江中上游流域区，还是内陆河流域区。除内陆河流域外，由于降雨集中、地形复杂以及黄土的可溶性，水土流失十分严重。在气候上，由于深居大陆内地，又有高山阻隔，季风雨只能影响到乌鞘岭以东地区，年均降水量由东南部的最高值900毫米向西北逐步递减到兰州的329毫米。暖湿气流难以到达的乌鞘岭以西(祁连山区除外)，有1600公里的风沙线，受腾格里、巴丹吉林、库姆塔格三大沙漠的影响，大部地区年雨量不足40毫米。全省约有58%的面积年雨量少于300毫米，故素有"三年一小旱，五年一大旱"之说。经纬度以及海拔高度的共同影响，年均气温由陇南山地的9～15℃向西北递减到甘南迭岷山区的1～3℃，再降到祁连山地的0℃以下；在气候类型上呈现出亚热带湿润区、南温带湿润区、南温带亚湿润区、中温带亚干旱区、中温带干旱区、南温带干旱区、高寒亚干旱区、高寒湿润区等相互交错的多样性特征，由此而蕴藏了森林植物1468科、671属、2296种。由于自然气候条件恶劣，以及各历史时期对森林的破坏，森林植被稀少，"赤地千里"就是新中国成立前夕甘肃生态环境的写照。

自新中国建立以来，以植树造林为手段，改变甘肃自然面貌，为国民经济持续发展提供支撑，成为甘肃党政军民的长期奋斗目标。50年来，在党中央、国务院的重视和关怀下，甘肃省的林业建设取得了很大成就。50年累计造林保存面积118.86万公顷，森林覆盖率(含疏林、灌木、散生树)由1949年的2.6%提高到1995年的9.04%。自1988年起，资源总量由负增长变为正增长，1995年增长达到52万立方米；森林资源的净生长率也由1975年的1.85%提高到1995年的3.37%。50年累计生产木材2630万立方米，其中森工企业生产878万立方米。

林业产值连年攀升。自改革开放以来，绿色产业迅速发展，林业产值由80年代年均2.16亿元，增长到1997年的36.8亿元(其中林木活积累值10.57亿元，果品、茶、桑产值15.91亿元)，1998年达到

38.34 亿元；农民人均林业收入由前 30 年的几元、十几元提高到 1997 年的 300 元，约占人均总收入的 25%。林果特产税仅据 1996 年统计，已有 44 个县超过 100 万元，有 7 个县超过 500 万元，最高的县达 800 万元。林业经济的活跃，加快了国有林场脱贫步伐，贫困场已由 102 个下降到 28 个。

林业科技、教育得到长足的发展。由林业科学研究所、林业勘察设计院(调查队)和技术推广、病虫害防治、林木种苗三站为主体，以 813 个区乡林业工作站和星罗棋布的民间林业科普、技术服务组织为基础，组成了比较完善的科技服务网络。建国以来，累计完成 210 个科研项目，先后推广 130 项，辐射经济效益 10 亿元以上，科技转化率达到 33%，贡献率 20.9%。由 3 所正规院校、职工中专、职业中学、成人教育以及农村技校、夜校、培训班，组成了覆盖面很广的林业教学网，已累计培养林业专业人才 6000 人，培训农民技术员 10 万多人次。全省林业机构达到 1482 个，其中：涉及科技服务的 925 个，国有林场 220 个、苗圃 116 个。从事林业的职工，由 1950 年的 280 人，壮大到 44 092 人。

纵观甘肃林业 50 年所走过的历程，有营造、阻缓、融贯 3 个鲜明的发展主题，即：营造人工森林防护系统、阻缓天然森林的消退、把产业体系建设融贯到营造之中。

一、营造一个切合省情的森林防护体系是林业发展的长期奋斗目标

营造一个森林生态防护体系，以此治沙保水土，改变面貌，始终是甘肃林业发展的长期奋斗目标。正由于此，在全国十大林业生态建设工程中，有“三北”防护林体系、长江中、上游防护林体系、黄河中游防护林体系、防沙治沙、平原绿化 5 个工程和甘肃相关，覆盖除少数纯牧区县外的所有县、市、区，搞好五大生态体系建设就是营造森林防护体系的主体。

(一)防风固沙体系初显雏型，沙进人退的局面有较大改观

在甘肃的北部，有腾格里、巴丹吉林、库姆塔格三大沙漠，沙漠戈壁 81 万公顷，占全省面积的 27%；在河西走廊绿洲(农业区)内部及边缘，呈带、片、块状分布的沙漠和沙漠化土地，约 66.7 万公顷。

新中国成立后，沙区就以植树造林为手段，开展防风固沙。早在 1956～1958 年，按照因地制宜、因害设防、突出重点、兼顾全面、由近及远、先易后难的方针，以灌为主，乔、灌、草结合，合理布局、科学规划、付诸实施。经 30 余年的努力，在西起敦煌县的哈拉湖，东止景泰县营盘水，横贯 5 个地(市)，20 多个县(市、区)的莽莽 1600 公里的风沙线上，人工营造了平均宽 0.5～1 公里的基干林带，又沿着基干林带向南垂直营造了宽 300～1000 米、总长 2000 公里的支干林带 60 多条。截至 1985 年，造林保存面积 16 万公顷。经补充完善，以及“三北”防护林体系工程的展开，截至 1998 年，累计造林保存面积 25 万公顷，控制流沙 20 万公顷，治理较大的风沙口 45 处，占风沙口总数的 54%，使 1400 个村庄及果园免除了沙害。同期，还实施了其他防沙治沙工程，累计封滩育林育草 53 万公顷，恢复药用植被 1.3 万公顷。

沙区农田防护林网的建设进展更好，到 1985 年，已有 70%的基本农田营造了护田林网。自 1988 年起，河西 12 个县(市)纳入平原绿化工程，建设内容进展到农田林网、农林间作、围村林、片林和庭院林等相配套的立体林业阶段。截至 1998 年底，累计造林保存达 10.4 万公顷，林网覆盖率由 80.8%提高到 86%。

经过 50 年的努力，已初步形成了带、片、网结合，乔、灌、草搭配，造、封、育并举的防风固沙林体系，其覆盖度已由 50 年代初的 2.5%提高到目前的 14.6%。

(二)以林为先导，合理开发沙荒地资源，已成为沙区农户脱贫致富的新路

甘肃的防沙治沙工程，得到原林业部、中国科协、国家(省)农业发展银行的全力支持，274 个沙业开发项目顺利启动并初见成效。截至 1998 年，已开发利用沙荒资源 46.87 万公顷，其中：造林 3.99 万公顷，封沙育林育草 30.25 万公顷，人工种草及改良草场 3.23 万公顷，以林为手段，改造低产田 6 万公顷。科学、合理利用沙地光热资源的项目——日光温室和地膜覆盖，取得了突破性进展。已建日光温室 54 200 个，总面积 33 330 万平方米，地膜覆盖 80 566万平方米，年产值达到 16.76 亿元，涉及林、果、农、菜、畜各业。

在沙产业开发中，最具引路意义的是三件事：一

是省景泰电力提灌工程基本完成以后，在腾格里沙漠南缘的亘古荒漠中，按照先栽树后定居，先治风沙后建家园的思路，营造护田林网 5.4 万公顷，植树3500万株，林网覆盖率达到 13%，成片种植果园1340公顷，16 万移民安居乐业，奔向致富之路。在沙区党政协调下，农户自发组织起来，进沙开发的事例屡见不鲜，前景十分广阔。二是酒泉地区的敦煌等县(市)，其资源条件近似于吐鲁番盆地，在国家星火项目的支持下，全地区统一规划，致力于建设制干葡萄生产基地，截至 1997 年，全区有 593 公顷葡萄挂果。三是《中国・甘肃(河西走廊)疏勒河流域农业灌溉及移民安置综合项目》，是利用世界银行 260.07 亿元人民币贷款，在沙区进行资源开发的大型项目，已于 1996 年启动。旨在开发 55 300 公顷的耕地，安置贫困地区移民 20 万人。林业及时提供了开发区林业布局的总体设计，为同步建设提供了科学依据。

(三)按照水土流失的发生发展规律，体系建设由小流域向大流域推进

甘肃省是闻名于世的重水蚀区。境内黄河流域的水土流失面积为 11.25 万平方公里，年均向黄河输沙 5.18 亿吨；长江流域水土流失面积 2.33 万平方公里，年均输沙 0.5 亿吨。

早在 50 年代，在水蚀区的造林就有一定的规模。诸如在 1957 年，甘谷县每天有 9 万多人参加秋季造林，武山县有 10 万人在 186 处荒山集中造林。1958 年，定西地区组织 3 个县 3.7 万个劳力，会战华家岭，打下了今日华家岭林带的基础。到了 60～70 年代，群众性的造林继续全面展开，一批国有造林场相继建立，一批群众性造林的典范——秦安范家山、叶堡乡以及康乐县等先进单位得到公认并推广。进入 80 年代，在小流域综合治理典范——天水吕二沟、泾川二郎沟、庆阳南小河沟、定西官兴岔经验的启示下，指导思想大转变，树立了从小流域起步的战略思想，制订了按需建设的战术方针，给水土保持林体系建设以新的活力，继 600 个小流域综合治理试点后，陆续在全省 6 万多个小流域展开了体系建设。截至 1998 年，“三北”防护林工程体系布局区累计造林面积 246 万公顷，封山育林 13.4 万公顷，森林覆盖率由工程建设前(1978 年前)的 4.03%提高到 1998 年的 6.2%。

长江中上游防护林体系工程于 1989 年在流域内 11 个县(市)启动，目前以小流域集中治理形式为主，已造林 27.7 万公顷，保存 19.4 万公顷，森林覆盖率由 26.3%提高到 36.1%。

在流域治理搞得好的县，县境内水土保持林体系的框架结构很有示范意义。地处泾河畔的泾川县，是个林业、水土保持先进典型，森林覆盖率已达到34.9%。由人工林组成的水土保持林体系，小流域为第一层次，大流域为第二层次，汭河、黑河、泾河水系为第三层次，县境为第四层次。这种结构，要外观有外观、要效益有效益，比较完美地体现了体系建设的意图。目前全县已控制水土流失面积1144.8平方公里，占总面积的 82.4%，其中由林地治理的份额为42.9%，其他水保措施为 57.1%，实证了水土流失成因的综合性，只能以综合措施治之的道理所在。

随着改革开放的深入，体系建设已由小流域向大流域推进。庆阳地区马莲河及马莲河一级支流环江是泾河水系的主要产沙区，年均侵蚀模数每平方公里达 8000～10 000 吨。庆阳地区利用 4000 万美元的世行贷款，启动了马莲河流域的水土保持综合治理项目，治理总面积 1505.78 平方公里，其中由用材林、经济林、薪炭林组成的多林种水土保持林面积69 580 公顷，占治理总面积的 46%，是以林为主的项目。为此，遵循水土流失的发生、发展规律，对体系的层次、结构以及联结纽带的林种、形式、树种作出了合理布局。制定了 5 个林业管理办法，推广了 5 项先进实用技术，建立了 7 处、47 公顷的中心苗圃，发展合同育苗户 287 个，聘用了 1100 多名专职护林人员。这些举措是小流域综合治理经验在大流域治理中的体现和发展，确保了体系建设的高起点、高标准、高效益。目前，已完成造林28 550公顷，另建果园7280 公顷，一个完整的、内在结构和外形统一的、由多林种、多树种组成的流域水保林体系已初具规模。

(四)搞好林业形象工程，完善体系结构，大力开展城乡“四旁”绿化

针对甘肃的自然面貌，为了给人们创造一个充满生机的绿色环境，除在陇东、陇南实施宜林荒山绿化工程外，在全省坚持不懈地开展了城镇、乡村“四旁”植树造林。

——“四旁”植树在全民义务植树推动下，得到了快速发展，从 70 年代初期起，年均植树亿株左右，50 年累计植树约 40 亿株，其中义务植树投劳 1.8 亿人次，植树 9.7 亿株。

——陇东、陇南为了实现全县宜林荒山绿化，加快了宜林荒山拍卖、租赁，吸纳社会资金，兴办林果场，1998年已有14个县(市)达标。

——城镇绿化，比较容易得到当地党政领导的重视，“为官一任，绿化一方”已成时尚和佳绩的象征，推动了城镇绿化的进程，缺树少林的面貌有了很大改观。据1985年的普查，兰州、白银、天水、金昌、嘉峪关等5个地级市，市区的林木覆盖率分别达到17.87%、12.5%、9.83%、8.52%、7.3%；71个县级城镇的平均覆盖率达到13.53%；又据典型调查测算，在1985年以后，覆盖率的年均递增率为0.5～1个百分点；城区的人均公共绿地面积也有较大幅度的增长。省城兰州市南北两山的绿化，从50年代发动群众背冰上山造林到基本完成抽水上山的建设；然后向省、市单位划定地段，颁发土地使用证承包绿化，在政策上还允许承包单位在绿化区内搞多种经营，成功地实现了南北两山的基本绿化。与此同时，绿化了城区90%的街道，公共绿地日趋增多，城市面貌有了根本改观。

——在绿化居住环境方面，同样取得了令人振奋的成就，涌现了一批园林式单位。钢铁、煤炭、石油、石化、有色冶金、部队营区、机关、院校的绿化，都主动、积极地投资、投劳，正在向纵深发展。驻甘各部队遵照邓小平同志的遗愿，活跃在绿化一线，累计投入兵力705万人次，出动机械12万台次，完成绿化工程210项，植树9330万株。

——在绿色通道建设方面，已在省境内绿化铁路393.4公里，绿化国道公路3557公里，26座中型水库已绿化了50%，283座小型水库和33 000公里干渠、堤防基本绿化。兰州—中川机场高速公路、兰州北大门大砂沟及东大门大青山、刘家峡水库库区绿化，已作为重点绿色通道工程全面展开。

回顾50年营造森林生态防护体系的历程，关键是要有一个共识，特别是县级领导班子，要瞄准体系建设、绿化全县这个目标，一届接着一届干、一届干给一届看；作为公益事业的林业生态环境建设，离不开政府职能，也离不开财政的长期投入；要从体系建设社会性、群众性、系统性的事业特征出发，坚持完善集中领导、集中时间、集中劳力、集中连片和统一规划、统一组织、统一施工、统一验收的“四集中”、“四统一”的打歼灭战的组织管理形式；要建立长期的管护抚育机构；要办好现存的乡村林场。经验证明，哪里有林场，有林业工作站，哪里就会有绿色森林。林业机构要稳定，要夯实物质基础，搞好良种壮苗的选育、繁育、推广50年全省累计育苗约37.5万公顷(含每年留床苗)，已选优1.3万公顷的林木种子生产基地，1万公顷的壮苗繁育基地。近期建立的362公顷新、优、特苗繁育基地，每年可供种条1430万根，供苗4300万株。

二、阻缓天然森林生态系统的消退是林业发展中的热点难点

甘肃的天然林资源数量少、质量差(次生林占63%)、分布不均，但其地位却极其重要。一是甘肃特殊的地理位置、地形、气候，构成了多类型的森林植被，在我国森林史、森林学上具有很高的科研价值；二是都在长江、黄河中上游以及内陆河的源区，生态意义十分重大；三是均处在重要农业区的一侧，起着它业不可替代的“绿色屏障”、“绿色水库”作用；四是白龙江林区的成过熟林，有重要的社会、经济意义。所以，保护好天然林，历来受到各级党政和林业部门的重视。早在50年代就设立了森林经营所，以后又变为国营林业局、总场、林场，管理了所有国有天然林区，并做了大量工作。

纵观50年，甘肃天然森林总的是一种消退的趋势，有林地面积由1949年初的225万公顷下降到1995年的135.1万公顷，并有经济越发展、森林退缩越快和年代越近、退缩越快的特征，导致了局部地区生态环境恶化，引起了全社会的关切，保护森林的呼声不绝于耳，在上下大讲环境问题的同时，保护森林已成为社会热点之一。

承担天然林区经营管护任务的国有林业局、场，为保护天然林，投入了大量的人力、资金和物资，依法做了大量工作，有的护林人员还为之献出了生命，但收效不尽人意。1998年9月，省委、省政府决定，从1998年10月1日起，在白龙江、洮河、小陇山、子午岭、关山、康南、岷江、太子山、大夏河、连城10个国有林区，全部停止采伐天然林，关闭林区、林缘区的木材市场，为此，省政府下发了布告和相关政策性文件；林业行政管理部门，部署了跨世纪保卫绿色行动。但在布告发布之日至今短短的4个月中，连续发生7起毁林违法和暴力抗法事件，打伤干警、挟持人质、砸坏警车、抢夺破坏警械枪支，情节十分严重，可

见毁林者的胆大妄为，也反映了护林工作之难。因此，凡在林区管护一线工作过的，都感受到管护是林业发展中最大的难点。

50年来，甘肃的森林经营管护工作，并没有在困难面前退缩，而是以阻缓天然森林的消退，并依托原有森林，积极培育接代森林为己任，经历了曲折和起伏，积累了切肤的体会。

(一)建立健全各级管护组织是森林管护的基础

林区统一的、分级的管护机构是保护好、建设好天然林区的基础。如地处甘肃东部的子午岭林区，为陇东的绿色屏障，到1972年，林区面积缩减21%，减少蓄积27.1%；1980和1981年间再次调查时，林线又有所后退，潜在的林线退缩之势也较明显。究其原因，除不同时期的政治决策因素外，管理机构不稳定也是重要原因之一。在1972年前，管理体制的大变更有3次，小变更10次；1972年后，大变更又有3次；地区、林区县、生产建设兵团、长庆油田都管过。农场、林场、社队组织的远耕队在林区内各行其事，四面八方向林区取材取柴、任意加工木制品、烧砖瓦，无章可循，得不到查处。直到80年代末，才理顺了难度极大的管理体制，按林区县分设4个总场，归庆阳地区林业处管辖，把林区多数国营农场转制为国营林场，由企业转为事业。林区的管护工作也随之出现了新局面。

就全省讲，经过50年的努力，各天然林区已组建了较健全的经营管理机构。历史证明，稳定这些机构，不断充实力量仍是日后森林保护的基础。除此，还各有侧重地建立、健全了森林保护的职能机构和队伍，在山林管护中发挥了应有的作用。

1. 建立健全了各级护林防火组织和毗邻地区的联防网络

森林火灾次数和成灾面积逐年下降，次数由50年代的2135次，下降到80年代的295次；成灾面积由50年代的13.1万公顷下降到80年代的0.16万公顷；进入90年代，形势更加看好，全省连续10年无重大森林火灾，祁连山林区还创造了43年无林火的佳绩。

2. 建立健全了各级护林执法机构

已建立省、地、县三级林政稽查队19个，配备534人，省、地、县木材检查站62个，配备460人；建立林业公安处、局、科、股45个，林业派出所134个，共配备干警1249人；在白龙江等重点林区及庆阳等重点地区，还建立了林业检察分院、中级林业法院及基层法院。通过近几年的投入，执法机构和执法队伍的装备明显改善，实现了统一着装，凭证上岗；通过培训和整顿，提高了执法队伍的整体素质，在毁林案面前，可以过硬地做到闻案而动、快速敏捷，不畏强暴、不怕牺牲，敢于执法、文明执法。尽管机构和队伍之少还不适应量多面大的依法治林任务，但已经对毁林、盗林犯罪分子产生震慑，成为天然林保护的中坚力量，仅据1997年统计，林业公安系统查处的毁林案件854起，处理违法犯罪分子1054人。

3. 建立自然保护区

先后建立了自然保护区33处，保护面积382.7万公顷，其中以保护森林生态、自然生态环境为主的23处，273万公顷；以保护大熊猫、金丝猴、羚羊、白唇鹿、野骆驼等珍稀动物及栖息环境为主的10处、109.7万公顷。

(二)建立健全林业法规体系是森林管护的武器

《宪法》、《森林法》中的有关条款是森林管护中的法律依据，最有力的武器。各级林管部门从执法和维护法律尊严的长期性以及林区、林缘区广大群众法制意识、法律观念不够的实情出发，采用各种行之有效的形式，坚持不懈、连续不断地深入林区、林缘区，开展宣传《宪法》、《森林法》的活动，取得了明显的成效。在加强宣传法律、进行思想教育、求得共识的同时，加速了地方性林业法规、条例的制定步伐。据不完全统计，建国50年来，共制定出台了79部地方性林业法规、条例，为依法治林提供了依据。祁连山林区的法治过程可概观全省这方面所做的工作。

祁连山林区鸟瞰着甘肃的综合农业商品基地——河西走廊，河西是内陆河流域灌溉农业区，发源于祁连山林区的三条内陆河就是生命线。有人以“山上一个树头，山下一个人头”形象地比喻了祁连山林区的重要性。但在各种因素的综合作用下，林区有林地面积从50年代初的31.6万公顷，下降到70年代的9.99万公顷，后又恢复到12万公顷；森林覆盖率由50年代初的22.04%下降到当前的14.4%，相当于损失了62%的森林。调查还显示，生态环境正在恶化。

对河西生命悠关的祁连山林区的保护、建设问题，一直萦回在历届省党政领导的决策领域里，制订出台了一系列符合实际的关于保护和发展祁连山水源涵养林和建设自然保护区的方针、政策，理顺了管理体制，至今仍具有很强的指导意义。1987年，省政府批准祁连山为省级自然保护区，1988年，省政府报请国务院批准，祁连山升格为国家级自然保护区。1997年又在兰州召开了祁连山保护区工作会议。祁连山的保护，也得到国家的重视，全国人大1995年环境资源保护执法检查团来甘肃检查后指出，要保护好祁连山。可以说，从国家到省，对祁连山的保护、建设工作达到空前重视的程度。但省上还觉得不够，认为祁连山东西绵延1200公里，地跨3地8县(市)，林区内有20万群众，周边有60多个乡镇，近40万人，出入山林，十分频繁，没有一个针对祁连山的专项法规去规范林事活动，将很难落实国家、省上的要求，经过8年的反复讨论修改，经省人大常委会1997年9月29日第29次会议通过，《祁连山国家级自然保护区管理条例》终于发布实施了。条例法定，在受益地区征收水费的总额中提取3%，作为水源涵养林补偿，在甘肃省开了森林生态效益可以有偿的先河。针对一个林区，省政府下这么大的力气，省人大出台专项条例，给重点林区的保护和发展提供了根本保障。

(三)构建林区、林缘区稳定的社会环境是森林管护的条件

林区内散居着一定数量的农民群众，是甘肃天然林区的基本特点。林缘区多属农区，人口众多。这些散居在天然林区的群众既可护林，又可毁林。因此，通过各项工作把不利因素转化为有利因素，在保护好、建设好天然林区的问题上求得共识，是全省各林管单位自始至终的社会工作目标。

小陇山林区是省内最大的次生林区，也是我国北方最大的次生林区，地跨3地(市)，8县(区)，总面积84.2万公顷，其中有林地38.9万公顷”；林区、林缘区有89个乡、镇，120万农村人口，对林区压力很大。林区管理单位——小陇山林业实验局审时度势地提出了“兴林不离民，富民不离林，分利不分林”、“兴林富民、共建共荣”的工作纲领，并兑现在件件实事之中。一是帮助地方建立用材林、薪炭林基地8处，国社合作造林1万公顷，建果园100公顷；二是组织林区、林缘区的农村剩余劳力，入林务工，仅1990～1997年的劳务收入就达9580万元；三是仅在1990～1997年，给林区群众供材16 407.6立方米，建房9855间，修畜棚4765间，受益户13 204户；四是近5年来无偿支援地方造林苗木2500万株；五是近期每年筹集80万元左右，支持林区社会公益事业建设；六是足额纳税，不欠、不漏、不免，在成为地方财源的同时，地方又以培植财源的形式给林区以支持。这些举措，让社会得到启示，即林区不仅是国家的，也是地方群众致富的希望所在，把消极因素转化为有利因素，护林、营林变成了全社会的自觉行动。目前，全林区有94%、约36.6万公顷的有林地，已按乡的行政界线，分解到村、社，由村民承包管护。这种人林相依的和谐关系，奠定了林区安全的社会基础。

(四)依托林区，培育新林，是持续发展的必由之路

在保护中求发展，改造次生林、培育接代林、采伐老林、培育新林，在甘肃已贯穿到山林管护的全过程，初步实现了保护好和建设好的有效结合，走上了持续发展之路。特别在小陇山、白龙江林区更取得了令人瞩目的好成绩。

小陇山林区，地跨省境黄河、长江两大流域和多种气候类型，森林构成多样，在生态、经济、社会各方面有较高的价值和地位。在老一辈党和国家领导人谭震林的决策下，林业主管部门几十年如一日，对小陇山的营林直接督导，通过部、省、地、县及小陇山林业实验局、场的共同努力，终于在小陇山培育了大面积接代森林，把一个残败的次生林区建设成了青山常在、永续利用的新型林区，其主要标志：一是累计造林22万公顷，保存14万公顷，已成林7.5万公顷，林区森林覆盖率由60年代初的44.8%提高到52.3%，接代森林利用在望；二是在生产木材363万立方米、消耗蓄积1100万立方米的前提下，总蓄积量达到2.869万立方米，净增280万立方米，按目前平均净生长率2.83%计，每年可增蓄积量80万立方米；三是以针叶树为主的人工用材林基地已初具规模，公顷蓄积量、林木等级率提高，综合出材率由60%提高到72%，资源利用率由55%提高到85%；四是增强了保持水土、涵养水源、维护林区及周边生态平衡等生态功能；五是各种基础设施建设，提高了林区的文明程度，具备了安居乐业和持续发展的基本条件。小陇山的培育业绩已先后10次受到部、省表彰；培育经验已在陇原大地开花结果；兄弟省、区已有65批、1300余人，国外已有8个国家和地区、52人入林考察。老一辈党和国家领导人关于“首先要在小陇山林区按照北欧的经营方式搞试点”、“为全国树立一个榜样”的夙愿，已顺利实现。

白龙江林业管理局自建局到1995年，在累计生产木材826.8万立方米、实现利税4.64亿元的同时，全局共完成更新造林有成效面积9.2万公顷，为累计采伐面积6.06万公顷的151.8%，即在森工作业条件下，非但保持了森林面积不缩减，还有所扩大。为此，林业部于1992年授予“森工企业更新造林先进单位”、“资源管理最好单位”称号。该局之所以能够做到少砍多造，主要解决了四个问题：一是认识问题，经多次反复，最终形成了“要为子孙后代留下一片青山，工资可欠，更新不可欠，宁可难一代，只求活几代”的共识，为解决人、财、物及科技力量铺平了道路；二是抓种苗建设，上伐区、建苗圃、育好苗已成惯例，共建苗圃23处、127公顷，最有特色的是抓苗圃的标准化建设，1996年，局管内有10个苗圃被林业部评为全国苗圃标准化建设达标单位；三是提高各个环节上的科技含量，有一套行之有效的管理办法，这是造林更新平均保存率达到88.5%的关键一着；四是组建了更新造林、抚育、管护的专业队伍。

三、把产业体系建设融贯生态体系之中是新时期林业持续发展的方向

从省情出发，产业体系建设的主题是融贯到生态体系建设之中，建设你中有我、我中有你的生态—产业、产业—生态的复合林业，制订了以县建基地、分片搞加工、区域建市场、培育大市场的工作路子。

（一）调整林种、树种结构，把产业深扎营造之中

要长期保持建设生态体系的积极性，关键是提高经济效益、增加地县财政收入，促进农户脱贫致富奔小康。全省不失时机地调整了树、林种结构，截至1997年，累计营造经济林60万公顷，其中已挂果或已有产品的27万公顷，产量达到160万吨，反映了专业化、基地化生产的特点。

——在陇东南和陇中，随处可见整山、整沟、整坡的林果园，生长在标准很高的、整齐划一的山地水平梯田上；在40个重点县，还呈现出块、片、带状式的联结，给人以一个大基地的感受。除苹果、梨外，花椒的规模发展令人瞩目，“陇原花椒甲天下”，名噪古今中外，专业化进程很高，截至1997年，全省累计植椒9.89万公顷，在21种林果、林特面积中仅次苹果居第二位，已有3.33万公顷挂果，年产椒0.94万吨，产值1.35亿元。

——在沙区，以梨类、葡萄类、枣类及苹果的规模种植，多在新开发的沙荒地资源上展开，在防护林有效庇护下的林果园，给沙区增添了新的景观。

——沿铁路、公路干线两侧的川道、塬面营造带式林果园，为市场化经营提供了方便，有的还以此代替了行道树，以花、果及果园的集约经营，营建丰富内涵的绿色通道，成为陇上别具一格的风景线。

——农户在村旁的自营地已建户办小果园76.9万个，总面积将近30万公顷。庭院种植方兴未艾，如沙区金塔县，已有95%的农户做到了在庭院以葡萄为上层的立体经营，收入过千元的有2万多户。在中部，自省委、省政府实施“121”工程（每户1个集流场，2个水窖，1亩经济林）以来，发展速度很快，仅据定西地区统计，已有21 639户达标。

——在林业产业建设中，已出现了打破行业界限，非林单位及个人投入林业的可喜局面，特别在河西新垦灌区和陇中新建大型水利工程受益地区，承包、租赁、购买荒山、荒滩，办林果场十分热门，即使在陇东南，此类事情也屡见不鲜。如陇南地区磨沟铅锌矿在面临矿源枯竭、职工再就业难度大的情况下，作出了“以矿养林，矿林同步开发，永续利用”的决策，1997年10月和西和县林业局达成了改造万亩灌丛，建设万亩日本落叶松用材林基地的协议，已投资120.5万元，植松165万株。社会的介入，给林业的持续发展以新的活力。

在生态体系建设区营造经济林基地，为产业化打下了基础。站在生态体系建设的角度，一是增加了体系区的绿色覆盖面积；二是经济林必备的高标准林地工程，可以控制林地的产流、产沙，有的林果园还附建了引地表径流入林的工程，变有害之水为有利之水；三是紧密了生态体系的结构，改善了生活环境。站在社会经济的角度，林果、林特中的大部分品种，可在较短时间内得到高效收入，促进脱贫致富奔小康，增加地方财税收入。实现生态、经济、社会效益三统一的光明前景，将首先在这些地区展现。

（二）以建设专业化市场为纽带，协调小生产和大市场对接

甘肃林果、林特的生产特点是大分散、小集中，即分散在千家万户，在行政干预下，地域和规模又相对集中。自80年代末开始，各种性质并存的林果经

销公司相继成立，到目前，全省已建530多户，总营销量约占总产量的30%～40%；在农户和果品经销公司之间，由数量更大的个体运销户疏通了渠道，形成生产户—运销户—公司间货畅其流的商品流程，引导了一个发展阶段的产品销售。

——随着区域性、基地性产品的快速增长，在“九五”期间预备建设的6处跨地区林果批发市场，已建成天水、西峰、泾川三处并投入运行，拓宽了和小生产的对接渠道。和区域性批发市场相呼应，酒泉、张掖两个地区分别组建了地区级林果集团公司，酒泉地区林工商集团公司于1997年4月挂牌营运，以千吨级果库为依托，跳出单纯经销，扩及基地建设及技术服务，正在作为龙头，完善上联市场、下联基地，基地联农户的产供销一条龙的龙体。

——为了满足不同层次的市场需求和延伸产业体系，已建200多家中、小型林果、林特、林产加工企业，拉动了包装业、包装材料业及社会服务等三产业的发展。甘肃福乐实业公司看好苹果汁的国际市场前景，拟在天水兴建年产4000吨的浓缩苹果汁生产线，代表了甘肃的加工业正在向世界水平靠拢。

——以贮为农户解决卖难，以贮调节上市量，以贮在市场营销上打时间差而增效，在甘肃有得天独厚的优势。据不完全统计，全省已建各类果品贮藏库250座、小型土窖7000个。

——市场推动了精品战略的实施。通过近几年的3次评定，林果、林特已有222个省级“陇货精品”。精品战略正在指导着名优特新品种的区域调整及集约经营，为科技进步和科技人员奉献聪明才智创造了广阔天地，解决了有品牌无商品量、有商品量而无品牌的问题。

(三)以林产工业为主导，提高行业素质，促进产业体系的全面发展

按照省委、省政府大农业产业化建设的指导方向，林业行业拟定了在农村和行业间各有侧重的经济林果业、林型企业、多种经营等支柱产业及相应的主导行业，即以40个重点县(市)为主导的名优特经济林基地；以陇东南松类、河西杨类为主导的速生用材林基地；以全省中密度纤维板厂、刨花板厂、装饰板厂、家具厂为主导的木材加工基地；以340个国有场、圃，33个自然保护区，37处森林公园为主导的林业多种经营基地。据1996年统计，全省已兴办各类林型企业1097户，年产值4.10亿元。

弹指50年，甘肃林业取得了很大的成就。展望未来，任重而道远。可持续发展的林业，将主要从改善环境方面为甘肃经济的可持续发展提供基础和支撑，人们把优美的、健康的、文明的生活环境建设也寄厚望于林业。为此，省委、省政府在1997年10月，召开了全省林业工作会议，讨论了世纪之交甘肃林业的发展思路，制订下发了《关于加快全省林业发展的决定》，明确了“九五”奋斗目标，即：全省1/3的县(市、区)实现宜林荒山绿化，森林覆盖率达到10%以上；林业总产值突破100亿元，50%的县(市、区)依靠林果业缓解财政困难，2000万农村人口的年均纯收入中，林业收入占1/3；全面完成林业改革的各项任务，国有林场、苗圃力争脱贫奔小康；森工局、场争取摆脱危困局面，逐步走上良性发展的路子。

为贯彻全省林业发展的指导思想，落实奋斗目标，不同区域将各有侧重。在沙区，南护祁连山水源林，北拒沙漠南侵，中保绿洲平安，扎实抓好沙产业开发，注重实效，力求在再造一个河西中作出应有的贡献。在黄河、长江流域，将以决战的姿态，分批实现整县绿化工程，分层搞好小流域、大流域、水系的森林生态体系建设，配合全省业已形成的梯田化建设高潮，提高控制水土流失，消减入江、入河泥沙，确保大江大河安危的生态功能。继续把产业体系建设深扎在营造之中，合理配置树种、林种，最大限度地发挥当地光热水土资源的潜能，发展特色林业，提高经济、社会效益，以巩固生态效益。全力推广小陇山综合培育接代森林的经验，使占全省天然林面积63%的次生林区有个明确的发展方向，逐步改观林相、林貌，提高综合效益。把天然林保护工程落到实处，积极营林，发展多种经营，为国有场圃的解困脱贫开创新路。在发展中，林业要坚持走好同粮食上台阶、增加农民收入、扶贫攻坚、培植地方财源、改善生产生活环境、农业综合开发紧密结合的六条路子；处理好生态、经济、社会效益之间，保护、发展、利用之间，国家投入和多渠道筹资之间，林业部门办林业和全社会办林业之间，林业小生产和社会大市场之间五个关系，促使甘肃林业沿着正确的方向持续发展。

(执笔人：潘仕明)

江河源头绿之歌

——青海省林业建设50年

青海省农林厅

一、概　述

青海省简称"青",因境内全国最大的内陆咸水湖——青海湖而得名,全省面积72.12万平方公里,总面积位居全国第四位。

青海雄踞"世界屋脊"之上,是华夏民族的摇篮——长江、黄河的发源地,全省平均海拔3000米以上,境内横亘着多条1000公里以上的大山脉,海拔5000米以上的山脉大都终年积雪,广布冰川。山脉之间,镶嵌着高原盆地和谷地,地貌复杂多样,五分之四以上的地区为高原。境内的山脉,构成了青海地貌骨架,可分为祁连山地、柴达木盆地和青南高原三个地貌类型。以日月山为天然分界,东部湟水黄河谷地是主要农业区,面积3万平方公里,占全省总面积的4%;西部、南部主要是牧业区,面积69万平方公里,占全省总面积的96%。东部多山,西部为高原和盆地。青海又被称为我国的"江河源头",长江、黄河、澜沧江均发源于青海。

黄河发源于境内昆仑山北麓的各姿各雅山,省内干流全长1959.1公里,流域面积16.71万平方公里,占整个黄河流域的21%。长江发源于昆仑山南麓的各拉丹东,省内干流长1206公里,流域面积15.91万平方公里,占全省面积的21.9%。

青海地处青藏高原,高寒干旱,自然条件总体上很差。在特定的地理位置和复杂的地貌影响下,制约着森林的分布生长。全省森林资源稀少,主要是寒温性常绿针叶林,其次为温性针叶及部分落叶阔叶林。全省有林地面积为25.01万公顷,森林覆盖率仅为0.37%,林分蓄积量为3687.29万立方米,人均占有林地466.7平方米,人均占有活立木蓄积量7立方米。

全省的天然林主要分布在省域东部和东南部,即江河及其支流的峡谷地带。在东经96°以东地区,从北向南,大致呈弧线展开。天然林按照自然条件和分布状况大体可分为九大林区:由北向南,依次为祁连山、柴达木盆地、大通河、湟水、黄河下段、隆务河、黄河上段、大渡河上游、金沙江和澜沧江上游等林区。灌木林分布较广。在东经96°线以西无乔木林分布。全省的乔木林或灌丛,大都呈片状或带状断续分布,极其零散,集中连片的不多。天然林分布达230处,其中面积较大,属国有林场经营管理的有54处。大部分地区,尤其是东部黄土丘陵沟壑区则是荒山秃岭,覆盖率一般不到2%,人工林主要分布于东部的黄土丘陵区河谷地带,柴达木盆地和共和盆地的"绿洲"地区。

早在远古时代,青海就有人类劳动生息。从众多的文化遗存证明,湟水流域一带的人类活动大约有6000多年的历史。据史料记载,汉朝时期,青海的湟水两岸森林很多,湟水水量比现在大得多,甚至可以搞木材水运。至清代,乾隆十二年(1747年),《西宁府新志》中记载,湟水流域一带,已"盖湟中诸山,类皆童阜",荒山已在大范围内出现,湟水谷地附近已无森林。此时的天然林,不仅在湟水河谷看不见,即使在深山一带,也多已不复集中连片,而成为断续分布状态。

从清末到民国时期，青海的森林遭到地方军阀和外国商人的滥伐，黄河和湟水两岸已基本没有可采伐林木。在此期间，只进行了一些小规模人工造林活动。民国27年，青海省政府改组后，曾将植树造林列为政府的“六大中心工作”之一。至新中国成立，全省历年所造人工林共保存仅5.04万亩，多集中于沿甘青公路两侧，西宁至大通县的河漫滩及各县城镇的“县林”，即公园内。

二、新中国成立后青海林业发展历程

中华人民共和国成立后，中国共产党和人民政府十分重视林业，把发展林业生产、治山治水、改善农牧业生产条件，做为一项重要的基础性工作列为各级人民政府重要工作。建立起了各级林业管理机构，加强森林经营和管理，开展林业科研，制定了一系列的林业方针、政策、法规。开始了大规模的植树造林工作，大力恢复和培育森林资源。青海林业开始走向全面振兴的道路。但由于受多种因素的影响，青海的林业建设受到两次较大挫折，经历了曲折发展的历程。

1950～1952年，青海省委、省人民政府面对森林残遭破坏，生态环境脆弱，人民生活极端困苦的实际，进行了土地改革，废除了封建官僚的山林权占有制。着手建立了护林组织，采取有力措施，制止乱砍滥伐林木，控制山林火灾。1950年先后在贵德、互助、大通、化隆设立了4处护林管护站。1951年4月，省人民政府颁布《青海省森林保护暂行办法》，要求“在林区普遍建立护林组织，分区、分段进行保护，拟具管理办法，订立护林公约”。经过3年的工作，1953年全省天然林区普遍建立了护林组织，成立了省、州林业机构，各天然林区大都建立了森林经营所或林场。迹地更新、幼林抚育、森林调查、林业科研等各个领域的林业生产经营活动都蓬勃开展起来。在农村落实谁种谁有的林业政策，在“自愿、互利、民主”基础上的合作造林、社队集体造林等生产组织形式的群众性造林活动得到很大发展。第一个五年计划期间，造林2.98万公顷，零星植树672万株，累计育苗1133公顷，幼林抚育作业面积1.25万公顷，迹地更新2000公顷。年增造林面积相当于建国初期人工造林保存面积的1.7倍。

1958年后，农村推行人民公社化和“大跃进”，农村林权体制被打乱。“大炼钢铁”和“大办食堂”，使大批树木被砍伐，大面积的毁林开荒，使得许多地方大面积的森林灌丛被毁，地表裸露、风沙迭起，造成了严重恶果。1958年以来的3年间，共开荒40多万公顷，实际只保留了6万多公顷，特别是在柴达木盆地，通过不适当开荒，将高寒荒漠灌丛毁掉，对当地生态造成严重破坏。国民经济调整时期，省委、省政府认真贯彻“调整、充实、巩固、提高”的方针，1961年省委根据第二届全国人大二次会议通过的《全国农业发展纲要》，制定了《关于确定林木、果树所有权和经营管理办法的试行规定》，提出，“谁种谁有”，给社员划分一定数量的荒山荒地，鼓励社员植树造林的政策，林业生产开始得到恢复和发展。在此期间，各地执行“以林为主，林粮结合，多种经营，综合利用”的方针，兴办了一大批社队集体林场，采取劳力按比例由各生产队抽调，单独核算，与农业统一分红，多劳多得的办法，涌现出了湟源小高陵村等建设山区、发展林业的一批先进典型。到1965年已建立林业专业队、组1144个，固定劳力10 753人。年均造林2700公顷左右，零星植树400余万株，至1965年造林恢复到4000公顷，共计造林5.5万公顷，林业产值达到1912万元。林业机构逐步恢复，并相继在沙珠玉、格尔木等地开展了治沙工作，开发了麦秀、祁连、玛可河等新林区，林业生产呈现恢复和发展趋势。

“文革”期间，青海林业再次落入低谷。1966年初，撤销省级林业机构，成立西北林业建设兵团青海独立团，纳入部队系列。全省林业机构基本处于瘫痪状态，大部分业务干部被迫改行。广大农村和牧区的林业生产陷于无政府状态，1966～1969年四年的国民经济统计数字中，林业系统除了少量木材外，几乎全为空白。1970年后虽又着手恢复发展林业，但由于“左”的思想干扰，挫伤了群众生产积极性，使原有的集体林木和四旁树木以及果树遭到滥伐和破坏。全省造林面积一直在3000～6000公顷之间波动，生产徘徊不前，这种状况一直持续到1978年。

1978年以来，省委、省政府制定了一系列发展林业的政策措施。1980年1月，省委作出《关于加快发展农业的几项补充规定》，提出农村一切工作都要围绕发展农业生产这个中心去进行，要排除“左”的干扰，坚决把工作重心转移到现代化建设上来。经过实践检验行之有效的政策和措施，坚决贯彻执行；不利于发挥农民积极性，束缚农业生产力的政策和措施，坚决纠正。农村牧区社队的多种经营是社会主义经济，社员自留地、自留畜、自留树，家庭副业和集市贸易是社会主义经济的补充，决不能把它们当作资本主义经济来批判和取缔。并指出植树造林，坚持谁栽谁有的政策，允许社员在房前屋后栽树，任何人不得干涉。对收回、平调社员自留树的作价款要分期退还。放宽林业政策，鼓励社员承包荒山、荒坡造林，地权不变，长期使用，林权归个人所有，允许继承。充分调动国家、集体、个人的造林积极性。从而结束了青海林业生产十年徘徊不前的被动局面，林业生产有了新的活力。在全省开展了以稳定山权林权、确定林业生产责任制和划定自留山的林业“三定”工作，要求对集体大面积的林木和大型防护林，一般应建立专业队（组），实行专业责任承包制。小片林木，农田林网和零星树木，一般包到组、户、人，联产计酬或收益分成。田间地边的树木，树随地走，但不能个人采伐。通过林业“三定”，落实了发展林业一系列政策，基础较好地区大多恢复和建立起了社队林场，林业专业队。实行承包造林、育苗和护林等，逐步建立和完善了统分结合的双层经营机制。林业专业户、重点户有了较大的发展。群众从事林业生产的积极性高，集体造林面积增加。1981 年全省造林 1 万公顷，比 1976 年增长 2 倍，初步形成个人、集体、国家一起上的生产格局。

经过多年的努力，全省造林绿化事业实现了一个历史性的飞跃，1983 年完成造林 1.6 万公顷，结束了长期在 6000 公顷左右徘徊的局面。1985～1987 年连续 3 年造林面积突破 4.6 万公顷大关，之后一直保持在年造林 3.3 万公顷的速度稳定发展。保存率由 1975 年以前的 17%提高到 30.9%，青海林业建设进入了一个全面发展的新阶段。

三、青海林业建设成就和基本经验

青海林业经过 50 年的曲折发展，取得了辉煌的成就。全省到 1996 年累计人工造林保存面积达 18.32 万公顷，封山育林成林面积 27.2 万公顷，农田林网植树 1.3 亿株，东部川水地区基本实现了农田林网化，并开始向山地发展，初步扭转了长期森林覆盖率和蓄积量持续下降的局面，长期的生态治理对改善生态环境，促进农业发展和农民脱贫致富起到了重要的保障作用。

自 1978 年“三北”防护林体系建设工程、90 年代初长江中上游防护林体系建设工程、治沙工程等国家重点生态工程相继在青海实施，使青海省林业开始向规模化、基地化的生态治理方面转变，相继实施了东部川水农田林网建设、湟水流域水源涵养用材林基地建设、沙棘薪炭林建设、拉脊山——青沙山封山育林工程、山地农田林网建设、西宁市南北山绿化等 6 项省级重点林业工程。1986～1996 年全省人工造林保存面积达 11.5 万公顷，东部地区（西宁、海东地区八县）水土流失区的森林覆盖率由 8.7%提高到 13.2%，改善了部分地区的生态环境。

植树造林活动从湟水两岸农业区到青南牧区的通天河河畔普遍开展。据不完全统计，全省平均每年有 192.4 万人次参加义务植树，均超额完成了法定任务。社会各部门积极投入造林绿化事业，公路部门绿化公路 5636 公里，铁路系统绿化铁路 129 公里，水利部门水渠渠道绿化 1672 公里，库区绿化面积 435 公顷，水保系统年均造林保持 6600 公顷以上。省会西宁 1989 年起实施西宁南北山绿化工程，在社会各部门各单位的广泛参与和努力下，奋战 7 年，完成一期工程，绿化成林面积 1000 公顷，绿化取得实质性进展。在绿化南北山行动中，采取由省、市各部门、单位承包造林，限期绿化的办法，两届省委书记亲自担任绿化总指挥，各承包单位自筹资金，动员干部、职工义务植树，使省会西宁南北绿化工程日益成为一项对内产生凝聚力，对外产生吸引力的重要基础工程。

森林资源管理工作得到加强。青海野生动物资源十分丰富，有鸟类 292 种、兽类 110 种，分别占全国鸟兽种类的四分之一和六分之一。有 67 种（类）国家重点保护的野生动物，雪豹、野牦牛、藏羚羊、白唇鹿、藏野驴为青藏高原特有种。省上先后颁布实施了《森林法》、《野生动物保护法》的实施办法，依法保护和管理森林和野生动物资源。全省有林县（市）和天然林区都建立了林业管理机构，至 1996 年已建乡镇林业工作站 293 个，已建基层林业派出所 54 个，木材检查站 15 个，建立国家级、省级自然保护区 4 个，拥有林业职工 3500 余人。

回顾50年来青海林业的发展历程，使我们看到，青海森林稀少，自然环境严酷，林业生产的社会性、生态性更突出。充分认识林业的自身特点，按林业生产的特点制定正确的发展战略和政策，是林业得以持续稳定发展的根本动力。特别是青海地处江河源头，保护森林、发展林业、改善生态环境，不仅是本省经济、社会持续发展的基础，而且对维护江河源头生态平衡，保障中下游广大地区的工农业生产具有不可替代的重要作用。从这个意义上讲，青海林业生态建设的地位十分重要，事关全国生态治理的大局。

青海发展林业面临着三大困难，一是荒山荒地面积大，造林绿化任重而道远；二是自然条件差，高寒干旱、风大沙多、水土流失严重，林业建设难度大；三是经济不发达，地方财力有限，对林业投入不足。从这个省情和林情出发，青海省林业建设，必须坚持依靠政策、依靠群众，自力更生、艰苦奋斗，通过不断总结、不断创新，逐步摸索出了青海高原发展林业的路子，体会较深的有以下四点：

第一，实施依法治林，是保护和发展青海林业的根本。青海森林80%以上分布在长江、黄河、澜沧江的源头，森林植被稀少，且分布不均。现有的森林植被，对保护水土、防风固沙、涵养水源发挥着重要的作用，也是发展青海林业的基础。自80年代起，省委、省政府确立了对森林实行保护性经营管理的指导思想，建立和落实了各级人民政府保护森林、发展林业的领导目标责任制，严格控制和降低森林资源过量消耗，对森林采伐实行由省林业主管部门集中审批，落实采伐“一本帐”、审批“一支笔”，杜绝了森林超采滥伐现象，控制了森林资源的过量消耗。“八五”期间年净增森林蓄积34万立方米，林木净增长率由1.5%提高到1.85%，实现了森林资源生长量大于消耗量的目标。先后颁布实施了《青海省实施〈中华人民共和国森林法〉办法》、《青海省实施〈中华人民共和国野生动物保护法〉办法》、《青海省森林采伐限额管理办法》、《青海省林地林权管理办法》等一些地方性林业法规，初步完善了林业法规体系。在我省颁布实施的《青海省实施〈中华人民共和国森林法〉办法》中，将我省85%以上的森林划定为公益林，以法律的形式将我省的森林地位、森林经营类型确立了下来。

第二，广筹资金，增加投入，是林业发展的重要保证。青海地方经济不发达，地方财政不能自给，一半以上支出依靠中央财政补贴。过去，由于投入不足，林业发展受到很大限制，长期处于徘徊不前的困境。党的十一届三中全会以来，省委、省政府为保护森林、发展林业，采取了一系列措施，其中很重要的一条就是在财力十分困难的情况下，从各方面挤出资金，增加对林业的投入，支持林业的发展。1981年以来，省委、省政府先后发出了《关于保护森林发展林业的若干补充规定》和《关于种草种树的指示》。在这些文件中，明确规定：林业投入要逐年有所递增，造林补助标准要适当提高；支援不发达地区资金应有适当比例用于发展林业，水土保持经费应适当用于植树造林；国营林场的抚育间伐、综合利用和多种经营收入不上交，事业费不减少，主要用于林业扩大再生产。省人大颁布实施的《青海省实施〈中华人民共和国森林法〉办法》中以地方立法的形式明确规定，青海省林业建设以生态效益为主、以满足国土绿化和改善生态环境的公益事业需要为主，应列为社会公益事业；公益林的建设资金应列入地方财政预算，实行事业化管理，并逐步建立和完善公益林效益补偿制度。

为了落实省委、省人大、省政府的规定，全省上下多方筹资，落实各项资金。“七五”至“八五”期间，全省每年筹集资金总数大体在1400万元左右，约占全省林业总投入(包括中央的投资和补助)的70%还多。

第三，因地制宜，大力开展封山育林是加快绿化的重要途径。青海荒山面积大，可绿化的宜林地约107多万公顷。全省农业人口只有300万左右，劳力相对不足，地方财政很难拿出更多的资金发展人工造林。封山育林是恢复森林植被的传统方法，湟源、大通、互助、湟中等县自五六十年代通过封山育林，培育了上百万亩的天然次生林。这些县一手抓植树造林、一手抓封山育林的做法，给人以很大启示。因此，党的十一届三中全会后，及时在全省推广了这些经验，把封山育林作为我省培育森林资源的重要手段，出现了因地制宜、多种途径发展森林资源的局面。1996年全省封山育林成林面积27.2万公顷。其中，拉脊山——青沙山封山育林工程是“七五”期间省林业重点建设项目，这个工程横跨5个县，封育面积达6.3万公顷，有些地段以封为主、封造结合，营造各种林6600公顷，抚育1.3万公顷，大力推行封山育林措施，投入少、效益好、适应广，为大面积恢复森林植被开辟了新途径。湟源县从50年代初期共封山育林1.7万公顷，已经封育成林和可望成林面积达1.4万公顷，平均每公顷封山育林综合成本仅75元，而每公顷人工造林达300元。1986～1988年"三北"防护林二期工程检查，所属"三北"地区人工造林合格面积4.7万公顷，同期封山育林可望成林面积4.7万公顷，基本持平，而人工造林成本平均每公顷达420元，封山育林仅57元。通过封山育林，可以促进形成乔灌、针阔、林草混交的多层覆盖，能有效地涵养天然降水，形成多层截留，有效抵御干旱、增加水量、固定沙地。全省封(沙)育林具有很大的潜力，不仅在降水400毫米以上中高山能够封山育林，而且在100毫米左右的干旱荒漠地也能封沙育林。"八五"期间又有计划地重点抓了大坂山封山育林工程，在4个县46个乡范围内，封山育林6.7万公顷，长江上游防护林工程建设区内，封山育林2.4万公顷，柴达木盆地半固定、半流动沙地，封沙育林育草2万公顷，封山育林成为恢复和扩大森林植被的有效途径。

第四，积极稳妥地发展乡村林场。青海省乡村林场是在50年代合作化高潮中兴办起来的，至1980年发展到2200个，经营面积10.8万公顷，承担全省一半的造林任务。但自1982年以后，原乡村林场的隶属关系、收益分配、资金和劳力来源都发生了重大变化，大部分林场解体，少数地区撤场分林，使集体林业的发展受到很大的影响。而农户个体造林遇到了很多新的问题。主要是一家一户无力承担大面积荒山治理，分户造林难以进行统一规划和技术指导，义务植树流于形式。为了发展农村林业，1987年以来全省各地结合完善双层经营机制，因势利导，恢复发展乡村林场。目前全省共有乡村林场1123个，经营面积达6.7万公顷。乡村林场在培育森林资源、繁荣农村经济、改善生态环境方面，起到了重要作用。乡村林场现有林木蓄积量51万立方米，占全省集体林蓄积量的一半以上。乡村林场日益显示其在农村集体经济中的重要地位。湟源县131个乡村林场中自给或自给有余的70个，年收入在2万元以上的占11%；互助县东和乡的4个村办林场近两年生产木材和多种经营收入超过10万元，相当于全乡集体所有制企业上交利润的3倍。据不完全统计，1987年以来，乡村林场生产各种木材10万立方米，初步缓解了农村木材紧缺的矛盾。乡村林场还为集体和群众出钱出物，办了许多公益事业。湟源县小高陵村办林场每年为全村群众解决水、电费及其它款项平均达1.7万元，占全村公益事业支出的70%。乡村林场的发展，增强了集体的吸引力，调动了群众发展林业的积极性。乡村林场既是经济实体，又是服务体系，在科学造林、育林方面发挥了带头示范作用。

虽然青海林业建设取得很大成绩，但是也必须清醒地看到，青海省生态环境治理的进展仍然十分缓慢，总体上看生态环境呈继续恶化的趋势，尚未得到根本控制。目前，全省水土流失面积达33.14万平方公里，占全省总土地面积的46%，每年输入河道的泥沙高达9020.46万吨，沙漠和沙漠化土地面积达1253万公顷，占全省土地面积的17.4%，并且每年以13.3万公顷的速度推进，沙化重点地区，沙进人退，土地荒漠化的危害愈演愈烈，治理难度也愈来愈大，林业生态治理的任务十分艰巨而繁重。

青海省地处我国几大主要江河源头，长江、黄河、澜沧江均发源于青海省境内。努力扩大森林植被、控制水土流失、遏制风沙危害、涵养水源、改善生态环境是全省林业建设的一项长期的战略任务，对保障江河下游广大地区的国土安全具有不可替代的重要作用。

今后青海林业发展要按照逐步建立社会主义市场经济体制的要求，从青海的实际出发，紧紧围绕生态建设这个中心，最大限度发挥林业三大效益；进一步解放思想，深化林业体制改革，逐步实施森林分类经营，促进林业从粗放经营向集约经营的转变；积极培育和保护森林资源，加快国土绿化；增加科技含量，放手发展林业产业，提高综合效益，努力实现林业持续、快速、健康地发展。总之，21世纪的青海林业，要走建设生态农业和经济可持续发展道路，努力实现再造山川秀美的西北地区的伟大构想。

（执笔人：李文）

改善生态环境　建设秀美山川

——宁夏回族自治区林业建设50年

宁夏回族自治区林业厅

宁夏回族自治区地处西北内陆、黄河中上游河套地区，总面积6.64万平方公里。全区人口536.6万，其中回族约占三分之一，于1958年10月25日成立自治区。全区地貌特征和自然地理条件大体可分为山、沙、川三种类型。南部黄土丘陵山区，沟壑纵横，水土流失严重；中部沙区，荒漠干旱，风沙灾害频繁；北部平原虽有黄河灌溉之利，但东、西、北三面受沙地、沙漠包围，土地沙化、盐碱化严重。全区所辖一地三市、19个县(市、区)均属干旱、半干旱地带，有86%的地域年降水量在300毫米以下，自然生态环境恶劣，林业基础十分薄弱。新中国成立初期全区仅有森林资源6万多公顷，其中人工林不足500公顷，森林覆盖率只有1.3%。

自然条件恶劣、生态环境恶化，是长期制约宁夏经济社会发展的主要因素。新中国成立后，自治区党委、政府十分重视林业建设，领导各族干部群众，坚持不懈地开展了大规模的植树造林、治理荒山荒漠、改善自然生态环境的群众运动，取得很大成效。改革开放以来，进一步总结经验、理清思路，确定了适合宁夏实际特点，按照山、沙、川三大块不同地理条件，分类指导、突出重点、以点带面、全面推进的林业发展战略 。造林绿化发展步伐加快，森林资源持续增长。截至1998年，全区林地面积累计增加到36.7万公顷，活立木蓄积量674万立方米，森林覆盖率提高到5.53%。其中人工造林保存面积增加到26.7万公顷。全区林业总产值由1958年的397万元增加到1997年的3.98亿元。

全区现有国有林场39个、国有园艺场24个、国有种苗场和苗圃27个，建有8个森林、草地和湿地鸟类等类型自然保护区。组建了自治区林业技术推广总站、森林病虫害防治检疫总站和果树技术工作站，建立县级林业技术推广站19个、森林病虫害防治检疫站15个、果树技术工作站18个，乡(镇)级林业技术推广站294个，全区共有林业职工近万人。现有地区以上林业、园艺、枸杞科研机构4个。林业教育有宁夏农学院园林系和宁夏林业学校。初步形成包括造林营林、森林保护、勘查设计、科技推广和宣传教育在内、具有一定规模的较为完整的行业体系。

一、主要建设成就

1998年是宁夏回族自治区成立40周年，宁夏林业建设走过了40个春秋。40年来，宁夏各族人民同恶劣的自然生态环境进行了艰苦卓绝的斗争，通过植树造林、飞播造林、封山育林和全民义务植树运动，取得很大成就。从1958年到“文革”前，宁夏的造林、营林和护林工作有了较大的发展，群众性植树造林由点到面、由小到大逐步展开。1961～1963年期间，全区每年造林3300～4000公顷，四旁植树300万～500万株。1964年成倍增长，全区造林达1.14万公顷，四旁植树826万株；1965年全区造林达到1.6万公顷，四旁植树突破1000万株。“文革”期间，森林资源遭到严重破坏，林业生产建设受到严重影响。1972年，自治区提出“一手抓川、一手抓山”，把发展林业摆到重要位置，林业建设开始有了转机。特别是1973年,全国造林工作会议提出四旁植树《纲要》目标后,推动和加快了全区林业建设的发展。经过3年努力,平罗县有5个大队,贺兰县有1个大队四旁植树上了《纲要》,南部山区7个县有13个公社实现了每个公社有林670公顷,并涌现出了中卫县、盐池县城郊公社和海原县树台公社3个全国林业先进单位。

改革开放给宁夏林业建设增添了新的活力,推动全区造林绿化进一步发展。通过实施"三北"防护林工程、西吉防护林工程、平原农田防护林工程、沙漠化土地综合整治等一批重点林业生态工程的建设,初步构筑起绿色生态框架,使全区林业建设开始跃上一个新的台阶。

(一)"三北"防护林工程建设

1978年,国家决定实施"三北"防护林工程建设,宁夏全境被列入工程建设范围。工程的实施,有力地促进了全区造林绿化的发展。1978～1985年一期工程期间,全区人工造林保存面积达13.83万公顷,四旁植树1.18亿株,银川平原基本实现了农田林网化,宁南黄土丘陵山区林草建设有了突破性进展,长期不能解决的燃料、饲料、肥料俱缺的状况得到缓解。1986年开始实施二期工程。经过10年建设,全区成幼林面积发展到30.5万公顷,是工程实施前1977年的4倍多;森林覆盖率由1977年前的2.58%提高到5%。彭阳、中宁、青铜峡3个县市被评为"三北"防护林二期工程建设先进县。三期工程从1996年实施以来,已完成人工造林4.74万公顷,飞播造林1.26万公顷,封山育林4.33万公顷,义务植树4900万株,实现了"开好头,起好步"的目标。通过"三北"防护林一、二、三期工程建设,全区林地面积由工程实施前1977年的6.87万公顷增加到目前的36.7万公顷,活立木蓄积由380万立方米增加到674万立方米,森林覆盖率增加了3.79个百分点。宁南山区以绿化和改土治水为中心的小流域综合治理有了突破,累计治理面积达5500平方公里,局部地区生态环境明显得到改善。治沙步伐加快,实现了沙漠化逆转的目标。

(二)西吉防护林工程建设

联合国世界粮食计划署援助的宁夏西吉县防护林建设工程于1982年全面启动,在国务院的亲切关怀和自治区的领导重视下,经过西吉县广大干部和各族群众的艰苦努力,到1985年5月,共完成造林种草9.7万公顷,提前一年超额完成受援项目工程规划任务,林草覆盖面积由过去的12.6%提高到46.7%,土壤侵蚀率下降了62.4%,使地处黄土高原的西吉县,昔日的荒山秃岭到处披上了绿装,增加了植被覆盖、减轻了水土流失、改善了农村燃料奇缺的状况。全县退耕还林还草6.3万公顷,在减少粮食播种面积27.6%的情况下,1984年粮食平均单产和总产比退耕前的1981年分别增长了80.0%和49.6%,创历史最高水平;全县农民人均收入达到110元,人均占有粮食260.5公斤,分别比项目实施前的1981年增长21.7%和39%,显示出较好的生态、经济和社会效益。同年9月,联合国世界粮食计划署官员对西吉防护林工程实施情况进行了全面检查,认为:"中国政府在短期内,组织农民在一个县的范围内完成如此大量的工作,说明各级组织是健全的、协调的,总体效果非常令人满意",并且表示将把这项工程树为样板,总结经验,向第三世界国家的不发达地区推广。

(三)平原农田防护林建设

宁夏引黄灌区是自治区主要的产粮区,也是国家重要的商品粮基地之一,"黄河百害,唯富一套"指的就是这一地区。从50年代开始,灌区广大人民群众响应党和政府的号召,开始营造农田防护林网,但规模较小、方式单一,主要以沟渠绿化和宅旁、村旁植树为主,发展了部分小面积农田林网。从60年代开始,农田林网建设有了较大发展。进入70年代,为了彻底改变平原地区风沙肆虐的状况,改善农业生态环境、促进农业发展,结合农田基本建设,开始进行大规模农田林网建设。按照统筹规划,逐步形成山、水、田、林、路综合治理,以主干沟渠、道路、田埂为重点的农田防护林网基本格局,农田林网建设进入一个崭新的阶段。党的十一届三中全会后,通过实施"三北"防护林工程建设,进一步推动了农田林网的发展。到1985年,引黄灌区的农田防护林网已基本建成,宁夏平原林木覆盖率达到9.3%,林网化程度达85%以上,30万公顷农田受到林网的保护,其中银川市、中卫县等7个市县达到林业部平原绿化标准,自然面貌和生态环境有了显著的改善。

但是,由于树种单一等原因,从90年代初期开始,天牛灾害在全区范围迅速蔓延,对农田林网造成毁灭性危害,被迫砍伐。经过8年的综合防治,共砍伐清理天牛虫害木8000多万株。农田林网的消失,使得风沙对农田作物的危害大大增加，尤其是80年代已消失的“干热风”灾害，又开始出现。尽快恢复宁夏平原农田防护林体系，实施第二代高标准农田林网建设，成为一项十分重要而紧迫的任务。在1994年春季召开的自治区农村工作会议上，自治区党委、政府，把宁夏平原第二代农田林网建设列为本世纪末农村工作10件大事和平原区10大基础建设工程之一。重点实施了平原绿化工程、兴果富民工程和中德合作贺兰山东麓生态林业工程，新植平原农田林网4900万株，布局更合理、结构更科学、树种多样化、抗逆增强的林网大骨架已基本形成。

（四）沙区林业生态工程建设

宁夏沙漠化土地占全区总面积的18.98%，是中国土地沙漠化最严重的地区之一。主要分布在三个地区：一是卫宁沙地，即中宁、中卫两县，面积12.4万公顷，系腾格里沙漠前移入侵所致；二是毛乌素沙地，即宁夏黄河以东沙地，包括盐池、灵武、陶乐、同心等县市，面积84.55万公顷，系草原开垦、过渡放牧及樵采等人为活动引起；三是银川平原黄灌区腹部沙地，黄河以西的贺兰、平罗、银川郊区、永宁、青铜峡等县、市均有零星分布，面积3.26万公顷，系固定沙地植被被破坏形成。植树造林是防风固沙的根本措施。新中国成立初期，先后营造了河西、河东两条大型骨干林带，植树造林3.13万公顷，在宁夏平原的沙漠边沿地带建起了一条绿色长廊，阻挡了三面沙漠的侵袭。70年代开始大面积营造防风固沙林，截至1991年，全区乔灌木保存面积达10.4万公顷，使26.67万公顷农田受到保护。80年代以来，随着“三北”防护林工程的实施，在沙区，以防沙治沙、改善沙区生态环境为目标，通过在沙漠边缘开发水浇地，实施飞播造林，开展沙漠化土地综合整治，加强封管封育恢复植被，加快了治理沙化、建设沙漠绿洲的步伐。平均每年造林治沙0.53万公顷，封沙育林0.6万公顷。宁夏各族人民在长期同风沙灾害的斗争中，积累了丰富的经验。经过多年探索，创造出水利治沙和植物治沙相结合、工程措施和生物措施一齐上的综合治理沙漠化土地的成功经验。50年代开始，先后在沙漠前沿兴建了跃进渠、西干渠、东干渠等水利工程，总长250多公里，在沙区发展水浇地5.33万多公顷；改革开放以来，又相继兴建了10多处扬黄灌溉工程，发展水浇地6.67万公顷，在昔日荒凉的沙漠边缘地带建成一条条绿色的长廊，形成片片沙漠绿洲，有效地遏制了风沙灾害。全区已累计治理沙漠化土地近39万公顷，沙漠化土地面积由1.65平方公里减为1.26平方公里，降低23.6%，实现了沙漠化土地逆转的目标。

（五）经济林建设

80年代末，在总结林业建设经验的基础上，提出拓宽思路、解放思想、改变传统的林业格局，使林业走上生态经济型多元结构的路子。1986年首次召开了全区果树工作会议。会议提出“要把发展果树作为林业建设的一个突破口来抓”。1987年自治区党委和政府组织各有关部门就“宁夏经济和社会发展中几个问题研究”进行论证，进一步肯定和明确了发挥自治区的自然优势，建立商品水果基地的指导思想和规划设想，掀起了以果树为主的经济林建设高潮。经过10年发展，截至1995年，宁夏苹果生产实现了4个突破。一是果树面积、产量有了大的突破。“八五”期间，新增果树面积1.33万公顷，累积达到4万公顷；果品产量由1990年的5400万公斤，增长到1995年的1.16亿公斤，经济效益是“七五”期间的5倍。二是引进、推广新品种步伐加快，品种结构调整有了大的突破。“八五”期间，共引进各种果树优良品种120多个，其中红富士等一批名优新品种在全区已发展到2.06万公顷，超过果树总面积的一半。三是在改造更新低产低质品种上有了新的突破。全区在“八五”期间采取高接换头等技术措施，改造中低产果园60万株，占需改造的老品种40%以上。四是管理技术上有了新的突破。“八五”期间，全区有组织、有目的地推广了矮化密植疏果、配方施肥等一系列科技含量较高的果品生产综合管理技术，使全区果品生产总体水平上了一个新的台阶。

宁夏“九五”期间计划新发展经济林5.55万公顷，超过建国45年经济林发展总和，年均1.1万公顷。1996～1997年，山区“两杏一果”工程新造林1.33万公顷，川区“兴果富民”工程新发展名、特、优、新品种8600公顷，改造低产劣质果园3466公顷；1997年新启动了宁夏优质名牌枸杞基地建设项目。当年定植枸杞387公顷，全区累积面积已达0.26万公顷。许多地方都是当年定植、当年受益，深受群众欢迎。

（六）全民义务植树运动取得丰硕成果

根据五届全国人大四次会议《关于开展全民义务植树运动的决议》和国务院《关于开展全民义务植

树的实施办法》,1982年3月自治区成立了绿化委员会及相应的办事机构,各地、市县也相继成立了绿化委员会。各级党政军领导年年同当地军民一起参加义务植树活动。全民义务植树运动开展17年来,平均每年有192.4万人参加义务植树,年均植树1121.3万株,人均植树5.8株。在义务植树运动推动下,全区造林绿化事业呈现蓬勃发展的好势头。各级党政军领导共办绿化点2330个,面积达2.48万公顷;建立义务植树基地509个,面积达1.78万公顷,有17个基地开始走向产业化。行业部门是宁夏义务植树的排头兵和造林绿化的第二战场。宁夏军区、水利、农垦、公路、铁路等部门起步早、规模大、发展快,为宁夏大环境绿化作出了贡献。许多厂矿、企业的造林绿化走到了全区前列,有的成为全国先进典型。中卫固沙林场被联合国环境计划署授予"全球500佳"称号。城市绿化在原来水平较低的情况下有了明显进步,公共绿地面积由733公顷增长到2200公顷。石嘴山市获得了"全国绿化先进城市"的称号。农村义务植树也有大的发展,为改善本区恶劣的生态环境,促进社会经济发展,保障农业高产稳产,以及农村脱贫致富奔小康都起到重要作用。

二、主要措施

40年来,宁夏回族自治区的造林绿化之所以取得显著成效,主要是长期以来坚持从宁夏的实际出发,对造林方针、政策、布局、方法因地制宜,不断进行改革和调整,制定和实施了一系列行之有效的措施。

(一)坚持分类指导,突出重点工程,带动区域林业发展

经过长期的生产实践,逐步摸索出了一条适合本区实际和特点的林业发展路子,形成了山、沙、川三大块的治理格局。在坚持分类指导、各有侧重,合理调整结构、发挥区域优势的原则下,逐步确立了全区林业发展的总体目标和主攻方向。南部山区以水土保持为中心,围绕改善生态环境和农民脱贫致富,大力发展生态经济型林业。先后组织实施了"两杏一果"生态经济林工程、六盘山及其外围地区针阔混交水源涵养用材林工程和黄河中游防护林等重点生态林业工程,每年完成合格造林面积1.33万公顷以上。地处六盘山东麓的彭阳县,1997年全县有林地面积已发展到4.6万公顷,经济林由0.06万公顷发展到1.2万公顷,初步建成以干果和用材林为主的林业支柱产业,为促进山区生态环境良性循环和林业产业稳步发展奠定了基础。在中部沙区以防沙治沙,开发利用沙地资源,加快沙漠化土地综合整治步伐,改变自然面貌和农牧业生产条件为重点,组织实施了沙漠化土地综合整治工程,累计治理沙漠化土地33.3万公顷,在茫茫沙海中,建起了一条条乔灌草结合的"绿色长城"。自1991年起,在综合治理的同时,坚持防、治、用结合,利用沙区的光能和有限的水资源,开发种植甘草、麻黄和柳编等沙产业,促进了沙区的经济发展。

在引黄灌溉的川区,坚持以建设结构合理的农田林网和加快以苹果为主的经济林发展为目标,集中实施了平原绿化工程、"兴果富民"工程和中德合作贺兰山东麓防护林等生态林业工程,发挥自然资源优势,加快以苹果、枸杞为主的名、优、特、新经济林的发展,推动了全区经济林建设向高层次、产业化、规模经营迈步,达到强区富民的目的。

(二)实施科教兴林战略,加快造林绿化进程

通过实施科教兴林战略,围绕林业发展重点,特别是重点生态林业工程建设的关键技术和技术难点,组织科研攻关。为了解决干旱地区地下水位深、杨柳类乔木树种常规造林成活率极低的问题,80年代初,自治区林业技术推广总站,试验、推广了机械钻孔杨树深栽技术,使地下水位1~1.2米、土壤含盐量在0.2%~0.4%、地下水矿化度不超过1.5克/升的地区造林获得成功。截至1988年,共造林3452公顷,成活率90%以上,保存率在85%以上。

宁夏中卫沙坡头,是腾格里沙漠最南端的一大奇观。这里沙丘大,沙层厚度达100多米。包兰铁路在这一带6次穿越腾格里沙漠,长达40多公里。科技工作者发挥聪明的智慧和力量,采取生物措施和工程措施相结合的办法,通过在沙丘上扎草方格沙障,种植沙生植物等办法,因地制宜,乔、灌、草一齐上,在铁路两侧建成一条40公里长,几百米宽的绿色长廊,终于制止住了流沙的移动,确保了包兰铁路40年来畅通无阻。几十个国家和地区的专家、学者到这里来学习和考察。沙坡头已成为闻名世界的治沙典型。

完善"四位一体"促进科技成果向生产力转化的

运行机制，提高科技成果的转化率和科技贡献率。按照山、沙、川不同区域实际需要，组织进行了高标准平原绿化、沙漠化土地综合治理开发、优质高效经济林等四个示范区建设，全面推广了山区以隔带水平沟整地为主的抗旱造林综合技术、沙漠化土地综合整治及沙产业开发技术、农田防护林营造技术、经济林优质高效综合栽培技术、良种壮苗快速繁育技术。其中在年降雨量 200 毫米左右的沙区进行飞播造林，由于引进和应用了新技术，连续 4 年获得成功。通过应用新技术，有效地促进了造林质量的提高，“八五”期间，造林成活率平均在 85%以上的面积比“七五”提高了 11 个百分点。

加强了科学技术培训和科技知识的普及工作，坚持区、地、县、乡 4 级分级分批对林业科技人员和林农、果农进行技术培训。每年参加技术培训的人数有近万人次，其中乡镇林业站长已全部参加了由自治区统一组织的上岗培训。随着经济林的大面积种植以及名特优新品种的引进和推广，与山东烟台等地建立了果树技术培训联系网，采取走出去、请进来的方法，学习引进栽培技术和先进的经营管理经验；多次组织科技骨干和果树专业户到外省（区）考察学习，邀请外地果树专家和果树技术能手来宁，传经送宝，现场指导。还组织地县负责人到山西、河北等地学习林业节水灌溉、地埂经济林营造技术，对推动宁夏林果业科技进步起到了重要作用。

林业社会化服务体系进一步完善，县、乡林果业服务机构和各种民办、科技组织相结合，基本形成县有中心、乡有站，村有技术员、队有示范户的网络，完善了县一级、整顿提高了乡一级。围绕林果生产的产前、产中、前后服务，在技术、资金、物资、信息、经营管理等方面，进行了多形式、多层次探索，尤其是林果产品经销、加工方面的服务工作成效比较显著。全区有 80%的县级林业部门成立了林果业服务中心，40%的乡站创办了经济实体，县级林业部门、场圃 70%以上的分流人员兴办了第三产业，充实了林业社会化服务体系。

（三）加强林业法制建设，确保林业建设持续健康发展

1. 加强林业立法

自治区人大常委会和自治区人民政府先后颁布了《宁夏回族自治区森林和野生动物类型自然保护区管理细则》、《宁夏回族自治区天然林保护暂行办法》、《宁夏回族自治区森林植物检疫实施办法》、《宁夏回族自治区森林、林木采伐管理暂行规定》、《宁夏回族自治区关于不履行义务植树单位或个人收缴绿化费的规定》、《宁夏回族自治区育林费征收管理办法》、《宁夏回族自治区林地管理办法》、《宁夏回族自治区野生动物保护法实施办法》、《宁夏贺兰石开采保护办法》等重要法规、规章。为配合上述法规、规章的实施，自治区林业厅会同有关部门制定了有关保护森林资源和加强林地管理的制度、办法，对以法治林起了很大的推动作用。

2. 健全林业执法体系，强化林业执法管理

全区现有林政管理机构 17 个、木材检疫检查站 22 个，配备专兼职林政管理和林政执法人员 230 名。98%的乡（镇）建立了林业工作站，其中 30%达到了部颁标准；配备专兼职林业专业干部 759 名；全区 15 个县（市）普遍成立了森林病虫害防治检疫站，配备专兼职检疫员 127 名。“八五”期间，组建了林业公安机构。全区现有林业公安机关 22 个，其中公安处 1 个、林区公安局 1 个、公安分局 1 个、林业公安派出所 19 个，共有林业公安干警 138 名，另有受林业公安管理的经警 45 名，对于加强森林、野生动物保护和林区社会治安起到了重要作用。

（四）加强国际合作交流，加快林业发展步伐

近 16 年来，宁夏共与 10 个国家和地区进行了友好往来和技术交流；从 3 个国家和地区争取外援合作项目 8 个，无偿援助的资金和设备折合人民币 1.6 亿多元，其中 5 个项目已圆满结束。正在实施中的中日专项技术合作“宁夏森林保护研究计划”、宁夏——岛根友好林建设项目和德国政府援助的中德合作“贺兰山东麓生态林业工程”等 3 个项目进展顺利。

中日首次进行的合作治沙项目，从 1989 年开始在盐池县高沙窝进行，4 年成功地营造 治沙实验林 50 公顷，为改变当地的自然景观和生态环境起到积极作用，成果达到国际同类研究先进水平。二期合作项目，在灵武市白芨滩林场大泉分场实施，经过 1993～1995 年的实验研究，在年降水量 212 毫米、干燥度 3.66 和流动沙丘的自然条件下，建成实验区 60.3 公顷（其中前沿干旱固沙防护林区 14.1 公顷），将沙漠化地区农林牧结合发展，推向立体林业、能量循环、物质再生的新阶段，为沙漠开发利用创立了新的成功范例。正在实施中的中日专项技术合作

宁夏森林保护研究计划项目，在完成年度课题研究计划的同时，新实施了4处试验示范林，总面积达120.4公顷；中德合作造林项目目前已完成人工造林3595公顷，封山育林3万公顷，经德国专家组核查，造林合格率为89.8%。通过外援项目的实施，拓展了集资渠道、增加了友好交往、培训了技术人员，对促进宁夏林业建设快速发展起到积极作用。一是增加了林业投入，在全部项目引进资金、物资中，直接无偿用于林业生产的资金和物资折合人民币达1.2亿元，目前已投入5900多万元，约占同期林业生产性投资总量的六分之一；二是引进了先进技术、设备和管理经验，先后引进了适合宁夏生长的优良树种、品种10个，引进了抗旱造林、节水渗灌、果树丰产栽培管理等一批先进适用技术，同时还引进了一批世界一流的科研仪器设备和先进的经营办法；三是建立了一批高标准的样板示范区；四是培养了一批高素质的林业建设管理人材。

世纪之交，随着经济的发展，环境问题日益突出，以林业为主体的生态环境建设受到全社会的广泛关注，为林业的振兴发展提供了历史的机遇。

根据自治区的实际和林业特点，按照山、沙、川三大块的格局，规划了发展蓝图。全区每年要确保完成造林2.6万公顷，森林覆盖率净增0.5个百分点，用10年时间实现"4个6.7万公顷计划"，即南部山区水源涵养林新增6.7万公顷；沙区人工造林新增6.7万公顷；生态经济林新增6.7万公顷；贺兰山东麓及黄灌区防护林达到6.7万公顷。到2000年，全区林地面积达到44万公顷，较目前净增7.3万公顷，森林覆盖率由现在的5.53%提高到6.63%，初步形成以"三北"、黄河中游防护林和治沙、平原绿化工程为骨架的全区生态林业体系的雏形；银川平原基本实现农田林网化；沙区和山区生态环境恶化的势头得到遏制。到2010年，全区林地面积超66.7万公顷，森林覆盖率达到10.05%；引黄灌区（含扬黄新灌区）全面实现高标准平原绿化；山区水土流失得到有效控制，土壤流失量减少60%以上；沙漠化土地治理面积达到50%左右，初步建成布局合理、结构优化的生态林业体系。

（执笔人：朱永元　王宁）

构筑绿色屏障 造福子孙后代

——新疆维吾尔自治区林业建设50年

新疆维吾尔自治区林业厅

绿色的森林是新疆生态系统的主体，从高山湖泊到块块绿洲，森林在这里奏响了主弦律。多少年来，新疆各族人民为了生存，同严酷的自然生态环境进行了艰苦卓绝的斗争，谱写了一曲曲征服荒漠、播绿撒翠的雄壮乐章。

(一)

新疆幅员辽阔，全境地貌轮廓为“三山夹两盆”。南有喀喇昆仑山，北有阿尔泰山，东西有天山横亘其间，将160多万平方公里的土地分为南疆和北疆。南疆有塔里木盆地，北疆有准噶尔盆地，盆地中分别分布有我国第一、第二大沙漠——塔克拉玛干和古尔班通古特沙漠。由于远离海洋，高山阻挡，降水稀少，气候干旱，风沙活动频繁，新疆为典型的灌溉农业区。在占全区土地面积4%的绿洲上，聚集生活着1700余万各族人民。哪里有水，哪里就有树木，哪里就有绿洲，哪里就有人类的活动。特定的自然条件决定了新疆的经济为绿洲经济，农业为生态农业。森林组成了一道道绿色屏障，保护着人们赖以生存的活动空间。因此，在新疆，没有森林就没有各族人民的生存前提，更没有社会经济的发展条件，各族人民历来就有植树造林的优良传统，为了生存，同风沙的斗争一天也没有停止过。

新中国成立后，从50年代起，自治区党委和政府就把植树造林当作一件大事来抓，有计划地组织各族群众在风沙前沿、渠边路旁、农田四周、房前屋后种树种果，在绿洲内部建设了区域性的防护林，为建设农田防护林体系打下了基础，也为拓宽绿洲创造了条件。

1949年9月，新疆和平解放，12月17日，新疆省人民政府成立，同时宣布成立省农林局，作为省人民政府的职能部门主管全疆的林业工作，从而使造林绿化工作步入了新的发展时期。60年代初，自治区党委提出了“以营造农田防护林为主，防风防沙，因地制宜营造速生用材林、薪炭林、果木经济林、木本粮林，继续四旁植树”的造林方针，进一步明确了新疆植树造林工作的方向、任务，同时把建设“好林带”确定为农村“五好”建设的重要内容，掀起了大规模的造林高潮。1950～1965年，全区共造林14万公顷，初步形成了农田林网体系雏型。1966～1970年，由于受“文化大革命”的影响，全区植树造林工作基本停顿。党的十一届三中全会后，我区提出了“坚决保护、积极培育、合理利用、全面发展”的林业方针，制定了一系列鼓励林业的优惠政策，引导全区各族人民开展大规模的林业建设。特别是被誉为“绿色长城”的“三北”防护林体系建设工程的全面实施，进一步推动了新疆林业建设事业向更高水平发展，为改善新疆生态环境发挥了特殊的作用，取得了举世瞩目的成就。

——林地面积不断扩大，森林覆盖率明显提高。新疆林业用地总面积700万公顷，有林地面积269万公顷，森林覆盖率1.68%，活立木蓄积量2.76亿立方米，与80年代初相比人工林面积扩大了49.8万公顷，森林覆盖率从1.03%提高到1.68%。

——建立起一支由林业厅直属系统和地州县林

业局组成的林业建设队伍，拥有林业职工近4万人。林业厅下设天山西部林业局和阿尔泰山林业局两个二级森工管理局，还直接管理天山中东部及驻乌鲁木齐市23个企事业单位。全区有国有山区林场40个，国有平原林场(站)64个，国有苗圃86年，木材加工企业3个，运输、施工企业2个，经销企业7个，教学、科研、勘察设计单位13个。全区15个地州市、85个县(市)成立了林业局(处)，844个乡镇中成立林业站765个。这些机构的设立为新疆林业的振兴奠定了基础。

——山区林业从过去的“重采轻育”转向以营林为基础，采育结合的轨道。“八五”比“七五”有林地面积增长15万公顷，蓄积量增长1325万立方米，更新造林步伐逐年加快，已累计更新造林14万公顷，保存率达95.1%，扩大山区森林面积3066公顷，实现了森林资源面积、蓄积双增长，生长量大于消耗量的良性循环。

——平原人工林建设成绩显著，农区的网、片、带，乔、灌、草相结合的防护林体系已基本形成。全区已累计造林84万公顷。目前已有5个地州市、66个县(市)、4个农垦师局、131个农牧团场基本实现了农田林网化，39个县(市)实现了平原绿化达标。全区85%的农田得到林网保护，为自治区农牧业连续20年丰收提供了重要保障。全区平原人工林每年生产木材已达60万立方米，实现了木材生产向以平原为主、山区为辅的战略转移。

——经济林建设向基地化、规模化方向发展。“八五”后期新造经济林占当年造林面积的50%，目前全区经济林总面积达到20万公顷，16个名特优经济林商品基地县已形成3.3万公顷的规模，建成了一批具有新疆特色、蜚声国内外的林果生产基地，全区年产干鲜果品超120万吨。

——平原天然林保护、恢复工作得到加强，防沙治沙初见成效。封禁管护平原天然林113.3万公顷。1991年开始实施《十年防治荒漠化工程建设规划》，完成开发治理总面积达59.3万公顷，封沙育林、育草69.3万公顷，人工种草及改良草场12.4万公顷，治沙造田及改造低产田1.8万公顷，种植药材及经济作物6.3万公顷，开发利用水面0.2万公顷。和田县绿洲综合防护林体系成为全国防沙治沙工程先进典型。

（二）

新疆林业以建立比较完备的林业生态体系和比较发达的林业产业体系为目标，将发展林业与农民脱贫致富奔小康紧密结合起来，把改善生态环境、保护扩大新疆各族人民赖以生存的绿洲与自治区国民经济发展紧密结合起来，为农牧业增产、农牧民增收提供了重要保障，为新疆经济社会的发展、城乡人民生活的改善创造了条件、发挥了重要作用。

——涵养水源，灌溉万顷良田。以天山、阿尔泰山为主的山区森林构成了新疆林业的主体，占全区森林面积的42.89%。它所涵养的水源，灌溉着天山南北及北疆地区的万顷良田。同时山区森林在保持水土、调节气候、特别是在维护新疆生态平衡方面发挥了不可替代的作用。

——美化了环境，改善了绿洲生态。通过大规模的植树造林，扩大了绿洲面积，美化了各族人民生产和生活环境，局部地区扭转了沙进人退的局面，风沙等自然灾害明显减少，有效地提高了绿洲抗御自然灾害的能力。地处塔克拉玛干沙漠南缘的和田地区在防护林的层层阻挡下，从绿洲边缘到内部，2米高度风速降低30%～69.2%，盛夏日均气温降低3.2～4.4℃，空气相对湿度提高7.3%～19.8%，水面蒸发减少30.5%～57.6%，为农作物的生长发育创造了良好的小气候。在农田林网的保护下，风沙严重的地区和年份，可使粮食增产45%～118%；一般年份增产16%～29%，棉花增产24%。此外，农田林网对于减少霜冻、降低地下水位、防止土壤次生盐渍化、改良盐碱地等也有一定的作用。由于建立了比较完备的防护林体系，1989年，和田县被联合国环境计划署评为“全球500佳”，和田地区形成了林茂粮丰畜旺的景象。

——提供木材、燃料、饲料和果品，改善了人民生活。通过防护林体系建设，平原地区的森林资源大幅度增加，有效地减轻了山区森林采伐的压力，缓解了农村用材烧柴紧缺的状况，扩大了饲草饲料来源，促进了农村经济的发展，改善了人民生活。目前，全区仅平原人工林蓄积量已达2594万立方米，每年可提供木材60万立方米、薪柴36万吨、果品100余万吨，经济效益相当可观。和田地区80年代初尚需调进木材4000立方米左右，而今木材除自给外，每年还可调出 5000～8000 立方米。

——为牲畜提供越冬栖息场所。新疆是全国第二大牧区，冬季牲畜主要在农区和平原天然林区越冬。平原人工林和天然次生林不仅是牲畜抗御寒冷安全越冬的屏障，而且为牲畜提供了大量饲草饲料，提高冬季抗灾保畜能力。据和田地区调查，全地区仅农田防护林产叶量可饲养 16.68 万个羊单位。

（三）

纵观新疆 50 年的林业发展史，我们坚持从新疆实际出发，认真贯彻“坚决保护、积极培育、合理利用、全面发展”的林业方针，在建设生态林业方面作出了积极探索和努力，为新疆国民经济和社会的发展构筑了一道道绿色屏障。主要做法和经验是：

（一）增强绿化意识，强化政府行为，是建设绿色屏障的关键

林业是集社会、生态和经济效益于一体的特殊行业，是一项社会系统工程。尤其在新疆，生态效益为第一性。由于林业生产周期长、经济效益低，林业要发展，关键在领导。自治区党委、人民政府认真贯彻党和国家关于发展林业的方针、政策、法律法规，把发展林业作为开发建设新疆的重要前提和促进经济、社会发展的重要任务来统一思想、提高认识，落实保护生态环境的基本国策，加大政策倾斜和工作力度，把发展林业作为党政领导任期目标责任制的重要内容来抓落实，一任接着一任干、一级干给一级看，为全区林业建设提供了有力的保障。1982 年自治区成立了绿化委员会，时任自治区党委书记的王恩茂同志亲自担任绿委会主任，并身体力行，每年带头参加义务植树。1990 年当时任自治区主席的铁木尔·达瓦买提同志与各地州及部门领导签订了造林绿化责任状，把造林绿化工作摆上各级党政的重要议事日程，下达指令性计划，并以此作为干部政绩考核的重要指标之一，实行造林绿化领导任期目标责任制。1997 年 6 月，自治区党委、政府在充分调研的基础上，召开了林业工作会议自治区党委书记王乐泉在这次会议讲话中强调指出：“新疆林业的生态效益是第一位的”，同时又指出：“林业是新疆的一个举足轻重的行业，没有林业就没有我们新疆的生存条件，更没有经济发展的前提”。会议讨论制定了《自治区党委、人民政府关于加快林业改革和发展决定》。《决定》进一步确定了林业在自治区国民经济建设中的特殊重要性，指出：“在新疆，没有森林就没有各族人民的生存前提，更没有社会经济的发展条件。”特别是《决定》确定在全疆建立森林生态效益补偿基金，为林业发展注入了新的活力。在市场经济条件下，建立这种制度，在全国起到了一定的示范作用。

这次会议是总结新疆林业 40 年发展成就和教训，号召全社会大办林业，坚定不移走可持续发展路子的宣言书，是一项向新疆 1700 万各族群众，向子孙后代表明绿染新疆决心的庄严承诺。自治区党委、政府作出的《决定》是一项功在当代、利在千秋的重大举措，为全区的林业建设创造了前所未有的发展机遇，标志着全区林业改革和建设发展到了一个新阶段。同年，新上任的自治区主席阿不来提·阿不都热西提又与各地州领导签订了新的造林绿化责任状。由于强化了政府行为，党政主要领导亲自抓绿化，全疆形成了党政一把手亲自抓、一级抓一级、层层有人抓的新格局。过去每年造林徘徊在 2666 公顷左右的塔城、昌吉两地州，年造林分别达 6666 公顷和 5333 公顷，比过去翻了一番多，确保自治区平原人工造林连续三年突破百万亩大关。

（二）因地制宜，突出重点，是建设绿色屏障的有效途径

“三北”防护林工程建设是新疆林业建设的重中之重。“三北”防护林建设 20 年来，自治区林业建设紧紧围绕这一重点工程，结合新疆灌溉林业的实际，先后制定了《三北防护林体系一、二期工程规划》、《三北防护林体系建设总体规划》和《1989～2000 年造林绿化规划》，从绿洲外围到绿洲内部，根据不同的生态环境和需要，设置不同的林种，使整个绿洲林木分布均匀、布局合理、层层设防，构成了一个“网、片、带”、“乔、灌、草”相结合的防护林体系。并且本着先易后难、由近及远、先农区内部后绿洲边缘的建设方针，因地制宜逐年实施。首先，结合农村“五好”建设，营造适合新疆恶劣生态环境的“窄林带、小网格”的护田林网，实现了农田林网化；其次保护恢复灌溉农区内的天然林带植被，绿化有灌溉条件的宜林荒地、下潮盐碱地和河滩地等，实现平原绿化；再次在绿洲边缘营造大型防风固沙基干林带，全面保护、恢复、发展绿洲外围的林草植被，建立较完备的防护林体系。

目前，新疆“三北”工程建设共完成人工造林

85.1万多公顷，封河封沙育林140多万公顷，到“八五”末，全区城市绿化覆盖率达到24%。和田地区根据本地荒漠绿洲灌溉农业、生态环境十分脆弱的特点，按照“三北”防护林建设规程要求，向荒漠进军，建设保护农业的三道防线。首先是引洪封育，恢复发展3余万公顷胡杨、红柳等荒漠林，并扩大固沙草本植物4余万公顷，在茫茫荒漠中建起了近百万亩“乔、灌、草”相结合的绿色保护带，为绿洲营造了第一道防线。其次是环绕绿洲边缘，营造了1363公里，宽50～100米的大型防风固沙基干林带，筑起了保障绿洲农田稳产、增产的第二道防线。第三是在全地区17 104块条田营造配置了网格大小布局合理，林种树种搭配得当的高标准农田防护林，形成绿洲农业的第三道防线。这三道绿色防线成为和田地区经济发展、各族人民安居乐业的最亮丽的风景线。

（三）发挥政策威力，鼓励全民造林，是建设绿色屏障的重要措施

自治区认真贯彻执行党的十一届三中全会以来制定的各项林业方针政策，解放思想，坚持国家、集体、个人一齐上，放手把宜林荒地划给群众经营，在划地、用水、资金和提留等问题上实行优惠，允许跨地区、跨行业进行开发性造林。鼓励全社会在宜林荒滩上投资投劳，并实行谁造谁有，谁投资、谁经营、谁受益，长期不变、允许继承的优惠政策。素有“华夏第一州”之称的巴音郭楞蒙古自治州，对治沙造林者无偿划拨土地，免交三年水费。

在农田防护林网化建设方面，各地实行统一划分农防林用地，统一栽植、统一配水、统一管护、统一采伐更新，林随地走，谁造谁有，减免防护林水费，对农防林占地部分，免交集体提留和农业税。在农业综合开发建设中，自治区要求，按10%的占地比例配足配好防护林网。

在部门绿化方面，自治区要求煤炭、石油、水利、公路、铁路、民航等部门及部队，按规定提取造林绿化资金，按照“统一规划、分工负责，各负其责、各负其资、各受其益”的原则，完成各自承担的造林绿化任务。

在筹措造林绿化资金方面，各地采取以群众投工投劳为主，国家补一点、地方财政挤一点、银行贷一点的办法，多渠道筹措，争取各行业对林业的支持。据统计，“三北”二期工程建设期间，全区共完成投资24.57亿元，其中，中央投资1.11亿元，地方配套5.51亿元，集体自筹8.63亿元，群众投工投劳折款9.72亿元。仅1991～1993年，自治区以商品粮基地、以工代赈、棉花基地返款、基层服务体系建设、技术推广、森林病虫害防治等项目，给林业增加投入4500余万元。铁路、公路、石油等行业也拿出2000多万元用于造林绿化。

（四）突出农田林网，发展高效林业，是提高绿色屏障效益的重要途径

农田林网化建设是平原造林绿化的主体，新疆始终把这项工作作为造林绿化的重点来抓。1985年自治区人民政府明确提出了限期基本实现农田林网化的要求，并以县（市）为单位制定了年度达标规划，加快了农田林网化建设步伐。90年代初，随着林业改革的不断深入，各地充分发挥新疆水土光热资源的优势，结合农村产业结构调整，加大经济林和速生丰产林的比重，推行农林间作、主体开发，发展生态经济型林业。

一方面，完善农田林网，在老农区内部防护林网完备、水土条件好的地方把现有生态型林带逐步改为生态经济型林带。一是将低产林带按速生丰产林的营造要求加以更新改造，或进行抚育间伐，加强管理，培育成速生丰产用材型防护林；二是在现有林带向阳面配置核桃、红枣、巴旦姆、杏等经济林木；三是在机耕道一侧栽植葡萄，搭架后形成葡萄长廊。

另一方面，在条件适宜的地方，相对集中连片营造经济林、速生丰产用材林和薪炭林。有的地方利用逆温带开发营造经济林，有的退耕还林营造经济林，有的充分利用毛渠发展经济林，使自治区年营造经济林面积由1985年的6667余公顷提高到现在的3.3余万公顷。自治区确定16个名特优新经济林示范商品基地，建设面积已发展到3.3万公顷。目前，全区经济林累计栽植面积已达23.3万公顷，年产果品120万吨，产值达20亿元。喀什、和田、阿克苏、博尔塔拉等地州的经济林已成为当地新的经济增长点，成为当地农村的支柱产业。仅和田地区就有20%的贫困户靠发展林果业脱贫致富，经济林占农民人均收入的三分之一。

（五）加强法制建设，依法保护森林资源，是建设绿色屏障的重要保障

《森林法》、《野生动物保护法》等全国性法规颁布实施后，自1990年以来，自治区人大常委会制定和颁布实施了《自治区实施〈森林法〉若干问题的规定》、《自治区实施〈野生动物保护法〉办法》、《自治区全民义务植树条例》等地方性法规，自治区人民政府制定和批准发布了《自治区实施〈森林防火条例〉办法》、《自治区实施〈森林病虫害防治条例〉办法》、《自治区防沙治沙若干规定》等政府规章，从而使林业工作做到有法可依、有章可循，为林业的改革和发展提供了法律保障。

资源林政管理工作坚持森林资源消耗全额管理、限额采伐制度，坚持木材流通领域的检查监督、凭证运输制度，坚持实行森林消长目标管理和领导任期发展、保护森林资源目标责任制，使资源林政管理逐步走上法制化、规范化、科学化轨道。目前全区国有林区颁发林权证单位和面积达到90%以上。山区森林年采伐量由1985年的40万立方米，下降到1998年的28万立方米，全区森林资源消耗逐年减少，2000年将调减到8万立方米。

护林防火工作进一步建立和健全组织机构和责任制。全区各地州、县、市和林场都成立了护林防火机构，专职和义务护林员队伍已达3000余人，护林防火基础设施累计投资3000多万元，各级政府层层签订责任状，建立健全护林防火责任制，把护林防火工作作为各级领导政绩考核内容，收到了良好的效果。

森林病虫害防治工作实行"以预防为主"的方针，加强预报、监测工作，测报网点由过去的57个增加到230个，全区监测预报体系已基本形成。按照"谁经营、谁防治"的原则，落实防治责任制，调动了经营者防治森林病虫害的积极性。"八五"末，全疆森林病虫害发生面积比"七五"末下降30.5%，防治面积增加了14.2%，逐步扭转了森林病虫害发生面积逐年上升的局面。

依法大力保护、恢复和发展平原天然林。《森林法》颁布实施后，自治区批准成立了自治区国有平原林管理总站，先后建立了44个平原天然林场或管理站，管护平原天然林面积达380万公顷。采取封禁育林、引洪灌溉育林和对次生林进行改造等方法，使天然林得到了有效保护、恢复和发展。截至1996年底，全区封育平原天然林面积达87万公顷。

林业公安队伍进一步加强。到1998年底，全区已有林业公安局(处)2个、地州林业公安科13个，林业派出所118个，民警达909名。

(四)

新疆林业50年的发展历程，走出了一条发展、壮大的成功之路，取得了令世人瞩目的成就，在新疆国民经济和社会发展中确立了不可替代的特殊地位。但是面对干旱、风沙危害严重的恶劣自然环境，新疆林业建设任重而道远。为此，林业建设将在江泽民总书记关于"再造山川秀美的西北地区"批示精神指导下，认真贯彻执行《自治区党委、人民政府关于加快林业改革和发展的决定》，牢固树立生态效益第一的思想，继续贯彻"坚决保护、积极培育、合理利用、全面发展"的林业方针，发展大林业、优化大环境、培育大产业，建立起适应自治区经济社会可持续发展要求的林业生态体系和具有新疆特色的林业产业体系。为此，新疆林业要以保护绿洲、扩大绿洲为目标，全面实施天然林保护工程，增强山区森林、平原人工林、荒漠林、河谷林的生态功能，在继续改善绿洲内部生态环境的同时，减缓绿洲外部生态环境恶化的趋势。以不断扩大林地面积和森林覆盖率为目的，在保护好现有森林资源的基础上，大力建设丰产林基地和防护林工程，增加森林资源数量、提高森林资源质量，实现永续利用。到2010年，全区森林覆盖率达到2.25%。为了实现上述奋斗目标，新疆将重点抓好以下几项工作：

(一)全面实施山区天然林保护工程，进一步增强山区森林涵养水源的能力

党的十五届三中全会通过的《中共中央关于加强农业和农村工作的若干问题决定》，对改善我国生态环境、加快林业发展作出了一系列重大部署。按照国家要求，新疆森工企业将有计划地停止对天然林的经营性采伐，同时加强森林资源保护，严禁毁林开垦和乱占林地。对已发生的毁林开垦和乱占林地行为进行全面清查，对过度开垦的土地要有计划、有步骤退耕还林。要积极做好实施天然林保护工程转产项目的确定、人员分流工作，确保天然林保护工程的顺利实施。

(二)以建立高标准农田防护林体系为重点，加快平原绿化进程

平原绿化是自治区林业生态体系建设的核心。今后要在提高防护效益的前提下，着力提高经济效益。要进一步调整平原绿化的林种、树种结构，积极探索生态经济型防护林建设的新途径。要把农田防护林作为农村的基础设施，由乡镇或村集体统一规划、统一栽植、统一管护、统一更新。牧区要因地制宜，建设草场防护林。要加快城镇、农村居民区和牧民定居点的绿化建设，全面开展荒漠化土地综合治理，绿洲内部宜林宜草的“三滩地”，都要种树种草，提高覆盖率。风沙前沿要建设乔灌草、网片带配套的基干防护林体系，加快绿洲防护林向沙漠延伸，促进相邻绿洲靠拢。

（三）以封育保护为主要手段，加快荒漠林恢复和发展

荒漠林、河谷林是绿洲重要的生态屏障。要大力封育保护，做到总面积不断扩大，郁闭度逐年提高。加快调整城乡居民能源消费结构，积极开发利用替代能源，力争在2000年以前，完全停止对荒漠林的樵采。正确处理水土开发和保护荒漠林的关系，郁闭度0.1以上的乔木林地和覆盖率30%以上的灌木林地，划为荒漠林基本保护区。在林地上开荒，要依法报批，交纳补偿费、绿化保证金，并限期实现林网配套。在重点县（市）设立检查管护站，切实加强对重要地带荒漠林的保护。

（四）以建设名特优经济林生产基地为突破口，加快调整林业结构，大力发展林果业

充分利用新疆独特的气候优势，把经济林培育成自治区经济发展新的增长点。要大力提高经济林所占比重，推广和田、喀什等地经验，积极发展混农林业。在保证实现粮棉增长目标的前提下，腾出一部分水土资源，采用节水技术，发展效益比较高的经济林。放手发展干果生产，适度发展鲜果生产，把具有市场优势的核桃、巴旦姆、红枣、杏仁、葡萄干等五大干果，香梨、石榴、优质杏、优质苹果等四大鲜果作为经济林发展的优先品种，按照统一规划、合理布局、集约经营的要求，走基地化、规模化、产业化的路子，使林果业成为新疆独具特色的优势产业。

（五）实施科教兴林战略，加快林业增长方式的根本性转变

林业科技和教育事业的发展决定着林业可持续发展的整体技术水平和队伍素质。根据林业可持续发展的需要，加强林业实用技术的研究和推广应用工作。新安排的林业科研课题和项目，要重点围绕自治区林业工作会议提出的林业实用技术进行。在实施十大工程时，必须把相应的成果推广计划与生产建设计划同步下达，组织实施，加强林业科技规划、项目管理和综合协调，提高林业项目、林业工程的科技含量和工程效益。加强巴旦姆栽培增产技术的科技攻关和低产核桃林改造，加强节水灌溉技术和高新技术的推广应用，尽快取得突破性进展。抓紧做好先进栽培技术和优良品种的引进，加强技术推广服务体系建设，做好产前、产中和产后服务，使科技成果尽快转化为生产力，促进林业向优质高产、高效、持续方向发展。

（六）结合国家“三北”防护林体系建设，抓好一批重点造林工程建设

“九五”到2010年，全区要着力抓好以下十大工程：天山、阿尔泰山百万亩山林再造工程；准噶尔南缘防风固沙基干林工程；“三河两盆”天然林封育工程；粮棉基地县高标准农田防护林建设；南疆百万亩优质干果经济林工程；50万亩优质库尔勒香梨基地建设工程；北疆50万亩逆温带经济林开发工程；南疆百万亩薪炭林能源工程；额尔齐斯河流域水土开发绿化配套工程；沙漠公路绿化工程。十大林业工程的建设，将推动全区林业的社会效益、生态效益、经济效益上一个新的水平。

特殊的地理位置和自然条件，决定了新疆林业的特殊地位和作用。面对21世纪，新疆林业改革与建设任重而道远。新疆各族人民将一如继往地肩负发展林业、保护绿洲、扩大绿洲的历史重任，将把一个山川更加秀美的新疆带入21世纪，为新疆各族人民致富奔小康构筑更加完善、更加坚固的绿色屏障。

（执笔人：李晓明　陈煊）

昔日戈壁荒漠　今日良田绿洲

——新疆生产建设兵团林业建设巡礼

新疆生产建设兵团林业局

新疆生产建设兵团174个农牧团场，分布在新疆87个县(市)。现拥有土地666.7万公顷，其中耕地98.7万公顷，草场240万公顷，林地125.5万公顷，总人口238万人。兵团是党政军企合一的特殊组织，肩负着屯垦戍边的战略任务。几十年来，兵团在发展生产和经济建设的同时，忠实地履行屯垦戍边的历史重任，成为新疆经济建设、民族团结、社会安定和巩固边防、维护祖国统一的一支重要力量。

兵团多数团场地处“三边”地带，即沙漠、戈壁和盐碱滩边，灌溉水系的下游，174个团场中有88个团场分布在北疆准噶尔盆地和古尔班通古特沙漠及南疆的塔里木盆地和塔克拉玛干大沙漠的边缘。兵团有58个边境团场，生产生活条件较差。由于严酷的生态环境的威胁，兵团广大干部和群众及各族职工深深体会到：没有林业就没有生存的条件，也不会有稳定的农业。因此，兵团从垦荒建场开始，就开展了以营造农田防护林为中心，实现农田林网化，建设农业绿色屏障的工作。同时营造边境林、防风固沙基干林、保护和扩大荒漠植被，构成了兵团各垦区较完善的防风固沙体系，有效地改善了自治区和兵团的生态环境，保障了自治区及兵团农牧业的稳步发展和社会的安定。

一、新疆生产建设兵团林业发展概况

新疆生产建设兵团(以下简称兵团)成立于1954年，是由王震将军率领的中国人民解放军第一兵团的一部分、由陶峙岳将军率领的中国人民解放军二十二兵团的全部以及新疆民族军整编的人民解放军第五军的一部分组成的，承担着建设边疆、屯垦戍边的光荣任务。当时，新疆各族人民的生活非常贫困，为了减轻人民的负担，王震将军指示，兵团在屯垦戍边时不能与地方争好地、争草场、争水源。兵团遵循王震将军的这一指示，开荒造田，建立起的军垦农场大都在准噶尔盆地和塔里木盆地的戈壁边缘、古尔班通古特大沙漠及塔克拉玛干大沙漠前沿地带，自然环境非常恶劣，风沙、干旱、盐碱危害严重。

为了发展农业生产，抵御风沙、干旱的危害，兵团从成立的那天起，在考察了前苏联西伯利亚的农业后，结合农田基本建设，开展植树造林和防护林体系建设，积极发展经济林，封育荒漠植被。回顾兵团的林业建设历程，有艰苦、有曲折，但主要是辉煌。到1997年底，兵团共营林398 667公顷，其中人工造林186 667公顷，封沙育林212 000公顷。人工造林中防护林面积为70 888公顷，占人工造林面积的58.3%；用材林面积为21 993公顷，占人工造林面积的18%；经济林面积26 928公顷，占人工造林面积的22%；其他林木1847公顷，占人工造林面积的1.7%。

兵团近50年来的林业发展道路，大致经历了以下几个阶段：

1955～1966年，这一阶段是兵团林业奠基发展时期。到1966年，兵团的军垦农场发展到137个，兵团农业的发展带动了兵团林业的发展，林业生产取得了较大的成就。农田防护林建设在苏联专家的指导下，结合农业条田建设，按照防护林的要求，从林带结构到林带密度、从树种选择到树种配置都进行了正规的规划设计，各个团场建立起自己的种苗基地，建立了林业管理机构，配备了林业技术人员。到60年代，北疆的石河子、奎屯、伊犁、五家渠和南疆的阿克苏、库尔勒、焉耆等垦区基本上实现了好条田、好渠道、好道路、好林带、好居民的“五好”建设标准，把兵团的农田防护林建设推向一个新阶段，曾受到原国家农垦部和新疆维吾尔自治区的表彰。原自治区党委第一书记王恩茂同志曾号召全疆各族人民向兵团学习这一好的经验。当时到兵团参观农田防护林建设的单位和人员络绎不绝，1966年末，兵团防护林面积达2.4万公顷。

1966～1976年，兵团林业遭到了严重的破坏。从1966年开展“文化大革命”以后，兵团林业陷于徘徊、挫折之中，乱砍滥伐，林木受旱死亡，使兵团林业发展十分缓慢。十年中，兵团造林面积仅净增1300多公顷。至1976年底，兵团造林保存面积仅为2.56万公顷(不含果树)。

1977～1988年，是兵团林业大发展时期。党的十一届三中全会后，在邓小平建设有中国特色的社会主义理论指引下，在改革开放的浪潮中，兵团的林业取得了突破性的进展。特别是1978年兵团林业被国家纳入三北防护林体系建设范围后，根据三北防护林体系建设的总体规划要求，兵团在原有造林基础上，制定了林业政策和法规，成立了各级林业管理机构，采取了切实可行的造林措施，三北防护林体系第一期工程建设中全兵团共造林120 873公顷。其中人工造林41 285公顷，封沙育林79 588公顷，相当于1977年以前造林保存面积的2.37倍，人工造林中的防护林面积为18 458公顷，占人工造林面积的36%；经济林面积为6658公顷，占人工造林面积的16%。耕地覆盖率由1977年的2.68%提高到4.48%，其中农八师的121团、150团，农二师的21团、36团等21个团场农田防护林耕地覆盖率达8%以上，林网化造林完成量达90%以上，达到了农田林网化的标准。

“三北”防护林体系建设第二期工程是从1986年到1995年。在此期间兵团仍以农田防护林建设为中心，同时，开展了防风固沙基干林、边境林等多林种建设，恢复和保护荒漠植被，积极发展经济林，建立起防护林体系和果品生产基地，把兵团的林业推向了一个新阶段。10年间共造林158 933公顷，为“三北”防护林第二期工程规划面积459 000公顷的346%。其中人工造林73 401公顷，封沙(滩)育林85 532公顷。在人工造林中防护林面积为46 243公顷，占人工造林面积的63%；用材林面积为6305公顷，占人工造林面积的9%；经济林面积为20 270公顷，占人工造林面积的27%；零星植树1224万株。耕地覆盖率由“一期”末的4.48%提高到9.8%，林木蓄积量增加到926.7万立方米。161个平原农场已有124个团场，实现了农田林网化，10个团场达到了“平原绿化”的标准。

“三北”防护林体系建设二期工程期间抓了三大工程建设，即准噶尔盆地古尔班通古特沙漠南缘防风固沙基干林工程、新疆西部边境林建设工程、塔里木盆地东部绿色走廊防风固沙基干林工程。

根据林业改革的需要，“二期工程”重点对林业结构进行了调整，加快了经济林发展速度。经济林中重点以发展果树为主，1986～1995年种植果树20 270公顷，其中结果面积为1万公顷，初步建造成香梨、贡梨、制干葡萄、苹果等果品生产基地。

在人工造林的同时，采取封沙育林措施，保护和扩大荒漠植被，形成了人工林与天然荒漠植被为一体的绿洲生态体系。兵团境内分布有荒漠植被80.9万公顷，至1995年底已封育荒漠植被20.4万公顷。

兵团林业发展的近50年是兵团广大军垦战士付出辛勤劳动和代价的近50年，也是军垦战士尝到丰收喜悦的近50年。昔日的亘古荒原现在变成了渠道纵横、阡陌交错、林带成网的新型绿洲，绿洲方圆境内呈现林茂、粮丰、畜旺的欣欣向荣景象。人们难以忘怀艰辛的昨天，也看到了充满绿色希望的明天。

二、兵团林业建设的成就和经验

兵团的林业建设走过近50年艰苦、曲折、辉煌历程，取得了巨大的成就，也积累了丰富的经验。

(一)兵团林业建设的成就

1. 兵团的林业建设自始至终把农田防护林体系建设放在首位

兵团林业建设从开始那天起就与农业建设结合在一起，随着农业的发展而发展起来。兵团的广大军垦战士从切身实践中深刻地体会到：处于风沙干旱荒漠地区的农业，没有林业的发展也就没有农业的发展，也就保证不了农业的丰产稳产，因此始终把防护林建设作为林业建设的重点。到1998年底，兵团共有人工林面积186 667公顷，其中防护林面积90 933公顷，占人工造林面积的48.7%。围绕这一重点，兵团1986年全面开展了实现农田林网化活动。到1997年底，兵团的159个平原农场中已有128个农场实现了农田林网化，占整个平原农场的80.5%，10个农场达到了"平原绿化县"的标准。由于狠抓了农田防护林体系建设，增加了抵御各种自然灾害的能力，有效地改善了垦区的生态环境，保证了农业的稳步发展。以农八师150团为例，该团地处古尔班通古特沙漠南缘，由于东、西、北三面被沙漠环抱，伸入沙漠60公里，有"沙海半岛"之称，深受沙漠化的危害。据测算，从建场以来，每年风沙危害天数达15～25天，从开荒至今已有0.53万公顷的耕地被沙漠覆盖，每年都有0.2万公顷的农作物遭受沙害，造成经济损失达数千万元。该团从建场以来就抓了防护林建设，现在林网化程度已达90.8%，耕地覆盖率达14.3%，实现了农田林网化。并且从1986年开始进行准噶尔古尔班通古特沙漠南缘的防风固沙基干林工程建设，十几年来，完成防风基干林40公里，面积达2000公顷。由于建成了片、带、网，乔、灌、草相结合的较为完整的防护林体系，风沙危害得到遏制。据测定绿洲内部的风速较外围旷野的风速降低30%～40%，风沙危害的面积由建场的0.53万公顷下降到现在的670公顷。昔日的"沙海之岛"现在已成为新疆自治区粮棉生产基地之一，被评为兵团先进团场称号。1990年被林业部授予"全国植树造林先进单位"。1992年联合国教科文组织特派专家对150团场造林情况进步考察，给予了高度评价，称赞"这片绿洲使人类在死亡之海中看到了生存的希望"，是"沙漠之中一颗明珠"。

兵团的农业，由于林业的发展，每年获得丰产丰收，目前兵团已经成为新疆重要的农业生产基地。1998年，兵团粮食产量为137.9万吨，比1978年增加51.21万吨，增长59.1%；棉花产量为59.7万吨，增加57.72万吨，增长29.1倍；油料产量为12.43万吨，增长265.5%，甜菜产量为227.71万吨，增长16.7倍。

2. 狠抓了三大防风固沙基干林工程建设

兵团有88个团场分布在古尔班通古特在沙漠和塔克拉玛干大沙漠的边缘地带，地处风沙危害的前沿，沙漠化危害非常严重。据不完全统计，准噶尔盆地古尔班通古特沙漠南缘沙区团场40万公顷地耕地中沙漠化危害的面积达20万公顷，占50%；塔里木绿色走廊沙区团场，由于塔克拉玛干大沙漠的危害造成开垦的2.79万公顷的耕地，已有0.87万公顷被迫弃耕，有0.13万公顷变成了沙漠。这样下去用不了20年，绿色走廊将会消失。为了遏止沙漠的危害，从1986年开始，兵团启动了大型防风固沙基干林工程建设，以人工造林为重点，宽30～50米。基干林外侧(即迎风面)进行封沙育林育草，基干林内侧(背风面)建立"窄林带小网络"的经济开发区，形成乔、灌、草结合的、生态经济建设与资源开发并进的防风固沙防护林体系。该项工程建设到1997年底已取得重大进展，取到良好的效果：

(1)准噶尔盆地古尔班通古特沙漠南缘防风固沙基干林建设工程，全长500公里，宽30～50米，最宽达100米，地跨农六师昌吉垦区、农八师石河子垦区、农七师奎屯垦区、农五师博乐垦区，近20个团场，到1997年底已完成127.4公里，造林面积667公顷，受保护的农田达11万公顷。

(2)新疆西部边境林建设工程，全长300公里，宽30～50米，地跨农四师伊犁垦区、农五师博乐垦区、农九师塔城垦区、农十师阿勒泰垦区近30个团场，到1997年底已完成200公里，造林面积2000公顷，受保护农田达30万公顷。

(3)塔里木盆地东部绿色走廊防风固沙基干林建设工程，全长150公里，宽30～50米，地跨农二师塔里木下游垦区的31、32、33、34、35团5个团场，现在已完成50公里，造林面积3000公顷，受保护的农田达1.38万公顷。

这些工程的建设，使沙漠化危害在很大程度上得到遏止，农田得到了保护，粮食获得丰收。以地处塔里木盆地东部绿色走廊的33团为例，该团场依仗防风固沙基干林的保护，农业抗御自然灾害的能力明显增强，因风沙带来的损失由原来的8%，降低到现在的1%。水稻单产由10年前的269公斤/亩，提高到现在的508公斤/亩；棉花单产由40.8公斤/亩，提高到100.3公斤/亩，农业生产连续10年夺得丰收。

3. 调整林业结构，把发展经济林与防护林放在同等地位改革开放进一步深入发展，兵团林业生产在市场经济浪潮冲击下，从1986年开始对林业结构进行了较大的调整，结合兵团的实际情况，增加经济林的发展比重，大力发展新疆名特优新树种品种，改造低质品种，完善产后加工贮藏保鲜，建立出口创汇果品生产基地，提高林业的经济效益。到1998年，种植果园面积达1 533公顷，结果面积达1.33万公顷，年产果品20万吨，总产值达5.5亿元。初步建成了四大果品生产基地：

(1)以农一师、农二师为主的香梨生产基地，面积3334公顷，年产香梨3.5万吨，年产值达1.05亿元，主要出口我国香港、东南亚地区和韩国。

(2)以农三师、农一师阿克苏垦区为主的砀山酥梨生产基地，面积3334公顷，年产砀山酥梨3.43万吨，年产值达0.93亿元，主要出口韩国和哈萨克斯坦等国家及我国的香港地区。

(3)以哈密垦区、吐鲁番221团场为主的制干葡萄生产基地，面积3334公顷，年产葡萄3.14万吨，年产值2.1亿元。

(4)以农一师、农三师、农四师等垦区为主的苹果生产基地，面积为6667公顷，以红富士苹果为主产果品，年产苹果6.86万吨，年产值达1.23亿元。

(二)新疆生产建设兵团林业建设的经验

兵团在林业建设的发展中取得了巨大的成就，同时也积累了丰富的经验。

1. 领导重视，机构健全

兵团的林业从开始建设的那天起就得到了兵团各级领导的重视。50年代，当时任兵团司令员的陶峙岳将军指示：兵团的林业应放在与农业同等重要的位置上，各级部门应设立园林科，专管林业。1959年筹备建设兵团最高学府——兵团农学院时，当时任兵团第二政委的张仲翰同志指示：在专业设置上应设园林系，专门培养自己的林业和果树专家。根据陶峙岳司令员和张仲翰政委的指示，各师、团场都相应地组建了园林科、林管站或园林队。1990年兵团实行计划单列后，林业工作纳入林业部行业管理，促进了兵团各级林业机构的建设步伐，兵团师(局)成立了林业局，152个团场成立了林业工作站，配置专业技术人员1144人。兵团现有林业职工23 166人，林业承包户2181户。

2. 增加科技含量，科研与推广相结合

(1)建立健全了从上到下(从兵团到农牧团场)的科技研究和科技推广的组织机构。兵团农垦科学院下设的林业研究所是兵团专门从事林业研究工作的科研所，13个师农科所设有专门的园林研究室，团场成立了科研小组。现在全兵团有兵团直属林科所一个，师属果树研究所一个，园林研究室11个。推广机构有兵团直属林业推广工作总站一个，全兵团拥有林业科技干部1144人，其中科研人员96人、科技推广人员364人、行政干部484人。

(2)兵团除每年尽量地吸收部分大学毕业生加入建设队伍外，兵团林业局还在资金极其困难的情况下筹集资金，采取各种渠道培养人才。从1986～1987年分两批60人输送到新疆自治区林业学校委托培养；1989～1993年分四批120人输送新疆石河子农学院园林工程系林业专科班学习。这些举措大大地改善了兵团林业科技人员缺乏的局面。并分别举办了各种类型的学习型、培训班，加强对林业人员的素质培养。

(3)开展科学研究和科技推广工作。近50年来，兵团的科技不断发展，特别是三北防护林体系建设第二期工程期间，兵团各级科研和推广机构从兵团的实际出发，开展了各种科研和科技推广工作，取得了显著成效。近50年来共完成科学研究25项，实用技术推广16项，其中获得各级奖励18项。

①盐碱地造林技术的研究及推广。该研究提出了根据不同盐碱地情况，筛选出不同造林方式和造林技术，成果推广面积达2.4万公顷，造林成活率达85%～90%，1980年获得农垦部科技进步一等奖。

②农田防护林速生丰产技术的研究及推广。该成果对防护林采用速生丰产技术，使之达到速生丰产，提早成林。该项技术1989年获得新疆自治区科技进步四等奖。

③胡杨次生林的恢复改造和营林技术的研究及推广。该研究是针对残败的胡杨次生林进行改造，使之恢复成材的一项实用技术，推广面积达6666公顷，1991年获兵团科技进步二等奖。

另外，还研究和推广了低产经济林的改造技术，机械植树造林技术的改进及推广、多效唑应用及推广、林木防啃剂的应用及推广、ABT生根粉及全光照喷雾育苗技术的改进及推广等工作都取得了较好的研究成果和经济效益。

3. 林政管理和资源保护日益加强

近50年来，兵团把保护林业资源作为发展国民经济的一项重要工作，制定了“坚决保护、积极培育、合理利用、全面发展”的方针，把发展生产力、增加森林资源、增加林业活力，作为林业工作的总目标，加强了资源保护和林政管理工作，使林业资源消耗量得到有效控制。

兵团资源保护和林业法制工作，在1977年被纳入国家三北防护林体系建设范围后日趋完善，加大了依法保护森林资源的力度。特别是1990年兵团实行 计划单列后，资源林政工作步入规范化、制度化管理轨道。在机构方面，兵团林业局下设了资源林政处，各师林业局、团场林业工作站均设有专人管理资源和林政工作。目前已拥有兵团、师、团三级林政执法人员500人，资源档案管理人员200余人，为管好资源和林政工作创造了前提和基础。全面贯彻实施国家《森林法》、《野生动物保护法》及有关林业法律法规，并根据兵团实际，制定了资源档案、林木采伐、林地征占等一系列管理办法，使资源档案及时更新，林木采伐、林地征占凭证率大幅度提高，乱砍滥伐林木，乱征滥占林地的违法活动，受到打击，造林成果得到有效巩固，森林资源迅速增加。

4. 把营造农田防护林、防风固沙、改善生态环境作为一项重要任务来抓

50年来，兵团立足新疆的实际，从发展的高度出发，审视林业的地位和作用，分析制定了各个时期林业发展的规划和政策措施。始终把营造成农田防护林、防风固沙、改善生态环境作为一项重要任务来抓；把林业建设的造林任务作为指令性计划下达；作为各级领导干部任期目标责任制，开展了检查评比、表彰奖励活动，并由单纯的行政手段管理转变为行政、经济、法律手段三管齐下，依靠科技、优化服务、全程化管理。由只追求造林数量转变为造林封育并重、乔灌草结合，坚持三大效益一齐抓，重质量，讲实效；由主要依靠国家投资转变为团场投工投劳与国家扶持相结合，多渠道、多形式筹集资金，发展林业；由就林业发展林业转变为林业建设工程与环境保护、农田基本建设、农业开发和全民义务植树相结合，统一规划，综合建设。

兵团林业建设虽然取得了辉煌的成绩，但是在整个大农业中还是一个薄弱环节，不少问题有待解决。如林业生产发展不平衡，还存在死角；管理粗放；经济林发展存在一定盲目性；科技推广体系不健全，科技人员缺乏等。

三、21世纪兵团林业展望

兵团经济要振兴，林业必须同步发展，面向21世纪，要在党的十五大精神和邓小平建设有中国特色的社会主义理论的指导下，开拓、进取把兵团林业推向一个新的发展阶段。

兵团21世纪的林业发展目标仍然要以防护林建设为主体，以农田林网化建设为中心，调整林业产业结构，大力发展经济林，积极保护、扩大荒漠植被，兼顾生态、社会与经济效益三效益，建立起防、保、用为一体的防护林体系建设工程，走生态经济建设与资源管理开发相结合的道路，形成农林牧有机结合和立体开发格局。以“增资源、增活力、增效益”，“绿起来、活起来、富起来”为重点，实行多层次、多形式造林，深化林业改革。调整林业内部产业结构，促进防护林体系稳定持续协调发展，把兵团林业建成区域性的、生态经济型的防护林体系，同兵团经济振兴、职工脱贫致富相结合。

兵团21世纪林业建设的设想：

(1)用10年时间建成和完善整个兵团农场的农田防护林林网，基本形成乔、灌、草相结合的农田林网，渠、路、林相配套，多林种、多树种合理配置的农林牧协调发展的林业生态系统。

(2)用20年时间建成具有竞争力强的新疆优质香梨、贡梨、优质苹果、制干葡萄、巴旦杏五大果品生产基地。

(3)用30年时间对兵团范围内的沙漠进行根本性的治理开发。把兵团处于两大沙漠前沿的88个沙区团场建设成为以防风固沙基干林为主体的乔、灌、草，网、片、带相结合的农林牧副渔综合开发的生态经济型治沙工程体系。

21世纪是充满绿色希望的世纪，是兵团人摆脱贫困奔向小康的世纪。改革不断深入，良好的内外部环境增强了兵团人振兴林业、改造自然的信心。在中国共产党正确领导下，兵团人一定会用勤劳的双手，不懈努力，一代代坚持下去，21世纪的林业奋斗目标一定会实现，绿色尽染兵团大地的景象一定会展现在世人面前。

（执笔人：尹汝谷）

典型经验

再造山川话陕北

——陕西省榆林、延安治沙治土改善生态环境纪略

1997年8月5日，中共中央总书记、国家主席江泽民在姜春云副总理考察榆林、延安治沙防沙，治理水土流失的调查报告上作了重要批示，肯定"陕北地区治理水土流失，改善生态环境的措施和经验是好的"，号召西北地区各族人民"大抓植树造林，绿化荒漠"，"再造一个山川秀美的西北地区"。这是党中央对包括陕北在内的整个西北地区生态环境建设的关怀和重视，对建设生态农业、实施可持续发展的战略部署，具有极其重要的现实意义和深远的历史意义。

(一)

陕北地区涵盖榆林、延安两个相互毗邻的地级行政单位，共有25个县及县级市，总面积8.02万平方公里。在新中国成立之前，这里的生态环境十分恶劣，农牧业生产水平很低，经济落后，是全国最著名的贫困地区之一。据史料记载，早在30年代，榆林地区的森林覆盖率仅为1.8%，成为毛乌素沙漠极为干旱的风沙区；延安地区的森林覆盖率也只有14.4%，成为黄土丘陵水土流失极为严重的沟壑区。

由于植被惨遭破坏，榆林地区北部的毛乌素沙漠向南长驱推移，仅新中国成立前的100年间，就有14万公顷农田牧场被流沙吞噬，9.6万公顷农田被流沙包围，6个县城、412个村镇被风沙压埋。榆林城在沙漠的驱逐下，曾经迁移过三次。公元9世纪盛极一时的大夏王朝的都城统万城(今靖边县境内)，在公元10世纪初就被流沙埋没得无影无踪了。1949年6月榆林解放时，流沙已向南侵移到50公里处的鱼河峁，榆林城成了四面黄沙的沙海孤岛，整个榆(林)包(头)公路经常被流沙压埋。

由于植被惨遭破坏，延安地区水土流失十分严重，土壤侵蚀模数高达2万～3万吨/平方公里·年，相当于地表每年剥离1～2厘米厚的土层。严重的水土流失，造成这一区域沟壑纵横，地形堑大沟深、坡陡崖绝、梁残丘孤。每逢中到大雨，洪水泛滥，泥沙滚滚。严重的水土流失使上游变穷、下游成灾。境内十多条河流浑黄如浆，有的水一石含泥沙数斗。黄河三门峡以上年输沙量16亿吨的1/3多来自这一区域。

水土流失使土地日渐瘠薄，地力衰退。加之旱、风、雹、霜等多种自然灾害频发，粮食产量低而不稳，正所谓"山是和尚头，沟里干丘丘，三年两头旱，十种九难收"。恶劣的自然条件迫使农民倒山耕种、广种薄收，陷入了越垦越荒、越荒越穷、越穷越垦的恶性循环之中。

生态环境的恶化严重制约了经济发展，广大群众一代又一代处在穷困的威胁之下。

新中国成立后，陕北人民在党的领导下发扬革命战争年代那么一股艰苦奋斗的延安精神，以愚公移山的坚韧毅力，从改变生态环境入手，战风沙、斗秃山，种树种草、兴修水利，向荒山、荒漠进军，决心改变自然面貌和自己的命运。

经过50年坚持不懈，不屈不挠，艰苦奋斗，陕北大地上的绿色已由一条一带、一点一片，渐渐地扩展连结了起来。绵延百余里的绿色田畴已把黄沙赶到了目光难以看到的远方，昔日逞狂的风沙在绿色长城面前失去了威风。河流渐渐不再沉重和暴虐，农

田、村庄、道路、鱼塘、稻田被绿树掩映。

到1996年，榆林地区造林保存面积达133万公顷，治理水土流失面积2.02万平方公里。其中，沙区造林保存面积97.3万公顷，环沙区总长1500多公里，11.6万公顷的四条大型防风固沙林带已经建成。沙漠腹地营造大型片林160多块，40多万公顷流沙得到固定，受风沙危害的9.3万公顷农田全部实现林网化，恢复改良草场20万公顷。全地区林草覆盖率由1.8%提高到34.5%，其中有10万户60多万人在被改造过的流沙中安家落户。沙区林草覆盖率达到38.9%。年输入黄河的泥沙减少了一半，而沙区则减少了76%。

到1996年，延安市造林77.6万公顷，种草37.1万公顷，长300公里、宽3公里以上的“绿色长廊”基本建成，森林覆盖率由14.4%提高到42.9%；治理水土流失1.67万平方公里，占流失面积的58%。以生物治理为主的各种水保措施年增加蓄水能力2.5亿吨，拦蓄泥沙近亿吨，年入黄泥沙由2.58亿吨减少至2.2亿吨。重点治理区基本达到了水不下山、泥不出沟，初步形成了“户成园、树成片、乡成带、市成网”的生态格局。

随着生态环境的改善，一些野生动物种群得以复兴，多年绝迹的一些野生动物开始出现。鹤、鹭鸶又重新飞翔于榆林红碱淖海子一带的天际。1998年3月，延安南部的黄龙、宜川一带发现了种群数量至少在1500只以上的世界珍禽褐马鸡。曾经退缩到延安地区西南一角的多种野生植物开始向北扩展。专家认为，这些生态现象均是陕北生态环境明显改善的生动有力的证明。

随着生态环境的改善，一些地方的自然灾害明显减少，水利设施效能得以有效发挥，地力逐渐恢复，粮食生产有了保证。榆林地区沙暴日由66天减少到24天，沙丘高度平均降低30%～50%，沙丘年平均移速由5～7米降为0～1.68米；自然降尘较无林区减少90%。通过引水拉沙、机械平整、治沙造田，沙区开辟农田8.66万公顷，灌溉面积5.8万公顷，小麦平均亩产300公斤以上，水稻亩产最高可达1000公斤以上。全地区粮食总产较新中国成立前提高了6倍，达到25亿公斤，人均占有粮食400公斤以上。

延安市的33.3万公顷林草植被年减少地表径流达3917万立方米，年降雨增加了9.4毫米，无霜期延长10天，空气相对湿度增加12%。1994年全省遭受了严重的旱涝灾害，关中等地粮食大幅度减少，而延安市的粮食产量反而达到了历史最高水平。目前农村人口占有基本农田0.15公顷，经济林0.1公顷，粮食总产达到8.9亿公斤，人均产粮基本稳定在400～500公斤。1991年前，全市每年吃返销粮50万公斤以上，最多达250万公斤，而1996年却出售商品粮250多万公斤。延长县1991～1995年新增林草面积4.4万公顷，累计达到15.4万公顷，森林覆盖率达到25.2%，自然灾害明显减轻。1995年全省持续165天的春夏连旱，粮食大幅度减产，而延长县的粮食产量较丰收的1993年只减少了2.1%。延安的老百姓已从每年吃返销粮的窘境中摆脱出来。

随着生态环境改善，农村多种经营也得到了全面快速的发展。由于坚持治理与产业开发相结合、与群众致富相结合、与发展地方经济相结合，延安市形成了烟、果、羊、薯四大主导产业。各种经济林已发展到24万公顷，建立起了苹果、红枣、仁用杏等一批区域性产业基地。1996年以四大主导产业为主的多种经营产值达13.6亿元，占农业总产值的68%，全市1/3的农户以此实现了脱贫致富。农民人均纯收入达到1120元，贫困人口由1985年的67万人下降到23.6万人。榆林地区把治理与主导产业建设同步规划、同步实施，根据区域的不同特点，集中开发了羊、果、薯、豆、油五大主导产业。到1996年，全地区发展经济林12.6万公顷，开发养鱼水面1.2万公顷，改建灌丛草场66.7万公顷，大家畜由建国初期的7.6万头增加到36.3万头，羊只存栏由36万只增加到288万只。以蓄产品为龙头的毛纺、皮革和毛皮肉等产品年产值达2.8亿元，柳编等各种林产品加工年收益5000多万元，优质油料面积稳定在百万亩以上。特别是沿黄百万亩红枣基地已基本建成，每年产值达3亿元以上。1997年陕北遭受百年一遇特大旱灾，佳县粮食大面积绝收，而红枣却获得了丰收，农民收入不仅没有下降，而且比往年提高30%以上。全地区多种经营全面发展，26万穷困人口稳定越过温饱线，农民人均纯收入达到了1041元，比“七五”翻了一番。沙区农村经济也得到快速发展，社会总产值达到56.79亿元，占全地区的72.7%，人均年纯收入1124元，比全区高出83元。昔日滚滚黄沙，如今满目葱茏，一派秀美风光。

（二）

林草植被本来是有再生能力的。在一定的系数范围内，被利用、被消耗之后，可以凭借自身的再生功能重新恢复群落优势；如果过分损耗，特别是大面积过分损耗，其天然再生功能丧失殆尽，那就需要人类用很长的时间、付出更艰辛的代价，进行恢复性的再造行动。陕北人民所进行的绿色革命就是在林草植被遭到严重破坏、遍地荒凉的情况下开始的。

这个历程大体可分为四个阶段：

1950～1956年的起步阶段 1950年2月，国家林垦部召开的第一次全国林业会议确定了在全国实行“普遍护林，重点造林”的方针。当年4月，陕西省政府就制订出了营造陕北防沙林带的计划，不久即成立了陕北防沙林场和陕北防沙林业委员会，并建立起了6个林业分站和3个苗圃，第一次在陕北地区出现了造林示范基地。与此同时，“合作造林”、“兵工造林”、机关义务植树随之开展。嗣后，国家林业部和西北农林部又分别制定了陕北防沙造林规划。在这些规划的指导推动下，陕北各级党政领导及林业主管部门积极行动，组织群众投入治理。以李守林、李生旺等为代表的陕北第一批植树造林先进人物脱颖而出。

解放前夕，随父逃荒定居到定边县堆子梁乡小滩子村的李守林，在1951年率先组织起了28个农民的造林互助组，用柴草把沙地分开，先搭设固沙障蔽再栽树，终于在沙漠腹地开出了第一片绿地。随后李守林又带领群众建起了第一个护田林网，把一片片沙窝变成了绿洲，将一处处不毛之地变成了米粮仓。

1954年春，榆林县鱼河农场场长李生旺，带领7人到满眼黄沙一片的王沙洼安下了营。他们找水修渠、引水拉沙，经过5年的治理，造出了农田133.3公顷，营建防护林带几十公里，农林牧全面兴起，引来了100多外乡人定居，建起了沙海新村。

这一时期，作为治理起步阶段，在使人们感到艰难的同时，也给人们带来了希望和启迪：恶劣的生态环境并不可怕，必须苦干、实干、真干、硬干，长期坚持，人力定能胜天。

1956年3月，毛泽东主席发出了“绿化祖国”的号召，共青团中央和林业部在延安召开了北方五省区青年造林大会，营造绿色长城的春风吹遍了浩翰沙漠和黄土高原的千沟万壑。这一年，延安地区造林就达0.8万公顷。榆林地区到1956年，已造林1.86万公顷，封山（沙）育林（草）近5.3万公顷。

1957～1965年的大规模造林治理阶段 1957年秋，陕西省农林水主管部门帮助陕北制定了农林牧五年发展规划。1958年，根据中央召开的六省区治沙规划会议精神，陕西省委和两地委制定了“全面规划、综合治理，集中治理、治用结合，社办为主、国营为辅”的方针和“三年摆上措施、五年补植改造、八年发挥功效”的目标，实行“国造国有、社造社有、社员个人在房前屋后植树归个人所有”的政策。此后，一个以先易后难、由近及远；先村庄、农田、牧场周围，后渠道、河流、公路两旁；先沙湾后沙丘；先固后造或固造结合的“队队治理、人人植树”的高潮迅速兴起。1958年以后虽然经受了三年困难时期，但陕北群众治山治沙治水的意志并未动摇，由穷变富的决心并未减弱，治理步伐也从未停止。曾经是荒山秃岭的延安城披上了片片新绿，洛川以苹果为主的经济林初具规模，宜川县成为全国护林防火工程的一面旗帜。到1960年，延安四年造林7.2万公顷，粮食单产达到74公斤，比1956年高出27公斤，并基本实现了社队林场化。获得由周恩来总理签署、国务院奖励的靖边县柳桂湾大队，累计造林2860公顷，四料（肥、饲、燃、木）自给有余，林业年收入三四万元。更值得一提的是，1958年7月，国家在榆林榆溪河以西沙漠地带，首次采用飞机播种沙蒿2.13万公顷，开我国沙漠飞播造林之先河。

就在这个时期，陕北的干部在造林治沙、造林保土中以身作则，奋勇当先。被人称为大个子、大饭量、大胆子的“三大”干部、榆林县农林水牧局局长杨增占，指挥万名治理大军，克服重重困难，在红河梁筑坝引水，穿越600多个沙丘，修建成了一条“沙漠运河”——榆东渠。几年后，这里便树木成网，良田丰产，人民丰衣足食。这位被称为治沙的“土专家”，1958年出席了全国群英会。

1963年，遵照毛泽东主席“一定要把黄河的事情办好”的指示，陕西省进一步加强治沙治土工作，成立了水土保持造林检查队，组建了水土保持师（1966年改为军事建制的林业建设兵团）。这时候，军民齐心协力，开展大面积大规模治理。

1966～1978年以群众运动为主的治理阶段

在“文化大革命”期间，虽然诸多方面的工作受到挫折，但陕北人民改土造田、治沙造林的脚步并未停顿，以集、为主，组织大会战成为这一时期最为显著的特点。

这一时期，南抓改土、北抓治沙的山、水、田、林、路综合治理大会战此起彼伏，推山造田、引水拉沙全面展开，“四旁”绿化，营造水土保持林、防风固沙林，建设“三料”（肥、燃、饲）林基地，因地制宜地发展以木本粮油为主的经济林，以及封山（沙）育林（草）等群众运动不断深入。延安市修筑的埝地、坝地、梯田达1.26万公顷，榆林治沙又有了新的进展。以靖边县为例，1975年，县委书记赵兴国发动23万人（次）奋战几年，营造起了一条宽2公里、长75公里的防风固沙林带，造林3.33万公顷。1972年，榆林市以大会战方式先后完成四处大型治沙工程和长22公里、面积50平方公里的西沙渠工程，400公顷沙丘尽染绿色。

当时，一支战斗在风沙前沿的“长城姑娘治沙连”很是引人注目。

1974年，平均年龄只有18岁的54名插队知青和农村姑娘，组成了榆林市补浪河乡治沙女民兵连，来到了沙漠腹地的大水湾，白天顶风修地，晚上进泥坑挖马槽井，借风扬沙，以沙压碱。他们往返15公里背回树苗，树苗栽下后，就打井寻水浇树。黄沙淹没了嫩苗，他们就用手一棵棵地抠出。鏖战3载，建成了绿洲，环湾的160公顷沙柳固定了200多公顷沙滩，营建农田防护林带26公里，紫穗槐采种基地16公顷，用材林26.6公顷，新造农田66.6公顷，饲养大家畜380多头。

1978年实行改革开放后的大发展阶段 1978年，党的十一届三中全会胜利召开，陕北人民同全国一道迈入了新的历史发展时期，防沙治沙、治理水土流失也翻开了新的一页。

以1978年举世瞩目的“三北”防护林工程启动为契机，陕北人民极大地焕发了改造山河的热情。这个时期，国家启动的十大防护林工程中就有3个重点安排在陕北。1978年以来，综合治理的速度大大加快，质量不断提高，一个个绿色工程规划变成了现实。1979年，榆林地委主要领导经过深入基层调研，决定给农民每户划拨0.2～0.3公顷荒山、沙地进行治理，迈出了改革的第一步。1981年，地委、行署进一步总结经验，决定扩大和健全林业生产责任制，划拨给农民的荒山、荒坡、荒滩地，由县政府发给林权证，机关、学校、厂矿等也可划给一定面积的“五荒地”，实行“谁造谁有、谁管谁受益”等一系列政策措施。其后又提出允许承包国营、集体“五荒”的政策。短短几年时间，全区就有40余万户农民承包治理“五荒”地60万公顷。与此同时，延安地区类似的林业生产责任制也相继出台并付诸实施。

政策开放，极大地调动了蕴藏在群众中的造林积极性，涌现出了不少造林治沙大户、家庭林牧场和一批造林先进县、乡、村以及模范人物。

——延安宝塔区枣园乡庙沟村有467口人，过去人均耕地1公顷，人均口粮却只有150公斤，每个劳动日值仅0.4元。1983年，这个村在改革开放政策的推动下，率先调整产业结构，实行“退耕还林，以果致富”。退耕366.6公顷，发展苹果140公顷，营造用材林220公顷，在人均耕地减少到0.27公顷的情况下，通过精耕细作，人均粮食猛增到500公斤以上。1989年全村苹果产量30万公斤，粮食50万公斤，实现人均钱粮双过千。1989年9月江泽民总书记视察时，称庙沟是“黄土高原的曙光”。目前，这个村人均粮食稳定在500公斤以上，人均纯收入已达5100元。通过农林牧综合开发治理，全村720公顷土地达到了大雨不下山、暴雨不成灾，泥沙显著减少。

——一代绿化女杰牛玉琴，本是靖边县东坑乡金鸡沙村的一位普通农妇。1985年，她与丈夫张家旺承包了村上的万亩荒沙，把家搬进了沙窝，誓与沙漠抗争到底，两年就造林400多公顷。1988年，她丈夫不幸去世，面对一家9口人、双亲年迈体衰的巨大压力，她不屈不挠，继续抗争，10年间共造林1300多公顷。她历经艰辛、矢志不渝的模范事迹，受到党和国家以及国际上的赞扬，先后荣获“全国三八红旗手”、“劳动模范”、“优秀党员”、“绿化奖章”、“中国十大女杰”、“联合国粮农组织拉奥博士奖”。1998年3月当选为九届全国人大代表。

（三）

陕北生态环境的演化在很大程度上与人的干预与人类的社会活动息息相关。据史书记载，公元四世纪前后陕北曾经是“长林迷极眼”，“翠柏烟峰，清泉灌顶”，“沃野千里，谷稼既殷，水草丰美，群羊塞道”

的地带，经济文化呈现一派繁荣景象。后来之所以变得千疮百孔、满目疮痍，是因为在过去相当长的历史时期内，在频繁战争、“民垦军屯”、“营宫造殿”和后来乱砍滥伐、乱挖滥掘等多种破坏性社会行为的交叠摧残下形成的。这说明，陕北的生态问题不是先天性的，不是陕北大地生来铸就的。人破坏了生态环境，人就有责任也有条件恢复生态环境。陕北生态条件在西北地区有很大的代表性。从历史渊源上看，再造秀美山川是有历史根据的；从陕北近50年的变化上看，再造秀美山川是能够实现的。这中间关键的一条，就是要有好的领导，要发挥人民群众的主观能动性，要做工作，要苦干、实干、巧干，要持之以恒，长期奋斗。

50年来，陕北人民把一个生态恶劣、贫穷落后的地区，改造成了山青水秀、林茂林丰的塞北江南，主要的经验是：

认识到位，领导到位 治理初期，面对“茫茫黄沙漫无边，风起沙飞不见天，满眼秃山和尚头，沟里无水干丘丘”的恶劣环境，长期生活在这块土地上的人们曾经产生过“生就的骨头长就的肉，想要治理难上难”的悲观思想。对此，各级党政领导带领林业工作人员和科技人员深入一线，用生态环境变迁的历史和大量由穷变富的典型事例宣传和教育干部群众，使大家认识良好的生态环境是可以再造的；良好的生态环境是经济社会发展的基础，是农业发展的生命线；保护生态环境就是保护生产力，改善生态环境就是发展生产力。以此帮助大家克服畏难情绪，增强改善生态环境的信心和责任感。

此后，陕北各级领导都在自己的任期内把防沙治沙治理水土流失摆到第一位，作为头等大事来抓。“不抓治沙治土的班子，就是没有远见的班子；不抓治沙治土的领导，就不是过硬的领导”，成了衡量各级党政领导班子和干部的标准。“一把手亲自抓，主管领导具体抓，几套班子合力抓，各行各业一起抓”和“一任接着一任干、一级做给一级看，一届一届往下传，一张蓝图绘到底”，成为陕北党政领导体系的一大特点。从解放至今，榆林地区地委书记易13位，专员换16任，班子换事不变，而每一任领导都是治沙治水的合格接力者。在陕北，每一届党政一班人在抓治理规划、政策配套、组织动员、机构保证、典型引路、各方配合、奖罚责任、管护制度等方面都求真务实。从1950年第一个陕北防沙林带建设规划出台和第一个陕北防沙林场的成立到现在，陕北的治理规划日臻科学完善，林业机构也从无到有、从小到大。

80年代以来，陕北各级领导还进一步实行抓联系点制度，联系点少则千亩、多则近万亩，由确定的领导亲自抓成样板，带动面上工作。地、县、乡三级都成立了治理开发领导小组，由党政主要领导任组长，有关部门负责人为成员，全面负责治理领导和协调工作。普遍实行了目标责任制，把任务层层分解落实到县、乡、村，有关部门分别签订责任书(状)，纳入综合考核内容。对重点工程实行单项承包，用合同明确各方责、权、利，严格检查，奖罚兑现。各级干部不比权力比实绩，不比享受比贡献。对治理成绩显著的，提拔重用，并给予物质奖励；工作没有起色的，该免的就免，该罚的就罚，形成了“上下合力、干群合心、同念草木经、同唱治理戏、群策群力打总体战”的局面。

榆林地区各级领导1992～1997年抓点490个。延安市通过抓点先后推出了“庙沟方向”、“白峁速度”、“罗沟质量”、“飞马河效益”等八面生态环境建设红旗和任惠智、陈溢等五个“绿色功勋”生态户。榆林地区“荒漠丹青”的府谷县松宏湾林场、“沙漠绿舟”的定边县海子梁乡以及“十大女杰”牛玉琴、“播绿人”漆建忠等一大批典型和英模人物深入人心，起到了良好的示范带动作用。

在治理中，省委、省政府和榆林、延安两地的党政领导还十分注意协调林、农、水、牧以及计划、财政、扶贫、交通等部门的关系，做到各司其职、各尽其责、密切配合、齐心协力为生态建设做贡献。林业生态工程、扶贫开发、以工代赈、流域治理等方面资金捆在一起，集中使用，各投其资、各记其功，使资金使用效能得到有效发挥。

依靠政策，充分调动全社会治理开发的积极性 为调动千军万马向荒山沙丘开战，榆林、延安的党政领导在认真贯彻落实中央有关稳定和促进农村和农业各项政策的同时，结合当地实际，制订和完善一系列的优惠政策和措施，逐步建立起了以政府投入为导向、以群众投入为主体、以社会投入为补充，财政和信贷资金相结合、国内的资金相匹配的多渠道、多元化、全方位的生产建设性投入机制。

一是对国家投入的重点项目资金，采取以奖代补，择优扶持，有偿使用，滚动发展。

二是对省、地、县各级投入的以工补农、以工代赈、扶贫开发、老区建设、防沙治水等经费，按照“渠道不乱、用途不变、统一管理、集中使用”的办法用于治理开发。

三是坚持实行劳动积累工制度，通过以资代劳、“四荒”拍卖、股份治理等办法筹措资金。

四是组织群众会战，轮流治理受益。大规模、高标准，一沟一山全面治理，打总体战。延安市每年认真组织春、夏、秋三次大会战，投入30万～40万农村劳力，按照统一规划、统一部署、统一时间、统一标准开展集中连片治理。大会战以村会战或联村会战，实行“出工记账，折价入股，按股受益”或“以工还工，大体平衡”的“推磨转圈”的方式平衡受益问题。90年代以来，全市每年造林近4.67万公顷，综合治理面积1000多平方公里，其中80%是通过这一形式完成的。

五是实行国家征占用地“征一修五”或“征一修十”，放贷(拍卖或承包经营后收费还贷)鼓励机关单位、城镇居民、厂矿企业各界人士个人投资，或参加股份合作进行治理。

六是拍卖“四荒”地使用权，稳定土地政策。1994年以来，两地市在实行“四荒”地“谁承包、谁治理、谁受益，限期治理，允许继承转让”政策，稳定承包关系的基础上，全面推行“四荒”地使用权拍卖制度，到1997年，已拍卖“四荒”地48.4万公顷，机关团体等购买近2万多公顷“四荒”地使用权。拍卖后，各方面共投入治理资金近4000万元，22万公顷已得到初步治理。

七是实行退耕还林还草和“增人不增地，减人不减地”措施，改土造田。对于人均实现0.17公顷基本农田的地方，规定25°以上的坡耕地全部退下来，并由集体统一治理，之后再承包或拍卖使用权，分户经营。仅延安市1995～1997年就退耕13万公顷。

此前，一些县市还制定了发放国家扶持资金按照“大干大支持，小干小支持，不干不支持”的择优扶持原则，进行治理。“四荒”地收益五年内不征购，不提留，兴办绿色企业，投产后3～5年内不征税并优先供应生产资料、苗木种子，优先发放贷款、优先提供技术服务等政策措施，充分体现了治理者的责权利，对调动各方面参与治理积极性都发挥了应有的作用。

制订符合实际的生态环境建设规划 陕北治理难度大，不掌握治理规律，不讲求科学就会劳民伤财，事倍功半。起初，陕北治理没有现成的经验和技术可借鉴，一切都是在干中摸索，在探求中总结。

榆林、延安的经验证明：自然规律违背不得，生态环境破坏不得，违背了规律、破坏了生态，必然要受到惩罚，越搞越穷；只有顺应规律，建设生态，才能步入生态、经济、社会协调发展的良性循环轨道，走上富裕的道路。要顺应规律就要制订出一个好的规划。据此，陕西省政府在1952年就出台了《陕北防护林带造林计划》，并付诸实施。在以后，每5～10年都补充修订短期实施方案，并配套完整的政策措施和实施办法。1998年，国家黄河中游生态环境建设和防沙治沙工程确立后，一个更加全面深刻的治理规划为陕北展现出了“山川秀美”的宏伟蓝图。

在制定规划中，榆林、延安很注意以下“五项”要求：

——由片面追求短期效益，掠夺自然资源，转变为恢复优化生态、建设生态体系。首先在思想观念和工作指导上来一个根本性转变，由掠夺资源转到培育资源上来，按自然生态规律发展林业和农村经济，坚定不移地走保护资源、优化生态、精种多收、退耕还林的路子。

——由注重治理下游，转变为上下游兼治，从上游治起。许多小流域治理，坚持统筹规划、上下兼顾、标本兼治，从上往下治理，效果显著。所有小流域又都是江河的上游，在一定程度上说，千万条小流域治理好了，才能从根本上把大江大河治理好。

——由单一工程措施，零散治理，转变为以流域为单元，全面规划、综合治理、集中连片治理。合理利用自然地貌地形，因害设防，兴利除弊，各项治理措施科学配置，相互促进，收事半功倍之效。

——由偏重搞大中型工程转变为大中小微型工程相结合。治理水土流失，需要兴建一些大型骨干工程，但大型工程受财力的限制，不可能上得很多。最现实最有普遍意义的是发动广大群众，多搞一些小型微型工程。这些小型微型工程投资少，见效快，依靠群众的力量，国家适当扶持，就能干起来。乡可以干，村可以干，户也可以干。事实证明，哪里发动群众大搞小型微型水保工程，哪里的面貌变化就快就大。

——由单纯防护性治理转为防护与开发相结合。一些地方治山治水治沙，既注重资源的保护和培育，又合理开发利用资源，做到治理与开发结合，与治穷致富结合，既优化了生态，又增加了农民收入。

实践证明，坚持以效益为中心，实行长、中、短期效益密切结合，以短养长，才能有效地调动农民的积极性，为水土保持带来生机、活力。

尊重群众首创精神，总结群众治理经验，逐步加以推广 对于群众中一些“土专家”在长期治理中形成的引水拉沙、多管井、马槽井、扬风移沙、搭设障蔽以及前挡后拉、撵沙丘造林等许多好的方法，经科技人员总结完善，形成了一套水力、风力、生物、机械、人力等各种治理措施的科学体系。

引水拉沙造田是陕北沙区人民进行沙地综合治理开发应用广泛的一项技术，在本世纪初就产生了。1916 年，靖边县杨桥畔农民在引芦河水漫地时发现，流水能把沙丘旋开、冲散、拉走，由此得到启发，在芦河上以柴筑坝，挖壕引水，拉沙造田。因为拉沙所造田地被地主无偿占有，这一创举随之被扼杀。直到 1940 年陕甘宁边区靖边县委书记惠中权在深入沙漠调查研究中，这一造田经验才被挖掘了出来。以后，这一经验得到了不断完善提高。根据沙丘形态、大小、水量多寡、水位高低等不同情况，形成了抓沙顶、野马分鬃、旋沙腰、劈沙畔、梅花瓣、麻雀战、羊麻肠等不同的拉沙造田方法。到 1975 年，这一技术已臻完善，仅杨桥畔村用这一技术造田 333 公顷。1972 年在遭受历史上特大旱灾的情况下，该村产粮 115 万公斤，平均亩产达 296.5 公斤，1980 年亩产超过 500 公斤，人均给国家贡献余粮 300 公斤。

造林树种的选择是陕北，特别是风沙区的流动沙地能否被治理的关键。为了解决这一问题，林业科技工作者先后进行了“毛乌素沙地榆林沙区立地分类评价和适地适树研究”、“榆林沙地樟子松引种及造林扩大试验”等多项试验研究，并取得了丰硕成果。随着研究的不断深入，逐步形成了治理荒漠化的战略性技术措施。如针对主害风向营造“大型基干林带”；在主要河流、公路、渠道两旁营造大体垂直的“镶边林带”；营造分割流沙的“片林”和农牧区的“网林”等树种选择配置。流沙地造林种草、抗风蚀造林、抗旱造林、三道防线护田造林等，都有相适应树种。

飞播造林技术，在陕北 1958 年首次试验以来，40 多年已完成 20 多万公顷沙区飞播造林任务，保存面积近 13 万公顷。现在，东起神木、西至定边长 400 公里的飞播林带初步形成，飞播造林由近沙、低沙向高沙、远沙推进，不少播区已被开发利用。飞播植物种选择、播区确定、种子大粒化、ABT 生根粉及鸟鼠忌避剂应用、地表处理、病虫害防治等一道道难题在科技人员的辛勤努力下被解开。被誉为“沙漠克星”的研究员漆建忠就是解开这些难题的一个能手。这位出生于甘肃武山县的农家子弟，1960 年从西北农学院毕业后不久，就来到了塞外沙城榆林，一干就是 35 年，用如今满头的银丝换得了陕北大地上片片新绿。1974 年以来，他先后主持参加了 21 项治沙科研与推广课题的研究，5 项填补了国家空白，达到了国际先进水平。为了选好飞播植物种，每到飞播季节，他和课题组人员就拎着百十斤麻袋种子，在各种类型的流沙地上进行模拟飞播试验，对撒下的 19 个植物种仔细观测、分析研究。为了变等雨飞播为播后等雨，他搜集整理了大量的气象资料，进行综合分析，确定了最佳播期。飞播造林的种子位移、风蚀是造成出苗保存不高的重要因素，经过反复研究试验，成功地进行种子“大粒化”以及“粘胶”处理，有效解决了这一难题，成为飞播造林史上的重大突破。像漆建忠这样敬业吃苦、甘于奉献的科技工作者不胜枚举。正是因为有了这些将青春乃至生命都献给陕北治理的科技工作者，陕北告别恶劣的生态乃至贫穷落后才有希望。

历史上遗留给陕北恶劣的生态环境以及所带来的方方面面的影响巨大而沉重。陕北人民半个世纪坚持不懈地防沙治沙、治理水土流失，虽然取得了令人瞩目的成就，然而要完全达到山川秀美的目标，依然任重而道远。

目前，陕北尚有一部分荒沙和水土流失土地有待于治理，在初步治理的一些地方，遇到特殊天气仍然会发生程度不同的返沙和水土流失。从整体上看，陕北的生态环境还比较脆弱、还相当不稳固。尤其是，一些地方的植被遭受人为破坏的现象时有发生，多种病虫危害相当严重；繁重的生态环境建设任务与投资不足的矛盾十分突出；人口的过快增长对环境带来的压力越来越大；油、煤、气等资源开发和交通建设等与生态环境的协调发展还是一个相当严峻的课题。

陕北，至今还是国家重点扶持的贫困地区。

陕北，再造山川秀美的道路还很长。

（执笔人：高卫民）

苦战五十年　荒漠变甜园

——内蒙古自治区赤峰市营造防护林、防治荒漠化纪实

赤峰市位于科尔沁沙地和浑善达克沙地的结合部。新中国成立前，这里林草稀薄，在两大风沙线的夹击下，生态环境日趋恶化。到1947年，全市819.3万公顷土地中，就有562万公顷退化成为沙区。其中，有87万公顷耕地、467万公顷牧场濒临废弃边缘，上百万农牧民在“无雨一片旱，有雨水成灾，无风三尺土，有沙满天飞”的恶劣环境中挣扎。由于风刮沙压，在农业生产中翻耕翻播现象普遍存在，严重时一年翻种两三次，只能种植生长期短、产量低的作物；在畜牧业生产上大片草场退化，载畜量一年比一年少，大牲畜锐减，幼畜成活率也很低。恶劣的生态环境不仅严重制约全市经济的发展，还直接威胁着沙区人民的生存。翁牛特旗、敖汉旗、巴林右旗和阿鲁科尔沁旗在1958～1988年，就有231公里公路、3891间房屋、1800公顷农田、38万公顷草场被流沙埋没，有600多户农牧民在流沙的驱赶下，被迫迁居他乡，形成了沙进人退的严峻态势。

新中国成立后，赤峰人民在当地党委、政府的领导下，同风沙干旱展开了艰苦卓绝的斗争。经过长达半个世纪的奋斗，营造成功151.7万公顷防风固沙林，全市的森林覆盖率由新中国成立前的不足5%提高到21.85%，累计治理沙地146.7万公顷，是全市沙地总面积的60.3%。治沙造林使赤峰市的生态环境发生了明显变化，无霜期延长5.3天，大风次数减少9.4次/年，平均风速降低0.52米/秒，沙暴天数下降了60%，年泥沙流失量由过去的1.1亿吨下降到5000万吨，昔日风沙弥漫，山枯水浑，如今木茂草丰，生机盎然。过去寸草不生的茫茫沙海，如今变成了水草肥美的沙地绿洲；曾经被流沙驱走的牧民，重新返回自己的家园，出现了人进沙退的喜人局面。

随着生态环境的改善，农牧业防灾抗灾能力大幅度提高，一些高产优质农作物新品种得以大面积推广种植，羊、马、牛改良品种频频引进并得到繁育。90年代以来，全市粮食年均产量达25亿公斤，牲畜存栏头数达1000万只，双双相当于50年代初期的10倍。与此同时，一些以林草资源为原料的加工业也应运而生。适宜沙区生长的经济林就有36万公顷，在不少地方，沙产业、林产业已成为支柱产业，开辟了新的经济增长点。敖汉旗营造成功33万公顷防风治沙林，森林覆盖率由1.2%增加到40%。原有的17万公顷沙地已完成有效治理13万公顷，农田草场全部置于防护林的保护之下，农牧业生产条件得到很大改善。与70年代相比，粮食产量从1亿公斤提高到5亿公斤，成为全国商品粮生产基地县；畜牧业生产也进入了“全国畜产品生产先进县”行列。当铺地村新中国成立初期全村只有7棵树，沙包却有200多个，风沙水患连年不断，人缺粮、畜缺草、地缺肥、灶缺柴，是远近闻名的穷沙窝。他们通过营造农田防护林和防沙护岸林，形成防护林带17条，总长44公里，构成网眼30个，使农田和村庄处于林网的保护之中，200多个沙包变成320公顷农田，粮食亩产从治理前的40公斤提高到600公斤。1957年和1958年，当铺地村两次受到林业部表彰奖励。

太平地乡在星罗棋布的2000多个大小沙丘上营造高标准农田防护林、速生丰产林、灌丛饲料林、用材林和经济林，累计造林面积达2307公顷，形成400米×400米林网230个，保护农田2800公顷，全乡森林覆盖率达到30.7%，农田林网化程度达

100%，形成了带、网、片、乔、灌、草相结合的生态经济型防护林体系，有效地控制了风沙危害。1981年，赤峰地区遭受罕见的11级风暴袭击，太平地乡由于有农田林网保护，4000公顷农作物安然无恙。1982年，该乡农田防护林建设成果获国家科委科技推广奖，先后有37个国家和国际组织的专家学者到这里参观考察。

城子乡原来是“荒山秃岭干河川，广种薄收靠老天，缺肥缺水土地瘦，亩产不过百斤关”的穷地方，从1970年开始，这个乡的干部群众在平川区营造农田防护林体系，又在丘陵山区营造起横山林带150条，顺山林带86条，构成507个网眼，形成了小网宽带、针阔混交、林草结合的格状草田林网，使1400公顷坡耕地实现了草田林网化。目前，全乡有林面积达到了7900公顷，森林覆盖率由治理前的2.9%提高到57.8%，实现了水不下山、土不出川，减少了风沙危害，控制了水土流失，全乡粮食产量与治理前相比翻了三番，人均收入是治理前的10倍。

赤峰市林业建设之所以能够取得辉煌成就，靠的是艰苦创业、代代相传的“愚公”精神，靠的是讲求质量、精益求精的科学态度，靠的是政策宽松、开放搞活的改革意识，靠的是综合治理、协同共建的全局观念。

加强领导是关键，依靠群众是基础，坚持一届接着一届干　赤峰市治沙造林的基本经验就是领导重视、依靠群众、树立典型、推广典型、以点带面、协调发展。而其中的精髓在于一任接着一任干，一届干给一届看，换人不换蓝图，换届不换目标，一张蓝图，一绘到底。

早在50年代，当时的中共昭乌达盟委、盟行政公署（赤峰市原系昭乌达盟，1983年经国务院批准，撤销昭乌达盟，建立赤峰市，实行市管县）就组织工程技术人员对全市沙地进行全面普查，制订治沙造林规划，组织全市广大干部群众向风沙开战，向沙漠进军。1951年3月，中共昭乌达盟委扩大会议提出了“坚持发展林业，做到村村有林，家家有树”的建设思想，全市各地积极响应，种树种草，封沙育林，掀起了赤峰市第一次声势浩大的群众性防沙治沙造林高潮，拉开了赤峰市防沙治沙造林绿化的序幕，在局部地区取得了明显的成效，出现了以当铺地村为代表的一批防沙治沙先进典型。

进入60年代，盟委、盟行政公署统筹全盟山川沙海的治理，针对平川地区、丘陵山区和沙区的不同特点，组织林业科技人员开展治沙造林科学研究，带领干部群众开展多方位治沙造林，全盟各地先后建起1000多个国营林场和乡村林场，大面积营造防风固沙林、水土保持林和水源涵养林，抓出了以太平地为代表的一批沙区农田林网化建设典型。在这些典型的带动下，全盟再次掀起更大范围的种树种草、防沙治沙的高潮。在“文革”期间，虽然受到极“左”路线的干扰，但全盟各级领导始终没有放松林业生态建设工作，造林绿化一直没有间断。城子乡的大规模草田林网建设就是从70年代开始的。

党的十一届三中全会后，昭乌达盟被国家列为“三北”防护林工程和防沙治沙工程的重点建设地区，全盟各级党委、政府解放思想，落实政策，将农村家庭联产承包责任制引入治沙造林中，实行国家、集体、个人一起上，鼓励农牧民个人承包治理荒山荒沙，全盟上下再度掀起治沙造林高潮。各级党委、政府层层建立领导干部治沙造林任期目标责任制，每年都逐级签定责任状，市和旗（县、区）两级主要领导和分管领导都建立了造林绿化联系点，协调解决工作中出现的问题。在各级党委、政府的领导下，老典型不断创新，新典型层出不穷。敖汉旗曾是赤峰市沙地面积最大、风沙危害最严重的贫困地区之一，他们从70年代中期起步，全党动员、全民动手、领导带头，把治沙造林作为兴旗富民的根本性措施，党政领导亲自抓，一届接着一届干，每年以1.35万公顷的速度开展大规模治沙造林，年复一年，坚持不懈。到80年代末期，已基本改变了贫困落后的面貌。

1990年任敖汉旗旗委书记的张立华同志，一上任就立下誓言：“我的好多前任领导几十年来探索的防沙治沙，造林绿化之路，是敖汉旗的致富路，可以说，敖汉旗要发展，舍此无路。我一定要把防沙治沙，造林绿化的大旗扛到底！”任职期间，他要求把林草建设列入各级领导班子目标责任制，以此作为考核各级领导干部政绩的主要内容，奖惩分明；他亲自组织有关部门的工程技术人员，制订了《七年绿化敖汉的规划》，绘就了敖汉“八五”林业建设蓝图；他作为旗委书记，亲自办点包片，试验示范。1990～1994年，他每年都亲自到所包乡镇参加春季造林大会战，一干就是一个多月。1991年春，他患上了严重的糖尿病，但他坚持带病在造林一线指挥生产，干部群众深受感动。1992年张立华同志荣获“全国绿化奖章”,1994年被自治区人民政府授予全区防沙治沙造林绿化劳动模范。正是由于像张立华这样的带头人一届接一届的艰苦努力,才使得敖汉旗林业建设一步一个脚印,一年一个台阶,取得了令人瞩目的成果。

1994年,赤峰市被列为全国防治荒漠化改革试验区,担负起为防治荒漠化出经验、出政策、出人才、出效益的重任。为抓好改革试验区建设,市委、市政府将治沙造林作为加强农牧业基础建设的头等大事,列入重要议事日程,实行专项推进。市委、市政府要求市、县、乡和各部门的领导干部每人必须建立一个生态建设造林绿化点,不绿不富不脱钩。全市的造林绿化工作进入了历史上最好的发展时期,每年人工造林都在10万公顷以上,占自治区12个盟(市)总造林面积的1/4。1993～1997年,赤峰市已连续五年荣获全自治区林业生产建设各项指标综合评比全优奖。

以改革为动力,靠政策增投入,用经济杠杆激励群众投身治沙造林 从新中国成立到改革开放,赤峰市开展大规模治沙造林靠的是党的号召,靠的是政府行为,靠的是奉献精神。改革开放以后特别是90年代以来,随着党在农村的各项经济政策不断完善,赤峰市各级党委、政府在加大宣传力度、搞好组织发动的基础上,灵活运用经济杠杆,不断完善政策体系,通过利益驱动,激励广大干部群众治理开发山区、沙区,主动投身林业建设。实行家庭联产承包责任制以后,为使治沙造林工作深入持久地开展下去,在广大牧区普遍实行了义务工和劳动积累工“两工”制度,并明确规定,沙区的劳动积累工可以高于其他地区;在行政、企事业单位中,实行部门治沙造林分工负责制,落实部门造林任务,各负其责,各投其资,各记其功。对于各部门投入治沙造林的资金,市、县两级政府进行统筹安排,“捆绑”使用,做到渠道不乱、用途不变。

为了保证治沙造林任务切实落到实处,赤峰市普遍实行了“三让”政策,即干部不干让职务,技术人员不干让职称,农牧民不干让土地。在政策规定制约和经济利益驱动的双重作用下,各级党政领导、广大科技人员和农牧民治沙造林的积极性日益增强。从80年代中期开始,全市每年都以大会战的形式,春季利用一个月的时间开展造林种草,夏季利用一个半月的时间进行雨季人工造林种草、飞播造林种草、封沙育林育草和造林预整地,秋季利用一个月的时间开展秋季造林。每次会战前都制定规划,拟定方案,明确重点,提出要求,层层建立强有力的组织领导机构,逐级落实任务和责任。同时,会战前广泛动员,发动群众;会战中领导带头,率先垂范;会战后严格检查,兑现奖惩,保证大会战取得扎扎实实的成效。全市每年的治沙造林大会战日出动人数达100万人,总投工3000多万个,一些治理任务重的乡镇每年每个劳动力投工多达100个,有效地加快了建设和治理步伐。

有人说,改革是一场革命,从某种意义上讲,改革更是一项投入。进入90年代以来,赤峰市委、市政府为适应林业可持续发展的需要,结合当地实际,先后制定下发了《关于拍卖“五荒”使用权的决定》、《关于加快防沙治沙步伐的意见》、《关于草牧场有偿承包使用的意见》、《关于加强防治荒漠化改革试验区建设的决定》等一系列政策性文件,充实和完善了有关林业生态建设和治理开发的政策体系。

为切实增加林业建设投入,市政府在1996年出台的《关于实施〈关于加强防治荒漠化改革试验区建设的决定〉的意见》中明确提出,各级政府每年安排用于发展林业的资金不得低于财政收入的1%;新增收的农牧业税中,用于治沙造林的部分不得低于农牧业基础建设的15%;农牧民按国家规定缴纳的村提留和乡统筹资金,应当保证不少于总额2%的比例用于治沙造林;对于养畜大户,制定了生态建设指标,如对饲养山羊的单位和个人,按饲养规模,每年每只分别收取2～20元不等的生态建设费;同时进一步完善了治沙税收优惠政策。为了加快“五荒”治理步伐,市委、市政府在《关于拍卖“五荒”使用权的决定》中,坚持谁买谁治谁受益的原则,不仅放宽了“五荒”的使用权限,而且实行购荒优惠政策,加强治理服务,同时明确规定要限期治理,不按期治理的要收回使用权,既有效地调动了群众购荒治荒的积极性,又增强了他们加快治理的紧迫感。在这些政策的感召下,全市各界购买“五荒”、承包治理“五荒”的积极性空前高涨。截至1997年底,全市累计拍卖“五荒”30多万公顷,已完成治理20万公顷。

股份制的兴起与完善,无疑给中国经济发展注入了新的活力。赤峰市在林业建设中,及时将股份制引入治沙造林,建立了股份合资造林机制,加快了治沙造林事业的发展。1993年,克什克腾旗开展股份合资造林试点，其具体运作形式是：国营林业系统内的职工，入股者每人每亩投资15元，由林场划定地块，负责统一组织开展整地、栽植、补植、除草、幼林抚育及管理管护等经营活动，实施期限根据树种确定，分成比例为集资个人65%，林场35%，双方签定协议，发放林权证，进行法律公证。这一形式得到林业职工的积极响应，1994年全旗林业系统股份合资造林达826公顷，股份集资额达18万元。随着这一机制的不断完善，股份合资造林也逐渐从林业系统内部发展到面向全社会，从单纯以资金形式入股发展到以土地、资金、劳力、机械、技术等多种因素参股。截至1997年底，这个旗共完成股份合资造林8267公顷，股份集资额(现金)达46.2万元。

目前，股份合资造林已在全市普遍推广并逐步深化。翁牛特旗响水沙地林牧农复合生态经济系统工程是国家林业部确定的防治荒漠化改革试验示范工程，1996年开始启动，建设规模2.8万公顷。为适应市场经济发展需要，调动社会各界投资投劳，为我国治理开发荒漠化土地探索可行之路，翁牛特旗人民政府在工程启动后，即开始筹建翁牛特旗响水沙地治理开发集团有限公司，1998年1月正式成立，由22家法人实体以土地、资金、劳力等出资设立，注册资金2800万元，其中，土地使用及实物折股1400万元，货币股1200万元(国家和有关部门集资1000万元，集体及个人筹资200万元)，投劳股200万元。该公司以响水公司为核心企业，分设6个子公司。这是新中国成立以来第一个以沙地综合治理开发为主、以股份形式而设立的有限责任公司，为我国开展防治荒漠化行动在经营方式上探索了新路子。目前公司运转情况良好，已修通了两条长80公里的沙区公路；完成人工造林1074公顷，飞播林草13 300公顷，夹设沙障54公顷；引洪入沙的主体——响水引洪淤地水利枢纽工程于1998年汛前投入使用。

以科技为先导，视质量为生命，全面提高治沙造林的整体水平 林业建设周期长、见效慢，干部群众最关心的是质量和效益，不怕苦干，就怕白干。为此，赤峰市各级各届党委、政府在治沙造林中始终以质量和效益为中心，牢固树立科技兴林思想，不断强化精品意识，科技与生产紧密结合，既为科技人员创造了建功立业的宽松环境，也为林业生产提供了优质高效的技术保证。多年来，赤峰市林业科研成果不断涌现，林业建设质量不断提高。

赤峰市地处半干旱地区，年平均降水量仅330毫米，这样的气候条件，要提高造林成效，首先要解决好抗旱造林技术问题。70年代，敖汉旗就开始了抗旱造林技术的研究，经过十多年的艰辛探索，终于总结出一套切实可行的抗旱造林系列技术——开沟整地，良种壮苗、苗木保水、浸苗补水、扩坑保墒，适当深栽、分层踩实、培抗旱堆，成功地解决了中国北方半干旱地区造林成活率、保存率低的技术难题。应用结果显示，在适宜地区采用这套技术造林，成活率比常规造林可提高20个百分点。与此同时，还先后取得了“干旱黄土丘陵造林技术”、“沙化草牧场防护林营造技术”、“生态经济型农田防护林营造技术”等一大批林业科研成果。50年来，赤峰市先后取得林业科研成果155项，有32项成果分别获国家发明奖和国家、林业部及自治区科技进步奖。

为了加快科研成果和适用技术的推广应用，使科技成果转化成现实生产力，从“八五”开始，赤峰市政府每年从地方财政中安排专项经费，扶持科技人员到林业生产第一线开展技术服务。目前全市在造林生产中因地制宜、因害设防，全部采用林业适用技术。实践中，技术人员还创造性地摸索出覆膜造林、套袋造林等林业适用新技术，极大地提高了治沙造林的总体水平。灌木、乔木、经济林造林平均成活率分别达到79%、86%和95%以上，飞播造林有效面积率达50%以上，90年代的造林成活率和保存率分别比80年代提高了15和26个百分点。

在长期的林业科研和技术推广实践中，科技人员不仅为基层生产提供了有效的技术服务，自身的能力和水平也得到了锻炼和提高。一大批科技人员脱颖而出，成为科技战线的中坚力量。长期在松山区城子乡从事科研和推广工作的市林业科学研究所研究员张凤同志，从1970年开始，28年如一日，一直坚持在城子乡造林生产第一线，开展科学研究和技术指导工作，他踏遍了城子乡1.3万公顷山地、丘陵和平川，亲手勾画了城子乡造林绿化蓝图。他在城子乡主持完成的“干旱黄土丘陵造林技术的研究”项目，1985年获国家科技进步二等奖。他撰写的论文《干旱黄土丘陵地区水土保持林营造技术》，在1995年国际流失控制协会亚特兰大年会上获得环境成就大奖。张凤同志于1986年被评为“国家级有突出贡献的中青年专家”，1989年获“全国先进工作者”称号。

在科技人员的共同努力下，经过多年的探索与实践，赤峰市已摸索出一套适合当地实际的造林绿化总体方略：在治理原则上，坚持以生物措施为主，生物措施与工程措施相结合，实行沙(山)水田林路综合治理，农林牧副渔全面开发；在技术措施上，坚持造、封、飞结合，多林种、多树种结合，乔、灌、草，带、网、片结合，大力推行生物经济圈和生态经济沟建设模式；在管理手段上，实行科技人员深入基层开展技术服务与大力推广林业适用技术相结合，采取工程化管理，按规划设计、按设计施工、按项目投资、按标准验收。

在这一总体方略的指导下，赤峰市林业建设精品工程不断涌现。如敖汉旗黄羊洼草牧场防护林工程，从1987年开始，敖汉旗委、旗政府组织工程技术人员对涉及三个乡、一个场，总面积达3万公顷的黄羊洼草牧场进行了科学规划，制定了相应的实施方案。根据方案，他们本着严谨务实的科学态度，发扬艰苦创业的拼搏精神，用4年时间，营造草牧场防护林3400公顷，建成50米宽的主副林带294条，总长726公里，形成500米×500米和400米×400米两种规格的网眼877个，在科尔沁沙地上建起一道气势磅礴的绿色屏障。联合国防治荒漠化公约秘书处项目官员卡尔·波马顿先生看后大发感慨：“这里是沙地吗？这简直像法国的庄园！”。再如松山区的龙潭山区开发工程，总规划面积6660公顷，1996年初开始启动，按着“改土、治水、植树、修路、通电”的综合治理方针，从实际出发，宜农则农、宜林则林、宜牧则牧，实行山、水、田、林、路统一规划，林、果、粮、草、药立体开发，先后完成高标准治理荒山113公顷，修砂石路10公里，建塘坝1座，营造片林406公顷，建设林网2200延长米，种植经济作物233公顷。这项工程，设计规模大，施工水平高，开发前景好。1997年温家宝同志视察赤峰时，称赞这项工程是山区综合开发的精品工程。

建设与管护并重，治理与开发并举，实现林业可持续发展 林业上有一句俗话：“三分造、七分管”，说的就是管护的重要性。赤峰地区是以农牧结合型为主的经济类型区，畜牧业比重较大，林牧矛盾突出，干旱少雨使得火灾隐患突出。因此，加强森林资源的管理管护尤为重要，一些地区的干部群众甚至以“一分造、九分管”来强调管护的重要性。为了切实保护林业建设成果，全市各级党委、政府特别是林业主管部门始终没有放松森林资源的管理工作。《中华人民共和国森林法》颁布实施前，全市各地均结合实际制定了切实可行、行之有效的管护措施。在农村牧区普遍建立了诸如“护林公约”、“防火公约”等乡规村约，有效地保护了森林资源。随着《森林法》的颁布实施和森林警察、林业公安队伍的建立，森林资源保护有法可依，保护体系更加健全。各地均建立了比较完善的管理管护机制，严格控制森林火灾，积极防治病虫鼠害，坚决制止人畜毁林现象的发生。多年来，赤峰市未发生大的森林火灾。由于执法力度不断加大，各种破坏森林资源的违法行为得到了有效控制，森林案件发案率连年下降，损失逐年减少，林业建设成果得到了有效保护。

在加强森林资源保护的基础上，进行了科学合理的开发利用，以高效开发促快速治理，形成可持续发展的良性循环，同时为农村牧区脱贫致富辟就了新路。随着社会主义市场经济体制的建立和不断完善，赤峰市立足实行“两个转变”，着眼林业持续发展，科学合理地开发森林资源和沙地资源，取得了较高的综合效益。在保证生态效益的同时，不断调整林种树种结构，大力开发用材林和经济林，发展杨树新品种和大扁杏、山杏、无刺大果沙棘、宁丰优系苹果等经济树种；积极推广“双行一带”(两行树木形成一个带，带间发展种植业)造林模式，开展林粮、林草、林药、林经间作，实行林、牧、农、经复合经营，立体种植，既有效地提高了林业生产的经济效益，也实现了林业长、中、短期效益的有机结合。林业的长足发展，已为生态农业的发展奠定了基础。

与此同时，以森林资源为依托，林业产业不断兴起并发展壮大。全市先后兴办了木材、医药、杏仁饮料、沙棘饮品、山野菜、柳编等加工企业214家，年产值达2亿多元，利税2500多万元，仅杏仁饮料加工企业就有13家，年产值1.5亿元。多数产品已销往全国各地，部分产品出口创汇；沙地种植的大量牧草，成为发展畜牧业的优质饲料；开发沙地种植水稻，收益颇丰，全市沙地水稻种植面积已达2万公顷，仅翁牛特旗种植沙地水稻达1万公顷，年产稻谷6000万公斤。沙区的农牧民群众靠勤劳和科学，造林、种田、养畜、加工多业并举，收益颇丰。翁牛特旗玉田皋乡是原林业部确定的科尔沁沙地综合治理开发试验示范区基地，治理前，这里风蚀沙化十分严重，通过防沙治沙，开发沙产业，建成了沙漠绿洲，实现了治沙致富。全乡累计治理沙地6600公顷，森林覆盖率达到38%，沙害已基本解除。“八五”期间，这个乡在沙地上发展经济林135公顷，开发沙地水稻1500公顷，同时利用资源优势，发展养殖业和加工业，全乡家畜家禽新品种养殖规模达1万头只，同时还兴办了牧草加工和稻谷加工企业。目前，全乡粮食总产量达800万公斤，人均占有粮食近1000公斤，人均年收入已由1991年的420元增加到1600元，率先达到了小康标准。

随着赤峰林业建设的不断发展，森林资源日益丰沛，生态环境和农牧业生产条件得到了根本改善，农村牧区经济取得了长足发展，农牧民群众收入逐年增加，赤峰人民亲身感受到了林业建设的重要性。脱贫仍需治沙，致富不忘造林，干部群众已把治沙造林同他们的前途命运紧密联系在一起，林业建设将步入持续、快速、健康的发展轨道。

新世纪日益临近，赤峰人民又以浓墨重彩，绘就了新的跨世纪生态建设蓝图。从1998年开始，全市林业生态建设将以每年造林10万公顷的速度持续发展，力争到2005年，沙化土地得到基本治理，森林覆盖率提高到30%；到2010年，全市宜林地全部得到绿化，沙漠化土地得到有效治理，森林覆盖率稳定在35%以上，生态建设大见成效，生态环境明显改观。为完成这一奋斗目标，中共赤峰市委、赤峰市人民政府于1998年春启动实施了“4321”生态建设工程，即以市内的四条干线公路、三条主要河流和两大沙地为主战场，建设一个覆盖全市的生态系统工程。计划用8年时间，在四路沿线搞突击战，在三河流域搞攻坚战，在两大沙地搞阵地战，打一场全市性的生态建设世纪大决战。赤峰人民将以崭新的姿态和饱满的热情，继续发扬艰苦创业老传统，坚持一代接着一代干，建设山川秀美新家园！（执笔人：张德平）

朝阳巨变说因由

——辽宁省朝阳市在防护林建设中帮助农民脱贫致富的经验

植树造林、改善生态环境，是造福当代、荫及子孙的伟大事业，从战略意义上讲有两大特征：一个是长期性，即长远效益；一个是公益性，即社会效益。然而承担这项伟大事业的主力军是谁？是千百万农民群众。农民是最讲实际的，比较关注自身的现实利益。在这种情况下，正确处理长远利益与近期利益、社会公益与个人利益之间的关系，就成了调动并保持群众积极性的关键。辽宁省朝阳市的党政领导在组织领导全市生态环境建设中不仅在理论上，而且在实践中注意并妥善地处理这道难题，每年动员组织近百万群众参加造林整地，从根本上改变了朝阳的自然面貌。

先看朝阳市的变化有多大

朝阳市位于辽宁省西部，地处科尔沁沙地南缘。过去，这里是“无风遍地沙，有风不见家，狂风加干旱，一春种几茬”。据记载：新中国成立之初，全市仅有残次林 7.3 万公顷，森林覆盖率为 3.9%。大片土地没有森林植被的庇护，生态失衡，环境恶化，水土流失严重，每年冲走表土 4256 万吨。紧靠科尔沁沙漠边缘的建平、北票、朝阳三县（市）的 27 个乡镇，受风沙危害面积就有 42.7 万多公顷。在这个总长 300 多公里的地带，一年能起 200 多次风沙，其中，沙暴日竟有 20 多天。由于风沙肆虐，土地贫瘠，粮食产量长期低而不稳，“四料”（燃料、饲料、肥料、木料）奇缺，五灾（风、沙、旱、雹、冻）俱全，人民生活十分贫困，吃粮靠返销，花钱靠救济，成了新中国的“老国救”。

从 1952 年起，当时的朝阳地委、行署就组织动员全市干部群众响应党和国家的号召，自力更生、艰苦奋斗干林业。1952～1977 年，每年在春、夏、秋、冬组织四次声势浩大的造林战役，森林覆盖率平均每年以 0.6 个百分点增加。尤其是 1978 年，朝阳市的生态环境建设纳入“三北”防护林体系工程后，市委、市政府便抓住机遇，把防护林体系建设作为改善生态环境和农业生产条件的头等大事来抓，将林业建设的任务层层分解落实，党政机关干部包山头，各行各业齐参战，掀起更大规模的群众性植树造林高潮，联乡会战、联村会战，森林覆盖率每年以增加一个百分点的速度发展。经过二十年坚持不懈的努力，朝阳市的面貌发生了巨大的变化。

巨变之一 全市共建成防护林 69 万公顷，森林覆盖率由 3.9%增加到 33.4%，基本形成了多林种、多树种、乔灌草结合的区域性防护林体系，全市 80%的荒山秃岭已经披上绿装。

巨变之二 在朝阳北部 300 多公里的风沙线上，风沙危害基本得到控制，已形成以防风固沙林为主，与农田防护林、水土保持林相结合，乔灌草相结合，带、片、网相结合的生态屏障。昔日的流动沙丘被林草锁住，过去的“塞北沙荒”已变成绿洲，以往的沙化农田已变为林成网、田成方、机能耕、水能灌的高产稳产农田和商品粮基地。

巨变之三 水土流失有效控制面积已达到 70%以上。在林草植被较好的地方，小雨不下山，中雨流清泉，大雨缓出川。许多地方形成了良性小区气候，动植物种类明显增加，生物群落日趋稳定，生态条件趋向平衡。市属的凌源市开展小流域综合治理，由于植被增加，水循环向良性转化，局部地区降雨频率和降雨量增加，流域内土壤含水量比1978年以前平均增长6%～8%。

巨变之四 农业生产条件大大改善，农业生产力增强。全市粮食单产由过去几十公斤提高到几百公斤，实现了由贫困到温饱的第一个历史性跨越。自1990年以来，全市连续九年夺得农业丰收。昔日地处风沙前沿的建平县，在60年代平均粮食亩产不足100公斤，年年要吃返销粮，现在亩产高达400多公斤，1994年粮食产量达到5.5亿公斤，人均产粮近1000公斤，人均收入达到1364元，由农业穷县升为农业大县、农业强县。这个县有个罗福沟乡，过去一片荒山秃岭，平均每年吃国家返销粮80万公斤，花国家救济70多万元，先后有282户1400多口人下关东打工谋生；自“三北”防护林体系工程上马以来，全乡大力营造防护林，短短十年间造林1万公顷，森林覆盖率达到50%以上，全乡生态环境和自然面貌发生了根本性的变化，家家得温饱，过上了好日子，昔日的关东客已返回故乡。

再说朝阳巨变之因由

朝阳市生态公益林体系建设取得如此巨大成就，是朝阳市委、市政府(其前身是地委、行署)正确领导的结果。为了充分调动并长期保持群众的积极性，朝阳市党政领导班子除了采取许多地方都采用过的带有共性的行政措施、政策措施和技术措施以外，还有一手特别值得称道的、由“三北”局倡导在朝阳市落实得比较好的作法，就是十分注意处理好长期效益与近期效益、公众利益与个人利益的关系，既坚持以防护林为主体、以改善生态环境为中心、以改善全社会整体生存环境为前提，又积极支持帮助当地农民适度种植能够在短期内见效、能叫群众直接拿到“票子”的经济林木，启发群众从近期利益中体验林业的长远效益，从个人所得的实惠中理解林业的社会效益，以近看远、以己思公，升华顾大局、想长远的觉悟，为生态公益林添枝加叶。

他们按照这一思路，做了以下几个方面的工作：

在认识上，帮助干部群众改变观念，打开思路，将造林绿化、改善生态环境与农民群众脱贫致富奔小康结合起来 借助宣传发动，通过典型引路和算账对比的方法，总结经验教训，明确两个观念：一是充分认识“三北”防护林体系建设是一项全民受益的大型公益事业，任何时候都要坚持以防护为主体、以治理环境为中心、以生态效益为基础。通过广泛宣传和组织发动，使广大干部群众深刻认识到，如果不重视生态环境建设，不加快发展林业，自己赖以生存的环境丧失殆尽，既害了自己又殃及子孙。二是摆正群众近期利益、个人利益的位置，正确认识经济林建设与农民脱贫致富的关系，向干部群众说明：建设防护林、改善大环境，更多的是长远利益，但是这个长远利益的实现，一时一刻也离不开农民群众。现在农民仍未摆脱贫困状况，很自然要把增加经济收益作为主导目标。单纯生态型防护林，长期见不到经济效益，势必会挫伤农民的积极性，会使防护林建设的动力不能持久。经济林建设要自觉运用市场机制，与农民脱贫致富奔小康紧密结合，在兼有一定生态效益的同时，带来丰厚的经济效益，让农民把希望的“票子”实实在在地拿到手上，也就从利益上保护了农民搞防护林建设的积极性。

通过纵横分析，全市广大干部、群众取得了共识，决心在不放松生态效益的同时，尽可能增加经济效益的含量，通过必要的利益驱动提升群众的生态觉悟，把“三北”防护林建设当成他们自己的事，变成他们发自于内心想去干的事。

市委、市政府确立了朝阳市林业建设的新思路：以市场为导向，适度增加经济林的比重，建设一批名特优新商品林基地，通过近期的生产经营增加收入，带动群众脱贫致富。

瞅准“突破口”，合理配置资源 两大关系的认识问题解决了，如何具体实施？市委、市政府经过一番对比分析，认为在朝阳发展“两杏一枣”(山杏、大扁杏、大枣)为主的经济林具有“天时、地利、人和”三个有利条件。天时，即社会主义市场的大气候和“三北”防护林工程的大发展；地利，即朝阳地区的土壤、气候特点和适宜种植干、鲜果品的荒山、荒坡很多；人和，即当地老百姓具有丰富的种植经验和管理技术。这表明，在朝阳市发展“两杏一枣”，经济效益可观，投入少、收益快。

为此，市上召开专业技术人员、基层干部和农民群众座谈会、研讨会、经验交流会、现场办公会，反复论证。之后，市委、市政府决定把发展“两杏一枣”作为突破口，颁发了《关于加强经济林商品基地建设的决定》，制订了“526”工程规划。规划要求在原有10万公顷杏枣林的基础上，用三年时间发展以“两杏一枣”为主的经济林500万亩(33.3万公顷)，进入盛果期后实现年产值26亿元。目标明确后，市领导即分头深入基层，按市、县、乡、村层层分解，落实开发指标，一级抓一级，一级对一级负责，形成了领导抓、抓领导的工作架势，真抓实干，推动经济林基地建设。

制订优惠政策，实施“六动”策略 朝阳市经济基础比较薄弱，投入能力低。为了搞好经济林商品基地建设，市委、市政府主要依靠政策的威力，发挥朝阳市劳动力资源丰富之优势，在全市实施了“六动”策略。具体说，一是宣传发动。充分利用各种宣传工具，大力宣传经济林开发政策，讲效益、讲前景，造成舆论氛围，克服畏难情绪，克服等、靠、要的思想，消除人们的思想障碍。二是政策驱动。发展经济林的政策基本做到优惠到位、落实到位。所谓优惠到位，就是政策优惠到让人眼红的程度，使干的人有大利可图，不干的人感到吃了大亏；所谓落实到位，就是优惠政策不仅让干部和积极分子知道，而且具体落实到千家万户，落实到项目和地块上。宽松、稳定的政策措施，大大激发了承包人的经营热情。三是科技启动。坚持把科学技术作为“两杏一枣”开发的支撑点，狠抓推广、示范和普及工作，为“两杏一枣”提供技术人才保证。市林业局实行科技站包县、技术人员包乡，已举办2000多期“两杏一枣”技术培训班，培训出20多万乡村专业技术骨干，为“两杏一枣”立了大功。四是典型带动。先后树立了朝阳县乌兰河硕乡草帽山、北票市大三家乡九十九条沟、喀左县老爷庙乡小河南湾等一批样板和40多名开发“两杏一枣”致富的典型，发挥了示范辐射作用，带起了一批后起之秀。五是服务推动。围绕经济林开发，逐步建立起以县级服务组织为龙头、乡级服务组织为骨干、村级服务组织为基础、其他服务组织为补充的社会服务体系，保证产前、产中的技术指导，以及生产资料的供应和产品的销售。六是市场拉动。瞄准绿色食品消费市场，深化山杏、大扁杏、山枣、大枣、沙棘等资源开发，支持林产品加工企业，保证了林产品加工转化。

在上述各项措施的推动下，全市已发展各类经济林19.5万公顷。经济林在全市有林地总面积中的比重，由1993年的10%上升到30%。其中，山杏已发展到11.3万公顷，山杏仁产量由1993年的400万公斤增加到1000万公斤，居辽宁省首位。大扁杏已发展到3000公顷，产量由1993年的2.5万公斤增加到20万公斤，也为辽宁省之最。大枣发展到1万公顷，鲜枣产量由1993年的250万公斤增长到1500万公斤，成为东北三省最大的生产基地。此外，还建有沙棘、板栗等其他经济林3万多公顷。

在经济林基地建设形成规模后，朝阳市创办起了一批深加工产业，走上了工贸“一条龙”，产、加、运、销、储“一条龙”的路子。围绕山杏开发，全市已兴办4个具有一定规模的杏仁露加工厂和10多个活性炭加工厂，把初级产品加工成终端产品，向市场销售，增加产品的附加值。其中，全市最大的林产品加工企业朝阳华新天然饮料公司，年产杏仁露1万吨，消化杏仁500吨。围绕大枣开发，全市上了大枣保鲜加工厂，年大枣保鲜能力50万公斤，增值3～5倍。有5个乡镇建起了大枣批发市场，吸引了省内外一批大中城市到批发市场购买鲜枣。在收获期间，有的乡批发市场平均每天接待150多辆车。围绕沙棘资源的开发利用，全市办起了4家具有相当规模的沙棘产品深加工企业，产品有沙棘饮料、沙棘油、沙棘黄酮等系列产品。

随着经济林和林产品加工业的发展壮大，朝阳市涌现出了一大批富裕乡、富裕村、富裕农民。如凌源市大王杖子乡，每年出售山杏仁人均增收近300元。凌源市松岭子乡茶棚村，仅靠13.3公顷进入盛果期的大扁杏园，每年获得收益50多万元，全村用此收益免除了农民的各项提留，解决了小学教师的开支，修建了校舍，架设了桥梁。又如朝阳县根德乡，自1994年以来盯住大枣开发，经过4年努力，种活大枣树1700万株，人均100株。朝阳县根德乡曹杖子村有一户农民实行枣粮间作，在个人承包田上建起了大枣园，自1997年以来，二亩地的大枣收入达到6000元，粮食产量还没有减产。

在大抓经济林的同时，朝阳市委、市政府还有一项德政，就是关心和帮助农民解决烧柴奇缺的困难。经过十来年的努力，全市已有70%的农户烧柴自给，30%达到半自给，每年可节约烧煤费用4亿元左右。现在，朝阳农民烧柴难已成为历史，农村再也不靠国家救济煤了。

俗话说：修起路好致富，架起桥好过河。朝阳的实践证明，在建设生态公益林体系的过程中，关心群众的切身利益，帮助群众脱贫致富，确实是调动并长期保持群众建设生态公益林、改善生态大环境积极性的有效措施。群众得到了实惠，体会到"植树能致富"、"有林是银行"、"栽枣能养老"，爱林护林、植树造林的积极性一年比一年高。许多人踊跃上山治理、开发，并舍得投资出力，精心管护。一些多年的懒散汉子也省悟过来，由"要我栽树"变成了"我要栽树"的积极分子；在一部分偏远地区竟有成百上千农民连家带口搬进"四荒"地安营扎寨，栽树种粮，综合开发，使"三北"防护林这样的生态工程由"冷"产业变成了与群众生活息息相关的"热"产业。

当然，发展经济林也有一个"度"的问题。是说经济林的比重要适度，搞好了，功莫大焉；搞过了头也会产生副作用。另一个是经济林的种植要适应市场需求，做到产品有销路，投入有钱赚；否则，就会适得其反，挫伤群众的积极性。

还要说说朝阳领导的其他措施

林业建设，包括生态公益林、商品用材林和经济林，从科学上讲，是涉及多门类、多学科的系统工程；从经济上讲，是综合利用土地资源的基本建设；再从总体上看，是造福全社会的公益事业。因此，必须充分发动群众，动员全社会力量，上上下下、方方面面密切配合，协调动作，才能顺利进行。朝阳市委、市政府抓经济林建设很有特色，是朝阳市林业整体面貌发生巨变的因由之一，但并不能包容林业发展的全部。因此，讲完经济林建设的经验，有必要再说说朝阳市党政领导采取的其他综合措施。

朝阳的林业建设，大体可以分为两个阶段。第一个阶段，从50年代中期到1977年底，历时20余年，主要是造林绿化，建设防护屏障，控制水土流失，遏制风沙危害。第二阶段，从1978年起到现在，国家将朝阳市纳入"三北"防护林体系建设范围，朝阳市的林业建设进入高标准、高质量、快速发展的最好时期。在这个时期，市委、市政府把林业建设提到"国策"地位的战略高度，作为一项系统工程来抓。主要措施：

一是突出重点工程，注重规模效益，按流域集中连片，综合治理。自"三北"防护林体系工程建设以来，已完成万亩以上的工程212处。

二是正确处理质量、速度与效益的关系。严把"五关"：即根据拟造林种，确定不同的整地标准，严把整地关；造林前认真验墒，严把墒情关；对种子进行精选、浸透，苗木进行分级，不合格的一律不准上山，严把种苗关；栽前开展技术培训，栽中加强技术指导，栽后做好技术处理工作，严把种植关；制定严格的验收标准，逐块进行验收，不合格的坚决返工，严把验收关。在日常管护上也十分用心。如朝阳市双塔区自始至终把管护工作放在与造林同等重要的位置上，区有林政执法部门，乡有护林大队长，村有护林员，形成了林木保护、林地管理的行政执法网络，确保了工程的质量。

三是深化林业改革，制定和完善林业政策。在坚持"谁开发、谁所有、谁受益"的原则下，进一步稳定家庭承包责任制。林地承包期限延长到30～50年，有的长达70年。在承包期内可以继承和转让，承包期满后，原承包人可以优先续包。同时，建立和完善"四荒"拍卖制度，统一印制转让合同书和土地使用证。目前，已拍卖"四荒"7.27万公顷。买到"四荒"的个人和单位，心里有了底。

四是狠抓科技推广、示范、普及工作。大力推广营养袋育苗和沙棘人工育苗，每年育苗5000万袋左右，当年育苗，当年上山造林，成活率比一般植苗造林提高20%左右。此外，还大力推广优良新品种和大扁杏覆膜戴套、浸根蘸药技术，提高了造林质量。市林业局还建立了林业技术推广中心，组织高中级林业技术人员深入工程基地，开展课题研究和项目推广工作，做到了科研、普及、生产三结合。对林管人员也分层次进行中短期科技培训，提高了林业队伍的科技水平。

五是合理、有序、有节制地使用劳动力。为充分发挥活劳力替代资本的作用，市政府对农民实行劳动积累工制度，规定男劳力每年出60个工，女劳力50个工。全市年用于林业的积累工为2500万个，每个工日按5元计算，折人民币1.25亿元，相当于同期各级财政给林业投入的15倍，基本解决了林业投入不足的问题。依靠这些劳动工，全市每年完成高标准整地105万亩，动用土石方5000多万立方米，如果将这些土石方垒成高、宽各一米的长堤，可绕地球一周有余。

六是把植树造林，改善生态环境，发展农业生产力作为衡量和考核市政府各部门政绩的重要内容之一。市、县、乡、村都建立了领导目标责任制，横到边、竖到底。在领导力量分布上，主要领导亲自指挥，分管领导全力以赴，其他领导密切配合，把部门行为上升为政府行为。凡是林业建设的重大举措，都要由政府作出决定，组织动员群众形成全社会干林业的局面。与此同时，市委、市政府还把“三北”防护林建设完成情况与党政干部的工资、奖金、职务升降挂钩，提高了各级领导干部抓林业的主动性和积极性。

朝阳市的各级领导班子就是这样一步一个脚印、一步一个台阶地发挥着党政领导机关的牵引和决策作用，以生态立市为根本，以“两杏一枣”为突破口，把方方面面的扶持作为造林绿化、建设家乡、改造河山、改善生态环境和生产条件的动力，调动千军万马，治理千沟万壑，引导着朝阳人民奔驰在致富奔小康的快车道上。今后，朝阳市将继续以“三北”防护林体系建设为主线，以经济林建设为重点，使林业建设走上更快、更好、能持续发展的新阶段。市委、市政府计划到2000年，还要再造23.7万公顷人工林，森林覆盖率上升到36%以上，林木蓄积量达到1200万立方米，林业产值达到5亿元，形成多林种、多树种、多功能的森林生态体系，使朝阳的山川更秀美。

（执笔人：李静）

防治荒漠化　巧念草木经

——宁夏回族自治区盐池县建设防风固沙林的经验

人们都知道，植树造林、扩大林草植被是改善生态环境、防治荒漠化的有效手段。然而，在戈壁荒漠的条件下，如何把树栽活、把林造好，使防风固沙林形成生态体系，这对许多人来说仍然是一道难题。宁夏回族自治区盐池县在40多年的实践中，苦苦摸索风沙区的自然规律，总结出一套适合沙区自然条件、能显著提高治沙造林成效的办法，在全县范围内建成了防风固沙森林生态体系，实现了由沙进人退到人进沙退的转折。

在挫折中转变思路

盐池县位于毛乌素沙漠南部边缘，气候干旱、风大沙多、植被奇缺，沙化面积每年以1.2万公顷的速度递增，75%的耕地、农田和村庄顶不住风沙肆虐而被迫退化。在新中国成立之前，全县沙化面积达45万公顷，占土地总面积的63.5%。

新中国成立后，在党和人民政府的领导下，盐池人民开展了大规模种树种草、治理沙害运动。1953～1977年共造林5.04万公顷。当时县、社两级的许多干部走村串户宣传“绿化祖国”的伟大意义，不少领导同志以身作则挖坑栽树作示范；县上几次派人到绿化先进县参观取经，引进优良树种；广大农牧民也怀揣干粮，披星戴月，在植树造林中出大力、流大汗，一心想着实现祖祖辈辈留传下来的绿化家乡的夙愿。

可是，事过20多年，这里营造的人工林绝大部分干枯死亡，保存下来的只有1.92万公顷。盐池人民出了那么大的力，吃了那么多的苦，沙化面积不仅没有得到有效控制，反而每况愈下，年年恶化。至1977年底，全县沙化面积竟有扩大之势。

面对失败和困境，县委和县政府从1978年起，先后组织专业技术人员，对全县15个乡镇进行了自然资源调查、土壤普查、利用调查等，在研究、分析、论证的基础上，回顾总结了20年来治沙造林失败的原因，深切地感到不地制宜、不分立地条件、一味照搬外地经验，是治沙造林成效甚微的根本原因。具体表现在：一是不分地形、地貌、土质，盲目施工；二是不坚持适地适树原则，使用非风沙区的树种；三是一味强调以乔木为主，以营造用材林为主；四是盲目采用平川地区全耕全翻的整地方法，增加了人为沙化的后果；五是照搬水土环境良好地区植苗加密的栽培方法。实行的结果是，60年代以榆树为主，由于干旱，变成“小老树”；70年代以杨树为主，由于缺水，成片枯死。然后，县领导又组织有关单位进一步分析研究盐池县的自然条件，认识到本县自然条件有五大特点：

一是气候特别干旱。县境内无地面河流，地下水位较深，属于水资源贫乏地区。年降水量只有290毫米左右，而年蒸发量却达2700毫米。

二是风大沙多。年均5米/秒起沙风323次，素有“一年一场风，从春刮到冬”之说。

三是沙化面积特别大。截至1978年，全县流动沙丘面积3.89万公顷，固定、半固定沙丘1.43万公顷，并且呈递增趋势，沙化危害十分严重。

四是林草植被奇缺。新中国成立初期，全县仅有2000余棵零星树木，平均每4平方公里只有1.1棵树，每73.5口人只有一棵树。到1977年，全县平均每平方公里也只有2.67公顷林子。

五是经济非常落后，粮食产量低而不稳。至新中国成立初期粮食平均亩产不足30公斤；畜牧业生产也不稳定，人均收入不足百元，群众生活困苦。严酷的自然条件、恶劣的生态环境，使盐池县委、县政府的领导班子认识到植树造林、扩大植被、改善生态环境，光靠吃大苦、耐大劳不行，必须依靠科学，采取适合当地条件的特殊手段才能成功。于是，县委、县政府明确要求全县干部群众转变思路，既要苦干又要巧干，既要艰苦奋斗又要有科学精神。

在新的机遇中实行改革

1978年，举世闻名的"中国绿色长城"——"三北"防护林体系建设工程正式启动，盐池县被划入建设范围。盐池县党政领导深感责任重大，为了不再重蹈前20余年造林不见林的覆辙，毅然决定抓住国家这一重大工程启动的机遇，把已经改变的营林思路付诸实践，在本县承担的"三北"工程中推进八项改革。

改变不分地况，一刀切、一抹平，盲目造林的作法 坚持从不同地区的实际情况出发，分别营造具有不同生态功能的林种。根据盐池县的土地特点、地理条件、土壤类型和沙化程度，由北到南划分为流沙区、草场沙滩区、黄土沟壑区三种类型，分别制定区域治理规划，在沙化、半沙化区营造防风固沙林，在南部山区营造水土保持林，在水温条件适宜的荒山、荒坡、荒滩营造经济林。

改变不分立地条件，片面强调以乔木为主、以用材林为主的作法 坚持适地适树的原则，实行乔、灌、草结合，以灌木林和防护林为主。乔灌比例由原来的8∶2调整为2∶8，充分发挥防风固沙、改善生态环境的作用。

改变树种单一的格局 积极繁育、栽植、利用适合沙地生长的灌木，大面积推广抗旱、抗沙、抗风能力很强的树种，如柠条、沙柳、沙木蓼、火炬树、山竹子、杨柴、花棒、毛条等。

改变全面整地损坏原有稀有植被，增加人为沙化的作法 实行带状整地，以防止人为沙化，保护残留植被，减少林业投资。

改密植为稀植 提高林木成活率，力求一次造林成功。

改春季一季造林为春夏秋三季造林 以缓解农忙时节劳动力紧张，弥补以往一季造林成活率低、无法补植的缺陷，以加快造林治沙进程。

改分散治理为集中连片治理 并在一定的范围内采用多种手段一次或两次完成，力争形成抗风抗沙矩阵。

改单一的植苗造林为植苗、直播、扦插、封沙育林、飞播造林多种方式并举 形成多树种、多林种、多层次、多功能森林生态体系。

经过上述改革，加上县委、县政府在政策上、林业服务网络和思想教育上采取一系列正确、有力的措施，盐池县的林业建设在1978～1998年间取得了辉煌的成就。连同1978年之前26年保存下来的1.92万公顷人工林在内，已累计营造11.9万公顷防风固沙林，在茫茫沙海建起了一条条乔、灌、草相结合的网状形林带，使百万亩沙化耕地得到治理，固定流动沙丘3.3万公顷，恢复沙化退化草场20万公顷，并且在防护林的庇护下补植草原百万亩，开发荒漠农田133.3万公顷。

实践出真知。盐池县治沙造林的新思路就是在实践中校正补充而形成的，这是盐池人在改造自然的过程中对客观事物认识深化的结果，是从必然王国到自由王国的一次飞跃。由于有了一个正确思路和合理规划的指导，盐池县的治沙造林适应了当地的自然条件和林木生长规律。如今，全县已成功地试验、示范了183种乔、灌木品种，其中已推广良种30余种。通过生产和试验证明，沙木蓼、火炬树、山竹子、杨柴、花棒、毛条、柠条、沙柳等树种，具有强大的防护功能。尤其是旱生植物柠条和沙生植物沙柳更适合盐池县的气候、土壤条件，生命力特别旺盛。柠条、沙柳、杨柴、花棒、沙木蓼等属于抗旱灌木，不仅具有抗风固沙抗干旱的特性，而且还是羊只喜爱的木本饲料。柠条是一种豆科灌木，丛生，生长三年后即可平茬，每亩生物量300～500公斤。平茬后可萌发出许多新枝，高生长加快，具有很强的复壮作用，形成密集灌丛。沙柳不仅具有很好的防风固沙作用，且平茬后再生的枝条还是最好的柳编加工原料。盐池县从1984年起大力推广营造以柠条为主的牧场防护林，获得大面积成功，当年造林突破1.33万公顷大关。1987年，连续十多个月的干旱，百草枯萎，然而这十几万亩柠条却为60万只羊提供了度过灾年的“口粮”,羊只饲养量不仅没有减少,而且当年产羊羔还有增加。

现在,盐池县北部六乡的沙荒地区已营造起2578条以沙柳、杨柴、花棒为主的网状防风固沙林带,犹如万丈长缨,紧紧缚住了条条肆虐的黄龙;中部滩地营造成功1953条面积达6万多公顷的以柠条为主的灌木,形成牧场防护林,像一个个巨大的棋盘,镶嵌在荒漠草原,不但锁住了侵吞农田和民宅的流沙,而且为盐池县的支柱产业——羊只提供优质牧草;南部山区营造成功1047条以果树、乔木为主的农田防护林,在高山、沟壑及反坡梯田、鱼鳞坑中茁壮成长,减少了水土流失,结束了盐池县不产水果的历史。

在政策和林政管理上提供保障

植树种草、改善生态环境,包括为完成这项任务所需要的技术措施,都离不开人的实践。人是最宝贵的积极因素。为了充分调动人的积极性,切实有效地贯彻实施营林新思路,盐池县委、县政府在政策和林政管理上努力创造条件、提供保障。

制定并实施优惠政策,疏通国家、集体、个人一齐上,并以个人投入为主的集资集劳渠道 1982年,结合全县农村实行家庭承包责任制,县政府作出规定:自留山种树谁种谁有,收入归己,允许继承,长期不变。1985年以后又陆续制定了《关于集体沙柳林实行承包经营的决定》、《关于荒漠沙滩和小流域承包治理几个问题的决定》、《关于加强林业建设的决定》等。这些政策的颁布实施,把沙漠、树木、草场的管理权、建设权、使用权完全交给群众,使群众对政策有了底,放了心,变成集资投劳的动力。1986年以后,全县又将8000公顷“五荒”地的使用权发包给50多户农民经营,造林5555公顷,创办家庭林场120个。国家、集体、个人一齐上的投资渠道,在治沙造林中显示出巨大的作用和效益。

建立完善了林政管理和服务网络 林政管理工作实行两手抓:一手抓队伍建设,一手抓林业行政执法。目前,县里已有40多名专业人员,以他们为骨干形成了上下贯通、左右相连的林政管理和技术服务网络。近五年,共举办各类实用技术培训学习班300多期,培训农民技术员4000多人次,先后选送68人次到大专院校培训学习。每年在全县范围内推广实用技术30多项,近年来,共建科技示范乡5个,示范村79个,示范户960户。林政管理、服务网络的建立,使沙区经济发展和群众脱贫致富有机结合,为实现“资源—环境—人口—经济”的协调发展打下了坚实的基础。

抓典型、树样板,激励群众的艰苦奋斗精神 近50年来,盐池人民在与风沙的抗争中涌现出许许多多艰苦奋斗、苦干、实干的治沙模范和典型。原盐池县柳杨堡乡党委书记冒广生带领全乡群众自力更生、含辛茹苦营造成功100多条农田防护林、29公里护路林带、8666公顷柠条、沙棘灌木林办起2个村办林场、6个乡办经济实体,为改善生态环境,促进全乡经济发展产生了巨大效益,被群众称为“治沙好书记”,曾8次被评为种树种草先进工作者和全国治沙劳动模范。他的事迹和创业精神带动全乡群众营造成功9700公顷人工林,使沙化面积由1982年的83.4%下降到1990年的30%左右。全乡人均收入由1982年的65元提高到350元,人均占有粮食由56公斤上升到350公斤,羊只死亡率由26%下降到2.25%,呈现出林茂粮丰、农林牧同步发展的喜人局面。家住柳杨堡乡沙边子村的一家农户,从1981年开始,承包了村里的53.3公顷沙荒地,全家起早贪黑、成年累月地种草栽树、固定沙丘、遏制沙害,丈夫累得病倒了,妻子领着孩子继续干。辛勤的劳作终有收获。如今这一家已种了1万多株树,还开垦鱼塘0.27公顷、水浇地1.47公顷、定植果树0.53公顷,养猪100多头,还种植了压沙西瓜,年收入达4万元以上。在这家的影响下,原来搬走的人陆续搬了回来。如今全村造林种草1.34万公顷,户均养羊30多只,人均0.2公顷水浇地,小麦亩产达到400多公斤,成为全县最富裕的村子之一,是全区的治沙典型。

多年来,县委、县政府还总结推广了中部马儿庄乡牛记圈子村封沙育林、建设草原,合理利用、发展牧业的典型经验;东部红井子乡石山沟村群众集资、统一管护、有偿利用,轮封轮牧、规模治沙、营造柠条饲料林的典型经验;南部萌城乡林粮间作、地埂造林,以林护农、以林促牧、全面发展的典型经验;北部高沙窝乡施记圈等5个自然村群众集资2万多元常年护林,以及柳杨堡农民常新正继承父业,以场为家、以林为业、护林治沙、无私奉献等先进典型经验。通过对这些典型的总结推广，极大地激发了广大群众治沙造林的热情，出现了村村治沙、户户造林的好形势。

近50年艰苦奋斗，治沙造林，给盐池县带来了发展和希望，探索出了农区向牧区过渡地带林业建设的有效途径。历史上形成的对大自然只索取不爱护的旧观念在转变，人们改造自然、根治沙害的认识在深化；生态环境在恢复，全县沙化面积得到有效控制；农牧业生产条件不断改善，人民生活水平逐年提高。近20年粮食年均产量比前30年年均产量增长37.2%，人均占有粮食由1983年的不足150公斤增长到1997年的350公斤，人均收入由1983年的94元增长到1998年的1200元。

面对成绩，盐池县人民并没有止步。特别是江总书记“大抓植树造林，绿化荒漠，建设生态农业”和“再造一个山川秀美的西北地区”的重要批示，使他们深感彻底根治沙害的任务还非常艰巨。他们决心继续发扬艰苦奋斗的优良传统，坚持实事求是的科学精神，为建设一个生态环境良好、水草丰美的盐池县再建新功。（执笔人：秦利邦　王宁）

大力营造红柳林　抗风治沙又治碱

——新疆维吾尔自治区伽师县防治土地荒漠化和盐碱化成效显著

在新疆、甘肃、宁夏和青海的柴达木盆地，有一种既耐旱又耐寒、既能抗风沙又能治盐碱的红柳。过去，人们只把它当作燃料、饲料，随意砍伐，80年代以后，随着生态意识的增强，人们对红柳在防治土地荒漠化和盐碱化中的作用越来越重视。新疆伽师县从1983年起大念红柳经，大造红柳林，在改善生态环境中取得了显著成效。

伽师县位于塔克拉玛干大沙漠西缘、喀什噶尔冲积平原下游。全县有13个乡镇、3个农场，总人口28万。这里降水量少、蒸发量大，夏季酷热、冬季严寒，风沙肆虐、盐碱广布。在全县70万公顷土地中，耕地面积4.7万公顷，沙漠13.3万公顷，荒草地2.46万公顷，而盐碱地达25.3万公顷，占全县土地面积的36.1%。土地盐碱重、水位高，致使含盐的地下水不断随土壤毛细管上升，土壤中的盐分逐渐增多，形成盐霜，造成大面积土地盐渍化，形成了白茫茫的盐碱滩，环境十分恶劣，成为伽师农民脱贫致富的“拦路虎”，严重制约着伽师县经济的发展。直到80年代初，当地农民人均收入仅有34元。“种田难，行路难，吃水难”一直困扰着伽师各族人民。

面对狂暴的风沙和可恶的盐碱，伽师人民认识到“不抗风沙土地空，不治盐碱辈辈穷”，发出了“千条万条，保护土地是第一条”的呼声。

新中国成立后，伽师县委、县政府领导全县人民与风魔、沙怪、盐碱展开了不屈不挠的斗争。建国后至1979年，伽师年年植树、乡乡造林，虽然也取得了一些成绩，但由于试用过的树种不服伽师水土，栽植技术又不高，栽下的树成活率低，成林少，治理成效不大。自1982年起，县委、县政府领导深入基层调查研究，认真总结以往植树造林的经验教训，探索适合伽师特点的绿化办法。在一次又一次基层干部座谈会、老农访谈会上，人们说得最多的是“发展红柳，治沙治碱，一举两得”；在林业科技人员座谈会上，与会者也不约而同地强调“红柳最适合伽师栽植”，并且拿出几本论述红柳生态特性的专著给书记、县长们看。

根据当地群众的举荐和科技人员的论证，红柳的生态特性和防护功能在伽师县决策者们的心目中留下了深刻印象。首先，红柳根系特别发达。在非常干旱的年份，根深可达5～10米；在一般年份，支根可以扩展3～4米。因有发达的根系，天上不下雨，它就靠吸收地下水或把游离在沙丘中的少量水气吸收到自己的体内，以维持生命，所以它既耐旱又耐寒。其次，红柳在中幼龄时期保持着灌丛状态；成熟后材质坚硬，仍沿地面匍匐生长，所以它既能抗风又能固沙。再次，红柳萌发能力特别强，即使遇到流动沙丘埋着它的枝头，也能在几天之后生出许多不定的吸收根，从沙堆上长出新的枝条，具有“压不住、埋不掉”的特性。最后，为了适应地下水的咸苦而不受盐碱的侵害，它的体内形成了一套大量泌盐的生理系统，并且加大了根压，可以将体内大量有害的盐类通过泌盐系统分化排泄到体外。成片的红柳能降低风速，减少太阳对地表的直射，加上大量枯叶覆盖在地面上，可以减少地表水蒸发量，起到压碱的作用。在黄沙茫茫的沙漠里、在白碱皑皑的盐碱滩上，唯有红柳能够顽强地生息繁衍，郁郁葱葱，傲笑黄沙盐碱。红柳以其特有的防风固沙、调节气候、保护环境、改良土壤等功能，深受伽师人的青睐，他们把心与红柳联系在了一起。

县委、县政府从1983年开始便把发展红柳治沙治碱摆上了重要议事日程，决定组织全县各族人民大念红柳经、大造红柳林，采取“民办公助，多方筹资，成片栽植”的方法，认真组织规划设计、严格按规划设计施工，并逐年增加投入，在全县掀起了营造“以红柳为主、以胡杨等沙生植物为辅”的生态保护体系热潮。他们的具体做法：

加强宣传，提高认识 治理初始，伽师县即充分利用广播、电视、报纸等宣传工具，大张旗鼓地宣传保护生态、治沙治碱的重要性和紧迫性，使全县上下形成“发展红柳、治沙治碱、造福子孙”的共识。县上成立了由县长挂帅，林业、计划、财政、水利等部门参加的发展保护红柳、胡杨工作领导小组，统一领导和协调工作；实行责、权、利相结合的目标管理责任制，把发展红柳、胡杨作为考核领导干部工作作风和政绩的硬指标，增加各级领导干部的责任感和紧迫感，从组织上为发展红柳提供了有力保障。为了集中人力、物力，加快红柳、胡杨发展速度，县上把每年的5～8月定为发展红柳、胡杨季节，认真安排所需人力、物力和财力，先后组织5万余名农民、学生采收红柳种子32万公斤，组织四五万劳力挖渠、堵坝、整地，建立起19处达3333公顷的大型红柳封育基地。

依靠科学技术，提高营造质量 在发展红柳中，伽师县特别重视栽植技术的普及推广工作。首先是选择地下水位较低、有芦苇生长的地块，并将其划分为6.6～13.3公顷大小的地块，平整打埂，每隔五六米，开挖50厘米×60厘米的深沟，然后进行人工播种。其次是使用科学方法管理种子，采种做到随熟随采，晾干保存。同时建立了红柳种子园，保证种子的质量和产量。第三，采用沟底播种，开沟引洪灌溉，待土壤水分饱和后再灌一次水，而后将种子撒在水面，利用克孜河大量含沙自然覆盖种子，从而保证了发芽率。第四，加强幼苗的管理，采取引洪、封滩办法保护红柳幼苗，使发展红柳资源的步伐大大加快，同时也取得了重要科研成果。该县与中国科学院新疆分院沙漠土壤生物研究所合作的“红柳压碱、改良土壤技术”荣获国家科技成果二等奖。

依法保护管理，巩固造林成果 为了彻底改变以往有些人把红柳当作自生自灭的野柴禾，随意砍伐、无人呵护的旧习惯，促进红柳、胡杨资源的迅速增长，县、乡、镇、场按国家颁布的《森林法》制订了一整套管理、保护、采伐、利用的实施办法，层层落实红柳管理责任制，规定成林后采伐必须由主管县长和林业局长共同审批，并采取采伐一亩红柳补植三亩的办法，以保证生长量大于采伐量。另外，还建立了四级护林队伍，实行分片管理，每20～33公顷林地配备一名护林员。划分封育林地，挂牌写明封育期限、范围和负责人姓名，明确管理职责，同时实行奖罚制度。县政府把以红柳为主的林业生态建设作为一项经济指标，同各乡镇签订了奖罚合同。完成当年封育任务的单位奖励500元，否则追究责任，扣发领导人一个月工资，单位罚款300元。林业局也将基层技术人员的奖金、出差费同任务挂钩，保质保量完成任务的发放奖励金和出差费，否则扣发工资和出差费，从而增强了他们的责任感。

在各族人民的辛勤劳动和耕耘下，自1984年起，全县营造红柳林每年以3330公顷的速度递增。1994年11月，联合国环境计划署荒漠化治理中心组织的考察团来到伽师县，这些世界级专家被伽师的“盐碱地引洪灌溉大面积恢复红柳造林技术”迷住了，他们称赞伽师的盐碱地治理是“世界第一”，并于1995年6月17日以联合国环境计划署名义授予伽师县“全球‘土地退化和荒漠化控制’成功业绩奖”。

15年来伽师县累计新造红柳林6.4万公顷。如今全县有林地面积达81.5万公顷。绿洲森林覆盖率由1982年的4.9%上升到13.8%。在广袤的伽师大地上，由片片红柳林编制的充满生机的绿色，从容地漫过平原、沙地、碱滩、裸露的戈壁，给伽师人民带来了幸福。红柳的生态效益、社会效益和经济效益越来越明显。

——防风固沙，控制土壤沙化。通过多年努力，全县红柳灌木林已固定沙地1万公顷，盐碱地4.13万公顷，新开垦沙荒地533公顷，沙区新定居450户800人。

——降低了风速，增加了湿度，美化了环境。与空旷地相比，红柳林地可降低风速40%以上，林地内空气湿度增加8%～10%。红柳林网成了空气过滤器，风通过红柳林地，流沙被阻，尘埃被挡，大大降低了人畜呼吸道疾病的感染率和发病率，改善了人畜的健康状况。14种不同品种的红柳一年四季都有鲜花开放，红的如火、黄的如金、白的如雪，将伽师县装点得如诗如画、绚丽多彩。

——碱滩变良田，农业大发展。红柳林日益繁茂，使伽师县的土壤含盐量在近10年降低了50%。红柳的根子和枯枝落叶增加了土壤的有机质，改变了土壤的理化性质，为农业生产创造了十分有利的条件。通过红柳林的改良，伽师县新增耕地7.66万公顷，农业生产连年丰收，人均粮食由1985年的325公斤增加到现在的500多公斤。1998年粮食总产达14.6万吨，油料达400余吨，成为新疆粮食产量十强之一。棉花总产从80年代的3000吨提高到2.8万吨，进入全国产棉百强县之一。闻名中外的特产"伽师瓜"单产达3000公斤。农民人均年收入达1031元。

——扩大了草场，促进了畜牧业发展。红柳林地伴生着芦苇、佛子草、冰草、甘草、骆驼刺等植物，一年四季都可放牧，带动了全县的养殖业。全县生畜存栏由80年代的20万头(只)发展到72万头(只)。

——为农牧民提供了薪材。红柳的发热量比较高，1吨红柳相当于0.69吨标准煤，因此被人们称为"沙漠活煤"。红柳大面积发展，每年能为燃料贫乏的伽师县提供17.2万吨薪材，经济效益达200万元，全县农村已实现了烧柴自给有余，大大缓解了塔里木盆地周边群众"锅下愁"的问题，有效地保护了原有的柴草植被。

红柳枝叶腐熟后富含氮、磷、钾等元素，给粘性土壤施加红柳包肥料，既改良土壤，又增加有机质。在培育优良品种"伽师红玛瑙"甜瓜中，瓜农们常用红柳新鲜嫩枝叶为甜瓜施肥，不仅可保持甜瓜的优良品质，而且能增加甜瓜的含糖量。

红柳幼年时期枝条柔韧，宜做柳编；成熟后茎杆端直，表面光滑，材质细，硬度大，纹理顺直，宜做农具。伽师人常用红柳制作斧头把、榔头把、鞭杆、工具把等，美观大方，经济耐用。红柳的发展还带动了伽师县手工业的发展。很多农村用红柳枝条编织篮筐等，仅此一项全县年创产值达230万元。

红柳全身是宝。如今伽师各族人民已把栽红柳与种粮食放在同样重要的地位上，认为只有绿色的延伸，才能保证绿洲的繁荣；只有发展红柳，才能保证绿色的延伸。

现在，伽师人仍在继续地努力，营造规模更大、标准更高的红柳林。展望伽师县"九五"及2010年长远规划蓝图，绿色文明之花将越开越艳。计划到本世纪末，在伽师县的风沙前沿将矗立起4条长20公里的大型防风固沙林带，引洪灌溉发展红柳林面积1.6万公顷，在绿洲农区建立起生态型经济林基地。

(执笔人：李晓明　冯春林)

治穷要治本　草木定乾坤

——山西省临汾地区昕水河流域生态工程建设回顾

治穷要治本，草木定乾坤。这是山西省临汾地区昕水河流域50万农民在植树造林，改善生态环境中得出的共识。

（一）

昕水河是黄河中游的一条一级支流，发源于临汾地区所属的蒲县，流经永和、隰县、吉县、乡宁、大宁，汇入黄河，全长129公里，流域总面积90.68万公顷，总人口55.4万人。这里的地貌特征是：土层深厚，地面破碎，沟壑密布，沟深坡陡，被分割成孤立状的垣面有100多个，大沟深谷有5000余条，土壤侵蚀模数为4000～8000吨/平方公里·年，个别地段高达12 000吨/平方公里·年，每年流入黄河的泥沙在500万吨以上。该区历史上曾经山青水秀，林茂粮丰，由于自然条件的变异和人为的破坏，新中国成立前已成为全国水土流失最为严重的地区之一。

（二）

新中国成立后，临汾地委、行署和昕水河流域各级党政领导，发动群众大搞植树造林，取得了很大成绩。截至1978年累计营造成功80多万亩人工林，在小流域、小范围内起到了防护作用。

1978年以后，在党的十一届三中全会精神鼓舞下，昕水河流域的治理工作连续跨上了两个新台阶：1978～1988年，昕水河流域的党政领导紧紧抓住国家启动“三北”防护林工程的大好机遇，把昕水河流域的治理工作纳入“三北”防护林建设体系，开展以植树造林、保护林草植被、改善生态环境为目标的，以全流域、大面积治理为特点的“昕水河防护林工程”建设，使治理工作进入了工程化、规模化的新阶段。1989～1999年，在林业部“三北”防护林建设局的指导下，又进入了以优化生态环境、兼顾经济效益为目的，以多林种合理配置，生物措施、工程措施配套，山、水、田、林、路综合治理为特点的新阶段。经过21年艰苦奋斗，昕水河流域有林面积达28.3万公顷，是1978年的5.3倍。其中，用材林12.4万公顷，防护林10.6万公顷，经济林79万亩。森林覆盖率由1978年的6.0%上升到31.9%，提高25.9个百分点。六县共完成万亩以上综合治理工程和连片经济林达52处，其中3333.3公顷以上7处，2000公顷以上16处；治理33.3公顷以上垣面87个，治理1公里以上沟道3350条，分别占其总数的82%和67%。

由于综合治理稳步推进，昕水河流域的生态环境明显改善。控制水土流失面积达45.2万公顷，土壤侵蚀模数从1978年的每平方公里7175吨下降到3220吨，降低57.0%。森林涵养水源、调节气候的功效也开始显现，有些地方已出现喜人的森林“小气候”。吉县森林覆盖率达到39.8%，年均降雨量较周围地区增加15.1～41.5毫米。蒲县三中垣有林面积占到35%以上，地表层相对湿度提高4.5%，年均气温提高0.5℃，无霜期由165天延长到171天。

农村经济也得到了全面发展。农业总产值达93 459万元，与1988年相比翻了三番，粮食产量稳步增长，达到2.6亿公斤，坡地单产增长到112公斤，粮食增产系数提高了15%～26%。林业经济不断发展，林业总产值达 24 629 万元，是 1988 年的 11.6 倍。林业的发展促进了畜牧业、乡镇企业和多种经营的发展，使农民人均收入大大增加，由 1988 年的 340 元增加到了 1280 元。贫困户由 1988 年的 28 143户减少为 5 347 户，脱贫率达 81%，涌现出了 29 个靠林果业致富的小康村。

（三）

改善生态环境，关键在党的领导、政府的工作。在昕水河流域开展这样大面积、大范围的整体治理，社会性、公益性的特点尤为突出，更需要党政领导精心组织。

“高举生态旗，念好草木经，党政带头干，治理抓根本。”这就是临汾地委、行署和昕水河流域各县党政领导的共同思路。在这个观念的引导下，各级党政领导都把改善生态环境、发展社会生产力，作为“重中之重”的头等大事来抓。地委、行署的主要领导多次深入昕水河流域调查研究，通过组织干部群众座谈会、专家学者研讨会等多种形式，对以往的造林实践进行认真总结，提出在思想观念上进一步提高认识，在新形势下克服片面追求短期效益、掠夺自然资源的盲目性，确立恢复生态、建设生态农业的观念，坚持走优化生态、精种多收的发展路子，按自然规律发展林业和农村经济。同时，要在优先保护培育资源的基础上合理开发利用资源，把改善生态环境与增加农民收入结合起来，充分调动群众治山治水的积极性。

为了帮助基层干部和广大群众提高建设生态林业的自觉性，地委、行署总结推广了吉县三垛村建设生态农业的典型经验。三垛村，曾为抓粮四处开荒，破坏植被，造成水土流失，收成越来越差，全村上千口人不得温饱。后来他们醒悟了，来了个“反弹琵琶”，“林”字当头，从 1977 年开始在所有山梁荒坡、沟沟岔岔营造水土保持林 420 公顷、果树 80 公顷，大大改善了生态环境和生产条件，粮食产量逐年增加，经济发展上了台阶，人均收入 1986 年就达到 910 元，比 1977 年增加 3 倍，1996 年更提高到 2030 元，成了全省出名的林业先进村和小康示范村。三垛村的经验，通过各种会议和报纸、广播、现场参观介绍出去，使昕水河流域的干部群众从活生生的样板中领悟到了改善生态环境重于一切的道理，认识到不改变恶劣的生态环境，一切都无从谈起，更无法做起，对整个流域的治理和建设都起到了示范作用。在治理工作全面展开后，地、县领导还身体力行，亲办示范点，带头搞高标准样板工程。先后建起 159 个领导绿化点，其中地级 6 个、县级 18 个、乡镇级 135 个，总面积 1.3 万公顷。绿化示范点的推行，使各级领导人人有指标、个个挑担子，一级带一级、一任接一任，形成一个齐心协力搞绿化的大好局面。

在防护林工程取得较大成绩后，一个时期内由于直接经济效益不甚理想，出现长期效益与短期效益之间的矛盾。地委、行署认为，生态环境建设打下基础之后，还得再上一个新台阶。只有建设以经济林为突破口的生态经济型防护林体系才能使林业与群众利益休戚相关，才能加速林业发展，促进农民致富。为此，临汾地委、行署及时调整结构，适当加大经济林比重。在昕水河两侧坡面组织建设百万亩仁用杏基地，在黄土残垣沟壑区组织建设百万亩水果基地，在黄河沿岸组织建设百万亩红枣基地等。到 1997 年，全流域经济林的发展速度由 80 年代的年均几万亩提高到 1 万公顷以上，1995 年便实现了人均 1 亩经济林的目标，形成了林中有牧、农中有果，林保水、水益农，农林牧协调发展的复合型生态系统。

（四）

改善生态环境，需要制订优惠政策。尤其在生态环境脆弱的地区再造优良生态环境，工程很艰巨，群众家底薄，更需要制订并执行更宽松、更优惠的政策，以调动群众积极性。从 80 年代初期起，临汾地委、行署按照“谁栽谁管谁受益”的原则，先后发布了《关于加快林业建设步伐，到本世纪末实现基本绿化的决定》、《关于进一步加快林业改革和绿化步伐的意见》、《关于拍卖“四荒”使用权的若干政策规定》以及《关于加快“九五”期间林业发展的决定》等重要文件，制定了 15 条优惠政策和 10 条奖励办法，鼓励社会力量参与林业建设。如荒山承包一定 50 年不变，“四荒”地造林可以租赁、拍卖、继承、转让等。同时，对新造林地采取造一处、登记一处、权属落实一处的措施，坚持不栽无主树、不造无主林，树权证、林权证全部发放到营林者手中。由于这些政策措施落实，行政服务到位，群众吃了“定心丸”，他们敢造、敢管、敢投入，掀起了兴林新高潮。

昕水河流域各县县委、政府，也立足本地客观实际，强化政府行为，从土地、资金和技术等各个方面，制定了一系列地方性优惠政策和实施办法，激发全民搞绿化、全社会办林业的热情和干劲。吉县实行“以土地、劳务、技术、资金和实物等要素折价入股”的办法，大力兴办股份制林业实体，有效地推动了林业发展。乡宁县、蒲县实行以工补农、以煤建林，规定吨煤提取1元农业发展基金(其中1/3用于林业)。仅此一项两县每年就可筹集200万元林业基金，不仅缓解了造林经费紧张，而且走出一条“以一次性资源”培植“再生资源”，把地下优势逐渐向地上转移的新路子。隰县、永和县、大宁县也从各自实际出发，积极引导群众发展经济林，使梨、红枣和苹果等产生规模效益，为进一步振兴地方经济、加快生态环境建设增加了活力。

(五)

防止水土流失，改善生态环境，是一项系统工程，必须制订既科学又切实可行的规划。多年来，昕水河流域各县一直坚持以林为主、综合治理原则，统筹规划、上下兼顾、自上而下、标本兼治，变零散治理为集中联片治理，把大型、中型、小型、微型工程结合起来实施，以有利于发挥整体效益。

在具体实施规划中，领导都要亲临现场，统一指挥，打破条块分割和县域界限，按山系、按流域统一启动、分步实施。实施规划的主线条分为四大块：一是沿昕水河河谷建设250公里绿色通道工程，同时在两侧坡地建设仁用杏基地；二是在黄土残垣沟壑区建设水果基地；三是在黄河沿岸建设红枣基地；四是建设百万亩防护用材林基地。六县依照总体规划，分级负责、分片施工、分阶段同步启动，整个流域的治理态势一直处于良好状态。

乡宁县摩托垣综合开发工程，可以说是林业基地化建设的一个典型。这个工程规划面积5万亩，基地指挥部组建农、林、牧三支专业队伍施工，装备推土机10台、中小型拖拉机8台、汽车2辆。经过六年治理，拓修道路8.5公里，建设高标准基本农田300公顷，发展果园100公顷，完成荒山造林2333.3公顷，改良牧坡133.3公顷，牛羊发展到1850头(只)，粮食总产达148万公斤，农业总产值312万元，实现利润123万元，解决了280人的就业问题。像这样以林为主的大型综合开发基地，各县已建成9处，在建的5处。

几十年艰苦奋战，在昕水河流域积累了丰富的治理经验，归纳起来主要有以下几种模式：

——隔坡水平沟整地，坡地林粮间作。按照缓坡梯田农林间作、陡坡生物固土的原则，在梯田隔坡水平沟整地，栽植速生用材林或经济林，陡坡栽植乔灌草以保持水土。大宁县乌落坡生态经济型工程，总面积136公顷，1988年建坡地水平沟14.2公顷、荒坡水平沟7公顷、鱼鳞坑整地115公顷，栽植防护用材林78公顷、经济林33.3公顷，直播山桃山杏24.9公顷。据观测，沟内杨树胸径平均年增3厘米，年生长量比普通方式栽植的树木提高1倍。

——缓坡改梯田，山地建果园。在较缓的坡地或弃耕地，经过整地改造成梯田、修建山地果园。蒲县的古县乡仁义果树场，总面积266.7公顷，从1989年起按这种模式治理，建山地果园22公顷、核桃园21公顷，到1995年有林地达176.7公顷，年收入16万元，取得了生态、经济双丰收。

——宽行窄株栽果，垣面果粮间作。隰县水堤工程栽植优质梨树，采取挖壕沟整地(宽深各1米)，沟底铺“褥子”(压秸秆、杂草、肥料)，树下盖“被子”(地膜覆盖)，树杆戴“帽子”(套塑料袋)，行间种庄稼，林农立体开发，经济生态效益也很明显。

(六)

昕水河流域地形复杂，差异很大，土质各不相同，需要采取多种类型的经营管理方式，走多元化的发展道路。

分级办林场，给林业建设注入了新的活力。近年来，昕水河流各县本着“造一片林，留一帮人，办一个场”的办法，已建起国有林场14个，乡镇林场98个，村办林场382个，校办林场146个，党政机关、企事业单位创办林场、果园115个，各种形式的林业建设联合体315个，为加快流域治理发挥了重要的骨干和示范作用。

专业队造林，成为治理山河的生力军。蒲县专业队18年如一日，转战全县各地，营造水土保持林1.8万公顷，“四旁”植树280万株，建高标准果园1666.7公顷，是一个以水保为主，农林牧副全面发展的经济实体，被群众誉为“荒山、荒滩播绿人”。目前昕水河流域6县已相继建立县乡专业队，队员2970多人。

分户承包办庭院林业，是全社会办林业的又一新模式。吉县中垛乡义尖村杨栓保，是远近闻名的林业专业户。杨栓保生前承包本村一条13.3公顷的黄土深沟，栽植各种树木2万余株，建起果园2.3公顷，如今已硕果累累。在他的帮助和带动下，全村家家都建起了家庭果园，成为农民脱贫致富的经济“支柱”。

随着农村改革的不断深化，拍卖“四荒”（荒山、荒沟、荒滩、荒坡）使用权，已成为治理昕水河流域的一项重要措施。这一“卖”一“买”，把“治、管、用”和“责、权、利”紧密地融为一体，使农民产生了一种稳定的权属感，充分调动了群众治山治水的积极性。吉县从1992年以来，将全县4.7万公顷“四荒”地使用权推向市场，一定50年不变，共给6800户农民、26个机关团体拍卖“四荒”使用权1万公顷，占全县可利用“四荒”地面积的42%。

“昕河流碧水，赤地变青山”，是昕水河流域广大人民世世代代的梦想。人们有信心，在已经取得显著成绩的基础上，再经过10年、20年奋斗，这里一定会山山披绿装，沟沟花果香，河渠清水流，户户奔小康。　　（执笔人：解学斌　李志英　陈振虎）

黄泛区里树连天

——河南省周口地区建设高标准农田林网纪实

周口地区位于豫东平原，辖 8 县 2 市，有耕地 78 万公顷，历史上有“中州粮仓”之称。1938 年，由于那次震撼世界的黄河大决口，却变成了绵延千里的“黄泛区”。

据史料记载：1938 年国民党军队按照蒋介石的命令，在这里炸开了黄河大堤，试图以洪水阻挡日本侵略者的进攻。结果，没有阻挡住日本侵略者，却使 89 万同胞死于非命，60 多万公顷耕地被洪水淹没，造成了遍地盐碱、满目黄沙、涝洼相连、民不聊生的黄泛区。周口地区是黄泛区的重灾区，“夏秋水汪汪，冬春白茫茫，四季风沙狂，年年去逃荒”就是当年周口地区的真实写照。

新中国成立后，在党的领导下，周口地区的广大干部、群众掀起一次又一次改造沙荒盐碱地的群众运动，修道路、筑灌渠，引水压沙改良土壤、植树造林改善环境。50 年代，全地区大力开展治沙造林，积极发展“四旁”植树，林业生产开始得到了初步恢复。60 年代，学习兰考经验，大搞农田林网和农桐间作，通过引进泡桐、杨树等一批速生树种，建立了一批社队林场和苗圃，并在西华、扶沟建立了两个总面积达 6000 多公顷的防风固沙林带。进入 70 年代之后，全地区认真贯彻“自采、自育、自造”的方针，县、社、队三级林场和苗圃发展到 124 个，林业基地规模进一步扩大，树种、林种有了新的增加，特别是在部分沟、河大力发展紫穗槐、白蜡条等灌木林，林业生产又有了新的发展。

党的十一届三中全会以后，周口地区林业进入了崭新的发展阶段。地委、行署把发展林业生产、建设高标准林网作为振兴农村经济、实现农业“翻番”的基础工程来抓，坚持“统一规划，苗木自筹，树随地走，谁栽谁有”的林业政策，极大地调动了群众植树造林的积极性，使林业生产得到了突飞猛进的发展。1986 年，全地区 10 个县市都达到部颁平原绿化标准。近几年来，又以“争创全国高级平原绿化第一区”为目标，按照“完善林网上水平、调整结构上效益”的指导思想，深化林业改革，提高农田林网的科技含量，使林业建设又上了一个新台阶。目前，全区已有林木总株数 3.1 亿株，比新中国成立时的 2100 万株增加 14.8 倍；林木覆盖率由新中国成立时的 1.5%增加到 16%以上。全区农田林网面积达 73.6 万公顷，现有耕地面积的 94%已在农田林网的保护范围内。村镇、公路、河道绿化率达 100%；以庭院、河滩、村旁废闲地为基地的经济林面积达 6.7 万多公顷，年产干鲜果品 30 万吨；林业和林产品加工业产值达 21.2 亿元。

林业发展壮大，成为全区一个相对独立的支柱产业。近年来，地区有针对性地加大对林业结构的调整力度。增加杨树中林 46、泡桐毛白 33 等速生丰产树种的比重，积极发展银杏、大枣等优良品种，在太康、淮阳等县营造立体高效银杏林网 1 万公顷，调整了树种结构。全区围绕林网建设发展经济林，先后在飞沙区发展农枣间作 1.33 万公顷，调整了林种结构。在经济林发展过程中，采取“上坡下滩、入村进院”的原则，力争不占良田。部分乡镇初步实现了树上千元钱、树下千斤粮的“双千”目标；商水、项城、鹿邑等县市利用河滩废闲地发展石榴、梨、苹果等树种，形成了延绵几十里的经济林带。

花红果香满河绿，黄泛区里树连天，不仅绿化美化了环境，而且成为当地群众致富的重要来源。目前，全区涌现出了200多个木材加工专业村，2万多个木材加工专业户，300多个大、中、小型木材、果品加工厂，年加工产值13.6亿元。西华县利用树木枝丫材，建起了年产5万立方米的刨花板和400万平方米贴面板的人造板厂，年产值2亿元左右，年利税2000多万元，成为全省最大的人造板生产基地。在这一龙头企业的带动下，全县建起了胶合板、包装板、集装箱板、卫生筷子、坑木加工等企业50个，年产值近3亿元。

林业的发展，有效地抑制了风灾，减少了土壤蒸发量，增加了空气湿度，改善了全地区的自然环境和农业生产条件。50年代，周口地区8级以上大风平均每年15.4天，风速平均3.6米/秒，土壤蒸发量为1968.4毫米。而进入80年代后期，年均大风2.1天，平均风速降至2.2米/秒；年平均蒸发量1559.8毫米，与50年代相比，减少408.6毫米；空气相对湿度增大26%。70年代以前，每年春末夏初的干热风使小麦减产11%以上，而近十多年来，干热风基本上消失了。据南京林业大学和河南农林专家调查，在全区农田林网和农林间作的有效防护范围内，地表风速降低30%～40%，土壤含水量增加22%～29%。农田小气候的改善，有效地促进了农业的发展。1997年，全地区粮食总产达55.64亿公斤，棉花总产达1.97亿公斤，农业总产值199.2亿元，农民人均收入1768元。与1980年相比，粮食增加32.8亿公斤，棉花增加0.19亿公斤，农民纯收入增加近10倍。

由于全区广大干部群众几十年如一日，坚持不懈地开展植树造林，昔日“风起黄沙流，十年九不收”的黄泛区，如今在天连树、树连天的遮蔽之下，变成了“夏收金(小麦)，秋收银(棉花)，誉满中州的聚宝盆”。当地群众编过这样一首民歌：“黄泛区里树木多，新旧社会两支歌，过去唱的千家泪，今天唱的万民乐。”这首民歌充分反映了周口地区广大人民群众的心态。

50年来，周口地区党政领导在林业建设的实践中探索出一套行之有效的措施。

理清思路抓规划 周口地区是农业大区，林业在整个生态环境和经济发展中具有举足轻重的地位。新中国建立初期，地委、行署就决定把发展林业作为全区工作的重要任务，明确提出“以建设农田林网为重点，水林田路统一规划，综合治理”。后来，又几经修改、补充、完善，提出了建立高标准农田林网，构筑完善的生态体系和比较发达的产业体系，促进农业和农村经济的健康发展。围绕上述目标，全地区一盘棋，打破县乡界限，制订造林中长期规划和年度实施计划。在规划过程中，根据以家庭联产承包为主的平原地区农村经营体制的特点，总结历史经验教训，形成了适合周口地区特点的农田防护林体系建设的模式。即：农田林网网格面积，在粮棉产区保证在20公顷以下，在沙区不大于17公顷。这样就能最大限度地发挥林网的防护效益，既有利于改善农业生态环境，又有利于蓄水、排水和农作物的耕作。按照上述要求，全区共规划网格5万多个，并做到有图、有文、有表，为高标准林网建设提供了科学依据。

整体推进抓造林 为了确保规划的顺利实施，全地区坚持统一布局、连片开发的指导思想，“林网、道路、村镇、沟河”四个轮子一齐转，努力实现林网道路造林立体化、沙区粮枣间作化、村镇果园化、河道植树多层化。自1995年以来，全地区连续三年植树都在5000万株以上。在植树造林活动中，实行整体动员，地、县、乡层层发动，组织广大群众开展大兵团作战，解决当前分散经营体制下一家一户办不了、办不好的事情。地区行署还选择一些相对落后的乡镇作为林业建设重点乡镇，办高标准绿化示范点，以点带面，推动全区林业的发展。以纵贯全区的八条主要交通干道为主的窗口绿化工程，则由地委、行署领导挂帅，有关单位和沿线乡镇负责，实行分片包干。在建设高标准林网时，大力发展科技含量高、经济效益高、生态价值高的精品林业。鹿邑县唐集乡、太康县马厂乡、西华县田口乡等地已实现了乔灌结合、落叶与常青相结合、用材林与经济林相结合的立体高效绿化目标。为了确保造林实效、造林季节，各乡镇都成立造林专业队，做到县乡干部、村组干部、林业技术人员、农民“四结合”，一级包一级，严格按照技术规程，采取大苗、大穴、大水、大堆的方法，确保栽一片成一片。

狠抓管护上水平 加强林木管护，是确保造林质量，提高林业经济效益的关键。为此，全地区始终坚持一手抓造林，一手抓管护。首先，地县建立和完善了林政、公安、森防等管护机构，183个乡镇建立了林业工作站，配备人员700多人，村村建立了护林组织，配备护林员4.4万人。其次，地区制定了一系列切实可行的管护措施，下发了护林布告，把一些管护好的措施、经验收编成册，进行推广。其三，全面推行管护承包责任制，对护林员定任务、定奖惩、定报酬，责、权、利相结合。不少乡镇采取“四个一”管护措施，即：一公里一座护林房，一公里一个护林员，一公里一个护林碑，一户春节赠送两幅护林对联，收到了良好的管护效果。其四，大力推广扶沟县汴岗乡拍卖“四荒”发展林业生产的做法，进一步调动了群众造林、护林的积极性。其五，加强对成材树木的管理，未经县以上林业主管部门批准，一律不准采伐，对盗伐、滥伐林木的犯罪分子，一经发现，必将严惩。同时，在病虫害发生季节，森防员及时预测预报，一旦发生病情虫情，立即开展群防群治，保护了林木的正常生长。

调整结构促发展　林业在周口地区已成为一个相对独立的支柱产业。在对林业结构的调整中，地区行署和各县、市的做法是：调整树种结构，增加优良品种，建设精品林业；调整林种结构，重点是围绕林网建设发展经济林，全区先后在飞沙区发展农枣间作1.3万公顷；发展绿色产业，拉长整个林业生产的链条，加快林业产业化的步伐。

依靠科技上质量　提高林业科技含量是建设高标准农田防护林体系的重要一环。在这方面，周口地区一是抓好优良树种的繁育推广，地县共建良种繁育推广基地11个，总面积达400多公顷。近年来，先后引进推广杨、桐、槐、榆等优良用村树种11个，优良经济林树种20多个，全区优良树种普及率达90%以上。二是广泛开展科技培训。自1990年以来，地、县、乡举办林业实用技术培训班97期，受训人员达3.6万人次，基本上达到了每村有一两名林业技术员。三是全区选择了10个科技兴林示范乡和20个科技兴林村，作为林业技术推广普及重点单位，并与有关科研单位协作，围绕如何充分发挥农田林网的防护效益，如农田林网的最佳模式，粮枣间作效益分析等项目进行重点攻关，取得了一批科研成果，并在生产中进行了广泛推广，取得了良好的生态效益和社会效益。

加强领导抓落实　搞好林业生产的关键在领导，核心在落实。每当造林季节，地委、行署和各县市的领导干部都亲自到植树造林现场，一边劳动，一边指挥，自上而下层层实行“一把手工程”，依靠扎实苦干的工作作风，促进造林工作的开展。地委、行署还下发了《造林绿化奖惩办法》，对造林计划完成情况进行严格检查验收，对完成好的隆重表彰，对完不成任务的进行重罚。不少县市结合各自的实际，制定了具体措施，如商水县规定，对没有完成造林任务的乡镇主要领导降半格使用。行署组成10个固定工作组，长期深入各县市检查督促林业建设，解决造林工作中的具体问题。总之，全地区紧紧围绕建设高标准农田防护林体系这一目标，动真的、干实的，速度快、效果好。发展林业，建设绿色屏障，已在广大干部群众的心目中形成了共识，变成了自觉行动。

（执笔人：徐忠　郝常伟　赵锐）

农田林网巧换代　一代更比一代强

——山东省兖州市营造第三代高标准农田林网纪实

农田林网化，在我国平原地区已经普遍推广了。但是，像山东兖州那样，在20多年中更新了三代农田林网，质量一代更比一代好，可称平原绿化的佼佼者了。

现在，假如你从空中俯瞰兖州大地，就会清楚地看到总长度达3000多公里的田间林带蜿蜒起伏、纵横交织，形成了4万公顷林网化耕地。大片林网改善了农田小气候，有效地抵御着旱、涝、风、雹等灾害。国际知名的加拿大林业专家斯泽克莱和法国气象专家盖约特来这里考察后认为：像这样能改善小气候的农田林网，可称世界首创。

（一）

兖州是古老的华夏九州之一。据传大禹时分天下为九州，兖州排位第二。春秋时期，这里是孔孟之乡、礼义之邦，人们热心育才树人，也重视植树造林。孟子说："五亩之宅，树之以桑"，便是典型的农户。还有一些种树大户，《史记》称"齐鲁千亩桑麻，其人与千户侯等"。

但是，翻开兖州现代史，林业发展的步子缓慢而曲折。清末，境内有林地面积不足千亩。1938年，日军入侵，大肆砍烧树木，林木大部被毁。1947年，国民党部队把离城10多公里内的树木全部砍光，林地面积大幅度下降。

新中国成立后，以建设农业生态屏障、改善生态环境为主要目标的兖州市林业建设翻开了新的一页。兖州市人民在党和政府的领导下，大力植树造林，营造农田林网。

（二）

兖州的林业大规模发展，开始于70年代中期。当时的县委书记鲁华参加了在昔阳召开的全国农业学大寨会议，邓小平的讲话给他留下深刻的印象。生产不发展，农民吃什么？农业要发展，突破口又选在哪里？

有两件事，给他的印象特别深刻。一是1971年6月，全县遭风雹袭击，受灾面积达2.4万公顷，占全县耕种面积的1/2还多，绝产200多公顷。同年8月又遭一场风雹，受灾面积达到4万公顷，毁坏房屋800多间，树木1万多棵。二是两次灾害后，农民们可怜地看着领导的眼神，他受不了。根据他的提议，当时的县委领导人深入农村基层进行调查。有两个大队的做法使大家受到启发。一个是道沟公社王庄大队，原来是个吃粮靠救济、花钱靠贷款的穷队。从1970年开始，大队带领群众搞农田林网化，把全队67块、79.6公顷耕地划成4个大方，整平土地、打井配套、植树造林，苦干了4年，一跃成为全县粮食高产的先进单位。另一个是黄屯公社黄屯大队，自1970年开始搞植树造林，促进了农业和畜牧业的发展，1973年户均养猪2.5头，粮食亩产超过了250公斤，林业收入每年1万多元。县里总结了这两个大队的经验，又多次组织县、公社、大队负责人到外地参观学习，达成了共识：兖州的农业发展不能单纯的抓粮食，只有农、林、牧等各业全面发展，才能保证粮食的稳产高产。兖州农业发展的突破口在林业。

1974年冬，兖州县委在深入调查、认真研究的基础上，制定了“水、田、路、林、村统一规划，旱、涝、风、沙、碱综合治理”的农田林网建设方案，组织带领全县人民进行了大规模的农田林网建设。这是兖州历史上规模最大的一次植树造林、整修农田的行动。1975年上阵劳力达到13万多人，占当时农村劳力的4/5，以后连续两年，都保持在8万人以上。三年期间，共修路1310条、2829公里，平旧河7条，填废坑127个，修废路993条，整平土地2.93万公顷，建桥涵6350座，完成土石方4000多万立方米，育苗1300多公顷，植树3000万株，栽植紫穗槐、白蜡条72万墩。全县农田基本实现了林网化，初步形成了“渠通路直树成行、机井成排地成方”的格局。

1976年4月，农林部部长沙风等来兖州察看大地园林化建设，并拨专款扶持；1977年5月，国务院副总理李先念、陈永贵等领导人来兖州察看了小孟、漕河一带的林网；同年9月，第一次华北中原平原绿化现场会在兖州召开；1978年11月，党的十一届三中全会的召开，从方针、政策上给兖州的第一代林网建设注入了新的活力。根据农户土地联产承包责任制的新形势，1981年秋到1982年春，全县进行林木确权发证工作。全县465个大队，有458个发了证，其中集体5366张，社员84 066张，极大地调动了农民植树造林的积极性。

兖州第一代林网建设从1974～1983年底，增加耕地800余公顷，结束了土地高低不平、管理不便的局面，为机械耕作、排灌、运输创造了良好的条件，改善了生态环境、降低了风速、提高了空气的相对湿度，使粮食生产出现了稳步上升的可喜局面。1983年粮食亩产由1974年的225公斤提高到574公斤，人均分配由1974年的43元提高到369元。

（三）

1983年2月27日，正是农历正月十五，上午八点来钟，从开进兖州火车站的专列上走下了邓小平同志。他满面笑容，热情地同前来迎接的省、地、县负责同志见面，高兴地说：从报上看到泡桐是个宝，今天下车看一看。汽车开进城关公社的泡桐林场，小平同志边走边看，详细询问了泡桐树的栽植、施肥、收益、病虫害防治等情况后说：“种树要讲究质量。”事情就是巧得很，兖州第一代林网建设得益于邓小平，第二代林网建设又受教于邓小平。

第一代林网建设促进了农业生产的发展，但由于林网树种结构不很合理，品种单一，密度过大，造成病虫危害严重，有些树木未到工艺成熟就丧失了应有的防护作用和使用价值。对此，县委、县政府决定，从1984年开始，用三年的时间，对全县第一代林网进行全面更新，营建高标准的第二代农田林网。

对能不能建设高标准的第二代林网，当时在部分干部群众中有不同的认识。有的认为，现在农业生产实行了责任制，土地承包到了户，各家都有自己的“小算盘”；种粮能得近利，植树周期长，见效慢，第一代林网的树木采伐后，第二代很可能栽不起来。有的则认为，实行了责任制，群众要致富，也不能光靠林木。还有的认为，全县的林网化建设，在报纸上有了名、广播里有了声、电视上有了影，用不着再大搞了。为了克服畏难、松劲的消极思想情绪，高标准地营造第二代林网，县委专门召开常委扩大会议和村以上干部会议，反复学习中央、省、市有关绿化工作的指示，全面总结第一代林网建设的经验和不足，认真研究制定了营造第二代林网的方案、措施和步骤，又利用县报、广播、会议等多种形式进行广泛宣传发动，使全县干部群众统一了认识。

1984年春，县委、县政府发出了“全党动员，全民发动，以当年创建一代农田林网化的气魄和决心，奋战三年，完成第一代农田林网的更新，建成高标准的第二代农田林网”的号召，制定了以“保持原有特色，提高标准，实现农田林网林木良种化、树种多样化”为指导思想的林业生产计划。为确保计划的实现，县里成立了林网更新指挥部，县委、县政府主要领导任正副指挥，各乡镇、村也都成立了相应的领导班子。全县抽调700多名干部，深入到乡镇、村。结合机构改革，调来人们称为“种树书记”的新驿公社党委书记杨兴田和丁继元、唐炳华、张维栋等有专长的同志任县林业局正副局长；专门派出一位副局长去澳大利亚学习考察林业生产；充实和调整了市林科所、苗圃等单位，加强科研和引进优良品种、先进的林业技术；加强护林员队伍建设，对全县护林员全部实行工资制，责任到人，重奖重罚。

刘仕久是当时的县委副书记、中国杨树委员会常委，人称“杨”书记。他是抗战时期参加革命的老同志。解放战争时期，谷村镇前白村有个大树，枝叶能遮半亩地，时任武工队长的刘仕久和几个交通员正在树下碰头，敌人包围了这里，在无处躲藏的情况下，他们爬到了树上，浓密的树叶掩护了他们，使敌人扑了空。通过这件事，刘仕久同志对树木有一种常人所没有的特殊感情。80年代中期，县里小车少，他每天坐着拖拉机沿路查树……一个管区书记没有按照规定的株行距种树，被当场"查办"……

宋怀川，新任的兖州县委书记，上任的第一天就了解第二代林网建设情况，他随济宁市赴日本林业考察团到日本足利市等地考察，7天时间，笔记写了两大本，林业资料带回5公斤，风景点没去看，林场跑了几十家……

1984年底，全县召开的有1500多名护林员参加的表彰大会，对兖州颜店镇的护林员张宜俭来说，是一个难忘的日子。他第一次领到了一辆轻骑，披上了大红绸子，比当年结婚还风光。这是一个护林世家，他的父亲、儿子三代人承包4公里长的林网管护，4000多棵树，他把每一棵都编了号，一家人起早摸黑，精心管护……一次一个外国林业考察团来参观，考他几个技术问题，他都对答如流，对方连称OK，称赞这里的护林员都是林业技术员。

在兖州，有个说法，叫做不懂林业生产的不能当书记、县长。县委书记有绿化工程，县长有育苗基地。科局长、乡镇长们都有自己的绿化联系点，不懂植树不能当村干部。

兖州查处毁林案件从不手软，漕河乡的一个村党支部书记是济宁市人大代表，组织群众采伐林木70多棵，乡里报请上级批准，撤销了其人大代表资格，开除党籍，逮捕法办。由于处理及时，重大案件通过新闻媒体向社会曝光，毁林案件逐年下降。经过全县上下的努力，到1990年，全县农田全部实现了林网化，面积达到4.6万公顷，农桐间作2.1万公顷，有林地面积3437.6公顷，林木总蓄积46.5万立方米，林木覆盖率达到16.2%，形成了网、带、片、间、点相结合的第二代农田林网综合防护林体系。

（四）

一、二代农田林网的建设，兖州人民为之付出了辛勤的劳动，同时也从中得到了丰厚的回报。

农田林网建设，调节了农田小气候。据济宁市、兖州县林业和气象部门1979～1982年观测，林网内与空旷区相比，风速降低40%，夏季气温降低1～1.3℃，空气相对湿度提高5%～11%，土壤蒸发量减少16%，土壤含水量增加9%。这一系列气象因子变化，促进了农业生产。首先，减轻了大风对农作物的危害。1980年7月27日刮了一场9～12米/秒的西南风，无林网防护的孙氏闸村玉米全部刮倒，折断率10%，进入第一道林网后的玉米倒伏50%，进入第二道林网的倒伏40%，顺风向3公里外的于屯大队，没有一棵玉米倒伏。经测定，倒伏的玉米比未倒伏的每亩减产60公斤。其次，对防御干热风产生了明显的作用。以前每年5月下旬至6月上旬的干热风，平均年出现6天。林网化后平均年只有1.3天。不仅减少了干热风的相遇次数，也有效地减少了高温、低温的危害时间。林网内小麦千粒重平均增加2.7克，小麦平均每亩增产36.3公斤，增产率为15.3%。第三，对减轻早春的冻害效果显著。1979年5月，全县出现一次倒春寒，黄屯公社黄金屯大队空旷地带棉花苗80%遭受冻害，严重地块冻死40%，造成重新播种；而林网内的棉花苗冻害率只有15%，死亡率只有3%。此外，由于小气候的影响，林网对冰雹的危害也有明显的抑制作用。1987～1994年，山东省连续3次大面积遭受冰雹危害，邻县宁阳、汶上冰粒大如枣，兖州危害程度就较小。

20多年来，随着兖州绿化水平的逐步提高，农作物的产量也逐年增长，1991年建成了江北第二个"吨粮县"；1994年实现了"双千市"；1997年小麦单产达到524公斤，居全国第一位；玉米单产达到675公斤，居山东省第一位。

第一代林网为兖州提供木材26万立方米，不仅满足了全县农村用材的需要，而且将剩余的木材销往外地，壮大了农村集体经济。第二代林网主栽树种为沙兰杨、214杨，平均每公里年收入万元以上，比第一代林网收益显著提高。漕河乡前郗村，1995年采伐5公里10年生214杨树1838棵，收入60万元；大安镇廿里铺村采伐1.8公里10年生杨树931棵，收入19.6万元。一、二代农田林网的树木还提供了大量的枝叶，不仅为农民提供了大量的烧柴，还促进了畜牧业的发展，增加了农田肥料。林业的发展还带动了林业二、三产业的发展。兖州有木材果品批发市场6处，有木餐具厂、多种板材厂等木材加工企业20多个，加上个体木材加工企业，年加工能力达到6万立方米。兖州林业年产值达到2亿元以上。

一、二代林网建设，不仅彻底改变了兖州古老落后的自然面貌，为城乡居民提供了良好的生产、生活环境，同时，也极大地提高了兖州在社会上的知名度，吸引了大批国内外人士到兖州考察。国内有32个省、市的10万人次到兖州参观考察，国外有32个国家的专家、教授、学者500多人次到兖州考察，交流经验。农田林网建设期间有6次全国性林业会议和林业技术交流会议在兖州召开。通过林业了解了兖州，认识了兖州，林业为兖州的改革开放、吸引外资、发展经济发挥了无可替代的作用。

兖州农田林网建设得到了党中央、国务院和上级领导部门的充分肯定。1980年3月5日，中共中央、国务院在《关于大力开展植树造林的指示》中表扬了兖州。1977～1997年，兖州县(市)先后多次被全国绿化委员会、林业部及山东省领导机关授予“全省造林绿化先进单位”、“全国平原绿化先进县”、“全国绿化先进单位”等称号，并被全国绿化委员会、林业部评为“全国造林绿化百佳市”。

（五）

1993年9月，新任兖州市委书记的马兴文(兖州于1992年9月撤县设市)，在全市秋种工作大会上大声疾呼：兖州林业这杆旗子不能倒！要跳出林业看林业，要从可持续发展的战略高度，对林业生产再认识。针对第二代林网建设中存在的林种、树种结构单一，林业二、三产业薄弱，整体效益不高的问题，兖州市委、市政府于1994年9月作出了《关于建设高标准绿化市的决定》，提出了“奋战七年，把兖州建成高标准绿化市”的口号。经过充分调查研究和科学论证编制了实施规划。为确保高标准绿化市目标的实现，兖州市委、市政府于1995～1998年春季连续4次召开了全市有几十万人参加的造林绿化广播电视动员大会，兖州大地第三次掀起绿色的浪潮！

1996年底，正值年末岁尾，各项工作十分繁忙。兖州市委副书记张茂英，新上任的市林业局局长付先英和十几个乡镇的书记、镇长顶着刺骨的寒风到青岛、潍坊等地参观学习。根据外地的先进经验和自身工作的探索，市里进一步明确了建设高标准农田林网，科学营林是核心的工作思路，提出了“五个统一”和“三大一好六不栽”。“五个统一”即：统一规划、统一组织领导、统一供应苗木、统一栽植、统一管护；“三大一好”即：大坑、大苗(苗木要求在4米以上)、大水，苗木分级、栽直埋好；“六不栽”即：坑挖不到标准不栽、不是良种壮苗不栽、苗木不检疫不栽、水浇不足不栽、树权不明确不栽、护林员不上阵不栽。同时建立健全市、乡、村三级技术推广网络，根据林果生产的需要，定期进行培训，推广应用林木管理新技术。由于坚持科学营林，严格质量标准，全市林木成活率和保存率均在90%以上。

落实和完善林业政策，是调动农民群众植树造林积极性的内因所在。兖州市坚持林木采伐时，严格按合同兑现，收益大头归农民，新植幼树一开始就明确权属和责任，签订合同，让农民早吃“定心丸”；用材林、经济林采取招标承包、联户承包等形式，规定承包期30年不变，允许继承；群众在房前屋后和集体指定的空闲地上栽植的树木，永远归个人所有。

坚持依法治林，强化林木资源的保护和管理，是巩固造林绿化成果、建设高标准平原绿化市的根本保证。制定和完善了林木管护制度。全市以乡镇为单位建立了12个护林大队，以管区为单位建立了37个护林中队，村村建立了护林小组，严肃查处毁林案件。近几年来，共查处毁林案件20起，其中由市法院强制执行的7起，起到了“查处一案、教育一片、安定一方”的良好效果。

建设高标准平原绿化市关键在领导。市里提出要像抓计划生育那样抓绿化工作，坚持党政一把手亲自抓，负总责；市政府与13个乡镇和有关部门，乡镇与村，每年都逐级签订绿化责任状，把造林绿化列入各级领导任期目标责任制，作为考核政绩的一项重要内容。1998年3月，根据前三年检查验收的结果，对13个乡镇中的5个乡镇的有关人员进行了记功奖励。

经过4年的努力，兖州市造林绿化工作又上了一个新台阶。农田林网继续保持原有百亩方田骨架不变，大力发展银杏、杜仲、金银花等经济树种，实行乔灌草混交，营造了园林式农田林网；省道、国道、市道按照四季常青、三季有花、一季有果的要求，进行了高标准绿化；河堤残次林改造以石榴、花椒、大枣等经济树种为主，全部消除了宜林荒堤荒滩；乡镇和村庄按照绿化、美化、香化、净化的要求，全市统一规划，乡镇统一实施，已有9个乡镇、108个村庄达到了园林化标准。全市林木覆盖率达到19.8%。

走进今日的兖州，迎面扑来的是一股清新、带有草木花香、沁人心脾的空气。放眼望去，茂密整齐的树木如同卫士一样护卫着万亩良田；泗河蜿蜒逶迤，银光闪耀；廿里石榴长堤葡萄长廊，果实累累，蝉鸣鸟啾；城市和乡村里，密林与草坪、绿块与花带、雕塑与山石有机组合，透露出浓郁的生活气息。

兖州基本实现了农田林网规范化、经济林基地化、河道堤防林果化、城镇村庄园林化，高标准绿化市建设已初具规模。

在1998年5月召开的兖州市农村现代化建设高层研讨会上，新任兖州市委书记胡桂龙向到会的国家、省、市领导同志和专家学者郑重宣布，兖州市在以农业现代化为基础、农村工业化为主体、城乡一体化为依托、农民知识化为支撑、社会文明化为标志、由小康向现代化全面进军中，进一步加快林业建设步伐。要巩固“全国平原绿化市”成果，由防护型林业向效益型林业转变，以高标准绿化市建设为重点，构筑林网、片林、围村林、沟河绿化相结合的林业生态体系，大力栽植银杏、石榴、花卉等高价值林木，发展防护林业、高效林业、观赏林业、旅游林业，实现经济效益、社会效益、生态效益的统一，把绿色的兖州带入21世纪。 （执笔人：郭伟民 薛广龙）

涡阳大地绿盈盈

——安徽省涡阳县建设平原农田林网的经验

平原绿化如何上档次、上水平?安徽省涡阳县在基本完成农田防护林网之后,进一步扩大绿化空间,改进树种林种配置,在建设大面积、多层次、多林种综合型森林生态体系上取得了显著成绩,使森林树木的多种功能得到了发挥,为满足社会的多种需求作出了贡献。

(一)

涡阳县位于安徽省淮北平原,淮河支流涡河贯穿全境。从前,淮北是有名的贫困地区,生态环境十分脆弱,"大雨大灾,小雨小灾,无雨旱灾"。这幅惨状在涡阳县表现得尤为严重。全县21万公顷土地,至新中国成立之初,林木覆盖率不足1%。境内无雨旱灾,土地干裂,禾苗枯焦;大雨涝灾,沟水外溢,遍地川流;并时常发生风、雹、霜冻等灾害,到处是"光村、光河、光路"的荒凉景象,群众生活十分困苦。

五六十年代,涡阳人民响应毛主席"绿化祖国"的号召,开始在房前屋后、路旁田边植树造林,虽然造林规模不大,零星分散,但却迈出了改善生态环境的第一步。进入70年代以后,县委、县政府认准了平原农业要发展,必须有林业作屏障的道理,大力推进农田林网建设。至80年代全县进行大调整,以农田林网为轴心,向沟渠河路、农村、集镇、庄园四周和荒滩残丘扩展,建设综合型网、片、带相结合的多林种、多树种(包括林粮间作)的森林生态体系。90年代,涡阳林业进入"大提高"阶段。一是实施"四退四还"措施,退耕还林1.68公顷,退耕还路6951条,退耕还渠401条,退耕还沟4585条。二是对县境内3条大河、20条大沟、1100条中小渠道实施林业与水利同步进行的"3211"工程建设。三是开展土壤分类调查,因地制宜规划不同树种栽植区,在宜林地上推行楝桐、杨槐、落叶常绿混交,路旁隔株混交,沟坝隔行混交,林带外侧和沟边路边栽插荆条、杞柳和紫穗槐,构建立体栽植格局。高植桐,低栽杨,柳树栽在沟两旁,椿楝栽在砂礓黑土上。与此同时,发展苹果、桃、李、葡萄、杏、柿、枣等经济林0.43万公顷。

经过前30年打基础(50~70年代),中间10年大调整(80年代),近几年大提高(90年代以来),涡阳县终于由无林县变成了富林县,又由富林县建成了综合型森林生态系统,使2100平方公里的涡阳大地尽展绿色风采,遍地是绿色的林带、绿色的长廊、绿色的屏障、绿色的"银行"。全县有林地从210公顷增加到3.6万公顷(其中片林达1.87万公顷);活立木蓄积量由零发展到148万立方米;林木覆盖率由1%上升到17.3%。建成农田林网12.25万公顷,护卫着93.1%的农田。全县拥有各种树木4800万株,林业用地绿化率达99.4%,彻底改变了昔日四野荒凉、缺柴少林的景象。

当地群众唱道:"穷乡浊水搞绿化,功夫不负有心人,三个台阶连着干,涡阳大地绿盈盈。"

看道路:条条绿龙舞婆娑 县境内全长50公里的两条铁路,完成绿化45公里,为适宜绿化里程的100%;全长351公里的省管公路和县管公路完成绿化346公里,也为适宜绿化里程的100%。

看沟河:树枝摇曳映碧水 总长178.5公里适宜绿化的主干河沟,完成绿化169.02公里,占适宜绿化长度的94.7%;全县60条大中沟坝全部实现林带化。

看城镇:街头庭院美如画 县城建成绿地132.7万平方米,其他绿化面积252.7万平方米,绿化覆盖率达25.27%,人均公共绿地5.2平方米。其他两个乡级镇建成绿地28.7万平方米,其他绿地面积100万平方米,绿化覆盖率32%。城镇绿化向一街一景迈进,已建成园林化单位132个,设置花坛、花圃、花园1392个(处)。

看村庄:白天不见太阳,夜晚不见灯光 全县3128个自然村占地22 160公顷,建成村片林1.68万公顷,村庄绿化覆盖率达75.8%,村片林首尾相接,绿树浓荫,葱茏繁茂。

(二)

造林绿化究竟有什么好处?对此,涡阳人是在实践中一步步体验、一步步加深的。在六七十年代,这里的群众仅知道森林树木可以涵养水源,保持水土,防风,调节气候,保水降暑,提供燃料、饲料和作肥料用的有机质,招来鸟类实施生物治虫,提供大量农用木料,增加收入。那时当地农民喜欢把林业称之为"农业的屏障"、"水利的源泉"、"绿色的银行"。随着绿化水平的提高、生态环境的改善和现代生态文明观的教育,人们进一步懂得森林树木还可以产生大量氧气,净化空气,释放灭菌防病元素,美化环境,陶冶情操,对人有巨大的心理保健功能,等等。"大树浑身都是宝","森林年年月月有贡献","一人栽树万人得益,一村绿化四邻沾光","森林有多种功能,能满足社会的多种需要","植树能致富,造林即造福"……这些便成了县、乡、村三级干部的口头禅。其中,看得见摸得着,最能打动人心的好处有:

植树造林使涡阳县农业生产的抗灾能力大大增强 新中国成立初期的旱、涝、霜冻、干热风等对农作物的频繁袭击已不复存在,70年代前三年两遇的自然灾害,被延长到十年一遇或两遇。1998年4月23日,涡阳县遇到暴风雨和龙卷风的夹击,该县西阳、曹市、高公等乡镇90年代初栽植的树木很好地保护了小麦免遭大灾,减收不到两成;而近年新植林网的青疃镇牌坊、耿皇等村,因树小御灾功能相对较弱,小麦倒伏严重,减收5成。这年全县小麦仅减收三成。群众说:如果没有林木的保护就要减收5~7成,甚至绝收。西阳镇在五六十年代小麦亩产不过100公斤,人均收入仅130元,后来建成高标准农业生态区,1997年小麦亩产达400公斤,人均收入2350元,产量翻两番,收入翻四番,全镇已跨入小康行列。据观测,涡阳县受林网庇护的农田内,风速降低28%~38%,空气相对湿度提高5.6%,夏季气温降低1℃,土温降低0.2~0.7℃,农作物生长期延长,小麦每亩增产15%~17%,黄豆增产7%~9%,玉米增产11%左右,每亩增加产值140多元,每年仅此一项增收近2亿元。

植树造林为畜牧业的发展提供了充足的饲料 全县每年生产的薪炭材,可腾出秸秆近2亿公斤作饲料,并直接提供树叶等青饲料2.12亿公斤,为畜牧业发展奠定了基础。此外,林产品年销售收入3405万元,其中有相当一部分用于畜牧业的启动资金。西阳镇瓦房村人均60株树木,销售的部分收入投入畜牧业,1997年仅牧业一项收入达105.5万元,人均840元。青疃镇大于村以林促牧,全村养羊超万头。林业在促进黄牛业的发展上起到了特别作用,全县黄牛已发展到48万头,每年为群众增加收入1.2亿元。目前,涡阳不仅是全国商品粮生产基地,而且也成为中国黄牛生产基地之一。

植树造林为林产品加工业提供了充足的原料,推动了加工业的发展 如今的涡阳不仅结束了缺林少材、"连做锄把的材也要从外地购买"的历史,而且每年还外销商品材2万多立方米,产品销往江苏、山东等省,甚至出口日本、韩国。丰富的森林资源促使加工业崛起,先后开发桐板加工、杨树胶合板加工、木制装璜、绿色食品等项目,建成了陈大泡桐拼板厂、西阳胶合板厂、楚店木制家具厂,以及木制工艺、家具批零市场、绿色果品公司等一批有名气的涉林企业。目前,全县已兴建较大规模的木材加工厂25家,加上大量的家庭加工作坊,年加工木材6.2万立方米,年产值4900万元。全县还对以红富士苹果为主的水果进行深度加工、贮藏,建立了县城、义门、西阳、闸北四大果品批零市场,从生产到加工,实施无公害操作,并建成果品贮藏库28座,贮藏量40余万公斤。

植树造林加快了当地农民脱贫致富的进程 涡阳人从植树中尝到了甜头,普遍认为"一年多栽几棵杨,等于存钱到银行"。1998年,西阳镇瓦房村4家农户出售杨树的收入就达2万元。西阳镇文庙村还出现了嫁女娶亲不送彩礼送树苗的新鲜事。群众采取林粮间种、立体经营，增加收益比比皆是。不少农村在幼林下间作小麦、玉米，中龄后间作药材或蔬菜，同时，大力调整结构，有计划地栽植经果林。姜洼村发展苹果千余亩，靠苹果收入，全村70户，户户购置了彩电、小三轮，还有1/3的户盖了新房。武举村在苹果树下间种苔干和西瓜，一年一亩收入三四千元。农民高兴地说："两季苔干一季瓜，一年收入三千八，待到果树盛果时，户户成为小康家"。目前，全县经济果木林已发展到0.43万公顷，1997年仅红富士苹果产量就达1.1万吨，收入1000多万元，为群众致富增添了后劲。

（三）

涡阳县在建设综合型森林生态体系的实践中，历经了几十年的艰苦探索，付出了几代人的甘苦，不仅取得了令人自豪的成绩，也为涡阳林业持续、稳定地向前发展积累了宝贵的经验。

党政领导亲自抓，是涡阳林业稳步发展的保证 涡阳林业之所以发展快、质量好、成效大，最重要的是历届党政领导班子倾注心血、精心扶持。涡阳县的党政领导有着重视绿化、喜欢栽树的优良传统，历届县委、县政府都把发展林业当作推动涡阳经济发展的大事，摆上日程，常抓不懈。涡阳人民至今念念不忘发展涡阳林业的老功臣——刘先坤。早在70年代，他就提出并坚持林业和农田水利同时安排、同步进行，实行村、水、田、林、路综合治理。那时，刘先坤还以身作则，亲自调集苗木，亲手在楚店乡栗村办起26.67公顷大冠杨育苗基地，第一个在向阳河办起林业点，并自任"3211"工程总指挥。在刘先坤的带领下，县委、县政府的领导班子一步一个脚印，不失时机地狠抓退耕还林、退耕还渠、退耕还沟、退耕还路的组织动员工作，形成了全党齐动手、全县一股劲、全体干部都上手的阵势，为奠定平原绿化的基础拼搏。现任县长徐保庭亲自制定林业上台阶、上水平的发展规划，亲自过问毁林案件的查处，群众说他抓林业着了迷，称他为"林县长"。他说："林业上不去，涡阳富不成"，"不抓林业愧对群众，愧对后人，愧对子孙"，"只有使林业上水平、上规模，涡阳才能落实党中央、国务院要求的实施可持续发展战略"。这几年，全县各级干部都下基层、到现场，层层划片包干（包规划、包植树、包成活、包管护），一级抓一级，一级对一级负责。为了建设好森林生态系统，县委、县政府一直强调用政府行为统一规划、统一组织、统一验收，推进造林绿化。与此同时，县政府有关部门还从地方财政、农行贷款、乡村公积金中筹集林业资金，增加生态环境建设的投入。90年代以来，每年投入林业的经费都在100万元以上，仅1998年春季，造林投入又增加到600万元。

制订优惠政策，实行政策倾斜是涡阳林业快速发展的动力 在80年代初，涡阳就出台了"树随地走，谁栽谁有，长期不变，可以继承，可以转让"的林业政策，及时解决林粮争地的矛盾。在第二轮土地承包期间，又出台林地、林木作价转让和宜林荒坝、荒滩、荒坡使用权拍卖以及城镇绿化门前"三包"政策。由于政策明确落实，发展措施对路，调动了群众造林积极性，每年都超额完成上级下达的造林任务。1998年春季，县里用30万元对乡镇造林实行以奖代补，全县各乡群众争先恐后忙造林，当年完成"四旁"植树416.7万株，占任务的167%；新建农田林网2.67万公顷，占任务的400%；完成工程造林5万公顷，占任务的107%。

分类指导，科学营林，是涡阳县提高造林质量，推动林业上档次、上水平的有效措施 60年代以前，涡阳县只从纯绿化的角度植树，绝大多数是大冠杨，树种单一，且栽植过密，生态效益、经济效益都低。70年代以后，涡阳县注意依靠科学技术推进森林生态体系建设。首先抓住多树种合理配置，全县桐、杨、椿、楝、槐、柳等乡土树种占了大头，其中当家树种杨树就达1.2万公顷，占全县有林地的1/3。80年代以后，全县大抓标准栽植，做到"四大"（大苗、大穴、大水、大肥）。近几年，又突破春季栽植的习俗，大面积开展秋季带叶植树，带叶栽植占"四旁"植树任务的40%。科学营林的推开，提高了造林质量，全县树木成活率达到90%以上，且普遍生长良好。为提高营林技术水平，县林业局还每年组织技术人员分赴各乡镇帮助工作，进行现场指导，长期坚持送科技下乡，为林业发展增加科技含量，培养技术能力。仅近年就举办各类培训班200期，编印技术资料3万余份，培训骨干4万人次，培养果树修剪、矮化丰产技术、病虫防治等"土专家"60多名。

依法治林，是涡阳县巩固造林成果的又一成功之道 其中包括：建立健全林木管护、处罚制度，实行县、乡镇、村三级主要领导干部负责制。除广泛宣传以《森林法》为主的林业法律法规外，县政府还先后出台了《关于加强林木管护工作的布告》、《关于加强林业管护的通告》、《涡阳县林业管护办法》、《关于开展爱林护林、保护野生动物的通知》。村村订立了护树公约。在建立护林制度的基础上，县政府又制定了“十不准”护树制度，对违反者按“1550”制度处罚，即毁树1棵，栽活5棵，罚款50元。同时建立护林员专业队伍。以村为单位挑选政治思想好、大公无私、热爱林业、责任心强、群众拥护的农民担任专职护林员，划定范围，逐棵编号，造册立档，并对护林员落实报酬、责任、权利和奖罚办法。全县有专兼职护林员3000多人，做到村村有人护树。对城镇绿化实行“门前三包”，实行行政首长负责制。此外，林业部门还与教委联手，开展中小学生爱树护路活动，使青少年自觉形成爱护树木的好习惯。

（执笔人：薛胜平　龙琳）

绿化铁路公路　美化交通网络

——河北省深州市以铁路公路为大框架建设农田林网的经验

随着我国国民经济的持续增长，铁路公路建设快速发展起来。如何加快路林建设步伐，美化交通网络、改善交通环境，就成了铁道、交通部门和公路铁路沿线干部群众的重要任务。河北省深州市委、市政府针对本市境内铁路、公路纵横交错，国道、省道、市道和乡村道路密如蛛网的现状，带领全市干部群众大搞以道路绿化为中心的大框架路林建设，取得了显著的成效。

深州市位于河北省中南部，市内有“四纵五横”9条主干道。“四纵”是京九铁路和三条省级公路由北向南纵贯全市，“五横”是307国道、石德路、高彭路、乔池路、兵原路由东向西横穿本市。四纵五横9条主干道全长245公里，将深州大地分割成17个大方块。另外，还有95条全长650公里的乡级公路，将全市17个乡镇和主要村镇连为一体。

交通网络的建设改善了深州的交通条件，为深州经济腾飞打下了基础，但同时也带来了一些新的问题：第一，占用土地增多，道路占地由80年代占总土地面积的4.34%提高到现在的7.5%、第二，道路需要养护，尤其是每逢雨季路肩冲刷后修复，需很大的工作量、第三，沿路农田由于近年来车量增多，汽车尾气污染逐年加重。在这种情况下，市委、市政府从90年代起，明确提出以铁路、公路、乡镇道路为骨干，建设大框架路林林网，美化交通网络，改善交通环境。为了提高人们对路林建设重要意义的认识，市委、市政府组织干部群众开展大讨论，使干部群众深刻认识到大框架路林建设有三大好处：一是可以在全市形成几条大的道路防护林体系，有利于改善生态环境和社会环境、二是搞好道路绿化可以振奋深州全市干部群众的精神面貌，有利于精神文明建设、三是有利于道路的养护，是一条发展农村经济、培养农业后劲的有效途径。通过参观、学习、讨论，全市上下对路林建设、框架绿化形成了共识。随后，从1992年冬季开始，便在全市范围内掀起了大规模的以大框架绿化为目标的路林建设高潮。

具体做法是：

加强对路林建设的领导

市委、市政府通过分析，认为路林建设三五年内无直接经济效益，要有十几年甚至更长时间通过间伐、采伐才能取得收益，近期只有生态效益和社会效益。因此，路林建设体现很强的公益性。鉴于公路绿化线长、点多面广，涉及乡村多、部门多，造林不易，管护更难，加之农村实行家庭联产承包责任制后，路林建设的难度更大。因此，路林建设又体现明显的艰巨性。具体讲有五难：一是统一规划难；二是组织群众难；三是落实任务难；四是解决资金难；五是调动干群群众植树造林积极性难。在五条困难中，调动干部积极性占主导地位。市委、市政府认为既然大框架绿化具有公益性和艰巨性，这就需要政府出面来组织、来规划、来具体实施。为此，市里成立了深州市大框架路林建设指挥部，市长任总指挥，市委书记任政委，主管副书记、副市长任副总指挥，吸收林业、交通、水利、城建、土地、农业、开发等部门的一把手为成员，并按工程项目设立分指挥部，由主管部门领导为分指挥。各乡镇也分别建立了由书记、乡镇长、主管副镇长成立大框架路林建设领导小组，各村也建立了相应的组织，支部书记亲自抓。这样全市便形成了一个强有力的行政指挥系统，为完成框架绿化提供了组织保证。总指挥部将任务层层分解，逐级签订“责任状”，明确了责任和目标。总指挥部和各分指挥部成员，定时定点深入到各路林工程第一线现场办公，从总体规划、资金落实、劳力调配到树坑大小、苗木质量具体过问，亲自督促。乡镇领导则坚持一天一巡查、三天一调度、五天一联检，并将结果在市电视台予以公布，既表彰先进，又鞭策后进，各工程项目、各乡镇间形成了比、学、赶、帮、超的良好局面。在肃衡公路和保衡公路绿化施工中，原深州市委书记贾彦明同志亲自带领市直有关部门领导和沿途乡镇书记、有关村支部书记到现场办公，逐段拍板定调，解决问题。由于建立了强有力的指挥系统，强化了行政领导，及时解决了框架绿化建设中的规划、资金、调整土地等许多难题，保证了框架建设的顺利开展。

搞好规划设计

在具体规划中，市委市政府采取了三条措施：一是外学先进。组织有关部门领导和乡镇党委书记、乡镇长到路林建设抓得早、抓得好的地区学习参观，解放思想，树立信心。二是内看典型。组织乡镇干部和有关部门的同志在307国道深州镇段召开现场会，让干部群众讲，让群众现身说法。三是在外学内看的基础上，对全市的“四纵五横”、9条主干道路和95条乡镇道路，逐一进行调查，具体进行规划设计。通过规划设计，提出了具体的施工要求。明确规定，在每条公路两侧路肩外建设2米宽绿化平台，每侧植树两行，将公路边沟修平修直，在两侧边沟外再各搞8～10米宽的绿化平台，每侧植树8行以上；另在两侧结合世行造林项目和农业开发贷款各搞100～200米宽的林粮、林果间作或经济林带，并将主干公路、铁路两侧各3公里内农田全部建成高标准农田林网；乡镇公路路面宽4～5米，两侧各1～1.5米路肩，再在外侧各搞两米绿化平台，各植树两行；最外侧是0.5～1米的边沟，两侧各1公里范围内方田全部建成高标准林网。

通过规划设计还具体划分了责任范围。主干公路路肩植树由交通部门负责；外面两侧林带和各3公里高标准方田林网由沿途乡村负责；灌渠由水利部门负责；主干公路两侧经济林带由林业和农业开发部门负责；乡级公路及两侧高标准方田林网由所在乡村负责。要求在三年时间内全部完成规划任务，并制定了具体的奖惩措施，由乡镇一把手和市委、市政府签立责任状。

规划落实后，就要付之于行动。从1992年冬季开始，深州市就打响了框架绿化的第一个战役。随后，一年接着一年，一个战役接着一个战役地干。每个战役打响前，市委市政府要进行周密细致的运筹和发动，每年春秋都召开两次全市三级干部大会，总结上年经验和成绩，表彰先进，布署下一阶段道路框架绿化工作。如在1992年12月24日，市委、市政府就召开了全市的三级干部大会，要求各级干部和广大群众克服“歇年”思想，早动手早安排，早备好苗木，作好框架绿化准备工作。市直各部门、各乡镇也按照市委、市政府的部署，相继召开不同类型的专门会议，对框架绿化工程进行具体安排。市委、市政府还通过电视台举办专题节目，宣传道路绿化的典型，从而坚定了广大干部搞好大框架绿化的决心和信心，1993年全市掀起了框架路林建设的新高潮。

坚持高标准、高起点、严要求

在严格按照规划设计施工的同时，深州市还针对路林建设的特殊条件（人流物流频繁，栽植不易成活，成活不易管护），创造并坚持了“三大、四随、五不栽”的植树技术规程。“三大”即大坑、大苗、大水；“四随”即随起苗、随运输、随栽植、随管护；“五不栽”即土方工程整修不好不栽、没有绿化平台不栽、树坑不符合标准不栽、苗木质量不合格不栽、护林人员不到位不栽。栽植过程中坚持先搞土方工程，整修路肩、绿化平台、边沟，做到横平竖直，经验收合格才能转入挖坑阶段；主干公路、铁路林带植树坑标准为100厘米见方，并制作了专用验收的工具。植树阶段，严把苗木质量关和栽植关。起苗前要浇透水，苗木根幅要保持50厘米以上，栽后立即浇足水。在落实好权属、责任制的基础上，护林人员及时上岗。深州在公路植树的各个环节都由林业技术人员和有关领导严格把关，经验收合格后才能转入下道工序，从而达到了一次造林成活率95%以上，保证了所植树木的成活率和保存率。

落实路林政策，多方筹资、筹劳

深州的“四纵五横”大框架绿化涉及交通、水利、石津灌区、地方铁路和国有铁路及沿线乡镇村庄，市委、市政府严格执行谁造谁有、合造共有的林业政策。首先由土地的权属单位来投资造林，并要按照市级统一规定的标准、时间限期完成。由于上述部门分属中央、省和衡水市，有的属于县上管理，不属于深州市领导。但深州市委、市政府认为，各单位既然坐落在深州，就要服从当地统一规划。为此，市委、市政府主要领导还亲自出面和有关部门交涉，逐个落实，当面敲定。307 国道北侧有一条横贯深州东西、全长 27.9 公里的石津总干渠，属河北省水利厅石津灌区管理局管理。过去，这里虽有绿化搞得好的渠段，但总体上不理想，多次投资植树，但保存率很低，成为灌区绿化的难点。为了搞好 307 国道框架绿化，市主要领导多次出面和渠管部门、交通部门及乡村协调，把任务落实到地段，把责任落实到部门和乡村。在保衡公路西侧有一条地方铁路，这条铁路在深州境内有 45 公里，按照规划在该西侧栽植一行株距 3 米的林带，但该单位已处于破产的边缘，经市林业局多次做工作，还是千方百计筹集 3 万余元资金，并发动全体职工利用 10 天时间植树 1.5 万株，栽完后还开专列拉水浇树，按时完成了任务。京九铁路绿化，经衡水市林业局与衡水工务段协商，铁路台站由铁路部门负责，线路两侧林带由沿途乡镇负责，权属归乡镇，由乡镇筹资、筹劳。

适应路林特点，加强路林管护

路林“建设不易，管护更难”。对此，市委、市政府采取“统一安排，分头负责，长期包干，一管到底”的办法进行。交通部门由道班设专人管理，渠管部门由专人分段管护。乡村实行以下四种办法：一是集体投资，集体所有，专业队管护；二是实行股份合作制，集体地权入股，并投入苗木，由入股农户投劳栽植并管护，收益按比例分成，个人得大头；三是河渠和废弃地的植树，按照有关规定，拍卖使用权，一次性交清费用，谁种谁有；四是个人承包土地造林，按规划执行，由集体提供苗木，由承包户提供资金，并负责栽植管护，收益归承包户。在全市的路林管护上，所有乡镇村庄和植树单位、个人都签定了合同书并进行了公证。

在落实好林木权属的基础上，深州实行市级领导包路、乡村领导包段。市政府在市林业局和各乡镇组建了路林督查站，在各村段设立专职路林督查员。现在，全市已有 1000 多人的专职路林督查员，并全部建档立卡。市委、市政府曾两次发布“深州市护林布告”，规范全市广大干部群众的护林行为，并为路林督查员执行公务提供法律依据。由于实行了双重管护，保证了全市框架路林的成活和成材。

大框架绿化成绩斐然

从 1992 年秋冬开始到 1994 年，深州市“四纵五横”九条主干公路、铁路全长 245 公里的大框架绿化已全部完成。共计动土 200 万立方米，主干林带植树 62 万株，沿路建成的经济林带折算面积达 3000 公顷，建成丰产林 1500 公顷，建成高标准林网 5 万公顷。经过近几年精心管护，所植树木长势良好，九条绿色长廊已经形成。

从 1995 年春季开始，深州又转入中小框架路林建设，即乡村道路的标准绿化。到 1997 年初，全市 95 条全长 650 公里的乡村公路也已全部按规划绿化，共计完成路旁植树 32 万株，建成高标准林网 2 万公顷。

几年来，全市在路林建设中共计投入资金 2000 余万元，投入劳动力 250 万个工日，形成了以“四纵五横”绿化为骨架，以乡村道路绿化为补充的大框架绿化格局。

几年来，随着大框架路林建设的实现，其经济、生态和社会效益已初步显示出来。

首先，对公路路基起到了明显的保护作用。由于树冠对雨水的截留和树根对土壤的加固，使路肩受冲刷明显减轻，减少了养路工人的工作量。树冠对路面的保护作用，延长了公路的使用寿命，减少了养护次数。其次，两侧的林带利用了路边和渠边的废弃土地提高了土地的利用率，经济收益十分明显。全市框架绿化近百万株树木，十几年后木材收益可达亿元以上，年均增加收益千万元以上。其三，对沿线农田建起了绿色屏障，改善了生态环境，全市 895 公里的大中小框架绿化林带，对农田、果园起到了明显的防风固沙作用，尤其大框架的建设对汽车尾气及防尘、防噪音效果十分明显。其四，沿线经济林带更是给农民带来了直接的经济收益，3000 公顷经济林已初入盛果期，年增纯收益 3000 万元以上。路林建设美化了深州大地的环境，净化了人民群众的心灵，树起了深州的形象，提高了深州的知名度，促进了招商引资，推进了深州精神文明的建设。

古老的深州始建于隋开皇 16 年间，以盛产“深州蜜桃”而驰名中外。建国以来，深州的林果业得到了长足发展，农田林网、“四旁”植树也成绩斐然。近几年，大框架路林建设不但巩固了原有的造林绿化成果，还进一步推动了农田林网和四旁植树的发展和保护。截至目前，全市已绿化主干公路铁路及乡村道路 895 公里，绿化河渠 48 条 649 公里，农田林网防护面积 79 380 公顷。两项合计占耕地面积的 93%。全市以深州蜜桃、深州鸭梨、优质苹果为主的果树面积达到 1.6 万多公顷，年产各种水果 13.5 万吨，年林果产值达到 1.8 亿元，占全市农业收入的 20%以上。全市林木覆盖率达 21.5%，村庄绿化率 36%，基本建成了大跨度、宽林带、经济生态复合型综合防护林体系。如今，当人们乘坐京九列车放眼窗外时，可以看到九条绿色的巨龙向无边的远方延伸，能充分体验到“人在车中坐，车在画中行”的感觉。

（执笔人：张志存）

次生林区育林记

——甘肃省小陇山林业实验局培育接代森林资源纪实

加强次生林建设，培育后备森林资源，对于实现青山常在，永续利用，改善生态环境，增加林产品供应，具有极其重要的意义。

我国次生林面积很大。这些林区原本都是景观良好、林相整齐、蓄积量很高的森林群落，只是由于长期过量采伐，培育更新工作没有跟上，逐渐沦落成为“远看有林，近看无材”的次生林地。这类次生林，虽处于衰败状态，但仍具有适宜多种林木生长的立地条件和森林环境，重新恢复原有森林景观，培育出新一代森林资源的基础仍然存在。只要加强领导、增加投入、政策对头、措施到位，就能以较短的时间、较少的投入，培育成大面积的新一代森林资源，获得“事半功倍”的效果。

小陇山林区，就是全国次生林面积最大的林区之一。多年来，小陇山林业实验局采取一系列行政的、经济的、技术的措施，实施封山育林、封育休养工程，加大人工培育和人工造林的力度，终于把一个残败的次生林区改造成为大型商品用材林基地，在复兴重建次生林区的事业上创造出了令人瞩目的成就。

(一)

小陇山林区位于甘肃省东南部，地处渭河、嘉陵江上游，属暖温带向温带气候的过渡地带，呈现出南北植物区系交汇的特征。小陇山林业实验局管辖小陇山林区及西秦岭和关山林区的一部分，地跨天水、陇南、定西3地(市)的8个县(区)。林区总面积84.2万公顷，其中有林地38.9万公顷。据历史资料记载，小陇山曾是针阔混交林组成的天然林区，在封闭的自然环境中，保持着最好的森林群落，可谓万壑群峰竞秀，飞流清澈泻千里，水如湘罗带，山似碧玉簪，林茂草丰，葱葱郁郁。后来，小陇山的原始森林遭到了毁灭性的破坏，整个林区沿着逆向演化的趋势走向衰败。到新中国成立前夕，这里尽管还是林区的外貌，整体上还是森林环境，但森林的相貌已今非昔比。原始的栎类、松类林，只有在人迹难及之僻壤，才能寻到踪影，绝大部分的原始林已变成树根、树桩上萌发的次生林。相当比例的次生林经多次萌发后变成丛状矮林，病虫害频频发生，长势日益衰退，构成了小陇山由栎、杨、桦为主要树种组成的次生林林相。

1950年，时任林垦部长的梁希深入小陇山林区进行考察，提出了加强小陇山次生林区建设、恢复小陇山森林资源的具体意见。当时正在修复宝鸡到天水的铁路，原规划曾有过要穿越小陇山林区腹地的意见。为此，梁希找到当时担任西北大区军政委员会主席的彭德怀，陈述了让林区休养生息，要严加封育，铁路最好不穿越林区的意见，彭总经过慎重考虑采纳了梁部长的意见。随后西北大区组织力量对小陇山林区进行了调查。在小陇山范围内设立了秦岭林区第六、第九林管站。1953年，大区撤消，小陇山移交地方管理，由地方设立了8个森林经营所。1963年，国家计委批准建立部、省双重领导的小陇山林业实验局，投资纳入国家计划，具体负责小陇山次生林区的重建工作。

从那以后，小陇山的森林经营管理工作一直被原林业部和甘肃省委、省政府列为重点工程，在人力、物力、资金和技术等方面给予扶持和帮助。经过几十年的艰苦努力,小陇山林区已培育成了大面积的接代森林,资源总量连年增长,林木质量大幅度提高,次生林区旧貌换新颜。一个年年采伐、岁岁有余,青山常在、永续利用,生态、经济、社会效益三兼顾的大型商品用材林基地,已基本定型。主要表现在:

——通过在宜林地上的人工造林和对次生林、疏林、灌木林的造林改造,人工造林累计达到22万公顷,保存14万公顷;同时在7.8万公顷的封山育林面积中,20%已封育成林。这样,就较大幅度地增加了有林地,使森林覆盖率由建局初期的44.8%提高到52.3%。昔日的荒山变成了苍翠的森林,疏林变成了密林,灌木林变成了乔木林。

——在经过改造的41.8万公顷次生林地上,累计生产木材363万立方米,相当于建局时总蓄积量的42%,比例是相当高的。但现在林地内总蓄积量达2869万立方米,净增280万立方米。随着人工林和经综合培育的次生林进入成熟期的快速增长阶段,年蓄积净生长量将成倍提高。其中,在1991年前营造的17万公顷人工林中,已有7.5万公顷进入中龄林;在综合培育过的7.8万公顷的次生林中,已有50%进入近、成熟林。由此形成的11.4万公顷第一批新生的接代森林,可望在2000～2005年间进入采伐期;第二批接代森林由6.2万公顷人工林、10万公顷改造过的次生林组成,可望在2010年进入采伐期。到那时,即可实现全国六大商品材生产基地的产出规模。这样按轮伐期采伐利用,及时造林更新,年复一年,世代轮回,就能越采越多、越采越好,实现可持续利用的目标。

——在林木质量上,实现了愈育愈好。一方面,在造林林种上,突出了用材林的挂帅地位(用材林和经济林结构比为9∶1);在针叶树中,突出了快速、丰产性能最佳的落叶松的主体地位。这些挂帅的林种、树种,都有广阔的市场前景,这是林木质量的主体地位。另一方面,在综合改造培育的次生林中,有计划地伐除淘汰低价树种、林木以及病虫害木、枯立木,保留经济价值较高的目的树种,木材等级明显提高,资源综合利用率已由55%提高到85%,林木的自然枯损率由10%左右下降到0.08%。

——大大提高了小陇山林区的生态功能。首先,在人工林地上,实施了标准很高的水平环状整地工程,幼林长势旺盛,即使是几十年一遇的暴雨,经树冠、林下灌木、草被、枯枝落叶层的阻挡、下渗,也所剩无几,常规雨量可全部被林地所接纳。每年可削减入江河的泥沙达1400万吨。其次,在全国生态防护林体系建设工程中,有3个防护林体系建设工程和小陇山有关,由于林地的增加,林相林貌的改观,构成了防护林体系的骨干网络,形成了低温高湿的林区小气候,在渭河和嘉陵江上游筑起了一道气势雄浑的绿色屏障。

如今的小陇山不仅恢复了大森林的壮丽景观,而且在林相、材积、材质诸方面明显提高,整个林区郁郁葱葱,生机盎然,已形成苍翠欲滴、苍莽无际的林海。

(二)

经过50年的实践,小陇山在改造次生林,培育大批量丰产、优质新生的森林资源上,为全国次生林改造积累了一整套切实可行的经验。

其中主要的经验和体会是:

对次生林改造要有一个正确的认识 次生林是由天然林经过长期逆向演化形成的。逆向演化的原因主要在于人的社会行为的无序性、盲目性。要扭转这种逆向演化的趋势,首先就要对次生林有一个科学的分析,既要看到改造次生林的艰巨性,又要看到重建和复兴次生林的可能性;既要看到次生林的劣势,又要看到次生林的优势;既要看到人的社会行为对原始林的损伤,又要看到人可以用有序的、有理性的行为恢复森林。新中国成立后,各级领导对小陇山林区极为重视,经过深入调查研究,认定小陇山林区重建的潜力很大,培育新的森林资源大有可为。

其一,林业用地面积大。在82.9万公顷总面积中,有林地37.3万公顷,疏林1.1万公顷,灌木林地6.2万公顷,宜林地14.1万公顷。

其二,气候条件优越。林区南部紧连北亚热带气候区,北部为北温带,夏无酷暑,冬无严寒,雨量适中,雨热同季;林区地貌多为中、低山地,山体最高不超过700米,坡度较缓,土层较厚,土壤肥沃,为森林生长提供了极好的条件。

其三,物种资源丰富。由于气候的多样性和适宜性,不同类型的动植物聚集林区,蕴藏着高等植物171科、847属、2511种,其中木本87科224属1044种;野生动物有4类、22目、62科、349种(亚种)。其中属于国家重点保护的植物37种、动物45种,水杉、连香树、杜仲、银杏、大果青杆、水青树和羚牛、朱鹮、黑鹳及多种雕类,均名列保护榜首。

其四,地理位置较好。宝鸡—天水、宝鸡—成都铁路沿林区边缘通过,华家岭—双石铺公路(316国道)也纵贯林区,宝鸡—天水公路(310国道)则穿林区腹地而过,交通十分便利。小陇山林区很早就是甘肃、陕西等的木材供应地,经过改造恢复后,完全有条件再次形成西北地区木材供应基地。

其五,生态位置重要。小陇山对改善长江、黄河中上游的生态环境,阻滞水土流失,具有无法替代的作用。小陇山背靠秦岭山脉,面向黄河一级支流渭河和长江一级支流嘉陵江,居于长江、黄河中游区的分水岭间。小陇山又是陇中、陇西干旱少雨带的心脏部位。因此,恢复和改善小陇山森林的生态功能,将惠及大江、大河及下游人民的生产生活。作为绿色屏障,既能扼制干旱地区的扩展及干旱的危害,又能滋润陇东南大地。据此,林业专家们认定,“小陇山占有天时、地利、人和的有利条件,改造培育小陇山次生林不但是必要的,而且是可能的。”

正是基于上述认识,各级领导坚持把重建小陇山林区列入重要议事日程。小陇山自建局以来,两次变更领导关系,局级领导班子换了8次,但历届领导班子都能从前任手中接过培育重任,形成一届接着一届干的接力赛。小陇山实验林业局无论领导关系、领导班子怎么变,但培育接代森林,实现青山常在、永续利用的目标始终没有变。政治责任感和历史使命感的高度统一,已成为统帅实验局工作的灵魂和凝聚一代又一代林业职工力量的强大精神动力。

加强领导,增加投入 改造培育次生林,是一项综合性工程,同一般造林绿化相比,显得更艰巨、更复杂,更需要有关部门从行政、政策、资金、技术等各方面给予关心和支持。自1962年小陇山林业实验局建局以来,国家计委、林业部和甘肃省委、省政府就对这里改造培育森林资源的全过程进行跟踪帮扶。1957年,林业部派出工作组到小陇山搞试点,探索次生林的培育之道,以树立典型。1959年,林业部在天水市召开北方14省(区)天然次生林经营工作会议,听取了小陇山初期培育工作汇报,提出了“全面规划,加强领导,积极改造,充分利用”的经营方针。1962年7月,谭震林副总理亲自听取了小陇山的规划汇报,提出“要在小陇山林区搞经营方式试点,总结出一套系统的集约经营、永续利用的经验”。1962年10月,林业部发出通知,明确了小陇山林业实验局的性质、任务、经营方针及领导关系。1963年,中国林业科学研究院、甘肃省林业科学研究所、小陇山林业实验局共同组成课题组,结合生产实验,进行次生林综合培育技术的研究。1983年6月22日,甘肃省林业厅和林业部造林经营司达成《联合建设国营林场用材林基地协议书》,同年9月17日,林业部正式批复,同意部造林经营司与甘肃省林业厅合资建设党川、观音、麦积等10处商品材基地的计划任务书,将小陇山列入全国六大商品材基地建设的序列。为了把小陇山育林事业“扶上马,送一程”,林业部先后投入9000余万元启动资金,确保了育林及各项建设事业的顺利进行。随着造林规模不断扩大,仅靠部列投资已远不能适应造林的需要,小陇山林业实验局便积极开展多种经营,增强自己的经济实力,经济收入累计突破2亿元,相当于国家投入的2倍多。更令人钦佩的是,小陇山把这块可以动用的资金大部分投到营林上,1984年以前的几年每年投入200万元,1985～1989年每年投入700万元,1990和1991年每年投入达到1000万元。即使在1990年林区发生特大洪灾,造成直接经济损失1095万元的情况下,小陇山的领导班子在强烈的育林意识驱使下,宁可压、停、减其他项目,还是集中1000万元投入育林。近几年,随着新林的采伐利用,产业体系的兴旺发达,经济实力日益增强,持续育林的投入保障体系也更加稳定了。

在严加封育,休养生息的基础上,实行综合性培育措施 “严加封育,休养生息”,是新中国林业开拓者梁希提出的决策,这项决策在小陇山实施了13年。1950～1963年,小陇山处于“封闭经营,封闭管理”之中,在全局范围内,按沟条封禁、封育37.8万公顷次生林,在封禁地面上禁采、禁伐、禁樵、禁牧、禁猎,只给林地以补偿(包括自然界的光照、水温补偿),不以索取为经营目标,对恢复小陇山的元气起了巨大作用。自60年代中期,小陇山的林相有了改善以后,实验局又进一步按照部、省共同制订的《甘肃小陇山次生林综合培育技术研究》大纲,采取“五个结合”的手段进行培育。

一是采育结合。以抚育采伐为手段,以培育新林为目的,对郁闭度0.8以上、目的树种占60%以上、长势健旺的林地单元实行间伐,直到留够能长成大材的株数为止，给目的树种创造良好的生态环境，提高了生产力，增加了蓄积量。采育结合是小陇山第二阶段中的主要手段，在已搞过的41.8万公顷次生林中，已取得预想的效果。据调查，采育后的栎类林比同龄未采育的栎类林提高蓄积量6.6%～24.3%，混交林提高46.7%～56.7%。

二是改育结合。以人工造林和人工促进天然更新为手段，彻底改造次生林，育成更具经济意义的新林。改育主要在两种林情的次生林分中进行，一种是林地坡度在45°以下，已到了采伐年龄的成熟林、过熟林，如不砍就会造成大量枯损、腐朽等资源浪费，这是重点改育对象。另一种是对灌丛、多代萌生矮林、郁闭度在0.3以下的疏林，以及遭受严重病虫害、火灾、滥伐等长势衰退、林相残败、天然更新不良而无培育前途的低产、低价林分，实行改造，以水平带状割除杂灌，或皆伐、或择伐后实行工程整地，然后进行人工造林。据调查，在改育过的10万公顷次生林中，大部分已成为人工新林，其他的则天然更新良好。调查数据显示，经改造后，林分的郁闭度可提高0.2～0.6，材积的平均生长量可提高70%～140%，择伐掉40%林木的林分，年生长量提高17%，天然幼树、幼苗的数量增加200%。

三是造育结合。对林区原有的20多万公顷的宜林荒山、荒地、荒滩及林中空地，先整地后造林，弥补了林带、林线分布的断带林，水热条件较好的地段已建成了速生丰产人工林。造林11年的油松林，平均树高3.5米，每公顷蓄积量达到23.4立方米；造林14年的华北落叶松林，平均树高9.2米，每公顷蓄积量达到87.9立方米；造林15年的日本落叶松，平均树高9.6米，每公顷蓄积量达到118.8立方米。这些数据充分展示了次生林改造培育的生产潜力。

四是封育结合。对郁闭度0.3～0.6、目的树种在90%以上，短期内无力进行采育、造育并有培育前途的林分，实行封山育林；对坡度大于45°以上的林分实行定期封禁。封育、封禁的7.8万公顷森林，排除了人为的侵扰，得到了长期的休养生息，逐步恢复了生机，林地生产力明显提高。据调查测算，经封育后，每公顷年蓄积增长量可达到2.65立方米，接近全林区的平均值。

五是育用结合。鉴于次生林本身的弱点，对采育、改育中出产的40%非规格材，则立足于充分利用，绝不丢弃林内，以免恶化环境，影响新林培育。在利用中，按最高利用价值分类分等，供应市场。对实在没有直接利用价值的木材，则作为局属纤维板厂的原料。这样精打细算，既节约了资源，减少木材消耗，又增加了经济收入，反过来促进了育林，较好地体现了育用结合。

进入80年代后，为适应市场需要，小陇山林业实验局又把育林工作推向第三阶段：把育林目标转移到培育大径材和特定商品用材上，突出了人工造林的主体地位，坚持了相对集中的区域布局，启动了生态—经济型林业的科学实验。

加大科学技术对改造培育次生林的支持力度 次生林基础差，林相弱，在培育改造中不能“用落后手段解决落后问题”，不能停留在用一般的常规手段进行，必须尽可能采用先进技术、先进的科学手段以加快改造培育进度。几十年来，他们以求实的、超前的探索精神，严格的科技管理制度，技术措施上的精益求精，坚韧不拔的攻关精神，积极探索适合于小陇山特点的科技兴林新路子。有四件事，比较集中地反映了这种精神。一是在造林中制订了11种技术标准、6种制度、53种图(表)，规范了从采种至幼林抚育全过程中的技术要领，使各个生产环节各司其职、各负其责，加大技术管理的力度。二是在次生林的采育中，已由保留中径木的操作规程进化到胸径界定的操作规程。为了准确无误地按标准采育，实验局勘察设计队每年按设计书组织大批设计人员到采伐现场勘察设计，对该留、该采的林木逐棵打号。三是采用请进来传经送宝和走出去取经学艺相结合的办法，探索出了一套适合小陇山林情的育好苗、育壮苗、育标准苗的技术手段，已具有年产700万～1000万株优质苗的能力。四是从1988年起，逐步建成了局、场、营林区三级资源监测监管系统，全林区4万多个小班全部进入微机建档，用现代科技手段提供培育优化组合方案、资源消长趋势的预案等，适应了多学科、多层面、全方位系统管理的要求。在科技育林的全过程中，小陇山的科技人员结合生产实际，先后完成了80多项科研课题，其中30项分别获得省部、地厅级奖励，解决了育林中的一系列科技问题，提高了整体科技水准。

（三）

回顾这50年的历程，小陇山在天然次生林区培育接代新林已成功地达到了预期的目标。小陇山培育接代森林的业绩已得到社会的认可，部、省先后10次在全国、全省范围内作了表彰，兄弟省区已有65批、1300余人，国外已有8个国家和地区、52人到小陇山林区考察。过去，当小陇山的林子日趋衰败的时候，当地群众也跟着受苦受难，过着衣不裹体、食不果腹、人畜同室、烟熏火燎的生活。那时，这个林区地方病流行，又缺医少药，在同宗二代、三代人口中，痴呆傻、大脖子、柳拐子患者随处可见，“一代发、二代傻、三代连根拔”、“山清水秀人不秀，鸟语花香饭不香”就是当时的真实写照。建局前夕，被派往林区工作的干部、职工，总有“上山怕长虫(蛇)，下山怕瞎熊，吃饭怕麻风”的“三怕”心理。如今的小陇山，山川秀美，林茂粮丰，社会环境稳定，职工安居乐业。林区内高楼林立，公路纵横，彻底解决了住宿、交通问题；电力输供、电视收转、无线通讯、邮路电讯、商贸流通以及文化、教育、生活服务等网络建设，如日中天，红红火火，大大提高了林区的文明程度；科技服务、护林联防、林政执法的网络建设为加大林政资源管理，为振兴林区经济，提供了有力的保障。随着林区文明程度的提高，人们改变了过去“到林区就是吃苦”的传统观念，职工子女争着抢着在林区内就业。当年的“三怕”已成笑谈。

展望21世纪，小陇山将以一个拥有67万公顷的大型商品用材林基地的形象矗立在陇原大地上，木材及木材制品将源源不断地供向市场。绿色明珠将更加璀璨晶莹，绚丽多彩。

（执笔人：潘仕明　李健　孙建中）

改善生态环境就是发展生产力

——湖北省罗田县实施生态环境建设工程纪实

罗田县位于湖北省的东北部、大别山主峰南麓，素有“八山一水一分田”之称。境内北高南低，最高海拔1729米，最低海拔48米，地势落差很大，河流、山溪纵横、水流湍急，由于山林植被几经破坏，水土流失十分严重。据资料记载，40年代末期，全县14.67万公顷的山地面积中，就有8.67万公顷是荒山，水土流失面积达1100多平方公里，占全县总面积的48.9%，每年水土流失量达200多万立方米。其中约20%随水流出县境，60%沉积在河床与渠道之内，近20%淤塞在水库之中。据有关部门测算，因水土流失，义水河在5年时间内河床抬高55厘米，天堂水库年进泥沙5.3万立方米。大量的水土流失，不仅使河床日渐升高，库容不断缩减，落河田增多，土壤肥力下降，而且使地面承受灾害的能力大大降低，导致水旱灾害频繁发生，给人们带来深重的灾难。

贫困就像一座大山压在罗田百姓的头上。造成贫困的根子就是恶劣的生态环境。罗田人在惨重的历史教训中深深地认识到：林少山必穷，山穷水必恶。治水必须治山，治山必须兴林；加快发展林业，改善生态环境，是山区的唯一选择。自新中国成立以后，罗田人在中国共产党的领导下，立足本县实际，广泛深入持久地开展护山养山活动，坚持年年造林不止。从1950年起，经过30年奋战，全县造林保存面积达8.99万公顷，为绿化罗田打下了基础，初步阻止住了生态环境不断恶化的趋势。80年代以后，全县正式启动生态环境建设工程，全面实施以扩大森林植被为主体，配合山、水、田、林、路综合治理的办法，又灭荒造林4.48万公顷，封山育林6万公顷，绿化城镇60.5公顷、绿化路堤1376公里，取得了综合灭荒率99.7%、城镇绿化率93.5%、路堤绿化率88.9%的好成绩。到1997年，全县有林地面积由50年代初期的5.67万公顷发展到13.93万公顷，森林覆盖率由27%上升到65.4%，活立木蓄积量达到273万立方米。乔灌草多层林由过去的35%提高到60%，针阔混交林由过去的23%提高到51%，全县水土流失面积由6.05万公顷减少到2.02万公顷，基本上形成了生态效益、经济效益与社会效益的良性循环。

罗田人以豪迈的气魄改写了历史，罗田大地以崭新的生态面貌呈现在世人面前。

良好的生态环境促进了山区生产力的大发展。首先，林业生产在国民经济中的比重大大提高。至90年代，全县林业总产值由50年代初的29.8万元增加到6.8亿元，林业经济在全县国民经济中达到“45678”的比重，即：全县林业创造的财政收入达3200万元，占县级财政收入的40%；林业经济总收入达6.8亿元，占全县国民经济总收入的近50%，占大农业总收入的60%；农村人均林果特纯收入1068元，占人均总收入的70%；林果特外贸出口供货额达到7600万元，占全县外贸出口供货额的80%。林业作为全县经济支柱产业，使罗田县相继成为全国贫困山区首批摘帽县、湖北省贫困山区县整体脱贫榜首县。

同时，林业经济迅猛发展，也为工业振兴注入了活力。

支柱产业初具规模 以生态环境建设为基础，以板栗、桑蚕两大支柱产业为主的绿色致富工程得到长足发展。全县13万农户，户户种栗栽桑，413个村有262个村建了集体板栗场。其中过千亩的就有50个村，年产量过1000公斤的有270户。到1997年，全县经济林基地发展到4.67万公顷，人均0.1公顷。其中，板栗3.33万公顷、年产板栗1600万公斤。桑园0.67万公顷，蚕农10万户，年产蚕茧500万公斤。各类经济林年创产值达5亿元。

产业链条不断延伸 栗、桑规模基地的发展，为国有工业企业和乡镇企业提供了充足的原料，带动了具有山区特色工业的发展。全县已建成板栗食品加工企业150多家，年加工能力2500吨、冷藏能力2000吨，实现销售收入5000万元、利税600万元。清水板栗罐头等产品远销美国、日本等国际市场。在茧丝绸系列开发上，兴建收烘站138个，缫丝、丝绸、服装等加工企业发展到20多家，年销售收入达2.5亿元，实现利税3200万元。其中，内联养蚕农户、外接国际丝绸市场的茧丝绸总公司，每年创汇就达500万美元。

脱贫致富步伐加快 “八五”以来，全县立足产业扶贫，着力开展100个板栗专业村、100个桑蚕专业村等“一乡一业”、“一村一品”工程建设，使一大批贫困村、贫困户从困境中解脱出来，走上脱贫致富之路。1997年，全县贫困户由1986年的34 000户减少到5000户，农村人均纯收入达1819元，如期实现了基本脱贫的目标，正向整体脱贫迈进。

四是生态效益显示出了吸引外资的魅力。目前，全县“三资”企业已发展到8家，累计吸引外资7000多万元人民币。该县兴建的“大别山国家森林公园”已被国家正式批准，旅游也成为富民强县的新兴产业。

（一）

“若要山区面貌变，生态环境是第一”。没有良好的生态环境，就没有人的生存环境，就不可能实现山区的可持续发展。着眼于构筑生态环境体系，是罗田几代人坚定不移的基本信念。

为确保绿色工程建设收到实效，罗田县推出了“造、封、管、节”四管齐下的举措：

“造”上下硬功 以境内5大水系、14片荒山为重点，举全县之力，大搞植树造林，严把工程质量关，各项绿化工程加在一起，累计完成荒山造林4.48万公顷。其中工程造林1.61万公顷，平均成活率达95%，保存率达90.2%。为此，罗田县相继被湖北省人民政府和原国家林业部授予“全省消灭宜林荒山先进县”、“全国造林绿化先进县”、“全国造林绿化百佳县”光荣称号。

“封”上使实招 县里统一制订封山育林总体规划和年度作业设计方案，层层签订责任合同，做到“四有四落实”：乡镇有封山图，村有封山册，户有封山约，山有封山牌；领导责任落实，护林队伍落实，封山面积落实，封山制度落实。“八五”以来，全县封山育林面积累计达6万多公顷，有效地巩固了造林绿化的成果。

“管”上动真格 县里坚持每年组织一次采伐限额大检查，每年开展一次打击乱砍滥伐的专项斗争，并已形成制度。如今，在林政管理上，该县已形成县、乡、镇、村、组防护网，除充实和加强林政管理机构外，并配备专、兼职护林员1800名，建立护林哨棚750个，森林案件发案率逐年下降。

“节”上挖潜力 县委、县政府把节约资源、降低消耗作为实施生态环境工程的一件大事来抓，全面推广了“两改三砍”，即改农村的“老虎灶”为省柴灶，改城镇机关、企事业单位烧柴为烧煤，砍砖瓦窑、瓦罐窑和木炭窑。“八五”以来，全县先后发展省柴灶10.1万户，“三窑”由过去的4300多座减少到250座，每年节约能源5.64万吨标煤。

尤其值得一提的是，在实施生态环境工程的过程中，罗田人民投入了前所未有的热情。每逢春季，全县上下人人参加义务植树。仅“八五”期间，全县参加义务植树的多达195万人次，累计完成义务植树2345万株，成片营造样板林1800公顷，绿化河渠道路490公里。

（二）

罗田县在生态环境建设中取得如此显著的成就，靠的是什么？最重要的一条就是靠领导带头干。领导要带好头，首先是认识要到位。“不认识林业，就是不认识罗田；不重视林业，就抓不好山区开发；不抓林业的领导，就不是对人民负责的领导”，这是罗田县委、县政府的共识。50年来，这个县的领导班子换了一届又一届，虽然人变了事业却不变，班子换了绿化目标却不换，条件不同了改善生态环境的决心却不改，他们硬是“咬定青山不放松”，一任接着一任干。为了加强对生态环境建设的领导，全县还实行“四大家”领导包乡镇，乡镇党政领导包村，村组干部包户的林业目标管理，按年度设计和计划任务逐级签订责任状，并将合同执行和完成情况纳入各级领导政绩考核的重要内容，做到一年一次验收结账，从而形成了“一级带着一级干，一级干给一级看”的苦干实干局面。

“喊破嗓子，不如做出样子”。围绕增添绿色，行政推动不是空发号召，更不是强迫命令，而是注重领导率先垂范，变“我叫你干”为“我带你干”，以实际行动作出榜样，让群众口服心服。县委书记易茂先是位闻名荆楚的“林书记”、“栗书记”、“蚕书记”。他在罗田从当县长到当县委书记的10多年间，先后亲自创办了4个村级高效林业示范点和1个万亩县级综合经济开发试验区，亲自编印了《栽桑养蚕致富技术》、《板栗栽培技术》、《'97农事科技月历》等农民科普读物；在他的手提包里常年装着修枝的剪刀和锯子，走到哪里就在哪里向农民传授实用技术。这些已在罗田山区传为佳话。大河岸镇高庙村农民方云华，永远忘不了县委易书记的情意。当下乡调研的易茂先看到方云华家穷得叮当响，便亲自为方云华家里送去栗苗，又接连在几个大年初一到方云华家帮助开挖栗坑，方云华家里的板栗开始挂果受益后，板栗系列收入达6万余元，已成为当地有名的科技致富户。原县林业局局长王信初也是一个实干家，他担任国有天堂寨林场场长时，就把林场办成了国家级森林公园；1994年他被任命为县林业局局长后，又与全县50多个林业大户建立了结对帮扶关系，把科技直接送到林农手上。

如今，“领导带头干”已成为罗田县各级领导的风范。在罗田到处可见县乡领导署名办基地和示范点的碑牌，形成了一条独特的风景线。近10年来，县、乡领导办点达1300余处，面积达1.22万公顷。

（三）

为了调动方方面面的积极性，罗田县先后推出了一系列优惠政策：集体经济林所有权长期不变，农户房前屋后所栽林木允许继承；全面推行入股、联合开发农户抛荒、撂荒、经营管理不善的责任山、责任地；鼓励垦荒还林，实行“谁造林、谁投资、谁受益”；鼓励停耕还林，对承包25°以上的坡地核减承包产量以发展经济林；建立林业开发农村积累工制度和将扶贫开发资金的30%、农发基金的10%、育林基金、板栗发展基金、林业罚没收入切块给林业部门，与长江中上游防护林资金、世界银行贷款捆起来，用于荒山造林和林业基地建设。同时，还规定农户每发展一亩经济林扶持50～100元扶贫开发资金；兴建百亩以上的商品基地，可申请扶贫贴息贷款等。10年来，全县通过各种途径累计为林业建设投资达1亿余元，从而充分调动了全县人民兴林致富的积极性、主动性和创造性，又有效地增强了全县林业发展的后劲和扶贫开发的造血功能。

优惠的政策、良好的生态软环境，有效地调动了广大农民的积极性。大地坳村有一位普通村民叫金昌明，1984年村里招标承包绿化千亩荒山，他毅然揭榜。10多年来，他带领全家人上山安营扎寨，奋战4000多个日日夜夜，挖坑30多万个，营造杉林53.33公顷、松林20公顷，使千亩荒山披上了绿装，建起全县第一座价值逾百万元的私营林场。鄂东丝织股份有限公司为搞好厂区绿化，专门从武汉园林设计院请来技术专家帮助进行总体设计，一次性投资20多万元，购回100棵高度达5米的大雪松、8000多平方米的进口鹅绒草皮和1000株（盆）不同品种的花卉，共绿化厂区1.2万平方米，占应绿化面积的100%，人均占有绿地31.6平方米。1995年，该企业顺利通过了全国绿化委员会的抽样验收，为城镇高水平绿化带了一个好头。

在罗田，像这样为构筑“绿色屏障”奋力拼搏的人和企业，还有很多很多。正是有了这样一批形象标杆，才使罗田林业升腾着希望，一步步走向辉煌。

（四）

人们常说科学技术是第一生产力，这在生态环境建设上表现得更为突出。在五六十年代，罗田人民为绿化荒山，付出过很大的代价，虽然也取得了不小的成绩，但是由于科学不发达、技术不到家，常常出现“栽的多活的少”、“春栽夏黄秋成柴”，没有达到与投入相称的成果。以后罗田人变得聪明起来，不再像以往那样蛮干，认认真真学科学、用科学，围绕生产抓攻关、围绕应用抓推广、围绕普及抓培训，从上到下形成了一种良好的科技兴林氛围。县、乡两级成立了林业技术推广机构，配备了分管林业科技的专职领导，大多数村组建立了林业科技联系点，形成了联系内外、勾通上下的林业科技组织网络。现在，全县专兼职林业科技人员发展到1000多人。依靠这些人才，先后推广了山地防护林营造、杉木二代低产林改造、容器育苗、经济林速生丰产等20多项林业实用技术，有13项科研成果在全国和全省获奖。同时，还重点培养了5000名林业科技示范户，通过他们的传、帮、带，80%的林农掌握了一到两门林业实用技术。现在，全县直接示范推广林业科技面积达5.33万公顷，产生辐射效应面积近13万公顷，科技对林业生产的贡献份额达66.8%。

科技是山民打开山门奔向致富路的金钥匙。由于狠抓了降低板栗空苞率、板栗增雌减雄、板栗矮密早丰、板栗“两象”防治、优良品种选择和林特产品系列加工等重点项目的科技攻关，解决了一系列技术难题，大大提高了板栗等拳头产品的品位。在降低板栗空苞率的试验中，实施花期喷硼、土壤施硼等措施，使板栗单位产量比过去提高了50%以上。以“增雌丰产”为课题组织攻关中，解决了板栗雄花多、雌花少的问题，使雌花率提高到32.2%，单株产量提高了53.9%。针对全县品种优劣参差不齐的问题，开展了“优良品种的选择培育”研究，共选出了优良单株320个、优良品种42个，其中桂花香板栗获“全国妇女儿童精品博览会金奖”。平湖乡黄家垸村推广板栗修剪技术后，使8400株结果树产量由修剪前的1.4万公斤上升到修剪后的2.6万公斤，净增1.2万公斤。古塘河村栽种10年的67公顷栗树多年不挂果，该村运用修枝施肥和栗树“三喷”技术，当年栗树普遍开花结果，全村仅板栗一项就增收6万余元。

如今像种田那样种树，为经济林追施专用肥，为林木松土，为林地防虫防病等，在罗田已成为普遍现象。

在构筑“绿色屏障”的征途中，罗田县涌现出许许多多优秀的科技工作者。他们的足迹，踏遍了大别山的山山水水；他们的心血，洒满了大别山的一草一木。县林业局高级工程师朱智，在林业战线上摸爬滚打了整整42个春秋。在科研工作中，他先后主持完成林业科研推广课题17项，其中3项获省科技进步奖，3项获省科技进步三等奖。由于他对林业发展的突出贡献，先后荣获国家、省、市、县四级奖励52次，1995年被国务院授予政府特殊津贴，同年被国家农业部、科委、人事部、林业部等单位授予“全国农业科技推广先进工作者”称号。

（五）

生态环境建设是一项多方位多层次的系统工程，必须统筹规划，合理配置。在具体布局上，罗田的作法是：围绕水系源头和高远荒山，主攻荒山绿化，建设四大防护林区；围绕低山丘陵和停耕地，主攻经济林基地，建设四条经济林带；围绕河堤和道路，主攻“四旁”绿化，建设绿色生态网络，形成了“高山远山用材林，低山近山经济林，房前屋后果竹林，河堤道路防护林”的营林生产新格局。全长31公里的北丰河流域，三面环山，位于鄂东暴雨中心地带，洪涝灾害频繁，加之过去长期过量砍伐林木，常年水土流失达30万立方米，导致河床逐年抬高，河堤、良田屡遭破坏。从1989年起，该县实行统一规划，分步实施，采取生物措施与工程措施相结合、治标与治本相结合等多种措施，先后投入以工代赈资金、小农水资金和自筹配套资金289万元，投工299万个，整修病险水库6座，扩宽加固主干河堤31公里，营造防护林800公顷，兴建经济林基地1733.3公顷，新修村级公路32.5公里，改建堤路合一公路13公里。经过几年的艰苦奋战，整个流域森林覆盖率达到68%，初步实现了生态效益、经济效益、社会效益同步提高的良性循环。1996年春夏之交，北丰河流域再次遭受特大洪涝灾害袭击，但这次竟没有发生一处断堤断路，成为闻名全国的无灾河。该流域防洪抗灾重在治本的经验，相继被《湖北日报》、《人民日报》等新闻媒体宣传推广。

在构筑绿色屏障的同时，全县按照山、水、田、林、路综合治理的思路立体开发。先后投入3000多万元，相继完成一大批人畜饮水，农田水利、公路、通讯建设和低产田改造。同时，停耕还林1.3万公顷，完成路堤绿化1376公里，水库整险49座，河堤加固383公里，渠道整修220公里，极大地改善了全县的生态环境和生产条件。其中，在义水河、胜利河、泗泊河、白莲河流域就建成了四大防护林区，治理面积达5.11万公顷。在县城至北丰李家楼建成了板栗油桐带，在县城至九资河建成了栗、桑、药材带，在县城至胜利河建成了栗、茶、甜柿、油桐带，在县城至河铺建成了栗桑间作林带。与此同时，还建成各具特色的专业村180余个，板栗面积过万亩的乡镇有11个，过千亩的村有45个。大河岸镇周家嘴村因地制宜发展板栗，办了4个集体栗场。其中一个是与福利院合办的，不仅使孤寡老人有了养老树，而且全村人均实现板栗纯收入达1322元。

面对林业开发的累累硕果，全县农民会心地说，“我们干得苦，干得劲足，干得顺心，没有白干，越干越想干”。

“改善生态环境就是发展生产力”，这是湖北省委、省政府两位领导同志1997年考察罗田生态环境建设情况时说的话，这句话精辟地总结了罗田县生态环境建设的经验。过去，这里曾是一片贫瘠而多难的土地，留给人们的只有穷困与饥饿；如今，这里是一片美丽而神奇的土地，带给人们的却是恩泽和希望。经过整整两代人的艰苦努力，大自然开始给罗田人民以丰厚的回报了。昔日荒芜的山岭、裸露的土地，到处披上了绿装。那碧海葱茏的薄刀峰、那风景别致的天堂寨、那引人入胜的国家级大别山森林公园、那绿色屏障迷人的魅力，让人留连忘返、惊叹不已，产生无穷的依恋。

尽管新绿在不断地增加，但罗田人民依然深切地感到，改善生态环境需要做的工作还很多很多。为了在生态环境建设中上档次、上台阶、上水平，罗田的打算是以改革为动力、以市场为导向、以科技为支撑，大力推进林业经济由粗放经营向集约经营、由单纯造林绿化向林业产业化的两个根本性转变，加快改造低产林、低效林和残次林，大幅度提高造林绿化和基地建设的质量与效益，把造福当代、荫及子孙的伟大事业推向新的阶段。

具体发展目标是：到2000年，初步建立起具有罗田特色的林业生态体系和比较发达的林业产业体系，完成“4448”绿色工程，即40万亩速生丰产用材林基地，40万亩防护林基地，40万亩短周期工业原料林、薪炭林基地，80万亩高效经济林基地，森林覆盖率达75%，农民人均纯收入在现有基础上增加1000元。

罗田人是最实在而又最讲信用的。面对即将到来的21世纪，他们一定会团结拼搏、真抓实干，创造出一个绿色更多更浓的新罗田。

（执笔人：张庆周　闵凤鸣
王信初　张振　童仕洲）

建绿色家园　保三峡库区

——重庆市开县在三峡库区保护林草植被改善生态环境纪实

滔滔长江，一泻千里，宛如一条巨龙奔腾向东，哺育着生生不息的中华民族。就在这条巨龙的中游，一个跨世纪的伟大工程——三峡水利枢纽工程正式启动了。

三峡工程的建设，将为中华民族的腾飞插上矫健的翅膀。建设和保护三峡工程，必须保护和发展长江中上游的林草植被，优化生态环境，控制水土流失。为此，早在80年代国家林业部就部署了富有前瞻性的长江中上游防护林体系建设。

重庆市开县位于长江中上游小江流域。全县146万人口，土地面积3960平方公里。人吃长江水，地靠长江边。这里的生态环境建设直接关系到三峡库区乃至整个长江中下游的安全。1986年，当开县被国家批准为长江中上游防护林体系建设第一期重点治理县时，县委、县政府就在全县组织了全面发展林业的大战役，经过5年苦战，营造速生丰产林2.01万公顷，飞播造林1.5万公顷，为改善本县的生态环境打下了一定的基础。1992年4月，举世瞩目的三峡工程建设方案正式出台。开县随之列入大三峡建设范围之内，有12个乡镇的52平方公里土地划入三峡水库淹没区；有55个乡镇的3043平方公里的土地处于库区的边缘地带。

因此，开县生态环境建设的任务更繁重、更紧迫，要求也更高了。面对新形势、新任务，县委、县政府立足本县、胸怀大局，进一步加大长防林建设的力度，把植树造林、绿化库区提到了一切工作的首位，列为全县工作的重中之重，采取了一系列实际措施。

开展再宣传、再教育、再动员

早在长防林工程启动时，县委、县政府就很注意在干部和群众中进行保护林木、防止水土流失的教育，树立新的生态文明观；并在实际工作中，坚持“以林为主，综合开发，治坡治窝两手抓，建设可持续发展的林业”。三峡工程上马后，县委、县政府进一步把植树造林同保卫长江、保卫三峡联系起来，响亮地提出了“建设绿色屏障，护卫三峡工程”、“绿化库区，责任在肩，刻不容缓”、“保护生态，保护长江，保护三峡，就是保卫家园，我们要拿出战争年代那股劲来把山绿起来”等口号，作出了《关于加快全县造林绿化步伐的决议》、《关于切实抓好世行工程造林的决定》，县人大常委会也作出了《关于加快全县造林绿化步伐的决议》。县上多次召开专门会议，要求各级干部明确认识抓好库区绿化、防止水土流失，既有利于保护长江和三峡工程，又有利于本县的经济发展，功在国家、利在自身。经过广泛、深入、细致的宣传教育，干部的认识到位、群众的干劲大增，形成了上上下下、方方面面扭成一股绳，齐抓共建的良好局面。划入淹没区的乡镇按计划有秩序地搬家移民，重建家园；濒临库区边缘的群众，以山为营、以树为旗，披星戴月、战天斗地，用奋斗的热汗把青春写进了万亩荒山、写进了星辰日月。

在南山，县委书记、县长亲自组织率领县委、县政府、县人大、县政协四大班子的领导干部，冒着料峭的春寒，挥锄整地打窝，栽下一株又一株马尾松、翠柏等，为全县建立了绿化示范点。

在清江河畔，县委组织部组织县属机关300多名共产党员，以过组织生活的形式营造“党员先锋林”。

在江里河沿岸，共青团县委组织400名团员青年在汉丰段营造“青年林”，并动员全县团员青年积极投入到造林绿化中来；县妇联在三合、竹溪等地段营造了“三八”林。

在林业系统，全体职工豪情满怀，干劲倍增。50多名林业科技人员，长期摸爬滚打在造林第一线，指导、督促全县的造林绿化工作，确保技术到位、质量过关。

强化政府组织领导功能

层层建立绿化领导班子，由党政一把手负总责，分管领导具体抓，一级抓一级。在育苗、整地、栽植等关键季节，分管林业的副书记、副县长及人大、政协、农委领导经常深入造林施工现场，督促、检查、指导造林工作。各乡镇书记、乡镇长也带头包片驻村，在时间、人力、苗木上采取“三集中”的办法，组织发动广大村民，突击造林绿化。

层层签订目标责任书，推行行政、技术“双线目标”责任制。每年，县政府与乡镇签订造林绿化目标责任书，把林业生产任务落实到各级领导肩上，把林业技术落实到县林业局。各级党政领导负责造林绿化的宣传发动、劳动力的组织、任务的完成；林业部门负责技术培训、施工指导、质量监控、检查验收。林业局作为县政府的职能部门，在造林绿化中担负着重大的责任，每年造林季节到来之前，他们都要按适地适树的原则，组织林业技术人员提前搞好植树造林的规划设计工作，为造林绿化制定科学合理的施工方案，避免造林的盲目性。

层层搞好示范，以此辐射面上的造林绿化工作。县委办公室、组织部和县政府办公室、林业局牵头，发动全县广大党员和机关干部，出钱出力，在三里河沿岸营造防护林带，建设义务植树基地。1989年以来，全县共完成示范林面积1733公顷，完成义务植树造林1500公顷。

严格奖惩兑现。县里将工程造林纳入“八五”、“九五”期间重点建设项目进行管理，县上分管领导为项目牵头人，林业局长为第一责任人，签订项目建设责任书。1996年，项目牵头人、责任人、林业局长双双获得“八五”重点项目奖。县政府每年设立林业专项奖8万元，对获得一、二、三等奖的乡镇党政一把手、分管领导分别给予物质奖励；对建设成效特别突出的村评为“优质工程”村，奖励村支部书记现金1000元，农转非指标一个，并招工或招干。对林业技术人员，凡技术指导得力、任务完成好的实行重奖，并作为晋升职务、职称的优先条件；凡因技术指导失误，验收不合格，取消专项奖金，并逆向调换工作岗位。

改善林业投资环境

支持农民利用村镇闲置的河滩地、荒山植树造林，兴办集体林场，实行集约经营，培育和壮大集体经济，减轻农民负担。全县新建集体林场竹园118个，面积3660公顷。竹溪镇大海村三社在1993年春利用河滩地，建立集体竹园2.6公顷。1993年临江食品厂以14万元租赁15.6公顷河滩地，栽植速生树种杨树，目前长势喜人，平均胸径达14厘米。

制订了拍卖荒山使用权的具体实施办法，全县拍卖荒山1200公顷，收回资金50万元。红园乡信用社职工购买该乡明洪村二社31公顷荒山30年使用权，已栽植杉木、杜仲8万余株，使昔日的“荒山”变成了“绿山”。

推行以国家投入股、林地股、劳力股、管护股、技术服务股为内容的股份制经营形式，把有限的林业资金落到实处。河堰镇大槽村采用土地股、投劳股、种竹股、管护股的形式发展股份制竹园80公顷，现已发挥效益。目前，全县已发展股份制林场56个，面积1000公顷。

在国家投入有限的情况下，坚持国家、集体、个人投入相结合的原则，多渠道多形式筹集资金，保证造林投入。在县财政十分吃紧的情况下，仍按政策规定配足了工程建设配套资金，平均每年达160多万元。按照“谁受益、谁负担”的原则，以生产投入方式，村民自愿筹资种苗款。如1997年县胶合板总厂就出资8万元，用于建立自己的竹材基地。

从1986年参加长防林工程建设以来，十年间，全县共投入造林绿化资金8128万元，乡镇财政209万元，企业筹资60万元，群众集资1381万元，投劳410万个，折资4100万元。

为了用好这些资金，县林业局和有关部门还按照政策规定，加强资金管理，实行专款专用，保证重点，并认真检查验收，充分发挥这些资金的使用效益。

改进造林方式

坚持以流域治理为重点，以点、片、沟为单元，串点成片，连片成带，实现规模治理。在林种布局上，则因地制宜、因势利导，多林种、多树种、乔灌草相结合，注重名、优、特、新经济林的发展。

在造林技术上严把"三关"。一是种苗关。从1989年开始，先后建立马尾松种子园23.5公顷，银杏采穗圃4公顷，优良林木采种基地200公顷，自办苗圃13.8公顷，为全县造林绿化提供了优良种源和苗木。同时，积极推广育苗新技术，实行营养袋加薄膜覆盖育苗，推广稀土和切根育苗、根型器育苗等新技术，每年营养袋育苗均在1000万袋以上。二是整地关。坚持牵线定点打窝等高线作业，"品"字形排列，窝大底平，瘠薄地还采用放炮打窝、客土回填。三是栽植关。严格实行适时栽植，精细栽植。在干旱季节，要浇足定根水。在造林形式上组织专业队栽植，统一技术标准，提高了栽植质量。同时，还多层次、多形式地开展林业技术培训。自1988年以来，全县共开展各类形式的技术培训达1000余次，使广大林农掌握了育苗和造林的实用技术，造林成活率和苗木生长量有了显著提高。

经过近10年努力，全县已在锦竹、义和、三汇口等乡镇建成六片经济林；在石关门、满月槽、泡桐沟等地治理了15条生态经济沟；在郭家至高桥公路沿线建成了"百里林带"；在汉丰至三合建成了"百里竹带"；在紫水乡建成了"万亩竹海"；在三里河沿岸建成了麻柳芭茅护岸林，完成了正坝河、映阳河两条流域的治理。全县森林覆盖率由6.7%上升到24.3%。

随着森林面积增加，森林的生态效益大大增强，改善了生态环境，开始在绿化长江，保卫三峡工程中发挥绿化屏障的作用。这主要表现在：

——减轻了水土流失。据四川省林科院在开县连续四年定点观测，全县水土流失面积由1989年的3039平方公里减少到1998年的2250平方公里。部分乡镇水土流失得到了有效控制，全县因水土流失造成河床抬高的势头明显得到了遏制。

——增强了水源涵养能力。山上栽满树，等于修水库。据测算，大片人工林和飞机播种林发挥了生态环境保护功能，相当于兴修了蓄水5000万立方米的水利工程。竹溪镇龙虎村1989年前山泉经常干涸，人畜饮水十分困难，通过长防林建设，近年来，附近的四眼泉水，长流不断，保证了当地人畜饮水。

——护岸固土效果明显，加固了河堤，保护了农田，使三里河谷6660公顷黄金土地得到保护，并恢复农田93.3公顷。仅丰乐镇乌杨村王家坝4个村恢复耕地33.3公顷，解决了700余人的口粮问题。

——减轻了自然灾害。风雹灾害次数明显减少，强度明显减弱，危害明显减少，由1989年以前的年平均6.7次降为1998年的3.2次；洪涝得到有效控制，近6年来平均每年不到1次，仅为以前的1/3。

同时，全县林业综合经济实力不断增强。据1998年统计，全县林业总产值1.4亿元，林业产业总产值3.4亿元，分别占全县农业总产值的7%和17.2%。同时2.02万公顷名、特、优、新经济林，也为山区农民增加了可观的收入。如汉丰镇永兴、红光等村大力发展桃、李等水果，1998年户均增收500～700元；三合镇大力发展竹子，全镇人平均增收100元以上。由于生态环境的改善，自然灾害减少，农村粮食产量逐年增加，农民人均收入稳步增长。1997年，全县粮食总产量达到5.9亿公斤，比1995年增加18%。

（执笔人：肖衍德）

海防林带的延伸

——广东省湛江市沿海防护林建设纪实

在我国南海之滨有一块巨大的耳蜗形半岛，名曰雷州半岛，在地方行政上前称湛江地区行署，现称湛江市。新中国的第一条沿海防护林带——“三八”海防林带，就是1952年在这个半岛的电白县博贺镇诞生的。在当年地委、行署和嗣后的市委、市政府的领导下，湛江人民坚持年年造林、处处设防，不断延伸扩展沿海防护林，经过将近半个世纪的艰苦奋斗，终于将历史上遗留下来的“雷州赤地”变成了绿色的屏障。

(一)

湛江市下辖五县(市)、四区，面积12 471平方公里，人口614万人。半岛多以“雷”闻名，故称雷州。这里的大片土地是红褐色的，亘古以来海岸地带到处是黄沙滚滚，方圆千里难得见到绿色。加之雷州半岛又是台风多发区，海风海浪年年侵袭，如入“无人之地”。

据记载，地处沿海风沙区的坡头区南三岛，1929～1949年，海沙就向岛内移动了2公里，120公顷耕地变成沙丘。吴川县吴阳镇1940～1949年，风沙埋没耕地66.6公顷。北边村受风沙侵袭，被迫两次搬迁。

历史一页翻过一页，灾难一年接着一年，什么时候才能风调雨顺、五谷丰登?雷州半岛的人民世世代代做着那个“绿色的梦”。

新中国成立后，湛江地区人民在党和政府的领导下，积极开展植树造林，绿化荒山、荒滩，抗御自然灾害，前赴后继，进行着艰苦卓绝的斗争。

1952年，属湛江地区管辖的电白县博贺镇和坡头区南三岛的农民，开始在沿海沙滩上试种防护林，到1954年营造成全国第一条沿海防护林带——博贺“三八”防护林带。逶迤20公里的博贺防护林带，在抗御自然灾害上大显神通，受到了国务院通令嘉奖。1955年，受风沙之害最严重的南三岛，也在环岛83公里的海岸线营造成功4000公顷的防护林带。这是湛江人民征服自然灾害的第二个壮举。紧接着，吴川县吴阳镇沙角旋又营造了180公顷防护林带，在防风固沙中发挥了重大作用。雷州人民从一个接一个成功的壮举中，深深体会到森林是抵御自然灾害的屏障。雷州半岛人要生存，经济要发展，必须有一个绿色的生态环境作保障。

党的十一届三中全会以后，湛江人民以前所未有的“冲天之志”加快沿海防护林工程建设。1985年11月，市委、市政府提出“三年消灭荒山，五年绿化湛江”的奋斗目标，全市党、政、军全上阵，工、农、兵齐动手，掀起了植树造林、改善生态环境的热潮。经过五年苦战，使整个雷州半岛形成了片、带、网、点相结合的，多树种、多林种、多层次、多功能的防护林体系。

再往后，雷州半岛人民又用五年时间进行林间隙地补植、疏残林地更新，进一步提高沿海防护林的整体质量。现在，雷州半岛的防护林体系，就像一座巨大的绿色长城，屹立在中国的南海之滨。据1997年统计：

——湛江市林业用地面积30.7万公顷，已绿化28.2万公顷。

——全市适宜营造海防林面积2.02万公顷，已栽植 2.01 万公顷，栽植率 99.5%。海岸线已绿化 966.3 公里，绿化率 99.9%。

——全市适宜营造农田防护林网的农田面积 2.27 万公顷，已栽树防护面积 2.2 万公顷，栽植率 96.9%；适宜营造农田林网长度 1168.11 公里，已绿化 1028.15 公里，绿化率 88%。

——全市适宜绿化的铁路、公路总长度 4879.38 公里，已绿化 4508.48 公里，绿化率 92.4%。

——全市城市建成区面积 7522 公顷，已绿化面积 2803 公顷，绿化率 37.26%；全市村庄绿化覆盖率 55.9%。

——全市森林覆盖率 27.1%，比 1949 年的 8% 增长了 19.1 个百分点。

（二）

防护林体系建设给湛江市带来了显著的生态效益、经济效益和社会效益。

建成了五大林果商品生产基地　全市已建立桉树生产基地 16.13 万公顷，活立木蓄积量 600 多万立方米；松树生产基地 5.73 万公顷，活立木蓄积量 100 多万立方米；优质水果生产基地 3.33 万公顷，1997 年水果总产量 43.09 万吨；橡胶生产基地 2.5 万公顷，年产量 1.26 吨；红树林基地 1.24 万公顷。其中桉树和红树林均为全国最大的生产基地。全市现有森林活立木蓄积量 1018.3 万立方米，比 1978 年增加了 678.3 万立方米；森林年生长量 56.9 万立方米，年消耗量 33 万立方米，资源消长走向良性循环，“绿色银行”积累的财富与日俱增。

改善了生态环境，农、林、牧、渔得到了协调发展　往日“大风沙盖天，小风沙如烟；日出沙烫脚，大雨水浸田”的情况已大为改善。即使发生风、沙、旱、潮大的自然灾害，损失也可降到最低程度。

防护林在防止土地沙漠化中发挥了显著作用。据测定，台风穿过林带后，风力下降一二级，流沙被阻隔和固定下来，每公里林带每年可阻止浮沙移动量 1040～2250 立方米。全市沿海 2 万公顷流动或半流动沙滩已被固定下来，0.86 万公顷农田减轻了风沙威胁，0.73 万公顷被沙埋没了的耕地得到了复耕。

防护林有效控制了水土流失。全市 380 平方公里的水土流失面积得到了有效治理，使受水土流失威胁的 0.66 万公顷耕地得到复耕。防护林缓解了雷州半岛的苦旱状况。据气象资料记载，1978～1984 年，全市平均蒸发量逐年下降，而空气湿度则逐年提高，尽管雷州半岛几乎每年都有数月出现干旱现象，但大森林就像一座大水库，维持着山塘水库的水量充盈，保障了农业生产用水。

防护林在防风减灾方面发挥了巨大作用。据测定，当 12 级台风袭击时，有林网保护的橡胶树风折率平均为 6.8%，而无林网保护的高达 54%。1985 年受 17 号台风袭击，风力 11 级，兼降暴雨，遂溪县的界炮、北潭二镇 6 条相连的海堤中，没有红树林保护的团结和安塘两条海堤被巨浪冲开缺口 165 米，其余 4 条有红树林保护的海堤则安然无恙。1996 年 9 月 9 日第 15 号强台风从湛江登陆，风力 12 级以上，风速 48～57 米/秒，为百年一遇。由于沿海防护林带的保护，流沙掩埋村庄、农田的灾害没有出现。

随着防护林体系建设日臻完善，全市耕地面积逐年扩大，粮食产量逐年提高，1949 年耕地面积 27.4 万公顷，水稻平均每公顷产量 375 公斤；1978 年耕地面积 34.7 万公顷，水稻平均每公顷产量为 4777 公斤。沿海红树林逐年扩大发展，为渔业创造了一个良好的生态环境，全市的虾场和珍珠养殖场面积从 1978 年的 4.78 万公顷扩大到 1997 年的 11.57 万公顷，鱼类总产值从 6.73 亿元提高到 1997 年的 176.55 亿元。农村人均年纯收入从 1978 年的 120 元提高到 1997 年的 2794 元。

防护林体系建设已从单纯的发挥防护效益逐步发展成为一项新兴的绿色产业　在保证森林资源稳定增长、林网的防护效能持续增强的前提下，有计划地发展了林产工业。新中国成立时湛江市的林产工业一片空白。1988 年以来，全市兴建了木片厂 12 家，10 年共加工木片 270 万绝干吨。产品销往日本、韩国等国家和台湾地区，创汇 2.7 亿美元，木片生产已成为全市六大创汇项目之一。“八五”期间，全市还建起松香厂 3 间，年生产松香 4000 吨；兴建一家年产 7.5 万吨的中密度纤维板厂，1997 年已投产；一家年产 10 万吨的刨花板厂正在兴建中。随着绿色产业的崛起，全市林业总产值已从 1978 年的 0.85 亿元提高到 1997 年的 13 亿元。

防护林体系建设促进了森林旅游业的发展　沿海防护林带形成了一道秀美的风景线。碧海、蓝天、绿树、海浪、沙滩成了人们休憩的好去处。1992年以来，以沿海防护林带为依托，全市先后开辟了5个沿海森林旅游区。1997年共接待游客293.1万人次，其中国际友人8.34万人次，旅游总收入44 867万元。

（三）

在领导人民建设沿海防护林的过程中，湛江市委、市政府（前期是地委、行署）做了大量的工作，以政府行为发挥了组织、动员、协调、支持作用。

一是1985～1991年，市、县（区）、乡镇三级领导1200多人，身体力行，深入基层办造林绿化点965个，在点上营造成功3.3万公顷示范林，为全市造林绿化起到表率和辐射作用。

二是政府机关、部门通力合作。林业部门重点抓好农田林网和荒山、林中空地和村庄绿化；机关、学校、厂矿、街道负责搞好庭院绿化；交通部门负责公路、铁路，城建部门负责城区绿化；使造林绿化责任明确。

三是落实政策，国家、集体、联合体、专业户造林一齐上，允许承包造林、租赁经营、机关与农民联营，发展多种形式的股份制林业，把过去分散经营逐步引导到集约化、基地化、优质高产的方向发展。全市现有造林联合体396个，林业专业490户，营林面积0.86万公顷。

四是广集资金，增加造林投入。1985～1991年，全市采取“国家给一点、集体筹一点、群众出一点”的方法，筹集投入造林绿化资金1.5亿元。

五是坚持不懈开展义务植树活动，每年全市参加义务植树300多万人次、植树1000多万株。

六是坚持抓好绿化后可持续发展的管理工作。1991年3月，湛江市获“全国造林绿化先进单位”称号；同年7月成为“广东省全面绿化达标第一市。”实现绿化达标后，湛江市进一步建立起森林资源消长目标责任制，把资源增减作为考核各级领导政绩的重要内容，并规定每一任主要领导交接班时都要把造林绿化作为一件重要工作交接好。全市造林绿化工作持之以恒、常抓不懈。

1992年至现在，湛江市仍然采取“三个一点”的办法，继续投入资金2.5亿元，营造了速生丰产林6.33万公顷，其中利用世行贷款营造速生丰产林1.3万公顷；林业系统统筹资金2500万元，造林0.7万公顷；股份合作和个体户投放6000万元，造林1.52万公顷。全市从1991年以来，加大对林业科技的投入，组织技术攻关，加快科技成果的转化，共投入资金1500万元，建立健全县级林业科研机构4个、无性系育苗苗圃场20个；引进和选育了一批适应性强的、优良的林木新品种（品系），其中有些良种如尾叶桉U6，年生长量为一般桉树的3～5倍，年均长高5米，最高6.5米，最高年生长量每公顷42立方米。1993年以来，全市共取得科研成果13项，其中获部、省级科技进步奖4项。

1997年湛江市被林业部列为全国林业持续发展试验区。现在，中共湛江市委、市政府以党的十五大精神为指针，以邓小平理论为指导，积极探索发展21世纪林业的途径和措施，制定了《1997～2010年广东省湛江市林业可持续发展试验示范建设规划纲要》。到本世纪末，湛江市将初步建成13.3万公顷的商品林基地和9万公顷的公益林（占全市林地面积的30%），森林活立木蓄积量达1142万立方米，森林资源年生长量186万立方米，消耗量控制在123万立方米以下。

红土地上的湛江林业正在进行第二次飞跃。

绿色的雷州半岛将以新的姿态迈向21世纪。

（执笔人：李天球）

长江腹地的绿色宝库

——湖北省神农架自然保护区实行科学保护、规范管理的经验

神农架是一片古老而神奇的土地。相传4000多年前，神农氏在此遍尝百草，架木为梯、以助攀援，架木为屋、以避风寒，架木为坛、以升仙天。"神农架"因此而得名。

神农架泛指大巴山东端一片突出耸立的群峰。1970年5月，国务院批准划兴山、房县、巴东3县连边地带3253平方公里建置神农架林区，属湖北省人民政府直辖。

神农架真"神"

神农架南北傍江汉，东西连巴楚。这里山高谷深，层峦叠嶂，林海茫茫，藏秀纳娇。自然资源丰富，生态系统完整，是声名远播的"物种基因库"和"绿色宝库"。

——这是一片神秘的林海。神农架拥有2.06万公顷保存完好的原始森林。在这以巴山冷杉和秦岭冷杉为主的原始森林中，数人合抱的大树接踵比肩，树冠相连。密集之处，亭午夜半，不见曦月；稀疏之地，仅漏洒几缕银线金丝。其间，弥漫着浓浓的林木清香和油脂芳馨，似麝非麝、似兰非兰，沁人心脾，妙不可言。

最有代表性的当数金猴岭了。满岭都是由巴山冷杉组成的亚高山原始森林，群杉荟萃、郁郁葱葱，林涛起伏、绿浪接天。那潺潺不息的小溪，千回百折；一泻直下的瀑布，飞珠溅玉。在原始森林中，林下灌木丛多以箭竹或高山杜鹃为主，到了海拔2900米以上一带，则有大面积的箭竹纯林和高山草甸。素有"华中第一峰"之称的神农顶，海拔3105.4米，就是由野草铺就的大面积高山"苔原"。她像一层厚厚的绒毡，踩上去软绵绵的。到了春、夏二季，绒毡上面缀满蓝色、黄色、粉红的小野花，犹如一幅壮丽的丹青画。

在中、低海拔地域，神农林海更是迷人。这里拥有亚热带常绿阔叶林，是地球上屈指可数的原生生态奇观，也是全球同一纬度上唯一保存下来的亚热带常绿阔叶林区。这正是神农架神奇之所在。

——这里有千姿百态的自然景观。神农架到处有奇峰怪石、奇洞异穴、奇花异草，集雄、险、奇、幽、珍、绿、秘于一体。保护区内的喀斯特地貌比比皆是，鬼斧神工般造就了许多奇特景观。最负盛名的当然是风景垭和板壁岩了。风景垭是保护区内的一垭口，在斧劈刀切般的深谷中，一群形态各异的石峰参差罗列，或如老妪负水，或如仙童指路，或似威风大将、或似翩翩书生，或象风情倩女，或像慈祥老翁。最妙的是淡淡的薄雾，总是巧妙地在这片山谷中飘游，时而给林海披上轻纱，更显几分娇媚；时而给群峰抹上朦胧，更添几分神秘。板壁岩是一群天然石林，方圆数里，竹海浩渺、杜鹃摇红，一处处石峰或立、或蹲、或卧、或仰，神形兼备、姿态万千。

保护区内的天然溶洞，鬼斧神工。其中有一个"燕子洞"，因洞内有短嘴金丝燕繁衍生息而得名。洞内常年有数万只金丝燕飞来飞去，啾啾之声不绝于耳，伸手可捉。

——这是一方绝妙的风水宝地。在漫长的地壳运动中，神农架山脉是个相对稳定的古陆，虽经地质年代多次山地隆起和冰川袭击，依然保存着许多珍

贵而古老的动植物物种。从中生代侏罗纪起，该区在历次冰川运动中充当了生物界的“避难所”和“诺亚方舟”，保存着大批古老的种属和被称为“活化石”的孑遗植物及原生群落，是南、北植物区系的交汇点，也是地球中纬度地带植被保存最完整的地区之一。

——这是一处闻名中外的“天然植物园”。神农架山体高大，地貌复杂，一年四季受湿热的东南季风和干冷的大陆高压气流的双重影响，立体小气候十分明显。境内森林植被绚丽多彩，随着海拔的增高，森林植被依次向上演替成垂直分布带谱，分别展示出阔叶林、针叶林、竹林、灌丛、草丛和沼泽等 6 种植被类型。

据初步调查，区内共有高等维管植物 199 科、872 属、2770 多种。这些植物中，被列为国家重点保护的有 34 种，约占全国总数的 8.7%。在特有植物中，全国共有 6 个科，而神农架即有 5 个科。如神农架铁线莲等 40 多种是神农架特有的。此外，还有丰富的食用、药用和工业、园林等多种植物资源。

——这是一处名副其实的“动物王国”。经调查，区内现有野生脊椎动物 22 科 401 种，其中兽类 74 种。属国家一级保护的有金丝猴、华南虎和金钱豹 3 种，属国家二级保护的有猕猴、黑熊等 10 种。有鸟类 43 科 253 种。其中属国家一级保护的有金雕、白鹳，属国家二级保护的有红腹角雉、鸢等 35 种。另外有爬行动物 7 科 27 种，有两栖动物 6 科 12 种，有鱼类 9 科 35 种，有昆虫类 95 科 560 多种，还发现有神奇的白化动物 30 多种。这些奇异珍稀的动物各有奥秘，有待专家学者研究探讨。

神农架金丝猴赫赫有名，属川金丝猴亚种，是中国特有珍稀动物。由于它身披金灰色或金黄色的柔软长毛，背部的金色长毛长达 28 厘米，仿佛穿着一件金黄色的“披风”，故获“金丝猴”美名。神农架是中国金丝猴分布的最东缘，素以金丝猴种群数量多、分布集中而享有“金丝猴之乡”的美誉。

——这里有一个扑朔迷离的“野人”之谜。70 年代以来，神农架“野人”之说盛传。虽然“野人”目击者多达七八百人次，但神农架究竟有无“野人”，至今仍然是一个“谜”。

神农架林海引人入胜的还有许多绚丽多彩的垂直景观，境内地势高峻、地貌奇特，立体小气候十分明显，由奇峰怪石、奇花异草交相辉映形成的十里画廊，如刀削斧鉴，堪称“瑶池仙境”。

神农架——长江的保护神

神农架林区，犹如一座绿色宝库，矗立在长江中游的心腹部位，以她多姿多彩的生态环境和无与伦比的生态功能价值，千百年来默默无闻地充当着滔滔长江的保护神。神农架的存在，对长江中下游地区的水土保持、水源涵养、气候调节和防涝抗旱发挥着不可替代的保护作用。

据科学试验，一棵 25 年生天然树木每小时可吸收 150 毫米降水，22 年生人工水源涵养林每小时可吸收 300 毫米降水。而裸露地每小时吸收降水仅 5 毫米。林地的降水有 65%为林冠截留或蒸发，35%变为地下水。在裸露地面，约有 55%的降水变为地表水径流，40%暂时保留或蒸发，仅有 5%渗入土壤。林地涵养水源的能力比裸露地高 7 倍。据专家测算，一片 7000 公顷面积的森林，可以含蓄的降水量相当于一座 200 万立方米的水库。而神农架林区拥有 30 万公顷面积，植被丰富，森林覆盖率高达 85%，像这么一座巨大的“绿色水库”，在拦蓄洪水、削减地表径流、防止水土流失等方面所起的作用是多么巨大。特别是三峡库区的两条支流——香溪河和沿渡河均发源于保护区，对已经建成的葛洲坝和正在兴建的三峡大坝等大型水利枢纽工程，更有着不容忽视、不可替代的生态效益。不仅如此，神农架川流不息的河水还为下游地区的人畜饮水，以及农田灌溉提供了水源；蕴藏丰富的水电资源既给乡村带来了光明，支援了工农业生产，又减少了木材资源的消耗。这一切无一不说明神农架既是一座巨大的绿色宝库，又是一道天然的绿色屏障。

保护神的保护神

如果说神农架是长江的保护神的话，那么神农架自然保护区管理局的全体员工就是保护神的保护神了。可以说，没有当地党政领导和林区职工卓有成效的保护，就没有今天的神农架。

神农架自然保护区的组建经历了 70 年代调查、80 年代建立、90 年代振兴三个发展阶段。

提出建立神农架自然保护区始于 70 年代。经过多次勘测与调查，于1978年提出了规划方案，因经费等问题未能解决而搁浅。1980年，湖北省人民政府组织了15个单位的科技人员对神农架林区进行了详细考察后，提出了划出7.05万公顷建立自然保护区的新方案。1982年3月5日，湖北省人民政府正式批准在神农架林区建立自然保护区，设立管理处，归神农架林区林管局领导。1986年，国务院批准神农架自然保护区为国家级自然保护区。1988年10月保护区正式划界立标。1990年12月，被联合国教科文组织批准加入"人与生物圈"保护网。1992年被全球环境基金会列为"中国自然保护区管理项目"。

神农架自然保护区建立10多年来，通过林业主管部门和保护区工作人员的努力和辛勤劳动，在基本建设、保护、教育、培训、资源开发和生态旅游等方面都作出了许多成绩。一是建立了比较完整的管理机构，并结合实际制定了配套的管理条例，基本遏制住了乱砍、乱猎、乱采和乱垦现象，为林区内自然资源的安全提供了有力保障。二是理顺调整了管理体制，将建区初的由受林管局领导的管理处升格为管理局。同时，健全完善了内设机构，设置了林业公安、资源保护、森林防火、科学研究和森林旅游等11个职能机构。三是充实加强了管理队伍，全局职工由建区初期的68人增加到现在的177人。一些具有专业知识的大、中专毕业生，经过在基层领导岗位上的锻炼，增长了才干、发挥了专长，在自然资源的科研、开发与利用中做出了优异的成绩。

在总体部署上，按照功能特性将保护区划分为核心区(占总面积的52.2%)、实验区(占总面积的13.15%)和经营区(占总面积的34.65%)三个部分，以实现科学化保护、规范化管理。对核心区实行封闭性保护，只供观测研究；在实验区内可以进行科学考察和教学实习活动；在经营区内可有组织有计划地开展种植、养殖活动，经营区内还划定了农民生产生活小区和生态旅游小区。与此同时，区管理局还建立了布局合理的基层保护网络，全局拥有5个管理所、3个林业公安派出所、5个哨卡、2个资源检查站和1个防火瞭望塔。卡、站、所立体交叉分布，人员定期流动巡逻，坚持每个月定期开展两次大规模的清山巡林活动，且各个基层单位都有详尽的巡逻和观察日记。通过实践，管理局总结并推出了"四定"、"五无"管理目标责任制。"四定"即定人员、定岗位、定职责、定经费；"五无"即无乱砍滥伐、无乱捕滥猎、无乱采滥挖、无森林火灾、无毁林开荒。通过"四定"来实现"五无"。由于防范严密，保护区自建立以来，16年未发生一起重大火灾，迄今已创下连续8年无火灾、连续5年无火警的佳绩。

1989年的隆冬，神农架下了一场特大的暴风雪，许多民舍都被大雪压塌，山上积雪厚达三四米，草食动物可觅的一切食物均被掩盖，保护区内的野生动物面临着一场浩劫。当风雪弥漫、狂风呼啸之际，位于海拔2000多米的大龙潭野外考察站的胡振林、刘翠华夫妇和阴峪河管理所的吴承贤、余世华等却一大早就上山了，一个个身背着盛满柑橘和苹果的竹筐和布袋，艰难地在林海雪原中跋涉。他们凭着强烈的爱心、坚强的毅力爬进了深山，把柑橘、苹果撒放到金丝猴的活动区域，硬是把处在饥寒交迫中的国宝——金丝猴从死亡线上拯救了回来。

在那场特大的暴风雪中，管理局机关所在地的木鱼镇，就有12只林麝、鹿和苏门羚因无处遁身，先后逃进了农家牲畜棚和农民家中。这12只幸运的野生动物当即得到了林区职工和林区农民的精心保护，享受到了人间的温暖。一只体重近百斤的苏门羚闯进姚世义家时，腿上还带着伤，等到伤口痊愈时已在他家"小住"了10多天，它过人的食量还让姚世义一家过了几天勒紧裤带的日子。

保护区东片九冲西沟村村长毛日照，在10多年间就亲自救护放生七八只野生动物。1994年10月的一天，毛村长发现几个外地人在河里捕捉娃娃鱼(大鲵)，便大声喝止，对方见状慌忙爬上汽车加大油门就逃，毛村长眼见不妙，急跑几步，以自己的血肉之躯俯卧在公路正中，捕鱼者们嘴里嚷道："找死！"汽车继续朝毛村长冲来，但最终还是拗他不过，只好在距毛村长不到1米远的地方"嘎"地刹住了车。在毛村长大义凛然的正气面前，捕鱼者俯首就范，乖乖地来到保护区老君山管理所接受处罚。

这样的人和事不胜枚举，这些可爱的人，这些为自然保护事业无私奉献、奋不顾身的人们，不就是神农架的保护神吗？

神农架是优良的研究基地

保护区内生物区系复杂，起源古老，种类繁多。保护区自建立以来，为探索研究森林生态系统的发展规律和保护、发展珍稀动植物资源，进行了大量的专题科学研究，不仅基本上摸清了区内的生物资源，而且对部分珍稀动植物进行了生态学、生物学方面的研究。迄今为止，已完成了“两栖爬行动物调查”、“直翅目昆虫调查”、“短嘴金丝燕数量调查”和“金丝猴生态习性观察”、“金丝猴数量分布及种群结构研究”、“珙桐繁育研究”、“珍稀香料植物神农香菊引种研究”等10多个科研项目。正在进行的有“神农架鸟类调查”和“金丝猴繁殖生态研究”、“金丝猴心理行为观察”、“金丝猴人工圈养观察研究”等多项研究和数据库的建立工作。还在海拔2000多米的核心保护区内建立了一座野生动物救护站和珍稀动植物标本室，成功地进行了金丝猴的人工饲养，救护了一大批野生动物。另外，还先后发表了38篇很有价值的科研论文，其中对金丝猴的专项研究成果得到了国际灵长类学会的充分肯定。

神农架作为珍稀动植物优良的研究基地，引起了专家、学者的极大兴趣。自保护区成立以来，先后有北京大学、南京林业大学、华中农业大学、华中师范大学、武汉大学、中科院武汉植物研究所、湖北省林科院等高等学府和科研单位来神农架进行科学考察，同保护区开展科研攻关和项目合作，并取得了丰硕的成果。

保护区还按照“定线、定点，守住、管好”的原则，在经营区内建立了长23公里、总面积193.3公顷的生态旅游小区。在这个小区内开发了5个景观区和1个多功能服务区。在景区建设上按照“因景制宜，适度利用”原则和保护自然原貌的要求，突出自然生态特征，使建筑物尽可能与自然景观浑然一体、相映成趣，因而保护区的生态旅游业呈现出良好的发展势头。近几年，保护区每年接待中外游客20万人次。实践证明，适度开展生态旅游，既是进行生态文明教育的有效途径，又是增强自身活力、弥补保护经费不足的重要方式。1994年以来，保护区参与举办了“神农架—三峡展望”新闻发布会、“中华环保世纪行”神农架自然保护区记者招待会、“中国湖北度假休闲游暨神农架国际旅游首游式”、“’97神农架国际生态旅游节”等，接待中外新闻单位的采访，向全国、全世界宣传神农架的生态保护和资源特色。

回首过去，展望未来，保护区决心按照“以保护为根本，以发展为动力，保护与发展并重”的指导思想，通过5～10年的努力，力争把保护区建设成为全国第一流保护区。具体内涵包括：维持长江水源涵养林的完整性，保护原生生态系统；适度发展区内乡村经济，科学地利用自然资源；加强科学研究与监测，提高保护区的社会价值和经济效益，扩大自然资源和生态环境保护工作的内涵和外延，为全面实现我国生态环境建设工作目标作出应有的贡献。

（执笔人：闵凤鸣　张全义　韩林）

青海湖鸟岛——中华湿地之瑰宝

——青海省青海湖鸟岛自然保护区建设管理工作纪实

保护湿地，保护生物多样性，是保护生态环境、维护生态平衡的重要组成部分。

在我国众多的湿地资源中，青海湖作为中国内陆最大的咸水湖，以其特有的高原地理位置、奇特旖旎的风光和别具一色的生态环境而闻名于世。在青海湖内，有一个为100多个种群、10多万只野生鸟类提供栖息繁育场所的鸟岛，更以“中华湿地之瑰宝”而名扬四海，蜚声中外。

（一）

青海湖位于青海省东部日月山下，距省会西宁市约100公里，是我国内陆高原第一大咸水湖。湖面4635平方公里，海拔3193米，最大水深32.8米，平均水深19米。湖泊四周是草原牧区，又因溪水、河流众多，均呈向心状，从四面八方汇入湖中，夹带着大量浮游生物、微生物和腐殖质，为鱼类提供了丰富的饵料。湖内蕴藏着极其丰富的肉质细嫩而鲜美的无鳞鱼（又称裸鲤、湟鱼）。丰富的水、草、鱼类资源，为鸟类生息繁衍又提供了极为有利的条件，形成了“草—畜—微生物—鱼—鸟”食物链，构成了“鱼鸟共生”的奇特生态景观。

每年4月中旬，冰雪覆盖的湖面，开始融化，湖面上微波荡漾，沉睡了一冬的青海湖开始涌动起阵阵春潮。湖畔枯黄色的草原也渐渐地转绿，放眼望去，湛蓝色的湖边变得绿草茵茵。整个湖畔显得生机勃勃，清澈透明的湖水里成群结队的无鳞鱼在游动，每年的这时候，青海湖便迎来了从远方迁徙归来的各类候鸟。斑头雁、棕头鸥、鸬鹚、鱼鸥以及众多的野鸭，成群结队，接连不断地飞临湖面西北部的蛋岛、海西皮、海心山、三块石、沙岛及邻近的布哈河沼泽地。沉寂的大地变得喧嚣不已，成了鸟儿的王国。天上飞的是鸟，地上跑的是鸟，湖中游的还是鸟，有数十万只。这里便因鸟而闻名，成为著名的鸟岛。

栖息在青海湖的鸟类大多属于经济价值、观赏价值较高的大中型鸟类，还有国家重点保护的珍禽白天鹅、黑颈鹤等。

鸟类的生存繁殖，是同青海湖特殊的自然条件相适应的。青海湖地区是一个经过多次地质构造运动，逐渐断裂成为盆地的。盆地及临近地区河湖共存，在湖岸东部隆起的日月山迫使下，水流由东向西倒灌，成为倒淌河，外泄湖变成了闭塞湖。由于湖水的侵蚀、起落，形成沼泽、湿地和规模不等的三角洲，为鸟类提供了充沛的水草鱼类资源，成为鸟类生存繁衍的乐园。其中，在湖的西北部有入湖最大的内陆河布哈河，其入口处形成布哈河三角洲，附近有五个小岛、若干大小泉湾和沼泽湿地，集聚栖息的群鸟最多。

登临鸟岛，区区不足0.27平方公里的弹丸之地，整个地面上被密密匝匝的鸟窝所覆盖，鸟蛋俯拾皆是，形成了鸟岛之中的精华——“蛋岛”。

在这个小岛上集居着上万只的斑头雁。成年斑头雁有两三公斤重，头上有两道黑色的斑纹，通体长着灰褐色的羽翅，黄色的嘴，黄色的脚，憨态可掬。斑头雁以草食为主，性情温和，它们一群群、一对对结伴嬉戏，有的交颈摩挲，有的引颈高鸣，发出一阵阵欢快的鸣叫；有的颈扎水中，双脚朝天，别有风趣。到了群雁开始产卵孵化的时候，整个岛上变得异常寂静。这时候，雌雁静静地卧在自己的巢穴里开始孵化，雄雁亲昵地守候在雌雁的身旁，忠实地担任着警戒。在孵化过程中，雌雁要忍受长时间的饥饿，还要不时地翻蛋，防止受热的卵黄贴在蛋壳上破坏胚胎的发育。天热时，还要把窝晾一晾，垫一垫，外出觅食的时候必须把蛋严严实实地盖起来。如有外敌入侵，它会本能地伸长脖颈，做出格斗的姿态。到雏雁出壳时，雌雁的体重要减轻一半。经过28个昼夜的孵化，雏雁便可出壳。雏雁为早成性幼鸟，羽毛干后即能随亲鸟活动。初生幼鸟3日内不吃食，靠消耗体内贮存的营养。3天后即由双亲带领离开蛋岛，横渡浩瀚的湖面，到布哈河或其他沼泽地觅食。当雏雁离岛时，双亲一前一后领着，慢慢地向湖边游去，岛上有许多公雁跟在后面护送，场面十分感人。

然而，在成千上万斑头雁积群营巢组成一个个小家庭时，时而会看到离群索居的孤雁。它们孑然独立，时而引颈远望，时而回转长颈后顾。这些失去伴侣的孤雁，在迁飞时，它飞在前面担任警戒，在湖中它跟在后面守护，入夜后守在一旁放哨。斑头雁是永久性的配偶，一旦失去伴侣，另一只则终生独居。孤雁时常在孤独中发出声声令人心碎的孤鸣，久久回荡在这空旷、寂静的天地之间，如泣如诉地倾诉着忠贞不渝的爱情和信义之歌。

在蛋岛上还栖息着众多的棕头鸥，其群体和斑头雁是自然分开的。棕头鸥吃鱼而斑头雁食草，它们之间在食性上没有矛盾，所以彼此能和睦为邻。棕头鸥和鱼鸥虽然都是鸥类，食性相同，但巢区却远远分开，老死不相往来。每年，棕头鸥是湖上迁来最晚的候鸟，体态娇健，动作灵敏，性情凶猛，与鱼鸥相似，不易分辨。有时候棕头鸥会成群结伙地闯入鱼鸥的巢区抢夺食物。岛上不同种类的鸟类就是这样相互依存、相互竞争地生活在一起。到了产卵季节，棕头鸥一对对相亲相爱，衔来茅草和枯枝，一两天时间就可筑成一个圆碟形的巢。当雌鸟产卵后，便开始孵化。孵化时雄鸟雌鸟交替孵卵、觅食。坐巢的亲鸟总是要等待另一只亲鸟回巢后，才肯离巢取食。雄鸟常常要飞到十里外的地方觅食，雌鸟总是在巢的附近觅食，不愿离巢远飞。湖上的鱼鸥有时会飞临巢区骚扰，守护的亲鸟立即发出惊呼声，使坐巢亲鸟躲避。遇有猎隼、鹰之类的天敌入侵时，它们会集合起数十个群体，联合对入侵者进行攻击，迫使天敌狼狈逃窜。徐徐的海风有时也会变得猛烈起来，甚至吹起岛上的沙尘和枯草，这时岛上数万只卧巢的鸟儿便会一齐将头颈转向大风吹来的方向，逆风而卧，抵御暴风骤雨的袭击。

距蛋岛不远有座小岛，面积不足1平方公里，这便是海西皮岛。岛顶平坦，覆盖着一层细沙，临湖一面悬崖壁立，远远望去，像一座古堡。海浪冲击着岛下的岩石，浪蚀遗迹到处可见，这里是鸬鹚的“王国”。黑色的鸬鹚密集其上，似一片黑云盖顶，给古堡抹上了一层神秘的色彩。鸬鹚善于游泳和潜水，是有名的捕鱼能手。它们以无鳞鱼为食，所以又叫鱼鹰，虽然它体型硕大，有两三公斤重，可行动机敏灵活。它们把窝筑在临海的悬崖峭壁上，登高远望，一发现鱼群就迅速起飞冲过去，闪电般地从水中捕鱼。它们平时不多鸣叫，只有捕食归来，或有人靠近巢域时，才发出间断的叫声。鸬鹚筑巢是由雄鸟担任寻找和运输材料的。为寻觅到一根枯枝草棍，它会飞出十几里远的地方，叼回一根草，非常勤劳。有的鸬鹚常常为了一根树枝、草棍，竟然会在邻居不在的时候偷拆人家巢。以至于为一根草棍两只母鸬鹚争执不下，拳来脚往争斗起来，十分有趣。鸬鹚育雏的方式十分特别，雏鸟出壳后，经过十几天，个头长得与亲鸟一般大，可是还没有一点生活能力，要靠亲鸟喂养，属于早成型晚成性的幼鸟。在母鸬鹚的食道里有一个扩大形的喉囊，里面储存着经消化的鱼肉和淡水，小鸬鹚取食的时候极力张开嘴，使劲将头颈向上伸，将它们带钩的嘴伸进亲鸟的喉囊中取食。雏鸟的食量很大，总是吃不够。有时候，亲鸟疲惫了，一时供不应求，便不时地碰一碰小鸬鹚的嘴，以示安慰。雄鸟十分辛苦，天气炎热的时候，还要飞到布哈河里打来淡水给“妻子儿女”冲凉。

鸟岛与布哈河入湖处三角洲连结在一起。布哈河是无鳞鱼每年一度产卵的地方，也是鸟儿获得淡水的唯一去处。每年无鳞鱼产卵的季节，正是鸟儿集中的时候。清晨，鸟儿们在河畔梳洗打扮，开怀痛饮，然后聚集在鸟岛的布哈河口捕鱼吃食，这里真正成为海阔凭鱼跃，天高任鸟飞的广阔天地。

高原的夏季是短暂的，转眼间秋季来临，天气渐渐转入寒冷。经过一个春夏的养精蓄锐，群鸟又陆续启程，带着新生的一代，飞往南方越冬。8月中旬，整个布哈河三角洲以及鸟岛又变成宁静的世界。这时候群鸟飞去，天鹅又来，每年11月下旬千余只白天鹅长途飞翔数千公里从遥远的西伯利亚，迁徙至青海湖，在泉湾栖息越冬，直到来年3月才远走高飞。泉湾位于鸟岛附近，是一片宽阔的沼泽地带，这里有数十处常年涌流的温泉，温泉周围终年不冻，水草丰茂，风势小，是天鹅越冬的优良港湾。天鹅的来临，又给荒凉的高原湖泊增添了无限情趣，众多的天鹅汇聚在一起，洁白的羽毛，清清的泉水，幽静的环境，湖光山色，宛如一派人间仙境。

这些鸟类为何如此钟爱这号称"世界屋脊"的青藏高原呢?经过长期观察研究证明，斑头雁等众多鸟类的故乡自古就在青藏高原。第三纪时期，它们并不迁徙，到了冰川期，北方大陆被冰川所覆盖，大大改变了青藏高原的气候，鸟类只好向南迁徙。冰川的出现，引起地球气候季节性的变化，这种冷暖周期性变化使鸟类有机会重新占据冰川融化后的地区，并逐渐回到昔日出生地。但冬季又得离去，久而久之便形成了这种春来秋去的迁徙现象。

群鸟给碧蓝的湖水增添了诗情画意，给大自然注入了无限生机，也给人们的生活带来了欢乐情趣，每到春夏季节前来参观的游人络绎不绝。

青海湖——高原的明珠，鸟岛——"湖之瑰宝"。自古以来生活在这里的藏族群众十分珍惜和爱护这里的鸟类。他们认为，天鹅是吉祥之鸟，不可伤害，放牧时也不惊扰这里的鸟类筑巢孵卵，甚至破冰取水，也要等天鹅吃饱睡足之后。人鸟和谐相处，整个环湖地区成了各类珍禽的"世外桃源"。

(二)

青海湖在我国湿地环境中具有典型价位。保护好青海湖湿地和它孕育的多样性生物，不但对保护、改善青海东部地区的生态环境具有不可估量的、不可替代的生态效益、社会效益，而且在全国，甚至在全世界都具有极其重要的科研价值。有鉴于此，青海省委、省政府自50年代中期起就把保护以鸟岛为主体的青海湖的整个生态环境提到了议事日程上，采取一系列措施护草、护鱼、护鸟。特别是在70年代后期，省委、省政府又进一步在行政上、法律上、经济上和基础设施上加强对青海湖生态环境的保护。其中包括：

(1)自1975年起，把青海湖鸟岛划为省级重点自然保护区，设立管理保护站，并由省财政拨出专款，在布哈河口、距鸟岛15公里处进行管理站的基础设施建设。先后建设完成了11公里的专线公路，修建了观鸟室、网围栏、人工孵化室、饲养场等，建成了小型码头，购置了船只，并开挖了两座30万平方米的人工湖；为鸟类提供浅水，使鸟类生息繁衍的大环境得到改善。

(2)省政府发布通令，把斑头雁、灰雁、天鹅、黄鸭等鸟类列为重点保护对象，把鸟岛周围2～15公里范围内划为禁猎区，停止一切生产和非生产活动。

(3)把海心山、海西皮、沙岛、三块石划为核心保护区，严禁狩猎、垦殖、放牧、采集、军事演习和一切影响鸟类生长繁殖的活动，任何单位和个人都必须严格遵守保护区管理条例。同时，又把毗邻青海湖的共和县石乃亥大小泉湾一段湖弯地带，纳入自然保护区范围，以扩大鸟类觅食范围，形成鸟岛自然保护区的规模效应。

(4)为查清青海湖鸟岛的鸟类资源，组织省林业局、水利局、西北高原生物研究所、野生动物资源管理办公室等单位的专业人员对鸟岛进行考察，掌握了青海湖鸟类及多种生物相互依存的第一手资料，提出了《青海湖自然保护区综合治理方案》。

(5)青海湖无鳞鱼是青海湖生态结构中重要的一环，如果无鳞鱼资源枯竭，青海湖"鱼鸟共生"景象将不复存在。为此，省政府于1985年发布《关于加强青海湖鸟岛自然保护区保护管理的布告》，并自1986年起实施为期7年的封湖育鱼行动，使湟鱼群体数量得到了相应的提高，尤其是通过对青海湖及湖区主要河流布哈河、泉吉河、沙柳河、哈尔盖河、黑马河及其支流实施综合封湖育鱼措施后，对促进鱼类资源回升起了重要作用。又据专家研究，青海湖无鳞鱼仅靠自然繁衍，其资源的恢复在时间上和数量上都有困难，必须通过人工采卵、孵化、培育的办法，生产出优质鱼苗放流回湖，以补充和增加湖中鱼群，改善种群结构，达到增殖和快速恢复资源的目的。省政府又决定在青海湖湖滨的沙柳河畔，建设青海湖无鳞鱼人工放流站。这项工程建成后，每年可为青海湖持续增加湟鱼资源量4000吨。7～10年后可将青海湖鱼类资源蕴藏量由现在的0.7万吨恢复到1.2万吨。

(6)保护区管理机构协调与当地政府的关系，使各项保护管理工作得到了周边社区政府与群众的关心与支持，与当地的乡政府和群众签订了保护鸟类及其环境的协议书。并通过报纸、广播、电视、多种出版物和其他各种有效形式，大力开展保护青海湖、保护鸟岛、保护鸟类的宣传教育，反复向广大农牧民和社会人士讲解国家保护生态环境的方针政策，讲解保护湿地、保护生物多样性的重要性，讲解青海湖所具有的特殊的生态价值、社会价值、经济价值、旅游价值和科学研究价值，讲解省委、省政府为保护青海湖所制订的各项法规，帮助人们树立新型的生态文明观。1978 年 11 月，长春电影制片厂摄制完成了《鸟岛的故事》科教片，全面、系统、科学地介绍了鸟岛的风光和奥秘，在国内外放映后，受到广泛赞誉。

几年来，在省委、省政府的重视和支持下，经过保护区管理站全体工作人员的辛勤劳动和广大农牧民的协助，鸟岛及青海湖的管理工作已经初步形成规范化体系，过去保护区内土壤沙化，草场退化，环境恶化的态势得到一定遏制。鸟岛的斑头雁、棕头鸥、鱼鸥、鸬鹚等较 10 年前增加了近 40%。随着对外交流的日益增多，鸟岛已成为青海省一处观光旅游胜地，每年有数以万计的中外游客前来观鸟。与此同时，鸟类资源的科学研究工作也取得了一定成绩，先后与全国鸟类环志中心合作进行了首次鸟类环志研究，并获得成功。建立了中国第一个鸟类环志站，开展了斑头雁人工孵化、人工饲养试验研究，建立了青海湖湿地水鸟资源信息库，为保护管理工作提供科学依据。1992 年青海湖自然保护区被联合国列为国际重要湿地，1997 年鸟岛自然保护区被批准为国家级自然保护区，鸟岛的保护管理将进一步加强。

（执笔人：李文　李若凡）

海滨城市绘新图　蓝天绿地花满城

——辽宁省大连市以绿化为先导优化城市生态环境纪实

在加快经济发展的同时搞好生态环境建设，是当今城市现代化建设的重大课题。自90年代以来，大连市狠抓以绿化为先导的生态环境建设，走出了一条城市经济、社会与生态环境相互协调、相互促进的可持续发展道路。

（一）

大连市地处辽东半岛前沿，东西南三面临海，一面靠山，是我国东北地区的重要港口城市。全市辖10区、3市、1县，总面积12 573平方公里，城乡人口530万。自改革开放以来，全市人民在市委、市政府的领导下，坚持党的基本路线，深化经济体制改革，调整产业结构，强化基础设施建设，开拓外贸出口，使这座海滨城市发生了巨大而深刻的变化，为跻身现代化国际都市行列奠定了基础。

随着全市经济建设持续快速发展，人民生活水平逐步提高，人们对造林绿化和生态环境建设的要求越来越高。为了适应新时期社会发展的需要，自1994年以来，大连市委、市政府领导班子以建设现代化国际都市为目标，加快城市生态环境建设，把城乡绿化作为“民心工程”、“凝聚力工程”和“新时期文明工程”，加大工作力度、增加资金投入、完善激励机制，广泛发动群众开展全民义务植树运动，加快全市城乡造林绿化进程。

经过几年锲而不舍的努力，城市绿化美化水平实现了历史性突破，整个城市面貌迅速改观。

——在市区内新建绿地564万平方米，人均公共绿地由1994年前不到4平方米增加到7.3平方米。市区绿化覆盖率增加5.3个百分点，达到39.2%。重点实施了5大公园、10大广场、30条路街和175个居民小区的绿化改造工程，新建游园和街心绿地70多处，扩建万平方米以上的大块绿地80多处。其中，改造难度较大的劳动公园先后从园内搬走20多家非公园单位，拆迁2万多平方米水泥建筑物，栽种大量高档花草树木，散养成群的鹿、鹤和孔雀，使人、动物、植物和谐相处。这个公园改造扩建后与毗邻的希望广场3万平方米绿地连在一起，形成一个开阔的绿色空间。市内所有公园和主干线两侧的行政企事业单位也都推倒围墙，“小院变大院、大院变花园”扩大绿色空间，使小单位融入大生态环境。

——在农村，大环境绿化取得显著成绩。从1994年起，市委、市政府就把农村绿化与城市绿化放在同等重要位置。首先，以消灭大片宜林荒山为主要目标，集中力量搞会战。北部荒山较多的山区几乎年年都有万人会战山头的壮观场面。经过艰苦拼搏，终于圆了绿化荒山梦，两年共造林5.73万公顷，森林覆盖率由35.3%提高到38.2%。其次，在宜林荒山全部消灭后，即开始绿化城市周围一些不属于宜林荒山的石质山，组织了裸岩爆破、客土栽树等绿化石质山的战斗。如果说万人绿化宜林荒山的场面十分壮观，那么，万炮齐轰石质山的场面更使人惊心动魄。这样栽树即使在发达国家也是罕见的。虽然成本较高（每棵树约50元），但大连人看重的是生态环境效益，追求的是高标准绿化，因而表现出万难不辞的精神。现在，全市农村已完成爆破植树162.7万株，石质山的面貌发生了显著变化。再者，在农村开展起大规模改造残次林的行动。不少地方结合改造残次林，因地制宜地发展以“三杏一枣一栗”为主的经济林和日本落叶松速生丰产林，共新造经济林7860公顷，速生丰产林1.73万公顷，既为山区农民开辟了致富前景，又取得了良好的生态效益。

——沿海防护林建设快速推进，公路、铁路两侧河流两岸绿化成绩斐然。由于大连处于三面临海的特殊地理位置，作为第一道生态防护屏障的沿海防护林建设，就被列入第一个3年大干绿化的重点工程。3年共营造和完善海岸基干林带364公里，补上了缺口断带。如今大连1906公里海岸线，已经竖起一道完整的“绿色”屏障”，阻挡着海风，保护着沿岸9万多公顷农田。境内沈大高速公路两侧绿化，也是一项重点工程。在建设中坚持宜林则林、宜果则果，造林植果3866公顷，建成一条长140公里的“绿色走廊”。以海岸基干林带建设和高速公路两侧绿化为样板，全市先后完成了哈大路、丹普路、庄岫路及碧流河、复州河、英纳河、庄河等二十几条县级以上公路和十几条百公里以上河流的绿化改造，道路、河流的绿化率均达90%以上。现在从空中俯瞰大连地区，条条防护林带由海岸向内地延伸，纵横交错，形成蔚为壮观的防护林体系。

——按照现代造园艺术，建设高水平的独具特色的园林景观。在路街绿化中，改变了过去“一条路，两行树”的传统作法，树木组团栽植，地面铺种草坪，配以多种灌木与花卉，静看是一组组不同的绿化景点，而坐车观赏，映入眼帘的则是一道流动的风景线。

在广场绿化中，改变了以往一律圆形和密树的单调作法，而是采取不同形式，建成了以中山广场为样板的圆形草地间树的“音乐广场”，以人民广场为样板的方形绿树环抱的草地广场，以希望广场为样板的三角形灌木组团构成广场，以世纪广场为样板的多边形规则式绿化广场，还有正在建设中的用植物镶嵌大型奥林匹克会旗图案的奥林匹克广场，等等。在小区绿化上，改变了以前“一栋楼一个花坛”的老式作法，所有空地全部绿化美化，所有小区全部建成“花园式小区”。

在公园绿化中，改变从前传统封闭式的园林布局，采用现代开放式造园艺术，规则式与自然式相结合，使每个公园都有自己独特的构思与创意。在游园和街心绿地绿化上，更是各具特色，各有千秋。这一个个不同风格的“绿色板块”遍布市区。

在农村也开展了园林式村庄和花园式单位建设活动。至1998年底，已建成园林式村庄403个、花园式单位1951个。这些村庄和单位都带有明显的园林特点，乔、灌、藤、花、草相互搭配，宅院、道路、景点绿化融为一体，有的还建有小游园、小公园，堪与城市园林媲美。结合园林式村庄建设，综合治理农村环境，一些脏、乱、差的村庄变成了令人心旷神怡的社会主义新农村。当地农民高兴地说：“过去进城市总想到公园里走一走、看一看，现在绿树绕村庄，随处闻花香的美景就在身边”。

——在绿化美化中，大连市林业、园林部门十分注重筛选表现好的、市民喜爱的花色品种，提高美化品位。草坪美化主要选用“早熟禾”、“黑麦草”、“紫羊毛”、“缬缕草”等优良品种。这些优良草本植物绿期可达11个月。花卉栽植也选用樱花、月季、菊花、康乃馨、唐菖蒲、百合等多个优良品种。这些花卉栽到了市区绿化的各个地方，一丛丛、一行行、一片片，在绿地中显得格外娇艳。由于全市有了花的天地，有了花卉这个“名角”，也多了几分高雅之气。过去，乔木是大连市区绿化的“老字辈”，杨柳槐等乡土树种居多。随着城市绿化标准的提高，这些普通树种逐渐减少，雪松、龙柏、合欢、悬铃木、银杏、毛白杨等一批观赏价值高、综合效益好的高档树种开始占主导地位。不仅如此，还引进了大量木槿、连翘、榆叶梅、紫叶李、小叶黄杨、紫叶小檗等高档灌木，用以培植绿篱和景点造型。这样绿化起来，乔灌结合、针阔结合、高低搭配，花团锦簇，草坪通开，变化之美自在其中。近几年，市区内藤本植物也悄然多起来。藤有爬附特性，一些妨碍观瞻、花草树木又不宜生长的地方，藤攀缘在上，既美饰环境，又扩大立体绿化空间，展示了良好的绿化效果。现在，大连主要街区裸露的地面已全部被绿色所覆盖，人们常用“三季有花、四季常青”来形容城市绿化的美丽。

（二）

大连的绿化成就，凝聚着全市党政军民的辛勤劳动和聪明才智。在实践中积累了丰富的经验，也得到了许多有益的启示。

启示之一 搞好绿化美化，改善城乡生态环境，必须不断增强绿化意识。在1993年底的全市绿化动员大会上，市领导明确提出：加快大连绿化美化既有利于当代，又有利于后代，不仅是经济建设和生活的需要，也是实施可持续发展战略的必由之路。这些认识，是经过大量调查研究，深刻分析城乡生态环境现状，以及绿化所具有的多种效益进行由表及里的思索之后提出来的。当这些认识变成各级领导的共识时，全市城乡绿化便出现了历史上从未有过的好势头。

正确的认识是正确行动的先导。为了加快大连生态环境建设，不少单位自觉服从大局，不惜牺牲一些局部的、眼前的利益，决心治理污染，还市民以蓝天，还绿化以净土。

——调整产业结构和工业布局。工业污染是城市环境污染的“大户”，是工业布局不当和产业结构不合理所致。大连市在制定和实施国民经济和社会发展规划时，从调整不合理的产业结构入手，进一步强化城市的港口和贸易功能，压缩污染严重的第一产业，发展以口岸、贸易和旅游为主的产业。目前，城市中心区第三产业在经济发展中所占比重已上升到60%以上，总体污染指数得到有效调控。

——搬迁改造污染严重的企业。市委、市政府在做好思想工作的基础上，下决心把污染严重的企业逐步从市内搬到郊区，目前已搬迁52家。按照计划，到本世纪末将有100家企业搬出市区。企业利用搬迁中的土地级差收益进行彻底改造，消除污染源；城建部门利用企业搬迁倒出的空地，按规划将一部分地块作为绿化美化用地。如渤海啤酒厂迁走后，绿化单位即就地建起一块3万多平方米的草坪，扩大了绿化美化环境空间。

——实施污水和大气污染的治理工程。为了加大工业废水和生活污水的治理力度，先后在市区建设了马栏河污水处理厂、开发区污水处理厂，改造了春柳河污水处理厂，建设了一条污水远海排放管道；对流经市内的马栏河、凌水河、自由河进行了清污；对15家排污单位实施限期治理；加强了对船舶污染的预防。同时大力发展集中供热、联片取暖及煤气供应，气化率达95%。

这些措施都为大连绿化提供了良好的地面和空间条件。正是由于这些治污措施，才可能使今日的大连地变绿、水变清、天变蓝，鲜花开满城，逐步营造起一个清新优美的城乡环境。

启示之二 加速绿化美化，必须强化政府行为，把绿化作为经济建设和社会发展的一项基础工作来抓。大连城乡绿化之所以能取得突出成果，最根本的一条是市委、市政府在造林绿化中坚持领导到位。自1994年以来，市委、市政府每年都把造林绿化作为全市重点抓的大事之一，年初向社会公布，年底报告完成情况。市政府每年都有十几次常务会议或市长办公会，专题研究部署造林绿化工作。市政府每年都与各区(市)县签订绿化责任状，把绿化成绩作为考核一个地区领导班子政绩的重要内容。市委、市政府领导每年植树节都在电视上发表讲话，并亲自办造林绿化点，亲自深入基层检查绿化工作。从市委、市政府起到县、乡三级党政领导都把造林绿化作为“一把手”工程来抓，形成坚强有力地组织保证。

在大干绿化中，林业、园林部门的工作一直在高速运转。这些部门的干部善管理、懂技术，对上当参谋，对下搞服务，始终保持超常的工作强度。1996年，世行贷款造林项目到期，速生林的发展面临资金短缺的问题，市林业局及时向主管市长汇报，得到市政府的支持，市财政两年拨款450万元。农村铺种草坪造价高、管理难，科技干部经过3年不懈的努力，试栽易管理的三叶草、野牛草、缬缕草成功，推广面积达6万平方米，并节约经费30多万元。石质山造林是块难啃的“硬骨头”，市林业局总结推广的在坚硬岩石区“裸岩爆破，客土造林”，在风化岩区“镐头刨，扛杆撬，刨撬不动再放炮”和在高山险坡“营养丸种子模拟飞播造林”三种植树方式，加快了石质山绿化速度。至于造林绿化的规划设计、任务分配、苗木调剂、技术指导、检查验收等大量工作，都离不开林业工作者的辛勤劳动。他们晴天一把汗，雨天一身泥，节假日奔走在山头地块，受到领导和群众的高度赞誉。

启示之三 实施如此艰巨与浩大的绿化工程，必须大力弘扬艰苦奋斗精神。大连绿化能以超常速度取得如此巨大的成就，靠的是艰苦奋斗的精神。在3年绿化荒山的决定下达后，市党政军领导干部毅然带领机关干部到远离市区的荒山植树，拉开了大干绿化的帷幕。以后，领导者每年都这样做，市区绿化、农村植树、重点绿化工程工地，都有他们的身影。大连人从领导者不畏艰辛的行动中受到鼓舞和鞭策，增强了绿化美化环境的信心和力量。在城市，绝大部分绿化工程都是机关、企事业单位的干部职工义务劳动完成的。不少大学生和离退休职工也自愿投入到绿化中来。为了绿化“北出口”这个进出大连市的“门户”，在6.6公里长的道路两侧，仅用40天就拆迁房屋1万平方米，移走电杆300根，迁移地下电缆2万多米，放了1万炮崩石凿坑，挖填土石方21.4万立方米，并栽植上名贵针阔叶树和花灌木，地面全部铺种了草坪，使这里变成了一道很可观的风景线。

启示之四　实施高标准绿化，必须优化资金配比，寻找更多的投入增长点。5年来，全市共投入绿化资金8.6亿元，与1993年相比，平均每年增加投入10倍以上。市政府规定：农村的市县乡三级绿化资金按1：2：4的比例配套投入，城市的市与区按1：1的比例投入。具体实施时由基层先投入，随后各级按比例连锁配套，哪一级不投或少投都不行。庄河市、瓦房店市财政一时筹措不足配套资金，便从农行贷款200万元拨到林业部门的账户上。瓦房店市邓屯乡缺少绿化资金，党员干部捐款4万元用于绿化。各地普遍形成了财政投入、银行贷款、干部捐款等多渠道筹措绿化资金的局面。实践证明，加大造林绿化资金投入，寻找更多的投入增长点，仅靠号召和自觉还不行，必须采取相应措施作保证，这样才能满足造林绿化对资金的需要。

启示之五　城乡绿化美化，主要是生态型公益建设事业，必须引入激励机制，以调动干部群众的积极性。为了鼓励各区(市)县大搞绿化，市委、市政府组织开展了“绿化杯”评比竞赛，全市有15名区(市)县党政主要领导荣获市政府颁发的绿化奖章。农村7个区(市)县全部获得过奖杯。干得好的奖励，干得不好的及时批评。1996年雨季造林期间，瓦房店市有6个乡镇被评为三类乡镇，这6个乡镇的乡镇长，在会场上被给予“黄牌”警告。会后，这6个乡镇干部奋起直追，干得都很出色。就在这一年的年底，市政府为表彰城乡绿化工作取得显著成绩，分别给城市划拨1000万元、给农村划拨900万元作为绿化奖励。

启示之六　巩固城市造林绿化成果，必须加强行政执法，坚持依法治林。以往大连绿化年年都在搞，几乎没有间断过。问题在于一些地方前面绿化后面践踏，令人感到十分痛心。那时，经常听到市民呼吁：“救救绿地，还我绿色”。其实，群众所急也是领导所想。近几年，先后颁布实施了《大连市城市绿化管理条例》、《大连市风景名胜区管理条例》、《大连市林地管理条例》等一系列法规，把绿化管理纳入法制轨道。绿化部门根据法律法规赋予的职能，在全市开展“跨世纪保护绿色行动”，对毁林犯罪行为严厉打击，公开曝光，起到了震慑教育作用。不仅如此，还采取“造上一片林，留下护林人”的管护措施，全市已建起5200多人的专兼职护林队伍和17支专业、125支半专业森林消防队，投资931万元购买了消防设备。平时让所有林地都置于森防人员的有效监控范围，而一旦发生火情等紧急情况，则由专业队及时扑救。另外，还有2万多名退休老工人、街道老大妈、中小学生自愿组成的义务护绿大军。人们在爱绿护绿行动中显示出的公德意识，表明大连市的广大市民在走向成熟、走向文明。

(执笔人：孟繁文)

五彩花环绕津门

——天津市外环线绿化带建设纪实

在城市建设中，最多的是水泥构件，最缺的是绿色环境。过去，由于城市绿化滞后，不仅影响着城市居民的生活质量，而且直接制约着城市经济文化建设和国际交流与合作。尤其是在人口特别集中，资金流、物质流超频率运转的大、中城市，人们吃够了绿色短缺的苦头。所幸的是，近年来，已有相当一部分大、中城市在实践中体验到城市绿化的重要性和紧迫性，加大投入，在继续优化市政建设中，同步安排、同步设计、同步实施绿化建设项目，取得了明显成效。天津市外环线绿化带就是当代城市生态环境建设中一道靓丽的风景线。

（一）

天津是全国四大直辖市之一，是我国北方经济贸易中心，现代化港口大都市。自改革开放以来，天津市委、市政府坚持“稳中求进”的方针，连续保持两位数的增长势头。1996年提前四年实现国内生产总值比1980年翻两番的目标，使天津进入了全国经济发展较快地区的行列，高于全国平均增长水平。“八五”期间，天津市积极推进“两个根本转变”，经济运行保持着“高增长、低通胀”态势，对外开放扩大，城市功能增强，市场繁荣稳定，物价回落，城乡居民生活水平继续提高，社会秩序稳定，国民经济连续保持快速增长，1997年国民生产总值达1200亿元，比1996年增长12.1％。

在国民经济快速发展的过程中，市委、市政府一直惦记着生态环境的变化。1986年，市委一位主要领导同志就明确提出：保护与改善城市生态环境就是保护与改善人类文明，就是为子孙后代造福，就是代表人民的利益。他还指出：天津是老工业城市、老商业城市，原来的生态环境并不好，现在加强生态环境建设，就格外重要，它不仅关系到天津的经济发展和人民生活质量的提高，同时关系到天津市的形象与人民对政府的信赖。为此，在1996年市委、市政府为市民办好20件实事中，就赫然列入改善生态环境这一条。紧接着，在报请国务院批准的天津市总体规划中，明确提出：“划定市区范围沿着周边修筑70余公里的环形路，路的外侧开辟宽500米左右的绿化带，以此作为市区面积的控制线和环境保护圈”。由此，一条具有现代大城市特色的，既有观赏价值又有生态价值的生态型绿化带便沿着天津市的外环线建设起来了。

天津市外环线绿化全长73.5公里，平均宽500米，占地3500多公顷，是一条以林为主、乔、灌、果结合，防护林与经济林结合的大型绿色生态环境保护圈。全线营造主副林带185公里，建有果园1113公顷，栽植片林35公顷，共栽树木176万株，其中果木120万株，带内大、中、小型水利配套工程260多项；开挖排灌支渠近百公里；兴建防渗渠道29公里；配备喷灌工程20多公顷；改造低洼盐碱地600多公顷。开挖和改造了600公顷鱼池，建造大小台田台面133多公顷。目前，外环线已成为宽阔的通衢大道，两侧是林果为主的绿色生态圈，树木葱茏、高大郁闭，春花满园、夏荫浓浓、秋果累累、花果飘香，景色宜人，成为环线津门的五彩“项链”。

（二）

外环线绿化带从1987年春季开始兴建，到1989年底基本完成。这条绿化带既为天津市900多万市民提供了游览、休闲的场所，又改善了津城的生态环境，成为一道秀丽的风景线。随着林木的郁闭，这条绿化带的生态、经济和社会效益日益显示出来。

——改善了城市生态环境。环内外平均日温差由原来10.10℃降至9.8℃；空气湿度增4%，春旱减少了24%；降低了风速，减少了沙尘，净化了空气，还可以杀灭了细菌。

外环线绿化带树种多样，尚可吸收有毒气体和有毒物质，并可释放出新鲜氧气，由于树木截流雨水，减少了地表径流，平均每年汛期可减少淡水流失3300万立方米，增加了城市蓄水。

——促进了经济发展。外环线绿化带为林果、果鱼、林鱼结合型生态结构，可以发挥各自的优势。林果结合型，果树在林带的保护下免受大风和干热风的侵袭，温度又适中，可减少落花落果，促进正常生长。林鱼、果鱼结合型，树木根系加固了堤埝和台田，防止水土流失，可涵养与净化水质；树木的防风保温功能，可使鱼池水面稳定，水温适宜；树木的蒸腾和放氧作用，可提高鱼池周围的温度，抑制池水蒸发，补充新鲜空气，促进鱼产量的提高；而鱼池又为林果树木提供了水源和肥源。这样发挥土地和生物资源的生产潜力，形成一个稳定良性循环生态系统，达到林果鱼全面丰收的经济效益。

经初步统计，近万亩鱼池自1987年开发投产后，1988年底已获产值700多万元。从1989年起，每年鱼总产量都达到200万公斤左右。

在果树方面，1987年栽的葡萄，1988年就开始收获，1989年有些就进入盛果期。1987年春季栽植的桃和苹果，1989年就开始陆续挂果，1991年全线果品产量达100万公斤，1992年达到300万公斤，1993年突破500万公斤。有的乡村通过种植结构调整，每亩土地年产值可增加1000元左右。

——优化了天津城市的社会形象，改善了投资环境，扩大了对外开放和招商引资，为天津城市建设创造了极为有利的条件。

（三）

建设外环线绿化带规模之大、困难之多、任务之艰巨是天津林业建设史上所没有的。在施工过程中，各有关部门在市委、市政府的统一领导下，艰苦创业，积累了许多好的做法和经验。

第一，坚持城市绿化与市政建设配套安排、同步进行。外环线绿化带的建设，包括调整土地、菜田转移、土壤改造、水利配套、鱼池开挖以及植树种果等多项内容，涉及到东丽、津南、西青、北辰4个行政区的14个乡镇、3个国营农场、70多个村庄和几十个企、事业单位。在建设中，又必须对农民承包的土地进行调整，有几千亩菜田要进行转移，已有许多涉及人口、劳力、经济效益问题需要考虑。其中，仅在绿化带的建设计划中就有1530多公顷的高产菜田要改种成树林与果园，这样势必影响农民的经济收入。农民对这一现实问题在思想和行动上都会产生一定阻力。这些都是城市生态环境建设中的难点、焦点。解决这些问题的最佳途径，就是要加强领导，统筹规划。在市政建设的全过程中，从立项、设计、规划、备料、定线、打桩，直到施工、验收，都列出绿化项目的内容，配套安排，同步建设。这样做的好处是，既强化并丰富了市政建设的标准和内容，又能使绿化生态工程顺利推进，按期完成。

第二，在改善生态环境大前提下，要兼顾长远利益与当前利益、公众利益与调整户的利益。在外环线绿化带建设初期，由于一些人认识不到位，产生了很大阻力。当时市委的主要领导同志和有关部门的领导从规划设计、工程实施到宣传发动，都亲自督促、亲自承包、亲自到现场解决问题。在建设过程中，既考虑到生态效益，又考虑到经济效益；既考虑到长远利益，又考虑到当前利益。为实现上述要求，市政府专门制定7条政策性措施。即：调整粮食定购任务。增加农民返销口粮。核减农业税。允许农民开发建设商品房 。对占地村给予税收照顾。帮助各村发展第三产业。解决剩余劳动力就业等。在建设绿化带的具体操作中，又实实在在地做到了绿化与美化结合、乔木与灌木结合、防护林与经济林结合。在外环线绿化带内、外两侧各建一条10米或20米宽的主林带，并利用原有沟渠、道路，在一定间距内建设与主林带相交叉的副林带，使主副林带形成网络，在网内栽种苹果、桃、梨、葡萄等果树。这样安排的好处是，既绿化又美化，既有生态效益又有经济效益，既丰富了城市景观，又有利于调适市民的心态。由于经济政策对路、绿化格局合理，群众看到了美好的前景，能得到实惠，便自然而然地激发起建设城市生态环境的积极性。政府和人民心往一处想，劲往一处使。施工三年，年年都有数万人参加义务劳动，一些单位，特别是一些学校师生还将平时积攒的零花钱拿出来捐助外环线绿化带建设。

第三，绿化带的建设需要一定的水利配套工程。外环线绿化带不同于农村绿化。在农村有形成山、水、果、林、路的自然条件，而在大城市则受到自然条件的局限，开辟绿化带就需要用人工营造一定的水利设施，作为生态环境建设的构成部分。在天津外环线建设的三年中，沿线群众积极创造条件，有钱出钱、有力出力，热火朝天地开展水利配套建设工程，共修建各类大、中、小型水利配套工程260多项，其中市、区两级完成160项，乡村完成100多项。开挖各类排灌支渠近百公里，改造低洼盐碱地660多公顷，兴建防渗渠道29公里，喷灌工程20公顷。开挖和改造了近600多公顷鱼池，其中有180公顷精养鱼池，大水面鱼池247公顷，改造老池93公顷，加上原有的池塘，年产鲜鱼2000多吨，使绿化带形成了一道果园飘香、林茂鱼丰的风景线。

第四，林业职能部门要做好长期管护工作。城市绿化建设难，管护更难。外环线绿化带建成后，开始人们还能自觉维护，后来由于各种原因，在部分地段出现了损坏及非法占用林地的现象。市林业部门对此十分重视，积极采取措施，一边加强管护力度，一面调查研究，召开外环线绿化带“全线专题会议”，制定巩固、发展、提高外环线绿化带建设成果的法规和政策，加强法治和科学管理，努力在原有基础上更上一层楼，力争把外环线绿化带建设成为生态、经济、社会三大效益协调发展的津城绿色生态圈。

（执笔人：许宁）

绿化“南天门”

——北京市大兴县建设生态型卫星县纪实

优良的生态环境，是都市现代化的重要标志之一。一个城市的生态环境变好了，既可以提高广大市民的生活质量，提高城市精神文明水准，又可以培育出新的经济增长点，改善投资环境，焕发出可持续发展的活力。自新中国成立以来，北京市在党中央、国务院的密切关怀和支持下，坚持不懈、年复一年地狠抓首都大环境绿化工作，取得了显著成就。位于北京南郊的大兴县，就是在绿化首都的整体布局中，以建设生态型卫星县为己任，苦干实干40余年，硬是把5.2万公顷沙化土地改造成绿海甜园，使大兴县由北京市的重点风沙危害区变成了首都的绿色屏障。

（一）

大兴县地处北京南郊，距市区仅13公里。历代王朝均视其为“京畿重地”；民间借孙悟空和天兵天将进出天宫必经南天门之掌故，又戏称其为“南天门”。全县总面积1030平方公里，54万人口，辖九镇十八乡。纵观历史，大兴县虽然居于极其重要的地理位置，但在新中国成立之前，这里的生态环境极其恶劣，50年代初期，全县仅有林地400公顷，林木覆盖率仅为0.8%。在生态环境上可以说是一个“不设防的要塞”。风、沙、旱、雹“四大天灾”年年肆虐，处处发难。横贯县境内的永定河屡屡决口漫流，使全县60%的土地沙化，形成5条沙带、3000多个沙丘，成为北京市五大风沙危害区之一。

“风来滚沙丘，雨来水横流，四季都成灾，十年九不收”是大兴县当年的真实写照。肆虐的风沙，曾使老一辈大兴人饱经沧桑。一夜风沙过后，村民早上起床，大门怎么也打不开，原来是被堆积的黄沙堵住了。新盖的房子不到三年，屋后的沙土已堆齐房檐，老太太上房晒粮食可以不用梯子。大风刮来，刚返青的小麦，又被铺天盖地的风沙掩埋，风停沙住，庄稼人还要一株一株地把麦苗上的沙子扒开，运出去，因此，这里的农民在小麦管理上增加了一种特殊的活茬叫清垄。

风沙，无情地吞噬着人们的生存环境，严重地制约了大兴的经济发展。风沙，在一年一年地向首都进逼。

（二）

新中国成立后，大兴县人民在县委、县政府的领导下，以恢复林木植被、改善生态环境为重点，开展了大规模的植树造林运动。从1953年起在生态环境建设上打了五个战役：第一个战役是有计划地营造防护林带；第二个战役是掀起林、路、田、渠统一规划综合治理的高潮；第三个战役是以“三北”绿化规划为依据，以首都大环境绿化为中心，建设绿化工程；第四个战役是进行生态经济型的沙区综合治理；第五个战役是以林业高科技为手段，以提高生态效益、经济效益、社会效益为目标，开发旅游林业和休闲林业，进一步优化美化首都南大门。

经过全县人民40余年的艰苦努力，已营造人工林2.47万公顷，林木覆盖率由新中国成立之初的0.8%增加到25.16%，使6万公顷农田受到林网的庇护，初步形成了以农田林网为主体，网、带、片、点相结合，田、林、路、井、电相配套的沙区防护林体系。

从此，风沙危害得到有效遏制，生态环境得到初步改善。50年代初期横卧在大兴境内的几条黄沙“巨龙”已被降服，3000多个沙岗、沙丘已变成片片林海。昔日浑黄污浊的“风沙口”，如今为京城吹进了清爽的风，就连当年风沙最为严重的东沙窝、西沙窝一带的沙荒地，也变成了楼亭掩映、鸟语花香的森林公园；市、县级重点工程“京开”公路大兴段，经过几年的绿化美化，形成了一条北京连接外埠的绿色走廊；京九铁路大兴段经过绿化美化，也形成了北京到香港的绿色通道。随着生态环境的改善，气候条件也随之发生了明显的变化。与70年代相比，春季风速降低了45.5%～63.6%，扬沙日减少61%。林网内小气候显著改善，春秋气温提高0.4～0.9℃，夏季降低2～3℃，冰雹、干热风等灾害性天气明显减少，强度降低。

治沙造林，绿化美化环境，使大兴县形成了一个个独具特色的旅游景点。过去，人们常说大兴除了沙荒没啥玩的看的。特别是春秋季节风沙为患，令游人望沙止步。如今，这里的沙荒变成绿色园林。从前沙丘连片的芦城、南各庄、榆垡等12处荒沙滩，也变成了千亩连片的绿海甜园。其中，“榆垡万亩林”拥有20多个树种、120多万株树木，茫茫林海，绿波荡漾。昔日鸟无落脚树、人无荫凉乘的荒沙滩，已变成繁殖国家濒危动物、给野生动物一个乐园的北京最大的野生动物森林生态园。半壁店乡原是一个“无风一片沙，有风地搬家”的贫困之乡，1983年以后，通过治沙造林，这一地区的生态环境得到彻底改善。1987年建成了由农民主持经营的京南著名的“半壁店森林公园”。栽下梧桐树，引来金凤凰。他们以绿引资，逐步建立起旅游度假、房地产开发、三资企业三大支柱产业，使全乡生产总值达7472.9万元，人均5251元。近年来，大兴县又在绿林环绕的沙地上，建起了森林高尔夫球场、骑士公园、星明湖度假村等旅游娱乐场所，并利用绿色优势引来了大批的资金、项目、技术和人才。

北京人都知道大兴县的西瓜好吃，说大兴县西瓜又多又大又甜。但多数吃瓜人却并不知晓，这些西瓜大多产自经过改造的沙荒地。1991～1998年，大兴县加紧开发包括沙荒地在内的荒废土地，经过综合开发、科学治理，发展果园6600公顷，种瓜2660公顷、种菜2000公顷。出现了一批果品、西瓜、蔬菜专业村，建成了千亩梨、万亩葡萄、万亩蔬菜和万亩西瓜生产基地，使昔日一片片荒沙变成了一个个聚宝盆。如今，大兴县已发展成为首都重要的副食品基地，也给首都带来了显著的生态效益。每到夏秋时节，大兴县都要举办“西瓜节”和金秋百果采摘会，数以万计的海内外游人，不仅能够品尝自己亲手采摘的西瓜、鸭梨等果品，还可以游览田园风光，享受绿海甜园之乐。

治沙造林，也给大兴带来了良好的经济效益。从前，大兴县仅有果树10余万株，果品品种单一，产量不足50万公斤，产值不足5万元。如今，有果树1.13万公顷，果品产量达8236万公斤。林业的发展，为大兴经济腾飞注入了新的活力。1997年，全县财政收入达3.02亿元，农民人均纯收入3806元。其中，西瓜、蔬菜、鸡蛋、牛奶、果品的产量连续几年在京郊区县中名列第一。

紧靠永定河岸的北臧村乡桑马坊村，治理前是全县有名的穷村之一。1990年通过综合治沙，实现了当年开发、当年受益，三年脱贫、五年致富。其中，11户农民，承包新建的4.6公顷梨园，五年生梨树年产梨4.2万公斤，加上树下间作花生、西瓜、豆类等作物，户均年收入达到1万余元。全村人均纯收入达到3000元，比治理前增加了5倍。综合治沙，农民真正尝到了甜头，得到了实惠。

（三）

北京现代化大都市生态环境建设为大兴县带来了一次又一次新的发展机遇。1979年，全国第一个“植树节”那天，邓小平、李先念等党和国家领导人，专程来大兴县庞各庄镇薛营村参加义务植树劳动；1996年，百名老将军来到榆垡万亩林地栽下了“将军林”；30余位老红军在这里建起了“红军林”；1997年来自北京和香港的1000多名青年在京九铁路魏善庄段栽下了喜迎香港回归的“京港青年纪念林”；1998年，中央军委多位领导同志又来到京九铁路龙头站——黄村火车站栽下一株株青松、翠柏。这一次次具有重要政治意义和历史意义的植树活动，寄托着党中央、国务院、中央军委和全国人民对绿化首都、绿化祖国的殷切期望，鼓舞了大兴人民，推动了北京乃至全国植树造林、绿化祖国的伟大事业。为了贯彻落实党中央、国务院关于绿化祖国，改善生态环境的战略要求，大兴县的历届领导班子不断改进工作方法，一步一个脚印地为建设生态型卫生城和生态型卫星县而努力。

为了加强基层林业工作力量，促进全县林业工作的开展，早在1969年县委、县政府就决定从国营林场职工中抽调一批政治业务素质好的人员，派到各公社任林业员，成为北京郊区第一个在乡镇配备林业员的县，为以后20多年基层林业工作的开展打下了良好的基础。70年代初，大兴县就出现一批造林育苗的先进典型。礼贤乡有土地4000公顷，沙碱地占1/3以上，大小沙岗100余个。1970年秋，礼贤乡提出“两年准备，两年突击，一年扫尾，五年实现林网化”的奋斗目标。经过五年努力，共栽树200万株，并实现了渠、路、林、田配套，成为北京郊区第一个实现林网化的乡镇。该乡平地村由平均年龄63岁的八位老汉组成林业育苗专业队，每天背着麻袋，带着干粮步行一二十公里，采树种、剪种条，进行育苗，没向队里要过一分钱，通过在地里间种粮食维持开支。到1971年，他们育苗面积达到了8公顷，在大兴县的绿化事业中起到了带头示范作用。

党的十一届三中全会以后，县委、县政府领导把绿化美化“南天门”作为保护北京生态环境，促进大兴经济发展的战略措施来抓。按照“网、带、片、点”相结合的布局，分类指导，全面推进。网：即农田林网以提高防护效益为主；带：即公路、河流绿化兼顾；片：即片林、果园相结合；点：即以村庄为单位进行美化，加快了造林治沙、绿化大兴的步伐。1981年后，大兴县以实施“三北”防护林工程为起点，以“京津周围地区”造林绿化规划为目标，进行划格子（完善、提高防护林网）、堵口子（在永定河沿线营造以封堵永定河风口为目的的防护林）、盖被子（在裸露沙地上营造片林和果园），进一步提高了全县生态型防护林体系建设的质量和整体效益。

为了使沙荒土地的生态环境从根本上得到治理，1985年，大兴县成立了综合治沙指挥部，跳出了由林业部门独家造林治沙的小圈子，汇集了林业、农业、水利、电力、农机、财政等各方面的力量，做到了统一规划、以林为主、综合治理，林、田、沟、路、井、渠、电一次成型配套，林、果、农、牧一起上，用多种植被覆盖压沙的办法，取得了很好的效果。

坚持科学治沙，实行科技兴林，是大兴县造林治沙、改善生态环境的特点之一。县林业局从组建科技队伍入手，引进大、中专毕业生，使全县林果科技人员达190余人。1989年在全县27个乡镇全部建立了林业工作站，成立了科技和果树技术服务中心，部分乡村还成立了林果技术协会，使县、乡、村三级林业科技网络逐步完善。

为了提高农民的技术素质，从1988年开始，大兴县率先推行了林果管理人员持《绿色证书》上岗制度，县林业局与成人教育局通力协作，采取统一教材、统一培训、统一考核、统一发证和教学、辅导、实习三结合的办法，加强对乡村技术人员和果农的技术培训。几年来，已有2000余人获得了《绿色证书》，从总体上大大提高了林果科技管理水平。

在林果实用技术的推广方面，根据本县的特点，重点推广了雄性毛白杨100余万株，推广了中林46、038良种杨树；引种繁育了美国三个洋槐品种和银杏、杜仲等经济树种；推广了杨树、洋槐混交林2000公顷；管道灌水5300公顷，管道喷药1330公顷，果园覆草670公顷，果树疏花疏果、果实套袋、生根粉造林等实用技术。

在不放松常规技术育苗的同时，县林业局还从1991年起先后投资300余万元，建起了年产50万株优质种苗组培繁育基地。除生产一批无病毒果木良种苗木外，每年还生产玫瑰、菊花、剑兰、郁金香等10余种优质切花50余万枝；生产大叶花烛、杜鹃、仙客来等10余种盆花五万余盆；嫁接与扦插繁殖玫瑰种苗与荷兰切花小菊种苗15万株，并在首都市场建有四个销售网点。其中大叶花烛等名贵花卉已成为北京花卉市场的拳头产品，部分花卉已摆入人民大会堂。

今日大兴，阡陌纵横、满目青翠，网、带、片、点相结合的防护林体系，使大兴县变成了拱卫首都的绿色屏障，成了荫及子孙的绿海甜园。

（执笔人：吴凤琴　王亚民）

十万大军战太行　童山秃岭披绿装

——河南省淇县在太行山麓发起造林绿化攻坚战纪实

“绿化太行山，黄龙变绿龙”，这是太行山人民千百年来的宿愿。

太行山首起河南沁阳，沿西南—东北走向，经山西、河北、天津、北京，至山海关长城南侧，绵延1000余公里，是纵贯华北地区的主脉。这一带干旱少雨，石厚土薄，植被稀疏，生态环境十分脆弱。许多地段童山濯濯，赤地绵延，犹如一条蜿蜒起伏的“黄龙”。为了改善太行山区的生态环境，为华北地区社会和经济的持续发展创造有利条件，林业部于20世纪80年代中期把绿化太行山列为全国十大重点林业生态工程之一，制定出《加速绿化太行山的规划意见》，提出了“组织群众，造林种草，保护植被，改善生态，以短养长，富山保川”的指导思想，组织太行山区涉及110个县的广大人民群众，在395万公顷的宜林荒山荒地展开了艰苦卓绝的生态工程建设。

位于豫北太行山东麓的河南省淇县，在县委、县政府坚强有力的领导下，全面动员，组织起十万劳动大军在太行山麓大打荒山造林攻坚战，经过五年苦战，终于实现了淇县人民“要把黄龙变绿龙”的宿愿，先后被河南省和全国绿化委员会命名为“造林绿化先进县”，在太行山竖起了一座绿色丰碑。

淇县是豫北地区太行山的绿化重点县。全县辖五乡二镇一区，176个行政村，24万人口，县域总面积591平方公里。淇县地貌奇特，从西向东依次为山地、丘陵、平原、泊洼地。其中，山丘面积387平方公里，占全县总面积的65.5%。新中国成立以后，当地群众虽然年年造林，但因自然条件太差，而人们对绿化太行山的艰巨性又缺乏足够的认识，组织领导的力度不够大，人力、物力和技术的投入也与实际需要不符，所以几十年来造林保存面积不多，荒山面貌依旧。每年汛期山洪暴发，上游水土严重流失，下游河道淤积，由此带来的是土地进一步沙化、退化，严重制约着农村经济的发展。占全县67.1%的山区人民年复一年，靠天吃饭，“种一坡收一窝”，在贫困线上挣扎。

1994年，在全省山区造林核查中，淇县由于荒山造林绿化工程落后被亮了“黄牌”，受到省委、省政府的批评。“黄牌”给县委、县政府的领导班子以很大的震动。随后，县委、县政府组织全县乡镇党委书记、乡镇长到造林绿化点进行调查研究，实地分析太行山绿化的重要性、紧迫性和艰巨性，总结以往“认识不足、力度不够、措施不力”的教训，决心在强化生态意识、强化领导措施的基础上，实行“全党动员，全民参战，主攻山区，大打造林绿化攻坚战”。从1995年起，连续三年组织十万劳动大军战太行，迈开了造林绿化工作的坚实步伐。

加强党政领导力度

“农村工作十大难，绿化太行是难上加难”，即使是计划生育、扫黄打非、收取提留、修道路、办教育等比较困难的事情都比不上造林绿化难。最艰难的事情就要下最大的决心，花最大的气力才能办好。为确保造林绿化攻坚战取得成功，会战之初，县里即成立了淇县造林绿化指挥部。县委书记、县长任正副总指挥长，副县长和一位县长助理负责荒山造林整地、育苗，县委副书记和县人大主任分管县直单位的荒山绿化战区的领导工作，常务副县长和政协副主席负责平原绿化，县修路指挥长负责道路植树。指挥部下设秘书组、后勤组，负责整个绿化大会战的具体工作。与此同时，还从县直单位抽调几十名工作人员到深山区安营扎寨，在多年寂静的大山区组成全县造林绿化指挥中心。

淇县造林绿化指挥部成立后，断然改变以往“只挂帅不出征，只动嘴不动手”的弊病，从指挥部领导到全体工作人员一律吃住在山、工作在山，实行县直机关包山头、县领导包乡、乡干部包村、村干部包组户的绿化责任制。对四个造林任务重的山区乡，县委书记、县长等主要领导亲自坐阵，亲自督战，并把四个造林任务最大最难的大村列为县领导的绿化点。各乡镇也都成立造林绿化指挥所，党委书记、乡长分别任政委、指挥长，坚持在第一线与群众同吃同住同劳动，既当指挥员，又当战斗员。

县委、县政府明确要求，造林绿化实行目标管理，单位一把手负总责，对成绩突出者，大张旗鼓地进行表彰奖励；对工作打不开局面、完不成任务的，通报批评或降级使用。县直80多个单位近1.6万名干部职工也都按规定每人每年造林0.03公顷，从书记、县长到一般干部职工均无例外。谁挖坑、谁买苗、谁栽植、谁包活、谁管理，划定山头，树标立牌，一包到底。

在造林绿化攻坚战中，为了能在短时间内把广大群众组织起来，并能持之以恒地坚持下去，身负领导重任的县委、县政府主要领导同志，都以身作则，说在前、走在前、干在前，起到了表率作用。

县委书记徐光不但白天和群众一起参加劳动，挥镐挖坑，而且每晚召集会议，听取各路战况汇报，安排部署工作，一忙就是半夜。他身兼两职，在县委和武装部分有双份植树任务，常常从这一战区下来，又风尘仆仆赶往另一战区，身不离山、手不离镐，每个造林点都留下他奔忙苦干的身影。

作为淇县造林绿化指挥部总指挥长的县长孔令晨，坚持和群众一起开山整地，边指挥边劳动。他腰椎损伤，仍然坚持吃住在山。一次扭伤了脚，医生和同志们再三劝他下山，他说：“绿化太行山是造福子孙的大事，我就是掉几斤肉也值得”。于是，他白天工作时在腰后垫一只枕头，脚部浮肿无法行走仍坚持不离开工地，一直干到当年大会战告一段落。

县林业局作为县政府的造林绿化职能部门，肩负着大会战的统一规划、技术指导、供水供苗等繁重任务，全局82名干部职工在局长的带领下，日夜奔波在第一线，保证了指挥部各项决策的顺利实施。1995年春，云梦山战区660多公顷刚栽上的小树苗遇到了历史上罕见的连续四个月干旱，供水成了一大难题。为保证苗木成活，他们克服重重困难，自制大铁罐15个，从周边地区调运水罐车9部，购买提灌机18部，皮胶管3万米，采用四级提灌的办法，把水抽到山顶。上吨重的大铁罐，林业职工们硬是肩扛手推运到数百米高的山顶。清凉甘润的水流通过皮管注入每个苗坑，保证了树苗的成活。

强化群众组织工作

淇县山区人穷地瘠，搞绿化只能靠群众艰苦奋斗。太行山区的老百姓有吃苦耐劳的传统。愚公移山的故事就出在太行山。千百年来，愚公移山的精神激励着一代又一代太行人民。淇县在改造山河、绿化太行的攻坚战中，县委、县政府毅然改变以往“号召一般化，组织不到家”的弊端，在深化思想教育的同时，认真做好群众组织工作。一方面调动一切宣传力量，利用多种方式，通过各种场合，对广大干部群众进行宣传教育；一方面从县直机关和乡镇机关抽调296名干部驻村蹲点，每个山区村3～5人，负责组织发动，检查指导，完不成任务不准离村。

经过艰苦细致的组织发动，全县以176个行政村为战斗单位，共发动组织12万人，在200多个山头上展开绿化攻坚战。在48个绿化难度最大的山区村腾出住房，备好床铺，接待来自县城和平原地区参加山区绿化攻坚战的群众。在山区，则村村有工程、户户有任务、人人有指标。

位于深山区的黄洞乡鱼泉村共产党员靳月英，是全国著名的拥军模范，已73岁高龄。她八年如一日，一镐一锨，挖坑提水不止，义务绿化夺丰水库北岸26公顷荒山，栽侧柏、花椒3.5万棵。1996年春天，她又主动绿化水库南山，每天划小船到南岸挖坑、垒堰、植树。

庙口乡原本庙村一位残疾人，尽管缺少一只胳膊，但他主动请缨上山，每挖一个坑，他就要比常人付出更多的汗水。

城关镇西街村的部分个体户，除超额完成自己的造林任务外，还出人、出钱、出车、出物，积极支援全村荒山造林。该村农贸公司、回收公司的 4 名个体户捐款 1500 元，主动把方便面、毛巾等物品送上山慰问造林大军。

县机械厂组织 50 多名强壮工人组成突击队，驻扎在全县最偏远的小柏峪村，白天和当地群众开展绿化竞赛，晚上和群众联欢，宣传党的方针、政策，一连干了 20 多天，被誉为“绿色工作队”。

县人大、政协的 10 多位老同志，虽已年逾花甲，但仍和年轻人一样奔上山头，参加会战。他们的行动，教育和鼓舞了广大干部和群众。

县直单位的干部平时很少参加体力劳动，干体力活没经验，特别是一些女同志，干不了多大一会儿，手就磨出了血泡，特别是在立地条件较差的石质山坡，一镐一个白印，震得虎口发麻，双臂发痛，但他们不叫苦不怕累，硬是以顽强的毅力保质保量完成了造林任务。

淇县大规模荒山造林运动也深深感动了一些外地企业和单位。正在境内修筑高速公路的铁道部十一局的工程队主动请战，自带干粮和工具，组成青年突击队来到云梦山参加挖坑劳动。鹤壁市军分区和武警支队的全体官兵，由政委带队，来到拥军模范靳月英老大娘的“八一”林现场参加劳动，充分体现了工农互助、团结协作，军爱民、民拥军的一片深情。

在会战过程中，有教师、学生一起主动协助其他单位的动人场面；有个体工商户捐款捐物、提供劳动工具的感人事迹；有县直干部职工捐款 20 万元的义举；有交通局职工从山下往山上背土的珍贵镜头。这些动人故事和模范事迹不胜枚举，充分体现了淇县人民绿化荒山的决心和精神风貌。

淇县“战太行，绿太行”的壮举，引起了中共河南省委、省政府领导的高度重视。省政府一位领导同志亲临大会战现场，面对炽热的场面，说：“淇县在绿化太行山中带了个好头，为加速全省山区绿化步伐闯出了一条新路子”。

强化技术管理

太行山区石厚土薄，十年九旱，造林难，成活更难。在荒山绿化会战中，如何保证造林质量，是淇县领导思考的又一重点问题。

指挥部的灯光彻夜通明。质量问题被一个一个解决，新措施一个一个出台。

——挖坑整地是严把质量的第一关。为此，从县上抽调的 296 名驻村干部每天都要到现场检查验收。同时，县林业局还派去 40 多名技术员进行协助，以确保挖坑整地的质量，坚持做到整地不合格不造林、苗木不合格不栽植、造林不合格不验收。有些单位连续返工多次才领上合格证。劳动局、交通局等 10 多个单位的会战工地石多土少，难度很大。为确保树坑达到 1 米见方的标准，他们身背肩扛，从几十里以外的山下把土背上山，终于使树坑质量达到要求。

——狠抓育苗工作，确保苗木质量。优先安排育苗土地、种子、资金，每育一亩苗，经验收合格后，奖励资金 300 元，尿素一袋。三年来，全县共育苗 200 余公顷，其中营养袋育苗 4500 万袋，保证了全县造林绿化的需要。

——坚持“三分造七分管”，确保栽一棵活一棵，栽一片成一片。县委、县政府始终把管护问题摆到重要议事日程上，做到随栽随管、造管并重。山区造林一结束，全县立即建立了 320 人的护林专业队和由 30 人组成的专业森林消防队。

有些乡镇采取三种管护办法：一是集体栽，护林专业队管护；二是集体栽，个人承包管护，比例分成；三是统一规划，个人栽个人管，收益归己。

各村在村头树标立牌，写清路渠长度、树木株数、责任人和承包奖罚措施等。有些山区采取两种管护办法：一是划定林坡、牧坡，分别管理；二是组建山区护林防火队，常年守护在山，统一由林业派出所领导。

会战后，县政府及时颁发了《加强林木管护，严厉打击毁林歪风的通告》，对毁林、盗林案件进行了严肃处理，并对全县中小学生进行了护林爱林教育。三年来，全县未发生一起森林火灾，毁林事件也不多。

把常年坚持抗旱保苗和割草护苗作为一项管护措施。每遇天旱，县直机关造林基地就及时启动四级提灌浇水，全力保苗。每年秋末冬初，则发动干部和群众割除林间杂草，扶苗整坑，这样作，既有利于苗木生长，又消除了火灾隐患。

增加资金投入

为了保证荒山绿化的资金投入，三年来，全县采取“财政挤一点、干部职工集一点、银行贷一点、群众筹一点、县直部门拿一点”的办法，共筹集资金1500多万元，用于苗木、工具和其他必不可少的开支。完成荒山造林1.18万公顷，植树3800万株，绿化乡村道路、河渠1188公里，营建农田林网1.33万公顷。

为了加快山区群众脱贫步伐，县指挥部明确提出“适地适树，生态防护林和经济林兼顾”的要求，把灭荒与增加农民近期收益结合起来。在丘陵地带、浅山缓坡和立地条件好的地方，凡是能种经济林的都尽可能种上收益较快的经济林。按照统一规划，在太行山浅山区成片、成带栽上了苹果、花椒、红枣、杜仲等经济林木，形成了经济林基地；在云梦山区，建成了以油松、侧柏、刺槐为主的风景林和以柿子、山杏为主的经济林。目前在全县已完成的荒山造林面积中，经济林占40%，防护林占45%，用材林占15%，山区人均拥有经济林面积达0.08公顷。

淇县，古称朝歌，又名沫邑，曾为殷末四代帝都和卫国都城，是华夏古文化发祥地之一。如今，在这个古老的土地上又焕发出了勃勃生机。踏遍淇县山头，扑面而来的是绿色的世界。山前山后，峰回路转；满山遍野，郁郁葱葱。在淇河两岸；田间地头；路旁渠边，绿树成行；一条条交通干线犹如蜿蜒起伏的绿色长龙。昔日荒山秃岭，如今披绿 挂彩，绿意盎然，展示出太行儿女“战太行、绿太行、富太行”的骄人成就。　（执笔人：徐忠　王学林）

发挥山区优势　大搞综合开发

——山西省平陆县山区综合开发的成就和经验

平陆县，北靠中条山，南临黄河岸，位于山西省最南端，地处秦、晋、豫三角地带，是一个革命老区，国家级贫困县。全县东西长150公里，南北宽31.5公里。共有17个乡镇(区)、229个行政村、23万人口，国土面积1179.5平方公里。境内沟壑纵横，山峦起伏，有3195条沟、268座山、71个滩、24条垣，属太行山系，素有“平陆不平沟三千”之称。

据县志记载：平陆夏称虞国。地域平坦，气候湿润，雨量充沛，林草旺盛，野兽成群。晚清时期，中条山上仍“千嶂松柏”，山下“松柏交错”，岩旁“松竹琼林”。后因历经战火、毁林种田、伐木为薪等原因，林木资源遭到严重破坏，生态环境持续恶化，水土流失日益严重，使青山变为秃岭，绿洲变为荒漠。新中国成立初期，森林面积仅有8600公顷，覆盖率仅为5%，水土流失把平陆大地冲得支离破碎，沟壑纵横，丘岭起伏，且沟越冲越深，土越冲越少，地越冲越薄。全县水土流失面积达10.13万公顷，占总面积的85.9%，年流入黄河泥沙达800多万吨，约合氮、磷、钾10万多吨。人民群众痛心地说：“平陆穷，地不平，肥田沃土顺水行，流走人民的血和汗，给黄河下游带来了灾和难”。据记载：古时平陆灾年二百年一遇。到清朝，七年一遇。民国到新中国成立初，平均二年一遇。到60年代，形成十年九旱，年年春旱。严重的水土流失，频繁的自然灾害，直接影响和制约着平陆的经济发展和人民生活的改善。到1978年，全县粮食亩产只有114.5公斤，农民年人均纯收入60元，人民生活极度贫困。

在漫漫的历史长河中，为了生存，祖祖辈辈的平陆人民，曾为改变落后的自然环境，生生不息，抗争不止。新中国成立后，在党和政府的领导下，不屈的平陆人民曾多次“愚公移山”，改造平陆，与天、与地、与恶劣的自然环境进行顽强的斗争。从正反两方面经验教训中，人们越来越清醒地认识到“平陆要发展，改善生态环境是关键”。改革开放的大潮和党的富民政策，进一步调动和激发了全县人民改变落后面貌的积极性和创造性，全县上下持续不断地发展林业，开展植树种草、治水保土、改善生态环境的大会战，用“绿色效应”铺设脱贫致富希望之路。70年代以来，历任县委书记和县长都曾付出了艰辛和努力，把改善生态环境作为“接力棒”，一任接着一任传，一任接着一任干，任任都有新贡献。经过20多年的探索和奋斗，绿色重返大地。3159条沟，沟沟绿荫覆盖；268座山，山山披绿装；24条塬，塬塬林果飘香；71个滩，滩滩郁郁葱葱。全县林地面积达4.87万公顷，发展经济林2.87万公顷，森林覆盖率达61.9%。在绿色屏障的保护下，水土流失由60年代的10.13万公顷减至90年代的5.53万公顷，占总流失面积的55%，年排入黄河的泥沙由50年代的800万吨减少到90年代的400万吨；大风天数比70年代减少12天，年降雨量增加了77.9毫米，干热风危害基本消除。由于生态环境的改善和自然条件的改变，县域经济步入了良性循环、可持续发展的快车道。1996年，全县国民生产总值达4.8亿元，比1978年翻了两番多，工农业总产值达10.2亿元，比1978年增长近10倍；财政收入达4205万元，比1978年增长11.7倍；农民人均收入924元，比1978年增长14.4倍。1997年，全县已实现基本脱贫。

在综合开发和改善生态环境的过程中，平陆大体经历了三个阶段：一是70年代实行山、水、林、田、路综合治理，用群众大会战的方法，使平陆大地初步绿了起来，改善了生态环境；二是80年代县委、县政府出台了一系列林业发展优惠政策，并把以苹果为龙头的经济林建设，作为振兴平陆经济的支柱产业来抓，使林业建设投入机制活了起来，实现了生态林业向生态经济型林业转变；三是90年代用多途径、多层次、多形式，全方位开发山区资源，加快发展，使平陆初步富了起来。县委、县政府以“三个有利于”为标准，立足平陆实际，突出当地特色，着眼经济发展，提出了“五三”工程，其中有建设三个基地（果林商品、畜牧养殖、蔬菜）工程和搞好三个加工（果品、粮食、矿产资源）工程。全县形成了“县西苹果县东煤，沿河蔬菜沿山牧”的山区综合开发的产业格局。

为了进一步加大山区综合开发力度，平陆紧紧围绕“改土、治水、植树、修路、通电”的十字方针，提出了“九五”山区综合开发规划，明确提出了建设六个基地（30万亩苹果、20万亩干果、3万亩猕猴桃、4万亩烟草、2万亩大棚菜、千头山地黄牛），突出五个重点（造林10万亩、新水源工程3处、造林工程4处、修路工程1处、电力工程2处），抓住四大龙头（以浓缩果汁厂和涂蜡生产线为龙头的林果加工业，以烟叶储备库为中心的烟叶产业，以亚白刚玉和铝型材加工为龙头的铝矿产业，以脱水蔬菜、果蔬脆片为龙头的蔬菜产业），加快产业化开发，推动县域经济发展。

“四导”先行，促进山区开发

加强领导 主要包括以下几个方面：

——制定优惠政策。为加快山区综合开发步伐，平陆制定了八条优惠政策：一是加大“四荒”拍卖力度，谁开发、谁管理、谁经营、谁受益，50年不变；二是鼓励土地复垦，增加有效耕地面积，凡新造土地，3年内不负担各种农业税费，并允许新造地有偿转让；三是鼓励兴办股份制农场、林场、养殖场、温室菜园，谁办谁有，实行适当奖励和以奖代补；四是实行农业特产税返还奖励办法；五是对新办的龙头企业，实行封闭式管理，除税务部门外，其他部门的检查收费未经县政府批准不得进厂；六是提倡全民义务修路，鼓励开发商品路，允许投资者收回成本后，受益5～10年；七是山区综合开发的项目，按要求提前完成或有特殊贡献的单位和个人，实行荣誉和经济双重重奖；八是不能按期完成任务或在工程建设中有重大失误者，给予经济处罚直至处分。

——加强行政管理。在项目管理上实行审批负责制，在项目监督上实行质量负责制，在资金管理上实行报账结算制。项目立项、审批、报批由综合开发领导组负责组织计委、农发行、业务主管部门论证，主管领导签字上报，决策失误者由主管领导负责，工程质量由工程主管部门和质量监督部门共同负责；资金管理，采取报账制，按工程进度，分期结算投入，从而保证了投资效果和项目如期完成。

——集中使用资金。为了集中资金办大事，平陆县政府决定：把扶贫资金、农业综合开发资金、以工代赈资金、世界银行资金、山区综合开发资金捆起来，统一按“九五”规划，分项目、分阶段、分层次投入使用。1996年以来，全县共投入资金5000余万元，为山区综合开发提供了资金保障。

——实行一把手工程。山区综合开发实行责任开发、限期开发、任期开发制度。责任开发：把每一项开发具体任务，分解到县委、县政府和各乡镇党委、政府的主要领导头上，从工程设计、施工组织、质量监督到项目验收，具体负责竣工奖惩。限期开发：把项目要求、完成时间，明确到每一个年度、承担单位和项目负责人，按期完成。在施工期间，采取季检查、年交账。任期开发：把每一个项目落实到每一个主管单位的领导头上，任期期满，完不成任务者，不能调动，更不能提拔。

市场引导 搞好山区综合开发，促进全县经济发展，须把产品变为商品，最终走向市场，取得经济效益。平陆采取了四条措施，发挥了市场引导的作用。

——按市场需求，大幅度调整农林产业结构。1994年春，全县实现了人均二亩经济林倒“三七”比例（农业与林业）和马路果园定型绿化三个一步到位全县形成了以林果、牧畜、蔬菜、烟草、矿产开发等五大支柱产业格局。

——大力培育各类市场，宣传、销售林果及农副特产，建起了古虞、条山、傅岩商城。全县17个乡镇都根据当地发展的主导产业和名优产品，建起了销售批发市场，面向全国，吸引客商。同时，坚持举办桃花会、金秋果会，招引客商。平陆的苹果获得了全国金奖，已销往俄罗斯等国家和地区。和新西兰合作培育、栽植的水果之王——中华猕猴桃以特优品质，在北京市场备受青睐。

——走出去。在广州、柳州、昆明、上海等全国大中城市设立办事处等对外窗口，了解信息，宣传、销售各优质产品。

——选拔和培养走南闯北的"经纪人"队伍。全县各类名优特产品的"经纪人"约3000余名，并成立了各"经纪人"公司协会，为产品销售发挥桥梁、纽带、中介和联姻作用。柴庄村党支部书记闫应孝，就是"经纪人"中的突出典型。近年来，他带领本村20名"经纪人"走东北、下江南、闯市场、销果桃，为当地农民销售果品2500多万公斤。

科技先导 科学技术是第一生产力。在山区以林果为主导产业的综合开发中，科技必须先行。具体的做法是五抓：

——抓机构，做到成龙配套有人管。县委、县政府先后聘任了两名科技副县长，给17个乡镇(区)选配了科技副乡镇长，229个行政村配备了科技副主任。县、乡、村层层建立了科技协会。

——抓培训，做到因时制宜学在前。全县上下利用走出去、请进来的方法，培训科技骨干，普及推广实用技术和高新技术，先后聘请了日本果树专家和大专院校学者来平陆巡回讲学。各乡镇、村以乡党校、农民技校为依托，根据造林绿化工程技术要求和经济林各品种的栽植、管护、治虫、防病等一系列过程的综合丰产管理技术，适时地进行宣传、咨询、印发材料、实地培训。全县有43%的农民先后受到培训，有5825名农民获得技术职称，有20个项目受到科技部门的认可。老城乡东坡村农民技术员刘全保创造的苹果科学管理法，得到上级科技部门的认可和奖励。

——抓服务，做到科技服务一条龙。县委、县政府责成科委、科协、林业、农业等部门科技人员，牵头建立健全各种产业产前、产中、产后协调服务机构，运用科学技术指导产业开发，县果办、果协在全县搞了10个优质苹果示范园，并大力推广果树高接换头、苹果套袋、红枣丰产管理新技术，这些技术的推广应用均取得了明显的经济效益。

——抓机制，做到科学开发见实效。县委、县政府逐步建立了学科学、爱科学、用科学的机制，为科技人才创造良好的社会环境。南村乡槐下村青年农民张贯中，研究苹果管理技术，大胆在个人的果园实验，成功地总结出果树管理新办法。他选送的短枝红富士和长富2号苹果，获省苹果评奖会"双金奖"，县委、县政府授予他"苹果状元"的称号。

——抓教育，党以教为重，政以教为先；百年大计，教育为本。为了提高劳动者的素质和技能，打好基础，全县先后筹资3538万元，建教学楼52座，翻修教室6658间，增教学设备15 708台件，90%中小学实现了"一无两有三配套"(无危房，班班有教室、人人有桌凳，有书读、有教学仪器、有文体教材)。每一个乡村所在地最优美、最漂亮的场所就是学校。同时基础教育、成人教育、职业教育和农科教育同步发展，全县新增科技人才7200多人，新增林业科技当家人15名，促进了全县林果主导产业的综合开发。

四是农民主导。农民是山区综合开发的主体，山区开发不仅要靠"官办"，而且要靠"民办"。平陆县十分注重发挥农民群众在综合开发中的投入和参与的主力军作用，利用先干后补、大干多补、小干少补、不干不补，县上配套、农民筹措的办法，鼓励农民向山区综合开发投工、投劳、投资，采取各种形式，教育农民发扬自力更生、艰苦奋斗的精神，群策群力，搞好开发。

各路挺进，围绕产业开发

围绕"人均二亩经济林、三亩用材林"实施造林工程 1992年，平陆县实现了基本绿化，近几年来，又实现了"人均三亩用材林、二亩经济林"的目标，果林业已成为平陆经济发展的特色产业。具体做法有三点：一是政策调动。制定适合本县实际的林业政策。全县划分自留山、责任山和义务山1.61万公顷，给2.6万户农民发放了林地使用证、林权证、树权证，并明确规定"三山"使用证50年不变，允许继承、允许转让。自留山、责任山限期3年完成造林任务，完不成的收回林地另行安排，不积极造林，也不交林地的每亩征收荒芜费30元；凡在荒山、荒坡、荒滩发展经济林在20亩以上、5年收益的，县政府授予"创业模范"称号，以县级劳模对待；凡推广先进果树管理技术面积千亩以上，使百亩以上老果园返老还童，培养懂技术、会管理的"二传手"500人次以上、果品产量质量大幅度提高，并首次打入国际市场的，县政府均授予“果品生产开拓功臣”光荣称号，并给予物资奖励。截至1996年底，全县划分“三山”已完成1.39万公顷，占划分面积的80%，承包在千亩以上的16户，百亩以上的231户，这些大户为林业建设做出了可贵的贡献。西侯乡青年农民李新有，1984年承包荒山145.67公顷，栽植树木93.6万株。二是领导带动。县政府把造林绿化任务和责任压到了各级领导肩上，县五套班子领导成员每年春秋两季集中精力抓二三个月，按要求完成各自的任务，并包乡镇、包工程。县、乡、村三级领导干部实行任期绿化目标责任制，县与乡、乡与村签订责任书。县委、县政府决定在每个造林基地建立责任碑，不仅把造林面积、树种、株数、管护标准、效益指标刻上碑，还要把责任领导及技术人员的姓名也一并刻上，使造林规划、栽植、管护、经营的担子一并压在责任领导的头上。同时，每年对林业岗位责任制的落实情况，组织专人进行检查，奖惩兑现，公布于众，并作为考核年度工作实绩的主要内容之一，对完不成任务的领导干部给黄牌警告。三是效益驱动。经济林是农民按照市场经济规律，选定优先发展的产业，经过十多年的努力，林果业已成为县域经济的支柱产业。1996年，全县经济林达2.8万公顷，其中苹果2万公顷，年产量达1.5亿公斤，收入达1.5亿多元，全县人均600多元，林果业总收入占农业总收入的62%。张村镇有11 451口人，1397.33公顷耕地，栽植经济林1266.67公顷，其中苹果1000公顷，年产量4000多万公斤，收入3000多万元，不少农民从绿色中走向富裕，奔向小康。林果业的发展，带动了相关产业的兴办，运输业、彩印业、纸箱业、饮食业、加工业应运而生。全县运输车辆达3000余辆，摩托车2万余辆，彩印、纸箱业达80余户，果类公司332个，年产果丹皮、蜜饯、果脯8000余吨，逐步形成产业化。

围绕人均“新增半亩耕地”和高效林业用地实施改土工程　全县人均耕地由新中国成立初的0.43公顷，下降为1995年的0.11公顷，个别乡镇、村、组，人均占有耕地不足半亩。面对土地锐减的这一严峻现实，根据沟多、山多、坡多、滩多的土地资源优势，县委提出五年人均新增半亩耕地的战略任务，全县每年增加1333.33公顷，到2000年实现6666.67公顷的奋斗目标。近几年来，平陆人民在三千沟壑下功夫、做文章，修梯田、造新地，开发出2133.33公顷耕地和高效林业用地。

——搞围河造地。在沟涧下游和黄河滩涂，拦一条坝、围一方土，通过整地保土的办法，造一片地、植一片林、建一个园。老城乡沙口村，奋战三个冬春，投资8万元，投工21万个，动土石20余万方，在沙口滩筑起一条拦河大坝，造地68.8公顷，建成千亩优质苹果园。

——搞改涧造地。对河涧利用裁弯取直、涧水改道的方法，修造高标准水地。土地局干部马晋荣在城关涧东河改涧造地42.33公顷，取得50年使用权，全部栽植大樱桃和油桃，年收入达15万元。

——搞堵沟造地。利用沟的优势，整造出一块块耕地，或种粮食，或种经济林。县粮食局租赁21.33公顷荒沟，投资40万元，动土45万方，已平整20公顷保浇田，栽植了苹果。

——搞平旧宅增地。由于传统的陋习，农民大都住在地窑院里。一个院占地0.2～0.3公顷。如今，随着人民生活水平的提高，从地下走到地上，告别旧居，住进新房，但地窑院闲置。为了变废为宝，开展了平旧院、建良田、发展经济林工作。张店镇西牛村，有地窑院180座，占地32公顷，支部书记冯天德率领村民，平掉地窑院48座，造地10.13公顷，利用该村高寒的气候特点，发展晚玖宝桃，经济收入达30万元。

通过多种形式，至1996年全县新增耕地733.33公顷，治理“三跑田”1000公顷，做到了开发与培育结合，开发与保护并重。

围绕“村村通公路”实施修路工程　新中国成立前，平陆只有一条南北通道。此后，陆续开通了西沿山、西沿河公路，但路网密度仍然很低。1993年，县委、县政府为了彻底改变平陆交通的落后面貌，促进山区综合开发，制定了“东西三主干，南北千条线”的修路规划，并提出：“苦战三年，乡乡通油(柏油)路，山庄窝铺通公路”的奋斗目标。经过艰苦奋战，到1996年底，全县17个乡镇(区)全部通了油路，123个村通了油路，占全县总村数的54%，山庄窝铺基本通了公路。东沿河路，全长64公里，贯穿6个乡镇，工程总投资4110.8万元，公路大小涵洞117道，接连涵洞80道，动土石140多万方。在资金没有到位的情况下，举债建设，义务投工，艰苦奋斗，于1996年底全县贯通。东部山区29亿吨储量的26种矿产资源得以开发，变地下资源优势为市场竞争优势；8万人民走出大山，各种林副产品走向市场。地处平陆最东部的下坪乡圪塔村，130多口人。长期以来，出入艰难，下山溜着走，回村爬着上。该村盛产林果，因无路可走，眼看着烂掉。这个村九年没有一家办喜事，村里有九条光棍汉。在县、乡的大力支持下，集资10万元，大战50天，修通了4.5公里的盘山公路，群众激动地说："这是党给我们修的幸福路"。

围绕产业化开发，实施龙头企业工程 平陆从主导产业发展实际出发，实施龙头企业工程，在"山上建基地，山下搞加工，山外找市场，科技创高效"的思想指导下，龙头产业大办林果和矿产。县沛沛食品有限公司从瑞士、意大利引进一套设备能力为3万吨、吸引外资408万美元的浓缩果汁生产线，于1997年7月建成投产，年吞吐量2500万公斤苹果，从根本上解决了"卖果难"的问题，经济效益在1000万元以上。县黄河果业公司，从美国引进苹果涂蜡生产线，将优质苹果上档次，1996年已销往俄罗斯720吨，使平陆苹果打入了国际市场。围绕林果产品龙头企业还筹建了一个年产5万吨、投资1500万元的果树复合肥厂，还建了果树农药厂、高档包装箱厂，使平陆的林果产业经营体系基本形成。在矿产资源开发上，平陆围绕煤、电、铝深加工做文章。全县煤储量为10亿吨，是山西八大煤田之一；铝钒土总储量1.2亿吨，且品位高、易开采。在煤炭资源开发上实施变煤为电战略，现已建成2×6000千瓦坑口电厂，又引进7.7亿元资金建设2×5万千瓦的火力发电厂。在铝矿资源开发上，平陆与三门峡黄河水利枢纽管理局合作兴建了年设计能力5万吨的平陆电解铝厂，这项工程于1996年动工，1997年一期工程已竣工投产。

六轮驱动，社会力量开发

个人承包搞开发（占45%） 西侯乡三洼村民倪增功，承包村里34.67公顷林地，一包50年，不仅全造上林、栽上树，而且对40条地埝的酸枣全接了大枣，共嫁接8.7万株；城关镇东韩窑村支部书记陈子建，承包西沟改土造地工程，把办企业挣来的15万元全投了进去，把一条长1370米、深80米、宽500米的荒沟，搞成了梯田并全栽上了优质油桃和猕猴桃。

集体牵头搞开发（占10%） 城关镇东韩窑村250口人，散居在5公里长的一面坡上，人均1.1亩土地。这个村村口有个老王沟，早在1976年学大寨时，动土砌坝18米高，一场大雨全冲跑。1996年在队长杨克功的带领下，人均集资200元，采取群众投工、银行贷款的办法，大干5个月，造地8公顷。

股份合作搞开发（占35%） 张村镇退休教师何宗圣，联系18户，筹借股金2.3万元，造地1公顷多；洪池乡吕沟村邓双群等3户农民入股，1996年承包荒山43.87公顷，并酸枣接大枣25万株；城关农民刘玉生、刘玉亮、刘玉新三兄弟，组建股份奇达果业公司集团，共联营11个分厂，加工果丹皮、山楂条及各种罐头1500吨，消化次果900吨，年产值300万元，实现利税90万元。

兴办实体搞开发（占3%） 县水利局以水利经济为主体，大办实体，开发经营，共投资1000万元，先后兴办了硅铁厂、配件厂8个企业，21个实体，年产值3760万元，还有计委、妇幼保健站、科委等机关单位，深入农村，开发土地和矿产，兴办各种经济实体，取得了较好的经济效益。

招商引资搞开发（占5%） 平陆提出了："一跑三引求发展（跑项目，引进人才、引进技术、引进资金），多方集资搞开发"的方针，对引资者实行重奖。1995年以来，全县共引回资金4亿多元。

筑巢引凤搞开发（占2%） 近几年来，平陆引进资金先后办起了山河铝业公司、亚白钢玉厂、茅津火力发电厂和福建4个农民投资兴建的轧钢厂。

"六轮"驱动的开发机制，为平陆山区综合开发吸纳了大量的社会资金，近年来，共吸纳资金7000余万元，引资4亿元，占开发投入的90%以上。

平陆实施综合开发正在摆脱贫困。不久的将来，一个繁荣富强的平陆将展现在世人面前。

（执笔人：荆培名）

"围山转"绿了山富了民

——河北省唐山市改善生态环境发展山区经济纪实

有人说,绿化祖国的难点在荒山。因为,凡是长期荒芜的荒山都是水土流失严重的地方,土层瘠薄,干旱少雨,雨水难以滞留,林草植被易毁而难栽。如此说来,荒山绿化就真的没有指望了吗?不。河北省唐山市从80年代起采取"围山转"的办法恢复山区植被,改善生态环境,已被实践所证明是确有成效的妙招。

"围山转"的由来

唐山市位于河北省东端,境内一半是平原,一半是山区。山区包括遵化、迁西、迁安等县,均系燕山余脉低山丘陵地带,主要基岩为片麻岩、砂岩、花岗岩、石灰岩、角砾岩,经长期风化侵蚀,山瘠土薄,水土流失严重,林草植被稀疏。新中国成立之初,燕山儿女为了改变"山顶秃,山腰黄,山脚满是乱石岗"的旧面貌,也曾经仿照平原地区开展植树造林群众运动的办法,发起一次又一次治山造田、栽树种果的战斗,费了不少力、用了不少工。但是,每次战斗的结果都是"成活难,成林难,见效更难",除在远山高山留下一些油松次生林和松栎混交林以外,其他地方依旧是满目荒凉和贫瘠。尽管唐山山区人民历尽坎坷,却没停止过改造自然、创造新生活的探索和向幸福生活前进的步伐。就在这种挫折与探索中,一个绿化荒山、改善山区生态环境的有效办法"围山转",终于在唐山山区人民的实践中产生了。

事情起源于唐山市下属的迁西县杨家峪村。1971年,这个村的农民群众采取"等高撩壕,壕中挖堰,堰堰相连"的办法,在本村的山顶、山腰、山脚植树造林,营造成功一道道绿色林带,收到了蓄水保土、发展林业的效果。这种环套环、圈罗圈,层层叠叠围山而转的植树造林工程,后来被当地群众形象地称为"围山转"。现在,杨家峪村人均0.2公顷"围山转",人均140株板栗树,已全部进入盛果期。自1993年以来,每年人均板栗产量达400公斤,每户仅此一项人均收入达5000~6000元。1996年3月,这个村被林业部评为"全国造林绿化千佳村"之一。

无独有偶,就在杨家峪人围山而转的第十年,即1982年5月,迁安县马兰庄镇红石崖村,也在磕磕碰碰中摸到了围山转的门道。那一年,这个村组织全村男女剩余劳力向荒山宣战。用移山填沟的办法,大动土石方,由于没有经验,两年多的时间只填平了两条小山沟。进展缓慢,效益也不明显。他们总结经验,又在山坡上挖了3公顷多水平沟,栽上了苹果和梨树。结果,果木长势良好,而且省时省工。两种作法取得截然不同的两种效果,对比使他们认识到,移山填沟大动土石方,费时费力效果差;挖水平沟,省时省力效果好。于是他们集中力量大力发展、提高、完善水平沟。恰在此时,县林业局派来工程师蹲点,在工程师的指导下,村民们在坡坡岭岭上大挖水平沟,并将水平沟在大范围连成"围山转"。然后在"围山转"水平沟的松土内栽上果树。经过1984年夏、秋两季的奋战,共挖"围山转"33.3公顷,并分区域栽上了苹果、梨、桃、红果、杏等果树。同时搞水、电、路配套,山下打大井2眼,山上建水囤4座,铺设输水管道1.6万米,安装水龙头1000多个,修环山路1.5公里。功夫不负辛勤人。红石崖村1985年春栽植的密植桃园当年成园、开花，1986 年秋 40%的植株见果；同年栽植的红果，1986 年 30%的植株见果。从那以后水果产量逐年大增，到 1997 年，全村产干鲜果达 13.9 万公斤，产值 22 万元，全村人均收入 5990 元。在改善山区生态环境中，红石崖村民不仅完善了有深远意义的“围山转”工程，而且创造了栽植高密度、成园高速度、产出高效益的“三高”果园。

开始，“围山转”并未受到人们的重视。70 年代以前，只有唐山北部山区的少数乡镇仿效，搞了一些试验，面积也不大。党的十一届三中全会以后，市委、市政府领导农村深化改革，千方百计从山区开发上找出路。正是有了这样的大气候、大背景，杨家峪农民创造的、红石崖农民发展完善的“围山转”工程才得到极大的推广。

先是马兰庄镇党委、政府在全镇各村推广红石崖村的经验，把全镇荒山划分为西南、西北、南部三大林果开发区，制定了 333.3 公顷荒山开发规划，发动全镇男女老少，大搞“围山转”工程，兴建“绿色工厂”。先后投资 560 万元，实现“围山转”与水、电、路全部配套，新建“三高”果园 520 公顷，栽植各种果树 32 万株。现在，这些果树已初见成效，年产干鲜果品 3000 吨，可收入 669 万元。

从 1985 年以来，市委、市政府把“围山转”的推广工作摆上了全市农村工作的重要议事日程，由一村一乡推向各个县区，在全市所有山区形成了大阵势，得到了大发展。1996 年，“围山转”综合开发利用技术被列入京津唐“首都周围绿化工程”项目区，在规模和质量上又上了一个新台阶。现在，唐山市北部山区在“围山转”工程上已投资 2.8 亿元，投工 9200 多万个，动土石方 1.2 亿立方米，人工挖“围山转”水平沟长度 1.4 亿米，可绕地球 3 圈半。全市已累计完成“围山转”工程 5.3 万公顷。其中，近一半做到了水、电、路三通，形成了“山顶松槐戴帽，山中板栗缠腰，山脚苹果梨桃，树下间种粮油配套”的立体绿化荒山模式。

“围山转”的优越性

“围山转”适合水土容易流失、气候相对干旱的低山丘陵地区。具体操作方式是以一座山或一面坡为一个单元，在 25°以下的宜林缓坡上，依山就势沿等高线挖宽 1 米、深 1 米的环山水平沟。挖沟时把较肥的表土暂放在沟上沿，把深处的生土放在沟下沿；待沟深达到标准后，再将上沿的熟表土回填沟内；用下沿生土筑成宽 1 米、高 0.5 米的坝埂，坝埂外高内低形成“外噘嘴，里蓄水”的水平带畦面。畦面间相隔 4～5 米、畦面以内按 4～6 米株距栽植板栗、红果等果树，形成多层次复合生态系统。

“围山转”的主要优点是保土、保水、保肥，易栽、易活、易成材，既有利于恢复林草植被，又有利于水土保持，一举两得，相辅相成。

十几年来，“围山转”给唐山市北部山区带来了良好的经济效益、生态效益和社会效益。

加快了绿化荒山的步伐 过去山区造林成活率和保存率不足 40%，采用“围山转”工程造林后，大大改善了立地条件，造林成活率达到了 90%，把 5.3 万公顷荒山改造成了有林山。

有效地解决了山区水土流失的难题 据水利部门测算，一亩“围山转”最低蓄水量为 46.55 立方米，加上生物截流，可承受一次降水 379.94 毫米。1979 年 7 月 28 日一次降水 288.5 毫米，“围山转”工程均安然无恙。1989 年 7 月 26 日 40 分钟降水 113 毫米，滦阳乡小寨村 130 多公顷“围山转”工程没有一处冲坏跑水。凡是“围山转”搞得好的地方，土壤侵蚀由过去每平方公里年均 1000～1300 吨下降到 30～300 吨。实现了“小雨中雨不下山，大雨暴雨缓出川”的目标。当“围山转”工程山连山、片连片形成一定规模后，雨季清流缓出，旱季水不断流。

开辟了山区国土资源利用的新途径 “围山转”是个“春开夏得利，夏开秋得利”的复利率增值的事业。全市“围山转”种植粮油作物相当于纯增耕地 8000 公顷，年收获矮杆粮油 3200 万公斤，相应伴生资源同步增长，年产紫穗槐条子 8000 多万公斤，收获干鲜果品 4000 万公斤。

开辟了山区人民脱贫致富的新门路 “围山转”树上结果，树下种粮，既改善环境，又增加地力，能显著促进伴生植物生长。据测算，每亩“围山转”前 3 年每年农作物可收入 50～100 元，3～6 年后每年可获槐条和果品收入 300～500 元，10 年以后每亩收入可达千元以上。开发时每亩投入 400～500 元，3～5 年即可全部收回。围山转工程搞得好的迁西县，1997 年全县有 17 个乡镇、387 个行政村、8.3 万户农民实现了小康。汉儿庄乡张庄子村村民王春槐于 1988 年春包下了本村40公顷荒山，栽植以板栗为主的各种干鲜果树3.6万株，并全部采用良种嫁接，矮杆密植，实施科学管理，效益逐年递增。自1996年以来，每年收获板栗、梨、桃、李、杏干鲜果品均超万斤，收入达5万余元，成为远近闻名的林业大户。

促进了农业产业结构的调整 "围山转"造林模式的出现和形成使天然降雨由过去的地表径流变为地下渗透，山区境内各县百余座水库，库库有水，库库养鱼。"围山转"面积最大的迁西县现有淡水面积4133.3公顷，年捕鱼突破1万吨，居河北省陆地县淡水养鱼第一位。这个县11年间农田灌溉面积增加1333.3公顷，1997年农作物两茬播种面积由2666.7公顷增至4066.7公顷，年增产粮食1100万公斤；1997年全县牛羊等草食家畜存栏由1987年的4.8万头(只)增长到21.9万头(只)；林牧副渔四业产值由1987年占农业总产值的52.9%增长到66.8%。

领导与"围山转"

"若要树木围山转，先要山民围山转；若要山民围山转，先要干部围山转"。这是唐山市委、市政府在北部山区推广"围山转"工程的主要体会。

为了造福子孙后代，唐山市的历届领导班子都把"为官一任，绿化一方"作为自己的天职，既动脑也动手，常年累月"围山转"。领导用心群众使劲。许多乡、村干部为了"围山转"长年不拿工资补贴，带领农民脱贫致富。有些会手艺的农民宁愿放弃外出挣钱的机会，全身心投入到"围山转"上，他们吃住在山，挖山不止。一些青年人推迟婚期，毅然拿出自己准备盖房、办喜事的钱投入到"围山转"。

十多年来，唐山市委、市政府在推广"围山转"工程中，主要做了如下几方面的工作：

抓科学规划 唐山绿化是国家京津唐绿化总体规划的冀东防护林区。在战略布局上既要为本市生态环境建设服务，又要为首都建设服务。市委、市政府领导班子对此有强烈的责任心和紧迫感。从市委书记、市长到农、林、水、财、经、贸各部门都十分关注"围山转"工程建设，派干部、送技术、给投资、给设备，齐心合力"围山转"。特别是在北部山区，各乡、村都对需要开发的山头逐个排队，绘制成图，把"围山转"造林任务落到实处。在具体实施中坚持"先易后难、先急后缓、先重点后一般"的原则，首先从片麻岩开始，逐步向石灰岩、角砾岩推进。远山高山区，抓好封山育林，养水源，保草源；低山丘陵区，以发展经济林为主，建设大面积板栗园；山下闸沟垫地土，栽果树、种粮油。同时规划出水、电、路等相配套的基础设施建设，做到建设一山、配套一片、成效一方。

明确政策 市政府规定新开发的荒山，三年内免交农业税和各项提留，坚持谁投资、谁开发、谁受益，允许转让、可以继承。对1983年以前承包到户的荒山已经绿化的，继续坚持"谁造谁有"的政策；没有按期治理的，收归集体统一治理。对新开发的荒山，因地制宜实行多种形式承包责任制。有的搞分户经营，有的搞大户或联户经营，有的搞专业队承包，提倡适度规模经营，壮大集体经济。对剪枝、治虫、配电、浇水等工程量大、技术性强、一家一户难以办到的事情，由村委会集体负责；树下管理、果品收获等则分户作业。

近两年，尤其是党的十五届三中全会以后，迁西等县把效益不明显的荒山、荒坡以30年使用权或50年使用权拍卖给农民。这一新的政策措施实施后，再一次调动了农民的积极性。迁西县东荒峪镇大店子村村民王贺民将自家盖两层小楼的计划改为建一层住宅，挤出钱来买下了4.7公顷"围山转"的30年使用权。由于该县农民的竞相投标购买，使得6000公顷已开发但未能如期绿化的"围山转"和4666.7公顷荒坡、1333.3公顷荒滩得到快速绿化和有效利用。

多方集资 多方集资是搞好"围山转"造林工程的物质保证。市委、市政府坚持"自力更生为主，国家补助为辅"和"多方集资，各负其责，各受其益"的方针，广辟集资渠道。其中包括：由乡镇企业的税后利润中筹集绿化资金，实行以工补林；利用劳动积累工引导群众搞绿化；利用回收原生产队遗留欠款，把死钱变成绿化资金；利用银行贷款造林；把部分占地补偿费转为绿化资金；从农林特产税中提取一定资金返还于林果生产；从征收的水资源费中提取一部分用于造林；征收绿化费，等等。为了合理使用劳动积累工，唐山市政府还颁发了《关于农村劳动积累工的暂行规定》，要求山区每个劳动力每年必须承担15～20个劳动积累工。在劳动积累工的使用和管理上，有的是以承包地、树为基数，按户按人摊工，超额出工的由村集体付给报酬，少出工者，按议定的标准交款；有的是以劳入股、按股分红；有的是按实有人口分摊任务，超奖亏罚；还有的以车顶工、以技顶工和以工抵"欠"等。这些办法都在"围山转"中运用得较好，起到了关键性的作用。

抓工程措施和生物措施的结合 开挖"围山转"工程的重要一环是整地。一般做法是在"围山转"土方工程筑好后即于当年或下年在畦面栽树，在塄沿上种植紫穗槐或牧草，经过两三年，"围山转"工程就可以形成一个新的生态系统。特别是通过发展紫穗槐，可以给果树压一二次肥，第三茬茎叶作饲料。这样，槐养地，地养树，树叶饲养牛、羊、兔，形成一个有机的生物循环链。过去通过挖大埯栽植的果树都跑水、跑土、跑肥，通过"围山转"工程发展的各种果园，起到了保肥、保水、保土的作用，促进了果树增产增收。市委、市政府围绕"围山转"建设还大抓了水、电、路配套。市政府经常把"围山转"工程所涉及到的单位召集在一起，统一办公，组织社会各方面力量为"围山转"献计出力。水利、电力、农业、畜牧、交通等部门都根据自己的业务特点投资、投物、投技术。目前，全市"围山转"工程已建成了"四化四高"(即优种化、梯田化、水利化、科学管理化，高标准、高速度、高投入、高效益)的优质果园，使林业生态效益、经济效益和社会效益得到充分发挥。

抓工程质量 在开挖"围山转"过程中，市、县林业局的科技人员经常深入造林工地，同基层干部群众一起组织施工，现场进行技术指导和质量检查，严把质量关。坡度在25°以上不适宜搞"围山转"的片麻岩山地，则用打大埯的办法，用容器育苗造林。在石灰岩山区，运用"围山转"办法，用垒石坝的方法把山围起来。为使"围山转"工程科学化、规范化，市、县林业主管部门还着力抓了科技网络和队伍的建设。全市138个山区乡镇都建立健全了林业工作站。村级选拔了2500多名热心林业事业的技术人员，每个农户或几户也有一两个"明白人"，形成了上下呼应、灵活运转的林业科技服务体系。1988年，全市将乡镇林业工作站的部分林业技术员由临时工转为长期合同工，稳定了林业科技队伍。多年来，全市除普遍培训"围山转"工程施工员外，还培训了20多万农民林果技术骨干。由于质量保证、技术过硬，对已经开发的"围山转"工程经反复检查验收，至今未发现因质量问题造成的水土流失。

唐山市绿化当然不仅仅限于北部山区的"围山转"。市委、市政府在狠抓山区绿化的同时，花大气力、下硬功夫，大抓中部平原的绿化和南部滨海洼地的改造，同样也取得了巨大成绩。50年代初期，全市只在远山高山生长一些油松天然次生林和松栎混交林，林地面积仅有3.6万公顷，果树面积仅有1.1万公顷，果品总产量不过1000万公斤，森林覆盖率只有2.7%。

新中国成立后，市委、市政府很快就成立了东陵、海滨两个造林局。1952年两个造林局合并成立了唐山专区林业局。50年代，当地政府扶持种籽、苗木，负责技术指导，推行公私合作造林。在第一个五年计划期间，地委、行署遵循"自愿互利、典型示范和国家帮助"的原则，创造了"以护林为主，因地制宜互助合作"的林业生产方式，促进了林业的发展，出现了很多"万亩林"、"五千亩林"的造林典型。党的十一届三中全会以后，唐山市造林绿化事业进入最好的时期，三年一小变，五年一中变，十年一大变。到1997年底，全市有林地面积达30.9万公顷，其中果树面积13.3万公顷，果品年产量82万吨，森林覆盖率21.89%。

(执笔人：董印权　许贵元　史景成　李洪中)

从“木头经济”到可持续发展

——江西省安远县推进山区综合开发的经验

（一）

地处江西省南部的安远县是南方重点林区县，珠江上游的东江即发源于此。全县总人口30.8万人，土地总面积237 479公顷，其中林业用地占84.2%，素有“八山半水一分田，半分道路和庄园”之称。目前森林覆盖率78.4%，活立木蓄积量723.7万立方米。林业是安远县国民经济的基础产业和重要支柱产业，历年来，50%以上的县财政收入靠林业提供，农民脱贫致富的主要途径靠山地开发。

安远的林业曾经有过辉煌的历史。70年代末森林活立木蓄积量位居全省前茅，达到1108万立方米。但是进入80年代以后，由于受眼前利益的驱使和以采伐为主的“木头经济”机制的束缚，资源急剧下降。至1990年，全县森林活立木蓄积量下降到675万立方米，年均资源赤字39万立方米，宜林荒山面积增加到30 667公顷，成为江西省荒山、资源赤字、能源性消耗大户县。森林的破坏导致水土流失、灾害频繁，资源的减少造成农民收入的逐年降低，林业单位也陷入“资源危机、经济危困”的境地。林业的“两危”动摇了全县经济发展的基础。

（二）

面对这种状况，安远的决策者们感到，经济发展再也不能走拼资源、高消耗的老路，林业的发展也不能单纯把目光盯在林木资源上。几经运筹，安远县委、县政府于90年代初期提出“靠七分田解决温饱，靠十亩山脱贫致富”的战略方针，号召全县人民在“灭荒”的基础上大搞山地综合开发，大力发展林、果、竹、茶、花、药，猪、牛、羊、鱼、鸭、鸡，走种养加“一条龙”、贸工林一体化的道路。1992年，一场以果业开发为起点的声势浩大、规模空前的山区综合开发大会战在安远大地全面展开，依托山区资源优势，以市场为导向，以高产、优质、高效为目标，立足名特优新品种，发展脐橙、奈李、蜜柚、猕猴桃等经济果木林，建设具有专业化生产规模的果业商品基地。目前，全县果林面积13 333.3公顷，人均0.044公顷，其中：林业部门果林面积1020公顷，已超过职工人均0.33公顷的目标。1996年，全县果林挂果面积3730公顷，水果总产量3360万公斤，总产值6040万元，占山地总产值的18.7%；出现万亩果林乡镇3个，千亩果林村38个，百亩果林村民小组205个，10亩以上的果林专业户5000余户。果林已成为安远县发展农村经济的支柱产业。与此同时，以实施国家重点工程项目为示范，大力发展天然阔叶林、毛竹林、油茶林基地，从1993年至今，改造培育阔叶林12 000公顷，笋竹两用林7667公顷，油茶低改林4000公顷。全县林业商品基地面积达5.9万公顷。

安远县的山区综合开发，既切实抓山上高效林果基地的发展，又充分挖掘丰富的草场资源和利用山区优越的气候条件，注重山下搞养殖。为了真正找到有市场、见效快的养殖项目，县里多次组织人员到全国各地考察了解，在充分调查研究和反复论证的基础上，确定把麻羊、三黄草鸡、肉兔、肉鸽作为特种养殖的主攻重点，以国有林场和乡镇单位作示范并建立种源繁育基地，采取“公司＋职工”、“公司＋农户”的形式组建养殖集团公司，辐射带动周边农户全面发展。目前，全县养殖业已初步形成商品化、规模化、养殖品种由原来的 4 个扩大到 12 个，建成了饲养麻羊 1 万头、三黄草鸡 10 万只、种兔 1 万只、肉鸽 2 万只的四大特种养殖基地。通过发展养殖业，拓宽了国营职工、集体农户致富的门路。1996 年，全县养殖业产值达 1.3 亿元。

（三）

伴随着种养业的迅速发展，安远县一大批有见识的林农又逐步从单纯的种植业、养殖业和传统的林木资源培育，逐步转向林果、林牧、林渔相结合，走立体、规模开发的路子，实现了高产、高效。

高云山乡铁丰村一位普通农民，80 年代末承包村里 166.7 公顷山林。他以一个农民企业家的果断气魄，率一家四口搬到山上，专心从事山地开发。经过几年的苦心经营，改造阔叶树 56.7 公顷，种植毛竹林 21.3 公顷，板栗 3.4 公顷，脐橙 6 公顷；同时修建场房 130 平方米，办起了家庭养殖场；1996 年出栏生猪 20 头，鸡鸭 530 只，饲养麻羊 23 头，生产鲜鱼 1800 公斤，销售了 2.5 万多公斤三华李，纯收入达到 6.6 万元。

孔田镇新塘村农民李瑞山，从 80 年代中期开始承包山地搞开发，先后营造人工速生丰产林 24 公顷，改造次生林 16.7 公顷，近几年来扩大果业、毛竹种植面积 16.4 公顷，还开发了麻羊养殖、水面养鱼等多种经营项目，成为带动邻近乡村乃至全县农民从事山区开发的典型庄园户，被评为江西省赣州地区十大种养状元。

新园乡坪岗脑村民小组，利用 1 万元扶贫资金，开发荒山，造林种果，种植柑橘 5.7 公顷，通过折股量化到人，按股投资、以劳代资、按劳计酬、按股分红，办起了股份制林果园。1996 年，拥有果园面积 13.3 公顷，人均 0.11 公顷，果园人均分红 2200 元，占人均纯收入的 80%。家家户户住进了小康楼。

这些典型在社会上引起了巨大反响，也引起了县委、县政府的高度重视。县委、县政府认为，这些典型不仅效益高，而且把用材林和经济林、长期效益和短期效益结合起来，代表了林业发展的方向。经过深入调查论证，确认这种模式是山区资源、资金、劳力、技术的优化配置，是林业产业进入市场、获取高效的最佳途径，并把这种模式定名为“林业庄园”。林业庄园就是山上有林子、山中有五园（果园、竹园、药园、茶园、花园）、山下有水面（养鱼、养鸭鹅）、园内有养殖场（饲养野生动物、家畜、家禽）。

（四）

为了促进林业庄园建设持续、快速、健康发展，安远县制订了一系列“兴园富民”措施。一是宣传发动，充分利用报纸、广播、电视、板报、标语的形式使农民看到兴办庄园的优越性和高效益。二是服务引动，县里成立了由多个部门组成的“庄园经济建设办公室”和“猪沼果”工程指挥部，每年从县直机关抽调 300 多名干部下去协助和指导，解决实际问题。三是典型带动，重点扶持一批基础好、积极性高的农户，在资金投入、科技指导、项目安排、政策优惠等方面给予倾斜。四是政策推动，主要是用活用好世行贷款资金、赣中南开发资金、老建扶贫资金、山区综合开发资金、以工代赈资金，加大庄园建设的投入。到 1997 年底，全县已兴办了以山为主，一山多用，种植、养殖综合立体开发的林果业庄园 6549 个，经营山林面积 13 万公顷，果业 1 万公顷，养殖水面 1000 多公顷。安远县林业庄园的兴起适应了林业自身发展规律和市场经济的客观要求，表现出了强大的生机和活力。林业庄园使林业生产由单一的“木头型”转化为综合开发、多种经营、全面发展的“多业型”；由“分散经营”、“粗放管理”转化为“规模经营”、“集约经营”，提高了山地开发的规模效益和整体效益；林业管理由“行政化”转化为“群众化”，由“被动开发”转变为“主动开发”；林农经营思想由消极的“靠山吃山”转化为积极的“靠山养山”，增强了自主开发的主动性和能动性。1996 年，全县投入山地开发的劳力比例由 1990 年的 72.3%提高到 87.4%，山地每公顷产值由 90 年代初的 679.5 元提高到 1027.5 元，全县山地总产值达 3.23 亿元。

（五）

安远县的山区综合开发，在立足商品基地培育资源的同时，把发展相关的加工业摆在突出的位置。一方面，抓好以胶合板、刨花板、细木工板等企业为龙头的木材系列加工和以松香、萜烯树脂、松焦油等企业为龙头的林化系列加工业；另一方面，着重培植以柑橘加工、竹笋加工、药材加工等绿色食品龙头企业，成立了绿色食品集团公司，充分开发本县丰富的水果、竹笋和中药材等资源，先后创办了县柑橘加工厂、罐头饮料厂和山香园口服液、山香园山香药业加工生产线。1997年3月，安远县又从澳大利亚引进90年代国际最先进的水果打蜡分级包装生产线，建成了可一次贮藏鲜果520吨的大型保鲜库，新上了野生猕猴桃饮料加工生产线，办起了年产各类绿色食品罐头4500吨生产能力的罐头饮料厂。通过抓龙头企业，采取“公司(工厂)＋农户”的形式，靠市场牵龙头、靠龙头带基地、靠基地联农户，促进了资源基地的培育和发展，把产、加、贮、运、销各个环节连接起来，逐步形成了产供销“一条龙”、贸工林一体化集团经营的格局。

抓森林旅游，促进和带动第三产业的发展，是安远县山区综合开发的又一个显著特色。三百山国家森林公园是东江的源头，香港同胞饮用水的发源地，又是风景秀丽的森林旅游区。近年来，安远县紧紧抓住京九铁路全线贯通和香港回归这一历史契机，加大宣传力度，加快了旅游兴县战略，以“旅游搭台、经贸唱戏”为手段，把以三百山国家森林公园为龙头的旅游业作为安远一项新的支柱产业和经济腾飞新的增长点来抓。1997年仅三百山国家森林公园就接待中外游客10万人次，全县实现森林旅游产值超过400万元。

（六）

为了顺利实施山区综合开发，安远县先后出台了一系列优惠、扶持政策，吸收了大量的资金、劳力、技术投向山上，极大地调动了全县人民的积极性。

一是明确和理顺“责、权、利”的关系，实行“谁开发，谁管理，谁经营，谁受益”和“山权不变，联合开发，林果权属共有，比例分成，投劳者得大头”的政策，允许土地使用权的有偿转让、抵押、入股和继承，允许租赁和拍卖“五荒”，一定50年不变。

二是鼓励各单位、各部门积极与乡、村、个体联营，创办经济实体，县委、县政府要求每个乡镇必须兴办一个千亩以上的毛竹林基地或果业开发基地。为了大力扶持林果业、养殖业庄园经济发展，建设“猪沼果”工程，在资金和项目安排上重点投放，并在技术指导、规划设计等方面给予免费，在种苗和肥料供应上给予优惠。

三是建立山区综合开发科技激励机制，实行科技人员业绩量化考核制度。为了鼓励科技人员深入第一线开展技术承包、技术咨询、技术服务等活动，实行“工作关系、工资关系、职务关系、职称关系”四不变，对在山区综合开发中从事技术推广、科技攻关的科技人员，按所产生的经济效益的5%给予奖励；取得地级以上科技进步奖励的，县里按上级所发奖金数增发奖金。

四是在投入上，坚持以自筹资金、投工投劳为主，国家扶持为辅，鼓励多渠道筹集资金。大力推行劳动积累工制度，要求每个农村劳力每年至少投劳100个工日以上用于山区综合开发，积极动员广大干部职工踊跃入股用于山地开发；对引进外资搞开发和创办经济实体的，给予适当奖励。在1996年的庄园经济和“猪沼果”建设中，为解决群众建池费用，县政府规定每建一个沼气池，县财政贴补50元，林业局贴补150元，老区建设办、计委及当地乡镇各贴补50元。仅此一项，全县累计贴补资金348万元。

（七）

安远人民在山区综合开发中，发扬新时代愚公移山精神，自力更生，艰苦奋斗，全县林业已出现了持续、快速、健康发展的势头，与“八五”期末相比，有林地面积年均增加6000公顷，森林活立木蓄积量年均增加10万立方米，森林覆盖率年均增长1.9个百分点，实现了森林面积、蓄积和覆盖率“三增长”。1996年，全县国民生产总值5.86亿元，山地总产值达3.23亿元，实现林业利税1100万元。全县农民纯收入1582元，是1990年的2.6倍。近几年，安远县先后荣获全国造林绿化百佳县、全国绿化先进单位、全国经济林建设和乡村林场建设先进单位等称号，1994年被林业部列入全国100个山区森林复合经营示范县，1997年被列为全国山区综合开发示范县。这是再创安远林业辉煌、实现林业可持续发展的历史性机遇。（执笔人：唐涛　廖新古）

山地·宝地·希望之地

——湖南省怀化地区山地综合开发的经验

山，自古以来是隔断山区人民与外界交往的屏障。每一座山，又好似一个巨大的包袱，兜着贫困和落后，沉重地压在山区人们的肩上。

然而，山又是有灵性的，是多种生物的载体。只要人们尊重他、爱护他、善待他，他就会十倍、百倍、千倍、万倍地给人们以回报。

在80年代，当改革开放的春风吹进山区的时候，领导开明了，政策放宽了，群众心齐了，随后山就发生了变化：树多了，山绿了，"包袱"里抖出了财富，山里人看到了希望。

（一）

地处湖南西部的怀化地区原来是一个贫困落后的山区。全区山地面积达200万公顷。人均耕地不到1亩，人均山地却有8亩。据1985年统计，处于温饱线以下的贫困人数达26.4万户，120万人，分别占当时全区农户、农业人口的28.7%和28.9%。"失误在山"是贫困的主要原因之一。一方面，只注意做1亩耕地文章，而8亩山地资源却没有利用而白白浪费；另一方面，山地植被破坏严重，造成水土流失，形成农业生产系统与生态系统之间的恶性循环，1亩耕地的文章也并未做好。资料表明，由于严重的毁林开荒，加之砍伐过量，全区森林蓄积量由1957年的7600万立方米，减少到1985年的4507万立方米；水土流失面积由50年代的7%增加到70年代的25%，沅水含沙量的平均值增加了32%。没有森林和植被的土地失去了抵御风暴的能力，于是乎，大自然开始报复：强雨三天见涝，曝晒三日见旱；一年一小灾，三年一大灾。残暴的山洪毫不留情地将那点薄得可怜的刚要熟化的土层，那点辛辛苦苦一年积攒的肥力统统化为乌有，贫瘠的土地难以支撑越来越大的人口压力，人们便又举起伐木大斧……从而，形成了一条解不开的连环枷锁，一代一代的人们被它绑在贫困的深渊里挣扎。

历史是一个巨大的仓库，给予了人们丰厚的财富，历史也是一本冗长的教科书，正反两个方面的经验教训在时时教诲、告诫着人们。痛定思痛，怀化地委、行署终于总结出"失误在山"的教训，进而从生态原理和系统工程理论出发，立足于既防止水土流失，改善生态环境，又促使山区尽快脱贫致富，响亮地提出："八亩山地做文章，综合开发奔小康"，决心依托山区资源强化开发，实行国家、集体、个人一齐上，大力发展林果药基地及其加工与流通的山地综合开发，从根本上改变全区贫困落后面貌。

1983年，一场开发荒山，大搞以林业开发为主体的山地开发总体战，在紧锣密鼓中拉开了帷幕。

山地开发总体战，包含两个层次的含义，一是植树造林、绿化荒山，培育和保持森林资源，从整体上改善山区的生态环境。二是在具有雄厚森林资源的基础上，对林副产品通过加工、流转，进入市场销售，把资源优势转化为经济优势，帮助山区人民脱贫致富、奔小康。

在具体实施、具体操作中，地委、行署特别注意把握两点：一是坚持用优惠政策调动群众的积极性，推动山区森林资源的培育；二是坚持用市场机制激活山区人民的商品意识，实行林副产品的加工、运输和销售。

(二)

若要山变绿，先要人变勤；若要人变勤，先要政策好。在20多年山地开发中，地委、行署几次调整政策、放宽政策，用政策调动人们的积极性、用政策推动山区绿化。

调整的决策之一 从部门造林转向动员组织全社会投入山地生态环境建设。山地开发周期长，投入大，投入的匮乏与不足，是他们施展开发蓝图最大的拦路虎。过去，光靠国家一个“口袋”拿钱，不多的资金又分散于各专业银行和各部门，形不成综合开发的合力。有时要上一个大项目，也得由行政首长亲自出马，联络各方，才能勉强吃一个“小拼盘”。林业部门算了一笔账：按“五年消灭宜林荒山，十年绿化怀化”的规划，每年需资金9000多万元，而国家用于造林资金不足这个数的1/3。在资金困难面前，怀化地委、行署不是等着国家给政策、给投资、给条件，而是千方百计调动全社会自力更生，搞植树种果。经过调查和分析，他们及时提出了“三开、三让”策略。

“三开”，即自我开发，向国内全方位开放，向国外开放，制定一系列优惠政策。如荒山造林，允许继承；经营期不受限制；支持能人大户搞承包开发；承包经营打破地域界限。

“三让”，即让税、让利、让码头。引资，以实物补偿和投资付息，谁开发、谁经营、谁受益。

有力有利的政策，给怀化山地开发注入了强大动力。于是，在怀化这片古老而又年轻的土地上，如火如荼地掀起了诸如党政机关示范性开发、能人开发、专业公司开发、联合开发、乡村组集体开发、股份制开发、学农基地开发等多元体的开发热潮，使沉睡了多年的荒山荒坡重新披上了崭新的绿装。至今，全区4065个村都办起了绿色基地，新开发区域性商品林面积60多万公顷，其中高标准的高效林果基地48万多公顷，成为湖南省最大的林果基地。

调整的决策之二 从分散经营转向规模经营。农村推行联产承包制以后，怀化地区将82%的山林承包到户经营。这种变革，曾一度调动了群众的开发热情；但“一主多山、一山多主”的小块分散经营，与林业大规模开发极不适应。为改变这种山地使用权分散化的情况，许多群众自发地突破现行土地制度的框架，进行山地使用权的有偿流转，把一些没有价值，又没有价格的东西变成资本。于是，地委、行署因势利导，尊重群众首创精神，及时制定政策措施予以引导和支持，并明确规定农户承租(或承包)的山地使用权可以有偿转给其他开发组织和个人，并凭证取得山地使用权收益。流转的原则是平等、自愿、互利、有偿，流转的形式可以入股、出租、兑换、抵押等。流转的程序是先由双方协商选择流转形式，确定流转价格，然后正式签订使用权流转合同。

走好一着子，动活一盘棋。这一重要决策，大大提高了社会和农民的价值观念，解决了林业生产要素优化配置中需要理顺的诸如产权、规模、分配等关系，进而推动了林业生产的规模化经营。目前，全区已有偿流转了27.33万公顷山地，同时还新建各类林场2130个，巩固乡村集体林场2418个，规模经营面积突破100万公顷。

调整的决策之三 从规模经营转向高层次的股份制经营。林地的规模经营极大地解放了生产力，但随着开发的不断扩展，开发成果的经营管理遇到了困难。有的开发者善于创造成果却不善经营，有的开发者因为缺乏资金、劳力，无力继续经营。这些矛盾、困难阻碍着山区综合开发的深入。怀化地区党政领导在实践中体验到，要使开发更有成效，必须把土地、劳力、资金、技术和林木等资产优化配置，形成综合效应，才能更有效地推动山地深度开发。于是，他们从林业生产的特点和分山到户以后完善林业生产责任制政策的连续性出发，依据山林资产形成过程中生产要素的投入，进行产权界定、资产评估、折价入股、建场管理、自主经营，把山林经营推向了股份制改造。通过全区上下近五年的创业，已建立了股份林场380多个，经营面积16万公顷。股份制林场的建立，使分散经营的山林通过微观组织走向了新的联合，提高了组织化程度，增强了市场竞争力。更为重要的是，为推进林业产业化奠定了基础，提高了广大林农的收入，增强了林区活力。靖州县建立股份林场以来，林农商品材收入每立方米增加了42元，林业开发速度也提高了1.5倍。广大林区群众看到山林股份制改革的成效和前景，称之为是“怀化林业的第二次革命”。近20年的治理，使千千万万座山头，从茅草和荆棘世袭中育出了大片大片郁郁葱葱的林木，随处可见的是各具特色的飘香流金的花果山，是围绕林业资源开发兴建的各类工厂、场和市场。现在，怀化地区有林地面积已达到147.67万公顷，森林蓄积量增加到4643万立方米，森林覆盖率上升到60.4%。

绿色，不仅在山区积聚了雄厚的森林资源，为山区经济发展提供了诸多的林产品和林副产品，而且在改善山区气候中起到了极为重要的作用。1996年，怀化地区遭受了历史记载以来最大洪涝灾害，而通道、靖州、黔阳、芷江、新晃等县因主河道上游来洪，使主河道两旁受到一定程度损失外，本地洪涝灾害较轻，粮食产量创历史最高水平。这不能不承认是绿色基地的功劳。

（三）

山绿了，水清了，人笑了。沉沉甸甸的果实，预示着绿色产业将更进一步兴旺发达、繁荣昌盛。

然而，山青不等于经济发达，林多不等于群众富裕。要把资源优势变为经济优势，还必须使山区与市场连接起来，使产品变成商品、资源变成货币。怀化地区的领导在审视走过的历程时，清醒地认识到过去怀化地区的林业明显存在着资源浪费大、加工增值少、商品转化率低、增效速度慢等问题。基于此，地委、行署决心按照市场经济条件下经济和社会发展的客观要求，走产业化的路子，把林业大区建设成林业强区，不失时机地确定了“山外抓市场、山上建基地、山下搞加工、科技创高效”和“产业化、集约化”的发展战略，把林业、畜牧、水产、烟果和中药材作为怀化经济发展的四大支柱产业，并将林业作为四大支柱产业的重中之重。

于是，一场以林业开发为突破口的产业化建设，在这片广阔的土地上又揭开了新的一页。在产业基地上，坚持以区域化基地为依托、以优质高效开发为手段，打破原有的经营格局，通过调整产业结构形成与资源特点相适应的经济优势。尤其是近三年来，经过市场筛选和优胜劣汰，把基地建设的重点放在那些符合市场需求、具备加工条件并能形成较大规模的名、优、特、新产品上，重点启动了10万亩枣子开发带，50万亩楠竹开发带，百乡千村100万亩工业原料林基地等一系列产业基地开发工程。通过规模化、集约化、基地化建设，不仅使林产品产量大幅度增加，而且形成了比较明显的区域特色。溆浦的枣子、辰溪的香柚、沅陵的板栗、黔阳的金秋梨、会同的楠竹、靖州的杨梅、通道的工业原料林已成为带动经济的主导产业。在龙头企业培育上，按照“巩固一批，改造一批，新上一批”的构想，先后集中投入了2.9亿元，重点改造了8家市场前景广阔和牵动力强的老企业，并按照高（起点高）、大（规模大）、名（名牌产品）、新（新产品）、多（多形式）发展战略，大力兴办新的龙头项目，新上了53家各类加工企业。尤其是1996年以来，新上了中密度纤维板、细木工板、精细大竹板等21个龙头项目。目前，全区已初步形成了以刨花板、竹胶合板、造纸、林化等加工企业为龙头的产业群。这些龙头企业上连市场、下连基地和农户，成为牵动怀化林业产业的新链条。如洪江竹胶合板厂一头与市场连接，在国内外建立了60多个销售窗口；一头将初级产品加工扩散给乡镇加工联合体和农户，带动了全区180多个乡镇的4000多户林农从事竹业加工。这个厂还与乡村联营开发楠竹基地，现已投资420万元，连片开发楠竹1330多公顷。其他龙头企业也带动了以竹木、矿产、粮油加工为重点的乡镇企业的发展。现在，资源型加工企业如雨后春笋般地发展起来，成为乡镇企业发展较快、活力较强的主要增长点之一。这两年，怀化地区乡镇企业每年都以增长1倍以上的速度发展，其中2/3的产值源于山地综合开发，显示了山地开发向加工增值发展的巨大潜力。在市场开拓上，坚持“开发一个市场，带动一项产业，致富一方林农，繁荣一方经济”的基本要求，突出硬件和软件建设，产品专业市场星罗棋布，营销队伍遍及城乡。产品市场已由国内扩展到了20多个国家和地区。到1997年底，全区林产品初级市场达260个，营销组织3120个，初步形成了连接城乡、辐射国外的大流通格局。

山地开发之花，结出了稳定脱贫之果，山上绿了，产品多了，经济活了，人们富了。

4个省定贫困县的农村人均纯收入，1997年与1984年相比，通道由176元上升到1010元，麻阳由92元上升到980元，新晃由245元上升到1120元，芷江由356元上升到1281元。

全区26万贫困户，有22万户稳定脱贫，其中有4万多户跨入富裕行列。

山青水秀利在当代，绿色永存功在子孙。希望，怀化的希望，在山地开发的滚滚洪流中冉冉升起！

（执笔人：刘崇艺）

青山常在　永续利用

——云南省景谷县实施林业可持续发展战略的措施

越采越多，越采越好，青山常在，永续利用。这是共和国第一任总理周恩来同志在新中国成立后不久对我国林业建设提出的要求。这一要求深刻地揭示了林业建设实施可持续发展战略的内涵，体现了老一辈无产阶级革命家对新中国林业建设的期望。几十年来，全国林业系统为实现青山常在、永续利用的理想，想了很多办法，采取了许多措施，不少地方在实践中积累了丰富的经验，取得了显著成绩，使当地的林业建设进入良性循环状态。其中，云南省景谷傣族彝族自治县是做得比较好的一个县。这个县几十年如一日坚持两手抓：一手抓资源培育，一手抓合理利用，在森林资源连续递增的基础上，始终保持着既是林业大县又是林业强县的地位。

景谷傣族彝族自治县位于云南省西南部，森林资源十分丰富。全县林业用地58.33万公顷，占总土地面积的77.53%；有林地面积51.5万公顷，占林业用地的88.29%；森林覆盖率达68.46%；活立木蓄积量5514万立方米，林木年净增长120万立方米；按人口平均计算，全县人均有林地面积2公顷、活立木蓄积193立方米。在林业用地、森林覆盖率、活立木蓄积量、林木生长量、人均占有森林资源和林业产值指标上，都称得上是林业大县。

对如此丰富的森林资源如何管理？有两种截然不同的态度和作法，一种是短期经济行为，重采轻造，竭泽而渔；另一种是坚持走可持续发展的道路，以保护和发展森林资源为基础，在保证林木生长量大于林木消耗量的前提下，有节制、有计划地合理利用森林资源，"实现青山常在、永续利用"。

短期经济行为，对于景谷的干部和群众并不陌生。有一个时期，这股风刮得很厉害，景谷人时不时听到某某地方"砍了树，致了富"，"木头一滚，钞票一捆"等等，影响过一部分人的思想情绪。但是，县委、县政府坚决顶住了这股风，认为那种作法必然是"富一阵子，穷几辈子"，"吃祖宗饭，造子孙孽"，是败家子、破落户的干法，明确而响亮地提出"景谷的优势在山，景谷的希望在林"，景谷县只能走"青山常在、永续利用"的道路。明确了认识，统一了思想后，县委、县政府要求全县各级领导班子坚决贯彻"以营林为基础，普遍护林，大力造林，采育结合，永续利用"的林业发展方针，把森林资源的管护和培育作为林业经济发展的"第一车间"，一手抓后续资源的培育，一手抓开发利用，严格控制和尽量减少资源消耗。

为此，县委、县政府采取了一系列切实可行的措施：

立足于资源优势，强化资源林政管理，加大资源保护力度　多年来，县委、县政府一直把资源林政管理工作放在首位，始终坚持"五个制度不变"。

一是坚持资源全额管理和限额采伐制度不变。先后制定了《木材生产管理办法》、《柴炭供应管理办法》等，实行"两头分管（管源头、管流通），中间管死（管计划）"的办法和采伐销售一本账制度，坚决打击乱砍滥伐行为。

二是坚持木材凭证采伐、凭证运输和林业部门一家进山收购的制度不变。县、乡、村三级都严格执行凭采伐许可证采伐林木，采伐证的发放率达95%。坚持出县出区木材统一使用全省木材运输证，实行运输总量控制。

三是坚持林业主管部门管理、监督林地并审核征、占用林地的制度不变，严禁毁林开荒。

四是坚持加工利用木材由林业主管部门核发许可证的制度不变。全县经营木材的单位、企业全部纳入正规管理，核发了木材经营许可证，并每年进行验证检查，从严处理违法经营行为。

五是坚持实行森林资源消长目标管理，领导任期管理责任制度不变。要求各级领导在任职期间，确保年木材消耗量低于生长量，并由县人民政府检查验收，奖优罚劣。

由于坚持“五个制度不变”，狠抓了资源林政管理工作，全县的森林资源消耗得到有效控制，杜绝了乱砍滥伐行为。同时，为制止和打击破坏森林资源的违法犯罪活动和保护森林资源，景谷县始终走依法治林之路，不断充实森林执法队伍。1985年成立了林业公安科；1996年组建了云南省森警总队驻景谷森警中队；1998年县又申请将林业公安科升格为县森林公安分局，执法机构不断健全完善，加大了对森林资源的保护力度。此外，护林防火、森林病虫害防治也得到加强，实现了连续13年无森林火灾，森林病虫害成灾率也大大减少。

加大植树造林力度，推进绿化灭荒进程 林业和林业经济的可持续发展，依赖于森林资源的保护和培植，只有在保护好现有资源的基础上不断增强新的发展后劲，培植新的资源，林业的可持续发展才不会成为无源之水。多年来，景谷一直坚持“采育结合，造管并举”的原则，在切实加强保护的基础上，大力开展封山育林、飞播造林，“四旁”植树和采伐迹地更新造林等，同时，逐步加大人工速生丰产林和经济林的营造力度。

从1985年以来，景谷县相继制定了《景谷傣族彝族自治县林业管理条例》、《景谷傣族彝族自治县荒地造林实施办法》、《景谷傣族彝族自治县森林生态效益补偿费制度暂行办法》等，把造林绿化工作纳入法制化、规范化、制度化、科学化管理的轨道，并按照“谁种植，谁受益”的原则，制定激励措施，发动群众投入造林绿化，掀起了全民动员、全民搞绿化的热潮，仅“八五”期间全县义务植树就达93.49万株，参加植树人数占适龄人数的80%以上。

1996年，云南省人民政府将景谷列为山区综合开发试点县，给景谷的林业发展带来了新的机遇。县领导从发展大林业的观点出发，大力发展高产、优质、高效、低耗林业，积极推进林业由粗放型向集约型、由数量型向质量型的两个转变，把抓好样板林、基地林和经济林建设作为山区综合开发乃至整个林业发展的突破口，落实任务、明确责任，抓样板、抓示范、抓典型，以点带面、全面推进。

有节制、有计划地合理开发利用森林资源，以林养林，以林促林，实现林业的可持续发展 丰富的森林资源为林产工业的发展奠定了坚实的基础。景谷开发利用森林资源不是砍树卖木头，而是把着眼点放在多种经营、综合利用和深度加工上，努力提高科技含量，扩大附加值。

一是发展松脂加工业。全县共有适合采脂的思茅松26万多公顷，按可采脂资源计算，年采脂量可达3万吨左右。这是一笔十分可观而且长期有效的财源。为了理顺采脂与木材采伐之间的关系，县上提出必须遵循“先采脂、后采伐”的原则，严格规定伐区的采脂量要达到采伐面的60%～70%，基本实现了未采脂不采伐，采完脂再采伐的要求。在抓好松脂生产管理和发展的同时，不断扩大松香生产企业的生产能力。目前，景谷林化厂松香生产线的锅炉、溶解、澄清、蒸馏等几个生产工序都实现了微机自动控制，整个生产现场都处于电视监视之下。1996年，经林业部中国金龙松香集团评估，景谷林化厂吨松香成本、特一级品率、利润和人均利税等指标均居榜首，经济效益为全国同行业第一。1997年，全县共加工松香17 950吨、松节油4141吨，实现销售收入7802万元、利税3069.6万元，支付脂农松脂款3952万元。仅此一项，全县农业人口每人有152.9元的收入，按采脂户计算，户均收入达2390元。采脂已成为山区群众的主要经济来源，成为山区群众脱贫致富的源泉，从而极大地调动了群众保护脂林乃至整个森林资源的积极性。

二是进行木材成品、半成品深度加工，提高资源利用率。从80年代后期起，景谷就十分注意向资源的深层次开发、增值转化迈进。至1997年，全县各类锯材加工厂发展到29家，锯材年加工能力达7万立方米。

三是开发林业食品工业、林业日用土杂工业等产业。亚热带气候和立体气候使景谷具有生物资源多样化的特点，为开发林业多种经营提供了条件。80年代以来，通过内引外联，建立技术协作，开发了水果罐头、果脯、果酱、果汁、果干等系列产品，使以芒果为主的水果食品工业得到长足发展。1993年，又与深圳荔枝生物保鲜技术有限公司联合，建成云深天然果汁饮料有限公司，进一步扩大了生产规模，所生产的“树塔牌”系列果汁有了较好的市场，“树塔牌”橄榄汁1994年获得国际饮品及技术展览会金奖。1997年，全县生产各类果汁饮料385吨，实现销售收入193万元，税利50万元。景谷还是普洱茶的产区之一，境内有茶园2600多公顷，建有茶叶初制所23座，年生产能力3400吨，精制茶年生产能力1750吨。此外，还对山珍野味、食用菌、编织、工艺、木材家具、旅游用品等进行开发加工，也取得了一定的经济效益。

近几年，随着市场经济体制的建立，投资效益引导着资源的流向。为了增创效益，景谷的森工企业又在内涵发展上下功夫，努力提高资源利用率，降低物耗、能耗，降低生产成本，引进科技含量高的项目，尽量延长产业链，综合利用资源。以1996年建成投产的中密度纤维板生产线为标志，森林资源的利用形成了完整的综合利用体系。目前，正积极探索“森工企业＋原料基地＋农户”一体化的道路，在加工者、经营者、生产者和市场之间架起桥梁，进一步完善开发与保护、经济效益和社会效益之间的关系。

为了加强林业资产管理，1998年成立了林业开发投资公司，代表县人民政府对林业产业进行投资，并负责管理好投入营造林的育林基金和作价入股的国土资源等国有资产，促进林业的资本化管理，保障林业国有资产的保值增值，推进林业产业化发展。

为了培育后续资源，发展工业用材，县里成立了景谷林业开发有限公司，计划投资3.5亿元用于森林开发和培育工程项目。目前到位资金1200万元，已建成人工示范原料林3000公顷，成活率达95%以上，完成抚育间伐266.7公顷。同时，不断健全完善林业科技服务体系，成立了县林业科技推广中心，从高标准、严要求入手，切实搞好全县林业技术的试验示范推广。加强森林病虫害防治，抓好思茅松速生丰产林建设的指导工作，加快后续资源培育进程。

在努力保持和增加森林资源的同时，全县还开展了节能减耗工作，推行煤、电、沼气、太阳能代柴和改灶节柴，以及推广瓦片、水泥代用木材建房。自1985年起，每年制定年度节能减耗计划，把节能减耗工作措施列入常年计划来抓。据林业部门监测跟踪调查，推广“六代一改”节能减耗措施后，全县每年节省木材5万立方米以上，很好地保护了森林资源。

森林资源的合理开发和综合利用水平的提高，一方面节约了资源的消耗；另一方面又让广大群众从中得到很大收益；再一方面森林资源培育的资金有了来源和保障，走上了“以林养林”的良性循环轨道。1981～1996年，全县投入林业的资金达12.4亿元。其中，用于造林633万元，用于管护698.6万元，用于科研2260万元，用于森工企业建设120 986万元。

积极推进林业改革，建立健全山林管理责任制

随着农村家庭承包制的推广，景谷于1982年开展了以稳定林权为基础，划定自留山、确定承包责任制的林业“三定”工作，从实际出发，给集体划定山林2.3万公顷，给农民划定自留山8146.7公顷，确定了承包责任制，加强了山林管理。1995年，全县又开展了“三山换一证”工作，重申荒山荒地的经营使用权允许有偿转让，对原有的“自留山、轮耕地、小片开荒”统一换发“自留山证”，全县共完成换证35 156户，使广大林农吃了“定心丸”，绿化荒山荒地的积极性更加高涨。

1995年，云南省把景谷列为林业“分类经营和分类管理”、“集体林股份制改革”的试点县。县委、县政府抓住这一机遇，积极研究拟定商品林、公益林建设总体规划和布局，建立县级森林资源监测体系。目前，已完成资源建档、定期样地调查、掌握资源消长变化情况，开始陆续提供二类调查及分类经营区划报告等成果。同时，以景谷乡为试点，推行集体林股份合作制改革，建立了文联、文召等五个股份合作制林场。五个林场按“分股不分山、分利不分林”的原则，将分散到户的集体林和零星分散的国有林折价入股，实行统一经营，规模化管理。这五个林场的资产总额8108万元，经营山林面积5219.13公顷，蓄积737 125立方米，共设林地股5618股，林木股26.54万股。林地股10%归村委会，90%归合作社集体共有，每年按股分红。林木股1%归村委会，10%归合作社，剩下的89%中，20%由责任管理者拥有，80%按符合计划生育的人口量化到农户。此外另设投资股，投资股归投资者所有。1997年，第一个试点林场——文联股份林场生产经营实现税利10.5万元，当年实现了分红，每股红利5元，文联村人均占有股份红利150元，最高户分红2500元。股份合作经营集体林，将林业的发展与群众利益结合起来，充分调动了生产者、经营者和投资者各方面的积极性。

由于抓了林业管理责任的落实和管理体制的改革，广大群众爱林、护林、造林的积极性和自觉性进一步提高。优越的自然条件再加上良好的管护，使得景谷的森林生长量一直保持在较高的水平。

党的十五大提出，在我国现代化建设中，必须实施可持续发展战略，正确处理经济发展与人口、资源、环境的关系。景谷傣族彝族自治县从建国近50年来的建设与发展的实践中深深体会到，保护森林资源、保护生态环境直接关系到经济能否持续发展、社会能否长治久安、人民生活能否实现小康。几十年来，走林业可持续发展之路，一直是景谷傣族彝族自治县历届县委、政府身体力行的重点。尤其是近20年，随着生态意识、环保意识、减灾意识的加强，全县以森林资源为中心的林业建设进入历史上最好时期。1997年，经权威们测算，全县林木年净生长量保持在210万立方米以上，年林木消耗量只有89.6万立方米，林木年净增长120万立方米。这是一个了不起的成就。1997年与1985年相比，林木年净生长量增加了87万立方米，林木年净增长量增加了86万立方米，活立木蓄积量增加了1937万立方米。与1973年资源清查结果相比，活立木蓄积量增加了2351万立方米。建立起了比较完整的森林生态体系，奠定了林业可持续发展的基础。

由于有雄厚的森林资源作基础，木材加工、林纸、林化、林板和多种经营并举的林产工业也得到了稳步增长，景谷从林业大县进入了林业强县。1997年与1978年相比，全县林业总产值由1135万元增至26 270万元，占全县国民生产总值的比重由22.8%提高到41%，提高了18个百分点；林业工业总产值由116万元增到19 274万元，林业工业产值占全县工农业总产值的比重由0.2%提高到了25.8%，提高了25个百分点；林产工业上缴税利从44万元增至5008万元，占全县地方财政收入的比重由10.8%提高到了73.4%，提高了63个百分点。

林业的快速发展，促进了整个农村经济的发展，农民收入明显增加。1997年，仅营林、木材和松脂生产等几项支付给农民的劳务收入就达10 632万元，比1978年的430.46万元增加了10 201万元，农业人口人均收入达411.5元，比1978年的19.4元增加了329.1元，林业收入占全县农民人均收入的41.7%。

还是那句老话“景谷的优势在山，景谷的希望在林”。

党的十五大后，县委、县政府又提出了林业发展的新目标：力争到2000年消灭所有宜林荒山，十年再营造8万公顷经济林、用材林和防护林；完成百万亩的抚育间伐，促进现有林木生长；对部分陡峭山地进行封山育林；对8000公顷未梯化的10°～25°坡耕地进行工程和生物梯化；对1万公顷陡坡旱地进行防护林体系建设；对部分低产劣质林地和19万公顷中低产田进行综合改造，使森林覆盖率提高到70%以上，年林木生长量新增120万立方米以上。与此同时，适度发展森工企业，使林产工业总产值达到5亿元，实现利税1亿元。实现上述目标后，景谷这颗北回归线上的“绿海明珠”将永葆绿色，森林资源将一代又一代永续利用。（执笔人：谢武卫　罗维祥）

封出一派新天地　育得山川更秀美

——贵州省麻江县封山育林纪实

“处处封山处处青，山山育林山山绿，潺潺泉水流不尽，鸟语花香乐长春。”

这是贵州省麻江县能歌善舞的苗族、瑶族群众对封山育林、恢复生态环境的赞颂。

麻江县位于黔东南苗族侗族自治州西部，境内居住着20多个民族。过去，麻江县少林缺材，生态环境恶化，群众生活十分困难，一些地方竟连生产用的锄头把也找不到。如清水江畔的铜鼓乡，山区农民吃水要到2.5公里外去挑，一盆水是先洗菜，再洗脸、洗脚，最后留下给猪、牛饮用。

这样严酷的现实在县内比比皆是，它告诫麻江人民，再不改善生态环境，“老天爷”将要夺去人们的生存空间和生存条件。

为了恢复森林资源，改善生态环境，麻江县委、县政府领导全县各族人民从60年代起就开始全面的、大规模地封山育林工作。在1975年、1985年、1991年、1996年4次资源连续清查中，这个县连续实现森林资源“三大指标”的同步增长。经过二类森林资源调查，到1997年底，有林地5.32万公顷，灌木林地3813.33公顷，未成林造林地和未成林封山育林地1.32万公顷，森林覆盖率达47.32%，活立木蓄积量89万立方米。麻江由缺林少材县变成了黔东南重点林区县。

在森林总面积中，76.2%的林子是通过封山育林成材成林的。麻江县之所以能在十分艰苦的环境中，如期消灭宜林荒山，基本完成“绿化祖国”的目标，与大搞封山育林是密切相关的。

总结经验　统筹规划

封山育林是劳动人民创造的一种有效的育林方式，是加快林业和生态环境建设的有效手段。它的特点是，在宜林荒山、荒滩、荒坡采取封闭禁伐、休养生息的措施，充分发挥多种林木的再生萌发能力，达到恢复植被改善生态环境的目的。

它的优越性是省工省力，投入少，收效大；可以保护和培育多种林木和林区其他植物、微生物，便于形成完整的森林生态系统；可以在高山、沟壑、平川、缓坡等不同立地条件下施行，适应性很广；可以在大范围内同步整体推进。

麻江县山多山高路窄，“三荒”面积很大，农村经济落后，县财政收入又有限，如靠投入大量资金、劳力进行人工造林，不仅绿化时间延长，而且在很多乡村是难以承受的。早在1965年，这个县碧波乡柿花村群众就采取全封、半封、轮封和定期封的办法进行封山，两年后，成效十分显著。当麻江县在寻找多快好省的绿化办法时，柿花村的群众在实践中开创了一条可行的路子。从那以后，麻江县就把封山育林列为经常项目，年年封、乡乡封，面积一年比一年扩大、效果一年比一年好。

为了使封山育林向纵深发展，1986年以后的10年间，县林业局先后3次组织60名专业技术人员，深入全县各地进行调查，征求广大群众和基层村组的意见，对具有封山还林条件的山地，进行了全面规划，成立了县、乡(镇)、村三级封山育林组织，制订了各项管护制度，推广快速封育经验，把封山育林工作正式列入工程管理。并且，所有列为封山育林工程的山地都做到有规划设计、有管护组织、有专人管理、有乡(村)规民约、有宣传标志、有管护合同和检查验收制度，使全县封山育林由自发、小块、零星状态进入有组织、有领导、大规模、规范化的新阶段，从而进一步提高了封山育林的质量和效益。

因地制宜　分类封育

麻江县地形复杂，土质各异，林木品种多种多样。林业局根据不同立地类型、树种分布和发展利用状况，在普遍保留混交林的基础上，有计划地培植优势树种，宜乔则乔、宜灌则灌、宜松则松、宜杂则杂、宜竹则竹。

在有马尾松母树和栎类、白杨、枫香等阔叶树根蔸多、土层深厚的山地黄壤上，重点培育马尾松用材林，兼顾薪炭林。

在石灰岩山地上，利用原有的化香、火把棘、冬青、刺竹、蓬竹等树种的自生萌蘖能力，封育灌木林、杂阔叶用材林和小杂竹林。

在近山区封育薪炭林，缩短封育时间，利于以短养长，解决群众生活所需燃料，保护远山封育区。

在5年内难以封育成林，又可以进行人工造林的地方，则采用人工促进天然更新，根据土壤条件，补撒或补植必要的树种、树苗，以加快封山区成林速度。

实践证明，这些方式促进了林木生长，又利于群众的需要，有利于林政管理，大大加快了封山育林步伐。

现在，全县封育林区中，不但有马尾松纯林、松杂混交林、栎类薪炭林、落叶与常绿杂阔混交林、高山杂竹林、以杂阔树种为主的灌木林、栲类常绿阔叶林等森林植被类型，而且还形成了乔木林、灌木林、乔灌草兼有的主体型森林资源类型，增强了水土保持、涵养水源和野生动物繁衍的功能。

正确处理封山与采樵的矛盾

推行封山育林工程不是一件容易的事。这项工作的难点之一，就是如何恰当处理封山与采樵的矛盾。在没有现代能源的麻江县，群众一日三餐烧火做饭、冬季取暖、修房补圈、添置农具，都主要依靠当地林木资源。如果只讲封山，只讲长远利益，只讲社会效益，不适当照顾群众采樵，不照顾现实需要，不关心群众切身利益，到头来肯定会增加群众困难，激起群众的不满，最终也封不成山，育不好林。

在解决封山与采樵的矛盾中，麻江县总结群众的实践经验，采取区别对待的办法处理。

全封　对具有重要生态价值且有天然更新能力的山地和已更新的幼林地，规定“三不准”，即不准进山烧灰积肥，不准进山砍柴割草，不准进山放牧牛羊。

半封　在已封10年以上的成林区，规定“三准三不准”，即准进山，准割草砍刺、剔除枝丫，准放牧；不准剔新枝，不准采伐，不准烧灰积肥。

轮封　在面积较大的半封区内，分片划段，轮流封禁，以利看护管理。

定期封　就是在饲草、烧柴比较困难的地区，规定每半年或一年开山十天或半月，让群众进山割草或砍除杂灌，剔除干枝丫作燃料使用。这样既照顾了群众的需要，又除劣扶优，有利于林木的生长。

政策性封禁　对农户责任山，在不违反林业政策、不乱砍滥伐、不在林内随意用火的情况下，由农户掌握管理，县、乡(镇)林政部门定期检查封育情况。

改灶改燃节柴　巩固封育成果

麻江县自开展封山育林以来，全县森林逐步恢复。按理说，只要不浪费，林区的枝丫、杂草就足以供当地群众使用，但是，在使用中消耗量最大、浪费特别惊人的是千百年来习惯使用的“老虎灶”，那“血盆大口”每天都在吞噬着大量的生物燃料，且80%以上都是从森林中获取的木材。仅此一项，全县每年林木资源消耗量达4.6万立方米，户均1.5立方米，毁林0.05公顷。严峻的事实告诉我们，不采取措施改灶改燃，刚恢复森林元气的麻江，资源又将消耗殆尽。

从“虎口”中夺材，降低生物能源消耗，巩固封山育林成果，成了各级党委、政府和广大群众的共识。

1983年以来，全县开展了改燃节柴、改建节柴节煤灶工作，成立了由副县长任组长，由林业、农业、科委等单位组成领导小组。县农村能源办公室列为事业编制，作为县林业局常设机构，以利开展工作。乡(镇)亦由乡(镇)长主抓，成立了有林业站长、村长等参加的领导小组，由林业站负责工作。县委、县政府把改灶、建沼气列为“造林绿化责任状”中的主要内容，定额、限期完成。近15年来，共印发技术和宣传资料864份，开办改灶节柴和建沼气培训班86期，培训人员1730人，其中有765人获得了改灶和建沼气技术员合格证书。通过上下齐努力，全县总计筹集资金198.1万元，自购水泥911.3吨，自备沙、石111.5万立方米，购炉灶4.83万个、插火板3.8万块、沼气炉150套。到1997年底止，全县原有的259个砖瓦窑、1.9万多间烤烟房，近4000城镇居民户和1.3万农户，全部改烧煤或其他燃料；完成农村改建或新建节柴节煤灶39 606户，建沼气点45处122口，占全县4.1万农户的96.6%。所有改建的节柴节煤灶，经全国省柴节煤试点县贵州验收组验收合格。

通过改建灶和建沼气，全县每年可节柴5050万公斤，省钱252.5万元，节约劳动力108万个，节约煮饭时间每户每年可达68天。每户每年少消耗森林面积0.05公顷，全县每年少消耗森林面积近2000公顷，年均森林覆盖率可增加1.64个百分点。这一工作全面、持久地 开展，不但使林区农民打破了千百年来的旧习俗，改变了农村卫生状况，有利于建设社会主义文明村寨，更重要的是大大减少了森林资源消耗，保住了封山育林成果。

封育成功的关键是加强林政管理

林区群众说得好，要使山林保得住，全靠管和护。要管好，就要有机构、有组织、有措施、有制度；要护好，就要有队伍、有人员、有标志。为了建立一个具有快速反应能力的护林网络，使封山育林社会化，使林区群众自觉地爱林护林，麻江县采取了以下作法：

首先，建立和健全各级护林组织，层层设防。县、乡(镇)、村、场，先后建立起护林组织172个，共有专、兼职护林人员2400多人，形成了点面相结合，上下一条线，全县一张网，能全方位实行管护，及时反馈护林情况。

其次，订立和完善乡(村)规民约。乡(镇)、村、组、林(果)场等，结合地方实际，制订有关封山育林乡(村)规民约2100余份，让广大群众进行自我约束、自我管理。近10年来，全县各地按乡(村)规民约处理各类毁林案件达4150多起，挽回损失16万余元。

第三，进行广泛的林业科普知识和林业法制宣传教育。每年，县、乡(镇)都要通过放映电影、有线广播、张挂图片、典型交流、现场会议等形式进行宣传。近10年来，举办村以上干部和护林人员参加的培训班13期，受训人员2580人。每年冬、春季还组织大型宣传活动；到集镇和边远林区放映《森林防火》等科教片233场，同时宣传和公布林区发生的案情，受教观众18万人次；利用县、乡(镇)、村中的有线广播120多次，受宣传群众达70多万人次；同时还利用黑板报、橱窗、展览图片等进行宣传。通过宣传，林农保护封山育林成果的自觉性大大提高。

第四，加强护林设施建设。全县在封山育林区内，修建瞭望台(哨)4座，开设防火线56公里，设置永久性封山标志93处，文、图465块，水泥宣传牌328块，宣传碑142座，用油漆和石灰在墙上、壁上、崖上书写固定标语150多幅。为了强化护林手段，给林政股、林业工作站和林业公安配备了专用小车、摩托车14辆，电话12台，对讲机10支，BP机13个，电影放映机1套，以及照像机、望远镜等。护林设施的改善，极大地促进了林政管理工作，对保护和巩固封山育林成果发挥了重要作用。

第五，严格控制和管理封山育林区中林木的采伐。木材与人们的生产、生活息息相关，麻江县与其他地方一样，每年都要从森林中采伐一定数量的木材。为了使封山育林区青山常在，不管是伐除母树，还是间伐密度过大的林木，不管是生产商品材，还是农民自用材，都坚持按州里下达的计划，严格控制采伐量。近15年来，坚持做到了“一本账”计划管理，“一支笔”审批采伐。进入林区采伐前，无论是什么树种、材种，无论权属归谁，都需事先向林业工作站申请，填写采伐报告表，从下而上核准，林政员调查核实用途，按计划核减消耗量，发给采伐许可证，上山点号准砍树木，签订收购、采伐、更新合同，缴齐国家规定税费后，方准采伐。采伐后，由分管林政员二人以上，上山验证，签发验收单，收回采伐证。由于严格采伐管理,年采伐量仅占计划的50%,占生长量的32%。

封山育林成效大　麻江山川更秀美

通过几十年的艰苦努力,特别是党的十一届三中全会以后20年的工作,麻江县封山育林取得了显著的成效。全县封育成林连片森林,万亩以上的有12片,千亩以上的有120多片,占全县林地面积的84.3%。封育成林10万亩以上的乡(镇)有2个,5万亩以上的乡(镇)有4个,分别占乡(镇)的22.2%和44.4%;成林5000亩以上的有44个,占村总数的34.1%。森林的恢复,的确使山区逐步改善了生存环境,改善了各民族人民的生存条件,为山区群众脱贫致富发挥了重要作用,取得了"山青水秀定民心"的社会效益。据测算,封育15年的马尾松用材林,平均每公顷投资78.9元。目前,已进入间伐期的有1万多公顷,经间伐试验,平均每公顷可产小径材7.5立方米。封育5年的栎类薪炭林已可利用,每公顷投资只要45元钱,可产薪炭材2500公斤,可锻烧成木炭1000公斤。现在,生产的商品材不仅能满足全县城乡建设用材,而且还远销四川、湖南、浙江、江苏等省。每年,全县农民的林业收入人均800元左右,占家庭总收入的15%。在河山、安鹅、瓮袍等深山区,农民的现金收入中有70%来自山上。

随着封山育林的全面开展,全县森林资源稳定增加,森林覆盖率逐年提高,生态环境明显改善,显示出了较好的生态效益。碧波乡是1965年最早进行封山育林的乡,1985年森林全部恢复,干枯的216处水井又全部恢复冒水。其中,柿花村已干枯了10多年的8处水井,现在清水汩汩,常年不断。下司镇的新华村33处泉水干枯了10多年,自1980年进行封山,到1987年,恢复杂阔叶林233.33公顷,33处泉眼又恢复冒水,7处长流不断,使全村49.6公顷水稻田成了保水保收田。宣威镇比户村,有两座蓄水量166万立方米的水库。从前,曾经因为库区无树无草,每当旱季,水库便成了"白天装太阳,晚上装月亮"的摆设。后来,这个村大抓封山育林、封山育草,到1988年底恢复森林860多公顷,那两座水库便常年蓄满水,灌溉饮用取之不尽。坝芒乡是典型的石灰岩地貌,过去岩间竹木茂密,野生动物种类繁多,60年代末开始修建320国道,林木相继被毁,"花香、鸟语、翠竹"的良好生境不见了。1984年,县林业部门投资在这里进行工程封山育林。10年后,这里的生态环境又得到了恢复,山上翠竹深深,林木葱茏,四季花开,金鸡、山雀、野猪、岩羊、林麝、黑熊等240多种野生动物回归繁衍,生机盎然。

总之,通过封山育林,麻江县的山绿了,水清了,不仅育出了秀美的山川,而且为民族地区的经济发展,为人民的安居乐业作出了贡献。

(执笔人:周家珩)

凉山飞播成林海

——四川省凉山彝族自治州飞播造林取得成功的经验

用飞机播种造林，是加快造林绿化、改善生态环境的一项重要措施，尤其在地广人稀的大山、高山、远山和荒滩面积大、人手少的地方更有其重要作用。凉山彝族自治州就是采取这种措施建立起全国第一片面积达71万公顷的飞机播种造林基地。

凉山位于四川省西南部，地处长江上游的金沙江流域，是一个彝族聚居区。这里地广人稀，荒山面积大，生态环境差。1958年，在省委、省政府的支持下，省林业厅与民航部门密切配合，组织一批科技人员在西昌、喜德、昭觉三县交界的荒山上进行飞机播种造林试验。试验结果证明，在适宜的立地条件下进行飞播造林，不但能在较大的范围内用较短的时间完成人力难以完成的造林任务，而且投入少、见效快，可以建成类似天然林的复合型森林生态系统，更好地发挥涵养水源、保持水土等生态效益。

飞播试验的成功，鼓舞了凉山地区党政领导和广大群众加快荒山造林的信心。1963年以后，自治州与林业、民航部门进一步加强配合，一方面采取复播、补播的办法，提高试验区的林分质量，建立起全国第一片飞播造林基地；另一方面，把飞播造林范围扩大到自治州下属的15个县(为全州19个县的80%)，使飞播造林在凉山地区全面展开。1958～1998年，经过40余年坚持不懈的努力，凉山州累计完成飞播造林面积88.6万公顷，其中有效成林面积71.06万公顷。全州森林覆盖率由新中国成立初期的17.29%上升到28.6%，早期飞播的林地，现已形成浩瀚的林海，发挥着巨大的生态效益和经济效益。

显著改善了生态环境　这在第一批实行飞播造林的东西河林区(即西昌、喜德、昭觉三县交界处)，表现得十分明显。这个林区已形成4万公顷飞播林地，森林覆盖率由飞播前的5%提高到现在的35.7%；东西河流域的水土流失减少了80%，河流汛期含沙量下降了77%，最大洪水水位降低了60%，旱季降雨量增加了21%；东西河两条对西昌城区具毁灭性威胁的泥石流山沟现已基本得到控制，原来的5000多条冲刷沟和1万多处塌方地段，已被茂密的乔灌草覆盖，既保护了成昆铁路的安全，又使过去年年受灾的西昌航天城免受自然灾害袭击。由于飞播林的防护作用，使1万公顷农田免除了洪灾之患，0.33万公顷被冲毁的农田得到恢复。

增加了森林后备资源　凉山州是全省的云南松主产区，松香和松节油产量占全省的80%和90%。成昆铁路沿线的西昌、喜德、越西、普格、冕宁等县的飞播林区，已基本形成150多万亩的用材林基地和采脂基地。仅在东西河林区，近20年间从抚育间伐4万公顷中幼林中，就为国家提供小径材30万立方米以上，既满足了地方用材需要，又增加了群众的收入，缓解了当地彝族群众烧柴的困难。

促进了地方经济的发展　大面积飞播林成林后，改变了凉山地区长期以来单一的农业结构，为建设“林牧为主、农林牧结合、多种经营、全面发展”的地区经济打下了基础。飞播林为群众开辟了多种经营门路。近几年，当地林副业收入已占农业总收入的25%以上，相当于飞播前的20多倍，60%以上的农户修建了新房，生产、生活条件大大改善。在经过抚育的林地内，当地群众还利用林间隙地开发成功4万公顷林中牧场，促进了畜牧业的发展。林区公路的建设，改善了当地的交通条件，改变了往日彝族群众出山进山人背马驮的局面。

凉山彝族自治州飞播造林之所以能取得如此巨大的成就，与省委、省政府的有力支持，林业部门、民航部门的密切配合，自治州领导认真组织实施是分不开的，是多种合力作用的结果。主要经验有：

第一，党政领导做好组织协调工作，是搞好飞播造林的关键。飞播造林的科技含量很高，对时间、地域、种子等主要因素要求严格，必须及时做好人力、物力、经费和飞播时间、地点、种子的组织协调工作，任何一个环节都不能出现失误。多年来，凉山州的各级党政领导一直把飞播造林列入重要议事日程。凡有飞播造林任务的县、区、乡都成立了由行政领导牵头的飞播造林领导小组，负责全面协调、统一指挥飞播工作。每年制订详细飞播计划，提前做好飞播区勘定、树种调集、飞机申报和技术人员的安排；在实施飞播期，领导小组成员都要值班守候，轮流到飞播现场就地办公，就地解决实际问题。

第二，林业部门必须努力做好播前、播中、播后的服务工作。每年飞播之前，省林业厅都派人协助州、县林业局提前制订飞播方案，提供必要的物质支援。在具体实施飞播时，当地林业部门则全力以赴，分兵把口，在以下8个方面做好严密细致的组织工作。一是确定播区的东西南北四至界限，防止误播造成浪费。二是掌握播期的天气预报，确定飞播时间、飞行架次，与民航部门密切配合。三是根据播区的立地条件，选择并调运适合当地条件的林木种子。四是提前对种子做好技术处理、检验和贮备工作，防止鼠雀叼食。五是申报落实飞机起降时间、飞行机种、飞行人员和飞行架次。六是做好空勤、地勤人员的接待工作。七是做好飞播现场的技术指导。八是做好对播区落籽情况的及时检查验收，必要时组织人力进行撒播、点播。

第三，要切实抓好播后管护工作，提高飞播造林成效。早在70年代后期，东西河飞播成功后，州政府即正式颁布了《凉山彝族自治州东西河飞机播种林区保护管理条例》，成立了东西河防护林场。以后，每年飞播工作一结束，当地林业部门就随即组织落实管护人员和经费，实行封山育林，真正做到“种子落地，管护上马”。在幼苗基本稳定后，通过成苗效果调查，分析和确定是否进行补植、补播或重播。为了调动播区群众护林的积极性，州委、州政府还明确宣布飞播林权“谁播谁有”和“收益分成”政策，并及时解决林牧、林农的矛盾，加强了播区苗木的管护。

第四，在飞播造林中，积极推广新技术成果。1995年以来，州林业局取得有关方面的协作，把GPS卫星定位导航系统应用于飞播造林，既节省了经费，又提高了飞播成效。对危害飞播林的森林病虫害进行了专题研究，推广了多角体病毒防治方法，取得了很好的效果。在飞播林的综合开发利用方面，大力推广先进技术，充分发挥其经济效益。

（执笔人：赵皓文）

"苗杉之乡"的乡村林场办得好

——贵州省锦屏县大办乡村林场的经验

在林业系统内，有人喜欢用形象的语言，把国有林区称之为"国家队"、"主力军"，把新中国成立后建立起来的大批国有林场称之为"第二方面军"，把乡村集体林场称之为"第三梯队"。虽然乡村林场在排行榜上列居"第三"，但是由于它们数量大、分布广、适应性强、形式多样，在培育森林资源、改善生态环境中所起的作用却不可小觑。在以"苗杉之乡"而闻名于世的贵州省锦屏县，由于县委、县政府对乡村林场的地位和作用有明确的认识，关心扶持集体林场的措施得力，全县271个乡村林场越办越好，撑起了全县森林生态建设的"半壁江山"。

锦屏县位于贵州省东部高原，是南方集体林区的重点林业县。在全县15.9万公顷土地中，有林地面积为8.9万公顷，森林覆盖率56%，活立木蓄积量400万立方米。新中国成立以来，这个县已为国家提供商品材248万立方米，上缴税费5亿余元。

这里气候温和、雨量充沛、土地肥沃，是许多珍贵动、植物得天独厚的繁衍生息之地。尤其是"苗杉"，历史久远，闻名中外。锦屏素有"苗杉之乡"雅称。"苗杉"源出于苗寨，其干形通直，易加工，耐腐蚀。远在明正德年间，锦屏的"苗杉"就远销两湖、江淮。近几十年先后有30个省(区、市)到锦屏采购，天安门和南京长江大桥等也以"锦屏杉木"为梁为柱、制门安窗。1990年，"苗杉"还远销日本。

丰富的森林资源，也为本县的经济文化建设提供了强有力的支撑。在全县财政收入中，林业的份额竟占70%以上，以森林资源为依托，各种加工业、养殖业和第三产业也办得红红火火。

锦屏林业之所以如此兴旺发达，除了得天独厚的自然条件之外，其中一个重要原因就是乡村林场办得多、办得好。

早在50年代农业合作化时期，锦屏县就诞生了一批集体所有制的乡村林场。40年前，林农陆宗吉培植的8年杉平均树高11米，平均胸径15.5厘米，分别比部颁的一类区杉木速生丰产林标准高出4.3米和7.6厘米。还有在培育优良杉木品种中作出卓越贡献的"杉木王"——王佑球、杨再洪等，他们的成就都是在乡村集体林场这个孵化器中孕育产生的。党的十一届三中全会以来，锦屏县委、县政府进一步认识到乡村集体林场是集体林区广大林农的一大创举，是适应社会主义初级阶段生产力发展要求的，是锦屏县发展林业的主要组织经营形式，于是决定大办乡村林场，把发展森林后备资源的责任放在乡村林场。此后，全县乡村林场建设跃上了一个新的台阶。至90年代末，全县先后办起了271个乡村集体林场，固定场员6100人，固定资产5亿元(含林木资产)。全县乡村林场的有林地面积和立木蓄积量分别占全县的50.4%和51%。自1980年以来，全县营造的4.67万公顷人工林中，有77%是乡村集体林场营造的。

乡村林场营造的人工林质量普遍好于社会造林，成活率和幼林保存率均在80%以上，为全县提前实现灭荒和兴林富县立下了汗马功劳。为此，1993年，林业部授予锦屏县"乡村林场建设管理先进县"，春蕾林场、格溪林场还荣获"全国乡村林场全面质量管理奖"。

锦屏县乡村林场之所以越办越好，主要在于：

领导重视,齐抓共管

县委、县政府一直把乡村林场的巩固和发展列入重要议事日程和领导任期责任目标,县里有一名常委、副县长,各乡镇有一名领导干部具体抓;在重点林场建立了党、团、民兵、妇女等组织,并调派干部充实林场领导力量。各级党政机关、组织、团体遵照县委、县政府的要求,在乡村林场创办造林绿化示范点102个,形成了各级领导齐抓共管的格局。县林业局、县林改办还专门成立了乡村林场研究会,为林场发展献计献策,研究制定有关巩固发展乡村林场的政策和措施,使乡村林场建设和管理逐步进入制度化、规模化、科学化的轨道。

政策倾斜,给予扶持

多年来,县委、县政府一直通过多种渠道筹集营林资金,增加乡村林场造林投入。自1990年以来,林业部门通过有偿贷款为乡村林场造林投入资金达2000余万元。对新办林场则给予"启动资金"。对乡村林场的间伐材、残次林改造材,实行部分税费减免,由林业部门代销,所得利润和提成的"两金"返还于林场,以增强林场的"自哺"能力。此外,还对所有乡村林场实行"四优先"、"两免费"待遇。四优先,即优先为乡村林场规划设计,优先为乡村林场提供种苗,优先为乡村林场提供技术服务,优先为乡村林场提供贷款。两免费,即免收咨询费,免收服务费。同时给乡村林场的林木进行统一保险并设立乡村林场养老保险。

因地制宜,灵活多样

锦屏山区的地形、地貌和林木状况差异很大,因此创办乡村林场的形式和规模不能划框框,一刀切,必须尊重群众的意愿,允许多种多样。锦屏乡村林场就是遵循因地制宜、灵活多样的方针办起来的。据1998年调查,在全县271个乡村林场中,乡镇办的有7个,村办的156个,组办的22个,联户办的41个,户办的2个。从经营面积上划分,500公顷以上的有16个,50~500公顷的151个,50公顷以下的108个。从林分上划分,进入主伐期的有18个,进入抚育间伐期的有110个。

1990年12月,锦屏县被列为"贵州省集体林区体制改革试点县"后又被林业部列为"乡村林场经营管理试点县"。县委、县政府抓住这一宝贵机遇,以深化林业改革为主线,按"三个有利于"标准,在全省率先推行乡村林场股份合作制改革,使乡村林场呈现出前所未有的勃勃生机。到1998年底,全县有112个乡村林场完全按股份合作制操作运行,占全县乡村林场数的41.2%,覆盖面达85%,连接农户在2万户以上。股份合作制林场的形式有四种类型:一是农户参与,能人挑头,投入生产要素折价入股,实行劳资双联、合作经营,按劳分配为主、按股分红为辅的原则;二是集体林场内部改造型,其特点是将原来的集体林场进行清产核资、评估作价,把存量资产按其原始来源划分股权,量化到主体要素,使原集体存量明晰化、数量化;三是横向参股联营型,其特点是生产要素突破了区域和行业所有制界限,在产权不变的情况下,以土地、资金、实物、劳力等生产要素入股,联办林场,实行盈亏共享、风险共担、按股分红;四是多元复合型,其特点是内部既有职工投资投劳入股,又有外部横向参股,并打破所有制、地区界限,向社会招股,形成多元单位、多种经济成分混合的股份合作林场。

综合开发,多种经营

1994年,锦屏县提前完成消灭荒山任务,跻身于全国首批造林绿化百佳县之列。全县所有乡村林场也都完成了"绿化篇"的历史任务。绿化起来之后怎么办?县委、县政府不失时机地要求各乡村林场把工作重点由造林绿化向"产业篇"转移。鼓励乡村林场在以林为主的前提下,用15%的林业用地发展经济林,开发种植业、养殖业、加工业等,做到短中长结合,以短养中、以中促长。1996年,全县乡村林场发展经济林和果木林均超过当年造林任务的50%以上,全县经济林发展到0.62万公顷,种植业和养殖业也渐成规模,乡村林场多种经营收入达927万元;1997年达1100万元。综合开发,增强了林场自我积累、自我发展的能力,乡村林场越办越红火,越办越兴旺。在此基础上,县政府还以乡村林场为载体,大力培育林果业,按照“公司+林场+农户”的经营模式,建立与资源相配套的加工龙头企业10余家,初步形成了木材加工、林产化工等五大林产工业体系。

与此同时,山区农民依托乡村林场大搞山区综合开发,也卓有成效。地茶村是锦屏县最偏远村庄之一,距县城55公里。他们通过集体林场,把全村412户全部网络到产供销一体化体系中来,大搞山区综合开发,使这个村的集体经济得到迅猛壮大。自1993年以来,这个村办林场就先后拨出40多万元,修建了学校、电站、电视差转台;拿出近5万元用作五保、四属困难救济金。继率先安装全频道卫星闭路电视后,1997年9月,又开通程控电话,成为全县第一个农民开通程控电话的示范村。偶里乡格溪村,早年“用钱靠贷款、吃粮靠返销”。1988年冬,该村办起了格溪林场,村民们依托林场大搞综合开发,先后营造成功700公顷人工林,封山育林320公顷,多种经营全面发展。1996年,该村集资12万元,架通了高压输电线路,60%的农户买了电视机。1998年初,他们又集资投劳,把公路修到了家门口。

如今,在锦屏县集体林区,乡村林场星罗棋布;林海丛中,处处掩映乡村林场碧瓦青砖的房子。干部群众常说,办乡村林场就是办“绿色企业”、开“绿色银行”。事实证明,乡村林场是现阶段山区综合开发的有效形式,为加速森林资源的培育、生态环境的改善、农村经济的繁荣作出了重大贡献,在集体林区社会经济舞台上发挥了支柱作用,具有旺盛的生命力。

(执笔人:杨正常)

遏制森林火灾　保障林海安澜

——吉林省通化市连续43年无重大森林火灾写真

森林火灾不但毁坏大森林，破坏生态环境，给经济建设造成严重损失，而且威胁林区人民生命财产的安全，影响林区社会的稳定。因此，人们视森林火灾为毁坏林区生态环境的“第一杀手”。

面对残酷无情的“第一杀手”，有人摇头叹息，认为高温、干旱、雷电，烟头、香头、纸片，明火、暗火、火星等等，都是可能发生森林火灾的因子，防不胜防，无法遏制。

果真如此吗？否！地处吉林省“长白林海”南缘的通化市1955～1997年就实现了连续43年无重大森林火灾。43年，在人类历史的长河中只是短暂的一瞬，但在绵亘千里的大林区取得这样的成绩，确实是难能可贵的。

若问通化市怎么取得了这样的成绩，当地一些干部、群众说：“咳，费了老鼻子劲了！”

（一）

防止森林火灾本来就是一件很不容易的事，在通化还显得更艰巨、更复杂。首先，通化市是吉林省的重点林区之一，森林面积102万公顷，林区用地占全市总面积的68%，森林覆盖率为62.1%；而且通化市的林区又与长白山大林海连成一片。加强森林防火，对本市、对全局都很重要。其次，在通化林区范围内，由于多年封山育林，林下的灌丛和植被生长茂盛，落叶堆积，林内可燃物逐年增多。加之，通化林区内又插花着许多小块农业区，村落与山林相依，田地同山林交织，国有林、集体林同个人承包的山林交错，还有两条铁路和数条公路从主要林区穿过，生活用火、生产用火不可避免。尤其是近20年来，随着改革开放的深入，山门敞开，森林旅游业犹如雨后春笋遍区兴起，经济开发也在林区内蓬勃展开。这从经济上讲是好事，但对防火工作来说却增加了引发森林火灾的危险程度。

面对如此艰巨复杂的形势怎么办？通化市的一条基本作法就是实施并长期坚持“森林防火地方政府负责制”。早在建国初期，这里曾经发生过一次较大的森林火灾，造成了不小的损失。事后总结教训，主要是地方政府疏于防范。当时，曾有人认为地方政府管政治，林业部门管林区，森林防火是林业部门一家的事；还有的认为地方政府抓中心工作就忙不过来了，森林防火是一项具体工作，县长、乡长、村长只要“弹弹钢琴”点到就行了。这次血与泪的灾难，给当时的地委、行署的领导敲响了警钟。痛定思痛，明白了两个道理：第一，森林防火是林区的头等大事，既是经济问题，也是政治问题。第二，在防火季节，林区压倒一切的中心任务就是防火。从1955年3月的第一个“防火期”起，通化地委、行署就责成所有林区县、乡、村都要把森林防火工作摆到高于一切、重于一切、大于一切的位置，列为地方政府的头等大事，由县长、乡长、村长负全责，协调政府各部门、社会各方面用“老王打狗一齐下手”的办法，死看死守。结果，这一年春季，县县大动员，乡乡大检查，村村设哨卡，形成了森林防火的“人民战争”。初战告捷以后，地委、行署又要求各级政府在森林防火中打持久战，春季抓得好，秋季要抓得更好。并且，从行署到县、乡都成立了防火指挥组织，制定了防火公约，还利用连通千家万户的有线广播网络开展宣传活动，同时安排一批专职护林员建立起联防联保护林防火形式。这么一抓，真的抓到了根子上，抓出了成效。那一年春、秋两季“防火期”果然平安无事，皆大欢喜。

“天下无难事，只要有心人”。通化地区各级政府从1955年两季防火获得成功中尝到了甜头，以后便把“地方政府负责制”一直坚持下来，成为通化地区的传统作法。

1998年修改的《中华人民共和国森林法》明确规定“地方各级人民政府应当切实做好森林火灾的预防和扑救工作”。从这以后，通化地区各级政府的主要负责人的认识更明确、态度更坚决、工作更扎实、措施更得力了。

1984年，通化地区改为通化市，全市进一步建立健全了市、县、乡、村四级领导干部森林防火责任制，层层签订责任状，交纳风险抵押金，既重奖也重罚，体现了责任、目标和奖惩统一的原则。市、县、乡森林防火指挥部总指挥由政府主要领导人担任。从市到县、区的五套班子领导和军分区、人民武装部的领导都有包保责任和任务。他们每人包一个县、一个片或一个乡，既挂帅又出征。每年的清明、“五一”、“十一”期间是森林防火的关键时刻，负责包保的领导不但深入到自己所包的林区，同那里的干部研究部署森林防火工作；还带领专业人员、公安和电视记者等有关人员在道口路边坚持防范工作，严肃查处野外用火行为。他们起早贪晚在所包地带死看死守。年复一年，每年坚持数月。一位市级干部感慨地说：“防火这副担子沉甸甸的！春末夏初树叶封山门的时候，我才能喘口气。秋末冬初霜雪铺地的时候，我悬在心中的石头才算着了地呀！”。1987年5月，大兴安岭火灾以后，通化市的决策者们更为清醒地认识到：通化林区不可掉以轻心，要坚持“长抓不懈，主动预防，积极消灭”的指导思想，保住山区的“命根子”！1991年3月，市委、市政府还作出《关于确保全市连续40年无重大森林火灾的决定》，强调指出：要继续提高认识，加强领导，强化“政府负全责”的制度。在森林防火工作上对各级领导干部都实行“一票否决”，玩忽职守，造成重大损失者一律就地免职。

森林防火是硬碰硬的事情。领导重视、政府负责，决不能写在纸上、说在嘴上、搁在尾巴上。通化市的决策者负责、认真，还表现在对防火工作从机构设置、人员配备和资金投入等方面都高看一眼、厚爱一层。例如，在地改市期间，市防火办一度单设，编制少，职权范围窄，不利于管理和执法。1986年，市政府研究决定，实行林保科和防火办合署办公，既增加编制、经费，又把防火办人员列入公安序列管理。防火办的工作人员“既有位子又有椅子”，在依法防火中无后顾之忧。1996年，市里又投入30多万元，恢复和组建了森警大队，随后又在柳河县成立了森警中队，在重点林区巡逻执勤。森林警察在预防扑救、林政资源管理、维护林区社会秩序等方面起到了骨干和突击队作用。尤其值得一提的是，位于重点林区的辉南县，在1995年进行机构改革时，能充分考虑县防火办的地位和作用，县林业局机关只给11个行政编制，而防火办却给了20个行政编制；县财政给单独设账户，专款支付；防火办主任与林业局长平级，工作当中互相配合。在全市范围内，尽管这些年各地搞过几次机构改革，可是各县的防火办和乡镇林业工作站的编制和经费却只有升没有降。

（二）

在林区，林业的兴衰直接关联到千家万户的命运。森林防火是林区群众最关心的大事，群众是森林防火工作的基础。通化市各级政府在森林防火中特别注重宣传群众、教育群众、发动群众、组织群众、依靠群众，这是43年无重大森林火灾的根本所在。

每年春秋之季，全市广泛开展宣传月活动，各级行政首长都发表广播电视讲话。新闻媒体不仅宣传防火口号，而且开设专栏，报道动态消息、介绍典型经验，同时对反面典型给予曝光。

防火期间，各地运用多种形式大造舆论。学校组织学生在大街小巷呼喊口号，张贴标语，或到农家去宣传防火公约；县直和乡直单位组织宣传车，在广场和街头表演防火文艺节目；电影院和电影队在放映前，用幻灯宣传护林防火；乡镇广播电视站的自办节目每天都有森林防火的内容；各地的板报、画廊的主要篇幅都是“防火”。1995年，《吉林省森林防火条例》颁布后，市防火指挥部在《通化日报》上开展有奖知识竞赛活动，刊出50道竞赛题，吸引了上万人参与，起到宣传和普及教育的作用。

在宣传、教育的基础上，各地相继恢复和完善十户联防责任制，把群众组织起来。以十户或栋房为联防组，制定公约，写出保证书。全市共组建十户联防组2.6万个，参加联防人数占全市农村人口的

82.5%。这是群众自防、自管、自护的一种好形式，既提高了群众的防火意识，又加强了火源管理。通化县在加强十户联防的领导中，采取跟踪督查的办法，巩固了十户联防的成果。市森林防火办公室及时总结通化县的经验，并召开现场会预以推广，促进十户联防工作的开展。

经过宣传、教育和组织，群众在思想上筑起了一道牢固的防火线，"预防为主，积极消灭"已成为林区人民的自觉行动。

1993年春防期间，一位外地的县级领导在途经通化县二密镇林区休息时，下车刚点着一支烟，就被护林员发现，任他怎么解释求情也无济于事，不光罚款，还得当场写下检讨书。这位干部服了，说"这里的防火抓得真狠！"

1992年春，集安市一名普通妇女抱着刚满月的孩子探亲，过铁路时看见对面山沟里着火冒烟。此时四处没人，慌乱中她把孩子放到铁路边上，一边呼喊着"救火"一边向有人家的地方跑去。村民们上山救火去了，她才跑回来，一把抱起孩子，连累带急竟瘫倒在地上。事后人们唠起这事，说要是火车来了孩子可就玄了。她说"当时只想找人救火，别的什么也没顾上想。"

1997年春，通化市东昌区一个偏远的山沟里发生火警，离那里较近的工人、农民和家庭妇女，没等干部去组织，就自发地纷纷拿起灭火工具，急速跑去扑救，由于抢救及时，没有造成火灾。

（三）

防止森林火灾也有规律可循。通化从多年的工作实践中，认识到森林火灾发生的原因，绝大多数是"四火"引起的，即烟头火、坟头火、野外点火、生活用火。抓住规律，严防关键部位，是通化市森林防火的又一成功经验。

一是控制烟头火。在防火期间，全市在所有的进山路口，都有专人昼夜值班，香烟、火柴、打火机一律不准带进山里。在山林中还有巡逻人员，密切注意进山人的行动。在各个森林公园景点的入口处，均设立宣传检查站，对游客进行宣传教育。为了使这项工作变被动为主动，辉南森林经营管理局、集安市、通化县等地工作做得最细，他们对辖区内吸烟的人逐个登记，同"烟民"们签订防火合同，规定防火期间野外吸烟的处罚办法，使吸烟者以此约束自己。

二是控制坟头火。坟墓大多分布在山坡和林内。每年"清明"节期间，市、县、乡、村的领导就带领有关人员守在进山道口，对上坟扫墓人员进行严格检查。发现香、烧纸、火柴、打火机当场没收，并对当事人批评教育。对个别烧纸上香的严肃处理，电视曝光。如同控制烟头火一样，柳河县、通化县、辉南县等地摸索出一条好办法，那就是建立坟头卡，实行责任管理制。先是动用大量人力搞普查，而后详细填报，最后形成坟头卡片，一式三份，县、乡、村三级档案管理。坟在户在的，由户主承担责任；坟在户不在的，由其亲属承担责任；坟在户不在又无亲属的，由村组干部承担责任。防火期间，发现有人在坟头烧香或坟头残留灰烬与香头的，都要追究责任。

三是控制野外用火。山区里发展人参、细辛等多种经营生产，有时需要点火烧树根、树茬子等。每年防火期到来之前，林业部门就会同有关部门经过严格审查后，有计划、有组织地批复用火指标，并签订安全用火责任书。这样，既不影响生产，又能保证山林安全。进入防火期，任何人无权批野外用火，这是一道死命令！对于此时的野外用火者从严从重处罚。

四是控制生活用火。居民们分布在林区的沟沟岔岔，大多烧柴禾做饭。还有不少的草房，甚至烟筒和房顶都是木板的，万一燃烧，波及山林，后果不堪设想。各地规定，风力达到4级以上，村里和家家户户高悬防火小红旗，以示报警。大人孩子都只能吃冷饭，喝凉开水，不准升火做饭，更不准往外倒火灰之类的引燃物。

控制住"四火"，加强了火源火种的管理，从根本上增加了森林防火安全系数。

（四）

林区地形复杂，交通不便，范围又广，开展森林防火工作很需要现代化的先进防火扑火设备。在五六十年代，通化的森林防火设备比较简陋，那时只好用"人民战争"的办法防火和扑救，付出的代价不小。到了80年代，全市各级政府都把改善森林防火设备提到议事日程上。1987～1997年底，全市在这方面的投资就达1500余万元，建成瞭望台34座，配备各类电台和手持机820部、防火专用车578辆、风力灭火机455台、二号灭火工具1.6万把，开设了多处防火隔离带等，基本形成了预测网、通讯网、瞭望网、隔离网和交通扑火机具化。

森林防火的投资是“隐性”效益，具有不可估量的社会价值。过去有些人认识不到这一点，一旦发生火灾后悔不迭，只好干那种“没钱买药材治病人，有钱买棺材埋死人”的蠢事。通化市的领导高明就高明在能防患于未然，用小钱防大灾，把灾害遏制在萌发之前。

为适应新形势下森林防火的需要，提高森林防火工作的指挥和通讯联络能力，全市近几年又陆续建成森林防火无线电通讯联络省、市、县、乡镇、国有林场的一、二、三、四级网络。设立了无线电通讯差转台，配备了电台座机、差转机、车载台、手持机等通讯设备。每到防火期，无线电通讯保持24小时开机，随时进行通话联络，保证了调度指挥需要。1995、1996年两年夏季，通化连续遭受特大洪水袭击，有几个县通讯联络中断，当地领导就启用森林防火通讯网络，用防火电台指挥抗洪救灾很有效，他们评价说“还是防火通讯工具过硬，关键时刻能够真正发挥作用”。

为了加强森林防火宣传设施建设，提高宣传的普及率和覆盖面，近几年全市又建成了永久性宣传设施10 159处，县与县、乡与乡的交界处和交通要道及重点林区都有宣传门塔、碑、墙、牌等宣传设施。

为适应扑火的需要，全市建立了专业扑火队3支、半专业扑火队6支、乡镇、场义务快速扑火队318支，都配备了风力灭火机、扑火服和通讯报警工具，充分发挥了专群结合的防火功能，在遏制森林火灾中发挥了重要作用。

立足长远，努力创新，市、县森防办的内业建设也相应发展。1996年，柳河县在资金极其困难的情况下，毅然挤出17万元，进行了高质量、高标准的内业建设。市里总结和推广了柳河经验，各地都加强了森防办的内业建设，装修了指挥室，购置了微机，制作了防火指挥沙盘等，使全市森防办内业建设由经验型逐步向科学型转变。

按国务院《森林防火条例》规定，烧毁森林面积1公顷以下为森林火警；100公顷以下为一般森林火灾；1000公顷以下为重大森林火灾。以此衡量，通化市1988～1997年没发生过一般森林火灾；1955～1997年没有发生重大森林火灾。作为一个重点林区市能取得如此成就，的确令人赞叹！

冬去春来，年复一年，对林区来说，加强护林防火就是永恒的主题。面对千山竞秀、万木争荣的森林，通化市的干部群众并没有陶醉于昔日荣誉的光环之中，决心遵循江泽民总书记关于“隐患险于明火，防范胜于救灾，责任重于泰山”的指示精神，继续做好艰苦细致的工作，努力实现连续50年无重大森林火灾。 （执笔人：郑国刚 王新生）

茫茫大林海　蓝盾映朝晖

——黑龙江省清河林业地区公安局保护森林资源维护林区治安的经验

"站着，是人民的伞；趴下，是人民的牛"。

这是黑龙江省清河林业地区公安局全体干警的誓言。多年来，每当上级嘉奖、群众表扬时，他们总爱用这句话来表达自己的心声。

这个公安局是黑龙江省森林工业总局根据保护森林资源、维护林区生产秩序的需要，按照公安部、林业部的指令在国有林区筹建起来的一批林业内部公安机关中的一个。它从成立的第一天起，就一直坚持以保护森林资源、保卫林区经济建设为中心，讲政治、讲正气、讲法制，在林区错综复杂的斗争中屡建奇功，使清河林区出现了发案少、秩序好、群众满意的好局面，连续多次被评为全省森工系统治安综合治理先进单位、全国林业先进公安局。

（一）

森林资源是裸露在地面上的宝贵财富，散布在山山岭岭、沟沟岔岔的自然环境里。保护森林资源比保护银行、商店、工厂、矿山和群众住宅要艰苦得多、复杂得多。

为了在这艰苦、复杂的环境中努力完成党和人民赋予的光荣使命，清河林业地区公安局首先从爱林教育入手，把森林的多种功能、多种效益，森林法及林业方针政策、林业公安人员的职责列为全局干警的基础课，没有学过要从头学，已经学过的要结合改革实际进行补课，从思想上提高对林业重要性的认识，从感情上树立"爱林如子，惜木如金"的观念。

除通过各种渠道进行理论和常识教育外，局里还规定所有新调入林区的民警必须先到林业生产第一线的基层派出所进行锻炼，让他们先深入基层、深入大森林，通过实际工作来加深对林业的感情。全局216名干警中，80%以上都在派出所当过民警。

人们都知道，公安工作是既艰苦又危险的工作，在林区干公安条件更差，环境更复杂，没有好的思想，没有对林业的感情，是做不好公安工作的。

清河林业地区公安局通过艰苦细致、耐心周到的教育和培养，使一批批干警就像小兴安岭的红松一样，在林区扎下根、安下心，与林业建立起了千丝万缕的联系，并且用实际行动谱写了一曲曲保卫林区经济建设的新篇章。

山上大古洞派出所所长吴仪钦，从当民警到当派出所所长，18年如一日，以所为家，长期吃住在林区。在打击破坏森林资源中，连年立功受奖。

小古洞派出所一位所长在派出所干了近30年，工作几经调动都没有离开山林。他的家从这个场搬到那个场，搬了一次又一次，从没向领导说个"不"字。别人问他："为什么不搬到条件比较好的山下住？"他说："我舍不得林子，听不到松涛声我就睡不着。"

西北河派出所民警不但出色地完成了警务工作，每年春季还和林区群众一起到山上参加义务植树。有人故意"将他们军"说："你们是干公安的，管住坏人就行，栽树不是多管闲事吗？"他们回答："我们既要做大森林的保卫者，也要做大森林的建设者。"

一次，大古洞派出所接到群众举报，育林林场施业区内有一片林木被砍伐。为查清事实，所长带领六名民警一早就前往十几里远的现场勘查。他们翻山越岭，趟小河，过塔头甸，鞋湿透了，衣服刮破了，全然不顾，终于找到了被砍的林地，见被盗伐的10多立方米木材尚未被运走，他们就在林中隐蔽起来。炎热的夏季，白天闷热难受，晚上蚊虫叮咬，但民警们没有人叫苦、喊累，一连守候六天，硬是以顽强的毅力在现场抓获了来偷运木材的不法分子。

在一个寒冷的冬日，森保大队长带领两名民警和往常一样，踏着没膝积雪，顶着砭骨寒风，到青山林场巡查林情。夕阳泛红时，三人正要下山，忽然发现五六个农民正赶着马爬犁偷运盗伐的木材。三人迅速冲上前去，迎头截住，令他们卸掉木头接受处理。那几名农民连说好话，表示愿意拿出2000元交个朋友，被严辞拒绝后，贿赂的价码涨到3000元、5000元，最后声称，只要放人放马，给1万元也行。见软的不行，他们竟依仗人多，动起了硬的，威胁说，再敢阻拦，就把你们全打趴在山上。面对蛮横，三名民警毫无惧色，把这些人押回到了公安局。

从这多次战斗中，人们清楚地看出了他们热爱森林的感情和保卫森林的决心。在庆功总结大会上，许多林业职工在发言中称赞他们是“森林卫士”、“护法金刚”。

（二）

保护森林资源不但要有深厚的林业感情，还要有过硬的本领。自80年代起，清河林业地区公安局就要求全体干警把熟悉“三情”(即林情、山情、社情)作为开展警务活动的基本功。局里先后建立了森林资源分布图板、林区地形图板、人口分布图板，供干警演练。

全局5年以上的老干警中，“三情”熟悉率达90%以上。有16名民警成为熟悉“三情”的标兵。他们每人都是活地图、活档案、活电脑，不但熟悉林区的森林面积、森林资源、生产指标，还熟悉户内人口数、户主门牌号、违法人员史，熟悉家庭经济收入、每户成年人的状况，及暂住人口的活动情况等；达到不重不漏底数清，不翻底卡能说清，形状如图印象清，从业基本情况清，迁移变动原因清。

功夫不负有心人。苦练“三情”基本功，大大提高了林业公安干警的战斗力。1995年9月9日发生一起恶性案件，派出所接到报案后，迅速通知刑警大队，并以最快速度对现场进行了保护，巡警大队、治安科同时进入待命状态。经现场勘查，确定侦察方向和范围后，刑警大队迅速同户口管理中心取得联系，几分钟后，屏幕上即显示出了案件所需材料。随后刑警大队兵分两路，走访排查，突破犯罪嫌疑人利用林区的复杂情况设置的障碍，以迅雷不及掩耳之势破获了这一重大恶性案件。

（三）

清河林区国有森林资源面积14.3万公顷，是国家重点木材生产基地，年生产木材20余万立方米。这里是红松、白松、水曲柳等名贵树种的产地，也是黑熊、飞龙、梅花鹿等国家重点保护动物休养生息之地，又是一些名贵中草药的生产基地。过去，常有一些不法分子混入林区为非作歹。在打开山门、搞活经济中，毁坏森林、乱砍滥伐森林资源、猎捕野生动物等案件又呈上升趋势。为了加大森林资源的保护力度，清河公安局在局长田喜军的领导下，果断地成立了专案组，开展依法护林的攻坚战。专案组以主管局长为中枢，以科所队长为支柱，以警长、探长、中队长为骨干，按照森保大队管面、山上派出所管片、驻场民警管块的格局，进行协同作战。

香兰贮木场是清河林区两大贮木场之一。由于领导班子软弱无力，这个场长期被一伙黑社会地痞恶霸把持。客户拉木材，得先向他们拉关系，交入场费；他们拉木材，想拉哪根就拉哪根，想给多少钱就给多少钱，弄得香兰漫天阴云。公安局长便亲率队伍，长途奔袭，赴汤原、下香兰，先后抓获18名歹徒，使百日攻坚首战告捷。紧接着他们又从治安、森保、巡警队和东方红派出所抽调了25名警力，对木材销售领域进行整顿和打击，先后进驻香兰、清河两大贮木场，走访调查，了解客户，突击抽查，共查出不合理造材9800立方米。降等、改号木材1.2万立方米，处理了68名有关人员，还查处盗窃木材案件144起，打击车匪路霸148人次，一举扭转了混乱局面。

整顿好木材流通秩序后，他们一鼓作气，按照“什么突出就打什么，哪里乱就治理哪”的原则，展开了打击治理偷油、偷煤、窃电行为的专项斗争。

物资科油库的几名工作人员，为了弥补偷拿送损而出现缺口的账目，谎称由于油罐阀门没有关紧，一夜间泄漏了136吨汽油。专案组通过现场勘查，聘请专门人员测验，认定实际漏泄只有几吨。于是，他们一面对责任人深挖猛追，一面调集人力，对全局

300多名公用、个体车辆的用油来源进行了详细调查。经过一个多月的艰苦细致的工作，终于挖出17个“油耗子”。接着，他们又通过主管单位配合，巡警堵截，群众举报，以案带案，对运煤、运油车跟踪检查，先后查找回被盗原煤180吨，汽油、柴油300吨，查破窃电案件126起，使窃煤、窃电者受到了应有的处罚。

1996年秋，山产品大丰收。公安局根据松树籽丰收及市场价高的信息，为避免松籽未成熟就被人哄抢掠采，布置森保大队和山上4个派出所的全体民警，提前进入山上安营扎寨，看守住重点采伐区和主要道口，防止职工和农民提前掠夺采种。由于组织得当，控制严密，打掉了21个提前入山的采种窝棚，收缴松塔8万多个，有效地保护了松树籽资源。

1997年4月，小古洞村一名农民雇佣5个人在东方红经营所施业区毁林开荒。森保大队一中队队长带人上山调查，耐心工作，依法取证，使这名农民承认了毁林开荒1.32公顷，毁坏人工落叶松树236株的事实，受到了应有的处罚，使毁林开荒现象得到了有效的遏制。

在保卫森林资源的战斗中，清河林业地区公安局不仅对蚕食林地、盗伐林木的农民做坚决的斗争，对企业内部人员的违法现象也毫不姑息。一次，森保大队在山上检查时，发现机修厂管理站站长 利用林业局批给拣黑头木的机会，雇佣20多名农民盗伐好木材。森保大队抽调警力进行了4个月的调查，走访了8个村屯、2个林场，终于查明这个站长共盗伐木材210余立方米，价值人民币4万多元，依法对所有当事人进行了处理。

他们付出的艰辛，也得到了收获。几年来，清河公安局通过严厉打击，依法治林，共为林业局挽回经济损失5400多万元，共查破毁林案件509起，打击处理违法犯罪人员930人。收缴木材1872.67立方米，收缴了各种枪支1360支。

（四）

全心全意为人民服务，是公安人员的宗旨；密切联系群众，是人民公安的光荣传统。

清河林业公安局的干警们，生在林区、长在林区，视群众如父母、兄弟，与人民群众建立了鱼水感情。他们在保卫森林资源，保护林区生产秩序中，把为民、便民、利民的诺言，说在嘴上，落实在行动上。

这个局的19个科(所、队)都与当地企事业单位、街道建立了警民共建文明单位、文明小区，各派出所还制订了文明公约、服务公约和公开办事制度。每名民警都建立了警民联系卡。“有事找公安”，成为全林区老老少少的共识。

在一个春寒料峭的夜晚，清河林业地区派出所一位副所长和一位警长外出办案，途经清河农场附近时，发现一辆三轮车被一辆运材汽车撞坏，三轮车司机被撞得奄奄一息，在场的人都手足无措。“救人要紧”。他们果断组织在场的人把伤者抬到自己的吉普车内，急速送往医院救治，由于他们的及时出手相助，伤者得到及时治疗，生命得以延续。

巡警大队，是与广大群众接触最广泛、最直接的窗口，喷涂在巡警队外墙上的那两个“巡警”大字，老远就能招引人们的注意和亲近。110报警服务台，每年都帮助群众做好事数百件。“有警必接，有难必帮，有求必应，有险必救”的承诺，也实实在在地体现在他们行为之中。

有一次，半夜11点多，距巡警队200米远的一个木器厂突然起火。接到报警后，几名在队里值班的民警迅速起床，跑步赶到火场，上房扑救，切电源，清理杂物，抢救物品。等到消防车赶到时，他们已把火基本扑灭了。闻讯赶来的木器厂厂长望着转危为安的工厂，再看看巡警，有的只穿背心，有的光着脚板，有的满身是水、是汗。他感动地说：“多亏你们了，不然损失可就大了。”

在实际生活中，像救火这样的动人事件毕竟不多，但是在其他方面关心群众的好人好事却很多很多。巡警肖明续拾金不昧的精神，在林区就传为佳话。1998年正月的一天上午，肖明续乘出租车时无意中发现车内有一个手提兜，打开一看，里面装有大量现金。他凭着职业的敏感，料想一定是乘客遗失在车上的，就立即让司机将车开到巡警大队，及时向领导汇报了情况。通过对出租司机的询问，得知失主已在邮局附近下车，队长张少波火速组织巡警寻找失主，不到30分钟便在中心大街将焦急万分的失主找到，8万元现金完璧归赵。

不受利益驱使、不为重金所动的崇高思想境界和良好的道德修养，正是清河公安局广泛开展“为人民服务、树公安新风”活动结出的丰硕成果。

为群众排忧解难是公安机关的传统美德，这个局的干警用自己无私奉献精神所做的千件好事，并不需要任何回报。但是，爱是无偿的，也是有偿的，他们良好的道德风尚得到了社会的公认，同时，也得到了人民群众发自内心的爱戴和支持。新建村白骨案件的侦破，就是侦察人员在群众的大力支持下，广辟线索来源，向群众调查嫌疑人和犯罪线索而一举破获的隐藏了一年之久的杀人碎尸案件。东方红派出所在侦破三匹马被盗案件中，连夜追踪百余里，干警们走一路问一路，每到一处都有群众提供重大线索，13 小时就抓捕了盗马贼。现在，群众有难事找警察，警察有难事群众帮，警民一家，鱼水情深已成风尚。几年来，清河公安局有 13 个基层单位，58 名民警受到各级组织的表彰奖励；全局民警拒礼拒贿 8 万元，拒吃请 850 余人次，为灾区及危难病人捐款 7000 余元。收到锦旗镜匾 200 多面，感谢信 500 多封。这支优秀的战斗集体用实际行动实现了几年来自己“站着，是人民的伞；趴下，是人民的牛”的誓言。

（五）

打铁先要锤子硬。

公安干警头顶国徽、身着警服、手持警械，法律赋予他们以很大的权力。这个权用好了，就能为国分忧，为民解难；用不好就会祸害一方，祸国殃民。清河公安局的领导班子深知责任重大，在加强自身队伍建设上一直抓得很紧很牢。

为了把这支队伍建设成忠诚可靠、纪律严明的战斗集体，局领导特别注意政治建警，向政治素质要警力。全局民警自觉以济南交警、东莱派出所、漳州 110 及邱娥国等先进典型为榜样，广泛开展了“四个学习、四个强化”活动。

在政治建警中，局里的领导干部律人先律己，严下先严上；工作干在先，危险冲在前；小事讲团结，大事讲原则；不信邪，不畏难，敢于碰硬。他们以一身正气为全局民警树立了榜样。领导干部的这种同甘共苦精神，换来了广大民警的同心同德，使公安局各项工作开创出了新局面。

为了保持公安队伍的纯洁与稳定，这个局成立了警务督察队。在民警内部，只要发现不安全因素，立即进行整顿，对违纪行为露头就打，先后开除了六名品行不佳、在群众中造成不好影响的干警。他们还制定了《清林公安局队伍建设考核细则》，对各科、所、队的基础工作，罚没款管理、干警执纪等进行检查、考核，每年年终总评兑现奖惩。

在人事制度上，以警风警德为本，以政绩为依据，先后将 20 余名德才兼备的民警提升为科、所、队的领导；调换 35 名民警的岗位；免去了 10 名中层领导干部的职务。

（六）

清河林业地区公安局的公安业务归森工总局公安局领导，行政编制、事业经费由清河林业局负责。为了加强公安队伍自身建设，提高刑侦治安技能，近三年，清河林业局投入 100 多万元，用于清河公安局的装备建设。先后改建维修办公用房 3840 平方米，新购更新办案用车 29 辆、三轮摩托车 6 台、两轮摩托车 85 台，购置了程控电话交换机，安装了 60 部警务电话，准备了 7 部基地电台、9 部车载电台、23 部移动电话，开通了公安专线，设立了指挥中心。为了加强刑警大队的快速反应能力，1998 年在森工总局和清河林业局的支持下，投资 18 万元购置案件现场勘查设备，建起了高档次的指挥管理体系。

为了提高干警掌握使用先进技术和先进设备的能力，清河公安局还选拔 11 名素质好的民警，送到省警校、沈阳刑警学院和省公安厅技术处，学习照相、痕检、法医、训犬等专业知识，现在都已成为本职岗位上的业务尖子。此外，他们还通过办短训班、派往外地进修等形式，培训刑侦、治安、森保、消防等多警种全能型业务人才。全局已有 112 名民警获大、中专文凭，还有 50 人正在参加大、中专公安和政法院校的自考和函授学习。　（执笔人：任立清）

在改革中崛起的林木花卉苗圃

——福建省漳州市林业中心苗圃改革经营管理纪实

福建漳州的水仙花，早已驰名中外。如今，这里已形成了具有商品经营特色的“十里花卉长廊”，除水仙花之外还有各种热带、亚热带花木，万紫千红，美不胜收。漳州市林业中心苗圃便是这个花卉市场的龙头。苗圃创办于1984年，经营总面积已拓展到840公顷，拥有1280平方米的玻璃温室及成套先进的组培设备，分别开辟建设成锦绣花木场、金辉花木场、良种试验场、立民花木场、榕树盆景场和一个园林绿化工程公司。1994～1997年，苗圃销售各类苗木500万株，出圃苗木合格率达96%以上。1997年总销售额270.08万元，创利润88.82万元，分别为1994年的1.95倍和5.65倍，人均销售收入16.88万元，创利润5.54万元。现在，这个中心苗圃成为闽南地区名特优林、果、花等种苗生产、科研、繁育、推广的中心，1995年起连续三年被福建省林业厅授予“全省国营苗圃先进单位”称号，1997年被林业部评为“全国国有苗圃十大标兵”之一。

热土宝地　抓住机遇

漳州市林业中心苗圃虽然起步晚，底子薄，但起点高，发展快，关键之一是有各级领导的重视，尤其是林业主管部门党政领导的重视和支持。苗圃位于亚热带的闽南“金三角”，交通便捷，资源丰富，是一块不可多得的热土宝地。为了充分挖掘潜力，1993年福建省林业厅决定投资320多万元在苗圃建设林业组培中心，1994年漳州市委、市政府又提出以苗圃为龙头，沿国道324线建设“百里名优花卉走廊”的发展战略，再次为苗圃的发展提供了大好机遇。

为了加强领导，苗圃主任由漳州市林业局选派杨国华副局长兼任，上任后，领导班子团结协作制订出“抓住机遇、大胆开拓、加快发展、提高效益”的发展思路，坚持“以苗为主，多种经营”的办圃方针，大力提倡“团结、拼搏、敬业、开拓”的企业精神。在新的领导班子带领下，全圃干部职工以圃为家，心往一处想，劲往一处使，齐心协力，艰苦创业，积极为苗圃的发展谋新篇布新局，使苗圃面貌焕然一新，两个文明建设协调发展。

砸“铁交椅”　破“铁饭碗”

为适应市场经济的新形势，中心苗圃首先加大人事、劳动、分配三项制度改革的力度，引进竞争机制，强化内部管理。

在人事制度上，实行干部聘任制，打破干部工人界线，大胆起用“能人”，做到能者上、平者让、庸者下，精简压缩后勤人员，全圃16名干部职工只留一名勤杂工，其余管理人员从副主任到科技人员，全部进入生产第一线，会计、出纳、保管、电工在明确岗位责任制的同时，一律实行兼职；在劳动制度上，实行劳动合同制，按岗设人，定额管理；在分配制上，打破原有工资等级制，技术人员和职工按国家规定享有职称评定晋升和调资资格，作为档案工资，全部实行承包工资或计件工资，上不封顶下不保底，多劳多得，奖勤罚懒。人事、劳动和分配三项制度改革，砸碎干部的“铁交椅”，打破职工的“铁饭碗”，把“责、权、利”三者有机结合起来，极大地调动了干部职工的生产积极性，出现“全员齐心搞生产、自觉抓管理、人人跑市场促销售”的新局面，苗圃出现“三少一多”现象，扯皮的事少了，闲逛的人少了，请假的人少了，直接参加劳动的人多了，苗圃每年可减少工资管理费开支近10万元。

承包管理　自主经营

为提高经营管理水平，苗圃分类推行多种形式的承包责任制。一是对组培室、玻璃温室的苗木生产实行“定岗、定时、定任务、定单价、定工本、定奖罚”为内容的目标管理责任制，把生产效益同个人的工资挂起钩来。二是绿化苗实行投标经营，即：定原值、定成本、定增值、定上交、定全奖全赔、公开投标，由承包者自主经营、自负盈亏，并承担一切工资税费。如：1994年6月，苗圃成立苗木评估小组，对2.27公顷大田绿化苗的责任承包，可得承包款38万元；1995年对0.73公顷院内绿化苗观叶植物盆景进行盘点，区分5个经营小区，公开投标发包给5名职工经营，上缴承包款53万元。采取这一管理措施后，极大地调动了生产者的积极性，他们分别申办了工商执照，成立5家园艺(花木)场，自找生产资金，增加培育品种，不断扩大生产规模。职工称赞说：“以往集体管理，水无人浇，草无人拔，盗花无人问，送人情花常发生。承包后情况大不同了，承包者既抓生产又跑销售，忙得连吃饭都忘了。”强化管理给苗圃带来了可观的经济效益。按承包合同，3年内苗圃可收承包款168万元，比盘点的原值38万元增加了3.42倍。在果园管理上，苗圃采用划分小区联产承包、个人租山搞开发和股份制等多种经营方式。如苗圃1995年开发种植的8公顷龙眼分片发包给6位职工经营20年，生产管理成本自负，栽植5年后开始按合同逐年上缴果品，承包期内苗圃可得龙眼果17.25万公斤，价值172.5万元，投产后每年可为苗圃增收11.5万元，承包职工每年可望增加收入万元以上。既节约苗圃对果园后期管理资金投入，确保国家增收，又调动承包者管理积极性，探索出一条职工依靠开山种果致富奔小康的新路子。

苗木生产效益如何，最终必须通过市场销售来实现。在苗木销售管理上，苗圃主要采取三条措施：一是造林苗木实行以销定产，按合同组织生产。二是花果苗生产坚持以市场为导向，加强信息指导，大搞横向联合。生产的花卉、绿化苗除供应闽南50公里花卉走廊需要外，还与省内外37家花卉经营商开展产销联网。三是建立生产销售部，实行独立核算，确定推销苗木指标，建立责任制，帮助圃内各育苗户搞好促销工作。

依靠科技　提高效益

科学技术是第一生产力。林木种苗生产技术密集，依靠科技进步是种苗生产发展上档次、增效益的客观要求，只有增加种苗的科技含量，才能提高种苗对林业的贡献率。1992年，苗圃从荷兰进口玻璃温室设备，面积1280平方米。1993年8月，建成了年产300万株组培苗和200万株无性扦插苗的林业组培中心。林业组培中心占地2万平方米，建筑面积1630平方米，配有组培楼、玻璃温室、容器装填室、育苗经营区、扦插育苗区、炼苗区，是迄今福建省规模最大、设备最齐全、技术最先进的苗木组培工厂。

几年来，中心苗圃以科技为先导，坚持科研、生产、管理三结合，进一步加大科研攻关和科技成果、新技术推广应用力度，取得了新的突破。在良种繁殖材料选育上，紧紧围绕林业两个体系建设和山区、沙区综合开发对林木种苗的需求，加强与科研教学单位的协作攻关，加快科技成果的转化。1992年，苗圃从广西引进巨尾桉组培专利技术和7个优良品系，100多瓶(每瓶50～60株)桉树种苗，经过繁育，培育出40多个品系；1994年以来，苗圃在省林木种苗总站支持下，再度从广东、广西引进巨尾桉20个优良品系和3个抗风桉树品种，并成功地组培繁育，从而为漳州桉树造纸原料林基地等项目不断提供品质纯正的苗木。1992～1997年，累计向广东、福建等地提供桉树组培苗250万株，扦插苗5万株，并在漳州市的华安、长泰林区种植1333.33公顷，长势良好。四年生的桉树林分平均树高16米，胸径24厘米，繁育技术达到国内同类研究的先进水平。

除桉类树种外，1993年苗圃从南非引进黑荆种子十几粒，与美国阿肯色大学合作研究黑荆的组培技术，经过组培培育10个月，繁育林木苗2万株，同年12月通过专家鉴定，技术达到国际同类研究水平,属国内首创。

为发挥技术设备优势,切实肩负起为发展“两高一优”林业和闽南50公里花卉走廊建设提供优质种苗的双重使命,苗圃把应用科技选育一般苗木拓展到名贵花卉和优质果苗繁育上。市林业局副局长兼苗圃主任杨国华带领科技人员走南闯北,考察市场,学习先进技术。1994年以来,苗圃利用从荷兰进口的全自动玻璃温室设备,从国内外引进火鹤花、兰花、菊花、胡姬花等8个名贵切花品种,草莓、藤稔、葡萄、无花果、抗寒香焦、苦丁茶等8个优质果茶品种,还有青苹果、红苹果、红帝王、绿帝王、蔓绿绒、大汉白掌、神灯白掌、太阳宝石、翡翠宝石、太阳万年青等近30个观叶新品种,进行组培快繁,仅1996年和1997年就育苗16万株,培育新品种20多种。此外,从国内外引进大王椰子、三角椰子、布迪椰子、加拿利海枣、红棕榈、散尾葵、皇后葵、圆叶薄葵、铁树、发财树等高中档盆景苗木64种进行繁育。目前,苗圃绿化苗培育面积30公顷,年产苗150万株。

同时,苗圃还制定一系列行之有效的技术目标管理责任制,把科研、生产、效益三者同个人所得挂起钩来。规定对新研究成果达国内首创奖励5000元,全省领先奖励1000元,激发了工程技术人员大胆探索、科学攻关的热情,保证苗圃在引进、试验、繁育、推广名特优新品种上取得显著成效。

挖掘潜力　综合经营

林业产业化道路是苗圃发展的必由之路,产业结构的不断调整是市场经济的必然要求。几年来,漳州市林业中心苗圃坚持“以苗为主,多种经营”的方针,立足本地资源、地缘、人才、技术等优势,选准主导产业和龙头项目,既抓苗木生产,又抓多种经营、森林保护、山地综合开发,拓展苗圃发展门路。充分发挥地域优势,大力种植亚热带水果,建立新的经济增长点。中心苗圃地处亚热带,具有气候温和、山地资源多的优势,适于发展多种亚热带名贵水果。他们采取国家、集体、个人一起上的方式,大搞山地水果开发,先后引进荔枝妃子笑、龙眼水南1号和2号、官溪蜜柚、美国红芒等名优水果品种,采取“推大平台、挖大穴、下大肥、种大苗”的高标准开发模式,使山地的种植结构得到较大调整。在近三年间,名优水果面积增加70.67公顷,包括龙眼、荔枝、柑橘、蜜柚、酸梅等,人均水果面积4.4公顷,投产后年平均可收入200多万元,大大增强了苗圃的发展后劲。

单位要有效益,产品适销对路是保证。在激烈的市场竞争中,苗圃成立了销售部和园林绿化公司。销售部负责对外联系苗木销售,以年完成销售额100万元作为基数,制定奖罚标准。1997年销售额比1996年增长1.57倍。园林绿化公司积极开拓对外园林绿化美化工程业务,已完成厦门同济路、国道324线同安路段与漳浦路段、国道319线南靖路段、漳州空军飞机场、漳浦县西湖公园等地的绿化工程,以质优价廉赢得用户的赞誉。由于坚持“以苗为主、多种经营为辅”的方针,中心苗圃的总收入呈现稳定增长的喜人态势,1997年总产值达1440万元,比1966年增长64.2%。

(执笔人:林水土　江荣山)

高新技术保资源　林政管理上台阶

——广东省始兴县强化森林资源林政管理的经验

强化森林资源的管理和监测，是各级林业职能部门的重要任务。广东省始兴县自1989年被林业部列为全国森林资源林政管理示范点以后，采取一系列切实有效的措施，建立起森林资源管理监测体系，使林政管理走上了规范化、科学化、制度化的轨道，有效地控制住森林资源下降的趋势，出现了森林资源持续稳定发展的良好局面。

(一)

始兴县位于粤北山区，在全县21.6万公顷土地中，林业用地面积就有17万公顷，占78.7%，是个典型的南方集体林区。五六十年代，全县森林覆盖率接近70%，活立木总蓄积量保持在950万立方米左右，年产商品材10多万立方米。当时，人们对林政管理工作缺乏足够的认识，一心抓"两头"，一头是栽树，一头是砍树。尽管从上到下忙得不亦乐乎，但由于林政管理工作跟不上，林业建设却成了一个"漏了底的皮口袋"，一边往里装，一边往外淌，新林子"栽的多、活的少"，老林子"砍的多、报的少"，使全县森林资源逐年减少。到70年代末期，有林地面积下降到15.2万公顷，森林覆盖率下降到67.3%，活立木蓄积量下降到850万立方米，不少地方竟到了"远看青山翠，近看无用材"的地步。随着森林资源的减少，生态环境也日趋恶化，洪涝灾害频繁，农田和村庄被冲毁，林农收入每况愈下。

在严峻的现实面前，中共始兴县委和县政府幡然醒悟，认识到林政管理在保护森林、发展林业中具有不可或缺的重要作用，是实现"青山常在，永续利用"战略的中心环节，于是决定实行领导干部保护、发展森林资源任期目标责任制，把森林资源的消长作为考核县、乡、村三级主管人员政绩的主要内容之一。特别是1989年林业部把始兴县列为全国森林资源林政管理示范点以后，县委、县政府进一步加大了林政管理的力度，一建组织，二配人员，三给资金，四购设备，五立章法，使林政工作管到乡，管到村，管到每一块林地，管到每一个小班。经过十多年艰苦细致的工作，全县有林地面积由办示范点前的15.2万公顷增加到15.97万公顷，森林覆盖率由67.3%增加到74.7%，活立木蓄积量由850万立方米增加到1094万立方米，林木年生长量由20多万立方米增加到41万立方米，年消耗量由53万立方米减少到32万立方米，林业年产值由0.8亿元增加到3.5亿元，林区群众年人均收入由812元增加到3100元。始兴县多次被评为全国"造林绿化先进单位"、"森林资源林政管理先进单位"。

始兴林业由盛而衰、由衰而兴的历程，使当地干部群众切切实实感受到了林政管理工作在保护和发展森林资源中的重要作用。乡镇干部说："以前林政管理差劲，大树管不住，小树养不好，我们天天提心吊胆做工作；现在林政加强了，人砍树、牛啃苗的事情少多了。"林区的群众说："林政管理是个宝，护山护树少不了。"林业局的干部体会更深，说"林政管理就像一根扁担，一头挑起资源增长，一头降低资源消耗，两头平衡发展，资源越来越多，产出也能相应增加，在新的基础上实现了良性'双增'的好局面。"

（二）

始兴县的森林资源林政管理工作，概括起来，就是做到了“四有”：**有一个清晰正确的指导思想** 始兴县森林资源位居全省之首，本来可以通过各种方式，把经济建设启动的枢纽放在森林资源的采伐利用上。但是，始兴县党政领导坚决不以牺牲森林资源为代价去追求一时的发展，而是坚持把林业建设摆到战略位置上，作为生存环境的基础、生产力的支柱、生存条件的保障来抓。以往的教训说明，不重视林业的地方，肯定不重视林政管理。在始兴，正是由于有了一个重视林业、重视生态环境的大思路大政策，林政管理工作也就有了大靠山大动力。早在1989年，县委、县政府就从全国各地邀请许多专家学者举行“建设始兴生态林业县研讨会”，深入探讨和论证“人口—资源—环境”的深层次联系，提出了“建设始兴生态林业县”的方案，明确提出以森林资源的良性循环作为社会价值的前提。

后来，随着社会主义市场经济的逐步建立，当有些人片面地追求经济效益时，县委、县政府又一次顶住垂手可得的诱惑，坚定地举起森林资源林政管理示范的旗帜，坚持不懈地探索林政管理的新路子，一步一个脚印、一步一个台阶地向前走。

有一种开拓进取的改革精神 在建立健全林政管理体系中，始兴县结合实际进行了一系列的重大改革。

一是实行森林分类经营。实行森林分类经营是从根本上转变林业经济体制和经济增长方式，实现市场经济条件下林业可持续发展的战略选择。始兴的作法是，在开展森林资源二类调查的基础上，结合实际，编制森林分类经营方案，将全县林地划分为两大类：一类是生态公益林，含自然保护区、自然保护小区、水源涵养林、风景林、国防林和森林公园，总面积4.6万公顷，占林业用地面积的27%。另一类是商品林，以原有的国营林场、联办林场、集体林、个体的责任山为主体，区划为速生丰产林、短轮伐期专用林、毛竹、松脂、经济林五大基地，总面积12.4万公顷，占林业用地面积的73%。对生态公益林实行效益补偿制度，对商品林基地实行集约化经营，与市场挂钩，受价值规律调控。

二是开展森林资源资产化管理试点工作。森林资源资产化是商品林走向市场经济体制的必然一步。几年来，通过对林地、林木等资产进行评估，确定森林资源资产，明晰产权，活立木在进入市场之前就有一个量化概念，有利于调动各方面增加投入、加强管理的积极性，能更好地促进林业经济的发展。

三是实行林地地籍管理，给林地林木上“户口”。1989年，始兴县在森林资源二类调查的基础上，根据自然地形、山林权属和行政区域等，将全县林地区划为1.8万多个固定小班，每个小班面积在3～20公顷之间，并且统一编号，建立了固定小班的地籍档案，所有林业生产经营管理活动，均以固定小班为基本单元进行。有人说，始兴县的林地、林木是上了“户口”的，要了解那块林地的情况，只要一查“户口”就清清楚楚。

此外，始兴县还在营林与森工一体化管理方面进行了大胆而又稳妥的改革。这些改革，给林业发展注入了新的活力，加快了林业现代化建设的步伐。

有一套切实可行的管理办法 经过多年的探索，始兴县在森林资源林政管理方面形成了一整套管理办法，进入了以资源管理为基础、动态管理为手段、目标管理为归宿的森林资源林政管理新阶段。这一整套管理办法，包括以下几个方面：

第一个方面是建立和完善森林资源监测体系。为了摸清资源家底，及时掌握资源状况和消长动态，始兴县采用先进的科学技术建立起了森林资源监测体系：

——森林资源数据库。这是在林业部中南规划设计院、广东省林业勘察设计院的帮助和指导下建起来的。在这个数据库里已输入了1.8万多个固定小班和三期县级连续清查119个样群、1194个样点的数据，同时还建立了数据更新系统和数据年报汇编系统。

——资源档案管理室。为了准确地反映森林资源的动态变化，更好地指导林业生产，始兴县各乡镇林业工作站及国有林场都建立了资源档案室，配备了电脑和专职档案员。档案室设立了“两图”（林相图和森林采伐、更新图）、“三表”（基本情况表、资源现状表和年度采伐限额表），建立了“两项制度”（档案室管理制度和档案员岗位责任制）。

——地理信息系统。地理信息系统是始兴县继建立林地地籍管理系统后进一步利用计算机对森林资源进行监测的管理系统。这个系统把资源数据与地形图结合在一起，动态而形象地反映森林资源的消长变化、林业发展的成果，图文并茂，有声有色。

此外，还有森林资源消耗结构双向调查制度。这是对采伐限额进行监督检查的重要手段，已在始兴县普遍采用。双向调查中的一向是小班调查法，按采伐小班逐一进行实际消耗结构调查汇总，另一向是根据不同类别进行抽样调查汇总。

第二个方面是严格执行森林采伐限额全额管理制度。一是坚持凭证采伐林木，建立伐前调查设计、伐中检查监督、伐后验收拨交制度。同时严格抓好“四率”，即伐区调查设计率、伐区发证率、凭证采伐率、凭证收购率。二是推广小面积皆伐，以固定小班为单位，连片采伐，连片更新造林。过去全县每年的伐区有3000多个，1990年实行小面积皆伐后仅有531个，第二年又减少到444个。三是开源节流，降低薪炭材和养殖业用材的消耗。四是开展森林资源审计工作，对有林木采伐、销售、加工和利用的单位或个人进行“三总量”(采伐量、收购量、销售量)的审计监督。五是加强流通管理，整顿木、竹加工厂(点)。

第三个方面是建立综合管护体系。自1990年以来，始兴县根据全县森林分布情况，划分综合管护大区144个、小区(护林员责任区)1143个，管护人员与有关部门签订了《森林资源综合管护合同书》，把责任落实到每一个护林员。综合管护要求做到“五有、四无”，即有专职护林员、有管理措施、有管护面积和界址、有乡规民约、有宣传标语；无森林火灾、无严重的森林病虫害、无乱砍滥伐现象、无毁林开荒和乱占林地现象。县里每年组织两次检查和评比，年终兑现奖罚。

为了切实管护好森林资源，始兴县各乡镇还分别建立起“四网”(无线电防火通讯网、防火林带网、防火瞭望网和森林病虫害防治网)、四站(林业工作站、乡镇护林站、木材检查站和森林病虫害防治站)。“四网”、“四站”的建立，对森林防火、森林病虫害防治和打击森林违法犯罪活动起到了很重要的作用。

有一支强大得力的管护队伍 加强森林资源林政管理工作，必须有一支强大得力的管护队伍。多年来，始兴县一直坚持领导分工负责制，每届班子都有一名县委副书记和一名副县长专抓林业工作，各乡镇、管理区也都有一名领导专抓林业工作。县林业部门设立了林业公安分局、林政股、林地管理办公室、木材检查站，各乡镇林业工作站和国有林场设林政员、档案员。目前，全县拥有资源林政管理专职人员135人，加上各乡镇的护林员1225人，全县就有了一支由1360人组成的林政、护林队伍。为提高林政管理人员的素质，始兴县还采取岗位轮训、办广播林业大中专班、聘请专家学者讲学以及选送人员到大专院校进修等形式，全面培训管理人员。同时，县里还定期进行队伍整顿，及时选拔优秀人员充实到资源林政管理岗位。多年来，这支队伍尽心尽力、尽职尽责，为保护和发展始兴县的森林资源、维护林区秩序，做出了突出贡献。（执笔人：李建元）

林业工作站作用大 基层管理全靠它

——广西壮族自治区龙胜各族自治县加强林业工作站建设的经验

“林业站作用大，善管理勤服务，传技术讲政策，护林防火全靠它。”这是广西壮族自治区龙胜各族自治县群众对乡镇林业工作站的赞歌。

加强乡镇林业工作站建设

龙胜县位于广西东北部，是苗、瑶、侗、壮、汉等民族合居区。全县总面积24.11万公顷，其中林业用地18.08万公顷，占总面积的75%。有林地面积14.25万公顷，森林覆盖率达74.59%，森林蓄积量416万立方米，是桂东北盛产杉、松、油茶、油桐、毛竹、松脂、香菇、木耳、土纸、棕皮、药材等林副产品的重点林区县。自新中国成立以来，共为国家提供了200多万立方米木材和大量林副产品。

林业虽然在龙胜县的经济建设和生态环境中占有举足轻重的地位，但是在1985年以前，全县林区的基层管理服务工作十分薄弱，基本上处于“上面有人喊，下边没人管”的状态，乱砍滥伐严重，森工营林“两张皮”，林牧矛盾突出，造林无效益，管护不到位，资源消耗失控。1979～1987年，全县有林地面积、森林覆盖率大幅度下降。森林覆盖率下降了2.2个百分点，年均资源消耗量是年生长量的1.72倍，全县宜林地中返荒面积竟达3.7万公顷。

面对如此揪心的局面，龙胜县委、县政府在深刻反思之后，明确提出：“要发动全社会造林、护林，要带领农民利用山地脱贫致富，就必须加强乡镇林业工作站的建设。”早在1984年，曾在一部分重点林区乡镇设立林业技术推广站，各站只配备一名林业职工，由于身单力薄，职能单一，很难有效地开展工作。1987年，县委、县政府将原来的林业技术推广站改建为乡镇林业工作站，在保留原配备的130名职工的同时，又从县林业局抽调25名业务骨干充实到基层林业工作站工作，在泗水、乐江等重点林业乡镇建立起8个具有“营林、森工、公安、林政、防火、森防、节能”七项管理职能的全能型乡镇林业工作站。

发挥乡镇林业工作站的职能作用

龙胜县乡镇林业工作站属于县林业局领导下的基层机构，直接向林业局承包年度工作任务。它是林业局在基层工作的管理、服务单位，是林业建设第一线的组织者和实施者。俗话说“上有千条线，下穿一根针”。国家林业政策的贯彻，林业法律法规的宣传，森林资源的保护、开发和利用，林业实用技术的推广，等等，都要通过林业站去具体落实。林业工作站功能的强弱，直接影响到整个林业事业的发展。

经过扩建和进一步完善，全县林业工作站在“造、封、管、节、用”各项工作中始终发挥着主导作用，有力地促进了林业的发展，1987年以来，全县投入资金6177万元，建成人工杉木速生丰产林3.3万多公顷，油茶1.47万公顷，油桐0.4万公顷，“三木”（杜仲、黄柏、厚朴）药材0.28万公顷，五倍子0.13万公顷，柑橘0.15万公顷，毛竹0.29万公顷，形成七大商品林基地。在这些商品林基地建设的攻坚阶段，林业站的干部职工全力以赴，披星戴月，顶风沐雨，上山走在前，重活累活干在前，为造林绿化吃大苦流大汗。瓢里镇的群众仗着自己山上树木多，对人工造林、消灭荒山持消极态度。林业站的干部便一次又一次地动员，理论说不通，他们就搞个示范点，用事实来说服。经县林业局批准，瓢里镇在界泉村种下了46.6公顷杉木。杉木通直高大，长势特别喜人，眼看根根杉木就要变成“金条”，周围的农民看在眼里，心也热了。他们一改以前赶着催着也不愿上山的态度，主动到站里要苗木，请求技术指导。以点带面，一人带众，很快就使瓢里镇的荒山变绿了。

放“浪牛”是龙胜少数民族千百年沿袭下来的牧牛习惯，无论谁家养牛都不用人管，天亮让牛出门傍晚让牛回归，走到哪吃到哪。新种的苗木被牛践踏，成活率极低。为改变农民这一陈规陋习，保证造林成果，县里作出关于禁止放浪牛的决定。林业站的干部职工走村串户，深入宣传县里的决定，通过耐心解释，终于使农户改变了“放浪牛”的习惯。

在林业局领导下，林业站还完成了县里的林业开发性贷款造林项目、世行贷款国家造林项目、油茶低改项目、毛竹低改项目、经济林基地建设项目、笋竹两用林基地建设项目、油茶毒蛾防治、杉木无性系育苗、珠防林建设工程等工程的规划设计，为全县林业的发展立了大功。

在龙胜县进行“三年消灭荒山”的造林灭荒大决战中，乡镇林业工作站积极搞好规划设计，他们以大面积荒山连片开发为骨干，以小片荒山治理为单元，制订出翔实的施工方案，为乡镇党委、政府当参谋，赢得了“活地图”、“数据库”的美称。在营造过程中，各站工作人员都下村下点，与乡(镇)、村干部一起发动群众联合开发。整整三年，各乡镇林业站工作人员既要与各族群众一起整地、种植、抚育、施肥，自始至终参加劳动，又要及时进行技术指导和检查验收，把握每一个生产环节的质量。他们战酷暑、斗严寒，比群众操更多的心、吃更多的苦。甚至在春节期间，别人家吃团圆饭、看灶火，而林业工作站的职工却要马不停蹄地到外县外省联系调运苗木，奔波在风雪飞扬的路上。由于全面实行科学管理，造一片成一片，促使全县林业由粗放型经营向集约化经营转变，如期实现了三年消灭荒山、五年基本绿化龙胜的宏伟目标。

农民是学习、应用科学技术的主力军。几年来，林业站一直把对农民群众的技术培训工作作为一件大事来抓。他们通过多种形式，先后举办了100多期培训班，培训农民1万余人次。在日常工作中，林业站的干部职工也经常深入到山头地块，从育苗、整地、种植、抚育、施肥等技术环节，指导群众科学造林、科学管理。各林业站还通过技术咨询，签订技术承包服务合同和包村包点等方式，选育本地优质树苗果苗，引进外地先进技术和优质苗木。引导农民在低山河谷一带发展优质柑橘和笋竹两用林，在海拔800～1500米的高山远山成功种植推广果中珍品南山梨和“三木”药材，种成了群众引为自豪的“早落金子夜落银”的摇钱树。现在，公路沿线农民一幢幢别墅式的砖房，就是靠种树的收益建成的，因此叫“三木楼”、“柑橘楼”。

根据龙胜阔叶林资源丰富适于发展香菇生产的优势，各乡镇林业工作站还配合有关部门推广福建省屏南县袋装香菇种植技术，大批量种植后，使农民获得了很大的经济效益。

位于湘桂交界的伟江乡甘甲村，原是全县著名的贫困村，地势高寒，土地贫瘠，全村只有一坡连一坡的荒草和几棵耐寒杂木树，林业站便配合扶贫工作组，派出技术人员长期蹲点，进行技术指导，用南山苹果梨作嫁接母树，精心培育推广，在当地栽植成功南山梨9万株，发展“三木”药材31万株。1995年，全村人均收入1160元，85%以上的农户越过温饱线，走上了致富之路。

林业站所扶持的并不只一个甘甲村。90年代初，县委、县政府大力发展“三木”药材，种植杉木、竹子、油桐、油茶，发展以柑橘为主的水果生产。林业站积极响应县政府的号召，充分发挥林业生产排头兵的作用，组织和指导群众用科学办法造林种果，所建立的3.3万公顷杉木林基地、1.4万公顷油茶基地、0.15万公顷水果基地、0.34万公顷“三木”药材基地、0.4万公顷毛竹基地全都优质高产。如今像甘甲那样，通过造林种果和合理开发森林资源走上脱贫致富路的，在龙胜已有5万多人。

改灶节柴是龙胜所有乡镇林业工作站的重点工作项目。1991～1994年，全县155名林业站职工分片包村、包户，进行艰苦细致的说服动员和技术指导，帮助3.28万户改用了省柴灶，建起了3200个沼气池，改灶节柴户达92.95%。改灶节柴使全县森林资源的年消耗量减少9.1万立方米，从1992年开始全县扭转了消大于长的局面，实现了森林生长量大于消耗量。

维护林区治安，保护森林资源，是林业站的重要职责。林业站的职工长年累月生活在基层，熟悉林情、社情、路情，个个都是林区治安工作“千里眼”、“顺风耳”，一有风吹草动，立刻就能闻到气味，听到动静，看到苗头，即使十分隐蔽的案件也能顺藤摸瓜，一抓一个准。为了确保林木采伐、运输、销售依法有序进行，他们同时抓源头和流通环节的管理，按实际核定农村集体和个人年度采伐指标，实地踏勘圈定采伐区，并深入现场监督采伐过程，逐棵进行验证，杜绝超额超界采伐和弄虚作假易地采伐，然后对运输放行的所有手续和交纳税费的情况进行全面的检查监督。经过几年的不懈努力，龙胜木材的生产销售进入良性运作。由于各林业站的监督，加上林业站和林业公安部门的密切配合，这几年龙胜毁林案件的侦破率为100%。与此同时还追回和没收木材116.5立方米，挽回经济损失32万元。到1996年，龙胜已没有林业刑事案件发生。林业站在预防森林火灾中也做了大量工作，使龙胜成为连续8年无森林火灾县。

“龙胜县8个林业站就是8个小林业局，他们在最基层发挥了林业部门的综合作用，既是贯彻落实林业方针政策的宣传站，也是保护森林、发展林业的工作站，又是普及和推广林业科学技术的推广站，还是帮助农民兴林致富的服务站。建设好林业工作站对于做好各项林业工作确有不可替代的重要作用。”林业局廖辅政局长如是说。

乡镇林业工作站建设的基本经验

“远看像要饭的，近看像烧炭的，一打听才知道是林业工作站的。”这是前几年在龙胜流传的一句顺口溜。想当年，林业工作站的职工很辛苦，整天泡在山上，吃在野外，餐风沐雨，摸爬滚打，经受了一般职工未曾经受过的艰辛。为了增强林业工作站的凝聚力，调动乡镇林业站职工的积极性，县委、县政府一直把加强乡镇林业工作站建设摆到重要位置上，在人力、物力和财力等方面给予重点倾斜。县林业局作为县政府的职能部门，在贯彻实施县委、县政府的决策中做了大量工作。

理顺关系 过去，营林、森工长期存在着“苦乐”不均的状况，营林技术人员负责造林，拿行政事业工资；森工人员砍树，经营木材，拿企业工资。营林、森工人员的工资、奖金待遇相差很大。成立乡镇林业工作站后，营林、森工“两路人马”合二为一，在站职工的工资、劳保、福利、退休待遇等，依据工龄、学历、职称区分，同条件同待遇。原则是就高不就低，做到同工同酬。具体执行办法是用本站经营所得收入部分，先补足同等工资待遇，然后再按“多劳多得”原则，发放职工奖金。

财务上实行独立核算 在全员实行目标管理的前提下，赋予各站一定的经营自主权，将原来的“报账制”改为“自给制”，实行独立核算，使之由单纯依赖上级主管部门拨款向艰苦创业、广开财源、自我积累、自我发展转变，调动了基层林业工作站人员工作积极性。

加大投人，加强林业站基础设施建设 自1987年开始，县林业局每年拿出一定资金建设职工住房和办公用房。到1996年底，总共投资284万元，完成8个站9486平方米房屋建设，林业工作站的住房办公条件得到较大改善。其中，职工住房面积7410平方米，人均住房达47.8平方米；办公用房面积2076平方米，平均每站有办公用房259.5平方米。为保证工作的开展，林业局每年拿出一定资金购置交通工具和通讯设备。其中1994年就投资12万元，购买摩托车12辆，自行车132辆。每个站均配备了三轮摩托，大大提高了工作效率。目前，8个乡镇林业工作站共有电话19部，对讲机17部，正、副站长均安装了住宅电话并配有BP机。通讯设备初步形成网络。

加强教育培训，提高林业站人员的素质 从1990年开始，县林业局即有计划地从林业站选派业务骨干到林校和培训班学习。到目前为止，8个乡镇林业工作站已有48人参加了岗位培训，正、副站长全部持证上岗。另外，还选派150人次到桂林地区参加技术等级培训。其中，取得技师职称10人，高级技工25人，中级技工37人，初级技工52人，达到个个有技术，人人都能胜任本职工作的要求。同时，各站本身也鼓励干部、职工参加自学考试和函授学习，已有6人取得专科毕业文凭，9人取得中专毕业文凭。此外，每年还吸收大中专毕业生到各乡镇林业工作站工作，使职工队伍素质不断提高。

五是搞好廉政建设、接受群众监督。在县林业局领导下，各站都制定了廉政建设制度和文明服务守则，并推行干部职工上班挂牌服务，以便于群众联系工作和监督。几年来，林业站干部职工都能自觉遵守廉政建设制度，廉洁自律，秉公办事，受到群众的好评。1994年，林业站干部职工拒贿55人次，折款5560元；1995年，拒贿120人次，金额9300元；1996年拒贿50人次，金额达11 830元。8个林业工作站均被县政府评为“文明建设”先进单位，县总站连续5年被评为“文明服务”先进单位，树立了良好的形象和行业作风。

在努力为民造福的同时，走自我发展的道路，是龙胜乡镇林业工作站增强自身活力的重要措施。林业部门自我积累少，缺乏后劲。各乡镇林业工作站根据县林业局的要求积极创办生产基地，发展多种经营，增强自身经济实力。各站实行长中短相结合，兴办林果基地，开设创收门面，开展木材深加工。遵照县林业局制订的《林业系统基地建设实施方案》，全县各林业工作站共建有生产基地2055.1公顷，人均5.1公顷。基地形式有自办，与其他单位和部门联办，还与农民联营，站里投资、出技术，收益按比例分成等等。基地主要种有杉木、毛竹、麻竹、柑橘等。

除基地外，全县林业工作站还有创收门面10间、木材加工厂5个、绿色食品加工厂1个，多种经营收入逐年增多，各站职工的工资福利也有所提高。瓢里镇林业站在界泉村兴办的股份合作制示范场，种植经济林和用材林，养猪养鸡养鸭养鱼，方圆几十里的农民慕名而来参观，吸取致富的经验。这个林业站不仅增加了收入，还成了全县发展绿色产业的窗口，成为兴林富民富站的典型。

（执笔人：伍荔霞　周曾春）

繁育优良花卉　美化人民生活

——上海市花卉良种试验场发展高档次花卉纪实

改革开放以来，上海市的经济建设蓬勃发展，市民生活水平明显改善，文化品味大大提高，市场活跃，呈现出一派欣欣向荣的景象。在建设一流国际大都市的大背景下花卉业的地位和作用愈加显著，花卉消费日益成为广大市民的一种时尚和潮流。为满足广大市民和社会各界对花卉的需求，上海市农林局在林业部的支持下，于1987年成立了上海市花卉良种试验场。经过十多年艰苦创业，这个全市唯一的花卉良种繁育中心，已经初步形成花卉良种繁育、生产示范、科研开发、技术服务、市场营销一体化服务的综合产销体系。到1997年底，全场拥有资产3700余万元，建成温室1.08万平方米、单栋和连栋钢架大棚3万平方米、组织培养实验室300平方米、冷库100立方米，有花卉良种繁育基地10.67公顷、观叶植物盆景基地2.67公顷、特约高海拔种球繁育生产基地4公顷。试验场先后向上海和全国20多个省市提供优质种苗1000万株、优质种球800万只、组培苗100万株、鲜切花5000万余支，为发展上海乃至全国的花卉业作出了贡献。

建设良种繁育基地推动花卉产业化发展

上海市花卉良种试验场成立后，在林业部(现为国家林业局)主管花卉产业单位的指导下，把重点放在花卉示范基地的建设上，先后建成了以花卉种苗种球为主导产品的九亭良种繁育基地，以观叶植物和盆花为中心的华漕基地，以鲜切花生产为中心的虹华基地，以林业绿化苗木生产为中心的浦东开发区南森基地，形成了立足上海、面向全国的育种、供种中心。

在建设花卉示范基地的过程中，试验场坚持以市场需求为依据、以科技为动力，选准对上海花市有巨大影响的关键技术，进行试验研究，并把新成果、新技术迅速应用到生产中去，从而达到花卉高产、优质、高效目标。

香石竹是鲜切花中主要品种之一。过去，这种花卉生产存在着品种单调、多代繁育、种性退化、抗性减弱、病虫害严重、质量下降以及生产旺季与销售旺季错位等问题。为改变这种状况，试验场从荷兰、德国、以色列等国引进了100多个品种，通过筛选、鉴定，选出了17个适合上海、长江流域、北方不同生态环境条件的品种，采用三圃育苗法(即原原种圃—原种圃—商品苗采穗圃)，大力繁育优质种苗。根据品种特性，采用不同定植和不同摘心处理技术，调节开花高峰，试验成功了“目标花期”调控技术。技术开发，为上海和外省市提供了100万株可作采穗圃用优质种苗，使上海市郊香石竹良种覆盖率达到90%以上。现在，香石竹新品种的推广面积年均达130多公顷，为大面积高产丰收起到了关键作用，并荣获1995年全国农牧渔业丰收奖推广一等奖。

在满天星生产方面，经过几年的试验研究，总结了一套组织培养、宿根冷藏、安全越冬越夏、控温、加光、激素处理等栽培技术，使满天星的栽培面积、产量有了明显的增加和提高，同时做到周年生产、周年供花，满足了广大消费者的需求。该项技术在兄弟省推广应用以后，有的已生产出大批量满天星出口到东南亚国家。对地方品种银柳在选种、栽培技术等方面进行科研攻关，提高了产品质量，累计出口 50 万打，创汇 50 万美元。

球根花卉是主要切花品种，市场需求量大，用途广，单位面积产值高，便于规模化生产、模式化管理，许多国家把它列为主要切花消费品种。其中，唐菖蒲又是球根花卉的“主角”，花形秀美，花朵硕大，色彩鲜艳，深受消费者青睐。但是，由于在上海受到气候条件的限制，每年只能从外地或国外进口种球，市场鲜花供不应求，过去每年从我国北方空运到上海的唐菖蒲鲜花达 2000 万支以上。上海市花卉良种试验场瞄准市场动态，单立科研课题，克服种种困难，到浙江山区利用高海拔生态条件，采用株系选择结合异地繁殖的复壮方法，繁育出大批高质量种球，经专家鉴定，种球质量处于国内领先水平，被原林业部评为金奖产品向全国推广。

百合花通过引种、筛选、冷藏、保护地栽培等措施，主攻元旦、春节目标花期，创造了亩产 2.5 万支、产值 25 万元的显著经济效益。目前，唐菖蒲、百合花两种切花栽培已形成了“用籽球到高海拔山区进行提纯复壮，收获花球进冷藏库贮藏，按目标花期用于生产”的生产模式。

培养青年科技人才是开拓花卉事业的重要保证

花卉生产是一门知识性强、技术密集型产业。在这个领域内，国际市场竞争十分激烈，而市场竞争的核心是科技竞争。联系到我国花卉业起步晚、底子薄、技术基础差的实际，只有不断提高科技人员的业务素质，增加科技含量，才能适应当今国际花卉事业的发展。上海市花卉良种试验场现有 45 名科技人员，其中高级职称 5 名，中级职称 20 名，青年科技人员占 40%。在老专家、老花匠的关怀和帮助下，青年科技人员努力工作，积极进取，有强烈的求知欲望，接受新知识、新技术，已成为试验场科研第一线的生力军。为了使青年科技人才迅速成长，成为新一代的技术权威和学科带头人，试验场的领导班子高度重视青年科技人才的培养。培养的方法：

走出去，请进来，为青年科技人员提供新技术培训　试验场选派优秀青年科技骨干出国短期或中期培训 7 批，分别到荷兰、日本、美国、德国、以色列进修学习，开阔视野，增长知识，学习国外先进的花卉栽培技术和管理经验，并了解了国际花市情况。还通过互派研究生进行技术合作和交流，邀请国内外花卉专家为青年科技人员讲课，到生产现场进行专业技术指导，使他们在理论与实践上都得到长进。

结合实施科技项目，提供成长舞台　试验场在实施科技项目中，让青年科技人员担任课题第一主持人，并担任项目总设计与总指导。在实施 5 个丰收计划项目中，就有 6 名青年科技人员作为总设计组织者之一。通过实施科技项目，他们在组织能力、计划设计、专业知识、写作能力方面都得到很大提高，几个主要青年骨干已成为某些花卉品种的专业带头人。在 1995 年全国青年科技学术会议园艺卫星会议上，试验场就有 8 名青年科技人员发表了 4 篇论文，其中 2 篇获得优秀论文奖。

放手让青年科技人员参与经营管理工作，担任试验场及下属基地负责人　试验场的正副场长及基地负责人中，35 岁以下青年科技人员就有 8 人。这批青年科技骨干，经过几年的实践锻炼，已成为试验场一支优秀的管理群体。他们勤奋工作，具有强烈的事业心，团结带领广大职工苦干加巧干，积极开拓花卉事业。先后承担各类试验、示范、开发推广科技项目 38 项，在全国农业、林业博览会上共获得 29 项奖。

拓展营销渠道参与市场竞争

上海市花卉良种试验场在大力培育花卉种苗的同时，还积极拓展市场，坚持技术服务与花卉种苗种球供应同步，鲜花市场服务与农户种植鲜花上市同步，合作群体不断增加，逐步形成了产、加、销“一条龙”。试验场除先后开设 4 家鲜花销售店外，还加入了国际电传送鲜花的网络组织，增进了国际间的交流与合作。同时还积极拓展观赏植物租摆业务，累计租摆业务收入近 30 万元。前几年，试验场按照林业部的要求，利用时空差、气候差，加强同我国中西部山区横向联合，先后在浙江、安徽、福建、辽宁、陕西等地建立种球繁育生产基地，累计面积达 15 公顷。其中，利用高海拔繁育生产的优质种球，受到国内外同行的关注，荷兰花商已表示出联合开发生产、种球返销国外市场的意向，显示了我国种球生产的巨大潜力。

试验场在我国中西部山区开发生产种球，不但对丰富花卉市场，争创社会、经济效益起了很好的作用，而且对我国中西部山区调整产业结构，增加收入，脱贫致富，发展山区经济起到较好的作用。1997年3月，试验场又成为农业部全国花卉信息网首批10个入网单位之一。通过花卉信息网可以及时了解国内花卉行情信息，克服花卉生产中存在的季节性余缺矛盾，促进产品的均衡供应，提高国内产品的国际竞争力。

以花卉业为主发展相关产业

现代林业的发展，必须走综合经营、全面发展的道路，以适应社会主义市场经济发展的需要，壮大自身经济实力。上海市花卉良种试验场一直坚持"一业为主、多种经营"的发展思路，组建了上海林隆实业公司，形成以花卉业为主，包括园艺设施生产、绿化工程、商贸、餐饮经营等五大相关的产业实体，大力培育新的经济增长点。几年中，生产销售连栋钢管大棚7.15万平方米、玻璃温室2931平方米；绿化工程已形成从规划、设计、施工、管理"一条龙"的服务网络，完成绿化工程量19万多平方米，工程额870万元；商贸年销售收入150万元以上。兴办实体，增强了自身经济实力，为花卉事业的发展夯实了基础。

随着上海经济的腾飞，花卉业作为上海郊区农业中的"朝阳"产业正呈现出强大的生命力，上海的花卉业已从自发分散、自然消长走向产业化、有序发展的道路。上海市花卉良种试验场这几年依托科技进步发展花卉生产取得了一定成效，但与国内先进省市、与先进国家相比尚有较大差距。试验场全体职工决心以党的十五大精神为指针，围绕"九五"花卉发展目标，加快产销"一条龙"步伐，进一步发挥纽带、调节、辐射和渗透功能，建成全国花卉良种（球、苗）供种中心，为推动我国花卉产业发展作出自己应有的贡献。

（执笔人：高国良）

果园连着大市场　生产销售双兴旺

——山东省五莲县依靠市场牵引大力发展林果业的经验

随着经济林的迅速发展，如何提高经济林的经济效益，已成为人们关注的焦点。山东省五莲县在努力扩大林果基地的建设中，实行种植—加工—销售“一条龙”经营战略，各类果品“产得多、用得好、卖得出”，获得了巨大的经济效益。

五莲县位于胶东半岛南部浅山丘陵地区，历来有种植木本果品的习惯。但改革开放前，这个县的林果种植基本上没有跳出小农经济的模式。一是零星分散，品种单一，形不成规模优势；二是自产自用，很少上市销售，经济效益甚低。

党的十一届三中全会以后，特别是进入90年代以后，县委、县政府适应改革开放和社会主义市场经济的新形势，领导农民实施以发展林果业为内容的“再建山上五莲”工程，采取“山上建基地，山下办工厂，县内搞市场，县外抓流通”的办法，使全县的林果生产适应市场需要，依靠市场牵引，直接与市场接轨。经过近20年的努力，全县高效林果种植面积发展到3.33万公顷，果品总产量达1.5亿公斤，总产值3亿多元。1997年，全县农民人均收入中，有35%来自果品销售所得。

五莲县依靠市场牵引发展林果业的具体作法是：

培育林果基地，实行规模开发

从80年代起，全县果农就在县委、县政府的指导下，按照区域化布局、集约化经营、规模化开发、产业化发展的要求进行林果基地建设。在开发重点上，主要是以用材林、速生丰产林为重点的林业生产基地；以苹果、板栗、山楂等为重点的干鲜果生产基地；以樱桃、核桃、柿子、桃、杏、银杏等为重点的杂果生产基地；以桑、茶、香椿为重点的高效经济林种生产基地。目前，全县苹果面积已发展到1.53万公顷，板栗园1万公顷，柿子、大枣等杂果园0.33万公顷。在区域布局上，全县划分三类地区，平原地区重点建设苹果生产基地；丘陵地区重点建设柿子、香椿、桑树生产基地；山区重点建设板栗和杂果、茶等生产基地。全县现已初步形成了六大苹果基地、五大板栗基地、八大桑茶基地。在基地建设中，坚持把品种质量放在首位，引进高产、优质、有畅销品位的优良种苗，非优不植，一次到位。同时，针对部分老龄果园品种退化、质量低劣的问题，采取“退二进一”（淘汰两亩老果园，新建一亩优质密植园）的办法，对1万公顷低劣品种进行改造，使全县果树优良率达到85%。

大上林果加工，实行深度开发

搞好林果产品的深度加工，实现果品的多次增值，是提高林果业经济效益的关键。为此，县委、县政府在搞好基地建设的同时，狠抓了林产品加工企业的发展。对苹果、板栗、山楂、樱桃、桃、杏、桑、茶等优势产品，县里分别组成专门班子，考察论证后上项目，搞加工。对已有的龙头企业，制定倾斜政策，扶持发展，全县基本达到了每个主导产品都有加工企业。如桑茧生产基地建成后，又投资800多万元，新上一处制丝厂，年加工干茧360吨，带动14个乡镇、350

个村、1.8万农户的桑茧生产。围绕板栗深加工，投资1000多万元，兴建了一处板栗加工龙头企业，开发板栗粉、板栗罐头、速冻板栗肉等系列产品，年加工能力达1000吨，消化板栗占全县现有产量的1/5以上，实现增值1800万元。县果汁厂引进国外先进浓缩果汁加工生产线，年消化鲜果1.5万吨，产品远销10多个国家和地区，增加经济效益500多万元。

在各乡镇，也都围绕生产上项目、搞加工。街头镇建起一座果干厂和储存能力为2200吨的冷风库，年生产出口果干、果脯、山楂片等1500吨。附近的果农因此"丰收卖得出，歉收卖好价，遇到灾祸年，保本不倒挂"，称厂家为"咱们的保险公司"。

目前，全县围绕林产品加工共兴办龙头企业22处，年增加经济效益6000多万元，带动基地1.66万公顷，连结农户6.2万户。在发展龙头企业的同时，各乡各村还发动群众大搞社会加工，使林产品多渠道、多层次、多形式地加工增值。

建立销售网络，开拓两个市场

生产决定销售，销售又促进生产，这是林果业开发经营的基本规律。近年来，五莲县在实施林果业产业化的过程中，始终抓住市场流通这个"牛鼻子"不放松。

全方位多层次抓好流通组织和流通队伍建设 县委、县政府充分发挥县果品公司、外贸公司、丝绸公司等部门的作用，全面加强乡村两级流通服务组织建设，引导、鼓励、支持农村进入流通，建立起以国营商业为龙头，以集体、个体、联合体批发贩运为主体，以外地客户为补充的多元化销售体系，形成了纵向到底、横向到边的林产品销售网络。目前，全县各类林果流通组织已达1500个，运销大军1万多人。为搞活果品流通，县乡两级流通组织还发挥点多面广、腿长耳灵的优势，每年在一定时间集中人力、车辆进行专项收购、快速销售行动。县联社和果品公司在每年果品收购季节都及时发布收购指导价格，实行乡乡设站、村村设点，方便果农交售，对搞活果品市场、增加农民收入起到了重要作用。松柏乡农产品供销服务总公司对全乡个体经销人员实行统一组织、统一管理，开展联购联销、大购大销，年经销果品占该乡果品总产量的70%。目前，全县从事林产品运销的专业户已达1100多户，年运销收入达1500多万元。

大力培育和完善林果市场 近几年已在县城和林果集中产区建起了7处果品批发市场。全县沿烟汕路、央赣路、郝李路形成了长达100多公里的三条季节性果市长廊，绝大多数苹果重点村都有固定的销售渠道，实行合同订购。为进一步搞活市场，县上还撤销了一切关卡，使林果产品外销渠道畅通无阻。

为提高五莲林果产品的知名度和市场占有率，五莲人还走出山沟、迈出县门，在国内50多个大中城市设立了销售网点，开辟了青岛、大连、上海、天津等10多个外贸出口口岸，五莲苹果已畅销全国20多个省(区、市)，果制品销往10多个国家和地区，全县林产品商品率达85%以上。叩官镇为使果品打入国际市场，在经营策略上打自己的名牌和精品——"莲冠"牌苹果，同深圳爱地绿色食品公司合作，进行联合经销，叩官镇负责生产、收购、包装、贮藏、运输，爱地公司负责广告宣传和销售，仅1997年就销售70多万公斤。叩官镇的苹果不但在深圳、珠海等特区城市看好，还出口到东南亚和俄罗斯，仅此一项获纯利100多万元。

推广林业科技，实行科学开发

林果生产本来就是一门技术性很强的生产，而要闯进大城市、大市场，就更需要增加技术含量。为此，县委、县政府特别注意把科技推广作为林果业上水平、上档次的重要支撑。突出抓了三个环节：

一是健全技术培训体系，提高群众科技文化素质。县里成立了林业中专、农业中学和3处职业高中、8处职工学校。林业主管部门建立了林果技术培训中心。22个乡镇全部建起了文化技术学校，90%以上的行政村建起了文化技术业校，形成了以县城专业技术学校和培训中心为龙头，以乡镇技术学校为依托，以村文化技术业校为阵地的科技培训网络，为林果技术的培训和推广提供了组织保证。目前，全县每个村拥有10名左右的林果技术员。

二是健全技术推广体系，加快新技术新成果的应用。全县先后成立各类林果技术学会、协会和农民研究会180多个、林果服务组织700多个，科技示范村100个、示范户6000个、示范基地110处，在全县形成了以科技服务组织为骨干的科技推广网络，先后推广了苹果劣改优、板栗换头、苹果授粉、果实套袋等新技术、新成果140多项，林果品种优质率达到85%。

三是抓好林业科技开发和基地建设项目的实施，促进管理水平的提高。如全县有1.96万公顷高坡度宜林山场，多是薪炭次生林，经济效益低。针对这一问题，县里制定了低价林改建板栗园的规划，由县科委列入科技开发项目，组织县乡林业科技人员开展技术开发和推广，五年时间已在低价林地上改建成功0.6万公顷板栗园。

（执笔人：梁启玉　岳乃海　王生贵）

竹 乡 巨 变

——浙江省安吉县竹产业进军大市场纪实

“中国竹子看浙江，浙江竹子看安吉”。

安吉位于浙江北部，是全国著名的竹乡。全县共有竹林面积6.3万公顷，立竹蓄积量1.2亿株，年采伐毛竹1800万株，年产竹材45万吨。论面积、论蓄积、论产量均占浙江全省的1/3、全国的1/10。

直面市场天地宽

据史书记载，安吉自古盛产竹子，竹子生产历史悠久。

新中国成立后，安吉县各级党组织和政府对竹林生产更为重视，发动群众，依靠科技，不断提高竹林培育水平。全县竹林面积、竹林蓄积量、年采伐量均有大幅度提高，竹林产品也从单纯以竹材为主，转变到竹、笋并举，加工利用初具规模。

时光流淌至80年代，改革开放的大潮汹涌澎湃。安吉的竹农们在县委、县政府的领导下，把眼光盯上了大市场，为市场加工竹制品、向市场索取高产值，率先在省内竹产区实现了由传统竹业向现代竹业的转型。

春笋是竹产业的骄子。安吉的春笋以“肥、壮、脆、鲜”而名扬四海。从前，由于交通闭塞，观念陈旧，每年高达3万吨的春笋资源一直没有进入大市场，春笋价格老是在每公斤几分钱到几角钱之间徘徊。农民育笋、产笋的积极性并不高，大量的竹笋任其在山上自生自灭。有鉴于此，县委、县政府以开展解放思想大讨论为突破口，打开山门，打开脑门，努力将市场观念、商品观念灌输到干部群众的头脑中，加快资源开发力度。80年代末，为了解决好竹笋的市场销路问题，县外贸部门通过外贸渠道，获得了日本市场对清汁笋需求十分旺盛的信息，并且将这一信息传递到春笋产区，促使该县作出了在全县发展以清汁笋加工为重点的乡镇企业的重大决策。在浙江省粮油食品进出口公司的帮助和指导下，短时间内安吉县20多家乡镇清汁笋厂相继建成投产，大进大出的吞吐量、工业化的规模生产，使山区竹笋迅速由滞销变为抢手。

随着出口日本市场的清汁笋数量不断增加，品质优良的安吉竹笋知名度逐渐提高，一批又一批日本客商前来安吉实地考察，有的还提出了合资办厂的要求。1989年3月，日本食品流通行业的巨头——大荣株式会社率先在安吉合资创办了总投资1000多万元的清汁笋加工企业——浙江大荣食品有限公司。随后，香港杭景公司、日本东光商社、日本北岛株式会社又先后与该县合资办厂。浙江省粮油进出口公司还在当地建造了专供清汁笋储运的大型仓库。具备了这些工厂和设施后，安吉县清汁笋加工能力、管理水平、科技含量迅速提高。不仅能生产高质量的原料笋，还能生产真空软包装、小包装系列笋制品、小竹笋罐装食品等成品笋。从此以后，笋加工业便成了安吉县的朝阳产业。

竹笋不愁销路了，原竹的市场问题又摆上县委、县政府的议事日程。六七十年代，毛竹大多用于建筑脚手架和蔬菜大棚等，主要是靠卖原竹为主。每担七八元的低廉价格，加上一旦碰到国家宏观调控、基建项目压缩，大量的毛竹便堆积在路边无人问津，只能当柴烧。曾经发生过因毛竹大量滞销，竹农们集体上访，流着眼泪要政府帮助他们寻找销路的现象。

如果说，解决竹笋市场问题是安吉县主动出击的结果，那么解决毛竹的市场问题则主要依靠大胆引进。

在1988年广交会上，安吉县的领导带着竹产品参展参销。与众不同的竹资源产品，一亮相就引来了不少客商。当年夏天，台湾客商庄氏三兄弟就前往安吉投石问路，意欲兴办竹制品加工企业。安吉县委、县政府领导十分重视，热情接待，专门派出得力人员帮助台商办理企业申报注册手续，落实厂房场地。1989年11月，安吉县第一家台商独资企业——功元竹制品有限公司从台湾引进设备进行竹席、竹剑、竹片等产品加工，并第一次将安吉竹产品打入海外市场。在“功元”的带动下，“明志”、“新安”等几家台湾客商又相继落户安吉。1991年，全县新办8家竹制品公司。丰富优质的竹原料和低廉的劳动力成本，使来安吉的台商获利不薄。正是这些企业带来的信息和技术，引发了安吉竹资源开发的一场革命，竹制品“三资”企业，带动了内资企业，“三资”、内资企业又带动竹木机械制造业。随后几年里，安吉掀起了创办竹制品加工企业的热潮。合资、合作、股份、个体等等，形式多样，各有千秋。截至1998年，全县发展竹制品加工企业达1200余家，竹笋加工企业40余家，还孕育了一批以竹产品为主导产业的专业乡、专业村。

现在，安吉已成为全省最大的清汁笋和竹制品加工基地。仅1998年，全县笋竹制品销售额达13.5亿元，年创汇1000万美元。山区竹农因此年创收2.2亿元，企业和财政因竹业增收1亿元。外地客商称赞：“安吉人将竹子文章做活了、做大了”。

大市场的辐射效应

早在市场经济兴起之初，永和乡就有几十个农民贩运户勇闯上海滩。在他们的带动下，逐渐形成了一支3000余人的竹产品市场营销队伍，并形成了供、运、储、销“一条龙”。全县还在北京、上海、深圳等地设立了办事处和经销网点500多个。在市场中闯荡的这些人和这些网点，不断地将市场信息反馈到笋竹生产和加工企业，促使企业根据市场需求安排生产。颇有眼光的天荒坪绿色食品精制厂开发小包装易拉罐“辣味笋”、“鲜味笋”，即开即食，销路大增。全县众多的加工企业就是如此步步深入，向竹子的深度加工、高附加值发展。企业规模由小变大，产品由低档变高档。形成了清汁笋、竹凉席、竹胶合板、竹床垫、竹工艺品、竹文体用品等七大系列500多个品种，并远销日、韩、美、欧洲各国和香港、台湾地区。

大市场的辐射效益常常出现人们意想不到的魔力。经过10年的竹产业发展和市场的开拓，年产1800万支毛竹在市场上连年呈现供不应求态势。尽管毛竹价格扶摇直上，每100公斤毛竹价格涨到55元，仍然“俏”得很，常常是还未从山上砍下来，就已被预购一空，每年还要从外地调购700万支毛竹进“竹乡”。一些有眼光的企业，索性把竹制品初加工点设到了原竹价格相对较低的福建、江西和安徽等地。到90年代，全县竹制品企业跨省、跨县的外加工点已达百余个，全县竹制品经济效益比卖原竹提高了整整6倍！

近年来，人们欣喜地发现，安吉竹产业呈现出了一系列新变化。

变化一 南竹北移，新竹再造。在安吉西南部，原来拥有6万公顷竹林已成为当地农民致富的“摇钱树”，但安吉东北部却难觅竹踪，在一些竹产业意识淡薄的乡村，大片宜竹荒山有待开发。从1996年起，安吉县实施“南竹北移”工程，引导本县东北部少竹地区的农民积极发展竹子生产。在该工程重点实施区良朋等地，一些村纷纷组织村民到南部产竹区参观取经，采购竹苗，讨教技术。如今，素有“黄土高坡”之称的良朋等地已开始奇迹般地绿起来了。一个以户为单位或集体承包，利用“四荒”营造竹林的热潮正在形成。昔日杂木丛生的省道安吉鹿唐线的沿线山头上，已是新篁摇曳，翠竹满坡。

变化二 一个多元化的市场网络正在形成。通过努力，安吉县先后建起各类竹制品贸易市场20多处，其中专业批发市场4处，由乡、镇、村集体经济组织兴办的竹副产品购销中心100多个。以个体、联合体为主兴办的竹产品运销大户3000多个，从业人员1万多人，全县90%以上竹制品企业在全国上百个大中城市设立了500多个销售网点。1996年5月，安吉县与宁波新东方发展公司联合投资3000万元兴建的“中国竹城”投入运营。该竹城占地面积3万平方米，吸引了县内外200多家竹制品加工企业进城经营，成为浙江省境内最大的竹制品专业贸易市场。市场结构的日益完善有力地推动了安吉竹业市场的开拓，使全县竹业更充分地发挥产业优势，加大对内对外的辐射作用。

变化三 安吉竹产业的内涵日益扩大，竹海旅游事业开始崛起。安吉县旅游资源丰富，境内青山绿水，茂竹修林，森林覆盖率达63%以上。占地40公顷的安吉竹种园是目前世界上最大、品种最齐全的竹种王国，共有国内外竹种340余种。安吉竹子博物馆是国内首家以竹为主题的专业博物馆，收藏有各类笋竹标本及与竹有关的文物、史料、图片、竹类制品等2000余件，充分展示了我国源远流长的竹子文明史。拥有180平方公里的竹乡国家森林公园是我国唯一以竹为主题的国家森林公园。大小近百个旅游景点，宛如一颗颗明珠，在竹海深处闪烁着迷人的光彩。近年来，安吉县投入上亿元资金，加快各大景区建设，加大"都市后花园"建设力度，发展竹海旅游业，构筑新的竹业发展优势。茂竹修林招远客，竹海旅游放异彩。仅1998年安吉就吸引上海等地游客30余万人次，国外境外游客也纷至沓来。

变化中，意味着新事物的产生，也孕育着新的希望。安吉，这个竹叶飘香的地方，这颗竹海深处的绿宝石，正闪烁出璀璨的光芒。安吉的竹味更浓，勇立市场经济潮头的安吉竹产业更繁荣昌盛。

竹业大市场的根在竹产区

安吉竹产业走向市场经济的巨大转变，演绎成资源供应量远远满足不了需求。为了增加竹资源的再生能力，县委、县政府及时出台了鼓励竹类资源培育开发的一系列政策措施，下大力气扩大资源总量、提高资源质量，促进安吉竹业的可持续发展。

竹业大市场的根在竹产区。只有不断增加资源再生能力，才能永保竹业大市场的活力。1993年，安吉县提出发展"优高"竹业的思路，推广科学养竹，扩张总量。在此后的五年里，这个县以竹农为主体，县、乡、村齐心协力，广筹资金，投入5000多万元开发毛竹丰产林、笋竹两用林6000余公顷，改造低产竹林1.3万公顷，使竹资源总量上升20%。与此同时，起步较晚的安吉早园竹栽种业在短短几年，从最初农民在自家房前屋后少量、小面积种植开始，到现在已颇具规模。涌现出塘浦六庄、递铺余墩等许多面积超千亩的专业村，以及年收入数万元的专业户，从栽种到加工、销售形成了产加销"一条龙"的生产体系。已正式注册商标的"安吉早园笋"也成了安吉特有林产品之一。大批的早园笋打入沪、杭、苏、锡、常等大中城市。蓬勃发展的早园竹生产已成为安吉竹产业中一个不可缺少的组成部分。到1998年底，全县已发展早园2000公顷，其中已投产1000公顷，产笋9285吨，总产值达4840万元。

随着竹林效益的增加和农户人口的变动，一些竹区的竹农提出了重新分山的问题。对此，安吉县委、县政府及时出台了稳定、完善山林承包责任制的政策，规定竹林承包期在原来的基础上再延长30年不变；对利用荒山荒滩荒坡新建的竹园，承包期50年不变。同时，推行竹子利润再分配制度，实行了"指标到户，分户砍伐，分户投售，统一结算"的兑现办法，并确定毛竹及其副产品的市场中心价和做工报酬，从而使竹农吃了"定心丸"，调动了竹农培育竹林资源的积极性。

在竹林开发中，安吉县林业部门主动帮助竹农搞好规划设计，积极对他们进行技术培训，提供现场技术指导，调运竹苗、肥料和农药，组织病虫害防治，等等。供销社和物资供应部门也积极组织竹、笋收购运输和生产资料的供应。金融部门及时组织生产贷款和竹、笋收购贷款。全县各部门拧成一股绳，为竹农提供从生产到销售系列服务。

在培育中，安吉县大力实施科技兴竹战略，狠抓竹子科技推广，先后建立了竹子研究所、竹业站，扩建了竹种园，新建了竹子博物馆，各重点竹产区的乡镇还加强了林业(竹业)站的建设。中国林业科学研究所、浙江省林业科学研究所、浙江林学院、浙江省林业勘察设计院及南京林业大学等单位的专家教授，经常来安吉帮助进行科学研究和技术指导。近年来，安吉县共获得国家和部省级竹类科技成果奖13项，厅、市、县级成果奖19项，获奖之多，居全国产竹县之首。毛竹林丰产技术、材用毛竹林疏笋技术、笋竹两用毛竹林丰产技术、竹子害虫防治技术、早园笋覆盖早发技术等竹子生产新技术，都在安吉得到迅速推广。县里主要领导还带头建立了6处670公顷的示范林。林业部门建立了一批"每亩年产竹材3800余公斤，每亩早园笋产值3万余元，每亩笋竹产值5000余元"的高产高效科技示范林。全县10个乡镇实施了每乡100户，每户培育10亩，每亩产值达到1000元的毛竹"111"丰产工程。35个重点产竹村还开展了丰产竞赛，全县竹业生产形成了热火朝天的比、学、赶、帮、超局面。

时至今日，科技意识已深深渗入到农户对竹子的种植培育上。改造竹山，开发竹林，培育笋竹丰产林、高效丰竹林已成为山区竹农的自觉行为。过去毛竹只有在9月下旬到次年的3月才能砍伐，而今推行了"毛竹周年采伐技术"，采伐期延长了3个月。过去冬笋只能在临近春节前才能面市，如今大多数竹农已掌握了冬笋早发技术，使冬笋面市提前，产值比一般的增5～6倍，每亩增收500元。

据测算，1997年首轮丰产竞赛获奖6个毛竹重点林村共有人口9801人，毛竹林2420公顷，比上一年增收168.5万元，总产值增长86%，人均增收1661.5元。这中间，科技发挥了巨大效应。

竹业已成为安吉的支柱产业之一，在改革开放和建设社会主义市场经济条件下，这项产业将焕发出新的活力。"九五"期间，该县的奋斗目标是：全县竹林面积将由6万公顷增加到6.67万公顷。其中，新增毛竹5867公顷，改造低产竹林1.12万公顷，培育高效毛竹1600公顷。（安吉县林业局　供稿）

沼气神通大 瑶乡五业兴

——广西壮族自治区恭城县大办沼气改善生态环境纪实

在农村，人们习惯用树木、草皮、秸秆作燃料，消耗大量资源，损害了生态环境，制约着农业生产。不少地方，树木越砍越少，草皮越铲越光，陷入恶性循环之中。在烧柴奇缺的地方，大量青壮年劳力为解决烧柴问题疲于奔命；许多学龄儿童为拾柴拣草而辍学，甚至由于缺烧柴而不得不"三餐并一餐"，喝凉水、吃冷饭，给农村文化教育、卫生保健等方面派生出一系列负面影响。

改进农村能源、缓解农村烧柴困难，对于改善生态环境、发展农业生产、提高农民生活质量确实是一个不容忽视的问题。广西壮族自治区恭城瑶族自治县，通过大办沼气，改变当地群众依靠树木、山草作燃料的习俗，有效地保护了林草植被，节省了可以还田作肥料的秸秆，恢复了生态环境，促进了农业、林业、果业、养殖业、手工业的发展，被自治区列为"农村能源综合建设示范县"。

恭城办沼气是"逼"出来的

恭城县位于旅游胜地桂林地区的东南部，在27.8万人口中，瑶族人口占44.2%。这是一个不靠海、不靠边、不靠铁路、不靠国道公路线的山区县。森林是当地的重要资源，瑶族人民最爱森林。他们把森林当作保持水土、发展生产的"保护神"，把青山绿水视为开展旅游业的希望。可是，就是在这样一个祖祖辈辈"爱林如神"的深山区，也由于农村能源落后，山民燃料短缺，长期处于忍痛砍树、含泪毁林的困境之中。特别是70年代以后，打开山门、综合开发，乡镇企业迅速发展，人口逐年增加，农村能源消耗越来越大。每年仅用于农户和乡镇企业、家庭养殖场的薪柴就达24万立方米。农民为烧柴把村庄附近的山林砍光了，就到远的地方去砍，一天往返几十里，辛辛苦苦只砍一担柴。一个5口之家，就要有一个壮劳力经常去砍柴，既浪费了大量劳力，又影响了生产，也加剧了生态环境的恶化。1979年以后，全县各大水系流域砍伐的森林，每年以2～5公里的速度向深山推进，出现了森林年消耗量超过生长量8.2万立方米的严重情况。由于森林植被遭到破坏，一些地方土石裸露，水土流失严重，灾害频率不断增加，旱涝灾情越来越严重。有些河流夏季洪水泛滥成灾，河道泥沙淤塞，河床比两岸农田还高；冬季则干枯断流，人畜饮水都困难。

面对着这样一个"解不开、抹不掉"的"矛盾疙瘩"，恭城县的党政领导着实绞尽了脑汁。山要护、林要保，农民要烧柴、生产要能源，哪一头都得顾。花钱买煤买电，对于广大农民和绝大多数乡镇企业是买不起也买不到的。怎么办，想来想去，就想到了办沼气，走一条花钱少、见效快、办得起、也用得上的路子。

恭城县办沼气就是这样被"逼"出来的。1983年，县委、县政府组织农业、林业、畜牧业和能源办、果树办等有关部门的干部到平安乡黄岭村抓沼气试点。试点的结果证明：人畜粪便入沼气池，生发出的沼气入室照明、烧饭，沼液沼渣下地作肥料，既节省了买化肥的钱，又节省了砍柴的工；既清洁又卫生，一举多得，深受农民欢迎。以后办沼气便在附近乡镇推广开，一而十、十而百，掀起了大办沼气的热潮。到

1997 年底，全县共建有沼气池 32 600 个，遍及全县所有城镇和农村。

办沼气好处多

“小小沼气神通大，点灯烧火全靠它。家家办起沼气池，猪娃长得快，果子结得大，瑶家姐妹笑哈哈”。这是近几年在瑶乡唱开的一段山歌。

在恭城，沼气除了让广大群众享受到烧火做饭、点灯取暖的“福气”以外，人们在生产上最先看到的、也是群众最喜欢的一件事，就是沼气的副产物——沼渣、沼液促进了种植业、养殖业的发展。80 年代初，恭城曾大面积发展柑橘、甜橙等水果，但因大量使用化肥、农药，水果品质每况愈下。建起沼气后，有沼气的农户以沼液、沼渣作果树肥料，不仅农药、化肥用量大减，而且挂果数量多、质量好，售价也提高了。从此，沼气与果树就结下了不解之缘。与此同时，恭城县养殖业也得到发展。过去一头猪要养一年至一年半才出栏。后来，农户用沼液作添加剂喂猪，4 个月左右就能出栏。随着沼气的普及，恭城县形成了办“沼气—种果—养猪”三位一体的生态农业模式。据科技人员测算：沼液中含有常量和微量元素，特别是氨基酸的含量十分丰富，均是可溶性营养物质，易于吸收消化，能满足猪的生长需要。用沼液喂猪既节省饲料、降低成本，又缩短饲养期，有利于养猪业的发展。用沼液、沼渣种果，每公斤水果成本可由 0.6 元降到 0.25 元，每亩可增产 15%以上。群众亲眼看到办沼气带来的效益，养猪、种果的积极性大大提高，有不少农户独自办起了百头、千头猪场，建起了十亩、百亩、万亩果园，有不少村庄形成了每户一沼气、一栏猪、一果园的格局。

沼气在合理利用生物资源和再生资源，促进农业生产上也大有可为。据测试：沼渣养分含量较全面，其中有机质 36%～49%，腐殖酸 10.1%～24.6%，粗蛋白 5%～9%，全氮 0.8%～1.5%，全磷 0.4%～0.6%，全钾 0.6%～1.2%，还有一些富含矿物质的灰分，是优质有机肥料。沼渣作基肥效果很好，若和沼液浸种、根外追肥结合，效果更佳。由于恭城县开展沼气综合利用，长期施用沼肥促进了土壤团粒结构的形成，增强了土壤保水保肥能力，改善了土壤理化性状，土壤中有机质、全氮、全磷及有效磷等养分均有不同程度的提高。施用沼肥，对农作物病虫害也有防治和抑制作用，而且减少污染，降低成本，从而增加了产量，提高了品质。用沼液浸种，种子发芽率、成苗率能提高 7.4%～10.3%，平均每亩可增产 10%左右。正因为恭城县农村普遍用沼液浸种，用沼肥种稻，即使在遭受特大洪灾的 1994 年和 1996 年，仍然夺得了粮食丰收。1996 年，全县粮食总产 12.6 万吨，农民人均达到 455 公斤。1987 年以前恭城县每年需调入粮食 138 万公斤，1996 年调出粮食达 230 万公斤，由粮食调入县变成粮食调出县。

办沼气的最大好处，还在于它有效地保护了森林资源、改善了生态环境。在全县所有乡村，凡是沼气普及的地方，生活用柴都大大减少。据测算，一座 6～8 立方米的沼气池，每年可节柴 2000 公斤以上。恭城县 3 万多座沼气池，再加上其他农村能源设施，每年就少砍伐 2100 多公顷森林。恭城县之所以能在 1994 年提前三年实现绿化达标，森林覆盖率由 1987 年的 47%提高到 70.84%，重要原因之一，就是普及了沼气。如今恭城县生态环境已发生了根本性转变，枯竭的泉水重新喷涌流淌，断流的河溪重新长流不息。

沼气还明显改善了农村的卫生保健。由于人畜粪便、生活污水都进了沼气池，村庄里看不到污水秽物。农村的灶房再没有烟熏火燎的痕迹。各种污物经过沼气厌氧发酵后，细菌、虫子、虫卵基本被杀死，断绝了传染源，过去常见的传染病、肠道寄生虫病大大减少。近几年，周边县几次发生急性传染病，恭城县都未波及。

沼气的效益是多方面、多层次的。在沼气多种功能的合力推动下，加上其他方面的努力，全县经济综合实力在近十几年明显增强。1996 年全县工农业总产值达 26.05 亿元，比 1990 年增长 4.4 倍，在 1980 年的基础上翻了两番。贫困人口逐年减少，由 1990 年以前占全县总人口的 42.49%下降到 6.9%，1995 年基本甩掉贫困县的帽子，被广西壮族自治区党委、政府授予“扶贫先进县”称号。

随着经济的快速发展，许多农民不但提前越过温饱线，而且过上了小康生活，跃上了“富裕户”的台阶。1997 年，全县农民人均纯收入 2837 元，比 1990 年的 558 元增加了 4 倍，其中 65%的收入来自水果，几乎家家盖起了新房、新楼。城关镇江贝村龙基明家用沼液养猪，用沼液进行根外追肥，获得了很好的效果。他种的“汕油523”花生，亩产高达475公斤，为当年全镇最高单产。他利用沼液研制的二硫合剂为果树除虫灭病，使570株密植橘树连续四年丰收，总产量达1.4万公斤。1997年，他一家4口人，仅水果一项收入就达5万多元。

不办真难　真办不难

办沼气，自然要动用一些人力、物力。但是，恭城县委、县政府认为这件事“真想办也不难，不想办会更难”。未办沼气之前，群众烧柴难，山上护林难，发展生产难。1983年以后，全县大办沼气，虽然投入一部分人力、物力，但收效很大。通过办沼气，生态环境得到改善，农业生产得到发展，农民生活得到提高，地方经济得到发展，仅以1996年为例，全县财政收入就达5459.6万元，比1990年增长1.3倍。

办沼气难，尤其在贫困山区更难。但恭城县的经验说明：真办就不难！恭城县办沼气的经验可以总结许多条，但最主要的有三条：

领导要真抓　自1983年至今，恭城县先后换了六任县委书记、五任县长，但从不做“前任办，后任散”的事，而是一届接着一届干，换人换届不换招。办沼气一般要两三年才能在生产上显示出效果来。这10多年间，如果有哪一任领导把接力棒丢了，恭城县沼气建设就不会有今天的大好局面。这些年来各届领导均用“艰苦创业，扶贫济困，求真务实，为民造福”的精神教育乡、村领导班子和广大干部群众，鼓励他们在抓以沼气为纽带的生态农业中起模范带头作用。原恭城县委书记伍先华，先后担任过县委副书记、代县长、书记等职，时间长达六年，为加快以沼气为纽带的生态农业建设步伐，他先后到化育、江贝、洲塘、势江等行政村蹲点，与农民同吃同住，带头办沼气示范点，每个点都抓出了成效，起到了示范作用。这个县历届书记、县长和乡镇书记、乡镇长都带头抓，先后建成50多个生态示范点。这个县还实行捆绑承包责任制，每年将农村能源建设、生猪养殖、造林种果和粮食生产任务作为硬指标分解到各乡镇、县直有关部门。县与乡镇、县直各部门，乡镇与村都分别签订责任状，年终验收，完成任务者给予奖励，完不成任务者则作适当处罚。1987年后，当沼气试点的效益逐步显现时，县领导又及时总结推广大办沼气的经验，连续发动养殖、种植大会战，逐步完善了养殖—沼气—种植“三位一体”的生态农业体系。

要多渠道筹集启动资金　几年来，自治区林业厅、自治区农村能源办对恭城县以沼气为纽带的生态农业建设给了一些优惠贷款，让其发挥启动作用。恭城县也采取县乡财政拨款、银行贷款、群众个人筹款、争取上级支持等办法增加对沼气的投入。在1988年以前，农户每建一座沼气池，县里补助30～50元；1989年以后，每建一座沼气池，县里补助100元。乡、村有条件的也给一些补助，少则每池20元，多则每池200元不等。补助是有限的，主要是做好群众发动工作，调动群众建池的积极性。

要培养一批农民技术员　为了提高建池质量，保证多出气、长出气，县政府有关业务部门一方面加大对沼气技术的研究及推广，研制出小型高效沼气池及自动排渣装置，解决了长期以来制约沼气建设的难题——出料难问题。另一方面加强技术监督，严格按图施工，保证了建池的规范化、标准化，提高了建池的质量。三是加强对沼气池的维修、护理，做好沼气池使用技术的普及工作，并培养了一支土生土长的农民技术队伍，常年累月为建池农户服务，密切关注农户勤进料、勤出料，定期做好沼气池的护理，使沼气池不漏水、不漏气，多出气、长出气。

（执笔人：李遐）

天下奇观　人间仙境

——湖南省张家界大办森林旅游的成就与经验

在绵亘千里的武陵山脉中部，镶嵌着一颗绿色明珠，分布着一片拔地擎天、千姿百态的奇峰林海，这就是我国第一个国家级森林公园——张家界国家森林公园。

张家界国家森林公园是1982年9月在一个贫困闭塞的小型国营林场的基础上建立起来的。建园前，这里虽然有良好的森林景观和奇特的地形地貌，但由于太偏僻，人迹罕至，加上人们的思想观念陈旧，经营单一，生产落后，常年累月“端着金饭碗过苦日子”。建园后，公园管理处的领导班子在党的基本路线指引下，放宽视野，打开思路，敞开山门，拱手迎客，大胆开创森林旅游业。他们一手抓森林景观、人文景观的优化组合，一手抓交通、电讯、住宿、游乐设施建设，同时抓接待、服务、导游软件质量。经过16年艰苦创业、苦心经营，建成了吃、住、行、游、购、娱“一条龙”服务体系，形成了既有大自然原貌原汁原味，又有现代文明气息的集观赏、休憩、疗养、科研于一体的大型森林旅游胜地。随着人们生态环境意识的增强，“回归大自然，向往大森林”成为社会时尚，这个森林公园经营的森林旅游业如日中天，年年有发展，3～5年就上一个新台阶，越办越兴旺。1982～1996年，全园固定资产由180万元增加到3.1亿元，增长172倍；年接待游客人数由8.3万人次增加到60万人次，增长7.2倍；累计接待美国、日本、英国、法国、新西兰、芬兰等国和港、澳、台地区游客10多万人次；年经营收入由55万元提高到3875.5万元，增长70.4倍；开发就业岗位2837个；园内代管的两个农业村，年人均纯收入由122元增至2581元，增长21.1倍。

（一）

张家界的森林旅游业之所以越办越兴旺，首要一条，就是保护、发展、优化了以森林景观为主体，与奇峰怪石、奇花异草、珍禽异兽、寺庙庵堂遗址、名人诗画、古代战场、神话传说相辉映的具有多样性的旅游资源。

渴望森林、钟爱森林景观是张家界人的传统习俗。早在50年代，这里建立林场后就有42名职工挥着铁锄，挖开了第一块供人工绿化的荒坡地。继而背被子、提鼎锅，在岩屋食宿、在烈日下砍山、刨雪地挖树坑，披星戴月，栉风沐雨，历时18年，共造林1215公顷，使森林覆盖率从10.9%提高到94%；人工林连绵成片，绿如碧波。山无林不美，水无林不绿，园无林不雅。拓荒者们绘制的绿色画卷，成了森林公园的宝贵财富。进入80年代，张家界森林公园的建设者们清醒地认识到绿色大峰林的地位和价值，认识到开创森林旅游必须立足保护，着眼长远。为此，公园管理处专门聘请专家编制出《张家界国家森林公园森林经营方案》，相继成立了自然保护所、环境监测站、森林防火指挥部、林业法庭、林业派出所等职能机构，齐心合力保护这座举世瞩目的绿色宝库。1990年，由森林经营科、自然保护所、林业派出所等单位成立联防指挥部，组织巡逻组、宣传组、通讯组、应急组，形成护林网络，防火常抓不懈。1991年，国家森林防火总指挥部将张家界国家森林公园列为特级防火区，随之由市林业部门牵头，组织与公园毗邻的两区九乡镇成立联防指挥部，建立17个扑火队，队员

450人，还组织附近农民，建立义务扑火队55个，队员2100多人。根据国务院《森林防火条例》，结合公园实际，制订出《森防森保公约》、《野外火源管理规定》，提出《林区十不烧》和《炼山六不烧》，在公共场所张贴防火通告、标语，办黑板报、墙报。这些措施的出台，使公园自建立以来从未发生火警火灾，漫山遍野的绿树茁壮成长，婀娜多姿，以其独特的自然美愉悦着游人的身心。

为了增强森林旅游业的发展后劲，公园管理处在上级林业部门的支持下，投资1600万元，用于新景区、新景点、新项目的开发。先后开辟、修整了6大风景区、5条游览线、142个景点；修建了45公里游道、19公里石板道；新建了公园标志门和"六奇阁"、"洗尘轩"、"松涛馆"、"江泽民题词纪念碑"等人文景点；兴建和开放了"土家风情馆"、"动物园"。其中，仅投入开发袁家界新景区的建设资金就达600多万元，开发新景点18个，建设接待服务设施1000多平方米，进一步扩大了景区范围，增添了新的景观景点。

张家界的自然面貌素以"奇、雄、幽、险、野"著称。如今，全园拥有三千奇峰、八百秀水、万千密林，景色更加壮丽、幽美、奇特。

在大峰林，石英岩如春笋拔地；在陡峭绝壁，青松柱天，灌木成丛，枝繁叶茂。峰石和绿丛巧妙配合，变幻莫测，展示出千姿百态的艺术造型。有的象关西大汉，象窈窕淑女，象禽兽，象剑戟；有的象擎天玉柱，象云端琼楼；还有自生石桥、石门、石桌、石墩，无不维妙维肖。

在黄石寨凌空观景，眼下深涧如渊，峰林成阵，绿丛泛碧波；涧隙上空，苍鹰盘旋，雄奇壮丽。

十里金鞭溪，两岸峰连天际；峰顶白云悠悠；峰麓溪畔，凝蓝积翠，浓荫蔽日。一条石板游径，在林丛蜿蜒，树荫中泄出一缕缕阳光，投在石板小径上，照在溪畔石块上，光怪陆离，斑驳摇曳。枝头黄鹂，溪洲翠鸟，鸣声宛转，空谷回音。还有碧粼粼的溪水，一路滚珠泻玉，如鸣佩环。沿溪行，两岸景色宛如画廊，游人至此，为流泉啼鸟洗尘净心，与绿水青山神会意合，顿觉自然回归。

在腰子寨顶俯视，深切300多米的崖沿幽谷中，竖立着数不清的大小峰林，顶端灌木扶疏，古松苍劲，其下深不见底，幽暗莫测，令人毛发倒竖。

沙刀沟，雄峰巨壁，排列于沟谷两旁，原始次生林密布。黑黝黝的沟壑纵横，修蛇野兽出没其间。山花野果自生自落，朽木枯株横七竖八。游人至此，仿佛回到远古时代，获得野趣无穷。

腰子寨之南有一道横断苍穹的峰脊，长约百米，宽3米，中间洞穿一孔，形成天桥。桥顶古松灌木茂密，天风飘拂。游人走在两米多宽的桥面上，仿佛身在云端，飘然仙去。还有高入碧霄的月亮垭，摄人心魄的迷魂台等。这些大自然奇妙景点，灿若繁星，赋予张家界以离奇独特而雄厚的神韵。

张家界人文景观亦不匮乏。明、清时代，这里峰边山头，竟有9座寺庙。西部山顶，曾屹立一座朝天观寺庙，碑文描写它"解茅茨而为峻宇，上出重霄；易土阶而作碉墙，下临无地"。大山门门联书道："境拟蓬莱霞晖回接，界连霄汉瑞霭常凝"。明洪武初年，这一带山民不堪暴虐，暴发了声势浩大的起义，这片绿色峰林就是战场，至今留传着许多农民起义可歌可泣的故事。此外，还有四季宜人的小气候、古老孑遗的树种、奇特罕见的禽兽等都是这片大峰林迷人魅力的组成部分，使张家界森林旅游事业具备了优越的位置和良好的条件。1985年8月，全国70多名园林专家经过考察，把张家界评估为"华夏绝景"，冠以"风景明珠"、"人间仙境"、"天下奇观"、"绿色迷宫"、"中华第一流自然风景区"等称号。

（二）

张家界原是"九州以外，圣人听其自然，不勤于远，不受其贡"的"南裔荒服之地"，交通落后，信息闭塞；山里人不知天下事，天下人不闻山中景。那如诗如画的美丽山河真像"养在深闺人未识"的美女。开展森林旅游，第一要有丰富多采的游览观赏资源；第二要有完善配套的接待服务设施，包括交通、电讯、住宿、膳食、医疗、安全、卫生、购物、游艺等设备。"栽下梧桐树，引得凤凰来"，只有搞好接待服务设施，才能把资源优势激活，才能使这位天生丽质的"美女"显示出她的价值。

早在1982年11月，也就是张家界森林公园创建之后两个月，湖南省林业厅、省建委、省建筑研究设计院、林业勘察设计院等单位专家，即组成联合调查设计组，对公园进行综合考察。年底，编制出《张家界国家森林公园1983～1985年建设设计任务书》，1983年9月7日，林业部批复同意执行。1983年秋，公园邀请湖南省建筑研究设计院专家、技术人员十余人来公园进一步考察勘测，于1984年春编制出《张家界国家森林公园总体规划(草稿)》。公园《设计任务书》、《总体规划》和《森林经营方案》为公园各项建设，提供了科学依据。

配置旅游设施，前期投资很大。为解决资金问题，公园管理处通过多渠道筹措建设资金。

争取国家和各有关部门投资基础设施建设，先后获得近亿元项目投资，解决了必需的基础设施 林业部门率先投资近千万元，拉开了建设帷幕；邮电部门投资2000万元，为公园开通了程控直拨电话，比规划提前5年实现了通讯现代化，相继又完成了电缆改造工程，实现了光纤通讯；电力部门投资250万元架设高压电线30多公里，修建变电站2座，保证了公园用电的正常需要；交通部门在沟通入园公路的基础上，又投入300万元，将砂石路面改造成柏油路；水利部门投入410万元，修建了2座水库和1个自来水厂，从根本上解决了生活用水问题。近年，又争取国家投资兴建了张家界机场，新修了火车站。

以开放促开发，利用公园的风景优势和土地优势，开展横向联合，搞内引外联，多渠道筹集建设资金 根据总体规划，划分出景区、接待区。景区由公园独立建设，一家经营管理。接待区在管理处统一领导、统一管理、统一规划的前提下，对外开放，由公园与外部门、外单位实行联合经营，共同开发，提高旅游接待能力。用这种办法，先后筹措资金近2亿元，兴建了张家界、青岩山、栖凤、银泉等14个宾馆及购物中心、娱乐中心和其他公用设施等。

为了调动各方面的积极性，共同办好森林公园，对与公园建设和发展有紧密关系的电力、邮电、石油、煤炭、水利、铁路、交通等单位采取项目挂钩、优势互补、利益均沾的办法，招引这些单位来公园投资兴办公益事业，公园则有偿划拨一定土地给其经营。先后有8个单位来园兴办森林旅游服务项目，为森林公园的住、吃、购、娱、行等旅游要素的建设作出了贡献。

为了加快森林公园景区建设，公园管理处还引进海外资金近6000万元，与台商合资建设黄石寨索道等工程。

采用"母鸡下蛋，雪地滚球"的办法，以园建园、以游扩游，用自己经营的利润搞建设 15年中自筹资金3000多万元，修建游道45公里，建高标准石板路21公里，新建20多个旅游厕所，新建和改造宾馆5家，建成了旅游车队和一批商业网点。

目前，公园已拥有宾馆、饭店、招待所30多家，营业床位近4800个；邮电、商业、医院、学校、广播电视、文化娱乐等设施配套齐全。进入园境，一派繁荣。山下交通四通八达，汽车如穿梭、火车似游龙、银机掠蓝天，空中电波联通全球，日夜迎送着五湖四海的嘉宾。

特别值得赞赏的是，张家界公园管理处在修建各类设施时，非常注意环境保护，坚持科学开发、合理施工，严禁破坏自然资源。各景区护林站、各道口检查站，非经公园有关部门批准，禁砍禁采禁运一竹一木、一沙一石。有人投资要在金鞭溪畔劈山毁林修建索道，被否定；有人投资要在夫妻岩对面台地修建寺庙，被否定；老磨湾是进入公园各景区的门户，一度乱占乱建，大煞风景，1992年，按《总体规划》要求，将所有建筑物拆除。在一段时间内，个体餐馆为获取高额利润而经营野味，驱使群众捕杀野生动物。公园管理处发现后，立即进行重罚，并责成有关部门与各宾馆、饭店和个体经营户签订《严禁经营野生动物责任状》，并组织护林队伍突击搜山，突击检查餐馆、饭店，对捕猎者、经营者进行打击，有效保护了野生动物的生息和繁衍。

废水、废气和废物是公园环境的大敌。张家界绿色大峰林曾以水质纯净、空气清新、环境幽美闻名于世。但随着旅游建设的发展，职工和游客的增多，"三废"逐渐肆虐。污染源主要在超负荷的旅游接待中心——锣鼓塌。它位于金鞭溪上游，有数十家宾馆饭店，是游客和职工的主要生活区，极易造成"三废"污染。公园管理处抓住苗头，及时整治。一是严格控制接待区的范围，明令禁止任何单位和个人在锣鼓塌新建或扩建房屋。二是在原大庸市城区三角坪征地4公顷，集资新建100多栋住房，把在公园生活区安家的职工全部迁入新居。三是全面疏通排污管沟，建造氧化塘。

1991年，请中国科学院水生物研究所作出《张家界国家森林公园利用强化稳定塘系统处理污水工程方案》，将接待区内的排污管沟疏通，联并成网，修建两口氧化塘，购进一套设备，净化污水。1992年建成投产，年处理污水量20万吨，占公园污水排放总量的98%，使金鞭溪水质由二级恢复到一级。

为了妥善处理人畜粪便，接待区各服务单位均建造化粪池，严格执行清浊分流，并购置抽粪机，将粪便污水运出，减轻接待区污染。

为了缓解空气污染，公园环保部门提出改灶改炉改能源的“三改”方针，责成各宾馆将烧煤、烧焦炭装置改为烧液化气装置；公园投资入股，修建鱼潭电站，建成投产后，实现能源电气化。

固体废弃物，由自然保护所和环卫所分片包干，组成环卫队伍，分段到人，做到垃圾日产日清。现在50多公里的景区石板道上，每天都有白衣白帽工人秉帚打扫，保持了景区的整洁和卫生。

（三）

为建立一支高素质、高效率的干部职工队伍，公园对全体职工不断进行公园形象教育，要所有职工礼貌待客，文明服务；不许与游客争吵，不准接受游客的馈赠，不准说粗话、脏话，不准引逗游客从事不正当活动。对游客的困难和正当要求，要有求必应、有难必帮、有问必答。在充分利用原有人才的同时，还大胆引进专业人才，加强对他们的培养提高，合理使用。十多年来，先后从外地引入业务骨干110余人，选送了30多名青年入大学委培，派出300余人去有关大专院校或星级宾馆离职培训，还从外地请来名师十余人入园传艺授技。公园坚持不懈狠抓服务质量，在游客的吃、住、行、游、娱、购等环节上，实行综合配套“一条龙”服务。十多年来，张家界国家森林公园不仅以第一流的自然风光吸引了国内外游客，而且以第一流的优质服务赢得了广大游客的普遍好评，多次被评为文明服务单位。

公园在管理体制上，实行了精兵简政，科学定岗，压编增效。机关科室按需设岗，按岗定编、定任务、定经费。历年来，压缩机关人员48名，充实生产第一线。各科室在岗人员，在管理处统一领导下，对内管人、理财、抓建设、抓治安；对外搞联络、接待、宣传、引资。在经营管理上，各经营单位主要是接待游客，发展生产，活跃旅游经济，增加公园收入。在经营方式上，既有定额承包管理、目标管理、租赁经营、费用包干等形式，又有股份制经营。在分配上，将职工工资总额与经济效益挂钩，推行职务工资、效益工资、浮动工资、季节工资等多种形式的工资制度。在用工制度上，改过去的由劳动人事部门安排为劳动人事部门安排与经营单位自主聘用相结合，并逐步过渡到聘用制。通过改革，各项工作有了明显的成效。

为探索经营的新路子，率先将金鞭岩饭店作为股份制的试点，仅一个月时间积累社会资金70多万元，为推行股份制积累了有效经验。1996年初，公园管理处还将所属的部分事业性经营单位对外承包，增加收入140多万元。

森林公园社会治安至关重要。公园党委在大力加强内部管理的同时，狠抓了社会治安综合治理。首先，成立了由13人组成的社会治安领导小组和各单位领导组成的爱卫会，由管理处处长担任组长和爱卫会主任，为公园综合治理第一责任人。领导小组下设综合治理办公室，有关单位负责人为领导小组成员，将“谁主管、谁负责”、“属地管理”原则落到实处。

为确保游客安全，公园管理处做到了五个加强：

加强游道巡逻，维护景区秩序。在游人集中的黄石寨、金鞭溪游道，安排了20%的警力，设立了6个治安岗亭，长年巡逻守候执勤。在生活区，由治安联防队昼夜巡逻，并实行分路段定人、定岗、定责、定奖惩挂钩的治安整体防范管理办法。

加强薄弱环节治安管理。对新开发景区袁家界，成立了“袁家界景区管委会”，由公园党委副书记兼主任，并增设了警务站和护林防火、环境保护等办事机构，安排一定人员专抓管理和保护。

加强交通秩序管理，确保公路畅通。公园设有三个停车场，社会营运车辆集中统一停放，接受统一指挥，有效地解决了汽车乱停乱摆，四处招客的问题，既保证了园内交通顺畅，又保护了游客的安全。

加强外来人员管理。规定外来人员在公园景区从事旅游服务、经营等活动，必须持本人居民身份证、当地户口所在地派出所、乡镇计划生育证明，到公园综合治理办公室申报，领取《景区经营通知书》后，再到公园公安、工商等职能部门办理暂住、劳务营业执照等手续。建立公园外来经营人员管理档案。每个经营人员，必须在综合治理办公室签订责任状，实行社会治安扣分制，对总分扣完的人员，取消经营资格，不准在公园继续经营。

加强“三夫”（挑夫、车夫、轿夫）人员管理和物价管理，规范经营行为。对“三夫”人员实行统一着装，持证上岗。国营、集体、个体经营户实行明码标价、规定最高限价，做到文明待客、文明经营。

通过采取这一系列综合治理措施，景区旅游秩序良好。近三年来，公园内从未发生任何重大刑事案件和经营业主勒索、欺诈顾客等违法行为，得到广大游客的普遍赞扬。三年来，共收到游客的表扬信、赠送的锦旗、奖匾共计达300多封(面)，多次受到上级主管部门的表扬。

公园环境卫生是一件大事。几年来，公园坚持开展“文明卫生山”的创建活动。配备了卫生保洁及监督的专职队伍和兼职队伍。其中专职队伍99人，各人都有责任区域和责任路段，公园定期检查监督、定期开会总结，奖优罚劣。投资1000多万元建立了垃圾集中处理站和两个生物氧化塘，在主要景区设置垃圾桶190个、垃圾围70多个，专人管理的水冲厕所13处，有效地改善了公园卫生条件。公园内共设置固定醒目的卫生宣传牌420多块，发放宣传卡30多万张，在公园入口处每年赠送游客爱卫宣传袋。公园还利用有线广播、电视开办专题宣传节目，强化员工和游客的卫生意识，经常调查《公园环境卫生目标岗位责任制》、《公园环境卫生职工实绩考评制度》等规章制度的落实情况，使公园的环境卫生工作制度化、规范化，有力地推动了公园环境卫生工作的开展，所有景区都清洁卫生，见不到废弃物。

张家界森林旅游业的发展前景十分光明。1992年8月，联合国教科文组织已将以张家界国家森林公园为主体的武陵源列入《世界自然遗产名录》。1995年3月，中共中央总书记、国家主席江泽民亲临公园视察，兴致勃勃地登上了黄石寨山顶，游览了金鞭溪全程，挥毫写下了“把张家界建设成为国内外知名的旅游胜地”的题词，使公园全体干部职工受到了莫大的鼓舞和鞭策。公园全体干部职工决心以江泽民总书记的题词为动力，努力提高服务质量，把着眼点放在上水平、上档次方面，实现森林旅游社会效益和经济效益同步增长，力争在质量型建设上有一个较大的突破，把张家界国家森林公园建设成为国际著名、国内一流的森林旅游胜地。

(执笔人：陈自文　柳开明　王可安)

千岛湖——镶嵌在黄金旅游线上的翠明珠

——浙江省淳安县开发千岛湖森林旅游业纪实

以上海为起点，迤逦向南，经杭州西湖、临安天目山，到淳安千岛湖，再折而向西过新安江，至徽州古建筑、古民居，而后登黄山看迎客松，几大名胜一线相连，世称华东黄金旅游带。千岛湖正好处在这条黄金带的中心点上，犹如一颗璀璨夺目的明珠。

千岛湖具有极其丰富的旅游资源。湖区总面积达9.5万公顷。其中，湖面5.3万公顷，湖水清澈透底，水体能见度达7米之深。湖中有大小岛屿1078个，蓄水量是西湖的3000倍。水面辽阔，烟波浩淼，港湾如渭，野趣浓郁，岛上遍布绿树奇花、珍禽异兽。植物中，木本984种，草本692种，观赏花卉100余种。放眼望去，有山皆绿、有水皆碧，山、水、林浑然一体，犹如一幅美妙绝伦的江南山水画卷。动物中，有受国家保护的珍稀动物金钱豹、华南豹、云豹、黑熊、獐狐、穿山甲、大灵猫、小灵猫等；有珍贵的白颈长尾雉；有活泼可爱的鹿、黄麂、猸、松鼠等；有色彩斑斓的相思鸟、画眉、大山雀、杜鹃、白鹇、草枵及天鹅、鸳鸯等。这些野生动物的存在使千岛湖充满了生气。岛与岛之间，隔水相望，鸡犬相闻，或曰猴岛、鹿岛、鸟岛、水貂岛、孔雀岛、鸵鸟园、蛇岛、名犬岛、松鼠岛；或曰龙山岛、蜜山岛、宰相岛、钱币岛、姥山岛、羡山岛、桂花岛、梅峰观岛、天池观鱼，各有特色，趣味无穷。

党的十一届三中全会以后，改革开放的春风吹活了江南山水，旅游业如朝阳似彩霞，大兴于沪杭、皖南间。具远见卓识的淳安县委、县政府紧紧抓住这一大环境、大气候，于1986年正式建立千岛湖森林公园，凭借千岛湖独特的自然景观和人文景观，广招四海宾朋，迎接八方来客，放手开展独具特色的森林旅游业。经过十多年开发建设，千岛湖已从名不见经传的死水荒岛，变成了举世闻名的风景旅游胜地。1997年全园即接待中外游客265万人次，旅游经营收入2亿多元，是1986年建园初期年接待人数的4.25倍。由旅游而衍生出来的相关企业100多家，年产值达5亿元之多。1990年千岛湖晋升为国家级森林公园，嗣后又被评为全国森林公园十大标兵单位。

有湖则名，有树则灵

“千岛湖美如画，凝似瑶池从天降”。这句话本来是一位游客形容千岛湖之美景天上难得、地下稀奇的。但是，千岛湖并不真是从天而降，也不是自古就有。她是淳安人民在党和人民政府的正确领导下，经过辛勤劳动创造出来的。

千岛湖原来并没有湖，也没有岛。那是50年代末，国家决定在淳安西部丘陵地区建设新中国第一座最大的水力发电站——新安江水电站。在电站拦水大坝的库区内便形成了这么一个硕大无朋、巧夺天工的人工湖。湖中小岛则是当年陆地上众多低山丘陵被湖水淹没之后露在水面上的山头、小岭。由于为数过千，后来人们昵称其为“湖中千岛”。“千岛湖”即由此成名。

千岛湖刚刚形成时，岛上林木稀少，生态环境很差，整个库区（包括库周沿岸）森林覆盖率只有23.8%。面对这一湖死水和千余秃岛，淳安县的决策者们决定：首先抓植树造林，改善湖区生态环境，美化荒山孤岛，走发展林业的路子。

为美化库区环境，开发和利用库区资源，淳安县于1962年成立了新安江开发公司。公司成立后，即在库区内分别建立起16个林场，招来了上千名林业工人，在这些孤岛上创业。那时，这里没电、没房，林业工人便搭起毛草棚、点着煤油灯，风里来、雨里去，冒寒冬、斗酷暑，一年四季，起早摸黑挖山造林，抚育小树，用自己辛勤的汗水，浇灌绿色的岛屿。

在组织千余名专业林业工人造林护林的同时，县上又广泛发动群众，大搞群众绿化活动。县林业局的职工也在每年的绿化造林季节，不辞劳苦，深入库区，逐岛逐片规划设计、筹办苗木，从资金、技术、苗木等方面为绿化千岛湖提供优良服务。

经过30多年的植树造林、封山育林和精心管护，终于在整个湖区建立起了完整的森林生态体系。森林植被覆盖率由23.8%提高到79.10%，湖区大小岛屿都郁郁葱葱，茶果飘香，绿化率达100%。

郁郁葱葱的森林既涵养了水源，加强了库区周围的水土保持，又美化了山川，优化了岛屿的生态环境。

山不在高，有树则灵；水不在深，有树则碧。苍翠的森林，澄碧的湖水，星罗棋布的岛屿与众多的人文景观融为一体，为建设森林公园，开展森林旅游提供了丰富的旅游资源。

因岛制宜，增设景点

森林公园是一个综合型的朝阳企业。它主要由旅游资源、旅游设施、旅游服务和旅游购物4个部分构成。

为了让丰富的森林活起来、美起来，由单一色调变得多姿多彩，给游客以回归大自然的美好感觉，千岛湖国家森林公园管理局在发展森林旅游的过程中，采取多渠道、多层次和多种形式筹集资金，开辟和增设以林为本的旅游景点。

他们开辟增设旅游景点的方式有四种类型：

第一种类型是利用奇妙幽野的自然风光开发森林旅游。如姥山岛景点，就是通过人工造林后，建成了四季茶果飘香、全省最大的林木种子基地，自然景观以碧水清、环境幽、茶果香、林木葱为特色。羡山岛景点则以自然形成的奇石怪洞和人工建成的百果园形成旅游观光点，在这里可以度假休养，进行垂钓、狩猎活动。桂花岛景点则是以自然形成的小石林和古藤野桂花为特色的"石—藤—树"旅游景点。天池观鱼景点，是利用千年前这里开石留下的七口石池，加上众多的古树、古藤、观赏鱼而开发的景点。梅峰观岛，是以散落在附近湖面上的众多小型岛屿为缩影建成的精品景点。在这个景点上，从山脚走到山腰，一路看去，一步一景，美不胜收。

第二种类型是利用岛上郁郁葱葱的森林，良好的生态环境，开发系列动物岛屿，作为景点对外开放。这些动物，采取人工饲养、野外放养两种办法，让游客在秀丽的大自然中与猴逗乐、与鹿对歌、与蛇合影、与鸟对话，集观赏性、参与性、趣味性于一体，情趣盎然。游客一到这里无不流连忘返。现在，这里已成为浙江省最大的野外动物园。

开发动物岛屿作为景点开放接待游客，不但不会破坏岛上的森林生态环境，而且还有利于保护野生动物。因为动物需要有良好的生态环境才能繁殖生息，作为景点也需要有一个有魅力的环境才能吸引游客。

第三种类型是利用自然风光开发人文景点。在龙山岛建了一座海瑞祠，在宰相岛建了三元宰相亭，在蜜山岛建起了蜜山寺(三个和尚没水吃的故事即出于此)，在钱币岛建有钱币馆，用5000多个钱币形成一个特殊的古币文化岛。

第四种类型是在水上开发旅游项目。如温馨岛的水上旅游，水上跳伞、水上快艇、水上摩托、水上餐厅等系列水上娱乐活动；锁岛的水上观鱼项目；捕捞队开发的观巨网捕鱼等。捕捞队采用大型畚斗网"拦、赶、刺、张"的捕鱼法，一网可捕几万斤。起网时，群鱼狂舞，有的远跳、有的高跃，像珍珠落盘，场景极为壮观。从1996年开始，千岛湖每年11～12月开捕银鱼，平时肃静的千岛湖到这个季节就有数千条鱼船散落湖面，夜晚即点起万盏灯火，诱捕银鱼，宽阔的湖面上星星点点的灯光，就像火树银花、水上都市，十分壮观。每日早晨，数千条鱼船来往穿梭，就像龙舟竞赛、银蛇会舞，成为又一道亮丽的风景线。公园利用这一鲜活生动的捕银鱼景观开发旅游项目，既不破坏林木，也不污染水质，且很吸引游客。

千岛湖国家森林公园经过十多年的努力建设，已形成以森林、岛屿、湖泊为主体，兼有史迹、熔岩、洞瀑、青山、秀水、奇洞、怪石，可供多种游览和休闲疗养度假的大型多功能国家级森林公园。

围绕旅游改善配套服务设施

千岛湖国家森林公园自成立以来，一手抓以森林为中心的旅游景点的建设，一手抓以旅游为中心的配套服务设施的建设，逐步形成了多功能多方位森林旅游体系。现在全园有职工3000余名，下属事业单位50多个，另有经营性旅行社16家，景点20多个，宾馆、饭店617家，游船205艘，旅游车3辆，摩托艇10艘，林、渔、工、贸、旅全面发展。基础产业蒸蒸日上，开辟就业岗位6000多个。

随着千岛湖森林旅游业的不断发展，与其相配套、相衔接的交通、通讯设施也在不断地改善和提高。原来的交通、通讯条件很差。建园后，在县政府的支持下，先后筹集3000多万元对淳汾公路进行改造，把岭削平、把湾拉直、把路加宽，使杭州到千岛湖的行车时间缩短到3个小时。以后又投资3.17亿元，兴建全长119.2公里的千岛湖环湖公路。

对用于旅游的车辆船只，县里采取优惠政策，鼓励农民、职工个人购车买船从事旅游。近年来，这个县个人和单位购买了近百艘游船、200多艘游艇，200多辆豪华旅游车、中巴和出租车。

此外，邮电通讯、供电供水等基础设施也迅速发展起来，并与森林旅游发展需要相适应、相配套。

做好服务工作，是办好森林公园、扩大知名度、吸引游客的重要条件。为此，公园先后选派100多名职工到上海的华亭宾馆、锦江饭店、杭州友好饭店、花港饭店等大型旅游企业参加各种培训，培养了一批管理人员、导游、厨师及服务员等，提高了管理和旅游服务水平。同时，他们还积极组织作家、摄影家、记者，通过电视、电台及报刊向国内外宣传介绍千岛湖的优良形象，举办“名山名水之旅”活动，积极参加国内旅游交易会，加强同周边各旅行社的联系，直接到主要客源地杭州、上海、广州、江苏等地举行新闻发布会，扩大社会知名度。

由于配套设施的改善，服务质量的提高，宣传力度的加大，千岛湖的知名度越来越高，游客逐年增长，1998年接待国内外游客人数比1997年增长25%。

现在，千岛湖真的活起来了，富起来了。

说它活起来了，是由于一年到头游客云集，车船繁忙，热闹非凡；人员、商品、信息、物资流动频率加快。人员流带动资金流、物资流、信息流、人才流、商品流，使千岛湖森林公园变成商品交流综合市场。过去，当地农民信息不灵，观念陈旧，自捕的鱼、自种的瓜果除了自己吃、送人外，剩余的就是烂掉也想不到去市场上出卖。而今，山区农民市场观念更新了，他们不但把自产的瓜果、蔬菜拿到集市上卖，而且连一些野花野草、野叶、野石、野树根也加工成商品拿到集市上销售。千岛湖有88个淡水鱼类，年捕量在8000多吨。当地没有发展旅游时，这么多鱼很难卖掉。现在，除了游客在这里品尝“百鱼宴”及湖鲜美味外，当地渔民还加工成游客十分喜欢的土特产，不出远门就使千岛湖的“鱼”游到了各国各地。

说它富起来了，是因为千岛湖发展森林旅游后，不但当地的群众富起来了，促进了地方经济的发展，而且带动了淳安县周边建德、桐庐等毗邻县的经济发展。从前，千岛湖各林场年产值只有几十万元，自发展森林旅游后，这些林场1998年接待游客114万人次，仅门票收入就达217万元，占林场总收入的6%。

大力整治卫生和治安环境

千岛湖水面辽阔，港湾众多。许多岛屿与本县乡村山水相连，周边还与安徽歙县、浙江开化、建德、临安等县紧密相连；游人与商人交织，社情、园情、林情相当复杂，管护工作难度相当大。

为使森林资源不受破坏，水质不受污染，首先对公园内的森林进行全面封山、严格保护，相继关停了对保护森林不利的20多家木材加工厂、林化厂和200多家白炭厂，关停了30多家效益虽好但污染严重的制药厂、造纸厂等。凡要求新办企业，即使效益再好，只要环境污染严重的项目一律不批。对要求新建的宾馆和污染少的工业企业，坚决实行项目与环保同时设计、同时施工、同时投入使用。这些措施的实施，使千岛湖森林资源和水质得到了有效的保护，生态环境不断改善。

为维护景点治安，给游客创造良好的旅游环境，淳安县委、县政府在社会治安方面不断加大管理力度。1995年就集中半年时间，调集了3000多人，采取水陆并进、条块结合、群防群治的办法，对水上、陆地、车站、码头、景点、宾馆及车辆船只等进行全面整顿。1996年4月，又在千岛湖森林公园6个入口处分别建立了旅游安全管理站，由旅游、公安、航管三家实行联合办公，维护旅游秩序，为旅游团体建立详细档案，并实行统一景区景点票价，统一船泊依靠。为防止游客在水面上发生意外，由公安、渔政、航管部门对千岛湖大水面进行24小时巡逻。同时，还投资建造了我国第一个现代化水上通讯救助中心，可以通过卫星信号跟踪监测千岛湖上的游船行驶和停靠情况，如游船和游客在水上发生意外，救助中心会马上得到信号，及时救助处理。

在千岛湖形成陆上签证立档、湖上昼夜巡逻、天上卫星跟踪的立体化旅游安全管理网络的基础上，公安派出所又一鼓作气对22个景点逐一健全治保组织，完善安全制度，增加安全设施，配齐保安人员，签订治安责任状。对游船(艇)主进行培训，发放治安许可证，并经常进行检查。在节庆日和重大旅游活动中，公安干警则全力以赴实行定人、定位、定责、定时到景点帮助维护治安秩序。1995年后，千岛湖森林公园的游客虽然年年大幅度增加，但没有发生一起重大刑事治安案件和事故。

森林资源是千岛湖森林公园兴旺发达的第一资本。保护森林资源是一项经常而细微的工作。为加强毗邻地区森林资源的保护和山林纠纷的调处，公园还与安徽、江苏联合建立起苏浙皖护林联防活动，形成了一个全覆盖、多层次的护林联防网络。各林场还与当地乡村建立场乡村联合护林组织，制定护林条约，调动了广大群众爱林护林的积极性，密切了场群关系，使国有林场与当地乡村不但山连山、水连水，而且心连心。

外引内联，促进发展

建设森林公园，发展森林旅游需要大量的资金。千岛湖森林公园近10年在发展森林旅游方面的资金投入不低于6000万元。这么多资金如单靠公园自身投入是绝对办不到的，必须多方筹集，才能加快公园的建设。

在筹集资金开发投入上，千岛湖国家森林公园坚持走“以游养游，滚动发展”的路子。主要方式是：

(1)以林场为单位，给以优惠政策，并从规划上、技术上加以指导，鼓励林场自筹资金，因场制宜开发以自然风光为主体的旅游景点。如东南湖区的羡山林场、姥山林场就是以这种方式开发成功的。

(2)以林地和风景资源入股的方式，与个体、集体、国营合作开发。像鸟岛、锁岛、神龙岛、望千岛、梅峰观岛等景点均采取这一方式开发而成。公园将神龙岛以林地入股的方式转让给一个体旅游业者开发，这位个体旅游业者购买了各类蛇千余条，在岛上建起了蛇馆，每年吸引50多万游客旅游观光，不但获得丰厚的收入，而且为公园每年增收20多万元利润。

(3)采取合资联营的方式，共同开发。先后与香港西园国际贸易公司等单位联合投资1000多万元建成了千岛湖宾馆，并配有豪华旅游车船；与美国索兰多公司合资成立了千岛湖鱼味馆有限公司；与深圳工贸公司联合成立了“千岛湖投资公司”共同开发旅游项目，建成绿蓑山庄；与江苏武进特种工艺制品厂合资建设了“千岛湖胜景园”；与浙江边防总队联合投资建设了千岛湖金竹山庄及射击场；与原林业部森林国际旅行社联营成立了千岛湖发展有限公司等。

(4)在公园内建立旅游小区，以优惠政策吸引国内外客商投资开发。如采取出让土地使用权的方式，出让费的76%由公园掌握用于小区的基础设施建设，24%上交国家财政。

为了进一步扩大森林资源，近几年他们还出台了一系列绿化造林的改革措施，制定了一系列鼓励绿化造林的优惠政策，采取荒山租赁造林、县乡合作造林、工农合作造林、股份合作造林、个人独资承包造林等多种形式，加快绿化造林的速度，提高绿化造林的质量。（执笔人：方炳法　余梅生　余允乾）

持股联营——皖南林区改革的新路子

——安徽省祁门县发展林业股份合作制纪实

在皖南的集体林区中，大量的林业用地和丰富的森林植被，对于保障当地的国土安全、维护生态平衡、补充农村能源、发展森林产业有着极其重要的意义。20年来，在农村改革不断深化的大环境中，皖南各级林业部门坚持从集体林区的实际情况出发，积极慎重地探索、改进集体山林的经营管理方式，收到了良好的效果。其中以盛产红茶闻名于世的祁门县认真总结推广林区群众在实践中创造的以“持股联营”为核心的林业股份合作制，正确处理山场使用权、林业经营权和联营持股人的权益，理顺方方面面的关系，合林情、顺民心，真正调动了群众的积极性，走出了一条振兴集体山林的新路子；在加快荒山绿化、提高造林质量、发展林副产品、稳定林区管理秩序等方面取得了令人欣喜的成就。

从王银凤转让中幼林的故事谈起

在祁门县安凌镇城安村，有一位全省闻名的造林大户、全国“三八”奖章获得者王银凤。她自1982年起，用10年时间在自留山上营造成功5.13公顷生长旺盛的杉木林。到90年代，这些杉木林先后进入抚育间伐期。这时候，她遇到了当初未曾预料到的困难：一无抚育间伐资金；二无看护管理大片山林的精力。在百般无奈的情况下，王银凤主动要求把这片林木作价转让给附近的安凌联合林场。经过几次申请、多次协商，双方终于在1994年5月26日签订了“中幼林股份转让及经营合同”。合同规定：5.13公顷杉木中幼林实行股份合作经营，共同组建金竹坑分场，在安凌联合林场领导下经营管理；已经成活成材的林木连同合营的山场使用权作价6万元，按每股500元分成120股，印制“祁门县安凌联合林场金竹坑分场森林股票”(即股权证)；王银凤保留其中的一半(即价值3万元的60股)，每年按股分红；另一半有偿转让给安凌联合林场。安凌联合林场鉴于自身资金紧张，经董事会批准，将属于自己一半的股份以发放股票的方式转让给了林业系统干部职工，以及县直乡镇干部和企业厂长、个体户。股票允许继承，也可以转让。

新组建的金竹坑分场按照上述合同规定，制订了便于具体操作的股份合作章程，实行董事会领导下的场长负责制，联合林场场长任董事长兼分场场长，王银凤任副董事长。实行股份合作经营之后不久，分场就及时组织人力对这片林子进行了抚育间伐，改善了杉木林密度过大、生长不良的状况。随后，又制订了护林防火制度，建立了巡山瞭望组，加强了山林管护。王银凤有偿转让中幼林，既摆脱了经营管理能力不足的困难，又较快地获得了经济回报。

王银凤作价转让中幼林以及和安凌联合林场实行持股联营的做法，将由一家一户承担经营林业的重担，转化为由大家共同来分担，增强了对各种毁林危害的防范和控制能力，有效地保护了森林资源安全和林农的生产积极性；同时，吸纳社会闲散资金开发林业，为林业发展注入了新的活力。

人们普遍认为，购买森林股票虽有风险，但安全系数大于风险，只要搞好经营管理，按股分红的收益不但有把握，而且要远远高于银行存款。

持股联营是深化林业改革的产物

祁门县是安徽省森林资源最为丰富的重点林区县，22.57万公顷土地中，有林地面积就有17.6万公顷，森林覆盖率达81.3%。在深化林业改革的过程中，像王银凤所遇到的那种困惑，在祁门县不只一家；走持股联营的山村，也不止安凌联合林场一个。

持股联营，本是深化林业改革的产物。不妨透视一下祁门林业改革的艰难历程。

——改革开放前，祁门县的林业用地基本上都是由社队林场管理，所有权、经营权、分配权集中在公社和大队手里，收益归集体，农民干出力。由于集体山林与群众自身利益不挂钩，群众造林护林没有积极性，生产"大呼隆"、造林"一窝蜂"，新林造不活、老林管不住，偷盗林木现象时有发生。

——1982年，全县开展了稳定山权林权、划定自留山和确定林业生产责任制的林业"三定"工作，初步解决了长期存在的林业"大锅饭"问题，为林业改革奠定了基础。

——1983年，全县又推行山林承包到户经营。1039个村民组有944个实行了这种经营方式，占总数的91%。承包到户直接关系到承包者的切身利益，因而激发了群众造林护林的积极性。但随着时间的推移，家庭分散经营与林业生产周期长、投入大、产出慢、管理难的矛盾日益突出。尤其是分山时出现的"一山多主，一户多山"的交叉现象，分到山林的农户因怕树木被偷，竞相采取"先下手为强"的错误做法，出现了"分林到户，乱砍成风"的现象。随后几年，许多农户失去信心只砍不造，林业生产任务难以完成，造林质量不断下降。1985年，上级下达该县1333.3公顷速生丰产林造林任务，结果只完成331.87公顷，合格率只有58.2%。

——1987年，县委、县政府在认真调查研究基础上，决定把分到户的山场重新组合起来，兴办联合林场。为了办好联合林场，县委、县政府采取了一系列优惠政策，在资金投入、技术服务以及物资供应、种苗安排等方面给予扶持。这些措施在头几年虽然也调动了乡村和农户的积极性，联合林场由1987年前的54个发展到1993年的198个，经营面积由0.29万公顷扩大到2.15万公顷，已营造各类人工林1.36万公顷，占全县同期造林面积的60%以上，初步改变了山区林业分而不治和造而不管的被动局面。但是，由于联合林场当时侧重于"以联治散"，没有认真理顺联合后集体所有权、农户使用权、联合经营权、收益分配权之间的关系，埋下了收益分配不公、份额多少不清的病根。星移斗转，各类联合林场经过几年经营，森林面积、林副产品逐年增加，林业收益也很可观。这时候由于收益分配不公、份额多少不清而引发的矛盾、纠纷越来越突出，严重影响了联合林场的巩固和发展。

如何改进完善联合林场的经营管理体制，再次摆上了祁门决策者的议事日程。

——1994年，祁门县被林业部列为完善乡村林场经营体制试点县。县委、县政府抓住这一机遇，深入调查，认真总结，肯定了部分乡村在实践中创造的持股联营的办法，成立了祁门县完善林业股份合作制指导组，印发了《关于完善股份合作林场管理规定》，并选择群众基础好、领导班子强的安凌、鼓龙、小维岭等5个林场作为股份制试点单位。在试点中，本着既不改变现行政策，又保持适度规模经营的思路进行。同时坚持两条原则，一是自愿，二是有偿。在具体操作上，首先对农户入股的山场和已有的山林进行资产评估，细化股权；然后，制定章程，明确规定集体所有权、农户承包权(即使用权)、林场经营权和持股人的权益，各得其所，各负其责，各有各的利益(含风险因素)；再后，组建董事会，民主选举领导人员，建立经营管理班子；最后，发放经过公证的森林股权证，持证人每年按股分红，股份可以继承，可以转让。当年，这5个林场都成立了董事会，实行董事会领导下的场长负责制，并发放了经过县公证处公证过的森林股权证。

持股联营，既理清了产权关系，又明晰了收益分配份额。产权物化为收益、收益体现了产权，真正理顺了方方面面的关系，给联合林场注入了新的活力，调动了广大林农爱林护林的积极性。彭龙乡环砂村87岁的汪彩枝老太太赶到股东大会上领取了红彤彤的股权证，高兴地说："两个儿子不一定能靠得住，这个小本子才是我真正的靠山。"其他试点乡村的群众也说："这回发放的经过公证的股权证就等于是活期存折啊！"

第二年年初，县委、县政府就在深入总结试点经验的基础上，分批分类推广试点经验。经过三年试办、推广，至 1997 年底，全县就组建成各种形式的股份合作林场 210 个，经营面积 2.43 万公顷。其中，有 118 个老的联合林场完善了持股联营的经营机制，建立了持股分红的分配制度，发放了森林股权证，股权面积达 0.73 万公顷。同时，一些新创办的林场也采取股份合作制的办法，吸引社会各界投资。一些林产加工企业也以入股联营的方式与乡村合作建立了自己的原料林基地，还有城里的下岗职工也投劳、投智、投技、投资创办股份合作林场，等等。就这样，祁门县林业股份合作制在集体林区深化改革的过程中得到深化，加以完善。

多样化是祁门县林业股份合作制又一特点

祁门县在推行以持股联营为内容的林业股份合作制的过程中，充分尊重群众意愿，不搞统一模式、不搞一刀切、不搞"归大堆"，既肯定持股联营的优点，也不赞成一概而论，不把一种形式说死谈绝。不管哪种形式，只要能得到群众真心实意的拥护，只要有利于调动方方面面的积极性，只要有利于发展林业生产，都支持、都鼓励试，允许看。到目前为止，在多种多样的形式中，就有：

1. 在村组范围内成立的股份合作林场

这是数量最多的类型，全县共 149 个。这种林场均本着"自愿互利"的原则，将农户承包的山场重新组合起来，成立村股份合作林场，实行统一规划、统一造林、统一抚育、统一管护，利益分配上均持股分红。

2. 跨村组、跨部门的多元投资股份合作林场

主要有县直机关、林业部门、森工企业和国有场圃等单位利用资金、技术、管理等优势，与乡村共建股份合作林场，按比例分股、按股分配收益。

3. 能人牵头，社会各界投资创建股份制林场

全县有 160 个个体造林大户，经营面积均在百亩以上。他们或与乡村股份合作，或一次性买断农户山场经营权，或租赁农户承包的山场。

4. 村组合作经济组织内部的集体林场

祁江乡新胡村村民组在征得全村群众同意之后，把 1987 年一家一户承包的 653.3 公顷山场归拢起来由集体统一规划、统一造林、统一管护、统一砍伐，一改过去"大呼隆"的弊端，在经营中分户投劳、按股分配。当地干部称之为"新胡村模式"。

5. 中幼林作股转让的活立木经营

即前面介绍的"王银凤模式"。

持股联营确有优越性

以持股联营为内容的林业股份合作制的发展，使祁门县集体林业步入了"兴林富民"的发展轨道，其优越性已在实践中显示出来：

——持股联营，给林农群众吃了"定心丸"，有利于调动群众积极性。山区群众对林业改革历来较为敏感，山林承包到户后生产难以维系，收回又不符合现行政策，而且一有风吹草动，群众怕变，就会多把斧头上山，后果不堪设想。实行持股联营，将山场的所有权、经营权和收益分配权理顺了、理清了，既保持了党的林业政策的稳定性，又顺应了山情、林情和民情，消除了林农"怕变"的心态，有利于林业事业的稳定发展。

——持股联营，有利于加快绿化速度，提高造林质量。实行多形式林业股份合作制，把过去分而不治、分而难治的大片宜林荒山重新组合起来，办场联营，联股连心，变过去千家万户分散看管、零星造林为适度规模经营，不仅加快了绿化荒山步伐，而且提高了造林质量。从 1994 年以来，股份合作造林的面积，年年占同期全县造林总面积的 60%以上，造林保存率、综合达标率分别为 99%和 95%，特别是世行贷款国家造林项目的造林面积，核实率、合格率、达标率均为 100%，平均造林成活率 98%以上。金辉股份合作林场的 100 公顷山场，在短短的一年多时间内就营造成活 80 公顷。群众反映说，没有股份合作制，就不会有这样的绿化进度和造林质量。

——持股联营，有利于资源林政源头管理。实行股份合作的经营体制，采取统一规划、统一采伐、统一更新，避免了多把斧头砍树带来的混乱局面，使林政管理有了可靠的基础。山林经营权、采伐权和销售权掌握在股份合作林场的股东会手中，分利不分林，采伐限额得到严格控制，林区秩序明显好转。山场处处安澜，村村稳定。正如彭龙乡群众说的"山在林中，林在心中，利在林中，护在眼中"，这与过去"你砍我也砍，不砍白不砍"的局面是一个鲜明的对比。

——持股联营，有利于群众脱贫致富奔小康。林业股份合作制还有力地促使合作双方努力改善经营手段，不断优化林种结构，积极开展多种经营，真正让农民在造林绿化中得到了实惠。祁江乡新胡村股份合作林场，每年林业收入占整个村民组总收入的81%。每年给农民的林业分红近14万元，人均600元。九都山村民组实行持股联营后三年，把全村80%以上的林木抚育成林，活立木蓄积量达2.5万立方米，农民收入全部来自山场，人均年纯收入近2400元，成为该县的深山富村。股民们高兴地说："联合林场造了林，股份合作富了民"。

——持股联营，有利于增加集体积累，发展社会公益事业。过去祁门县的基层组织一穷二困，村里想办公益事业有心无力，干部讲话也没人听。实行股份制后，林业产出多了，公共积累也有了指望。如祁江乡新胡村股份合作林场，每年从经营收入中拿出15%作为公共积累，兴办公益事业，几年来兴建两所小学、一座排灌站；开通了程控电话和地面卫星接收站，修桥筑路；为股民购买劳动力意外伤害保险；对考上中专以上学校的学生给予奖励，对领取独生子女光荣证的享受两份活动股（超计划生育的则规定14年内不准参与分红），该村已连续5年无超生。柏溪乡九都山村股份合作林场投资20多万元，兴建盘山公路，架设变压线，盖起学校综合楼，为每家安装了自来水，解决了许多一家一户想办又办不了的事，群众的精神面貌以及干群关系等大有起色。

——持股联营，有利于吸纳社会闲散资金，加快林业事业发展。随着市场的激烈竞争，城镇一些经商人员认为生意难做，于是把眼光放在了山上，纷纷投资栽竹种树，创办"绿色企业"，既找到了扩大再生产的新途径，又为林业生产注入了新的活力。1997年金字牌镇商人丁友祥联合社会上一些能人和单位，投资开发了因无资金开发的一片100公顷的灌丛山，创建了金辉股份合作林场。林场共印制"森林股票"5000张，每张为一股，面额为150元。金辉村民组以投山的身份拥有山场股1500股，另3500股由林场董事会出面向社会公开发售，用于开发和山林管理。到目前，已售出1347股，计20.205万元。林场已营造44.67公顷竹林、2公顷板栗，改造14.67公顷次生林。

灵活多样的股份合作林业，还吸引了城镇中的下岗干部、职工到乡村开发山场。汪建元曾是县第一汽车运输公司的党支部书记，1996年11月，他辞掉书记职务，办了下岗手续，退了县城的住房，变卖家产，筹得六七千元，到横联乡承包了石榴册上的12公顷荒山，承包期15年，以栽毛竹为主，经济林为辅，规定竹林成竹后的纯收入与农户按二八分成（农户二成）。如今汪建元已垦复6公顷多竹山，新造了几十亩毛竹，并在低洼处开挖了水塘养鱼，山上还养了几十只羊，林场一片生机。目前，全县的个体者承包荒山造林，投资近百万元，经营面积600多公顷，已造毛竹、板栗等经济林350多公顷。

由点到面，由不完善到完善，林业股份合作制在祁门县全面推进，已成为发展林业的一条新路子。随着农村改革的深入，这条新路子必将越走越宽阔，越走越美好。（执笔人：龙琳）

国有林业企业改革之星

——记黑龙江省尚志国有林场管理局

黑龙江省尚志市，是以民族英雄赵尚志烈士的英名命名的地方。在这块曾经被无数先烈鲜血染红过的黑土地上，如今正冉冉升起一颗国有林业企业希望之星，那就是尚志国有林场管理局。

困境中思变

尚志国有林业一直是黑龙江省重点商品材基地，为国家建设做出了巨大的贡献。但是，几十年的计划经济使得产业形成了木材生产单一经营和林业经济“独木支撑”的格局，也为自身留下了不可低估的隐患。随着森林资源锐减，木材产量和质量下降，特别是80年代末、90年代初，市场冲击，加上缺乏良好的运转机制，林业陷入了资源危机和经济危困的境地，经济跌入低谷。8个基层单位亏损，资金内外“赤字”1600多万元，费用挂账、待处理损失十分惊人，有6个单位拖欠职工工资达五六个月。

“山重水复疑无路”，林业职工企盼着“柳暗花明又一村”。

这一天终于来到。

1992年6月，黑龙江省林业体制政企分设改革试点工作在这里开始。

一个非墙院式的，享有“人、财、物，产、供、销”等自主权的国有企业——尚志国有林场公司从此诞生了。1998年7月1日，尚志国有林场公司上收省林业厅直接领导，其机构名称更为黑龙江省尚志国有林场管理局。

然而，常言道：穷家难当。面对举步维艰的乱摊子，公司领导者没有丝毫的荣升喜悦，有的只是肩上那沉甸甸的担子和压力。

机遇与挑战并存，压力化作动力。36岁的党委书记、经理李耀民率先立下军令状：“一年起步，二年上路，三年致富。完不成目标，引咎辞职！”

这21字的军令状铿然有声，使人们感到了国有林业企业复兴的希望，也奏响了林业人在这片热土上又一次创业的序曲。

改革中崛起

“一年起步，二年上路，三年致富”的经营战略何以实现呢？

世界上从来就没有救世主！改革是必由之路。

这个公司紧紧抓住这一根本问题，汲取农村家庭联产承包责任制改革的成功经验，在所属林场中全面推行了“七包七保”（包森林资源增长，保森林面积、蓄积、生长量和采伐限额；包营林生产，保造林、育林、采伐任务、质量；包森林保护，保证不发生火灾、无重大森林病虫害发生、无重大毁林案件、无乱捕滥猎案件；包安全生产，保证不发生重大伤亡事故；包机械完好率，保证在85%以上；包多种经营、综合利用，保产值、利润；包精神文明建设，保文明单位级别、双基数（核定利润基数、工资基数）、四挂钩兑现奖惩（兑现合同时，与森林资源增长、造林指标、安全生产、利润指标挂钩，实行四个“一票否决”）为主要内容的承包经营责任制。

尚志国有林场公司终于迈出了可喜的第一步。

万事开头难，有了第一步，就能迈出第二步、第三步……

在推动承包经营责任制过程中，针对“一线紧、二线松、三线肿”的局面，大刀阔斧地“消肿去病”，精简机构，采取职能相近的合并、相同的取消，机关由原来的17个部门合并为8个部办站，基层单位也大幅度压缩了管理机构；精简非生产性人员，基层领导一律设一正两副，基层管理干部一律定编7人，实行一人多职，一专多用。机关干部由原来的100多人减少到43人，精简后的机关干部平均年龄38.5岁，中专以上文化程度占90%，中级以上职称的占80%。

精干的队伍，火热的心。广阔天地，大有可为。

为了改变木材生产单一经营和林业经济“独木支撑”的局面，以资源为依托，以市场为导向，大力发展林产工业和多种经营，调整优化产业结构，培育新的生长点，变资源优势为经济优势。

更艰苦的跋涉启程了。但林业人能吃苦，这苦可以解热、可以清心。公司领导清醒地认识到林业仅仅依靠“大木头”生产是没有出路的，必须跳出林业看林业，大力发展非林替代产业。

公司党委毅然制定了《关于加快经济发展跃上新台阶的决定》、《关于大力发展第三产业的决定》，还出台了一系列优惠政策。

例如，规定木材生产、林产工业、第三产业（多种经营）三项利润超计划的按一定比例奖励领导班子；林产工业利润超过40万元，第三产业利润超过35万元的，重奖有功人员。

宽松的环境，优惠的政策，大山林蕴藏着的巨大能量，似乎变成了一种魔力，吸引着全公司几千名职工，也触动着他们向“旧世界”宣战。

综合利用——在“木”字上做文章。走出“原”字号格局，向木材加工增值方向发展，走多元化、全方位发展之路。

根据现有资源情况和市场规律，坚持“因地制宜，扬长避短，一场一策”的原则，按照市场需要什么、什么能挣钱就发展什么的精神，大力发展了一些适销对路的项目，建立了卫生筷、胶合板、细木工板、多层板、铅笔板、地板块、木珠等定型产品，项目总投资达1800万元。每个场都有自己的优势项目和产品，既做到全面发展、优势互补，又不搞重复建设，避免了争原料、争销路问题。公司优化配置各种资源，对胶合材、筷子材、地板块、铅笔板原料实行统一调配，保证了原料供应。

同时，在“小”字上做“大”文章，木“尽”其用、“吃干榨净”。元宝林场利用低价、质次的木材加工成民用建筑需要的灰条子、扒板、锹把、吊棚方、包装箱板等小规格材，实现小材大用、劣材优用、废材利用，深受居民和建筑企业的欢迎。

帽儿山林场场长杨传波从上任的那天起，就为山上每年都有1.5万立方米枝丫被烧掉痛心。他不知考察了多少个木材加工市场，最后瞄上了“五木”要效益（木耳段、木炭、木片、木珠、木旋，并且出木炭时还能提炼木焦油）。

当时，拇指般大的小木片，一麻袋就卖8元。河南人就住在场里等货，小木珠有多少要多少。

当年仅投资3.5万元，就上缴利润35万元。硬是把每年该丢掉的钱捡了回来。“了不起！”田凤山省长视察时予以肯定。

这“了不起”如今已在全公司8个林场全面开花。

由于市场变化，原有一些项目已不能适应需要，公司果断进行技术改造。1995和1996年投资350万元，为黑龙宫林场引进先进的胶合板设备，使原生产能力提高一倍，效益大幅度提高。1996年初，国内农村市场大量需要木掀板，元宝林场抓住机遇，投产上马生产，仅4个月就生产出产品，在当年的黑龙江林木产品洽谈会上该产品深受客户好评。在抓紧设备改造的同时，对销路畅、效益好的项目加强质量管理，实行质量“一票否决”制度，提高了产品等级率。截至1998年底，累计生产卫生筷55万箱，等内品40%远销日本、韩国，累计利税550多万元，年均100万元。

多种经营——在“地”字上下功夫。充分利用林区丰富的资源，发展多种经营，培育经济生长点。

1994年以来，公司实行了战略转移，在农田开发上投入了主要精力，坚持“以林为主，以副养林、宜林则林、宜农则农，因地制宜”的原则，实行“山水田林路综合治理，农林牧副渔协调发展”的战略，制定了《三年农业发展规划》，规定开发水田的单位每亩补贴300元，并投入170万元，购进17台推土机和配套机具，向农业大力倾斜，激发了各林场开发农业的积极性。到1998年，全公司共开垦种植旱田760.67公顷，水田306公顷，建成水库7座，林粮间种面积达4724公顷，实现农业产值4000万元，创利

300万元，成为林场新的支柱产业。

农业的发展也带动了其他多种经营项目的蓬勃发展。全公司已有种植养殖为主的10多种经营项目和以商业、服务为重点的8个第三产业项目，从业人员1500多人，具有一定的优势，形成了基地化、专业化。8个国有林场全面建立了多种经营基地和农业段。一面坡林场在基地开展了以水库、山峦为重点的森林旅游服务。帽儿山、老街基、元宝、尚志、一面坡等林场的水田面积都在30公顷以上，其中帽儿山林场的基地面积达520公顷。元宝林场配置了推土机、拖拉机、收割机、米面加工机械等，形成较完善的现代化设备体系和“产、加、销”一体化的产业体系，实现了农产品的多层次增值。

开发黑土地的一系列优惠政策也调动了职工承包荒山的积极性。1995年4月，元宝林场将不便经营的600公顷荒山、采伐迹地和回收林地划给本场职工兴办家庭林场，全场134户职工和家属自筹资金承包荒山，建成31个联户林场，既绿化了荒山，保护了林地，也加快了职工奔小康的步伐。

造林营林——在“山”字上花气力。发展农业可以解决温饱问题，发展工业可以解决奔小康问题，而培育、保护、利用好森林才是长远问题、根本问题。

由于产业结构不再是木材生产“一头沉”的模式，公司木材采伐量逐年减少，由原来的10万立方米减为8万立方米。

在森林经营上，采取“栽针保阔”、“大搞择伐、降低皆伐”的办法，科学合理培育森林，不断提高林分质量。同时加快了造林步伐，投资60万元，为3个林场安装了苗圃喷灌设备，苗木质量和生产率大幅度提高。

在造林上实行了资源增长、造林指标两个“一票否决”制度，坚持高标准造林，“拉线定点栽植”，调整树种结构，营造大面积的杨树速生丰产林和水曲柳、落叶松混交林。1993～1998年累计造林1.2万公顷，平均成活率98.7%。公司每年用于更新造林的补贴性投资150万元，到1995年底，实现了“灭荒”目标。

东方不亮西方亮，不尽财源滚滚来。

这个公司木材生产和林产工业、多种经营实现了三足鼎立的格局。产业结构多元化、全方位发展已走上了良性循环轨道。

发展中壮大

计划经济带给林业粗放单一式经营的同时，管理也是粗线条的。国有林场又是没有围墙的企业，创业难，守业更难。

尚志国有林场公司党委，知难而进，眼观六路，内塑精神，外塑形象，向管理要效益，不断完善，在发展中前进、壮大。

他们以从未有过的决心，清理纠正了行业不正之风。严肃查处了群众反映强烈的林业职工以木谋私、监守自盗、打架斗殴、收礼受贿、勒卡群众、失职渎职等案件116起。

他们以从未有过的措施，开展了清理固定资产、物资产品、财务账目、赊欠款等“四清”工作。特别是针对数字惊人的赊欠款问题，进行了大规模的“清欠”。1994～1997年，先后有10名干部(其中4名领导干部)由于未按期还款，分别受到党纪、政纪处分。

他们以从未有过的魄力，清理回收了林地。由于历史的原因，国有林地被侵占较为普遍，严重影响了公司的生产秩序。本着“林地要收回，损失要赔偿，当年要还林”的原则，公司依法对1985年以来被非法占用的国有林地全面进行了清理和回收，现已收回林地4000多公顷，占应收回任务的60%。

他们以从未有过的动作，整顿了营林队伍，先后有8名公安民警、28名护林人员被清除护林队伍；整顿了科技队伍，科技人员定岗定编，年减少开支30万元；整顿了职工队伍，无故超过15天未上班的依照有关规定按自动离职处理，仅1997年一次除名54人；整顿了劳动工资，一方面整顿科技浮动工资，另一方面工资拉开档次，制定一、二、三线工资标准，仅此一项年减少开支50万元。

他们还先后制定了《干部任免调配规则》、《拨缴款转帐规则》等32项涉及方方面面的规则，并在此基础上制定了《公司管理条例》。

这条条规则，像一张管理网，覆盖了公司经营管理的每个角落，形成了从纪律角度保证管理、从管理角度促进经营的一套完整的约束机制。奖有标准，罚有依据，政令畅通。

唤醒了沉睡的荒原，这片热土沸腾了。

尚志国有林场公司除了所属8个林场外，还拥有贮木场、汽车队、木材加工厂各一处，职工发展到4000人，经营总面积18.9万公顷。人们惊喜地看到一项项令人振奋的成绩：

公司实现利润突破1000万元大关，实现利、税、费（育林费）都在2000万元以上；固定资产已达6637万元；活立木蓄积1075万立方米；为职工谋福利投资近千万元；为地方政府、灾区集资100余万元；职工年均收入提高到6000元；全公司先后有620人次受奖，8个国有林场跨入"全国500强"行列。1997年，公司被林业部命名为"全国林业系统十大标兵单位"。

1998年4月2日，国务院副总理温家宝视察这个公司时指出："这个单位为林业行业树立了榜样，包括森工也要很好地学习和推广他们的经验和作法"。

成功的启示

光阴荏苒，5年多的时间转瞬过去了，沿着尚志国有林场公司发展变化的轨迹，看到的是国有林场企业的希望之路、成功之路、振兴之路。

天时星象顺。

尚志国有林场公司建立之始，正是我国经济体制由商品经济向市场经济过渡的特殊时期，政企分设后自主经营，直接面向市场的运转机制，又为公司发展提供了难得的机遇，创造了先决条件。省林业厅对公司在各方面给予扶持、支持，使公司得以施展身手，如鱼得水。公司党委一班人，抓住了历史提供的难得机遇，敢于发展自己，敢于面向市场、参与竞争，并在市场竞争中经受了锻炼，增长了才干。把好的机制转化为发展优势，并没有让这种势头成为昙花一现，而是注入更大的力量，最终使优势变成了胜势。

地利仓贮丰。

林业在国民经济中占有突出的位置，林业的"三大效益"在维护生态平衡、促进各业特别是农业的可持续发展中，起着绿色屏障作用。这就决定了国有林场无论是在国家还是地方上都占有重要位置。国有林场与其他行业相比，有着固有的优势。尚志国有林场公司就是充分利用了地利优势，在黑土地上动脑筋，想办法，一方面不余遗力地回收林地，保证了生存空间，仅回收林地一年的收入就十分可观。另一方面，全方位、多层次开发资源，使山尽其财、地尽其力、木尽其用，使黑土地释放出了巨大的能量。

人和百业兴。

致富之本唯在用人。尚志国有林场公司的带头人、公司成立以来一直担任党委书记、经理的李耀民，是一个立党为公、以林为本、思想敏锐、无私无畏的共产党员，他带出了一支较好的领导集体和团结奋进的干部队伍，形成了公司坚强的政治核心。

有了核心，就有了凝聚力。这是攻不克的。

"星星还是那个星星，月亮还是那个月亮，山也还是那座山"，但是，用好一个人，就能搞活一个场。

元宝林场场长曲建国同志原来一直是个有争议的干部，1994年党委大胆提拔他为场长，上任两年他就使林场经济效益扭亏增盈100万元。像这样的例子还有许许多多。

几年来，公司先后调整副场级干部80多名，提拔副场级干部30多名，免职副场级以上干部35名，交流35名，其中新提场长7名，免职7名。

一分耘耕，一分收获。荒山绿了，林场活了，职工富了。大山林轻轻地告慰长眠于这片热土的英灵——他们也笑了。

尚志国有林场公司在困境中思变、在改革中崛起、在发展中壮大。其成功的经验昭示着：国有林业必须因地制宜，抓住机遇，走转换经营机制、强化企业管理、调整产业结构之路。他们的成功也再现了国有林业企业的雄风。（执笔人：宋学伟　吴梅芳）

一改两管三分　缓危解困有效

——黑龙江省铁力林业局转换经营机制的经验

铁力林区1939年开发，1947年建局。现有施业区总面积20.4万公顷，总人口7.4万人，职工1.6万人。50多年来，这个局为国家生产了大批木材，为共和国的经济建设作出了重要贡献。但是，由于种种历史原因，近几年铁力林区出现了资源危机、经济危困的“两危”问题。林业局离退休职工5200人，社会救济2200人，企业累计亏损1亿元，负债3亿多，负债率高达14.7%，累计拖欠职工工资5000多万元。人多、债多、社会负担重、资源少的矛盾越发突出，使这个局成为出名的“大老穷”企业。

人往哪里去，钱从哪里来，路往哪里走，成为企业改革的重点和难点。面对严峻的形势，1995年以来，局领导立足局情，调整思路，加大推行以转换经营机制为重点的“一改两管三分”(即坚持改革；管住资金、管住资源；分流人员、搞活分配、分散突围)的工作力度，初步探索出了一条实现缓危解困和林区经济可持续发展的有效途径，使这样一个“大老穷”的森工企业，焕发出新的生机和活力。企业亏损最高年为2570万元，到1997年一举扭亏为盈，实现利润129.5万元，近10年来职工第一次开满全年工资。他们的做法受到国家和省、部领导的充分肯定，称赞铁力林业局“为国有林区缓危解困趟出了一条新路，创造了奇迹”。

坚持改革，转变经营机制

改革是国有森工企业实现缓危解困的强大动力。大改革大发展、小改革小发展、不改革不发展。1995年以来，铁力林业局坚持以改革总揽全局，突出以承包经营为主线的改革运作，促进企业经营机制的根本转变。一是实行层层承包经营。制定了《铁力林业局实行内部承包经营总体方案》和与之相配套的12个子方案。在清产核资的基础上，对全局山上山下37个生产经营单位实行了承包经营，一次签定3年承包合同。林业局对基层单位只管一个承包人和包括森林资源消长变化、国有资产保值增值等主要指标在内的一纸合同。承包人一律交纳风险抵押金，工资报酬实行年薪制，年终根据企业经营效果和固定资产增值幅度，确定工资和奖金比例及数额。对山上场(所)模拟法人，改变原来的车间报账制为模拟利润核算制，使其成为相对独立的经营实体。所有承包单位可以在银行单独开户，并拥有相应的生产经营自主权。二是按照建立现代企业制度的方向，重塑经营机制。对局物资科、商业科等原有行政职能的单位，整体改制为流通服务型公司实体。三是深化了人事用工制度改革。在人事制度改革上，普遍实行了“双聘制”，局长聘任局的行政副职和基层的行政正职，正职聘任副职，正职解聘，副职随之解聘。在用工制度改革上，全局实行了全员合同化管理。企业职工一律签订劳务合同和上岗合同。改革后机关人员由原来的420人，减少到200人。山上场所的管理干部和非生产人员，由原来的每个单位平均40人左右，减少到10人左右。现在，全局非生产人员占职工总数的12%，其中管理人员占职工总数的7%。四是进行内部辅助生产单位、福利事业和医疗制度等配套改革。对局电话所实行以话养话，只拨给机关电话费和少量维修费，其余部分一律自负；对发电厂实行以汽电养厂，局只拨给机关事业单位汽电费，其余一律由电厂收费解决，收费率由过去的50%左右提高到85%以上；对自来水公司实行企业化经营，全部自负盈亏，由过去累计亏损80万元，变为年上缴管理费10万元；对职工医院只拨给汽电费，其余全部推向市场，自负盈亏。职工医疗费，生产单位按工资总额的8%、非生产单位按7%直接核定给基层，超支自负。医务人员择优聘任，由原来的354人减少到168人，费用由原来的130万元减少到40多万元。

管住资源、管住资金

管住资源。坚持以实现"青山常在，永续利用"为目标，切实加强森林资源的培育、保护和利用，为林区经济的可持续发展夯实基础。一是严格采伐限额的计划管理与伐区拨交验收制度，不准无证采伐和超量采伐。牢固树立不靠多砍林子缓危解困的指导思想，让职工群众"围着市场转，不要围着山头转"。林业局把资源管理作为承包经营的一项重要内容来约束基层单位，实行"一票否决"。二是加强木材的运输、销售管理。坚持"采、运、销"三对口，一本账。在职能部门狠查严管的同时，局还抽调20名责任心强的干部及一部分离退休职工，在各个环节分兵把口进行监督。三是加大林政管理工作力度，杜绝林场(所)私卖木材。局成立了由局长直接领导的木材稽查大队。冬运期间，党政副处级以上干部到检查站轮流值班，防止和杜绝偷拉私卖木材问题的发生和效益流失。四是严格执行了山上场(所)一律不准经销木材，不准烧好柴，不准山下职工到山上拉烧柴的规定。五是公安机关实行包点、包片，严厉打击私卖和盗伐森林资源行为。几年来，共查处森林案件92起，处罚283人，挽回经济损失110.6万元。六是按照国家的要求，已全面启动实施天然林资源保护工程，到1999年全局实现封山育林，停止主伐生产。

管住资金。坚持从严治企，对资金进行全方位、全过程的管理。努力开源节流，增收节支，实现国有资产保值增值，不断提高企业的经济效益。一是抓开源，讲求生财聚财之道。千方百计提高原条、原木的造材率和出材率，提高木材售价；侧重抓伐区剩余物的拣集和综合利用；通过技术改造，发展多种经营，促进产业产品结构的调整，培育新的经济增长点；对商业、物资、宾馆等单位，面向社会，放开经营，多创收，多缴利；积极盘活存量资产，把原局办公室和临街房屋及闲置厂房出租4万多平方米，这些措施使全局增加收入300多万元，国有资产增值4664万元。二是抓用财，压缩费用，节约支出。林场(所)自行解决制造费用，部分解决社会救济、劳保和子弟校经费，年节支400万元；公路管理处按每公里5000元实行道路承包，年节支150万元；电话所自负盈亏，年节支110万元；医院费用年节支90万元；汽管处汽车转移到林场租给个人，节支150万元。加上其他节支项目，与承包经营前相比年压费节支达1900万元。三是抓理财，严肃财经纪律。林业局对资金管理使用，采取一个会、一支笔的办法，即每月召开一次资金调度会，安排资金使用方向、额度，局长一支笔调拨资金，从而保证了资金的统筹使用。他们还通过行政和法律手段，清收货款，基本杜绝了赊欠产品资金问题。严肃执行财经纪律，坚决取缔了基层单位的"账外账"和"小金库"，堵塞了资金流失的漏洞。

分流人员，分散突围，搞活分配

随着木材产量的大幅度调减，企业出现了大量的富余职工。这个问题解决不好，有些地方势必还要向林子开刀。为了解决养人和养林的矛盾，让企业职工更快更好地走向市场。局里明确向职工群众提出"减员压费少砍树，奔向市场找出路"的口号，并在工作实践中，坚持把分流富余人员、减人增效，作为全局缓危解困的突破口。同时，在山上场(所)重点抓搞活分配，山下单位重点实施分块搞活，分散突围。

在分流人员上，从主业到副业，从山上到山下，从机关科室到企事业单位，大面积、大幅度地分流富余职工；同时结合实施再就业工程，对下岗转岗职工予以积极妥善地安置。一是组织富余职工向黑土地进军。通过土地分户经营，把全局6666.7公顷耕地(含熟化造林地)中的4000公顷荒地承包给职工耕种，已安置900人。全局平贝种植面积已突破100万平方米，等于在地下种出了4000万元的产值。二是向养殖业分流，组织富余职工饲养畜禽，发展畜牧业。近两年，全局已建成存栏千头以上的养猪场2个，600头以上的6个；养鱼水面已发展到33.3公顷。分流人员359人。三是发展商饮服务业，引导富余职工兴办第三产业，已分流475人。四是引导富余职工进入市场，从事运输业。目前，全局山上场(所)个人拥有的汽车、四轮车、三轮车就有1000多台，增加再就业职工近千人。五是向采掘业分流。充分利用林区地下矿产资源，引导富余职工开采矿石，已分流78人。六是向木材剩余物加工业分流。鼓励富余职工利用采伐、造材、加工剩余物生产小木制品、木制工艺品等，部分单位还搞起了小型刨花板生产，已分流1029人。七是引导鼓励职工外埠就业，已分流1534人。八是鼓励富余职工停薪留职、自谋发展，已有1344人。两年多来，全局累计分流安置6400多人，加上外贸、商业等整体剥离的总计分流8000人，占全局在册职工总数的50%，年节约工资费用近2000万元。在已分流出去的人员中，有90%以上职工年收入在3000元以上。

在搞活分配上，积极进行分配制度改革。对山上生产一线工人，实行"死任务，活时间；死工资，活身子；死费用，活分配"和"年度定量分配法"，即在上年搞好调查设计，年初将全年的采、打、集、装、清、整地、造林、抚育、病防等任务量、质量标准、生产成本一次定死，包给基层场(所)。基层场(所)取消段队的建制，职工实行自由组合，竞争上岗，对木材生产、营林生产实行"一条龙"作业，把生产任务量和成本直接承包给工组长，由工组自行确定生产作业时间，并按核定成本的含量支付职工工资。干什么活给什么钱，干多少活给多少钱。生产淡季，引导职工搞副业，发展家庭经济，自己创收。山上场(所)机关大多发半年工资，创收解决半年工资，林业局不存在欠山上职工工资问题。对山下单位实行多元化工资结构。一是对以劳动定额为依据计酬的生产一线职工，采取上不封顶、下不保底的全额计件工资或小包干工资。生产单位大多执行这种工资形式，覆盖面占全局的80%以上。二是对职工工资取决于企业经营状况或企业效益的岗位，实行效益工资，解决了传统的工资增长与经营效益脱节的问题。三是对生产辅助工序，根据岗位的劳动强度、技术复杂程度，实行岗位工资或技能工资。通过规范劳动分配行为，1995年以来林业局月工资支出比原来大大降低。

在分散突围上，按照"活上必先活下，活全局必须先活局部"的工作思路，引导基层单位遵循市场经济规律，率先走向市场，实行分散突围。一是放权，把生产经营权交给基层。允许基层生产经营单位自行采购生产物资，聘用干部、自主用工、分配劳动报酬、自行支配自有资金。由于下放权力、放开经营，调动了基层单位经营管理的积极性，全局由1个局长变为50多个"局长"在发挥经营群体带头人的作用。二是围绕产权改造，把基层分块搞活。特别是非木材生产单位，实行自主经营，自负盈亏，自己的日子自己过。采取关停并转、出售产权、母体裂变、分立重组、分路突围等一系列办法，先后转变了局林产工业公司、多种经营公司的行政职能，把他们变为经济实体；对机修厂等单位断"皇粮"，让他们自己找米下锅，面对市场组织生产。解体了汽运管理处、招待所等长期亏损的单位，通过租赁、承包、股份制改造等多种形式推向市场；把局办公室的印刷厂、生活科的液化气站、木制品厂的塑料车间和客运站能够独立的小单位，从母体剥离分立出来，独立核算，自负盈亏。几年来，剥离、撤并、重组的单位达26个，这些单位变亏损为盈利；变由局里定期补贴为兑现承包合同，按期向局里上缴利润。三是对基层单位实行债务悬置，卸掉包袱。林业局对原商业科等放开经营单位的债务，经审计后一律由林业局承担起来，从而为这些单位轻装上阵，参与市场竞争创造了有利条件。

经过几年来的积极探索和不懈努力，森林资源得以保护，经营机制实现转变，经济结构得到调整，企业危困初步缓解，经济效益明显提高。1995、1996、1997年，林业局工农业总产值分别比上年增长11.3%、16.8%和17.9%。非国有经济产值分别完成5633万元、7004万元和8259万元。固定资产增值4800万元，职工工资1995年比1994年增开1050万元，1996年又比1995年增开1253万元，1997年到现在全局按月发工资，未发生工资拖欠。与1994年以前相比，职工工资等于增长一倍。在坚持物质文明建设的同时，狠抓了精神文明建设。几年来，为山上20余个场点全部接通了网电，安装了程控电话和有线电视，改造了图书室、娱乐室及篮排球场地，建立了文化活动中心和老干部活动中心，有效地改善了职工群众生活环境，提高了职工群众生活水平，促进了政治安定和社会稳定。

(中共铁力林业局委员会　供稿)

湾沟林人有志气　克服“两危”创奇迹

——吉林省湾沟林业局克服“两危”扭亏为盈的经验

湾沟林业局位于吉林省东南部长白山西麓，经营面积为9.3万公顷。自1958年建局以来，最高年产木材达30万立方米，为新中国的经济建设作出了重要贡献。到了80年代中期，这个局由于经营面积小、木材蓄积量少、回旋余地不大，加上国家木材限额采伐政策的出台，木材产量迅速下滑，企业亏损5000余万元，负债7000多万元，社会负担日益加重，历史欠账越积越多，逐渐地演变成了一个“小、老、穷”森工局。

这时，上级主管部门酝酿了“解体湾沟局”的拯救方案，但因包袱过重，未能实施。然而，这个方案的产生，使湾沟人如梦方醒，实实在在地感受到了资源枯竭、经济危困的压力。

一连无数个寂静的夜晚，湾沟局会议室的灯光彻夜闪亮。

全局中层以上干部连轴转讨论研究“解危、自救、求发展”的办法。最后，他们把着眼点放在了经营机制的转换上。一个“集中决策、分散经营、多级管理、主辅剥离”的综合配套改革方案出台了。从1994年5月份，他们实行“大船搁浅、小船逃生”的战略，将局属32个生产单位全部推向市场。全局除公、检、法、教育等非生产性单位外，其余各基层单位全部实行二级法人管理，让他们真正 放开手脚，面向市场去创效益、求生存、解两危，调动了经营者和职工群众发展经济的积极性，当年就遏制住了经济下滑的势头，减亏375万元，给职工开了12个月的工资。1995年，他们又开展“转抓练增”活动，继续完善配套改革，全面强化企业管理，使经济增长方式有了根本性的转变，一举扭转了连续五年的亏损局面，当年实现盈利150.5万元，偿还银行利息900万元，偿还各种历史欠账750万元。这一年，湾沟遭受百年未遇特大洪水灾害，在损失近千万元的情况下，还按月给职工发放了工资，同时全部补发了前两年所欠职工的4个月工资。据此，人们称赞湾沟林业局“克服两危创出了奇迹”，湾沟林业局也被吉林省政府评为全省十家扭亏为盈成绩最大的企业之一。

（一）

“人参、貂皮、鹿茸角，珍奇动物满山跑”这是人们对美丽富绕的长白山的赞美。这样的条件，只要放宽视野，打开思路，调整产业结构，就会跨过独木桥，走上阳关道。

湾沟林人从90年代初起，决心调整产业结构，发展替代产业。在强化营林基础产业地位，加速培育后续资源的同时，他们看准了施业区内丰富的石灰石资源。几经论证，全局上下掀起了筹建水泥厂的热潮。在资金短缺、技术匮乏的情况下，干部职工充分表现出了对自己企业的向心力，从局长、书记到普通职工，在没有指令、没有压力的气氛下自愿集资。短短20多天，全局即集资100多万元（人均200元），捐献毛石8500立方米。这对于耗资几千万元的水泥厂建设工程虽然是微乎其微的，但却表现出了湾沟林人强烈的主人翁意识。在水泥厂的建设工地上，既有局机关干部义务献工推砖运石的身影，也有小学生们挥锹铲土的场面。担负土建工程的建安公司干部职工每天工作十几个小时，从奠基典礼到点火试车，他们只用了短短9个月的时间，主体窑高39米、年产 8.8 万吨的水泥主窑生产车间便拔地而起。为了使水泥厂切实发挥替代性支柱产业的效能，局领导和职工又开始了水泥厂二、三期扩建施工。他们立足长远，向规模要效益，向提高技术含量和产品质量要声誉。三期扩建工程，就是利用原有的破碎车间、新上一个技术先进的回转窑，并回收其余热进行发电，解决生产过程中的热能消耗，降低生产成本。这个窑体长 54 米，直径 3 米，如到外地厂家订购，需资金 335 万元；而湾沟局机械厂经过论证，主动承担了窑体的制造任务。他们土法上马，自制卷板机，全厂职工放弃了节假日，仅用了 6 个月的时间，完成了窑体的制造安装任务。经行业主管部门鉴定，质量完全达到同类设备的规定标准，从而成为全国第八家能生产同类设备的厂家，不仅为局节省资金 100 多万元，而且为自己在激烈的市场竞争中站稳脚跟打下了基础。

如今的湾沟林业局水泥厂设计产量达到年产 22 万吨，年发电 1500 万度，在湾沟林业局经济发展中，真正起到了支柱产业的作用，并初步形成了水泥系列产品的生产规模。湾沟林人用他们粗壮的木把之手，生产出了优质的 525 号标准硅酸盐水泥，水泥厂跃居全省同行业第八位。

以主代副、主副结合，两者相辅相成的产业结构调整思路，给湾沟林业局带来了生存和发展的勃勃生机。为了使每年允许采伐的 6.3 万立方米木材发挥更大的效益，他们成立了两个木材加工公司，并以这两个公司为龙头，带动各林场的木材加工产业，形成了林场加工次、小、薪材，两个龙头公司收购进行精细加工的松散联合体格局，并占有了广泛的市场。地板块、刨光材、钢琴板、纺织器材、雪条棒、高档家具等精细产品年产值达到 800 万元，木材深加工能力达到 3.5 万立方米，占全局木材生产总量的一半以上，有的产品已经打入国际市场，形成了一定的出口创汇能力。

产业结构的调整，给湾沟林业局带来了经营格局上的变化。随后，他们又在林业系统内，大胆进行资产重组，盘活国有资产，使固定资产由实物形态向货币形态转化。共有偿转让各种机械设备 107 台(件)，闲置房屋 2434 平方米，盘活资金 198 万元。这样一来，既避免了国有资产的流失和浪费，也调动了职工群众开辟多种生产门路的积极性。汽车运输业、饮食服务业、种植业、养殖业、机械加工业都呈现出了前所未有的发展势头。

（二）

湾沟林业局虽然通过产业结构的调整获得了新的生机，但由于历史欠账，经济上还像一个大病初愈的人，马上跑起来还很困难。于是，他们把壮大企业实力、培养新的经济增长点又提到了议事日程。在一次会议上，局领导向与会的同志提问："我们周边的农民兄弟，靠每人仅有的两三亩地能生存下来，我们有 9000 多公顷的林地，我们为什么不能生存得更好？"这一简单的提问，犹如"一石激起千层浪"，在全局职工中引起巨大反响。不久，以"一场一策、一户一项、一人一品"的"三个一"多种经营工程便在全局展开。

俗话说，万事开头难。为了转变职工的择业观念，他们大力提倡、鼓励、引导职工进行合作式承包和家庭式承包，放手发展种养业，使靠山养山吃山、靠水爱水吃水真正变为现实。这一来职工们就不再向局里"等靠要"了，纷纷走出家门搬进了山沟，找寻自己的脱贫致富之路。以往茶余饭后蹲坐在路边房前闲聊的人不见了，在荒山坡、在林地间随处可见辛勤劳动的身影。经过三四年努力，全局即利用荒山、陡坡，养殖绒山羊 2000 只。夹皮沟林业经营公司还根据特有的地理环境，进行家参山植的试验，并获得了成功。目前，他们共移植山参 5 万株，职工从中得到了巨大的实惠。

在职工积极走自求生存、自求发展之路的同时，湾沟林业局的决策者为了把零散型的经营提升到有一定规模的复合型产业，并在政策上给予倾斜和扶持。由于有切实可行的政策和强有力的组织领导，湾沟林业局的森林多种经营工作轰轰烈烈地开展了起来。目前，已建立起了四平林业经营公司的牛、羊饲养基地；夹皮沟林业经营公司的果树、家参山移种植业基地；大安林业经营公司的中草药种植基地；二道花园林业经营公司的养殖基地；仙人桥联合体和仙人洞林业经营公司的养鹿基地。这些基地都是在局资金短缺的情况下，由集体、单位、个人集资建立起来的，目前已达到了规模化管理。有的基地还实行了股份合作制经营，发展前景十分广阔，预计再有一两年的时间，产值可达千万元以上。

（三）

办企业千头万绪，但归总起来无非是两条，一是开源增产抓效益，二是节流堵漏减支出。过去，湾沟林业局之所以“捆在一起穷”，除了资源消耗过大、产业结构不合理、生产门路太窄等原因外，企业内部非生产性开支过大，也是一个不容轻视的问题。为此，局领导在下大力气调整产业结构、开创复合型规模产业的同时，积极慎重地进行管理体制的改革。局领导坚持实事求是的思想原则，按照三个有利于的标准，确定了“从解决生存问题入手，抓当前、想长远、逐步振兴湾沟”的思路，以坚实的步伐进行第二次创业。

他们的第一项措施是，彻底打破多年来森工企业高度统一的管理体制，实行分散经营，让基层单位真正成为独立的经济实体。人、财、物三权下到基层，实行资产承包经营。承包单位必须按照承包合同依法经营，做到“四保”，即：保利润指标，保职工养老保险和大病统筹，保固定资产保值增值，保职工安置率和全年最低收入。这样一来，各承包单位出现了前所未有的经济活力，彻底改变了过去单一的产品核算制，核算形式和核算层次划小到了车间、工队、班组、机台和岗位。局只对木材生产、营林生产、财务利润指标下达计划，进行宏观调控。新的管理机制建立后，全局32个承包单位在改革的当年，就有30个单位完成或超额完成经营指标，大部分长期亏损的单位实现了扭亏为盈。如这个局的物资公司过去完全是供给式，每年要拿出60万元进行补贴；实行承包经营后，他们广开财源、节约挖潜，充分利用地域优势，把闲置的库房利用起来，把十几个办公室缩减为3个大办公室，腾出220平方米办公室做门市经营，推倒围墙建起了234平方米的11间门市房出租，在局一分钱不给的情况下，当年实现盈利21万元。机械厂在全局面向市场全部放开机械修理，在局内维修工作量大幅度下降的情况下，他们在模拟市场化管理，车间班组之间建立买断式经营格局，人人当家理财，人人去争市场、找活计，当年实现产值417万元，创利润30万元，固定资产增值22万元。

第二项措施，将人们最敏感的医疗卫生、后勤服务单位与局机关剥离，让他们面向社会搞经营，变企业的包袱为面向社会服务。职工医院剥离出去后，医护人员第一次有了危机感，医护人员克服旧体制下长期养成的依赖心理，敬业心和服务质量大大加强。他们以科室为核算单位，以每名大夫为创收核心，将医护人员的技能和服务与本人的当月收入挂钩，极大地调动了医护人员的责任心和使命感，职工的月收入最高达到1000元以上，医院的月平均收入达到11万元。后勤服务也实行了体制转换。自1994年5月起，局除对供水、采暖补贴60万元外，其余生活服务设施全部推向社会，实行剥离经营、有偿服务。从此，后勤服务单位已不再是依附于企业的花钱单位，而是全方位面向社会创效益的经济实体，仅1994年、1995年两年，就为局节省开支324万元。

第三项措施，是最艰难的人事、用工制度改革。人事用工制度改革必定会触及某些人的切身利益，不可避免地会引起波动。湾沟林业局的决策者们并没有因此而放缓改革的进程，他们认为经营机制改革的成功与否，取决于配套的人事、用工、分配制度改革，便以超乎寻常的胆识将局机关240名工作人员全部免去了原来的职务（有的单位称之为全员解聘），机关处室由原来的19个裁减为6个。然后人们在平等的条件下竞争应聘，经过层层聘任，76人走上了新的工作岗位，落聘的164名（其中包括36名科级以上干部）从怨恨、抵触中逐步理解了改革，先后找到了能发挥他们特长的岗位。新应聘的干部在走上新的岗位后，并没有感到轻松，相应的工作制度、标准及奖惩办法使他们感到了压力，工作效率成倍提高。

体制改革，对湾沟林业局摘掉多年的亏损帽子，起到十分重要的作用。管理体制的改革，为湾沟林业局的生存发展提供了基础保障，促使全局上下甩开膀子开辟新的生存空间，到市场中去求得发展。

（执笔人：王祝升）

两林场共建联合体　闯市场小家变大户

——北京市双青集团开发公司组建经济联合体实施绿富战略纪实

在改革开放的大潮中，不少国有林场的领导班子解放思想，大胆革新，勇闯市场，大办企业，创造出了骄人的成绩。在北京市林业系统中被人们称之为一匹“黑马”的双青集团开发公司就是这类国有林场中的一个佼佼者。

起　因

时间回溯到1992年11月，位于北京市东北郊顺义县的共青国有林场和长青国有林场在北京市林业局和顺义县政府的撮合下，为迎接日益激烈的市场竞争，联合组建成新型的经济联合体。新联合体从原单位的名称中各取一个“青”字，定名为“双青联合林场”。由于经济实力扩大，经营项目增多，便因势改名为“双青集团开发公司”。

在双青集团成立之前，共青、长青两林场原本是两个“小作坊”式的经营单位，长期处在“一穷二困”的状态中，经常为工资发愁。到了80年代，两场都在改革开放的大形势下，改变“等政策、靠上级、要拨款”的老习惯，走“以林为主，多种经营，自力更生，自求发展”的路子，以稚弱的身躯投入变幻莫测、充满激流暗礁的市场。经过几番拼搏，几度沉浮，终于闯出一条生路，分别创下了一宗不大不小的家业。共青林场以林地面积广、景观效果好、社会贡献大的优势，成为北京市最大的平原林场之一，在首都享有良好的声誉。长青林场则采取与大企业、大单位“攀亲结友、借鸡下蛋”的办法，引进资金、引进技术，大办合作项目，先后建成1个千吨油罐火车供油专线、5个汽车加油站、2个饭店、1个汽车配件站、1个物资供应站、1个电力设备厂、一大片副食生产基地，成为拥有2000多万元固定资产的综合型生产经营林场。

90年代初期，共青、长青两弟兄双双成为北京市林业系统的“富裕户”。按说有了这番好光景，两场的领导班子可以松一口气了，两场的职工也完全可以安安生生地过日子了。然而，事情并没有按照“小富则安”者们的想法去发展，经过无数次市场风波洗礼的共青哥、长青弟，都锻造出了“不认命，不服输”的品格，都想在更广阔的天地里为国家、为林业创造出更大的家业。

要创大业就要有大的谋划。1992年9月30日，两场的“头头”在一次林业工作会议上碰到一起。聊着聊着就谈到了下一步工作打算。

共青场的场长说：我们场林地面积虽然大，家底也不小了，但受地域限制，交通不便，资金短缺，大伙儿都急着要摆脱发展停滞的状况。

长青场的场长说：我们场虽然发展速度不算慢，手头有点资金，合作对象也不少，但越来越感到场子的规模太小，没有回旋之地，好多事想办都办不了。

“你们两家为什么不联合起来，一个舞台大缺资金，一个有资金舞台小，联合起来，取长补短，优势互补，事情不就好办了”。这是市林业局一位负责同志的插话。

“对，咱两家联合起来大干一场，行呗？”

“行！”

经过两个月的酝酿、讨论、协商，在北京市林业系统中第一个强强联合的经济联合体——双青集团开发公司，就这样诞生了。

联　姻

双青（林业）集团公司是一个北京市林业局和顺义县双重领导下的经济联合体。对上，行政上有领导与被领导的关系，对资产负有保值增值的责任；在经济运行上，上级“断奶”，场里自主。对内：实行“统中有分，分中有统”的经营管理制度。总体规划、重大项目的开发、大笔资金的筹划、合作项目的管理和效益分成，以及技术、信息、人才的配置等，实行“联合开发，效益共享”；产权、人事隶属关系和联合前已经形成的生产经营范围，则保留各自的体系，不搞“归大堆、大平调”。

联合体从诞生之日起，就获得了市、县领导和主管部门的加倍爱护和支持，有着良好的外部环境。两个林场的领导班子和全体职工曾饱受过改革前的“穷困”，又经历过改革中的艰辛，也品尝过改革后的“甜头”，对联合中各自的优势和不足有清醒的认识，对联合后“统中有分，分中有统”的安排乐意接受，对将来的发展有共同的理想和目标。所以，联合之后运行得很是顺当，很快就显示出了“在优势互补中受益，在优势互补中发展”的效果。好多联合前两家林场想办而办不了的事，都一一实现了。譬如开发森林旅游。联合前，在潮白河平原森林中开发的“北京绿色度假村”，因资金不足，项目少，形不成气候；联合后，双青集团以度假村为突破口，重点开发，投资600万元，对绿色度假村进行更新改造，新建了野营区、滑沙场、旅游设施，增添了骑马观林、垂钓等20多处游乐项目，接待床位从180张增加到400张，而且具有了可以接待不同层次游客的木屋和林间别墅。仅1995年，度假村的游客总数量、总收入、总利润三项指标都超过了过去9年之和。

针对下属公司企业多，涉及行业面宽的特点，双青集团还制定了“宏观调控，微观放开，重点强化，突出效益”的16字方针，彻底解除“捆绑式”、“一刀切”所造成的弊端。在管理中，既为基层搭设平阔的舞台，营造良好的外部氛围，让每位管理者都能放心大胆地在同等的机遇里闯市场，搞竞争；又能统得起，通过监控体系，及时发现问题，有针对性地进行疏导、调控，使企业在强手如林的市场竞争中站稳脚跟，发挥大企业集团的优势，求得新的发展。

1997年，双青集团的领导班子看到本公司联合运营的基础已经夯实，便审时度势，进行必不可少的资产重组。首先，以长青建筑公司为轴心的建筑公司实现建筑服务“一条龙”，由各自分散作战为兵团作战。接着，长青食品公司、钻石公司、服装公司、高尔夫度假村等联合起来组建森鑫实业总公司，形成具有优势的另一大经济发展实体，向专业化、集约化、集团化迈出重要而坚实的一步，形成新的集团合力。森林旅游也取得新的进展，项目宏大的“三村”（北京绿色度假村、高尔夫球度假乐园、夕阳红度假村）、“二园”（野生动物园、戴梦得游乐园）、“一河”（潮白河绿化工程）运作起来。绿色度假村达上亿元的一期工程引资合作建设项目已签订了正式合同文本，首都十大旅游区之一的平原森林旅游区的蓝图开始落实。从此，大集团战略下的双青之路越走越宽。

从“小作坊”林场裂变出来的双青集团，以惊人的速度形成了一个包括林业、工业、商贸、旅游业并举的大兵团，在取得显著的工业、商贸、旅游综合效益的同时，发展林业生产，显示出勃勃生机。1997年，全公司实现总产值1.8亿元，比联合体建立初期增加2.7倍；同年实现利润1500万元，税金800万元。目前，双青集团已拥有1700公顷平原森林和一大旅游园区、两大工业园区、三大龙头企业，生产经营项目包括石化、机电、服装、食品、化工、木器、建筑、旅游及林业、畜禽养殖等4大产业、20多个行业，资产总额13.1亿元。在48个下属公司中，有6个企业分公司、33家自营企业、8家合资企业、1家海外企业，与近10个国家和地区的客商保持着经贸联系，具备了集林、工、商、科、贸、旅游为一体的现代化大型企业集团的雏型。

名牌战略

名牌战略是现代化大企业竞相采用的一种手段。双青集团迅速发展的秘诀之一，就是靠名牌创效益。从联合的第一天起，双青集团就瞄准市场，在市场中找出路、引技术，创出一系列适销对路产品，并不断改进工艺，提高产品质量，扩大市场占有率。

双青集团的“名牌战略”指导思想是：重点突破，高起点、高标准、高品位、高效益，力争超前发展。集团看准仿古家具市场,1995年兴建了伟业家具有限公司,在收集了多种形式仿古家具精品的同时,集中了各地能工巧匠和传统木制手工艺生产者,潜心研究,推出新式仿古家具,被法国亚典娜工艺品公司看好,签下合同,订购伟业家具公司每年生产的全部产品,销往欧洲市场。“伟业”牌仿古家具作为中国名牌产品已连续4年出口,年创汇30多万美元。紫微时装公司生产的“佐伊娜”服装是集团创立的又一名牌产品。佐伊娜牌服装,既紧跟时尚,又有后劲,在设计方面融合了中西服饰特点。美国总统夫人希拉里穿上“佐伊娜”牌晚礼服感觉非常好,专门写信赞誉。为确保质量,挤入市场,走向世界,紫微时装公司引进日本企业的超常目标管理法——消灭残次品,确保100%合格率,成为北京出口质量免检产品,从而赢得了市场。产品的80%外销,已走向美、日、俄等十几个国家和地区。BSA滚动托辊,是带式输送机上使用的,一向用金属制作,易磨损生锈,他们便用玻璃片复合材料替代金属,大大提高了产品质量,赢得了市场,并获得了北京市科技进步二等奖。最近一个时期,双青集团又进一步实行标准化管理、标准化建设,与国际接轨,拼质量、上档次,保旧名牌、创新名牌,力争创出更多、更好、更高级的名牌精品。

名牌的信誉是共同维护的,带有强烈的文化属性。双青集团公司把爱林场、爱集团、爱企业、爱岗位的教育和名牌意识的培养教育结合在一起,把提高服务质量、产品质量,创一流企业、树一流企业形象的教育和名牌意识结合在一起,在广大职工群众中形成一种自觉意识。TPR鞋粒料是化工厂职工改进的。一些个体户看好TPR鞋底市场,要求用正品料70%的价格生产低档产品,去欺骗消费者,双青人不为一时之利所惑,坚决抵制,保护名牌,维护名牌的质量和信誉。

企业不仅要生产高质量的产品,还要加强宣传,树立形象,才能提高名牌产品的知名度。为此,集团领导班子十分重视企业宣传工作,每年投入约200万元,以树立“双青”形象。每当重要产品上市都能做到报刊有字、电台有声、电视有影。目前,双青集团及其所属华顺石油化轻公司、北京绿色度假村、高尔夫球俱乐部、森鑫公司、紫微星实业总公司、双青汽车出租公司等都先后确定了颇具凝聚力的企业精神,制发了统一服装,这也是扩大名牌知名度、树立“双青”形象的手段之一。

创名牌难,保名牌更难。双青制定了保名牌两项措施。其一靠科技。紫微时装公司引进电脑进行排版制图。原来一名技工2天加班加点只能绘图20～30张,应用CAD系统电脑绘图排版,一小时就可完成长达50～60米的图纸绘制,不仅降低了工人的劳动强度,而且精确度大大提高。产品质量不断提高,效益连年攀升,在同行业生产纷纷下滑的同时,紫微时装公司外销合同接连不断,国内经销公司根本订不上“佐伊娜”牌服装。其二靠市场。双青在市场经济中注重产品适销对路,销售自成体系。紫微电力设备厂生产的紫微牌高低配电柜之所以在全国市场上畅销不衰,并在全国同行业评比中位居第四,就是因为这个厂从高起点出发,投资60多万元购进了新型自动喷漆机,并自行开发出适合全国9950电力改造网的可控硅控制的新一代产品。

资本运营

资本运营,是当今所有大公司、大企业、大集团高度关注的问题。

双青集团的资本运营体制最早是长青林场下属的紫微星实业总公司以“资本量确定回报指标”的创意提出来的,以后逐步在双青集团推开。资本运营的终极目标,就是以较少的资本,获取较高的利润,至少必须创造出高于银行利息的收益。否则,企业就难以生存和发展。在这个原则下,各公司都实行公司与下属企业之间以资本为纽带的经营管理运作机制,即明确资本管理权属于公司,下属企业负责生产经营,管理者要保证经营资本的回报率必须高于银行存贷利率的3%～5%。具体操作时,则根据企业经营管理水平、资产构成、产品科技含量等因素来确定。

为了保证这一机制的运行,集团还制订了一系列扶持性制度。主要有:企业的厂长、经理实行年薪制,当年完成资本回报任务的,享受职工平均工资5倍的年薪;连续三年完成资本回报任务的,到退休时每月增加1000元退休费;再连续完成资本回报任务的,第一年增加500元退休费,以养老保险形式兑付,以及提高住房待遇等。不能完成的,就地免职当工人。各企业在完成资本回报任务后方可安排奖金,没有完成回报任务的,只能领取基本工资;超额完成的，超额部分公司与企业按一定比例分成，企业所得部分可以全部用于职工福利。每年的年初核定企业资本存量，包括有形、无形、固定、流动、物质、证券、债权等所有能够计算价值的因素。

推行资本运营责任制后，基层企业决策更实际，运行更快捷，收支更严密。紫微电力设备厂1997年实现利润180万元，税金100万元，上级公司分配给一辆桑塔纳轿车指标，而厂长王宪华却婉言谢绝。因为他经过盘算认为，买车占用资本较多，经济回报有限，不如向总公司租车，使资本产生更大效益。同样，总公司分给紫微时装公司购买手机的指标，也被谢绝了。

为了强化资本存量的管理，双青集团还建立健全了监督、检查、考核系统。回报资金只能来源于企业增加值，而不是借贷、欠贷或其他非经营收益，公司为企业存量资本增值负责，在企业内部合理调度资本，盘活优化，保持最高运作效率，并不断培养持续发展的能力。

“资本运营”使企业资本回归了它最原始也是最简单的属性，明确了产权关系，确定了经营者上缴利润指标中资产保值增值的责任，确保了投资效果和企业经营的高效运转，成为企业通过内涵式发展、不断扩大再生产的“助推器”。

“资本运营”使企业再生产的扩大既稳定又快速，稳定在“新项目达不到预定资本回报率的坚决不上”这个基点上，避免了盲目投资，企业不会背上沉重的包袱，不会造成虚假繁荣的景象，从而避免大起大落。

“资本运营”使管理者与经营者之间形成以资本为纽带的关系，避免了某些企业只要完成指标而不管资金来源的管理弊病，不致导致企业资产流失。在“资本运营”管理体制里包含着更为科学的更高层次的平稳发展观，即：既有硬件系统的平衡，又有自我约束机制的平衡。

双青集团公司党委决定在全集团推行资本运营责任制是一条科学、稳定、持续、高效、快速发展之路。紫微星实业总公司的资本总量1997年比1990年翻了10番，其发展速度和效益是很可观的。

市场经济是不允许资产的闲置和浪费的。运营得好则活；运营得不好则死。双青集团党委书记、总经理李拥军在谈到资本运营时说：“盘活资产存量，就是要让闲、散、废、滞资产用起来、活起来、转起来，让死资产产生活效益。对企业，一般只看几年，确实不行的，就坚决砍掉。我们现在有38个企业，过去砍掉的已有20多个了。敢于砍，敢于淘汰，这就叫市场，这就叫竞争。砍了改项、联合、组装，让强的更强，弱的变强。市场变化快，很多产品要更新换代，要追着市场走，不能等死。不见得一砍就灵，一转就灵，起码是治病了，好转了，找到教训了，不犯重复性的错误了。”

这一段话，一针见血地说出了资本运营的要害，精辟地总结了双青集团资本运营的经验。

返哺林业

双青集团的老根是林业。它生于林、长于林，林业是它的起飞点、根据地。

双青集团改革创新，由小变大、由穷变富、由弱变强，成长壮大起来了，但始终坚持实施“绿富战略”，念念不忘为首都生态环境建设贡献力量。

1992年第四季度，双青集团成立时，顺义县规划建设以“三线两岸”为主体的平原绿化网格局。京密路、顺平路、顺通路的绿带构成“三线”，潮白河两岸的农田防护林构成“两岸”。双青集团成立以后，他们便以这“三线两岸”为基础，年年增大林业投入，改变原来的单一品种栽植方法，做到针叶树与阔叶树造林相结合、路树与台田树相结合、试验造林与普遍造林相结合，从而使每年的造林成活率达到95%以上，确保造一片、绿一片。

1995年，双青集团拨出专款，组织人员进行同一树种的对比实验，同一品种不同施肥量的对比实验，雨季截干深栽实验。1996年，潮白河林区迹地更新46.7公顷，补种6.7公顷，培育幼苗33.3公顷；林间套种小麦10公顷，套种经济作物100公顷，创出一条林粮、林经结合双效益之路。同时，还与中国林科院合作进行渗灌节水试验，与首都科研所土木工程系进行全国第一家质浆地力恢复试验，与北京林业大学共同进行林木丰产试验。1997年，进一步增加科技投入，引进优良品种，使林业经济全面向集约化经营迈进。双青集团在做好自身林业工作的同时，还利用技术优势，走出场区，承揽京、津、冀、鲁、豫等省市的绿化工程。仅中央电视台涿州影视基地绿化工程就达6000万元。双青集团在取得丰厚的经济效益的同时，也取得了广泛的生态效益和社会效益。

企业有了钱，加大对林业的投资就容易得多，慷慨得多了。1998年，双青集团拿出571.4万元实施北京五大绿色走廊之一的京密路(顺义县境内)林木改造工程，把几年前仓促栽植的106公顷生长不良的树木全部换成优质速生树种。还在管理方法和管理体制上进行了重大改革，对京密路绿色走廊实行现代化管理，使京密路绿化美化上水平、上档次。这一年，双青集团还全方位提高造林绿化的科技含量，投资10万元，在潮白河13.3公顷沙滩林地上采用当前最先进的中心控制器和脉冲分流系统进行林业地下渗灌。此项技术比常规浇灌节约人力80%，节水5～10倍，缩短采伐期3～5年，大大减轻了职工的劳动强度。最近，双青集团还与北京林业大学、北京市林业局合作，进行沙滩林地最佳栽植树种、最佳施肥量、最佳栽植深度、最佳用水量四项林业试验。待获得完整试验数据后，即应用于双青集团的1000公顷白沙林地的造林，以期实现林业的最佳效益。

绿色的投入不是没有产出的。由于双青集团的林地早已进入良性循环，林地改造后的丰产林的增值达800万～1000万元。

双青集团的联合之路是追求卓越之路，是奋进开拓之路，是创造辉煌之路。虽然它还是一个涉世不深的“少年”，在成长过程中也还有这样那样的不足，也还有不少尚待解决的矛盾，但双青人坚信，只要坚决贯彻执行党的十五大精神，沿着已经走出的这条路走下去，明天会更好、更强、更富。

(执笔人：申泽宝　李奎文)

国有林场办产业　开拓市场财源广

——江苏省常熟市虞山国有林场适应市场大办一、二、三产业纪实

在计划经济向市场经济转轨的历史时期，遍布全国山山水水的国有林场怎么办？江苏省常熟市虞山林场的基本作法是：既坚持以林为本，继续发挥生态环境建设的示范带头作用，又面向市场，放手经营一、二、三产业，在竞争中求发展、创大业。经过20年改革开放，一个“一穷二困”的小林场竟然变成了拥有80多家林工商企业、年销售收入达1.98亿元的具有较大竞争实力的国有林场，并正向建设现代化国有林场的奋斗目标阔步前进。

由单一经营向多种经营迈进

虞山林场地处常熟市近郊，经营面积仅1500公顷，是1960年在一个县属小型园艺场的基础上改建的林场。当时，上级交给这个林场的主要任务是“营林造林，绿化虞山”。建场后18年间，在稀稀拉拉的穷山头培育成功500多公顷松林、竹林和一部分茶叶、桃、梅、橘、杨梅、葡萄等果园，在改善生态环境中发挥了示范带头作用，为美化常熟市容作出了一定的贡献。但是在改革开放前，由于受单一生产、封闭经营的束缚，生产门路窄，经济效益差，一直处于贫困状态，有时穷得连职工的工资都发不出去。

党的十一届三中全会以后，改革开放的春风吹遍了江南大地，常熟市乡镇企业红红火火地发展起来。虞山林场的职工看在眼里，急在心里。他们反复地问：难道我们林场就只有“种树卖树”这条路了吗？这时，刚从南京林业大学学习回来的党委书记蒋曦宝带领一班人决心要闯一闯。他在全场干部会上说：“我们林场再也不能坐在金山上坐吃山空，再也不能躺在宝地上唉声叹气，人家能干的事，我们也能干，要改变林场面貌，路要靠自己走出来！”经过党委会、干部会、党员会上上下下反复讨论，制订了“以林为本，三业齐上”的改革方案。他们兵分三路，走向市场。

第一路，营造经济林。把“文革”时毁林种粮的130多公顷农田全部退耕还林，种植成了茶、果、竹等经济林，办起了30多公顷的园林苗圃，又把30多公顷毛竹园改造成为笋材两用林，依靠科技，大力推广应用低产林分内林茶复合经营技术。到80年代初期，全场在面积不到267公顷的茶、果、竹、苗基地上，获得了446万元的年产值，竟然占了整个林业产值的90%。一炮打响，群情振奋，使人们消除了疑虑，树立了信心，看到了“林”字上大有文章可做，大大提高了发展经济林的积极性。1992年，虞山森林覆盖率由30%增加到96%，活立木蓄积量达到5.33万立方米。全场林业开始由“输血型”步入了有一定经济实力，可以“自我造血”、自求发展的轨道。

第二路，发展场办工业。一是建设骨干企业。把原来一个石器小工场改造扩建成常熟异型钢管厂，生产市场紧缺的多种无缝钢管，创利占全场近1/2，成为全场的骨干企业。二是发展横向联合企业。利用国家税收优惠政策，先后与上海异型钢管厂、北京新技术公司、上海纺织科学研究院联合办厂。三是创办中外合资企业。引进资金和先进设备，生产出口创汇产品。经过数年努力，形成了冶金、机械、轻工、纺织、汽车修理、建筑建材等产业。场办工业的兴起增强了全场的经济实力，也为林业的发展积累了资金。

第三路，开发森林旅游。由于虞山林场位于常熟市的城乡结合部，占有“十里青山半入城”的地理优势，加之虞山森林覆盖率高，自然和人文景观丰富，交通方便，林场领导班子紧紧抓住有利条件，把发展的眼光落到了森林旅游上。1987年，经林业部批准创建了虞山国家森林公园。他们采用集资、合资、合作等形式多方筹资，投入了近1000万元，修建了上山公路、森林公园牌坊、盆景园、虞山艺术馆、松风亭等，在苏、锡、常黄金旅游带中初步形成了有江南特色的国家森林公园，也带动了全场旅游服务业的发展。旅游服务公司、停车场、招待所、饭店、加油站等十多个旅游服务点陆续开业，每年吸引中外游客100多万人次，房地产公司、建筑公司也各显其能，形成了一个新颖的森林旅游热点。

自从三种产业一齐上马后，虞山林场的生产力得到了前所未有的大解放。短短十年时间，不仅彻底摆脱了贫困，而且跃入了全国国有林场的先进行列。1992年当虞山林场成为全国第一个年销售收入超亿元的国营林场时，《人民日报》发表了新闻，并以《走出森林天地宽》为题配发短评，为虞山林场勇敢地迈向市场叫好。多年来“端着金饭碗讨饭吃”的林场人终于摆脱了历史的重负，脱颖而出，成为敢闯市场的弄潮人。

由初级产业向现代化林业企业跨跃

以多种经营为特点的场办企业虽然为虞山林场开辟了进入市场的通道，获得了可观的经济效益，但是由于起点低、规模小，产品档次不高，在日益激烈的市场竞争中，渐渐处于被动受挤的态势。为了适应改革开放更加深入的新形势，场党委每年都要分批组织场办企业的负责人到发达地区考察学习，讨论制订出以技术起点高、规模优势强、产品精细新为特点的林业产业结构调整方案，连续几年在三个层面上发起冲击。

第一个层面 强基固本，发展高效林业。多年来，虞山林场生产的“剑门牌”虞山绿茶在常熟市场上很受欢迎，但产量却只能满足1/3；花卉苗木也受人们青睐，但花色品种偏少，而以前种植的毛竹和果品却因市场的变化逐渐失去了优势，出现了亏损。于是，场领导就把茶叶和花卉苗木生产作为林业产业上档次、创名牌的目标来抓，在虞山顶上大面积推广林茶间作新技术，引进良种，开拓优质茶园40公顷，使用先进的制茶工艺，使“剑门牌”绿茶获得了全省茶业生产中惟一的绿色食品证书，进一步提高了茶叶的知名度，成为常熟市农业产业化的十佳基地之一。他们还通过组建茶业有限公司，把原来联产承包或大户承包的茶田以管理区为单位，作价入股，由茶厂统一负责生产经营和销售，加强了茶园管理，提高了茶叶经营的规模效益，使虞山绿茶的上档率明显提高，销售形势日益看好。为了发展花卉新品种，利用大棚进行鲜花生产。与此同时，对一些产出和效益低下的毛竹园和果园进行了更新改造，种植茶叶和花卉苗木，全场的产业结构进一步优化。

第二个层面 深化改革，调整所有制结构。以异型钢管厂为主，组建了由五个成员厂和一个贸易公司参加的跨地区、跨行业的精异集团公司。另外，还组建了虞山茶业、常熟彩瓦、房产物业、报慈林工贸四家有限责任公司，采用股份合作制形式进行运营。对另外多家场办和管理区办的子企业实行所有权与经营权分离，核准企业的资产，按企业净资产的10%～15%交纳风险抵押金，然后获得企业经营权；对条件成熟的小型企业出售转私；对餐饮服务业、三产用房本着“公开、公平、公正”的原则，实行拍包承租；将关停企业所形成的闲置资产进行作价出让，盘活存量资产。通过以上不同形式的改制，初步架起了与现代企业制度接轨的桥梁，明确了产权，确立了投资主体，更新了运作机制，落实了责任，有效地保证了国家和集体资产的保值增值，极大地调动了经营者和生产者的积极性，为全场经济的发展注入了新活力。

第三个层面 规范运行，加强资本管理。具体措施有五条：签好一个改制合同，在统筹规划、科学测算的基础上，场部与各企业订立改制合同，明确各自的权利和义务；完善一个激励机制，做到对经营者实绩考核有据、奖惩有理；设置一条警戒红线，会同银行控制企业开户账号，控制贷款担保数和工资增长幅度，确保企业资产安全运行；制订一个跟踪制度，建立两项资金的按月会审制度，发现问题及时解决；落实一支催讨应收款队伍，场部组织“二清”工作班子，将改制企业清理出来的呆滞应收款项，统一集中到“二清”办，由“二清”办落实具体人员进行催讨，并落实责任制。在资本管理中，还尝试了资本运营，将盘活闲置资产所得的资金购买城区黄金地段的商业房产，以扩大营销阵地，充实了资产经营的内涵。另外投入资金，改建了森林大酒店，进一步招商引资，使森林大酒店成为集休闲、娱乐、住宿、餐饮、健身于一体的娱乐城。

经过近20年的风风雨雨，如今的虞山林场已初步形成一个“集林、工、商于一体，国有、集体、私营多种所有制混合，第一、第二、第三产业并举”的经济发展新格局。1997年，全场销售收入达1.98亿元，利润1152.52元，资产保值增值率为123%，在行业内被誉为“华夏第一林场”。

由粗放管理向科学管理转变

虞山林场的每一步改革都是坚实的，又是艰苦的。过去，这里实行的是一级管理和统收统支的管理方式，“大锅饭”、平均主义的弊端，扼杀了人们的积极性和创造性。在调整产业结构、发展市场经济过程中，这种落后的管理方式更加显得不适应、不科学、不合理。为此，场党委在调查研究、大胆实践的基础上，对原有机制和管理方式大刀阔斧地进行了五方面的改革和探索。

一是改一级核算为二级核算。场部把场属的管理区、工厂、商店划分为独立核算的经济实体，能够按照场部提出的明确要求走向市场，独立自主地进行经营活动，从而极大地增强了基层单位的责任意识，调动了经营者和生产者的积极性，不仅有力地促进了经济发展，而且给职工带来了更多的经济收入。

二是改统收统支为经济承包。对场属各工商企业，全面实行工资奖金与利税挂钩的制度，固定基数，超利分成，联利计酬，结余归企。对林业经营单位实行盈亏包干，按各单位的营林面积、品种、产量，计算出全年总收入，扣除规定的生产经营费用和劳动费用，得出的盈亏数作为承包基数。盈亏单位多收不多交，亏损单位多收不少补，少收不多补。从而形成了工厂以工为主、多业经营，营林单位以林为主、多业发展的竞争局面。1996年以后，场部把与企业签订的经济承包责任制改成承包合同书，强化了双方的法律责任，较好地提高了经济效益。

三是改固定资产和资金的无偿调拨为有偿使用。以前场部与企业之间资产和资金无偿调拨，资产权属不清，责任不明，造成一些资产流失。近年来，场部对全场固定资产进行了清理登记，摸清家底，由场部统一调配，实行有偿转换。同时把固定资产的综合折旧改为个别折旧，规定折旧期满后继续使用，不再提取折旧费。凡用自有资金购置的固定资产，其折旧费不上交；凡用场部资金购置的固定资产，除每年以15%提取折旧金上交场部外，还按购置单位原定的资金利润率增加利润承包基数。为了提高资金利用率，又对场部和所属单位的资金占用实行有息结算，规定场部向下属单位、或下属单位向场部调借资金，分别按银行存款利率或低于存款利率结算。从而加强了资产和资金的管理，初步建立了以资产为纽带，以保值增值为前提的场部与企业的经济关系。

四是改企业经营者的固定工资为浮动工资。企业经营者对经济发展起着至关重要的作用。为调动他们的积极性，缓解分配中的矛盾，从1995年开始，对全场所属林工商企业进行了货币资金、存货资金、应收应付货款、闲置资产、账外物资、内外合同、财经纪律执行情况进行清理审计。在此基础上，对企业经营者实行了保值年薪制、增值奖励制，全年收入控制在职工平均收入的2.5倍左右。其中40%作为年薪工资，即基本工资加各种补贴，奖励工资占全年收入的60%。对完成合同目标任务好、超利润突出的企业经营者，另外给予奖励，目的在于鼓励企业上规模、创效益。

五是对部分单位试行资产(本)管理办法。即承包人必须交纳承包单位净资产总额10%左右的风险金，由场部代存，方可取得经营管理权，场部派出会计代表场长监督承包单位资本的保值增值。通过年终审核，增值部分按一定比例提留扩大风险金基数，并以银行利息结算，用于下年度承包；亏损部分首先用承包人上交的风险金冲抵。这样既可防止国有资产的流失，又可最大限度地调动经营者和职工的积极性。

打破国有林场传统管理模式，探索适应社会主义市场经济体制的管理方式，使虞山林场的改革日益深化。通过不断改革、调整，全场经济运行逐步走上了良性发展的轨道，经济效益稳步上升。1997年7月在辽宁本溪召开的全国国有场圃和种苗工作会议上，虞山林场被林业部授予“全国国有林场十大标兵单位”的荣誉称号。

改革开放使虞山林场的面貌发生了历史性的深

刻变化:1997 年,职工人均收入 7337.86 元,是 1978 年的 20.4 倍,全场固定资产总值也由 1978 年的 234.19 万元增加到 2.08 亿元。随着经济的发展,全场职工在 80 多家林工商企业中充分就业。20 年前,虞山林场职工无一间楼房,如今破破烂烂的民舍农宅已不见踪影,取而代之的是 99%的家庭修建的幢幢楼房在绿荫丛中隐现,职工家庭平均居住面积达 200 平方米。更可喜的是,经过 20 年改革开放的考验,虞山林场已经造就了一个奋发有为、坚强有力的领导班子,培育了一支真抓实干、开拓进取的干部职工队伍。当人们走进这个充满勃勃生机的绿色世界时,就会亲身感受到新一代中国林业工作者在改革开放大潮中焕发出来的精神风貌。

(执笔人:周恒生)

资产重组展翅腾飞

——江苏省泰州林机厂深化改革纪实

进入90年代以来，许多企业以资产重组的方式进行企业改革的热情十分高涨，各种各样的办法纷纷出台，可谓“八仙过海，各显神通”。但以资产重组修得改革“正果”的企业为数不多。泰州林机厂从90年代初开始也走上了这条路，并以他们的谨慎、智慧和拼搏赢得了成功。

（一）

泰州林机厂90年代快速发展，在市场经济的蓝天下展翅腾飞，不但组建起了更抗市场风险的“联合舰队”——林海动力机械集团，而且运行良好，产值、利税不断翻番，成为全国林业机械行业的“龙头老大”、全国普通机械行业的百强企业。

回眸泰州林机厂不太长的腾飞历史，我们可以看到这样一组数字：

企业总产值，1990年3700万元；1991年5400万元；1992年1亿元；1993年2亿元；1994年4亿元；1995年6亿元；1996年9亿元；1997年9.5亿元。1997年销售收入8亿元，利税1.06亿元。

每一个企业发达了之后，都想在国际市场上闯一闯，林海集团也不例外，但他们是有备而闯。他们分析，尽管一些发达国家的机械产品总体上是先进的，但自己的产品在内在质量、可靠性、使用价值和价格方面是有优势的。正是凭借这些优势，他们的产品闯入了20多个国家和地区。1995年，他们的产品出口创汇100万美元，1996年上升到200万美元，1997年再升到300万美元。

（二）

泰州林机厂建于1956年，最早是由铁匠铺子、铜匠担子“凑合”起来的，是专门生产小农具的小作坊式的小工厂，以后又增加了修配农业机械的行当。1961年，工厂被确定为林业部泰州林业机械厂，生产小型造林机械和营林机械。1962年，为了给机械生产配套，开始了小型汽油机一类的动力机械的研制。到了80年代，由于生产任务不饱满，为了找活干、找饭吃，他们又搞起了喷灌机、消防泵的生产。

90年代一开始，泰州林机厂已经有了一些实力，但始终没有跳出低速发展的格局。要改变这种格局，求发展，想腾飞，改革是动力、是必由之路。

对于改革，成功的企业各有各的路，其经验可学，其真谛要“悟”，但简单仿效不足取。泰州林机厂的领导者个个具有大专以上的学历，都有高级工程师的职称，有些是国家级有突出贡献的专家，对于国家改革的总趋势，对于本专业知识的进化程度，对于本行业的发展方向，把握是准确的。他们又都是从企业基层单位一步一个台阶苦干上来的，对本企业了如指掌。经过反复地研究、比较、论证，他们选择了“资产重组”的改革之路。

他们重组的资产是企业的厂房、设备、土地、技术，这占了他们与外商、台商、乡镇企业建立合资、联营、合作企业的很大一部分股份。除此，他们还以上市股份公司的形式，筹集社会资金。

1993年2月，他们以51%的控股权与台湾庆孚公司合资，创办了江苏林庆动力机械有限公司。

1993年9月，他们以75%的控股权与澳门泉伟公司合作，组建了江苏林海奔腾动力机械有限公司。

1994年5月，他们全额承包经营泰州喷灌机厂。

1994年9月，他们投资384万元，取得了姜堰市大冯乡有色金属冶炼厂55%的控股权，成立了扬州林海合金制造有限公司。

1994年底，他们与日本雅马哈发动机株式会社按65∶35的比例共同投资，由他们控股组建了江苏林海雅马哈摩托有限公司。

1995年初，他们出资648万元，购买了姜堰市罡杨乡模具模架厂51%的股权，组建了姜堰市罡杨机械有限公司。

1995年4月，他们投资234万元，收购了泰州第二钣金厂65%的股权，成立了泰州海风机械有限公司。

1996年9月，他们投资建立了无锡市林海骏达摩托车有限责任公司。

1997年6月，他们组建了林海股份有限公司，在上海证券交易所上网定价发行了4000万股A股，募集资金2.4亿元。

这些改革，突破了泰州林机厂在计划经济体制下形成的单一的全民所有制形式，形成了合资、合作、联营、承包经营等多种混合所有制形式，这就使企业从根本上活了起来。

资产重组的结果是江苏林海动力机械集团的崛起。现在的集团，拥有江苏林海动力机械集团公司1个核心企业，9个跨地区、跨所有制的紧密层企业，根据生产规模的需要，还发展了21家半紧密层企业和31家松散型企业。

现在，林海动力机械集团的核心企业和紧密层企业的注册总资本，已从1994年6870万元增加到3.27亿元，增长3.7倍；总资产从1.4亿元增加到8.16亿元，增长5.8倍。

（三）

在市场经济的大潮中，一些规模迅速扩张的企业，其命运像“流星”一样，来之迅乎，去之飘乎。这些企业要么受挫于改革方向的把握上，要么搁浅于改革操作细节的把握上，要么失败于改革之后的管理混乱上。

泰州林机厂在资产重组的改革中，坚持的一贯原则是“以我为主”。他们无论与哪家合资，都是以企业的厂房、设备、土地和无形资产评估后作为出资部分作价入股，合作方必须以资金和技术入股，可以参与管理。其旗帜非常鲜明：“我要控股”，以确保企业的整体利益。

林海动力机械集团在规模迅速扩大之后，把着眼点和发力点首先定在了加强企业内部管理上，并坚持以市场为导向，实现企业管理与市场对接。对于合资子公司和控股企业，集团公司实行“党、政、工，人、财、物，产、供、销”统一领导，对生产经营项目每年都统筹安排、适当调整、合理分工，并在生产经营过程中做到五统一：统一计划、统一产品图纸、统一技术标准、统一产品价格、统一使用“林海”牌商标。

对于那些半紧密层企业，林海集团公司派出自己管理和技术上的精英，参与这些企业的管理和给予技术指导，使这些企业在集团公司预定的“轨道”上运转。

对于那些松散层企业，集团公司制定产品技术标准和质量标准，让其生产配套件和零部件，按一定价格收购。也有一些松散层企业，集团公司与之只是在产品研制、信息收集等方面的合作伙伴关系。

这种改革方向和改革细节的把握，把林海集团公司凝聚成一部庞大而精密的“机器”，各部件都在设定的位置上转动运行，造就了庞大“机器”的强大动力，很快便成为全国最大的摩托车发动机定点生产企业之一。

企业加强管理，目标是要提高企业在市场上的竞争力，提高劳动生产率，增加企业的经济效益。

市场竞争的直观性，是企业产品价格的竞争。江苏林海动力机械集团多年来采用邯钢的管理方法，通过市场信息收集和传递网络，及时反馈市场价格，并以市场所能承受的产品价格为基础，以实现企业年度经营目标为依据，一个部件一个部件地核算采购成本，一道工序一道工序地核算加工成本，一个环节一个环节地排找降低成本的因素，并把产品目标成本分解落实到车间、班组、个人，并严格实行奖惩。在目标成本管理中，他们还以主导产品成本构成的管理为重点，各部门严格把握，各负其责。如技术部门要按照图纸核定材料定额；生产、供应部门要按照均衡生产的要求采购货品，严格控制库存周转量，尽量减少资金占用量，提高资金周转率；采购部门在采购物品时，要坚持货比三家，在确保质量的前提下，优先考虑价格因素。对于生产物资的采购，集团还成立了以财务人员为主的物价审计小组，对价格浮动过快的物品，审计小组要进行审计。审计结果如属于不正常情况，要拒付款项。这就使采购环节社会上普遍存在的不正之风难以在泰州林机厂蔓延。

对于那些非生产经营性环节影响企业产品成本构成的因素，他们在管理上也从不放松。比如他们在技术改造中，不但考虑设施、设备的先进性，同时考虑其节能、节电、节水等方面的性能。对于一个大企业集团来说，技术改造每年都要进行，管理严不严、细不细，节约或浪费百八十万元都是轻而易举的事情。比如他们每年都积极发动职工开展技术革新活动，收获群众性技术革新成果近百项，为企业创效益近百万元。再比如他们在企业管理机关中，倡导勤俭务实的艰苦奋斗作风，并从节约一张办公用纸、一支办公用笔、减少电话费用等小事做起。由此，企业获得并多年保持了"国家节能先进单位"、"国家计量一级单位"等荣誉称号。

市场竞争的持久性，表现在产品质量的竞争上。产品质量是企业永恒的主题。林海动力机械集团在质量管理上，讲究的是"大质量"的概念，即从产品的开发设计，到产品的生产和销售过程中的产品包装、交货期、售后服务等全程从严从细管理。

每年，江苏林海动力机械集团都以质量为主题下发党政1号文件，强调产品质量的重要性，在职工的心目中牢牢树立起质量意识，并规定上至总经理、下至普通工人的质量责任，以此为基础形成质量管理网络，辐射到全公司的每个角落。

每年，集团都要组织职工开展质量专题活动。如近年开展的"用户在我心中，质量在我手中"活动，"一切为了用户满意"活动，"争一流、创全国名牌"活动等等，在职工的心目中树立起这样的观念：以自己最优的工作质量，保证最佳的工序质量，保证最好的产品质量。

每年，集团都要做出关于产品质量改进工作的安排，组织班组排查产品质量问题，进而分析影响产品质量的原因，并由各车间和科室汇总制订出质量改进和攻关计划。

近几年来，集团由于生产规模的扩大，各种外配外协件增加。为抓好这些外协配套件的质量，他们坚持按照有关标准制订控制办法，还派出技术人员到配套件厂指导和把关。除此，他们还不断充实外协配套件质量检验人员的力量，严把外协配件的进厂关。

企业生产的产品，即使不合格率仅有万分之一，但对某个用户来说就是百分之百的不合格。为确保出厂产品件件合格，在每个零部件加工过程中，实行工艺流程卡制度，防止不合格工件流入下道工序。在产品装配过程中，零部件要全数试验和检验并做好记录。产品在包装封箱前，检验人员要全面检查附件、工具、合格证、说明书和防止磕碰的情况。出现质量事故就"三不放过"：事故责任者不查清不放过，事故原因不查清不放过，预防措施未落实不放过。

市场竞争越激烈，企业对科技进步的渴求就越迫切，这集中地体现在企业的技术改造和产品的创新开发能力上。

对于企业适时地进行技术改造，无论是现在的林海动力机械集团的领导，还是集团前身的泰州林机厂的领导，向来是认识明确的，而且是一个时期比一个时期做得好，一届领导比一届领导干得棒。"六五"期间，企业投入技改资金300多万元，"七五"期间达到了1370万元，"八五"期间增加到1.08亿元，"八五"跨"九五"的项目技改资金安排了2亿元。1998～2000年，他们还将安排技改资金1.5亿元。多年来，他们进行技改的思路，主要是围绕企业总体目标和高新技术产品进行，做到总体规划、分步实施，使技改项目上水平，上规划批量，高速度，高效益。

1993年以来，企业的技术改造可以说是"超水平发挥"，使企业初步具备了现代化企业的雏型。他们建设的2.2万平方米总装车间，完全采用新型建筑材料和新的建筑技术，其宏伟、壮观、现代，不说在江苏省首屈一指，就是在全国也名列前茅。车间里安装有3条摩托车发动机装配线，3条摩托车整车装配线，可使摩托车发动机达到年产60万台、摩托车整车达到30万辆的生产能力。他们建设的1.6万平方米机加工综合车间，具备40万～50万台摩托车发动机的加工能力。车间的设备，有引进美国、日本、台湾的属国内外先进水平的加工中心80多台；有一条引进日本的发动机箱体加工生产线，年加工能力10万台；还有引进台湾的气缸头生产线。他们引进的生产线，是以柔性生产线为主，增强了技术改造的抗风险能力。所谓柔性生产线就是非专一型产品生产线，如稍加更改，便可以加工其他产品。

技术改造，提高了企业生产经营的起点，这是不言而喻的。但更重要的是要把它"落实"在生产和产品开发创新上。开发和创新才能超越，开发和创新是企业之魂。

无论是在林海动力机械集团公司组建之前的泰州林机厂期间，还是在林海动力机械集团公司组建以后，企业领导对新产品开发工作都十分重视，指定由企业的总工程师直接领导。

为适应新产品开发的需要，他们于1992年正式成立了动力机械研究所，承担新产品开发、试验、信息收集等工作，使新产品开发工作步入正规化、经常化的轨道。

据不完全统计，自1979年以来，共开发新产品100多项，平均每年10余项，而且无论在数量上还是技术水平上，都居国内同行业领先地位。其中，通过部级鉴定的有84项，获部省级以上科技进步奖的有22项，获省优秀新产品奖的11项。尤其是近五年来，他们开发的新产品中有6项被列为国家级新产品。如他们1993年开发的1B50FM汽油机，填补了国内空白，达到了国际先进水平，获得了第七届中国新技术新产品博览会金奖，目前在国内市场的占有率达70%，并有批量出口。

在新产品开发中，他们坚持“以市场为导向，预研一代、开发一代、改进一代”的方针，遵循“高起点、高水平、高质量，适于大批量生产”的原则，使之成为我国小型动力的主要生产基地。目前，企业可生产摩托车发动机、农林机械用汽油机、通用小型汽油机、摩托车、林业机械、消防机械、喷洒机械等七大类100多个品种的产品。1996年，企业的销售收入为6.88亿元，创利润4583万元，其中，高新技术产品的销售收入达5.09亿元，占总销售收入的74%，高新技术产品所创利润为3372万元，占年利润总额的73.5%。

一个企业开发的新产品，在市场经济中的某些时候会领先一步，但只要这个企业的新产品所具有的优势不具有“不可替代性”和“不可模仿性”，那么，别的企业很快就会赶上来。所以，企业间在新产品开发和技术创新能力上的竞争永无完结，企业时时刻刻都要努力，既要有“短跑者”的爆发力，又要有“长跑者”的坚持力。做不到这一点，企业或者“英年早逝”或者“未老先衰”。

正是基于这样的认识，林海动力机械集团正在筹建工程研究中心，规划在2000年以内建成。研究中心以小型汽油机、摩托车发动机等小型内燃机以及与之配套的摩托车、林业机械和其他动力机械为研究领域，提高发动机及配套机械产品的排放、振动、噪声指标和动力性、经济性，开发应用发动机电控技术、计算机模拟等新技术，解决规模化生产中的共性技术和关键技术问题。

工程研究中心建成后，林海动力机械集团的新产品开发和技术创新将会如虎添翼。

（四）

1995年夏天，江苏省徐州市一位老人给林海集团写信，反映他买的助力车有故障，希望能派人前往处理。企业接到信的当天，便派出服务人员上门服务。当服务人员急如星火地搭汽车、赶火车赶到老人家时，老人因没想到工厂会这么快派人来处理，到儿子家串门去了。服务人员每天在他家门口蹲到晚上10点多，直到老人第四天晚上回来，并连夜把车修好，使老人感动得不得了。

河南省商丘县有一位林海摩托车用户，因不慎骑摩托车撞在了树上。万般无奈的情况下，他求助于工厂。工厂立即派出服务人员赶去为他修理，这位用户也感动得不得了。

这是林海动力机械集团产品售后服务工作的两个镜头。

简单地说，一个企业最重要的两大块就是生产和产品营销。在市场竞争越来越激烈的今天，产品营销是企业参与市场竞争的重要组成部分。

在产品营销上，林海动力机械集团“内外兼修”。

内部，企业实行销售承包责任制，集团与经销公司、经销公司与经销人员层层签订承包合同，工资、奖金等与销售收入紧密挂钩。销售，对于销售人员不再是应酬高朋、觥筹交错、彩袖笙歌，而是跑千山万水、走千家万户、说千言万语……

企业理解销售人员的酸甜苦辣，对那些有成绩的销售人员，在评选先进、分配住房等方面给予照顾和倾斜。为了让销售人员能一心扑在工作上，企业对销售人员家庭中诸如孩子看病、换煤气等方面的困难，都千方百计帮助解决。

外部，企业聘请了众多的经销商。在这一点上，企业的思想是解放的，不管是国营的、集体的还是个体的，只要值得信赖都聘请。1997年，林海摩托在黑龙江省销售了5000多辆，靠的就是当地的一个个体经销商。对于那些销售额大的经销商，企业除了给予奖励外，每年还要把他们请到工厂来参加联谊活动，叙叙友情。平时，厂里只要听说哪位经销商有病住院，都要派人前去探望，嘘寒问暖，做生意更做朋友。

为了方便用户，企业在全国除西藏、台湾之外的省(区、市)都建立了经销网点和维修服务站，企业派员驻点。这些网点和服务站除做好正常的销售、服务外，每年都定期免费举办用户培训班。

对于用户的困难，企业也是真心诚意地帮助，从不懈怠。1990年，江苏、安徽两省遭受特大洪涝灾害，各地用户纷纷来电求援消防泵排涝。企业立即行动，分路迅速出发。路上有的公路被洪水冲坏，他们便借木板搭便桥，想方设法及时支援用户。1993年，江苏宝应造纸厂发生火灾，急电求援消防泵。企业派人带货赶赴现场，并帮助厂方灭火七天七夜。大事如此，小事也照样。平时，用户来电来函咨询等，他们都坚持当天收阅当天回复，阅办率达100%。

企业里还成立了一个叫“快办”的机构，机构里有工程师、技术员和产品试制工人。这个机构是针对用户和市场对产品的需求而设立的。“快办”就是对市场和用户需求产品快设计、快试制、快生产，哪怕是昼夜兼程，星期天、节假日不休息也要快办完。在他们看来，这是机会，要紧紧抓住。时来易失，赴机在速，见之不取，失之千里。

在林海集团，用户真真正正是“上帝”。

(五)

这管理、那管理，说到底是人的管理，中外企业概莫能外。

林海动力机械集团除了用制度管人，最主要的是注重感情的投入，凝聚人心，让每个职工感受到企业大家庭的温暖。

企业的领导者把职工的冷暖和切身利益时刻放在心头，投之以爱心，待之以真诚。

在林海动力机械集团的核心企业，结合技改项目，对所有的车间进行了改造装修，配备了新型照明系统，为工人造就良好的工作环境和条件，还添置了近百台现代化设备，减轻工人的劳动强度。

他们在厂区搞好绿化美化，在办公区建造假山、喷水池等，给人以轻松，给人以美的享受。

每年，企业都要挤出部分资金修建职工宿舍，现已有1/3的职工住上了单元套房。

企业党政部门与工会、团委通力合作，每年围绕一个主题开展活动，给职工一个兴奋点。

——每隔两年，企业要举办职工运动会。

——每隔两年，企业要为职工进行体验。

——每有工人加班，企业领导干部必到现场问寒问暖。

——每有职工生病住院，企业领导不管工作多忙，都要抽时间前去探望。如有危重病人，不管到哪里看病治疗，不管请什么名医专家，企业都是一路绿灯，若各方联系困难，企业领导便亲自出马。

——企业每年都要给职工办8～10件好事、实事，并且适时地增加职工的工资。

真情、爱心的投入必然赢得回报。职工自觉地与企业结成了命运的“共同体”，他们领悟到，企业不但是他们物质的家园，也是他们精神的家园，这里有他们撒下的情、播下的爱，也有他们的寄托和希望。

这也许是泰州林机厂腾飞经验的真谛！

(六)

在市场经济中，有人说“失败是成功之母”，也有人说“成功是失败之母”。慎想细察，说的也不无道理。因为风险并没有因为成功而消失，而在成功时人们往往更容易忽略风险，这就是失败的开端。林海动力机械集团的发展是成功的，但集团的领导者经常流露的是危机感大于安全感，责任感大于成就感。他们审时度势，正在筹谋企业新的发展目标：

到2000年，工业总产值争取达到50亿元，销售收入45亿元，利税5亿元，产品产量超过100万台套，成为全国最大的摩托车发动机生产基地；摩托车整车生产进入全国前八强行列，并具有“林海”特色的新款式、新车型，创全国名牌；林业机械生产保持全国第一的位置，并发展一机多用产品及出口开拓国际市场，达到年创汇1000万美元的规模。

他们甚至还想到了2010年的发展目标。

在市场经济的咸腥之海里浸泡多年，谁都会生出许多感慨：办企业难，办好企业更难，办长盛不衰的企业难上加难。

难归难，自己的路总要走下去。林海人笃信每一天的太阳都是新的，喷薄向上的朝阳里总有朝霞满天的好时光。 (执笔人：海相涛)

“福人”翻身记

——福建省福州人造板厂实施“科技兴厂”战略的经验

“福人”是福州人造板厂，带有喜庆自豪色彩的简称。

作为原林业部与福建省合资建设、国内首家引进中密度纤维板成套设备的大型企业，福州人造板厂从1989年起经济效益连续9年位居全国同行业榜首，投产13年共生产中密度纤维板74.5万立方米，创利税3.85亿元，为建厂总投资的3.92倍。1995年，“福人”一举成为金马奖获得者，并相继获得“国家二级企业”、“全国五一劳动奖章”、“林业部、福建省思想政治工作优秀企业”、“全国环境保护先进企业”、“全国资源综合利用先进单位”、“全国用户满意企业”等部、省级和全国的148项荣誉。

面对这一连串闪光的桂冠与花环，谁又会将其与一个“引进失败的典型”联系在一起呢？或许这令人难以置信，然而，这强烈的对比的确是这个企业前后的写照。建厂初期，由于提供设备时，美方企业在设计方面和部分配套设备存在严重缺陷，加上工厂的技术消化和企业管理跟不上，造成试生产期间，设备故障频繁，生产开开停停，原计划三个月的试生产期竟拖了两年多。这段时间年生产量应为5万立方米的生产线，只产出1.3万立方米的中密度纤维板，致使企业经营亏损，债台高筑。当时即有人断言：企业竣工之日就是倒闭之时。“福人”一度被舆论界嗤为“引进失败的典型”。

“福人”如何在面临巨大困难情况下，使企业发生翻天覆地变化的呢？有人认为是“福人”创造了奇迹，有人称之为“福人”现象，而用厂长黄玉亭的话说：工厂由衰而盛，离不开“科技兴厂”战略的实施，靠的是培养出一批专业技术人才，靠的是这里所熔铸成的一股“福人”企业精神。

科技闯关

1986年，在工厂濒临破产而勉强通过竣工验收之时，“福人”领导已清醒地意识到了前方路上的重重难关。怎么办？在企业走进市场面临激烈竞争的今天，要闯关，除了寻求先进科技这条道路外，别无选择，这一点，在“福人”领导层达成了共识。于是科技被迅速摆到了重中之重的位置上，一场依靠科技，挽救企业，振兴企业的战役在全厂上下全面铺开。

根据“福人”技术复杂、引进成分多、职工素质高等特点，厂里采取灵活多样的技术创新与消化、吸收、改造措施。

“福人”一期工程引进的中密度纤维板生产线自动化程度高，大多采用机械—电子—液压（或汽压）一体化，技术密集，门类繁多。由329台套设备组成的总长200多米的流水线，娇贵而难驯，只要某一部位发生故障就有可能全线停产。这里既有美方原设计中的问题，也有自己使用操作上的问题。1986年，面对美方在技术上束手无策留下的“半拉子”工程，“福人”人没有退缩，而是以减少设备故障停机率，节能降耗和改善产品质量为目标，组织技术人员和生产工人分机包干对引进设备进行消化、吸收和改进，集中力量攻难关。经过一年多的奋战，他们点燃了被美方技术人员判了“死刑”的锅炉，完成了干燥、风送、除尘三大系统技术改造，解决了“火、粘、堵”三大技术工艺难题，自行开发出了FM－1型新胶种……

试生产期间,"福人"曾火警不断,一年高达100多次,损失惨重。针对这个难题,厂里技术人员认真研究了干燥系统,他们通过改造木粉振动筛,增设管道过滤器,以控制木粉质量;摸索出燃烧木粉自动调节规律,控制了鼓风量与木粉量的配比,保证木粉能在最佳状态下燃烧,从而大大降低了火警发生率。在气力输送系统方面,工厂大胆地改造了堵塞严重的两个旋风分离器和扩容箱的结构,并将多个敞开式气力运输系统改造成封闭式,既解决了堵塞问题,又克服了粉尘飘溢现象,周围环境也得到了改善。

此外,"福人"依托科技,重点对影响产品质量和物耗、能耗大的设备进行大幅度改造。

办厂初期,进口设备的零配件供应难,曾严重困扰着企业的发展。工厂为了等几根强力三角带的到货,不得不停产半个月,为修复一块电脑板要开车到几个城市找人修理,长此以往,厂里将被迫耗入更多的人力物力。要解决进口零配件的供应问题,最好的办法就是走国产化的道路。"福人"与多家单位协作,共同进行开发研制,经过几年努力,许多国产化零配件在性能和使用寿命上达到甚至超过进口配件的水平。热磨机主电机原先使用美国生产的1500kW、3kW高压电机,由于在使用过程中升温较高,特别是夏季易超温,严重影响生产,限制了产量的提高,后来工厂与国内电机厂合作试制成功新电机,其性能超过了美国电机,为工厂优质高产创造了条件,而造价仅为进口的1/5,每台为国家节约外汇14万美元。目前工厂已完成的国产化零配件占年需常用件进口值的76.5%,使引进设备平均故障停机率由1985年的24%下降至1998年的2%,达到世界先进水平。

中密度纤维板生产成本中木材和胶料占很大比例,引进合同规定,生产原料以马尾松为主,杂木为辅。马尾松作为造纸的主要原料,是人人喜爱的"细粮",货紧价扬,而小杂木用场小,价格便宜,取材容易,在福州地区就能解决大部分需要。但杂木纤维短,纤维素含量少,在同等的生产条件下,产品的物理力学性能很难达标。关键在胶料。厂长黄玉亭亲自组织人员进行新胶种研制,通过数百次艰苦细致的反复试验,历经三年终于研制成功一种新型胶粘剂,即FM－1树脂胶,替换美国进口的"现场胶",打破了美方设计规定的杂木掺入量不能超过30%的界线,将松杂木配比由原来的7∶3改为3∶7,而产品的物理力学性能完全达标。令"福人"自豪的是,产品质量大幅度提高,生产成本明显降低,每年就为厂里节支200多万元。为此,FM－1型树脂胶荣获福建省科技进步二等奖,企业也获得了福建省科技进步先进企业的称号。

超越高峰

依靠科技,"福人"闯过了那段生死攸关的难熬日子,开始扭转了被动的局面,经济效益逐年提高。而此时全国各地的人造板企业,也如雨后春笋,竞相上马。在汹涌澎湃的市场经济大潮中,"适者生存"的法则日益突出。此时,新产品的开发无疑成了企业生存和发展的重头戏,只有不断翻新品种,生产出适销对路的、受顾客青睐的产品,才能在市场竞争中永立不败之地。

FM－1型新胶的研制成功,为厂里带来了可观的效益,但厂里并没有停止发展的步伐,而是继续做胶的"文章"。

首先是探索施胶工艺新方法。"福人"生产线原施胶方式是搅拌机施胶。虽然它有胶耗低的优点,但存在产品板面胶斑十分明显、外观质量差的缺陷。而近几年国内引进的生产线采用的管道施胶,板面虽无胶斑,但胶耗很高。为了取长补短,科技人员经过研究试验,大胆地提出管道和搅拌混合施胶新工艺。经过一年多的探索,这道新工艺获得了成功,不仅消除了板面的胶斑,且胶耗无明显增加,板的内在质量也有所提高,投入运行后,年创效益215.84万元,确保了"福人"产品质量在全国的领先地位。

其次是实现制胶过程自动化。为了克服制胶过程中人为因素的影响,造成胶的质量波动,影响产品质量的稳定和进一步提高。1996年,"福人"同某计算机研究所合作开发微机应用软件,采用微机技术控制胶料生产,一次获得成功,使制胶过程的各项工艺参数均能达到自动调节控制,实现了制胶过程的自动化。该项目投入使用后,不仅使胶的质量得到保证,而且产品合格率、优质品率和特级品率分别达到了99.9%、97.3%和87.4%,创历史最好水平。

为了不断生产出适销对路、受顾客青睐的产品,以增强企业发展后劲,"福人"一手抓产品质量,一手抓新产品的开发。在产品紧俏的情况下,仍不忘把好产品质量关，坚持不断地开展全面质量管理活动。1995年按ISO9002标准健全和完善的质量体系，在全国同行业中率先通过了国家质量体系认证；1998年，又通过了中国方园标志认证委员会对质量企业体系和中密度纤维板系列产品的双人认证，对稳定和进一步提高产品质量起到了积极作用。“福人”在产品等级率逐年提高的同时，设立了技术开发中心，专门制定新产品的开发计划。厂里每年拨出200多万专项开发资金，由黄玉亭厂长亲自牵头组织各种研制开发小组，开展新产品开发工作。到目前为止，已有60型中密度纤维板、防霉板、室外型中密度纤维板和难燃性饰面中密度纤维板等七种新产品相继问世。此外，还研制成功FM－3型低毒尿胶新胶种，使板的游离甲醛含量大大降低。1998年，全国中密度纤维板市场疲软，需求不足，以及在东南亚金融危机的影响下，“福人”产品仍畅销全国25个省（区、市）和10多个国家，企业在市场激烈竞争中站住了脚跟。

1996年5月，耗资近3亿元从德国引进的当今世界新水平、年产5万立方米连续平压中密度纤维板生产线，在“福人”一次试车成功，生产出了2.5～35毫米全国档次最高、规格品种最齐全的中纤板系列产品。至此，“福人”二期技改建设工程从破土动工到投料试产前后只花了一年半时间，并实现了当年投产、当年出效益的奋斗目标。在一期建设项目上尝尽苦头的“福人”人，终于在二期技改建设项目上长长地吐出了一口气。

人才是宝

“福人”十几年来，由衰而盛大翻身，有一条至关重要的法宝，就是拥有一批专业技术人才。1997年，福建省林业厅考核组和林业部、省委组织部的同志一块考核该厂领导班子后，得出的结论是：该厂的技术力量完全可以承担两个福州人造板厂的生产任务。

应该承认，当初在一期工程试生产期间，工厂状况不佳，生产极不正常，除了美国生产线的设计存在问题外，“福人”缺乏技术力量也是一个重要的原因。他们从挫折中清醒地意识到：人是生产力中最活跃的因素，再先进的设备也要人去操作、维护和管理。只要依靠广大科技人员，充分挖掘人才这一无尽的宝藏，企业就能发展腾飞。因此，在举才、育才、用才方面，“福人”采取了三方面的措施：

一是广招贤。除了每年录用大中专毕业生外，他们还积极从外单位引进人才，大力开展以岗位培训和继续教育为重点的职工培训，工厂在生产规模不断扩大、人员逐年增多的情况下，职工素质结构在不断改善。现在职工中各种专业技术人员占29.7%；大中专毕业生占38.7%，靠企业自己与院校挂钩培训出的大中专毕业生已有100多人。人才济济的环境为公平竞争、择优录用提供了便利。

二是善用人。为了适应市场经济发展的需求，工厂不断改革劳动人事制度，对各类专业技术人员实行合理配置，竞争上岗，打破干部、工人界限。许多科技人员进厂不到三年，就开始充分施展他们的才华，承担起重要的科技攻关和生产技术管理工作，成为企业的骨干力量。

工厂对中层领导实行双向选择、能上能下的办法，在厂内形成了人才自由竞争、有序流动的良好局面。青年科技人员王高峰，大学毕业进厂后，在修复美方丢弃的价值十几万元的电脑插件板和改造砂光机调速系统中，做出很大贡献，逐步成为工厂的“电脑专家”和高级工程师。工人技师唐秀勋原是一名普通工人，一人革新创造12项，为企业带来上百万元的经济效益，被全国农林工会授予合理化建议与技术改造、革新金质奖章和先进个人称号、福州市劳动模范。“不拘一格降人才”成了“福人”良好的厂风，建厂以来，企业先后选拔7名科技人员担任厂级领导，57名担任中层领导，个个成了独挡一面的强将。

三是留住心。“科学技术是发展企业的强大动力”已成了全厂职工的共识，“福人”走过的历程深刻地说明了科技人员是企业最宝贵、最重要的财富。为了营造一个人人尊重知识、爱护人才的浓厚氛围，从1989年起，“福人”每年拨出200多万元专项资金用于科技；1995年又成立了研究所，配备专业技术人才50多名，投资460万元建了一座科技大楼，包括5个试验室和1个中试车间，让科技人员工作起来心情舒畅，得心应手。同时，厂里采用多种措施来激励科技人员，成效显著者给予精神和物质奖励。“福人”坚持把科技人员的继续教育、培训提高纳入企业发展战略。先后组织函授培训275人次，各类培训班22期，培训人员558人次，选送46人次到国内外专业对口单位学习，其中38人次到美国、德国等国学习考察。

此外，"福人"在分房政策、职称评聘、子女就学等方面都优先考虑到科技人员，让他们实实在在的体会到"福人"大家庭的温暖。

在人才激烈竞争的今天，社会上高薪和优厚待遇的诱惑，在人造板厂巨大的凝聚力面前失去了作用，有人曾用20万元年薪外加市中心一套房子想挖走该厂的总工程师陆懋圣，但陆总心系"福人"，不愿离开这块他为之献出心血的热土；有人要用高薪厚禄挖走人造板厂的厂长，但黄玉亭不为所动；其他科技人员面对的各类诱惑，也都难动他们"福人"之心。经过十几年的岁月磨砺，伴随着科技进步，"福人"终于踏平坎坷成大道。翻过身来的"福人"，正在向全球同行诸强之林奋进！（执笔人：傅凯峰　林守明）

中华绿色第一股

——记福建省永安林业(集团)股份有限公司

90年代中期,当许多林业职工还不清楚股票为何物的时候,福建省永安林业(集团)股份有限公司就于1996年12月6日正式在深圳证券交易所挂牌,发行1950万社会公众股,筹集近亿元资金,为永安林业企业注入了新鲜血液。

从此,中华绿色产业第一股即闻名于全国林业系统。

(一)

1996年初,永林(集团)股份有限公司就开始筹划股票上市。其目的主要是拓宽融资渠道,真正实现"社会办林业"的长远战略,有了增资扩股这一先决条件,企业实现向高新技术领域发展的目标就有了重要的保证,也有利于调整产品结构,提高产品档次和进行产品深度开发。

为了摸清每一个细节,永安林业(集团)股份有限公司还特意聘请有关专家,对股票发行工作进行指导。

1996年6月20日,永安林业(集团)股份有限公司向福建省证券监督管理委员会呈报《关于公开发行股票的申请报告》。报告详细介绍了企业的基本情况,公司经营业绩和财务状况,公司股本结构情况,上市募集资金的运用,公司由募集设立公司转为社会公众公司的必要性和可行性。

1996年11月19日,永安林业(集团)股份有限公司招股得到批准。上市后很快就完成1950万社会公众股股票的发行。

(二)

永林(集团)股份有限公司上市股票之所以能得到批准,是经过深入、扎实、细致的前期准备工作的。

到过闽中的人都知道,位于鹰厦铁路中段的永安市,到处峰峦叠翠,林海起伏。大自然的厚爱奠定了永安林业扎实的基础。长期以来,经营管理这片森林的权力机构是永安市林业委员会,实行的是政企合一的管理体制。在计划经济年代,这种管理体制确也有过辉煌的岁月。在永安林委经营林业、森林工业的40多年间,曾荣获中国500家最佳经济效益工业企业。但是,随着市场经济的逐步发展,旧体制的框框制约着永安林业的发展,愈来愈不适应市场的发展需要。

1992年10月,永安市人民政府决定成立永安林业(集团)总公司,在林业经济行业进行体制改革的试点。

通过试点,初步形成了具有市场经济特点的雏形。

一是理顺了企业同政府的关系。永林公司与永安市林委脱钩,成为自主经营、自我发展、自我约束的法人实体,独立享有民事权利,承担民事义务。

二是确定了永林公司的性质为林业商品生产和经营单位,对全市国有林和集体林拥有经营权,负责统筹安排全市林业资源和林委下属所有企业的开发与建设。

三是落实了人事用工分级管理的制度。总公司对企业内部的中下层干部拥有任免权,对工人拥有聘用和辞退权。

四是兑现了企业投资的决策权，简化了属于国有、集体经济的收益、管理和使用的审批权手续。

经过四年零两个月的试点，永安林业(集团)总公司在体制改革上打开了局面，为建立现代企业制度夯实了基础。1996年12月进一步改制成为股份有限公司，上市发行股票就是在这个基础上推进的。

(三)

第二次改制后，永林(集团)股份有限公司面临的最重要最核心的问题，就是如何建立现代企业制度。这是股份有限公司生存发展的关键所在，也是企业走向辉煌的必由之路。

永林人通过探索、实践、总结，体验到在公有制为主体的条件下建立现代企业制度，必须以“产权清晰、权责明确、政企分开、管理科学”为框架。之后，公司大刀阔斧地进行全方位、深层次的改革。

按照“精干高效”的原则建立经营管理体制 永林和许多行业一样，长期存在着“一线紧、二线松、三线肿”的被动局面。为了调整优化管理机构，充实一线，精减二线，提升核心层的指挥效率，公司决定打破干部和工人两种身份的界限，公开考核，择优上岗，实施民主选举和岗位招聘。由于受传统观念的影响，确有一些落聘的厂长、经理想不通。说情的有，吵闹的也有。经过细致的思想工作，最终都认可了这一做法。这一改革的实施，使许多30岁左右的普通工人走上了领导岗位。仅林产综合加工厂一家，上岗的8位厂级领导和重要科室领导中，就有6位是原来的一般员工。公司内部岗位竞争机制建立起来以后，公司管理人员、后勤人员由原来的1014人精减为522人，减少了48.5%。领导层的平均年龄下降了5岁，形成了一个年轻、高效、年龄和知识结构比较合理的领导集体。管理岗位压“扁”了，一线基层却长得“丰满”了。原来有职务未能竞选上的，年龄大的退位，年龄不大的全部充实到一线生产岗位。

全面实行法人产权制 “永林”的做法是：董事会依法拥有公司实际控制权，取消基层采育场、采购站、工厂的法人资格，由公司董事会委托管理。建立以统一销售、统一核算、统一纳税、分段管理为内容的“三统一分”的经营体制。

以效益为杠杆，加强企业成本管理 公司实行“总成本控制，核定内部利润，超额奖励，减利扣罚”的办法。对生产经营过程中各种原材料、能源消耗、经费开支进行科学合理的定额。对各单位定员、定岗，按定额计算人员，实行工资额和委托生产费一同管理，生产成本同管理成本一同管理，生产定额、计划、道路设计采取同样标准一同设计管理的“三个一同管理”体制，形成“公开、公平、公正”的竞争机制，各基层单位处在同一“起跑线”上。基层单位把各项指标分解落实到车间(部门)、班组、岗位个人，形成责任共同体。

为防止成本不实和出现不合理的挂账、待摊及潜亏，以及可能出现的“上有政策、下有对策”的现象，公司采取了检查跟踪考核，加强基层管理工作。标准化管理达到省级标准。此外，还实行生产物资统一采购办法，降低生产成本，防止浪费，堵死了漏洞。由于采取了各种措施，仅减少管理费支出和降低成本一项，每年就能为企业增利近1000万元。

建立健全考核指标体系和企业内部分配制度

公司对部室和基层单位采取“千分制”目标考核管理，考评结果实行“三挂钩”。即：与评先进和奖励挂钩，与奖金总额挂钩，与领导责任奖金挂钩。公司还按照“效率优先、按劳分配、兼顾公平”的原则，做到人员向一线流动，收入向一线倾斜。

同时，公司所属各单位推行岗位技能工资制度，按照领导、管理人员和后勤服务人员等不同类别核定不同的岗位工资。并每月从工资中提取30%的金额作为岗位浮动工资，由公司代管，待年终按工作实绩全额发给、部分发给或全额扣罚，做到奖勤罚懒、奖优罚劣，鼓励先进、鞭策后进。

其五，营销网络是打捞市场“大鱼”的鱼网，如何编织这张“鱼网”，是检验现代企业的试金石。现代企业营销的对象是用户。永林公司结合实际，认真分析市场变化，确立了“以省外市场为主，以增加新客户为主，以新产品销售为主”的三为主营销策略。种种困难和压力面前，公司“一不等、二不靠、三不伸手要”，面向市场，勇敢参与竞争，全方位、多层次拓展市场。首先采取请进来、走出去的办法，巩固老客户、发展新客户，变“坐销”为“行销”。用“笨”办法，认识一个，发展一个。其次，实行承诺服务。变定性为定量，实行全过程服务跟踪质量管理。并根据不同区域、不同层次的需求供货，提供方便、快捷的服务。推行换位销售术，与客户建立利益分享关系。在开拓市场的同时，公司牢固树立边产、边运、边销的“三边”质量控制方针，保证质量，把顾客需要的标准作为生产的第一标准，严把质量关。

真诚的付出总会得到丰富的回报。公司的销售平均价格始终保持在全省的低档次上，创造了较好的经济效益。

（四）

建立现代企业制度是一个不断补充、修正、完善的发展过程。永安林业（集团）股份有限公司近两年所作的努力，也仅仅是在建立现代企业制度上开了一个头，打了一个基础，今后还要不断总结这方面的实践经验，努力向更好更高更完善的层次发展。现代企业制度具有很强的生命力，确实为企业管理者提供了广阔、灵活的经营阵地，这个公司在不太长的时间内创造出了一个又一个引人注目的成绩。

成效之一 利用上市股票吸纳的上亿元资金，全部投入项目建设，初步建成了林业高新技术产业基地。如：膏状强化造纸胶料获原林业部科技成果三等奖、国家星火计划金球奖；木地板条获省优、部优产品称号；永安益口服液获福建省新产品奖；净血宁口服液为消费者所青睐；清水笋畅销国内和日本市场；引进年产 50 万立方米的复合地板厂即将投产；年产 9 万立方米的定向结构刨花板生产线，将投资引进；年产 1 吨天然香兰素生产线正准备扩大生产规模，达年产 100 吨；国际口味的绿色食品、绿色饮料已进入研制和试制阶段。

成效之二 依仗现代企业制度的优势，兼并、改造并挽救了一批濒临倒闭的企业。原来属于永安市林委下属的纤维板厂和林业机修厂长期亏损。1997 年就永林公司对其进行内部兼并，由林产综合加工厂按照现代企业制度实行统一经营管理，改革了人事制度，并依照市场供求形势调整了产品结构，使原来互不隶属、内耗不断的三个厂转为三环联结的合同体，生产得到互补，原有设备得到最大限度的利用，兼并当年，即实现利润 5.6 万元，上缴税金比上年增长 25.7%，职工年均收入达 5214 元，比兼并前增长 31.3%。三明市胶合板厂原属国家木材加工大型企业，生产规模在全国同行中列第 14 位。由于经营失策，这头“大象”到 1996 年底负债高达 19 963.65万元，净资产仅为 3719.06 万元，资产负债率达 84.3%，面临破产的危险。1997 年 10 月 26 日，永安林业（集团）股份有限公司正式兼并了三明胶合板厂。原厂更名为永安林业（集团）股份有限公司三明人造板厂。兼并后的企业撤消法人资格，双方成立审计和资产评估小组、交接小组，进行债权债务清理和亏损审计评估工作。兼并后一年，该厂形成了林业产业龙头企业，原有的设备得到充分利用，生产出来的“企鹅”牌胶合板在许多大城市畅销。

高血脂症是威胁人类健康的第二大疾病，永安当地科研人员在祖传验方基础上研究出防治高血脂症的专利——降脂净血宁，1997 年 3 月永林（集团）买下了这颗“金蛋”的专利权。同时，兼并了由于负债过重、内部矛盾重重、面临破产的永安药业公司，建成了降脂净血宁生产基地，形成了价值不菲的无形资产，降脂净血宁投放市场后，很快产销两旺。

成效之三 利用公司的经济实力加大对林业的投入，培育接代森林资源，优化林业经济结构。永安是福建省重点林区之一，具有气候温和、树种繁多、林木生长迅速等发展林业的优势。公司成立伊始，拥有林业经营面积 5.39 万公顷，活立木总蓄积量 574.8 万立方米，林业用地面积和立木蓄积量分别占全市的 21.3%和 26.7%。公司改制后在合理利用森林资源的同时，特别重视对森林资源的培育、保护和管理，建设了高产、优质、高效的林业产业基地，选择杉树、桉树、桤木等优良速生树种，采取高度集约经营措施。目前公司有用材林面积 4.41 万公顷，比改制前净增 67 公顷；活立木蓄积量 5429 万立方米，净增 4.66 万立方米；立竹 230.4 万株，净增 4.16 万株。改制以来，每年森林消长比约为 1∶1.3，实现了长大于消。与此同时，公司还调整了生产布局，加快向林业高新技术、精细化工产品和绿色食品深度加工方面的转变。利用林业资源开发人造板、松香、松节油、松油醇、施胶剂、康寿口服液、清水笋以及果茶等产品，形成了“资源基地化、经营多元化、市场国际化、效益最优化”的发展新格局。

回首来路，感慨万千。永安林业（集团）股份有限公司每跨出一步，都是在拼搏中实现的。展望未来，永林人信心更足，希望更大，用他们自己的话说：“绿色辉煌，永无止境”，永林人将以更好的经营业绩回报社会。 （执笔人：吴德权　杨朝楼　连怡庄）

林纸企业迎挑战　抓住机遇破“三关”

——广西壮族自治区国发林业造纸有限责任公司狠抓技改、强化管理的经验

木浆造纸是林产工业发展的一个重点。过去，在全国林业造纸企业中，凭借资源优势，能获得较好的经济效益。80年代以后，随着改革开放的深入发展，很多林纸企业便遇到了来自两个方面的挑战：一方面，国内经济、文化建设事业持续、稳步、快速发展，社会上对纸产品的数量、品种、规格、质量的要求越来越高；另一方面，国外造纸企业凭借先进技术、先进设备、科学管理生产的高档次、多品种、低价格的纸张纷纷进入国内市场。在“两面夹攻”之下，林纸企业如何求生存、求发展？广西国发林业造纸有限责任公司的领导班子采取以改革迎挑战，以更新求发展的策略，狠抓技改，强化管理，开拓经营，在生死存亡的紧要关头转败为胜，连续15年保持经济效益稳步增长，跨入国家大型一档企业行列。

广西国发林业造纸有限责任公司的前身是雒容林化厂。雒容林化厂是1970年由广西壮族自治区林业厅和柳州地区经委共同组建的以生产牛皮纸、箱板纸和松香为主的小型国有企业。1991年随着生产规模及纸产品所占份额增大，改称广西林业造纸厂。1995年与国家开发投资公司合资经营，组建广西国发林业造纸有限责任公司。

该公司位于广西鹿寨县雒容镇，上枕国际旅游名城桂林市，下承广西工业重镇柳州市，桂柳高速公路穿腹而过，水陆交通极为便利。建厂初期，由于经营管理不善，生产长期不能满负荷发挥，经济效益低下。从建厂到1984年的10年里，总共只有15万元利润。到了80年代初期，企业内部小环境和外部大环境发生了很大变化。一是大批国有企业从计划经济体制中解脱出来，向市场经济转轨，以往那种“企业吃国家大锅饭，职工吃企业大锅饭”的局面难以维系了。二是社会上对纸张的要求越来越高，竞争日趋激烈。以往生产的“傻、大、黑、粗”牛皮纸、箱板纸，在品种、质量、档次上落后于社会需求。三是国外造纸行业的技术、设备日新月异，质量较好，价格较低的纸产品大量进入国内市场，进口纸张大有“兵临城下”之势。广西林业造纸厂的技术和设备先天不足、后天老化，面临着“不改造则垮，不更新则死”的紧要关头。

1984年新一届领导班子经过反复讨论，下决心抓住机遇，走“技改、技改、再技改，发展、发展、再发展”的路子，用先进技术、科学管理和开拓经营的对策解决工厂所面临的生存、发展问题。在实际操作中，重点解决三大问题，突破三道难关：

抓技改求发展

首先，厂领导针对本厂底子薄、规模小、效益差、在市场上没有竞争力的实际情况，实事求是地制定出技改计划，分阶段进行。先是小打小闹，土法上马，多方筹措资金，增加机台，扩大产量，创造效益。1985年，用从内蒙古做烧碱生意赚得的钱投入15万元上了2号纸机，当年建成投产，当年产生了效益。然后又一鼓作气，继续搞技改，上项目。1986年同广东用户搞补偿贸易，先由用户拿钱上了3号纸机，然后用产品偿还；1987年，用税后留利和银行贷款上了4号纸机；1988～1990年和国家林业投资公司合作，改造2号、3号纸机，增建5号、6号纸机。通过技改，

企业的技术装备不断更新，生产规模不断扩大，增强了竞争力。

进入90年代，全国造纸市场的竞争愈来愈激烈。公司领导以强烈的超前意识，继续扩大技改项目，加大技改力度。1992～1998年间，平均每年投入技改资金5000万元，新增了5条万吨以上的先进大型造纸生产线，同时又增加了新的制浆系统和碱回收车间。经过连续6年的拼搏，公司已拥有11条造纸生产线，年生产能力由建厂初期的1500吨增至9万吨，年回收活性碱7000多吨，自发电量达5000万度，公司资产由400万元增至3亿多元，利税自1994年以来连年保持在1000万元以上，企业由原来一个不起眼的小厂变成了国家大型一档企业。

为使企业在市场竞争中立于不败之地，国发林纸公司不断开发新产品，以品种和质量占领市场，提高市场适应能力和竞争力，增强抵御市场冲击力，培育新的经济增长点。一般企业生产包装纸就不能生产文化用纸，生产文化用纸就不能生产包装纸，为使企业能在国际、国内两大市场的夹缝中求发展，公司领导毅然改变旧的生产经营习惯，调整产品结构，同时进行包装、文化两大系列各纸种的生产，向生产一代、储备一代、研制一代、规划一代，人无我有、人有我优、人优我新、人新我换的目标前进。1987年纸袋纸旺销，别的造纸企业都跟着大量生产的时候，这个企业的领导预测到市场不久将出现饱和，便开发了挂面箱板纸。1989年挂面纸市场看好，别的造纸企业尚未来得及转产，他们就已经加大了挂面纸的产量，获得较多的市场份额。1993年，这个企业通过市场调查，发现牛皮卡纸市场前景看好，便通过技术改造，将原设计用于生产文化用纸的新上项目改为生产牛皮卡纸，很快就赢得了市场。1997年底在整个造纸市场疲软、牛皮卡纸逐渐丧失优势的情况下，他们经过细致的调查了解和研究，果断作出再度调整产品结构，生产文化用纸，并开发了铜版原纸、白卡纸、高白双胶纸和静电复印纸等高档文化用纸系列产品，结束了林纸公司只能生产包装纸，不能生产文化用纸的历史，而且质量达到了同类进口纸的水平，成了企业新的经济增长点。最近他们又成功地开发了市场前景看好的装饰板底层纸。多年的经验证明，一个企业只有不断进行技术更新，开发新产品，才能立于不败之地。

强化管理增效益

林纸厂及现在的国发林纸公司在坚持狠抓技改的同时，还十分注意强化企业管理。把管理进步和技术进步作为振兴企业的两只“汽车轮子”。在强化管理中，注重适应性调整与发展性调整相结合，大胆引进先进管理手段，树立新的管理观念，以激活全体员工的积极性，增加企业效益。

首先，大胆进行用人、用工、分配“三项制度改革”，转换经营机制。

在进行三项制度改革时，第一步就是实行全员劳动合同制，与所有在职员工签订劳动合同，并每年进行一次全面考核，优化组合，以提高员工的整体素质，促使全体员工树立“以厂为家，爱厂如家，职工靠企业生存，企业靠职工振兴”的观念。

第二步就是推行以“三联一包”为主要内容的经济责任制，把全体职工纳入新的管理体制之中。“三联一包”就是联产量、联消耗、联质量，包利润。根据测算，把企业的经营目标层层分解，落实到车间、科室；由车间、科室落实到每个职工。这样职工保班组、班组保车间、车间保企业，形成“千斤重担众人挑”的局面。

这种管理机制实行后，出现了两种现象：三个车间任务完成得好，职工奖金比以往翻了一番。另一个车间却“落了汤”，有的不但奖金捞不着，还倒贴了工资。实行“三联一包”不到一年，企业就实现了三个转变：

一是提高了产量。1984年以前，其他厂同类型纸机的月产量都在250吨以上，雒容厂只有120多吨，不到人家一半。实行“三联一包”后，各车间、班组和所有职工都有了危机感，职工自发搞起了岗位练兵，班组搞起了劳动竞赛，车间搞起了技术改造，纸机开机率、产品成品率大幅度提高。10个月后，纸机平均月产达到260吨以上，跨入了省级先进水平。

二是提高了质量。1984年以前，雒容厂生产的牛皮纸在自治区同行业评比中倒数第一，严重影响了销路和企业效益。实行“三联一包”以后，车间班组都关心质量，层层把关，互相监督，有的还实行“两不、一倒扣”（对不合格品，不计产量，不准出厂，倒扣班组奖金）。严格的质量管理，使产品质量明显提高，进入了全自治区同行业质量评比前三名。

三是降低了物耗。过去雒容厂造纸车间主要物耗指标都超过国家定额标准。高额的物耗几乎使企业无利可图。在实行“三联一包”中，技术人员深入车间，找原因、堵漏洞、搞技改，取得了显著效益。制浆车间还把造纸用过的废热水回收到锅炉再用。仅此一项，就使吨纸煤耗由 1984 年的 2.7 吨下降到 1.6 吨，全年从降低煤耗中获取效益 10 万余元。

实行“三联一包”经济责任制，厂变了，职工的思想也变了。

第三步建立成本控制机制，在降低成本上做文章。“三联一包”虽然收到了显著效果，但还有不少深层次的问题需要解决。针对前几年企业成本居高不下，严重制约市场开拓的实际，企业领导在严格保证质量的同时，把降低成本作为新的突破口，以节能降耗为主要内容，以最大限度地增加效益为目标，把成本管理和财务管理有机地结合起来。在原料辅材料上，从生产到销售的每一个环节，都建立健全费用定额制度，把定额层层分解到每一个生产经营单位乃至职工个人，实行责任赔付制，使生产经营每个环节都承担降低成本的责任，分担市场压力。原材料购进超过公司规定的价格，质量达不到要求造成生产消耗高的，按损失的 20%～50%由采购员赔付。因产品质量问题造成用户退货或索赔给企业造成损失的，按损失的 20%～50%由生产管理部门、生产车间、班组及个人赔付。销售产品低于公司规定的价格，销售人员不积极主动追款或渎职造成死帐、呆帐，财务人员对帐不负责任造成死帐、呆帐等等，都要按损失的 20%～50%由销售人员或财务人员赔付。这样一来，有关人员的责任心增强了，企业原材料消耗大大降低。现在，生产 1 吨挂面纸耗废纸量仅为 1 吨，低于国家标准 1.25 吨的 20%，每年节约开支 500 多万元。生产 1 吨木浆纸耗木材 3.8 立方米，比国家标准 4.2 立方米降低 0.4 立方米，全年节约开支 700 多万元。

第四步，建立质量保证机制，在质量管理上做文章。十几年的风风雨雨，成功的、失败的，这些经验使企业领导班子对“质量是企业的生命”这条真理有了更深刻的认识。特别是在市场经济条件下，他们更看到质量才是开启市场之门的金钥匙。于是，教育职工牢固树立以质量取胜的观念，建立了层层质量责任制，严把质量关，以质量求生存，向质量要效益。为提高全体员工，特别是一线工人的质量意识，在全厂开展了“竞争在市场，决胜在车间”的讨论，引导教育职工树立“企业在我心中，质量在我手中”的思想和“今天的质量就是明天的市场”的观念。这些严格的质量管理，保证了企业的产品始终是上乘的，充分赢得了用户的信任。

最后，在分配制度上积极探索按劳分配与按生产要素分配相结合的分配制度，员工的收入根据劳动强度、劳动责任、劳动条件和劳动贡献确定不同档次，贯彻按劳分配原则。采取缩小固定限额、增大“活”工资比例办法，对非生产部门的管理人员实行岗位技能工资，岗变薪变、薪随岗变；对经营部门管理人员实行全额工资承包，视其任务完成好坏提成，上不封顶，下不保底；对生产车间实行计件工资，生产人员的工资由四部分组成，其中“死”工资占 30%，其余 70%的“活”工资与产量、质量、消耗进行捆绑，按完成指标情况兑现。这样做，完成任务好的车间工人每月收入达 700～800 元，完成指标差的每月只有 200～300 元，真正达到了拉开分配档次的目的，充分调动了员工的积极性和创造性。

抓人才　迎挑战

1984 年以前，雒容厂缺乏凝聚力，其主要原因是领导不关心人才，有才能的人也不爱护工厂，干群关系很紧张。

三十六计，走为上计，劳资科变成了调动科，打报告的三五成群整天泡在办公室，有的懒得磨嘴皮，干脆不辞而别了。那些不打报告的，也“身在曹营心在汉”，在车间没精打采打发日子。企业领导班子经过认真分析研究，认为企业要发展必须实行开拓经营战略；要实行开拓经营战略，就必须使用开拓型的人才，于是领导班子决心开辟一条新型的用人之道。

在一次全厂大会上，企业领导班子开诚布公地讲：“我们用人的原则，一句话，能干善管，公道正派，唯才是举”。

在 1984 年组建新班子时这句话认真地兑现了：

——一批敢说敢干，能打开局面的年轻人被请到中层领导岗位上；

——一些有丰富实践经验的老同志继续重用；

——对一些有工作能力，但对改革有抵触情绪的干部，先把他们放到基层，让他们从实践中认识真理，掌握真理，改正后继续使用；

——对一些虽有某些缺点，但确有特长的干部，则力排众议，大胆使用。

"将听令，兵听遣。"1986年，企业领导在用人上又使用了一招：分解用人权，实行聘任制，优化劳动组合。由厂长聘任车间主任，由车间主任聘任班组长，由班组长聘任操作工。落聘者，不管是干部还是工人，安排到本厂服务公司搞第三产业。

这一下，车间主任和班组长都忙碌了，他们要非常谨慎地挑选人。聘任制向传统的用人制度挑战了。在这场挑战中，每个职工都深受教育，一种以群体竞争意识为中心的企业精神形成了。对不愿留在厂的人怎么办？企业领导的态度很明确："开闸放水"。他们充分认识到，用卡的办法是留不住人才的。人家不愿意在你这里干，就不要勉强了。他们制定了两条人员流动原则：一是对要求调出者，给三个月商调期；二是对要求调入者必须考察。开闸放水，冲垮了人事调动上的"管卡压"。一些技术和生产上的骨干走了，大批人才流了进来。在合理的人员流动中，企业得到了明显的好处：不安定的因素消失了，企业的向心力和凝聚力增强了。科技人员在全厂职工中所占的比例由5%上升到18%。尊重知识，尊重人才在全厂形成了共识。在这里，只要是金子就让你发光。在任用干部上不论资排辈，不搞终身制，不讲情面，不靠关系，坚持做到"能者上，平者让，庸者下"，从根本上解决了一些国有企业中存在的近亲繁殖现象。

由于这些年来，公司坚持年年对干部进行考核，把那些肯钻研、懂技术、有开拓精神、有实践经验并且思想品质好的年轻干部不断充实到领导岗位上，让他们充分发挥其聪明才智，使企业全体员工的素质大大提高。科技人员的积极性调动起来以后，企业的技术管理也随之上了新的台阶。他们积极利用国内外的先进技术，加大技术改造力度，努力开发名优新产品，使本企业的产品不断扩大市场占有率。由于这些科技人员的努力，企业在保持传统产品的同时，还开发出不少具有高技术、高附加值、为市场所欢迎的新产品，受到广大用户的欢迎。科技人员的积极性调动起来以后，也壮大了市场营销力量，他们利用现代信息技术和现代营销手段，稳住老市场，开辟新市场，加大营销管理力度，大大提高了国发林纸公司的经济效益。

目前，广西国发林业造纸有限责任公司已具备了年产纸和纸板8.5万吨、年产值超2亿元、年利税超2000万的实力，成为国家大型一档企业。其生产规模和经济效益在全国林业造纸行业中位居第一位，1995年被评为"广西的脊梁"五十强优秀国有企业。

（执笔人：吕忠初　秦天发）

依靠科技护“国宝”

——中国保护大熊猫研究中心工作简介

大熊猫是我国特有的珍稀野生动物。大约在三四百万年前,从发现的化石来看,大熊猫曾分布在北京周口店、陕西、山西、浙江、安徽、江西、福建、台湾、广东、广西、湖南、湖北、河南、四川、贵州和云南等地。由于受第四纪晚期冰川的影响,同时期的许多动物从地球上消失了,另一些动物向东或向西迁移了,而大熊猫却奇迹般地保存了下来,退居到我国西南的高山深谷之中。现在,大熊猫作为地球上现存的最古老的孑遗物种之一,仅分布在四川省内岷山山系、邛崃山系和川甘、川陕交界边缘地带。

随着时间的推移、社会的发展、人类生产生活范围的扩大,大熊猫的栖息环境发生了一次又一次变化,种群数量逐渐下降,分布区不断缩小,大熊猫逐步进入了衰退期。长期的自然选择,又使大熊猫对故有的生存环境过于依赖,由食肉类动物演变成主食竹子;自身繁殖能力低,分布孤立,近亲繁殖,导致种群退化,对疾病、天敌、自然灾害的抵御能力越来越弱。这些内在因素和外在影响,特别是由于不断减少的可食竹类周期性开花枯死,珍贵的大熊猫日渐处于灭绝边缘。因此,采取坚决果断的措施,保护和繁殖大熊猫,使之实现可持续生息繁衍,已成为当代人类紧迫而又艰巨的任务。

新中国成立之后,我国政府十分重视大熊猫的保护。早在1950年5月,中央人民政府政务院就发布了《禁止捕猎松潘等地的大熊猫等珍稀动物的指示》,把保护大熊猫提到了重要议事日程,拉开了全社会保护大熊猫的序幕。1962年,我国将大熊猫列为国家一级保护野生动物。1963年,在四川省汶川县卧龙地区建立了全国第一家大熊猫自然保护区。此外,从中央到有关地方的各级政府还采取一系列行政措施加强对大熊猫保护工作的力度。一方面广泛宣传群众、组织群众开展保护工作,另一方面组织专家学者,以中国保护大熊猫研究中心为基地,开展科学研究,不断增加科学技术的投入,取得了显著成效,得到了国际野生动物保护组织的赞誉。

保护大熊猫,是一项科学技术含量很高的工作。在长期演化过程中,大熊猫形成了独特的生理结构和生态习性,有许许多多鲜为人知的奥秘,不加强科学研究工作,保护大熊猫就不能上水平、上档次,许多关键性的难题就得不到解决。为了实现大熊猫可持续繁衍,早在1974年,国家就组织有关科研单位和大专院校对大熊猫资源进行了调查,为全面加强大熊猫的科研工作做了前期准备。1978年,即在四川省卧龙地区海拔2520米的牛头山上建立起世界闻名的第一个科研范围为2500公顷的熊猫野外生态“五一棚”观察站。1979年,又在“五一棚”的毗邻建立了英雄沟大熊猫饲养场,对大熊猫进行人工圈养,开展大熊猫的生理、生化方面的初步研究,同时还建立了动物、植物、昆虫等三个标本室。1980年,进一步建立起中国保护大熊猫研究中心,将原有的科研基地纳入中心,并调集一批科研人员集中攻关,使科学研究得到进一步完善,为全面开展保护大熊猫的研究奠定了基础。

中国保护大熊猫研究中心坐落于卧龙自然保护区的核桃坪,是我国开展大熊猫科研工作的主要基地,也是世界上惟一的保护大熊猫研究中心。它的建立,标志着大熊猫科研工作进入高水平、正规化的新阶段。

经过20多年,特别是研究中心建立后10多年的不懈努力,对大熊猫的科研工作取得了丰硕成果。

——基本摸清了大熊猫人工饲养、繁殖和疾病防治规律,取得了大量极有价值的资料。从1980年起,“五一棚”就首次将无线电颈圈监测技术引入大熊猫研究,对七位载入史册的“熊猫勋臣”佩带上颈圈式微型无线电发报机,以监测它们的行为与生活方式。研究人员每15分钟记录一次,每天96次,每月进行5天连续监测,将大熊猫家族神秘莫测的生活信息,准确无误地记录下来。专家们根据发报机发回的讯号对大熊猫进行跟踪和定位观察,揭示它们的活动规律、巢域范围、繁殖习性、觅食对策、种群动态与社群行为等,借助电子计算机进行科学分析,获得了大量宝贵的野外观察资料。

随后,大熊猫研究中心又与中国林科院合作,开展了卧龙保护区森林土壤生态系统结构与功能的研究,查清了保护区内森林土壤及垂直分布规律和土壤的理化、生物特征动态;与中科院成都地理研究所合作,开展了卧龙保护区地理环境特征与大熊猫生态关系的研究,掌握了区内地质地貌特征、气象、水文本底情况和水化学的特征。

1993年,大熊猫研究中心又建成饲养场及几个实验室,对大熊猫主食竹的营养成分、尿样、精液、血液进行化学分析和对比研究,取得了大量极有价值的资料。

1993年,还开展了地理信息系统在自然保护区管理中的应用研究。

经过多年努力,大熊猫研究中心取得了一批重要科研成果,在多种学术刊物上发表了“卧龙的大熊猫”、“卧龙植被及资源植物”等100多篇论文,并出版了《卧龙自然保护区动植物资源及保护》、《大熊猫人工育幼研究》、《卧龙森林生态系统研究》等著作。

——突破了大熊猫人工繁殖的难关。大熊猫自身遗传退化引起繁殖能力低下,分布孤立,近亲交配,使这一珍贵的野生动物处于灭绝的边缘。突破大熊猫繁殖技术难关对保护繁衍大熊猫极为重要。为此,林业部中国保护大熊猫工程办公室在1991年专门主持制订了“大熊猫繁殖技术攻关计划”,以中国保护大熊猫研究中心为主,吸收成都动物园、重庆动物园参加,组成了攻关技术小组,调整圈养大熊猫种群结构,集中种源和技术力量,采用野外和室内相结合的办法,围绕大熊猫人工繁殖进行多学科研究。广大科技人员发扬团结奋进、勇于献身的精神,使科研工作闯过了一道道技术难关。1991年,雌性大熊猫“冬冬”产下了一对“双胞胎”,以后又出现“佳佳”和1号雌性大熊猫,连续几年生产“双胞胎”,创造了人工繁殖大熊猫的新纪录。1991~1997年,中国保护大熊猫研究中心及成都动物园、重庆动物园采取人工授精与自然交配相结合的办法,已繁殖大熊猫33胎44只,存活18只,并为上海、福州、昆明动物园的大熊猫配种6胎,产下6仔。这些成果表明,大熊猫人工繁殖工作取得了突破性进展。

在突出抓好大熊猫繁殖技术的同时,技术小组又开展了人工育幼的研究。大熊猫“冬冬”对自己生下的“双胞胎”幼仔,只愿意哺育一只,丢下一只不管。科研人员便将其放入育幼箱进行人工喂养,坚持一天24小时进行监测和研究。过去,国内外饲养繁殖大熊猫幼仔,凡没吃过母乳、完全人工哺育的,成活时间最长为45天,而在中国大熊猫研究中心,全由人工哺育“冬冬”遗弃的幼仔“绿地”,虽然由于缺乏免疫力、曾几次患病,两次得肺炎,但活了160天,创造了世界新纪录。在突破人工哺育大熊猫幼仔技术的基础上,科技人员又紧紧抓住一些雌性大熊猫长期不孕的问题进行攻关,对一些不易怀孕的大熊猫,采取一系列措施,包括药物治疗,共培育了8只雌性大熊猫能正常发情配种。

——在抢救病饿大熊猫中开展技术攻关。1988年大熊猫的主食竹先后大面积开花枯死,给大熊猫造成了缺食灾难。在抢救病饿大熊猫中,中国保护大熊猫研究中心和各保护区的科技人员,一方面积极配合地方政府开展抢救活动,同时加紧对大熊猫自然保护区的竹类资源进行调查,查清了大熊猫可食竹类的分布和数量,开花面积和强度,为抢救、保护大熊猫及时提供了有关信息。同时,采取采集竹种籽造林、移栽竹鞭,从外地运回竹株栽种等措施,重建和恢复大熊猫的食源。1987~1990年,中国保护大熊猫研究中心进一步与四川林科院合作,进行了大熊猫主食竹开花死亡后复壮更新的研究,取得了重要的科研成果。

人们在改造自然的同时,也在改造自己。中国保护大熊猫研究中心的科技人员在长期的科研实践中积累了经验,增长了才干,新一代科技队伍逐步成长起来。回顾10多年前,中国保护大熊猫研究中心建立初期是将当时保护区管理局下设的科研室合并而成，工作条件十分艰苦，设施简陋，人才缺乏，除几名学习林业专业且年近退休的科技人员外，大多数是原红旗森工局留下来的工人。1981～1985年，大熊猫研究中心先后接收了来自北京农业大学、四川农业大学、四川大学、云南大学、四川师范大学、北京林业大学、东北林业大学、南京林业大学、西南政法学院等大专院校的毕业生30多名，充实了科研队伍。这些大学生中，大多具有生物学、动植物学及兽医学等自然科学知识。为了适应科研工作的需要，尽快提高他们的科技水平，掌握大熊猫的专业知识，研究中心采取派出去培训和在实际工作中向中外专家学习的办法，提高他们的科研水平。这支短小精悍的科研生力军在工作中虚心学习，不辞劳苦，风餐露宿，夜以继日地长期奋战在科研第一线，科学技术水平不断提高，多数具有独立工作的能力。到1995年，研究中心的主体科研工作已由这支年轻的科技队伍来承担。10多年来，他们不仅在人工饲养繁殖大熊猫方面做出了显著成绩，而且广泛开展了多学科的基础理论和应用研究。如在核心区的"五一棚"、牛头山，对野生大熊猫及其伴生动物种群动态的长期监测，受到了世界自然基金会的高度赞扬；对冷杉、落叶松、西伯利亚红松引种等项目，作了大量较详细的研究；对卧龙核心区的水文、气象及大气、环境污染进行了长年监测，以及通过建立地理信息系统，获得了一批重要的科研成果，使大熊猫研究中心的工作上了一个新台阶。

十多年来，大熊猫研究中心的科技人员，在科学研究和保护大熊猫工作中，涌现出了一大批先进人物。如1982年毕业于四川大学的张和民自分配到卧龙保护区后，就长期在海拔2500米的高山上，对大熊猫的生态习性进行观测，获得了十分重要的第一手科研资料。1986年他又与其他科技人员一起，通过人工饲养繁殖研究中心的大熊猫产下了第一胎幼仔，获得了世界自然基金会的好评。1996年，张和民获第四届中国青年科技奖，现在担任卧龙保护区管理局副局长、研究中心主任、教授级高工。

大熊猫既是中国的"国宝"，也是人类宝贵的自然遗产。在国际交流中，大熊猫起了重要作用。早在1961年世界野生生物基金会(现为世界自然基金会)成立时，就从世界众多的珍稀动物中，选中大熊猫作为这一国际组织的会徽和会旗的图案，用它来象征世界范围内保护一切野生稀有珍贵动物和植物的极端重要性。此后，大熊猫曾先后作为"国礼"赠送给9个国家，另外还到过十几个国家和地区进行展出。一些重大的国际活动，也选用大熊猫作为吉祥物，象征和平、团结、友谊。它那温顺善良的形象和独具魅力的风采，深受世界各族人民的珍爱，使它成为中国人民与世界人民的友好使者。

在保护、繁殖大熊猫的工作中，中国保护大熊猫研究中心与国际组织为了揭开"活化石"大熊猫几百万年来神秘的面纱，1980年11月，林业部即与世界自然基金会达成了在卧龙自然保护区建立中国保护大熊猫研究中心的长期合作协议，并将"五一棚"野外生态观察站作为中外合作进行大熊猫及其可食竹的生态生物学研究基地，世界野生动物基金会投资150万美元用于研究中心的基本建设。1981年，世界自然基金会又先后派遣美国、英国、日本、加拿大等10个国家的20多名专家来华，与中方专家携手合作，共同进行一些重要课题的研究，取得了许多科研成果。1983年，在抢救受灾大熊猫的过程中，又有一批外国专家来华，与中国专家、学者一道跋山涉水，救治病饿大熊猫，并与当地群众建立了深厚友谊。为了研究大熊猫可食竹类的演变规律，英国专家朱利恩、美国专家泰勒博士与中方专家一道长期在竹区蹲点观察，取得了重要科研成果。1986年，中国大熊猫研究中心采用自然交配繁殖成功第一只大熊猫幼仔时，世界自然基金会名誉主席英国菲利普亲王闻讯后，亲自来到卧龙自然保护区为这只幼仔命名为"蓝天"，以表达他对大熊猫的珍爱和对中国人民的友好之情。为了培育中国新一代大熊猫专业研究人员，美国、英国、加拿大、意大利等国还接受我国选派的10多名青年学者前去培训，有的还获得了硕士学位。几年来，国内外专家共同撰写了《卧龙的大熊猫》、《卧龙植被及资源植物》等学术报告，并在中外学术刊物上同时发表。

几十年来，我国在保护繁殖大熊猫中已作出了重要贡献。在党的十五大精神鼓舞下，中国保护大熊猫研究中心和各有关自然保护区将密切合作，进一步拓宽研究领域，实施大熊猫人工繁殖个体回归野外的前期研究项目，使整个大熊猫的保护繁殖工作更上一层楼。

(执笔人：赖炳辉)

林业科技一奇葩

——中国林科院 ABT 生根粉研究推广纪实

根深才能叶茂。长期以来,一些植物扦插繁殖不易生根的难题久攻不下,严重阻碍着林业建设的发展。研究一种高效多能的复合型植物生长调节剂以促进植物的苗壮成长,成了广大科技工作者孜孜以求的目标。20 世纪 80 年代,在中国的大地上,一种被称为 ABT 的新成果迅速推广,掀起了一场巨大的绿色革命,成为林业科技园地的一朵光彩夺目的奇葩。

ABT 生根粉是一项有先导性的科研成果

ABT 生根粉系列是一类全新的复合型植物生长调节剂。它突破了国内外单纯从外界提供植物生长发育所需外源激素的传统方式,通过强化、调控植物内源激素的含量、重要酶的活性,促使生物大分子的合成,诱导不定根或不定芽的形态建成,调节植物代谢作用强度,达到提高育苗、造林成活率及作物产量、质量与抗性的目的。

经过长期努力,ABT 生根粉已经发展为 5 个型号。

ABT1 号、2 号不仅能提供植物插条生根所需的外源生长素,还能促进植物内源生长素的合成,并能参与不定根形态建成的全过程,促使根原基分化成多个根尖呈簇状环形生根;用于植物,特别是用于难生根植物扦插育苗对不定根的诱导,可提高扦插育苗成活率 10%～30%,提高苗木质量一两个等级,缩短生根时间 10～15 天。

ABT3 号用于播种育苗、飞机播种对种子的处理及苗木移栽时处理幼苗根系,不但能缩短出苗期、苗全期,提高出苗率(30%)和产苗量(30%),而且能促进苗木生长,提高幼苗成活率和苗木等级。ABT3 号应用于播种育苗、苗木移栽造林,对解决我国干旱、瘠薄山区与盐碱地造林成活率低和幼树生长缓慢的问题,具有重要的现实意义;用于飞播造林,能促进种子早发芽、早出苗,缩短种子裸露时间,减少鸟、鼠、虫与干旱等不良环境的危害,可提高飞播造林成活率 13%～58%。

ABT4 号、5 号生根粉是一种在配方上与前三个型号完全不同的复合型植物生长调节剂。它主要通过诱导和调节作物某一器官的形态建成,以达到增产的目的。ABT4 号主要用于农作物、蔬菜、特种经济作物,通过浸种、拌种、处理秧苗,提高作物出苗率,促进根系特别是不定根、吸收根的生长发育,增加有效穗、穗粒数,从而提高作物的产量与抗性,平均增产 10%左右。ABT5 号在人参、马铃薯、红薯、甜菜等根用、茎用作物上应用,不但可增加产量,而且可增加其有效成分的含量。

ABT 继代产品"绿色植物生长调节剂",通过 1162 篇应用试验报告证明,这种非激素型的绿色植物生长调节剂的效果远远优于目前所通用的复合型植物生长调节剂,而且既不需要低温贮藏,又易溶于水,是继化肥、微肥、植物激素、增产菌之后,在植物生长发育调控方面开辟的一个新的领域。

从王涛其人其事说起

科研成果是理性思维的产物。只有对科研事业有着执著追求精神、勇于创新、刻苦钻研,在崎岖道路上不畏艰险的人,才有可能攀登光辉的顶点,为国家为人类作出重要贡献。ABT 生根粉的创造者王涛就是一位具有上述品格的林业科研工作者。

王涛祖籍山东省胶县,1936 年出生于教师家庭,青少年时勤奋好学,有刻苦钻研精神。1955 年,她以第一志愿考上北京林业大学(原北京林学院)林业系读造林专业;1959 年大学本科毕业后即在中国林业科学研究院从事林业科研工作,是我国林木种子园研究的开创者之一。1980 年,中国林业科学研究院为了提高植树造林成效,加快祖国绿化进程,开始立项研究植物扦插繁殖技术。当时,王涛在英语四会班脱产学习一年后回到中国林业科学研究院。恰在此时,中国林科院经过调整,重要课题都有人承担了,她只好从一位归国华侨手中接过这一项目。因为这是个普通课题,科研经费一年只有一千元。王涛在科研经费不足、缺乏助手、设备简陋的条件下,在研究难以生根植物扦插繁殖特性的同时,研制成功既能补充植物不定根形成所需的外源激素,又能促进内源激素合成的复合型植物生长调节剂。这是一种新型、广谱的植物扦插生根促进剂。

1983 年,ABT 生根粉 1 号诞生了。王涛用这种复合型生长调节剂主要成分的第一个英文字母组成了它的名字——“ABT”。

1984 年,ABT 生根粉作为“桧柏扦插繁殖特性的研究”的一部分获林业部科技成果奖。这时,湖北省一个科技成果交易会发来了邀请信,当时南方正掀起花木育苗热,花农希望快速、高质量的繁殖珍贵苗木,投放市场。ABT 不仅能促进难生根的珍贵花木插条生根,还能缩短生根时间,提高苗木质量。因此,受到出乎意料的欢迎。当场定货就达三四万元。

王涛拿着订单,回院后找了几个临时工,在旧温室内用木板围了间小房子作为生产车间,买了些小瓶,借了个打字机,打上 ABT 三个字,就开始试生产了。起初,由于作试验用的是液体,生产出来的是粉剂,几种药混合后很快就变色了。面对这种情况,王涛没有沮丧,她认为一个科研成果从产生到成熟总会有一个曲折的过程。后来,通过反复试验,终于解决了这个问题。

随着 ABT 在全国各种科技成果交易会上的亮相,求购信件像雪片似地飞来。为了维护 ABT 的信誉,为了对用户负责,王涛根据生产中提出的难题,分类登记、跟踪服务。当时,东北红松扦插育苗很难成功,应用 ABT 后,成活率竟高达 83%。就这样在解决生产难题的过程中,逐步提高了 ABT 的知名度。

那几年,王涛白手起家,一年到头在 ABT 研究推广的道路上奔波。办培训班、作示范、搞推广,跑遍了大江南北。扦插育苗季节性强,使她日夜兼程,常常是到了一个地方顾不上休息,就开始工作,结束后又奔向新的地方。有一年,在甘肃秦安县扦插完了沙棘,连夜赶回北京,来不及回家,又在北京站买张站票就去了沈阳。下车后,半夜赶往铁岭市,第二天清早乘长途汽车赶到清源县,口袋里仅剩下 7 毛钱。在林业厅办的培训班讲完课,顾不上修整又转到其他省份。

短短三年,王涛通过技术市场这一桥梁和纽带,在各级科委和林业部门领导的支持下,团结组织 26 个省(市)的 1 115 名扦插育苗专家与技术人员成立了“植物扦插研究会”,开办培训班 54 期,培训人员 46 848 人。在全国 78 286 个单位 302 种植物上进行应用、示范,还创办了《植物扦插科技通讯》12 期,发行万余册,出版了《植物扦插繁殖技术》一书。ABT1 号的应用不仅为林木而且为花卉、果树优良品系的繁育,开辟了新的途径。1987 年,ABT 生根粉(1 号、2 号)的开发应用和推广,获林业部科技进步一等奖、国家科技进步二等奖。

ABT 推广过程

科研成果的生命在于推广应用。1989 年“ABT 生根粉系列的推广”被列为国家科委第一批 37 项重点推广项目之一。从此,ABT 事业进入了一个新的阶段,即“ABT 科技成果推广转化”的阶段。

当时,王涛已在美国进行合作研究。为了承担国家首批重点推广项目,她谢绝了合作单位的挽留,放弃了拿绿卡的机会,回国第二天就去国家科委签订了合同。科委还给她加了一个新任务:建立“ABT 研究开发集团，推动科研推广机制形成良性循环”，并拨款10万元作为启动经费。这时有些人看不起推广，认为推广没有什么科学水平。而王涛的愿望却是想通过ABT的推广，为成果转化正正名。

为了完成ABT的推广任务，王涛与同事们打破了推广、经销、研究、开发脱节的传统做法，成立了“ABT研究开发中心”和“ABT基金会”，以研究开发中心为龙头、以基金会为核心，领导和组织ABT的试验、推广项目的实施、论文评奖、成果鉴定、人才选拔、学术交流与国际合作。在研究开发中心和基金会之下，建立起了两大体系。

一个是试验研究开发体系：从国内外高等院校、科研机关吸收190位专家组成专家委员会，下设农业、林业、基础理论、转化模式、推广管理与国际合作六个专业委员会，领导着由1878个单位2457人参加的ABT配套应用技术的研究，由102个单位114人参加的应用基础理论的研究；由1099个单位1184人参加的推广模式研究；由30个国家43人参加的国际合作研究，组成一个系统、完整的试验、研究、开发技术核心。

另一个是推广、经销体系：建立起由国家级农林科技推广部门牵头的纵向型条条推广经销体系（包括8个系统1401个单位）与充分发挥地方主管部门主动权的省、市（地）县横向型块块推广经销体系（包括2249个县、市，8287个单位），并选出100个直挂县作为推广模式研究的样板。此外，培训并组织起由2.3万多名推广管理人员，6万多名专业技术人员，16万多名推广技术骨干与100多万农民技术骨干领导的110多万人组成的推广、经销队伍，组成范围广、人员多、层次分明的开放式的ABT推广、经销大军，形成了完整的推广、经销人才梯队与社会化服务体系。

ABT研究开发中心在国家科委的10万元拨款、60万元无息贷款的启动下，自立更生，自我滚动，从ABT成果本身获得的经济效益中拨出1000万元支持整个项目的实施；还建立1000万元的ABT基金。随着推广面积的扩大，为了保证各地推广工作的实施，用效果显著的ABT试验、示范样板，吸引、争取地方多渠道投入资金4776.1万元，用以支持当地的ABT成果转化工作。

在强有力的组织领导与资金的支持下，ABT研究开发中心又在30个省（市）3644个单位，进行了ABT应用效果8项指标的追踪调查，开展了1050项配套应用技术的研究。在此基础上，还进行了ABT促进植物生根与增产机理的研究，成功地解决了原有产品不溶于水的难题，并研制成功助溶剂SHB，在国际上填补了一项空白。随后，由原来用于扦插苗对不定根诱导的ABT1号、2号，发展成为用于播种育苗、苗木移栽、造林、飞机播种的ABT3号，与用于促进农作物、经济作物、蔬菜、药用植物增产的ABT4号、5号，形成了一个适应植物多、应用领域广泛的系列产品。再以后，王涛又开发出了绿色植物生长调节剂系列，增强了市场竞争的后劲，建立起了基因工程试验室，将ABT研究推向了分子生物学水平。

几年来，ABT研究开发中心共提出试验研究报告2510篇，推广总结报告1.5万多篇，各地改进ABT使用技术与创新项目1390项，出版了14部论文集和技术手册，使ABT的成果转化在可靠的技术指导下进行。

在ABT研究开发中心指导下，ABT各级分中心，先后召开了ABT协调工作会议1万多次，制定推广方案12万多份，实施推广项目962项，举办培训班5.4万多次，建立试验示范点3万多个，培养农民科技示范户81万多户，组织全国性的技术交流11次，地方性的技术交流2.5万多次，进行了包括电影、电视、广播、录像、报纸、杂志在内的13万多次的ABT宣传普及与电化教育，及890万次的咨询。散发了1400多万张技术普及材料。在国内形成一个强大技术普及、咨询网络。

为了将ABT科研成果推向世界，王涛先后参加了俄罗斯、德国、法国、瑞典、荷兰、丹麦、西班牙、意大利、匈牙利、比利时、日本、马来西亚、泰国、尼泊尔、新加坡、韩国、印度、加拿大、美国、阿根廷、澳大利亚、阿拉伯联合酋长国、科特迪瓦、埃及等国的国际科技交流活动，与这些国家的公司及专家建立了协作关系。为了向第三世界推广ABT技术，在国家科委的支持下，举办五期国际培训班；主办由亚太经社委员会支持的两届亚太地区植物生长调节剂研讨会。与30个国家进行了学术交流与合作，聘任了43位专家为ABT基金会国际合作委员会专家，提出ABT在各国应用报告43篇，并成立了ABT国际合作协会及亚太地区植物生长调节剂区域合作协会，在国际上初步建立起以亚非地区为核心，吸收发达国家的学者与公司参加，地跨五大洲的ABT国际合作网络，为ABT走向世界奠定了良好的基础。

ABT推广所取得的成绩

过硬的科研成果，广泛的社会化研究、推广体系，良好的运行机制，正确的技术路线，保证了ABT科技成果推广转化的快速实施和持续发展。自1989年列入国家科委第一批重点推广项目以来，ABT应用植物已经达到1133种(品种)，在8个领域得到了广泛应用，推广面积达2.3亿亩，覆盖了全国80%的行政县、市，经济效益达58.84亿元。ABT的大面积推广，提高了育苗、造林的成活率，增加了农作物产量，促进了农林业的发展。

研究人员还对ABT的社会效益、生态效益和经济效益进行了量化分析，综合评价了ABT从车间流入田间、林地所蕴含的价值。根据ABT生根粉系列研究、推广、经销工作社会性强、应用领域及植物种类繁多，参与人员数量大、类型层次多，整个工作的组织、技术、资金、效益各方面交错影响、关系复杂的特点，从ABT研究、推广、经销工作的资金流向、技术发展和人才动态三个侧面系统研究了ABT研究、推广、经销模式高速稳定、协调发展的原因，并建立起ABT资金效益、技术发展与人才资源三个模型，组成了ABT成果推广转化系统工程模型，既对ABT事业进行了科学的总结，也从理论上对农林科技成果转化模式进行了研究，具有深刻的现实意义和理论价值。在此基础上完成了难度大、复杂程度高、跨学科、跨领域、跨国界的ABT成果转化工程。探索出一个以自立更生为主导的具有中国特色的科研、生产、推广的良性循环运转机制，闯出一条我国现有条件下将农林科技成果迅速转化为生产力的有效途径。

ABT研究和推广取得的成绩举世瞩目，先后有7800多人获得了国家科委、林业部等有关部门的表彰和嘉奖，有1250篇论文被评为优秀论文，有110项成果通过了县级以上成果鉴定。作为科技产品，获得了全国各种展览会的金奖；作为科技创业典型获得了全国科技实业家创业金奖；作为推广成果获得了林业部科技进步特等奖，国家科技进步特等奖，ABT子课题获省部级科技进步二等奖11项，作为向国外推广的科技产品，获得了美国、比利时、德国等6个国家和国际组织的13项金奖与特别奖。而这项事业的领头人王涛院士近20年来，始终坚持面向经济建设的主战场，在科技第一线开拓进取，无私奉献，拚博奋斗，一心为祖国的林业事业贡献力量。她不骄不躁，锲而不舍，终于将一个普通的课题发展壮大成为一项大事业。她本人也由一个普通的林业科技工作者，成为中国工程技术界著名的专家，先后当选中国工程院首批院士、全国先进工作者、全国"三八红旗手"、全国优秀科技工作者、第八届、第九届全国人大代表、人大常委会委员。1996年，"ABT生根粉系列的推广"获得了国家科技进步特等奖。这是我国林业科技成果首次获得这一国内科技进步奖最高荣誉。这项伟大事业的领头人王涛代表获奖者在大会上发了言，并受到党和国家领导人的亲切接见。

(执笔人：铁铮)

艰苦创业　育林育人

——内蒙古自治区莫尔道嘎森林工业有限公司建设精神文明的经验

内蒙古莫尔道嘎林业局位于祖国北疆的大兴安岭深处，西接中俄边境，地处呼伦贝尔盟额尔古纳市境内，筹建1967年，1970年正式投产，是中国大型国有森工骨干企业之一。全局现有职工8200人，林业人口1.8万人，总经营面积5800平方公里，森林蓄积 6000万立方米。年产木材近40万立方米，社会产值及收入2.4亿元，年实现利税4800多万元。

莫尔道嘎蒙语意为上马起程，相传曾是成吉思汗集军出征的地方。这里曾是一片人迹罕至的原始森林，气候条件恶劣，冬季最低温度可达零下五十多度。1967年，来自祖国四面八方的人们汇聚在这里，开始了艰苦卓绝的第一次创业。当年，他们住的是帐篷，睡的是小杆铺，吃的是窝窝头加咸菜，喝的是冰雪化成的水，凭着“艰苦奋斗、无私奉献”的大兴安岭精神，克服了种种难以想象的困难，使大量的优质木材从这里源源不断地运往祖国各地，有力地支援了国家的社会主义建设事业。

然而，由于建局时正值十年动乱期间，在“左”的指导思想影响下，企业依据“边建设、边生产、先生产、后生活”的原则进行建设，导致基本生活设施大量欠账。直至1985年，职工住的依旧是“板夹泥”，走的是“水泥路”。老百姓形象地说：“雨天一身泥，晴天一身灰；路上泥水没脚面，汽车慢得像马车”。

建局投产后的15年间，企业经济发展缓慢，加之交通闭塞，通讯不便，文化生活贫乏，教育落后，生产生活条件异常艰苦，人才流失严重，社会治安混乱，陷于停滞不前的状态。

1985年秋，莫尔道嘎林业局领导班子面对企业经济落后、职工队伍思想不稳、各项建设百业待兴的困难，审时度势，提出了紧紧抓住改革开放这一有利时机，充分利用企业向市场经济体制转型过程中国家给予的各项优惠政策，在努力提高经济效益的同时，狠抓精神文明建设的发展目标。经过十多年的拼搏努力，今天的莫尔道嘎林业局已经旧貌换新颜。经济快速发展，生产生活条件明显改善，职工思想道德素质大幅度提高，精神文明建设硕果累累，在二次创业中迈出了成功的第一步。林业局已连续八年被自治区评为“经济效益先进企业”。1989年晋升为“自治区级先进企业”，1990年晋升为“国家二级企业”，1991年获全国“五一劳动奖状”，成为林区首家全国先进企业，并获自治区“文明企业”称号。1996年局党委被中组部授予“先进基层党组织”光荣称号。迄今为止，该局共获国家、林业部、内蒙古自治区等各级荣誉称号近百项。

十年中，莫尔道嘎林业局的两个文明建设取得了令人瞩目的变化，不仅为建设社会主义新林区探索出了一条路子，也为林业企业在市场经济体制下实现自我发展、自我完善奠定了坚实的基础。具体做法是：

育人铸魂　领导是关键

人总是要有一点精神的，不干则已，干就要干出个名堂。群雁起飞头雁领，企业要改变面貌，领导班子是否团结，精神是否振奋，能否为群众办实事至关重要。1985年秋，局新一届领导班子在困境中诞生了。新班子先从抓班子的凝聚力、战斗力入手，聚人心，提精神，并以当时为群众所最为关注的几个难题作为突破口，开始了艰巨的“铸魂”工作。一是针对当时生产管理混乱的局面，拉练干部，整顿队伍。新班子成员分头到各基层单位现场办公，了解生产，体察民情，撤换了一些业务能力不强的干部，将一大批年富力强的干部充实到各个生产岗位。并针对生产一线的实际困难，将所有小工队的帐篷全部换成了活动板房，同时出台了一系列整顿措施，使群众看到了新班子振兴企业的决心。二是针对当时某些单位领导用公款为自己盖大房，群众不满的情绪将这些房屋全部没收，分给一部分无房的知识分子和工人，使群众看到了新班子的公心。三是针对当地居民长期饮用被污染的地表水的状况，为群众打出了第一口深水井。同时，集中资金盖起了学校、幼儿园、统建楼，解除了职工“住房难、子女上学难”的后顾之忧，使群众看到新班子的爱心。四是针对当时拌子成“城”，巷道不通，容易发生火灾的现状，采取强硬措施，疏通街道，清理拌子城，消除了火患，使群众感到安心。做了这几件深受欢迎的实事后，一时间，职工群众民心大振，生产建设也出现了好的发展势头。

有了这个好的开端，如何因势利导，让这种民心聚而不散，让这种精神继续向上，是摆在局领导班子面前的重要课题。对此，提出物质、精神两个文明建设一起抓，制定了振兴企业经济的经营发展战略，即坚持以营林为基础，变生产型为生产经营型、变封闭型为开放型，改变单一木材生产、单一全民经济、单一计划经济，加快林产工业，多种经营、基本建设、文教卫生等方面的建设，使人们看到了班子的雄心，增强了职工群众的信心。

在形成共识的基础上，局党委做出决策，继续抓好“五讲四美三热爱”活动，逐步探索精神文明建设虚功实做的好方法。明确提出抓生产建设的同时，必须抓思想政治工作，进而同步搞好精神文明建设。把“五抓”（抓班子、抓教育、抓载体、抓管理、抓共建）作为检查文明建设效果的着眼点，使精神文明建设与物质文明建设做到同步研究、同步规划、同步检查、同步考核、同步奖罚。经过十多年来的努力，局领导探索创立了符合企业实际的精神文明建设的领导体制和运行机制。一是在领导体制上，构建了党委总揽文明建设全局，党政工团齐抓共管、分工负责的领导格局。落实以职工为主体，以党员、干部为骨干的“点面结合，以岗为主，抓岗带片”的精神文明建设责任体系。二是在运行机制上，坚持“两手抓，两手都要硬”的方针，局党政一把手始终把两个文明建设任务同时拿在手上，真抓实干。完善了局级党政领导两个文明建设第一、第二责任人双向责任制度和基层单位领导“一岗双责”、两个文明建设目标一体化考核制度。三是建立考核约束机制，将精神文明建设的内容按照40%的比例纳入全局社会主义劳动竞赛，层层签订“精神文明建设责任书”，将单位党政领导的年终考评与奖罚挂钩。四是完成了精神文明建设规划和整章建制工作，先后制定“七五”、“八五”、“九五”社会主义精神文明建设总体规划、精神文明建设工作条例、争创国家级文明单位规划等一整套规章制度。这种领导体制和运行机制的建立，把很不容易抓实的东西抓实了，同时也培养了各级干部对两个文明建设一起抓的能力，进而调动了他们的积极性、主动性和创造性。

精神文明重在建设，贵在投入。1986年以来，莫局靠国家投资进行改扩建，每年还贷、上缴任务繁重，同时，企业办社会也占用大量资金，在资金紧张的情况下如何投入？一是靠国家扩建计划得一块，二是靠经营管理中省一块，三是靠群众集资聚一块，四是靠义务劳动创一块，使有限的投入发挥了充分的效能。

思想道德教育是根本

人是生产力中最活跃的因素。没有一群具有远大理想、敬业爱岗和事业心、责任感的人，要办好企业是不可能的。为此，局领导始终不渝把育人当做精神文明建设的根本来抓，努力用新思路、新观念来替代习惯于森工企业粗放经营、生活懒散差的旧意识，使林区人也能走进现代文明人的行列，使林业企业也能跻身于世界现代文明企业之林。

莫尔道嘎林业局在开展精神文明建设中，十分重视构筑育人工程，逐步形成了从党员到干部、从职工到家属的全员化教育体系。由于局里第一代开发建设者的文化素质普遍较低，给企业发展带来一定影响，近年来，局领导从育林必须首先育人这一林业发展的长远大计出发，从为企业培养德才兼备的后备林业建设者的目标着眼，提出文明教育必须从娃娃抓起。为达到此目的，首先把发展基础教育当作大事来抓。在建设布局上，坚持一保教学、二保生活，然后再改善办公条件的投入原则，首先投资兴建了两所小学、一所中学的教学楼和一所幼儿园，并高薪招聘教师，强化师资队伍建设，使基础教育水平逐年提高。第一、第二小学分别是盟、自治区示范小学和文明学校，幼儿园进入了林区一类甲级行列。在教学上，突出林业特点，通过开展上环保卫生课、文明礼貌课、建立“少年环保队”、设立“红领巾卫生监督岗”等活动，让他们从小树立爱国、爱家、爱林区的思想，使学生提高了思想觉悟和文明意识。学校雪白的墙壁上没有乱涂乱画的痕迹，走廊、操场没有废纸污物，并且窗窗有鲜花，物品有定位。各校还大力开展“学雷锋做好事”活动，每逢节假日，各校“环保少年”都会在团队干部的组织下走上街头，或清扫垃圾，或看护花草，或向行人宣传环保知识。

党员教育是育人工程中的重中之重。据此，认真坚持“围绕经济抓党建，抓好党建促经济”的原则，找准与经济工作的结合点，通过党校、业余党校和电教等阵地对党员干部进行以党的基本路线、基本国情、建设有中国特色的社会主义理论为基本内容的理论教育。把组织建设的重点放在基层，在全局 103 个基层段队中，已建立党支部 74 个。同时，加强双目标管理考核，设立评优奖励措施和亮“黄牌”警告制度，以规范党员干部的行为。1988 年以来，又先后开展了“党员干部树立公仆形象”、“一个党员就是一面旗帜”、“我为企业献青春”、“重温入党誓词”，以及“五个一”(即学好一个榜样，建好一个班子，树好一个典型，写好一篇理论文章，解决好一个难题）等一系列有针对性的活动，教育党员干部做两个文明建设的排头兵，以自身的模范作用影响群众、团结群众、带领群众为企业建功立业。在抓职工队伍的教育上，坚持引导职工做有理想、有道德、有文化、有纪律的新型林业企业主人。1990 年开始，林业局配合党委的“民主评议党员”和团委的“民主评议团员”，倡导开展一年一度的“做合格职工教育活动”，后又发展成为“做文明职工教育活动”。通过组织职工个人自评、互评，以“多为企业添光彩，不给企业找麻烦”为尺子，促使职工规范自己的行为。之后，又将这一活动增添新内容，结合企业抓标准化管理和质量管理，大力强化职工职业道德建设，先后颁布了《职工守则》、《行业职业道德规范》等一系列工作、生产、生活的标准，做到岗岗有规范，事事有标准。职工上标准岗、说标准话、做标准事，人人讲求工作质量、服务质量、产品质量，使育人工作紧紧与经济建设结合在一起。为扩大教育成果，局里还发挥职工教育学校的作用，对职工系统进行政治、技术、业务的培训。每年平均培训 1600 人次以上，林业局因此被授予“全国成人教育先进集体”称号。

家庭是职工实实在在的“后方”，家属的工作做不好，职工工作不会安心。近年来，把文明教育面由职工扩展到林业家属、社会居民。林业局与政府和各驻在单位一道，充分发挥家属委员会等街道组织的作用，以倡导“和睦邻里”、“尊老爱幼”、“扶危济困”为重点，开展评选好儿媳、好公婆、文明家庭、五好家庭等活动，并采取职工包家属、家属包子女、学校包学生的责任制来强化家庭的文明建设。还举办“家家乐”文艺晚会，表彰五好家庭、好儿媳、好公婆等，以展示文明家庭建设的风采和成果。经过不懈努力，家庭建设这个“细胞”不仅活了起来，而且动了起来。每年冬运大忙季节，各林场的职工家属都自发组织起来，到生产一线工队拆洗被褥，慰问工人；她们还给丈夫送苫被帘，按丈夫所从事的工种，绣上一句祝愿和希望的话，表达了对丈夫工作的支持和温馨之情。

建设精神文明群众是主体

精神文明建设是一项宏大的战略工程。没有一个好的载体来组织职工群众广泛参与，文明建设也就成了无源之水、无本之木。近年来，极力探索创造一种参与面广、吸引力大、效果显著的活动形式，作为精神文明建设的载体，使精神文明建设活动达到规范化、制度化、程序化。

自 1989 年起，局党委提出在文明建设上要坚持“求深、求细、求新、求实”的原则，设计开展了“四杯”竞赛活动。一是建立“四杯”竞赛指标考核评比体系，各“杯”自成系统，既有质的标准，又有量的要求，可操作性强。评比考核细则既保持阶段性相对固定，又根据企业工作需要而及时调整充实竞赛内容，使竞赛始终保持较强的针对性。如 1996 年结合市场经济的大学习、大讨论，把竞赛重点放在加强思想观念的转变和文明意识、环保意识的提高上；1997 年结合六中全会精神的贯彻，把细胞工程、基础工程、窗口工程、形象工程、示范工程建设作为“四杯”竞赛的重要内容，使精神文明建设工作更深入、更规范、更系统。二是强化责任意识，坚持党委统一领导，党政工团各抓一“杯”。党委抓“表率杯”，重点加强党员干部的思想建设；行政抓“三优杯”，建立优良秩序，提供优质服务，创造优美环境；工会抓“四有杯”，教育职工做“四有”新人；团委抓“新风杯”，在青少年中讲传统、树新风。每年都把“四杯”竞赛活动与其他经济指标一样共同纳入经营承包责任制，同奖同罚。

在“四杯”竞赛活动总框架下，从1994年开始，在社会主义劳动竞赛中增加新内容，又创造性地开展了“树标兵、升场旗”活动。每年在全局评选出8个双文明建设成绩突出的单位，树其为年度企业标兵，并举行隆重的升旗仪式，将他们的场（公司、校）旗在局办公楼前高高升起，同时按一定比例给其单位领导和职工晋升工资，从而使职工将自己的荣誉和利益同企业的两个文明建设紧紧地联系在一起，形成了全局范围的争先创优的生动局面。1994年在评选企业标兵中，红旗林场以0.03分之差落选，全场干部职工压力很大。林场家属也因本场场旗未能升起来而埋怨自己的丈夫，促其知耻为勇，奋起直追。场领导把“喊破嗓子不如干出样子”作为行为准则，职工们提出“团结、奋进、达标、创优”的口号，苦干一年，终于让自己的场旗飘扬在林业局大院，成为全局的标兵单位。通达运修公司是林业局重要的生产运输单位，多年来一直徘徊在先进之外。局领导认真查找原因，提出了“内强素质，外塑形象”的口号，强化管理，降耗增效，使过去那种“要你干”变成“我要干”。在1996年竞赛中一改落后面貌，跨入了先进行列。

展示风貌企业文化是动力

企业精神的形成、企业文化的建立、是一个企业走向现代文明的重要标志。在抓精神文明建设过程中，越来越感受到弘扬企业精神、倡导企业文化的重要性。十几年来，局领导自觉在企业文化建设上下功夫，提炼概括了具有时代特征的“改革开拓、团结拼搏、务实求新、争先创优”的企业精神。经过多年培育，已成为推动企业发展的精神动力和无形资产。为了弘扬企业精神，设计制作了代表企业形象的诸如飞马局标、局旗、局徽和局歌等企业标志。各场（公司、校）也在发场企业精神的基础上，制作了代表各自单位形象和精神的场（公司、校）旗、场（公司、校）徽、场（公司、校）歌；有计划地组织开展“塑森林之魂、唱森林之歌、树森林形象、兴森林文化”的系列活动，用文化的力量熏陶感染职工。企业创建了龙岩奇观、翠然风韵、大汗凭吊、林城夜色等人文景观，成立了业余文工团，组建了电声乐队、“夕阳红”老年秧歌队、青年健美操表演队。1990年以来，先后组织了“龙岩赞歌”、“绿星映春”、“绿色风采”等7届大型系列文化活动。与此同时，在局领导的倡导下，带有时代特征的林城文化新形式——广场文化，也作为局标志性的群众性文化活动广泛开展起来。一是建设了文化公园、秧歌广场，修建了舞台、舞池；二是在广场上定期组织冰雕展览、书画展览、音乐舞会、科技咨询、法制宣传等活动。每当节假日，学校、幼儿园及其他单位在此举办主题班会、团队会和各种文化娱乐活动。群众性文化活动的开展，犹如润物的春雨，使文明的种子在千家万户中萌发。以前那种因业余文化贫乏而聚众赌博、酗酒的现象看不到了，代之而来的，是一个个雨后春笋般的文学、摄影、美术、音乐等兴趣小组，在业余时间里充分展示各自的才能。

在宣传企业、展示风采上，林业局协助拍摄并在中央电视台、内蒙古电视台多次播出如《天涯绿海》、《走进大森林》、《绿色明珠》、《感受莫尔道嘎》、《留驻绿色》等专题片；在国内外报刊出专刊、专版；制作了风光、广告画册；在自治区首府设立巨幅广告牌；在北京举办“绿海明珠”摄影展，协办《大地春潮》春节文艺晚会；在北京、广州、深圳、呼和浩特参加各种名优产品展览展示会等，提高了企业的知名度。企业形象的树立，不仅使企业凝聚力、向心力和职工的集体荣誉感明显增强，也为招商引资和经济发展创造了良好的内外部环境。

改善林区人民生活是宗旨

加强现代文明城镇建设，不断优化生产生活环境，让群众生活得更美好，一直是林业局抓环境建设的宗旨。早在1987年，局里就提出“局址建设城市化，林场建设花园化，工队建设标准化”的目标。在建设中，坚持统筹规划，合理布局，精心设计，建一座楼房就是一个景观，建一片住宅就是一个文明小区，建一个单位就是花园式单位。先后建起了风格各异的统建住宅区、办公区、文教区、商业区和娱乐区。新建住宅12万平方米，更换了4万多平方米“板夹泥”房屋，修建了6.9公里主街道水泥路，并建起120余座雕塑和60多个花坛。还建成造型独特的商品楼出售，并组织大规模义务劳动来美化家园。1990年以来，全局职工义务劳动达3.2万多个工日，疏通巷道70余条，新开街道32条，植绿化树6万余株，移植丁香、刺玫、芍药3万余株，种绿草坪3万多平方米。一个具有浓郁的现代文化氛围的新型边境林城正在崛起。

企业办社会是林业企业的共同特点。林业局作为当地的一个大企业，主动争取各级政府对精神文明建设的指导和支持，与各驻在单位进行协调共建，形成了“团结奋斗，共建文明”的地区精神。几年来，林业局与驻莫各单位一起轰轰烈烈地开展了地区性的“创优美环境月”和“三清一建”(清理拌子城、清理街道、清理拉圾，创建星级文明城镇)活动，以及拥军爱民活动，有力地推动了城镇的文明建设。局里还发挥共建优势抓管理，充分发挥群众监督和舆论宣传的作用，从小事到大事，从企业到全地区，对文明建设成果齐抓共管。

在环境建设达到一定规模后，局里又把视角转移到对自然环境的保护上来，旨在千方百计保护好这片绿色宝库，维系生态平衡。提出了“留驻绿色，平衡生态，保护环境，造福未来”的环保方针和“让林城在花丛中飘动，在绿色中荡漾”的环保目标，制定了《莫尔道嘎城镇环境管理实施细则》和《居民公约》，采取重检重罚的措施对树木、动植物资源以及水源等方面制定了一系列保护制度，在施业区内划出樟子松、落叶松、白桦三块自然保护区，在其中建鹿、熊、犴、兔等动物雕塑30多座，并在靠近公路林间悬挂鸟巢，以此教育人们增强环保意识。随着大环境、小环境的建设和保护，这里的人们生活在整洁漂亮的小城中，沐浴着清新的空气，在衣食住行和娱乐等方面都受到了现代文明的洗礼。

提高效益是目的

林业的物质文明建设的成就集中体现在生态、社会和经济效益上。莫尔道嘎局以精神文明建设促进物质文明建设，成效显著，其表现是：

生态效益得到提高。资源培育步伐加快，更新造林2万多公顷，使森林覆盖率由“七五”初期的81.7%提高到87.3%。全部还清建局以来更新造林的历史欠账，森林资源长大于消，消长比为0.85∶1。森林保护日益加强，森林防火取得了连续15年无重大火灾的好成绩。同时，有效地保护了动植物资源，维系了生态平衡。

经济效益逐年增加。其一，不断加快新林区开发，木材生产能力由1986年的28万立方米，增产到40万立方米。其二，产业结构初步调整。抓木材的加工利用，先后开发生产了锯材、地板砖、指接集成材、木笔文具、木制工艺品、雪糕把、卫生筷子、圆木棒、板式家具、木片、木珠等十多种林产工业产品。林产工业产值由1986年的93万元，提高到1800万元。同时正在申报年产10万立方米的中密度纤维板厂项目已经国家立项，可行性研究正在报批中。此项目一旦建成，全局年总产值可达5亿元，利、税1.5亿元。届时将真正实现“一体两翼”绿星腾飞计划，把莫局建设成以林产工业为龙头的大型、综合、富裕、文明的现代森工企业。其三，抓多种经营，大力发展家庭经济和复合经营，形成了多种产业并举、多种经济成分共存的新格局。1996年全局实现多种经营产值及收入5000多万元，是1986年594万元的8.4倍。其四，年实现利、税及林价均在5000万元左右，最高年份1995年利、税及林价总上缴高达7000万元，是内蒙古林区上缴最多的支柱企业。其五，经济的快速发展，有力地推动了改革开放的进程，不仅先后对经营机制、劳动人事、分配、保险、住房、医疗进行了重大改革，而且招商引资、对外贸易取得了好成绩，先后建起台圳、森洋、三林三个合资厂，产品出口创汇达125万美元。

社会效益得到增强。目前，这里市场繁荣，物价稳定，职工的生活水平不断提高。仅局就有万元以上经济户达1850个，职工人均年工资也由1986年的1500元提高到5000多元。

(莫尔道嘎森林工业有限公司　供稿)

站在更高的起点上建校育人

——北京林业大学建设与发展回顾

加强林业教育是振兴林业的根本大计。北京林业大学，在长期教学实践中，以“高、精、新”为起点，努力培养“宽口径、厚基础、知识结构合理、适应性和创新能力强”的林业高新科技人才，在建校、育人两个方面都取得了突出成就，被国家教育部确定为全国重点大学。

北京林业大学始建于1952年。原名北京林学院，1985年改为北京林业大学。

建校初期，办学条件十分简陋，师资不足，设备短缺，经费不多，生活非常艰苦。那时，全校仅有一个专业，几十名学生，师生都住在北京西山大觉寺，学生以床代桌做作业，上基础课，还要到其他院校请人兼课。经过几十年艰苦奋斗，学校从小到大，从弱到强，逐步形成以林科为主，以森林生物和环境科学为特色，兼有理、工、文、管、商等多种学科，包括专科、本科、主辅修、双学位、研究生、博士后、干部培训、职工培训、继续教育、成人学历教育、高等职业技术教育和留学生教育在内的林业高级人才培养基地。由于办学规模逐步扩大，教育结构日趋合理，办学效益和质量显著提高。1960年，学校被国家教育部确定为全国重点大学；1981年批准为硕士学位授予单位；1984年批准为博士学位授予单位；1988年获教授职称评审权；1990年获林学荣誉博士授予权；1996年进入全国重点建设100所院校的“211工程”。

目前，学校已发展成为综合性大学，设有本科专业18个，硕士学科点14个，博士学科点11个。其中有在我国最先建立的历史悠久的造林学、森林经理学、森林保护等学科；有园林植物、风景园林规划与设计、水土保持等独具特色的学科专业；有森林生物工程、生态林业工程、森林工程和经济管理等学科，以及数、理、化等基础学科。学校下属9个学院(即森林资源与环境学院、森林工业学院、经济管理学院、园林学院、水土保持学院、人文学院、生物学院、基础科学与信息工程学院和成人教育学院)，2个教学部(即体育教学部、研究生部)，4个培训中心(即国家林业局外语培训中心、中日合作治山技术培训中心、中国防治荒漠化培训中心、中国插花花艺培训中心)。国家林业局所属10大类专业教学指导委员会中，有4个挂靠此校，覆盖14个专业。两个一级学会——中国水土保持学会、中国林业教育学会也设在此校。

近年来，学校本专科年招生均超过1000人，在校生4000余人。1998年，学校硕士、博士、博士后的人数分别为249人、117人、12人，另外还有双学位43人，成人学历教育2432人。形成了专科生、学士、硕士、博士、博士后完整的高等林业教育体系。五六十年代，学校为苏联、越南、朝鲜、阿尔巴尼亚等国培养留学生。近几年来，学校又开始恢复了留学生培养工作。

1993年，国务院学位办公室和林业部共同组织专家评估林业行业内的硕士学科点，北京林业大学参评的11个学科有9个学科获行业总分第一。此外，水土保持、园林植物和风景园林规划设计3个学科，亦为本校历史悠久、久负盛名、在国内外都具有学术优势的学科。

北京林业大学专业覆盖面宽，综合实力雄厚，具备培养高新林业人才的良好条件。46年来，学校共为国家培养各类毕业生25 568名。这些毕业生分布在全国各省、自治区和直辖市,以及欧洲、美洲、亚洲、澳洲等地。毕业生中的绝大多数已成为我国林业、水保、园林、森工、林业经济管理等领域的中坚力量,其中有6名成长为国家省部级领导干部,还有不少同志在发展林业科技方面做出了突出贡献。如中国工程院院士、“ABT生根粉”的发明者中国林科院研究员、现任全国人大常委的王涛;中国科学院院士、国家科技部副部长,在“遥感技术应用于林业建设”项目上作出杰出贡献的徐冠华;中国科学院院士、植物研究所所长,国际生态学会计划委员会委员张新时;中国科学院院士、中国林科院研究员,为我国森林资源管理现代化作出突出贡献的唐守正等,都是早期从北京林业大学毕业后,在社会实践中作出杰出贡献的优秀代表。此外,还有许许多多北京林业大学毕业生为培育森林资源、建设生态工程、发展林业产业、推进林业科技进步、加强企事业管理埋头苦干,默默耕耘。他们中有的战斗在山区、林区生产第一线或地方经济建设的重要部门。为山区、林区的开发建设,为地方经济的振兴和繁荣作出了巨大贡献,成为受人尊敬、享有盛誉的绿色工程师;有的担任了国际学术组织的主席、理事、高级顾问等要职;有的是国内外知名专家、学者、教授和农林院校、科研院所的领导人、学科带头人;有的成为全国劳动模范、“五一”劳动奖章获得者、全国教育先进工作者、全国科技先进个人;有的成为贫困地区脱贫致富的领路人;有的是集团公司的总经理、总工程师;有的是地方一市之长、一县之长……可以这样说,几乎在全国所有重大林业工程和地方林业建设中,都有北京林业大学毕业生的身影。

建校47年来,在林业部和北京市委的直接领导下,学校党政领导,坚决贯彻党的教育方针,把培养德、智、体等全面发展的社会主义事业建设者和接班人作为根本任务,不断加强全校师生员工的世界观、人生观、价值观教育,使党的建设和思想政治工作,真正成为落实学校各项改革措施的思想保证和组织保证,使学校整体管理水平不断提高。特别是党的十一届三中全会以来,学校坚持以邓小平教育理论为办学指针,不断加强对邓小平教育理论的学习,努力把党建和思想政治工作落到实处,在深化改革的过程中逐步提高全校教职工的思想认识水平,使学校在建校、育人两个方面都出现了新的局面。

结合林业实际,贯彻党的教育方针,办好学校,是一项艰巨复杂的系统工程。在全方位、多层次的组织领导工作中,北京林业大学党政领导班子十分注意抓好以下几个环节:

按照“精干、高效”的思路,组建坚强有力的领导班子,树立“创新、求实、团结、奋进”的校风 建校以来的15届党委一把手和7任校长,都是我国林学界著名专家、德高望重的知名人士和经验丰富的管理干部。他们忠于党的教育事业,勤勤恳恳,惮精竭虑,为办好学校奉献出全部精力和心血,在全校师生员工中树立了治学做人的榜样。在日常管理中,校领导对教职员工的思想政治工作抓得很紧,大力倡导“创新、求实、团结、奋进”的工作作风,教职工中,有14人被评为国家级和部级有突出贡献的专家,有96人荣获全国或省部级优秀教师、先进工作者、劳动模范称号,有14个单位被评为先进集体。

党政领导班子的团结是北京林业大学的优良传统。在50年代后期至70年代中期,学校处境艰难,是团结合作的领导班子带领广大师生度过了难关。改革开放以后,在复杂多变的机遇与挑战面前,又是靠学校领导班子的团结合作,带领广大教职工锐意改革,取得了巨大成绩。在1995年“211工程”预审和1997年北京市党建及思想政治工作评审中,这一优良传统被评审组的专家们认定是办学成功的重要条件。

在维护领导班子团结的同时,学校还实行民主办学,坚持走群众路线,充分调动广大教职工的积极性。具体做法是:

1. 建立各种民主渠道,健全组织机构。学校共青团、工会、学生会、研究生会、教代会、校务委员会等各种组织机构以及监察、审计等监督机构,都定期召开各种会议,做到上情下达,下情上达,集思广益,按民主集中制程序办事,做好保证监督。学校领导班子决策重要问题按民主化、科学化程序办事,保证了决策的正确性和可行性。

2. 建立各级领导深入基层制度、学校领导接待日制度、现场办公制度、学校信息发布会制度、民主生活会制度等等,听取各方面意见,及时改进工作。

3. 学校重大问题先经过教代会、工会和群众组织讨论,并定期不定期地征询校内各民主党派的意见,从群众中来,到群众中去,反复酝酿、讨论,最后做出决定。

多方吸引著名专家、学者和有丰富经验的人才，组成适应新时期高等教育的师资队伍 办好林业高等教育，关键是要有一支适应新时期林业建设需要的教师队伍。北京林业大学历届党委和校领导都把师资队伍建设作为头等大事，提到战略高度，摆在中心位置，把教师队伍的建设作为办好教育的基础。学校在教师队伍建设方面的做法是：通过各种渠道，从清华大学、北京大学、中国人民大学、南开大学等国内著名大学吸引优秀毕业生来校工作；创造各种有利条件，吸收海外留学生来校工作；从社会上、从外校外单位调入、从各种渠道吸收造诣较深的专家、学者，或有丰富经验的优秀人才；在本校选留优秀毕业生补充教师队伍；利用世界银行贷款，建设外语培训中心，聘请外籍教师。

在吸收和选留人才上，学校领导都亲自过问，多方物色，层层把关，用人的院、系、部、处教师、干部也都参与考核。一旦留下来，即想方设法帮助解决诸如进京户口、住房、两地分居等多种生活及工作条件问题，并实行以老带新，因才使用，认真培养，自80年代中期以来，共补充了数百人。

通过教学实践培养提高教师队伍的素质，是北京林业大学多年坚持实施的行之有效的措施。学校绝大多数专家、教授、优秀工作者都是在边教边学中成长起来的。具体做法是：

(1)组织教师参加教学、科研、管理工作及社会实践，定期不定期上山下乡下工厂，在农村和林区进行教学、科研和生产实践，结合带学生实习、指导做论文等教学科研环节，进行调查或考察、蹲点、接触社会，熟悉林区和农村，从中扩大视野，丰富知识，增长才干。

(2)轮流脱产进修或进行学术交流、考察。学校教师进修除到林业兄弟院校取长补短之外，还到北京大学、清华大学、中国科技大学、中国人民大学进修业务，或进北京外国语学院、北京语言学院培训外语。改革开放以来，学校曾派出大量教师去国外进修、讲学，或攻读学位。此外，还通过校际关系，或参加国际会议，或自己组团，或参加林业部及国家组团到国外进行学术考察，了解国际学术动态，提高学术水平。

(3)聘请外国专家来校讲学，使更多的教师掌握国外各学科的发展趋势，取长补短。自1980年以来，学校先后接待国外专家、学者6000余人次。

(4)重点培养，建设师资梯队。近年来，学校加大了学术队伍和师资队伍的培养力度，面向21世纪的“131工程”即是其中一个重要举措。该项工程计划到“九五”末，培养造就出10名国内一流、国际上有一定影响的中青年优秀教师，其中2到3名为国际知名专家，30名中青年学科学术带头人，100名优秀青年教师。为落实“131”工程，学校专门制定了优秀青年教师选拔管理办法，实行滚动式动态管理。

截至1998年，学校共有教职工1257人，其中教授108人，副教授244人，讲师357人。教师中具有高级职称者占教师总数的58.3%；具有硕士以上学位的教师128人(其中博士学位24人)，占教师总数的28.3%。有30人被列入国家“百千万人才培养工程”，76人被列为青年骨干教师，100人被列为校级跨世纪优秀骨干教师，形成了一支人员精干、结构合理、水平较高的教师队伍，为学校向高层次发展奠定了坚实的人才基础。还有200名属科研编制的教师，也承担一定的教学任务。

学校师资优势还表现在整体素质上，全校有29门课被评为优秀课程。在优秀教材评选中，有5种教材获国家优秀教材奖，21种教材获部级优秀教材奖，在全国、北京市优秀教学成果评选中，获国家一等奖1项，获北京市一等奖12项，二等奖9项。1993年学校被评为全国林业成人教育先进单位。1994年学校教务处被国家教委评为全国高校先进教务处。他们当中涌现了一批受到国家、北京市和学校表彰的优秀教师，而且有一批国内学术界公认、国际上有一定学术影响的学术带头人。其中：有中国工程院院士3人，国务院学位委员会学科评议组成员4人，全国优秀教师5人，北京市优秀教师20人，林业部科学技术委员会委员7人，享受政府特殊津贴者93人，获得国家级有突出贡献的中青年专家称号者7人，获得部级有突出贡献的中青年专家称号者21人，担任博士生导师者50人，在国际学术组织和学术刊物任职者8人，在中国科协所属一、二、三级学会及其他一、二级学会、研究会、协会中担任委员、理事、常务理事、正副秘书长、正副理事长等重要学术职务者60余人。

以培养“宽口径、厚基础、知识结构合理、适应性和创新能力强”的复合型人才为目标，优先发展适合林业和生态建设需要的重点学科、优势学科、新兴学科 学校从本校实际情况出发，不搞小而全，大而全，努力保持和发扬本校的优势和特色，重点建设自己的第一流学科和专业，培养国家林业建设亟需的高新科技人才，为国家林业现代化建设服务。早在五六十年代，学校就聚集了一批林学及园林方面的专家教授和著名学者，在本校形成了以森林生物学为优势和以环境建设为特色的学科和专业。近20年来，经过课程结构调整，新增课程182门。这些课程覆盖了管理、经济、人文社会、计算机科学等方方面面。其中，有面向21世纪的新兴边缘交叉学科，如信息、生物、经贸等基础学科和人文社会学科。同时压缩必修课，增加选修课，在教学内容上体现"精、新、宽"的要求，逐步形成了具有林业特色的、面向21世纪的较为合理的课程体系。

在教学方法方面，北京林业大学的教师们将知识传授、能力培养与全面的素质教育结合起来，强化"教书育人"意识，应用启发式、对话式、讨论式教学，注重教学效果。同时引进先进的多媒体教学，增加在计算机硬件上的投入。目前，全校共有计算机500余台，每个学院都有供学生上机使用的计算机房，保证计算机教学4年不断线。学校还充分利用现有电化教学设施，改善外语教学条件，使本科生外语水平逐年提高。

学校除加强校内实验实习外，还组织学生到分布在全国各地的30多个教学科研基地进行教学实习和参加科研工作，加强实践能力的培养。学科建设、专业设置与科学研究紧密结合，三者相辅相成。学校在完成教学任务的同时，坚持"科教与社会服务相结合"的方针，面向经济建设主战场，积极参加植树造林、林木育种、水土保持、森林病虫害防治、森林经理、森林工业、园林植物和风景园林规划与设计等学科领域的课题研究，并在保护与发展森林资源、改善生态环境、国土整治的宏观决策，促进林业经济和产业的发展，人才培训，科技推广，科学普及等方面，承担部、市领导单位交给的任务。通过科学研究实践，既促进了教学和学科、专业建设，又取得了一批科研成果，获得了良好的经济效益和社会效益。

早在50年代，学校就组织一批师生员工参加了我国三大林区、华南橡胶基地、全国森林资源清查和流域治理等项工作。60年代，通过教学与科研结合方式研制成功的压缩木磨球、木梭和铆杆，为我国军工、纺织和煤炭行业亟需的技术改造解决了关键性技术问题。70年代，学校进行了"树木净化大气及监测环境污染作用"的研究，开创了我国治理、维护污染生态研究的先河，在1978年全国科技大会上受到表彰。80年代以来，学校参加了南水北调工程、"三北"防护林工程、三峡工程、黄土高原综合开发、西藏考察、西南地区自然资源合理开发和利用、黄淮海平原综合治理开发、太行山绿化工程等国家重大工程的考察、研究、论证与实施。在黄土高原水土流失综合治理、石质山区和干旱半干旱地区造林技术、森林资源管理信息系统、选育三倍体毛白杨、林木生产发育控制机理、主要树种抗旱机理、金花茶基因库建立、园林建筑、湿法两面光中密度纤维板制造、林业机械系统等研究中，取得了一系列重大成果。这些成果推广应用所产生的经济效益达30亿元之多。自1980年以来，学校承担的各类科研项目493项(其中国家攻关科研项目45项、林业部重点项目45项，国家自然科学基金项目69项、博士点基金项目44项，各种横向协作项目290项)，先后取得科研经费3350.4万元，美元45万元。学校还有6项国际合作项目，获得援助约500万美元。在历年科研成果中，有155项获得国家和省部级奖励(其中国家一等奖1项、二等奖11项、三等奖9项；国家发明三等奖2项；省部级科技进步一等奖13项，二等奖39项、三等奖80项)，已注册专利33项。在这些成果中，达到或接近国际先进水平的有49项，国内先进水平或领先水平的121项。在全国林业院校中，获奖级别及数量都处于领先地位。据不完全统计，全校累计出版科技专著250部，发表科技论文2667篇。

目前，学校在编专职科研人员200人，每年还有160余人的硕士、博士研究生参加科研工作，形成了一支学科齐全、结构合理、实力较强的科研队伍。学校现有研究所(室)13个，部级重点开放性实验室5个，科技情报室1个，专利事务所1个，校外研究基地30余处，形成了校、院、系及课题组四级科学研究、科技开发、成果推广网络。

在教学管理方面，学校建立健全了一把手抓教学的制度，加强教学质量评估，实行考教分离，严格考试纪律，使领导、教师、学生的精力投入有了明显的改善。同时，学校增加教学经费的投入，每年递增20%，以确保教学工作的正常运转。学校于1994年起对新生全面实行学分制、主辅修和双学位制，改变了以往千人一面的教学计划模式。对于学有余力的同学，允许提前修下一学年或辅修专业的课程。在教学过程中引入竞争机制，因才施教，调动了学生的学习积极性。

学校非常重视教学研究工作，承担了许多有关林业教育的研究课题。学校设有高教研究室，国家林业局高教研究中心也设在这里。仅在课程建设改革研究方面，校内即确立了47项课题，设启动经费17万元，并单独设立青年教师教学研究基金，同时还获得原国家教委“面向21世纪教学内容及课程改革研究”项目13项。教师们注重将取得的优秀教学研究成果，及时应用于教学实践，促进了教学质量不断提高。在招生方面，作为试点学校，北京林业大学率先在1995年实行本科“招生并轨”。为缓解经济、文化发展落后地区以及偏远山区、林区、少数民族地区急需人才的矛盾，学校实行政策倾斜，适当降低录取分数线，定向招生、定向培养、定向分配，受到这些地区的欢迎。在毕业生分配制度改革上，成立了分配就业咨询机构，加强就业指导工作，扩大了“双向选择”比例，毕业生一次分配到位率一直保持在较高水平。

创造优美的学习环境，构筑多方位、高档次教学保障服务体系 新中国林业部首任部长梁希先生对北京林业大学的建设与发展倾注了大量心血。林业部的历届领导对北京林业大学都十分关注和重视。国家对学校的投入逐年增加。特别是进入“211工程”之后，投入倾斜进一步加大。目前学校已具有良好的办学条件和进一步发展的基础。校本部有土地42公顷、各类建筑面积16万多平方米。校园内办公楼、教学楼和师生宿舍排列整齐，错落有致；满园树木、花草，郁郁葱葱，清静幽雅。自1980年以来，林业部加大了对本校办学的资金投入，加上两期世界银行贷款690万美元和日本国际协力事业团赠款2.75亿日元，建立了森林生物中心，显微技术中心、计算机中心、外语培训中心、防治荒漠化培训中心和一批具有先进仪器设备的实验室，大大改善了学校的办学条件。目前，学校共有研究中心、实验室、标本室、模型室、语言室等85个，部级重点研究室5个，全校单价500元以上的仪器、设备有6386台(件)，总值为6500万元。学校有26.6公顷苗圃、800公顷教学实习林场、1个金工厂、1个木材加工厂以及30多个校外教学科研基地，基本形成了实习、实验和社会实践基地网络体系；新建的计算机网络服务中心和信息服务中心已完成一期工程；学校图书馆收藏书刊80余万册，为全国林业高等院校藏书数量之首，林业部“全国林业院校进口教材中心”也设在本校图书馆。现在学校固定资产原值已达2亿元。

近年来，为进一步提高管理服务水平，学校还按照“服务与经营分开”的原则进行后勤管理体制改革，已形成小机关、多实体、大服务的格局。学校还在强化服务意识、提高服务质量上下功夫，全面实行后勤服务承诺制，千方百计解除师生员工的后顾之忧，为学校整体工作的顺利进行提供了有力保障。从90年代以来，学校的后勤工作一直处于北京高校后勤工作的前列，学生食堂连续10年被评为先进集体。校办产业也发挥了专业特色，在花卉培育、园林规划、木材加工、人造板工艺、营林园林机械等方面已形成了自身的优势。由于校办产业发展，学校的创收能力也逐步提高。

北京林业大学建校的47年，是艰苦奋斗、发奋图强、开拓前进、攀登高峰的47年。在又一个千年钟声即将敲响、新世纪正在向我们走来的时候，北京林业大学全体教职工满怀激情，决心站在更高的起点上努力拼搏，为把学校建设成为第一流的大学、培养出更多、更好的林业建设人才而奋斗。

(执笔人：王泽福　铁铮)

人　　物

历任林业部部长　国家林业局局长

梁　希（1883～1958）

著名林学家、林业教育家和社会活动家，近代林学和林业杰出的开拓者之一。浙江吴兴（今浙江省湖州市）人，字叔五。清末秀才。1905年考入浙江武备学堂，翌年赴日本士官学校学习，1907年加入中国同盟会。1912年回国，参加辛亥革命。1913年重返日本，入东京帝国大学农学部，攻读森林利用学科。1916年回国，任教于北京农业专门学校。1923年赴德国萨克森德累斯顿高等林业专门学院研究林产制造化学。1927年回国后，先后任北京农业大学教授兼森林系主任，浙江大学农学院教授兼森林系主任，1933年任南京中央大学农学院教授、院长，并创建森林化学室。1935年当选为中华农学会理事长。抗日战争时期，积极参加进步活动，与许德珩等发起组织九三学社。1947年任中国科学工作者协会南京分会理事长。1949年南京解放后，任南京大学校务委员会主席。新中国成立后任政务院财经委员会委员，1949～1958年任林垦部（1951年改为林业部）部长，兼任中国林学会首届理事长、中华全国科学技术普及协会主席，中国科学技术协会副主席，第二、三、四、五届九三学社中央副主席。是第一届全国人大代表，第一、二届全国政协常务委员；中国科学院生物学部委员，中国人民保卫世界和平委员会常务委员。从事林业教学和研究30多年，创立了林产制造化学学科，创建了我国第一个森林化学实验室，进行了如松树采脂、樟脑制造器皿、油桐种子分析和桐油抽提、木材干馏、木精定量、木素定量等试验研究；讲授森林利用学、林产制造化学、木材学、木材防腐学等课程，培养了大批林业专门人才，并积极传播新的林业科学理论。先后编写过多种关于木材工艺和林产化学方面的教材，著有《林产制造化学》、《木材学》，并发表了大量普及林业科技知识的文章。有《梁希文集》、《梁希纪念集》、《中国林业的杰出开拓者——梁希》。

罗隆基（1898～1965）

江西安福人，字努生。1919年曾参加"五四"运动。1921年清华学校毕业后赴美国留学，入威斯康星大学，获哥伦比亚大学政治学博士学位。回国后，任光华大学教授，创办《新月》杂志，任主编，因发表反对国民党一党专政的言论而遭逮捕。1931年在北京与张君劢组织"再生社"，后改组为中国国家社会党，任中央常务委员。1932年以后，任天津《益世报》主笔，南开大学教授，北京《晨报》社社长。1937年任云南大学教授。1939年以后，与张澜、沈钧儒等人在重庆联合发起组织统一建国同志会。1941年，脱离国社党，参加发起组织中国民主政团同盟（后改组为中国民主同盟），并任中央常务委员兼宣传部长，曾代表民盟出席国民参政会和1946年在重庆召开的政治协商会议。1946年，任民盟总部机关报《民主报》社社长，从事民主活动。1947年，在南京被国民党监禁。1949年，出席中国人民政治协商会议第一届全体会议。新中国成立后，任中央人民政府政务院政务委员，1956年任森林工业部部长，民盟中央副主席，中国人民外交学会副会长，中国保卫世界和平大会常务委员兼宣传部长，世界和平理事会理事。是第一届全国人大常委会委员，第一、二届全国政协常委，第三、四届全国政协委员。

刘文辉(1895～1976) 四川大邑人，字自乾。1917年毕业于保定陆军军官学校第二期，曾任川军营长、团长、旅长、师长，成都卫戍司令。1926年任国民革命军二十四军军长。1928年任四川省主席、川康边防总指挥。1935年后任西康省建省委员会委员长，西康省主席，川康绥靖公署副主任，国民党中央执行委员，国民党西康省党部主任委员。抗日战争时期，先后与中国共产党领导人董必武、周恩来等有联系。1941年，与李相符、马哲民等人组织以“全民团结，坚持抗战，反对独裁，实行民主”为宗旨的秘密政治团体“唯民社”，任社长，出版了《唯民》周刊、《青年园地》、《大学》月刊，开办了大学书店，出售进步书籍。1944年加入中国民主同盟任中央委员。1948年任中国国民党革命委员会川康分会主任，从事反蒋活动。1949年12月，在四川彭县率部起义，配合中国人民解放军入川，为西康解放作出了贡献。新中国成立后，任西南军政委员会副主席、西南行政委员会副主席、国防委员会委员、民革中央委员、四川省主任委员、四川省政协副主席。1955年获一级解放勋章。1959年起任林业部部长。是第一、二、三届全国人大代表、第四届全国人大常委会委员，第一届全国政协委员，第二、三、四届全国政协常务委员。

罗玉川(1909～1989) 河北满城人。1930年加入中国共产党。曾任中共河北满城县工委书记，河北完(县)满(城)易(县)中心县委书记，晋察冀三地委宣传部部长，冀中五地委和八地委组织部部长，冀中四地委书记、冀中行政公署主任，河北省人民政府副主席。新中国成立后，历任中央人民政府农业部副部长、党组书记，中共平原省委副书记、省人民政府副主席，1952年任林业部副部长、党组书记，1956年任

森林工业部副部长、党组书记，1958年任林业部副部长、党组书记。1964年兼任开发大兴安岭林区会战指挥部党委书记兼政委。1972年任农林部副部长、党组成员。1978年兼任国家林业总局局长、党组书记，1979年4月任林业部部长、党组书记，1980～1982年任林业部顾问，部党组成员。是中共八大、十一大、十二大代表，中共十二大、十三大当选为中共中央顾问委员会委员，第二、三、四、五届全国人大代表。有《罗玉川纪念文集》。

雍文涛(1912～1997) 贵州遵义人。1934年在上海参加中国左翼教育工作者联盟，次年加入中国共产党。曾任中共湖北省委特派员、鄂西特委书记，新四军鄂豫挺进支队政治部代主任，延安中共中央党务研究室研究员，中共吉林省延边分省委副书记等职务。新中国成立后，历任东北人民政府财经委员会副主任、林业部部长，1953年起任中央人民政府林业部副部长，森林工业部副部长，林业部副部长，中共中央中南局常委兼秘书长，中共广东省委书记兼广州市委第一书记，国务院文教办公室常务副主任，中共中央宣传部副部长，中共北京市委书记，中共广东省委书记，教育部副部长。1979年任林业部副部长、党组副书记，1980年8月任林业部部长、党组书记。1982年4月至1985年任林业部顾问，中央绿化委员会副主任，中国绿化基金会主席，中共中央整党工作指导委员会委员兼办公室主任。是中共七大、十二大代表，中共十二大、十三大当选为中共中央顾问委员会委员，第五届全国人大代表。著有《林业建设问题研究》、《林业分工论》。

杨 钟(1932～) 四川西充人。1950年任四川省岳池县减租退押工作团副区队长，1952年加入中国共产党。曾任四川省岳池县副区长，中共四川省南充市郊区区委书记、市委农村工作部部长，广安

县委书记，武胜县委书记、代理第一书记，南充地委农村工作部副部长，中共广安县委书记、县革命委员会主任等职务。1980年1月任四川省副省长，1982年4月至1987年6月任林业部部长、党组书记，中央绿化委员会副主任。是中共第十二届中央候补委员。后任国务院扶贫工作办公室主任。

高德占(1932～　　)

山东栖霞人。1950年4月加入中国共产党。1954年毕业于大连工学院化工系。高级工程师。历任吉林化工学校教研组组长，吉林省新中国制糖厂专家工作组组长、技术室主任、化验室主任、生产办公室主任，吉林省地方工业技术研究所设计室主任，吉林省石油化工设计研究院副院长、副总工程师，吉林省石油化工局副局长、总工程师，吉林省经济委员会副主任、主任。1983年4月任吉林省副省长，1985年4月任中共吉林省委副书记、吉林省省长。1987年6月任林业部部长、党组书记，中央绿化委员会副主任。1993年3月任中共天津市委书记。是中共十三大、十四大代表，第十二、十三届中央候补委员，第十四届中央委员，第九届全国人大常委会委员。著有《走有中国特色的林业建设道路》。

徐有芳(1939～　　)

安徽广德人。高级工程师。1963年毕业于安徽农学院林学系，同年8月在吉林省八家子林业局参加工作。1973年4月加入中国共产党。历任吉林省林业厅计划处工程师、副处长，吉林省露水河林业局副局长、党委常委。1983年4月任吉林省林业厅副厅长、党组成员，兼任省林业工业联合公司经理、分党组书记。1985年1月调林业部任林业工业局局长，1986年4月任林业部副部长、党组成员。1993年3月任林业部部长、党组书记，全国绿化委员会副主任，国务院环境保护委员会副主任，1997年7月任中共黑龙江省委书记。是中共第十五届中央委员。著有《面向21世纪的中国林业建设》。

陈耀邦(1935～　　)

广东番禺人。教授级高级农艺师。1982年3月加入中国共产党。1950年入广东仲恺农校大田作物专业学习。1957年毕业于华中农学院植物保护专业，毕业后留校任教。1966年，华中农学院植物病理、农用抗菌素专业研究生毕业。曾任农业部植物检疫实验所技术员，农林部、农业部、农牧渔业部农业局副处长、副局长，江苏省无锡市委副书记(挂职锻炼)等职务。1986年1月起任农牧渔业部、农业部副部长、党组成员。1993年4月任国家计委副主任、党组成员。1997年7月任林业部部长、党组书记。1998年3月任农业部部长、党组书记。是中共第十五届中央委员。

王志宝(1938～　　)

山东招远人。高级工程师。1965年5月加入中国共产党。1963年7月毕业于吉林电力学院动力系电厂热能动力工程专业。同年8月参加工作。曾任内蒙古牙克石林管局基建处技术员、机电处副处长，绰尔林业局党委副书记、代局长，牙克石林管局副总工程师兼计划处处长、副局长。1986年6月任林业部计划司副司长，1989年4月任林业部综合计划司司长。1992年9月任林业部副部长、党组成员。1998年3月任国家林业局局长、党组书记，全国绿化委员会副主任。主编《森林与环境》。

历任林业部副部长（副部长级）国家林业局副局长（副局长级）*

李范五（1912～1986） 黑龙江穆棱人。曾用名张苏。1932年在国立北平大学俄文法政学院学习期间，参加反帝大同盟。1932年加入中国共产党。曾任中共黑龙江省穆棱、宁安县委书记，中共吉东特委组织部部长、代理书记。1936年赴苏联莫斯科东方大学学习，1938年回国，任延安中国人民抗日军政大学东北干部训练队指导员，中共中央东北工作委员会秘书长，中央调查部总务处处长，中共合江省委副书记兼合江省政府副主席、合江省军区政委，松江省政府副主席。新中国成立后，历任中央人民政府林垦部副部长，党组书记，林业部副部长、党组书记，中共黑龙江省委书记处书记、省委第二书记，黑龙江省省长。是中共七大、八大代表，第一、二、三届全国人大代表，第六届全国政协委员。撰有《我对林业建设的回忆》。

李相符（1904～1963） 安徽湖东（今安徽省枞阳县）人。1924年毕业于山东农业专门学校。1925年赴日本留学。1928年在日本东京加入中国共产党。1929年毕业于日本东京帝国大学林科，1931年回国。曾任上海劳动大学、浙江大学、武汉大学、四川大学教授，中共陕西省委宣传部长，上海左翼文化总同盟执行委员，抗日战争时期任平汉铁路农林总场场

长，豫南民运专员办事处专员，第五战区豫鄂边区抗日工作委员会委员兼抗敌工作委员会政治指导部副主任，并创办《大洪报》宣传中国共产党抗日方针、政策。1944年加入中国民主同盟。1949年出席中国人民政治协商会议第一届全体会议。新中国成立后，历任中央人民政府林垦部副部长，林业部副部长，1953年起任北京林学院院长、党委书记，中国林业科学研究院副院长。是中国林学会第三届理事长，第二、三届全国政协委员。著有《小规模造林法》。

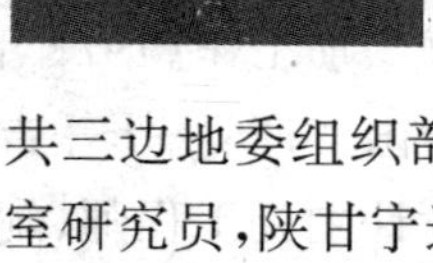

惠中权（1916～1968） 陕西清涧人。1934年加入中国共产党。曾任中共陕西延水、团县、甘泉、靖边县委书记。1942年在陕甘宁边区高级干部会议上被选为模范县委书记，并得到毛泽东“实事求是，不尚空谈”的题词。后任中共三边地委组织部部长，中共中央西北局政策研究室研究员，陕甘宁边区政府民政厅副厅长、建设厅副厅长、农业厅副厅长。新中国成立后，历任西北军政委员会农林部部长，中共华南垦殖总局党委副书记、副局长，中共广东省海南区委书记兼海南垦

* 排列顺序以任职时间为序。

殖局局长。1954年任林业部副部长、党组副书记。1966年兼任中国人民解放军西北林业建设兵团司令员。是中共七大、八大代表,第三届全国人大代表。著有《充分发挥森林的功能》。有《惠中权纪念文集》。

刘成栋(1911～1994)
黑龙江肇源人。又名刘达。1935年入辅仁大学中国语言文学系学习,同年加入东北抗日救国联合会。1936年加入中国共产党。曾任哈尔滨市市长。1948年任东北农学院院长、中共东北农学院党委书记,后兼任东北人民政府农林部林务总局(1950年7月改称东北森林工业总局)局长。1955年起任中华人民共和国林业部副部长,1956年任中华人民共和国森林工业部副部长,1958年任东北林学院院长兼中共东北林学院党委书记。1963年后任中共中国科学技术大学党委书记,1975年任国家标准计量局局长,1977年后任清华大学校长兼中共清华大学党委书记,1983年起任清华大学名誉校长。是中共第十二次全国代表大会代表,第五届全国人大代表,第六届全国人大常务委员会委员。

张克侠(1900～1984)
河北献县人。1929年加入中国共产党。1923年毕业于保定军官学校,后加入西北军。1925年参加北伐战争,曾任北伐军营长。1927年赴莫斯科中山大学学习,次年回国,任西北军师参谋长,察绥抗日同盟军高级参谋,第六战区司令部副参谋长,国民党第五十九军参谋长,第三十三集团军参谋长、副总司令,第三绥靖区副司令官。1948年同何基沣在贾旺、台儿庄率部起义,后参加渡江战役。1949年起历任中国人民解放军第三野战军第三十三军军长,中国人民解放军上海松沪警备区参谋长,华东军政委员会农林部部长,华东行政委员会森林工业管理局局长。1956年任中华人民共和国林业部副部长,后兼任中国林业科学研究院院长。1955年获一级解放勋章。是第四届全国人大代表,第五届全国政协常务委员。

张庆孚(1901～1968)
江苏江阴人。1925年加入中国共产党。1926年毕业于上海大学英文系。曾任黄埔军校政治教官,国民革命军三十五军三师政治部主任、十九军一师政治部主任,中共师、军部党团书记。1928年起,任上海政法学院教授,延安红军大学、抗日军政大学、军政学院政治教员,中国人民解放军东北军区军需学校党委书记,中国人民解放军中南军区军需部政治部主任。1950年任中央人民政府林垦部办公厅主任,1952年任中共林业部党组副书记,1956年任中华人民共和国林业部副部长。是中共八大代表,第三、四届全国政协委员。

周骏鸣(1902～　　)
河南确山人。1933年加入中国共产党。曾任中共河南省确山县委书记,中共河南省委委员,中共河南省委军委书记,中共鄂豫边区省委委员,鄂豫边区红军游击队政治指导员、队长,新四军第四支队第八团队团队长,1939年任新四军第五支队副司令员,1941年任新四军第二师参谋长。1943年赴延安,入中共中央党校学习,后历任新四军淮南军区司令员兼新四军新二师师长、华中军区参谋长,1947年任中国人民解放军华东军区副参谋长兼华东军区后勤司令员。新中国成立后,历任中国人民解放军华东军区副参谋长,中国人民解放军第三野战军副参谋长,中央人民政府水利部副部长、党组副书记,1958年任中华人民共和国林业部副部长、党组成员,1960年任黑龙江省农牧厅副厅长,1979年起任河南省政协副主席。是中共七大、八大代表。

陈　离(1893～1977)　四川安岳人。曾用名静珊。1911年入四川成都陆军军官学堂,1914年毕业。曾任川军邓锡侯部排长、连长、营长、团长、旅长、师

长。1933年，入陆军大学将官班受训。1937年参加抗日战争，任二十二集团军四十五军中将副军长兼一二七师师长，第五战区干训团主任，四川省防空司令部副司令，1945年任成都市市长，1947年任四川泸县七区专员。1949年12月在四川彭县参与刘文辉、邓锡侯起义活动。新中国成立后，历任西南军政委员会委员兼水利部副部长，1954年任长江水利规划委员会副主任，1956年任武汉市政协副主席，1958年任湖北省副省长，1959年起任中华人民共和国林业部副部长。是民革中央委员，第一、二、三、四届全国人大代表。

唐子奇(1907～　　)

湖南浏阳人。1927年参军，入贺龙领导的国民革命军第二十军教导团，参加过南昌起义。1927年加入中国共产主义青年团。1932年加入中国共产党。曾任湘赣苏区中国工农红军第十七师侦察参谋、科长，参加二万五千里长征和第二、三、四、五次反围剿。后任八路军三五九旅参谋长，绥(德)米(脂)葭(县)吴(堡)清(涧)警备区司令部参谋长，中国人民抗日军政大学七分校教育长，晋绥军区第六军分区司令员，晋绥军区总兵站站长，中国人民解放军西北野战军第六纵队参谋长。新中国成立后，历任中央人民政府林垦部林政司司长，中华人民共和国森林工业部部长助理，1959年任林业部副部长，1979～1982年任林业部副部长、党组成员。是第五、六届全国政协委员。

张　昭(1911～　　)

辽宁昌图人。1939年加入中国共产党。"九·一八"事变参加学生抗日义勇军，1932年参加"一·二八"淞沪抗战，1933年参加热河抗战，1935年党派到东北军六四七团作抗日救亡宣传组织工作。1938年经延安赴冀中参与组织东北救亡总会华北分会。曾任东北救亡总会华北分会宣传部长，河北省昌乐县县长，抗战胜利后任四平地区专员，辽宁省民政厅副厅长，齐齐哈尔市副市长，嫩江省第三行政专员公署专员，合江省第一行政专员公署专员，合江省人民政府秘书长兼民政厅厅长，松江省人民政府秘书长。新中国成立后，历任林垦部造林司司长，林业部造林司司长，林业部部长助理，1960年任林业部副部长，1978年任国家水产总局副局长、党组副书记。

梁昌武(1918～　　)

山东东平人。1938年参加山东省东平县救亡协会和县抗日政府战地服务团。1939年加入中国共产党，同年参加八路军。曾任八路军一一五师政治部民运部干事，山东军区人民武装部政工科长，山东省支前办事处人民武装部部长，中国人民解放军华东军区支前司令部人民武装部副部长、运输部副部长。新中国成立后，历任华东军政委员会合作总社秘书长，华东森林工业管理局副局长，1954年起任中华人民共和国林业部计划司副司长、司长，1961年起任林业部副部长，1965年兼任开发金沙江林区会战指挥部指挥、党委书记。1970年任农林部副部长，1978年任国家林业总局副局长、党组副书记，1979～1982年任林业部副部长、党组成员。

杨天放(1918～1997)

安徽桐城(今安徽省枞阳县)人。原名芝祥。1938年加入中国共产党。曾任中共冀中区党委党校系总支书记，中共河北赵县县委宣传部部长，中共冀中军区后勤部兵工生产管理处党委书记，中共晋察冀边区工业局党委组织部部长，华北人民政府企业部人事处副处长。新中国成立后，历任中央人民政府重工业部人事司司长、劳资司司长，第一机械工业部劳资司司长、办公厅副主任、仪表局局长、第一工业局局长，辽宁省沈阳市副市长，1963年起任中华人民共和国林业部副部长，1978年任国家林业总局副局长、党组成员，1979～1982年任林业部副部长、党组成员。

荀昌五(1906～1997)

河北曲阳人。1931年加入中国共产党。曾任中共河北曲阳县委书记、县游击大队政委，晋察冀边区人民武装抗日委员会主任，晋察冀边区人民武装部副部长。1949年起历任华北人民革命大学教务主任，华北行政委员会农林局副局长，1954年起任中华人民共和国林业部林产工业司司长、部长助理，1963年起任林业部副部长，1979～1982年任林业部副部长、党组成员。是第五届全国政协委员。

张世军(1920～1991)

辽宁沈阳人。原名张烽。1937年入山西新军在教导师政治部任指导员、教导员。1938年加入中国共产党。曾任晋察冀军区政治部《子弟兵报》社编辑、记者，冀中军区编辑科科长，冀中军区《前线报》社副社长、社长、总编辑，沈阳市政府秘书长，黑龙江省克山县、通肯县、拜泉县县长。1948年后，历任黑龙江省农林厅厅长，省人民政府秘书长，中共黑龙江省委秘书长，中共黑龙江省委林业部部长、第二工业部部长，中共黑龙江省委常委，1965年起任中华人民共和国林业部副部长兼东北林业总局局长，黑龙江省革委会副主任，国家林业总局副局长、党组成员，1979年任中华人民共和国林业部副部长、党组成员，1982～1987年任林业部顾问。

杨　珏(1915～　)

山西乡宁人。1937年春在山西参加牺盟会。1937年加入中国共产党。曾任晋东南总工会主席，中共同蒲铁路工作委员会宣传委员，同蒲铁路工人武装自卫队大队指导员，中共晋豫特委工委书记，中共太行五地委城市工作部部长、副书记、书记，中共太行区党委宣传部副部长。1949年后任中共安阳地委书记，中共平原省委秘书长，中共河南省委副书记、书记，国家经委副主任，1978年任国家林业总局副局长、党组副书记，1979～1982年任中华人民共和国林业部副部长、党组成员，1982～1986年任国务院农村发展研究中心副主任。是中共八大代表，中共十二大当选为中共中央纪律检查委员会委员。

马玉槐(1917～　　)

河北任丘人。回族。1938年加入中国共产党。曾任冀中区、晋察冀边区回民抗战建国总会主任，冀中军区回民支队政委，冀中军区第九军分区副政委。1949年起历任北京市回民工作委员会主任，国家民委委员，北京市民政局局长兼民族事务委员会主任、回民学院院长，中国伊斯兰教协会副主任，中国伊斯兰教经学院院长，中国印度尼西亚友好协会副会长，中共宁夏回族自治区委员会书记处书记、自治区人民委员会第一副主席、党组书记，1979年任中华人民共和国林业部副部长、党组副书记，1982年任林业部顾问，中央绿化委员会办公室副主任，中国绿化基金会第一、二届副主席、第三届常务副主席、第四届顾问。是第一、二、三届全国人大代表，民委委员，三届民委副主任，第六届全国政协委员、第七届全国政协常委。

郝玉山(1916～　)

陕西米脂人。1933年参加陕西秀延县游击队。1934年加入中国共产党。曾任中共陕西米脂县一区区委书记，米脂县独立五营政委、基干游击队政委，中共陕西定边县委书记，三边军分区政治部主任。新中国成立后，历任宁夏回族自治区财政厅厅长、建设厅厅长，广东省海南行署第一副主任，中共广东省海南区委第一副书记，广东省农业厅厅长，甘肃省计委副主任，宁夏回族自治区人民政府副主席，中共中央西北局农村工作部副部长。1979～1982年任中华人民共和国林业部副部长，兼林业部三北防护林建设局局长。

杨延森（1920～1991） 上海人。1938 年加入中国共产党。曾任陕甘宁边区荣誉军人学校政治教员，辽东省通化利华林木公司经理，辽东省林务局局长。新中国成立后，历任东北森林工业总局处长，伊春林业管理局副局长，中共伊春市委副书记。1962 年起任中华人民共和国林业部木材生产局副局长、局长，农林部林业局负责人，1978 年任国家林业总局副局长、党组成员，1979 年任林业部副部长、党组成员，1983 年任中共中央纪律检查委员会驻林业部纪律检查组组长。

汪　滨（1923～　　） 河南新安人。1938 年任晋西南战地工作服务团团员。1940 年加入中国共产党。曾任晋绥军区第八军分区政治部干事，延安中共中央办公厅秘书处速记员，湖北省罗田县七区区长、区委书记。新中国成立后，历任湖北省新洲县县长，中南行政委员会林业局计划处处长，中华人民共和国林业部经营局林政处处长、副局长，林业部森林保护司副司长，农林部林业局负责人，1978 年任国家林业总局副局长、党组成员，1979～1982 年任林业部副部长、党组成员，1983 年起任中央绿化委员会办公室专职副主任。中国绿化基金会第一、二届秘书长、第三届副主席。

刘　琨（1923～　　） 山东荣成人。1940 年加入中国共产党。曾任中共山东省文西县九区区委宣传委员，东海专员公署实业督察员，胶东支前纵队三大队大队长，胶东行署实业处科长，滨北行政公署建设科科长，胶州行政公署建设科科长。新中国成立后，历任中华人民共和国林业部造林司处长、办公室主任，造林局副局长，国营林场总局副局长，农林部林业局负责人，1978 年任国家林业总局副局长、党组成员，1979～1986 年任林业部副部长、党组副书记。兼林业干部管理学院院长。1982 年起任中国花卉协会第一、二届理事会副会长，1995 年任中国绿化基金会第三届副主席兼秘书长。

张磐石（1905～　　） 山西寿阳人。1932 年加入中国共产党。曾任中共北平中国左翼社会科学家联盟、左翼文化总同盟党团书记，中共天津市委宣传部代部长，太行文化教育出版社编辑部部长，华北《新华日报》丛书编辑部部长，《冀南日报》总编辑，中共太行区委宣传部部长，中共晋冀鲁豫中央局宣传部副部长，中共中央华北局宣传部副部长，《人民日报》社社长兼总编辑。新中国成立后，历任中共中央华北局宣传部部长，中共中央华北局第四副书记，中共中央宣传部副部长，1979～1982 年任中华人民共和国林业部副部长、党组成员。是第一、二届全国政协委员，第五、六届全国政协常务委员。

王殿文（1924～1997） 河北献县人。1942 年在中共山东北海地委蓬莱县工作队任工作队员。1943 年加入中国共产党。曾任中共黑龙江肇东县委宣传部部长。新中国成立后，历任黑龙江省肇东县县长，绥化森林工业管理局副局长，黑龙江省黑河专署副专员，黑龙江省林业厅副厅长，国务院农林办公室林业组副组长，中华人民共和国农林部基建局局长，农业部办公厅主任，林业部计划局局长。1982～1986 年任林业部副部长、党组成员。

刘祺瑞（1917～　　） 陕西安塞人。1934 年参加陕西安塞游击队。1935 年加入中国共产党。曾任陕西安塞青年救国会宣传科科长，中共陕西甘泉、子

长县委宣传部部长,中共内蒙古集宁市委书记,中国人民解放军第一野战军第四野战医院院长。1950年后,历任中国人民解放军东北军区第四野战医院管理局局长,中国人民解放军东北军区后勤部营房部政委、沈阳军区后勤部政治部副主任。1964年转业任中华人民共和国化学工业部政治部副主任,中共兰州化学工业公司党委书记,石油化学工业部政治部核心组组长,1979～1982年任中共林业部纪律检查委员会书记。

董智勇(1927～　　) 河北滦县人。1956年加入中国共产党。1952年毕业于东北农学院森林系。历任林业部政策研究室科长、工程师、森林保护局副局长、山西省雁北行政公署副专员。1982年4月任林业部副部长、党组成员,林业部科学技术委员会主任委员。教授级高级工程师。是中国林学会第七届理事会理事长,国务院环境保护委员会科学顾问,中国治沙暨沙业学会理事会理事长,中国野生动物保护协会副会长,宋庆龄基金会野生生物保护基金管理委员会会长。组织编写《中国生态林业理论与实践》、《当代中国的林业》等书。主编《中国科学技术专家传略·农业编·林业卷Ⅰ》、《罗玉川纪念文集》等。

刘广运(1932～　　) 江苏铜山人。1948年入冀鲁豫行政公署干部学校学习,后任冀鲁豫行政公署财政处办事员。1950年加入中国新民主主义青年团。1954年加入中国共产党。1982年9月至1983年7月在中共中央党校干部培训班学习毕业(相当于大专毕业)。历任平原省财政厅科员,林业部政策研究室科长,农林部政策研究室副处长,国家林业总局办公室副主任,林业部办公厅副主任、政策研究室负责人。1981年3月任林业部办公厅主任,部党组成员。1983年10月任林业部副部长。是第八届全国政协常务委员、第九届全国政协经济委员会副主任,中国经济林协会会长,中国生态经济学会常务副理事长。撰有《林业改革的实践与思考》。主编《惠中权纪念文集》。

沈茂成(1934～　　) 四川崇庆人。1958年加入中国共产党。1950年10月参加中国人民解放军,先后任班长、吉林省白城子军分区保密员。1959年转业到林业部,历任农林部、国家林业总局政策研究室副处长、林业部林政司副司长、林政保护司司长。1984年任中纪委驻林业部纪律检查组组长(副部长级),1988年任林业部副部长,1989年任林业部党组成员,1993年任林业部党组副书记 。是中共第十四届中央纪律检查委员会委员,第九届全国政协委员。主编《中国林业在改革开放中前进》、《林业行业职业道德建设》等。

蔡延松(1932～　　) 广东潮安人。1957年加入中国共产党。1954年8月毕业于唐山铁道学院桥隧系。历任内蒙古牙克石林业建筑工程局技术员、助理工程师、工程师、副总工程师、副局长,牙克石林业管理局副局长。1983年任牙克石林业管理局(1987年改称内蒙古大兴安岭林业管理局)局长、党委副书记。1989年2月任林业部副部长,1989年12月任林业部党组成员。教授级高级工程师。中国绿化基金会第四届常务副主席兼秘书长。是第八、九届全国政协委员,中共第十二次、第十三次全国代表大会代表,中共内蒙古自治区第四届委员会委员。

祝光耀(1944～　　) 湖南益阳人。1975年加入中国共产党,高级工程师。1968年12月毕业于中南林学院林学系,同年参加工作。曾在广东省博罗县鸡龙山林场、县林业局任技术员。1976年后历任湖

南省鄢县青石岗林场党委办公室主任、县委办公室办事员、策沅公社副书记、书记，1981年后历任鄢县副县长、县长、副书记、书记。1986年7月调林业部造林司任副司长、司长。1992年8月任林业部党组成员，1993年7月任林业部副部长。1998年3月调国家环保总局任副局长、党组成员。

刘于鹤（1937～　　）

湖北武汉人。1974年加入中国共产党。1961年10月毕业于苏联列宁格勒林学院，同年回国参加工作。先后在林业部调查规划局、农林部林业局任技术员，1977年10月后历任农林部、国家林业总局、国家农委、林业部副处长、处长，1982年8月后历任林业部资源司副司长，高级工程师，西北林学院院长、党委副书记，中国林科院院长、分党组书记、研究员，林业部科技司司长。1992年8月任林业部党组成员，1994年4月任林业部副部长。1998年4月任国务院稽察特派员。是中国林学会第七届理事会副理事长、第八届理事会常务副理事长、第九届理事会理事长。中共十三大、十四大代表，第九届全国政协委员、国有重点大型企业稽察特派员。组织和参与主持"森林资源连续清查体系的研究"项目，1989年获林业部科技进步一等奖，1992年获国家科技进步二等奖。与他人合译[苏]H. H. 斯瓦洛夫著《林分生产力的数学模型和森林利用理论》。

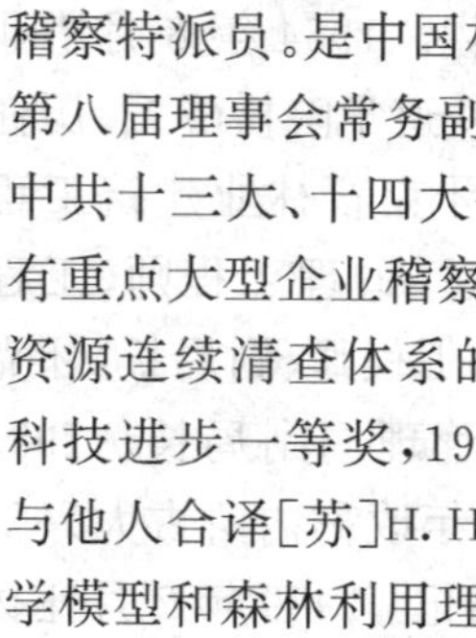

李育才（1948～　　）

山东单县人。1966年加入中国共产党，中共中央党校在职研究生班毕业。1967年开始在单县徐寨公社李庄大队任职。1973年毕业于山东省菏泽地区农业专科学校，同年8月参加工作。历任单县计委办事员、人事局副局长，李半庄公社党委副书记、管委主任、党委书记，县委常委。1984年任山东省成武县县委副书记、县长，1985年任成武县县委书记。1988年1月任山东省林业厅副厅长、党组成员，1990年4月任林业厅厅长、党组书记。1993年6月调林业部任综合计划司司长，1993年12月任林业部党组成员，1995年4月任林业部副部长，1998年3月任国家林业局副局长、党组副书记（副部长级）。主编《面向21世纪的林业发展战略》、《转变林业经济增长方式战略研究》等。

李昌鉴（1947～　　）

海南文昌人。1971年加入中国共产党。1970年7月毕业于中山大学数学力学系，曾任中共广东省委科教办公室、科教政治部干事，教育部、林业部部领导秘书。1982年任林业部办公厅研究室副主任，1983年借调中央整党指导委员会办公室任秘书组副组长，1984年任林业部政策研究室副主任，1986年任中央办公厅办公室综合组负责人，1987年任中央宣传思想工作领导小组秘书组组长、中央办公厅调研室副主任（正局级），1993年任中纪委驻林业部纪检组副组长，1994年任中纪委驻林业部纪检组组长、林业部党组成员、中共林业部直属机关党委书记、林业部党校校长、中国林业文联主席；1998年任国家林业局副局长（副部长级）、党组成员，直属机关党委书记、党校校长，中纪委驻国家林业局纪检组组长。1999年3月任第九届全国政协副秘书长。

江泽慧（1938～　　）

女，江苏扬州人。1962年加入中国共产党，教授、博士生导师。1960年6月毕业于安徽农学院林学系。曾任安徽农学院森工、林学系教师、政治辅导员兼系团总支书记。1973年9月任安徽农学院滁县分院政工组副组长，1979年9月起任安徽农学院林学系助教、讲师、副教授，1984年3月任安徽农学院林学院党总支副书记、书记，1991年3月任安徽农学院副院长。1993年2月起任安徽省人大常委会副主任、安徽农业大学党委书记、校长。1996年1月任林业部党组成员(副部长级),1996年2月任中国林科院院长、分党组书记,1996年任中国科协常委,1998年3月任国家林业局党组成员(副部长级),国家林业局科技委副主任。是中国林学会第九届理事会副理事长、国际竹藤组织董事会联合主席、第九届全国政协委员、全国政协人口资源环境委员会副主任。

周生贤(1949～　　)　宁夏吴忠人,高级经济师。1968年7月参加工作,1972年加入中国共产党。1984～1986年在中央党校培训部学习,获研究生学历。历任宁夏回族自治区同心县副县长,中共同心县委书记、西吉县委书记、固原地委委员,1989年任宁夏回族自治区政府副秘书长、秘书长,1993年任宁夏回族自治区政府副主席,1998年任宁夏回族自治区党委常委、政府常务副主席,1999年2月任国家林业局副局长、党组副书记(副部长级)。

杨继平(1947～　　)　山西乡宁人,1970年加入中国共产党,1988年毕业于中国人民解放军国防大学基本系第一期。1968年在武汉军区空军通讯团参军,1970年任武汉军区空军郑州场站通信营技师,1971年任空军航空兵第十九师司令部参谋、作战科副科长,1979年任空军商丘场站参谋长、航空

兵第五十七团参谋长,1981年任空军航空兵第十九师副参谋长,1983年任师参谋长、代理副师长,1990年任济南军区空军指挥所所长、司令部作战处处长。1992年任林业部直属机关党委副书记。1994年任林业部直属机关党委常务副书记、中共中央纪律检查委员会驻林业部纪检组副组长、监察部驻林业部监察局局长。1998年任中纪委驻国家林业局纪检组副组长、监察部驻国家林业局监察局局长。1999年3月任国家林业局党组成员、中纪委驻国家林业局纪检组组长、监察部驻国家林业局监察局局长。

马　福(1942～　　)　黑龙江汤原人。1975年加入中国共产党。1968年毕业于北京工业学院机械制造系,同年在长春柴油机厂参加工作。1971年起在黑龙江省阿木尔林业局任技术员、车间主任、机修厂副厂长、副局长、局长;1983年任中共黑龙江省大兴安岭地委常委、秘书长,高级经济师。1984年9月至1986年7月在中共中央党校学习。1986年任大兴安岭林管局副局长。1990年10月任中国林产品经销公司副总经理、总经理,1994年3月任林业部财务司司长,1998年8月任国家林业局发展计划与资金管理司司长,1999年4月任国家林业局副局长、党组成员。

中国科学院、中国工程院院士

郑万钧(1904～1983) 林学家、树木分类学家、林业教育家，中国近代林业的开拓者之一，全国先进科技工作者。江苏徐州人，号伯衡。1950年加入九三学社。1956年加入中国共产党。1923年毕业于江苏第一农业学校林科。1939年获法国图卢兹大学科学博士学位。1940年回国后，曾任中国科学社生物研究所研究员，云南大学农学院教授兼云南农林植物研究所研究员、副所长，中央大学农学院教授。新中国成立后，历任南京大学农学院教授兼森林系主任，南京林学院教授、副院长、院长，中国林业科学研究院研究员、副院长、院长、名誉院长。1955年当选为中国科学院生物学部委员。是中国林学会第一届理事，第二、三届副理事长，第四届理事长，国务院学位委员会第一届农学评议组成员，九三学社第五、六届中央委员，第三届全国人大代表，第四、五届全国政协委员。1978年全国科学大会上被授予全国先进科技工作者称号。毕生从事林学、树木学的教学与研究，尤长于裸子植物分类。发现和命名了约100个树木新种和3个新属。1948年与胡先骕共同命名的水杉，被称为植物“活化石”。主编《中国植物志》第七卷、《中国裸子植物门的研究》，提出了裸子植物新的分类系统，获1982年国家自然科学二等奖；主编的《中国主要树种造林技术》获林业部科技成果一等奖；主编《中国树木志》(第一卷、第二卷、第三卷)。

吴中伦(1913～1995) 林学家、森林生态学家。浙江诸暨人。1957年加入中国共产党。1940年毕业于金陵大学农学院森林系。1947年获美国耶鲁大学林学硕士学位。1950年获美国杜克大学林学博士学位。回国后，历任中华人民共和国林业部造林司总工程师，中国林业科学研究院研究员、副院长，国家林业总局副局长。1980年当选为中国科学院生物学部委员，1990年起享受政府特殊津贴。是中国林学会第二届常务理事，第三届秘书长，第四届副理事长，第五、六届理事长，《林业科学》、《热带林业科技》主编，《中国农业百科全书·林业卷》编委会主任。国务院学位委员会第一、二届农学评议组成员，第三届全国人大代表，第六、七届全国政协委员。专长造林、森林植物和森林地理。曾领导组织了西南高山林区、大兴安岭林区的多学科综合考察；研究制定的大兴安岭林区的森林区划、林型分类、采伐方式、更新方法和育林技术等方案，被国家科委列为1965年全国重点科技成果。撰有《中国松属的分类与分布》、《我国林木引种驯化的进展》、《世界毁林趋势及其原因和后果》等100多篇论文。主编有《杉木》、《国外树种引种概论》、《中国农业百科全书·林业卷》、《中国森林》，译有H.J.欧斯汀著《植物群落的研究》。

徐冠华(1941～) 上海人。1984年加入中国共产党。1963年毕业于北京林学院林业系，同年

在中国林业科学研究院工作，1972～1978年在西安地质学院任教，后回中国林业科学研究院工作，1979～1981年在瑞典斯德哥尔摩大学进修。1987年在中国林科院晋升为研究员，1993年被批准为博士生导师。曾任中国林业科学研究院资源信息研究所所长，中国科学院遥感所所长，中国科学院副院长，国家科委副主任，1998年起任国家科学技术部副部长、党组副书记。是国家资源与环境信息系统重点实验室委员会主任，国家遥感与航测重点实验室委员会主任，中国地理信息系统协会副理事长，《遥感学报》主编，第九届全国政协委员、教科文卫委员会副主任，国家自然科学奖评审委员会主任。1986年被批准为国家级有突出贡献的中青年专家，1991年起享受政府特殊津贴。1991年当选为中国科学院地学部委员、主任。长期从事资源遥感与地理信息系统研究和实践工作。主持研究的"用于森林资源调查的卫星数导图像处理系统"课题，获1988年林业部科技进步二等奖、1989年国家科技进步三等奖；主持制定了再生资源遥感综合调查与系列制图技术规程；主持完成的"'三北'防护林公共实验区遥感综合调查技术研究"项目，获1989年林业部科技进步一等奖、1991年国家科技进步三等奖。发表有"多光谱扫描数据在森林资源调查的应用"等论文。

王　涛(1936～　　)

女，山东胶县人。全国先进工作者。1959年毕业于北京林学院林业系。同年到中国林业科学研究院林业研究所工作，历任助理研究员、副研究员、研究员，1995年被批准为博士生导师。任ABT研究开发中心主任、国家林业局社会林业研究发展中心主任、亚太地区植物生长调节剂区域合作协会秘书长。是第八、九届全国人大代表，第九届全国人大常委会委员。1988年被批准为国家级有突出贡献的中青年专家，1990年起享受政府特殊津贴，1994年当选为中国工程院院士。长期从事复合型植物生长调节剂、植物立体化工厂育苗和社会林业工程的研究与成果转化工作。主持完成的"ABT生根粉(膜)的研究、开发和应用"，获1987年林业部科技进步一等奖、1988年国家科技进步二等奖；"植物立体扦插生根培养装置"获1990年国家发明三等奖；"ABT生根粉系列的推广"，获1994年林业部科技进步特等奖、1995年亿利达科学技术奖、1996年国家科技进步特等奖、1997年何梁何利科学技术奖。在1989年和1995年全国劳动模范和先进工作者表彰大会上，两次被授予全国先进工作者称号。1989年和1996年两次被授予全国"三八红旗手"，1996年被中国科协授予全国优秀科技工作者称号。著有《植物扦插繁殖技术》、《ABT生根粉作用原理及配套技术》、《ABT成果转化系统工程的研究》、《ABT应用技术手册》、《ABT增产灵在农作物上的应用手册》、《ABT生根粉与增产灵应用技术》等。

王明庥(1932～　　)

湖北枝江人。1950年加入中国共产党。1954年毕业于华中农学院林学系。1961年获苏联莫斯科林学院农学副博士学位，同年回国。历任南京林学院(1985年改称南京林业大学)讲师、副教授、教授、副院长、院(校)长。1989年被批准为博士生导师。是国务院学位委员会第二届农学评议组成员，中国林学会第五、六届常务理事，第七届副理事长，国家科技奖励委员会林业专业评委会副主任，林业部科技委常委。1986年被批准为国家级有突出贡献的中青年专家，1990年起享受政府特殊津贴。1994年当选为中国工程院院士。主持"黑杨派南方型无性系的引种和推广"项目，获1978年全国科学大会科技成果奖、1982年国家农委、国家科委科技成果推广奖、1985年国家科技进步一等奖。由于主持"黄淮海农业开发试点"项目，1988年被国务院授予优秀科技人员一等奖；"美洲黑杨新品种选育"项目，获1992年林业部科技进步二等奖、1993年国家发明奖。发表有"黑杨派的基因资源及良种选育的展望"、"我国杨树良种选育的进展"，与他人合作发表有"黑杨派三个新无性系的性状分析"等论文。主编有《树木遗传育种学》、《林木遗传育种学概论》等。

唐守正(1941～)
湖南邵东人。1963年毕业于北京林学院,1964年在吉林调查规划院从事森林调查工作,1978～1981年在北京师范大学攻读硕士研究生,毕业后任中国林业科学研究院助理研究员。1985年获北京师范大学概率统计专业博士学位,1985年去加拿大新布瑞斯克州立大学从事林学博士后研究,1987年2月在中国林业科学研究院资源信息研究所晋升为研究员,1993年被批准为博士生导师。是《林业科学》常务副主编、中国农学会数学分会名誉理事长,中国林学会森林经理分会副理事长,第九届全国政协委员。1992年起享受政府特殊津贴,1994年被批准为国家级有突出贡献的中青年专家。1995年当选为中国科学院院士。长期从事森林经理和数学在林业上的应用研究。主持"多元统计分析方法在林业中的应用及IBM-PC系列程序集的研究"项目,获1991年林业部科技进步二等奖;主持"我国南方人工用材林林业局(场)森林资源现代化经营管理技术"项目,获1995年林业部科技进步一等奖、1997年国家科技进步二等奖。著有《多元统计方法》、《IBM-PC系列程序集》。

关君蔚(1917～)
奉天开原(今辽宁省开原市)人。满族。1985年加入中国共产党。1938年毕业于伪满留学生预备学校。1941年毕业于日本东京高等农林学校(现东京农工大学)。曾任北京大学农学院副教授。新中国成立后,历任河北农学院副教授,北京林学院(1985年改称北京林业大学)副教授、教授、水土保持系主任。1957年在北京林学院创建了中国第一个水土保持专业。是中国水土保持学会常务理事,中国治沙暨沙产业学会副理事长,国际防治荒漠化公约中国执行委员会高级顾问。1990年起享受政府特殊津贴,1993年被批准为博士生导师,1995年当选为中国工程院院士。从事水土保持学的教学与研究40余年。主持"泥石流预测预报及其综合治理的研究",获1978年全国科学大会奖;与他人合作主持的"宁夏西吉黄土高原水土流失综合治理的研究",获1987年林业部科技进步一等奖、1988年国家科技进步二等奖。发表有"泥石流预报的研究"等论文,主编高等林业院校交流讲义《水土保持学》,著有《水土保持原理》等。

沈国舫(1933～)
浙江嘉善人。1961年加入中国共产党。1956年毕业于苏联列宁格勒林业工程学院林业系,获林业工程师职称。历任北京林学院(1985年改称北京林业大学)助教、讲师、副教授、教授、副教务长、副院长、校长,1986年被批准为博士生导师。是第四届北京林学会理事长,第六届中国林学会理事,第八届中国林学会理事长,第八届、九届全国政协委员。1990年被批准为国家级有突出贡献的中青年专家,1991年起享受政府特殊津贴,1996年获"五一劳动奖章"。1995年当选为中国工程院院士,1998年当选为中国工程院副院长。主持完成的"太行山区主要造林树种耐旱特性的研究",获1992年国家科技进步二等奖;与他人合作主编《中国造林技术》,获1998年国家林业局科技进步二等奖。撰有"北京西山地区油松人工混交林的研究"等论文,主编高等林业院校交流讲义《造林学》,是全国高等林业院校试用教材《造林学》副主编。

马建章(1937～)
辽宁阜新人。1956年加入中国共产党。1960年毕业于东北林学院林学系。同年在东北林学院(1985年改称东北林业大学)林学系、野生动物繁殖与利用系、野生动物系工作。历任助教、讲师、副教授、教授,1992年起任东北林业大学野生动物资源学院院长,1993年被批准为博士生导师。是黑龙江省动物学会理事长,国务院学位委员会第三、四届农学评议组成员,国际自然和自然资源保护联盟物种存活

委员会委员、熊类专家组成员。1991 年起享受政府特殊津贴，1995 年当选为中国工程院院士。长期从事野生动物教学、科研和开发利用工作。主持设计了我国第一个森林类型狩猎场和第一个水禽国际狩猎场；主持论证我国第一个猫科动物繁育研究中心、第一个科学管理的熊类饲养场。主持完成的“‘三北’防护林地区自然资源与综合农业区划”项目，获 1988 年国家科技进步二等奖；“艾鼠生态学研究”项目，获 1997 年林业部科技进步二等奖；“紫貂巢区及生境选择的研究”，获 1998 年林业部科技进步二等奖。编著有《野生动物管理学》、《自然保护区学》、《黑龙江省鸟类志》等。

陈俊愉(1917～　　)

安徽东至人。1952 年加入中国民主同盟。1956 年加入中国共产党。1940 年毕业于金陵大学园艺系，1943 年获金陵大学果树专业农学硕士学位。曾任四川大学园艺系讲师，国民政府农业部农业推广委员会督导专员，复旦大学农学院园艺系副教授。1947 年赴丹麦留学，入丹麦皇家农业大学园艺研究部，1950 年获花卉专业科学硕士学位，同年回国。历任武汉大学园艺系副教授，华中农学院园艺系副主任、教授，北京林学院（1985 年改称北京林业大学）园林系教授、副主任、主任。1986 年被批准为博士生导师。是中国建筑学会园林学术委员会第一届副理事长，第五届中国园艺学会副秘书长、第六届副理事长，中国花卉协会常务理事和梅花蜡梅分会会长，国务院学位委员会第二届农学评议组成员。1990 年起享受政府特殊津贴，1997 年当选为中国工程院院士。长期从事中国梅花的系统研究，创中国梅花品种分类修正新系统，倡导花卉品种二元分类法。先后选育出 12 个梅花新品种，50 余个地被菊新品种和 12 个金花茶新品种。主持建立了广西金花茶基因库和武汉中国梅花品种资源圃。主持“金花茶基因库的建立和繁殖技术的研究课题”，获 1989 年林业部科技进步一等奖、1990 年获国家科技进步二等奖；“中国梅花品种的研究——《中国梅花品种图志》”，获 1990 年林业部科技进步一等奖、1991 年国家科技进步二等奖；“地被菊杂交育种与区域试验的研究”，获 1997 年林业部科技进步二等奖。主编的《中国花经》，获 1991 年建设部科技进步二等奖。撰有“中国梅花的研究”等论文，与他人合编《园林花卉》，著有《瓜和豆》、《巴山蜀水记梅花》，主编《中国梅花品种图志》、《中国梅花》、《中国花经》、《中国花卉分类学》、《中国农业百科全书——观赏园艺卷》等。

张齐生(1938～　　)

浙江淳安人。1960 年毕业于南京林学院林工系。1985 年加入中国共产党。历任南京林学院（1985 年改称南京林业大学）助教、讲师、副教授、教授，科研处副处长、处长，1995 年被批准为博士生导师。兼任林业部竹材工程技术研究开发中心主任。1987 年批准为国家级有突出贡献的中青年专家，1991 年起享受政府特殊津贴，1996 年获国家科委授予的全国科技推广先进工作者称号，1997 年当选为中国工程院院士。长期从事木材加工和人造板工艺的教学和科研工作。主持“铅笔板 XB 生产新工艺”项目，获天津市 1982 年度优秀科技成果一等奖、国家发明三等奖；主持“竹材胶合板的研究与推广”项目，获林业部科技进步一等奖、国家科技进步二等奖；竹材胶合板制造方法发明专利，获中国发明专利创造金奖。发表有“对卧式浸胶——干燥机设计和实用中的改进意见”，与他人合撰发表有“用干湿混合法生产枫香胶合板”、“意大利杨制造胶合板的研究”、“三聚氰胺装饰板铺装自动化的初步探讨”等论文。编著《中国竹材工业化利用》、《中国竹工艺》、《胶合板生产技术问答》等。

著名林业科技专家*

韩　安(1883～1961)　林学家。中国近代林业开拓者之一。安徽巢县人,字竹坪。1907年赴美国留学,1911年获美国密西根大学林学硕士学位,并到威斯康星大学实习农业1年,1912年回国。曾任北洋政府农商部佥事,东三省林务总局局长,农商部林务处会办,京汉铁路造林事务所所长,北京农业专门学校教务主任;国民党政府绥远特别区实业厅厅长,安徽省安庆市市长,安徽省政府委员兼教育厅厅长,安徽省经济委员会专员,陕西省林务局副局长,中央林业实验所所长,农林部顾问。曾协助冯玉祥将军进行兵工造林,担任技术指导。新中国成立后,任西北军政委员会农林部顾问。撰有"造林防水意见书"、"世界各国国有森林大势"、"中国森林事业经过之概况"等论文。他是中国出国留学生中第一个林业硕士学位的获得者,也是中国最早的一位林学家出身的政府官员;他最早向国人介绍世界各国林业概况,建议国家规定了中国第一个植树节,并率先创办铁路沿线育苗造林、兵工造林事业。主持创建中国第一个林业科研机构——中央林业实验所。他重视林业科研教育、森林资源调查、树木定名修志,培养了大量林业人才,为中国近代林业建设作出了重要贡献。

李寅恭(1884～1958)　林业教育家、林学家。中

国近代林业开拓者之一。安徽合肥人,字勰宸。清光绪末年赴英国任中国留欧学生监督处职员。1919年毕业于英国阿伯汀大学农林科。毕业后曾任英国剑桥大学林业技师,1919年回国。曾任安徽第一农业学校林科主任,安庆女子职业学校校长,安徽第二农业学校校长,中央大学农学院森林系教授兼系主任。是中华林学会第一、四、五届理事,1928年创建南京中央大学农学院森林组(系)。新中国成立后,历任南京大学农学院森林系教授,南京林学院教授。毕生从事林业教育。撰有"森林与水利"、"中国林业问题"、"森林与农业之关系"等论文。著有《树木学撷要》、《行道树》等。

陈　嵘(1888～1971)　林学家,林业教育家,树木分类学家。中国近代林业的开拓者之一。浙江平阳人,出生地浙江安吉,字宗一。1913年毕业于日本北海道帝国大学林科。1923年在美国哈佛大学进修树木学,获科学硕士学位。1924年在德国萨克逊大学从事研究1年后回国。1913年创办浙江省甲种农业学校,并任校长,后

* 这部分专家是从《中国科学技术专家传略·农业编·林业卷Ⅰ》中挑选的学术上成就突出、中外著名的老林业科技专家。排列顺序以出生年为序。

任江苏省第一农业学校林科主任，金陵大学农学院森林系教授、系主任。是中华农学会的发起人之一，并当选为第一届会长兼总干事长，中华林学会历届理事。新中国成立后，历任中央林业部林业科学研究所所长，中国林业科学研究院林业研究所所长。1953年加入九三学社。是第三届全国政协委员，九三学社科技文教委员会委员，中国林学会第一、二、三届副理事长，第三届代理事长。毕生致力于树木分类学、造林学、林业史的教学与研究。临终前将其藏书及珍本书2万卷献给中国林业科学研究院，并将7.8万元稿费捐给中国林学会，作为学会奖励基金。从1917年《中华农学会会报》第一期开始，陆续发表了《中国树木志略》，连载7年，前后约30期。著有《中国树木分类学》、《造林学本论》、《造林学各论》、《造林学概要》、《造林学特论》、《中国森林史料》等，学术性、实用性很高，受到国内外林学界的高度称赞。对我国林业科研教育事业作出了重大贡献。

傅焕光（1892～1972） 林学家，水土保持学家。中国近代林业开拓者之一。江苏太仓人，曾用名志章。1918年毕业于菲律宾大学林科。曾任江苏省立第一造林场场长，江苏省立第一农校校长，南京中山陵园设计委员会委员、主任技师，农林部林业司科长兼四川教育学院教授，甘肃天水水土保持实验区主任，中央林业实验所所长。中华林学会理事。主持南京中山陵园的规划设计和建设工作。组建中国早期的水土保持机构，是中国水土保持科研事业创始人之一。新中国成立后，历任中山陵园管理处处长，华东军政委员会农林部林业总局副局长，皖北大别山林区管理处副处长，安徽省林业厅副总工程师，安徽省林业科学研究所副所长。在调查大别山森林时，发现大面积栓皮栎林，提出开发利用加工栓皮资源，促进了中国栓皮工业的发展。是中国林学会第三届理事，第三届全国人大代表。1963年主持建立黄山树木园。著有《中山陵园小志》、《陵园》、《中国农业与农业教育》。合著有《栓皮栎栽培与利用》。

姚传法（1893～1959） 林学家。浙江鄞县人。

1914年毕业于上海沪江大学，同年赴美国留学，1919年获美国俄亥俄州但尼生大学科学硕士学位，1921年获美国康涅克州耶鲁大学林学硕士学位。1921年加入中国国民党。曾任北京农业大学生物系系主任、教授，江苏第一农业学校林科主任，复旦大学教授，东南大学教授，沪江大学教授。1928年和其他人共同发起创建中华林学会，1928年和1941年两次当选为中华林学会理事长。1929年创办《林学》杂志。1930年任江苏省农林局局长，1932年任国民党政府立法院立法委员、土地法委员会召集人，提倡兵工造林，并参加1932年公布的《森林法》草案的拟订工作，主持土地法审议。主张推行法制，以法治林。新中国成立后，历任南昌大学教授，华中农学院教授，南京林学院教授。尤长于木材学的研究。发表有"江苏太湖造林场计划"、"兵工植树计划"、"三种美国白蜡条与一种中国白蜡条木材组织之比较"、"森林与建国"等论文。

沈鹏飞（1893～1983） 林学家、森林经理学家、林业教育家。广东番禺人，字云程。1956年加入中国农工民主党。1917年毕业于清华学堂留美预备班。1919年毕业于美国阿力干农业大学，1921年获美国耶鲁大学林业研究院林学硕士学位。曾任北京农业大学教授、森林系主任，中山大学代校长、农学院院长、教授、森林系主任，同济大学、广西大学农学院教授，上海暨南大学校长，教育部高教司司长，南京中山陵园园林管理处处长，新中国成立后，历任中山大学农学院教授，华南农学院教授、副院长，广东林学院代院长，中南林学院院长。是广东省林学会的主要创建人之一并任第一、二、三届理事长，中国林学会第一、二、三届常务理事，第四届名誉理事长，中国环境遥感学会第一届名誉理事长，中国农工民主党第五届广东省副主任委员，中国农工民主党第八届中央委员。毕生从事林业教育和研究工作。20年代与陈焕镛创办中山大学农林植物研究所；与丁颖创办中山大学稻作试验场；创办中山大学白云山第一模范林场。30年代与郑万钧筹办南京中山陵植物园。1971年主持恢复广东省林学会。1979年筹建广东省遥感研究会，主持建立中国南方第一个林业遥感试验场。1980年创建华南农学院森林经理研究室，提倡将现代生态、经济理论和系统工程引入森林经理。与他人合撰发表"重视森林经理、发展森林经理——我国森林经理的实践意义和问题"，并发表有"近百年广东林业教育发展史略"等论文。著有《橡胶林经理》，主编西南、华南地区高等林业院校教材《森林经理学》。

叶雅各（1894～1967） 林学家，中国近代林业开拓者之一。广东番禺人，又名叶雅谷。1919年毕业于美国耶鲁大学森林学院，获硕士学位。曾任金陵大学教授、森林系主任，武汉大学教授、工学院院长、农学院院长。新中国成立后，历任湖北农学院教授、森林系主任，湖北省农林厅副厅长，湖北省林业厅副厅长。是中国林学会第一、二届理事，第三届常务理事。1928年曾任国立武汉大学建筑设备委员会委员，参与选定珞珈山武大校址，制定校园总体规划，并负责造林绿化。发表有"杉木筒状整枝"、"杉木是强阳性树种"、"森林对风调雨顺的关系"等论文。从事高等林业教育和林业科学技术工作40余年，注重学以致用，培养了一批林业科技人才。极力宣传森林富民强国之道，倡导广修林政，开展植树造林，发展林业生产。以森林生态学的观点提出了防治森林虫害的战略思想。

殷良弼（1894～1982） 林学家，林业教育家，中国近代林业开拓者之一。江苏无锡人。1917年毕业于北京农业专门学校林科。1920年毕业于日本东京帝国大学农学部林学科。曾任北平大学农学院西北联大教授，西北农学院教授、教务主任，浙江英士大学农学院教授、森林系主任。20年代发明烧炭二重隔壁炭化法及烧制磨炭法。新中国成立后，历任北京农业大学教授、森林系主任，北京林学院教授、副教务长、函授部主任。1956年加入九三学社。1951年参与发起组建中国林学会，任中国林学会第一、二、三届常务理事，第四届理事，北京林学会第一届理事长。在教学思想上不受传统束缚，从国情出发采取各种方式，培养了不同层次的林业科技人才；坚持"办好林业教育，必先办好林场，边学边干"的方针，在从事教学之外，进行林产化学的研究，密切结合生产，致力于木材炭化、纤维、精油、油脂、药材及食用菌等林特产品的制造与培养。编有《林产制造学》、《实用伐木运材及工程学》等。

刘慎谔（1897～1975） 森林植物学家、地植物学家和林学家，中国植物学科研究和地植物学的开拓者和奠基人之一。山东宁海（今山东省烟台市牟平区）人，字士林。1918年入保定留法高等工艺预备班学习，1920年赴法国留学，先后在朗西大学农学院、孟伯里埃农业专科学校就学。1926年毕业于法国克来孟大学理学院。1929年又毕业于法国巴黎大学理学院，获博士学位。回国后，曾任北平研究院植物学研究所所长、研究员。先后在西北农学院、北京大学、中国大学、辅仁大学、东北大学农学院、云南大学任教。新中国成立后，历任东北农学院植物调查研究所所长、研究员，中国科学院林业土壤研究所（后改为应用生态研究所）副所长、研究员，沈阳市副市长，中国植物学会副理事长。是第一、二、三届全国人大代表，中国林学会第二届理事、第三届常务理事。30年代曾对我国新疆、西藏等地的植物进行了系统考察，发表了"中国北部及西部的植物地理概论"、"中国南部及西南部植物地理概要"等论文，填补了我国地理植物学领域的空白。后又发表"中国植被区划的若干问题"、"关于大小兴安岭的森林更新问题"、"黄山植物社会"等论文。主编《中国北部植物图志》、《东北木本植物图志》、《东北草本植物图志》。著有《历史植物地理学》。编著的《动态地植物学》和主持的《东北森林采伐更新基本理论的研究》，获1978年全国科学大会科技成果奖。有《刘慎谔文集》。对东北地区提出实行"采育择伐"，是保护天然林的有效措施。地植物学的系统理论指导了东北森林采伐更新和西北铁路沿线治沙的研究，取得重要成果。

任承统（1898～1973）

水土保持学家，中国水土保持学科的奠基人之一。山西忻州人，字建三。1924年金陵大学林科毕业。曾任金陵大学林科讲师，国民党政府黄河水利委员会技正、林垦设计委员会总干事、农林部专门委员。新中国成立后历任西北军政委员会农政处土地利用科科长、水土保持总站主任，西北水土保持委员会办公室副主任，中国农业科学院陕西分院土壤肥料研究所研究员。1940年在与凌道扬主持召开的林垦设计委员会第一次全体会议上确定“水土保持”一词；1926年在淮河流域主持开展“森林与土壤侵蚀的试验研究和观测”工作。1941年建议黄河水利委员会成立了陇南（天水）、关中（长安）、陇东（平凉）、洮西（岷县）、兰山（榆中）、河西（永登）6处中国早期的水土保持试验区。撰有“甘肃水土保持问题的研究”、“森林与保土防塌”、“绥远之森林”、“经营村有林场的好处和办法”等论文。

蒋　英（1898～1982）

植物学家，全国先进科技工作者。江苏昆山人，号菊川。1925年毕业于金陵大学农学院森林系。曾任南京中央研究院自然历史博物馆植物标本室主任，中山大学副教授、教授，台湾林业实验所技正兼台北植物园园长。是中山大学农林植物研究所的创建人之一。新中国成立后，历任中山大学农学院、华南农学院、广东林学院教授，中南林学院、广东农林学院教授、林学系主任，兼任中国科学院华南植物研究所研究员。是第三、四届全国人大代表，第二届全国政协特邀代表，第三、四届全国政协委员，第五届全国政协常务委员，中国植物学会第八届名誉理事长。毕生从事植物分类教学和研究，对我国的夹竹桃科、萝藦科和番荔枝科的植物分类有较深的研究。发现和命名的植物新种230多个，新属10个，国外新种10个。与他人合作编著的《中国植物志》第63卷和第30卷二分册，1978年获全国科学大会科技成果奖，1980年获林业部科技成果一等奖，1982年获国家自然科学三等奖及金质奖章。在1978年全国科学大会上被授予全国先进科技工作者称号。

陈　植（1899～1989）

林学家，造园学家。江苏崇明（今上海市崇明县）人，字养材。1918年毕业于江苏省立第一农业学校。1922年毕业于日本东京帝国大学林学科，同年回国。曾任金陵大学、中央大学、云南大学、中山大学教授，河南大学农学院教授、院长。新中国成立后，历任南昌大学、华中农学院、南京林学院（1985年改称南京林业大学）教授。是中国园林学会第一届顾问。1956年加入九三学社。长期从事造园学、造林学、林业史的教学与研究。发表有“造园与园林正名论”、“杉木造林技术遗产的初步研究”等论文，著有《造园学概论》、《观赏树木学》，编著有《造林学原论》、《园冶注释》、《长物志校注》、《中国历代名园记选注》等。在造园艺术方面的论著奠定了中国造园学的基础；研究中国林业遗产及造园史料方面，成绩尤著，国内外影响深远。

叶培忠（1899～1978）

树木育种学家。当代中国树木育种学先驱者之一，中国水土保持研究的开拓者之一。江苏江阴人。1956年加入中国共产党。1927年毕业于金陵大学农学院森林系。1930年任英国爱丁堡皇家植物园研究员。1932年回国后，曾任南京中山植物园技师，四川省农业改进所林业试验场场长，甘肃天水水土保持实验区技正、主任。新中国成立后，历任武汉大学农学院教授，华中农学院教授，南京林学院教授。先后培育出小叶杨、银白杨的优良品种，黑松与云南松杂交种，亚美杂种马褂木等新品种。70年代初发现杉木花粉在一般贮存条件下，能保存生活力达17年之久。主持杉木良种选育（第一代种子园）的研究，主持建立我国第一个杉木第一代种子园。与他人合撰发表有“杉木种子生活力变异的研究”、“促进楸树结实的研究”、“杉木遗传型X环境互作和遗传稳定性的研究”等论文，主编《树木育种学》，编著有《植物繁殖》。

朱惠方（1902～1978） 木材学家，中国木材科学的开创者之一。江苏丹阳人。1957年加入九三学社。1927年毕业于奥地利垦殖大学研究院森林利用专业。曾任浙江大学农学院讲师，北平大学农学院教授，金陵大学农学院教授，长春大学农学院院长、教授，台湾大学农学院森林系主任、教授，美国纽约州立大学林学院研究员。1956年回国，任中国林业科学研究院木材工业研究所副所长、研究员。是中国林学会第二届理事、第三届副理事长，全国政协第四届委员、第五届常务委员。主持研究的“速生树种塑合材”，获1978年全国科学大会科技成果奖。撰有研究报告《中国经济木材之识别》（第一篇针叶树材部分）及“国产33种竹材制浆应用上纤维形态结构的研究”等论文，编有《英汉林业词汇》，主编《英汉林业科技词典》。

干　铎（1903～1961） 林学家，林业教育家，是中国当代森林经理学的开拓者之一。湖北广济人。1923年于北京大学德国文学系肄业。1929年毕业于日本东京帝国大学林学实科，继在日本农林省目黑林业试验场当研究生，1932年回国。曾任湖北农业改进所技师，湖北农学院教授，中央大学农学院森林系教授。新中国成立后，历任南京大学农学院森林系教授，南京林学院教授、林学系主任、副院长。是九三学社发起人之一，九三学社第三、四届中央委员，第五届中央常委，九三学社南京分社主任委员，第三届全国政协委员，江苏省政协第一、二、三届委员会常务委员。长期从事森林经理学的教学和科研工作，在吸收和引进国外森林经理学说，探索中国式的森林经理方面作出了贡献。主编《森林经营规划学》、《中国林业技术史料初步研究》等。

郝景盛（1903～1955） 林学家，植物学家。河北正定人。1931年毕业于北京大学生物系。1934～1938年就读于德国爱北瓦林业大学和柏林大学，获森林学、自然科学博士学位。曾任中央大学森林系教授，北平研究院植物研究所所长，东北大学农学院院长。新中国成立后，历任中国科学院植物研究所研究员，中央人民政府林业部总工程师，山西省林业顾问。是中国林学会第一届常务理事。是中国系统研究杨柳科和裸子植物分类最早的学者。较早提出东北红松林人工更新为主、合理采伐的科学方案。他是中华人民共和国成立后，山区农村建设走农林牧综合经营道路的早期规划人和开拓者。曾大力宣传森林的多种效益、植树造林、保持水土和林产利用。著有《青海及其附近地区植物地理》、《中国木本植物属志》、《中国裸子植物志》、《造林学》等。

邵　均（1903～1977） 林学家，中国森林经理学的开拓者之一。江苏宜兴人。1921年毕业于江苏省立第一农业学校森林科。1927年毕业于日本北海道帝国大学农林部林科。同年回国，曾任北京农业大学讲师，浙江大学农学院、河北农学院、四川大学教授，农林部岷江林管处主任。新中国成立后，历任东北林学院教授、森林系主任，黑龙江省林业厅副厅长兼省林业科学院副院长。1951年加入中国民主同盟。是民盟第一、三届中央委员，民盟黑龙江省委第一、二、三届副主任委员，第三届代主任委员，黑龙江省政协第四届副主席，中国林学会第一届理事，第二、三届常务理事。毕生从事林业科研和教育工作。先后在多所林业院校讲授森林经理等课程。长期从事森林主伐与更新、次生林改造和利用、中壮龄林抚育等的研究和实践，提出过许多学术论点，并在他担任黑龙江省林业领导期间加以贯彻实行，为黑龙江林业的发展作出了重要贡献。著有《森林手册》、《树干解析法》、《测树学》、《森林经理学》。

牛春山(1904～　　) 树木学家,林业教育家。山东即墨人。1931年毕业于金陵大学农学院森林系。曾任西北农学院附设高级农业职业学校森林科主任,甘肃天水水土保持实验区技正,兰州西北农林专科学校森林科主任、教授。新中国成立后,任西北农学院林学系主任、教授,1979年起任西北林学院教授。是中国林学会第二、四届理事,第三届常务理事,陕西省林学会第一、二、三届副理事长,第四届名誉理事长,陕西省第四、五届人大常务委员会委员。1951年加入中国民主同盟。1953年加入九三学社。1979年加入中国共产党。长期从事树木学的教学与研究工作。为中国培养了几代林业科技人才。主编《陕西杨树》、《中国森林地理》、《陕西树木志》等。

马大浦(1904～1992) 林学家,林业教育家。安徽太湖人,字述之。1932年毕业于中央大学农学院森林系。1937年在美国明尼苏达大学研究院获科学硕士学位,同年回国。曾任广西大学教授,中正大学、中央大学森林系主任、教授,安徽省农林局局长。新中国成立后,历任南京林学院(1985年改称南京林业大学)教授、院长、名誉院(校)长。1950年加入九三学社。1956年加入中国共产党。是国务院学位委员会第一届农学评议组成员,中国林学会第四届副理事长,江苏省林学会第二、三、四届副理事长。从事造林学的教学和研究,尤长于油桐研究。发表有“油桐及真品种之性状及分布”、“肥料及地位对油桐幼年生长的影响”等论文,主编《主要树木种苗图谱》、华东华中区高等林业院(校)教学用书《造林学》等。

唐　耀(1905～1998) 木材学家,中国木材学的开拓者之一。安徽泾县人,出生地江苏江都,字曙

东。1927年毕业于东南大学植物学系。1938年毕业于美国耶鲁大学研究院植物学系,获哲学博士学位。1937年被授予美国科学研究会会员。曾任北平静生生物调查所研究员,经济部中央工业试验所木材试验室主任,乐山中央技术专科学校教授。新中国成立后,历任林业部林业科学研究所研究员、副所长,中国科学院昆明植物研究所研究员。1956年加入九三学社。1984年加入中国共产党。是第五、六届全国政协委员。中国林学会第一届副秘书长。发表有“华北阔叶树材之鉴定”等论文。著有《中国木材学》、《云南热带材及亚热带材》、《中国裸子植物及其木材解剖》等,对中国的木材鉴定、构造、材性和用途等进行了系统的研究。

汪振儒(1908～　　) 树木生理学家、林业教育家。中国树木生理学的奠基者。广西桂林人,出生地北京。1956年加入中国农工民主党。1929年毕业于清华大学生物系。曾任清华大学助教,广西大学理学院讲师。1935年赴美国留学,入迪尤克大学林学研究院,1939年获哲学博士学位,同年回国。后任广西大学农学院教授、院长,北京大学农学院教授、森林系主任。新中国成立后,历任北京农业大学教授,北京林学院造林系主任、教授,北京林业大学教授。是中国林学会第二、四届理事,第六届顾问,中国植物学会第八届副理事长兼副秘书长、第九届顾问,中国植物生理学会第一、二、三届理事,国务院学位委员会第一届农学评议组成员,中国农工民主党第九届中央委员。编写了中国第一部林业专业适用的《植物生理学讲义》,翻译了多种有影响的植物生理学方面论著,培养出了中国第一名林学博士;长期担任几种林业科技刊物的主编和副主编。发表有“南京玄武湖植物群落的观察”、“藻类研究之历史”、“水杉种子发芽及幼苗发育的观察”等论文,与马骥合译P.J.克累默尔、T.T.考兹洛夫斯基著《木本植物生理学》,主编《森林与人类》杂志。

徐永椿(1910～1993) 树木学家，林业教育家，江西龙南人，出生地江西新建。1938年毕业于中央大学森林系。曾任云南大学副教授，台湾省台中农学院副教授。新中国成立后，历任云南大学教授，昆明农林学院教授，1979年起任云南林学院(1983年改称西南林学院)教授、副院长、院长、顾问。是中国林学会第三、四、五届理事，中国林学会树木学专业委员会第一届主任委员，云南省林学会第二、三、四届副理事长、第五届理事长、第六届名誉理事长，国务院学位委员会第一届农学评议组成员，云南省第六届人大常务委员会委员。1979年加入中国共产党。从事树木学的教学和研究，尤长于壳斗科。发表壳斗科新种24个，新组合22个，属的新记录1个。与他人合作发表“云南壳斗科分类与分布”、“壳斗科新种与新组合”等论文。对我国壳斗科研究做了很多订正补充工作；他是西南林学院树木标本室的创建人；主编了《中国农业百科全书·林业卷》树木学分支和《云南树木图志》；编写了《云南植物志》、《西藏植物志》、《中国树木志》中的壳斗科和其中某些属。

王　战(1911～　　) 林学家，树木分类学家。出生于奉天(今辽宁省)东沟县，祖籍山东牟平，号义仕。1936年毕业于北平大学农学院森林系。曾任中央林业实验所技正，东北大学农学院副教授。新中国成立后，历任沈阳农学院、东北农学院、东北林学院副教授，中国科学院林业土壤研究所(后改为应用生态研究所)副研究员、研究员、副所长。1956年加入中国民主同盟。1985年加入中国共产党。是中国林学会第一、二、三、四、五届理事，中国生态学会第一、二届理事。长期从事林业教学与科研工作。发现和命名杨柳科新种、新变种、新变型60多个。1944年主持首次神农架原始林考察。新中国成立后曾提出推广采育择伐方式；从森林生态系统角度出发认为“长江有变成黄河的危险”，并提出“永保森林长寿性”等学术观点。发表有“东北森林采伐更新”、“试论森林的长寿性——兼谈森林资源的永续利用”等论文。

范济洲(1912～　　) 森林经理学家，林业教育家。奉天安东(今辽宁省丹东市)人。1956年加入九三学社。1983年加入中国共产党。1936年毕业于北平大学农学院森林系。曾任西北农学院讲师、副教授。1945年赴美国入华盛顿州立大学研究生院，1947年获林学硕士学位。同年回国后，任西北农学院教授，英士大学森林系教授。新中国成立后，历任河北农学院森林系主任、教授，北京林学院(1985年改称北京林业大学)副教务长、森林经理系主任、林业系主任、教授。是中国林学会第一、二届理事，第四届副秘书长，第三、五届常务理事，第六届顾问，国务院学位委员会第一、二届农学评议组成员，北京林学会第一届副理事长，第二、三届理事长，第四届名誉理事长，北京市科协第二届副主席。长期从事森林经理学科的完善和发展。他所设计的森林调查工具(综合型森林测尺，通称“范氏测杖”)在森林调查中广为应用；倡导推动地位指数的研究和应用，填补了评定中国森林生产力技术的空白。发表有“实用综合型森林测尺的设计”等论文，主编全国高等林业院校试用教材《森林经理学》。

杨衔晋(1913～1984) 森林植物学家，林业教育家。浙江嘉兴人。1935年毕业于中央大学农学院森林系。曾任中国科学社生物研究所研究员，中央大学农学院教授。1945年入美国耶鲁大学林学院学习。翌年回国，先后任复旦大学、同济大学、河南大学教授。新中国成立后，历任东北农学院教授，东北林学院教授、副院长、院长。1952年加入中国民主同盟。1956年加入中国共产党。是国务院学位委员会第一届农学评议组成员，中国植物学会第八届副理事长，中国林学会第一、二届理事，第三届常务理事，第四届副理事长，黑龙江省植物学会第一、二、三、四、五届理事长，黑龙江省林学会第五届副理事长。长期从事树木学的研究与教学，尤长于樟科研究，命名羽脉新木姜子、红楠刨等42个树木新种、13个新变种、1个新属、1个新亚属。发表有“川康樟科植物之记载”、“樟科植物新种、新变种及新组合”，合作发表有“中国樟科植物志资料(二)”、“国产狸尾豆属的研究”等论文。与周以良主编《黑龙江省野生经济植物图志》。与钱崇澍合编《中国森林植物志》，与他人合编《中国植物志(第三十一卷)》、《中国树木志(第一卷)》。1978年获全国科学大会科技成果奖。1980年黑龙江省人民政府授予他劳动模范称号。

熊文愈(1915～　　)　森林生态学家，竹类专家。四川崇庆人。1940年毕业于四川大学农学院森林系。曾任四川大学森林系助教、讲师。1946年赴美国留学，1951年在美国明尼苏达大学获哲学博士学位后，留校任研究员。1953年回国。1954年加入九三学社。1981年加入中国共产党。历任南京林学院(1985年改称南京林业大学)副教授、教授、林学系主任。是中国林学会第三、四、五届理事，国务院学位委员会第一、二届农学评议组成员。与他人合作完成的“毛竹丰产和南竹北移的研究”，获1978年全国科学大会科技成果奖。在“南竹北移”、“竹材丰产”，扩大竹林资源，以竹代木等缓解国家森林资源不足方面，从理论到实践都作出了重要的贡献。先后提出“现代林业”、“生态系统工程”和“生态边界层”等概念和理论。对推动中国森林生态学的发展和林业现代化起了积极的作用。发表有“森林生态系统与环境保护”、与他人合撰发表有“论生态系统工程”、“论生态界面系统”、“毛竹秆茎的解剖结构”等论文，主编华东华中区高等林学院(校)教学用书《森林学》，与他人合作编著《竹林培育》。

成俊卿(1915～1991)　木材学家。四川江津人。1942年毕业于四川大学农学院森林系。曾任中央工业试验所技佐、助理研究员，四川省立遂宁高级农业

学校林科主任。1951年获美国华盛顿大学林学院林学硕士学位。回国后，任安徽大学副教授，安徽农学院副教授。1956年任中国林业科学研究院木材工业研究所材性研究室副主任、主任、研究员。是《林业科学》副主编，《木材工业》杂志副主编，第六届全国政协委员，中国林学会第二、四届理事。长期从事木材学的教学与研究工作，专长于木材构造的研究。在木材解剖、木材构造与材性、木材识别和利用等研究工作中取得重要成就。通过对600多种木材材性的研究，制订出“木材志”的记载方案和我国商品材分类；在杉木和柏科等针叶树材中发现“髓斑”；研究证明长白落叶松人工林比天然林生长快、强度也大，纠正了针叶树材生长快强度就低的论点；在泡桐材的研究中发现有两种不同形态的木纤维。发表有“中国壳斗科商品材识别的研究”、“泡桐属木材的性质和用途的研究”等论文。著有《中国热带及亚热带木材识别、材性和利用》，1980年获林业部科技成果一等奖。主编《木材学》，全面总结了中国近几十年来木材科学方面的科研成果，具有重要的学术创见和实用价值。注重人才的培养，为中国木材科学培养了一批骨干。对木材科学的应用基础研究提出了不少有益的建议。

王　恺(1917～　　)　木材工业专家。湖南湘潭人。1962年加入中国共产党。1940年毕业于西北农学院森林系。1945年毕业于美国密执安大学林学院研究生部，获木材工业硕士学位。1946年被选为美国科学研究会会员。曾任上海中央工业实验所技士。新中国成立后，历任北京市光华木材厂厂长、总工程师，北京市木材工业公司总工程师，北京市木材工业研究所所长，中国林业科学研究院木材工业研究所所长，中国林科院副院长、高级工程师。是中国林学会第一、二、三届常务理事，第四、五届副理事长，第六届常务副理事长，中国林学会木材工业学会第一、二届理事长，国务院学位委员会第一、二届农学评议组成员，第三届全国

人大代表。长期从事木材工业的组织领导和科学研究工作。先后研制成纺织用胶合木滚筒、压缩木打梭棒、胶合枪托等新产品。1950 年创建北京光华木材厂。对中国木材工业的发展起到了促进和示范作用。他对森林资源的合理利用和综合利用进行了深入系统的研究，提出了许多重要建议，取得了不少成果。主持研制的纸质装饰塑料贴面板和钙塑装饰板，获 1978 年全国科学大会科技成果奖。合撰有“跨长 25 米无金属胶合木桁架试制”等论文。主编大型套书《木材工业实用大全》。

全国劳动模范(林业)*

1950年

王　力(1904～　　) 全国劳动模范。山东沂南人。1949年任村封山造林委员会主任,宣传组织全村变工组封山育林62公顷,植树造林24.5万株。1950年在全国工农兵劳动模范代表会议上被授予全国劳动模范称号。

王凤鸣(1905～　　) 全国劳动模范。辽宁义县人。1935～1949年植树造林2万多株,并宣传带动群众植树造林22公顷,建立合作苗圃3公顷。1950年在全国工农兵劳动模范代表会议上被授予全国劳动模范称号。

王纯文(1918～1980) 全国劳动模范。河北顺义(今北京市顺义县)人。1949年加入中国共产党。1947年入吉林省黄泥河林业局森铁处当司机,1949～1951年任森铁四〇一号包车组司机长,安全行车5.2万多公里,运输率高达90.8%,牵引量由10台提高到22台,后又创出了35.3台的新纪录。行车时速由18公里提高到23公里。1950年在全国工农兵劳动模范代表会议上被授予全国劳动模范称号。后任吉林省敦化县黄泥河林业局森铁处技术员、主任。

王清恒(1921～　　) 全国劳动模范。黑龙江穆棱人。1948年加入中国共产党。任纯盛村武装委员,村护林员,宣传组织群众护林防火,取得显著成绩。1950年在全国工农兵劳动模范代表会议上被授予全国劳动模范称号。

王殿兴(1890～1960) 全国劳动模范。山东莱阳人。1951年加入中国共产党。1907年到东北林区当工人。新中国成立后到内蒙古阿尔山林务分局苏呼沟作业所任队长。在他的带领下,克服了林业生产中的树木分散、坡度大等重重困难,提前4个月完成1950年检材1.26万立方米的任务。春季救火时,他昼夜奔波,身先士卒,广大工人在他英勇行为感召下,一致提出"向老队长看齐"的口号,使人民财产少受损失。1950年在全国工农兵劳动模范代表会议上被授予全国劳动模范称号。是第一届全国人大代表。

石玉殿(1893～1967) 全国劳动模范。河南林县人。1948年加入中国共产党。历任河南省林县东冶村生产合作社社长,新乡专署东冶林校校长,林县林科所副所长,林县林业科副科长。是中国农业科学院特约研究员,中国林业科学研究院研究员,河南农学院名誉教授,中共第八次全国代表大会代表,第三

* 几十年来,党和国家为了表彰劳动模范的丰功伟绩,分别于1950年、1956年、1959年、1960年、1978年、1979年、1989年和1995年召开了表彰大会,先后授予他们全国劳动模范、全国先进生产者、全国先进工作者和全国先进科技工作者称号,同时还以其他形式授予一些同志上述称号。在这次回顾总结中国林业五十年取得的巨大成就中,我们根据当前可能查到的资料,收入了361名历年林业方面的全国劳动模范的先进事迹,这是迄今收入人物最多、内容最为丰富的记载我国林业劳动模范状况的宝贵资料。为便于读者查阅,对收入人物的排列,以国家授予荣誉称号的时间先后为序,在同一年度中,以姓氏笔画为序排列。

届全国人大代表，中国林学会第二届理事。长期钻研造林和果树嫁接管理技术，带领和组织全县群众植树造林，到1966年绿化荒山3.67万公顷，“四旁”植树3900万株，多次被评为县、地、省劳模。1950年在全国工农兵劳动模范代表会议上被授予全国劳动模范称号。有《植树能手石玉殿》、《石玉殿的园林技术》。

白荣瑞(19？～　　) 全国劳动模范。陕西靖边人。1923～1950年，在干旱沙地植树1000多株，成为当地绿化造林的样板。示范带动小界村群众每户植树1000多株；其他乡村184户每户植树200多株。1950年在全国工农兵劳动模范大会上被授予全国劳动模范称号。

刘玉文(1914～　　) 全国劳动模范。吉林安图人。任新合村党支部书记。积极宣传爱林护林，建立护林防火制度，并组织带领群众开出一条长达7.5公里长的防火道，扑灭从邻县烧过来的蔓延3.5公里长的森林大火，保障了本村林区的安全。1950年在全国工农兵劳动模范代表会议上被授予全国劳动模范称号。

刘芬江(1905～　　) 全国劳动模范。山东安邱人。吉林林务局吉林制材厂锉锯工人。通过修造修复锉锯机、压锯机和技术革新，提高了效率，降低了成本，共为国家节约1.42亿元。1950年在全国工农兵劳动模范代表会议上被授予全国劳动模范称号。

刘金贵(1910～1982) 全国劳动模范。吉林永吉人。1950年加入中国共产党。1949年在松江省南岔林务局翠峦林务所带头降低伐根采伐，使伐根由1米左右降到20厘米以下，增产节约了木材。后又总结出“采伐一面倒”的方法，使树的自然倒向得以控制，既便于集材，又保障了安全，提高了劳动生产率，此方法推广到全国。1950年，被评为东北林务总局和松江省人民政府特等劳动模范。1950年在全国工农兵劳动模范代表会议上被授予全国劳动模范称号。

张继先(1884～　　) 全国劳动模范。四川涪陵人。1934～1950年植油桐树7000多株，并总结推广油桐选种、播种、栽植、抚育、更新、保护、摘果、榨油等一系列管理技术，带动帮助桐农栽植油桐2.1万多株，生长良好，增产丰收。1950年在全国工农兵劳动模范代表会议上被授予全国劳动模范称号。

战胜利(1927～　　) 全国劳动模范。山东黄县(今山东龙口市)人。1950年加入中国共产党。1948年为内蒙古林务局扎敦河作业所工人，后任党总支书记。带动工友，用一个半月的时间超额20%完成两个月的任务，采集木材600立方米。带头响应上级号召，降低伐根高度5厘米，增加了产量。1950年在全国工农兵劳动模范代表会议上被授予全国劳动模范称号。1975年起任中共大兴安岭地区加格达奇区中心苗圃党总支书记。

袁士珍(1901～1981) 全国劳动模范。河北遵化人。1940年加入中国共产党。建国后，历任遵化县君子口村农业社主任，中共遵化县新店子人民公社党委副书记、社长，1963年起任中共君子口村党支部书记。带领群众植树造林近40年，使君子口村森林覆盖率由0提高到59.7%。1950年在全国工农兵劳动模范代表会议上被授予全国劳动模范称号。

贾义德(1926～　　) 全国劳动模范。河南杞县人。1952年加入中国共产党。历任河南省睢杞县林场护林员、技术员，杞县林业局科员。1950年在全国工农兵劳动模范代表会议上被授予全国劳动模范称号。

贾兰虎(1902～1964) 全国劳动模范。河北行唐人。1940年加入中国共产党。1948年到行唐县农业科工作，后调冀西沙荒造林局，先后任工人、技术员。在实践中摸索出了一套“深埋”、“实砸”、“少露”、“密栽”以及“弓形压条”等沙荒造林经验，在石家庄地区推广后，有力地推动了群众性造林活动。他还积累了一套果树培育经验，使桃树亩产由35公斤增加到3020公斤，葡萄亩产由1300公斤提高到3554.5公斤。1950年在全国工农兵劳动模范代表会议和1956年在全国先进生产者代表会议上分别被授予全国劳动模范和全国先进生产者称号。

郭能成(1911～　　) 全国劳动模范。山西五台人。15岁去五台山明月池寺院当和尚,担当寺院清扫、植树任务。20多年来,坚持植树造林,修枝抚育,并指导带动群众造林绿化荒山;还舍身扑灭山林火灾,保护了13公顷多山林的安全。1950年在全国工农兵劳动模范代表会议上被授予全国劳动模范称号。

萧凯彦(1912～　　) 全国劳动模范。河北尚义人。组织沙卜窑村民兵成立护林组,捉拿盗窃树木的坏分子交政府法办和教育,保护防风固沙林带免遭破坏,并带动全村群众,采用半弓形压条法,植树造林10万余株。1950年在全国工农兵劳动模范代表会议上被授予全国劳动模范称号。

1956年

马玉珂(1925～　　) 全国先进生产者。河北吴桥人。1953年加入中国共产党。1943年在黑龙江省亚布力林业局贮木场当工人。1955年在黑龙江省柴河林业局贮木加工厂发明木材装到火车后,捆车棕绳不砍断即可卸车的方法,在全国铁路系统推广使用。1956年在全国先进生产者代表会议上被授予全国先进生产者称号。

马振武(1931～　　) 全国先进生产者。内蒙古开鲁人。1959年加入中国共产党。1951年为开鲁县四合苗圃工人,后任开鲁县保安林场场长。热爱育苗工作,连年超额40%左右完成任务。改进10件育苗工具,节约46个劳动力,提高工效3倍。1956年在全国先进生产者代表会议上被授予全国先进生产者称号。

马银宗(1925～　　) 全国先进生产者。河北青凤人。1953年为内蒙古森林工业管理局根河森工局采伐队工人,后任队长。中共党员。为使新工人尽快熟悉生产业务,组织新老工人签订师徒合同,使工人队伍很快满足了生产需要,超额完成年采伐任务50%。他与其他工友发明了"一面楂挂放树法",大大减少了木材的损失,提高了采伐质量。1956年在全国先进生产者代表会议上被授予全国先进生产者称号。

马福臣(1932～　　) 全国先进生产者。河北青龙人,生于黑龙江绥棱。1956年加入中国共产党。1952年到黑龙江省田升林业局森铁处当电焊工。1955年以土法制成"多功能电焊条",用于森铁台车轮面修补,比普通电焊条耐磨力提高30倍。后又研制出自动弹簧导药器和自动粉碎机,分别提高工效11倍。1956年在全国先进生产者代表会议和1959年在"全国群英会"上两次被授予全国先进生产者称号。后任黑龙江省双丰林业局机修厂副厂长,双丰林业局供应科、科技科副科长。

于文范(1930～　　) 全国先进生产者。山东乳山人。1947年加入中国共产党。历任吉林省临江县城关区公所事务员、临江县人民政府总务股长。1953年起任吉林省临江三岔子森林经营所党支部书记、工会主席。领导全所制定工作计划,建立规章制度,团结群众完成各项林业生产任务。1956年在全国先进生产者代表会议上被授予全国先进生产者称号。

王又新(1903～1985) 全国先进生产者。四川简阳人。1952年加入中国共产党。1950年在成都木材综合厂当工人时,认真钻研业务技术,经过29次试验,解决了胶合板因胶料含水量多影响质量的问题,使胶剪力超过国家规定标准,产量提高23%。1956年在全国先进生产者代表会议上被授予全国先进生产者称号。后任成都木材综合厂技师。

王长富(1911～　　) 全国先进生产者。林业经济学家。辽宁大连人。1956年加入中国共产党。1937年日本北海道帝国大学农学部林学科毕业。曾任牡丹江营林局造林科技佐,奉天营林局造林科技正,长春林野总局造林科技正。新中国成立后,历任东北林学院木材采运系主任、林业经济系主任、教授,中国林业科学研究院林业经济研究所所长、教授。是中国林业经济学会第一、二届副理事长,国务院经济技术社会发展研究中心成员,日本学士会成员。1956年在全国先进生产者代表会议上被授予全国先进生产者称号。与他人合撰发表有"中国林价问题初探"、"林业在国土利用中的经济问题"等论文,编著有《沙皇俄国掠夺中国东北林业史考》。

王立鹏(1923～) 全国先进生产者。黑龙江双城人。1952年加入中国共产党。1951年进双城县第四区政府任林业助理员，1952年任双城县国营苗圃主任。在苗圃工作期间，采用科学方法育苗，创造了大面积育苗丰产经验，总面积32公顷，育苗率达95%以上，品种14种，年产441.7万株苗木，是当时全省经营状况最好的苗圃。1956年在全国先进生产者代表会议上被授予全国先进生产者称号。

王守均(1923～) 全国先进生产者。黑龙江依兰人。1952年加入中国共产党。1947年在黑龙江省古城林业局当工人。1955年在黑龙江省大海林林业局当锻工时，研制出依发起重机自动解索器，避免了人身伤亡事故，提高工效15倍。1956年在全国先进生产者代表会议上被授予全国先进生产者称号。

王守海(1934～) 全国先进生产者。内蒙古奈曼人。1955年加入中国共产党。1952年起任内蒙古森林工业管理局图里河森工局检尺员。苦学苦练检尺技术，精通木材规格，每天检尺达万立方米，被称为"活材积表"。1956年在全国先进生产者代表会议上被授予全国先进生产者称号。

王华良(1933～) 全国先进生产者。四川南充人。1953年加入中国共产党。1950年在南充市区粮库砖瓦厂当工人，后任四川省马尔康林业局科长、主任。在工作中，提出并亲自将短钢钎接成长钢钎，节约开支5000多元；将人工拖运木材改成人造冰道运木材，提高工效50%；改爬犁道装车为木制三角架装车，节约人力20%。1956年在全国先进生产者代表会议上被授予全国先进生产者称号。1979年起任马尔康林业局副局长，调研员。

王怀家(1927～) 全国先进生产者。辽宁旅顺(今辽宁省大连市)人。1950年加入中国共产党。1943年在旅大交通公司当电车司机。1952年为林业部调查设计局森调二大队助理技术员，后任支部书记。常年出没在林海深处，以自己的积极肯干、科学管理带动了调查队的全体同志，仅1955年就超额完成3500多公顷调查任务，为国家节约1300多元。1956年在全国先进生产者代表会议上被授予全国先进生产者称号。

王国丰(1907～1968) 全国先进生产者。辽宁锦西人。1952年在黑龙江省翠峦林业局当工人。改装了流送水闸闸门悠荡梁和闸板，制造出翻板式水闸，控制闸水空流，提高工效70%，保证了人身安全。1956年在全国先进生产者代表会议上被授予全国先进生产者称号。

王国祥(1928～1985) 全国先进生产者。辽宁本溪人。1956年加入中国共产党。1950年起在黑龙江省穆棱林业局当司机。1954年创造一车带多张爬犁的穆棱林业局运材最高纪录，提高生产效率1倍。1956年改制达脱拉111A型汽车后桥螺丝、后桥卡子，发明轮胎保养法。1956年在全国先进生产者代表会议上被授予全国先进生产者称号。

王政武(1928～) 全国先进生产者。河北盐山人。回族。1954年加入中国共产党。1947年参加中国人民解放军，1953年转业到东北制材工业管理局南岔第二制材厂当选材工。1955年总结出成材六面通风垛积法，使成材变质降等率由原来的70%下降到5%以下，此法在全国林业系统推广。1956年在全国先进生产者代表会议上被授予全国先进生产者称号。

王海廷(1925～) 全国先进生产者。黑龙江汤原人。1950年加入中国共产党。1951年进汤原县香兰区政府工作，后任带岭林业实验局造林队长、营林村指导员等多年从事营林工作，积累了丰富的工作经验，在第一个五年计划期间，带领职工营造的人工林，造一片活一片，成本低，质量好。1956年在全国先进生产者代表会议上被授予全国先进生产者称号。

王德信(1921～) 全国先进生产者。山东沂水人。1956年加入中国共产党。1951年入嫩江县排木工会当放排工人，1953年在内蒙古森林工业管理局西尼气森林工业管理局当工人，1954年任西尼气森工局五车间工队长，后任西尼气林场主任。他善于依靠群众,集思广益,创造了双号搬运法,保证了生产任务的完成。他所领导的畜力运材队注意牲畜的保养和原料的损耗,采取"定趟、定量、定时"的办法,工具损耗率降低一半,1955 年下半年节约 5536 元。1956 年在全国先进生产者代表会议上被授予全国先进生产者称号。

王崇珍(1938～) 全国先进生产者。黑龙江望奎人。女。满族。1956 年加入中国共产党。1953 年在哈尔滨香坊木材综合加工厂当工人。1955 年在胶合板单板拼缝工作中,推广整条拼缝先进经验,由每天每人拼板 150 张提高到 325 张,完成年生产定额的 129.2%,并用废纸条拼缝,将辅助材料的损耗率由 3%降到 2%以下。1956 年在全国先进生产者代表会议上被授予全国先进生产者称号。

孔应麟(1927～) 全国先进生产者。广东韶关人。曾任广东森林工业局粤北森林工业分局曲江贮木场水上保管组组长。提出毛竹代替扎排横梁木,用拆排方式延长竻缆的使用次数,以及边收、边调、水上调拨等合理化建议,每年为国家节约 3.5 万多元。并在防洪中抢救出被洪水冲散的原木 3646 根,使农民 9 人脱险。同时创造红旗(为目标)联系法,以控制来排数量,保证存排安全。1956 年在全国先进生产者代表会议上被授予全国先进生产者称号。

孔照荣(1931～) 全国先进生产者。辽宁宽甸人,出生地黑龙江勃利。1953 年任黑龙江省双子河林业局森铁处外燃窄轨机车司机。50 年代为完成运材任务,他驾驶的机车每天拉 31 节车厢,超定额 50.5%。同时细心保养机车,节省燃料。1956 年在全国先进生产者代表会议上被授予全国先进生产者称号。

尹顺子(1930～) 全国先进生产者。吉林省图们人。女。朝鲜族。1952 年到东京城林业局职工医院任护士。待病人如亲人,深受患者爱戴。创造竹签棉球法,节约了大量脱脂棉和酒精,被誉为"护理工作者的榜样"。1956 年在全国先进生产者代表会议上被授予全国先进生产者称号。

计国珍(1934～) 全国先进生产者。黑龙江五常人。1955 年加入中国共产党。1953 年为内蒙古伊图里河森工局拖拉机驾驶员。1954 年冬季运材时发明了"三快六定集材法",提高工效 3 倍多。爱护国家财产,注意节约原料,1955 年共节约 700 多元。1956 年在全国先进生产者代表会议上被授予全国先进生产者称号。

包钰藩(1926～) 全国先进生产者。上海南汇人。1953 年加入中国共产党。1950 年毕业于浙江工业干部学校机械科。历任东北林务总局见习技术员,内蒙古自治区政府林务局机运科技术员,1956 年起任内蒙古森林工业管理局工程师。规划设计先进的集运材方法,节约钢材 36 吨、资金 2 万多元。1956 年在全国先进生产者代表会议上被授予全国先进生产者称号。

石永华(1930～) 全国先进生产者。辽宁辽阳人。1955 年加入中国共产党。1950 年在内蒙古森林工业管理局设计公司勘测队当测量工人,后任大兴安岭林业设计院供应科副科长。踏遍荒山野岭,不分昼夜跋涉在林海雪原里,保证着 80 多人的物资供应和运输。勘测队有时断炊,他积极设法采集野菜、打鱼,千方百计保证勘测队员的健康。1956 年在全国先进生产者代表会议上被授予全国先进生产者称号。后任内蒙古牙克石林业设计院地质队队长、地质室主任、供应科长。

叶尚苍(1929～) 全国先进生产者。上海金山人。1955 年加入中国共产党。1950 年到治淮委员会政治部任资料员,后任安徽省森林工业局六安分局文书、六安地区机械局农机管理站副科长。对工作极端负责,共提合理化建议 13 项。1953 年,建议改变木材中转环节位置,减少木材中转费用 20 多万元。曾两次被安徽省政府授予省先进生产者称号。1956 年在全国先进生产者代表会议上被授予全国先进生产者称号。

申铉澐(1919～) 全国先进生产者。吉林敦化人。朝鲜族。吉林森林工业管理局大石头森工局职工医院小儿科医生,学习祖国医学遗产,用中草药、针灸等中西医结合疗法热情为患者服务,林区职工赞扬他是“人民的好医生”。1956年在全国先进生产者代表会议上被授予全国先进生产者称号。

艾福祥(1934～) 全国先进生产者。河北唐山人。1956年加入中国共产党。1950年起在内蒙古自治区库都尔林业局当工人。带头推广使用弯把锯,降低伐根采伐,使用木轨双滑杠、木轮平车,提高了生产工效。制造出自动爬犁提高了运材效率。1956年在全国先进生产者代表会议上被授予全国先进生产者称号。

孙明尧(1927～1981) 全国先进生产者。辽宁新民人。1952年加入中国共产党。1948年入沈阳汽车总厂当修车工人。1954年在黑龙江省伊春林业机械厂筹建工作中,带领修理车间后桥组全组人员,自力更生,研制成KT-12拖拉机后桥起动轮、被动鼓大小伞形齿轮等拆装工具12项,提高工效5～10倍。1956年在全国先进生产者代表会议上被授予全国先进生产者称号。

任德山(1906～1983) 全国先进生产者。吉林长春人。1955年加入中国共产党。1952年在哈尔滨国营香坊木材综合加工厂当工人。1955年工厂生产出口胶合板,对切边机进行了多次改进,提高生产效率2倍,降低了产品成本,确保了出口任务按时完成。1956年在全国先进生产者代表会议上被授予全国先进生产者称号。

安 良(1934～) 全国先进生产者。河北清苑人。1951年为乌兰浩特市运输公司司机,1953年调西尼气森工局机运车间当拖拉机驾驶员。带动职工克服困难,在－40℃的严寒中,坚持出车5昼夜,超额完成运材任务78%。1956年在全国先进生产者代表会议上被授予全国先进生产者称号。

刘文秀(1912～1985) 全国先进生产者。吉林桦甸人。1950年加入中国共产党。历任黑龙江省乌敏河林业局第三作业所副所长,黑龙江省东风林业局生产科科长、副局长、采运工程师,国家经委驻东风林业局木材调运专员。50年代中期提出了“采大留小、采坏留好、采弱留壮、采密留稀”和改“火烧清林”为“堆积清林”的采伐方法,60年代初被定名为“采育兼顾伐”。1956年在全国先进生产者代表会议上被授予全国先进生产者称号。

刘文波(1932～) 全国先进生产者。高级工程师。黑龙江延寿人。1979年加入中国共产党。1952年进吉林省大石头林业局当工人。历任大石头林业局伐木场技术员、机修厂厂长。研制成功我国第一条电锯链和锉锯台。1955年在试行原条流水作业生产中,制成了吉林省第一套架杆原条装车设备,为实行林业机械化生产做出了贡献。1956年在全国先进生产者代表会议上被授予全国先进生产者称号。

刘升贵(1933～) 全国先进生产者。陕西留坝人。1980年加入中国共产党。1950年起历任南郑县教师、留坝县林业工作站防火员、副站长。1954年在火烧店乡抓护林防火工作中,首创乡、村、组建立护林防火组织和生产用火审批制度、分区划段联防责任制,实行“七包五改二禁止”制度,并建立打火队,设立进出山登记等办法,在全县推广,实现了全县3年无林火县和绿化县。1956年在全国先进生产者代表会议上被授予全国先进生产者称号。

刘玉美(1901～1985) 全国先进生产者。山东沂南人。1944年加入中国共产党。1938年从事党的地下工作,1953年任沂水县城子苗圃主任。他大力推广浸种、催芽、嫁接等新技术,大大提高了育苗成活率和苗木质量,为周围乡村植树造林提供了大量苗木。同时他还不辞劳苦,徒步跑遍周围的马站、高桥、圈里、宜庄等区的山村,协助区、乡、村发动群众大搞植树造林,加快了山区绿化步伐。1956年在全国先进生产者代表会议上被授予全国先进生产者称号。

刘玉玺(1929～) 全国先进生产者。山东淄博人。1953年加入中国共产党。1947年入吉林铁路局通化工程队当工人。后调入吉林省临江林业局、泉阳林业局当工人。创造木材大头串装法,使每节车皮的装载量由过去的60立方米提高到70立方米,仅1955年就为国家节余车皮1500个。还创造了不砍断绳索装车法,使每节车皮节约车立柱6根,1955年和1956年两年共节约车立柱1300立方米,节约大绳资金6万元。1956年在全国先进生产者代表会议上被授予全国先进生产者称号。

刘百万(1920～　) 全国先进生产者。山东掖县人。1956年加入中国共产党。1950年在黑龙江省东京城林业局参加工作,1952～1958年任东京城林业局镜泊水运场工段长。在任工段长期间,创造了“矿柱编包”等9项先进作业方式,推广了“冰上编排”等7项先进经验,创造安全运行列车式爬犁总重量达200余吨。1956年在全国先进生产者代表会议上被授予全国先进生产者称号。

刘庆福(1909～1988) 全国先进生产者。山东宁阳人。1953年加入中国共产党。1947年在黑龙江省柴河林业局当采伐工。1955年,在推广应用冰雪滑道的基础上,针对高山角木材无法下山的实际困难,研制出“空中架索集材法”,提高生产效率3～5倍,并在东北林业系统推广。1956年在全国先进生产者代表会议上被授予全国先进生产者称号。

刘　芳(1914～　) 全国先进生产者。吉林农安人。1952年加入中国共产党。1957年在黑龙江省朗乡林业局贮木场当造材工。总结出“一量再划三检查”、“三快一稳四不要”的造材先进经验,在全贮木场推广后,使经济材比重从原来的74.3%提高到83.1%。1958年和1959年为国家增产商品材7244立方米,价值20多万元。又改建选材回空线路,提高工效80%以上。1956年在全国先进生产者代表会议和1959年在“全国群英会”上两次被授予全国先进生产者称号。

刘　英(1925～　) 全国先进生产者。湖南祁阳人。1954年加入中国共产党。1952年起历任湖南省贮木场工人。湖南岳阳集材厂装卸队长,任岳阳市枫桥湖电机砖厂党支部书记。1953～1955年,创造木材拱形装车法使每车皮装载量提高了4～5立方米;创造的板材无车立柱三层培装法,提高装载量5～7立方米,为国家节省运费达50万元。1956年被湖南省政府授予省先进生产者称号,同年在全国先进生产者代表会议上被授予全国先进生产者称号。

刘金菊(1933～　) 全国先进生产者。湖南桃江人。1955年加入中国共产党。1951年在内蒙古军区陆军医院任医士。1954年转业到内蒙古阿尔山森工局职工医院任医师、副院长。热心为患者服务,克服山陡路远、深山密林等种种困难,为方圆40多公里的患者诊治送药。平时注重预防工作,经常利用各种机会向职工宣传卫生保健常识,从而减少了发病率,提高了出勤率。1956年在全国先进生产者代表会议上被授予全国先进生产者称号。

刘景凤(1928～　) 全国先进生产者。原籍朝鲜咸镜南道人。朝鲜族。吉林森林工业管理局八家子森工局第二伐木场采伐工人。在石头多、牲畜少、集材困难的情况下,创造“油爬犁”集材,及时安全完成了集材任务。降低伐根,合理造材,仅三个月就为国家增产节约4000多元。1956年在全国先进生产者代表会议上被授予全国先进生产者称号。

刘德先(1924～　) 全国先进生产者。山东昌邑人。1953年加入中国共产党。1949年到哈尔滨正阳河木材加工厂任小带锯组组长。1955年带领全组人员认真讨论作业计划,制订保证条件,攻克生产难关,主动与大带锯组配合,超额完成了各项生产指标。1956年在全国先进生产者代表会议上被授予全国先进生产者称号。

乔世宽(1933～　) 全国先进生产者。辽宁旅大(今辽宁大连)人。1952年加入中国共产党。1953年在黑龙江省伊春双子河林业局当拖拉机驾驶员。总结出KT-12集材拖拉机保养法,被伊春森林工业管理局命名为“乔世宽拖拉机保养法”,并在全林区推广。1956年在全国先进生产者代表会议上被授予全国先进生产者称号。

乔汉收(1929～　) 全国先进生产者。河南商水人。1953年加入中国共产党。1954年在黑龙江省上甘岭林业局第七伐木场当司机。1956年提出“伐倒木集运材踏载板起落防震法”,使载板和平衡轴使用期限延长1倍以上。1956年在全国先进生产者代表会议上被授予全国先进生产者称号。

乔凤山(1930～　) 全国先进生产者。黑龙江汤原人。1953年加入中国共产党。1948年进伊春五道库林务局当工人。1952年在执行木材流送任务中，带领工组人员，保住了 12 万立方米木材免遭洪水冲走，同时，还提前 20 天完成 7 万立方米木材拆垛任务。1956 年在采伐时，将四等材和等外材按计划降低 73%，出好材 583 立方米，为国家增收27 401 元。1956 年、1959 年在全国先进生产者代表会议和“全国群英会”上两次被授予全国先进生产者称号。

乔春明(1931～) 全国先进生产者。辽宁本溪人。1951 年加入中国共产党。1947 年起在松江省山河屯林业局当森铁养路工人。1954 年创造了森铁养路流水作业法和线路串轨器，改进了养路工艺，提高了线路质量。1956 年在全国先进生产者代表会议上被授予全国先进生产者称号。

庄洪庆(1930～) 全国先进生产者。山东莒南人。1945 年加入中国共产党。1951 年进吉林省临江林业局当工人。后调入露水河林业局当工人。创造绞盘机归楞法，并制造了绞盘机模型，获林业部三等创造奖。临江林业局使用绞盘机归楞后，节省了人力，减轻了劳动强度，提高了工作效率，减少了事故，年节约开支 42 814 元。1956 年被吉林省政府授予模范工人称号。1956 年在全国先进生产者代表会议上被授予全国先进生产者称号。

朴龟涉(1919～) 全国先进生产者。原籍朝鲜永郡。朝鲜族。1948 年加入中国共产党。1932 年进汪清林业局当工人。后历任机修厂厂长、检修厂厂长。1947 年为了早日恢复生产，主动承担建机修厂的任务。带领建厂人员白手起家，因陋就简、重建厂房，在此期间大搞修旧利废、技术革新，为国家节约了 2 万余元。1956 年在全国先进生产者代表会议上被授予全国先进生产者称号。

朴银山(1921～) 全国先进生产者。原籍朝鲜咸镜北道。朝鲜族。1945 年肄业于开拓医学院医疗系。1951 年任内蒙古自治区乌兰浩特朝鲜医院医士，1952 年任图里河森工局职工医院医师。1954 年任伊图里河森工局职工医院医师。工作积极热情，医德高尚，扶危解难，不辞劳苦。无论是在夜深人静，还是在旅途中，只要碰上需要诊治的患者，都竭尽全力予以抢救。1956 年在全国先进生产者代表会议上被授予全国先进生产者称号。

李大勇(1914～1978) 全国先进生产者。广西岑溪人。1956 年加入中国共产党。1952 年在广西岑溪森工站任排运工人。1954 年在全省森工开展增产节约运动中，创造了“木排运输天秤过坝”法，完成了岑溪林区年产 1 万立方米木材的运输任务。1956 年岑溪天星水库出现险情时，不顾个人安危奋力抢救，受到岑溪县委嘉奖。1956 年在全国先进生产者代表会议上被授予全国先进生产者称号。

李小学(1925～) 全国先进生产者。河南新安人。1954 年加入中国共产党。1951 年参加中国人民解放军，立大功一次。1953 年随部队集体转业到黑龙江省友好森工局当拖拉机司机。在集材距离长达 2 公里、坡度大的情况下，100 天内集材 8000 多立方米。所领导的包车组从 1953 年开始，连续 4 年平均每天超定额 5.7 立方米。在相等的油脂燃料和集材距离的条件下，116 天内比其他包车组多集材 1974 立方米，创造了伊春林区集材量最高纪录。又创造用拖拉机牵引雪橇运梢头木的方法，较搭载板背运提高工效 3 倍。1956 年在全国先进生产者代表会议和 1959 年在“全国群英会”上两次被授予全国先进生产者称号。

李玉柱(1924～) 全国先进生产者。河北南皮人。1952 年加入中国共产党。1948 年起在黑龙江绥化制材厂当锉锯工。改革锉锯技术，提高锉锯效率 2 倍，并延长了锯条使用时间，每年为国家节省锯条 360 米。1956 年在全国先进生产者代表会议上被授予全国先进生产者称号。

李先溏(1932～) 全国先进生产者。辽宁海城人。1953 年加入中国新民主主义青年团。林业部调查设计局森林调查三大队调查员、小队长。努力学习、提高森调业务水平，克服林区环境艰苦等困难，超额完成森调任务。1956 年在全国先进生产者代表会议上被授予全国先进生产者称号。

李兆林(1923～) 全国先进生产者。山东嘉祥人。1948 年加入中国共产党。1947 年起历任陕西省平民林场技术员、延安市枣园苗圃七里铺苗圃主任。1953～1955年,常年辛勤耕耘在苗圃,积极想办法,改进花椒种子的催芽方法,达到了出苗整齐一致;提高芽接的成活率,桃、梨、苹果达95%;并带动职工采集洋槐种子100多公斤,节省开支120多元。1956年在全国先进生产者代表会议上被授予全国先进生产者称号。

李廷福(1935～　　) 全国先进生产者。黑龙江佳木斯人。1956年加入中国共产党。1949年在松江省带岭林务局机修厂当工人,后任林业局副局长、副总工程师。1953年起,先后完成技术革新和发明创造103项。1956年在全国先进生产者代表会议上被授予全国先进生产者称号。

李春昌(1916～1987) 全国先进生产者。河北乐亭人。1943年先后任黑龙江省铁力森铁、铁力林业公司、铁力林业事务所技术员。新中国成立后,历任黑龙江省铁力国营苗圃、神树经营所苗圃、田升林业局燕安经营所苗圃、双丰林业局拉林经营所苗圃技工。50年代研制了步道播种机,提高劳动生产效率。四次获黑龙江省劳动模范称号。1956年在全国先进生产者代表会议上被授予全国先进生产者称号。

李春海(1932～　　) 全国先进生产者。河南平舆人。1954年加入中国共产党。1950年参加中国人民解放军。1955年到黑龙江省朗乡林业局贮木场当起重司机。月月超额完成生产任务,多次获哈尔滨林业管理局、黑龙江省授予的先进生产者、劳动模范称号。1956年在全国先进生产者代表会议上被授予全国先进生产者称号。

李树相(1905～1986) 全国先进生产者。山东馆陶人。1946年在亮河松根油厂当工人,后到黑龙江省苇河化工厂任干馏工、技术员。1955年创造"预先加高温度保暖法",原油成品纯度达90%以上,混合油率超计划0.59%,一年多创产值8783.5元。1956年在全国先进生产者代表会议上被授予先进生产者称号。

李清涛(1921～1968) 全国先进生产者。山东滕县人。1948年毕业于北平师范学院博物系植物学专业。1949年任省立张家口中学教师;1950年任东北农学院植物调查研究所助教(助研);1954年任中国科学院林业土壤研究所助理研究员。从事小兴安岭森林鼠类生态习性和鸟类生态习性的研究。参加编写《东北木本植物志》;与王战等合作发表"红松直播防鼠害"、"红松天然更新与动物"等科学论文。1956年在全国先进生产者代表会议上被授予全国先进生产者称号。

李福树(1930～　　) 全国先进生产者。山东潍坊人。1954年加入中国共产党。1958年毕业于东北森林工业学校。1952年入东北制材工业管理局南岔第一制材厂当带锯工。在生产操作中达到了"三快一稳"的要求,并严格执行"合理下锯"原则,做到"劣材优制,优材精制",提高了木材产量和出材率。1956年在全国先进生产者代表会议上被授予全国先进生产者称号。1959年后历任中共黑龙江省南岔第一、二制材厂总支书记,南岔水解厂政治部副主任。

吴连生(1934～　　) 全国先进生产者。黑龙江肇源人。蒙古族。1954年加入中国共产党。1952年在伊图里河森工局当拖拉机驾驶员,后任肇源林业局机电科科长。在当驾驶员期间,用"水道运材列车化"方法,创造了一次运材525立方米的纪录。一年运材2万立方米,超额完成生产任务1倍,5年安全生产无事故。1956年被内蒙古自治区政府授予自治区先进生产者称号,同年在全国先进生产者代表会议上被授予全国先进生产者称号。

陈　九(1919～　　) 全国先进生产者。广西梧州人。1954年加入中国共产党。新中国成立前在梧州多家渡船当水手,1952年起历任广西壮族自治区森工局搬运队搬运工,江口贮木场、广东省森工局鱼珠贮木场、鱼珠木材厂放排工等职。1954年,发明"三星桩"放排法,名扬两广。创造了从梧州封川放排至广州往返11天的排运最好记录,且每放一排,节约运费260元。1955年在回收护排木桩作业中,首创手绞起桩法,每次节约费用1260元,同时回收大量木材,每年节约经费8098元。1956年在全国先进生产者代表会议上被授予全国先进生产者称号。

陈石章(1925～　　) 全国先进生产者。湖南宁乡人。1953年加入中国共产党。1951年参加中国人民解放军林业三师任副班长，荆江分洪中立一等功。1954年转业到黑龙江通河林业局森铁处任火车司机。1956～1959年他所在的包车组节约原煤3000吨，创造价值9万元。1956年在全国先进生产者代表会议上被授予全国先进生产者称号。

陈光弟(1932～1986) 全国先进生产者。今辽宁辽阳人。1954年加入中国共产党。1947年在哈尔滨中长铁路正阳河制材厂当工人，1953年调内蒙古森林工业管理局库都尔森工局制材厂任锯工组组长，后任甘河制材厂段党支部书记。钻研技术，改进生产工序，调到落后段组，迅速改变了生产面貌，使该班组由原来每天亏损近1.4万元变为每季度增产近1.4万元。1956年被自治区政府授予劳动模范称号，同年在全国先进生产者代表会议上被授予全国先进生产者称号。

陈洪珍(1935～　　) 全国先进生产者。四川雅安人。女。1953年入西康省伐木总公司天全作业所任卫生员，数年如一日，不计较个人得失，工作兢兢业业，在平凡的岗位上，做出了成绩。1956年在全国先进生产者代表会议上被授予全国先进生产者称号。后任四川省石棉森林工业局、翁达林业局、翁达经营林场护士。

陈殿全(1933～　　) 全国先进生产者。吉林榆树人。1950年加入中国新民主主义青年团。1953年在黑龙江省翠峦林业局当木材流送工人。提出积水、开渠蓄水流送法，提高水的利用率30%，提高运材效率20%。1956年在全国先进生产者代表会议上被授予全国先进生产者称号。

何尚举(1919～　　) 全国先进生产者。广西扶绥人。1952年加入中国致公党。1944年毕业于中山大学化工系。1950年任广西省立西江学院副教授，后任梧州市松脂厂副总工程师。在梧州市松脂厂任工程师期间，由于该厂为外国专家帮建，要按专家提出的工艺投产，结果松香产品出现大量结晶(次品)不能外销，造成巨大的经济损失。为此深入生产第一线日夜苦战，进行一系列的测定和试验，找到了松香结晶的原因，并提出与外国专家不同的生产工艺，采用高温蒸馏，解决了松香结晶的老大难问题，产品质量一跃达到国际先进水平，畅销国内外。1956年在全国先进生产者代表会议上被授予全国先进生产者称号。是全国政协第四、五、六、七届委员，中国致公党中央委员、咨议。

张先恒(1931～　　) 全国先进生产者。湖南麻阳人。1956年加入中国共产党。1954年起历任湖南省林业调查大队技术员、小队长、中队指导员，湖南省水电建设公司主任。在参加林业资源调查时，每天测量导线5公里左右无差错。在陡坡悬岩荆棘丛中一天约测树径300株，目测准确率为95%。1954年在靖县朗江见一位转业军人掉进河里，见义勇为把人救上岸。1955年安化县平口镇山洪暴发，区粮食仓库将被洪水淹没，同5位区干部一道摸黑将5000多公斤粮食转移到安全地方。1956年被湖南省政府授予省先进生产者称号，同年在全国先进生产者代表会议上被授予全国先进生产者称号。

张秀山(1925～　　) 全国先进生产者。河北青龙人。1955年加入中国共产党。1953年入内蒙古森林工业管理局图里河森工局修理厂当工人。研究出快速修理拖拉机弹簧丝杠的工具，改进手动式液压驱动轮修理工具，提高修理工效4倍。1956年、1959年先后在全国先进生产者代表会议和“全国群英会”上两次被授予全国先进生产者称号。

张宝堂(1909～　　) 全国先进生产者。山东汶上人。1951年加入中国共产党。吉林制材厂组长、小带锯技术工人。积极改进木材加工机具，提高工效6倍多；宣传带动职工严格执行操作规程，连续三年半安全生产无任何事故。1956年在全国先进生产者代表会议上被授予全国先进生产者称号。

张　和(1929～　　) 全国先进生产者。黑龙江五常人。1955年加入中国共产党。1948年在松江省山河屯林务局森铁管理处当工人。50年代起先后创造和改进了甩线机、刮瓦机、套丝机等设备和新工具30余种，分别提高工效1～5倍。1956年在全国先进生产者代表会议上被授予全国先进生产者称号。

张留中(1934～　) 全国先进生产者。河南上蔡人。1950 年参加中国人民解放军,1951 年转为林业三师当战士。1955 年起到吉林森林工业管理局大石头森工局第一伐木场任拖拉机驾驶员。认真执行操作规程,保持机车状态良好,季季超额完成生产任务。1956 年在全国先进生产者代表会议上被授予全国先进生产者称号。

张崇文(1902～1971) 全国先进生产者。山东沂水人。1944 年加入中国共产党。1943 年任沂水县大罗章村合作社经理,1950 年任红丹山林场场长。任场长以来,发动职工艰苦创业,大搞植树造林,5 年间,在红丹山林场和杨庄区造林 3666.7 公顷,使大部分荒山、荒滩实现绿化。到 1957 年底,境内荒山荒滩全部绿化。与周围村联合成立护林委员会,在林区实行联防联护,林业秩序良好。以林场为示范基地,为乡村培训大批林业技术人才,提高了营林水平。1956 年在全国先进生产者代表会议上被授予全国先进生产者称号。

张瑞丰(1917～　) 全国先进生产者。河北河间人。1945 年加入中国共产党。1952 年任黑龙江省田升林业局木材加工厂技术员。1952 年改造蒸气机锅炉脸,以锯末子代替原煤,一年节省原煤约 460 吨,并减少两名司炉工,每年节约 1.7 万元。1953 年改装躺锯,提高了出材率,经考核后推广。1954 年又研制出送料器,变重体力劳动为半机械化,减轻劳动强度,提高劳动效率。连续 5 次获得东北制材工业管理局劳动模范称号。1956 年在全国先进生产者代表会议上被授予全国先进生产者称号。

张殿正(1909～　) 全国先进生产者。山东滨县人。内蒙古森林工业管理局工程公司技术工人。积极钻研建筑施工技术,在建桥工程中,设计制造木制抽水机等施工机具,节约投资 37 800 元。1956 年在全国先进生产者代表会议上被授予全国先进生产者称号。

张德清(1931～　) 全国先进生产者。吉林扶余人。1958 年加入中国共产党。1950 年进松江省带岭林务局森铁处当司炉,后任机车司机长、沾河林业局贮木厂副厂长。在第一个五年计划中,担任森铁 705 号机车包车组司机长时,认真执行"鲁宁式机车保养法",学习和推广"长达列车操纵法",创造了"四准"、"五稳"安全行车操纵法和"七彻底"机械保养法。防止了 5 次重大事故的发生,保护了 3 个人的生命安全,给国家减少事故损失 12 万多元。1956 年在全国先进生产者代表会议上被授予全国先进生产者称号。

董　俊(1934～　) 全国先进生产者。辽宁宁城人。1953 年到伊春森林工业管理局上甘岭森工局第六伐木场任管理员。1955 年在粮食短缺的情况下,千方百计为职工调剂伙食,每月为国家节约 30 公斤大米,并杜绝了粮食的损失浪费。1956 年在全国先进生产者代表会议上被授予全国先进生产者称号。

余绍和(1932～1986) 全国先进生产者。四川广安人。1956 年加入中国共产党。1951 年在广安县花桥区当通讯员,后到盐亭县苗圃当工人,1955 年洪水暴涨,苗圃被泥沙淹没,组织工人奋力抢救,挑水洗出全部树苗,保证了当年造林任务的完成。1956 年在全国先进生产者代表会议上被授予全国先进生产者称号。1984 年获林业部林业科技推广工作荣誉证书。后任盐亭县农林局林业工作站站长,盐亭县林业局造林股股长。

宋辅良(1933～　) 全国先进生产者。河北兴隆人。1956 年加入中国共产党。1961 年毕业于北京林学院林业专业。1951 年任兴隆雾灵山林场办事员。1952 年后任热河省林野调查队组长,内蒙古自治区林业厅营林调查队分队长,内蒙古林业勘察设计院队长。1975 年起任内蒙古自治区农林局林政处副处长,办公室副主任,自治区林业厅办公室副主任、主任,1985 年任自治区林业局林政处处长。曾获热河省青年社会主义建设积极分子、内蒙古自治区先进工作者、劳动模范称号,1956 年在全国先进生产者代表会议上被授予全国先进生产者称号。

杜晏庆(1900～　) 全国先进生产者。河北保定人。1950 年加入中国共产党。吉林省敦化林业局制材厂防火员。在防火工作中认真负责,任劳任怨,制订防火制度,严格监督执行,全厂保持连续五年安全生产，无火灾，无任何事故。1956年在全国先进生产者代表会议上被授予全国先进生产者称号。

杜海顺(1931～) 全国先进生产者。河北抚宁人。1956年加入中国共产党。1950年在牡丹江工具厂(现牡丹江林业机械厂)当钳工，后任机修车间主任、技师、厂服务公司副经理。1953年东北林业5个机修厂合并到牡丹江工具厂，设备急需组织安装生产。提出利用旧机床设备为基础组装的建议，在他的领导下，提前10天完成了100台设备安装任务，并提前两个月投入生产。1956年在全国先进生产者代表会议上被授予全国先进生产者称号。

郑文魁(1933～) 全国先进生产者。黑龙江绥化人。林业部调查设计局森林调查三大队调查员、小队长。努力学习、提高森调业务水平，克服林区条件艰苦等困难，超额完成森调任务。1956年在全国先进生产者代表会议上被授予全国先进生产者称号。

郑坤林(1935～) 全国先进生产者。浙江淳安人。1955年加入中国共产党。1954年入淳安县林场苗圃当工人、育苗组长，采取选用良种，适时播种，适当密度，增施土肥，合理用工等措施，使苗木产量高、质量好，且降低成本25%。1956年在全国先进生产者代表会议上被授予全国先进生产者称号。后任淳安县威坪林场副场长。

郑绪增(1928～) 全国先进生产者。山东黄县(今山东龙口市)人。1953年加入中国共产党。1942年在哈尔滨市永盛祥铁工厂学徒，1950年起，在哈尔滨林业机械厂作刨工。在刀具上大胆运用了“科列索夫刨刀”、“奇妙刨刀”等先进经验和自己设计的“双刀刨刀”、“强力刨刀”、“大前角刨刀”；在工件装夹上他推行多刀多刃、多工件、多胎型法分别提高工效1～19倍。1956～1963年连续7年被黑龙江省政府授予省劳动模范称号。1956年、1959年在全国先进生产者代表会议和“全国群英会”上两次被授予全国先进生产者称号。

杨华成(1930～) 全国先进生产者。四川乐至人。1956年加入中国共产党。1952年在四川川西森林工业局流送队当工人时，提出“分工分段分任务”作业法，将单漂河道划为若干大段，确定分段任务，节约人工3.1万余个。1956年在全国先进生产者代表会议上被授予全国先进生产者称号。后任四川岷江木材水运处技术员，岷江木材水运分局芦花水运处总支副书记，阿坝藏族自治州毛尔盖林业局生产技术科长、办公室副主任。

杨养德(1904～) 全国先进生产者。山西霍县人。山西省太原市花塔苗圃副主任，创造了“二行三行式带状条播开沟器”、“半圆凹面移植铲”、“铁锹沟植法”，提高工效二三倍，移植成活率95%以上，创造“脚踏双刀切条机”、“手推两轮画线器”，提高工效6倍以上。1956年在全国先进生产者代表会议上被授予全国先进生产者称号。

杨保国(1922～) 全国先进生产者。云南昆明人。1951年在云南省森工局汽车检修厂工作。1959年加入中国共产党。1956年修复停驶的进口赛派尔D350柴油车20台，并改制高压柴油泵试验台等，革新成绩显著。1956年在全国先进生产者代表会议上被授予全国先进生产者称号。后任云南省开远林机厂科长、工程师。

金宜珍(1935～) 全国先进生产者。江苏武进人。女。1949年加入中国新民主主义青年团。1952年起任伊春森林工业管理局五道库森工局计划科见习技术员。努力学习林业科技知识，克服林区跋涉山岭、沼泽和蚊虫叮咬等困难，参加林区踏查、主伐试点等工作。1956年在全国先进生产者代表会议上被授予全国先进生产者称号。

金振都(1926～) 全国先进生产者。辽宁岫岩人。1952年毕业于中国医科大学。1954年加入中国共产党。历任吉林省森林调查二大队卫生所所长、医师，敦化市林业局王牛沟林场卫生所所长、主治医师。30多年深入基层，巡诊治病，贯彻执行“预防为主”的方针，制止脑炎蔓延。1955年出席全国青年社会主义建设积极分子大会。1956年在全国先进生产者代表会议和全国林业先进生产者代表大会上被授予全国先进生产者和全国林业先进生产者称号。

范永恒(1933～) 全国先进生产者。河北阜城人。1956年加入中国共产党。1952年到黑龙江省苇河林业局,曾任林场伐木工、段长、场长、党总支书记。1954年创造了“弯把锯大借方向安全伐木法”,提高了生产效率,减少了对幼树的损伤和人身事故,并在东北地区推广应用。1956年在全国先进生产者代表会议上被授予全国先进生产者称号。

尚占山(1925～) 全国先进生产者。山东金乡人。1953年加入中国共产党。1941年在彰武做小工私营木铺学徒。1951年到彰武县铁工厂当木工,历任县木器厂副厂长、县棉织厂车间主任等职。在铁工厂期间,积极支援抗美援朝前线,制做军用锅盖。自已买工具搞革新、研制成功木件开槽机,提高工效1.5倍。1956年和1959年在全国先进生产者代表会议和“全国群英会”上两次被授予全国先进生产者称号。

郎全才(1919～) 全国先进生产者。河北新城人。黑龙江省伊春森林工业管理局工程公司木工、生产组长。研制电锯封口机、压力提夹机等木工新机具,提高工效二三倍,并积极学习推广木工流水作业法,突破新定额,为国家增产节约大量资金。在1956年全国先进生产者代表会议上被授予全国先进生产者称号。

罗运生(1926～) 全国先进生产者。湖南益阳人。1954年加入中国共产党。1952年起历任湖南益阳市西流湾运木工人,益阳市西流湾木站主任、贮木场副场长、益阳地区木材公司副经理。1954～1956年,在多次洪水袭击中,他奋勇当先,跳入急流抢救木材,使国家少受损失4000多万元,创制“绞重木机”,较好地解决了水运木材中的难题。还采用3∶1装运坑枕木运输法,使排工每人运力由45立方米提高到200立方米,提高工效4倍。1956年在全国先进生产者代表会议上被授予全国先进生产者称号。

茅耀珍(1936～) 全国先进生产者。广东合浦人。女。1953年加入中国新民主主义青年团。1954年起在广东省合浦专区山口林场当工人。工作认真,吃苦耐劳,严格技术要求,保质保量完成任务,造林成活率达到85%以上。1956年在全国先进生产者代表会议上被授予全国先进生产者称号。

林香阁(1930～) 又名林向革。全国先进生产者。辽宁彰武人。1960年加入中国共产党。1951年毕业于辽西省林业干部学校,1952年任辽西省森林野外调查队队员,后历任吉林省梨树县刘家馆子林业工作站站长、县林业工作总站站长,叶赫林场副场长、场长等职。1954年和1955年在刘家馆子林业工作站时,克服困难,艰苦创业,带领群众在每个村屯周围栽成1.5米宽的防护林带,绿化了乡村,改善了当地半沙漠化的环境。1956年在全国先进生产者代表会议上被授予全国先进生产者称号。

胡四辈(1932～) 全国先进生产者。北京市光华木材厂门窗车间技术工人。刻苦钻研木材加工技术,创造吸尘器、多头打眼机,改进各种刨木机具的操作方法,提高生产效率5倍多。1956年在全国先进生产者代表会议和1959年“全国群英会”上先后两次被授予全国先进生产者称号。

欧东海(1927～) 全国先进生产者。四川铜梁人。1954年加入中国共产党。1953年在四川宝兴森工局作业所当工人时,推广“三人采伐法”,提高采伐工效45%;推广先进的成冰快速放滑运材经验,降低木材耗损11%;推广“鸭角子”搬钩,提高工效1.5倍。1956年在全国先进生产者代表会议上被授予全国先进生产者称号。

赵世民(1895～1966) 全国先进生产者。黑龙江双城人。满族。曾任黑龙江省双城县中医诊所中医师,吉林省延吉县中医诊所中医师。新中国成立后,历任黑龙江省密山县人民政府副县长,东北林务总局材料处材料科科长,黑龙江省伊春林业管理局中心医院针灸科中医师、副院长,黑龙江省伊春市卫生局副局长。刻苦钻研中医针灸技术,中西结合,治愈风湿性关节炎、结核性脑膜炎等林区常见慢性病千余人,受到林区职工的信任,送感谢锦旗13面。1956年在全国先进生产者代表会议上被授予全国先进生产者称号。

赵先海(1922～) 全国先进生产者。四川灌县人。1953年加入中国共产党。1950年起在四川川西森工局303伐木场当工人、组长,后任川西森工局党委副书记、毛尔盖林业局党委书记、四川省林业厅副厅长。50年代,采用砂轮锉锯,总结出“四季锉锯法”,推广油锯采伐和油石磨斧等经验,使采伐工效提高了1倍以上,辅助工时压缩1/3,他所领导的小组,1959年和1977年被国务院分别授予先进班组和“大庆式”班组,他本人1956年、1962年两次被四川省政府授予劳动模范称号。1956年、1959年先后在全国先进生产者代表会议和“全国群英会”上被授予全国先进生产者称号。

赵季昭(1927～　　) 全国先进生产者。湖南衡山人。历任黑龙江省牡丹江森林工业管理局基建科、东北森林工业管理局技术员。1956年起任林业部设计公司技术员。积极参加技术革新运动,提出合理化建议400多条,为国家节约资金40多万元。1956年在全国先进生产者代表会议上被授予全国先进生产者称号。

赵怀明(1916～　　) 全国先进生产者。河北易县人。河北省林业科学研究所西陵试验场育苗组组长。1954年在生产实践中总结出毛白杨留根繁殖育苗法,被广泛应用。1956年在全国先进生产者代表会议上被授予全国先进生产者称号。

姜英祥(1931～　　) 全国先进生产者。吉林辑安人。1947年参加中国人民解放军当战士、司号员,1948年复员到辽东省三岔子森林工业局运材修配厂当工人,1954年在黑龙江省南岔森林工业局第五平车管理处当工人。发明平车制动绞闸器,创造了“平车连结放”工艺,改单节平车运材为多节平车连结运材,提高工效15倍,这一成果在东北林区得到推广。1956年在全国先进生产者代表会议上被授予全国先进生产者称号。

祝轶民(1936～　　) 全国先进生产者。浙江江山人。1953年加入中国新民主主义青年团。1957年入林业部干部学校森林经理班进修。历任江西省林业厅、农林垦殖厅调查设计处技术员,宜春地区林业局林业调查设计队副队长、工程师。1955年被评为江西省林业先进生产者。1956年在全国先进生产者代表会议上被授予全国先进生产者称号。

南景峰(1919～1986) 全国先进生产者。黑龙江双城人。满族。1950年在黑龙江省五道库林务分局机修厂当钳工。1953年研制成功C－80拖拉机起动防滑板,提高冰爬犁运材趟次牵引量13.3%。1954年研制成功111型达脱拉运材汽车“安全开闭器”,杜绝了人身伤亡事故,提高卸车效率3倍。1956年在全国先进生产者代表会议上被授予全国先进生产者称号。

秦福利(1930～　　) 全国先进生产者。山东日照人。1949年加入中国共产党。1948年进八家子林业局当工人。1951年调敦化林业机械厂,历任车间主任、副科长。1951～1956年先后进行技术革新20多项,其中28吨机车车架翻转机和钢管除锈机,提高工效24倍。1956年在全国先进生产者代表会议上被授予全国先进生产者称号。

陶秋来(1933～　　) 全国先进生产者。湖南安化人。1951年参加中国人民解放军,1954年转业到黑龙江省通河林业局森铁工厂,任车工组长。1955年和1956年,改进了加工车辆瓦具,提高了工效,缩短了划线工时和机车入库检修时间。1956年在全国先进生产者代表会议上被授予全国先进生产者称号。

奚振玉(1915～　　) 全国先进生产者。黑龙江双城人。1947年参加中国人民解放军,在汽车第一团当司机,抗美援朝战争中入朝在中国人民志愿军后勤第一办事处第一供应站当司机,曾两次荣立三等功。1954年起转业在黑龙江省金山屯林业局机运车间当汽车司机。驾车三年安全行驶3.4万公里,实现人车满勤。与他人共同研制出“拉出器”,改变了拆卸手刹车壳用套丝顶的笨重方式,提高工效24倍。在伐木场装车中,提出“木驴子垫跳板”的装车方法,杜绝了装车工人伤亡事故。1956年在全国先进生产者代表会议上被授予全国先进生产者称号。

殷焕山(1905～1982) 全国先进生产者。黑龙江五常人。1946年加入中国共产党。1947年任肇州县民生村党支部书记,1952年任县第一苗圃书记。在苗圃建立民主管理制度,实行包工包产,1955年增加苗木142.9万株。1956年在全国先进生产者代表会议上被授予全国先进生产者称号。

顾阿发(1926～　) 全国先进生产者。浙江萧山人。1952年在江西省樟树贮木场参加工作。1955年加入中国共产党。历任樟树贮木场工队副队长、工队队长、工区副主任、工区主任。由于工作表现突出,1956年在全国先进生产者代表会议上被授予全国先进生产者称号。

贾福田(1921～　) 全国先进生产者。山东沂水人。1949年加入中国共产党。1946年进吉林省大石头林业局当工人。历任制材厂工长、小工队长。新中国成立初期,带领木材加工队,勇于向陈旧、简陋的机械设备和恶劣的生产条件要效益,使木材出材率和木材产品保持全省同行业领先地位。领导木材工队创下了20年无事故的全国森工系统先进水平。1954年被吉林省政府授予劳动模范称号。1956年在全国先进生产者代表会议上被授予全国先进生产者称号。

郭有德(1928～　) 全国先进生产者。福建福清人。1952年毕业于林业部林业干部学校。1958年加入中国共产党。历任林业部调查规划设计院航测室副主任、总工程师室主任工程师。50年代改进复照仪暗盒框,每年可节约32厘米×60米航空胶卷2～3筒,改革纠正仪底盘,使单张使用的底片盘成为能连续使用的底片盘。提出利用印相纸代替放大纸,提高了航空纠正照片质量,大大降低废品率。1956年在全国先进生产者代表会议上被授予全国先进生产者称号。

徐希贵(1923～　) 全国先进生产者。山东潍坊人。内蒙古森林工业管理局西尼气森工局伐木工人,采伐小组长。建立母树挂牌制,保证母树质量,避免剃光头;改大铲剥皮为刀剥皮,创造了先进剥皮法,提高工效1倍多。全组保持月月提前超额完成采伐造材计划。1956年在全国先进生产者代表会议上被授予全国先进生产者称号。

高邦学(1909～　) 全国先进生产者。陕西志丹人。1935年加入中国共产党。曾任志丹县乡长、区长、纸厂厂长,南田县人民政府民政科副科长。1952年起任甘肃省白龙江伐木场总务科、人事科科长。在领导伐木场房屋修建工程中精打细算,以石料代替砖块、改生产生活用井水为引用渠水等,为国家节约资金7058元。1956在全国先进生产者代表会议上被授予全国先进生产者称号。

高俊海(1928～　) 全国先进生产者。河北阜城人。1946年加入中国共产党。1951年任内蒙古绰尔森林经营所区队长,后任党总支书记。他关心工人,以身作则。他倡议成立民主管理委员会,开展劳动竞赛,保证了生产任务的完成;注意增产节约,1955年全队节约1.3万多元,他个人节约2000多元。1956年在全国先进生产者代表会议上被授予全国先进生产者称号。

高振雨(1914～　) 全国先进生产者。黑龙江五常人。哈尔滨森林工业管理局山河屯森工局森林铁路站长。创造了一套适合林区特点的森林铁路先进调车作业法,1952年被牡丹江森林工业管理局命名为"高振雨调车法"。4年间共办理列车4137对次,节省时间2556个小时,多运木材13万多立方米。1956年在全国先进生产者代表会议上被授予全国先进生产者称号。

高静宇(1931～　) 全国先进生产者。吉林榆树人。1956年加入中国共产党。1955年毕业于佳林斯医士学校。毕业后任黑龙江省绥阳森工局第六伐木场卫生所医生,1965年起任黑龙江省森林工业总局卫生所所长。1956年救活一名窒息30分钟的婴儿。经常深入林场巡回医疗,以预防为主,使林场工人发病率降低40%。1956年在全国先进生产者代表会上被授予全国先进生产者称号。

夏志远(1931～　) 全国先进生产者。江西新建人。1956年加入中国共产党。1952年毕业于武汉大学农学院森林系林产利用专修科。1957～1959年在苏联中央胶合板科学研究所进修。历任中国林业科学研究院木材工业研究所助理研究员、副研究员、研究员。1955年提出改进曲线锯锯试件的合理化建议。1956年在全国先进生产者代表会议上被授予全国先进生产者称号。主持研究的"胶粘剂检验方法",获1984年林业部科技成果三等奖和1985年国家科技进步奖三等奖。发表有"酚醇木材层积塑料制造工艺的研究"、"脲醛树脂胶粘剂沉析温度的研究"、"木材工业胶粘剂的展望"等论文。

悟　恩(1933～　　)　全国先进生产者。内蒙古扎赉特人。蒙古族。1955年加入中国共产党。1946年参加内蒙古扎赉特旗公安队,并入内蒙古军政大学当战士、学员。曾任内蒙古自治区政府粮食局、办公厅干事。1952年起历任内蒙古图里河林业局驾驶员,内蒙古吉文林业局副局长。1979年起任内蒙古自治区交通厅监理处处长。1956年在全国先进生产者代表会议上被授予全国先进生产者称号。

常国志(1932～　　)　全国先进生产者。吉林桦甸人。吉林森林工业管理局大石头森工局第一伐木场采伐电锯手。学习传授电锯采伐、造材技术,提高工效,降低成本。积极宣传安全生产,建立安全联防制度,并严格监督执行,保持两年半未发生人身伤亡事故,月月保持车间"生产安全优胜循环红旗"。1956年在全国先进生产者代表会议上被授予全国先进生产者称号。

黄海清(1930～　　)　曾用名黄有元。全国先进生产者。四川乐山人。1954年加入中国共产党,1951年到林业部四川森林工业管理局川南森工局乐山贮木场任木材筏运组长。推广软筏流送,比硬筏流送提高工效1.5倍。并多次投入防洪抢险,使200立方米木材免遭流失。出席1955年全国青年社会主义建设积极分子大会。1956年在全国先进生产者代表会议上被授予全国先进生产者称号。

崔广和(1926～　　)　全国先进生产者。山东临沂人。1955年加入中国共产党。1948年在吉林森林工业管理局黄泥河森工局第一伐木场当采伐工人。后任森铁处段党支部书记。在第一伐木场期间,连续4年超额完成任务,年平均完成生产计划119.7%,仅1956年1～6月份,就合理造材节约木材230立方米。1956年在全国先进生产者代表会议上被授予全国先进生产者称号。

阎　珍(1930～　　)　全国先进生产者。黑龙江五常人。1954年加入中国共产党。1952年进哈尔滨市国营松江胶合板厂当工人。针对当时胶合板生产设备和工艺落后的状况,刻苦钻研技术,对设备进行了10项革新,仅磨光机一项革新就提高产量80%。1956年在全国先进生产者代表会议上被授予全国先进生产者称号。

尉寿耆(1917～1975)　全国先进生产者。北京平谷人。1953年加入中国共产党。1947年在内蒙古自治区阿尔山森工局第九伐木场当集材工。领导采伐小组每年超额完成任务,1954年被评为模范小组。经验丰富,热心技术革新,创造了"连接道挂集材法"和"抽片加楔伐木法"等革新项目,提高效率1倍多。1956年在全国先进生产者代表会议上被授予全国先进生产者称号。

谌谟美(1930～　　)　全国先进生产者。江西南昌人。女。1953年加入中国共产党。1954年毕业于北京农业大学植保系。历任林业部调查设计局综合调查队调查员,内蒙古林学院森林病理教研室主任,1978年起任中国林业科学研究院林业研究所助理研究员、副研究员。是全国妇联第四届执行委员。1956年在全国先进生产者代表会议上被授予全国先进生产者称号。曾参加过中国科学院青藏高原综合考察队赴西藏的考察工作,发现了锈菌的一个新属、六个新种和一个新变种。发表有《中国喜马拉雅区系中一些真菌新种新纪录》、《西藏森林植物锈菌区系初报》等论文。

谢瑞年(1927～1990)　全国先进生产者。江苏沭阳人。1948年加入中国共产党。1944年参加新四军,曾任护士长、卫生所所长,1954年转业后,曾任香坊木材综合加工厂医院院长。1955年推广苏联的"医师负责制"先进经验,为工厂节约医疗费1万余元。1956年在全国先进生产者代表会议上被授予全国先进生产者称号。

程细冬(1920～1962)　全国先进生产者。江西新建人。1952年加入中国共产党。1951年在江西省木材公司上饶分公司参加工作。1955年提出"火盆架木材堆放法",改进木材堆放作业。1956年提出

"毛竹夹扎枕木堆放法",增强了堆放毛竹的抗洪能力。1956年在全国先进生产者代表会议上被授予全国先进生产者称号。

鲁德福(1930～) 全国先进生产者。吉林汪清人。1954年加入中国共产党。1948年入汪清林业局森铁处当司机。历任吉林省松江河森工局森铁处司机长、指导员。在全省最早开展了安全生产1000公里竞赛活动中,带领青年包车组,创造了"打开汽门、高提把手"的操作方法,为全省同行业提供了"五好"、"六加强"、"三反对"的工作经验。为了消灭机车爬坡运缓事故,研制成功了"自动打砂锤",提出并制定了一套"五包、七比、三消灭、三掌握、双检查、一评比"的包车组规章制度。1956年在全国先进生产者代表会议和1959年在"全国群英会"上,两次被授予全国先进生产者称号。

蓝文华(1926～) 全国先进生产者。山东高密人。1952年加入中国共产党。1951年在吉林省临江林业局当工人,1952年调内蒙古阿尔山森工局当内燃机修理工,后任森工局机械修配厂厂长。1954年,试制成功"归楞绞盘机",提高效率3倍多,年节约4.6万多元。1955年研制成功"角度冷磨机"、"拖拉机底盘平直器"等。1956年在全国先进生产者代表会议上被授予全国先进生产者称号。

裘祥松(1923～) 全国先进生产者。浙江奉化人。1954年加入中国共产党。1949年入浙江省宁波林场当育苗工人,创造、改进林木育苗使用的压床滚筒、密齿耙、三齿耙等工具,提高了工效,降低了成本。1956年在全国先进生产者代表会议上被授予全国先进生产者称号。

熊建楠(1930～) 全国先进生产者。贵州兴仁人。1953年进贵州森工局桐梓作业所先后当工人、财务员,后调桐梓县木材公司工作。1955年,所里接收运输3000立方米松木矿柱的任务,时间紧,任务重,船运效率低,成本高。经过多次大胆试验,将船运木材改为"单漂流送",不仅提高了工效,还打破了松木只能船运车装的老传统,为国家节省3.21万元资金。1956年在全国先进生产者代表会议上被授予全国先进生产者称号。

翟国党(1935～) 全国先进生产者。河南西华人。1951年参加中国人民解放军,1952年转为林业三师当战士。1954年起到林业部吉林森林工业管理局汪清森工局汽车运材队第三包车组任司机长。认真学习汽车保养技术,勤检勤修,提高汽车运用效率,节约油脂燃料,降低生产成本,超额完成运材任务,达到安全行车1.8万公里。1956年在全国先进生产者代表会议上被授予全国先进生产者称号。

廖贵如(1923～) 全国先进生产者。四川营山人。1956年加入中国共产党。1949年进通江县林场当工人,1954～1956年在梁平县林场当育苗工人时,根据苗圃情况,组织劳动竞赛,工人分成组,土地分成段,实行组段对号,育苗三包(包产、包工、包成本),调动了工人积极性,超额完成育苗任务。1956在全国先进生产者代表会议上被授予全国先进生产者称号。后任中共四川省梁平县东山林场党支部书记,梁平县林场副场长,梁平县林产公司副经理。

廖浩珍(1927～) 全国先进生产者。湖南辰溪人。1956年加入中国共产党。1952年起历任辰溪县国营苗圃工人、育苗队队长、工会主席。1954～1956年,他采用黄心土垫盖育苗的方法,亩产松苗45万株,马尾松苗60万株,突破全国产量纪录。发明碎土机,比人工用锄头碎土提高工效7倍。发明盖土机,比人工用竹筛盖土法,提高工效4倍。1956年在全国先进生产者代表会议上被授予全国先进生产者称号。

潘炳森(1916～) 全国先进生产者。四川江北人。1955年加入中国共产党。新中国成立前在永川电料行当电工,新中国成立后在安装电器总站当电工,后任四川森工局茄子溪制材厂(现重庆木材综合工厂)电工、技术员。1955年和1956年,改进小带锯旧式马达,缩短了启动时间,每日每台增加工时18分钟,提高了工效。对原大带锯电流超负荷时经常跳闸、重新启动费时费工问题进行改进,避免了跳闸事故。锯机照明灯20盏改为1盏,当年就节约电费7.43万元。1956年在全国先进生产者代表会议上被授予全国先进生产者称号。

戴汉澄(1922～1981) 全国先进生产者。湖南洞口人。1954年加入中国共产党。1951年起历任绥宁木材采伐站技术员,靖州县森工局储运股长、局长,靖州县外贸局副局长。在森工局时他大胆改革木排运输工具和运输方法,年节约木材500立方米,降低成本5万元。1956年在全国先进生产者代表会议上被授予全国先进生产者称号。

魏仕春(1922～1985) 全国先进生产者。福建福州人。1955年加入中国共产党。历任福建森工局南平采购站副站长、建瓯长源伐木场场长。在采购站任职期间,推广木轨车集材法,代替传统的竹木滑道法,大大提高了集运材效率。1956年在全国先进生产者代表会议上被授予全国先进生产者称号。

1959年

刁 兴(1926～) 全国先进生产者。辽宁建平人。1955年加入中国共产党。1952年进黑龙江省大丰森工局当工人,后历任林场生产小工队队长、主任。1953～1959年,带领全组人员,年年超额完成采伐任务,平均超额20%,他个人日均超额40%以上。创造"固定肩小计件赶羊串坡"和"木槽子串坡"分别提高工效1倍和4倍。1959年在"全国群英会"* 上被授予全国先进生产者称号。

马大兵(1931～) 全国先进生产者。河北安平人。中共党员。1953年在内蒙古呼伦贝尔盟公署林管局库都尔林业局岭南林场当工人,后任采伐组长、队长。严格遵守安全规程,建立健全了各种规章制度,6年零7个月安全超额完成生产任务。1959年在"全国群英会"上被授予全国先进生产者称号。

马玉珂(1922～) 全国先进生产者。河北吴桥人。1953年加入中国共产党。1956年在黑龙江柴河林业局贮木场当装车工,后任组长、场长。1953年发明了"不砍断绳索装车法";1954年又创造出"装车桥板架",使每车装载量增加;1956年改进了"捆装分法";1957年改进"原装5米、6米材长三对车立柱为二对车立柱加固方法";1958年成功地完成起重机运用到贮木场装车的设计安装,效率提高3～7倍。为国家节约了资金,推动了林业生产的发展。1959年在"全国群英会"上被授予全国先进生产者称号。

马永顺(1915～) 全国先进生产者。天津宝坻人。1951年加入中国共产党。1937年到东北林区当伐木工人。1948年冬季在松江省铁力林业局一人完成六个人的伐木量。历任黑龙江省铁力林业局依吉密林场主任,铁力林业局革命委员会副主任、工程师。50年代创造了"安全伐木法"、"四季锉锯法"、"流水作业法"等,在全国林区推广应用。先后11次被评为黑龙江省、东北森林工业总局劳动模范。1959年在"全国群英会"上被授予全国先进生产者称号。是中共十大、十一大代表,第二、三届全国人大代表。1998年获联合国环境规划署颁发的全球500佳光荣称号。

马志科(1927～) 全国先进生产者。山东临朐人。1950年加入中国共产党。1945年进黑龙江省浩良河制材厂当工人,后任副厂长、工程师,后任南岔林业局工程师。发明不用高温蒸煮,只用清水低温浸泡的纤维板木浆,加入适量的松香,制成了符合质量标准的纤维板。1959年在"全国群英会"上被授予全国先进生产者称号。

马骥广(1928～) 全国先进生产者。吉林浑江人。1953年加入中国共产党。1949年进吉林省临江林业局当伐木工。历任段长、场长、党支部书记、工人工程师。积极进行森林采伐作业,革新创造,其中伐木树倒"人字形"和"八字形"的经验,在全省林区推广,并创造了采伐作业全国先进水平。第一个向全国林区倡议将伐根降低到0厘米以下,为国家增产了大量的木材。担任领导以来,从没休过节假日,带领职工建立了两个林场,亲自指挥在现场。1958年、1963年、1982年、1986年被吉林省政府分别授予省劳动模范、省先进生产者、省特等劳动模范称号。1959年在"全国群英会"上被授予全国先进生产者称号。

* 1959年全国工业、交通运输、基本建设、财贸方面社会主义建设先进集体和先进生产者代表大会,又称"全国群英会"。

于世盛(1920～1987)　全国先进生产者。山东荣成人。1954年加入中国共产党。1951年到黄海造船厂当木工,历任工段长、车间副主任等职。刻苦钻研技术,积极进行技术革新,先后研制了小台钻、刨边机、扒槽机等31个木工专用工具,使工人形成了一条木工机械化流水线,提高工效1倍,促进了企业生产的发展。1959年被山东省政府授予省先进生产者称号,同年在"全国群英会"上被授予全国先进生产者称号。

王长发(1927～　)　全国先进生产者。云南禄丰人。1954年加入中国共产党。1949年参加中国人民解放军。1959年在云南省楚雄彝族自治州林业局工作。后任云南省禄丰县林业局局长。1959年在"全国群英会"上被授予全国先进生产者称号。

王从苏(1935～　)　全国先进生产者。广东广州人。1952年加入中国共产党。1946年入广东乐昌县火柴厂当学徒。新中国成立后,历任东昌县火柴厂车间主任,乐昌县造纸厂副厂长,乐昌县纸箱厂厂长。先后在乐昌县火柴厂、胶合板厂、纤维板厂和造纸厂自制及改造了"自动切枝机"、"合片联合机"、"液磨机"、"抄纸机"等60台(套)机器设备,共节约200万元。1959年在"全国群英会"上被授予全国先进生产者称号。

王文义(1923～1988)　全国先进生产者。安徽金寨人。1956年在金寨县林业局青山林业工作站当采运工人,后任队长。1959年为提高在响洪甸水库上游放运木竹效益,与工人共同研制一项适合水库漫水放运木竹的工具——盒子簰,增加木竹载运量,提高工效3倍,节省劳力1840个,当年为国家节约资金18 740元。1959年在"全国群英会"上被授予全国先进生产者称号。

王世亮(1921～1980)　全国先进生产者。山东即墨人。1959年加入中国共产党。1955年到青岛木器一厂当工人,历任双革办公室副主任、工程师等职。先后革新成功压刨机、双面打铆机、多头钻、净光机、家具安装机等木工设备100多项,使笨重的手工劳动,实现了机械化。创造价值10.5万元,提高了产品质量和生产效率。1959年在"全国群英会"上被授予全国先进生产者称号。

王竹叶(1935～　)　全国先进生产者。福建惠安人。女。1955年加入中国共产党。1953年起历任惠安涂岭搬运小组工人、沙省西霞伐木场开路工、沙县印刷厂工人。在西霞伐木场期间,修筑木轨道时把每日定额4米,提高到14米。在培桥面土时,提高工效3倍。在突击木材生产、大搞运材,以及烧炭等义务劳动中她也都起模范带头作用。1959年在"全国群英会"上被授予全国先进生产者称号。

王泽长(1934～　)　全国先进生产者。黑龙江巴彦人。1959年加入中国共产党。1952年到黑龙江乌敏河林业局机修厂当铆工、副厂长。1957年先后解决生产关键问题26项,革新工具1100多件。1958年他又研制出一台"电动捣链机",比人工操作提高工效16倍。1959年在"全国群英会"上被授予全国先进生产者称号。

王诚信(1933～　)　全国先进生产者。甘肃武都人。1956年加入中国共产党。1954年到甘肃两水森林工业局工程大队当工人,历任贮木场场长、两水贮木厂二连连长、白龙江林业管理局贸易公司经理。1956年和1957年在两水森林工业局贮木场工作期间,每年分别超额完成生产任务40%、60%;接受白龙江大桥备料任务时,在新工人多、技术力量缺乏的情况下,一个半月培养出打料石工59名,提前一个半月完成了白龙江大桥备料任务。1959年被甘肃省政府授予省先进生产者称号,同年在"全国群英会"上被授予全国先进生产者称号。

王鼎福(1935～　)　全国先进生产者。江苏江阴人。1957年加入中国共产党。1954年进江苏省宜兴林场当工人,后历任工区生产队长、主任、场自然保护区管理员。工作积极,不怕苦,不怕累,埋头苦干,1955年在突击播种中,一人完成两个人的工作量,并创每天起苗8000株的全场最高纪录。1958年根据长期实践,创造了口、手、脚"三勤"工作法。1959年创每天育苗503株的全场最高纪录,成活率在95%以上。1959年在"全国群英会"上被授予全国先进生产者称号。

孔北海(1927～) 全国先进生产者。广东乐昌人。1953年参加工作,历任乐昌县竹木排工会放排工人、县林业局木材运输队分队长等职。1956～1959年在木材赶羊流送中,将传统式的扎排,改用“鱼鳞式搭排”、“松木单孔扎排”、“榄桷拆木棚”和“鲤鱼梢放排”等大批量放运,成倍提高工效,节约运输费用,成绩显著。1959年在“全国群英会”上被授予全国先进生产者称号。

文德初(1929～) 全国先进生产者。湖南桃源人。1959年加入中国共产党。历任湖南省桃源县陬市贮木场工段段长,湖南沅水木材水运局高湾工区代理副主任。1958年发明制造沉水压排机,提高扎排工效十几倍,原来扎一个500立方米木排需400～500个工日,而利用沉水压排机扎一个同等规模的木排,30人操作只需一天可完成。1959年在“全国群英会”上被授予全国先进生产者称号。

石正富(1937～) 全国先进生产者。侗族。贵州省黔东南苗族侗族自治州林业局马下江伐木场三工队一分队队长。在木轨平车运材中,舍身刹住险车,避免一次重大伤亡事故。掌握修木车木轨技术,10人日运材产量由38立方米,提高到96.9立方米,提高工效1倍多。1959年在“全国群英会”上被授予全国先进生产者称号。

龙世淮(1931～) 全国先进生产者。贵州锦屏人。苗族。1954年加入中国共产党。1954年到锦屏森工局当放排工人,后任清水江木材水运局局长。创造了一种船形木排,放运工效提高3倍多;把木排流送改成不打水眼用竹缆倒钩成排流送,节约了木材。1958年开发新林区,他与工人用树枝搭成简易工棚,大战一个月,完成架设木轨平车道3条,节省劳力23 436个,节约资金45 412元。1959年在“全国群英会”上被授予全国先进生产者称号。

孙永财(1929～) 全国先进生产者。吉林乾安人。1956年加入中国共产党。1945年在黑龙江省桦南县驼腰子金矿局当工人,1952年转入桦南林业局当伐木工人,后任组长、林场副主任、安全科长。任伐木工组长期间,大胆革新创造,推广先进工艺和工具,5年完成60万立方米采伐任务,安全生产无事故,为林业技术规程的修改和完善作出了突出贡献。被林业部授予全国林业先进生产者标兵,其领导的采伐工组被命名为孙永财采伐工组。1959年在“全国群英会”上被授予全国先进生产者称号。

孙同礼(1919～) 全国先进生产者。辽宁新金人。1954年加入中国共产党。1940年在沈阳北青源木铺学徒做木工。1953年到瓦房店家具厂当工人,历任瓦房店园艺机械厂车间主任、党支部书记。积极进行技术革新,改进小带、扒槽机等,提高工效9倍多。用旧电焊机改制点焊机自己设计,在热处理用的小盐浴炉上,安装了调压器,节约了资金。1959年在“全国群英会”上被授予全国先进生产者称号。

朱洪有(1934～) 全国先进生产者。黑龙江海伦人。1956年加入中国共产党。黑龙江绥化木材加工厂选材工人。创造“楞头选材法”,提高工效1.5倍,选材正确率达到99%以上;创造成功单轨、双轨选材车、机动原锯3种新机具,既减轻劳动强度,又提高工效8倍。1959年在“全国群英会”上被授予全国先进生产者称号。

许传贵(1933～) 全国先进生产者。安徽绩溪人。1958年加入中国共产党。1954年在安徽太平森工局木竹收购站当检尺员,后任太平林业局第五采伐专业队队长、县林业局局长。在采伐队期间,大搞技术革新,创制了木轨木轮车、原木滑道、翻板闸和钢丝索道等多种木材运输工具,消灭了肩扛,为国家节约运输费近10万元,节约劳动力近8万个,提高工效10倍。1959年在“全国群英会”上被授予全国先进生产者称号。

许亮洪(1917～) 全国先进生产者。广东信宜人。1958年到海南岛吊罗山林业局当工人,任生产工段段长,同年架设了海南第一条原木滑道,日运木材超过60立方米,提高集材效率。1959年创2500米水运距离每立方米木材耗4.2个工的高工效,突破省下达每立方米木材耗8个工的定额,为发展海南木材水运作出了贡献。1959年在“全国群英会”上被授予全国先进生产者称号。

危善海(1933～) 全国先进生产者。浙江江山人。1956年加入中国共产党。1953年在浙江开化大坂湾木材收购组当收购员,后在开化大丘伐木场当工人。1962年回乡支农。在开化大丘伐木场时,技术革新26项,其中“满山跑”、“自动爬犁”和“木头滑道”大大提高工效。1959年在“全国群英会”上被授予全国先进生产者称号。

刘子明(1936～　　) 全国先进生产者。云南宣威人。彝族。云南省森工局南盘江分局木材水运工人。创造“籐子扎漂”等木材流送设施,80%的木材顺漂而下,不再用人推助流。每年节省9240个劳动工日,节约资金11 920元。1959年在“全国群英会”上被授予全国先进生产者称号。

刘天君(1936～　　) 全国先进生产者。湖北远安人。1952年参加中国人民志愿军赴朝作战受伤,为三等甲级残废军人。1958年到远安县林业局第二伐木场当伐木工,1959年任第二伐木场队长。在第二伐木场工作时,在木材水运中,受伤的双脚因长时间浸泡而腐烂,行走困难,仍坚持生产。改“放漂赶羊”为七节连运,提高了工效。1959年被湖北省政府授予省先进工作者称号,同年在“全国群英会”上被授予全国先进生产者称号。

刘志轩(1924～1982) 全国先进生产者。山东蓬莱人。1949年加入中国共产党。1935年在安东合兴织绸厂当学徒,1945年入黑龙江省南岔木材厂当工人,1950年起在黑龙江省佳木斯木材厂当工人。在佳木斯木材厂工作期间,积极钻研制材技术,改进操作方法,成功地研制了锯卡子起落器、安全上皮带器等,为国家增创了财富。他带领的段组,年年超额完成生产任务,是制材战线上的一面红旗。1959年在“全国群英会”上被授予全国先进生产者称号。

刘筱发(1934～　　) 全国先进生产者。云南陆良人。1971年加入中国共产党。1951年进个旧合力营造厂当工人,后调云南省江边林业局当采集工人。1959年,提出用废锯片试制油锯活塞环等7个合理化建议,获得成功,提高工效30%。并创造了在12小时内伐木528立方米的新纪录。1959年被云南省政府授予省劳动模范称号,同年在“全国群英会”上被授予全国先进生产者称号。

刘群超 全国先进生产者。广东惠阳人。1955年加入中国共产党。广东省惠州市木料厂木工。在技术革新运动中,创造制成手压刨木机等12种木工机具,使全厂生产由90%以上手工操作,改为70%以上实现了铁木电动机具化,提高工效6～10倍,一年为国家多创造财富14万多元。1959年在“全国群英会”上被授予全国先进生产者称号。

刘　潘(1923～1987) 全国先进生产者。山东朔州人。1957年加入中国共产党。1951年在朔县木器作业社当木工,后任朔州市朔城区玛钢厂工人。试制成功自动刨床、铁木打眼机、开铆锯等9部土机床,代替平面划线、截斜等16道工序,使手工操作逐步走向机械化。1958年被山西省政府授予省先进生产者称号。1959年在“全国群英会”上被授予全国先进生产者称号。

庄洪飞(1931～　　) 全国先进生产者。辽宁盖平人。1952年加入中国共产党。1953年起在黑龙江省大海林森工局任蒸汽机车司机。连续7年出满勤,安全行车20万公里,运输木材35万立方米,创造B—6型蒸汽机车“五稳五准”先进操作法。1958～1960年三次被黑龙江省政府授予省先进生产者、省劳动模范称号。1959年在“全国群英会”上被授予全国先进生产者称号。

向子贵(1933～　　) 全国先进生产者。湖南洪江人。1959年加入中国共产党。1950年起历任洪江市贮木场编扎运输工人,作业组长、中国木材专员办公室驻洪江贮木场联络员、生产段长。在木材编扎运输工作中,带领作业组,创造了木排编扎法,提高工效2倍、擦相排编扎量42立方米的最高纪录。1959年被湖南省政府授予省先进生产者称号,同年在“全国群英会”上被授予全国先进生产者称号。

关绍臣 全国先进生产者。黑龙江省山河屯林业局畜牧农场技术员。刻苦钻研饲养技术和管理经验,培育出适合林区生长的哈白杂交猪。总结推广“三期育肥法”、“分槽饲养法”等,获得优质高产,为林区副食品生产做出重要贡献。1959年在“全国群英会”上被授予全国先进生产者称号。

李代文（1938～　　）全国先进生产者。四川黑水森工局运材滑道放排工人，青年突击组组长。在坡陡、弯多、长达1800米的滑道三道拐处修埝减速，使日放运木材量由88件提高到170多件，木材损失下降30%。重视安全生产制度，全组杜绝了工伤事故。1959年在“全国群英会”上被授予全国先进生产者称号。

李　志（1928～　　）全国先进生产者。黑龙江望奎人。1953年加入中国共产党。1948年在黑龙江双鸭山林业局森林铁路机务段当司机，1954年调内蒙古阿尔山林业局伊大线森铁021青年包车组任司机、司机长，后任森铁处副主任。1958年驾驶28吨蒸汽机车，创造了在22/1000的坡道上，一次牵引原条35辆、拉运木材560立方米的纪录。1959年在“全国群英会”上被授予全国先进生产者称号。

李荣根（1934～　　）全国先进生产者。吉林通化人。朝鲜族。1954年4月加入中国共产党。1951年参加工作，任东北森林调查队练习生、小队长，后任北京市怀柔县林业局局长、副县长等职。在森林调查第三大队、第五大队工作时，克服各种困难，在艰苦环境中每年完成3～5倍的任务，挽救了迷失方向面临死亡的30多名调查队骨干人员。被林业部誉为“红色调查员”。1957年被新疆维吾尔自治区授予建设社会主义积极分子称号。1959年在“全国群英会”上被授予全国先进生产者称号。

李树泉（1930～　　）全国先进生产者。天津宝坻人。1956年加入中国共产党。1954年到北京建筑公司当工人，曾任河北省秦皇岛市建国木器厂副厂长。设计、研制成功各种机械设备360多台，提高工效10～35倍，使木器家具生产由原来的手工操作实现机械化、半机械化生产。曾7次被河北省政府授予省先进生产者和省劳动模范称号。1959年在“全国群英会”上被授予全国先进生产者称号。

李增尧（1930～　　）全国先进生产者。河北辛集人。1958年加入中国共产党。1947年到辛集木具厂当工人，后任车间主任、厂长。1958年，制造“万能刨床”，提高效率7倍，平面刨和压力刨，分别提高工效18倍和101倍，使只有一盘圆锯和简单手工工具的木具厂实现了机械化、半机械化生产。1958年和1959年两次被河北省政府授予省先进生产者称号。1959年在“全国群英会”上被授予全国先进生产者称号。

陈昌华（1925～　　）全国先进生产者。安徽枞阳人。1959年加入中国共产党。1951年在枞阳县当放排工，后任省林业厅潼家滩转运站副分队长、东至县尧渡林业工作站副站长。在转运站期间，改革木排传统扎、放技术，用松圆筒代替杉木扎排，保证运木任务的完成。一次，放木排经鄱阳湖小矶山出口处遇大暴风，果断采取措施，安全渡险，保证全排40多人生命安全，8000多立方米木材无一损失。1959年在“全国群英会”上被授予全国先进生产者称号。

陈德意（1928～　　）全国先进生产者。福建闽侯人。1960年加入中国共产党。1952年起历任连城新亭伐木场郑地工区技术工人、工区指导员。1959年在郑地工区期间，为了减轻工人劳动强度，改革多种生产工具。改革的木轨道竹滑杆架桥、木轨车、木质转盘起重机等，分别提高工效1～5倍，节省劳力7540个。1959年在“全国群英会”上被授予全国先进生产者称号。

张子良（1905～1972）全国劳动模范。陕西清涧人。1936年加入中国共产党。曾任陕北石永游击队经济员，延安中共中央党校管理科科长、供给科科长，延安中共中央局秘书处处长、采购处处长、总务处副处长，冀热辽中央分局行政处处长，牡丹江金矿局局长，合江省林务局副局长，东北林务总局副局长。新中国成立后，历任黑龙江省伊春森林工业管理局局长，东北森林工业管理局副局长，中央人民政府林业部木材生产局局长，中华人民共和国森林工业部部长助理，中共黑龙江省带岭森林工业实验局党委书记、带岭森林工业实验学校党委书记。总结出“挖大坑、栽当中、高提苗、踩实成”的人工林栽培经验；同采伐工人一起总结出“一面倒”的安全伐木法。热爱党的事业，临终前将积蓄的1.2万元作为党费交给党组织。1944年和1945年在延安曾分别获得中共中央直属机关群英代表大会、陕甘宁边区政府授予的“特等模范工作者”称号。1959年在“全国群英会”上被授予全国先进生产者称号。发表“多快好省发展森林后备资源”等论文。

张凤阁　全国先进生产者。内蒙古图里河林业局运材汽车驾驶员。一次牵引10节拖车运材185立方米，为林区汽车运材列车化提供了经验。1959年在“全国群英会”上被授予全国先进生产者称号。

张吉连(1921～1963)　全国先进生产者。河北吴桥人。1958年加入中国共产党。1946年到河北吴桥邮局当工人，1954年到吴桥县桑园木厂当工人，1962年回家务农。在吴桥桑园木厂工作期间，他废寝忘食，把手工操作改为机械化，使80%以上的工人摆脱了笨重的体力劳动，劳动生产率提高了8～21倍。为适应农民需要，创造了17种工效高、省力、用钱少的提水工具。1958年和1959年两次被河北省政府授予省先进生产者称号。1959年在“全国群英会”上被授予全国先进生产者称号。

张学友(1920～　　)　全国先进生产者。吉林长白人。1937年进长白县瑞田商店当店员，新中国成立后到黑龙江黑河林业制材厂任放排工组长。自1959年以来，连续几年超额完成流送木材任务，安全行排万公里，是黑龙江急流人力放排快速高产纪录的首创者。曾获全国“水上英雄”称号。1959年在“全国群英会”上被授予全国先进生产者称号。

张德山(1919～　　)　全国先进生产者。山东掖县人。辽宁省旅大市甘井子区木工厂制材组组长。设计制造打眼锉机、平板刨床等木材加工机具，提高工效4～6倍，每年多为国家创造16万元财富。1959年在“全国群英会”上被授予全国先进生产者称号。

邹保根(1932～　　)　全国先进生产者。江西进贤人。1955年加入中国共产党。1950年起历任永修合作农具厂工人、农具厂厂长、环卫所副书记。在生产中，以厂为家，勤俭节约，收集边角废料制成了各式新型家具；为支援农业，大胆革新，先后发明了风力机，密封水车，棉花、油菜播种机，打谷、插秧、简易收割机，江西水田犁等多种农业生产机械；又发明了木器刨床、自动刨光、打眼、梭榫、带锯机等生产设备。被九江行署聘为特约科技研究员。1959年在“全国群英会”上被授予全国先进生产者称号。

苏万成(1930～　　)　全国先进生产者。吉林德惠人。1957年加入中国共产党。1952年到汪清县天桥岭林业局做工，历任黑龙江新青林业局采伐工、助理工程师、林业局局长、党委副书记。1959年先后制造了单轨滑杠、双轨滑杠、桦木轨道、桦木断浆法、色木轴瓦等9项先进生产运输工具，降低成本23.3%，提高了工效。1959年在“全国群英会”上被授予全国先进生产者称号。

邵万宝(1923～　　)　全国先进生产者。辽宁义县人。1958年加入中国共产党。1955年到阜新木器厂当工人，后任炼铁厂厂长。1955年以来，苦心钻研，不断革新，先后改进和创造成功3种工具，每年给国家增产价值11.5万元，节约价值2848元。还发明的大轮惯性起动设备，研制出多用锯，提高效率2.55倍。1959年被辽宁省政府授予省先进生产者称号，同年在“全国群英会”上被授予全国先进生产者称号。

邱其根(1898～1978)　全国先进生产者。福建闽清人。1962年加入中国共产党。1949年在沙县岑头厂做工。1953年后一直在顺昌县九龙山伐木场当技术员。当技术员时一向帮助工人掌握技术。1953年在突击集运木材中，反复向工人传授技术要领，因而在弯急、坡陡的平车道上，创平车单放12.5立方米纪录，提高工效2倍多。1958年赶烧木炭，他20多个昼夜穿梭在各工区炭窑间，保质保量超额完成9万公斤的木炭生产任务，确保了炼钢的需要。1959年在“全国群英会”上被授予全国先进生产者称号。

陆传宗(1927～　　)　全国先进生产者。山东昌邑人。1950年进黑龙江大海林森工局当伐木工人。1954年调新疆呼图壁林场。在伐木运材作业中，引用白天融化的雪水浇注滑道，待夜间冻冰后集材，提高工效。在一次山洪泥石流灾害中，带领全班工人用镐头挖出被埋没的几百立方米原木，使国家财产免受损失。1958年获新疆工交系统劳动模范称号，1959年在“全国群英会”上被授予全国先进生产者称号。

周洪柏(1929～) 全国先进生产者。江苏吴县人。1956年加入中国共产党。1955年在苏州曹家巷木床棕垫社做工,1958年到苏州金阊木器厂任车间主任、副厂长。刻苦钻研,大搞技术革新,先后试制成功了94台机器,改变了手工劳动的落后状况,提高了劳动工效和产品质量,保证了安全生产。1959年在"全国群英会"上被授予全国先进生产者称号。

杨振起(1929～) 全国先进生产者。黑龙江泰来人。1956年加入中国共产党。1953年在内蒙古西尼气林业局汽车大队当运材司机。1953～1959年,他和他的包车组年年超额完成生产计划。1958年率先实现汽车列车式运材,第一次突破了全国汽车运材百米大关,先后创造了牵引203立方米和361立方米的全国林区汽车运材最高纪录。自1953年12月到1959年7月,安全运行18万公里无大修。1959年在"全国群英会"上被授予全国先进生产者称号。

杨绣璜(1925～) 全国先进生产者。湖南祁阳人。1958年加入中国共产党。1952年起历任湖南省零陵县五机站工人、木材集材场分场副场长、场长。1952年担任有126名职工的篾缆组组长期间,发动群众广泛开展合理化建议和技术革新活动,通过3年的努力,自制了第一台破缆机,改变了从破竹到出六层片篾手工操作的8道工序为一条龙生产线,减轻了劳动强度,提高工效8倍。1954年创造用手工一天破竹(直径30～40厘米)120根的全省同行业生产最高纪录。1958年,奋战13个昼夜做成了一根直径0.267米、长467米行江缆子,送武汉进行拉力试验展出。1959年被湖南省政府授予省先进生产者称号,同年在"全国群英会"上被授予全国先进生产者称号。

罗洪禹 全国先进生产者。吉林省和龙森工局运材汽车驾驶员。1959年加入中国共产党。在天寒雪深的林区,改汽车3个钩为5～7钩运材法,创造日产108立方米木材的高产纪录,运材效率提高三四倍。爱护汽车加强保养,行程32 336公里无中修的安全行车记录。1959年在"全国群英会"上被授予全国先进生产者称号。

孟昭贵(1935～) 全国先进生产者。山东海阳人。1952年加入中国共产党。1952年到伊春带岭林业实验局当采伐工,后任带岭林业实验局副局长。1957年,总结出油锯"三勤保养法"、"五齐锉锯法",创造出"平、稳、巧、狠"油锯操作四大要领,"正、准、少、快"伐木四大要素,以单人日伐木561立方米的成绩,创全国纪录,是新中国林业战线上的第一位油锯手。1959年在"全国群英会"上被授予全国先进生产者称号。

林治兰(1932～) 全国先进生产者。山东文登人。1959年加入中国共产党。1950年在旅大市建筑公司当工人,1952年调黑龙江省通河林业局,历任组长、技术员、林场场长。在红旗林场工作期间,带领全组成员,提前二年半完成第二个五年计划。在1958年技术改革运动中,他先后提出改革劳动组织、以木代钢等9项改革措施,提高工效103倍。1959年在"全国群英会"上被授予全国先进生产者称号。

林锦星(1925～) 全国先进生产者。福建福州人。1958年加入中国共产党。1951年起历任南平木材公司制材厂技术工人、建阳林业局制材厂工人、副厂长、厂长。在建阳制材厂任技术工人期间,创制的轨道盘,保证了安全生产,使劳力从12人减至4人。创制的双锯片破片机,提高工效21倍,每年节约劳力1.5万个,减少费用3.1万元。1959年在"全国群英会"上被授予全国先进生产者称号。

赵天成(1922～) 全国先进生产者。河北武清(今天津市武清县)人。1959年加入中国共产党。1958年进天津综合木制品厂当工人。1959年研制了各种木制机床63台,代替了手工操作,减轻了工人劳动强度,提高产量4倍。研制1台平面镟床,提高产量5倍。自制了7台木制电钻,解决了镟和打眼工序不协调的关键,为国家节约2870元。研制的秽廷子机,提高工效12倍,质量达到100%合格。1959年被天津市政府授予市劳动模范称号。1959年在"全国群英会"上被授予全国先进生产者称号。

赵宝贵 全国先进生产者。吉林省湾沟森工局基本建设队工人、工组长,兼工段保安员。在零下

20～30℃的冬季带领工组创出混合土石方每工日产20.36立方米的高产记录。并从1955年以来连续1890天安全生产、优质高产,无任何工伤、质量事故。1959年在“全国群英会”上被授予全国先进生产者称号。

钟焕其 全国先进生产者。广东始兴采脂厂采脂工人。采取下降式采脂法和辣椒(1两)、水(12两)、盐(2两)化学采脂法,提高产量60%。1958年创造年产松脂6000多公斤的高产纪录,比一般脂农的年产量高出4倍。1959年在“全国群英会”上被授予全国先进生产者称号。

胡家清(1929～　　) 全国先进生产者。福建寿宁人。1954年加入中国共产党。1955年起历任鹰厦铁路支前民工、南平、安丰铁路寿宁独立营排长、福建省林业工程公司第四工程队排长、厦门分公司仓库库工。在第四工程队期间,为改进手提肩挑的笨重劳动,大搞革新,设计了空中索道运土,提高工效10倍。1959年3月闽江上游暴发特大洪水,木材堵在闽江大桥桥墩下,大桥随时有被积木冲塌的危险。带领千名职工奋力排除积木,使大桥转危为安。1959年在“全国群英会”上被授予全国先进生产者称号。

洪妹儿(1924～　　) 全国先进生产者。浙江龙泉人。1954年在龙泉县林业局当放排工,后任工组长。1954～1959年工组放运木材3000余立方米,未少一根。1959年7月,木材放运量创全局最高纪录。同年9月,在放运途中因受台风影响,江水暴涨,同行16条木排同时被洪水打散冲走。带领全组6人,冒着生命危险坚持在残留木排上奋力抢救,减少了国家的损失。1959年在“全国群英会”上被授予全国先进生产者称号。

洪海林(1929～　　) 全国先进生产者。安徽怀宁人。1949年加入中国共产党。1952年在安徽省铜陵县大通木业社当工人,后任铜陵市木器制造厂车间主任、市委行政科副科长。在木器厂工作期间,大搞技术革新,1958年和1959年,试制成功小带锯、打眼机、双面刨床等13种机械设备,分别提高工效10～20倍;试制成功的划线机提高工效20倍,磨锯机提高工效15倍。1959年在“全国群英会”上被授予全国先进生产者称号。

荣家祺(1932～　　) 全国先进生产者。四川安岳人。1956年加入中国共产党。1952年在川西森林工业局当工人,后任305场集运材组长、副场长。1958年以来,带领全组同志大干苦干,完成集材计划197.2%,完成放洪计划103.13%,完成修渠计划181.3%,完成修堰计划125.8%,伐木2219立方米,病材加工208立方米,拣材566.5立方米。1959年在“全国群英会”上被授予全国先进生产者称号。

徐呈龙 全国先进生产者。山东省青岛木材综合加工厂工程师。1953～1959年创造改进127种木材加工机具和操作方法,使全厂改手工操作为机械化生产,提高工效130多倍,为国家节约310多万元。出席1958年全国青年积极分子大会。1959年在“全国群英会”上被授予全国先进生产者称号。

高清林(1902～1987) 全国先进生产者。山东昌邑人。1958年加入中国共产党。1952年在黑龙江省佳木斯林业管理局木材综合加工厂当木工时,制造了削料机等9种木工机械。1958年在伊春五营林业局工程处当木工时又自行设计、制造了压刨机、平刨机等7种木工机械,提高了劳动效率,这7项革新成果在东北林区得到推广。1959年在“全国群英会”上被授予全国先进生产者称号。

涂怀云(1931～　　) 全国先进生产者。江西新建人。1959年加入中国共产党。1954年起历任丰城煤矿工人、安远化工厂司炉工、厂革委会副主任等职。1958～1965年,多次与他人合作对松香包装车进行了改革,提高了劳动效率,减轻了工人的劳动强度。1984年试用加大燃烧室(炉膛)的方法,解决了生产锅炉蒸汽供应不足。1959年在“全国群英会”上被授予全国先进生产者称号。

曹承德(1931～1990) 全国先进生产者。山东阳信人。1960年加入中国共产党。1953年到山东省沾化县木器厂当工人,历任车间主任、副厂长。刻苦钻研技术,1958～1959年,研制成功了机动锉锯机、机动木平刨床,提高工效30倍;制造了木制离水泵,比水车提高工效10倍;改制了四腿密植耧,有力地促进了农业生产。1959年在“全国群英会”上被授予全国先进生产者称号。

黄六斤(1933～1984) 全国先进生产者。湖南资兴人。1955年加入中国共产党。1950年起历任资兴滁口林业工作站工人、站长。1957年当锯木工人时,创日产枕木500根的全省最高纪录。1959年组织10人突击队,以多节联子排的方法,提高工效9倍,圆满地完成了2万根运竹任务。1959年在“全国群英会”上被授予全国先进生产者称号。

梁慈康(1924～) 全国先进生产者。福建闽侯人。1954年加入中国共产党。1951年参军,任闽侯县独立营战士。1957年起历任大洲贮木场装车工人、班长、党支部书记、劳工科副科长。任装车班长期间,创造了短材包边装车法、长材拉开装车法、长短材兼有对装法和快速装车法等先进工作法,使装载量由每车皮48立方米提高到52立方米,日产量由20～30车皮提高到60～80车皮。仅按1956年9个月的工作量计算,就节约运费11万元。1959年在“全国群英会”上被授予全国先进生产者称号。

龚 学(1935～) 全国先进生产者。内蒙古奈曼人。蒙古族。1960年加入中国共产党。1955年在内蒙古根河森林工业局总体设计大队当助理技术员,后任内蒙古牙克石林业勘察设计院第四大队第一分队助理技术员、内蒙古牙克石林业勘察设计院党委副书记、副院长。在测量工作中克服地形复杂、气候严寒的困难,保质保量按时完成任务。为保护测量仪器,常在险道上用自己的衣服包扎好器械,手脚并用背着仪器前进。1959年在“全国群英会”上被授予全国先进生产者称号。

谢伟雄(1927～) 全国先进生产者。广东德庆人。1958年加入中国共产党。1942年入德庆松香厂当工人。新中国成立后,任广东省德庆松香厂、广东省德庆县林产化工厂车间主任。50年代末与他人合作研制出“双重节油过滤器”,并改进多种生产工具,提高劳动生产率。1959年在“全国群英会”上被授予全国先进生产者称号。

彭寿人(1893～1970) 全国先进生产者。湖南蓝山人。1920年毕业于天津北洋大学。曾任云南筒碧铁路公司临筒铁路工程师,湖南第三汽车路局、湖南省公路局工务处处长、工程师,京赣铁路、滇缅铁路、滇缅公路测量队队长,总段长。新中国成立后,历任湖南省森林工业局技术员、工程师,林业部木材水运设计院工程师、副总工程师。1952～1957年,主持设计湖南桂阳至蓝山公路,湖南岳阳贮木场及其铁路专用线,湖南冷水滩贮木场铁路专用线,福建大川贮木场铁路专用线及桥梁,福建建瓯贮木场铁路专用线及隧道。1959年在“全国群英会”上被授予全国先进生产者称号。

舒隆章 全国先进生产者。1958年复员到西藏梗樟林场当伐木工人。认真学习伐木和修理斧、锯技术,每日采伐生产原木29立方米,相当采伐定额的6.5倍。并主动帮助木材检尺收料,无差错。1959年在“全国群英会”上被授予全国先进生产者称号。

董成山(1911～1986) 全国先进生产者。山东海阳人。1958年加入中国共产党。1947年在吉林省临江林务局当木材流送工人。1958年任黑龙江省方正林业局采伐工组组长。1959年推广“采集归混合流水作业大组”、“达掩拉111型运材汽车进伐区集运材”等先进作业方法,为国家节约资金上万元。发明“反尖锉锯法”、“五一式轻便集材车”。1959年在“全国群英会”上被授予全国先进生产者称号。

董坤武(1924～) 全国先进生产者。黑龙江富锦人。1959年加入中国共产党。1950年到黑龙江伊春红星林业局当采伐工,后任组长、红星林业局汤洪岭林场副主任。1958年使用弯把子锯采伐,月月超额完成任务,超额达30%～50%。1959年在“全国群英会”上被授予全国先进生产者称号。

窦继武(1924～) 全国先进生产者。吉林和龙人。1947年加入中国共产党。1946年进吉林省八家子林业局机修厂当工人。后任森铁处机械检修厂厂长。14年没休节假日,出满勤、干满点。1958年一年为国家生产了1500多种机械零件,满足了机器维修的需要。研制的自动车床和钻床,提高工效二三倍。1958年被吉林省政府授予省劳动模范称号。1959年在“全国群英会”上被授予全国先进生产者称号。

潘守森(1917～) 全国先进生产者。山东郓城人。1948年进吉林省敦化林业局当工人。1949年加入中国共产党。认真钻研制材技术,努力提高出材率,创造了“缺点集中下锯法”等一整套合理下锯的经验,编著了《合理下锯法》,经林业部推广全国使用,可提高出材率15%左右。1959年在“全国群英会”上被授予全国先进生产者称号。

黎明安 全国先进生产者。四川省宝兴森工局402伐木场小沟流送生产组组长。采取“引水灌”提高水位等措施,使拆垛和赶漂工效提高16倍。被誉为“拆垛能手”;宣传带动全组安全生产,从1957年4月以来的两年多时间内,未发生任何工伤事故。1959年在“全国群英会”上被授予全国先进生产者称号。

禤祖溪 全国先进生产者。广东东兴人。壮族。广东省东兴县第二采伐队工人。1958年以来,试制成功4种先进运材工具,改进7种跑车架,提高工效2～10倍,全年可节省劳力2万多个,同时减轻了劳动强度。1959年在“全国群英会”上被授予全国先进生产者称号。

霍福光(1931～) 全国先进生产者。广西藤县人。1959年加入中国共产党。1951年在柳州木材厂当工人,后任柳州木材厂车间主任。现任柳州木材厂行政科长。1958年在柳州木材厂工作期间,积极参与设计制造人造纤维板设备的工作;1959年提出了“无人放排法”。1959年被广西壮族自治区政府授予自治区先进生产者称号,同年在“全国群英会”上被授予全国先进生产者称号。

1960年

何允洲(1930～) 全国先进生产者.满族。吉林九台人。1966年加入中国共产党。1952年进吉林省黄泥河林业局当工人。历任黄泥河林业局工会文化教员,法院审判员等职。在任文化教员期间,积极努力,使全局扫盲率达到96%,在林业战线占第一位。夜校普及率和毕业合格率也名列前茅。1960年在“全国文教群英会”* 上被授予全国先进生产者称号。

杜桂芹(1931～) 全国先进工作者。吉林南安人。女。1958年加入中国共产党。1949年参加中国人民解放军当护理员,1955年到伊春五营林业局作医务工作。到林区后,背上药箱为职工送医送药,经常巡回在生产第一线。采集了黄柏、三棵针等中草药近百种,加工成粉剂、片剂、水剂等,解决了林区缺医少药的困难,为患者解除了疾苦。1960年在“全国文教群英会”上被授予全国先进工作者称号。

周以良(1922～) 全国先进生产者。安徽至德(今安徽东至)人。1949年清华大学生物系毕业。1953年加入中国民主同盟。1958年加入中国共产党。历任东北林学院讲师、副教授、教授、林学系主任、副院长、东北林业大学教授、博士生导师。长期从事森林生态植物分类学和地植物学的教学与研究工作,对中国东北森林、草原植被的研究尤有成就。发现并命名35个植物新种及15个变种。发表有“中国兴安岭柳树之研究资料”、“中国东北东部山地主要植被类型的特征及其分布规律”等论文。1960年在“全国文教群英会”上被授予全国先进工作者称号,1973年、1986年获黑龙江省劳动模范称号。

周芳纯(1935～) 全国先进工作者。湖南永州人。1956年加入中国共产党。1958年毕业于南京林学院森林经营专业,1965年研究生毕业,历任南京林业大学森林教研组主任、竹类研究室副主任、中国竹业协会副理事长兼秘书长。《竹类研究》、《竹业信息》等杂志副主编等。自1958年以来,对竹类植物生长发育、繁殖造林、竹子个体和群体结构以及竹材的物理、力学、化学性质等进行了系统全面的研究,创建了森林生态学的一分支——竹类生态学。发表著作、论文、报告120多篇。1960年在“全国文教群英会”上被授予全国先进工作者称号。

* 1960年全国教育和文化、卫生、体育、新闻方面社会主义建设先进单位和先进工作者代表大会,又称“全国文教群英会”。

1978 年

王华绒(1930～) 全国先进科技工作者。江西广丰人。1979 年加入中国共产党。1952 年毕业于江西省高级农业专科学校森林科。历任江西省宜春地区农林垦殖处技术员,宜春地区林科所助理研究员,中国林业科学研究院江西大岗山实验局助理研究员、营林研究室副主任、科研处副处长、综合研究室主任、高级工程师、局长。主持"南方丘陵栽杉技术措施的研究",1978 年在全国科学大会上获科技成果奖,并被授予全国先进科技工作者称号。1984 年获国家经委、科委、农牧渔业部、林业部授予的"农林科技推广工作先进工作者"称号。发表有"杉木选种新方法——杉木沉浮选种法介绍"等论文,编有《油茶问答 100 条》、《造林手册》等书。

王定选(1932～) 全国先进科技工作者。湖南汉寿人。1959 年加入中国共产党。1962 年毕业于德意志民主共和国得累斯顿技术大学化学系。回国后,历任中国林业科学研究院林产化学工业研究所助理研究员、副研究员、研究员、副所长、所长。是国务院学位委员会第二届农学评议组成员,中国林学会林产化学化工学会第二届副理事长,国际林联(IUFRO)执行局委员。1978 年在全国科学大会上被授予全国先进科技工作者称号,1980 年获江苏省劳动模范称号,1984 年被国家科委批准为国家级有突出贡献的中青年专家。负责的"食用紫胶色素生产性试验"、"桃胶加工技术的研究",分别获 1978 年全国科学大会科技成果奖和江苏省科学大会奖,主持"用原胶直接制脱色紫胶片中间试验",获江苏省和林业部科技成果二等奖。与他人合撰发表有"漂白胶贮存性质研究"等论文,合译《天然树脂、松节油和木浆浮油化学和工艺学》一书。

牛二旦(1908～) 全国先进科技工作者。陕西神木人,出生地内蒙古达拉特。1959 年加入中国共产党。1958 年起任内蒙古自治区巴彦淖尔盟杭锦后旗头道桥公社民建大队(后改称头道桥乡民建村)林场场长。1954～1958 年带领群众建成民建村林场,30 多年,在流沙上营造防风固沙林 400 公顷,其中果园 20 公顷,林场森林覆盖率达 92%。在治沙造林实践中,创造出"撵沙腾地,腾地造林,引沙入林,以林固沙"的科学治沙造林方法,获 1978 年全国科学大会科技成果奖,并被授予全国先进科技工作者称号。1980 年获内蒙古自治区劳动模范称号。

白云祥(1933～) 全国先进科技工作者、全国劳动模范。河北沧州人。蒙古族。1963 年加入中国共产党。1955 年毕业于河北省黄村林业学校。历任天津市武清县农林局技术员、农艺师、副局长。1984 年起任武清县人大常委会副主任等职。是天津市第九、十届人大常务委员会委员,中国林学会第四、五届理事,天津市林学会第二届副理事长、第三届理事长。从事林业工作多年,在技术上刻苦钻研,1957 年试验成功"毛白杨枝接权繁殖法",创造了"白榆修枝新技术",著有《白榆修枝抚育法》一书。为天津市的白榆树种的多出材、出好材、早出材提供了成功经验。1978 年和 1979 年先后在全国科学大会和全国劳模表彰大会* 上被授予全国先进科技工作者和全国劳动模范称号。

刘杏林(1934～) 全国先进科技工作者。山东寿光人。1972 年加入中国共产党。1956 年到山东省林科所盐碱地造林试验站当技工,历任副站长、工程师。在建站期间,每天早出晚归,带着干粮步行到 5 公里外施工。刻苦钻研业务,在工作中摸索出了窄幅条田改造盐碱地、穴状省水植树、无水植树保成活、盐碱地树木修枝等方法。参加的"山东滨海盐碱地林业利用"研究课题,获省科技进步二等奖。1978 年在全国科学大会上被授予全国先进科技工作者称号。

陈祝安(1934～1991) 全国先进科技工作者、全国劳动模范。浙江乐清人。1980 年加入中国共产党。1952 年在浙江乐清县柳市长岐小学任教师。1959 年毕业于南京林学院林学系,历任浙江省青田县油茶研究所技术员、副研究员、所长,浙江省农科院亚热带作物研究室主任、研究员。主持的"油茶煤污病生物防治"研究,获 1978 年全国科学大会科技成果奖,1979 年浙江省科技成果一等奖。参与编著

* 1979 年国务院表彰农业、财贸、教育、卫生、科研战线全国先进单位和全国劳动模范大会,又称全国劳模表彰大会。

出版了《中国森林昆虫》、《中国森林病理》。发表有"刺棉蚧真菌病的初步研究"、"中华显盾瓢虫的研究"等论文。1978年和1979年先后在全国科学大会和全国劳模表彰大会上被授予全国先进科技工作者和全国劳动模范称号。1982年中共浙江省委授予浙江省优秀共产党员称号。是第六届全国人大代表。

吴克贤(1938～　　)　全国先进科技工作者。河北清苑人。1985年加入中国共产党。1963年毕业于南开大学生物系。历任黑龙江省林业科学研究所工程师、高级工程师、研究室主任。主持"花药离体培养诱导单倍体植株"的研究,1978年在全国科学大会上获科技成果奖,并被授予全国先进科技工作者称号。发表有"植物的快速繁殖法"、"植物生理学与林业现代化"等论文40余篇。

张汉豪(1918～　　)　全国先进科技工作者。甘肃临洮人。1984年加入中国共产党。1943年毕业于西北农学院森林系。新中国成立后,历任甘肃省岷县叠岷林务处技正,省林野调查队工程师,省林业科学研究所工程师,省林业局副总工程师,省林业厅总工程师、高级工程师,省科协副主席,省林业厅科技委主任。是第三届全国人大代表,甘肃省政协第四、五、六届常务委员,省人大第六届常委会委员,中国林学会第四、五、六届理事,甘肃省林学会第二、三届副理事长。1978年在全国科学大会上被授予全国先进科技工作者称号。发表有"甘肃中部干旱、半干旱地区的自然条件和植树造林"、"陇西黄土丘陵地区发展林业、促进农牧业的探讨"等论文。

金志明(1933～　　)　全国先进科技工作者、全国先进工作者。研究员。河北完县人。1948年加入中国共产党。1958年毕业于北京林学院林学系。到吉林省林业科学研究所任技术员,历任白城地区林业科学研究所所长、高级工程师,松树研究室主任。先后培育成功"白城杨"、"白林一号杨"等5个杨树优良品种,推广面积达26万多公顷,增产木材价值达2亿多元。主持的"白城杨、白城小黑杨的选育"1978年获全国科学大会科技成果奖;主持的"白林一号杨和白林二号杨的选育"获国家科技进步二等奖。发表"白城杨的研究"、"白林一号和二号杨的培育"等论文。1984年被吉林省和国家首批确定为有突出贡献的技术专家。1978年和1979年被吉林省人民政府命名为先进科技工作者、劳动模范。1986年被吉林省政府授予特等劳动模范称号。1978年和1989年先后在全国科学大会、全国劳动模范和先进工作者表彰大会上被授予全国先进科技工作者和全国先进工作者称号。

俞新妥(1924～　　)　全国先进工作者、全国先进科技工作者。福建永泰人。1956年加入中国共产党。1951年毕业于福建农学院森林系。历任福建农学院助教、讲师、福建林学院教授、科研处副处长、副院长、院长。从50年代起从事杉木马尾松种源试验、生物学特性及栽培研究,是我国林木种源试验的开拓者。1978年首次把马尾松划分为四个地理类型,指出广东广西马尾松是优良种源,发表的《马尾松种源试验阶段报告》1978年获福建省科学大会科技成果奖。1960年和1978年先后在"全国文教群英会"和全国科学大会上被授予全国先进工作者和全国先进科技工作者称号。

胡炳福(1937～　　)　全国先进科技工作者。浙江淳安人。1984年加入中国共产党。1959年毕业于南京林学院林学系,后又就读于中科院研究班,历任贵州省林科所技术员、森保研究室主任、副研究员。长期致力于贵州林业科普宣传教育,科研成果显著。发表论文26篇,参与编著科技书4部。1975年发现两种抗生菌"P751""BC752"(简称农丰菌)已在10多个省、市运用推广,收到很好的经济效果。1978年"马尾松赤枯病研究"获贵州省优秀成果奖。1978年在全国科学大会上被授予全国先进科技工作者称号。

夏日鼎(1936～　　)　全国先进科技工作者。安徽庐江人。安徽省黄山林校助理工程师。参加黄山林校与河南农学院园林系合作研制"光学测树仪"的科研项目,获得成功。1978年在全国科技大会上该项目被授予科技成果奖;他本人被授予全国先进科技工作者称号。

1979年

义宪章(1929～　　) 全国劳动模范。四川蓬溪人。1955年加入中国共产党。1950年参加中国人民解放军，1969年转业到南阳地区，历任河南省西峡县林木种子库副主任，西峡县林种所所长，西峡县木寨林场场长、党支部书记。1971～1973年，协调林农关系，宣传爱护森林重要性，杜绝了山林火灾。发动职工积极开发山区资源，搞好经济核算，4年增收43万元。在工作中不讲条件不计报酬，被誉为“既懂政治、又懂业务的实干家”。1979年在全国劳模表彰大会上被授予全国劳动模范称号。

王仁宽(1937～　　) 全国劳动模范。辽宁庄河人。1970年加入中国共产党。1955年进伊春双子河森工局当大锯工，1958年到五营局汽运管理处当汽车司机，后任五营林业局汽运处副主任。1972年驾驶解放牌汽车，全年运材18 133立方米，比计划翻一番，首创解放牌汽车运材的全国最高纪录。1977年4次修订运材计划，将定额由7300立方米，提高到2.4万立方米，1年干了3年的活，1972～1982年安全行驶46万多公里，累计运材18万多立方米，并节油34.3吨，提高效率1.6倍。被林业部树为全国林业战线汽车运材的排头兵。1979年在国务院表彰工业交通、基本建设战线全国先进企业和全国劳动模范大会上被授予全国劳动模范称号。1980年获黑龙江省特等劳动模范称号。是中共十一大代表。

王佑求(1912～1987) 全国劳动模范。贵州锦屏人。侗族。1955年加入中国共产党。曾任贵州锦屏县魁胆大队林场场长。从事杉木培育，在实践中总结出“雨季育苗，三季栽杉”经验，长期带领群众营造杉木林，使魁胆大队森林覆盖率从45%提高到86%，被群众誉为“杉木王”。1979年在全国劳模表彰大会上被授予全国先进生产者称号。

王厚富(1910～　　) 全国劳动模范。山西汾阳人。1948年加入中国共产党。合作化后致力于核桃良种选育及栽培技术的研究试验。育出了适合当地生长的优良品种，三年结实、六年进入盛果期，省内影响较大，被称为“核桃王”。1978年获全国科学大会科技成果奖，1979年在全国劳模表彰大会上被授予全国劳动模范称号。

方咸松(1919～　　) 全国劳动模范。安徽太平人。任中共大桥公社民主大队党支部书记。带领群众护林防火，制止乱砍盗伐林木歪风。全大队山林得到保护，做到20多年无森林火灾，无乱砍滥伐，无毁林种粮，木竹蓄积量逐年增加。1979年在全国劳模表彰大会上被授予全国劳动模范称号。

申纪兰(1932～　　) 全国劳动模范。山西平顺人。1953年加入中国共产党。历任平顺县西沟村金星农林牧生产合作社副社长，西沟大队党总支副书记、西沟公社副主任，中共平顺县委副书记，山西省妇女联合会主任。是中共山西省委第三届委员、第四届候补委员，全国妇女联合会第二、三、四届执行委员，第一、二、三、四、五、六届全国人大代表。和全国劳动模范李顺达积极领导西沟群众在荒山营造油松800公顷，发展经济林33.3公顷。森林覆盖率由1.7%增加到43.1%，林业收入占全村总收入32%。是本省兴林致富的典型。1953年出席在丹麦召开的世界妇女大会。1958年获全国三八红旗手称号。1979年在全国劳模表彰大会上被授予全国劳动模范称号。主持建成年产值达500万元的西沟金星电子制品有限公司，组建山西西沟农工贸有限责任公司，建立废旧塑料炼油厂、西沟石墨坩埚厂，投资376万元，建成全县9.33公里长的提水工程，投资10万元安装地面卫星接收站和电视差转台，解决了全村吃水及看电视的困难。1995年被国务院授予全国劳动模范称号。

朱希拱(1938～　　) 全国劳动模范。浙江浦江人。1974年加入中国共产党。1956年在浙江昌化县日用化工厂当工人。1957年任浙江开化林场林区队长、工会副主席。带领职工营造杉木林333.3公顷，柑橘8.7公顷，被誉为“艰苦创业的实干家”。1979年在全国劳模表彰大会上被授予全国劳动模范称号。是第六届全国人大代表。

张万宏(1911～　　) 全国劳动模范。湖南会同人。1954年加入中国共产党，同年创建全省第一个林农合作社,并任社长。1965年起任中共会同县四岔路杉木种子园党支部书记。长期从事杉木育苗、培育和管理工作,1957年总结多年杉木采种、育苗、造林经验,提出了"穴大、根舒、深栽、压实、不反山"的植杉技术要领。是第二、三、四、五届全国人大代表。1979年在全国劳模表彰大会上被授予全国劳动模范称号。

张久纯(1916～　　)　全国劳动模范。辽宁建昌人。1948年加入中国共产党。新中国成立后,历任辽宁省建昌县石洞子乡乡长、大屯人民公社社长,建昌县黑山林场场长。带领职工植树造林,使林场森林面积增加14倍,树木蓄积量由1.8万立方米增加到15.6万立方米,森林覆盖率由5%提高到82%。1979年在全国劳模表彰大会上被授予全国劳动模范称号。

汪清澄(1918～　　)　全国劳动模范。安徽霍山人,任中共凡冲公社土地湾大队党支部书记。带领群众建成松杉满岗的新山村。全大队荒山基本绿化,其中油茶由新中国成立初期的60公顷发展到453.3公顷,杉木立木蓄积量由1000立方米增加到1.8万多立方米。1979年在全国劳模表彰大会上被授予全国劳动模范称号。

金宴庆(1944～　　)　全国劳动模范。吉林柳河人。满族。1975年加入中国共产党。1964年在柳河县大北岔林场当工人,后任大北岔林场工队长、车间党支部书记,柳河县凉水河子林场工会副主席。为保护森林资源四次扑救山火,三次负伤。在小改小革中为国家节约资金5300元,义务植树3000株。1979年在全国劳模表彰大会上被授予全国劳动模范称号。

罗河山(1938～　　)　全国劳动模范。湖北天门人。1959年加入中国共产党。历任荆州地区江汉修防处天门县修防总段副段长、工程师。从事护堤防浪林害虫及其天敌的防治和研究,掌握本地防浪林中47种害虫和13种益虫的生活规律及防治方法。1978年获全国科学大会科技成果奖。1979年在全国劳模表彰大会上被授予全国劳动模范称号。发表有"护堤柳树的几种害虫及其防治"等论文。著有《防浪林害虫及其防治》。是湖北省第六届人大常委会委员。

林存印(1934～　　)　全国劳动模范。山东梁山人。1970年加入中国共产党。1955年进牡丹江森林经营局古城经营所当工人,后任林口县中三阳林场场长、党支部书记,林口县林业局副局长。1969年起,带领全场职工和家属发展林业,保护森林,加速用材林基地建设,10年时间全场营造人工林6666.6公顷,郁闭成林4666.6公顷,抚育改造天然次生林9333.3公顷。1979年在全国劳模表彰大会上被授予全国劳动模范称号。

顾金林(1927～　　)　全国劳动模范。浙江海宁人。1978年加入中国共产党。1951年起任浙江衢县水电站工人,1962年起任福建省林业工程公司机械处起重班班长、技师。在机械处的十几年工作中,带领全班成员,相继完成了林区公路、铁路架桥等79项工程建设的吊装任务,全部优质、安全。并在长期施工中摸索出一套"小设备干大活,土设备办难事"的吊装经验。1978年以来三次被福建省政府授予省劳动模范称号。1979年参加著名的武夷山船棺起吊和邵武拿口大桥的吊装,受到中华人民共和国林业部的嘉奖。同年在国务院表彰工业交通、基本建设战线全国先进企业和全国劳动模范大会上被授予全国劳动模范称号。

桂全学(1915～　　)　全国劳动模范。河南罗山人,中共铁铺公社北安大队党支部书记。1963～1979年,带领群众封山育林、改造次生林800公顷,使全大队拥有林木400万株,立木蓄积量3.5万立方米,人均43.9立方米。1978年林业收入8.36万元,比1963年增加5倍,占农林业总收入的55.4%。1979年在全国劳模表彰大会上被授予全国劳动模范称号。

赖　友(1914～　　)　全国劳动模范。广东高州人。1974年加入中国共产党。新中国成立前在中山大学农学系试验场当工人。1952年起,历任广州农林厅大沙头苗圃工人、广州龙眼洞第二造林站技工兼组长,雷州林业局林业科学研究所生产队长等职。50年代,用营养砖育苗法代替裸根大苗育苗法,加快了造林速度，提高了质量。60年代，在进行桉树选优和繁育对比试验和开展良种造林工作中，不辞劳苦，爬山涉水，走遍了湛江地区各个县，查找良种母树，采回种子作对比试验，在工程技术人员的指导下，培育出"雷林一号桉"优良品系，并以科学方法在仁仙队营造成功速生丰产林200公顷。1963年获广东省人民政府授予的省劳动模范称号。1979年在全国劳模表彰大会上被授予全国劳动模范称号。

1988年

李守堂(1942～　　) 全国劳动模范。山东掖县人。1974年加入中国共产党。1958年在牡丹江木工机械厂当车工。1977～1984年，用不到7年的时间完成了23年的工作量，为国家创造财富23万余元，被誉为"走在时间前面的人"。先后革新刀具、胎型、夹具60余项，平均提高工效3倍以上。1986年1年干了5年的活，提前完成"七五"计划。1987年又完成工时10 600个，达到1顶4。1988年被国务院授予全国劳动模范称号。

1989年

丁庆昆(1950～　　) 全国劳动模范。山东梁山人。1969年进黑龙江省美溪林业局兰新经营所当工人，后到美溪局汽管处当汽车司机。1981年以来，驾驶东风140型汽车8年多只大修了一次，年年完成木材运输任务，8年干了11年的活。安全行车442 823公里，等于围绕地球转11圈还多，汽车完好率达97%。8年累计节约各种费用19.2万多元，可购买6台同种型号的汽车。1989年在全国劳动模范和全国先进工作者表彰大会上被授予全国劳动模范称号。

于继文(1952～　　) 全国劳动模范。山东巨野人。1987年加入中国共产党。1971年到内蒙古根河林业局开拉气林场当采伐工，后调好里堡经营林场208工队当工人。勤学苦练，有一套过硬的油锯采伐本领，当油锯手14年完成了27年的工作量，一直保持林业局采伐标兵称号。1989年被自治区政府授予劳动模范称号，同年在全国劳动模范和全国先进工作者表彰大会上被授予全国劳动模范称号。

王仰高(1937～　　) 全国劳动模范。福建武平人。1960年加入中国共产党。1955年起历任福建省武平县林产化工厂技工、技术员、副厂长、厂长，武平县林业委员会副主任。30多年来刻苦钻研松香生产技术，自学成才。1969年创立了间歇蒸气炼香工艺。1979年由他设计和指导，进一步把间歇式蒸气炼香工艺改造为连续、常压、电控新工艺投产后，松香年生产能力提高到8000吨，特级松香率提高到80%以上，帆船牌松香产品，1980年和1985年获得国家银质奖。松香、松节油产品远销10多个国家和地区。1988年工厂升为国家二级企业。1989年在全国劳动模范和全国先进工作者表彰大会上被授予全国劳动模范称号。

刘庆波(1946～　　) 全国劳动模范。吉林舒兰人。1966年加入中国共产党。1963年毕业于东北林业大学林经系，进大石头林业局工作。历任团委副书记、白河林业局局长。坚持用改革统揽全局，提出以林业生产为鸟身，以综合利用和多种经营为两翼，全面发展林业经济的"飞鸟型"发展战略。企业上缴国家利税逐年提高。提出了"万年常青"营林系统工程，营林3年保存和抚育质量合格率均达到90%以上，高于国家规定的85%，走在同行业的前面。1989年在全国劳动模范和全国先进工作者表彰大会上被授予全国劳动模范称号。

刘　荣(1936～　　) 全国劳动模范。黑龙江呼兰人。1959年加入中国共产党。1951年进呼兰县望山油房当工人，后任大兴安岭地区阿木尔林业局能源科科长、党支部书记。1981年制定《能源管理办法及细则》，4年节电达570多万度。1987年制定《能源节约与管理竞赛评比条例》，使每万立方米木材用油比计划节约5.7吨。1989年在全国劳动模范和全国先进工作者表彰大会上被授予全国劳动模范称号。

关常友(1939～　　) 全国劳动模范。黑龙江宁安人。1979年加入中国共产党。1954年在东京城林业局贮木场参加工作,1985～1989年在东京城林业局贮木加工厂任厂长。任厂长期间,创出“两个文明同步管理”的新经验,在全省推广。该厂年年利润超千万元,连续5年获全国同行业评比第一名。1989年在全国劳动模范和全国先进工作者表彰大会上被授予全国劳动模范称号。

李　发(1953～　　)　全国劳动模范。云南武定人。彝族。1970年起任楚雄州林业运输公司驾驶员。1981～1988年,在崎岖不平的林区小道上,累计运出木材1.7万立方米,8年完成24年的单车利润指标,节油3万升,安全行驶85万公里。1989年被云南省政府授予省劳动模范称号,同年在全国劳动模范和全国先进工作者表彰大会上被授予全国劳动模范称号。

李成烈(1926～　　)　全国先进工作者。辽宁辽中人。1948年毕业于东北农大林学系,1949年任国营815农场技术员,后任黑龙江省防护林研究所工程师、高级工程师、总工程师。1983年加入九三学社。1976年,主持建成一个大队规模的防护林体系模式,并在黑龙江省“三北”防护林地区推广,面积达8.7万公顷,对推动黑龙江省“三北”防护林一期工程建设起到了积极作用。1983年和1984年被黑龙江省政府分别授予省劳动模范和省特等劳动模范称号。1989年在全国劳动模范和全国先进工作者表彰大会上被授予全国先进工作者称号。

李德贵(1941～　　)　全国劳动模范。黑龙江巴彦人。1980年加入中国共产党。1958年进小兴安岭大海林森警队当工人,后任大兴安岭林管局机械筑路工程局机修厂扳金工。1978年以来先后完成技术革新40余项,为工厂开发了十几项新产品。直接或间接创造产值150余万元。1989年在全国劳动模范和全国先进工作者表彰大会上被授予全国劳动模范称号。

张　凤(1939～　　)　全国先进工作者。内蒙古奈曼人。1979年加入中国共产党。1959年任赤峰市林业科学研究所技术员,后任副研究员。先后主持参加了“油松、樟子松造林技术”、“白桦植苗造林试验”、“小青杨浸水催根沙地造林技术”等科研项目,均取得显著成绩。1970年后主持的“干旱黄土丘陵造林技术”研究项目,完成了4600公顷的绿化,使生态环境发生了根本性变化。撰写的“干旱黄土丘陵营造水土保持林技术”论文两次参加在美国召开的国际水土保持年会的学术交流,受到国际专家的重视。1989年在全国劳动模范和全国先进工作者表彰大会上被授予全国先进工作者称号。

张新林(1952～　　)　全国劳动模范。山东昌邑人。1985年到新疆阿勒泰山林业局布尔津林场木材综合加工厂当工人,后任技术员、厂长。积极钻研革新技术。自行设计制造了木工万能圆锯机、木工铣床等设备,节约资金上万元;革新了传统的焊接锯条工艺,降低成本10%,提高效率18倍,锯条焊接强度提高2倍,每年节约白银400克。经过多次试验,掌握了制造鞋楦的粗楦干燥制鞋工艺,合格率达96%。板材一等品率一直保持在80%以上,综合出材率在74%以上,生产效率1988年为1987年的1.16倍,1988年产值167万元,纯利17万元。1989年在全国劳动模范和全国先进工作者表彰大会上被授予全国劳动模范称号。

邹庆普(1940～　　)　全国劳动模范。河南光山人。1962年到内蒙古克一河林业局任林场技术员,后任营林处主任、副总工程师。20多年来,建成6666.7公顷人工丰产林,改造了8666.7公顷水湿地。1984年提出重新造林承包到户,调动了千家万户造林的积极性。1985年又积极倡议“绿色联合”,同时组织改建中心苗圃的扩建工程。1986年,制定开发第三产业规划,筹建9个工厂,安置待业青年200人,年产值达80万元。1989年被自治区政府授予劳动模范称号,同年在全国劳动模范和全国先进工作者表彰大会上被授予全国劳动模范称号。

肖明礼(1938～　　)　全国劳动模范。广东潮阳人。1964年毕业于中南林学院林产化工专业。历任广东德庆县林产化工厂科长、厂长、经理。高级工程师。担任厂长5年,年年超额完成任务。1988年完成工业总产值3680万元,实现利税1270万元,全员劳动生产率6万元/人,产品创汇561万美元,居全国同行业前茅。主持研制松香深加工产品20个,其中,精制天然树脂产品填补了国内空白,获全国星火计划成果金奖。带领职工自行设计、加工、安装技改工程75台套,节约138万元。1988年被广东省政府授予省特等劳动模范称号。1989年在全国劳动模范和全国先进工作者表彰大会上被授予全国劳动模范称号。

陆海民(1948～　　)　全国劳动模范。江苏泰州人。1970年毕业于南京工学院机械制造系,历任江西南昌5122厂设计员、泰州林业机械厂设计研究室副主任、经销科长、厂长。高级工程师。在从事技术工作期间,主持和参加多项新产品设计工作,主持研制的DP75手抬机动泵两次获国家银质奖。担任厂长5年来,工厂的工业总产值平均递增26.5%,利润年平均递增24.9%,并晋升为国家二级企业。1989年在全国劳动模范和全国先进工作者表彰大会上被授予全国劳动模范称号。

周天相(1938～　　)　全国劳动模范。福建平和人。1980年加入中国共产党。1960年毕业于福建林学院。历任开化林场技术员、高级工程师、副场长。在林场工作的30年间,获7次科技成果奖,其中"杉木无性系选育和良种繁殖技术"获国家发明三等奖,列为国家科技成果重点推广项目。1989年在全国劳动模范和全国先进工作者表彰大会上被授予全国劳动模范称号。

杨金龙(1955～　　)　全国劳动模范。河北昌州人。1986年加入中国共产党。1970年进黑龙江省汤旺河林业局二清河林场当油锯采伐工。在近10年的采伐工作中,完成了22年的工作量。坚持勤检勤修,使油锯利用率提高21%。研制的油锯曲轴和垫圈之间加上一层钢片,延长了油锯寿命,节约了费用。1989年在全国劳动模范和全国先进工作者表彰大会上被授予全国劳动模范称号。

孟宪广(1932～　　)　全国劳动模范。山东高青人。1985年加入中国共产党。1957年毕业于福建农学院,历任山东省孤岛林场技术员、济南军区后勤部军需生产部军马场林业科高级工程师。主动报名到山东的"北大荒"孤岛林场工作,经过30多个春秋的艰苦奋斗,与战友们一起使百里荒滩变成了绿洲。在660多公顷沙丘上种植了刺槐、杨树、榆树等。黄河在场内改道,每年春秋尘沙飞扬,经过4年努力,使2666.7公顷沙丘披上了绿装。1985年他在100公顷荒地上搞混交林,种植了沙棘树等7个树种,成活率85%。1987年又在200公顷盐碱地上种植了苹果、梨、葡萄等。1986年被山东省政府授予省劳动模范称号。1989年在全国劳动模范和全国先进工作者表彰大会上被授予全国劳动模范称号。

罗炳林(1935～　　)　全国先进工作者。江西樟树人。1954年加入中国共产党。1951年起历任公社党委书记、永丰县林业局局长。积极推行国营、国乡、乡村、村组、股份专业户等多种形式造林,使全县森林覆盖率由41.2%上升到58%。同时,大搞多种经营,实行种养加一齐上,林工商一起办,实现了木材综合利用、油茶综合加工和食品加工"三条龙"生产体系,年林业总产值在1980年400万元的基础上增加了近10倍。1989年在全国劳动模范和全国先进工作者表彰大会上被授予全国先进工作者称号。

林　跃(1940～　　)　全国劳动模范。湖南靖县人。1965年加入中国共产党。1961年进靖州苗族侗族自治县排方山林场当林工。1983年,为绿化靖州荒山,组织造林工程队,承包乡村大面积荒山造林。经过7个春天的努力,在本县的新厂、甘棠、艮山口等5个乡镇,集中连片造林4926.7公顷,其中达到或超过林业部颁发的速生丰产林标准的有2653.3公顷。经省、地、县林业部门联合组织验收,造林合格率为94%,并实现了"人到五十,造林五万"的诺言。1989年在全国劳动模范和全国先进工作者表彰大会上被授予全国劳动模范称号。

侯兆明(1949～　　)　全国劳动模范。山东梁山人。1981年加入中国共产党。1969年在黑龙江沾河林业局任集材司机,后调坤得气林场任集材司机、工长。自1977年起连续9年创集材万米纪录,9年干了20年的活,被誉为"林海铁人"。1984年带头实行工组承包,把采、集、清、装、运和迹地更新一包到底,按劳付酬。坚持以林为主,多种经营,使工作由过去的季节性、临时型转变为常年性、固定型。承包5年,为国家创造价值200多万元。1989年在全国劳动模范和全国先进工作者表彰大会上被授予全国劳动模范称号。

查光济(1942～　　) 全国劳动模范。安徽黟县人。1973年加入中国共产党。1962年任黄山林校苗圃工人,后任东至县金寺山林场副场长。刻苦自学,解剖松毛虫虫茧6万多个,制作昆虫标本462种,研究的“以森林生态系统为基础,以松毛虫消长规律为依据,以调节控制为中心的多层次的马尾松毛虫综合治理技术(IPM)和整套配套工程”项目,在国内同类研究中处领先水平,经推广应用,经济、社会、生态效益显著,人工防治成本由平均每亩0.12元降到0.02元。几年来,全县松毛虫灾害得到有效控制,减少防治费用、避免成灾损失近百万元,并加速了荒山绿化。1988年获安徽省重大科技成果奖。1989年在全国劳动模范和全国先进工作者表彰大会上被授予全国劳动模范称号。

唐可杰(1939～　　) 全国劳动模范。四川潼南人。1982年加入中国共产党。1958年进四川省大金林业局当伐木工、采伐班长。1958～1990年,累计采伐原木12.48万立方米,义务节材4800立方米,义务劳动1600个工日,为企业培养和带领出思想红、技术硬、作风好的采伐工80余人。热爱林业、不怕困难的无私奉献精神,在整个阿坝林区的职工群众中产生了极大影响。1984年和1989年先后两次被四川省政府授予省劳动模范称号。1989年在全国劳动模范和全国先进工作者表彰大会上被授予全国劳动模范称号。

董鸿儒(1938～　　) 全国劳动模范。内蒙古兴和人。1972年加入中国共产党。1958年于兴和县苏木山林场当林业员,后任场长、林业工程师。1965年他引进速生华北落叶松,经过反复试验,闯过道道难关,使落叶松在当地高寒山区大面积种植成功,到1988年创造价值2240万元。积极发动群众大面积开山造林,目前全县人工林已达1.4万公顷。1989年在全国劳动模范和全国先进工作者表彰大会上被授予全国劳动模范称号。

程万丰(1933～　　) 全国先进工作者。河北雄县人。1954年加入中国共产党。1950年在私营木工厂学徒,1954年在北京永定门外玉兴成木工厂当工人,后历任一机部机车局工人、房产管理处工程队副队长、机电部南口园林绿化处处长。是机电部南口园林绿化场创业者之一,一干就是30多年。在226.7公顷荒山荒地上共栽植各种树木89.2万株,并在房前屋后遍植花卉、爬藤,做到三季有花、四季常青,生机盎然。多次被评为昌平县绿化红旗单位。1989年在全国劳动模范和全国先进工作者表彰大会上被授予全国先进工作者称号。

解进保(1940～　　) 全国先进工作者。山西夏县人。1983年加入中国共产党。1962年在山西运城农校果树场当工人。1968年毕业于运城农业专科学校,后任山西交城县林科所所长。自荐创办林科所,主持完成5项科研成果。“枣树丰产技术推广”和合作完成的“ABT生根粉(膜)推广开发应用”,分别获得山西省科技推广一等奖和国家二等奖;主持的“早密丰”实验,5年平均亩产8500公斤,创全国亩产红枣最高纪录;主持“草地枣园试验”,使枣树栽培方式革新。著有《枣树丰产技术栽培和管理》。1982年和1989年被山西省政府授予省劳动模范和省特级劳动模范称号。1989年在全国劳动模范和全国先进工作者表彰大会上被授予全国先进工作者称号。

廖成应(1929～　　) 全国劳动模范。湖北崇阳人。1956年加入中国共产党。1971年任崇阳县国营大湖山林场队长。在大湖山工作19年,林场经营面积达239公顷,活立木蓄积18 200立方米,价值达1700多万元。1989年4月的一天,带领场员奋力扑打烈火4个多小时,保住了森林,自己却受伤住进医院。近几年他见场里经济困难,先后为民工垫付生活费1200余元。1988年冬天,义务修建防火线200多米。1989年在全国劳动模范和全国先进工作者表彰大会上被授予全国劳动模范称号。

1995年

马忠喜(1937～　　) 全国劳动模范。山西人,中共党员。山西省关帝山森林局双家寨林场工程师。30多年来,他始终坚持在林业生产第一线,刻苦钻研科学技术,大胆采用油落混种直播选落技术,解决了多年难以解决的落叶松直播不能成活的问题,并成功地进行了落叶松全光育苗试验,首创了大面积落叶松育苗技术。发明手动播种器,将开沟、播种、覆土三道工序合为一体,使工作效率提高了5倍以上。并成功地营造了660多万公顷集中连片的人工落叶松林,成活率达95%以上,在全省名列前茅,现在这些树木已郁郁葱葱,平均树高都在8米以上。1995年被国务院授予全国劳动模范称号。

王久富(1937～　　) 全国劳动模范。陕西人,中共党员,陕西省延安市枣园乡庙沟村党支部书记。他从1958年就任以来,无私奉献,自费到外地考察为村里寻找致富门路。他一次性退耕366.7公顷,栽植经济林153.3公顷,营造用材林213.3公顷,修建果园环山路8公里,乡村道路5公里,新修基本农田40公顷,走出了一条“退耕还林,兴果富民,科学种田,少种高产”的发展之路,使村人均纯收入由1987年的763元增加到1994年的4400元,人均产粮由250公斤增加到545公斤。庙沟之路被誉为“北部山区的方向”,在庙沟村带动下,延安市走上了生态农业之路,已建成林果致富的“庙沟式”村200多个。1995年被国务院授予全国劳动模范称号。

王治伦(1938～　　) 全国劳动模范。贵州人,中共党员。贵州省桐梓县坡渡镇龙井村党支部书记。带领群众坚持每年义务植树,承包荒山造林。到1994年,全村森林面积增加到400公顷,山林价值3000万元。每年林业生产经济效益不低于20万元,1994年上交农林特产税和林业“两金”近4万元。全村已达到人均粮食500公斤,人均纯收入1000元水平,并顺利通过了县委、县政府“超双千、奔小康”的验收。1995年被国务院授予全国劳动模范称号。

王顺山(1946～　　) 全国劳动模范。四川人,中共党员,四川凉山州木里林业局工人。1986年起,他调林场担任炊事员。10多年来关心职工生活,热情周到服务,亲自送饭到工地,便利野外生产。养猪8头,养鸡56只,种蔬菜近万斤,无偿用于改善职工生活,深受大家称赞。作为林场的食堂,煮饭生火从不用可用材,长期坚持捡拾山场剩余物,为国家节约大量资源。他废旧利用,增收节支,近10年亲手加工次材2500余件,材积836立方米,为企业增收82 848元。1995年被国务院授予全国劳动模范称号。

王维民(1933～　　) 全国劳动模范。藏族,青海人,中共党员,青海省海西州乌兰县希里沟镇北庄村农民。自1984年以来,坚持在县城以北1.5公里左右的北沙山治沙造林,历经千辛万苦,投资投劳,率领家人坚持年年植树,天天管护。封沙造林33.3公顷,打埂挖土1.5万余方,开挖水渠8公里。栽种的青杨8万棵、榆树1万棵、枸杞林1万棵、苗圃4.3万公顷,长势良好。自1991年开始间伐出售。近两年种的3.3公顷枸杞林1995年即可结果。1995年被国务院授予全国劳动模范称号。

牛玉琴(1948～　　) 全国劳动模范。女,陕西靖边县东坑乡金鸡沙村农民。1985年春她和丈夫承包村北666.7公顷荒沙。一家老少克服重重困难,以惊人的毅力使4万株杨树、3万株榆树和几千株沙柳顽强地生长在荒沙之中。1988年丈夫不幸去世,她又与全家老幼在距家7公里外的承包荒沙上栽种杨树200公顷、榆树20公顷、柳树16公顷、沙柳126.7公顷、沙蒿160公顷、沙打旺93.3公顷、柠条43.3公顷、沙米和沙茓120公顷……。10年过后,林地扩大到1133.3公顷。1992年和1993年用林场和卖羊绒及全家节衣缩食收入的2万元,在村里盖了一所小学校。1995年被评为“中国十大女杰”之一,同年被国务院授予全国劳动模范称号。

冯永明(1953～　　) 全国劳动模范。河北人,中共党员,黑龙江省伊春市光明家具集团股份有限公司董事长、高级经济师。是光明集团的创始人,1994年创办以来,仅用9年时间,一跃成为全国家具行业的排头兵。1994年,被评为“中国一百名企业创业者”。1993年和1994年实现利税总额列全国家具制造业榜首,跻身于1994年中国生活消费相关行业利税十强企业之一。勤奋学习,勇于探索,先后撰写了多篇文章。坚持两个文明一起抓,倡导“创优质、讲信誉、勇创新、争一流”的企业精神。1995年被国务院授予全国劳动模范称号。

兰正国(1960～　　) 全国劳动模范。甘肃人,中共党员,甘肃省临泽县平川乡五里墩村农民、助理园艺师。依靠科技走上致富之路。1987年引进优良桃树品种300株,建密植桃园3亩,购进梨苗200

株,植梨园0.2公顷,同年栽植苹果0.3公顷。采取集约经营、科学管理,做到了当年定植,次年挂果。1989年总收入4000多元,当年给附近村社农户提供新品种接穗2000多枝,推广优质果树2万株。1989年投资5000元,引进12个葡萄新品种,建试验基地0.1公顷。1990年收入4000多元,产量2500公斤。1989～1993年仅果树收入12万多元,人均2万元。致富不忘乡亲,1990年发起成立了临泽县园艺研究会,推广农业新技术。1995年被国务院授予全国劳动模范称号。

孙俊福(1960～　　) 全国劳动模范。黑龙江人,中共党员,黑龙江省宁安农场长丰林场工人。15年来,与妻子共植树36.4万株,造林80公顷,成活率全站最高,保存率在80%以上,为国家创经济效益1500万元,而他每年工资还不足2000元。林业工人很苦,收入又低,同期参加林业工作的二十几名造林工人都先后离开造林队伍,只有他像钉子一样把自己钉在林区中,春季满手血泡,夏季露湿全身,秋季半身泥土,冬季顶寒冒雪,还数次遭野狼、野猪、毒蛇的袭击,但始终把全部心血倾注在造林事业上。1995年被国务院授予全国劳动模范称号。

朱日明(1946～　　) 全国劳动模范。湖南人,中共党员,湖南省永州市桐梓坪乡朱家村农民。1983年带领群众办起了全村第一个经济林示范场,巩固发展了村级集体经济,每年收入在2万元以上。全村80%的农户都发展了庭院经济。1985年率先承包本村和邻村荒山460余公顷,植树造林,兴办家庭林场,投入27万元,雇工垦荒。到1993年已全部成林,长势喜人。同时还承包其他村荒山330多公顷。1995年被国务院授予全国劳动模范称号。

许继学(1950～　　) 全国先进工作者。陕西人,中共党员,陕西省南郑县林业局局长兼党总支书记。任劳任怨、艰苦创业,为山区群众的富裕和林业事业的发展做出了突出贡献。在全县最偏僻贫穷的高寒山区工作期间,带领群众治穷致富,推行"人均一亩间作套种、一亩良田、一亩地膜玉米"增产措施,使粮食亩产由386公斤增加到876公斤,人均产值达1368元,使4个乡、20个村的山区群众摆脱了贫困,走上了富裕之路,成为当地脱贫致富的典范。1991年任林业局长后,带领工作队驻进荒山秃岭,3年人工造林7800公顷,飞播3533.3公顷,封山育林4000公顷,在全省首家消灭宜林荒山,该县被评为全国造林绿化先进单位。1995年被国务院授予全国先进工作者称号。

许家魁(1941～　　) 全国劳动模范。山东人,中共党员,辽宁省清原满族自治县南口前镇耿家堡村农民。热心荒山绿化事业,1982年以来,绿化荒山24公顷。坚持小流域的开发,栽植落叶松10万多株,果树2000多株,速生丰产林6.7公顷。免费给村民提供果树苗木1万多株,落叶松苗100多万株,昔日200多公顷的荒山秃岭如今披上了绿装。他拿出2000元钱,把1公里的羊肠小道修成能跑汽车的公路,极大地方便了当地群众。自1984年来,多次被评为抚顺市劳动模范,林业生产先进个人。1995年被国务院授予全国劳动模范称号。

刘文德(1939～　　) 全国劳动模范。辽宁人,中共党员,吉林省松江河林业局党委书记、高级政工师。主持党委工作以来,始终坚持以建设有中国特色社会主义理论为指导,经常深入实际,深入基层调查研究,主持确定了"以海运业为龙头,以房地产开发为重点,内引外联,全面发展"的外向型经济发展战略。在思想政治工作方面总结出了"三三三二"工作法,时时处处以共产党员的标准严格要求自己,带动党委一班人兢兢业业、勤勤恳恳地忘我工作。1994年,在国有企业整体经营环境不好的情况下,松江河林业局全面完成和超额完成上级下达的各项指标,其中利润指标完成计划的318%。1995年被国务院授予全国劳动模范称号。

刘关彬(1958～　　) 全国劳动模范。山东人,中共党员,黑龙江省兴隆林业局多种经营局局长、经济师。1992年,调到多种经营局以后,对全局31个集体经营站实行风险抵押和全方位招标,对造纸厂实行股份制,对有发展前途的元宝山鸡厂进行了扩建,创经济效益30万元。狠抓私营、个体经济的发展,到1994年发展私营、个体企业户2050户,占全局总数的15.3%,总产值实现4060万元。带领集体经济战线3000多名职工,在"两危"的情况下,战胜了重重困难,渡过了难关,为繁荣林区经济做出了突出贡献。1993年荣获全国“五一”劳动奖章，1995年被国务院授予全国劳动模范称号。

刘树仁(1940～) 全国劳动模范。广西人，中共党员，广西博白县东平镇付山村农民、农艺师。以个人独特的见解和冒险精神，于1987年卖掉自己的两部汽车和街上的房屋，先后承包生产队荒山55.9公顷，种上以龙眼为主的果树5万多株，创办家庭果园，命名为“博白东平仁力园艺场”。自任场长几年来，他认真学习钻研果树栽培，经过几年的艰苦创业和生产实践，取得了突出科研成果，经济效益显著。自1987年办场，该果园综合收入达400万元，上交国家达30多万元。以园艺场为依托，成立了水果技术研究会，吸收大批会员，免费传授水果种植技术，引导当地群众开荒种果近万亩，为群众优惠提供良种果苗数十万株。1995年被国务院授予全国劳动模范称号。

那基栋(1940～) 全国劳动模范。满族，辽宁人，中共党员，黑龙江省国营牡丹江木材综合加工厂车间主任、工程师。30多年来，刻苦钻研技术，是机械维修“大拿”。他技术高超，受到工人干部的赞扬。以厂为家，常常连续工作十几个乃至30多个小时，在设备出现火情的紧急关头，奋勇爬上十几米的管道灭火。制定了“保全工、电工、操作工三位一体”的片包机制度，实行动态维护保养。技术革新工艺为厂多创效益113万元。1990～1994年，共搞技术革新、改造21项，节约资金260万元。1993年被林业部、中国林业工会评为合理化建议、技术革新先进个人，1995年被国务院授予全国劳动模范称号。

李志丹(1962～) 全国劳动模范。广东人，中共党员，黑龙江大兴安岭林管局西林吉林业局中心苗圃副主任、工程师。大学毕业后放弃留在北京及林区首府加格达奇的机会，主动要求到基层工作。几年来，先后开展科研项目20余项，有7项通过地区科委鉴定，有的获国家科委和林业部的奖励。积极引进和推广育苗新技术，仅应用化学除草剂一项，每年就可节省除草费用11万元。主持的苗圃育苗生产，已实现了标准化、科学化大生产。几年来，已累计培育各类苗木3.4亿株，在地区生产联检中名列第一。1995年被国务院授予全国劳动模范称号。

李其清(1958～) 全国劳动模范。福建人，中共党员，福建省将乐县黄潭乡太村党支部书记。勤劳致富，5年间为林业部门提供杉木、松木、檫树等苗木750万株，绿化荒山2000余公顷，种植柑橘、柰0.3公顷、新植毛竹0.4公顷，引进白术种植0.2公顷，获利近万元。投资18万元创办珍珠养殖场，养羊52头，养鱼0.2公顷，1994年家庭人均收入达3800元。示范带领全村种植白术4公顷，收入达18万余元。仅2年多时间，全村有12户种植苗木，利用荒山种植毛竹53.3公顷，造林60余公顷，开辟果园100多公顷，成为全乡第一个实现人均一亩果的行政村。筹措资金18万元，架设24公里输电线，为村办企业提供电力保障。1995年被国务院授予全国劳动模范称号。

李　炽(1943～) 全国先进工作者。白族，云南人，云南省思茅地区林业科学研究所林化室主任、高级工程师。扎根边疆32年，为发展边疆经济和林业事业勤奋工作，在科学采脂和松脂化学方面研究中，有独特发现和创新。1992年参加完成省重点科研课题“思茅松天然优良林分选择”，提出选择天然优良采脂林分方法和标准，对国内开展的松脂基地建设有现实指导意义。积极普及林业科技，深入景谷等6县20个乡推广科学采脂，培训脂农和林业基层干部1352人次，在省部级以上刊物发表论文、研究报告30多万字，获省部级和地区级科技成果奖6项7次，优秀论文奖4次。1995年被国务院授予全国先进工作者称号。

李清荣(1947～) 全国劳动模范。河北人，中共党员，黑龙江大兴安岭地区新林林业局塔尔根林场汽车司机。开车23年，实现优质、高产、安全，创造了第一流的成绩，连续12年破万米，累计运材22万多立方米，超产6万多立方米，23年干了30年的活。安全行车82万公里，节约各种费用5万多元。追求的目标是：低消耗、保安全、多拉快跑，把安全放在第一位。多次被评为省劳动模范、特等劳动模范。1995年被国务院授予全国劳动模范称号。

李福安(1942～) 全国劳动模范。云南人，中共党员，云南省甸尾贮木场场长、高级工程师。扎根基层林业33个春秋,以苦为乐,以苦为荣,埋头苦干,讲求实效。全心全意依靠职工办企业,在生产经营过程中,为了更好地适应复杂多变的市场情况,经常深入林区,走访供需客户和运输部门,掌握第一手资料,制定正确的经营决策,扩大了市场占有率,在全国同行业80%的企业出现亏损的情况下仍然取得较好的经济效益。在任场长的7年间,企业累计实现利税3103万元,国有资产原值由1988年的450万元发展到1994年的1350万元。1995年被国务院授予全国劳动模范称号。

吴永康(1931～) 全国劳动模范。浙江人,中共党员,浙江省淳安县许源乡村坑村主任、助理技师。1983年就任后带领群众治山治水,年年开荒造林,1994年,全村共造林227.1公顷,其中用材林157.7公顷,经济林69.3公顷,森林覆盖率提高到86.3%,蓄积量增加到9134立方米。人均用材林1.2公顷、经济林5.3公顷、蓄积70.8立方米,建起了绿色银行。主持村建成学校、茶厂,安装了自来水,开通了4公里的机耕路,还改造了低压电线,增强了农村经济的发展后劲,1994年村集体经济收入38 960元,人均302元。农民人均纯收入达1394元。1995年被国务院授予全国劳动模范称号。

陈云亭(1938～) 全国劳动模范。山东人,中共党员,黑龙江省尚志市老街基乡林场党支部书记兼场长、助理经济师。1994年主持经营的乡办林场已形成规模,设有生产工段、木材加工车间、福利厂、运输队等7个生产经营单位;厂区占地面积3万平方米,有厂房2000多平方米;其中管理干部7人,技术人员12人。年利税由建厂时的9万元增长到60万元,固定资产由324万元增加到3234万元,是全市独一无二的既无国贷,又无内债的乡镇企业大户。以每年更新造林104公顷的速度,累计造林1600公顷,森林总蓄积量已达12万立方米,为国家生产优质木材7.8万立方米。苗圃已达5.3公顷,累计育苗14公顷。1995年被国务院授予全国劳动模范称号。

陈太纯(1950～) 全国劳动模范。福建人,中共党员,福建省古田县鹤塘镇东际村党支部书记。带领全村群众营造杉木林470.1公顷,毛竹41.3公顷,种茶果100.7公顷,活立木蓄积量达1.2万立方米,栽培香菇200万袋,创办企业5家,年上缴利润16.6万元,扶持民办石板材厂8家,香菇保鲜厂3家,塑料厂2家,加工厂6家,发展工商户等第三产业174户,占农户总数的47.9%,全村年收入万元以上的有200多户,没有贫困户,实现村富民富。1994年全村工农业总产值711万元,比1991年的230万元增长2.09倍,粮食总产75万公斤。1995年被国务院授予全国劳动模范称号。

陈永华(1958～) 全国劳动模范。广西人,广西平南县平南镇附城村农民。1991年承包开发平南县安怀镇蓝田村荒山330多公顷,建立玉桂出口基地。1992年12月,再和该村签订合同开发残林荒山330多公顷,努力种完万亩玉桂为国家出口创汇。科学种桂,高质量、大规模,名列广西榜首。1991年冬至1994年已投资300多万元,种下优质玉桂373.3公顷,225万株,长势很好。主动帮助群众致富,已帮助蓝田村购回优质桂100多万株,种桂166.7公顷,投资20多万元,修路19公里。1995年被国务院授予全国劳动模范称号。

陈昌久(1943～) 全国劳动模范。湖北人,中共党员,湖北省蒲圻市官塘驿镇石榴泉村党支部书记。30年来带领群众脱贫致富,1994年全村人均收入1600元,个人存款100余万元,集体积累120万元。90%以上的农户住进了新楼房,家家户户安装了沼气,喝上了自来水。带领村民栽了66.7公顷树,消灭了荒山,建立了大小林场、茶场12个,使全村真正成了绿色银行。引导村民科学种田,建成133.3公顷杂交水稻制种基地,使村民纯收入增加300余元。主持创办年产值50万元的汽车方向机厂附属厂,并在镇区内建成了造价为100万元的综合服务大楼。1995年被国务院授予全国劳动模范称号。

何元亮(1939～) 全国劳动模范。贵州人,中共党员,贵州省罗甸县云干乡大关村党支部书记。立志改变大关村的贫困面貌,从1984年起,带领村民劈石开山造田。到1994年,全村投劳力250万个,劈山砌石66万立方米,填土12万立方米,造新田55.3公顷,使全村粮食总产达到51.2万公斤。带领村民在荒山上栽植杜仲、椿、西厢梨等果木86.73万株。全村经济林收入11万元,户均415元;全村出栏肥猪1670头,出售仔猪3180头,畜牧业纯收入31万元,户均1396元。几年来,发动村民集资30.8万元,架通了村里高压电线。1995年被国务院授予全国劳动模范称号。

张天成(1951～) 全国劳动模范。山东人,吉林省林业工程公司多种经营公司工人。以高度的主人翁责任感励精图治,无私奉献,潜心研究,刻苦攻关。为开发新产品,自己设计改造了复合模自动封口机,解决了过去人工操作强度大、工效低的问题,并且仅用700元钱,就制出价值3200元的机器,产品投放市场后,供不应求,年创利1013万元。先后自制和改造16台机器设备,创产值413万元,为企业节约资金20 185万元,创税20余万元。1994年被林业部、全国农林工会授予合理化建议和技术革新先进个人称号,1994年被评为省特等劳动模范。1995年被国务院授予全国劳动模范称号。

张光全(1917～) 全国劳动模范。苗族,贵州人,贵州省麻江县龙山乡龙山村农民、林场护林员。1975年起,担任村麦坡林场护林员,坚守岗位20年,管护200多公顷马尾松稀疏林地。其间,自采马尾松种子30多公斤,撒播造林13.3公顷,在林中空地补植1100余株,救活雪压倒木1.2万株,开辟简易防火线2000多米,所管林场从未发生过火灾。3次扑灭毗邻外村林火,抓获偷砍盗伐林木者共计100人(次),收交罚款2830余元。村里从林中伐木1000立方米卖给国家,解决本村困难户维修建房木材420立方米,总收入20余万元。林场已成为该村的绿色银行。1995年被国务院授予全国劳动模范称号。

张光楚(1938～) 全国劳动模范。女,湖北人。中共党员,广东省林业科学研究所高级工程师。20多年来创新进取,对竹子有性杂交育种进行了系统的研究。1977年完成了“竹子有性杂交种——撑麻青一号”研究,成功地培育出我国第一个竹子杂交种,1988年选育出一批优良杂种在生产上使用,获广东省科技进步三等奖,并引起国内外同行的关注,先后有七八个国家来信要求提供杂种或研究资料。目前正在进行国际协作项目——竹子离体快速繁殖及育种研究。这一研究将会为竹子品种改良和繁育提供新的途径。1995年被国务院授予全国先进工作者称号。

张茂英(1937～) 全国先进工作者。女。河北人,中共党员,黑龙江省大兴安岭地区人民医院妇产科主任,主任医师。在妇产科医疗战线上战斗了30年,为大兴安岭林区建设做出了贡献,几十年如一日,学而不厌,孜孜不倦地读书,具有较高的理论基础,有丰富的临床经验。以工作为重,几十年未请过一天事假。具有高尚的医德医风,急病人所急,解病人所难,从不接受病人送的红包,拒请吃喝。获省级科研成果奖二项,在国家和省级刊物上发表论文33篇,国际文章1篇,是全国优生优育专家名人之一。1995年被国务院授予全国先进工作者称号。

张柏江(1946～) 全国劳动模范。福建人,中共党员,福建省龙岩市曹溪镇马坑村主任。1985年率先承包村里的10多公顷荒山,植树造林。带动全村掀起荒山造林热潮。全村现有1330多公顷森林、果林总值1200多万元,平均每户20多万元。带领群众兴办企业,安置本村105个劳力,收入仅工资一项就达70多万元。1994年全村社会总产值3452.5万元,人均纯收入3065元,提前6年实现小康村。廉洁奉公,从不以权谋私。1995年被国务院授予全国劳动模范称号。

张 强(1953～) 全国劳动模范。吉林人,中共党员,吉林省靖宇制材厂厂长、高级经济师。自1987年承包经营靖宇制材厂以来,大胆改革,勇于开拓,积极采用现代化管理方法,依靠科技进步,6年实现利税相当于前33年总和的1.72倍,利用自有资金使固定资产增值2倍多,6年赚回来两个厂,其他各项工作均居同行领先地位,为振兴山区经济做出了突出贡献。先后带领开发新产品8项,增加新规格、新花色25种。引导并在全厂成立QC小组24个,贯彻并通过GB/T19000—ISO9000质量体系国际标准认证,使产品获部优和国家金奖,成为吉林名牌产品,在全国同行业保持领先。1995年被国务院授予全国劳动模范称号。

苏应利(1939～) 全国劳动模范。广东人,中共党员,广东省惠来县葵潭镇玄武管理区村党支部书记。自1987年以来,承包村荒山秃岭33.3公顷,种植优质荔枝10公顷,其他优稀水果10公顷,并坚持依靠科学技术种果,经济效益显著,1994年水果总收入达80.8万元。几年来,前来果园参观学习的农村干部、种果专业户达3000多人次,发挥了强大的示范作用。为全县及其他市(县)提供了大批优质种苗,推动了"三高"农业的发展。为帮助村民致富,无私传授技术和管理经验,无偿提供种苗3万多株给贫困农户,并先后捐资14.8万元建玄武小学、造桥修路。1995年被国务院授予全国劳动模范称号。

汤发俊(1949～　) 全国劳动模范。云南人,云南省文山县德厚乡德厚村农民。1985年以来,把自己搞粮食加工和养猪积攒的10多万元用于植树造林,经过9年的艰苦奋斗,使13座山丘的万亩荒山恢复了绿化,上千立方米的泥沙流失得到了遏制,有效地保护了千亩良田。为了保证年造林66.7公顷,白天在山上劳作,晚上帮妻子搞粮食加工,把家庭每年收入的2万元全部用在植树造林上,全家人都过着节衣缩食的生活,新造林木的价值已达300多万元。献出价值2万元的松木给集体加固河堤,并捐款给学校和敬老院。1995年被国务院授予全国劳动模范称号。

余锁根(1946～　) 全国劳动模范。江苏人。中共党员,江苏省句容县袁巷乡戴庄村农民。为改变穷山面貌,与妻子承包了本村的41.7公顷荒山,经过10年艰辛努力,使所有荒山都得到了开发和利用。通过实行用材林与经济林并举,荒山绿化与多种经营共进,做到长短结合,以山养山,获得了较好的生态和经济效益。积极扶持、资助其他农户,提供资金、树苗和技术指导。1994年大旱时,为保证全村的救灾工作,把村里一位神志不清的"五保户"接到家里,管吃、管住,还无偿为另两位"五保户"提供粮油、柴草,把爱无私奉献给弱者。1995年被国务院授予全国劳动模范称号。

汪本移(1948～　) 全国劳动模范。湖北人,中共党员,湖北省咸宁市汀泗桥镇彭碑村党支部副书记、农技师。从1984年起带领全家人承包61.9公顷荒山,全部栽上杉树。10年后,这片杉木基地已采伐杉木400多立方米,产值达180多万元,为村组两级提供积累资金50多万元,个人获30余万元。从1985年起,开始引进优质树种育苗,向社会提供优质苗木400多万株。致富不忘乡邻、不忘国家,10多年来向国家交纳各种税费5万余元,无偿提供给乡邻树苗10多万株,价值5万余元,为村里引进优质树种500多公斤,为贫困户援助资金5000多元。1995年被国务院授予全国劳动模范称号。

汪旺家(1951～　) 全国劳动模范。安徽人,中共党员,安徽休宁县秀阳乡汪溪村联合林场党支部书记、场长。1988年上任后将全村800多公顷荒山组合起来,成立了以农户投山、乡村投劳、县营林公司投资的股份林场。共营造828公顷用材林,48.7公顷经果林,建成了黄山市最大的乡村林场。全村连续3年完成国家农业税征收任务,每年向国家提供商品粮50多万公斤,村里先后创办了茶叶、木材、粮食等5家加工企业,年创产值300多万元,实现利税10万多元。投资20多万元更新了全村用电线路,新盖一幢教学楼,计划生育工作始终走在全乡前列。1995年被国务院授予全国劳动模范称号。

杜智校(1941～　) 全国劳动模范。黑龙江人,中共党员,黑龙江省伊春市粮食局伊春分局团结粮店工人。到粮食部门工作30年来,始终不忘为人民服务的宗旨,时时处处发扬共产党员先锋模范作用,在平凡的岗位上做出了不平凡的业绩。粮店连续多年被评为省粮食局六好粮店和省、市"四职三优"活动先进集体。30年如一日,以店为家,兢兢业业,吃苦耐劳,无私奉献。从不计较个人得失和名利地位,甘愿无私奉献,关心职工胜过关心自己,关心企业胜过关心家庭。曾荣获全国"五一"劳动奖章,1995年被国务院授予全国劳动模范称号。

阿不来提·吐尔逊(1953～　) 全国劳动模范。维吾尔族,新疆人,中共党员,新疆天山西部林业局巩留林场巩西护林站护林员。担任护林工作18年,15次获奖,成为天西人的骄傲。1980年他在远离场部74公里、自然条件恶劣的地方管护三条沟4232公顷的林地,当地毁树伐树严重,从宣传教育入手,把《森林法》教给群众,办培训班、散发护林传单,并与5000多户村民签了护林防火公约,帮助牧民解决浇水问题,这里再也没有了毁林烧柴现象发生。不畏强暴和威胁,和毁林伐木人进行斗争,曾组织牧民两次扑灭火灾,保护了2131公顷的草场和810公顷的云杉,保住了2360元国家财产,严办了罪犯。1995年被国务院授予全国劳动模范称号。

周百堂(1937～　　) 全国劳动模范。陕西人,中共党员,陕西省商州市红门河乡小韩峪村党支部书记。提出"依山致富,兴林抓收,多种经营,各业并举"的16字致富方针,坚持几十年如一日,带领群众植树造林650多公顷,全村林业收入突破84万元;人均收入从1982年的85元上升到1994年的1210元;大搞农田水利基本建设,改造农业基本条件,累计新修基本农田80多公顷,新修自流灌溉渠6000多条,新修村级公路20公里,架桥47座,架通输电线路30多公里,实现组组通公路,户户通电;依靠科技抓粮食生产,人均粮食从1982年的人均205公斤达到1994年的425公斤。注重精神文明建设,对农民进行思想政策教育。1995年被国务院授予全国劳动模范称号。

杨从远(1952～　　) 全国劳动模范。四川人,中共党员,四川雅砻江木材水运局工人。1989年以来,在平凡的工作岗位上,勤勤恳恳,任劳任怨,干一行爱一行,年年超额完成任务。累计安全行车12万公里,转运原木5.5万立方米,单车核算节约原燃料费用1.8万元。曾四次被攀枝花市林业局评为优秀共产党员,连续五年被评为企业先进生产者。十分珍惜国家财产,爱护车辆,车辆完好率达95%,而且创造了林区单车百公里耗材料费13.6元、油料20.1公斤的最好纪录。为企业加强成本核算,严格控制车辆费用支出提供了可靠的依据。1995年被国务院授予全国劳动模范称号。

杨庆珠(1939～　　) 全国劳动模范。山东人,中共党员,黑龙江省苇河林业局多种经营场工人。凭着一个共产党员的坚定信念和对振兴林业的执著追求,创造了"九公里"模式,为全省森工企业治危兴林、实现森林复兴、企业振兴、职工致富提供了宝贵经验。10年来,开发水湿地200公顷、林粮间作266.7公顷、鱼池25个、林间公路19.3公里、凉亭10余处、输电线路3公里,固定资产总值达到600多万元,职工人均收入3000多元,实现了林间公路网络化,田间耕作机械化,场区环境风景化,同时还上交各种利税近500万元。1995年被国务院授予全国劳动模范称号。

杨庭相(1944～　　) 全国劳动模范。云南人,中共党员,云南保山市西邑乡真峰村农民。26岁时因病截除了右腿,身残志坚,经过艰苦的锻炼,终于能拄拐行走,主动请求看护村里的集体山林。实行生产承包责任制后,凭着强烈的责任感和自强不息的精神,承包了2公顷山林和0.8公顷山地,自己育林耕收,几年来种各种果树6600株,耕种山地1.33公顷,每年编竹筐50对,养鸡40只,养蜂2窝,还为当地群众修雨伞、打火机、水桶、刻章、农具等。年均收入达2000多元,成为当地脱贫致富的带头人。1995年被国务院授予全国劳动模范称号。

金成柱(1955～　　) 全国劳动模范。安徽人,中共党员,安徽岳西县姚河乡梯岭村党支部书记。1973年带领青年开办林场,使梯岭林场营林面积达300公顷,杉木蓄积量1.6万立方米,价值800多万元,盖起了场房,修通了公路。1988年,带领村民架设了造价20万元的高压线路,实现户户通电。1993年拿出自家1.5万元垫付到茶厂进行技术改造,使茶厂效益利税均翻一番。1994年全村人均收入达1267元,95%的农户达到小康水平,成为全县小康村之首。1995年被国务院授予全国劳动模范称号。

项勤星(1944～　　) 全国劳动模范。江西人,中共党员,江西遂川县秀州股份有限公司总经理、经济师。领导企业不失时机地抓技术改进,产品开发,扩大原料基地,推行股份制,走林工贸一体化道路。短短4年中,主导产品生产能力扩大了2.3倍;产值增加到近2300万元,翻了2.3番;年创利税由61.5万元增加到255万元;企业用材林基地从153.3公顷扩大到733.3公顷;公司资产从214万元增加到1001万元,净增3.7倍。廉洁奉公,拒领奖金5万元。荣获"全国乡镇企业家"称号。1995年被国务院授予全国劳动模范称号。

胡吉主(1930～　　) 全国劳动模范。湖南人,中共党员,湖南省安化县文溪乡廖家村党支部书记。从1961年起带领群众在平均海拔1200米的廖家山营造用材林600公顷,经济林273.3公顷,草木药材93.3公顷,庭院经济林20万株,活立木蓄积量由1961年的600立方米增加到3500立方米,使33户106人的高寒山村1994年人均纯收入2500元,是1980年的30倍,80%的农户用上了照明电,70%的农户购置了电视机,儿童入学率100%,1993年实现扫盲达标,35年无刑事案件。每天在山上工作18小时以上。将自己劳动所得的5万多元用于村上公益事业,并把自己价值近100万元的千亩薪炭林分给群众发展经济林。1995年被国务院授予全国劳动模范称号。

侯学法(1937～) 全国劳动模范。山东人,中共党员,山东省莱芜市莱城区铁车乡团圆坡村党支部书记。带领全村群众坚持常年治山、治水、治路、治村,发展村办企业,先后整水平阶23万平方米,挖鱼鳞坑28.2万个,大树穴4.5万个,共栽木材树34万株,经济树4.4万株,嫁接大枣10.6万株,提前四年消灭了荒山,林木覆盖率达58%;建水池52个,总蓄水2.1万立方米,修防渗水渠2.3万米,实现了高山水利化,山区无旱田;先后修生产路、连村路19条;村办企业发展到4个;1994年全村总收入达950万元,固定资产达1200万元,人均收入2400元。1995年被国务院授予全国劳动模范称号。

陶思国(1961～) 全国劳动模范。山东人,中共党员,黑龙江省伊春市友好林业局松园经营林场工人。工作兢兢业业,10年如一日,每天提前1小时上班,每天要比别人多干3个小时的工作。10年来,共拉木材87 231立方米,10年完成了15年的工作任务。系统学习拖拉机机械原理和有关业务知识,掌握了一整套操作技术,坚持对机车一日三检,使机车保持在一级状态,如今机车已延长了5个大修期,为国家节约大修费用5.5万元。修旧利废2890件,节约4万多元,革新3项,创经济效益4.1万元,10年节约燃材料费等折合人民币11.1万元。1995年被国务院授予全国劳动模范称号。

郭克巨(1947～) 全国劳动模范。安徽人,中共党员,安徽金寨县江店镇外岭村党支部书记。近10年来,带领外岭村以板栗为支柱产业,成为全县板栗面积、产量、株产量、人均纯收入最多的村,是全县唯一的板栗专业村。全村人均纯收入超2000元,实现小康比重达95.3%。该村还发展桑园20公顷,茶园23.3公顷,村办企业逐步发展,年税后利润4.1万元,新建校园、卫生室、村部,组组通公路,户户通广播,村集镇建设正逐步完成。人民生活水平显著提高,实现了数年无计划外生育、无治安刑事案件的发生、无乱砍滥伐现象。1990～1994年连续被镇党委授予优秀党员称号。1995年被国务院授予全国劳动模范称号。

徐凤翔(1931～) 全国先进工作者。女,江苏人,中共党员,西藏农牧学院、西藏高原生态研究所所长、教授。辛勤育人、治学严谨,先后主编和参加编写过教材、讲义、专著18册,其中个人撰写80余万字。常带领学生爬山涉水,采集标本。为研究西藏森林生态状况,从1978年起,多次进藏考察,1985年,进藏创建了我国第一个高原生态研究所,被誉为“高原生态学科的带头人”。多年来足迹留在全国19个省(区)的65个主要林区。先后发表论文40余篇,60余万字,引起国际上的关注。主持过藏东南森林资源、生态环境与经营措施等重大项目的研究。1995年被国务院授予全国先进工作者称号。

黄玉亭(1940～) 全国劳动模范。福建人,中共党员,福建省福州人造板厂厂长、高级工程师。在工厂亏损360万元的情况下出任厂长。治厂过程中,牢固树立以调动职工积极性为根本的经营管理思想。1987年,率先从改革劳动人事制度入手,进行企业内部改革;1990年,又提出“产量承包、质量否决、管理保证”的综合管理模式,使企业管理不断登上新台阶。注重科技进步,1991年以来,先后参加、领导并完成了6项关键性技改项目,为消化、吸收、创新、引进设备做出了突出贡献;尊重职工,积极鼓励职工通过各种有效形式参与企业经营管理,维护职工的合法权益;以厂为家,全身心地投入到企业生产经营中。1995年被国务院授予全国劳动模范称号。

黄有盛(1938～) 全国劳动模范。安徽人,中共党员,安徽黄山市祁门县查湾采育场场长兼党支部书记、经济师。带领全场职工扎根山区，坚持“以林养场、以林养人、长期经营、永续利用”的经营方针，致力改革，开拓进取，发扬爱厂如家的无私奉献精神，现已营造速生丰产林820公顷，套种经济林333.3公顷，场内活立木蓄积量已达12.4万立方米，森林覆盖率达98%，为国家提供商品材5.72万立方米，总收入1300万元。同时还在多种经营上下功夫，搞深加工，提高林产品的附加值，使多种经营收入占到全场总收入的35%。爱业敬业，吃苦在前，享受在后。1995年被国务院授予全国劳动模范称号。

黄青元(1950～　　)　全国劳动模范。壮族，广西人，中共党员，广西东兰县太平乡板公村主任、技术员。工作勤勤恳恳，认真负责，依靠科技带领全村群众治穷致富，取得显著成绩。狠抓种养，边育苗边学技术，先后培育杉、松等苗木12种之多，同时还引进良种良法，大搞科学种养，仅育苗一项年收入达1.1万多元。带领全村群众依靠科技脱贫致富。几年来，先后捐助老弱病残及社会公益事业达147人次，1.21万多元。为解决群众温饱，提出“温饱在田，致富在山”的经济发展路子，并义务为群众进行技术培训，使全村85%以上的农户掌握了一两门技术，现全村87%的农户解决了温饱。1995年被国务院授予全国劳动模范称号。

黄建仰(1958～　　)　全国劳动模范。壮族，广西人，广西马山县林圩乡农民、技术员。1987年，变卖家中的摩托车、彩电和货车，带领妻子到一个离屯约2公里的山坡承包了30多公顷荒地种植果树，三年共种上1.2万多株，1992年果场收入7万多元，1993年达24万元，1994年虽受洪涝灾害影响，果场产值仍达62万元。几年来，先后拿出2万多元扶助32个贫困户发展生产，低价卖3000多株种苗给困难户，带动28户村民种植龙眼、柑果7000多株。免费送给屯里小学100株龙眼苗，捐献5000元给屯里建教学楼，捐献7000多元为屯里修建一条2公里长的公路。1995年被国务院授予全国劳动模范称号。

黄振良(1954～　　)　全国劳动模范。瑶族，广西人，中共党员，广西富川瑶族自治县城北乡城北村党支部书记。1987年，承包集体荒山16公顷，投入资金1万元，种杉树13.3公顷，果树300多株。带动全村造林260多公顷，种果10多公顷，成活率达95%，产值达300多万元。1993年以来带领村民兴办村集体企业，先后办起了红薯果脯厂和榨油厂等具有一定规模的企业12家，1994年总收入达673.9万元。几年来扶持五保户、困难户用于购买化肥、谷种等发展生产资金2000多元。1995年被国务院授予全国劳动模范称号。

麻克利(1941～　　)　全国劳动模范。壮族，广西人，中共党员，广西田东县祥周乡九合村党支部书记。1985年春，开垦荒坡0.3公顷种芒果150株，由于科学管理，舍得投资，到1988年开始有收成，总产量达5000公斤，收入1.5万多元。从1989年起为群众大种芒果奔波劳碌，多方联系，帮助群众解决资金、化肥、种植技术等问题，从1989年春到1994年底，全村101.3公顷荒坡都种植了芒果，户均0.22公顷全村人均收入从1989年不足300元，猛增到1994年的1500元。1995年被国务院授予全国劳动模范称号。

梅玉生(1963～　　)　全国劳动模范。满族，河北人，中共党员，内蒙古阿龙山林业局司机。从事木材运输工作15年，安全行车40多万公里，从未发生过任何行车事故。自1990年以来利用业余时间搞技术革新、修旧利废18项，利用报废重型拖车改制成为7.5吨单轴拖车，并研制成功运材车保护架，保证了运材车发生事故时，车辆不致损坏。利用废旧钢材为林场新购进的二类车制作了承载梁，节约资金7.84万元，还自行设计制作了运材单轴拖车7台，节约资金6.44万元。几年来，提合理化建议20项，采纳实施后节约资金40多万元。1995年被国务院授予全国劳动模范称号。

盘　石(1950～　　)　全国劳动模范。广东人，中共党员，广东省清新县新洲镇罗东管理区农民。常年扎根山区，开发山区，艰苦创业，先是在7.2公顷自留山上种茶种竹，后又承包了153.3公顷集体杉山。投资9000元办起了小水电站。1990年以来带头种植了优质沙田柚400多棵，并种植3.3公顷优质杉，在山坡试种药材等高值作物。1994年全家收入达6.8万元。经过4年努力投资3万多元修成一条长8公里的简易公路。1993年又投入3万元把路加宽修平，并延伸3.8公里，方便了山区群众生产生活。从资金、技术等各方面帮助村民致富。10多年来先后赡养了12名五保老人、残疾人和孤儿。1995年被国务院授予全国劳动模范称号。

韩志坚（1956～　　）全国劳动模范。内蒙古人，中共党员，内蒙古阿里河林业局主任、工程师。在多年的营林工作中，探索总结出造林、育林、抚育间伐、营林财务等一整套管理方法，并备有数万字的文字材料，系统应用。他在工作中注重科技兴林，参与主持的"天然落叶松中龄材生产规律及经营措施研究"项目获林业部科技兴林进步二等奖；"内蒙古大兴安岭药用植物开发研究"等课题通过专家鉴定。还有"杨树白鳞二号的造林推广成果试验"等7项科研项目正在研究当中。率先提出营林生产多种经营的新思路。1995年被国务院授予全国劳动模范称号。

彭汝华（1948～　　）全国劳动模范。四川人，四川甘孜州乡城县林业局农艺师、县政协副主席。乡城县县穷民贫，财政拮据，建园投资少，在建果园中，既是设计师，又是施工员。为了从5000多米高的海子将水引下山，在近一年多时间里，几乎过着"天点灯，风扫地"的生活。从规划设计到栽培管理，在"科学"二字上狠下功夫，应用国内外先进技术，做到起点高，管理科学。1992年即产果5000公斤，1993年达3万公斤，1994年达7万公斤，开创了一条投资省、见效快、效益高的果树基地建设的有效途径，带动了农村经济的发展。1995年被国务院授予全国劳动模范称号。

董存泽（1947～　　）全国劳动模范。河南人，中共党员，河南省濮阳市清丰县大流乡青石磙村党支部书记。1983～1988年带领群众造林（防风固沙林）186.7公顷，农田林网和农桐间作286.7公顷，使林木覆盖率达25.4%，使全村399.2公顷耕地得到了保护。组织群众先后筹资83万元打井配套，如今全村耕地全部变为旱涝保收田。引导群众推沙造田93.3公顷，并栽上优良苹果树，全村果园面积达293.3公顷，1994年水果总产达130万公斤，产值175万元。主持村兴建面粉厂、养牛厂等，年利润达30万元。1995年被国务院授予全国劳动模范称号。

曾银霞（1956～　　）全国劳动模范。女，湖北人，中共党员，河南省罗山县铁卜乡北安村党支部书记。任职以来，全村封山593.3公顷，森林覆盖率达72.2%，林木蓄积达2.41万立方米，林业总值达2000万元，户均9万余元；集体企业近5年来收入达150万元。1990年以来，先后盖起近400平方米的教学楼，385平方米的综合办公楼；新建了木材营运停车场；进行了卫生改水和防氟改水；建筑公路9条；完善了合格医疗；全村实现了"五通"；连续10年群众无负担。1994年全村总收入164.5万元，人均1430元。1995年被国务院授予全国劳动模范称号。

游政明（1960～　　）全国劳动模范。湖南人，湖南省隆回县高洲乡华群村农民。1982年以来从事林木育苗和山地开发，累计培育各类苗木7000多万株，苗木收入达50余万元。育苗致富后，把收入全部投入山地开发滚动发展。到1995年已在隆回、新北两县承包荒山及残林山地921公顷，累计投入山地开发资金60余万元，完成高标准开发241.7公顷，发展板栗13.3公顷，银杏19.7公顷，速生丰产杉木林100公顷，杜仲林15.3公顷，茶园8.7公顷，国外松4.7公顷，其他林木80余公顷。现初步受益42公顷，部分杉松已经成林，木材蓄积量1100余立方米。1995年被国务院授予全国劳动模范称号。

蔡星宝（1946～　　）全国劳动模范。福建人，中共党员，福建省建瓯刨花板厂厂长、经济师。潜心钻研管理技能，积极工作，带领企业一班人为发展乡镇企业做出了贡献。近4年来刨花板厂从严重亏损到逐年盈利，1991年实现税利38.2万元，1992年创税利115万元，1993年增加到292万元。1994年产量15 722立方米，产值2035万元，税利316.7万元。为该厂建立了一整套经营管理制度，该厂1993年和1994年新上两个配套项目，可新增产值4000多万元，税利近1000万元。1995年被国务院授予全国劳动模范称号。

戴德佑（1949～　　）全国劳动模范。四川人，四川江津市刁家乡半坡村第二经济合作社农民。瞄准市场，勇于开拓，于1992年创办了江津市林果药种经营部，同时与农户联营，建立生产基地，1994年投入35万元，承包1.3公顷土地，培育苗木100多万株，营销种子1000公斤，实现收入120万元，获得纯利35万多元。刻苦钻研，自学了100多册专业书籍，掌握了200多种林、果、果药种苗的识别和生产技术。带动群众共同致富，毫无保留地向群众传授技术和经验，对少数困难户还从经济上扶持，仅1994年就垫支10多万元，直接帮助20户发展种苗生产。1995年被国务院授予全国劳动模范称号。

瞿彩红(1948～) 全国劳动模范。贵州人，中共党员，贵州省盘县特区淤泥乡双龙村党支部书记。带领群众治山治水致富，把一个边远贫困村，从人均不足100元增加到815元，并建起了户均拥有6000余株树木的"绿色银行"。为了全村的脱贫致富，卖掉自己耕地的骡子。秉公办事，不徇私情，全村10年未发生一起治安案件，6年来未出现超生现象，人口自然增长率为零。因地制宜，从治理山水林田路入手，建立起长短结合，种养结合，不断壮大农村经济发展的思路。1995年被国务院授予全国劳动模范称号。

人物资料来源：历任林业部正副部长、国家林业局正副局长，中国科学院、中国工程院院士，由国家林业局人教司提供；著名林业科技专家、全国劳动模范，选自《中国科技专家传略·农业编·林业卷Ⅰ》、《中国林业人名词典》、《中国职工劳模大词典》、《1995·中华英模》，其中部分人物释文由李中选同志根据档案资料编写。

大事记

中国林业五十年大事记

1949年

9月29日　在中国人民政治协商会议第一届全体会议上通过的《中国人民政治协商会议共同纲领》第三十四条规定林业政策："保护森林，并有计划地发展林业"。

10月1日　中央人民政府林垦部成立。

10月19日　国家任命梁希为林垦部部长，李范五、李相符为副部长。

1950年

2月28～3月8日　林垦部在北京召开第一次全国林业业务会议，确定林业工作的方针和任务是：普遍护林，重点造林，合理采伐和合理利用。并决定筹备开发大兴安岭林区。

5月16日　中央人民政府政务院发布《关于全国林业工作的指示》，明确规定林业建设的方针是：普遍护林，选择重点有计划地造林，并大量采种育苗；合理采伐，节约木材；进行重点的林野调查；及时培养干部。还对全国林业机构设置等问题作了规定。

6月30日　毛泽东主席发布《关于实施〈中华人民共和国土地改革法〉的命令》。该法第十八条规定："大森林、大水利工程、大荒地、大荒山、大盐田和矿山及湖、沼、河、港等均收归国有，由人民政府管理经营之。其原由私人投资经营者，仍由原经营者按照人民政府颁布之法令继续经营之。"

10月8日　林垦部、教育部联合召开林业教育会议，决定在南京大学、金陵大学、安徽大学、武汉大学、中山大学等7所大学开办学制为2年的林业专修科。

1951年

2月2日　政务院发布《关于一九五一年农林生产的决定》，指出："实行山林管理，严禁烧山和滥伐，划定樵牧区域，发动植树种果，推行合作造林……公有荒山荒地，鼓励群众承领造林。造林后，林权归造林者所有。"

2月14～24日　林垦部在北京召开全国林业会议。会议决定：实行普遍护林护山；选择重点进行封山育林，典型示范，逐渐推广；在淮河、辽河、永定河及黄河上游选择重点营造水源林，在豫东、东北西部、西北的三边、榆林等地营造防沙林；合理采伐森林，统一调配木材；继续重点调查勘测林野；大量培养林业专业干部。

2月26日　中国林学会在北京成立，选举梁希为第一届理事会理事长。

4月21日　政务院发布《关于适当处理林权，明确管理保护责任的指示》，规定：正进行土地改革地区，地主的森林和一般大森林，按《土地改革法》分别处理；暂不进行土地改革地区，一切较大森林提前收归国有，设林业机关协同地方政府管理保护；未明确划定林权的森林，其较大者应明令公布为国有财产，由当地人民政府和林业机关管理保护；零块分散的山林，按《土地改革法》规定分别进行清理和确定林权，由县人民政府发给林权证明；西北、西南、中南等少数民族地区的森林，一般仍按其旧有的管理习惯不变。

8 月 13 日　政务院发布《关于节约木材的指示》，对木材的采伐、使用、节约、代用、经营、管理等方面作了详细规定。

9 月 11～20 日　全国林业行政会议在北京举行。会议认为今后林业工作的方针任务是：保护山林，发动和组织群众，把森林的严重破坏情况停止下来；迅速开发新林区，并厉行节约木材；开始进行大规模造林。

11 月 5 日　中央人民政府决定，将林垦部改为林业部，垦务工作交农业部主管。

1952 年

1 月 9 日　东北人民政府发布《关于营造东北区西部防护林带的决定》，规定防护林营造范围：南起辽东半岛和山海关，北至兴安岭以南的富裕、甘南等地，长约 1100 公里，宽约 300 公里，造林面积约 300 万公顷，包括 60 个县、旗（其中内蒙古 7 个旗），受益面积 20 余万平方公里。

2 月 16 日　林业部发布《关于一九五二年春季造林工作的指示》，明确规定“谁种归谁”政策和“民造公助”方针，并要求各地积极推动合作造林和封山育林。

3 月 4 日　中共中央发布《关于防止森林火灾问题给各级党委的指示》；政务院发布《关于严防森林火灾的指示》，要求各地实行按级负责制，发动群众，结合农业生产，搞好护林防火。

7 月 4～11 日　教育部召开全国农学院院长会议，拟订高等农林院系调整方案，决定成立北京林学院、东北林学院和南京林学院，保留 12 个农学院的森林系，在新疆八一农学院增设森林系。

8 月 7 日　国家任命罗玉川为林业部副部长。

11 月 22～28 日　林业部在北京召开全国林业会议，确定今后除继续贯彻普遍护林、重点造林、合理采伐利用的方针外，应有目的、有计划地造林和开发新林区。除继续营造东北西部防护林及冀西、豫东、永定河下游的防沙林外，开始筹划营造从洁源到陕坝的察、绥防护林带及由府谷到定边的陕北防护林带；为配合治黄、治淮工程，在泾河及无定河等流域开始营造防洪林；在淮河上游、永定河上游营造防洪林；苏北、山东、河北按计划营造海岸防护林。

12 月 19 日　政务院通过《关于发动群众继续开展防旱、抗旱运动并大力推动水土保持工作的指示》，提出：首先应在山区丘陵和高原地带有计划地封山、造林、种草和禁开陡坡……

12 月 31 日　政务院财政经济委员会决定由林业部统一领导全国国营木材生产和木材管理工作，指出：林业部按照国家计划，统一布置全国国营木材生产；统一资金和财政管理；实行全国统一的木材规格、木材检尺办法与木材材积表；根据国家木材分配计划，组织统一调拨；对私有林区进行统一收购与管理。各省设森林工业局或森林工业管理局，直接受林业部领导。

1953 年

7 月 12 日　政务院财政经济委员会、林业部、商业部发出联合指示，决定从 7 月 1 日起，把木材业务划归林业部统一经营管理，煤建公司经营木材的业务、资金、干部和上缴利润任务全部移交给林业部。

9 月 18 日　国家任命雍文涛为林业部副部长。

9 月 30 日　政务院发布《关于发动群众开展造林、育林、护林工作的指示》，确定开展造林、育林、护林工作应成为各级人民政府，特别是山区各级人民政府的主要任务之一，应成为各级人民代表大会的重要议题之一。各级人民政府在布置农村工作时，应将林业工作列为应有内容，并作统一计划和统一安排。

12 月 22～1954 年 1 月 14 日　林业部在北京召开全国林业工作会议，提出：（一）对国有林逐步实行合理经营管理，即经过调查设计和通盘规划，作出长期的、科学的、合理的经营管理方案，按方案进行经营；（二）在林业工作中，促进群众的互助合作；（三）划分农村经济区，明确山区生产方针，把领导林业生产作为当地党政的任务。

1954年

3月27日　毛泽东同志给东北森林工业劳动模范大会复电。

3月31日　林业部颁发《育林基金管理办法》。

6月19日　国家任命惠中权为林业部副部长。

7月12日　林业部决定：大区森林工业机构撤销后，在东北成立吉林、哈尔滨、伊春三个森林工业管理局，在西南成立川康森林工业管理局，其余按原有省森林工业局不动。

11月30日　中央人民政府林业部改称为中华人民共和国林业部。

12月10日　国务院发布《关于进一步加强木材市场管理工作的指示》。

12月11日至21日　第四届世界林业大会在印度举行，我国派出以刘成栋同志为团长的中国代表团参加了会议，这是我国首次参加世界林业大会。

12月27日至1955年1月15日　林业部在北京召开第五次全国林业会议，确定今后三年内抓紧三项带有关键性的中心工作：(一)继续进行林业区划与山区生产规划；(二)经过国家规划设计，确定林业重点建设项目，并开始施工；(三)依靠和促进农村的互助合作，把林业生产纳入互助合作运动中去。

1955年

1月31日　国家任命刘成栋为林业部副部长。

2月21～28日　林业部召开黄河流域营林座谈会，研究黄河中上游水土流失严重地区的造林问题。

3月24～4月24日　林业部召开国有林区森林工业局长会议，进一步明确森林工业部门的基本任务：既要保证供应发展国民经济建设所需的木材，又要为森林更新、森林扩大再生产创造良好条件。

10月10～20日　农业部、林业部、水利部和中国科学院在北京联合召开第一次全国水土保持工作会议。

10月22日至11月10日　林业部在北京召开第六次全国林业会议，确定1956年的两大任务是：保护、经营和管理好现有森林；加强造林工作，提高造林质量。并且要求抓住三个中心环节，即积极参加和支持农业合作化运动，以合作化运动为中心进行山区生产规划和开展林业工作；进行林业重点建设项目的勘测设计；搞好干部训练。

1956年

1月23日　中共中央提出《1956年到1967年全国农业发展纲要草案》，其中第十八条规定："发展林业，绿化一切可能绿化的荒地荒山"。

3月1～11日　共青团中央、林业部、黄河水利委员会在延安联合召开五省、自治区(陕西、甘肃、山西、河南、内蒙古)青年造林大会。会议期间，收到中共中央致五省(区)青年造林大会的贺电，传达了毛泽东主席向全国人民发出的"绿化祖国"的伟大号召。会议通过了《关于绿化黄土高原和全面开展水土保持工作的决议》。

3月10日　林业部颁发《绿化规格(草案)》和《关于十二年绿化规划的几个意见》。

3月18日　李范五、雍文涛去中南海向毛泽东主席汇报林业工作，在座的有刘少奇、邓小平、彭真等。毛主席听完汇报后说：林业为国家做出了很大贡献。你们回去后，要继续把工作抓好，林业问题还是可以解决的。

4月18日　中共中央、国务院发布《关于加强护林防火工作的紧急指示》。

5月12日　全国人民代表大会常务委员会决定，成立中华人民共和国森林工业部。

6月4日　国家任命罗隆基为森林工业部部长，张克侠为林业部副部长。

8月18日　国家任命张庆孚为林业部副部长。

8月28日　国家任命罗玉川、雍文涛、刘成栋为森林工业部副部长。

10月15～11月1日　林业部在北京召开第七次全国林业会议，决定：认真贯彻政策，保持群众对林业生产的积极性；作好国营造林工作；在国有林区贯彻主伐规程和进行抚育更新；搞好山区生产规划和绿化规划；整顿机构，训练干部；改善职工生活福利。

1957年

1月14日　国务院山区规划办公室发出《山区生产规划纲要》。

7月25日　国务院颁发《中华人民共和国水土保持暂行纲要》。第六条规定:各地应该在合理规划山区生产的基础上,有计划地进行封山育林、育草,保护林木和野生树、草等护山护坡植物。第七条规定:25度以上的陡坡,一般应该禁止开荒。

9月5～12日　林业部、森林工业部在北京联合召开国有林区林业厅长和森林工业管理局长座谈会。会议研究了林业和森林工业体制问题,并以两部党组名义向中央提出了《关于我国林业与森林工业体制的意见》。

10月22日　全国人民代表大会常务委员会基本通过《1956年到1967年全国农业发展纲要(修正草案)》。第十八条规定:从1956年起,在12年内,在自然条件许可和人力可能经营的范围内,绿化荒山荒地。在一切宅旁、村旁、路旁、水旁,只要有可能,都要有计划地种起树来。

11月1～28日　中共中央农村工作部在北京召开山区生产座谈会。11月28日朱德副主席到会作《全国支援山区,山区支援全国》的讲话;邓子恢副总理作总结报告,阐述发展山区生产的方向、任务和措施。

1958年

2月11日　第一届全国人民代表大会第五次会议通过,将森林工业部和林业部合并为林业部。

3月12日　林业部党组向中共中央提出第二个五年林业和森林工业计划的初步安排。"二五"期间,林业和森林工业的基本任务是:大力开展群众性的造林运动,适当发展国营造林,迅速绿化一切可能绿化的荒山荒地;加强森林经营管理,提高森林生长率,更好地发挥森林在国民经济中的防护作用和经济作用;大力开发利用现有森林资源,大量增产木材;积极发展木材机械加工和化学加工工业,提高木材利用率。达到控制水土流失,保障农业丰收,供应国民经济建设对木材和其他林产品需要的目的。

4月7日　中共中央、国务院发布《关于在全国大规模造林的指示》。内容包括:(一)做好规划;(二)坚持依靠合作社造林为主,同时积极发展国营林场的方针;(三)努力提高造林质量;(四)做好更新和护林工作。

5月20～6月15日　林业部在北京召开全国林业厅局长会议。会议认为,当前林业工作的任务是:大力贯彻实现党的社会主义建设总路线,鼓足干劲,力争上游,多快好省地发展我国林业建设。做到:(一)全党动手,全民动员,抓紧时机,大量造林。(二)依靠群众,依靠地方,点多面广,大搞林区基本建设,修路修河,全面展开森林经营利用工作,更多地增产木材和林副产品。(三)做好规划,积极发展木材加工和林产化学工业,推行综合利用,迅速提高木材利用率。

9月5日　国家任命周骏鸣为林业部副部长。

9月13日　中共中央发布《关于采集植物种子绿化沙漠的指示》。

10月27日　经国务院科学规划委员会批准,林业部成立中国林业科学研究院(其前身为1952年成立的林业部林业科学研究所)。

11月3～13日　林业部在北京召开全国林业厅、局长会议,讨论实现园林化问题和1959年的任务,还强调大力发展木材综合利用,大搞人造板加工工业。

1959年

4月28日　国家任命刘文辉为林业部部长。

6月25～7月14日　林业部在北京召开全国林业厅、局长会议,着重研究了林区生产方针、人民公社发展林业的各项政策以及如何解决缺材地区的用材问题。

8月25日　国家任命罗玉川、张克侠、雍文涛、周骏鸣、陈离、唐子奇为林业部副部长。

12月21～1960年1月2日　林业部在北京召开全国林业厅、局长会议,着重讨论了林业的基地化、林场化、丰产化问题。

1960年

1月7日　国务院转发商业部、林业部《关于由林业部统一归口安排和管理全国木材市场的报告》。

3月16日　中共中央批转林业部党组《关于机关、团体、工矿、企业分工造林绿化的意见》。

4月29日　国家任命张昭为林业部副部长。

6月16日　国家科学技术委员会批准成立南京林业研究所、林产化学工业研究所、林业经济研究所和林业机械研究所。

1961年

1月25～2月6日　林业部在北京召开黄河流域各省、自治区林业厅局长会议，决定紧紧围绕生产度灾，以抚育、补植、管理好现有幼林为中心，大搞林粮间作；积极开展森林保护、更新和次生林的改造利用，并根据可能条件积极发展造林；作好准备，迎接第三个五年计划期间林业建设的更大发展。

4月14日　周恩来总理视察云南西双版纳，并指示这里的领导和群众一定要保护好这富饶美丽之乡，保护好森林，改造好大自然，作人民的功臣，不作历史的罪人。

6月26日　中共中央颁布《关于确定林权、保护山林和发展林业的若干政策规定(试行草案)》。《规定》分18条，对山林所有权、山林的经营管理和收益分配、木材的采伐和收购，以及群众造林等有关政策作出了明确规定。

7月9日　国家任命梁昌武为林业部副部长。

7月19～8月8日　刘少奇主席视察大兴安岭和小兴安岭林区，作了一系列重要讲话。主要内容是：充分利用森林资源，尽可能满足国家和社会各方面的需要；林区要节约木材，不烧大木头，要烧树枝，并利用小木头供应农村需要；采伐方式要服从于更新，要依靠人工更新，也要实行天然更新加人工补植；林场留点自留地，职工家属可组织合作社，发展集体经济。还谈了林区工资政策和木材价格、林业规章制度和林业局体制、组织林区群众进行森林经营、领导干部民主作风等问题。

8月8日　刘少奇主席在哈尔滨召集东北、内蒙古林业工作会议领导小组成员和中共黑龙江省委书记处同志开会，提出森林要实行轮伐的方针；迹地更新要两条腿走路，实行天然更新和人工更新两种办法；还提出在林区每30平方公里范围内设一个营林村经营森林的设想。

9月1～20日　林业部在北京召开南方11省、自治区林业厅、局长会议，根据中共中央关于《农村人民公社六十条》、《林业政策十八条》规定，总结几年来林业工作的经验和教训，着重研究人民公社的林业生产问题。会议指出：必须迅速确定林权，调动社队和群众发展林业的积极性；在林区既保证粮食生产，又搞好林业生产和多种经营；普遍加强山林管理，积极恢复和扩大森林资源，依靠群众造林，并积极发展国营造林；木材生产实行社队经营和国家经营同时并举的方针；加快林区基本建设，保证木材生产稳定增长。

12月18日　财政部、林业部发出联合通知，在东北、内蒙古国有林区的森林工业企业建立“育林基金”和“更新改造资金”，从每立方米原木成本中提取10元作为育林基金，供更新、造林、育林之用；另提取5元作为更新改造资金，用于伐区延伸、转移的线路和相应的工程设施等。

1962年

2月初　刘少奇主席召集林业部副部长惠中权等人汇报橡子资源和利用情况，并责成林业部试验研究利用橡子养猪以节约粮食问题。

2月17日　国务院发出《关于开荒、挖矿、修筑水利和交通工程应注意水土保持的通知》，严禁破坏森林和牧场；严禁乱垦乱牧。水土流失严重地区的水土保持林、农田防护林、固沙林、大水库周围和大江河及其主要支流两岸规定范围以内的森林，山区和水土流失地区铁路两侧的森林，一般规定为禁垦区，并应造林护岸和防沙。

4月13日　林业部发布《东北、内蒙古林区国营森林更新工作试行条例》，要求各级林业部门和采伐单位贯彻执行“采育结合”的方针，全面加强森林更新工作，执行“以人工更新为主，人工更新和天然更新相结合”的原则。

6月7日　中共中央发布《关于南方五省区林业问题的指示》，并转发中共中央办公厅南方五省（区）调查组《关于福建等五省（区）的林业情况和八项建议的报告》。

6月16～7月5日　林业部在北京召开华东、中南、西南三大区所属各省、市、自治区的林业工作会议，讨论南方各省、自治区森林遭到严重破坏的问题，提出了制止破坏，扭转局面，发展林业的具体措施；并决定各省林业厅建立国营林场管理机构，直接管理大型林场。

8月17日　中共中央转发中央办公厅整理的有关森林破坏的材料，要求各地采取有效措施，制止森林破坏，争取3年或5年改变这种不利的局面。材料指出：

（一）部分地区农林牧矛盾比较尖锐，农挤牧，牧挤林，或者农直接破坏林，急需统一安排农林牧的生产和基建工作；

（二）有些地方林业人员精简太多，工作无法进行，营林和更新问题很大；

（三）造林经费层层下拨，许多地方随便挪用，使造林工作遇到很大困难；

（四）防护林遭到相当严重的破坏，必须积极保护和继续营造。

8月22日　国务院农林办公室发出通知，要求各地迅速采取有效措施，严格禁止毁林开荒、陡坡开荒。

9月13日　中共中央、国务院批转国家经济委员会、国家计划委员会《关于充分利用木材资源、大力开展木材的节约代用工作的报告》。

9月14日　国务院发出《关于积极保护和合理利用野生动物资源的指示》。

10月31日　国家计划委员会转发林业部、轻工业部《关于在河南、福建、四川、吉林四省建立造纸木材、竹材基地问题的报告》。

11月2日　周恩来总理指示："林业的经营一定要愈伐愈多，愈多愈伐，青山常在，永续作业。"

11月18日　中共中央、国务院作出《关于成立东北林业总局的决定》。

1963年

2月7～3月3日　中共中央、国务院在北京召开全国农业科学技术工作会议，林业组扩大会议着重讨论《林业科技十年规划》，以及20年林业建设设想和重大林业技术政策。

2月23日　国家任命杨天放为林业部副部长。

3月3日　中共中央批转中南局《关于发展造林事业的决定》和《对重点林区工作的几点意见》两文件。中央在指示中指出："各地党委对于造林事业必须予以充分重视"，"在造林事业中，要着重抓好国营造林，并要积极地发动群众造林，使造林工作普遍开展起来。"

5月27日　国务院颁发《森林保护条例》，分为总则、护林组织、森林管理、预防和扑救火灾、防治病虫害、奖励和惩罚、附则等7章43条。

10月23日　国家任命荀昌五为林业部副部长。

11月5日　林业部发出《关于扩大营林村试点的通知》。《通知》说：自1961年刘少奇主席视察东北、内蒙古林区工作，提出建立营林村以来，试办营林村的工作取得了初步效果。为了进一步积累经验，要求各林业局在今冬明春试建1～2个营林村。营林村是全民所有制的经济组织，按人民公社办法经营管理，作为国有林区营林的基层事业单位。

12月10～30日　林业部在北京召开全国国营林场工作会议，决定：国营林场贯彻执行"以林为主，林副结合，综合经营，永续作业"的方针，今后逐步发展为采、育、造综合经营，永续作业的林业企业。

1964年

1月27日　中共中央、国务院批准成立大兴安岭特区。特区的主要任务为开发大兴安岭林区，由林业部直接领导，同时接受黑龙江省和内蒙古自治区领导。

2月10日　中共中央、国务院批转林业部、铁道兵《关于开发大兴安岭林区的报告》，批准成立开发大兴安岭林区会战指挥部，由郭维城任指挥，张世军任副指挥，罗玉川任党委书记兼政委。

3月3日　周恩来总理在云南省昆明市海口林场亲手栽植从阿尔巴尼亚引种的油橄榄树。

6月23日　中共中央、国务院决定撤销伊春市，成立伊春特区，其林业企业工作以林业部领导为主，地方工作以黑龙江省领导为主。

6月29～8月8日　朱德委员长、董必武副主席等国家领导人赴河北、辽宁、吉林、黑龙江和内蒙古等省(区)视察工作，对林业工作作了指示。

8月10日　中共中央、国务院批转林业部党组关于成立大兴安岭特区政府问题的报告。罗玉川兼任大兴安岭特区区长。

10月7日　林业部决定在东北、内蒙古林区积极试验、推广采育兼顾伐。

1965年

4月17日　国家任命张世军为林业部副部长。

7月15日　林业部作出《关于在国有林区建立营林村的决定》。颁发《关于国有林区建立营林村若干问题的暂行规定》和《关于营林村建村经费开支标准的具体规定》。

8月6日　中共中央西北局作出《关于建立黄河中游水土保持建设兵团的决定》，指出：黄河中游水土保持建设兵团(后来改称中国人民解放军西北林业建设兵团)的任务是在水土流失严重、人烟稀少的地区造林种草，结合建设一些必要的水土保持工程，控制水土流失，并帮助和指导周围人民公社做好水土保持工作。

8月31日　中共中央、国务院发布《关于解决农村烧柴问题的指示》。

9月23日　国务院批准成立开发金沙江林区会战指挥部，由梁昌武任指挥。

1966年

2月1～22日　林业部在北京召开全国林业工作会议，总结了16年来林业建设的经验，讨论了第三个五年计划期间林业建设的方针任务。

2月23日　周恩来总理接见出席全国林业工作会议的各省、自治区林业厅(局)长和西北林业建设兵团、林业部负责同志，指出："造林是百年大计，要好好搞。""造林也要两条腿走路，要依靠六亿农民。四旁植树也是个大工作。""黄土高原是我们祖宗的摇篮地，是民族文化发源地，但是这个地方的森林被破坏了。我们不仅要恢复森林面貌，而且要发展得更好。"

4月8日　中央军委批准惠中权兼任中国人民解放军西北林业建设兵团司令员，李登瀛任政治委员。

1967年

9月2日　国务院决定将牡丹江、伊春、哈尔滨、完达山4个林业管理局下放给黑龙江省领导。

9月23日　中共中央、国务院等发出《关于加强山林保护管理，制止破坏山林、树木的通知》，指出："要认真执行国务院发布的《森林保护条例》，积极作好护林宣传教育工作，加强山林管理，同一切破坏森林的行为作斗争。"

10月6日　中共中央、国务院等发布《关于对林业部实行军事管制的决定(试行草案)》，任命王云为军管会主任，李光勋为副主任。

1968年

4月10日　林业部军管会决定将东北林业总局下放给黑龙江省领导。

9月16日　林业部军管会向中共中央、国务院、中央军委等提出《关于解决西北林业建设兵团建制等问题的意见》，建议撤销兵团司令部机关，兵团所属各师、独立团划归所在省、自治区建制，生产由省、自治区统一安排。

10月16日　林业部军管会决定：将东北航空护林局、万山实验林场、东北地区森林植物检疫站、东北森林防火研究所、东北林业勘察设计院、林产工业研究所、中国林业科学研究院东北林业研究所、森林调查第十一大队、牡丹江林业学校下放黑龙江省领导；将设在内蒙古、黑龙江、吉林等省、自治区的航空护林站下放给所在省、自治区领导(其中加格达奇航空护林站下放大兴安岭特区领导)。

12月24日　林业部军管会决定:将河北省赛罕坝机械林场、雾灵山实验林场、内蒙古自治区白狼实验林场、山西孝文山实验林场、吉林省马鞍山实验林场、安徽省老嘉山机械林场、河南省开封机械林场、甘肃省张掖机械林场、连城实验林场和小陇山实验林业局下放给所在省、自治区领导。

1969年

1月9日　林业部军管会发出通知:将林业部直属的吉林林业管理局(包括所属企、事业单位)及森林调查第二大队、白城子林业机械学校下放给吉林省领导;内蒙古林业管理局(包括所属企、事业单位)下放给内蒙古自治区领导。

1月21日　林业部军管会函告四川、云南、甘肃省革命委员会:将金沙江、白龙江两个地区的林业企、事业单位分别下放给各有关省领导。

3月4日　林业部军管会发出《关于将西北、中南、华东三个林业设计院和第五、第九两个森林调查大队下放给有关省的通知》。

1970年

2月16日　铁道部、交通部、林业部三部军管会联合发出《关于加速铁路、公路绿化的通知》,对铁路、公路绿化造林的地权、树权以及收益分配问题,作了原则规定。

5月1日　农业部、林业部合并,成立农林部。

8月23日　中国农业科学院与中国林业科学研究院合并,成立中国农林科学院。

1971年

8月12～9月19日　国务院在北京召开全国林业工作会议,讨论研究发展林业的方针、政策、规划和1972年计划。

11月29日　国务院批转商业部、外贸部、农林部《关于发展狩猎生产的报告》。

1972年

1月15～24日　农林部、商业部、外贸部在广州市召开全国松香、紫胶生产座谈会。

6月9～18日　农林部在福建省邵武县召开人造板生产座谈会,讨论研究了人造板生产发展规划。

10月4～18日　第七届世界林业大会在阿根廷首都布宜诺斯艾利斯召开。大会的主题是"当今世界林业的中心问题"。农林部副部长梁昌武率中国林业代表团出席了会议。

1973年

8月10～23日　农林部在山西省运城地区召开全国造林工作会议,讨论了进一步加快绿化步伐,提高造林质量等问题。认为当前要特别注意解决以下问题:(一)坚决维护国家和集体的山林、树木所有权;(二)坚决执行现阶段农村人民公社"三级所有,队为基础"的基本政策;(三)鼓励社员在房前屋后或生产队指定的地方种树,自种自有;(四)对竹木集中产区的社队,按《六十条》规定,实行"以经营竹木为主,竹木生产和粮食生产相结合"。

10月10日　农林部颁发《森林采伐更新规程》。规程分总则、森林采伐、森林更新、采伐更新管理、附则共5章24条。

1974年

11月10～16日　农林部在杭州召开防治松毛虫经验座谈会。

11月28～12月5日　农林部在广西壮族自治区召开南方地区国营林场经验交流会议。

1975 年

8 月 10～27 日　农林部、公安部在哈尔滨市召开全国森林防火现场会议。

10 月 13～20 日　国家计划委员会、煤炭部、农林部在辽宁抚顺、阜新两地区召开工矿企业造林现场会议。

12 月 10 日　农林部发出《关于保护、发展和合理利用珍贵树种的通知》。

1976 年

1 月 3～9 日　农林部在北京召开营林工作座谈会。

8 月 21 日　农林部发出《关于福建省部分地区发生大规模破坏森林事件的调查报告》。

1977 年

3 月 12～30 日　农林部在北京召开全国林业、水产会议，研究发展林业、水产的方针、任务，讨论规划，制订措施，表彰林业、水产战线的先进典型单位和先进集体。

6 月 2 日　农林部、公安部和最高人民法院组成联合工作组，调查福建省破坏山林案件处理情况。

8 月 2 日　农林部发出《关于福建省处理破坏山林案件情况的通报》。

1978 年

4 月 24 日　国家林业总局成立。

9 月 23～10 月 12 日　国家林业总局在北京昌平县召开全国林业局长会议。会议总结了建国以来林业建设的经验教训，讨论了《森林法(草案)》和林业发展规划，研究了加快发展林业的措施。

10 月 16～28 日　第八届世界林业大会在印度尼西亚首都雅加达召开。大会的主题是“森林为人民”。国家林业总局副局长汪滨率中国林业代表团出席了会议。

11 月 25 日　国务院批转国家林业总局《关于在“三北”(东北、华北、西北)风沙危害、水土流失的重点地区建设大型防护林的规划》，规定：从 1978 年至 1985 年，在此地区建设 8000 万亩防护林。8 年规定实现以后，加上原有的造林保存面积，使“三北”防护林达到 1.2 亿亩。

1979 年

1 月 15 日　国务院发布《关于保护森林，制止乱砍滥伐的布告》，在维护森林所有权、严禁乱砍滥伐、严禁毁林开荒、加强木材市场管理、健全护林防火组织和制度、大力提倡植树造林、开展爱林护林教育，以及加强对林业工作的领导等方面，作了十条规定。

2 月 16 日　中共中央、国务院决定撤销农林部，成立农业部、林业部，任命罗玉川为林业部部长，雍文涛为副部长。

2 月 17～23 日　第五届全国人民代表大会常务委员会第六次会议原则通过《中华人民共和国森林法(试行)》；根据国务院的提议，决定 3 月 12 日为我国的植树节。

3 月 2～5 日　共青团中央、林业部在延安联合召开全国青年造林大会。中共中央、国务院给大会发了贺电。大会向全国青少年倡仪争当“绿化祖国的突击手”。

4 月 17 日　胡耀邦写信给中共河北易县县委，指出：易县荒山荒坡很多，要造林。“造用材林，造核桃、柿子、栗子、枣子等干果林。社造、队造、户造一齐上。搞种子播，搞营养钵播，搞苗圃播，扎扎实实干。”

5 月 3 日　国家任命杨珏、马玉槐、梁昌武、唐子奇、荀昌五、杨天放、张世军、郝玉山、杨延森、汪滨、刘琨为林业部副部长。

6 月 8 日　国家任命张磐石为林业部副部长。

11 月 3 日　国务院批准成立“三北”防护林建设领导小组。

12 月 28～1980 年 1 月 15 日　林业部在北京召开南方 9 省、自治区林业工作座谈会，提出：调整林业经济结构，正确处理农林牧的相互关系，真正建立起农林牧相结合的大农业；重点林区县和林区社队要落实“以林为主，全面发展”的生产方针；林业内部要调整好森工和营林的关系，改变重采轻造的错误做法，改变目前单一经营的片面做法，把整个林业经济搞活。

1980 年

3 月 5 日　中共中央、国务院发布《关于大力开展植树造林的指示》，主要内容是：

(一)在实现四个现代化的历史进程中，大规模地开展植树造林，加速绿化祖国，是摆在我们面前的一项重大战略任务。

(二)实行大地园林化，把森林覆盖率提高到 30%，是全国人民一项建设社会主义、造福子孙后代的长期奋斗目标，力争到本世纪末使全国森林覆盖率达到 20%。

(三)坚持贯彻社队集体造林为主，积极发展国营造林，并鼓励社员个人植树的方针，国家、集体、个人都来兴办林业。

(四)办好社队林场，实行群众造林和专业队管理结合，加强经营管理，积极巩固和发展造林成果。

(五)实行科学造林、育林，切实加强技术指导，纠正植树造林只求数量，不顾质量的偏向。

(六)各级党委和人民政府都要把林业建设列入自己的议事日程，认真加强领导，主要领导同志要亲自抓。

6 月 25 日　经国务院批准，我国加入濒危野生动植物种国际贸易公约。为此，我国在林业部设立了中国濒危动植物种进出口办公室，负责全国的濒危物种的进出口管理工作。

8 月 30 日　国家任命雍文涛为林业部部长，罗玉川改任林业部顾问。

12 月 1 日　林业部、公安部、司法部和最高人民检察院联合发出《关于在重点林区建立和健全林业公安、检察、法院机构的通知》，要求在全国重点国有林区的国营林业局、木材水运局建立林业公安局、林区检察院和森林法院(后改为林业法院)。

12 月 5 日　国务院发布《关于坚决制止乱砍滥伐森林的紧急通知》。

1981 年

2 月 16～3 月 7 日　国务院在北京召开全国林业会议，讨论林业调整问题。

3 月 8 日　中共中央、国务院发布《关于保护森林发展林业若干问题的决定》，明确规定保护森林发展林业的方针、政策，提出当前林业调整和今后林业发展的战略任务。

6 月 5～11 日　林业部在北京召开 8 省(市)林业“三定”(稳定山权林权、划定自留山、确定林业生产责任制)工作座谈会，研究林业“三定”有关政策问题。

7 月 21 日　国务院办公厅转发林业部《关于稳定山权林权，落实林业生产责任制情况简报》，要求各地尽快作出部署，组织力量在明春以前完成这项工作。

10 月 26～31 日　林业部在北京召开 13 省、自治区林业“三定”工作座谈会，总结交流经验，研究进一步搞好林业“三定”问题。

12 月 13 日　第五届全国人民代表大会第四次会议通过《关于开展全民义务植树运动的决议》。

12 月 28～1982 年 1 月 2 日　林业部在北京召开全国林业厅局长会议，传达中共中央书记处关于开展全民义务植树运动的指示精神，就如何贯彻五届人大四次会议通过的《关于开展全民义务植树运动的决议》进行深入讨论，研究代国务院草拟的《关于开展全民义务植树运动的实施办法》草案，安排 1982 年全民义务植树的工作。

1982 年

2 月 2 日　中央军委主席邓小平同志指示：空军要参加支援农业、林业建设的专业飞行任务，要搞 20 年，为加速农牧业建设、绿化祖国山河作贡献。

2 月 27 日　国务院颁发《关于开展全民义务植树运动的实施办法》。

2 月 28 日　中央绿化委员会成立。中共中央书记处书记、国务院副总理万里兼任主任委员；林业部部长雍文涛、中国人民解放军总后勤部部长洪学智、国务院秘书长杜星垣、国家建设委员会主任韩光兼任副主任委员。中央绿化委员会办公室设在林业部，下设3个组：城市组设在国家城建总局；农村组设在林业部；部队组设在总后勤部。

3月9日　联合国粮食计划署援助建设的"宁夏回族自治区西吉防护林工程项目"在北京签字。

3月11日　中共中央办公厅发出通知，号召各地开展文明礼貌月和植树节活动。

4月9日　国家任命杨钟为林业部部长，兼中央绿化委员会副主任委员；刘琨、王殿文、董智勇为副部长；雍文涛为顾问，兼中央绿化委员会副主任委员；马玉槐、张世军为顾问。

6月4日　国务院发布《中华人民共和国进出口动植物检疫条例》。

6月26～7月6日　林业部在北京召开全国林业"三定"工作会议，研究完成这项任务的措施和有关政策问题。

7月30日　林业部发出《关于国营林场、苗圃进行全面整顿的通知》，要求根据中共中央、国务院《关于国营工业企业进行全面整顿的决定》精神，对国营林场、苗圃进行全面整顿。

10月20日　中共中央、国务院发出《关于制止乱砍滥伐森林的紧急指示》，要求各地省委、县委和县人民政府采取果断措施，限期制止乱砍滥伐森林的事件。

12月26日　邓小平在全民义务植树运动情况的汇报材料上作了重要批示："这个报告令人高兴。这件事，要坚持二十年，一年比一年好，一年比一年扎实。为了保证实效，应有切实可行的检查和奖惩制度。"

1983年

1月3日　国务院颁发《植物检疫条例》。

1月5日　中央绿化委员会在北京召开全民义务植树工作会议。胡耀邦、邓小平在开会前作了批示。万里讲话，要求继续提高对开展全民义务植树运动的认识，进一步加强组织领导，扎扎实实，持之以恒地开展这项运动。

3月28日　北京林业管理干部学院在北京大兴县黄村成立，培训对象主要是林业系统的县团级以上领导干部。

5月7日　中央绿化委员会领导成员作了如下调整：中共中央书记处书记、国务院副总理万里兼任主任委员，国务院秘书长杜星垣、林业部顾问雍文涛、中国人民解放军总后勤部部长洪学智、林业部部长杨钟、城乡建设环境保护部部长李锡铭兼任副主任委员，杨钟兼任办公室主任，马玉槐、范子瑜、廉仲兼任办公室副主任。

5月19日　中央绿化委员会增加汪滨为办公室专职副主任。

6月21～7月1日　林业部在北京召开全国林业厅局长会议，着重研究建立和完善林业生产责任制问题。

8月13日　5月以来，四川、陕西省等大熊猫活动地区竹子开花、枯死，严重威胁大熊猫生存。林业部向国务院呈报《关于抢救大熊猫的紧急报告》。

9月19日　国家计划委员会、国家经济委员会、林业部、国家物资局、国家统计局联合发出《关于执行全国木材生产计划"一本帐"的通知》，指出：实行"一本帐"后，国家计划中列"木材"和"木材上调量"两个指标；从1984年起，按此两项进行统计。

10月5日　国家任命刘广运为林业部副部长。

12月15日　首都各界隆重纪念我国杰出的林学家、教育家、社会活动家、原林业部部长梁希诞辰一百周年。

12月22日　中国野生动物保护协会在北京成立。会议选出中共中央书记处书记胡乔木为名誉会长，林业部部长杨钟为会长，林业部副部长董智勇、广播电视部副部长谢文清、农牧渔业部副部长朱荣、中国科学院顾问秦力生和著名鸟类学家郑作新为副会长。

1984年

1月13日　国务院常务委员会议审议通过《中华人民共和国森林法(修改草案)》。

2月18日　中央绿化委员会在北京召开第三次全体会议，表彰221个全民义务植树先进单位，审议并通过中国植树节节徽和《中国绿化基金会章程》。

3月1日　中共中央、国务院发出《关于深入扎实地开展绿化祖国运动的指示》。

6月28日 "三北"防护林建设领导小组成员进行了调整,宋平任领导小组组长,李瑞山、吕克白、杨钟任副组长。

7月4日 六届全国人大常委会召开第六次会议,林业部杨钟部长受国务院委托,向会议作了关于《中华人民共和国森林法(修改草案)》的说明。

8月25～9月1日 林业部在烟台市召开全国林业厅局长会议,研究国营林场、社队林场的改革,巩固和发展林业专业户、林业经济联合体等问题。

9月20日 第六届全国人民代表大会常务委员会第七次会议通过《中华人民共和国森林法》,自一九八五年一月一日起施行。

1985年

1月1日 中共中央、国务院颁发《关于进一步活跃农村经济的十项政策》,决定进一步放宽山区、林区政策。山区25度以上的坡耕地要有计划有步骤地退耕还林还牧;集体林区取消木材统购,开放木材市场,允许林农和集体的木材自由上市,实行议购议销;国营林场,也可以实行职工家庭承包或与附近农民联营。

1月19日 国务院批准成立中国绿化基金会。

3月12日 胡耀邦、邓小平等中央领导同志到北京天坛公园参加植树活动。

4月18～24日 林业部在北京召开南方11省、自治区林业厅局长会议,讨论研究南方集体林区木材开放以后的情况和问题。

5月13日 最高人民检察院、最高人民法院和公安部联合发出《关于盗伐滥伐森林案件改由公安机关管辖的通知》。

6月7日 最高人民检察院(85)高检人厅字第34号文件同意在林业部内设置检察院、法院工作办公室。

6月8日 林业部颁发《制定年森林采伐限额暂行规定》。

6月21日 国务院批准《森林和野生动植物类型自然保护区管理办法》。

7月1～10日 第九届世界林业大会在墨西哥首都墨西哥城召开。大会的主题是"森林资源在社会综合发展中的作用"。105个国家和地区的2209名代表出席了会议。林业部副部长董智勇率中国林业代表团出席了这次大会。

8月6日 林业部批准北京林学院、东北林学院和南京林学院改为北京林业大学、东北林业大学和南京林业大学。

9月20日 国有林区企业管理座谈会在西安举行。这次座谈会着重研究了如何加强国有林区企业经营管理,眼睛向内,挖掘内部潜力,增强企业活力的问题。

1986年

1月24日 经国务院批准,林业部加入联合国粮农组织亚洲太平洋区域林业委员会。

1月26日 林业部、国家计委、财政部和国家物价局联合发出《关于搞活和改善国营林场经营问题的通知》。

2月5日 中共中央办公厅致函林业部"三北"防护林建设局转中共靖边县委员会,祝贺靖边县一年造林一百万亩。

2月21日 国务院召开常务会议,研究如何加强国有林的管理问题。会上国务院领导指出,国有林不能下放,森林和别的不一样,树木要几十年、上百年才能长起来,分下去谁能保证不乱砍呢?把林子下放分给农民,只能带来破坏。林业部要很好调查,要反映情况,破坏完了再反映就晚了。

2月29日 胡耀邦总书记在中央机关赴滇黔桂三省区考察组汇报会上,对国营林场的改革问题作了指示。指出:"森林、矿山、草原的所有权还是国家的,许多国营林场还要办,但要按照具体情况,一些地方要把所有权与经营权适当区别开来。凡属不宜国家经营开发的,应当允许农民因地制宜,采取多种形式承包经营、开发。"

4月2日 国务院任命徐有芳为林业部副部长。

5月10日 经国务院批准,林业部发布《中华人民共和国森林法实施细则》。

6月17日 林业部党组决定组建中国林业报社,筹办《中国林业报》。

8月1日 全国林业厅局长会议在京召开。会议主要讨论和修改《2000年全国林业发展纲要》和《林业技术政策要点》。

10月6日　国务院办公厅转发《关于研究解决国有林区森林工业问题的会议纪要》，要求各地区、各部门和全社会要充分认识林业的重要意义，……。并且决定对国有林区森工企业给予一定的扶持和优惠政策。

10月27日　首届全国林产品展销会在京开幕，国家副主席乌兰夫为展销会剪彩。

1987年

2月9日　万里副总理在约见雍文涛、杨钟、叶如棠、马玉槐、汪滨等同志商谈即将召开的中央绿化委员会第六次全体会议的准备工作时指出：沿海防护林很重要，要用建设"三北"防护林的办法，营造起沿海绿色万里长城。这要当作一件大事去抓。

2月12日　万里副总理主持召开中央绿化委员会第六次全体会议并作重要讲话。会议表彰奖励了全国绿化先进单位435个，全国绿化劳动模范176名。

4月1日　田纪云副总理在中办信访局和国办信访局编发的《群众反映》上批示："杨钟同志：南方林区如何制止乱砍滥伐问题，建议尽快提出切实有力措施。不必等到林业会议。否则，这样发展下去，对国家、对人民利益损失太大了。"

4月15日　国务院批准各省(区、市)1987年至1990年森林采伐限额。

4月18日　田纪云副总理指示：南方林区破坏严重，有愈演愈烈的趋势。要从政策上研究一下，正确的要坚持，有问题就要调整。

4月20日　内蒙古大兴安岭林区库都尔林业局施业区，因草原火引起一场特大森林火灾，火烧面积达150万亩，其中有林地60万亩。52名林业工人遇难。直接经济损失约200万元以上。

5月5～11日　林业部在京召开南方九省、自治区林业厅局长和部分地县负责人座谈会，学习国务院领导同志的批示，分析当前南方集体林区的林业形势和存在的问题，重点围绕南方集体林区乱砍滥伐严重、资源消耗失控等问题，研究了对策。

5月6～6月2日　大兴安岭林区发生特大森林火灾，这是建国以来毁林面积最大、伤亡人员最多、损失最为惨重的一次。据统计，直接损失为：过火有林地和疏林地面积114万公顷，其中受害面积87万公顷。烧毁贮木场存材85万立方米，各种设备2488台，桥涵67座，铁路专用线9.2公里，通讯线路483公里，输变电线路284公里，粮食325万公斤，房屋61.4万平方米。受灾群众10 807户，56 092人。死亡193人，受伤226人。参加这次扑火的军民共58 800多人，其中解放军34 000多人。

5月12日　李鹏副总理、陈俊生副秘书长等领导同志前往大兴安岭火灾区慰问受灾群众，指挥扑火救灾工作。

5月25日　国务院向参加大兴安岭扑火救灾的全体同志发出慰问电。

5月26日　国家主席李先念致电慰问大兴安岭扑火救灾的全体同志。

6月6日　国务院召开全体会议，讨论大兴安岭特大森林火灾事故的处理问题。会议作出《国务院关于大兴安岭特大森林火灾事故的处理决定》，决定撤销杨钟的林业部部长职务，提请全国人大常委会审议批准。

6月23日　国务院召开常务会议，继续追究大兴安岭特大森林火灾事故责任。会议决定撤销董智勇的林业部副部长职务，并责成黑龙江省政府作出认真深刻的检查。

6月23日　六届全国人大常委会第二十一次会议通过《全国人民代表大会常务委员会关于大兴安岭特大森林火灾事故的决议》，会议批准撤销杨钟的林业部部长职务，任命高德占为林业部部长。

6月30日　中共中央、国务院发布《关于加强南方集体林区森林资源管理坚决制止乱砍滥伐的指示》(中发[1987]20号)。

7月1日　《中国林业报》正式创刊。

7月12～18日　林业部在京召开南方十一省(区)林业厅局长紧急会议。与会代表认真学习了中发[1987]20号文件，就如何贯彻中共中央、国务院《关于加强南方集体林区森林资源管理坚决制止乱砍滥伐的指示》，进行了认真地讨论研究。

7月18日　经国务院、中央军委批准，中央森林防火总指挥部成立，田纪云副总理任总指挥，国务院副秘书长李昌安、林业部部长高德占、总参作战部副部长王守仁任副总指挥，林业部副部长刘广运任总指挥部秘书长兼办公室主任。总指挥部办公室设在林业部。

8月15日 国务院发出《关于坚决制止乱捕滥猎和倒买走私珍稀野生动物的紧急通知》。

8月18日 国务院通知，由高德占任中央绿化委员会副主任兼办公室主任。

8月19日 国务院决定，将原由林业部负责的大兴安岭林业管理局的企业管理职权委托给黑龙江省代管，成立大兴安岭林业公司，实行政企分开、计划单列和投入产出包干。

10月9日 国务院批转林业部《关于加强森林防火工作的报告》，要求各级人民政府和各有关部门要把森林防火工作摆到非常重要的位置上，切实加强领导，并实行省长、市长、县长、乡长负责制。

10月11日到13日 林业部在北京召开黑龙江、吉林、内蒙古三省区森工企业承包经营责任制座谈会。会议就黑龙江省森工总局、吉林省林业厅、内蒙古大兴安岭林管局、大兴安岭林业公司实行投入产出承包经营责任制问题进行了讨论，并提出了投入产出承包经营责任制初步方案要点。

12月19～25日 林业部在京召开全国林业厅局长会议，研究深化林业改革问题，安排1988年林业计划。会议提出六项深化改革措施。

12月25日 中国林学会成立70周年纪念大会在京举行。国务委员方毅、中国科协名誉主席周培源和林业部高德占、罗玉川、雍文涛等出席了大会。大会为取得林业重大科技成果的三个项目颁发了首届“梁希奖”；为长期在边远地区和基层工作的同志颁发了“劲松奖”。

1988年

1月16日 国务院、中央军委以国发[1988]4号文批准森林警察列入武警序列，全部实行现役。

1月16日 国务院发布《森林防火条例》。

2月10～12月30日 林业部先后授予河北、安徽、山东、江苏、河南、湖北、陕西、天津等9省(市)所属78个县(市、区)，5个地(市)“全国平原绿化先进单位”称号。

3月3日 林业部、国家土地管理局发出《关于加强林地保护和管理的通知》，通知要求：今后凡国家建设、乡(镇)村建设占用国有和征用集体所有林地的，土地管理部门接到建设单位用地申请后，须征得林业主管部门的书面意见，经依法审查后，按法定审批权限报人民政府批准。

3月29日 林业部、劳动人事部联合发出《关于加强森林资源管理工作的通知》。通知指出：根据国务院批示，林业部设立森林资源管理司。地方各级林业主管部门应在深化林业改革中，根据分级管理原则，突出重点，切实加强森林资源管理工作。国有林区森工企事业单位的森林资源管理机构，在业务上，既受本单位领导，也受上一级林业主管部门的领导，以上一级林业主管部门领导为主。省(区、市)林业主管部门，对本地区的重点林区和重点森工企业，可根据需要按隶属关系派驻监督机构，对影响全局的重点林业省(区)和重点森工企业，林业部将根据需要派出少而精的资源管理监督人员。

4月22日 国务院同意将福建省三明市集体林区列入全国农村改革试验区。

4月25日 国家计划委员会批复林业部，国务院原则同意林业部提出的《建设一亿亩速生丰产商品用材林基地规划》。规划面积为11 956万亩，其中县和国营林场为1亿亩，森工企业1956万亩。

5月3日 国务院任命沈茂成为林业部副部长。

6月2日 国务院通知，为了深化林业改革，使培育森林资源有正常、稳定的资金来源，国务院同意“实行林业基金制度”。关于林业基金的来源，通知中明确规定按照1981年3月8日中共中央、国务院《关于保护森林发展林业若干问题的决定》中“要把国家的林业投资、财政拨款、银行贷款、按照规定提取的育林基金和更改资金列入林业基金，由中央和地方林业部门，按规定权限，分级管理，专款专用”的原则进行筹集。

6月15日 国务院对林业部《关于利用世界银行贷款发展速生丰产林问题的请示》批复：国务院原则同意你部使用世界银行贷款营造速生丰产林；请你部对使用的具体项目提出方案，报国家计委审批；此项贷款可由财政部转贷林业部，由林业部统一经营，向下转贷。

7月5日 监察部驻林业部监察局正式成立。

7月26日 国务院第十四次常委会议审议并原则通过《中华人民共和国野生动物保护法(草

案)》,要求适当修改后报全国人大常委会审议。

8月29日　林业部在各地达标规划的基础上,制定颁发了《全国平原绿化"五、七、九"达标规划》。

10月8日　国家机构编制委员会批准林业部机关机构改革"三定"方案,确定林业部机关设司局级机构15个,编制570人。

11月1日　根据国务院批准,审计署在林业部设立派驻机构——审计署驻林业部审计局。

11月8日　七届全国人大常委会第四次会议审议通过《中华人民共和国野生动物保护法》和《全国人大常委会关于惩治捕杀国家重点保护的珍贵、濒危野生动物犯罪的补充规定》。1989年3月1日起实行。

12月9～14日　林业部在山东省泰安市召开全国林业厅局长会议。会议主要是传达贯彻全国计划会议和经济体制改革工作会议精神,进一步研究深化林业改革、强化林业管理的措施和办法,研究部署了1989年林业改革和林业工作。

1989年

2月5日　国务院任命蔡延松为林业部副部长。

2月19～22日　全国绿化委员会第八次全体(扩大)会议在广州召开。全国绿化委员会主任、国务院副总理田纪云主持会议并作了重要讲话。

2月21日　国务院办公厅就去冬今春以来,全国一些地方的乱砍滥伐歪风又有抬头,聚众哄抢森林,争夺山林权属的大规模械斗、强行冲闯检查站,伤害公安干警和护林人员等十一起案件,向全国发出《关于当前乱砍滥伐森林情况的通报》。要求各级政府和有关部门、切实做好预防和制止工作,坚决做到有风必刹,有案必办。

3月13日　国务院总理李鹏签发中华人民共和国国务院第31号令,颁布《中华人民共和国种子管理条例》,自1989年5月1日起执行。

3月16日　全国人大财经委员会向全国人大常委会提交《关于林业问题的报告》,提出进一步完善林业法制,组织视察重点林业省、区林业工作的建议。

3月23日　国务院办公厅向全国发出《云南省文山州不断发生重大毁林案件情况的通报》。

5月5～9日　林业部在北京召开东北、内蒙古重点森工企业负责人会议,决定林业部向黑龙江省森工总局、吉林省林业厅、内蒙古大兴安岭林业管理局和大兴安岭林业公司派驻森林资源监督专员。

5月31日　林业部印发《关于加强林木采伐许可证管理的通知》,开始在全国实行统一的林木采伐许可证制度。

6月21日　国家计划委员会批复林业部《关于长江中上游防护林体系建设第一期工程总体规划》。该工程地跨江西、湖北、湖南等9个省。工程建设的总体目标是用30～40年时间,在长江中上游地区植树造林,增加森林面积3亿亩。1990～2000年为一期工程,主要任务是在保护现有森林植被的基础上,新增森林面积1亿亩。

7月17日　国务院批复同意林业部核发黑龙江省森工总局、大兴安岭林业公司、吉林省林业厅、内蒙古大兴安岭林业管理局等四个单位所属各国营林业局的林权证。

7月26日　林业部在京举行森林资源新闻发布会,向新闻界公布了我国第三次森林资源清查结果。1984～1988年,我国开展了第三次森林资源清查,清查结果是:林业用地面积26 743万公顷;森林面积12 465万公顷;森林覆盖率12.98%;活立木总蓄积量105.72亿立方米;森林蓄积量91.41亿立方米。

12月4～7日　林业部在北京召开"三北"防护林体系建设工作会议。"三北"地区的13个省、市、区的主管副省长、林业厅(局)长及中央有关部门的负责人参加了会议。中共中央政治局常委宋平、国务委员陈俊生出席会议并作重要讲话。会议总结了"三北"防护林建设取得的成就,明确了今后的任务。

12月16日　国务院总理李鹏主持召开总理办公会,听取林业部《关于林业问题的汇报》。

12月18日　国务院总理李鹏签发中华人民共和国国务院第46号令,发布施行《森林病虫害防治条例》。

12月18～23日　林业部在北京召开全国林业厅局长会议。会议研究了搞好治理整顿,深化林业改革,加快林业建设和加强行业思想政治工作的措施和办法。

1990 年

2 月 13 日　根据人事部批复，林业部新成立 4 个事业单位，即林业部林业工作站管理总站、林业部林业基金管理总站、林业部世界银行贷款项目管理中心、林业部林木种苗管理总站。

3 月 8 日　全国人大常委会副委员长、全国妇联主席陈慕华举行全国"三八与绿色工程"新闻发布会，宣布从今年起，在全国范围内开展"三八绿色工程"活动，动员全国亿万妇女积极投身到种树、种草、种花以及各项防护林建设的活动中去，为加快国土绿化进程贡献力量。

4 月 2 日　林业部作出《关于授予任长生同志护林英雄称号的决定》，号召全国林业系统广大干部群众向任长生同志学习。任长生是湖北省松滋县万家乡茶园岭村护林员。1989 年 12 月 30 日深夜，赤手空拳同盗伐林木的持刀歹徒进行英勇搏斗而壮烈牺牲，年仅 24 岁。

4 月 30 日　全国林业科技工作会议在武汉召开。会议提出和明确了科技兴林的任务和措施。

5 月 29 日　世界银行董事会讨论并通过了中国国家造林项目，由国际开发协会提供 3 亿美元信贷，用于建设 98.5 万公顷速生丰产用材林。

7 月 12 日　林业部印发《林业部科技兴林方案(1990～1995)》和《林业部关于加强林业科学技术工作的若干政策性意见》。

7 月 14 日　世界银行贷款国家造林项目部、省执行协议签字仪式在人民大会堂举行。

7 月 23 日　全国人大财经委员会组织三个工作组赴黑龙江、吉林、大兴安岭国有林区视察，主要了解国有林区森林资源危机、企业经济危困的情况。

9 月 1 日　国务院批复《1989～2000 年全国造林绿化规划纲要》，并对实施规划纲要提出四点要求。"纲要"提出了到本世纪末我国造林绿化的指导思想、奋斗目标、总体布局、建设重点和实施措施，是我国造林绿化工作的重要指导性文件。

10 月 10～13 日　林业部在长春市召开东北、内蒙古国有林区森工企业深化改革、强化管理工作座谈会。会议讨论研究了森工企业深化改革、强化管理、治危兴林的措施，并明确提出了 1991 年的工作要点和"八五"期间的主要奋斗目标。

10 月 29 日　国家物价局、林业部发出《关于提高东北、内蒙古国有林区统配木材价格及加强对非统配木材价格管理的通知》，决定从 10 月 10 日起，适当提高东北、内蒙古国有林区统配木材价格，同时建立林价制度。这次提价，包括统配木材、锯材、胶合板等。其中，统配木材出厂价格平均提高幅度为 48%，锯材价格平均提高幅度 27.6%，胶合板出厂价格平均提高幅度为 53%。

12 月 5 日　国务院批准《林业部关于各省、自治区、直辖市"八五"期间年森林采伐限额审核意见的报告》。要求各地严格执行新的采伐限额指标，不得突破和挪用。

12 月 15 日　最高人民法院、最高人民检察院、林业部、公安部、国家工商行政管理局联合发出《关于严厉打击非法捕杀、收购、倒卖、走私野生动物活动的通知》，要求各地和有关部门立即采取有力措施，严厉打击非法捕杀、收购、倒卖、走私野生动物犯罪活动，切实加强野生动物保护管理工作。

1991 年

1 月 1 日　经国务院批准，东北、内蒙古国有林区的带岭、苇河、穆棱、翠峦、双鸭山、大石头、三岔子、呼中、阿里河等 9 个林业局开始试行林价制度。

1 月 8 日　国务院以特急明传电报向各省、自治区、直辖市人民政府和国务院有关部门发出《关于加强野生动物保护，严厉打击违法犯罪活动的紧急通知》，要求各级政府和有关部门采取有力措施，坚决制止和严厉打击乱捕滥猎、非法经营和倒卖走私野生动物的犯罪活动，切实加强野生动物保护管理工作。

1 月 11～16 日　全国林业厅局长会议在西安召开。会议着重研究林业发展十年规划和"八五"计划的基本思路，同时部署安排了 1991 年的林业改革和林业工作。

1 月 17 日　国务院下发《关于研究解决森工企业困难问题的会议纪要》。决定在增加投入、调整经济政策、减免税收、理顺管理体制等方面对国有林区森工企业实行重大扶持政策和改革措施。

3 月 11 日　新华社发表江泽民、邓小平同志为全民义务植树运动十周年和全国植树造林表彰动员大会的题词手迹。江泽民同志的题词是:“全党动员　全民动手　植树造林　绿化祖国”,邓小平同志的题词是:“绿化祖国,造福万代。”

3月12日　全国植树造林表彰动员大会在人民大会堂隆重举行。李鹏、万里、田纪云等领导同志出席大会。大会由国务院副总理田纪云主持,李鹏总理在会上发表了重要讲话。会议还宣读了中共中央、国务院关于授予广东省“全国荒山造林绿化第一省”光荣称号的决定。

4月7日　党和国家领导人江泽民、杨尚昆、李鹏、万里、乔石、宋平、李瑞环等在丰台区与首都人民一起参加义务植树活动。

7月11日　林业部印发《关于进一步加强林地管理的通知》,就切实加强林地管理,坚决制止随意侵占林地提出了七条要求。

7月29～8月2日　国务院在兰州召开全国治沙工作会议。江泽民总书记、李鹏总理向会议致信,深刻阐述了治沙工作的重要意义,发出了向沙漠进军的伟大号召。田纪云、宋任穷同志为会议题了词。国务委员陈俊生主持会议并代表国务院作了重要讲话。

8月26日　江泽民、李鹏、乔石、李瑞环等中央领导同志在北京展览馆参观国家“七五”科技攻关成果展览时,参观了林业科技展区。江泽民总书记详细询问了淮河、太湖流域的林业建设情况,并提出水灾之后在兴修水利的同时,要进行综合治理,注意搞好林业建设。

9月17～26日　我国派出以徐有芳副部长为团长的中国林业代表团一行9人出席在法国巴黎举行的第十届世界林业大会。本届大会共有130多个国家和地区的2500多名代表出席。大会的主题是“森林——未来的遗产”。会议通过了《巴黎宣言》,号召全球人民携起手来,植树造林,保护森林,为创造一个有利于生态发展的地球而奋斗。

10月16日　世界粮食日。林业部和联合国粮农组织共同在北京举行了植树和庆祝活动。联合国粮农组织为了表彰中国政府在林业方面取得的成绩,向中国林业部颁发了植树造林银质奖。

11月1～2日　淮河、太湖流域综合治理造林绿化工程会议在京召开。会议研究了淮河、太湖流域综合治理造林绿化工程的总体布局和建设规划,部署了近期工作重点。

11月29日　国务院批转林业部《关于陕、甘、宁、蒙、晋五省区杨树天牛防治工作的紧急报告》,对切实做好天牛防治工作提出了五项重要措施。

12月14日　国务院正式批准在东北、内蒙古国有林区组建四个企业集团。

1992年

1月4～5日　全国林业行业思想政治工作会议在北京召开。会议围绕加强和改进林业行业思想政治工作总结交流了经验,明确提出了今后工作的指导思想和目标任务。

1月6～9日　林业部在北京召开全国林业厅局长会议。会议研究进一步深化林业改革、加快林业发展问题,对林业改革和建设工作作了全面部署。会议宣布:据全国森林资源清查和消耗量调查,我国已实现全国森林资源总生长量和总消耗量持平,消灭了森林资源“赤字”,扭转了长期以来森林蓄积量持续下降的局面,开始走向森林面积和蓄积量“双增长”。

田纪云副总理出席了全国林业厅局长会议总结表彰大会。

3月1日　经国务院批准、林业部发布实施《中华人民共和国陆生野生动物保护实施条例》。

6月8日　国务院办公厅批转林业部、国家计委、国家土地管理局、国家物价局《关于进一步加强林地保护管理工作的请示》。要求各级人民政府高度重视林地保护管理工作。凡征用、占用林地,必须经林业主管部门同意;征、占用林地必须进行补偿。要进一步建立健全林地保护管理制度。

7月31日　我国正式加入《关于特别是作为水禽栖息地的国际重要湿地公约》。并确定黑龙江扎龙自然保护区等7个湿地型保护区为国际重要湿地。

8月13日　林业部在大连召开全国野生动物自然保护区工作会议,明确提出了“加强资源保护,积极驯养繁殖,合理开发利用”的野生动物保护工作方针。

9月15日　国务院任命王志宝为林业部副部长。

12月5日　国务院批准林业部《关于当前乱砍

滥伐、乱捕滥猎情况和综合治理措施的报告》,并由国务院办公厅转发各地执行。

12月21日　林业部、世界自然基金会举行新闻发布会,宣布中国保护大熊猫及其栖息地工程开始启动。李鹏、田纪云、邹家华、宋健等领导同志为这项工程题了词。

1993年

1月5～9日　全国林业厅局长会议在北京召开。会议系统地总结了改革开放14年来我国林业工作的基本经验,阐述了走有中国特色社会主义林业建设道路的内涵,提出在建立社会主义市场经济的新形势下,做好林业工作要做到该放的真正放开,该抓的继续抓紧,该管的坚持管好。提出进一步做好林业工作,更快地"绿起来、活起来、富起来"的号召。

2月22日　林业部印发《关于在东北、内蒙古国有林区森工企业全面推行林木生产商品化改革的意见》。这项改革的主要内容是:全面推行林价制度,改革营林资金管理体制。

2月26日　国务院发出《关于进一步加强造林绿化工作的通知》,提出在加快改革开放和经济发展的新形势下,进一步加强造林绿化工作的十条重要措施和要求。强调要充分认识加快造林绿化、发展林业的重要性和紧迫性,坚持全社会办林业、全民搞绿化,坚持和完善各级领导任期造林绿化目标责任制,增加造林绿化投入,抓好重点工程,总体推进造林绿化水平。

3月18日　中共中央决定,高德占同志调任中共天津市委委员、常委、书记。徐有芳同志任林业部党组书记。

3月29日　八届全国人大一次会议任命徐有芳为林业部部长。

5月4～6日　我国西北部地区发生特大强沙尘暴。沙暴袭击了新疆东部、甘肃河西走廊、内蒙古阿拉善盟及宁夏大部分地区,造成85人死亡,31人失踪,264人受伤,直接经济损失5.4亿元。

5月13日　林业部发出《关于坚决制止乱砍滥伐、乱捕滥猎和加强林地管理的紧急通知》,针对一些地方乱砍滥伐森林、乱捕滥猎特别是非法经营、贩卖、走私野生动物及其产品、随意侵占林地比较严重的情况,要求各地立即行动起来,采取有力措施,坚决刹住这股歪风。

5月27日　林业部与国家国有资产管理局联合下发《关于加强国有森林资源产权管理的通知》,要求切实加强对国有林地和国有林木的产权管理。

5月29日　国务院发出《关于禁止犀牛角和虎骨贸易的通知》,重申禁止犀牛角和虎骨的一切贸易活动,任何单位和个人不得运输、携带、邮寄犀牛角和虎骨进出国境;禁止出售、收购、运输、携带、邮寄犀牛角和虎骨。取消犀牛角和虎骨药用标准,今后不得再用犀牛角和虎骨制药。

6月25～26日　林业部、国家环保局、科技日报社在北京召开"森林与环境高级专家研讨会"。近百名林业、农业、水利、气象、环保、经济等领域的专家就林业在环境与发展中的地位和作用进行了深入研讨。与会专家呼吁,要进一步强化林业的战略地位,增强全民族发展林业的意识,加强森林资源保护,增加林业投入,加快林业发展,使其更好地适应环境与发展的需要。

6月30日　国务院任命祝光耀为林业部副部长。

7月17日　经国家计委、国家体改委、国家经贸委批准,中国龙江森林工业集团正式成立。

8月28日　林业部召开新闻发布会,会上宣布:我国又一项大型重点林业建设工程——太行山绿化工程,从今年起开始全面启动。这项工程涉及北京、河北、河南、山西四省市的110个县(市、区)。

8月30日　林业部发布实施《林地管理暂行办法》。

9月24～28日　经国务院批准,全国防沙治沙工程建设工作会议在内蒙古自治区赤峰市召开。江泽民总书记、李鹏总理为大会写来贺信,希望沙区广大干部群众,继续发扬艰苦奋斗、坚韧不拔、开拓进取精神,为开创我国防沙治沙工作的新局面而努力奋斗;朱镕基副总理打电话对防沙治沙工作提出殷切希望;国务委员、全国绿化委员会主任陈俊生参加了会议并讲话。

11月4日　经国家计委、国家体改委、国家经贸委批准,中国吉林森林工业集团正式成立。

11月30日　经国家计委、国家体改委、国家经贸委批准,中国内蒙古大兴安岭森林工业集团正式成立。

12月14日　林业部召开新闻发布会，宣布了第四次全国森林资源清理结果。我国森林资源总的情况是：现有林业用地面积39.43亿亩，森林面积20.06亿亩，活立木总蓄积117.85亿立方米，森林蓄积量101.37亿立方米，森林覆盖率13.92%。这次清查成果表明，近几年我国在加快资源培育，加强森林保护、强化林业管理、合理利用资源方面取得长足进展。我国森林资源扭转了消耗量大于生长量的状况，实现了森林面积和蓄积"双增长"的目标。

12月20～23日　全国林业厅局长会议在湖南长沙市召开。会议的主要任务是研究在建立社会主义市场经济体制的进程中，进一步深化林业改革，加强林业的基础地位，加快林业发展问题。

12月24～25日　全国绿化委员会第十三次全体会议在湖南长沙市召开。会上宣布了中共中央、国务院关于授予湖南省"全国荒山造林绿化先进省"称号的决定。会议决定从1994年开始在全国开展争创造林绿化"千佳村、百佳乡、百佳县、十佳城市"活动。

12月24日　新一届全国绿化委员会组成。国务委员陈俊生任主任，林业部部长徐有芳、国务院副秘书长刘济民、解放军总后勤部部长傅全有、国家计委副主任陈耀邦、建设部部长侯捷、财政部副部长李延龄、北京市市长李其炎为副主任。

1994年

1月30日　国务院办公厅印发《林业部职能配置、内设机构和人员编制方案》。《方案》规定，林业部是国务院主管林业行政的职能部门，负责林业生态环境建设、事业管理和林业产业行业管理，行使林业行政执法职权。林业部设13个职能司(室)和机关党委，部机关行政编制为446名。

2月24日　全国绿化委员会、林业部印发《关于在全国开展争创造林绿化千佳村、百佳乡、百佳县、十佳城市活动的实施方案》。

4月12日　国务院任命刘于鹤为林业部副部长。

4月15日　中共中央政治局常委、国务院副总理朱镕基视察黑龙江森工总局，研究解决国有森工企业面临的实际困难，并就林业和森工问题作了重要指示。

4月16日　内蒙古自治区呼伦贝尔盟红花尔基林业局发生森林火灾。

4月22日　江泽民总书记对红花尔基扑火工作作出重要指示："请向扑火前线的全体指战员表示亲切慰问，希望你们全力以赴，周密部署，精心指挥，团结协作，连续作战，尽快将火扑灭，为保护国家森林资源作出贡献。"

5月16日　国务院办公厅发出《关于加强森林资源保护管理工作的通知》，要求各级政府和有关部门正确处理改革开放、经济发展与森林资源保护管理的关系，严格执行森林采伐限额制度和木材凭证运输制度，强化林地利用监督管理，切实加强对野生动物和珍稀植物的保护，打击破坏森林资源的违法犯罪活动。

6月14～21日　中共中央政治局常委、国务院副总理朱镕基到吉林、辽宁省视察，帮助国有森工企业解决实际困难，并就林业和森工问题作了重要指示。

7月2日　受国务院委托，徐有芳部长向八届全国人大常委会第八次会议作《关于林业工作情况的报告》。

8月23日　中共中央政治局常委、国务院副总理朱镕基主持召开中央农村工作领导小组第七次会议，听取林业部关于当前林业工作汇报。

9月23日　中央机构编制委员会办公室批复林业部派驻森林资源监督机构有关问题，核定林业部派驻吉林省、黑龙江省、内蒙古自治区和大兴安岭林业公司、四川省、云南省、福建省森林资源监督机构事业编制(全额拨款)125名。

9月25日　"全国林业名特优新产品博览会"在北京农业展览馆隆重开幕。全国人大常委会副委员长田纪云、国务委员陈俊生、全国政协副主席万国权为博览会开幕式剪彩。

9月26日和9月29日　中共中央总书记、国家主席江泽民，国务院总理李鹏、国务委员宋健、罗干先后到博览会参观。

11月5日　中共中央批准，李昌鉴同志任中央纪委驻林业部纪检组组长。同日，中组部决定，李昌鉴同志任林业部党组成员。

12月20～25日　林业部在合肥召开全国林业厅局长会议。会议全面总结了近年来林业改革、建设的成功经验和基本做法，客观地分析了当前林业面临的形势，明确了“九五”林业发展的基本思路，提出了建立比较完备的林业生态体系和比较发达的林业产业体系的林业奋斗目标。

1995年

1月10日　林业部发出《关于实行使用林地许可证制度的通知》，决定从1995年起在全国实行使用林地许可证制度，并对使用林地许可证的使用范围、审批单位与权限等作出了明确规定。

3月1～2日　全国绿化委员会第十四次全体（扩大）会议在北京召开。会上，中共中央、国务院对基本消灭宜林荒山的安徽、湖北、江西、浙江、山东、广西6省（区）进行了表彰。

3月21日　国务委员、国务院环境保护委员会主任宋健主持召开第三届环委会第五次会议，审议通过《中国21世纪议程林业行动计划》和《关于执行〈森林问题原则声明〉的实施方案》。

4月1日　党和国家领导人江泽民、李鹏、乔石、李瑞环、朱镕基、刘华清、胡锦涛等，在北京参加义务植树。江泽民总书记指出：植树造林关键是要坚持全党动员，全民动手，长期不懈地坚持下去，形成风气。各级领导要把造林绿化工作列入重要议事日程，要坚持把领导干部抓造林绿化工作的政绩作为考核干部的重要内容。李鹏总理指出：从建国以来我们在植树造林方面做了大量工作。今后还要大力开展群众植树造林活动，并有计划地搞一些较大规模的造林工程。只要大家高度重视，常抓不懈，就可以使我们国家绿化面积逐年增加，自然环境不断得到改善。

4月17日　国务院任命李育才为林业部副部长。

6月18～27日　中共中央总书记、国家主席江泽民在东北三省考察工作期间，视察了牡丹江木工机械厂、白河林业局、长白山自然保护区。

7月24日　中央机构编制委员会办公室批复同意成立林业部濒危物种进出口管理中心（对外称中华人民共和国濒危物种进出口管理办公室）。

8月30日　国家体改委和林业部联合颁发《林业经济体制改革总体纲要》。《纲要》总结了党的十一届三中全会以来林业改革发展的基本经验，提出了林业体制改革的目标，内容涉及营林体制、产业政策、森林资源保护、市场体系建设、产权制度等，构筑了“九五”期间林业改革的总体框架。

10月12～14日　林业部在北京召开全国林业科学技术大会。中共中央政治局常委、国务院副总理朱镕基对大会作了重要指示：“祝贺全国林业科技大会的召开。林业生产建设必须依靠科学技术，林业科学技术工作必须面向林业生产建设，大力提高林业经济增长的质量和效益，努力实现林业科技经济一体化，推进林业建设的进一步发展，为国民经济和社会发展做出更大的贡献。”会议明确了实施科教兴林战略的指导思想、目标任务和各项措施，出台了《林业部关于贯彻〈中共中央、国务院关于加速科学技术进步的决定〉的意见》等四个重要文件。

10月26～30日　国务院扶贫开发领导小组和林业部在广西联合召开全国山区林业综合开发暨扶贫开发现场经验交流会。会议强调了山区林业综合开发在国民经济和社会发展中的地位与作用，进一步明确了山区林业综合开发和扶贫开发的路子与措施，要求把山区林业综合开发与山区扶贫开发结合起来，统筹安排。

11月22日　国家计委批复同意林业部编制的《辽河流域综合治理防护林体系建设工程总体规划》、《淮河太湖流域综合治理防护林体系建设工程总体规划》、《珠江流域防护林体系建设工程总体规划》和《黄河中游防护林工程总体规划》。

12月22～27日　林业部在广东省广州市召开全国林业厅局长会议。会议重点研究部署了分类经营改革工作，进一步明确了建立比较完备的林业生态体系和比较发达的林业产业体系的目标，总结了“八五”期间林业建设取得的主要成就和基本经验，对林业“九五”计划和2010年远景目标进行了深入讨论。

1996年

1月8～9日　林业部在北京召开“三北”防护林体系建设二期工程总结表彰暨三期工程动员大会。

1月30日　经国家计委、国家体改委、国家经贸委批准，大兴安岭林业集团公司正式成立。

2月29～3月1日　全国绿化委员会第十五次全体(扩大)会议在北京召开。会议对1995年基本消灭宜林荒山的吉林、江苏、海南3省进行了表彰，审议并通过了《全国绿化委员会、林业部关于树立"造林绿化功臣碑"的决定》和《全国绿化委员会关于加强保护古树名木工作的决定》。

3月12日　中共中央政治局常委、国务院总理李鹏为全民义务植树运动15周年题词："大力植树造林，改善生态环境，促进经济发展。"

5月8日　林业部发出《关于开展林业分类经营改革试点工作的通知》，要求各地进一步提高对实行林业分类经营改革重要性的认识，坚持统筹规划、分类指导、稳步推进的原则，大胆实践，勇于探索，努力为全国实施林业分类经营改革积累经验。

6月20～30日　林业部组织专家验收团，对大兴安岭"五·六"大火火烧迹地的森林资源恢复情况进行实地检查，并宣布：大兴安岭"五·六"火灾区恢复更新森林资源规划任务全部完成，达到了规划目标。

6月30～7月5日　中共中央政治局常委、国务院总理李鹏在黑龙江省考察工作时，检查了林业工作，并对国有林区的发展作出了重要指示。

7月2日　我国林机系统第一家上市股份公司——常林股份有限公司成立。

8月5～11日　联合国防治荒漠化公约秘书处、联合国非洲及最不发达国家特别协调员办公室、中国政府和日本政府在北京联合召开亚非防治荒漠化论坛会议。会议的主要任务是根据《联合国防治荒漠化公约》的要求，协调亚非地区在防治荒漠化方面的认识，交流经验，探讨加快亚非地区荒漠化防治的保障措施，加强亚非防治荒漠化的区域合作。

9月13日　林业部发出《关于国有林场深化改革加快发展若干问题的决定》，对国有林场实行分类经营、调整组织结构、转换经营机制、合理利用资源、优化产业结构等工作提出具体要求。

9月30日　国务院总理李鹏签发中华人民共和国国务院第204号令，颁布《中华人民共和国野生植物保护条例》。该条例从1997年1月1日起施行。

10月3～4日　全国绿化委员会、林业部联合在北京召开首届全国花卉工作会议。

10月6～7日　全国飞播造林40周年纪念大会在北京召开，国务院副总理、全国绿化委员会主任姜春云致信祝贺。

12月11～14日　全国林业厅局长会议在北京召开。会议要求林业行业抓住环境保护和经济发展对林业提出更高要求的有利时机，解放思想，转变作风，艰苦奋斗，扎实工作，力争使我国林业有一个较大发展。

12月18日　"ABT生根粉系列的推广"项目获国家科技进步奖特等奖。

1997年

2月16日　经全国人大常委会批准，我国正式加入联合国防治荒漠化公约。为此，在林业部设立全国荒漠化防治中心，具体负责执行公约的工作。

3月6日　国务院总理李鹏在全国森林防火现场会会议文件上批示："森林防火事关重大，各级政府和林业部门务必抓紧抓好，并实行管区责任制，哪里发生重大森林灾情，又不及时扑灭，造成重大损失的，有关领导人要承担责任。要坚持'预防为主，积极消灭'的方针，严格森林防火管理和监视制度，进一步采用行之有效的先进适用灭火技术，提高消防人员的业务水平和政治素质，实行专业和群防相结合，把火灾消灭在萌芽状态，确保消灭特大火灾，把一般火灾的损失降低到最低限度，为保护森林资源和人民生命财产安全作出新的贡献"。

4月8日　林业部举行中国荒漠化状况新闻发布会，公布全国荒漠化普查结果：我国荒漠化土地面积为262.2万平方公里，占国土面积的27.3%；全国沙漠、戈壁及沙化土地面积为168.9万平方公里，占国土面积的17.6%。

5月13～15日　中国政府和《联合国防治荒漠化公约》秘书处联合举办的亚洲国家履行防治荒漠化公约部长级会议在北京召开。来自44个国家、19个国际组织和非政府组织的157名代表出席了会议。姜春云副总理出席会议并讲话。会议通过了《北京宣言》和亚洲防治荒漠化区域行动框架及有关文件。会议期间，中国国家主席江泽民会见了与会代表。

6月6日　林业部在北京召开大兴安岭火灾区恢复森林资源总结表彰大会，表彰在资源恢复工作中做出突出贡献的先进单位和个人，部署启动火灾区恢复更新森林资源和生态环境的优化更新工程(二期工程)。

6月16日　中国林学会成立80周年纪念大会在京召开。中共中央总书记江泽民,国务院总理李鹏,国务院副总理姜春云,中央书记处书记温家宝,国务委员宋健、陈俊生,全国政协副主席朱光亚等分别为大会题词。江泽民的题词是:"发挥纽带桥梁作用,促进林业科技进步。"李鹏的题词是:"林业科技工作者之家。"

7月4日　中共中央决定,徐有芳同志任黑龙江省委委员、常委、书记,不再担任林业部党组书记职务;陈耀邦同志任林业部党组书记。

8月5日　中共中央总书记江泽民在国务院副总理姜春云《关于陕北地区治理水土流失建设生态农业的调查报告》上作长篇重要批示,强调要大抓植树造林,绿化荒漠,治理水土流失,再造山川秀美的西北地区。

8月12日　中共中央政治局常委、国务院总理李鹏在国务院副总理姜春云《关于陕北地区治理水土流失建设生态农业的调查报告》上作长篇重要批示,强调要切实加强植树种草,治理水土流失,并争取15年初见成效,30年大见成效。

8月29日　八届全国人大常委会第二十七次会议决定任命陈耀邦为林业部部长。

9月11日　林业部发出《关于认真学习贯彻江泽民总书记、李鹏总理关于生态环境建设重要批示精神,落实国务院陕北会议要求,进一步做好生态环境建设工作的通知》。

10月13～22日　第十一届世界林业大会在土耳其安塔利亚召开。大会的主题是"森林可持续发展:迈向21世纪"。林业部部长陈耀邦率中国林业代表团出席了会议。

11月6日　《成立国际竹藤组织的协定》在北京举行签字仪式。李鹏总理、钱其琛副总理和有关部门领导出席。孟加拉国、加拿大、中国、印度尼西亚、缅甸、尼泊尔、菲律宾、秘鲁、坦桑尼亚等9个发起国的政府代表在《协定》上签字。荷兰、意大利、日本、韩国、巴基斯坦、泰国等6个观察员国家代表及国际竹藤组织首届理事会成员、董事会成员和国际农发基金会、加拿大国际发展研究中心官员等出席签字仪式。

11月7日　国际竹藤组织在北京举行成立大会,宣告该组织正式成立。姜春云副总理代表中国政府致词,全国人大副委员长雷洁琼、全国政协副主席万国权出席。中国林业部副部长王志宝当选为国际竹藤组织理事会主席,中国林业科学研究院院长江泽慧当选为国际竹藤组织董事会联合主席。该组织由中国和加拿大两国率先发起,是第一个总部设在中国的政府间国际组织。

12月31日　林业部部长办公会议决定,编纂出版《中国林业五十年》。

1998年

1月1日　由《中国林业报》更名的《中国绿色时报》创刊,中共中央总书记、国家主席江泽民题写报名。同日,《中国绿色时报》创刊号在第一版显要位置刊出有中国科学院和中国工程院151位院士签名的《行动起来,拯救黄河》呼吁书,向社会各界发出呼吁:以实际行动拯救黄河。

1月27日　全国绿化委员会、林业部、交通部、铁道部联合发出《关于在全国范围内大力开展绿色通道工程建设的通知》,决定从1998年开始,在全国范围内掀起以公路、铁路和江河沿线绿化为主要内容的绿色通道工程建设高潮,力争用3～5年时间构建起我国国土绿化的新格局。

3月3日　林业部在京隆重纪念周恩来同志诞辰100周年,缅怀周恩来同志为中国人民革命的胜利、为我国社会主义建设和林业事业的发展做出的重大贡献。

3月10日　九届全国人大一次会议通过国务院机构改革方案。林业部改为国务院直属机构国家林业局。

3月20日　中央批准国家林业局成立党组,王志宝同志任国家林业局党组书记。

3月23日　中央组织部同意李育才同志任国家林业局党组副书记,李昌鉴同志、江泽慧同志任国家林业局党组成员。

4月2日　国务院副总理温家宝在黑龙江省考察林业工作时指出,各级党委和政府要从促进国民经济和社会可持续发展的战略高度出发,一如既往地重视和加强林业工作。

4月4日　党和国家领导人江泽民、李鹏、李瑞环、胡锦涛、李岚清等到北京玉渊潭公园参加首都全民义务植树活动，并对绿化工作作了重要指示。江泽民指出，植树造林，绿化祖国，保护环境，就是要领导带头，人人动手，坚持不懈，才能见效。李鹏指出，北京空气质量周报公布后引起了大家的重视。市委、市政府要高度重视首都的环保工作，要从冬季取暖燃料、汽车尾气排放等方面加以改善，同时也要加紧种树、绿化，尽快改善北京的大气环境。李瑞环指出，城市绿化非常重要，要坚持下去，使我们的环境变得更美，使我们的子孙后代更好地生存下去。

4月5日　国务院任命王志宝为国家林业局局长。

4月9日　国务院任命李育才、李昌鉴为国家林业局副局长。

4月9日　全国林业厅局长座谈会在京召开。会议指出，在林业部改组为国家林业局的新形势下，各级林业部门一定要按照温家宝副总理的讲话要求，进一步振奋精神，团结一致，克服困难，开拓进取，努力开创林业事业的新局面。

4月29日　第九届全国人大常委会第二次会议审议通过了《全国人民代表大会常务委员会关于修改〈中华人民共和国森林法〉的决定》，并于同日由中华人民共和国主席江泽民签署第3号主席令予以公布，自1998年7月1日起施行。同时还公布了根据《决定》修正的《中华人民共和国森林法》。

5月2日　国务院总理朱镕基在中央政研室《简报》第41期《黑龙江林业部门推行"工资林"造成水土流失负面效应很大》上作重要批示："请家宝同志批转徐有芳、陈耀邦、王志宝同志阅。这是什么时候搞的？谁应对此负责？请速商对策补救，不能再拖了，救林如救火。"

5月5日　温家宝副总理批示："黑龙江省政府和国家林业局要立即采取措施，坚决制止毁林开荒，抢救和保护森林，调查处理情况望告。"

国家林业局接到朱镕基总理和温家宝副总理的批示后，再次向国有林区发出严禁毁林开荒的紧急电报，并派出调查组赴黑龙江省进行专题调查。

6月23日　国务院以国办发[1998]81号文件批准《国家林业局职能设置、内设机构和人员编制规定》。按照国务院规定，国家林业局是主管林业工作的国务院直属机构，设11个内设机构，包括办公室、植树造林司、森林资源管理司、野生动植物保护司、森林公安局（森林防火办公室、武装森林警察办公室）、政策法规司、发展计划与资金管理司、科学技术司、国际合作司、人事教育司和机关党委。机关行政编制200名。

6月25日　国家林业局决定从1998年开始，在全国范围内组织开展"跨世纪保卫绿色行动"，宣传林业法律法规，打击毁林犯罪行为，唤起全社会的爱林护林意识。

7月3日　全国人大法律委员会、环境与资源保护委员会、农业与农村委员会、全国人大常委会法制工作委员会和国务院法制办公室、国家林业局在人民大会堂联合召开贯彻实施《森林法》座谈会。全国人大常委会副委员长姜春云出席。

8月5日　国务院发出《国务院关于保护森林资源制止毁林开垦和乱占林地的通知》。通知要求必须采取严厉措施，坚决制止毁林开垦和乱占林地的行为，抢救和保护森林资源。并提出7项具体要求。

8月23日　我国天然林资源保护工程在四川省率先启动。四川省委、省政府决定从1998年9月1日起，阿坝、甘孜、凉山三州，攀枝花、乐山两市和雅安地区，计57个县460万公顷的原始森林全面停止采伐，实行长年管护。

8月31日　国务院总理朱镕基在东北洪涝灾区考察灾后重建工作时，在哈尔滨郊区会见了我国林业老劳模马永顺。朱镕基指出，要下最大的决心，封山植树，退耕还林，恢复植被，保护生态。他号召学习马永顺生命不息、造林不止的精神，大搞植树造林，绿化祖国，为我们的子孙后代留下一个青山绿水的锦绣河山。

9月3日　云南省委、省政府发出《关于全面停止金沙江流域和西双版纳州天然林采伐的紧急通知》，宣布从1998年10月1日起，云南省全面停止金沙江流域和西双版纳州73个县的天然林采伐，并同时启动实施天然林资源保护工程。

9月22日　山西省人民政府发出通知，要求全省所有天然林，不论是国有、集体，还是部门、个人所属，从1998年9月22日起一律停止采伐，实行保护措施。

9月29日　四川省人民政府发出紧急通知，决定从1998年10月1日起，全省范围内所有天然林一律停止采伐。

9月30日　甘肃省委、省政府作出决定，从

1998年10月1日起，在白龙江、洮河、小陇山等10个国有天然林区，全面停止采伐，并关闭林区及林缘地区的所有木材市场。

10月20日　最高人民法院、最高人民检察院、国家林业局、公安部、监察部联合发出《关于开展严厉打击破坏森林资源违法犯罪活动专项斗争的通知》，决定从1998年11月1日至1999年1月31日，在全国范围内组织开展严厉打击破坏森林资源违法犯罪活动的专项斗争。

10月28日　国家林业局在京召开全国林业厅局长座谈会。会议认真学习了党的十五届三中全会关于农业和农村工作的决定，传达了中共中央、国务院关于灾后重建工作的若干意见和朱镕基总理视察鄂、赣、湘、渝、川五省(市)时关于"封山育林，退耕还林"工作的重要指示，并就当前的林业形势、林业发展思路和主要工作进行了部署和安排。

11月3日　国务院第24次总理办公会议决定，调整武警森林部队领导管理体制，实行武警总部和国家林业局双重领导体制，由武警总部对武警森林部队的军事、政治、后勤工作实施统一领导，国家林业局负责部队业务工作。成立武警森林部队指挥部。武警森林部队的森林防火业务工作实行中央和地方双重领导。

11月9日　青海省人民政府发布通告，决定自1998年11月9日起全省停止一切天然林采伐。

11月23日　国家林业局在京隆重纪念刘少奇同志诞辰100周年，学习和研究刘少奇林业建设思想，缅怀刘少奇同志对我国林业建设做出的重大贡献。

11月30～12月11日　"联合国防治荒漠化公约"第二届缔约国大会在塞内加尔首都达喀尔举行。140多个已经批约的国家和有关国际组织的代表共1000余人参加。由外交部、国家林业局、国家环保总局组成的中国代表团参加了会议。会上中国"奈曼旗沙漠化综合整治研究"项目获联合国"拯救干旱土地奖"。

(执笔人：杨百瑾)

林业统计图表

全国林业用地面积示意图

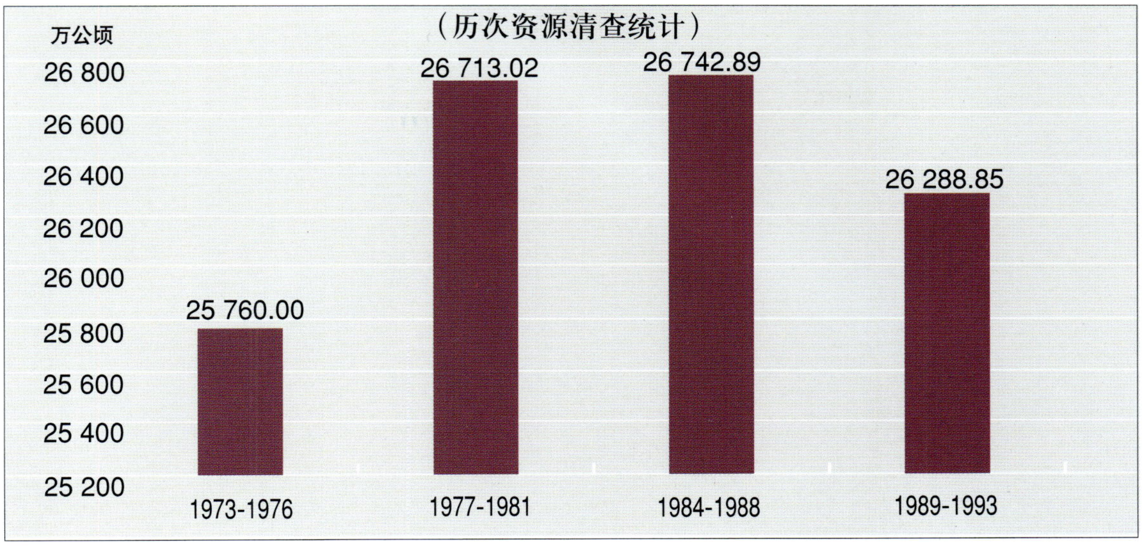

全国森林面积示意图

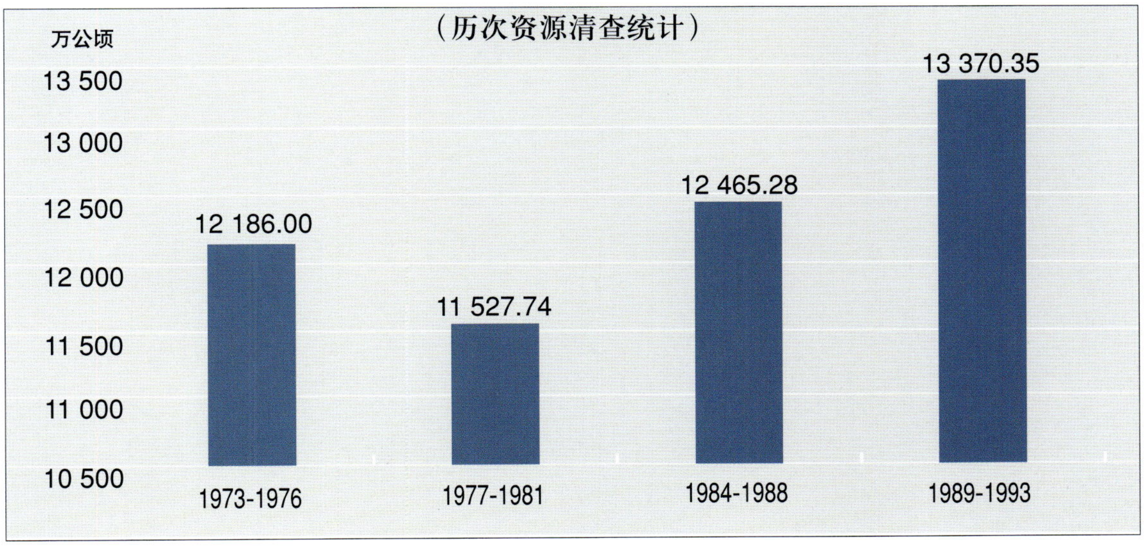

全国森林覆盖率变化图

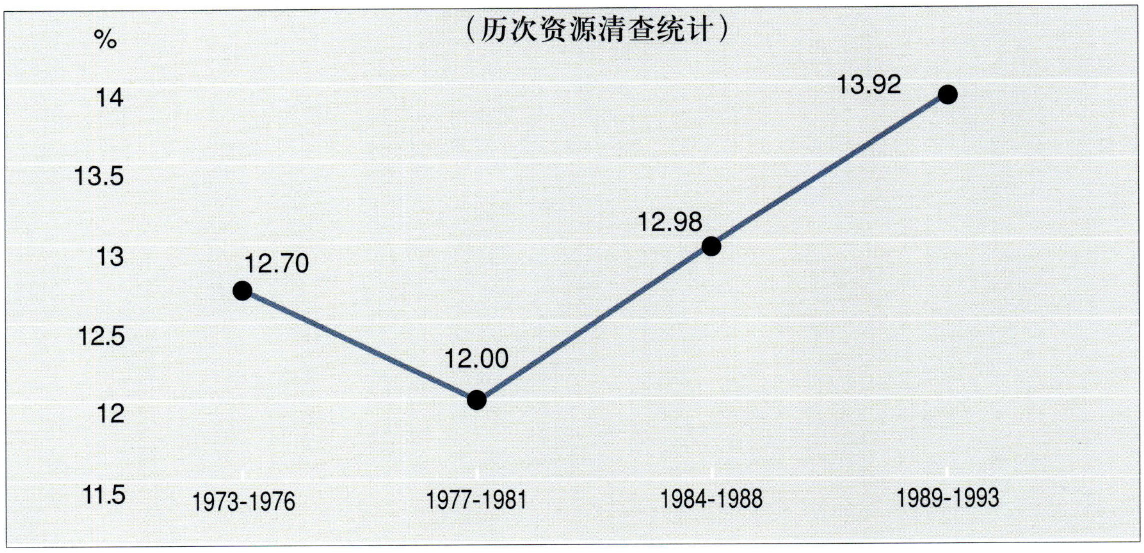

全国森林蓄积量示意图

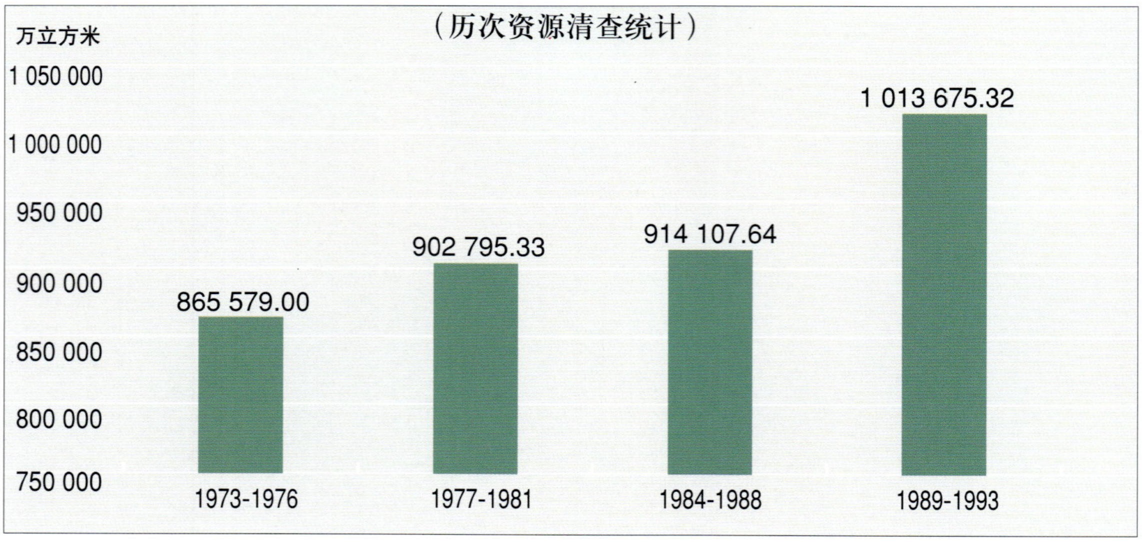

全国活立木总蓄积量示意图

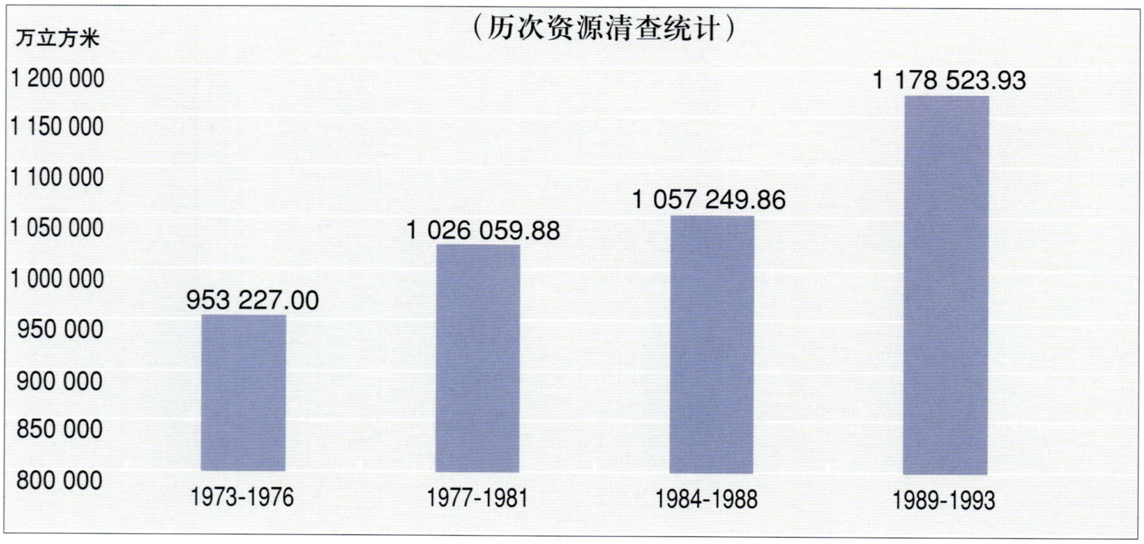

全国各时期造林面积示意图

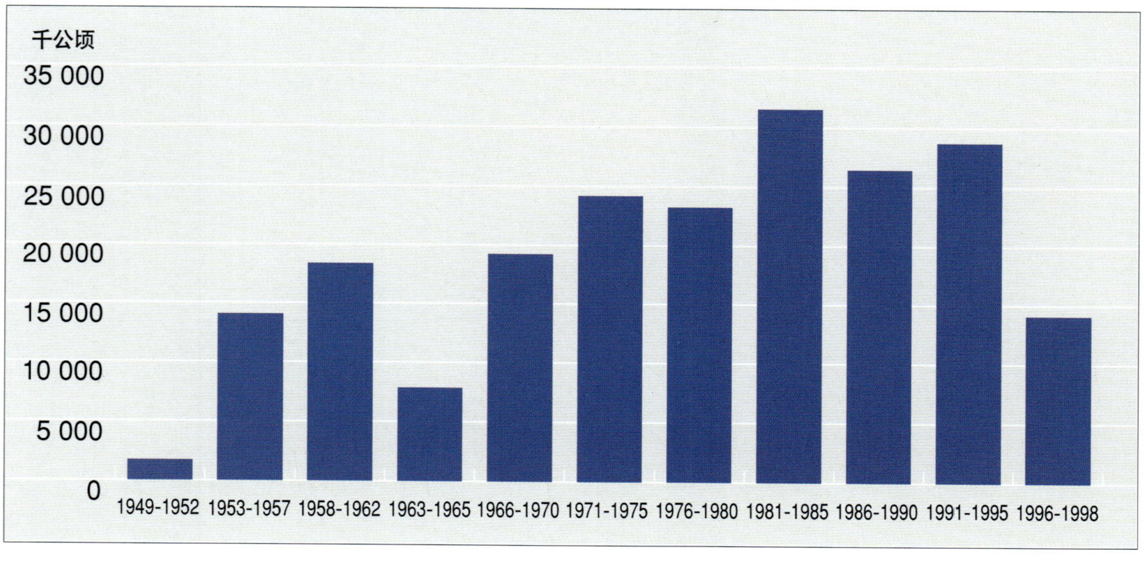

1998 年造林面积中林种构成示意图

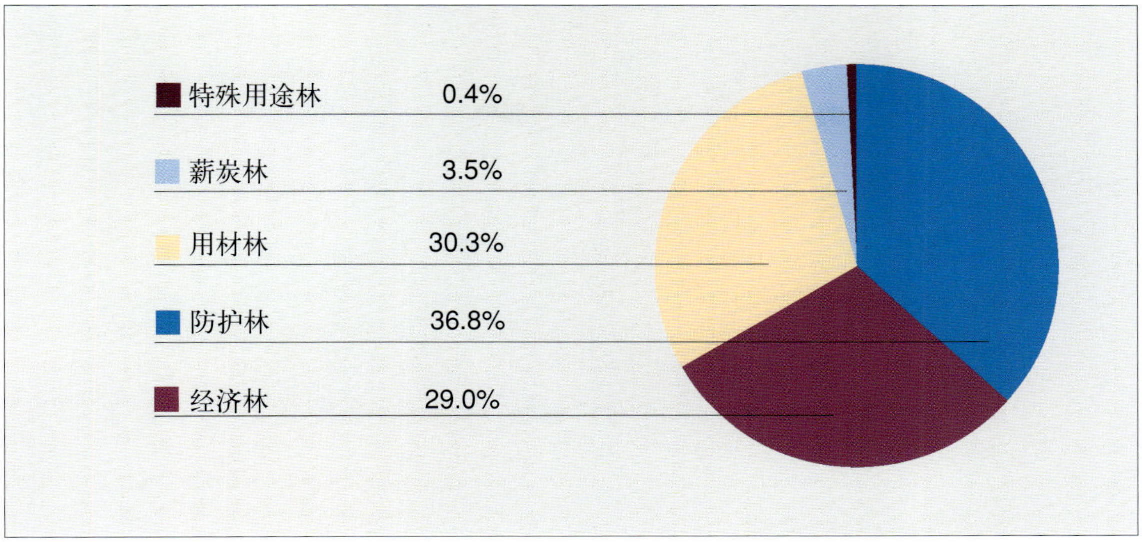

1998 年全国林业重点工程造林面积构成示意图

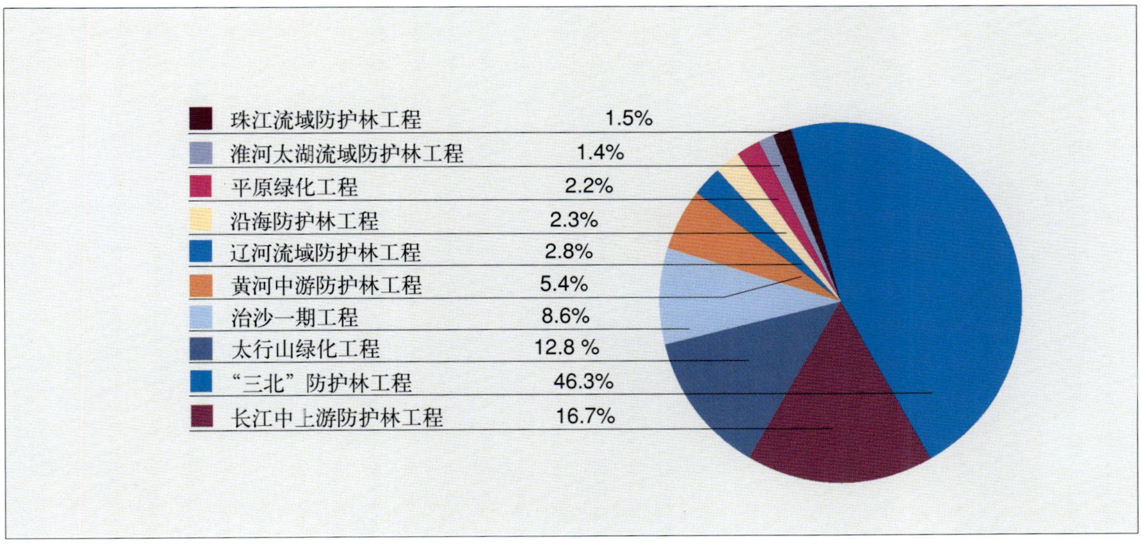

全国林业重点工程造林面积示意图(一)

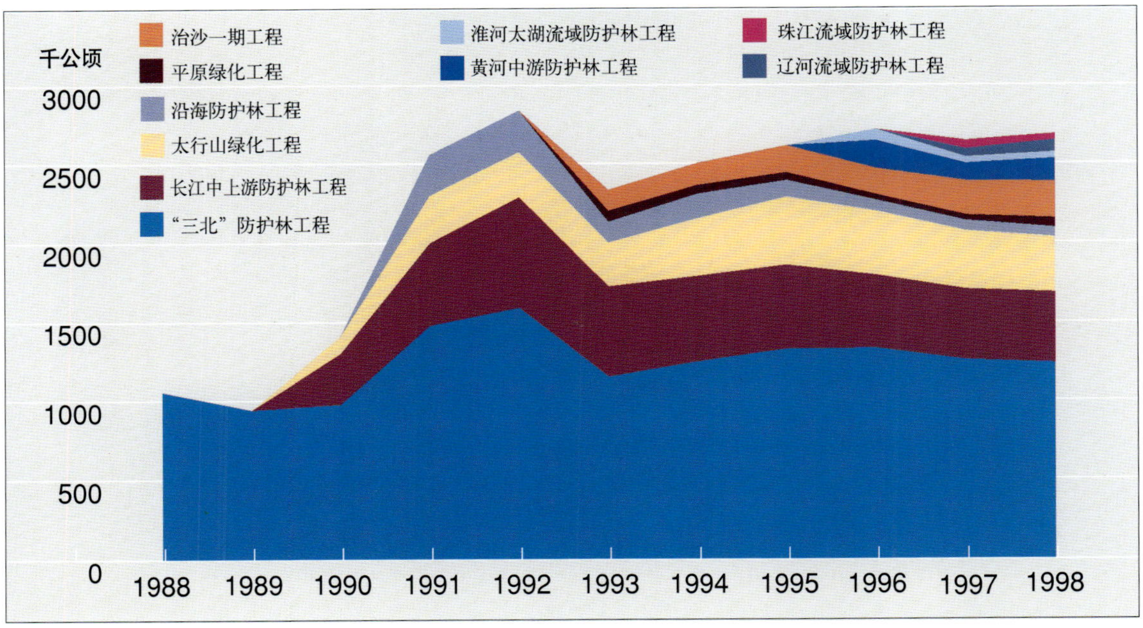

全国林业重点工程造林面积示意图(二)

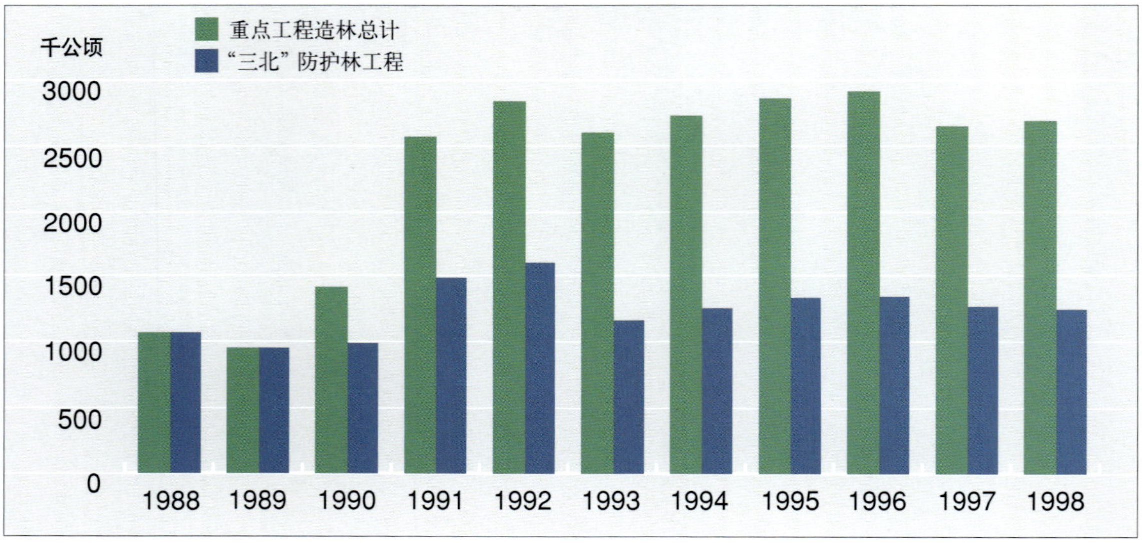

全国各时期迹地更新面积示意图

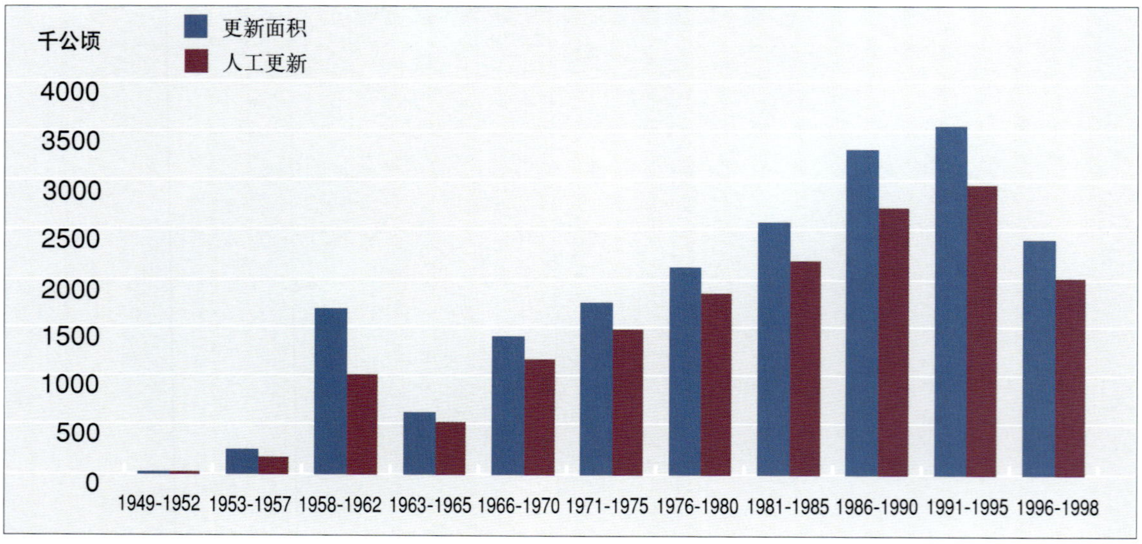

全国各时期木材产量示意图

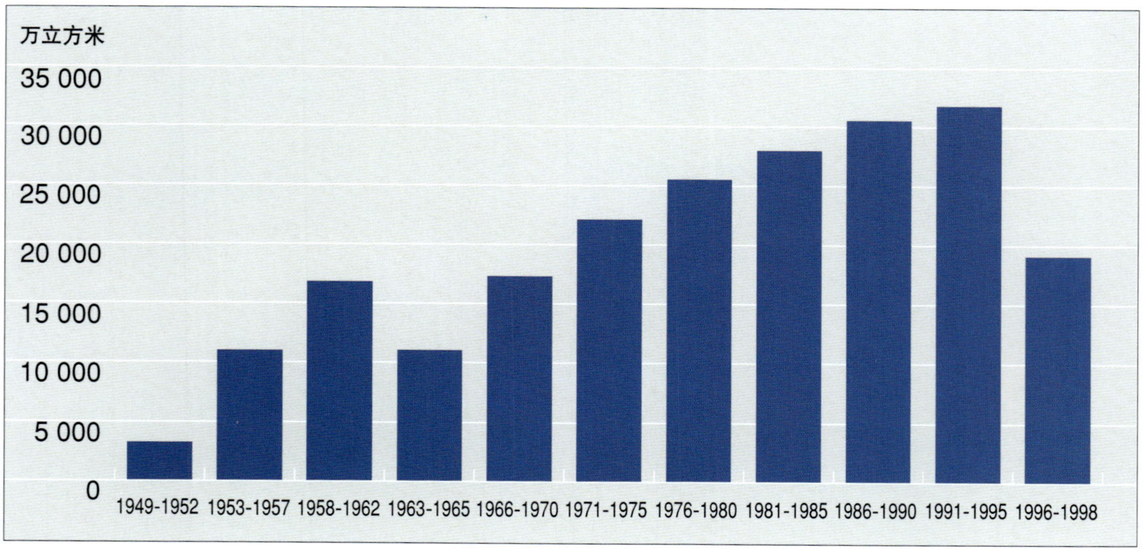

全国各时期锯材产量示意图

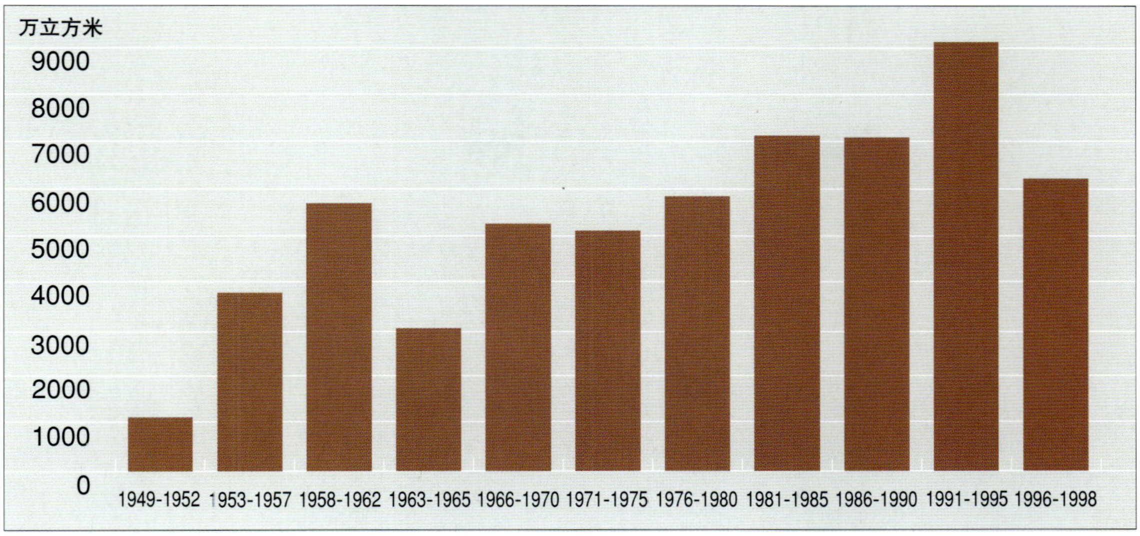

全国各时期主要人造板产量示意图

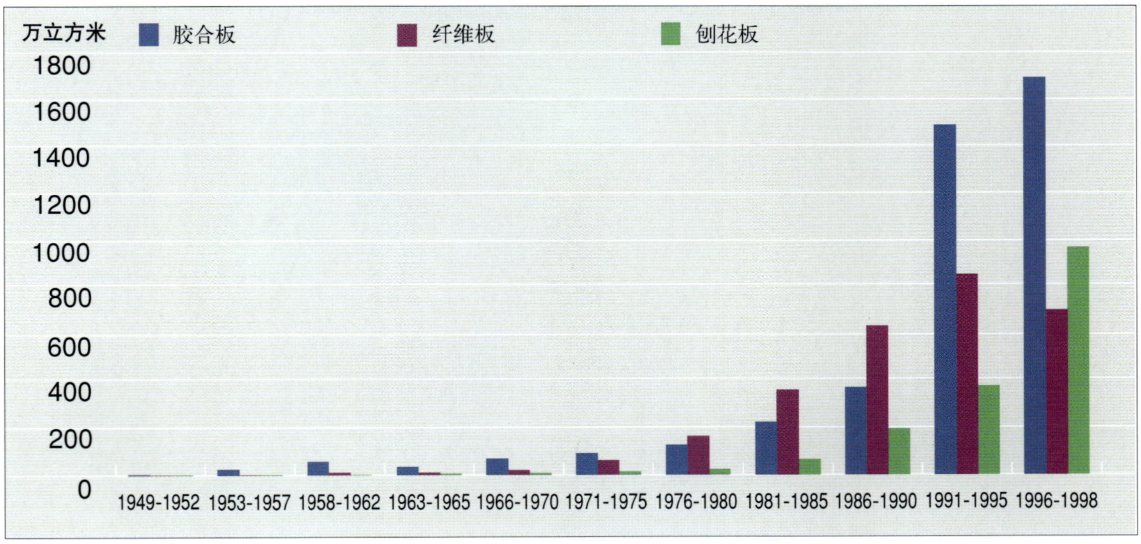

1991~1995 年全国主要人造板产量构成示意图

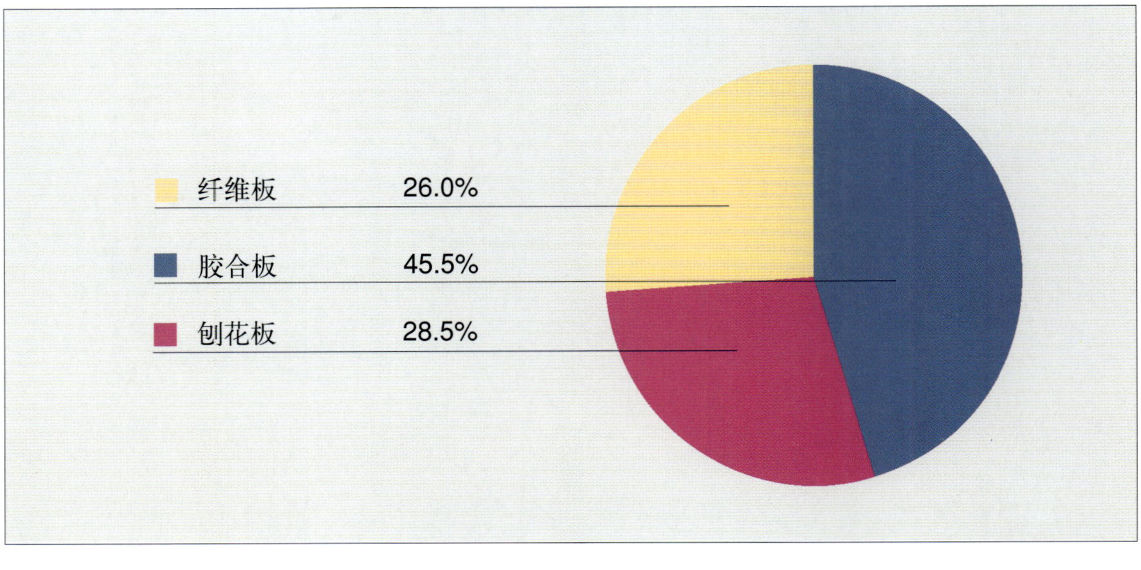

全国各时期竹材产量示意图

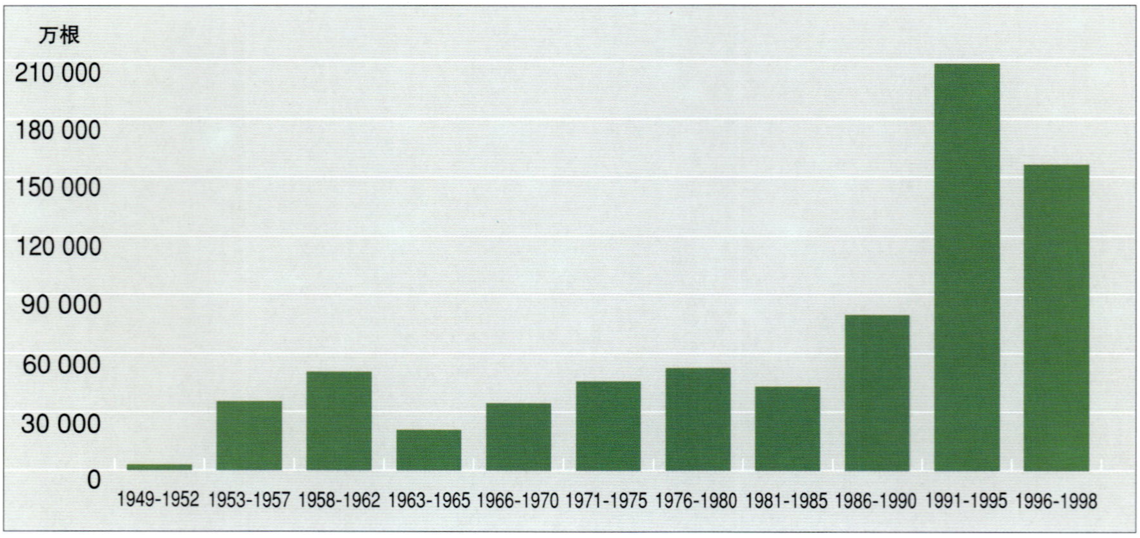

全国各时期松香产量示意图

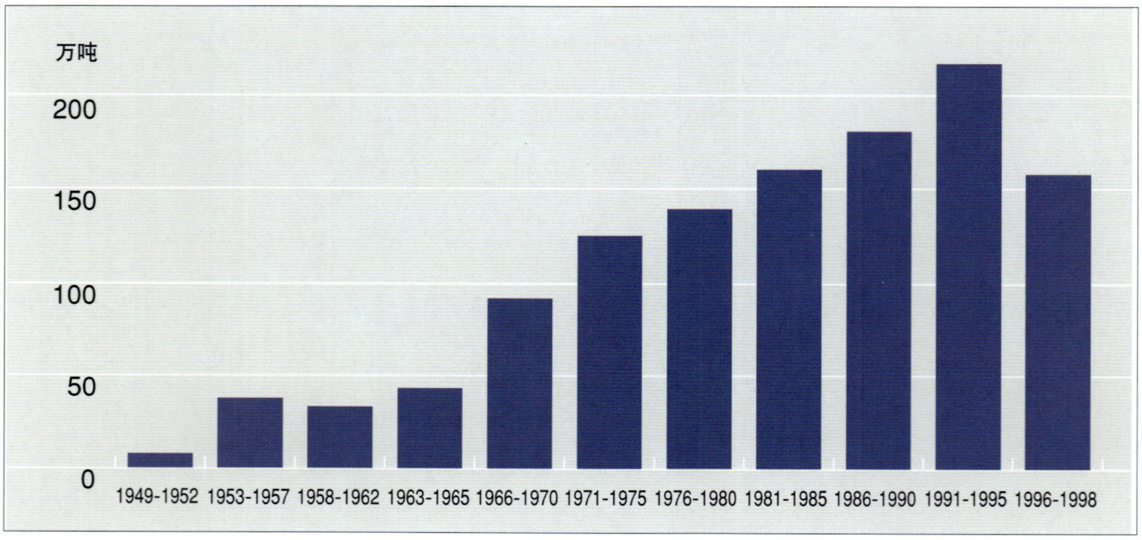

全国各时期主要林产品产量示意图

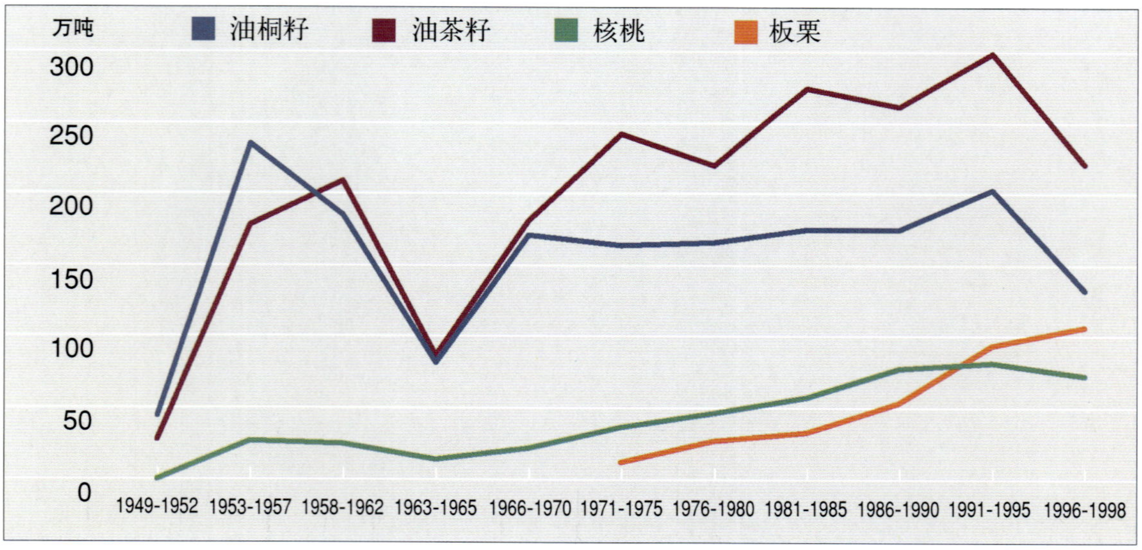

1998年林业产业总产值构成示意图

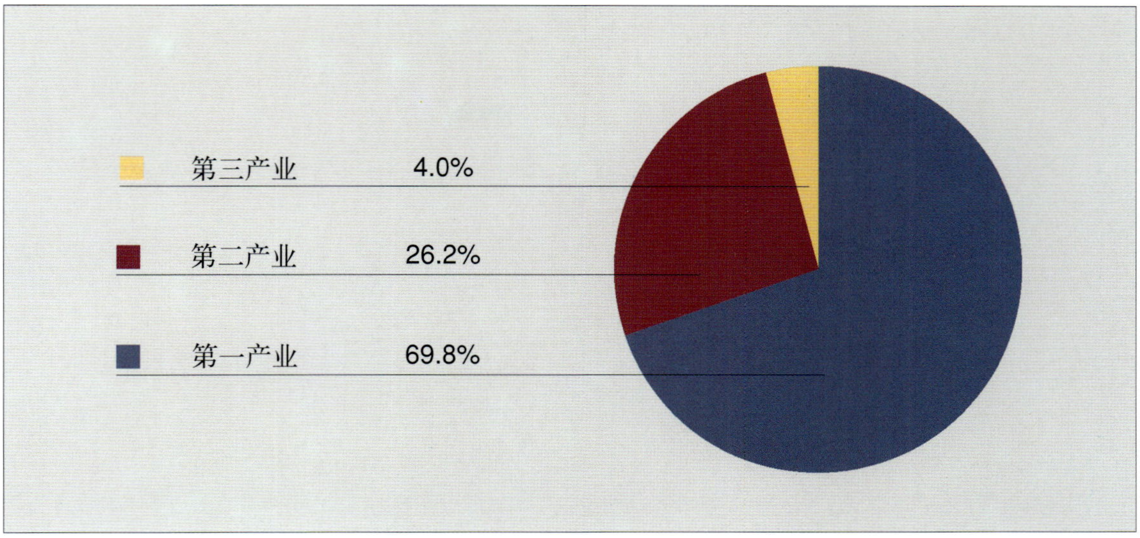

全国各时期营林产值示意图

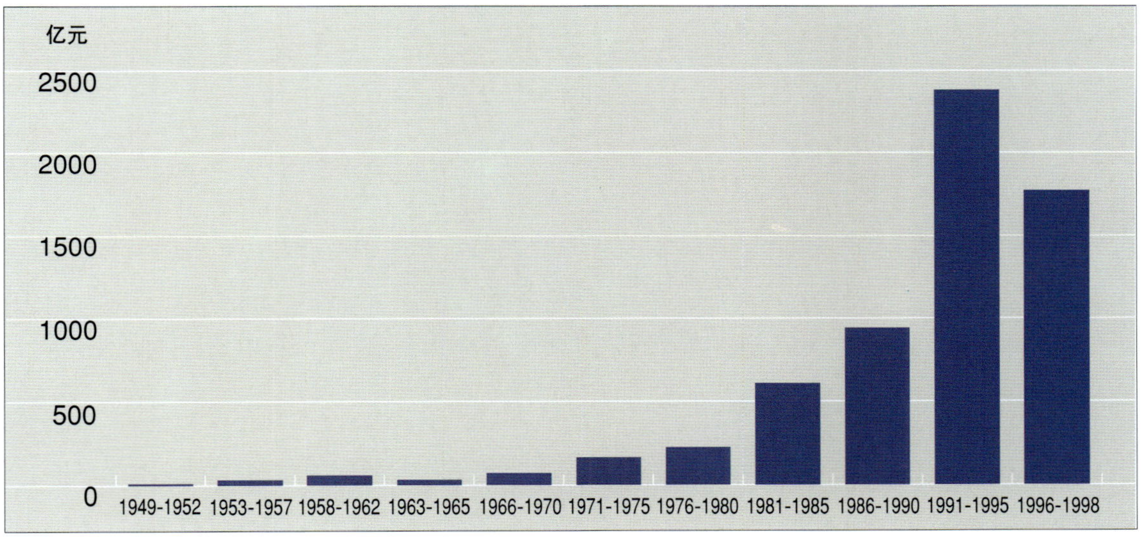

林业系统各时期基本建设投资构成示意图

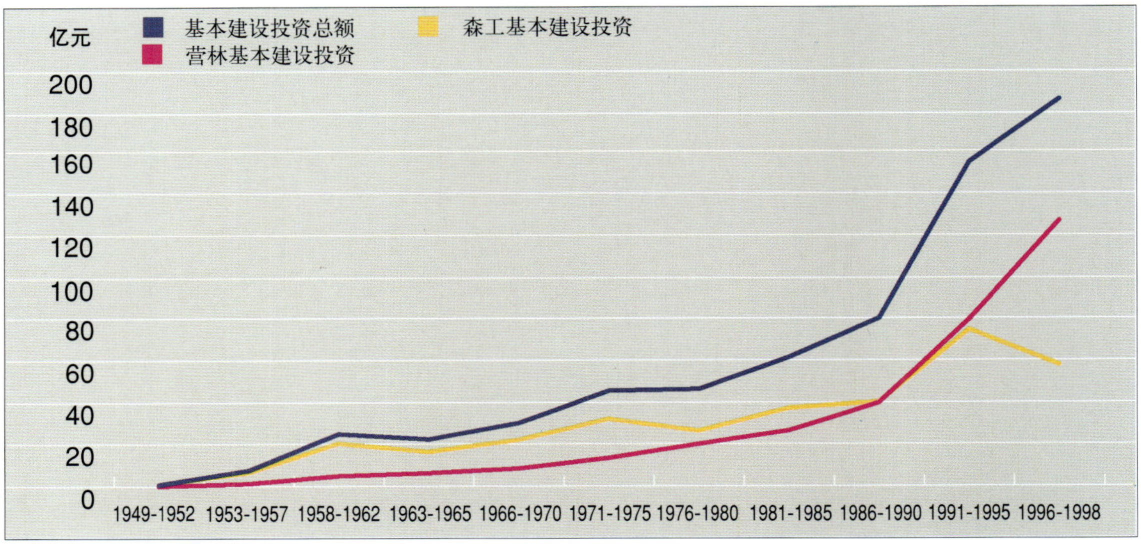

林业系统各时期基本建设投资示意图

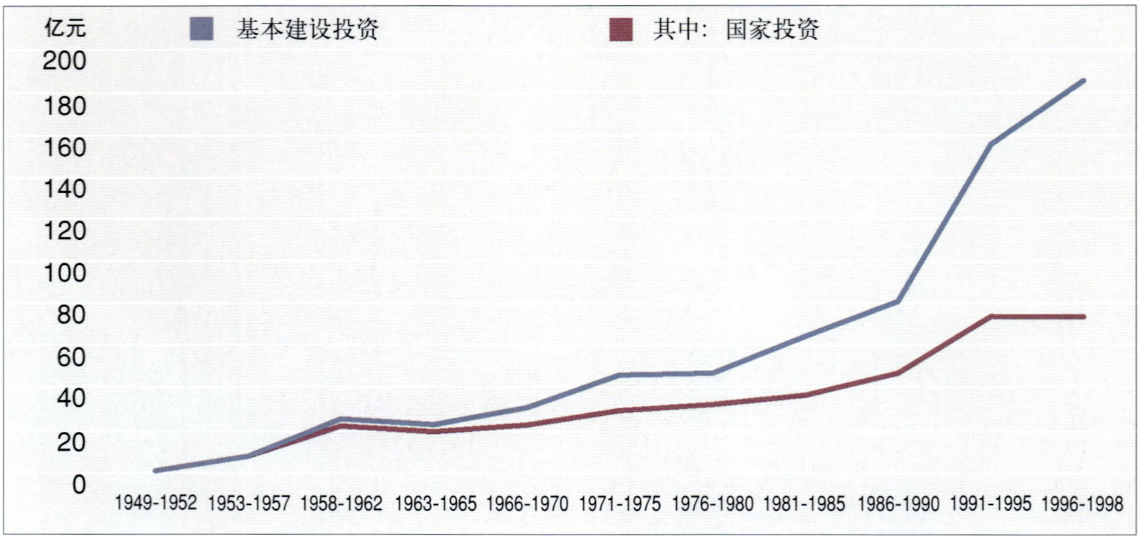

注释

1.“中国森林分布图”，经国家林业局森林资源管理司审核同意，采用中国林业出版社提供的版本。

2.“中国主要珍稀野生动物分布图”和“中国国家级自然保护区分布图”，由国家林业局野生动植物保护司提供资料，国家林业局调查规划设计院绘制。

3.“中国国家森林公园分布图”由国家林业局国有林场和林木种苗工作总站提供资料，国家林业局调查规划设计院绘制。

4.“中国十大林业生态工程建设分布图”和“中国速生丰产林基地分布图”，以及“中国山区综合开发示范县分布图”，由国家林业局发展计划与资金管理司提供资料，国家林业局调查规划设计院绘制。

5.林业发展统计图表的资料，分别由国家林业局发展计划与资金管理司和森林资源管理司提供。

林业撷英

"三北"防护林体系建设工程

天津市大型绿化工程

河北省首都周围绿化工程

北京市西山试验林场

泽州绿化

赤峰市治沙造林

伊克昭盟林业建设

莫尔道嘎森林工业有限公司

辽宁四大防护林和四大林业基地

吉林省湾沟林业局

松江河林业有限公司

拜泉林业模式

穆棱林业局

鹤北林业局

大连城乡绿化

东平国家森林公园

佘山国家森林公园

金寨县的造林绿化

福州人造板厂

永安林业(集团)股份有限公司

江西生态林业工程建设

山东林业大厦

国有常熟市虞山林场

桃江竹产业

广西国发林业造纸有限责任公司

广东省石龙木材厂

重庆市仙女山森林公园

四川升达林产有限公司

开县林业生态体系和产业体系建设

云南省林业科学研究院

楚雄彝族自治州林业建设

西双版纳国家级自然保护区

赤水竹业

西藏山南林业

甘肃省林业科学研究所
甘肃省林业科学技术推广总站

陕西治沙与生态保护

富县林业

宁夏贺兰山国家级自然保护区

六盘山国家级自然保护区

新疆生产建设兵团与绿洲

阿尔泰山林业局

沙湾林场的更新造林

大通林业

中国林业成人教育

中国林业科学研究院

中国林科院ABT研究开发中心

北京林业大学

东北林业大学

南京林业大学

中南林学院

中国林业职业教育

“三北”防护林体系建设工程

跨越我国西北、华北北部、东北西部的“三北”防护林体系建设工程，是迄今世界上规模最宏伟的人工生态系统工程，它开创了我国林业生态工程建设的先河。其建设范围东起黑龙江省宾县，西至新疆的乌孜别里山口，东西长4480公里，南北宽560～1460公里，涵盖了我国13个省、自治区、直辖市的551个县(旗、市、区)，总面积406.9万平方公里，占国土总面积的42.4%。按照工程建设总体规划，从1978年开始到2050年结束，分三个阶段、八期工程，共需造林3560万公顷，使该地区的森林覆盖率提高到14.95%，将从根本上改善这一地区的生态环境和生产生活条件。

现在，与“九五”计划同步的第三期工程正在实施之中。截至1997年底，累计完成造林2000多万公顷，森林覆盖率已提高到9%。风沙危害区20%的沙漠化土地得到治理；黄土高原40%的水土流失面积得到不同程度的治理；平原农区已有2100多万公顷农田实现林网化，占“三北”地区农田总面积的65%；在一些重点建设区建成了区域性防护林体系，生态环境明显改善。随着本世纪末第三期工程的建成，“三北”地区环境质量进一步改善，将为下世纪加快我国中西部地区经济发展创造良好的环境条件。

(撰稿：李静)

绿色屏障

人进沙退　沙漠变良田

黄土高原人工林(甘肃天水)

封山育林

植树造林　治理沙漠(陕西榆林)

经济林(甘肃河西走廊)

共建绿色长城

护岸林和农田林网

(摄影："三北"防护林建设局供稿)

天津市大型绿化工程

京津塘高速公路绿化带——武清县大王古庄乡路段景观

新中国成立初，天津市仅有林地2020公顷，森林覆盖率不足1%。经全市人民坚持不懈地植树造林，到1998年底，全市森林达到12.41万公顷，林木覆盖率达13.7%，山区1995年实现“灭荒”。全市80个乡实现了林网化，1100个村绿化达标，50个村建成高标准花园式绿化示范村。

天津市的造林绿化，从党的十一届三中全会以后开始进入新的发展时期，抓了几项重大工程，取得了显著成就。天津市外环线绿化带，是一项大型绿色环保工程，长达73公里，经4年奋斗，于1990年建成；绿色通道工程建设成效显著，全市铁路、公路、河道绿化率达70%以上；天津市“后花园”——蓟县大绿工程基本建成，实现了山区、平原绿化双达标；五大森林公园（九龙山、盘山、港北、杨柳青、官港）景观优美，旅游效益显著；两大自然保护区（八仙山、团泊湖）得到了有效保护和发展；三大果树基地（津西、蓟宝、小枣）建设，到1998年底，总面积达2.86万公顷，占全市果树面积的57%，年产果量近11万吨。沙荒综合治理也取得了明显成效。曾先后荣获“全国绿化先进单位”和“‘三北’防护林二期工程建设先进单位”称号。

（撰稿：张步峰

（摄影：郑兆欣　姚小苓　韩峻嶂　严石

天津市花卉产业中心温室

天津市林业局领导考察八仙山国家级自然保护区

国公路绿化带——宝坻路段绿化景点

港北森林公园林相景观

柳青镇大柳滩村果园

津西果树基地苹果丰收

县山区开发经济林1600公顷，图为葡萄园

九龙山国家森林公园景点

河北省首都周围绿化工程

塞罕坝机械林场的苍茫林海

张家口北部坝上沙区农田林网

河北省地处京津周围，是京津两市的生态屏障；加强造林绿化，防止风沙危害，对改善首都生态环境具有十分重要的意义。经河北人民近半个世纪的艰苦奋斗，创造了首都周围绿化、太行山绿化、燕山绿化和平原绿化的成功模式。它们从大环境、大气候上对北京产生了积极的影响。

河北省首都周围绿化工程是京津周围地区绿化工程的主体，占总绿化任务的87%。自1986年2月工程正式实施到1996年底，完成造林种草161万公顷，占总体规划任务的50%。项目区森林覆盖率提高到25%。一个环卫京津的区域性生态防护林体系框架基本形成，生态效益显著。据有关观测资料表明，北京市冬季风速降低了40%，扬沙日减少39%，市区降尘量降低41.1%，空气中悬浮颗粒物下降22.3%。“风沙紧逼北京城”的状况得到一定程度的缓解，北京的生态环境质量有了明显改善。

（河北省林业厅　供稿）

太行山植树造林综合开发工程

德市磬槌峰森林公园

河北名特优产品——大杏扁

北农业大学林学院培育的樱桃新品种

河北省林科院培育的凤梨盆花

皇岛渤海林场背牛顶森林公园

（摄影：王振一　王兴芬　李惠均　范明祥　聂国民）

北京市西山试验林场

北京市西山试验林场位于北京西郊小西山，始建于1952年，全场经营面积近6000公顷，属生态公益型林场。

40余年来，林场坚持“以林为主，全面发展”的方针，营造了大面积优质速生人工林，森林覆盖率由建国初期的4.7%提高到现在的98%。昔日的荒山秃岭变成今日葱郁的森林，成为京郊距市区最近的一块绿色宝地和天然屏障，在首都大环境绿化中发挥了重要作用。党的十一届三中全会以后，林场在“以林为主，多种经营，长短结合，以短养长”的发展方针指导下，不断调整产业结构，发展多种经营，搞活林场经济。林场现已拥有院绿化、机动车加油、模板租赁、科技测试、商业服和森林旅游等多种经营项目，形成林、工、商综合经的格局。全场固定资产达1000万元，年收入2000万年利润280万元。职工人均年收入达万元以上。1990以来，北京市和林业部分别授予该场“全国国营林场进单位”、“首都文明标兵”、“全国国有林场十大标兵位”和“全国科技兴林示范林场”等荣誉称号。

（撰稿：阎海

主要林分类型——侧柏人工林

场办北京林业生物防治研究推广中心

百望山森林景区

春到西山

（摄影：阎海平 谭士

泽州县地处山西省东南部，是国家太行山绿化工程点县。1989年，山西省作出了《关于到2000年全省%的县实现基本绿化达标的决定》，要求泽州县1998实现绿化达标，为此，泽州县提出“奋战七年，实现化”的目标。采取以乡镇按年度分批分期实现绿化达的办法，把达标工作搞得扎扎实实。荒山绿化实行飞造林、封山育林和人工造林多轮驱动，大大加快了绿进程。在全省首先提出开展小康村生态园林化建设，效地提高了绿化的质量和标准。特别是1995年以来，战3年，全县有林地面积由1989年的1.15万公顷增到4.29万公顷，森林覆盖率由1989年的19.9%提高39.53%。全县已建成高标准生态园林化小康示范村20个。1997年8月，经省政府验收确认，该县提前2年实现了基本绿化达标，被评为“山西省林业建设红旗县”，多次受到林业部表彰。

（泽州县林业局　供稿）

化了的荒山

长势旺盛的油松林

康村生态园林化建设

经济林基地建设

赤峰市治沙造林

沙区飞播造林种草

大规模造林预整地工程

林茂粮丰

赤峰市位于内蒙古自治区东部，幅员面积9万平方公里，总人口446万人。境内有科尔沁和浑善达克两大沙地，总面积242.53万公顷。受沙化危害的区域达562.33万公顷，占全市总面积的62.5%。沙化造成的主要危害是压埋农田、草场，淤积河流、渠道，阻断公路、铁路，生态环境严重恶化，群众生活十分贫困。

新中国成立后，赤峰市以治沙造林为重点，开展了大规模的生态环境治理与建设，取得了显著的成效。生态环境明显改善，农牧业综合生产能力大幅度提高。截至1998年，累计完成治理开发沙地140万公顷，占沙地总面积的58%；森林面积由建国初的45.33万公顷增加到近200万公顷，森林覆盖率由不足5%提高到21.65%；年泥沙流失量由原来的1.1亿吨下降到5000万吨，八级以上大风天数和沙暴天数分别比60年代下降了40%和65%。农牧业经济具备了年产25亿公斤粮食，存栏950万头牲畜的综合生产能力，相当于建国初期的10倍。初步探索了一条“林多草多、畜多肥多、粮多钱多”的可持续发展的生态与经济相互促进、良性循环的发展道路。

（撰稿：张德平）

敖汉旗大规模草牧场防护林

什克腾旗白音敖包沙地云杉自然保护区

沙区小生态经济圈

山区太平地农田防护林体系

茅荆坝天然次生林区

（摄影：崔玉堂）

伊克昭盟林业建设

黄土高原水土流失区单向反坡机械开沟造林整地

伊克昭盟又称为鄂尔多斯，位于内蒙古自治区的西南部，历史上曾是水草丰美的地方，但由于近代的气候变化和人为破坏，草场退化、土地沙化现象极为严重，到解放初全盟有林地仅为4.5万多公顷，森林覆盖率为0.5%。

新中国成立后，伊克昭盟认真总结历史经验教训，狠抓生态环境建设，特别是党的十一届三中全会以后，把种树、种草作为全盟的头等大事常抓不懈，并确立了“植被建设是全盟最大的基本建设”的建盟方针。经全盟人民近50年的奋斗，截至1997年底全盟有林地面积达到104.5万公顷，林木覆盖率达到12.23%。生态环境恶化趋势得到初步扭转，土地沙化、草场退化、水土流失等现象得到控制，动植物资源得到有效的保护和发展，一个“比较完备的林业生态体系和比较发达的林业产业体系”的崭新局面正逐步形成。

（伊克昭盟林业局　供稿

鄂尔多斯——阿拉善海子的遗鸥繁殖地

（摄影：迟悦春　吴　勇　于新芳

毛乌素沙地中的万亩水稻良田

伊金霍洛旗境内的哈拉沙地工程措施固沙景观

毛乌素沙地的天然沙地柏保护区

库布齐沙漠穿沙公路的生物、工程措施防沙工程

杨树用材林基地

丘陵山区水土保持林工程建设景观

莫尔道嘎森林工业有限公司

莫尔道嘎森林工业有限公司（其前身为莫尔道嘎林业局）是内蒙古森林工业集团所属的大型国有森工骨干企业，位于我国北疆大兴安岭林区北部呼伦贝尔盟额尔古纳市莫尔道嘎镇。现有职工8200人，总经营面积5800平方公里，森林蓄积6000万立方米。

党的十一届三中全会以来，公司以改革总揽全局，强化管理，调整产业、产品结构，开拓市场，经济效益逐年增加，精神文明建设同步发展。十几年来，更新造林2万多公顷，森林覆盖率由“七五”初期的81.7%提高到87.3%，森林资源长大于消；年木材生产能力由1986年的28万立方米增加到40万立方米，20年来共为国家生产商品材738万立方米，上缴利税3亿多元；先后开发生产锯材、地板块、板式家具、木片等10多种林产工业产品，年产值达1800多万元；大力发展多种经营和家庭经济，1996年实现产值5000多万元；通过招商引资，先后建起了台圳、森洋、三林3个合资厂，产品出口创汇达125万美元。该公司连续8年被内蒙古自治区评为“经济效益先进企业”，1990年晋升为“国家二级企业”，1991年获全国“五一劳动奖状”。

（撰稿　摄影：张焕瑞　刘兆明）

原始林区林相

公司领导深入山场现场办公

贮木场

集成材车间

公司办公大楼

莫尔道嘎狮园小区社区建设

森林采伐作业

莫尔道嘎林城夜色

辽宁四大防护林和四大林业基地

辽宁是一个少林省，生态环境失调，自然灾害频繁。为改善生态环境，省委、省政府十分重视林业建设，特别是改革开放以来，造林速度明显加快，全省人工造林保存面积已达250多万公顷。水源涵养林、“三北”防护林、沿海防护林、农田防护林四大防护林和用材林、速生丰产林、经济林、薪炭林四大林业基地的建设都已初具规模，为辽宁省林业生态体系和林业产业体系的形成打下了良好的基础。

东部山区水源涵养林和西北部“三北”防护林，在辽宁东、西两厢形成了巨大的防护屏障。东部山区的200多万公顷水源涵养林，总蓄水量达120亿吨，可提供生产和生活用水70亿吨；西北部150多万公顷的防护林，开始发挥防风固沙、保持水土的作用，控制水土流失面积达200多万公顷。生态环境有了较大改善，自然灾害有所减轻，使这一地区的粮食产量成倍增长。四大林业基地建设也有了长足发展，全省经济林面积已达136.77万公顷，占有林地面积的30.32%；速生丰产林到1996年已达27.83万公顷，为发展多种经营和林产工业提供了条件。现已初步形成了以经济林、人造板、制材、木片、山野菜、采矿、森林旅游为主体的林产业框架和一批林业名牌产品。1997年，全省实现林产业产值81亿元，比1978年增长25.3倍。

（辽宁省林业厅　供稿）

辽宁林业科技培训中心

辽宁省委和省林业厅主要领导同志参加义务植树活动

章古台樟子松固沙林

昔日沙丘荒漠今成万顷良田

义务植树　绿化荒山

辽宁省实验林场中密度、集成材生产厂

渤海之滨——沿海防护林

辽宁东部水源涵养林

吉林省湾沟林业局

湾沟林业局位于长白山西麓，1958年建局，是吉林省开发较早的国有林区之一。全局现经营面积9.34万公顷，森林蓄积724万立方米，设2个木材经销公司、2个木材加工公司、11个林业经营公司以及汽运处、水泥厂、机械厂等35个基层单位，在职职工7600多人。该局历史上最高年产木材达28万立方米，为国家作出了重要贡献。近年来，为了克服森林可采资源日益减少、资金紧张的局面，实行了“集中决策、分散经营、多级管理、主辅剥离”的综合配套改革，使一个年亏损千万元的老森工企业焕发了生机。1995年实现扭亏1350万元，盈利150万元，一跃成为吉林省扭亏增盈的先进企业。先后被省委、省政府授予扭亏变化最大企业、文明单位称号，1997年又被省有关部门授予“职业道德建设十佳”单位。

目前，该局主要产品除红松、水曲柳、云杉、柞木等名贵木材外，胶合板年生产能力已达2000立方米，水泥27.6万吨。地板块、铅笔板、雪条棒、空心门等木制品加工业，以猪、羊、鹿、林蛙为主的养殖业和以中草药、食用菌为主的种植业，均已形成规模。全局开发多种经营面积1820多公顷，年产值570多万元。

（湾沟林业局　供稿）

改革成果展

湾沟林业局办公大楼

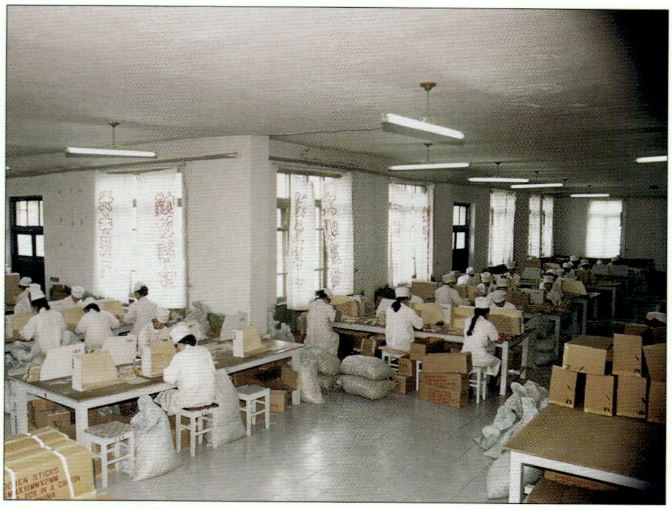

雪条棒生产车间

养鹿场

松江河林业有限公司

松江河林业有限公司地处长白山西麓，是吉林省国家大型综合性森工企业。其前身是松江河林业局，经两年现代企业制度试点，于1997年正式挂牌为“松江河林业有限公司”。公司现拥有60个基层单位，职工2.5万人，经营森林总面积16万多公顷。

近年来，公司坚持企业内部改革，加大了对产业、产品结构的调整，改变了以往那种以木材为主、产品单一的局面，充分利用林区的丰富资源，大力发展种植业、养殖业、采集业，不断拓展对外经营的领域，努力开发新产品。目前，该公司生产的刨光锯材、地板块、雪糕棒、牙签、百叶窗条等木材精深加工产品已畅销国内外。多年来，松江河林业有限公司坚持“两手抓、两手都要硬”的方针，精神文明建设也取得了可喜的成果，自1990年以来连续保持“全国模范职工之家”、“全国思想政治工作优秀企业”、“吉林省先进基层党组织”等荣誉称号。

（松江河林业有限公司　供稿）

公司董事会、监事会成员

公司制材厂在生产硬木地板块

1996年8月全国边疆地区国有森工企业文化长廊建设现场会在松江河召开

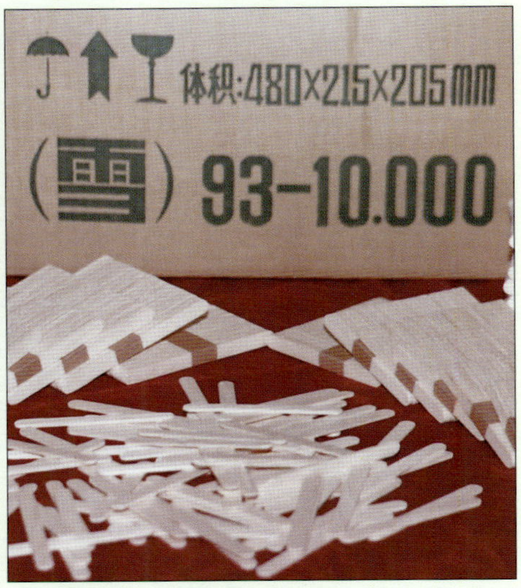

公司生产的雪糕棒

拜泉林业模式

拜泉县是黑龙江省中部地区的一个农业大县，也是“三北”防护林体系建设的重点县，全国生态农业建设的典型。由于历史上长期毁林毁草开荒，生态环境遭受到严重破坏，该县原有肥沃的黑土地变成了跑水、跑土、跑肥的“三跑”地，粮食单产不足百公斤。

自列入“三北”防护林体系建设重点县后，拜泉县委、县政府抓住机遇，全面开展了以植树造林、治沟治坡为主体的生态农业建设。根据“治理一坡、成功一片、效益一方”的原则，不断优化林业模式，对坡水田林路综合治理、林果畜粮鱼立体开发，逐步形成了“三道防线”和“十子登科”的新格局。经全县50万人民的艰苦奋斗，百万亩防护林在拜泉大地崛起，一个以农防林、护村林、护路林和水保林为主体骨架的防护林体系已经形成，全县32个小流域和150个生态小区基本得到治理。截至1997年末，全县有林地面积由80年代初的2.69万公顷发展到7.6万公顷，森林覆盖率由7.5%增加到21.1%，生态环境有了根本性的改善，农业生产有了基本保障。曾先后荣获世界生态工程奖和全国造林绿化先进县、百佳县等荣誉称号。

（黑龙江省林业厅　供稿）

省政协领导来拜泉检查林业工作

小流域生态小区

拜泉县营造百万亩人工林纪念碑

拜泉大地崛起的农田防护林

穆棱林业局

穆棱林业局位于黑龙江省长白山北坡，是国家大
一级森工企业。自1947年建局以来，累计为国家生
商品材1483万立方米，上缴利税4.97亿元，创工业
产值18.83亿元，为国家建设作出了重要贡献。

该局现有施业区总面积26.7万多公顷，总人口4.1
人，其中职工1.1万人，固定资产总值1.7亿元。50
来，穆棱林业局始终坚持以营林为基础的方针，采
结合，造管并举，科学经营，促进了森林资源的增
。到1997年底，全局人工林面积已超过百万亩，采
消耗森林蓄积2199.5万立方米，森林资源总生长量
75.5万立方米，实现了生长量大于消耗量。穆棱林
局先后被国家经委、林业部、黑龙江省政府授予“经济效益先进单位”、“六好企业”、“省级先进企业”光荣称号。

党的十一届三中全会后，穆棱林业局以改革为动力，以实现森林资源永续利用和林业可持续发展为目标，不断加大森林资源的培育和保护力度，实施了分类经营，积极探索林业可持续发展道路。1997年被林业部批准为国有林区林业可持续发展试验示范区。

（中国龙江森林工业集团　供稿）

领导在踏察林地，规划未来科学培育森林的发展方向

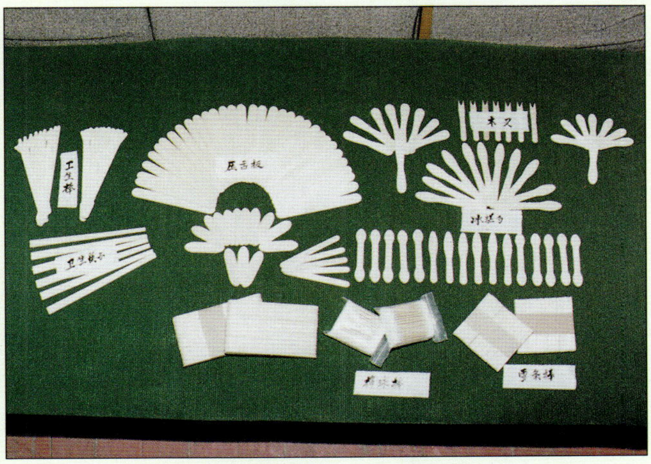

林产工业产品远销海内外

望无际的林海

穆棱林业局办公大楼

（摄影：张金虎　谭永发）

鹤北林业局

鹤北林业局地处黑龙江省东北部，小兴安岭东南麓，是国有大型森工企业、国家二级企业，位居全国500家大型企业行列。在全国同类型136家森工企业中，鹤北林业局被唯一列入国家重点建设项目。1987年按总体设计建成并通过国家竣工验收，形成了年生产木材40万立方米、锯材2.4万立方米、更新造林10万亩的生产能力。该局施业区总面积38.2万公顷，活立木总蓄积2724万立方米，森林覆盖率77.5%，优势树种为红松、柞木和白桦。林木年平均增长率为2.7%，年生长量为71.8万立方米。施业区内还有丰富的野生动植物资源和矿产资源。

鹤北林业局坚持实施“以林为主、综合开发、主体经营、富企富民”的发展战略，积极调整产业产品结构，形成了营林生产、木材生产、林产工业、多种经营等多种产业格局，全局拥有固定资产1.7亿元，具有较雄厚的经济实力和较强的市场竞争能力，1997年经济效益居黑龙江省森工系统的首位。

（中国龙江森林工业集团　供稿）

鹤北林业局党政领导在研究天然林保护工程实施方案

落叶松人工林林相

从芬兰引进的先进营林技术——育苗大棚

鹤北林业局街心花坛

（摄影：曹玉彬）

大连城乡绿化

顺南路两翼绿化

大连市位于辽宁省辽东半岛，依山傍海、风光秀美，交通便利、经济繁荣，是我国东北地区集港口、工业、旅游于一身的开放城市。

为改善环境、美化城市，大连市委、市政府高度重视林业建设和城乡绿化工作。经全市人民的共同努力，大连正在向着国际上发达国家的绿化水平迈进。现全市已消灭了宜林荒山，共有林地43.8万多公顷，森林覆盖率38.2%，城市人均绿地7.5平方米。城乡各地涌现出一大批造林绿化精品工程，一些别具特色的公园、广场、示范小区、园林式村庄、森林公园，似颗颗翡翠镶嵌在滨城大地。因此，大连市曾先后荣获“全国造林绿化十佳城市”、“国家园林城市”、“国家环保模范城市”等称号，是全国首批森林生态网络工程3个试点城市之一。

（撰稿：栾景三）

连森林公园大连湾景区

农村绿化景观——长海县大长山镇一角

连市经济开发区

（摄影：栾景玉　孟繁文）

东平国家森林公园

东平国家森林公园位于崇明岛中北部，面积358公顷，是上海市著名的度假胜地。

自1994年开发崇明森林旅游业以来，对其基础设施作了高起点、大范围的建设改造，新开发了攀岩、狩猎、越野赛车、划船、沙滩排球、森林浴等一系列具有特色的娱乐项目。近几年，为提高公园的接待服务能力，采取内引外联等方式，筹资上亿元，建起了森林度假村、宾馆、会议中心、少儿活动营地等，形成了集会议、旅游、度假、娱乐于一体的综合性的现代化大型景区，旅游投资环境日臻完善。

（东平国家森林公园　供稿）

水杉林

东平国家森林公园外景

森林度假村

少年儿童野营基地

佘山国家森林公园

佘山国家森林公园位于上海松江区，占地400多公顷，植被丰富、景观秀美，十二座山峰逶迤13公里，景秀多姿，是上海唯一的自然山林景区。该地区历史悠久、人文荟萃，也是上海历史文化的发源地。许多著名的塔、泉、溪、洞、壁，尤其山顶上远东第一大教堂和百年佘山天文台闻名海内外。佘山国家森林公园建立于1993年，1995年又建立上海佘山国家旅游度假区。近年来，先后又建成了东佘山园、西佘山园、小昆山园、佘山索道、森林百鸟苑、森林宾馆等一批森林旅游服务设施，成为国内外游客来上海观光游览的一大胜地。

（上海市农林局　供稿）

东佘山园，以竹文化为主要特色

远东第一大教堂——佘山圣母大殿

西佘山园，人文荟萃，自然景观秀美

佘山索道，全长1080米，连接东、西佘山园

金寨县的造林绿化

金寨是安徽省以林为主的山区大县，长期以来坚持治山治穷兴林，特别是改革开放近20年来，林业建设出现了消灭宜林荒地、实现绿化达标和开展第二次创业三大高潮，取得了瞩目成就。截至1997年，全县已建杉木速生丰产林基地6万公顷，发展板栗3万公顷，年产板栗1000多万公斤，成为安徽省第一板栗大县，封山育林7.33万公顷，发展毛竹1126万根。全县有林地已发展到23.4万公顷，森林覆盖率达65.7%，森林蓄积量879万立方米，林业建设已步入良性循环轨道。该县先后荣获全国造林绿化百佳县、全国经济林建设先进县、全国森林资源管理先进单位等称号。

（撰稿：李自金　黄德源　薛胜平）

封山育林7.33万公顷

县林业局领导向记者介绍护林防火经验

发展板栗林3万多公顷

堂寨国家森林公园

建杉木速生丰产林基地6万公顷

毛竹林

银杏育苗基地

（摄影：李自金　黄德源　薛胜平）

福州人造板厂

福州人造板厂外景

福州人造板厂是一家木材综合利用、国有大型现代化企业，也是国家512家重点国有企业和福建省36家支柱产业骨干企业之一。工厂先后从美国和德国引进具有国际先进水平的中密度纤维板生产线，年产中密度纤维板12万立方米。自1986年投产以来，共生产中密度纤维板62.7万立方米，创利税3.52亿元，为建厂总投资的3.6倍。经济效益连续9年居全国同行业首位，三次荣列中国500家最佳经济效益工业企业。该厂生产的“福人”牌中密度纤维板获省优、部优、国优和福建省首批名牌产品称号。该厂还荣获全国“五一”劳动奖状和全国十家优秀企业(金马奖)称号。

（福建省林业厅　供稿）

获全国十家优秀企业(金马奖)

“福人”牌饰面中密度纤维板

中密度纤维板生产线户外设备

永安林业(集团)股份有限公司

福建省永安林业(集团)股份有限公司创立于1993年,是全国首家拥有森林资源经营权,集林、工、商相结合,产、供、销为一体的林业综合性控股制企业。公司坚持“资源基地化、经营多元化、市场国际化、管理现代化、效益最佳化”的方针,加强经营管理,扩大经营规模,使企业由单一的产品经营向与资本经营相结合的方向发展。1996年,“永安林业”股票在深圳证券交易所正式上市,成为全国以森林资源为主要经营对象的上市公司。1997年又成功地兼并了福建三明人造板厂,企业规模迅速扩大,形成了森林培育、采伐、人造板、林产化工、制药一体化生产规模。公司现有员工3100人,有23个下属单位。

(福建省林业厅　供稿)

公司大楼

首届股东大会

“永林牌”高级耐磨地板

清水笋畅销国内外

林化产品——脂松香

江西生态林业工程建设

江西地处长江中下游南岸，境内有5条河流从南、东、西三面汇入鄱阳湖，湖口注入长江，形成一个完整的鄱阳湖水系。搞好这个地区的林业建设，对于维护生态环境具有重要意义。

自80年代以来，江西省为了加快全省造林绿化进程，先后实施了长江中上游防护林体系建设工程、平原绿化工程、防沙治沙工程、兴林抑螺工程、京九绿色长廊工程、中德合作九江长江防护林工程等一批国家生态林业工程，取得了良好的生态效益、社会效益和经济效益。截至1998年，长防林工程已造林131.33万公顷，为国家下达计划的3倍；21个平原县(市)已有11个达到了国家平原绿化标准，其他11个也已接近达标；京九绿色长廊已造林16.93万公顷，占整个绿化任务的93%；防沙治沙和兴林抑螺工程也都取得了显著成绩。这些生态林业建设工程的实施，有力地促进了全省造林绿化的进程。1985～1997年，全省共完成荒山造林和飞播造林372.54万公顷，提前一年实现了“基本消灭宜林荒山”的目标。1994年被党中央、国务院授予“实现荒山造林绿化规划省”的光荣称号。1995年3月，江西省委、省政府作出了“在山上再造一个江西”的战略决策，实施“山上再造”工程，进一步推进“林业两大体系”建设。

（江西省林业厅　供稿）

鄱阳湖畔农田防护林

赣南飞播造林

婺源县生态村

九江段长江防护林

山东林业大厦

山东林业大厦是一座集培训、办公、会议、旅游、娱乐、餐饮、客房为一体的服务性的多功能大厦，建筑面积10 100平方米，地处济南市繁华的文化商业区。

林业大厦以林业科技培训为中心，为搞活经济、稳定效益、拓宽经营思路，先后成立了森帝高科技示范园、森帝啤酒技术设备有限公司、森帝室内外环境工程有限公司，并拥有年产180吨森帝扎啤生产线，生产、销售、服务“一条龙”，创立森帝集团化公司，最终实现与国际贸易并轨的发展战略。一年多来，林业大厦全体职工立足本职、艰苦创业，经营上稳中求胜、事业上蒸蒸日上，先后举办了“森帝啤酒节”、“迎香港回归音乐晚会”、“爱心’98抗洪赈灾书画义卖笔会”等社会公益活动，赢得了社会各界及广大顾客的赞誉。

（撰稿　摄影：伊广灿）

山东省林业大厦

一楼大堂

标准客房

娱乐城多功能厅

国有常熟市虞山林场

国营常熟市虞山林场成立于1960年，1989年建立江苏虞山国家森林公园，总面积1500公顷，森林覆盖率96%，下辖8个营林单位和20个场办工商企业单位，现有职工2300人。

改革开放以来，林场坚持“以林为本，多种经营，注重效益，全面发展”的方针，大力发展高效林业，巩固提高场办工业，充分发展区位优势的第三产业，建立了绿色食品生产基地和花卉苗木生产基地。虞山桂花板栗、宝岩杨梅等具有地方特色的产品得到了恢复和发展。通过横向联营，林场逐步形成了冶金、机械、轻工、建材等工业门类，依靠“十里青山半入城”的地域优势，森林旅游、餐饮住宿、商业服务以及文化娱乐等经营群体日益兴旺发达，每年吸引中外游客100多万人次。1997年该场实现营业收入超2亿元，先后被林业部授予“全国国营林场100佳单位”、“全国国有林场十大标兵单位”等荣誉称号。

（国有常熟市虞山林场　供稿）

虞山林场场部

专用管厂生产车间

林茶间作绿色食品基地

梅园山庄别墅群

桃江竹产业

竹海茫茫

湖南省桃江县素有“竹乡”的美誉。竹林面积4万多公顷，占全县林地面积的35.2%，立竹总数达8600万根。近年来，坚持走“山上建基地，山下搞加工，山外拓市场，科技创高效”的竹业发展之路，已建成2.4万公顷楠竹丰产林基地；兴办竹业加工企业1300余家，上千万元的骨干企业就有4家；开发的楠竹资源为主的旅游业，年接待游客50万人次。1997年竹业产值6亿多元，仅此人均纯收入475元，占全县人均纯收入1830元的26%。如今，以竹食品为主的加工业带动了竹文化、竹艺术、竹风景业的发展，形成了具有桃江地方特色的系列竹产业。

（撰稿：戴开钧）

楠竹加工龙头企业

竹乡旅游

竹海珍园

（摄影：湖南省林业厅供稿）

广西国发林业造纸有限责任公司

广西国发林业造纸有限责任公司是国家大型一档企业，其前身为广西林业造纸厂，始建于70年代初。公司设在广西鹿寨县雒容镇。目前公司有11条造纸生产线，能生产各种规格和定量的挂面牛皮箱板纸、纸袋纸、牛皮卡纸、瓦楞纸、仿卡纸、白板纸、人造板底层纸，以及胶印书刊纸、高白双胶纸、铜版原纸、白卡纸、静电复印纸等，年产量8万吨。产品质量好，多次荣获区(省)级、部级优质产品奖。

自1984年以来，企业规模和效益连续15年保持快速发展的势头。1996年至今，人均产值和利税年年保持在15万元和1.5万元以上，显示了良好的经济发展态势。为扩大实力，迎战造纸大市场，公司又兴建热电站，扩建涂布纸生产线，更新设备，开发新优产品，以新的雄姿迈向21世纪。

（广西国发林业造纸有限责任公司　供稿）

公司坐落在广西鹿寨县雒容镇

公司生活区

先进的文化用纸生产设备

公司院区绿化一角

广东省石龙木材厂

广东省石龙木材厂建于1952年，是一家省属木材综合加工中型企业。属下有6间分厂(车间)，2家贸易公司，全厂现有职工1000多名。另外，还有3家中外合资企业。主要产品有：贴面装饰板、胶合板、铝塑复合板、板式家具、木地板、装饰木线、板枋锯材，以及纸塑复合包装材料等。产品远销日本、加拿大等地。

“八五”期间，该厂每年上缴利税、实现工业总产值等主要指标都比1990年翻了一番。1997年完成工业总产值7000多万元，全员劳动生产率14.42万元。合资企业工业总产值13 000多万元。该厂曾被省委、省政府评为“广东省文明单位”、“广东省职业道德优秀集体”。

（广东省石龙木材厂　供稿）

工厂办公大楼

DBC-01酒吧柜

铝塑复合板生产车间

厂领导班子

重庆市仙女山森林公园

仙女山森林公园

重庆市仙女山森林公园，地处武陵山脉，位于武隆县境、乌江北岸，隶属仙女山林场，占地0.23万公顷，海拔1991.7米。相传有仙女下凡，玉立奇峰，故名仙女山。这里是一片神奇的土地，巍峨秀丽的山峰、苍翠欲滴的林海、绿茵似毯的草甸、含烟凝碧的仙女池，四季景物各异，风光如诗如画。

仙女山森林公园是三峡库区新兴的旅游休闲圣地，目前已初具规模。园内动植物资源丰富，有植物1000余种，珍奇保护动物100余种，尤以草原风光独具特色，享有“南国第一牧场”之美誉。会仙山居、瑶池仙屋，温馨静谧；林海苍茫，直醉人眼。幽谷鸟鸣，牧野人家，使你超然物外；跑马场，赛车场，让人情趣顿生；具有特色的马拉车直通各个景点。仙女山能满足各界人士、各类游客的要求，是人们返朴归真、回归大自然、旅游休闲、科学考察、摄影写生、承办会议的理想场所。

（重庆市林业局　供稿）

木屋客栈

牧场风光

天然滑雪场

四川升达林产有限公司

川升达林产有限公司总部

四川升达林产有限公司是四川省林业系统的一家中外合资企业，主产品是升达牌强化木地板。公司总部设在成都市林贸大厦。

该公司引进了全套90年代国际最先进的德国贝高和豪迈公司生产线及生产技术，于1997年正式建成投产，总投资1.7亿元，年产量达300万平方米。升达牌强化木地板是国际市场90年代流行的高档精制新型地板。它由四层材料热压而成，耐磨损、抗静电、防腐蚀、防虫蛀、防潮湿，具有良好的阻燃性。

升达公司从创立起就一直把“建一流企业、创名牌产品”作为企业的奋斗目标。公司发展很快，目前在全国设办事处30个，设专卖店近500个，已建立了比较完整的营销网络。

（四川升达林产有限公司　供稿）

达林产有限公司开业一周年

升达牌强化木地板装饰效果

川省林业厅领导视察生产情况

开县林业生态体系和产业体系建设

河堰速生丰产林

开县北斗杜仲林基地

开县汉丰至三合“百里竹带”

开县位于重庆市东北部，地处长江中上游三峡库区，肩负库区林业生态环境建设的重任。由于历史原因，该县森林植被遭到了严重破坏，为此，县委、县政府提出了“以林为主，多业并举，综合开发，全面提高林业综合效益”的指导思想，加快生态林业建设，促进产业体系发展。

以速生丰产林为龙头，先后启动了长江防护林、世界银行贷款造林等生态工程，重点实施了6片经济林，开展了对12条生态经济沟和2条小流域的治理，建成了“百里林带”、“百里竹带”。截至1997年，全县累计完成重点工程造林8.17万公顷，经济林2.7 万公顷，森林覆盖率由1975年的6.7%增加到23.9%，1994年被林业部评为全国长防林建设一类县。

为了提高林业的综合经济效益，他们以资源
依托，以改革为动力，以市场为导向，加快产业开发
促进林业场、所和广大林农脱贫致富。开发思路明
后，开县的林产业得到迅速发展，特别是竹产业已
为该县一大支柱产业。全县20多家竹材加工企业
创产值8800万元。温泉工艺厂开发的10多个竹系
产品，获得了国家星火奖、泰国博览会金奖，走出
一条以竹代木的科技之路。新城林业砂砖厂年产
1000万元，开县林化总公司自动材料厂仅生产汽
刹车片，年产值470万元。川东阳光保健品厂开发
产的银杏茶、杜仲茶等系列产品远销东南亚国家
地区。据1996年统计，全县林业二三产业产值达2.
亿元，从业人员达1万多人。

（撰稿：肖衍

世界银行贷款造林工程

开县林业新城砂砖生产车间

开县胶合板总厂

开县林化总公司自动材料厂生产的汽车刹车片

开县临江扇厂生产的香绸壁挂扇

（摄影：重庆市开县林业局供稿）

云南省林业科学研究院

云南省林业科学研究院是云南省综合性林业科研中心，坐落在昆明市黑龙潭风景区，现有职工280人，具有高中级职称的科技人员115人。院下设林业、经济林木、森林保护、热带林业、科技信息、林产工业等6个研究所，建有昆明亚热带树木园、西双版纳普文热带树木园和开放性重点实验室。

建院40年来，认真贯彻党的科技方针，紧密结合云南省经济建设和林业生产实际选题立项，取得了一批先进实用的科研成果。“八五”以来，获各级科技进步奖120多项，其中部省级56项，并荣获省级文明单位称号。“九五”期间，该院承担了40余个科研和推广课题，形成国家攻关、省攻关、科学基金、国际合作和行业重点项目等并列开展的研究格局。科技推广和科研开发进一步加强，在促进科技成果转化中，将为本省经济和林业的发展作出更大的贡献。

（云南省林业厅　供稿）

云南省林业科学研究院科研大楼

与希腊国家农业研究中心签署合作协议

普文热带树木园种植的10年生珍稀树种山桂花

桉树山地造林试验

楚雄彝族自治州林业建设

大中山自然保护区的原始林

楚雄彝族自治州地处云南省中部，多山多林，气候温和、雨量充沛、山川秀美，森林资源十分丰富，是云南省的重点林区。从1951年开发以来，已累计生产木材1700多万立方米，为支援国家建设作出了重要贡献。全州现有森林80多万公顷，森林覆盖率达48.7%；有植物6000多种，建立了13个自然保护区。近年来，州里投资2.4亿元，建成中密度纤维板厂3个、刨花板厂3个、胶合板生产线3条，以及松香、栲胶、桉油、饮料、木地板等17个林产工业生产项目，林业社会产值达5.59亿元，成为全州的骨干产业。楚雄彝族自治州还是全国绿化造林、森林防火先进单位。

（云南省林业厅　供稿）

雄安中密度纤维板厂生产车间

州领导带头参加植树造林

紫溪山自然保护区旅游景点

（摄影：董光荣）

西双版纳国家级自然保护区

保护区管理局在景洪市向公众进行《森林法》普法宣传

绿石林公园

蝴蝶园

西双版纳国家级自然保护区位于云南省西双版纳傣族自治州境内，属季风热带北缘季雨林区，是以保护中国热带北缘季雨林、雨林和珍稀动植物物种为主要目的的保护区，被誉为中国动植物王国皇冠上的“绿宝石”。

西双版纳自然保护区成立于1959年，1986年经国务院批准列为国家级自然保护区，1993年10月联合国教科文组织接纳为联合国生物圈网络保护区网络成员。该保护区由勐养、勐仑、勐腊、尚勇、曼稿5个子保护区组成，总面积24万公顷，森林面积19.7万公顷，占保护区总面积的81.9%。保护区动植物资源十分丰富：已知高等植物有5282种，其中西双版纳特有的有4个属、153个种，列为中国珍稀濒危植物的有56种，有经济价值的植物1150种；已知陆栖脊椎动物627种，哺乳动物102种，鸟类427种，两栖动物6种，爬行动物60种，其中版纳摄龟等3个种为西双版纳保护区所特有，昆虫1437种。被列为国家重点保护的动物有109种，其中一级保护动物19种，二级保护动物90种。

西双版纳自然保护区先后与世界自然基金会、全球环境基金、云南大学生态所、中科院昆明动物研究所等国内外有关组织和单位共同开展了多项科学研究，使保护区逐步向科学化、规范化的管理目标迈进。

（撰稿 摄影：陈明勇）

热带丛林中的野象

赤水竹业

赤水市是贵州省重点林区，是全国楠竹主产区之一。全市有林地面积10万多公顷，森林覆盖率55.53%，活立木蓄积400余万立方米。有同纬度保存最完好的亚热带常绿阔叶原始森林2.86万公顷，有国家一级保护植物桫椤和珍稀保护动物云豹。

赤水林业的优势在竹。全市竹林面积达3.52万公顷，有31个品种，其中楠竹2.4万公顷，蓄积5300多万根，年产楠竹300多万根，杂竹1.11万公顷，年产杂竹纸浆10多万吨。全市有竹加工企业120多家，竹制品有竹浆纸、竹地板、竹木复合地板、竹人造板、竹厢板、竹凉板、各类竹席、干鲜竹笋、竹筷、竹香扇、竹家具以及品种繁多的竹工艺品等系列产品300多种，年产值近4亿元。新建的具有90年代先进技术的4家竹地板生产流水线，年生产能力达4 0万立方米，产品远销国内12个省区及港台地区，出口日本、俄罗斯以及东南亚。

（贵州省林业厅　供稿）

楠竹丛林

国家一级保护植物——赤水桫椤群

引进先进设备，生产高级全竹企口地板

竹工艺香扇

西藏山南林业

山南扎朗段雅鲁藏布江流域风沙爬山自然景观

西藏山南地区位于藏南谷地，雅鲁藏布江中下游，喜玛拉雅山北麓，总面积7.9万多平方公里，辖12个县，总人口30万人。地区所在地——泽当镇，是藏民族的发祥地。该地区风沙危害严重，生态环境恶劣，天然林(含灌木林)只有15.5万公顷，森林覆盖率仅为1.9%。

1959年西藏民主改革后，在党和政府的号召下，开始群众性的植树造林活动。自70年代中期以来，随着全民义务植树运动的开展和造林政策的贯彻落实，自治区首先在山南进行了工程造林试点。为此，地区林业局在雅鲁藏布江沿岸百亩沙滩地带开展造林试验研究，采取了扩建地区中心苗圃，选育抗旱、抗涝树种，实行科学整地等一系列行之有效的措施，取得显著效果。特别是在靠江边的洪积扇突出地段采用“丁字坝”进行护滩造林，起到了非常明显的防洪、淤地、护林的效果，被誉为国内首创的生物工程。10多年来，雅鲁藏布江畔已建起了一条长150多公里，总面积为2.7万公顷的防护林带，为改善这里的生态环境迈出了可喜的一步，受到了专家和领导的好评。该项造林研究成果荣获国家科技进步三等奖、自治区科技进步二等奖。

(西藏自治区林业厅　供稿)

(摄影：山南地区林业局供稿)

西藏自治区人民政府副主席泽仁桑珠在山南检查指导林业工作

山南地区林业局领导在现场组织指挥植树造林

山南地区雅鲁藏布江防护林

甘肃省林业科学研究所　甘肃省林业科学技术推广总站

甘肃省林业科学研究所成立于1958年，甘肃省林业科学技术推广总站成立于1984年，1993年两家合署办公，兼有科学研究、技术推广和对全省区乡林业工作站管理三种职能。现有职工162人，其中科技人员99人，拥有各类先进仪器设备40多台及供科研推广用的玻璃温室、塑料大棚、苗圃和干旱造林试验地。全省已建区乡林业工作站813个，职工2528人，是科技推广的重要力量。

截至1996年底，共直接承担科研推广项目64项，有45项获奖，其中国家级奖4项，省部级奖18项。组织全省实施并通过验收鉴定的推广项目有97项，获各类奖励58项，增值5.2亿元。10多年来，先后与10多个国家互派专家学者进行交流考察。

（撰稿　摄影：谢光波）

科研办公综合楼

治沙新技术推广试验地

苗木塑料大棚

科研人员进行组培苗木试验

陕西治沙与生态保护

黄桥林区的天然林景观

治沙工程——长城镇北台

陕西省地处我国西北地区，是黄河中上游的重点水土流失区。新中国成立后的40多年来，陕西省始终把治沙、保持水土、保护生物多样性等作为林业建设的重点，并取得了可喜成绩。

自50年代以来，沙区造林保存面积达97.3万公顷，林木覆盖率达38.9%，沙区面貌发生根本性变化。年输入黄河的泥沙量比50年代减少76%；“三北”防护林体系工程建设一二期工程完成造林239.5万公顷，初步建成了“两片两带一网”的大型防护林建设格局；长江防护林建设和平原绿化都取得了显著成绩。天然林得到保护恢复，面积达429万公顷。以野生动植物保护为主的生物多样性保护工作成绩显著，先后建立了太白山等10个自然保护区。山区、沙区开发也取得显著成效，经济林面积由1979年的46.7万公顷猛增到100多万公顷，产量跃居全国第二位。全省人民正在为实现江泽民总书记关于“再造一个山川秀美的西北地区”的重要批示而努力奋斗。

（陕西省林业厅　供稿）

全国最大的花椒基地——韩城花椒基地

商洛流岭百万亩飞播林基地

（摄影：关　克）

富县林业

郁郁葱葱的天然林

富县位于陕西省北部，境内地形复杂，梁峁起伏、沟壑纵横、沟谷深切，属典型的黄土高原丘陵沟壑区地貌。全县现有森林面积28.5万公顷，森林覆盖率为68.1%，被誉为陕北黄土高原的“绿色明珠”。

建国50年来，富县人民立足山区，狠抓造林绿化，取得了可喜的成绩。特别是改革开放以来，全县有林地面积增加了2.65万公顷，森林覆盖率提高了6.37%，活立木蓄积增加了315.94万立方米。现有经济林7800公顷，年产各类林特果品3.59万吨，成为该县经济和群众致富的骨干产业。该县境内有野生中药材85科261种，有白鹳、黑鹳、豹子、水獭等珍稀野生动物300余种，是陕西省野生动物种群较多的区域。（陕西省林业厅　供稿）

荒山造林

山区综合开发

黄土高原优质苹果基地

宁夏贺兰山国家级自然保护区

银川平原的天然屏障——贺兰山

宁夏贺兰山国家级自然保护区管理局

宁夏贺兰山国家级自然保护区管理局成立于1988年，其前身是贺兰山林管所，成立于1950年。

贺兰山地跨宁夏、内蒙古两自治区，位于银川平原与阿拉善高原之间。宁夏贺兰山自然保护区地处贺兰山东南坡，总面积近16万公顷，森林覆盖率为10.4%，具有温带干旱、半干旱山地森林植被景观，目前已形成以保护干旱风沙区森林生态系统及珍稀动植物为主要目的的、比较完整的自然保护体系，是我国大西北一处具有特色的“天然动植物园”和“物种基因库”。有植物690种，动物170多种，其中蒙古扁桃、四合木等植物，獐子、马鹿、岩羊等动物是国家重点保护的物种。林区内外还分布贺兰山岩画、西夏王陵、明代长城等历史古迹，具有重要的科研、教学、生产和旅游价值。全局职工认真做好护林防火工作，取得了连续48年无森林火灾的良好成绩，受到林业部和自治区政府的表彰。近年来，成立了宁夏绿世界综合开发总公司，下辖森林旅游、花木苗圃等10多个分公司，闯出了一条一手抓保护、一手抓创收，建名山、创名牌的发展路子。

（宁夏自治区林业厅　供稿）

宁夏回族自治区区鸟——蓝马鸡

贺兰山天然次生林

（摄影：徐毅仁）

六盘山国家级自然保护区

六盘山国家级自然保护区位于宁夏回族自治区六盘山主峰腹地，总面积6.78万公顷，有林地面积4.79万公顷，森林覆盖率70.8%；境内森林茂密，动植物资源丰富，有动物213种，植物788种，鸟类158种，昆虫905种。其独特的地理位置和巨大的森林生态功能造就了优越的自然环境，形成了与周围迥然不同的自然景观和特殊的物种资源区域，被誉为黄土高原上的“绿色明珠”和“自然基因库”。六盘山雄奇、险峻、秀美，自然景观和人文景观融为一体，是理想的旅游胜地和科研基地。林业生产和保护区建设取得了显著成就，多次受到全国绿化委员会和林业部的表彰。

六盘山自然保护区于1988年成立，下设11个林场及林区公安局，共有职工779名。

（六盘山国家级自然保护区　供稿）

水源涵养林基地已发展到4万多公顷

管理局领导在研究工作

旅游景点——荷花苑

林区苗圃

新疆生产建设兵团与绿洲

塔克拉玛干沙漠前沿的兵团连队

兵团林业局领导在现场指导防沙治沙工作

军垦新城——石河子

保护沙生树种胡杨林 3 万公顷

准噶尔盆地南缘大型防沙基干林带

1954年，20万中国人民解放军官兵在新疆维吾尔自治区就地转业，屯垦戍边，并以此为主体成立了新疆生产建设兵团。兵团大都分布在风沙最前沿、边防最前哨，自然环境极为恶劣，生存条件非常艰难。因此，战胜自然、改造自然，向沙漠要良田、变荒漠为绿洲，是兵团人几十年来为之奋斗的目标。在新疆，哪里有兵团，哪里就有绿洲，绿洲已成为新疆生产建设兵团的美好象征。

植树造林是扩大绿洲、保卫绿洲，改善生态环境、发展农业的生命工程。他们一直遵循“边开荒、边生产、边造林”的方针，荒开到哪里树就种到哪里，做到农田林网化、道路林荫化，有田必有林、有路必有树。在农区外缘和风沙前沿营造大型场界林和防风固沙林，在绿洲外围封育和保护荒漠植被。到1997年底，兵团人工造林面积已达12.17万公顷，形成了网、带、片相交错，乔、灌、草相结合的防护林体系。正是这一道道绿色屏障，护卫着兵团人用几十年心血和汗水营造起来的美丽家园，促进了农业的持续稳步发展。兵团总人口234万人，占新疆总人口的13.62%，但兵团的粮食产量占新疆的20%，棉花占37.74%，油料占25%，糖料占36%，农业总产值占新疆的1/5。同时，兵团人充分利用新疆特殊的光照、水土、温差等自然条件，营造了香梨、贡梨、葡萄等为主的经济林2.7万公顷，形成了以林果业为依托的“绿色产业”，经济效益日益增加。

（新疆生产建设兵团　供稿）

黄田农场在戈壁滩上建成的0.33万公顷葡萄园

昔日的古尔班通古特沙漠已变成粮、棉、油生产基地

已建库尔勒香梨生产基地0.53万公顷

（摄影：郑　华　张恒健　杨兵才　廖周炎）

阿尔泰山林业局

领导同志为新疆百万亩山林再造工程阿尔泰山片启动仪式剪彩

山区苗圃

阿尔泰山林业局位于新疆北部的阿尔泰山南坡，成立于1979年，总面积215.1万公顷，拥有丰富的森林资源，森林覆盖率24%，是新疆北部的重要生态屏障。

该局成立以来，坚持"坚决保护、积极培育、合理利用、全面发展"的方针，建立了比较完善的森林保护和培育管理体系。林区内连续20年没有发生大的森林火灾及乱砍滥伐案件，累计更新造林有效面积4000公顷，实现了森林蓄积和森林面积的双增长。为实现可持续发展，1994年开始加大产业结构调整力度，积极发展林产工业和养殖业、种植业、旅游业等。1997年投产了年产20万平方米的实木地板和年产5000立方米的集成材两条生产线，年产2万立方米的中密度纤维板也即将投产。养殖业和种植业也有了较快的发展，全局饲养马鹿350头，养羊1.5万头，垦荒230多公顷。

（新疆维吾尔自治区林业厅　供稿）

阿尔泰山林区景观

哈纳斯湖畔的森林景观

（摄影：李晓明等）

沙湾林场的更新造林

沙湾林场是新疆维吾尔自治区林业厅直属林场，自1980年转为经营性林场以来，认真贯彻“以营林为基础”的方针，加强更新造林工作，加大营林投入，大力推广先进育苗技术，按技术标准严把苗木、整地、栽植三关，在当地政府的支持下，克服林牧矛盾等多种困难，年年超额完成更新造林任务。同时，全面加强幼林管护，巩固了更新造林成果。截至1998年末，人工更新造林保存面积达2600多公顷，其中660多公顷已郁闭成林。被林业部授予“‘七五’期间更新造林先进单位”、新疆维吾尔自治区人民政府授予“‘八五’期间自治区造林绿化先进单位”等称号。

（新疆维吾尔自治区林业厅　供稿）

沙湾林场领导班子

沙湾林场办公楼

林场苗圃

林区景观

大通林业

大通县林业局领导共商林业发展大计

人工青杨林

大通回族土族自治县位于青海省东部，祁连山南麓，海拔2280～4622米，属高寒地区。解放初，全县林业用地为9.8万公顷，占总面积的31.7%，其中有林地面积仅为1.22万公顷，自然条件很差，生态环境恶化。新中国成立后，特别是改革开放以来，大通县把增加森林资源，改善生态环境，增强林业活力作为林业发展的总体目标，稳定林业政策，深化林业改革，按照保质保量求速度、以效益促发展的指导思想，加快资源培育，加强森林保护，大力发展林业产业，努力使荒山荒坡更快绿起来，使林业产业更快地活起来。经40多年的不懈努力，林业建设有了长足的发展。截至1997年，全县森林面积已达7.33万公顷，“四旁”植树2000多万株，农田林网树60多万株，森林覆盖率由解放前的0.22%提高到26%，林木蓄积量达到93万立方米，连续保持森林覆盖率与蓄积量双增长，先后7次受到国家有关部门的表彰。1995年度被评为“全国造林绿化百佳县”。

（青海省林业局　供稿）

太阳沟林场青海云杉人工林

青海省大通天然植物饮料有限公司饮料生产车间

中国林业成人教育

匕京林业管理干部学院主楼

一东省林业广播电视学校毕业生向林农传授技术

新中国成立50年来，我国林业成人教育蓬勃发展，取得了显著成绩。1978年以来，培训2000万人次，并通过成人高等学历教育培养2.8万名毕业生。目前，我国林业成人教育在加强制度建设和教学、教材建设的基础上，以岗位培训和继续教育为重点的各种培训活动正在深入开展，培训网络基本形成；以成人高、中等学历教育为代表，包括广播电视教育、函授、夜大学和自学考试在内的多层次、多形式、多规格的林业成人学历教育已形成规模；以同国际组织合作培训为主要形式的林业成人教育对外合作交流不断扩大。林业成人教育作为提高林业从业人员素质的重要手段，在实施"科教兴林"发展战略中发挥着愈来愈重要的作用。

（国家林业局人教司　供稿）

全国防治荒漠化工程县级领导干部专题研究班在北京举办

中德林业培训与进修项目专家于1997年6月在东北林业大学实验林场考察

中国林业科学研究院

中国林业科学研究院领导集体研究发展蓝图

中国林业科学研究院是国家林业局直属的综合性、多学科林业科研单位，成立于1958年，坐落在北京西郊玉泉山下。

建院40年来，中国林科院已发展成为学科比较齐全、条件比较完善、人才相对集中的全国林业科研中心。院属9个研究所、7个实验和研究开发中心、2个国家级工程(技术)研究中心、4个国家级林业实验基地、8个部级重点开放性实验室。现有职工近3700人，其中科技人员1700余人，博士后、博士、硕士270余人，高级研究和管理人员587人；中国科学院院士2人，中国工程院院士1人，博士、硕士生导师104人。

全院拥有14个二级学科，150多个专业；1个博士后流动站，5个博士学位授予权专业和11个硕士学位授予权专业。

40年来，全院共取得较大的科技成果1007项，出版各种专著、译著200余部。1978年以来，获奖成果490项；在66项国家级奖励成果中，有国家科技进步奖42项，特等奖1项，一等奖3项；获林业部科技进步奖285项，其中一等奖31项，约占林业系统一等奖总数的50%；ABT生根粉系列等60%以上的科技成果已应用于林业生产，取得了显著的经济效益、社会效益和生态效益。1993年，该院成为首批获得对外经营权的科研单位。

改革开放以来，中国林科院与世界50多个国家和地区开展了技术交流，与近50个国际组织和科研单位建立了广泛联系，20多人在国际学术组织担任重要职务，在研国际合作项目30多项。

（中国林业科学研究院　供稿

图书馆书库

国家木材工业工程研究中心纤维复合材料中试生产线

学位授予典礼

国家林产化学工程技术研究中心精细林化产品中试生产车间

徐冠华和唐守正院士与外国专家共商合作项目

亚太地区农用林网第六次顾问委员会会议在中国林科院召开

杉木丰产栽培示范林

中国林科院 ABT 研究开发中心

中国林科院ABT研究开发中心成立于1989年，是一家集研究、开发、产品推广、生产经销、人才培养及国际交流与合作为一体的高科技经营型企业，属国家科技成果重点推广计划30个重点中心之一。

由王涛教授研制成功的ABT生根粉系列产品是一类广谱、高效、复合型植物生长调节剂。其产品广泛地应用于农业、园艺和林业等领域。经10多年的研究、开发、推广，截至1996年底，ABT累计应用植物达1582种，推广面积1533.3万公顷，总计育苗67.7亿株，取得经济效益58.84亿元。县级以上鉴定成果114项，开发新产品13种。

ABT中心现已建立起凝聚力强、范围大、层次多、开放式的研究、推广社会化服务体系，由190位中外专家组成的ABT基金会领导着整个项目的实施。至1996年底，ABT中心已培养建立了有16.4万多人的技术骨干和1172万人参加的推广销售队伍，推广范围覆盖了全国80%的县(市)；在国际上也初步建起由30个国家组成的ABT国际合作网络。ABT先后荣获国家科技进步特等奖、林业部科技进步特等奖等多项奖励，同时还获得美国、比利时、德国等6个国家与国际组织的13项金奖与特别奖。

（中国林科院ABT研究开发中心　供稿

“ABT生根粉系列的推广”获国家科学技术进步特等奖奖杯

王涛教授获比利时军官勋章奖

王涛教授正在同工作人员观察试验结果

中国林业科学研究院研究员、中国林科院ABT中心主任王涛教授在工作

ABT1 号生根粉在红松扦插上的应用对比

ABT4 号生根粉在玉米生产上的应用对比

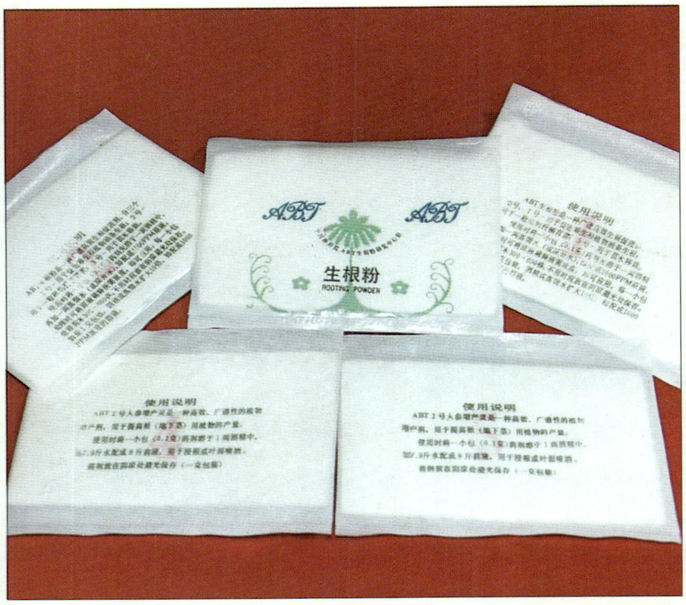

ABT 生根粉系列产品

ABT 生根粉应用于泡桐扦插全国专家现场会(河南鹿邑)

北京林业大学

北京林业大学主楼

北京林业大学是国家林业局直属的全国重点大学，是一所以林科为主，以森林生物和环境科学为特色，兼有理、工、文、管、商等多学科综合性的大学，在国际林学界享有较高声誉。

北京林业大学是国务院学位委员会批准具有硕士、博士学位授予权的学校，现设有9个学院，2个教学部，4个培训中心；本、专科专业35个，硕士点14个，博士点11个，博士后流动站2个；国家重点学科3个，省部级重点学科5个。1998年在校生4000多人，成人学历教育2000多人。建校40多年来，学校共培养各类毕业生2万多人，已成为我国林业建设的中坚力量。

该校拥有一支素质优良、结构合理的师资队伍和科技队伍，1998年教师总数为1257人，其中教授108人，具有高级职称者占教师总数的58.3%；硕士104人，博士24人，中国工程院院士3人，博士生导师50人，国务院学位委员会学科评议组成员4人，全国优秀教师5人。学校拥有200多名专职科研人员，13个研究所(室)，5个部级重点开放性实验室，30余处校外研究基地，形成了研究、开发、推广网络。自80年代以来，学校承担各类科研项目493项，获成果347项，其中国家级和省部级奖155项，国家一等奖1项，49项达国际先进水平或领先水平，不少项目获重大成果，经推广产生显著的生态效益、经济效益和社会效益。在此期间，全校共出版科技专著250部。近20年来，出国考察、交流达870多人次，攻读学位、进修者380人次；同时接待了来自40多个国家和地区的专家、学者3000多人次，国际交流日益频繁。

（北京林业大学　供稿）

北京林业大学领导班子在商讨学校发展大计

欢送毕业生

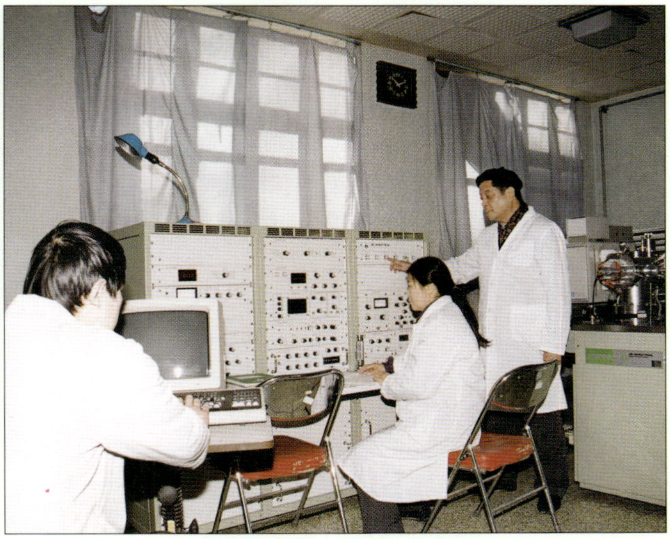
北京林业大学生物中心

学生在外语听力室上课

校领导与美国耶鲁大学代表签定合作协议

林业部北京林业大学“211 工程”建设项目评审会

学生在妙峰山实验林场实习

（摄影：袁东来）

东北林业大学

东北林业大学主楼

东北林业大学是国家林业局直属的高等学校,其前身是东北林学院,校址在哈尔滨市。自1952年建校,经40多年的建设,已发展成为以林为主,理、工、文、经、管、法相结合的综合性大学。学校设有研究生部和10个学院、3个系,11个学科有博士学位授予权,21个学科有硕士学位授予权,有30个本、专科专业,有8个国家级和部级重点学科,学科的研究方向已发展到100多个,是我国学科、专业最多的林业高校。学校现拥有一支梯队合理、力量雄厚、具有较高水平的教学、科研队伍,在2202名教职工中有中国工程院院士1人,博士生导师40余人,教授103人,有国务院学位委员会学科评议组成员5人。

建校以来,东北林业大学共培养各类专业人才4万余人;现有全日制在校生5768人,成人教育在校生2150人,已成为我国最大的林业高级人才培养基地,为我国林业建设作出了重要贡献。改革开放以来,学校先后有157项科研成果获省部级以上奖励,其中获国家级奖励18 项。1987~1996年共出版科技专著740部。40多年来,学校与20多个国家和地区的近40所大学和研究机构建立了合作关系,与100多个学术团体进行学术交流,先后聘请500余位外国专家来校任教,同时派出500余人次赴国外考察、学习、讲课。近年来,先后多次成功地组织召开了国际学术会议。

(东北林业大学　供稿)

东北林业大学校领导在研究工作

博士生在听教授讲课指导

博士、硕士学位授权学科逐年增多，博士、硕士生队伍不断壮大

帽儿山教学实验林场(现为国家森林公园)

凉水教学实验林场的原始红松林(现为国家级自然保护区)

学生工作已全部实现微机管理

森林工程系的“863 计划”科研项目——松树球果机在现场操作

南京林业大学

南京林业大学校门全景

南京林业大学是国家林业局直属高等学校。其前身是南京林学院，建校于1952年。校园坐落于南京风景秀丽的紫金山麓、玄武湖畔。

南京林业大学设有8个学院，1个系，3个部，44个本、专科专业。该校具有硕士、博士授予权，设有9个博士点，16个硕士点。1998年在校生6000多人，其中博士、硕士研究生300多人。自建校以来，该校向国家输送本、专科毕业生近2万人，短训班学员6000多人，为我国林业建设作出了重要贡献。

学校现有农学、理学、工学、文学、管理学五大学科门类，已发展成为以林为主的综合性大学。设有国家重点学科3个，省部级重点学科4个，部级重点开放性实验室4个，研究室、所、中心23个。学校师资力量雄厚，教学设施齐全，科研成果丰硕。全校教职工1500余人，其中正、副教授400余人，中国工程院院士2人，博士生导师48人，国务院学位委员会学科评议组成员5人。近20年来，有221项科研课题获国家和部省级奖励；出版科技专著117部；与美国等16个国家、50多个单位建立了学术交流关系。

（南京林业大学　供稿）

南京林业大学现任校领导

木材技术与加工学科实验

生态学学科实习

林产化学加工工程学科实验室

电工实验室

学校党委召开学习邓小平理论工作会议

南京林业大学部分98届毕业生

中南林学院

中南林学院院领导班子

中南林学院是国家林业局直属高等院校，1958年建校，位于湖南省株洲市，校园绿树成荫，环境宜人。

中南林学院是一所以林科为主，兼有理、工、农、文、经、法、管多科性大学，具有博士学位授予权。学校现设有6个学院，2个系，3个部，1个博士点，12个硕士点，16个本科专业，19个专科专业。1998年在校生(含成人教育)5000多人。建校以来，已培养了各类毕业生2万多名，为我国林业建设作出了重要贡献。学校现有教师及工程技术人员628人，其中教授(含正高级职称人员)48人，具有博士学位的30多人，是一支结构合理、学术水平较高的师资队伍。有6人被评为全国优秀教师。学校设有1个研究中心，8个研究所，19个研究室，37个教研室，2个设计室，1个部级重点开放性实验室和34个校内实验室，教学、科研设施比较完善。近10年来，学校开发科研项目530余项，有220项(次)获国家和省部级奖，40项获国家和外国专利，30项列入有关部委推广项目。1987~1996年共出版科技专著100部。1984年以来，先后派遣100多人赴美国、日本、德国等20多个国家学习、访问，与不少国家的高校和科研机构建立了友好合作关系，互派留学生，开展国际学术交流。

（中南林学院　供稿）

中南林学院校门

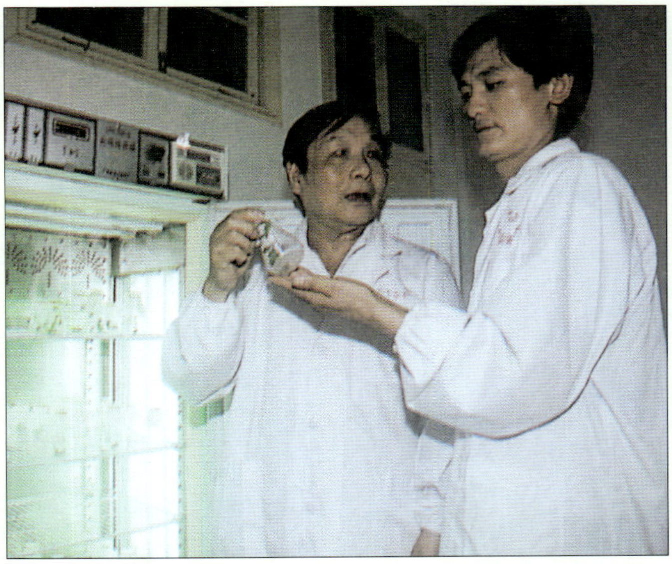

导师在指导博士研究生

博士学位授予仪式

外籍教师在上英语课

计算机中心一角

校大学生男子排球队，1987年以来，连续荣获省、市高校排球赛冠军，并连续三届代表湖南省大学生参加全国大学生运动会

水映校园

中国林业职业教育

1949 年新中国成立时，全国没有一所林业中等专业学校。随着林业建设事业的发展对中级技术人才的需要，林业中等教育得到相应地发展，在全国各地相继建起了一批林业中等专业学校、林业技工学校和林业职业中学。到 1997 年全国拥有林业中等专业学校(含中等林校、林业师范学校、林业卫生学校、警察学校)55所，其中国家级重点中专学校 8 所，省部级 13 所，年招生 2.27 万人，在校生 6.47 万人，教职工 9162 人；1996 年全国拥有林业技工学校 49 所，其中国家级重点技校 1 所，省部级 3 所，在校生近 1.7 万人，独立设置林业职业中学 33 所和 76 个职业班，在校生4535 人。基本形成了门类齐全、专业配套、布局比较合理的林业职业教育体系。50 年来，林业中等专业学校(含其他学校林科)毕业生 23 万多人，林业技工学校 1986 年以来共毕业 8 万多人，他们遍布于全国各地林业战线，其中许多人已成为林业第一线技术骨干和领导力量，为林业建设作出了重要贡献。

（国家林业局人教司　供稿）

设在南京市的林业部中等专业教育研究中心和全国林业职业技术教育研究会

芬兰林业专家在湖南林校讲学

林业部南京人民警察学校的学员在操练

四川林校环境工程与管理专业的学生通过国际互联网学习加拿大乔治亚学院为该校开发的“环境科学”课程

朝气蓬勃的广西壮族自治区林业学校

辽宁林校的动物标本室